第七届
中国油气管道完整性管理技术交流大会论文集

中国石油学会石油储运专业委员会　编

中国石化出版社
HTTP://WWW.SINOPEC-PRESS.COM

图书在版编目(CIP)数据

第七届中国油气管道完整性管理技术交流大会论文集/中国石油学会石油储运专业委员会编.—北京：中国石化出版社，2021.4
ISBN 978-7-5114-6167-4

Ⅰ.①第… Ⅱ.①中… ①石油管道-完整性-管理-学术会议-文集 Ⅳ.①TE973-53

中国版本图书馆 CIP 数据核字(2021)第 054553 号

中国石化出版社出版发行
地址:北京市东城区安定门外大街 58 号
邮编:100011 电话:(010)57512500
发行部电话:(010)57512575
http://www.sinopec-press.com
E-mail:press@sinopec.com
北京艾普海德印刷有限公司印刷
全国各地新华书店经销
*
880×1230 毫米 16 开本 52 印张 1087 千字
2021 年 4 月第 1 版 2021 年 4 月第 1 次印刷
定价:298.00 元

《第七届中国油气管道完整性管理技术交流大会论文集》

编　委　会

前　言

2016年以来，随着《油气输送管道完整性管理规范》(GB 32167)和《关于贯彻落实国务院安委会工作要求全面推行油气输送管道完整性管理的通知》(发改能源[2016]2197号)等文件的发布实施，我国油气管道完整性管理开始全面推广应用。在国家有关部委的指导下，经过油气企业的不懈努力，当前完整性管理已经成为保障我国能源输送安全和管道沿线人民生命财产安全的核心手段。

经过多年的持续研发与应用，管道及储运设施完整性管理科技水平稳步提升。为全面总结交流管道完整性技术领域的最新研究进展和应用成果，探讨管道实施完整性管理疑难瓶颈问题的解决办法，助力管道完整性管理的深化应用，中国石油学会石油储运专业委员会、石油工业标准化技术委员会油气储运专标委、国家石油天然气管网集团有限公司安全环保与运维本部、国家石油天然气管网集团有限公司科技数字本部、中国石油大学(北京)等单位联合，定于2020年4月在北京召开“第七届中国油气管道完整性管理技术交流大会暨管道完整性管理技术专家委员会年会”。

此次会议以“分享完整性管理行业实践，献言‘十四五’发展规划，助力完整性管理全面深化应用，推动新时期油气管道安全管理再上新台阶”为主题，让与会代表深入了解目前我国油气安全运行面临的形势，分享管道完整性管理的成功经验，研讨新技术、新设备、新材料的发展动态和趋势。通过会议交流，助力长输管道、集输管道、燃气管网、站场、油库、储气库、LNG接收站完整性管理的深化应用，切实提升油气企业完整性管理技术能力，提高管道和设备本质安全性，保障安全、高效和环保运行。

本次大会得到了国家有关部委、中国石油学会、国家管网、中国石油、中国石化、中国海油、中国航油、延长石油以及大专院校和科研院所等各单位和领导的大力支持和帮助，共征集350余篇学术论文，优选高质量论文148篇公开出版论文集。主要涉及的主题有：国内外管道完整性管理技术发展与展望、管道完整性管理深化应用与实践、管道完整性管理合规性检查与符合性评价、管道完整性管理体系融合、管道设计期完整性管理、管道施工期完整性管理、管道运营期完整性管理、管道报废处置方法与实践、站场完整性管理、集输系统完整性管理、储罐完整性管理、城镇燃气完整性管理、LNG接收站完整性管理、储气库完整性管理、完整性数据管理及信息技术、完整性管理标准、完整性管理“十四五”发展规划等方面。论文整体上反映了国内油气管道完整性管理领域的最新研究成果、技术、方法、新产品等进展，具有较高的学术水平和实用价值。

本书编委会

2021年4月

前　言

目　录

管道完整性与可靠性

管道监测与应急处置

管道系统智能化与信息化

燃气系统完整性

综　合

基于内聚力模型的 X80 输气管线钢断裂行为研究

王　炜[1]　蒋宏业[2]　徐涛龙[2]　姚安林[3]

（1. 广州燃气集团有限公司；2. 西南石油大学石油与天然气工程学院；3. 油气消防四川省重点实验室）

摘　要　断裂破坏是天然气长输管道的主要失效形式之一，为深入研究 X80 高强韧性输气管线钢断裂失效行为，本文进行了准静态断裂韧性实验，获取了 J 积分、裂纹尖端张开位移（Crack Tip Opening Displacement，CTOD）、加载点载荷位移曲线等断裂韧性参数，基于此，编写了三线型与指数型张力位移准则（Traction Separate Law，TSL）的内聚力模型（Cohesive Zone Model，CZM）的用户材料子程序 VUMAT。结合黏聚单元，分别采用双线型，三线型和指数型三种 CZM 模拟了 X80 输气管线钢断裂过程，并与实验结果对比。结果表明：X80 输气管线钢完全断裂失效时的内聚力参数依赖于 CZM 的选取；双线型和三线型 TSL 的 CZM 数值模拟结果与实验真实曲线基本一致；连续耦合的指数型 TSL 的 CZM 难以准确描述 X80 输气管线钢的断裂行为。此外，界面应力和断裂能是分析 X80 输气管线钢起裂、扩展和止裂机理的重要参数。本研究结果对输气管道止裂控制技术研发、管道断裂失效风险定量化评估等具有一定的理论指导价值。

关键词　X80 输气管线钢，断裂韧性参数，内聚力模型，用户材料子程序，张力位移准则

随着高强韧性输气管线钢在天然气长输管道的广泛应用[1]，管道延性断裂相关的失稳扩展和止裂行为研究已成为当前油气管道领域的主要难题之一。许多灾难性的天然气长输管道破坏事故起源于裂纹在管道上的迅速扩展[2]。对于断裂行为的研究，线弹性断裂力学应用应力强度因子 K[3] 和能量释放率 G[4] 来表征裂纹扩展的判据。然而，由于强韧性输气管线钢存在裂尖应力奇异性和裂尖附近塑性区不能忽略等问题，线弹性断裂力学存在较大局限性。虽然 Rice[5] 等提出了基于弹塑性断裂力学的 J 积分，但又存在计算繁琐且需要预制裂纹的缺陷。而基于弹塑性断裂力学的 CZM 通过 TSL 来描述开裂过程，能有效避免上述问题，因此引入 CZM 来深入研究 X80 输气管线钢断裂行为。

CZM 概念首先由 Barenblatt[6] 和 Dugdale[7] 提出，Barenblatt 针对脆性断裂行为，首次提出裂纹边缘存在原子黏聚作用的概念。Dugdale 在理想弹塑性含中央裂纹的大型薄板拉伸中观察到裂尖塑性变形区呈扁平带状，并提出了裂尖存在黏聚力作用，其作用长度与裂尖塑性区长度相等，但两者研究中均未提及 TSL 的概念。TSL 最早是由 Needleman[8] 在 1987 年提出，并建立了指数型 CZM 的本构方程用于模拟金属材料孔洞形核和夹杂剥离。随后，Tvergaard[9] 与 Hutchinson[10] 合作对弹塑性材料裂纹生长及黏聚关节的剥离进行研究，提出了三线型 CZM。双线型 CZM 则由 Mi[11] 等提出，并内嵌于通用型商业有限元软件 ABAQUS 中。Ren 和 Ru[12] 运用双线型 CZM 模拟了 X80 输气管线钢落锤撕裂实验（DWTT）的断裂过程，得到的力-位移曲线、开裂速度、裂尖张开角（Crack Tip Opening Angle，CTOA）等断裂韧性参量与实验结果吻合较好；随后，Yu 和 Ru[13] 开发了应变率相关的双线型 CZM 及其有限元模型，分析了落锤断裂实验中输气管线钢速度相关的动态断裂韧性；同时，苗婷[14] 等使用双线型 CZM 研究了 X65 输气管线钢稳定裂纹扩展行为并与实验相对比，给出了 X65 输气管线钢界面应力和断裂能等内聚力参数经验公式。值得一提的是，Xu[15,16,17] 等运用跨尺度理论及方法获取管线钢裂纹形核、起裂、扩展过程的微观断裂参数，并成功地将原子尺度的断裂参数通过基于双线型 TSL 的 CZM 传递至介关、宏观尺度，实现了管线钢失效的跨尺度连接。虽然有些学者认为，独立的内聚力参数就足以描述内聚力区的宏观力学性质[18,19]，但张军[20] 等在对胶结结构断裂行为研究中发现 TSL 对于不同材料断裂过程的描述至关重要。然而，针对高强韧性输气管线钢，多种 CZM 的适用性、模拟精度及其 TSL 参数选取的方法等问题的研究仍然不足，国内外相关研究也较少提及，因此，此类研究十分必要。

研究基于 X80 输气管线钢准静态断裂韧性实验，采用双线型，三线型和指数型三种 TSL 的 CZM 模拟了 X80 输气管线钢断裂过程，并与实验结果对比，从而分析三种 CZM 的适用性和精度情况以及其受断裂参量的影响。

1　内聚力模型

当前运用较多的 CZM 有双线型、三线型以及指数型三种形式，其中双线型 CZM 已内嵌至通用有限元软件中。三种 CZM 的 TSL 曲线如图 1 所示。

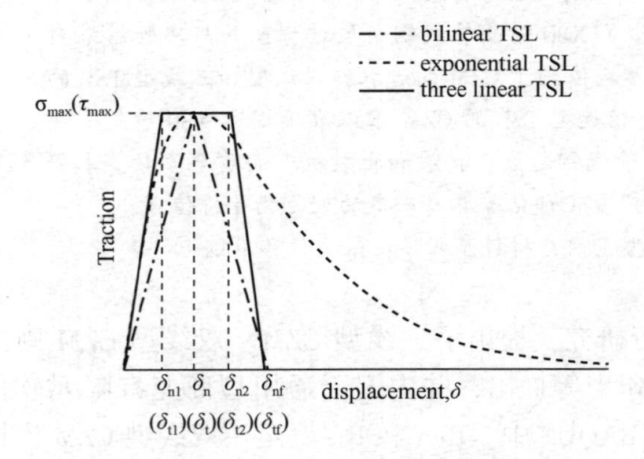

图 1　三种 CZM 的 TSL 曲线

（1）双线型 TSL 为：

$$T_n=\begin{cases}\dfrac{\Delta_n}{\delta_n}\sigma_{\max} & (\Delta_n\leqslant\delta_n)\\[2mm] \dfrac{\delta_{nf}-\Delta_n}{\delta_{nf}-\delta_n}\sigma_{\max} & (\Delta_n>\delta_n)\end{cases}\tag{1}$$

$$T_t=\begin{cases}\dfrac{\Delta_t}{\delta_{tf}}\tau_{\max} & (\Delta_t\leqslant\delta_n)\\[2mm] \dfrac{\delta_{tf}-\Delta_t}{\delta_{tf}-\delta_t}\tau_{\max} & (\Delta_t>\delta_t)\end{cases}\tag{2}$$

$$\phi_n^c=\frac{1}{2}\sigma_{\max}\cdot\delta_{nf}\tag{3}$$

$$\phi_t^c=\frac{1}{2}\tau_{\max}\cdot\delta_{tf}\tag{4}$$

（2）三线型 TSL 为：

$$T_n=\begin{cases}\dfrac{\Delta_n}{\delta_{n1}}\sigma_{\max} & (\Delta_n\leqslant\delta_{n1})\\[2mm] \sigma_{\max} & (\delta_{n1}\leqslant\Delta_n<\delta_{n2})\\[2mm] \dfrac{\delta_{nf}-\Delta_n}{\delta_{nf}-\delta_{n2}}\sigma_{\max} & (\delta_{n2}\leqslant\Delta_n\leqslant\delta_{nf})\\[2mm] 0 & (\Delta_n>\delta_{nf})\end{cases}\tag{5}$$

$$T_t=\begin{cases}\dfrac{\Delta_t}{\delta_{t1}}\tau_{\max} & (\Delta_t\leqslant\delta_{t1})\\[2mm] \tau_{\max} & (\delta_{t1}\leqslant\Delta_t<\delta_{t2})\\[2mm] \dfrac{\delta_{tf}-\Delta_t}{\delta_{tf}-\delta_{t2}}\tau_{\max} & (\delta_{t2}\leqslant\Delta_t\leqslant\delta_{tf})\\[2mm] 0 & (\Delta_t>\delta_{tf})\end{cases}\tag{6}$$

$$\phi_n^c=\frac{1}{2}\sigma_{\max}\cdot(\delta_{nf}+\delta_{n2}-\delta_{n1})\tag{7}$$

$$\phi_t^c=\frac{1}{2}\tau_{\max}\cdot(\delta_{tf}+\delta_{t2}-\delta_{t1})\tag{8}$$

（3）指数型 TSL 为：

$$T_n=-\frac{\phi_n^c}{\delta_n}\exp\left(-\frac{\Delta_n}{\delta_n}\right)\left\{\frac{\Delta_n}{\delta_n}\exp\left(-\frac{\Delta_t^2}{\delta_t^2}\right)\right. \left.\frac{1-q}{r-1}\left[1-\exp\left(-\frac{\Delta_t^2}{\delta_t^2}\right)\right]\left(r-\frac{\Delta_n}{\delta_n}\right)\right\}\tag{9}$$

$$T_n=-\frac{\phi_n^c}{\delta_n}\left(2\frac{\delta_n}{\delta_t}\right)\frac{\Delta_t}{\delta_t}\left\{q+\left(\frac{r-q}{r-1}\right)\frac{\Delta_n}{\delta_n}\right\} \exp\left(-\frac{\Delta_n}{\delta_n}\right)\exp\left(-\frac{\Delta_t^2}{\delta_t^2}\right)\tag{10}$$

$$\phi_n^c=e\sigma_{\max}\delta_n\tag{11}$$

$$\phi_t^c=\sqrt{e/2}\,\tau_{\max}\delta_t\tag{12}$$

$$q=\phi_t/\phi_n\quad r=\Delta_n^*/\delta_n\tag{13}$$

式中，T_n 为法向界面应力，MPa；T_t 为切向界面应力，MPa；ϕ_n^c 为法向临界断裂能，MPa · mm$^{1/2}$；ϕ_t^c 为切向临界断裂能，MPa · mm$^{1/2}$；δ_n 为最大法向特征位移，mm；δ_t 为最大切向向特征位移值，mm；δ_{nf} 为法向失效特征位移，mm；δ_{tf} 为切向失效特征位移，mm；δ_{n1}、δ_{n2} 为三线型 CZM 法向特征位移，mm；δ_{t1}、δ_{t2} 为三线型 CZM 切向特征位移，mm；Δ_n 为法向位移，mm；Δ_t 为切向位移，mm；Δ_n^* 为在法向应力为零时，切向完全开裂时的法向位移，mm；$\sigma_{\max}$ 为最大法向应力，MPa；$\tau_{\max}$ 为最大切向应力，MPa。

2　内聚力模型 VUMAT 子程序编译

有限元软件提供了用户材料子程序 VUMAT 接口，运用 FORTRAN 语言[21]，编译上述本构方程并嵌入于黏聚力单元，在开裂过程中，黏聚单元服从对应 TSL。由于断裂行为存在单元的完全失效且在后续计算中不可逆，因此编译 VUMAT 子程序必须选取合适的单元失效判据。

2.1　TSL 的实现

在 VUMAT 子程序中，CZM 中应力是根据位移的增加来进行更新。在每步增量中给出的是应变增量，因此，通过计算界面开裂位移值实现CZM的TSL，从而获取相应界面应力，失效位移及断裂能等内聚力参数。

2.2 失效判据分析

在VUMAT子程序中，可通过设置状态变量(Solution-dependent state variables，SDV)随应力、位移以及断裂能的变化关系。通过考察SDV值而控制内聚力单元的损伤与破坏[18]。

2.2.1 三线型CZM单元损伤与破坏控制

三线型CZM随着界面应力逐渐上升，当界面应力最大时，达到初始损伤特征位移点δ_{n1}(δ_{t1})。随后，经过理想塑性台阶期达到初始软化特征位移点δ_{n2}(δ_{t2})，在理想塑性期，界面应力始终处于最大值。随后进入软化阶段，当界面应力降为零时，单元完全失效。因此可以采用开裂位移值作为单元完全开裂失效的判据。设置状态变量$SDV7$和$SDV8$来实现单元破坏与控制。其中状态变量$SDV7$值计算式[9]为：

$$SDV7=\frac{\delta_n}{\delta_n^f}+\frac{\delta_t}{\delta_t^f} \tag{14}$$

状态变量$SDV8$用于控制破坏失效单元的删除，其初始值设置为1，当$SDV7$值增加到1时，$SDV8$值变为0，单元被删除，裂纹向前扩展。

2.2.2 指数型CZM单元损伤与破坏控制

对于连续指数型CZM，由于两向TSL处于耦合状态，很难得到界面应力最大时的初始损伤特征位移以及应力减小为零时的完全失效特征位移。因此，采取断裂能是否达到临界断裂能作为单元破坏判据。设置状态变量$SDV13$、$SDV14$、$SDV15$来实现单元破坏与控制。其中$SDV13$和$SDV14$值计算式为：

$$SDV13=\begin{cases}1 & (\phi_n^c-\phi(n)\neq 0)\\ 0 & (\phi_n^c-\phi(n)=0)\end{cases} \tag{15}$$

$$SDV14=\begin{cases}1 & (\phi_t^c-\phi(t)\neq 0)\\ 0 & (\phi_t^c-\phi(t)=0)\end{cases} \tag{16}$$

状态变量$SDV15$用于控制破坏失效单元的删除，其初始值设置为1，当状态变量$SDV13$、$SDV14$任一值为0时，$SDV15$值由1变为0，单元被删除，裂纹向前扩展。

2.3 子程序单元测试

对编译的VUMAT子程序进行单个单元测试。将单元底部全约束，在单元上部分别加载X和Y方向的10mm位移载荷，进行纯法(切)向拉伸(剪切)单元测试，如图2所示，材料参数见表1，表2。

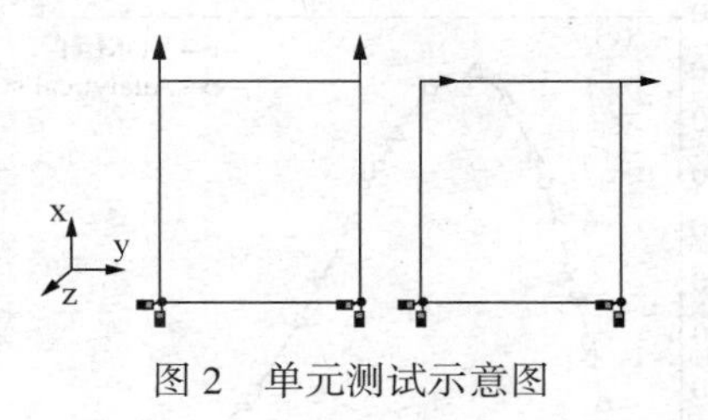

图2　单元测试示意图

表1　三线型CZM材料参数

σ_{max}/MPa	δ_{n1}/mm	δ_{n2}/mm	δ_{nf}/mm	τ_{max}/MPa	δ_{t1}/mm	δ_{t2}/mm	δ_{tf}/mm	T/mm
650	0.1	0.3	0.65	800	0.15	0.35	0.7	1

Note：σ_{max}(τ_{max})—maximum normal(tangential) stress，δ_{n1}，δ_{n2}(δ_{t1}，δ_{t2})—normal(tangential) feature displacement，δ_{nf}(δ_{tf})—normal(tangential) failure displacement，T—Initial calculation displacement of CZM

表2　指数型CZM材料参数

σ_{max}/MPa	δ_n/mm	τ_{max}/MPa	δ_t/mm	T/mm	r	Φ_n/MPa·mm$^{1/2}$	Φ_t/MPa·mm$^{1/2}$
650	0.1	800	0.2	1	0	176.6888	186.532

Note：σ_{max}(τ_{max})—maximum normal(tangential) stress，δ_n(δ_t)—maximum normal(tangential) displacement，T—Initial calculation displacement of CZM，r—constant of normal fracture Φ_n(Φ_t)—normal(tangential) cohesive energy

图3和图4给出了单元测试结果。从图3、图4(a)和(c)可以看出CZM两向应力解析解和VUMAT计算结果完全吻合。从图3、图4(b)和(d)可以看出，当三线型CZM两向应力值变为零时，失效状态变量$SDV8$值由初始值1变为0，单元失效破坏删除；当指数型CZM两向断裂能分别达到临界断裂能时，失效状态变量$SDV15$值由初始值1变为0，单元失效破坏删除。

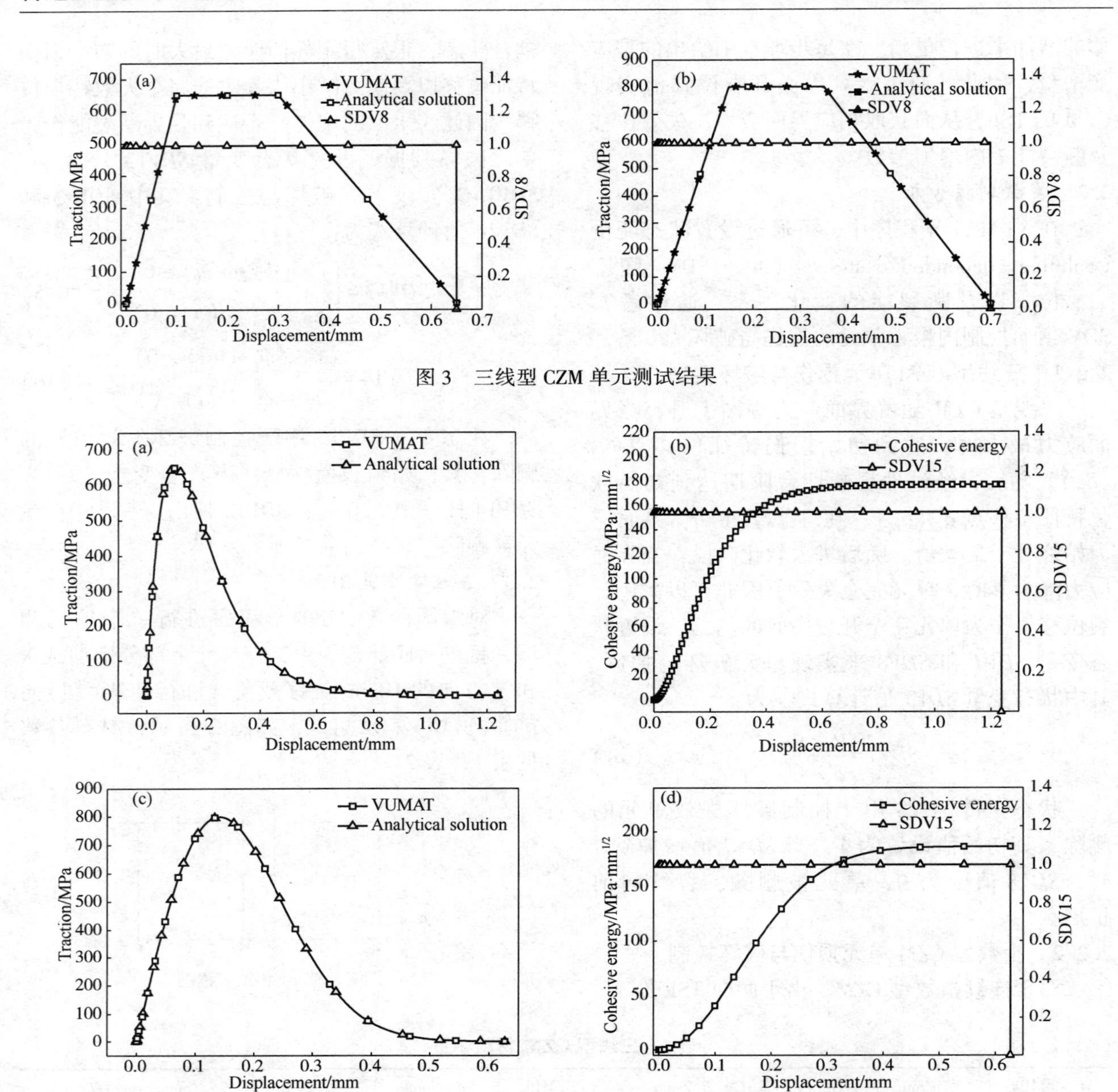

图 3　三线型 CZM 单元测试结果

图 4　指数型 CZM 单元测试结果

3　断裂韧性实验

3.1　材料与试样

实验材料为 X80 输气管线钢，其基本力学参数如表 3 所示。

表 3　X80 输气管线钢材料参数

Pipe size/mm	σ_s/MPa	σ_b/MPa	υ	E/GPa
1016×20	585	695	0. 3	200

Note：σ_s—yield strength，σ_s—tensile strength，υ—poisson´s ratio，E—elasticity modulus

X80 钢母材断裂韧性测试按照标准[22]均采用标准台阶型紧凑拉伸试样（也称为加载线紧凑拉伸试样）（Loading line compact tension，LLCT），其中试样宽度 W=40mm、试样厚度 B=17. 5mm、两侧槽之间试样净厚度 B_n=15. 5mm、机械加工缺口长度 a_0=18mm、初始裂纹长度 a=20mm。COD 引伸计装卡刀口间的距离 H 为 5mm，试样构形如图 5 所示。

3.2　实验过程及结果

本实验在 MTS809-25kN/250kN 电液伺服实验机上完成。实验由 TestStar Ⅱ 控制系统控制，实验机的静载荷检定满足标准[23]要求，其系统误差不大于±1%，偏差不大于 1%。实验时，采用专用二次夹具对试样进行过渡连接，二次夹具与实验机自带液压夹具连接。试样与二次过渡夹

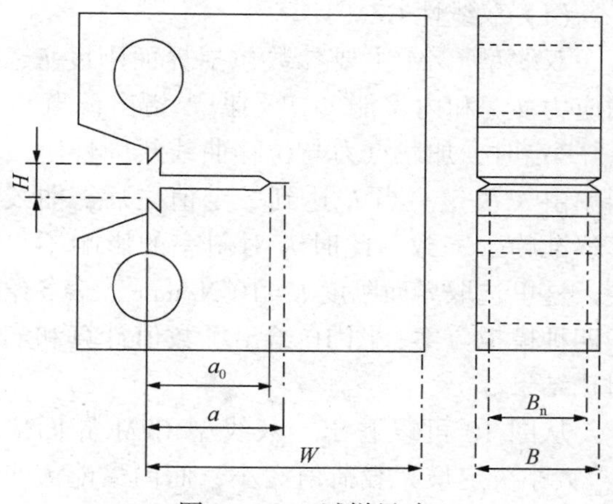

图 5 LLCT 试样尺寸

具以及自带液压夹具之间的连接均保证实验所需的固紧要求，连接系统具有良好的同轴度。采用 MTS632.02F-20 和 MTS632.03F-30COD 引伸计用以测量断裂韧性试样的裂纹张开位移。应用 MTS Multipurpose Elite 编程软件在 MTS 实验机上对试样预制疲劳裂纹，实验预制裂纹满足标准要求[22]。预制裂纹长度增量约 2mm，预制裂纹的时间约 30~60 分钟。MTS 实验机及装置安装如图 6 所示。

参照标准推荐的单试样柔度法对预制裂纹后的 LLCT 试样进行测试，加载速率 0.02mm/s，当试样超过最大载荷且下降约 10%后停止加载。对已加载过的试样进行热着色，以勾出裂纹扩展前沿，热着色后，将试样拉断，利用工具显微镜测量预制后的初始裂纹长度 a_0 和裂纹扩展终止时的裂纹长度 a_f。数据处理采用载荷分离法通过对载荷位移曲线进行规则化处理，再用通过测量得到的最终裂纹长度对应的规则化数据点取代原曲线终点，找到该点与原曲线的切点，用规则化函数拟合切点左侧点及裂纹终止点即可得到 R 阻力曲线。其中按照标准[22]推荐公式计算 J 积分值，计算结果见表 4。图 7 和图 8 分别给出了实验载荷位曲线和 R 阻力曲线。由图 7 和图 8 可以看出，三组实验分散性较小，实验结果可靠度高，有限元模拟取 80-1#数据。

图 6 MTS 实验机及装置安装图

表 4 断裂韧性测试结果

Specimen	a_0/mm	a_f/mm	Δa_{max}/mm	δ_{IC}/mm	J_{IC}/MPa · mm$^{1/2}$
80-1#	20.5596	23.0226	1.944039	0.26643	529.39
80-2#	20.0522	22.6002	1.994775	0.27116	543.4
80-3#	20.2566	22.85133	1.974337	0.26099	521.08

Note: a_0—initial crack length, a_f—final crack length, Δa_{max}—maximum crack increment, δ_{IC}—critical CTOD, J_{IC}—critical J integral

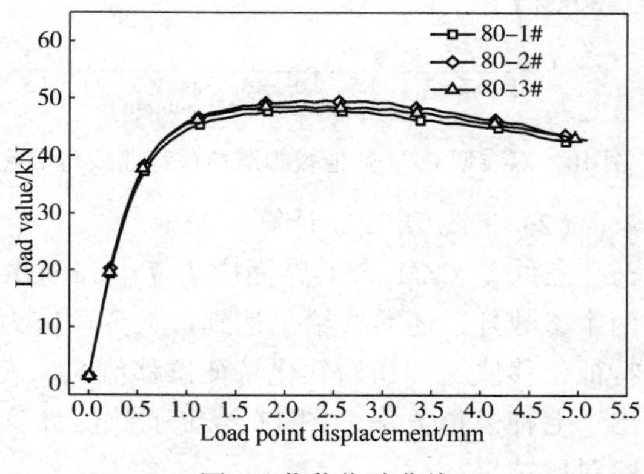

图 7 载荷位移曲线

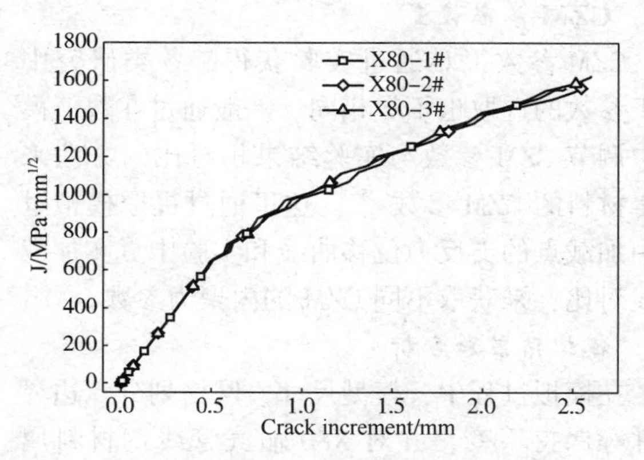

图 8 X80 输气管线钢 J-R 阻力曲线

4 有限元模拟

4.1 模型建立

根据实验加载方式和试样的几何形状，采用二维平面应变结构单元进行模拟。内聚力区通过设置一层零厚度的内聚力单元实现，该内聚力单元位于开裂方向上，截面属性中内聚力单元计算厚度 T 设置为 0.01mm。采用四节点二维减缩积分黏接单元 CHO2D4 划分网格，为获得精确的结果，内聚力区网格进行加密处理[24]，网格个数为 200 个，尺寸为 0.1mm。模型剩余部分采用平面应变四节点减缩积分单元 CEP4R，全局网格尺寸为 0.1，共划分 11255 个网格。将试样与二次夹具接触的部分分别耦合到 RP-1 和 RP-2 两点，将 RP-2 的 X，Y 方向位移自由度约束，同时约束住 RP-1 的 X 的位移自由度，并在 RP-1 加载竖直向上的线位移来保证边界条件与实验一致，模型如图 9 所示。

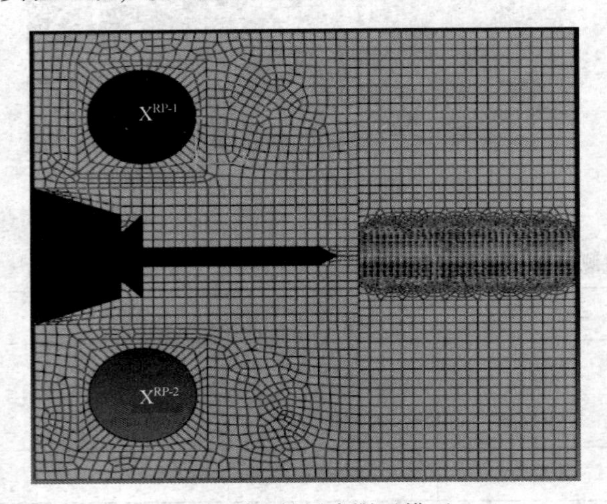

图 9　裂纹扩展有限元模型

4.2 CZM 参数设置

CZM 参数很难通过实验获得，各类研究中对于参数的选取也不尽相同。一般通过在数值模拟中调节 CZM 参数与实验结果相对比的方法来获得材料的 CZM 参数[25]。这里通过提取模拟过程中加载点的支反力位移曲线和实验中真实加载曲线对比，来获取不同 CZM 的内聚力参数。

4.3 模拟结果和分析

在模拟过程中，模型尺寸、网格划分、边界条件等保持不变，并对 X80 输气管线钢材料属性作均质化处理，因此，CZM 法向最大界面应力等于切向最大界面应力，两向断裂能也相等。分别调用不同的 VUMAT 子程序进行模拟。

（1）双线性 CZM 计算

双线型 CZM 主要参数包括界面刚度 K、界面应力 T_{max} 和内聚能 Φ。文献[14]指出，当 Φ 和 T_{max} 一定时，加载点力与位移曲线线弹性阶段的斜率由 K 决定。当 K 达到一定值之后，曲线斜率逐渐趋于一致，此时 K 对斜率的影响不再重要。这里选取界面刚度 $K=10^9\mathrm{N/mm^3}$。表 5 给出了四种模拟方案，图 10 给出了数值计算和实验对比结果。

从图 10 可以看出，双线型 CZM 界面应力 T_{max} 大小决定最大载荷值大小，而内聚能大小决定末端载荷值大小。当内聚力参数取界面刚度 $K=10^9\mathrm{N/mm^3}$，界面应力 $T_{max}=650\mathrm{MPa}$，内聚能 $\Phi=2000\mathrm{MPa\cdot mm^{1/2}}$ 时，数值模拟与实验真实曲线较为吻合。

表 5　双线型 CZM 参数

Numerical Simulation	σ_{max}/MPa	τ_{max}/MPa	Φ_n/MPa·mm$^{1/2}$	Φ_t/MPa·mm$^{1/2}$
NS1	650	650	1500	1500
NS2	650	650	2000	2000
NS3	700	700	1500	1500
NS4	700	700	2000	2000

Note: The physical meaning of each parameter is shown in the above tables

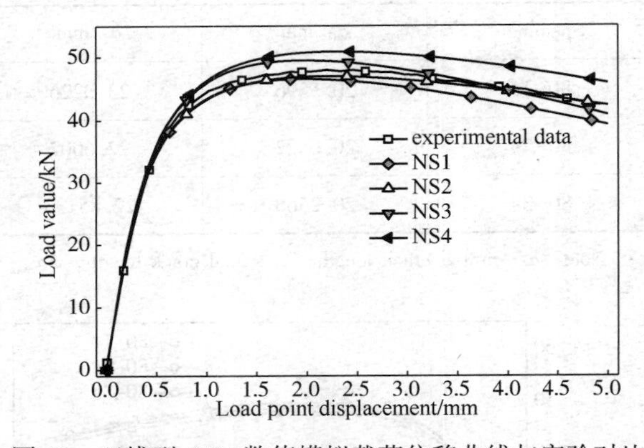

图 10　双线型 CZM 数值模拟载荷位移曲线与实验对比

（2）三线型 CZM 计算

三线型 CZM 除了界面应力 T_{max} 和内聚能 Φ 两个参数外，还需要给出达到最大界面应力值的特征位移值 δ_1 和初始软化特征位移值 δ_2。表 6 给出了七种模拟方案，图 11 给出了数值计算和实验对比结果。

从图 11 可以看出，载荷位移曲线线弹性阶段的斜率与特征位移值 δ_1 有关，当 δ_1 达到合适值(小于 0.01mm)后，斜率趋于稳定。由算例 NS7 可知，当界面应力取 700MPa 时，最大荷载达 52.1kN，大于实验最大载荷值 48.1kN。因此，界 σ_{max} 大小对最大载荷值的大小起决定性作用。而末端载荷值的大小受特征位移值 δ_2 和内聚能 Φ 共同影响，但 Φ 大小起主导作用。其中算例 NS3，能较好再现实验结果。

表 6　三线型 CZM 参数

Numerical Simulation	σ_{max}/MPa	δ_1/mm	δ_2/mm	δ_f/mm	T/mm	Φ/MPa · mm$^{1/2}$
NS1	650	0.01	0.55	4.075385	0.01	1500
NS2	650	0.01	0.55	3.921538	0.01	1450
NS3	650	0.01	0.45	4.175385	0.01	1500
NS4	650	0.01	0.35	4.275385	0.01	1500
NS5	650	0.005	0.45	4.170385	0.01	1500
NS6	650	0.01	0.45	5.713846	0.01	2000
NS7	700	0.01	0.45	3.845714	0.01	1500

Note: The physical meaning of each parameter is shown in the above tables

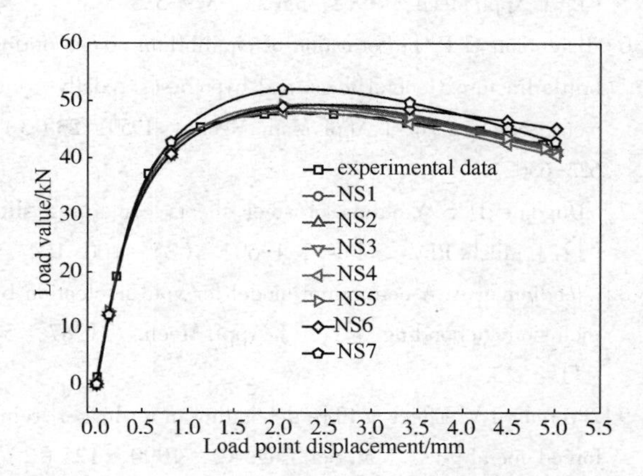

图 11　三线型 CZM 数值模拟载荷位移曲线与实验对比

(3) 指数型 CZM 计算

对于连续耦合的指数型 CZM，需要给出界面应力 T_{max} 和内聚能 Φ 或者特征位移值 δ_n，其中计算厚度 T 取 0.01mm，参数 $r=0$。表 7 给出了七种模拟方案，图 12 给出了模拟结果。

从图 12 可以看出，指数型 CZM 对于断裂行为的描述取决于 T_{max} 和 δ_n，而加载过程中线弹性上升和软化下降阶段的影响并非由单一参数决定。其中线弹性加载过程中载荷位移曲线的斜率主要依赖于 δ_n，T_{max} 虽然也影响其斜率大小，但敏感性较低。最大载荷值和曲线末端载荷值由 T_{max} 和 δ_n 共同作用，加载过程中线弹性阶段吻合时，δ_n 极小，在 T_{max} 不变的条件下，此时数值模拟曲线末端载荷值远远低于实验结果(图 12 算例 NS3)。通过增大 δ_n 提高 Φ 模拟时，虽然软化阶段可以较好吻合，但是线弹性阶段曲线斜率远远小于实验值甚至会出现计算不收敛的现象(图 12 算例 NS5 和 NS6)。其次，提高 T_{max} 大小以期使软化阶段与实验结果相吻合，则又会出现数值模拟最大载荷值远大于实验结果，而且对于曲线末端最大载荷值的提高效果不甚理想(图 12 算例 NS7)。

从上述结果不难看出，双线型和三线型 CZM 模拟可较好地再现实验结果，而指数型 CZM 难以同时再现载荷位移曲线线弹性上升和软化下降阶段。另一方面，虽然双线型和三线型 CZM 模拟结果与实验曲线能够很好重合，但是相关参数差别较大。当数值模拟计算结果与实验曲线吻合度较高时，双线型和三线型 CZM 在界面应力均为 $T_{max}=1.11\sigma_s=650$MPa，但双线型内聚能 $\Phi=3.77J_{IC}=2000$MPa · mm$^{1/2}$，三线型内聚能 $\Phi=2.83J_{IC}=1500$MPa · mm$^{1/2}$。CZM 的参数和材料的性质紧密相关，而内聚力参数又决定着 CZM 的性质，上述分析说明对于 X80 输气管线钢断裂行为的研究与 CZM 的选取紧密相关。

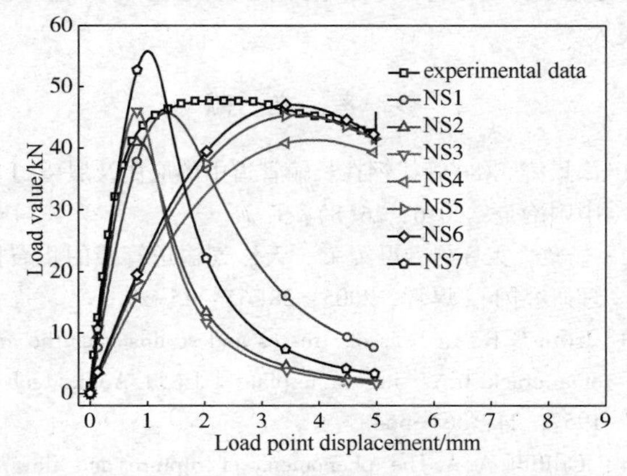

图 12　指数型 CZM 数值模拟载荷位移曲线与实验对比

表 7　指数型 CZM 参数

Numerical Simulation	σ_{max}/MPa	δ_n/mm	τ_{max}/MPa	δ_t/mm	Φ_nMPa·mm$^{1/2}$	Φ_tMPa·mm$^{1/2}$
NS1	820	0.2	820	0.466	445.798	445.798
NS2	820	0.1	820	0.233	222.899	222.899
NS3	1000	0.08	1000	0.187	217.462	217.462
NS4	650	0.820	650	1.913	1450	1450
NS5	720	0.741	720	1.727	1450	1450
NS6	750	0.711	750	1.658	1450	1450
NS7	1200	0.1	1200	0.233	326.193	326.193

Note：The physical meaning of each parameter is shown in the above tables

5　结论

研究结合断裂韧性实验和有限元模拟，深入分析了 X80 输气管线钢基于 CZM 的断裂行为，得到如下结论：

（1）基于 TSL 的 CZM 研究 X80 输气管线钢断裂行为克服了传统断裂力学方法的局限性，仅依赖界面张力和开裂位移的 CZM 断裂能计算简单且各参数的物理意义清晰。

（2）基于连续耦合的指数型 CZM 难以准确描述 X80 输气管线钢裂纹起裂、扩展行为。而双线型和三线型 CZM 均可以准确描述 X80 输气管线钢断裂行为，其中双线型 CZM 参数对断裂行为的描述与文献[14]中一致。三线型 CZM 对断裂行为的描述更为复杂，其线弹性上升阶段的斜率，最大载荷值以及末端载荷值的确定是各内聚力参数相互耦合作用的结果。

（3）不同 CZM 的临界断裂能大小并不一致，双线型 CZM 模拟 X80 输气管线钢完全失效断裂时的临界断裂能大约是三线型 CZM 的 1.33 倍。对于不同 CZM 参数的差异性研究还需要进一步深入。

参 考 文 献

[1] 徐景涛 . X80 管线钢在长输管道中的应用及展望[J]. 中国冶金，2016，26(8)：1-7.

[2] 杨政，霍春勇，冯耀荣 . 天然气输送管线的止裂机理研究[J]. 焊管，2005，28(6)：25-29.

[3] Irwin G R. Analysis of stresses and strains near the end of a crack traversing in a plate [J]. J. Appl. Mech.，1957，24：361-364.

[4] Griffith A A. The phenomena of rupture and flow in solids [J]. Philos. Trans. R. Soc. London Ser.，1921，221(2)：163-198.

[5] Rice J R. A path independent integral and the approximate analysis of strain concentration by notches and cracks [J]. J. Appl. Mech.，1968，35(2)：379-386.

[6] Barenblatt G I. The formation of equilibrium cracks during brittle fracture. General ideas and hypotheses. Axially-symmetric cracks [J]. J. Appl. Math. Mech.，1959，23(3)：622-636.

[7] Dugdale D S. Yielding of steel sheets containing slits [J]. J. Mech. Phys. Solids.，1960，8(2)：100-104.

[8] Needleman A. A continuum model for void nucleation by inclusion debonding [J]. J. Appl. Mech.，1987，54(3)：525.

[9] Tvergaard V. Effect of fibre debonding in a whisker-reinforced metal [J]. Mat. Sci. Eng. A.，1990，125(2)：203-213.

[10] Tvergaard V. Hutchinson J W. The relation between crack growth resistance and fracture process parameters in elastic - plastic solids [J]. J. Mech. Phys. Solids.，1992，40(6)：1377-1397.

[11] Mi Y，Crisfield M A，Davies G A O，et al. Progressive delamination using interface elements [J]. J. Compos. MAater.，1998，32(14)：1246-1272.

[12] Ren Z J，Ru C Q. Numerical investigation of speed dependent dynamic fracture toughness of line pipe steels [J]. Eng. Fract. Mech.，2013，99(99)：214-222.

[13] Yu P S，Ru C Q. Strain rate effects on dynamic fracture of pipeline steels：Finite element simulation [J]. Int. J. Pres. Ves. Pip.，2015，126-127：1-7.

[14] 苗婷，苗张木，冷晓畅 . 基于 CZM 的 X65 输气管线钢稳定裂纹扩展研究[J]. 船舶力学，2017，(02)：192-200.

[15] Xu T，Zeng X，Yao A，et al. Finite element simulation of interfacial fracture between Fe3C and α-Fe based on cohesive zone law deriving from molecular

dynamics[C]. ICF13, 2013.

[16] Xu T, Stewart R, Fan J, et al. Bridging crack propagation at the atomistic and mesoscopic scale for BCC-Fe with hybrid multiscale methods[J]. Eng. Fract. Mech., 2016, 155: 166-182.

[17] Xu T, Fan J, Stewart R, et al. Quasicontinuum simulation of brittle cracking in single - crystal material [J]. Cryst. Res. Technol., 2017, 52(3): 1600247.

[18] 王永刚，胡剑东，王礼立 . 金属材料层裂破坏的内聚力模型[J]. 固体力学学报，2012，33(5)：465-470.

[19] Volokh K Y. Comparison between cohesive zone models [J]. Int. J. Numer. Meth. Bio. Eng., 2004, 20(11): 845-856.

[20] 张军，贾宏 . CZM 的形状对胶接结构断裂过程的影响[J]. 力学学报，2016，48(5)：1088-1095.

[21] 石亦平，周玉蓉 . ABAQUS 有限元分析实例详解[M]. 北京：机械工业出版社，2006.

[22] 蔡力勋 . GB/T 21143-2014 金属材料准静态断裂韧度的统一实验方法[S]. 北京：中国标准出版社，2015-09-01.

[23] JJG 556-2011 轴向加力疲劳试验机[S].

[24] Turon A, Dávila C G, Camanho P P, et al. An engineering solution for mesh size effects in the simulation of delamination using cohesive zone models[J]. Eng. Fract. Mech., 2007, 74(10): 1665-1682.

[25] Alfano M, Furgiuele F, Leonardi A, et al. Mode I fracture of adhesive joints using tailored cohesive zone models[J]. Int. J. Fract, 2009, 157(1): 193-204.

辽河油田金海采油厂管道完整性管理实践

马广刚　郎成山

（中国石油辽河油田公司）

摘　要　本文简要介绍了金海采油厂管道现状，并结合油田集输管道特点及存在问题，阐述了本单位管道完整性管理工作开展情况，着重介绍了以“文件体系、标准体系、技术体系”三个体系为支撑，以“管道失效分析、分级培训管理、强化巡检监督”三项机制为保障，以“检测缺陷修复、管道入地段补强、系统优化改造”三项举措为重点的管理实践，说明完整性管理方法是提高油田管道管理的有效手段，是实现管道安全、经济运行的有力保障。

关键词　金海采油厂，集输管道，管道完整性管理

金海采油厂是辽河油田唯一集陆上、滩海油气开发为一体的采油生产单位，下辖海外河、小洼、黄沙坨、海南、笔架岭、葵海等6个采油区块。共有各类管道2667条1192km，管道投产年限超过20年的占比60.4%。通过全面推进管道完整性管理，管道运行风险得到有效控制，管道失效率水平大幅降低。

1　管道运行现状

共有在用管道1928条947km，其中油管道1375条544km，气管道245条211km，注汽管道67条36km，污水管道224条134km，非金属污水管道17条22km。按完整性管理规范分类，共有Ⅰ类管道3条65km，Ⅱ类管道202条128km，Ⅲ类1723条754km。管道材质以金属管道为主，占比97.6%。外防腐层采用沥青、环氧粉末、聚氨酯泡沫保温+聚乙烯夹克层等材料。管道敷设环境以农田为主，含水率在12.3%至18.1%之间，pH值7.3至7.5，属碱性强腐蚀性土壤，管道主要受外腐蚀影响。

2　油田管道特点及存在问题

（1）与长输管道不同，油气田集输管道输送介质复杂、规格不一，管线多呈网状、枝状分布，管网结构复杂，各区域风险差异较大，风险管理难度大。

（2）油气田管道总里程较长，腐蚀较为严重，实施完整性管理面临较大的成本压力。

（3）管道平均投产22年以上，泄漏频次较高，部分管道铺设于环保区，穿跨越河流、水线，一旦巡检不及时或处理不当，易导致大面积环境污染，造成恶劣的社会影响。

3　管道完整性管理体系建设

持续推进“数据采集、双高识别、检测评价、维护维修、效能评价”完整性管理五步循环，逐步形成了以“三个体系”为技术支撑，以“三项机制”为管理保障，以“三项举措”为工作重点的全流程完整性管理模式。

3.1　开展“三个体系”建设，构建完整性工作基础

（1）建立完整性管理文件体系

依托勘探与生产分公司及辽河油田公司文件架构，通过完善管道专项应急预案、一区一案、一线一案等完整性管理方案，逐步建立适用于金海采油厂管道完整性管理的体系文件，目前已完成全部三级体系文件的编制工作，为全面、规范推进管道完整性管理奠定基础(表1)。

（2）建立完整性管理标准体系

识别并收集管道完整性管理相关标准63个，包括GB 32167—2015《油气输送管道完整性管理规范》等国家标准27个、石油行业标准24个、企业标准12个。通过加强相关标准的配备和宣贯，为完整性管理工作开展提供指导和规范(表2)。

（3）建立完整性管理技术体系

管道缺陷检测及修复技术是科学、经济实施完整性管理的关键。重点对管道外腐蚀直接评价、单井管道水压试验检测和管道复合材料补强技术进行探索和攻关，建立了适用于金海采油厂

各区块管道完整性管理的技术体系，为管道完整　　性管理全面推进提供技术支持(表3)。

表1　管道完整性管理文件体系

体系分级	类　别	序号	完整性管理体系	规划完成情况
一级文件	完整性管理规定	1	《股份公司油气田管道和站场完整性管理规定》	完成
		2	《股份公司油田管道技术导则》	完成
		3	《股份公司气田管道技术导则》	完成
		4	《油田公司管道和站场完整性管理办法》	完成
二级文件	程序文件	1	股份公司油田管道程序文件	完成
		2	股份公司气田管道程序文件	完成
	应急预案	1	金海采油厂管道泄漏专项应急预案	完成
		2	金海采油厂城区管道泄漏专项应急预案	完成
三级文件	作业文件	1	股份公司油田管道作业文件	完成
		2	股份公司气田管道作业文件	完成
	附录文件与表单	1	油田附录文件与表单	完成
		2	气田附录文件与表单	完成
	完整性管理方案	1	一线一案(Ⅰ类管道，Ⅱ类管道中联合站间管道)	完成
		2	一区一案(其他管道)	完成

表2　管道完整性管理标准体系

分　类	类别	标准名称	数量/项
综合要求类	国标	GB 32167—2015 油气输送管道完整性管理规范……	3
	行标	SY/T 6621—2016 输气管道系统完整性管理规范……	3
	企标	Q/SY 1180.1—2009 管道完整性管理规范　第1部分：总则	1
建设期管理标准	国标	GB 50253—2014 输油管道工程设计规范……	10
	行标	SY/T 4131—2016 油气输送管道线路工程竣工测量规范	1
	企标	Q/SY 1180.5—2009 管道完整性管理规范　第5部分：建设期管道完整性管理导则	1
高后果区管理与风险评价	国标	GB/T 27512—2011 埋地钢质管道风险评估方法 GB/T 34346—2017 基于风险的油气管道安全隐患分级导则	2
	行标	SY/T 6859—2012 油气输送管道风险评价导则……	5
	企标	Q/SY 1594—2013 油气管道站场量化风险评价导则……	5
完整性检测与评价	国标	GB/T 37369—2019 埋地钢质管道穿跨越段检验与评价……	6
	行标	SY/T 0087.2—2012 钢质管道及储罐腐蚀评价标准　埋地钢质管道内腐蚀直接评价……	9
	企标	Q/SY 01023.4—2018 油气集输管道和厂站完整性管理规范第4部分：管道检测与评价……	3
维修与维护	国标	GB/T 21447—2018 钢质管道外腐蚀控制规范……	5
	行标	SY/T 7036—2016 石油天然气站场管道及设备外防腐层技术规范……	6
	企标	Q/SY 1592—2013 油气管道管体修复技术规范	1
效能评价与审核	国标	GB/T 30339—2013 项目后评价实施指南	1
	企标	Q/SY 1180.8—2013 管道完整性管理规范　第8部分：效能评价	1
合计			63

表3　管道完整性管理技术体系

环　节	项　目	使用技术	
高后果区识别和风险评价	高后果区识别	油管道高后果区识别技术、气管道高后果区识别技术、含硫管道高后果区识别技术	
	风险评价	定性方法、半定量(基于肯特法)、定量(QRA)、区域风险评价	
检测评价	外腐蚀直接评估	防腐层检测	ACVG、ACAS、DCVG
		本体缺陷非开挖检测	超声导波
	内腐蚀直接评估	原油管道内腐蚀直接评估 湿气管道内腐蚀直接评估	
	缺陷评估	本体缺陷评价	腐蚀、制造缺陷、焊缝缺陷、裂纹、凹陷
		外腐蚀防护系统评估	防腐层综合性能、阴极保护有效性、环境腐蚀
	压力试验	水压试验	
维修维护	管体修复技术	机械夹具、带压开孔、复合材料修复、环氧钢套筒、A型套筒、B型套筒	
	防腐层修复技术	防腐层局部修复技术、防腐层大修技术	

3.2　完善“三项机制”建设，筑牢完整性管理保障

(1) 完善管道失效分析机制

建立管道泄漏情况“月度统计，季度分析，年度研讨”的管理方式。只有全面掌握各区块管道失效原因，准确查找现场存在问题和管理薄弱环节，管道管理才能有的放矢。一是每月对各作业区内管道泄漏情况进行统计，从泄漏原因、泄漏地点、泄漏部位、输送介质、管道类别五方面进行分类分析，为准确判断管道失效机理打好基础。二是每季度对管道泄漏原因进行分析汇总，找出各区块管道存在主要问题，及时对治理措施效果进行检查，优化调整管理对策。三是每年召开管道管理专题研讨会，由厂主管领导主持，由各基层主管副区长汇报，深入分析管道失效特点，剖析管理问题，介绍好的做法。管道失效机理分析逐步固化于日常管理中。

(2) 完善分级培训管理机制

突出理论对管道管理的指导性，以提升各级管理人员的业务素质、技术水平和岗位员工的操作技能为重点，分层次、有重点抓好分级培训。厂级培训着重开展管道保护法、完整性管理“一规、二则、一办法”和完整性管理方法培训，提高管理层领导能力；专兼职管理人员着重开展标准规范、作业文件、程序文件等内容的培训，不断增强业务本领；操作人员着重加强巡检标准，监督要求、应急处置措施等方面内容，提升岗位员工规范操作、合理处置能力。管道分级培训管理模式的完善为规范、高效推进管道完整性管理工作提供重要保障。

(3) 完善管道巡检监管机制

为提高管道巡检质量、加强第三方施工监管，建立分级巡检监督管理模式。按照厂、区、队、岗四级制定巡检监督标准。对高后果区管道、高风险管段实施加密巡检，确保双高管道风险受控；对于管道附近存在第三方施工情况，指派专人进行旁站式监督，严防由于第三方施工对管道造成破坏及管道占压问题。

3.3　突出“三项重点工作”，降低管道运行风险

(1) 突出管道检测缺陷修复

为经济、合理开展管道修复，2019年在黄沙坨油田小四站输油管道进行开挖实验，验证管道防腐层损伤与本体缺陷对应关系，对小四站输油管道10处防腐层缺陷检测点管体腐蚀情况进行开挖对照，防腐层评价等级与管道本体最小剩余壁厚整体上呈正相关，即管道防腐层缺陷等级越高，管道本体腐蚀越严重(表4、图1)。说明管道外防腐层检测技术可准确识别管道薄弱点，应优先对防腐层评价等级为1级、2级缺陷点进行修复，可以有效延长管道使用寿命。

优选对双高管道进行修复，截至目前，累计实施检测管道修复5条8.8km。

表4　小四站输油管道开挖点壁厚及防腐层检测情况统计表

序号	检测位置(GPS点号)	最小剩余壁厚/mm	管壁评价等级	*dB* 值	防腐层评价	备注
1	6	4.2	2		4	
2	9	4.3	2	75	1	
3	20	4.0	2	72	1	

续表

序号	检测位置（GPS点号）	最小剩余壁厚/mm	管壁评价等级	*dB* 值	防腐层评价	备注
4	21	4.3	2		4	
5	24	4.3	2	69	1	
6	25	4.3	2	32	3	
7	29	4.3	2		4	
8	44	4.2	2		4	
9	59	4.6	1		4	
10	61	4.2	2	58	2	

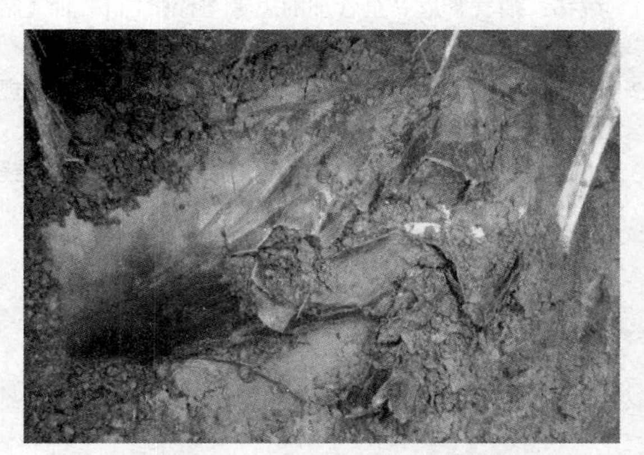

图1　小四站输油管道检测缺陷点开挖验证照片

（2）实施单井管道入地段补强

海外河油田是金海采油厂投产最早、管道腐蚀老化最为严重的区块，年泄漏次数占比全厂48%以上。其单井管道入地段腐蚀泄漏问题最为突出，占泄漏总数的78%。

为快速有效降低管道失效率，开展补强技术攻关，大力推进管道修复。一是开展科技攻关，实现复合材料补强技术在单井管道的安全经济应用。纤维复合材料补强技术在油气输送管道维护和大修中得到广泛使用，限于其成本较高，其在油田单井管道修复中难以推广。依据Q/SY 1592《油气管道管体修复技术规范》，并结合马明利等2011《管道碳纤维补强的打压试验研究》成果，采取“3层碳纤维补强+2层玻璃纤维外护”复合材料补强方式对单井管道进行修复，实现复合材料补强技术对单井管道经济、安全、不停产修复（图2）。二是对严重腐蚀管段进行局部更换。为保证修复质量，依据股份公司《油田管道本体缺陷修复作业规程》对缺陷深度大于80%管道进行局部管段更换。三是实施穿跨越段管道维护。为保证穿跨越段等环境敏感段管道安全运行，开展入地段检查维护，合理控制管道运行风险。

图2　管道入地段复合材料补强修复前后对比

截至目前，累计实施单井管道入地段补强354处，928m；实施管段更换63处，193m；实施穿跨越入地段维护26处92m。

（3）开展油气输送系统优化改造

黄沙坨区块小四站输气管道整体腐蚀老化严重，2015年以来，累计发生管道泄漏58次，发生抢险及补偿费用240余万元。同时，原油外输系统由于小四站产量降低，采取掺清水外输，年消耗清水、电费、天然气等运行费用130万元。为解决小四站输气管道频繁泄漏、输油管道低效高耗运行问题，对小四站输油输气系统进行整体优化改造，即利用原输油管线进行输气，停用频繁泄漏的输气管道，原油改为拉运。项目实施后，不仅解决了输气管道频繁泄漏安全隐患，同时年节约原油外输运行成本160余万元。

4 结论及建议

通过加强双高管道巡检，优先对双高管道进行检测修复，合理控制管道运行风险；通过持续对腐蚀泄漏问题最为严重的管道入地段开展复合材料补强，管道泄漏频次快速降低，通过实施小四站输油输气系统改造，停用了频繁泄漏的小四站输气管道，通过原油改拉运，实现输油输气系统提质增效。管道失效率指标由2018年185次/(公里·年)下降为2020年的91次/(公里·年)，管道泄漏补偿、抢险等费用首次出现下降，管道管理逐步由被动抢险向主动维护转变。

在役管道清水压力试验具有直观可靠，检测速度快、低成本等优势，在长庆油田等集输管道已规模应用，可以有效解决外检测费用高、评价周期长，小口径内检测技术不成熟等问题，应推广应用。

对于频繁泄漏的单井管道，可立足区块整体优化，应用平台串接集油、功图量油等先进技术进行计量集油改造，减少抢险及污染补偿费用。

对于腐蚀老化严重的站间及以上管道，应进行多方案技术经济比选，综合考量内插管技术、油气混输、停用、借用管道等改造方式，可大幅降低管道改造投入。

参考文献

[1] 姚伟．油气管道安全管理的思考与探索[J]．油气储运，2014，33(11)：1145-1151.

[2] 付勇等．浅谈油气田管道完整性管理做法．石油规划设计，2019，30(3)：1~3，6.

[3] 雍信实，郭忠荣，乔志刚．管道完整性管理的实践与探索[J]．化工设计通讯，2018，44(12)：48.

AI 视频监控系统在高风险管段和高后果区的应用与探索

姚广玉　张振军　王　磊　杭光强

[陕西延长石油(集团)管道运输公司]

摘　要　利用新一代互联网、大数据、云计算、智能传感等技术，在高风险管段和高后果区建设 AI 视频监控系统，可实现高风险管段与高后果区的 24 小时全天候监控和危害因素智能识别，一方面避免了因外界行为导致管道受到破坏，减少经济损失；另一方面，积极响应国家相关法规、政策要求，避免高后果区管道遭破坏引发的石油泄漏造成土壤、水质、生态等自然环境的污染与破坏，实现管道安全平稳高效绿色环保运行。本文基于互联网+、云平台、大数据和人工智能等技术，论述了 AI 视频监控系统在高风险管段和高后果区的开发、应用与探索。

关键词　AI 视频监控，智能识别，高后果区，大数据，云服务

1　背景

近年来，随着国家安全环保法规、政策逐步趋严趋紧，特别是习近平总书记在国家生态环境保护大会上提出的关于“生态文明建设是关系中华民族永续发展的根本大计”“生态环境是关系党的使命宗旨的重大政治问题，也是关系民生的重大社会问题”“绿水青山就是金山银山”等一系列生态环保理念。由此可见，国家对生态环境的重视程度，保护生态环境重要性、紧迫性和坚决性。陕西延长石油(集团)管道运输公司所辖油气管道点多、线长、面广，管道敷设区域地形地貌复杂多变，穿越水源地、自然保护区、大小河流较多，受自然灾害等周边环境变化影响较大，第三方周边施工监管难度大，特别是随着管道服役年限越来越长，管道本体腐蚀和自然老化现象越加明显，管道一旦发生泄漏，可能造成严重的经济损失、人员伤亡和生态环境污染与破坏等事件、事故。管道面临的严峻形势，迫使管道企业加强管道完整性管理工作，确保管道安全、平稳、高效、绿色、环保运行。陕西延长石油(集团)管道运输公司结合所管辖管道敷设地域特点和运行现状，基于互联网+、云平台、大数据和人工智能，在管道高风险段和高后果区建设 AI 视频监控系统，以加强对所辖管道高风险段和高后果区的管控，全面提升管道完整性管理水平。

2　总体设计

2.1　设计思路

依托管道周边的社会资源(或自建)，采用智能化监控摄像头(根据各个站点环境的不同，选取不同功能的摄像头)，利用人工智能技术对高风险管段和高后果区周边出现的各种车辆、行人等和偷盗原油、建筑施工等场景的相关因素进行解析，然后利用网络传输至后台服务器，通过大数据算法对人工智能解析之后的数据进行实时分析，对危害管道安全的各种场景进行智能监测和告警，最后由调度人员做出是否出警和应急响应的决策，最终实现高风险管段和高后果区的全方位智能监控、管道全天候的“慧眼巡护”和管道安全高效平稳运行的目的(图 1)。

2.2　项目内容

2.2.1　选择布控区域

通过对管道企业需求、实地调研和可行性研究分析，以及管道途经黄土高原沟壑地形地貌特点和管道敷设区域实际情况，并结合合作单位共享资源分布情况，选取并设置布控点 21 个，覆盖范围 280 多公里，高后果区 20 处(图 2)。

2.2.2　前段设备选择

根据布控点位置、周边环境和需覆盖范围，选择不同类型的摄像机(表 1)。

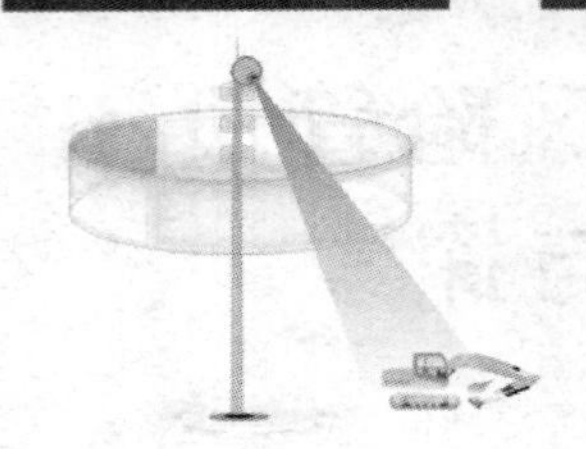

图 1　系统运行效果图

图 2　视频监控布控图

表 1　前端设备列表

主要设备	主要原理	实物图
激光夜视仪	7×24h 对管线上方 20～50m 范围内无视野遮挡区域的违规驻留行为和可疑车型进行识别	
热成像双光谱	7×24h 对管线上方 20～50m 范围内无视野遮挡区域的违规驻留行为和可疑车型进行识别	
可见光监视仪	白天对管线上方 20～50m 范围内无视野遮挡区域出现施工车辆或者特殊大型机械情况进行识别	
土壤水分监测仪	测量土壤容积含水率	
微位移测量仪	测量内部位置偏移	
多参数气象传感器	可测量温度、湿度、风速、风向、气压	

2.2.3　项目建设规划

根据项目规划设计，第一期共采用光学传感设备21台，其中激光夜视(1.5km)19台，激光夜视(2.0km)2台，每台设备装备巡航马达，实现划定区域内油气管道监测识别全覆盖。

2.2.4　传输方面

因管道所经区域地形地貌复杂，采用了多种组网方式进行传输，对可视通地段采用IP数字微波设备搭建链路，建立网络传输通道，对不可视通地段，考虑中转或租用运营商网络，传输至云服务软件平台(图3)。

最终通过互联网+、云服务、大数据计算和人工智能，以及软件平台，实现布控区域内管道24小时实时监测、监控和智能识别与前端险情告警提示，为油气管道安全增添一双智慧眼睛，增添一种保障措施。

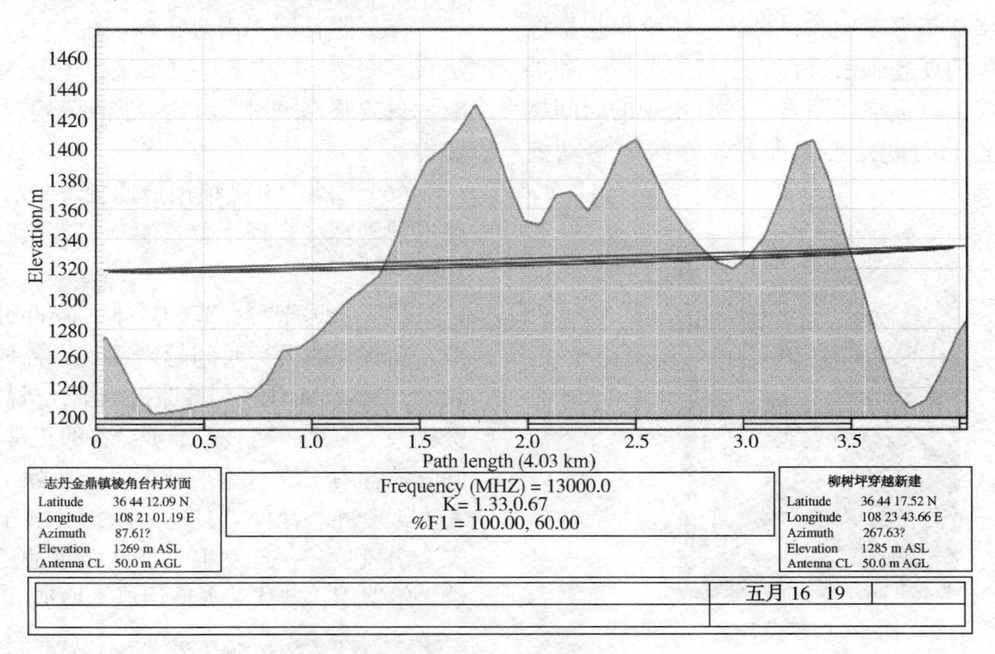

图3　网络传输图

2.3　系统模块组成

2.3.1　数据采集模块

图像/视频传感器信息采集模块依赖于大数据计算平台，实现模块程序分布式处理，提高数据采集过程中整体处理效率，保证了数据由进到出的毫秒级快速处理。

2.3.2　大数据分析模块

该模块包括数据清洗转化模块、实时消息模块、实时计算模块，为实时的大量图片数据提供高效处理分析，保证对高复杂业务场景的支撑。

2.3.3　AI图像分析模块

该模块包括机器学习多种算法来实现对物体识别、行为识别和行为监测，从而可以快速的对图片中的人和车进行分类处理，实现对图片的分类鉴别。

2.3.4　运维管理模块

主要完成对所有类别前端视频传感器状态的维护和监测，系统屏蔽多类别传感器的差异，统一由系统代理处理完成，向管理平台提供一致的接口。

2.3.5　事件分析

系统对每种车辆及人体进行智能学习及判别，根据摄像头预制位进行每秒拍摄一张图片，对同一预制位中的物体进行实时比对判别。同时根据物体运动情况进行智能分析，当对画面中的物体分析识别达到70%(系统可配置)时，如该物体为系统要求的告警行为，系统将发起告警。系统支持在同一界面中，根据不同车型的行为，分别设置不同告警阈值。

2.4　系统功能

2.4.1　高点视频监控

依托输油管道周边挂高资源，通过在高位安装长焦高清网络激光夜视摄像机、远红外探测网络摄像机搭建监控点位，以1.5～3km为半径，通过预制摄像机扫描路径对输油管道进行24h循环视频监控。

2.4.2　高后果区监控管理

在高后果区监控区域内，根据摄像头实时采

集现场照片进行人工智能分析，如果分析发现人、车、机械可能有危害管道的行为，则系统启动实时拍照录像报警机制，并及时通过平台分发出警任务。

2.4.3　全程管线监控管理

在管线全程监控区域内，24 小时监测管线周边驻留可疑人员、可疑车辆和大型机械(驻留时间可配置)，如监测挖掘机、拉土车、卡车、三轮车、摩托车等车辆和机械，系统会根据摄像头实时采集的现场画面进行人工智能分析，如果图片中出现了以上描述因素，并且出现的时间超出系统配置的时间，会立即触发系统告警功能(图 4，图 5)。

图 4　监控设备

图 5　监控画面

3　应用效果

通过半年多的运行，可以肯定基于 AI 视频监控系统在高风险管段和高后果区应用效果较好，适用性强，技术成熟可靠。

(1) 通过在管道沿线高风险段、高后果区安装 AI 视频监控系统，实现对该区域内管线 24 小时不间断扫描监控和智能识别，实现管道全天候的“慧眼巡护”。

(2) 弥补了人工巡线时段性的缺点，可全天候对管道进行监控，提高管道巡护质量和效率。

(3) 通过共享社会电源、信号传输、挂高等优势资源，节约成本。

(4) 运用大数据、云平台服务，实现管道周边危害行为和危害因素智能识别，根据后台设置的危害类型对发现危险物进行告警提示，调度室人员不用一直盯着监控画面，降低劳动力。

(5) 弥补因雨雪等特殊天气，人工无法巡线短板。安装 AI 视频监控系统，不受天气环境影响，只要设备正常运行，可全天候对管道进行监控。

(6) 安装 AI 视频预警监控系统，可优化线路巡护管理，合理配置资源，提高线路巡护质量和效率。

(7) 长远来看，节约成本，降低劳动用工风险。随着管道运行时间越来越长，各种风险越来越大，安装 AI 视频预警监控系统，虽然一次性投资较大，但是后期只需维护设备的正常运行即可。同时随着用工成本越来越大，企业除了承担劳务工人工资外、社保外，还需承担劳务工人的人身安全出风险，一旦发生人员伤亡事故，需额外赔偿一笔费用，造成劳务使用成本增加(图 6)。

图 6　告警画面

4　结论

油气输送管道是国家重要能源设施和民生工程，在维护国家政治稳定、保持经济快速发展方面发挥着无可替代的作用。基于 AI 视频监控系统在高风险管段和高后果区的应用与探索，是面向实战、面向基层，以发现和预防在高风险管段和高后果区非法施工、打孔盗油等恶性事件为目标，在现有信息平台和系统基础上，通过整合、共享各类信息资源，对调度平台、大数据平台和其他服务平台进行补充和延伸。满足事前、事中、事后业务人员实战操作需求，通过智能感知、自动识别、主动服务和辅助决策等特征，并由此形成“网络多格、一格多点、一点触发、多点联动、全网响应”的点线面相结合的远距离监控和预警系统。实现了油气管道高风险管段和高后果区传感数据与公共安全共享，填补油气管道智能监测、监控和告警的空白，有效提升了管道企业在高风险管段和高后果区安全隐患排查治理与应急处置能力；同时将有助于管道企业实时了解管道高后果区周边情况，极大降低因管道泄漏造成的污染、火灾、爆炸等安全事故带来的社会影响，对于保障能源供给和公共安全具有重要意义。

5　需改进和后期研究方向

（1）随着国家环保观念加强，法律法规越加健全严格，管道企业需重点加强河流水体防污染预防监测措施。通过远程设备对河流漂浮物、污染物进行自动监测智能识别分析，并给出判断和识别结果。

（2）统筹未来 5G 技术和智慧管网建设主旨，组建高效经济网络系统、优化云服务平台和人工智能分析软件系统，降低误报率，提高系统自主学习能力。

（3）结合智能阴保、设备智能化运行、自动感应式人工巡检、智能无人机巡检、地质灾害智能监测系统、管道腐蚀速率监测系统、管道泄漏监测系统等建立智能化管道调度指挥中心。

基于 ASME B31G 评价方法的钢制管道体积型缺陷自动合并算法研究

徐　派　姜锦涛

（中国石油辽河油田公司）

摘　要　管道相邻体积型缺陷在特定距离范围内应合并为一个缺陷后再进行评价，目前采用的人工方式进行识别和合并工作量较大，存在人为误差和漏判，给缺陷评估带来不可靠性。针对该问题，研究了以 ASME B31G 中的体积型缺陷的多点合并算法的程序实现方法，通过对管道体积型缺陷点的相对位置及距离进行判断和计算，实现了满足条件下缺陷点的自动合并，解决了缺陷点合并误差造成强度评价不可靠的问题。

关键词　体积型缺陷，缺陷合并，双向扫描，取模运算

1　引言

管道体积型缺陷产生于管道生产、施工、服役的各阶段，体积缺陷可大面积减薄管道的壁厚，降低管道的承压能力，导致管道穿孔、破裂，进一步引发火灾、爆炸和环境污染等严重事故[1]。目前行业内针对管道上多缺陷的相互作用，多应用美国机械工程师协会颁布的 ASME B31G，它是各国研究腐蚀管道剩余强度评价最常用的标准，也是一些评价标准的基础[2-3]，引用该标准对相邻的体积型缺陷在特定距离范围内合并为一个缺陷后再进行评价。我们知道漏磁内检测报告给出的缺陷数据通常是根据缺陷的实际形态给出长、宽、深外形尺寸，不会根据评价标准进行缺陷合并，目前采用的人工方式进行识别和合并工作量巨大，给缺陷剩余强度评估带来不可靠性，可能因人为疏忽造成合并缺失，低估缺陷的实际危害，造成缺陷的失修或漏修，给管道的安全平稳运行带来了风险。

研究并实现能够扫描和分析缺陷数据的计算机程序，在不破坏任何已检出的金属缺陷数据前提下，判断相邻缺陷之间的最小距离，若符合满足距离要求的，将自动计算合并后新缺陷的轴向、环向长度和缺陷深度。

2　程序实现方法

2.1　将三维的管道缺陷数据进行二维化处理

以实际的管道模型为例，为了将管道上的体积型缺陷进一步计算，需要将三维的缺陷数据与实际的管道关系进行降维处理。以管道正上方为 0 点钟方向，沿着介质流动方向，进行剪切，得到一个矩形，见图 1。

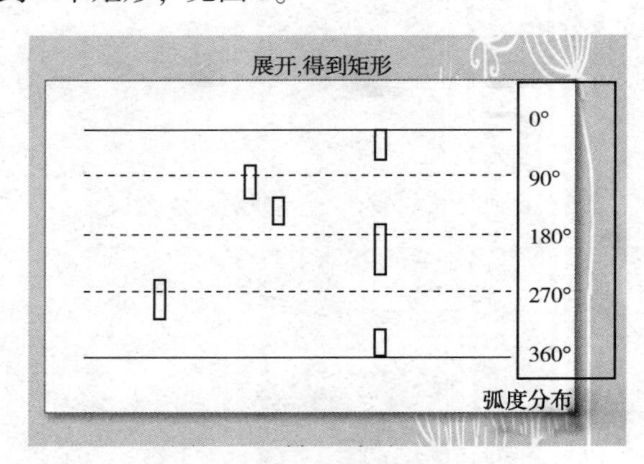

图 1　对三维缺陷进行降维处理

第一步，转换成矩形俯视图

2.2　在平面直角坐标系下判断缺陷之间的相对位置关系

将矩形俯视图移植在平面直角坐标系下，将管道的轴向方向定义为 x 轴，即里程数值；将管道的环向方向定义为 y 轴，即环向长度，值的范围 $0 \sim \pi \cdot DN$（DN 为外径），见图 2。同时，管道上附着的体积型缺陷将会以图 3 的四种形式出现：

① 两缺陷在 x 轴上的投影相交；

② 两缺陷在 y 轴上的投影相交；

③ 两缺陷在 x 轴 y 轴上的投影相交；

④ 两缺陷在 x 轴 y 轴上的投影不相交。

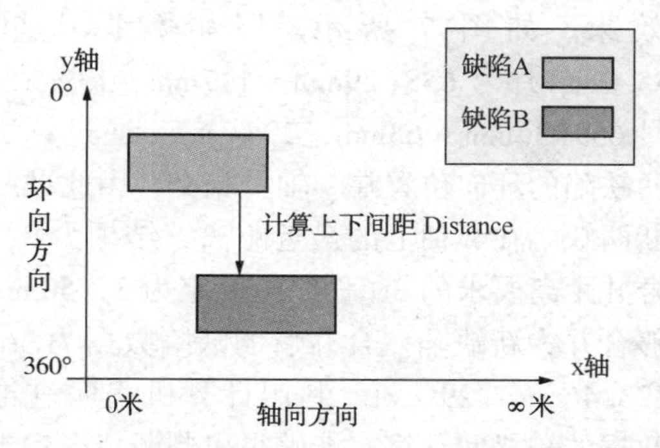

图 2　在平面直角坐标系下的缺陷示意

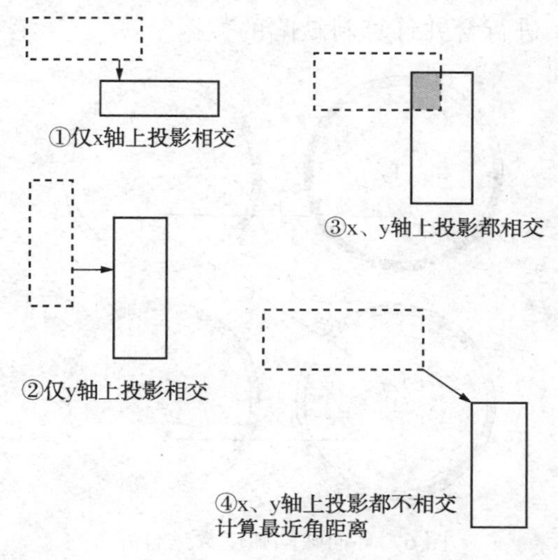

图 3　缺陷之间的相对位置四种情况

2.3　计算新缺陷的数据

按照 ASME B31G[4] 规定，若缺陷能够合并，应在待合并缺陷中，取缺陷的最深处作为新缺陷的深度。轴向长度为所有待合并缺陷的轴向长度在 x 轴上的投影长度最大值。对于环向长度的计算，由于管道在横切面上是一个圆，鉴于圆的有限无界特性，在对环数据进行处理时，需要对弧度跨越 360°(或 0°)时，进行取模 mod360 处理。我们建立一种程序思维，开发一种指针，使其能够在环向上进行扫描，如图 4 所示根据指针扫描的结果来指导新的环向长度计算。

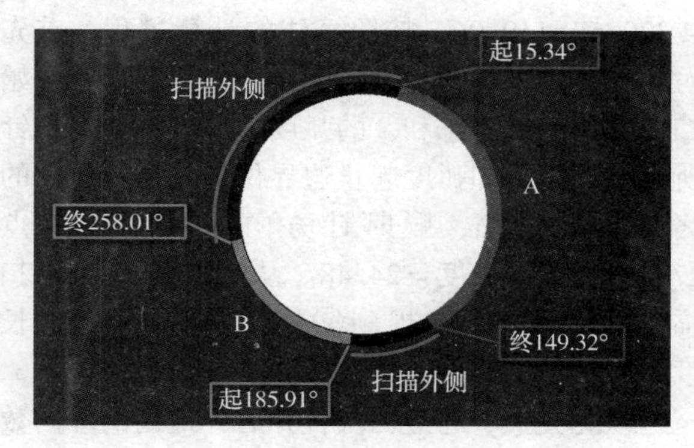

图 4　环的双向扫描算法简要示意

根据扫描的结果，按照环向缺陷的相对位置，总共可以分为四种情况，利用计算机程序对图 5 的四种情况进行识别，同时对弧度跨越 360 (或 0°)时进行取模运算，能够计算出新的环向长度。

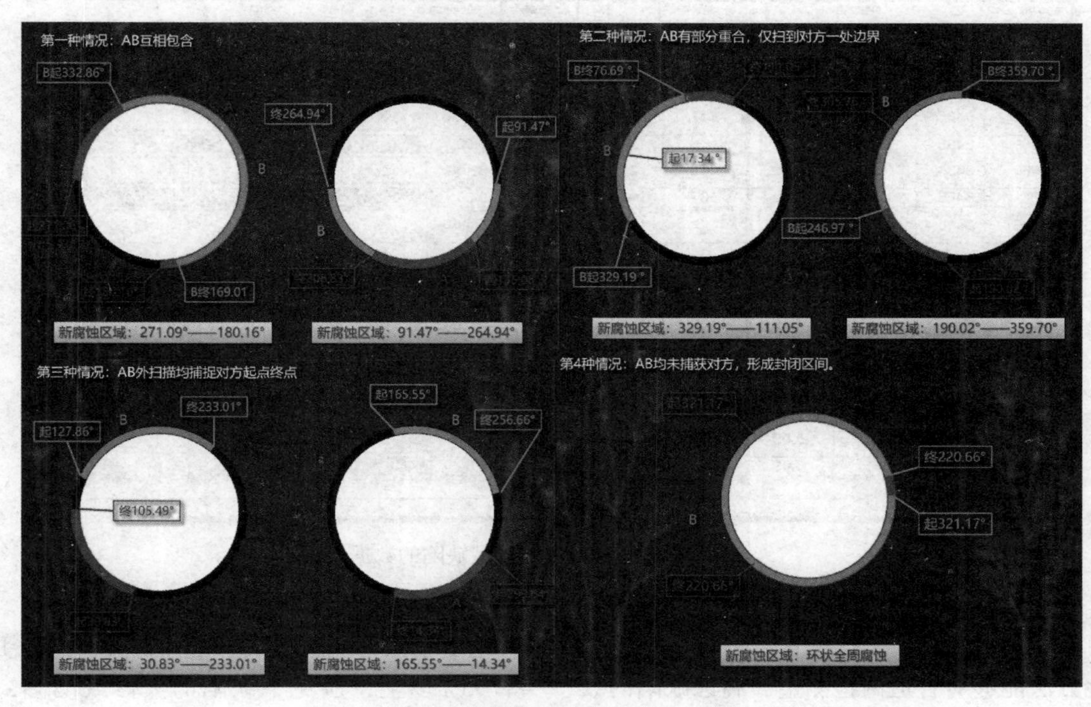

图 5　四种形式的扫描及计算新环向长度的示意

3　随机测试并检验

利用计算机程序建立任意多的连续体积型缺陷，使其强制满足合并要求，验证计算新缺陷数据的结果。我们随机建立4个环向缺陷的弧度数据，并对其强制合并，共需要进行3次合并计算。

四个随机的环向数据如下：①241.6－248.2；②272.68－37.58；③314.21－235.91；④320.57－119.06，按照算法的计算过程，首先对①和②进行重新计算环向长度，建立指针开始扫描，在捕捉到①和②的弧度边界时，记录指针所行走的距离和弧度起止边界位置。指针从①的终点出发扫描，顺时针方向捕获②的起点272.68，扫描长度=24.48。从①的起点出发扫描，逆时针方向捕捉到②终点37.58。行走长度=204.02。指针所扫描的总长度=228.50。

以此类推，经过三次合并后，最终的环向数据如图6中4号圈(241.6-235.91)所示，其中红色弧形区域代表第一缺陷的环向示意，绿色代表第二缺陷的环向示意，0点钟方向为0°。

经过对缺陷的环向数据进行验证后，开始对某条管道的部分真实体积型缺陷数据进行实测合并效果。如图7所示，原始数据中里程6485.9m，序号658(29mm＊117mm，13%wt)和序号659(36mm＊63mm，29%wt)，通过算法判断两缺陷的环向位置在y轴上相交，因此进一步判断两缺陷在x轴上的最近距离，结果为0，满足合并距离要求的3t(程序中设定为3＊50mm)，能够合并为新缺陷。合并后的缺陷数据为36mm＊123.46mm，29%wt。利用计算机程序进行缺陷数据的扫描和计算，能够得出判断情况和求出相对位置的最短距离，在满足合并距离值以内的，进行合并计算新缺陷的数据。

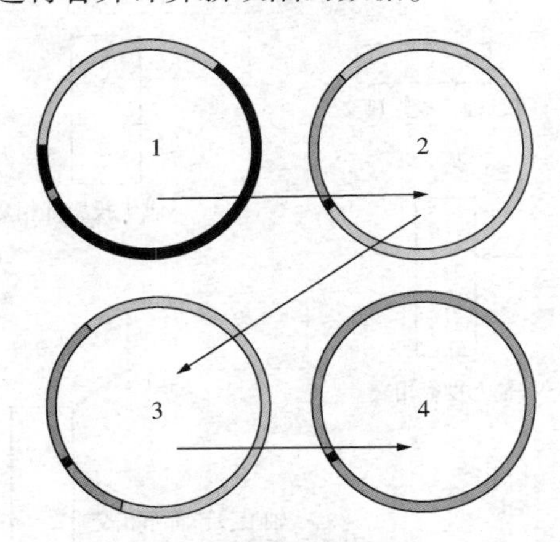

图6　环向缺陷弧度数据合并

预设管径　限定合并距离

金属管壁近距离缺陷点合并算法

07版Excel导入　清空表格　设置管径Dn= 426 mm，合并距离限定→ 50 mm　开始合并　终止当前操作　保存　帮助

原始序号	里程米	轴向长度 L_x	时钟方向	环向长度 L_y	深度%	判断情况	值毫米	是否合并	合并后序号	合并后的 L_x	合并后的 L_y	合并后的深度
657	6484.4	13	6:52	14	13	计算角距离	630.07	否	622			
658	6485.9	29	6:28	117	13	计算X距离	1479.00	否	623			
659	6485.9	36	6:46	63	29	有交集	0.00	是	623	36	123.46	29%
660	6486.1	30	6:46	142	21	计算X距离	167.00	否	624			
661	6486.1	45	6:42	167	16	有交集	0.00	是	624	45	166.99	21%
662	6488.4	7	6:18	13	9	计算X距离	2274.00	否	625			
663	6488.6	24	6:24	32	6	计算X距离	184.50	否	626			
669	6491.2	15	6:28	19	11	计算X距离	547.00	否	632			
670	6492.0	11	6:20	14	9	计算X距离	787.00	否	633			
671	6492.0	14	6:24	33	5	有交集	0.00	是	633			
672	6492.0	14	6:30	25	9	有交集	0.00	是	633	14	40.15	9%
673	6492.5	10	6:44	17	6	计算角距离	488.03	否	634			
674	6492.6	11	6:09	13	10	计算角距离	102.54	否	635			
675	6492.6	11	6:09	17	8	有交集	0.00	是	635	11	17.03	10%

消息：　无操作

图7　某管道的部分体积型缺陷的数据

4　结论

此方法能够对管道内检测金属腐蚀缺陷的数据进行扫描，自动识别出距离较近的缺陷，在满足合并要求之后，使其自动合并为新缺陷。能够杜绝由于人为疏忽造成了合并缺失，提高工作效率95%以上，避免了缺陷的失修或漏修，保证了管道的安全平稳受控运行。

在利用计算机程序对管道体积型缺陷进行识别和处理时，还应根据不同的标准方法来进行合并操作，以满足不同标准下对缺陷剩余强度的计算和预测，同时管道内检测得到的管道体积型缺陷数据也受设备采集精度影响，并不能做到百分百精确，在后续的强度评价还应采取保守态度。

参 考 文 献

[1] 帅健. 管线力学[M]. 北京：科学出版社，2010.

[2] 帅健，张春娥，陈福来. 腐蚀管道剩余强度评价方法的对比研究[J]. 天然气工业，2006，26(11)：122-125.

[3] 青松铸，范小霞等. ASME B31G—2012 标准在含体积型缺陷管道剩余强度评价中的应用研究[J]. 安全与管理，2016，36(5)：115.

[4] Manual for Determining the Remaining Strength of Corroded Pipelines, ASME B31G-2012.

基于层次分析法的贝叶斯网络长输管道安全评价研究

高甲艳　张　勇　刘　芸

（陕西省天然气股份有限公司）

摘　要　我国长输管道领域发展迅速，在工业生产和日常生活中发挥重大作用，因此长输管道的安全评价日益重要。为确保长输管道的安全运行，本文提出基于层次分析法的贝叶斯网络长输管道安全评价模型。首先对管道存在的危险因素进行识别，建立安全评价指标体系，并将风险等级划分为五级；其次使用层次分析法，确定因素的权重，并构建贝叶斯模型，进行安全等级评价；最后，进行实例分析，表明该方法为管道的安全评价提供一种依据，具有一定的实用性。

关键词　长输管道，安全评价，贝叶斯网络，层次分析法

我国天然气的产地与使用地往往距离较远，因此需要长输管道进行天然气运输，管道一旦发生泄漏将有可能发生爆炸等事故，严重威胁人的生命安全和财产损失[1-3]。因此，长输管道的风险识别与安全评价成为长输管道安全运行的重点管理项目[4]。

目前，长输管道安全风险评估相对较多，多用肯特评分法、层次分析法、模糊综合评价法等或对现有评价方法进行改进[5-7]，如 Jamshidi 等[8]提出基于模糊逻辑和相对风险评分的管道综合风险评价方法；Senouci[9]等收集管道历史事故数据，以此为基础建立基于模糊逻辑的输油管道失效模型；Alzbutas 等[10]基于管道历史数据，建立贝叶斯评价模型对管道失效概率进行评价；Medeiros 等[11]建立基于多准则决策的多维度风险评价模型；张浩然等[12]提出基于层次分析法和 TOPSIS 的长输油气管道风险评判模型，依据接近度对各分段管道风险进行比较分析；王立伟等[13]从安全距离、人口数量、地下水敏感程度、土壤类型四方面构建管道环境敏感区指标体系，利用改进的肯特法对敏感区区段的管道风险进行评估；贺焕婷等[14]使用层次分析法对因子权重进行修正，确定了半定量风险评价计算方法；上述长输管道评价方法缺乏对事故发生过程的推理，难以处理存在大量不确定性因素的长输管道，容易导致偏差。而贝叶斯网络在评估与推理过程中，从不确定性的初始证据出发，以概率的方式表达并动态地融合各种不确定性证据，最终推出结果既保持一定的不确定性，又是合理或基本合理的结论。

因此，本文针对长输管道的特点，首先对管道的危险因素进行识别，建立长输管道安全评价指标体系，并将风险等级划分为五级；其次使用层次分析法，确定各风险因素的权重值，并构建贝叶斯模型，进行事故风险等级评价；最后，结合工程实例分析，验证安全评价模型的可行性和适用性。

1　指标体系的建立与风险等级划分

英国 W. Kent Muhlbauer 将管道影响因素分为四个方面，分别为第三方破坏、腐蚀、设计因素、误操作。本文以此为基础，为便于理解，将误操作改为“项目过程管理”，建立评价指标体系，并划分风险等级。

1.1　第三方破坏

油气管道第三方破坏是指非管道公司人员在管道附近通过施工、采挖等活动，对管道结构或性能造成破坏[15-16]。第三方破坏主要分为以下七方面：

（1）管道最小埋深。不同地区等级对管道的埋深要求不同，本文根据管道不通埋深划分风险等级。

（2）地面活动状况。管道上方的人员活动或施工活动对管道造成影响，本文根据人口密度状况划分风险等级。

（3）管道上部设备设施。管道上方的防护设

备对管道的运行具有一定的保护作用，本文以地上设备的防护状况为依据划分风险等级。

(4) 公众教育。公众对管道的保护意识可减少群众对管线的恶意破坏，本文以周边住户对管道运行安全的了解程度为依据划分风险等级。

(5) 线路情况。包括沿线标志桩的清晰状况、管道上方区域是否存在坍塌、地面下沉等，本文以上述两因素为依据划分风险等级。

(6) 巡线状况。巡线工对线路的巡查状况直接影响线路的安全风险水平，通过对线路的巡查，可及时发现管道的泄漏点、违章占压等，本文以巡线有效性为依据划分风险等级。

(7) 自然灾害。埋设管道所在地发生的自然灾害，本文以管道所埋设区域的自然环境为依据划分风险等级。

1.2 腐蚀因素

腐蚀主要包括外腐蚀、内腐蚀、其他腐蚀因素。以下因素以对管道输气工作的影响程度为依据划分风险等级。

(1) 外腐蚀主要考虑环境类型(温湿度、化学成分等)、大气腐蚀、阴极保护以及外防腐层的质量(包括质量和状态)；

(2) 内腐蚀主要考虑介质腐蚀性和内腐蚀防护措施；

(3) 其他腐蚀主要包括管材自身的耐腐蚀性能和管道服役年限。

1.3 设计因素

设计缺陷主要是指管道设计方案与目前管道运行中产生的风险的关系，主要包括：

(1) 系统安全运行压力。管道正常运行时，管道的实际操作压力应小于初期设计最大压力。本文以管道设计的最大允许操作压力与实际操作压力的比值为划分风险等级的依据，如表1所示。

表1　系统安全运行压力评分

比　值	等　级
>1.9	1
1.75~1.90	2
1.25~1.74	3
1.11~1.24	4
1.00~1.10	5

(2) 管材质量。管材质量的好坏与管材选择息息相关。若选择的管道材料不合适，则会影响管道运行安全；且管道壁厚的实际选用值也会影响安全运输。因此本文以管道材料的选用与管道壁厚为依据划分风险等级。

(3) 系统水压试验。系统水压试验是指天然气管道的强度实验，通过水压试验，可发现较大的裂纹，若不符合安全标准，可采取换管等措施，降低管道安全运行时断裂失效概率。本文以水压试验结果为依据划分风险等级。

(4) 土壤移动情况。在管道运输期间，受地质环境影响，管道因地震、滑坡、泥石流、山崩等，易产生一定的应力变化，从而导致土壤的运动，造成管道的变形、折裂。本文以土壤移动的检测情况为依据划分风险等级。

(5) 疲劳因素。管道内、外压导致应力变化，会诱发管道疲劳裂纹的扩展。应从应力交变循环的次数和压力变化的幅度两方面对疲劳因素进行研究。

1.4 项目过程管理

项目过程管理出现的风险因素主要从设计、施工、运营、维护四个阶段考虑。

(1) 设计阶段。设计人员在进行管道设计时，若违反安全标准和现场作业的具体规定，则会造成设计缺陷，从而引起安全问题。本文以危险标志、可能的最大允许操作压力、材料选择、检查频率以及安全系统的设计合理性为依据划分风险等级。

(2) 施工阶段。在施工过程中，未按照设计文件等要求进行施工，或施工人员操作失误引起的安全问题。本文以施工过程中检测、回填、保护层等是否合理为依据划分风险等级。

(3) 运营阶段。天然气管道管理制度、法律法规等不健全，职工培训不符合规定等易造成管道运营过程中存在的安全问题。本文以规章与安全规程、检测与调查、培训、毒品检查以及通讯是否符合标准为依据划分风险等级。

(4) 维护阶段。操作人员对管道附属设备和仪器仪表进行不当检查维修等操作时，易产生管道运输安全问题。本文以文档、维护规程以及维护计划是否符合标准为依据划分风险等级。

1.5 风险等级的划分

综上所述，本文将长输管道安全评价作为分析目标建立评价指标体系，如图1所示，其中A为目标层，$B_1\sim B_4$为准则层，$X_1\sim X_{24}$为指标层。并针对各因素和目标层进行风险等级划分，本文将风险等级划分为五个等级，分别为安全、较安全、基本安全、较危险、危险，如表2所示。

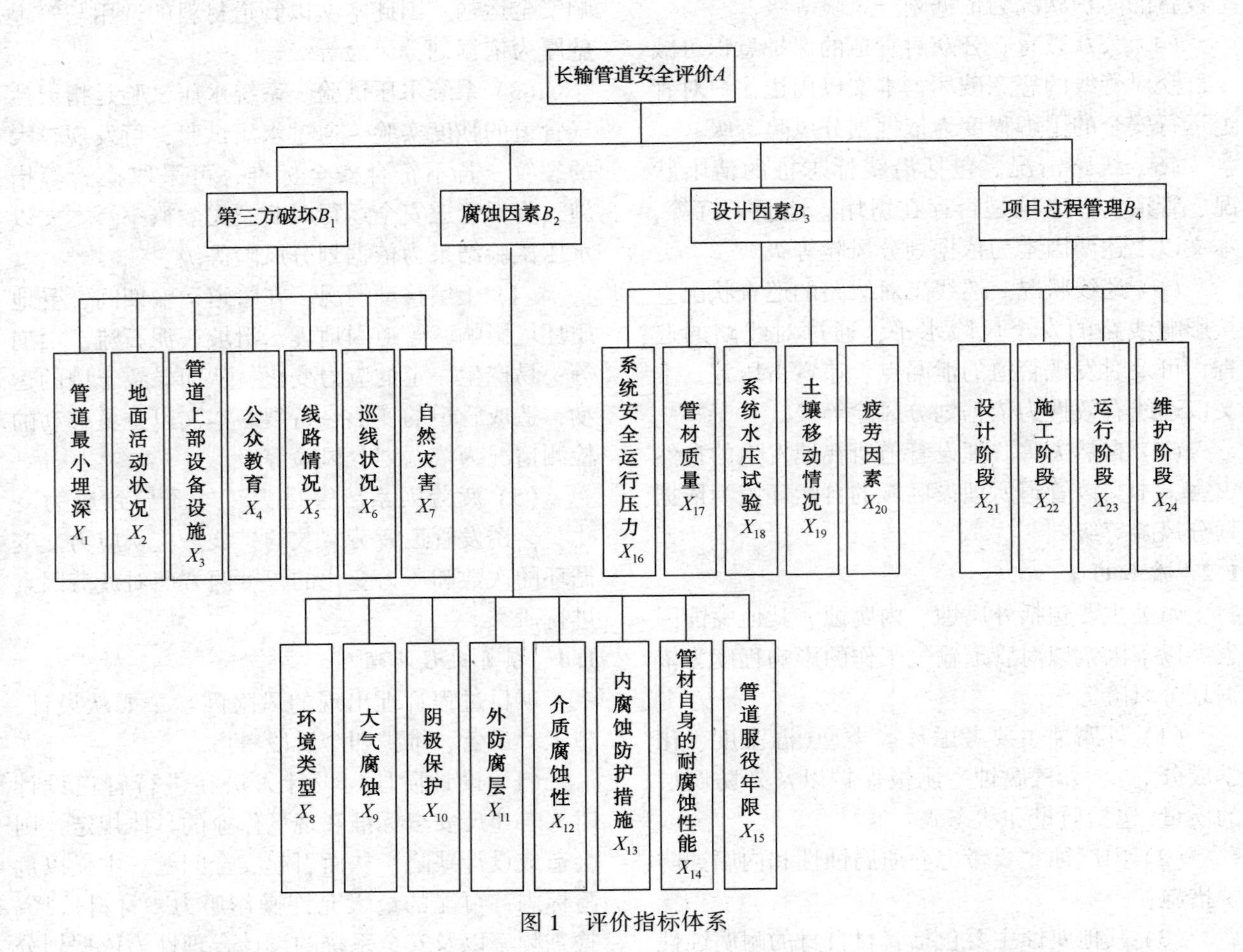

图1　评价指标体系

表2　风险等级划分

等级	风险水平
1	安全，风险可忽略
2	较安全，存在较低风险，可接受
3	基本安全，存在风险，需采取防护措施
4	较危险，亟需采取防护措施
5	危险，风险不可以接受，易产生严重后果

2　贝叶斯网络评价模型的建立

2.1　层次分析权重计算

本文使用层次分析法确定因素权重，即利用专家评判法分别对两两因素进行重要度判断，判断准则如表3所示；将判断矩阵内各几何平均值进行归一化处理，即得到每个风险因素的权重系数。由于专家评判具有主观性，必须对判断矩阵是否可接受进行鉴别，因此需对专家主观一致性加以检验[17]。若评估矩阵的一致性检验值 CR 大于0.1，则表示专家对各矩阵因素存在差异性较大的评价，需重新进行因素评分。

表3　比例标度表

标　度	两个元素比较的定义与说明
1	两个具有同样重要性(或相同强)
3	一元素比另一元素稍微重要(或稍微强)
5	一元素比另一元素比较重要(或比较强)
7	一元素比另一元素明显重要(或明显强)
9	一元素比另一元素绝对重要(或绝对强)
2，4，6，8	在上述两个标准之间折衷时的标度

2.2　贝叶斯模型的构建

贝叶斯网络由节点、节点概率表和有向连线组成，用来描述各指标间不确定的因果关系[18]。可进行正向推理，通过联合概率分布，进行风险等级评价。

2.2.1　条件概率分布

在给定指标层因素风险等级的基础上确定其相应准则层因素处于不同风险等级时的概率，使用“加权距离”的绝对值来计算各因素处于不同风险等级下的概率，如式(1)[19]。

$$D_j = \left| \sum_{i=1}^{n} D_{ij} \cdot \omega_i \right| \quad (1)$$

式中，D_{ij}为第 i 个指标层因素所处的风险等级与准则层因素考虑状态之间的“距离”；ω_i 为因素的相对权重；n 为指标层因素的个数；j 为准则层因素可能的风险等级。

2.2.2　概率分配

本文基于计算公式(2)，对不同的 D_j 值的概率分配进行计算[20]

$$P_j = \frac{e^{-RD_j}}{\sum_{j=1}^{3} e^{-RD_j}},\ P_j \in [0,\ 1] \quad (2)$$

式中，R 取 3.2432[21]。

2.3　事前安全等级评价

对长输管道进行安全评价，有助于管理人员对管道风险进行监控，预判事故发生的可能性大小及其严重程度，从而及时采取防范措施，减少损失。事故风险等级评价见式(3)。

$$P(A=j) = \sum_{i=1}^{n} \omega_i P(B_i = b_j) \quad (3)$$

式中，$P(A=j)$为长输管道处于不同风险等级下的条件概率；$P(B_i=b_j)$为准则层因素 B_i 处于不同风险等级 b_j 下的条件概率。

3　实例研究

3.1　工程实例

本文选取陕西省靖边县某一段管道，该管道位于靖边县张畔镇胡伙场，起始桩号为0005#，结束桩号为0006#，平均埋深为1.4m，标牌完好，该管道不存在违章占压、与公路、光缆交叉等，阴极保护为强制电流阴极保护。选取一名从事该段管道工作17年的专家对实例中风险因素进行风险等级划分，结果如表4所示。

表4　风险等级

因素	风险等级	因素	风险等级	因素	风险等级	因素	风险等级
X_1	1	X_2	4	X_3	3	X_4	2
X_5	3	X_6	2	X_7	5	X_8	2
X_9	1	X_{10}	1	X_{11}	2	X_{12}	3
X_{13}	2	X_{14}	1	X_{15}	4	X_{16}	4
X_{17}	2	X_{18}	2	X_{19}	3	X_{20}	3
X_{21}	2	X_{22}	2	X_{23}	3	X_{24}	2

3.2　权重的确定

依据层次分析法，本文选取一名从事长输管道行业10年的专家构造各准则层和指标层的判断矩阵，利用Matlab计算各因素的权重ω，并进行一致性检验，结果如表5所示。

表5　因素权重

指标	权重	指标	权重	指标	权重	指标	权重
B_1	0.2944	B_2	0.58	B_3	0.0767	B_4	0.0489
X_1	0.1785	X_2	0.0617	X_3	0.0387	X_4	0.1184
X_5	0.2316	X_6	0.0722	X_7	0.2989	X_8	0.0231
X_9	0.0231	X_{10}	0.2440	X_{11}	0.2440	X_{12}	0.1397
X_{13}	0.1301	X_{14}	0.1301	X_{15}	0.0660	X_{16}	0.2898
X_{17}	0.2942	X_{18}	0.0815	X_{19}	0.2567	X_{20}	0.0777
X_{21}	0.2994	X_{22}	0.4738	X_{23}	0.1405	X_{24}	0.0864

3.3　风险等级评价

基于公式(1)和公式(2)，计算不同分值下的概率分布，结果如表6所示。基于公式(3)，计算出节点A处于不同状态下的概率，结果如表7所示。

表6　概率分布

影响因素	相对权重	概率分布				
		1	2	3	4	5
B_1	0.2944	0.0266	0.2144	0.5011	0.2029	0.0550
B_2	0.5800	0.3072	0.5986	0.0887	0.0053	0.0002
B_3	0.0767	0.0101	0.2582	0.5780	0.1479	0.0058
B_4	0.0489	0.0342	0.8772	0.0852	0.0033	0.0001

表7　概率分布

目标层	安全等级评价					评价等级
	A=1	A=2	A=3	A=4	A=5	
长输管道风险等级	0.1885	0.4730	0.2475	0.0743	0.0168	2

3.4　结果与分析

表4中，准则层各因素权重排序为：腐蚀因素>第三方破坏>设计因素>项目过程管理因素。腐蚀因素是致使管道事故的最主要因素，所占权重最大，为0.58，其中阴极保护和外防腐层所占权重较大，分别为0.244、0.244，表明在管道运输中，土壤、大气等腐蚀对管道安全的影响较大，因为管道多为埋地管道，因此受到管道敷设环境影响较大，故管道外防腐层的质量、材质

等对长输管道的安全运营至关重要，同时，阴极保护是与外防腐层相结合对管道实施腐蚀控制必不可少的手段，在防腐层失效的情况下，管线的阴极保护作用更为重要，因此，对管道阴极保护是影响管道安全评价结果的重要组成部分。

其次是第三方破坏，其权重为 0.2944，其中，线路状况和自然灾害所占权重较大，分别为 0.2316、0.2989，意味着应完善巡检考核制度，加强对巡线工的培训，使巡线工时刻保持警惕心理、能够辨识危险，同时，管道安全运营受到自然灾害影响，如汛期易造成水毁，直接影响输气作业，因此应加强巡检工作，增加巡线频率、延长巡线时间。

设计因素和项目过程管理所占权重较小，分别为 0.0767、0.0489，表明管道的设计因素和项目管理阶段对管道后期安全运营影响相对较小，但也应确保其符合标准规范。

表 6 中，长输管道安全评价等级为 1 的概率为 18.9%，等级为 2 的概率为 47.3%，等级为 3 的概率为 24.8%，等级为 4 的概率为 7.43%，等级为 5 的概率为 1.68%。总体分析可知该段长输管道安全评价等级为 2，即较安全，存在较低风险，可接受。这是由于该管道地面活动状况、自然灾害、管道服役年限、系统安全运行压力四个因素存在风险（由表 3 可知），导致风险评价结果存在一定风险性。对该管道进行具体分析，由于该管段虽不属于高后果区，但离城镇不远，存在一定人流，因此地面活动状况较危险；地处于黄土塬地带，雨水长期冲刷易造成破坏严重，且冬季早晚温差较大，产生应力，对管道损害较大，因此受自然灾害影响；且该管道于 1997 年运行，投产年限已有 23 年，因此管道服役年限、系统安全运行压力均存在一定风险性。

但该管道管辖场站巡线工作管理严格、阴极保护良好、管道埋深足够、且防腐层检测良好、不存在腐蚀点、管道管材选择合理等，因此该管到安全水平属于较安全，风险属于可接受水平。

4 结论

本文针对长输管道的特点，建立定量评价指标体系，划分风险等级，构建基于层次分析法的贝叶斯网络安全评价模型，并结合实例分析进行安全等级评价，主要结论如下：

（1）着重从第三方破坏、腐蚀、设计因素、项目过程管理四方面建立长输管道定量评价指标体系，确定 4 个一级指标及 24 个二级指标。

（2）基于所建立的评价指标体系，结合层次分析法构建贝叶斯网络安全评价模型对长输管道进行安全评价，以概率的方式表达风险评价等级，使评价结果更加合理，并结合实例进行分析，确定该段长输管道安全评价等级为 2，即较安全、存在较低风险、可接受，表明此方法可惜、准确，在长输管道评价领域具有应用价值。

（3）使用层次分析法确定因素权重，准则层中各因素权重排序为腐蚀因素>第三方破坏>设计因素>项目过程管理因素，其中，腐蚀因素中阴极保护和外防腐层所占权重较大，第三方破坏中线路状况和自然灾害所占权重较大。

参考文献

[1] 戴世玉．在役埋地长输管道外防腐层检测与修复技术[J]．化工管理，2020(32)：152-153.
[2] 朱俱君．油气长输管道地质灾害的监测与预警[J]．煤气与热力，2020，40(10)：9-10+22+44-45.
[3] 潘婧，蒋军成．基于 MATLAB 的灰色熵权管道风险评价模型[J]．石油化工安全环保技术，2010，26(04)：17-20+68.
[4] 熊雅琴．探析天然气长输管道安全风险分级管控[J]．石化技术，2020，27(09)：228-229.
[5] 马俊章，杨云博，宋涛．肯特打分风险评价方法研究[J]．内蒙古石油化工，2014，40(21)：10-12.
[6] 李亚容．基于模糊综合评价的天然气集输管道环境风险评价[J]．海峡科学，2014(06)：47-51.
[7] 何莎，勾炜，胡燕，赵琪月，骆吉庆，王仕强，王小梅．基于层次分析法的页岩气集输管道风险评价方法研究[J]．科技创新与应用，2019(14)：1-3+6.
[8] Jamshidi A，Yazdani-Chamzini A，Yakhchali S H，et al. Developing a new fuzzy inference system for pipeline risk assessment[J]. Journal of Loss Prevention in the Process Industries，2013，26(1)：197-208.
[9] Senouci A，Elabbasy M，Elwakil E，et al. A model for predicting failure of oil pipelines[J]. Structure & Infrastructure Engineering，2014，10(3)：375-387.
[10] Medeiros C P，Alencar M H，De Almeida A T. Multidimensional risk evaluation of natural gas pipelines based on a multicriteria decision model using visualization tools and statistical tests for global sensitivity analysis[J]. Reliability Engineering & System Safety，2017，165(sep.)：268-276.
[11] Alzbutas R，Tomas Iešmantas，Povilaitis M，et al. Risk and uncertainty analysis of gas pipeline failure and

gas combustion consequence[J]. Stochastic Environmental Research&Risk Assessment, 2014.
[12] 张浩然，徐璐，吴琼．基于AHP-TOPSIS评判模型的长输油气管道风险评价研究[J]．电脑知识与技术，2016，12(21)：249-252.
[13] 王立伟，周化刚，范晓凯，葛天赏，洪娜．长输油气管道环境敏感区风险评估指标体系构建[J]．油气田环境保护，2020，30(05)：49-53+78.
[14] 贺焕婷，惠贤斌，吴东容，李春雨，杨艺，安少刚，王颖，王伟．涩北气田集输管道风险评价方法修正[J]．油气储运，2020，39(08)：892-897.
[15] 张丽珍，李子彬，郭晓晓．城市天然气管道风险评价层次模型[J]．中国石油和化工标准与质量，2019，39(07)：5-6.
[16] 段含斌．油气管道第三方破坏的防治策略[J]．广州化工，2020，48(10)：141-142+155.
[17] 徐婕．基于AHP的FCE对建筑工程施工风险的评价及选择[J]．基建管理优化，2019(03)：7-12.
[18] 黄影平．贝叶斯网络发展及其应用综述[J]．北京理工大学学报，2013，33(12)：1211-1217.
[19] 蒲涛．基于遗传算法和贝叶斯网络综合的建筑施工安全评价研究[D]．西安建筑科技大学，2018.
[20] 白晓平，蒲涛．数据驱动的施工安全评价模型研究与应用[J]．中国安全科学学报，2017，27(9)：134-139.
[21] 李鹏程，张力，戴立操，邹衍华，青涛，胡鸿，赵明．核电厂数字化主控室操纵员的情景意识可靠性模型[J]．系统工程理论与实践，2016，36(01)：243-252.

国内外输气管道高后果区识别准则对比分析

谢雳雳　舒　洁　罗倩云

（中国石油西南油气田公司安全环保与技术监督研究院）

摘　要　管道完整性管理是一种以风险管理为核心的管理程序，围绕风险识别、风险评价与风险减缓的整体框架，运用数据管理、风险评价、管道检测、完整性评价等技术，实现合理分配资源、保障管道本质安全与平稳运行。本文对比分析中国、美国和国际标准化组织关于高后果区识别的相关标准，分析它们在地区等级划分、特定场所判定以及高后果区判定准则等方面的共性与差异，增进对国内高后果区识别准则的理解，更深入掌握高后果区识别工作的内涵与实质。

关键词　油气管道，完整性管理，高后果区识别，风险评价

管道完整性管理是一种以风险管理为核心的管理程序，围绕风险识别、风险评价与风险减缓的整体框架，运用数据管理、风险评价、管道检测、完整性评价等技术，实现合理分配资源、保障管道本质安全与平稳运行。2015 年《油气输送管道完整性管理规范》(GB 32167—2015) 发布，规定在管道建设期与运营期开展高后果区识别并对高后果区进行风险评价。2016 年国家发展与改革委员会等五部委联合发文就全面推行油气输送管道全生命周期完整性管理提出要求。国内油气输送管道全面推行完整性管理以来，高后果区识别一直是其中重点工作之一。高后果区识别工作虽已开展多年，在跟直接从事相关工作的技术人员的交流中发现，仍然存在对高后果区范围、识别准则和高后果区分级等问题有疑问、理解不一致等问题，遂对比分析中国、美国和国际标准化组织关于高后果区识别的相关标准，以更准确理解高后果区识别准则与开展高后果识别的工作的本质。

1　高后果区识别准则差异

管道完整性管理是以风险管理为核心的管理程序，风险是由失效的可能性和失效造成的后果综合计算的结果，不管是降低失效的可能性，或是减小失效的后果，都能达到削减风险的目的[1]。所以对管道沿线各个管段失效后果的评价是风险评价的关键因素之一，这项工作得到的结果之一就是识别出个别失效后果特别严重的区域，即高后果区。

高后果区的理念由最早在美国联邦法规中关于输气管道安全要求的相关条款中出现，随着管道完整性管理在全球被越来越多的企业或组织采用以来，各个地区或组织都根据自身所能接受的风险水平提出相应的高后果判定准则。

国内输气管道高后果区判定准则是依据 2015 年发布的《油气输送管道完整性管理规范》(GB 32167—2015)；美国输气管道高后果区判定准则依据联邦法规第 49 则 192.903 号条款；2019 年由国际标准化组织批准正式发布的 ISO 19345-1《管道完整性管理规范—第 1 部分：陆上管道全生命周期完整性管理》中也提出了“Critical Consequence Area”(严重后果区) 的概念，并明确了其判定准则。目前国内外主要完整性管理规范标准中高后果区识别的准则如下：

从表 1 可以看出，各个标准的高后果区识别准则里面都包含地区等级、潜在影响区域与特定场所这三个关键要素。这些要素在各个标准中的名称都一样，实质上仍然存在差异。

2　地区等级划分差异

《油气输送管道完整性管理规范》(GB 32167—2015) 地区等级按照《输气管道工程设计规范》(GB 50251—2015) 中相关规定执行，《管道完整性管理规范—第 1 部分：陆上管道全生命周期完整性管理》(ISO 19345-1：2019) 地区等级按照《石油天然气工业—管道输送系统》(ISO 13623：2017) 中相关规定执行，美国联邦法规中第 49 则 192.5 号条款明确了地区等级划分的准则。表 2 列出了各个标准中地区等级划分的准则：

表1

GB 50251		ISO 19345-1		49 CFR Section 192.903		
高后果区识别准则	分级	高后果区识别准则	分级		高后果区识别准则	分级
1)管道经过的4级地区	Ⅲ	1)5级地区	Ⅲ	方法一	1)3级地区	不对高后果区进行分级
2)管道经过的3级地区	Ⅱ	2)4级地区	Ⅲ		2)4级地区	
3)如管径大于762mm，并且最大允许操作压力大于6.9MPa，其天然气管道潜在影响区域内有特定场所的区域	Ⅱ	3)3级地区	Ⅱ		3)1、2级地区，管道潜在影响半径大于200米，潜在影响区域内有20户或以上的区域	
4)如管径小于273mm，并且最大允许操作压力小于1.6MPa，其天然气管道潜在影响区域内有特定场所的区域	Ⅰ	4)管道与高速公路交叉的区域	Ⅱ		4)1、2级地区，管道潜在影响范围内有特定场所的区域	
5)其他管道两侧各200m内有特定场所的区域	Ⅰ	5)经过二级地区，潜在影响半径大于200m的管道，潜在影响区域内有20人及以上的区域；经过二级地区，管道300m范围内有20人及以上的区域	Ⅰ	方法二	1)潜在影响范围内有20户或以上的区域	
6)除三级、四级地区外，管道两侧各200m内有加油站、油库等易燃易爆场所	Ⅱ	6)经过二级地区，潜在影响范围内有特定场所的区域；管径小于等于305mm，且最大允许操作压力小于等于8.3MPa，管道90m范围内有特定场所的区域；管径大于762mm，且最大运行操作压力大于6.89MPa，管道300m范围内有特定场所的区域，其他管道200m范围内有特定场所的区域	Ⅰ		2)潜在影响范围内有特定场所的区域	

表2

地区等级划分	GB 50251	ISO 13623：2017(E)	49 CFR Section 192.5
地区等级划分单元范围	管线中心线两侧各200m范围内，任意长度为2km的区域	管线中心线两侧各200m范围内，任意长度为1.5km的区域	管线中心线两侧各200m范围内，任意长度为1.6km的区域
地区等级划分准则	1)一级一类地区：不经常有人活动及无永久性人员居住的区段	1)1级地区：不经常有人活动及无永久性人员居住的区段，人类难以到达的区域像沙漠与苔原等	1)一级地区：海上区域；10户以下的区域
	2)一级二类地区：户数在15户或以下的区段	2)2级地区：人口密度低于50人/km^{2}的区段	2)二级地区：10户以上，46户以下的区域
	3)二级地区：户数在15户以上100户以下的区段	3)3级地区：人口密度在50~250人/km^{2}的区段	3)三级地区：46户以上的区段；管道91m范围内存在每周五天一年10周以上(不需要连续)20人或以上人口机会的建筑或室外场所)
	4)三级地区：户数在100户或以上的区段，包括市郊居住区、商业区、工业区、规划发展区以及不够四级地区条件的人口稠密区	4)4级地区：人口密度在250人/km^{2}以上的但不满足5级地区条件的区段	4)四级地区：四级地区：四层及四层以上楼房(不计地下室层数)普遍集中的区段
	5)四级地区：四层及四层以上楼房(不计地下室层数)普遍集中、交通频繁、地下设施多的区段	5)5级地区：四层及四层以上楼房(不计地下室层数)普遍集中、交通频繁、地下设施多的区段	/

续表

地区等级划分	GB 50251	ISO 13623：2017(E)	49 CFR Section 192.5
地区等级边界	当划分地区等级边界线时，边界线距最近一幢建筑物外边缘不应小于200m	未明确地区等级边界	2、3、4级地区的长度可以按以下规则调整：1)四级地区的边界在距最近一幢四层以上楼房200m的地方。2)2、3级地区的边界在距最近一幢建筑物200m的地方

从表2可以看出，中国与美国的地区等级划分的方法基本一致，一、二、三级地区都是依据地区等级划分单元内的户数多少来划分，只是存在具体户数上的差异；四级地区划分的标准完全一致。《石油天然气工业—管道输送系统》(ISO 13623：2017)中一、二、三、四级地区划分的方法是以地区等级划分单元内的人口密度来划分的，五级地区划分的标准与其他两个准则完全一致。

3 特定场所定义差异

各个标准在特定场所定义上的差异相对较小，《管道完整性管理规范—第1部分：陆上管道全生命周期完整性管理》(ISO 19345－1：2019)与美国联邦法规中第49则192.5号条款中关于特定场所的定义完全一致，《油气输送管道完整性管理规范》(GB 32167—2015)中特定场所1与其他两个规范中的c类特定场所一致，特定场所2与其他两个规范中的a类特定场所基本一致，仅存在具体人数上的差异，《油气输送管道完整性管理规范》(GB 32167—2015)中未包含其他两个规范中的b类特定场所。在使用《油气输送管道完整性管理规范》(GB 32167—2015)中的准则调查特定场所时，位于郊区的中小型工厂是否算是特定场所不能确定判定，若使用其他两个规范中的b类特定场所判定条件则能更清晰。(表3)

表3

GB 32167	49 CFR Section 192.903	ISO19345
a)特定场所1：医院、学校、托儿所、幼儿园、养老院、监狱、商城等人群输散困难的建筑区域；	a)在一年之内至少有50天(时间计算不需连贯)聚集20人或更多人的室外区域或开放式建筑。	a)在一年之内至少有50天(时间计算不需连贯)聚集20人或更多人的室外区域或开放式建筑。
b)特定场所2：在一年之内至少有50天(时间计算不需连贯)聚集30人或更多人的区域。例如集贸市场、寺庙、运动场、广场、娱乐休闲地、剧院、露营地等。	b)一年内每周至少有五天、每年至少10周(时间计算不需连贯)有20人或以上活动的建筑。	b)一年内每周至少有五天、每年至少10周(时间计算不需连贯)有20人或以上活动的建筑。
/	c)医院、监狱、学校、日托中心等人员疏散困难的设施。	c)医院、监狱、学校、日托中心等人员疏散困难的设施。

4 总结

综上所述，各地区或组织的高后果区识别准则是其根据自身所能接受的风险水平与管理现状提出的，虽然存在差异，但本质与内涵是一致的，都是根据管道附件的人口密集程度、经济发展水平与环境情况，识别出管道若发生失效会造成严重后的区段，目的是针对高后区段采取相应风险缓解措施合理分配资源、保障管道本质安全与平稳运行。

通过研究国内外高后果区识别准则的共性与差异，增进了对国内高后果区识别准则的理解，更深入掌握高后果区识别工作的内涵与实质。

参 考 文 献

[1] ASME B31.8S-2016-Managing System Integrity of Gas Pipeline：.
[2] ISO 19345－1：Pipeline Integrity Management for Onshore Pipeline.
[3] ISO 13623：2017 Petroleum and Natural Gas Industries-Pipeline Transportation Systems.
[4] GB 32167—2015. 油气输送管道完整性管理规范.
[5] GB 50251—2015. 输气管道工程设计规范.
[6] 王俊强，何仁洋，刘哲，郭晗. 中美油气管道完整性管理规范发展现状及差异[J]. 油气储运，2018，37(1)：6-14.
[7] 帅健，张思弘. 美国油气管道安全立法进程浅析[J]. 油气储运，2014，33(11)：1175-1179.

探索建立胜利油田输油管道完整性管理体系

徐水清　王兆钧　史培玉　赵　鹏

（中国石化胜利油田分公司油气集输总厂）

摘　要　以新改扩建输油管道工程为依托，建立输油管道完整性管理模式及实践探索。本文重点介绍管道完整性管理保障体系建设、管道完整性技术支撑体系即管道完整性系统开发，高后果区识别技术、风险评价技术等相配套的完整性管理技术的应用开发实践。

关键词　油田输油管道；完整性管理；全生命周期

1　概述

近10年来，管道完整性管理在国内外管道企业得到了迅速推广应用，日益成为保障管道长周期安全运行的重要手段，已经成为世界主要管道公司普遍用来削减风险的有效管理模式，逐渐被世界各国管道公司广泛采用。

中石化胜利油田输油管道总长235km，其中60%以上的管道运行时间已近30年，部分管道存在腐蚀、打孔盗油盗气等安全隐患，严重威胁着周边环境和人民财产安全。

2013年5月胜利油田油气集输总厂开始探索开展管道完整性管理技术和管理体系研究，2014年中石化11·22事故发生后也对油田输油管道安全管理提出了更高的要求。2013年油气集输总厂某输油管道新建工程开工建设，2016年另外两条输油管道相继开展管道隐患治理工程。因此以新改扩建工程为依托开始开展管道完整性管理技术研究，具备良好的数据和实践基础。

2015年10月15日，国家正式颁布实施GB 32167—2015《油气输送管道完整性管理规范》国家标准，标准的实施使得完整性管理从企业的自主探索创新行为转变为国家强制要求行为。2016年10月18日，国家发展和改革委员会、国家能源局、国务院国有资产监督管理委员会、国家质量监督检验检疫总局、国家安全生产监督管理总局等国家五部委联合发文，要求全面推行油气输送管道完整性管理。

2018年4月，国务院、山东省、中石化总部、东营市、胜利油田先后发布了《国务院油气办函〔2017〕5号》、《关于做好高后果区安全管理工作的通知（山东省）》、《关于全面加强油气输送管道高后果区安全管理的通知（中石化安监局）》、《关于加强油气输送管道途径人员密集场所高后果区　安全管理工作的通知_文单（管理局）》、《关于在全省开展管道完整性管理试点推广工作的通知_文单（管理局）》等9个文件，要求管道企业全面开展管道完整性管理、将高后果区管段作为风险评价和风险消减管控的重点管段加强管理，并制定专项管理方案和预案，确保管道安全平稳运行，全面实施开展管道完整性管理势在必行。

管道完整性管理是遵循六步循环为主的管理流程开展（图1），首先开展数据采集、其次开展高后果区识别、风险评价、完整性评价、管道维修维护，最后开展管理效能评价，完成一次六步循环，根据管道完整性管理效能评估的结果，确定再次检测、评价的周期，每隔一定时间后再次循环上述过程。按照完整性管理六步循环，持续改进，定期循环、不断完善的方法确保了管道始终处于安全可靠状态。

管道完整性管理作为新的管理理念，力求实现“预防为主，防患于未然”，是无事故的哲学。经过多年实践表明，管道的完整性管理与评价，一方面能切实降低维护费用，另一方面可最大限度延长管道使用寿命，因此开展管道完整性管理体系探索实践，可确保管道设施完整可靠，有效提升管道本质安全水平，实现管道数字化管理目标。

2 完善管道完整性管理体系文件，实现体系完整性

与总厂 HSSE 管理体系结合，建立管道完整性管理体系文件，明确识别与输油管道完整性相关的操作规程、标准体系，理清管道完整性体系的六步循环工作流程，以便建立完善的程序文件和作业文件(图 2)。

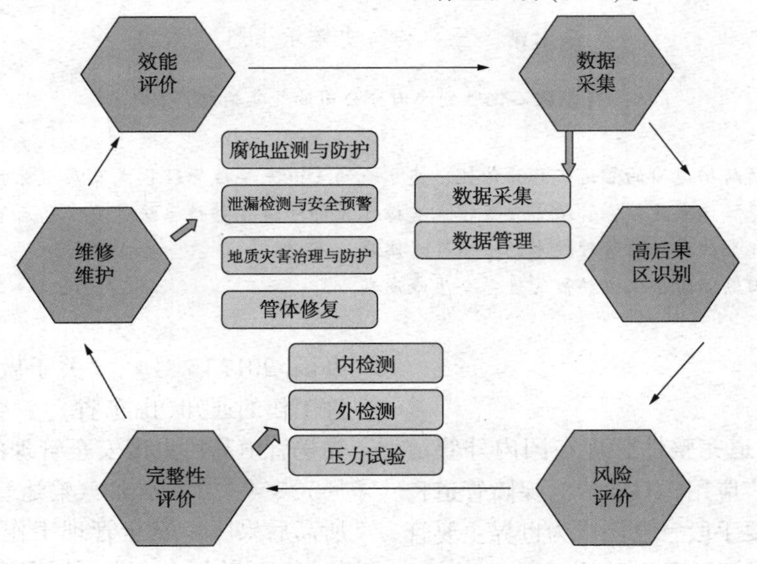

图 1 完整性管理流程

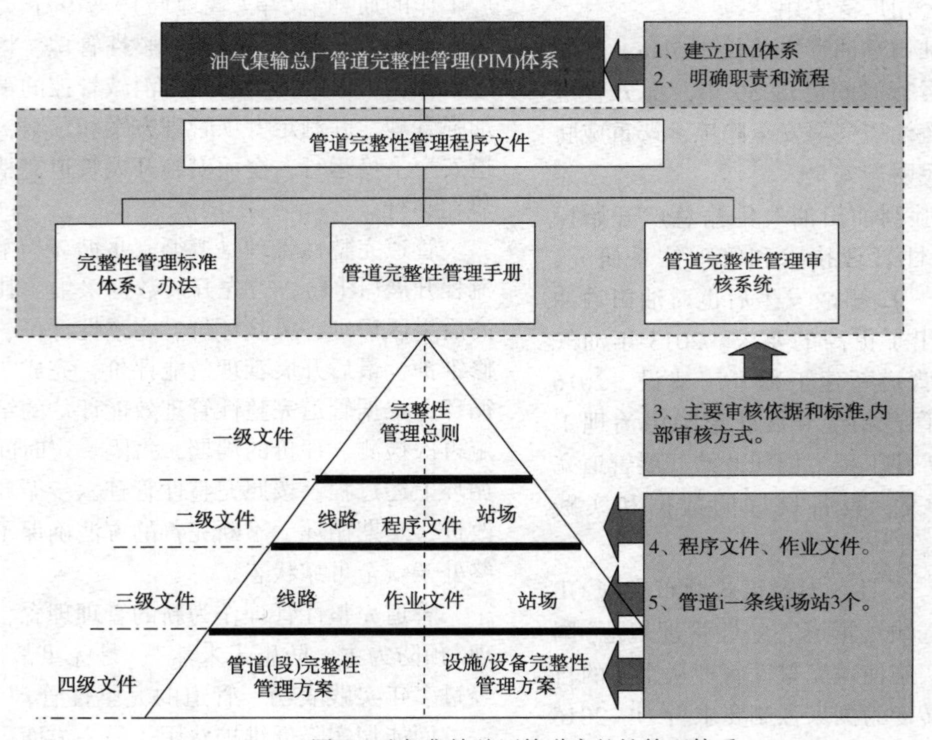

图 2 油气集输总厂管道完整性管理体系

完整性管理体系的文件体系主要包括控制程序、标准体系、管理手册三部分。2015 年初编制了《油气集输管道完整性管理实施方案》，期间收集国内外相关法律法规及技术标准 251 项，从中筛选了 32 项，构成集输总厂管道完整性管理的法律法规及执行标准体系。

编制油气管道完整性管理体系的程序文件、制度、技术规程、作业文件等 41 项，完善了完整性管理的管理运行流程、组织机构指责、工作流程、操作技术规范等。

建立和健全输油管道完整性管理相关的规范、标准及管理制度。通过制定新规范，建立和

健全有关管道安全管理的技术规范及管理章程，做到计划、实施、修订完整性管理程序时有法可依，有据可查，有章可循。

通过标准和及体系文件的收集及起草、发布实施完善，使得各项生产管理与运行维护工作规范化，初步形成了集输总厂输油管道完整性管理体系。下表是目前常用的13个体系文件清单简见表1。

表1　体系文件清单

序号	体系要素	文件名称	编　号
1	数据采集	建设期管道完整性管理数据规范	油田标准已经通过验收
2	高后果区分析	输油管道高后果区识别规程	Q/SJS 023—2019
3	风险评价	输油管道风险评价	Q/SJS 024—2019
4	完整性评价	管道完整性评价导则	
5	维修维护	输油管道泄漏监控系统管理制度	
6		输油气管道巡护管理办法	中国石化
7		输油气管道第三方施工管理办法	中国石化
8		输油站库阴极保护实施细则	胜集厂发(2012)113号文件
9		油气长输管道检测实施细则	胜集厂发(2012)112号文件
10		油气管道管体修复技术规程	Q/SJS 022—2015
11		管道PE防腐保温层补伤技术规程	Q/SJS 021—2015
12		输油管道泄漏应急预案	
13	效能评价	效能评价导则	

从2015年起逐步发布实施了Q/SJS 021—2015《管道PE防腐保温层补伤技术规程》、Q/SJS 022—2015《油气管道管体修复技术规程》。Q/SJS 023—2019《输油管道高后果区识别规程》及Q/SJS 024—2019《输油管道风险评价》四项企标。申报油田级企业标准《建设期管道完整性管理数据规范》一项，已经通过了验收，管道完整性管理体系标准的发布实施填补了胜利油田管道完整性管理领域标准的空白。

3　构建企业特色完整性管理技术支撑体系，确保完整性管理先进性

为加快缩小完整性管理水平与国内先进企业的差距，实现关键技术跨越发展。重点开展以下技术研究，形成具有油气集输特色的完整性管理技术支撑体系(图3)。受篇幅所限，仅对前4项关键技术开发应用情况进行介绍：

（1）管道完整性管理信息系统研发；

（2）管道高后果识别技术及高后果区三维技术应用研究；

（3）管道风险评价技术研究；

（4）深穿管道阴极保护系统评估技术研究；

（5）管道完整性评价技术研究；

（6）管道巡线信息化技术研究；

（7）效能评估技术研究；

（8）数据收据与整合技术研究。

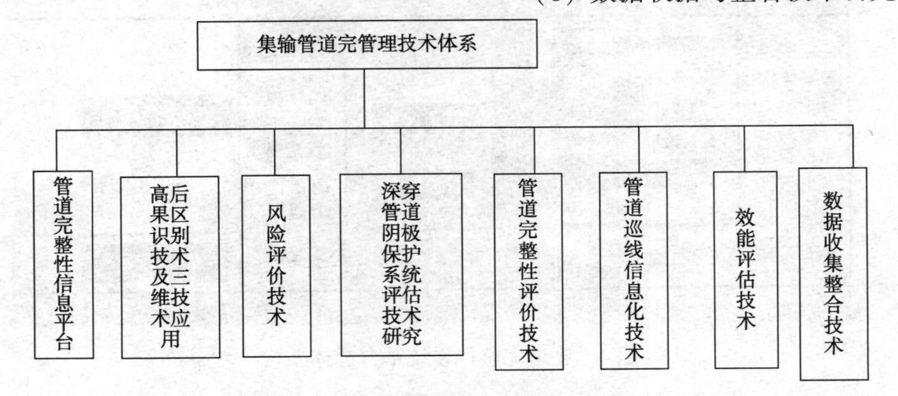

图3　集输管道完整性管理技术体系

3.1 管道完整性管理信息系统研发

输油管道完整性管理以最终实现可视化、数字化的完整性管理，实现IT技术与先进管理模式相结合的发展思路来开展管道完整性管理系统的建设，力求管理模式简单易行。

（1）数据模型设计和数据库构建

本企业管道数据库借鉴国际上最先进的APDM（管道数据模型），按照最前沿管道数据模型设计理念来进行设计，形成相应的管道数据字典和模板，按照本企业编制的《完整性管道数据字典》、《管道完整性数据库表结构》、《建设期管道完整性管理数据规范》等数据标准执行，开展数据库设计、数据采集与整合工作，伴随管道全生命周期内，各类业务产生、传递、共享、应用等形成完整的数据信息。按照管道全生命周期建立管道完整性数据库。

（2）搭建基于GIS的管道完整性系统平台

管道完整性平台基于GIS（地理信息系统），将GIS系统中的管线属性数据和地理位置属性全部集成在地图上，便于实现管线数据属性数据、空间位置信息的查询调用、下载、定位等，构建了基于全生命周期的GIS系统。

本企业所搭建的管道完整性系统平台，不仅符合中石化信息系统的统一规划要求，而且涵盖了完整性管理的各个要素，所设计的数据平台总体架构如图五所示。依据管道完整性管理体系及标准规范，系统包括基础支持、业务应用、分析决策、效能管理等四大主要模块。涵盖了管道完整性管理的数据采集、高后果区管理、风险评价、完整性评估、维修与维护、效能评估六大核心模块（图4、图5），实现对完整性管理业务和数据的统一管理，并进行信息化分析决策。

基础支持模块：包含技术支持和基础信息模块，实现基础数据采集、查询、维护、变更，以及知识库、软件工具、标准规范的调用查询等功能。

业务应用模块：是管道完整性管理的核心业务，实现高后果区识别、风险评价、完整性评价、智能巡检、GIS地理信息系统、维修维护、事件管理、管道保护等多个完整性的业务应用。

分析决策：实现综合查询统计分析、管理方案、失效库等为一体的分析决策功能，实现了数据的共享和对评价决策的支持。

效能管理：实现对完整性管理体系各个环节的有效性评估，持续不断改进，进入下个循环。

通过管道完整性系统的开发，实现管理体系完善、数据资料采集齐全、风险隐患可视、维修维护及时、安全事故可控、持续改进；提前预知风险，提早防范，保障安全，为领导层提供决策依据。使得数据对管理的价值得到最大体现，实现输油管道完整性数字化目标。

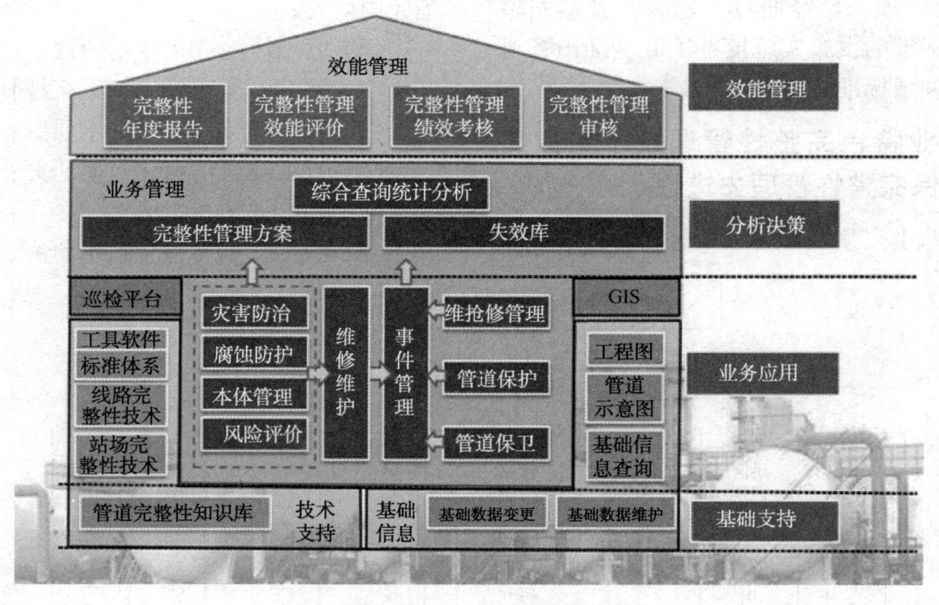

图4　管道完整性系统平台总体架构

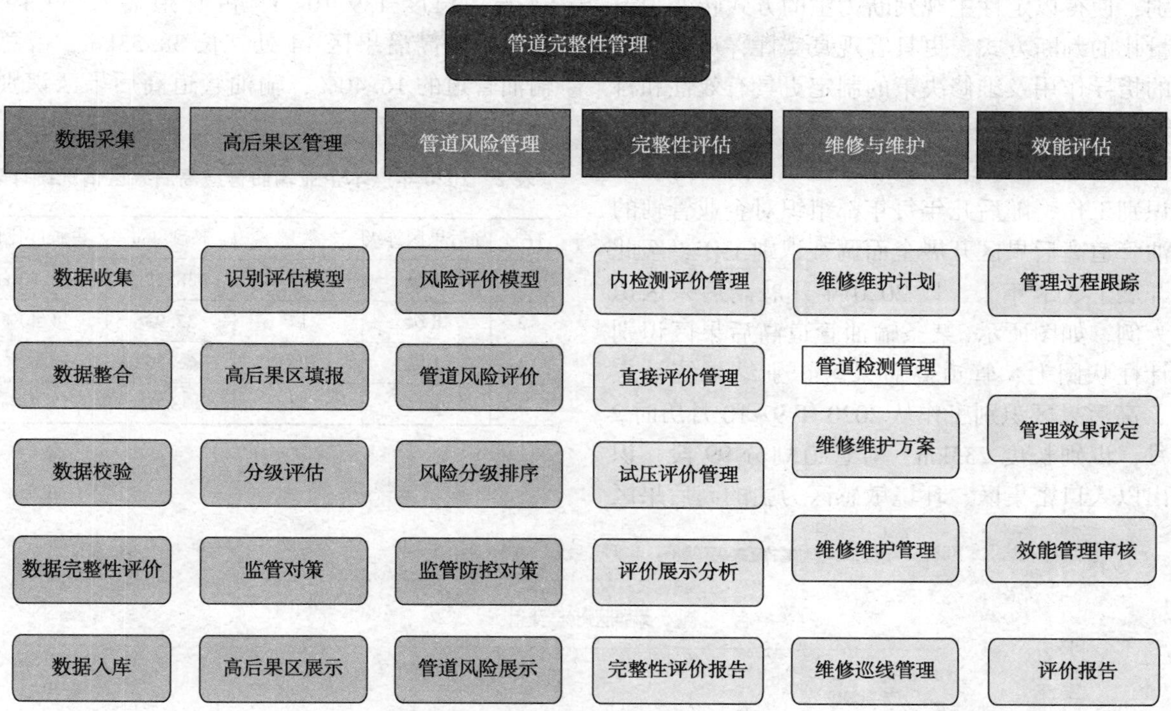

管道完整性管理

数据采集	高后果区管理	管道风险管理	完整性评估	维修与维护	效能评估
数据收集	识别评估模型	风险评价模型	内检测评价管理	维修维护计划	管理过程跟踪
数据整合	高后果区填报	管道风险评价	直接评价管理	管道检测管理	管理效果评定
数据校验	分级评估	风险分级排序	试压评价管理	维修维护方案	效能管理审核
数据完整性评价	监管对策	监管防控对策	评价展示分析	维修维护管理	评价报告
数据入库	高后果区展示	管道风险展示	完整性评价报告	维修巡线管理	

图 5　管道完整性六大核心模块

2014 年底完成管道完整性系统开发，2015 年正式上线运行，在某输油管道开展数据采集工作，共入库数据 36890 余条，按照《建设期管道完整性管理数据规范》要求，2017～2019 年采集新改扩建另外两条输油管道建设期档案 22000 余件，采集管道中心线、管道数据、基础地理、设备设施、交叉设施、应急管理、阴极保护、维修维护等数据 59 类 15571 条，管道高后果、风险评价数据 16 类 30000 条，截至目前入库数据 104461 条。建立了输油管道从设计、施工、试运行、竣工验收全生命周期数据库，数据采集入库率达到 95%以上。2016 年 7 月，本企业完全自主研发的[输油管道完整性管理系统]（数据录入界面见图 6）取得了国家软件知识产权著作权。申请号：2016R11L049523

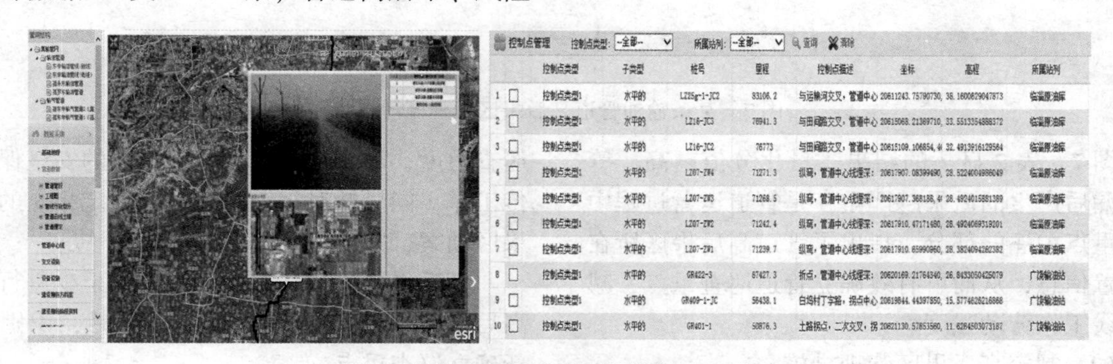

图 6　管道完整性管理系统数据录入界面

3.2　开展高后果区识别及三维技术应用技术研究，指导巡线工作

高后果区是指一旦管道发生事故，可能对管道周边群众安全和环境造成严重后果的区域。通过高后果区识别技术研究，建立了高后果区识别程序，识别出管道高后果区域，确立重点巡查对象，指导巡线工作。

（1）开展高后果区识别工作，确立重点巡查区域

遵照 GB 32167—2015《油气输送管道完整性管理规范》可以定性判断高后果区级别，主观性较强实际操作性不强，根据 4 年来的探索，我们出台了 Q/SJS 023—2019《输油管道高后果区识别规程》，确立了管段的高后果区风险量化排序

级别，使得以定性主观判断为主的方式转变为定量量化的判断方式，更具客观真实性，从而对巡线的指导作用及维修决策的制定更具有效性和科学性。

课题组在2015年首次实施输油管道高后果区识别工作，随后几年每年都组织对企业管辖的输油管道高后果区开展全面调查识别工作，至此已开展了5个年头，以2020年开展高后果区识别为例，如图所示(某条输油管道高后果区识别统计柱状图七、管道高后果区识别结果统计表2)，高后果区识别工作从2020年9~10月历时2个月，识别长度235km，对管道划分99段。识别出以人口密集区、环境敏感区为主的高后果区54与，长度139.10km，占管道总长59.19%，其中Ⅲ级高后果区14处，长38.53km，占总厂输油管道的16.40%，输油管道高后果区识别率达到100%。

表2　2020年度本企业输油管道高后果区情况统计表

序号	高后果区等级	数量	长度/km	占长度比例
1	Ⅲ级	14	38.53	16.40%
2	Ⅱ级	14	32.93	14.40%
3	Ⅰ级	26	66.56	28.32%
4	总计	54	138.02	58.74%

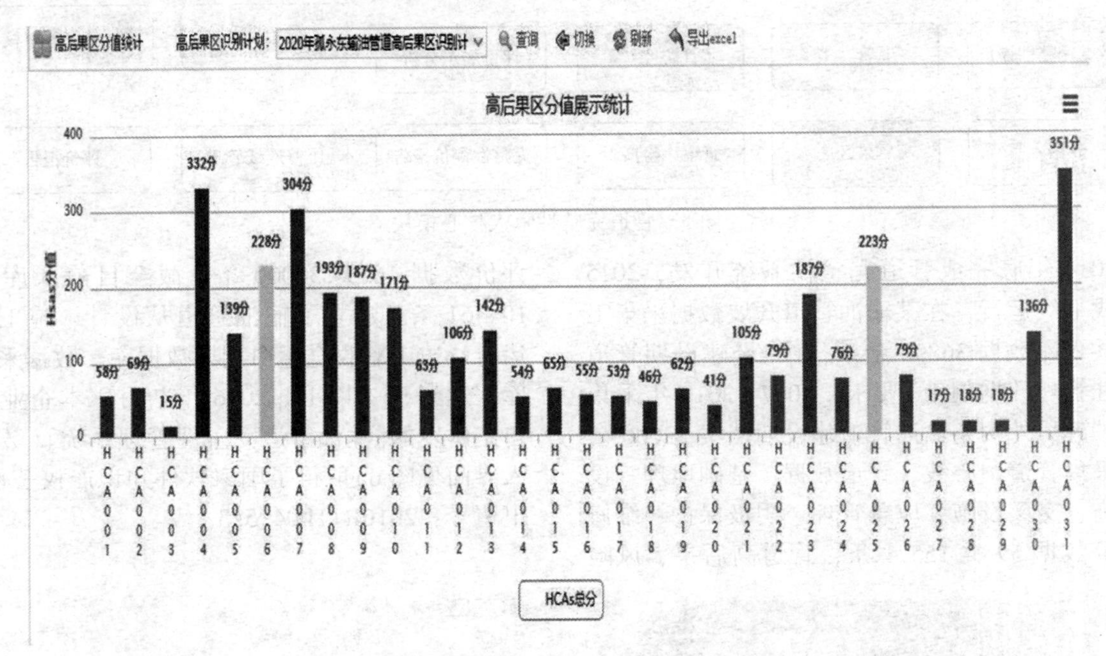

图7　某条输油管道高后果区识别统计柱状

图7、表2显示的结果，量化分值越高，管道泄漏后产生的后果越严重，是管道运营过程中应该重点关注的部分，指出了管道高后果区所在的位置信息，从而可有效确立管道巡查重点，减轻巡线工作劳动强度。

(2) 制定高后果区管理措施

在设计及试运阶段，对识别出的高后果区管段，在设计、施工、试压时就应进行充分考虑，加大管道的壁厚，如某输油管道在穿越段管段及高后果区级别较高部位就采用壁厚为8.7mm的管道，不严重的部分，采用壁厚为7.9mm的管道。试压的强度试验压力采用1.5倍设计压力。

对于运行阶段加强识别出的高后果区的日常巡查力度，加大这些重点管理区域的安全保卫宣传工作，同时针对每级高后果区制定相应的高后果区预案，实现一区一案管理。

高后果区实行动态管理，每年至少进行一次高后果区识别，最长不超过18个月，识别后重新确立巡查重点。

(3) 高后果区三维技术应用研究

为直观表现管道穿越城区的实景，表现管道与其他市政管网的关系以空间三维的形式，利用三维技术手段，开发高后果区三维展示平台，有利于决策制定与实施。

多元数据融合建模：将无人机采集影像数据、倾斜摄影建模数据、地下管线数据、三维激光扫描数据等综合数据在统一的CGCS2000国家大地坐标系下建模，以达到地上地下一体化建模的目的。使场景数据不仅能展示，更具有真实而丰富的数据信息。

实现以下几方面功能：

标注功能：调查管道所处地区所有公安、消防、医院单位的地理位置，标注在系统的地球中。

属性查询功能：管道沿线三桩一牌位置、管道沿线穿跨越位置、管道沿线周边环境位置及其属性信息查询、管道沿线交叉并行及第三方管道属性信息查询、管道沿线附属物位置及属性信息查询。

周边管道截面图功能：管道沿线交叉并行管道截面图输出。

统计分析功能：统计查询指定范围内所含各类管线数据及相对空间位置。

通过在输油管道上开展管道高后果区三维技术应用。提高输油管道风险管控直观、可视化程度，提高管道管理效率。（图8、图9）

图8　管道高后果区路由走向

图9　管道沿线交叉并行及第三方管道属性信息查询

3.3　开展风险评价技术研究，确立高风险管段，指导维修决策

选用国际通行的半定量方法开展风险评价技术的研究。对所评价管道的潜在危害因素进行识别，在此基础上开展管道的风险评价。管道风险评价过程实施分为确立风险等级划分标准、建立风险评价程序、风险评价软件开发、开展风险评价工作等四个部分进行。

风险评价实施动态管理，定期提示用户进行风险评价；当管道或周边环境发生较大变化时，要进行风险再评价。针对风险进行排序，识别出对管道系统完整性影响最大的风险因素，制定有效的预防、检测和减缓方案。

① 风险评价软件开发

由于GB 32167—2015对风险评价工作具体操作没有具体操作意见，因此团队经过近四年的探索研究和对比实践，建立了Q/SJS 024—2019《输油管道风险评价》企标。采用自主开发的管道风险评分系统软件开展评价，将所有影响管道安全运营的因素归类为第三方损坏、腐蚀、误操作、制造与施工缺陷、泄漏后果影响等五项指标，对每项指标进行赋值评分，综合分析引起管道泄漏的可能性及泄漏造成的后果严重程度，最后累计得到管道沿线的风险大小。（见基于Kent法的半定量评价方法流程示意图10、某输油管道风险评价柱状图11）

② 风险等级划分标准：风险等级划分为低、较低、中、较高、高五个级别。级别越高，风险等级越高。级别不同，处理方式不同，较低风险、低风险、中等风险属于可接受范围可以不必关注，较高级别风险、应在限定时间采取有效应对措施降低风险；高级别风险，应尽快采取有效应对措施降低风险。（见风险等级评定分值及颜色表3）

表3　风险等级评定分值及颜色规定

风险等级	分值及颜色	风险可接受水平
高	S≥1000，红色	风险不可接受，要立即采取削减措施
较高	750≤S<1000，橙色	风险不可接受，要采取削减措施
中	500≤S<750，黄色	风险可接受，重点关注，加强巡线
较低	250≤S<500；蓝色	风险可接受，加强日常巡线管理
低	S<250；绿色	风险可接受，加强日常巡线管理

③ 评价程序：

执行Q/SJS 024—2019《输油管道风险评价》企标，按照基于Kent法的管道风险半定量评价方法开展评价。将所有影响管道安全运营的各种因数归类为五项指标，并对每个指标进行赋值评分，综合分析其引起管道泄漏可能性及泄漏后的事故严重程度，最终得到管道沿线风险大小。具体过程如管道风险评估流程简单示意图10，具体评估过程见实例(某输油管道风险评价柱状排列图图10)

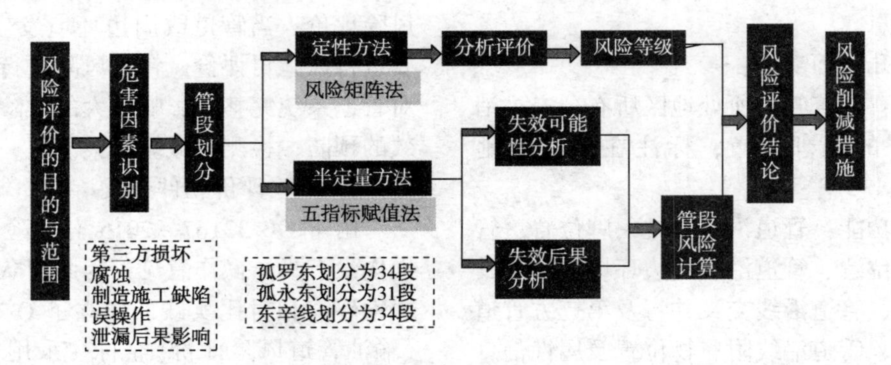

图10 管道风险评估流程简单示意图

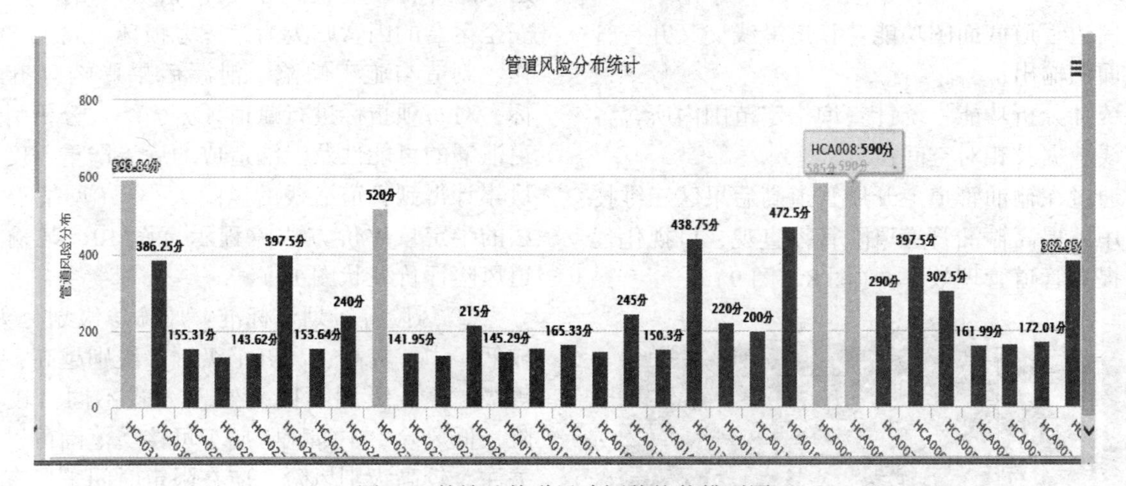

图11 某输油管道风险评价柱状排列图

④ 输油管道风险评估结果：

评价结论：2020年9~10月，开展了为期2个月的管道风险评价工作，评价管道总长235km，按标准要求对每一个管段共51类261个打分选项进行打分，完成评价表495张，识别处于中等风险级别管段有4处，长10.56km，占管道总长的4.46%，其余95段均处于较低风险和低风险等级，未评出较高风险和高风险管段。经现场勘察验证，风险评估符合率达90%。管道目前整体风险水平可以接受(表4)。

表4 2020年度输油管道风险评价情况统计表

序号	评估风险等级	数量	长度/km	占总长度比例	风险可接受程度
1	高	0	0	0	不可接受
2	较高	0	0	0	不可接受
3	中	4	10.56	4.46%	可接受
4	较低	22	54.63	23.05%	可接受
5	低	73	171.77	72.49%	可接受
总计		99	236.96	100%	

3.4 建立深穿管道阴极保护模型，开展深穿管段阴极保护有效性评价

深穿管道部分管段埋深一般都在8~15m，常规阴保系统测量方法无法测量阴保系统有效性，因此研究和建立了深穿管道阴极保护数学模型，对深穿管段阴极保护有效性开展评价。

(1) 选点勘查——西一路(图12)

西一路穿越段位于西一路与南一路交叉口南侧1.1km处，某输油管道在此由东向西穿越西一路和一道小水沟，穿越段长200m，最大埋深8m。管道直径508mm，穿越段防腐层为3PE，非穿越段防腐层为保温层和黄夹克。

(2) 现场开挖和馈电实验——西一路(图13)

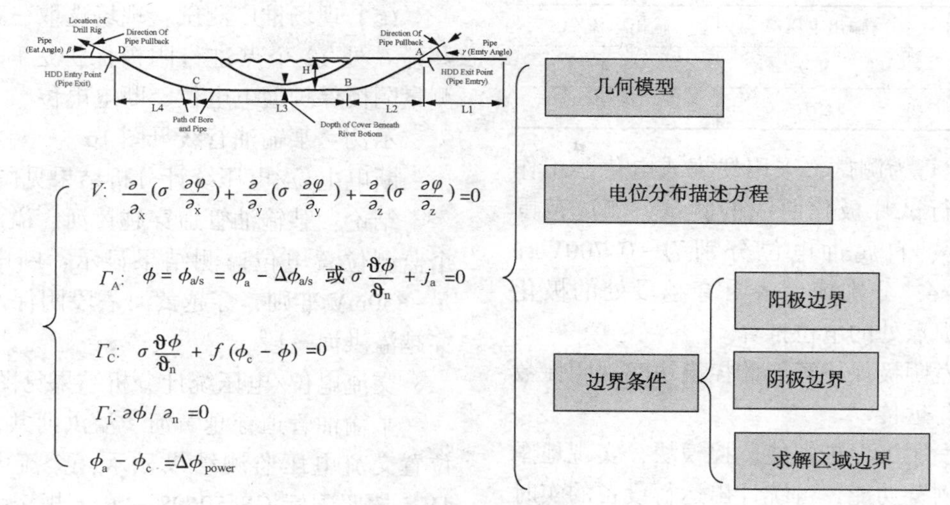

建立的数学模型

图 12　选点勘察西一路

图 13

馈电实验编号	输出电压/V	输出电流/A
1	9.9	1.4
2	57	7.5

(3)极化行为测试：采用便携式电化学工作站在现场进行试片极化曲线的测试，测试范围0～－1.2Vcse，自腐蚀电位分别为－0.700Vcse和－0.615Vcse，分别使用各自穿越段处的极化曲线进行破损点处的电位推算。

(4) 开发阴极保护智能监控模块实现阴保数据自动采集与远传

通过开发阴极保护智能监控模块，实现地图浏览和数据浏览功能，可统计出运行设备的实时状态，并能够快速定位到数据查询和数据分析页面。报警与查询及数据统计功能界面见图15。

(5) 现场推广测试：现场选取三条输油管线共计6处12个点进行阴极保护远程测试监控。测量阴极保护通电电位、断电电位、交流电压。

示例：某输油管线见图16。

断电电位/电压统计分析结果见图17。

结论：某输油管道穿越黄河、溢洪河共计四个监测位置电位监测结果显示：断电电位都满足－850mV准则，穿越黄河一段阴保水平略好于穿越溢洪河一段。

交流电位/电压统计分析结果见图18。

某输油管道穿越黄河、溢洪河共计四个监测位置交流电压监测结果显示：交流电压都低于4V，按照国标GB 50698—2011规定，可认为管道不存在交流干扰。

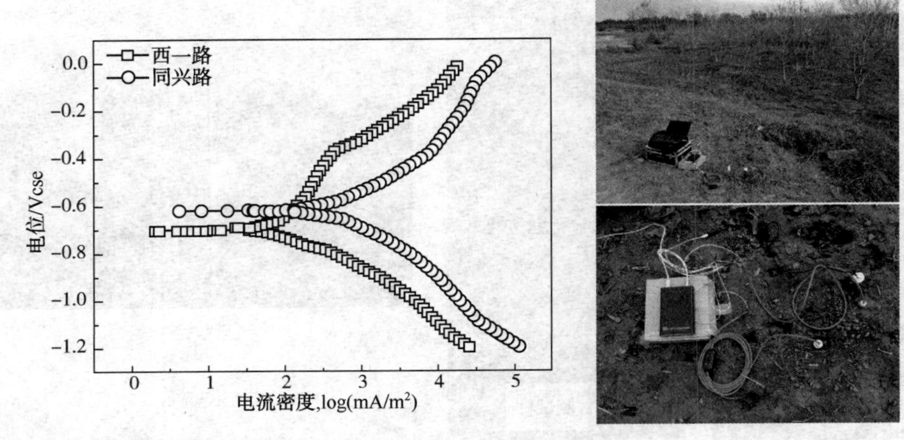

图14　极化曲线及现场测试图

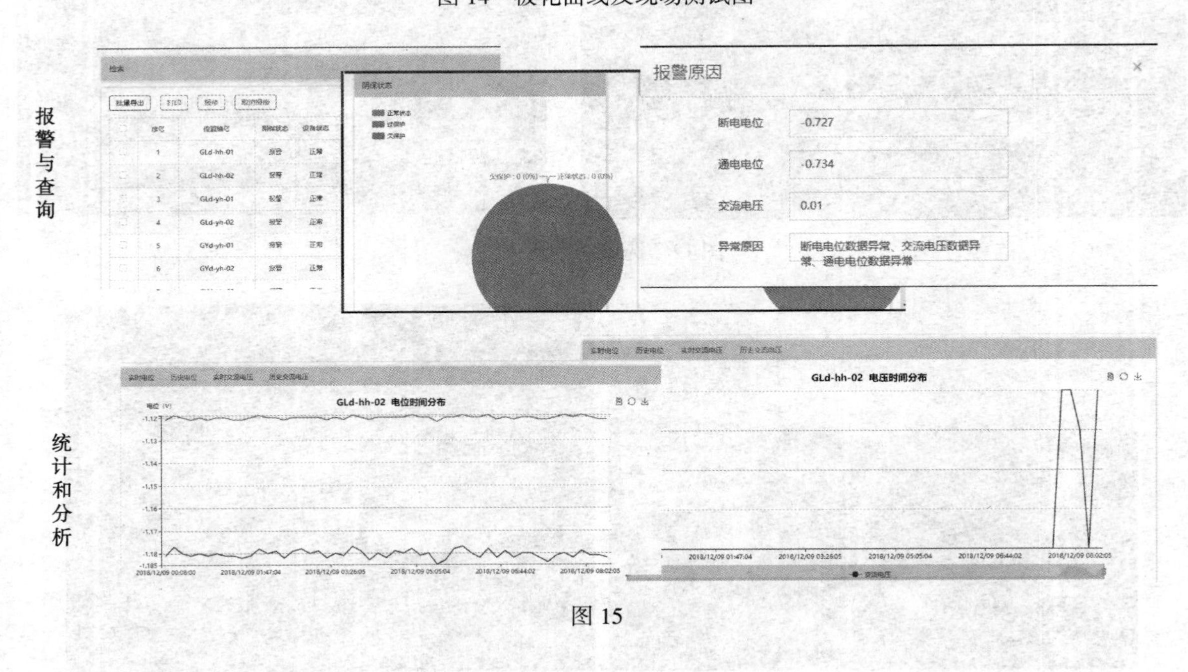

图15

位置编号	通电电位/V		断电电位/V		误差是否小于 ±1%
	现场测量	远传数据	现场测量	远传数据	
GLd–hh–01	–1.312	–1.303	–1.157	–1.167	是

图 16

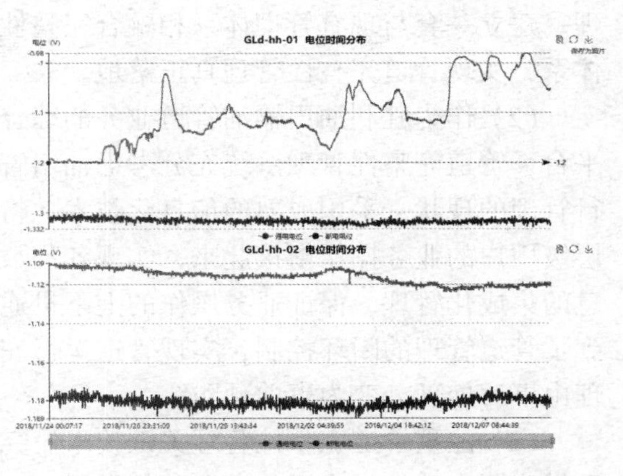

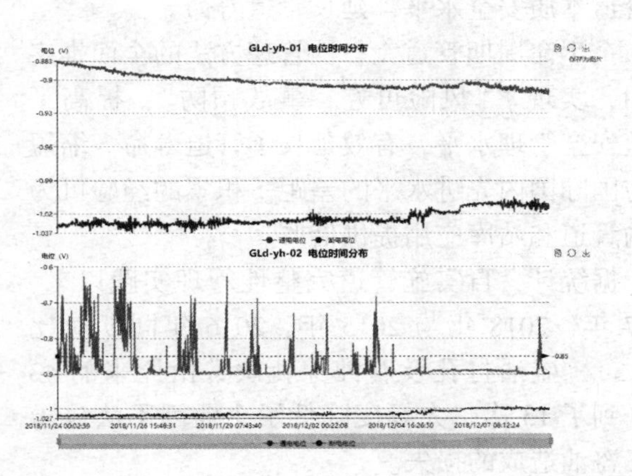

图 17

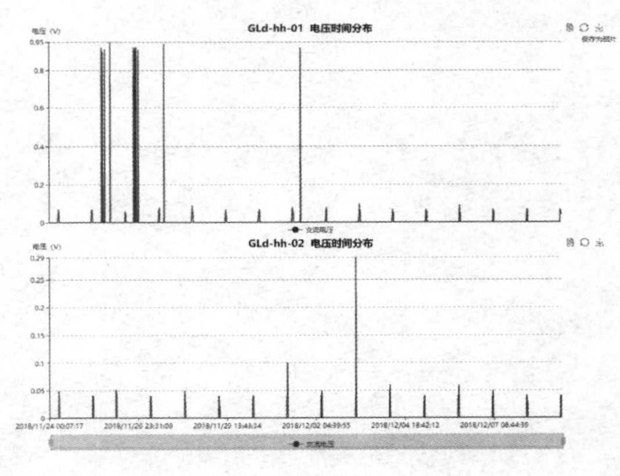

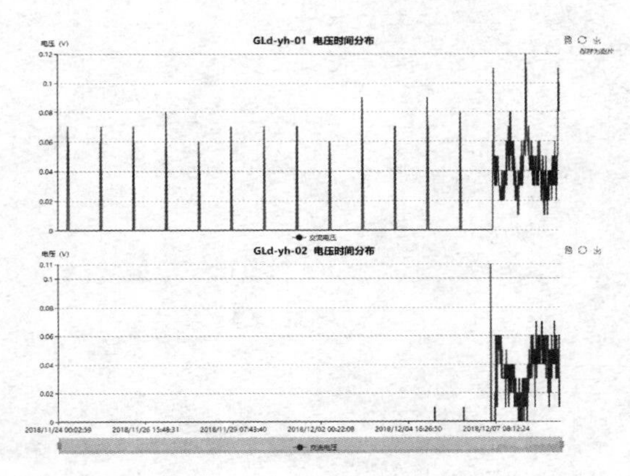

图 18

最终测试结论：

（1）阴极保护参数自动采集测量误差小于±1%；

（2）对总厂所辖三条输油管道深穿管段监测位置的阴极保护电位进行远程采集，并对其防腐层状态进行评估，对期间出现的问题及时解决。

4　管道完整性管理体系实施效果

本企业自 2014 年开始开展管道完整性管理的各项研究与实施推广工作，推动管道完整性管理有序进行，2016 年完成了某输油管道完整性管理工作的推进工作。2017~2018 年在另外 2 条输油管道全面进行了推广实施。

（1）建立了输油管道全生命周期数据库。

通过推广实施管道完整性管理，形成了输油管道全生命周期数据库，为管线完整性资料调用、档案复用、查询分析、风险评价、完整性评价、制定维修决策奠定基础，最终实现输油管道的全生命周期完整性管理。

（2）建立了管控一体化的数字管道。

通过管道完整性管理系统功能完善、管理体系的规范运行、以六步循环为核心的管道完整性技术体系的应用实践，实现了管道安全风险的预测预警、应急抢险的交互联动、建设了管控一体化数字管道。

（3）实现管道“风险可控、事故预防”，提升管道本质安全水平，延长管道寿命

全生命周期管道完整性管理方法的全面推广应用，实现了“风险可控、事故预防”，提高了管道安全管理水平，有效延长了管道寿命。缩短了与国际国内先进水平的差距。积累的经验可为集输管道和站库应用提供借鉴。

据统计，自实施管道完整性管理实践以来，2017 年、2018 年与 2015 年、2016 年同期对比（表 5），盗油打孔及腐蚀穿孔次数由原来的 43 次降到了 13 次。大幅度降低了企业因不法分子打孔盗油造成的损失。

表 5　本企业 2015 年–2018 年盗油打孔和腐蚀穿孔情况汇总表

年份	盗油打孔/次	腐蚀穿孔/次	总计/次
2015	22	11	33
2016	6	4	10
总计	28	15	43
2017	5	2	7
2018	5	1	6
总计	10	3	13

结论：

（1）正确认识管道完整性管理，管道完整性管理是管道管理的一种模式，不是与管道管理相互独立的管理体系，管道完整性管理就是管道管理。建立一套与现有管理体系相融合完整性管理体系，实现管道完整性管理真正落地。

（2）作为胜利油田输油管道业务的综合信息平台，管道完整性管理系统充分考虑油田管道运行管理的现状，采用成熟的信息化技术，将不同层级用户的业务操作衔接起来，实现各种数据信息的集成化管理，保证业务操作的上下贯通，达到了管道管理的闭环控制，实现管道运行安全管理由事后处理，变为事前预防。

（3）注重管道完整性管理关键技术研究，注重借鉴国内外先进成果，实现跨越发展。

长距离油气输送老龄管道寿命预测及延寿方法研究

郑贤斌

（中国石油天然气股份有限公司天然气销售分公司）

摘　要　目前我国已建长距离油气输送管道部分接近或已处于设计寿命后期，先后出现腐蚀、裂纹、穿孔等缺陷。通过完整性管理，识别出风险管段，提出风险控制方案；基于风险和可靠性的检测，辨识出管段存在的失效模式，预测管道剩余寿命；基于“合于使用”评估对老龄管道系统缺陷和损伤模式的评价，综合分析管道安全性，给出继续服役、维修、更换或废弃的评价结论。采用系统工程和协同论思想，将完整性管理、风险分析、结构可靠性、安全评估和维修理论等方法有机结合起来，从系统集成和高效协同角度总结出老龄管道寿命预测和延寿方法及其延长服役期应急管理工作重点，从而对老龄陆上管道和近海管道安全经济运行维护具有重要的工程实用价值。

关键词　老龄管道，延寿，完整性，合于使用，设计寿命，服役寿命，剩余寿命

1　引言

油气长输管道系统是由管道主干线、穿跨越段、泵站（压气站）和油库（储气库）组成的一串联可修系统[1]。随着时间的推移，由于管道本身材质的老化、腐蚀、凝管、遭遇自然灾害和误操作等，部分现役管道已进入“老龄期”[2]。在国内目前运营的油气管道中，82%的管道运行已超过15年，66%的已超过20年，存在大量的事故隐患，爆管、断管、腐蚀、泄漏、打孔盗油等重大事故呈上升趋势，仅1998年和1999年，就发生管道爆炸事故16起，其他严重事故14起，死亡46人，伤209人，导致直接经济损失812万元[3]，严重影响管道的正常运行和周围的自然环境，管道安全可靠性问题日益突出。

按照设计和施工标准，管道在服役初期的安全可靠度高且稳定。然而，随着管道运行时间的增长，管道系统结构将不可避免地出现缺陷。管道建设及运行过程中往往会产生管道失效，常见的失效原因有机械损伤、材料缺陷、腐烛、焊缝缺陷等[4]。其中，缺陷对管道安全运行的影响主要有4个方面[5-6]：缺陷导致管壁变形产生应力集中并降低承压能力或者直接导致其破裂泄漏；周期性的内压波动也可能使缺陷区域出现疲劳损伤乃至断裂；对于一些延性较差的长期服役管道，即使缺陷引起的应力集中不大，也可能引起管道裂纹的产生甚至加快应力腐蚀速率；较深的缺陷会影响清管器及内检测器等设备运行，给管道的检测带来困难。缺陷一直是管道完整性管理的主要问题之一，国外对于含缺陷管道的评估方法通常是将缺陷深度作为主要指标，多数以外径的6%作为评价缺陷管道需要立即修理或移除的边界条件，研究和分析含缺陷管道的安全服役行为非常重要[7]。因此，有必要评估缺陷损伤的程度，以确保管道不因老化而废弃。管道缺陷损伤导致管道失效不仅改变为管道破裂泄漏，也可能超出服役寿命（亦称管道计划运行的期限）的状态。考虑到管道完整性能够使管道一直处于安全可靠状态，通过管道完整性管理能使处于寿命晚期或延寿后的管道继续安全平稳运行。基于此，本文介绍国内外成熟使用的管道完整性管理技术，提出基于风险和可靠性的检测策略，采用“合于使用”评估出管道剩余寿命，总结出管道延寿的方法，合理检测和维修周期，降低管道老化速率，从而延长管道寿命具有十分重要的现实意义。

2　管道完整性管理

管道完整性是确保管道运行安全的有效手段[8]，不仅包括物和人的因素，还包括设备、操作和环境因素，即管道设计、管理、检测和维修等方面。在资源优化配置前提下，维持管道完整性高水平，如图1所示。

管道完整性管理是覆盖管道线路、管输场站、油库（储气库）等多个环节在管道系统中形成一个有机的整体。管道完整性管理系统不仅规

定各种功能要求，而且满足管道系统的完整性检测方案需求。完整性检测对从状态监测、过程控制和输送介质控制中的数据进行全面检测，如图2所示。

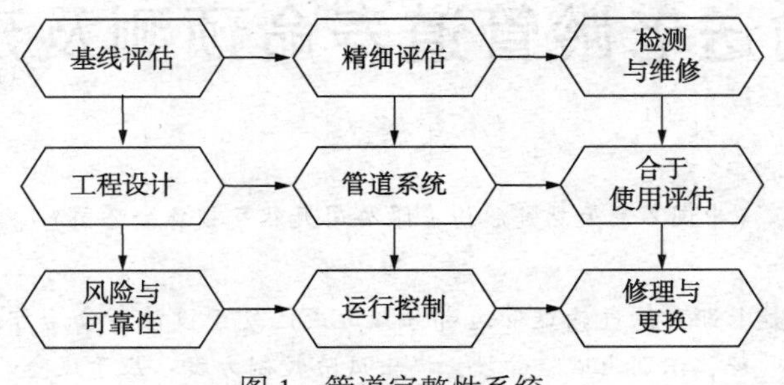

图1　管道完整性系统

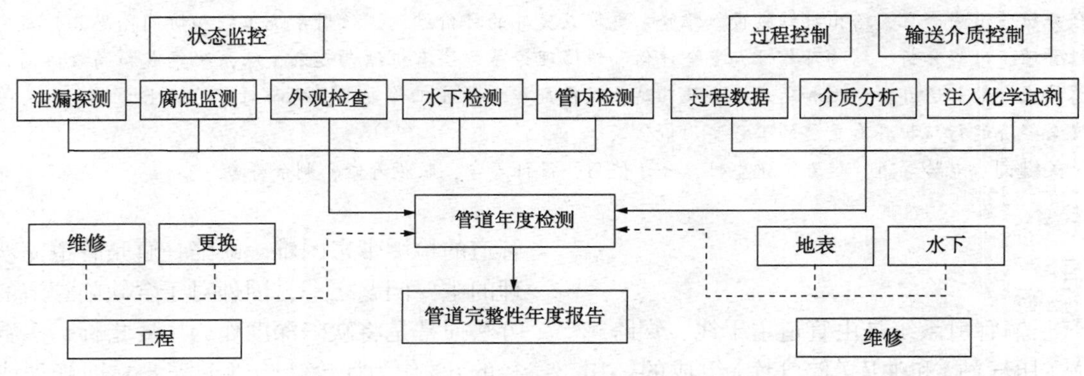

图2　管道完整性检测程序

为了反映管道真实状况，需采用基于风险的检测(RBI)和可靠性分析，通过完整性检测必须识别出潜在的失效模式的最大风险管段。

管道失效与系统的整体失效相关联，如存在腐蚀缺陷、涂层老化、灾害环境、腐蚀速率增长都可能导致管道腐蚀损伤。腐蚀损伤不是简单的腐蚀破坏，而是腐蚀控制系统的失效。因此，必须从危险源辨识角度预防管道失效。同时，因受人和环境因素的叠加影响，有必要进行风险分析。

2.1　完整性标准规范

2.1.1　完整性规范

管道完整性需通过检查、检测、分析或确认高后果区域(high consequence areas，简称为HCAs)[9]。HCAs是指如果管道发生泄漏会对于人口健康、安全、环境、社会等造成很大破坏的区域。随着人口和环境资源的变化，高后果区将发生变化。管道管理人员需要一个完整的管理程序持续评估HCAs管道的完整性，从而做出风险管控对策。

2.1.2　完整性标准

API提出了一个统一的工业标准，最初版本为“严重后果区的管道完整性，API 1160”。该标准为满足美国交通部(US Department of Transportation，简称DOT)规则[10]，给出了管道完整性管理程序的指导性大纲。完整性管理程序包括：分析所有可能导致失效的事件，检查潜在管道事件的概率和后果，检查和对比所有风险，提供风险控制方案的框架。

2.2　管道检测计划

超过管道原设计寿命(亦称设计预计的有效使用年限)需确保管道未来运行期间的完整性，必须针对管道本体进行全面检测，包括内检测和外检测在内的基线检测。随后的精细评估主要取决于超过设计寿命管道高精度检测数据。基线检测应包括：

(1) 对管道系统(干线、站场、穿跨越段、储库)和管段的检测计划；

(2) 基于风险分析对管线/管段排序；

(3) 使用至少一种方法对管线/管段完整性评估：在线检测、水压试验、“直接评估”(如内外涂层检测)，以及其他新技术；

(4) 管段的管理方法，包括修复或增加必要的检测；

(5) 周期性检查计划、检测时间间隔，必要时提高检测频率。

2.3 基于风险和可靠性的检测

检测计划目的是确保管道系统按照设计意图安全运行，确定管道检测的地点、时间和方式。为保证检测计划有效实施，必须采用可靠性评估方法识别威胁管道完整性的危害因素，并分析与之有关的风险和确定风险的检测技术与设备，指导可检测的老龄管道结构退化进行失效模式分析。基于风险和可靠性的检测程序如图3所示。

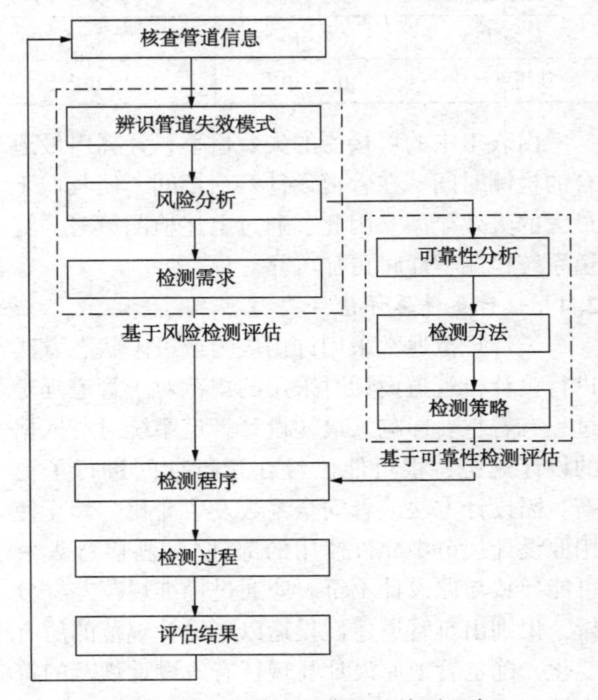

图3　基于风险和可靠性的检测程序

2.3.1 基于风险的检测

（1）管道信息核查

通过管道老化速率预测未来时间管道老化发展状况。检测数据越准确，不确定性就越小，则可预知的风险就减小。管道信息包括：设计数据、施工信息、运行历史数据和实时数据、检测信息的合理性、载荷和环境信息。

（2）失效模式分析

由于管道沿线处于不同的社会、自然环境影响区域，因此所存在的风险概率和后果不同。如管道主干段通常受到腐蚀损伤，弯管比直管更易受腐蚀。为了辨识出风险和影响管道完整性的潜在因素，管道系统可分成如下部分：阀门和焊接接头，弯管；干线管段（风险可接受段和高风险段），穿跨越段。通过危险源辨识，理论上均可检测出影响管道完整性的各类风险。在焊接接头处，采用故障树分析法（Fault Tree Analysis，简称FTA）[11]、事件树分析法（Event Tree Analysis，简称ETA）[12]和集对分析方法（Set Pair Analysis method，简称SPA）[13]均可识别出相应的失效模式。

（3）风险评估

为识别出管道系统各种失效模式，系统风险为：

$$风险=事件发生的概率/频率\times该事件后果 \tag{1}$$

极限状态下的失效事件包括但不限于：管道主干段失效、子系统失效、可操作性、可维修性。通过综合评估管段失效模式的概率和后果，确定其风险。

（4）检测临界分析

通过识别出高风险管段的失效模式后，评估检测的结果。通过检测和修复管道结构退化速率，可识别出管道内部的腐蚀状况，则所采用的检测技术实用性强；反之，固定墩处的腐蚀风险难以检测到，则所采用的检测技术实用性差。

（5）检测技术和设备

临界失效模式能提供反馈结果，确定缺陷类别，检测出威胁管道完整性的缺陷临界尺寸。按照可容忍缺陷的类别和大小，选用合适的检测技术和相关的设备，辨识出管段所有的失效模式。

2.3.2 基于可靠性的检测

风险评估可精确地分析对管道系统构成最大威胁的失效模式。基于检测的可靠性分析便能获取当前失效概率的大小及其管道系统的剩余寿命（亦称基于腐蚀和疲劳等于事件有关的劣化机理，评估出的管道能够安全运行的时间，不考虑设计寿命）。同理，还可估算出不同类型的检测技术、设备和检测时间间隔。可靠性分析的数据繁多且耗时，因此应基于最大可能的失效模式，采用精确的数据消除所存在的不确定性。

（1）概率分析

通过概率分析输入参数的统计模型，确定特定的失效模式，以及失效概率随时间的变化趋势。采用Monte-Carlo法预测缺陷的增长。

（2）检测方法及其设备

不同的检测方法及其相关设备所具备不同的缺陷检测功能。因此，可以调整管道的失效可靠度，根据检测时间间隔，优化检测方案。检测方案包括：检测范围，检出概率，校准精度，可重复性和定位精度。

（3）检出概率

工程概率不确定性分析方法要求管道运行人员在给定的失效概率条件下确保管道本质安全。例如管道的失效概率在其设计寿命期内不允许超过特定的安全标准。因此，当失效可靠度达到特定标准，检测将影响失效可靠性。失效管道的最终概率为：

$$P_f(\text{Pipeline}) = [1-(1-P_{i\_flowing})^{N_{flowing}}] + [1-(1-P_{i\_stagnant})^{N_{stagnat}}] \quad (2)$$

式中，P_f(Pipeline)为失效管道的最终概率；$P_{i_flowing}$为运行情况下的单个缺陷的最终概率；$N_{flowing}$为运行情况下缺陷数；$Pi_{_stagnant}$为停运情况下单个缺陷的使用或最终概率；$N_{stagnat}$为停运情况下缺陷数。

考虑到存在两种可能的“失效”：一种是“最终”的失效，此时管道处于不安全状态。如断裂导致管道失效。另一种是“使用”的失效，此时管道不能有效运行。如压力超过管道的屈服强度，计算既要求检测又要求专家评判出期望缺陷。当清管器检测受式(2)的影响时，不仅需要评估期望缺陷的长度和深度，还需要估算出检测设备的阈值范围。

(4) 确定清管器类型

采用概率论说明不同清管器的效果。假设有两种不同的清管器，评判出管道应采用的适用类型。其中一类清管器：该检测设备的腐蚀深度检测阀值适用全面腐蚀缺陷。如缺陷长度>3t时，取其为0.1t，其中t为管壁厚。在特殊管段中，对于长度≥85.7mm的任一缺陷，取其为2.9mm。该设备的精度为±0.1t和±2.9t。另一类类清管器：该检测设备的检测阈值深度为1mm，则精度为±0.5mm。

值得注意的是，上述检测精度范围是以现有的检测技术为基础。期望检测技术是指在低阈值范围内开发出新的检测技术。基于管道失效概率，预测管道存在缺陷的数量、大小以及检测费用等因素，优选出最适宜的检测技术。

(5) 确定检测周期

确定检测周期应考虑整个时间内失效概率的变化、可接受的失效概率、缺陷的增长速率和检测技术的选择等因素的影响。通常采用确定性方法确定检测周期[14]。当缺陷深度到达失效状态时，设定检测周期，这样通常偏于保守，在最终失效计算时采用合适的安全裕量。因此，在缺陷预测深度超过可接受缺陷大小时，就存在简易检测的情况，以及确定性地给出检测周期。根据概率论，采用相同的失效方程，可计算出失效概率。若计算出失效概率超过预期可接受的失效概率，就需要进行检测。表1给出了部分可接受的腐蚀失效概率。

表1　可接受的失效概率

海底管道	可接受的失效概率(每年)	
极限状态	安全区域	水域
最终状态	$10^{-5}\sim10^{-6}$	$10^{-3}\sim10^{-4}$
使用可靠性	$10^{-1}\sim10^{-2}$	$10^{-1}\sim10^{-2}$

由表1中的可接受的失效概率，计算出最适合的检测时间。在管道设计寿命期间，使其低于最大的失效概率。因此，通过上述检测策略，管道系统检测程序将更加可靠。

2.4　设计条件再评估

设计规范通常采用许用应力或极限状态方法进行设计，管道设计时采用的规范对于管道延寿过程有着重要影响。最初设计管道系统时所依据的设计规范，很可能已经在运行期间进行了更新。因设计方法或者安全系数发生变化，禁止使用原设计规范中允许使用的部件(如斜接弯头)，可能导致与原设计不符。应通过标准规范差异分析，识别出自管道建设投运以来设计规范的所有变化，确定管道原设计与现行有效设计规范的符合性。

2.4.1　设计基础的改变

变更设计条件主要包括：设计阶段的失误和不确知信息、工艺条件的改变、设计载荷的改变、地区安全等级的改变。

2.4.2　设计阶段的失误和不可知信息

在设计阶段，通过如江、河等水体环境信息，管道输送介质信息或外载荷等不完整信息做出确定性预测和评估。在管道服役寿命期间，可能出现同类事件在设计阶段是不可知的，主要包括江/河环境、热膨胀、管跨和屈曲。

2.4.3　工艺条件的变化

工艺条件的改变会对管道腐蚀速率和外加载荷有着重要的影响。典型工艺条件改变包括运行压力、温度、流量的变化；介质的变化(如从干气到酸气)；含水量增加；工艺关断；蜡沉积增加。

2.4.4　设计载荷的变化

应通过评估识别原管道设计载荷的变化，包

括：环境载荷的增加，如波浪载荷和河流载荷、风载荷以及土体移动和变形；外力载荷的增加；段塞等工艺条件改变带来的疲劳载荷；由于调整和修复带来的附加载荷。应评估设计载荷的变化对管道现行有效的设计规范和标准的可接受性的影响。

2.4.5　地区安全等级的变化

在设计寿命期内，人口密度的增加、土地用途的改变及管道线路需求的改变均可能导致在管道系统区域安全等级升级。应评估附加的社会风险吗，并采取合适的减缓措施，这可能导致降低最大允许操作压力(Maximum Allowable Operating Pressure，简称 MAOP)。

2.4.6　延长设计寿命

考虑到失效模式是动态变化的，通常管道寿命设计趋于保守。在管道设计寿命的基础上延长服役寿命，失效模式需要重新评估。运行参数的有效性允许采用真实的数据和实际的老化预测信息替代保守的预测老化速度和安全因子。比如管跨段将允许一些运动的角度，因此就承受疲劳载荷。疲劳失效是动态的，且在期望寿命(亦称考虑到超过管道原设计寿命继续运行所期望的管道寿命)内必须评估剩余疲劳寿命的增量。如混凝土覆盖层材料随时间推移，管道结构老化必须进行评估，否则将不利于管道安全平稳运行。同时，大多数腐蚀防护系统是以耐腐蚀层和采用牺牲阳极保护阴极为基础。因此，延长设计寿命需对阳极的剩余寿命和耐腐蚀层进行条件评估(conditional evaluation)。

3　老龄管道“合于使用”评估

任何检出缺陷应进行“合于使用”评估，评估的重点：(1)缺陷特征因素，包括位置、深度、长度、方向；(2)管道目标可靠性等级；(3)对环境和公众的威胁；(4)故障后果。考虑到评估类型对输入参数的可用性，建议不宜使用低精度的数据信息。

3.1　评估方法

对管道缺陷进行评估时，需明确并不是所有的缺陷都是管道缺陷，一些结构异常(如无支撑的管跨)需要进行设计分析和结构评估。“合于使用”评估方法同样适用于油气管道工程设计阶段。

3.2　评估过程

缺陷检测标准，包括简易分析方法(如 ASME B31G)、有限元结构分析和风险分析方法。所采用的方法取决于检出缺陷、管道类型以及运行人员的水平。图 4 给出了不同等级的缺陷评估和所要求的信息。“合于使用”评估方法通常要求至少达到步骤 3。如果缺陷仍保持在不可接受的水平，就需要进行精细评估或维修。精细评估要求进行风险分析。风险是失效概率和失效结果的函数。同理，难以计算失效概率的极限状态分析[15]。概率论方法包括失效的概率和后果。虽然定性方法重视失效后果和所推荐的安全系数，但“合于使用”缺陷分析不需要进行风险分析。“合于使用”评估通常包括缺陷可靠性分析。若存在严重失效后果的缺陷，需要进行风险评估。

利用现有的技术和方法，估算老龄管道失效风险、识别和采用合适的检测技术、设定经济的检测周期、限制风险至可接受的最低水平、定量分析管道完整性现状和预测管道未来完整性状况。基于此，油气管道企业可以安全地延长老龄管道的使用寿命，通过有计划性地采用风险分析、可靠性分析和管道完整性管理手段，确保油气长输管道安全高效可靠运行。

4　老龄管道延长服役期寿命管理

4.1　老龄管道经济寿命预测

应考虑延长服役期各种信息对老龄管道后续安全可靠性的影响，实现老龄管道的可靠性更新。但是，这些信息仅仅反映管道已有信息对老龄管道可靠性分析的影响，若要实现老龄管道在后续服役期的有效延寿，需要对管道进行合理的检测和维修。尽管检修措施可以保证老龄管道可靠性维持在较高水平，实现老龄管道结构的有效延寿，但需要投入大量的检修费用。同时，基于风险分析，在保证老龄管道设计寿命期内的可靠指标不低于最低目标可靠指标的前提下，分别以寿命周期成本和效益—费用比值为决策优化目标，建立基于寿命周期成本最优的检修决策模型和基于效益—费用分析的检修决策模型，并通过计算分析各参数对最优检修决策方案的影响。从经济学角度，建立基于边际效益的老龄管道最优经济寿命模型，统筹考虑设计寿命、服役寿命、剩余寿命、检修费用等多因素，最终决定既安全、又经济的期望寿命。

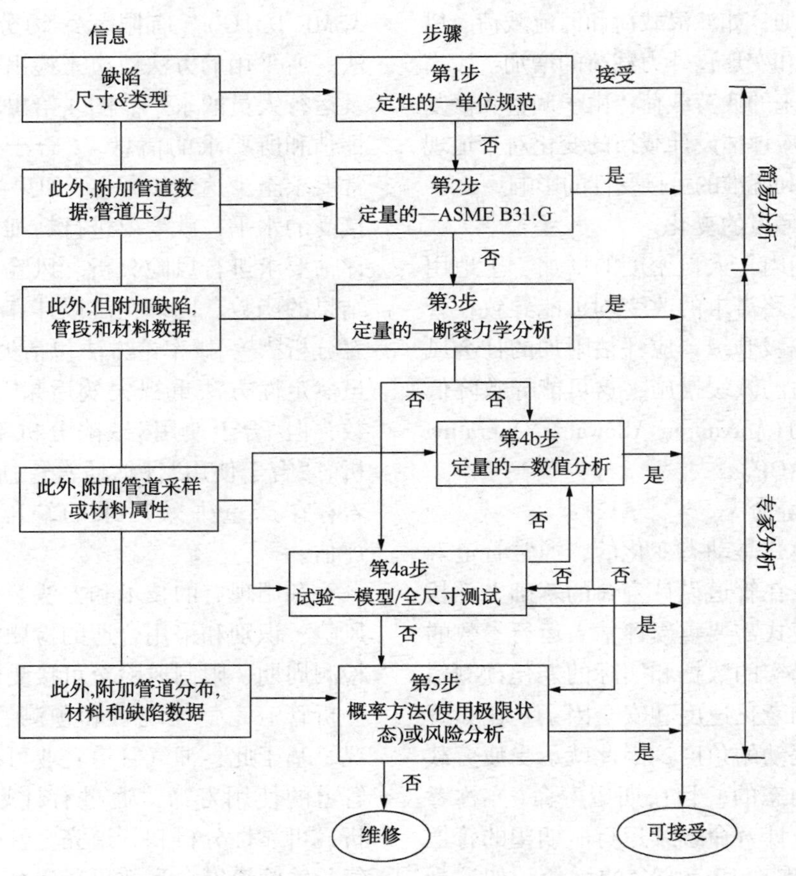

图 4　"合于使用"评估的不同等级

4.1.1　考虑老龄退化与维修效果的检修间隔

从可靠性工程角度分析，老龄管道结构系统因服役老化而不断退化。系统的退化表现出多种模式，包括疲劳、断裂、裂纹、腐蚀、点蚀、凹坑等，任何一种退化模式都可能导致系统结构最终失去其原始功能。因此，如何通过维修控制系统功能衰退，最终降低系统失效风险显得至关重要。

对于老龄管道的检修事件，通常可采用等时间间隔和等失效概率两种不同的原则确定其检测间隔。其中，等时间间隔原则比较简单，总是在固定的时刻(如 a、2a、3a、…)进行检测维修活动，其优点是对便于安排检测活动，且是偏于安全，但缺点是可能导致检测次数过多。等失效概率阈值原则[16]是一种基于条件的检测原则，只有当结构可靠度满足一定条件时才进行检测、维修行为。以等失效概率阈值原则为例，假设管道结构的检测时间与检测间隔，对于两种不同年失效概率阈值，检测次数相同，年失效概率阈值越小，检修间隔越小。同时，计算相应的检修更新后的可靠度指标，失效概率阈值越小，使得更新后的可靠度指标越高。因此，可以通过降低检修事件的年失效概率阈值，以获取管道更高的可靠度。虽然通过检修可以提高结构的可靠性，但是随着缺陷不断扩展，在管道服役寿命期满前的最后几年，结构的可靠度指标将变得相对较低。

4.1.2　管道结构经济寿命模型

在讨论老龄管道的寿命时，通常可以获得管道的设计寿命和服役寿命。但是从经济角度考虑，需要以管道结构的费用—效益为依据，进一步讨论分析管道的经济寿命。所谓管道的经济寿命通常是指当管道结构使用一段时间后，管道生产运行收益降低，检测维修费用迅速增加，当管道检修费用超过其经济维修临界点时，此时所对应的使用时间称为管道的经济寿命。

根据经济学的边际原理，当管道结构的边际收入等于边际支出时所对应的服役时间就是管道的经济寿命。换言之，若以 1 年为考察时间间隔，当管道结构在 T_E 年的收益 $U(T_E)$ 等于$[1, T_E]$年平均费用 C_T/T_E时，T_E就是管道的经济寿命。管道结构的经济寿命：

$$U(T_E)-\frac{C_I(e,\ d)+C_{REP}(e,\ d)+C_F(e,\ d)}{T_E}=0 \tag{3}$$

式中，$U(T_E)$为管道结构在第T_E年的收益；$C_I(e,\ d)$，$C_{REP}(e,\ d)$和$C_F(e,\ d)$分别为管道结构在$[1,\ T_E]$年的检测费用，维修费用和失效损失费用。

基于上述经济寿命模型，将取不同失效概率阈值进行计算，得到所对应的检修次数、检修时间、检修方法、各项费用以及老龄管道的最优经济寿命。根据计算实例数据发现，随着失效概率阈值的增大，所需进行的检修次数越来越少，检修间隔逐渐增大，相应检测费用就越少，导致失效费用越来越大；同时，随着失效概率阈值增大，老龄管道最优经济寿命缓慢增长。

4.2　老龄管道延长服役期的限制

老龄管道允许的延长服役期由所评估管道系统的剩余寿命决定。基于 GB/T 31468－2915—2015/ISO 1247：2011[17]，统筹考虑覆盖设计施工、投产试运、生产运行、废弃处置等全生命周期各阶段和各环节，定性分析管道上述各阶段环节的时间关联性。其中，老龄管道延长服役期与剩余寿命的关系如图 5 所示。若管道系统的所需寿命超过剩余寿命，可考虑实施补救措施，评估管道剩余寿命。有关补救措施包括：管道部件更换，异常限定值的再评估和异常的矫正，管道系统的降级使用，或者可以分阶段执行管道延寿。

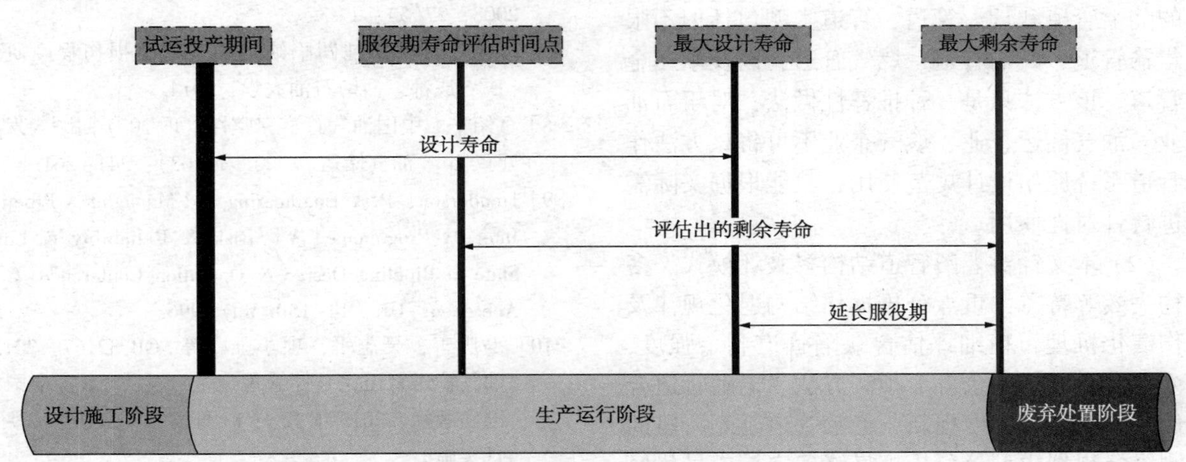

图 5　老龄管道延长服役期与剩余寿命的关系

4.3　老龄管道延长服役期应急管理

为确保老龄管道系统在延长服役期安全平稳运行，同时减小失效对公众和周边环境的影响，应评估风险控制程序、隐患治理方案和应急管理体系。切实加强老龄管道延长服役期应急预案、应急资源、应急信息化管理水平，将有助于全面提升管道应对突发事件能力。

4.3.1　应急预案管理

坚持“统一规划、分类指导、分级负责、动态管理、持续改进”的原则，针对可能发生的突发事件，编制延长服役期间的综合应急预案、专项应急预案、现场处置预案（方案）和处置卡，并建立应急预案的制修订、培训、演练和审核备案等管理制度。为评估延长服役期间应急管理体系建设和运行质量，应编制并实施应急管理程序文件、应急办公室工作手册和现场应急工作手册，并注重应急预案和现场处置方案的有效性和实用性，制定预案和处置方案评审和制修订计划，定期开展模拟和实战演练，应审核现场应急响应程序的充分性，必要时考虑老龄管道系统补救工作进行程序更新。

4.3.2　应急资源管理

及时更新完善风险目录，充分利用管道全面风险评估结果、危险源辨识、危害与可操作性分析、定性风险评价和量化风险评估（QRA）结果、安全环保隐患排查整治、HSE 体系审核、安全环保检查、安全专项诊断、内部控制评价、审计与巡查巡视反馈等发现的短板和问题，全面梳理分析症结根源，进一步确定应急资源配置。按照国家管道保护法、安全生产法和环境保护法等法律法规，以及应急管理制度标准规范要求，配齐应急管理人员、应急资金、应急物资、应急使用场地、应急装备储备等应急资源。

4.3.3 应急信息化管理

考虑到管道安全性、可靠性、高效性、经济性、时效性、准确性、战略性等特点，充分采用信息化、网络化、数字化、智能化等新技术手段，统筹推进应急管理与老龄管道综合整治深度融合，有序推进管道应急指挥平台、视频调度、监测预警等应急管理信息化建设，及时准确发布预测预警预报信息，开展有针对性精准化的警示提醒和快速准确实施现场处置。

5 结论

（1）基于系统工程和协同理论，本文提供一种统一的延长在役管道使用寿命评估方法，不涉及管道废弃阶段相关管理，适用于长距离油气输送的陆上管道和近海管道，管道类型包括但不限于集输管道、长输管道、燃气管道，以及承压金属管道。该方法只是一种推荐性做法，对于石油企业、油气储运企业、燃气企业不可将该方法作为管道系统原始设计规范使用，只能根据实际需要进行针对性使用。

（2）本文针对老龄管道结构多破坏模式、多结构失效等特点，重点分析损伤结构退化规律及损伤演化机理，精细评估含缺陷管道剩余强度，进而对管道结构剩余寿命预测方法、老龄管道合于使用评估与可靠度更新、老龄管道延寿阶段的检测维修规划模型分分析，最终确定管道最优经济寿命方法，从而达到延长老龄管道寿命的目的。

（3）建议借助多种先进的无损检测技术如声发射、超声探测、涡流探测等技术手段，从材料学、结构力学、损伤力学、耐久性等多学科理论和技术，进一步深入研究老龄管道结构退化机理。同时，借助有限元工具，通过建立结构维修后的非线性有限元模型，深入研究老龄管道在维修和加固行为之后的性能变化，分析维修加固后管道系统整体的承载能力和疲劳寿命。进一步加强老龄管道安全延寿技术标准体系建设，制定适合我国国情、较为完整的在役老龄管道寿命预测、评估、延寿技术标准、管理标准和工作标准，并尽快纳入天然气与管道专业标准体系目录，同时将老龄管道延寿技术方法全面融合到智能管道、智慧管网管道建设和运行之中，助推我国油气储运设施数字化转型和智能化发展。

参考文献

[1] 郭章林．油气管道系统安全风险分析方法研究[D]．天津：天津大学，2000.

[2] 钱成文，刘广文，侯铜瑞等．管道的完整性评价技术[J]．油气储运，2000，19(7)：11~15.

[3] 王正涛，李着信，褚家荣．含缺陷管道评价标准及方法研究[J]．后勤工程学院学报，2004，4：76~79，83.

[4] 冯庆善．油气管道事故特征与量化的理论研究[J]．油气储运，2017，36(4)：369~374.

[5] 郑贤斌．老龄输油管道安全评估与维修决策方法及应用研究[D]．东营：中国石油大学(华东)，2006.

[6] 潘家华．关于老龄管道的安全运行[J]．油气储运，2008，27(5)：1~3.

[7] 邱橙之．含单纯凹陷缺陷油气管道损伤程度研究[D]．成都：西南石油大学，2014.

[8] 董绍华．中国油气管道完整性管理20年回顾与发展建议[J]．油气储运．2020，39(03)：241~261.

[9] Henderson，P. A. Engineering and Managing a Pipeline Integrity Programme[A]. Risk & Reliability & Limit State in Pipeline Design & Operation Conference[C]，Aberdeen，UK，14-15th May 1996.

[10] 冯庆善，吴志平，项小强，等．GB 32167—2015，油气输送管道完整性管理规范[S]．北京：中国标准出版社，2015年10月13日发布，2016年3月1日实施．

[11] 郑贤斌，陈国明．基于FTA油气长输管道失效的模糊综合评价方法研究[J]．系统工程理论与实践，2005，25(2)：139~144.

[12] 董建良；吴欢强；傅琼华，等．基于事件树分析法的大坝可能破坏模式分析[J]．人民长江，2013，S2(17)：72~75+113.

[13] 郑贤斌，陈国明．基于SPA安全评价方法及其应用[J]．哈尔滨工业大学学报，2006，38(2)：290~293.

[14] 赵一男，公茂盛，杨游．结构损伤识别方法研究综述[J]．世界地震工程，2020，02：73-84.

[15] Zimmermann，T，et al. Target Reliability Levels for Pipeline Limit State Design[A]. International Pipeline Conference[C]，vol1，ASME，1996：111.

[16] Jiao Guoyang. Reliability analysis of crack growth with inspection planning[A]. Proceeding of the 14th OMAE[C]，Calgary，1992：227-235.

基于矫顽力的管道剩磁应力检测技术研究

田　野[1]　罗　宁[2]　刘　剑[1]　张　贺[2]　赵　康[1]　李　坤[1]

（1. 国家管网集团西部管道有限责任公司；2. 沈阳工业大学）

摘　要　剩磁应力检测技术可以对铁磁性材料的应力集中程度进行有效检测，在长输油气管道内检测领域具有巨大潜力。然而由于剩磁应力检测技术的机理尚不完善，剩磁信号与应力关系难以量化计算，导致剩磁应力检测无法实现管道损伤的量化测量，严重影响了该技术在管道内检测领域的应用。本文根据磁畴模型解释了管道剩磁产生机理，通过矫顽力建立了剩磁与应力的对应关系，分析了剩磁信号随着管道外应力变化的特征，并进行了实验验证。研究结果表明：铁磁性材料的不可逆磁化是产生剩磁的原因；随着管道外应力的增加剩磁信号有逐渐增大的变化规律。

关键词　剩磁，管道，应力，磁畴，矫顽力

管道运输是油气运输的主要手段，管道的健康程度直接关系到运输安全。管道长时间受外部载荷、高温、高压等作用，管道壁产生微观损伤形成应力集中；有些应力集中区将演变成宏观裂缝，引发油气管道爆裂等灾害。例如，2019 年 7 月墨西哥的油气管道爆炸事故，不仅严重污染环境，更导致了大量人员伤亡，造成了不可估量的双重危害。

长输油气管道内检测是利用油气等传输介质推动检测器在管道内行走，实时检测和记录管道的变形、腐蚀等损伤情况；是目前国际上公认最精准、高效的管道安全维护手段。但常规的漏磁、射线、超声、涡流等无损检测技术，只能对材料的宏观体积缺陷进行检测，而不能进行早期的微观损伤在线检测[1-2]，从而无法避免由于应力损伤所引起的突发事故。剩磁应力检测技术利用铁磁材料被强磁磁化后的剩磁信号，检测应力损伤，能对铁磁性材料的早期损伤和应力集中进行检测与评估，支持非接触、动态在线检测，在长输油气管道内检测领域具有很好的应用潜力。

目前，剩磁检测技术已经初步被应用于长输油气管道的应力内检测，但对于剩磁检测技术的理论研究处于初级阶段，机理的研究成为了剩磁检测技术的瓶颈问题，严重影响了剩磁检测技术在管道内检测领域的应用范围。本文根据磁畴理论，建立磁力学模型，分析了管道剩磁的产生机理。利用铁磁性材料的特征参数矫顽力计算剩磁与应力的对应关系，分析剩磁信号随管道外应力的变化特征，及不同管道应力损伤下，管道剩磁检测信号特性变化，为利用剩磁检测技术进行管道应力内检测提供更多理论依据。

1　管道剩磁应力检测模型建立

管道壁磁化到磁饱和后，将外磁场减小到零，这时管道壁对外仍然显磁性，此时管道壁上的剩余磁化强度即为剩磁。当管道壁处于原始的中性状态时，各个磁畴的磁化矢量方向是杂乱无章的，所以对外不显磁性。施加外磁场会使管道壁发生磁化矢量转动和磁畴壁位移，使其磁化方向指向外磁场方向。沿外磁场 H 的磁化强度 M_H 可以表示为：

$$M_H = \sum M_i V_i \cos\varphi_i \tag{1}$$

式中，M_i 为第 i 个磁化矢量；V_i 为第 i 个磁畴的体积；φ_i 为第 i 个磁畴的磁化矢量 M_i 与外磁场 H 方向间的夹角。

通过上式可以看出管道壁磁化强度的变化来源于三个方面，首先是磁畴体积 V_i 的变化，即磁畴壁的位移。其次是磁化矢量 M_i 与外磁场 H 方向间夹角 φ_i 的变化，即磁化矢量的转动。最后是磁化矢量 φ_i 大小的改变。所以得到当外界磁场 H 发生变化 ΔH 时产生的 ΔM_H 为：

$$\Delta M_H = \sum_i [M_i \cos\varphi_i \Delta V_i + M_i V_i \Delta(\cos\varphi_i)] \tag{2}$$

畴壁的位移和磁畴的转动都分为可逆和不可逆两种情况。可逆的磁化即为撤销磁化的外磁场后，管道壁的磁化状态可以从被磁化后的状态按原路恢复到原始状态。但在实际情况中，由于管

道壁内部的缺陷、掺杂和内应力会产生不可逆的位移，即巴赫豪森跳跃。假设180°畴壁在x方向上发生位移，其畴壁能密度为$\gamma w(x)$。$\partial\gamma w(x)/\partial x$则是180°畴壁位移时引起的畴壁能密度变化的规律。180°畴壁的位移方程可以表示为：

$$2\mu_0 M_s H=\frac{\partial\gamma_w}{\partial x} \tag{3}$$

式中，M_S为饱和磁化强度；μ_0为真空磁导率；H为外磁场。$H=0$时，180°畴壁的畴壁能密度$\gamma_w(x)$为最小值，此时，$\partial\gamma_w(x)/\partial x=0$，而$(\partial^2\gamma_w(x))/\partial^2 x>0$，180°畴壁处于稳定状态。此时增加外磁场，畴壁发生位移，设单位面积的畴壁沿x方向位移距离Δx，此时的位移方程为：

$$2\mu_0 M_s H\Delta x=\frac{\partial\gamma_w(x)}{\partial x}\Delta x \tag{4}$$

继续增加外磁场，在位移的Δx距离中，若$(\partial^2\gamma_w(x))/\partial^2 x>0$中畴壁均发生的可逆位移。即畴壁可以返回到起始点，此时发生的为可逆磁化。若再继续增大外磁场使$(\partial\gamma_w(x)/\partial x)_{max}$取最大值，通过这个最大值后$(\partial^2\gamma_w(x))/\partial^2 x>0$，这时畴壁处于不稳定状态将继续移动，这时会通过比$(\partial\gamma_w(x)/\partial x)_{max}$小的整个区域，直到再次取得$(\partial\gamma_w(x)/\partial x)_{max}$为止，此时就发生了巴赫豪森跳跃，当$H$再次减小到0时，磁畴壁无法按原路退回到最初的位置，此时管道壁在外磁场H方向上保留了剩余的磁化强度，即为剩磁。畴壁位移到$(\partial\gamma_w(x)/\partial x)_{max}$所需要的外磁场为不可逆畴壁位移磁化过程的临界磁场$H_0$，其大小可以表示为：

$$H_0=\frac{1}{2\mu_0 M_s}\left(\frac{\partial\gamma_w}{\partial x}\right)_{max} \tag{5}$$

受应力作用的磁畴壁临界磁场即稳定状态下的磁场可近似表示为$H_0=\lambda_s\sigma/\mu_0 M_s$。

由于铁磁性材料的各向异性，磁化矢量也会发生不可逆转动。这种不可逆的畴壁位移和磁畴转动会使管道壁无法在撤销外磁场后从被磁化的状态按原路恢复到原始状态，从而产生磁滞现象，即为剩磁M_R。

2　磁力学关系计算

当管道壁磁化到磁饱和后，磁场强度$H=H_S$，其中H_S为饱和磁化强度。这时的磁化强度M为饱和磁化强度M_S，若减小磁场强度H，其磁化强度M也相应减小，但是在H为零的时候M并不为零，这个磁化强度就为剩磁M_s。若想让磁化强度M等于零，这时需要进行反向磁化，在反向磁化过程中存在一个重要的磁化参数—矫顽力，管道壁磁化到饱和之后，使他的磁化强度或磁感应强度降低到零所需要的反向磁场，称为矫顽力。应力和掺杂决定了矫顽力的大小，在公式(5)中讨论了在不可逆磁化过程的临界磁场H_0，临界磁场也由应力和掺杂决定，矫顽力的大小H_C与临界磁场H_0成正比，则矫顽力可以写成：

$$H_c=pH_0 \tag{6}$$

p为常系数，最大为1，由于多晶体的各个晶粒应力分布不同，导致了各个部分H_0的大小不等。将应力导致的稳定状态下的H_0代入(6)中，则可以近似得到H_C公式：

$$H_c=p\frac{\lambda_s\sigma}{\mu_0 M_s} \tag{7}$$

式中，λ_s为磁致伸缩量；M_s为饱和磁化强度；μ_0为真空磁导率；σ为外应力。根据公式(7)可以看出矫顽力随着外力的增大而线性增加。施加一个退磁场$H_d=-NM$，使管道壁的剩余磁化强度减小到0，N为退磁因子，$-N=H_d/M$。将磁畴设想成为一个长椭球形，长短轴分别为a和b，$a>b$，若外磁场H方向沿a轴方向，使磁畴转动，磁矩偏离a轴的角度为θ，则磁场能：

$$E_H=-\mu_0 M_s H\cos(\pi-\theta)=\mu_0 M_s H\cos\theta \tag{8}$$

由于磁矩在a和b两个轴有M_a和M_b两个分量，设a轴和b轴的退磁因子分别为N_1和N_2，由于退磁场$H_d=-NM_R$，则可得出退磁能为：

$$E_d=\frac{\mu_0 M_s^2}{2}(N_1\cos^2\theta+N_2\sin^2\theta) \tag{9}$$

因$M_a=M_S cos\theta$，$M_b=M_S sin\theta$，故磁畴的总能可以写成：

$$E=E_H+E_d \tag{10}$$

为确定稳定状态，令：

$$\frac{dE}{d\theta}=-\mu_0 M_s H\sin\theta+\mu_0 M_s^2(N_2-N_1)\cos\theta\sin\theta=0 \tag{11}$$

解得：

$$H\sin\theta=M_s(N_2-N_1)\cos\theta\sin\theta \tag{12}$$

将式(11)求解二阶导数，解得应力下的磁畴平衡条件：

$$H\cos\theta=M_s(N_2-N_1)(\cos^2\theta-\sin^2\theta) \tag{13}$$

临界磁场H_0下存在一个θ临界角，同时满足公式(12)和(13)，将上述两个公式相除可以得到 $tan\theta=1/2tan2\theta$，所以可以得出 $\theta=0$，求得临界磁场强度为：

$$H_0=M_s(N_2-N_1) \tag{14}$$

由此可以得出矫顽力为 $H_c=H_0$。

对于立方系晶体而言，处于无序状态的单轴各向异性的微晶粒使种材料的剩余磁化强度 M_R 为：

$$M_R=M_s\int_0^{\frac{\pi}{2}}\cos\varphi\sin\varphi d\varphi=\frac{M_s}{2} \tag{15}$$

将式(14)(15)代入公式(7)即可的到剩磁与应力的关系式：

$$M_R=\frac{p\lambda_s\sigma}{2\mu_0M_s(N_2-N_1)} \tag{16}$$

根据上述公式可以得到剩磁 M_R 与管道外应力 σ 的对应关系，可以看出剩磁信号随着管道外应力的增加而增加。通过剩磁信号的大小即可进一步计算管道壁所受应力的大小，进行管道应力检测。

3 模型仿真计算及结果分析

3.1 仿真模型建立

如图1所示，以Q235管道壁截取钢条为研究对象，采用ANSYS仿真软件，建立磁力学仿真模型。利用仿真软件设置一个磁场强度为 $50\mu T$ 的均匀磁场，磁矢量大小一致，方向相同，模拟地磁场空气环境，建立长为200mm，宽60mm，厚15mm的钢板模型。根据Q235钢的实际物理特性，设置材料属性泊松比为0.3，弹性模量为21000000进行仿真，将钢板模型置于磁导率为1的空气层三维空间中，设置磁导率为380，扫描路径设置为30mm。

模型建立后进行布尔运算，并根据各个材料的磁学特征，对各部分分配属性，之后进行网格划分。划分完网格后，对空气施加边界条件，模拟地磁场分布，求解后的空间构件磁场分布情况如图2所示。

读取仿真结果，对试件沿长度方向进行扫描，可以得出剩磁的磁学信号特征具有轴向极大值，法向过零点的特征，剩磁轴向和法向信号如图3所示。图中横坐标为检测路径位置，单位为mm；纵坐标为检测信号的磁场强度，单位为T。

通过在钢板上设置不同的矫顽力来代表不同励磁情况后钢板上的剩磁情况，然后进行仿真来观察在不同载荷情况下钢条的磁信号。

3.2 结果分析

仿真模型分为X、Y、Z三轴，其中X为径向，也就是所设的拉力方向，是研究的主要方向，仿真后提取X方向的数据折线图可以直观的观察不同载荷下扫描路径上的剩磁大小。通过仿真得到在拉力分别为106kN，159kN，211.5kN，233kN，情况下的钢板上剩磁大小如表1所示：

表1 不同拉力下剩磁信号的仿真结果

序号	拉力/KN	剩磁/T
1	106	0.15015
2	159	0.16788
3	211.5	0.1763
4	233	0.18417

提取表1的拉力、剩磁值。得管道剩磁随拉力变化折线图，如图4所示：

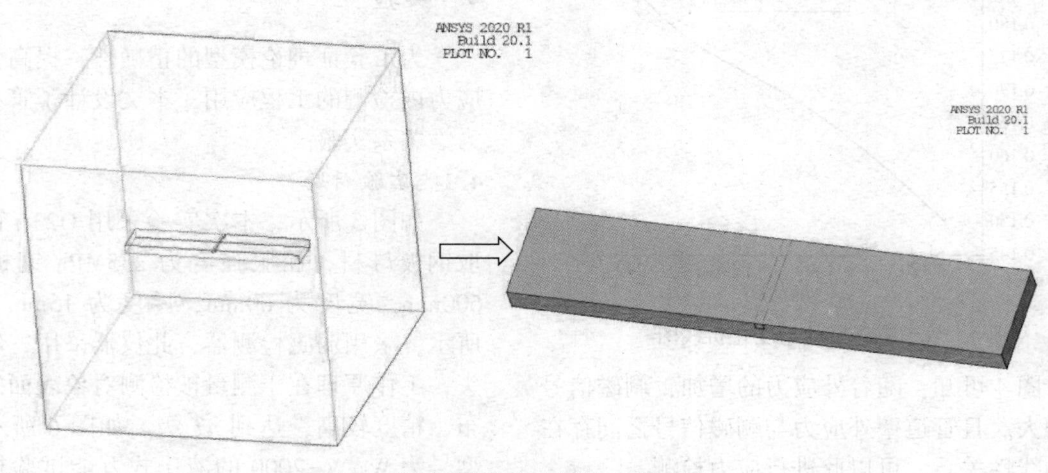

图1 管道剩磁应力检测仿真模型图

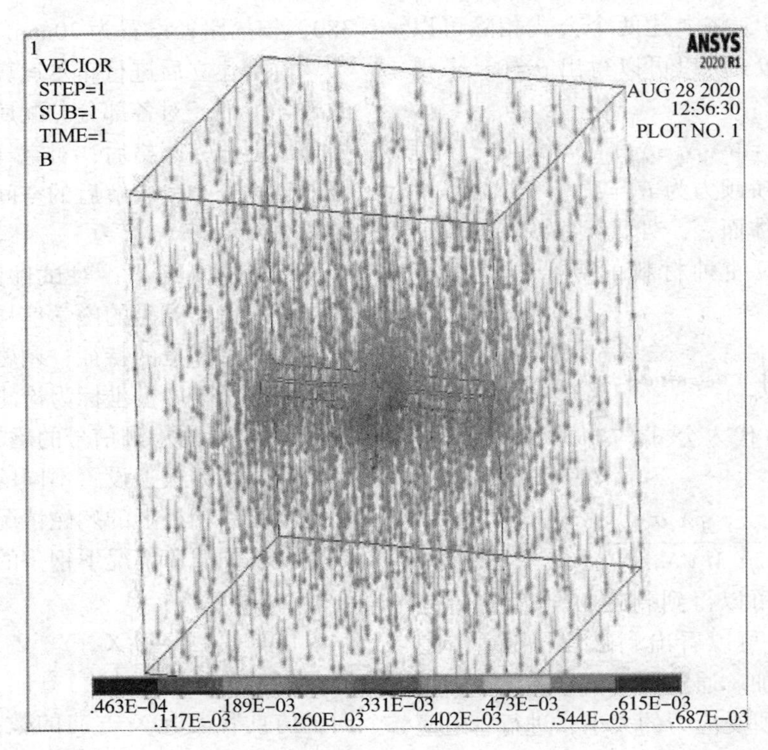

图 2　磁场分布图

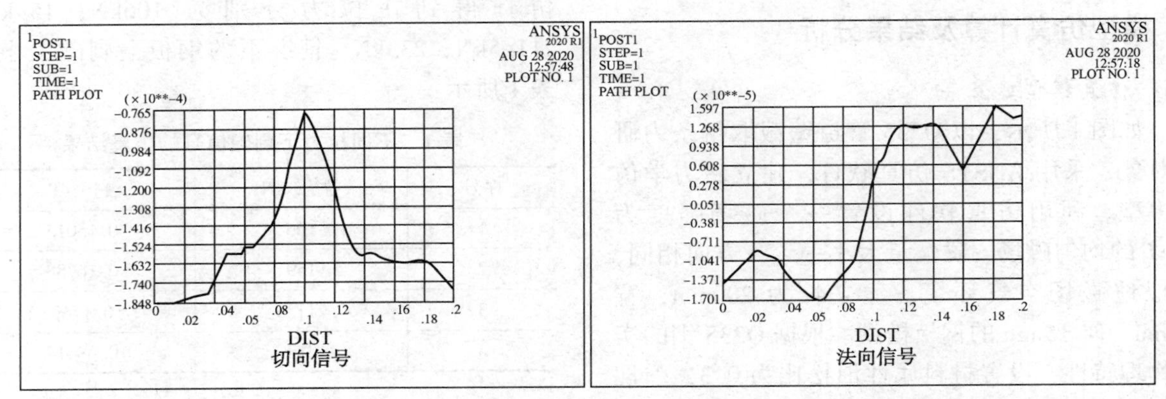

图 3　剩磁信号特征图

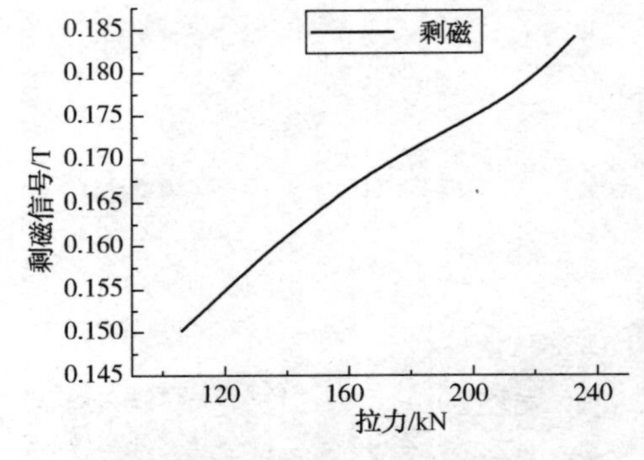

图 4　管道剩磁随拉力变化折线图

由图 4 可知：随着外应力的增加，剩磁信号逐渐增大。且管道壁外应力与剩磁信号之间存在很好的线性关系，可以此进行应力检测。

4　实验

为了验证理论模型的正确性，提高管道剩磁应力内检测的工程应用，本文设计了管材拉伸磁力学关系实验。

4.1　实验材料

如图 5 所示，本次实验采用 Q235 管道壁截取钢板母材，屈服强度为 235MPa 钢板长度为 600mm，宽度为 60mm，厚度为 15mm。如图 7 所示，采用弱磁检测器，此仪器采用三轴磁阻探头，工作原理在于测量被检测对象表面磁场的分布，精度较高，达到 nT 级。如图 6 所示，采用型号为 WAW-2000 的液压式万能试验机。最大施加载荷为 2000KN。

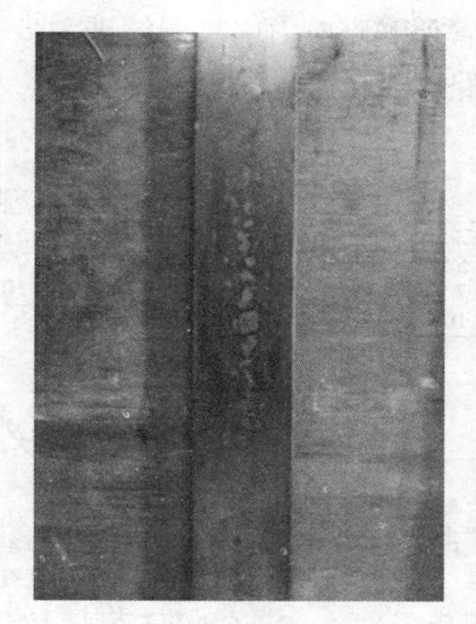

图 5　Q235 管道壁截取钢条

图 6　液压式拉力机

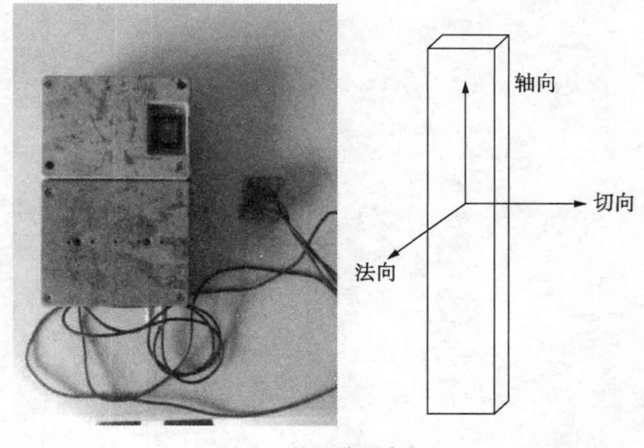

图 7　弱磁检测仪图

4.2　实验过程

如图 8 所示，将钢板固定在拉伸机上，并将线圈套在钢板上，将磁阻传感器固定在钢条中心表面，拉力稳定为屈服点的 50%。随后改变电流强度并记录钢板表面磁信号强度，电流强度分别为 10A、7.5A、5A、2.5A，励磁方向与拉力方向相同。每次加载电流前要进行退磁处理，保证退磁后钢条端部磁感应强度小于 0.3mT。全部测量完成后，将拉力改为屈服点的 75%，100%，110%重复上述实验。

图 8　实验现场图

4.3　实验结果及分析

实验采用了三根完全一致的 Q235 钢板进行三次重复性实验，重复性良好，本文随机采用一根进行分析。在剩磁场环境下，即施加外界磁场激励将钢板母材磁化然后撤去外界激励磁场，随着拉力的增加，钢材所受应力逐渐增加，钢板的剩磁信号变化如图 9 所示。

由图 9 可知：

（1）在不同励磁电流下，法向和切向的剩磁信号随着拉力的增大而呈减小趋势，沿拉力方向剩磁信号的数值随着拉力增大而增大，因此剩磁信号随着应力的增大而增大；

（2）在 75%的材料屈服应力内拉伸时，剩磁信号变化梯度较小，当材料接近屈服时，剩磁信号变化梯度变大。

（3）根据励磁电流的强度，2.5A 电流相当于 10kA/m 的外界激励磁场，根据剩磁信号的变化趋势可知钢条在 10kA/m 的外界磁场下达到磁饱和，因此，激励电流的增加不会影响钢条的剩磁信号。

5　结论

长输油气管道应力内检测是国际管道安全评估领域前沿课题，剩磁应力检测技术在该领域具有很好的应用潜力。然而由于剩磁应力检测技术理论研究不足，剩磁与应力的对应关系尚不清楚，许多现象无法给出合理的理论解释，无法使用剩磁检测技术对管道应力损伤进行有效检测。本文采用磁畴模型，解释了管道壁剩磁信号的产生机理，并利用矫顽力找到了剩磁随着管道应力增大而增大的对应关系，并利用仿真和实验进行验证。为管道剩磁应力内检测的进一步研究提供了新的思路。

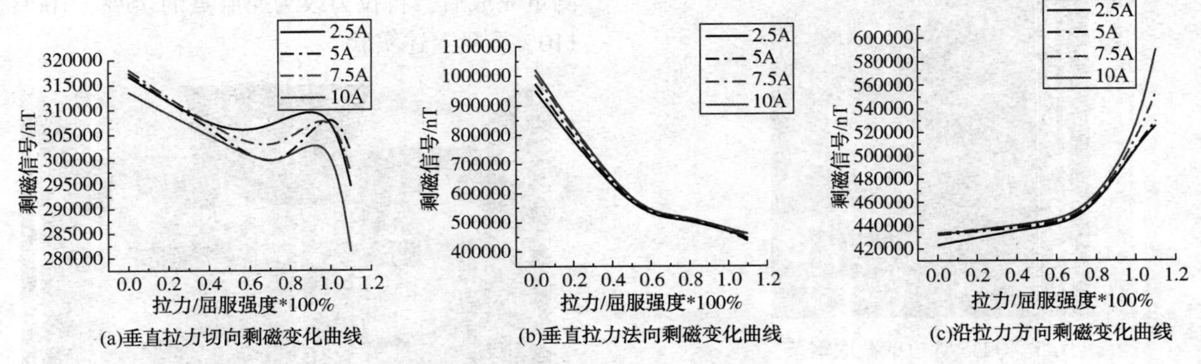

图 9　剩磁随拉力变化曲线图

参 考 文 献

[1] 杨理践，耿浩，高松巍．长输油气管道漏磁内检测技术[J]．仪器仪表学报，2016，37(8)：1736-1746.

[2] 杨理践，郭天昊，高松巍，等．管道裂纹角度对漏磁检测信号的影响[J]．油气储运，2017，36(1)：85-90.

基于内检测数据的管道完整性评价

刘保余　孙　霄　张亦白　李杭俞

（国家管网集团东部原油储运有限公司）

摘　要　本文明确了开展管道完整性评价前需要收集的数据内容及其重要性，分析了内检测识别出的各类管道缺陷沿里程的分布情况，对典型问题和特殊缺陷进行了原因分析，研究了金属损失、焊缝异常、凹陷等缺陷的评价方法，并对特殊管段安全分析方法深度研究，确定了腐蚀剩余寿命预测方法，最后提出了影响评价结果的关键问题，形成了基于内检测数据的管道完整性评价模式。

关键词　内检测，管道，缺陷，数据分析，完整性评价

1　引言

完整性评价作为管道完整性管理的核心环节之一，是管道运营企业和管道检测单位一直不断探索、研究的关键技术[1]。管道完整性评价主要有三种方法：内检测、直接评价和压力试验。GB 32167—2015《油气输送管道完整性管理规范》中明确指出："宜优先选择基于内检测数据的适用性评价方法进行完整性评价"。目前该方法在国内外得到广泛应用。

本文将从基于内检测数据的管道完整性评价各个环节，即评价数据收集、内检测数据分析、缺陷评价和腐蚀剩余寿命预测等方面进行分析和研究，并结合实际评价工作中遇到的案例进行分析说明。

2　评价数据收集

数据收集作为管道完整性管理的第一环节，其收集数据的准确性和全面性直接影响着后续完整性评价的结果。在检测评价前需要明确所评价的对象和范围，并最大限度地获取评价相关数据。除获取管道内检测数据外，还应收集的数据如表1所示。

表1　评价所需数据内容(除内检测数据外)

序号	数据项目	收集主要内容	用　　途
1	建设期数据	设计压力、穿跨越信息等	提供评价分段依据等
2	运行期数据	运行压力、输送介质、操作温度等	缺陷成因分析等
3	失效事件数据	历史失效事件、失效信息等	缺陷评价、再检周期确定等
4	管道基本信息	管线长度、材质、规格等	确定评价参数
5	穿跨越信息	名称、类型、起止位置、管道规格等	穿跨越管段单独评价
6	维修维护信息	缺陷开挖检测结果、处理措施、原因分析等	去掉评价结果中已维修的缺陷等
7	高后果区信息	名称、类型、起止位置、管道规格等	高后果区内评价结果分析
8	改线信息	改线起止位置、管段规格、投用日期等	改线段单独评价
9	桩号里程信息	各桩里程、桩间距	将内检测缺陷数据与各特殊管段相对应

评价所需数据的收集工作尽量在检测评价前完成，并且在现场检测期间对数据的准确性进行核实、对未获取的重要数据进行现场收集，必要时可采取相应的检测手段。

3　内检测数据分析

3.1　内检测技术选择

国内外应用较普遍的管道内检测技术主要有几何变形内检测技术、漏磁内检测技术、超声波内检测技术、远场涡流内检测技术等[2]。目前我公司开展的管道内检测主要应用的是几何变形内检测技术和漏磁内检测技术。

几何变形内检测技术是利用可伸缩的机械探臂测量管道内径，根据探臂改变的角度来获得管道的变形量。该技术可用于检测在役管道凹陷、椭圆变形、褶皱等几何变形[3]。

漏磁内检测技术是利用磁敏元件接收管道缺陷处泄漏出来的漏磁通原理来获取漏磁信号[4]。该技术具有无需耦合剂、受环境影响小、检测速度快、对体积型缺陷敏感等优点，十分适合针对长距离输送管道的检测。目前可识别出的缺陷特征有腐蚀、焊缝异常、制造缺陷、机械损伤等。

3.2　数据统计分析

为了直观分析判读得到的内检测数据，需要对各类缺陷数据进行统计，分析缺陷各特征沿里程的分布情况，再结合收集的数据信息，探寻缺陷形成的原因或可能性。以某管道内检测段的内、外腐蚀为例，开展缺陷数据沿里程方向的统计和分析，如图1所示。

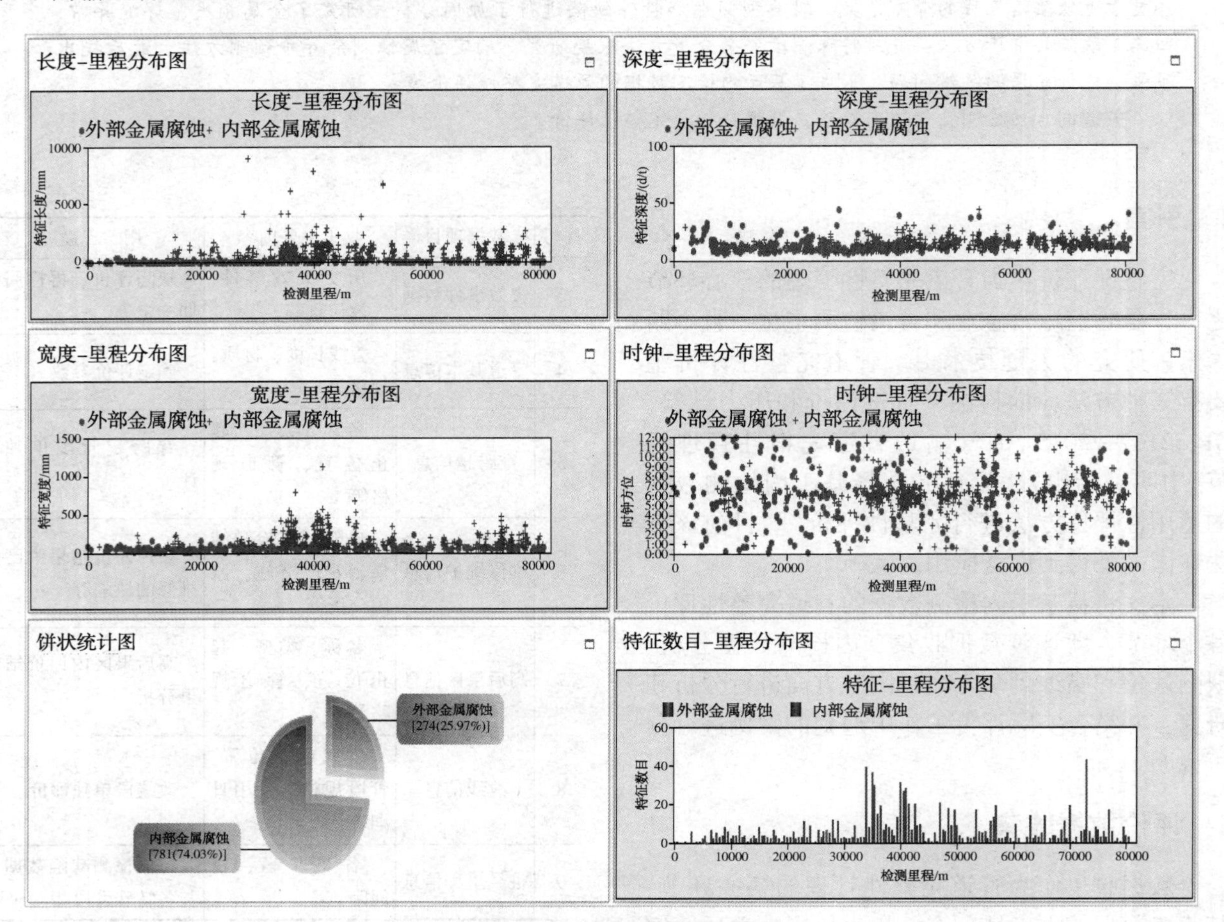

图1　缺陷各特征沿里程分布图

由图1统计分析得到：管道外腐蚀在全线周向上均匀分布，而内腐蚀数量大于外腐蚀，且集中分布在管道底部6点钟附近，在管段中间部分存在长度较长的内腐蚀。

通过对腐蚀缺陷长度、宽度、深度、时钟位置分别沿里程的分布情况进行分析，从分布规律中可以发现管道存在的潜在问题。笔者通过近5年对公司20多条管道的内检测数据进行统计分析后，发现管道易存在内腐蚀集中分布于管道底部或高程低洼段、出站内腐蚀缺陷密集、石方段凹陷分布集中等典型问题，还有水线内腐蚀、大面积外腐蚀、螺旋焊缝失效等特殊缺陷。下面对几种典型问题和特殊缺陷进行分析。

3.3　典型问题与特殊缺陷分析

3.3.1　典型问题分析

（1）内腐蚀集中分布于管道底部或高程低洼段

某检测段腐蚀缺陷数目沿时钟方位和检测里程的分布情况如图2所示。

从图2中可以明显发现内腐蚀大多集中在5：00~7：00方向管道底部，分析其可能产生的原因，出站管段有水从油中分离出来，集中在管道底部形成内腐蚀；在管道高程的低洼段也会出现有水的腐蚀环境形成内腐蚀聚集。

（2）出站内腐蚀缺陷密集

某检测段腐蚀缺陷数目沿检测里程分布情况如图3所示。

从图3中可以看出该管段在整个检测里程范围内都存在腐蚀缺陷，但内腐蚀缺陷较多，且在首站和中间站出站10km范围内较为集中。分析其原因，可能是由于出站压力高、温度高，使内腐蚀加剧。

（3）石方段凹陷分布集中

某检测段凹陷数目沿时钟方位和检测里程分布情况如图4所示。

从图4中可以看出，该段凹陷数目较少，但集中分布在130~140km范围内，周向上集中在3：00~7：00的管道下半部。通过与该段GIS图像数据对比和现场核查发现，130~140km刚好位于山区石方段（如图5所示），分析该段管道凹陷为山区石方段岩石顶挤所致。

3.3.2 特殊缺陷分析

（1）水线内腐蚀

某检测段腐蚀缺陷数目沿时钟方位和检测里程分布情况如图6所示。

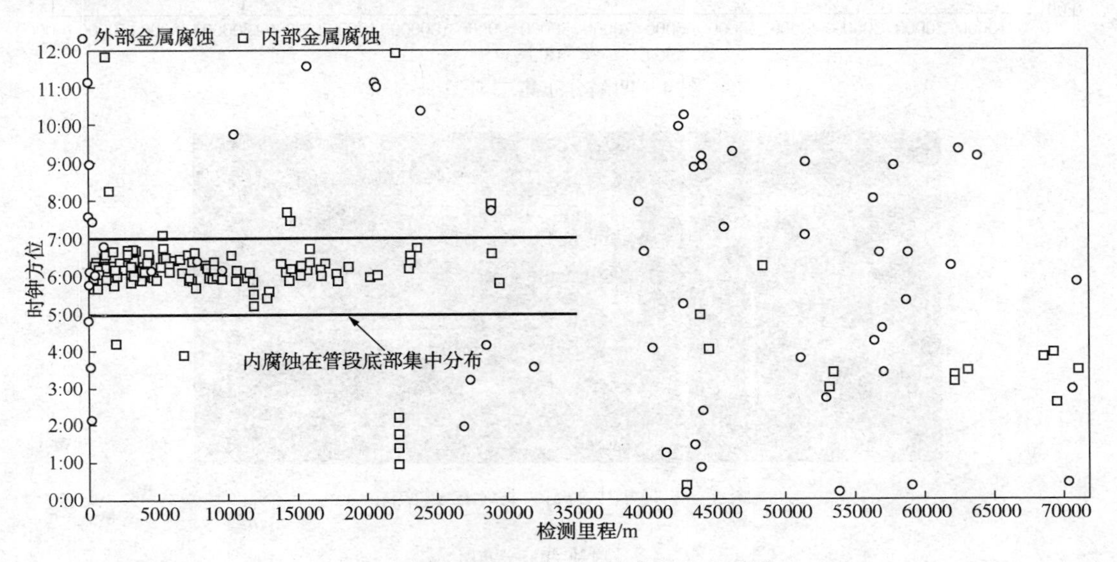

图2 内腐蚀集中分布于管道底部典型图

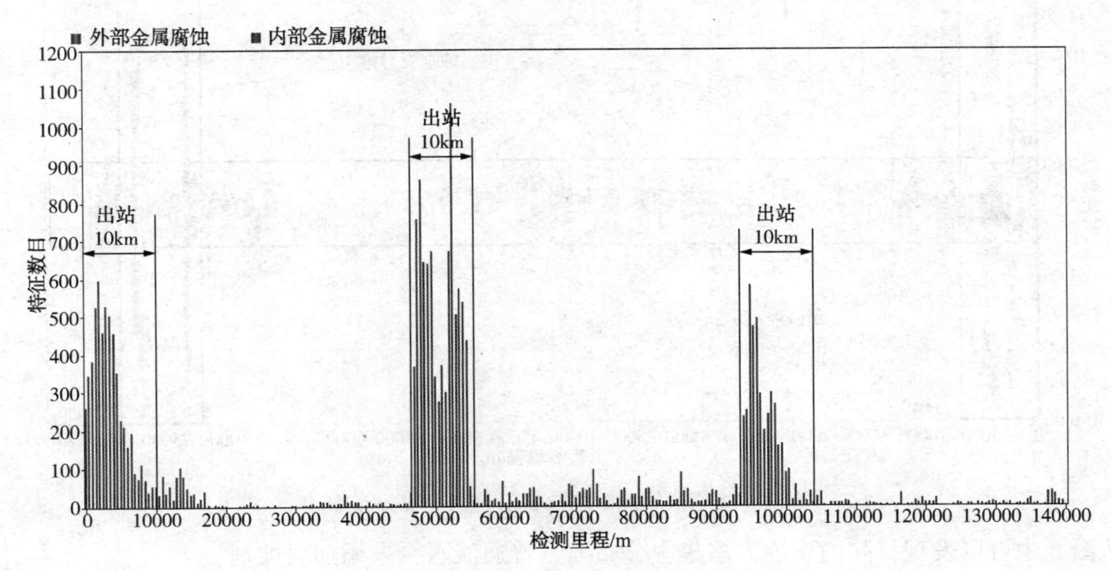

图3 出站10km内腐蚀密集典型图

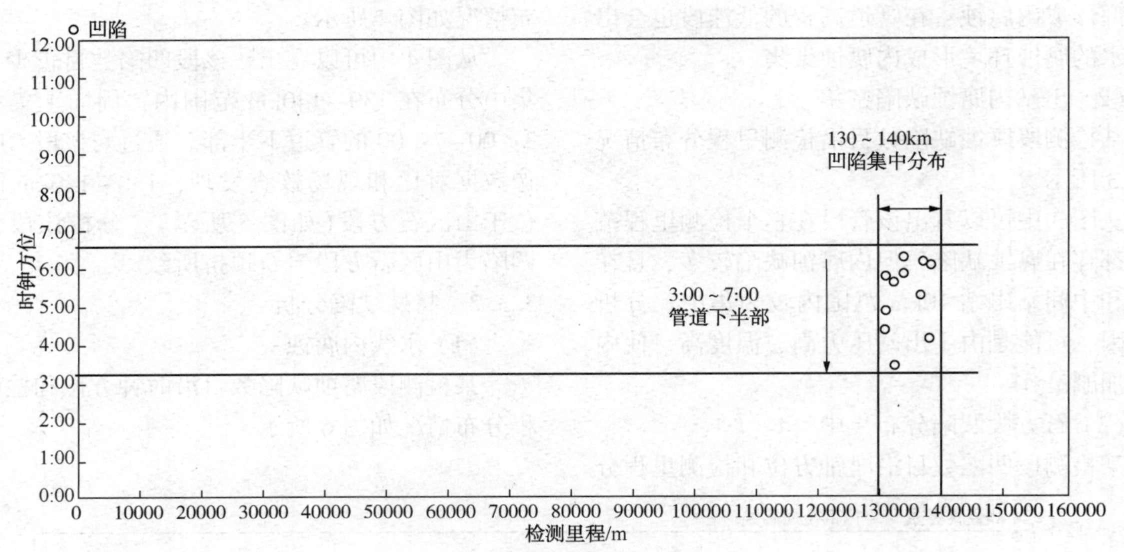

图4　凹陷分布集中典型图

图5　凹陷集中的石方段 GIS 影像图

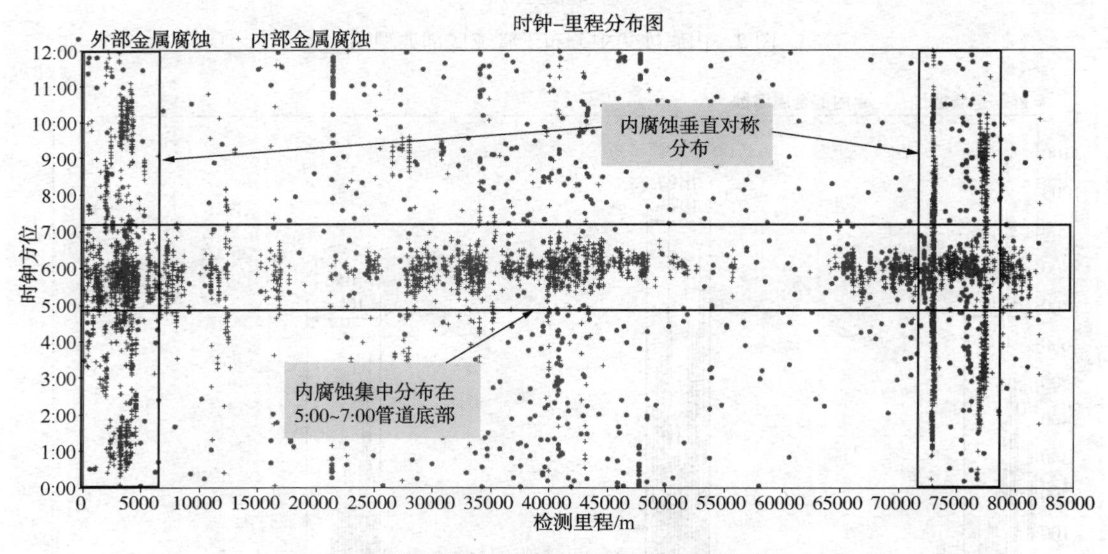

图6　某管段腐蚀缺陷数目沿检测里程分布图

从图6中可以发现，除内腐蚀大多集中分布在管道底部以外，在管段前后还出现了内腐蚀整体上呈垂直对称分布的情况。根据收集到的信息，该管道建成后注水封存7年多，封存用水为普通淡水，未添加缓蚀剂。

由73km处内腐蚀集中区域的内检测信号(如图7所示)可以明显看出水和空气的分界线。

在检测评价中还发现类似的水线内腐蚀现

象，如图 8 所示。分析其原因主要有注水封存期间管道内存在空气—水的分界线、水压试验后水未清干净、建设期管道长期存放于有水环境等。

（2）大面积外腐蚀

某检测段腐蚀缺陷宽度沿检测里程分布情况如图 9 所示。

从图 9 中可以看出，有宽度较大的外腐蚀集中分布。查看内检测信号，最宽的一处外腐蚀的内检测信号图像如图 10 所示。

从图 10 中可以看出该管段存在整管的大面积外腐蚀，针对该问题，应综合其他相关信息对缺陷成因进行分析，同时，应对防腐层质量和阴极保护有效性进行检测，确保管道阴极保护系统有效，有效控制管道外腐蚀。

（3）螺旋焊缝失效

老旧管道螺旋焊缝失效频发，例如鲁宁管道，在其中一根钢管上就有 9 处螺旋焊缝异常，其内检测信号图像如图 11 所示。究其原因，主要是当时制管水平不高，造成螺旋焊缝焊接质量差。

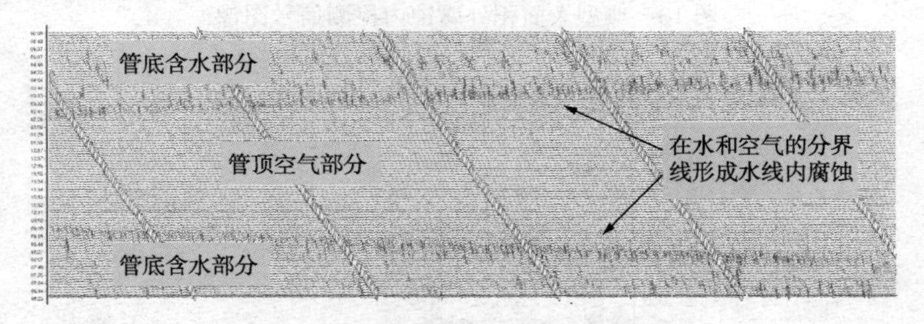

图 7　水气分界线内腐蚀内检测信号图像

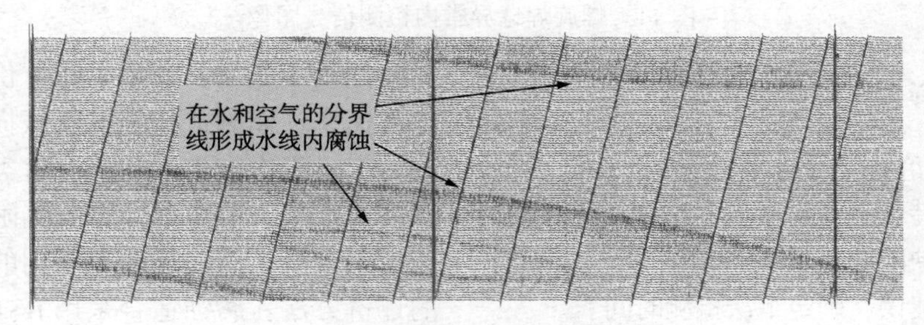

图 8　典型水线内腐蚀内检测信号图像

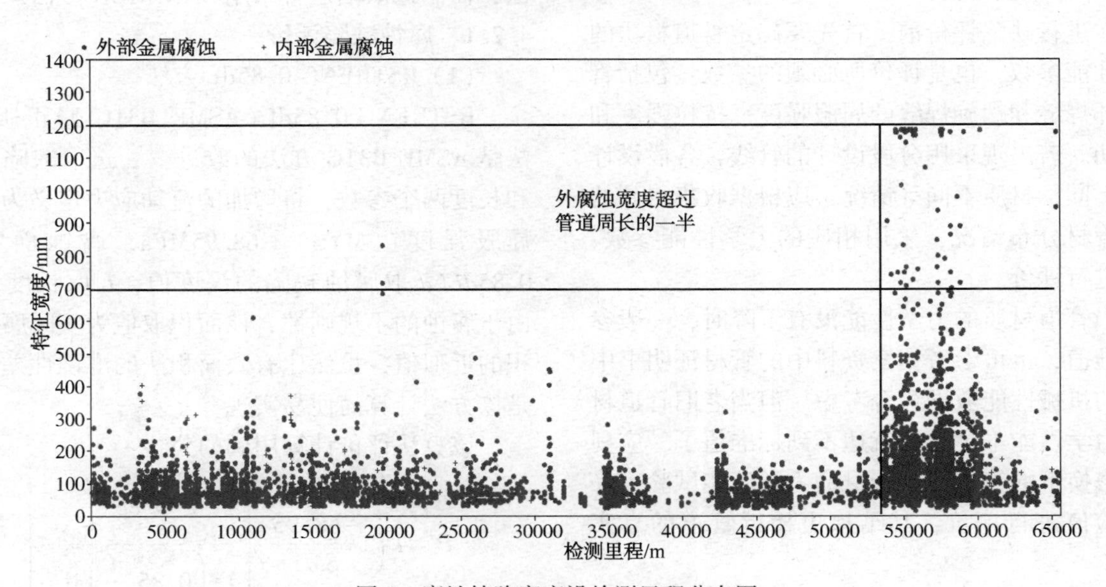

图 9　腐蚀缺陷宽度沿检测里程分布图

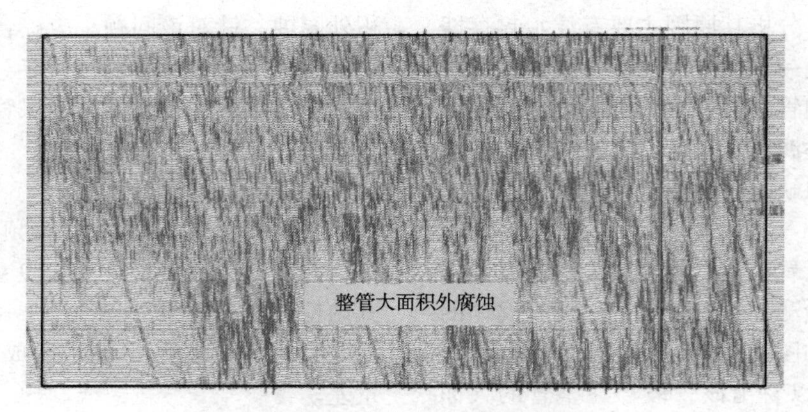

图 10　典型大面积外腐蚀内检测信号图像

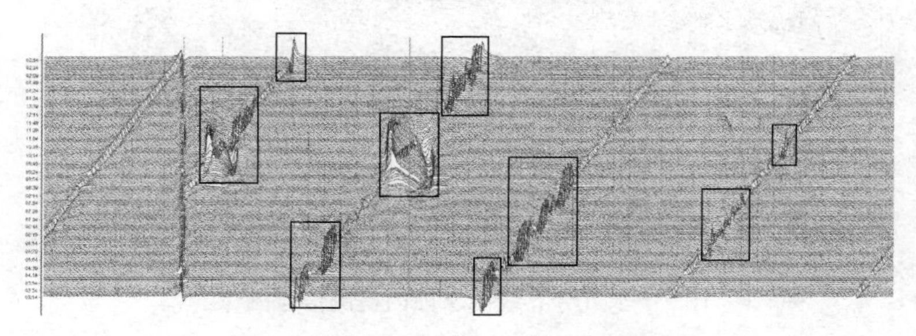

图 11　螺旋焊缝异常内检测信号图像

4　管道完整性评价

管道完整性评价是在了解管道缺陷分布情况后，根据不同缺陷特征和管材属性，选择合适的缺陷评价方法，计算缺陷处管道的剩余强度，找出超标缺陷，提出维修建议，确定下次检测时间[5]。

4.1　评价参数确定

在进行缺陷评价前，首先要确定管道材质的力学性能参数，也是评价所必须的参数：包括管体、环焊缝和螺旋焊缝的屈服强度、抗拉强度和冲击功。若出现采用分段设计的管线，各段设计压力不同、材质不同等情况，应根据收集得到的实际管材分布情况，采用相应的力学性能参数，分段进行评价。

当管道材质的力学性能没有下降时，一般参考标准值，也可参考档案资料中的管材证明书中管材的机械性能数据综合考虑。但当老旧管道材质的力学性能不足时，就达不到标准值了，应利用维修换下的管子开展管材的力学性能试验，采用试验值进行评价，其结果更接近管道的真实情况。

4.2　金属损失评价

管道金属损失为体积型缺陷，包括内、外腐蚀、制造缺陷或机械损伤。腐蚀是由于管道外部或内部存在腐蚀环境而产生的缺陷，这类缺陷会随时间而不断增长变化，在评价时需要考虑腐蚀增长速率；而制造缺陷或机械损伤是在钢管制造或施工过程中产生的缺陷，这类缺陷一般不会随时间而增长，但可能会在缺陷附近产生应力集中或组织改变。因此这两类不同的缺陷应采用不同的评价方法：腐蚀适合采用 RSTRENG 0. 85dL 方法，而制造缺陷适合采用 SHANNON 方法。

4. 2. 1　腐蚀缺陷评价

（1）RSTRENG 0. 85dL 方法

RSTRENG 0. 85dL（ASME B31G 修正版）方法是 ASME B31G 方法的改进[6]，选取缺陷深度和长度两个参数，将增加的流动应力定义为最小屈服强度（SMYS）+ 68. 95MPa，腐蚀面积取 0. 85dL（d 取腐蚀缺陷的深度值，L 取长度值）。由于腐蚀的不规则性，该面积取值为实际腐蚀面积的近似值，虽然比有效面积法的准确性差，但是该方法计算简便易实现。

该算法评价计算用到的公式：

$$P'=P\left(1+\frac{68.95}{SMYS}\right)\left[\frac{1-0.85\dfrac{d}{t}}{1-\left(0.85\dfrac{d}{t}\right)M^{-1}}\right] \quad (1)$$

式中，P' 为最大安全压力，不大于设计压力，MPa；P 为设计压力，MPa；$SMYS$ 为最小屈服强度，MPa；t 为管材壁厚，mm；L_{total} 为腐蚀的轴向长度，mm；d 为腐蚀缺陷深度，mm；D 为管道外径，mm；M 为鼓胀系数，无量纲。

M 取值按公式(2)计算：

$$M=\begin{cases}\left[1+\dfrac{1.255L_{\text{total}}^2}{2\,Dt}-\dfrac{0.0135L_{\text{total}}^4}{4\,D^2t^2}\right]^{1/2}, & \dfrac{L_{\text{total}}^2}{Dt}\leqslant 50\\[2ex] 0.032\dfrac{L_{\text{total}}^2}{Dt}+3.3, & \dfrac{L_{\text{total}}^2}{Dt}>50\end{cases} \tag{2}$$

预测的爆管失效压力 P_{burst} 为：

$$P_{\text{burst}}=\left(\frac{2t}{D}\right)(SMYS+68.95)\left[\frac{1-0.85\dfrac{d}{t}}{1-\left(0.85\dfrac{d}{t}\right)M^{-1}}\right] \tag{3}$$

（2）腐蚀增长速率计算

在进行腐蚀缺陷评价时可利用腐蚀增长速率来预测腐蚀缺陷的扩展情况，从而得出计划修复时间和再检测时间。腐蚀增长速率可通过两次内检测数据对比计算得到。

腐蚀增长速率的计算公式：

$$GR_{\text{c}}=\frac{d_2-d_1}{T_2-T_1} \tag{4}$$

式中，GR_{c} 为腐蚀增长率，mm/y；d_2 为最近一次检测的腐蚀深度，mm；d_1 为上一次检测的腐蚀深度，若没有，视为无腐蚀，mm；T_2 为最近一次检测的时间，y；T_1 为上一次检测的时间，若没有，采用管道投产的时间，y。

（3）腐蚀缺陷评价案例

以某检测段为例，最大允许运行压力选用设计压力 5.5MPa 进行计算，安全系数取 1.39，评价结果如图 12 所示。

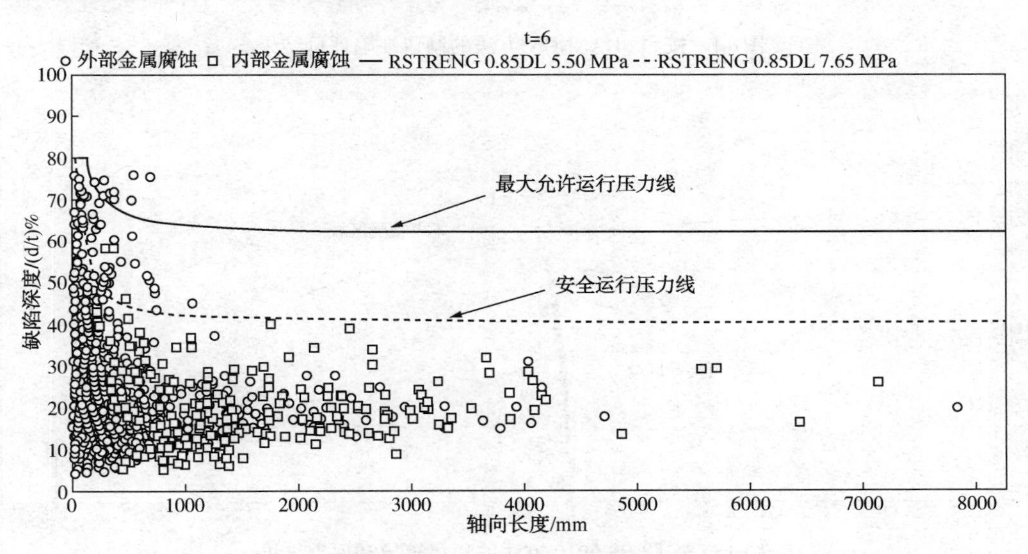

图 12 按照 RSTRENG 0.85dL 方法的腐蚀缺陷评价结果

从图 12 的评价结果得到，在安全运行压力线上的缺陷需要立即维修。按照全寿命腐蚀增长速率预测 5 年内该段需要修复的腐蚀缺陷统计如图 13 所示，可以给管道运营企业提供维修建议，也可为再检周期的确定做参考。

4.2.2 制造缺陷评价

制造缺陷评价方法主要采用 SHANNON 方法进行评价。以某检测段为例，最大允许运行压力按照 4.0MPa 进行评价，安全系数取 1.39，评价结果如图 14 所示。

在图 14 制造缺陷评价结果中，没有超过安全运行压力线的缺陷点，因此该检测段没有需要修复的制造缺陷。

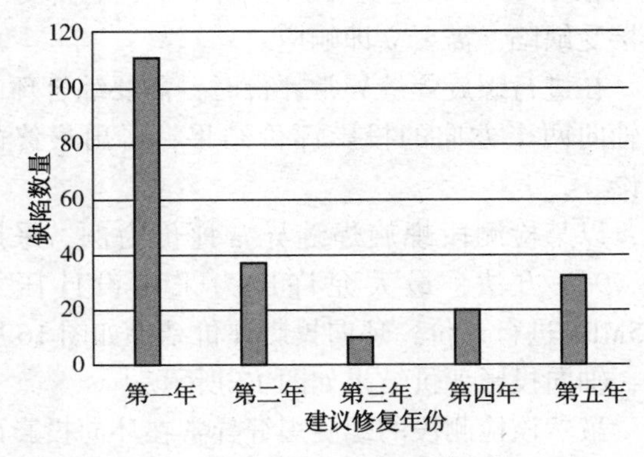

图 13 预测 5 年内的缺陷修复情况

4.3 焊缝异常评价

目前漏磁内检测技术还无法对焊缝缺陷进行定性，通过内检测数据判读得到的焊缝异常可能是过度打磨、未焊满等体积型缺陷，也可能是未熔合、未焊透等平面型缺陷，甚至可能是裂纹等面积型或线性缺陷，在无法确定缺陷类型的情况下，出于安全性考虑，经常保守地将焊缝异常作为平面型缺陷使用BS 7910、SY/T6477 中的评价方法进行评价。

以某检测段环焊缝异常评价为例，采用 BS 7910 方法，最大允许压力采用设计压力 5.5MPa 进行评价，评价结果如图 15 所示。

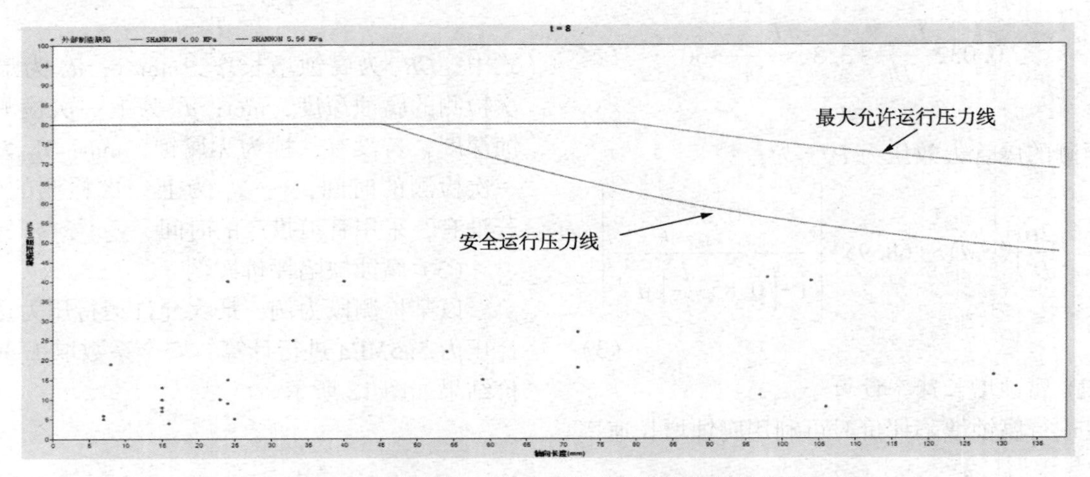

图 14　按照 SHANNON 方法的制造缺陷评价结果

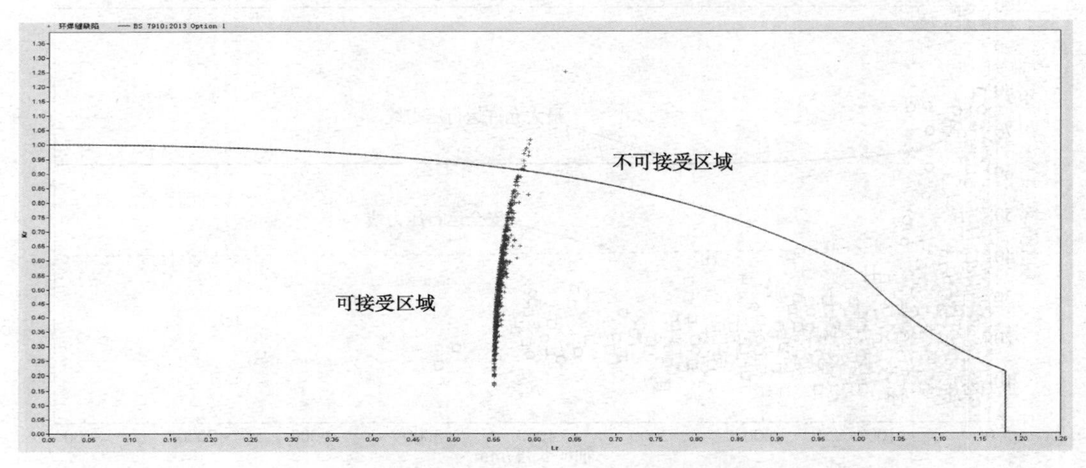

图 15　按照 BS 7910 方法的环焊缝异常评价结果

在图 15 环焊缝异常评价结果中，有部分不可接受缺陷，需要立即响应。

在进行螺旋焊缝异常评价时，需要综合环向和轴向两个方向的投影评价结果，得出最终的结论。

以某检测段螺旋焊缝异常评价为例，采用 BS 7910 方法，最大允许压力采用设计压力 5.5MPa 进行评价，环向投影评价结果如图 16 所示，轴向投影评价结果如图 17 所示。

虽然该检测段的螺旋焊缝异常在环向投影评价结果中没有不可接受缺陷，而在轴向投影评价结果中存在，因此综合考虑，该段有需要立即响应的螺旋焊缝异常。

4.4　凹陷评价

目前凹陷评价主要执行标准 SY/T 6996《钢质油气管道凹陷评价方法》，变形量达到 6%及以上的凹陷和变形量达到 2%及以上且变形处存在焊缝、腐蚀等的凹陷，均需要立即响应，具体修复方案根据开挖情况确定。

需要注意的是：GB/T 32167《油气输送管道完整性管理规范》的附录 K 中指出，对凹陷、扭曲等变形缺陷的解除约束应力后尺寸减少的缺陷，宜按照原尺寸评价结论修复。

在可以获得更多的凹陷数据时，也可采用基于应变的评价方法或有限元分析的方法，对凹陷做进一步的评价分析，来获取剩余强度、预测疲劳寿命[7]。

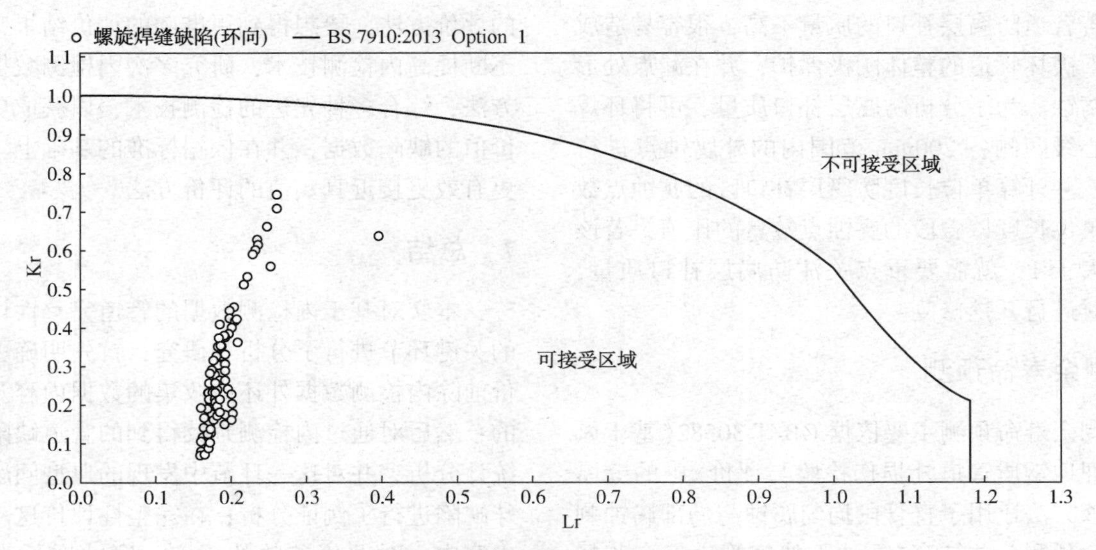

图 16 螺旋焊缝异常环向投影评价结果

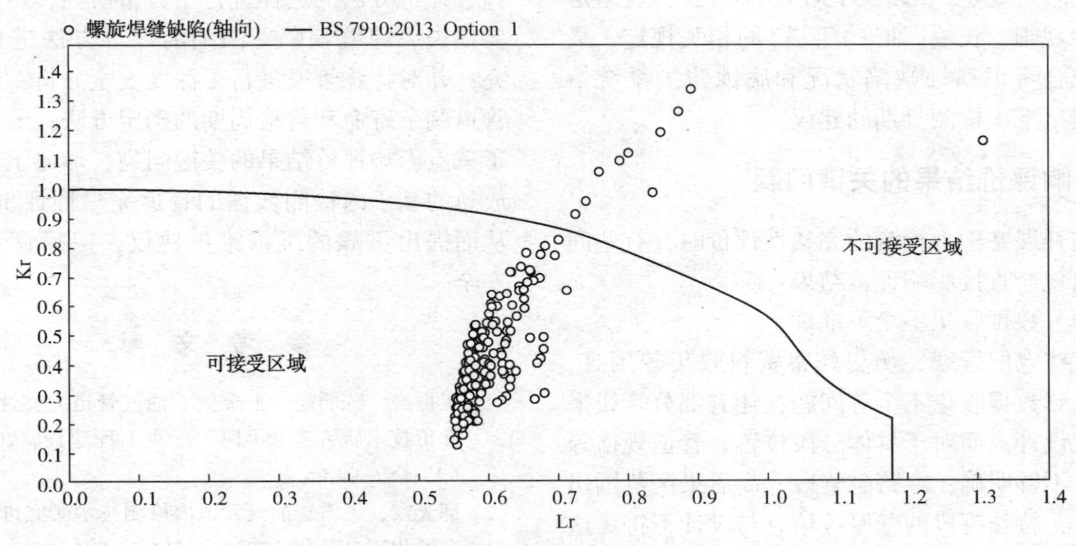

图 17 螺旋焊缝异常轴向投影评价结果

4.5 特殊管段安全分析

针对穿跨越、改线、高后果区、防腐补口等特殊管段和重点关注区域，需要根据标准、收集的信息、检测的数据来单独评价或进一步分析。

（1）穿跨越管段

由于穿跨越管段结构、承载及环境与一般管段不同，评价时的采用的设计系数也是不同的。GB 50423《油气输送管道穿越工程设计规范》的规定：输油站外一般地段应取 0.72，城镇中心区、市郊居住区、商业区、工业区、规划区等人口稠密地区取 0.6，Ⅰ、Ⅱ级公路、高速公路、铁路取 0.6，水域大、中型穿越取 0.5，冲沟穿越取 0.6；GB 50459《油气输送管道跨越工程设计规范》也规定，根据跨越工程甲类和乙类，工程等级大型、中型和小型来确定设计系数，所以针对穿跨越管段要利用检测结果单独进行安全分析评价。

（2）改线段

由于改线段较一般管段运行时间短，其腐蚀增长速率与一般管段不同，需要对改线段进行单独分析和评价。改线段与新建管道类似，一般缺陷较少、程度较低，如出现较大缺陷应进行单点评价，并开挖验证，分析原因。

（3）高后果区管段

高后果区是管道完整性管理的重点区域，除了部分穿跨越高后果区进行单独评价外，其余高后果区管段也应进行重点分析，提高该区域内缺陷修复的优先级别，根据区域内缺陷情况，制定有针对性的防控措施。

（4）防腐层补口

若管道防腐层补口的质量不高，很容易造成漏点，破坏管道的整体阴极保护，并在漏点处形成外腐蚀。为了分析防腐层补口质量，可将环焊缝中心线两侧各 200mm 范围内的外腐蚀点进行统计，并计算单位长度防腐层补口区的腐蚀点数量与单位长度该管段的腐蚀点数量的比值，若该值远大于 1，就需要重点关注防腐层补口质量，必要时进行开挖修复。

5　剩余寿命预测

剩余寿命预测主要依据 GB/T 30582《基于风险的埋地钢质管道外损伤检验与评价》中的壁厚法。该方法适用于直管段均匀腐蚀与局部腐蚀剩余寿命预测。并结合《石油天然气管道安全监督与管理暂行规定》、以及 TSG D7003《压力管道定期检验规则　长输(油气)管道》的相关规定，最后再综合考虑腐蚀缺陷状况和腐蚀防护系统情况，提出下次检测日期的建议。

6　影响评价结果的关键问题

在开展基于内检测的完整性评价时，有些问题的出现会直接影响评价结果：

(1) 数据收集不全不准确。

有些老旧管线，历史档案资料收集较困难，经常遇到数据收集不全等问题；还有部分管线采用分段设计，而对于具体分段位置、管道规格等信息又不够明确；穿跨越管段、高后果区范围出现偏差，特殊管段的壁厚等信息与设计不符。这些都会增加评价难度、影响评价结果。因此数据的准确全面收集是顺利开展评价工作的前提。

(2) 内检测数据质量不高。

在评价前，要对内检测数据质量进行评估：探头损坏造成的数据丢失率是否在标准要求范围内；检测器运行是否平稳；开挖验证结果中，缺陷位置、尺寸等的偏差是否在标准要求范围内；缺陷类型、尺寸是否判读正确等。内检测数据的准确识别是得出正确评价结果的关键。

(3) 评价方法存在局限性。

任何评价方法都有其局限性，受各种条件限制，为了确保管道本质安全，一般会采用较保守的评价方法。要想得到更准确的评价结果，需要不断提高内检测技术，研究多次内检测数据对比方法，综合多种先进的检测技术，以获取更多有价值的缺陷数据，并在依据标准的基础上，探索更有效更接近真实值的评价方法。

7　总结

本文对基于内检测数据的管道完整性评价中的关键环节进行了分析和研究，首先明确了在评价前除内检测数据外还应收集的数据内容及其目的；然后对通过内检测判读得到的管道缺陷数据统计分析，并对这一环节中发现的典型问题和特殊缺陷进行了例证分析；在完整性评价这一重点内容中，对评价参数的确定、腐蚀增长率的计算、评价方法的选择进行了分析研究，重点对金属损失、焊缝缺陷、凹陷的评价方法进行了研究；并对特殊管段进行了深度安全分析；研究了管道剩余寿命和再检周期的确定方法；最后提出了三点影响评价结果的关键问题，形成了一套较成熟的基于内检测数据的管道完整性评价模式，从而提出可靠的维修维护建议，保障管道本质安全。

参　考　文　献

[1] 王振声，陈朋超，王禹钦．油气管道完整性检测与评价技术研究进展[J]．石油工程建设，2020，46(2)：87-94.

[2] 邱光友，王雪．油气管道内检测技术研究进展[J]．石油化工自动化，2020，55(1)：1-5.

[3] 王秀丽，等．管道内检测技术及标准体系发展现状[J]．石油化工自动化，2018，54(2)：1-5.

[4] 杨理践，耿浩，高松巍．长输油气管道漏磁内检测技术[J]．仪器仪表学报，2016，37(8)：1736-1746.

[5] 宋汉成，等．管道完整性评价软件及其应用[J]．管道技术与设备，2012，6：4-6.

[6] 高涛．基于漏磁内检测的腐蚀完整性评价方法探讨[J]．内蒙古石油化工，2017，1：51-53.

[7] 焦中良，帅健．含凹陷管道的完整性评价[J]．西南石油大学学报(自然科学版)，2011，33(4)：157-164.

海底油气管道失效库比较分析

米诚信[1,2] 刘 鹏[1] 李明宇[3]

(1. 天津中油能源科技股份有限公司；2. 中国地质大学(北京)工程技术学院；3. 中国石油冀东油田公司)

摘 要 海底管道失效库可为海底管道事件学习、风险评价和安全管理提供良好的指导作用。国外非常重视海底管道失效库的建设，多个组织早在几十年前就建立了海底管道失效数据库。对国外知名的PHMSA、API、BSEE和PARLOC等海底管道失效数据库进行了对比分析，对比了这些数据库的海底管道失效原因和失效频率等典型统计分析结果，找出了这些失效数据库在建立模式、数据采集范围、数据分类等方面的差异。对国内海底管道失效数据库的建立提出了相关建议。

关键词 海底管道，失效数据库，统计分析，事故分类，腐蚀

随着海洋油气资源的不断开采，海洋管道作为海上油气运输中的重要设备，所面临的安全问题也日益凸显[1-3]。从事故中进行学习、吸取经验教训是提高管道安全水平的重要途径[4-5]，与国外相比，我国海洋管道建成时间较晚，运行年限较短，尚未建立数据库对管道失效数据进行统计[6]。

因此，对国外海底管道失效库进行调研分析，一方面可以从事故分析中汲取经验，提高行业安全水平[7-9]；另一方面可指导国内管道失效库的建立。本文对国外海洋管道数据库进行了调研，并对数据进行了对比分析，对海底管道失效库的建立提出了建议。

1 国外海底管道失效数据库

1.1 PHMSA 数据库

PHMSA (Pipeline and Hazardous Materials Safety Administration)是美国运输部下的管道及危险品安全管理局。PHMSA的管道安全办公室(OPS)提供了关于联邦和州规定的天然气管道、危险液体管道和液化天然气(LNG)工厂的各种数据，管道设施的操作人员根据PHMSA管道安全条例进行事故汇报。其统计数据包括1970至今的气体传输及采集事故、气体分配事故数据，以及1968年至今的危险液体事故数据和2011年至今的液化天然气事故数据，此外PHMSA还统计了近20年的事故趋势。

1.2 API 数据库

美国石油学会(API)下的管理和科学事务部对海上石油勘探和生产活动中的海洋泄漏事故进行了统计，并根据泄漏介质、设备单元、事故类型等类别采用图表形式对其统计结果进行了报告，报告中不涉及单个事故的细节信息[10]。

根据API报告，1969~2007年美国近海石油管道的石油泄漏事故共506起，泄漏量约为182，355bbl，其中近85%的泄漏物是原油，约为154，802bbl。在近海管道泄漏总量中，96%以上泄漏量发生在墨西哥湾，约175，701bbl。

1.3 BSEE 数据库

美国于1990年通过的《石油污染法》以及随后的行政命令和《外大陆架土地法》授予了安全与环境执法局(Bureau of Safety and Environmental Enforcement，BSEE)负责监督美国州和联邦近海水域的石油和天然气勘探、开发和生产设施的溢油规划和准备工作。

BSEE对墨西哥湾海域和太平洋海域1964~2018年发生的事故进行了统计，数据包括设备信息、时间地点、事故描述、事故类型及严重程度等信息。此外，美国溢油防范科(Oil Spill Preparedness Division，OSPD)对其中1968~2012年的原油泄漏事故进行了溢油量计算，将事故划分为泄漏量在10~49bbl之间以及超过50bbl两类。

1.4 PARLOC 数据库

管道和立管密封损失数据库最初由HSE和英国海上运营商协会(UKCS)编制，是一系列包含管道和隔水管事故数据的报告。第一份报告于1990年发表，随后的报告于1992年、1994年和1996年发表。2001年发表的PARLOC2001涵盖了从1977年开始记录到2000年底的所有丹麦、荷兰、挪威和英国北海地区的管道泄漏报告数

据[11]。2012 年发布的 PARLOC 2012 只包含 2001~2012 年英属北海海域以及英国其他水域的管道泄漏报告数据[12]。

2001 年至 2012 年期间，有 183 起已确认的管道泄漏报告。

1.5 HCR 数据库

1988 年 7 月，英国发生了 Piper Alpha 平台爆炸事故，担任调查的 Lord Cullen 在调查过程中提出从事故和事故中学习是提高安全性能的重要途径。Lord Cullen 建议管制机构建立一个关于工业中碳氢化合物泄漏、溢出和点火的数据库。1991 年 4 月，健康与安全执行局(HSE)的海上安全科(OSD)从能源部接管了海上安全的责任。作为新的监管机构，OSD 还承担了按照 Cullen 建议建立碳氢化合物释放(HCR)数据库的责任[13]。

HSE 记录了 1992~2016 年海上油气释放数据，其中共 62 起海管事故，包括 19 起立管事故。

1.6 其他数据库

除了以上数据库之外，此外还有国际石油与天然气生产者协会(International Association of Oil& Gas Producers)的 OPG 数据库[14]、海上可靠性数据(Offshore Reliability Data)组织的 OREDA 数据库[16]、世界海上事故数据库(WOAD)、美国海岸警卫队办公室(Coast Guard Offices)的海洋伤亡和污染数据库等。

在国外数据库中，大多数据库如对管道事故的时间、地点、原因及事故描述等信息进行了收集，如 OGP、PHMSA、BSEE 数据库等，其中 PHMSA 对管道事故细节记录最为完整。此外，HCR 数据库等还对失效处理方式进行了记录。而一些数据库如 API 数据库、OREDA 则并未给出单个事故的事故描述信息。总的来说，由于数据库建立目的、统计范围和事故收集途径的不同，各数据库统计范围和信息的详尽程度存在较大差异，需要选择出相近数据信息进行比较分析。

2 统计结果对比

2.1 总体趋势

由于各数据库统计范围和统计年限的局限性，将统计年份连续的数据库的统计结果汇总至图 1 上进行总体趋势分析。

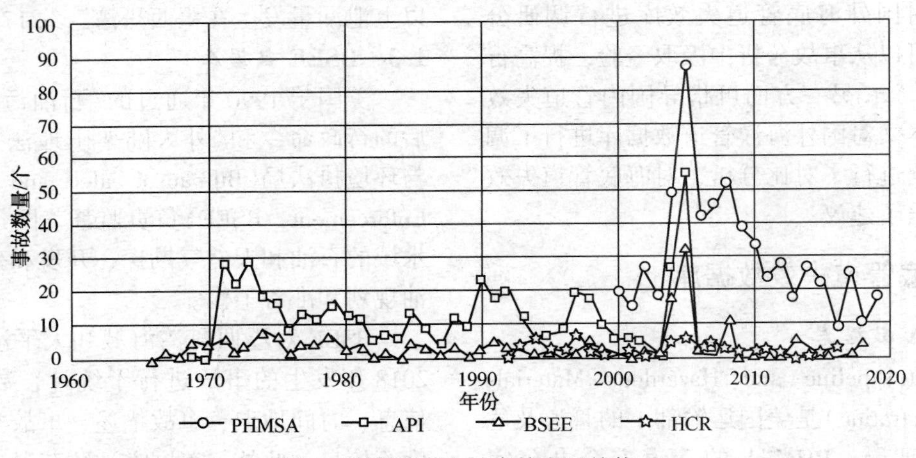

图 1 海底管道失效事故发展趋势

观察可知，根据 API、BSEE 的统计结果，1970~2004 年美国海洋管道事故数量存在波动，但总体呈下降趋势；2004~2008 为美国飓风频发时期，海洋管道事故达到峰值，这与 PHMSA 的统计结果相符；在这之后，根据 PHMSA 和 BSEE 的统计结果，管道事故数量呈下降趋势。英国北海海洋管道事故数量变化不明显。

2.2 事故原因

2.2.1 API 数据库

1969~2007 年海底管道泄漏事故共 506 起，失效原因按造成的泄漏量由大到小排列依次为：船舶、结构、损伤、飓风、未知原因、操作员、蓄意破坏、爆炸，事故数量的比例分别为 12.06%、43.68%、4.74%、16.60%、3.16%、19.37%、0.20% 和 0.20%；而 1998~2007 中，这一比例为 4.48%、29.10%、2.24%、58.21%、1.49%、3.73%、0.75%、0.00%。

与 1969 年~2007 年间全部数据相比，1998~2007 年间：1)船舶造成的管道泄漏事故数量和平均泄漏量显著减小，这一变化同样反应在同期统计的海洋平台泄漏事故中；2）结构失效的造成的管道泄漏事故数量和平均泄漏量变化不明显；3）飓风频发，飓风引发管道的事故数量及泄漏量显著增加。

2.2.2　PHMSA 数据库

对 PHMSA 数据库 1986~2019 海管失效事故数据进行统计，事故原因按造成的泄漏量由大到小排列依次为：其他外力损坏，自然力破坏、腐蚀、管道或焊缝材料失效、其他原因、开挖损坏，事故数量的比例分别为 15.09%、8.85%、65.39%、2.62%、7.24%、0.80%；对 2010~2019 十年间数据进行统计，这一比例为 4.44%、1.48%、85.93%、4.44%、1.48%、2.22%、1.48%。

与 1986~2019 统计的全部数据相比，2010~2019 十年间自然力破坏和其他外力损坏的比例明显下降，可归结为 2010~2019 年间美国飓风天气的显著减少以及船舶事故减少，而腐蚀所占比例明显上升，说明随着管道运行时间的增加，管道腐蚀问题日益凸显。

通过对主要数据库进行比较分析可知，海洋管道事故总体呈下降趋势，腐蚀事故占事故总数比例较大且近年有所上升，而造成油气大量泄漏的主要原因为船舶和外力。

3　数据内容对比

3.1　建立目的及运营组织

对数据库建立与运营组织和建立目的进行统计，结果见表 1。

表 1　数据库建立与运营组织和建立目的

数据库	建立及运营组织	创 建 目 的
OGP	国际石油与天然气生产者协会	收集成员公司及其承包商上游业务数据，形成报告并发布
PHMSA	美国运输部下的管道及危险品安全管理局	降低风险，分析差距，提高安全性[ ]
API	美国石油学会-管理和科学事务部	为石油泄漏问题的决策提供科学依据
BESS	海洋能源管理局-安全与环境执法局	用于溢油规划和准备工作
PARLOC	HSE 和英国海上运营商协会建立，后由 DNV GL 统计发布	为了向责任人提供信息，以进行趋势识别和风险评估
HCR	英国健康与安全执行-海上安全科	由 Lord Cullen 发起，旨在从事故和事故中学习是提高安全性能的重要途径
OREDA	跨国石油天然气公司组织	为了评估和提高油气行业（勘探和生产）的安全性和可靠性
WOAD	挪威船级社（DNV）	用于危险识别研究
MCPD	美国海岸警卫队办公室	海洋伤亡和污染事故分析

总体而言，海底管道失效库的建立或运营组织分为三类。一是政府机构部门，如美国运输部、安全与环境执法局、海岸警卫队办公室，其特点是：(1)由政府牵头，事故上报往往由相应法规强制规定；(2)收集范围广，收集国家范围包含管道事故在内的多类事故；(3)数据丰富且稳定，事故收集年限较长且数据库保持维护更新。

二是行业协会或技术服务机构，如 DNV、英国 HSE、API，其特点为 1. 数据收集渠道较广，包括新闻、出版物、行业企业报告等；2. 数据类别明确，往往针对性地统计时间范围内某一类事故。

三是油气生产商组成的组织，如 IOGP、OREDA 组织、英国海上运营商协会，其数据来源多为组织内的生产商。

建立数据库的目的包括安全与环境目的，如进行事故分析、风险辨识、事故学习以提高行业安全水平，以及经济目的，如为企业或行业发展提供决策依据。

3.2　失效数据样本采集范围

对主要数据库的上报标准或采集范围进行统计，形成列表如表 2 所示：

表 2　数据库的上报标准或采集范围

数据库	上报标准或采集范围
PHMSA	满足一下条件之一：1. 死亡或受伤人员需要住院治疗；2. 总成本为 5 万美元或以上，以 1984 年美元计算；3. 高挥发性液体释放 5 桶或以上或其他液体释放 50 桶或以上；4. 引起意外火灾或爆炸的液体泄漏
API	海上石油勘探和生产活动中的海洋泄漏事故

续表

数据库	上报标准或采集范围
BESS	所有严重事故、死亡或严重伤害事故，以及所有火灾、爆炸和爆裂
PARLOC	可能造成伤害或死亡的泄漏；停输 24 小时以上；或需要立即响应以保护管道的海床移动
HCR	距装置 500 米范围内的管道泄漏
WOAD	主要为大型事故，不包括职业事故
OREDA	时间范围内选定设备上发生的失效

基于以上数据库，对 R. A. P. Bruce 发表于 1994 年发表的数据库采集范围层级图进行修改，得到结果如图 2 所示。

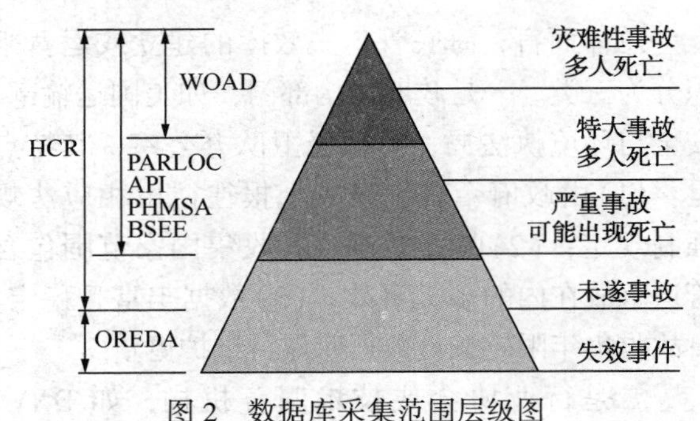

图 2　数据库采集范围层级图

3.3　分类方式

大多数据库对事故进行了多种分类，主要事故分类如下。

按事故类型的事故分类(表 3)：

表 3　主要数据库事故类型分类

数据库	主 要 类 型
OGP	爆炸或烧伤事故、压力释放事故、撞击事故、其他事故等
BESS	死亡、受伤、火灾、爆炸、泄漏、碰撞、井控等事故
WOAD	碰撞事故，爆炸事故，火灾事故，泄漏事故，破损或疲劳事故，拖缆失效或断裂事故

在以上统计的数据库中，事故类型分类标准主要针对包括在内的多种设施设备，因此分类方式并不完全适用于管道。

按事故原因的事故分类(表 4)：

表 4　主要数据库事故原因分类

数据库	事 故 原 因
OGP	拖网船上的货物、船锚/沉船、水下滑坡、过大跨度、坠物撞击、误操作、地质运动、腐蚀、屈服、施工缺陷、材料失效、振动/疲劳
PHMSA	开挖损坏、自然力破坏、管道或焊缝材料失效、误操作、腐蚀失效、其他原因、其他外力损坏
API	船舶、结构、损伤、飓风、未知原因、操作员、蓄意破坏、爆炸
BESS	设备故障、外力、天气原因、飓风破坏、人为失误、火灾、失效、碰撞
PARLOC 2001	腐蚀、材料、施工、外部载荷、其他
PARLOC 2012	撞击、材料、运行和维护、施工、其他
HCR	设计失败、设备失效、操作原因、程序失败。

在以上分类中 OGP、PHMSA 和 PARLOC 数据库专门对管道事故进行了分类，API、BSEE 数据库针对石油天然气泄漏事故，分类较为贴合。

4　结论与建议

随着的海上油气开发的不断扩大，海洋管道安全问题也将越来越突出。通过对国外海洋管道失效数据库统计分析，得出船舶与外力是造成油气大量泄漏的主要原因，腐蚀是致使管道失效频发的主要原因。建议国内企业关注两方面因素的影响，不断提高管道运行安全水平。通过构建海底管道失效数据库，对管道失效事故进行归纳，可以总结管道失效特点，优化管道管控方案，提高管道安全水平。目前国内尚未建立海洋管道失效数据库，对国外管道数据库的发展历程及数据库现状进行总结分析，归纳以下几点建议：

（1）在数据库建立方面，由政府部门牵头进行数据库的构建，并规定事故上报标准、规范报告格式。在国外数据库中，由政府部门组织构建的数据库相对其他数据库具有收集范围广、记录信息多、更新稳定等优势。

（2）在事故分类方面，根据管道事故原因进行分类。参考 OGP、PHMSA 和 PARLOC 的分类方式，根据国内事故特点进行改进，建议国内海底管道事故分为船舶、自然与地质灾害、其他外力、腐蚀、误操作、结构与材料失效和其他原因 7 类。

（3）在收集范围方面，加强政府企业联系，明确上报标准。国外的数据统计工作存在重叠现象，如美国 PHMSA、API、BSEE 数据库中管道数据统计范围相近，但分别由美国运输部、美国石油学会和美国海洋能源管理局负责统计。国内在进行统计工作时应加强政府企业间合作，明确事故上报标准，避免职能重叠。

参考文献

[1] 雷云，余建星，吴朝晖，等．基于模糊 ANP 的海底管道失效风险综合评价[J]．中国安全科学学报，2019，29(05)：178-184.

[2] 方娜，陈国明，朱红卫，等．海底管道泄漏事故统计分析[J]．油气储运，2014，33(1)：99-103.

[3] 方娜．海底管道泄漏事故风险分析与应急对策研究[D]．中国石油大学(华东)，2014.

[4] 李晶晶，朱渊，陈国明，等．城市油气管道泄漏爆炸重大案例应急管理对比研究[J]．中国安全生产科学技术，2014，10(8)：11-15.

[5] R. A. P. Bruce. The offshore hydrocarbon releases (HCR) database[C] Hazards XⅡ-European Advances in Process Safety, Symposium Series 134, 1994: 107-122.

[6] 刘国志，彭英伟，伍东，等．天然气管道完整性管理探析[J]．中国安全生产科学技术，2012，08(4)：136-141.

[7] 狄彦，帅健，王晓霖，等．油气管道事故原因分析及分类方法研究[J]．中国安全科学学报，2013，23(07)：109-115.

[8] 王红红，刘国恒．中国海油海底道事故统计及分析[J]．中国海上油气，2017，第 29 卷(5)：157-160.

[9] 王婷，玄文博，周利剑，等．中国石油油气管道失效数据管理问题及对策[J]．油气储运，2014，34(6)：577-581.

[10] API. Analysis of U. S. Oil Spillage[R]. US: Regulatory and Scientific Affairs Department, 2009.

[11] Mott MacDonald International Ltd, Great Britain. Health and Safety Executive, UK Offshore Operators Association, Institute of Petroleum(Great Britain). PARLOC2001: The Update of the Loss of Containment Data for Offshore Pipelines[R]. UK: Energy Institute, 2003.

[12] Energy Institute(Great Britain), Oil & Gas UK(Trade association). PARLOC2012: Pipeline and riser loss of containment 2001-2012 [R]. UK: Energy Institute, 2015.

[13] John Hare, Richard Goff, Graham Burrell, et al. Offshore accident and failure frequency data sources-review and recommendations. UK: Health and Safety Executive[R], 2017.

[14] IOGP. Riser & Pipeline Release Frequencies [R]. IOGP Safety Committee, 2019.

[15] OREDA. Offshore reliability data handbook[R]. OREDA, 2010.

管道弱磁应力内检测技术

杜慧丽

（中国石化长输油气管道检测有限公司）

摘　要　阐述了弱磁应力内检测技术的检测机理和弱磁应力内检测系统，通过建立仿真模型，分析了外界磁场和探头提离值对弱磁信号的影响。发现外界磁场增加，在一定程度上可以增强弱磁信号强度，但当外界磁场达到100μT时，弱磁信号不可检。同时发现提离值越大，弱磁信号减弱，结合弱磁信号在空间中的传递规律，最终确定提离值在5~10mm范围内最优。以某海底管道为例进行了弱磁应力内检测工程试验，验证弱磁应力内检测技术的稳定性及可靠性。

关键词　弱磁，应力，外界磁场，探头提离值，工程试验

1　引言

钢质管道由于外界因素或自身因素产生微观结构畸变或者弹塑性形变时会产生大量应力集中区域，当应力集中达到材料屈服极限时，将很可能导致突发性事故的发生[1]。常规的管道内缺陷检测技术只能检测管道中较明显的宏观缺陷，而难以检测管道中由应力集中造成的微观损伤，因此无法避免由于应力集中引起的管道危害事故[2]。近年的管道事故分析显示，存在多起管道事故是在尚未形成宏观体积缺陷时发生的[3]。管道弱磁应力内检测技术可以在非励磁条件下(地磁环境下)，通过检测铁磁性材料在应力状态下的弱磁信号，来判断材料的应力变形和损伤状态，预判危害发生，弥补了传统管道内检测技术的不足，且具有设备轻便、无需专门磁化、快速便捷、灵敏度高等优点[4]。我公司对弱磁应力内检测技术进行了研究和工程应用，介绍如下。

2　管道弱磁应力内检测技术

2.1　管道弱磁应力内检测机理

在地磁场环境下，铁磁性金属构件的应力集中区会产生不同于非应力集中区的微弱磁信号，弱磁检测方法的检测机理是通过检测该种微弱磁信号，来判断铁磁性构件的应力损伤区域和应力损伤程度[5]。在地磁场下的铁磁构件，应力会使其内部的磁畴形状和分布发生改变，在其表面以漏磁场的形式出现自磁化的增长，在应力集中区会出现最大应力集中区处磁信号的轴向分量 Hx 出现极值，而径向分量 Hy 过零点的现象[6-7]，弱磁信号特征如图1所示。

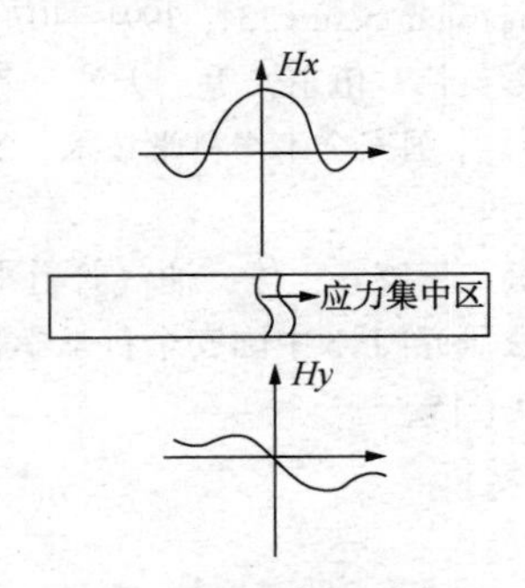

图1　弱磁信号特征

2.2　管道弱磁应力内检测系统

管道弱磁应力内检测系统由管道弱磁应力内检测装置、里程标定装置和数据分析处理系统三部分组成。

管道弱磁应力内检测装置以管道内所输送介质为动力，基于弱磁应力检测原理对管道内的应力集中区进行检测，其装置如图2所示。

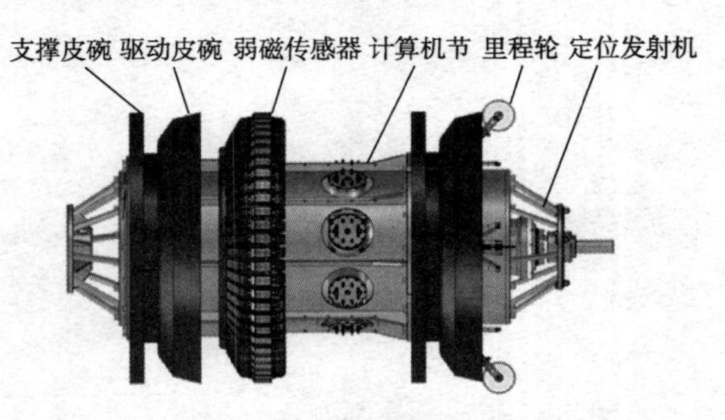

图2　管道弱磁应力内检测装置

里程标定装置包括管道外标记标定、管道内

外时间同步标定和里程轮记录三部分，对行进里程等信息进行记录，从而精确定位管道上应力集中区及管道特殊部件。

数据分析处理系统通过实时传输管道弱磁应力内检测装置上的弱磁传感器检测得到的弱磁信号，并对其进行可视化处理，从而对管道应力集中区检测结果进行分析。数据判读人员通过观测可视化结果中的弱磁信号特征，判断应力集中区的分布，根据对应的里程信息判定应力集中区所在位置并进行标记。

3　外界磁场和探头提离值对弱磁信号的影响

3.1　模型的建立

弱磁信号是在地磁场环境下铁磁性金属构件应力集中区产生的微弱磁信号。在管道中，管壁由铁磁性金属组成，外界磁场复杂，而且在检测过程中，弱磁应力检测探头与管壁之间存在一定提离值。为了保证检测数据的准确性，对外界磁场以及探头提离值对弱磁信号的影响进行分析。

为了模拟管道中应力集中区的磁信号特征，进而研究应力集中区的磁信号变化规律，建立了含应力集中区的1/4钢管模型，钢管上应力集中区尺寸3×3×3mm，如图3所示。

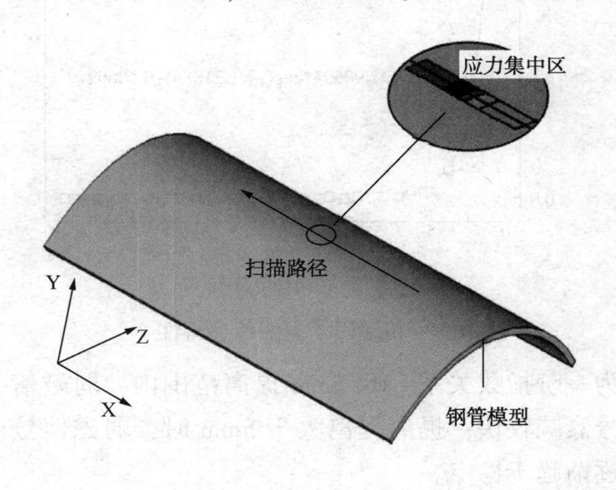

图3　含应力集中区的钢管模型

在钢板研究区域上方1mm提离值沿径向方向设置扫描路径，研究此路径上方弱磁信号分布情况。应力集中区弱磁信号分布如图4所示，发现在应力集中区处的弱磁信号轴向分量存在最大值、径向分量过零点，与弱磁应力内检测机理信号特征一致，模型建立成功。

3.2　外界磁场对弱磁信号的影响

在建立的仿真模型区域上方1mm提离值沿轴向方向设置扫描路径，研究此路径上方弱磁信号在不同外界磁场强度下的变化规律，当研究区域处于地磁场环境下，结果如图5所示，随着铁磁性构件表面所受应力的增加，构件表面的弱磁信号变化幅值增加，弱磁信号在应力集中区表现出的特征越明显。

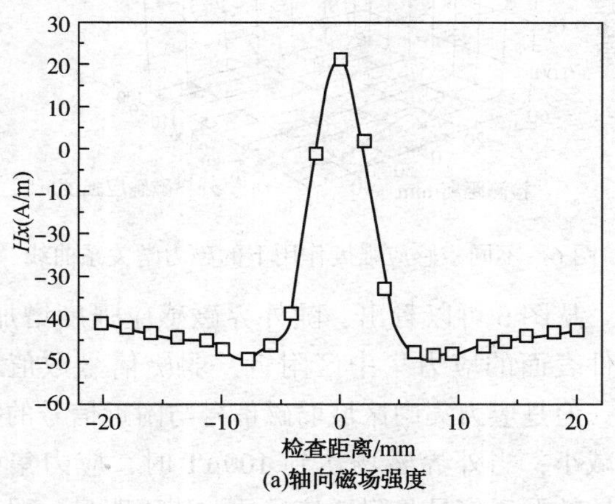

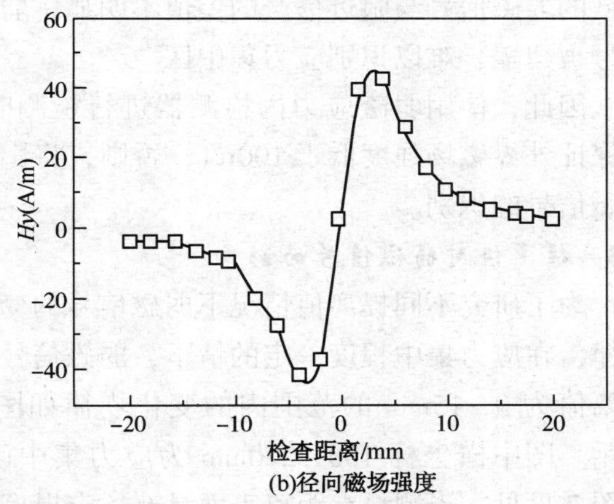

图4　应力集中区弱磁信号分布

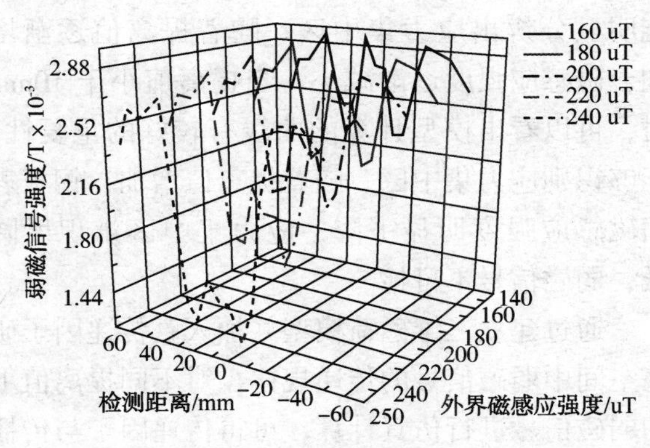

图5　地磁场环境下的磁力学关系

为了分析图3所标记的研究区域在不同外界磁场下的磁信号变化特征，设置外界磁场为单一变量，在应力集中程度、试件检测位置等其余影响因素保持一致的情况下，提高空间磁场强度，不同外界磁感应作用下的磁力学关系曲线如图6所示，横坐标-5~5mm范围内为应力集中区域。

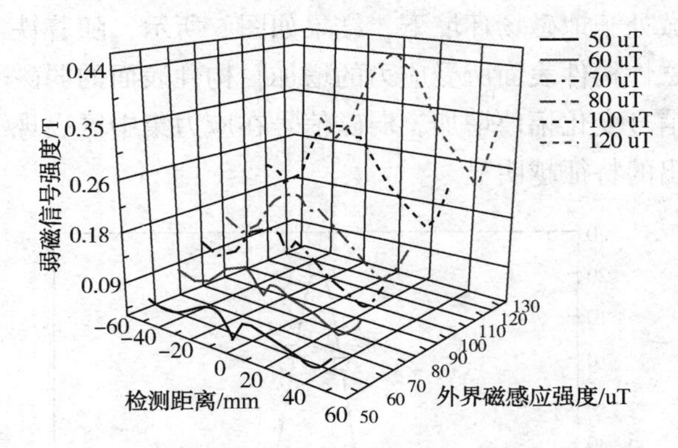

图6　不同磁感应强度作用下的磁力学关系曲线

从图6可以看出，随外界磁感应强度增加，构件表面的应力集中区附近，弱磁信号数值增加，但是应力集中区域弱磁信号与附近信号的差值减小；当外界磁场达到100μT时，应力集中区域的弱磁信号与附近信号的差值不明显，弱磁信号被覆盖，难以识别应力集中区。

因此，使用弱磁应力内检测器进行检测时，应保证外界磁场强度低于100μT，否则，将影响弱磁信号的识别。

3.3　提离值对弱磁信号的影响

为了研究不同提离值情况下弱磁信号的变化规律，在应力集中程度一定的情下，弱磁信号在提离值为0~15mm的范围内的变化规律如图7所示。图中横坐标180~220mm为应力集中区。由图7可见，当测量点距离表面具有一定提离值的时候仍然存在弱磁信号，且在提离值较小时，能明显分辨出应力集中区。随着提离值逐渐增加，磁感应强度逐渐减小，当提离值小于10mm时，可以看出模型计算的曲线有较好的重复性，能够识别应力集中区。随着提离值增加，钢板表面磁感应强度明显下降，应力集中区辨识度降低，弱磁信号不可检。

通过建立三维磁荷模型并加入磁传递因子研究空间中弱磁信号的传递规律，对不同提离值下的弱磁信号进行仿真计算，可得传递因子与传播距离的一阶下降指数函数关系如图8所示。

由图8可见，弱磁信号在空间中传播时，随提离值增加，弱磁信号呈衰减趋势，且与提离值

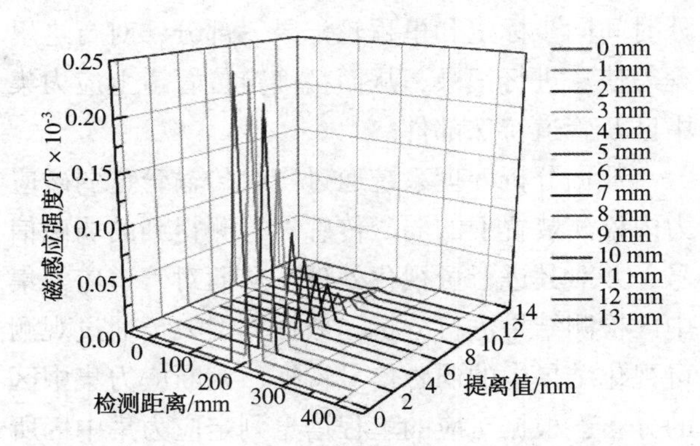

图7　不同提离值下的磁信号变化规律

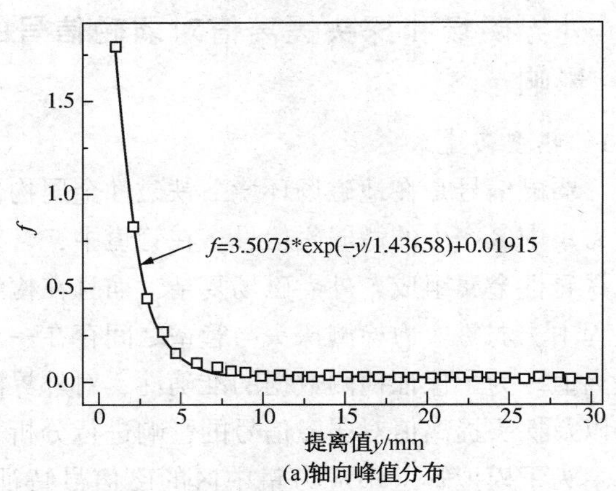

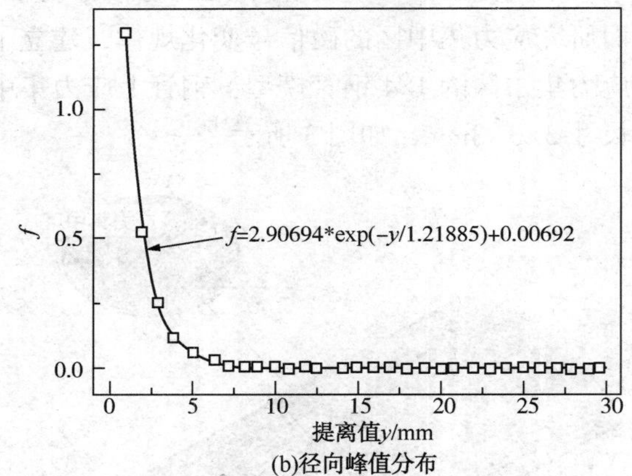

图8　传递因子空间传递特性

为一阶指数关系。0~5mm提离范围内，弱磁信号衰减较快；提离提离大于5mm时，弱磁信号逐渐趋于稳定。

结合图7、图8可知，为了保证应力集中区弱磁信号的可识别性和信号稳定性，提离值在5~10mm范围内最优。

4　管道弱磁应力内检测技术的工程应用

2018年，检测公司研制了弱磁应力内检测器(见图9)对某海底管道进行检测，检测距离总长95.7km。通过对检测数据进行分析，发现本

次检测中，弱磁应力检测器能很好的识别局部应力集中区域以及海底浮空段应力分布情况。

4.1 局部应力集中区域

管材上出现应力集中时，磁信号会发生突然变化，根据本次弱磁内检测弱磁信号特征，共发现32处应力集中点，图10是其中的一处应力集中点图像。从检测图像中，不仅可以看出明显的应力集中区域，还能看出环焊缝和螺旋焊缝，这是因为在焊缝及附近热影响区，应力集中很明显。

图9　Φ762弱磁应力内检测器

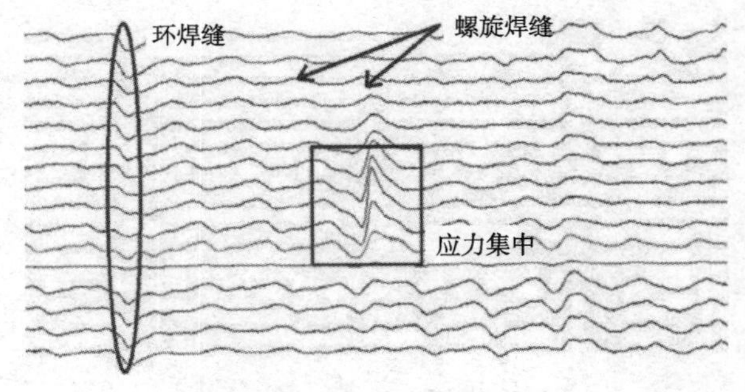

图10　应力集中点图像

4.2 浮空段应力检测结果

该海底管段，结合漏磁检测结果和海底路由检测结果可知，有两段海底浮空管段，分别位于KP2.18附近（长36m）及KP 48.10附近（长7m）。海底管线出现浮空管段后，在海流作用下将会发生涡激振动及长期疲劳破坏的危险。在本次弱磁应力检测中，浮空管段附近有明显弱磁信号变化，如图11和图12所示。

管道弱磁应力内检测器在管道中检测后得到的图像不仅能清晰的分辨出管道中的典型特征如环焊缝、螺旋焊缝等，对应力集中区十分敏感，除此之外，还能发现海底管道由于浮空段造成的

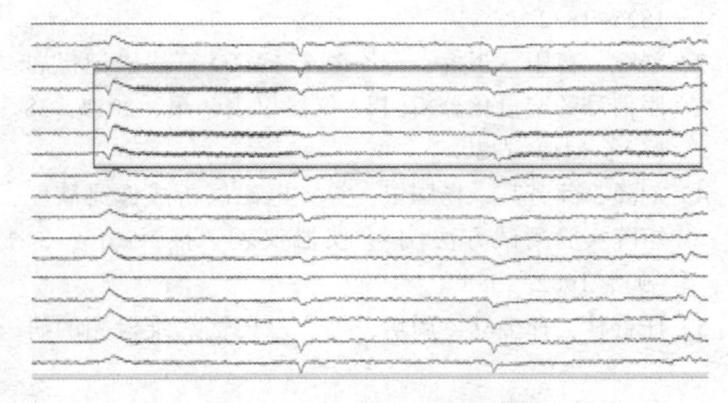

图11　KP 2.18附近浮空管段弱磁信号

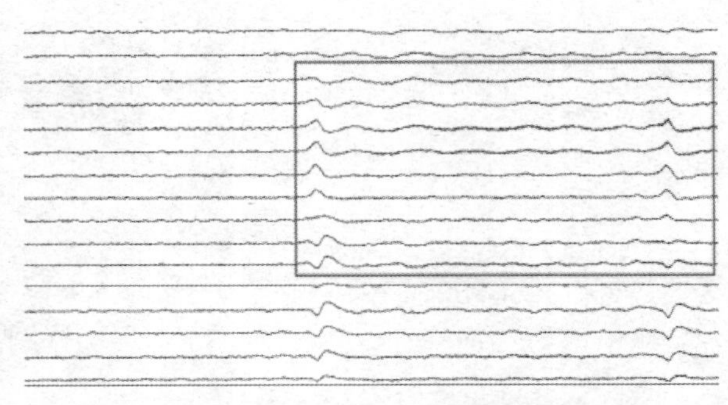

图12　KP 48.10附近浮空管段弱磁信号

应力集中，排除安全隐患。

5 今后研究重点

目前，管道弱磁应力内检测技术虽能检测出钢质管道中的应力集中区，预判危害发生的可能性，对管道安全进行提前预警，但在数据分析方面仍存在许多问题值得研究：

（1）弱磁信号定性和定量分析。管道在各种外界条件下产生应力集中，应力集中程度与阶段不同，材料微观结构变化不同，对应的弱磁应力检测信号特征不同。有效识别、处理不同阶段的弱磁信号，并根据不同阶段弱磁信号的特征参数进行定性与定量分析，是亟待解决的问题。

（2）弱磁信号的自动识别方法。目前，长输油气管道的弱磁检测过程中，数据识别依靠人工识别，效率低、误差大；实现管道弱磁应力内检测海量数据的自动识别，将大幅度提高数据判读效率、降低人为误差。

参考文献

[1] 刘斌，何璐瑶，霍晓莉，等．基于Kp微扰算法的磁场中MMM信号特征的研究[J]．仪器仪表学报，2017，38(1)：151-158.

[2] 刘斌，曹阳，王国庆．基于LAPW算法磁记忆信号相变特性的研究[J]．仪器仪表学报，2016，37(8)：

1825-1832.

[3] 刘斌，曹阳，王缔，等．基于LMTO算法磁记忆屈服信号的定量化分析[J]．仪器仪表学报，2017，38(6)：1412-1420.

[4] 刘泽，薛芳其，杨国银，等．电磁层析成像灵敏度矩阵实验测试方法[J]．仪器仪表学报，2013，34(9)：1982-1988.

[5] 任吉林，孙金立，周培，等．磁记忆二维检测的研究与工程应用．机械工程学报，2013，49(22)：8-15.

[6] 徐春广，宋文涛，潘勤学，等．残余应力的超声检测方法[J]．无损检测，2014，36(7)：25-31.

[7] 杨理践，马凤铭，高松巍．管道漏磁在线检测系统的研究[J]．仪器仪表学报，2004，25(z1)：1052-1054.

甬沪宁输油管道西山水库管段典型滑坡地质灾害评价及治理防护研究

毛俊辉

（国家管网集团东部原油储运有限公司）

摘　要　我国油气长输管道沿途发育众多类型的地质灾害区域，其中滑坡地质灾害是导致埋地长输管道发生损坏的重要原因之一。研究滑坡地质灾害评价方法和治理防护措施，有利于确保输油管道安全运行，避免造成环境污染。本文根据甬沪宁线西山水库地质灾害管段治理工程实例，对管道滑坡地质灾害管段通过开展现场调查，开展成因机制分析和稳定性分析评价，制定采取了有针对性的治理防护措施，不仅使该处该典型滑坡地质灾害风险管段得到了有效防护，而且总结了一套行之有效的管道滑坡地质灾害评价、防治工作方法。

关键词　长输管道，滑坡，地质灾害，稳定性评价，治理防护措施

长输管道一般分布广阔，沿线地质形貌复杂，常常途经多种地质灾害区域，由地质灾害引起管道事故时有发生，而且地质灾害所导致的管道损坏、泄漏等安全事故，往往比其他类型的事故造成的后果更严重[1]。如近几年发生的贵州晴隆段“7・02”“6・10”两次中缅输气管道断裂爆燃事故、湖北恩施“7・20”川气东送管道爆炸事故、深圳光明新区“12・20”滑坡引发天然气管道断裂泄漏事故，造成巨大的生命财产损失和社会负面影响。

甬沪宁输油管道于2004年建成投产，途经南京、苏州、湖州、宁波等经济发达城市，设计年输油能力为2000×10^4t，承担着向扬子石化、金陵石化及长江上游各大炼化企业输送原油的任务，是国家的重要经济基础设施。近年来，随着输油管道铺设时间增长，甬宁线沿线地形地貌有所改变，局部线路地段已产生地质灾害风险，对管线安全造成了严重威胁。一旦输油管线所经区域发生滑坡等地质灾害，可能造成管道裸露、变形，极易产生严重的安全事故及环境污染，将带来不可估量的生命财产损失。

1　甬沪宁输油管道西山水库管段概况

滑坡地质灾害区域位于江苏省句容市天王镇戴庄村西山水库，输油管道位于西山水库堤坝东侧坡脚，管道走向为东南—西北，近似与大坝走向平行。区内管道均埋入地下，管道顶部埋深约1.5m。

西山水库堤坝为人工填土堆筑形成，建成时间为1998年，距今约20年，其中表层存在近几年新增的少量填土，堤坝组成以粉质黏土及黏土为主的素填土，由于压密夯实程度差，导致坝体土质不均，松散欠密实，局部存在较大孔隙、空隙。西山水库位于大坝西南侧，属于上游库区，岸坡采用了水泥格板护坡，坡度较缓（约21°），但该堤防工程防渗措施较差，护坡存在较多的凹陷、塌陷，少量水泥硬化已经破损、断裂，说明坝体内部土体存在潜蚀、流土甚至已形成管涌土洞。大坝东北侧为地势较低的水塘，该侧边坡目前未采取任何堤坝的水泥固化硬化、岸坡护坡、防渗等水工保护措施，现状为填土土质边坡，平均坡度约25°，坡体总高差8～9m。坡体组成为较厚的素填土，欠均质，土体松散欠密实，加之坡体内部地下水位较高，土体常年饱水、渗水，逐步形成渗水、透水通道，在堤坝两侧水库较大的水头差形成的静水压力及动水压力的作用下，堤坝内土体因渗流而产生了流土、小型管涌等不利情况。坡面曾多次发生过浅表滑塌、小型滑坡，形成较多的冲沟和滑坎、滑槽，该边坡存在滑坡隐患。一旦发生较大或较深的滑坡，将严重威胁坡脚输油管道的安全。区内输油管道邻近水库及堤坝，上游水库及下游池塘有数千只家禽养殖，同时周边存在村庄以及104国道，一旦输油管线因滑坡等地质灾害发生变形、破坏、原油泄

漏，极易产生严重的安全事故及环境污染，潜在经济损失可达2000万元，威胁人数可达200人，据调查该区滑坡防治工程级别属于二级(图1、图2)。

图1　西山水库堤坝全貌

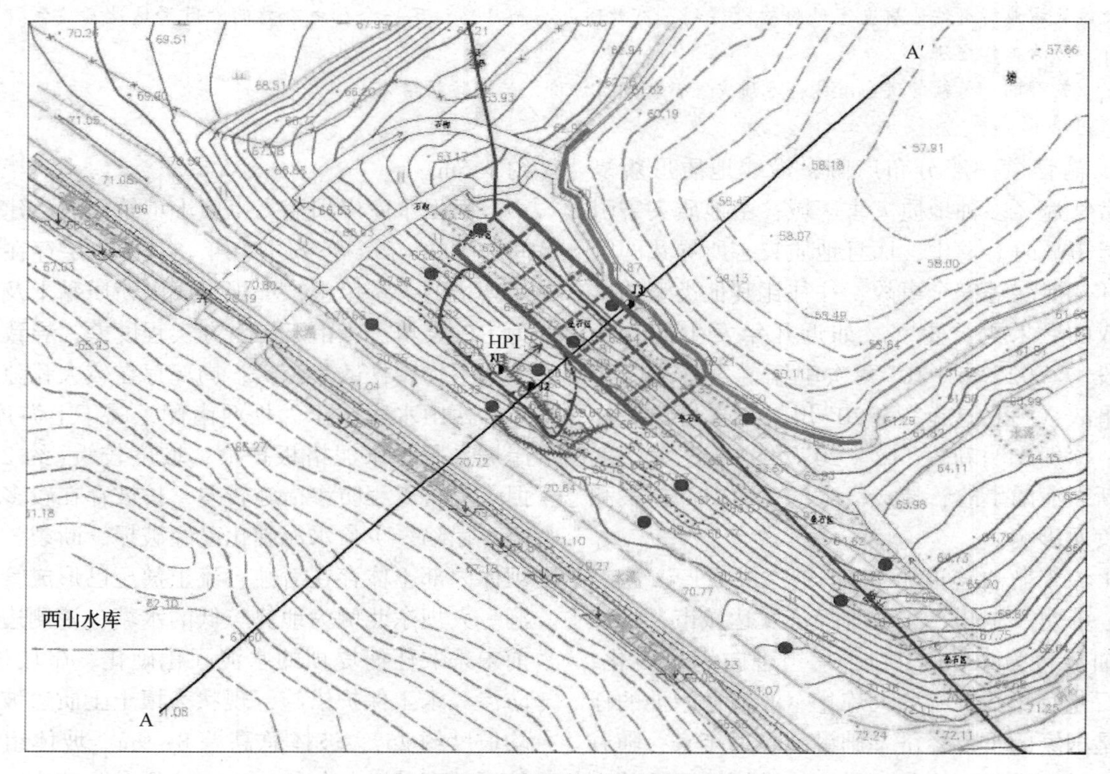

图2　滑坡灾害及管线位置平面图

2　灾害体发育特征及成因机制分析

2.1　灾害体发育特征

2.1.1　滑坡结构特征

经现场调查分析，区内滑坡为填土滑坡，滑坡体结构大致有如下特征。

1）滑体

调查区滑坡体平面形态主要呈舌形或圈椅状。堤基均由素填土组成，以细粒黏性土为主，单一结构，堤基主体素填土填龄20年左右，其表层1~0层为近几年新增的2m左右的填土，极其松散、孔隙率较大。滑体均由素填土组成，滑体厚度2m以内，滑体主要受土体内部软弱结构面控制，区内滑坡主要为圆弧滑动，一般中部滑体厚度较大，整个滑体总体呈前部较薄、中部厚、后部薄的特征。

2）滑动面(滑带)

区内滑坡滑带主要位于素填土中。目前调查区内已有的属于浅表滑坡，滑动面深度1~2m，滑动面位于近几年新增的表层松散填土内。由于区内素填土厚度大、抗剪强度较低，为可塑-软塑，因此区内潜在滑坡滑带主要素填土内部软弱结构面控制，结合区内高陡的坡形分析，在暴雨的冲刷及高水位条件下，区内填土内部可能形成深层的软弱滑动面，潜在滑动面深度可能达到5~7m，引发深层整体滑坡。区内滑坡主要为圆弧滑动，滑面、滑带总体为后缘陡，前缘缓。

3）滑床

调查区滑坡为填土内部滑坡，滑床主要素填土。滑坡上部滑床大多较陡，坡度30°~50°；中下部滑床较缓。滑坡体主滑方向剖面图见图3。

2.1.2　滑坡变形特征

西山水库滑坡体后缘标高约69m，前缘标高约65m，高差4m左右，滑动方向45°，滑坡体坡度约24°，滑体长约7.5m，宽约18m，面积约130m²，滑体平均厚度1.5m。滑体体积约200m³。区内滑坡体及不稳定边坡变形特征主要表现为垂直和水平位移，体现为肉眼可察觉的地表变形、裂缝，前缘鼓胀，浅表土体滑塌、形成滑坎等现象。前缘边界为下游的水塘，后缘边界有为小路，左缘边界为修建的排水沟，右缘边界为治理前形成的陡坎(图4)。

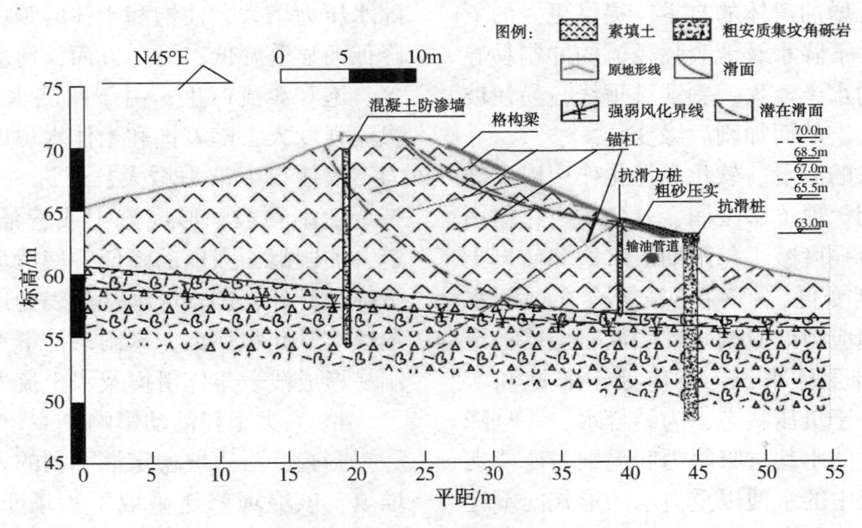

图3　滑坡1-1′剖面图

图4　滑坡边界示意图

2.2　影响因素及变形成因机制分析

土质滑坡是在特定的自然与地质环境条件下形成和发生的，其主要影响因素有：

1）地质因素(较厚的松散堆积层)

据现场调查和调查钻孔揭示，调查区边坡为较厚的素填土，1~2层填土距今20年左右，其表层2m为近几年新增的极其松散的填土。上述填土压实度一般，结构松散欠密实，孔隙率较大，有利于大气降水入渗，水体长期的浸润潜蚀使岩土体结构强度、抗剪强度减小，很容易在土体软弱结构面中形成滑动面。

2）地形地貌

陡坡易造成边坡岩土体的滑塌，较陡的边坡（或滑动面）提供了更大的下滑力。调查区边坡高差最大约9m，部坡度较陡，上述高陡地形条件为滑坡的发生、发展创造了条件。

3）降水及地下水（主要因素、诱发因素）

由于调查区降雨量大，雨季时有暴雨发生。降水及地下水对滑坡的诱发作用主要体现在以下几点。

（1）降雨过程中地表水入渗，地下水位抬升，填土饱水后增加滑体的自重，提供更大的下滑力。暴雨条件下降水及地表强径流的冲刷易导致表层岩土体的水土流失，剥蚀坡顶线，易使坡顶浅表土体滑塌，从而加剧后缘变陡。

（2）地下水的润滑、软化和泥化作用以及结合水的强化作用。地下水浸润、软化、泥化作用使浅部土体抗剪强度减小，雨期汇水饱和使岩土体有效抗剪强度变低，（潜在）滑带会在地下水滑润作用下剪切应力效应增强，降低岩土体稳定性。对于包气带土体来说，土体处于非饱和状态，其中的水处于负压状态，为结合水，一旦降水持续，空隙中的水超过吸附力和毛细力所能支持的量时，孔隙中的水便以重力水的形式向下运动，导致土体性能弱化，岩土体力学强度降低。

（3）地下水与岩土体间的离子交换及水化作用使岩土体结构改变，影响岩土体的力学性能，将岩土体内聚力减小。地下水对岩土体产生的各种化学作用能缓慢改变岩土体的矿物组成和结构性，从而影响岩土体的力学性能，甚至打破原有的力学平衡。

（4）地下水改变坡体的应力状态，通过孔隙静水压力和动水压力作用对岩土体的力学性质产生影响。

静水压力：其主要作用形式包括以下三种，岩土体的浮力，静水压力对岩土体骨架有浮力作用，从而减小土粒间的有效应力；岩体的浮托力，主要考虑岩土体滑坡底面的静水压力作用，其实一个呈梯形或三角形分布的面力；岩土体的侧面静水压力，主要考虑水压力在滑坡条块侧面形成的面力。

动水压力：地下水在滑体中渗流时，将对滑坡岩土体产生渗透压力，渗透压力使得下滑力增大，当渗透压力较大时，就会引起滑坡的失稳破坏。同时渗透压力将改变岩土体结构，侵蚀掉易溶的胶结物和携带走一些细粒物质，促进土的潜蚀作用，使得滑坡岩土体发生变形破坏，降低滑体强度，特别是滑带土结构的破坏和强度的降低。因滑动面一般为相对隔水层，地下水渗流多以滑面为其渗流下限，通过坡体渗流，然后再滑坡前缘呈湿地或泉水外泄，故滑动面及其附近岩土体受渗透压力作用最为强烈。

调查区地层岩性为素填土，上游水库地表水补给使得土体常年饱水，浸泡、软化后强度下降；当暴雨季节库水位猛升，一方面土体内部孔隙水压力增大，使饱和土体的强度因有效应力的降低而显著降低；另一方面，滑坡体内自由水增多，饱和渗流产生，由于两侧水库水力梯度大，渗流强度大，随着饱和土体水位的上升，渗透压力不仅使得下滑力增大，还进一步侵蚀、冲刷、带走细小颗粒，形成流土或管涌土洞等渗流通道，加剧滑面强度的降低，使滑坡稳定性将大幅下降。此外，调查区坝基浅表为近5年堆填的松散填土，孔隙率大，暴雨条件下地表水的坡面冲刷易形成浅表土体滑塌及水土流失。

4）人类工程活动影响

调查区对边坡稳定性不利的人类活动主要为堆填，该堤坝修建采取了素填土人工堆砌而形成，且堆填位置处于山间冲沟，地势较低洼处，回填高度较大，超过10m。一方面高陡的填土边坡增大了下滑力，同时堆填形成的高陡边坡不利于边坡稳定；另一方面，填土坝基分层压密夯实程度不够，且未作防渗处理，导致填土土质不均，部松散欠密实，孔隙率大，土体自身强度较低；此外，填土堤坝内部地下水与两侧水库水力联系密切，常年处于较高水位，孔隙水压力及渗流作用明显，长期对土体存在潜蚀、冲刷、掏空，形成流土及管用等渗流变形，加剧了潜在软弱面的剪切破坏，将大大降低边坡稳定性。

3　治理前灾害体稳定性分析

3.1　定性分析

调查区水库堤坝由人工堆填形成，高差较大，组成斜坡的素填土压密夯实程度不够，结构松散欠密实，导致填土边坡自稳性较差。在连续降雨情况下，大量的雨水长时间入渗地下、浸泡、软化土体，同时库水位迅速升高，使得地下水位骤然增高，填土饱水、容重增加，且静水压力增加，有效应力降低。由于填土本身孔隙率较大，强度较低，在降水大量入渗后，其力学性质骤减，填土堤坝内部地下水与两侧水库水力联系密切，常年处于较高水位，动水压力产生的渗流作用明显，长期对土体存在潜蚀、冲刷、掏空，形成流土及管涌等渗流变形，从而在软弱带形成滑动面，滑动面以上的岩土体沿滑动面变形、下滑，形成滑坡。

3.2　定量分析

1）计算方法

刚体极限平衡理论的是土坡稳定性计算的最一般方法，对于物质组成较为单一且均匀的边坡，宜采用 Bishop 法，采用满足所有极限平衡条件的 Morgrnstern-price 法，并且该方法适用于任何形状的滑移面，适合作为该滑坡的稳定性计算方法。利用 Geo-studio 数值模拟软件中基于极限平衡理论的 Slope/w 模块模拟用于岩土体边坡的稳定性分析，其基本理论是刚体极限平衡理论，根据不同的条件可自由选择毕肖普法、瑞典条分法、Spence 法或 Morgrnstern-price 法等进行坡体的稳定性分析，设定好分条的数量和滑移面等重要参数后，计算可得到岩土体边坡的稳定系数。Sigma/w 模块是基于变形理论的岩土体内部应力应变特征分析，核心的计算方法是有限元法，在规定好单元的大小和形状后，该模块可根据坡体几何特征自动生成有限个切分单元。再基于有限元计算方法，计算得到岩土体边坡的大、小主应力，水平、竖直方向位移、最大剪应力和是否有应力集中区域等信息。在实际工程边坡的分析过程中，可以同时耦合多个模块，通过一次模型的建立计算得出边坡岩土体的体积水含量变化情况、孔隙水压力图、应力应变特征和坡体稳定系数等多方面的模拟结果，为边坡潜在的破坏模式分析、稳定性分析提供依据。分别模拟在天然工况、暴雨工况下，滑坡沿潜在滑面基覆界面的稳定系数。

2）模型建立

综合考虑工程地质剖面图和现场调查报告，利用 CAD 软件建立地质模型。模型图建立的依据是主滑方向，堆高较大、坡角较大的 1-1’剖面的地质剖面图。模型图中的 3 条折线从上到下依次表示：滑坡地面线、地层分界线、强弱风化界线。模型分为三层，分别为素填土层、强风化角砾岩层和弱风化角砾岩层，建立的模型包括抗滑桩支护前后的模型。模型共单元直径宽 1m，共有 1543 个节点，将斜坡划分为 1482 个单元，见图 5。

3）参数选取

根据调查表明滑坡体处于弱变形阶段，因此潜在滑面在取值时主要参照了天然和饱和抗剪强度峰值取值。根据上述分析，在进行岩土试验参数统计及经验类比的基础上，提出参数建议值。场地区岩土体主要物理力学指标建议值见表 1（岩土体物理参数参考自勘察报告，以计算实际取值为准）。

4）计算工况和剖面选取

考虑到该滑坡所处区域雨量充沛，根据已有气象资料显示，特别是 5~9 月是该场区日最大降水量曾达到 450mm，需要考虑暴雨工况下滑坡的稳定性状况。因此设计参照 DZ/T 0219—2006《滑坡防治工程设计与施工技术规范》对工况的设置和安全标准要求执行。稳定性计算设置下列工况：①工况Ⅰ（天然工况）：自重；②工况Ⅱ（暴雨工况）：自重+暴雨（20 年一遇）。

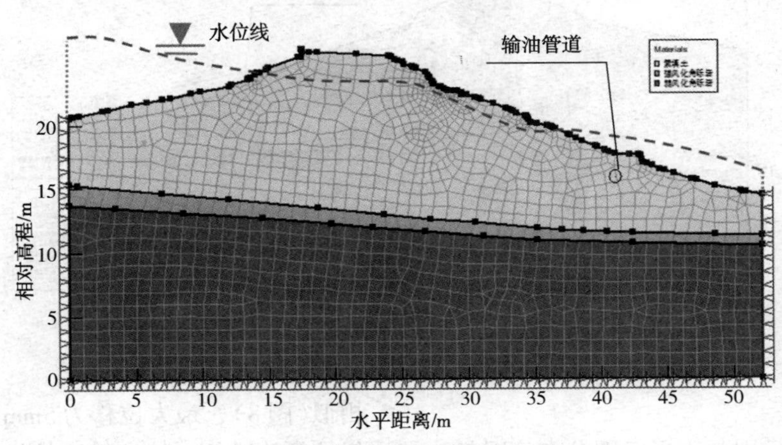

图 5　支护前计算模型

表1　岩土体主要物理力学指标建议值

项目/土名	容重/(kN/m³)		压缩模量/MPa	抗剪强度指标				承载力特征值/KPa	天然抗压强度/MPa	饱和抗压强度/MPa	基底摩擦系数	桩侧摩阻力标准值/kPa	地基土水平抗力比系数 m 值/(MN/m⁴)
				C/kPa		φ/(°)							
	天然状态	饱和状态		天然	饱和	天然	饱和						
素填土	18.8	20.5	4.78	28	25	15	12	120	/	/	0.25	50	2
强风化角砾岩	20.0	25.5	6.52	30	18	22	12	110	/	/	0.30	60	20
弱风化角砾岩	22.2	26	6.85	32	20	24	14	115	/	/	0.32	65	22

为保证定量计算结果的可靠性，滑坡剖面的选取应选择坡体最有可能发生破坏或滑动的剖面。根据工程地质平面图，1-1’剖面贯通了滑坡的前缘和后缘，从坡体几何形态和边界范围上看，该剖面上坡度相对较大，滑带土的高度也较高；且下覆输油管道，对管道受力和变形的研究也是本次调查的核心。因此，选择该剖面作为计算剖面。

5）模拟成果及分析

(1) 天然工况下滑坡的应力变形特征。

① 总应力。

根据图6所示，滑坡体内的总应力量值由于重力场的影响，基本上与埋深呈正比，分布较均匀，没有出现负量值区域，表说明无拉应力现象出现，总应力方向在坡表部位基本与坡面近于平行。X 方向的总应力最大值为 700kPa 以上，Y 方向的总应力最大值为 750kPa 以上，管道处的 X 方向的总应力值为 50kPa，Y 方向的总应力值为 100kPa。

② X 方向位移。

水平方向位移主要出现在滑坡体内，位移云图成对称分布，分别沿坝肩两岸分布，靠近管道侧的坡体 X 位移较大，由表及里逐渐减小，最大位移量出现在坡顶临空面附近，最大值为 1.8cm，输油管道处的水平位移大约 8~10mm 左右，X 方向位移云图见图7。

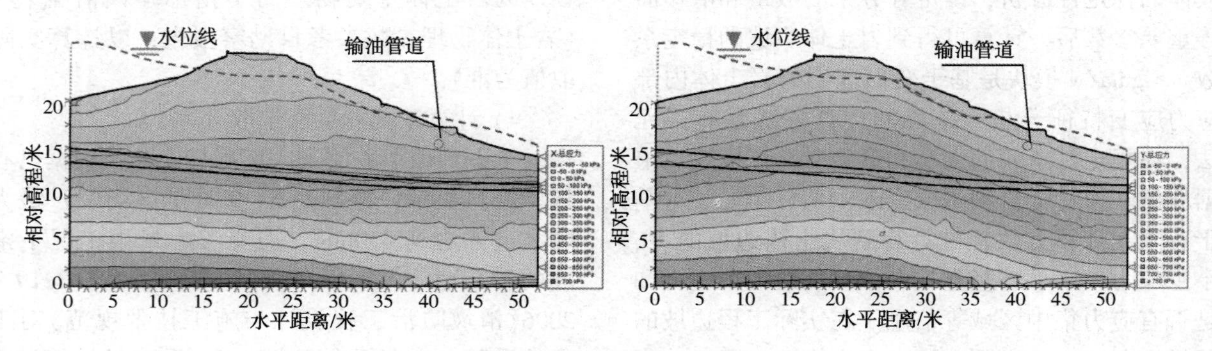

图6　X 和 Y 方向的应力图

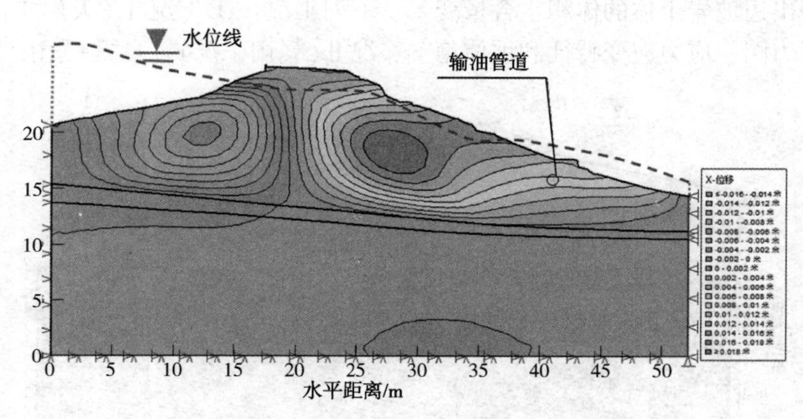

图7　水平方向位移云图

③ Y 方向位移。

竖直方向位移云图与水平云图分布情况较为相似(图8)，最大位移为5mm，位移主要集中在斜坡靠管道侧。输油管道处的竖直位移很小，出现负值。

（2）天然工况下滑坡的稳定性分析。

采用极限平衡的基本理论和方法，计算天然工况下滑坡稳定性，得到的计算结果见图9。天然工况下，斜坡浅层发生滑动搜索界面的稳定性系数为1.187，根据滑坡规范，抗滑力与下滑力比值大于1.15时，斜坡处于稳定状态；斜坡深部搜索滑面的稳定性系数为1.250，处于稳定状态。

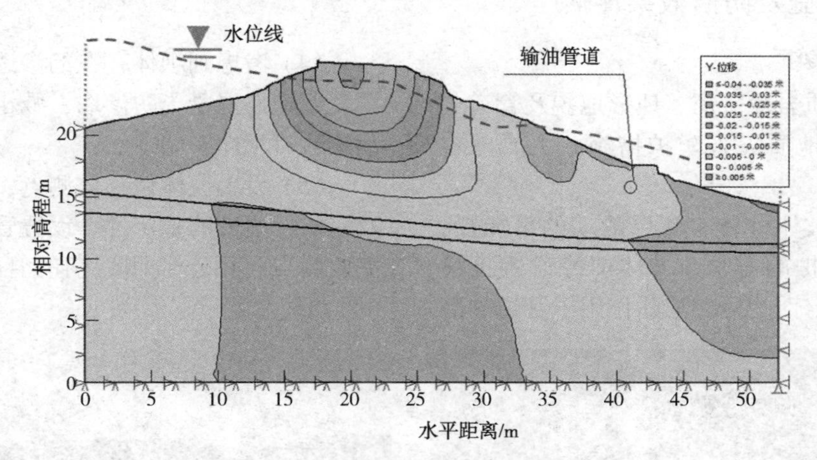

图8　竖直方向位移云图

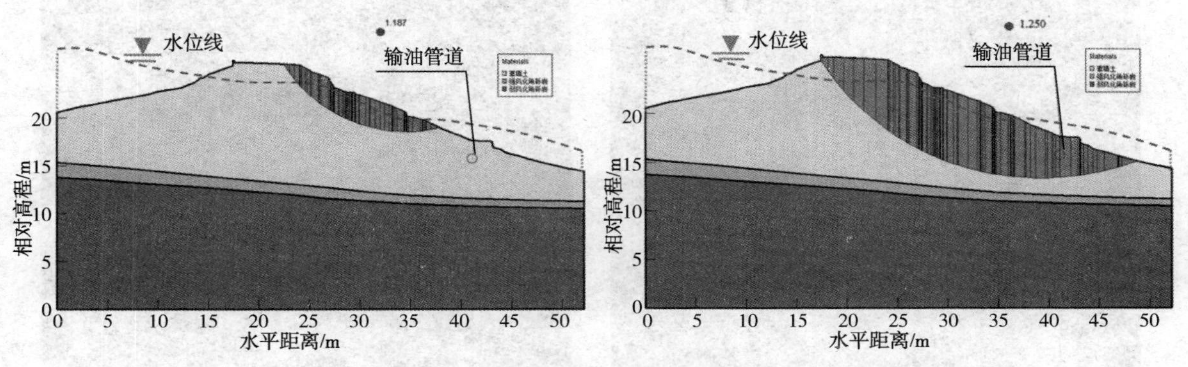

图9　天然工况下滑坡的稳定性计算

（3）暴雨工况下滑坡的稳定性分析。

采用极限平衡的基本理论和方法，计算暴雨工况下滑坡稳定性，得到的计算结果见图10。暴雨工况下，斜坡浅层发生滑动搜索界面的稳定性系数为1.107，斜坡处于基本稳定状态；斜坡深部搜索滑面的稳定性系数为1.15，处于稳定状态。综上，该斜坡在暴雨工况下也较为稳定，但安全系数较小（等于滑坡规范中稳定状态的临界值1.15）。

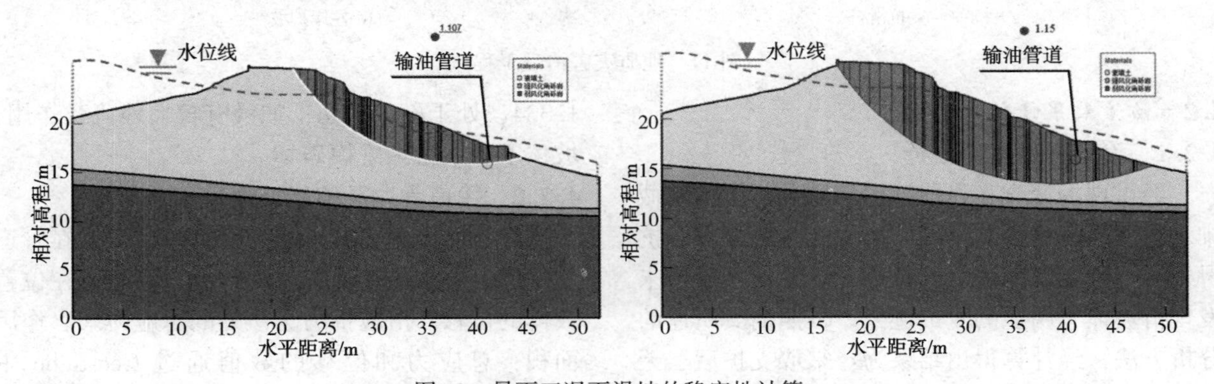

图10　暴雨工况下滑坡的稳定性计算

由于斜坡内黏性土堤基渗透性能极不均一，局部较密实，渗透性差；局部欠密实，渗透性较好；局部存在流土、管涌等渗透变形区域，渗透性更好；局部已经形成渗漏通道，渗透性极强，地下水流速更快，漏水严重，坡表出现变形，为保证滑坡长期的稳定，应采取相应的支护措施。

4　治理防护措施及防治效果评估

4.1　治理防护措施

根据该区地质岩性特征、地形地貌及管道分布情况，制定了地质灾害防护措施，主要内容如下。

（1）治理区坡体整体有深层滑动的可能性，同时考虑管道保护的需求，坡体前缘设置抗滑桩，提高整体稳定性的同时消除作用于管道的潜在滑坡推力。

（2）治理区坡面中上部在渗流力作用下存在浅层滑动，设置锚杆格构加固坡体。

（3）在管道上方设置插入式预制方桩用于保护管道，桩顶设置冠梁锚杆，冠梁可作为格构底梁。

（4）考虑到坝体存在的渗透变形，在坝体上游设置塑性混凝土防渗墙，减小坝体内水头，减小渗透对坝体影响。

（5）设置坡体位移监测点，监测施工过程中及完成后边坡的稳定性。设置管道振弦式应力应变监测点，用于监测后期的管道受力变形情况（图11）。

(a)截排水沟网　(b)格构梁和锚杆　(c)抗滑桩　(d)左岸护坡

图11　地质灾害治理工程

4.2　防治效果评估

4.2.1　治理后稳定性分析

经过现场调查，目前该滑坡已进行了构筑截排水渠网络、格构和锚杆、插入式预制方桩和抗滑桩，治理工程的适宜性良好，且在治理后，未发现滑坡体有明显的变形迹象。依照前文所述的分析方法，经计算得出结果为：采取支护后，天然工况下，滑坡稳定性计算结果1.448，处于稳定状态，暴雨工况下，滑坡稳定性计算结果1.334，处于稳定状态，如没有较大外荷载作用，坡体不会发生大规模破坏。

4.2.2　管道受力及位移计算

计算假定为：管道受力计算按照作用在管道侧壁的滑坡推力计算，位移计算为管道所在位置坡体的位移。滑坡推力为该处的总应力乘以作用面积，总应力和位移的数值通过Geostudio中sigma云图中读取（$A=\pi rl$　$l=1\text{m}$，$r=d/2=508\text{mm}$）（表2）。

表2　数值计算结果

滑坡推力/kN				管道位移/mm	
σ_x	F_x	σ_y	F_y	水平位移	竖直位移
50kPa	79.756	100kPa	159.512	0.5	0

5　结论

甬沪宁输油管道西山水库滑坡地质灾害管段经过治理后，未发现滑坡变形迹象。采用 Morgrnstern-price 法，利用 Geo-studio 数值模拟软件进行定性和定量分析结果显示，滑坡灾害体在天然状态下和暴雨工况下均满足稳定性要求，输油管道的变形和应力减小，满足安全要求。

6　结束语

管道滑坡地质灾害近几年越来越受到重视，国内逐步开展了相关研究工作，并取得了一定的研究成果。本文结合甬沪宁线西山水库滑坡地质灾害分析与防治案例，认为对于类似管道地质灾害问题，应从现场勘查入手，宏观判断结合历史经验分析成因机制和主要影响因素，通过数值模拟计算进行稳定性评价，依据评价结论和主要影响因素条件有针对性地制定防治措施，在工程治理结束后要长期进行监测，并定期开展工程防治效果评估。

参 考 文 献

[1] 李旦杰. 西南成品油管道地质灾害影响及防治措施[J]. 石油化工安全环保技术，2008.
[2] 江丛刚. 湖北兴山县寒溪口桥滑坡稳定性评价及防治对策[D]. 北京：中国地质大学(北京)，2017.
[3] 庞伟军，瞪清禄. 地质灾害对输气管道的危害及防护措施[J]. 中国地质灾害与防治学报，2014.

海底管道外检测及管道状态评估技术

杨元平[1,2]　张芝永[1,2]　史永忠[1,2]

(1. 浙江省水利河口研究院；2. 浙江省河口海岸重点实验室)

摘　要　海底管道日常路由检测及管道状态分析是及时了解海底管道运行状态、保障海底管道正常运行的重要手段。相比陆上管道，复杂的海域水沙环境导致海底管道外检测难度更大。本文介绍了海底管道外检测、管道状态判别等技术和方法，通过对管道状态变化分析，结合海洋动力、海床地质地层分析状态变化原因，在此基础上提出从管道外部海洋环境因素对管道风险进行分析评估，为管道安全运营提供技术支持。

关键词　海底管道，外检测，管道状态，裸露，悬空

海底管道是国民经济的“生命线”工程，是在海洋区域内长距离输送淡水、油气等介质最经济的方式。然而，由于海底管道所处海洋环境非常恶劣，在潮流、波浪及不平衡输沙影响下，海床发生冲刷，掩埋于海床的管道发生部分裸露悬空，埋设在海床边坡上管道，由于海床滑坡也会造成海底关系裸露悬空，埋设管道区域海床地层中浅层气突出，导致海床整体塌陷引起关系裸露悬空，管道的残余应力或热应力在管道局部产生屈曲变形，也会形成悬跨。海底管道裸露悬空严重威胁管道运营安全，海底输油管道一旦破坏，不仅会造成巨大的财产损失，严重影响社会生产保障，而且会造成恶劣的长期的环境及社会影响，因此海底管道的安全问题受到管理部门的高度重视。为消除海底管道运行隐患，保障海底管道安全稳定运行，需定期对海底管道所处状态进行检测，海底管道检测技术应运而生。

海底管道所处环境与陆地不同，管道外检测手段也相异，海底管道检测技术一般都采用声波在水体中传播特性进行管道外检测，一般采用水探测设备，浅水区结合潜水员探摸。常用的设备有侧扫声纳、浅剖、多波束、磁力仪等方法，浅水区常辅以人工潜水探摸，近些年水下机器人(ROV，AUV)检测技术在深水海底管道检测中获得广泛应用，国内外对合成孔径声纳技术进行海底管道检测也开展了一些探索性应用研究。在获取海底管道现场状态资料后，系统整理海底管道状态空间、时间分布特征，并结合管道所在海域海床、潮流、波浪、台风等自然条件，对海底管道状态变化原因进行分析，并预测今后一段时间内管道状态变化的趋势，对海底管道状态进行评估，为管道管理提出运行维护建议。

1　海底管道外检测技术

1.1　外检测要求及检测技术概况

海底管道运行期间的埋设状态关系到管道安全，当海底管道运行期间设计埋深减小，管段出现裸露、悬空，将威胁管道运行安全，海底管道管理部门对管道埋深、裸露及悬空情况要进行定期检测。目前采取的管道检测技术分为以下几类：①海底地形测量；②浅地层探测；③海底地形地貌成像(侧扫、ROV)。目前比较成熟的管道检测方法主要为侧扫、浅剖与多波束测地形相结合的测量技术体系。

1.2　海底地形检测

海底地形测量早期多采用单频、多频测深仪，测量效率较低，采用多波束技术后[5]，地形测量效率显著提高，是目前比较先进和成熟的水下地形测量技术，海底地形成果多用于管道附近局部地形地貌分析及管道裸露悬空的辅助判别。

海底地形测量导航定位可采用北斗、GPS等定位系统，获取的定位数据一路提供给多波束测深系统，另一路用于辅助光纤罗经，换算整合为姿态、航向等数据，上层软件(如Hypack 2008)在同步获取多波束数据及姿态、航向数据，实现多波束测深数据的统一采集，系统组成见图1。多波束测深系统在水深测量之前需进行校准测量，校准测量目的在于获取多波束设备初始安装参数，包括了时延(Latency)、横摇

(Roll)、纵摇(Pitch)、艏向(Yaw)4个参数，校准精度直接关系到最终水深测量的精度。

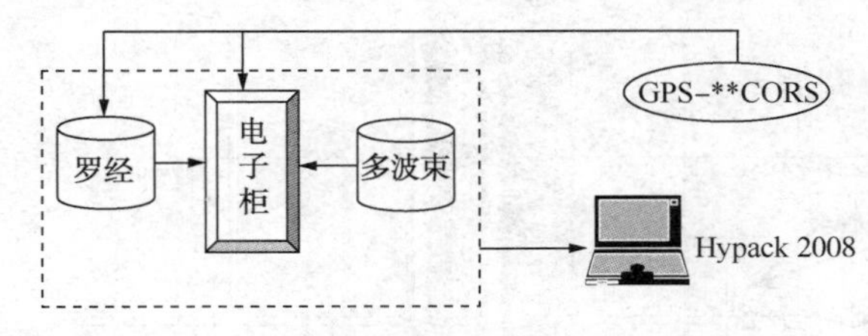

图1　多波束测量系统

1.3　浅地层探测

浅地层探测采用磁力仪、浅地层剖面仪器进行探测。海底管道检测通过勘测水域磁场的分布或发现异常磁场进行探测，当探测仪经过海底管道时，磁场出现异常，磁异常点被记录下来用于分析判别海底管道与海床相互位置关系。浅地层剖面仪则利用声波反射特性，声波可穿透海底一定深度，其反射波时间和强度因地层介质的不同而异，据此确定海底地层分层特性及管道位置、相对海床高程等。由于磁力仪受环境影响复杂，浅地层剖面仪是目前应用于海底管道浅地层检测的主要手段。

浅剖测量系统中浅剖数据和导航定位集成在同一软件(Hypack 2008)，定位可采用DGPS，将浅剖仪和DGPS通过驱动连接到Hypack 2008中，将定位数据与浅剖数据融合后记录。施测时首先调出预定的计划线，指挥测船沿计划测线行驶。整个测量过程中，当实际行驶距离达到预设打标距离时，Hypack 2008将自动打标，同时这个打标信号通过内存共享触动浅剖打标，以此实现定位数据和浅剖的同步打标。

1.4　海底地形地貌成像

近些年海底地形地貌成像技术发展迅速，在含沙量较低、能见度较高的海域，由水下机器人(ROV、AUV)搭载水下光学摄像设备对海底的管道海床进行摄像，通过对影像资料分析判定海底管道的埋入、裸露和悬空。在含沙量较高、水下能见度较低的海域，光学摄像难以获取清晰的影像资料，侧扫声纳利用声波传播受含沙量影响较小的特性，在能见度较低情况下也能进行对海底的地貌特征和位于海底面的目标物体进行清晰成像。侧扫成果记录的判读经验，在海底管道状态分析起着非常关键的作用，通过对图像的判别，可以判别海底管道是否裸露、悬空。

侧扫声纳测量系统一般将定位测量设备、侧扫设备集成一个软件(如Hypack 2008)下，对试试定位、侧扫数据进行融合处理，得到的侧扫数据具有定位坐标信息，系统组成见图2。侧扫时首先按预定的计划线，指挥测船沿计划测线行驶。整个测量过程中，利用Hypack 2008来按实际行驶距离记录数据，同时触发侧扫声呐打标，实现打标数据和定位数据的同步采集。导航定位在海洋调查中极为重要，定位精度很大程度上决定海上探测成果的准确性和精确性，需要在测量海域建立测量控制网，控制网覆盖测量海域。

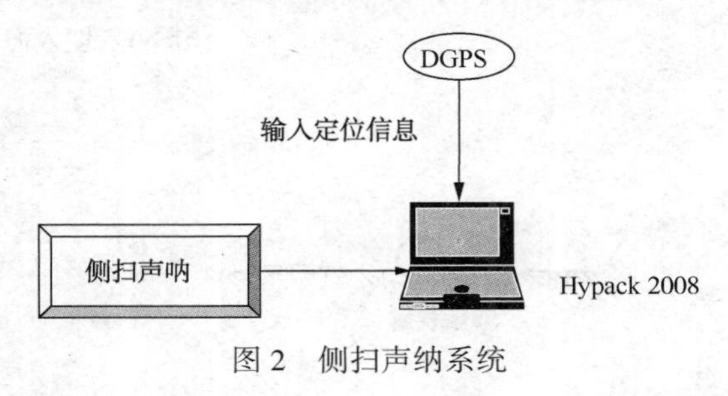

图2　侧扫声纳系统

2　管道状态研判评估

海底管道沿程埋入、裸露、悬空状态，一般需经管道侧扫、浅剖及多波束水线下地形等检测资料综合分析后确定，并通过相关测量、计算及分析，获取海底管道埋入深度，裸露高度、长度，悬空高度、长度等定量数据。

2.1　埋入海床管道状态研判

海底管道侧扫成果包括管道状态分布及各状态的起止节点，浅剖成果包括管道位置和管顶相对于海床面的距离，管道状态判读需结合浅剖及侧扫综合判读，并通过一定计算和换算，获取管道状态参数。管道埋于海床面之下，从侧扫图像中无法发现管道，需结合浅剖断面，判断浅剖断面上管道埋入海床深度，据此判断相邻浅剖断面之间管道的埋深情况。管道埋深的示意图及侧扫图像见图3。

2.2　管道裸露状态研判

裸露是指管道裸露于海床面之上，管壁与海床面之间接触的，裸露管道可以细分为三种状态：裸露管道、双侧冲刷、单侧冲刷，典型断面形态及侧扫图像见图4。裸露在平坦海床上的管道，在侧扫影像里成一条粗细、颜色均匀的阴影线；单侧冲刷情况下管线一侧阴影区；双侧冲刷在管线两侧均存在阴影区。

2.3　管道悬空状态研判

管道悬空是指管道局部段高于海床面(图

5)，管壁与海床面之间不发生接触的，这种情况需采用侧扫及浅剖成果综合分析判别，悬空长度通过确定悬空的起始、终止节点在侧扫图像直接量取。

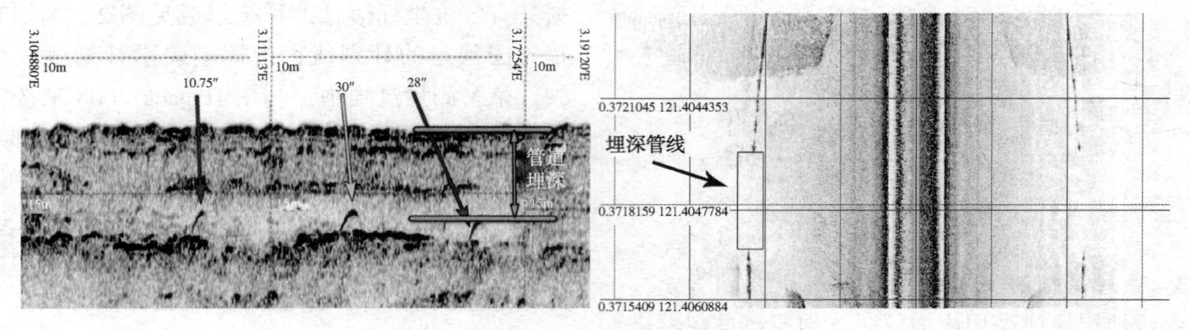

图 3　埋入海床管道浅剖及侧扫图

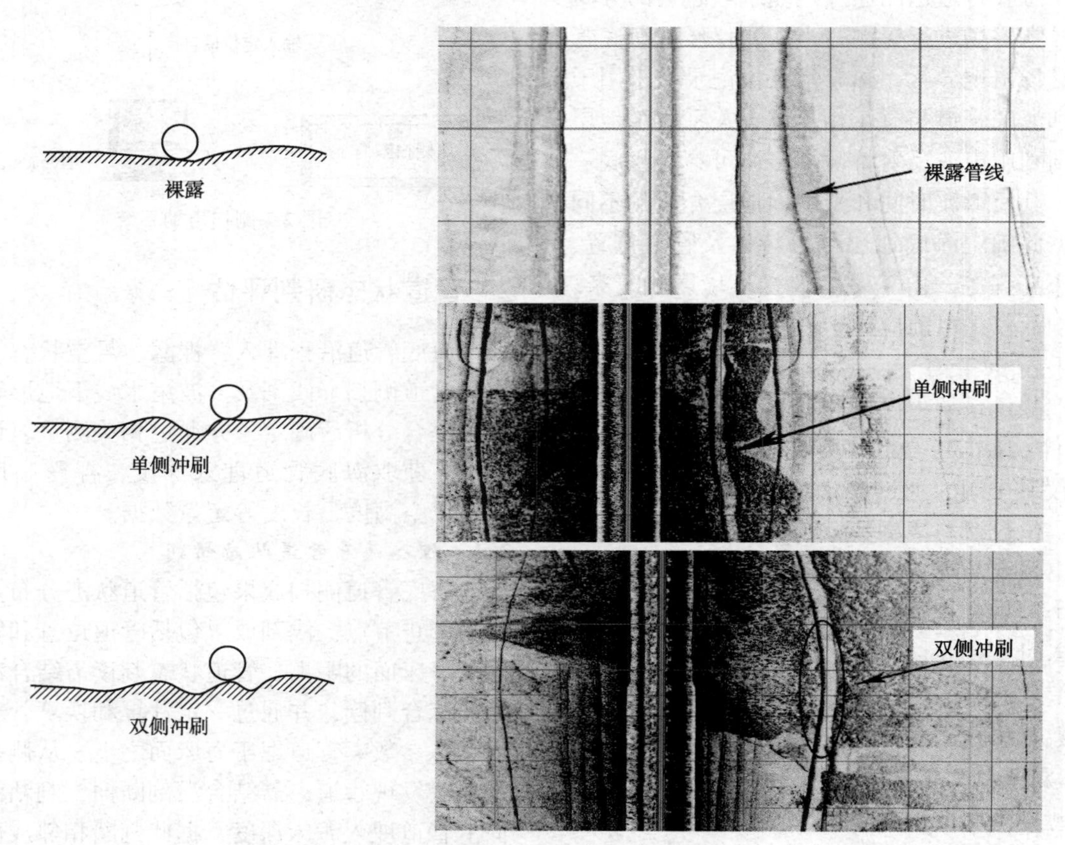

图 4　典型裸露状态断面示意及侧扫图

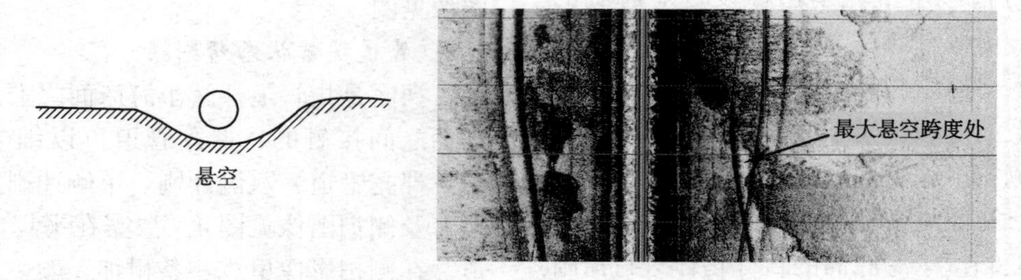

图 5　悬空状体示意及侧扫图

悬空高度可根据侧扫图像采用公式(1)进行计算：

$$H=D/(C+D)\times B-2\times R \tag{1}$$

式中，H 为管道高度(管道底部距海床面距离)；A 为海面至声呐拖鱼的距离(即拖鱼的吃水)；B 为拖鱼至海底面的距离(拖鱼的高度)；C 为拖鱼至管道的斜距；D 为管道的声影长度；R 为管道的半径，各参数示意见图6。计算悬空高度 H 最终再结合浅剖断面加以确认。

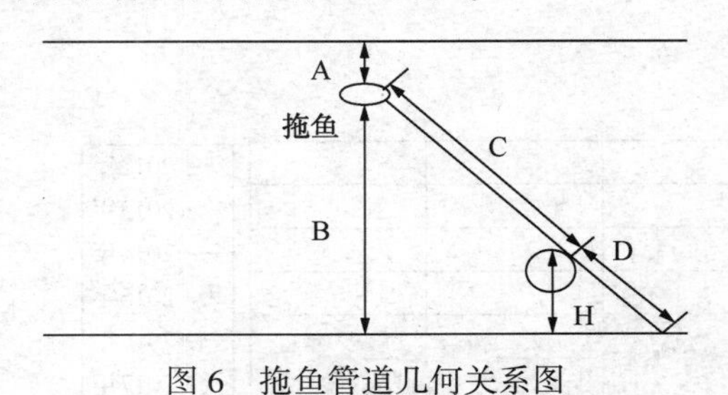

图6　拖鱼管道几何关系图

3　海底管道状态分析

3.1　海底管道状态分析

受海底波流冲刷、海床边坡滑坡、浅层气突出等导致的海床变化是海底管道状态变化的自然因素，船舶作业、挖沙、拖锚等人类活动也常会导致海底管道变形、裸露以至悬空。

近岸海域累积性冲刷往往导致海底管道埋深逐年减少，当海底管道埋深不足时，在波流反复冲刷作用下会逐渐裸露出海底而呈悬跨状态，波流流经悬跨管道时会在管道后部释放旋涡引起管道振动。

对海底管道埋入、裸露、悬空状态整体变化进行分析，采用图表的形式可直观表达管道状态变化过程。图7为某管道敷设后的历年管道状态变化图，该管道安装有Spoiler自沉装置，从管道状态变化过程来看，管道埋入的第一年，大部分管段处于裸露状态，部分管道悬空明显，此后管道逐渐埋入海床，十年后80%以上管段埋入海床，15年后买入段比例达到90%以上，Spoiler自沉作用显著。

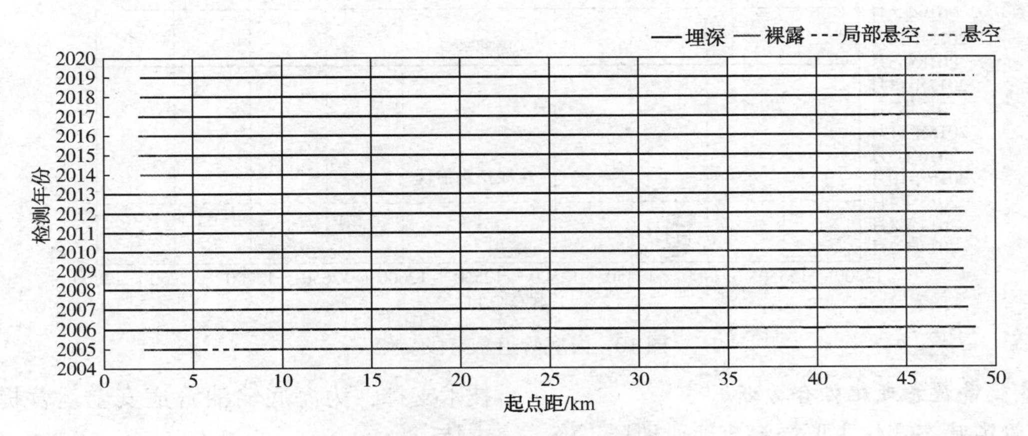

图7　海底管道状态逐年变化

3.1.1　管道平面位置变化分析

海底管道平面位置是管道稳定性的重要衡量指标。当海底管道稳定埋入海床以下时，海底管道平面位置基本不发生变化。当海底管线冲刷裸露出来后，在海床底部强海流作用下，海底管道平面位置可能会发生变化；浅埋或裸露管道在船锚的拖带下也会发生位移。图8的多波束渲染图显示海底管道平面位置发生了偏移。

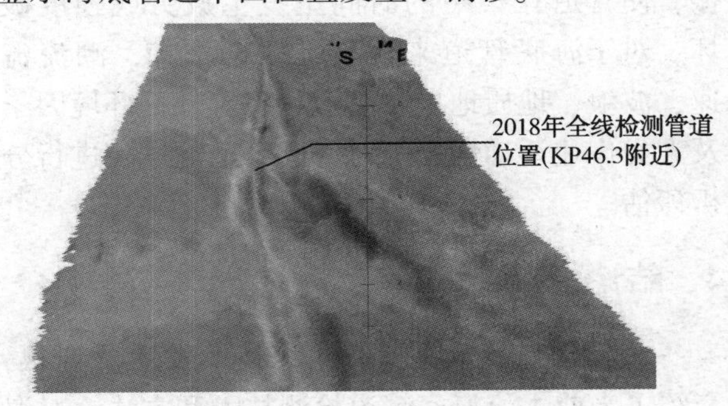

图8　海底管道平面位置偏移处渲染图

3.1.2　管道埋入深度变化分析

海底管道埋入海床后，由于海床冲淤变化，管顶覆土厚土也会随海床冲淤发生变化，当海床冲刷较大，海底管道还可能露出海床面。有些管道由于出露海床长度较长，悬空段较多，也常采取后挖沟技术进行二次沉管，二次沉管后埋深会显著增大，图9为某海底管道埋深变化，2015年对部分管段进行二次沉管，施工结束后检测结果表明，管道埋入深度显著增大，接下来的几年内管道埋设深度也维持稳定。

3.1.3　管道裸露悬空变化分析

海底管道出现悬空后，受底部海流作用，悬空长度会发生变化，有时悬空位置也会发生移动。图10为典型实测海底管道悬空变化图，2014年出现悬空后，部分悬空持续存在，部分悬空会消失，但在其他位置又会出现新的悬空，

2015 年全线实施后挖沟治理后，该段管道悬空段全部消失。根据海底管道悬空长度、悬空高度及海洋动力条件检测数据，结合相应管道的临界悬跨长度，可对悬空段管道的风险进行判定和分级。

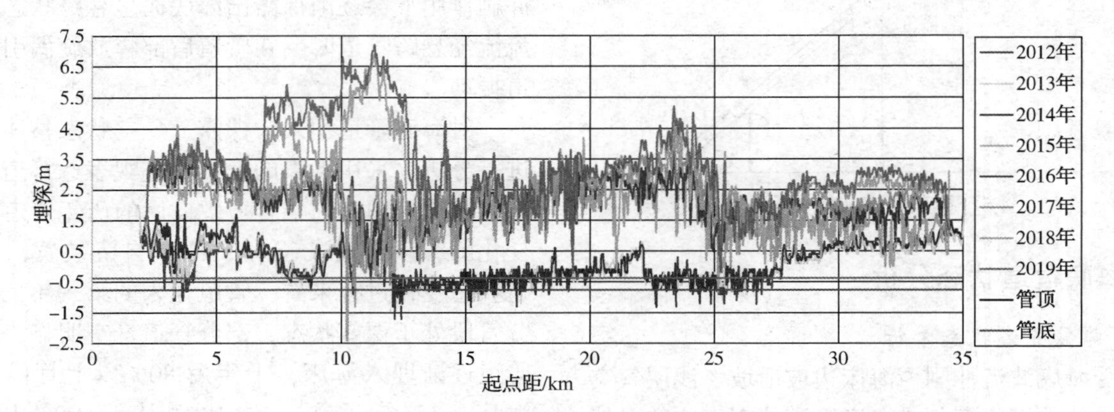

图 9　海底管道埋入深度变化

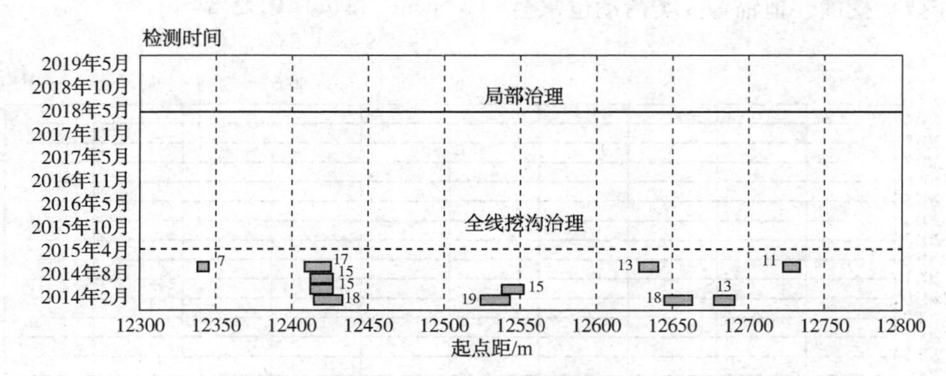

图 10　海底管道悬空段变化

3.2　海底管道状态变化综合分析

海底管道状态变化主要受海床地质地层、海洋动力、海床冲淤变化影响，海底管道状态变化分析有必要结合水文泥沙、海底地形变化情况。一般通过调研、历史实测水文地形资料收集分析，结合数学模型、物理模型模拟工程海域宏观水动力、海床冲淤特征，采用海底管道冲刷数学模型、断面冲刷试验，研究海底管道裸露悬空的机理。对海底管道状态变化空间、时间分布特征，结合海底管道海域水文泥沙动力、海床冲淤变化的时空分布特征，即可对海底管道状态变化原因和机理进行研究分析。

通过对海底管道状态变化的分析，掌握管道状态变化的原因和机理，即可在当前海床地形条件下，预测未来遭遇一定海洋动力过程后海底管道的状态，并对风险出现的概率初步分析，据此即可为管道安全运营管理提供技术支持。必要时提出了管道裸露悬空的应对建议，分析管道的潜在风险，给管道悬空段抢修及治理方案编制提供技术支撑，为海底输油管道安全运营提供技术支持。

3.3　风险预警及管理建议

从事故原因分析来看，很多管道事故都是由管道所处的外部环境条件导致的，如潮流、波浪作用、不良地质(浅层气突出)，管道在海洋环境动力作用下，部分管段裸露悬空，管道风险明显增加，人类活动频繁程度(船舶抛锚、渔船作用)也会对管道造成破坏的风险。当悬跨管道自振频率与旋涡释放频率相近时管道发生涡激共振，使管道在很短的时间里发生疲劳或强度破坏。对于海底管道来说，可根据水深、潮流流速、波浪、地质地层、管道状态等外部环境因子及人类作业活动情况等对海底管道的风险进行分析评估。

4　结论

本文分析了海底管道检测技术发展及现状，介绍了当前主流海底管道检测技术和方法，对海底管道新技术、新方法进行了展望。采用一定的技术方法和手段对检测资料分析和判别，确定海底管道所处的埋入、裸露、悬空等状态。裸露悬空发展变化则需要综合利用水文泥沙动力、海床演变、管道状态变化进行研究，并提出外环境因素的风险评估，在此基础上为管道安全运营管理提供技术支持。

参考文献

[1] 邱雅梦．浅谈海底管线地球物理调查方法[J]．中国石油石化，2017(12)：81-82.

[2] 徐继尚，李广雪，曹立华，等．海底管道综合探测技术及东方1-1管道不稳定因素[J]．海洋地质与第四纪地质，2009，29(05)：43-50.

[3] 肖治国，李成钢．海底管道水下机器人检测技术[J]．中国石油和化工标准与质量，2014，34(03)：18.

[4] 于灏，王培刚，段康弘，等．合成孔径声纳技术在海底管道探测中的应用进展[J]．海洋测绘，2015，35(03)：20-23.

[5] 张建兴，宋永东，栾振东，等．声学探测技术在海底管道外检测中的应用[J]．广西科学，2020，27(03)：217-224.

[6] 杨肖迪，刘振纹，淳明浩，等．海底管道磁法探测技术研究[J]．海洋测绘，2019，39(01)：52-56.

[7] 魏志强，张志强，蒋俊杰．浅地层剖面仪在大亚湾海底管道检测中的应用[J]．海洋测绘，2009，29(06)：71-73.

输气管道环焊缝缺陷排查统计分析

李宏霞　武　泽　马建文　马啸强　党亮亮

（国家管网西部管道有限公司独山子输油气分公司）

摘　要　为了探讨输气管道建设期环焊缝出现焊接缺陷的规律性，总结焊接缺陷出现的根本原因，本文利用管道建设期焊接记录、无损检测记录，结合管道内检测信号数据，筛查出重点环焊缝进行开挖和无损检测，进而发现裂纹、根部未熔合等焊接缺陷，通过统计分析，证实了建设期环焊缝焊接缺陷的规律性，提出长输管道环焊缝的管理重点。结果表明：排查过程中重视变壁厚、连头、返修、内检测异常焊口具有一定意义；一道焊口如同时满足变壁厚、连头、返修、内检测异常几种属性类型的几项，其焊口存在缺陷的概率会大幅提高；裂纹在连头位置、同时存在返修的情况下容易产生；射线无损检测合格率受焊接季节影响不大，但冬季施工容易出现裂纹等严重缺陷焊口。

关键词　环焊缝排查，裂纹，本体安全，无损检测

1　环焊缝排查背景

近年来，在役管道环焊缝开裂导致油气泄漏时有发生，已成为危害管道安全生产的高发事故类型，焊缝开裂引起管道介质泄漏，易导致着火爆炸事故，对管道沿线居民人身造成极大影响，输油管道泄漏还会对环境产生严重危害。

为消除管道建设期隐患，保障管道本体安全，针对2007年以来投产的管道进行专项排查，由于管道环焊缝数量庞大，为合理利用有限开挖检测资源，避免开挖选点的盲目性，保证缺陷较高的环焊缝得到及时治理，本文主要针对缺陷环焊缝的建设期规律进行探讨。

2　排查过程

2.1　管线概况

西气东输二线于2008—2009年进行管道施工建设，2009年12月投产运行，管径1219mm，管材X80，采用3PE防腐层，设计压力12MPa，输送介质天然气，设计年输量为300亿方。起点为霍尔果斯首站，沿G312翻越北天山后，独山子分公司管理范围终止于玛纳斯河东岸，主要经过伊犁、博乐、石河子等地。

2.2　排查环焊缝类型

通过几年来典型事故的案例分析，结合管道应力分析结果，优先选取以下焊口作为开挖排查重点。

（1）连头口：施工过程中管口强力组对导致管道存在较大应力。

（2）返修口：西气东输二线干线钢管压力等级为X80结构钢，钢级较高，强度高，返修时容易导致韧性不足。

（3）弯头等变壁厚焊口：焊口前后壁厚不相同，焊接作业前需加工坡口，对焊接工艺要求较高，另外，弯头位置强力组对概率高，容易引起应力集中。

（4）内检测异常焊口：内检测过程中发现环焊缝处漏磁信号异常，环焊缝在壁厚方向上有减薄，有迹象表明可能存在焊接缺陷。

2.3　无损检测方法的选取

建设期管道环焊缝的无损检测主要为射线检测，在穿越、连头等特殊位置，增加超声检测。由于射线检测不能直观明确反映出缺陷的深度和自身高度，本文中排查的环焊缝，在延续建设期射线、超声检测的基础上，增加TOFD检测，便于对发现的管道缺陷进行自身高度测量和精准定位。另外，增加磁粉检测，以发现环焊缝的表明开口缺陷。

2.4　无损检测标准的选择

磁粉、射线、超声的检测，沿用建设期无损检测标准Q/SY GJX 0112—2007《西气东输二线管道工程无损检测规范》，由于TOFD检测标准在该标准中未提及，因此选用现行行业标准NB/T 47013《承压设备无损检测》作为检测及评级标准。

3 排查结果

2017—2019 年间，共开挖排查西气东输二线环焊缝 270 道，其中 88 道无损检测不合格(目视检查、磁粉、超声、射线、TOFD 至少其中一项不合格)。在无损检测不合格的 88 道焊口中，射线检测不合格焊口为 28 道。

由于管道建设期主要采用射线检测发现焊口的质量缺陷，且 TOFD 检测依据的 NB/T 47013《承压设备无损检测》要高于西气东输二线管道建设期无损检测标准，因此，在管道运行期依然采用射线检测结果进行对比。

3.1 射线检测结果

检测结果表明，在射线检测不合格焊口为 28 道焊口中，统计各主要类型缺陷情况：以裂纹为主要缺陷的焊口 3 道，根部未熔合 9 道，夹层未熔合 1 道，外表面未熔合 3 道，未焊透 2 道，咬边 1 道，条形缺陷 6 道，圆缺 3 道。焊口缺陷类型及评定级别见表 1。

统计各缺陷类型所占百分比，分布情况见图 1。

表 1 射线检测不合格焊口统计表

焊口编号	主要缺陷类型	射线检测评定等级	焊口编号	主要缺陷类型	射线检测评定等级
XQⅡ-AD038-M001	根部未熔合	Ⅳ级	XQⅡ-AD031-M002	条缺	Ⅳ级
XQⅡ-AA037+M001-T001	根部未熔合	Ⅳ级	XQⅡ-AC022-4-M009	外表面未熔合	Ⅳ级
XQⅡ-AF001-M079	条缺	Ⅲ级	XQⅡ-AC022-4-M006	外表面未熔合	Ⅳ级
XQⅡ-AF023A+FT022	未焊透	Ⅳ级	XQⅡ-AB014-M001-T002	夹层未熔合	Ⅳ级
XQⅡ-AF023A-FT023+A1	裂纹	Ⅳ级	XQⅡ-AD042+1-M002	根部未熔合	Ⅳ级
XQⅡ-AE017G-T025	根部未熔合	Ⅳ级	XQⅡ-AC069+M157	圆缺	Ⅲ级
XQⅡ-AA000-M021	内咬边	Ⅳ级	XQⅡ-AB025+M012-FT001	条缺	Ⅲ级
XQⅡ-AB022-M067	外表面未熔合	Ⅳ级	XQⅡ-AE016G+FT021	条缺	Ⅲ级
XQⅡ-AG010+FT007	裂纹	Ⅳ级	XQⅡ-AF001-M417	圆缺	Ⅲ级
XQⅡ-AC084+M007	根部未焊透	Ⅳ级	XQⅡ-AE010G-FT001+A1	条缺	Ⅳ级
XQⅡ-AE016G+FT001	根部未熔合	Ⅳ级	XQⅡ-AE006B-FT021	圆缺	Ⅲ级
XQⅡ-AE010G-FT033	根部未熔合	Ⅲ级	XQⅡ-AE004G-FT001	条缺	Ⅲ级
XQⅡ-AE009G-FT001	根部未熔合	Ⅲ级	XQⅡ-AE008G+FT001	裂纹	Ⅳ级
XQⅡ-AE019+1-FT053	根部未熔合	Ⅳ级	XQⅡ-AE020-M122	根部未熔合	Ⅳ级

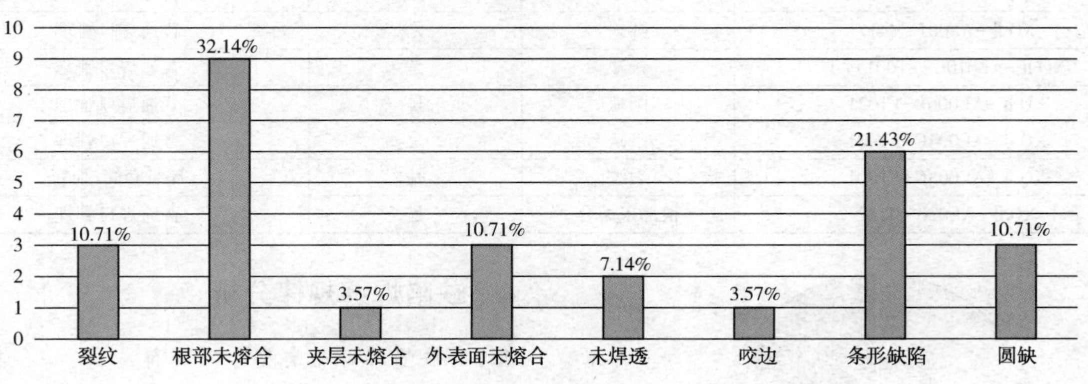

图 1 射线检测不合格焊口缺陷类型示意图

3.2 缺陷适用性评价情况

针对射线检测发现的 28 道不合格焊口，对环焊缝缺陷进行服役适用性评价。按照采用 BS-7910—2013 和 SY/T 6477—2017 缺陷进行评价，评价基本参数取值结果见表 2。

将不合格缺陷的尺寸规则化处理，模拟成内表面环向裂纹进行评价，评价结果表明，在设计压力下，所有缺陷尺寸均可接受，检出的缺陷均不会影响管道正常服役，根据结果评价结果情况，结合高后果区、地貌情况，针对每道焊口给出处置建议见表3。

表2　评价参数取值表

材质	屈服强度/MPa	抗拉强度/MPa	弹性模量/GPa	设计压力/MPa	冲击功/J
X80	555	625	200	12	60

评价结果表明，大部分焊口均不需要额外增加处置措施，可作为普通焊口管理；有5处严重的环焊缝缺陷，建议换管或增加环氧套筒等处置措施；有2道焊口建议使用环氧套筒修复或打磨处理；4道焊口建议2年内复检(图2)。

表3　缺陷适用性评价结果及处置建议统计表

焊口编号	主要缺陷类型	缺陷是否可接受	适用性评价结论
XQⅡ-AD038-M001	根部未熔合	是	环氧套筒/换管
XQⅡ-AA037+M001-T001	根部未熔合	是	2年内复检
XQⅡ-AF001-M079	条缺	是	2年后复检
XQⅡ-AF023A+FT022	未焊透	是	环氧套筒
XQⅡ-AF023A-FT023+A1	裂纹	是	B型套筒或换管
XQⅡ-AE017G-T025	根部未熔合	是	2年后复检
XQⅡ-AA000-M021	内咬边	是	2年后复检
XQⅡ-AB022-M067	外表面未熔合	是	外表面打磨处理，未消除则套筒
XQⅡ-AG010+FT007	裂纹	是	B型套筒/换管
XQⅡ-AC084+M007	根部未焊透	是	普通焊口管理
XQⅡ-AE016G+FT001	根部未熔合	是	B型套筒/换管
XQⅡ-AE010G-FT033	根部未熔合	是	普通焊口管理
XQⅡ-AE009G-FT001	根部未熔合	是	普通焊口管理
XQⅡ-AE019+1-FT053	根部未熔合	是	普通焊口管理
XQⅡ-AD031-M002	条缺	是	普通焊口管理
XQⅡ-AC022-4-M009	外表面未熔合	是	普通焊口管理
XQⅡ-AC022-4-M006	外表面未熔合	是	普通焊口管理
XQⅡ-AB014-M001-T002	夹层未熔合	是	普通焊口管理
XQⅡ-AD042+1-M002	根部未熔合	是	普通焊口管理
XQⅡ-AC069+M157	圆缺	是	普通焊口管理
XQⅡ-AB025+M012-FT001	条缺	是	普通焊口管理
XQⅡ-AE016G+FT021	条缺	是	普通焊口管理
XQⅡ-AF001-M417	圆缺	是	普通焊口管理
XQⅡ-AE010G-FT001+A1	条缺	是	普通焊口管理
XQⅡ-AE006B-FT021	圆缺	是	普通焊口管理
XQⅡ-AE004G-FT001	条缺	是	普通焊口管理
XQⅡ-AE008G+FT001	裂纹	是	环氧套筒/换管
XQⅡ-AE020-M122	根部未熔合	是	普通焊口管理

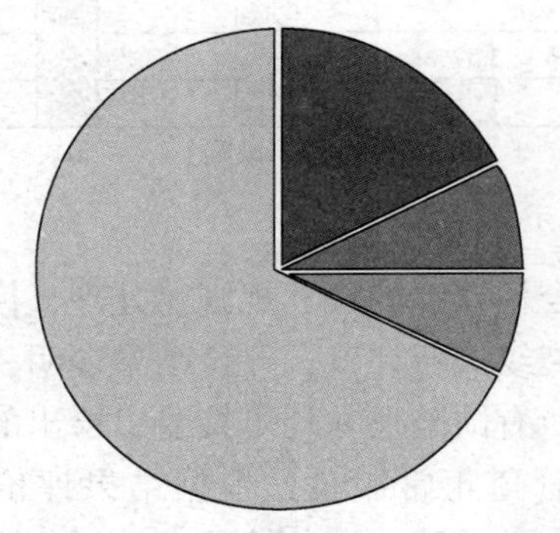

图2　射线检测不合格焊口处置建议示意图

4　缺陷焊缝规律分析

4.1　缺陷焊口的类型分布规律

为研究缺陷焊口类型的分布规律，根据管道竣工数据，对开挖焊口的建设期变壁厚、连头、返修情况进行梳理，并对比了每道焊口的内检测信号异常数据。缺陷焊口基本情况统计见表4。

28个射线无损检测发现的缺陷焊口中，13道焊口存在变壁厚，16道焊口位于管道连头位置，4道焊口存在返修，有7道焊口内检测过程中发现环焊缝部位信号异常。在选择开挖的270道全部焊口中，103道焊口存在变壁厚，97道焊口位于管道连头位置，16道焊口存在返修，有61道焊口内检测过程中发现环焊缝部位信号异常。

统计各类型焊口的射线检测不合格率(表5)。

表4　缺陷焊口基本情况统计表

焊口编号	主要缺陷类型	是否变壁厚	是否连头	是否返修	内检测信号是否异常	适用性评价结论
XQⅡ-AD038-M001	根部未熔合	是	否	否	否	环氧套筒/换管
XQⅡ-AA037+M001-T001	根部未熔合	否	是	否	是	2年内复检
XQⅡ-AF001-M079	条缺	否	否	否	是	2年后复检
XQⅡ-AF023A+FT022	未焊透	是	是	否	否	环氧套筒
XQⅡ-AF023A-FT023+A1	裂纹	是	是	是	是	B型套筒或换管
XQⅡ-AE017G-T025	根部未熔合	是	是	否	否	2年后复检
XQⅡ-AA000-M021	内咬边	否	否	否	否	2年后复检
XQⅡ-AB022-M067	外表面未熔合	否	否	否	否	外表面打磨处理，未消除则套筒
XQⅡ-AG010+FT007	裂纹	否	是	是	否	B型套筒/换管
XQⅡ-AC084+M007	根部未焊透	否	否	否	否	普通焊口管理
XQⅡ-AE016G+FT001	根部未熔合	是	是	是	否	B型套筒/换管
XQⅡ-AE010G-FT033	根部未熔合	是	是	否	否	普通焊口管理
XQⅡ-AE009G-FT001	根部未熔合	是	是	否	否	普通焊口管理
XQⅡ-AE019+1-FT053	根部未熔合	是	是	否	否	普通焊口管理
XQⅡ-AD031-M002	条缺	否	否	否	否	普通焊口管理
XQⅡ-AC022-4-M009	外表面未熔合	否	否	否	否	普通焊口管理
XQⅡ-AC022-4-M006	外表面未熔合	是	否	否	否	普通焊口管理
XQⅡ-AB014-M001-T002	夹层未熔合	否	是	否	否	普通焊口管理
XQⅡ-AD042+1-M002	根部未熔合	是	否	否	否	普通焊口管理
XQⅡ-AC069+M157	圆缺	是	否	否	否	普通焊口管理
XQⅡ-AB025+M012-FT001	条缺	否	是	否	否	普通焊口管理
XQⅡ-AE016G+FT021	条缺	否	是	否	否	普通焊口管理
XQⅡ-AF001-M417	圆缺	是	否	否	否	普通焊口管理
XQⅡ-AE010G-FT001+A1	条缺	否	是	否	否	普通焊口管理
XQⅡ-AE006B-FT021	圆缺	否	是	否	是	普通焊口管理
XQⅡ-AE004G-FT001	条缺	是	是	否	是	普通焊口管理
XQⅡ-AE008G+FT001	裂纹	否	是	是	是	环氧套筒/换管
XQⅡ-AE020-M122	根部未熔合	否	否	否	是	普通焊口管理

表5　各类型焊口的射线检测不合格率

焊口类型	变壁厚	连头	返修	内检测异常
不合格焊口数量	13	16	4	7
该类型总数量	108	97	16	16
不合格率/%	13.4	16.5	25	11.48

对比开挖的全部270道焊口的不合格率28/270=10.4%，可见，四种类型焊口的射线检测不合格率均高于全部焊口，返修焊口的射线检测不合格率更高，达到25%(图3)。

结果表明：变壁厚、连头、返修、内检测异常焊口的不合格率均高于一般类型的焊口，其中返修焊口的不合格率最高，为25%。从结果来看，返修、连头口在内检测中被识别为焊缝异常的概率要比普通焊缝识别为焊缝异常的概率要大，因此，在数据统计的结果来看，排查过程中

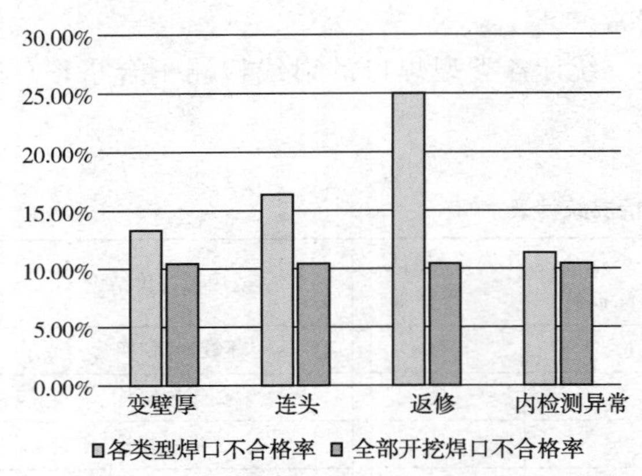

图3　各类型焊口不合格率示意图

重视变壁厚、连头、返修、内检测异常焊口具有一定意义。

4.2　严重缺陷焊口的类型分布规律

在缺陷适用性评价建议处置的7道缺陷严重焊口中，3道焊口存在变壁厚，5道焊口位于管道连头位置，2道焊口存在返修，有2道焊口内检测过程中发现环焊缝部位信号异常(表6)。

从表格中可以看出，7道缺陷严重焊口中，有1道焊口同时存在变壁厚、弯头、返修、内检测信号异常4项属性类型，2道焊口同时存在3项属性类型，2道焊口同时存在2项属性类型。

表6　各类型焊口的射线检测不合格率

焊口编号	主要缺陷类型	是否变壁厚	是否连头	是否返修	内检测信号是否异常	适用性评价结论
XQⅡ-AD038-M001	根部未熔合	是	否	否	否	环氧套筒/换管
XQⅡ-AF023A+FT022	未焊透	是	是	否	否	环氧套筒
XQⅡ-AF023A-FT023+A1	裂纹	是	是	是	是	B型套筒或换管
XQⅡ-AB022-M067	外表面未熔合	否	否	否	否	外表面打磨处理，未消除则套筒
XQⅡ-AG010+FT007	裂纹	否	是	是	否	B型套筒/换管
XQⅡ-AE016G+FT001	根部未熔合	是	是	是	否	B型套筒/换管
XQⅡ-AE008G+FT001	裂纹	否	是	是	是	环氧套筒/换管

分析缺陷最严重的3道裂纹焊口，发现均同时为返修、连头焊口。

结果表明：一道焊口如同时满足变壁厚、连头、返修、内检测异常几种属性类型的几项，其焊口存在缺陷的概率会大幅提高；裂纹在连头位置、同时存在返修的情况下容易产生。

4.3　焊接季节的影响分析

焊口焊接时的气温和预热直接影响管道焊接质量，根据GB 50369—2014《油气长输管道工程施工及验收规范》，当环境温度低于-5℃时，宜采用电加热进行预热。西气东输二线开挖的环焊缝，均处于天山北侧霍尔果斯-石河子一带，根据各地历年月平均气温，仅1月、2月、11月、12月(以下称冬季)平均气温低于-5℃。因此，统计开挖检测的270道的建设期焊接时间，其中，冬季完成焊接的焊口为93道，而在28道射线检测不合格的焊口中，10道焊口为冬季焊接完成。

分析焊接季节对焊口质量的影响，冬季施工焊口射线检测不合格率为10/93=10.76%，其他季节施工焊口射线检测不合格率为18/177=10.17%(图4)。

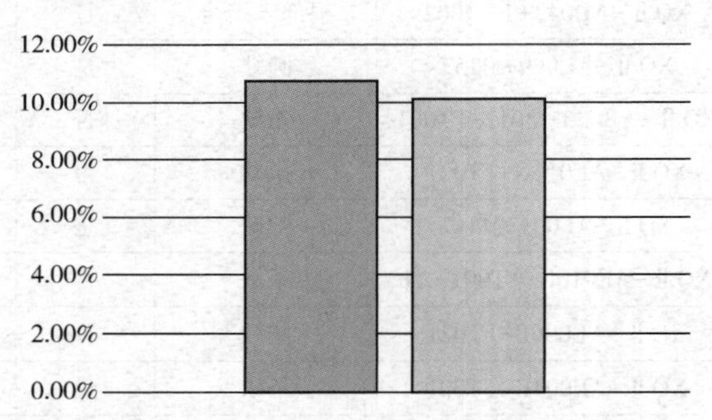

图4　焊口不合格率季节分布示意图

可见，管道建设期焊接过程中预热过程管控较好，不同季节焊接的焊口射线无损检测不合格率相差不大。但是，值得注意的是，7道缺陷严重焊口中，有4道焊口焊接时间在冬季，而在最严重的3道裂纹缺陷中，有两道都在气温最低的12月份完成焊接。因此，我们可以判断，冬季焊接时容易产生裂纹等严重缺陷焊口(表7)。

表 7　严重缺陷焊口施工时间统计表

焊口编号	焊接时间	缺陷类型	建议处置措施
XQⅡ-AB022-M067	2008/10/18	外表面未熔合	外表面打磨处理，未消除则套筒
XQⅡ-AD038-M001	2009/4/24	根部未熔合	环氧套筒/换管
XQⅡ-AF023A+FT022	2008/12/15	未焊透	环氧套筒
XQⅡ-AF023A-FT023+A1	2008/12/30	裂纹	B 型套筒或换管
XQⅡ-AE008G+FT001	2008/12/12	裂纹	环氧套筒/换管
XQⅡ-AE016G+FT001	2008/12/5	根部未熔合	B 型套筒/换管
XQⅡ-AG010+FT007	2008/8/2	裂纹	B 型套筒/换管

结果表明：该管线焊口射线无损检测合格率受焊接季节影响不大，但冬季施工容易出现裂纹等严重缺陷焊口。

5　分析结论

（1）变壁厚、返修、连头、内检测异常焊口的射线无损检测不合格率较一般焊口要高，因此，在排查过程中重视变壁厚、连头、返修、内检测异常焊口具有一定意义。

（2）一道焊口如同时满足变壁厚、连头、返修、内检测异常几种属性类型的几项，其焊口存在缺陷的概率会大幅提高；裂纹在连头位置、同时存在返修的情况下容易产生。

（3）该管线焊口射线无损检测合格率受焊接季节影响不大，但冬季施工容易出现裂纹等严重缺陷焊口。

6　改进措施及管理建议

（1）在管道建设期施工中，提升变壁厚、连头、返修焊口的无损检测的质量管控，必要时增加无损检测方法。在管道运行期环焊缝排查过程中，重点抽检变壁厚、连头、返修、内检测异常焊口。

（2）焊缝排查过程中，全面抽检同时满足变壁厚、连头、返修、内检测异常几种属性类型的焊口；对同时为连头及返修类型的焊口，加大抽检比例，重点排查裂纹缺陷。

（3）冬季施工容易出现裂纹等严重缺陷焊口，环焊缝排查时关注冬季施工焊口的裂纹问题。

基于检测数据误差分析理论的缺陷腐蚀增长速率估计

刘俊甫　杜慧丽　庄金峰

（国家管网集团东部原油储运有限公司）

摘　要　分析多轮内检测数据，设定阈值将检测出的缺陷分为活性、非活性、新增和其他类型缺陷，利用基于牵拉试验的检测器性能规范验证得出检测误差的分布，运用误差分析理论得出置信度在90%情况下的缺陷腐蚀增长速率估计。本文将缺陷腐蚀速率分为最大腐蚀增长速率估计和平均腐蚀增长速率估计，为缺陷失效预测和剩余寿命预测提供依据。

关键词　内检测数据，腐蚀增长速率，误差分析

长输管道在运行一段时间后由于阴极保护失效、防腐层破损、杂散电流或其他因素导致管道出现腐蚀现象，此时管体出现腐蚀缺陷。腐蚀增长速率是衡量管道腐蚀缺陷一个重要的特征参数，它是管体缺陷失效预测、修复计划制定和管道剩余寿命预测的关键参数。由于管道保护环境的变化，腐蚀增长率是一个随时间变化而变化的值。

1　腐蚀增长速率

1.1　腐蚀增长速率估计方法

腐蚀增长速率是指在一定增长周期内缺陷增长发展的速率。一般分为挂片法、模型预测法和直接检测法。

挂片法是采用金属试片埋设于土壤中，在一定时期内挂片表面腐蚀产物膜形貌、挂片基体腐蚀形貌及挂片截面形貌，拟合时间-腐蚀增长速率曲线图的方法。主要用于管道外部腐蚀增长速率估计。

模型预测法是以管道所受腐蚀因素为参数，采用数据模型来预测管道腐蚀增长速率的方法。例如基于神经网络和支持向量机智能算法的腐蚀增长速率估计等。

直接检测法是采用无损检测手段，定期检测管道剩余壁厚从而计算腐蚀增长速率的方法。直接检测法可采用在管道上预留便于检测的固定区间，一定检测周期内利用测深尺、超声波测厚仪等直接检测缺陷腐蚀深度或剩余壁厚，从而计算出缺陷腐蚀增长速率。但这种方法只能计算固定区间内的观察点的腐蚀情况而不能获得管道整体的腐蚀数据。

随着检测技术的不断发展，管道内检测技术已普遍运用于管道腐蚀检测中。可以利用多次腐蚀检测数据来估计管道腐蚀缺陷的发展状态，给出腐蚀增长速率。本文主要采用这种方法开展基于两轮内检测数据对齐分析的腐蚀增长速率的估计。

1.2　基于内检测数据的腐蚀增长速率的计算方法

腐蚀增长速率可用于缺陷失效预测从而安排缺陷的计划维修，还可根据最大腐蚀速率进行剩余寿命预测从而合理制定检测周期。直接检测的腐蚀增长速率计算方法分为全寿命周期法和半寿命周期法。

1.2.1　全寿命周期腐蚀速率计算

管道自运行起有效降低管道腐蚀速率的防护措施开展较为完善的可采用全寿命周期腐蚀速率按公式(1)计算：

$$C=\frac{d_2-d_1}{T_2-T_1} \tag{1}$$

式中，C 为腐蚀速率；d_2为最近一次检测的缺陷腐蚀深度,%tr；d_1为上一次检测的缺陷腐蚀深度,%tr；T_2为最近一次检测年份；T_1为上一次检测年份；tr 为管道壁厚,%tr 即管道壁厚的百分比，以该值来形容缺陷腐蚀深度。

1.2.2　半寿命周期腐蚀速率计算

当管道运行年限较长，管道腐蚀情况严重的可采用半寿命周期腐蚀速率按公式(2)计算：

$$C=\frac{2(d_2-d_1)}{T_2-T_1} \tag{2}$$

1.2.3　缺陷腐蚀增长选择

显然，公式(1)(2)计算的关键参数是(d_2-d_1)，令$d=(d_2-d_1)$，定义d为缺陷腐蚀增长。缺陷腐蚀增长速率估计实际上就是缺陷腐蚀增长估计。因此后续主要进行d的估计。对于周期内开展内检测的管道可采用全寿命周期计算腐蚀增长速率。

2　内检测数据对齐

要开展基于两轮内检测数据的腐蚀速率计算首先需要对内检测数据对齐。内检测数据对齐方法大多利用内检测数据中的易于识别且固定不变的关键点作为数据对齐的关键因素，再根据缺陷与关键点的距离、钟点位置等特征信息来实现数据对齐。

所谓的关键点是管道上的阀门、三通、弯头、支墩、焊缝等易于识别且其位置固定不变的管道特征物。由于前后两次检测往往使用不同承包商或不同精度的内检测器，因此容易造成关键点的两次检测数据里程相差较大；即使是同一承包商的检测数据，也会出现关键点数量和里程的差异。因此，进行关键点对齐时，必须保证数据对齐的有效性，找出检测过程中的漏检和误检问题，以便下一步进行缺陷匹配。

当实现了关键点匹配后，虽然内检测报告了管节长度和缺陷与上、下游环焊缝的距离，但在多轮数据中存在着一定的差异，在开挖验证过程中也经常因这一差异导致开挖位置偏离缺陷位置。在给定的误差阈值范围内根据缺陷点与关键点(一般选取焊缝参数)的距离特征、钟点位置等信息进行皮尔逊系数关联，从而实现缺陷匹配。

数据对齐后进行数据对比可发现四种情况见表1。我们将在后续活性判定中详细分析表1中的情况。

表1　两次检测数据对比分类列表

序　号	两次检测数据对比
1	第二次检测出缺陷，第一次未检测出缺陷
2	第二次检测数据不小于第一次检测数据
3	第二次检测数据小于第一次检测数据
4	第二次未检测出缺陷点，第一次检测出缺陷

3　缺陷活性定量判断

3.1　误差分析

3.1.1　误差分类

误差是测量值与被测量值的真值之差。按照误差特点与性质可分为随机误差、系统误差和粗大误差。

随机误差是没有确定规律，无法由已出现的误差来预测下一个误差大小和方向的一种误差。对于总体样本而言具有统计规律，一般性的，随机误差服从正态分布。

系统误差是由固定不变的或按照确定规律变化的因素所造成的误差，该误差因素是可掌握的。一般分为固定误差、线性误差、周期性误差和复杂规律性误差。

粗大误差是由人员主观失误或外界条件客观失稳造成的数值明细歪曲的误差。粗大误差往往数值较大易于辨别。

3.1.2　误差分布

根据误差的性质，粗大误差是可以被阻止的，系统误差是可以根据相应的数学方法消除或减少的。对于漏磁检测技术而言，采取相应的措施使得检测数据的误差只存在固定系统误差和随机误差且服从正态分布。

因此，基于漏磁检测数据的缺陷腐蚀增长速率估计就是对缺陷深度误差的估计。深度误差可采用公式(3)表示：

$$\delta=t-t_0 \tag{3}$$

式中，δ为缺陷深度误差；t为缺陷深度检测值；t_0为缺陷深度真实值；其中δ服从$f(\mu,\ \sigma^2)$的正态分布。对于同一台检测器，同一次检测而言，检测出的缺陷深度误差$\delta_i(i=1,\ 2,\ \cdots,\ n)$服从同一个正态分布。其分布密度$f(\delta)$和分布函数$F(\delta)$为公式(4)、(5)。

$$f(\delta)=\frac{1}{\sigma\sqrt{2\pi}}\mathrm{e}^{-(\delta-\mu)^2/(2\sigma^2)} \tag{4}$$

$$F(\delta)=\frac{1}{\sigma\sqrt{2\pi}}\int_{-\infty}^{\infty}\mathrm{e}^{-(\delta-\mu)^2/(2\sigma)^2}d\delta \tag{5}$$

式中，μ为该正态分布的期望；σ^2为该正态分布的方差，σ为标准差。

公式(4)、公式(5)表示误差是关于期望为μ、方差为σ^2的正态分布函数。

该分布可从基于牵拉试验的性能规范验证中

获得。牵拉试验是在样管上人工加工不同的缺陷来进行检测器的性能规范验证。对于同一个检测器检测出的缺陷数据而言，我们认为这些缺陷的检测数据误差是等方差且相互独立的。那么对于得到的数据误差集合$\{\delta_i\}$符合$\mu=\sum_{i=1}^{n}\delta_i/n$，方差为$\sigma^2$的正态分布。

工程应用时，应使检测工况尽量与牵拉试验工况一致。因此应在管道前清除管道杂质，保持速度稳定等，这样使实际工况下的误差分布等同于牵拉试验工况下的误差分布。当实际工况发生变化时，可采用缺陷开挖验证数据来修正误差分布。

3.1.3　极限误差

极限误差是指在可接受的一定概率下的误差范围。当单次测量误差服从正态分布时，根据概率论知识，正态分布曲线下的全部面积相当于全部误差出现的概率，即$P=1$。而误差在$\mu-\delta\sim\mu+\delta$范围内的概率为：

$$P(\mu\pm\delta)=\frac{1}{\sigma\sqrt{2\pi}}\int_{-\delta}^{\delta}e^{-\delta^2/2\sigma^2}d\delta \tag{6}$$

这里引入置信系数t，令：

$$\delta=t\sigma \tag{7}$$

将公式(7)代入公式(6)经变换可得：

$$P(\mu\pm\delta)=\frac{2}{\sqrt{2\pi}}\int_{0}^{t}e^{-t^2/2}dt=2\Phi(t) \tag{8}$$

公式(6)～(8)实际上是将该积分函数标准化，上式的含义是：误差在$\mu\pm t\delta$范围内出现的置信概率是$2\Phi(t)$。对于不同的t值可由标准状态的正态函数$f(0,1)$积分表查得。

对于漏磁检测数据而言，其定义的置信度为90%，即$2\Phi(t)=0.9$。查表可得$t=1.65$。这表明，在置信度为90%的情况下，误差范围应为$[\mu-1.65\sigma,\mu+1.65\sigma]$

3.2　缺陷活性分类

当两次内检测数据对齐后，由于第一次和第二次检测数据是存在误差的，那么缺陷深度真实值和检测值及误差之间存在以下运算关系：

$$d=d_2-d_1 \tag{9}$$

$$\hat{d}=\hat{d}_2-\hat{d}_1 \tag{10}$$

$$\delta_2=\hat{d}_2-d_2 \tag{11}$$

$$\delta_1=\hat{d}_1-d_1 \tag{12}$$

式中，d为两次检测的缺陷增长的真实值；d_2为第二次检测时缺陷深度的真实值；d_1为第一次检测时缺陷深度的真实值；$\hat{d}$是两次检测的缺陷深度数据的差值；$\hat{d}_2$是第二次检测时缺陷深度的检测值；$\hat{d}_1$是第一次检测时缺陷深度的检测值；δ_2是第二次检测时缺陷深度误差，δ_1是第一次检测时缺陷深度误差。

将公式(9)～(12)整理变换后得到公式(13)：

$$d=(\hat{d}_2-\hat{d}_1)-(\delta_2-\delta_1)=\hat{d}-(\delta_2-\delta_1) \tag{13}$$

根据$\hat{d}$的不同结果可分为活性缺陷、非活性缺陷、新增缺陷和其他类型缺陷(表2)。

表2　缺陷活性分类列表

缺陷分类	定　义
活性缺陷	两次检测数据差值大于设定最大阈值
非活性缺陷	两次检测数据差值在设定阈值范围内
新增缺陷	第一次检测未发现缺陷点，第二次检测出缺陷点，且两次检测数据差值大于设定阈值
其他类型缺陷(分为两类)	①第一次检测出缺陷，第二次未检测出缺陷； ②两次检测数据差值小于极限最小阈值

3.3　活性判断

根据3.1误差分布，δ_1和δ_2分别是服从$f(\mu_1,\sigma_1{}^2)$和$f(\mu_2,\sigma_2{}^2)$的正态分布。

这里分三种情况分析。

(1) 当$\hat{d}_2=0$，$\hat{d}_1\neq0$时，即表1中第四种情况。

统计缺陷数据量n_4为第二次未检测出的缺陷，m为第二次检测缺陷数据量，则第二次检测数据的检出率POD为：

$$POD=\frac{m}{m+n_4}\times100\% \tag{14}$$

工程上认为当次检测数据的POD应满足：POD≥90%。当满足该要求时则认为数据可用；当不满足时则认为检测数据失真，应重新检测。因此将该类缺陷归为表2中的第四类其他类型缺陷的第一种情况。

(2) 当$\hat{d}_2\neq0$，$\hat{d}_1=0$时，即表1中第一种情况。

此时，公式(13)可表示为：

$$d=\hat{d}_2-\delta_2 \tag{15}$$

由于 δ_2 服从 $f(\mu_2,\ \sigma_2{}^2)$ 的正态分布。则 δ_2 的极限误差为：$[\mu_2-t\sigma_2,\ \mu_2+t\sigma_2]$，其中 t 是置信度为 90%时的置信系数。因此 d 的极限范围为：$[\hat{d}_2-(\mu+t\sigma),\ \hat{d}_2-(\mu_2-t\sigma_2)]$，对于缺陷增长必有 d>0 恒成立，则 $\hat{d}_2-(\mu_2+t\sigma_2)>0$，求得：

$$\hat{d}_2>(\mu_2+t\sigma_2) \tag{16}$$

满足公式(16)认为是新增缺陷，即 $\mu_2+t\sigma_2$ 为新增缺陷的临界阈值。不满足式(16)的缺陷认为是非活性缺陷。

(3) 当 $\hat{d}_2\neq0$，$\hat{d}_1\neq0$ 时，即表 1 中第二、三种情况。

根据正态分布性质，$(\delta_2-\delta_1)$ 是服从 $f(\mu_2-\mu_1,\ \sigma_2^2+\sigma_1^2)$ 的正态分布。根据极限误差可求得 d 的取值范围为 $[\hat{d}-(\mu_2-\mu_1)-t\sqrt{\sigma_2^2+\sigma_1^2},\ \hat{d}-(\mu_2-\mu_1)+t\sqrt{\sigma_2^2+\sigma_1^2}]$，对于缺陷增长必有 $d>0$ 恒成立，则满足：

$$\hat{d}>(\mu_2-\mu_1)+t\sqrt{\sigma_2^2+\sigma_1^2} \tag{17}$$

满足公式(17)认为是活性缺陷，即 $(\mu_2-\mu_1)+t\sqrt{\sigma_2^2+\sigma_1^2}$ 为活性缺陷的临界阈值。显然当 $d<0$ 恒成立时，是与实际情况不符的，即：

$$\hat{d}<(\mu_2-\mu_1)-t\sqrt{\sigma_2^2+\sigma_1^2} \tag{18}$$

满足公式(18)认为是其他缺陷，即 $(\mu_2-\mu_1)-t\sqrt{\sigma_2^2+\sigma_1^2}$ 为表 2 缺陷分类中第四类其他缺陷类型中第二种情况的临界阈值。对于不满足公式(17)、式(18)的缺陷则判定为非活性缺陷。

4 腐蚀增长速率

4.1 最大腐蚀增长速率

对于剩余寿命预测和再检周期制定，往往采用最大腐蚀增长速率；最大腐蚀速率可采用单点缺陷的最大腐蚀速率估计也可采用缺陷总体中的最大腐蚀速率估计。

当两次数据对齐后，活性缺陷与新增缺陷的计数分别为 n_1 和 n_3，对于 (n_1+n_3) 个缺陷数据有：

$$d_i=(\hat{d}_{2i}-\hat{d}_{1i})-(\delta_{2i}-\delta_{1i})=\hat{d}_i-(\delta_{2i}-\delta_{1i}),\quad i=1,\ 2,\ \cdots,\ n_1+n_3 \tag{19}$$

显然 δ_{2i} 和 δ_{1i} 分别是服从 $f(\mu_1,\ \sigma_1{}^2)$ 和 $f(\mu_2,\ \sigma_2{}^2)$ 的正态分布，则 $\delta_{2i}-\delta_{1i}$ 是服从 $f(\mu_2-\mu_1,\ \sigma_2^2+\sigma_1^2)$ 的正态分布。

那么对于每个单点缺陷 $i=1,\ 2,\ \cdots,\ n_1+n_3$，其腐蚀增长 d_i 取值范围为：$[\hat{d}_i-(\mu_2-\mu_1)-t\sqrt{\sigma_2^2+\sigma_1^2},\ \hat{d}_i-(\mu_2-\mu_1)+t\sqrt{\sigma_2^2+\sigma_1^2}]$，则：

$$d_{i\max}=\hat{d}_i-(\mu_2-\mu_1)+t\sqrt{\sigma_2^2+\sigma_1^2} \tag{20}$$

对于 $d_{i\max}$，$i=1,\ 2,\ \cdots,\ n_1+n_3$，存在 $j\in1,\ 2\cdots,\ n_1+n_3$，使 $d_{j\max}>d_{i\max}$，$i=1,\ 2,\ \cdots,\ n_1+n_3$，$i\neq j$，则 $d_{j\max}$，$j\in1,\ 2\cdots,\ n_1+n_3$ 是缺陷总体中最大缺陷腐蚀增长。

分别将公式(20)和 $d_{j\max}$ 代入式(1)、式(2)可求得单点缺陷的最大腐蚀增长速率和缺陷总体中的最大腐蚀增长速率。

4.2 平均腐蚀增长速率

对于缺陷失效预测往往采用平均腐蚀增长速率。这里选取活性缺陷(计数为 n_1)、新增缺陷(计数为 n_2)和非活性缺陷(计数为 n_3)作为基础数据进行计算。

令 $p=n_1+n_2+n_3$，有：

$$\bar{d}=\frac{\sum_{i=1}^{p}d_i}{p}=[\sum_{i=1}^{p}\hat{d}_i-(\sum_{i=1}^{p}\delta_{2i}-\sum_{i=1}^{p}\delta_{1i})]/p \tag{21}$$

当 p 较大时，有：

$$\sum_{i=1}^{p}\delta_{2i}=\mu_2;\ \sum_{i=1}^{p}\delta_{1i}=\mu_1 \tag{22}$$

代入公式(21)则：

$$\bar{d}=\bar{\hat{d}}-(\mu_2-\mu_1)/p \tag{23}$$

将式(23)代入式(1)、式(2)即可求得平均腐蚀增长速率。

5 应用

5.1 缺陷活性定量判断

某华东原油管道分别于 2017 年和 2020 年开展了内检测和基于牵拉试验的性能规范验证。检测误差分别服从 $f(-0.08,\ 5.18^2)$ 和 $f(-1.59,\ 4.12^2)$ 的正态分布，选取 90%置信度下，t 取值 1.65。将上述数据代入 3.3 得出表 3 活性分类列表。

表 3　缺陷活性定量分类列表

序号	类型分类	定　义
1	活性缺陷	$\hat{d}_2 \neq 0$，$\hat{d}_1 \neq 0$，且$\hat{d}$>9.14%tr
2	非活性缺陷	①$\hat{d}_2 \neq 0$，$\hat{d}_1 = 0$，且$\hat{d}_2 \leq$5.2%tr； ②$\hat{d}_2 \neq 0$，$\hat{d}_1 \neq 0$，且−12.43%tr≤$\hat{d}$≤9.14%tr
3	新增缺陷	$\hat{d}_2 \neq 0$，$\hat{d}_1 = 0$，且$\hat{d}_2$>5.2%tr
4	其他缺陷	①$\hat{d}_2 = 0$，$\hat{d}_1 \neq 0$②$\hat{d}_2 \neq 0$，$\hat{d}_1 \neq 0$，且$\hat{d}$≤−12.43%tr

5.2　缺陷活性分类统计

2017 年检测出 3307 处腐蚀缺陷，2020 年检测出 9116 处腐蚀缺陷。将两次检测数据对齐后根据表 3 进行统计形成表 4 内检测数据分类列表：

基于表 5 中统计未检测的 186 处，计算得：POD=98%，满足工程要求。

5.3　缺陷腐蚀增长速率估计

5.3.1　最大腐蚀增长速率

选取活性缺陷和新增缺陷按公式(20)计算单点腐蚀缺陷的最大腐蚀增长速率，在新增缺陷总体中，$d_{q1\max}=30.2\%tr(tr=8\text{mm})$；在活性缺陷总体中，$d_{q2\max}=30.59\%tr(tr=8\text{mm})$。

表 4　内检测数据分类列表

序号	类型分类	数　量
1	活性缺陷	530
2	非活性缺陷	①758，②2497
3	新增缺陷	5237
4	其他缺陷	①186，②94

该管道腐蚀环境较好，采用全生命周期计算公式，腐蚀年份为 3 年，分别代入公式(1)计算并选取最大值 $\text{MAX}\left\{\frac{d_{q1\max}}{3},\frac{d_{q2\max}}{3}\right\}$：$C_{\text{MAX}}$ = 0.81mm/y

上述两个缺陷的详细信息见表 5。

表 5　缺陷详细列表

序号	类型	里程/m	定位点	方位	距离/m	长度/mm	宽度/mm	深度/%	上次检测深度/%
1	新增	5026.6	4#桩上游 30.0 米	下游	1070.482	10	43	25	0
2	活性	1780.8	2#桩上游 400.0 米	下游	31.623	86	817	50	32

显然，对于表 5 中的 1 号缺陷点的腐蚀增长速率估计较大，经评价该点不需要修复，但应重点巡护。根据该点参数采用 GB/T 30582—2014《基于风险的埋地钢质管道外损伤检验与评价》中壁厚法进行腐蚀剩余寿命预测为 4.48 年；按照 TSG D7003—2010《压力管道定期检验规则 长输(油气)管道》和 GB 32167—2015《油气输送管道完整性管理规范》及其他相关标准的要求，再检周期为 2.24 年。

5.3.2　平均腐蚀增长速率

选取活性缺陷、非活性缺陷、新增缺陷参数代入公式(23)得：$\overline{\hat{d}}=13.2\%tr(tr=8\text{mm})$，将计算得出的$\overline{\hat{d}}$代入公式(1)得：$C_{\text{agv}}=0.352\text{mm/y}$。根据该腐蚀增长速率开展缺陷失效预测并计划在再检周期 2.24 年内修复缺陷 22 处。

6　结论

(1) 最大缺陷腐蚀增长速率很好的满足了管道剩余寿命预测和再检周期制定的要求，而平均腐蚀增长速率则满足腐蚀缺陷失效预测和计划维修制定的需求；

(2) 基于牵拉试验数据得出的误差分布并不能完全代替实际检测数据的误差分布，可通过开挖数据验证和修正分布函数；

(3) 本文中给出的误差分布是服从正态分布，往往实际工程中误差分布还会服从χ^2分布、t分布等。当数据样本足够大时，这些分布可近似等同于正态分布，当数据样本较小时可采用置信度在 90%时的χ^2分布系数或t分布系数进行误差估计。

(4) 本文并未给出不同管道壁厚的误差分布，实际工程应用中应考虑不同管道壁厚的误差分布，并按照实际管道壁厚进行详细的缺陷活性分类和腐蚀增长速率估计，最终确定剩余寿命预测、再检周期制定、缺陷失效预测和缺陷修复计划。

参 考 文 献

[1] 刘其鑫．延长气田 X65 湿气管道顶部腐蚀行为[J]．油气储运，2020.

[2] 骆正山．基于 KPCA_BAS_GRNN 的埋地管道外腐蚀速率预测[J]．表面技术，2018，47(11)：173-180.

[3] 马钢．基于 PSO_SVM 模型的油气管道内腐蚀速率预测[J]．表面技术，2019，48(5)：43-48.

[4] 孙浩．长输管道内检测数据比对方法[J]．油气储运，2017，36(7)：775-780.

[5] 杨贺．油气管道多轮内检测数据对齐算法研究及应用[D]．大庆：东北石油大学，2017.

[6] 王波．管道内检测数据与施工资料对齐及应用[J]．综合技术，2018，37(12)：87-90.

[7] 孙伟栋．油气管道内检测数据深度分析[J]．腐蚀与防护，2020，41(6)：57-61.

油气管道环焊缝风险评价实践

胡　佳　孙伟栋　葛　宇　张　超

（国家管网集团东部原油储运有限公司）

摘　要　目前国内外针对油气管道环焊缝进行风险评价尚缺乏有效技术和成熟做法，本文识别了管道环焊缝全生命周期内失效风险因素，同时考虑高后果区的影响，结合管道施工建设等特殊情况，建立了基于专家打分法的半定量环焊缝风险评估模型，可对环焊缝进行风险评估及风险排序。基于建立的风险评估模型进行案例分析，确定了风险等级的划分结果，同时获取了管道环焊缝处于高风险等级的主要因素，另采用此模型对2处事故焊口进行风险评估，评估结果均为高风险。经实例应用及验证，该模型能基本反映环焊缝相对风险程度，可为开展基于风险的完整性评价和管道复产提供技术支持和决策参考。

关键词　油气管道，环焊缝，风险评价

近年来，国内外发生多起环焊缝失效事故，造成严重后果，引起了社会广泛关注。据有关调查数据显示，自2003年至2018年，国内X70和X80钢管线共发生13起环焊缝失效事故，其中X70钢管道6起，X80钢管道7起。国外也发生多起新建管道试验过程中环焊缝失效事故。而从事故分析中可发现造成环焊缝失效事故的因素不尽相同。

对质量风险排查中确定的暂不处置的存疑焊口及内检测信号严重异常的焊口，相关单位会组织进行焊缝检测、开展完整性评价和风险管控方案试点研究，已形成典型做法以及相关管理制度，但焊缝排查工作安排修复的焊口只是一小部分，还有大量缺陷不合格的焊口需在完整性管理工作中进行风险评价，实施风险管控措施，此项工作对于及时控制管道焊缝风险具有重要作用，目前在此方面缺乏有效技术和成熟做法，需及时开展研究。本文通过对以往的环焊缝失效事故进行统计分析，识别了管道环焊缝全生命周期内失效风险因素，建立了油气管道环焊缝风险评价模型，并基于建立的模型进行了实际案例的应用分析，可为开展基于风险的完整性评价和管道复产提供技术支持和决策参考。

1　油气管道环焊缝风险评价模型的建立

1.1　风险因素识别

对以往的环焊缝失效事故进行统计分析，发现环焊缝缺陷、载荷作用、冲击韧性不达标是导致环焊缝开裂失效的主要因素[4]。环焊缝焊接缺陷尤其是根部缺陷，通常为开裂焊口的起裂位置。载荷为管道外部载荷、组对应力、内压等综合因素组成。对于施工建设和试压过程中发生失效的环焊缝，主要原因为强力组（错边/不等壁厚）、应力集中、焊接缺陷和焊缝韧性低。对于运行期发生失效的环焊缝，主要原因为承受外部载荷作用、不等壁厚连接引起应力集中、焊缝低韧性和根部焊接缺欠。

焊接施工质量管控要求施工单位严格按照设计文件、施工组织设计及有关施工验收标准等进行施工。对组对、焊接、无损检测、防腐补口、下沟、回填等各关键工序，严格按工序作业指导书进行质量控制[5]。但实际施工中，由于焊工责任心、监理不到位、施工机组私改私造等情况存在，造成质量管控环节出现问题。在环焊缝质量排查过程中发现疑似黑口、无损检测结果漏报、底片缺失、施工和检测时间逻辑不符等问题，以及失效焊口存在明显的强力组对、焊缝填充厚度或层数不符合焊接工艺规程要求等情况。此类问题最终会对环焊缝的承载能力和韧性产生不利影响。

基于环焊缝失效事故的统计分析，同时结合缺陷失效机理，可将环焊缝失效因素分为环焊缝缺陷、材料性能、荷载与施工质量管理四个大类，得到环焊缝失效因素结构图见图1。

1.2　模型总体构架

风险评价是指识别出对管道安全运行产生不利影响的风险因素，评价管道发生失效的可能性和后果大小，综合得到管道风险大小，并针对性的提出相应风险控制措施的分析过程[6]。

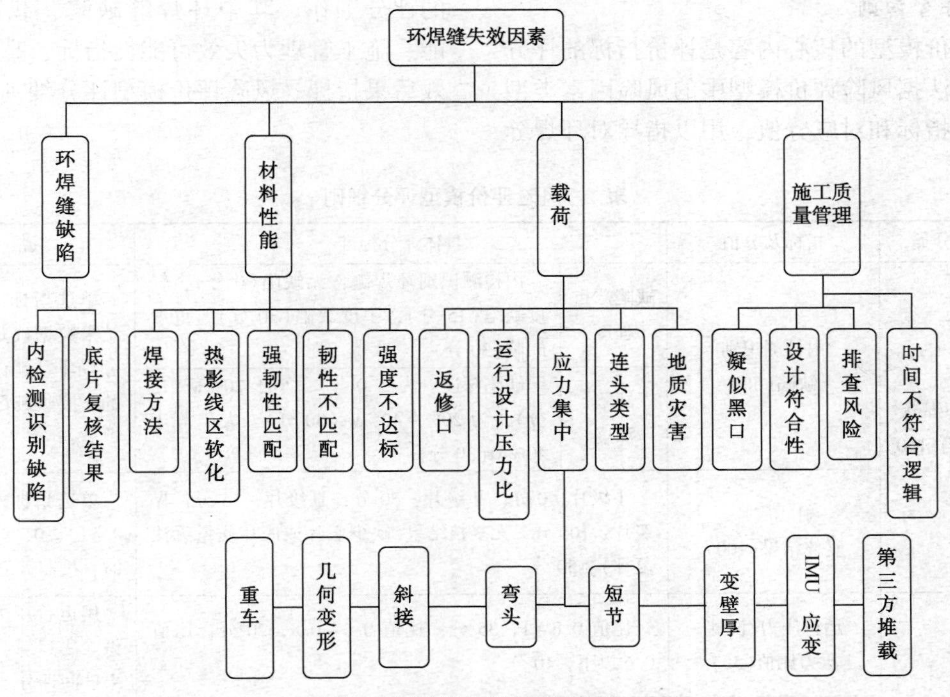

图1　环焊缝失效因素结构图

本文环焊缝风险评价采用管道行业广泛应用的半定量评价方法。在深入分析国内外油气管道环焊缝开裂事故的基础上，充分结合多年来环焊缝检测、开挖、修复数据资料，确定了影响管道环焊缝安全的的四大类13项主要指标，邀请国内管道管理经验丰富的专家对指标进行评分，最终确定各个指标的分值，通过分值反映管道环焊缝风险水平。该方法主要具有以下特点。

1）最坏状况假设

评价风险时要考虑到最坏的情况，若某一项数据缺失时，按照该项指标最高风险值打分。例如："射线底片复核结果"指标中给出的数据是空白或"/"等信息，应当列为无复核结果。

2）相对性假设

评价的分数只是一个相对的概念，例如：单道环焊缝所评价的风险值与另外一环焊缝的风险值相比，其分数较高，这表明其风险相对较高，分值不代表其绝对风险。

3）分数限定

在各项目中所限定的分数最高值反映了该项在风险评价中所占位置的重要性。

该方法将所有影响管道环焊缝安全的13个指标分为环焊缝缺陷、载荷、材料性能、施工质量管理四类的指标，并分析各个指标之间的逻辑关系，对每个指标进行赋值评分，综合分析其引起管道泄漏的可能性，对位于高后果区内环焊缝的分值乘以安全系数来考虑泄漏后的事故严重程度，最终得到管道沿线的风险大小。管道环焊缝风险评价模型构架图见图2。

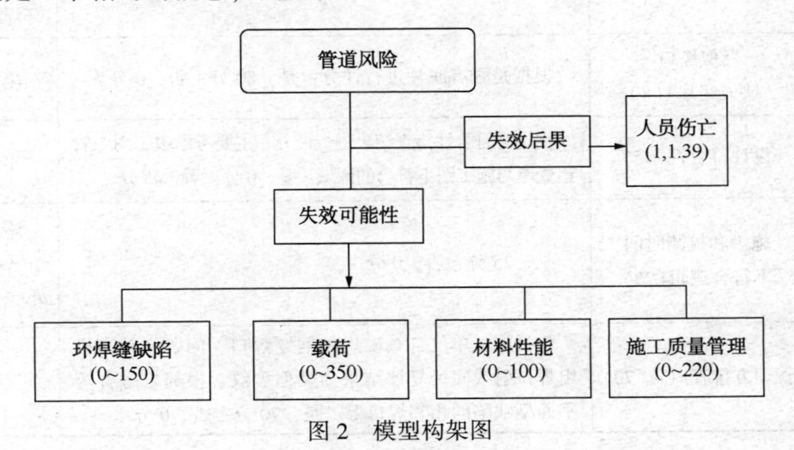

图2　模型构架图

1.3 模型评分细则

风险评价模型的核心内容是评价指标的评分细则，本方法据风险评价模型中的风险因素类型设置了评价指标和对应分值，用以指导对环焊缝的评分工作。其中环焊缝缺陷、载荷、材料性能、施工管理为失效可能性指标，高后果区为失效后果指标。风险评价模型评分细则见表1。

表1　风险评价模型评分细则

序号	编号	分类	指标及分值	具体评分标准		说　明
1	A.1	环焊缝缺陷(150)	内检测识别缺陷(50)	缺陷严重程度	内检测识别环焊缝：无缺陷(0分)，轻度缺陷(15分)，中度缺陷(30分)，重度缺陷(30分)	单选指标，根据内检测结果数据确定该指标的评分。环焊缝存在多处缺陷的，按照最严重缺陷进行评分
				缺陷深度	缺陷深度：为0(0分)，小于20%wt(15分)，为20%~40%wt(30分)，大于等于40%wt(30分)	
2	A.2		射线底片复核结果(100)	Ⅰ级片，0分；Ⅱ级片，30分；Ⅲ级片，75分；Ⅳ级片，100分；无复核结果(缺少底片或底片质量无法复评)，50分		单选指标，复核结果为“空白、0、/”等未知符号时，按照无复核结果处理
3	B.1	载荷(350)	运行压力/设计压力比值(35)	比值0.8~1，35分；比值0.6~0.8，20分；比值0.6以下，10分		用运行压力和设计压力做除法运算，根据计算结果区间评分
4	B.2		地质灾害(80)	滑坡、不稳定边坡、不稳定斜坡，80分；地面沉降．地面沉降治理工程、高填方路基沉降、岩溶塌陷、护沟挡墙基部下沉悬空，60分；泥石流、崩塌、崩塌(危岩)、危岩，40分；水毁包括河道水毁、坡面水毁、河沟道水毁，20分；地灾防护措施符合性，20分；无，0分		单选指标，没有地质灾害数据按照“无”赋值
5	B.3		连头类型(45)	金口，45分；连头口，30分；普通口，0分		单选指标
6	B.4		应力集中位置(155)	斜接，25分；3m以下(含疑似黑口)的短节[a]，15分；3米以下(不含疑似黑口)的短节，10分；变壁厚，25分；弯头，40分；几何变形缺陷影响[b]，20分；第三方堆载扰动[c](包括人类工程活动、重车碾压)，30分		复选指标，根据焊缝应力集中情况进行评分，总分为各评分项的加和
7	B.5		返修口(35)	按照是否为返修口评分：是，35分；否，0分		单选指标
8	C.1	材料性能[d](100)	参建单位焊接机组能力评估水平(100)	采用了存疑口比例和二级片比例两个指标综合评估焊接机组水平[e]：焊接机组 $M>m+\delta$，100分；焊接机组 $M>m-\delta$，70分；焊接机组 M 位于其他区间，30分		公式计算指标，以焊接机组为评价单元，以中国船级社质量认证公司提供的《管道环焊缝底片复评及开挖复拍处置项月阶段性核查报告》(2018年08月16日)中环焊缝排查数据为依据
9	D.1	施工质量管理(220)	疑似黑口[f](缺失底片)(80)	根据是否有底片进行评分：是，80分；否，0分		单选指标
10	D.2		设计符合性(45)	据设计符合性排查结果进行评分，主要考虑竣工图中管道壁厚与施工图不符合的区域：是，0分；否，45分		单选指标
11	D.3		施工和检测时间不符合逻辑(25)	是，25分；否，0分		施工时间减去检测时间，计算结果大于0时为是，小于0时为否
12	D.4		管理方排查风险(70)	包括施工单位自查确定的问题焊口、问题率较高机组焊口射线底片复评结果为疑似裂纹、根部未融合等平面型缺陷的相邻焊口等。是，70分；否，0分		

续表

序号	编号	分类	指标及分值	具体评分标准	说　明
13	E	失效后果[g]（1.39）	高后果区(1.39)	根据高后果区排查结果选取系数：非高后果区，1；Ⅰ级高后果区，1.1；Ⅱ级高后果区，1.2；Ⅲ级高后果区，1.39	单选指标

注：a：关于“短节”的评分说明，短节上、下游的环焊缝都要作为应力集中环焊缝，采用方式是焊缝编号+10，短节分为两个类型：①焊口类型为“割口”按照短节评分；②长度小于 3m，且不是弯管的按照短节评分。

b：关于“几何变形影响”的评分说明，包括凹陷、椭圆变形等类型，影响范围为距离环焊缝上下游一根管节内的几何变形。

c：关于“第三方堆载扰动”的评分说明，是指管道周边附近 50m 内存在堆土、堆渣、边坡开挖等工程活动或重车碾压，可能对管道产生外载力的区域。

d：材料性能评分影响因素包括焊材质量、焊接工艺合理性、焊接工艺执行情况、焊口与母材强度比值、热影响区软化等参数，由于全面获取上述数据较为困难，故采用焊接机组能力评估水平进行评分。

e：任意机组 M 的焊接能力水平采用下式进行计算：

$$M=(1-X)(1-Y) \tag{1}$$

式中，M 为参建单位焊接机组能力评估水平；X 为存疑焊口比例；Y 为二级片比例；m 为 M 的均值；δ 为 M 的标准差。

f：疑似黑口在评分中需要注意：“焊接机组能力水平”评分按照所有参见机组中最差机组评分，“设计符合性”按照不符合评分，“施工和检测时间不符逻辑”因具体信息无法获取按照施工和检测时间不符逻辑评分。

g：管道一旦发生泄漏会产生火灾、爆炸等次生灾害，其主要的危害形式是危害管道周边人员的生命安全，所以本评价方法中对于失效后果的评价主要采用高后果区数据，确定油气管道高后果区的准则参考标准 GB 32167—2015。

针对各个评分指标完成评分后，风险计算公式如下：

环焊缝缺陷(A)得分计算：$A=A.1+A.2 \quad (2)$

载荷(B)得分计算：$B=B.1+B.2+B.3+B.4+B.5 \quad (3)$

材料性能(C)得分计算：$C=C.1 \quad (4)$

施工管理(D)得分计算：$D=D.1+D.2+D.3+D.4 \quad (5)$

风险值(R)得分计算：$R=(A+B+C+D)\times E \quad (6)$

评价结果中风险值越大表示风险水平越高，风险值越小表示风险水平越低。

1.4　风险等级要求

根据风险评价计算结果确定环焊缝的风险等级，参照 GB 32167—2015 的风险矩阵将环焊缝风险分为四个等级，其中：风险为低级、中级两个等级为可接受的风险；较高级、高级两个等级建议进一步结合完整性评价和其他专项评价结果，综合考虑治理成本与治理效果，确定是否采取进一步的控制措施，具体风险分级标准见表 2。

表 2　风险分级标准

风险等级	风险管控要求
低(Ⅰ)	风险水平可接受，当前应对措施有效，不必取额外技术、管理方面的措施
中(Ⅱ)	风险水平有条件接受，综合考虑治理成本与治理效果，论证采取措施的必要性
较高(Ⅲ)	风险水平不可接受，应制定计划采取有效应对措施降低风险
高(Ⅳ)	风险水平不可接受，必须尽快采取有效应对措施降低风险

2　油气管道环焊缝风险评价案例分析

2.1　数据的收集与整理

此次分析的管道数据主要来源于管道施工安装记录、环焊缝射线及超声检测报告、高后果区列表、地质灾害高风险段列表、管道内外检测资料、开挖验证和修复数据、油气输送管线钢历次失效分析报告、历次相关管道安全研讨成果和专项报告等数据。收集的数据按类别可分为六大类，具体见表 3。通过数据整合将管道属性数据、建设数据、内检测数据、管道运行维护数据、周边环境数据及相关专项报告数据对齐到具体焊缝上，为后续评价提供数据基础。

2.2　风险评估结果分析

1）风险值统计整体情况

本次评价整合焊口信息约 16 万道。基于建立的环焊缝风险评估模型，完成了管道环焊缝风险排序工作。环焊缝风险值最高达到 437.85 分，最低为 30 分。按不同风险值区间对环焊缝数量进行统计，结果见图 3。风险值大部分位于 75~225 区间。

表 3　数据收集与分类

数据类别	主要数据	数据类别	主要数据
管道属性数据	管径	内检测数据	内检测里程
	材质		环焊缝编号
	壁厚		焊缝异常数据
	设计压力		几何变形
	管道走向		开挖修复数据
建设数据	输送介质	管道运行维护数据	管节长度
	阀室		运行压力
	站场		压力波动
	施工记录焊口编号		泄漏/失效历史
	管材厂家		维修维护历史
	焊材厂家	周边环境数据	桩号
	施工单位		高后果区
	监理单位		地质灾害
	无损检测单位		X70/X80 钢失效报告
	施工机组		疑似黑口信息统计报告
	施工日期	相关管道安全研讨成果或专项报告	环焊缝排查总结报告
	检测日期		X80 钢焊缝测试报告
	弯管及弯头信息		竣工图变壁排查报告
	交叉穿越信息（含管套）		参建单位能力评估报告
			设计一致性排查报告
	对口形式		油气管道干线焊接工艺规程
	是否返修		
	壁厚变化情况		油气管道焊口编号规则
	斜接情况		管道站场阀室焊口编号规定
	射线底片及排查情况		

2）风险等级的划分

综合考虑环焊缝失效风险因素，确定了环焊缝风险等级划分结果（表 4）。

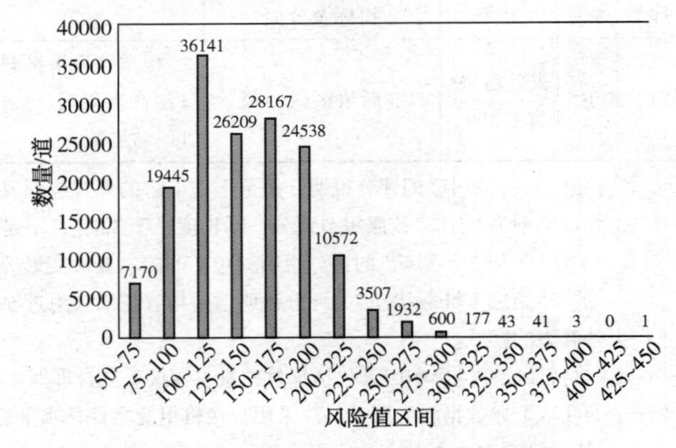

图 3　不同区间风险值环焊缝数量统计

表 4　环焊缝风险等级划分结果

风险等级	划分结果
低（Ⅰ级）	风险分值小于 100，共计 26612 道环焊缝
中（Ⅱ级）	风险分值 100~225，共计 125577 道环焊缝
较高（Ⅲ级）	风险分值 225~260，共计 4918 道环焊缝
高（Ⅳ级）	风险分值大于 260，共计 1409 道环焊缝

3）高风险焊口统计综合分析

对表 4 中风险等级为高的 1409 道环焊缝焊口类型等信息进行统计（表 5），可见：其中满足变壁厚和弯头连接口两个因素的焊口数量最多，地质灾害段焊口仅 58 处。

按照高风险焊口风险值进行排序，前 15 个最高风险值的焊口情况见表 6。其中射线底片复合结果、参见机组和弯头连接口因素分值占主要部分，且这些焊口均位于高后果区。根据表 4 可知：风险等级为高（Ⅳ级）的环焊缝风险水平不可接受，必须尽快采取有效应对措施降低风险，可针对分析出的高风险因素采取相应的风险控制措施加以管控。

表 5　高风险环焊缝信息统计

参建单位	金口	连头口	返修口	变壁厚	弯头连接口	施工与检测时间不符	地质灾害段	共计
单位 1	10	43	28	143	311	35	0	346
单位 2	6	20	63	98	164	11	0	203
单位 3	18	29	43	223	302	18	49	345
单位 4	4	5	6	35	44	8	0	49
单位 5	8	1	10	40	68	1	3	73
单位 6	1	0	3	10	12	0	6	16
单位 7	8	102	54	235	311	32	0	343
单位 8	0	3	12	24	28	4	0	34
总计	55	203	219	808	1240	109	58	1409

表6　风险值前15个焊口情况

施工记录焊口编号	高后果区等级	地质灾害情况	评分情况								
			内检测识别缺陷	射线底片复核结果	返修口	运行压力/设计压力	地质灾害	变壁厚	弯头连接口	参建机组	总分
1	Ⅲ	否	15	100	0	20	0	25	40	70	437.85
2	Ⅱ	否	0	100	0	20	0	25	40	100	378
3	Ⅲ	否	0	30	0	20	0	25	40	100	375.3
4	Ⅲ	否	15	30	0	20	0	25	40	70	375.3
5	Ⅲ	否	0	100	35	20	0	0	40	70	368.35
6	Ⅲ	否	0	100	0	20	0	0	40	70	361.4
7	Ⅱ	否	0	50	35	20	0	25	40	100	360
8	Ⅲ	否	0	100	0	20	0	25	40	70	354.45
9	Ⅲ	否	0	100	0	20	0	25	40	70	354.45
10	Ⅲ	否	0	100	0	20	0	25	40	70	354.45
11	Ⅲ	否	0	100	0	20	0	25	40	70	354.45
12	Ⅲ	否	0	100	0	20	0	25	40	70	354.45
13	Ⅲ	否	0	50	35	20	0	25	0	70	354.45
14	Ⅲ	否	0	30	0	20	0	5	40	70	354.45
15	Ⅱ	是	0	0	0	20	80	25	40	70	354

4）"7.2"和"6.10"事故焊口评分情况及分析

为进一步验证模型的可靠性，现基于建立的环焊缝风险评估模型，选用"7.2"和"6.10"事故焊口情况进行分析。统计7.2事故失效焊口(此处编号记为A)，6.10事故失效焊口(此处编号记为B)信息，并将该信息对应到风险评估结果中，得到表7。

表7　事故焊口评分情况

评分项目/事故名称		6.10	7.2
施工记录焊口编号		A	B
是否高后果区		是	是
地质灾害情况	是否存在易发性评估报告	是	是
评分情况	内检测识别缺陷	15	0
	射线底片复核结果	30	50
	返修口	0	0
	运行压力/设计压力	20	20
	地质灾害	40	40
	变壁厚	25	25
	弯头连接口	40	40
	机组	70	70
	总分	333.6	340.55

得到"6.10"焊口风险评估结果为333.6分，"7.2"事故焊口风险评估结果为340.55，根据表6环焊缝风险等级划分结果，可知其风险等级均为高(Ⅳ级)，说明该模型基本反映了环焊缝相对风险程度。

3　结论

(1) 从设计、施工、运营全生命周期角度考虑，对管道环焊缝失效风险因素进行了识别，同时考虑了高后果区的影响，纳入缺陷、载荷、材料性能等环焊缝适用性评价时重点考虑因素以及环焊缝排查中发现的管理方面因素，建立了基于专家打分法的半定量环焊缝风险评估模型，可用于环焊缝的风险评估。

(2) 综合考虑环焊缝失效风险，确定了已有失效环焊缝的风险等级划分为四级，等级越高，相对风险越高。

(3) 基于建立的环焊缝风险评价模型进行了相应的案例应用分析，得到环焊缝风险值环焊缝风险值最高达到437.85分，最低为30分，进一步分析得到射线底片复合结果、参见机组和弯头连接口等因素是造成这些管道环焊缝处于高风险等级的主要因素。

(4) 对2处事故焊口进行风险评估，得到其风险等级均为高(Ⅳ级)，说明该模型基本反映了环焊缝相对风险程度，一定程度上验证了该模型的可靠性，可为开展基于风险的完整性评价和管道复产提供技术支持和决策参考。

参 考 文 献

[1] 陈安琦，马卫锋，任俊杰，等．高钢级管道环焊缝缺陷修复问题初探[J]．天然气与石油，2017，35(05)：12-17.

[2] 朱增玉．油气管道环焊缝失效分析及预防措施[J]．中国石油和化工标准与质量，2018，38(11)：41+43.

[3] 赵金兰，雷俊杰，王高峰，等．油气输送管道对接环焊缝缺陷检测分析[J]．焊管，2013，36(11)：43-47.

[4] 王旭，帅健．输气管道环焊缝表面裂纹管道极限载荷计算方法[J]．天然气工业，2019，39(03)：94-101.

[5] 孙茂飞，王战民．浅谈长输管道工程施工质量的控制[J]．全面腐蚀控制，2016，30(02)：30-31+34.

[6] 孟凡英，崔潇文，窦雨筠．浅谈风险评价及其在油气管道方面的应用[J]．石化技术，2016，23(05)：76-77.

[7] 冯庆善，吴志平，项小强．中华人民共和国国家质量监督检验检疫总局、中国国家标准化管理委员会．油气输送管道完整性管理规范：GB 32167—2015[S]，2015.

提高油田在役埋地钢质管道维修质量管理对策探讨

张宝良　雷　鸣　刘晓东

（大庆油田设计院有限公司）

摘　要　随着油田开发的不断深入，作为油田骨架工程的埋地管道穿孔失效问题日益凸现，已经成为油田安全平稳生产的关键问题之一，管道维修是管道完整性管理中减缓管道运行风险的重要技术环节，是减缓管道运行风险，将管道运行风险控制在合理、可接受的范围内的重要保障，是延长管道使用寿命的重要技术手段，而在维修工程实施过程中，维修工程质量是确保风险减缓目标实现的关键。本文以埋地钢质管道内外腐蚀缺陷的维修为对象，论述了缺陷维修的施工流程、关键质量控制点，分析了油气田管道维修工程的实施现状和存在的问题，并提出了针对性的解决措施。

关键词　埋地钢质管道，维修施工，质量控制，对策

埋地管道维修是管道完整性管理中减缓管道运行风险的重要技术环节，是确保管道安全运行的重要技术措施，是减缓管道运行风险，将管道运行风险控制在合理、可接受范围内的重要保障，是延长管道使用寿命的重要技术手段；在役管道完整性管理中的维修工程的实施主要依据检测评价结果确定的缺陷位置、类型以及严重程度，确定管道维修计划和实施方案，明确管道维修的时间、方式、方法、材料、标准、操作程序、工艺规程、验收标准、质量检验、质量抽查及资料记录等，并按照维修工程计划和实施方案进行维修工程的实施以及维修质量验收，在维修工程实施过程中，维修工程质量是确保风险减缓目标实现的关键。本文以埋地钢质管道内外腐蚀缺陷的维修为对象，论述了缺陷维修的施工流程、关键质量控制点，分析了油气田管道维修工程的实施现状和存在的问题，并提出了针对性的解决措施。

1　常用的管道维修技术

1.1　在役管道维修工程的主要内容

油田在役埋地钢质管道维修主要是由于制造、施工和生产运行过程造成的管道本体、外防腐保温层（包括防腐层、保温层、外护层）和内防腐层的缺陷，其维修工作内容参见典型管道结构图（图1）。

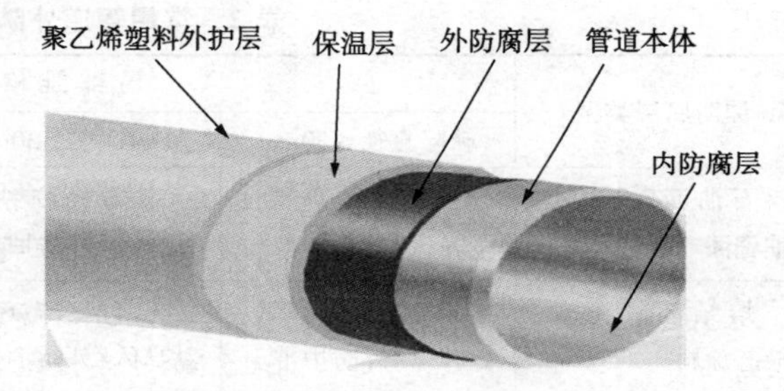

图1　典型的防腐管道结构图

按照具体的施工工程划分，可分为管道外腐蚀缺陷的维修和内腐蚀的维修，管道外腐蚀缺陷的维修包括管道本体、外防腐保温层（包括防腐层、保温层、外护层）缺陷的维修；管道内腐蚀的维修主要为内防腐层缺陷的维修。

1.2　管道外腐蚀缺陷的维修技术

管道外腐蚀缺陷的维修技术主要包括管道本体维修技术和管道外防腐（保温）层维修技术，管道本体维修技术可分为焊接类维修和非焊接类维修，常用的维修技术及适用范围见表1。

表1　常用管道维修方法的适用范围

维修方法		适用范围	不适用
焊接类	堆焊	管道外表面金属损失的维修，尤其是弯头和三通上的腐蚀缺陷	凹陷、焊接缺陷和内部缺陷
	补板	小面积腐蚀或直径小于8mm的腐蚀穿孔、浅裂纹、盗油孔	焊接缺陷、高应力管线上的缺陷和高压管线上的泄漏

续表

<table>
<tr><th colspan="3">维修方法</th><th>适用范围</th><th>不适用</th></tr>
<tr><td rowspan="4">焊接类</td><td rowspan="2">套筒</td><td>A 型套筒</td><td>管体金属损失、电弧烧伤、管体或直焊缝上的凹陷、裂纹</td><td>环向缺陷、泄漏和继续发展的缺陷</td></tr>
<tr><td>B 型套筒</td><td>多种类型的维修，包括泄漏和环向缺陷</td><td></td></tr>
<tr><td colspan="2">带压开孔</td><td>局部机械损伤、外腐蚀、沟槽、电弧烧伤、裂纹等缺陷及泄漏</td><td></td></tr>
<tr><td colspan="2">换管</td><td>所有缺陷类型及泄漏</td><td></td></tr>
<tr><td rowspan="5">非焊接类</td><td colspan="2">打磨</td><td>焊接缺陷(电阻焊除外)、浅裂纹、电弧烧伤、沟槽等非泄漏缺陷</td><td>凹陷、深裂纹和电阻焊缝上的缺陷</td></tr>
<tr><td colspan="2">钢质环氧套筒</td><td>腐蚀、沟槽、裂纹、凹陷、焊接缺陷(环焊缝除外)、褶皱、屈曲等非泄漏缺陷</td><td>泄漏缺陷</td></tr>
<tr><td colspan="2">复合材料补强</td><td>腐蚀、电弧烧伤、沟槽、裂纹、管体或直焊缝上的凹陷等非泄漏缺陷</td><td>环向缺陷、深度大于 80% 公称壁厚的缺陷和会继续发展的内部腐蚀</td></tr>
<tr><td rowspan="2">机械夹具</td><td>螺栓夹具</td><td>除褶皱、屈曲外大多数缺陷</td><td>褶皱、屈曲</td></tr>
<tr><td>堵漏夹具</td><td>仅适用于泄漏</td><td></td></tr>
</table>

管道外防腐(保温)层维修技术分为保温管道和非保温管道，其维修材料和结构的选择宜采用与原管道同种或类似的材料和结构，常用的常用管道外防腐层缺陷维修材料及结构见表 2，常用的硬质聚氨酯泡沫保温管道维修结构见表 3：

表 2　常用管道外防腐层缺陷维修材料及结构

<table>
<tr><th rowspan="2">原防腐层类型</th><th colspan="3">局部维修</th><th rowspan="2">连续维修</th><th rowspan="2">适用范围</th></tr>
<tr><th>缺陷直径≤30mm</th><th>缺陷直径>30mm</th><th>补口维修</th></tr>
<tr><td>石油沥青、煤焦油瓷漆</td><td>聚烯烃胶黏带[a]、黏弹体+外防护带[b]</td><td>聚烯烃胶黏带、黏弹体+外防护带</td><td>黏弹体+外防护带、聚烯烃胶黏带</td><td rowspan="3">无溶剂液体环氧、无溶剂液态聚氨酯、无溶剂环氧玻璃钢、聚烯烃胶黏带、黏弹体+外防护带</td><td rowspan="4">埋地敷设非保温管道</td></tr>
<tr><td>熔结环氧粉末、液态涂料</td><td>无溶剂液态环氧、黏弹体+外防护带</td><td>无溶剂液态环氧、黏弹体+外防护带</td><td>无溶剂液态环氧、黏弹体+外防护带</td></tr>
<tr><td>三层聚乙烯/聚丙烯、二层聚乙烯</td><td>热熔胶棒+补伤片[c]、黏弹体+外防护带</td><td>黏弹体+外防护带、压敏胶热收缩带、聚烯烃胶黏带</td><td>黏弹体+外防护带、无溶剂液态环氧+聚烯烃胶黏带、压敏胶热收缩带</td></tr>
<tr><td>聚烯烃胶黏带</td><td>聚烯烃胶黏带</td><td>聚烯烃胶黏带</td><td>聚烯烃胶黏带</td><td>聚烯烃胶黏带</td></tr>
<tr><td>环氧富锌底漆+环氧云铁中间漆+脂肪族聚氨酯或交联氟碳面漆、无溶剂聚脲</td><td>环氧富锌底漆+环氧云铁中间漆+脂肪族聚氨酯或交联氟碳面漆、无溶剂聚脲</td><td>环氧富锌底漆+环氧云铁中间漆+脂肪族聚氨酯或交联氟碳面漆、无溶剂聚脲</td><td>环氧富锌底漆+环氧云铁中间漆+脂肪族聚氨酯或交联氟碳面漆、无溶剂聚脲</td><td>环氧富锌底漆+环氧云铁中间漆+脂肪族聚氨酯或交联氟碳面漆、无溶剂聚脲</td><td>架空敷设非保温管道</td></tr>
<tr><td>三层聚乙烯、熔结环氧粉末、液态环氧、聚烯烃胶黏带</td><td>黏弹体胶带[d]</td><td>黏弹体胶带[d]</td><td>黏弹体胶带[d]</td><td>黏弹体胶带[d]</td><td>保温管道</td></tr>
</table>

注：a：天然气管道常温段宜采用聚丙烯胶黏带。

b：外防护带包括聚烯烃胶黏带、压敏胶型热收缩带、无溶剂环氧玻璃钢等。

c：热熔胶棒+补伤片仅适用于热油管道。

d：在常年地下水位低于管道底部的地段或确保外防护层密封良好时，防腐层维修材料可选用其他经试验验证的防腐材料。

表 3　硬质聚氨酯泡沫保温管道保温层维修结构

保温层和防护损坏程度	保温层	防护层
仅防护层损坏	——	黏弹体+外防护带[a]、热熔胶型热收缩带、压敏胶型热收缩带、热熔套
防护层和保温层损坏	聚氨酯泡沫	黏弹体+外防护带、热熔胶型热收缩带、压敏胶型热收缩带、热熔套

注：a 外防护带包括热熔胶型收缩带、压敏胶型热收缩带、聚烯烃胶黏带、无溶剂环氧玻璃钢等。

1.3　管道内防腐层维修技术

管道内防腐层维修技术主要包括内衬非金属管和内防腐层的维修技术。内衬非金属管维修技术，依据施工方法的差异分为缩径法和折叠法，缩径法是通过机械作用缩小非金属管道的直径，然后将新管送入旧管内，最后通过加热、加压或靠自然作用使其恢复到原来的形状和尺寸，从而与旧管形成紧密配合。其工艺原理见图 2。

折叠内衬法是在施工前非金属管道加热并折叠成 U 形、C 形，甚至工字形。插入待维修的管道中，利用加热或加压使其恢复原来的管道形状，从而与旧管道构成紧密配合的复合管道。

内防腐层的维修技术主要采用风送挤涂内涂层法，它是以空压机为动力，推动涂料加注段在管道中移动，使涂料涂敷在待修管道上。其工艺原理见图 3。

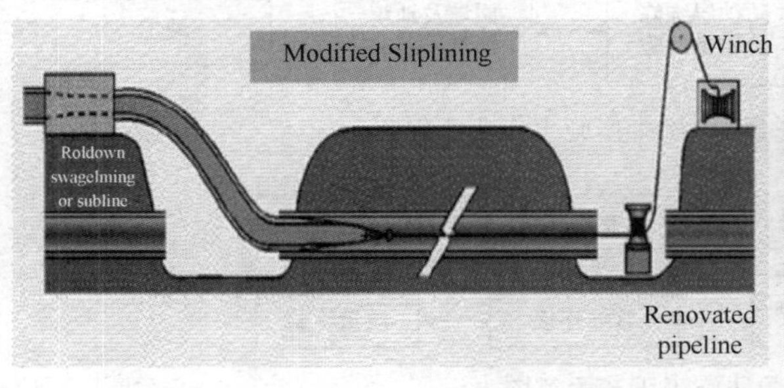

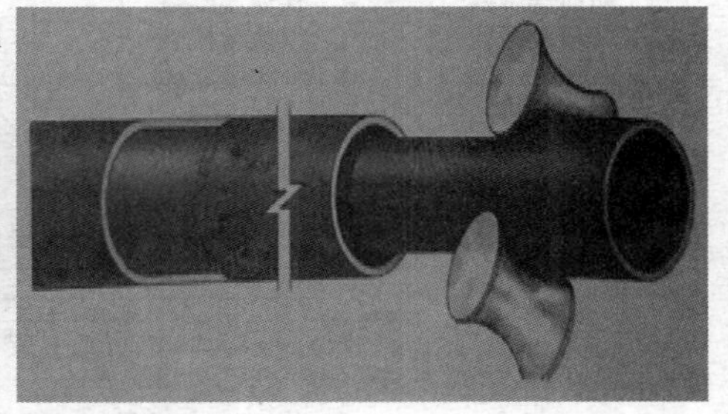

图 2　缩径法内衬非金属管工作原理图

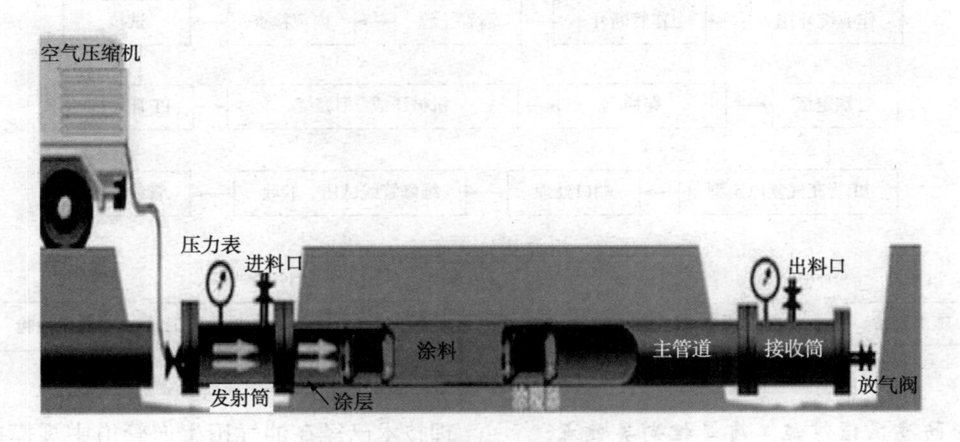

图 3　风送挤涂内涂层法工作原理图

2　管道维修施工作业流程与施工质量控制关键点

2.1　管道外腐蚀缺陷的维修施工作业流程

管道外腐蚀缺陷的维修施工作业包括管道本体缺陷维修施工作业和管道外防腐(保温)层维修施工作业，其施工作业流程见图 4、图 5。

2.2　管道外腐蚀缺陷的维修施工质量控制关键点

管道本体缺陷维修施工的质量控制点包括维修材料、管道开挖、表面清理(包括原防腐(保温)层清除、管体表面处理)、焊接维修技术的焊口、复合材料维修的厚度等质量控制。实施管道本体维修施工验收合格后应开展管道外防腐(保温)层维修施工。

管道外防腐(保温)层维修施工的质量控制点包括维修材料、管道开挖、原防腐(保温)层清除、管体表面处理、防腐层维修、保温层维修、防护层维修、回填及地貌恢复等质量控制。

2.3　管道内防腐层维修施工作业流程

缩颈法内衬非金属管主要施工工艺见图6。

折叠法内衬非金属管维修的典型流程见图7。

风送挤涂内涂层法施工的主要流程程见图8。

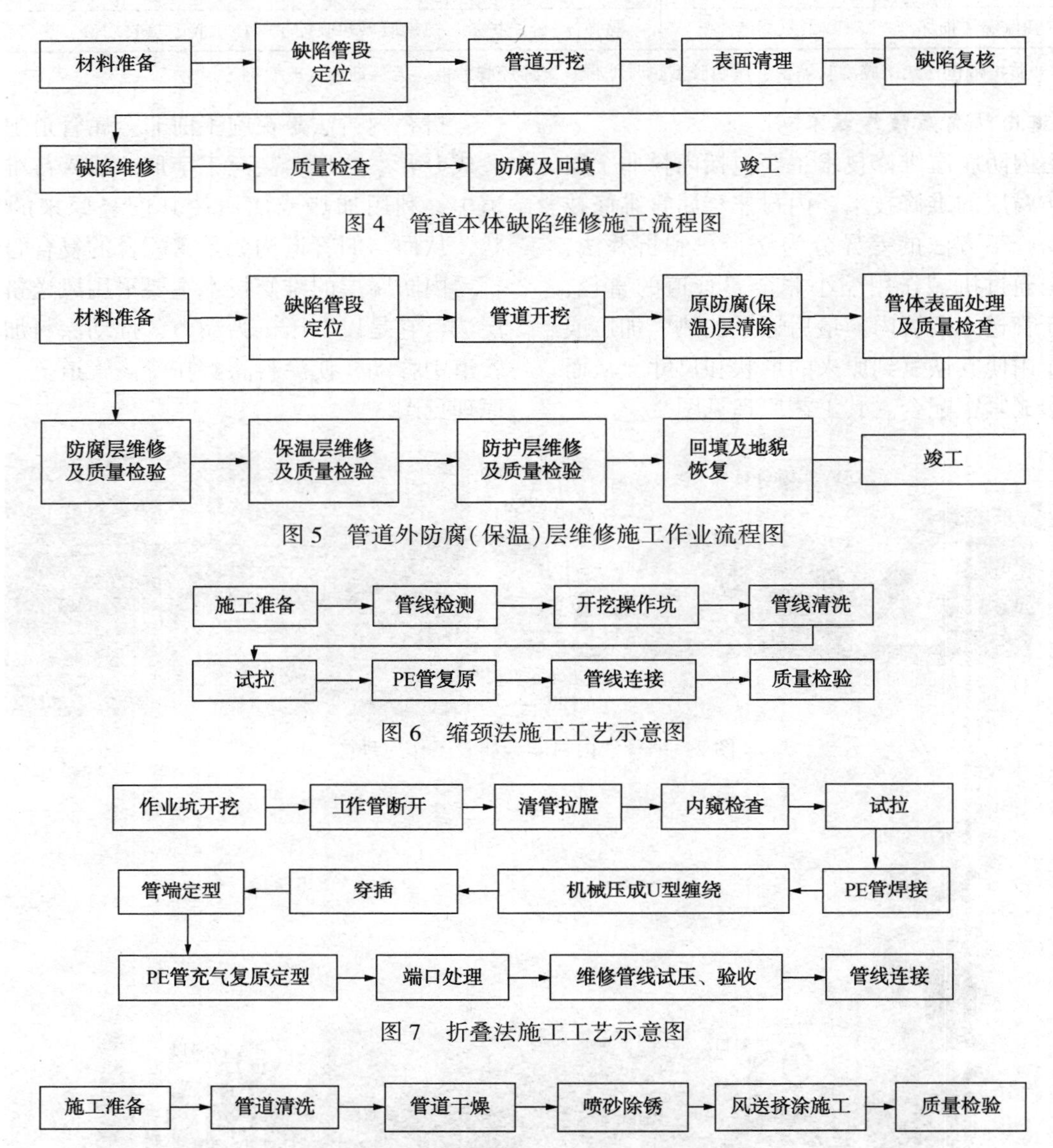

图4　管道本体缺陷维修施工流程图

图5　管道外防腐(保温)层维修施工作业流程图

图6　缩颈法施工工艺示意图

图7　折叠法施工工艺示意图

图8　风送挤涂内涂层法施工工艺流程

2.4　管道内防腐层维修施工质量控制关键点

缩颈法和折叠法内衬非金属管施工质量控制关键点主要包括操作坑、管线清洗、试拉、PE管复原、管线连接等。

风送挤涂内涂层法施工质量控制关键点操作坑、管线清洗、管道干燥、喷砂除锈、风送挤涂道数、涂层质量等。

3　管道维修工程实施现状分析

随着中石油油气田管道完整性管理规定及管道完整性管理手册等体系文件的颁布，完整性管理技术已经在油气田生产管道中规模应用，完整性管理的理念和技术已经体现在日常的生产管理中，形成了以数据采集为基础，通过高后果区识别与风险评价、检测评价、管道维修维护的管道完整性管理模式，取得了管道失效泄漏事件显著降低良好效果，但是，管道维修工程作为管道完整性管理中减缓管道风险的关键环节，在具体的实施过程中，由于维修工程的特殊性以及完整性管理人力资源等方面的因素，缺乏有效的措施对管道维修工程质量实施控制，主要是由于管道维修工程具有点多面广、工程量零散、维修工矿复杂多变等特点，若参照新建管道工程，设立专门的工程监理队伍负责工程质量的监控，无论从费用上还是从可实施性上都是比较困难的，若依靠完整性管理组织机构和人员从事质量监督工作，无论从人员技术水平和数量上分析，均无法实现维修施工过程的质量控制，目前，管道维修采用以最终验收代替过程验收的质量管控模式，但是，由于管道维修工程是一个隐蔽工程，过程控制是确保最终质量的关键，例如：管道本体及外防腐维修工程，按照施工顺序划分，包括外防腐层剥离、除锈、涂层涂敷、保温层安装、外护层安装、回填等工程环节，每个环节都有不同的质量要求，按照相关标准要求，只有上一道工序质量合格后才能进行下一道工序施工，而且下一道工序实施后无法检测上一道工序的质量。因此，如何经济有效地实现管道维修工程过程质量管理是油气田管道完整性管理推广应用过程中亟待解决的问题。

4　对策及建议

为解决管道维修质量控制的问题，结合目前油气田生产管理的现状，提出的对策及建议如下。

4.1　强化管道维修施工方案的审查，确保修复技术的适应性

在维修施工前，应依据管道本体缺陷的类型，编制相关维修技术方案并通过完整性管理主管部门组织的技术审查，维修技术方案至少应包括工程概况、编制依据、组织机构及分工、维修材料及方法选择、施工工艺、质量检验要求、维修工作量及计划进度、维修过程资料采集要求及安全保障措施等，维修技术方案编制模板见表4。

表4　维修工程实施方案模板

1 工程概述	6 风险识别及控制措施
2 编制依据	6.1 风险识别
3 组织机构及职责	6.2QHSE 措施
4 维修期间工艺处置措施	6.2.1 质量保证措施
5 缺陷维修作业	6.2.2 健康保证措施
5.1 缺陷维修主要工作和采用的方法	6.2.3 安全保证措施 6.2.4 环境保护措施
5.2 作业前准备，包括材料、施工工具/设备、检测设备	7 应急预案
5.3 作业实施计划	8 竣工资料
5.4 作业质量控制及保障措施	除了相关标准要求外，还应包括完整性管理手册“数据采集”作业文件的相关资料
5.5 作业主要工作量	

4.2　发挥一线员工的质量监督作用，倡导全员参与的完整性管理理念

目前，油气田的生产管理实施的是属地管理的原则，利用现有的管理机制，建立管道维修工程质量监督的制度，管道维修工程在哪一个小队管辖区域实施，就由哪一个小队指派专人进行维修过程的质量监督。但是目前一线员工绝大部分不了解管道维修技术，不熟悉相关的技术标准，建议在已有标准和完整性管理手册的基础上，针对一线员工编制适宜于管道维修过程质量监督的工作表单，以便于他们在维修工程质量监督过程中应用。

下面以最常见的管道外防腐工程简述该设想：

按照施工顺序划分，包括管道破损点开挖、外防腐层剥离、除锈、涂层涂敷、保温层安装、外护层安装、回填等工程环节，遵循相关的标准，各个环节的质量监督要求如下：

4.2.1　管道破损点开挖

（1）主要监督管道的放波系数，制作监督表单，明确表面管沟的宽度和底层的宽度数值，监督人员通过量取地表面管沟的宽度和底层的宽度进行核对。

（2）制作管道下方的深度检查表单，一般要求管道 6 点方向距离管沟底部的深度不小于500mm。

4.2.2　外防腐层剥离

剥离管体表面的外护层和保温层（如果是保温管道的话），剥离的范围要求，二端露出管体表面保存完好的防腐涂层200mm，因为维修过程中，新旧防腐层的搭接长度要大于150mm。清除缺陷部位的涂层。要求，剥离一次完成，合格后进入除锈施工阶段。

4.2.3　除锈施工

（1）损坏的涂层清除后管体的喷砂除锈或手工除锈，质量标准为 Sa2.5 或 St3.0，要求施工单位进行检测，检查检测报告，并由油田公司指定专业检测人员进行抽检。

（2）管体表面保存完好的防腐涂层得打毛处理，该工序应该在除锈之后进行。

4.2.4　涂层涂敷

该部分是按照涂料施工编写的，也可以采用防腐胶带。

（1）检查涂料的质量合格证书及相关的检测

报告

（2）检查涂料的涂敷道数，通常是二道以上，一道涂敷后，达到表干，用手背按压不黏手即可，再涂敷第二道。

（3）在涂层完全固化后，进行外观检查，防腐层表面应平整、光滑、无漏涂、无流挂、无划痕、无气泡、无色差斑块等外观缺陷；同时检查涂层厚度、漏点（电火花检漏），可要求施工单位进行检测，检查检测报告，并由油田公司指定专业检测人员进行抽检。

合格后，进入下一道施工

4.2.5　保温层安装（对于保温管道）

以常用的保温制品捆扎法施工为例：主要检查：

（1）保温制品的质量合格证书或检测报告，内容包括导热系数、密度、强度等。

（2）保温管壳的接缝应在3点的方向。

4.2.6　外护层的安装

外护层常用聚乙烯胶带，主要检查：

（1）聚乙烯胶带的质量合格证书或检测报告；

（2）原有外护层的打毛处理，长度不小于150mm；

（3）胶带压边宽度50%，若是热收缩带，还有加热温度和烘烤外观的检查。

4.2.7　回填

管沟回填覆土应高于地面大约300mm。

基于贝叶斯网络的西一线应力腐蚀评估

杨永和[1]　郁　征[1]　朱　钰[1]　张蓓蕾[1]　周　彬[1]　常光忠[2]

(1. 国家管网西部管道有限公司酒泉输油气分公司；2. 挪威船级社(中国)有限公司)

摘　要　应力腐蚀开裂是长输天然气管道的潜在失效危害，为了有效识别西一线玉门段应力腐蚀开裂的敏感性及其失效概率，本文应用基于贝叶斯理论的MARV评估方法，建立了可视化的SCC贝叶斯网络模型，识别了可能发生的应力腐蚀开裂失效类型，并定量计算了SCC的失效概率和失效可能性等级，结果表明西一线玉门站应力腐蚀开裂失效类型主要为近中性pH值SCC，但失效概率约为10^{-4}，可能性等级为2级。

关键词　天然气管道，贝叶斯网络，应力腐蚀开裂

应力腐蚀开裂是在应力和腐蚀环境共同作用下产的一种极其危险的低应力失效形式，通常缩写为SCC。SCC的发生需要同时满足以下几个条件：①拉应力，包括操作过程产生的工作应力、残余应力、外部应力等；②特定的腐蚀环境，通常指的是涂层剥离之后所形成的电解液环境；③管材敏感性，其主要与管线的材质、制造工艺、表面清理等有关。

建设于2002年的西气东输一线是我国天然气长输管网的重要组成部分，具有管径大、压力高、沿线地形复杂等特点，为了有效评估西一线SCC失效风险，本项目选取西一线玉门压气站出口30km管线(KP1271-KP1300)作为分析对象，采用基于贝叶斯网络的MARV方法评估SCC风险。

1　SCC机理

管线钢应力腐蚀开裂机理主要分为高pH SCC和近中性pH SCC两大类。高pH值SCC于1960年代在美国首次发现，属于沿晶应力腐蚀开裂，pH值约为8.0~10.5，通常在碳酸盐-碳酸氢盐溶液中发生；而近中性pH值SCC于1980年代在加拿大首次发现，属于穿晶型裂纹，裂纹较宽并且分支较少，pH值约为6.0~8.0。高pH值SCC失效机理研究趋向成熟，普遍认为是保护膜破裂-裂尖阳极溶解机理，而近中性pH值SCC研究相对较少，对其机理尚未达成共识，主要有膜破裂和阳极溶解、氢脆理论、阳极溶解和氢脆混合机理，其中Parkins提出的阳极溶解和氢脆交互作用机理获得广泛支持(表1)。

表1　SCC失效类型比较

特　征	高pH值SCC	近中性pH值SCC
位置	90%的失效发生在压气站出口10英里(16km)范围内，主要原因是温度较高，载荷波动较大	65%的失效发生在压气站至第一个阀室之间，12%发生于第1阀室和第2阀室之间，5%发生于第2阀室和第3阀室之间，18%发生第3阀室之后
温度	操作温度介于10~60℃，绝大多数>35℃	与温度没有明确的相关性
应力	环向应力大于60%SMYS，但没有明显证据与应力集中有明确联系；	通常位于纵焊缝或其他金相特征部位，如凹坑，机械损伤点
断口	裂纹较细且为晶间型，裂纹面没有腐蚀，裂纹分枝较多，与管道外表面腐蚀无关	裂纹较宽并且是穿晶型，裂纹面有腐蚀，裂纹分支较少，与管线外表面的腐蚀或点蚀有关
涂层	多发生于煤焦油涂层，胶带涂层管线较少	多发生在胶带类涂层，很少发生在沥青涂层

2　基于贝叶斯网络的MARV方法

贝叶斯网络模型是连接原因(独立变量)和后果(依赖变量)概率的图形化模型。箭头由原因指向后果，代表着变量之间的因果关系，这些因果关系通常也被称为先验概率分布。贝叶斯公

司如公式(1)所示，其中，A 是原因节点，B 是后果节点，A 有不同的状态分布数值(a_1，a_2，…，a_n)，B 可能的状态分布数值(b_1，b_2，…，b_n)。因果关系或箭头代表着当 A 为固定状态，B 在给定状态(b_1，b_2，…，b_n)下的条件概率。

$$P(A=a_i|B=b_j)=\frac{P(B=b_j|A=a_i)\cdot P(A=a_i)}{P(B=b_j)} \tag{1}$$

图 1 给出了根据 CO_2 含量和含水率才确定腐蚀发生的贝叶斯模型简单示例。

MARV(Multi-Analytic Risk Visualization)是一种基于贝叶斯网路的多因素可视化风险分析工具，可以量化数据的不确定性，综合专家意见、统计数据、理论机理建立失效概率贝叶斯网路模型，以量化风险水平，并识别对整体失效影响最大的因素。

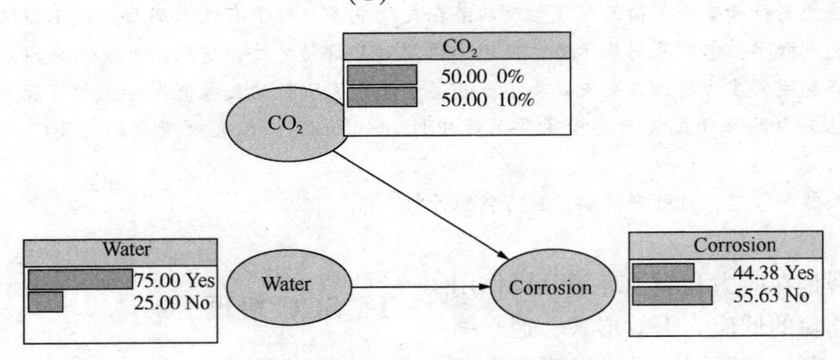

图 1　贝叶斯模型的简单示例

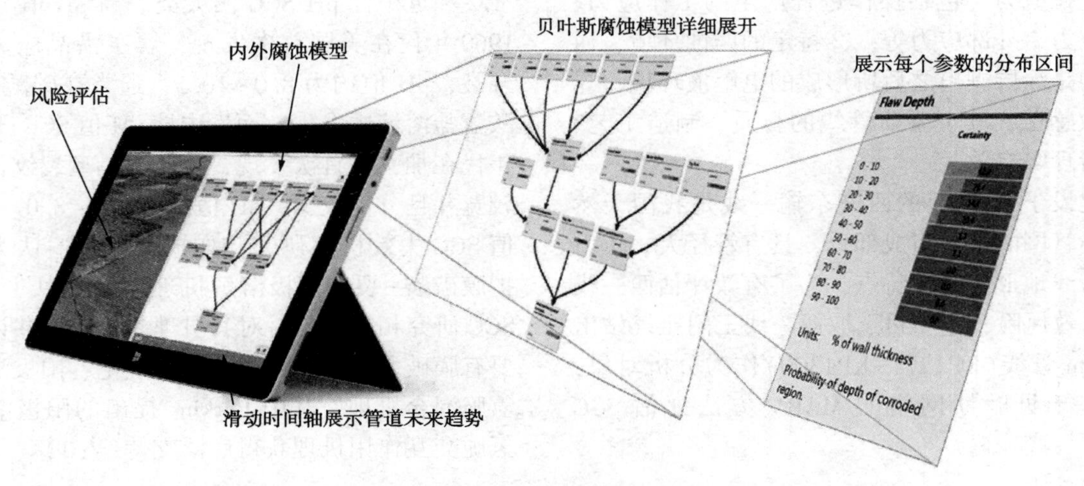

图 2　MARV 软件

3　SCC 评估

3.1　SCC 预评估

开展 SCC 失效评估的第一步是识别可能发生的 SCC 失效类型，预测剥离涂层下的电解液的 pH 值和浓度对于确定应分析哪一种 SCC 类型是至关重要的。图 3 给出了用于确定涂层剥离状态下的 pH 值可能性的贝叶斯网络模型，评价结果表明西一线玉门段发生近中性 pH 值 SCC 的可能性为 85.02%，发生高 pH 值 SCC 的可能性微 0.00001%。

因此，本文将重点开展近中性 pH 值 SCC 的风险。需要指出的是，对于西一线的其他管段，由于外部环境，涂层类型，管线温度等的不同，SCC 的类型可能并不相同。

3.2　近中性 SCC 评估

图 4 给出了 Parkins 所提出的 SCC 发展四阶段理论，第 1 阶段是第一阶段是形成 SCC 敏感性的环境因素(即涂层破损并形成低 pH 值电解液)，第二阶段是裂纹生成并初次扩展，第三阶段是裂纹扩展缓慢并逐渐休眠或愈合。第四阶段是裂纹的快速发展并导致 SCC 失效。

3.2.1　涂层损伤子模型

SCC 发生的第一步是涂层剥离或破损，导致水接触到管道表面，从而形成近中性 pH 的电解液。涂层破损概率取决于外部应力、阴保电位、涂层类型以及涂层年限。而外部应力通常是由黏土膨胀或收缩、管道的粗糙度、不连续的存在(如焊缝)造成。图5展示了涂层损伤的贝叶斯网络模型。

3.2.2　裂纹生成子模型

SCC的第二阶段是裂纹的生成，SCC生成率与电解液浓度、最大/最小压力比值R、应力相关。应力是影响SCC失效的最关键变量之一，应力包括轴向和环向应力，环向应力的来源包括因距离压气站远近不同到产生的操作压力，焊缝、弯头或凹坑部位的残余应力，或土壤沉降导致的二次应力等；轴向应力则主要由沿管子轴向的操作应力、地质移动、温度变化所导致的。另外，也可能存在由于压力波动、温度变化或其他外力产生的循环载荷(图6)。

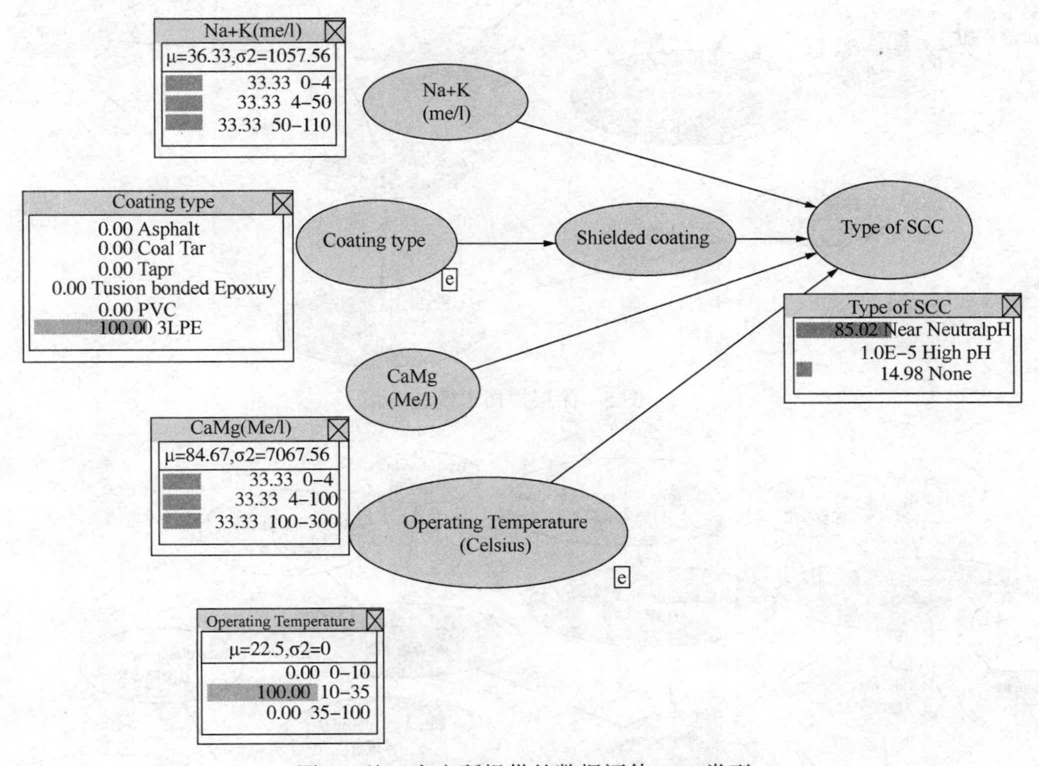

图3　基于客户所提供的数据评估SCC类型

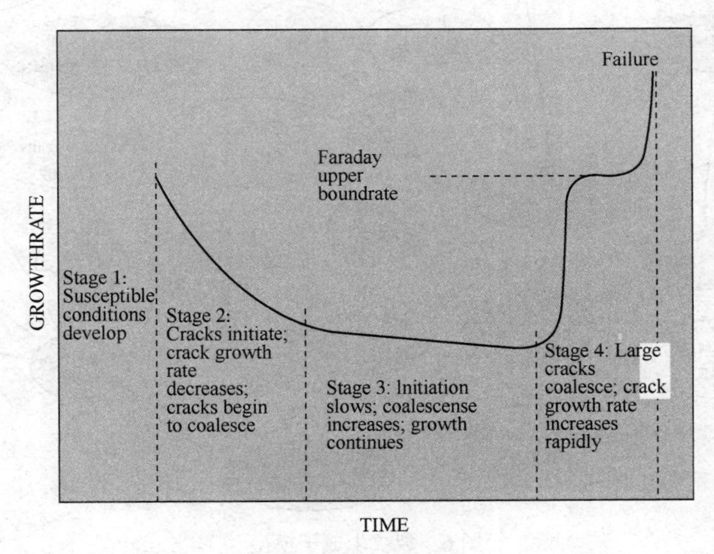

图4　SCC发展机理

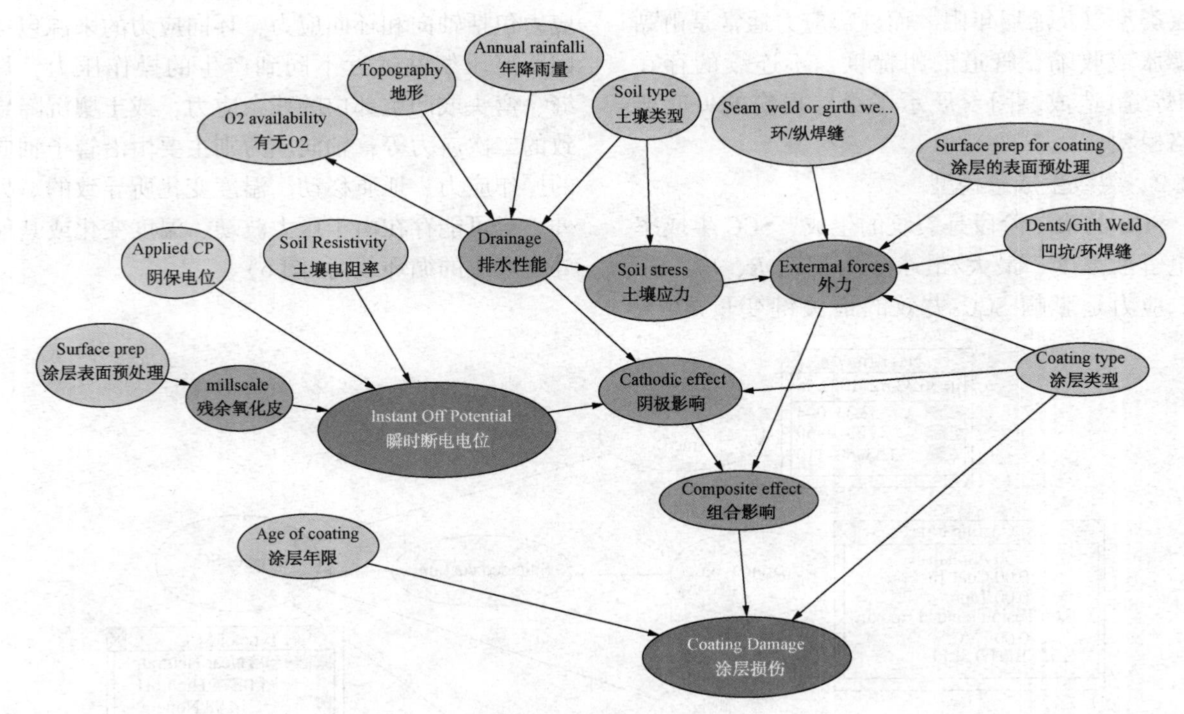

图5　涂层损伤子模型

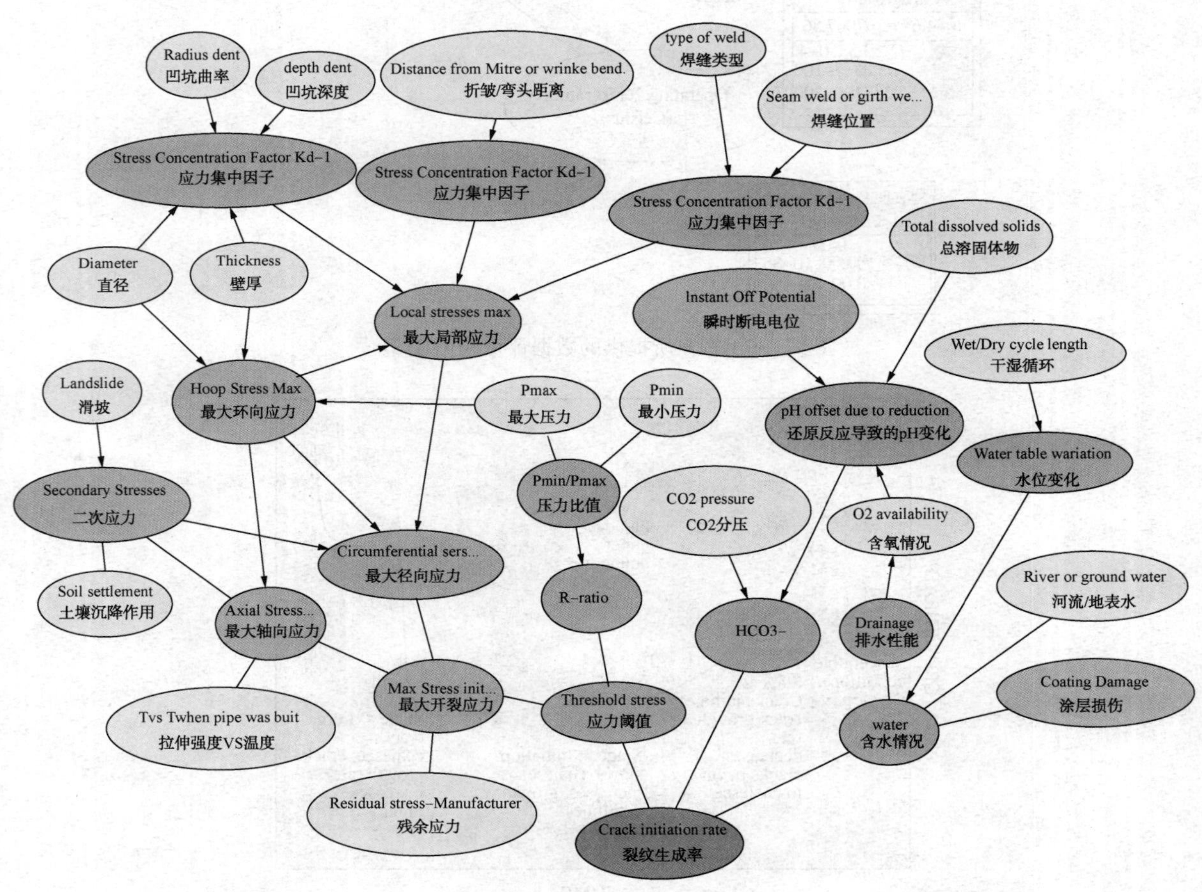

图6　裂纹生成子模型

3.2.3　裂纹扩展子模型

裂纹扩展阶段取决于裂纹愈合/休眠情况和应力屏蔽，另外，SCC的裂纹扩展率还与应力(或应变速率)，材料性能(如SMYS)，影响电流密度的环境因素（电解液浓度和电位），温度，模型还应考虑裂纹密度和 SCC 生成率。根据已得到行业广泛认可的研究成果，将裂纹扩展分为与时间相关的 SCC 裂纹扩展恒速率项和与循环相关且取决于应力强度因子变化率值（ΔK）的疲劳项，即：$[\mathrm{d}a/\mathrm{d}N]_{\mathrm{total}} = [\mathrm{d}a/\mathrm{d}N]_{\mathrm{Fatigue}} + [\mathrm{d}a/\mathrm{d}N]_{\mathrm{scc}}$。其中，$a$ 为裂纹长度，N 为循环次数，f 为循环频率，t 为时间，疲劳项由 Paris 方程表示，即 $[\mathrm{d}a/\mathrm{d}N]_{\mathrm{Fatigue}} = C(\Delta K)^{m}$（图 7）。

4 SCC 评估结果

4.1 裂纹扩展速率（CGR）

图 8 给出了裂纹长度扩展速率和裂纹深度扩展速率的计算结果，在 2004 年到 2030 年，其分布范围一致，裂纹扩展速率相对较慢。

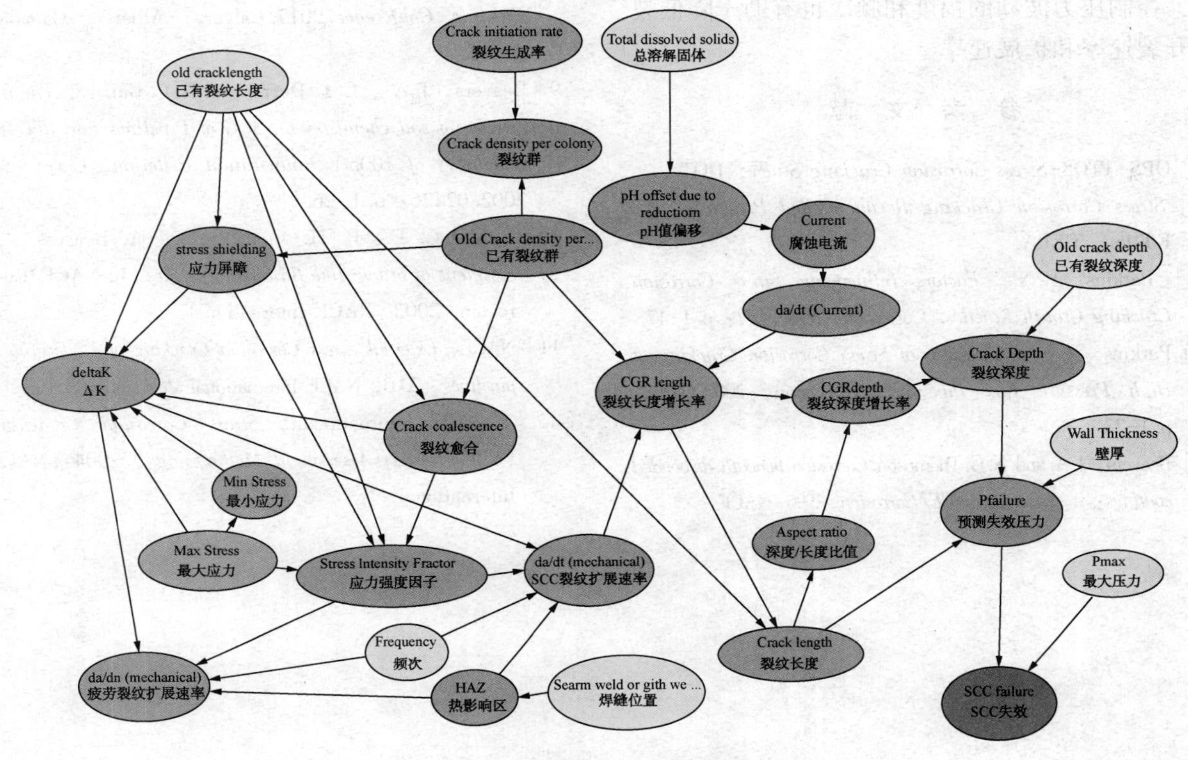

图 7　裂纹扩展及失效子模型

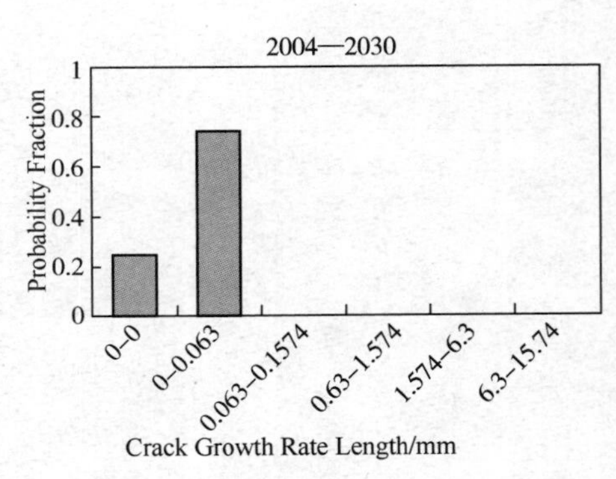

图 8　裂纹扩展速率评估

4.2 SCC 失效概率

基于 DNV GL 的 CorLAS™ 软件，计算因应力腐蚀开裂导致的沿管道的失效概率（PoF）分布，结果表明，SCC 失效概率为 10^{-4}/年，按照西部管道公司的风险矩阵，失效可能性等级为 2 级，此管段由于近中性 pH 值应力腐蚀开裂所导致的失效概率相对较低。

5 结论及建议

应用基于贝叶斯网络的 MARV 方法对西一

线玉门站30km(KP 1271#-KP1300#)管段进行了SCC失效评估，该管段最有可能遭受的SCC类型为近中性pH值SCC，但SCC失效概率相对较低(失效概率为1E-4，可能性等级为2级)。虽然该管段SCC失效概率不高，但需要关注3PE涂层的剥离失效，并针对涂层剥离下的电解液环境进行化验，测量并验证管道金属与防腐层之间的pH值、以及钠、钾、钙、镁等离子含量。另外，控制压力波动的幅度和频次也有助于降低裂纹开裂速率和扩展速率。

参 考 文 献

[1] OPS-TT08-*Stress Corrosion Cracking Study*, DOT.

[2] *Stress Corrosion Cracking Recommended Practices*, 2nd Edition, CEPA.

[3] Parkins, R. N., *Factors Influencing Stress Corrosion Cracking Growth Kinetics*. Corrosion, 1987. 177: p. 1-17.

[4] Parkins, R. N., *A Review of Stress Corrosion Cracking of High Pressure Gas Pipelines*. Corrosion, 2000. 00363: p. 1-23.

[5] Beavers, J. A. and N. G. Thompson. *Corrosion beneath disbonded coatings: A review*. in *NACE/Corrosion*. 1996. NACE.

[6] Wilmott, M., B. Erno, and T. Jack. *The role of coatings in the development of corrosion and SCC on gas transmission pipelines*. in *Internation pipeline conference*. 1998. ASME.

[7] Beavers, J. A. and N. G. Thompson, *Effects of coatings on SCC of pipelines: New developments*. Pipeline Technology, 1995. : p. 249 - 263.

[8] Jain, S., et al. *Development of a probabilistic model for stress corrosion cracking of underground pipelines using bayesian networks: a concept*. in *9th International Pipeline Conference*. 2012. Calgary, Alberta, Canada: ASME.

[9] Beavers, J. A., C. L. Durr, and K. C. Garrity, *The influence of soil chemistry on SCC of Pipelines and the Applicability of 100mV Polarization Criterion*. Corrosion, 2002. 02426: p. 1-26.

[10] Jaske, C. E., P. H. Vieth, and J. A. Beavers. *Assessment of crack-like flaws in pipelines*. in NACE/Corrosion. 2002. NACE International.

[11] NACE, *External Stress Corrosion Cracking of Underground pipelines*, 2003, NACE International Publication 35103.

[12] NACE International., *Stress Corrosion Crcacking (SCC) Direct Assessment Methodology*, 2004, NACE International.

基于指标计算的天然气管道完整性管理绩效考核研究

李小峰

（内蒙古大唐国际克什克腾煤制天然气有限责任公司）

摘　要　本文将从企业现状及管道整性管理效能评价研究现状进展分析着手，运行投入-产出模型，建立管道完整性管理工作效能评价指标体系，并进行了实际应用，可用于指导管道完整性工作改进提高。

关键词　管道完整性，效能评价，指标体系，投入-产出

近年来，随着我国管道运输行业不断发展，管道完整性工作不断向前推进，GB 32167《油气输送管道完整性管理规范》发布后，管道完整性工作的开展形成了新的局面。效能评价作为完整性管理的重要环节之一，其实施与展开对企业管道完整性管理工作具有重要意义。然而，一方面国际上在管道完整性管理效能评价方面尚无成熟的技术标准可借鉴；另一方面，由于各企业的完整性工作进展不同，很难用统一的效能评价指标体系进行不同企业的管道完整性效能评价工作。

因此，如何针对不同的企业状况有效地开展效能评价工作，成为亟待解决的问题。

本文从某国有管道企业实际情况以及企业需求出发，在合规的前提下，建立符合企业完整性现状的效能评价指标体系，并对企业进行效能评价。通过分析该企业效能评价指标评价结果，提出改进提高建议。

1　研究现状

GB 32167—2015《油气输送管道完整性管理规范》指出，效能评价定义为对某种事物或系统执行某一项任务结果或进程的质量好坏、作用大小、自身状态等效率指标的量化计算或结论性评价。

因此，管道完整性管理效能评价是对通过管道企业实施完整性管理工作的过程和结果进行综合分析，通过计算管道完整性管理工作的指标值以及得分来量化完整性工作效果，从而得出表示完整性工作优劣程度的指标结果并提出改进建议。

通过管道完整性管理效能评价，可以帮助企业找出管道完整性工作的不足之处，提出改进提高建议，提高企业管道完整性管理水平；同时，在进行效能评价的过程中，通过对评价环节资料的收集与分析，可以帮助企业完善完整性管理数据资料，推动企业管道的数据信息系统化管理。

1.1　国外研究现状

目前，管道完整性管理效能评价在国际上没有统一的评价体系标准。

在国外，管道完整性效能评价主要参考ASME B31.8S 以及 API 1160。其中，ASME B31.8S 指出效能评价应包括完整性评价覆盖率、管道发生的泄漏、失效和事故的数量等指，同时指出运营者可以制定自己的指标。API 1160 给出了效能评价应遵循的要求，这些要求建立在对管道失效机理或管道完整性危害因素的了解的基础上。此外，ASME B31.8S 以及 API 1160 都强调了对每种危害因素进行效能评价。

国外管道企业一般在满足法律法规和标准强制要求的基础上，根据企业的及实际情况确定效能评价指标体系。

1.2　国内研究现状

在国内，涉及管道完整性效能评价的标准主要有 GB 32167《油气输送管道完整性管理规范》以及 SY/T 6621《输气管道系统完整性管理》。其中，GB 32167 指出，应定期开展效能评价确定完整性管理的有效性，可采用管理审核、指标评价和对标等方法。SY/T 6621 提供了效能测试的方法，该方法基于失效统计，通过统计管道失效次数计算效能评价指标。

通过上述分析可知：GB 32167 并未提供管道完整性效能评价的具体方案。且 SY/T 6621—

2016《输气管道系统完整性管理》中效能测试方法基于失效统计，不适用于投产年限较少的单条管道效能评价；目前，管道完整性管理考核存在考核指标交叉的现象，不利于审核的推广。

本文选择采用指标计算的方法，结合企业实际情况建立管道完整性效能评价指标评价体系。

2 建立指标体系

2.1 关键指标梳理

GB 32167《输油气输送管道完整性管理规范》提出了完整性管理的六个环节，内容包括：数据采集与整合、高后果区识别、风险评价、完整性评价、风险消减与维护维修、效能评价。

这六个环节作为持续循环的过程存在于管道的全生命周期，分别对完整性管理工作提出了不同的要求。通过对完整性管理的六步循环进行细分、梳理，提炼出以下要点(表1)。

表1　完整性管理要点

完整性管理环节	管理要点
数据采集与整合	1. 有管道走向图； 2. 及时收集并更新管道基础数据
高后果区识别	定期对高后果区开展识别、更新工作
风险评价	定期对高后果区进行风险评价
完整性评价	选择合适方法对高后果区管道进行完整性评价
风险消减与维护维修	1. 开展管道进行外腐蚀防护工作； 2. 根据完整性评价结果及时对缺陷进行修复； 3. 制定管道巡护方案，重点巡护高后果区段； 4. 设置地面标识防止第三方破坏； 5. 采用管道泄漏检测系统或安全预警系统
效能评价	定期选择合适方法开展效能评价工作

2.2 指标体系建立

根据以上对管道完整性管理工作的梳理，从“投入-产出”的角度建立效能评价指标体系。评价指标的设置主要考虑以下四个方面。

(1) 时间：主要考虑该工作/后果的周期或频次；

(2) 空间：主要考虑所涉及管道的长度；

(3) 投入：主要考虑该工作所需的人力、财力、物力。

(4) 结果：主要考虑该工作覆盖率/完成率。

最终提出的指标体系如下。

投入指标包括：管道中心线数据采集费用、数据维护更新费用、高后果区更新费用、风险评价项目费用、完整性评价项目费用、阴极保护项目费用、缺陷修复费用、管道巡护费用、地面标识投入费用、管道泄漏检测系统维护费用、管道泄漏修复费用以及管道光缆维护费用等。

产出指标包括：管道中心线、管道基础数据完整度、高后果区识别覆盖率、风险评价覆盖率、完整性评价覆盖率、管道阴极保护系统覆盖率、管道缺陷修复完成率、巡线覆盖率、地面标识覆盖率、输油管道泄漏检测系统覆盖率、管道泄漏频率、管道光缆中断频率等。

建立的管道完整性效能评价体系指标框图见图1。

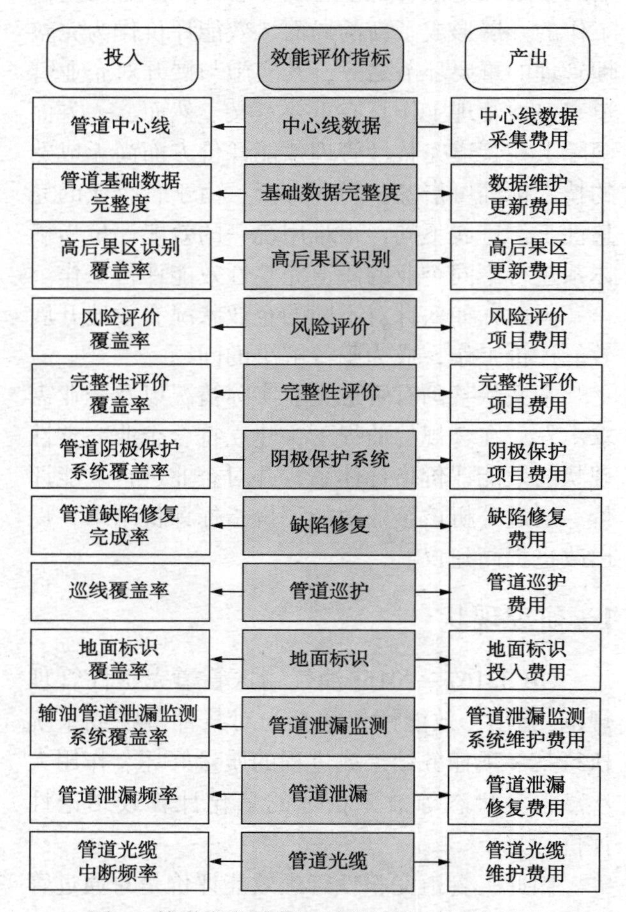

图1　管道完整性管理效能评价指标体系图

2.3 指标计算

2.3.1 投入指标计算

投入指标的计算方法见表2。

表 2 投入指标计算方法

指标名称	指标计算	单位
管道中心线数据采集费用	单位长度管道年度中心线采集费用	km·a
数据维护更新费用	单位长度管道年度数据维护更新费用	km·a
高后果区更新费用	单位长度管道年度高后果区更新费用	km·a
风险评价项目费用	单位长度管道年度风险评价费用	km·a
完整性评价项目费用	单位长度管道年度完整性评价费用	km·a
阴极保护项目费用	单位长度管道年度阴极保护项目费用	km·a
缺陷修复费用	单位长度管道年度缺陷修复费用	km·a
管道巡护费用	单位长度管道年度巡护费用	km·a
地面标识投入费用	单位长度管道年度地面标识投入费用	km·a
管道泄漏检测系统维护费用	单位长度管道年度泄漏检测系统维护费用	km·a
管道泄漏修复费用	单位长度管道年度泄漏修复费用	km·a
管道光缆维护费用	单位长度管道年度光缆维护费用	km·a

2.3.2 产出指标计算

产出指标的计算方法见表3。

表 3 投入指标计算方法

指标名称	指标计算公式	取值
管道中心线	亚米级管道走向图的管道里程/管道总里程	0~100%
管道基础数据完整度	实际数据量/应有数据量	0~100%
高后果区识别覆盖率	已完成高后果区识别的管道里程/管道总里程	0~100%
风险评价覆盖率	已完成风险评价的管道里程/管道总里程	0~100%
完整性评价覆盖率	已完成完整性评价的管道里程/管道总里程	0~100%
管道阴极保护系统覆盖率	已安装阴极保护系统并且运行正常的管道长度/所辖管道总长	0~100%
管道缺陷修复完成率	实际完成的修补或消除的缺陷数量/年度计划修补或消除的缺陷数量	0~100%
巡线覆盖率	实际巡线方案覆盖管道长度/应巡线管道长度	0~100%
地面标识覆盖率	状态完好的标识桩数量/应设置的管道标识桩数量	0~100%
管道泄漏检测系统覆盖率	已安装管道泄漏检测系统的管道里程/管道总里程	0~100%
管道泄漏频率	单位长度管道年度失效次数	km·a
管道光缆中断频率	单位长度光缆年度中断次数	km·a

2.3.3 单项指标投入产出比计算

根据公式(1)，分别求出每项指标的投入产出比。

$$Z_i = \frac{C_i}{T_i} \tag{1}$$

式中，Z_i 为某项指标投入产出比；C_i 为对应的产出指标值；T_i 为对应的投入指标值。

将每项指标投入产出比与其他管道企业进行对比，得到该企业每项指标所处水平，找出得分较低的指标，分析产生差距的原因并提出改进提高建议。

3 应用

根据上述管道完整性管理效能评价指标体系，对某企业管道2019年完整性管理工作情况进行效能评价。

该企业所辖天然气管道全长约300公里，管径为900mm，设计压力为7.8MPa，运输天然气，管道投产年限较短。企业管道完整性管理工作处于初步开展阶段。

收集了大量该管道的完整性管理资料与经济费用等数据，计算了管道完整性管理工作的投入产出比，得到该企业完整性管理的效能指标值，并与管道行业其他企业相对比，可获知该企业的管道完整性管理水平，其结果见图 2。

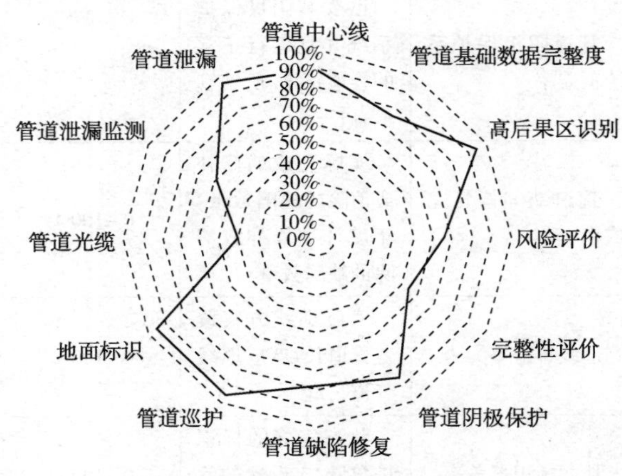

图 2　管道完整性管理水平

图中 0~100%代表企业该指标在行业内的水平，0%表示最差，100%表示最优。

该企业管道中心线指标、高后果区识别指标、管道巡护指标、地面标识指标、管道泄漏指标、管道阴极保护指标处于较高水平；管道基础数据完整度指标、风险评价指标、管道泄漏监测指标、管道缺陷修复指标处于中等水平；完整性评价指标、管道光缆指标处于一般水平。

对指标计算结果进行分析，总结原因如下：①该企业完整性管理工作处于起步阶段，管道完整性管理投入整体相对较低，因此得分较高指标多集中在管道完整性管理日常工作；②该企业管道完整性管理专业人员较少，因此一些完整性管理工作的过程指标如管道基础数据完整度指标得分较低。

针对以上问题，现提出以下改进意见：①持续完善管道完整性数据管理程序，对收集的数据进行整合；②增加完整性管理工作的人员、经费投入，下一步将完整性管理工作重心转移到完整性评价、管道泄漏监测等投入较大的项目。

4　结论

通过上述计算与分析，得到以下结论。

（1）有必要建立合适的效能评价方法对管道企业完整性管理水平进行分析评价；

（2）基于费用投入与完整性管理工作要求建立了效能评价指标体系；

（3）指标体系进行了实际应用，结果可量化企业管道完整性管理水平，指导下一步工作改进。

参　考　文　献

[1] 中华人民共和国国家质量监督检验检疫总局，中国国家标准化管理委员会 . GB 32167—2015 油气输送管道完整性管理规范[S]. 北京：中国标准出版社，2015.

[2] American Society of Mechanical Engineers. Managing system integrity of gas pipeline：ASME B31. 8S [S]. New York：ASME Committee，2014：29-33.

[3] American Petroleum Institute. Managing system integrity for hazardous liquid pipelines：API 1160 [S]. New York：API Standards，2013：64-68.

[4] 冯庆善，李保吉，钱昆，等 . 基于完整性管理方案的管道完整性效能评价方法[J]. 油气储运，2013，32(4)：360-364.

[5] 谷雨雷，董晓琪，郑洪龙，等 . 基于数据包络分析的管道完整性管理效能评价[J]. 油气储运，2013，32(8)：840-844.

[6] 杨静 . 油气管道完整性管理效能评价[J]. 油气田地面工程，2015，第 34 卷(11)：3-5.

[7] 吴志平，蒋宏业，李又绿，等 . 油气管道完整性管理效能评价技术研究[J]. 天然气工业，2013，33(12)：131-137.

内检测技术在天然气管道的应用

陈晓宇　周林乾　杨博文　罗　涵　何碧云

（中石化重庆涪陵页岩气勘探开发有限公司）

摘　要　本文主要介绍了对涪陵页岩气田某一集气干线进行内检测，并对该干线现状进行了分析。检测结果表明，测得475个管体金属损失(含43个制造缺陷)，金属损失多为内壁金属损失，最大金属损失程度为27.2%wt，金属损失程度大于20%wt的点有7个。选取4处金属损失点进行开挖验证，结果与内检测完全一致。同时，使用ASME B31G方法对含缺陷管道进行完整性评价，对整条干线现状掌握及检测巡查重点提供了技术指导。通过内检测的实施为管道完整性管理提供了可靠的数据支撑。

关键词　内检测技术，管道，内腐蚀，金属损失点，完整性管理

随着油气管道完整性管理国家标准GB 32167—2015《油气输送管道完整性管理规范》的发布实施，以及国家发展改革委、国家能源局、国务院国资委、国家质检总局、国家安全监管总局等五部委联合印发《关于贯彻落实国务院安委会工作要求全面推行油气输送管道完整性管理的通知》(发改能源[2016]2197号)，涪陵页岩气田积极现场实践，参照相关管理规定，探索工业集输管道的完整性管理方法。

1　管道概况

涪陵页岩气田某一集气干线投产于2018年3月，全长15.2km。干线管线规格为$\Phi457\times10$mm，材质为L360N直缝埋弧焊钢管，设计压力为6.3MPa，全线管段位于四川盆地和山地过渡地带。由于输送介质未进行充分的干燥净化处理导致管道内存在积液，该干线投产运行2年多来，先后进行的5次清管作业均清出大量积液。为了掌握该干线管道的腐蚀情况，对该条管线实施了漏磁内检测。

2　漏磁内检测原理

漏磁检测法是基于铁磁性材料的高磁导率特性，利用漏磁检测器的励磁单元将被检管道进行饱和磁化，当管道因腐蚀、机械划伤或者制管缺陷等导致局部位置的磁导率发生变化时，泄漏出管壁的磁场将会变化。检测器随介质在管道内行进时，两磁极之间的检测器探头将实时记录管道泄漏出的磁场信号，通过对漏磁信号的分析可以实现对管道缺陷的识别及量化(图1)。

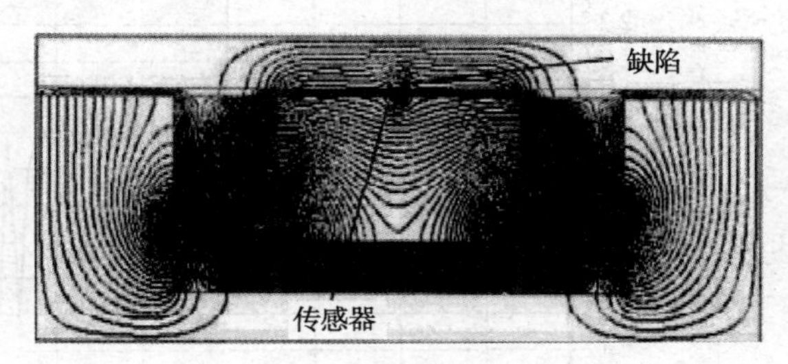

图1　管道存在缺陷时磁力线分布

3　内检测实施

3.1　漏磁检测设备

本次使用的检测设备为高清晰度漏磁检测器，仪器结构见图2。它是一个智能检测系统，含供电单元、励磁单元、漏磁信号采集单位、里程信息记录单元，可实时记录管道由缺陷、壁厚变化、管道元件、钢质套管等影响管道导磁能力的其他特征产生的漏磁信号，通过后期对检测数据的处理、分析，可以对管道金属损失缺陷进行量化及定位。

图2　高清晰度漏磁检测器

表 1　漏磁检测器相关参数

性　能	参　数
检测器长度/m	2.1
检测器质量/kg	240
腐蚀通道数量/个	640
最大检测里程/km	370
电池寿命/h	200
里程通道数/个	3
周向定位通道/个	1
通过弯头能力/D	≥1.5
通过几何变形能力(直管道上)/D	≤0.15
运行速度/(m/s)	0.3~5
工作压力/MPa	0.5~10
工作温度范围/℃	-20~+60

3.2　检测过程

3.2.1　清管

该干线进行内检测前共发 3 个清管器，依次为带测径板聚氨酯泡沫、机械测径及磁力钢刷清管器。清管作业未发现有超过 0.15D 的变形点，同时，最后一次投运磁力清管器清出杂质为 0.5kg，满足内检测器的发送要求。

3.2.2　检测器运行速度

漏磁检测器从首站发出到收球共历时 3h36min，平均速度为 1.17m/s。因地形原因，速度起伏变化较快，整体运行速度位于 0.3~5m/s，符合检测器运行要求。

3.3　检测结果

本次漏磁内检测共检出 501 处管体缺陷：金属损失 475 处，其中内部金属损失 374 处，外部金属损失 101 处，金属损失程度大于 20%wt 的点有 7 个，最大金属损失深度达到了管道壁厚的 27.2%。环焊缝异常 9 处，直焊缝异常 17 处。对各类缺陷进行比例计算得知，内部金属腐蚀约占 75%，外部金属腐蚀约占 20%，剩余 5%为焊缝异常(表 2)。

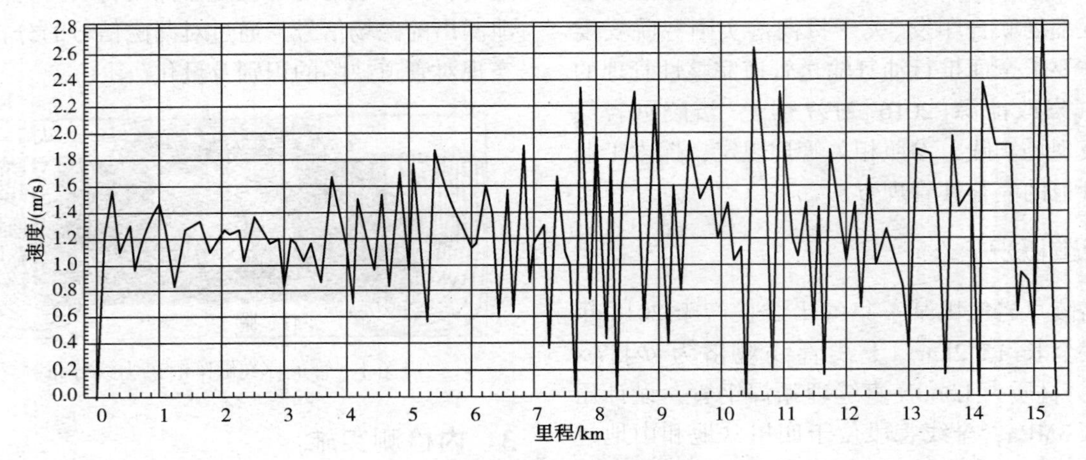

图 3　检测器运行速度表

表 2　检测结果统计表

缺陷类型		金属损失程度	符合条件的缺陷数量	缺陷数量小计/个	总计/个
金属损失	内壁金属损失	<10%wt	237	374	475
		10%~20%wt	131		
		20%~30%wt	6		
	外壁金属损失	<10%wt	78	101	
		10%~20%wt	22		
		20%~30%wt	1		
焊缝异常	环焊缝	轻度	5	9	26
		中度	4		
	直焊缝	轻度	16	17	
		中度	1		

3.3.1　金属损失缺陷分布统计

图4为金属损失数量沿检测里程分布图。由检测结果可以看出，干线两端金属损失数量较大，主要分布于0~4km及12~16km处。管道内壁金属损失深度大于10%wt的缺陷主要集中分布在3点—6点—9点方位区域(图5)，管道存在明显的内壁腐蚀现象；管道外壁金属损失缺陷钟分布无明显规律(图6)。

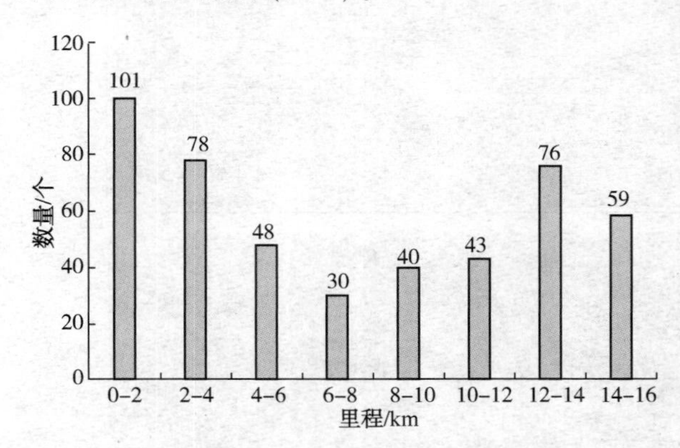

图4　金属损失数量沿检测里程分布图

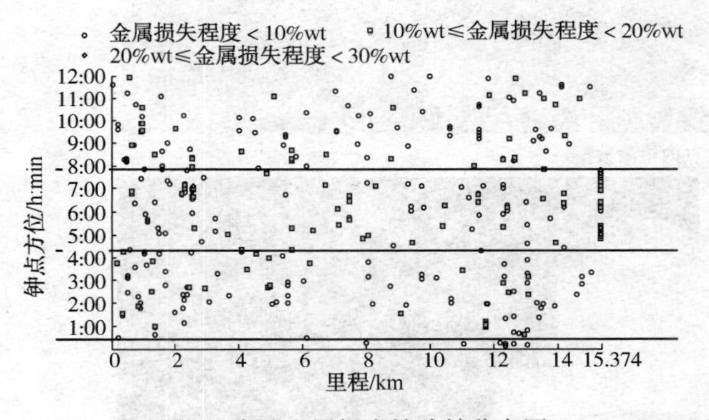

图5　内壁金属损失缺陷钟分布图

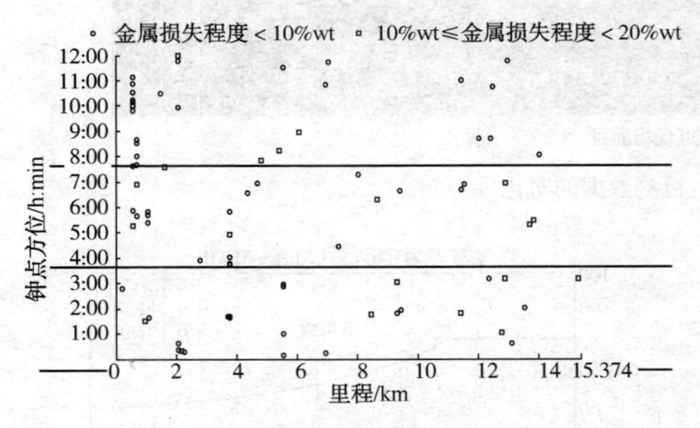

图6　外壁金属损失缺陷分布图

3.3.2　焊缝分布统计

该干线共检测焊缝异常26处，其中环焊缝异常9处，直焊缝异常17处。钟点方位上没有集中特征。里程上，环焊缝缺陷在0~1km及11~12km分布较为集中；直焊缝在1~2km及4~6km分布较集中(图7、图8)。

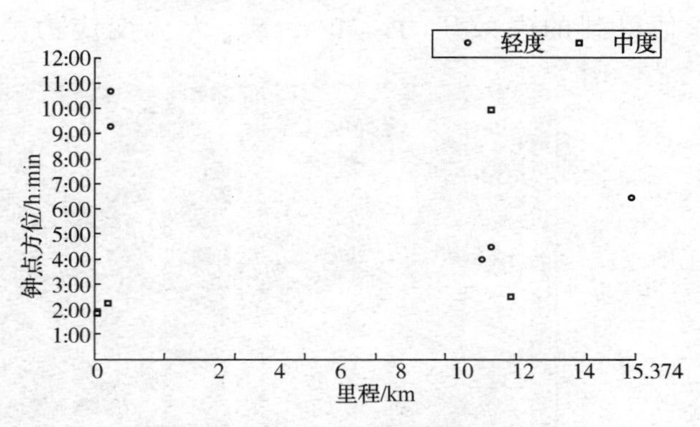

图7　环焊缝异常缺陷平面分布图

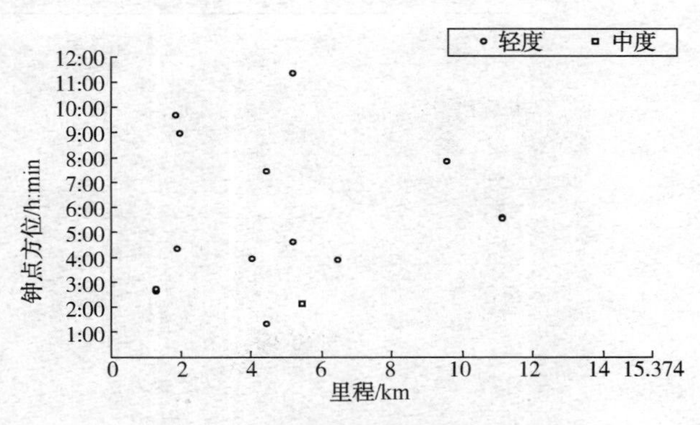

图8　直焊缝异常缺陷平面分布图

3.4　开挖验证

根据内检测数据分析及考虑缺陷类型，该干线共选择4处开挖点。通过现场开挖验证：四个验证点缺陷类型与内检测完全一致，内检测量化的缺陷深度、时钟方位及里程精度与管线缺陷实际情况误差在检测设备允许范围之内。图9为4#开挖点检测图片。

4　含缺陷管道完整性评价

针对体积型缺陷，即管壁的金属缺失，此次采用ASME B31G方法。Modified B31G评价方法如下：

$$ERF=\frac{MAOP}{P_{\text{safe}}}=\frac{MAOP}{(P_F\times S_F)} \quad (1)$$

$$P_F=2\times S_F\times t/D \quad (2)$$

$$z=L^2/(D\times t) \quad (3)$$

$$\begin{cases}M=\sqrt{1+0.6275\times z-0.003375\times z^2} & z\leqslant 50\\ M=0.032\times z+3.3 & z>50\end{cases} \quad (4)$$

$$S_F=S_{\text{flow}}\times(1-0.85\times d/t)/(1-0.85\times d/t/M) \quad (5)$$

式中，ERF为预评估维修系数；$MAOP$为管道最大安全允许操作压力，MPa；P_{safe}为通过金属损失评估法计算出的安全运行压力，MPa；S_F为评估得到的腐蚀金属损失破坏压力，MPa；P_F为评估得到的失效压力，MPa；S_{flow}为流变应力，MPa；S_F'为安全系数；L为缺陷长度，mm；D为管道外径，mm；t为管道壁厚，mm；d为缺陷深度，mm。

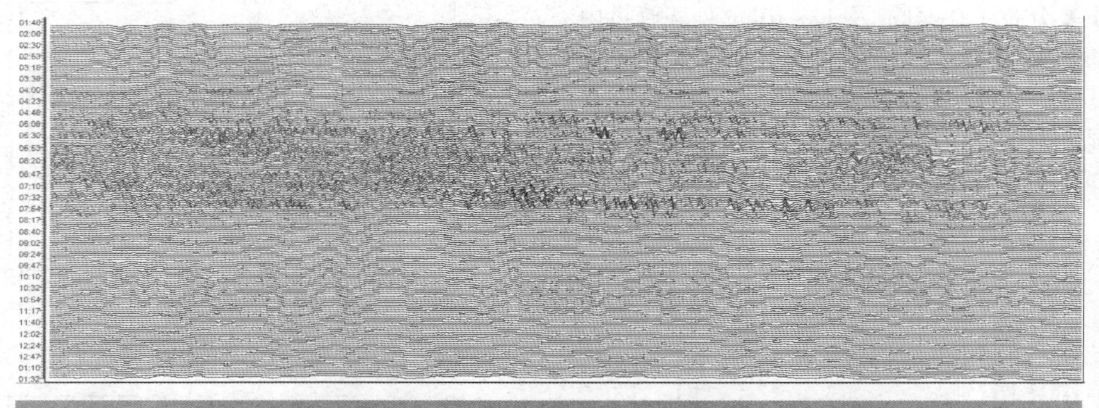

(a)4#开挖点内检测数据

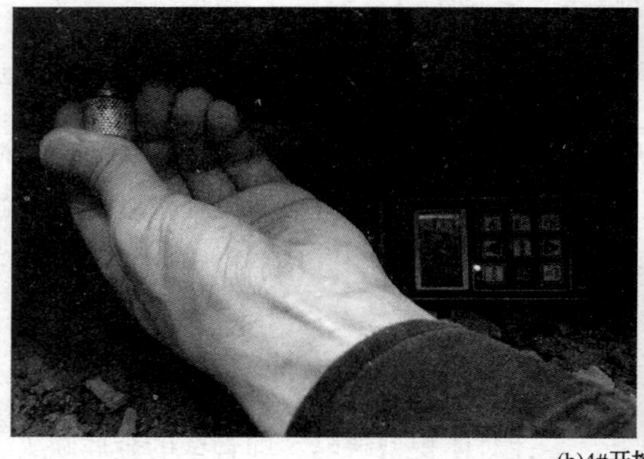

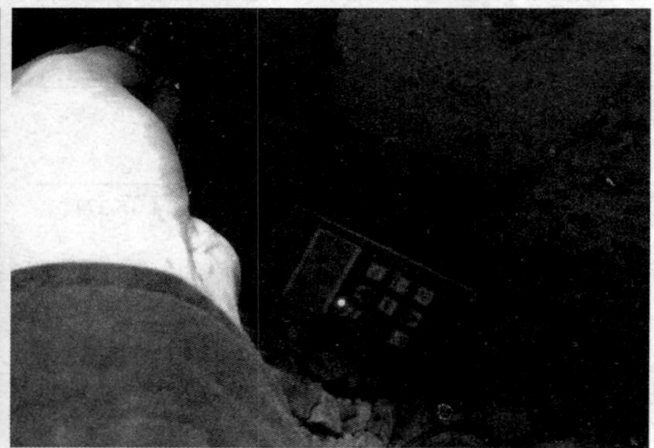

(b)4#开挖点现场验证

图9　4#开挖点与内检测数据的对比

本次评价金属损失共475个，通过计算描绘ERF曲线可知(图10)。当前运行条件下管道的金属损失缺陷点均在ERF=1曲线下，即缺陷在可接受范围。

同时，结合金属损失生产速率，采用《压力管道定期检验规则　长输(油气)管道》(TSG D7003—2010)的方法进行预测该集气干线腐蚀剩余寿命，计算确定五年内没有需要维修的金属损失点。具体方法如下：

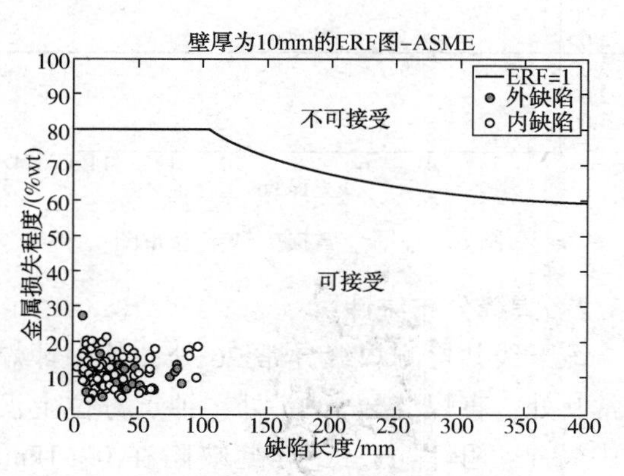

图10　壁厚为10mm的ERF曲线图

$$RL = C \times SM \frac{t}{GR}$$

式中，RL 为管道剩余寿命；C 为校正系数，C=0.85；SM 为安全裕量，$SM = \frac{计算失效压力}{屈服压力} - \frac{MAOP}{屈服压力}$；$MAOP$ 为管道许用压力，MPa；GR 为腐蚀速率，mm/a；t 为名义厚度，mm。

5　结论

通过实施漏磁内检测识别出 575 处管体金属损失缺陷，其中内壁金属损失 374 处，外壁金属损失 101 处；检出焊缝缺陷 26 处。管道金属损失深度大于 20%wt 的点有 7 个，最大金属损失深度达到了管道壁厚的 27.2%，掌握了管道当前的安全状况。通过对管道内、外缺陷分布的统计分析，明确了管道存在内壁腐蚀的情况及腐蚀相对严重的管道区域，为管道后期的完整性管理提供可靠的数据支撑。内检测能够满足管道完整性评价的多种需求，是管道完整性管理的必要手段。

参 考 文 献

[1] 聂炳林，白建平，范建强，等.《油气输送管道完整性管理规范》标准的实施建议[J]. 石油工业技术监督，2018，34(01)：24-26.

[2] 张毅宁，马凤铭. 管道漏磁检测中缺陷分割技术的研究[J]. 科技信息(学术研究)，2008(10)：6-7.

[3] 黄辉，何仁洋，熊昌胜，等. 漏磁检测技术在管道检测中的应用及影响因素分析[J]. 管道技术与设备，2010(03)：17-19.

[4] 金虹. 漏磁检测技术在我国管道腐蚀检测上的应用和发展[J]. 管道技术与设备，2003(01)：43-46.

[5] 李成凯，孙永兴，李潇菲，等. 在线管道缺陷常用检测方法分析[J]. 管道技术与设备，2009(06)：24-26.

油气集输管道完整性管理服务的发展及展望

陶　冶

（大庆油田工程项目管理有限公司）

摘　要　近年来，石油石化企业管道完整性管理技术应用越来越广泛，技术深度及专业化程度也不断加深，但是出于技术开发成本、应用效果综合考虑，发展水平相对不均衡，集输管道完整性管理应用范围及应用效果均落后于长输管道，更多的专业公司进入集输管道完整性管理服务市场符合行业及企业发展需要。本文以开展第三方专业技术服务企业角度，通过分析集输管道完整性管理市场及技术发展趋势，对未来集输管道完整性管理服务市场进行预判，为技术服务企业提供参考。

关键词　集输管道，完整性管理，服务

完整性管理是基于风险的管理模式，对预防和控制风险有着非常重要的作用，自 2016 年以来，我国一直大力推行油气管道完整性管理，石油石化企业基于成本和社会效益综合考虑，优先对长输管道倾斜，造成了集输管道相对落后的不利局面，本文通过对国内集输管道完整性管理市场及服务方式进行剖析，对未来行业发展预测，并提出建议。

1　集输管道完整性管理现状

目前集输管道已建立了安全管理体系和运行管理模式，从设计、施工、投产等环节不断完善，形成了较为合理的模式。但是由于缺乏系统完整性管理及相关技术支持，实际运行时仍存在诸多阻碍。存在的问题主要有以下几方面。

1.1　完整性管理数据缺失较多，恢复难度大

在已开发数十年的油气田，管道建设留存数据与完整性数据管理存在差距，部分数据无法进行利用，而且由于集输管道改扩建频繁，极易造成相关数据的遗失，为数据恢复工作造成困难。

1.2　完整性管理专业技术人员不足

油气田企业虽已按国家要求建立完整性管理机构，缺乏管理组织管理，从事完整性管理的人员大部分是兼职，从业人员大多没有经过专业培训，专业知识储备不足，完整性管理理念理解不深入，业务水平与完整性管理存在差距。

1.3　管道运行风险分析和评价体系建立不完善

集输管道与长输管道相比，还有许多完整性管理技术没有突破，管道检测、评价对技术和数据评价要求较高，由于开展时间短，从业人员普遍缺少经验，缺乏有效风险管理及动态跟踪机制，当运行工况及自然环境因素发生变化时，对风险没有进行系统性综合评价，仍处于经验分析阶段，以定性判断为主，定量分析应用较少，与完整性管理要求存在差距。

2　集输管道完整性管理服务的市场空间与增长情况

2.1　企业需求进一步加强

石油石化企业近年来相继对油气田管道完整性管理提出了近期及长期目标，中石油就规划在 2021 年实现油气田Ⅰ类管道和Ⅱ类管道完整性管理全覆盖，管道失效率同比 2020 年降低 20%，到 2025 年实现油气田Ⅰ类、Ⅱ类以及Ⅲ类管道完整性管理全覆盖，管道失效率在 2021 年基础上再降低 80%，到 2035 年，实现油气田地面生产系统完整性管理全覆盖。随着国家管网公司的成立，原中石油、中石化、中海油原有长输管道相继移交，企业正在对完整性管理关注点逐渐由长输向上游集输转移，势必造成一定程度的市场需求。

2.2　政府监管力度逐步加深

2016 年 10 月，国家发展和改革委员会、国家能源局、国务院国有资产监督管理委员胡、国家质量监督检验检疫总局、国家安全生产监督管理总局联合发文《关于贯彻落实国务院安委会工作要求全面推行油气输送管道完整性管理的通知》后，政府已针对采油厂、管道运行企业开展专项完整性管理检查，并要求企业提供高后果区等完整性管理阶段数据。

2.3　市场发展趋势及企业自身利益驱使

自2015年以来，中石油连续四年每年投入4000万元开展油气田完整性管理试点工程。其中2015—2019年试点工作全部完成，累计产出效益超过10亿元，投入产出比平均超过1∶5，可以发现。从经营效益考虑，开展集输管道完整性管理符合市场发展趋势及企业自身利益。

现集输管道完整性管理市场现仍处于蓬勃发展阶段，随着政府、企业的重视程度的日益加深，完整性管理市场活力将进一步充分释放。

3　集输管道完整性管理服务定位

3.1　完整性服务目标对象

笔者结合近年国内外完整性管理服务企业情况进行调查，初步将完整性服务目标对象可分为运行管理企业、综合运营管理群、运行企业管理部门。

运行管理企业，管道及厂站所属企业，包括管道运营公司、采油厂、采气公司、站场单位(联合站、油库等)。

综合运营管理群，指具备一定功能的集输(油气)管道、站场等整体系统，以各油气田级、管道局企业。

运行企业管理部门，完整性管理的上级部门，进行体系建设类层面的建设及管理，资产运行管理单位或运行实施单位。

3.2　集输管道完整性管理服务内容

集输管道完整性管理服务涉及面较广，部分业务专业性较强，有较高的准入门槛，按服务层级可分为综合运营管理、完整性管理服务、完整性实施服务、完整性评价服务。服务企业可通过建设期附加服务、运营期低价(无偿)服务迅速积累从业业绩和实施经验，收集建设期核心数据及已开展完整性管理数据成果，降低数据收集成本，形成高效运行模式。

3.2.1　完整性管理系统平台运营

完整性管理系统平台运营，是指基于海量的管理数据，研发并运营完整性管理平台(平台的所有者为技术公司)运行企业通过购买服务的方式，获得完整性服务，包括提供数据、评价、技术支持等，生成高后果区识别、风险评价、管道预警等完整性管理服务。

3.2.2　完整性管理过程监督管理

完整性监督管理服务，指受运行单位委托，以控制承包商实施质量为目的，参与承包商的选商、实施过程的监督、获得数据质量评价、报告审核、维修维护管理等环节，为运行企业提供完整性专业技术及管理服务。此种模式类似于PMC、IPMT、CM管理模式，以提供合格完整性管理成果为最终服务表现形式。

3.2.3　完整性管理环节实施

完整性管理环节实施，是指在完整性管理的某一环节以承包商的身份，进行具体的业务实施，包括数据收集、指标制定、内检测、水压测试、维护维修、效能评价等，向发包单位提交数据、报告作为服务表现形式。此模式以具体业务实施为主，覆盖面广，可开展业务种类多，包括数据收集、数据恢复、管道内检测、管道外检测、效能评价、高后果区识别、效能评价、维修维护等。

3.2.4　完整性管理体系评价服务

完整性管理体系评价服务，是指受运行单位委托，针对子公司或者单位管线、站场或某一阶段开展管道使用单位完整性管理审核，并制定针对性的管道完整性管理提升解决方案。

4　开展集输管道完整性管理服务风险分析

4.1　研发风险

中石油将集输完整性管理核心技术树进行梳理，涵盖31类技术，其中引用技术7类，已攻克技术6类，在研技术6类，待攻关技术12类。可以发现，现阶段核心未突破技术为评价类标准的实施。相关评价工具虽已基本确定，但此类技术的研发需要海量的数据及经验积累，且存在因研发周期过长，被其他企业抢先完成成果，进而标准制定的风险(图1)。

4.2　市场风险

完整性管理作为新的管理模式，市场接受是其发展的关键，如何让运行企业积极接受完整性管理模式是市场开发的重要课题。解决完整性服务的切入点是服务企业能否生存发展的前提，完整性管理核心技术非有形的设备，定量及半定量分析技术成果在平台应用及申请专利前，存在泄密的风险。如未能及时占领市场，存在其他企业进入使研发企业处于不利的市场地位。

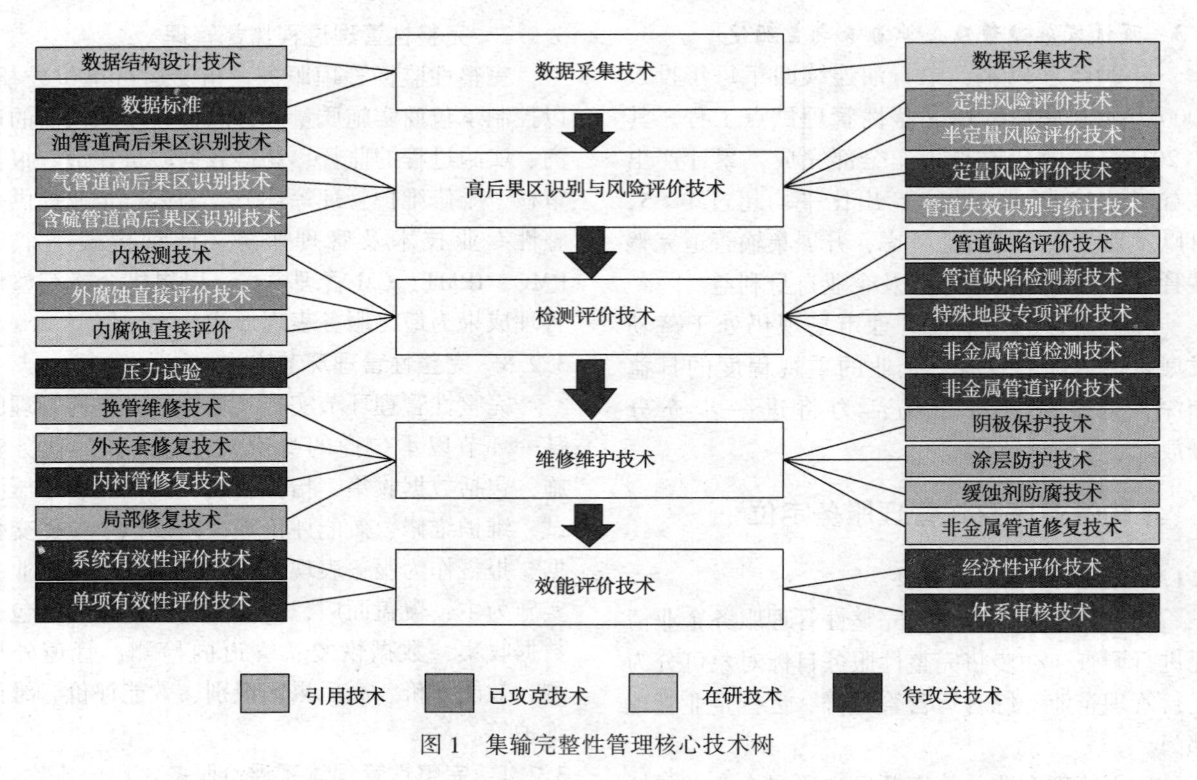

图 1　集输完整性管理核心技术树

4.3　财务风险

研发费用高，回馈慢时财务的最大风险，具备全评价功能完整的管理平台需要结合大数据技术，暨进行海量数据收集越全面，不断修正算法，这往往需要进行长时间的摸索尝试，研发成本高昂。

5　结语

随着国内勘探开发力度的不断加大和油气资源劣质化程度不断加剧，油气田地面系统面临的风险越来越大，传统“被动的抢维修“管理模式不能适应新时代“安全环保”和“提质增效”的要求。开展集输管道的完整性管理已成为整个石油石化行业的共识，与蓬勃发展的集输完整性管理市场相比，我们应该清醒其发展的规律，许多本质性的、对集输管道完整性管理的关键问题亟待研究跟进，本文系统地梳理了集输管道完整性管理的现状、服务模式即风险，以期为未来研究提供有益的启发和借鉴。

参 考 文 献

[1] 黄维和，郑洪龙，吴忠良．管道完整性管理在中国应用 10 年回顾与展望．天然气工业，2012，33(12)：1-5.

[2] 魏衍斌，刘复铭，成真．管道完整性数据管理系统．石油科技论坛，2013(6)：58-59.

[3] 周利剑，贾韶辉．管道完整性管理信息化研究进展与发展方向．油气储运，2014，33(6)：571-576.

[4] 董绍华．四维管理是管道完整性管理发展的必然趋势．天然气工业，2007，27(12)：1-5.

[5] 姚伟．管道完整性管理现阶段的几点思考．油气储运，2012，31(12)：881-883.

[6] GRANT A C，SCOTT J M. ILI tool tolerance and repeatability effect on corrosion growth rates. Proceedings of 8th International Pipeline Conference，Calgary，2010.

[7] API 581—2008 Risk-Based Inspection Technology.

[8] 冯庆善．基于大数据条件下的管道风险评估方法思考．油气储运，2014，33(5)：457-461.

[9] 何利民．油气储运工程施 52[M]．北京：石油工业出版社，2006：22-23.

[10] 董绍华．管道完整性技术与管理[M]．北京：中国石化出版社，2007：15-18.

某跨国管道设计期综合风险评价方法及启示

李 寄 熊 健 何祖祥 蒋庆梅 冯 骋 高显泽 窦宏强

（中国石油天然气管道工程有限公司）

摘 要 在设计期对油气管道进行风险控制，有针对性的建立风险评价模型，从源头保证管道本质安全，有效控制建设期可能产生的各种风险因素，是完整性管理的必要环节。本文以国外某跨国管道为例，通过管道风险评价、社会安全风险评价、征占地风险评价等风险评价手段，结合常规综合经济技术比选，全面探讨了油气管道工程建设期风险评价可能产生的新方向，为今后类似工程提供了可借鉴的经验。

关键词 风险评价，设计期，建设期，完整性管理，油气管道

由于油气管道多埋设于地下，穿越地区广，地形复杂，而且容易受到环境、自然灾害和第三方破坏等各种影响，日常检测也有一定难度，加上油气管道具有易燃易爆和易扩散的特性，使得其一旦发生泄漏或断裂将有可能造成人员伤亡、环境污染、财产损失，使社会生产和国家经济遭受严重破坏，直接影响社会生活安定。如果能够在设计前期就对管道沿线的风险加以预判，准确了解各个薄弱环节，掌握减少风险的最佳时机，采取行之有效的风险消减措施，就可以最大程度上避免各种损失。

建设期管道完整性管理：是指在管道建设期针对以实现管道本质安全为目的的系统管理活动，主要以保证管道运行安全、经济为核心，通过建设期各阶段实施风险识别和评价技术手段，识别出管道今后运行过程中可能发生的风险，并在建设期各阶段就采取合适的风险控制手段，将风险控制在可可控范围，保证管道在整个寿命期内结构和功能完整，实现管道本质安全。《油气输送管道完整性管理规范》和《管道完整性管理规范第5部分：建设期完整性管理导则》，都对建设期风险评价提出了一些要求。针对这些要求，本文就设计期需要进行哪些风险评价进行了深度探讨，并提供了相应的解决方案。

1 项目介绍及特点

1.1 项目概况

该原油外输管道线路经过两个国家，整体呈西北—东南走向，线路总长约1500km。经过初步筛选，需要对比评估下图所示的南线和北线两条路由（图1）。

1.2 本工程风险评价特点

1）跨国管道

管道横跨两国，因为存在不同的法律制度，导致征占地难度等影响建设的因素也不尽相同，有时还存在由于多方利益导致的立场不同而带来的路由选择困难。

2）多约束因子的线路比选

国内大多数项目的线路比选均从合法合规、工程量、投资费用等方面进行比较，但是此次评估项目还加入了社会安全评价、征占地费用及难度风险评价、基于Kent法的设计期管道风险评价等新内容。

3）管道沿线地形、地貌的多样性

工程沿线地形地质条件复杂，因为管线为东西走向，无论选择哪条路由，管道均要经过南北向的东非大裂谷。所经地区地貌有平原、丘陵、山区等多种地形，其中存在多条活动断裂带，而且沿线地震频发，分布有多处火山甚至活火山，以及火山延伸带。

管道沿线无论南线北线方案均要穿越多个自然保护区。此外，南北线分别从大型湖泊南北边缘通过，沿湖分布有大量水系，南北线均需穿越上百公里湿地。

4）大量的GIS数据支持

为进行更加全面和客观的评价，从安全、环保、工程可实施性、经济性、国际声誉影响、运营维护便利等进行全面的分析评价，需要尽可能全面准确的GIS数据支撑。本次工作中建立起空前丰富全面的GIS数据库，在多项风险评价中得到充分应用。

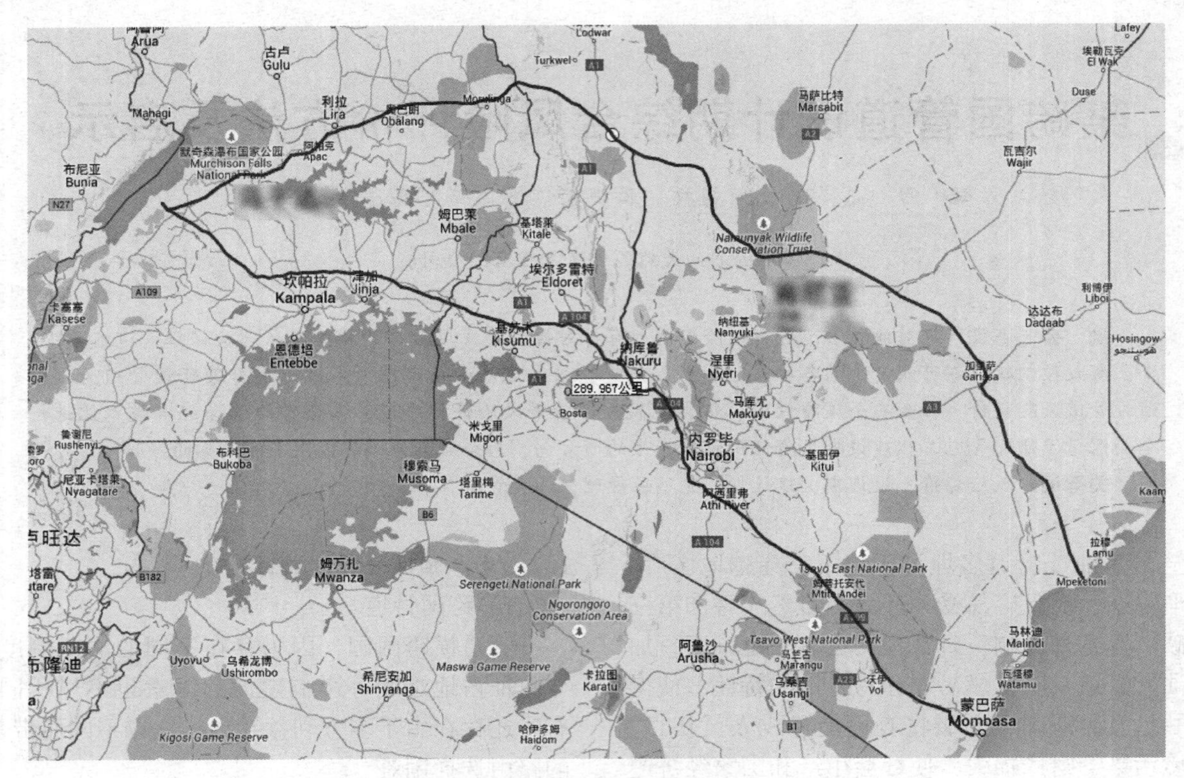

图 1　两条路由的线路走向图

5）线路终点并不唯一

一般的路由设计起终点都是唯一的，本项目虽然只有一个起点，但在比较了沿岸 20 多个终点的各种条件后，因为各有其优缺点，产生了两个终点：其中一个是海岸的大型港口，具有便利的物流交通条件，但人口密度较大；另一个人口密度较低，需要投入大量的基础设施建设。

2　设计期路由评估和风险评价

2.1　设计期完整性管理数据采集

国内常规项目设计多依赖于遥感影像、地形图或者线划专题图，以及现场调研等方式来建立数据系统。

在国外尤其是当工程位于经济落后区域，收集地形图将会非常困难，政府官方网站能够提供的数据也十分有限，许多专题数据也很难获取。本项目通过查阅超过几十家国际组织网站和多个国际基金专项研究网站，基本实现了两条路由多种基础和专题数据的全面覆盖，采集并整理超过 100G 的 GIS 数据，建立起空前完整的数据库。在 GIS 数据收集上，有以下几点问题和建议可供参考，

（1）因为数据来源较纷杂，数据准确性难以甄别，网络下载数据来源的时效性以及可靠性还有待商榷，但是有资料甚于无资料。

（2）数据源需要同时覆盖工程沿线所有国家，如果仅有其中一部分国家，则无法进行横向比较分析，即使是不同数据源的相同专题数据，由于采集和判定方式可能不同，拿来做横向比较也会有失偏颇。

（3）除了上述问题，还有网站被屏蔽无法下载等问题，但通过访问国外网站，确实可以收集到相当多免费数据，然后使用 GIS 软件，可以建立起管道沿线专题数据库。在没有进行现场调研，建设方也无法提供充足可用数据的情况下，该方法可以成为今后国外项目前期工作中数据采集的重要途径。

2.2　基于 Kent 法的设计期管道风险评价

本工程采用肯特法进行了此次管道风险评价。肯特法是国际上使用最广泛的管道风险评价方法，该方法简单易懂，可操作性好，评价周期短；但现有的肯特法仅适用于管道运营期，却并没有应用于建设期的实例。因此，本项目中对肯特法进行了合理改进，弱化运营期采集数据对管道风险的影响，加大建设期的各种风险的影响权重，重新构建了设计期的风险评价体系。

该方法首先按照管径、压力、环境敏感点、穿跨越、人口密集区、地形地貌、地质灾害等要

素对管道沿线进行分段，然后参考《管道完整性管理规范　第3部分：管道风险评价》中各要素打分并进行公式计算，得到整条管道的相对风险，并对南线北线路由方案进行相对风险值的比较，给出风险较低的推荐路由(图2)。

结合得到的风险数值，绘制管道沿线风险分布折线图、风险饼状图和风险对比柱状图(图3、图4)，针对相对高的风险段，并提出了相应的风险减缓措施。

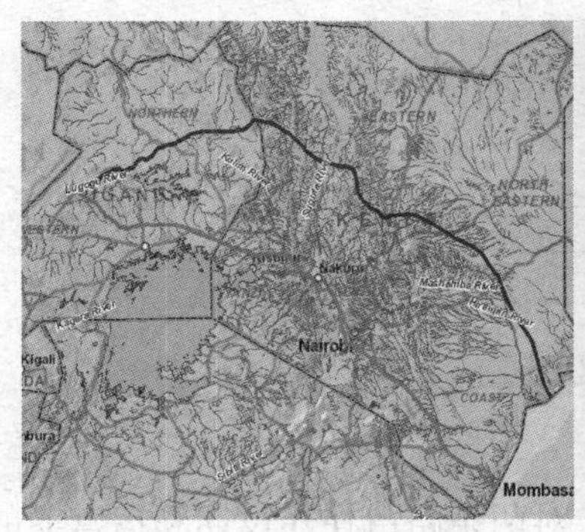

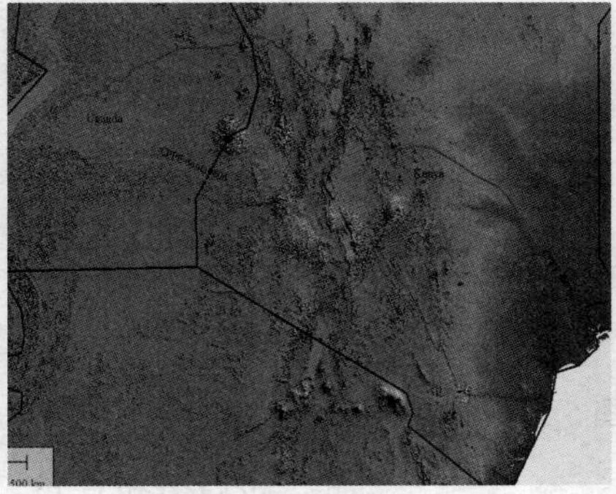
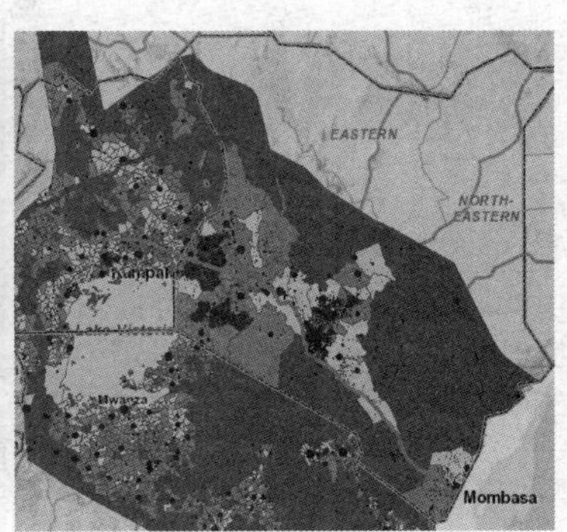

图2　管道沿线各种专题数据(部分)

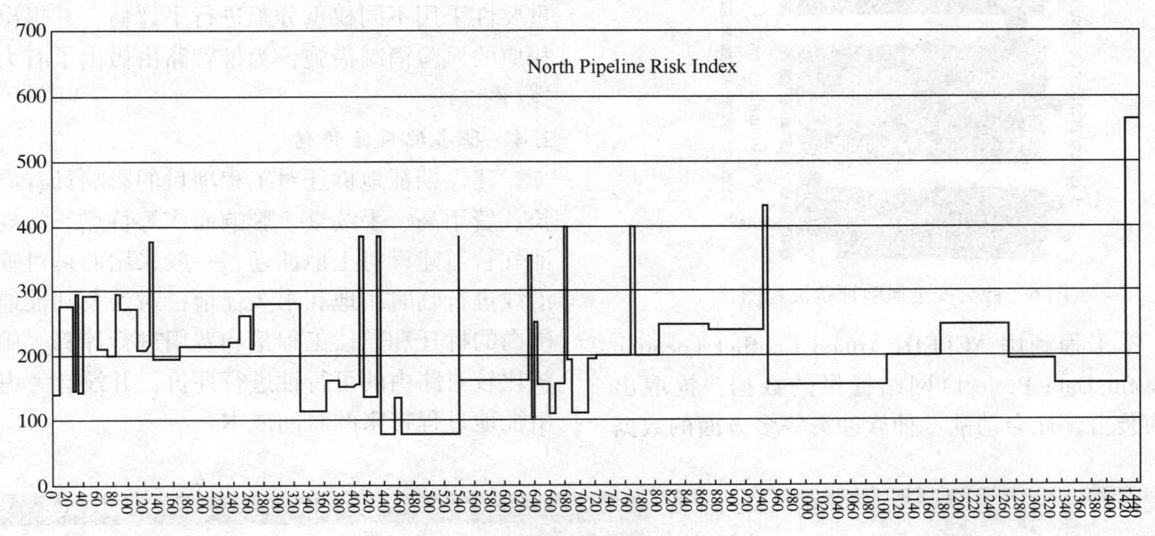

图3　某条路由沿线风险折线图

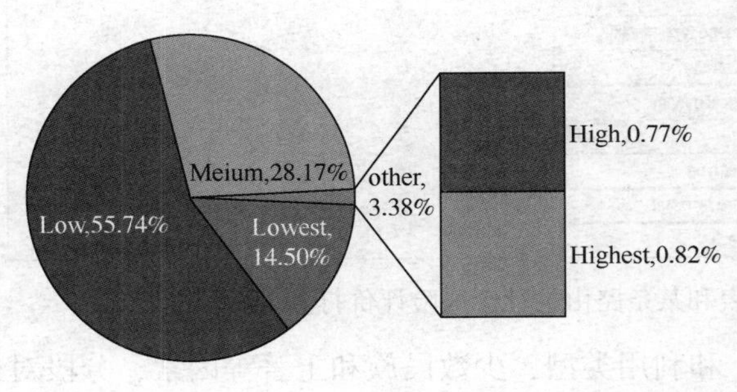

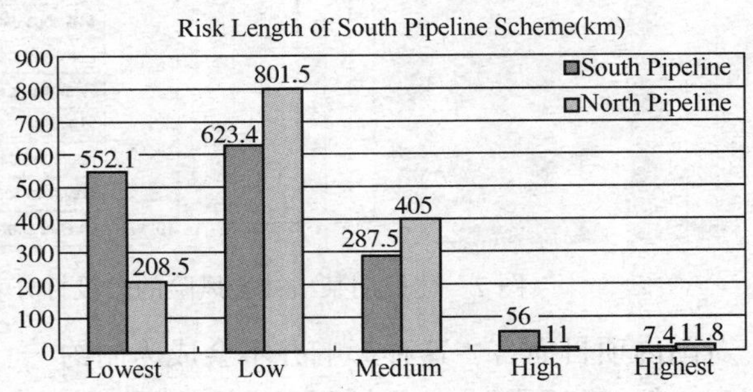

图4　某条路由的风险等级饼状图和两条路由的风险分级柱状图

2.3　社会安全风险评价

油气管道项目在建设期和运营期，会对沿线的土地、环境、规划、安全、交通、水利、农林牧业甚至社会稳定等方面造成各种影响。但以往国内的管道工程评价中，注重的传统的七大评估(包括环境、水土保持、地震、矿产压覆、文物、安全、职业卫生)，对社会安全风险没有明确要求，只有极少数项目开展了此项工作。

但很多国外项目，尤其是位于社会稳定性较差地区的工程，随着不同利益群体和不确定因素的介入，打孔盗油、恐怖袭击、种族冲突、社会动乱等群体事件频繁发生，社会安全风险评价必不可少。因为本工程北线路由有相当一段距离索马里边境不到100km，进行社会安全风险评价在本工程中显得格外重要(图5、图6)。

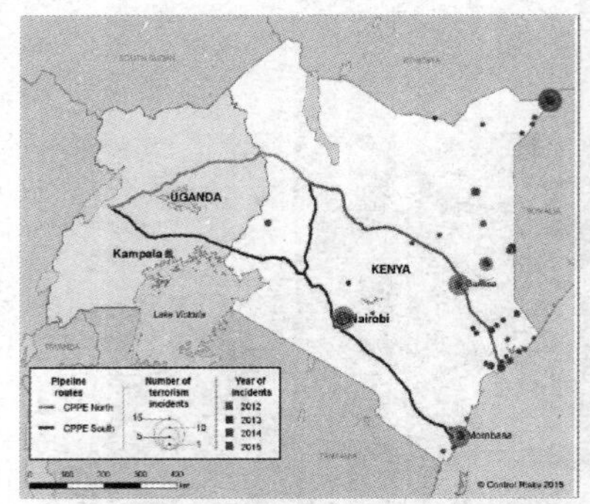

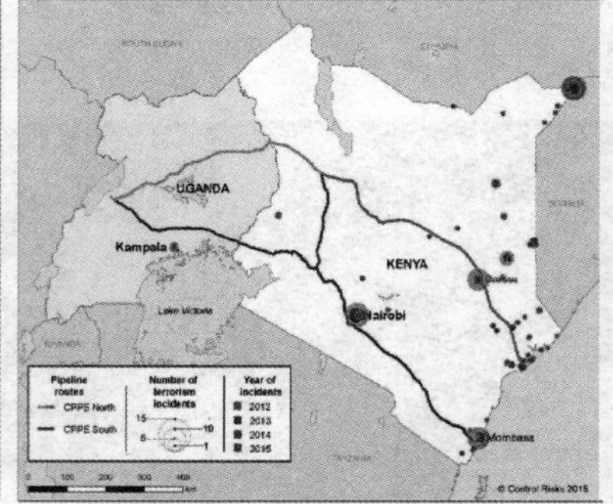

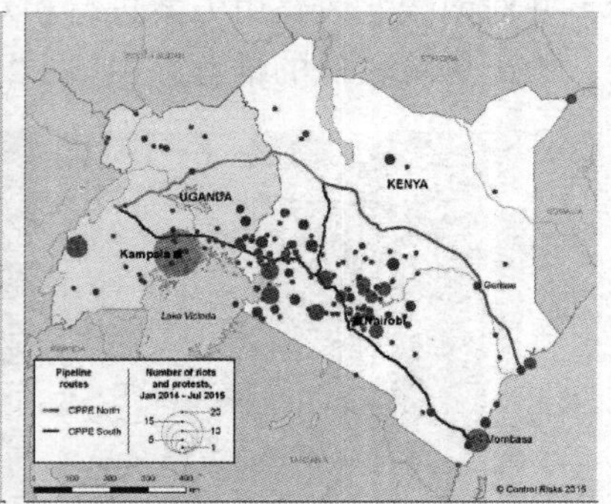

图5　管道沿线社会安全风险事件分布图

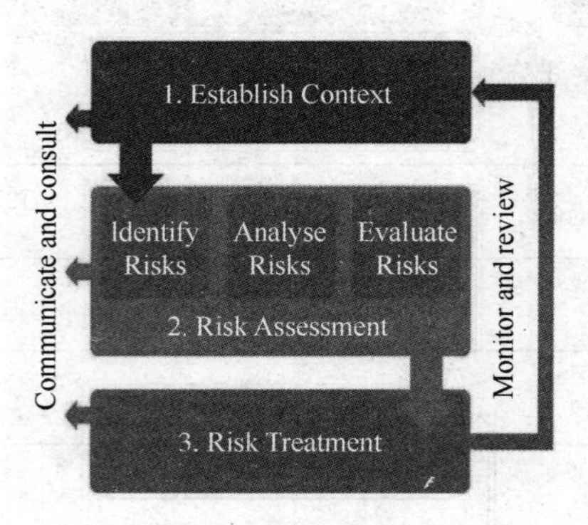

图6　社会安全风险评价流程图

本工程利用ACLED(Armed Conflict Location & Event Data Project)网站提供的数据，提取出恐怖袭击、社会动乱、种族冲突等多方面的数据进行分析评价，对两条路由在建设期和运营期的线路和站场风险值分项进行打分，对风险的相对重要性采用不同权重分配进行了评估，并提出了相应的风险消减措施，为推荐路由做出了有力支撑(图7)。

2.4　征占地风险评估

建设期征地拆迁对工程项目的影响具有周期长、费用高、手续繁、影响面广等特点。常规的油气管道建设对土地征迁，一般采用的是对管道沿线进行临时用地和永久征地，对涉及到征地范围内的拆迁和赔偿工程量和费用进行计算，用经济比较对路由的可行性进行评价，并没有考虑路由征地过程带来的时间成本。

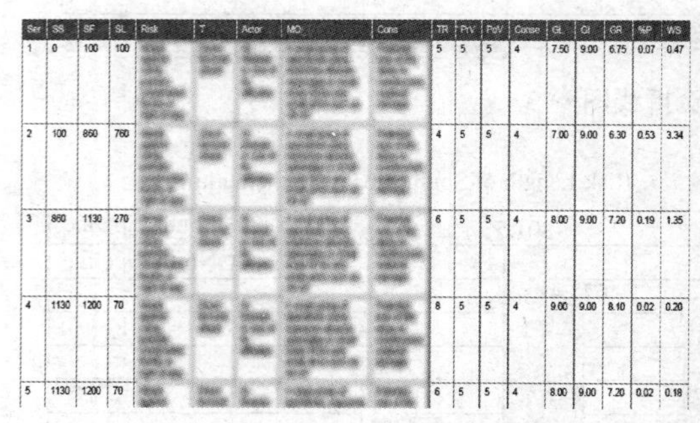

Ser	SS	SF	SL	Risk	T	Actor	MO	Cons	TR	PrV	PqV	Conse	GL	GI	GR	%P	WS
1	0	100	100	[illegible]	[illegible]	[illegible]	[illegible]	[illegible]	5	5	5	4	7.50	9.00	6.75	0.07	0.47
2	100	860	760	[illegible]	[illegible]	[illegible]	[illegible]	[illegible]	4	5	5	4	7.00	9.00	6.30	0.53	3.34
3	860	1130	270	[illegible]	[illegible]	[illegible]	[illegible]	[illegible]	6	5	5	4	8.00	9.00	7.20	0.19	1.35
4	1130	1200	70	[illegible]	[illegible]	[illegible]	[illegible]	[illegible]	8	5	5	4	9.00	9.00	8.10	0.02	0.20
5	1130	1200	70	[illegible]	[illegible]	[illegible]	[illegible]	[illegible]	6	5	5	4	8.00	9.00	7.20	0.02	0.18

	Pipeline	Process station	Block valve station
Terrorism	[illegible]	[illegible]	[illegible]
Strikes, riots and civil commotion (SRCC)	[illegible]	[illegible]	[illegible]
Malicious damage & criminality	[illegible]	[illegible]	[illegible]
Localised instability	[illegible]	[illegible]	[illegible]
Regional political dynamics	[illegible]	[illegible]	[illegible]
Maritime	[illegible]	[illegible]	[illegible]
Score by asset type	[illegible]	[illegible]	[illegible]
Weighted score by asset	[illegible]	[illegible]	[illegible]
Overall score	[illegible]	[illegible]	[illegible]

图7　建设期某项社会风险的分段打分表和某条路由的社会风险评价打分表

对国内项目而言，这种影响并不会成为制约性因素，但对于国际尤其是长距离跨国项目，由于国家法律制度不同、土地私有化等问题，征占地存在很多不确定性因素，少则几个月多则几年的征地时间对一个项目成败来说也是一个重要的风险影响因素。

此次征占地风险评价中，综合考虑了管道沿线国家土地法规、行政区划、人口、土地所有权和利用类型、少数民族和土著等因素，分段对土地单价进行评估的方法，针对两条路从征占地难度、费用(包括管道生命周期内的地役权费用、建设期临时占地的租金、赔偿)、周期3方面进行了综合风险评价，其中费用和周期均给出了定量评估数据，并给出了推荐路由(图8~图10)。

2.5　设计期风险评价的其他内容

除了上述各种风险评价，本工程在执行过程

中，还考虑了以下几方面的影响因素。

(1) 因为管道沿线经过了多处环境保护区、湿地、农用地、所以管道沿线进行了分段式环境评价，给出了在每条路由各个段落中，哪个因素是最重要的环境影响风险点(图11)。

(2) 从施工组织、工期、物流运输、团队管理、国际声誉等全方位进行项目建设风险评价(图12)。

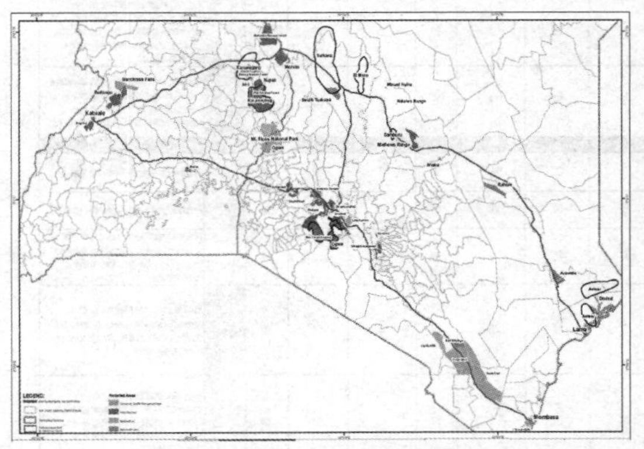

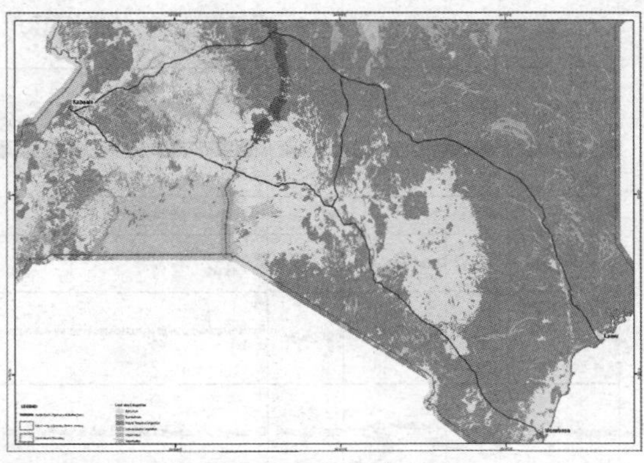

图8　工程沿线行政区划、土著分布、环境保护区、土地利用类型分布

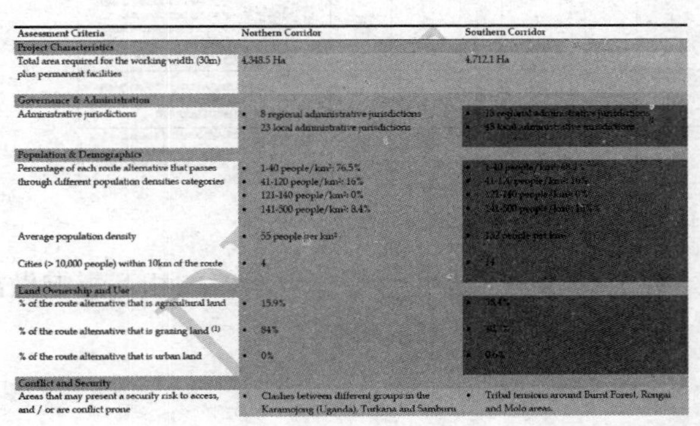

Assessment Criteria	Northern Corridor	Southern Corridor
Project Characteristics		
Total area required for the working width (30m) plus permanent facilities	4,348.5 Ha	4,712.1 Ha
Governance & Administration		
Administrative jurisdictions	• 8 regional administrative jurisdictions • 23 local administrative jurisdictions	• [illegible] regional administrative jurisdictions • [illegible] local administrative jurisdictions
Population & Demographics		
Percentage of each route alternative that passes through different population densities categories	• 1-40 people/km²: 76.5% • 41-120 people/km²: 16% • 121-140 people/km²: 0% • 141-500 people/km²: 8.4%	• 1-40 people/km²: [illegible] • 41-120 people/km²: [illegible] • 121-140 people/km²: [illegible] • 141-500 people/km²: [illegible]
Average population density	• 55 people per km²	• [illegible] people per km²
Cities (> 10,000 people) within 10km of the route	• 4	• [illegible]
Land Ownership and Use		
% of the route alternative that is agricultural land	• 15.9%	• [illegible]
% of the route alternative that is grazing land (1)	• 84%	• [illegible]
% of the route alternative that is urban land	• 0%	• [illegible]
Conflict and Security		
Areas that may present a security risk to access, and / or are conflict prone	• Clashes between different groups in the Karamojong (Uganda), Turkana and Samburu	• Tribal tensions around Burnt Forest, Rongai and Molo areas.

	Year -1				Year 1				Year 2				Year 3				Year 4			
	Q1	Q2	Q3	Q4	Q1	Q2	Q3	Q4	Q1	Q2	Q3	Q4	Q1	Q2	Q3	Q4	Q1	Q2	Q3	Q4
Uganda Northern Route																				
Uganda Southern Route																				
Kenya Northern Route																				
Kenya Southern Route																				

图9　两条路由的30m路权带宽范围内征占地因素比较(部分)和工期评估比较

	Northern Route			Southern Route		
	Uganda	Kenya	Total	Uganda	Kenya	Total
Total Area Permanent Facilities (ha)	[illegible]	[illegible]	[illegible]	[illegible]	[illegible]	[illegible]
Total Area Pipeline Working Width (30m) (ha)	[illegible]	[illegible]	[illegible]	[illegible]	[illegible]	[illegible]
Total Land Area (ha)	[illegible]	[illegible]	[illegible]	[illegible]	[illegible]	[illegible]
Land Acquisition Cost Permanent Facilities, Estimate (USD)	[illegible]	[illegible]	[illegible]	[illegible]	[illegible]	[illegible]
Land Acquisition Cost Working Width, Estimate (USD)	[illegible]	[illegible]	[illegible]	[illegible]	[illegible]	[illegible]
Total Land Acquisition Cost, Estimate (USD)	[illegible]	[illegible]	[illegible]	[illegible]	[illegible]	[illegible]
Surveying(Initial Route Surveying)	[illegible]	[illegible]	[illegible]	[illegible]	[illegible]	[illegible]
Surveying(Final route surveying)	[illegible]	[illegible]	[illegible]	[illegible]	[illegible]	[illegible]
Census and socioeconomic survey	[illegible]	[illegible]	[illegible]	[illegible]	[illegible]	[illegible]
Total Surveying Costs (USD)	[illegible]	[illegible]	[illegible]	[illegible]	[illegible]	[illegible]
TOTAL FOR COSTED ITEMS	[illegible]	[illegible]	[illegible]	[illegible]	[illegible]	[illegible]

图10　两条路由的征占地费用比较

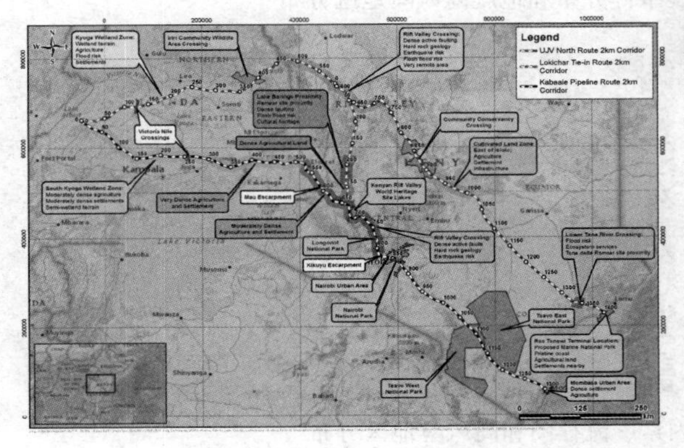

Constraint type	Northern corridor	Southern corridor and Lokichar tie-in route	Comparative Assessment
Physical constraints			
Major faulting zones/Rift Valley crossing	6 / 383km	11 / 777km	The northern route corridor traverses five major faulting zones: a single major fault with scarp crossed by the corridor at its origin, including a secondary fault obliquely crossed between KP29 and 42; a major fault with scarp crossed at KP295; a major fault with scarp crossings at KP 417,427 and 447; the Lokichar main active fault and scarp at KP602-604; and the Kingo-Sogo-Suguta system, whose primary and secondary faults cover KP699-734, 767, 813, 823–826, 858, 880, 886 The corridor also crosses the western shoulder of the Rift Valley, where it traverses significant gain and then loss of elevation over relatively short distance. Geological constraints amount to about 380 km in total length. The southern route traverses eleven major faulting zones, including the areas at: KP27–29; KP80; KP127–135; KP140–198; KP450 with scarp at KP460 and again at KP475; KP568 and 575; KP590, KP595 and KP598; KP686 and KP696 and again close to Lake Elmenteita as the corridor crosses a volcanic area between KP713 and KP720; KP744–774 and again at KP783; KP798–830 and KP852; and KP879, KP889, KP922 and KP952. The Lokichar tie-in route also traverses major active faults which are included in the above list. The southern route traverses a total of 777km of faulting zones, including the Rift Valley Area. Without detailed information about the individual geology of each fault, a comparison of the severity of the constraints in the two corridors is not possible. However, given that the southern corridor crosses faulting zones for more than twice of the length, the northern corridor has fewer constraints in terms of major faulting zones to be crossed.
Total river and stream crossings	83	95	The northern corridor crosses 83 rivers and streams, including several important crossings, such as the Victoria Nile (north of Lake Kygoya), Turkana River, Ewaso Ngiro River and the Tana River. Other Rivers include the Ominyal River, Akokoro River ,Alamachar River, Kerio River and Isiolo River. The area around the Victoria Nile crossing with its many tributaries feeding into it and the Tana River crossing area are particularly sensitive environmental areas in terms of hydrology. The southern corridor crosses 95 rivers and streams, including several important rivers, such as Kafu River, Victoria Nile (south of Lake Kyoga), Nzoia River, Athi River and the Tsavo River. Other major

图11　管道沿线环境敏感程度分段图和评价对比分析表(部分)

Category	Positive/ Negative Impact	Item	Impact	Risk	Likelihood Description	Likelihood Score	Cost Impact Description	Cost Impact Score	Schedule Impact Description	Schedule Impact Score	Priority Score	Rating	Mitigations
Public Relations	Negative	Business Impacts	Cost, Schedule	Business interruption costs associated with construction timing or location	A	20	A	20	A	20	20		Construction schedule unavoidably out of sequence; reroute pipeline to avoid impact of business operations.
Public Relations	Negative	Infrastructure or Transporation Impacts	Cost, Schedule	Impacts on infrastructure or interruption of transportation associated with construction timing or location	A	20	A	20	A	20	20		Construction schedule unavoidably out of sequence; implement alternative construction methods (bore, HDD, etc); reroute pipeline to avoid impact on infrastructure or transportation.
Government Affairs	Negative	Legal and Regulatory Requirements	Cost, Schedule, Sanctions	Failure to identify or understand all relevant environmental and social legal and regulatory requirements that may impact the project.	A	20	A	20	C	80	40		Early review of various host country environmental and social laws and regulations related to the project design, construction, commission, operaton, maintanance, etc.
Government Affairs	Negative	Permits	Cost, Schedule	Failure to obtain permits or significantly delayed permit process.	B	50	A	20	C	80	50		Planning and communication with various permitting agencies early to identify all permits needed and understand all requirements of each permit application.
Environmental	Negative		Cost	Release of hydrocarbons into the environment.	A	20	B	50	B	50	40		Prepare Emergency Response Plan
Environmental	Negative		Cost	Pollution/Contamination exposure	B	50	B	50	B	50	50		Prepare Emergency Response Plan
Environmental	Negative	Water Resources	Cost, Safety, Public Relations	Interruption or Contamination of Surface/Ground/Transboundary Water Ingress	A	20	B	50	B	50	40		Water Ingress Management Plan shall be developed to ensure water ingress is not inturrupted or contaminated during construction.
Environmental	Negative	Protected/Sensitive Areas and Wildlife	Cost, Schedule	Reroutes required to avoid protected/sensitive environmental areas or wildlife.	C	80	B	50	B	50	60		Early identification of all known or potentially protected/sensitive areas and wildlife, as well as early filing of required permit applications.
Environmental	Negative	Protected/Sensitive Areas	Cost, Schedule	Discovery of archaeological artifacts during construction.	A	20	B	50	B	50	40		Early identification of all known archaelogical areas; contingency reroute options analyzed and surplus materials/supplies procured prior to construction.
Environmental	Negative	Construction Method	Cost	Excessive mitigation costs/negotiations.	B	50	B	50	B	50	50		Where possible, pipeline route should avoid environmentally or biologicaly sensitive areas, such as wetlands, riparians, etc., which may require costly construction methods or costly mitigation measures to comply with permit requirements.
Environmental	Negative	HDD Frac outs	Cost, Schedule, PR	Hydraulic fracture releasing drilling fluid into sensitive habitat, which could jeopardize cost, schedule and reputation.	B	50	A	20	A	20	30		Perform thorough geotechnical/geophysical site investigations and include fracture analysis in design SOW
Environmental	Negative	H-test water sourcing and returning	Cost, Schedule, PR	Public likely will percieve risk associated with hydrostatic test water discharge after testing.	A	20	A	20	A	20	20		Formulate and submit a test plan early for comment and discussion to address concerns before testing becomes time-critical

图 12　管道沿线各因素风险评价打分表

(3) 充分利用收集到全球大量的专题数据，做出管道沿线各种地质灾害风险评价，例如滑坡、地震、火山、洪水等自然灾害的风险评估，甚至对动物迁徙和管道建设运营的相互影响做出了分析评估(图 13~图 16)。

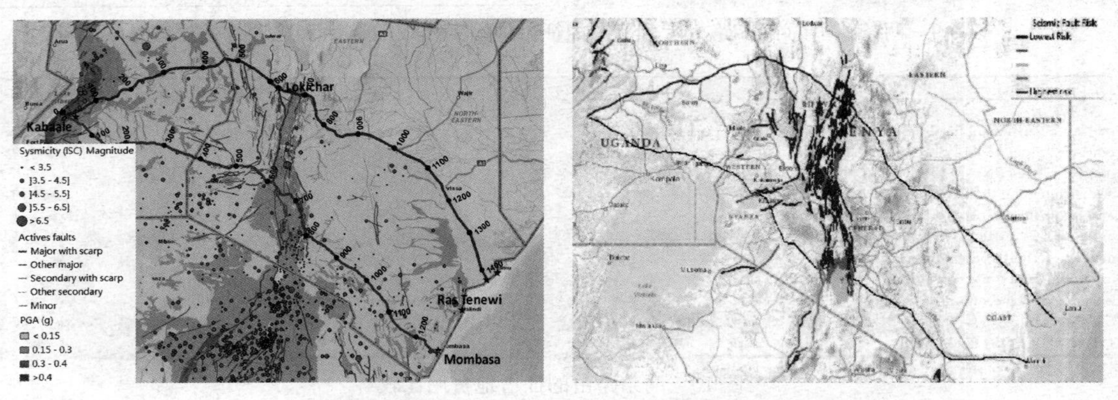

图 13　管道沿线地震断裂带、地震事件分布和地震高风险地区分布

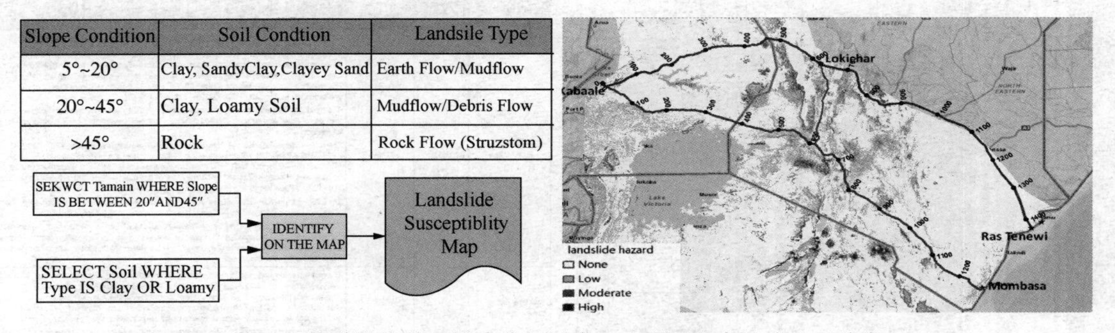

Slope Condition	Soil Condtion	Landsile Type
5°~20°	Clay, SandyClay,Clayey Sand	Earth Flow/Mudflow
20°~45°	Clay, Loamy Soil	Mudflow/Debris Flow
>45°	Rock	Rock FIow (Struzstom)

图 14　管道沿线滑坡风险分析因素、流程图和高风险地区分布

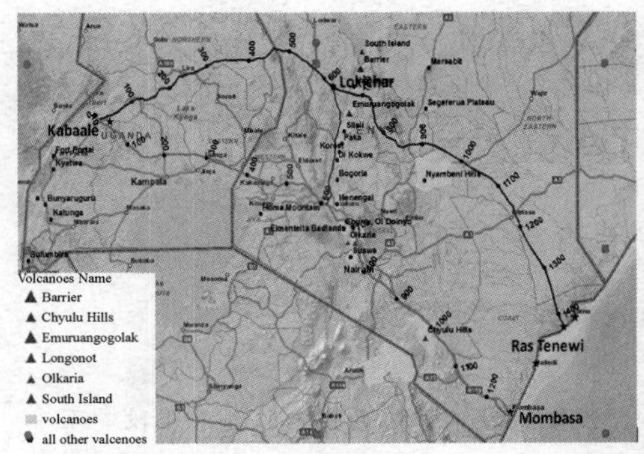

Distance	Type of Hazard	Consequences
500m	●Magma flow ●Pyroclastic Flow	very high risk during construction and operation
1km	●Magma flow ●Pyroclastic flow ●Tephra fall	high risk during construction and operation
2km–5km	●Pyroclastic flow ●Tephra fall ●Volcanic ash	moderate risk during construction, lowerrisk during operation
5km–10km	●Volcanic ash	low risk during construction and operation
10km–25km	●Volcanic ash (rarely)	low risk during construction, no risk to operation

图 15　管道沿线火山分布和属性列表

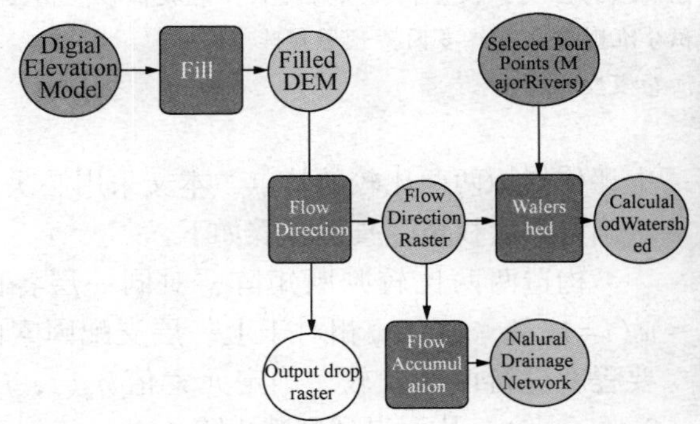

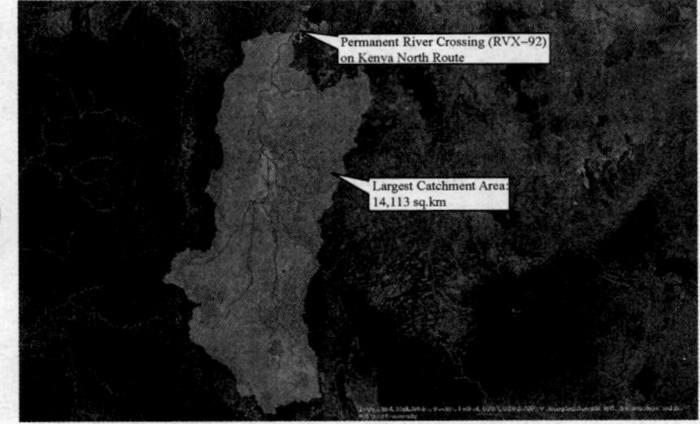

图 16　管道沿线洪水风险评价流程和局部洪水高风险区

（4）针对管道路由所经过国家可谈判相关的优惠条件，例如关税、道路港口机场通行、武装保卫等，也是本工程曾经考虑的风险因素。

3　结论

本文针对某跨国管道工程在路由评估时采用的各种风险评价方法，总结了在设计期数据采集以及各种风险评价的操作方法，提出了项目前期可考虑在可施工性、工期、环境保护、物流运输、国际声誉等全方位进行项目建设风险评价，还可以进行各种自然灾害风险评估，极大的拓展了设计期风险评价的范围，为建设期管道完整性管理的风险评价工作提供了以下启示。

（1）肯特法原本适用于运营期管道风险评价，需要考虑误操作、管道腐蚀等因素，但对于尚处于设计阶段的项目，如果要采用 Kent 法进行风险评价，还需要将运营期参数进行适当调整，对公式进行合理修正，本工作中 Kent 法引入设计前期的风险评价是一次成功的尝试。

（2）随着国际安全形势的不断变化，位于安全分级较低国家和地区的国际项目，油气管道的社会安全风险评价将成为前期设计中的重要内容，也应该引起大家足够的重视。

（3）由于法律制度、土地私有化等问题，国外项目尤其是跨国项目，征占地对整个工程建设费用和周期都会产生重要影响，征占地风险评价需要重点考虑。

（4）基于完整丰富的各种专题数据，可有针对性对管道沿线各种自然灾害进行专题风险评价，例如滑坡、地震、火山、洪水、泥石流、海啸等。

（5）常规国内管道项目中的经济技术比选在国内适用性较好，但在国际项目中，还有更多因素，例如工期、物流、环境保护、国际声誉等都要放到一定的高度去综合考虑。

（6）以上各种工程的风险评价和评估工作，除了需要建立多种多样的评价模型，最重要的是全部依赖于各种专题数据库，故而数据的采集与整理仍旧是所有工作中的重点，数据的全面性、准确性和时效性仍旧是其中的难点。

参　考　文　献

[1] W Kent Muhlbauer，管道风险管理手册[M]．北京：中国石化出版社，2004：594.

[2] 张华兵，程五一，周利剑等，管道公司管道风险评价实践[J]，石油储运，2012，02：96-98，168.

[3] 周立国，王晓霖，齐先志，等，油气管道建设期的风险评价与管理[J]．当代石油石化，2019，27(9)：47-52.

管道类滑坡灾害多因素预警模型研究

韩桂武　剪鑫磊　钟　威　崔少东

（中国石油天然气管道工程有限公司）

摘　要　滑坡严重影响管道安全运营，滑坡类管道灾害的预警预报成为保护管道安全的高效手段。而灾害的影响因素较多，但预警因素相对单一导致预警精度受限。本文以地质灾害风险等级为参考，确定预警指标并根据层次分析法计算各指标权重。其中预警控制项为应变，预警相关项为支护、边坡位移和相关因素。结合相关理论及规范确定指标阈值，最后根据积分准则建立最终多因素预警矩阵。

关键词　管道，滑坡预警，层次分析法，多因素预警模型

管道运输是输送油气的最主要方式之一。我国作为高速发展中大国，截至2017年，中国油气管道总里程已达13.31×10^4km，初步建立的油气管网基本覆盖全国，未来管道建设也将快速发展。我国地形地貌多样，地质构造复杂，管道工程多采用地下浅埋的方式敷设于山间沟谷等无人区，灾害易发性高，特别是滑坡。一旦地质灾害引起管道变形和破坏，轻则停输，重则断管并引发一系列次生灾害，直接或间接造成大量经济损失。如西南某次边坡失稳导致管道破坏，引发泄漏爆炸，造成8人死亡。随着管道及建设所依托地质体的监测与防治被重视，数字化监测技术逐渐成熟并大量实施，地质灾害的预警预报成为管道安全运行的高效手段。而灾害的影响因素较多，但预警因素相对单一导致预警精度受限。鉴于此，本文理清影响滑坡作用下的管道风险的各种因素，并以层次分析法确定各元素权重进而建立管道类滑坡地质灾害多因素预警模型。

1　层次分析法

1.1　建立权重集

在因素集U中，各影响因素u_i相对于评价对象的重要程度是不同的。为了反映各影响因素u_i的重要程度，给每个因素u_i赋予一个相应的权数$w_i(i=1,2,\cdots,n)$，这些权数组成的集合$W=(w_1,w_2,\cdots,w_n)$叫做因素的权重集。因素的权重集应满足归一化条件，即：

$$\sum_{i=1}^{n} w_i=1 \qquad w_i\geqslant 0 \tag{1}$$

常用的确定因素权重的方法有专家评分法、统计实验法和层次分析法等，根据评价指标体系中评价指标两两比较的特点，本文采用层次分析法确定因素权重，具体步骤如下：

构造两两比较判断矩阵，对同一层各因素$u_i(i=1,2,\cdots,n)$相对于上一层支配因素的重要程度进行两两比较，确定元素值$a_{ij}(i,j=1,2,\cdots,n)$，从而得到判断矩阵A：

$$\boldsymbol{A}=\begin{bmatrix} a_{11} & a_{12} & \cdots & a_{1n} \\ a_{21} & a_{22} & \cdots & a_{2n} \\ \vdots & \vdots & \vdots & \vdots \\ a_{n1} & a_{n2} & \cdots & a_{nn} \end{bmatrix} \tag{2}$$

判断矩阵$\boldsymbol{A}$具有如下性质：$a_{ij}>0$，$a_{ij}=1/a_{ji}$，$a_{ii}=1$。

在进行两两比较时，采用saaty提出的“1~9标度法”，它们的含义见表1。

表1　“1~9标度法”标度的含义

分　值	定　义
1	表示两个元素相比，一个元素比另一个元素稍微重要
3	表示两个元素相比，一个元素比另一个元素明显重要
5	表示两个元素相比，一个元素比另一个元素强烈重要
7	表示两个元素相比，一个元素比另一个元素极端重要
9	以上相邻判断的中值
2、4、6、8	若因i比j比较得a_{ij}，因素j与i的比较判断为$1/a_{ij}$
倒数	

1.2　计算各影响因素的权重

这一步要解决某一准则下，n个影响因素素

排序权重的计算问题并进行一致性检验。对 n 个影响因素通过两两比较得到的判断矩阵 $\boldsymbol{A}$，进行解特征根，即：

$$\boldsymbol{A}w=\lambda_{\max}w \tag{3}$$

所得到的 w 经归一化处理后作为各影响因素在该准则层下的权重。在精度要求不高的情况下，可以用近似方法计算 $\lambda_{\max}$ 和 w，步骤如下：

第一步，求判断矩阵每行所有元素的几何平均值 $\overline{w}'_i$：

$$\overline{w}'_i=\sqrt[n]{\prod_{j=1}^{n}a_{ij}} \tag{4}$$

第二步，将 $\overline{w}'_i$ 归一化，计算 w_i：

$$w_i=\frac{\overline{w}'_i}{\sum\limits_{i=1}^{n}\overline{w}'_i} \tag{5}$$

第三步，计算判断矩阵的最大特征值 $\lambda_{\max}$：

$$\lambda_{\max}=\sum_{i=1}^{n}\frac{(\boldsymbol{A}w)_i}{nw_i} \tag{6}$$

式中，$(\boldsymbol{A}w)_i$ 为向量 $(\boldsymbol{A}w)$ 的第 i 个元素。

第四步，计算一致性指标 CI，进行一致性检验：

$$CI=\frac{\lambda_{\max}-n}{n-1} \tag{7}$$

式中，n 为判断矩阵的阶数。计算一致性比例 $CR=CI/RI$，当 $CR<0.1$ 时，判断矩阵满足要求。否则，需要对判断矩阵重新进行调整(表2)。

表2　*RI* 的取值

n	1	2	3	4	5	6	7	8	9	10	11
RI	0	0	0.58	0.94	1.12	1.24	1.32	1.41	1.45	1.49	1.51

2　模型参考

对于土质边坡体的管道灾害风险等级划分和确定基于指标评分法的管道地质灾害风险评价模型是在求得风险概率指数和失效后果损失指数后，建立风险概率指数和失效后果概率指数风险评价矩阵，通过矩阵表示管道地质灾害的风险等级。根据模型可以分析出，风险概率指数范围为0~1，结合管道沿线地质灾害的特点与专家意见，将其划分为低(0，0.1)、较低[0.1，0.2)、中[0.2，0.3)、较高[0.3，0.4)、高[0.4，1)5级；失效后果损失指数范围为0~1450，结合管道沿线地质灾害的特点与专家意见，将其划分为低(0，10)、较低[10，90)、中[90，300)、较高[300，860)、高[860，1450]5级。根据以上分类分级标准，可以得出选取的4个滑坡的风险概率与失效后果损失的等级，通过构建管道地质灾害风险评价矩阵(表3)。

表3　管道地质灾害风险矩阵等级表

后果损失＼风险概率	>0.05	0.1~0.2	0.2~0.3	0.3~0.4	>0.4
0~10	低	较低	中	较高	高
10~90	较低	较低	中	较高	高
90~300	中	中	中	较高	高
300~860	较高	中	较高	较高	高
>860	高	高	高	高	高

借鉴上表，最终判定管道地质灾害风险等级是从风险概率和后果损失两方面来考虑。本文借鉴上述模型，考虑用预警控制项目和预警相关项目共同界定预警级别。

3　建立判定模型

3.1　相关项目分类

地质灾害发生概率和管道失效概率两方面表示管道地质灾害。其中按照重要程度，将预警结果分为4大项：管道应变预警、支护结构预警、滑坡变形预警和相关因素预警。

由于管道的应变预警1项能够直接体现管道的健康状态，因此将此项指标列为控制性预警项目；剩余3项与地灾发生概率相关，列为地灾发生风险概率相关项目。

其中确定预警控制项目1项：管道应变预警；

确定预警相关项目3项，按照重要程度确定权重，权重和100%，每个项目的权值计算参考层次分析法，基于因素的两两对比得到判断矩阵：

$$\boldsymbol{A}=\begin{bmatrix}a_{11} & a_{12} & \cdots & a_{1n}\\ a_{21} & a_{22} & \cdots & a_{2n}\\ \vdots & \vdots & \vdots & \vdots\\ a_{n1} & a_{n2} & \cdots & a_{nn}\end{bmatrix}=\begin{bmatrix}1 & 3 & 5\\ 1/3 & 1 & 3\\ 1/5 & 1/3 & 1\end{bmatrix} \tag{8}$$

进而根据层次分析法(AHP)详细计算步骤，计算得到相关项目分项权值，结果如下。

支护结构，确定权重63%；滑坡变形，确定权重26%；相关因素，确定权重11%。根据项目的不同可能某项目不做预警，则需要将根据权重根据以上的比例分配到其他的相关因素中，保证相关因素的总体权重和100%。

3.2 风险等级分类

风险等级分为4级：高级、较高、中级、低级；对应的预警级别为：红色、橙色、黄色、蓝色。

3.3 预警项目阈值确定

3.3.1 应变(应力)阈值

《管道滑坡灾害监测规范》(QSY 1673—2014)，将计算的监测应力值与允许最大附加轴向应力值的比值(%)和应变增量作为阈值评判标准(表4)。

表4 管道应变(应力)预警项目阈值规定(K_1)

预警等级	注意级	警示级	警戒级	警报级
警报形式	低级	中级	较高	高级
轴向应变占比/%	$\varepsilon<30$	$30\leqslant\varepsilon<60$	$60\leqslant\varepsilon<90$	$\varepsilon\geqslant90$
附加应力占比/%	$\sigma<30$	$30\leqslant\sigma<60$	$60\leqslant\sigma<90$	$\sigma\geqslant90$
得分值	$K_1<0.3$	$0.3\leqslant K_1<0.6$	$0.6\leqslant K_1<0.9$	$K_1\geqslant0.9$
危险性评价	无危险性	低危险性	中危险性	高危险性

注：①轴向应变占比为监测值与最大校核轴向压缩、拉伸应变之百分比；②附加应力占比为监测应力值与最大允许附加应力值百分比；③应变与应力监测值按照苛刻条件进行定级。

3.3.2 支护结构预警阈值

支护结构监测项目主要包括抗滑桩应力、锚杆轴向力、土压力(建议监测被动土压力)等信息，规范没有更详细的监测项目规定和阈值，本文建议以抗滑桩的钢筋应力、锚杆轴向拉拔力和结构体的被动土压力监测为主。以锚杆拉拔力为例，通过计算监测值达到材料极限强度的比例(以百分比表示)，得到结构监测部位的风险等级。对于锚杆锚固力的规定参照不同规范内容。确定支护结构预警项目阈值规定(表5)。

表5 支护结构预警项目阈值规定(F_1)

预警等级	注意级	警示级	警戒级	警报级
警报形式	低级	中级	较高	高级
应力阈值/%	$\sigma<60$	$60\leqslant\sigma<70$	$70\leqslant\sigma<85$	$\sigma\geqslant85$
得分值	$F_1<0.60$	$0.60\leqslant F_1<0.70$	$0.70\leqslant F_1<0.85$	$F_1\geqslant0.85$
危险性评价	无危险性	低危险性	中危险性	高危险性

注：应力阈值为监测值除以材料极限强度应力值的百分比。

3.3.3 滑坡变形预警阈值

滑坡变形监测项目主要包括地表位移监测、深部位移监测、支护变形监测、结构物变形监测等，这也是边坡现场监测最常采用的方法之一，其中以最普遍采用的地表位移监测为例说明预警项目阈值。以改进切线角作为判定标准，明确了改进切线角的计算方法及具体阈值(表6)。

表6 滑坡坡体预警项目阈值规定(F_2)

预警等级	注意级	警示级	警戒级	警报级
警报形式	低级	高级	较高	高级
滑坡速率/(mm/d)	$v<0.3$	$0.3\leqslant v<3.0$	$3.0\leqslant v<15$	$v\geqslant15$
改进切线角/(°)	$\alpha<45°$	$45°\leqslant\alpha<80°$	$80°\leqslant\alpha<85°$	$\alpha\geqslant85°$
得分值	$F_2<0.4$	$0.6\leqslant F_2<0.4$	$0.8\leqslant F_2<0.6$	$F_2\geqslant0.8$
危险性评价	无危险性	低危险性	中危险性	高危险性

注：变形量和改进切线角监测值组合按照苛刻条件进行定级。

3.3.4 相关因素预警阈值

相关因素监测项目主要包括地下水位、降雨量、江河水位等，这是边坡监测的辅助监测项目，其中以降雨量说明该项预警项目阈值。以日降雨量和3日降雨量综合作为判定标准，并给出具体阈值(表7)。

表7 滑坡坡体预警项目阈值规定(F_3)

预警等级	注意级	警示级	警戒级	警报级
警报形式	低级	较高	高级	高级
当日降雨量/mm	<60	60~80	80~110	≥110
3日累计降雨/mm	<100	100~150	150~200	≥200
得分值	$F_3<0.4$	$0.6\leqslant F_3<0.4$	$0.8\leqslant F_3<0.6$	$F_3\geqslant0.8$
危险性评价	无危险性	低危险性	中危险性	高危险性

注：当日降雨量和累计降雨量组合按照苛刻条件进行定级。

3.3.5 积分计算规则

如上所述，预警项目总体分为两类，预警控制项目和预警相关项目。

其中确定预警控制项目1项：管道应变监测值K，总分0~1。

确定预警相关项目3项，按照重要程度确定权重，权重和100%，总分0~1。

支护结构预警，其中测值F_1，权重系数$w_1=0.63$；滑坡变形预警，其中测值F_2，权重系数$w_2=0.26$；相关因素预警，其中测值F_3，权重系数$w_3=0.11$。

预警相关项目总分计算方法为：$F=F_1\cdot w_1+F_2\cdot w_2+F_3\cdot w_3$

需要说明的是，根据项目的不同可能某项监测项目不做预警，则需要将根据权重根据以上的比例分配到其他的相关因素中，保证相关因素的总体权重和100%。

3.4 管道滑坡灾害监测预警等级矩阵

根据预警控制项目和预警相关项目的测值和权重，得到影响因素的得分，之后参照下表确定管道滑坡灾害风险等级(表8)。

表8 管道滑坡灾害预警预警等级矩阵

预警相关项 F / 预警控制项 K	$F<0.53$	$0.53 \leq F<0.66$	$0.66 \leq F<0.83$	$F \geq 0.83$
<0.3	蓝色	蓝色	黄色	红色
0.3~0.6	黄色	黄色	橙色	红色
0.6~0.9	橙色	橙色	橙色	红色
>0.9	红色	红色	红色	红色

4 结论

(1)以管道地质灾害风险等级为模型参考以预警控制相和预警相关相共同建立管道多因素预警模型；

(2)按照因素对管道安全的影响程度，将预警结果分为管道应变预警、支护结构预警、滑坡变形预警和相关因素预警。根据层次分析法计算支护结构权重63%，滑坡位移权重26%，相关因素权重11%。

(3)预警等级为4级，为蓝色、黄色、橙色、红色。

(4)根据相关理论及规范确定了应力应变阈值、支护应力阈值、滑坡位移阈值和降雨阈值。

(5)多因素预警模型中管道应变监测值K，总分0~1。以积分计算原则计算各预警相权重，权重和100%，总分0~1，其中支护结构权重系数0.63，滑坡变形权重系数0.26，相关因素权重系数0.11。

参考文献

[1] 聂中文，黄晶，于永志，等. 智慧管网的建设进展及存在的问题[J]. 油气储运，2020(01)：1-10.

[2] 淦邦. 某原油管道沿线滑坡区安全监测与预警的应用研究[D]. 中国矿业大学，2020.

[3] 丁文洁，张蕾，别凤华，冯春玲，刘同伟. 基于层次分析法的地质灾害易发性评价应用——以日照市为例[J]. 山东国土资源，2020，36(10)：73-78.

[4] 钟威，高剑锋。油气管道典型地质灾害风险性评价[J]. 油气储运，2015.

[5] 李秀明，杨桂芳，等。基于多因素模糊综合评价的地质灾害易发性评价-以湖南省桑植县为例[J]. 国土资源科技管理，2015.

[6] 刘迎春，石云山，等. 基于指标评分法的单体管道地质灾害风险评价-以土质滑坡为例[J]. 天然气技术与经济，2015.

[7] 管道滑坡灾害监测规范(QSY1673—2014).

[8] 岩土锚杆与喷射混凝土支护工程技术规范(GB 50086—2015).

[9] 地质灾害治理锚固工程施工技术规程(T/CAGHP 049—2018).

[10] 崩塌防治工程设计规范(T/CAGHP 032—2018).

[11] 混凝土结构设计规范(GB 50010—2010).

[12] 油气输送管道工程地质灾害防治设计规范(SYT 7040—2016).

[13] 成都理工大学，西南山区管道地质灾害动态预警模型研究，2018，10.

[14] 许强，曾裕平，等. 一种改进的切线角及对应的滑坡预警判据[J]. 地质通报，2009，04.

[15] 李聪，朱杰兵，等. 滑坡不同变形阶段演化规律与变形速率预警判据研究[J]. 岩石力学与工程学报，2016，07.

[16] 温智熊，蓝俊康. 广西龙胜县崩塌和滑坡地质灾害的气象预警预报-与降雨量的关系[J]. 桂林理工大学学报，2018，08.

近岸海底管道的埋深设计、监测和完整性管理探讨

孙晓凌　周大可　刘其民

（中国石油天然气管道工程有限公司）

摘　要　近岸海底管道所处的海洋水动力环境和地质环境比较特殊，且二者之间相互耦合，机理复杂，给管道的安全设计、成本控制和完整性管理带来巨大的挑战。管道的埋深就是长期困扰工程界的一个现实而棘手的问题，它涉及到海洋动力学、地质学、土力学、结构工程、可靠性等多个交叉学科。本文在总结国内外现有研究成果并结合大量的工程实践的基础上，探讨了近岸海底管道在挖沟和回填设计、埋深监测、风险评估、以及灾害控制方面的考虑。

关键词　近岸海底管道，埋深，土壤液化，海床冲刷，风险评估，完整性管理

1　埋深设计

20 世纪 50 年代以来，随着海底管道运营里程的不断增长，世界上关于海管因冲蚀悬空而造成破坏的报道屡见不鲜；我国对渤海埕北油田海底管道的调查亦证明，近岸冲刷现象非常普遍。由于海底水动力环境和地质环境的复杂性，国内外的学者对管道的埋设问题进行了大量的研究并取得了持续性的进展。

工程实践中，为了有效控制建设成本并保证管道的安全，通常采用挖沟埋设的方法。现有规范基本是参考陆上管道的经验，规定了管顶至海床（或者覆土层）的最小距离（厚度）。工程中的常规做法为：一般区域埋设深度不小于 1.5m，航道等重点区域不小于 2.0m，并根据实际土壤特性和工程需要适当增加埋深。

但是，一个安全又经济的管道埋深设计，是需要综合考虑其在施工期和运营期的完整性以及经济性而综合确定的，牵涉工程主体较多，自由裁量空间较大。大量的理论研究和工程经验表明，合理的埋深设计需要满足以下条件。

（1）防止因海床运动（如冲淤，沙波等）而引起管道大面积裸露。

（2）防止因局部冲刷而引起管道下部掏空、悬跨或者屈曲。

（3）防止因意外载荷（如落锚，渔网拖挂等）的冲击而造成管道损伤。

（4）防止因周期性载荷（如波浪、地震等）引起土壤液化进而导致管道的上浮或下沉运动。

因此，管道应该被埋设于不发生冲淤运动、局部冲刷、土壤液化以及锚击损害的海床深度以下。但是，由于上述各类风险因素的随机性以及工程建设成本的限制，这样的要求无论在理论上还是实践上都面临巨大的挑战。

实践表明，综合考虑上述因素后的一个理想的挖沟埋设设计见图 1，它包括稳定的沟型，沟底垫层，中间填充层，上部过滤层以及泥面防护层。

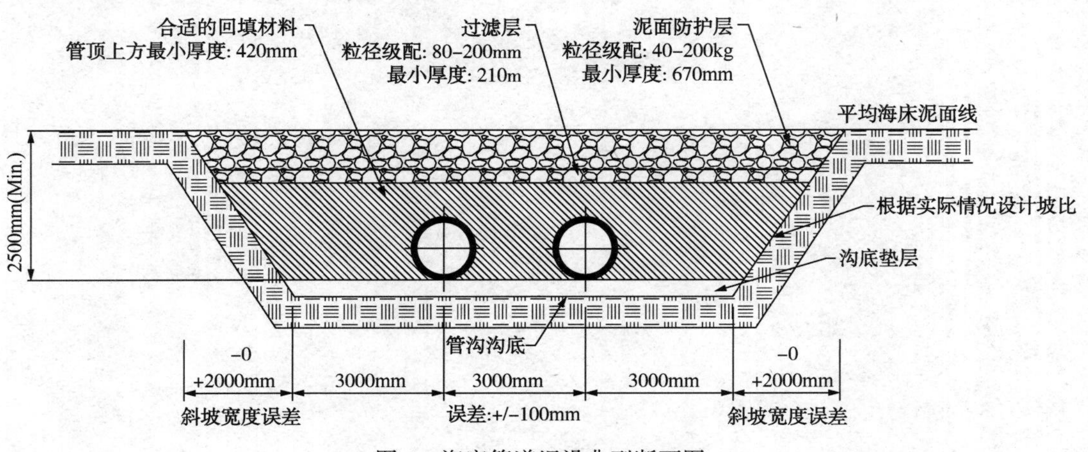

图 1　海底管道埋设典型断面图

2 埋深监测和评估

过去由于勘测手段的限制、长期观测资料的缺乏、过度简化的设计方法以及工程建设成本的限制，使得近岸海底管道的埋深状态在运营期间是否足够安全常常面临以下几个方面的较大不确定性。

(1) 浅水和近岸区域水动力环境的变化。

(2) 波浪循环载荷或者地震载荷作用下的土壤液化。

(3) 海床冲淤、局部冲刷和管道悬跨状态的变化。

(4) 相关海域通航状况的重大变化。

例如，胜利埕岛油田海区的海床主要是冲积的粘土质粉沙，地形地貌与地层上表现出明显的不稳定性，水下岸坡的冲淤转换基点应在10~12m水深附近。大部分区域的平均每年冲刷量为20~30cm，有的区域甚至达到30~40cm。这种不稳定的海床对管道的埋深设计以及运营期的完整性监测均提出很高的要求；册子岛-镇海海底管道所处海域的海床演变原本已经处于冲淤平衡状态，但是后来由于周边几个大型围堰和围垦工程的相继建成，区域内流速和潮量受到很大影响，海域呈现出近岸淤积，累积性冲淤，局部水域冲淤幅度较大等新的特点，导致管道在2017年发生悬跨长度超限的险情；今年，缅甸石油公司一条连接海洋平台和陆上接收站的天然气管道，在70km长的挖沟埋设段发现多达120处悬跨超限，需要紧急治理。

以上案例说明：目前针对近岸海底管道的埋深设计存在明显的安全性不足，很多有利或者不利的设计因素被简化甚至忽略；这种情况下，管道运营期的埋深监测、评估和及时修复显得非常重要，相关的风险检测技术和实时监测技术也需要业界各相关方协同解决。

2.1 近岸水动力环境

波浪从深水区逐渐传播到浅水区和近岸的时候，由于受到海底地形阻力以及海岸线的影响，会发生一系列的变化，比如变形、破碎、反射和岸流等(图2)。这些新的现象都对近岸海底管道的安全运营产生不同程度的影响，设计阶段需要合理计及，运营阶段的环境参数监测，也要根据上述特征有效布放各类传感器。

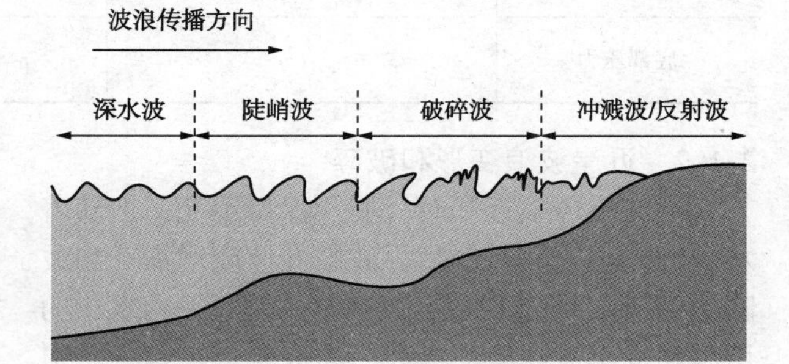

图2 近岸波浪的演化过程

2.1.1 浅水波浪参数

海底管道的工程实践中，海底附近的波浪质点速度、加速度和动水压力是最重要的环境参数。不同水深和波高条件下，可以根据规范选择不同的波浪理论来计算[9]。经验表明，流函数或者椭圆余弦波理论更加适用于近岸和浅水区域的波浪。实际工程中，被广泛使用的还是线性艾里波理论，公式在不同的水深处有一定程度的简化[10](表1)。

表1 线性艾里波计算公式

相关深度	浅水区	中等水深	深水区
	$\frac{d}{L}<\frac{1}{25}$	$\frac{1}{25}\leqslant\frac{d}{L}\leqslant\frac{1}{2}$	$\frac{d}{L}>\frac{1}{2}$
波形	$\eta=\frac{H}{2}\cos\left(\frac{2\pi x}{L}-\frac{2\pi t}{T}\right)=\frac{H}{2}\cos\theta$	$\eta=\frac{H}{2}\cos\left(\frac{2\pi x}{L}-\frac{2\pi t}{T}\right)=\frac{H}{2}\cos\theta$	$\eta=\frac{H}{2}\cos\left(\frac{2\pi x}{L}-\frac{2\pi t}{T}\right)=\frac{H}{2}\cos\theta$
波速	$C=\frac{L}{T}=\sqrt{gd}$	$C=\frac{L}{T}=\frac{gT}{2\pi}\tanh\left(\frac{2\pi d}{L}\right)$	$C=C_0=\frac{L}{T}=\frac{gT}{2\pi}$
波长	$L=T\sqrt{gd}=CT$	$L=\frac{gT^2}{2\pi}\tanh\left(\frac{2\pi d}{L}\right)$	$L=L_0=\frac{gT^2}{2\pi}=C_0T$
群速	$C_g=C=\sqrt{gd}$	$C_g=nC=\frac{1}{2}\left[1+\frac{4\pi d/L}{\sinh(4\pi d/L)}\right]C$	$C_g=\frac{1}{2}C=\frac{gT}{4\pi}$
水质点速度(水平)	$u=\frac{H}{2}\sqrt{\frac{g}{d}}\cos\theta$	$u=\frac{H}{2}\frac{gT}{L}\frac{\cosh[2\pi(z+d)/L]}{\cosh(2\pi d/L)}\cos\theta$	$u=\frac{\pi H}{T}e\frac{2\pi z}{L}\cos\theta$

续表

	浅水区	中等水深	深水区
相关深度	$\frac{d}{L}<\frac{1}{25}$	$\frac{1}{25}\leqslant\frac{d}{L}\leqslant\frac{1}{2}$	$\frac{d}{L}>\frac{1}{2}$
水质点速度(垂直)	$w=\frac{H\pi}{T}\left(1+\frac{z}{d}\right)\sin\theta$	$w=\frac{H}{2}\frac{gT}{L}\frac{\sinh[2\pi(z+d)/L]}{\cosh(2\pi d/L)}\sin\theta$	$w=\frac{\pi H}{T}e^{\frac{2\pi z}{L}}\sin\theta$
水质点加速度(水平)	$a_x=\frac{H\pi}{T}\sqrt{\frac{g}{d}}\sin\theta$	$a_x=\frac{g\pi H}{L}\frac{\cosh[2\pi(z+d)/L]}{\cosh(2\pi d/L)}\sin\theta$	$a_x=2H\left(\frac{\pi}{T}\right)^2e^{\frac{2\pi z}{L}}\sin\theta$
水质点加速度(垂直)	$a_z=-2H\left(\frac{\pi}{T}\right)^2\left(1+\frac{z}{d}\right)\cos\theta$	$a_z=-\frac{g\pi H}{L}\frac{\sinh[2\pi(z+d)/L]}{\cosh(2\pi d/L)}\cos\theta$	$a_z=-2H\left(\frac{\pi}{T}\right)^2e^{\frac{2\pi z}{L}}\cos\theta$
水质点位移(水平)	$\xi=\frac{HT}{4\pi}\sqrt{\frac{g}{d}}\sin\theta$	$\xi=-\frac{H}{2}\frac{gT}{L}\frac{\cosh[2\pi(z+d)/L]}{\sinh(2\pi d/L)}\sin\theta$	$\xi=-\frac{H}{T}e^{\frac{2\pi z}{L}}\sin\theta$
水质点位移(垂直)	$\zeta=\frac{H}{2}\left(1+\frac{z}{d}\right)\cos\theta$	$\zeta=\frac{H}{2}\frac{\sinh[2\pi(z+d)/L]}{\sinh(2\pi d/L)}\cos\theta$	$\zeta=\frac{H}{2}e^{\frac{2\pi z}{L}}\cos\theta$
底部压力	$p=\rho g(\eta-z)$	$p=\rho g\eta\frac{\cosh[2\pi(z+d)/L]}{\cosh(2\pi d/L)}\rho gz$	$p=\rho g\eta e^{\frac{2\pi z}{L}}\rho gz$

2.1.2　近岸波浪变形和破碎

当波浪传至近岸时，周期保持不变，但随着水深的减小，波长变短，波高和波陡增加。当波陡达到极限时波浪发生破碎，并引起平均水位的增高和近岸流现象。为此，海底管道工程中，引入浅水变形系数来反映近岸波浪相对于深水波浪的变化。多个国际项目的实测数据也表明，由于海底摩擦力的作用，经过演化后的近岸波的海底流速可以有20%~25%的折减。

$$H=H_0K_s \tag{1}$$

其中：$K_s=\sqrt{\frac{1}{\left(th\frac{2\pi d}{L}\right)\left(1+\frac{\frac{4\pi d}{L}}{sh\frac{4\pi d}{L}}\right)}}$

式中，L为波长；d为水深。

破碎波的水深及波高，可参考美国海岸保护手册或我国的港口与航道水文规范，按下式计算：

$$\frac{H_b}{H_0'}=\frac{1}{3.3(H_0'/L_0)^{1/3}} \tag{2}$$

$$\frac{d_b}{H_b}=\frac{1}{b-(aH_b/gT^2)} \tag{3}$$

其中：　$a=43.75(1-e^{-19m})$

$$b=\frac{1.56}{(1+e^{-19.5m})}$$

式中，H_0为深水波高(未发生波浪折射现象)；H_b为破碎波高；d_b为破碎波水深；m为近岸浅滩斜率；a，b均为近岸浅滩斜率m的函数。

2.2　近岸海底地质环境

在水动力载荷的复杂作用下，近岸的海底地形和地质情况也是千差万别，冲淤和冲刷演变，沙波沙脊地形等时有发生。在这类区域铺设管道，安全性上要求其埋藏深度应设在各种运移活动层之下。此外，由于恶劣的海洋环境和海床多粉沙质表层，台风、波浪或者地震都可能引起海床土壤的瞬时或者累积液化，进而引发管道上浮或者下沉险情。这些无法避免的风险均应该在设计和运营的完整性管理阶段加以识别并通过一定的作业规程合理监测。

海洋物探勘测技术，包括多波束、侧扫声纳和浅剖等，是目前成熟有效的获得和监控相关海域内水深变化、地形变化、冲刷淤积以及管道的位置和埋藏状态的方法和工具。

2.2.1　土壤液化

覆土层的重量和抗剪强度对近岸埋地管道起着锚固作用。如果是原状土回填，当孔隙渗漏液进入覆土层内，这种沉积物可能会发生不同程度的液化。一旦管线的比重小于周围介质的比重，它就会浮到土-水界面处呈漂浮状态，也就直接暴露在波浪的水动力作用之下；或者当大深度的液化发生后，管道因底部和侧部失去支撑可能会发生局部下沉、侧移进而导致过度变形。

在台风或者地震多发区域，海床瞬时液化现象对管线的安全影响巨大。工程上一方面要求施加一定的安全设计准则，比如1000年波浪载荷或者500年的地震载荷下埋设管道可保持稳定；另一方面也需要在极端事件发生后及时进行完整性检测和调查工作。地震载荷作用下的海床液化机理相当复杂，与陆上土壤有所不同[6]，工程应用上可参考陆上建筑的抗震设计，采用半经验的方法评估海床的液化可能性、可液化深度以及相应的安全系数。

在浅水区域，海底水压力是一种随着波浪周期性波动的变量。这种周期性的剪切应力作用在含水土壤内，孔隙压力会随着载荷周期增高直到产生液化。因此，波浪循环载荷作用下沙质土壤的累积液化是设计和运营阶段应该考虑的重要内容之一，累积液化深度可参考东京大学 Kenji Ishihara 教授的方法进行计算。

2.2.2　海底冲刷

对于埋设管道，根据海底沉积物的运移规律可以合理评估冲刷深度进而估算管道裸露的时间；对于裸置管道，底床冲刷现象非常普遍，比如，东方 1-1 海底输气管道在 2007 年曾发现了百余个管下冲刷坑，且规模不断扩大，严重影响管道安全。

许多学者对海底管道周围底床冲刷机理做了大量研究，发现管道前后的压力差产生的下方渗流是冲刷的主要原因，它给沉积物一个向上的升力并导致沉积物失稳。海底冲刷过程中泥沙运动形式主要为悬移质，而较粗的颗粒滞留海底，从而使管道周围底质不断粗化。台风是管下冲坑的主要动力机制。

工程上应用上，Kjeldsen 等、Bijker and Leeuwestein[17] 和 Fredsce J 等[18] 提出了海底管道周围最大冲刷深度经验公式如下：

$$S=0.972\left(\frac{U^2}{2g}\right)^{0.2}D^{0.8} \tag{4}$$

$$S=0.929\left(\frac{U^2}{2g}\right)^{0.26}\frac{D^{0.78}}{d_{50}^{0.04}} \tag{5}$$

$$S/D=0.6\pm0.01 \tag{6}$$

式中，U 为海底至管顶未扰动流流速；g 为重力加速度；D 为管径；d_{50} 为中值粒径。

2.2.3　回填设计

理论上，应对土壤液化或者海床冲刷的回填设计可以有以下几种方法。

（1）原土回填，把管道埋设在可液化土壤深度以下。但是，此方案通常面临成本挑战。

（2）选用不受液化作用影响的回填料，即适当粒径的粗砂、碎石等。方案需要详细的设计和计算(图 1)。

（3）保证管道的设计容重 SG 永远等于液化土壤的容重，既不会上浮也不会下沉。此方案基本不具有实际可操作性。

美国近岸工程抛石保护手册详细论述了海洋工程领域抛石保护设计的基本理论。稳定的抛石保护层的设计要求为：

$$\tau_a \leqslant \tau_{CR} \tag{7}$$

使用 Shields 准则计算给定回填物料的临界剪应力：

$$\tau_{CR}=\frac{(\rho_r-\rho_W)gD_{n50}\varphi_{CR}}{k_{TOT}} \tag{8}$$

式中，τ_{CR} 为回填物料的临界剪切应力；ρ_r 为回填物料的密度；ρ_w 为海水密度；D_{n50} 为回填料名义粒径；g 为重力加速度；φ_{CR} 为 0.03；k_{TOT} 为边坡折减系数；a 为边坡角度；j 为保护层边坡角度。

波流作用引起的海底实际剪应力：

$$\tau_a=\rho_w\frac{gU^2}{C^2}+\frac{1}{2}\left(\frac{f_w\rho_w U^2}{2}\right) \tag{9}$$

式中，τ_a 为波流作用剪应力；C 为 Chezy 系数，18lg10；d 为水深；k_s 为 Nikuradse 粗糙度长度；U 为海底流速；U_o 为波浪速度；f_w 为波浪相关摩擦系数。

2.3　风险设计和管理

近岸海底管道埋设的另一个重要目的是为了保护管道不受意外载荷(比如落锚、渔网拖挂等)的冲击而发生损坏。根据工程的不同阶段和特点会分别采用确定性方法或者基于风险的方法进行评估和设计。由于该类载荷具有低频率和高后果的特性，考虑建设成本，管道埋设通常不会被设计成可以完全抵抗全部载荷，而是要根据失效概率进行相应程度的载荷折减。

基于风险的设计很大程度上依赖于各类风险事件在一个较长的时间尺度里的统计特性，比如出现频率、掉落速度、碰撞能量等。世界各地的组织在这方面做了很多有益的工作，通用数据库有：PARLOC、CONCAWE、EGIG、UKOPA 以及著名的 WORD。各大油气公司在运营期间也都会进行各种数据的日常积累工作。然而，实际工程中，有效数据的获得对设计人员来说依旧是个很大的难题。比较好的经验是业主在项目早期便针对项目所处的海域从企业内、外部收集这类风险数据，以作为整个项目的基础条件供各方遵守。

另外，近岸海底管道在建成运营之后，所处海域因规划或者其他原因可能会发生通航状况、渔业活动情况等重大改变，因此，落锚或者拖挂等意外事件的风险也就随之发生改变。这种情况下，管道基于风险的埋设设计的安全性会受到不同程度的影响。如何管理和控制这类风险，需要运营单位在监测手段、评估方法和其他一系列的完整性管理技术上面不断提高。

3　缓解和治理

埋设保护设计得不充分，近岸海底管道在运营过程中一旦发生上浮、侧移或者悬跨等突发状况，其便直接暴露在海底水动力载荷的直接作用下，很容易因强度或者疲劳而快速破坏。

运营期的完整性管理，一方面要求必要的监测手段能够及时发现上述异常（比如足够的检测频率），另一方面要求能够及时对异常情况做出临时或者永久性的修复。由于海上施工的复杂和昂贵，首先需要对文中所述的各类风险做细致的评估，然后根据评估结论采取相应的监测和工程修复方案。

典型的缓解措施包括：①抛填沙袋；②机械支墩；③重新挖沟填埋。

工程实践表明，不同的治理方案均存在着不同的局限性，施工前需要根据实际工程条件进行详细的评估和设计。目前，国际上比较流行的悬跨治理手段是采用特种吹扫设备 MFE（Mass Flow Excavator）进行的管道下沉作业，特点是经济高效，尤其适合长距离、大范围的多悬跨治理作业。下沉法与支撑法的工程效果见图 3。

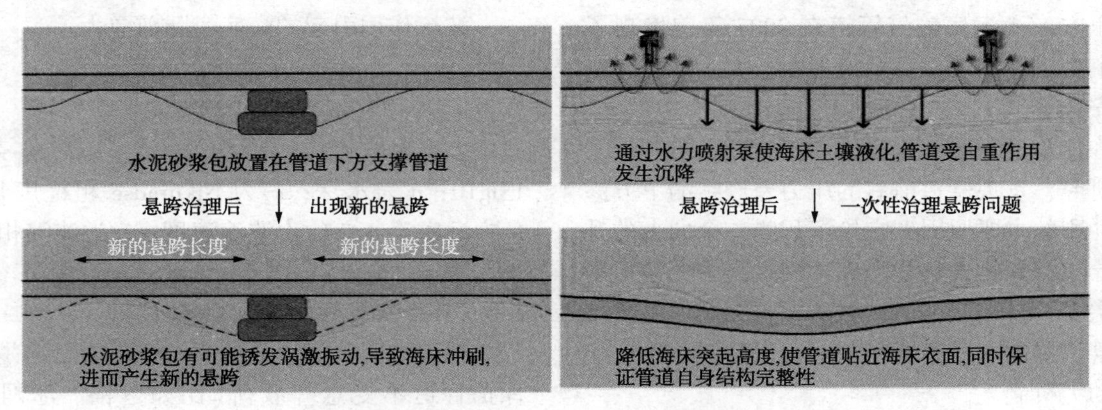

图 3　抛填沙袋（左）和管道下沉（右）悬跨治理效果对比

4　结论

近岸海底管道的埋深，需要根据项目要求达到其安全性和经济性的平衡。它涉及多个交叉学科，机理比较复杂，本质上是一个如何处理风险的工程问题。因此，管道运营方、设计和施工建造方需要协调认识，一方面提高设计的科学有效性，另一方面加强在各个工程阶段的完整性管理能力，重点体现在以下几个方面。

（1）浅水区域水动力环境特殊，波浪特性发生大的改变。前期的数值推演计算和后期环境参数监测，可以互相验证，提高设计精度从而降低项目风险和成本。

（2）浅水区域海底地质条件复杂，泥沙运移、土壤液化、底床冲刷等现象较为普遍。工程上需要有效考虑上述因素，整体上提高管道埋深设计的安全标准。

（3）运营过程中，近岸海底管道面临的风险时有变化，其安全性也随之改变。如何科学管理这些风险，需要运营方在不断发展有效监测手段的同时，加强风险评估、应急响应、灾害缓解等方面的技术和管理能力。

参　考　文　献

[1] 孙惠. 埕岛油田海底管线的设计建设与维护[J]. 油气田地面工程，2001，7，20(4).

[2] Guide for Building and Classing Subsea Pipeline Systems [S]. ABS，2006(5).

[3] Petroleum and natural gas industries-Piping[S]. ISO 15049-2001.

[4] 海底管道系统规范[S]. 中国船级社.

[5] 滩海管道系统技术规范[S]. SY/T 0305—2012.

[6] Yu Huang. Features of Earthquake-induced Seabed Liquefaction[J]. Marine Science and Engineering，2020，8，310.

[7] Jun Zhang. Experimental Study on Mechanism of Wave-Induced Liquefaction of Sand-Clay Seabed[J]. Marine Science and Engineering，2020，8，66.

[8] 金犇. 册子岛-镇海海底冲淤变化及其输油管道状态

分析[J]. 水利水电快报，2019，40(8).
[9] Planning. Designing, and Constructing Fixed Offshore Platforms-Working Stress Design[S]. API RP 2A, 2014.
[10] Shore Protection Manual[S]. US Army Corps of Engineers, 1984.
[11] 港口与航道水文规范[S]. JTS 145—2015.
[12] I. M. Idriss and R. W. Boulanger. Semi-Empirical Procedures for Evaluating Liquefaction Potential During Earthquakes[C]. 11th ICSDEE & 3rd ICEGE, pp 32-56.
[13] Kenji Ishihara. Analysis of Wave-Induced Liquefaction In Seabed Deposite of Sand[J]. Jananese Society of Soil Mechanics and Foundation Engineering, Vol. 24, No. 3, 85-100.
[14] 阎通. 埕北海域海底管线冲刷稳定性分析[J]. 青岛海洋大学学报，29(4)721-726.
[15] 徐继尚. 粘性海床管道冲刷、自埋和安全评估[D]. 青岛：中国海洋大学，20090601.
[16] Kjeldsen S P, Gjcrsvik O, Bringaker K G, et al. Local Scour near Offshore Pipelines[C]. In: Proc. 2nd hat. Conf. on Port and Ocean Eng. under Arctic Conditions, University of Iceland, Iceland, 1973: 308-331.
[17] Bijker E W, Leeuwestein W., Interaction between Pipelines and the Seabed under Influence of Waves and Currents[J]. Proc. Symp. on Int. Union of Theoretical Appl. Mech. /Int. Union of Geology and Geophys, England, 1984: 235-242.
[18] Fredsce J, Sumer B M, Arnskov M M., Tune scale for wave/current scour below pipelines[J]. Int. J. Offshore and Polar Engrg., 1992, 2(1): 13-17.
[19] Manual for the Use of Rock in Coastal and Shoreline Engineering[S], CIRIA, SR83, 1991.
[20] Guidelines for Trenching Design of Submarine Pipelines [S], HSE, OTH561.
[21] 海底管道风险评估推荐做法[S]. SY/T 7063—2016.
[22] Interference between Trawl Gear and Pipelines[S], DNVGL-RP-F111.
[23] Pipe-soil Interaction for Submarine Pipelines[S], DNVGL-RP-F114.
[24] N. I. Thusyanthan, Challenges of Lowering a Live Subsea Buried Gas Pipeline by 6m[C], Offshore Technology Conference.
[25] Thusyanthan, N. I, Sivanesan, K. & Murphy, G., Free Span Rectification by Pipeline Lowering(PL) Method [C], OTC Asia 2014.
[26] Cost Effective Free Span Rectification for Offshore Pipelines[J], Geotechnical Engineering Journal of the SEAGS & AGSSEA, 2019(3), Vol. 50 No. 1.

砂坑对某在役海底管道完整性影响的初步分析

康有为　刘其民　邹吉玉　周晓东

（中国石油天然气管道工程有限公司）

摘　要　某在役海底管道的毗邻砂坑因不规范采砂活动使得边界不断向管道方向扩张，对管道的完整性造成较大威胁。本文提出了“监测-评估-分级-治理”相结合的综合方案，以保障目标管道运营期间的完整性。通过海域勘察实测评估，掌握沙坑的边界特征，发现台风等极端天气是引起坡度变化的主要诱因，并基于此推测下一周期的地形变化；根据现有的地形对砂坑边坡进行稳定性分析，划定边坡稳定临界角度、确定风险等级，并利用地形推测结果修正风险等级。梳理总结工程中应用成熟的治理措施，针对不同风险等级的区域采用差异化解决措施，提出了基于监测和数值计算的临近砂坑海底管道完整性保障方法。

关键词　海底管道，砂坑，完整性，边坡稳定性

某在役海底管道毗邻海砂开采区，但由于不规范的采砂活动，以及海底砂坑带来的局部水文条件的变化，使得砂坑边界不断向海底管道方向扩张，对管道的完整性形成较大威胁。通过海底地形地貌扫测，发现目前该段海底管道西侧存在的大型采砂区平行管道分布约5km，采砂区边坡距管道最近处仅278m。采砂坑四周边缘形成边坡，大部分坡度分布在5°～15°，局部达到19.6°，坑底水深21～34m。采砂区已经深于平行段管道标高，严重威胁管道的安全。

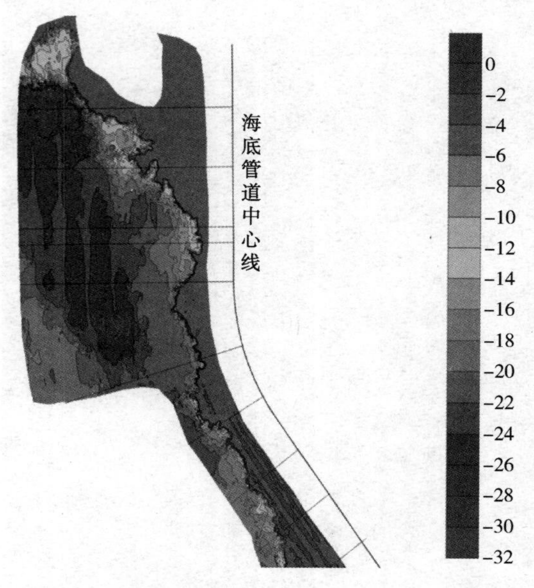

图1　目标管道与砂坑位置关系

对于管道而言，砂坑会导致两方面的潜在危害：一是砂坑边界不断向管道方向侵蚀，导致管道有裸露、悬跨的风险，特别是在水深较浅、台风等极端环境频繁的水文气象条件下；二是砂坑边坡存在大范围滑坡的风险，特别是在台风、地震等极端工况的作用下。

本文通过研究提出了监测-评估-分级-治理相结合的综合方案，以保障目标管道运营期的完整性。首先是应通过勘察测量手段，定期监测砂坑边界和边坡形态的演化发展，同时监测区域水文环境的特征；在摸清砂坑边界特征后，一方面通过边坡稳定性分析，分区域定点评估局部地质灾害对管道的影响，根据影响等级划定管道的安全等级；另一方面，基于过往监测数据预测或者基于水文数据的地形地貌推演，判断下一周期内地形地貌的变化，进一步确定或修正管道的安全等级。最后基于不同区段管道的安全等级，制定相应的治理措施：对于风险等级较高的管道对应的边坡，采取物理措施保障其边坡的稳定性；对于低风险等级的管道则制定周期性监测计划。同时作者也总结了在工程中应用较为成熟的治理措施，为高风险边坡的治理提供指导意见。

1　砂坑演化实测

1.1　*砂坑边界的变化*

为明确砂坑区域地形地貌的演变，对目标海域进行地形地貌调查，利用多(单)波束测深系统对调查范围开展全覆盖水深地形调查，查明采砂坑边坡区域详细地形情况。

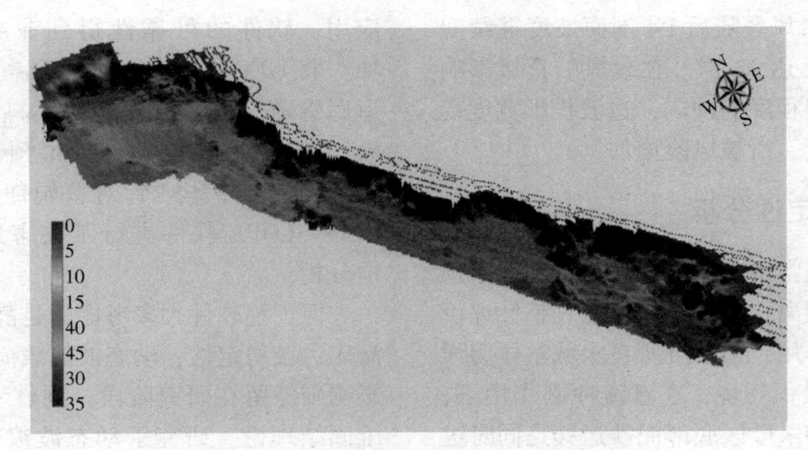

图 2 砂坑区域水深三维图(纵向放大 10 倍)

砂坑边界与海底管道的距离是影响管道完整性的首要因素。表 1 给出了同一年份内 4 月和 9 月两次测量的数据资料并进行了对比。

表 1 砂坑边界点距离管线中心的距离

单位：m

剖面	4 月调查	9 月调查	变化值
P1	682	686	−4
P2	320	319	1
P3	405	402	3
P4	386	387	−1
P5	413	415	−2
P6	496	495	1
P7	544	547	−3
P8	640	638	2
P9	356	353	3
P10	542	538	4

在 5 个月的时间里，不同区域的砂坑边界向管道方向产生了不同程度的移动。P2 和 P9 采砂坑边界向管道移动距离为 3m，P10 采砂坑边界向管道移动的距离为所有调查剖面最大的，向管道方向移动 4m。

1.2 边坡坡度变化

砂坑边坡的坡度是影响其稳定性的关键因素。表 2 中给出了 2020 年 4 月和 9 月两次调查得到的砂坑坡度值的变化情况。

表 2 砂坑边坡坡度变化情况

剖面	4 月调查坡度值	9 月调查坡度值	9 月与 4 月调查坡度变化值
P1	2.5°	2.3°	0.2°
P2	4.0°	3.8°	0.2°
P3	7.3°	5.6°	1.7°
P4	16.3°	22.8°	−6.5°
P5	3.8°	3.8°	0.0°
P6	8.5°	10.0°	−1.5°
P7	13.3°	10.9°	2.4°
P8	12.1°	10.8°	1.3°
P9	6.7°	10.2°	−3.5°
P10	7.3°	7.3°	0°

调查范围内采砂坑边坡坡度在 2.3°~22.8°之间，深坑内较平缓。其中 P4 为采砂坑坡度最大的区域，其边坡宽度最窄，仅为 38m，较之前调查缩减 14m，边坡坡度变陡峭，9 月调查的边坡坡度为 22.8°，较 4 月调查的 16.3°增加 6.5°。P9 剖面坡度为 10.2°，较 4 月调查的 6.7°变陡 3.5°。总体分析可知，砂坑坡度整体坡度变化较为缓慢，个别剖面由于底部冲刷造成坡度变大。

调查发现台风对于砂坑边坡的演化具有显著影响。对比 9 月调查成果和 4 月调查成果，以及在台风登陆前后本区域 P4 的坡度变化，具体变化情况见表 3。

表 3 台风登陆前后 P4 剖面坡度变化

序号	时间	坡度值/(°)	变化值/(°)
1	4 月	16.3	2.0
2	8 月(台风前)	18.3	
3	9 月(台风后)	22.8	4.5

台风过后 P4 剖面边坡比远大于 1∶7，边坡极不稳定。4 月至 8 月期间，P4 剖面变陡，坡

度变化值为2°。台风登陆后P4剖面坡度继续变陡4.5°，坡度角已达22.8°。在台风的直接影响下，坡底出现一定程度的冲刷，边坡投影宽度变窄，导致坡角骤变，滑坡风险增加。

2 砂坑边坡稳定性分析

目前工程中通常用边坡稳定性分析方法来预测海底边坡滑移距离，对海底管道的完整性评价起到较好的指导作用。采砂坑所在水域整体为洋流冲刷环境，非淤积环境，在潮流冲刷作用下，采砂区边坡坍塌和采砂区底部泥沙运移是同时进行的，因此采砂区边坡的坍塌并不会使采砂区底部深坑淤积变平，采砂区边坡仍然处于不稳定状态。

2.1 分析方法及数据

综合国内外相关研究，目前海底边坡稳定性评价方法常用的主要有极限平衡法和数值分析法。极限平衡法计算模型简单，是边坡稳定性评价最主要的手段，也是规范推荐的方法；数值分析法可过程化的揭示和研究边坡的变形问题和稳定性问题，近年来应用也越发广泛。

目前工程界基于极限平衡方法开发了GEO-SLOPE软件，在许多工程项目中得到了广泛的应用，软件的可靠性得到业界的认可。周其坤[3]将GEO-SLOPE应用于孟加拉湾三角洲某海底管道路由区域，计算了斜坡稳定性安全系数，并利用BING软件模拟预测了最危险的滑移距离。方中华[4]针对曹妃甸甸头深槽，采用GEO-SLOPE软件进行了灾害地质因素和稳定性分析。

但工程软件大多考虑的是静态载荷作用下的海床边坡稳定性，动态波浪载荷对边坡稳定性的影响则停留在研究阶段。刘红军等利用Biot二维固结理论，研究了动态波浪载荷引起的海床孔隙水压力等效应，及其导致的海底失稳和海床液化问题，推导出波浪导致失稳的破坏准则。国家海洋二所的胡涛骏等针对浅水区波浪的非线性特征，建立了适用于整个水深范围的近似求解方法。但这些成果并未实现广泛的工程应用。

本文采用GEO-SLOPE进行砂坑的边坡稳定性分析。采砂区边坡的坡角在2°~23°之间，这里选取P5点附近的坡角为19.6°的截面进行稳定性分析。该截面土壤沿垂向分为四层，分层界面分别位于-7.9m、-13m、-17.5m处，各层土壤参数见表4。

表4　P5点附近截面地质参数

层号	土壤性质	天然密度$\rho/(g/cm^3)$	压缩模量E_{1-2}/MPa	抗剪强度	
				黏聚力C_k/kPa	摩擦角$\Phi_k/(°)$
①层	流泥	1.52	1.54	4.2	3.04
②层	淤泥	1.55	1.62	4.98	3.27
③层	粉砂	1.93	9.34	8.58	22.13
④层	粉质粘土	1.85	3.41	14.48	9.10

2.2 边坡稳定性分析结果

提取坡面数据导入GEO-SLOPE并输入分层土壤参数，计算结果见图3，该截面最危险滑移面安全系数为1.21。由于海中存在波浪、风暴潮、地震等作用产生的超孔隙压力，这将降低土体抗剪强度，目前的边坡稳定但安全系数不高，受到扰动有滑坡的危险。

采用同样的土壤参数，增加15°和30°直线坡度作为计算模型，以分析坡度变化对于稳定性的影响。计算结果见图4和图5，坡度增加后边坡处于极不稳定状态，并且滑移面影响范围同样扩大。

根据稳定性计算结果可见，在静水环境下，该土壤条件对应边坡的坡度大于20°时，边坡为不稳定。采用GEO-SLOPE计算边坡的临界坡度为23°，小于临界坡度边坡逐渐趋于稳定，影响边坡稳定性的主要为波浪及底流的影响，因此建议对边坡采用防底流冲刷的防护方案。

在此基础上进一步分析了海底土壤特征变化的影响。表层流泥和淤泥的粘聚力和摩擦角都比较小，如果该类土层过厚，会降低边坡稳定性。同样采用GEO-SLOPE分析，将粉砂改为淤泥，在坡度为15°时，边坡处于不稳定状态。所以如果淤泥层过厚，也需要特别关注(图6)。

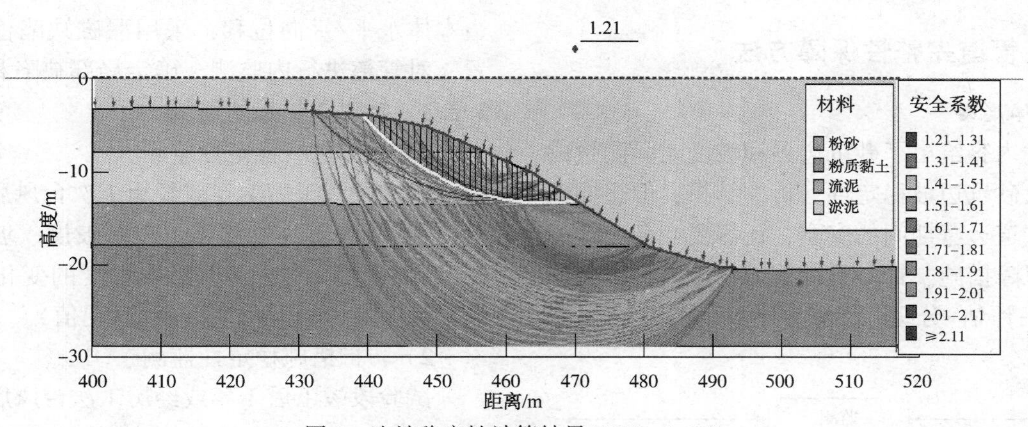

图 3　边坡稳定性计算结果($FOS=1.21$)

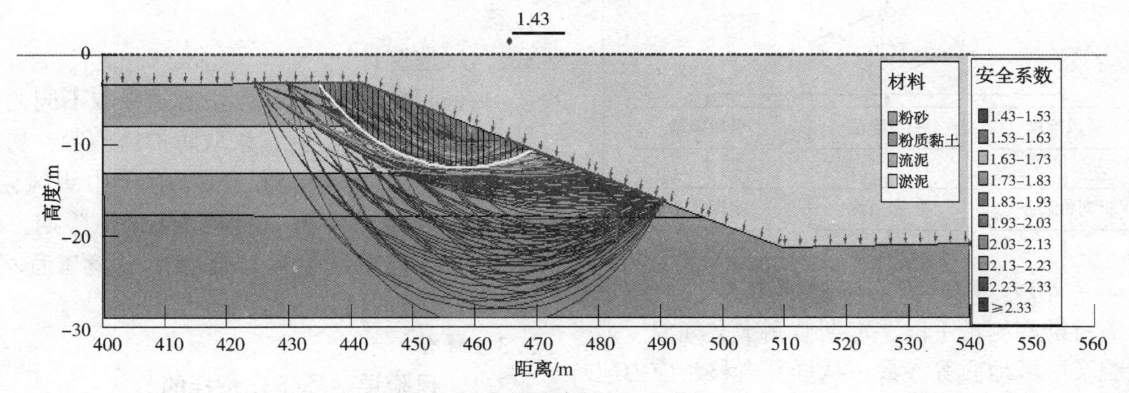

图 4　15°边坡稳定性($FOS=1.43$)

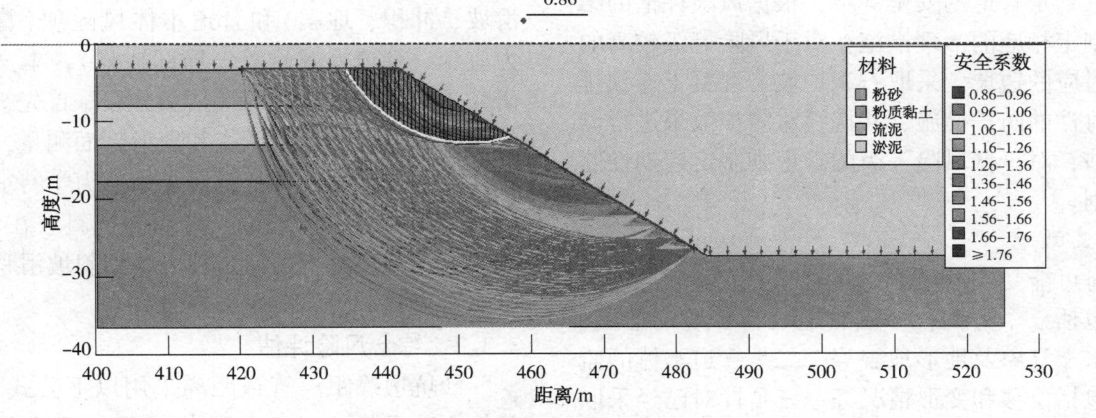

图 5　30°边坡稳定性($FOS=0.86$)

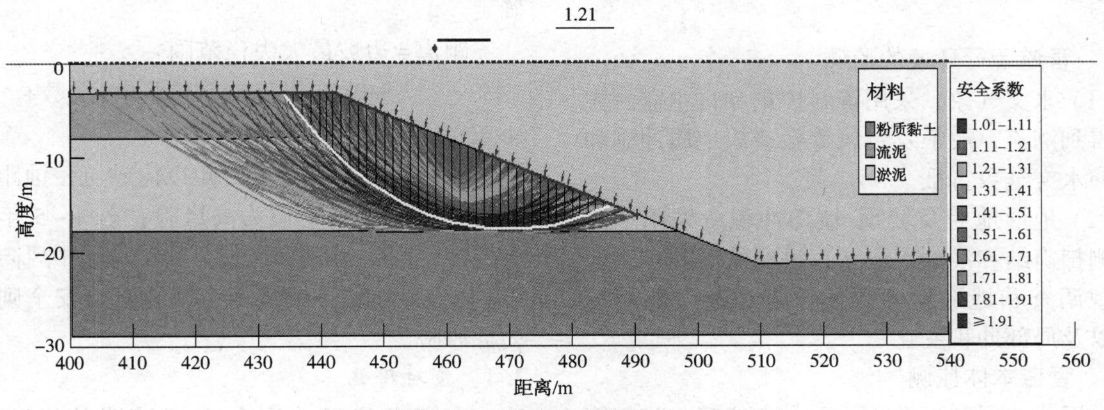

图 6　淤泥地质边坡临界稳定性($FOS=1.01$)

3　海底管道完整性保障方法

3.1　总体思路

前述内容给出了砂坑边界和坡度实际测量成果，以及砂坑边坡稳定性分析的结果，但想要确保海洋管道运营期间的安全，还需要一套合理的完整性保障措施。针对目标管道的特征，本文提出“监测-评估-分级-治理”的保障措施，技术路线见图7。

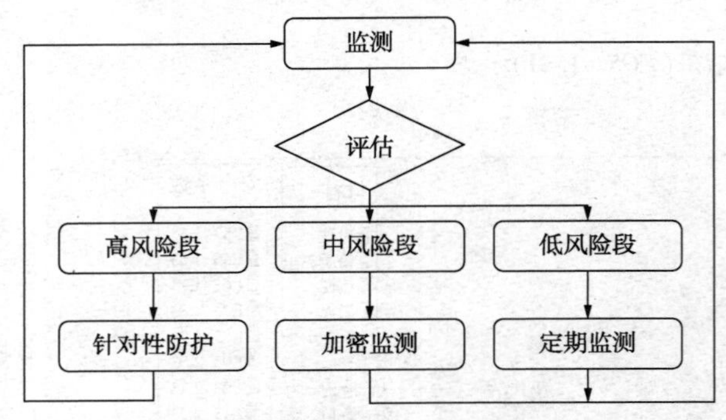

图7　海底管道完整性保障方法

通过勘察测量手段，定期监测水文气象、地形地貌及区域地质等参数；从局部滑移、应力应变和悬跨等角度对不同分段的管道进行安全风险分析，划定管道的安全等级；根据风险评估的结果，制定相应的治理措施：对于风险等级较高的管道对应的边坡，采取石笼护坡、混凝土连锁排等针对性的防护措施，并持续对防护效果进行监测评估，对于低风险等级的管道则制定周期性监测计划。

3.2　监测

对可能受到砂坑影响的海洋管道进行监测，内容包括三个方面：一是管道运行环境的监测，包括水文气象及地形地貌等；二是管道本体的监测，包括位移和变形情况等；三是针对已经采取的防护措施的监测，目的是评估防护措施有效性。

3.2.1　管道运行环境的监测

(1) 水文气象。采用资料搜集和自主监测方法，得到潮流、波浪及台风等会造成地质冲刷和失稳的水文气象特征。

(2) 地形地貌及坡顶/坡角冲积。采用多波束、侧扫声纳和浅剖等设备，进行水深测量、地形地貌调查和地形剖面测量，得到地质地貌特征，以及局部冲积变化。

3.2.2　管道本体监测

采用浅地层剖面探测仪、磁力仪等，确定管道本体水平/垂向位移；采用漏磁缺陷检测等装置，对管道进行内监测，确定局部缺陷和变形。

3.2.3　针对防护措施监测

1) 防护边坡稳定性监测

防护段竣工后1年或经历1次台风后，坡脚的侵蚀度(坡脚冲刷深度、坡脚坡度、坡脚移动值)、坡率稳定性(斜坡总体坡度的变化幅度)、坡顶稳定性(坡顶标高、坡顶后退值)。

2) 防护措施稳定性监测

试验段竣工后1年或经历1次台风后，防护措施(例如混凝土连锁排等)的水平位移和垂直位移。

3.2.4　监测计划

针对高、中、低风险段管道采取不同的监测计划，对于高风险区，采取防护措施后，初期建议每隔6~8个月监测一次；对于中级风险区，建议8~12个月监测一次；对于低风险期，建议每1~2年监测一次；若遇台风过境工程区域，应在台风过后增加一次测量。

3.3　评估

3.3.1　风险评估项量化指标的分级

风险评估项的划分包括：环境风险项(地质滑坡、冲积、地震)和管道本体风险项(管道应力应变、管道裸露悬跨、局部缺陷)，本文重点研究了地质滑坡风险的评估及分级。首先，进行水深测量、地形地貌调查和地形剖面测量，得到段沙坑的典型剖面特征，以及地质力学特征；然后，采用极限平衡理论，计算砂坑斜坡在台风、地震等极端环境下的稳定性，得到斜坡滑移最大影响距离。

3.3.2　综合风险评估

沙坑边缘距离管道距离采用以下公式估算，具体方法需结合监测和数值模拟结果进行综合确定。

$$\begin{aligned}\text{距离}=&\text{边坡最大失稳范围}+\\&\text{一次台风过境前移距离}\times\text{次数}+\\&\text{年侵蚀距离}\times\text{年数}\end{aligned}\qquad(1)$$

风险等级划分：若1年以内砂坑侵蚀距离将威胁管道安全则定位为高风险；若1~5年内砂坑侵蚀距离将威胁管道安全则定义为中风险；若5年以内砂坑侵蚀距离不会威胁管道安全则定义为低风险。

3.4　应对措施

在完成基于监测和数值计算的风险分析

后，针对不同等级的风险区域采取相对应的处理措施。保护措施不足将给管道运营带来风险和损失，而过度的保护则造成业主单位的经济成本增加。因此需要合理判定管道所受潜在危害，划分管道危险等级，给出合适的应对措施和建议。

对于评估后划分为高风险部分，需要制定应急防护方案，例如采取石笼回填、土工布充填、砂带护坡、仿生植物、混凝土联锁排+土工布覆盖等方法，确定应急队伍及施工资源，尽快进行治理。同时对于防护治理后的高风险区域，需要制定一定周期的后评估监测方案，以验证防护措施的效果。

对于评估后划分为中风险部分，则需要根据评估中得到的边坡侵蚀变化速度，制定加密的勘察观测计划，基于观测结果进行评估。一旦达到高风险标准，需立即采取抢险物理防护措施。

对于评估后划分为低风险区域，进行定期监测评估即可。监测频率可保持在每1~2年一次。

4 工程治理措施

目前工程中应对海床边坡稳定性差的问题，主要是通过降低边坡角度，或者减少波浪和海流冲刷等方法。物理措施多借鉴于港口堤坝护坡或者海底管道防冲刷治理的工程经验，例如边坡石笼回填、土工布充填砂带、仿生植物和混凝土联锁排等方式。

1）边坡处理

边坡处理即通过水下冲扫作业调整边坡角度，使边坡达到一个稳定的状态，由于通常需要达到1：10的坡度，工程处理量较大。并且对于冲刷较为严重的区域，采用简单的边坡处理并不能很好的抑制边坡后期变化和向管道方向侵蚀，后期效果可能不佳(图8)。

(a)水下吹扫

(b)砂袋护坡

(c)混凝土连锁排

(d)仿生水草

图8　治理措施

2）土工布充填砂带护坡

为了抑制长期冲刷和台风等极端天气的影响，可以采用高强度土工合成材料制作而成的充填砂带进行护坡。施工前先在坡面铺设一层聚丙烯加筋滤垫，防止坡面砂土被海水掏刷，然后在坡面充填高强充填砂袋进行压护。砂带护坡在工程中应用同样较为广泛，高强充填砂袋具有良好的抗酸碱和抗老化能力。韩国仁川跨海大桥建成后，底层高强砂袋在海水中浸泡超过3年，面层高强砂袋裸露超过3年，均完好无损。

3）混凝土联锁排

联锁排整体性好，具有较强的海床变形适应能力，而且便于机械化施工以及施工质量控制。我国目前已成功地将联锁排应用于内河及河口地区的多个保滩护底项目中。为防止冲刷，混凝土连锁排通常与土工布配合使用。土工布作为一种常见的建筑材料，具有防渗、反滤、排水、加固、防护等诸多功能，同样具备很强的海床变形适应能力，而且造价低，耐腐蚀，施工工艺简单。

4）仿生植物

仿生植物是采用耐海水浸泡的新型高分子材料加工而成，作为一种柔性保护措施，原理先进且结构简单，能有效减缓水流对海床的冲刷作用。同时由于流速的降低和仿生水草的阻碍，促使水流中夹带的泥沙在重力作用下不断地沉积到仿生水草安装基垫上，逐渐形成被仿生草加强了的海底沙洲，从而抑制了海床的冲刷。目前该项技术已经在茂名海底管道、南堡油田、埕岛油田等项目海管悬空治理上得到了应用。

5 结论及研究展望

5.1 结论

从实际勘察测量结果来看，砂坑对在役海底管道的完整性会造成较大影响，而台风等极端天气是造成砂坑边界和坡度在短期内急速变化的主要诱因。目前砂坑存在局部不稳定，亟需采取防护措施，确保管道运营完整性。本文针对目标海底管道进行了基于实际测量的海床边坡稳定性评估，在此基础上提出采用监测和风险评估相结合的风险等级划分方法，并梳理总结了目前工程中应用较为成熟的治理措施作为解决方案参考。

5.2 研究展望

本文仅从海床静态载荷稳定性等有限角度，初步分析了砂坑对目标管道完整性的影响，并未考虑台风等极端天气引起的波浪动态载荷，以及地震导致的土壤液化对边坡稳定性的影响，在后续工作中将结合上述因素。可以参考失效概率设计法对管道失稳的范围，以及风险等级的划分和评估方法进行进一步论证，并提供相应的理论依据。

参考文献

[1] 中国石油集团工程技术研究有限公司. 海底管道临近采砂区边界变化分析技术报告[R]. 2020.

[2] 国家海洋局南海调查技术中心. 海底管道邻近采砂区地形地貌扫测技术报告[R]. 2020.

[3] 周其坤，孙永福，胡光海，等. 孟加拉湾 MADE KYUN 河三角洲海底斜坡稳定性数值分析[J]. 海洋科学进展，2014，32(3).

[4] 方中华，曹妃甸甸头深槽灾害地质因素研究及稳定性分析[D]. 青岛：中国海洋大学，2014.

[5] 刘红军，张民生，贾永刚，等. 波浪导致的海床边坡稳定性分析[J]. 岩土力学，2006，27(6).

[6] 胡涛骏，叶银灿. 海底边坡稳定性分析中波浪力的求解[J]. 海洋学报，2007，29(6).

[7] 鲁之如. 联锁排和土工布在海床冲刷治理中的研究[J]. 中国水运，2014，14(5).

[8] 王法永，张旭，邢彩娟，等. 仿生草在南堡油田海底管道防护中的应用及效果[J]. 石油工程建设，2017.

腐蚀数据综合分析方法在长输原油管道完整性管理中的应用与研究

苏志华　欧阳小虎　王　军　王德奎　陈泳何　姚子璇

（中国石油管道局工程有限公司管道投产运行分公司）

摘　要　根据Q/SY 1180.4—2015和SY/T 0087.5—2016标准给出的方法，以国外某条长输原油管道为研究对象，收集竣工资料、巡线资料、运维资料、漏磁检测、防腐层检测、阴极保护测试、开挖验证、腐蚀评价和完整性评价等数据，对18类与管道完整性管理相关的数据进行数据对齐，并对主要的管道腐蚀数据进行综合分析。结合管道沿线高程、防腐层补口范围、防腐层绝缘电阻和完整性评价情况，判断并识别出需要积极响应的11处管道漏磁检测内部腐蚀缺陷点、15处管道漏磁检测外部腐蚀缺陷点和7处"双高"管段。针对不同类型的管道缺陷点和管段，提出相应的风险防控措施，为管道的安全运行和完整性管理提供参考。

关键词　腐蚀数据，漏磁检测，开挖验证，数据对齐，综合分析，完整性管理

在管道建设、运营和维护的各个阶段，腐蚀现象始终伴随着管道的全生命周期。管道完整性管理体系中的关键技术及节点主要包括数据收集、高后果区识别、风险评价、完整性评价、维修维护和效能评价等，而管道腐蚀数据在管道完整性管理的各个环节都会频繁出现。在管道完整性管理过程中，面对逐渐积累的大量管道腐蚀数据，深度分析和综合利用是研究的重点方向。

目前，管道腐蚀数据主要通过内检测、外检测、开挖验证和阴极保护测试等方式获取，以腐蚀评价、完整性评价和阴极保护有效性评价等形式进行分析。对于不同获取方式和不同评价形式的管道腐蚀数据，可以使用数据对齐方法进行综合分析和管理。

本文根据Q/SY 1180.4—2015和SY/T 0087.5—2016给出的方法，以国外某条长输原油管道为研究对象，收集竣工资料、巡线资料、运维资料、漏磁检测、防腐层检测、阴极保护测试、开挖验证、腐蚀评价和完整性评价等数据，对18类与管道完整性管理相关的数据进行了数据对齐，并对主要的管道腐蚀数据进行了综合分析。

1　管道概况

该国外长输原油管道全长约197km，设计输量650×104t/a，设计压力10MPa，最高允许出站压力9.8MPa。全线管道使用508mm的API 5L X65钢管埋地敷设，采用高温型3PE(3层聚乙烯)外防腐形式，共建3座阴极保护站。管道于2014年11月开始投产使用，于2018年8月由德国ROSEN公司完成漏磁内检测工作，于2020年3月完成防腐层外检测工作，于2020年5月完成12处缺陷点的开挖验证和缺陷修复工作。

2　腐蚀数据综合分析

腐蚀数据综合分析主要分为数据收集、基线建立、数据对齐和比对分析四个步骤，主要针对管道漏磁内检测、防腐层检测、阴极保护测试、开挖验证和完整性评价过程中的腐蚀数据进行整合分析。

2.1　数据收集

主要收集的数据如下：管道竣工资料、管道巡线资料、管道运维资料、管道漏磁内检测数据、管道防腐层外检测数据、管道阴极保护测试数据、管道开挖验证和缺陷修复资料、管道内检测腐蚀评价资料、管道高后果区识别资料、管道风险评价资料、管道完整性评价资料。

2.2　基线建立

该管道执行漏磁内检测时，将AMG标示盒放置于管道竣工里程标示桩处。因此，管道基线是由漏磁内检测里程和竣工里程进行数据对齐后建立的。在管道基线中，包含法兰6处、阀门16处、三通21处、弯管24处、焊缝16391处和管节16391处。

2.3 数据对齐

数据对齐时，主要将管道本体缺陷数据（外部腐蚀缺陷、内部腐蚀缺陷、外部制造缺陷、内部制造缺陷、环焊缝异常、螺旋焊缝异常、直焊缝异常）、直接评价数据（外防腐层检测、开挖验证、自然电位、阴保电位）和重点关注管段数据（高后果区、高风险区、河流穿越、道路穿越、车辆碾压、雨水冲刷）等数据信息与管道基线进行整合对齐。

2.3.1 特征数据对齐

漏磁内检测共报告特征421处，其中腐蚀缺陷103处、制造缺陷98处、环焊缝异常34处、螺旋焊缝异常36处。在特征数据对齐时，首先对检测管段首末点焊缝特征数据进行对齐，然后按照阀门、开挖验证点、焊缝顺序依次进行对齐。在焊缝对齐基础上，再将其他缺陷数据进行对齐。

焊缝数据对齐后，计算了漏磁检测里程和基线里程的里程差。由表1可知，此轮漏磁内检测总累计偏差为10.556m，平均偏差约为0.16m/km，偏差百分比为0.01%。分析内检测里程出现偏差的原因可能是漏磁检测器里程轮打滑和管道沿线高程差较大造成（表1）。

表1　漏磁检测里程和基线里程的里程差

站场/阀室	基线里程/m	漏磁里程/m	累积里程差/m
首站	0.000	0.000	0.000
1#阀室	23660.710	23656.337	4.373
1#加热站	61716.943	61703.784	13.159
2#阀室	95099.924	95095.496	4.428
2#加热站	124335.378	124321.266	14.112
3#阀室	148380.473	148376.067	4.406
4#阀室	159818.852	159814.458	4.394
末站	196469.652	196455.136	14.516

图1为4类主要特征（腐蚀缺陷、制造缺陷、环焊缝异常和螺旋焊缝异常）数目沿检测里程分布图。漏磁内检测报告的103处腐蚀缺陷，其中内部腐蚀缺陷34处，外部腐蚀缺陷69处。从腐蚀缺陷数目沿检测里程分布图中可以看出，外部腐蚀缺陷数目明显多于内部腐蚀缺陷数目。根据管节统计，内部腐蚀缺陷分布于12根管节上，且在局部管节上存在集中现象。外部腐蚀缺陷分布于56根管节上，无明显集中现象。报告的98处制造缺陷，其中内部制造缺陷65处，外部制造缺陷9处，另外还报告其他管材制造缺陷（如分层、夹渣等）24处（未报告深度）。从制造缺陷数目沿检测里程分布图中可以看出，制造缺陷长度大多分布在100mm以下。报告的34处环焊缝异常和36处螺旋焊缝异常，从环焊缝异常和螺旋焊缝异常数目沿检测里程分布图可以看出，环焊缝异常和螺旋焊缝异常沿里程分布整体都较分散。

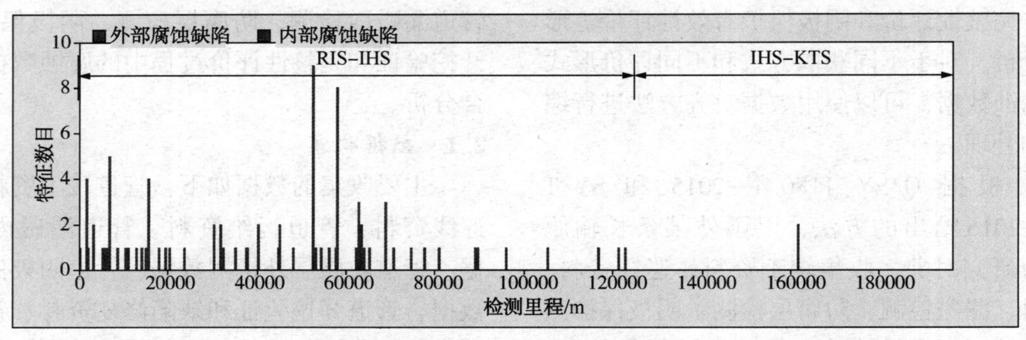

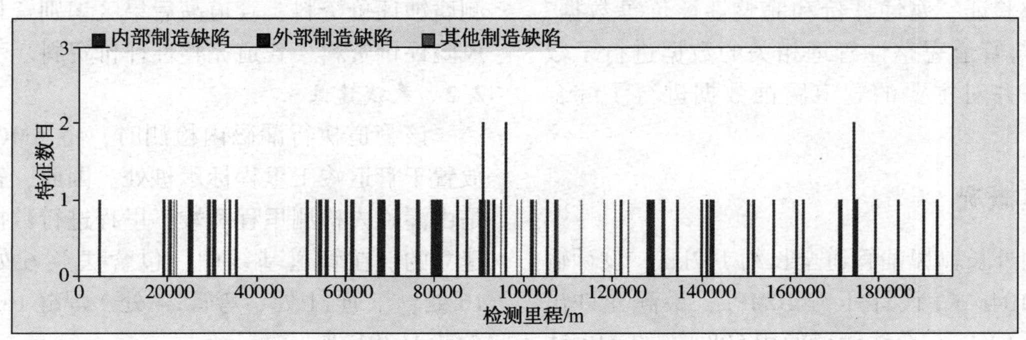

图1　4类主要特征数目沿检测里程分布图

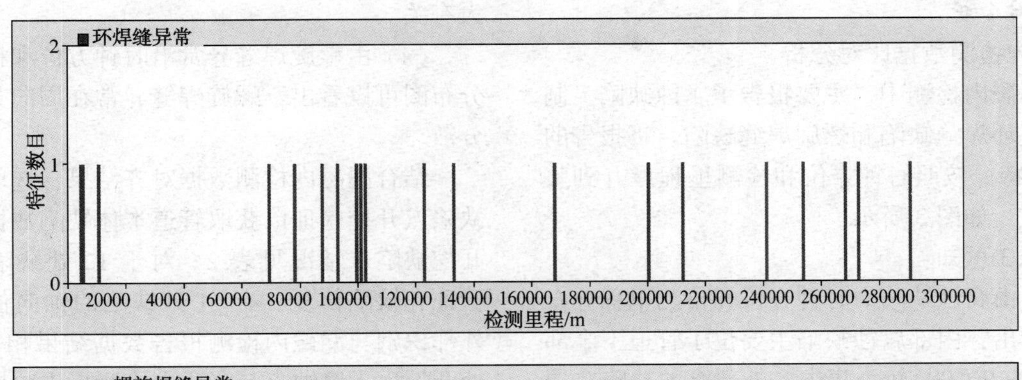

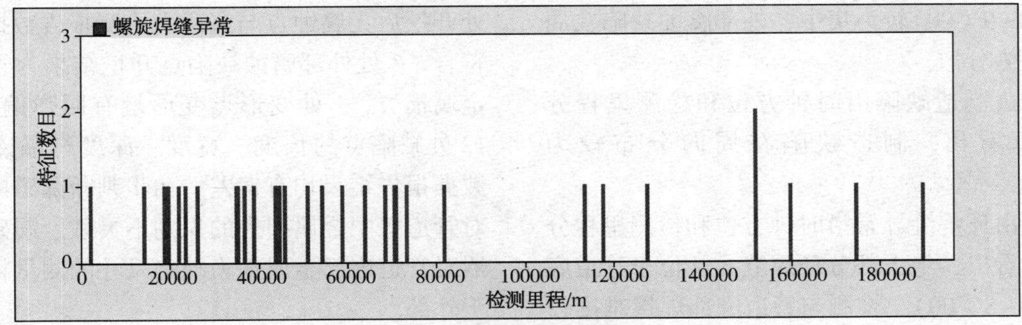

图1　4类主要特征数目沿检测里程分布图(续)

2.3.2　腐蚀直接评价数据和重点关注管段对齐

在外防腐层检测中，总共检测出120处防腐层破损点，将腐蚀缺陷、制造缺陷、环焊缝异常和螺旋焊缝异常、自然电位、阴保电位、防腐层检测、开挖验证、高后果区、高风险区、河流穿越、道路穿越、车辆碾压、雨水冲刷等18类与管道完整性管理相关的数据按照里程展开到整条管线上(图2)。

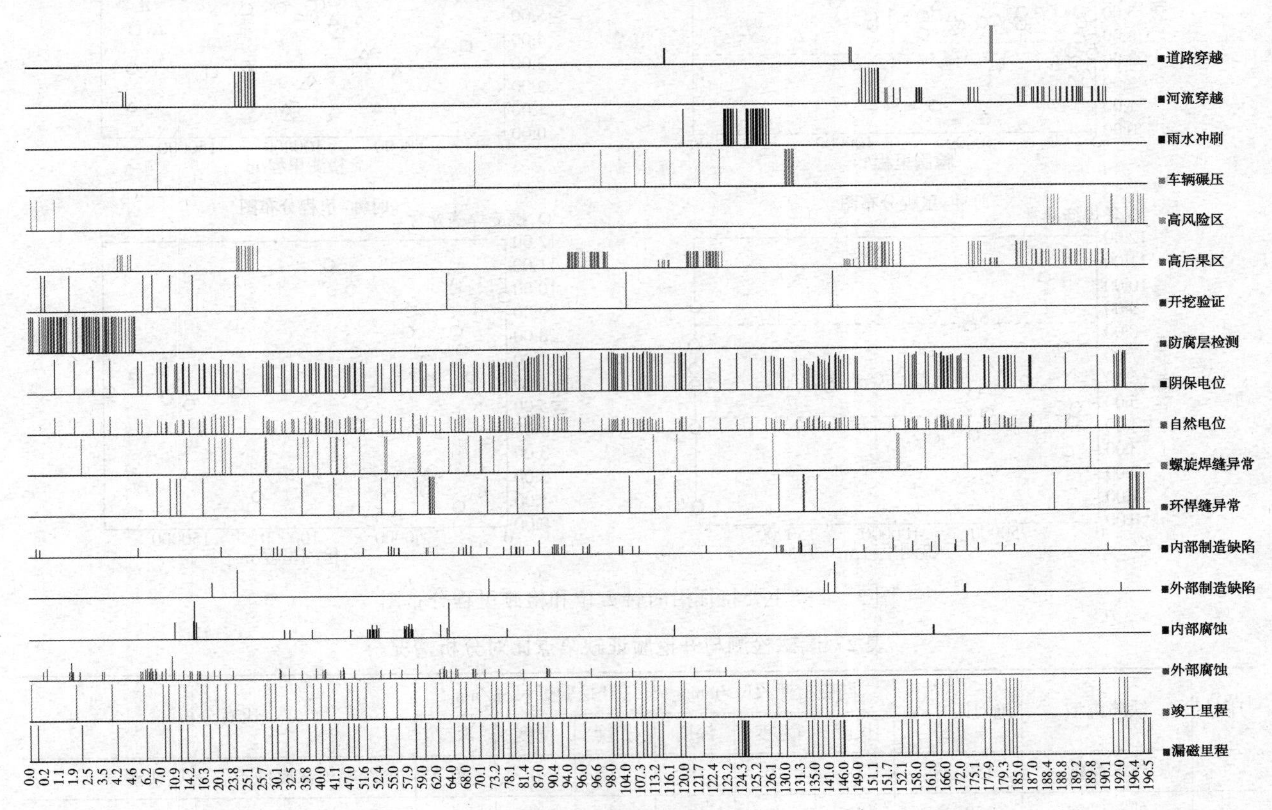

图2　数据对齐总图

2.4 比对分析

2.4.1 内检测数据比对分析

在漏磁内检测中，主要报告了腐蚀缺陷、制造缺陷、环焊缝缺陷和螺旋焊缝缺陷。将报告的4类主要特征按照时钟方位和检测里程展开到整个管线上，如图3所示。

由图3可知：

（1）由腐蚀缺陷沿时钟方位和检测里程分布图可以看出，内部腐蚀缺陷主要位于管道下半部分(3：00~9：00)较为集中，外部腐蚀缺陷在周向分布较为分散。

（2）由制造缺陷沿时钟方位和检测里程分布图可以看出，制造缺陷在周向分布较为分散。

（3）由环焊缝异常沿时钟方位和检测里程分布图可以看出，绝大部分环焊缝异常位于管道底部(4：00~8：00)，推测与管道底部焊接难度较

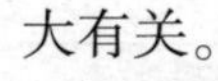

大有关。

（4）由螺旋焊缝异常沿时钟方位和检测里程分布图可以看出，螺旋焊缝异常在周向分布比较分散。

结合漏磁内检测数据对齐结果，选取了一些缺陷点开挖验证以获取管道本体缺陷数据，具体开挖缺陷点情况见表2。对于12处缺陷的开挖验证和缺陷修复，有11处缺陷的轴向位置、内外部识别与漏磁内检测报告数据结果相符，有1处开挖后无腐蚀点与漏磁内检测报告数据结果不符合。3处外部腐蚀缺陷点开挖结果为管道壁中金属损失，1处变形点变形量有回弹偏差较大，12处缺陷点的长度、宽度、深度与漏磁内检测数据报告结果均有偏差。初步判断漏磁内检测器对管道壁中金属损失的识别不灵敏，漏磁内检测器对管道内部金属损失缺陷尺寸的测量精确度高于外部。

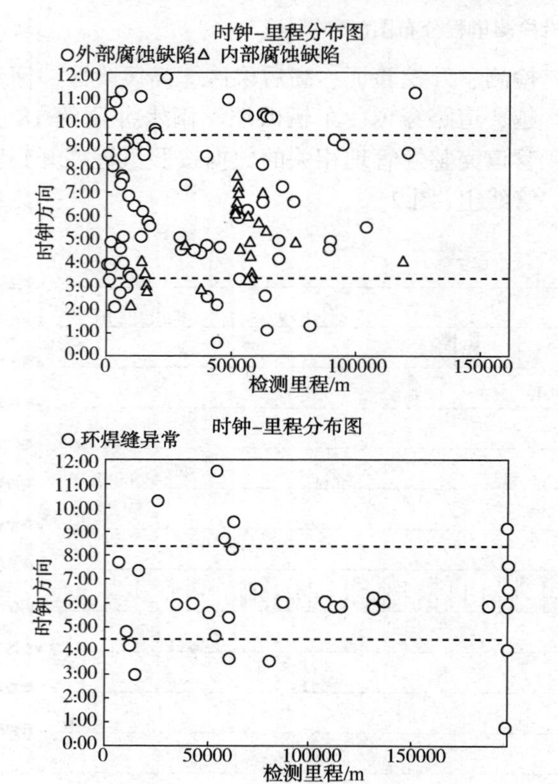

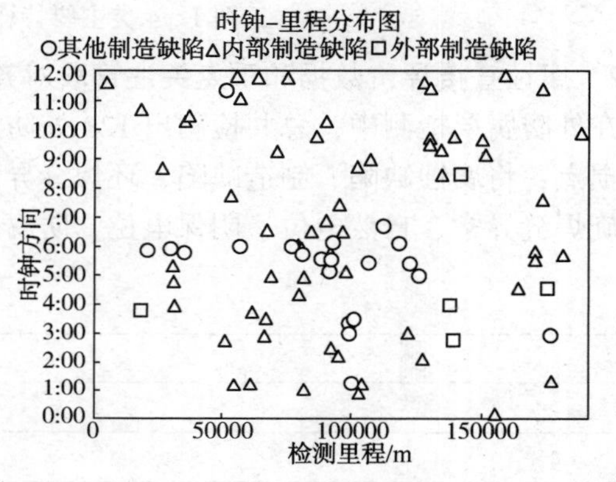

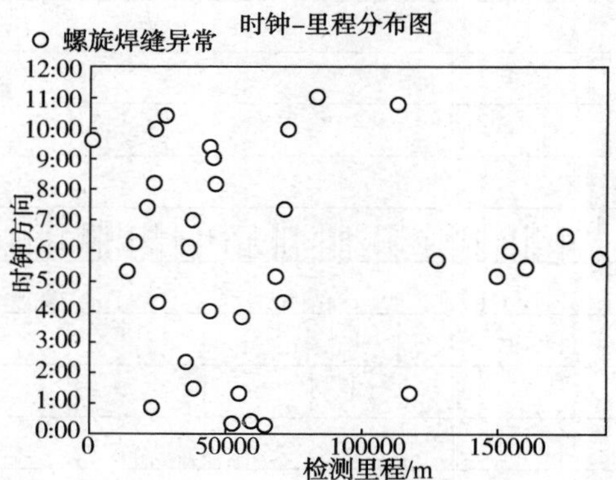

图3　4类主要特征沿时钟方位和检测里程分布图

表2　漏磁检测与开挖验证缺陷点比对分析情况

序号	缺陷类型	绝对距离/m	漏磁检测尺寸/mm			开挖验证尺寸/mm			比对分析
			长度	宽度	深度	长度	宽度	深度	
1	外部腐蚀	150.588	18	19	10	0	0	0	未发现外部腐蚀点，未见铁锈
2	外部腐蚀	338.408	42	29	14	45	5	3	宽度和深度尺寸偏差较大
3	外部腐蚀	1900.524	55	38	22	50	60	24	宽度尺寸偏差较大

续表

序号	缺陷类型	绝对距离/m	漏磁检测尺寸/mm			开挖验证尺寸/mm			比对分析
			长度	宽度	深度	长度	宽度	深度	
4	外部腐蚀	6113.464	49	35	13	150	50	4	尺寸都偏差较大，疑似壁中金属损失
5	螺旋焊缝	6843.197	22	20	15	360	220	4	尺寸都偏差较大，疑似壁中金属损失
6	外部腐蚀	10561.232	33	38	30	130	140	33	长度和宽度尺寸偏差较大
7	内部腐蚀	15454.005	38	71	19	30	25	16	长度和宽度尺寸偏差较大
8	内部腐蚀	15454.005	21	26	23	17	23	19	长度和深度尺寸偏差较大
9	外部制造缺陷	24715.266	17	27	34	17	40	25	宽度和深度尺寸偏差较大
10	内部腐蚀	63206.902	18	18	42	20	20	36	深度尺寸偏差较大
11	凹陷	104502.701	208	109	7.26	30	30	2.8	尺寸都偏差较大，可能有回弹
12	外部制造缺陷	142726.642	29	21	40	40	40	68	尺寸都偏差较大，疑似壁中金属损失

2.4.2 腐蚀缺陷多源数据比对分析

比对管道内部腐蚀缺陷位置与管道沿线高程，发现两者存在着明显关联。图4为每100m报告的腐蚀缺陷数目沿检测里程分布及与高程对应图，可以看出内部腐蚀缺陷几乎全部位于管道高程较低的前半段。虽然管道前半段位于高程低点，更易产生积水内腐蚀，但由图5所示49670#管节信号截图分析可知，内部腐蚀缺陷分布形貌不符合积水腐蚀特征，另外根据管道原油基础物性分析结果，含水量报告为痕迹，且每2周清管一次，因此推测这些内部腐蚀缺陷为投产前形成。

比对管道外部腐蚀缺陷位置与管道补口位置，发现两者存在着明显关联。图6为外部腐蚀缺陷距最近环焊缝距离沿检测里程分布图，通过对管道补口范围内(环焊缝两侧大约0.2m)外部腐蚀缺陷进行筛查，发现该补口范围内存在外部腐蚀缺陷26处，占全部外部腐蚀缺陷的37.7%，具体数量统计见表3。根据补口外部腐蚀缺陷数量统计，并结合内检测信号，建议选取外部腐蚀缺陷数量最多的2处补口进行开挖验证，该2处补口信号见图7。

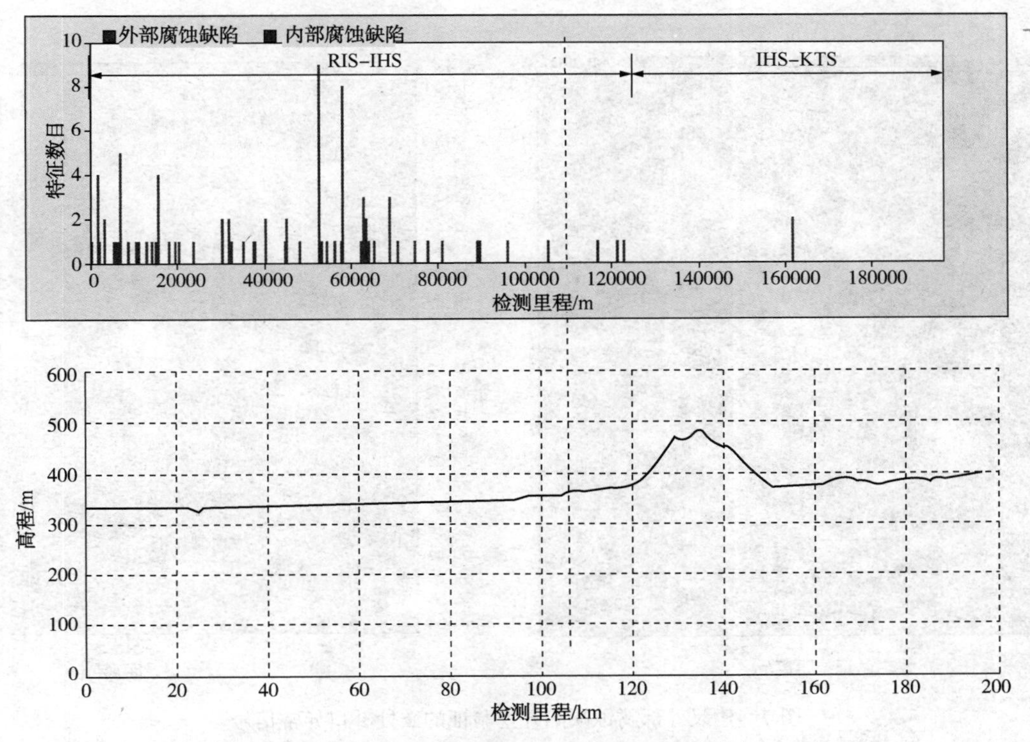

图4 腐蚀缺陷数目沿检测里程分布及高程对应图

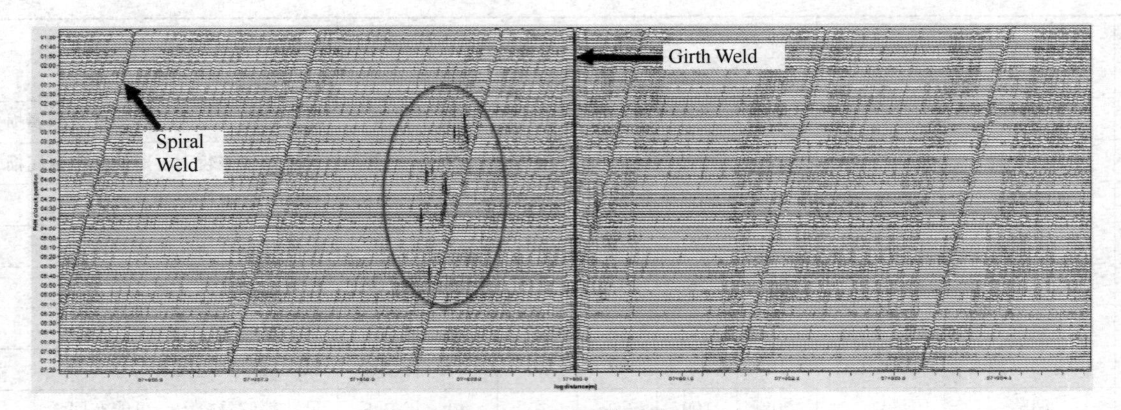

图5　49670#管节信号截图

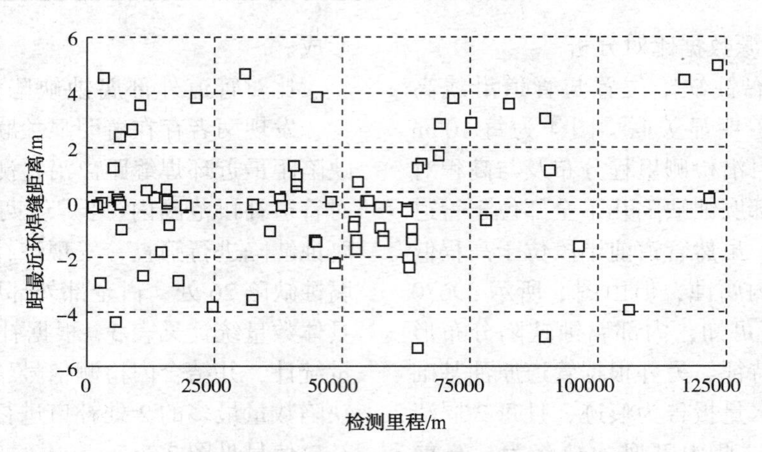

图6　外部腐蚀缺陷距最近环焊缝距离沿检测里程分布图

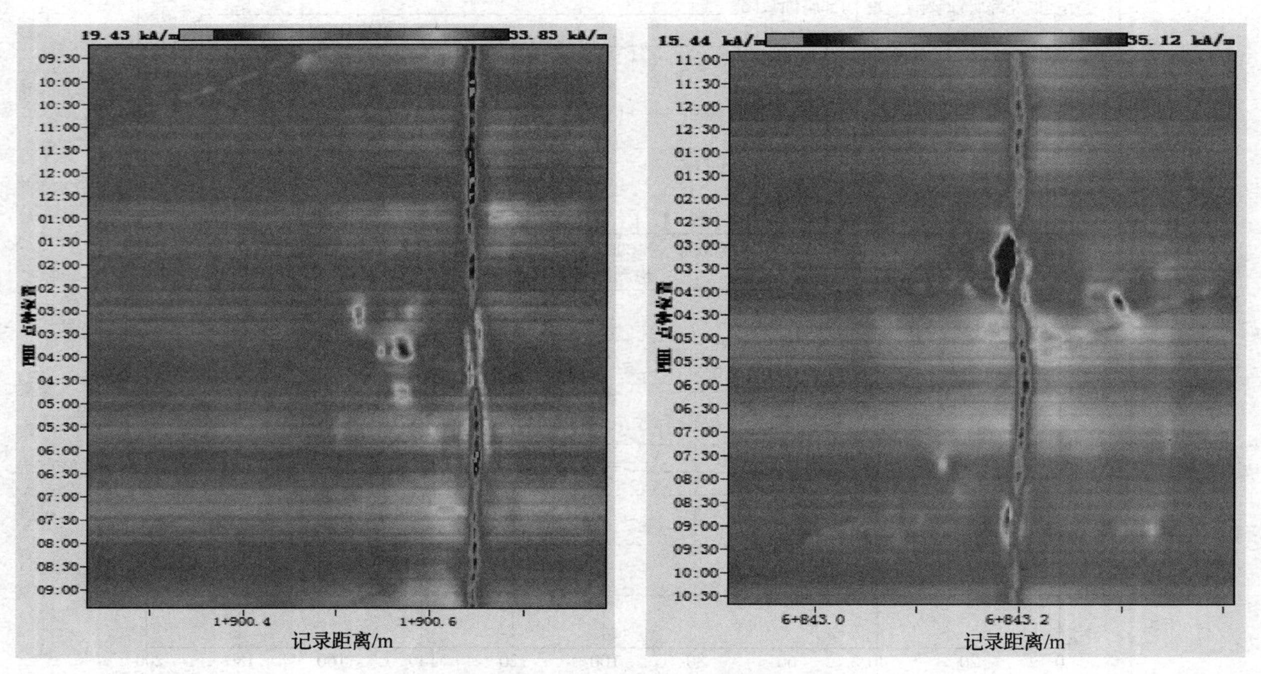

图7　建议外部腐蚀缺陷开挖验证的2处补口异常信号

表3　补口位置外部腐蚀缺陷数量统计

环焊缝编号	绝对距离/m	外部腐蚀数量	环焊缝编号	绝对距离/m	外部腐蚀数量
28460	34579.01	1	178050	214249.30	1
32980	39892.51	1	182450	219569.78	1
98520	118579.92	1	184560	222117.50	1
123810	149100.94	1	186790	224802.43	1
126010	151754.17	1	187070	225141.99	1
138150	166276.56	1	191870	230954.74	1
140880	169562.39	1	199450	240002.79	1
150310	180947.46	1	201350	242291.42	1
160420	193120.59	1	206640	248697.55	1
164450	197999.49	1	220030	265149.64	1

将管道外部腐蚀缺陷点的腐蚀深度放大1000倍，然后将0~5km内漏磁内检测报告的7处管道外部腐蚀缺陷点所在位置和防腐层绝缘电阻同时放在检测里程分布图上，很容易观察到管道外部腐蚀缺陷点所在位置大多分布在管道防腐层绝缘电阻较低区段内部或附近，具体见图8。

除去已经完成开挖验证和缺陷修复的管道漏磁检测内部和外部腐蚀缺陷点，统计了在管道沿线高程较低区段识别的管道漏磁检测内部腐蚀缺陷点共计11处，在管道防腐层补口范围或防腐层绝缘电阻较低区段识别的管道漏磁检测外部腐蚀缺陷点共计15处，在完整性评价报告的高风险区和高后果区识别的“双高”管段共计7处，分别列入潜在腐蚀风险点清单，见表4~表6。

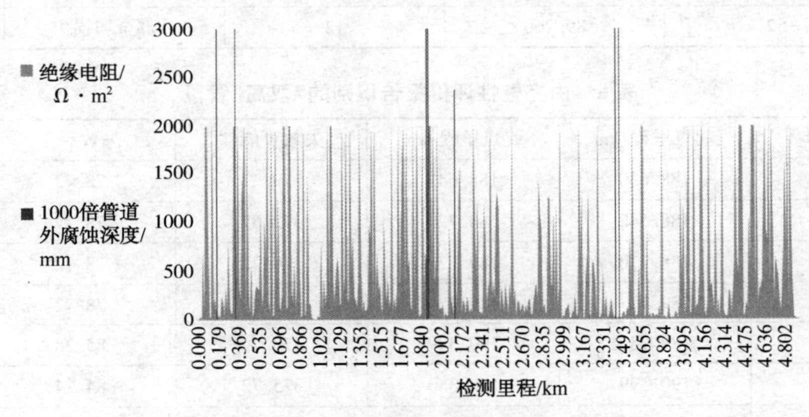

图8　管道外部腐蚀缺陷位置和防腐层绝缘电阻的检测里程分布图

表4　由管道沿线高程识别的管道内部腐蚀潜在风险点

序号	内部腐蚀缺陷编号	缺陷里程/km	缺陷深度/%	缺陷类型	缺陷来源	缺陷高程/m
1	INT-01	10.896	10	内部金属损失	漏磁内检测	335.98
2	INT-02	31.701	10	内部金属损失	漏磁内检测	335.93
3	INT-03	32.210	10	内部金属损失	漏磁内检测	336.30
4	INT-04	37.453	10	内部金属损失	漏磁内检测	337.15
5	INT-05	47.898	10	内部金属损失	漏磁内检测	338.92
6	INT-06	52.406	15	内部金属损失	漏磁内检测	339.94
7	INT-07	57.859	17	内部金属损失	漏磁内检测	342.70
8	INT-08	62.795	15	内部金属损失	漏磁内检测	343.09
9	INT-09	77.537	10	内部金属损失	漏磁内检测	346.98
10	INT-10	116.559	13	内部金属损失	漏磁内检测	369.85
11	INT-23	161.598	11	内部金属损失	漏磁内检测	376.93

表5　由防腐层补口范围或绝缘电阻较低区段识别的管道外部腐蚀潜在风险点

序号	外部腐蚀缺陷编号	缺陷里程/km	缺陷深度/%	缺陷类型	缺陷来源
1	EXT-07	6.271	14	外部金属损失	漏磁内检测
2	EXT-11	8.781	15	外部金属损失	漏磁内检测

续表

序号	外部腐蚀缺陷编号	缺陷里程/km	缺陷深度/%	缺陷类型	缺陷来源
3	EXT-12	10.647	12	外部金属损失	漏磁内检测
4	EXT-13	12.922	12	外部金属损失	漏磁内检测
5	EXT-20	19.528	12	外部金属损失	漏磁内检测
6	EXT-23	30.390	13	外部金属损失	漏磁内检测
7	EXT-25	32.210	13	外部金属损失	漏磁内检测
8	EXT-27	38.172	13	外部金属损失	漏磁内检测
9	EXT-30	40.475	12	外部金属损失	漏磁内检测
10	EXT-32	45.284	14	外部金属损失	漏磁内检测
11	EXT-38	58.085	17	外部金属损失	漏磁内检测
12	EXT-41	63.182	15	外部金属损失	漏磁内检测
13	EXT-44	64.309	12	外部金属损失	漏磁内检测
14	EXT-47	68.947	12	外部金属损失	漏磁内检测
15	EXT-52	89.260	12	外部金属损失	漏磁内检测

表6　由完整性评价报告识别的“双高”管段

序号	管段编号	起点里程/km	终点里程/km	失效可能性	失效后果	相对风险
1	Sect183	188.630	188.642	373.27	78.72	4.74
2	Sect184	188.642	188.770	377.52	78.72	4.80
3	Sect185	188.770	189.777	370.72	78.72	4.71
4	Sect186	189.777	189.789	366.47	78.72	4.66
5	Sect187	189.789	190.399	370.72	85.28	4.35
6	Sect188	190.399	190.880	375.72	84.24	4.46
7	Sect189	190.880	196.372	377.82	84.24	4.49

3　风险防控措施

通过对管道腐蚀数据进行综合分析，针对不同类型的漏磁检测腐蚀缺陷点，提出相应的风险防控措施建议。

（1）在管道沿线高程较低区段识别出的11处管道漏磁检测内部腐蚀缺陷点，建议先进行开挖验证，然后对于腐蚀深度符合检测尺寸的内部腐蚀缺陷点进行焊接套筒维修。在管道日常运行过程中，需要加强清管频次来减少输送介质中腐蚀产物在高程较低区段管道的沉积。

（2）在管道防腐层补口范围内或绝缘电阻较低区段识别出的15处管道漏磁检测外部腐蚀缺陷点，建议加强监测并定期复测防腐层绝缘电阻，结合管道阴极保护电位测试数据进行选点开挖验证和防腐层修复。在管道阴极保护设备运行过程中，需要根据管道防腐层绝缘电阻合理调节阴极保护设备输出参数，必要时应该在管道防腐层绝缘电阻较低区段补加牺牲阳极来减缓管道腐蚀。

（3）对于在完整性评价报告的高风险区和高后果区识别出的7处“双高”管段，建议从失效可能性和失效后果两方面考虑，并将其纳入检测工作重点。“双高”管段内如存在完整性评价结果为不可接受的缺陷，应采取立即修复、优先修复或者实施降低最大运行压力等应对措施。修复过程中要做好施工质量控制，后期要重点关注修复的有效性。在未发现潜在腐蚀风险点之前，应采取增加巡护频次、降低最大运行压力、做好应急准备等有效应对措施。

（4）对于车辆碾压、雨水冲刷、河流穿越和道路穿越区段管道，建议加强巡护频次和压力监测，注意第三方破坏、自然地质灾害和误操作。

4　结论

通过对该国外长输原油管道多种腐蚀数据进

行综合分析，可以得到如下结论。

（1）漏磁检测缺陷沿管道检测里程分布情况：内部腐蚀缺陷在局部管节上存在集中现象，外部腐蚀缺陷无明显集中现象，制造缺陷长度大多分布在100mm以下，环焊缝异常和螺旋焊缝异常都较为分散。

（2）漏磁检测缺陷沿时钟方向分布情况：内部腐蚀缺陷在管道3：00~9：00较为集中，外部腐蚀缺陷、制造缺陷和螺旋焊缝异常都较为分散，绝大部分环焊缝异常位于管道4：00~8：00，推测与管道底部焊接难度较大有关。

（3）本次使用的漏磁内检测器对管道壁中金属损失识别不灵敏，对管道内部腐蚀缺陷尺寸的测量精确度高于外部。

（4）管道内部腐蚀缺陷所在位置大多分布在管道沿线高程较低区段，但内部腐蚀缺陷分布形貌不符合积水腐蚀特征，推测这些内部腐蚀缺陷为投产前形成。

（5）管道外部腐蚀缺陷所在位置大多分布在管道防腐层补口范围内或绝缘电阻较低区段。

（6）管道所在的“双高”管段失效相对风险较高，在未发现潜在腐蚀风险点之前，应采取增加巡护频次、降低最大运行压力、做好应急准备等有效应对措施，并做好与管道完整性管理相关的数据采集工作。

参 考 文 献

[1] 陈朋超，冯文兴，燕冰川. 油气管道全生命周期完整性管理体系的构建[J]. 油气储运，2020，39(1)：40-47.

[2] 鲍峰，唐江华，刘宇斌，等. 基于全寿命期理念的油气管道标准体系[J]. 油气储运，2014，33(7)：696-700.

[3] 董绍华，王联伟，费凡，等. 油气管道完整性管理体系[J]. 油气储运，2010，29(9)：641-647.

[4] 张华兵，周利剑，杨祖佩，等. 中石油管道完整性管理标准体系建设与应用[J]. 石油管材与仪器，2017，3(6)：1-4.

[5] 郑洪龙，许立伟，谷雨雷，等. 管道完整性管理效能评价指标体系[J]. 油气储运，2012，31(1)：8-12.

[6] 吴志平，蒋宏业，李又绿，等. 油气管道完整性管理效能评价技术研究[J]. 天然气工业，2013，33(12)：131-137.

[7] 董绍华，韩忠晨，费凡，等. 输油气站场完整性管理与关键技术应用研究[J]. 天然气工业，2013，33(12)：117-123.

[8] 赵志峰，文虎，高炜欣，等. 长输管道完整性管理中的数据挖掘和知识决策[J]. 西安石油大学学报(自然科学版)，2016，31(4)：109-114.

[9] 王波，吕超，明连勋，等. 基于不同内检测数据的对齐与分析研究[J]. 管道技术与设备，2019(5)：24-27.

[10] 王波，韩昌柴，刘翼，等. 管道内检测数据与施工资料对齐及应用[J]. 油气田地面工程，2018，37(12)：87-90.

[11] 黄维和，郑洪龙，吴忠良. 管道完整性管理在中国应用10年回顾与展望[J]. 天然气工业，2013，33(12)：1-5.

[12] 王俊强，何仁洋，刘哲，等. 中美油气管道完整性管理规范发展现状及差异[J]. 油气储运，2018，37(1)：6-14.

[13] 李保吉，冯庆善，苗绘，等. 建设期管道完整性数据模型及应用[J]. 管道技术与设备，2015(6)：47-49.

[14] 王良军，李强，梁菁嫣. 长输管道内检测数据比对国内外现状及发展趋势[J]. 油气储运，2015，34(3)：233-236.

[15] 税碧垣，杨宝玲. 国内外管道企业标准体系建设现状与思考[J]. 油气储运，2012，31(5)：326-329.

[16] 于航，李强，梁菁嫣，等. 在役长输管道腐蚀数据综合分析方法及应用[J]. 管道技术与设备，2018，(6)：10-14.

[17] 滕延平，金良，高强，等. 高温原油管道内外检测数据对比分析[J]. 油气储运，2014，33(1)：69-72.

[18] 姜晓红，洪险峰，刘争，等. 管道内检测数据对比对完整性评价的影响[J]. 油气储运，2016，35(1)：28-31.

[19] 孟波，安超，鲜俊，等. 输油气管道完整性管理数据采集研究[J]. 全面腐蚀控制，2019，33(10)：53-56.

[20] 林现喜，李银喜，周信，等. 大数据环境下管道内检测数据管理[J]. 油气储运，2015，34(4)：349-353.

[21] 孙浩，帅健. 长输管道内检测数据比对方法[J]. 油气储运，2017，36(7)：775-780.

[22] 季寿宏，丁楠，张国民，等. 管道内检测数据比对分析软件开发及应用研究[J]. 石油化工自动化，2018，54(4)：47-51.

[23] 王丹丹，崔矿庆，詹燕红. PL19-3海底管道漏磁内检测数据评估[J]. 船海工程，2016，45(5)：11-15.

[24] 王丹丹，林晓，骆秀媛，等. 海底管道两轮漏磁内检测数据的比对方法[J]. 船海工程，2016，45

(3)：122-126.
[25] 王富祥，玄文博，陈健，等. 基于漏磁内检测的管道环焊缝缺陷识别与判定[J]. 油气储运，2017，36(2)：161-170.
[26] 方学锋，业成，于永亮，等. 输油管道外防腐层破损缺陷识别及开挖验证[J]. 石油化工腐蚀与防护，2020，37(4)：42-44.
[27] 蔡永军，马涛，庄楠，等. 基于管道本体特征的内检测开挖验证方法[J]. 油气储运，2013，32(7)：767-770.
[28] 司海涛，刘波. 管道漏磁检测中缺陷尺寸对漏磁信号的影响[J]. 石油矿场机械，2008，37(9)：18-20.
[29] 陈文明，何辅云，陈琨，等. 石油管道检测中缺陷类型判别方法的研究[J]. 合肥工业大学学报(自然科学版)，2008，31(12)：1929-1932.
[30] 马钢，白瑞. 漏磁管道内检测及其信号识别研究现状及展望[J]. 工业加热，2018，47(5)：60-65.
[31] 张仕民，梅旭涛，王国超，等. 油气管道维抢修方法及技术进展[J]. 油气储运，2014，33(11)：1180-1186.
[32] 巢栗苹. 用直流电位梯度法测量埋地管道防护层缺陷位置的模拟试验[J]. 腐蚀与防护，2008，29(5)：257-259.
[33] 周冰，韩文礼，张盈盈，等. PE防腐层脱粘对阴极保护电位分布的影响研究[J]. 天津科技，2015，42(10)：32-35.
[34] 刘正雄，张勇，谷坛，等. 双竹线阴极保护电位偏低的原因分析调查[J]. 石油与天然气化工，2006，35(4)：314-315.
[35] 赵新伟，张华，罗金恒. 油气管道可接受风险准则研究[J]. 油气储运，2016，35(1)：1-6.
[36] 石蕾，郝建斌，郭正虹. 美国油气管道维抢修应急响应程序[J]. 油气储运，2010，29(12)：881-884.
[37] 唐彦东，于汐，刘春平，等. 天然气管道地震风险综合评估基本思路与框架[J]. 自然灾害学报，2009，18(3)：135-138.
[38] 唐培连，刘刚，程梦鹏，等. 西气东输三线中段工程地质灾害防治设计[J]. 油气储运，2018，37(8)：930-934.

油气管道高后果区设计符合性排查及防控措施

蒋庆梅　王贵涛　熊　健　李　寄　高显泽

（中国石油天然气管道工程有限公司）

摘　要　归纳总结了国内2007—2016年建设的所有油气长输管道设计符合性排查工作内容和问题类型，对排查发现的高后果区定位、路由走向、地区等级/设计系数提升、管道规格变化、变壁厚情况、管道埋深不足、管道占压、水工保护设施不满足要求、安防设施现状、地质勘察及灾害风险等10类问题进行逐条分析，从完整性管理角度提出对应的防控措施建议，为在建及后续拟建管道设计、施工、运营提供借鉴和指导。

关键词　高后果区，符合性排查，地区等级，完整性管理，风险防控

1　排查背景

回顾以往油气管道工程，各类环焊缝失效问题导致的安全事故时有发生，尤其近两年中缅天然气管道（国内段）的两次管道环焊缝断裂造成的燃爆事故，对管道行业内外产生了巨大影响。按照国家应急管理部和中石油集团公司的相关要求，为进一步提升环焊缝安全风险排查治理效果，中油管道公司结合中缅天然气管道前期排查治理实践和经验，编制了《2019年油气管道环焊缝安全风险排查治理总体工作计划》（以下简称《计划》）。根据《计划》，排查的管道范围为2007—2016年建设的所有油气长输管道，排查工作内容的其中一项为高后果区设计符合性排查，需要开展初步设计与施工图、施工图与竣工图、竣工图与当前管道途经地形地貌和地区等级、初设条件与当前现场环境的一致性排查。排查目的是发现勘察设计问题，排除设计隐患；发现现场问题，建立问题台帐；消减工程隐患，保证运行安全。

2　排查内容

排查所涉及的工程建设时间跨度大，且涉及了全国大部分省市自治区，各个输油气管道的现状以及当时的建设条件、执行标准、气候环境、地质地貌、经济发展水平均有较大区别。

根据要求，排查内容应包括：管材、管型、壁厚、弯头、防腐层、阴极保护、埋深、水工保护、安防设施的符合性等。重点排查：管材选用、地区等级划分、焊接检验、地质勘查资料核查、施工图与竣工图一致性、竣工图与现场一致性、管道周边地形地貌的变化等（图1）。

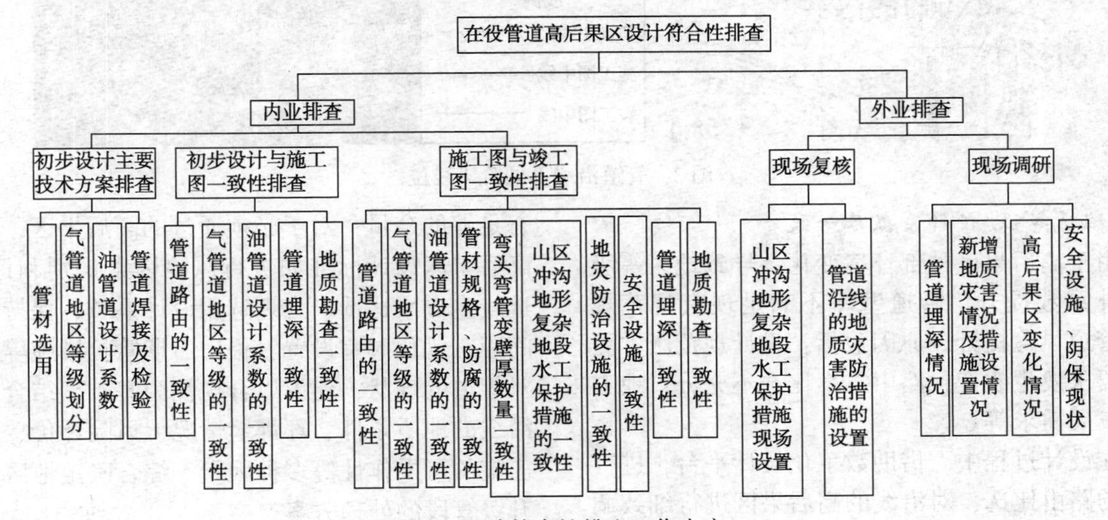

图1　设计符合性排查工作内容

3　排查结论

经排查发现多项内容存在不一致，以某地区公司为例，排查出的问题可分为 15 类，将各类问题进行汇总统计，占比详见图 2。

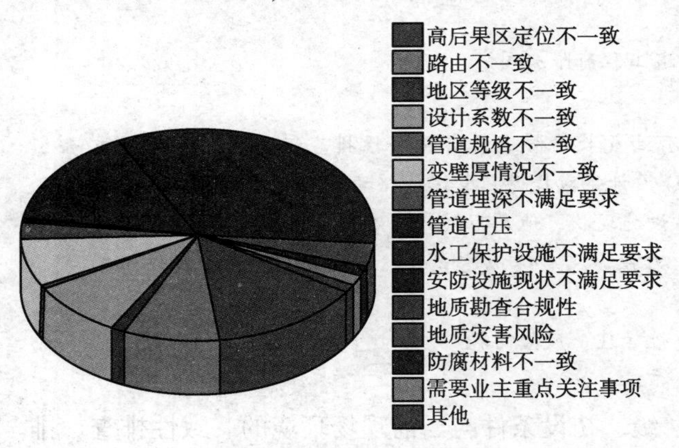

图 2　排查问题饼状图

4　主要问题原因分析及防控措施

4.1　高后果区定位不一致

本次排查出的高后果区定位问题主要是由于不同人员对高后果区划分原则掌握程度不同导致的。

高后果区识别是动态过程，管道运营期周期性地进行高后果区识别，识别时间间隔最长不超过 18 个月。管道及周边环境发生变化时，要及时对高后果区进行更新。高后果区范围识别不准确，可能导致高后果区管理范围增长或不足。所以对管道周边环境有变化的高后果区，应按《油气输送管道完整性管理规范》(GB 32167)及相关管理体系作业文件重新识别；对范围不准确的高后果区，按完整性管理规范中高后果区长度界定准则或影响半径重新界定。

4.2　路由不一致

路由不一致主要体现在初步设计路由与施工图路由不一致、施工图路由与竣工图路由由不一致、竣工图路由与现场实际不一致等，示例见图 3。报备地方的竣工图若与实际不一致，可能导致地方规划与管道路由冲突。出现该问题的原因包括：在施工期间，因征地等原因，造成线路改线，在做竣工图时没有纳入变更；变更超出施工图的测图范围，没有进行竣工测量。

按照目前管道完整性管理(智能管道建设)要求和现有的技术手段，新建管道基本可以杜绝此类问题的发生。对于已建管道出现该问题时，建议按管道实际状态进行复测，建立竣工档案，实现管道数字化恢复，方便管道运营管理，并报备地方政府相关部门。

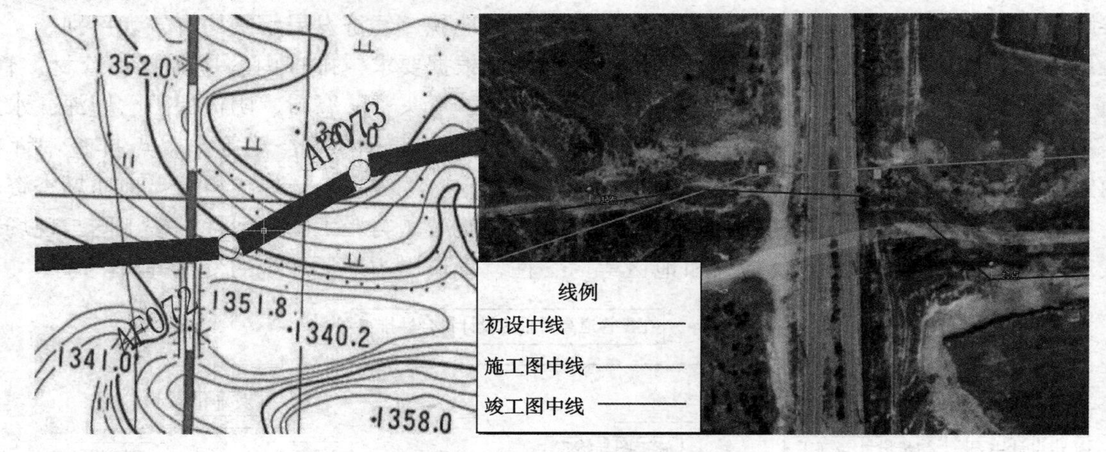

图 3　管道沿线不同阶段线位

4.3　地区等级/设计系数不一致

由于高后果区外部环境变化，导致地区等级或设计系数提升，管道壁厚不满足现有规范规定，管道风险提升。原因包括：设计规范版本更新，要求发生改变；路由方案比选不充分；地方规划发展需求等。

在设计过程中，借助数字化设计平台，进行充分的路由比选，对沿线的高后果区进行细致调研并落实到设计图纸中(图 4)，并对城镇发展留有足够的余量；对于必须通过的高后果区，提升高后果区设计标准如进行风险因素识别和评价、选线多方案比选、合理选用设计系数、保持合理间距、优化阀室设置、提出后期管控措施等。针对管道的现状，建议以合规性为基础，结合管道沿线的地质条件、环焊缝情况、风险评价、工程实施的可操作性等多种因素，综合确定地区等级升级管段的处理方案。

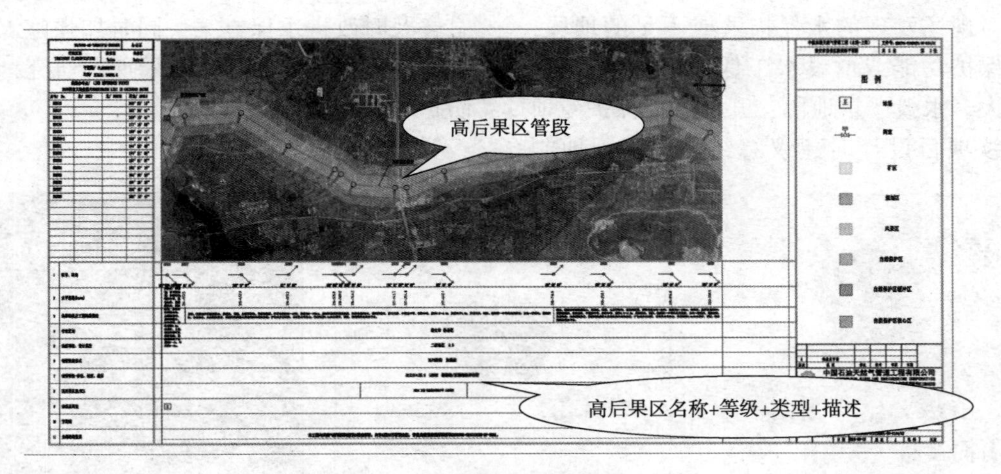

图4　初步设计平面图

4.4　管道规格不一致

高后果区管材规格不一致主要体现在制管形式不一致、管道壁厚不一致。初步分析是由于各阶段地区等级划分界限有所调整导致。

制管形式有直缝埋弧焊钢管、螺旋缝埋弧焊钢管、高频电阻焊钢管及无缝钢管，它们各有优缺点[5]，在国内外高压输气管道上都有大量应用经验，技术成熟，均能满足工程需求。对于壁厚不一致问题，特别是地区等级升级段的壁厚问题，则建议根据标准合规性及风险评价结果确定管道是否改线、换管、拆迁周围房屋、降压运行或采取防护措施，从而降低管道的失效可能性。

4.5　变壁厚情况不一致

排查发现竣工图变壁厚数量比施工图增多，频繁变壁厚或变壁厚点相距较近，造成环焊缝处应力集中。沿线地形复杂或管沟成型不好，热煨弯管使用量增加是主要原因。

对此，设计阶段应提出热煨弯管内锥孔型坡口加工要求，实现与直管的等壁厚焊接见图5。施工期应加大管控和优化，减少热煨弯管使用数量。运营期内检测时，将变壁厚位置作为重点监管对象，对变壁厚点较多或焊缝存疑的管道进行分析，综合评价管道应力状态，对应力集中部分可采用开挖释放压力等措施。

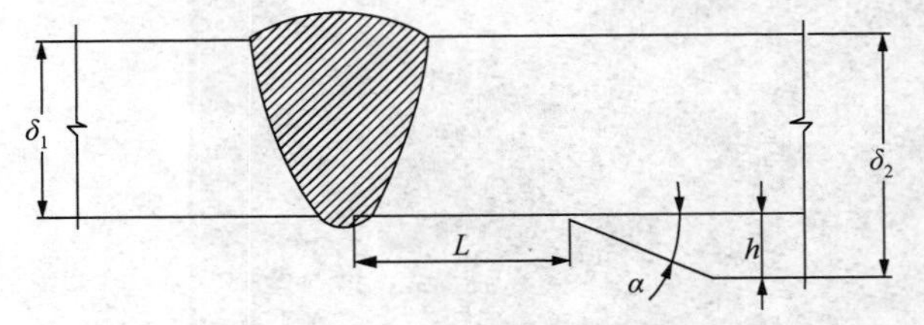

图5　直管-热煨弯管不等壁厚内锥孔型坡口

4.6　管道埋深不满足要求

根据排查结论，管道沿线有多处埋深不满足要求，经分析发现建设期埋深不足及运营期水土流失、沿线取土或河道治理等是致使管道埋深减小的原因。

对此问题，建议开展相应风险评估，并采取必要保护措施。后续项目设计阶段应考虑管道沿线埋深不足风险，必要时加大管道埋深；建设期确保管道埋深达到设计要求；运营期应加强管控，必要时设置相应监控手段，避免影响管道埋深的情况发生。

4.7　管道占压

管道占压问题主要体现在管道与周围建筑物距离不足5m或管道上方种植深根植物。

出现该问题的原因主要是由于已有法律(图6)不足以指导管道沿线土地权利设置，致使土地使用权人和管道企业发生利益冲突。目前处置方案是进行管道安全评估，拆除危及管道安全的建构筑物，并加大管道保护法宣贯力度[7]。

为了进一步解决此问题，建议开展油气管道使用土地权利设置及补偿机制研究，提出用地补偿机制具体措施，明确各方责权利关系，并纳入法律法规，从根源上防范管道占压、安全距离不足等隐患，保障管道建设和安全运行。

4.8　水工保护设施不满足要求

通过对现场水工保护措施的调研，发现部分地段需要增设水工保护措施，部分水工保护措施出现破损，可能会造成管顶覆土不足，增加管道水毁风险。分析发现，地形地貌变化、水保结构设计不合理、防护标准低、施工质量问题是造成不足或损毁的主要原因。

建议对现场发现的水保损毁或不足的地段，恢复水工保护功能或增设水工保护设施(图7)。对冲刷较大、水毁严重地段，开展水工保护专项设计。后续项目设计时建议总结经验，因地制宜，及时改进水保方案，同时加强施工管理，保证施工质量，同时持续开展课题研究，不断提高防护水平和标准。

图6　关于管道、物权的相关法律

图7　浆砌石挡土墙

4.9　安防设施现状不满足要求

安防设施主要指管道沿线的三桩一牌。经排查，管道安防设施存在破损、字迹不清或缺失等问题。高后果区安防设施设置不足，可能会增加高后果区内第三方破坏风险。出现该问题的原因包括建设期埋设数量不足和运营期被人为破坏。

建议按相关标准对安防设施进行补充或修复，并且加强管道相关设施保护宣传。后续工程项目应加强建设期管理，保证数量设置及位置准确。

4.10　地质勘察及灾害风险

调研新发现的管道沿线地质灾害类型主要为水毁、崩塌、泥石流、地面塌陷、不稳定斜坡和滑坡等(图8)。这主要与勘察深度不够没有揭示地质风险，或受限于勘察、运营识别手段，未充分评估出风险水平有关。

图8　管道沿线滑坡、崩塌灾害点

对此，提出设计阶段应加大勘察深度，运营期则加强地质灾害的识别，在识别出可能危及管道安全地质灾害时，及时采取措施，建议后期通过 INSAR 等新技术手段开展管道风险识别，进一步查明管道存在的地面变形隐患。地灾效应具有持续性和周期性，应将管道风险排查作为一个周期性的管理工作，持续开展。

5 结论

从设计符合性排查出的问题来看，这些问题的产生在管道全生命周期内，存在于设计、建设、运营各个阶段，任何一个环节出现问题都会形成一个潜在风险。

(1) 对于在役管道，按照管道完整性管理要求，对设计系数和地区等级升级的高后果区现役管段进行风险评价，根据风险评价确定管道现状条件下的服役性能，利用完整性评价对管道环焊缝缺陷制定维修措施，从而降低管道的失效可能性，保证升级管段的风险可控；为更好的对管道进行完整性管理，建议对已建管道进行数字化恢复，并定期开展管道沿线航测。

(2) 对于新建管道，建议新建管道采取数字化设计，实现设计、采办、施工、运营各阶段的数据全面融合，并能动态更新，达到工程质量管控和提升的目的；在建设阶段，按照完整性管理规范对管道沿线进行高后果区识别，并对识别出的高后果区进行风险评价、提出安全防护措施。

(3) 对于管道运营管理，建议施工阶段加强现场过程精细化管理和提升施工阶段数据采集自动化水平，满足后续运营阶段数据要求，并推动施工阶段的智能化应用，并辅助项目管理；对管体及周边环境的风险状况，实现安全预警集中化、可视化，进一步强化预警反馈，决策分析智能化，实现管道全生命周期管理。

参 考 文 献

[1] 姜昌亮. 中俄东线天然气管道工程管理与技术创新[J]. 油气储运，2020，39(2)：121-129.

[2] 杨洋，万仕平，吕继书，等. 航测技术在油气管道全生命周期建设中的应用[J]. 天然气与石油，2018，36(1)：81-84.

[3] 张宗杰，谢青青，文江波，等. 干线天然气管道运行可靠性评价方法[J]. 油气储运，2014，33(8)：807-812.

[4] 王振声，陈朋超，王禹钦. 油气管道完整性检测与评价技术研究进展[J]. 石油工程建设，2020，46(2)：86-92.

[5] 李鹤林，吉玲康，田伟. 高钢级钢管和高压输送：我国油气输送管道的重大技术进步[J]. 中国工程科学，2010，12(5)：84-90.

[6] 孔朝金，白晓航，李贵荣，等. 长输管道埋深安全隐患防治和保障措施[J]. 全面腐蚀控制，2020，34(8)：82-84.

[7] 马玉宝，么惠平，黄梓轩，等. 油气长输管道占压管控探析[J]. 石油规划设计，2020，31(5)：45-48.

[8] 刘晓娟，袁莉，刘鑫. 地质灾害对油气管道的危害及风险消减措施[J]. 四川地质学报，2018，38(3)：488-492.

水毁作用下穿越水域管道的完整性评估方法

臧海智　韩桂武　刘恒林　崔少东

（中国石油天然气管道工程有限公司）

摘　要　油气管道穿越水域面临着管道暴露于水流冲刷的风险。过去受技术水平的限制，管道水域穿越以明挖穿越方式为主，管道水毁灾害频繁发生，诱发管道的失效过程，提高了管道完整性管理的成本。本文重点介绍穿越水域管道的完整性评估方法，从管道数据收集入手，首先分析了不确定条件下管道数据获取过程；其次以管道在水流冲刷下的三种破坏模式为基础，基于渐进式破坏机理建立以管道屈服应力和损伤值为风险接受准则的定量完整性评估理论；最后对管道水毁灾害易损性和易发性的消减，分别讨论了实质性和程序性风险消减措施，提出了采用组合防护形式降低水流冲刷的威胁。研究成果为广泛进行在役穿越水域管道的完整性评估建立了理论基础，为未来新建穿越水域管道的防护工程提供了参考。

关键词　油气管道，水域穿越，水流冲刷，完整性评估，风险消减

国家发改委在2017年印发的《中长期油气管网规划》明确，2025年全国油气管网规模要达到24×10^4km，目前我国管道里程仅有15×10^4km，意味着在2020—2025年我国将迎来管道建设高峰期。我国地域辽阔，多条河流横穿内陆，管道敷设难免遇到多条河流段。一般选择跨越和穿越两种水域通过方式，但暴露在地表以上的高压油气管道受环境因素和第三方扰动风险极高，故穿越作为管道通过水域常采用的手段(图1)。

图1　西南山区某水域穿越管道遭遇洪水后的水毁情况

管道穿越水域的风险源于管道暴露在河床或水流中的可能性。水流对管道的直接冲击引起漂管、管体振荡等现象加剧了管道泄露的风险，同时水流裹挟的漂浮物甚至是石块对管道防腐层也是致命的。尽管目前管道穿越水域时对埋设深度和防护构筑物做了严格规定，但不期而遇的洪水引起的露管、漂管甚至断管事件频繁发生。图1为西南某阀室附近水域穿越管道遭遇洪水冲刷后，管周覆土流失殆尽，管顶混凝土护底严重损坏。

隧道、定向钻、斜井等非明挖方式穿越水域一定程度上能避免水域冲刷的影响，但我们对水域水流演变情况认识的欠缺，及对管道上方覆土的抗冲刷性能过于主观的判断，使得管道的完整性受到严重威胁。图2为西南山区某定向钻穿越水域的管道在经历一场洪水后，管道顶部覆土大幅度下切数米，致使管道直接暴露在水流冲刷中。

图2　西南山区某定向钻穿越管道被洪水冲出

国内目前对于穿越水域管道的完整性尚未开展广泛评估，一方面因为对河流穿越面临的风险认识尚浅，建设期投入防护措施不到位，另一方面发生管道水毁事件后往往归咎于不可预期的洪水，未具备事前预判、及时响应、监测预警的能力。在管道资产逐渐整合统一管理后，其完整性评估必为管道建设和运营提供直接依据。

本文着重介绍穿越水域管道的完整性评估方法，从管道数据获取开始，作为完整性评估的资料来源；参考管道水域穿越常发生的破坏模式，从管道受力状态入手提出定量完整性评估方法的理论基础，并将风险可接受准则作为定量判断的依据；最后分别从消减易发性和易损性为目标说明了风险消减措施。

1 穿越水域管道数据获取

进行完整性评估前有必要收集充足的相关数据，以减小主观性对评估结果的影响。通常，对穿越水域管道的数据收集包括管道尺寸与结构特性、管道穿越条件、水文条件及作用力、河床条件与土质特性四个方面。

1.1 管道尺寸与结构特性

与管道本体固有属性相关的数据不确定性小，通常可采用原材料的属性参数，常用的管道尺寸与结构特性数据类型见表1。众多数据中不确定性较大且对管道影响突出的参数为轴向应力数据，其计算可简化为以下形式：

$$T=T_{res}+T_0+T_v+T_{nl} \tag{1}$$

式中，T 为管道总轴向应力；T_{res} 为管道安装产生的残余应力；T_0为热膨胀产生的轴向应力；T_v 为运行内压产生的轴向应力；T_{nl} 为变形引起的轴向应力(非线性)。

表1　完整性评估需要收集的管道尺寸与结构特性数据

名称	类型	获得方式
管道外径	管道尺寸参数	固有属性
管道壁厚		固有属性
管道防腐层厚度、密度		固有属性
管道材料弹性模量	管道结构特性参数	固有属性
管道材料屈服强度		固有属性
管道材料泊松比		固有属性
管道结构阻尼系数		固有属性
管道热膨胀系数		固有属性
管道粗糙度		固有属性
管道运行内压	其他	读取监测数据
管道输送介质的密度		固有属性
运输介质的附加温度		读取监测数据
轴向应力		计算

残余应力在不同项目中差异较大，难以统一，通常认为其值很小可以忽略；受管道保温层的保护，多数情况下输送介质温度与周围温度差异较小，但在高寒地区受冻土或极端天气的影响更为显著，需获得管壁上的实测温度确定热膨胀应力[1]；运行内压产生的环向应力在管线轴向上引起拉应力，其可通过下式确定：

$$T_v=-\frac{\pi}{2}\left(0.5-\nu\frac{D}{D_i}\right)t^2\times P_i^2 \tag{2}$$

式中，ν 为管道材料泊松比；D 为管道外径；D_i 为管道内径；t 为管道壁厚；P_i 为管道运行内压。

对于变形引起的轴向力 T_{nl}，文献[2]介绍了一种计算挠度变化产生的轴向应力值的迭代计算方法，该方法假设初始挠度产生的轴向应力值为0，计算给定荷载下的总轴向应力 T 及对应的位移。当前后两次的迭代位移差小于指定精度时可将迭代终步的值作为 T_{nl}。

1.2 管道穿越条件

管道穿越条件的数据类型与管道穿越方式相关。通常定向钻、隧道、斜井等非明挖方式穿越水域时，保证穿越深度在水域河床最大冲刷深度以下时管道暴露在河床面上的可能性极小，但不排除特大洪水形成的深部河床下切，有必要收集、计算可靠的水域最大水流量。对于明挖方式的水域穿越，需准确获得以下两方面的数据：①水域穿越的长度；与水流方向垂直穿越时，一般指水域内过水断面底部的宽度；若呈一定夹角穿越则为实际铺设的长度。②暴露管道的长度；河床面未发生明显下切时，可保守等效为水域穿越的长度；若河床面出现明显或一定程度下切，将埋深低于河床最大下切深度以下0.5m的管道长度作为暴露管道的长度。

上述保守取值的原因在于：在局部管道已暴露的河床面上，其两端河床上的嵌固端已出现明显松动，河床土对管道未暴露端的固定作用有限；且随着水域长时间过水会逐渐剥离河床覆土。最终起固定管道两端作用的为河岸上未过水的岩土层。故评估时应根据河床条件和土质特性确定暴露管道的长度。

1.3 水文条件及作用力分析

水文条件，一般指水域流量和洪峰持续时间，是管道水域穿越的首要风险源。不同于管道数据，水文条件常呈现极强的变异性。水域流量受季节性降水影响大，其最大流量为评估的必备数据。每次水域通流或水位变化的持续时间与强度会产生多次河床冲刷，每次冲刷后河床形貌的变化进而加剧水域流量的不确定性，因此评估时常考虑河床下切至最大冲刷深度的最不利情况。一般水域最大流量的确定需建立在大量水力测量数据的统计基础上，但对于多数季节性冲沟和小型沟渠很难收集到充足的数据，对此类情况可根据区域汇水面积和水域断面形状计算水域流量和平均流速[3]。

需指明目前水域流速和流量的计算基本采用二维模型，对于某些经过河道凹凸岸或河道走向曲折的水域，建议建立三维水力模型，利用Navier-Stokes方程和数值模拟的方法[4]获得管道穿越断面的流速、流量数据。

对于已经暴露在水域的管道，其完整性评估仍需确定水流冲击管道的水力荷载。管道受水流冲击产生拖曳力和上升力，其计算如下：

拖曳力：
$$F_D = \frac{1}{2}\rho_w D C_D \overline{U_c^2} \tag{3}$$

上升力：
$$F_L = \frac{1}{2}\rho_w D C_L \overline{U_c^2} \tag{4}$$

式中，ρ_w 为水的密度；D 为管道外径；$\overline{U_c}$ 为与管线垂直方向的稳定流速；C_D、C_L 为无量纲参数。

公式(3)和公式(4)两个无量纲参数的取值取决于河流流速、管道表面粗糙度、管道沟槽的形状等，可参考无量纲参数与各相关因素的统计图[5]。

1.4 河床条件与土质特性

河床土的准确鉴别能帮助判断管道水域穿越断面的断层、泥石流、冲刷和侵蚀、沉积、基岩等地质条件的发育情况。理想状态下管道敷设在基岩中能大幅度消减风险，但多数条件下需依赖河床土与管道的相互作用力维持管道的稳定。管土相互作用力分解为两部分：土的侧向阻力和轴向阻力。砂土和黏性土侧向阻力的计算方法稍有不同，但两者的通用原理为：管道上的覆土在管道表面产生了摩擦阻力，同时管道移动方向的覆土提供被动土压力，两个阻力值均与管道埋深有关。

管周土压力方向与管道表面处处垂直，为水平和竖直方向分力的合力，其示意图见图3。需指出，在不同埋深条件下管道沿轴线的破坏形式不同(图4)：埋深较深时多数出现管道表面与周围土体间的相对位移，受深部土压力影响周围土体位移较小，为深部破坏模式；埋深较浅时，管道与管道上方覆土同时沿轴向发生剪切破坏。评估时两个破坏模式中的轴向土阻力较小值作为最终失稳模式的取值。

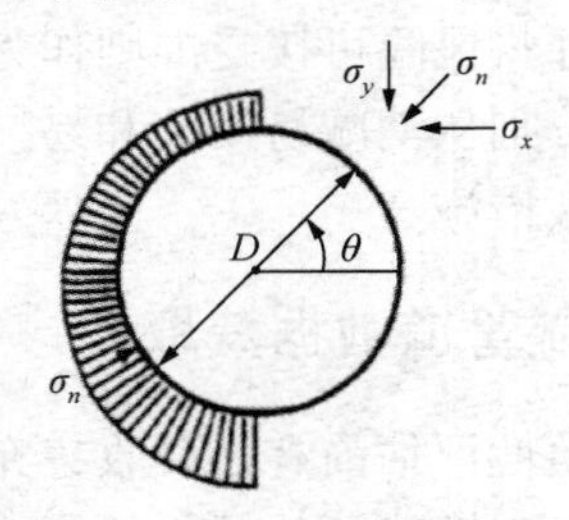

图3　全埋管道土压力示意图

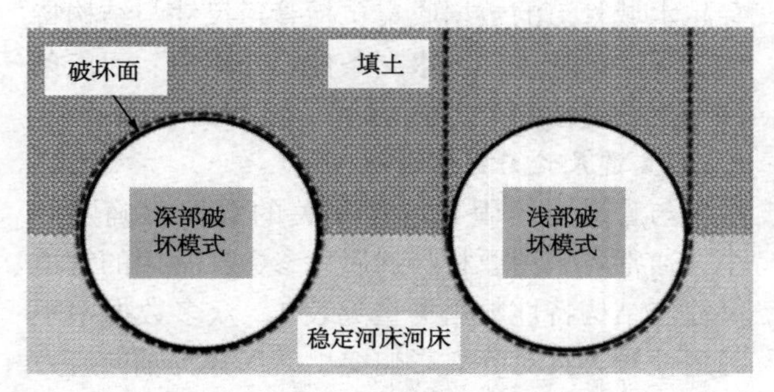

图4　全埋管道沿轴向破坏的两种模式[2]

河床土质的识别不需要严格定名，但至少应确认为黏性土或非黏性土。两者的区别在于：黏性土中埋设的管道所受的土阻力来源于摩擦阻力和土内聚力的共同作用，一般取两者中的较小值作为土阻力；而非黏性土的土阻力完全源于土质与管道表面的摩擦力和土壤颗粒间的运动阻力。

2　穿越水域管道的定量完整性评估理论

定量性评估结果摆脱了对客观地质条件、水文条件和管道属性的主观认识限制，充分利用收集的数据做出更可靠的管道完整性能判断。定性评估中对水域流动的环境荷载和第三方扰动荷载等因素的判断是高风险性的，但其对管道本体的影响仍不得而知。尽管易发性和易损性的综合评判更适合工业化推广和应用，但其精细化程度仍有欠缺。相反，定量评估将众多风险数据量化为管道的受力状态分析，辅助工程师在管道可承受的范围内减少防护工程的投资，为后期运营提供更直观的依据。参考穿越水域管道的主要失稳模式，从横向稳定性、悬跨段稳定性和受冲击荷载三方面评估管道的完整性。

2.1 横向稳定性评估

横向稳定性评估适用于：管道仍在河床中敷设，但一侧已完全暴露在水流中(图5)。此时竖直方向上管道受重力和水流的抬升力，水平方向上受水流的拖曳力和管道另一侧的土侧向阻力。其极限平衡判据如下：

$$\gamma_{sc}F_D \leqslant \mu(W_S-\gamma_{sc}F_L)+R_H \quad (5)$$

式中，μ 为管土摩擦系数；W_S 为管体重力；R_H 为管道埋设段土壤摩擦阻力和被动土压力的和；γ_{sc} 为荷载作用系数/安全系数。

公式(5)成立，则管道处于稳定状态。需注意若重力小于水流升力，管道也会处于不稳定状态，需将管道视为悬跨管体重新评估。

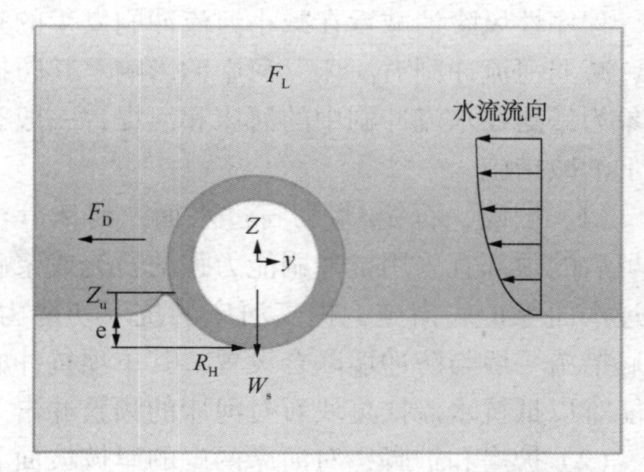

图5　作用在河床埋设管道上的不同荷载类型

多数情况下一旦管道暴露在水域流体中，支撑侧提供的被动土压力极其有限，随着冲刷的加剧管道逐渐脱离河床面。从完整性评估的角度，管道在水域中发生外露便面临不可控的风险。此时对管道在水力荷载下的稳定性评估仅能为决策是否停输或防护工程的补修时间提供参考，但长远来看必须及时隔绝管道与水域冲刷。管道在横向发生位移的截面受力状态可求解下式获得：

$$EI\frac{d^4y}{dx^4}-T\frac{d^2y}{dx^2}=q(x) \quad (6)$$

式中，EI 为管道的弯曲刚度；x 为管道沿轴向的位置坐标；y 为管道沿横向的挠度(位移)；$q(x)$ 为暴露管道 x 位置处受到的水力荷载。

截面合力 T 的计算上文已有讨论，可采用解析解和迭代方式求解，最终以风险可接受准则判断管道发生位移后的完整性情况。

2.2　悬跨段稳定性评估

管道的自身重力低于水流抬升力时便会漂浮在水流中，形成管道悬跨段。受水流拖曳力和上升力的合力影响管道会出现静态位移、涡流震动和疲劳损伤三种形式的风险。悬跨段静态位移下的完整性评估同横向稳定性的评估方法类似，但其合力 q 为水流拖曳力、抬升力、管道重力的合力。水流作用在管道上的涡流震动可能会引起管道结构的自振，此时管道完整性评估参考的关键指标为管道结构的自然频率。管道自振频率的计算需考虑管道本体固有属性、管道位移、河堤固定端土质特性和管道有效长度的影响[2]，有必要回归有限元计算结果得到不同工况下的自振频率取值，在管道暴露时快速辅助判断管道发生自振的可能性。

不建议管道在水流冲刷中暴露过长时间而置之不理，该理论计算可为设计阶段考虑管道完全暴露水流中的可承受性做预评估，以留设足够的安全余量并为应急方案落实争取时间。

若管道形成悬跨段并长时间受水流冲刷时，可能会积累疲劳损伤值并导致管道破坏。其破坏形式可能是沿管线走向的振动破坏或者沿水流方向循环摆动后的断管破坏[8]。确定管道发生疲劳破坏的两项重要参数为管道的累计损伤值和管道在特定应力区间内可承受的循环应力数。上述参数的确定一般需通过精心设计的试验校正，也可参考文献给出的经验公式。

2.3　冲击评估

暴露在水流中管道的另一重大威胁是水流挟裹的石块等对管道的撞击。其引起的破坏形式有：①管道横向位移达到极限值，出现轴向拉伸或沿管道固定端的剪切破坏；②块体冲击管道表面形成凹痕，严重时块体尖锐的棱角砸穿管道。鉴于管道钢制材料屈服强度极高，且内部带压运行，上述第②种破坏形式可能性极低。冲击评估重在判断悬跨段受块体冲击后是否发生断管，块体冲击管道的能量转换原理如下：

$$\frac{1}{2}mU^2=\frac{1}{2}p_m\delta_m^2 \quad (7)$$

式中，m 为冲击块体的质量；U 为冲击块体的速度，若河道无明显坡降可取水流流速；p_m 为估计最大冲击荷载；δ_m 为管道最大横向位移。

最大冲击荷载和最大横向位移确定任一值便能反推另一个。保守估计时取最大容许横向位移(保守取1%~2%的容许应变，或用弹性理论计算位移，取决于管道的材料属性和悬跨段长度)。对于沿河堤固定处发生剪切破坏的计算，需考虑河堤土的刚度系数和河堤土受管道挤压的压缩位移，对管道各位置处的弯矩求导得到剪力值。

2.4 风险可接受准则

可接受准则为量化评估结果的阈值，常见的有位移准则和应力准则。鉴于管道容许位移在不同工况中差异性大，难以确定统一衡量标准，多以应力准则作为风险判据。根据管道受力破坏形式，应力准则又分为屈服准则和疲劳破坏准则。应力屈服可接受准则如下：

$$\sigma_e \leqslant S\sigma_y \tag{8}$$

式中，S 为安全系数，根据安全等级取(0.8～1)；σ_y 为材料最小屈服应力，为固有属性；σ_e 为管道有效应力。

管道有效应力可基于 Von-Mises 屈服准则计算如下：

$$\sigma_e = \sqrt{\sigma_L^2 + \sigma_h^2 - \sigma_L\sigma_h + 3\tau_{Lh}^2} \tag{9}$$

式中，σ_L 为管道纵向应力；σ_h 为管道环向应力；τ_{Lh}为切向剪应力。

疲劳破坏准则表示如下：

$$D_{fat} \leqslant \eta \tag{10}$$

式中，D_{fat}为累计损伤值；η 为利用系数，在管道检测和修理易开展的区域取 0.3，其他情况取 0.1。

上述疲劳损伤准则的关键参数为利用系数取值，其计算需考虑横向振动、沿管线振动和管道悬跨类型等参数，可参考规范[10]的取值。

3 穿越水域管道的风险消减

风险消减作为完整性管理的重要手段之一，为完整性评估后必不可少的措施。根据风险消减的保护对象分为实质性风险消减和程序性风险消减[11]，两者分别对应管道易损性和易发性两方面的防护。

3.1 实质性风险消减

实质性风险消减是针对管道本体开展的防护措施，重在保护管道路由不受河流冲刷的影响，即尽可能避免水流与管道的直接接触。可采用以下方式。

(1) 稳管配重块；提高管道抗浮性能，需指出任何形式的配重块都难以保证管道在水流冲击下的稳定性，更不能缓建河床冲刷下切，需与其他措施结合使用。

(2) 加大埋深；保证管道顶埋深不低于河床最大冲刷深度以下 0.5m，多数情况下能防止管道暴露在水流中，但此措施严重依赖于水文冲刷计算数据，且某些带水水域内埋深过大难以施工。

(3) 埋入基岩和混凝土连续浇筑；若河床下部有较完整的基岩面，尽量全埋式将管道布置在基岩内，并辅助满槽混凝土连续浇筑稳管措施，为首选的风险消减措施。

(4) (稳管)截水墙；在河床与河堤过渡段管道经历爬坡和下坡段，有必要在坡体上设置稳管截水墙，能同时起到抗覆土冲刷流失和稳定管道的作用。

3.2 程序性风险消减

程序性风险消减旨在减小河流冲刷发生的频率，减弱河流冲刷对河床、河岸的影响。其防护对象为暴露在水流冲刷中的河床和河堤，一般有以下消减措施。

(1) 护底、石笼/浆砌石过水面；河床管沟回填后的顶部宜采用抗冲刷能力强的石笼或浆砌石过水面等护底措施，提高河床的抗下切能力；护底措施一般与防冲墙联合设置，其单项抗冲刷性能难以抵抗水流挟裹块石对河床的频繁冲击。

(2) 护岸和护脚；对河床两岸的岸坡坡面和坡脚防护，可采用浆砌石、石笼或钢筋混凝土挡墙式护岸，辅助坡面砌石等材料护坡可有效防治水流对河岸的侵蚀，降低管道暴露的风险；护脚一般配合挡墙使用，旨在加强挡墙底部的抗块石冲击性能。需注意护岸和护脚消减措施不宜占用过多的河床面，且计算流速应取河道压缩后的水域流速。

(3) 防冲墙：管道穿越位置的水域上下游设置两道防冲墙能有效减弱河水冲击力，利用水流动势能的相互转换使得水流经过管道穿越断面上方时流速平稳；防冲墙常与护底措施联合使用，有效消减了水域冲刷的易发性。

除了上述从易发性和易损性入手的风险消减措施，有必要对水域流量、管道覆土流失情况设置监测措施，以便实时掌握管道的完整性状态，也能在危险状态及时响应防止风险进一步恶化。

4 结论

本文讨论了穿越水域管道的完整性评估方法，从管道数据收集、定量完整性评估理论和风险消减三方面介绍了开展穿越水域管道完整性评估的全过程。有以下几点结论。

(1) 全面的管道数据收集是开展穿越水域管道完整性评估的必备条件。管道本体属性数据和运营数据不确定小，易于获得；而水域水流演化趋势呈现强烈的变异性和季节性，数据收集难度大。

（2）水域流速和流量的计算应根据不同河道赋存条件选取：管道穿越处上下游河道长直，可选用二维断面模型计算；若管道穿越处在河道拐点或曲折处，宜采用三维数值模拟的方法得到有效数据。

（3）土阻力对维持管道稳定意义重大，建议从黏性土和非黏性土分类的方法辨别土质特性。

（4）管道暴露在水域冲刷中依次经过敷设在河床上受到横向冲刷、形成悬跨段振动/疲劳水力冲击和水流挟裹块石（漂浮物）冲击，评估三种类型破坏的关键参数为管道受到的静态/动态荷载，进而计算管道轴向应力或损伤值是否在风险可接受准则范围内。

（5）任意单项管道风险消减措施难以同时满足低易发性和低易损性的要求，宜根据水文条件和土质特性设置组合防护形式，辅助监测措施判断风险消减效果。

参 考 文 献

[1] GB 50251—2015，输气管道工程设计规范[S]. 北京：中国计划出版社，2015.

[2] Kourosh Abdolmaleki，Ben Motevalli. Theory and Methodology of the River-X Software(Phase Ⅱ)[R]. Pipeline Research Council International Inc.，2019.

[3] SY/T 6793—2010，油气输送管道线路工程水工保护设计规范[S]. 北京：石油工业出版社，2010.

[4] 吴新宇，李志威，胡旭跃，等. 弯曲河流颈口裁弯不同阶段水流运动特性[J]. 水利水电科技进展，2019，039(001)：21-27.

[5] DNV-RP-F109，On-Bottom Stability Design of Submarine Pipelines[S]. Det Norske Veritas，2011.

[6] Verley，R.，Lund，K. A Soil Resistance Model for Pipelines on Clay Soils[C]. OMAE′95，Copenhagen，Denmark，June 18-22，1995.

[7] DNVGL-RP-F114，Pipe-soil interaction for submarine pipelines[S]. Det Norske Veritas，2017.

[8] DNVGL-RP-C203F，Fatigue Design Of Offshore Steel Structures[S]. Det Norske Veritas，2016.

[9] 龙驭球. 弹性地基梁的计算[M]. 人民教育出版社，1981.

[10] DNV-RP-F105，Free Spanning Pipelines[S]. Det Norske Veritas，2016. [11] ISO 20074-2019，Petroleum and natural gas industry-Pipeline transportation systems-Geological hazard risk management for onshore pipeline[S]. 2019.

输气管道地区等级定量预测方法研究

关旭辉　彭　阳　田士国

（中国石油天然气管道工程有限公司上海分公司）

摘　要　针对天然气管道地区等级升级情况造成管道风险过大情况，为提前预知管道地区等级升级情况，本文尝试将常规人口预测方法应用到输气管道地区中，针对管道附近小区域人口数据缺乏，误差较大，环境影响大的特点，提出多模型的预测方法，选取四种可实行人口预测方法，趋势外推模型，马尔萨斯模型，Logistic 模型和灰色 GM(1，1)模型。该方法以输气管道地区历史人口数据为依据，与模型计算结果对比优选人口预测的方法，并利用该优选方法进行预测。取市中心、农村、城市边缘三处天然气管道地区为例，验证模型适用性。结果表明，常规的人口预测模型可以被应用到天然气管道地区等级升级预测过程中。该研究可以预测管道的后期地区等级升级，为管道低风险安全运行提供一定的技术保障。

关键词　地区等级升级，定量预测，人口预测

中国是管道运输大国，油气管道是能源供给的大动脉。管道安全关系着人民群众的生命财产安全，是管道运营中最关注的问题之一。天然气长输管道在设计建设时期，尽量避开人口密集，经济繁华的地区。但伴随地方经济的发展与城市的扩张，天然气管道周围住宅、工厂等人口聚集场所增多，使管道通过的部分地区等级升高，出现了当初设计与目前状况不符的情况，即出现地区等级升级现象。如建于 20 世纪 70 年代的东北八三管道周边，管道建设时期人口稀少，而现在已经成为人口稠密的市区中心地带，按照管道沿线地区分类，人口稀少地区为一类地区，市区中心地带为四类地区，属于高风险区域。

国内针对该问题进行了一系列研究，单克比较国内外输气管道地区等级划分标准，针对地区等级升级现象建立地区等级升级管道的 3 级评价流程，并提出相应管理措施。周亚薇提出一种地区等级升级后的天然气管道定量风险评价方法，针对地区等级升级后的管道不可控情况，提出此对应的风险减缓措施。姚安林通过引入模糊语言与其量化值修正 EGIG 统计的失效概率，选取蒸气云爆炸模型估算出死亡人数，利用风险矩阵评定风险等级并判定风险可接受程度。董绍华分析了国内外地区等级升级标准的差异并提出地区等级升级管理方法。常见的解决该问题的方法有如降压，改线，增加防护措施。

然而，这些研究只是在地区等级升级后采取一系列措施。为了从根本上解决该问题，本文尝试对地区等级升级现象进行预测。但是地区等级升级区域范围属于小区域人口预测，存在数据缺乏，误差较大，环境影响大的特点，需选择合适的模型。为了解决该问题，本文从大区域人口预测方法出发，考虑到地区等级预测管道附近区域小特点，提出一种基于多模型的地区等级预测方法。该方法结合了常规人口预测模型的不同特点，对区域人口历史数据进行拟合，优选符合区域人口发展的模型，从而达到地区等级预测的目的。通过该预测以应对未来地区等级升级现象，提前预知管道地区等级，有利于保障管道的全生命周期运行安全。

1　地区等级定义

地区等级是高后果区划分的重要依据，对于地区等级的划分，国内外有不同的规范标准，本文以我国 GB 50251—2015《输气管道工程设计规范》中规定为准：一级一类地区为不经常有人活动及无永久性人员居住的区段；一级二类地区为户数在 15 户或以下的区段；二级地区为户数在 15 户以上 100 户以下的区段；三级地区为户数在 100 户或以上的区段，包括市郊居住区、商业区、工业区、发展区以及不够四级地区条件的人口稠密区；四级地区为 4 层及 4 层以上楼房（不计地下室层数）普遍集中、交通频繁、地下设施多的地区。

常规的地区等级划分是以户数数量作为依据，为了对地区等级进行预测，本文尝试将户数近似转化为人口数量。参考相关文献[11]对一、二级地区均按标准中规定的居民(建筑物)户数上线选取，每户按照3.5人计算，则二级地区人口上限为350。其三级地区参考的户数为275户。按照每户3.5人计算为962.5人，为计算方便，近似估算为1000人。具体人口数量与地区等级对应关系见表1。

表1 地区等级与人口关系

(2km长，两侧各200m范围)

等级	一级一类	一级二类	二级地区	三级地区	四级地区
人口	0	53	350	1000	>1000

2 地区等级升级预测方法介绍

2.1 方法介绍

准确的预测管道未来地区等级升级状况可以提前对管道的全生命周期安全的一个保障。根据文章上述描述，地区等级预测可以近似转换为对于人口的预测。为了实现地区等级预测，本文将常规人口预测引入到地区等级预测中。地区等级预测只聚焦管道周围两个各200m的范围内人口，属小区域人口预测。相比于常规的人口预测方法，小区域人口数据通常比较缺乏，数据质量参差不齐。小区域的人口规模一般比较小，也意味着预测误差会比较大。这种预测受到周围环境的影响较大，所以地区等级预测相比更加复杂。因此小区域人口预测有数据缺乏，误差较大，环境影响大的特点。

之前的研究对于小区域人口预测提出了概率的方法，但是该方法所需要参数复杂，不能满足本文所需，且针对小区域人口发展的复杂特点及各种预测方法存在的特点和不足，单一人口模型并不能较好的对复杂多变的管道周围人口数量进行预测。且考虑到现有模型的复杂程度，模型的适用度和所需参数的复杂程度，选取了常见的几种模型，提出多模型的人口预测方法。根据该方法进行地区等级升级预测。

该方法具体操作为，首先将管道进行划分，对划分管道的区域内历史人口进行统计，根据统计结果对所选取的多种模型进行拟合，根据误差优选模型。根据优选模型进行人口预测。具体的方法求解过程见图1。

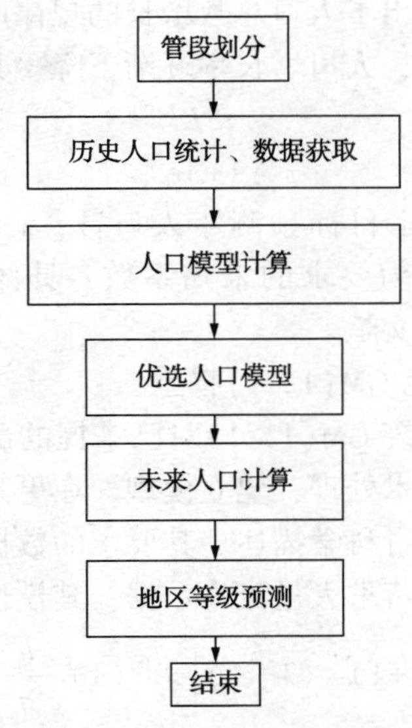

图1 求解方法介绍

2.2 多模型方法介绍

常见的人口预测方法有很多，有人口增长率法，历史人口规模法，年龄移算法，剩余劳动力转化法，城镇化水平法，劳动平衡法，带眷系数法，相关分析法，就业岗位法，资金约束法，资源环境承载力法，基础设施承载力法等。许多模型要求的参数较多，不适合小区域人口预测，因此本文选择了四种模型进行计算。这四种模型为趋势外推模型、马尔萨斯模型、Logistic模型、灰色GM(1，1)模型，接下来做简要介绍。

2.2.1 趋势外推模型

人口增长过程中，各时期人口发展速度比较接近时，即在人口发展曲线上任意点切线的斜率基本相等且近似为直线增长的时候，可以选用一元线性回归方法进行人口数量测算。以时间为控制变量，人口数量为状态变量，确定数学模型。

$$y=a+bx \tag{1}$$

式中，a为回归常数；b为回归系数。

2.2.2 马尔萨斯模型

该模型由英国人口学家马尔萨斯(Malthus)于1798年提出，其原理为：在一般情况下，在一定的时期内，人口的增长率可视为一定的数值，人口预测采用指数增长函数。其模型为：

$$P_t=P_0\ (1+r)^n \tag{2}$$

式中，P_t为预测目标年末人口规模；P_0为预测基准年人口规模；r为人口年均增长率；n为预测年限。

2.2.3 Logistic模型

Logistic生物模型考虑到人口总数增长的有

限性，且提出了人口总数增长的规律即随着人口总数的增长，人口增长率逐渐下降。其模型为：

$$y=\frac{K}{1+Ae^{Bx}} \tag{3}$$

式中，y 表示目标预测年人口数；x 表示年份；K、A、B 均为要求的未知系数。具体求解方法可参考相关文献。

2.2.4　灰色 GM(1，1)模型

灰色系统 GM(1，1)对已掌握的部分数据进行合理的技术处理，建立模型，在更高层次上对系统动态进行科学描述。其要求的数据占有量不是很大，不苛求大量流失数据，其模型为：

$$x^{(0)}(k+1)=(1-e^{a})\left[x^{(0)}(1)-\frac{b}{a}\right]e^{-ak} \tag{4}$$

式中，k 表示年份，$k=1，2，3\cdots$；a、b 为相关参数，具体求解方法可参考相关文献。

3　实例分析

为了验证所提出的方法对于地区等级升级的适应性，鉴于小区域人口预测受周围环境影响较大的特点，本文分别选取了市中心、农村、城市边缘三个区域对模型验证。管道附近人口历史数据来自于对 Google 历史影像数据估算。根据图 1 中的方法划分 2km 长，管道两侧各 200m 宽的区间范围，卫星影像中含有工厂，小区，学校，政府单位等建筑，根据建筑所占面积、层数，用途等方面合理估算其最大人口数量，统计该区域范围随时间变化的人口数量。使用人口预测方法对历史数据进行拟合并根据误差筛选最优预测方法并对管道未来地区等级进行预测。

3.1　案例一

该段线路位于苏州市市中心，管道为西气东输一线管道(图 2)，管径为 1016mm，管材为 X70 钢，直缝埋弧焊钢管。根据 Google 并结合当地数据估算人口增长见表 2，查阅资料获取苏州市平均年增长率为 8%(图 3)。

表 2　案例一人口数量表

年份	人口数量	年份	人口数量
2009	2300	2014	5000
2010	3000	2015	5430
2011	3600	2016	5800
2012	4100	2017	6150
2013	4550	2018	6400

图 2　案例一管道示意图

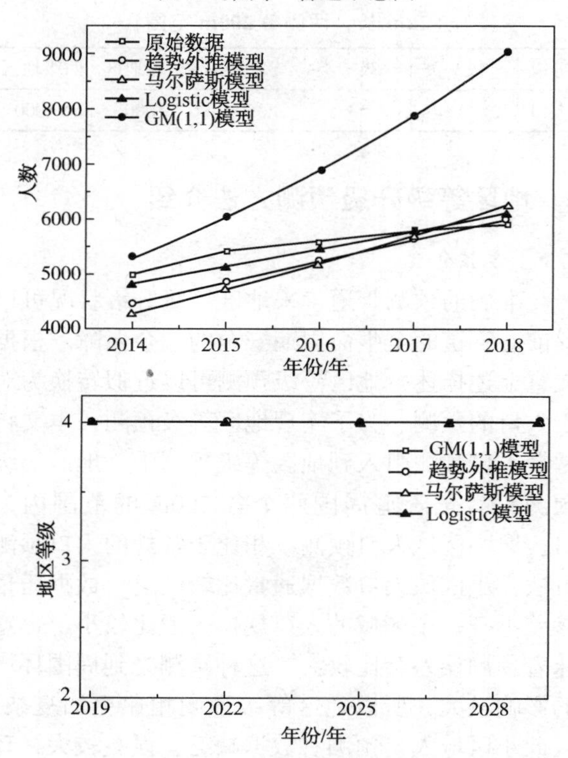

图 3　案例一人口增长及地区等级预测

我们统计了这一地区从 2009—2018 年人口变化情况，利用 2009—2013 年数据作为历史数据，2013—2018 年数据作为验证数据。根据历史数据拟合，趋势外推模型公式为 $Y=390X-780990$。根据平均误差 $MAPE=\frac{1}{5}\sum_{i=1}^{6}v_i$，其中 v_i 表示误差率。可以的趋势外推模型误差最小。根据分析可以发现，对于苏州这一段人口变化情况，根据多模型的计算方法，Logistic 模型的准确率较好。苏州这一块地区前期属于经济快速发展的区域，在发展的时间，许多小区和学校相继建立了起来，人口快速增长，人口为持续输入类型。但是到后期，人口数量趋于稳定，人口增长变缓，Logistic 相对误差较小。虽然该区域人口地区等级都是四级地区，但是根据预测管道周围的人口逐渐增大。为保证管道安全运行，需采取相应的风险减低措施。

3.2　案例二

该段线路位于无锡市农村，为西气东输一线管道(图4)，管径为1016mm，X70钢，直缝埋弧焊钢管。根据Google并结合当地数据估算人口增长见表3，平均年增长率为7.6%(图5)。

图4　案例二管道示意图

表3　案例二人口数量表

年份	人口数量	年份	人口数量
2008	300	2015	380
2009	313	2016	385
2010	350	2017	402
2012	361	2018	410
2013	365	2019	418

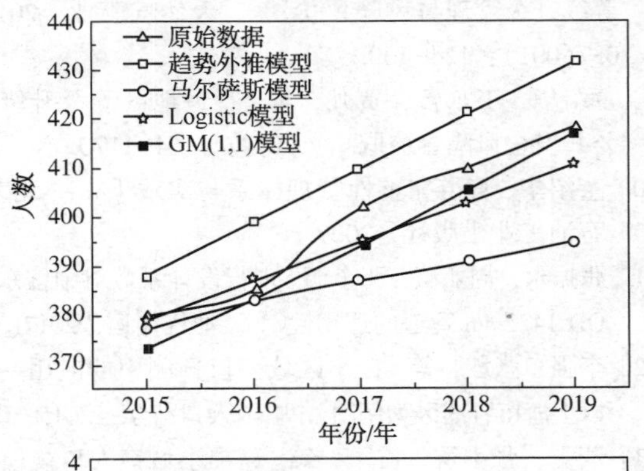

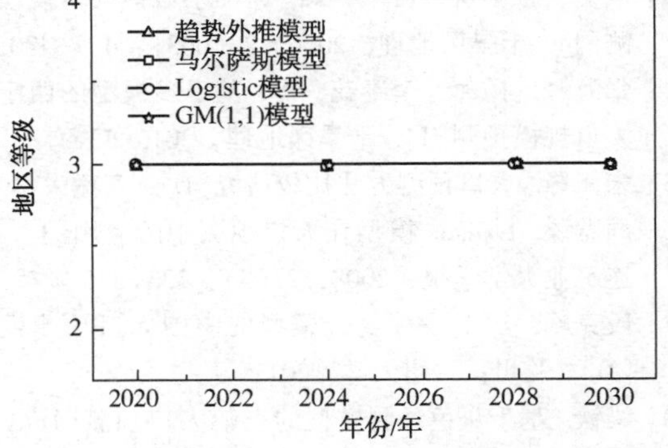

图5　案例二人口增长及地区等级预测

我们统计了这一地区2008—2017年人口变化情况，利用2008—2015年数据作为历史数据，2016—2019年数据作为验证数据。根据历史数据拟合，趋势外推模型公式为 $Y = 11.201X - 22182$。根据平均误差 $MAPE = \frac{1}{5}\sum_{i=1}^{6} v_i$，其中 v_i 表示误差率计算平均误差。根据分析可以发现，对于无锡这一段人口变化情况，GM(1，1)的计算误差最小准确率较好。无锡这一块地区位于农村，人口变化较慢，外界人口扰动较小。由于历史数据存在波动，因此对于历史数据进行合理处理的GM(1，1)模型拟合较好。通过模型对该区域地区等级进行预测，由于该地区人口增长缓慢，在未来的10年内，在没有外界人口流入和城镇化影响情况下，该地区地区等级仍保持三级地区。

3.3　案例三

该处位于无锡市城市边缘，管道经历了城市的扩张，该区域地区等级发生了升级(图6)。该段管道为西气东输一线管道，管径为1016mm，X70钢，直缝埋弧焊钢管。据Google并结合当地数据估算人口增长见表4，平均年增长率为7.6%(图7)。

图6　案例三管道示意图

表4　案例三人口数量表

年份	人口数量	年份	人口数量
2008	720	2014	860
2009	750	2015	900
2010	780	2016	950
2012	800	2017	980
2013	830	2018	1000

我们统计了这一地区从2008—2018年人口变化情况，利用2008—2013年数据作为历史数据，2014—2018年数据作为验证数据。根据历

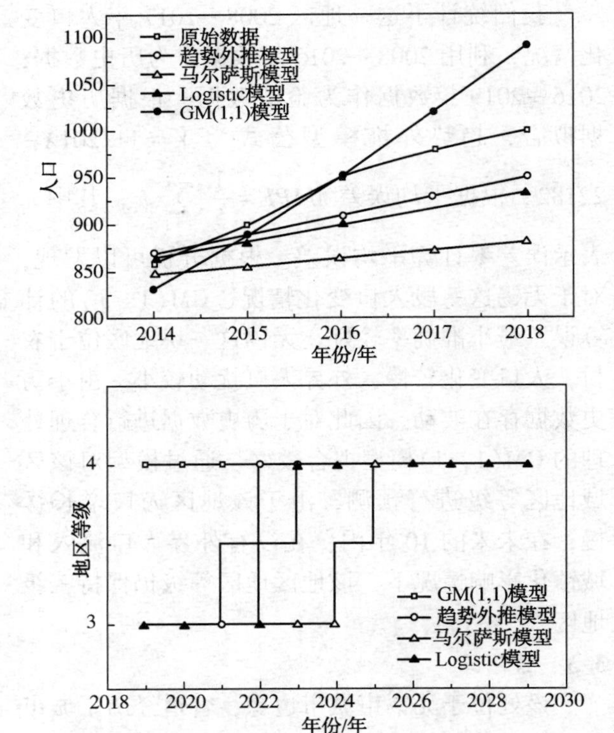

图7　案例三人口增长及地区等级预测

史数据拟合，趋势外推模型公式为 $Y=20.23X-39900$。根据平均误差 $MAPE=\frac{1}{5}\sum_{i=1}^{6}v_i$，其中 v_i 表示误差率。根据分析可以发现，对于无锡这区域人口变化情况，根据多模型的计算方法，趋势外推模型的准确率较好。该区域地区位于城市边缘，城镇化导致该区域人口逐年增多，在2018年人口达到1000左右，地区等级由三级升为四级地区。通过模型对该区域地区等级进行预测，趋势外推模型预测在2022年发生地区等级升级，比较接近实际情况。

4　结论

（1）为了预测地区等级升级情况，鉴于人口预测方法的多样性，本文提出一种多模型的管道人口预测方法，该方法通过将四种人口预测方法与历史数据进行对比，根据对比结果优预测模型。

（2）列举了城市市中心，农村，城市边缘三种情况，通过三个验证结果表明，利用多模型方法预测地区等级升级是可行的。

（3）该方法可用来指导管道壁厚设计，避免后期地区等级升级造成管道风险过大情况，同时对地方规划部门规划管廊提供依据。

（4）然而，在进行地区等级预测方法分析中，未考虑城镇化，人口迁移，发展规划等导致短时间内人口迅速变化的情况，需进一步研究。

参考文献

[1] 董绍华，韩忠晨，刘刚. 管道系统完整性评估技术进展及应用对策[J]. 油气储运，2014，33(002)：121-128.

[2] 郑洪龙，许立伟，谷雨雷，等. 管道完整性管理效能评价指标体系[J]. 油气储运，2012，31(001)：8-12，19.

[3] A G S，A W Y，B K W，et al. Time-dependent economic risk analysis of the natural gas transmission pipeline system[J]. Process Safety and Environmental Protection，2021，146：432-440.

[4] 冯庆善，李保吉，钱昆，等. 基于完整性管理方案的管道完整性效能评价方法[J]. 油气储运，2013，032(004)：360-364.

[5] 董绍华，王东营，费凡，等. 管道地区等级升级与公共安全风险管控[C]// 2014：1164-1170.

[6] 单克，帅健. 地区等级升级的天然气管道风险管理研究[J]. 中国安全科学学报，2016，26(11)：145-145.

[7] 周亚薇，张振永，田姗姗. 地区等级升级后的天然气管道定量风险评价技术[J]. 天然气工业，2018，038(002)：112-118.

[8] 姚安林，周立国，汪龙，等. 天然气长输管道地区等级升级管理与风险评价[J]. 天然气工业，2017，037(001)：124-130.

[9] 董绍华，王东营，费凡，等. 管道地区等级升级与公共安全风险管控[C]// 2014：1164-1170.

[10] 董绍华. 管道完整性管理体系与实践 [M]. 北京：石油工业出版社，2009.

[11] 张振永，周亚薇，张金源. 现行设计系数对中俄东线OD 1422mm管道的适用性[J]. 油气储运，2017(3).

[12] 李强，张震，等. 在小区域人口预测中的应用——以上海市青浦区为例[J]. 中国人口科学，2015，01.

[13] 董雯，张小雷，雷军，等. 新疆小城镇人口规模预测[J]. 干旱区地理，2006，29(003)：427-430.

[14] 张海峰，杨萍，李春花，等. 基于多模型的西宁市人口规模预测[J]. 干旱区地理，2013(5).

[15] 宋佩锋. 人口预测方法比较研究[D]. 安徽大学.

[16] 阎慧臻. Logistic 模型在人口预测中的应用[J]. 大连工业大学学报，2008，27(4)：333-335.

[17] 段克峰. 基于一种复合模型的中国人口预测模型[D]. 兰州：兰州大学，2011.

[18] 梁钦. 基于灰色预测模型的老龄人口预测[D]. 哈尔滨：哈尔滨工业大学，2017.

综合直接评价技术在伊拉克某输气管道的应用实践

刘　佳[1]　孔德仁[1]　李　扬[2]　姜晓红[2]

（1. 中国石油天然气管道工程有限公司；2. 中油管道检测技术有限责任公司）

摘　要　直接评价技术包括外腐蚀直接评价(ECDA)与内腐蚀直接评价(ICDA)，是油气管道完整性管理的重要手段，其通过各类检测技术对管道防腐系统及内外部腐蚀进行科学检测与评价，确定经济合理的维修方案和预防措施。采用综合直接评价技术开展了伊拉克某长输输气管道完整性管理实践研究，结果表明：对于无法通球的长输埋地管道采用综合直接评价技术应用于输气管道内外腐蚀检测评价效果良好，检测管道外腐蚀危害较严重；提出管道外腐蚀防护维修维护方案，为管道的维修维护与监控提供数据支持。

关键词　完整性管道，直接评价，风险评估，输气管道

长输管道完整性管理技术是对管道运行中面临的风险因素进行识别和评价，通过监测、检测、检验等各种方式，获取管道完整性的信息，制定相应的风险控制对策，不断改善识别到的不利影响因素，从而将管道运行的风险水平控制在合理的、可接受的范围内，最终达到持续改进、减少和预防管道事故发生、经济合理地保证管道安全运行。

管道外腐蚀直接评价(ECDA)与内腐蚀直接评价(ICDA)是评价在役管道外腐蚀及内腐蚀对管道完整性影响的一种方法。它们都按照一个规范化程序，包含预评价、间接检测、直接检查和后评价等四个步骤。其中ECDA是通过外检测手段获取管道外腐蚀及防腐系统的现状信息，并结合开挖检查结果和管道相关资料的收集和分析，对管道外防腐系统提供一个系统而全面的评价，进而减少外腐蚀对管道完整性形成的危害，改善管道运行的安全性。管道内腐蚀通常采用智能在线检测和压力测试方法，但是二者无论是在成本上还是在使用上都存在着某种程度的局限性，如智能在线检测无法应用在不具备通球能力的在役管道。

伊拉克某天然气管道公司在伊拉克南部西古尔纳、南鲁迈拉、北鲁迈拉、祖拜尔四个区域拥有129条管线，线路总长度800余千米。然而管辖管线整体建设年代久远，原始资料、数据缺失，现状不佳，加之战争等因素使管道遭受了一定程度的破坏，绝大部分管线存在诸多风险且无法通球和其他内检测手段开展ICDA。本文对其中一条在役输气管道采用ECDA与ICDA两者相结合的综合直接评价技术进行腐蚀评价研究。

1　预评价

管道腐蚀直接评价的预评价阶段主要收集了管道相关、建设相关、操作、腐蚀控制和环境等五大类数据。通过对资料的分类、汇总、分析，结合以往同类型管道检测经验，从管道埋设环境及其对检测手段的影响情况划分不同管段。

1.1　数据收集

本目标天然气管道位于南鲁迈拉油田，管径30in，全长8.9km，材质为X52，壁厚信息缺失，实测最大7.9mm，管道最大允许操作压力为4.5MPa。管道始建成于1976年，沿线以荒漠、戈壁为主，管道外涂覆石油煤沥青防腐层，阴极保护系统处于故障失效中，整体外腐蚀控制水平较低。此外，因历史久远及战争影响，目标管道相关资料数据缺失严重，年久失修且管道维护状态差，无法通球进行智能检测器内检测，目前处于降压运行状态。针对该管道的特殊情况及背景，首先开展了基于管道沿线环境及附属设施工况的预检测并进行线路管道的竣工图恢复(图1)。

图 1　伊拉克某天然气管道沿线情况

1.2　区段划分及检测方法选择

ECDA 检测区段划分的准则包括：管材类型，沿线土壤环境特征，杂散电流干扰，防腐层变化，改线段，沿线绝缘附属设施，阴极保护电流流失或变化点等。同一检测区段需采用相同方法。使用的检测方法主要有交流电流衰减法（PCM）、直流电位梯度法（DCVG）、交流电位梯度法（ACVG）、密间隔电位法（CIPS）和电位测量法等，用以检测管道外腐蚀行为和查找外防腐层的缺陷位置。通过系统地分析检测数据，得出高风险区域开挖修复的准确信息。

根据目标管道的预检测报告及恢复的线路管道竣工图信息，由于管道长度较短，整体所处土壤环境、地下水位以及外防腐层情况基本一致，结合全线阴极保护系统未有效运行等特点，将目标管道整体划分为两个区段，每个区段采用相同的检测手段进行评价。

2　间接检测

近年来，伊拉克该天然气管道公司为目标管道开展过一次直流电位梯度法（DCVG）间接检测，根据运营方要求，本次评价研究以目标管道的 DCVG 检测结果报告为基础开展。DCVG 利用已有的阴极保护直流电信号或临时向管道施加直流电信号，可在外防腐层缺陷位置检测到管对地电位的异常，从而确定破损点和破损程度。直流电位梯度法的检测原理：当把一个直流电信号（如阴极保护信号）施加到带外防腐层的管道上，就能在管道外防腐层缺陷位置的管道与大地之间，建立起电位梯度 ΔU（由土壤的电阻引起）。依据 ΔU 占管对地电位的比例来确定外防腐层的破损程度，越靠近管道的缺陷位置 ΔU 越大，流失的电流也越大。

3　直接检测

3.1　开挖点选取

根据目标管道 DCVG 间接检测结果和 NACE SP 0502 中确定开挖点数量及位置优先次序准则，并结合管道沿线纵断面高程信息，通过流动条件和高程分布情况预测可能存在内腐蚀的位置，以及为提高内腐蚀检测的可信度的冗余考虑，最终共选取了 7 处缺陷点进行开挖详细检测。

3.2　详细检测

直接检测中的详细检测是外腐蚀直接评价过程的重要阶段，需采用目视检测、无损检测等不同方法确定管道本体的外腐蚀情况，其检测结果直接决定外腐蚀直接评价过程的成败。在检测过程中需制定严格的操作规程，对管道外防腐层以及去除防腐层后测试管道本体的腐蚀状况。

本目标管道综合评价法在详细检测阶段分别采用了目视检测、壁厚检测及外腐蚀坑检测等手段，对开挖坑内管段进行外腐蚀检查；采用相控阵超声检测、射线检测等手段，对暴露的环焊缝进行检查；采用超声 C 扫描及超声导波检测无损检测手段，调查开挖管段的内腐蚀情况。为保证检测过程尽可能排除单一焊道检查结果的偶然性，每个开挖点开挖长度均在 13m 及以上，用于暴露 2 道焊口的评价检测。

3.2.1　目视检测

目标管道 7 个开挖检测点在检查过程中发现外防腐层存在破损、剥离及严重老化等情况，外防腐层下管体存在不同程度的腐蚀。多数开挖点管道外防腐层剥离前存在破损、裂痕现象；剥离时石油煤沥青外防腐层硬脆、大片防腐层轻松剥离无粘连，整体外防腐层基本失效；剥离后，管体腐蚀形式以全面腐蚀为主，部分位置管壁发现多处局部腐蚀坑。其中，开挖位置5处管壁顶部发现两处机械损伤内陷深坑，且现场测得内陷深度10.2mm，远超管道本体壁厚最大测量值7.9mm，因此推测该内陷深坑为伊拉克战争期间子弹射击所致。目标管道各开挖点外防腐层及管体腐蚀状态具体见表1。

3.2.2　外腐蚀坑检测

为进一步深入掌握目标管道外腐蚀状况，同时也为下一步后评价的剩余强度评价提供重要的基础数据，现场开展了管道外腐蚀坑的检测。外腐蚀坑的现场描绘测量根据标准ASTM G46规定方法进行，如表1右列所示，表2为具体某位置处焊道附近腐蚀坑测量统计情况。

表1　目标管道部分开挖检测点外防腐层及管体腐蚀状态

开挖点	外腐蚀层状况	防腐层剥离后管体	管壁外腐蚀情况
位置-1			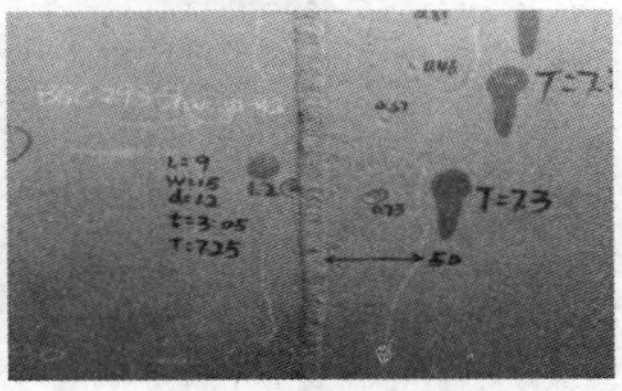
位置-2			
位置-5			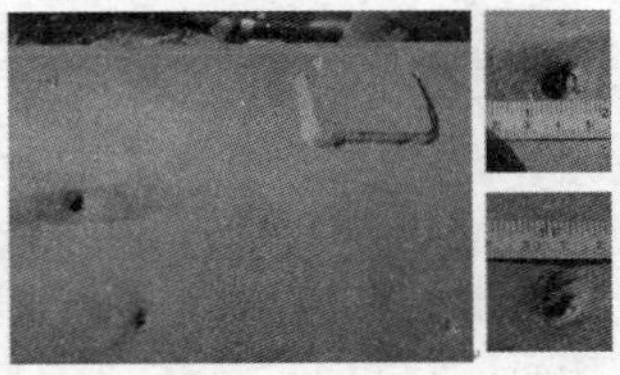
位置-7			

表2　某开挖位置处焊道W2附近腐蚀点统计表

序号	位置	长/mm	宽/mm	深/%(wt)	壁厚/mm	周向
1	焊道W2上游65cm	43	51	49	6.89	10：20
2	焊道W2上游60cm	60	40	49	6.83	10：20
3	焊道W2上游67cm	37	47	49	6.84	10：20
4	焊道W2上游90cm	19	17	44	6.89	10：20
5	焊道W2上游40cm	16	15	32	6.89	10：00
6	焊道W2上游65cm	21	18	46	6.72	9：50
7	焊道W2上游50cm	27	21	44	6.89	9：45
8	焊道W2下游3.0cm	66	45	34	6.81	10：55

3.2.3　环焊缝无损检测

采用相控阵超声检测、射线检测等无损检测手段对所有开挖点暴露出的环焊缝进行检查，结果表明经检测的焊道未发现明显裂纹。

3.2.4　内腐蚀检测

采用超声C扫描及超声导波检测等手段对各开挖坑内管段内腐蚀情况进行摸底调查。超声导波检测时由于导波信号在管道煤焦油外防腐层中衰减严重，检测距离较短，因此未覆盖整个开挖坑。结果表明目标管道开挖坑内管段无明显内腐蚀出现，发现部分开挖管段存在横截面积损失较大的缺陷，基本与之前的外腐蚀坑位置相符(图2、图3)。

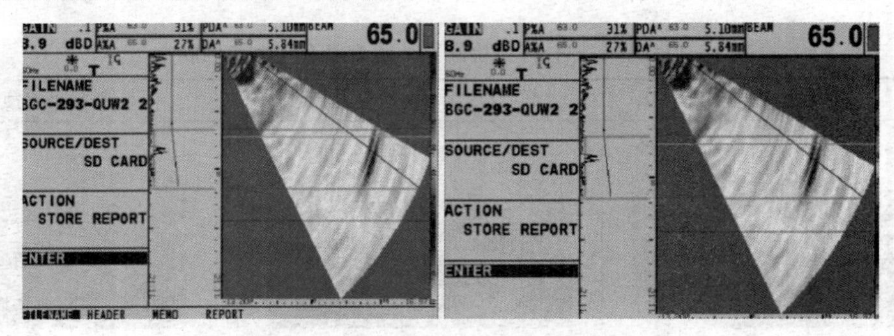

图2　某开挖位置处C扫描内腐蚀检测结果

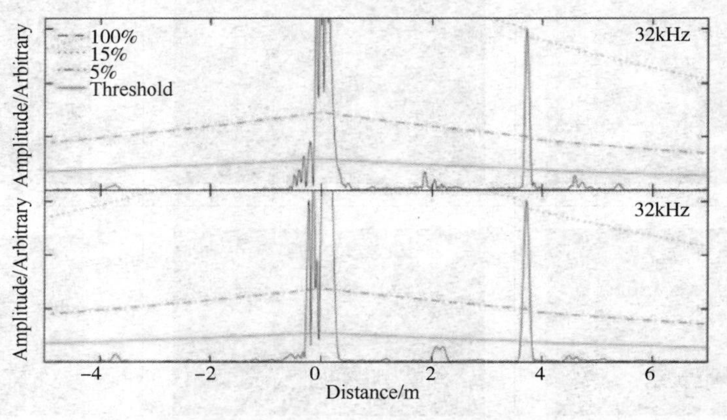

图3　某开挖位置处超声导波检测结果

3.2.5　剩余强度评价

直接评价需对管道腐蚀缺陷处给予剩余强度评价，而剩余强度计算评价方法较多，常用如RSTRENG、ASME B31G及DNV-RP-F101等。本目标管道采用ASME B31G方法开展研究，主要依据腐蚀长度和深度的尺寸数据，使用剩余强度评价方法计算得到腐蚀缺陷处的最大安全压力。当缺陷处的最大安全压力大于等于管道最大允许操作压力(MAOP)时，当前缺陷是可接受的，不需要立即维修；当缺陷处的最大安全压力小于MAOP时，当前缺陷是不可接受的，需要立即维修。

通过对目标管道现场测得的20处腐蚀缺陷进行计算分析，结果表明某一开挖管段腐蚀缺陷处最大安全压力与管道运行压力相当，管道需立即降压运行处理。各缺陷点需根据剩余寿命预测结果制定维修实施计划。

4　后评价

本次目标管道检测评价的7处直接开挖点都发现了外防腐层缺陷及管道腐蚀，表明间接检测过程有效且缺陷定位准确，直接检测所采用的各种检测措施和方法正确，内外腐蚀相结合的综合直接评价过程整体有效。根据检测评价结果提出管道降压运行要求，并对部分缺陷不可接受的管道应立即进行修复或换管，对某检测段内管道进行外防腐层大修，同时加强其他管段外防腐层的日常管理，定期进行检漏修补工作；目标管道需立即增加阴极保护系统，实施后进行阴极保护有效性检测评价；结合评价结果较为制定管道详实的维修实施计划。

5　结论

管道内外腐蚀直接评价是一种结构化的完整

性评价方法，两者相结合的综合直接评价技术，准确定位了可能发生内外腐蚀的位置并进行直接检查，为无法进行智能通球内检测评价的伊拉克某输气在役管道，以及后续类似工况管道的管道完整性评价，提供了一种新的思路和解决方法，有利于管道运营方进行更加有效的进行风险控制和检维护方案的制定。

参考文献

[1] 陈敬和. 管道外腐蚀直接评价技术[J]. 油气储运，2011，30(7)：523-527.

[2] 陈敬和，何悟忠，郭莘. 埋地长输管道外检测技术现状及发展方向[J]. 管道技术与设备，2011，(4)：1-5.

[3] 王洪志，王雪竹，金俞鑫，等. 外腐蚀直接评价技术在某输气管道的应用实践[J]. 工艺技术，2018，20：174-176.

[4] 高良. 外腐蚀直接评价(ECDA)的间接检测和直接检测[J]. 煤气与热力，2013，33(5)：B34.

[5] NACE SP0502-2010. Pipeline External Corrosion Direct Assessment Methodology[S].

[6] 帅健，张春娥，陈福来. 腐蚀管道剩余强度评价方法的对比研究[J]. 天然气工业，2006，26(11)：122-12.

油气管道与建构筑物间距设计新理念的探讨

熊　健　周亚薇　张振永　李　安

（中国石油天然气管道工程有限公司）

摘　要　依据管道保护法以及国家标准，油气管道与建构筑的间距仅有大于等于5m的强制要求，此“间距”虽然满足了管道的施工及运行管理需求，但未考虑管道周边人员风险、管道失效后果因素。本文总结分析了国内外法律法规、标准规范关于油气管道与周边建筑物的间距要求，探讨了经验取值法、基于后果的方法和基于风险理念的方法的优缺点，提出了在基于风险理念基础上，验算特定后果的间距设计理念。

关键词　油气管道，间距，风险评价，特定后果，失效后果

随着国家经济持续发展，城乡扩张与油气管道建设运营之间的矛盾逐渐显露，管道与建构筑物之间的间距问题尤为突出。依据《中华人民共和国石油天然气管道保护法》和管道设计国家标准，油气管道与建构筑物间距应不小于5m。但5m的间距仅满足了管道的施工和运行管理要求，并未考虑管道周边人民群众对安全的关注。与我国国情类似的欧洲地区已经采用基于公众安全与风险的理念，设置管道与建构筑物间距。如何处理好人民安全和节约土地的关系，已经成为了国内油气管道研究、运营、建设机构关注的热点。所以有必要对管道风险、失效后果、风险准则进行研究。通过课题研究，本文在基于定量风险评价基础上，提出了增加验算特定后果准则的间距计算理念，为管道建设、运行管理，周边城镇建设过程中，处理间距问题提供了一个新的角度。

1　间距标准的对比与剖析

1.1　主要国家间距要求

通过对国内外标准的对比，发现不同国家在设计阶段对管道与建筑物的间距要求、间距设置原则、考虑因素等均存在差异，国际上并没有统一标准。对比主要结果见表1。

表1　各国设计标准对管道与建构筑物间距要求对比表

国家/地区	规范	间距要求	间距设置考虑因素
中国	GB 50251	≥5m	满足施工和运行管理需求
	管道保护法	≥5m/满足强制标准的要求	满足施工和运行管理需求，保障管道和建筑物安全、降低管道失效风险、节约用地
	GB 50028(城镇燃气)	按管道压力、壁厚、地区等级应不同的距离。 如：最高压力4MPa，管径DN1000管道，一二级地区最小间距为70m，三级地区最小间距为8m(壁厚大于等于11.9mm)	适当控制高压燃气管道与建筑物的距离，将损失控制在较小范围，减少人员伤亡。在条件允许时要积极去实施，在条件不允许时也可采取增加安全措施适当减少距离
北美	ASME B31.8	无	以便能正常维护和防止因靠近其他构筑物而可能造成的损坏
	CFR 192	无	以便能正常维护和防止因靠近其他构筑物而可能造成的损坏
	CSA Z662	无	保护管道不受临近地下构筑物的影响
俄罗斯	干线管道设计规范	各级管道对应不同的距离	基于后果原理，根据潜在影响范围确定不同管道与建筑物的距离

续表

国家/地区	规范	间距要求	间距设置考虑因素
欧洲	荷兰 NEN 3650-1+A1	定量风险评估	考虑公众安全和风险水平
	英国 BS PD 8010-1	个人风险等值线；给出了计算公式	定量风险评价为依据
	德国	无明确要求，规定了管道防护带	经验做法
	意大利	人员密集区间距 100m	基于后果的考虑
澳大利亚/新西兰	AS NZS 2885.1	无要求，但后果的概念贯穿了设计标准	采用定性风险评价的手段进行管道安全管理
	AS NZS 2885.6		

1.2　间距设置理念剖析

根据各国标准的规定和主要考虑因素，结合各国管道路由的选线原则和流程等，基本可以将其按照地域特点划分为如下几类：

1.2.1　经验取值法

我国《输气管道工程设计规范》GB 50251 对管道与地上建构筑的间距要求为不小于 5m，与《管道保护法》的要求保持一致，其数值的确定主要从“管道保护”的角度出发，保护管道免受近距离施工作业影响和损伤，满足管道开挖放坡和堆土作业的空间需求，并本着节约使用土地的原则确定的。

我国的管道与建筑物间距要求可认为是经验取值法，该方法根据历史经验或专家判断，列出不同工业活动或设施与其他场所或区域之间的安全距离，其大小取决于工业活动的类型或现存危险物质的性质和数量。

该方法的原理简单直观，容易理解和便于操作，所以至今仍被广泛应用。但是，该方法仅是建立在专家经验或历史案例的基础上，并没有考虑设施的安全管理水平和本质安全度等方面的差别，针对性差，具有“粗犷性”的先天不足。

《城镇燃气设计规范》(GB 50028)中明确了各种管径、压力、壁厚及地区等级下管道与建构筑物的间距要求，其主要策略是适当控制高压燃气管道与建筑物的距离，将损失控制在较小范围，减少人员伤亡。在条件允许时要积极去实施，在条件不允许时也可采取增加安全措施适当减少距离。基本等效采用了英国气体工程师学会标准的成果。但由于城镇燃气敷设区域及失效后果与长输管道差异较大，其间距要求无法直接借鉴和采用。

1.2.2　基于后果理念的方法

俄罗斯设计标准中对不同直径的管道与地上不同建构筑的间距均有明确要求，间距范围从25~350m 不等，通过失效影响范围来确定(与管径相关)管道与建构筑物的间距，从而避免管道失效导致较为严重的后果。

意大利的相关法规针对建构筑物和特定场所等人员密集场所提出了间距要求。意大利 SNAM 公司针对城镇和人员密度高的建筑的实际做法(100m)可能为基于后果理念的间距控制方法，主要的防控措施为套管保护。

该方法的核心是给予各种“最坏假想事故情景”模型，并计算“最坏事故情景”的物理量达到一定阈值的距离；再根据这个距离进行分区：在这个区域内会造成死亡或某种伤害，区域之外则不会造成相应后果。

该方法的优点是计算过程与计算结果都是系统确定的，可信度高。它可以给出不同条件下最严重事故的伤害半径，并用于土地利用规划及决策，可操作性强。但由于没有考虑事故发生的概率，不利于土地的合理使用和规划。

1.2.3　基于风险理念的方法

基于风险理念的设计方法主要以英国、荷兰等欧洲标准为代表。该方法以定量风险评价(QRA)为基础，利用个人风险和社会风险来评估特定的间距能否满足风险可接受准则的要求。基于风险的方法科学、灵活、全面，能够反映实际的风险状况。

该方法首先计算危险源的个人风险(IR)和社会风险(SR)，然后依据风险可接受标准进行相关间距分区，通常以个人风险可接受标准为主，以社会风险可接受标准为辅。基于定量风险评价的方法同时考虑事故后果严重度和事故发生概率，因此更加全面和可靠。

2　基于定量风险评价方法的间距设计

2.1　风险准则

2.1.1　个人风险

个人风险单位为次每年，表示由于事故而导

致的个人死亡概率。标准《危险化学品生产装置和储存设施风险基准》(GB 36894—2018)在安监总局文件基础上，提出了个人可接受风险标准(概率值)(表2)。

表2　个人风险基准

防护目标	个人风险基准(概率值)	
	新建装置(每年)≤	在役装置(每年)≤
一般防护目标中三类防护目标	1×10^{-5}	3×10^{-5}
一般防护目标中二类防护目标	3×10^{-6}	1×10^{-5}
高敏感防护目标 重要防护目标 一般防护目标中一类防护目标	3×10^{-7}	3×10^{-6}

2.1.2　社会风险

社会风险表示为多人死亡的事故累计频率，也就是群体死亡的频发程度。通过两条风险分界线将社会风险划分为3个区域，即：不可接受区、尽可能降低区和可接受区(图1)。

2.2　间距初步判定

采用定量方法对管道沿线风险分别进行个人风险和社会风险的模拟计算，根据标准对于特定防护目标的个人风险可接受值，通过个人风险横断面图测量确定满足于个人风险的管道与特定防护目标的初步间距；同时辅以社会风险的评估。国内某项目计算结果见图2、表3、图3。

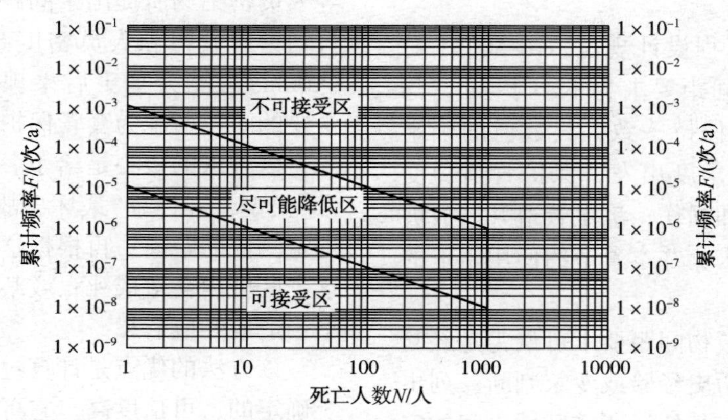

图1　社会风险基准

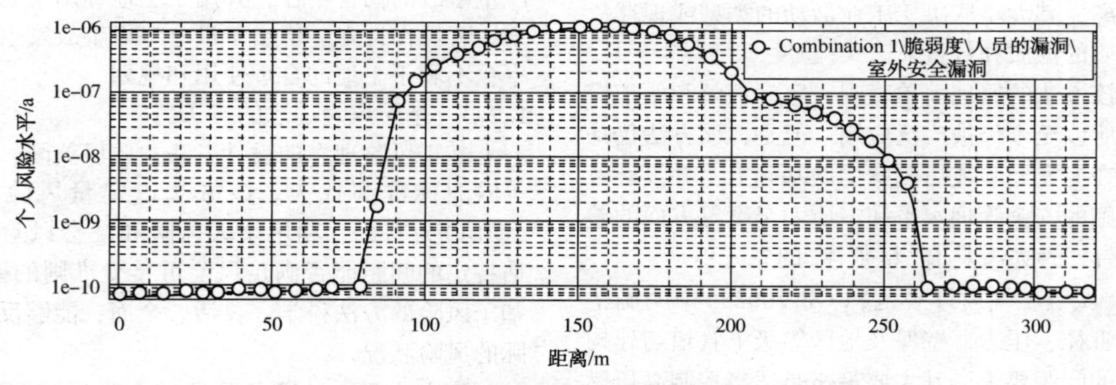

图2　国内某管道项目个人风险横切图

表3　国内某管道项目风险评价结果

工况	管径/mm	地区等级	壁厚/mm	管线处个体风险	可接受风险	间距要求
1	1422	一级地区	21.4	1×10^{-6}	1×10^{-5}	无
2	1422	二级地区	25.7	1×10^{-6}	3×10^{-6}	无
3	1422	二级地区	30.8	3×10^{-7}	3×10^{-6}	无
4	1422	三级地区	30.8	3×10^{-7}	3×10^{-7}	无
5	1219	一级地区	18.4	2×10^{-6}	1×10^{-5}	无
6	1219	二级地区	22	2×10^{-6}	3×10^{-6}	无
7	1219	二级地区	26.4	5×10^{-7}	3×10^{-6}	无
8	1219	三级地区	26.4	5×10^{-7}	3×10^{-7}	15m

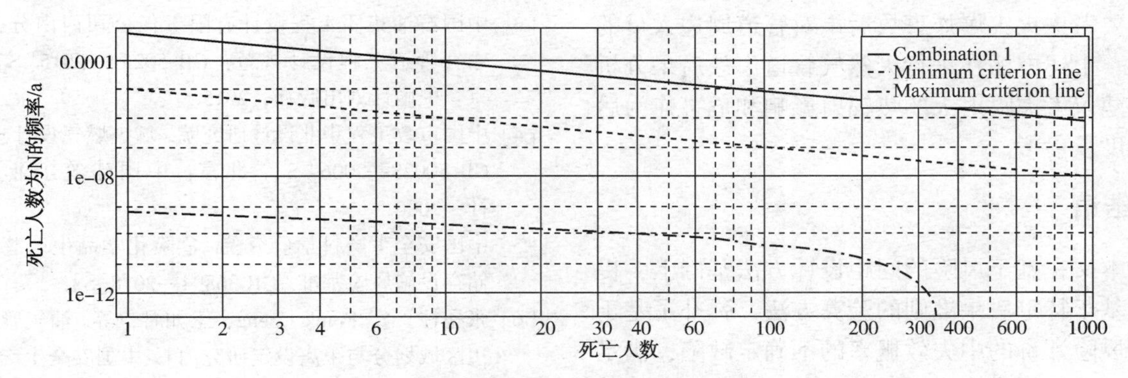

图 3　国内某管道项目社会风险曲线图

3　基于特定后果准则的间距设计

3.1　后果准则的来源

3.1.1　基于风险评价间距设计的不确定性

相较于经验取值法和基于后果的方法，基于风险理念的方法充分利用了管道周边区域的土地资源，又保证了管道周边的风险可控。是目前复杂地区进行管道间距计算的常用方法。管道失效风险=管道失效概率×管道失效后果。

管道失效概率的计算方法主要有基于历史失效数据库(或修正)的方法以及基于可靠性的分析计算方法。考虑到管道建设与运营所涉及的钢管规格、制管工艺、建设年代、焊接工艺、施工队伍、检测水平、外部环境、防护措施差异大，可用的管道历史数据库、管体及焊缝基础数据、荷载情况等获取难度大，导致了这两种方法计算的失效概率都有一定误差，不能完全真实的反应一条特定管道特定位置的失效概率。

所以在目前的技术及数据水平下，由于失效概率计算天生的缺陷，基于风险理念的间距设计还存在一定的不确定性。

3.1.2　政策与规范的要求

根据国务院令第 493 号《生产安全事故报告和调查处理条例》规定，10 人及 10 人以上死亡的特别重大事故、重大事故逐级上报至国务院安全生产监督管理部门和负有安全生产监督管理职责的有关部门。

根据《油气输送管道完整性管理规范》(GB 32167)附录 E 管道风险矩阵法在失效后果等级中，提出了当人员死亡≥10 人，后果为 E 类。而当失效后果为"E"类时，在任何失效可能性的情况下(即使最低失效概率)，风险均为较高(Ⅲ)和高(Ⅳ)，风险水平不可接受。

所以可以看出，10 人死亡事故从政府、行业到企业看来，都属于不可接受的特定后果，详见表 4。

表 4　风险分级

类　别	描　述
低(Ⅰ)	风险水平可以接受，当前应对措施有效，可不采用额外技术、管理方面的预防措施
中(Ⅱ)	风险水平可以接受，但应保持关注
较高(Ⅲ)	风险水平不可接受，应在限定时间内采取有效应对措施降低风险
高(Ⅳ)	风险水平不可接受，应立即采用有效应对措施降低风险

3.2　基于特定后果准则的间距设计

中国石油天然气管道工程有限公司(管道设计院)近年来开展课题研究，梳理管道的失效模式，研究了天然气扩散和热辐射规律，对管道失效后果和风险可接受准则进行了分析，为弥补定量风险评价中的失效概率计算的不确定性，满足国家政策及标准的基本要求，提出在基于定量风险评价的间距设计基础上，增加基于后果准则的间距验算方法。

该方法首先通过模拟，计算管道周边个人及社会风险水平与防控目标可接受风险准则的差异，测量基于风险的"安全间距"；再验算管道发生失效事故后，最大的伤亡人数是否满足"10 人"以内的准则。判定原则如下。

(1) 如个人、社会风险或"10 人"准则任何一项计算未通过，则目前管道与建构筑物间距不可接受，需要调整管道输送参数或周边建筑物分布。

(2) 只有个人、社会风险和"10 人"准则都能通过，才能判断油气管道与构建筑物间距可以接受。

根据文献调研结果，天然气管道事故后果计

算主要考虑火灾爆炸事故后果对管道周边人员的影响，上述方法在进行天然气管道失效后果分析时，建议考虑喷射火的热辐射影响和危害作为后果的度量参考。

4　结语

本文在基于风险的间距设计方法基础上，提出了基于特定后果准则的验算方法，弥补了基于定量风险评价的中失效概率的不确定缺陷，满足了国家政策及规范要求，提高了管道与建构筑物间距设计的科学合理性。

参考文献

[1] 中国石油天然气股份有限公司管道分公司. 油气输送管道完整性管理规范：GB 32167—2015[S]. 北京：中国标准出版社，2015.
[2] 中国石油集团工程设计有限责任公司西南分公司. 输气管道工程设计规范：GB 50251—2015[S]. 北京：中国计划出版社，2015.
[3] 中国石油集团工程设计有限责任公司西南分公司. 输气管道工程设计规范：GB 50251—2015[S]. 北京：中国计划出版社，2015.
[4] 中国市政工程华北设计研究院. 城镇燃气设计规范：GB 50028—2006[S]. 北京：中国建筑工业出版社，2006.
[5] 中国安全生产科学研究院. 危险化学品生产装置和储存设施风险基准. GB 36894—2018[S].
[6] 张圣柱，Y. Frank Cheng，王如君，等. 油气管道周边区域划分与距离设定研究[J]. 中国安全生产科学技术，2019，15(01)：5-11.
[7] 冯庆善. 关于北美管道周边土地利用相关法规标准的调查及建议[J]. 管道保护，2018，01(6)：12-15.
[8] 苗金明. 管道风险评价技术概述[M]. 北京：机械工业出版社，2013.
[9] 王其磊，程五一，张丽丽，等. 管道量化风险评价技术与应用实例[J]. 油气储运，2011，30(7)：494-496.

盐穴储气库井筒泄漏监测技术现场试验研究

陈春花[1]　安国印[1]　王文权[1]　付亚平[2]　谢　伟[3]　李自远[1]　王丹玲[1]　喻　帅[1]

（1. 中国石油华北石油管理局有限公司江苏储气库分公司；
2. 国家管网集团西气东输分公司；3. 中国石油华北油田公司第三采油厂）

摘　要　储气库井筒因长期承受交变温度、应力的影响而容易发生井筒泄漏的情况，现有的井筒泄漏监测手段普遍需要带压作业，成本高、风险大，通过有效利用光波在光纤中传输时其相位、偏振等参量对外界扰动敏感的特性，可以连续实时地监测光纤沿线的扰动信息，实现事件点的精确定位，最终形成了一种适用于储气库井筒泄漏的分布式光纤监测技术。通过制定可行的现场试验方案，开展了分布式光纤泄漏监测作业及效果评价，认为该技术成本低、风险小，可对储气库井筒实时监测，应用效果良好，未来应用前景广阔。

关键词　储气库井筒，泄漏，分布式光纤，现场试验

20世纪40年代，依据混合介质中的声速来分析其组分的研究在水声学中得到初步应用，到90年代初，在石油相关领域初步开展，如使用声呐对多相流的测量理论，以及随后的多相流现场井口计量。随着研究应用的深入，光纤研发在国内外不断发展。作为一种新兴技术，光纤传感技术被广泛应用于众多领域。光纤分布式声波传感系统在2010年后开始在油气井监测领域大规模投入使用。目前，已经开展了众多的现场应用，主要包括管道的长距离监测、单相流和多相流的测量以及井下压裂监测等多个方面。

地下储气库是天然气长输管道系统中提供应急和调峰功能的至关重要的组成部分，储气库的完整性关乎天然气长输管道系统的安全、高效和平稳运行以及周围环境的安全[9]。由于储气库井运行时的压力是周期性变化的，使得井筒管柱和胶结后的水泥石要长期承受交变温度、交变应力的影响，容易造成储气库井筒的漏失，表现为井口带压、管外漏失和管外天然气聚集。现有的井筒监测技术普遍需要带压作业，成本高、风险大，不能实时监测，分布式光纤泄漏监测技术的应用，能够有效解决上述问题，未来可广泛应用于地下储气库井筒泄漏监测。

1　分布式光纤泄漏监测技术理论

1.1　分布式光纤振动传感技术（DAS）测量原理

分布式光纤振动传感器利用光波在光纤中传输时相位、偏振等参量对外界扰动敏感的特性，实现连续实时地监测光纤沿线的扰动信息。系统产生脉冲光信号进入传感光纤，在传输过程中，外界扰动作用于传感光纤引起光纤发生形变，光纤形变导致光脉冲信号的偏振或相位等参量发生相应的改变。

通过接收系统探测脉冲信号偏振或相位等参量的变化来获得光纤沿线的振动信息，同时通过监测脉冲光信号在光纤中传输的时延时间得到扰动事件点的位置，实现精确定位。图1、图2是室内模拟试验的DAS测试瀑布图和频谱图，可以看出当井筒泄漏点发生泄漏时，DAS系统检测到

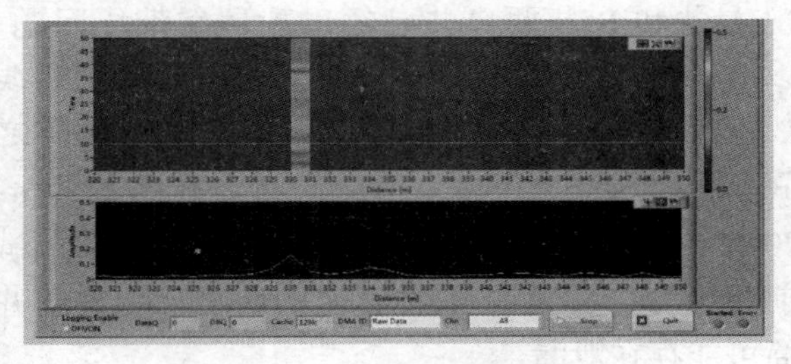

图1　DAS测试瀑布图显示

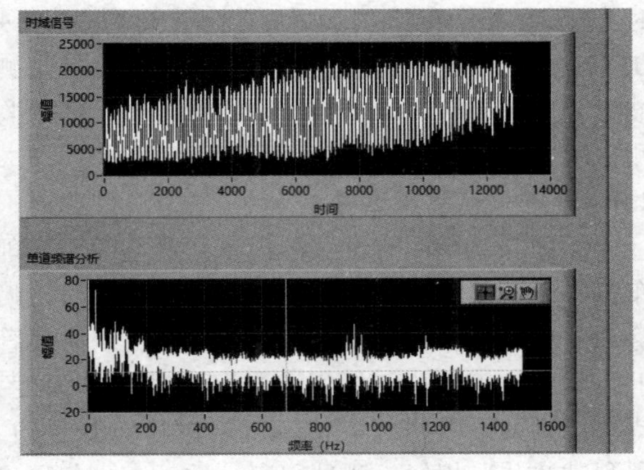

图2　DAS频谱图显示

瀑布图上有明显的异常点，条带颜色明显且充实，且频谱发生明显变化，曲线有明显波动。通过室内试验，DAS 技术实现了测量精度的突破，泄漏情况可于±1m 内的空间准确定位，实验室测量泄漏量下限为 0.83L/min，满足井下试验要求。

1.2 分布式光纤温度传感技术(DTS)测量原理

在分布式光纤测温系统中，当激光耦合入传感光纤后，在高能脉冲向前传播的同时，产生后向拉曼散射，采集光谱中的斯托克斯和反斯托克斯两个光谱，其中反斯托克斯光的强度与温度相关，通过数据采集与处理相关算法解调出分布温度值。由于泄漏点附近会发生温度变化，该技术可对泄漏位置进行有效识别(图 3)。

综上，DAS 和 DTS 均利用光纤作为传感器进行信号拾取，不同的是 DAS 使用的是单膜光纤，DTS 使用的是多膜光纤，两者利用的解释原理不同，但完全可以实现光纤材料上的一体化集成以及解释系统的一体化配置，使得 DAS 和 DTS 同时进行井下泄漏监测，互为验证，提高解释结果准确度，形成 DAS+DTS 井下泄漏监测技术。

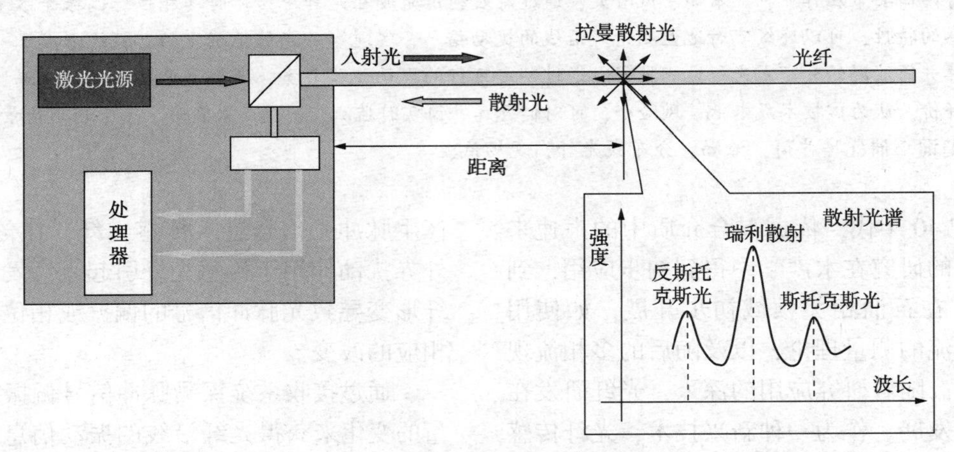

图 3　分布式光纤测温系统原理

2　现场试验方案和实施过程

目前在金坛盐穴地下储气库已投产井中，发现 A 井和 B 井两口井已经出现环空带压问题。以 B 井为例，其井口压力和套压详细变化曲线如下图所示。该井在投产后，2013—2015 年之间套压出现过大范围波动，最高上升到 12MPa，2015 年放空后套压在 2MPa 左右变化，本次测试前套压为 0.8MPa。这种套压的明显变化说明井筒可能存在泄漏。

为监测井下油套管是否存在泄漏情况，同时为了验证分布式光纤泄漏监测技术(DAS+DTS)的可靠性，决定利用分布式光纤泄漏监测技术对金坛储气库环空带压井井筒进行泄漏监测试验。

2.1 B 井测试试验方案

保证井口周围有足够的设备作业空间，合理布置各设备工具及测试车辆摆放，安装井口防喷管和井口滑轮，将光纤末端连接配重，从防喷管上端穿入防喷管内，缓慢下放到腔顶设计深度。待井口测试设备搭建完成，开始进行监测试验。因测试井井况相似，测试程序一致，本文仅以 B 井为例进行介绍。光缆在设计深度进行深度校正后，记录初始 DAS 背景噪声和 DTS 温度场；缓慢打开套压测量压力表旁的泄压阀泄压，直到测量到泄漏点，停止泄压；如果测量不到泄漏点则持续泄压，直至泄压为零，同时持续测量光缆温度 1 个小时；将资料录取完成后，起仪器；打开放空闸门，放掉防喷管内的压力；进行资料现场处理。

待分布式光纤监测作业完成后，再利用成熟的噪声测井技术进行全井段测试，监测方法与分布式光纤监测一致，评价井筒泄漏情况，并与分布式光纤测试结果进行对比分析。

2.2 B 井背景值测量

光缆下到测试深度 931m，刹住绞车。检测井口及防喷装置无渗气、漏气，手动关闭防喷密封头，一次性密封锁死，使光缆不脱落(图 4)。绞车至井口光缆处于悬空状态，用手触碰此段悬空光缆，系统能够监测到明显的振动情况(图 5)。井下光缆部分的整体噪声要小于地面光缆部分，也就是井下环境相对地面要安静很多。进行深度校正，校深后确定 661m 为地表，1580m 处为光纤尾端。

图 4　B 井背景值测量现场

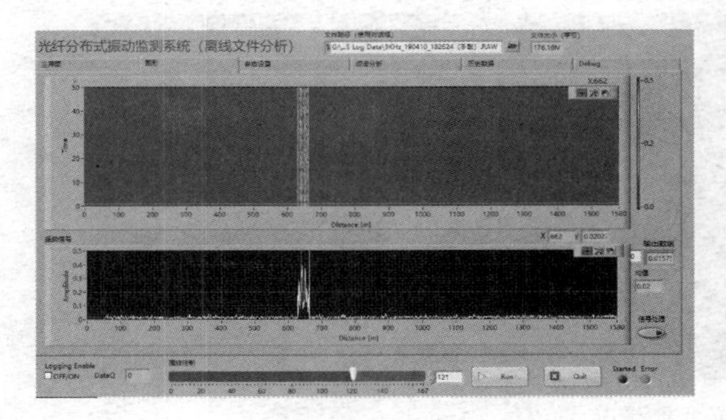

图 5　DAS 背景值

记录初始 DAS 背景噪声(图 6)，放压之前，DAS 测量频谱较为纯净，整体噪声较小，基本无明显异常点，尾端异常信号是由于尾端光缆断面反射造成。

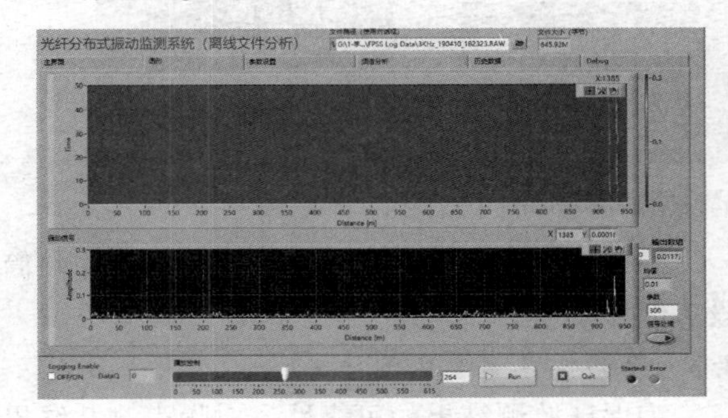

图 6　背景噪声

2.3　环空泄压

环空压力 0.8MPa，缓慢打开套压测量压力表旁的泄压阀，以流量 10L/min 的速度放压 20min，压力降至 0.2MPa；继续泄压 30min，压力和流量为零。

图 7 为环空放压时井中光缆的振动情况，由图中可以看出，井下环境比较安静，在整个测试过程中，没有发现明显的泄漏信号，在个别地方有不明显的信号，将这几处微弱信号标记为疑似泄漏点进行下一步分析。

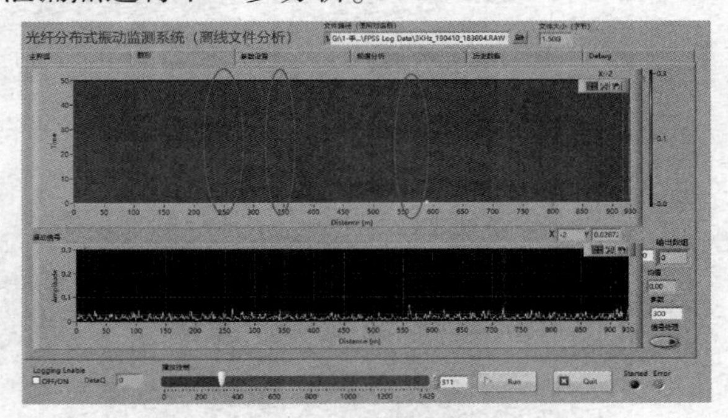

图 7　全缆振动信号

2.4　辅助噪声测井

分布式光纤监测完成后，立即开展噪声测井监测，在已搭建好的分布式光纤测量设备基础上，噪声测井仪器下到测试深度，刹住绞车。在环空放压过程中，始终进行噪声监测，直至泄压为零，同时持续测量噪声 1h。将资料录取完成后，起仪器，打开放空闸门，放掉防喷管内的压力，进行资料现场处理。

3　现场试验效果分析

3.1　B 井 DAS 测试结果

放压之后，对疑似泄漏点进行放大及频谱分析见图 8~图 10，从图中可以发现，三处疑似泄漏点的幅值都比较小，均小于 0.05，室内试验泄漏处幅值在 0.2 以上(图 11)。从频谱上来看，疑似泄漏点处的频谱中均为单一频率，而室内试验泄漏处频谱存在较多低频信号且低频信号区域整体幅值较强。由此推断疑似泄漏点为真实泄漏点的可能性较小。经过分析 DAS 测量结果，认为 B 井无泄漏情况。

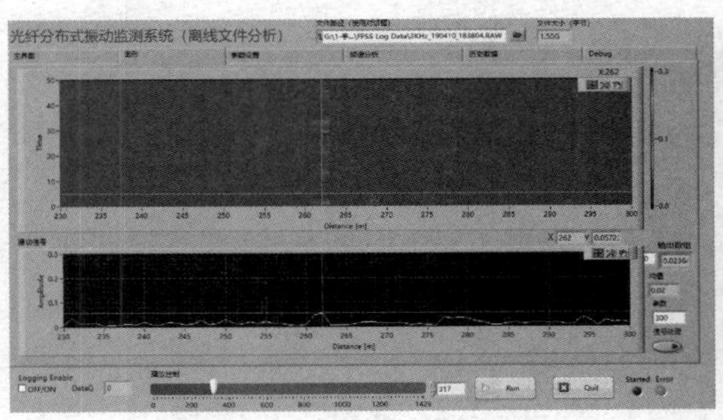

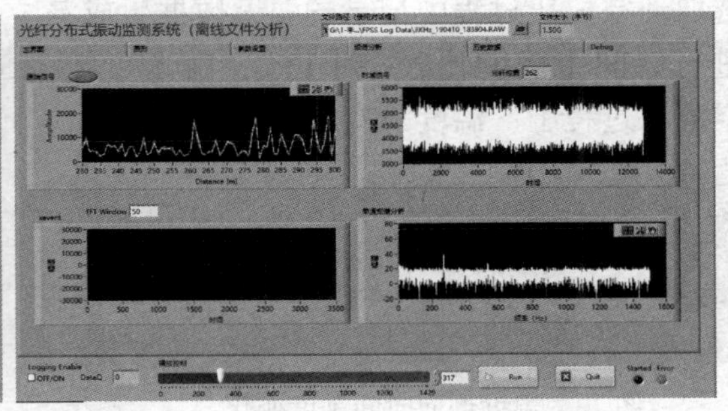

图 8　262m 处疑似泄漏点

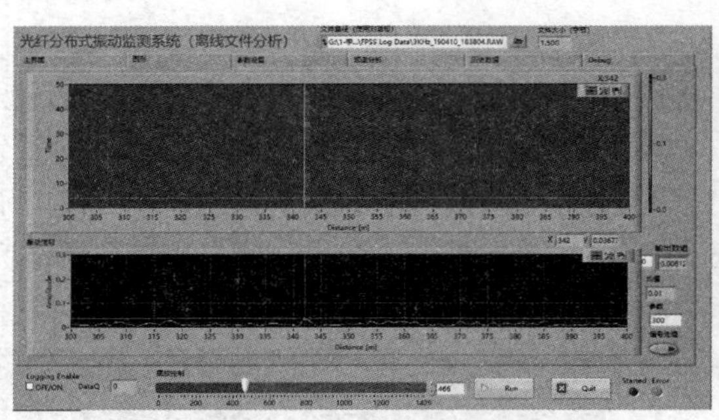

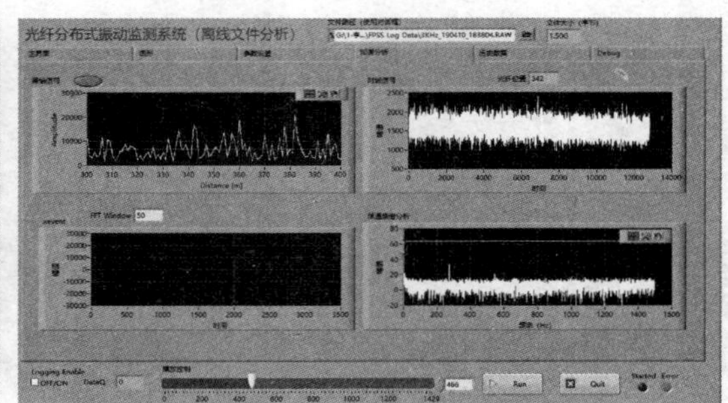

图 9　342m 处疑似泄漏点

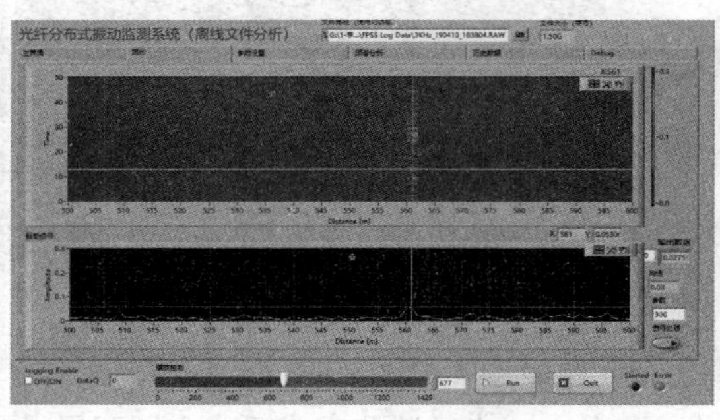

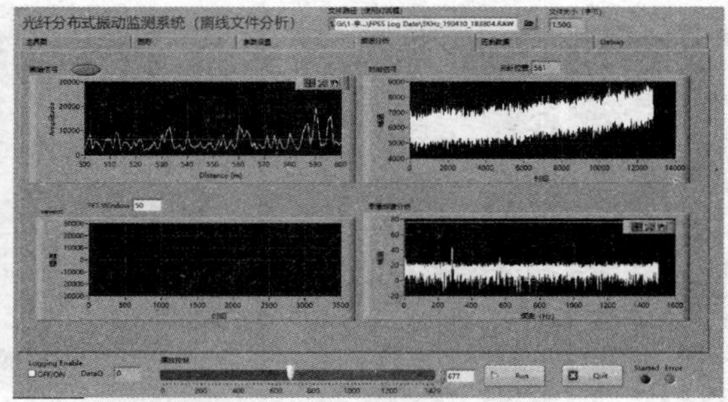

图 10　561m 处疑似泄漏点

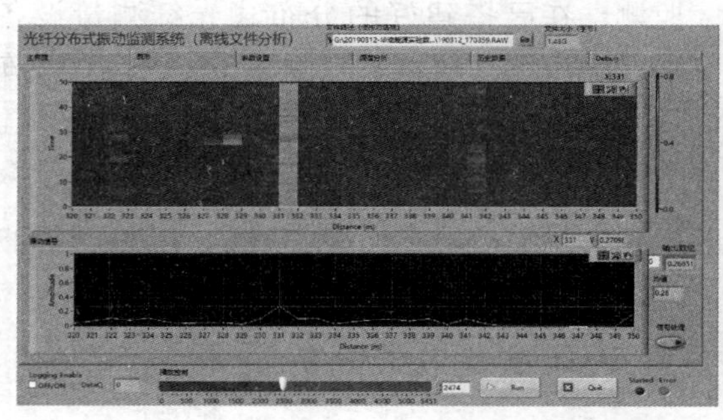

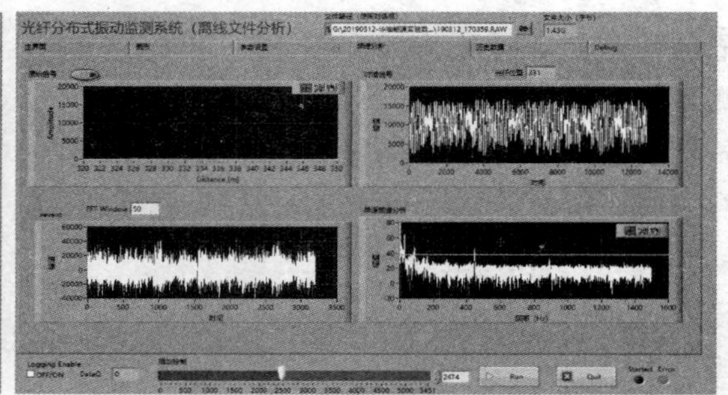

图 11　地面模拟泄漏试验振幅及频谱

3.2　DTS 监测测量结果

光纤监测温度剖面见图 12，DTS 测量温度曲线分布较为平均，没有明显负异常点。

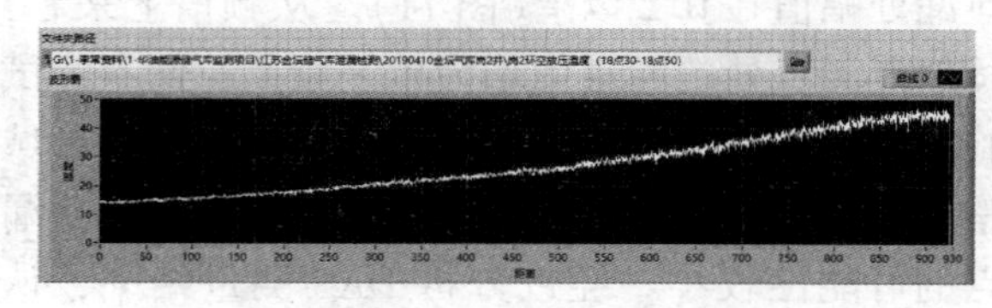

图 12　光纤监测温度剖面

选取环空放压过程中记录的温度数据生成瀑布图进行时间维度的比较(图 13)，由图可知，在环空放压过程中，温度没有明显变化。

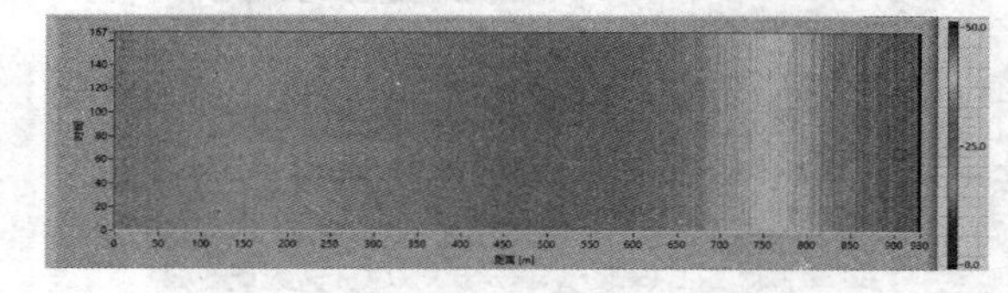

图 13　温度剖面时间维度变化

综合 DAS 和 DTS 监测结果，认为该井井筒没有泄漏发生。

3.3　辅助噪声测量监测结果

为保证监测结果的可靠性，对噪声测井结果进行了分析，从图 14 中可以看出，在整个噪声测量段噪声数据并没有明显泄漏噪声显示，B 井井段内无明显泄漏点。

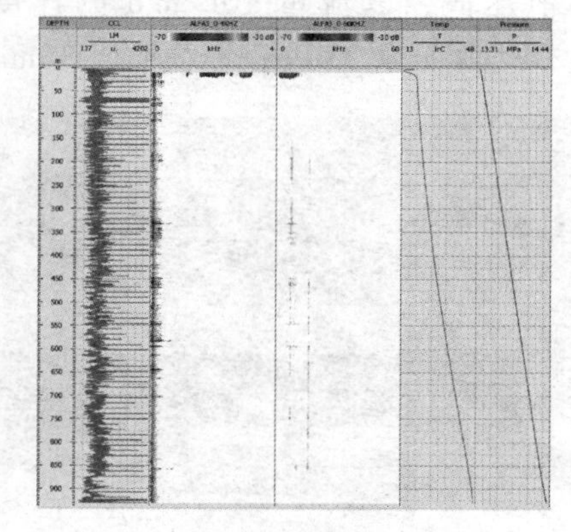

图 14　噪声测井综合图

综合以上试验分析，金坛盐穴储气库出现环空带压的B井没有监测到泄漏特征，认为该井井筒目前没有泄漏。同时，通过两种技术的对比，认为DAS+DTS监测技术可靠有效，且灵敏性高于噪声测井技术，能够满足储气库井筒泄漏监测的需要。

现场试验完成后，又观察该井套压上升情况，发现套压短期内无明显上升，分析认为形成初期环空带压、后期环空不带压的原因可能是由于随着注采气的运行，气体携液经过泄漏点，长时间后卤水在泄漏点处形成盐结晶，导致原有的泄漏点不再泄漏，最终形成这种现象。经分析A井测试情况与B井类似，测试结果对比均显示井筒目前不能判定有泄漏，且结合生产运行的情况来看，A井的套压变化均和B井有相似的变化趋势。

4 泄漏监测总结

(1) 井下现场试验证明，分布式光纤泄漏监测技术(DAS+DTS)能够准确还原井下信号，与噪声测井技术相比，其测量范围和测量精度均满足井下要求，且该技术可实现实时连续监测，可有效降低监测成本，是一种井筒完整性监测领域中的新技术。

(2) 金坛盐穴储气的A、B试验井虽然发生过环空带压的情况，但根据对测井结果的分析，认为目前金坛储气库井筒并无泄漏。

(3) 虽然分布式光纤泄漏监测技术(DAS+DTS)初步应用效果良好，但该技术在自动识别泄漏点、智能诊断泄漏情况等方面仍有提高的空间，未来应继续扩大该技术的应用。

参 考 文 献

[1] 闫正和，罗东红，唐圣来，等. 基于光纤分布式声波传感的井下多相流测试研究[J]. 油气井测试，2017，26(2)：9-12.

[2] 赵浩，林宗强，肖恺，等. 分布式光纤振动传感技术研究[J]. 电子设计工程，2014，22(19)：18-20.

[3] 林宗虎，王栋，王树众，等. 多相流的近期工程应用趋向[J]. 西安交通大学学报，2001，35(9)：886-890.

[4] 杜志泉，倪锋，肖发新. 光纤传感技术的发展与应用[J]. 光电技术应用，2014，29(6)：7-12.

[5] 顾春来，董守平. 石油工业多相流测试技术进展[J]. 石油规划设计，1998，(4)：5-8.

[6] 姚海元，宫敬，宋磊. 多相流相分率的模型预测与检测方法[J]. 油气储运，2004，23(7)：9-13.

[7] 谭超，董峰. 多相流过程参数检测技术综述[J]. 自动化学报，2013，39(11)：1923-1932.

[8] 吕宇玲，何利民. 多相流计量技术综述[J]. 天然气与石油，2004，22(4)：52-54.

[9] 刘岩，李隽，王云. 气藏储气库注采井井筒监测技术现状及发展方向[J]. 天然气技术与经济，2016，10(1)：35-37.

[10] 杨超. 天然气储运技术及其应用发展前景[J]. 云南化工，2017，44(7)：1-2.

[11] 尹虎琛，陈军斌，兰义飞，等. 北美典型储气库的技术发展现状与启示[J]. 油气储运，2013，32(8)：814-817.

[12] 丁国生. 中国地下储气库的需求与挑战[J]. 天然气工业，2011，31(12)：90-93.

[13] 朱燕，代志勇，张晓霞，等. 分布式光纤振动传感技术及发展动态[J]. 激光与红外，2011，41(10)：1072-1075.

[14] 张智娟，陈飞飞，徐志钮，等. 分布式光纤传感中布里渊动态光栅研究现状与发展趋势[J]. 半导体光电，2018，39(4)：455-461.

[15] 王文权，贾建超，赵明千，等. 盐穴储气库井筒泄漏监测室内模拟实验[J]. 石油钻采工艺，2020，42(4)：513-517.

基于内检测长输管道完整性评价与合于使用评价的对比

段明伟[1,2]　刘志军[1,2]　朱子东[1,2]　沙胜义[3]　贾光明[3]

(1. 国家管网集团北方管道有限公司沈阳检测技术分公司；
2. 沈阳龙昌管道检测有限公司；3. 国家管网集团北方管道有限公司管道完整性管理中心)

摘　要　为对比管道完整性评价与定期检验合于使用评价用于长输管道缺陷评价的优势和劣势，通过对比完整性评价与合于使用评价涉及的缺陷(特征)的种类，以及对比评价涉及的各类缺陷(特征)的规则(准则)、方法(标准)，运用到工程项目实例以验证对比结果。对比发现：①完整性评价的缺陷(特征)的种类更齐全；②合于使用评价制造缺陷和金属腐蚀缺陷评价一般采用 RSTRENG 0.85dL 等方法，完整性评价金属腐蚀缺陷评价一般采用 RSTRENG 0.85dL 方法，制造缺陷评价一般采用 SHANNON 方法；③完整性评价对环焊缝信号进行识别分类和严重程度审核，以弥补采用失效评估图法对环焊缝异常评价结果影响较大的不足；④同样采用基于深度的准则和基于应变的准则，完整性评价采用的准则中评价分类更详细、可操作性更强；⑤合于使用评价确定的再检验周期要更短，相对严苛。

关键词　完整性评价，合于使用评价，内检测，剩余强度，剩余寿命，再检验周期，对比

长输管道作为重要的油气运输工具，在 21 世纪能源发展过程中的地位越来越重要。中国进口的石油和天然气逐年增多，除了通过海上运输，陆地长输管道运输几乎占据了主导地位，这些长输管道包括中缅管道、西气东输管道、中俄管道等。中国在上世纪七八十年代建设的输油管道已经陆续退役，目前中国长输管道建设进入了加速阶段，大量新建长输管道在运行初期按照“浴盆曲线”往往出现故障失效几率较大，所以国内各长输管道运营商大力推广管道完整性管理，通过管道完整性评价控制管道失效风险，以达到安全性与经济性的平衡。定期检验是国家监管长输管道运营安全的法定途径，在黄岛“11·22”事件后执行的越来越严格，合适使用评价作为定期检验的重要环节，对确定长输管道剩余强度能否满足要求、预测剩余寿命以及确定定期检验周期起到的作用尤为重要，然而其对管道安全性注重明显大于对经济性的考虑。

1　背景

1.1　完整性评价

1.1.1　定义

根据 GB 32167—2015《油气输送管道完整性管理规范》，完整性评价是采取适用的检测或测试技术，获取管道本体状况信息，结合材料与结构可靠性等分析，对管道的安全状态进行全面评价，从而确定管道适用性的过程。

1.1.2　发展背景

自 20 世纪 90 年代管道完整性管理的思想开始孕育和发展，管道完整性管理一般包含数据收集与整理、高后果区识别、风险评价、完整性评价、修复与维护和效能评。完整性评价作为管道完整性管理的核心内容常用的方法有基于管道内检测数据适用性评价、压力试验和直接评价等。

2005 年左右，完整性管理处于发展初期，主要参考欧美标准，如 SY/T 6621《输气管道系统完整性管理》采标自 ASME B31.8S《输气管道系统完整性管理》，SY/T 6684《危险液体管道的完整性评价》采标自 API 1160《危险液体管道的完整性管理》；2010 年左右，完整性管理进入全面推广阶段，发布了 Q/SY 1180 管道完整性管理规范》；2015 年左右，完整性管理进入深化提高阶段，发布了 GB 32167《油气输送管道完整性管理规范》、ISO 19345《管道完整性管理规范》。

1.2　合于使用评价

1.2.1　定义

根据 API 579/ASME FFS-1-2016《Fitness-for-service》，合于使用评价是指合于使用评价是

指进行安全性评价时对含有缺陷的结构或者设备是否适合继续使用、如何继续使用等状况进行的定量评价，包括对结构中的缺陷进行定量检测，按照严格的理论分析做出评定，确定缺陷是否危害结构的安全性，并对缺陷的形成、扩展和结构的失效过程以及失效后果等做出定量的判断。

根据 TSG D7003—2010《压力管道定期检验规则—长输(油气)管道》的要求，长输管道的定期检验通常包括年度检查、全面检验和合于使用评价。合于使用评价一般在全面检验之后进行，内容包括对管道进行应力分析计算，对危害管道结构完整性的缺陷进行剩余强度评估与超标缺陷安全评定，对危害管道安全的潜在危险因素进行管道剩余寿命预测、以及在一定条件下开展的材料适用性评价。

1.2.2 发展背景

英国焊接研究所的 EDGAR 最早提出了“合于使用”概念；自 20 世纪 70 年代初，JohnF. Kiefner 经过对金属管道进行压力爆破实验确定管道的强度，开始早期研究含缺陷管道评价的方法；经过后期大量研究，形成了第一版 ASME B31G-1984，该标准的计算方法相对保守，第二版 ASME B31G-1991 对计算方法进行了修正；此外 DNV 制定了 RP-F101 标准，同时期标准还有 SHELL-92、PCORRC、LPC 等标准，经过几十年发展，出现了 API 579《Fitness-for-service》标准。

自 20 世纪 80 年代，我国研究制定了《压力容器缺陷评定规范》CVDA-1984。此后，国家设立“在役压力容器、压力管道安全评估技术研究”科技项目，研究制定了一系列标准包括 GB/T 30582《基于风险的埋地钢质管道外损伤检验与评价》、SY/T 6151《钢制管道管体腐蚀损伤评价方法》和 SY/T 6477《含缺陷油气输送管道剩余强度评价方法》等。2007 年 3 月原国家质量监督检验总局特种设备安全监察局着手起草《长输(油气)管道定期检验规则》，历时 3 年，在 2010 年 8 月 3 日颁布正式版 TSG D7003—2010《压力管道定期检验规则—长输(油气)管道》。

2 评价对比

2.1 缺陷(特征)对比

长输管道内检测一般采取漏磁检测和变形检测组合检测器，受内检测器检测概率(POD)、精度和置信度的影响，检出的缺陷(特征)种类和数量差异较大。

管道运营商一般依据内检测服务商检测的数据对管道缺陷(特征)进行完整性评价。以国家管网集团北方管道公司为例，目前内部开展管道完整性评价的缺陷(特征)一般包括金属损失(制造缺陷、金属腐蚀缺陷)、焊缝异常(环焊缝异常、螺旋焊缝异常、直焊缝异常)、凹陷、椭圆变形、屈曲、补口特征、修复(修复补丁、修复套筒)、支管、偏心套管、外部金属物、斜接角等。

定期检验中合于使用评价一般包括金属损失(制造缺陷、金属腐蚀缺陷)、焊缝异常、凹陷。

2.2 规则和方法对比

针对缺陷(特征)评价方法，将国家管网集团北方管道公司的管道完整性评价与特检行业内定期检验中合于使用评价进行对比，表 1～表 5 列出了缺陷(特征)的评价方法(规则)、剩余寿命预测和再检验周期对比内容。

2.2.1 金属损失剩余强度

表 1 金属损失剩余强度对比

缺陷(特征)类型		金属损失	
		制造缺陷	金属腐蚀缺陷
完整性评价	规则	1. 剩余强度小于安全系数 SF 乘以 MAOP，立即响应； 2. 缺陷最大深度达到或超过壁厚的 70%，立即响应； 3. 以选定的腐蚀增长率增长时，缺陷尺寸超过 MAOP 允许的尺寸，计划响应；(制造缺陷除外) 4. 缺陷最大深度达到或超过壁厚的 60%，1 年内响应； 5. 缺陷最大深度达到或超过壁厚的 50%，2 年内响应； 6. 缺陷最大深度达到或超过壁厚的 40%，3 年内响应	
	方法(标准)	SHANNON 方法	SY/T 6151—2009：RSTRENG 0.85dL 方法

续表

<table>
<tr><td colspan="2" rowspan="2">缺陷(特征)类型</td><td colspan="2">金属损失</td></tr>
<tr><td>制造缺陷</td><td>金属腐蚀缺陷</td></tr>
<tr><td rowspan="2">合于使用评价</td><td>规则</td><td colspan="2">1. 立即修复
1）缺陷尺寸超过1/设计参数×MAOP允许的尺寸；
2）金属损失的最大深度达到或超过壁厚的80%。
计划修复取决于缺陷增长速率和初始缺陷尺寸。以平均腐蚀增长率增长时，腐蚀缺陷应在缺陷尺寸超过1/设计参数×MAOP允许的尺寸或者深度大于70%壁厚前完成响应的修复工作。以最大腐蚀增长速率增长时，爆破压力低于MAOP的腐蚀缺陷应在达到等效爆破压力之前列入计划修复范围。腐蚀缺陷应在深度达到或超过壁厚的70%之前完成修复工作。
2. 计划修复
1）最大深度尺寸达到或超过壁厚的60%，1年内修复；
2）最大深度尺寸达到或超过壁厚的50%，2年内修复；
3）最大深度尺寸达到或超过壁厚的40%，3年内修复</td></tr>
<tr><td>方法(标准)</td><td colspan="2">1. ASME B 31G-2012(GB/T 30582—2014、SY/T 6151—2009)方法(优先选择)
2. DNV-RP-F101-2015(SY/T 10048—2016)方法
3. API 579-2016(GB/T 35013—2018、SY/T 6477—2017)方法
4. PCORRC方法</td></tr>
<tr><td colspan="2">对比结果</td><td colspan="2">1. 对于金属腐蚀类缺陷两种评价采用一致，RSTRENG 0. 85dL方法；
2. 合于使用评价一般未对制造缺陷评价单独区分，完整性评价中制造缺陷评价一般选择SHANNON方法</td></tr>
</table>

2.2.2 焊缝异常

表2　焊缝异常评价对比

<table>
<tr><td colspan="2" rowspan="2">缺陷(特征)类型</td><td colspan="5">焊缝异常</td></tr>
<tr><td colspan="2">环焊缝异常</td><td colspan="2">螺旋焊缝异常</td><td>直焊缝异常</td></tr>
<tr><td rowspan="2">完整性评价</td><td>规则</td><td>方法1. 失效评估图法
1. 一级评定曲线
2. 二级评定曲线</td><td rowspan="2">方法2. 按内检测环焊缝信号分类和严重程度审核</td><td>方法1. 失效评估图法
1. 一级评定曲线
2. 二级评定曲线</td><td rowspan="2">方法2：按内检测螺旋焊缝信号分类和严重程度审核</td><td>失效评估图法
1. 一级评定曲线
2. 二级评定曲线</td></tr>
<tr><td>方法(标准)</td><td>SY/T 6477—2017与BS 7910</td><td>SY/T 6477—2017与BS 7910</td><td>SY/T 6477—2017与BS 7910</td></tr>
<tr><td rowspan="2">合于使用评价</td><td>规则</td><td colspan="5">失效评估图法
1. 一级评定曲线
2. 二级评定曲线</td></tr>
<tr><td>方法(标准)</td><td colspan="5">BS 7910</td></tr>
<tr><td colspan="2">对比结果</td><td colspan="5">1. 针对焊缝异常两种评价通常可选用失效评估图法。但漏磁内检测报告的焊缝异常尺寸精度不高，使用失效评估图法评价焊缝异常往往产生的误差较大。
2. 针对环焊缝、螺旋焊缝完整性评价可选择信号分类和严重程度审核，进行定性评价，以弥补焊缝异常尺寸精度不高时选用失效评估图法易产生较大误差的不足</td></tr>
</table>

2.2.3 凹陷

表3 凹陷评价对比

<table>
<tr><th colspan="2">缺陷(特征)类型</th><th>凹陷</th></tr>
<tr><td rowspan="2">完整性评价</td><td>规则</td><td>1. 基于深度的评价
满足下列条件之一的，应立即响应：
1）弯折凹陷；
2）含有划痕、裂纹、电弧灼伤或焊缝异常的凹陷；
3）在焊缝上且深度大于4%管道直径的凹陷；
4）含有腐蚀且腐蚀深度大于40%管道壁厚的凹陷；
5）深度大于6%管道直径的凹陷。
满足下列条件之一的，应在1年内响应：
1）在焊缝上且深度大于2%管道直径的凹陷；
2）含腐蚀且腐蚀深度为10%至40%管道壁厚，按腐蚀评价需要响应的凹陷。
2. 基于应变的评价
满足下列条件之一的，应立即响应：
1）弯折凹陷；
2）含有划痕、电弧灼伤、裂纹或焊缝缺陷的凹陷；
3）含有腐蚀且腐蚀深度大于40%管道壁厚的凹陷；
4）应变大于6%的凹陷。
满足下列条件之一的，应在1年内响应：
1）在焊缝上且应变大于4%的凹陷；
2）含有腐蚀且腐蚀深度为10%至40%管道壁厚，腐蚀按第5章评价需要响应的凹陷</td></tr>
<tr><td>方法(标准)</td><td>Q/SY GD0315—2020</td></tr>
<tr><td rowspan="2">合于使用评价</td><td>规则</td><td>1. 基于凹陷深度准则
管道凹陷深度不应超过管道外径的6%。当凹陷深度超过外径的6%时应采取修复措施，否则应采取定期监测措施；
2. 基于应变准则
管道凹陷处的应变不应超过0.06</td></tr>
<tr><td>方法(标准)</td><td>GB/T 30582—2014</td></tr>
<tr><td colspan="2">对比结果</td><td>两评价同样采用基于深度的准则和基于应变的准则，完整性评价采用的准则明显比合于使用评价分类详细、可操作性更强</td></tr>
</table>

2.2.4 其他缺陷(特征)

表4 其他缺陷(特征)完整性评价

<table>
<tr><th rowspan="2">缺陷(特征)类型</th><th colspan="2">完整性评价</th></tr>
<tr><th>规则</th><th>标准</th></tr>
<tr><td>椭圆变形</td><td>规则1：椭圆度达到或超过6%的椭圆变形应在1年内响应；
规则2：椭圆度达到或超过3%且与弯曲应变相关的椭圆变形应1年内响应</td><td>Q/SY GD 0315—2020</td></tr>
<tr><td>屈曲</td><td>屈曲存在一般建议立即响应</td><td>Q/SY GD 0315—2020</td></tr>
<tr><td>补口特征</td><td>1. 补口异常按以下类型分类：
1）第1类：补口区域存在腐蚀信号，外腐蚀缺陷呈片状分布且多数位于管道底部或螺旋(直)焊缝与环焊缝的交角附近；
2）第2类：补口区域存在腐蚀信号，外腐蚀缺陷呈条带状沿补口环向分布；
3）第3类：补口区域存在腐蚀信号，外腐蚀缺陷零散分布于补口区域；
4）第4类：补口区域存在机械划痕信号。</td><td>Q/SY GD 0315—2020</td></tr>
</table>

续表

缺陷(特征)类型		完整性评价	
		规则	标准
补口特征		2. 宜按照下列准则对补口异常进行评价。 满足下列条件之一的，立即响应： 1）第1类补口； 2）第4类补口且划痕深度大于10%wt； 3）含有腐蚀且腐蚀深度大于40%wt的第2类与第3类补口。 满足下列条件之一的，计划响应： 1）腐蚀深度大于10%wt的第2类和第3类补口	Q/SY GD 0315—2020
修复	修复补丁	一般对修复焊缝内检测信号进行复核，对于焊缝异常要结合实际情况确定是否响应	—
	修复套筒		
支管		一般筛选小开孔支管，结合内检测信号、设计文件、修复记录，排查异常支管	—
偏心套管		1. 接触管道的偏心套管应立即响应。 2. 与深度超过20%壁厚金属损失相关的靠近管道的偏心套管应在1年内响应	Q/SY GD 0315—2020
外部金属物		下列外部金属物应立即响应： a）接触管道的外部金属物； b）靠近管道且对防腐层或阴保系统产生影响的外部金属物	Q/SY GD 0315—2020
斜接角		钢管对接角度偏差不得大于3°	GB 50253—2014 GB 50369—2014

2.2.5 剩余寿命预测和再检验周期

表5 剩余寿命预测和再检验周期对比

剩余寿命预测和再检验周期		
完整性评价	规则	1. 采用计算全寿命腐蚀增长率，按照剩余强度公式反算管道需要维修年限； 2. GB 32167—2015《油气输送管道完整性管理规范》要求，完整性评价时间间隔最长不超过8年
	方法(标准)	GB 32167—2015
合于使用评价	规则	1. 采用腐蚀寿命预测公式计算管道剩余寿命； 2. 按照安全技术规范TSG D7003—2010的要求，确定管道下次全面检验日期依据操作压力和剩余使用寿命确定，且最长不能超过预测的管道剩余寿命的一半
	方法(标准)	TSG D7003—2010
对比结果		合于使用评价要求再检验周期最长不超过预测的管道寿命的一半，往往比完整性评价采用全寿命腐蚀增长率反算的再检验周期要短，相对严苛

2.3 实例应用

2.3.1 工程项目背景

某长输管道全线长46.4km，2015年建成投产，2019年7月开展漏磁、变形内检测。管道材质L360M，管道外径711mm，管道壁厚：8.0/8.8/10/11mm，SMYS为360MPa，SMTS为460MPa，输送介质原油，防腐类型3PE，设计最高压力4MPa，最大允许运行压力4MPa，设计输量1150×10^4t/a。

2.3.2 内检测数据统计

本次漏磁内检测发现环焊缝异常73处、制造缺陷6228处(外部制造缺陷1805处、内部制造缺陷4423处)、金属腐蚀100处(外部金属腐蚀69处，内部金属腐蚀31处)。

2.3.3 环焊缝异常评价

对漏磁内检测发现的73处环焊缝异常缺陷进评价，图1、图2环焊缝异常采用失效评估图法来评价的结果，环焊缝异常处于可接受范围。

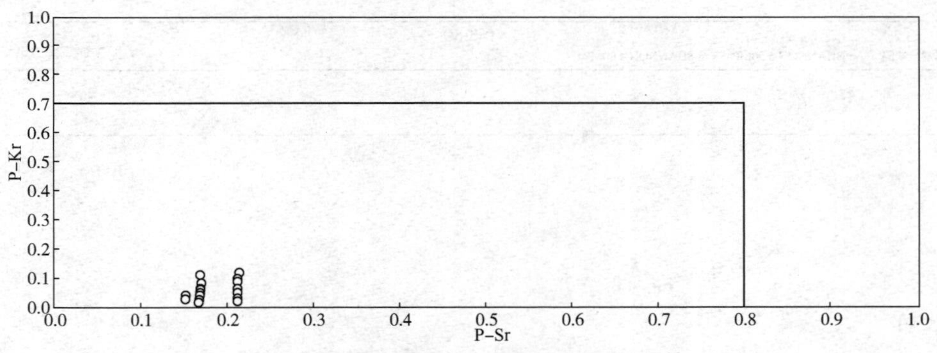

图 1 环焊缝异常失效评估一级评价结果

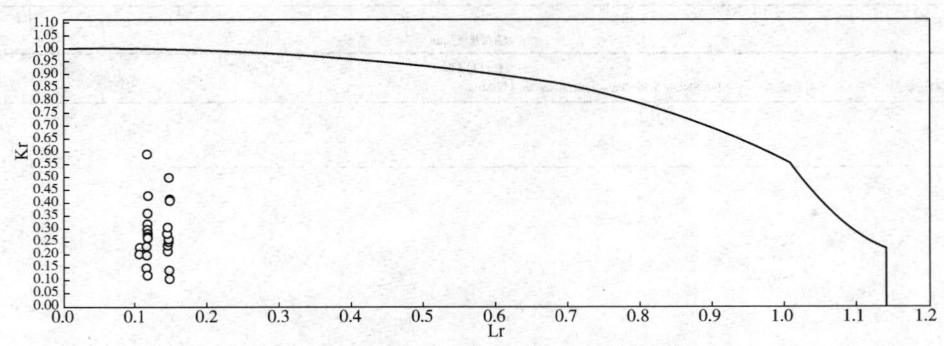

图 2 环焊缝异常失效评估二级评价结果

鉴于漏磁内检测技术对于环焊缝缺陷，尤其是平面型缺陷的识别和量化，均存在技术难题，采用失效评估图法一般对评价结果影响较大。为及时发现环焊缝异常风险隐患，按照所提供的漏磁内检测环焊缝异常进行复评，即按照图 3 环焊缝异常漏磁内检测信号分类对环焊缝信号进行缺陷信号识别分类和严重程度审核。发现内检测报告的环焊缝异常重度类 1 处，疑似漏报的环焊缝异常中重度类 2 处。图 4 为审核为重度类环焊缝异常漏磁内检测信号示例。

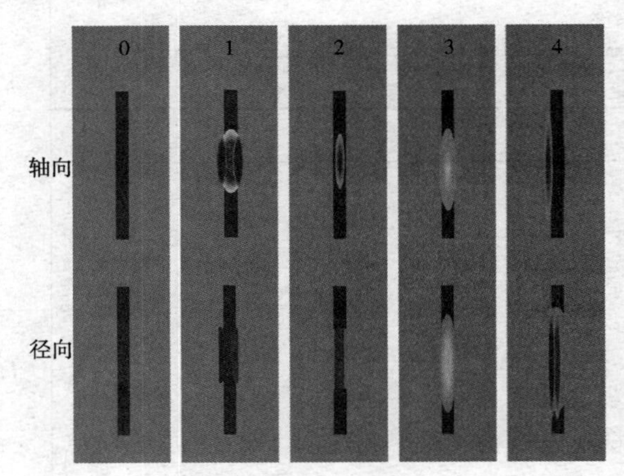

图 3 环焊缝异常漏磁内检测信号分类

类型 1：焊道未焊满、过度打磨以及部分严重未熔合、未焊透等具有较大体积金属损失的缺陷；类型 2：焊缝未熔合、未焊透；类型 3：焊缝内凹、盖帽金属损失；类型 4：侧壁过度打磨、较大错边或咬边

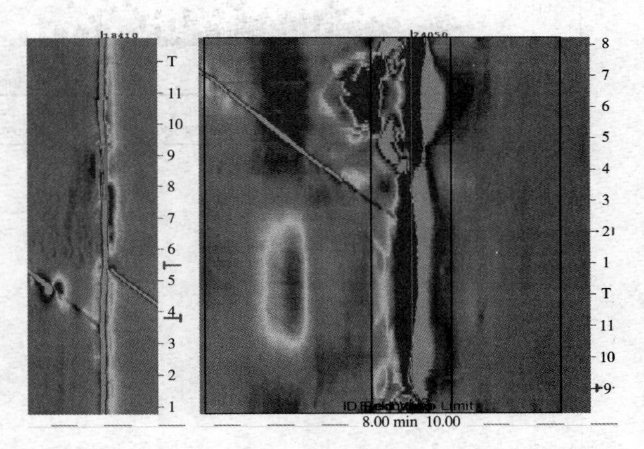

图 4 审核为重度类环焊缝异常漏磁内检测信号示例

2.3.4 剩余强度计算

1）制造缺陷

内检测共报告 6228 处制造缺陷。对于制造缺陷，采用 SHANNON 方法进行评价。本次评价 *SMYS* 取 360MPa，*SMTS* 取 460MPa，最大允许运行压力 MAOP 按照设计压力 4MPa 计算，安全系数取 1.39 后的压力为 5.56MPa。图 5 SHANNON 评价方法给出的制造缺陷的评价结果显示，在管道仅承受内压载荷，不承受其他外加载荷的情况下，未发现制造缺陷计算剩余强度存在超标情况。但该管道有 1 处制造缺陷最大深度超过 60%，根据制造缺陷评价规则，建议对该制造缺陷 1 年内响应。

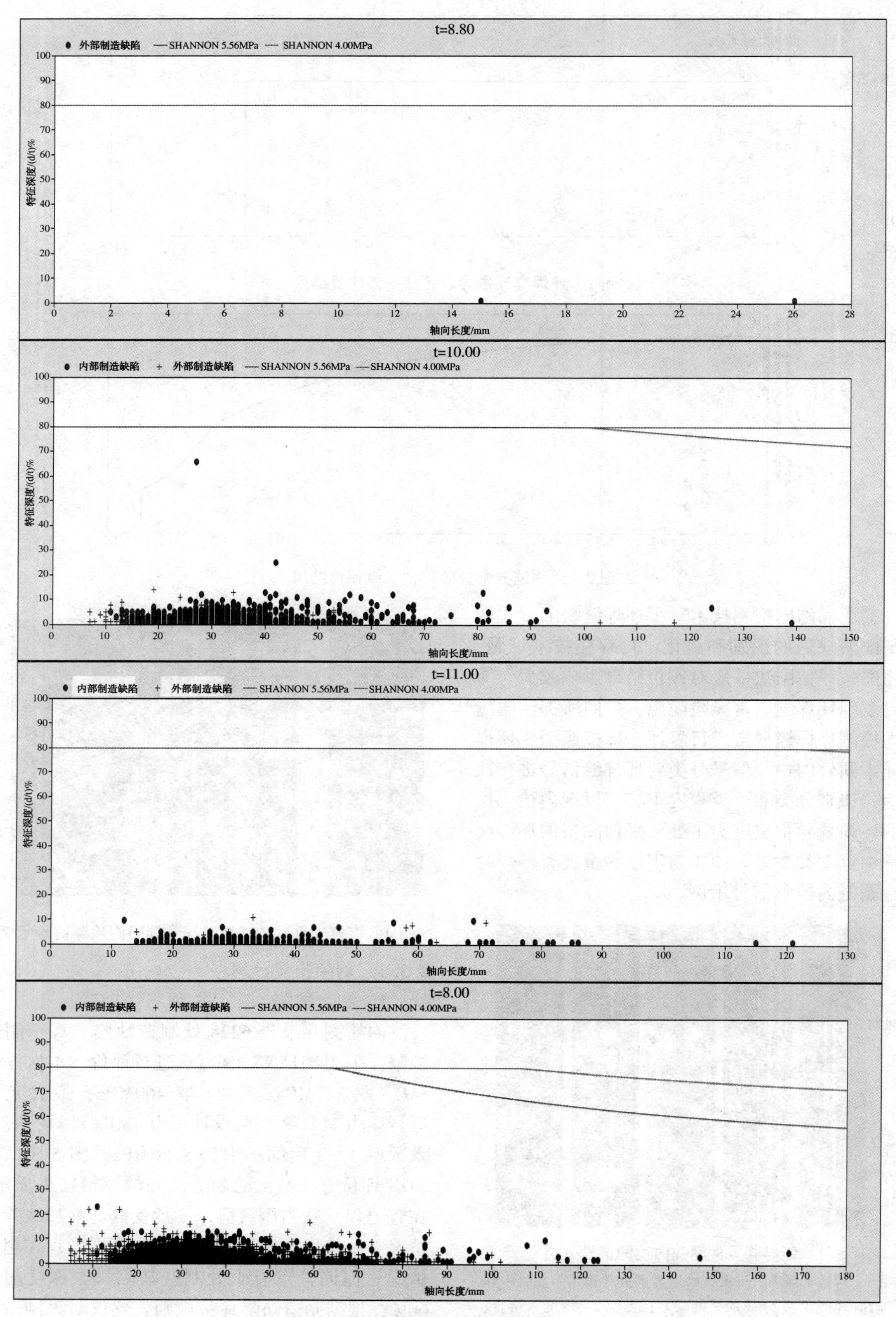
t=8.80
外部制造缺陷
SHANNON 5.56MPa
SHANNON 4.00MPa
特征深度/(d/t)%
轴向长度/mm
t=10.00
内部制造缺陷
外部制造缺陷
SHANNON 5.56MPa
SHANNON 4.00MPa
特征深度/(d/t)%
轴向长度/mm
t=11.00
内部制造缺陷
外部制造缺陷
SHANNON 5.56MPa
SHANNON 4.00MPa
特征深度/(d/t)%
轴向长度/mm
t=8.00
内部制造缺陷
外部制造缺陷
SHANNON 5.56MPa
SHANNON 4.00MPa
特征深度/(d/t)%
轴向长度/mm

图 5　制造缺陷评价结果

2）金属腐蚀缺陷

内检测共报告100处金属腐蚀，完整性评价和合于使用评价同时采用RSTRENG 0.85dL评价方法用于该管道的金属腐蚀评价，本次评价SMYS取360MPa，SMTS取460MPa。最大允许运行压力MAOP按照设计压力4MPa计算，安全系数取1.39后的压力为5.56MPa。图6 RSTRENG 0.85dL评价方法给出的所有金属腐蚀的评价结果显示，在管道仅承受内压载荷，不承受其他外加载荷的情况下，未发现金属腐蚀缺陷计算剩余强度存在超标情况。

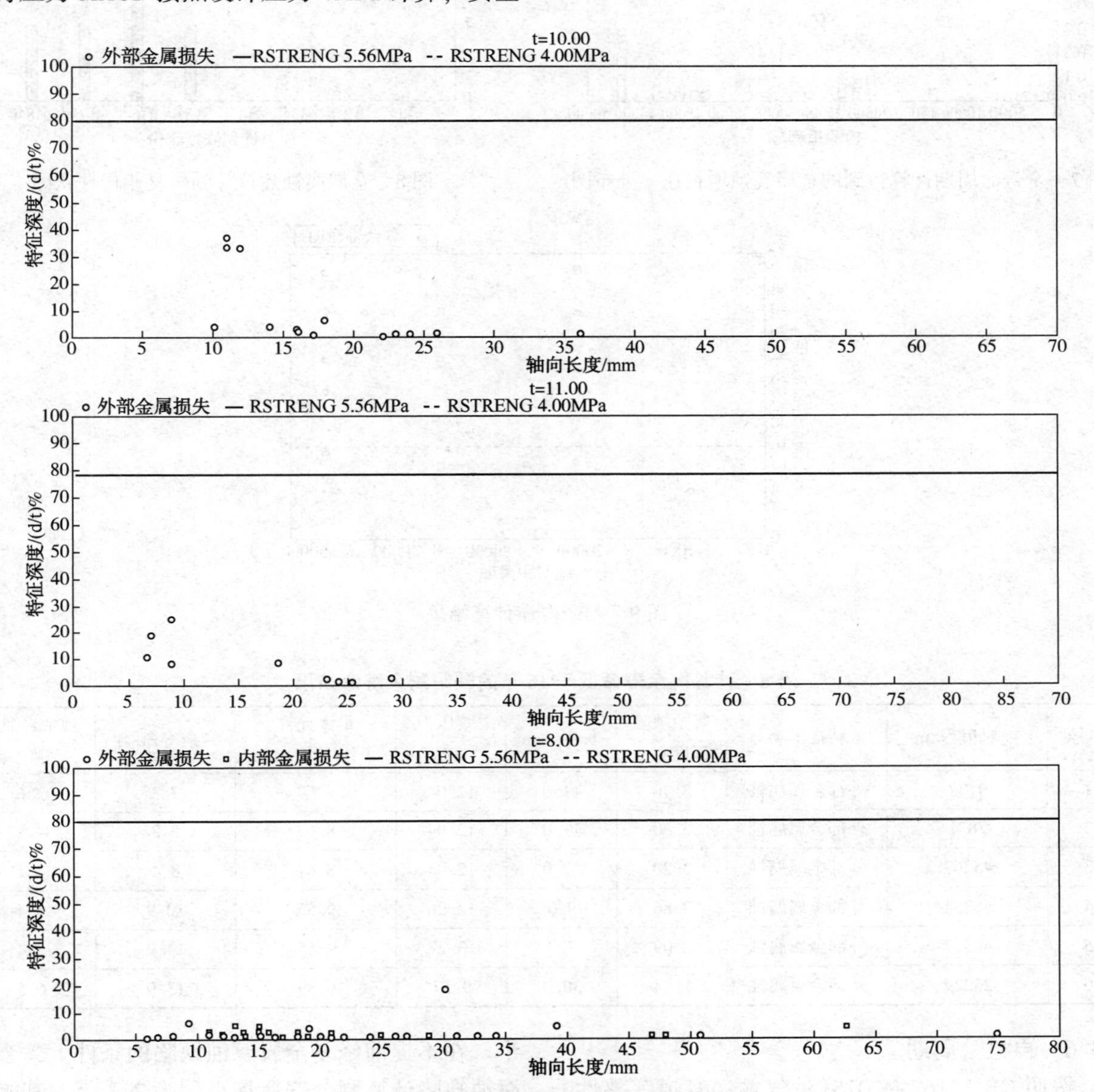

图6　金属腐蚀缺陷剩余强度评价结果

2.3.5　剩余寿命预测

1）完整性评价

以国家管网集团北方管道公司开展剩余寿命预测为例，腐蚀增长率一般按照全寿命腐蚀增长率计算，该管道腐蚀年限按照4年计算，图7为金属腐蚀缺陷的腐蚀增长速率分布情况。根据全寿命腐蚀增长率，按照RSTRENG 0.85dL计算金属腐蚀计划修复年份，图8为金属腐蚀建议计划修复年份柱状图。

2）合于使用评价

按照TSG D7003—2010《压力管道定期检验规则-长输（油气）管道》，金属损失缺陷的腐蚀速率按照金属损失量和使用年限推算得到，使用年限按4年计算，设计系数选取0.72，图9为剩余寿命计算结果，表6列出了剩余寿命小于16年的金属腐蚀缺陷。

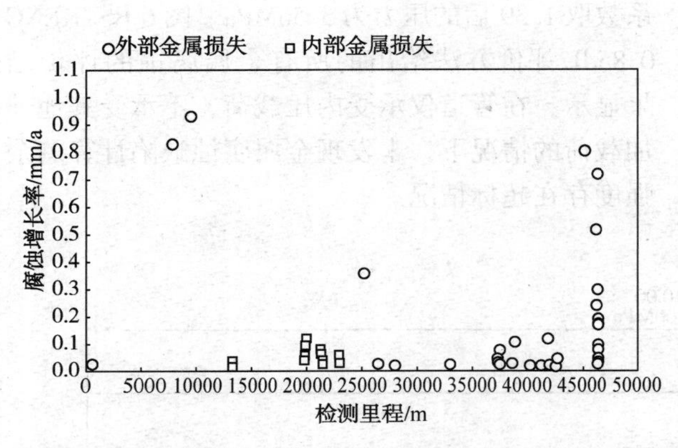

图 7　全寿命周期计算得到的金属腐蚀增长速率分布图

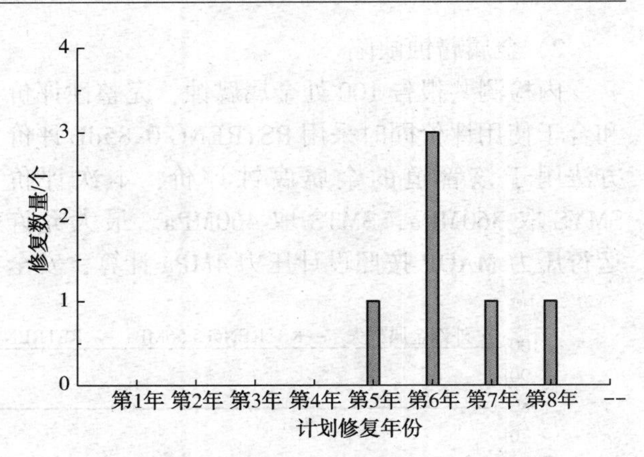

图 8　金属腐蚀建议计划修复年份柱状图

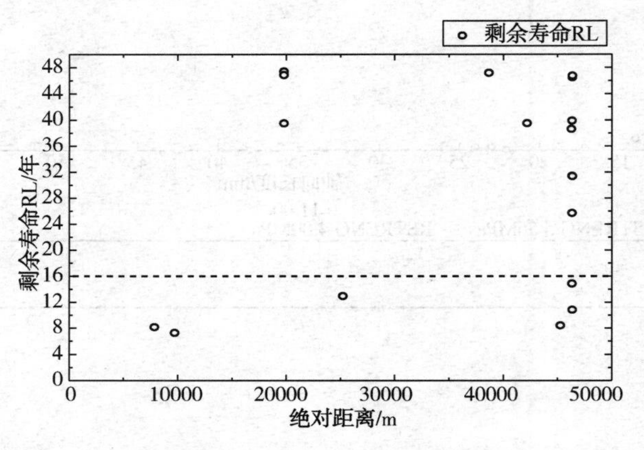

图 9　剩余寿命计算结果

表 6　计算剩余寿命低于 16 年的缺陷剩余寿命结果

序号	绝对里程/m	特征类型	腐蚀缺陷深度/mm	长度/mm	失效压力/MPa	最大允许工作压力/MPa	剩余寿命/年	剩余寿命的一半/年
1	9738	外部金属腐蚀	3. 70	11. 0	12. 04	8. 67	7. 3	3. 6
2	7871	外部金属腐蚀	3. 30	11. 0	12. 04	8. 67	8. 2	4. 1
3	45267	外部金属腐蚀	3. 20	12. 0	12. 04	8. 67	8. 4	4. 2
4	46354	外部金属腐蚀	2. 86	9. 0	13. 26	9. 55	10. 9	5. 4
5	46337	外部金属腐蚀	2. 09	7. 0	13. 27	9. 55	14. 9	7. 4
6	25229	外部金属腐蚀	1. 44	30. 0	9. 57	6. 89	13. 0	6. 5

2. 3. 6　再检验周期

按照 GB 32167—2015《油气输送管道完整性管理规范》的要求，完整性评价时间间隔最长不超过 8 年。完整性评价结果建议最早修复金属腐蚀缺陷的年限是第 5 年以前，既在不提前修复金属腐蚀缺陷的条件下，再检验周期为 2023 年 7 月前。

按照 TSG D7003—2010《压力管道定期检验规则-长输(油气)管道》的要求，确定管道下次全面检验日期依据操作压力和剩余使用寿命确定，且最长不能超过预测的管道剩余寿命的一半。在不提前修复金属腐蚀缺陷的条件下，金属腐蚀缺陷计算剩余寿命最小的为 7. 3 年，其剩余寿命的一半为 3. 6 年，既在不提前修复金属腐蚀缺陷的条件下，再检验周期为 2023 年 1 月前。

综上，合于使用评价计算的再检验周期比完整性评价计算要的提前 6 个月，确定再检验周期更为苛刻。

3　结论

对比基于内检测的长输管道完整性评价与定期检验合于使用评价发现：

（1）对于评价的缺陷（特征）的种类，完整性评价的比定期检验合于使用评价的更齐全。定期检验合于使用评价缺少对椭圆变形、屈曲、补口特征、修复、支管、偏心套管、外部金属物等缺陷（特征）的评价。

（2）对于制造缺陷和金属腐蚀缺陷评价，定期检验合于使用评价一般采用 RSTRENG 0.85dL 等方法；对于金属腐蚀缺陷评价，完整性评价一般采用 RSTRENG 0.85dL 方法，对于制造缺陷评价，完整性评价一般采用 SHANNON 方法。

（3）对于环焊缝异常评价，一般采用失效评估图法，但漏磁内检测技术对于环焊缝缺陷识别和量化存在技术难题，精度不高，采用失效评估图法对评价结果影响较大。完整性评价一般还对环焊缝信号进行识别分类和严重程度审核，以弥补采用失效评估图法对评价结果影响较大的不足。

（4）对于凹陷评价，同样采用基于深度的准则和基于应变的准则，完整性评价采用的准则中评价分类更详细、可操作性更强。

（5）对于再检验周期，完整性评价一般按照 GB 32167—2015《油气输送管道完整性管理规范》要求评价，定期检验合于使用评价按照 TSG D7003—2010《压力管道定期检验规则-长输（油气）管道》要求评价，定期检验合于使用评价一般比完整性评价确定的再检验周期要更短，相对严苛。

参 考 文 献

[1] CHEN Y F, ZHANG H, ZHANG J, et al. Failure assessment of X80 pipeline with interacting corrosion defects[J]. Engineering Failure Analysis, 2015, 47: 67-76.

[2] SAJJAD B, MOSTAFA A, SAYYED H H, et al. Effects of microstructure alteration on corrosion behavior of welded joint in API X70 pipeline steel [J]. Materials and Design, 2013, 45: 597-604.

[3] CALEYO F, BALOR A, ALFONSO L, et al. Bayesian analysis of external corrosion data of non-piggable underground pipelines[J]. Corrosion Science, 2015, 90: 33-45.

[4] SONG F M. Predicting the mechanisms and crack growth rates of pipelines undergoing stress corrosion cracking at high pH[J]. Corrosion Science, 2009, 51: 2657-2674.

[5] SERGEI A, IAIN L M. Structural integrity of aging buried pipelines having cathodic protection [J]. Engineering Failure Analysis, 2006, 13: 1159-1176.

[6] YAN M C, SUN C, WU T Q, et al. Stress corrosion of pipeline steel under occluded coating disbondment in a red soil environment [J]. Corrosion Science, 2015, 93: 27-38.

[7] 陈利琼. 在役油气长输管线定量风险技术研究[D]. 成都：西南石油学院，2010：32.

[8] 曾凡小，张勇芳，吴新伟. 天然气长输管道合于使用评价的工程应用[J]. 管道技术与设备，2019，5：15-27.

[9] 黄维和，郑洪龙，吴忠良. 天管道完整性管理在中国应用10年回顾与展望[J]. 天然气工业，2013，33(12)：1-5.

[10] 董绍华，杨祖佩. 天全球油气管道完整性技术与管理的最新进展，2007，26(2)：1-17.

[11] 赵新伟，李鹤林，罗金恒，等. 油气管道完整性管理技术及其进展[J]. 中国安全科学学报，2006，16(1)：129-135.

[12] 钱成文，侯铜瑞，刘广文，等. 管道的完整性评价技术[J]. 油气储运，2000，19(7)：11-15.

[13] 冯庆善，王学力，李保吉，等. 长输油气管道的完整性管理[J]. 管道技术与设备，2011，6：1-5.

[14] 冯庆善. 管道完整性实践与思考[J]. 油气储运，2014，33(3)：229-232.

[15] 陈朋超，冯文兴，燕冰川，等. 油气管道全寿命周期完整性管理体系的构建[J]. 油气储运，2020，39(1)：40-47.

[16] 姚小静，韩伟，李俊婷，等. 长输管道检验中合于使用评价准则应用分析[J]. 石油化工设备，2020，49(1)：62-64.

[17] 何仁洋，刘长征，杨永，等. 压力管道定期检验规则-长输(油气)管道[S]. 国家质量监督检验检疫总局，2010：62-64.

[18] 何仁洋. 油气管道检测与评价[M]. 北京：中国石化出版社，2009.

[19] Kiefner J F. Corroded pipe: strength and repair methods [C]. 5th Symposium onLine Pipe Research Committee of the American Gas Association, Houston, Texas, 1974: 20~22.

[20] 王右义. 天然气管道合于使用评价研究与应用[D]. 大庆：东北石油大学，2017：3-4.

[21] 王富祥，冯庆善，王学力，等. 三轴漏磁内检测信号分析与应用[J]. 油气储运，2010，29(11)：815-817.

[22] 王富祥，冯庆善，张海亮，等. 基于三轴漏磁内检测技术的管道特征识别[J]. 无损检测，2011，33(1)：79-84.

西北油田腐蚀穿孔统计分析及防治对策研究

李　芳　曾文广　张江江　刘青山　郭玉洁

（中国石化西北油田分公司石油工程技术研究院）

摘　要　西北油田介质腐蚀性强，地面集输系统腐蚀风险高，近年来通过技术创新、工艺创新、方案优化等途径，合理选用多种腐蚀防治措施，腐蚀穿孔数持续下降，为油田现场安全生产与环保工作做出了积极贡献。本论文对西北油田地面集输系统近5年的腐蚀穿孔数进行了统计分析，总结金属管道腐蚀规律特征，调查内腐蚀主要原因，并提出加注缓蚀剂、除氧剂、PE内穿插修复、风送挤涂修复等针对性防治技术对策。

关键词　腐蚀穿孔，H_2S腐蚀，氧腐蚀，缓蚀剂，修复工艺

西北油田产出液具有高含H_2S（0.013%～7.8%）、高含CO_2（3%～6%）、高含Cl^-（12～17×10^4mg/L）、高含水（60%～85%）、低pH值的特点，介质腐蚀性强、腐蚀风险高。金属管道腐蚀穿孔不仅给油气正常的安全生产造成影响，还会造成巨大的经济损失。从近几年对西北油田地面集输系统腐蚀穿孔跟踪与统计分析来看，85%以上的穿孔为管道底部5点-7点部位的局部点腐蚀，均匀腐蚀并不明显。西北油田原油黏度高，存在局部沉积现象，含水高时易发生油水分离，存在油、气、水段塞流及局部积水现象，因此造成管道内腐蚀环境不均，形成点腐蚀；另外西北油田产出介质复杂，形成局部垢下腐蚀及闭塞电池腐蚀环境，促进点腐蚀快速发生。点腐蚀问题已成为了制约西北油田集输系统安全运行的主要问题。

1　腐蚀穿孔调查统计

1.1　现状调查

西北油田地面集输系统近5年腐蚀穿孔数持续下降，由2015年的1481次下降到2019年的672次，降幅54.6%。日均腐蚀穿孔数由2015年的4.1次/d，降低到2019年的1.8次/d，降低了56.1%。此外，2020年上半年腐蚀穿孔较2019年同期下降23.9%（表1）。

近5年单井管道、集输管道、站内管道和污水管道均呈现不同程度的下降趋势，其中单井管道2015年445次，2019年270次，降幅39.3%；集输管道2015年343次，2019年62次，降幅81.9%；油气站内管道2015年296次，2019年207次，降幅30.1%；污水/注水管道2015年397次，2019年133次，降幅66.5%（表2）。

统计发现，虽然集输管道、站内管道和污水管道在历年的腐蚀穿孔占比中均呈下降趋势，但是单井管道穿孔所占比例却在逐年上升，2016年占比23.4%，2020年已经占比41.6%，所以单井管道腐蚀形势不容乐观（表3）。

表1　近5年西北油田地面集输系统腐蚀穿孔统计

项目内容	2015年	2016年	2017年	2018年	2019年	2020年上半年
腐蚀穿孔/次	1481	1302	1031	866	672	280
腐蚀穿孔降幅/%	-22.9	12.1	20.8	16.0	22.4	23.9
日均腐蚀穿孔/(次/d)	4.1	3.6	2.8	2.4	1.8	1.5

表2　近5年西北油田各类管道腐蚀穿孔统计

系统＼年份	2015年	2016年	2017年	2018年	2019年	2020年上半年	合计
单井管道/次	445	305	312	329	270	106	1767
集输管道/次	343	162	59	90	62	14	730

续表

系统 \ 年份	2015 年	2016 年	2017 年	2018 年	2019 年	2020 年上半年	合计
油气站内管道/次	296	284	218	201	207	65	1271
污水/注水管道/次	397	551	442	246	133	95	1864
合计/次	1481	1302	1031	866	672	280	5632

表 3　近 5 年西北油田各类管道腐蚀穿孔占比统计

系　统	2015 年	2016 年	2017 年	2018 年	2019 年	2020 年上半年
单井管道/%	30.0	23.4	30.3	38.0	40.2	41.6
集输管道/%	23.2	12.4	5.7	10.4	9.2	5.5
油气站内管道/%	20.0	21.8	21.1	23.2	30.8	25.5
污水/注水管道/%	26.8	42.3	42.9	28.4	19.8	37.3

1.2　规律特征

在西北油田 $H_2S-CO_2-H_2O-Cl^--O_2$ 复杂腐蚀环境体系下，金属管道腐蚀形貌以点孔洞为主，主要集中于高含水、服役时间久、运行负荷偏低的管道、多发于管道底部、焊缝、高程差变化等部位。

1.2.1　腐蚀穿孔多发于管道内壁底部

对穿孔管道开挖后壁厚检测结果显示，管段底部的减薄率为 73%，管道减薄部位由于局部力学性能和承压能力降低，在油气生产运输过程中最终成为腐蚀穿孔点，表现出穿孔多发于管道内壁底部(表 4)。

表 4　金属管道开挖壁厚检测结果

部位	管段底部	管段左侧	管段顶部	管段右侧	顺时针测壁厚
编号	(1)	(2)	(3)	(4)	(3) (2)　(4) (1)
壁厚/mm	1.9	6.9	7.0	7.0	

从断开的失效管段看，均匀腐蚀减薄并不严重，管壁内局部点腐蚀是造成管道腐蚀穿孔的主要原因，从穿孔的形状看，呈现圆形或椭圆形，外小内大、呈外八字形，说明腐蚀是从内向外开始的，且主要集中于管道中下部，以底部最多(图 1)。

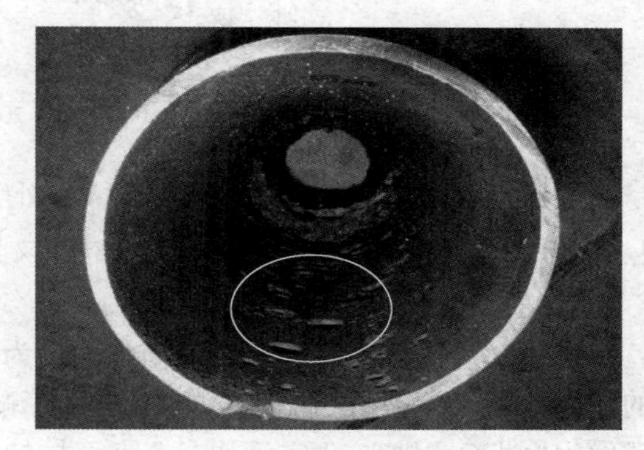

图 1　金属管道局部点腐蚀穿孔照片

1.2.2　腐蚀穿孔多发于高含水且服役时间长的管道

含水高且服役时间长的老区集输管道占腐蚀穿孔集输管道腐蚀总数 60.7%，表现出多发于高含水且服役时间长的管道规律特征(表 5)。

表 5　输送不同含水介质管道的腐蚀穿孔统计

含水率/%	2015 年/次	2016 年/次	2017 年/次	2018 年/次	2019 年/次	总计/次	百分比/%
<30	1293	1011	929	799	643	4675	100.0
30~60	134	185	56	45	23	443	9.5
>60	54	106	46	22	6	234	5.0
总计	1481	1302	1031	866	672	5352	/

1.2.3　腐蚀穿孔多发于流态流速变化大的管道

随着开发历程的延深，油井产能下降，管道负荷低于设计输送能力，管道内流体在较低流速，油水密度差大，管道输送距离长，促进了油水分离分层，加剧了腐蚀。10 区、11 区和 S72 区都属于流速低引起的腐蚀穿孔，流速低于 0.8m/s 管道腐蚀穿孔占总数的 93.5%(表6)。

1.2.4　腐蚀穿孔多发于高程变化管段

通过对腐蚀穿孔次数严重的 11-1 站原油外输管道、S72 站原油外输管道、9-2 站原油外输管道的高程差现场检测，发现管道在高程差变化低洼处及爬坡处腐蚀集中多发，统计数据表明占腐蚀总数的 81.3%(图2)。

表6　不同流速下腐蚀穿孔情况统计表

流速/(m/s)	2015 年/次	2016 年/次	2017 年/次	2018 年/次	2019 年/次	合计/次	占总穿孔比/%
<0.8	123	120	129	90	43	505	10.2
0.8~2	233	335	258	360	223	1409	28.4
>2	1125	847	644	416	406	3438	69.2
总计/次	1481	1302	1031	866	672	5352	/

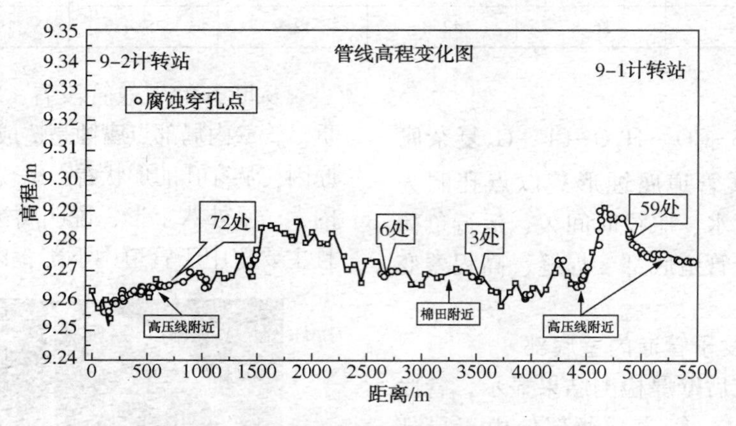

图2　9-2 站原油外输腐蚀穿孔随高程变化分布情况

1.2.5　腐蚀穿孔多发于管网中下游的不同区块介质汇合段

管道树状连接或串联连接是地面集输最为经济的建设方式，但是在插入点介质流速的影响，导致发生“湍流腐蚀”、“空泡腐蚀”使管材的腐蚀破坏增加。西达里亚集输干线管网共腐蚀 223 处，处于该管网中下游的原油外输管道腐蚀 138 处，占整个管网腐蚀的 62%。

2　腐蚀穿孔原因分析

2.1　含水率

随着开采历程的深入，采出液含水率不断上升，部分区块进入高含水期，当采出液含水率超过乳状液转向点后，采出液由原来的油包水(W/O)型乳状液逐渐变为水包油(O/W)型乳状液。在含水率低于转向点时，油与水能形成稳定的油包水型乳状液，即使伴生气中含有的 CO_2、H_2S，因为管道接触的是油相、腐蚀很轻微，当含水率高于转向点时，出现游离水，当含水继续升高时，游离水的量可形成水垫，即管道底部为水，中部为油包水，上部为伴生气，管道的底部直接接触水，油相对金属的保护作用减弱，水润湿钢铁表面，对管壁造成腐蚀。

2.2　CO_2 和 H_2S 共存

CO_2/H_2S 的分压比决定 CO_2 和 H_2S 共存条件下的腐蚀状态，研究认为 CO_2/H_2S 的分压比可分为三个区，$P_{CO_2}/P_{H_2S}<20$，H_2S 控制腐蚀过程，腐蚀产物主要为 FeS；$20<P_{CO_2}/P_{H_2S}<500$，CO_2/H_2S 混合交替控制，腐蚀产物包括 FeS 和 $FeCO_3$；$P_{CO_2}/P_{H_2S}>500$，CO_2 控制腐蚀过程，腐蚀产物主要是 $FeCO_3$。由于腐蚀介质含量差异，运行工况压力、温度不同，西北油田各区块腐蚀类型主控因素也不同。

2.3　氯离子

由于 Cl^- 半径较小，极性强，易穿透保护膜，在腐蚀产物膜未覆盖的区域，Cl^- 催化机制使得阳极活化溶解，即有：

$$Fe+Cl^-+H_2O \longrightarrow [FeCl(OH)]^-_{ads}+e+H^+$$

$$[FeCl(OH)]^-_{ads} \longrightarrow FeClOH+e$$

$$FeClOH+H^+ \longrightarrow Fe^{2+}+Cl^-+H_2O$$

西北油气田采出水 Cl^- 含量高，在 12×10^4~

17×10^4mg/L之间，使得催化作用增大，阳极活化溶解缩率也增大，一方面在于对腐蚀产物膜的破坏，增大了活性区域面积；另一方面则会加速区域阳极溶解，降低腐蚀过程中钝化的可能性。即在大范围腐蚀产物膜未破坏区域和小范围活性区域之间形成大阴极、小阳极的“钝化-活化腐蚀电池”，使腐蚀向基体纵深发展而形成蚀孔。

2.4 pH值

西北油田采出水水质pH变化不大，基本稳定在5.2~6.0之间。在低pH值条件下，CO_2溶解于水生成的HCO_3^-作为阴极去极化剂促进电化学腐蚀发生。

2.5 流速

西北油田地面集输系统腐蚀穿孔92.8%的腐蚀发生在介质流速低于0.8m/s的条件下，特别是西北老区的集输管道含水率超过60%，油水密度差大，管道输送距离长、输送流速<0.8m/s；在低流速下，高程变化水平和稍微倾斜的管流中，由于重力作用，相态趋于分层，水层在底部或低洼处积聚，形成$H_2O-CO_2-H_2S-Cl^-$腐蚀环境，引起管道底部、管道下游端、管道低洼处、管道爬坡处腐蚀非常严重。

2.6 溶解氧

油田开发中后期产量递减，针对单井控制的定容体，在衰竭时开采到一定阶段能量不足后，需要通过注水替油补充能量进行油水置换，达到恢复产能的目的。由于地面工艺流程不完善，采用开式流程注水替油、间歇注采、盐水扫线的生产方式，导致O_2介入，O_2是腐蚀剂，加快了腐蚀进程。

3 腐蚀穿孔防治对策

3.1 腐蚀穿孔预防

3.1.1 耐蚀管材

通过选用耐蚀性优、经济性好的耐蚀钢种管材，以及耐蚀性好的非金属管材降低腐蚀速率，从源头提高集输管道抗腐蚀能力。改善苛刻环境下集输管道腐蚀穿孔问题，控制集输管道腐蚀速率，减缓腐蚀。

3.1.2 防腐内涂层

为避免金属管道腐蚀穿孔，西北油田先后应用了无溶剂环氧涂层、环氧黑陶瓷涂层、环氧白陶瓷涂层等内涂层管道共计521.7km，有效的降低了金属管道的腐蚀穿孔速率。

3.1.3 加注缓蚀剂

缓蚀剂在无氧环境下具有一定的腐蚀抑制作用，利用静态挂片法评价现用缓蚀剂使用效果，实验结果表明：缓蚀剂可以抑制由CO_2和H_2S引起的均匀腐蚀，缓蚀率可达79.9%。此外，缓蚀剂的使用效果受到介质流速、管道敷设地势、缓蚀剂雾化程度的影响，所以对被保护管段进行缓蚀剂预膜处理，可以达到充分保护管道的目的。

3.1.4 加注“除氧剂+缓蚀剂”

单井注水、盐水扫线等作业过程中存在溶解氧腐蚀，“缓蚀剂+除氧剂”可有效抑制氧腐蚀。利用静态挂片法评价缓蚀剂与除氧剂组合对腐蚀控制的效果，实验结果表明：缓蚀剂与除氧剂共同加注，腐蚀速率降低大幅降低，缓蚀率可达73.4%。

3.2 腐蚀穿孔治理

3.2.1 内穿插修复

内穿插技术利用了非金属材料良好的化学稳定性和耐腐蚀性能，将高密度聚乙烯管内穿插在原在线金属管道中，形成非金属内衬和原金属管道包裹的一种“管中管”的复合结构[7]。具有修复速度快，一次性修复距离长、全线焊接，无法兰、整体性能好、质量可靠、成本低、寿命长等优点，可在穿孔孔径≤4×4cm钢骨架存在且修复后承压级别不变的腐蚀管道上应用，是目前管道内腐蚀修复的成熟技术之一[8]。西北油田应用内穿插技术修复管道共计523km，目前应用效果良好。

3.2.2 涂层风送挤涂修复

涂层风送挤涂技术通过挤涂球和封堵球携带涂料，在空压机的推动下，在管道内壁形成聚合物水泥砂浆加强层+无溶剂环氧涂料过渡层+溶剂环氧涂料防腐层的三层连续均匀的涂层复合结构，三者复合后整体厚度达到3~4mm，形成具有防腐性能优良、力学性能加强的复合衬(层)里结构，能够对管道内部坑蚀、穿孔点进行修复，阻止输送介质中的腐蚀性物质对钢管的侵蚀。可在穿孔孔径≤1×1cm钢骨架存在且修复后承压级别降低的腐蚀管道上应用。西北油田应用涂层风送挤涂技术修复管道共计227km，目前应用效果良好。

4 结论与认识

(1) 西北油田地面集输管道近5年腐蚀穿孔

数持续下降，但是单井管道穿孔所占比例却在逐年上升，腐蚀形势依然严峻。

（2）在西北油田 $H_2S-CO_2-H_2O-Cl^--O_2$ 复杂腐蚀环境体系下，金属管道腐蚀形貌以点孔洞为主，主要集中于高含水、服役时间久、运行负荷偏低的管道、多发于管道底部、焊缝、高程差变化等部位。

（3）通过选用耐蚀管材、防腐涂层提高金属管道抗腐蚀能力，通过加注缓蚀剂、除氧剂控制金属管道腐蚀穿孔速率，通过内穿插和涂层风送挤涂修复技术治理高风险管道腐蚀问题，为西北油田安全生产与优质高效发展做出了积极贡献。

参考文献

[1] 张江江，刘冀宁，高秋英，等. 湿相 CO_2 环境管道内沉积物及对腐蚀影响的定量化研究[J]. 科技导报，2016，32(32)：67-71.

[2] 张江江. 西北油田注气井管道腐蚀特征及规律[J]. 科技导报，2016，32(31)：65-70.

[3] 高秋英等. 20#碳钢管道内沉积物对腐蚀行为的影响[J]. 科技导报，2018，32(24)：35-39.

[4] 肖雯雯，孙海礁，张志宏. 西北油田稠油区单井管线点腐蚀影响因素分析与控制技术研究[J]. 全面腐蚀控制，2018，27(6)：55-58.

[5] 朱原原，等. 复杂腐蚀环境下 HT-PO 管道修复技术的应用[J]. 油气储运，2018，32(12)：1355-1357.

[6] 羊东明，等. 内穿插修复技术在西北油田的应用[J]. 腐蚀与防护，2017，35(4)：383-385.

瞬变电磁法在塔河油田埋地管道穿孔风险检测中的应用

孙海礁[1,2]　高秋英[1,2]　马　骏[1,2]　刘　强[1,2]

(1. 中国石油化工股份有限公司西北油田分公司石油工程技术研究院；
2. 中国石化缝洞型油藏提高采收率重点实验室)

摘　要　塔河油田部分油气埋地管道处于胡杨、红柳、棉田等敏感区域，一旦发生腐蚀穿孔，将会造成环境污染和安全事故，因此需要对管道腐蚀情况进行快速大面积普查。本文利用瞬变电磁快速无损检测技术，采用全覆盖密间隔检测方案，并设计了有利于小缺陷检测的差分双接收天线，对塔河12区伴生气集输埋地管道的穿孔风险进行了检测评价。通过对穿孔处信号的规律总结，提出了高风险点与中风险点的评判准则。经与实际情况对比验证，结果表明瞬变电磁检测方法的评价结果与实际穿孔较大处的情况相符，但不能实现对小穿孔的精准感知，检测精度需要进一步提高。

关键词　瞬变电磁，埋地管道，差分天线，穿孔，检测

塔河油田部分油气埋地管道处于胡杨、红柳、棉田等敏感区域，一旦发生腐蚀穿孔，将会造成环境污染和安全环保事故。经过大量治理工程实施后，腐蚀穿孔数量虽然在逐年下降，但刺漏造成的抢维修及环保治理等费用却呈上升趋势，给分公司带来较大的经济损失和负面影响。而目前针对环境高敏感区的开挖直接检测每年不足100km，检测工作量严重不足，需要选用更合适的方法进行快速大面积普查。

瞬变电磁检测技术是一种快速检测金属管道腐蚀情况的无损检测方法，通过直接检测管体局部金属的减少量判断管道腐蚀程度，从而对管道的泄漏做早期预警。该技术已应用多年，可以在"不关机"状态下对埋地管道进行检测，非常适用于管道的大面积普查，是管道内检测技术的有效补充。本文采用全覆盖密间隔检测方案，利用瞬变电磁法对塔河油田部分油气埋地管道进行快速检测，并通过其他检测手段及实际现场测量等验证手段对该技术进行验证比对。

1　检测方法

1.1　管体瞬变电磁检测法原理

管道壁厚瞬变电磁检测法是一种基于时间域的电磁无损检测方法。其原理图见图1，在传感器发射回线中加载稳定激励电流，建立起一次磁场，瞬间断开激励电流形成一次磁场"关断"脉冲，此随时间陡变的磁场在管体中激励起随时间变化的"衰变涡流"，从而在周围空间产生与一次磁场方向相同的二次"衰变磁场"，二次磁场穿过传感器接收回线中的磁通量随时间变化，在接收回线中激励起感生电动势，利用数据采集器观测二次磁场的衰变曲线，即瞬变响应曲线，根据不同规格、材质的管道瞬变衰减特征的差别来检测管体金属损失。

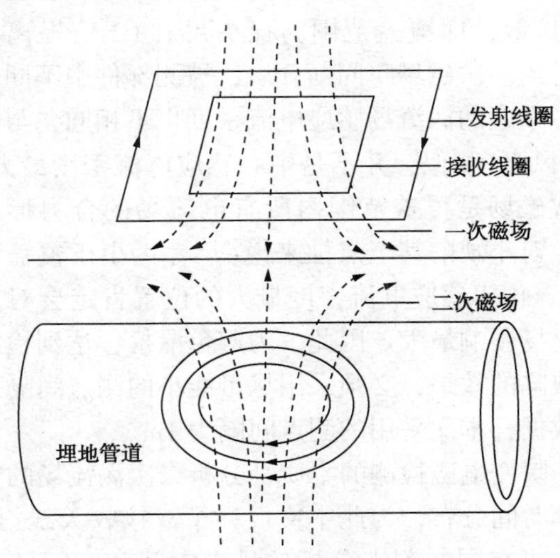

图1　瞬变电磁法检测原理

如果管体某检测点发生腐蚀，其瞬变响应曲线与完好点相比会有差别(图2)。

选定被检件某一已知厚度区域的检测信号为基准参考信号，比较待测区域的检测信号与基准

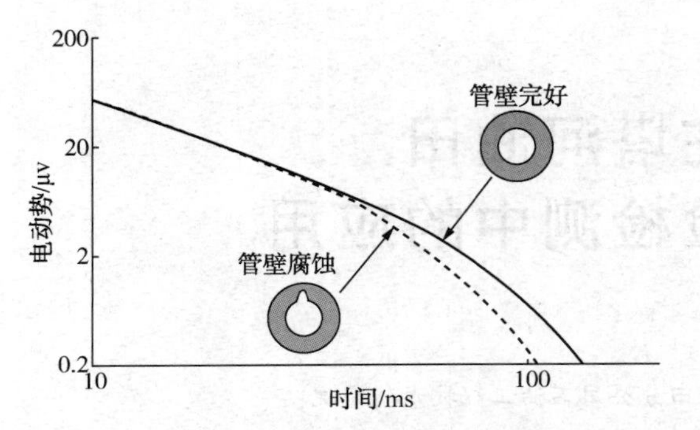

图 2　电磁瞬变响应曲线

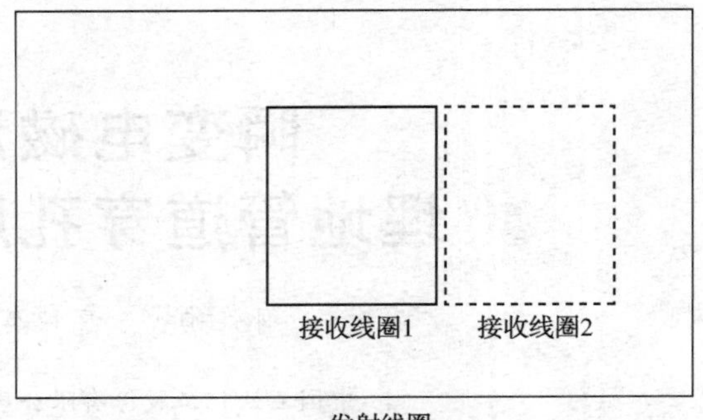

图 3　检测用双接收天线

参考信号的衰减特征，就可获得待测区域的壁厚值，进而判断腐蚀程度。壁厚计算方法如公式(1)(2)所示：

$$\tau=\mu\cdot\sigma\cdot d^2$$

$$d_2=\sqrt{\frac{d_1^2\tau_2}{\tau_1}} \qquad (1)$$

式中，τ 为衰减时间；μ 为磁导率；σ 为电导率；d 为壁厚。

初次检测管体壁厚损失率分级指标见表 1。

表 1　管体金属损失率评价分级

轻	中	严重
平均管壁减薄率<5%	平均管壁减薄率 5%～10%	平均管壁减薄率>10%

由于空间位置不同，一次磁场的强度也不同。通常信号覆盖范围为发射线圈向外按近似45°扩散，即覆盖范围为探头尺寸+2 倍提离高度。当一次磁场瞬间断开后，被测部件中不同位置激励起的涡流场感应电流密度也不相同，与台风“风眼”相似，并不是中心感应电流密度最大。二次磁场是覆盖范围内所有电流场的合力形成的，对小缺陷甚至点蚀来说(尺寸远小于覆盖范围)，位于感应电流密度最大的位置肯定会对二次磁场影响最大。因此，为避免漏检，达到检出小缺陷的效果，必须采用尽可能小的测点间隔采集数据，本文采用的测点间隔为 1m。

瞬变电磁检测的本质是分析二次涡流场的空间和时间分布，为此本文设计了双接收天线(图 3)，可在同一测点分析信号在空间和时间的分布差异，更有利于小缺陷的检测。

1.2　检测设备

检测设备为 GBH 管道腐蚀智能检测仪，根据瞬变电磁原理设计用于检测和评价埋地管道管体金属损失。发射接收一体，重量 6.8kg；电源电压：24V；发射电流 ≤5A；发射频率：最低 0.0625Hz；检测壁厚范围：≤70mm；最小采样间隔：≤1μs；接收部分分辨率：≤1μV；最大深度：2m。

1.3　检测对象

本文检测对象为塔河 12 区伴生气集输管道主干线，管道规格 Φ273mm×7.1mm，起点为 10-4 计转站，终点为二号联轻烃站，全长 23.91km，主要负责塔河 10 区、12 区伴生气的输送任务，该伴生气体为高含硫化氢和二氧化碳湿气，每方伴生气含硫化氢 38257 毫克，二氧化碳含量 7.2%，腐蚀环境恶劣。检测对象选为中间站至二号联轻烃站段。

1.4　管线探测定位及高程测量

瞬变电磁法检测要求将天线放置在管道正上方，检测前需探测定位管线路由位置。探测管线路由同时实施管道高程测量和外防腐层检测，以判断积液位置和防腐层破损与穿孔的关联性。地下管线探测定位采用直连法，利用峰值法(信号最强时为管道正上方)和谷值法(信号最低时为管道正上方)来准确探测目标管道及其位置。

高程测量则通过水准测量方法，测点间距为 25m，用皮尺量距，高精度 GPS 定位测点地面高程，减去当前点管道埋深即得到管道高程。

1.5　防腐层检测

从电化学腐蚀原理上讲，外防腐层是为了增大宏观原电池腐蚀电流回路中的电阻，从而减小腐蚀电流，达到保护金属管体的目的。由于外防腐层的安装质量、运行过程中的自然老化、第三方破坏、环境变化等因素都会引起外防腐层整体质量的下降。因而需经过检测才能确定出管线外防腐层的整体状况、破损点大小与严重程度、破损点的分布。

本文采用的检测方法为交流电位梯度法

(ACVG)，其原理是在管道上施加一个特定的电流信号，信号沿管道传播，当管道外防腐层出现破损缺陷时，信号电流就会从该点流出，以“漏电点”为中心在管道周围的土壤中形成一个电场，通过测量电场的强度和寻找电场“场源点”在地表的投影，就可得知破损点的准确位置。

2 检测结果与对比分析

2.1 实际管线定位及高程测量结果分析

腐蚀性水在管道中的积聚是引起天然气管道内腐蚀的先决条件，管道低洼处，重力阻滞液体向下游流动，会发生积液，从而引起内腐蚀。

通过测量管道正上方地面高程，减去管道埋深得出管道实际高程，具体数据分布见图4所示。由图4可知，本次定位的10-4至二号联轻烃站伴生气集输管道的高程变化趋势是以中间站外L75/K16+800m碑为起点(编号16800)，向二号联方向随距离增加而逐渐递减。

从管道高程图可看出沙丘段高度最高，供水首站与四角地路口间的沙地次之。由于地形起伏，管道局部低点极多，形成积液腐蚀的条件。对比穿孔位置与管道高程(图5)，7处穿孔位置大部分位于局部低洼处。

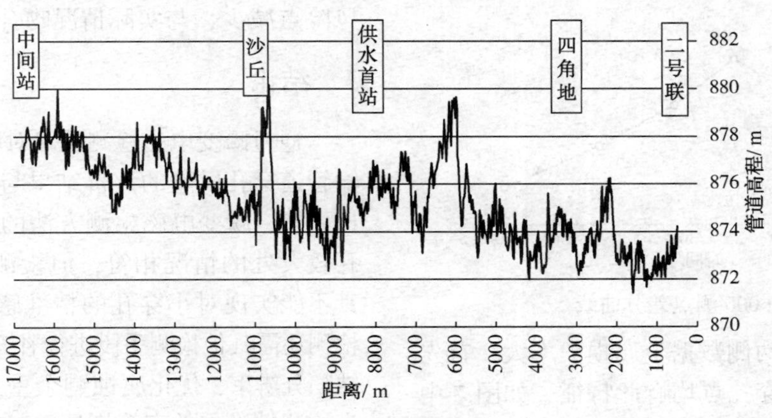

图4 管道高程图

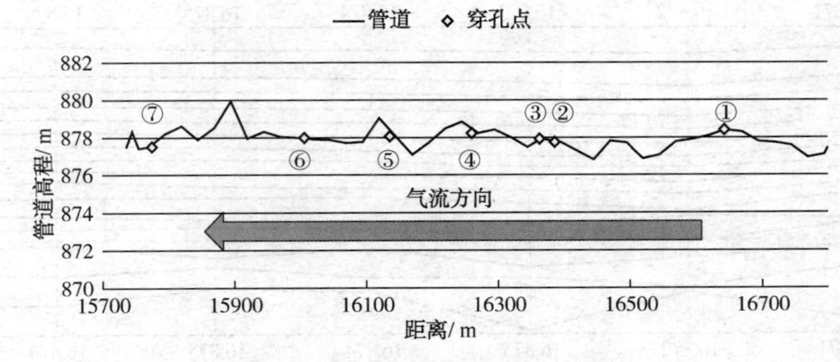

图5 管道高程与穿孔位置对照图

2.2 防腐层检测结果分析

防腐层检测中间站段从16800~5000m，检测长度11800m，共检出84处防腐层破损点。穿孔处与防腐层破损没有对应关系，说明该管道以内腐蚀为主。

2.3 瞬变电磁检测结果分析

根据SY/T 0087.2标准规定，使用管体金属损失率(表1)评价分级，7处穿孔点只有4处评为中级(表2)，与实际穿孔情况的符合率为57.1%。结果表明瞬变电磁检测只能对穿孔处腐蚀程度较大处进行筛选，但会漏掉腐蚀程度较小的穿孔点。因此，管道穿孔检测还需要增加其他的检测手段才能准确判断所有穿孔部位，此结论与国内其他学者研究结果一致。

表2 穿孔风险评级对照表

序号	距离/m	平均壁厚减薄率/%	评价等级	编号	穿孔顺序
1	16643	7.2	中	穿孔点1	2
2	16386	2.2	轻	穿孔点5	3
3	16363	4.1	中	穿孔点2	2
4	16260	1.2	轻	穿孔点6	3

续表

序号	距离/m	平均壁厚减薄率/%	评价等级	编号	穿孔顺序
5	16136	1.5	轻	穿孔点7	3
6	16006	8.8	中	穿孔点3	1
7	15775	8.9	中	穿孔点8	3

对比穿孔情况和检测数据，发现如下规律：

（1）瞬变电磁双天线差分检测16006处数据在管体响应时间15ms和25ms处有跳动，如图6所示，7处穿孔点均有此规律。

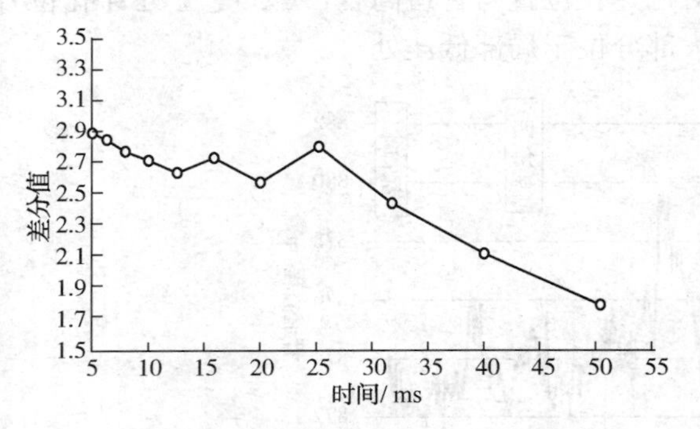

图6　16006测点差分曲线

（2）该点相对两侧数据金属损失率大，首先穿孔的3、1、2号穿孔点均有此特征，如图7中的16643所示。

根据上述规律将风险点分为两类：符合第1、2条的为高风险点，仅符合第1条的为中等风险点。

由此得出中间站至沙丘段高风险点有151处，平均25处/km；中风险点有455处，平均76处/km。中间站至沙丘段管道高程与高风险点分布图见图8。

四角地段高风险点有11处，平均7处/km；中风险点有14处，平均9处/km。与中间站段相比，异常点大为减少。从高程图上看（图4），从中间站到四角地段管道经过两处高地，四角地段地势相对平缓，积液条件相对较少，因此腐蚀风险点减少，与实际情况吻合。

3　结论

通过瞬变电磁检测技术对塔河12区伴生气集输管道穿孔风险的评价结果与实际检测结果的对比可知，瞬变电磁检测方法的评价结果与实际穿孔较大处的情况相符，但检测精度还有待提高，其不能实现对小穿孔的精准感知，要实现不漏点检测还需其他检测手段进行补充。改进线圈，提高缺陷分辨率，优化腐蚀剩余壁厚的关键算法以提高检测精度与效率等将是下一步攻关的核心目标。

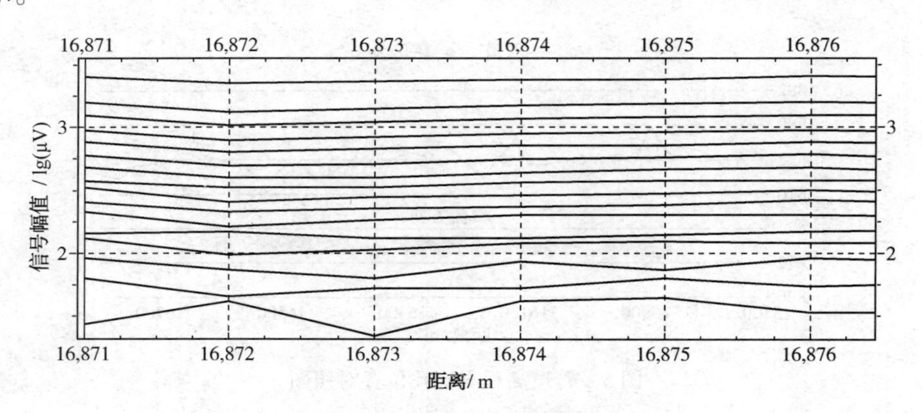

图7　16643数据波形图

图中是校正前距离，16643对应图中16873

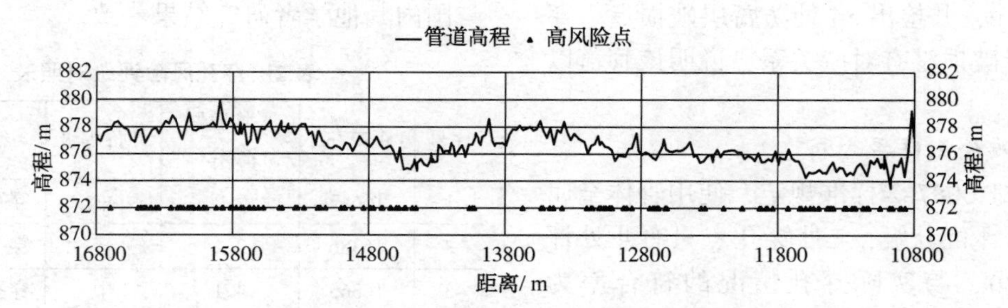

图8　中间站至沙丘段管道高程与高风险点分布图

参 考 文 献

[1] 于润桥，刘健，曹煜，等. 瞬变电磁法在燃气管道腐蚀检测中的应用[J]. 管道技术与设备，2015(3)：48-50.

[2] 姚欢，刘琰，冯挺. 瞬变电磁法(TEM)在我国石油工业埋地管道检测中的应用[J]. 石化技术，2016(1)：130-131.

[3] 王金庆，高红欣. 瞬变电磁法在检测钢质埋地管线壁厚上的应用探讨[J]. 计量与测试技术，2015，42(6)：41-43.

[4] 基于瞬变电磁法的金属管道外检测技术[J]. 无损探伤，2014，38(3)：10-13.

[5] Gard Michael F. Transient electromagnetic apparatus with receiver having digitally controlled gain ranging amplifier for detecting irregularities on conductive containers. US controlled gain ranging amplifier for detecting irregularities on conductive containers. US patent，4906928，6 Mar 1990. patent，4906928，6 Mar 1990.

[6] BrettBrett C R，de Raad J A. Validation of a pulsed eddy current system for measuring wall C R，de Raad J A. Validation of a pulsed eddy current system for measuring wall thinning through insulation. Nondestructive Evaluation Techniques for Aging Infrastructure and Manufacturing. International Society for Optics and Photonics，1996：Infrastructure and Manufacturing. International Society for Optics and Photonics，1996：211～222.

[7] StStalenhoef Jhj，Raad J. A. D. E. MFL and PEC tools for plant inspection. 7th ECNDT. alenhoef Jhj，Raad J. A. D. E. MFL and PEC tools for plant inspection. 7th ECNDT. Copenhagen，Denmark：1998Copenhagen，Denmark：1998.

[8] 李永年，尚兵，李晓松. TEM 法管道腐蚀检测中的几个问题[C]. //2000 国际表面工程与防腐蚀技术研讨会-21 世纪表面工程与防腐蚀技术的发展与应用论文集. 北京，2000：420～424.

[9] 李永年，郭玉峰，邓可义. 用脉冲瞬变法检测埋地金属管道腐蚀程度[C]. //2000 国际表面工程与防腐蚀技术研讨会-21 世纪表面工程与防腐蚀技术的发展与应用论文集. 北京，2000：425～429.

[10] 李永年，陈长满，吕桂玉. 管道金属蚀失量评价技术的应用效果[C]. //第四届勘察技术学术交流会论文集. 北京，2002：38-41.

基于B样条的管道凹陷应变的程序化计算方法研究

张　怡　帅　健　许　葵

[中国石油大学(北京)]

摘　要　研究了通过原始数据点进行B样条插值的凹陷轮廓构造方法，图比法比较了B样条插值方法得到的凹陷轮廓曲线与原始曲线的差异性，验证了插值曲线计算曲率的准确性，确定了B样条插值方法对管道凹陷轮廓描述与应变计算的可行性。采用B样条插值方法并结合现场管道凹陷的测试方法，开发了基于激光扫描和测径检测数据的管道凹陷应变计算系统。该系统输出所测凹陷表面各点等效应变，通过比较应变最大值位置与其凹陷轮廓，验证了应变计算系统对管道凹陷进行应变分析的准确性。本文所建立的程序化方法能够适应不同检测方法所得到的数据，高效准确地给出管道凹陷的应变评价结果。

关键词　管道，凹陷形状，凹陷检测，轮廓描述，应变计算

管道作为石油与天然气的最主要运输方式，保证其安全运输十分重要。凹陷是管道中最常见的机械损伤形式，其是指管壁由于外部载荷导致局部区域发生径向位移的现象，属于一种管道几何缺陷。由于挖掘机械、岩石、重物等的意外撞击，极易造成管道产生凹陷，且凹陷常具有不同的类型和几何形状。凹陷导致管道表面产生局部应力、应变集中和变形，从而影响管道的安全运行。

目前，基于深度的评估方法以管径的6%作为临界值，当凹陷深度与管径之比超过6%时，认为管道需要修复。随着与现场应用的不断结合，发现基于深度的评估方法不能准确反映凹陷管道的损伤程度。对于这一问题，ASME B31.8还采用基于应变的评估方法，以凹陷管道表面等效应变的6%作为临界值判断管道是否需要修复。在基于应变评估方法的实际应用中，需要对凹陷形状进行数学描述，以便计算实际凹陷曲线的曲率。Ronsenfeld等最早使用分段贝塞尔曲线方法对检测数据进行插值得到凹陷轮廓曲线，并使用密切圆计算曲率半径。Dawson等通过最小二乘法对检测结果拟合得到凹陷轮廓。Noronha等通过在线检测(ILI)工具测量的数据内插凹陷几何形状并计算分应变。Dubyk建立了基于等效载荷法的含凹陷管道应力应变状态解析解并利用光滑解析函数给出了凹陷的形状，得到了半解析解。杨琼等根据管道凹陷特征，提出三次样条插值方法拟合凹陷轮廓。焦中良等提出了包含几何检测、噪声处理、插值和应变计算的凹陷管道完整性评价流程。雷铮强等结合管道内检测数据，利用低通滤波方法计算了凹陷应变。管道表面凹陷的应变计算与检测数据密切相关，检测数据主要源于内检测和激光扫描。内检测(测径检测器)方法采集的数据可提供管壁任一点径向位移，而激光扫描可通过三维建模软件获得管壁任一点坐标数据。

目前基于应变的评估方法中，针对不同检测方法，在程序化描述凹陷轮廓和应变计算方面仍不充分。本文基于B样条插值方法建立了管道凹陷轮廓及其应变的计算方法，形成了管道凹陷基于应变的评价系统，并利用现场激光扫描和测径检测所获数据，验证了所建立系统的有效性。

1　应变计算

管道表面的等效应变为薄膜应变以及弯曲应变的和，其中环向薄膜应变远小于其他三个应变值，将其忽略不计。

1.1　应变计算公式

根据ASME B31.8标准提出环向弯曲应变、轴向弯曲应变以及轴向薄膜应变公式如下：

$$\begin{cases} \varepsilon_1 = \dfrac{t}{2}\left(\dfrac{1}{R_0}-\dfrac{1}{R_1}\right) \\ \varepsilon_2 = -\dfrac{t}{2}\dfrac{1}{R_2} \\ \varepsilon_3 = \dfrac{1}{2}\left(\dfrac{d}{L}\right)^2 \end{cases} \tag{1}$$

式中，ε_1为环向弯曲应变，mm/mm；t为管道壁厚，mm；R_0为管道半径，mm；R_1为环向曲率半径，mm；ε_2为轴向弯曲应变，mm/mm；R_2为管道轴向曲率半径，mm；ε_3为轴向薄膜应变，mm/mm；d为凹陷深度，mm；L为凹陷长度，mm。

其中当曲率圆圆心与管道轴线同侧时，环向曲率半径取正值，否则为负；轴向曲率半径一般取负值；凹陷深度取单轴向通道的凹陷最深点位移，凹陷长度取凹陷深度大于 $d/2$ 的轴向距离。

凹陷处的内、外等效应变由上述三个分应变组合得到：

$$\begin{cases}\varepsilon_{in}=[\varepsilon_1^2-\varepsilon_1(\varepsilon_2+\varepsilon_3)+(\varepsilon_2+\varepsilon_3)^2]^{\frac{1}{2}}\\ \varepsilon_{out}=[\varepsilon_1^2+\varepsilon_1(-\varepsilon_2+\varepsilon_3)+(-\varepsilon_2+\varepsilon_3)^2]^{\frac{1}{2}}\end{cases}\tag{2}$$

式中，ε_{in}为内表面等效应变，mm/mm；ε_{out}为外表面等效应变，mm/mm。

计算得到内、外表面等效应变后，取其中较大值作为凹陷处应变与应变标准进行比较，进行应变评估。

1.2 B样条插值

B样条曲线是将观测点作为控制点所构造的曲线，而插值方法的构造思想是将观测点作为型值点，利用型值点反求控制点，将控制点作为曲线的特征顶点构造曲线[13]。相对于直接构造曲线，插值方法增加了反求控制点的步骤，使得插值曲线更加贴近特征多边形原始形态。

给定 $n+1$ 个观测点作为型值点 $P_i(i=0,1,\cdots,n)$，将 P_0 和 P_n 作为三次B样条插值曲线的首、末特征顶点，取内部 $n-1$ 个型值点作为三次B样条插值曲线的连接节点，此时曲线段数为 n。构造三次B样条曲线需要 $n+1$ 个特征顶点，因此共需求得 $n+3$ 个特征顶点。插值曲线特征顶点表达式：

$$\begin{cases}P_0=V_0\\ P_1=\frac{1}{4}V_1+\frac{7}{12}V_2+\frac{1}{6}V_3\\ P_i=\frac{1}{6}V_i+\frac{2}{3}V_{i+1}+\frac{1}{6}V_{i+2}(i=2,\cdots,n-2)\\ P_{n-1}=\frac{1}{6}V_{n-1}+\frac{7}{12}V_n+\frac{1}{6}V_{n+1}\\ P_n=V_{n+2}\end{cases}\tag{3}$$

该方程组包括 $n+1$ 个方程，而未知数 V_i 的个数为 $n+3$ 个，因此需要在端点处补充固支条件进行特征点的求解。根据式(3)方程与端点条件，建立对角矩阵，使用追赶法进行求解。将求解后的特征顶点代入式(4)B样条曲线方程中进行曲线构造。

$$P_i(t)=\frac{1}{6}[t^3\quad t^2\quad t\quad 1]\begin{bmatrix}-1&3&-3&1\\3&-6&3&0\\-3&0&3&0\\1&4&1&0\end{bmatrix}\begin{bmatrix}V_i\\V_{i+1}\\V_{i+2}\\V_{i+3}\end{bmatrix},\quad i=0,1,\cdots,n-3\tag{4}$$

1.3 曲率计算

对凹陷轮廓的准确描述决定凹陷区域离散数据点曲率计算的准确性。通过激光扫描或测径检测获取管道凹陷数据，并将此数据作为构造B样条插值曲线的观测点。由于在直角坐标系下环向凹陷轮廓不能保持单调，因此环向轮廓曲率的计算应在极坐标系下进行。轴向凹陷轮廓在其自变量区间保持单调，在计算曲率的过程中不需要进行坐标系的转化。

环向轮廓曲率求解中，以弧度作为自变量，对应管壁质点径向位置作为因变量，在该坐标系下进行插值或拟合得到环向轮廓展开后的曲线。极坐标系下曲率半径公式与直角坐标系下有所不同，极坐标下环向曲率半径公式为：

$$\frac{1}{R_1}=\frac{\rho(\theta)^2+2\rho'(\theta)^2-\rho(\theta)\rho''(\theta)}{[\rho(\theta)^2+\rho'(\theta)^2]^{\frac{3}{2}}}\tag{5}$$

式中，θ为极坐标系中弧度；$\rho(\theta)$为极坐标系中极径。

将曲率计算结果代入式(2)中，得到管道内、外表面等效应变进行比较，取两者最大值为管道凹陷处等效应变。

2 插值曲率计算验证

为验证B样条插值程序对于描述凹陷轮廓并计算应变的可行性，选择一条抛物线函数，在其上取数据点构造曲线并计算所取数据点曲率，与实际曲率进行对比。函数方程为 $y=\frac{1}{2(1+x^2)}$，自变量取 $x\in[-5,5]$，步长增量取0.5，通过B样条插值方法构造曲线，生成曲线见图1。

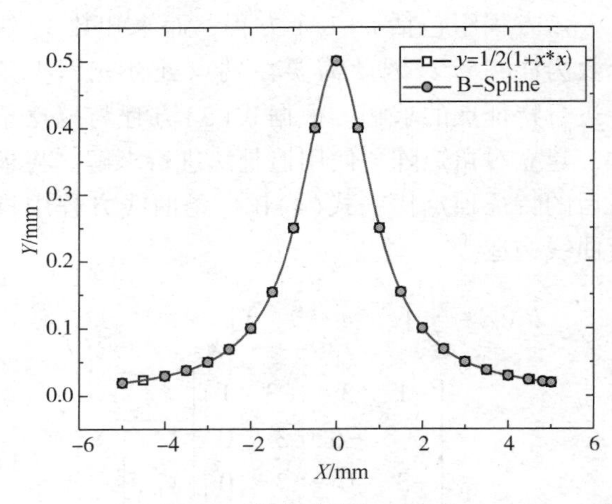

图 1　B 样条曲线与原曲线

从图 1 中可以看出，插值后曲线形状及数据点与原曲线重合度较高，但插值点未与原曲线中第二、倒数第三和倒数第二个数据点完全重合。这是因为插值方法构造曲线的首、末端点条件，使得曲线未在起始处与末尾处进行等分取点。

基于应变的评价方法需要根据曲线形状计算曲率半径，因此曲率半径的误差会影响应变计算结果的准确性。通过计算分别得到 B 样条插值曲线曲率与原曲线曲率，对比结果见图 2。

统计样本值共 20 个，平均误差为 0.7%。当 $x<-1 \cup x>1$ 时，曲线轮廓较为平缓，曲率误差不超过 0.5%；当 $x \in [-1, 1]$ 时，曲率误差增大，但不超过 4%。

在曲线轮廓描述中，B 样条方法所得曲线与实际轮廓吻合；对比曲率结果，B 样条插值方法所得曲率与实际曲率相差较小。因此，B 样条插值方法可用于描述管道凹陷轮廓并计算凹陷区域的应变。

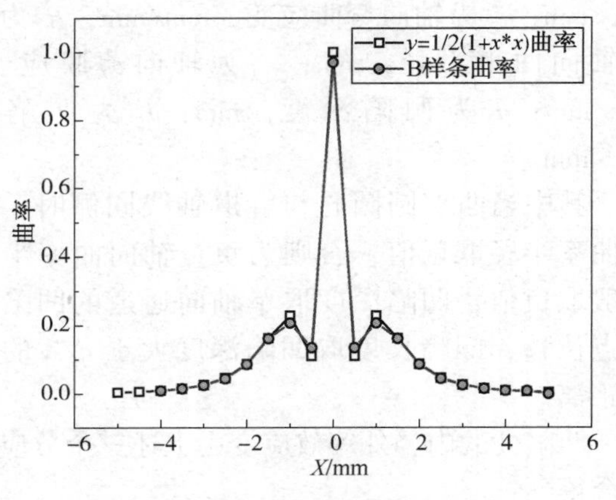

图 2　曲率误差

3　计算程序

根据 B 样条插值计算原理和轮廓曲线的曲率计算方法，开发了管道凹陷应变计算程序。将数据点作为自变量、因变量进行插值计算，得到插值点后生成插值曲线。基于激光扫描检测数据的程序化计算界面见图 3。根据激光扫描得到管道凹陷模型，以一定检测步长提取凹陷区域数据坐标进行应变计算。基于测径检测数据的插值程序界面见图 4，与激光扫描方法的不同之处在于检测所得数据文件类型。数据栏中为凹陷区域表面所选插值点坐标，参数框中输入管材参数并进行相应操作，应变输出结果包括环向弯曲应变、轴向弯曲应变以及表面等效应变。

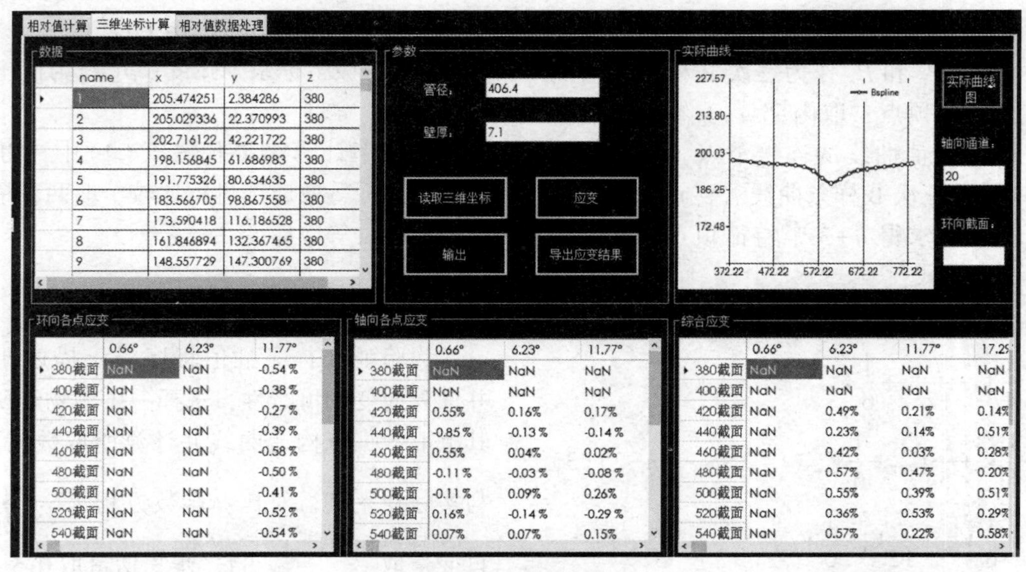

图 3　激光扫描方法界面

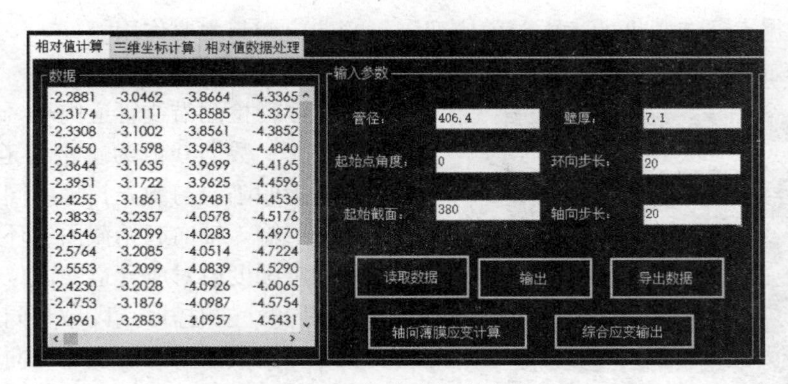

图4　测径检测方法界面

管道凹陷应变计算流程见图5。通过对采集数据进行整理，形成txt文本文件或xls/xlsx表格文件。若数据文件为txt文件类型，将数据以行为单位进行B样条插值计算，若数据文件为xlsx文件类型，通过内部循环判断数据点所处截面进行B样条插值计算。

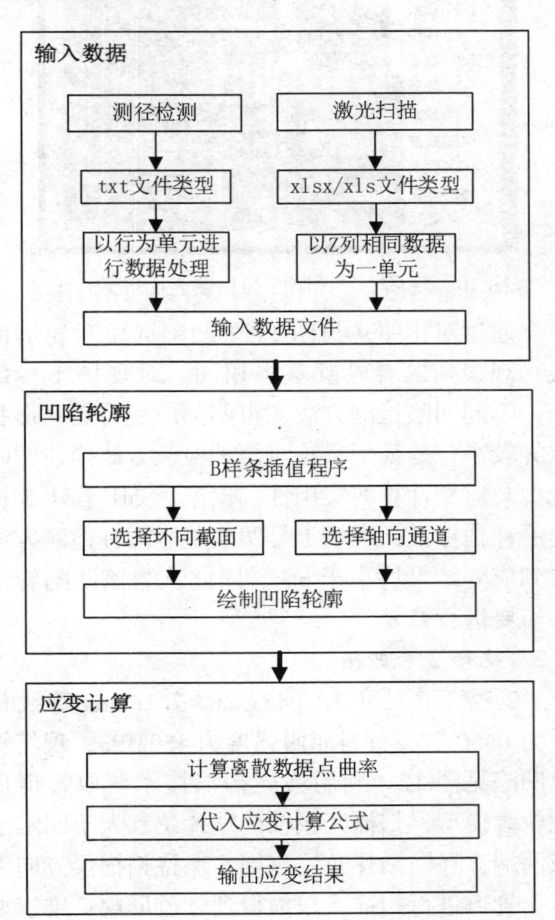

图5　管道凹陷应变计算流程图

4　现场应用

4.1　现场1号凹陷

1号凹陷管道直径406.4mm，壁厚7.1mm，管道钢级为X60钢，分别使用激光扫描和测径检测的方法对凹陷区域进行检测，并利用检测数据进行应变计算。

1）激光扫描

现场1号管道见图6。扫描后对管道三维模型凹陷区域取点见图7。在图7中轴向凹陷区域以20mm步长选择1260～1580mm，环向一周以20mm步长选择插值点。经测量，该凹陷模型凹陷深度为23mm，约为管径的5.65%。

图6　现场1号凹陷

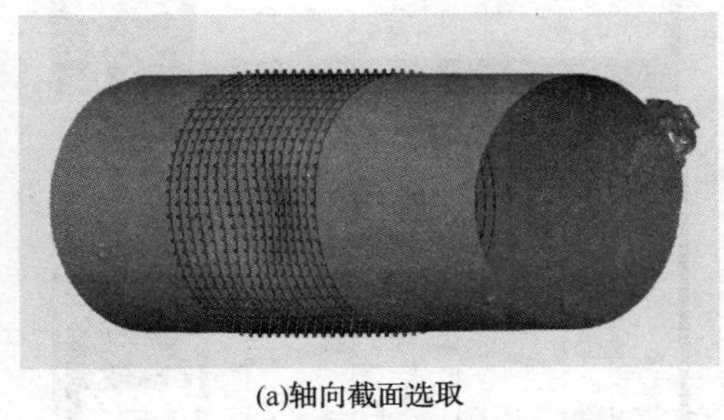

(a)轴向截面选取

(b)环向轮廓取点

图7　现场1号凹陷管道轴向和环向轮廓数据选取

将插值点以三维坐标形成数据文件，分别计算分应变后，代入式(2)，输出横坐标为数据点截面，纵坐标为数据点环向角度的表面等效应变（取内、外表面等效应变的最大值）见图8。

综合应变

	174.03°	179.83°	185.65°	19
1380截面	1.62%	1.96%	2.56%	4.0
1400截面	1.81%	2.28%	2.27%	3.7
1420截面	1.96%	2.77%	2.30%	3.9
1440截面	2.61%	3.08%	3.52%	3.2
1460截面	3.94%	3.94%	3.86%	2.4
1480截面	3.38%	5.13%	4.36%	3.3
1500截面	3.54%	4.88%	4.28%	3.8
1520截面	3.50%	4.23%	4.39%	4.0
1540截面	2.87%	3.68%	4.01%	3.8

图8　1号凹陷激光扫描应变计算结果

从实际管道模型中可以观察到凹陷区域在轴向分布于1300~1540mm，环向分布于145.64°~231°。等效应变最大值为5.13%，位于截面1480mm，环向179.83°。环向弯曲应变为4.27%，轴向弯曲应变为4.11%，处于第33条轴向通道，该通道轴向薄膜应变为1.58%，该轴向通道实际轮廓曲线见图9(a)，截面1480mm实际轮廓曲线见图9(b)。

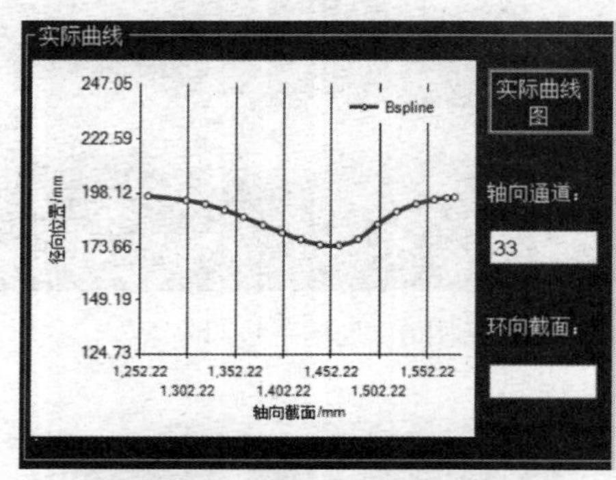

(a)轴向轮廓

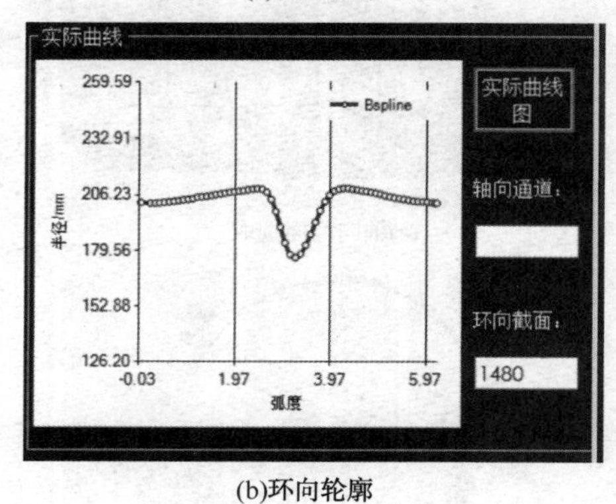

(b)环向轮廓

图9　[1480，179.83°]凹陷轮廓

从图9中可以观察到环向轮廓最深点与应变值最大处对应。轴向轮廓中应变最大值在凹陷轮廓最深处，与该表面等效应变中应变最大值所处轴向轮廓相差一个轴向通道。在该凹陷中，环向弯曲应变起主要作用。

2）测径检测

测径检测沿线管道内径，对凹陷管道深度进行量化。数据0值为正常管道值，负值为凸起，正值为凹陷。与激光扫描不同的是，测径检测方法需要输入轴向起始截面、环向起始角度与步长以确定深度值对应管道表面位置。管道凹陷区域取点同激光扫描取点区域相同，数据文件中单行表示环向截面所取插值点径向位移，单列对应一个轴向通道。

测径检测输出表面等效应变结果见图10。图10中最大应变为5.44%，位于1480mm截面，环向180.46°。该点环向弯曲应变为4.09%，轴向弯曲应变为4.11%，轴向薄膜应变2.07%。

综合应变

	174.82°	180.46°	186.10°	19
1380截面	2.07%	2.41%	3.10%	4.5
1400截面	2.18%	2.63%	2.79%	4.2
1420截面	2.13%	3.05%	2.96%	4.3
1440截面	3.02%	3.43%	4.02%	3.5
1460截面	4.41%	4.26%	4.35%	2.7
1480截面	3.86%	5.44%	4.86%	3.6
1500截面	3.82%	5.30%	4.95%	4.2
1520截面	3.95%	4.73%	5.03%	4.4
1540截面	3.35%	4.20%	4.65%	4.2

图10　现场1号凹陷测径检测表面等效应变

通过对比图9与图11中凹陷同位置轮廓曲线，观察到二者轮廓基本相同。对现场1号凹陷，不同凹陷检测方法测得凹陷应变与轮廓形状差异较小，验证了系统对两种检测方法描述凹陷轮廓与应变计算的实用性。根据ASME B31.8提出的评估标准，现场1号凹陷基于两种检测方法得到应变结果均小于6%，因此认为该凹陷管道不需要进行修复。

4.2　现场2号凹陷

2号管道尺寸为Φ457mm×7.1mm，管线材质为L450钢，材料屈服强度为450MPa，现场管道凹陷见图12。利用激光扫描技术获取管道形貌轮廓模型，扫描区域轴向贴片位置大于凹陷区域两端，环向贴片布置一周，保持扫描仪方向垂直于管道进行扫描，扫描得到管道形貌三维模型见图13。

在图13的管道模型凹陷区域中选择样本数据点描述凹陷轮廓。轴向区域80~280mm以20mm步长选择截面，环向区域227.45°~292.21°以20mm步长选择插值点。

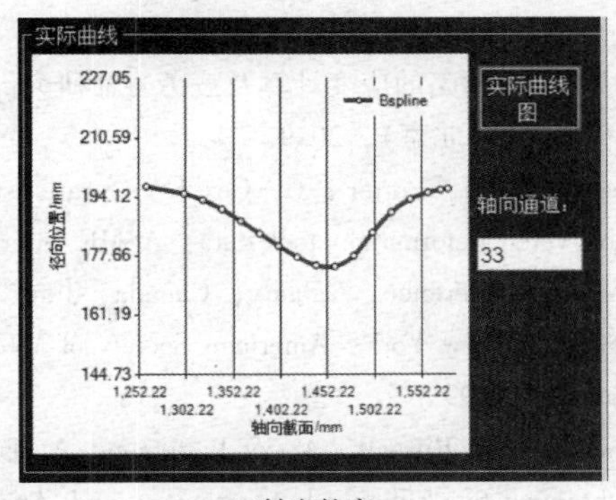

(a)轴向轮廓

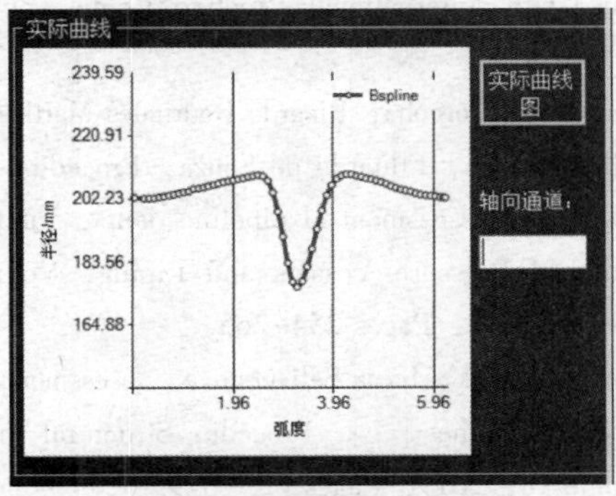

(b)环向轮廓

图 11　[1480mm，180.46°]凹陷轮廓

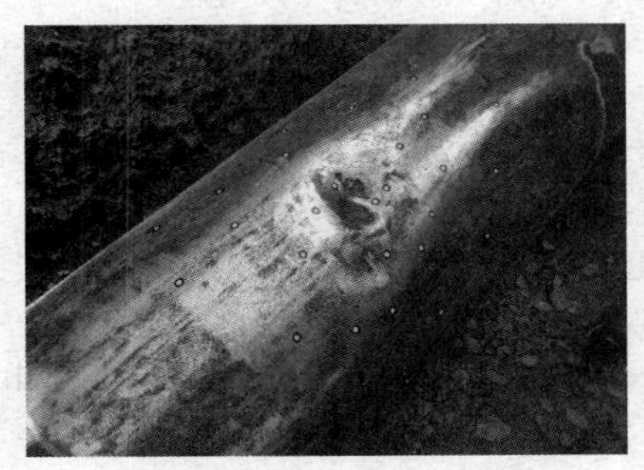

图 12　现场 2 号凹陷管道

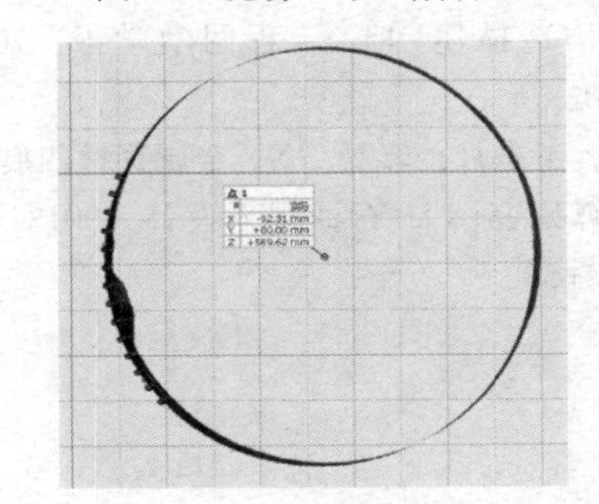

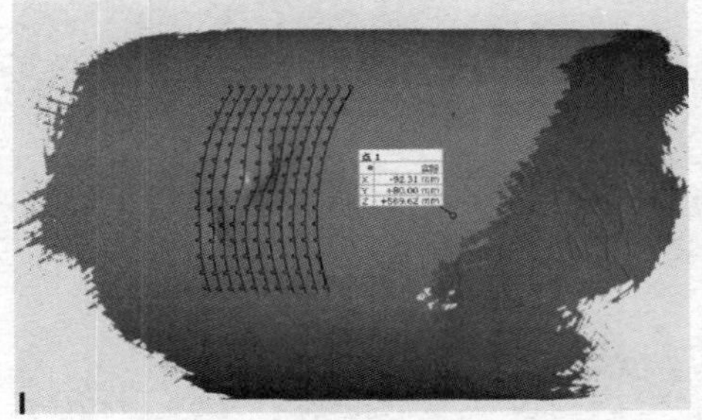

图 13　管道三维模型取点

利用B样条插值方法所得凹陷轮廓计算插值点曲率，代入应变计算公式中输出各数据点表面等效应变结果见图 14。从图 14 中可观察到凹陷区域应变最大值位于截面 180mm，环向 252.39°，应变最大值为 18.98%，该点处环向弯曲应变为 10.01%，轴向弯曲应变为 16.02%，轴向薄膜应变为 5.87%。从计算结果中可以发现，该管道一些位置的应变已经超出 6%，因此需要进行修复。

综合应变

	39°	252.39°	257.39°	262.38°
80截面		NaN	NaN	NaN
100截面		NaN	NaN	NaN
120截面	%	8.32%	3.64%	1.76%
140截面	%	6.50%	4.52%	3.04%
160截面	%	16.31%	9.99%	1.63%
180截面	5%	18.98%	10.19%	4.95%
200截面	%	7.91%	6.76%	11.71%
220截面	%	7.98%	8.92%	2.26%
240截面	%	11.21%	12.76%	8.17%

图 14　2 号管道凹陷应变结果

凹陷轮廓的轴向和环向形状见图 15。等效应变最大位置对应环向弧度约为 4.4，对应图 15(a)中第 5 个标记点，轴向 180mm 截面对应图 15(b)中第 5 个标记点，从凹陷的形貌轮廓中可以看出应变最大值处与凹陷深度最大值保持一致。

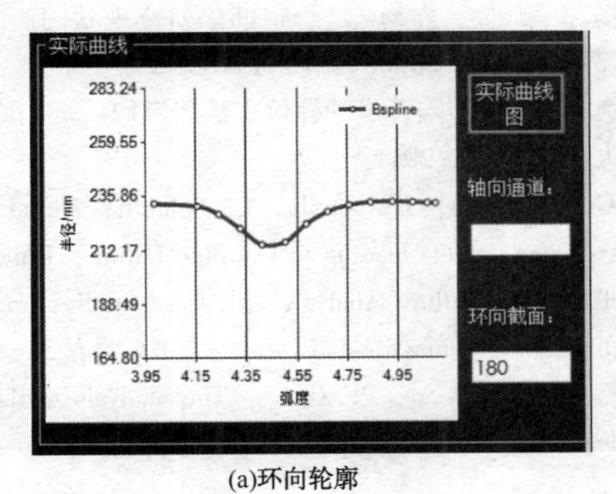

(a)环向轮廓

(b)轴向轮廓

图 15　2 号管道应变最大值处凹陷轮廓

综上所述，基于凹陷形状的数学描述和应变计算所开发的管道应变计算系统对两种凹陷检测方法均适用。结合现场凹陷管道，利用管道应变计算系统对凹陷区域进行应变评价，可为评价凹陷管道的修复状态提供依据。

5 结论

本研究基于B样条插值方法对管道的凹陷形状进行了研究，开发了管道凹陷应变计算系统，并进行了实例分析：

（1）研究验证了B样条插值方法计算插值曲线曲率的准确性，确定了B样条插值方法对平滑凹陷的轮廓描述和曲率计算的可行性，并可用于描述管道凹陷轮廓与应变计算。

（2）提出了管道凹陷应变计算流程，开发了适用于测径检测器和激光扫描的管道凹陷应变计算系统，该系统包括凹陷检测数据读取、参数输入、凹陷轮廓生成、应变输出等功能模块。

（3）应用所开发的凹陷计算程序对现场凹陷管道进行了应变分析。2例实际应用案例结果表明，系统的设计满足实际应用需求，可为凹陷形状及应变评估提供技术支撑。

参考文献

[1] 杨琼，帅健，左尚志. 管道凹陷研究现状[J]. 油气储运，2009，28(06)：10-15+79+83.

[2] 焦中良. 含凹陷管道的评价方法研究[D]. 中国石油大学(北京)，2011.

[3] G. Pluvinage, J. Capelle, C. Schmitt, Methods for assessing defects leading to gas pipe failure, Handbook of Material Failure Analysis with Case Studies from the Oil and Gas Industries, Elsevier, 2016, pp. 55-89.

[4] Y. Wu, J. Xiao, P. Zhang, The analysis of damage degree of oil and gas pipeline with type II plain dent, Eng. Fail. Anal. 66(2016)212-222.

[5] 李爽. 管道凹陷的应变计算及疲劳寿命研究[D]. 中国石油大学(北京)，2019.

[6] Rosenfeld M J, Porter P C, Cox J A. Strain estimation using vetco deformation tool data: ASME International Pipeline Conference, Calgary, Canada, June 7-11, 1998[C]. New York: American Society of Mechanical Engineers, 1999.

[7] Dawson, SJ, Russell, A, & Patterson, A. Emerging Techniques for Enhanced Assessment and Analysis of Dents [C]. International Pipeline Conference, 2006. pp. 397-415.

[8] Dauro Braga Noronha, Ricardo Rodrigues Martins, Breno Pinheiro Jacob, Eduardo de Souza, Procedures for the strain based assessment of pipeline dents, International Journal of Pressure Vessels and Piping, Volume 87, Issue 5, 2010, Pages 254-265.

[9] Yaroslav Dubyk, Iryna Seliverstova. Assessment of dents for gas pipelines [J]. Procedia Structural Integrity, Volume 18, 2019, Pages 622-629.

[10] 杨琼，帅健. 凹陷管道的工程评定方法[J]. 石油学报，2010，31(04)：649-653.

[11] 焦中良，帅健. 含凹陷管道的完整性评价[J]. 西南石油大学学报(自然科学版)，2011，33(04)：157-164+200-201.

[12] 雷铮强，陈健，王富祥，黄丰，周利剑. 基于内检测数据的管道凹陷应变计算[J]. 油气储运，2016，35(12)：1275-1280.

[13] 王凌云. 三次B样条反求控制点[J]. 泰山学院学报，2010，32(03)：40-43.

[14] 方忆湘，刘文学. 基于几何特性的三次均匀B样条曲线构造描述[J]. 工程图学学报，2006(02)：96-102.

[15] 郭杰，王志月，郭磊，等. 金属管材凹痕缺陷的应变计算研究[J]. 石油规划设计，2018，29(04)：28-32+58.

电磁全息管道内检测机器人

郭晓婷　宋华东　王晴雅　张　赟　王紫涵　诸海博　杨睿轩

（沈阳仪表科学研究院有限公司）

摘　要　管道内检测设备和技术是管道事故防患于未然的重要手段。本文设计一种适用于油气管道无损检测的电磁全息管道内检测机器人。介绍了该机器人的机械结构及功能，电子系统和上位机分析系统。集成检测缺陷与识别缺陷为一体，可以实现对油气管道安全运行的高风险因素--如管道腐蚀、焊缝缺陷、机械损伤等进行辨别和评估。实验结果表明该电磁全息内检测机器人在管道缺陷检测过程中可以对缺陷进行识别、定位和量化统计，是指导管道合理维修、开展管道完整性管理工作的重要手段。

关键词　管道内检测，漏磁，涡流，管道腐蚀，焊缝缺陷

油气管网是能源输送大动脉，是国民经济和社会发展的重要“生命线”。近年来，我国加快推进油气管网建设，“十四五”规划，预计到2025年底长输管道总里程将达到24万公里。油气管道安全得到社会广泛关注。因此必须通过有效的管道完整性管理来防止管道出现损坏，具体措施包括管道的合理清洁和维护、通过周期性的无损检测评价内外管道状态等，在造成困扰前及时发现缺陷及可能的危害，来保持管道的正常运行，管道内检测设备和技术是管道事故防患于未然的重要手段。

漏磁检测是目前较为成熟且工业应用最广泛的管道内检测技术，这一技术能检测出管道内外壁的腐蚀、机械损伤等金属损失缺陷。目前，国内管道检测技术尚不成熟，由于油气管道应用条件和腐蚀因素等较为复杂，对检测器可靠性和环境适应性的要求严格，即使国内对此项技术高度重视并跟踪了20多年，仍未在产品实现上取得突破。由于国内检测技术与实际需求存在差距，“洋检测”长期垄断了我国油气管道的检测市场。为了打破国外技术垄断，提高我过管道内检测设备技术水平，保障能源通道安全，对管道内检测机器人的研制势在必行，2018年我公司成功研制出具有自主知识产权的新型电磁全息管道内检测机器人。

1　电磁全息内检测机器人的结构及功能

1.1　结构组成

电磁全息内检测机器人主要由磁化系统，缺陷感知探头、几何感知探头、里程感知探头，数据采集与存储单元，电源管理系统，万向节组件等装置以及驱动单元等部分构成(图1)。

图1中，电磁全息内检测机器人分为漏磁节、电子仓节、电池仓节及里程轮记录装置。电池仓给整个系统提供能源，漏磁节磁化管道且收取缺陷漏磁信息，里程轮记录缺陷具体位置，所有信息存储到电子仓，待后续分析。

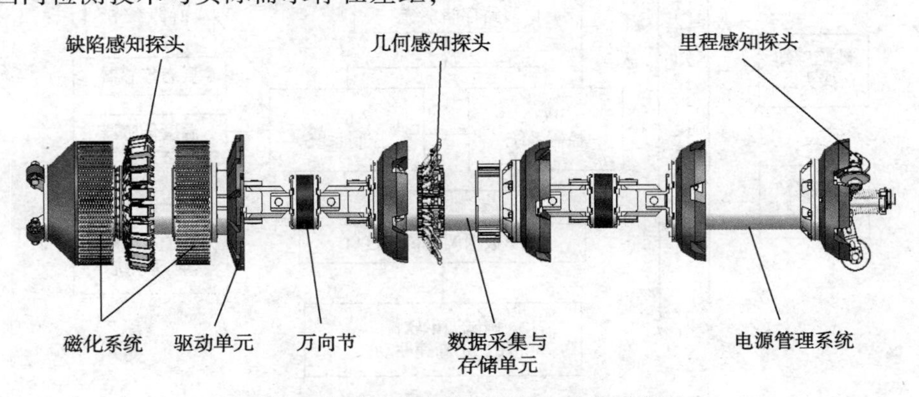

图1　电磁全息内检测机器人结构示意图

1.2 主要功能

（1）漏磁节由动力皮碗、磁化系统及缺陷感知传感器单元组成，动力皮碗密封管道，靠前后介质压力差提供检测器向前运动的驱动力；磁化系统由高磁导率铁芯、磁铁、钢刷组成，钢刷与管道内壁360度完全接触，从而形成封闭磁回路，当管壁有缺陷时，该处磁导率异常，磁力线从缺陷处“漏出”，从而造成漏磁现象；缺陷感知传感器单元由多组传感器探头构成，单个缺陷感知传感器安装示意图见图2。

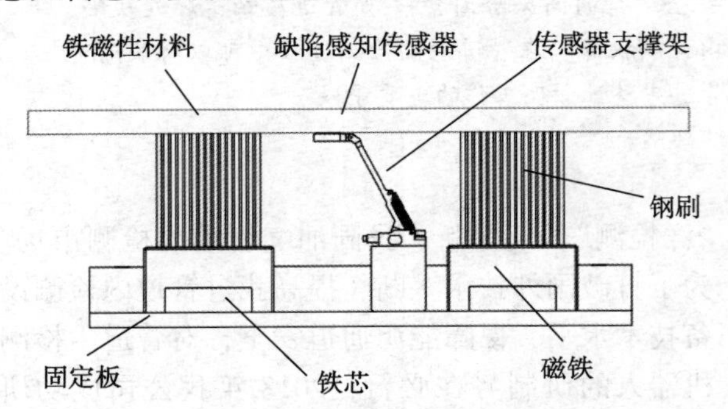

图2　单个缺陷感知传感器安装示意图

图2中，缺陷感知传感器通过适应于小口径管道的板式弹簧安装布置在磁路中央，保证磁路与管道管壁的可靠接触并灵活的适应管道内径的变化。

（2）电子仓节由几何感知探头和数据采集与存储单元构成。为数据记录电路提供安装平台，并提供密闭、承压空间，提供信号输入输出结构，保证数据记录电路安全、可靠工作。

（3）电池仓节由电源管理系统构成。为电池提供密闭、承压的结构，并提供电压输出接口，保证电池在工作环境中能够正常为其他装置提供电能。

（4）里程记录装置主要为里程传感器提供安装平台，通过轮系为数据采集电路提供精确的测量脉冲基准。

（5）万向节组件连接各装置，并在各装置间实现相对转动，使各装置能够顺利通过规定半径的管道弯头。

（6）缓冲装置主要用于防止油气管道内检测机器人在管道内运行过程中与管道发生刚性冲撞，造成设备自身损坏或造成管路损坏。

（7）动力皮碗装置首先是为油气管道无损检测装置提供在管道内运动的动力，保证正常情况下检测装置在管道内的顺畅运动；其次作为电池装置的支撑、缓冲装置。支撑皮碗主要是为各相应装置提供支撑和缓冲，避免其与管道发生刚性碰撞。

2　电磁全息检测机器人电子系统

数据采集与存储单元位于电子仓节，缺陷感知探头、几何感知探头、里程感知探头采集到的缺陷信息信号、几何变形信号及里程信息信号，同时把集成在采集系统里的温度信号、姿态信号均通过FPGA+ARM架构采集并存储在内部存储器上，待检测器出管道后，通过调试接口对数据进行下载并上传到上位机数据分析系统进行分析[8]。电子系统结构框图见图3。

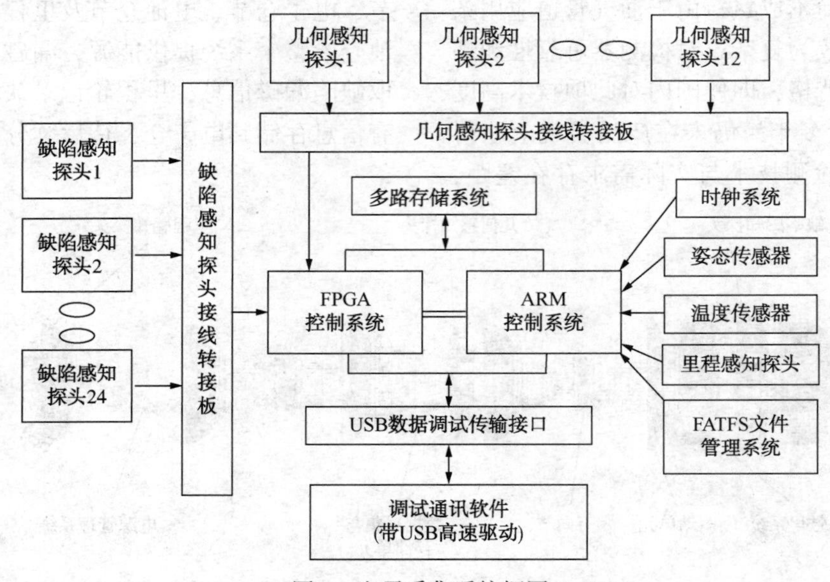

图3　电子采集系统框图

图3中，以FPGA+ARM架构的在线电子系统主要实现电源供应、初始信号处理、A/D转化、多路信号并行存储等。电源系统可以不间断给整个电子系统供电长达60h。数据存储容量在500G，可以根据需要选择更大的存储介质。

电子系统有两种模式，一种为里程轮激发的正常模式，按里程轮不打滑为理想状态，每2.5mm激发所有缺陷感知探头和几何感知探头采集一次信号；另一种为时间激发的快速模式，所有主探头均以2K/S的频率采集数据，即使里程轮打滑或者不转动，感知缺陷探头数据不会丢失。

考虑到检测器停滞耗能问题，在电子系统中加载了休眠功能，当检测器停止不动超过30min后，电子系统进行休眠状态，同时停止采集存储数据；当检测器再次向前运动，电子系统接收到启动信号后，停止休眠状态，进入采集状态继续对所有数据进行采集和存储。休眠功能大大节约了电子系统的能耗，保证供电系统时长，现场应用证明了该功能的有效性。

3　电磁全息检测机器人上位机分析软件

电磁全息检测机器人上位机软件整体采用Python语言编程，具体实现时，采用Python语言对原始数据进行预处理进而输出预处理后数据文件，同时采用C++语言和QT形成上位机界面，对预处理后的数据进行调用和提取，上位机结构框图见图4。

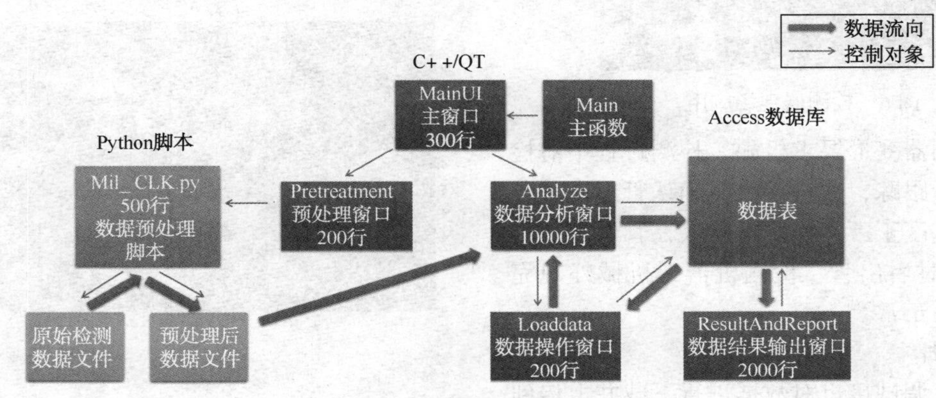

图4　上位机软件结构框图

经过数据分析窗口分析后，形成数据库进行输出。对数据库有修改需求，可以通过数据操作窗口回到数据分析窗口，进而对数据进行修改和保存。

自主开发的上位机分析系统称为管道检测数据分析软件，其中带有数据预处理功能、数据分析功能、图标与报告、说明和帮助四个部分。管道检测数据分析软件功能界面显示见图5。

图5　管道检测数据分析软件功能界面

图5中，上位机分析系统接收电磁全息检测机器人采集的数据（缺陷信号、几何信号、里程信号等）；在软件后台，依赖计算机强大的数据计算功能，进行管道缺陷反演，计算管道缺陷分布情况和管道特征。依据计算结果，输出管道相应的检测图、表和相关数据。为后续管道分析报告的生成提供支持。同时，数据处理软件还将相应的检测结果以可视化界面的形式显示在分析人员面前，为管道检测分析提供便利条件。

4　电磁全息检测机器人的应用与数据分析

4.1　现场应用

电磁全息检测机器人是保护管道正常运营的重要手段，于2019年8月份，在某柴油管线进行在役检测，在检测器现场应用见图6。

图6中，给出了电磁全息检测机器人的进出管时图片。某柴油管线全长160km，使用清管器带铝质测径板进行测径，结果显示管道变形严

图 6　检测器现场应用

重，达到检测器变形要求极限。检测过程中对检测机器人进行跟踪，通过接收机确认管道通过各个跟踪点，速度正常，检测机器人在管道内运行时间 26 个小时后出管，检测机器人机械外观完好，数据验证正常。

4.2　数据分析

数据通过调试接口对数据进行下载并上传到上位机数据分析系统进行分析，通过上位机显示，检测数据管道组件信号曲线图见图 7。

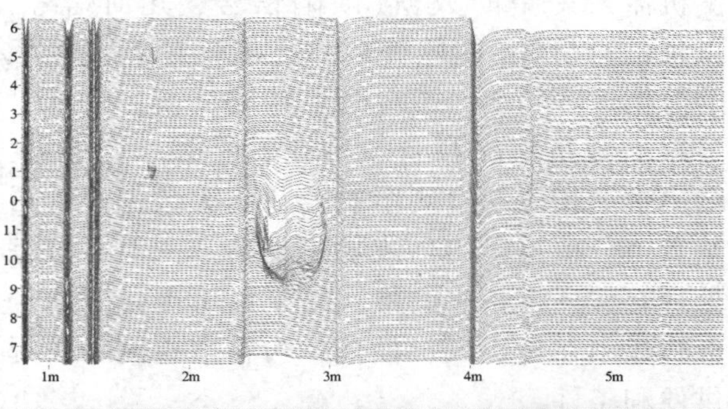

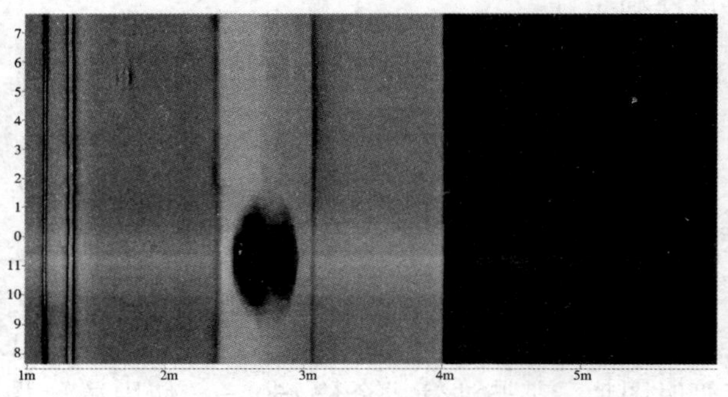

图 7　管道组件信号曲线图

图 7 中，电磁全息检测机器人检测到管道的阀门、三通、仪表支管等管道组件信号明显，能够明显区分管道组件，且对管道变壁厚能够准确测量，为检测的缺陷定位提供有用信息。

电磁全息检测机器人主要检测和识别管道缺陷，并对其严重缺陷进行定位。管道焊缝和缺陷信号曲线图见图 8。

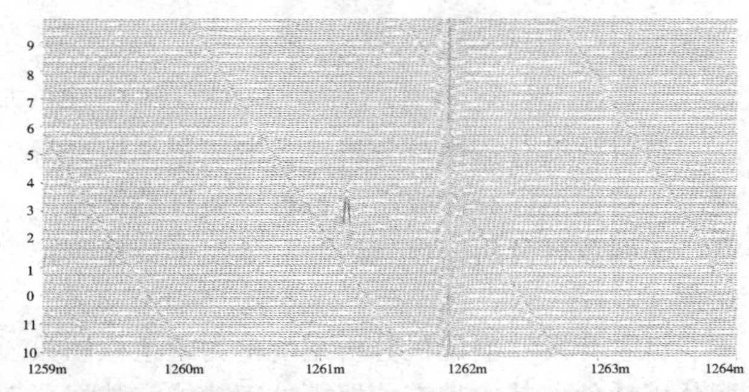

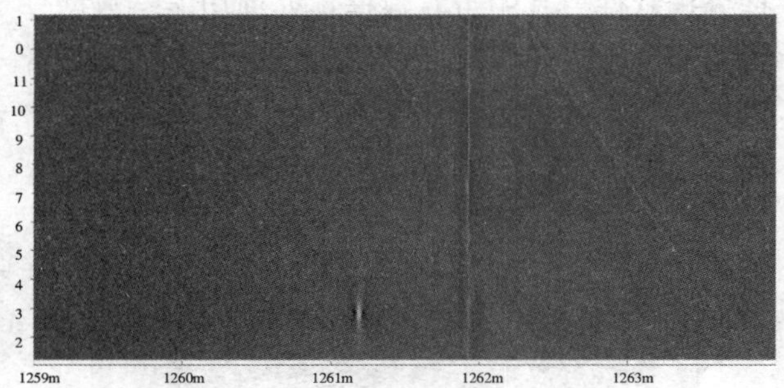

图 8　管道焊缝和缺陷信号曲线图与灰度图

图 8 中，电磁全息检测机器人能够灵敏的检测到管道焊缝、缺陷信号，为缺陷的精准描述奠定基础，能够准备定位管道缺陷位置，为管道健康维护提供精准的检测报告。

5 结论

针对管道正常运行维护开发的电磁全息检测机器人，文中系统的阐述了检测机器人的机械结构及功能，电子系统，上位机分析系统，并在某柴油管道进行了在役检测应用，结果表明，该检测器具有准确识别、安全可靠、成本节约等特点，能够准确识别管道组件及缺陷信息，进而为管道运行商提供详细、精准的检测报告；实现了感知缺陷与辨别缺陷一体化，提升了我国管道腐蚀内检测器技术水平，为了检测器的系列国产化研制奠定了重要基础。

参 考 文 献

[1] 欧阳熙，胡铁华，邸强华. 新建油气管道变形内检测器机械系统的研制[J]. 机电产品研发与创新. 2014，27(2)：89-91.

[2] 王富祥，冯庆善，张海亮，宋汉成，陈健. 基于三轴漏磁内检测技术的管道特征识别[J]. 无损检测，2011，33(01)：79-84.

[3] Hossam Kishawy，Hossam Gabbar. Review of Pipeline Integrity Management Practices [J]. Int. J. Press. Vessel. Pip. 2010 87(7)，373-380.

[4] 范向红，王少华，那晶. 我国管道漏磁检测技术及其成就[J]. 石油科技论坛. 2007(8)：55-57.

[5] 李健，崔剑雷，刘栋. 高清晰度内检测器主控系统的设计[J]. 传感器与微系统. 2012，31(5)：129-131.

[6] 白港生，徐志，吴楠勋. 三轴高清晰度漏磁腐蚀检测器的研制[J]. 石油机械. 2014，42(10)：103-106.

[7] 冯庆善. 在役管道三轴高清漏磁内检测技术[J]. 油气储运. 2009，28(10)：72-75.

[8] LIJian，CUI Jianlei，LIU Dong. Design of Master Control System of High Resolution Magnetic - Flux Leakage Detector Inside the Pipeline [J]. Transducer and Microsystem Technologies，2012，31(05)：129-131+138.

[9] 杨理践，申晗，高松巍，等. 管道内检测器低频跟踪定位方法[J]. 油气储运，2018，37(06)：613-619.

[10] 臧延旭，邱城，胡铁华等. 管道内检测器里程轮打滑原因分析[J]. 油气储运，2016，35：1-5.

小断面隧道快速掘进施工技术

刘其杲　田绍伟

(国家管网集团西气东输分公司厦门管理处)

摘　要　结合天然气基础设施互联互通福州联络线项目背景，根据现场调查及查阅相关图纸，得出了一套成熟的可推广应用的小断面隧道机械化配套施工的工艺工法，大大提高了施工效率。

关键词　小断面，钻爆开挖，直眼掏槽，光面爆破

天然气管道穿越工程隧道是常见的小断面隧洞，开挖断面小、岩体夹制作用大、地质条件复杂。钻爆法施工成本低、对岩石适应性强、移动灵活等特点，是当前隧道掘进的主要技术手段。传统隧道爆破一般使用普通非电毫秒雷管起爆，由于毫秒雷管延时较短，在使用过程中经常出现掏槽失败现象，影响爆破效果。通过现场不断试验摸索，采用二分之一秒延期导爆管雷管(半秒导爆管雷管)具有延期时间长、延时精确等优点，有效确保了逐孔起爆技术的顺利实施，大大改善了爆破效果。

1　工程概况

天然气基础设施互联互通福州联络线项目穿越工程金鸡山隧道净断面尺寸仅为2.7m×2.7m(宽×高)，隧道内布设1条D813mm管道。隧道开挖断面小，工作空间有限，大型机械无法施工，主要体现在，开挖，装渣及运输等工序。金鸡山隧道是天然气基础设施互联互通福州联络线项目控制性工程之一。天然气基础设施互联互通福州联络线工程是福建省重点建设项目，是国家督办的重点工程。项目工期紧、任务重，提高施工效率是本工程按期完成的保证。

2　工程特点

隧道的最大特点是断面小，掘进断面根据围岩类别分别为11.65m²、9.88m²、7.66m²、7.35m²，衬砌、铺底后断面净宽2.7m，净高2.7m，净面积为6.79m²。因此，应根据隧道的围岩情况，采取合适的爆破器材，合理确定爆破参数，以期达到最佳的爆破开挖效果。隧道全长1716m，对施工通风无特别要求，采用常规的压入式通风即可。

3　爆破设计

本工程决定选用钻爆法进行隧道掘进。实践表明，使用半秒导爆管雷管起爆法有效解决了掌子面爆破掘进过程中超欠挖严重、对围岩影响大、容易发生重炮、跳段等问题。经过相关理论计算后，根据岩石类别情况采用不同炮孔深度，其中Ⅲ类围岩炮孔深度控制在3.0~3.5m内，Ⅳ类围岩控制在2.5~3.0m内，Ⅴ类围岩控制在2.0~2.5m内，特殊地层应根据实际情况修改炮孔深度参数。本工程采用40mm直径炮孔，单位面积钻眼4~6个，由于隧道周边需要光面爆破，所以可适当增加10%~15%炮孔数目。同时炮孔布置方式的不同会影响到炸药爆炸后能量的分布，直接影响着爆破效果的好坏，需要对其进行严格的控制。

3.1　掏槽眼的布置

因本工程隧洞断面小，直孔掏槽钻眼相互干扰少，所以根据本工程的实际情况，掏槽设为小直径中空直孔掏槽。掏槽炮孔的布置位置一般选择在断面的中下部位，并尽量考虑掏槽以上的炮孔为压顶炮。掏槽眼位于断面的下部，距开挖断面底部0.8~1.0m，可满足各项施工作业要求，同时可减小爆破振动。开挖掏槽设计见图1。

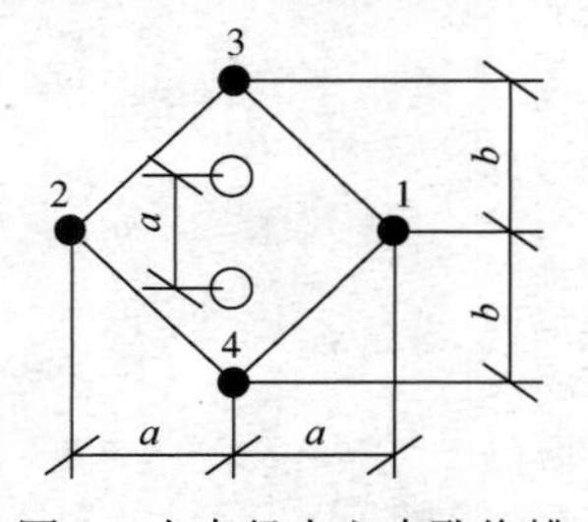

图1　小直径中空直孔掏槽

3.2 辅助眼的布置

辅助眼应均匀交错布置在周边眼和掏槽眼之间，间距满足周边眼抵抗线距离要求和爆破岩石块度的需要。通常在0.6~1.2m取值。

3.3 周边炮孔的布置

一般情况下，周边孔间距$E=0.35\sim0.6$，通常中硬岩及以上岩石取45~60cm，软岩35~45cm。周边孔的外斜角度不大于3°，且外斜值超出开挖轮廓线不大于15cm，计算最小抵抗线要计入该影响值。具体参数布置要求见表1。

表1 光面爆破周边眼参数

岩石类别	周边眼间距 E/cm	周边眼抵抗线 W/cm	相对距离（E/W）	装药集中度 q/（kg/m）
极硬岩	50~60	55~75	0.8~0.85	0.25~0.4
硬岩	40~55	50~60	0.8~0.85	0.15~0.25
软岩	30~45	45~60	0.75~0.8	0.04~0.15

3.4 底板眼的布置

底板眼主要对岩石进行二次粉碎和起到翻渣的作用，布置原则一般为孔间距$a=0.8\sim1.2$m，当底板眼位置位于隧道仰拱底部开挖轮廓线时，孔间距一般为0.5~0.8m。

3.5 隧道爆破器具的选用

采用TY28型气腿式风钻钻孔，爆破器材选择采用2号岩石乳化炸药，药卷直径为32mm，全断面一次爆破，1~8段半秒导爆管雷管。采用反向装药方式，间隔装药，以减小冲击波对孔壁的动压作用，延长炮孔装药长度，提高光爆效果。

3.6 施工中光面爆破参数的调整

由于岩体是一个非常复杂的结构体，每一段的围岩情况都有所变化，而且同类围岩的可爆性也有较大差异，经过反复实践，在施工中对光面爆破参数进行适宜的调整。

（1）如果爆破后周边眼间出现凹面，则说明沿抵抗线方向较易爆破，此时，应适当加大光爆层的厚度。

（2）如果爆破后周边眼间出现凸面，则说明沿抵抗线方向较难爆破，此时，应适当减小光爆层的厚度。

（3）如果爆破后发现周边眼间有贯通裂纹，但光爆层未爆下来，说明药量过少或眼距偏大，应根据实际情况进行试验并加以调整。

（4）如果爆破后光爆效果比较好，只是块度较大，说明炮眼密集系数偏小，应适当加以调整。

（5）如果爆破后半眼痕率偏低并在炮孔周围可见爆破裂隙，或者眼痕只呈一条白痕，说明药量偏高，此时应将药量调低再试。

4 爆破效果分析

4.1 爆破效果

为了验证微差时间、炸药单耗等爆破参数的正确性，对Ⅲ类围岩进行了一次爆破试验，爆破取得了较好的效果，炸药单耗降低10%，破碎岩石块度小且抛掷效果较好、爆破振动控制在规定值以下，隧道周边轮廓成型效果良好。

4.2 结果分析

合理的微差时间是取得良好爆破效果的原因之一，但是微差时间作用机理依然存在较大的争议，众多研究者得出了不同的微差时间作用原理，主要有以下几种：

（1）应力波叠加原理。两个相邻药包间隔时间设置合理时，先爆药包先产生应力波，同时炮孔附近产生大量的微裂隙，后爆药包紧接着产生的应力波和还未消失的先爆药包应力波相互叠加，使得相邻药包附近岩石总应力场得到增强，岩石的破碎效果得到增强。相反，延期时间设置过大，相当于两次单独起爆，应力场无法得到加强；延期时间设置过短，相邻炮孔几乎同时起爆，爆生气体过早释放，炸药能量没有得到大程度利用，不利于岩石破碎。

（2）自由面反射原理。自由面又称临空面，有自由面时，爆源附近的石头才能沿着自由面移动破坏。炸药爆炸产生的应力波在岩石传播过程中，当应力波达到自由面时产生反射作用，转变为拉伸波，由于岩石的抗拉强度很小，产生的拉伸波加大裂隙的扩张和延伸，导致岩石进一步破碎。延期时间设置合理情况下，先爆炮孔能够改变后爆炮孔小抵抗线大小和方向，同时减弱了岩石的夹制作用和阻碍作用，延期时间过小，每个炮孔只有一个自由面，微差时间基本不起作用，爆破效果得不到改善。

（3）增强碰撞原理。先爆药包爆炸时使得部分岩石向上运动，延期时间设置合理时，后爆药包爆炸抛起的岩石与先抛出岩石发生碰撞，两者的一部分动能转化为进一步破碎岩石的内能，使得岩石块度更加均匀，同时降低了岩石的运动速度，进而缩短了岩石抛掷距离，提高爆破效果。

(4) 能量分散降振原理。微差爆破在一定程度上降低了大起爆药量，将炸药能量在时间上进行了分散，延期时间过大，虽然降振效果得到改善，但是岩石破碎效果很差；延期时间过小又无法控制炸药能量的合理分布，导致振动较大，严重影响施工安全，只有合理的延期时间才能取得良好的爆破效果。

综上所述，无论是哪种微差时间作用机理，表征延期时间是否合理的指标参数主要有两个，即爆破效果和降振效果，本工程爆破效果良好、振动控制在允许范围内，说明微差时间设置合理。

5　隧道渣土运输

根据项目开挖断面小，开挖距离长，施工难度大的特点，自行研制开发了适用于超长距离隧道无轨运输系统。开挖工作面隧渣采用扒渣机装渣，农用自卸车运渣至渣场。农用自卸车在错车道掉头和避让，每隔 150m 设一处错车道。

6　隧道衬砌施工

6.1　初期支护

隧道为岩质隧道，遵循新奥法（NATM）原则，采用矿山法进行施工，尽量利用围岩的自承能力。考虑隧道较长，为加快工期，隧道采用双向掘进。隧道开挖施工工序为采用光面爆破开挖，拱顶和顶板岩层有裂缝或较破碎之处，采用锚杆、喷锚、挂网喷锚或架设钢拱架进行支护。

隧道开挖时采用地质预报及超前钻孔方式进行预探，根据已开挖地段围岩的工程地质和水文地质特征，对隧道开挖工作面前方一定长度范围内的围岩工程地质和水文地质条件作分析推断和评估。

6.2　二次衬砌

小断面隧道的特点是断面尺寸小，曲线半径小，线路比较长，施工时开挖面极狭小，衬砌施工困难。随着洞身的延伸，施工难度更大。针对这种状况，寻找一种快速的施工组织模式，采用配套的专项机械设备组成机械化施工作业线，形成高效的、均衡的生产能力是确保项目按期完成的关键。

隧道衬砌施工采用轻型自行式液压模板台车进行衬砌施工，项目衬砌模板车自主开发研制，定制两台 6m 小断面拱形模板台车，混凝土运输车定制 2.5m^3 的迷你运输罐车。结合现场实际情况，选择洞口场地在 20m×30m 的安装地点，场地平整，将模板台车部件运输到位，铺设轨道，按台车轨距要求铺设轨道，轨道接头无错台、平直，中心线尽量与隧道中心线重合，轨道枕木间距 1m，并用道钉固定，钢轨采用轻型钢轨。台车移到设计位置后启动液压调节支撑系统，根据设计标高位置调整标高，确保前后在同一标高。为防止混凝土灌注过程中，混凝土冲击作用导致弧形模板晃动，在弧形模板处每隔 2m 安装一处撑脚加固，设备见图 2、图 3。

图 2　自行式液压模板台车

图 3　2.5m^3 运输罐车

由于隧道距离长，断面尺寸小，所以导致混凝土罐车进洞运输困难，采用运输车辆运输混凝土将会增加施工时间，经项目部综合考虑各种因素后决定采用多级泵送的方式进行隧洞二衬浇筑；振捣采用附着式高频振动器振捣，灌注混凝土在边墙位置时应连续进行，混凝土浇注至拱墙交界处可适当间歇后连续浇注拱部混凝土，在拱顶部位采用泵送挤压法灌注混凝土，台车上安装拱顶预留注浆管。

7 总结

（1）小断面隧洞爆破施工：小断面隧洞开挖爆破施工，因临空面相对较小，如控制不好，就会形成大面积的超欠挖或者是炮眼利用率低，单循环进尺短，直接影响到施工成本和经济效益。应通过爆破试验，分围岩地质条件类别确定钻爆参数，并根据地质变化情况随时调整，以期达到最佳爆破效果。

（2）小断面隧洞出渣：因受断面的限制，小断面隧洞出渣无法使用大型挖装机械，怎样将洞渣快速运出洞外是施工中的最大难题，并且直接影响到施工进度。选择有效地的出渣设备和合适的出渣方法是关键。

（3）小断面隧道二次衬砌：小断面隧道的特点是断面尺寸小，曲线半径小，线路比较长，施工时开挖面极狭小，衬砌施工困难。随着洞身的延伸，施工难度更大。针对这种状况，寻找一种快速的施工组织模式，采用配套的专项机械设备组成机械化施工作业线，形成高效的、均衡的生产能力是确保项目按期完成的关键。

油气管道工程建设期完整性管理研究

韩明一　赵国深　代炳涛　蔡宏业　范卫潮

（廊坊中油朗威工程项目管理有限公司）

摘　要　天然气作为最热门的清洁能源在我国能源占比越来越大，管道运输作为天然气主要运输方式，在我国建设里程不断增大，由于近年来管道建设速度过快、复杂的地理人文环境、市政设施相互影响、缺乏安全保证体系，导致油气管道存在诸多安全隐患。对某天然气管道环焊缝焊口排查数据进行统计分析，结果表明建设期管道建设问题比较突出，急需从全生命完整性管理角度出发，在项目设计、施工阶段开展完整性管理。从标准规范和体系文件、基础数据库安全、质量风险识别等四方面对管道建设期完整性管理的主要任务进行了分析，研究了管道建设期完整性管理主要工作内容和评估内容。

关键词　管道，建设期，焊口排查，完整性管理

中国经济高质量发展呼唤能源向低碳绿色转型，天然气作为21世纪最热门的清洁能源之一，其优点日益突出，据统计到2035年全球天然气需求总量将占全球能源需求的25%，管道输送作为天然气的主要运输方式在我国的建设里程不断增加，根据《中长期油气管网规划》，到2025年我国仅天然气管道总里程就将达到16.3×10^4km，并形成“主干互联、区域成网”的全国天然气基础网络[2]。

近年来，由于设计、施工、运行以及管理带来的种种问题，导致油气管道存在诸多安全隐患[3]。中缅天然气管道等泄漏事故表明，事故通常并非由单一因素造成，通常是由系统性问题造成的，对有明显症状(设计不合理、焊材和工艺不匹配、焊接工艺施工适用性、过程控制、黑口、假片等问题)，可以通过排查发现，对于没有明显症状的安全隐患，需要通过持续的风险识别和分析，找出风险点，通过制定削减措施，运行过程中加强检测和监测，将风险控制在合理、可接受范围内。管道完整性管理既是一种方法，也是一种行之有效的安全保障体系。

目前国内外学者对管道完整性管理研究主要集中在运营期的数据采集、高后果区识别、风险评价、完整性评价，效能评价等内容，而对建设期的管道完整性管理研究比较少，为此笔者结合管道焊口排查项目和管道建设期完整性管理实践经验，采用统计分析的方法对建设期管道完整性管理的重要性进行分析，以问题为导向，研究建设期管道完整性管理主要任务、工作内容和评估内容。

1　管道环焊缝焊口排查数据统计分析

通过对部分已建管道环焊缝质量风险排查，工程资料复核焊口158813道，发现存在资料问题焊口10953道，环焊缝底片核查焊口229272道，发现疑似问题焊口607道。从环焊缝排查数据统计分析可知，建设期管道建设问题比较突出，如管道设计不合理、焊接工艺的适用性、过程控制、管理问题(黑口)等，因此急需从全生命完整性管理角度出发，在项目设计、施工阶段系统地设计管道的安全需求和风险预控措施，只有在工程建设阶段系统分析运行风险，进行针对性的风险预控设计，才能从本质上实现在运维阶段的安全。

1.1　工程资料复核

线路工程资料排查完成焊口158813道，发现存在资料问题焊口10953道，其中焊口号不一致4694道、未按指令检测5083道、无检测报告680道、无施工记录339道、施工焊口号重复4道、竣工资料问题153道(表1)。

表1　某天然气管道工程项目资料排查问题归类统计表

序号	发现问题归类	合计	比例/%
1	焊口号不一致	4694	2.90
2	未按指令检测	5083	3.20
3	无检测报告	680	0.43
4	无施工记录	339	0.16

续表

序号	发现问题归类	合计	比例/%
5	施工焊口号重复	4	0.03
6	竣工资料问题	153	0.1
合计		10953	6.84

1.2 环焊缝底片复核

管道环焊缝底片核查焊口 229272 道，共发现疑似问题焊口 607 道，其中建议割口 3 道，返修 37 道，需复拍验证 68 道，建议质量关注 429 道，组对不合格 70 道(表 2)。

表 2　某天然气管道工程管道焊缝底片复核统计表

错评类型	焊口数	建议处置措施				需处置焊口数	需处置焊口占该错评类型数比例/%
		返修	割口	复拍验证	质量关注		
漏评/未评定	225	22	1	11	191	34	15.11
焊口组对不合格未记录	70	0	0	0	70	0	0.00
定性错误	63	4	0	6	53	10	15.87
定量错误	136	3	0	1	132	4	2.94
定级错误	9	1	0	1	7	2	22.22
定量定性错误	27	7	2	5	13	14	51.85
其他	77	0	0	44	33	44	57.14
合计	607	37	3	68	499	108	17.13

注：表内“需处置”焊口包括“返修”“割口”“复拍验证”，不包括“质量关注”。

2　管道建设期完整性管理主要任务

2.1　建立相应的标准规范和体系文件

ASMEB318S《天然气管道完整性管理系统》、美国石油学会 API160《危险液体管道完整性管理系统》、BS8010《管道的使用规程陆上管道：设计、制造和安装》等国际标准规定了开展管道完整性管理的原则、设计、材料和施工等技术要求，要求设计人员充分考虑管道路由经过的地区等级，提出“基于风险”的管理方法，并明确建设期管道完整性管理的要求和变更程序。目前，我国尚未建立建设期管道完整性管理标准和体系文件，应在参考国际完整性管理标准和规范的基础上，结合我国的特点，开展符合国内实际情况的管道完整性管理标准和体系文件的建设，为油气管道建设期间实施完整性管理提供重要依据。

2.2　建立基础数据库

开展管道完整性管理要以数据的完整性和准确性为基础，其中包括数据的采集、整合和利用等一系列环节，数据的准确性、完全性制约着后续高后果区识别、风险评价结果和运行维护的准确性和可靠性。

建设期数据采集的主要任务就是建立以质量追踪为主线的建设期数据，例如通过焊缝编号、钢管号、钢卷号和炉批号之间的关联关系，可对整个钢管的生产过程进行追踪。建设期采集的主要数据包括：基础地理、管道设计、管道风险、中心线、阴极保护、管道设施、第三方设施、应急管理等，按照“谁产生、谁录入”的原则。通过管道完整性管理信息系统，对建设期设计、采办和施工数据进行整合和利用，建立准确完整的基础数据库，为管道的运行和维护提供基础数据。

2.3　安全、质量风险识别

建设期管道完整性管理的核心是对建设过程中的缺陷及风险进行分析和控制，并考虑运行过程中的安全维护需求，由此可知在建设期开展完整性管理必须要充分识别安全质量风险，并据此制订相应的风险防控措施。

1）设计风险控制

在管道设计阶段，由于设计勘察缺陷、人员失误等原因导致设计缺陷产生，在管道穿越高后果等特殊地区，由于防护设计不当，或者场站工艺设计不合理，留下潜在隐患，同时造成施工衔接和管材浪费等问题。特殊地带之时未采取及时有效的防护设计。因此，必须从设计风险控制入手，对可能性操作及危险性操作进行分析，并按照管道运行操作原则，对管道设计进行整体性评估，从而确保管道项目设计的本质安全。

2）管材缺陷风险控制

材料使用风险主要包括：材料初始缺陷和材料安装缺陷，初始缺陷是由管材制造、加工以及运输不当造成的缺陷，安装缺陷就是在管道安装过程中，由于施工工艺、方法不当等原因所形成的缺陷。

3）施工质量风险

由于施工过程中人员、材料、设备、施工工艺和施工环境等因素，导致管道焊接、检测、防腐、下沟回填、水工保护、阴保等过程产生不同施工缺陷，为后期管道运行产生较大安全隐患。

4）第三方破坏风险

由于外界因素对于管道系统产生的破坏行为。主要就包括违章占压燃气管道、意外性的破坏行为、其他施工单位未进行沟通违规施工、车辆通行碾压损坏等。

3　管道建设期完整性管理主要内容

3.1　建设期数据采集审核和移交

设计阶段采集的数据主要包括：基础地理数据、遥感影像数据、可行性研究报告、专项评价报告、初步设计文件、施工图设计文件、专项设计文件、数字化模型等(表3)。

施工阶段采集的数据主要包括：管道材料、设备信息、施工信息、机具信息、挖沟、组对、焊接、检测、吊装、下沟、回填等施工数据信息(表4)。

表3　管道设计阶段完整性管理数据采集清单

序号	分类	数据子类名称	数据采集阶段	设计承包商	完整性咨询商
1	基础地理	建构筑物	设计阶段	采集	现场监督+数据审核
		河流	设计阶段	采集	现场监督+数据审核
		土地利用	设计阶段	采集	现场监督+数据审核
		行政区划	设计阶段	采集	现场监督+数据审核
		铁路	设计阶段	采集	现场监督+数据审核
		公路	设计阶段	采集	现场监督+数据审核
		土壤	设计阶段	采集	现场监督+数据审核
		地质灾害	设计阶段	采集	现场监督+数据审核
		面状水域	设计阶段	采集	现场监督+数据审核
2	设计文件	可行性研究报告	设计阶段	采集	现场监督+数据审核
		专项评价报告	设计阶段	采集	现场监督+数据审核
		初步设计文件	设计阶段	采集	现场监督+数据审核
		施工图设计文件	设计阶段	采集	现场监督+数据审核
		HAZOP分析、SIL评级	设计阶段	采集	现场监督+数据审核
		SIL分析	设计阶段	采集	现场监督+数据审核
3	管道风险	高后果区识别结果	设计阶段	采集	现场监督+数据审核
		管道风险评价结果	设计阶段	采集	现场监督+数据审核
		地质灾害评价结果	设计阶段	采集	现场监督+数据审核

表4　管道施工阶段完整性管理数据采集清单

序号	分类	数据子类名称	数据采集源头阶段	施工承包商	完整性咨询商
1	中心线	测量控制点	施工阶段	采集	现场监督+数据审核
		中心线控制点	施工阶段	采集	现场监督+数据审核
		标段	施工阶段	采集	现场监督+数据审核
		埋深	施工阶段	采集	现场监督+数据审核
2	阴极保护	牺牲阳极	施工阶段	采集	现场监督+数据审核
		阳极地床	施工阶段	采集	现场监督+数据审核

续表

序号	分类	数据子类名称	数据采集源头阶段	施工承包商	完整性咨询商
2	阴极保护	阴极保护电源	施工阶段	采集	现场监督+数据审核
		排流装置	施工阶段	采集	现场监督+数据审核
3	管道设施	站场边界	施工阶段	采集	现场监督+数据审核
		标桩	施工阶段	采集	现场监督+数据审核
		埋地标识	施工阶段	采集	现场监督+数据审核
		附属物	施工阶段	采集	现场监督+数据审核
		套管	施工阶段	采集	现场监督+数据审核
		防腐层	施工阶段	采集	现场监督+数据审核
		穿跨越	施工阶段	采集	现场监督+数据审核
		弯管	施工阶段	采集	现场监督+数据审核
		收发球筒	施工阶段	采集	现场监督+数据审核
		非焊缝连接方式	施工阶段	采集	现场监督+数据审核
		钢管	施工阶段	采集	现场监督+数据审核
		开孔	施工阶段	采集	现场监督+数据审核
		阀门	施工阶段	采集	现场监督+数据审核
		环焊缝	施工阶段	采集	现场监督+数据审核
		三通	施工阶段	采集	现场监督+数据审核
		水工保护	施工阶段	采集	现场监督+数据审核
		隧道	施工阶段	采集	现场监督+数据审核
4	第三方设施	第三方管道	施工阶段	采集	现场监督+数据审核
		公共设施	施工阶段	采集	现场监督+数据审核
		地下障碍物	施工阶段	采集	现场监督+数据审核
		焊缝检测结果	施工阶段	采集	现场监督+数据审核
		试压	施工阶段	采集	现场监督+数据审核
5	运行	泄漏监测系统	施工阶段	采集	现场监督+数据审核
		清管	施工阶段	采集	现场监督+数据审核
6	管道风险	高后果区识别结果	施工阶段	采集	现场监督+数据审核
		管道风险评价结果	施工阶段	采集	现场监督+数据审核
		地质灾害评价结果	施工阶段	采集	现场监督+数据审核
7	应急管理	单位联系人	施工阶段	采集	现场监督+数据审核
		应急组织机构	施工阶段	采集	现场监督+数据审核
		应急组织人员	施工阶段	采集	现场监督+数据审核
		应急抢修设备	施工阶段	采集	现场监督+数据审核
		应急预案	施工阶段	采集	现场监督+数据审核
		应急抢修记录	施工阶段	采集	现场监督+数据审核
		储备物资	施工阶段	采集	现场监督+数据审核

3.2 建设期管道高后果区识别

通过资料、地图和现场踏勘的方式，根据GB 32167《油气输送管道完整性管理规范》、QSY1180.2《管道完整性管理规范第二部分：高后果去识别》和GB 50251《输气管道设计规范》确定高后果区的划分和设计系数选取，进行管道的高后果区识别，根据高后果区识别结果优化线路路由或施工方案，并提出消减措施。

3.3 建设期管道风险评价

3.3.1 设计阶段管道风险评价

分析管道可能遭遇的危险及相关风险因素识别，对识别出的风险因素，采用风险评价方法对管道风险发生概率和后果进行估算，确定管道风险等级，根据风险评价结果优化线路路由和站场选址，尽量避开高风险区或采取消减施。

设计阶段基于管道完整管理需做的安全分析主要包括：HAZOP 分析、SIL 评级、站场静设备基于风险的检验 RBI（RISK BASED INSPECTION）、站场动设备以可靠性为中心的维修 RCM（RELIABILITY-CENTERED MAINTENANCE）。

3.3.2 施工阶段管道风险评价

管道施工过程中的风险主要是施工技术和自然灾害带来的威胁，施工过程中出现的问题最多，也最为常见，施工过程中，由于管道在结构处强度比较低，容易出现问题，如环焊缝质量、施工强组对应力集中等问题。分析并识别管道施工期间可能会遭遇的危险，对识别出的风险因素，采用风险评价方法对管道风险进行评价，确定管道风险等级，将风险消减措施落实到施工组织设计和施工方案中。

3.4 建设期管道完整性管理评估

建设期管道完整性评估指：从全生命完整性管理角度出发，在项目设计、施工阶段由业主委托第三方采用检查、检测、复核、评估工作等手段开展建设过程中完整性管理评估，及时发现和解决缺陷、隐患及问题，有效消减对投产后的风险，确保运行期的管道安全。

3.4.1 管体情况复核评估

主要包括：环焊缝无损检测结果复评复核，分段水压试验情况复核，清管、扫线、干燥、测径情况复核，内检测复核评估，结构完整性复核评估等。

3.4.2 管道防护设施及附属设施复核评估

主要包括：防腐层检漏、阴极保护效果测试，管道焊缝坐标（中心线），地灾防治工程、水工保护工程等设施与设计符合性，监测监控装置设施等。

3.4.3 外部环境复核评估

主要包括：现场占压、间距，与管线交叉、并行，穿跨越密闭空间及公共区域存在风险隐患，实际高后果区与设计施工阶段高后果区识别结果的差异，设计阶段管道风险识别评价结果（含安评、环评、地灾等评价报告）与实际的差异，设计阶段管道路由、地区等级、设计系数等与实际的差异。

4 结论

（1）对国内某天然气管道环焊缝焊口排查结果可知，急需从全生命完整性管理角度出发，在建设期开展管道完整性管理工作，防控建设过程中出现的完整性问题。

（2）管道建设期完整性管理主要任务包括：建立相应的标准规范和体系文件、建立基础数据库和安全、质量风险识别。

（3）管道建设期完整性管理工作主要内容包括：数据采集和整合、高后果区识别、风险评价和管道完整性评估等。

参 考 文 献

[1] 陈柳钦. 中国 LNG 产业链发展前景[N]. 中国能源报，2014，(13)：1-2.

[2] 冼国栋，吕游. 油气管道环焊缝缺陷排查及处置措施研究[J]. 石油管材与仪器，2020. 6(2)：42-45.

[3] 朱增玉. 油气管道环焊缝失效分析及预防措施[J]. 中国石油和化工标准及质量，2018，38(11)：41-42.

[4] 董绍华. 中国油气管道完整性管理 20 年回顾与发展建议[J]. 油气储运，2020，39(3)：241-261.

[5] 姜昌亮. 中俄东线天然气管道工程管理与技术创新[J]. 油气储运，2020，39(2)：121-129.

[6] 冯庆善. 管道完整性管理实践与思考[J]. 油气储运，2014，33(3)：229-232.

[7] 保吉，冯庆善，苗绘，等. 建设期管道完整性数据模型及应用[J]. 管道技术与设备，2015，11(6)：48-50.

基于马尔可夫链理论的埋地钢管内腐蚀状态预测分析

陈　伟[1,2]　王亚东[1]　叶宇峰[1]　严俊伟[1]

（1. 浙江省特种设备科学研究院；2. 浙江省特种设备安全检测技术研究重点实验室）

摘　要　本文基于马尔可夫链理论建立了管道腐蚀状态变化的预测模型并确定了其转移概率矩阵。通过漏磁内检测和超声测厚等手段获取了某埋地钢管3个检验周期内最大腐蚀深度的变化且基于CJJ95和ASME B31G建立了管道腐蚀状态的评价标准。评价结果显示该管道将在运行33年后因腐蚀失效，该预测结果受预测模型中选取的“初始状态”的影响，但是该评价结果可在一定程度上反映腐蚀缺陷随时间的变化状态。本文同时简略介绍了灰度理论在处理非连续检验数据中的应用，研究结论对优化管道检验策略具有一定参考价值。

关键词　埋地钢管，漏磁检测，马尔可夫链，灰度理论，腐蚀预测

管道是油气工程和市政工程中流体介质最主要的运输方式。城市市政管道和油气管道可在地下延伸数百公里，由于地质条件复杂、维护成本高昂等问题，地下管网易受来自外部环境的损伤，其中管道腐蚀是最常见、最重要的损伤模式。华东地区经济发达，频繁的市政建设工程可能使地下管道受到严重的第三方破坏，如外保护层破损、阴保失效等。公开发表的文献中研究管道腐蚀的方法主要包括模糊逻辑理论、阿伦尼乌斯外推法、灰度理论、蒙特卡洛-马尔可夫理论等。Mohsin等基于模糊逻辑理论建立了一种预测保温层下管道腐蚀状态的模型，该模型考虑了影响管道腐蚀状态最关键的五种因素（保温层状态、保温层类型、环境因素、管道复杂程度以及运行温度）。预测结果显示，保温层类型对管道腐蚀状态影响最显著。胡松青等基于BP神经网络理论分析了影响管道内腐蚀速率的因素，指出硫含量和酸值是影响输油管道内腐蚀的主要因素。Wang等基于隐藏马尔可夫理论建立了一种群论方法来预测埋地管道外腐蚀状态的变化规律，通过对某110km管道的分析可知，结合还理论与土壤分析、管道内检测等手段可更精确分析管道整体腐蚀状态的变化。Ossai等通过蒙特卡洛-马尔可夫理论分析了内腐蚀管道的可靠性并将该理论用于某X52钢管分析。

本文基于离散马尔可夫链理论建立了管道内腐蚀状态预测模型，通过漏磁内检测器和超声测厚手段获取了浙江省内某管道的三个检验周期内壁厚数据并将其代入预测模型。预测结果显示管道将在运行33年后因壁厚减薄至20%原始壁厚而失效，本文的研究结论对优化管道检测策略具有一定参考价值。

1　管道内腐蚀的离散马尔可夫模型

检验周期中管道的腐蚀时间和腐蚀皆可当成离散空间变量，即管道的腐蚀过程具有马尔可夫性。本文中我们假设马尔可夫过程（$\{X_n,\ n\in T\}$）中的参数T（$T=1,\ 2,\ 3\cdots n$）属于离散时间变量且X_n属于离散空间集$S=\{i_0,\ i_1,\ i_2,\ i_3\cdots i_n\}$，如果参数$n(n\in T)$和状态集合$(i_0,\ i_1,\ i_2,\ i_3\in S)$满足如下条件：

$$P\{X_{n+1}=i_{n+1}|X_0=i_0,\ X_1=i_1,\ X_2=i_2\cdots X_n=i_n\} \tag{1}$$

则该马尔可夫过程$\{X_n,\ n\in T\}$可当成马尔可夫链且条件概率方程$p_n(i,\ j)=P\{X_{n+1}=j|X_n=i\}$称为从状态$i$到状态$j$的一步转移概率。其一步转移概率矩阵为：

$$P=\begin{bmatrix} p_{11} & p_{12} & p_{13} & p_{1n} \\ p_{21} & p_{22} & \cdots & \cdots \\ \cdots & \cdots & \cdots & \cdots \\ p_{m1} & \cdots & \cdots & p_{mn} \end{bmatrix} \tag{2}$$

对于马尔可夫链，其一步概率转移矩阵具有如下性质：

$$p_{ij} \geqslant 0, \sum_{j \in S} p_{ij} = 1 \quad (3)$$

式中，$p_{ij}^{(n)} = P\{X_{m+n}=j \mid X_m = i\}$ 是条件转移概率，$P^{(n)} = p_{ij}{}^{(n)}$ 是马尔可夫链的 n 步转移概率矩阵，其具有如下性质：

$$p_{ij}^{(n)} \geqslant 0, \sum_{j \in S} p_{ij}^{(n)} = 1 \quad (4)$$

当 $n \geqslant 0$ 且 $0 \leqslant l \leqslant n$ 时，该矩阵具有如下性质：

$$p_{ij}^{(n)} = \sum_{k \in S} p_{ik}^{(l)} p_{kj}^{(n-l)} = \sum_{k_1 \in S} \cdots \sum_{k_{n-1} \in S} p_{ik_1} p_{k_1 k_2} \cdots p_{k_{n-1} j} \quad (5)$$

式(5)揭示了 n 步转移概率矩阵可由一步转移概率矩阵定义，我们将埋地管道腐蚀过程定义为马尔可夫过程，则转移概率仅与其检验时的腐蚀状态有关而与检验时间无关，其初始状态空间为：

$$P^{(0)} = \{P_1^{(0)}, P_2^{(0)} \cdots P_n^{(0)}\}, \sum_{1}^{n} P_n^{(0)} = 1 \quad (6)$$

结合实际情形，如果管道的初始状态 $p^{(0)}$ 是已知的，则其第 n 步状态为：

$$p^{(n)} = p^{(0)} P^{(n)} = p^{(0)} P^n \quad (7)$$

2　管道腐蚀状态评估流程

通过马尔可夫链评价管道腐蚀状态的主要包括3个步骤：①确定管道腐蚀状态的壁厚标准；②确定管道腐蚀初始状态并建立腐蚀状态转移概率矩阵；③确定管道腐蚀过程属于马尔可夫过程并预测期腐蚀状态变化。

2.1　管道腐蚀的壁厚标准

《CJJ95_2013 城镇燃气埋地钢质管道腐蚀控制技术规程》依据管道剩余壁厚要求或剩余强度要求将管道腐蚀状态划分为7个等级(表1)。其中 T_{min}(最小安全壁厚)可通过 ASME B31G 获得。为方便评价管道腐蚀状态，再次我们将表1中7种等级简化为5种等级[Ⅰ-轻微腐蚀(Mild)，Ⅱ-中度腐蚀(Medium)，Ⅲ-严重腐蚀(Severe)，Ⅳ-非常严重腐蚀(Very Severe)，Ⅴ-失效(Fail)]。对应的，在马尔可夫链中其状态向量可表述为 $S=[1, 2, 3, 4, 5]$。

表1　管道腐蚀损伤评价指标

评价方法		评价等级						
		Ⅰ	ⅡA	ⅡB	Ⅲ	ⅣA	ⅣB	Ⅴ
1	剩余壁厚评价	$T_{mm}>0.9T_0$	$0.2T_0<T_{mm}\leqslant 0.9T_0$					$T_{mm}\leqslant 0.2T_0$ or $T_{mm}\leqslant 2mm$
2	危险截面评价	/	$T_{mm}>T_{min}$	/			$T_{mm}\leqslant 0.5T_{min}$	/
3	剩余强度评价	/	/	$RSF\geqslant 0.9$	$0.5\leqslant RSF<0.9$	$RSF<0.5$	/	/

式中，T_{mm} 为最小剩余壁厚；T_0 为管道原始壁厚；T_{min} 为最小安全壁厚；RSF 为剩余强度因子。

2.2　状态转移概率矩阵

当管道腐蚀状态已确定，可建立其相应的状态转移概率矩阵。该矩阵中每个元素皆代表管道状态处于从“轻微腐蚀”到“失效”的5种状态中的某一种状态，典型的状态转移概率矩阵如式(8)所示。

$$P = \begin{bmatrix} p_{11} & p_{12} & p_{13} & p_{14} & p_{15} \\ p_{21} & p_{22} & p_{23} & p_{24} & p_{25} \\ p_{31} & p_{32} & p_{33} & p_{34} & p_{35} \\ p_{41} & p_{42} & p_{43} & p_{44} & p_{45} \\ p_{51} & p_{52} & p_{53} & p_{54} & p_{55} \end{bmatrix} \quad (8)$$

式(8)中的矩阵元素 p_{ij} 代表管道腐蚀状态从状态 i 一步转移到状态 j 的概率，实际情形中由于管壁的腐蚀状态是不可逆转的，不采取补救措施的情形下管道的腐蚀状态只能更加恶化而不可能逆转，即当 $i>j$，则 $p_{ij}=0$，因此式(8)可简化为：

$$P = \begin{bmatrix} p_{11} & p_{12} & p_{13} & p_{14} & p_{15} \\ 0 & p_{22} & p_{23} & p_{24} & p_{25} \\ 0 & 0 & p_{33} & p_{34} & p_{35} \\ 0 & 0 & 0 & p_{44} & p_{45} \\ 0 & 0 & 0 & 0 & p_{55} \end{bmatrix} \quad (9)$$

3　实例分析

选取某段管道作为分析对象，该段管道长167km，管道尺寸 Φ406mm×8mm. 由于管道腐蚀状态具有随机型，此处我们选取蚀坑深度最大的位置最为评价对象。管道服役后第15年进行了第一次基于漏磁技术的内检测，检测器示意图见图2，检测器性能参数见表2，改造后管道收球筒和发球筒结构见图3。此次检测发现管道最大腐蚀深度为4mm。

表2 内检测器技术参数

技术指标	技术参数
净长度/mm	4542
净重/kg	515
最大运行速度/(m/s)	5.5
最小运行速度/(m/s)	0.3
检测里程/km	167
运行时间/h	34
运行压力/bar	150
运行温度/℃	0~40

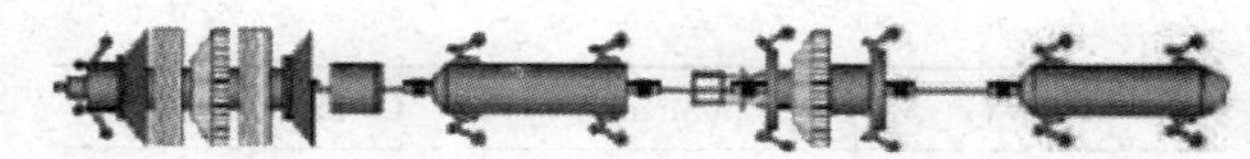

图1 基于漏磁技术的GE 16in管道内检测器

由于最大腐蚀深度已大于50%管道原始壁厚，故下次检验周期缩短为3年(管道服役后第18年)，第二次检验基于超声测厚原理，重点关注前次检验中发现的壁厚最薄位置。此次检验中测得管道最大腐蚀深度为4.8mm。

第三次检验为管道服役后第20年，基于超声测厚原理本次检验测得同一位置管壁最大腐蚀深度为5.0mm，测试现场见图3。

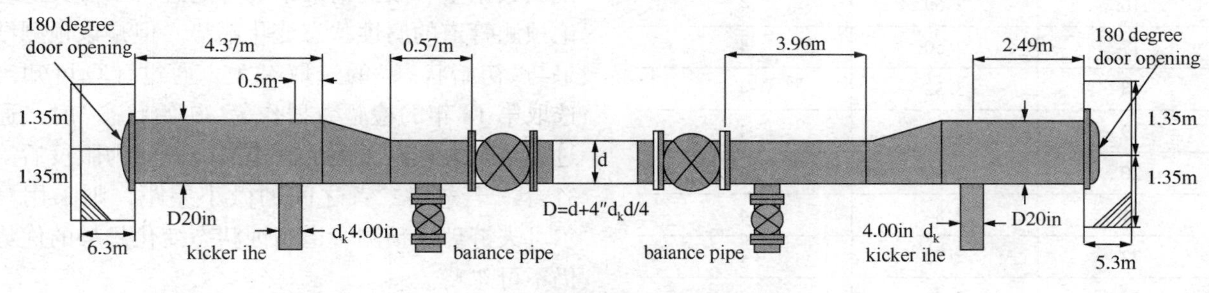

图2 管道收球筒 & 发球筒示意图

图3 剥离防腐层后管道本体

表1中引用的CJJ95标准所列三种评价管道等级的方法皆基于管道壁厚，为简化评价流程，将表1中评价等级简化为5种(表3)。

表3 简化后管道腐蚀状态评价标准

腐蚀等级	腐蚀状态	最小剩余壁厚/mm
1	轻微腐蚀	$t>7$
2	中度腐蚀	$6<t\leq 7$
3	严重腐蚀	$4<t\leq 6$
4	非常严重腐蚀	$1.6<t\leq 4$
5	失效	$t\leq 1.6$

最后一次检验测得管道最大腐蚀深度为5.00mm，管道剩余壁厚3.00mm，由表3可知此时管道腐蚀状态为4-非常严重腐蚀，对应腐蚀状态向量$K=[0, 0, 0, 1, 0]$。一般而言，我们都认为在外界环境保持基本不变的情形下管道剩余壁厚随时间的变化规律符合指数规律，其经验公式为：

$$\delta = he^{at} \tag{10}$$

式中，δ为管道剩余壁厚，mm；h为非量纲因子；t为时间，年。

将4组检验数据(包括$t=0$，$\delta=8$)代入式(10)并采用最小二乘法进行曲线拟合，可确定式(10)中未知参数：

$$\delta = 8.4715e^{-0.052t} \tag{11}$$

对式(11)中t赋值$t=1, 2, 3, 4, 5\cdots$可确定对应年限的剩余壁厚δ. 结合表2管道腐蚀状态评价标准，可获得不同时期管道腐蚀等级(表4)。

表4 不同时期管道腐蚀等级

Time/t	δ/mm	Corrosion grades
1	8.04	1
2	7.63	1
3	7.25	1
4	6.88	2
5	6.53	2
6	6.20	2

续表

Time/t	δ/mm	Corrosion grades
7	5.89	3
8	5.59	3
9	5.31	3
10	5.04	3
11	4.78	3
12	4.54	3
13	4.31	3
14	4.09	3
15	3.88	4
16	3.69	4
17	3.50	4
18	3.32	4
19	3.15	4
20	2.99	4
21	2.84	4
22	2.70	4
23	2.56	4
24	2.43	4
25	2.31	4
26	2.19	4
27	2.08	4
28	1.98	4
29	1.88	4
30	1.78	4
31	1.69	4
32	1.60	4
33	1.52	5

表4显示了管道腐蚀等级随时间的变化规律，为使其腐蚀等级变化趋势更明显，可分别求出不同时期管道最大概率状态。本文中管道腐蚀状态为离散时间序列，不同时期管道腐蚀等级的转移概率矩阵可通过如下所述统计方法获得。

定义 g_i　g_{ij}　p_{ij}，g_i 为状态 i 出现次数；g_{ij} 为从状态 i 一步转移到状态 j 的次数；p_{ij} 为从状态 i 到状态 j 的一步转移概率，则可得：

$$p_{ij}=\frac{g_{ij}}{g_i} \tag{12}$$

根据表4中第3栏数据（腐蚀等级）可获得管道腐蚀状态的一步概率转移矩阵，如式(13)所示：

$$P=\begin{bmatrix} 2/3 & 1/3 & 0 & 0 & 0 \\ 0 & 2/3 & 1/3 & 0 & 0 \\ 0 & 0 & 7/8 & 1/8 & 0 \\ 0 & 0 & 0 & 17/18 & 1/18 \\ 0 & 0 & 0 & 0 & 1 \end{bmatrix} \tag{13}$$

此处选取最后一次（第20年）检验数据作为初始条件，代入马尔可夫链中预测管道腐蚀状态的变化规律。结合式(4)和式(13)，管道腐蚀状态预测结果见表5。

由表5中预测结果可知，该段管道将在服役33年后失效，该结果与表4中预测结果相吻合，说明数据量有限的情形下仍可通过马尔可夫链理论预测管道的腐蚀状态变化趋势。但是该预测结果与“初始状态”的选取有关，通过计算可知当选取第18年的检验数据作为“初始状态”时，通过马尔可夫理论预测的管道失效时间为服役后第31年。若忽略二者之间的微小差距，则采用马尔可夫链理论预测管道腐蚀状态变化趋势的优势仍不可忽略。

表5　管壁腐蚀等级预测结果

年＼概率＼等级	1	2	3	4	5	最大概率状态
21	0	0	0	0.9444	0.0556	4
22	0	0	0	0.892	0.108	4
23	0	0	0	0.8424	0.1576	4
24	0	0	0	0.7956	0.2044	4
25	0	0	0	0.7514	0.2486	4
26	0	0	0	0.7097	0.2903	4
27	0	0	0	0.6702	0.3298	4
28	0	0	0	0.633	0.367	4
29	0	0	0	0.5978	0.4022	4
30	0	0	0	0.5646	0.4354	4
31	0	0	0	0.5333	0.4667	4
32	0	0	0	0.5036	0.4964	4
33	0	0	0	0.4757	0.5243	5

由于相邻两次检验周期之间时间间隔长达数年且检验现场的工作环境恶劣，同时不同检验周期中的检验工作可能由不同检验单位承担，导致获得同一缺陷的连续多次检验数据的可操作性较低。因此目前已公开发表的文献中涉及到的管道检验数据大都为3个或3个以下检验周期内获得的数据。对于非连续时间周期内的检验数据，一

种可行的方法是将灰度理论引入马尔可夫链[17]。总体而言，灰度理论是对原始数列进行重新生成操作以使新数列满足某种已知的分布模型。例如对于广泛应用的灰度理论模型，GM(1，1)，重新生成操作是对原始数列进行一次累加操作(1-AGO)，即：

$$p^1(n)=\sum_{m=1}^{n}p^0(m) \tag{14}$$

式中，$p^0(m)$为原始数列而$p^1(n)$是新生成的1-AGO数列，此步操作可将任何非负、非摆动数列转化为递增数列。有关灰度理论在非连续检验数据中的应用在接下来的研究重点之一。

4　结论与展望

本文基于马尔可夫链理论分析了埋地腐蚀状态的变化趋势，结合CJJ95与ASME B31G确定了以管壁剩余厚度为依据来划分管道腐蚀状态。以某段管道中3组腐蚀数据为例，采用本模型分析了该段管道的腐蚀状态变化规律。分析结果显示该段管道将在服役33年后因腐蚀失效，尽管该预测结果受预测模型中管道“初始状态”选取的影响，但仍能反映出该管道的腐蚀状态随时间的变化趋势。对于非连续的检验数据，本文亦初步探讨了引进灰度理论对数据进行处理的可行性。本文提出的预测方法和管道腐蚀状态划分标准对埋地管道检验工作具有一定指导意义。

参　考　文　献

[1] Mohsin KM, Mokhtar AA, Tse PW. A fuzzy logic method: Predicting corrosion under insulation of piping systems with modelling of CUI 3D surfaces[J]. International Journal of Pressure Vessels and Piping. 2019; 175: 1-14.

[2] 胡松青，石鑫，胡建春，等. 基于BP神经网络的输油管道内腐蚀速率预测模型[J]. 油气储运，2010，(06)：448-450.

[3] Wang H, Yajima A, Liang RY, Castaneda H. A clustering approach for assessing external corrosion in a buried pipeline based on hidden Markov random field model[J]. Structural Safety. 2015; 56: 18-29.

[4] Wang H, Yajima A, Castaneda H. A Stochastic defect growth model for reliability assessment of corroded underground pipelines[J]. Process Safety and Environmental Protection. 2019; 123: 179-89.

[5] Ossai CI, Boswell B, Davies IJ. Application of Markov modelling and Monte Carlo simulation technique in failure probability estimation — A consideration of corrosion defects of internally corroded pipelines[J]. Engineering Failure Analysis. 2016; 68: 159-71.

[6] Ossai CI, Boswell B, Davies I. Markov chain modelling for time evolution of internal pitting corrosion distribution of oil and gas pipelines[J]. Engineering Failure Analysis. 2016; 60: 209-28.

[7] 彭星煜，张鹏，陈利琼，等. 天然气管道外腐蚀失效维抢修流程[J]. 石油化工腐蚀与防护，2007，24(1)：50-53.

[8] Mishra M, Keshavarzzadeh V, Noshadravan A. Reliability - based lifecycle management for corroding pipelines[J]. Structural Safety. 2019; 76: 1-14.

[9] 王如君，王天瑜. 灰色-马尔科夫链模型在埋地油气管道腐蚀预测中的应用[J]. 中国安全生产科学技术，2015，(4)：102-106.

[10] 陈永红，张大发，王悦民，等. 基于灰色马尔科夫组合模型的管道腐蚀速率预测方法[J]. 核动力工程，2009，30(2)：95-98.

[11] 住房和城乡建设部. CJJ95-2013城镇燃气埋地钢质管道腐蚀控制技术规程[S]. 北京：中国建筑工业出版社；2013.

[12] ASME. B31G Manual for Determining the Remaining Strength of Corroded Pipelines[S]. New York: American Society of Mechanical Engineers; 2009.

[13] 吴明亮，郝点，刘锦昆. 基于灰色马尔可夫理论的油气管道腐蚀剩余寿命预测[J]. 管道技术与设备，2008，(5)：43-45.

[14] 刘威，李杰. 考虑腐蚀的城市燃气管网抗震可靠度分析[J]. 土木工程与管理学报，2008，25(004)：138-141.

[15] 赵慧乾，郭明珠，翟长达，等. 基于蒙特卡罗法的城市燃气管网抗震连通可靠性分析[J]. 地震研究，2015，38(2)：292-296，334.

[16] Caleyo F, Velazquez JC, Valor A, Hallen JM. Markov chain modelling of pitting corrosion in underground pipelines[J]. Corrosion Science. 2009; 51: 2197-207.

[17] Valor A, Caleyo F, Rivas D, Hallen JM. Stochastic approach to pitting-corrosion-extreme modelling in low-carbon steel[J]. Corrosion Science. 2010; 52: 910-5.

[18] 董泽华，罗逸，郑家燊，等. 地下输油管线腐蚀势态的灰色评估[J]. 华中科技大学学报(自然科学版)，2001，29(001)：93-95.

[19] Shih C, Hsu Y, Yeh J, Lee P. Grey number prediction using the grey modification model with progression technique [J]. Applied Mathematical Modelling. 2011; 35: 1314-21.

三维表面形貌点腐蚀评价技术

袁金雷　张江江　高秋英　郭玉洁　李　芳　徐创伟

（中国石油化工股份有限公司西北油田分公司）

摘　要　通过引进3D点蚀测深仪及改进点蚀评价方法，对塔河油田不同区块的点蚀状况进行评级，系统分析了塔河油田点蚀测试和评价技术的特点及存在的问题。对地面生产系统管道开展了腐蚀规律分析、新材质抗腐蚀效果现场评价，得出塔河油田主力区块单井及油气混输管道CO_2/H_2S环境与点蚀速率的关系，研究表明新材质(BX245-1Cr)挂片在地面集输系统试验管道中较20#钢挂片点蚀速率下降了43.7%。

关键词　管道腐蚀，点蚀，测试技术，新材质

塔河油田在用点蚀测试技术主要为挂片点腐蚀测试技术、定点超声波测厚技术及探针监测外壁点腐蚀技术。从点蚀测试对象及条件、仪器精度及现场适用性等方面对点蚀测试技术及装置特点进行对比，其优缺点见表1。对比发现，超声测厚为单点测厚，检测效率低下；点蚀探针适合在断管解剖段及外壁点蚀测深，受断管难制约。上述几种技术各有局限，因此只适合小范围试验，不适合现场长期作业。

表1　点蚀测试技术对比

检测技术	测试仪器	优　点	缺　点
3D点影像及测试评价技术，应用挂片监测点蚀		在完善监测网络体系下监测管道介质变化，精度高，电脑成像操作方便	监测不了外壁腐蚀，管道壁厚需估算
电感测深测试评价技术，应用挂片监测点蚀		在完善的监测网络体系下能合理监测管道介质腐蚀状况	监测不了外壁腐蚀，需估算，易出故障，人为误差较大，监测深度精度较低，为0.01mm
探针监测外壁点蚀，应用于断管解剖段及外壁		操作方便，适合点蚀严重管段的腐蚀检测	对于内壁检测现场断管难，存在人为误差，检测点蚀效率低，每次只能测一个点
定点及单点超声测厚技术（超声波测厚仪），应用管道壁厚及内壁点蚀检测		定点测厚操作简单，便于携带	单点不易捕获点蚀，人为误差大，效率低，工作量大，每次只能测一点

挂片监测点蚀评价技术通过管道内腐蚀监测点挂片能有效反映管道腐蚀状况，较为完善的管道监测点网络体系，反映不同系统、区块点蚀状况。挂片监测点腐蚀评价装置主要为电感点腐蚀测深及3D点蚀测深及影像仪。电感测深仪相比3D点蚀测深及影像仪主要有以下局限性：故障率高，手动旋钮读取深度时常出现探针滑脱、读数中断故障，需重新调试；测试腐蚀深度只有

0.01mm，不适合点蚀程度较弱试样品，对于缓蚀剂评价及新材质试验等监测周期较短的监测挂片有局限性；视域范围小(直径 2mm)，点蚀开口尺寸及个数仅凭肉眼估测，且不能将点蚀成像，需人工拍照，人为误差大。

针对以上问题，通过引进 3D 点蚀测深及影像仪，视域范围可达 297mm×238mm，点蚀深度精度高达 0.001mm，软件自动记录点蚀参数、成像及点蚀面积，提高了监测准确度。

1 3D 点蚀测深及影像评价方法

GB/T 18590—2001 金属和合金的腐蚀点蚀评价方法中提出“将带有 3~6mm^2 的网格覆盖在金属表面上，统计和记录每单位面积的蚀坑数”。塔河油田监测挂片上点蚀通常较为严重，数量大，造成前期电感点蚀测深仪读数时，需要肉眼对着目镜(2mm)对整个挂片移动扫查，造成计数困难及误差。针对腐蚀点密集难测试的问题，本课题组对前期的点蚀参数测定方法进行了修订。首先，对点蚀密度测定法进行改进。在监测周期为 1~4 个月内，点蚀平均开口尺寸不超过 0.35mm，选取一个目镜视域内腐蚀点估算点蚀密度；对于开口尺寸大于 0.35mm 点蚀，整个挂片只读取 0.35mm 以上腐蚀点计算点蚀密度，提高点蚀监测效率。其次，对前期通过点蚀直径计算点蚀开口面积的方法进行改进，即对于形状不规则的点蚀先采用软件确定面积边界线，然后应用 3D 镜像软件计算面积，相比前期通过点蚀直径计算点蚀开口面积的方法精度提高，且符合腐蚀规律。

2 现场点蚀参数测定

对塔河油田现场 264 个腐蚀监测点的 400 组监测挂片进行点蚀参数测定，建立点蚀密度、开口尺寸及点蚀速率的评价指标体系及评级方法(表 2)。

表 2 塔河油田腐蚀监测试片点蚀评级法改进及应用

单位	点蚀密度/(个·m^{-2})		平均开口尺寸/mm^2		平均点蚀深度/mm		点蚀速率/(mm/a)
	范围	评级	范围	评级	范围	评级	
采油一厂	700~600000	A1~A5	0.007~3.50	B1~B3	0.01~0.60	C1~C2	0.19
采油二厂	500~400000	A1~A5	0.07~1.50	B1~B2	0.02~0.48	C1~C2	0.30
采油三厂	700~600000	A1~A5	0.07~2.00	B1~B2	0.01~0.57	C1~C2	0.40
雅克拉采气厂	700~400000	A1~A5	0.007~0.25	B1	0.01~0.14	C1	0.09
油气运销部	2000~40000	A1~A3	0.007~0.80	B1	0.01~0.10	C1	0.07
评级方法改进	平均开口尺寸来控制点蚀个数的读取		对不规则状利用软件确定边界计算面积		精度提高至 0.001mm		腐蚀成像

针对各区块地面生产系统管道监测挂片按照点蚀密度评级(A)、点蚀开口尺寸(B)及点蚀深度评级(C)进行点蚀评级。结果表明，塔河油田采油二厂及采油三厂点蚀评级及点蚀速率较高，达到严重腐蚀以上程度。通过对一号联、二号联及三号联油气水系统管道腐蚀程度分析(图 1)，可以及时掌握系统沿生产流程管道的腐蚀状况。分析得出，水系统、原油外输及油气混输单井管道点蚀速率较高，为今后防腐预警及工作重点跟踪提供依据。此外，相比于电感点蚀测深技术，3D 点蚀测深及影像仪使用近半年至今无故障，能够取得腐蚀点的腐蚀图像，提高了点蚀开口尺寸测试精度及效率，测得点蚀几率达到 99%，监测精度提高了 10 倍，监测效率提高了 100%。

3 新材质(BX245-1Cr)抗点蚀性能评价

在不同介质工况条件下对原油含水、污水等地面集输系统管道的 32 个腐蚀监测点(每个监测点试片夹监测挂片有一组一侧为 20#钢，一侧为 BX245-1Cr 材质)取出的 20#钢挂片和 BX245-1Cr 挂片进行了腐蚀称重，点蚀形貌、开口尺寸及点蚀速率测定。对于抗均匀腐蚀，BX245-1Cr 挂片相比于 20#钢挂片仅下降了 9%。从 3D 点蚀测深仪器的镜下点蚀形貌特征来看，两种材质挂片点蚀形貌均为椭圆型(图 2)，点蚀密度/点蚀开口/点蚀深度(A/B/C)分级评价值在部分监测点明显降低，如 10-4 站内伴生气管线(缓蚀剂加注前)点蚀开口尺寸由 B3 降至 B2 级；相比 20#钢挂片，BX245-1Cr 挂片点蚀速率值下降明显，缓蚀率为 2%~86.3%，平均缓蚀率为 43.7%。

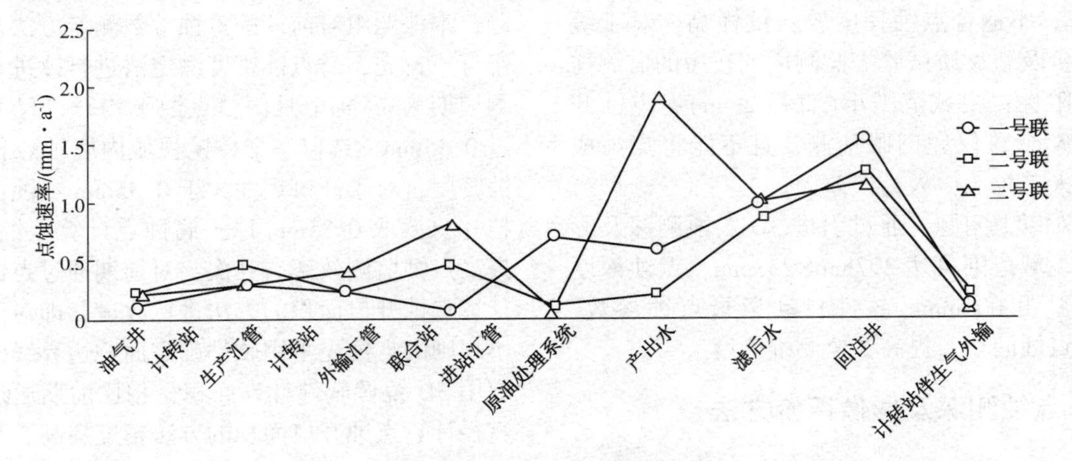

图1　塔河油田地面生产系统点蚀规律

20#钢挂片(150×)

BX245-1Cr挂片(150×)

图2　BX245-1Cr及20#钢挂片点蚀形貌比较

从不同生产系统管道内的新材质的BX245-1Cr挂片及数据分析(图3)得出，水系统、含水原油系统的BX245-1Cr挂片点蚀速率值比气系统降低了近50%。说明BX245-1Cr材质在气井、污水、含水原油集输系统的抗点蚀性能要强于伴生气及油气混输集输系统。

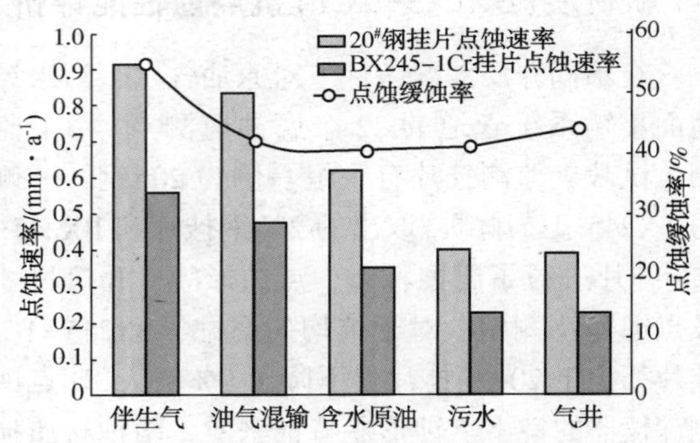

图3　塔河油田地面集输管道监测挂片BX245-1Cr及20#钢挂片点蚀特征对比

4　结论

(1)相比电感点蚀测试技术，3D点影像及测试评价技术采用点蚀开口尺寸参数控制来计算点蚀密度，解决了监测数据与现场实际腐蚀不一致的问题。

(2)测试效率提高1倍，解释精度提高了10倍，点蚀发现几率提高10%，监测点蚀故障率降低，对短周期防腐工艺监测挂片的测试与评价效果较好。

参考文献

[1] 张江江，张志宏，羊东明，等. 油气田地面集输碳钢管线内腐蚀检测技术应用[J]. 材料导报，2012，26(S2)：118-122.

[2] 中华人民共和国国家质量监督检验检疫总局. GB/T 18590—2001：金属和合金的腐蚀点蚀评价方法[S]. 北京：中华人民共和国国家质量监督检验检疫总局，2001：3-11.

[3] 张志宏，张江江，刘冀宁，等. 塔河油田腐蚀监测工艺评价及优化[C].

[4] 翁永基. 材料腐蚀通论—腐蚀科学与工程基础[M]. 北京：石油工业出版社，2004.

[5] 羊东明，李亚光，张江江，等. 大涝坝气田油管腐蚀原因分析及治理对策[J]. 石油钻探技术，2011，39(5)：81-84.

[6] 葛鹏莉，刘强，孙海礁. 塔河油田站间伴生气管线腐蚀风险评价[J]. 工业安全与环保，2012，38(7)：35-37.

[7] 叶帆，高秋英. 凝析气田单井集输管道内腐蚀特征及防腐技术[J]. 天然气工业，2010，30(4)：96-99.

[8] 石鑫，张志宏，刘强，等. 塔河某单井管道频繁穿孔原因[J]. 油气储运，2011，30(11)：848-850.

[9] Kapusta S D，Whitham T S，Girgis M，et al. Improvements on de Waard－Milliams corrosion prediction and applications to corrosion management [C]. CORROSION 2002，Denver，Co，USA，April 7-11，2002.

[10] 闫伟，邓金根，董新亮，等. 油管钢在 CO_2/H_2S 环境中的腐蚀产物及腐蚀行为[J]. 腐蚀与防护，2011，32(3)：193-195.

[11] Srinivasan S，Tebbal S. Critical factors in predicting CO_2/H_2S corrosion in multiphase systems [C]. CORROSION 98，San Diego，CA，USA，March 22-27，1998.

LNG 接收站 BOG 压缩机完整性管理初探

吴志平　魏振忠　张云卫

（国家管网集团北海液化天然气有限责任公司）

摘　要　LNG 接收站完整性管理可归入资产完整性管理（Asset Integrity Management，以下简称 AIM）的范畴，而 AIM 是由设备完整性管理演变而来，LNG 接收站的 AIM 可定义为通过不断辨识整个生命周期活动所面临的主要风险，开展相应的维护与管理活动，保障站场全生命周期的安全运行，LNG 接收站资产种类繁多，本文以 BOG 压缩机为例，介绍其完整性管理内容，可推广应用于 LNG 接收站其他资产。

关键词　LNG 接收站，完整性管理，AIM，BOG 压缩机

LNG 接收站闪蒸气（Boil Off Gas，以下简称 BOG）的产生主要是由于外界热能输入造成，如罐内泵运转、外界热量传入、大气压变化、环境的影响及卸船时 LNG 送入储罐时造成罐内 LNG 体积的变化。为了维持储罐内压力稳定，必须把过量的 BOG 处理掉，LNG 接收站一般采用直接输出工艺和再冷凝工艺处理 BOG，BOG 压缩机是其中的关键设备。典型的接收站工艺流程图见图 1。

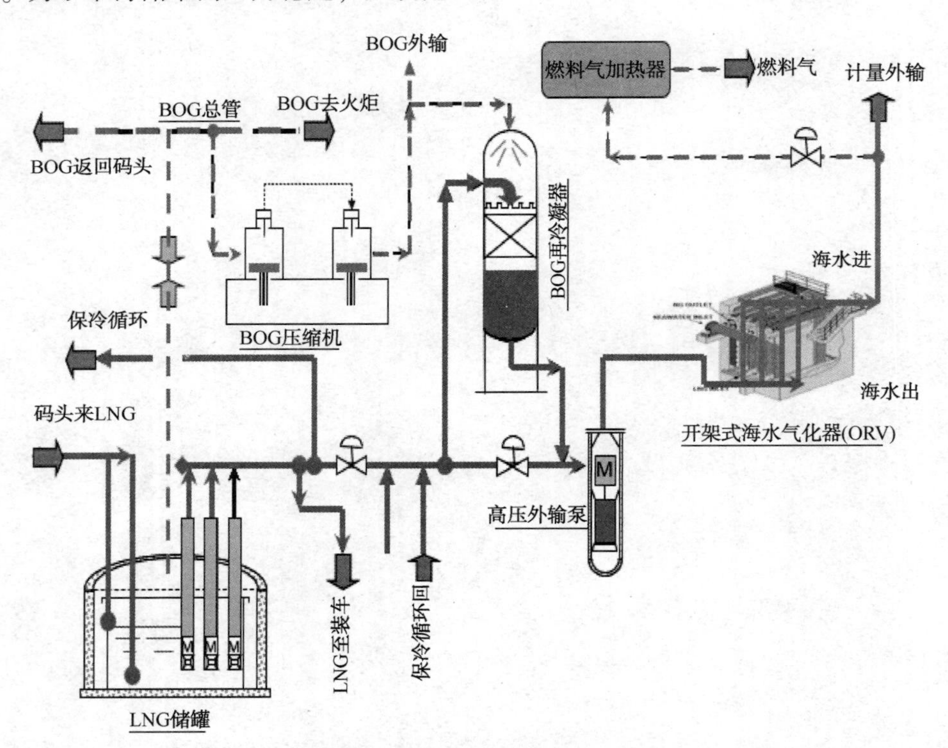

图 1　典型 LNG 接收站工艺流程图

1　BOG 压缩机结构

采用 BURCKHARD 压缩机公司设计制造的立式迷宫式往复压缩机，由曲柄机构、曲轴、连杆、十字头、导向轴承、隔离段、气缸、活塞杆、活塞、阀门等零部件组成（图 2），通过活塞的往复运动将 BOG 压缩到所需压力，具体参数如表 1 所示。压缩机为迷宫式压缩机，二列二级压缩，气缸为垂直双作用，气缸和活塞之间采用无接触迷宫密封，通过气阀和附加余隙装置实现 25%、50%、75%、100% 负荷调节。

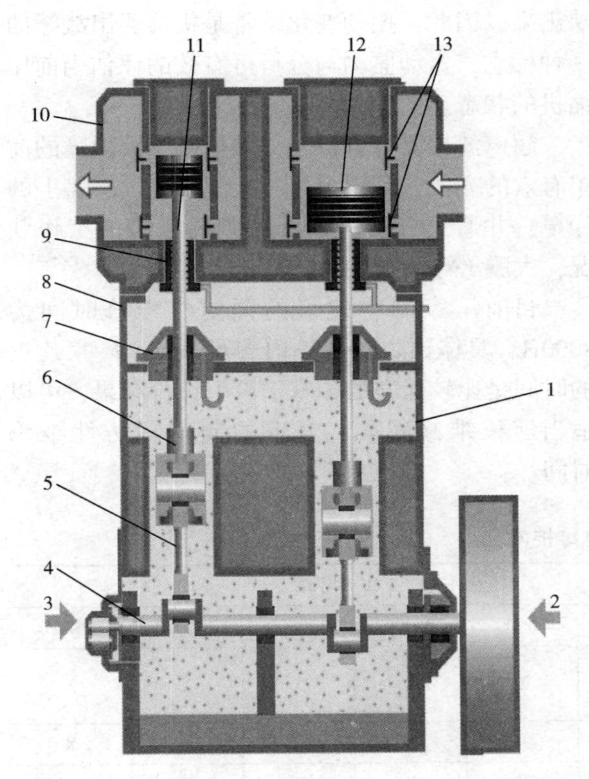

图 2　某接收站 BOG 压缩机结构示意图

1—曲柄机构；2—驱动端；3—非驱动端；4—曲轴；5—连杆；6—十字头；7—导向轴承；8—隔离段；9—活塞杆压盖；10—气缸；11—活塞杆；12—活塞；13—阀门

表 1　压缩机设计参数

参数	数值
排气量/(m^3/h)	13636
进气压力(一级/二级)/MPa	0.109/0.313
排气压力(一级/二级)/MPa	0.316/0.879
进气温度(一级/二级)/℃	-123/-48
排气温度(一级/二级)/℃	-48/37
轴功率/kW	928
转速/(r/min)	424
活塞行程/mm	300
活塞平均速度/(m/s)	4.24
气缸内径(一级/二级)/mm	Φ675/Φ465

2　BOG 压缩机完整性管理内容

BOG 压缩机完整性管理是整个生命周期内的管理活动，主要包括两方面内容：一是在投用之前正确设计和安装，二是在整个运营期间保持持续完整。

BOG 压缩机设计阶段是建立设备可靠性的主要机会，用户关心的首先是处理量的确定，单座 LNG 储罐的最大日蒸发率不超过储罐最大储存容积的 0.05%，LNG 密度按照 420kg/m^3 进行测算，一台 $16\times10^4m^3$ 的储罐 BOG 最大产生量为 1.4t/h，根据接收站储罐数量，可以确定整个接收站的 BOG 产生量，压缩机的处理能力也得以确定。第二方面是结构形式的选择，BOG 因为处理量一般选择往复式压缩机，卧式压缩机在重心低、附属管路布置支撑方便、振动噪声小、动平衡性能好、易于维护、效率高等方面有优势，立式压缩机在占地面积、易损件少、零部件寿命长、运行成本低等方面有优势。第三方面是考虑使用环境，BOG 压缩机使用环境主要为以下三个特点，一是入口温度低，最低温度可达到-120℃，二是输送介质主要为甲烷，必须采用无油润滑，三是压缩比大，一级入口为微正压，出口压力约 0.8MPa。

压缩机的使用寿命和寿命期主要取决于安装工作的质量。地基布局不当和或安装不当，会导致振动加大，从而产生问题或导致运行中断。可能产生的后果包括：管线爆裂、活塞、填料环和轴承过度磨损。BOG 压缩机的安装需要注意以下几点。

一是运输期间必须做好防腐措施，验收时检查防腐情况，存放时需放置在干燥点且避免下部进水，若长时间存放，必须充氮气保护，且控制好氮气压力。

二是地基必须按照厂商要求进行浇注，控制地基块体到建筑物距离，地脚螺栓孔采用波纹管内衬，灌浆材料建议使用水泥基或环氧树脂基灌浆材料。

三是考虑应力问题，管线施工过程中，应严格按照设计施工顺序，预留出相应管段，确保法兰面对中，法兰之间的间隙应恰好将垫片插入，避免压缩机与缓冲罐之间连接管段产生应力。

四是活塞磨合，由于气缸和活塞之间的直径间隙非常小，需特别注意迷宫活塞的磨合方式。在磨合过程中，活塞和气缸有可能互相摩擦，必须在干燥无油的氮气或干燥、无油的仪表气体中运行。磨合前要测量活塞间隙，磨合时让气温和气压保持稳定，在几个小时内逐渐增大排气压力。对排气管线中的气体进行节流，直至出口温度约等于极端条件下达到的最高预测温度。

BOG 压缩机运行期间要注重检验、测试以及预防性维修工作，以保持其完整性，目前 BOG 压缩机的检验方法主要包括油液检测与分析、振动监测与分析以及超声波检测与分析，油液检测与分析是一种常规的转动设备检验方法，检测项目包括外观、运动黏度（40℃）、水分、酸值、PQ指数以及元素分析，压缩机不同零部件材质是不一样的，通过定期分析润滑油成分，进而可以判断磨损情况和磨损零部件。福建LNG曾通过润滑油检测判断出轴瓦故障。

振动监测与分析也是一种常规的检验方法，当机器磨损、基础下沉、部件变形、连接松动时，机器的动态性能开始出现各种细微的变化，如不对中、部件磨损、转子不平衡、配合间隙增大等。所有这些因素都会在振动能量的增加上反映出来。因此，振动变化常常是机器要出故障的一种标志，振动监测与分析可有效的评估当前压缩机的状态。

超声波检测与分析是一种检测气阀故障的简单有效的方法，利用超声波检测仪测量阀盖上的噪声，并通过分析声谱图来判断气阀的工作状况，大鹏LNG进行了分析和印证[5]。

目前厂家制定建议的预防性维修时间为8000H，具体预防性维护内容见表2。厂家建议的时间是比较保守的，基于以上评价结果，可以适当延长维修间隔，合理的制定预防性维修时间。

表2　压缩机本体维护内容

维护工作	工作小时/h					
	8000	16000	24000	320000	400000	480000
放油，清洗滤油器、曲柄机构和双联滤油器。第一次在运行200小时后进行	X	X	X	X	X	X
检查吸气阀和排气阀	X	X	X	X	X	X
检查导向轴承和活塞杆之间的间隙（用塞规或千分表）	X	X	X	X	X	X
检查填料环，需要时予以更换	X	X	X	X	X	X
拆下活塞和活塞杆。检查刮油环和活塞杆表面	X	X	X	X	X	X
检查下列部件的间隙：曲轴轴承、连杆轴承、十字头销轴承和十字头（不拆除）（用塞规或千分表）		X		X		X
检查连杆螺栓的拧紧情况		X		X		X
用塞规检查活塞间隙，并检查活塞螺母的预加载力/拧紧程度		X		X		X
检查活塞顶的预紧度（直径为480mm及以上的活塞）		X		X		X
更换附加余隙控制装置的O形环和衬垫。检查薄膜式执行器活塞和密封锥，需要时请更换		X		X		X
检查挠性联轴器的对中情况		X		X		X
拆除一些曲轴轴承、连杆和十字头销轴承，进行检查（抽检）			X			X
清洗机架、气缸和油冷却器的冷却室。检查相应的衬垫	根据污垢系数和水处理情况					
检查曲轴密封（需要时予以更换）	如果轴封泄漏，每分钟漏油超过5滴					

要实现BOG压缩机完整性管理，数据采集是基础，包括建设期和运行期数据。建设期数据主要包括设计文件、施工过程资料、施工安装图纸、竣工验收资料等，运行期数据主要包括运行数据、维护保养检修数据、检测分析数据、失效数据、备品备件数据、经济数据等。

要实现BOG压缩机完整性管理，体系是关键，必须建立相应配套的完整性管理体系，制定合理的管理流程、范围清楚、职责明确，各个完整性管理环节配备相应的人员、检测工具、维修工具及备品备件，要制定相应的监督考核机制，确保贯彻实施，要建立效能评价机制，不断完善提高完整性管理。

3　结论

LNG接收站完整性管理尚未形成统一的技

术标准。主要问题是 LNG 接收站设备种类繁多，完整性管控手段、技术方法还不系统，不成熟，设备设施完整性的管控流程尚未建立，智能化与运行技术脱节，智慧平台建设的数据标准、技术标准仍然没有建立，制约了接收站完整性管理的实施，本文以 BOG 压缩机为例，简单介绍了完整性管理内容，后续随着技术发展，完整性管理内容会更加完善，大型 LNG 储罐等资产的完整性管理也在探索，相信随着国家管网集团的成立，集合各家 LNG 接收站成果，在不久的将来会形成 LNG 接收站完整性管理标准。

参 考 文 献

[1] 王洪飞. LNG 接收站 BOG 压缩机的选型及应用[J]. 内燃机与配件，2019，000(010)：63-66.
[2] [美]Center for Chemical Process Safety. 资产完整性管理指南[M]. 刘小辉，许述剑，屈定荣等. 北京：中国石化出版社，2019.3：3.
[3] 韩荣鑫，韩廷忠. LNG 接收站 BOG 压缩机的选用[C]. 第三届全国油气储运科技、信息与标准技术交流大会，2013.
[4] 陈实. 浅谈油液分析技术在站场完整性管理中的应用[J]. 化学工程与设备，2019，11：40-41.
[5] 周健成. 低温天然气往复式压缩机气阀故障判断的新方法[J]. 中国设备工程，2010，5：58-59.
[6] 董绍华. 中国油气管道完整性管理 20 年回顾与发展建议[J]. 油气储运，2020，39(3)：241-261.
[7] 付子航，单彤文. 大型 LNG 储罐完整性管理初探[J]. 天然气工业，2012，3：86-93.

新疆油田管道内腐蚀高风险位置预测的研究

张　茹　李远朋　侯丽娜　杨龙斐　哈丽旦木　马松华　赵明辉

（中国石油新疆油田公司实验检测研究院）

摘　要　针对油田管道内腐蚀问题，结合油田管道的服役特点，对油气集输管道腐蚀计算模型的优缺点进行比选，在de Waard模型基础上，增加H_2S影响因子、油影响因子及流型影响因子的修正，同时借助多相流模型、温降模型和压降模型得出实际流动状态下管道沿里程的腐蚀速率，形成新疆油田管道内腐蚀高风险位置预测模型。开发腐蚀速率预测软件，用以计算管道在特定工况下的腐蚀速率和腐蚀位置，为管道完整性评价提供内腐蚀防护策略，指导油田及时调整工艺，保障油田的安全生产。

关键词　高风险，腐蚀速率，预测，de Waard模型，腐蚀机理

新疆油田集输管道数量大，类型多样，在生产过程中面临的腐蚀工况差异较大，给管道的腐蚀管理带来很大难度。新疆油田实际存在大量不具备内检测条件的管道，而腐蚀和失效多有发生，据统计，管道外腐蚀失效占比39%，管道内腐蚀失效占比52%，其他失效占比9%。针对这类内腐蚀管道，目前尚未找到适宜的检测方法，而多为在管道地势低洼处进行开挖验证，开挖验证位置选择依赖专家经验而缺乏必要的科学性，开挖验证工作量大。因此，有必要构建管道内腐蚀高风险位置预测，并指导现场内腐蚀检测修复工作。

本文针对建设期集输管道，结合油田的实际地域位置与管道服役环境特点，开展管道腐蚀原因分析，明确管道腐蚀机理、腐蚀主控因素，最终形成油田集输管道建设期腐蚀速率预测模型。

1　管道腐蚀速率预测模型的比选

腐蚀预测模型发展至今可分为经验型、半经验型和机理型。经验型预测模型依赖于实验室试验结果，半经验型预测模型结合了实验室结果和油田现场数据，而理论型预测模型既与实验室结果无关，也与数据无关。腐蚀预测模型最核心的因素包括pH值、腐蚀产物保护性的影响、油润湿的影响、H_2S的影响和与多相流流动性能的关系等。不同的腐蚀预测模型考虑的影响因素不同，并且对相同的影响因素的考虑程度也不同，因此各模型对同一个腐蚀环境的预测结果也会不同。而国内外油气田及长输管道的腐蚀环境也是很复杂的，现有的模型尚难以直接应用于某个油田。因此，对于新疆油田需结合其实际情况，构建适用的模型，以更有效地指导新疆油田的内腐蚀管理工作。具体见表1。

表1　腐蚀预测模型

经验型	半经验型	机理型
Norsok模型	Shell公司的de Waard模型	Ohio大学的Nesic模型
CorrOcean公司的Corpos模型	BP公司Cassandra模型	Ohio大学的Jepson模型（多相流条件）
Nesic的NN模型	Intercorr公司的Predict模型	Sun W建立的H_2S/CO_2均匀腐蚀机理模型
Khajotia的DB模型	Intetech公司的ECE模型	Nesic建立的Freecorp模型

半经验模型是目前应用较多的一种预测模型，其先建立简单的具有一定物理意义的机理模型表达式，然后对其他未知参数进行类似经验型腐蚀速率预测模型建立时采用与实验室和现场数据进行数学拟合来得到最终的模型表达式。de Waard模型应用最为广泛，具体模型比选见表2。

表2　腐蚀预测模型比选

模型名称	类型	优　点	缺　陷
de Waard模型	半经验型模型	包含了与流速无关的腐蚀反应动力学过程和与流速有关的传质过程；在低于80℃时，模型预测与环流实验的结果吻合性较好	原油的影响因子较为简单；预测结果比较保守；未考虑H_2S和局部腐蚀的影响

续表

模型名称	类型	优 点	缺 陷
ECE 模型	半经验型模型	考虑了结垢、H_2S、原油、冷凝物、乙二醇以及缓蚀剂等影响因素	膜保护性作用很弱
Predict 模型	半经验型模型	管道沿里程方向的多点腐蚀预测方面具有一定的优势	pH 高于 4.5~5 预测较低的腐蚀速率
Norsok 模型	经验型模型	考虑腐蚀产物膜的保护作用	对介质 pH 值比较敏感，导致在高的温度和 pH 值下，预测的腐蚀速率比较低

2　管道腐蚀速率预测模型的构建

现有的腐蚀预测模型通常仅能给出特定工况特定位置的单点腐蚀速率值，而对于油气输送管道，我们更关注管道沿线的腐蚀速率变化情况，从而基于管道沿里程的腐蚀速率曲线，并结合一定的腐蚀原因分析，筛选出腐蚀严重的位置，重点地进行腐蚀管控[3]。基于上述需求，构建新疆油田管道腐蚀预测模型。

管道敷设通常由于地形的变化存在一定的高程起伏，而高程的变化往往会导致输送介质流态的变化，这就需要在软件中嵌入多相流模型，用以预测管道沿线的流态变化。随着管道里程的延长，加之不同里程位置多相流参数的变化，管道中输送介质的温度和压力通常随里程发生变化，需要通过温降模型和压降模型来预测管道沿线温度和压力的变化。

该模型中同时嵌入腐蚀预测模型、多相流模型、温降模型和压降模型。通过油气水分析测试数据和管道运行基本参数，利用腐蚀预测模型预测管道入口/出口的基础腐蚀速率 V_o。同时考虑温降模型和压降模型，根据入口/出口温度压力计算得出管道沿里程温度、压力变化趋势。在该温度压力的基础上得出管道沿里程的基础腐蚀速率。由于新疆油田油气管道管输介质往往具有含 H_2S、油气水多相混输等特点，因此，需要在基于公开的腐蚀速率预测模型所确定的基础腐蚀速率之上，额外考虑 H_2S、原油和流型等因素对管道腐蚀速率的影响，即增加 H_2S 影响因子、油影响因子及流型影响因子，以使预测的腐蚀速率更接近实际情况。其中流型的影响需借助多相流模型进行沿线流型的变化。计算流程见图 1。

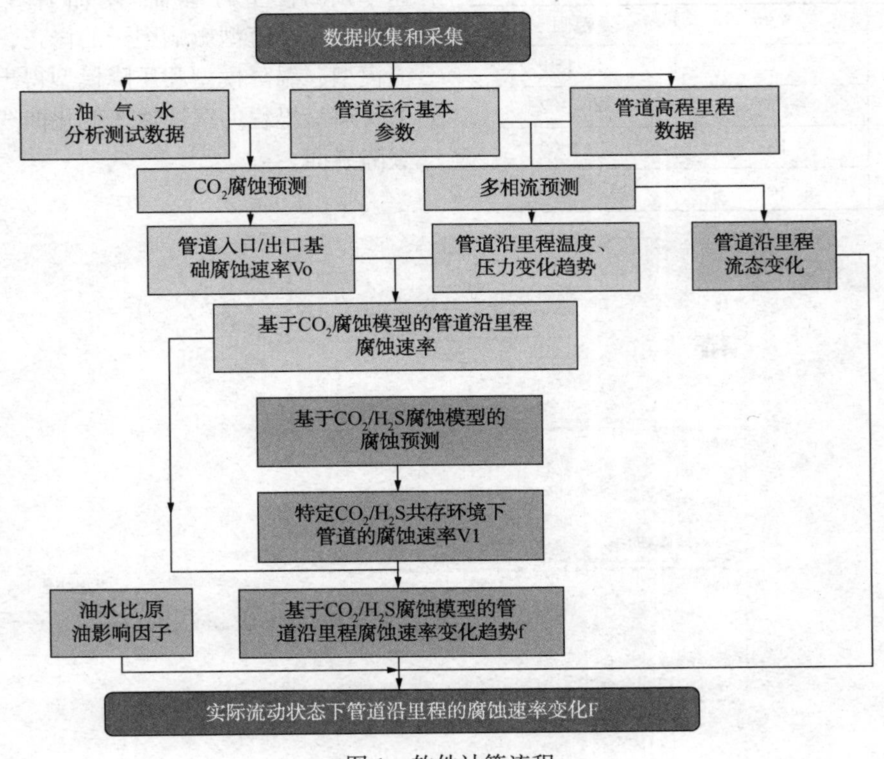

图 1　软件计算流程

腐蚀预测模型基于以下公式：

（1）t = 20℃，40℃，60℃，80℃，90℃，120℃，150℃时：

$$V_{cor}=K_t \times f_{CO_2}^{0.62} \times \frac{S^{0.146+0.0324\log(f_{CO_2})}}{19} \times f(\mathrm{pH})_t$$

（2）t=15℃时：

$$V_{cor}=K_t \times f_{CO_2}^{0.36} \times \frac{S^{0.146+0.0324\log(f_{CO_2})}}{19} \times f(\mathrm{pH})_t$$

（3）t=5℃时：

$$V_{cor}=K_t \times f_{CO_2}^{0.36} \times f(\mathrm{pH})_t$$

式中，K_t是与温度和腐蚀产物膜相关的常数；S是管壁切应力；f_{CO_2}是 CO_2逸度；$f(\mathrm{pH})$是溶液pH影响因子。

该模型计算不同温度、pH 值、CO_2逸度和表面剪切力下，CO_2水溶液中碳钢的经验腐蚀速率。它是基于5~160℃腐蚀实验结果建立的，适用于不同温度、CO_2逸度、pH 值和表面剪切力。所需数据及适用范围见表3。

该模型未考虑 H_2S 对腐蚀的影响、油对腐蚀的影响及流型对腐蚀的影响。对于新疆油田的腐蚀预测，需在以上基础腐蚀速率预测模型的基础上增加 H_2S 影响因子、油影响因子及流型影响因子。

表3　所需数据表

参数	单位	范围
温度	℃	5~150
	℉	68~302
总压力	bar	1~1000
	psi	14.5~14500
总流量	kmole/h	10^{-3}~10^{6}
CO_2逸度	bar	0.1~10
	psi	1.45~145
	mole%	可变
	kmole/h	可变
表面剪切力	Pa	1~150
pH		3.5~6.5
乙二醇浓度	Weight%	0~100
缓蚀效率	%	0~100

另外，管道沿线各点因温度、压力、流态等的变化而面临不同的腐蚀工况，从而造成管道沿线腐蚀速率有所不同。若想实现对管道沿线各点的腐蚀速率预测，需增加温降模型、压降模型及流态预测模型，以对沿线的温度、压力及流态进行预测[3]。

3　管道腐蚀速率预测软件的开发

3.1　腐蚀速率预测软件的建立

根据已经建立的管道腐蚀速率预测模型，开发了管道腐蚀速率预测软件。此软件以基础腐蚀速率预测模型为基础，增加 H_2S 影响因子、油影响因子及流型影响因子的修正，同时借助多相流模型、温降模型和压降模型得出实际流动状态下管道沿里程的腐蚀速率变化曲线。图2为软件登陆界面。

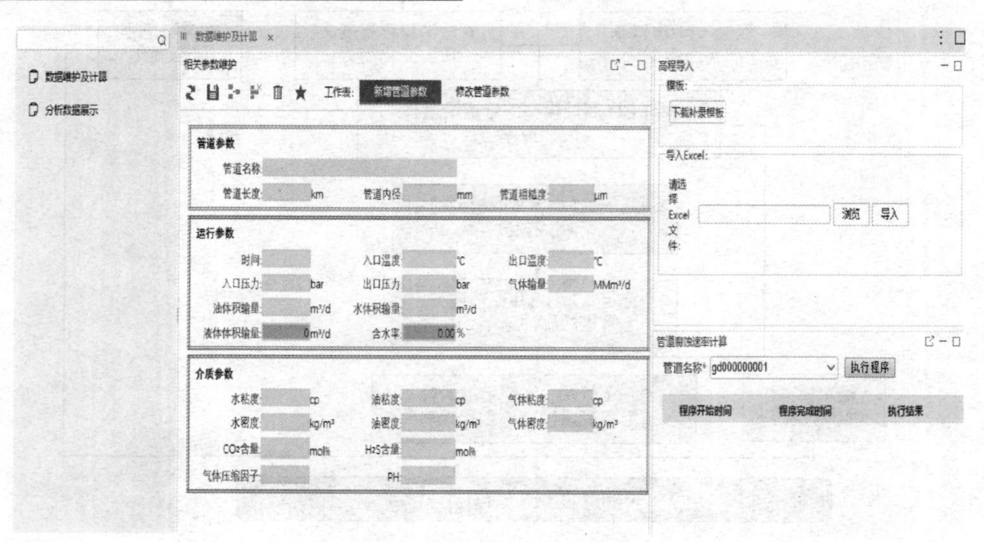

图2　腐蚀速率预测软件

3.2 腐蚀预测所需参数及获取方法

腐蚀速率预测的准确性很大程度上取决于输入参数的准确性，通常腐蚀速率预测需要依托于管道基本信息、管道运行工艺参数及管道输送介质参数。具体如下。

（1）管道基本信息：管道高程、管道长度、管道内径、管道粗糙度等。

（2）管道运行工艺参数：入/出口温度、入/出口压力、气体输量、油体积输量、水体积输量等。

（3）管道输送介质参数：水黏度、水密度、油黏度、油密度、气体黏度、气体密度、CO_2含量、H_2S含量、气体体积压缩因子、pH、HCO_3^-、SO_4^{2-}等。

（4）管道的基本信息通常在建设期即可确定，该部分参数可在设计文件及竣工文件中获取。若运营期发生改线或换管需及时更新数据并做好存档。

（5）管道运行工艺参数，设计期确定管道的设计压力、设计温度、设计输量等并存档。运营期每天记录管道入/出口温度、入/出口压力、气体输量、油体积输量、水体积输量等，形成生产日报并存档。

（6）管道输送介质参数可通过运营期定期取样检测油样、气样、水样、沉积物等获取，建议委托专业机构进行检测并分析存档。

4 应用实例

取新疆油田某条集输管道为例，计算该管道的腐蚀速率。计算过程如下。

已知管道运行参数：管道长度3km，管径149mm，管道粗糙度为50μm，入口温度为40℃，出口温度为30℃，入口压力为2.32pa，气体输量为0.0097MMm³/d，液体输量为2259m³/d，含水率为14.56%。

管道介质参数如下。

依据腐蚀速率预测模型公式：水黏度1cp，油黏度1.1cp，气体黏度0.03cp，水密度1024kg/m³，油密度850kg/m³，气体密度2.277kg/m³，CO_2含量62.07mol%，H_2S含量62.07mol%，气体压缩因子为0.9，pH值6。

$$F_{H_2S}=f(T)f(P_{CO_2})f(P_{H_2S})$$

$$v_{sg}=\text{STP Flow Rate}\times T\times ZP_{STP}/(P\times T_{STP}\times\pi\times D^2/4)$$

$$P_{STP}=0.101325\text{MPa},\ T_{STP}=273\text{K}$$

理论计算出管道沿线高程腐蚀速率，给出重点关注的管道高程、里程位置（表4）。

表4　管道沿线高程腐蚀速率表

Flow Regime	Segment#	里程/m	高程/m	坡度/(°)	压力/MPa	温度/℃	表观气速/(m/s)	表观液速/(m/s)	腐蚀速率/(mm/a)	重点关注位置
段塞流	1	65	98.994	0.495	0.232	39.213	1.545	1.499	0.311	是
气泡流	2	151	98.734	−0.173	0.217	38.957	1.598	1.499	0.144	是
气泡流	2	312	98.537	−0.070	0.214	38.048	1.606	1.499	0.140	
段塞流	3	400	99.1	0.367	0.201	38.933	1.662	1.499	0.261	
段塞流	3	566	99.162	0.021	0.217	37.988	1.595	1.499	0.284	是
段塞流	3	650	99.393	0.158	0.202	38.982	1.659	1.499	0.263	
气泡流	4	736	99.313	−0.053	0.218	38.957	1.594	1.499	0.144	是
段塞流	5	825	99.38	0.043	0.218	38.921	1.595	1.499	0.288	是

5 结论及建议

（1）通过管道腐蚀预测模型的对比，选出半经验de Waard模型为腐蚀速率基础模型。

（2）在de Waard模型基础上，增加H_2S影响因子、油影响因子及流型影响因子的修正，同时借助多相流模型、温降模型和压降模型得出实际流动状态下管道沿里程的腐蚀速率，形成新疆油田管道内腐蚀高风险位置预测模型。

（3）开发了管道腐蚀速率预测软件，网页版无需单独更新安装客户端，维护成本低，便于二次开发，在数据安全的权限范围内，共享便于内腐蚀评价工作的开展。

（4）建议：管道建设期设计阶段建议从管道完整性管理的理念出发，前瞻性地考量和评估管道剩余寿命预测相关参数的获取方式，包括检测位置、检测方法和检测频次等。而设计阶段的腐蚀管控应从工艺参数设计、防腐工艺设计、腐蚀监检测设计、腐蚀速率预测和壁厚确定等方面开展。其中，腐蚀速率预测是腐蚀管控的关键工作之一，所以结合油田的实际工况构建适用于各油田管道的腐蚀速率预测模型，用以预测管道在特定工况下的腐蚀速率，找到腐蚀的具体位置，指导油田集输管道的完整性评价，保障油田的安全生产。

参 考 文 献

[1] 吴丽丽. 油气集输管道腐蚀及防腐分析[J]. 全面腐蚀控制，2019，33(05)：78-79，107.

[2] 张波，马永明. 原油集输管道腐蚀影响因素研究与分析[J]. 化学工程与装备，2018(03)：54-55+58.

[3] 夏俏健，高辉，高长征，等. 基于 PCA-SVM 的油气管道腐蚀速率预测技术研究[J]. 油气田地面工程，2020，39(04)：74-78.

[4] 倪威. 基于海管内腐蚀直接评价的海管完整性管理建议[J]. 中国设备工程，2020(02)：41-42.

新疆油田集输管道风险评价技术研究

杨龙斐 李远朋 哈丽旦木 张 茹 侯丽娜 闫 伟 吴 凡

（中国石油新疆油田公司实验检测研究院）

摘 要 为有效保障新疆油田集输管道安全运行，降低失效概率，避免重大安全事故，提出一种基于集输管道失效事故统计分析的安全风险评价方法。该方法通过集输管道失效模型建立新疆油田集输管道风险评价指标体系，基于肯特法建立新疆油田集输管道风险计算模型；为了评价结果的准确性和适应性，建立了失效可能性指标权重统计模型，并采用信息熵方法实现失效可能性分值计算，利用上述风险分析方法对新疆油田四种不同介质的集输管道进行实证分析。研究结果表明：该方法能够较为准确的评价集输管道风险，评价结果符合新疆油田集输管道的实际情况。方法对集输管道风险评价研究具有指导作用。

关键词 集输管道，失效，风险评价，安全，体系

管道风险评价是指识别对管道安全运行有不利影响的危害因素，评价事故发生的可能性和后果大小，对风险大小进行计算并提出风险控制措施的分析过程。新疆油田目前正在积极推进管道完整性管理工作，风险评价是完整性管理的重要环节，是开展管道完整性检测和评价的基础。新疆油田目前现有集输管道一万六千多公里，约占管道总长的 80%，这些管道途经沙漠、戈壁，穿越铁路、公路、国道、树林、风景区等，地形地貌复杂。但截止现在集输管道风险分析活动尚无标准，根据国家对管道完整性的要求及股份公司制定的西部油田集输管道完整性管理规划，三年内完成所有管道的风险评价。因此，迫切需要结合新疆油田自身地域特点，制定新疆油田风险评价导则，指导现场开展风险评价工作，保证管道完整性管理工作的顺利进行。

目前油气管道风险评价多针对油气长输管道及管网，对于油田集输管道风险评价研究较少，根据集输管道破坏因素，国内外展开了集输管道风险评价方法研究。马鑫基于集输管道沿线环境、工艺复杂等特点，对风险评价指标体系及权重选取方法进行研究。张照宏利用事故树分析法(FTA)对集输管道失效原因进行分析，并综合考虑了设备故障率及人的行为可靠系数。章博利用腐蚀泄漏风险定量预测应用计算流体动力学(Computational Fluid Dynamics，CFD)方法对集输管道泄漏后果进行预测，并考虑了直观和客观性对腐蚀指数风险评估结果的影响。

风险评价技术在长输管道的应用已相对完善，已有成熟的风险评价指标体系和评价标准，实现了相对准确的评价管道安全性能，也为在集输管道的应用提供了借鉴。由于集输管道的特殊性(管径较小、管壁较厚、内压较低、输送距离较短、多管道呈枝状特点、内腐蚀严重、远离人居、维护更换难度小等)，若直接采用长输管道评价模式，会导致评价成本高、准确度低等缺点。以新疆油田集输管道为对象，构建一种适合集输管道特点的安全风险体系性评价框架，以实现低成本的快速评价，为保障油田集输管道的安全运行奠定科学基础。

1 集输管道失效因素分析

根据集输管道特点并结合新疆油田集输管道实际情况，采用故障树与事件树分析方法对油田集输管道进行危害因素和事故后果分析，建立新疆油田集输管道失效的 Bow-tie 模型，详见图 1。模型左侧是以新疆油田集输管道失效影响因素为顶事件，以第三方破坏、腐蚀、设计、误操作为中间事件，模型右侧为集输管道失效后果。Bow-tie 模型中的事件(表 1)为建立失效可能性指标体系提供基础。

根据 Bow-tie 模型建立新疆油田集输管道风险评价指标体系。以输油管道为例，将 Bow-tie 模型中的顶事件转化为具体指标，并结合层次分析法赋予每个失效可能性指标(表 2)和失效后果指标(表 3)相应权重。

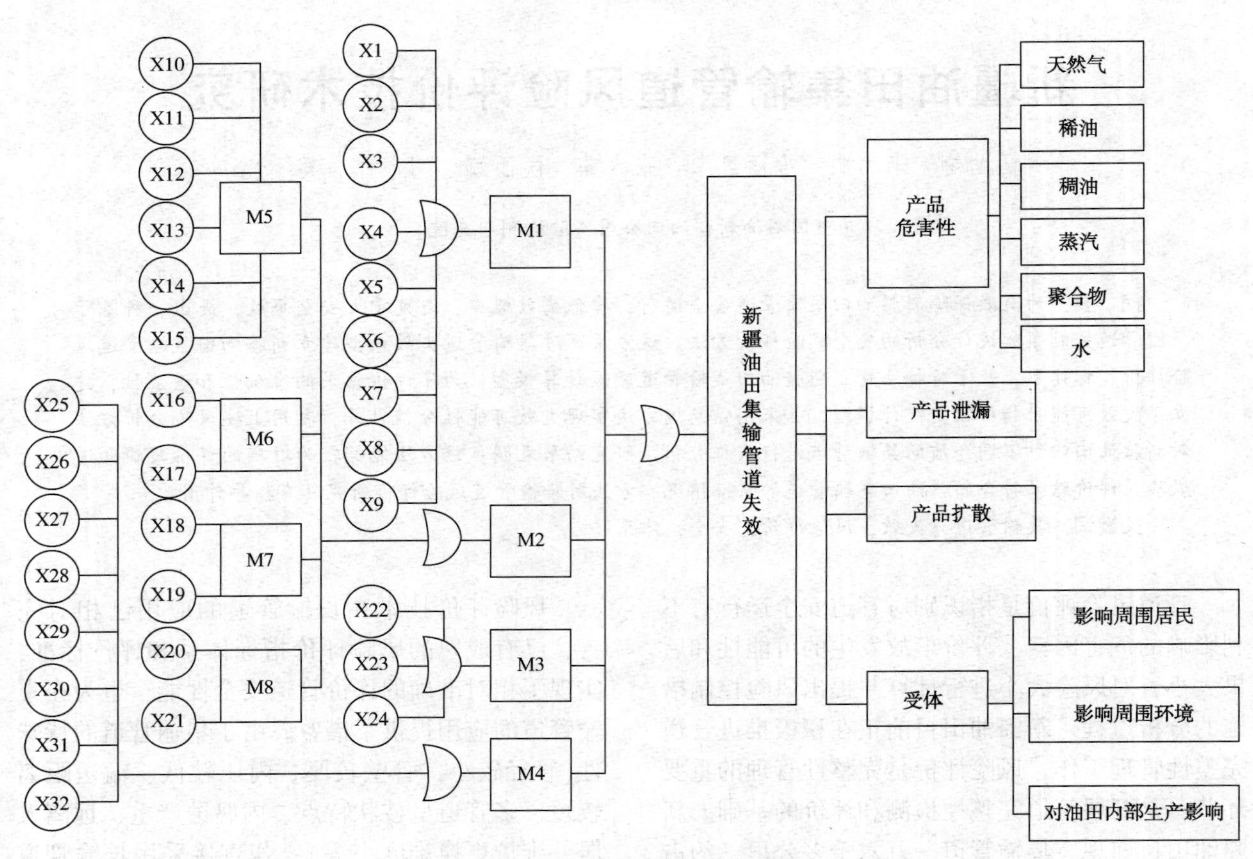

图 1　新疆油气田集输管道失效 Bow-tie 模型

表 1　事件表

事件代号	事件	事件代号	事件	事件代号	事件
M1	第三方破坏	X7	存在野生物破坏	X21	腐蚀检测不规范
M2	腐蚀	X8	农业生产活动频繁	X22	管道设计安全系数低
M3	设计	X9	巡线不规范	X23	管道沿线高程变化大
M4	误操作	X10	土壤电阻率小	X24	存在洪涝、风灾、地震等自然灾害
M5	外腐蚀	X11	土壤 PH 小	X25	操作压力大
M6	内腐蚀	X12	机械腐蚀严重	X26	安全系统失效
M7	其他腐蚀	X13	外部涂层破损	X27	设备运行规程不完善
M7	腐蚀检测	X14	阴极保护失效	X28	通讯及数据传输系统不及时
X1	管段埋深不足	X15	大气腐蚀严重	X29	职工培训不规范
X2	线路标志不完善	X16	介质腐蚀性严重	X30	维护文件记录不完整
X3	地面装置保护不足	X17	内腐蚀防护失效	X31	维护方式不正确
X4	建筑设施不规范	X18	管材抗腐蚀能力弱	X32	维护规程不完善
X5	建设活动频繁	X19	服役时间长		
X6	交通活动频繁	X20	腐蚀失效历史多		

表 2　失效可能性指标

一级指标	二级指标	一级指标	二级指标
第三方破坏（100 分）	管段最小埋深(28 分)	腐蚀(100 分)	外腐蚀（稠油 26 分）（稀油 16 分）（天然气 42 分）（水 26 分）（蒸汽 26 分）
	地面设施(30 分)		
	活动水平(22 分)		
	巡线效率(20 分)		
设计(100 分)	管道安全设计系数(34 分)		
	管道沿线的高程变化情况(30 分)		内腐蚀（稠油 48 分）（稀油 58 分）（天然气 32 分）（水 48 分）（蒸汽 48 分）
	自然灾害分值确定方法(36 分)		
误操作(100 分)	设计误操作(24 分)		
	运营误操作(36 分)		
	维护误操作(40 分)		
腐蚀(100 分)	腐蚀检测(9 分)		其他腐蚀因素(17 分)

表 3　失效后果指数

二级因素	建议权重	三级因素	建议权重
产品危害性指数	41		
泄漏量指数	8 LV=可能泄漏量×(检测技术+切断系统有效性)/12	可能泄漏量	8
		历史检漏时间	10
		切断系统有效性	2
扩散系数	15		
受体	28	人口密度	6
		环境敏感性	12
		管道失效多油田内部的影响	10

2　集输管道风险计算方法

2.1　计算模型

按照评价体系中的评分准则，对评价管段进行打分，按照公式(1)~公式(3)综合失效可能性和失效后果，得到评价管段的风险值。

$$L_i=A_1L_{第三方破坏}+A_2L_{腐蚀}+A_3L_{设计}+A_4L_{误操作} \tag{1}$$

$$C_i=\frac{k_w+LV+D}{64}\times\frac{S}{28} \tag{2}$$

$$R_i=L_i\times C_i \tag{3}$$

式中，L_i 代表的是管段 i 的失效可能性，主要考虑泄漏和破裂两种失效形式。失效可能性模型计算了由运行状况、管道敏感的环境和管道自身状况中的一种或多种危害所导致的管道失效的可能性。其中，$L_{第三方破坏}$，$L_{腐蚀}$，$L_{设计}$，$L_{误操作}$ 分别代表由第三方破坏、腐蚀、设计和误操作引起的失效可能性指数，表征引起管段失效的第三方破坏、腐蚀、设计和误操作等不良事件发生的可能性大小。而系数 A_1、A_2、A_3、A_4 分别表示第三方破坏、腐蚀、设计和误操作等四类不良事件对诱发管道事故发生的相对重要程度，即相对权重。在本方法中，各类不良事件的失效可能性指数为 0~100，由于 $A_1+A_2+A_3+A_4=1$，则失效可能性指数的范围也是 0~100。

C_i 代表的是管段 i 的失效后果，失效后果是通过泄漏(失效事件中泄漏的概率)和破裂(失效事件中的破裂的概率)来评定。失效后果依赖于输送产品类型和管道位置。泄漏和破裂失效后果影响大小取决于输送产品类型、管道位置、管道尺寸、操作压力与实际压力的比值、人口密度等因素。失效后果指数的范围为 0.3751~1，则风险值的范围为 0~100。

2.2　权重分析

对新疆油田近 5 年的管道失效数据进行统计分析，确定不同区域、类型管道的风险因素和占比。

(1) 失效可能性分析：油气田集输管道风险评价方法是将造成管道事故的失效可能性指标分

为四大类，即第三方破坏、腐蚀、设计和误操作，同时这四项指标评分均为100分，考虑到各指标对诱发管道事故发生的相对重要程度不同，取第三方破坏占比为12%，腐蚀占比为80%、设计占比为3%、误操作占比为5%，失效可能性总分最高为100分，其指数分在0~100分之间。

（2）失效后果分析：造成管道事故的失效后果指标主要分为四大类：产品危害性指数、泄漏量指数、扩散系数和受体，产品危害性指数为41分，泄漏量指数为8分，扩散系数为15分，受体为28分，受体包括人口密度、环境敏感性和管道失效对油田内部影响，为表征管段泄漏和断裂的后果损失大小，对四项失效后果指标进行综合运算，其指数分在0.3751~1之间。

3　集输管道风险分级方法

3.1　管道风险量化分级技术

根据新疆油田风险可接受性，计算风险标准界定值，形成风险量化分级技术。

风险标准值界定：

风险可接受性的临界值由管段风险可接受性临界状态来决定，这里设定可接受风险临界状态和不可接受风险临界状态分别为 R_{C1} 和 R_{C2}。

可接受分析阈值 R_{C1} 可表示为：

$$R_{C1}=a_i\times L_{C1}\times C_{C1} \quad (4)$$

不可接受分析阈值 R_{C2} 可表示为：

$$R_{C2}=a_i\times L_{C2}\times C_{C2} \quad (5)$$

L_{C1} 和 C_{C1} 分别为可接受风险临界状态时的失效可能性值与失效后果值；L_{C2} 和 C_{C2} 分别为不可接受风险临界状态时的失效可能性值与失效后果值；a_i 为失效可能性调整系数（管道安全设计系数）

管段失效可能性临界值由所有失效影响因素的临界状态所对应的指数值经过公式计算换算确定，而失效后果临界值则由失效后果等级的临界状态所对应的分值确定。

根据前期研究成果和现场调研结果，以及管道设计安全系数可得，可接受风险阈值 $R_{C1}=a_i\times L_{C1}\times C_{C1}=a_i\times 24$，不可接受风险阈值 $R_{C2}=a_i\times L_{C2}\times C_{C2}=a_i\times 52$；其中，$a_i$ 由管道设计安全系数决定，Ⅰ类风险控制区对应的设计安全系数 $a_1=0.8$；Ⅱ类风险控制区对应的设计安全系数 $a_2=0.72$；Ⅲ类风险控制区对应的设计安全系数 $a_3=0.6$；Ⅳ类风险控制区对应的设计安全系数 $a_4=0.5$；Ⅴ类风险控制区对应的设计安全系数 $a_5=0.4$。

3.2　风险分级

相对风险是基于各管段失效可能性指数与失效后果的乘积。依据管道风险值的大小，将风险分为低风险（0，25.41）、中等风险［25.41，52.89）、高风险［52.89，100］三个等级水平，并按照管道所处地区等级的不同，依据GB 50251—2015《输气管道工程设计规范》中各地区等级安全系数加以量化，对风险可接受等级进行区分，各地区等级的安全系数及风险分级见表4，可依据实际情况调整。

表4　风险可接受等级

地区等级	安全系数	风险可接受等级		
		低风险	中等风险	高风险
一级一类地区	0.8	（0，20.33）	［20.33，42.31）	［42.31，100］
一级二类地区	0.72	（0，18.30）	［18.30，38.08）	［38.08，100］
二级地区	0.6	（0，15.25）	［15.25，31.73）	［31.73，100］
三级地区	0.5	（0，12.71）	［12.71，26.45）	［26.45，100］
四级地区	0.4	（0，10.16）	［10.16，21.16）	［21.16，100］

4　集输管道风险分级策略

4.1　风险评价策略

集输管道由于管道数量多、特性差异小，如果逐条开展风险评价工作量较大，因此，按照介质类型、压力和管径等因素，将集输管道划分为Ⅰ、Ⅱ、Ⅲ类管道。Ⅰ、Ⅱ类管道逐条进行评价，并按以下要求进行分段，Ⅲ类管道可采取逐条评价或者区域划分后选取具备代表性的典型管道进行评价，原则上不用进行分段。

一般地，按如下几类重要状态变化分段：

（1）按照地区等级进行管段划分。

(2) 按照敷设方式进行管段划分。

(3) 按照土壤类型进行管段划分。

(4)按照高后果区进行管段划分。

(5) 按照其他关键属性进行管段划分，其他关键属性指考虑防腐层类型、管道使用年限、管道压力、管道规格、敷设方式等管道的关键属性数据。

4.2 风险评价流程

风险评价流程包括数据整理，Ⅰ、Ⅱ类管道分段及Ⅲ类管道区域评价管道选取、风险计算、风险分级等几部分，管道风险评价流程见图 2。

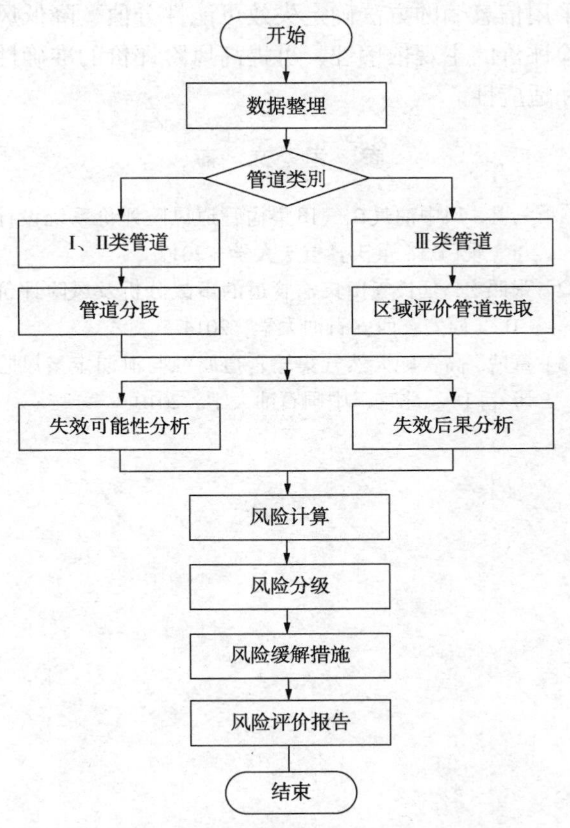

图 2 油气田集输管道风险评价流程图

5 计算实例

对某条输油集输管道进行风险评价，首先对管道的基本信息进行整理，并基于整理情况和管道分段原则对管道进行分段，从第三方破坏、腐蚀、设计、误操作以及失效后果方面对油气田集输管道风险评价体系进行评分。

参考油气田集输管道风险评价体系对第三方破坏、腐蚀、设计及误操作进行评价，评分结果如下：

第三方破坏：

管道最小埋深：覆土厚度：150cm；

得分：14

标志桩内容：标志桩上有较完善的对外信息和警示用语； 得分：6

线路标志完好程度：80%以上标志桩完好；

得分：2

地面装置保护：地面装置与公路的距离大于60m； 得分：1

地面建筑设施：不存在建筑设施； 得分：2

建设活动：无； 得分：2

交通活动：管道附近有油气田交通支道；

得分：4

野生物活动：有野生物活动； 得分：4

农业生产活动：无； 得分：0

巡线频率：每周一次； 得分：9

巡线方式：巡检一些建设、挖掘频繁的管段。

得分：5

则 第三方破坏指数值为： 49 同理，假设计算得到

腐蚀指数 70

设计指数 19

误操作指数 32

则可以得到为

失效可能性指数和(按照 9.1 相对权重)= $49\times0.12+70\times0.8+19\times0.03+32\times0.05=64.05$

得分：64.05

管道泄漏影响系数。

参考油气田集输管道风险评价体系对产品危害性指数、泄漏量指数、扩散系数及受体指数进行评价，评分结果如下：

产品危害性指数 kW：稀油 得分：38

泄漏量指数 LV=可能泄漏量×((应急响应时间+切断系统有效性)/12)= $4\times(7+1)/12=2.67$

得分：2.67

可能泄漏量：≤1t 得分：4

历史检漏时间：8h<应急响应时间≤16h

得分：7

切断系统有效性：切断系统或手动切断装置反应较迅速，从未发生过失效 得分：1

扩散系数 D：可能泄漏处土壤为泥沙、淤泥、黄土、黏泥及沙石 得分：12

受体指数 S=人口密度+环境敏感性+供应中断对下游用户的影响= $3+8+7.5=18.5$

得分：18.5

人口密度：可能泄漏处为一级一类地区

得分：3

环境敏感性：可能的泄漏处无特殊的环境损害

得分：8

管道失效对油田内部影响：井-计、计-井、供水及注入支线

得分：7.5

则泄漏影响系数：$C_i=\frac{k_w+LV+D}{64}\times\frac{S}{28}=0.5437$

则相对风险值：$R_i=L_i\times C_i=64.05\times 0.5437=34.82$

管道所处地区类别为一级一类地区，参考依据地区类别不同的风险可接受等级，可知一级一类地区的低风险为(0，20.33)，中等风险为[20.33，42.31)，高风险为[42.31，100]，通过上述管道风险值可知该管段为中等风险。

6 效果

研究成果目前已在新疆油田全面推广应用，完成各类管道风险评价二万公里，评价结果结果基本符合新疆油田现状，通过集输管道风险评价技术研究，降低了风险评价工作量和检、维修成本以及人工管理成本，指出了资金投入和管理方向，为管线的正常运行提供科学指南，做到预知性维护管理，实现了管道运行维护管理的科学化决策。

7 结论

(1) 根据新疆油田集输管道失效事故统计分析建立集输管道失效蝴蝶结模型，包括第三方破坏、腐蚀、设计、误操作及失效后果，确定了风险评价指标体系并赋予每项指标相应权重，由此实现了集输管道的风险评价。

(2) 构建了失效可能性指标权重统计模型，采用信息熵的方法确定失效可能性分值，降低风险评价的主观依懒性，可提高风险评价的准确性和适应性。

参 考 文 献

[1] 马鑫. 川中油气矿气田集输管道风险评价系统设计与实现[D]. 重庆：重庆大学，2017.

[2] 张照宏. 延长气田集输管道的事故分析及风险评价[D]. 西安：西安石油大学，2014.

[3] 章博. 高含硫天然气集输管道腐蚀与泄漏定量风险研究[D]. 北京：中国石油大学，2010.

重车碾压作用下埋地管道安全性分析

张正雄[1]　张　强[1]　李　杨[2]　韩小明[1]　徐　杰[1]

（1. 国家管网集团北方管道有限责任公司管道科技研究中心；
2. 中国石油管道局工程有限公司设备租赁分公司）

摘　要　针对埋地管道可能面临的日益严重的重车碾压问题，本文研究了车辆荷载、土壤荷载与内压综合作用下车辆不同位置处于管道上方、管道处于不同运行压力、不同埋深条件等典型场景下重车通过对于管道的影响，可作为一种快速判断重车能否安全性通过管道上方的依据。以某天然气管道进行了工程实例分析，结果显示当车辆后轮中间车轮作用于管道正上方时产生的荷载最大，建议采取临时性措施，比如钢板、木垫板等增加荷载面积；当埋深降低至 0.4m 时未能通过计算，建议立即对埋深较浅处采取必要的防护措施。

关键词　埋地管道，重车碾压，等效应力，安全分析

随着经济的快速发展，管道沿线生产建设活动日益频繁，与建设初期相比不少管道的周边环境发生了较大变化，原先鲜有车辆通过的地段发展为交通主干道或者临时性大型通道，这些交通荷载给埋地管道的安全运行带来了影响，重车碾压也逐渐成为管道面临的主要风险因素之一，例如 2015 年 9 月，江西德安一输油管道遭车辆碾压发生泄漏起火。因此，开展重车碾压作用下埋地管道的安全性研究，判断车辆荷载能否安全的通过管道上方，对保障管道正常运行具有重要意义。GB 50253《输油管道工程设计规范》、GB 50423《油气输送管道穿越工程设计规范》、GB 50459《油气输送管道跨越工程设计规范》等标准规定了穿越道路的油气管道设计要求，给出了车辆循环载荷影响、埋深要求及套管增强等减缓措施和推荐做法。通常情况下，这些设计标准能够满足正常硬化路面的穿越管道强度要求，有效控制风险。但对于车辆特别是重车碾压的非硬化路面管道，由于缺乏通用的安全评价标准，管道运行单位需要对重车碾压载荷影响进行分析计算。

1　工程概况

某天然气管道 2014 年 9 月建成投产，全长 104.8 公里，设计压力 6.3MPa，管径 457mm，管道材质 X52，壁厚 7.1～8mm，包括 1 座站场，5 座线路阀室。管道在 1#～10#桩间大部分经过草坪种植地段，覆土厚度 0.5～4.25m，埋深不足 1m 的有 18 处。草坪为经济作物是城市绿化、足球场地及小区绿化的重要原料，每出售一次草坪会附带一层土壤，造成管道覆土厚度逐年减少，且草坪出售季节会有大量重型半挂车通过管道上方，给管道的安全运行带来影响。基于此，本文采用经验公式计算了车辆荷载、土壤荷载与内压综合产生的应力，评估了车辆荷载对管道的影响，可作为一种快速判断重车能否安全性通过管道上方的依据。

2　评估模型

当车辆通过埋地管道时，地面荷载通过土壤传递到管道上，管道某深度处的荷载主要是覆土深度、车辆总重和车辆占地面积(或接地面积)的函数。通过计算外部荷载(车辆、土壤与内压)产生的环向应力、纵向应力及组合应力并与标准规定的容许限值比较来判断是否超限，具体流程见图 1。

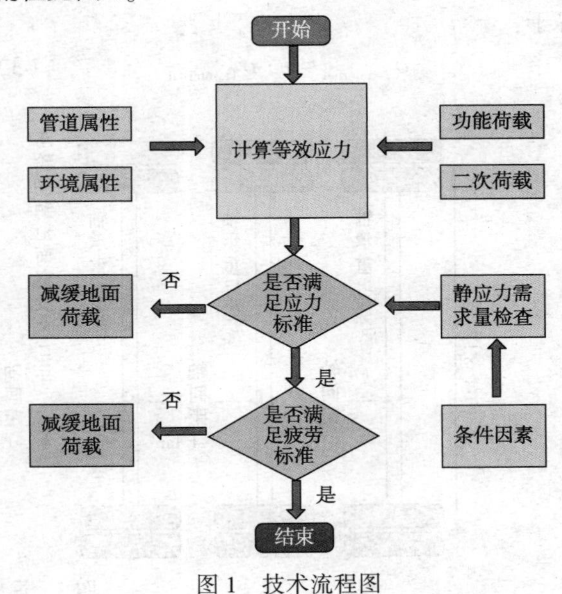

图 1　技术流程图

2.1 环向应力

车辆荷载和土壤荷载会导致管道环形截面发生偏转，并导致管壁出现周向弯曲，将压力硬化和土壤约束项合并为一个方程，用于确定由车辆荷载或土壤荷载引起的周向（环向）弯曲应力如式(1)：

$$\begin{cases} \sigma_{H\_live}=\dfrac{3\cdot K_b\cdot P_{live}\cdot\left(\dfrac{D}{t}\right)^2}{1+3\cdot K_z\cdot\dfrac{P}{E}\cdot\left(\dfrac{D}{t}\right)^3+0.0915\cdot\dfrac{E'}{E}\cdot\left(\dfrac{D}{t}\right)^3} \\ \sigma_{H\_soil}=\dfrac{3\cdot K_b\cdot P_{soil}\cdot\left(\dfrac{D}{t}\right)^2}{1+3\cdot K_z\cdot\dfrac{P}{E}\cdot\left(\dfrac{D}{t}\right)^3+0.0915\cdot\dfrac{E'}{E}\cdot\left(\dfrac{D}{t}\right)^3} \end{cases} \tag{1}$$

式中，σ_{H_live}、σ_{H_soil} 分别为车辆荷载、土壤荷载引起的周向（环向）弯曲应力，Psi；P_{live}、P_{soil} 分别为车辆荷载、土壤荷载对管道产生的应力，Psi，可使用 Boussinesq 方程计算；K_b、K_z 为与土壤有关的参数；t 为管道壁厚，in；P 为内压，Psi；E 为钢的杨氏弹性模量，30×10^6Psi；E' 为土壤反应模量，Psi。

管道内压引起的周向（环向）应力如式(2)：

$$\sigma_{H\_internal}=\frac{P\cdot D}{2\cdot t} \tag{2}$$

式中，$\sigma_{H\_internal}$ 为内压引起的周向（环向）应力，Psi；P 为管道运行压力，Psi；D 为管道直径，in；t 为管道壁厚，in。

2.2 纵向应力

在土壤中受到约束的管道内压导致纵向应力等于：

$$\sigma_{L\_internal}=\nu\cdot\sigma_{H\_internal} \tag{3}$$

式中，$\sigma_{L\_internal}$ 为内压引起的纵向应力，Psi；ν 为钢的泊松比(0.3)与压力产生的纵向应力类似，土壤荷载产生的纵向应力等于：

$$\sigma_{L\_soil}=\nu\cdot\sigma_{H\_soil} \tag{4}$$

式中，σ_{L_soil} 为土壤荷载引起的纵向应力，psi，车辆荷载引起的纵向应力是由局部弯曲和梁挠度引起的应力的组合。

2.3 组合等效应力

组合等效应力计算如公式(5)(6)：

$$\sigma_E=\max(|\sigma_{H\_Total}|,\ |\sigma_{L\_Total}|,\ |\sigma_{H\_Total}-\sigma_{L\_Total}|) \tag{5}$$

$$\sigma_E=\sqrt{\sigma_{H\_Total}^2-\sigma_{H\_Total}\cdot\sigma_{L\_Total}+\sigma_{L\_Total}^2} \tag{6}$$

式中，σ_E 为组合等效应力，Psi；σ_{H_Total} 为总周向应力，Psi，是由周向弯曲引起的应力与由内压引起的环向应力之和。σ_{L_Total} 为总纵向应力，Psi，为内压、土壤荷载、地面荷载、轴向挠度和温差产生的应力之和。

3 计算参数与结果分析

根据现场调研，管道沿线过往车辆以仓栅式半挂车为主，车辆基本尺寸及载重见图2、图3。

图2 车辆基本情况

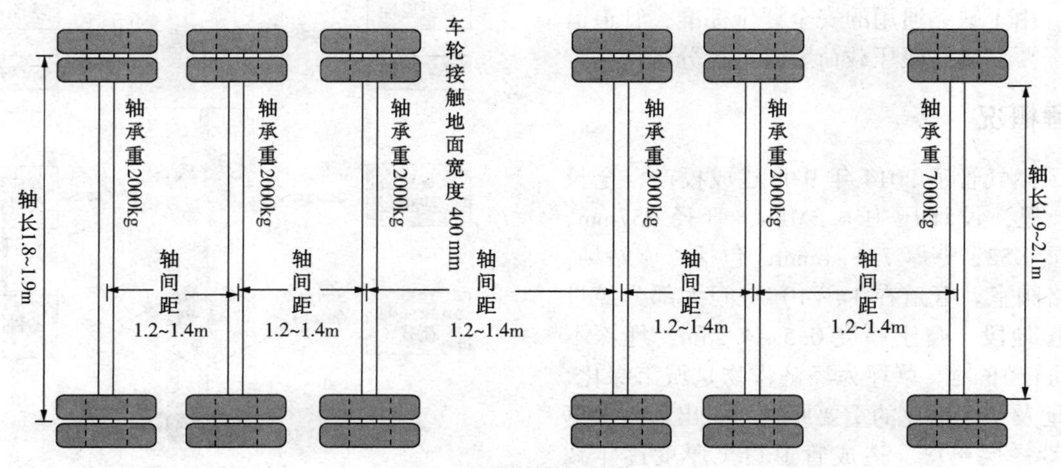

图3 重型车辆尺寸信息

基于上述理论公式，以及现场采集到的车辆信息等数据，进行数据录入与计算，分析其计算结果，可从三个方面分析管道承受应力。

3.1 车辆不同位置经过管道上方

确定管道上方车辆载荷，一个关键考虑因素是车轮相对于管道的位置。通常当管道覆土层厚度小于1m时，车轮位于管道正上方时，产生的荷载最大。当管道覆土层厚度大于1m时，最大荷载可能移动，管道位于轮轴之间或相邻轮轴之间的点下方时，压力较大。相对地，管道位于单车轮正下方时，压力较小。压力大小取决于管道覆盖土壤层的厚度和轮距。考虑不同位置，计算了图4所示不同位置处，管道埋深为0.5m时应力状态，共考虑了各1车轮正下方、2轮轴中心、3前后轮之间及4车辆的重心处重车经过时的管道应力状态。

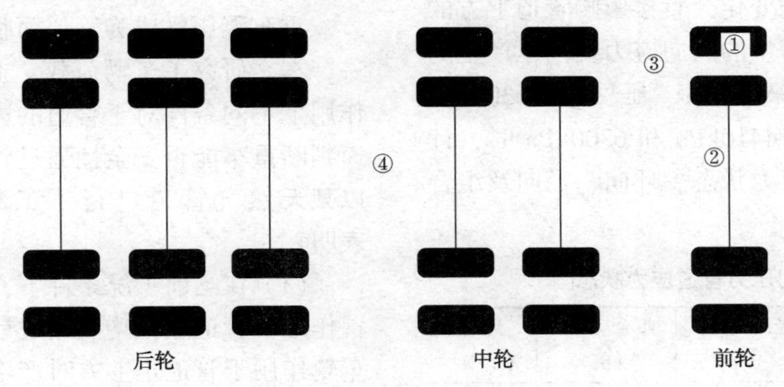

图4 不同计算位置

1）各车轮正下方

当埋深0.5m、压力为6300kpa时，计算图4所示中上侧11个车轮处于管道正上方[6]时，环向、径向及组合应力计算结果见表1。

表1 车轮正下方位置处管道应力状态

序号	环向应力/kPa	径向应力/kPa	组合应力/kPa	通过(Y/N)
1	235855	116592	235855	Y
2	241636	120537	241636	Y
3	241803	120651	241803	Y
4	241622	120528	241622	Y
5	241789	120641	241789	Y
6	241646	120544	241646	Y
7	241815	120659	241815	Y
8	242110	120860	242110	Y
9	242306	120994	242306	Y
10	241645	120543	241645	Y
11	241814	120658	241814	Y

2）轮轴中心

当埋深0.5m、压力为6300kPa时，管道处于各轮轴中心正下方时[8]，环向、径向及组合应力计算结果见表2。

表2 轮轴中心正下方位置处管道应力状态

序号	环向应力/kPa	径向应力/kPa	组合应力/kPa	通过(Y/N)
前轮	187122	83334	187122	Y
中轮1	192636	87097	192636	Y
中轮2	192622	87088	192622	Y
后轮1	192649	87107	192649	Y
后轮2	193041	87373	193041	Y
后轮3	192648	87106	192648	Y

3）前后轮之间

当埋深0.5m、压力为6300kPa时，管道处于前后轮之间中心正下方时，环向、径向及组合应力计算结果见表3。

表3 前后轮之间正下方位置处管道应力状态

序号	环向应力/kPa	径向应力/kPa	组合应力/kPa	通过(Y/N)
前轮~中轮1	187221	83402	187221	Y
中轮1~中轮2	198820	91317	198820	Y
中轮2~后轮1	186298	82772	186298	Y
后轮1~后轮2	198909	91379	198909	Y
后轮2~后轮3	186247	82738	186247	Y

4）车辆重心处

当埋深0.5m、压力为6300kPa时，管道处于车辆重心正下方时，环向、径向及组合应力计算结果见表4。

当埋深为0.5m、压力为6300kPa时，重型车辆以不同位置作用于管道上，均能通过计算，即覆盖土和地面载荷产生的应力小于管道能够承受的应力，其中后轮中间车轮作用于管道上时产生的荷载最大。

表 4　车辆重心正下方位置处管道应力状态

序号	环向应力/kPa	径向应力/kPa	组合应力/kPa	通过(Y/N)
前轮~中轮	187221	83402	187221	Y
中轮~后轮	186298	82772	186298	Y
前轮~后轮	186335	82797	186335	Y

3.2　不同运行压力下的管道承受应力

管道运行压力的变化会直接影响管道上方的覆土层及地面荷载产生的周向应力及内压产生的环向应力。当埋深 0.5m、压力取 630kPa、1890kPa、3150kPa、4410kPa 和 6300kPa 时，计算管道可能承受的应力状态。环向、径向及组合应力计算结果见表 5。

表 5　不同压力管道应力状态

内压/kPa	环向应力/kPa	径向应力/kPa	组合应力/kPa	通过(Y/N)
630	154769	96345	215126	Y
1890	162092	97921	173898	Y
3150	179348	102692	179348	Y
4410	202138	109243	202138	Y
6300	242306	120994	242306	Y

当埋深为 0.5m、压力取 630kPa、1890kPa、3150kPa、4410kPa、6300kPa 时，重型车辆以最不利位置作用于管道上，均能通过计算，即覆盖土和地面载荷产生的应力小于管道能够承受的应力。

3.3　不同埋深的管道承受应力

管道上方覆土层厚度的变化，会影响车辆荷载、覆土层荷载产生的周向应力，管道检测段覆土厚度在 0.5~4.25m 之间，当埋深为 0.4m、0.5m、0.8m、1m、1.5m，压力为 6300kPa 时管道可能承受的应力状态。环向、径向及组合应力计算结果见表 6。

表 6　不同埋深管道应力状态

埋深/m	环向应力/kPa	径向应力/kPa	组合应力/kPa	通过(Y/N)
0.4	263862	131065	263862	N
0.5	242306	120994	242306	Y
0.8	219453	109130	219453	Y
1.0	223611	114669	223611	Y
1.5	222547	112904	222547	Y

当埋深为 0.4m、0.5m、0.8m、1m、1.5m，压力取 6300kPa，重型车辆以最不利位置作用于管道上，在当前埋深条件下（检测埋深 0.5~4.25m 之间）均能通过计算，即覆盖土和地面载荷产生的应力小于管道能够承受的应力[9]，当埋深降低至 0.4m 时未能通过计算。

4　结论

重车碾压已成为管道面临的主要风险因素之一，本文研究了车辆荷载、土壤荷载与内压综合作用下不同条件对于管道的影响，可作为一种快速判断重车能否安全性通过管道上方的依据，并以某天然气管道进行了工程实例分析，结果表明：

（1）在当前工况条件下，重型车辆以不同位置作用于管道上，均能通过计算，其中后轮中间车轮作用于管道正上方时产生的荷载最大。

（2）当重型车辆以最不利位置作用于管道上，埋深为 0.5m、不同运行压力条件下均能通过计算，即覆盖土和地面载荷产生的应力小于管道能够承受的应力。

（3）当重型车辆以最不利位置作用于管道上，压力为 6300kPa，在当前埋深条件下（检测埋深处于 0.5~4.25m）均能通过计算，但当埋深降低至 0.4m 时未能通过计算。

建议：

（1）结合 GB 50251《输气管道工程设计规范》，针对覆土层厚度不足 1m 的 18 处，建议立即对以上埋深较浅处进行必要的防护措施，并制定覆土层厚度在 1~1.2m 处进行防护计划，覆土层厚度在 1.2~1.5m 的地段可适当增加巡视次数。

（2）针对重型车辆碾压通过处，建议密切关注车辆通过的频次、载重情况及埋深变化情况，对于临时性通过建议采取临时性措施，比如钢板、木垫板等增加荷载面积，对于长期性通过建议考虑混凝土盖板、管涵等永久性防护措施。

（3）建议持续通过重点巡护、加强安全保护宣传、视频监控等方式密切关注可能过往的重型车辆及适时开展埋深检测掌握埋深变化情况，严防第三方损坏。

参 考 文 献

[1] 牛玉征. 江西德安一输油管道遭车辆碾压泄漏起火

[N]. 中国日报网, 2015-09-11(14).
[2] Developmentofa Pipeline Surface Loading Screening Process. IPC2006-10464.
[3] Canadian Energy Pipeline Association (CEPA) Surface Loading Calculator User Manual.
[4] 李志龙. 车辆荷载引起的埋地管顶竖直压力研究[D]. 中国地质大学(北京), 2019.
[5] 廖柠, 黄坤, 吴锦, 等. 基于ABAQUS的穿越公路输气管道力学性状分析[J]. 中国安全生产科学技术, 2017, 13(05): 61-67.
[6] 崔艳雨, 丁清苗, 沈陶, 等. 机坪输油管网附加外荷载研究现状[J]. 油气储运, 2017, 36(04): 361-368.
[7] 王永强, 牛星钢, 谭钦文. 重型车辆荷载下埋地天然气管道的安全分析[J]. 中国安全生产科学技术, 2011, 7(08): 109-114.
[8] WARMAN D J, HART J D, FRANCINI R B. Development of a pipeline surface loading screning process and assessment of surface load dispering methohds [R]. Calgary, Alber-ta: Canadian Energy Pipeline Association (CEPA), 2009.
[9] Yimsiri S, Soga K, Yoshizakai K, et al. Lateral and upward SoilPipeline interactions in sand for deep embedment conditions[J]. Journal of Geotechnical & Geoenvironment Enginerring, 2004, 130(8): 830-842.
[10] LI Su zhen, LI Jie, ZHAO Ming. Investigation of the detection/monitoring technologise for city buird pipeline [R]. Shanghai: Institute of Lifeline Engineering in Schoo; of Civil Engineering, Tongji University, 2009.
[11] 吴小刚. 交通荷载作用下软土地基中管道的受力分析模型研究[D]. 杭州: 浙江大学, 2004.

天然气站场内 X80 管道和管件焊缝低温韧性规律研究

任俊杰　马卫锋　王　珂　聂海亮　党　伟　姚　添　曹　俊　霍春勇

（中国石油集团石油管工程技术研究院，石油管材及装备材料服役行为与结构安全国家重点实验室）

摘　要　西气东输二线、三线西段管道多个站场和多个阀室位于高海拔寒冷地区，出入站汇管等重点区域存在 X80 高钢级三通、弯头、直管及其对接环焊缝，具有壁厚差异大、不同管件对接的特点，目前，对其低温下韧脆转变规律还缺乏掌握，缺乏科学管控的理论依据。本文制备了全尺寸 X80 高钢级三通-直管、直管-弯管对接环焊缝，研究了环焊缝、管体（管件）直缝的低温韧脆转变规律，结果表明，相比母材和热影响区，焊缝中心的低温冲击韧性均最差；相比直管纵缝，弯头和三通纵缝的韧脆转变温度较高，均在-40～-20℃区间，-40℃时冲击功 40～60J；相比纵缝，环焊缝韧脆转变温度更高，均在-20～0℃区间，弯头-直管环焊缝的冲击韧性最差，-40℃时冲击功为 38J。

关键词　环焊缝，不同材质对接，低温，韧脆转变，失效评估图

近年来，油气输送场站内管道及储运设施环焊缝失效事故多有发生，环焊缝的服役安全和失效预防控制技术已经成为当前管道安全服役面临的重要工程问题。

西气东输二线、三线西段管道多个站场和多个阀室位于高海拔寒冷地区，最低气温-47℃，以二线为例，红柳及以西压气站均存在低于-30℃的极端低温，霍尔果斯首站和乌鲁木齐分输压气站甚至低于-40℃，此外，还伴随有调压降温。管道焊缝在低温环境下服役，低温脆断的风险较高。我国率先大规模应用了 X80 钢级管道，国际上的可借鉴经验较少，特别是站内出入站重点区域，存在 X80 管道、三通、弯曲对接环焊缝，其具有壁厚较大、变壁厚对接、不同管件对接的特点，与长输管道对接环焊缝存在明显差异，目前还不掌握低温环境下 X80 管道及管件焊缝的特性及规律。

本文以 X80 管道及管件自身焊缝、对接环焊缝为对象，研究了低温下焊缝的韧脆转变规律，为站场安全运行提供理论基础和技术依据。

1　试验

1.1　材料

试验用管件包括 X80 直管、弯头和三通，管件的规格信息见表 1。环焊缝对接形式与站内实际一致，分别为直管-三通对接、直管-弯头对接。

表 1　管件规格

管件编号	管件名称	钢级	外径/mm	壁厚/mm	直缝类型
A	弯头	X80	1219	27.5	埋弧焊
B	直管	X80	1219	27.5	埋弧焊
C	等径三通	X80	1245	50	埋弧焊

1.2　环焊缝焊接

根据《西气东输三线管道工程站场/阀室焊接工艺规程（一）》进行全尺寸实物焊接，根焊采用手工钨极氩弧焊（GTAW）上向焊接，焊丝为 ER50-6（Φ2.5mm，执行标准 GB/T 8110），设备为陡降外特性直流焊机；填充、盖面焊采用半自动药芯焊丝电弧焊（FCAW）下向焊接，焊丝为 E81T8-Ni2（Φ2.0mm，执行标准 AWS A5.29），设备为下降外特性直流焊机。接头为 V 型坡口，坡口角度 60°±5°。焊接完成实物见图 1。

图 1　环焊缝焊接实物

1.3 试验

夏比冲击试验采用ZwickRoell PSW750摆锤冲击试验机，试验温度为0℃、-20℃、-40℃、-60℃、-80℃五种温度。冲击试样为10mm×10mm×55mm的标准V型缺口试样，缺口夹角为45°，缺口深度为2mm，缺口半径为0.25mm。

低温拉伸试验采用岛津AG-250kN IS电子万能试验机，加载速率为2mm/min，试样直径5mm，标距25mm。

2 试验结果

弯头、直管和三通母材在-80~0℃条件下的冲击试验结果见表2，韧脆转变曲线见图2。在-80℃条件下均表现出良好的韧性，未出现明显脆化，弯头母材韧性最优，三通母材转变温度最高，相对较差。

表2 弯头、直管和三通母材的冲击试验结果

取样部位	韧脆转变温度/℃	-80℃冲击功/J	-80℃剪切面积/%
X80弯头母材	<-80	277.3	95
X80直管母材	<-80	152.7	75
X80三通母材	<-80	190.0	52

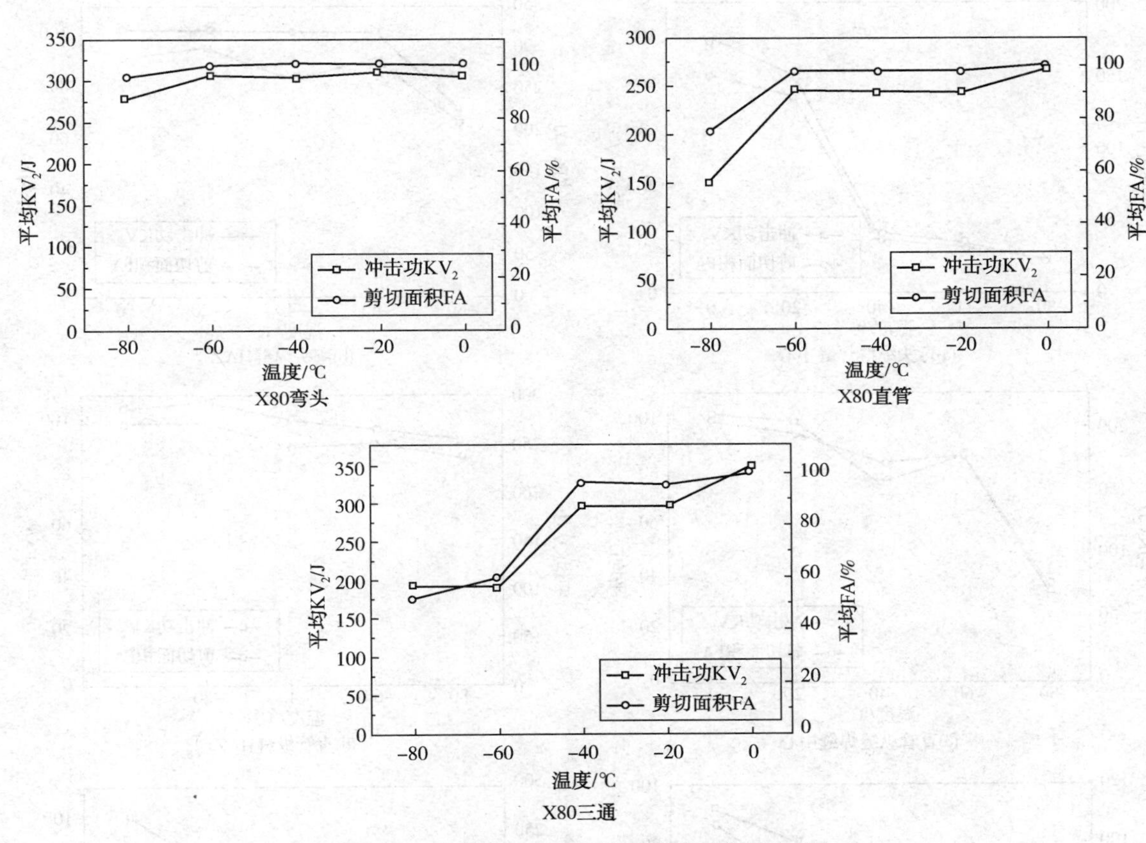

图2 弯头、直管和三通母材在系列温度下的冲击功

弯头、直管和三通纵缝焊缝中心、热影响区(HAZ)的冲击试验结果见表3，韧脆转变曲线见图3。3种纵缝低温下均出现了韧脆转变，焊缝中心的韧脆转变温度相对HAZ更高。其中，弯头和直管的HAZ在韧脆转变温度低于-80℃，表现出较好的低温韧性。相比直管，弯头和三通焊缝中心的韧脆转变温度明显更高，-40℃时冲击功约40~60J。将纵焊缝与母材对比，可以看出纵焊缝的低温冲击韧性相比母材明显较差，韧脆转变明显。

弯头-直管、直管-三通对接环焊缝的冲击试验结果见表4，韧脆转变曲线见图4。环焊缝的低温韧脆转变明显，焊缝中心的韧脆转变温度相比HAZ更高，-20℃时焊缝中心的冲击功约40~50J。两种环焊缝焊缝中心的韧脆转变温度均为-20~0℃。直管侧HAZ的低温韧性较好，三通侧HAZ的韧性较差、韧脆转变温度较高。

表 3　弯头、直管和三通纵缝焊缝中心、HAZ 的冲击试验结果

取样部位	韧脆转变温度/℃	韧脆转变温度区间下限温度/℃	韧脆转变温度区间下限的冲击功/J	韧脆转变温度区间下限的剪切面积/%
弯头纵缝焊缝中心	-40～-20	-40	40.0	20
弯头纵缝 HAZ	<-80	/	/	/
直管纵缝焊缝中心	-80～-60	-80	69.0	35
直管纵缝 HAZ	<-80	/	/	/
三通纵缝焊缝中心	-40～-20	-40	62.3	42
三通纵缝 HAZ	-60～-40	-60	56.7	20

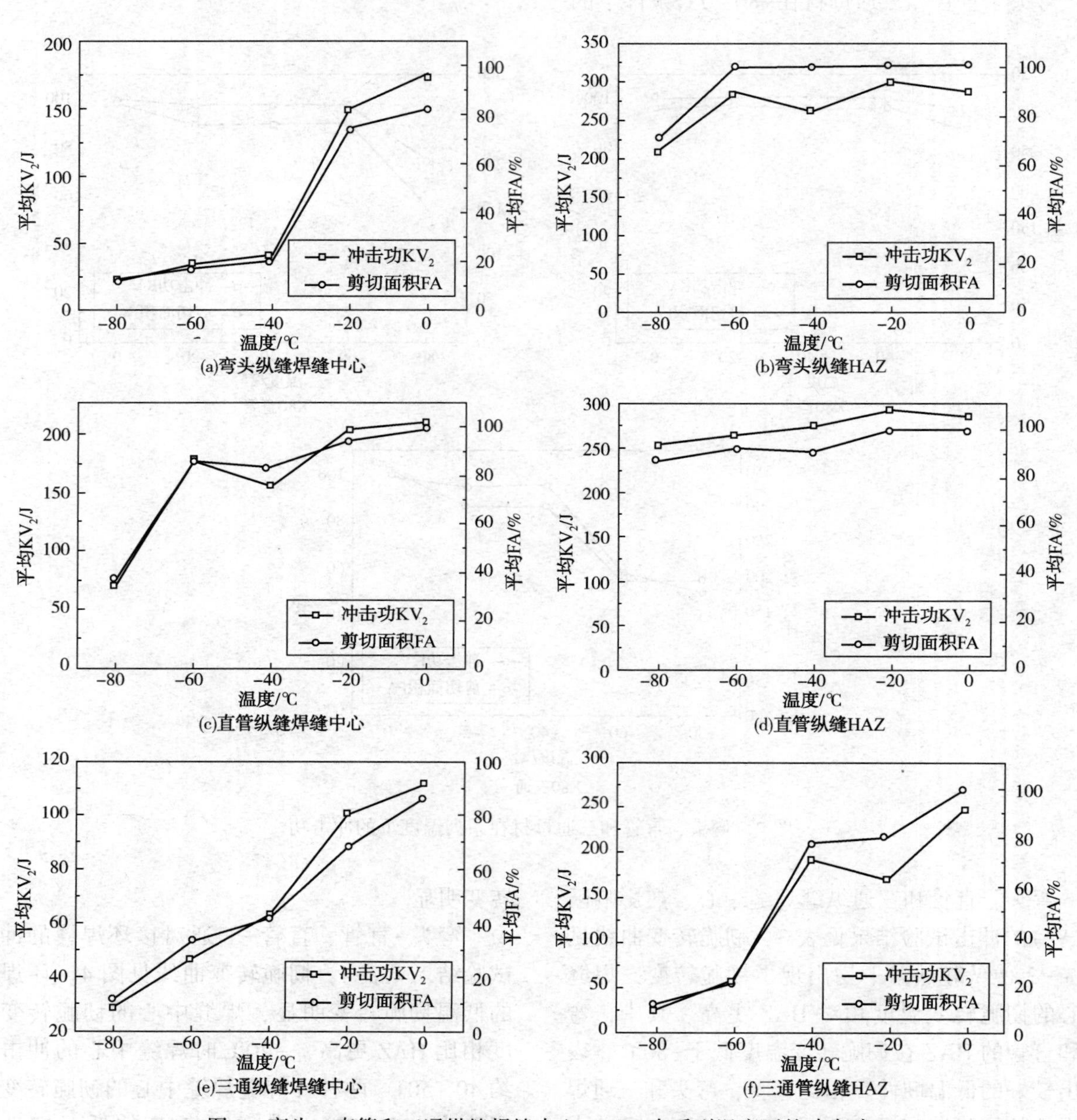

图 3　弯头、直管和三通纵缝焊缝中心、HAZ 在系列温度下的冲击功

表4 弯头-直管、直管-三通对接环焊缝的冲击试验结果

取样部位		韧脆转变温度/℃	温度/℃	冲击功/J	剪切面积/%
弯头-直管环焊缝	焊缝中心	-20~0	-20	45.7	23
			-40	38.0	18
	弯头侧 HAZ	-80~-60	-80	67.7	20
	直管侧 HAZ	-60~-40	-60	135.7	50
直管-三通环焊缝	焊缝中心	-20~0	-20	52.0	27
			-40	42.7	18
	三通侧 HAZ	-40~-20	-40	41.7	22
	直管侧 HAZ	-80~-60	-80	148.3	47

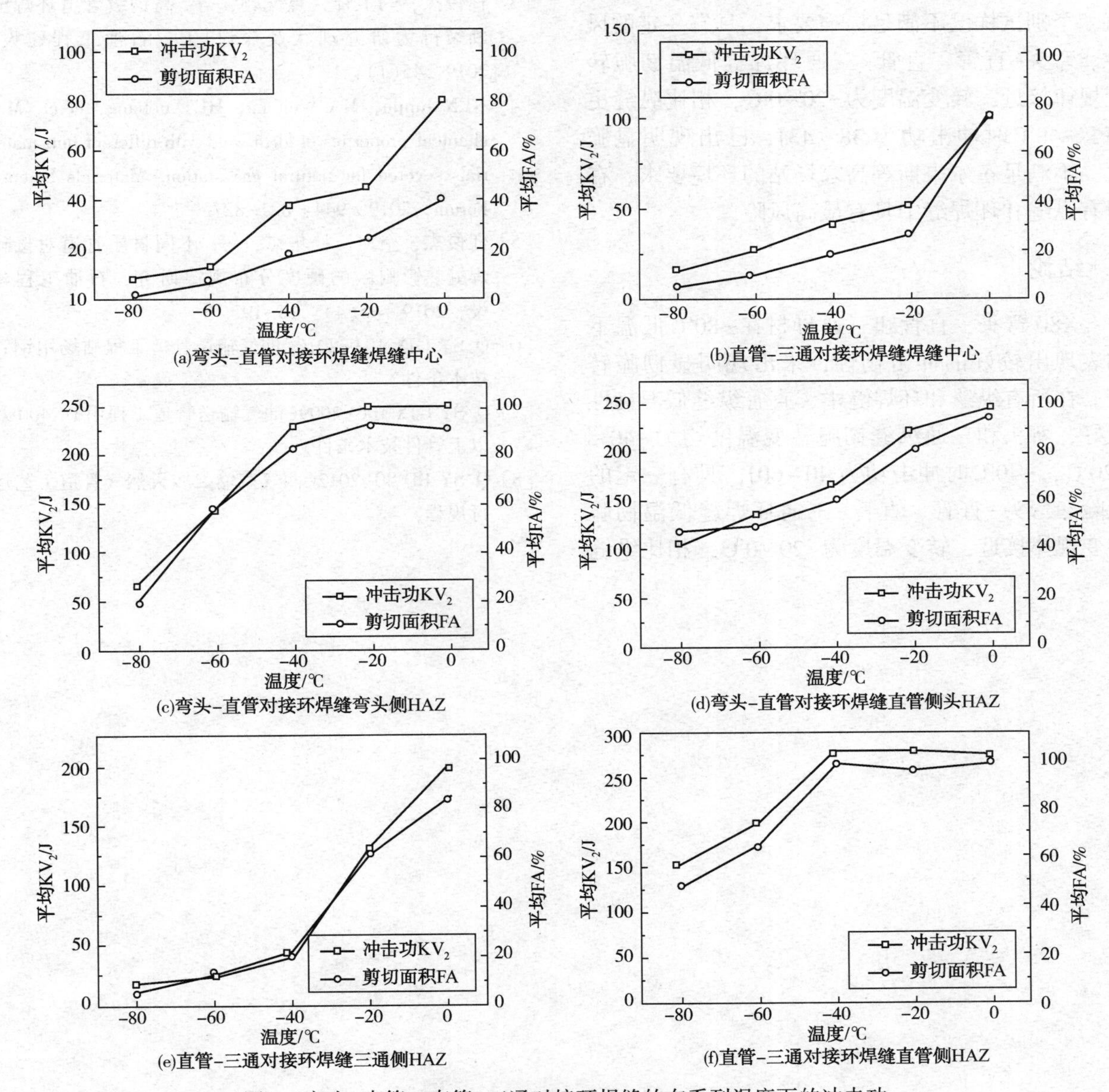

图4 弯头-直管、直管-三通对接环焊缝的在系列温度下的冲击功

现有标准中，Q/SY GJX 104—2010《油气输送管道工程站场用钢管技术条件》中作了关于夏比冲击韧性的规定，对焊接接头冲击功的要求为平均值不小于50J，最小值不小于40J。Q/SY GJX 106—2009《油气输送管道工程用DN400及以上管件技术条件》中作了关于夏比冲击韧性的

规定，焊缝、热影响区的夏比冲击功要求为平均值不小于 40J，最小值不小于 30J。Q/SY BD 40—2012《西气东输二线天然气管道工艺运行规程》中作了关于夏比冲击试验合格极限温度的规定，X80 直管焊缝为-30℃。

对冲击试验结果进行分析，不管是纵焊缝还是环焊缝，冲击韧性自母材至焊缝中心逐渐降低，焊缝中心的低温冲击韧性最差。在所有纵缝和环焊缝中，直管纵缝低温韧性最好，较为安全；弯头和三通纵缝韧脆转变温度均为-40～-20℃，-40℃时冲击功为 40～60J，接近标准限值，个别试样已不满足标准要求，具有一定的风险。弯头-直管、直管-三通环焊缝低温韧脆转变规律接近，转变温度为-20～0℃，相比纵缝更高，-40℃时冲击功为 38～43J，已出现明显脆化，不满足霍尔果斯等高寒场站的环境要求，在所有纵缝和环焊缝中具有最高风险。

3　结论

X80 弯头、直管和三通母材在-80℃低温下均表现出较好的冲击韧性，未出现明显韧脆转变。在所有纵缝和环焊缝中，直管纵缝低温韧性最好，弯头和三通纵缝韧脆转变温度均为-40～-20℃，-40℃时冲击功为 40～60J，具有一定的风险。弯头-直管、直管-三通环焊缝低温韧脆转变规律接近，转变温度为-20～0℃，相比纵缝更高，-40℃时冲击功为 38～43J，接近 Q/SY GJX 106—2009 标准限值，个别试样已不满足标准要求，在所有纵缝和环焊缝中具有最高风险。

参　考　文　献

[1] 赵新伟，李鹤林，罗金恒，等. 油气管道完整性管理技术及其进展[J]. 中国安全科学学报，2006，16(1)：129-135.

[2] 姚安林，赵忠刚，李又绿，等. 油气管道完整性管理技术的发展趋势[J]. 天然气工业，2009，29(8)：97-100.

[3] 任俊杰，马卫锋，惠文颖，等. 高钢级管道环焊缝断裂行为研究现状及探讨[J]. 石油工程建设，2019，45(1)：1-5.

[4] REN Junjie，MA Weifeng，HE Xueliang，et al. Mechanical properties of girth weld with different butt materials severed for natural gas station. Materials Science Forum，2019，944：821-827.

[5] 任俊杰，仝珂，杜华东，等. 不同材质管道对接环焊缝热影响区的硬度分布规律研究，石油工程建设，2019，45(4)：16-19.

[6] Q/SY GJX 104-2010《油气输送管道工程站场用钢管技术条件》.

[7] Q/SY GJX 106-2009《油气输送管道工程用 DN400 及以上管件技术条件》.

[8] Q/SY BD 40-2012《西气东输二线天然气管道工艺运行规程》.

输气管道人员密集型高后果区定量风险评价

周立国　王晓霖　李　明　王　勇　杨　静

（中国石化大连石油化工研究院）

摘　要　鉴于人员密集型高后果区在埋地输气管道管理中的重要性，为明确管控重点、优化资源配置、细化应急方案，提出一种专项定量风险评价方法。首先，基于管道失效统计数据确定不同管径下的通用失效概率，根据管道管理和管道损伤的不确定性，构建管理修正因子和损伤修正因子计算模型，并通过修正因子修正通用失效概率得到管道失效概率；然后，以人员死亡为人员密集型高后果区的主要失效后果，结合爆炸冲击强度理论和火灾热辐射强度理论，计算人员死亡概率变量；最后，分析输气管道事故的个人风险与社会风险，判定人员密集型高后果区的风险可接受性。以某埋地输气管道为例进行方法应用，结果表明：通过专项定量风险评价可有效评判风险可接受性，为风险管控措施的制定提供依据，同时采取措施缩短响应时间可降低管道的风险水平。

关键词　输气管道，人员密集型高后果区，失效概率，个人风险，社会风险

由于天然气清洁、利用高效的特性，已逐渐替代传统能源成为主要燃料，天然气市场正处于快速发展期。随着管道途径地区等级升级，人员密集型高后果区逐渐增加，第三方破坏、外腐蚀等因素导致管道失效的概率上升，一旦带压管道失效，极易引发火灾和爆炸导致严重的人员伤亡，因此人员密集型高后果区是管道管理的重点。

2017年12月，国务院八部委联合下发《关于加强油气输送管道途经人员密集场所高后果区安全管理工作的通知》中强调加强人员密集型高后果区安全管理工作，科学研判并防控现场安全风险；2020年12月，国务院安委办组织开展油气储存和长输管道企业安全风险隐患专项排查治理督导，重点督导油气长输管道人员密集型高后果区识别、风险评估和日常管控。对人员密集型高后果区进行风险评价与管控既为落实国家相关部门的规定要求，切实保障管道运行安全，也是转变管道管理模式的必然趋势。

目前针对高后果区已有较为成熟的定量风险评价方法，郭文朋等以定量方式确定失效可能性和失效后果等级，基于改进风险矩阵确定高后果区风险水平；魏沁汝基于模糊数学理论确定失效可能性等级，结合高后果区等级通过风险矩阵综合判定高后果区风险等级；周亚薇等引入可靠性的极限状态方法计算失效概率，结合量化失效后果综合判定失效风险。然而，现有成果缺少针对人员密集型高后果区的专项评价，且研究重点集中在基于人员伤亡的失效后果上，失效概率方面考虑因素单一，模型构建需进一步优化，对于周边人员活动频繁的管道，除失效后果严重外，失效概率模型构建的合理性也决定着风险判定结果的可靠性。鉴于此，笔者综合考虑人员密集型高后果区管理中以及管道损伤的不确定因素，构建管道失效概率计算模型，结合量化失效后果，从个人风险、社会风险两方面定量评判风险可接受性，以期为管道基于风险的维护决策提供技术支持。

1　人员密集型高后果区识别

人员密集型高后果区是指管道泄漏后，可能引发严重人员伤亡事故的区域。根据GB 32167—2015《油气输送管道完整性管理规范》的规定：输气管道途径三级、四级地区，或者在潜在影响区域内有医院、学校、剧院等特定场所，均属于人员密集型高后果区。在输气管道高后果区的6条识别项中，人员密集型高后果区涵盖5条，足以证明其在输气管道管理过程中的重要性。

2　定量风险评价

2.1　失效概率计算

在定量风险评价中，失效可能性以失效概率表征。以确定性的通用失效概率为基础，结合不

确定性的管理修正因子和损伤修正因子，计算管道失效概率 P：

$$P=aff\times F_M\times F_D \tag{1}$$

式中，aff 为输气管道通用失效概率，见表 1；F_M为管理修正因子；F_D为损伤修正因子。

表 1　输气管道通用失效概率

管道特征/mm	通用失效概率
管道公称壁厚≤5	4.0×10^{-4}
5 ＜管道公称壁厚≤10	1.7×10^{-4}
10 ＜管道公称壁厚≤15	8.1×10^{-5}
管道公称壁厚＞15	4.1×10^{-4}

管理修正因子反映高后果区管理中的不确定性：

$$F_M=10^{\left(1-\frac{F_{MH}+F_{MO}+F_{ME}+F_{MW}+F_{MP}+F_{MM}}{300}\right)} \tag{2}$$

式中，F_{MH}为隐患整治修正因子；F_{MO}为一区一案修正因子；F_{ME}为企地联合修正因子；F_{MW}为警示标识修正因子；F_{MP}为巡线效果修正因子；F_{MM}为监测预警修正因子；各管理修正因子取值 0~100，数值越大，管道运行越安全。

损伤修正因子反映管道风险因素的不确定性：

$$F_D=W_T\times F_T+W_C\times F_C+W_O\times F_O+W_P\times F_P+W_N\times F_N \tag{3}$$

式中，W_T为第三方破坏修正因子的权重；F_T为第三方破坏修正因子；W_C为腐蚀破坏修正因子的权重；F_C为腐蚀破坏修正因子；W_O为本体缺陷修正因子的权重；F_O为本体缺陷修正因子；W_P为设计施工缺陷修正因子的权重；F_P为设计施工缺陷修正因子；W_N为自然与地质灾害破坏修正因子的权重；F_N为自然与地质灾害破坏修正因子；各管理修正因子取值 0~10；数值越小，管道运行越安全；$W_T+W_C+W_O+W_P+W_N=1$。

2.2　失效后果计算

天然气泄漏后，通常呈音速流动，其流速为：

$$W=\delta_g pA\sqrt{\frac{\gamma M}{RT}\left(\frac{2}{\gamma+1}\right)^{\frac{\gamma+1}{\gamma-1}}} \tag{4}$$

式中，p 为输送压力(Pa)；γ 为绝热系数，取 1.33；δ_g 为泄漏指数，取 1；A 为泄漏口面积(m^2)；M 为气体分子质量(kg/mol)，取 0.016；R 为气体系数(J/(mol·K))，取 8.314；T 为介质的温度(K)，取 313.15K。

持续泄漏天然气被点燃会发生的事故包括蒸气云爆炸、射火焰和闪火。

(1) 蒸气云爆炸的严重程度用冲击强度来衡量：

$$\Delta P=0.71\times10^6\left[\frac{r_{VCE}}{\frac{m_dH_d}{Q_{TNT}}}\right]^{-2.09} \tag{5}$$

式中，r_{VCE}为蒸气云爆炸的伤害半径(m)；m_d为天然气的爆炸质量，甲烷的效率因子为 3%；H_d表示燃气的爆炸热；Q_{TNT}表示 TNT 爆热值(kJ/kg)，取 4520。

(2) 喷射火的严重程度用热辐射强度来衡量：

$$I_{JET}=\frac{\eta\tau WH_c}{4\pi r_{JET}^2} \tag{6}$$

式中，η 为效率因子，取 0.2；τ 为大气透射率，取 1；H_c为燃烧热(kJ/kg)；r_{JET}为受体到火焰中心距离(m)。

(3) 闪火的严重程度用热辐射强度来衡量：

$$I_{FLASH}=\frac{Q_{hot}\lambda}{4\pi r_{FLASH}^2} \tag{7}$$

式中，Q_{hot}为天然气热值(MJ/Nm^3)；λ 为热传导系数，取 0.029；r_{FLASH}为伤害半径(m)。

(4) 人员死亡概率：

$$P_d=\frac{1}{\sqrt{2\pi}}\int_{-\infty}^{P_r-5}e^{\frac{-s^2}{2}}ds \tag{8}$$

式中，P_r为死亡概率变量；s 为积分变量。

爆炸超压的死亡概率变量：

$$P_r=-77.1+6.9\ln(\Delta P) \tag{9}$$

热辐射的死亡概率变量：

$$P_r=-14.9+2.56\ln\left(\frac{tI^{4/3}}{10^4}\right) \tag{10}$$

式中，t 为人员暴露时间，s；I 为喷射火、闪火的热辐射强度。

2.3　个人风险与社会风险分析

1) 个人风险

个人风险指人员在区域内受到伤害而死亡的概率，以年度死亡率表示：

$$IR=P\times P_w\times P_m\times P_i\times P_d \tag{11}$$

式中，P 为管道失效概率；P_w为天气概率；P_m为风向概率；P_i为点燃概率；P_d为人员死亡概率。

2) 社会风险

社会风险是反应事故发生概率与人员死亡数量间的关系，即导致 N 人及以上死亡事故的发

生概率 F，以 $F-N$ 曲线表示。

$$\Delta N=P_{d}\times\rho \qquad (12)$$

式中，ΔN 为管道事故导致的死亡人数；ρ 为潜在影响范围内的人数。

$$F=P\times P_{w}\times P_{m}\times P_{i} \qquad \Delta N\geqslant N \qquad (13)$$

3　实例分析

以某输气人员密集型管道高后果区为例，管道2008年投入使用，设计压力为9.8MPa，工作压力为6MPa，工作温度为常温，管道规格为 Φ323.1mm×7.1mm，管道材质采用L360直缝电阻焊钢管。该高后果区管段分布有医院、小学、居民小区，同时与省道公路交叉。具体见图1（管道东侧距小区最近约15m、距小学约5m、距医院约150m，同时与省道交叉）。

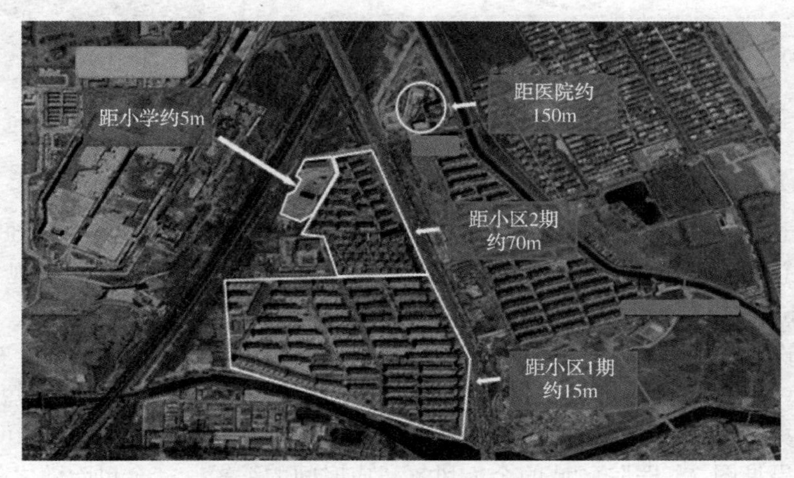

图1　高后果区示意图

1）失效概率分析

根据管道壁厚，通用失效概率选取 1.7×10^{-4}；该区域监测预警的没有全面覆盖，根据式(2)得到管理修正因子为0.12；结合实际情况，确定了腐蚀修正因子的权重、第三方破坏修正因子的权重、本体缺陷修正因子的权重、设计施工修正因子的权重、疲劳修正因子的权重分别为0.2、0.45、0.15、0.15、0.05，由于区域为经济开发区，有第三方挖掘施工，且存在杂散电流干扰，根据式(3)得到损伤修正因子为4。综合通用失效概率、管理修正因子、损伤修正因子，根据式(1)得到失效概率为 8.1×10^{-5}。

2）失效后果分析

设年平均风速为3m/s时，大气稳定度为B，火灾辐射强度分析见图2、图3，该场景下发生火灾事故，管道安全距离为210m。在距泄漏点120~210m范围内，热辐射强度超过4kW/m²，在该辐射强度内会对人员造成轻微伤害，存在1%致死率；在距泄漏点30~120m范围内，热辐射强度超过12.5kW/m²，在该辐射强度内对人员造成较重伤害，存在10%致死率；在距泄漏点0~30m范围内，热辐射强度超过37.5kW/m²，在该辐射强度内对人员造成严重伤害，存在100%致死率。

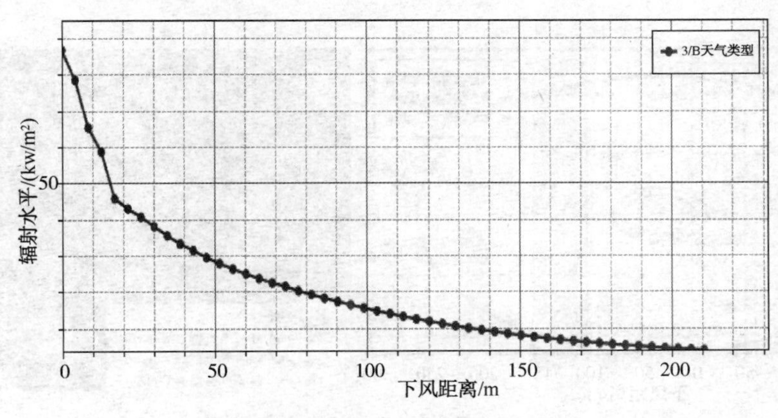

图2　火灾的影响距离

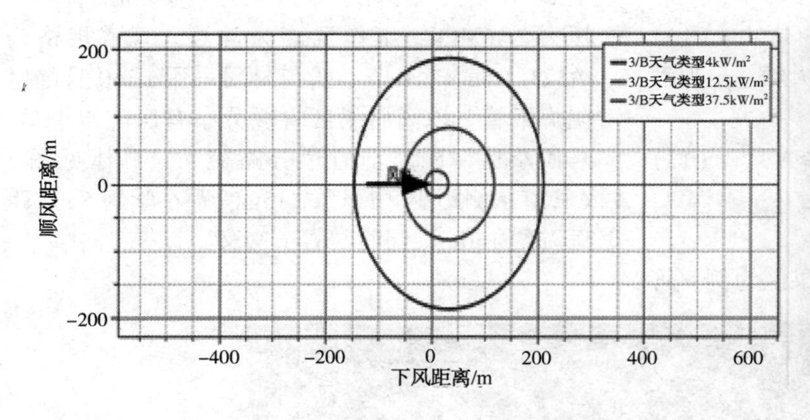

图3　火灾辐射强度

爆炸冲击强度分析见图4、图5，该场景下发生爆炸事故，管道安全距离为230m。爆炸超压随距离变化曲线总体上呈抛物线趋势，爆炸超压最大值为19.91bar，爆炸超压在顺风向距离26~33m围内达到最大值。

3）风险分析

个人风险的计算结果见图6，各高敏感场所的个人风险分析结果见图7。医院区域的个人风险计算值在10^{-12}以下，低于标准可接受值，不予考虑。小学和居民小区的个人风险计算值均在10^{-6}和10^{-5}之间，根据SY/T 6859—2012《油气输送管道风险评价导则》的规定，个人风险可接受。

当响应时间为20min时，社会风险的计算结果见图8(a)。当响应时间缩短为5min时，社会风险的计算结果见图8(b)。可以看出，随着响应时间的缩短，社会风险随之降低。

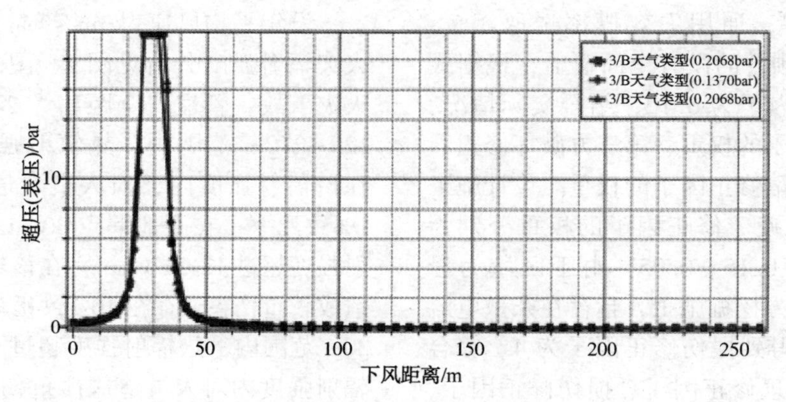

图4　爆炸的冲击强度

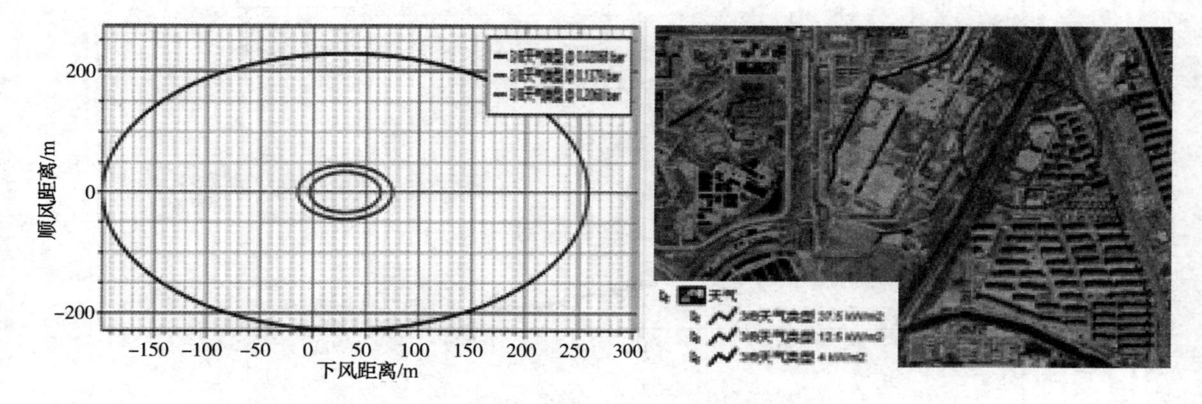

图5　爆炸的影响距离

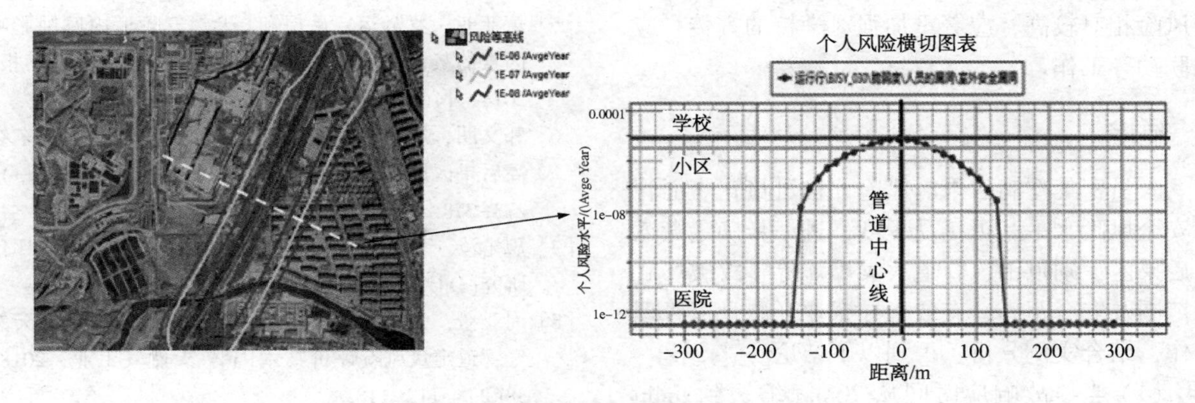

图 6　个人风险的分析结果

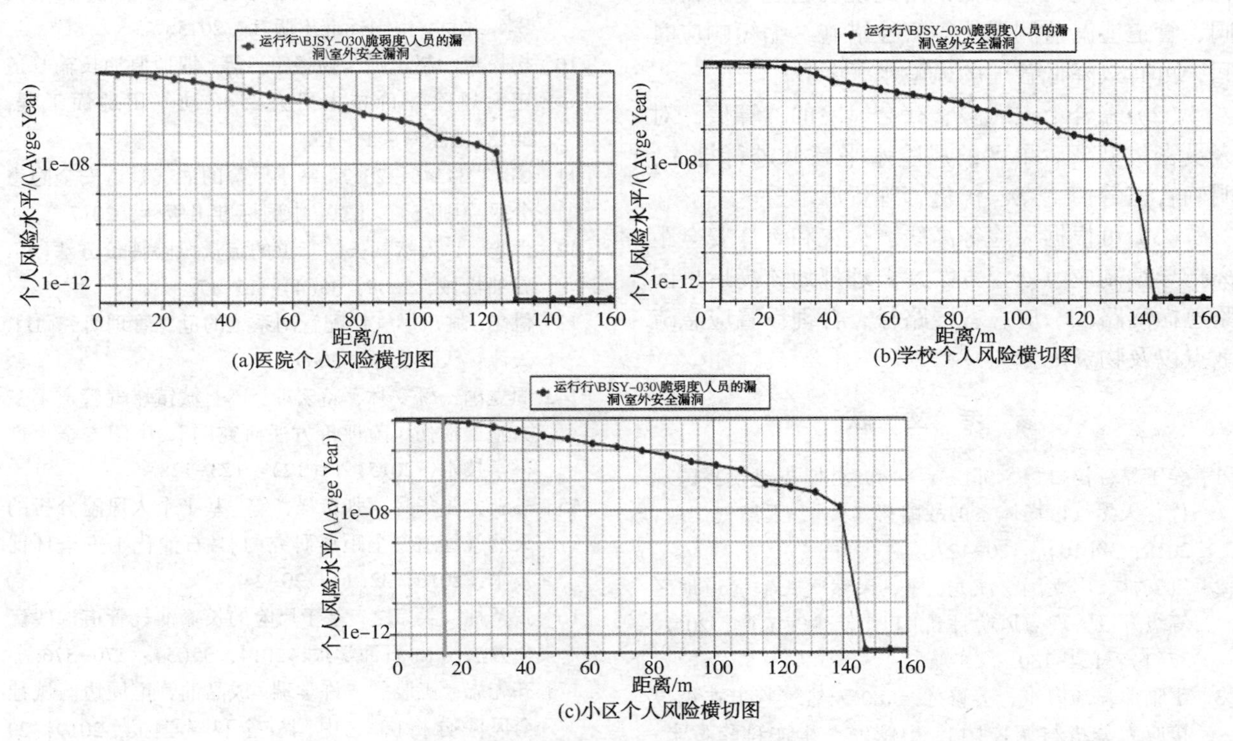

图 7　各高敏感场所的个人风险分析结果

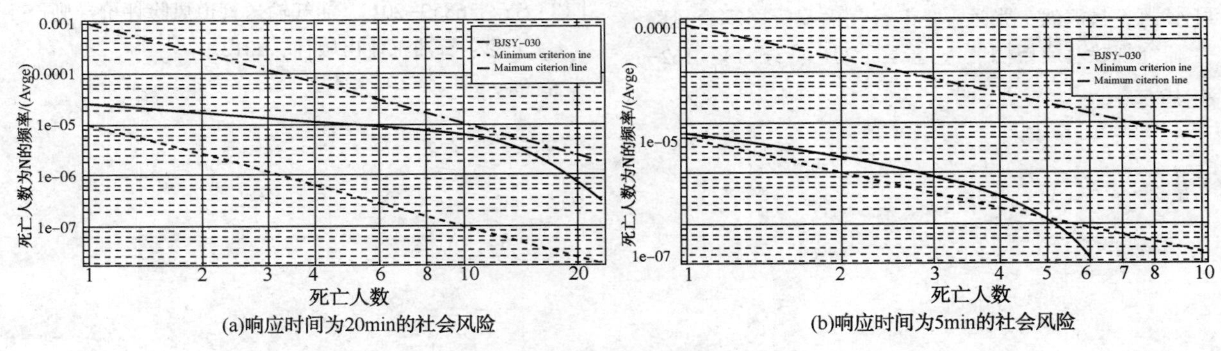

图 8　社会风险分析结果

通过计算分析得到：该区域管道火灾、爆炸在最低致死率下的影响距离为 230m，实际管道管理工作中可将该高后果区管控范围扩大到管道两侧 230m。该区域人口密度大，高敏感场所、居住类高密度场所距离管道近，但由于管道本体状况和企业管理效果良好，个人风险、社会风险均可接受。其中学校距管道距离近，人口密度大，人员室外暴露系数较高，故其个人风险、社会风险相对较高，应着重加强对学校的宣传、应急联动等工作。

4 结论

人员密集型高后果区风险评价可量化表征管道安全风险水平和可接受程度，进一步确定管道高后果区识别范围、管道火灾爆炸等事故破坏后果范围及安全距离，有效指导企业开展管道管理工作，结合实例分析，得到以下结论。

（1）当事故响应时间从 20min 缩短到 5min 时，社会风险明显降低，由此说明通过增加截断阀、管道泄漏监测系统等管控措施，缩短响应时间，可有效降低管道的风险水平。

（2）综合个人风险、社会风险的计算值，对人员密集型高后果区的风险水平高低进行排序，明确管道管控重点，优化管理资源配置。

（3）可根据风险等高线、火灾和爆炸安全距离指导编制应急处置方案，合理规划该高后果区紧急撤离路径、应急救援路径，合理设置应急疏散点以及物资配置点。

参 考 文 献

[1] 姜子昂，杨再勇，邹晓琴，等. 对加快建设我国现代化天然气市场体系的战略思考[J]. 天然气工业，2018，38(10)：120-127.

[2] 姚安林，周立国，汪龙，等. 天然气长输管道地区等级升级管理与风险评价[J]. 天然气工业，2017，37(1)：124-130.

[3] 丁雅萍，汤海平，姜修才. X80 天然气管道在役焊接应力分析与调控[J]. 中国安全生产科学技术，2018，14(10)：82-87.

[4] 杨凯，吕淑然，张远. 城市燃气输配管网耦合风险研究现状及展望[J]. 灾害学，2016，31(1)：162-169.

[5] 董菲菲，罗贤运，吕保和. 天然气管道内腐蚀影响因素的灰色综合关联度分析[J]. 安全与环境学报，2014，14(5)：15-18.

[6] 郭文朋，周亚薇. 基于改进风险矩阵法的中俄东线高后果区风险评估[J]. 油气储运，2019，38(3)：273-278.

[7] 魏沁汝. 天然气长输管道高后果区识别与风险评价研究[D]. 成都：西南石油大学，2015.

[8] 周亚薇，张振永，田姗姗. 地区等级升级后的天然气管道定量风险评价技术[J]. 天然气工业，2018，38(2)：112-118.

[9] GB 32167—2015. 油气输送管道完整性管理规范[S]. 北京：中国标准出版社，2015.

[10] 杨松克，赵正勋，杨曦宇，等. 埋地原油长输管道定量风险评价技术研究[J]. 油气田地面工程，2018，37(5)：11-15.

[11] GB/T 34346—2017. 基于风险的油气管道安全隐患分级导则[S]. 北京：中国标准出版社，2017.

[12] 邢志祥. 天然气长输管道的定量风险评价方法[J]. 石油机械，2008，36(4)：15-17.

[13] 付聪. 城市燃气输配管网系统的危机管理研究[D]. 天津：天津大学，2009.

[14] 周立国，姚安林，蒋宏业，等. 城镇燃气管道第三方施工损伤风险评价方法研究[J]. 中国安全生产科学技术，2015，11(12)：123-128.

[15] 王新，张华兵，张希祥，等. 基于个人风险分析的天然气管道安全距离研究[J]. 石油化工安全环保技术，2016，32(1)：20-24.

[16] 张圣柱，吴宗之. 基于风险的长输油气管道选线优化方法[J]. 石油学报，2014，35(3)：570-576.

[17] 齐先志，王晓霖，许学瑞. 成品油管道周边区域社会风险分析[J]. 中国安全科学学报，2019，29(11)：177-182.

[18] SY/T 6859-2012. 油气输送管道风险评价导则[S]. 北京：石油工业出版社，2012.

站场压缩机出口管道防腐层服役可靠性研究

聂海亮　马卫锋　王　珂　任俊杰　曹　俊　党　伟　姚　添　王　康

(中国石油天然气集团公司管材研究所，石油管及装备完整性研究所)

摘　要　站场压缩机出口管道处于高温和振动复杂工况下，其防腐层选型成为一大难题。本文通过温度振动耦合作用加速试验，研究了3层聚乙烯防腐层(3PE)、无溶剂环氧防腐层(FBE)以及粘弹体等3种防腐方式在压缩机出口温度振动耦合服役工况下的性能变化规律，结果表明，3PE防腐层及粘弹体防腐层具有较好的抗温度和振动损伤性能，适合压缩机出口管道防腐选型。本文的研究为站场压缩机出口管道防腐层选型提供了实验依据。

关键词　站场，压缩机出口，防腐层

近年来，西一线压缩机出口发生的防腐层失效问题频发。在西一线压缩机出口多处开挖均发现严重的防腐层失效问题。根据现有的监测统计结果，目前失效比较严重的防腐形式是无溶剂环氧，破损面积环向达到数十厘米，轴向可达到数百厘米，防腐层大面积失效导致管线腐蚀严重。据调查，压缩机出口处于高频振动状态，其管道温度最高可达到70℃，因此压缩机出口管线防腐层失效主要是高温和振动耦合作用的结果。

压缩机出口是高温和振动复杂工况，容易使管道的防腐层发生失效，因此压缩机出口的管道对防腐层性能要求较高，很多在普通管线上使用合格的防腐层也会在压缩机出口处失效。而目前相关标准对防腐层的指标要求并没有考虑温度振动的耦合条件，因此急需研究防腐层在温度振动耦合条件下的失效机理和损伤演化规律。

对于防腐层损伤机理，国外研究较多。Worsley等认为，孔隙率是涂层耐阴极剥离的另一个重要因素，涂层中离子、水和氧等介质的渗透性取决于孔隙率，孔隙率越高水和氧等介质渗透率越强。Miszczyk认为，温度高低和涂层剥离速度有明显关联，随着温度的升高涂层的阴极剥离速度加快。Markus Betz等对FBE涂层粘着现象的机理进行了研究，旨在识别和量化主要影响因素。采用分子动力学模拟，以研究温度、湿度和内应力等变量以及它们对分层过程降解速率常数的影响，对FBE单分子层在不同温度下进行浸渍试验，以确定计算活化剂所需的速率常数。其先进的模拟和试验手段值得借鉴。新产品的开发和市场推广需要快速、可靠的耐久性试验，具有预测材料使用寿命的能力。为了研究典型聚酯粉末涂料的耐久性和稳定性，Giulia Gheno开发了涂层耐久性了稳定性的标准化时效试验程序。比较了4种标准耐久涂层和7种超耐久涂层的耐候性和老化退化性能，获得了良好的结果。Douglas J. Mills等人提出了防腐涂料的工作机理，详细介绍了作者认为比较适合的一系列相对简单的测试，以定量的方式测量这些性能，从而帮助制定新的或更好的涂料，为涂层测试提供了许多相关的参考试验。

国内，中国石油集团工程技术研究院对基材变形量对3PE防腐层的性能影响规律进行了研究，认为剥离强度和阴极剥离性能会随基材变形量的增大而增大。浙江大学[7]研究了OH-离子对防腐层损伤的影响，认为OH-的迁移会造成聚合物与金属的黏结力降低，使与防腐层黏结的基体金属氧化物层溶解发生气泡、剥离。这些研究揭示了防腐层在部分环境条件下的损伤机理，为管道腐蚀防护提供了理论基础，但未见温度与振动耦合作用下埋地管道防腐层的损伤机理研究的相关报道。因此，开展温度振动耦合加载条件下防腐层的损伤规律研究，对掌握防腐层失效机理，保证压缩机进出口管道防腐管道安全运行有重要的理论指导意义和工程应用价值。

本文通过温度振动耦合作用试验，测试3层聚乙烯(3PE)、无溶剂环氧涂料(FBE)和粘弹体等三种防腐层产品在不同温度下的服役可靠性。同时依据标准规定的型式试验，验证目前国内站场压缩机出口防腐层修复采用防腐产品和工艺在常温和温度振动耦合情况下的性能是否合格，为

压缩机出口防腐层选型提供实验依据。

1　试样设计

本文研究三种防腐层：类型一：3层聚乙烯(3PE)，西气东输二线压缩机进出口管线大量采用该防腐形式；类型二：无溶剂环氧涂料+聚丙烯胶带防腐，西气东输一线基本采用该防腐形式，其防防腐效果取决于无溶剂环氧对基材的粘接性能，因此在本研究中仅将无溶剂环氧涂料作为研究；类型三：粘弹体胶带+聚丙烯胶带防腐，目前防腐层修补采用比较广泛的防腐层形式，其防腐效果取决于黏弹体对基材的粘接性能，本项目将粘弹体作为研究对象。

图1　防腐层试片制备

本研究所采用的防腐层试片均根据实际工程进行制备，其中3PE试片采用与西气东输二线相同的3PE管道切割制备而成，试片尺寸为相关标准规定的尺寸和数量；FBE(无溶剂环氧)试片由现场施工工人采用与现场相同的工艺和材料对预制的钢片进行涂覆，以保证防腐效果与现场完全一致；粘弹体试片采用与现场相同的产品(荷兰Stopaq公司生产)和工艺对预制的钢片进行包覆。

2　实验设计

本文研究共分为两个阶段：防腐层试片温度振动耦合作用实验和防腐层性能对比试验。在温度振动耦合实验阶段，采用自主研发的温度振动耦合试验系统，对三种防腐层标准试片进行温度振动耦合加速试验，以模拟站场压缩机出口防腐层运行工况。在防腐层性能对比试验阶段，针对温度振动耦合后的试片，以及未加温度振动耦合的试片，分别做相同的型式试验，得到性能对比及褪化规律。

2.1　*温度振动耦合作用试验*

2.1.1　实验平台

为了使防腐层试片在恒定的试验温度下同时承受一定的振动载荷，项目组研发出一套能够满足温度和振动耦合作用试验装备，主要包括四个部分。第一部分，在温度方面，试验装备选用常规的电热恒温干燥加热箱，型号为202型，生产厂家为北京科伟永兴仪器有限公司，温度控制范围在0~200℃，恒温箱可在整个试验过程中对试片提供恒定的温度环境。第二部分，在振动方面，选择由苏州东菱振动仪器有限公司生产的ET-50-445电动振动试验系统，该系统最大负载800kg，振动时可达到的最大加速度为1000m/s^2，工作频率范围在5~2700Hz，振动试验系统可为试验提供恒定的振动频率和振动加速度等振动参数。第三部分，链接恒温箱与振动系统的试验工装，通过特殊工装将振动台的振动载荷传递到恒温箱内的试片放置台，而降恒温箱本体与振动台隔离，实现温度和振动的复合加载的同时避免了振动对恒温箱的损坏。采用了恒电位仪系统对试片加载恒定电位，从而达到温度与振动耦合下的防腐层测试。采用了摄像头实时监控，保证试验箱24小时不间断工作。通过手机APP与摄像头进行连接，可实时监控加载设备状态，及时发现问题。设备见图2。

2.1.2　试验参数选择

为了在实验室内模拟现场工况，我们对压缩机出口实际温度和振动情况进行了测量。测量范围包括西一线、二线、三线等压缩机出口管道，根据现场测量的压缩机出口管线温度范围及振动参数测量果，将温度与振动耦合作用下防腐层加速损伤试验的温度设定为70℃，振动频率设定为500Hz，加速度80m/s^2。

为了保证室内模拟实验与现场环境的一致性，拟在模拟中加入土壤对防腐层的影响。为此，研究人员在塔输分公司孔雀河压气站检测压缩机出口管道振动频谱时，同时在现场提取土壤样品约5kg，为室内模拟实验做准备。

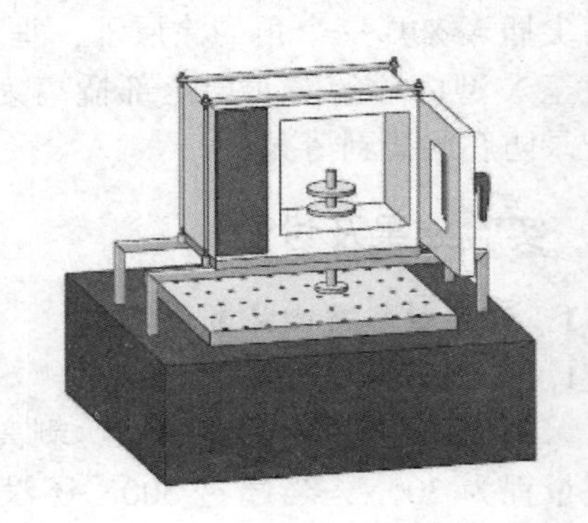

图2　温度振动耦合作用实验平台

2.1.3　试验过程

利用温度振动耦合设备进行压缩机出口管道环境的模拟。振动参数采用现场测试得到的主要频率(500Hz)和加速度($80m/s^2$)，温度采用压缩机出口管道的最大温度70℃。试片在现场提取的土壤及水环境下密封在保鲜盒中，并通过金属夹板固定在与振动台连接的螺杆上，实现加热的同时与振动台共振(图3)。

图3　温度振动耦合加载实验过程

三种防腐层试片分别放在温度振动平台模拟30d。温度振动模拟期间试验平台24h不间断运行，共用时2160h。模拟期间，通过手机APP连接设备摄像头，随时监控设备状况，保证设备正常运行。

振动平台连续不间断振动30d后，取出试片进行下一步型式试验分析。温度振动耦合加载后的试片见图4。

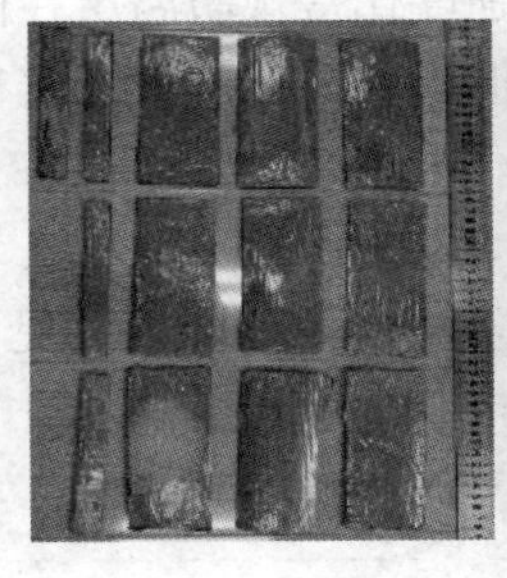
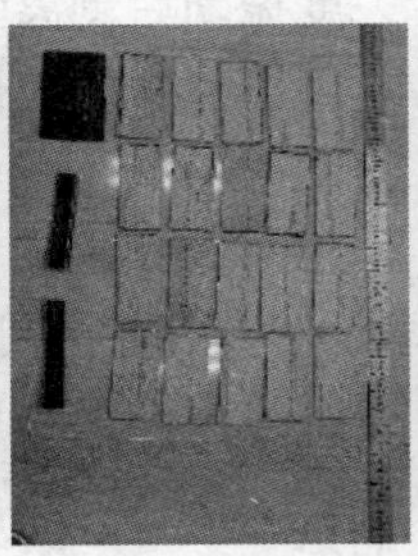
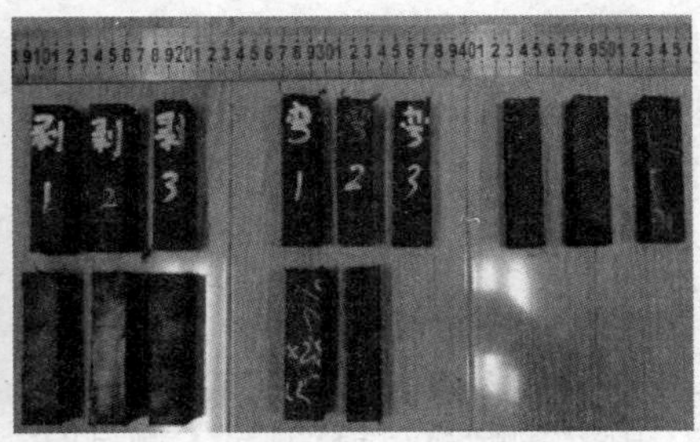

图4　温度振动耦合加载30d后的试片

2.2　型式试验

温度振动耦合试验结束后，将耦合加载30天后的试片进行标准规定的型式试验，同时将常规试片进行相同的型式试验，将耦合加载试片和常规试片型式试验结果进行对比，得到防腐层温度振动耦合条件下的性能退化规律。

2.2.1　3PE

依据标准GB/T 23257—2017《埋地钢质管道聚乙烯防腐层》，分别对常规试片和耦合加载后的试片进行厚度测试、剥离强度测试和弯曲试验。

厚度测试采用磁性测厚仪进行测试。剥离强度试验分别在70℃、60℃、50℃下进行了。试验采用拉力计、夹钳、温控箱进行。实验过程中，先将试片放在温控箱中预热24h，保证整个试片温度均匀分布，再取出立即进行剥离试验。

抗弯曲试验采用弯曲试验机和冷冻箱进行，实验前将试片放进-20℃冷冻箱中冷冻1h，保证整个试片温度均匀分布，再取出后进行弯曲加载。

2.2.2 FBE

依据标准SYT 0315—2013《钢质管道熔结环氧粉末外涂层技术规范》，分别对FBE常规试片和耦合加载后的试片进行外观检查、厚度测试、抗弯曲试验、抗冲击试验、耐磨实验及附着力测试。

厚度测试采用涂层测厚仪，测量前对涂层测厚仪进行仔细校准，测量时避开试片表面防腐层存在气孔、流挂、表面不平整的位置。

利用弯曲试验机、冷冻箱进行弯曲试验。试验时先将弯曲试片放入-20℃的冷冻箱中进行保温，1h后取出，保证试片温度分布均匀，取出后立即进行2.5°弯曲试验。

冲击试验采用冲击试验机进行，对每个试片冲击三个点，冲击点两两间隔在5cm以上。试验冲击功为10J，落锤重量为3kg，计算落锤高度为34cm。

耐磨损试验采用落沙试验机进行，先将涂层试验点用2L落沙磨损一次，在磨损区域测量5个厚度点，选择最小的厚度作为初始厚度。继续对落沙部位进行40L的磨损，测量落沙部位5个厚度点，以最小值作为磨损后的厚度，并计算耐磨值。

采用附着力测试仪对试片进行附着力定量测试，测试前先将试片在保温箱中以一定的温度保持24h，然后进行附着力测试。

2.2.3 粘弹体

依据标准SYT 5918—2017《埋地钢质管道外防腐层修复技术规范》，分别对粘弹体常规试片和耦合加载后的试片进行厚度测试、耐化学浸泡和粘接力测试。

厚度测试采用磁性测厚仪进行测试，测试时在表面不平整的地方至少测试3组数据取平均值。耐化学浸泡共采用3种溶液：5% NaOH、10% HCl、10% NaCl。每种防腐层试片至少测试3片，将各试样放在化学溶液中浸泡7d后，观察防腐层表面是否有脱色、鼓包、软化、脱离等现象。

黏结力测试采用定性测试方法，将防腐层试片表面试剂擦拭干净后，用刀尖沿试片两个对角线方向在防腐层上刻划两条交叉的直线，形成一个X形图案，各条刻线应划透涂层。然后，把刀尖插入X形一个角的涂层下，垂直向上挑起，直至X型内角的防腐层全部撬离为止。观察并记录防腐层撬剥情况。

3 实验结果及讨论

3.1 3PE性能对比结果分析

3.1.1 剥离强度试验

剥离强度实验结果见表1，剥离采用的弹簧秤量程为300N，当超过300N还没有开始剥离时，则按照300N计算。

表1 3PE剥离强度试验结果

温度/℃	试样编号		剥离强度/(N/cm)
70	温度振动	1	107.08
		2	106.52
	常规试样	a	112.5
		b	112.5
70	温度振动	1	114.2
		2	112
	常规试样	a	120
		b	120
70	温度振动	1	120
		2	120
	常规试样	a	120
		b	120

从实验结果可以看出，3PE防腐层试样在温度振动后剥离强度比常规防腐层在同一温度下的剥离强度低，但是整体仍然维持着很高的剥离强度，当温度降低到50℃以下时，二者剥离强度相同。

剥离强度随温度的下降规律见图5。3PE防腐层试样在温度振动后剥离强度比常规3PE防

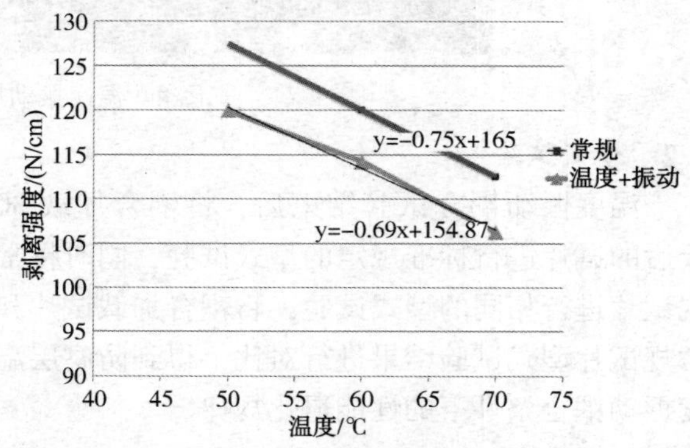

图5 温度振动耦合加载90d后的试片

腐层在同一温度下的剥离强度低大约 8N/cm，但是整体仍然维持着很高的剥离强度(高于标准要求的 70N/cm)。剥离强度随温度变化呈线性降低。

3.1.2 抗弯曲试验

弯曲加载后试样见图 6。常规试样和温度振动耦合作用 90d 后的试样在-20℃，2.5°弯曲后结果没有明显差异，均表现出良好的抗弯曲性能，防腐层表面未出现裂纹或剥落，说明 3PE 防腐层的抗弯曲能力非常好。

图 6 弯曲试样表面

3.1.3 厚度变化

采用涂层测厚仪对试样厚度进行测量，结果见表 2。温度振动耦合作用试验前后 3PE 防腐层的厚度没有明显变化，说明 3PE 防腐层在温度和振动耦合作用下厚度损失不明显。

表 2 3PE 厚度测试结果

试样编号	温度振动前厚度/mm			温度振动后厚度/mm		
	测点 1	测点 2	测点 3	测点 1	测点 2	测点 3
a	5.37	4.95	4.85	5.19	5.32	5.18
b	5.37	4.86	5.33	5.21	4.72	5.11
c	5.07	5.31	5.36	5.32	5.21	4.99
平均值	5.16			5.14		
标准差	0.215			0.176		

综上分析可知，3PE 防腐层在温度振动耦合加载后，其厚度基本没有变化，抗弯曲性能良好，高温下剥离强度虽然比常规试样剥离强度低，但是仍然保持着良好的抗剥离性能，因此 3PE 防腐形式是比较适合压缩机出口管道的防腐形式。

3.2 FBE 性能对比结果分析

3.2.1 表面情况

受限现场涂覆环境和工艺影响，FBE 现场涂覆后涂层外观并不理想，存在表面气孔、流挂、表面不平整等现象，试样表面见图 7。

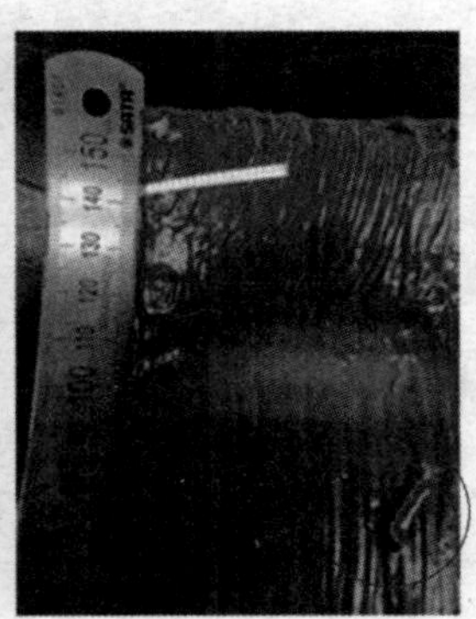

图 7 FBE 试样表面情况

3.2.2 涂层厚度

利用涂层测厚仪对常规试样和温度+振动耦合试样进行厚度测量，测量结果见表 3，有测试结果可知，涂层厚度不均匀，最厚点和最薄点相差近 200μm。厚度弥散性较大，因为表面比较粗糙，现场涂覆效果较差。温度振动耦合作用后涂层减薄，但是该变化无参考价值，因为涂层整体不均匀，可能是测量点未对应上所导致的平均厚度误差。

表 3 FBE 厚度测试结果

试样编号	温度+振动前厚度/μm			温度+振动后厚度/μm		
	测点 1	测点 2	测点 3	测点 1	测点 2	测点 3
a	928	871	521	604	723	587
b	934	745	634	765	579	876
c	698	523	579	764	685	587
平均厚度		714.78			685.56	
平均方差		155.78			98.64	

3.2.3 抗弯曲试验-20℃，2.5°

对弯曲后试样表面涂层变化进行了观察测试，测试结果见图 8，测试统计结果见表 4，可以看出，温度+振动耦合后，涂层抗弯曲性能变差。

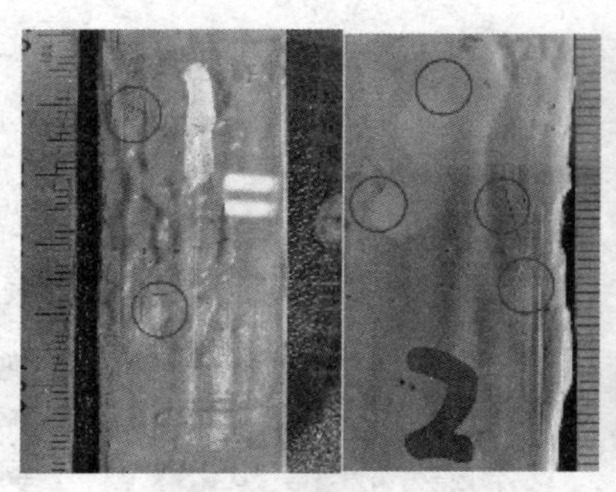
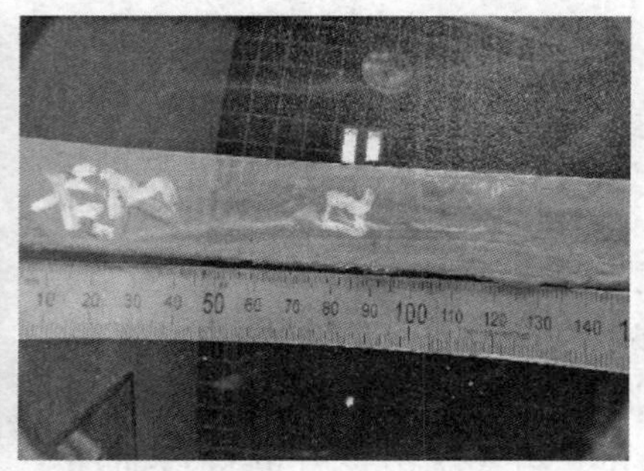

图 8　FBE 防腐层弯曲试样表面裂纹情况

表 4　FBE 防腐层弯曲试验结果

试样编号	常规试样			温度+振动试样		
	a	b	c	1	2	3
裂纹	无	无	无	有	有	有

3.2.4　抗冲击性能

抗冲击试验后试样表面裂纹情况见图 9。实验结果见图 10，可以看出，无论是常规试样还是耦合加载后的试样在每一个试样的三个冲击点都出现裂纹，因此，FBE 涂层的抗冲击性能较差。利用电火花检漏仪进行检测，检漏电压 10KV，三个冲击点均出现漏点。

图 9　FBE 防腐层冲击试验结果

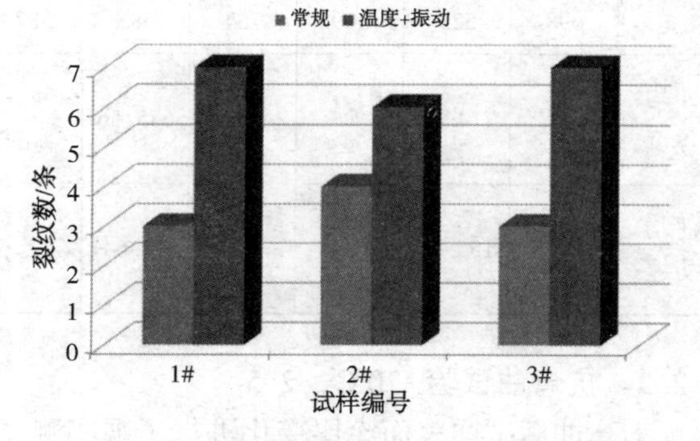

图 10　FBE 防腐层冲击试样表面裂纹数量对比

3.2.5　耐磨性

磨损后试样见图 11 所示。耐磨性试验结果见表 5，显然，现场工艺涂覆的环氧粉末涂层在常温下耐磨性不满足 SY/T 0315—2013 要求，温度+振动耦合加载后涂层的耐磨性大幅降低(约 2/3)。

图 11　FBE 防腐层落沙试验后的试样

表 5　FBE 防腐层耐磨性试验结果

试样编号		δ_1/μm	δ_2/μm	耐磨值/(L/μm)	平均耐磨值/(L/μm)
常规	a	471	419	1.3	1.3
	b	483	429	1.3	
温度+震动后	1	769	696	0.53	0.48
	2	842	751	0.43	

3.2.6　附着力

附着力测试结果见图 12，由表可以看出，随着温度升高，涂层附着力降低，而加上振动效应后，涂层附着力比常规试样下降约 50%。

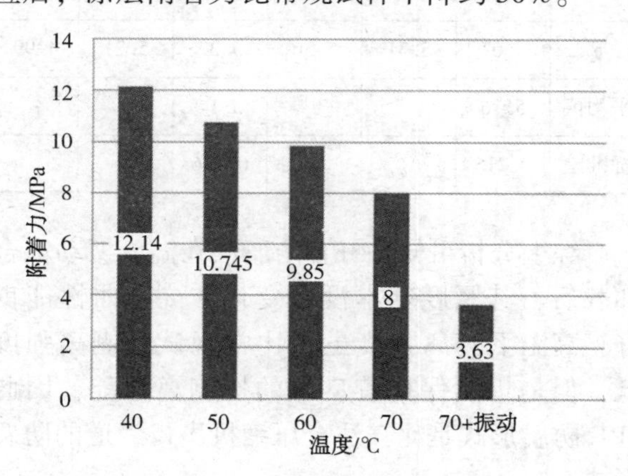

图 12　FBE 防腐层附着力随温度变化趋势

综上可知，FBE涂层因为现场涂覆条件和工艺限制，导致涂层表面较差，影响到涂层的性能，即使在常温下，涂层的抗冲击性能也没有达到标准要求值；随着温度和振动条件的增加，涂层的抗冲击、抗弯曲以及附着力等性能均急速下降。

3.3 粘弹体性能对比结果分析

3.3.1 厚度测量

试样表面对比见图13。防腐层常规试样和温度+振动耦合加载后的厚度测量结果见表6，温度+振动后，防腐层吸水变厚，表面厚度分散性也比较大，但粘弹体防腐层对试片表面仍然保持完全覆盖，未露出底层的基材，仍然具有良好的防腐效果。

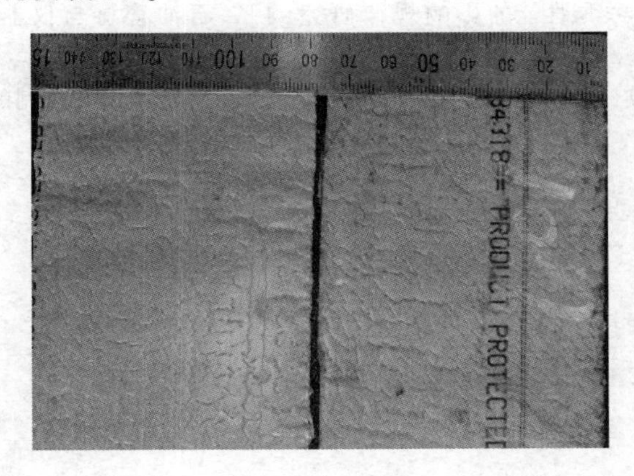

图13　粘弹体表面情况

表6　粘弹体厚度测试结果

试样编号	温度+振动前厚度/μm			温度+振动后厚度/μm		
	测点1	测点2	测点3	测点1	测点2	测点3
a	1867	1854	1849	2040	2170	2100
b	1857	1864	1868	2067	2105	2164
c	1852	1866	1859	2101	2180	2207
平均厚度		1859.56			2126.00	
平均方差		6.62			53.20	

3.3.2 耐化学浸泡

将各试样放在化学溶液中浸泡7d后，耐化学浸泡结果见图14、表7。显然，常规试样耐化学浸泡能力比较强，防腐层几乎没有变化；温度+振动耦合作用后，防腐层出现脱色、软化、隆起等现象，但防腐层仍然紧密贴合在基层表面，未出现裸露基体的现象。化学浸泡后粘弹体防腐层仍然具有良好的防腐效果。

图14　5%NaOH浸泡后试样表面情况

表7　化学浸泡实验结果

试样	5%NaOH	10% HCL	10%NaCL
温度+振动试样	有脱色	脱色、软化、隆起	脱色
常规试样	无变化	无变化	无变化

3.3.3 粘接力

定性测试了粘弹体黏结力情况，测试结果见图15。常规粘弹体防腐层黏弹性较大，不易挑起，局部挑起后下层机体仍然被粘弹体覆盖；温度+振动试样局部容易挑起，露出底层基体，随后在粘弹体的回弹作用下，基体重新被粘弹体覆盖。温度+振动耦合作用后虽然粘弹体表面张力强度下降，附着力有所下降，但仍然具有较好的防腐性能。

综上可知，粘弹体防腐形式在温度+振动耦合作用后厚度和耐化学浸泡能力下降，但仍具有良好的防腐效果，在目前防腐手段中比较适合压缩机出口管道的防腐。

图15　粘弹体防腐层黏结力测试

4 结束语

（1）对于三层（FBE），3PE在温度+振动耦合试验后，其抗弯曲性能满足标准要求；随着温度增加，防腐层剥离强度下降，但仍然保持着较大的剥离强度，是压缩机出口管道防腐的理想材料。

（2）对于无溶剂环氧涂层（FBE），温度+振动耦合试验结果表明，FBE防腐形式由于涂覆环境的影响和现场涂覆工艺的限制，表面情况难以达到标准要求，温度振动耦合试验后，防腐层抗冲击性能、耐磨性、抗弯曲等性能均不满足要求，因此建议压缩机出口管道防腐谨慎使用。

（3）对于粘弹体防腐，温度+振动耦合试验结果表明，粘弹体防腐层在温度+振动加载后涂层变厚，表面厚度差异较大，黏结力下降，耐化学浸泡能力下降，但仍具有较高的防腐效果，因此，粘弹体防腐方式适用于压缩机出口管道环境。

（4）综合对比可知，3PE 防腐层及粘弹体防腐层具有较好的抗温度和振动损伤性能，适合压缩机出口管道防腐选型。

参 考 文 献

[1] Worsley D A, Williams D, Ling J S G. Mechanistic changes in cut-edge corrosion induced by variation of organic coating porosity[J]. Corros. Sci., 2001, 43: 2335-2348.

[2] Miszczyk A, Darowicki K. Effect of environmental temperature variations on protective properties of organic coatings[J]. Prog. Org. Coat, 2003, 46: 49-54.

[3] Markus Betz, Christoph Bosch, ADHESION LOSS OF PIPE COATINGS: NEW INSIGHT VIEWS FROM KINETIC INVESTIGATIONS

[4] Giulia Gheno, Ganzerla R, Bortoluzzi M, et al. Accelerated weathering degradation behaviour of polyester thermosetting powder coatings[J]. Progress in Organic Coatings, 2016.

[5] Mills, Douglas, J, 等. The best tests for anti-corrosive paints. And why: A personal viewpoint[J]. Progress in Organic Coatings An International Review Journal, 2017.

[6] 张良，蔡克，莫子雄，等．温度对油气管道外防腐层性能的影响规律研究[J]．石油管材与仪器，2019，5(01)：52-54.

[7] 张金涛．有机涂层中水传输与涂层金属失效机制的电化学研究[D]．浙江大学，2005：7.

管道完整性管理效能评价实践

杨　静[1]　王晓霖[1]　王　勇[1]　冯　灿[2]　李　明[1]　周立国[1]

（1. 中国石油化工股份有限公司大连石油化工研究院；2. 国家石油天然气管网集团西南管道有限责任公司）

摘　要　为促进完整性管理在我国油气管道行业的全面深入推行，持续提升管道管理水平，提出了完整性管理实施过程和效果相结合的效能评价方法。结合当前完整性管理相关标准要求，建立了涵盖完整性基础管理、专项管理、事件事故管理和管理效果等的效能评价指标体系和评分细则，并提出了效能计算方式与标准化方法。对某管道企业2017年度完整性管理情况开展效能评价，提出效能改进措施建议。建议我国油气管道企业树立持续改进的科学管理思维，充分发挥效能评价的反馈与改进作用。

关键词　管道，完整性管理，效能评价，指标体系，持续改进

完整性管理作为一种主动预防式的安全管理模式，得到国际普遍高度认可，自引入我国油气管道行业以来，也一直备受我国各大管道企业的青睐。从最初企业自主学习和借鉴国外完整性管理经验和先进做法，国际标准API 1160和ASME B31.8S转标为我国石油行业标准SY/T 6648和SY/T 6621，经过近十余年不断消化吸收、实践提升和研发再创新，2015年我国发布首部自主研发编制的国家标准GB 32167《油气输送管道完整性管理规范》。随后，发改能源五部门联合发布[2016]2197号文件，这是我国政府行业主管部门首次针对管道完整性管理专门发布的行政规范性文件。文件要求各管道企业加强管道完整性数据管理，扎实推进高后果区识别、风险评价和完整性评价，开展针对性维修维护工作，有效落实管道全生命周期完整性管理。2197号文件的发布充分肯定了完整性管理在管道安全管理中的积极作用，有效助推了管道完整性管理在我国油气管道行业的全面推广应用。我国各油气管道企业均对2197号文件做出了积极响应，数据管理、高后果区识别、风险评价、完整性评价、维修维护与风险减缓等各项完整性管理核心工作都已有序推进并取得一定成效。然而，完整性管理是一个闭环管理过程，注重管理过程的持续改进和提升。这在2197号文件中也有明确要求，其中指出各管道企业要“坚持持续改进的科学管理思维，结合管道特点，开展动态完整性管理”，“加强规范化管理，通过定期开展效能评价评估完整性管理的有效性，不断发现和改进存在的不足”。

从目前我国油气管道完整性管理开展情况来看，效能评价作为完整性闭环管理的核心环节之一，尚未得到应有的关注和重视，未形成统一的评价模式或方法，还处于经验型评估阶段。郑洪龙、吴志平、谷雨雷等基于“投入-产出”模型，采用数据包络分析法建立效能评价指标体系。冯庆善等针对完整性考核指标与完整性管理中存在的问题，结合完整性管理方案在管道完整性管理过程的作用，提出了建立基于管道完整性管理方案的效能评价方法。俞树荣等基于管道自身完整性状态和完整性管理工作全流程，建立完整性管理效能评价双指标体系。完整性管理效能评价并无统一标准或模式可循，能够真实反映问题、达到改进提高效果且易于操作的评价模式或方法就是可行的。本文将从管道企业完整性管理实施过程和管理效果出发，结合我国现有标准对完整性管理的实施要求，建立效能评价指标体系和评分细则，以发现管理过程疏漏与不足，鉴别管理效果，实现完整性管理水平的持续提升。

1　管道完整性管理效能评价方法

效能评价是指对管道完整性管理体系进行综合分析，把体系的各项性能与任务要求进行综合比较，最终得出表示体系优劣程度的指标结果。效能评价应同时关注完整性管理的实施情况和管理效果，因此所有与管道完整性管理活动有关的因素都会对完整性管理效能产生影响，都可作为完整性管理效能评价指标。

结合目前我国管道企业推行完整性管理的总体要求，完整性管理效能可基于实施过程和效果

分别构建完整性管理实施过程效能评价指标体系和完整性管理效果评价指标体系。前者从基础管理、完整性专项管理及事件事故管理 3 个方面建立。其中，基础管理包括组织机构、文件及记录、能力与培训、安全宣传与教育、资源保障、变更管理等方面，总计 100 分。完整性专项管理涵盖完整性管理方案、数据收集与管理、高后果区识别管理、风险评价与管理、完整性检测评价、维修维护等 6 个方面，每项总分 100 分，合计 600 分。事件事故管理从应急体系建设、应急响应能力、事件事故报告与处理、事件事故跟踪与学习等方面进行评价，总计 100 分。后者从管道当前完整性状况和风险控制情况两方面进行评价，分值各设置为 50 分。

基于构建的评价指标体系，通过对标我国现有完整性管理相关标准中对业务环节的实施规定和管道安全管理要求，具体包括 GB 32167、GB/T 35068、GB/T 36701 等国家标准和 SY/T 6648、SY/T 6859、SY/T 6597 等行业标准，建立完整性管理效能评分细则。限于文章篇幅，此处仅列出完整性专项管理部分评分细则(表 1)。

表 1　管道完整性专项管理部分效能评分细则

评分项	评分细则
完整性管理方案	年初是否按照相关文件要求制定完备的年度完整性管理方案？
	完整性管理方案制定是否考虑管道生产运行状况？
	完整性管理方案制定是否考虑上一年管道管理效果或存在问题？
	完整性管理方案的制定是否综合各部门或相关人员意见？
	完整性管理方案是否明确年度工作目标、任务？
	完整性管理方案是否给出各项工作具体指标要求？
	完整性管理方案是否明确各业务环节责任主体及计划安排？
	完整性管理方案发布前是否进行讨论和评审？
	各业务部门是否针对公司完整性管理方案制定具体实施计划？
	完整性管理方案的实施落实是否安排专门人员或业务部门进行跟踪和监督？
	完整性管理方案是否按需及时修订或变更？
	每年年底是否对完整性管理方案内容进行评价与总结？

续表

评分项	评分细则
数据收集与管理	是否规定了基于完整性管理的数据采集格式要求？
	是否制定了适合本公司的管道完整性数据模型并建立数据库？
	建立的数据库是否具有良好的可扩展性？
	是否制定了本年度所有完整性相关数据的采集或更新计划？
	是否按计划完成本年度数据采集或更新任务？
	所有数据是否都是按照源头采集原则进行采集？
	采集的数据精度是否满足完整性管理要求？
	是否建立了完整的管道中心线？
	采集的数据是否按照统一的线性参考体系进行对齐？
	相关数据的移交是否及时合规？
	采集的数据是否进行了真实性、有效性、现势性校验？
	涉密数据是否按照国家或公司要求进行脱密处理或制定了数据保密相关程序？
	完整性管理过程中产生的数据是否及时录入数据库？
	日常数据收集填报后是否进行数据审核？

完整性管理效能分值以过程效能评分值为基数，通过效果评分值进行调整修订，具体如下：

$$\text{完整性管理效能值} = \frac{\text{完整性管理实施}}{\text{过程效能评分}} \times \frac{\text{完整性管理效果评分}}{100} \tag{1}$$

为便于不同评价对象的对比分析和效能对标管理，考虑不同完整性管理对象差异性，引入效能标准化因子，具体如下：

$$z = \gamma \cdot \frac{1}{\tau} \cdot \frac{1}{2}(\alpha + \beta) \tag{2}$$

式中，z 为效能标准化因子；γ 为管道地形系数(0~1)，按照管道所处地形复杂程度取值，如管道全部位于平原地区取 1；τ 为管龄系数，取值参考表 2；α 和 β 分别为管道高后果区覆盖率和高风险段覆盖率，即通过高后果区识别的高后果区管段里程和通过风险评价确定的高风险管段里程分别占管道总里程的比例。

表 2　管龄系数取值表

管龄/年	≤3	3~5	5~10	10~20	20~30	>30
系数 τ	0.6	0.8	1	0.8	0.6	0.5

最后根据效能分值将完整性管理效能分为4个等级：优、良、中、差，分级标准见表3。

表3　完整性管理效能分级表

效能等级	效能分值范围
优	[700，800]
良	[550，700)
中	[400，550)
差	[0，400)

由于评分项多而繁琐，为便于评价工作高效开展，同时使评价结果更为直观，利用EXCEL将评分细则进行封装形成评价工具，评价人员只需根据实际情况选择对应选项即可。根据评价情况，自动获取评分结果并按照不同颜色进行显示（图1、图2）。

完整性专项管理					
评分项	评分细则	选项	分值	合计	满分
完整性管理方案	年初是否按照相关文件要求制定完备的年度完整性管理方案？	B 制定了年度完整性管理方案，但内容不全面	7	42	10
	完整性管理方案制定是否考虑管道生产运行状况？	A 充分考虑了管道生产运行状况	10		10
	完整性管理方案制定是否考虑上一年管道管理效果或存在问题？	B 完整性管理方案仅考虑上一年度发现的部分问	7		10
	完整性管理方案的制定是否综合各部门或相关人员意见？	A 完整性管理方案的制定充分采集公司各相关单	10		10
	完整性管理方案是否明确年度工作目标、任务？	A 有明确的年度工作目标和任务	5		5
	完整性管理方案是否给出各项工作具体指标要求？	B 仅明确了50%以上工作的具体指标要求	3		5
	完整性管理方案是否明确各业务环节责任主体及计划安排？				10
	完整性管理方案发布前是否进行讨论和评审？	A 80%以上业务环节明确规定了责任主体及具体计划安排 B 50%以上业务环节明确规定了责任主体和工作计划 C 30%以上业务环节规定责任主体和工作计划 D 仅30%以下业务环节规定责任主体和工作计划			5
	各业务部门是否针对公司完整性管理方案制定具体实施计划？				10
	完整性管理方案的实施落实是否安排专门人员或业务部门进行跟踪和监督？				10
	完整性管理方案是否按需及时变更？				5
	每年年底是否对完整性管理方案内容进行评价与总结？				10

图1　完整性管理方案效能评价

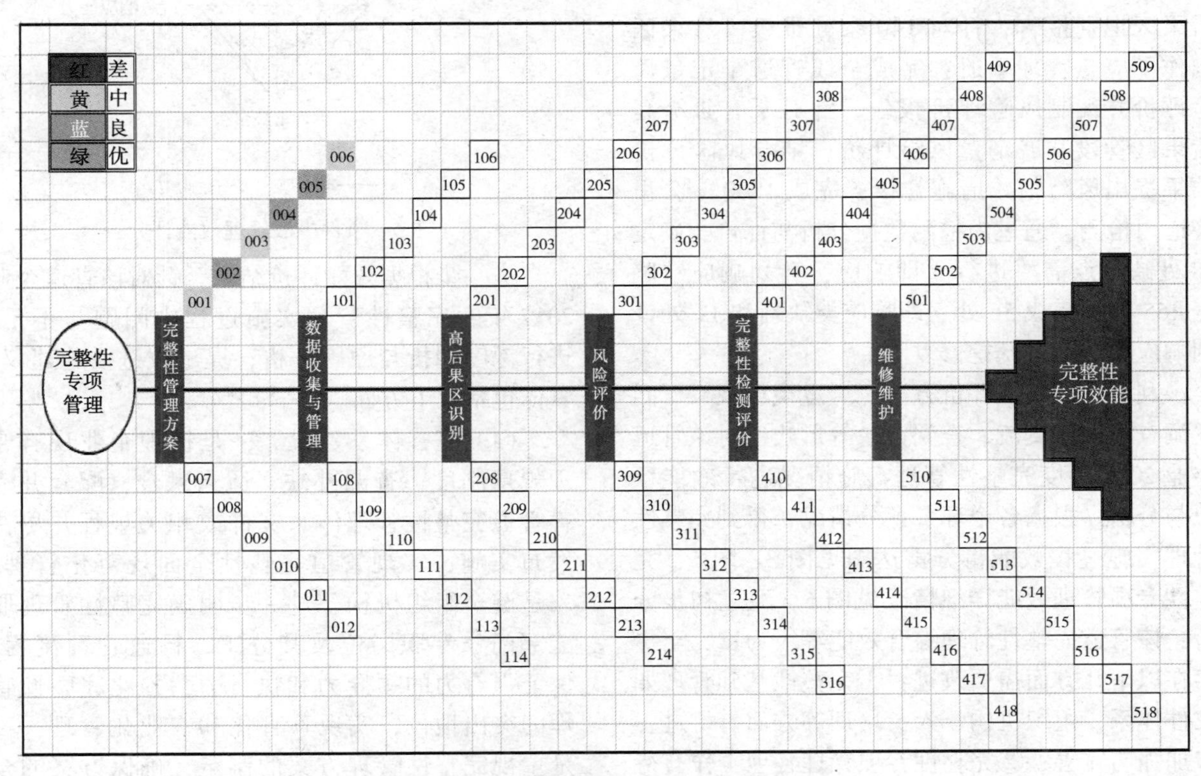

图2　完整性专项管理效能评价结果展示

2 某管道企业完整性管理效能评价

某管道企业所辖成品油管道近 3000km，里程长、分布广、沿线地质及社会条件复杂，威胁管道安全的各类因素复杂多变，管道一旦失效会对周边造成重大影响，因此企业面临的管道安全管理责任重大。该企业于 2016 年开始部署实施管道完整性管理，初步构建了企业管道完整性管理体系，包括完整性管理组织机构、体系文件、技术方法、信息化管理平台等。

2017 年度该管道企业结合完整性管理业务需求，整合了相关部门管理职责，同时结合企业原有管理制度，制修订管道完整性管理体系文件 9 个，包括 1 个总则和 7 个实施细则，涵盖数据采集、高后果区识别、风险评价、完整性评价、维修决策及效能评价等完整性管理核心业务环节。体系文件发布后，在此基础上开展完整性管理各项工作，包括数据采集与入库、高后果区识别管理、风险评价与管理、完整性检测与评价、管道维修与维护。2017 年度，完成全线所有管道本体及附属设施、周边环境数据采集，并完成近 70 万条基础数据的脱密与入库；完成全线高后果区识别并编制高后果区识别报告，针对 140 余处Ⅲ级高后果区制作了应急管理手册；完成全线管道半定量风险评价并编制风险评价报告，针对所有Ⅲ级高后果区管段开展定量风险评价，结合风险评价结果提出风险削减措施建议；完成 1800 余公里管道内检测，通过内检测数据分析与评价，确定 68 处缺陷点需要进行立即响应，计划响应缺陷点 465 处；完成 56 处立即响应类缺陷和 11 处计划响应类缺陷的开挖修复。

利用前述效能评价方法，通过现场观察、问卷调查、访谈交流、查阅记录等形式，对该管道企业 2017 年度完整性管理实施情况进行效能评价与分析。根据各个环节评分情况，得到完整性管理实施过程效能得分雷达图见图 3 ~ 图 5，完整性专项管理效能详细情况见图 6。经过初步分析，该管道完整性管理综合效能等级为良，至少存在以下几方面需要改进：①完整性基础管理如文件体系、组织机构、人员培训等方面有待进一步加强与完善；②完整性专项管理各项工作有待与原有工作进行优化整合，强化计划性管理，提高管理效率；③完整性各类数据有待进一步强化管理和利用；④加强新方法、新技术的引进与利用。

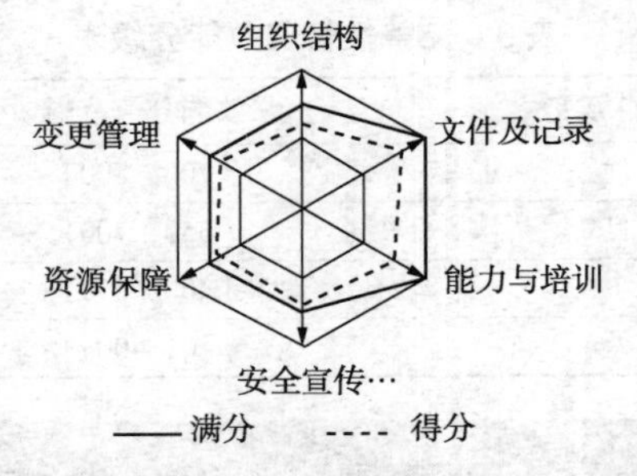

图 3　完整性基础管理效能评分

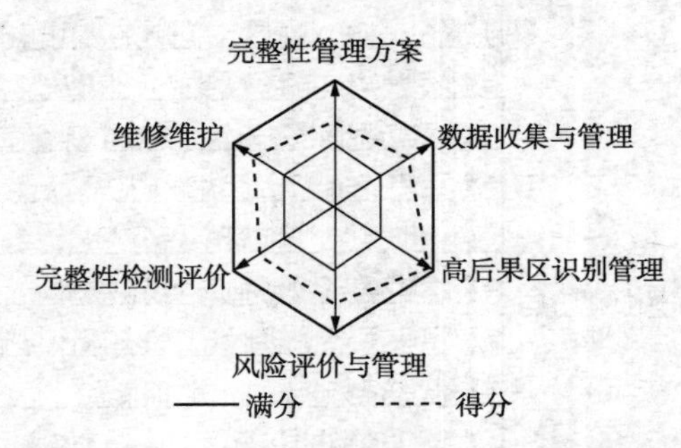

图 4　完整性专项管理效能评分

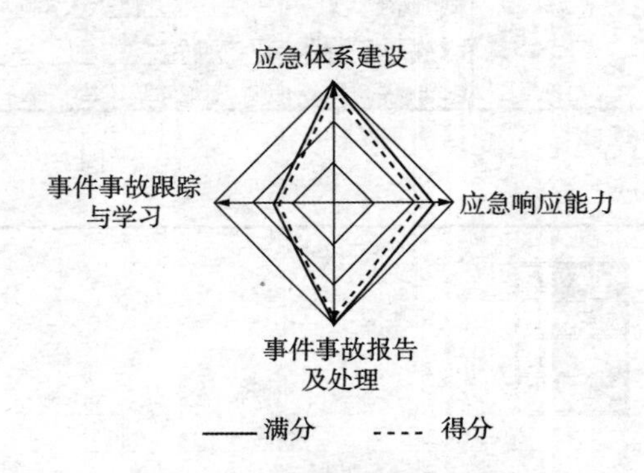

图 5　事件事故管理效能评分

进一步根据效能评价结果，针对该管道企业 2017 年度完整性管理实施过程中问题与不足，进行深度剖析与原因分析，提出改进措施建议，具体包括以下方面。

(1) 完善体系建设。一是梳理企业现有管理规章制度，查漏补缺，适当融合，配套并完善管道完整性管理体系文件或相关规程并尽快发布实施，实现管道完整性全面规范化管理。二是健全组织机构，进一步明确完整性管理职能部门、专职岗位及其分工，畅通管理流程，保证强有力的领导力和执行力，强化完整性管理的突出地位，实现垂直化和专业化管理。三是重视完整性管理方案的制定，确保方案的全面性与可操作性，为现场工作开展提供指导和依据。

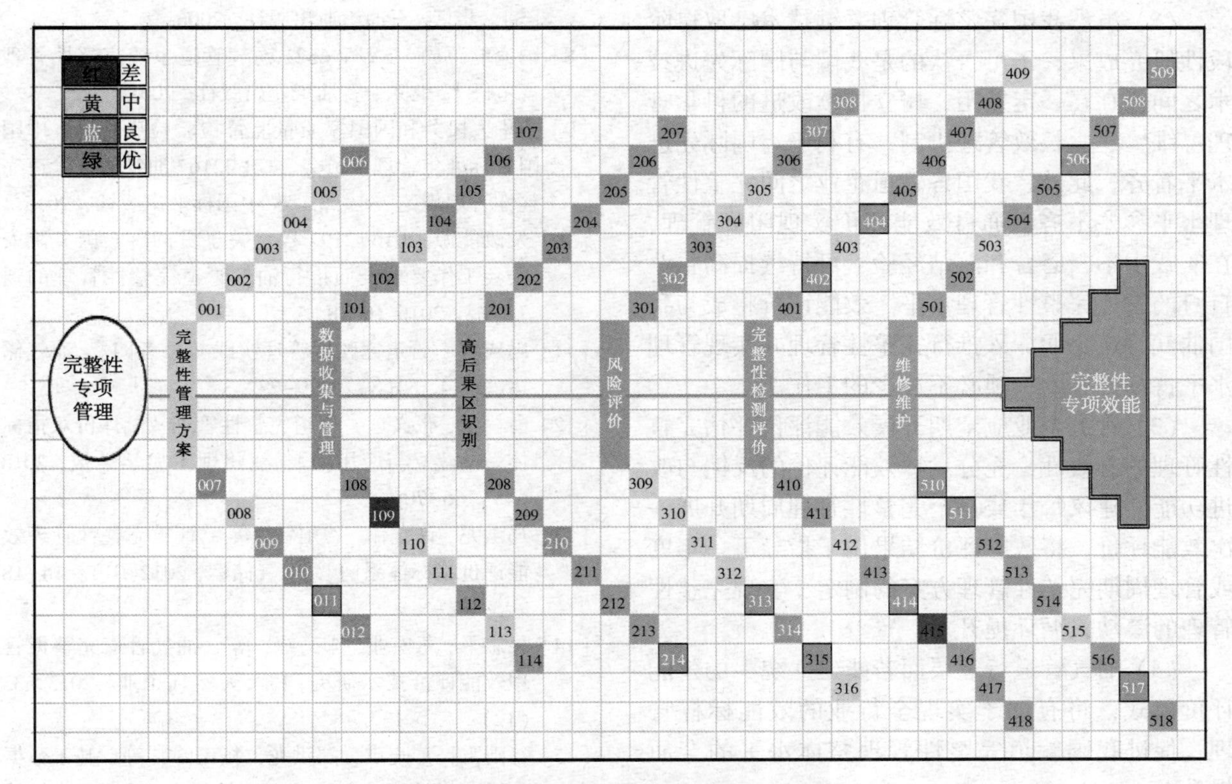

图6　完整性专项管理效能评价结果展示

(2)抓好学习培训。一是加大企业管道完整性管理人员投入，确保责任到岗、任务到人。二是全面开展管道完整性管理体系文件的解读与宣贯，加强相关岗位人员技术培训，包括人员取证培训、完整性管理基础知识与标准规范培训、以现场实施为导向的技术方法类培训等，内外并举，促进员工整体技术水平和业务素质提升。

(3) 深化系统应用。一是加快信息化管线管理系统建设进程，实现管道全生命周期完整性数据的有序管理。二是促进信息化管线管理系统的上线应用，鼓励员工充分利用信息化系统开展管道管理相关工作，并做好完整性管理相关工作与原有管理工作的衔接与融合，避免重复工作量，明确责权分配，提高工作效率，全面实现管道完整性线上智能管理。

(4) 加强数据采集管理。一是重视管道全生命周期的数据采集与管理工作，确保入库数据满足信息化系统数据采集与入库要求。二是强化完整性管理各工作环节相关数据的整合对齐与关联分析(可由第三方单位开展)，充分利用高后果区识别、风险评价、完整性检测评价等数据结果，进行管道维修维护综合分析决策。

(5) 做好管道风险管理。一是继续加强高后果区识别工作，并按要求进行高后果区填报与审核评审，制定高后果区管理对策并实施。二是强化管道隐患排查与风险评价，做好隐患台账管理，形成风险评价报告，保证风险评价结果的可追溯性。

(6) 做好管道内检测与缺陷修复管理。一是继续推进管道内检测工作，确保管道完整性评价(内检测)覆盖率，并取得完整性评价报告与合于使用评价报告。二是规范管道缺陷修复管理，基于完整性检测评价结果进行缺陷致因分析，制定针对性缺陷修复方案并进行审查审批，提高管道缺陷修复技术水平，确保修复质量。

(7) 加强管道失效数据积累与管理。

(8) 尽可能尝试采用泄漏探测等新技术、新方法进行管道安全管理，提升管道本质安全和管道保护水平。

3　结论

(1) 随着社会经济发展和安全环保要求提高，国家对油气管道安全运行的要求也越来越严格。我国自引入管道完整性管理模式以来，虽然已取得了一定成效，经济效益和社会效益逐步显现，但要彻底从原来的管理模式和做法中转变过来，做好两种管理模式的有效衔接与融合，还需要不断改进和提升。

（2）虽然我国完整性管理关键技术已取得阶段性研究成果，不可否认的是我国与国际先进技术之间仍存在一定差距，树立持续改进的科学管理思维、建立长效管理机制，有利于与国际先进水平看齐。此外，我国各管道企业之间完整性管理水平参差不齐，通过效能评价实现闭环管理，在实践中不断磨合和总结经验，可持续提高企业自身的管道完整性管理水平。效能评价将成为我国油气管道企业深入推行完整性管理并实现管理水平持续提升的一项必不可少的工作。

（3）管道企业应定期开展效能评价评估完整性管理的有效性，充分发挥效能评价的反馈与改进功能。建议每年或每个完整性管理周期开展一次效能评价，将效能评价结果用于指导下一年度或管理周期完整性管理方案的制定，实现完整性管理的滚动式循环提升。

（4）油气管道行业层面若能建立统一的效能评价模式，将有助于实现全行业的效能标杆管理，促进我国管道完整性管理整体水平的全面提升。

参考文献

[1] 董绍华．管道的完整性管理技术与实践[M]．北京：中国石化出版社，2015：1-30.

[2] 关中原，高辉，贾秋菊．油气管道安全管理及相关技术现状[J]．油气储运，2015，34(5).

[3] 黄维和，郑洪龙，吴忠良．管道完整性管理在中国应用10年回顾与展望[J]．天然气工业，2013，33(12)：1-5.

[4] 姚伟．管道完整性管理现阶段的几点思考[J]．油气储运，2012，31(12)：881-883.

[5] American Petroleum Institute. API 1160 Managing system integrity for hazardous liquid pipelines[S]. New York：API Standards，2001.

[6] American Society of Mechanical Engineers. ASME B31. 8S Managing System Integrity of Gas Pipeline [S]. New York：ASME Committee，2001.

[7] 国家能源局．SY/T 6648 输油管道完整性管理规范[S]．北京，石油工业出版社，2006.

[8] 国家能源局．SY/T 6621 输气管道系统完整性管理规范[S]．北京，石油工业出版社，2005.

[9] 中华人民共和国国家质量监督检验检疫总局，中国国家标准化管理委员会．GB 32167 油气输送管道完整性管理规范[S]．北京，中国标准出版社，2015.

[10] 发改能源[2016]2197号．关于贯彻落实国务院安委会工作要求全面推行油气管道完整性管理的通知[Z]．2016. 10. 18.

[11] 冯庆善．管道完整性管理实践与思考[J]．油气储运，2014，33(3)：229-232.

[12] 俞树荣，张义远．管道完整性管理效能评价双指标体系的建立与应用[J]．兰州理工大学学报，2018(4)：66-70.

[13] 郑洪龙，许立伟，谷雨雷，等．管道完整性管理效能评价指标体系[J]．油气储运，2012(01)：14-18+25+93.

[14] 吴志平，蒋宏业，李又绿，等．油气管道完整性管理效能评价技术研究[J]．天然气工业，2013，33(12)：131-137.

[15] 谷雨雷，董晓琪，郑洪龙，杨玉峰，等．基于数据包络分析的管道完整性管理效能评价[J]．油气储运，2013，32(8)：840-844.

[16] 冯庆善，李保吉，钱昆，等．基于完整性管理方案的管道完整性效能评价方法[J]．油气储运，2013，32(4)：360-364.

[17] 中国石油管道公司．油气管道完整性管理技术[M]．北京：石油工业出版社，2010：110-123.

[18] 杨静．油气管道完整性管理效能评价[J]．油气田地面工程，2015，34(11)：3-5.

[19] 国家市场监督管理总局，中国国家标准化管理委员会．GB/T 35068 油气管道运行规范[S]．北京，中国标准出版社，2018.

[20] 国家市场监督管理总局，中国国家标准化管理委员会．GB/T 36701 埋地钢质管道管体缺陷修复指南[S]．北京，中国标准出版社，2018.

[21] 国家能源局．SY/T 6859 油气输送管道风险评价导则[S]．北京，石油工业出版社，2012.

[22] 国家能源局．SY/T 6597 油气管道内检测技术规范[S]．北京，石油工业出版社，2018.

国外油气管道资产完整性管理实践与思考

谭　笑[1]　张　妮[1]　刘啸奔[2]　孙大微[1]

[1. 国家管网集团北方管道公司管道科技研究中心;
2. 中国石油大学(北京)]

摘　要　近年来我国能源通道建设进入快速发展时期，而油气长输管道作为重要的运输方式，事关国家能源安全，一旦发生事故容易导致灾难性后果。本文通过调研国外企业油气管道资产完整性管理的实践经验，分析了国内外资产完整性管理的理念与做法上的差异，进而结合国内油气管网建设与运行形势提出了我国油气管道资产完整性管理提升建议，能够有效提升我国油气管道安全管理水平。

关键词　油气管道，资产完整性，风险管理

油气管道系统具有管线长、设备种类多、危险性高等特点，一旦发生事故，给社会、环境、企业都会造成极大的损失。随着我国经济的发展，社会的进步，法律的完善，国家和社会对管道安全的要求也越来越高。传统的管道安全管理方法是被动的管理，比较注重事后总结经验；而资产完整性管理则侧重于事前预防，注重事后研究分析，防患于未然，始终保证在管道发生事故之前，将各种风险因素消除或降到可接受范围之内，从而使管道平稳安全运行。完整性管理作为国际先进石油化工企业积极推崇的资产管理模式，在保证管道本质安全、设备可靠运行等方面发挥了积极的作用。

1　资产完整性管理的定义

所谓完整，就是一事物保持其应有的各个部分，没有缺损[1]。资产完整性是资产运行状态的完好性，企业通过加强使用、维护、检修管理和技术改造来保证这样的状态，防止故障发生。资产完整性管理(Asset Integrity Management, AIM)是由设备完整性(Mechanical Integrity, MI)演变、改进、完善而来的[2]。资产完整性管理是一个完善的、系统的管理过程，是以保证资产完整性为首要任务，用整体优化的方式管理资产从设计、制造、安装、使用、维护，直至报废的整个生命周期，以达到资产的可靠性、安全性、环保，以及经济性的要求并可持续发展。

实施资产完整性管理目的是实现资产运行本质安全和节约资产维持成本。资产完整性管理是确保在全生命周期中系统内各个要素(人员，系统，工艺和传输工具等)的本质安全，有效运转，并将有限的支出合理地分配到风险管控中。要达到这一均衡的目标，风险管理方法是其有效的途径。风险管理方法指的是识别资产运行面临的风险因素，监测、检测、检验主要威胁因素，评估资产适应性，制定基于风险的资产使用、维护、检修和技术改造策略，不断改善识别到的不利影响因素，从而将资产运行风险水平控制在合理的、可以接受的范围内。

2　国外企业资产完整性管理实践

2.1　挪威船级社(DNV)

挪威船级社(DNV)历经数十年，花费大量的技术和时间，积累多方面的项目经验，运用各领域专家资源，为了迎合法律、行业、公众、技术等各方面的需求，逐步完善了设备完整性管理体系，将其转化为DNV自身极具优势和引领性的资产完整性管理技术。实施完整性管理的最终目的是本质安全和节约成本。而挪威船级社给出了资产完整性管理的一般解决方案(图1)。

图1可以看出，挪威船级社资产完整性管理解决方案主要针对五大板块：初步设计、详细设计、施工、试运转及正式营运。在初步设计及详细设计步骤中，主要利用量化风险评价QRA、危险与可操作性分析HAZOP、可靠性/可用性分析RAM及安全完整性等级(SIL)等方法进行相关指导。在管道及设备施工时及投产使用后，主要采用RBI、RCM、SIL等技术手段进行风险管理，保障设备的可靠性。

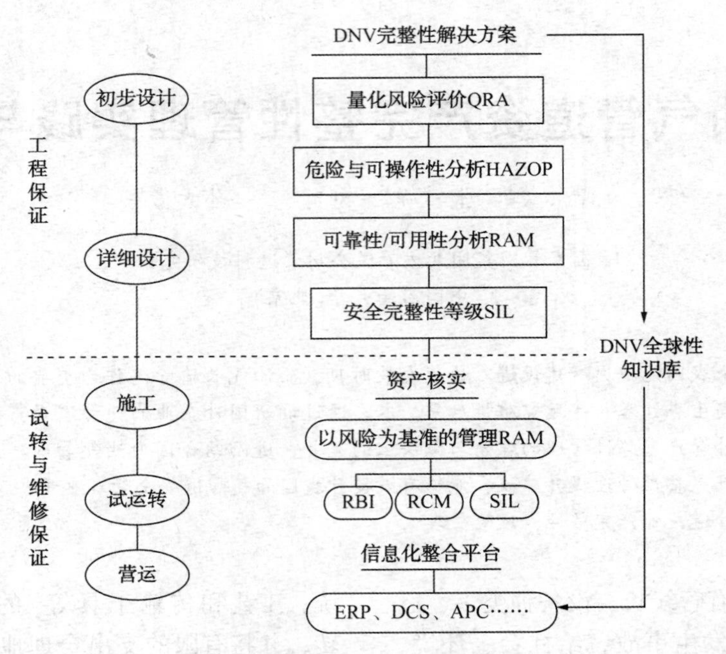

图 1　DNN 资产完整性管理方案

DNV 资产完整管理体系与 HSE、ISO 9001、ISO 14000 等管理体系相融合，将完善企业的管理体系，全面提高企业的安全管理水平。完整性管理是一个复杂的系统，企业应建立一套资产完整性管理程序以持续地保持设备资产的完整性，资产完整性管理程序应该文件化并确保执行，在此基础上也要对员工实施教育培训，以确保员工安全地执行。资产完整性管理系统各要素如图 2 所示，由公司政策、基于风险管理 RBM、管理实施执行、资产状态、改正性措施、管理和绩效 KPI 组成，环环相扣，缺一不可，形成一个完善的管理系统。

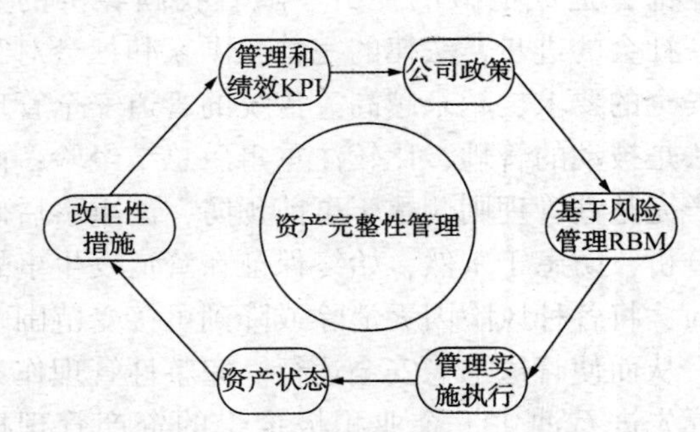

图 2　DNN 资产完整性管理系统各要素

资产完整性管理与各种设备管理技术的集成关系(图 3)。

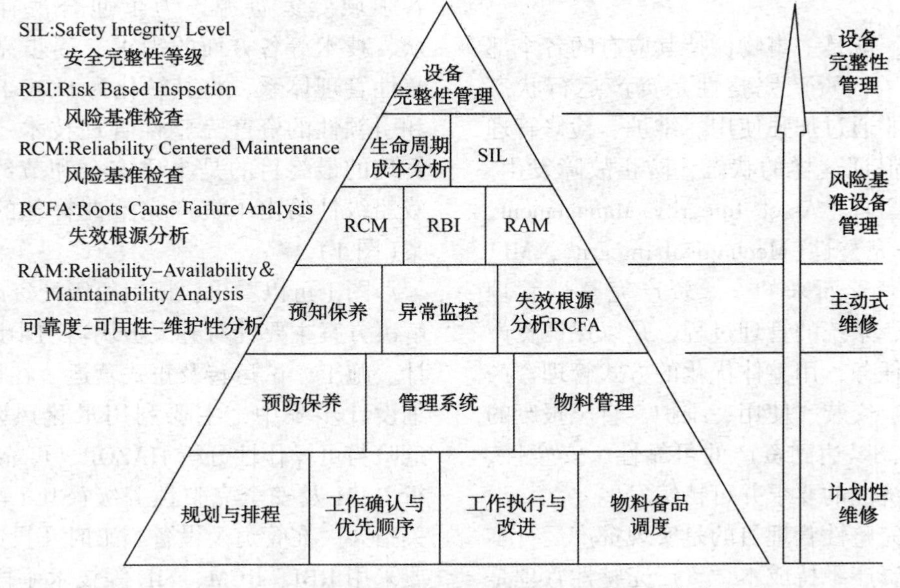

图 3　DNV 资产完整性管理与各种设备管理技术的集成关系

2.2 壳牌石油公司(Shell)

壳牌石油公司认为公司认为资产完整性管理是卓越经营的关键，因此培育出了良好的完整性管理企业文化；建立了全球范围内的企业标准，有完整性管理队伍、技术队伍和操作队伍；开发了完善的风险评估工具和程序，实现量化的风险管理；规定了承包商管理、员工的能力培养和绩效评比等内容；建立了系统的全生命周期的数据管理流程，有全球范围的数据管理系统。

壳牌石油公司的资产完整性管理可以分为3个维度：设计完整性、技术完整性和操作完整性(图4)。

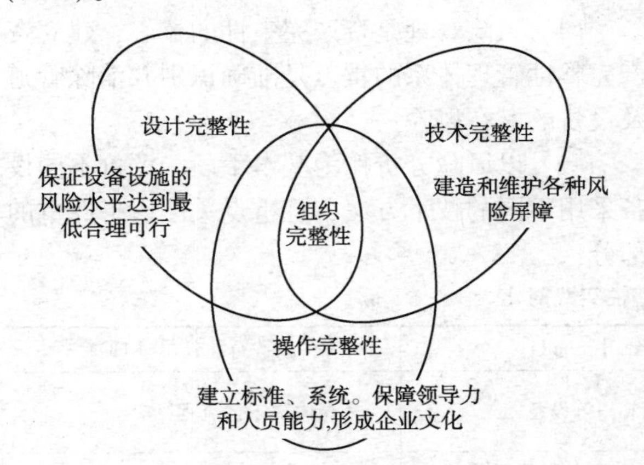

图4　壳牌石油公司资产完整性管理的维度

壳牌石油公司的资产完整性管理要求时刻保持其识别安全关键因素的有效性。而安全关键因素(SCE)是指能够预防、检测、控制和减缓危险源的规定条款或设备[13-14]。例如，一些防爆设备的应用、压缩机等危险设备的注意事项等。换言之，SCE的目的就是延缓或消除高风险有害物质能量的意外释放。主要的安全关键因素包括管道、事故应急救援、管道隔离阀、紧急切断阀门、水下隔离阀、水或天然气露点控制、化学品注入等。

壳牌石油公司按照PAS55资产管理规范搭建了完整性管理体系，包括职责、能力、变更管理、危害评估、保护系统、应急响应、设施完整性和工艺完整性，涵盖所有设备设施，以满足完整性管理要求。资产完整性管理体系的编制和完善工作已经被壳牌石油公司列入未来的规划之中，其管理体系的文件里已列出详细规定，完整性管理体系将成为壳牌石油公司生产经营管理体系中不可或缺的组成部分，体系的审核工作也将被制度化并提高到总公司层级，在公司的年报中对外展示。

2.3 科威特石油公司(KOC)

科威特石油公司(KOC)进行资产完整性管理的重点是关注工艺过程安全管理(PSM)的相关问题和事故预防，图5所示为科威特石油公司资产完整性管理框图。公司通过选定的各项关键绩效指标(KPI)对其每个资产单元实施监控，绩效考核结果连同季度总结报告一起审核。达标的KPI需要不断改进以适应当前环境，对于审核报告提及的新识别出的KPI，在下次监控中需要关注。工艺过程安全管理是确保工艺安全性能优良的基石，其目标是防止工艺安全事故的发生，提高工艺安全性能。

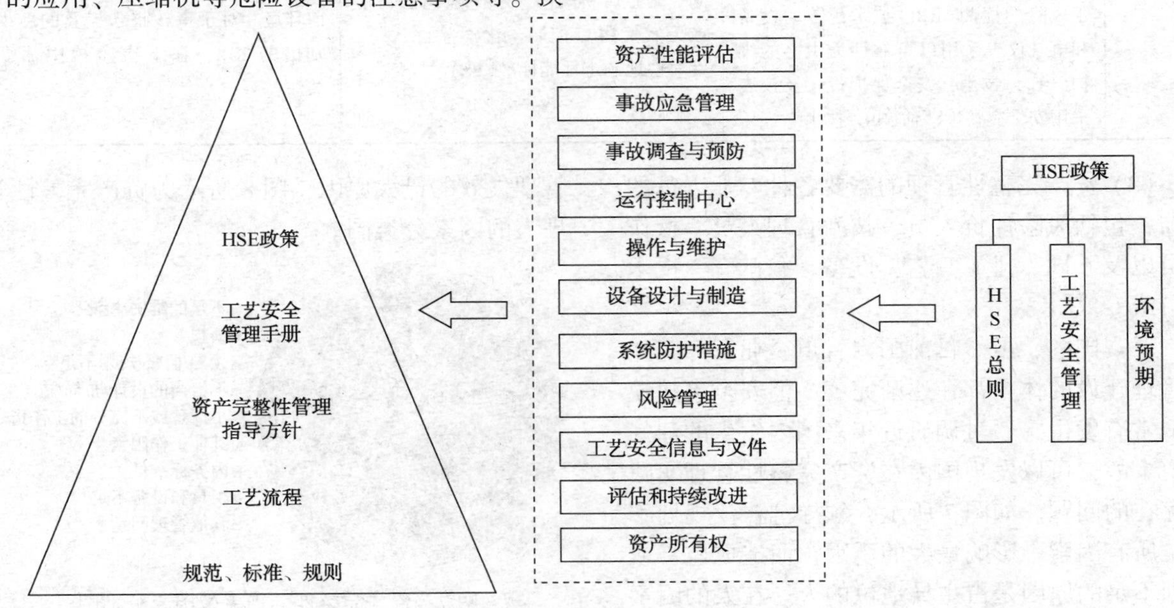

图5　KOC资产完整性管理框图

依据科威特石油公司工艺安全管理流程（图6），管理层必须组织和领导PSM体系初期的启动。同时，雇员必须在实施和改进时充分参与进来，因其是对工艺如何运行了解最多的人，且必须由其执行建议和变动。而内部职能部门和外部顾问可以针对特定领域提供建议。

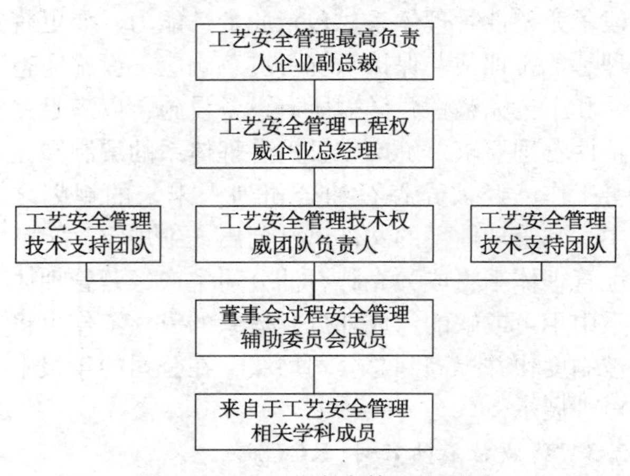

图6　KOC工艺安全管理流程图

3　国内外油气管道资产完整性管理实践对比分析

通过以上分析可以看出，国外各公司基于资产完整性管理的基本理论与方法，分别建立了公司内部各具特色的资产完整性管理体系，对挪威船级社（DNV）、壳牌石油公司（Shell）及科威特石油公司（KOC）三家企业的资产完整性管理实践做法进行对比分析，结果见表1所示。

通过对比分析国外资产完整性管理实践经验，可以发现国外针对国内资产完整性有以下三点共同点：

（1）风险管理是资产完整性的核心，建立资产完整性管理体系的重点是准确识别并消除管道及设备的潜在风险；

（2）以风险分析作为基本手段，评价不同设备采用不同的技术方法，且重点关注后果严重的部分；

表1　国外资产完整性实践对比

对比	挪威船级社（DNV）	壳牌公司（Shell）	科威特石油公司（KOC）
对象	公司内部站场设备（静设备、转动设备、仪表设备、工艺系统）及管道本体	公司内部管道、阀门等设备	公司内部工艺流程
目标	保障站场设备本质安全，节约成本	延缓或消除高风险有害物质能量的意外释放，例如一些防爆设备、压缩机等危险设备	防止工艺安全事故的发生，提高工艺安全性能
方法	采用以风险为基准的管理（RAM）方法包括RBI、RCM、SIL三种技术手段。针对不同设备采用的技术不同：储罐、静设备与工艺管道主要采用基于风险的检测（RBI）技术；转动设备和电气仪表采用以可靠性为中心的维护（RCM）技术；安全保护设备及仪表采用安全完整性评估（SIL）技术	通过对安全关键因素（SCE）的识别，包括管道、事故应急救援、管道隔离阀、紧急切断阀门、水下隔离阀、水或天然气露点控制、化学品注入等，针对性地制定性能标准（PS）	通过选定的各项关键绩效指标（KPI）对其每个资产单元实施监控，达标的KPI需要不断改进以适应当前环境，对于审核报告提及的新识别出的KPI，在下次监控中需要关注

（3）资产完整性管理的需要各种专业人员的参与，包括风险评价人员、技术管理人员、操作人员以及不同专业（工艺、设备、仪表等）技术人员或专家。

反观国内，虽然目前国内管道企业资产完整性管理建设的体系都在逐渐完善，但安全事故缺仍旧常有发生。通过调研近年来国内发生的油气管道事故，可以发现国内在资产完整性管理实践中存在的问题。如图7所示，领导/监督/规划不足是所有因素中影响最大的诱因，而造成监督或规划不足的原因是占主导地位的人。在人的因素中，相关人员对风险判断错误是造成资产完整性管理失效的最大原因，图8所示为资产完整性管理人的因素分类图。

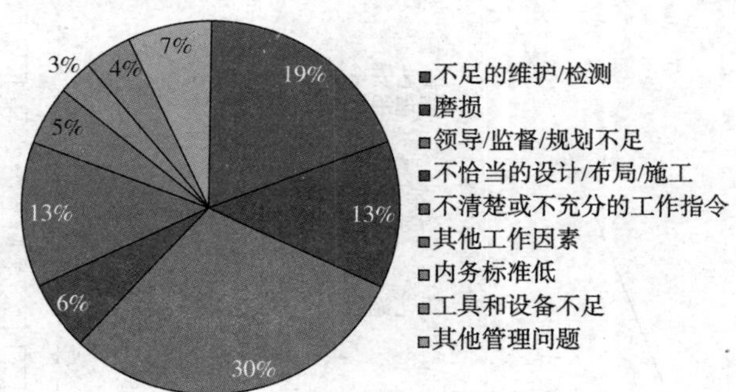

图7　资产完整性管理失效因素分类图

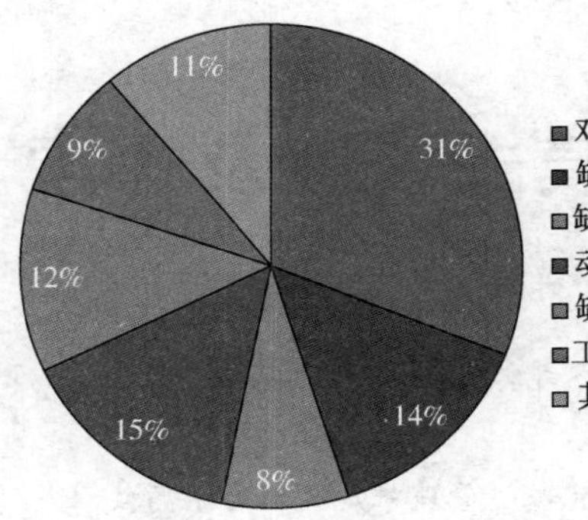

图 8 资产完整性管理人的因素分类图

4 油气管道资产完整性管理提升建议

总结国外近年来资产完整性管理实践经验，并针对国内企业资产完整性管理中出现的主要问题，可以得出以下几点油气管道资产完整性管理提升建议。

(1) 针对油气管道的资产完整性管理建设应从油气管道的设计、建设、运行、维修、报废整个全寿命周期上考虑，制定全面科学的管理干干，从而保障油气管道系统的可靠性和经济性；

(2) 建立基于风险的资产完整性管理体制，具体体现在：建立统一的风险评估的原则和可接受准则；对重要资产进行风险分级，建立风险管理的档案；基于风险的完整性管理应体现在工作的各个方面，从计划设定、资源分配、工作的执行到结果评估以及制定风险的预防和纠正措施。

(3) 建立管道失效数据库并加强信息、记录和数据管理。首先需要系统识别出油气管道资产完整性管理所需的重要信息、文件和工作记录，并建立设计、施工与运行全生命周期共享的数据库，明确和确保各个阶段的工作人员使用最新、统一的记录和文件。

(4) 建立资产完整性管理的绩效指标，开展内部审核以及外部审核，以保证资产完整性管理的实施和提高。

参 考 文 献

[1] 孙奎福. 基于 RBI 的储罐完整性风险评价[J]. 石油化工设备. 2012, 41(5): 57~61.
[2] 焦传波. 论述城市燃气管道全生命周期及完整性管理[J]. 建筑工程技术与设计, 2014(19).
[3] 刘权. 资产完整性管理助力企业腾飞[J]. 科技资讯, 2012, 26(2): 169-170.
[4] 税碧垣, 艾慕阳, 冯庆善. 油气站场完整性管理技术思路[J]. 油气储运, 2009, 28(7): 11-14
[5] 董绍华. 管道完整性技术与管理[M]. 北京: 中国石化出版社, 2007.
[6] 张静, 帅健. 储罐的完整性管理[J]. 油气储运, 2010, 29(1): 9-11.
[7] 李光燕. 城市埋地天然气管道完整性管理研究[D]. 长沙: 中南大学, 2009.
[8] 中国石油管道公司. 油气管道完整性管理技术[M]. 北京: 石油工业出版社, 2010.
[9] 董绍华. 管道完整性技术与管理[M]. 北京: 中国石化出版社, 2007.
[10] Det Norske Veritas. Integrity Management of Submarine Pipeline system [S]. DNV-RP-F116, 2009.
[11] 董绍华. 管道完整性管理体系与实践[M]. 北京: 石油工业出版社, 2009.
[12] 王璠. 风险检验在储罐完整性评价中的应用研究[D]. 大庆: 东北石油大学, 2013.
[13] 周廷鹤. 城市燃气管道的完整性管理[D]. 重庆: 重庆大学, 2009.
[14] 石磊, 帅健. 大型原油储罐完整性管理体系研究[J]. 中国安全科学学报, 2013, 23(6): 151-157.
[15] 帅健, 许学瑞, 韩克江. 原油储罐检修周期[J]. 石油学报, 2012, 33(1): 157-163.
[16] 李晓燕. 原油储罐基础不均匀沉降安全评价研究[D]. 大庆: 东北石油大学, 2014.
[17] 刘东利. 炼油厂储油罐的腐蚀与防护[J]. 炼油与化工, 2003, 14(2): 34-35.
[18] 洪明东. 地面钢质原油储罐的腐蚀与防护[J]. 石油化工腐蚀与防护, 2008, 25(3): 17-20.
[19] 郭彤. 资产完整性管理的理念与发展[J]. 金融经济, 2017(18): 127-129
[20] TIM W, JOE D. Pipeline integrity management[J]. Society of Petroleum Engineers, 2012, 26: 1-15.
[21] CYRUS R, AHMED A. Asset integrity management system implementation[J]. Society of Petroleum Engineers, 2013, 12: 1-9.

油气田管道和站场区域完整性管理模式研究及探索

邵克拉[1] 冉蜀勇[1] 李远朋[2] 汪 涵[1] 刘俊德[1] 陈 贤[1] 东静波[1] 王乙福[1]

(1. 中国石油新疆油田公司基本建设工程处；2. 中国石油新疆油田公司实验检测研究院)

摘 要 油气田管道和站场数量多、类型多、介质工况复杂多样，开展完整性管理难度大。为了高效的开展油气田完整性管理，提出了区域完整性管理模式：应用管道区域高后果区识别及风险评价、站场区域风险评价方法，工作效率提高15%、站场评价费用降低20%；应用管道区域失效分析，总结了“以线代面”区域检测覆盖方法，管道检测费用降低10%，提高了完整性管理工作效率，有利于油气田管道及站场完整性管理的质量提升和持续推进。

关键词 油气田，管道，站场，区域完整性管理，效率提升

完整性管理是国际先进石油化工企业继安全管理、风险管理之后积极推崇的资产管理模式，目前对于油气长输管道的完整性管理(PIM)，国内外已经建立了比较系统的理论和技术支持体系，并实现了工业应用。然而，对于油气田管道及站场的完整性管理，国内外迄今尚未提出系统的理论和方法，仍处于探索阶段。由于油气田管道和站场数量多、类型多、差异大，直接照搬长输管道完整性管理的理论，导致高后果区识别、风险评价、检测评价等工作量大，耗时耗力，给企业带来收益有限，导致完整性管理在油气田领域持续推广难度大。

由于油气田的管道和站场呈明显的区域性，在同一区域内建设年限、材质、介质等趋于相同，为了高效的开展油气田完整性管理，提出了区域完整性管理模式，明确了区域划分原则，在确保实现完整性管理指标的前提下，在同一区域内采用管道区域高后果区识别、集输管道及站场区域风险评价、区域失效分析的理念和方法，极大的优化简化了数据采集、高后果区识别、风险评价等工作量，提高了完整性管理工作效率。

1 管道区域高后果区识别

油气田内管道多以集输干支线、注水、注汽管道等管线为主，与长输管道相比，存在管径小、压力低、纵横交错的特点，按照长输管道对高后果区进行逐条识别工作量大。因此，探索简易可行的高后果区识别方法，提出集输管网“区域高后果区识别法”。

1.1 集输管网单元划分方法

对于建设年代、介质类型、管材等主要风险因素相似的集输管网，可以总体上作为一个单元进行高后果区识别。对于识别为同一个单元的集输管网，以平滑曲线连接其边界，形成闭合的识别单元，详见图1。

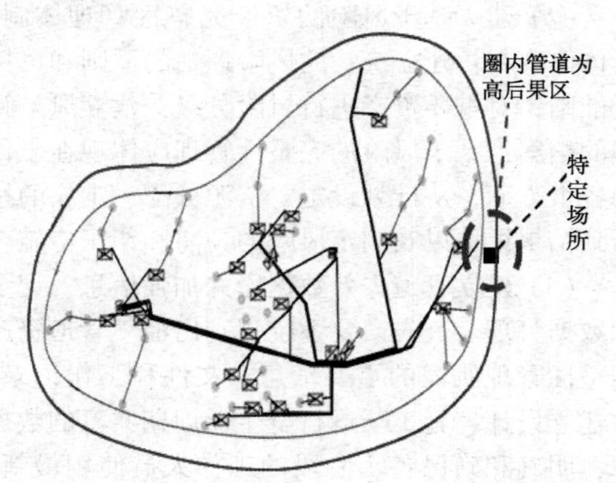

图1 集输管道高后果区域识别方法示意图

1.2 集输管网区域高后果区识别方法

以区域附近特定场所边缘为圆心，以规定的判别准则距离为半径，识别在判别范围内是否有管道，范围内的管道段落为高后果区管道，该特定场所为范围内的管道高后果区。全部或局部管段位于高后果区潜在影响范围内的管道视为高后果区管道。

识别步骤：①根据不同井区划定识别区域；②对区域外围开展高后果区特征调查；③对具有高后果区特征设施影响范围内管道进行识别(剔除无影响管道)；④根据高后果区判别准则完成识别(表1)。

表 1　区域高后果区识别条件

序号	识别区域	识别圆心	识别半径/m	识别结果
1	连续 2km 范围内满足四级地区条件的区域	区域边缘	200	以识别圆心、识别半径画圆范围内的管道区段均为高后果区
2	连续 2km 范围内满足三级地区条件的区域	区域边缘	200	
3	特定场所	场所边缘	200	
4	加油站、油库等易燃易爆场所	场所边缘	200	
5	水源、河流、大中型水库	区域边缘	200	
6	聚居户数在 50 户或以上的村庄、乡镇等	区域边缘	200	
7	湿地、森林、河口等国家自然保护地区	区域边缘	200	
8	高速公路、国道、省道、铁路	区域边缘	50	

2　集输管道区域风险评价

考虑到油区内管道数量较多且分布错综复杂的特点，为降低油区内管道风险评价的繁杂性和使其评价结果更加精确，引进了区域风险评价方法，并考虑了油区各介质管道的相对危险系数和相对权重，综合分析了各风险之间的相互作用，进行了区域风险叠加分析，以求得各区域风险值。

将油区按照一定的原则划分为若干个区域，将每个区域作为风险评价的单元，再进一步利用相关风险评价技术得出各区域的相对风险。考虑不重复、不包含和不遗漏的区域共轭原则，为保证各区域的完整性，故对于油区集输管道的区域划分采用以计量站为中心，将各油井以光滑曲线进行衔接，所形成的区域应最大程度地包含各井的采出与注入管线。

2.1　区域管道选取原则

经区域划分后区域内含有不同介质类型的管道数条，根据其地形以及各油井的采油规模、油品性质、地层压力等原因的不同，各区域内管道数量以及介质管道类别存在差异，为使评价结果更为准确和大大降低评价工作量，可采用两种不同的管道选取方法。对于管道数量较少且管输介质类别较少的区域，可对所划分区域内各介质的所有管道进行评价。而对于管道数量较多，且管输介质类别复杂的区域，仅对所划分区域内各介质的典型管道进行风险评价，其典型管道的选取数量见表 2。

表 2　典型管道选取数量

区域内某介质管道的总数/条	典型管道的数量/条
(0，5]	1
(5，10]	2
(10，20]	3
(20，∞)	4

基于典型管道数量选取的基础上对已有管道进行选取，若采用随机取样的方式，往往会忽略风险程度较大的管道，从而影响区域整体的风险，降低风险评价结果精度。故按照一定的原则对典型管道进行选取，其选取原则如下：① 管道服役年限；② 运行压力；③ 管道内防腐措施；④ 管道外防腐层损坏情况；⑤ 管道规格；⑥ 失效历史。

按上述 6 条选取原则进行典型管道的选取，根据其状态变化重要性中最靠前项进行，若各管道处于同一状态下，则进行下一状态的对比，直至选取出具有代表性的管道。

2.2　区域风险叠加

风险叠加是基于两种和两种以上风险源同时存在时，风险之间存在相互作用而产生的叠加效应。而不同属性的风险在发生叠加时，常借助风险传递等因素的诱导，从而引发各事故在同一空间区域内同时或间隔周期较小的时间范围内产生叠加效果，造成其风险高于或小于原有风险。鉴于油区管道数量较多且较为集中的情况，现将已划分区域内的各介质管道进行风险评价，再根据评价结果进行区域风险叠加，评价流程见图 2。

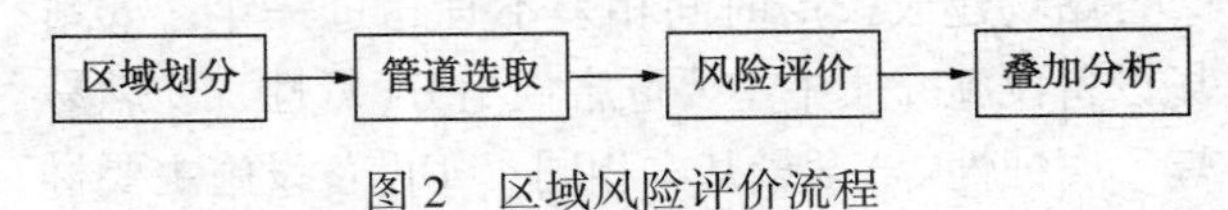

图 2　区域风险评价流程

由于区域内管道输送介质类别较多，且各介质管道的相对风险不同，为避免将所有的管道考虑为同一种情况，从而降低评价准确性，故引入不同介质管道的相对权重和各介质管道的相对危险系数 x_i（图 3），若相对危险系数越大，则表明该介质管道越危险。

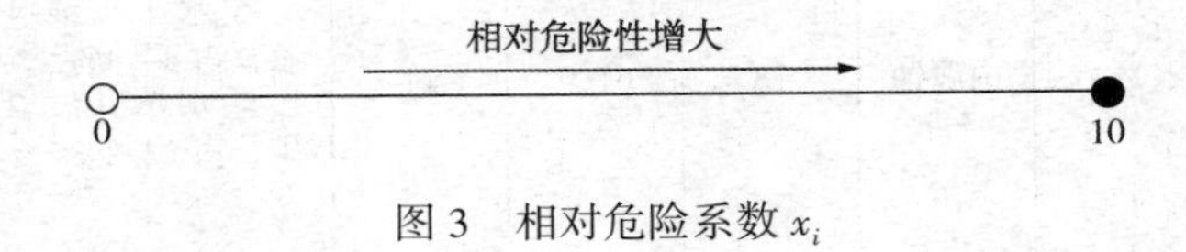

图 3　相对危险系数 x_i

若已知划分区域内各介质管道的相对危险系数 x_i 和所评介质管道数量，则可计算出各介质管道的相对权重 w_i，计算公式如下：

$$w_i = \frac{N_i x_i}{\sum N_i x_i} \tag{1}$$

式中，i 为区域内所评管道的介质类型；N_i 为 i 介质管道的数量；x_i 为 i 介质管道的相对危险系数；w_i 为 i 介质管道的相对权重。

基于区域管道的选取原则，利用现有成熟的管道风险评价技术对介质管道进行风险评价，计算出该介质管道中所选管道的风险值，并对其进行预处理，得出某介质管道的风险值，计算公式如下：

$$\overline{R_i} = \frac{\sum R_{N_i}}{N_i} \tag{2}$$

式中，$\overline{R_i}$ 为 i 介质管道的风险值；$\sum R_{N_i}$ 为 i 介质管道中各管道风险值之和。

已知公式(4)(5)，可得区域风险值 R，计算公式如下：

$$R = \sum \frac{\sum R_{N_i}}{N_i} \cdot \frac{N_i x_i}{\sum N_i x_i} \tag{3}$$

3　站场区域风险评价

油气田站场包括处理站、转油站、计量站等，油区以计量站居多，对于按标准化设计和标准化建设的计量站、注汽站、井场等小型站场，全部按照站场完整性管理的步骤开展数据采集、RBI 评价、检测评价等工作量较大，不具有可实施性，因此针对此类站场提出区域完整性管理思路。区域站场条件如下：①各站场处于一个开发区块；②各站场建成投产时间相差不宜超过一年；③站场设备设施介质中主要危害性组分(毒性、易燃易爆、腐蚀性等)含量基本相同；④设备设施主要材质类型(碳钢、低合金钢、高合金钢)相同；⑤工况基本相同(温度、流量、压力等)。

针对一个区域选择 1~2 个典型站场为代表，开展定性的 RBI 评价和基于风险的检测工作，如果发现问题较多，则适当的增加站场数量，最终制定整个区域的维修维护建议。

4　区域失效分析方法

由于同一油区内各管道之间相对固定在一定的区域范围内，气候环境、地质条件变化不大，管道输送的介质、运行工况等相差不多，在油气田开展失效分析及制定预防措施时，可以以区域为单元进行。

区域管道失效的原因共分内腐蚀、外腐蚀、环境敏感断裂、制造与施工缺陷、第三方破坏、运行操作不当、自然灾害和敷设环境温度变化 8 大类。识别分析根据难易程度，分为一级识别和二级识别：

一级识别是采用观察记录的方法，主要内容包括对失效环境、失效位置、失效特征和失效后果的观察与分析。对区域内全部失效都要开展。

二级识别是在一级识别的基础上开展开展现场采样测试或室内检测分析。主要对区域内失效频发的管道，选择典型开展二级识别，准确分析失效原因。

例如：统计 2020 年的管道失效数据，找到每个区域失效的主要成因、失效管道类型、失效主要原因，针对某采油厂根据油区失效主控因素占比排名前 3 的区域作为重点区域，然后制定针对性的预防措施，具体见表 3。区域 1 失效主要成为为内腐蚀，因此在 2021 年区域管理中提出重点采用 ICDA 方法进行检测，并进一步研究内腐蚀成因，采取加缓蚀剂、增加腐蚀挂片监测等措施。区域 3 失效主要成为为外腐蚀，因此在 2021 年区域管理中提出“以线代面”区域检测方法进行检测修复。

表 3　典型管道选取数量

区块	失效主控因素	该成因失效次数/次	该成因失效在区块占比/%	涉及失效管道数量/条	主要管道类型	失效主要原因分析	具体的措施建议（具体措施、时间计划）
区域 1	内腐蚀	13	61.9	11	注水干支线 4 条，占 44.4% 注水单井线 2 条，占 22.2%	开发时间长，采出液高含水特征，介质内含有大量分子、离子，例如 O_2、CO_2，CL^- H_2，以及 Ca^{2+}，Mg^{2+} 等离子，导致管道内壁结垢、局部发生氧化腐蚀、氯化腐蚀以及氢脆腐蚀	(1)开展简化的 ICDA，对高程低洼点，出入地端进行开挖检测； (2)加强管道巡检，针对高后果区、高风险段管道制定巡检制度，每日巡检一次； (3)开展内腐蚀成因研究，针对内腐蚀成因，采取加缓蚀剂、增加腐蚀挂片监测等措施

续表

区块	失效主控因素	该成因失效次数/次	该成因失效在区块占比/%	涉及失效管道数量/条	主要管道类型	失效主要原因分析	具体的措施建议（具体措施、时间计划）
区域2	施工与制造缺陷	17	70.8	14	注水干支线8条，占47.1% 集油干支线3条，占17.6% 单井出油管线3条，占17.6%	处开挖处表面可见机械损伤，疑似施工时导致金属缺陷；管道表面有麻点分布，分析认为是管材在成型过程中存在气泡，导致出现麻点式缺陷	(1)在管道采购进厂时应该严格按照检验标准委托第三方检测机构进行检测合格后方可。 (2)施工期严格选用技术成熟的承包商，对承包商进行技术考核，做好施工质量的验收把控
区域3	外腐蚀	73	56.2	61	单井出油管线43条，占58.9% 集油干支线27条，占37.0%	外防腐涂层在注汽阶段时高温运行后烧灼、脱落(有机硅类、漆酚类等采油一厂常用耐高温涂料，有实验表明，经过高温(350℃)、低温(室温)交替1个循环即遭到破坏)，转为采油时土壤中水分、氧、及盐类离子及酸碱度的综合因素影响下，导致管道外表面发生外腐蚀；	(1)在选择防腐蚀材料时，除了考虑涂料涂层的耐高温性能外，还应明确提出涂层的热塑性性能，防止冷热交替后脱落。 (2)针对埋地注汽管道，保温层应选用憎水性效果良好的材料， (3)针对Ⅲ管道实施“以线代面”区域检测覆盖方法

5 结论与认识

(1) 通过应用管道区域高后果区识别、管道区域风险评价、站场区域风险评价方法，集输管道识别、评价工作效率提高15%，站场评价费用降低20%。

(2) 通过应用管道区域失效分析，总结了“以线代面”区域检测覆盖方法：按照介质、使用年限划分Ⅲ类管道检测工作量，Ⅲ类管道检测费用降低10%，且能快速给出该区域管道整体腐蚀状况。

新疆油田油区管道占管道总数的80%，计量站、注汽站、井场等小型站场占站场总数的95%，采用统一的完整性管理模式导致工作量大，影响了完整性管理工作的全面推广。而通过管道区域高后果区识别、管道区域风险评价、站场区域风险评价、区域失效分析与预防方法，符合油气田的现场实际，能够简化工作内容，提高工作成效，可以广泛推广应用。

参 考 文 献

[1] 杨祖佩，艾慕阳，冯庆善，等．管道完整性管理研究的最新进展[J]．油气储运，2008，27(7)：1-5.

[2]王毅辉，李勇，蒋蓉，等．中国石油西南油气田公司管道完整性管理研究与实践[J]．天然气工业，2013，33(3)：78-83.

[3]黄维和，郑洪龙，吴忠良．管道完整性管理在中国应用10年回顾与展望[J]．天然气工业，2013，33(12)：1-5.

[4]徐水清，刘吉东，李国森，等．胜利油田输油管道完整性管理体系的建立[M]．储运工程第37卷第08期(2018.08)

[5]冯文兴，黄薇薇，龙小东，等．原油管道完整性管理的探索实践[J]．油气储运，2018，37(增刊1)：1-5.

[6] 顾汉珂．安全风险叠加评价模式研究[D]．沈阳：沈阳航空航天大学，2016.

[7] 亢永，吕鹏飞，庞磊．城市燃气管道泄漏爆炸事故三维风险数值模拟[J]．安全与环境学报，2016，16(4)：112-115.

[8] 王洪德，崔铁军．化工园区火灾爆炸风险网格矩阵叠加分析[J]．系统工程理论与实践，2012，32(5)：1143-1150.

[9] 任俞彦．风险叠加在化工生产风险评价中的应用研究[D]．沈阳：沈阳航空航天大学，2014.

在役油气管道管帽和补板焊接修复可靠性研究

马卫锋[1]　惠文颖[2]　曹　俊[1]　任国琪[1]　王　珂[1]　罗金恒[1]　赵新伟[1]　霍春勇[1]

（1. 中国石油集团石油管工程技术研究院石油管材及装备材料服役行为与结构安全国家重点实验室；
2. 中石油管道有限责任公司西部分公司）

摘　要　为了研究在役油气管道管帽和补板焊接修复的可靠性。本文以现场应用的金属焊接修复实例为研究对象，对管帽和补板修复的几何尺寸进行了系统的检测分析，通过水压爆破试验验证了管帽和补板的承载能力，并进一步研究了焊接热影响对主体管道性能的影响。结果表明，管帽与阀门之间的高度间隙存在较大的个体差异，需要进一步加以限定以保证修复质量。管帽和补板对主体管道的承载能力影响较小。焊接修复对主管的热影响深度在1.9~5.4mm之间。

关键词　打孔盗油，焊接修复，管帽，补板，可靠性

近年来，我国输油管道上打孔盗油事件频繁发生，打孔盗油给石油管道的安全运行带来了极大的危害。针对盗油孔的修复，我国从20世纪80年代开始引进焊接修复技术，主要是管帽修复、补板、套筒修复等，其操作主要是依据国外标准以及实践过程中积累的经验。目前，管道焊接修复技术存在以下几方面工程问题一是目前管道焊接修复技术依据主要标准为SY/T 6150.1《管制管道封堵技术规程》，而无焊接修复后管帽和补板等焊接方式承压能力(角焊缝)计算模型。二是在线焊接过程中的局部高温，一方面会使承载壁厚减小，存在内压作用下发生爆破的风险，另一方面，焊接热输入会降低管材的强度和韧性，对承载能力造成影响，但缺少试验验证。此外，管道内流动的介质会带走大量的热量，加速焊缝的冷却，从而增加了焊缝热影响区产生裂纹的可能性，给焊接质量造成一定风险。三是焊接修复管道与修复用管帽和补板的材质差异大，如钢级等级、厚度、配合曲度及管径大小(套筒)等，将引起各个方面的修复风险和质量可靠性问题。随着高钢级管道的大量建设，焊接修复选用材质与管道本体材质屈服强度差异越来越大，其焊接匹配性问题和现场焊接难度均越来越凸显，所引起的风险也越来越高。

本文围绕在役原油、成品油管道打孔盗油抢修后管帽、补疤点服役安全技术需求，在现场换管取样的基础上，进行全尺寸实物承压能力水压爆破试验验证焊接修复可靠性，并研究焊接作业对修复区域主体管道材质组织和性能的影响，进行主体管道服役安全性评价，以保证主体管道服役本质安全。

1　试验材料及方法

试验用试样均来自于2003—2013年期间在役管线的管帽和补板金属焊接修复，为现场换管作业后替换下的实物样品，共计取样19根样管，其中14根为管帽修复，5根为补板修复。样管编号、主体管径、壁厚、材质和修复类型见表1。其中，2号、4号和11号管帽修复样管上各2个管帽点，管帽总计17个(表1)。

表1　管帽和补板修复样管规格及材质

编号	规格/mm×mm	材质	修复类型
1	Φ457.1×7.1	X65	管帽
2	Φ559×7.1	X65	管帽
3~7	Φ610×7.11	X65	管帽
8	Φ426×7	X52	管帽
9~14	Φ508×7	X52	管帽
15	Φ457.1×7.1	X65	补板
16	Φ273×6	X52	补板
17~19	Φ508×7	X52	补板

使用超声波测厚仪测定主体管道母材的厚度。使用CJZ-212E型磁轭探伤仪进行表面磁粉检测。参考SY/T 5992—2012《输送钢管静水压爆破试验方法》[8]，使用水压爆破系统测试样管的承载能力。水压爆破加压方案见表2，0.8倍系数下保压30分钟验证焊接修复管道在运行压

力下的承载能力，1倍系数下验证管帽和补板的修复后服役可靠性，1.5倍系数下验证管帽和补板修复的安全系数，最终爆破以检验管帽和补板修复后的整体承压能力。

表2　水压爆破升压方案

步骤	内容	稳压时间	备注
1	0.8倍设计压力	30min	现场运行压力
2	设计压力	1h	验证管帽和补板服役可靠性
3	1.5倍设计压力	1h	验证扣管帽和补板服役安全系数
4	升压直至爆破	—	最终检验管帽和补板角焊缝承压能力

为了研究角焊缝焊接修复对主体管道本体母材性能的影响程度和范围，在主体管道焊接修复区域(角焊缝正下方位置)进行取样进行理化性能测试，取样位置示意图见图1。为了对比分析，同时也对远离焊接修复区域的管体母材性能进行了理化性能测试分析。

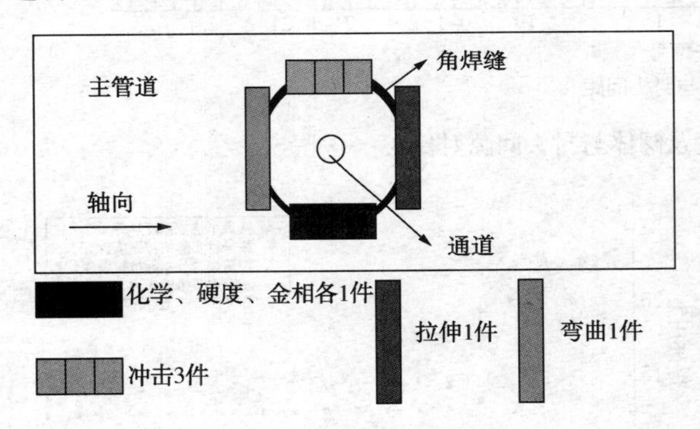

图1　取样位置示意图

2　结果与讨论

2.1　无损检测

在进行水压爆破之前，对管帽/补板焊接处的角焊缝及管帽、补板本体材料进行磁粉检测。磁粉检测结果显示，除9号管帽筒体发现表面裂纹外(图2)，其他角焊缝和管帽补板本体材料均未发现磁痕显示。

为掌握9号管帽筒体表面裂纹产生原因，对裂纹处的筒体截面进行了金相显微观察，筒体表面裂纹金相检验结果见图3，可以看出，试样裂纹分布在管帽近表面，裂纹与表面呈一定的角度，且扩展路径平行于外表面，组织未见明显变形。裂纹内部有灰色非金属物质，裂纹两侧组织有完全脱碳现象，呈现铁素体(F)组织特征。上述裂纹特征符合折叠缺陷的特征，因此可判定该裂纹为折叠缺陷，其深度较小，打磨后可完全消除。折叠缺陷不仅减少了零件的承载面积，而且工作时由于此处的应力集中往往成为疲劳源。因此在管帽和补板选材时，应严格进行表面磁粉无损检测，并在服役过程中将表面磁粉检测作为定期考察项目(图3)。

图2　9号管帽筒体表面裂纹

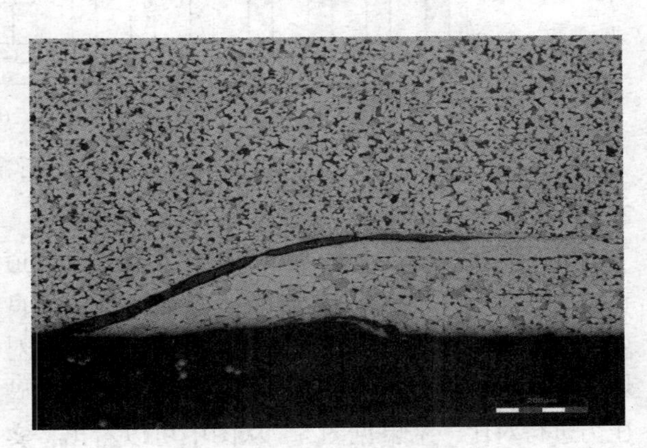

图3　9号管帽筒体表面裂纹截面的金相显微照片

2.2　几何尺寸

由于目前Q/SY 1592—2013中对管帽高度未做要求，现场换管后所取14根含管帽试样外观检查发现，管帽高度高低不一，外观极不协调。大多数盗油阀安装在管道管顶12点钟位置，管帽修复后基本垂直于水平方向，管帽高度越高，将直接加大第三方损伤风险和地层载荷引起的弯曲应力，引起角焊缝开裂风险。为此，项目组分别测量了解剖前后管帽的总高度、管帽筒体高度和管帽中盗油阀高度，盗油阀高度、管帽筒体高度和管帽总高度对比结果见图4(a)所示，盗油阀顶端和封头高度差见图4(b)所示。对比结果表明，大多数管道修复用管帽总高度远远大于盗油阀高度，最大约为盗油阀高度的4倍，各管帽总高度的差异也较大，管帽最高已达600mm，管帽总高度和盗油阀高度差在54~475mm之间。从上述结果可知，目前现场对管帽高度的设计和取值较为随意，无统一规范，造成管帽高度过大，极大增加了管帽服役期间的风险。管帽总高度应控制在比盗油阀高度大50~150mm为宜，并应在修订Q/SY 1592标准时增加管帽高度相关规定，该工作正在进行。

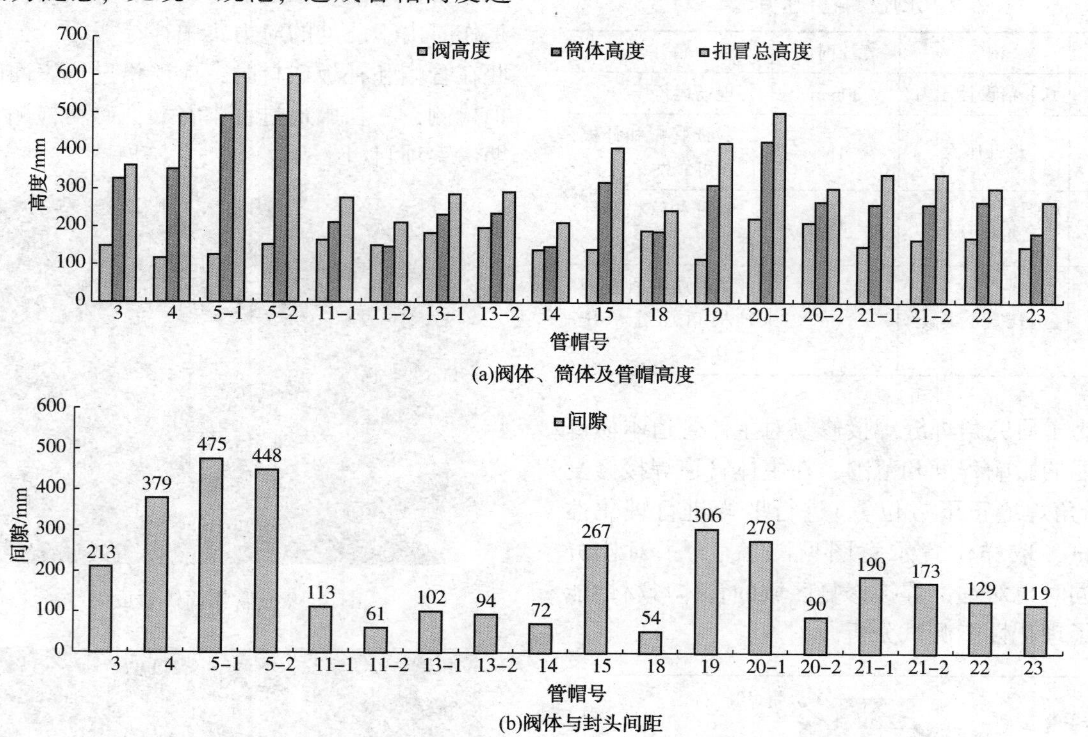

图4　阀体、筒体及管帽高度及阀体与封头间隙对比

2.3　全尺寸水压爆破

水压爆破结果显示，所有管帽/补板修复管道在1.5倍系数下均未发生泄漏，表明修复效果良好，能够满足修复要求并保证管道的安全运行。对爆破压力进一步分析，将实际爆破压力与理论爆破压力进行对比，结果见图5。从图中可以看出，实际水压爆破压力高于按最小抗拉强度计算的理论爆破压力，个别实际爆破压力小于按母材实际抗拉强度计算的理论爆破压力，大于或等于按角焊缝处实际抗拉强度计算的理论爆破压力，高出理论爆破压力(按角焊缝处管体抗拉强度计算)6.5%~13%。实际爆破压力是设计压力的2~4倍，表明现场管帽和补疤带压焊接修复管道缺陷可以恢复含缺陷管道的承压能力，满足修复后服役要求。

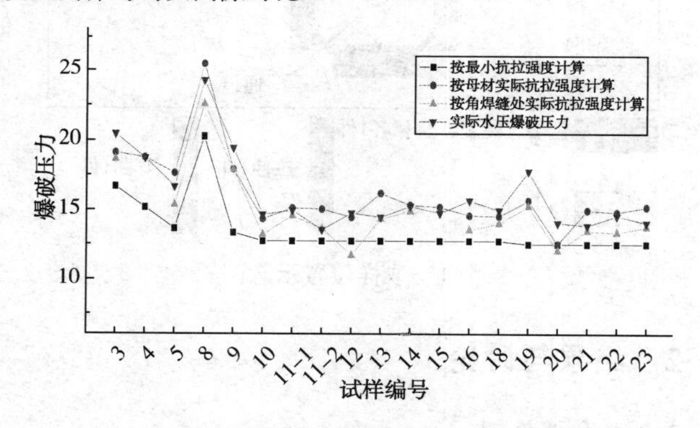

图5　管帽/补板修复管道实际爆破压力与理论爆破压力对比

水压爆破断口分析可知，9根钢管的爆破起裂位置位于角焊缝焊趾(主体管道侧)或热影响区处(管帽7根，补疤2根)，典型断口见图6，表明管帽和补疤修复处在水压爆破过程中，该修复区域存在更大的应力，且为整个管道薄弱区域。水压爆破前后角焊缝附近主体管道壁厚测试结果见图7。从图中可以看出，角焊缝附近主体管体壁厚减薄现象严重，最大减薄量为17.4%，表明在水压爆破过程中，断口处和角焊缝处应力明显大于其他非断口部位，发生了非均匀变形，越靠近断口，壁厚减薄越严重。为了验证应力集中情况，对带有管帽的管道进行了有限元模拟(图8)。模拟结果表明，最大等效应力出现在角焊缝上，同时沿着角焊缝一周有应力集中现象。有限元模拟结果验证了角焊缝附近壁厚减薄较大

的原因分析，即应力集中导致升压过程中先行发生塑形变形。

图 6　水压爆破典型断口形貌

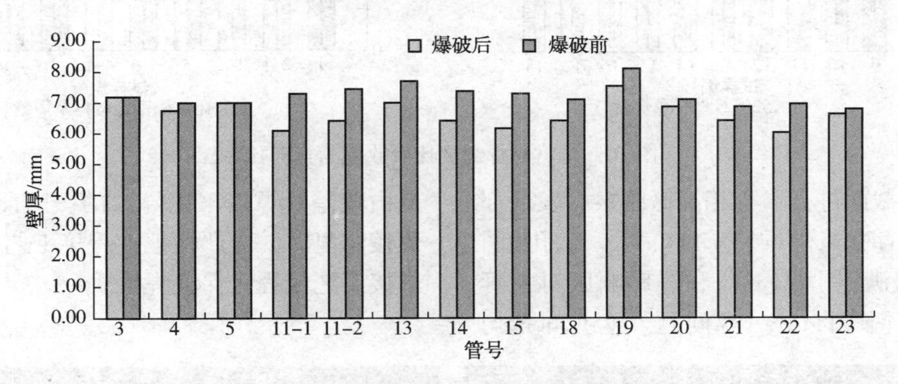

图 7　水压爆破前后远离角焊缝/爆破区及角焊缝焊缝附近主体管道的壁厚

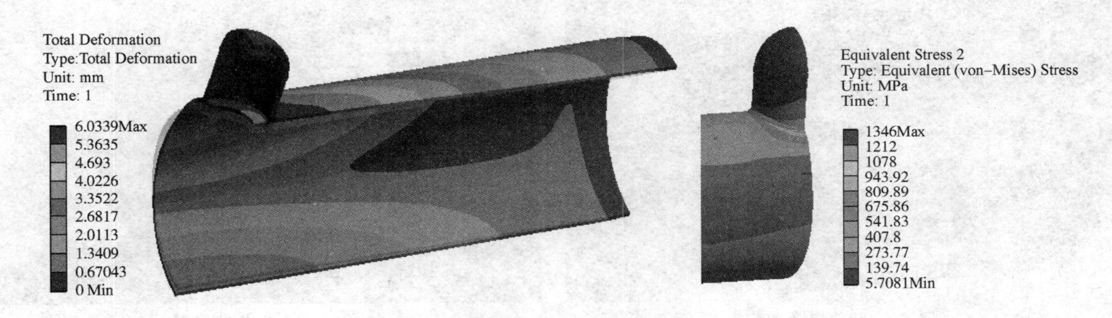

图 8　管帽修复管道的应力分布图

2.4　焊接修复对主体管道性能影响

抗拉强度测试结果见图 9，可以看出，无论是 X52 钢级还是 X65 钢级，角焊缝处的抗拉强度较母材抗拉强度低，这是由于焊接热输入使角焊缝处的母材组织形态及晶粒有所变化，从而导致性能恶化。

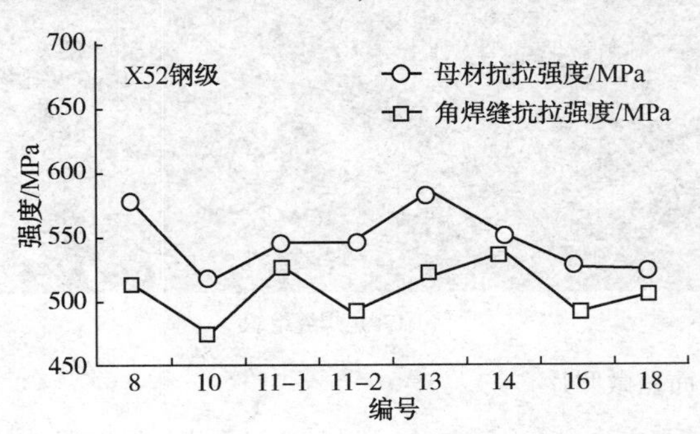

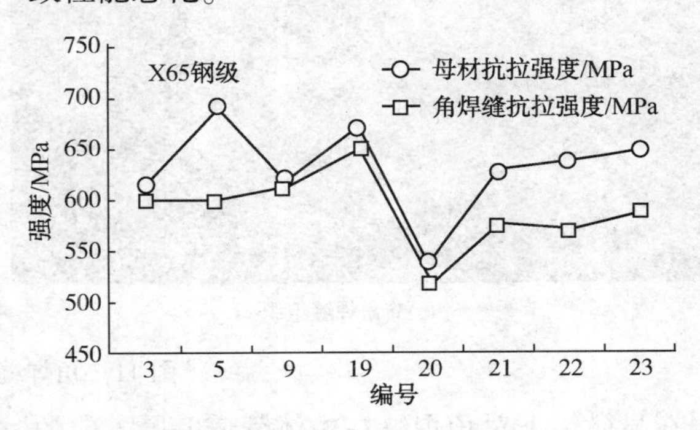

图 9　母材与角焊缝处的抗拉强度对比

夏比冲击韧性实验结果见图 10，吸收能量已转换为 10mm×10mm×55mm 试样时的值。从图中可以看出，所有钢管母材及角焊缝处的夏比吸收能量值均满足标准要求，但母材的夏比吸收能量均高于角焊缝处的夏比吸收能量，表明焊缝具有比母材更差的冲击韧性，是相对薄弱区域。焊缝处冲击韧性差的原因是由于高温焊接导致晶粒粗大造成的。

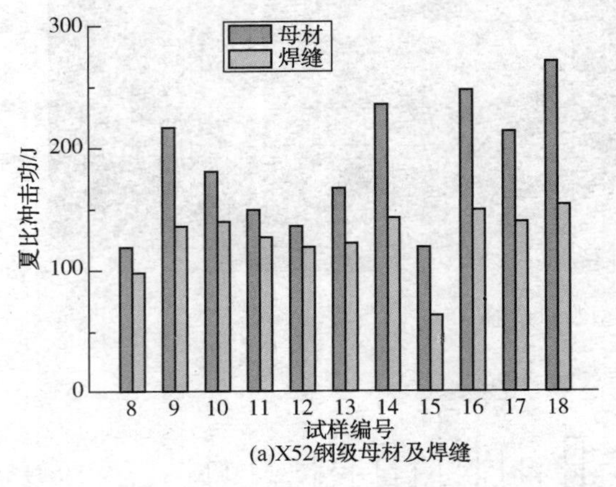

(a)X52钢级母材及焊缝

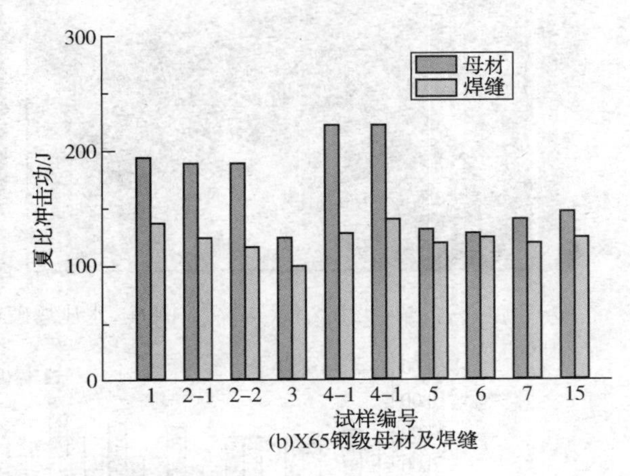

(b)X65钢级母材及焊缝

图 10　母材与焊缝夏比吸收能力量对比

对角焊缝截面进行了金相显微观察，发现部分角焊缝焊接存在未焊透[图 11(a)]、气孔[图 11(b)]、未填满[图 11(c)]和热影响区对主管壁厚影响过深[图 11(d)]等问题。这些问题均是由较差的焊接工艺导致的，因此在管帽/补板焊接修复时，应严格把控焊接工艺，指定详细的焊接工艺规程，保证焊接质量。

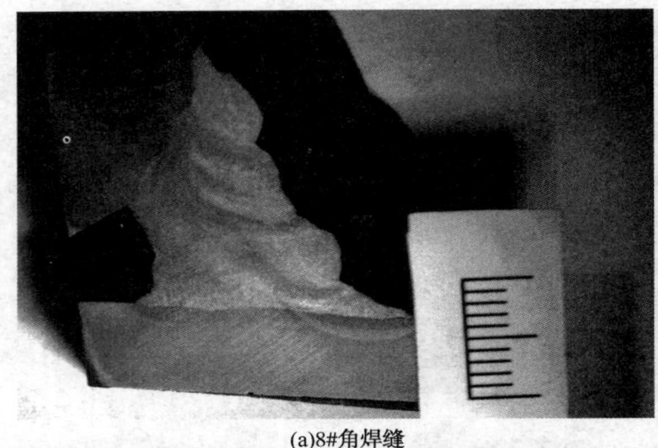
(a)8#角焊缝

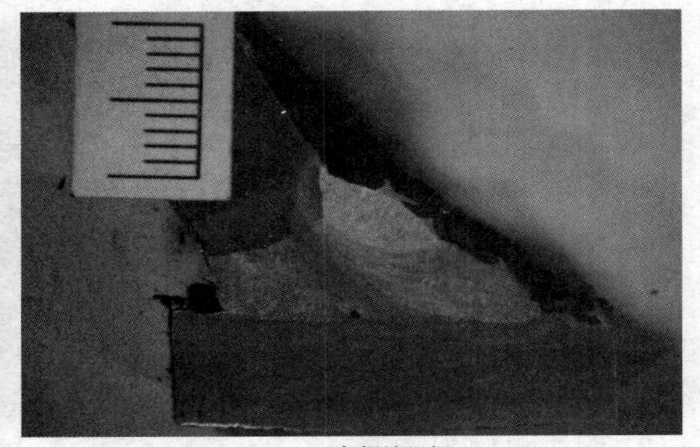
(b)13#角焊缝组织

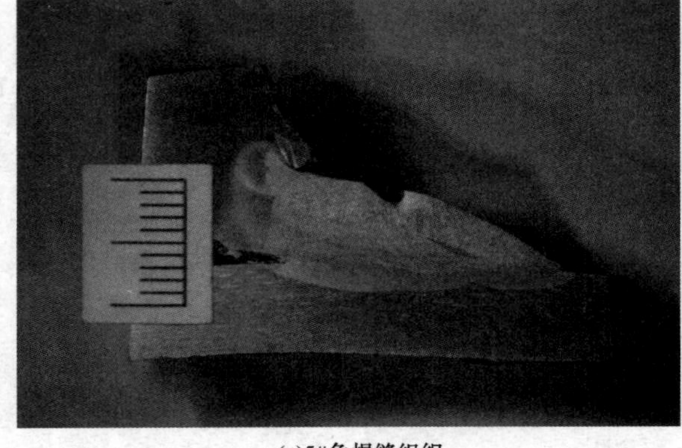
(c)5#角焊缝组织

(d)17#角焊缝组织

图 11　角焊缝界面显微照片

在显微镜下对角焊缝在主体管道壁厚方向的热影响深度做了测定，影响深度果见图 12 所示，可以看出，除 10 号补板修复角焊缝的影响深度达 77% 外，其余角焊缝焊接热影响深度均在

27%～55%之间。结合角焊缝截面的显微照片(图8)可以看出，焊接对主体管道的热影响深度是由焊接工艺决定的，特别是堆焊层，多道次窄道堆焊有利于热影响深度减小，例如8#[图11(a)]和13#[图11(b)]角焊缝，而少道次宽道焊接工艺将导致同一位置的热输入变大，使热影响深度增大，例如17#[图11(c)]。热影响将降低主体管道的强度，因此，在角焊缝焊接时，细化焊接工艺规程，严格执行焊接工艺规程的焊接手法是一个需要重点关注的问题，需尽力保证焊接质量同时降低对主体管道的热影响。

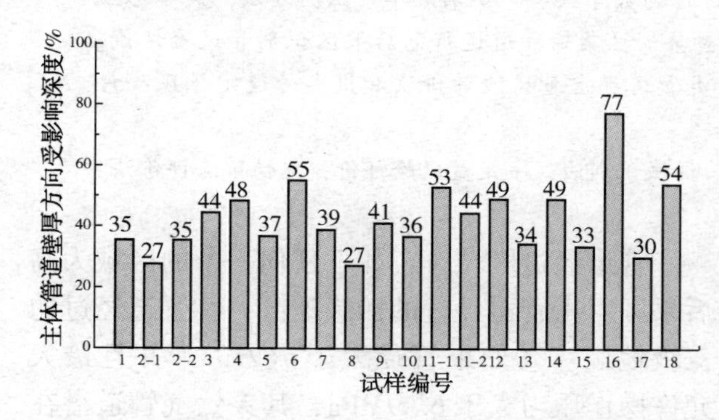

图12 角焊缝焊接在主体管道壁厚方向的影响深度

对角焊缝处截面的金相组织进行了观察分析，结果表明，在个别角焊缝处出现了有害相，例如21#、22#角焊缝处出现了维氏体组织，这可能是由所使用管帽具有较高的碳含量导致的。因此，为了避免有害相的出现，在管帽选材时应充分考虑主体管道的成分，尽量选择与主体管道相匹配的材质。

3 结论

(1) 管帽/补板金属焊接修复管道的实际水压爆破试验压力均不低于理论爆破压力，是设计压力的2.5倍以上，可以起到良好的修复作用。

(2) 管帽/补板金属焊接修复降低了主体管道母材的强度，但是仍然满足相关标准要求，对主体管道的承载能力影响不大。

(3) 管帽的高度尺寸需要进一步加以限定，在保证修复质量的同时减少对主体管道埋深的影响，以降低运行风险。管帽的选材应充分考虑主体管道母材的成份，尽量选择与主体管道成份相匹配的材质，避免有害相的出现。实施焊接时应制定详细的焊接工艺规程，严格把握焊接工艺，保证角焊缝质量同时减少对主体管道的热影响深度。

参 考 文 献

[1] 王方，邵宗宝．长输石油管道打孔盗油的形式及安全修复对策[J]．安全、健康和环境．2005(01)：4-6.

[2] 钱建华．论油气储运设施安全的重要性[J]．油气储运．2012(06)：422-426+488.

[3] 贾宗贤．声波检测技术在管道防盗中的应用[J]．油气储运．2004(04)：52-54+60-65.

[4] 卜文平．打孔修复管道的安全性评价[D]．北京：中国石油大学(北京)，2006.

[5] 高安东．管道盗油孔缺陷焊接应力分析及修复方法优化[J]．石油化工安全环保技术．2013(01)：33-38+2.

[6] 王晓明．输油管道打孔修复后的全尺寸试验研究[D]．北京：中国石油大学(北京)，2006.

[7] SY/T 6150.1. 钢质管道封堵技术规范第1部分：塞式、筒式封堵[S].

[8] SY/T 5992. 输送钢管静水压爆破试验方法[S].

油田集输管道高后果识别及风险评价应用研究

曹生玉[1]　苏东兰[1]　廖先燕[1]　吴婧哲[1]　王　博[1]　邵克拉[2]

（1. 中国石油新疆油田分公司采油一厂；2. 中国石油新疆油田公司基本建设工程处）

摘　要　为了保证地面系统本质和运行安全，形成适用于油田集输管道的高后果区识别和风险评价的方法。参照长输管道完整性管理的成熟技术，在“一规三则”及行业内相关标准的指导和约束下，摸索集输管道的基础属性资料、建设期资料、运行维护期的资料，对数据进行分类、分级，通过庞大的数据收集为支撑，建立适用于油田集输管道的高后果区识别及风险评价的数学模型、识别表单、识别方法，最终形成完善可用的集输管道的高后果识别和风险评价系统，并对集油区集输管道进行高后果区识别和风险评价。通过研究最终形成了集输管道高后果区区域识别法，Ⅱ类管道半定量风险评价法和Ⅲ类管道定性风险评价法。

关键词　油田集输管道，高后果区识别，风险评价，区域识别法，半定量风险评价，定性风险评价法

管道完整性管理在管道建设、运行管理等不同阶段，通过对识别出的风险因素采取相应的风险消减措施、风险控制对策，有计划的维修维护，将管道运行的风险水平控制在合理的、可接受的范围内，可以达到持续改进、减少和预防管道事故发生、经济合理地保证管道安全运行的目的。在长输管道完整性管理技术较为成熟，应用广泛，效益显著。集油区管道由于管径小、压力低、介质复杂、敷设纵横交错的特点，完全借鉴长输管道完整性管理技术及经验存在实施工作量大，影响因素多，相关评价、检测技术不适应，以及大面积实施检测不经济等问题。

完整性管理包含六步要素，分别为数据收集、高后果区识别、风险评价、完整性评价、维修维护、效能评价，本文主要正对高后果识别及风险评价展开研究，旨在探索出适合于新疆油田集油区集输管道的高后果区识别及风险评价的方法，并形成相关数据收集、识别方法、评价方法、识别评价表单，固化为管道完整性管理的固有方法并长期执行。

1　国内油气管道高后果识别及风险评价方法

1.1　高后果识别

高后果区（HCA）：指如果管道发生泄漏或断裂等事故，而对公众生命安全及其财产、环境、社会等造成很大伤害或损失的区域。

1）输气管道高后果区识别准则

管道经过区域符合如下任何一条的区域为高后果区：①管道经过的四级地区；②管道经过的三级地区；③如果管径大于762mm，并且最大允许操作压力大于6. 9MPa，其天然气管道潜在影响区域内 有特定场所的区域，潜在影响半径按照SY/T 6621相应公式计算；④如果管径小于273mm，并且最大允许操作压力小于1. 6MPa，其天然气管道潜在影响区域 内有特定场所的区域，潜在影响半径按照SY/T 6621 相应公式计算；⑤其他管道两侧各200m内有特定场所的区域。⑥除三级、四级地区外，管道两侧各200m内有加油站、油库等易燃易爆场所。

2）输油管道高后果区识别准则

管道经过区域符合如下任何一条的区域为高后果区：①管道经过的四级地区；②管道经过的三级地区；③管道两侧各200m内有村庄、乡镇等；④管道两侧各50m内有高速公路、国道、省道、铁路及易燃易爆场所等；⑤管道两侧各200m内有湿地、森林、河口等国家自然保护地区；⑥管道两侧各200m内有水源、河流、大中型水库。

长输管道主要是根据此识别准则进行高后果识别，目前国内并没有针对油田集油区集输管道的特有识别方法。

1.2　风险评价

风险评价是指识别对管道安全运行有不利影响的危害因素，评价失效发生的可能性和后果大小，综合得到管道风险大小，并提出相应风险控

制措施的分析过程。目前风险评价技术可分为三类：定性风险评价、定量风险评价和半定量风险评价技术。

定性风险评价技术是通过对数据的统计，结合专家意见，然后综合得出的一套风险评估方法，它简单易操作，得到了较好的推广。

定量风险评价技术可分为伤害范围评价法、危险指数评价法和概率风险评价法，它是基于完整的数据库系统上的评价方法，由于其必须掌握管道裂纹缺陷的扩展规律和各种管道材质的腐蚀速率，建立相对科学的评估模型，并采用分析技术得出最后的评估数值。该技术已在国外一些国家得到证实，被广泛应用于成本分析、效益分析中。

半定量风险评价是将事故发生的几率和事故产生的危害结果个分配一个指标，然后将二者进行综合对比，从而判定事故概率和严重程度的方法。

2　国内高后果识别及风险评价方法对集输管道适用性分析

国内对油气长输管道的风险评价已有一些研究和应用，且技术较为成熟，应用比较广泛，但是对于油田集输管道的风险评价评价仍然沿用长输管道的方法，由于油田集油区管道由于管径小、压力低、介质复杂、敷设纵横交错的特点，完全借鉴长输管道完整性管理技术及经验存在实施工作量大，影响因素多，相关评价、检测技术不适应，以及大面积实施检测不经济等问题。集输管道风险评价究其原因，在于长输管道与集输管道有以下明显差别。

1）管道结构和规划不同

集输管道与长输管道相比，具有点多、线多、长度较短、涉及面广、沿线条件不同、双向输送、多处并行铺设等特点，且具有管径不同、穿越、并行等特殊状况，同时存在多种危害因素及事故可能性，情况较为复杂。长输管道一般具有长运程、大口径、高压力，沿线环境多变，易遭受第三方破坏等特点，可比性强，线路情况相对简单。

2）管道所处自然条件不同

长输管道通常铺设在野外，地表覆盖层通常为泥土，遭受自然条件的侵害较大，周边环境的改变通常为平滑过渡，容易把握，且杂散电流影响较小。集输管道周边环境复杂，地表覆盖层有泥土、水泥、沥青路面等多种，由于接近城市，环境的改变有时为突变，另外，杂散电流干扰很普遍且严重。

3）管道管理体系不同

长输管道有完备的管理体系，其日常管理侧重于阴极保护，发现电位异常时即开始整改。集输管道管理相对薄弱，日常管理侧重于巡线检漏，即使发现问题，由于涉及市政管理诸多方面，处理手续较为繁杂，隐患往往无法及时消除。

4）管道检测维护方式不同

集输管道变径频繁，阀门弯头等管件密布，难以使用智能清管器进行检测，管理相对被动，往往是接到泄漏报警后才进行漏口修补，属于事后维护。而国内外很多长输管道已经建立了完善的管理体系，其维修检测侧重于各类外检测和智能清管器在线内检测，能及时发现管道系统中的缺陷，便于进行预知性维护。

5）长输管道通常为一次同期建成，有完备的勘察设计、施工监理、竣工验收程序，质量相对均衡且缺陷较少。集输管道则随着油田、处理站、转油站、炼油厂等建设的进展逐步形成，且不断拓展。由于投资来源复杂，设计、施工和验收标准往往参差不齐，质量缺陷相对较多(表1)。

表1　国内高后果识别及风险评价方法应用情况

管道类别	高后果识别方法	风险评价	备注
长输管道	按照既定规则逐条识别	定性风险评价 定量风险评价 半定量风险评价	技术成熟，得到广泛应用，适用性较好
集油区集输管道	沿用长输管道识别方法	沿用长输管道评价方法	因集输管道特性，实施困难

3　新疆油田高后果区识别及风险评价方法确定

3.1.1　Ⅰ、Ⅱ类集输管道高后果区识别

Ⅰ、Ⅱ类管道高后果区识别路线：按照股份公司管理规定及标准规范逐条管道现场调查，以规定的判别准则距离识别管道高后果区，管道经过区域符合表2中的任何一条的区域为高后果区。

表2　集油管道高后果区识别方法

管道类型	识别项	分级
集油管道	(a)管道经过的四级地区	Ⅲ级
	(b)管道经过的三级地区	Ⅱ级
	(c)管道两侧各200米内有聚居户数在50户或以上的村庄、乡镇等	Ⅱ级
	(d)管道两侧各50m内高速公路、国道、省道、铁路及易燃易爆场所	Ⅰ级
	(e)管道两侧各200m内有湿地、森林、河口等国家自然保护地区	Ⅱ级
	(f)管道两侧各200m内有水源、河流、大中型水库	Ⅲ级

3.1.2　Ⅲ类集输管道高后果区识别

Ⅲ类管道高后果区识别采用区域识别法，即根据油田不同建设区块、或者管理单位区域划分，区域内建设时间、管道介质、材质等较类似，划定区域后，以区域边缘为基准线，调查区域外边缘具有高后果区特征的设施或场所，调查范围以规定的判别准则距离为准，发现具有高后果区特征的设施或场所，以该场所或设施外边缘为基准线，根据识别半径距离，识别在判别范围内是否有管道，范围内的管道段落为高后果区管道，该特定场所为范围内的管道高后果区(表3)。

表3　Ⅲ类管道识别方法

序号	识别区域	识别圆心	识别半径/m	识别结果
1	连续2km范围内满足四级地区条件的区域	区域边缘	200	以识别圆心、识别半径画圆范围内的管道区段均为高后果区
2	连续2km范围内满足三级地区条件的区域	区域边缘	200	
3	特定场所	场所边缘	200	
4	加油站、油库等易燃易爆场所	场所边缘	200	
5	水源、河流、大中型水库	区域边缘	200	
6	聚居户数在50户或以上的村庄、乡镇等	区域边缘	200	
7	湿地、森林、河口等国家自然保护地区	区域边缘	200	
8	高速公路、国道、省道、铁路	区域边缘	50	

识别步骤：①根据不同井区划定识别区域；②对区域外围开展高后果区特征调查；③对具有高后果区特征设施影响范围内管道进行识别(剔除无影响管道)；④根据高后果区判别准则完成识别。

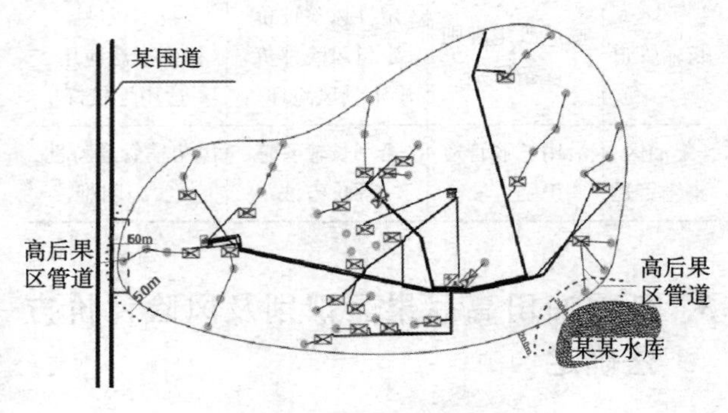

图1　区域识别法示意图

图1为某采油厂某区块，以区块边缘模拟一条边界线，已边界线作为一条管道，根据高后果区识别准则开展高后果区识别，边界线外50m内存在一条国道，因此该国道为高后果设施，以该国道边缘向集油管道区50m范围内识别，发现该范围内存在一条管道，因此该管道为高后果区管道，该国道为范围内高后果区。

3.2　风险评价

3.2.1　Ⅰ、Ⅱ类集输管道风险评价方法

根据完整性管理基本思路，在开展半定量风险评估时，若完全按照长输管道模式，由于油田管网错综复杂，实际不可操作，因此需要简化半定量风险评估做法。根据油气管道半定量风险评估基本方法和相关标准，结合集油区管道实际情况，以GB/T 27512—2011《埋地钢质管道风险评估方法》为基本评分模型，进行打分项调整，简化优化数据项，形成Ⅱ类管道风险识别评分表，使得半定量风险评估方法更加切合油田集输管网实际应用。

1）失效后果评分调整

根据集输管道实际情况，对集油管道类似的风险因素进行识别并评分，从而固定某些分值，在保持总分不变的情况下，后期需要评分的项将变少，从而方便实际使用。由此对于失效后果的评估，失效后果12项数据简化至7项。评分小

类从标准规定的 13 小类变为 4 小类，只需对最大泄漏量、土壤质地、抢修时间和中断影响等 4 项因素评分即可。

2）失效可能性评分调整

对于失效概率，调整前，需要对 169 小类共 400 分的内容进行评分，调整后，只需对 60 小类共计 212 分的内容进行评分。其中 188 分的内容已经固定分值。失效可能性 169 项数据简化至 60 项。第三方破坏 14 项，腐蚀 16 项，误操作 21 项，本体安全 9 项。

3）风险值计算

通过调整后的失效后果评分表及失效可能性评分表进行逐条评分，得出失效后果 C，失效可能性 S，应用以下公式计算评价区段的风险值 R：

$$R=(100-0.25S)\times C \tag{1}$$

（1）绝对风险等级划分。

根据以上公式计算结果，绝对风险大小等级划分可见一下公式所示：

$$R(或R_1)\in\begin{cases}[0,\ 3600) & 低风险绝对等级\\ [3600,\ 7800) & 中等风险绝对等级\\ [7800,\ 12600) & 较高风险绝对等级\\ [12600,\ 15000) & 高风险绝对等级\end{cases} \tag{2}$$

（2）相对风险等级划分。

首先计算得到其所有区段风险评价的得分，并由高到低排列。得分位于前 20%的区段，属于高风险相对等级区段；位于前 20%～50%，属于较高风险相对等级区段；得分位于 50%～后 25%，属于中等风险相对等级区段；得分位于最后的 25%，属于低风险相对等级区段。

绝对等级高风险区段、以及相对等级高风险区段且绝对等级较高风险区段应提出风险减缓措施。

3.2.2 Ⅲ类集输管道风险评价方法

Ⅲ类管道采用定性的评价方法。定性风险评价采用 5×5 的矩阵(图 2)，风险等级分为 4 级，分别为“高”“较高”“中”“低”。当风险等级为“高”、“较高”时，为不可接受，需要采取手段降低风险，“中”“低”风险可接受。对于横坐标失效可能性，分级指标见表 4，对于纵坐标失效后果等级，分级指标表 5。

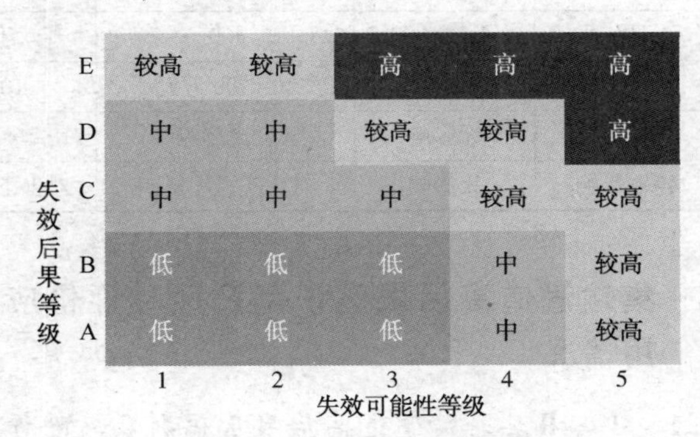

图 2 定性风险评价矩阵图

失效可能性根据特定区域内管道的高后果区分，高后果区管道失效可能性等级确定为高等级，单条管道失效次数大于 2 次，失效可能性确定为高等级；非高后果区管道，按照图 3 所示，按介质、管道材质、服役年限、压力等级划分，金属集油管道分级指标见表 4，注汽管道、非金属管道参照集油管道分级。

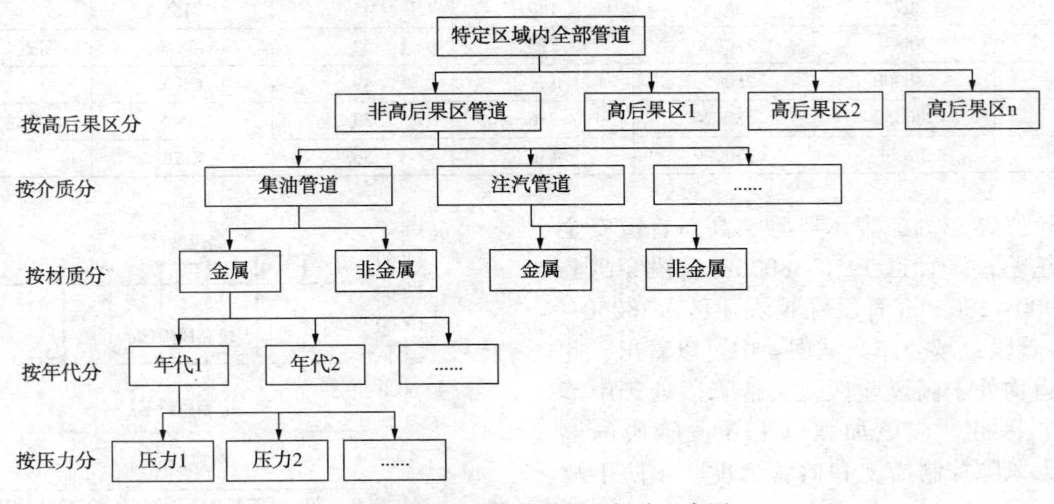

图 3 区域法Ⅲ类管道区段划分示意图

表 4　失效可能性等级划分表

压力等级	服役年限	失效可能性等级	服役年限	失效可能性等级	服役年限	失效可能性等级
$P\leqslant 2.5$	10 年以内	1	10~20 年	1	20 年以上	2
$2.5<P<4$		1		2		3
$4\leqslant P<6.3$		2		3		4
$P\geqslant 6.3$		4		4		5

失效后果等级划分主要从人员伤亡、经济损失、环境污染、停输影响等四个方面进行等级划分，通过评定四个方面的程度，失效后果分为"A、B、C、D、E"五个等级(表 5)。

表 5　失效后果等级划分表

后果分类	A	B	C	D	E
人员伤亡	无或轻伤	重伤	伤亡 1~2 人	死亡 3~9 人	死亡 10 人及以上
经济损失	<10 万元	10~100 万元	100~1000 万元	1000 万~1 亿元	>1 亿元
环境污染	无影响	轻微影响	区域影响	重大影响	大规模影响
停输影响	无影响	对生产重大影响	对上下游公司重大影响	国内影响	国内重大或国际影响

4　集输管道高后果区识别及风险评价应用情况

4.1　Ⅰ、Ⅱ类集输管道高后果区识别及风险评价应用

选取了某采油厂某条输气管道，长度为 33km，通过上述确定的高后果识别和风险评价方法开展识别和评价。

4.1.1　Ⅰ、Ⅱ类集输管道高后果识别

通过上述方法对Ⅰ、Ⅱ类集输管道进行高后果区识别，经过识别发现，此条管道 8000m 处穿越公路，公路宽度为 24m，因此 7950~8074m 段为高后果区段，20000~28000m 段穿过农业区，为高后果管段，280100m 处穿越公路，公路宽度为 24m，因此 280050~280174m 段为高后果区。

4.1.2　Ⅰ、Ⅱ类集输管道风险评价应用

管道分段：上述识别结果表明，此条管道共有 3 段高后果区段，因此可以将此条管道分为 7 条管段(表 6)。

表 6　管段评分结果表

管段序号	起点里程/m	终点里程/m	失效后果 C	失效可能性 S	风险值 R	备注
1	0	7950	186	31	5766	
2	7950	8074	256	56	14336	穿越公路
3	8074	20000	159	45	7155	
4	20000	280000	223	62	13826	穿越农业区
5	280000	280050	127	49	6223	
6	280050	280174	256	53	13568	穿越公路
7	28174	330000	146	56	8176	

风险值 R 越高，表示风险越高，管道安全可靠性越差，该管道 7950~8075m 管段穿越公路，20000~28000m 管段穿越农业区，28050~28174m 管段穿越公路，从图 4 中可以看出，此三段管道均处于高风险区，其他管段处于中等风险区，因此，应该加强以上 3 段管段的巡护，加大风险控制措施和监管力度，预防事故的发生。

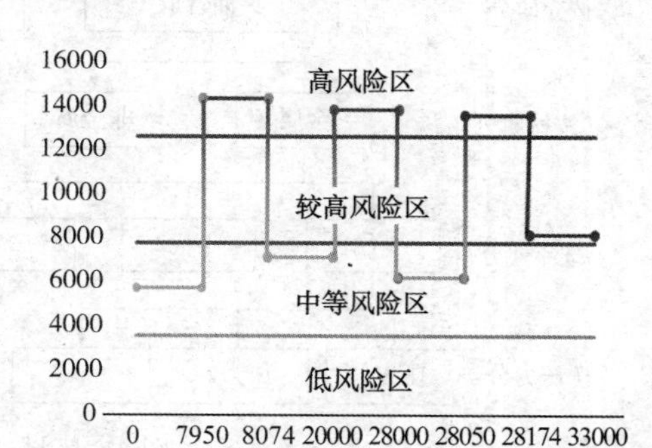

图 4　评分结果

4.2 Ⅲ类集输管道高后果识别及风险评价

4.2.1 Ⅲ类集输管道高后果识别

对某采油厂某作业区148条集输管道、108条注汽管道，通过外围设施调查，按照区域识别法完成高后果区识别，未识别出高后果区管道。

4.2.2 集输管道风险评价应用

失效可能性模型从事件发生可能性方面进行评价；失效后果模型从声誉、环境、人员、停输影响等4个方面进行评价。完成定性评价数据表单，形成了评价准则。

评价结果：红浅集输管道风险值4分87条；2分61条，均属于低风险。红浅注汽管道风险值4分39条；2分69条，均属于低风险。

5 总结

在股份公司“一规三则”及国内各类标准框架下，通过数据搜集统计、综合分析等工作，在集输管道高后果识别和风险风险评价工作中得得以应用，并得出以下结论。

（1）根据集输管道管径小、压力低、介质复杂、敷设纵横交错的特点，结合新疆油田管道现状，总结形成高后果区区域识别法；

（2）集油区高后果区采用区域识别法，将大大减少人力、物力、财力的投入，并能在短时间内将区域内管道进行高后果区数据收集，并进行识别。

（3）根据地面集输管线所处地理环境的特性，重新修改了管道风险因素评分标准，建立了适用于集输管线的风险评价体系；

（4）参照国内完整性管理案例，统计了失效原因比重，重建了评分权重指数，使集输管线风险评价精准性进一步得到提高。

参 考 文 献

[1] 张维智，陈宏建，郝晓东等．中国石油天然气股份有限公司油气田管道和站场完整性管理规定．中国石油股份有限公司规划总院，2017：7-18.

[2] Jones D. Risk assessment approach to pipeline life management Pipe&Pipelines International，1998：1-2.

[3] 何健，油田天然气集输管线风险评估及控制措施研究．西安石油大学，2014：11-25.

[4] 左尚志等．GB/T 27512—2011《埋地钢质管道风险评估方法》. 中国特种设备检测研究院等，2011：11-21.

输油管道站场完整性管理体系建设

李　明　谢　成[2]　杨　文[2]　张　晨[2]　周立国[1]

（1. 中国石化大连石油化工研究院；2. 国家管网集团华南公司）

摘　要　为保障输油管道站场安全平稳运行，推动站场完整性管理工作的开展，提出了一套基于设备管理与资产完整性管理的输油管道站场完整性管理体系。首先论述了基于“策划-实施-检查-处置”(PDCA)的运行模式，结合技术管理与业务管理的完整性管理流程；然后构建了由组织机构、文件体系、标准体系、数据库和管理平台组成的完整性管理体系架构；最后对关键环节进行阐述，包括在现有制度基础上建立的体系文件、“公司-管理处-项目部”三级组织机构模式、管理流程和设备分类两个维度所需的配套技术、符合“五化”特征的管理平台。按照“体系文件+配套技术+管理平台”建设模式，将管理体系成功在中国石化华南成品油管网推广应用，表明了提出的管理体系是可行的、有效的，且一定程度推进了站场完整性管理的建设进程。

关键词　输油管道站场，完整性管理体系，完整性管理流程，体系文件，管理平台

由于油气介质具有易燃易爆、有毒有害的特性，油气管道系统成为一种高度危险的密闭连续输送系统，其安全状况一直都是国家与社会关注的焦点问题。近年来，管道线路的完整性管理水平已取得长足进步，但与此同时，油气管道系统安全管理的形势依然严峻，实现管道系统“全生命周期、全过程覆盖、全管网设备”的完整性管理，是企业提高管道系统管理水平、保障管道系统“安稳长满优”运行的有效技术手段。

输油管道站场承担着接收、分输、增压、计量、清管等任务，这些重要功能使得站场在整个管道系统的完整性管理中占有极其重要的地位。目前，关于站场完整性管理的标准和规范相对欠缺，虽有如 API 1160、GB 32167、SY/T 6975 等国内外相关标准，但均未给出具体的实施方法与步骤。为此，部分学者开展了探索研究，税碧垣等通过集成资产完整性管理技术，开发出基于风险管理的油气站场完整性管理模式；董绍华等基于油气站场完整性管理技术方法，建立了完整性管理的框架和流程。然而现有研究主要集中在管理技术上，如果保障站场完整性管理的顺利实施，需要一套完整性管理体系作为支撑。鉴于此，从管理流程、体系架构、体系文件、配套技术和操作平台多方位出发，提出一种输油管道站场完整性管理模式的架构，以期推进站场完整性管理的建设进程。

1　输油管道站场完整性管理流程

输油管道站场完整性管理是设备完整性管理的延伸与拓展，而设备完整性管理的基础是设备管理，传统意义上的设备管理侧重于设备的维护维修，局限性较大。现代的设备管理涵盖了各个环节，根据中国设备管理协会标准 T/CAPE 10001《设备管理体系-要求》的规定，设备管理包括设备的规划、设计、制造、选型、购置、安装调试、验收、使用、维护、检查、润滑、维修和技术改造、报废等内容，这种对设备的全贯穿式管理称为“设备全生命周期管理”。设备管理评价中心标准 PMS/T 1《设备管理体系 要求》基于“策划-实施-检查-处置”(PDCA)的过程模式（图 1），建立了覆盖设备全生命周期管理流程，为推动企业实施标准化设备管理和资产管理提供了有力支持。

“设备完整性管理”源于 1992 年美国职业安全卫生总署(OSHA)颁布的《高度危险性过程安全管理办法》中的第 8 条款，是指设备在正常运行状态下应具备的完整状态，其旨在采用规范管理与技术改进相结合的方法确保设备运行状况的完好性。设备完整性管理具有以下特点：一是具有整体性，即一套装置或系统的设备完整性管理；二是贯穿于设备的全生命周期；三是采用规范管理与技术改进相结合的方式开展工作；四是整个管理过程是动态的、并且持续改进的。

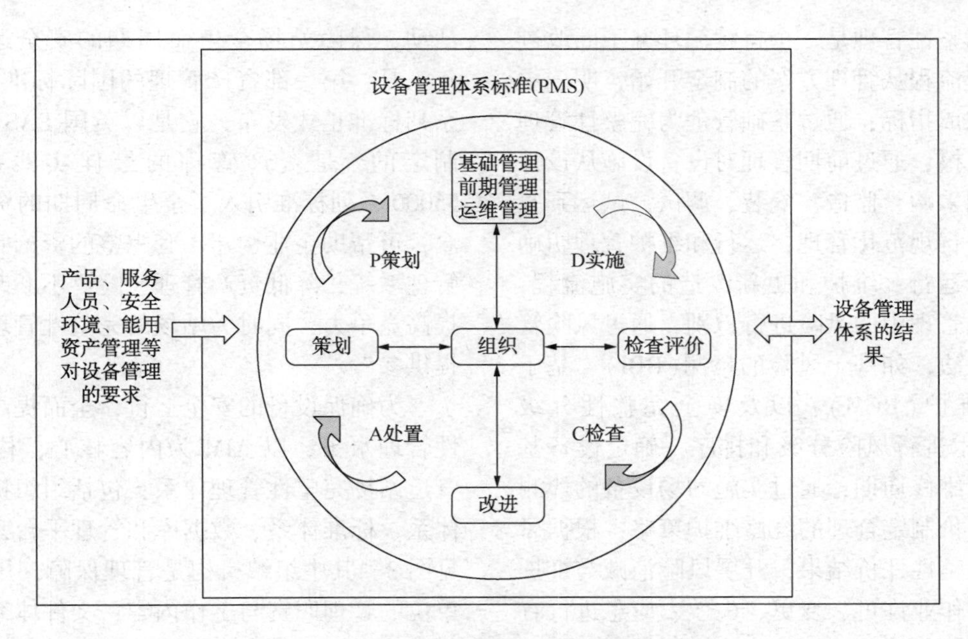

图 1　基于 PDCA 过程模式的设备管理流程

为实现从传统的站场管理模式向完整性管理模式的有效过渡，根据设备管理与设备完整性管理的内容要求，基于 PDCA 的运行模式，采用技术管理与业务管理相结合的方法，明确了全生命周期的站场完整性管理流程。站场完整性管理流程主要分为基础管理、设备前期管理和运行与维护管理三部分(图 2)。

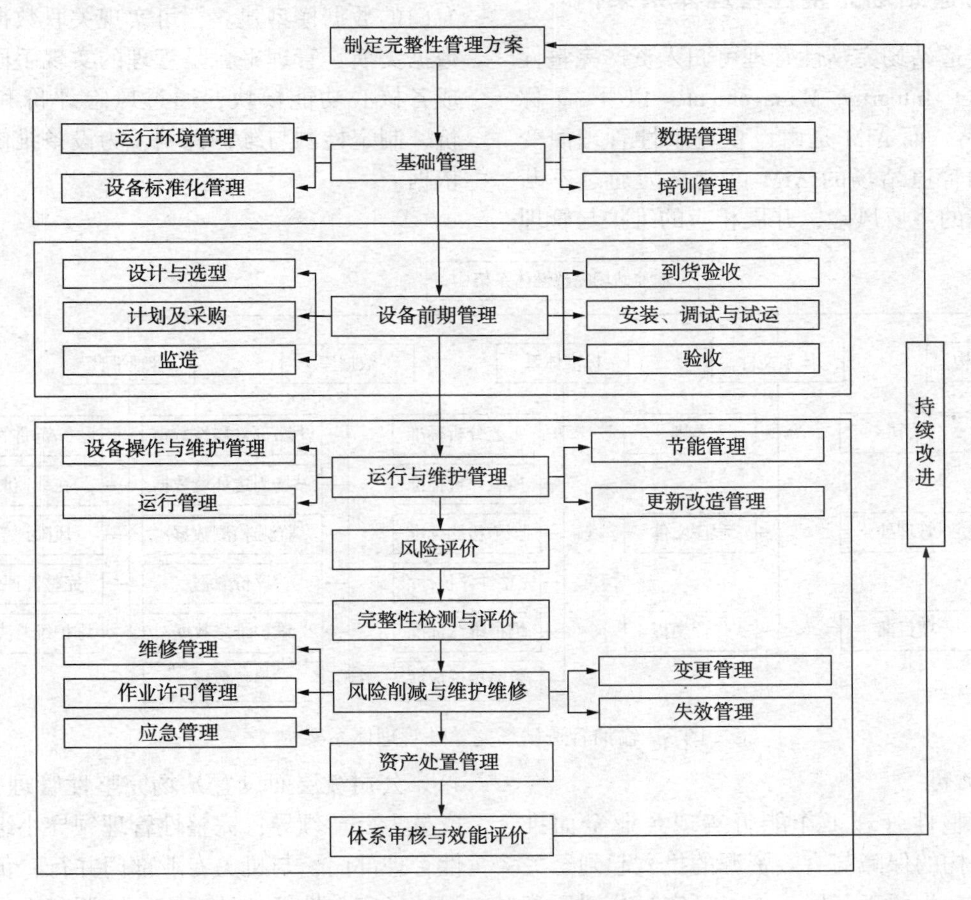

图 2　站场完整性管理流程

站场完整性管理是一个持续循环并不断改进的过程，其流程从管理方案的制定开始，明确主要任务和完成指标；通过基础管理为完整性管理提供有力支撑；通过前期管理对设备设施从设计选型、计划采购、监造、安装、调试、试运到验收的过程进行规范化管理；运行和维护管理明确设备操作、运行、维护和更新改造的实施流程；然后对站场管理中的风险进行识别，通过风险管理的技术方法，如基于风险的检测(RBI)、基于可靠性的维护(RCM)、以及安全完整性分级(SIL)等技术进行风险分级和排序，确定设备基于风险的检维修周期；通过实施站场设备的检测与完整性评价制定合理的维修维护策略；根据风险评价与完整性评价结果，开展风险消减与维护维修，并对作业许可、变更、失效、应急进行有序管理；同时对盘盈、盘亏、毁损、报废、调拨、转让、清产拍卖、重组、捐赠及出租等资产处置行为进行规范；最后通过体系审核和效能评价，持续改进站场完整性管理。

2　输油管道站场完整性管理体系架构

输油管道站场完整性管理可归入资产完整性管理(Asset Integrity Management，以下简称AIM)的范畴，而AIM是由设备完整性管理演变而来。输油管道站场的AIM可定义为通过不断辨识所面临的主要风险，开展相应的维护与管理活动，保障站场全生命周期的安全运行。2014年1月，第一部资产管理的国际标准ISO 55000系列标准正式发布，它是以英国PAS 55为基础制定的，是资产管理的最佳实践指导。ISO 55000系列标准引入了全生命周期的资产管理理念，可帮助企业构建一套完整的资产管理体系与管理系统，降低资产管理风险，不断改善绩效并提高竞争力，同时为站场的完整性管理体系建设提供参考。

为确保设备的安全运行，全面提高站场完整性管理水平，以AIM为内容核心，构建了输油管道站场完整性管理体系，包括组织机构、文件体系、标准体系、数据库和管理平台，体系架构见图3。其中组织机构是管理保障，用于明确各单位的管理职责与工作内容；文件体系是管理依据，主要规定站场完整性管理的目标方针、基本内容和工作流程等；标准体系是技术支撑，包含了完整性管理中涉及到风险评价、完整性检测与评价、维修维护等技术工作；数据库是管理基础，包含开展完整性管理所需的各类数据，基于专门的数据模型建立，可实现关联数据库之间的数据交换；管理平台是管理的实现手段，主要集成各核心功能模块，通过风险评价和完整性评价，制定检测与维护计划，为设备维修提供执行依据。

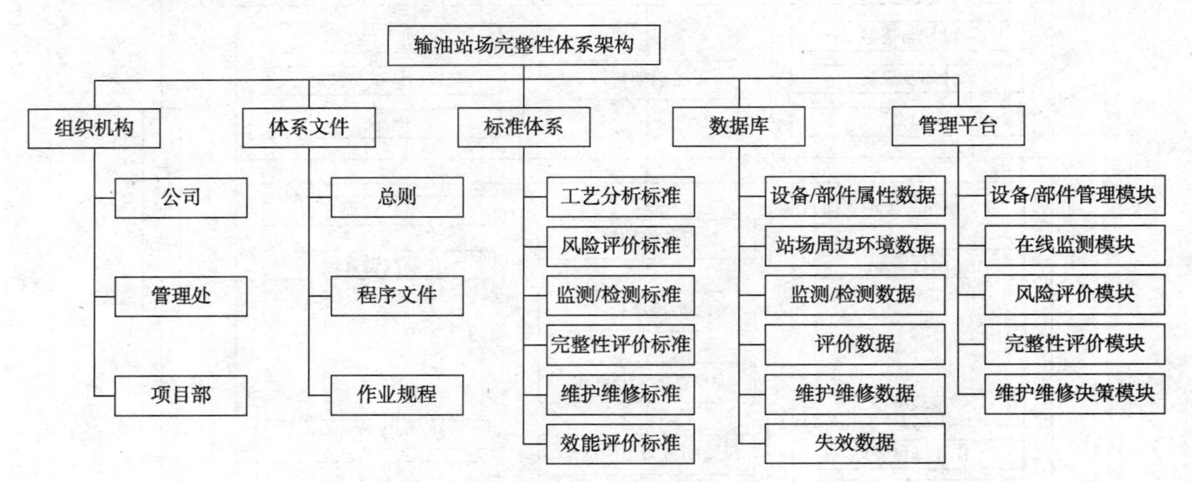

图3　输油管道站场完整性管理体系架构

2.1　组织机构

站场完整性管理工作能否实现企业全面推行，组织机构的保障与有效资源的投入起到至关重要的作用。为便于开展工作，可实行公司、管理处和项目部三级完整性管理组织机构模式(图4)。公司级层面设置站场完整性管理领导小组，成员为公司领导；完整性管理领导小组下设完整性管理部门，与机关专业部门并行，负责各项公司站场完整性管理的组织、协调和推进工作，并为机关专业部门提供技术支持；完整性管理部门下可设数据管理、风险评价、完整性检测与评价、维护维修以及应急管理等专业技术岗位。

开展站场完整性管理工作，公司级主要负责整体的规划、统筹与管理，机关专业部门负责所辖专业的具体管理工作，完整性管理部门为其提供技术支持；管理处负责组织、监督、审核项目部开展各项工作；项目部负责完整性管理各项工作的落实。

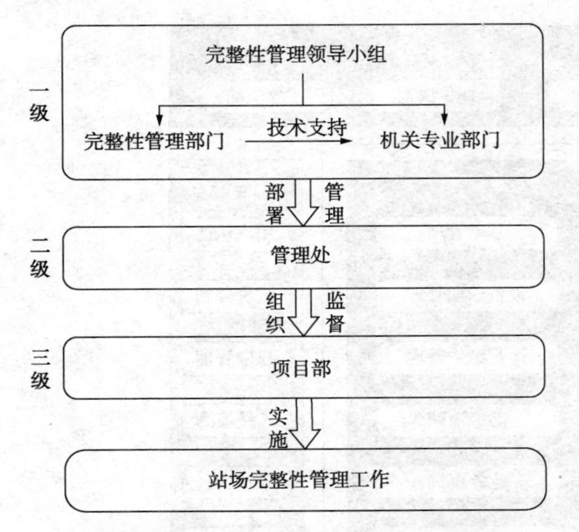

图4　站场完整性管理体系组织机构图

2.2　体系文件

体系文件可在有效传递工作内容，构建一套系统的、规范的、科学的以及可执行的体系文件，对完整性管理工作起到指导与技术支撑等作用。站场完整性管理体系文件建议由总则、程序文件、作业规程三级构成(图5)。体系文件应充分借鉴企业已有的规章制度，结合站场完整性管理的实际业务需求，在现有制度基础上进行文件的完善与补充。

站场完整性管理体系文件中，一级文件为完整性管理总则，即纲领性文件，提出了输油管道站场完整性管理的总体要求，规定了总体范围、目标与方针、组织机构与管理职责、管理内容以及实施保障；二级文件为完整性管理程序文件，即完整性管理的工作指南，针对站场完整性管理流程的每个主要业务活动，规定其流程及要求，覆盖了法规要求、管理要求以及关键技术；三级文件为完整性管理作业规程，即某项工作的具体做法，是程序文件的支持与补充，也是基层单位开展各项工作的指导性作业文件以及强制性技术要求。

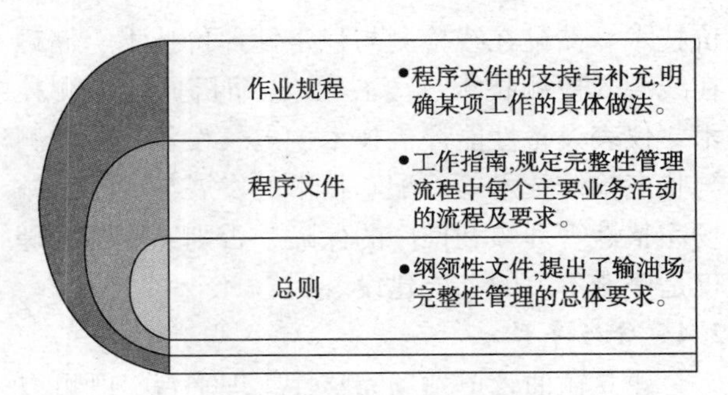

图5　站场完整性管理体系文件

2.3　配套技术

站场完整性管理是一项复杂的系统工程，需要融合多学科作为技术支撑，开展完整性管理需具备相当规模的技术团队去掌握与应用相关知识，确保工作的顺利开展，也可从中论证企业建立完整性管理部门的科学性。由于输油管道站场设备多，工况复杂，完整性管理部门需要从多维度进行大量的技术应用，在参考国内外先进技术的同时，还需立足企业实际情况，开展有效的完整性管理相关技术、软件以及设备的研发工作。

站场完整性管理的配套技术应符合站场管理动态化、可视化、智能化、无人化的发展趋势，可以从完整性管理流程和站场设备分类两个维度进行分析(图6)。从完整性管理流程分析配套技术主要有数据信息技术、风险识别与评价技术、完整性检测与评价技术、维护维修技术、效能评价技术以及应急抢险技术。从站场设备分类角度分析可对各类技术进行细化，除了传统的检测评价技术，完整性管理所需的支撑技术还包括：站场智能巡检技术、数据管理与信息化技术、完整性管理的可视化技术、站场系统可靠性分析技术、区域阴极保护技术、工艺管道腐蚀检测与评

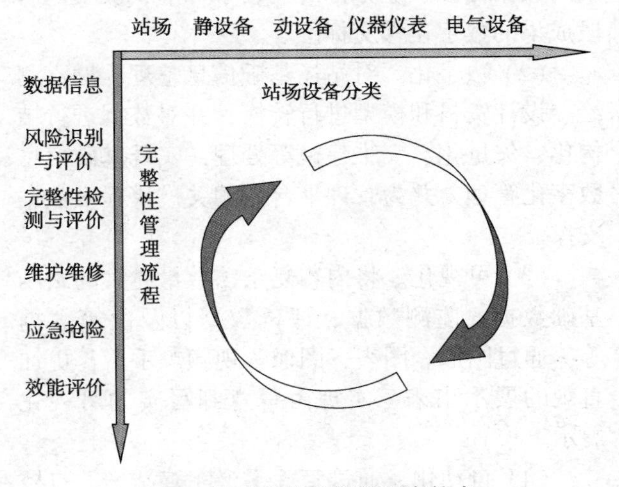

图6　站场完整性管理配套技术

价技术、储罐在线检测与稳定性评价技术、储罐在线潜入检测技术、离心泵/压缩机振动监测技术、仪表设备性能评价技术、电气设备在线监测与状态检修技术等。配套技术的发展与应用是站场完整性管理顺利推广的保障，否则完整性管理仅是停滞不前的上层建设。

2.4 管理平台

建立输油管道站场完整性管理平台，既可以驱动完整性管理的实施，也可以满足企业决策层、管理层、执行层等各层级管理需要，又可以满足全员、全方位、全过程、全天候的管理要求。同时通过决策、管理、执行 3 个层级间的纵向关联，运用数据统计和决策分析，可提高管理效率。结合站场完整性管理的闭环流程以及管理体系，通过业务需求分析，对管理平台进行架构(图 7)。

图 7　站场完整性管理平台架构

管理平台建设应符合“标准化、数字化、可视化、自动化、智能化”五化特征。

(1) 标准化。制定站场完整性管理全生命周期的数据标准、业务标准、技术标准，及不同阶段成果的数字化移交标准。

(2) 数字化。对站场基础信息整理、勘察测绘、设计资料和模型进行转换，并对数据进行结构化、矢量化、三维建模等处理，实现基础信息数字化管理，并为管理平台的相关模块提供数据支撑。

(3) 可视化。将内容复杂、数量庞大的站场基础数据、监测数据、评价数据以及决策数据等，通过图形、图表、图像、视频等手段，更加直观的展示出来，实现由写意到写实的可视化展示。

(4) 自动化。通过管理平台完善站场的自控仪器仪表、检测设备及监控系统，实现站场设备运行状态的自动检测。

(5) 智能化。根据站场完整性管理，平台可实现站场的运行优化、风险预警、检维修决策、应急抢险等数据学习与自主决策功能。

3　输油管道站场完整性管理体系应用

3.1 公司级站场完整性管理体系文件构建实施

根据各层级文件的内容要求，以公司现有管理模式为基础，按照站场完整性管理的需求对规章制度进行梳理、归纳和查漏补缺，确定站场完整性管理体系文件包括 1 个总则、18 个程序文件、26 个作业规程。体系文件明确站场完整性管理的管理流程、管理内容、组织机构及其职责和技术要求等内容，以会议、培训等方式组织体系文件宣贯学习，各对口指导单位到现场进行检查和督导，体系文件已成功地在公司 58 个输油站推广应用。

3.2 站场完整性管理体系配套技术实施

公司与多家单位合作，并配备专业科研人员，积极开发多种站场完整性管理的配套技术并实现工业应用，其中包括站场无人机或机器人巡检技术、区域阴极保护技术、静设备在线检测与评价技术、输油泵振动监测技术等。立足完整性管理技术的研究，是站场完整性管理成功推广的保障。

3.3 站场完整性管理平台构建

为与外管道形成统一完整性管理模式，借助智能化管线管理系统建设站场完整性管理平台。对原管理系统数据、设备台账数据以及设备技术档案数据进行了采集、验证、修改、关联和入库，平台初步实现数据导出与导入、业务审批以及部分信息可视化的功能。随平台功能开发持续完善，相应的监测检测、评价决策等技术管理功能会陆续接入平台。

4 结论

为打造“全生命周期、全过程覆盖、全管网设备”的完整性管理体系，开展了输油管道站场完整性管理体系建设以及在企业的推广应用，可得到以下结论。

(1) 结合设备管理、设备完整性管理、资产完整性管理的要求，构建了一套完整的站场完整性管理流程与体系架构，实现了输油管道站场完整性管理从“0”到“1”的过程。

(2) 以完整性管理的关键环节为出发点，明确体系文件层次结构与内容要求，规定管理的组织结构与管理职责，明晰尚需开发的配套技术，分析管理平台的特征与功能需求，为输油管道站场完整性管理体系建设提供了一定的理论分析与实践应用基础。

(3) 通过企业的应用推广表明，站场完整性管理体系的建设不是另辟蹊径，而是在充分考虑企业现有管理模式和实际需求的前提下开展工作，提高了效率且便于推广。

(4) 站场完整性管理是一个持续循环、不断改进的过程，需在实践中不断完善，同时需加强完整性管理支撑技术的研发力量，扩大管理平台的开发力度。

参 考 文 献

[1] 董绍华，韩忠晨，刘刚．管道系统完整性评估技术进展及应用对策[J]．油气储运，2014，33(2)：121-128.

[2] 帅义，帅健，苏丹丹．企业级管道完整性管理体系构建模式[J]．中国安全科学学报，2016，26(7)：147-151.

[3] 陈胜森，刘卫华，王联伟．集团型企业管道完整性管理体系建设[J]．油气储运．2019，38(1)：26-30.

[4] 姚安林，曾明友，曾明勇．输油站场运行风险因素分析及评价方法研究[J]．中国特种设备安全，2015，31(9)：19-24.

[5] 姚安林，黄亮亮，蒋宏业，等．输油气站场综合风险评价技术研究[J]．中国安全生产科学技术，2015，11(1)：138-144.

[6] API 1160—2013，Managing system integrity for hazardous liquid pipelines[S]．2013.

[7] GB 32167—2015，油气输送管道完整性管理规范[S]．2015.

[8] SY/T 6648—2016，输油管道完整性管理规范[S]．2016.

[9] SY/T 6975—2014，管道系统完整性管理实施指南[S]．2014.

[10] 税碧垣，艾慕阳，冯庆善．油气站场完整性管理技术思路[J]．油气储运，2009，28(7)：11-14.

[11] 董绍华，韩忠晨，费凡，等．输油气站场完整性管理与关键技术应用研究[J]．天然气工业，2013，33(12)：117-123.

[12] T/CAPE 10001—2017，设备管理体系－要求[S]．2017.

[13] 李鹏，杨丽．设备全生命周期管理[J]．科技与创新，2019(3)：88-89.

[14] PMS/T 1—2018，设备管理体系-要求[S]．2017.

[15] 刘义．机械完整性管理——过程安全管理的重要因素[J]．劳动保护，2013(3)：102-103.

[16] 王刚强，陈江．石油化工企业静设备完整性管理技术研究[J]．现代化工，2014，34(6)：10-12.

[17] 牟善军．建立设备完整性管理体系的必要性[J]．中国石化，2006(7)：30-32.

[18] 廖柯熹，牛化昶，张学洪，等．川气东送管道典型站场风险量化评价[J]．天然气与石油，2012，30(1)：5-9.

[19] 魏自科，李剑．油气储运设备完整性管理[J]．设备管理与维修，2012(1)：15-16.

[20] 许涛，赵军凯，朱宪，等．基于风险分析的FPSO资产完整性管理[J]．安全与环境工程，2009，16(6)：85-87.

[21] 陈利琼，李云云，党美娟，等．油气管道系统资产完整性的实现[J]．油气储运，2014，33(12)：

1292-1296.

[22] PAS 55-1—2008, Specification for the optimized management of physical assets[S]. 2008.

[23] ISO 55000—2014, Asset management[S]. 2014.

[24] 马钊，周莉梅，盛万兴．国际资产管理标准 ISO 55000 与 PAS 55 的分析与比较[J]. 供用电，2015，32(6)：48-53.

[25] 孙今朝．管道公司油气储运技术服务项目中的组织机构设置及人员配置研究[D]. 北京：中国科学院大学，2013.

[26] 冯晓东，赵忠刚，白世武，等．站场完整性管理技术研究[J]. 管道技术与设备，2011(4)：15-17.

[27] 张媛，顾为敏．输气站场管道完整性检测评价技术体系[J]. 管道技术与设备，2016(2)：47-50.

[28] 董绍华．管道完整性管理体系与实践[M]. 北京：石油工业出版社，2009：10-13.

[29] 李振宇，黄保龙，周利剑，等．油气管道站场完整性管理数据模型[J]. 油气储运，2014，33(6)：599-603.

[30] 王立辉，王志付，沈峥．基于全生命周期的管道工程数据管理平台的设计[J]. 油气储运，2016，35(12)：1296-1299.

大港储气库群管道完整性管理技术实践

宗振宁

（中国石油大港油田天津储气库分公司）

摘　要　储气库管道运行具有“注采强度高，压力变化快”的特点，大港储气库群自2000年投产以来已经累计运行近20年。经过多年的管理实践，我们摸索出一套适合储气库管道系统的完整性管理方法，通过“重视源头管理、强化风险控制、坚持全面检测、精细维护检修”的工作方针，指导开展完整性管理工作，并以预防维护为目标，不断延长储气库管道使用寿命。

关键词　完整性管理，循环，风险控制

1999年，随着陕京管道的建设，我国开始筹建国内第一座调峰储气库大张坨储气库，保障京津冀地区冬季调峰及安全平稳供气。随着陕京管道的建设，目前，陕京线、陕京二线通过港清线和港清复线与大港油田地区的地下储气库群相联通，形成了较完善的天然气产、供、储、输、配系统。大港储气库群共有集注站5座，注采井场11座。站外管道42条，共142km。

大港储气库群地处天津市滨海新区大港油田，东临渤海，西临大港城区。其中大张坨储气库坐落于国家级湿地保护区—北大港水库境内、板南储气库位于浅滩盐池之中。周边地理环境复杂，储气库管道多为高压且输送介质为天然气，如果发生泄漏，将会导致人员伤亡、财产损失、环境污染等恶劣影响。

因此管道完整性管理对于大港储气库至关重要，经过近20年的运行，储气库管道失效率始终保持为零。源于多年来的摸索实践，形成了适合于大港储气库群的管道完整性管理方法与技术。

1　完整性管理方法

采用目前普遍适用的“六步循环法”，及数据采集-高后果区识别-风险评价-检测评价-修复-效能评价。并根据储气库“注采强度高、压力变化快”的运行特点，增加设计与建设期的源头把控管理方法。

1.1　*源头把控*

储气按照50年的使用寿命设计原则进行设计，以储气库运行压力与温度的极限状况为依据，进行管道材质选型。根据不同的腐蚀环境，进行腐蚀余量设计，严格把控管道材质质量关。

1.1.1　管道类型选择

目前国内外油气管道工程所使用的钢管主要有：直缝埋弧焊钢管、螺旋缝埋弧焊钢管、高频直缝电阻焊钢管和无缝钢管。使用何种钢管主要取决于钢管是否满足于管道的技术要求，同时考虑经济性以及国家制管业的现状。

根据国内外输气管道的建设经验，由于储气库管道设计压力普遍较高，推荐采用无缝钢管，制造标准采用《石油天然气工业管线输送系统用钢管》GB/T 9711—2017，钢管的化学成分和机械性能需符合相应标准要求（表1）。

表1　不同管型优缺点

序号	钢管类型	主要优点	主要缺点
1	螺旋缝埋弧焊钢管	在国内外油气管道工程中的应用已有相当长的历史；焊缝与管道轴线方向成一定的角度，焊缝避开了主应力方向，焊缝的止裂能力较直缝管好；焊管韧性的薄弱处避开了主应力，整体刚度好于直缝埋弧焊管；制造工艺简单、成本低	不能生产厚壁钢管，弯管性能较差；不宜用来制作热煨弯管；外型尺寸的精度相对较低

续表

序号	钢管类型	主要优点	主要缺点
2	高频直缝电阻焊钢管	焊接时不需填充金属，并且加热速度快，使得热影响区小；外型尺寸精度高，刚度小又易于弯曲的优点	因焊接的特殊性，易产生未焊透的缺陷；受工艺过程的限制，钢管的外径和壁厚不能太大
3	直缝埋弧焊钢管	直缝埋弧焊钢管在焊管市场上被认为是质量最好、可靠性最好的钢管。海底管道、河流穿越段、在大落差地段、经过地震区和活动断层的地段、经过沼泽的地段以及一切难于抢修的地段。由于采用冲压工艺，故可生产的板厚较大，在通常情况下其厚度可在20mm以上，有的甚至达到28mm或更大，这是螺旋管所无法满足的。目前国内的直缝管生产能力很大，整个国内的生产能力占世界总量的约21%	价格偏高。钢管的外径和壁厚不能太小
4	无缝钢管	无焊缝，安全可靠，外型尺寸精度高，制作的弯头质量好	钢管的外径和壁厚不能太大

1.1.2　管道材质的选型

管材选择在集输管道设计中属重要环节，它要求管材具有强度高，塑性、韧性、可焊性好；抗腐蚀能力强、易于加工制造、成本低等特点。合理选择管道材质与壁厚是保证集输管道工程设计安全适用、经济合理的关键因素。随着各种优质钢的不断出现，管道用钢的范围也在扩大。

采用高强度等级钢可以节省钢材，但对设计压力不太高的输送管道，过分强调高强度薄壁管，在经济上可获得一定的效益，但带来的管道失稳、抗断裂及抗震性差等不利因素也不可忽视。管材选择既要满足强度要求，还要满足刚度与稳定的要求。

根据国内外工程建设经验，结合储气库工艺条件及自然条件，以及保证线路用管的可靠性，按照GB/T 9711—2017标准的规定，线路用管钢级在L360、L415、L450间比选。

以白15储气库项目举例，按《油田油气集输设计规范》GB 50350—2015，管道壁厚计算公式为：

$$\delta = PD/(2\sigma_s \varphi F t) + C \qquad (1)$$

式中，δ为钢管计算壁厚，mm；P为设计内压力；D为钢管外径；σ_s为钢管的规定屈服强度最小值；φ为钢管焊缝系数，取1；F为设计系数；T为钢管的温度折减系数，取1；C为管道腐蚀余量，取3mm。

推荐线路长度约1.97km，管径为273.1mm，设计压力为32MPa。经计算，本工程选用的壁厚见表2。

表2　管道壁厚选用表

外径/mm	设计压力/MPa	钢管材质	地区等级	设计系数	计算壁厚/mm	选取壁厚/mm
273.1	32	L360	三	0.4	33.34	34
		L415	三	0.4	29.32	30
		L450	三	0.4	27.27	28

1.1.3　弯管的壁厚选取

$$\delta_b = \delta \times m \qquad (2)$$

其中：　$m = 4R - 2D$

式中，δ_b为弯头或弯管的管壁计算厚度，mm；δ为弯头或弯管所连接的直线管段管壁计算厚度，mm；m为弯头或弯管的管壁厚度增大系数；R为弯头或弯管的曲率半径，mm；D为弯头或弯管外直径，mm。

经计算，并且综合考虑热煨弯管校核的情况，本工程管道热煨弯头母管用管见表3。

表 3　热煨弯管母材选取情况一览表

外径/mm	设计压力/MPa	钢管材质	热煨弯管母管计算壁厚/mm	热煨弯管母管选取壁厚/mm
273.1	32	L450	32.48mm	33mm

综上，本工程一般线路段和冷弯弯管均采用 D273.1×28 L450Q（PSL2）无缝钢管，热煨弯管采用 D273.1×33L450Q（PSL2）无缝钢管。由于储气库气体在弯头位置会产生冲蚀影响，因此算选取壁厚增加了 5mm 的冲蚀余量，以确保生产过程中的安全性。

1.2　数据采集

将管道基础信息（含长度、管材等）进行收集汇总，主要调查管道现状、管道运行年限、管道走向、管道周边环境、维护维修及管道完整性管理所需要的其他资料。

1.2.1　土壤腐蚀性调查

由于大港储气库部分管线地处盐池海边，土壤腐蚀性较强，因此在数据采集的过程中将土壤腐蚀性分析作为其中一个重要环节。土壤腐蚀状况检测评价。根据管道敷设环境土壤电阻率、PH 值、氧化还原电位、含水量、含盐量、氯化物、硫化物等参数综合评价土壤腐蚀性，判断管道沿途土壤腐蚀的程度。

根据历次调查报告所得结论：大港储气库群周边土壤为强腐蚀环境。

1.2.2　管道基础信息

输送介质以天然气为主，只有凝液管线输送介质为水和凝析油的混合液体，所有管道最高设计压力 32MPa；管道配套的外防腐方式主要有 3 种，分别为环氧煤外加冷缠带防腐层、聚乙烯黑夹克二层 PE 防腐和 3 层 PE。

大港储气库群配套管线阴极保护方式有强制电流（大张坨储气库、板 876 储气库、板 808、828 储气库）和牺牲阳极（板中北/板中南储气库、板南储气库）两种方式，其中多数管道采用强制电流阴极保护方式，共有 3 座阴极保护站（7 套恒电位仪），分别位于大港分输站、大张坨储气库作业区和板 808 储气库作业区；大张坨站辅助阳极为浅埋阳极，大港分输站、板 808 站辅助阳极为深井阳极，阴极保护管道覆盖率 100%。

1.3　高后果区识别与评价

采用所有管道区域分类、单根识别的方法，识别覆盖全部站外管道。评价手段采用半定量风险评价标准。

1.4　风险识别

针对储气库的运行特点进行站外管道风险识别，找出管道泄漏主要原因，并制定相应的管控措施。

多年来我们通过总结分析，识别出 6 大类管道泄漏主要风险，并逐一制定了相应的控制措施（图 1）。

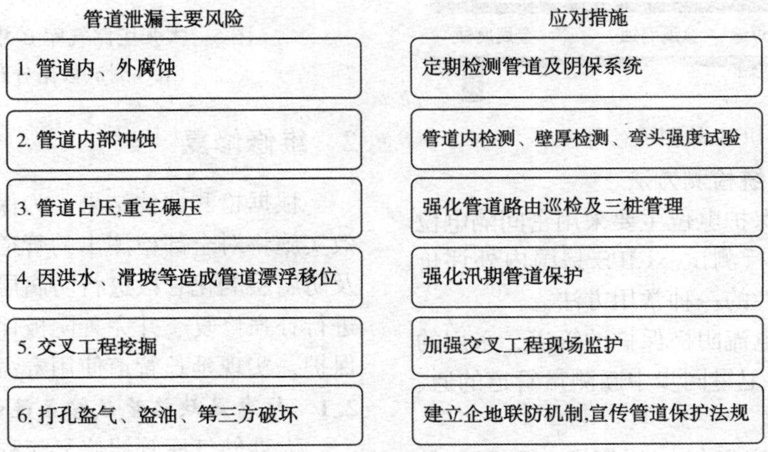

管道泄漏主要风险	应对措施
1. 管道内、外腐蚀	定期检测管道及阴保系统
2. 管道内部冲蚀	管道内检测、壁厚检测、弯头强度试验
3. 管道占压,重车碾压	强化管道路由巡检及三桩管理
4. 因洪水、滑坡等造成管道漂浮移位	强化汛期管道保护
5. 交叉工程挖掘	加强交叉工程现场监护
6. 打孔盗气、盗油、第三方破坏	建立企地联防机制,宣传管道保护法规

图 1　主要风险与控制措施

1.5　检测评价

大港储气库管道分布于湿地保护区、虾池、工业园区等敏感区域，因此所遵循的检测制度为“三年一检”，对所有管辖站外管道进行全面检测。

1.4.1　应用主要管道检测技术

外防腐层综合状况检测：采用交流电流衰减法(ACAS)+交流电位梯度法(ACVG)检测评价管道外防腐层整体状况和缺陷点定位(图2)。

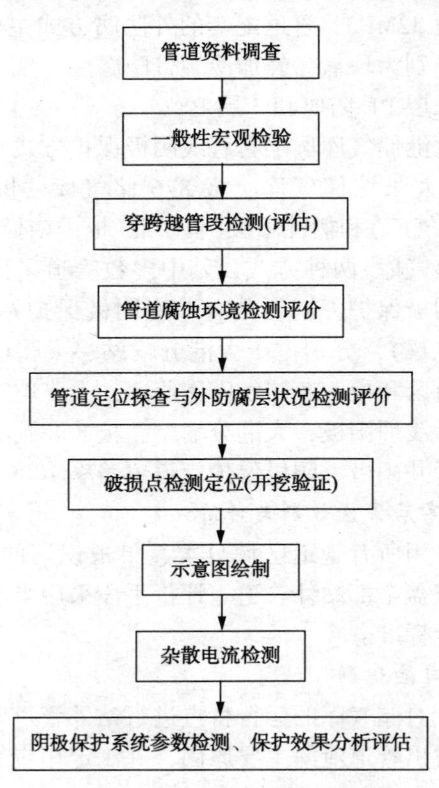

图2　ACAS+ACVG 现场检测示意图

管体检测技术：采用超声导波(UGW)技术，检测穿跨越管段管体腐蚀状况(图3)。

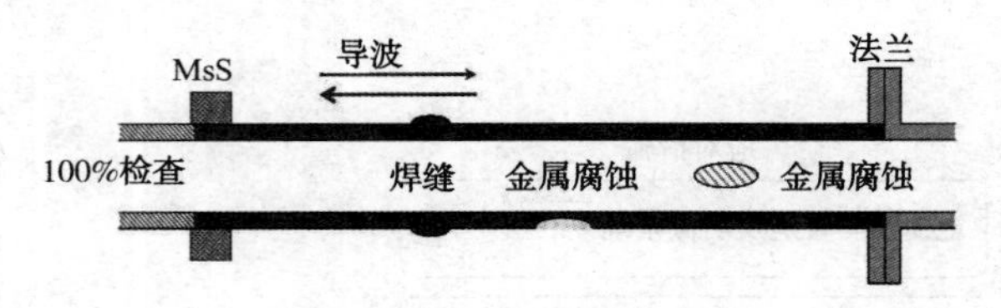

图3　UGW 检测示意图

1.4.2　阴极保护系统检测方法

(1)管道阴极保护电位主要采用密间隔电位测量(CIPS)技术进行测试。CIPS 是国内外评价阴极保护系统有效性的一种常用方法。

(2)使用强制电流阴极保护的管道，采用的是 CIPS 连续测试，卫星同步中断测量管道的通、断电位。

(3)使用牺牲阳极保护的管道，采用的是 CIPS 测量管道的通电电位的方法，在利用试片断电法测量管道的通、断电位，求取管道的平均 IR 降，根据通电电位与平均 IR 降计算出管道的断电电位。

(4)绝缘测试方法。

采用电位法对绝缘接头的绝缘性能进行测试，测量接线见图4。

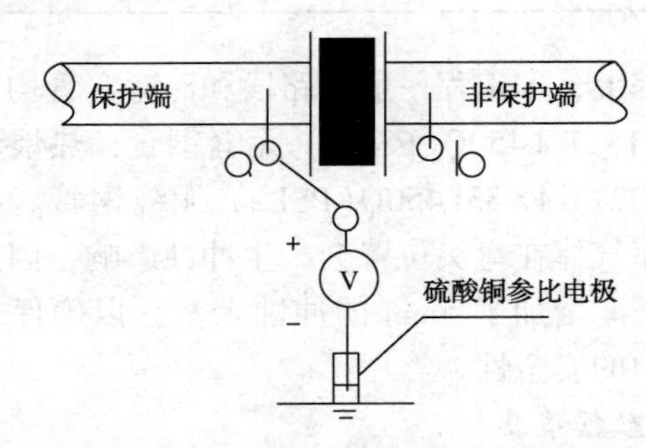

图4　电位法测绝缘接头接线示意图

保持硫酸铜参比电极的位置不动，采用数字万用表分别测量绝缘接头两端的管地电位。若保护端的电位明显负于非保护端的电位，则判断绝缘接头的性能良好；如果辅助阳极距离绝缘接头足够远，且保端与非保端的管道无接近或交叉，此时测量的保端与非保端的电位值接近，则可以判定此绝缘接头的性能很差(图5)。

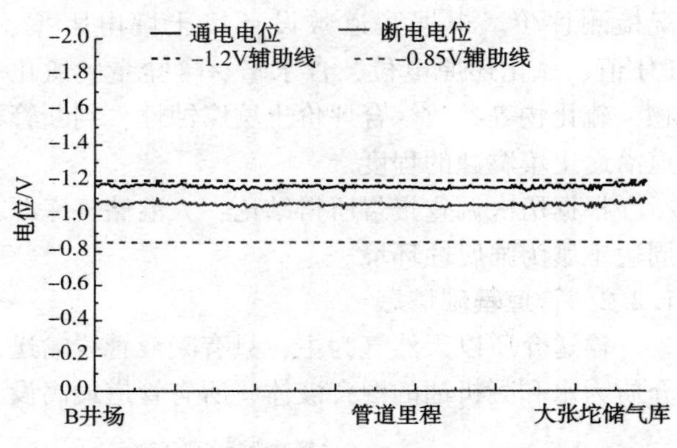

图5　大张坨储气库 B 井组注气管线 CIPS 测试数据分布曲线

2　维修修复

根据检测评估结果，为保证完整性管理的有效实施将对全部检测出的管道防腐层破损点、段及防腐层老化管段进行防腐层修复。管体腐蚀点进行补强修复、并完善阴极保护系统，达到整体保护，实现延长管道使用寿命的目的。

2.1　防腐层缺陷管段修复流程

大港储气库管线修复流程基本为先根据检测结果进行开挖验证，根据防腐层及管线本体破损情况，再进行管线本体补强修复和外防腐层修复，最后恢复地貌。具体流程见图6。

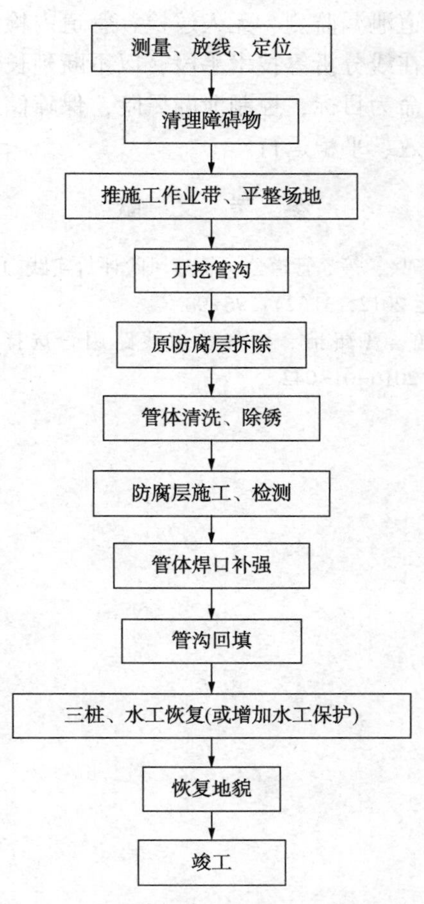

图6　防腐层及管段缺陷修复流程

2.2　防腐层修复材料选择

防腐层大修材料选用适宜于大港油田管道敷设环境的聚丙烯增强编织纤维防腐胶带，它具有与阴极保护匹配性好、不阻碍阴保电流的通过、且施工方便等特点。该修复材料在大港油田地区应用效果良好，也适用于储气库的管线修复。

2.3　管体补强修复

腐蚀破损严重管段，选用多层高强复合材料补强技术修复，恢复管道的完整性，修复后的管道可达到如下程度。

（1）抗腐蚀：适用于各种地理环境。

（2）寿命长：修复管段寿命超过20年。

（3）强度高：修复后管段承压强度达到新管标准。

2.4　修复后管道的再检测

对修复后的管道实施全程复检，查找因大的破损点干扰而漏检的部分小的破损点，对漏检破损点再次实施修复。

2.5　效能评价

综合评价大港储气库管道完整性管理工作所获得的管理效果、效率及效益。评价结果是衡量从事完整性管理工作过程与结果的尺度。

根据实施管道完整性管理的相关文件记录及评价指标历年变化情况，每年开展一次效能评价，发现可提升空间，提出改进建议。由于大港储气库群的管道完整性指标一直控制的很好，因此每年的维护工作规律性较强，效能评价结果多为持续保持(图7)。

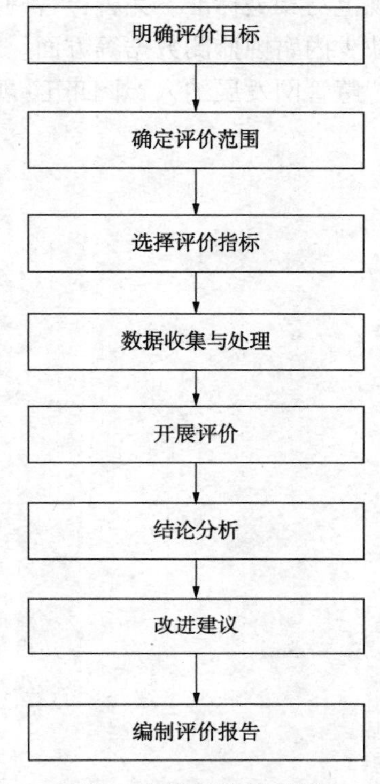

图7　效能评价流程图

3　在线监测

通过失效管理分析，近十年大港储气库群仅出现过一次管道弯头失效事件。针对该失效事件，40余处管道弯头进行了紧急更换，并对更换下来的弯头进行了极限应力和强度测试。测试结论显示该失效事件是弯头本体出现了裂纹，原因为个别弯头的质量原因，绝大多数弯头的强度与应力无问题。

为了后续避免此类失效问题的发生，大港储气库群应用了裂纹在线监测系统，在板中北板中南储气库双向输气管道上应用。

该系统原理为利用独立、无线声发射系统，对管道弯头部位进行裂纹、形变、腐蚀及泄漏实施在线监测，达到对管道重点部位密切跟踪的作用。

4　结论

随着储气库行业的发展和在役库的使用年限不断增加，储气库管道安全运行面临着更多的挑战，大港储气库群在以预防性管理为核心的完整性管理理念中不断实践探索，取得了一定的成效。但目前还存在一些问题，比如储气库管道完整性管理规范与相关标准不完善，管网数字化程度不高，缺少内腐蚀监测数据等方面。未来我们将把建设智慧管网发展纳入“十四五”规划目标，探索管道泄漏监测、无人巡检、管道内检测，腐蚀速率在线分析等技术手段，以不断延长储气库管道寿命为目标，控制泄漏风险，保障储气库安全、高效、平稳运行。

参　考　文　献

[1] 张华兵，等．管道公司管道风险评价实践[J]．油气储运 2012，31(2)：96-98.

[2] 王笛，曹茹雅．输气管道线路用管选择技术研究．2016-01-042.

非金属管道完整性管理研究

曹　俊[1]　马卫锋[1]　孙彦虎[2]　王　珂[1]　任俊杰[1]　聂海亮[1]　党　伟[1]　姚　添[1]

（1. 石油管材及装备材料服役行为与结构安全国家重点实验室，中国石油集团石油管工程技术研究院；
2. 中国石油长庆油田分公司第四采油厂）

摘　要　非金属管道在完整性管理方面与钢质管道有着相当大的区别。本文概述了适用于非金属管道完整性管理的侧重点与循环步骤。阐述了非金属管道应用现状及适用范围情况，说明了四种典型的非金属管道的失效模式与原因。介绍了非金属管道的监检测技术、评价技术以及现有的标准体系。并针对非金属管道完整性管理目前存在的问题提出了建议：非金属管道完整性管理研究需着重针对建设期管理、风险评价、监检测技术以及维修维护方面给出相关体系文件。

关键词　完整性管理，非金属管道，无损检测，体系文件

金属管道油气输送等领域的应用比较广泛和成熟。在金属管道腐蚀的多种因素中，酸性介质硫化氢（H_2S）和二氧化碳（CO_2）是最严重的，尤其是 H_2S，不仅会形成酸性腐蚀介质，还会引起金属管道的硫化物应力开裂，造成巨大的经济和安全风险。我国油气田管道平均 4~5 年就需要更换，例如牙哈凝析气田由于 CO_2 腐蚀，金属集输管线因腐蚀原因需要全部更换，更换费用高达 8000 万元。因此，传统金属管道已经不能完全满足应用要求了。非金属及复合材料管由于具有优异的耐腐蚀、重量轻、成本低、便于运输和施工、后期维护费用低等特点，逐渐在油气输送中得到了广泛应用。国外早在 70 年代就开始研制非金属管道生产技术，目前已经大量应用于石油石化建设等领域。据不完全统计，截至 2011 年，美国的非金属管线应用增长率为每年 10%，英国非金属管道占总长度 25%，而瑞典的复合管使用已经占到管道总长度的 40%。非金属及复合材料在油气田的推广应用，不仅可以解决油田管网的腐蚀问题，而且可以缓解油田公司经营困境。油气田常用的非金属管可以分为塑料管、增强塑料管和内衬管三大类。其中在油田集输系统中应用的主要是增强塑料管，用量也是最大的。在非金属管道服役过程中，由于输送介质的腐蚀，温度、压力等物理场的作用下，以及外界或人为破坏等因素，使得管道的抗压强度降低，进而造成管道失效，导致资源损失，同时对社会和环境也产生了严重的后果。然而，目前非金属管道配套的检测技术还不完善，现有检测工作，主要是针对新建管线的质量检查和施工验收，对于在用管线的性能评估，只能采用现场取样的方法，在实验室测试其性能的变化。因此，缺乏现场监检测技术已成为影响非金属管道推广应用的技术瓶颈，为了保证非金属管线的安全运行，有必要开展相关研究。非金属管道的监检测工作也是一种有效的完整性管理措施，可以及时了解管道的状态，从而为后期建立管道失效模型和剩余寿命预测提供依据。因此，本文概述了非金属与复合材料的增强塑料管在国内油田的应用现状，讨论了主要非金属管道失效模式以及完整性管理的循环步骤，最后阐述了适用于非金属管道的无损检测技术。

1　油气用非金属管道完整性管理

钢质管道完整性管理体系的框架结构主要包括建设期质量控制、数据采集、高后果区分析、风险评价、完整性评价、维修与维护、效能评价七个环节，是连续的循环，也可单独进行，通过每次循环，不断提高完整性管理的效果。这七个环节都需要体系文件、技术标准、数据库及管理平台、核心技术和实施应用五个层面来支持。然而钢质管道的完整性管理体系并不适用于非金属管道，这是因为非金属管道的风险评价、基于风险监检测以及维修维护技术并不完善，所以这三个环节在非金属管道的完整性管理中是不完善的。通过调研分析，目前的非金属完整性管理需侧重于建设期的非金属管道的设计选材、产品制造、储存运输、到场检验、施工安装以及验收，

而运行期的运行管理、维修维护与效能评价同样也是管理中的重要环节(图1)。

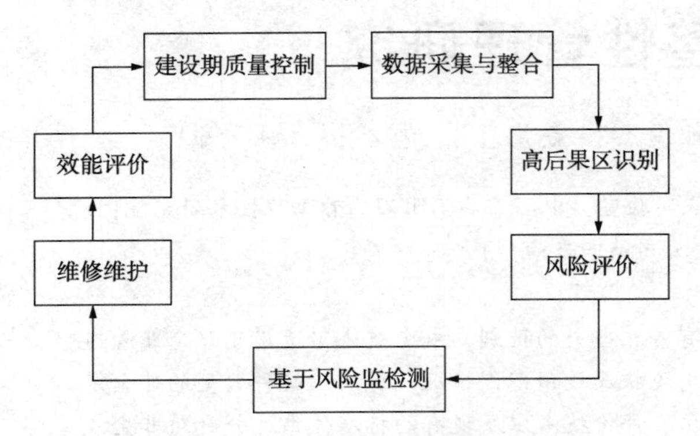

图1　非金属管道完整性管理流程

完整性管理实施的循环需要一套体系文件规范实施行为。完整性管理体系文件是为保证管道公司开展完整性管理的指导性文件，可用来指导和约束完整性管理的有效实施。编制油气管道完整性管理体系文件的目的是为管道完整性管理提供一套系统综合的方法。

2　油气用非金属管道的应用现状

截至2015年年底，中石油已应用各类非金属管近 3×10^4km，约占地面集输管道总量的10%，其中部分油田用量已超过20%。非金属管中玻璃钢管在国内油田应用时间最早，从20世纪90年代初开始，我国已具有超过20年应用经验，其应用比例也最高，超过了60%。从2002年开始，柔性复合管用量呈快速增长趋势，目前用量已达数千公里，超过非金属及复合材料管总量的10%。目前非金属管主要应用于地面集输管网，占油田非金属管用量的95%以上。非金属管在中国石油油气田的应用比例由表2可知。玻璃钢管、塑料合金复合管、柔性复合连续管与钢骨架增强聚乙烯管的应用比例占比达到96.5%。另外，井下管有少量应用，长输管道尚处于探索阶段。非金属管道的服役工况主要为中低温(≤85℃)水、油系统，中低压(≤10 MPa)气系统、高温油系统少量应用，高压气系统尚处于探索阶段。

3　非金属管道标准体系

非金属输油管道的应用起步较晚，相关国家标准缺乏，其基础管理较为薄弱，尚未建立管道完整性管理体系。虽然近年来非金属管材新产品的不断涌现，并随之配套了相关产品设计、质量控制以及施工标准，如SY/T 6662系列标准，SY/T 6769系列标准和SY/T 6770系列标准。然而，非金属管道在油气田地面工程集输领域应用范围集中于高低压、常温水系统以及常温低压油系统。随着研究的深入，同时也发现酸性环境、高温输油、高压集气等领域的产品开发及选用仍需标准化，如何规范化选用非金属管材以及把控产品质量成了企业和油田共同关注的关键点。加之有的小企业的诚信意识、品牌意识不强，质量意识、服务意识不强，生产、销售不符合国家和行业标准要求的产品，导致市场上的产品质量水平参差不齐。因此，更需在非金属管关键性能指标及规范化选用进行深入研究。随着非金属管道应用数量的增长，应用部位的复杂化，没有进行相关的介质相容性评价以及服役性能评价等工作。

4　非金属管道失效模式与原因分析

据不完全统计，某油田的非金属管失效类型分为：接头渗漏、管体泄漏、机械损伤、法兰渗漏、非正确使用五个方面的失效模式(图2)。

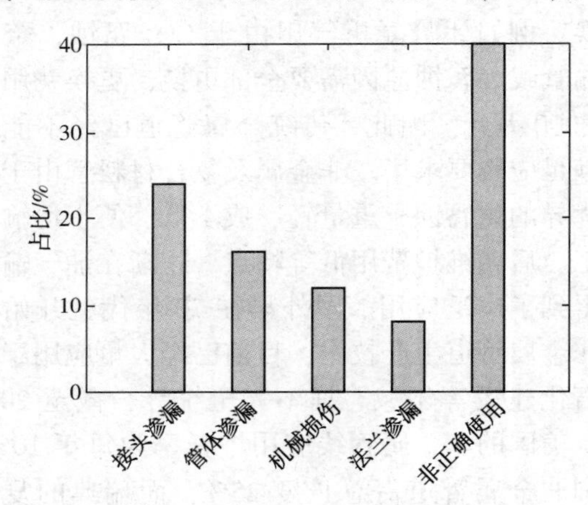

图2　非金属管道失效模式占比

而关于非金属管的失效因素主要体现在原材料问题、产品问题、连接问题、相容性问题、承压问题、气体渗漏、耐温问题、拉伸强度、疲劳问题、溶胀问题、弯曲性能、老化问题与使用规范问题。非金属管的失效来源于多方面，如设计选材、生产制造、运输装载、储存、到货检测等。对于非金属管产品质量，主要是通过工厂自检、驻厂监造、第三方质检、到货质检、设计审查、施工跟踪与竣工验收控制的。

5 非金属管道无损检测

非金属管道出现缺陷后需要进行检测评价，而非金属管道的检测分为非接触式检测与接触式检测，非接触式检测主要是用于非金属管的定位检测，即路由检测，而接触式检测是对非金属管道进行的开挖后接触式检测。

5.1 非金属管道路由检测

埋地非金属管道路由检测方法包括电磁法、探地雷达、示踪法、声波法、地震波法和高密度电阻率法等，实际路由探测中，通常采用探地雷达法和电磁法。由于钢骨架塑料复合管的结构层为钢丝材料，可通过磁性探测等方法定位[6]。而不具备导电性与导磁性的非金属管道定位是一个难点，示踪性、探地雷达与电子记标在非金属管道定位中有着实际应用。

5.2 非金属管道开挖检测

对于金属管道，常用的无损检测方法有漏磁检测、超声检测、射线检测、涡流检测与渗透检测。对于不属于铁磁性材料的非金属材料并不能使用磁粉检测。另外，渗透检测所使用的渗透剂、清洗剂、乳化剂会破坏高分子材料的分子结构，所以渗透检测不适用高分子材料的检测，尤其是聚乙烯材料的检测[7]。涡流检测的对象是导电材料，而聚乙烯等高分子材料属于无导电性，因此无法用涡流检测对聚乙烯等高分子材料进行检测。超声波检测和射线检测方法可以克服聚乙烯材料的特殊性，适用于检测聚乙烯管材接头的质量评定，虽然对裂纹、夹层、未焊透等面积型的缺陷具有很高的检测灵敏度，但超声检测却无法对缺陷进行准确的定量、定性，因而难以发现体积型缺陷[7]。射线检测受到射线源与工件的相对位置影响，透照角度不合适时较难发现面积型缺陷，检测结果直观，缺陷检出率高，但需要隔离区。由于聚乙烯非金属管道的无损检测无法用磁粉、涡流等手段进行检测，渗透法很难检测内部的焊缝缺陷，而X射线辐射较大，很难用到现场施工中。超声检测是聚乙烯管道检测的可用选择。但是普通超声由于其装备简单，结果不直观，扫查效率低，从而限制了使用。因此，欧美国家的研究机构研制出了超声相控阵检测开展对高分子材料的研究内容。

与脉冲反射法相比，超声相控阵检测技术的声束偏转角可任意改变，聚焦深度在进行试验过程中可调节、检测的灵敏度高等[10]。应用超声相控阵检测技术对聚乙烯管材接头焊缝中的缺陷进行检测，由于没有统一的标准，不同超声相控阵检测仪器对缺陷检测评估方法有很大差别[11]。超声相控阵检测技术的扫查形式多样化，对缺陷的图像显示更加清晰直观，提高了检测灵敏度、图像分辨率和检测的速度，降低了聚乙烯材料衰减及接头结构形状等因素对检测的干扰。因此，应用超声相控阵检测技术对聚乙烯管材接头的焊缝检测是突破传统超声检测研究的技术盲点。

声发射是指伴随固体材料在断裂时释放储存的能量产生弹性波的现象。声发射检测方法是通过接收和分析材料的声发射信号来评定材料性能或结构完整性的无损检测方法，探测到的能量来自被测物体本身，是一种动态非破坏检测技术。声发射技术可有效地检测出裂纹等缺陷。从无损检测方法对非金属管道可行性来看，目前只有声发射法能到达应用阶段。

红外热成像由于其非接触性和对光热波进行远程探测的能力，正成为对不同材料和制造结构进行无损检测和评估的一种流行技术。红外热成像是焊接聚乙烯管无损检测的最佳方法之一。它能够在不进行任何单一管道连接的情况下调查管道的整体状况，产生接近在线的结果，并检测出准确的缺陷而不是盲目的结果。这种方法存在一些缺点，如图像仅从管道的一个视图中获取，而缺陷可能出现在识别图像过程中无法触及的其他侧。作为一种解决方案，摄像头能够围绕管道进行完全旋转。然而，在实际的测试中，管道是埋在地下的，所以只有一个面可以作为参考[12]。

对非金属管道的安全监测是一个从整体到局部的过程，可以使用传感器网络与计算机预测模型对非金属管道的安全状态进行检测与预测，有较快的响应速度，能够及时反映管道出现的问题并进行相关处理。然而对结构损伤只有定性的分析，难以进行定量的分析，且不能明确结构损伤的类型、大小等细节性的方面。另外，非金属管道的局部损伤检测是从非金属管道的某一确定管道或者一个位置实现较为精确的检测，由于非金属管道有明显的蠕变效应与快速扩展裂纹特性，从局部损伤细节出发，找出存在的结构损伤。有利于找出最高危险区，以及尽早发现早期损伤以维持非金属管道性能。可是，局部损伤检测应用实现难度较大，很多方法还处在研究阶段[13]。

6　结论

非金属管道在减轻管道腐蚀速率，延长使用寿命方面，具有相当大的优势。虽然非金属管道具有减缓腐蚀速率及延长使用寿命的优点，但其存在的问题不容忽视，尤其是在连接问题、敷设问题、抗机械损伤、施工维护方面。当前急需对非金属管道进行完整性管理，由于非金属管道的标准体系与检测技术尚未完善，如非金属管道并不能进行完整性性评价。因此，适用于金属管道的完整性管理体系不能完全适用于非金属管道，所以非金属管道完整性管理初步给予了可行循环步骤。据调研分析，非金属管道可从设计选材、产品制造、储存运输、检验评价、施工安装与验收、运行监测、维修维护、效能评价方面进行完整性管理，从而减少非金属管道的事故率，使非金属管道管理处于可控状态。

参　考　文　献

[1] 王兵，李长俊，廖柯熹，等．含硫气田设备及管道的腐蚀与防腐[J]．油气田环境保护，2007，17(4)：40-43.

[2] 南发学．高压天然气非金属玻璃钢管承载能力与应用研究[D]．成都：西南石油大学，2011.

[3] Qi，D.，Li，H.，Cai，X.，Ding，N.，& Zhang，S.．(2012)．Application of non-metallic composite pipes in oilfields in china. 283-291.

[4] 穆剑，徐兆明，张丽．非金属管道在石油工业中的应用[M]．北京：石油工业出版社，2011.

[5] 张冠军，齐国权，戚东涛．非金属及复合材料在石油管领域应用现状及前景[J]．石油科技论坛，2017，(2)：26-31.

[6] 刘传逢，张云霞，杨晓东，等．导向仪系统在城市非开挖非金属管道探测中的应用[J]．城市勘测，2016，(5)：163-166.

[7] 富阳．聚乙烯(PE)管纵波单斜探头超声波检测[J]．中国特种设备安全，2011，(9)：24-27.

[8] 施克仁，郭寓岷．相控阵超声成像检测．2010.

[9] J. Ye, H. J. Kim, S. J. Song et al., Model-based simulation of focused beam fields produced by a phased array ultrasonic transducer in dissimilar metal welds, Ndt & E International, 2011, 44(3)：290-296.

[10] 孙芳，曾周末，王晓媛，等．界面条件下线型超声相控阵声场特性研究[J]．物理学报，2011，60(9)：435-440.

[11] 樊城广．超声相控阵超分辨率成像方法研究[D]．北京：国防科学技术大学，2014.

[12] 韩树新，夏福勇，陈海云．燃气用聚乙烯(PE)管热熔焊接接头的超声波检测[J]．中国特种设备安全，2007，(9)：55-57.

[13] 冯进亨．面向非金属管道结构损伤的非线性超声调制检测技术研究[D]．广州：华南理工大学，2016.

基于磁记忆检测技术的管道应力损伤检测方法

古 丽[1] 熊 明[1] 贾彦杰[1] 王亚欣[1] 曾昭雄[1] 冯 林[2]

（1. 国家管网集团西南管道公司；2. 西南石油大学）

摘 要 油气管道的缺陷或者应力和变形集中区会形成漏磁场，依据金属磁记忆检测技术原理，将泄漏磁场等效为磁偶极子模型，对应力损伤处磁记忆信号的法向和切向分量的波形特征进行描述。以油气管道为研究对象，通过有限元仿真研究了缺陷尺寸和应力大小对磁记忆信号的影响，得到缺陷半径和深度变化与磁记忆信号各特征量的关系。

关键词 管道缺陷，应力，弱磁检测，磁记忆信号，仿真

管道作为石油与天然气的重要运输媒介，是能源输送最安全高效的运输方式，在石油与天然气工程中占据着重要地位。埋地管道在受到腐蚀的同时，还会受到内部残余应力、拉力、压力等外力的作用，从而导致应力集中，出现应力损伤。因此，为了保证油气运输安全运行，对油气管道的缺陷和损伤检测变得尤为重要。

目前，常见的无损检测方法如超声波探伤、漏磁检测、射线探伤等[4]方法虽能对已有宏观缺陷以及大部分的微观缺陷实现有效检测，但只能事后检测油气管道的宏观损伤，不能检测早期应力集中而引起的损伤。

20世纪末，自俄罗斯学者提出金属磁记忆检测技术以来，该技术现已发展为无损检测技术中的一门新兴学科。其检测原理是利用地磁场对被测材料磁化后，若被测试件存在缺陷或者应力和变形集中区，则该区域会出现漏磁场，再用弱磁传感器检测，从而对检测信号进行分析。磁记忆技术可以检测早期应力集中和隐形损伤，并且在地磁场的作用下便可实现检测，不需提前对管道进行磁化[7]。本文研究了金属磁记忆检测技术的机理，并进行了仿真研究。

1 磁记忆检测机理

铁磁性材料由于自身各种缺陷，如表面缺陷、点缺陷、线缺陷、体缺陷等，会导致特磁性材料晶体的许多性质发生较大改变。晶格组织变化与机械应力大小、方向，形式有关，也与材料结晶形式有关。当受力较大时，晶格发生不可逆变化，磁畴区发生具有磁致伸缩性质的磁畴组织定向的和不可逆的重新取向。同时，在损伤区边缘出现附加磁极，产生磁荷聚集，形成磁场，使材料对外显示磁性。这种磁状态不可逆变化在工作载荷消除后还会保留，形成磁畴固定结点，且与最大作用应力有关，亦称应力集中区。

在管道缺陷集中和内应力集中的地方，会因磁导率的下降而形成漏磁场，其方向与磁荷聚集状态有关，强度由内部磁畴结构决定。管道磁记忆检测原理为：处于地磁环境下的铁制工件在受工作载荷的作用下，其内部会发生具有磁致伸缩性质的磁畴组织定向和不可逆的重新取向，并在地磁场的作用下，在应力与变形集中区形成漏磁场，磁场的切向分量 $H_p(x)$ 具有最大值，而法向分量 $H_p(y)$ 改变符号且具有零值点。目前磁记忆检测常用的判别依据是通过漏磁场法向分量 $H_p(y)$ 的测定及其梯度 K 值来推断检测对象的应力集中区。其检测原理见图1。

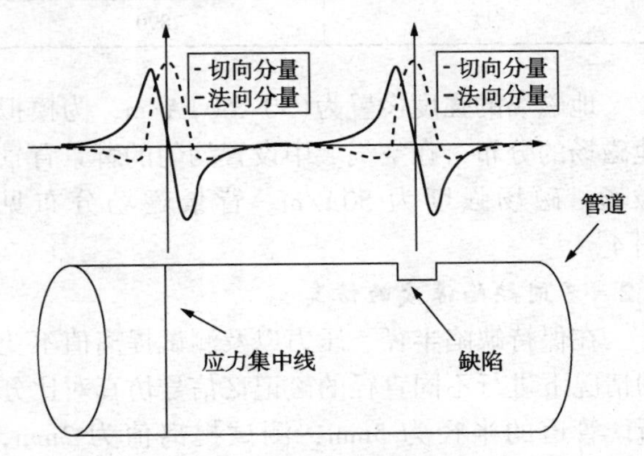

图1 磁记忆检测原理图

当材料内部存在缺陷时会造成缺陷处应力集中现象。由于铁磁性材料内部的粘弹性内耗、位错内耗等多种内耗，即使应力消除后，缺陷处的应力集中区也会保留下来。因此，为了抵消应力

能的增加，应力集中区的磁化强度的变化也会保留下来，在缺陷处形成漏磁场，可以用磁偶极子来等效(图2)。

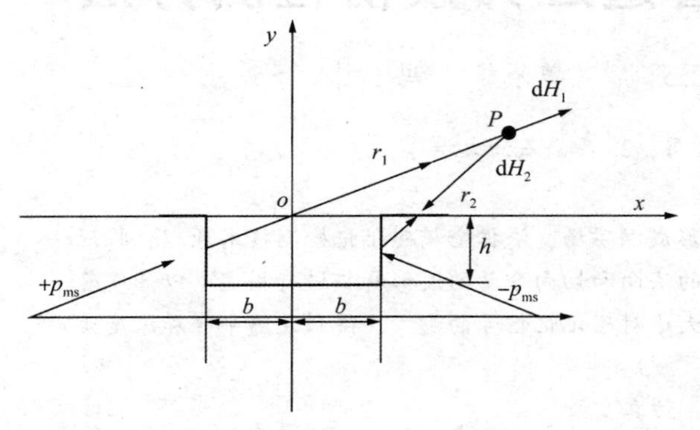

图2　磁偶极子模型图

在有限尺寸工件的两端或宏观缺陷开口的两侧形成磁偶极子的两个磁极，用矩形槽来代替缺陷(图2)，在外力和外磁场的作用下，磁荷分布在矩形槽的两壁形成面密度为ρ_{ms}的磁偶极子。当应力越大或者外加磁场的磁场强度越大，则面密度ρ_{ms}越大；反之，则ρ_{ms}越小。

2　仿真与实验

2.1　仿真模型的建立

有限元仿真模型由管道、空气域、以及无限元域组成，其中管道以长1000mm，宽200mm，厚14mm的长板代替；缺陷为直径10mm、高14mm的圆柱通孔，模型见图3，管道参数见表1。

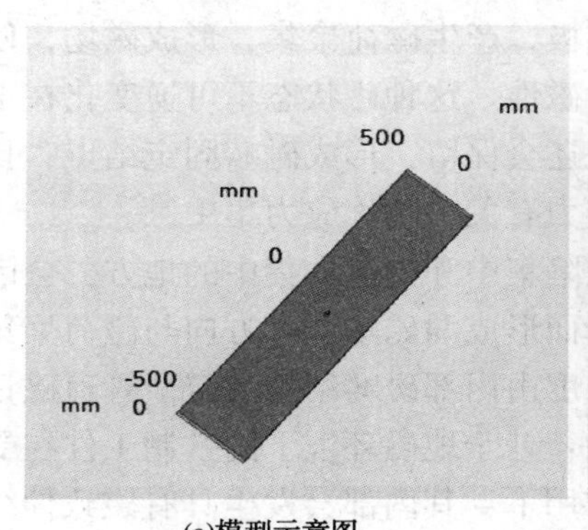

(a)模型示意图

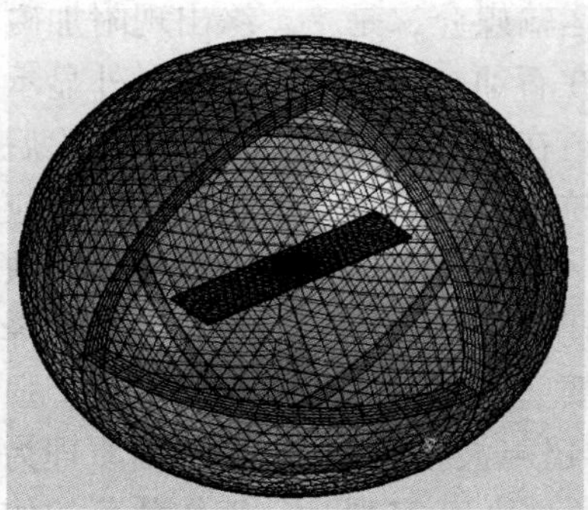

(b)网格划分图

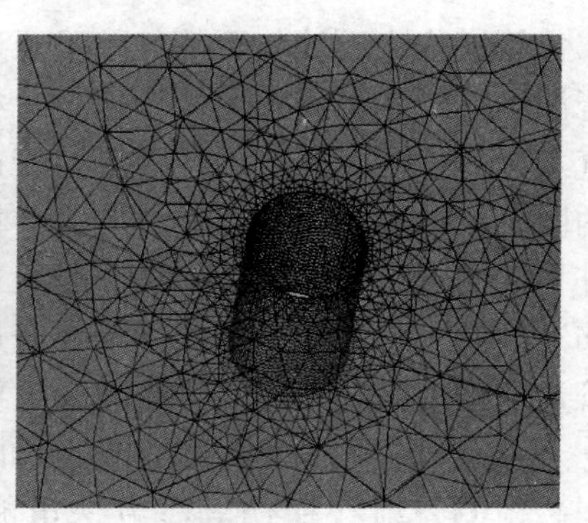

(c)缺陷处的网格

图3　仿真模型

表1　管道参数

参数	值
相对磁导率	285
杨氏模量	2.09×10^{11}
泊松比	0.34
密度	7890

地磁场的强度设置为(30~60)A/m，为模拟地磁场的分布，在空气域中设置均匀的背景背景磁场，磁场强度为50A/m。背景磁场分布见图4。

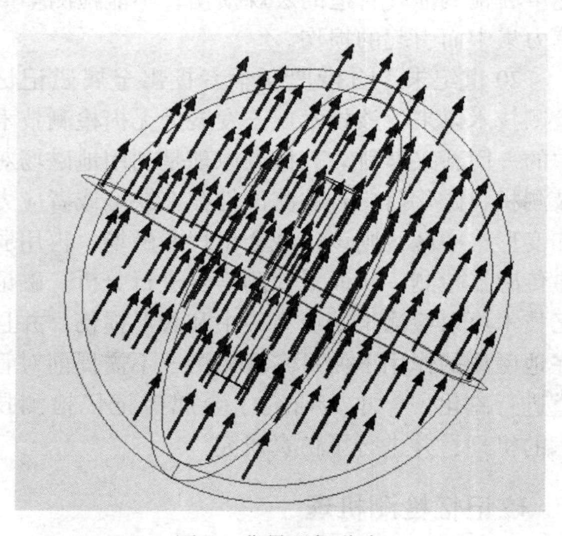

图4　背景磁场分布

2.2　不同缺陷深度的仿真

在保持缺陷半径、压力以及测试提离值不变的情况下进行不同直径的磁记忆信号仿真对比分析。管道的半径为5mm，测试提离值为2mm，不施加拉力，测试缺陷的深度分别为2mm、4mm、6mm、8mm、10mm、12mm，仿真得到的磁记忆信号随缺陷深度的变化见图5、图6。

由图5、图6可以看出，在缺陷处磁记忆信号会发生突变，切向信号形成波峰；法向信号会改变符号，并且出现过零点。随着缺陷深度的增加磁记忆信号的切向和法向信号的峰值也随之增加，峰峰值也随着缺陷的深度增加而增加。切向分量的峰值出现在缺陷的中心处，法向分量的零点出现在缺陷的中心处。

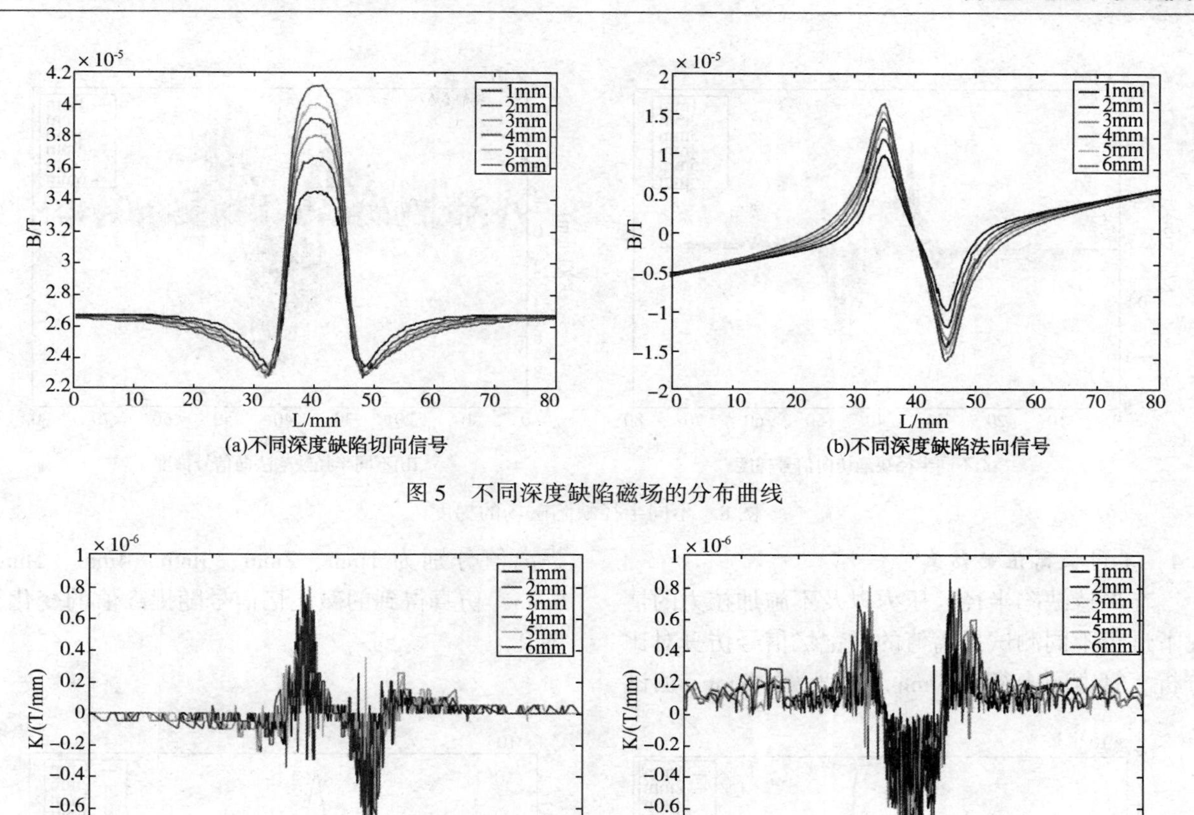

图 5 不同深度缺陷磁场的分布曲线

图 6 不同深度缺陷磁场的梯度

2.3 不同缺陷半径的仿真

在保持缺陷深度、压力以及测试提离值不变的情况下进行不同半径的磁记忆信号仿真对比分析。管道的深度为 14mm，测试提离值为 2mm，不施加拉力，缺陷的半径分别为 1mm、2mm、3mm、4mm、5mm、6mm，仿真得到的磁记忆信号随缺陷半径的变化见图 7、图 8。

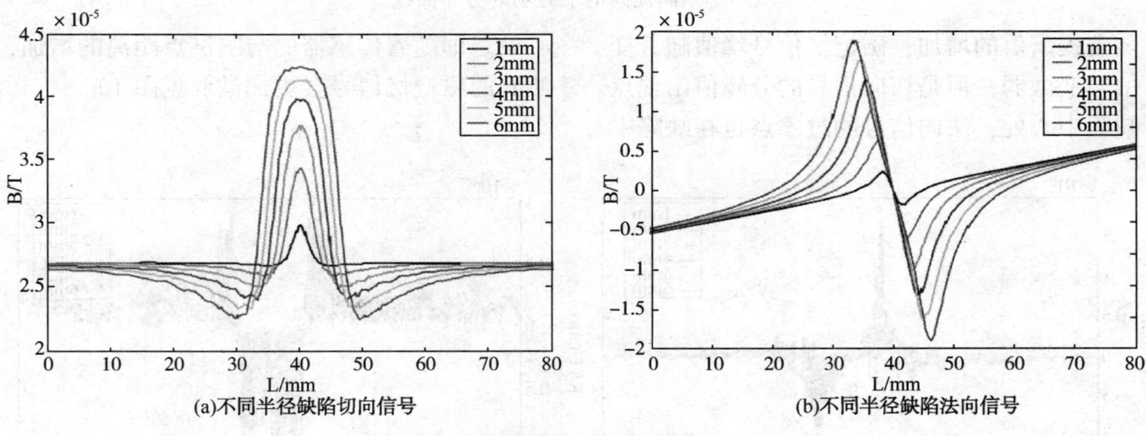

图 7 不同半径缺陷磁场的分布曲线

由图 7、图 8 可以看出，磁记忆信号的切向和法向分量的峰值随着缺陷半径的增加而增加；且不管缺陷半径怎样变化，切向分量的峰值和法向分量过零点的位置都一致，均出现在缺陷的中心处。但是随着缺陷半径的变化，信号的跨度也随着增加，信号的图形向两侧变宽；法向分量峰峰值出现的位置随着缺陷的半径增加而向两侧移动。

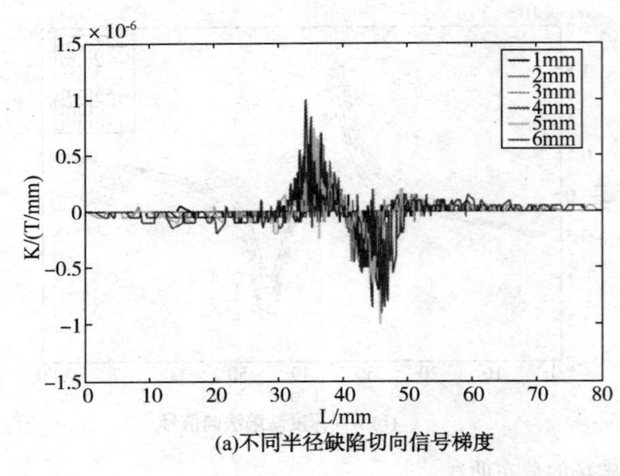

(a)不同半径缺陷切向信号梯度

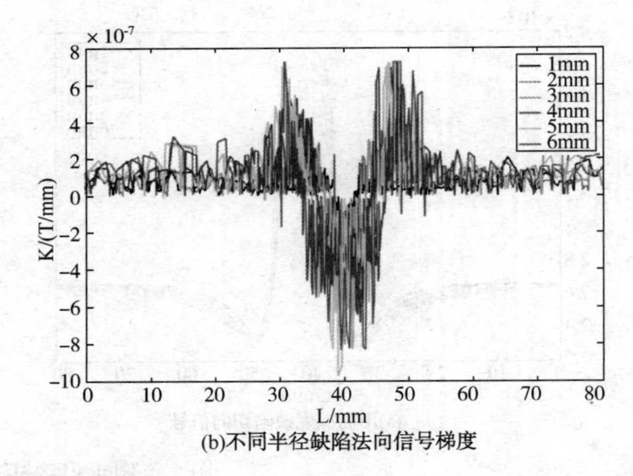

(b)不同半径缺陷法向信号梯度

图 8　不同半径缺陷磁场的梯度

2.4　不同提离值的仿真

在保持缺陷半径、压力以及不施加拉力的情况下进行不同测试提离值的磁记忆信号仿真对比分析。管道的半径为 5mm，深度为 14mm，测试提离值分别为 1mm、2mm、3mm、4mm、5mm、6mm，仿真得到的磁记忆信号随提离值的变化见图 9。

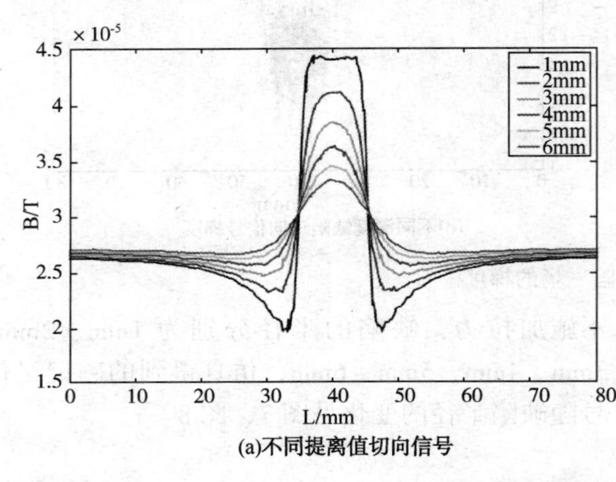

(a)不同提离值切向信号

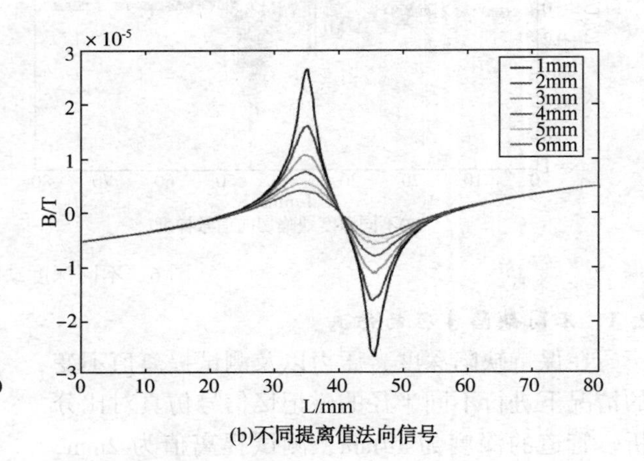

(b)不同提离值法向信号

图 9　不同提离值下磁场的分布曲线

随着提离值的增加，磁记忆信号峰值随着变小，信号变微弱；但是切向信号的分峰值出现点位于缺陷中心处，法向信号的过零点也在缺陷中心处。即随着传感器的与测试点距离的增加，检测到的磁记忆信号会更加微弱见图 10。

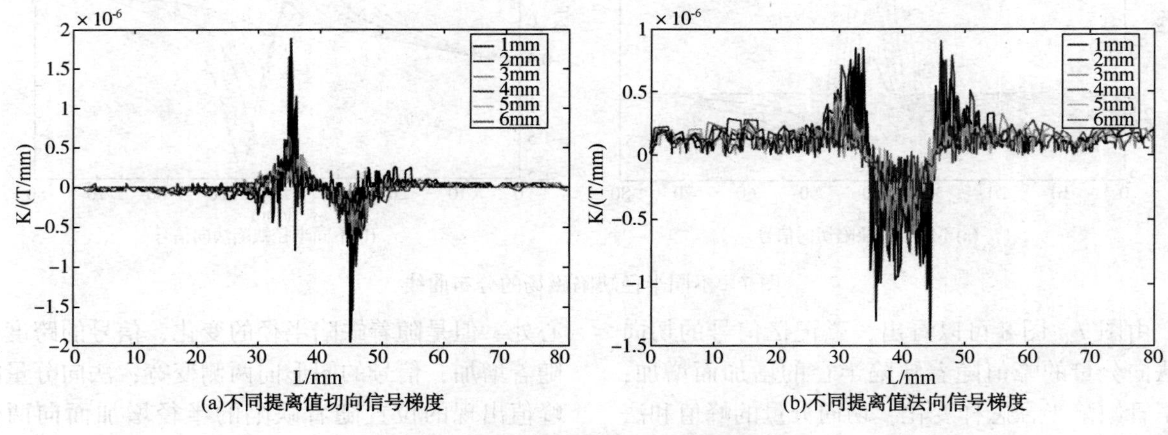

(a)不同提离值切向信号梯度　(b)不同提离值法向信号梯度

图 10　不同提离值下磁场的分布梯度

2.5 不同应力大小的仿真

在保持缺陷深度、半径以及测试提离值不变的情况下进行不同拉力的磁记忆信号仿真对比分析。缺陷为通孔，深度为14mm；缺陷的半径为5mm；测试提离值保持2mm不变。测试拉力大小为0MPa、20MPa、50MPa、100MPa、150MPa、200MPa、250MPa，仿真得到磁记忆信号随缺陷半径的变化见图11。

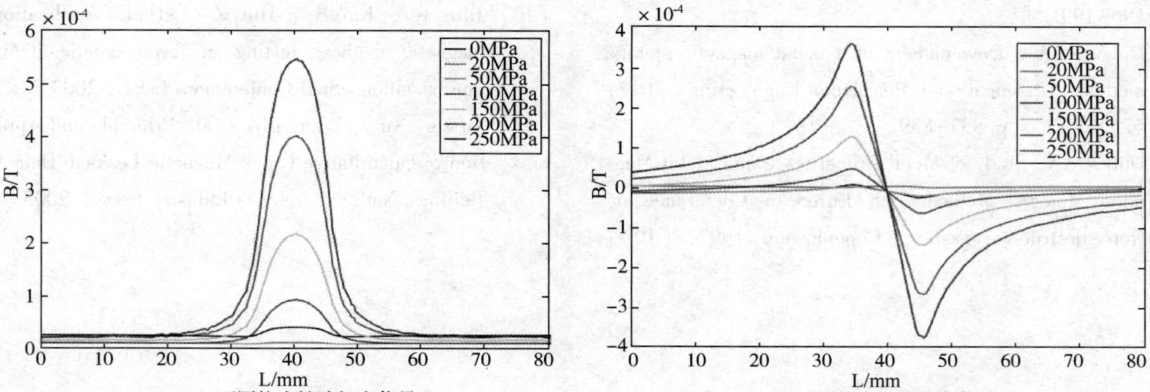

(a)不同拉力缺陷切向信号

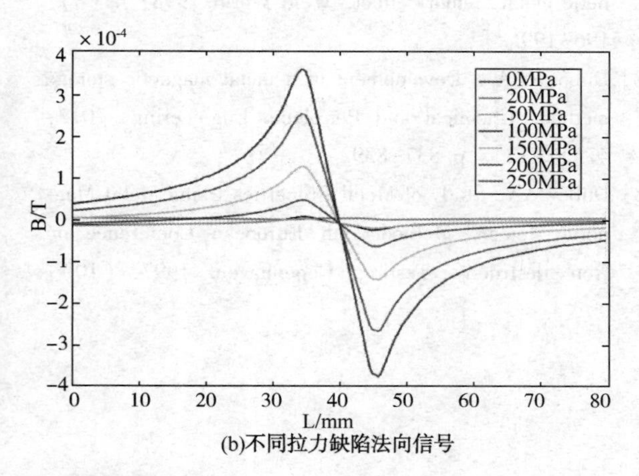

(b)不同拉力缺陷法向信号

图11 不同拉力大小下磁场的分布曲线

由图11可以看出，在施加拉力较小时，缺陷处的应力集中现象也不明显；此时出现随着应力的增大，磁记忆信号的幅值会随着应力的增大而短暂减小；当拉力较大时，磁记忆信号不管切向分量还是法向分量都会随着施加拉力的增大而剧烈增加。并且，切向信号的峰值和法向分量的过零点出现在缺陷的中心处(图12)。

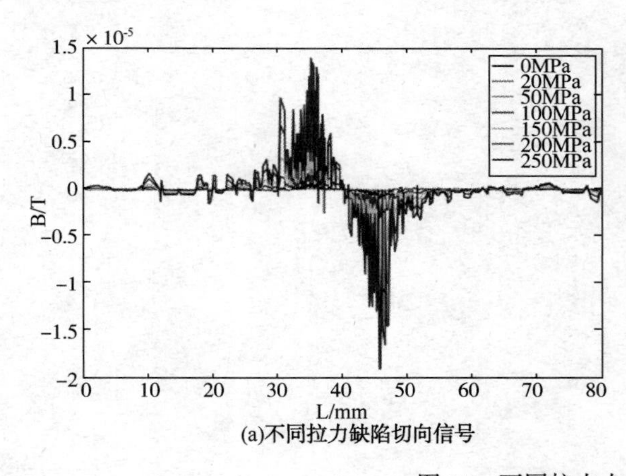

(a)不同拉力缺陷切向信号

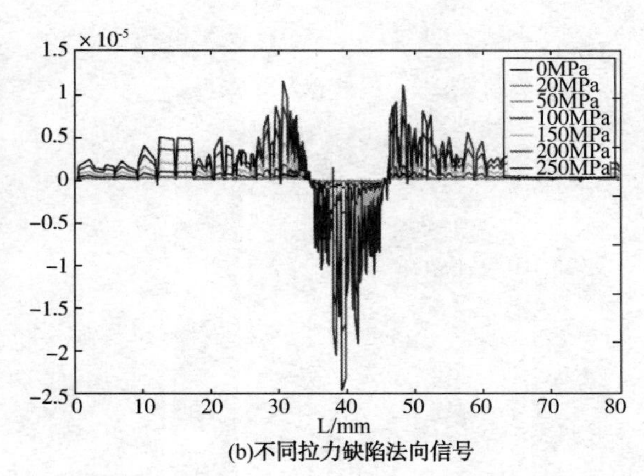

(b)不同拉力缺陷法向信号

图12 不同拉力大小下磁场的分布梯度

3 结论

论文基于金属磁记忆检测技术原理，通过磁偶极子模型和仿真描述了应力损伤处的磁记忆信号的关系，得出以下结论：①金属磁记忆检测技术原理可以实现对埋地管道缺陷进行无损检测；②随着缺陷半径的增加，磁记忆信号的切向和法向分量均会随着增加，并且信号会向两侧展开，峰峰值对应的横坐标之差变大；③随着缺陷的深度和拉力的增加，信号的幅值会相应的增大；提离值越远，信号的幅值越小。

参 考 文 献

[1] 祝悫智，段沛夏，王红菊，等．全球油气管道建设现状及发展趋势[J]．油气储运，2015，34(12)：1262-1266.

[2] 贾广芬．管道超声无损检测技术的研究与应用[D]．青岛：青岛科技大学，2011.

[3] 宋志哲．磁粉检测[M]．北京：中国劳动社会保障出版社，2007.

[4] 中国射线检测技术现状及研究进展[J]．仪器仪表学报，2016，37(8)：1683-1695.

[5] Liu B，Fu Y，Jian R．Modelling and analysis of mag-

netic memory testing method based on the density functional theory. Nondestructive Testing & Evaluation, 2015, 30(1): 13-25.

[6] Doubov A A. Screening of weld quality using the magnetic metal memory effect. Weld World. 1998; 41(3): 196-199.

[7] Dubov A A . Development of a metal magnetic storage method. Chemical and Petroleum Engineering, 2012, 47(11-12): p. 837-839.

[8] Dubov AA. Study of Metal Properties Using Metal Magnetic Memory Method. 7th European Conference on Non-destructive Testing. Copenhagen. 1997, (10): 920~927

[9] Zhong L , Li L , Chen X . Simulation of Magnetic Field Abnormalities Caused by Stress Concentrations [J]. IEEE Transactions on Magnetics Mag, 2013, 49(3): 1128-1134.

[10] Jilin R , Kai S , Hui Z , et al. Application of magnetic memory testing in ferromagnetic items of power station. Sice Conference. IEEE, 2003.

[11] Xu z s, Xu y, Wang j b, et al. Principle and Application of Quantitative Crack Magnetic Leakage Detection. Beijing: National Defense Industry Press, 2005.

基于数字孪生的站内管道腐蚀风险监测预警技术

赵世旭　刘云鹏　郭凡志　青俊马　杨　越

（中国石化华北油气分公司）

摘　要　以石油、天然气生产运行过程中管道面临的腐蚀风险为研究对象，首先分析造成管道腐蚀泄漏的内部因素和外部因素，其次对比定期腐蚀检测和在线腐蚀监测两项技术的优缺点，然后探讨了物联网技术和数字孪生技术在行业安全管理中的应用效果，最后提出建立基于数字孪生的管道腐蚀监测预警平台，对降低管道腐蚀泄漏风险，保障油气安全生产进展前景展望。

关键词　管道腐蚀，数字孪生，物联网，监测预警

随着我国工业化进程的不断加快，国家对石油、天然气等能源的需求也在逐渐增加。石油和天然气的产业发展是我国国民经济的重要组成部分，而在石油和天然气产业发展过程中，管道起着重要支撑作用。管道的安全有效运营直接关系着国家的能源安全，甚至是人们的日常工作和生活。管道的安全有效取决于管道的完整性，因此，其完整性管理贯穿了管道从设计到投入使用的全生命周期。

石油石化行业使用的管道大部分都是高温高压管道，管道在运行过程中往往会面临诸多风险，如滑坡和泥石流等地质灾害的影响破坏、人为无意或故意性损坏、第三方机械施工作业破坏、极端天气影响、管道中介质造成的腐蚀泄漏等。其中，管道腐蚀是此类风险中最为严重的。腐蚀会引起管道壁的减薄或破损，进而引起管内介质泄漏，不仅影响石油和天然气的安全生产，甚至引起火灾爆炸事故，给社会和环境带来严重的影响；而且泄漏过程中常常伴随有毒有害气体的挥发、逸散，可能引起人员中毒窒息，对员工人身健康造成严重威胁。因此，我们必须对此类风险进行有效规避，做到提前预警，尽早防控。

本论文以“科技兴安”为导向，以“消除物的不安全状态，实现在役管道本质安全”为目的，提出在站内管道上固定式非侵入式超声传感器，对因腐蚀引起的管道壁厚变化值和变化速率进行实时在线监测，同时，采用数字孪生技术，建立在役站场和站内管道的仿真模型，利用物联网，将数字孪生体与真实的实物空间联合在一起，对管道运行的温度、压力以及腐蚀监测结果等数据进行连接交互，建立站内管道的在线监测预警平台，从而保障管道安全平稳运行。

1　管道腐蚀风险分析

由于油气生产具有高风险的特点，生产装置一旦发生泄漏很可能引发火灾、爆炸等安全事故，造成人员伤亡和经济损失。据美国运输部（PHMSA）统计，自1994年至2013年美国发生各类油气装置事故约10620起，其中材料失效因素占28.7%，腐蚀破坏占18.3%，人员破坏占17.8%。据欧洲输气管道事故数据组织（EGIG）统计，材料失效和腐蚀分别占16.7%和16.1%，外部干扰破坏引发的管道泄漏事故约占48.4%。针对中国2004—2013年可检索到的28起重大管道泄漏事故中，腐蚀导致管道破坏2起，材料失效导致3起，第三方施工导致10起。通过国内外油气管道事故统计分析，表明：外部干扰、腐蚀及材料失效是诱发管道事故的最主要危害因素。

1.1　腐蚀因素分析

管道腐蚀按照腐蚀部位分类，一般可以分类两大类：管外腐蚀和管内腐蚀。

管外腐蚀主要是由于外境环境影响，包括大气降水中的腐蚀性组分、空气水分的侵蚀程度，其中，埋地管道还受到管道周围土壤盐碱化、地表和大气降水的酸碱度等环境因素。

管内腐蚀主要是由于管内介质变化引起的，主要影响因素包括管道介质水油比和CO^2、Cl^-和S^{2-}等腐蚀性组分的含量。

1.2　腐蚀后果分析

管道腐蚀最直接的影响就是降低管道使用寿命，达到屈服极限时，往往会引起管内介质穿

孔、刺漏，不仅造成企业生产停止，而且泄漏的介质会污染周边土壤、植被，造成环境污染事故，严重时，泄漏的介质在点火源的作用下还会引发火灾爆炸的安全事故；同时，管内介质泄漏过程中，常常会有伴生气体的挥发和逸散，而这些伴生气往往是有毒有害气体，直接会引起人员中毒窒息，严重威胁员工的人身健康。

图1所示为某天然气处理厂站内管线和储罐因腐蚀造成的泄漏事件。

图1　管道腐蚀引发的泄漏事例

2　站内管道腐蚀检/监测技术研究

2.1　管道腐蚀检测技术研究

管道腐蚀检测是指以检测管壁腐蚀等金属损失为目的的管道内检测。用以了解在役管道于工作环境中受到损伤的情况，确保在管道发生严重问题前检测出缺陷和损伤的基本方法。过去传统的检测管道损伤的方法是开挖检查或管道试压，这种方法花费很大且一般需要停输进行。利用漏磁技术和超声波技术的腐蚀检测器进行管道内检测，可检测出腐蚀坑、应力腐蚀裂纹、疲劳裂纹等损伤的尺寸和位置。

常用的腐蚀检测技术包括冲刷腐蚀试验、SCC应力腐蚀试验、挂片试验等。图2所示为挂片腐蚀检测室内试验图。

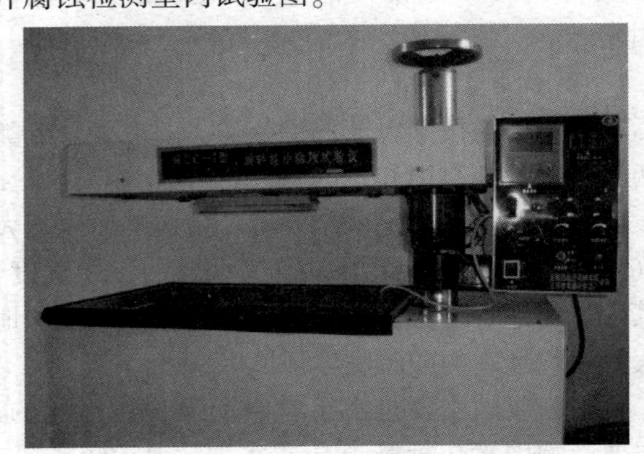

图2　挂片腐蚀检测室内试验图

2.2　管道腐蚀监测技术研究

管道腐蚀监测技术主要是通过布置腐蚀监测传感器，对管道壁厚腐蚀变化量和变化速率进行在线监测。腐蚀监测技术各类很多，按照腐蚀结果是否直接获得可以分为直接监测和间接监测两种。可直接得到一个腐蚀结果(如腐蚀失重、腐蚀电流等)的腐蚀监测技术称为直接监测，否则为间接监测。

直接腐蚀监测技术包括腐蚀挂片、电阻探针、线性极化电阻探针、交流阻抗探针、电化学噪声探针等；间接腐蚀监测技术包括超声波测厚、射线拍照、红外温度测图等。图3所示为腐蚀监测使用的permasense腐蚀传感器。

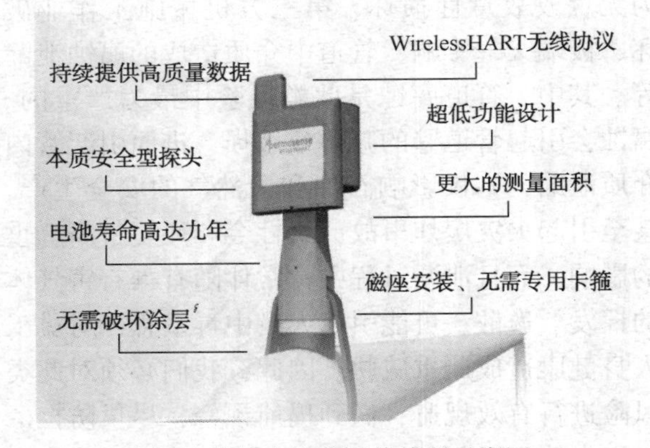

图3　腐蚀在线监测传感器示意图

3　管道腐蚀智能监控技术研究与应用

3.1　研究背景分析

以某气田天然气污水处理厂为研究背景，该处理厂承担着气田60余座集气站的含醇污水处理、凝析油回收工作。该厂处理原料为含醇污水，产出物为甲醇、凝析油、含油污泥和处理后的废水。含醇污水卸车后进入接收水罐和油浮选装置，分离凝析油和污泥；处理后的含醇污水进入原料罐，经过滤、加热后进入甲醇精馏塔分离甲醇；脱醇后的废水处理达标后回注地层；分离出的甲醇、凝析油分别进入甲醇、凝析油储罐，由罐车外运；脱醇、脱水后的污泥交由第三方进行无害化处理。

该厂含醇污水在处理过程中，介质中含有部分腐蚀性离子，管道在高温介质条件下，经过长时间的运行，腐蚀现象较为严重，存在较大的安全隐患。据统计，净化厂每年发生的各类装置腐蚀刺漏达 50~60 次，图 4 所示为近三年腐蚀刺漏次数统计图。

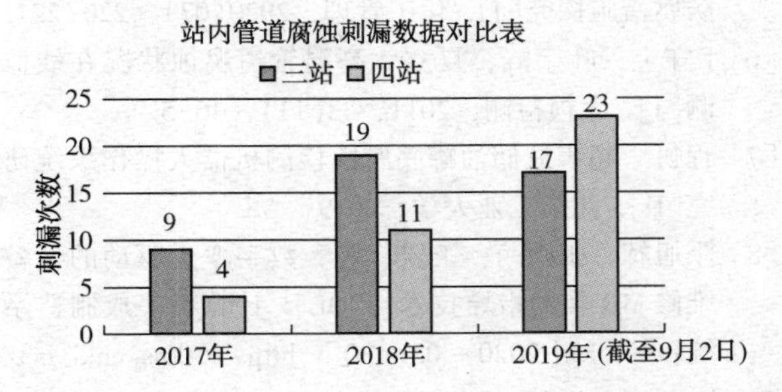

图 4　2017—2019 年管道腐蚀刺漏次数统计图

3.2　目前存在问题

目前，为了有效降低管道腐蚀风险，消除泄漏隐患，该厂主要通过自主水质化验和第三方定期管道检测来识别安全隐患和安全风险。但是由于传统第三方定期检测和手持式移动检测周期性长、耗时、耗力，难以及时发现隐性隐患，导致该处理厂部分装置隐患多、风险大；而且，该方式主要靠人力，通过人的专业知识去发现生产中存在的安全隐患，易受主观因素影响，很难界定安全与危险状态，可靠性差；在事故发生后才分析事故原因、追究事故责任、制订防治措施，存在很大局限性，不能从源头上防治事故。

3.3　智能监控技术研究

3.3.1　超声波脉冲反射法监测技术

超声波脉冲反射法监测技术是一种常规的无损检测方法，通过超声换能器把超声波打入工件内，超声波在工件表面和底面反射、折射、散射的信号会通过超声波接收换能器接收，由于声学特征及探测距离的原因，回波信号会产生一定的衰减现象。经过超声波接收电路的处理，就能获得有关材料厚度变化的信息。其监测原理见图 5。

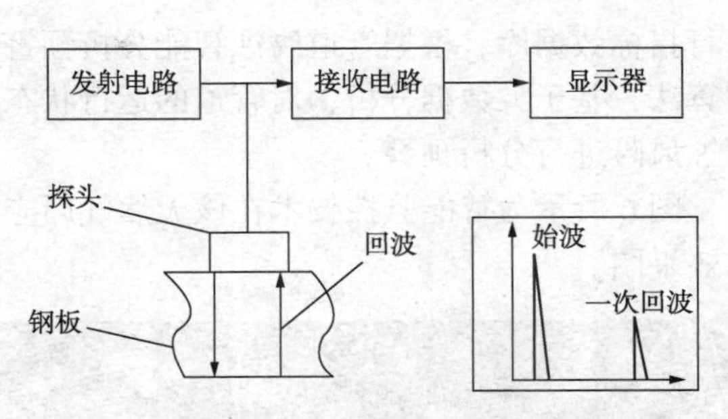

图 5　超声波脉冲反射法监测原理示意图

中国交建集团 2016 年引进德国的“ECI-2 腐蚀监测传感器”，通过监测点蚀临界氯离子浓度和点蚀后的腐蚀速率，用于钢结构腐蚀监测预警；中国石化集团燕山石化、上海石化先后采用永感™超声测厚系统，通过监测炼化装置的壁厚和腐蚀速率对装置的安全运行状态进行监测预警。

3.3.2　数字孪生技术

数字孪生体是实体或逻辑对象在数字空间的全生命周期的动态复制体，基于丰富的历史和实时数据和先进的算法模型，实现对对象状态和行为高保真度的数字化表征、模拟试验和预测，对物理和逻辑空间的对象实现深入的认知、正确的推理、精准的操作。

数字孪生主要是通过 3Dmax 软件对场站及管道、装置进行建模，将实际生产场景真实还原；采用 Unity3D+BIM 技术，对全站总图及其管道、装置结构进行建模，将生产数据与模型进行关联与编辑，设置系统界面、环境配置，使数字孪生体所获取监测的数据展示更加直观，实现关键装置三维数字化模型可视化运行指标监测、预警；在此基础上，利用工业物联网技术，将具有感知、监控能力的各类采集、控制传感器或控制器，以及移动通信、智能分析等技术不断融入到站场过程各个环节，从而大幅提高生产效率，改善产品质量，降低产品成本和资源消耗，最终实现将传统油气生产提升到智能化的新阶段。

3.4　智能监控技术应用

首先，梳理该天然气处理厂管道现有非智能仪表信息，增加腐蚀监测等相应传感器，接入物联网体系，提高运行状态数据的整体性；其次，构建处理厂及管道、装置等的三维数字模型，将设备仪表监测位置，标注在模型相应位置处，结合关键参数汇总展示，更清晰、直观；然后，开发监测预警平台的系统 PC 端，实现关键装置运行状态参数远程监控展示；最后，建立关键装置运行指标数据库，根据管道腐蚀智能分析预警模型算法，基于大数据分析，对管道的运行状态和腐蚀风险进行分析预警。

图6所示为智能监控技术在该天然气厂应用的效果图。

图6　基于数字孪生的管道腐蚀监测预警效果图

4　前景展望

在石油天然气以及石化产品的生产与加工过程中，工艺管道常常因介质中掺杂的腐蚀性物质加速管道的损失，不仅影响生产，还会造成安全事故，如何有效管道的安全有效运行具有非常重要的意义。

通过在管道上安装非侵入式腐蚀监测装置，不仅可以避免监测装置受到影响，而且可以时刻掌握管道的运行状态，隐患于未然；同时，通过建立基于数字孪生的三维平台和管道的腐蚀演变模型，可以实现对管道内介质处理、工况演变等过程进行自动数学计算和分析研判，并与历史监测结果进行分析对照，最终实现智能预警功能。该技术结合人工智能与信息化手段，将“安全”实时、直观地展现出来，能够有效保障站场安全运行，具有效好的市场应用前景。

参 考 文 献

[1] 杨军，盛耀祖，孙芳丽．浅议油气输送管道隐患成因及治理对策[J]．安全、健康和环境，2019，19(09)：54-56.

[2] 杨锦林，王旭，赵凯，等．含硫化氢天然气管道泄漏扩散控制新技术[J]．安全、健康和环境，2018，18(07)：46-52.

[3] 李贵军，单广斌．腐蚀失效分析与装置的安全运行[J]．安全、健康和环境，2018，18(02)：28-32.

[4] 刘二喜，田烨瑞，贾厚田．普光气田腐蚀与防护技术[J]．安全、健康和环境，2018，18(12)：33-36.

[5] 蔡鹏，姜海瑞，郭燕群．油气管道腐蚀检测技术与防腐措施探究[J]．化工管理，2020(07)：220-221.

[6] 丁守宝，叶宇峰，夏立．高温管道腐蚀状况在线监测[J]．无损检测，2011，33(11)：46-5.

[7] 程帆．超声波储油罐底腐蚀检测机器人操作系统研究[D]．沈阳工业大学，2019.

[8] 张旭辉，张雨萌，王岩，等．数字孪生驱动的设备维修MR辅助指导技术[J/OL]．计算机集成制造系统：1-13[2020-03-30]. http：//kns.cnki.net/kcms/detail/11.5946.TP.20200312.1004.002.html.

[9] 邹萍，张华，马凯蒂，等．面向边缘计算的制造资源感知接入与智能网关技术研究[J]．计算机集成制造系统，2020，26(01)：40-48.

[10] 蒋融融，翁正秋，陈铁明．工业互联网平台及其安全技术发展[J]．电信科学，2020，36(03)：3-10.

埋地长输天然气管道阴极保护系统检测及评价

王爱玲　张　阳　王垒超　黄　丹　轩　恒　刘宇婷

（国家管网集团西南管道有限责任公司）

摘　要　天然气的应用随着工业化进程的前进而迅速发展，管道运输作为连接供需双方的主要运输方式，覆盖面非常广大，一旦运输管道出现问题，将会严重影响人们的生活、安全，给社会经济带来损失。阴极保护被广泛应用于减缓埋地管道的电化学腐蚀，本文针对常用的阴极保护方法，介绍了阴极保护系统有效性检测及评价方法，并应用于某天然气管道，验证了方法的有效性。

关键词　天然气管道，阴极保护，检测，密间隔电位

对长输管道而言，任何性能优异的防腐层都不可避免地存在缺陷，这些缺陷位置处就可能发生电化学腐蚀，威胁管道的长期安全可靠运行，阴极保护是抑制电化学腐蚀的有效方法，在国内外的标准中都强制性地要求埋地钢质管道应采取防腐层结合阴极保护的联合措施。阴极保护的作用是给防腐层缺陷处的管体提供阴极电流，使其产生阴极极化，并充分极化到阴极保护准则电位要求的范围内，阻止管体的阳极反应，从而达到保护管道的目的，阴极保护的效率直接影响管道的防腐蚀能力和使用寿命。保护效果的好坏直接关系到管道的使用寿命，因此对阴极保护系统运行状况的检测与评价也是非常重要的一项内容。

阴极保护的有效性是指施加阴极保护后管道的极化程度是否能够满足要求。阴极保护有效性的检测与评价是通过对管道阴极保护相关技术参数的测试，并根据有关技术标准对管道的阴极保护有效性进行评价。通过此项检测可以发现管道阴极保护不足或超标的管段，了解阴极保护系统的技术状况，为保证管道阴极保护系统的维护和管理提供依据。管道阴极保护是与外防腐层相结合对管道实施腐蚀控制必不可少的手段，其直接作用是给防腐层缺陷处的管体提供阴极电流，使其产生阴极极化，阻止管体的阳极反应，从而达到保护管道的目的。而在防腐层失效的情况下，管线的阴极保护作用则显得更加重要，因此，对管道阴极保护系统的有效性进行全面检测评价，就成为管道外检测的必然要求。

防腐层与阴极保护装置是埋地钢质管道的联合保护，保护效果的好坏直接关系到管道的使用寿命，因此对阴极保护系统运行状况的检测与评价也是非常重要的一项内容。

1　阴极保护系统有效性检测评价方法

密间隔电位测试法是SY/T 0087.1中用于评价阴极保护系统的有效性重要方法。本方法可用于衡量管道各点的阴极保护状况，决定是否采取进一步措施，给运行管理方提供全面、合理的监测及维修方案的测量。

根据GB/T 21246—2020《埋地钢质管道阴极保护参数测量方法》，在测量之前，应确认阴极保护正常运行，管道已充分极化。按要求安装电流同步断续器和设置合理的通/断周期。测量前宜对测量区段保护电流通/断的同步性进行验证。将测量导线一端与测量设备主机连接，另一端与测试桩连接，将一支硫酸铜电极与测量设备主机连接。打开测量设备主机，设置与同步断续器保持同步运行的相同的通/断循环时间和断电时间，并设置合理的断电电位测量延迟时间。测量时，利用探管仪对管道定位，保证硫酸铜电极放置在管道的正上方。从测试桩开始，沿管线管顶地表以密间隔（一般是1～3m）逐次移动硫酸铜电极，每移动一次就记录一组通电电位（V_{on}）和一组断电电位（V_{off}），直至按此完成全段的测量。同时应使用米尺、全球定位系统坐标测量或其它方法，确定硫酸铜电极安放处的位置，应记录沿线的永久性标志、参照物等信息，并应对通电电位（V_{on}）和断电电位（V_{off}）异常位置处作好标志与记录。某段密间隔测量完成后，若当天不再测量，应及时将阴极保护站恢复为连续供电状态。每处位置记录的数据应包括：纬度、经度、通电

电位、断电电位等数据，导出数据后对数据的有效性进行分析。绘制通电电位、断电电位随位置的变化曲线。评价测试管段沿线的阴极保护有效性，确定欠保护和过保护的管段范围，并提出阴极保护系统运行参数调整建议(图1)。

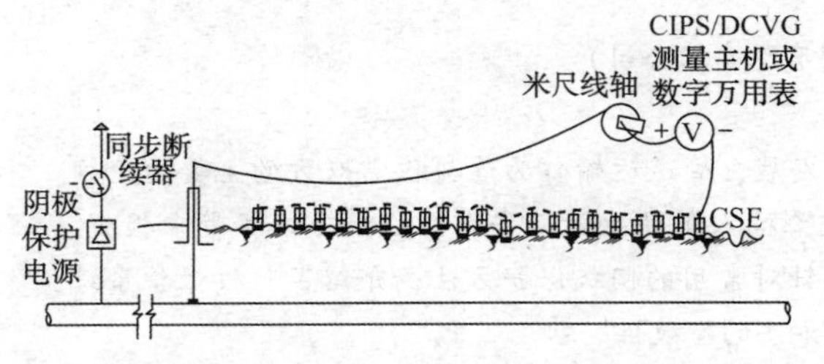

图1　密间隔电位测试法(CIPS)原理简图

2　天然气管道阴极保护系统检测评价实例

某天然气管段长度315.5km，含站场5座，阀室9座，线路阴保站4座，采用强制电流的保护方式。天然气管道管径为Φ1016mm，设计压力10MPa，输气能力为$150\times10^8m^3/a$。

2.1　阴极保护系统运行情况

天然气管道4座阴保站恒电位仪均为1用1备，设备均为IHF数控高频开关恒电位仪，额定电压与额定电流分别为50V、15A，在线路恒电位仪开启，区域阴保恒电位仪关闭条件下，4座阴保站阴保系统的运行参数调查结果见表1。

表1　阴保站运行参数调查情况表

阴保站名称	恒电位仪编号	运行模式	设置电位/mV，电流/A	输出电压/V	输出电流/A	参比电位/mV	回路电阻/Ω	阳极地床接地电阻/Ω
A站	1	恒位	−1250	8.4	1.8	−1250	4.7	3.1
B站	2	恒流	0.01	3.5	0.05	−1675	/	0.8
C站	2	恒位	−1050	11.5	1.7	−1050	6.8	4.8
D站	1	恒位	−1500	19.3	2.6	−1502	7.4	6.8

B站恒电位仪为恒流输出，预置电流0.01A，发现恒电位仪输出电流为0.05A，测试过程中将预置电流设置为1.51A后，恒电位仪输出电流1.479A，恒电位仪输出正常。恒电位仪设备正常，可按照预置电流正常输出。

在区域阴保关闭，线路恒电位仪开与关条件下，分别采用长效参比电极与便携参比电极测量管道通电与断电电位，通过电位差距分析长效参比电极的有效性，结果可知，A、B、C、D站恒电位仪长效参比电极正常。四座阴保站阳极地床接地电阻测试结果及回路电阻计算结果，阳极地床目前运行正常。

2.2　阴极保护有效性检测与评价

2.2.1　测试桩电位普查

对全线测试桩位置采用万用表和便携参比测试通断电电位见图2，全线基本处于有效保护范围内，一处江河穿越两侧测试桩断电电位不达标。

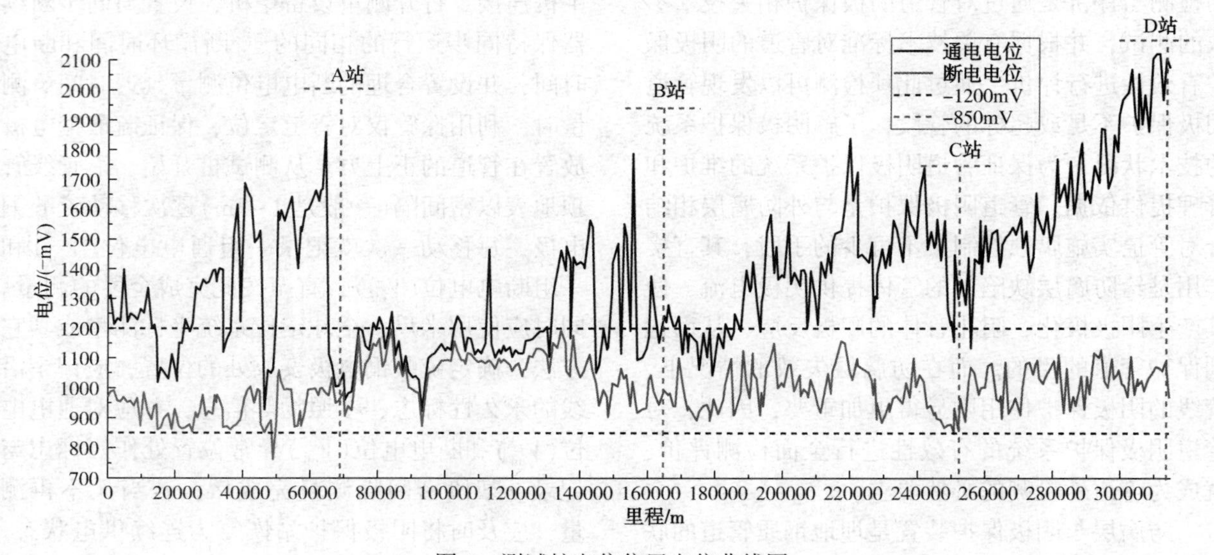

图2　测试桩电位位置电位曲线图

2.2.2　密间隔电位测试

采用密间隔电位测试方法对该管段阴极保护系统进行检测及评价，采集全线通断电电位，得到的部分 CIPS 测试曲线见图 3。

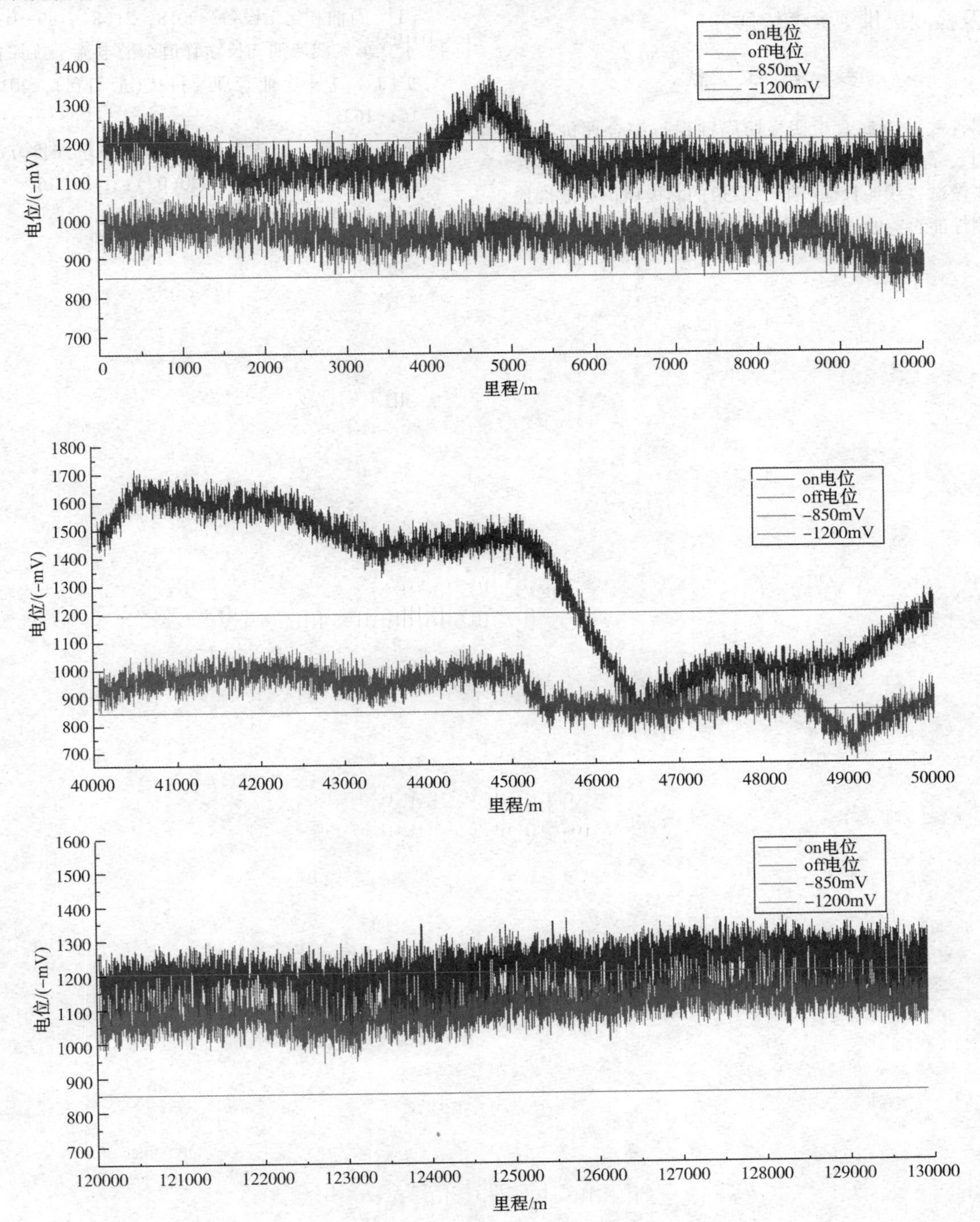

图 3　天然气管道 CIPS 曲线图

分析发现，在管道定向钻穿越处(里程 49000m)埋深较深，管道难以极化，存在断电电位正于-850mV，欠保护。天然气干线管段全线采用强制电流法阴极保护，通过电位测试桩位置的通断电电位测试和全线密间隔电位测试发现，全线测试桩位置通/断电电位测试 352 处，断电电位达标 351 处，欠保护 1 处；全线 cips 密间隔电位测试 316km，断电电位达标 314km，欠保护 5km，全线阴极保护达标率 99.6%。

3　结论

为检测评价埋地长输天然气管道阴极保护的有效性，本文介绍了阴极保护系统有效性的评价方法 CIPS 测试法的原理及具体操作方法，并通过某段天然气管道阴极保护系统的检测分析，验证了该方法的有效性，为阴极保护系统有效性的评估及检测提供了参考依据。

参 考 文 献

[1] 迟善武．金属管道阴极防腐蚀保护综合评价系统[J]．石油化工腐蚀与防护，2006，02.

[2] 张俊斌．浅谈长输(油气)管道的阴极保护有效性检测性能影响的比对研究[J]．全面腐蚀控制，2018，32(9)：61-67.

[3] 王珏．直流杂散电流干扰下的阴极保护效果评价[J]．石油和化工设备，2018，21(8)：89-91.

[4] 于立军．浅谈油气长输管道杂散电流干扰评价与防护[J]．中小企业管理与科技(上旬刊)，2018(8)：161-162.

[5] 邵岩，张晨．长输管道阴极保护系统评价方法及应用[J]．工业、生产，2020(02)：145-146.

油气管道阴极保护焊点下方管体微裂纹案例剖析

刘新凌[1] 李 强[1] 梁 强[1] 周启超[1] 王 珏[1] 董雁瑾[2]

(1. 广东大鹏液化天然气有限公司；2. 北京天江源科技有限公司)

摘 要 某站场及阀室管道阴极保护焊点下方现多处微裂纹。将带有微裂纹的管道切割，发现所有管道阴极保护焊点处均存在微裂纹。为研究这种微裂纹的产生原因，选取现场发现3处微裂纹的管道样品进行宏观形貌观察、微观观察、试样硬度分析、管材材质分析、金相组织观察、管材硬度测试和夹杂物评级及疲劳测试，并对铝热焊工艺参数对微裂纹尺寸影响开展了相关研究。结果表明：①管道表面微裂纹是在安装阴极保护导线进行铝热焊时产生的，微裂纹呈沿晶特征，裂纹内部和尖端被铜填充。②铝热焊产生的微裂纹在后续管道运行时没有发生扩展。③通过模拟试样的疲劳试验，可以确定在管道正常运行铝热焊产生的裂纹不会导致疲劳断裂。④铝热焊和铜焊均会在钢侧热影响区产生铜渗透裂纹，裂纹呈沿晶特征，铝热焊实验参数改变无法消除铜渗透裂纹的产生，最长裂纹深度范围在122~210μm之间。铜焊参数改变同样无法避免在钢侧热影响区产生铜渗透裂纹，长度范围在13~146μm之间，选择尺寸较大的电缆，能够使裂纹最长深度明显减小。⑤铜及铜合金与钢焊接时，由于物理性能不匹配，二者的熔点、热导率和线膨胀系数相差较大，从而导致大的焊接应力和变形，焊缝区由于合金元素或有害杂质元素的存在，易于在晶界形成低熔共晶体，从而产生热裂纹，焊缝区钢侧热影响区则由于Cu的渗入易产生渗透裂纹。这种裂纹是由于液态铜或铜合金沿微裂纹浸润渗入，以及沿晶界扩散发展形成所谓的“渗透裂纹”，其产生原因是由于液态铜对钢表面浸润引起的液态金属脆化，在焊接拉伸应力下形成的。本文的研究结果为管控管道阴极保护焊点下方铜渗透裂纹风险提供了详实的试验数据和重要参考。

关键词 油气管道，阴极保护焊点，微裂纹，失效分析

某站场及阀室管道阴极保护焊点下存在多处微裂纹。将带有微裂纹的管道切割，发现所有管道阴极保护焊点处均存在微裂纹。文献[1]报道了一起油气输送管道因铜脆开裂而失效的案例。文献[2]报道了多起因液态金属而导致产品零件失效的案例。文献[3]等报道了类似因铜污染所引起的管道微裂纹。

为进一步研究某站场及阀室的管道阴极保护焊点下方微裂纹产生原因及微裂纹对管道安全运行的影响，本文选取现场发现3处微裂纹的管道样品，并进行宏观形貌观察、微观观察、试样硬度分析、管材材质分析、金相组织观察、管材硬度测试和夹杂物评级及疲劳测试，同时对铝热焊工艺参数对微裂纹尺寸影响开展了相关研究。

1 裂纹宏观形貌

从管道上分别切取1号、2号和3号试样，试样用砂纸打磨直至清晰地观察到焊点位置，[图1(a)、1(d)、1(g)]。1号样品存在3处焊点，图1(b)显示裂纹位于焊点下方及周围，在样品最大焊点处及周围通过多次线切割得到3块样品，3块试样通过金相方法进一步检查，见图1(c)。2号样品[图1(d)]存在两处焊点，在两焊点处线切割得到2块样品，2块试样通过金相方法进一步检查[图1(f)]。3号样品打磨后可见3处焊点，检测后发现焊点附近有多处呈网状分布的裂纹，面积约为15mm×20mm[图1(h)]，故根据磁粉检测结果从裂纹最深处切割得到一块样品[图1(i))]。

2 裂纹微观形貌

对1号、2号和3号试样，切割后的样品剖面进行显微组织、形貌观察和能谱分析(图2)。焊点下方钢侧热影响区存在多处铜渗透裂纹，具有沿晶特征，裂纹被铜填充。其中1号试样最长裂纹深度达到149μm[图2(a)(b)]；2号试样最长裂纹深度达61μm[图2(c)(d)]；3号试样最长裂纹深度达746μm[图2(e)(f)]。对图2(f)红色箭头指示处裂纹尖端进行成分分析，点扫描能谱分析结果[图2(g)(h)]显示裂纹尖端主要成分是铜元素，铜元素充满整条裂纹，说明在管道多年运行过程中裂纹并未扩展。

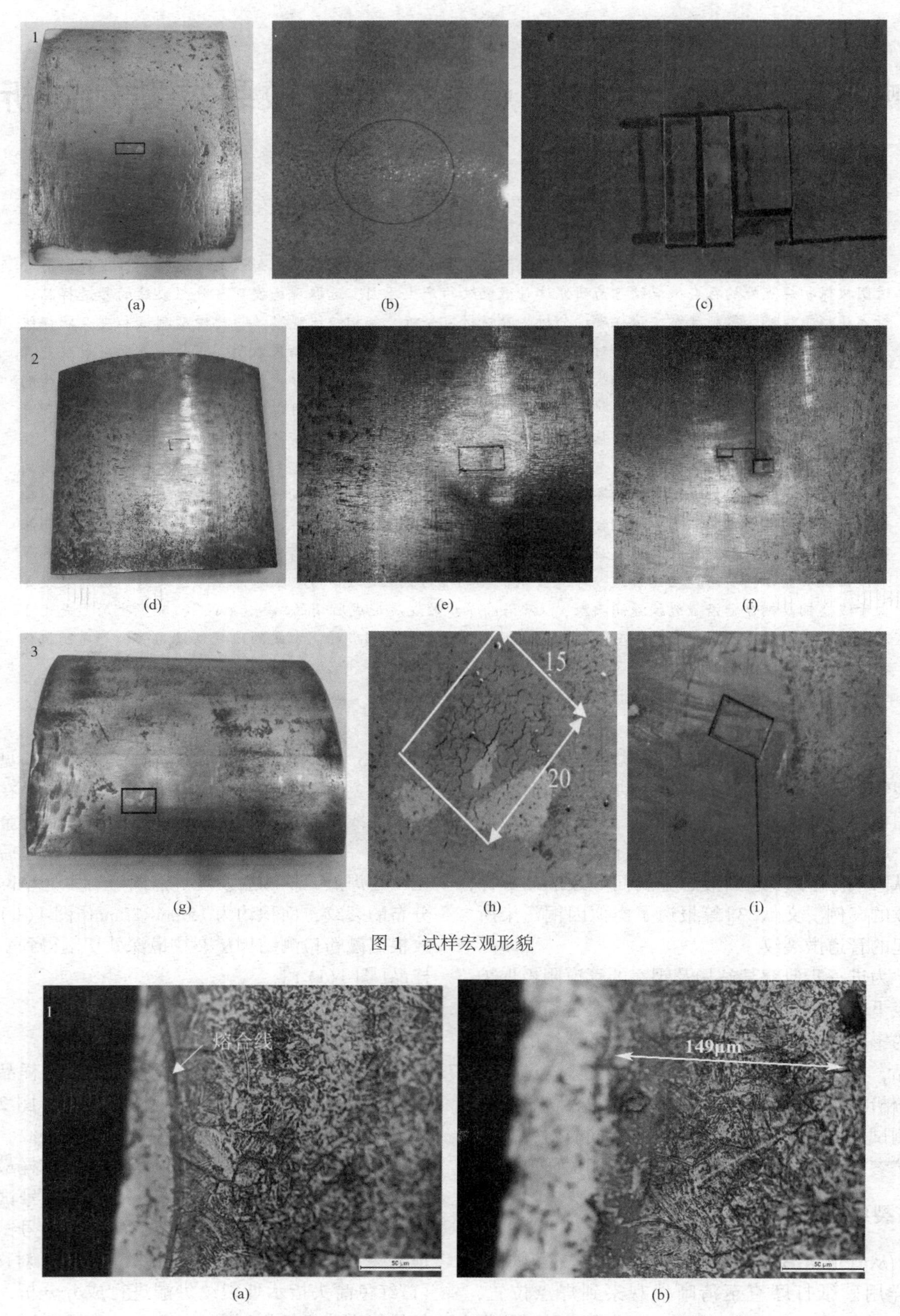

图1　试样宏观形貌

图2　切割后的剖面显微组织、形貌观察和能谱分析结果

图 2　切割后的剖面显微组织、形貌观察和能谱分析结果(续)

3　材质检验

3.1　*硬度检验*

对 1 号试样、2 号试样和 3 号试样的钢侧热影响区沿垂直于铜钢熔合线的方向，向内表面方向测量显微维氏硬度，载荷为 50gf，保载时间 15s，每个点间距 100μm，其测量结果见图 3。靠近铜钢熔合线附近硬度较高，硬度随距熔合线距离增加而逐渐趋于管材硬度，说明表面存在一定厚度的硬化层，从图 3 中可知 1 号试样、2 号试样和 3 号试样的硬化层厚度分别约为 200μm，300μm 和 100μm。

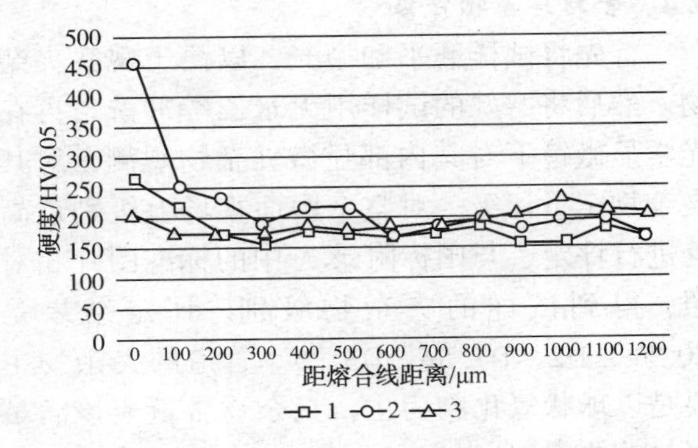

图 3　1 号试样、2 号样品和 3 号样品硬度分布

3.2 管材化学成分分析

对管道材质取样进行光谱分析试验，将结果与ASTM A333-A333M-2016 中 A333 6LTCS 焊管标准钢级的化学成分的含量要求进行对比，具体结果见表1。从表1可知管道的成分符合标准要求。

表1　管道化学成分含量

内容	C/%	Mn/%	P/%	S/%	Cu/%
试样	0.11	0.94	0.014	0.0046	0.23
ASTM A333-A333M-2016	≤0.30	0.29~1.06	≤0.025	≤0.025	≤0.40

3.3 管材金相组织观察

在管道基体垂直表面的横向剖面和纵向剖面区域取样，磨抛后使用4%硝酸酒精溶液腐蚀2~5s，观察各区域金相组织，结果见图4。由金相组织观察结果可知，其金相组织主要由珠光体和铁素体组成，暗色区域为珠光体，较亮的区域被称为铁素体，珠光体晶粒沿铁素体晶界分布。同时横向和纵向剖面组织形态基本一致。

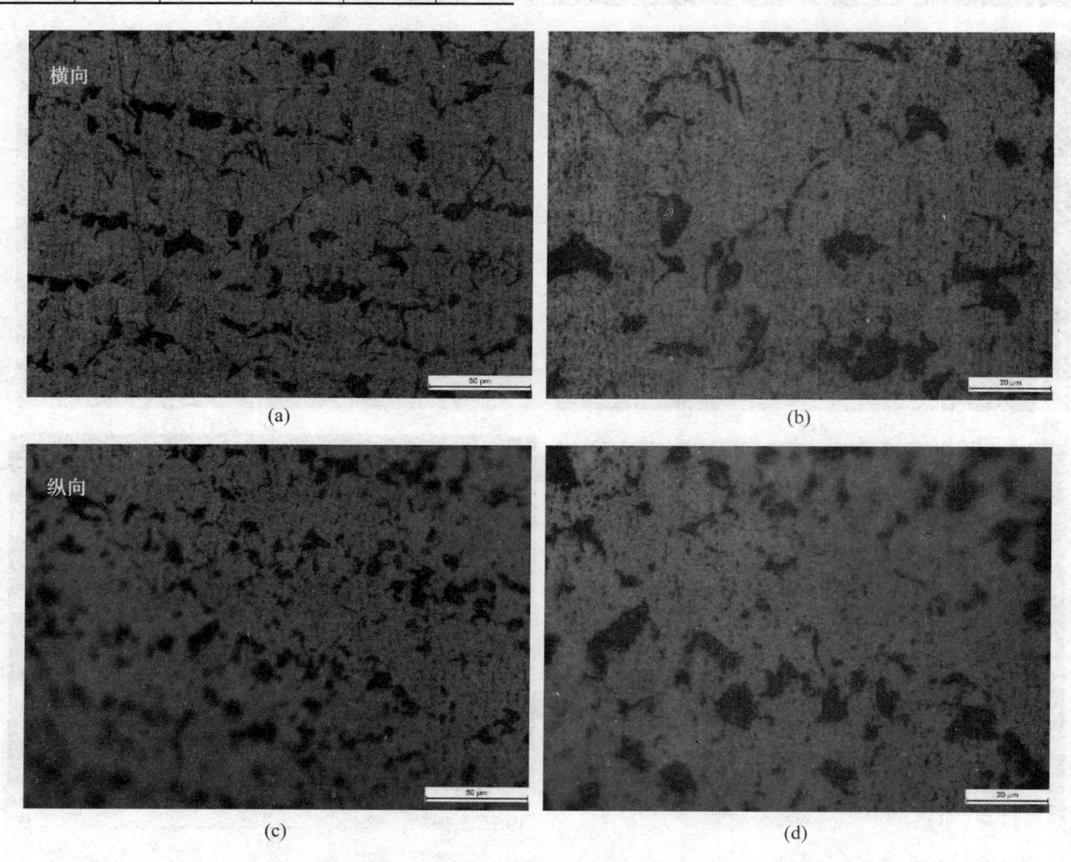

图4　垂直表面的横向剖面和纵向剖面取样位置和金相组织

3.4 管材夹杂物评级

首先将试样磨平和抛光，以便于观察夹杂物。然后将磨好的试样用无水乙醇冲洗。再在光学显微镜下对其内部显微夹杂物观测，对其夹杂物定量评级。对整个磨面视场上级别最高处进行评定，与国标附录A中的标准图片相对照，得到试样的夹杂物级别。评定结果是C0.5e，D2，D1.5e，DS1.5。管道的夹杂物主要是以球状氧化物为主，夹杂物含量应该满足钢材的要求。

1号试样、2号试样和3号试样焊点下方钢侧热影响区均存在深度不等的呈现沿晶特征的铜渗透裂纹，通过能谱分析可知裂纹尖端和内部被铜填充，管道运行后裂纹未扩展。管材的成分和硬度均符合国家标准，管道的夹杂物主要是以球状氧化物为主，金相组织主要由珠光体和铁素体组成，满足标准要求。

4 铝热焊实验及焊后性能测试

4.1 铝热焊实验方案及试样制备

对市面所售铝热焊粉规格进行调研后，选取不同的铝热焊粉量和预热温度进行双因素试验。具体实验参数和对应试样编号见表2。

表 2　实验参数和试样编号

焊粉量/g	试样编号			
	室温	50℃	100℃	150℃
10	A1	B1	C1	D1
15	A2	B2	C2	D2
20	A3	B3	C3	D3

图 5 所示是铝热焊实验得到的 A1-D3 共 12 个试样的宏观图片。

为方便后续的显微组织和裂纹形貌观察，对铝热焊试样进行取样切割[图 6(a)]。然后对每一处焊点锯切得到约 10mm×60mm 的小块[图 6(b)(c)]。再在每一小块试样两侧面线切割得到两块大小 3mm×7mm 的的样品，用于金相和扫描电镜观察[图 6(d)~(f)]，其中图 6(d)红实线位置剖面为观察面。

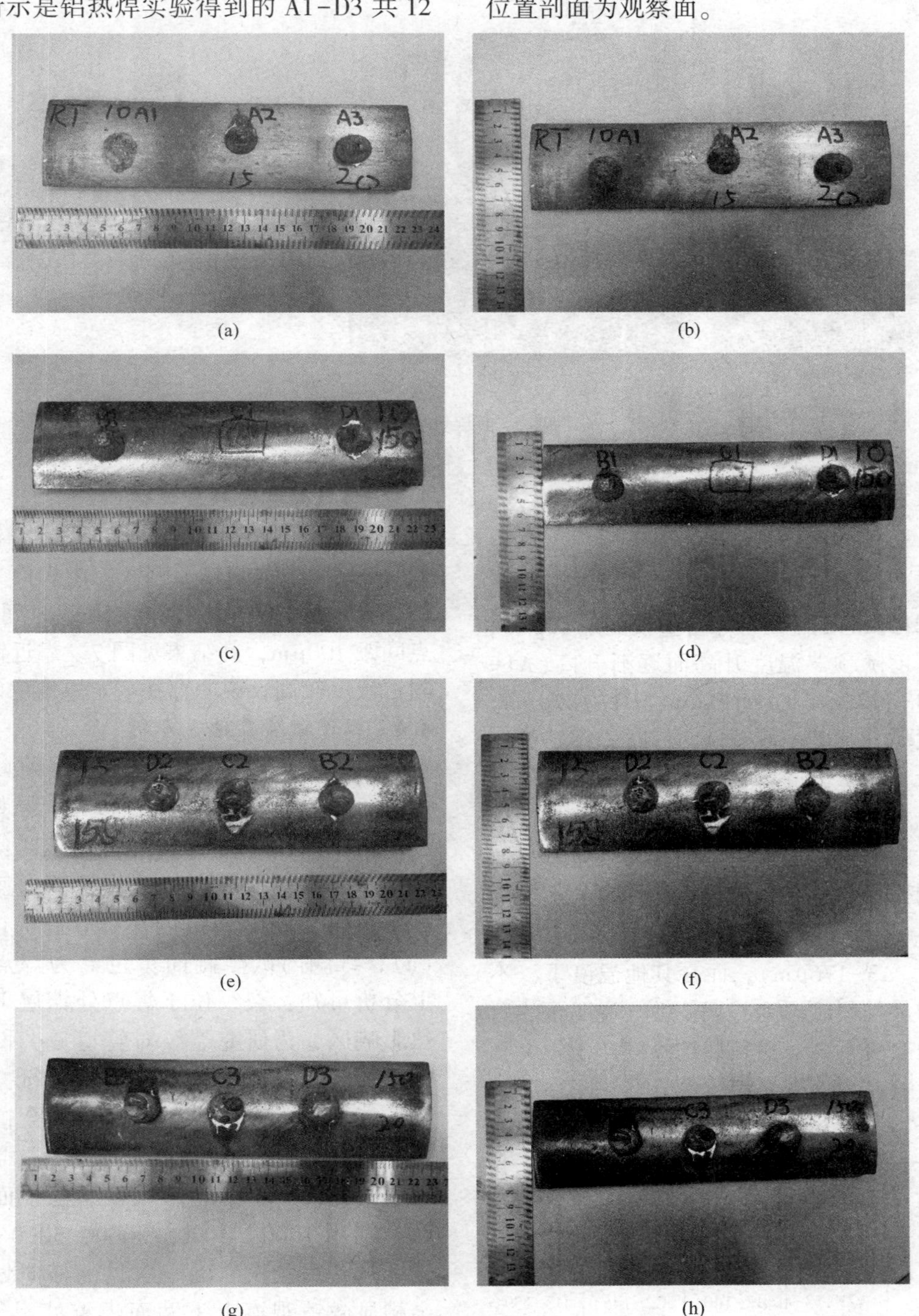

(a)　(b)　(c)　(d)　(e)　(f)　(g)　(h)

图 5　试样的宏观图片

(a)、(b)—A1、A2、A3、;(c)、(d)—B1、C2、和 C1;(e)、(f)—B2、C2、和 D2;(g)、(h)—B3、C3、和 D3;

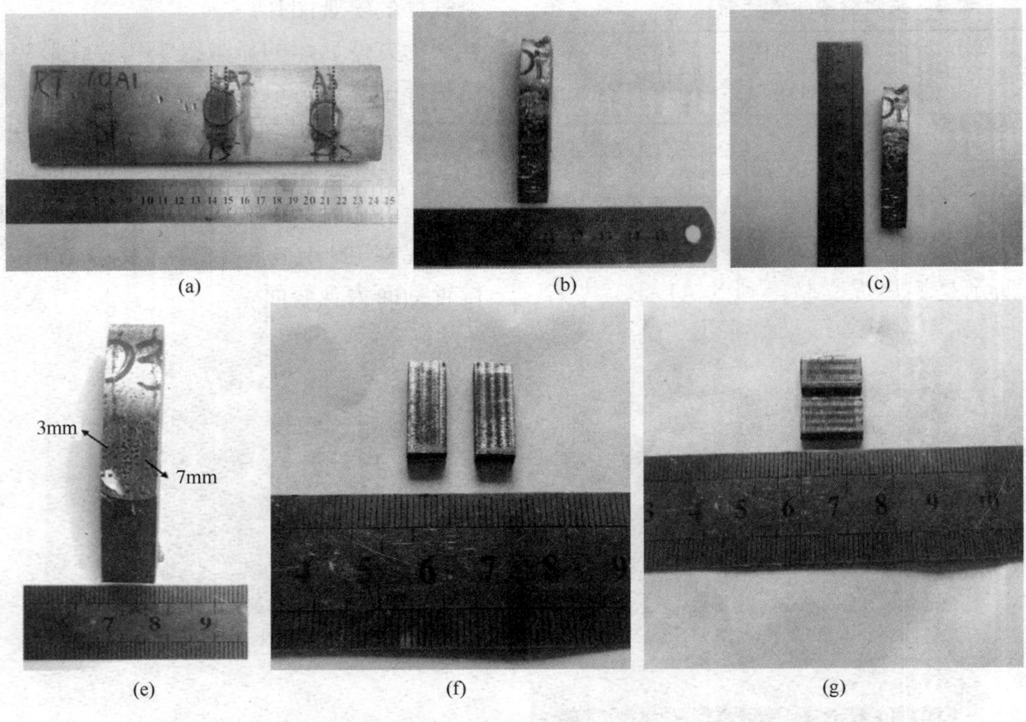

(a)　(b)　(c)

(e)　(f)　(g)

图6　取样切割方法

4.2　铝热焊焊后组织观察

对 A1-D3 的 12 个试样的显微组织进行观察，对每个试样的最长裂纹深度进行汇总，结果如表3所示，不同条件下最长裂纹深度不等，范围在 122~210μm 之间。当焊粉量较少是 10g 时，最长裂纹深度随预热温度升高而逐渐升高（A1-122μm、B1-122μm、C1-171μm、D1-187μm），而当焊粉量增加至 15g 甚至是 20g 时，预热温度的升高对最长裂纹深度影响不大，说明焊粉量升高时，铝热焊焊接过程产生热量的影响远大于预热产生热量的影响，这种作用随着焊粉量升高愈发明显。同样，当室温下进行铝热焊时，随着焊粉量升高，最长裂纹深度升高（A1-122μm，A2-153μm，A3-176μm），而在其他温度下，不同焊粉量的最长裂纹深度并无波动。说明预热后焊粉用量的改变不会对最长裂纹深度产生较大影响，更多影响在钢管表面裂纹的分布。

表3　铝热焊最长裂纹深度

焊粉量/g	裂纹深度/μm			
	室温	50℃	100℃	150℃
10	A1-122	B1-122	C1-171	D1-187
15	A2-153	B2-160	C2-145	D2-159
20	A3-176	B3-155	C3-210	D3-162

4.3　铝热焊样品硬度测试

沿垂直于铜钢熔合线的方向，对铝热焊后试样 A1~D3 的钢侧热影响区向内表面方向测量显微维氏硬度，载荷为 50gf，保载时间 15s，每个点间距 100μm，其结果见图7。靠近铜钢熔合线附近硬度较高，说明存在一定厚度的硬化层。

4.4　拉伸试验及结果分析

对3号试样所在管道铝热焊前后的拉伸性能进行分析。沿横向分别取3个原始试样和3个微裂纹试样。为获取微裂纹试样，在两相邻试样平行段侧面进行铝热焊实验，使焊液填充在平行段之间的凹坑内。切取后的试样见图8(a)，红圈内试样侧面黄色处为焊点。根据以上分析可知：裂纹位于焊点处铜层下方的钢侧热影响区，为研究裂纹对管道疲劳性能和拉伸性能的影响，需对焊点处的铜进行打磨使裂纹尽可能接近试样边缘，但铜层不会被完全打磨掉，最终获得最薄均匀铜层。对试样进行打磨：两侧面用手持磨抛机打磨至镜面，上下两面分别用 1500、2000、3000、5000 和 7000 目砂纸打磨直至没有肉眼可见的横向划痕。通过金相显微镜观察上下两面焊点处裂纹，如图8(b)箭头指示的黄色线条。

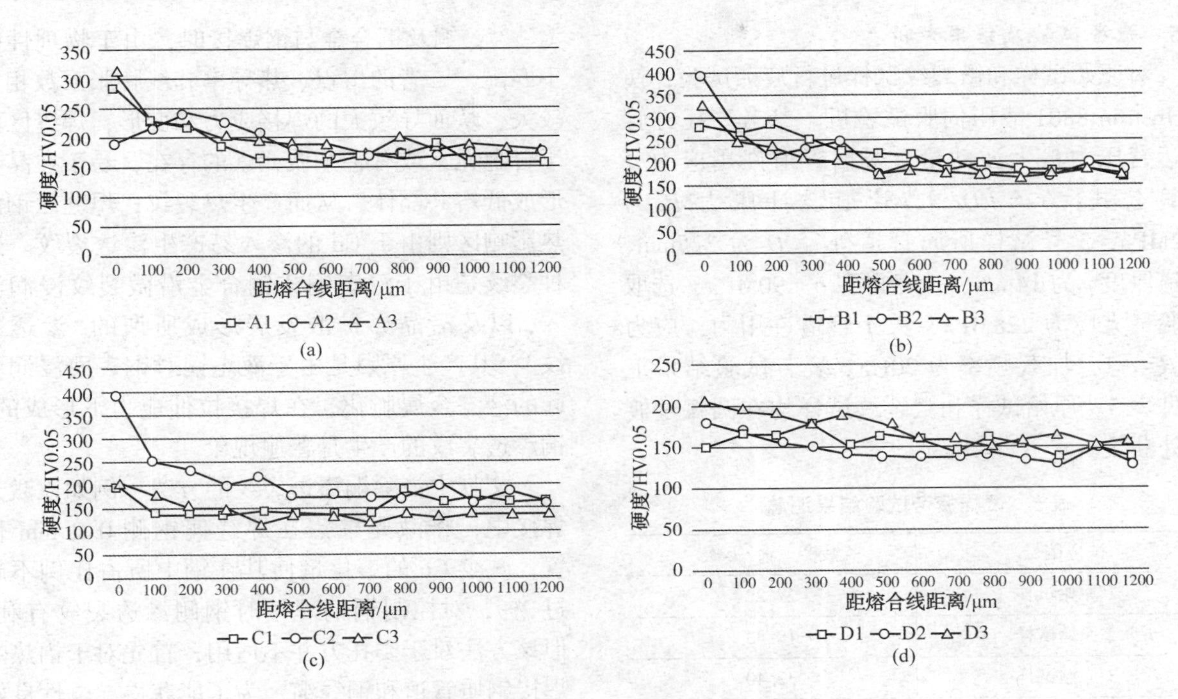

图7 铝热焊焊后试样硬度分布

(a)—A1, A2, A3; (b)—B1, B2, B3; (c)—C1, C2, C3; (d)—D1, D2, D3

图8 微裂纹试样获取过程

原始试样和带微裂纹试样的拉伸实验结果见表4，原始试样的屈服强度、抗拉强度和断后伸长率满足 ASTM A333-A333M-2016 中 A333 Grade6 焊管标准钢级要求。带微裂纹试样的屈服强度和抗拉强度高于原始试样，说明管道经铝热焊后强度提升。微裂纹试样的断面收缩率和断后伸长率较原始试样略有下降，说明管道在铝热焊后塑性降低。原始试样的断裂位置位于平行段中间，微裂纹试样断裂位置位于圆弧过渡段，说明焊点对管道试样拉伸性能影响较小。

表4 试样拉伸试验结果汇总

试样编号	屈服强度/MPa	抗拉强度/MPa	断面收缩率/%	断后伸长率/%
1’原始试样	347.02	492.00	54.84	33.33
2’原始试样	327.63	471.81	66.14	43.75
3’原始试样	322.47	456.89	61.93	43.75
1’微裂纹试样	361.98	514.71	43.17	25.00
2’微裂纹试样	399.23	501.51	37.26	21.88
3’微裂纹试样	376.68	501.38	45.65	25.63

4.5 疲劳试验及结果分析

对原始试样和微裂纹试样进行疲劳试验，使用 Instron 8801 液压伺服试验机。参考委托方管道运营压力最大波动量，根据管道许用应力 σ 计算公式：$\sigma = PD/2t$，管道设计压力 P 为 9.2MPa，3 号试样所属管道外径 D 为 275mm，管道厚度 t 为 14mm，计算得到 $\sigma=90$MPa，选取试验最大应力 228MPa，大于管道许用力，应力比 $R=-1$，加载频率为 20Hz。疲劳试验结果汇总见表 5。原始试样和微裂纹试样均在圆弧过渡段处断裂。

表 5　试样疲劳试验结果汇总

试样编号	疲劳寿命/万次
1″原始试样	27.22
2″原始试样	18.83
3″原始试样	32.40
1″微裂纹试样	13.42
2″微裂纹试样	29.65
3″微裂纹试样	6.84

经过对比，微裂纹试样的疲劳寿命和裂纹源位置与原始试样相比无较大差别，而且铜渗透裂纹不会成为试样疲劳断裂的裂纹源，说明在管道运行工况下不会因为铝热焊产生微裂纹而导致疲劳破坏。

铝热焊会在钢侧热影响区产生铜渗透裂纹，裂纹呈沿晶特征，改变铝热焊工艺参数无法消除铜渗透裂纹的产生，最长裂纹深度不等，长度范围在 122~210μm 之间。

铝热焊焊粉用量和预热温度的改变不会对最长裂纹深度产生较大影响，可能更多影响钢管表面裂纹的分布。

通过拉伸试验和疲劳试验，铝热焊微裂纹试样较原始试样相比强度略有上升，塑性略有下降，其疲劳寿命和裂纹源位置与原始试样无较大差别，而且微裂纹不会成为试样疲劳断裂的裂纹源。

5 微裂纹产生原因及影响分析

铜渗透裂纹产生：铜渗透裂纹在钢质管道和铜线缆焊接过程中产生且不可避免。对于铜渗透裂纹的产生，铝热焊焊接钢质管道和铜线缆属于铜钢异种金属焊接范畴，国内外学者普遍认为[4-8]：铜及铜合金与钢焊接时，由于物理性能不匹配，二者的熔点、热导率和线膨胀系数相差较大，从而导致大的焊接应力和变形，焊缝区由于合金元素或有害杂质元素的存在，易于在晶界形成低熔共晶体，从而产生热裂纹，焊缝区钢侧热影响区则由于 Cu 的渗入易产生渗透裂纹。这种裂纹是由于液态铜或铜合金沿微裂纹浸润渗入，以及沿晶界扩散发展形成所谓的“渗透裂纹”，其产生原因是由于液态铜对钢表面浸润引起的液态金属脆化，在焊接拉伸应力下形成的。铜渗透裂纹的产生是普遍现象。

文献中消除铜渗透裂纹的方法：例如在激光焊接中，将激光聚焦在焊缝偏钢侧 0.2 mm 位置，减少 Cu 的熔化量使其在钢中所占比例不超过 2%，对控制铜钢焊接时钢侧渗透裂纹有利。但该方法对于委托方并不适用，首先对于铝热焊焊接钢质管道和铜线缆，为了能获得导电性良好的焊接接头，二者焊接所用铝热焊剂选用的是含氧化剂 CuO 和合金剂 Cu，Cu 的熔化量难以减少，铜渗透裂纹无法避免。所以铜渗透裂纹在钢质管道和铜线缆焊接过程中产生且不可避免。

管道铝热焊后产生的铜渗透裂纹不会导致管道在该处萌生疲劳裂纹，根据现场获取试样裂纹处能谱结果显示裂纹尖端主要是铜元素，说明在焊接时产生的铜渗透裂纹经管道多年投入运行过程中并未扩展，加之，从疲劳试验的结果可知微裂纹对管道的疲劳寿命影响很小，微裂纹不会成为管道疲劳断裂的裂纹源。

6 结论

通过以上的试验研究及分析，得到以下结论：

（1）管道表面微裂纹是在安装阴极保护导线进行铝热焊时产生的，微裂纹呈沿晶特征，裂纹内部和尖端被铜填充。

（2）铝热焊产生的微裂纹在后续管道运行时没有发生扩展。

（3）通过模拟试样的疲劳试验，可以确定在管道正常运行铝热焊产生的裂纹不会导致疲劳断裂。

（4）铝热焊和铜焊均会在钢侧热影响区产生铜渗透裂纹，裂纹呈沿晶特征，铝热焊实验参数改变无法消除铜渗透裂纹的产生，最长裂纹深度范围在 122-210μm 之间。铜焊参数改变同样无法避免在钢侧热影响区产生铜渗透裂纹，长度范围在13-146μm之间，选择尺寸较大的电缆，能够使裂纹最长深度明显减小。

（5）铜及铜合金与钢焊接时，由于物理性能不匹配，二者的熔点、热导率和线膨胀系数相差较大，从而导致大的焊接应力和变形，焊缝区由于合金元素或有害杂质元素的存在，易于在晶界形成低熔共晶体，从而产生热裂纹，焊缝区钢侧热影响区则由于Cu的渗入易产生渗透裂纹。这种裂纹是由于液态铜或铜合金沿微裂纹浸润渗入，以及沿晶界扩散发展形成所谓的“渗透裂纹”，其产生原因是由于液态铜对钢表面浸润引起的液态金属脆化，在焊接拉伸应力下形成的。

参 考 文 献

[1] 王高峰，聂向辉，刘迎来，等．油气输送用管道铜脆开裂案例剖析[J]．石油管材与仪器，2017，3(1)：59-64.

[2] 张权明，迟淳，张勇，等．液态金属致脆失效案例分析[J]．物理测试，2008，26(6)：52-55.

[3] 王海涛，李仕立，张智，等．管道无损检测缺陷致因分析案例的启示[J]．管道保护，2020，(1)：52-55.

[4] 冯拉俊，李新华，沈文宁，等．接地网放热焊接的新型焊粉研制及接头性能研究[J]．焊接，2015，No.506(08)：22-26.

[5] 吕世雄，杨士勤，王海涛，等．堆焊铜合金/35CrMnSiA接头的界面结构特征[J]．焊接学报，2007(02)：63-66.

[6] 王厚勤，曹健，张丽霞，等．铜合金与钢连接技术研究进展[J]．焊接技术，2009，38(003)：1-5.

[7] 高禄，栗卓新，李国栋，等．铜-钢异种金属焊接的研究现状和进展[J]．焊接，2006(12)：16-19.

[8] Magnabosco I，Ferro P，Bonollo F，et al. An investigation of fusion zone microstructures in electron beam welding of copper-stainless steel[J]. Materials ence & Engineering A，2006，424(1/2)：163-173.

[9] T. A. Mai and A. C. Spowage. Characterisation of dissimilar joints in laser welding of steel-kovar, copper-steel and copper-aluminium[J]. Materials Science and Engineering：A，2004.

在役山地管道环焊缝缺陷影响因素探讨

轩　恒　蒋　毅　王彬彬　王垒超

（国家管网集团西南管道公司）

摘　要　为了在环焊缝质量隐患排查中，尽可能精确筛选出缺陷焊缝，降低环焊缝排查成本。以西南地区环焊缝排查数据为基础，从缺陷焊口类型、焊接工艺、施工季节等维度探讨影响焊口质量主要因素，以期实现长输油气管道环焊缝缺陷排查准确率的提升。

关键词　环焊缝，开挖验证，大数据，深度学习

环焊缝失效将会严重影响管道管理完整性，从而引起管道事故，给管道安全运行带来巨大挑战。为了消减风险、排除隐患，管道企业采用了开挖验证措施，与此同时也获得大量缺陷焊口数据。在环焊缝质量隐患排查工作中，为了尽可能精确筛选出缺陷焊缝，降低环焊缝排查成本。以西南地区环焊缝排查数据为基础，进行深入挖掘与分析，以期实现长输油气管道环焊缝缺陷排查准确率的提升。

西南地区已开挖焊口平均不合格率约10.59%。以平均不合格率为基准，对比各因素在实际开挖验证中的缺陷发生概率影响情况，探寻精确选口的方法；进一步利用环焊缝建设期基础数据、环焊缝排查方法及开挖验证结果等数据，深入探讨其各类影响因素在缺陷焊口产生中的比重，科学定量，加深认识。

1　影响因素分析

1.1　焊口类别

焊口类别为底片存疑、疑似黑口、疑似黑口上下游焊口、未通过中国特检院评价、抽查(抽查+扩检焊口)等六种(图1)。其中底片存疑焊口不合格焊口比率、裂纹口比率、需修复焊口比率均为最高，分别为49.53%、3.42%、40.42%。其次是未通过中国特检院评价焊口不合格比率为21.45%、裂纹口比率为0.90%、需修复焊口比率为12.32%。再次是疑似黑口不合格比率、裂纹口比率、需修复焊口比率为17.98%、0.56%、13.48%。可见底片存疑焊口、未通过中国特检院评价焊口、疑似黑口实际出现缺陷的概率极高，建议将其作为环焊缝排查的首选目标焊口。

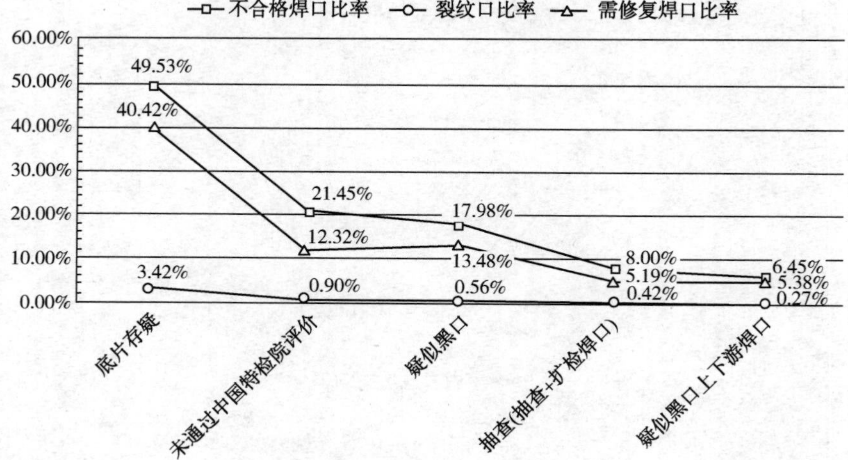

图1　不同类别焊口的不合格焊口比率、需修复焊口比率和裂纹口比率

1.2　焊口类型

从焊口类型上看，弯管+返修口焊口类型的不合格比率最高，为45%，其次返修口、弯管+死口、弯管变壁厚口+返修口，这4种焊口类型

的不合格比率均在20%~25%之间，剩余焊口类型不合格比率皆在20%以下(图2)。

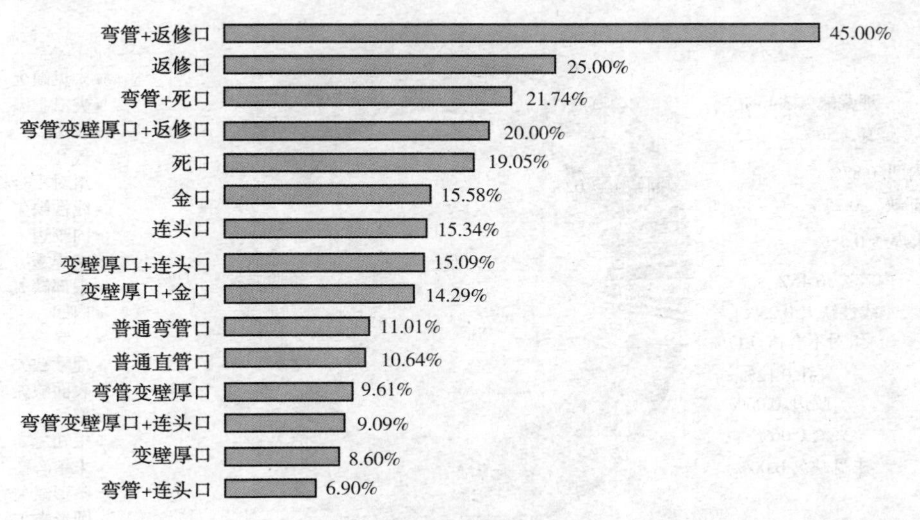

图2　各焊口类型的不合格焊口比率图

1.3　焊接工艺

从焊接类型上分析，手工焊的不合格焊口比率最高，为25%；焊条电弧焊次之，为15.28%(图3)。

经与缺陷类型关联，使用全自动气体保护焊的焊口出现圆形缺欠最多，共有4568道；其次为条形缺欠，共1320道；未熔合次之，共403道；裂纹缺陷中，使用全自动气体保护焊的焊口最多，为46道；其次是熔化极气体保护电弧焊+气电联焊-S，为10道；半自动气体保护焊次之，为7道。

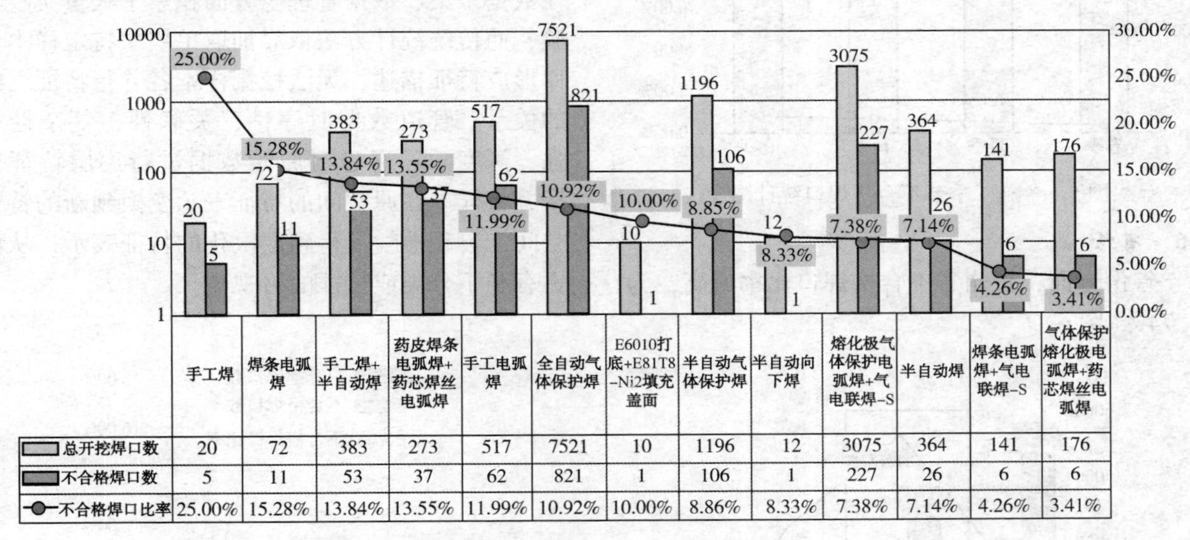

图3　各焊接类型的开挖焊口、不合格焊口统计图

1.4　缺陷类型

开挖焊口中圆形缺欠的开挖焊口占比最多，为48.35%；条形缺欠次之，占比18.85%；其次是未熔合，占比15.54%；其他缺陷类型的均未超过500道，占比均小于3%。

不合格焊口中圆形缺欠占比最多，为48.35%；条形缺欠次之，占比18.85%(图4)。

1.5　施工季节

施工季节方面，春、夏、秋、冬四季的不合格焊口比率分别为10.27%、10.08%、10.1%、10.88%，从不合格焊口来看，季节的影响并不明显；从裂纹口来看，冬季施工的焊口出现裂纹口的比率为0.79%，春季为0.35%，夏季为0.5%，秋季为0.63%，可见冬季、秋季施工对裂纹口的产生略有影响(图5)。

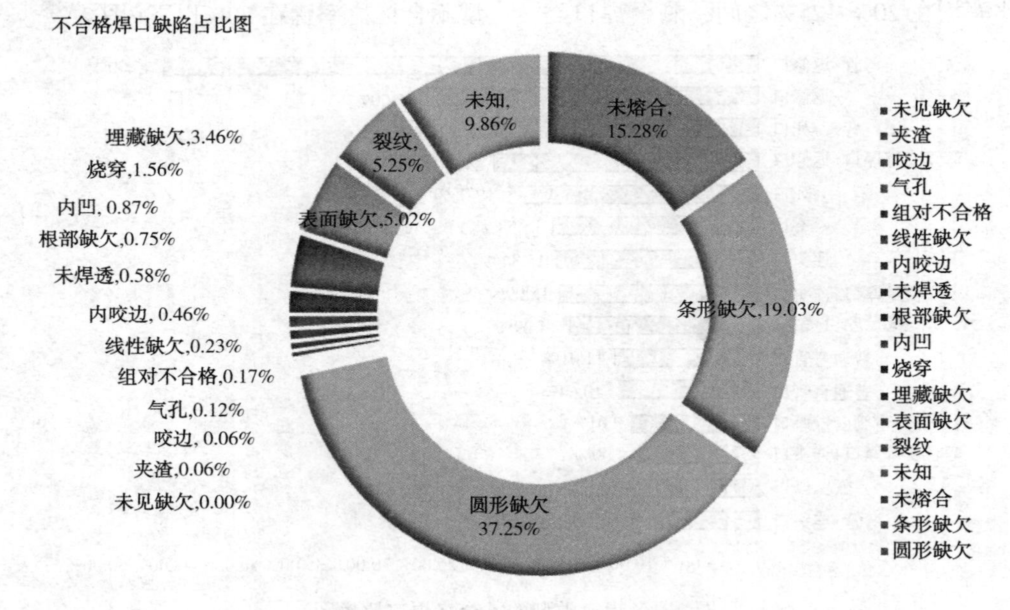

图4　不合格焊口缺陷占比图

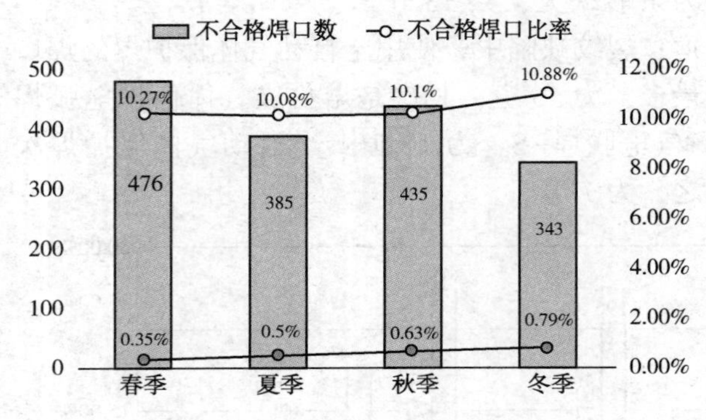

图5　各施工季节不合格焊口统计图

1.6　省份

省份方面，贵州省不合格焊口比率最高，为15.74%(图6)。

2　影响因素权重

2.1　决策树

油气管道的数字化发展与实践历经近20年，在数据采集、数据管理等方面积累了大量实践经验，而传统统计方法依靠抽取单层次特定样本规律形成特征描述，无法挖掘样本各并行特征之间的关系。管道数据时序性、关联性、复杂性较强，深度学习通过对原始数据进行逐层特征变换，将样本在原空间的特征表示变换到新的特征空间，自动地学习得到层次化的特征表示，从而更有利于分类或特征的可视化。

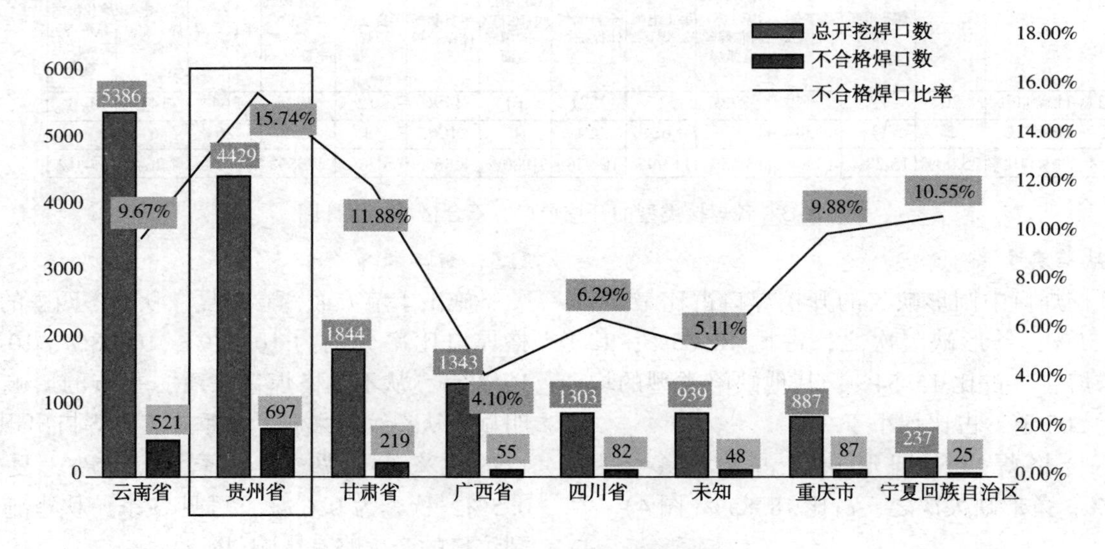

图6　各省份开挖焊口统计图

决策树算法是一种有监督的机器学习算法，要求有预测变量及目标变量，常用来解决分类问题。决策树算法由一个根节点、若干个内部节点以及若干个叶节点组成，易于理解和实现，能够直接体现数据的特点，能够对大型数据源做出可行且效果良好的结果，通过静态测试来对模型进行评测，测定模型可信度。

增长方法：CHAID. 卡方自动交互检测。CHAID. 通过卡方检定统计量的显著性检验，来决定最佳分支属性，常常用于处理多分枝离散数据。

决策树模型也有一些缺点，比如处理缺失数据时的困难，过度拟合问题的出现，以及忽略数据集中属性之间的相关性等。故在实际操作过程中，需结合管道实际情况对样本进行适当处理，通过预剪枝来降低决策树过拟合的风险。

2.2　数据来源

分析数据来自西南焊口排查。数据特征包括：管线名称、开挖原因，所在省份、地形、施工期射线检测缺陷类型、施工期射线检测评定等级、施工单位、检测单位、监理单位、施工标段、管径、管材、焊接工艺、施工记录弯头弯管角度、施工季节、是否连头口、是否金口、是否返修口、是否死口、是否弯头弯管、是否变壁厚口。

2.3　结果分析

本次分析在SPSS平台进行。SPSS全称统计产品与服务解决方案，集成数据挖掘所需的常见模型，可完成本次决策树分析。同时为了更好的实现危害较大的裂纹口的排查，按照逻辑顺序，先找不合格焊口，然后再排查出裂纹焊口(图7)。

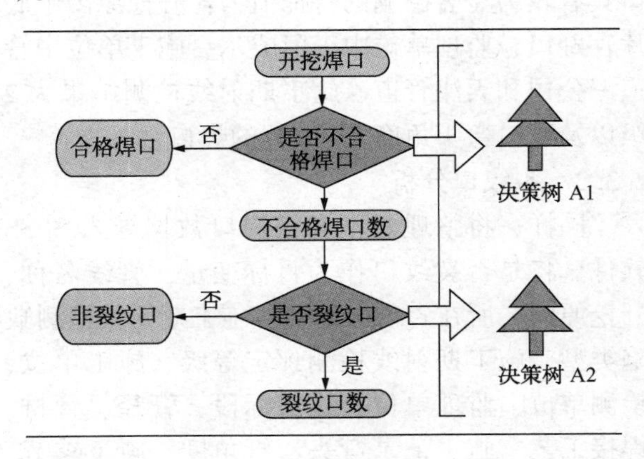

图7　分析流程图

2.3.1　不合格焊口分析

将整理好数据导入SPSS软件，将是否不合格焊口(复拍总结果)作为目标变量，开挖原因、所在省份、地形、施工期射线检测缺陷类型、施工期射线检测评定等级、施工单位、检测单位、监理单位、施工标段、管径、管材、焊接工艺、施工记录弯头弯管角度、施工季节、是否连头口、是否金口、是否返修口、是否死口、是否弯头弯管、是否变壁厚口作为预测变量，选CHAID算法(卡方自动交互检测)，将所得到的树状图根据管道场景实际特点进行后剪枝，结果见表1、图8。

表1　决策树A1模型混淆矩阵表

已观测	已预测		
	不合格	合格	正确百分比
不合格	83	723	10.3%
合格	73	7005	99.0%
总计百分比	2.0%	98.0%	89.9%

注：增长方法：CHAID；因变量列表：复拍总结果。

“分类表”就是混淆矩阵表，用于评估模型的质量。如上表所示，即实际的和预测的“合格”和“不合格”焊口数交叉表。表中实测的所有数据，即是决策树表中所有结点的数据。通过混淆矩阵，可以得出模型的准确率(总体正确百分比)为89.9%；而召回率(即查全率=预测为不合格且正确的样本/真实情况下所有为不合格的样本)为10.3%；精确率(即查准率=预测为不合格且正确的样本/所有预测为不合格的样本)为53.21%。

由决策树A1可知，具有显著影响的特征为：开挖原因，监理单位、施工单位、施工期射线检测评定等级、施工记录弯头弯管角度和施工季节。在生成的决策树中剔除了无显著影响的特征：施工标段、地形、站场阀室区间段、焊接类型和所在省份等(图14)。

由决策树A1中可以看出，节点0复拍总结果中，不合格概率较高为底片存疑口，预测不合格概率高达52.5%，远高于“抽查(抽查+扩检口)；疑似黑口上下游口；疑似黑口；内检测异常口”和“未通过中国特检院评价”这两类的预测。即底片存疑口对预测开挖焊口不合格上面，影响比较大。在节点2中，不合格预测结果最高出现在监理单位为“玉门威尔”变量，不合格概

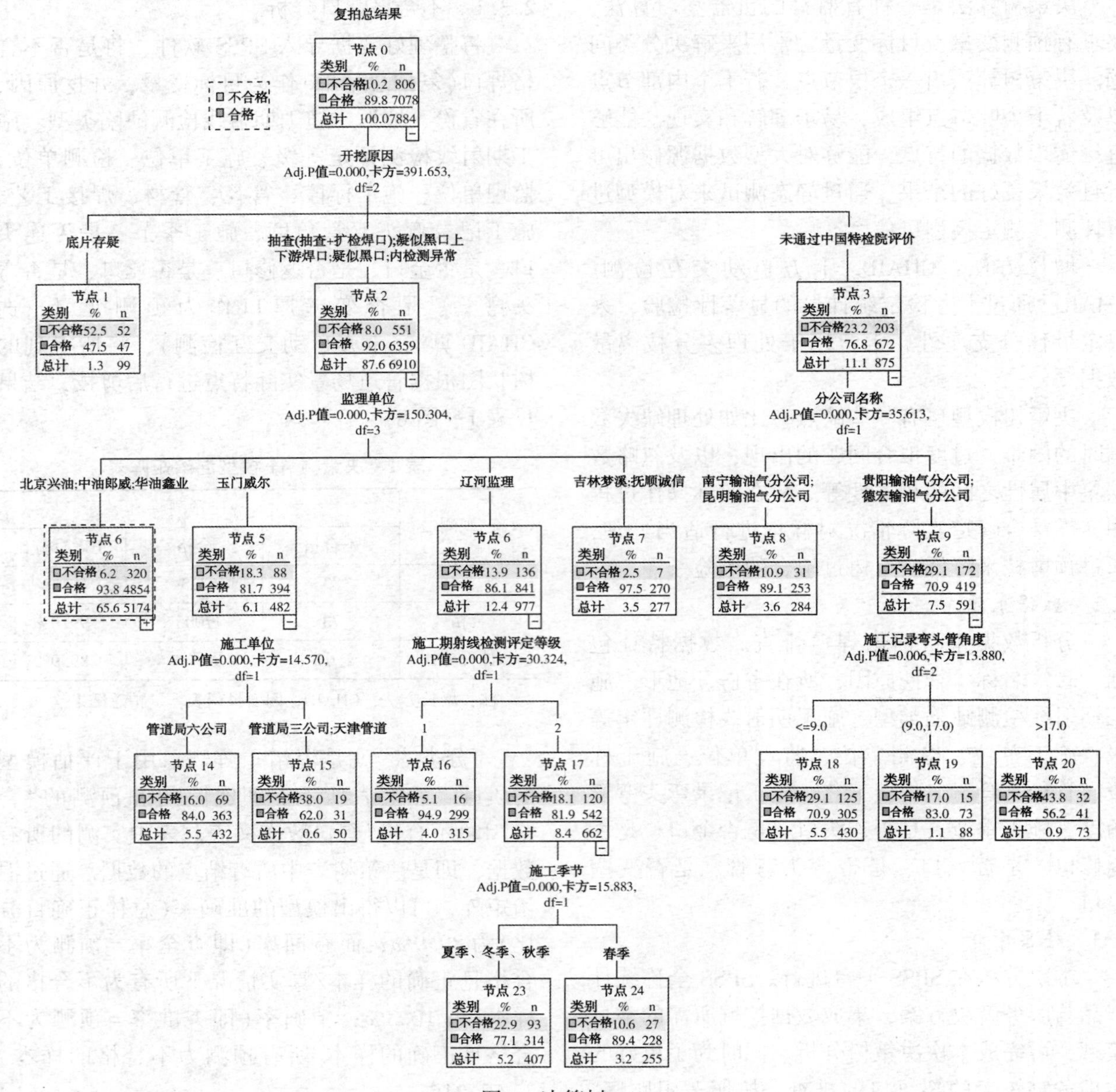

图 8　决策树 A1

率为 18.3%。在节点 5 中，不合格概率预测结果相对较高的为“管道三公司；天津管道”，预测不合格概率为 38%。在节点 6 中，不合格概率预测结果相对较高的为“2”，预测不合格概率为 18.1%，即施工期射线检测评定为 2 级的焊口比 1 级的焊口导致焊口不合格的概率更高。在节点 9 中，施工记录弯头弯管角度下，角度大于 17 的焊口预测不合格概率最高，为 43.8%，即弯头角度越大越后期焊口不合格的概率更高。在节点 17 中，施工季节对于预测开挖焊口不合格的影响不是很明显，“夏季；冬季；秋季”略高于“春季”。

运用 SPSS 软件，按照决策树 CHAID 生长模型（显著性水平 ≤0.05），综合得出对不合格焊口具有较为显著影响的特征值为：开挖原因中底片存疑口、监理单位中玉门威尔、施工单位中管道三公司和天津管道、施工期射线检测结果为 2 级以及焊口弯头角度大于 17°的焊口。

2.3.2　裂纹口分析

同样，将整理好不合格焊口数据导入 SPSS 软件，将是否裂纹口作为目标变量，管线名称、开挖原因，所在省份、地形、施工期射线检测缺陷类型、施工期射线检测评定等级、施工单位、检测单位、监理单位、施工标段、管径、管材、焊接工艺、施工记录弯头弯管角度、施工季节、是否连头口、是否金口、是否返修口、是否死口、是否弯头弯管、是否变壁厚口作为预测变量，选CHAID算法(卡方自动交互检测)，将得到树状图根据管道场景实际特点进行后剪枝，结果见图9、表2。

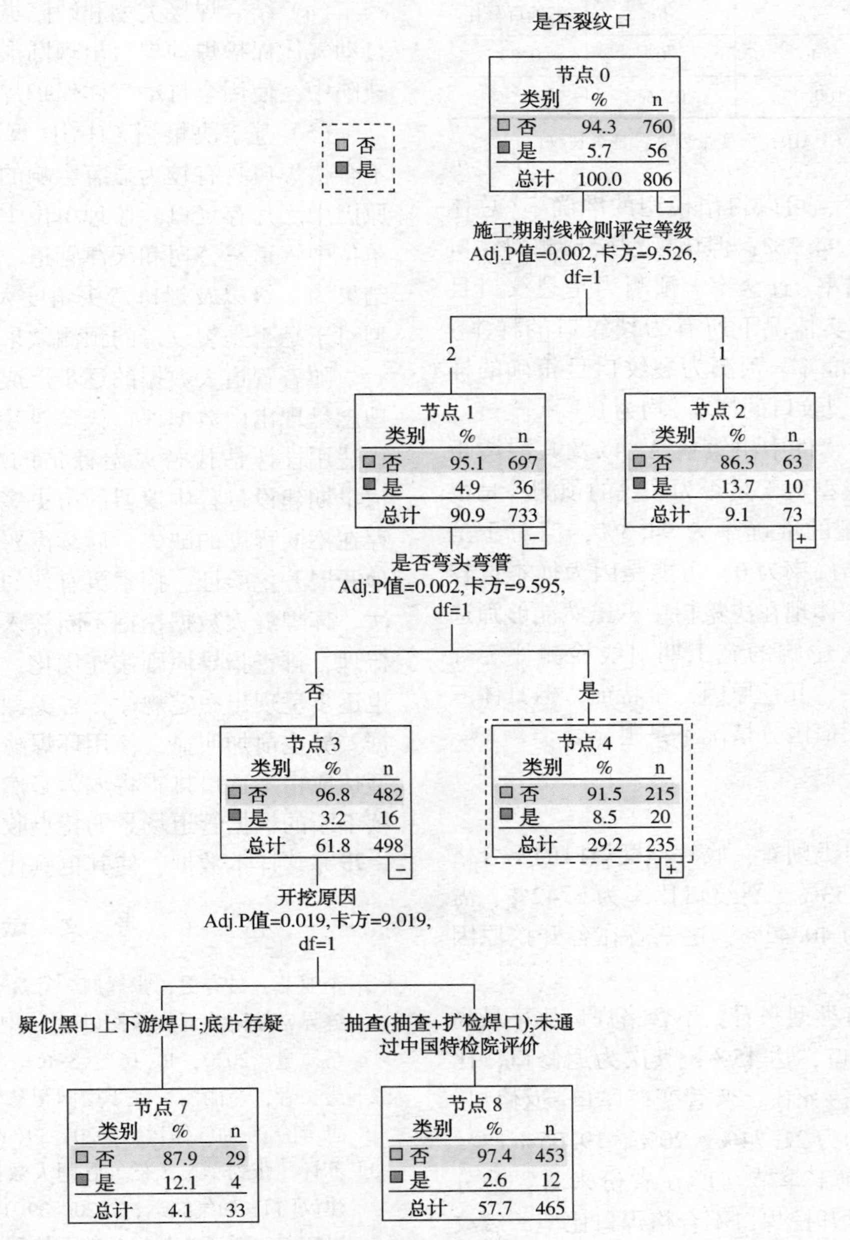

图9 决策树A2

由决策树A2可知，具有相对显著影响的特征为施工期射线评定等级、是否为弯头、开挖原因。在生成的决策树中剔除了无显著影响的特征：所在省份、施工单位、检测单位、施工标段、监理单位、管径、管材、焊接工艺、施工季节、管道名称等。

由决策树A2可知，每个节点中，下一特征分裂后，预测是裂纹口的概率均相差不是很大。节点0中是否为裂纹口，施工射线检测评定等级为2级的预测是裂纹口概率为4.9%，等级为1级的预测概率13.7%。在节点1中，是否是弯头弯管中，不是弯头弯管(预测是裂纹口概率为3.2%)和是弯头弯管(预测是裂纹口概率8.5%)的预测概率相差不大。节点3开挖原因与上述两个特征具有相同的趋势，具体见表2。

表2 决策树A2分类模型混淆矩阵表

已观测	已预测		
	否	是	正确百分比
否	760	0	100.0%

续表

已观测	已预测		
	否	是	正确百分比
是	46	0	0.0%
总计百分比	100.0%	0.0%	94.3%

注：增长方法：CHAID；因变量列表：是否裂纹口。

如表2所示，可以得出模型的准确率(总体正确百分比)为94.3%；但该模型所预测裂纹口数为0，即召回率(查全率=预测为是裂纹口且正确的样本/真实情况下所有为裂纹口的样本)与精确率(即查准率=预测为裂纹口且正确的样本/所有预测为裂纹口的样本)均为0。

根据SPSS软件中决策树A2以及其混淆矩阵表可知，该模型对于是否为裂纹的预测不是很理想，虽然模型的准确率为94.3%，但对于是裂纹口的预测精确率为0，可能是因为样本量较少。这种情况亦体现在决策树中，虽然能够筛选出相对具有显著影响的施工期射线检测评定等级、是否为弯头、开挖原因三个特征，但具体三个特征内的特征值区分情况不是很显著。

3　总结

(1) 从焊口类别看：底片存疑焊口的不合格焊口比率为49.53%、裂纹口比率为3.42%、需修复焊口比率为40.42%，这三者在各开挖原因中均为最高。

(2) 从焊口类型来看：不合格焊口比率最高的为弯管+返修口，达45%；其次为返修口，比率为25%；弯管+死口、弯管变壁厚口+返修口、死口，占比分别为21.74%、20%、19.05%。

(3) 结合施工季节与所在省份来看：经分析，施工季节对开挖焊口不合格焊口比率、裂纹口比率、需修复焊口比率的影响并不明显，但冬季施工的不合格焊口比率、裂纹口比率均略高于其他三季；所在省份方面，贵州省不合格焊口比率最高；

(4) 结合焊接类型和缺陷类型来看，使用全自动气体保护焊的焊口出现圆形缺欠最多；裂纹缺陷中，使用全自动气体保护焊的焊口最多。

(5) 基于决策树CHAID算法，综合得出对不合格焊口具有较为显著影响的特征值为：开挖原因中底片存疑口、监理单位中玉门威尔、施工单位中管道三公司和天津管道、施工期射线检测结果为2级以及焊口弯头角度大于17°；而该模型对于是否是裂纹口的预测效果不明显。

随着管道大数据的逐步形成，管道安全评估理念呈现出由数据评估代替风险专家评估、由工程适用性评估代替风险评估的趋势[4]。我国管道早期建设过程中遗留的历史多，基础数据大都存在不同程度的缺失，后续需要科学地、有取舍地开展开挖验证，探索更有效的管道数据分析方法。环焊缝大数据挖掘不断深入，关联因素持续梳理，排查指导原则接连优化，环焊缝排查数据也逐步呈现出一定规律，各类型环焊缝之间的数据差异也愈加明显，使用环焊缝缺陷排查数据模型达成精确选口排查将成为必然趋势，故仍需持续不断的根据管道场景的特点收集所需数据，进一步完善样本数据，使其更具代表性及使用性。

参　考　文　献

[1] 李亚菲，吴有更，张巍威，等．长输天然气管道焊缝异常缺陷修复方法探讨[J]．中国石油和化工标准与质量，2020，40(16)：5-6.

[2] 吴长春，左丽丽．关于中国智慧管道发展的认识与思考[J]．油气储运，2020，39(4)：361-370.

[3] 苏怀，张劲军．天然气管网大数据分析方法及发展建议[J]．油气储运，2020，39(10)：1081-1095.

[4] 冯庆善．基于大数据条件下的管道风险评估方法思考[J]．油气储运，2014，33(5)：457-461.

长输油气管道积液检测技术及装备研究现状

蒋　毅[1]　李开鸿[1]　刘雪光[1]　刘宇婷[1]　于卓凡[2]　张　涛[3]

（1. 国家管网集团西南管道公司；2. 中国石油西南油气田公司；3. 中国石油集团工程设计有限责任公司）

摘　要　管道积液是加速管道腐蚀、引起冰堵、降低管道输送效率的主要因素之一，目前国内外尚无成熟的长输油气管道积液检测技术及装备。根据长输油气管道积液检测的需求，本文详细介绍了现有的红外成像法、压差计算法、雷达探测法、电容检测法、电导检测法、超声检测法以及振动检测法等管道积液检测方法及相关设备，分析了各自检测原理、研究进展；针对长输油气管道特点及积液检测要求，对比了各自优缺点及适用性；在此基础上，从安全性、经济性、准确性和可靠性四方面提出了长输油气管道积液在线检测技术的发展方向及建议，对促进检测装备发展、保证管道安全具有一定指导意义。

关键词　长输油气管道，管道积液，检测方法，检测设备，发展方向

油气管道在投产运营前，需要注水试压，投产运营后会有部分水残留；在管道运行过程中，油气中夹带的水汽容易在低洼管段凝聚形成积液，从而引发一系列管道安全问题。

首先，积液会导致管线腐蚀加剧，易造成管线穿孔：C. de Waard研究表明水在管道中的分布状态直接影响管道内壁的腐蚀速率；2010—2012年川气东送管道内腐蚀调查结果表明腐蚀点位于管道底部6点钟方位密集度最高，极可能是管道底部积液部位。同时，腐蚀产物容易导致下游过滤器和减压阀堵塞：截止2004年底，兰成渝管道全线停输108次，其中99次是腐蚀产物过滤器和减压阀阻塞所致。其次，若管内有液态水或气态水含量较高，容易造成天然气管线发生冰堵事故：2009年12月西气东输二线西段半年之内沿线管道和站场出现50余处冰堵；2010年11月，涩宁兰天然气管道兰州末站各分输支路均发生冰堵；2011年，大连至沈阳天然气管道沿线营口、沈阳等分输站场以及与其相连的秦沈天然气管道沿线盘锦、锦州等分输站场均多次发生冰堵现象。此外，管道积液会降低管道有效输送截面积，增加输送阻力，增大单位长度压降，降低管道输送效率；积液严重形成塞流，会引起管线压力和流量波动，对管道造成冲击振动，引起管线破坏，当液塞体积超过下游处理设备的容量时，甚至导致停产。

因此，对管道内的积液位置、积液量进行检测，及时发现并排除管道积液，是降低管道腐蚀速率，降低冰堵事故概率，提高管道输送效率，保障油气管道安全运营的必要措施。

1　管道积液检测方法及装备研究现状

管道积液是影响油气管道安全的重要因素，为确保管道安全，避免经济损失，国内外对管道积液检测技术进行了大量的探索性研究。目前，能实现积液测量的方法较多，其中适用于油气管道积液检测的方法主要包括：红外成像法、压差计算法、雷达探测法、电容检测法、电导检测法、超声检测法以及振动检测法等。

1.1　红外成像法

该方法利用管道内部气液两相之间热容差别大及对流换热的性质，通过在外壁加热管道或制冷，使气液两相在管道外壁形成温度梯度，再利用红外成像仪测量管道外壁温度，形成管道温度分布图像，结合智能图像处理技术，可实现高压天然气管道的积液检测，其检测原理见图1。

目前，红外成像法已成功应用于储罐液位检测[5]，但在管线积液高度的检测方面研究较少。杨涛[6]、宋华军[7]、孙凡群[8]等对基于红外成像的管道积液检测技术开展了深入的研究，并通过Fluent仿真及试验发现：管道内液位越高，加热时间越短，测量时间与撤离加热膜时间间隔越小，管道外壁温度梯度越明显；气体流动速度增大，管壁上下部分温差减小；液位波动加剧，液位检测精度降低；采用大热流密度、短时全覆盖均匀加热、撤离加热膜后一分钟内采集管道外壁温度梯度数据的方法可以实现管道积液的检测。针对不同管径、积液高度和气流速度进行的实验

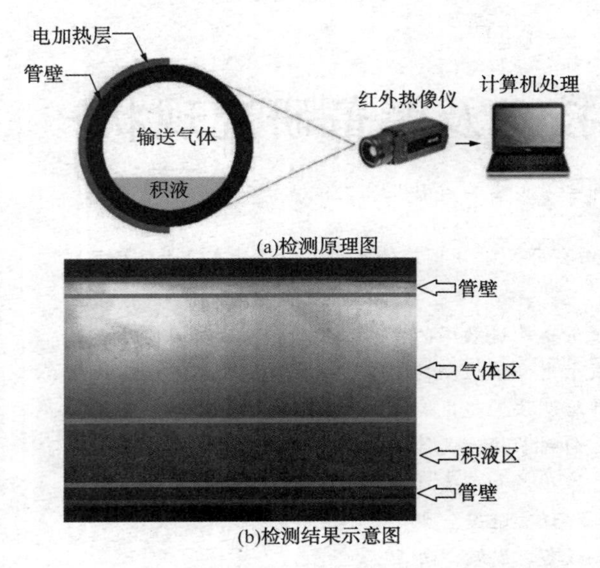

图1 红外成像管道积液检测示意图

室和现场测试表明，该方法的检测精度可控制在5%~10%范围内。

红外成像法属于非介入式测量，不会改变管道结构，安全性较高。但该方法检测精度受油气流动速度、积液高度、环境及人为因素影响较大；同时长输油气管道绝大部分埋于地下，检测时需要在检测点进行开挖，并去除管道表面防腐层对管道进行加热，工作量大，成本较高。因此，该方法只能对管道特定重点区域进行检测，无法实现长输油气管道的全线检测。

1.2 压差计算法

该方法通过在管道上下游或管道截面上下部设置压力传感器，检测管道上下游或截面的压力变化情况，通过计算压力变化实现管道积液情况的判断。

梁法春[9]推导了管道积液量和持液率的计算公式，给出了积液量预测流程，并对“友谊号”天然气外输管线的积液分布进行了预测；但该方法只能对管道积液总量进行理论计算，无法确定积液的具体位置。兰峰提出根据管道出口泄压和再憋压的升压速率，按照天然气管道输气过程的压力变化，可实现输气管道积水或冰堵位置的预测，并在渤西油气田海底天然气管道上进行了应用；但该方法仅能对积液或冰堵位置和积液量进行粗略计算，定位精度低，较难满足实际生产需求。饶永超发明了一种上下压差式湿气输送管道积液检测装置(图2)，通过在低洼管道某一截面的6点钟和12点钟方向安装两只压力传感器，采集管道截面上下压差信号，判断管道是否存在积液，并计算积液深度；该装置能够对管道低洼处的积液情况进行实时监控，检测精度较高，但是需要对管道进行改造，安装大量的阀门，存在安全隐患；同时也只能对局部管道进行定点监测，若要实现长输管道全线检测，设备投资巨大，经济成本高。

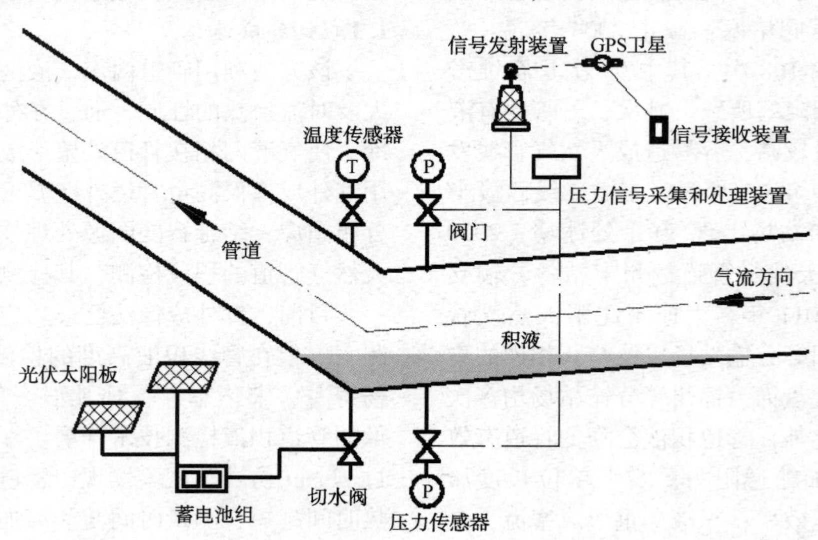

图2 压差式湿气输送管道积液检测装置结构示意图

1.3 雷达探测法

该方法利用雷达传感器的天线以波束的形式发射电磁波或超声波信号，电磁波或超声波在积液表面发生反射并被接收传感器接收，通过分析反射回波的时间延迟，即确定管道积液的位置。

张化宾发明了一种利用电磁波雷达液位计判断煤气管道积液情况的装置(图3)，该装置主要由闸板阀、短接管、雷达液位计和监视器三部分组成，通过在管道上开孔并安装闸板阀及短接管，在短接管内设置雷达探头，能够对管道积液情况进行实时监测。张淑英[13]提出了一种利用超声波雷达探测煤气管道积水的方法及装置(图4)，通过在煤气管道两端抽水井内安装超声波发射换能器和接收器，根据接收器接收的反射超声波时刻相对于发射时刻的时间差，并结合现场测定的声速来计算积水点的位置，若在管道低洼管段两端开孔安装该装置则可实现长输油气管道的积液检测。

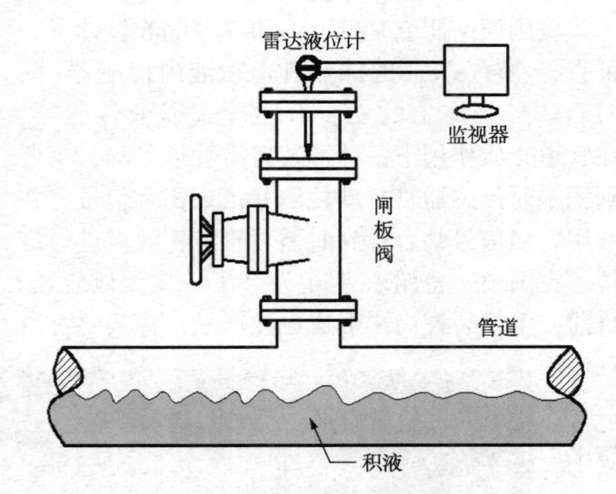

图3　电磁波雷达液位计现场安装图

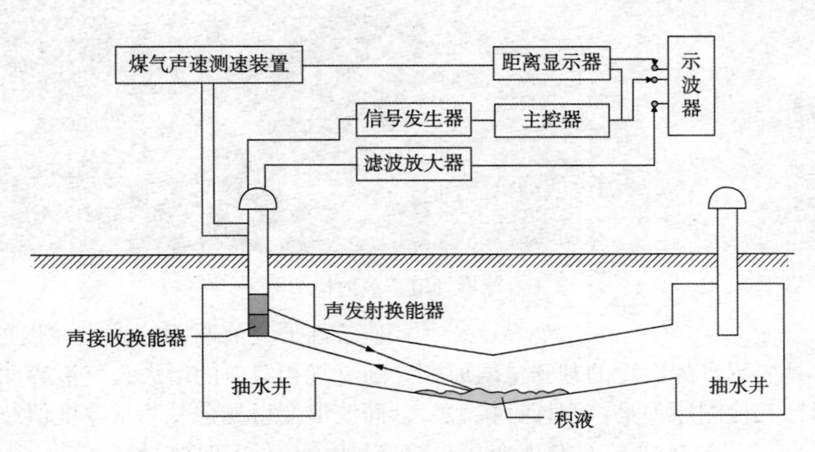

图4　超声雷达积水探测装置原理图

上述两种装置都能够对管道内部尤其是管道低洼段管道积液情况进行实时监测。然而，该类装置均需要在管道上开孔，焊接安装检测设备，破坏管道原结构，存在安全隐患；同时，该类装置只能实现低洼管道的定点监测，若要实现长输管道全线检测，则需要投入大量资金进行管道改造。

1.4　电容检测法

当电容传感器浸入积液中，若平板或柱状电容传感器两极板之间的介质发生变化，会引起传感器电容值发生相应改变，则可根据电容值的变化确定积液的位置及深度。目前电容式液位检测器在大型储罐液位监测中得到了广泛的应用，Drexelbrook、Honeywell、上海自动化仪表五厂、上海集成仪器仪表研究所等都研制出了相关产品，但用于长输油气管道积液检测的电容式检测装置较少。

吕恬生设计了一种电容式管道积液故障检测与排除装置(图5)，该装置的核心部件为两块环形电容极板和一台抽真空泵，若管道内部存在积液，积液从进液孔进入传感器，引起前后极板间的电容值发生变化，从而识别检测出积液及其深度，并可利用真空泵将积液排除。该装置具有结构简单，灵敏性好，动态响应好等优点；但是该装置需要在存在积液的管道处开孔，方能将传感器放入管道，会破坏管道完整性，操作难度大，无法实现油气管道积液的在线检测。

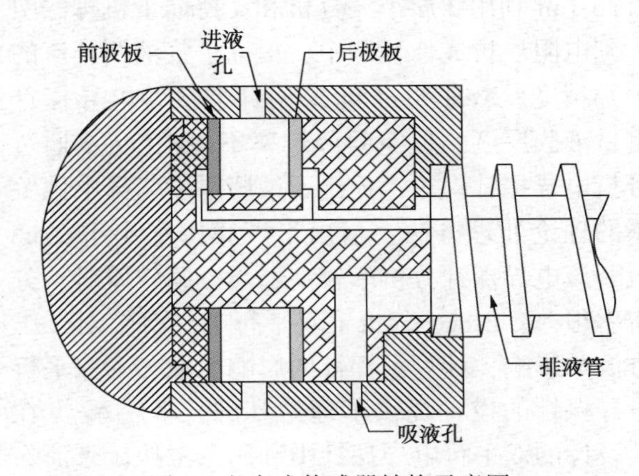

图5　电容式传感器结构示意图

美国西南研究院的 Darrell S. Dunn 设计了一种直径小于 5 cm 的球形管道积液内检测器(图 6)，球形壳体上的安装有矩阵式积液传感器，在管道介质作用下，球形装置沿管道运动，当遇到积水时传感器将自动检测并记录积水信号，并利用射频信号结合达到时差对管道积液点进行定位；在国内，曹谢东[18]也设计了一款类似装置。目前，上述装置尚未形成成熟产品，在实验管道内的测试结果表明其能够实现管道积液检测，但检测精度受流体流速影响较大：当流体速度小于 4.10m/s 时，能发现到 1.5cm 深的积水；流体速度增大，识别积水的能力降低，当气体流速增大至 9.26m/s 时，仅能发现 7.62cm 深的积水。此外，对于地形复杂、坡度较大的管段，管道介质可能无法推动检测器运动，从而造成检测器滞留在管道低洼处。

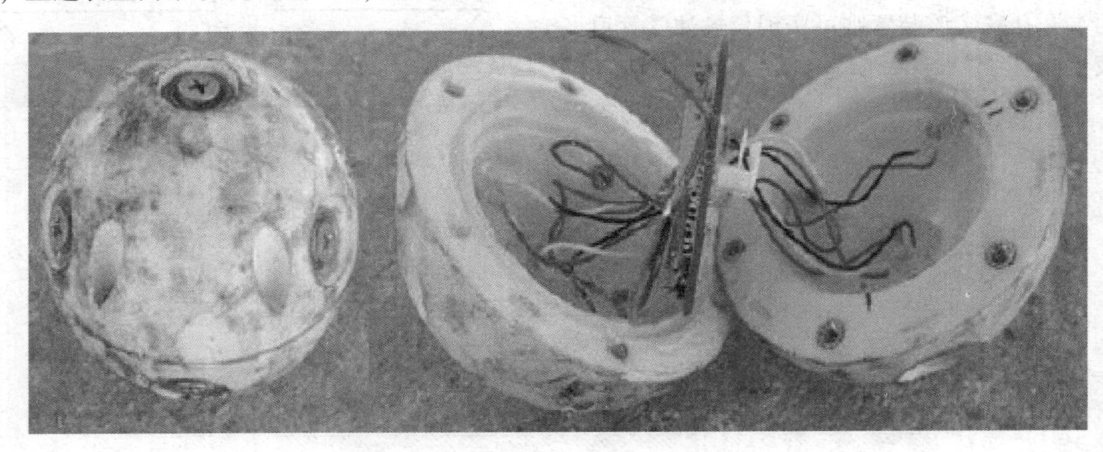

图 6　球形管道积液内检测器

1.5　电阻检测法

电阻接触探针是应用最为广泛的基于电阻原理的液相检测仪器，其检测原理是：当探针接触到气相和液相时，会引起探针电导率发生变化，从而实现液相的识别。

Ma Yixin 介绍了一种电阻层析成像装置，其通过在管道内壁周向均匀布置 16 块电极片实现管道液位的测量，其试验结果表明该装置的液位检测精度可达到 2.88mm。F. Dong 根据电阻层析成像中的边界电压信号，将神经网络引入到检测结果分析中，模拟得出了气液两相流中气液孔隙率的计算公式，可用于管道积液量的计算。Chao Tan 利用 3 层小波分析和支持向量机算法引入到电阻层析成像检测中，提高了气液两相流的识别精度。Neal Bankoff 采用针形接触电导探针测量液膜厚度，但空间分辨率不高；Coney 通过分析电导探针理论，提出了液膜厚度与导电性关系的理论处理方法：指出当液膜厚度小于 2mm 时，该电导探针分辨率较高，当液膜较厚时，分辨率很差；Brown 分析了双平行电导探针对二维方波的影响，计算了探针的影响区域，为双平行电导探针的设计提供了理论基础。李广军[22]在其设计的双平行电导探针中利用参考探针来消除液体电导率对液膜测量的影响，其对不同气体流速条件下气液两相流液面厚度的测量结果表明：随着气相流速的增大，气液界面的波动加剧，界面波形变得复杂，测量厚度值波动增大。郭烈锦设计了一种实时测量多相管流中持液率和相界面的电导探针测量系统，通过在管道内壁布置双环电导探针及双平行电导探针，消除了探针对流型的敏感性，提高了瞬态多相流截面持液率的检测精度。

接触类探针不但能量检测检测管道积液情况，还能检测管道气液两相流流态及气相持液率。但该方法属于介入式定点测量，会阻碍清管器的通过；对于高硫天然气管道，探针容易腐蚀损坏；同时，布置探针需要在管壁上开孔，存在泄漏风险。

1.6　超声检测法

该方法利用超声波探头向管道发射超声波，超声波在不同阻抗的介质分界面会发生反射，通过测量超声波的往返时间可得出液位高度。超声波测量开放式容器静止液位的理论已相当成熟，在工业的应用也较为广泛，但在油气管道积液检测方面的研究及装置较少。

洪志刚提出了一种利用超声波在管壁和气液界面处反射回波的时差测量液位的方法，并设计相应检测装置[图 7(a)]，其试验结果显示液位测量误差小于 1mm，但测量精度会受到温度及系统晶振频率的影响。

梁法春提出了一种沿管道外壁扫描的超声波积液检测方法及装置，其原理见图 7(b)。在此基础上，末小会通过试验发现：当超声波发射频率为 0.5~1.5MHz 时，固气界面处的超声回波数为 5~6 道，而液固界面的超声回波数为 4 道，利用该差别可以确定管道积液液位；同时，管内流体流型及波动情况对检测精度影响较大，该装置只能较为准确的检测层流状态下管道积液液位，无法测量环状流及弥散流条件下的管道积液液位。李玉浩的仿真及试验结果表明：气固界面和液固界面的回波特性存在明显差异，且随着反射回波次数的增加而增大；其对比了超声和红外两种检测方法的精度，发现超声回波法检测精度明显高于红外检测法，超声回波检测精度能够达到±3mm。邹志昊[29]利用超声透射法，在管道对称位置设置发射探头和接收探头，通过分析声波信号可发现积液。Xu L J[30] 利用沿管周布置的超声探头阵列，对不同流型的气液两相流进行超声层析检测发现：超声探头数目、探头布置是否对称对称性、探头参数是否一致性、管道直径、数据采集及处理系统性能对检测结果精度有较大影响，造成实际检测结果误差往往大于理论分析误差。

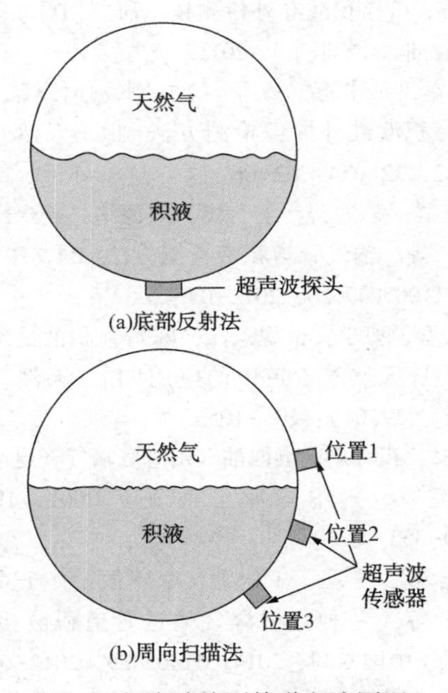

图 7　超声波检测管道积液原理

超声波检测方法为非介入式检测，不破坏管道结构，不受管内温度、压力的影响，检测精度较高；但是由于现场积液管道底部往往存在固体沉积物杂质，液面处于波动状态，且常伴有气泡，二次反射较为分散，影响测量精度；此外，检测时需要对管道进行开挖，只能对管道低洼段进行检测，检测成本较高，无法实现长输油气管道的全线检测。

1.7　振动监测法

管道振动频谱特征信号能够反映管段内的流型，在不同气液两相流动状态下，管道振动的峰值频率、最大振幅及能量谱密度等特征参数值会发生改变，因此通过对上述参数的测量分析，可监测管道内部积液量的变化。目前，振动检测法用于管道积液检测的研究较少，研究点主要集中流型检测、振动破坏等方面。

刘敬喜推导了弹性介质中充液管道在轴对称运动下声振耦合系统的频散方程。刘勇[32] 分析水平管段和起伏管段单相流、分层流、气团流和段塞流下管道振动的机理以及振动特征发现：管道振动速度能量谱随着积液增加而增大，且段塞流流型的振动能量密度大于分层流和气团流型；水动力段塞流振动能量谱密度随倾斜角度的增大而减小；地形段塞流在下降段的能量谱密度随倾斜角度的增大而增大，且大于水动力段塞流。秦金指出可以 BWRS 方程为基础推导判断管道内有无凝析液析出，其振动试验结果发现：与单相流相比，气液两相流速度谱频带范围较宽，振动速度的峰值频率及幅值较大，管道振动更明显；分层流、波浪流、段塞流、环状流的加速度幅值和能量值集中范围不同，气体流量增大，加速度幅值集中程度和能量幅值均呈逐渐增大趋势；此外，管道起伏倾角越大，振动加速度幅值和能量值越大。钱小平通过测量管道振动产生的噪声信号发现：输气量对管道声波影响较小，液量对管道声波峰值频率影响较大，声波峰值频率随液量增大而减小，声波能量随液量增加而增大；管道倾角增大，声波能量和幅值均增大，这与刘勇、秦金的振动测试结果相对应；同时其利用多元回归方法建立声波能量和气液折算速度之间的回归方程，发现声能量和气液折算速度之间呈线性关系。

目前，振动检测法能够对管道积液情况及流型进行初步定性判断，但无法实现管道积液量的定量计算，同时振动测试受影响因素众多，只能对局部管段进行监测，且时间、成本过高，目前尚处于实验室研究阶段。

2 长输油气管道积液检测原则及发展方向

截至2019年，我国陆上油气管道总里程超过13.9万公里，覆盖我国31个省市和特别行政区，现已形成覆盖全国、连通海外的油气管网格局。目前，对管道积液检测技术及装置研究较少，国内外尚无长输油气管道积液全线检测的成熟装备，多数专利并未转化为实际产品。因此，在现有积液检测技术及装备基础上，在不改变管道结构前提下，研发长输油气管道积液在线检测的装置及方法，具有较好的应用前景。以期为管道的运行工艺调整、清管方案及维护方案制定等提供科学指导，确保长输油气管道安全。

鉴于长输油气管道结构及分布特点，在研发积液检测技术及装备时应充分考虑以下原则：

（1）安全性：油气管道输送的高压油气若发生泄漏，可能造成严重经济损失和人身伤害。因此，在积液检测过程中应尽量避免对管道结构的改造，排除安全隐患；

（2）经济性：长输油气管道输送距离长，沿线地形复杂，沿线逐点检测难度大。因此，应尽量避免管道开挖，避免逐点检测，降低检测成本；

（3）准确性：能够准确定位积液点位置和测量积液量，为后续维护方案的制定提供依据；

（4）可靠性：检测装置能够长时间运行，抗干扰性强，工作条件或环境因素变化对设备性能影响小。

因此，未来长输油气管道检测技术及装备研制可在以下三方面开展：

（1）红外和超声检测法属于非介入检测，安全性高，检测精度高，可用于重点管段积液情况的实时监测；

（2）管道内检测装备发展已经相对成熟，但内检测技术及装备主要针对管体缺陷、变形、剩余壁厚以及中心线检测。因此，可在成熟的内检测器装备上搭载电容或电导式传感器，缩短研发周期，降低研制成本，实现长输油气管道积液在线检测，同时能够作为内检测结果的补充。

（3）在管道积液位置及积液量检测的基础上，增加积液成分分析技术，特别是高含硫或二氧化碳等管线，分析积液的电化学性质，这对管道腐蚀情况分析和预测具有积极的意义。

3 结论

本文详细介绍了现有管道积液检测方法及相关设备，对比了各自优缺点及适用性。针对长输油气管道结构及分布特点，提出了长输油气管道积液在线检测技术的发展方向及建议，对促进检测装备发展、保证管道安全具有一定的指导意义。

参 考 文 献

[1] LIANE S, BRUCE C, KEES W. The influence of crude oil on well tubing corrosion rates [C]. Nace Corrosion Conference, 2003, paper 3629.

[2] 尹恒，董华清，原徐杰，陈维，王方，李爱莲．川气东送管道内腐蚀调查分析[J]．腐蚀与防护．2014，35(10)：1051-1055.

[3] 陶江华，田艳玲，杨其国，李学军．成品油管道运营问题分析及其解决方法[J]．油气储运，2006，25(5)：59-61

[4] 王保群，赵永强，王小强，王志月，代运峰．长输天然气管道冰堵治理与案例分析[J]．石油规划设计．2015，26(05)：22-25+52-53.

[5] 陈婧，姚培芬，梁法春，曹学文．红外成像技术在储罐液位检测中的应用[J]．内蒙古石油化工．2008(06)：1-2.

[6] 杨涛．管路积液红外检测技术研究[D]．青岛：中国石油大学(华东)．2011.

[7]宋华军，戴永寿，杨涛，李立刚，孙伟峰．天然气管道积液红外成像检测方法[J]．天然气工业．2012，32(05)：62-66.

[8] 孙凡群，孙洪涛，王召民，刘德绪，戴永寿，曹学文，等．输气管道积液检测方法[P]．中国专利，201110078496.0，2012-07-25.

[9] 梁法春，曹学文，魏东江，陈婧．积液量预测方法在海底天然气管道中的应用[J]．天然气工业．2009，29(01)：103-105.

[10] 兰峰，崔大勇．渤西油气田海底输气管道堵塞问题研究[J]．中国海上油气．2007，19(05)：350-353.

[11] 饶永超，王森，王树立，李建敏，孙圣杰，朱翔宇，等．一种新型湿气输送管道积液检测装置[P]．中国专利，201410514634.9，2012-09-29.

[12] 张化宾，左庆爱，高智群，巩鹏，王营营，方涛，等．一种煤气管道积水检测装置[P]．中国专利，201420267504.5，2014-09-10.

[13] 张叔英，孙耀秋，凌鸿烈，朱元庆，郑克敏．探测

管道积水位置的声学方法及其设备[P]. 中国专利，86102512，1988-05-04.

[14] 杨天麟. 基于电容测量的液位检测技术研究[D]. 成都：电子科技大学. 2015.

[15] 冯斌. 一种与介质无关的管道电容式液位测量方法研究[D]. 重庆：重庆大学，2009.

[16] 吕恬生，张毅，叶官宝，顾大川，胡贵钱. 管道积水的故障检测与排除装置[P]. 中国专利，ZL93225380.6，1995-06-21.

[17] DARRELL S. Dunn. Corrosion Sensors. Southwest Research Institute [EB/OL], http://www.prci.org, 2016-03-29.

[18] 曹谢东，谭卫斌，于志军，李杰，秦海洋，隆博，等. 天然气干气管道智能检测球[P]. 中国专利，201210138719.2，2012-05-08.

[19] MA Y X, ZHENG Z C, XU A L, LIU X P, WU Y X. Application of electrical resistance tomography system to monitor gas/liquid two-phase flow in a horizontal pipe[J]. Flow Meas Instrum. 2001, 12(2): 259-265.

[20] F. DONG, Y. B. XU, L. J. XU, etal. Application of dual - plane ERT system and cross - correlation technique to measure gas - liquid flows in vertical upward pipe [J]. Flow Measurement and Instrumentation. 2005, 16(2-3): 191-197.

[21] CHAO T, FENG D, WU M M. Identification of gas/liquid two-phase flow regime through ert-based measurement and feature extraction [J]. Flow Measurement and Instrumentation. 2007, 18(5-6): 255-261.

[22] 李广军，郭烈锦，陈学俊，陈永利. 气液两相流界面波的双平行电导探针测量方法研究[J]. 计量学报. 1997, 18(03): 9-14.

[23] 郭烈锦，顾汉洋，张西民. 实时测量多相管流中相含率和相界面的电导探针测量系统[P]. 中国专利，200610041979.2，2008-11.19.

[24] 洪志刚，杜维玲，周玲. 超声波外侧液位检测方法研究[J]. 电子测量与仪器学报. 2007, 21(04): 46-49.

[25] 梁法春，曹学文. 一种天然气管道积液测量方法和装置[P]. 中国专利，200910229547.8，2010-09-22.

[26] 末小会. 管道积液超声检测技术研究[D]. 青岛：中国石油大学(华东). 2011.

[27] 李玉浩，曹学文，雷毅，梁法春，张宇航. 基于超声回波特性的湿气集输管线积液检测技术[J]. 石油学报. 2013, 34(06): 1200-1205.

[28] 李玉浩，曹学文，梁法春，王文光，赵联祁. 湿气集输管线非介入式积液检测技术[J]. 科学技术与工程. 2014, 14(30): 18-22.

[29] 邹志昊，张仕科，刘黎明. 一种输气管道积液监控系统及其监控方法[P]. 中国专利，201510909087.9，2015-12-10.

[30] XU L J, XU L A. Gas/Liquid two-phase flow regime identification by ultrasonic tomography [J]. Flow Measurement and Instrument. 1998, 8(3/4): 145-155.

[31] 刘敬喜，李天均，刘土光，李强. 弹性介质中充液管道的波衰减特性[J]. 华中科技大学学报(自然科学版). 2003, 31(10): 90-92.

[32] 刘勇. 管道积液振动检测技术实验研究[D]. 青岛：中国石油大学(华东). 2010.

[33] 秦金. 输气管道内积液检测及安全分析[D]. 青岛：中国石油大学(华东). 2011.

[34] 钱小平. 气液混输管道声学检测及安全运行研究[D]. 青岛：中国石油大学(华东). 2010.

川西输气管网高后果区识别与管控探索实践

周晴莎

（中国石化西南油气分公司油气销售中心）

摘　要　川西输气管网从气田滚动开发建设至今已30余年，部分管道已经进入运行寿命末期，并伴随城市发展，形成较多人口密集型高后果区；为切实加强高后果区风险管控，本文以川西输气管道某某线为例阐述了高后果区识别方法，采用Bow-tie法辨识风险因素，并对人口密集型高后果区进行失效后果评价，明确高后果区事故影响范围，提出了针对川西输气管网的高后果区管控措施和建议，为长输管道高后果区安全管理提供参考。

关键词　川西管网，高后果区识别，风险辨识，管控措施

川西输气管网经过二十多年的建设和发展，形成了以新场气田为中心的环状与放射状相结合的管网体系，共有输气管线30多条，输气管道634km。部分在役管道运行年限已达30年，逐步进入事故频发期；随着城镇区域的扩张，城市逐渐包围管道，形成各类人口密集区域。这些区域内管道一旦失效将可能造成大量的人员伤亡和财产损失，如2014年8月1日，台湾高雄市前镇区多条街道陆续发生可燃气体外泄，并引发多次大爆炸，造成32人死亡，321人受伤。以川西输气管网中XX段管道为例，该段管道建于1997年，全长46.5km，管径377km。管道沿途途经区域，多是工业、农业发达地区，沿线各类大型施工、厂企工矿、居住人口密度大，生活区域距离管道位置比较接近。

1　高后果区识别方法

根据GB 32167—2015《油气输送管道完整性管理规范》，结合川西地区管道分布广、工况复杂等特点，将高后果区识别周期确定为每年一次，采用“地理信息系统地图定位/无人机视频图片识别划分+现场核实取证”的高后果区识别方法。高后果区识别工作由熟悉管道沿线情况的技术人员进行，识别前均接受统一的高后果区识别培训。具体识别方法步骤如下：

（1）利用地理信息系统，将管道数据坐标导入卫星地图中；选取管道对应的识别半径画出识别带状图(图1)。识别区域须要选取正确的输气管道潜在影响半径，由于川西管道规格均为Φ133mm至Φ377mm，且大部分管道常年低压运行。当输气管道长期低于最大允许操作压力运行时，潜在影响半径宜按照最大运行压力计算。其潜在影响半径可根据式(1)求得的影响半径从而缩小识别区域范围(表1)。

表1　XX线输气管道基本参数

管道名称	XX线输气管道	输送介质	天然气
投产时间	1997年	防腐层材料	环氧煤沥青+玻璃丝布
管道材质	X52螺旋焊缝钢管	管道长度	46.39km
外径	377mm	设计压力	4.00MPa
管壁厚度	7mm	目前运行压力	1.60MPa
输量	$58\times10^4m^3/d$	阴保装置	采用强制电流阴保系统

图1　管道高后果区识别图

输气管道潜在影响半径对于天然气管道，影响半径可按下式计算：

$$r = 0.099\sqrt{d^2p} \tag{1}$$

式中，d为管道外径，mm；P为管段最大允许操作压力(MAOP)，MPa；r为受影响区域的半

径，m。

由于XX线输气管道管径为377mm（大于273mm），依据识别准则，识别区域应为管道两侧各200m范围内。潜在影响半径则为200m。

（2）在潜在影响区域（划好的带状图区域）内按识别准则依次识别高后果区。

在高后果区识别过程中首先要明确识别区域的地区等级。地区等级按照沿管道中心线两侧各200m范围内，任意划分成长度为2km并能包括最大聚居户数的若干地段，按划定地段内的户数划分为四个等级。其中三级地区指户数在100户或以上的区段，包括市郊居住区、商业区、工业区、发展区以及不够四级地区条件的人口稠密区；四级地区指四层及四层以上楼房普遍集中、交通频繁、地下设施多的城市区段。

①判断识别出带状区域内三、四级地区，同时将地图中难以准确判断地区做好标记。

②依据巡管经验以及地图中明显标识识别出带状区域内以及边界上的特定场所包括人员集贸市场、运动场、广场、剧院和露营地等易聚集区域和难以疏散、行动受限等诸如医院、学校、幼儿园、养老院、监狱等区域，并对难以判断其功能属性的建构筑物标记待现场核实后确定。

③据巡管经验以及地图中标识识别出带状区域内除三、四级地区以外是否还存在易燃易爆区域，如加油站、加气站、配气站、油库和化工厂等。

④在地图上识别高后果区时，找到住宅以及特定场所等建构筑物外边缘垂直投影到管道上的两点作为起始点和终止点，依据规范建议，可再分别外扩延伸200m，目的也是通过作为高后果区加强该段管理以保障这一段的安全性，从而保障附近建筑物及居民的安全。

（3）完成地图上的初步识别之后到现场确认核实，每个高后果区点都需要现场照片。现场照片拍区段内典型照片即可，包含高后果区起始点、高后果区中间典型照片和高后果区终点。

（4）编制详细的高后果区识别列表，内容应包括识别管道名称、高后果区起止点坐标、长度、地理位置和概况描述等。表2为黄金线高后果区识别简要列表。

表2　高后果区识别统计表

高后果区编号	名称	起点经纬度	终点经纬度	长度/m	地区等级	高后果区等级
HJX-HCA-01	XX乡XX街道附近	104.441860，31.127835	104.435237，31.117634	1457	三级	Ⅱ
HJX-HCA-02	保利XX花园	104.416130，31.074575	104.416320，31.068372	683	四级	Ⅲ
HJX-HCA-03	XX小区、XX家园、XX路学校段	104.416434，31.063443	104.416147，31.055169	934	四级	Ⅲ
HJX-HCA-04	XX镇XX村段	104.416380，31.043077	104.413802，31.032040	1275	三级	Ⅱ
HJX-HCA-06	XX镇监狱	104.396100，30.901350	104.396988，30.895275	689	—	Ⅰ
HJX-HCA-05	XX镇XX村段	104.396100，30.901350	104.396988，30.895275	450	三级	Ⅱ
HJX-HCA-07	蓝光XX别墅、XX郡小区	104.404905，30.874980	104.406170，30.868203	812	四级	Ⅲ

管线全场约46.4km。共识别高后果区7段，Ⅰ级高后果区1段689m，Ⅱ级高后果区3段长度3182m，Ⅲ级高后果区3段长度2429m，高后果区管段总长度6.3km，占其所辖管道的13.57%（图2）。

2　高后果区风险评价

2.1　风险因素辨识

XX天然气长输管道输送的介质为天然气，属于易燃易爆物质，加之其输送距离长，且穿越城市乡村等人员密集场所，一旦发生事故，其造

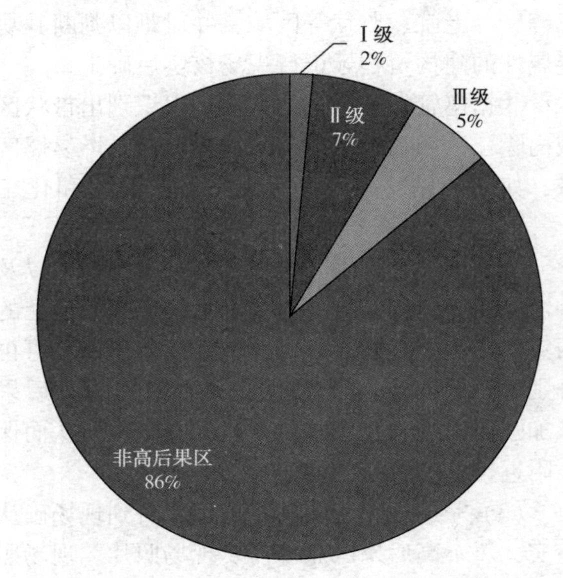

图 2　黄金线高后果区长度比例图

成的经济损失和社会影响都是巨大的。采用 Bow-tie 分析方法，绘制管道风险蝴蝶结图，可以形象展示导致管道泄漏的失效因素和泄漏后的不利后果形象将蝴蝶结图的中心事件定义为管道泄漏。中心事件的左侧，分析管道泄漏的原因，中心事件的右侧，分析管道泄漏的影响后果（图 3）。

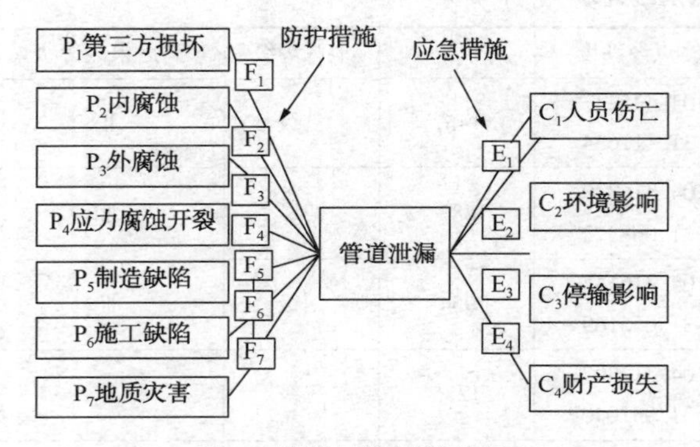

图 3　管道风险蝴蝶结图

将导致 XX 天然气长输管道的风险因素/失效原因继续细分如下。

（1）第三方损坏，包括地表开挖、地下施工、农耕、打孔盗油气、恐怖袭击等各种可能损坏管道的活动。“点多、线长、分布广”是输气管道的基本特点，随着社会经济的发展，管道沿线各类经济开发区、贸易交易区、居民集中安置小区、农民自建房以及各等级公路建设、水利设施等第三方施工频繁发生。2019 年，在管道巡护过程中，发现管道周边第三方施工 356 处，其中川西地区 221 处。更有不少第三方的安全和法律意识淡薄，采用大型机械设备野蛮施工，严重影响管道输送安全及其周边区域的公共安全。该管道环氧煤沥青防腐层破损主要由第三方施工机械划伤造成。第三方损坏也是影响川西管道安全运行的主要因素。

（2）内腐蚀，包括介质本身的腐蚀性、管道内部试压残留水、低点积水等。川西地区管网输送天然气直接来自井口集输站。在川西气田进入含水开发期后，天然气管网一般都处于气--水混输状态，甚至处于水—气—固三相混合输送状态，同时部分天然气 CO_2 含量增高，致使天然气集输管网的腐蚀变的更复杂、更严重。黄金线管道自 2016 年开展清管作业 3 次、清管器具为清管球和皮碗清管器，管道内部存在污水、铁片和污物杂质，根据历年失效泄漏数据来看，川西输气管道内壁腐蚀情况相对较好。

（3）外腐蚀，包括土壤腐蚀、防腐层破损老化剥离、补口失效、阴保失效、套管内腐蚀、杂散电流干扰等。管道外防腐层将管道与腐蚀介质隔离，同时保障阴极保护的电绝缘性。阴极保护则通过对防腐层缺陷处暴露的金属进行集中阴极保护，达到延缓管体腐蚀的目的，从而使埋地管道防腐系统趋于完整。在管道防腐层存在缺陷，管体与腐蚀介质接触处，阴极保护达不到保护要求或无阴极保护，管体通常会发生腐蚀。XX 线输气管道全线 46.4km，能达到有效保护的管道仅有 9.7km，阴极保护系统有效保护率仅为 20.9%。通过对 XX 线管道开展开挖验证检测，环氧煤沥青防腐层老化减薄现象严重，颜色变暗，附着性变弱，部分破损处呈现红褐色腐蚀产物。

（4）应力腐蚀开裂，包括管材的敏感性、腐蚀环境和管道的应力水平等。管材主要是 16Mn、20#钢等，在投产后的相当长一段时间里，输送的天然气含水，在腐蚀介质和焊缝缺陷部位应力比较集中的共同作用下，更易在焊缝缺陷处发生氢开裂，导致管道在低应力情况下发生失效。

（5）制造缺陷，包括管道制造阶段的各种缺陷，如螺旋焊缝/直焊缝缺陷、钢板的分层、夹杂等。制管缺陷主要出现在早期生产的管道。XX 线管道运行以来就陆续出现弯头环向裂纹导致管道道天然气泄漏事件。由于早期制管工艺水平和出厂检验水平等原因，部分管道焊缝存在错边，根部未焊透、角变形、砂眼等制管缺陷，导致管道强度降低。

(6) 施工缺陷，包括管道施工阶段的各种缺陷，如现场焊接连头时的环焊缝缺陷、管体凹陷等。在管道施工缺陷方面，主要包括焊缝缺陷和外防腐层缺陷。2000年以前建设的管道防腐层以石油沥青、环氧煤沥青为主，普遍存在着破损、漏电点多，甚至在管道内遗留异物；2000年以后主要以3PE防腐层为主，但在运输及施工过程中，部分划伤未及时修复或施工过程中，特别是管道穿越施工中进行强行拉拽，造成管道防腐层损伤。在后期管道运行中，由于管道防腐层质量问题，影响了阴极保护效果，导致外腐蚀点多且分散。

(7) 自然与地质灾害，包括滑坡、崩塌、水毁等。XX线天然气管道所经区域属于四川盆地，海拔高度430～580m，地面地形较为复杂，覆土层以黏土为主。沿线地区地形地貌主要以平原、丘陵居多，整体起伏较小，基本不存在大型地质灾害，沿线穿越河流较多，其中穿越大于2m的主要河流、水塘共22处，跨越管段8处；在汛期期间需要加强巡护，防止出现水流冲断管道等情况，并对损毁的水工保护及时开展修复。

通过分析川西输气管道的7类风险因素，结合川西输气管道历年失效泄漏统计数据，发现目前对于川西输气管道的影响最大的是第三方损坏、外腐蚀和施工缺陷三类因素。

2.2 高后果区失效后果计算

针对其中一处三级高后果区进行定量失效后果评价，分析泄漏扩散规律，预测危害区域，为制定事故预案和应急处置提供依据，从而加强对黄许-金堂输气管道高后果区段的管理。

本文对XX线输气管道已识别出的HJX-HCA-03高后果区XX家园小区附近管段进行天然气泄漏模拟(图4、图5)。XX家园小区为11层楼住房，临街有6栋楼房，与管道相距约4m左右，一楼为商铺设有茶楼和小卖部，其中茶楼在管道正上方，人员密集，且活动频繁，具有较大安全隐患。

图4　XX家园附近环境情况

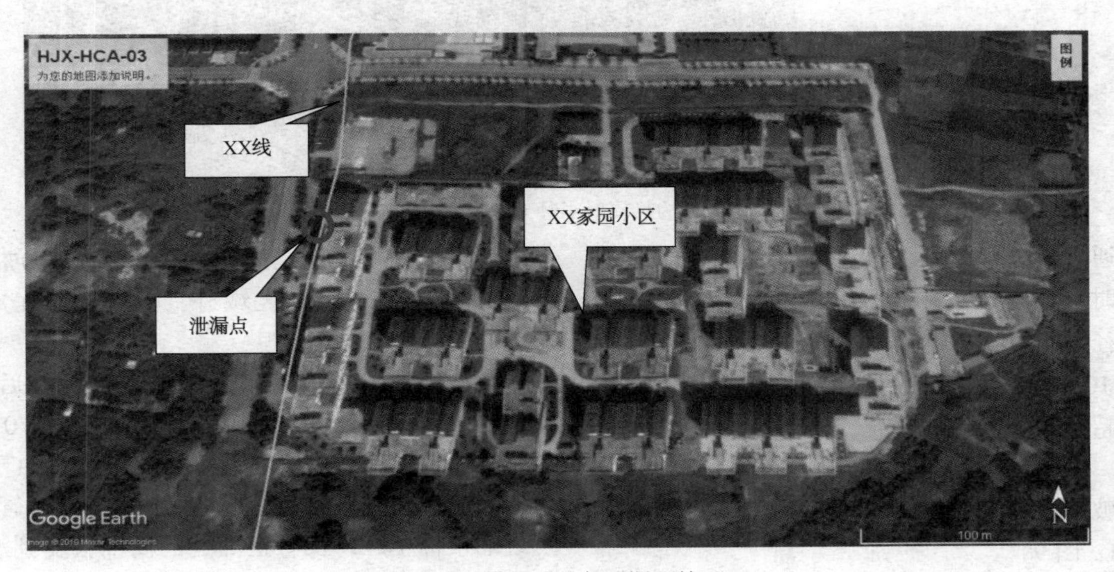

图5　模拟天然气泄漏环境

XX线输气管道全长47km，管径377mm，壁厚6mm，设计压力4MPa，最高运行压力2MPa；模拟泄漏点距起点19699m，距离上一个阀室423m，距离下一个可关断阀室。对于泄漏后天然气的扩散起决定作用的气象条件主要包括风速、大气稳定度、环境温度等。根据地区气象资料，平原、丘陵盛行偏北风，年平均风速1.4~1.6m/s。因此模拟时选取1.5m/s，大气稳定度选用B、D和F。输入相关参数后，分别模拟天然气泄漏后引发喷射火对周围的热辐射范围和引发爆炸所产生的冲击波对周围的影响。

热辐射对人体的伤害，主要是通过不同热辐射通量对人体所受的不同伤害程度来表示，伤害半径有一度烧伤(轻伤)、二度烧伤(重伤)、死亡半径三种，使用彼德森(Pietersen)提出的热辐射影响模型进行计算。热辐射对建筑物的影响直接取决于热辐射强度的大小及作用时间的长短，以引燃木材的热通量作为对建筑物破坏的热通量。当入射通量为12.5kW/m^2，1min内会造成10%的人死亡，10s内1度烧伤；当入射通量为4kW/m^2，人超过20s引起疼痛，但不会起水泡(图6、图7)。

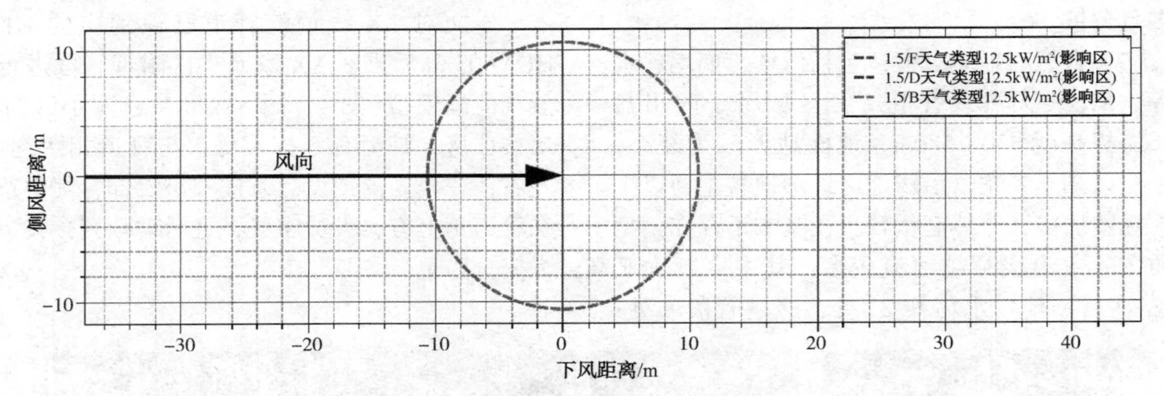

图6　喷射火的热辐射半径

图7　喷射火的热辐射半径GIS形状及影响区域图

通过模拟计算可以发现当失效点位于XX家园段时，入射通量为12.5kW/m^{2}对应的轻伤伤害半径为10.63m，会波及到荣华家园楼下管道上方10m范围内商铺。另当入射通量为4kW/m^{2}时，超过20s会引起疼痛，但不会起水泡，半径54m，对人体基本不造成影响。因此当该工况下管道破裂发生喷射火事故时，安全距离是54m(图8、图9)。

根据蒸汽云爆炸伤害准则，在0.03MPa超压影响区域内，人员的死亡概率为100%；在0.01MPa超压影响区域外，人员的死亡概率为0。

根据上图，XX线输气管道大孔泄漏后发生蒸气云爆炸下风方向超压值$\Delta P \geq 0.03$MPa(100%致死率)的最大距离为18.04m，由于XX家园小区边缘距离管道最近仅10m，距离管道最近的楼栋小区以及管道邻近的商铺会受到波及。爆炸冲击波超压$\Delta P < 0.01$MPa的影响距离为

28m，即在28m范围之外，人员不会受到该运行工况下管道发生爆炸时冲击波产生的伤害。因此在该运行工况下管道发生爆炸时的安全距离是28m。由于该工况下管道发生喷射火时人员安全距离为54m；根据《国家危险化学品事故灾难应急预案》中规定，警戒线设置范围应按照最坏情况考虑，并应设置在轻度危险区的外围，此工况下轻度危险区域取较大值，即54m。因此为避免极端条件下人员受到喷射火热辐射和爆炸冲击波的影响，应及时将管道周边人口疏散至距离管道54米外，并阻止无关人员和车辆进入。

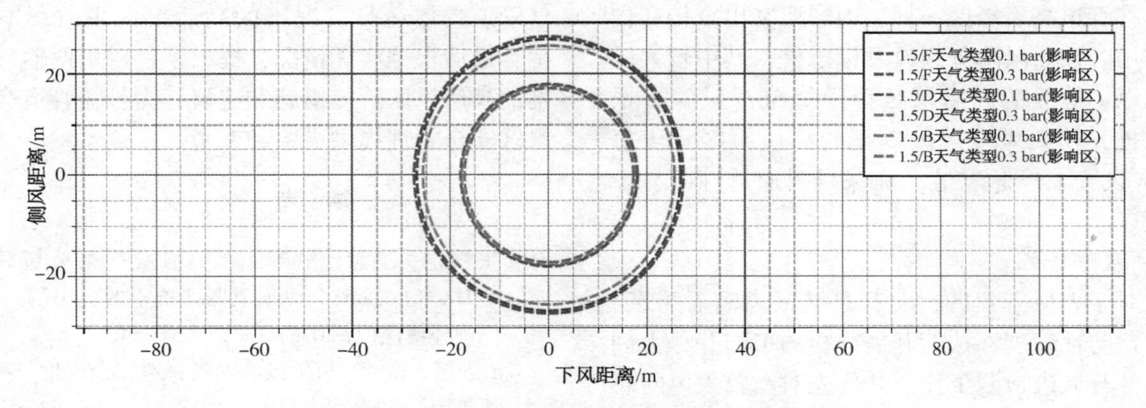

图8　不同天气条件下蒸汽云爆炸最糟糕案例影响区域

图9　蒸气云爆炸最糟糕案例半径GIS形状及影响区域图

3　高后果区管控

为加强高后果区风险管控，应将高后果区管理的重点落实在日常管控措施和风险管理的对策上。通过人防、物防、技防等措施提升高后果区管控效果。

3.1　人防措施

每年常态化开展高后果区识别，及时动态更新完善相应台账，对高后果区实施动态管理。通过更新GPS巡检系统中高后果区信息和设置巡检关键点的方式强化高后果区巡护力度和质量。根据管道周边地域特征和风险等级，联合地方政府部门，定期开展进乡镇、进社区、进厂矿、进学校的“四进”天然气管道保护宣传活动。与地方政府开展企地联合高后果区应急演练，并联合开展管道高后果区巡查工作，有效防止高后果区管段因第三方施工挖掘损坏管道和违法占压。加大输气管道两侧附近商铺如茶楼和小卖部以及小区住户的精准宣传，加强安全教育与法律宣传，通过宣传教育使高后果区居民知晓管道的位置、介质危害性、发生泄漏和事故前兆的识别等相关安全知识，营造全员保护和谐氛围。

完善管道应急处置机制，借助专业安全评价单位针对每一处高后果区编制风险评价报告和现场处置方案，建立“一区一案”，并请相关专家评审修改和完善，确保高后果区识别和风险评价全覆盖。针对人口密集型高后果区，在应急预案中制定泄漏警戒和人员疏散方案，并联合地方政府部门组织高后果区内居民进行应急演练，由此才可确保“一区一案”切实可行，掌握紧急情况下应对措施，提升应急响应能力。

3.2 物防措施

在每处高后果区管段起、止位置设置立式警示牌、管理公告牌各1块以告知附近居民此处为天然气管道高后果区，标识内容要突出宣传和告知作用。按照风险分级设置标志桩，其中较大风险及以上等级的高后果区管段每50m设置1根标志桩，较大风险等级以下的高后果区管段每100m设置1根标志桩，确保目视通透性，易于发现。

3.3 技防措施

对于人口密集区，尤其是城区内高后果区，强化预防性管理，按期开展外检测工作并尽力创造条件开展内检测工作，并优先对在较大风险高后果区管道环焊缝检测维修、防腐层修复及管道本体修复工作等；定期检查和维护阴极保护系统，及时整改阴保问题，做好高后果区内管道本体腐蚀控制工作。目前针对管道途经的人口密集区较大风险点住宅小区、学校附近和人流量大的聚集场所附近安装全天候视频监控，实现24h远程监控，现场监控画面实施传输至调度中心，一旦发现异常可以及时通知巡护人员等前往现场处置，防患未然。

4 建议

目前根据高后果区管控要求，对于川西地区三级高后果区地段加装视频监控设备，但是由于部分高后果区段长度较长，难以实现视频监控全覆盖，而大部分高后果区位于城市区域，基本实现天眼监控全覆盖，且部分区域同一地段有多个隶属于不同部门的视频监控设备。建议可以利用天眼等视频监控设备，对于高后果区段管道覆盖区域，利用大数据和区块链等技术，实现监控画面资源共享，既能实现高后果区段全覆盖管理，同时也避免视频监控设备的重复建设，占用城市公共资源。

5 结论

川西地区输气管网配套系统由于建设时间跨度大、各元件情况复杂、覆盖范围广、所处地区地形复杂、人口密集、安全现状参差不齐，管理难度大。在此基础上，本文从高后果区辨识和管理入手，通过分解高后果区辨识步骤，利用Bow-tie法辨识风险因素，并利用对人口密集型高后果区进行失效后果评价，明确了基于川西输气管道具体运行工况下的高后果区事故影响范围，最后根据实际情况，提出了针对川西输气管网的高后果区管控措施和建议，为长输管道高后果区安全管理提供借鉴和参考。

参考文献

[1] 张桂瑞，王慧，纪蕻，等．事故后果分析软件(PHAST)在天然气管道泄漏评价中的应用[J]．油气田环境保护，2016，26(5)：51-54.

[2] 王进军．途经高后果区的输气管道安全评价与风险评价[J]．决策探索(中)，2018(06)：66-68.

[3] 付邦稳，蒋宏业，别朗，等．高后果区天然气管道泄漏扩散的数值模拟[J]．煤气与热力，2018，38(11)：81-86.

[4] 刘欢欢．长输高压天然气管道高后果区的识别及风险评价方法[J]．云南化工，2018，45(4)：150-150.

[5] 黄亚晖，周丽丽．天然气长输管道个人风险定量评价[J]．煤气与热力，2018(6).

[6] 赵昆淇．PHAST软件对液化天然气泄漏扩散的预防效果[J]．电子技术与软件工程，2018，No.134(12)：73.

[7] 吕金光．天然气管道安全保护距离探讨及防护措施[J]．天然气技术与经济，2017(2).

[8] 姚安林，周立国，汪龙，等．天然气长输管道地区等级升级管理与风险评价[J]．天然气工业，2017(1).

[9] 陈海攀，张林源，何萧．长输高压天然气管道高后果区的风险识别与管理[J]．化工管理，2020，No.554(11)：84-85.

[10] 张涛．输气管道完整性管理高后果区管控存在的问题[J]．上海煤气，2020，No.341(01)：21-23+31.

基于磁畴力磁耦合特性的管道弱磁应力内检测研究

张 贺 刘 斌 武梓涵 杨理践

(沈阳工业大学信息科学与工程学院)

摘 要 管道弱磁应力内检测技术可以实现管道应力集中区的非接触、动态在线检测，但是弱磁信号形成机理和影响因素复杂，给检测结果带来偏差。本文基于磁畴的力磁耦合特性，建立了不同磁场下弱磁应力检测数学模型，分析了外磁场与应力对磁畴的影响因素，计算了不同应力和外磁场作用下弱磁信号的变化规律，描述了应力与外磁场同时作用下弱磁信号的力磁耦合特性，并进行了系统的实验验证。研究结果表明：应力下的磁畴畸变产生弱磁信号，其强度随应力的增加线性增大；弱磁信号峰值位于应力集中区中心位置，其位置不随外磁场与应力的变化发生波动；外界磁场增强弱磁信号强度，但会产生叠加磁场，进而削弱甚至覆盖弱磁信号。

关键词 弱磁，磁畴，应力，外磁场，力磁耦合

管道长时间受外部载荷、高温、高压等作用，会产生微观损伤，进而形成应力集中，有些应力集中区将演变成宏观裂缝，引发油气管道爆裂等灾害。常规的无损检测技术如磁粉、漏磁、涡流和渗透等，在管道的缺陷检测、事故预防等方面发挥了重要的作用，但只能发现已成形的宏观体积缺陷，无法对尚未成形宏观体积缺陷的应力集中区域实施有效的评价。管道弱磁应力内检测技术，具有无需外源激励、无需耦合介质、非接触在线、高效等优点，能对管道早期损伤和应力集中进行检测与评估。但是由于弱磁信号在机理特性上缺乏系统的研究，且易受外界磁场等因数的干扰，这使得弱磁应力检测检测技术在工程技术领域的应用受到了很大限制。

本文基于磁畴的微观力磁耦合特性，建立了不同磁场下弱磁应力检测数学模型。分析了外磁场与应力对材料磁畴矢量及磁导率的影响；计算了不同外磁场和应力下，弱磁信号的变化规律；描述了应力与外磁场在改变弱磁信号上的耦合量化关系。该研究为管道弱磁应力内检测结果的有效性和科学性提供理论依据。

1 数学模型

1.1 磁畴模型下的力磁耦合计算

当应力作用于铁磁材料时，应力使原子离开平衡位置，导致固体电子被引入到完整的离子晶体中，从而使原来的周期性势场局部的畸变，畸变区域势能增加。为了维持能量最小原则，铁磁材料利用本身“分子场”作用，使磁畴矢量发生转动，进而产生了弱磁信号。在磁致伸缩理论下：应力引起磁畴转动的系统能量 F_σ 可表示为[12]：

$$F_\sigma = -\frac{3}{2}\lambda_{100}\sigma(\alpha_1^2\gamma_1^2 + \alpha_2^2\gamma_2^2 + \alpha_3^2\gamma_3^2) - 3\lambda_{111}\sigma(\alpha_1\alpha_2\gamma_1\gamma_2 + \alpha_2\alpha_3\gamma_2\gamma_3 + \alpha_1\alpha_3\gamma_1\gamma_3) \tag{1}$$

式中，λ_{100}、λ_{111} 分别为<100>晶向和<111>晶向上的磁致伸缩系数，σ 为施加应力值；γ_1、γ_2、γ_3 为应力方向系数；α_1、α_2、α_3 为应力方向与所对应的晶轴间的夹角。由于铁磁材料为磁致伸缩各向同性的立方晶系，所以有，$\lambda_{100} = \lambda_{111} = \lambda_s$，$\lambda_s$ 为饱和磁滞伸缩系数。此时，式(1)可化简为：

$$F_\sigma = -\frac{3}{2}\lambda_s\sigma\sin^2\theta \tag{2}$$

式中，θ 为磁畴矢量在应力下的转动角。当铁磁体受到外应力作用时，应力改变应力各向异性能，进而导致系统能量增加。为了维持系统能最小原则，铁磁体只有改变 θ 值，即使磁畴自发磁化矢量转动，进而使铁磁体产生了磁性。

当外磁场作用于铁磁材料时，铁磁材料的磁畴矢量会在外磁场的作用下，趋于外磁场方向排列，进而使铁磁材料产生磁信号。当加入加方向为 α 的外磁场 H 后，磁畴矢量在外磁场 H 的作用下，转到 ϕ 的方向，此时外磁场引起磁畴转动的系统能量 F_H 可表示为：

$$F_{H} = - HIS \cdot \cos(\alpha - \phi) \quad (3)$$

外磁场与应力同时作用时，磁畴矢量的转动方向取决于应力 σ 与外磁场 H 的量化关系的转换。设应力 σ 下的磁畴矢量在外磁场作用下的转动角为 θ，外磁场与应力夹角为 θ_0。此时，综合式(2)(3)可得应力与外磁场共同作用在磁畴矢量上的系统能量为：

$$\frac{\partial}{\partial\theta}\left[\frac{3}{2}\lambda S\sigma \cdot \sin^2\theta - his \cdot \cos(\theta_0 - \theta)\right] = 0 \quad (4)$$

基于材料微观特性可知：当在低磁场范围内材料已完成畴壁移位过程，则此时晶体内各磁畴的磁化矢量已基本趋于中一致方向，整个晶体的磁化转动过程可用一种磁相转动过程来表示，此时可提取磁畴矢量转动角，并将式(4)进一步积分整合为：

$$\theta = \frac{- his \cdot \sin\theta_0}{3\lambda_s\sigma} = - \frac{H}{\sigma} \cdot \frac{Is\sin\theta_0}{3\lambda_s} \quad (5)$$

式(5)即为磁畴模型下的力磁耦合方程。由于在外磁场作用下，铁磁材料磁化强度 I 可表示为：

$$I = \sum_i (Is\cos\theta_1\delta v_i + Isv_i\sin\delta\theta_i + v_i\cos\theta_i\delta Is) \quad (6)$$

式中，Is、v_i、θ_i 分别为第 i 个磁畴的磁化强度、体积和矢量角。所以，由式(5)(6)可知：外磁场可以使应力下的磁畴矢量发生转动，进而增强铁磁材料磁化强度强度，从而加强弱磁信号强度。

当外界磁场与应力同时作用在铁磁介质上时，其总体能量 $F_{总}$ 可表示为：

$$F_{总} = \mu_0 HI + \frac{\mu_0}{2}\alpha I^2 + \frac{3}{2}\sigma \cdot \lambda S + T \cdot S \quad (7)$$

式中，σ 为施加应力；μ_0 为真空磁导率；α 为表征材料内部单个此行单元对磁化强度的综合能力的无量纲量，T 为温度，S 为熵。将式(7)对磁化强度 I 求导，进而求得检测磁信号强度 H_0 为：

$$H_0 = \frac{1}{\mu_0}\frac{dF_{总}}{dI} = H + \alpha I + \frac{3\sigma}{2\mu_0} \cdot \frac{d\lambda_s}{dI} \quad (8)$$

由式(8)可知：在实际的工程检测中，铁磁材料表面检测到的磁信号由材料本身磁信号和外界磁叠加磁场组成。所以，虽然增大外界磁场可以增大磁化强从而加强弱磁信号，但同时会加大叠加磁场，进而将将弱磁信号削弱，甚至覆盖。

1.2　力磁耦合下的磁导率计算

由于应力载荷对铁磁材料磁畴的微观特性产生了影响。进而使材料磁导率发生改变。对于一块铁磁体其能量公式为：

$$\Delta E_{\mu} = \frac{1}{2}(B_{\sigma} - B) \cdot H_0 \quad (9)$$

式中，ΔE_{μ} 为铁磁体磁能的变化量；B 为铁磁体无载荷作用时的磁感应强度；B_{σ} 为铁磁体存在载荷时的磁感应强度；H_0 为外磁场强度，根据能量守恒定律，应力下材料能量变化可表示为：

$$\frac{1}{2}(B_{\sigma} - B) \cdot H_0 = \frac{3}{2}\sigma \cdot \lambda_{\sigma} \quad (10)$$

式中，σ 为所受应力值大小；λ_{σ} 为应力下材料磁滞伸缩系数。基于根据 Stoner 标准：令 $B = \mu \cdot H_0$，$B_{\sigma} = \mu_{\sigma} \cdot H_0$，其中，$\mu$ 为铁磁体初始未受外力条件下的磁导率，μ_{σ} 为应力 σ 时铁磁体的磁导率，则式(10)可写成：

$$\frac{\mu_{\sigma} - \mu}{\mu_{\sigma}\mu} \cdot B_{\sigma} \cdot B = 3\sigma \cdot \lambda_{\sigma} \quad (11)$$

由胡克定律可知：多数固体内部的原子在无外载作用下处于稳定平衡的状态，此时固体材料受力之后，材料中的应力与单位变形量之间成线性关系[21,22]。处于弹性阶段的铁磁材料磁感应强度满足以下表达式：

$$\lambda_{\sigma} = \lambda_s \cdot \frac{B \cdot B_{\sigma}}{B_s^2} \quad (12)$$

式中，B_s 为铁磁材料磁化饱和时的磁感应强度。λ_{σ} 为应力下材料磁滞伸缩系数，λ_S 为饱和磁滞伸缩系数。将式(12)带入式(11)得：

$$\mu_{\sigma} = \mu + \frac{3\lambda_s \cdot \mu^2\sigma}{B_s^2 + 2\lambda_s \cdot \mu} \quad (13)$$

由(13)式可知：磁导率与应力有对应关系，即当拉应力值或压应力值在一定范围内，应力值与磁导率成线性正比关系。

2　弱磁应力检测仿真计算

2.1　模型建立

为了进一步研究弱磁信号的力磁耦合特性。我们利用有限元方法对管道壁在不同应力与外磁场下的弱磁信号进行了仿真计算。首先，建立一块钢板，钢板尺寸为 200mm×25mm×15mm。材料为 X80 管道钢材，弹性模量为 $2 \times 10^6 N/m^2$，泊松比 PRXY 为 0.3，磁导率为 280N/m。在钢板中部设置应力集中区，应力集中区尺寸为 5mm×15mm×5mm，设置应力集中程度变化范围为 100~350 MPa(间隔 50MPa)，利用公式(13)

得此时应力集中区对应磁导率为355~426N/m。

为了在钢板外部叠加不同强度的外界磁场，我们在钢板外建立空气场，空气场尺寸为500mm×500mm×500mm，磁导率设为1N/m。在平行于YOZ的两个侧面施加磁场约束，得到沿X轴方向均衡外磁场，外磁场的变化范围为50~70μT(间隔5μT)。在外磁场磁化下，钢板的磁场分布见图1。

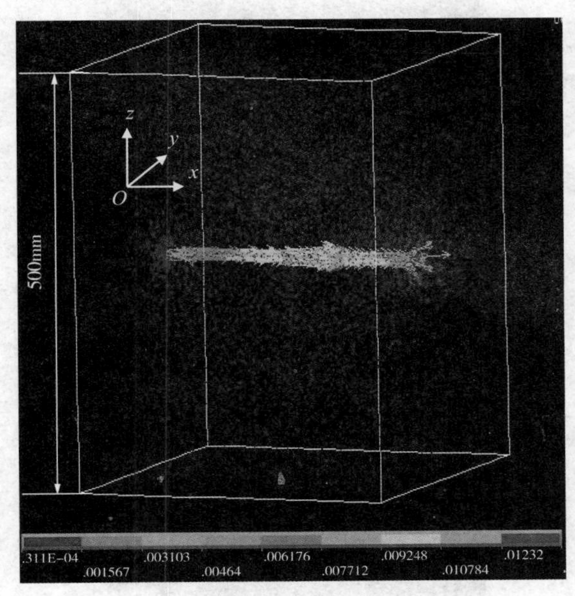

图1　钢板磁场分布图

由图1可知：外磁场将钢板磁化，磁化后的钢板在两端和应力集中区处磁场分布较强，且在应力集中区处磁场向外泄漏形成散射磁场。

2.2　模型计算与分析

2.2.1　应力影响特性计算

以应力集中区中心为原点，沿X轴的正负半轴分别取+80mm和-80mm作为检测器扫描路径，设置提离值为2mm，外磁场设为设为50nμT(地磁场)，计算应力在100~350MPa下钢板弱磁信号强度。得不同应力下弱磁信号特性图(图2)

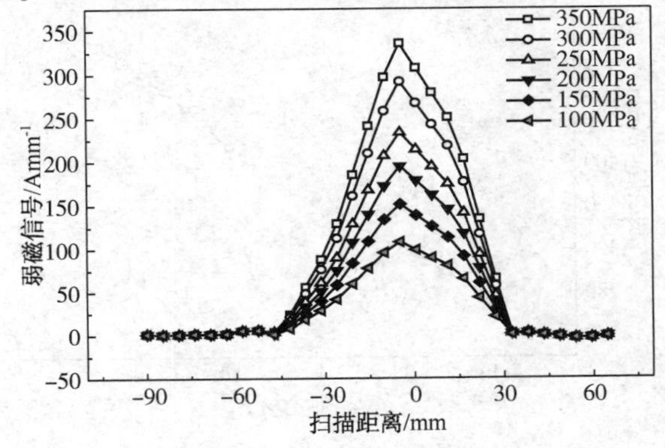

图2　不同应力下弱磁信号特性图

由图2可知：由于应力集中区周期势场畸变、磁畴转动，导致应力集中区磁场大于周围，进而使弱磁检测信号在应力集中区处产生峰值，峰值位于应力集中区的中心位置，其位置不随应力值的增加发生波动，可利用此特性定位应力集中区。分别提取不同应力下信号峰值得弱磁信号磁力学特性图(图3)。

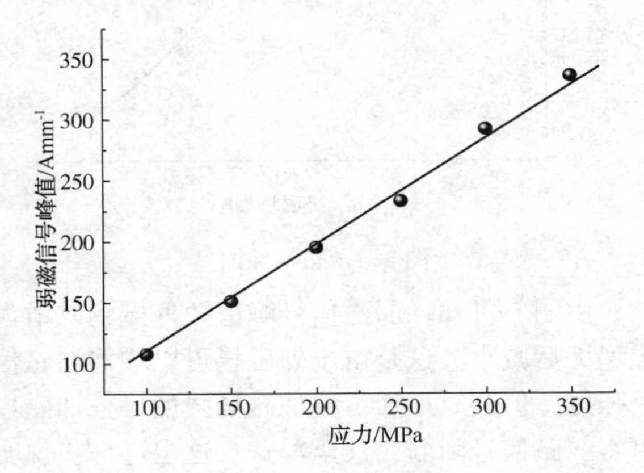

图3　磁力学特性图

由图3可知：弱磁信号峰值随应力的增加线性增大。弱磁应力检测技术可基于此特性，对铁磁材料的应力集中程度进行量化评估。

2.2.2　外磁场干扰特性计算

以应力集中区中心为原点，沿X轴的正负半轴分别取+80mm和-80mm作为检测器扫描路径，设置提离值为2mm，钢板应力值为100MPa，计算50~70μT外界磁场强度下弱磁信号强度。得不同外磁场下弱磁信号特性图(图4)。

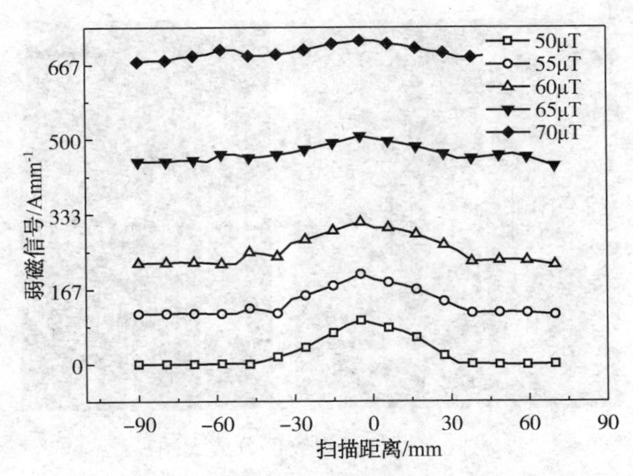

图4　不同外磁场下弱磁信号特性图

由图4可知：在外磁场作用下，弱磁信号峰值与基值(峰值两侧磁信号)增加，但信号峰值位置未随外磁场增加发生偏移，可见外磁场的变化不影响弱磁信号对应力集中区的定位。分别提取不同外磁场下信号峰值得弱磁信号励磁特性曲线(图5)。

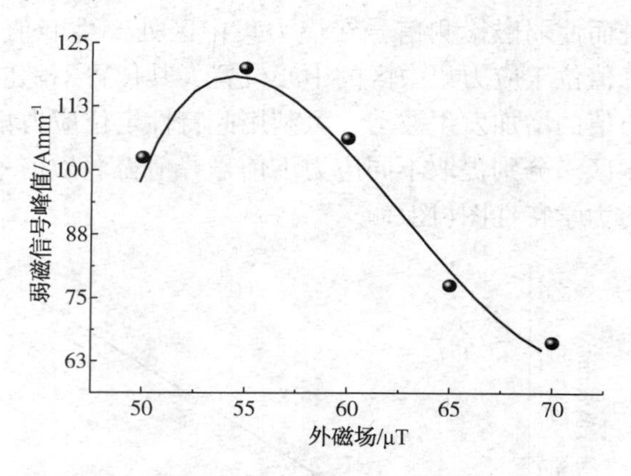

图5　励磁特性图

由图5可知：弱磁信号峰值随外磁场的增大先增大后减小，这是由于外磁场可以增加弱磁信号强度，但同时增加了叠加磁场强度。叠加磁场可将弱磁信号削弱，甚至覆盖。这也进一步说明了数学模型计算结论的正确性。

3　实验

为了验证理论计算的正确性，本文进行了管道钢条拉伸实验，并在拉伸钢条外叠加外界磁场，进行弱磁应力检测信号磁力学特征的验证。

3.1　实验试件及系统

实验试件为X80型管道钢的截取钢条，尺寸为450mm×50mm×18.6mm(图6)。在试件中部制作一处裂纹，在外部载荷作用下，裂纹处会产生严重的应力集中，进而产生弱磁信号。

图6　试件及裂纹部分放大图

如图7(a)所示，利用WAW-2000型拉力机对试件进行拉伸，拉力机的最大拉力为200t，额定电压为380V。在试件上贴上金属应变片进行应力值采集。利用永磁铁对钢条叠加外界磁场。利用弱磁探头采集试件表面弱磁信号。如图7(b)所示的控制及显示系统，可以将采集的应力及弱磁信号进行实时显示和记录，并完成对钢条拉力大小的控制。

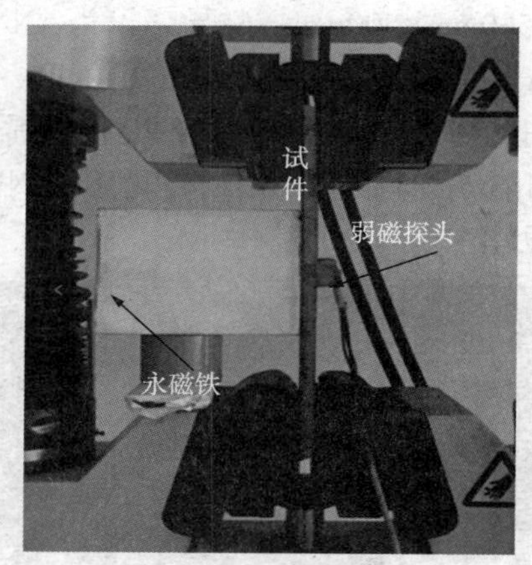

(a)拉伸及励磁系统

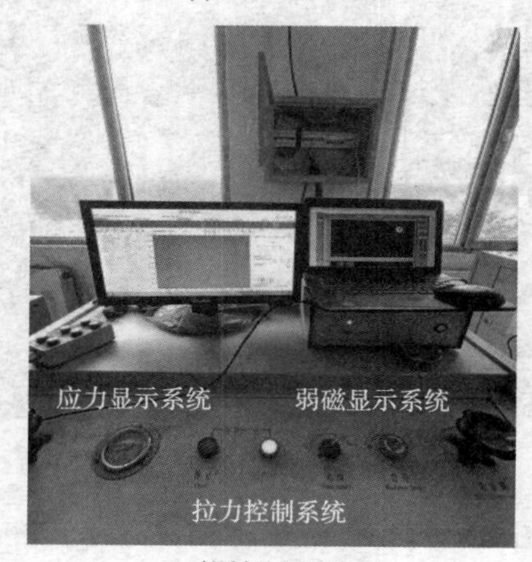

(b)控制及显示系统

图7　实验及设备图

3.2　不同应力下弱磁信号特性实验

为了验证不同应力下弱磁信号特性。我们将弱磁探头固定在试件裂纹上部采集弱磁信号。利用拉力机对试件加载拉力，拉力从10kN加载到85kN。利用拉力值与对应的弱磁信号值，得到试件裂纹处的磁力学特性曲线见图8。

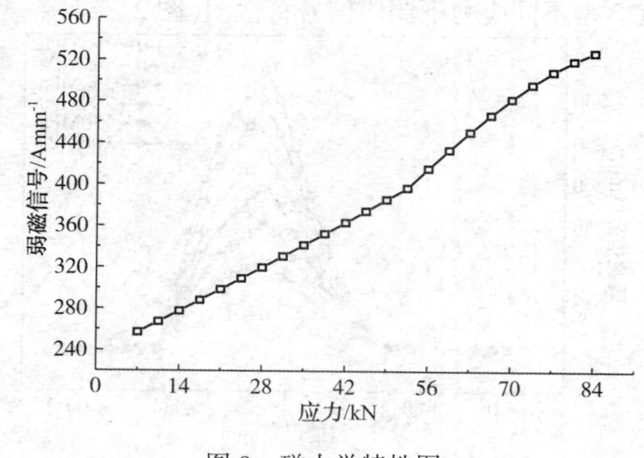

图8　磁力学特性图

由图 8 可知：随着应力的增加，试件裂纹处的弱磁呈线性增加，这一结论很好的验证了理论计算。

3.3　外磁场影响特性实验

为了验证外磁场对弱磁信号的干扰特性。我们利用拉力机将试件拉力加载到 20kN。同时通过永磁铁在试件外部叠加外界磁场，外磁磁场的变化范围为 50~90μT(间隔 10μT)。将弱磁探头扫描过试件裂纹上方，采集弱磁信号。利用不同外磁场下试件采集的弱磁信号，制作弱磁励磁特性曲线信号特性图(图 9)。

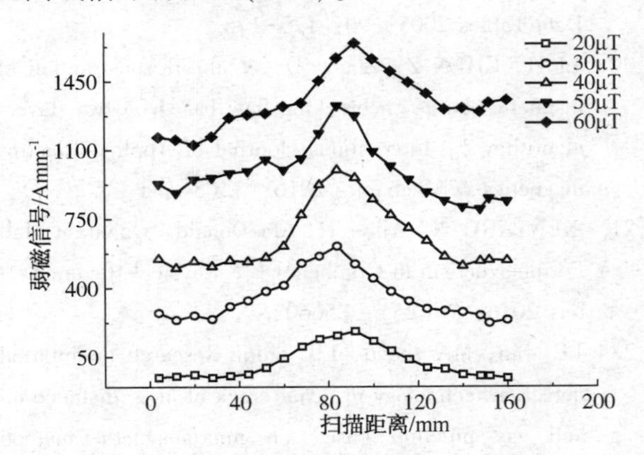

图 9　不同外磁场下弱磁信号特性图

由图 9 可知：弱磁信号存在峰值，峰值点在扫描路径的 85~98mm 范围内，与所设损伤位置相同。其位置不随外磁场增加发生波动。分别提取不同外磁场下信号峰值，得弱磁信号励磁特性图(图 10)。

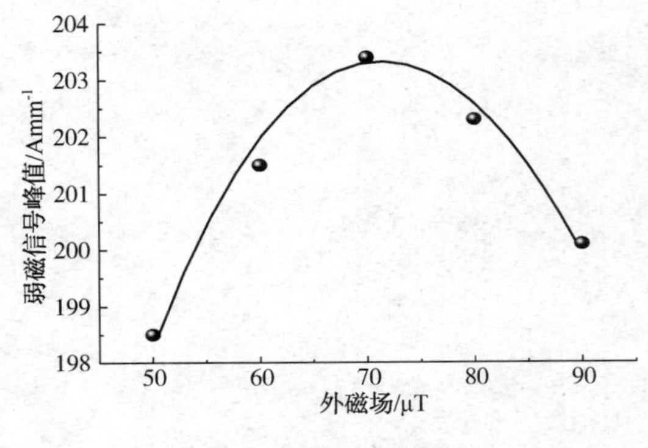

图 10　励磁特性图

由图 10 可知：弱磁信号峰值随着外磁场的增加先增大后减小，这一结论很好的验证了理论计算。

4　结论

在管道的应力集中区，应力导致磁畴畸变转动，进而产生弱磁信号。随应力集中程度的增大，弱磁信号峰值与材料磁导率线性增大。弱磁信号峰值位置与应力集中区中心位置重合，且不随外磁场与应力变化发生波动。外磁场可通过磁畴转动，增强弱磁信号强度，但同时产生附加磁场，附加磁场对弱检测信号峰值有削弱作用。外磁场较弱时，弱磁信号随外磁场的增大而增强。外磁场较强时，外磁场会削弱甚至覆盖弱磁信号。

参 考 文 献

[1] LI Y, HAO G and SONG G. Internal leakage detection technology for long oil and gas pipelines[J]. Chinese Journal of Scientific Instrument 2016; 37(8): 1737-1743.

[2] KOPP G, WILLEMS H. Sizing limits of metal loss anomalies using tri-axial MFL measurements: A model study[J]. Ndt & E International 2013; 55(3): 75-81.

[3] HUANG H, QIAN Z and YANG C, et al. Magnetic memory signals of ferromagnetic weldment induced by dynamic bending load[J]. Nondestructive Testing & Evaluation2017; 32: 1-19.

[4] HE zhou, Gao YUAN wen. Buckling and post-buckling analysis for magneto - elastic - plastic ferromagnetic beam - plates with unmovable simple supports[J]. International Journal of Solids and Structures 2003; 40: 2875-2887.

[5] TIN keicheng, LAU D. A photophone - based remote nondestructive testing approach to interfacial defect detection in fiber - reinforced polymer - bonded systems [J]. Structural Health Monitoring 2017; 17(2): 135-144.

[6] LI Y, LE L and SONG G. Electromagnetic ultrasonic testing method for steel plate based on phase control technology[J]. Chinese Journal of Scientific Instrument 2016; 38(5): 513-519.

[7] YAO K. Numerical studies to signal characteristics with the metal magnetic memory - effect in plastically deformed samples. Ndt & E International 2012; 47: 7-17.

[8] KIKUCHI H. Current Status and Prospects of Nondestructive Inspection for Steels by Magnetic Measurements [J]. Journal of the Institute of Electrical Engineers of Japan 2015; 135(9): 629-632.

[9] YANG L J, LIU F Y and Gao S W. Application of evaluation criteria for remaining strength of pipeline based on corrosion defect[J]. Journal of Shenyang University

of Technology 2014; 36(3): 297-302.

[10] LIU B, YING F and HUI Y, et al. Study on magnetic memory testing model based on GGA algorithm[J]. Chinese Journal of Scientific Instrument 2014; 35(10): 2200-2207.

[11] LIU X B, ALTOUNIAN Z and RYAN D H. Magnetocrystalline anisotropy in Gd(Co, Fe) 12 B 6 : A first-principles study[J]. Journal of Alloys & Compounds 2016; 688: 118-122.

[12] SUKHORUKOV V. Magnetic Flux Leakage Testing Strong or Weak Magnetization[J]. Materials Evaluation 2013; 71(5): 26-31.

[13] DONG lihong, XU binshi. Stress dependence of the spontaneous stray field signals of ferromagnetic steel [J]. Ndt & E International 2009; 42: 323-327.

[14] WANG D S, WU R and FREEMAN A J. Magnetocrystalline anisotropy of interfaces: first-principles theory for Co-Cu interface and interpretation by an effective ligand interaction model[J]. Journal of Mag-netism & Magnetic Materials 2015; 129(2-3): 237-258.

[15] LING weng, TRAVIS W. Major and minor stress-magnetization loops in textured polycrystalline Fe81: 6Ga18: 4 Galfenol[J]. Journal of Applied Physics 2013; 024508: 1-9.

[16] WU J, FANG H, LI L, et al. A Lift-Off-Tolerant Magnetic Flux Leakage Testing Method for Drill Pipes at Wellhead[J]. Sensors 2017; 17(1): 201.

[17] FENG J, LU S, LIU J, et al. A Sensor Liftoff Modification Method of Magnetic Flux Leakage Signal for Defect Profile Estimation[J]. IEEE Transactions on Magnetics 2017; 53(7): 1-13.

[18] ZENG K, TOAN GY, LIU J. Repeatability and stability study of residual magnetic field for domain wall characterization [J]. Journal of Magnetism and Magnetic Materials 2019; 485: 391-400.

[19] STONE J. Table of nuclear magnetic dipole and electric quadrupole moments [J]. Atomic Data and Nuclear Data Tables 2005; 90: 175-176.

[20] LI H, CHEN Z, Zhang D, et al. Reconstruction of magnetic charge on breaking flaw based on two-layers algorithm[J]. International Journal of Applied Electromagnetics & Mechanics 2016; 52(3): 1-7.

[21] KENTARO N, Allan H. MacDonald. Quantum Hall Ferromagnetism in Graphene[J]. Physical Review Letters 2016; 96(25): 256602.

[22] LIU bin, MA zheyu, LIU zhiqi. Research on internal detection technology for axial crack of long-distance oil and gas pipeline based on micromagnetic method [J]. Structural Health Monitoring - An International Journal, 2020: 19: 1123-1136.

长输油气管道三维漏磁内检测信号的仿真计算

冯　刚　刘　斌　何璐瑶　杨理践

（沈阳工业大学信息科学与工程学院）

摘　要　传统的漏磁内检测实验需要动用大量的人力和物力，并且实验周期长，严重影响着研究进度。随着有限元理论与计算机技术的进步，有限元法已经成为了科学研究不可或缺的重要手段，可以辅助理论研究、节省宝贵的时间并缩短产品研发周期。本文建立与长输油气管道漏磁内检测器尺寸相同的三维有限元模型，分析了管道缺陷处的漏磁内检测信号特征，并计算了不同缺陷深度、宽度和提离值的漏磁信号。仿真结果表明：漏磁信号与缺陷深度和宽度呈正相关，与提离值呈负相关。仿真结果验证了有限元法的正确性，为有限元法在管道漏磁内检测领域的应用提供了依据。

关键词　漏磁检测，有限元法，内检测，三维模型

步入21世纪以来，现代工业的飞速发展使我国对石油与天然气资源需求量持续上涨，推动我国建成了贯穿全国的长输油气管道网络。截至2018年年底，我国长输油气管道总里程达到13.8×10^4km，每年向全国输送石油与天然气资源分别为3×10^8t、$1200\times10^8m^3$，而到2020年年底，全国油气管网总里程将达到16.9×10^4km，其中包含10.4×10^4km的天然气管道、3.2×10^4km的原油管道和3.3×10^4km的成品油管道。然而，随着管道服役年限的增加，在役的长输油气管道受介质内压、土壤腐蚀以及外部载荷的作用极易产生缺陷、腐蚀坑和变形，严重威胁的着管道的安全运行。由于检测不及时造成的管道泄漏事故每年都会发生，如11.22青岛输油管道爆炸事件，起因是管道维护不及时，导致输油管线在内压的作用下发生破裂，泄漏的原油污染了约$1000m^2$路面，其中一部分原油又流入了胶州湾，污染了约$3000km^2$的海面，造成了大量的人员和经济损失，同时也对生态环境造成了不可逆的损害。所以，对长输油气管道进行定期维护有着切实的社会和经济意义。

目前，对长输油气管道安全维护的最有效方法对其进行内检测，与管道外检测相比，其具有连续、不停止运行、高效、成本低等特点，是国际公认的管道安全运行维护手段。相对于其他无损检测技术，漏磁检测技术由于具有很好的抗干扰性、检测精度高以及能准确识别管道缺陷、腐蚀等，已经成为管道内检测领域的主流技术，为维护长输油气管道的安全做出了重大贡献。因此，针对漏磁内检测技术的理论研究仍然是国际前沿课题。

漏磁检测技术于1957年应用在大口径管材的缺陷检测，之后在长输油气管道内检测领域开始大放异彩，至今仍是国际上主流的管道内检测技术。目前，生产实用漏磁内检测装置的厂家主要有德国的Rosen公司、美国的Tuboscop公司和中海石油管道检测技术有限公司等，都为长输油气管道的安全维护做出了重要贡献。在此背景下，国内外的研究者针对漏磁内检测技术做出了大量的研究，越南石油大学的Pham Hong Quang首次证明了一种基于平面霍尔磁阻传感器的新型漏磁检测装置的检测性能，特别是在检测管壁近、远侧和次表面的浅层缺陷方面有着良好的检测能力；英国卡迪夫大学工程学院的Wang Yujue、Melikhov、Yevgen等提出了一种基于磁力学理论的多物理场耦合有限元仿真模型，用来动态求解非线性漏磁问题；中国电子科技大学自动化工程学院的白利兵团队以磁光成像实验为基础，利用改进的蚁群算法重构缺陷，进行漏磁内检测中复杂缺陷的可视化研究[16]；北京工业大学机械工程与应用电子技术学院的刘秀成团队提出了一种改进的偶极子模型来研究Q235钢拉伸试样中与应力相关的漏磁，为漏磁法检测应力提出了理论方向[17]；沈阳工业大学的杨理践教授的团队应用有限元分析技术研究了管道裂纹角度与漏磁内检测信号的关系，结果表明漏磁信号的幅值随着裂纹与磁化方向夹角的变小而减小。

国际上，漏磁内检测技术研究仍然是热门问

题，吸引着众多学者的目光，各类理论、创新思路以及实验方案等层出不穷。然而，为了完善和验证理论分析必然要进行大量的实验研究，但是传统的漏磁内检测实验需要提前安排实验计划，协调人员、设备和场地等，因此实验周期长、花费巨大并且效率低，制约着研究进度[19,20]。随着有限元法的飞速发展，国际上对有限元的分析结果越来越认可，所以将有限元技术引入到漏磁内检测领域是主流趋势，可以大大消减设计成本、缩短设计周期和辅助理论研究[21,22]。因此，本文基于漏磁内检测原理和电磁场理论建立了三维有限元模型，对长输油气管道漏磁内检测实验进行了有限元分析并给出计算结果，同时分析了缺陷深度和提离值对漏磁信号的影响，为推进有限元理论在漏磁内检测领域中的进一步应用和发展提供依据。

1　漏磁内检测原理

管道漏磁内检测器利用永磁体对管道进行局部磁化使管壁到达磁饱和状态，如果管道表面存在裂纹和腐蚀坑等缺陷，会降低缺陷区域的磁导率，使磁阻增加，导致磁感线会从缺陷处外泄出来形成可检的漏磁信号，此处的漏磁信号反应着缺陷信息，和缺陷的尺寸有一一对应的关系。因此，针对长输油气管道的物理特征，基于漏磁内检测原理设计的内检测器主要由磁缸、轭铁、钢刷和高精度传感器组成(图 1)。

(a)内检测器实物图

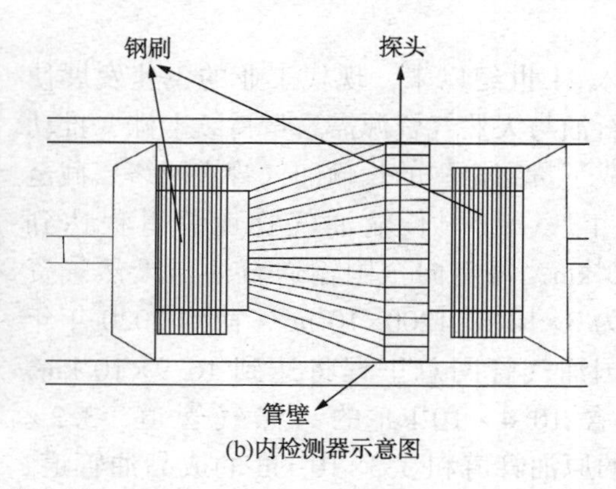

(b)内检测器示意图

图 1　漏磁检测器

漏磁场属于静磁场，因此可以用麦克斯韦方程组描述其特性。众所周知，麦克斯韦方程组包含安培环路定律、法拉第电磁感应定律、高斯电通定律和高斯磁通定律，所以漏磁场的分析和研究就是对方程组的求解过程。其微分形式如下所示：

$$\nabla\times H = J + \frac{\partial D}{\partial t} \tag{1}$$

$$\nabla\times E = \frac{\partial B}{\partial t} \tag{2}$$

$$\nabla D = \rho \tag{3}$$

$$\nabla B = 0 \tag{4}$$

基于有限元理论的电磁场计算就需要解上述微分方程的过程，但是实际计算时需要对微分方程进行简化，以便能够用分离变量法、格林函数法等得到电磁场的解析解。所以，为了使漏磁场计算问题得到简化，定义了一个矢量磁势 A 来形成一个独立的磁场偏微分方程来描述磁场性质，矢量磁势定义为：

$$B = \nabla\times A \tag{5}$$

对于式(5)是满足法拉第电磁感应定律的，因此再将其再带到安培环路定律和高斯电通定律中就可以得到磁场的偏微分方程，如下式所示：

$$\nabla^2 A - \mu\varepsilon\frac{\partial^2 A}{\partial t^2} = -\mu J \tag{6}$$

式中，μ 为介质的磁导率；ε 为介电常数；∇^2 为拉普拉斯算子。

在工程实践中，要精确得到缺陷处漏磁场的解析解，除了极个别情况，通常是非常困难的，因此要根据具体情况给定模型的边界条件和初始条件，如磁通平行或磁通垂直，这样就可以根据有限元法将模型划分为有限元单元，再根据式(6)求解一系列连续的偏微分方程，进而得到整个模型的磁势的场分布值，最后根据式(5)将矢量磁势 A 转化磁感应强度，进而得出各部分的磁感应强度。

2　三维漏磁内检测模型

目前，针对漏磁场分析的主要方法有解析法和数值方法。解析法多采用磁偶极子模型，但是由于模型本身具有一定的局限性，比如缺陷的磁荷分布规律难以确定和缺陷的形状不规则等问题，仍需要大量的理论和实验去修正模型。而基于有限元理论的数值法则被广泛的应用于解决各类复杂物理问题，对于漏磁分析，通过有限元法可以精确得出缺陷处各个位置的漏磁通大小，能更加精确的验证理论和实验，加速研究进程。所以，本文建立三维漏磁内检测模型验证有限元理论的正确性，为有限元法在漏磁内检测领域应用提供依据。

2.1　模型建立

为使有限元模型更加符合实际内检测过程，减小漏磁信号的计算误差，长输油气管道三维有限元模型是与内检测器尺寸相对应的。内检测器励磁装置的关键部件为环形永磁体、轭铁和钢刷三部分，有限元建模见图 2(a)。建模参数如下：管道的长度为 1000mm，管道外径为 1219mm，管道壁厚为 19mm；缺陷长度为 40mm，宽度为 20mm，缺陷深度为 5mm；轭铁的内径为 300mm，厚度为 50mm，长度为 1000mm；永磁体的内径为 400mm，厚度为 200mm，长度为 210mm；钢刷的内径为 600mm，厚度为 200mm，长度为 210mm[图 2(b)]。

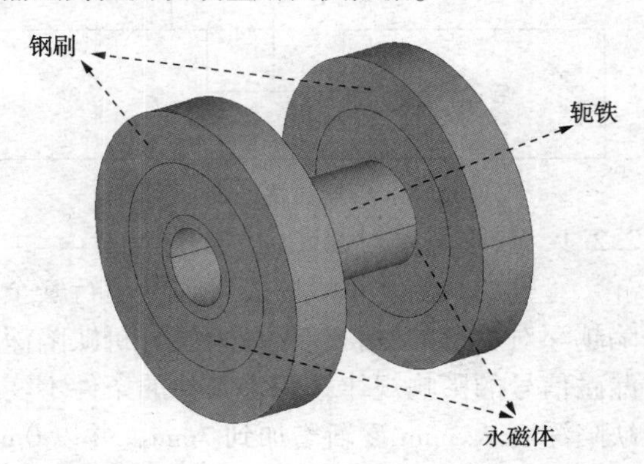

(a)励磁装置有限元模型

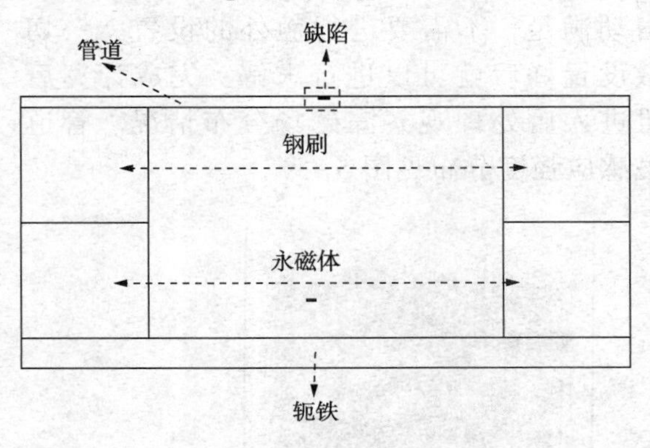

(b)1/2有限元模型剖面图

图 2　三维漏磁有限元模型

漏磁内检测分析属于静磁学，所需的材料参数包括磁导率、矫顽力和 B-H 曲线。建模时，内检测器的励磁装置简化为一对环形永磁体，并且为内外极性相反，其励磁方向为垂直于环形表面，可以在两个永磁体与管道间形成磁回路。其材料参数如下：剩磁为 1.44T、矫顽力为 150kA/m，相对磁导率 $\mu_r = Br/(\mu_0 H_c) = 7.63$。因此，环形永磁体的磁感应强度分布见图 3。

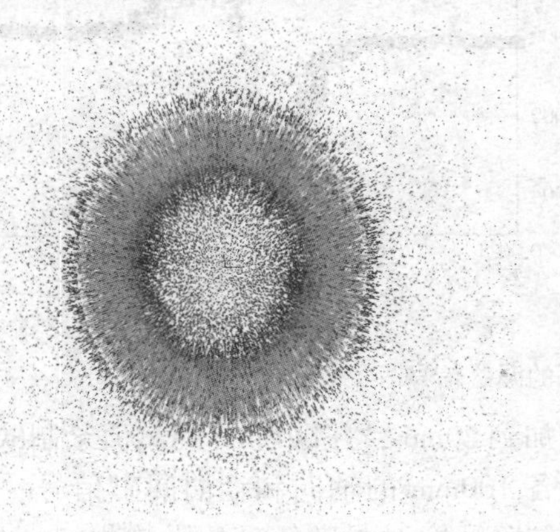

图 3　环形磁体磁感应分布

轭铁的材料为高磁导率的 20#低碳钢，含碳量为 0.2%，抗拉强度为 253～500MPa，伸长率 ≥24%，具有良好的韧性、塑性和焊接性，其相对磁导率约为 7000。对于钢刷，其采用高磁导率的导磁材料制成，仿真时采用的材料参数与轭铁相同。一般来说，长输油气管道采用的是高强度 X70 钢，材料参数采用的是实验测量的 X70 B-H 曲线(图 4)。

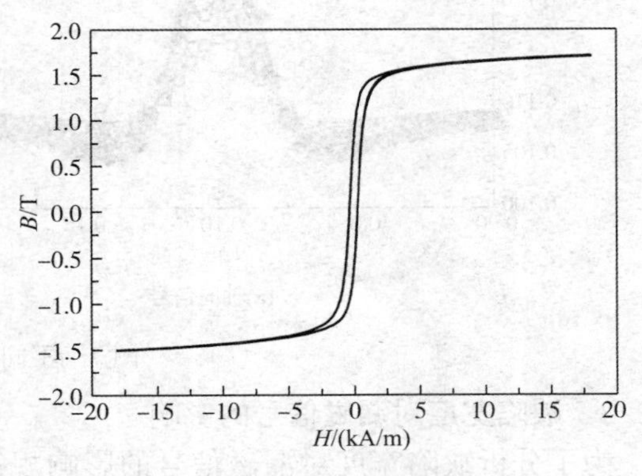

图 4　管道 B-H 曲线示意图

最后对空气进行建模，空气的相对磁导率为1，用以模拟无限空间下的管道磁感应强度分布情况。完成建模后，由于各个模型有所重叠，所以要进行进行布尔运算消除模型间的干涉，之后对各个模型分配材料属性以及网格划分。一般来讲，网格越密集，计算误差越小，但是相对过细的网格对计算机的配置要求越高，实际计算时应该根据实际情况平衡网格的尺寸。

最后进行求解，模型中载荷为两块永磁体，同时也是整个系统的激励源，因此该有限元模型不需要再定义其他的载荷。模型的空气边界条件为磁通平行，其在三维模型下会自动满足，不需要进行额外的设置。一切参数设置好后就可以进行求解，完成计算后即可进入后处理观察漏磁场分布情况。管道的磁感应强度分布见图5。

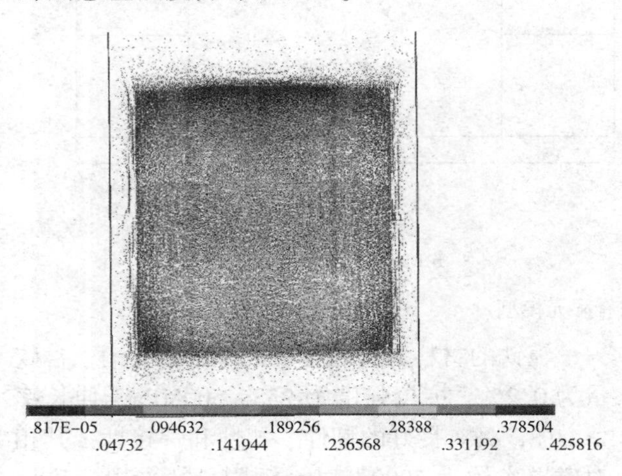

图5　漏磁场分布

2.2　漏磁信号影响的因素

为了验证内检测模型准确程度，分别改变模型参数，包括改变缺陷的宽度、深度以及传感器与管壁的提离值，以此来查看不同影响因素下漏磁曲线的响应，了解漏磁信号与缺陷的对应关系。裂纹的基本参数如下：轴向宽度为20mm，周向长度为40mm，径向深度为5mm。计算结果按照实际漏磁内检测器的检测模式进行提取，以缺陷中心为中点，左右各取距离中心100mm。同时定义提取线与管壁的距离为传感器的提离值(图6)。

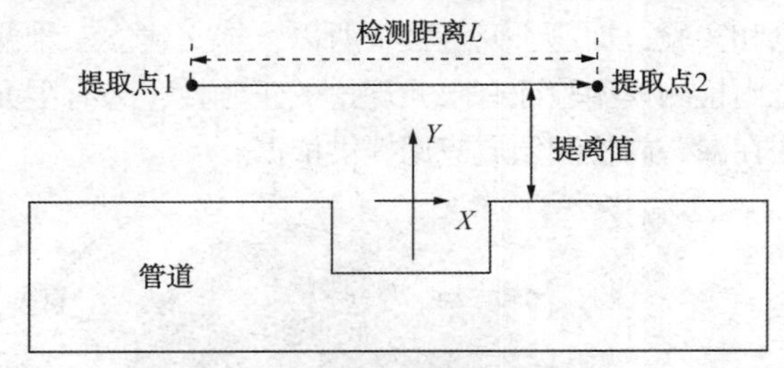

图6　后期数据处理示意图

2.2.1　缺陷深度对漏磁信号的影响

管壁的缺陷严重威胁着管道的运行安全，缺陷越深对管道的威胁越大。为了分析缺陷深度对漏磁信号的影响规律，假定其他的条件不变，将缺陷深度从3mm逐渐增加到7mm，并以0mm提离值绘制缺陷中心两侧各100mm的轴向和径向漏磁信号。由仿真结果可知，传感器沿轴向运动时，轴向漏磁信号具有一个峰值，并且在缺陷中心处峰值的绝对值最大；法向漏磁信号有一对过零点的波峰和波谷；缺陷的漏磁信号与缺陷深度呈正相关，轴向分量的峰值和径向分量的峰峰值随缺陷深度增加而逐渐变大(图7)。

(a)轴向信号

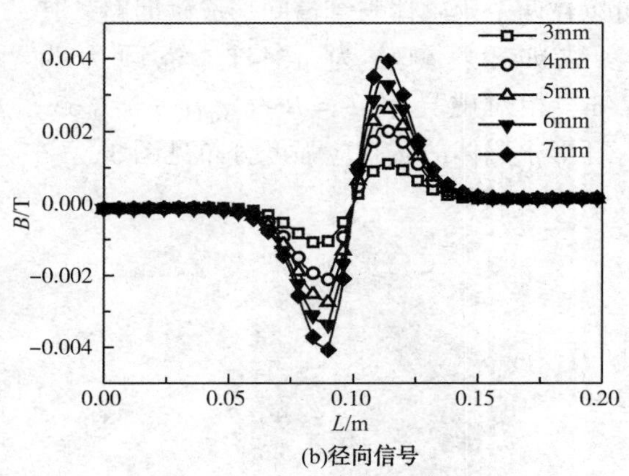

(b)径向信号

图7　不同缺陷深度下的漏磁信号

2.2.2　缺陷宽度对漏磁信号的影响

为了分析缺陷宽度对漏磁信号的影响规律，假定其他的条件不变，将缺陷宽度从12mm逐渐增加到20mm，并以0mm提离值绘制缺陷中心两侧各100mm的轴向和径向漏磁信号。图8展示了缺陷宽度对漏磁信号的影响规律。分析可知：

缺陷的漏磁信号与缺陷宽度线性正相关，轴向分量的峰值和径向分量的峰峰值随缺陷深度增加而逐渐变大，并且信号宽度与裂纹宽度一一对应，与实验结论相符。

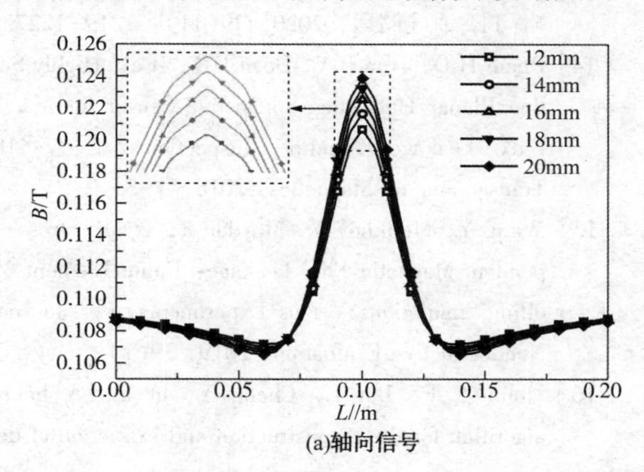

(a)轴向信号

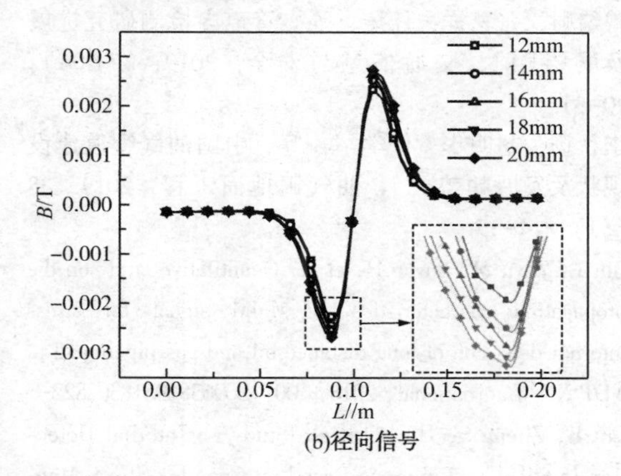

(b)径向信号

图 8　不同缺陷深度下的漏磁信号

2.2.3　提离值对漏磁信号的影响

管道漏磁内检测器在管道中运行时通过两个永磁体中间的高精度的磁通门传感器检测漏磁信号，并储存起来，做为判断管道运行状态的重要依据。在实际运行时，传感器与管壁之间是具有一定的提离值，并不是完全贴合在管壁上，因此分析提离值对漏磁信号的影响有着重要的意义。在缺陷尺寸不变的情况下，分别设置不同的检测路径，路径距离缺陷的距离分别为 0mm、1mm、2mm、3mm，以模拟不同提离值对漏磁信号的影响。图 9 展示了不同提离值下的漏磁信号。通过仿真结果可知：传感器提离值对漏磁信号强度有一定的影响，随着提离值增加，管道漏磁信号强度逐渐降低。这一结论对内检测器的设计具有一定的指导意义，以便处理数据时考虑到提离值对漏磁数据产生的干扰，避免出现缺陷漏检的情况。

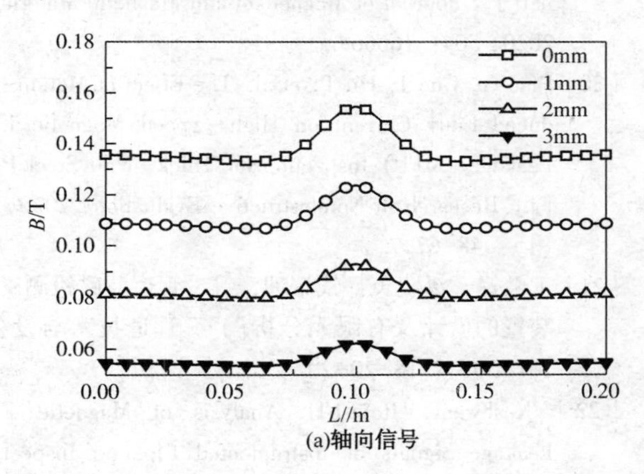

(a)轴向信号

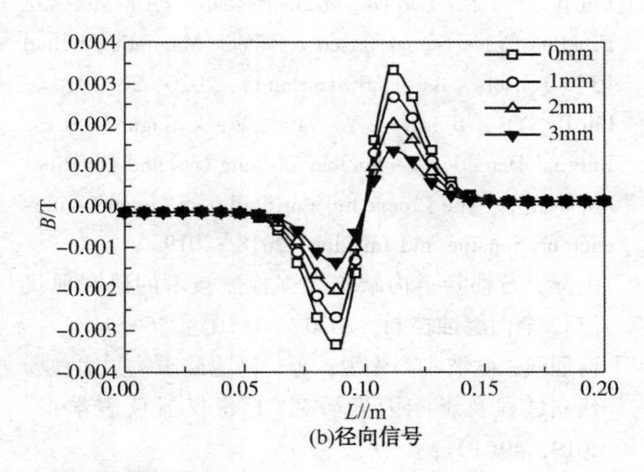

(b)径向信号

图 9　不同提离值下的漏磁信号

3　结论

本文以漏磁内检测原理和电磁场理论为基础，针对漏磁内检测实验需要消耗大量的人力和物力以及理论验证周期长等的缺点，验证了有限元法在管道漏磁内检测领域应用的可行性。通过建立的三维管道漏磁内检测有限元模型模拟管道漏磁检测内检测实验，并得出如下结论：随着管道缺陷深度逐渐增加，漏磁信号轴向峰值与径向峰峰值逐渐增加；随着管道缺陷宽度逐渐增加，漏磁信号的特征值线性增加，信号宽度增加；随着传感器提离值的增加，漏磁信号的轴向和法向漏磁信号逐渐降低，信号特征值减小。上述结论证明了有限元法对漏磁内检测实验具有一定的指导作用，可以大大缩减了内检测产品研发与基础理论的研究周期，为更加精准的对管道缺陷探伤提供了强有力的支持。

参　考　文　献

[1] 高鹏，高振宇，王峰，等 . 2018 年中国油气管道建

设新进展[J]. 国际石油经济, 2019, 27(03): 54-59.

[2] 曾绪财, 张葛祥, 任涛, 等. 管道内检测研究进展及展望[J]. 交通信息与安全, 2019, 37(06): 20-31.

[3] 李秋扬, 赵明华, 任学军, 等. 中国油气管道建设现状及发展趋势[J]. 油气田地面工程, 2019, 38(S1): 14-17.

[4] Bin L, Zeyu M, Luyao H, et al. Quantitative study on the propagation characteristics of MMM signal for stress internal detection of long distance oil and gas pipeline[J]. NDT & E International, 2018, 100: S0963869518302822-.

[5] Liu B, Zheng S, He L, et al. Study on Internal Detection in Oil-Gas Pipelines Based on Complex Stress Magneto-Mechanical Modeling[J]. IEEE Transactions on Instrumentation andMeasurement, 2019, PP(99): 1-1.

[6] 张明红, 佘廉. 基于情景的突发事件演化模型研究——以青岛"11.22"事故为例[J]. 情报杂志, 2016, 35(05): 65-71.

[7] 张树才, 牟善军, 赵勇, 徐伟. 风险评估和事故调查改进探讨——青岛"11·22"输油管道爆炸事故反思[J]. 安全、健康和环境, 2015, 15(12): 7-10+27.

[8] Liu B, Liu Z, Luo N, et al. Research on Features of Pipeline Crack Signal Based on Weak Magnetic Method [J]. Sensors (Basel, Switzerland), 2020, 20(3).

[9] Liu B, Yu X R, He L Y, et al. Weak Magnetic Stress Internal Detection Technology of Long Gas and Oil Pipelines[M]// The Proceedings of the International Conference on Sensing and Imaging, 2018. 2019.

[10] 王萍. 石油管道内缺陷无损检测技术的研究现状[J]. 全面腐蚀控制, 2020, 34(10): 56-57.

[11] 杨理践, 耿浩, 高松巍, 等. 高速漏磁检测饱和场建立过程及影响因素研究[J]. 仪器仪表学报, 2019, 40(10): 1-9.

[12] 王国涛, 郭天昊. 油气管道特殊缺陷的漏磁信号识别方法[J]. 沈阳工业大学学报, 2019, 41(04): 401-405.

[13] 吴志平, 玄文博, 戴联双, 李妍, 常景龙, 王富祥. 管道内检测技术与管理的发展现状及提升策略[J]. 油气储运, 2020, 39(11): 1219-1227.

[14] Pham H Q, Tran B V, Doan D T, et al. Highly Sensitive Planar Hall Magnetoresistive Sensor for Magnetic Flux Leakage Pipeline Inspection [J]. IEEE Transactions on Magnetics, 2018: 1-5.

[15] Wang Y, Melikhov Y, Meydan T, et al. Stress-Dependent Magnetic Flux Leakage: Finite Element Modelling Simulations Versus Experiments[J]. Journal of Nondestructive Evaluation, 2019, 39(1).

[16] John A F, Bai L, Cheng Y, et al. A heuristic algorithm for the reconstruction and extraction of defect shape features in magnetic flux leakage testing[J]. IEEE Transactions on Instrumentation and Measurement, 2020, PP(99): 1-1

[17] Wang Y, Liu X, Wu B, et al. Dipole modeling of stress-dependent magnetic flux leakage[J]. NDT & E International, 2018, 95: 1-8.

[18] 杨理践, 郭天昊, 高松巍, 刘斌. 管道裂纹角度对漏磁检测信号的影响[J]. 油气储运, 2017, 36(01): 85-90.

[19] Shi P, Bai P, Chen H E, et al. The magneto-elastoplastic coupling effect on the magnetic flux leakage signal[J]. Journal of Magnetism and Magnetic Materials, 2020, 504: 166669.

[20] Piao G, Guo J, Hu T, et al. The Effect of Motion-Induced Eddy Current on High-Speed Magnetic Flux Leakage (MFL) Inspection for Thick-Wall Steel Pipe [J]. Research in Nondestructive Evaluation, 2020, 31(1): 48-67.

[21] 王继锋, 汤晓英, 钱耀洲, 等. 管道漏磁检测磁化装置的设计及有限元分析[J]. 管道技术与设备, 2018(01): 18-20+29.

[22] Keshwani, RajeshT. Analysis of Magnetic Flux Leakage Signals of Instrumented Pipeline Inspection Gauge Using Finite Element Method[J]. Iete Journal of Research, 2009, 55(2): 73.

成品油管道高后果区风险管控实践

李舒根　熊黎明　江勇强

（国家管网集团华中分公司）

摘　要　为保障成品油管道本质安全，严控管道运行风险，对成品油管道高后果区风险管控进行研究与实践。对比历年高后果区识别与风险评价结果，分析“两高”管道数量变化原因，明确管控重点；根据风险评价结果，建立风险分级管控机制，助力风险管控措施落实；风险管控措施在兼顾传统措施的基础上，大力融入新兴技术、智能装备，有效降低第三方破坏、腐蚀、自然地质灾害等因素对高后果区风险的影响，切实提高管道完整性管理水平。

关键词　成品油管道，高后果区，风险分级管控，风险管控措施

0　引　言

近年随着成品油管道的增多，其安全管理责任大，攻坚创效任务重。随着城乡建设的快速发展，高后果区数量逐渐增加，管道穿越人口密集区、环境敏感区的情况日益突出，管道管理面临挑战愈加严峻。传统的被动式管理已无法满足当前管道管理需求，管理模式需要适时转变和提升。

成品油管道的高后果区是指在管道发生泄漏时，会严重危害公众安全、造成环境的破坏[2]。由于管道中输送的介质大多具有易燃、易爆的特点，成品油管道一旦发生泄漏，往往会引发火灾、爆炸、环境污染等重大事故。近年随着管道完整性管理的推广，公司也全面开展了管道完整性管理，其中高后果区识别与风险评价是核心环节。基于高后果区风险评价的管道风险管控是预防事故发生，减少事故后果，提高管道本质安全水平的关键因素。无论是安全监管部门，还是企业自身管理，高后果区均是重点关注对象，因此持续提升高后果区管理水平，确保管道沿线高后果区风险受控，切实保障人民生命财产安全以及环境生态保护。

针对高后果区，为确保管道运行的安全性与经济性，依托管道完整性管理，对管线开展风险评价与管控等工作，准确识别高后果区类型、收集和完善高后果的位置、风险等级、详细环境特征等信息，制定可行的风险管控措施，实施高后果区“一区一案”并不断更新完善，严控高后果区管道风险，促进管道高后果区管理一体化、规范化和专业化。

1　成品油管道高后果区识别

1.1　高后果区识别定义

管道高后果区，是管道完整性管理的重点管理区段，其会随着时间与周边环境的变化而变化。对管道进行高后果区识别最早由美国提出，2003 年美国联邦法规 49 CFR 中指出了高后果区定义以及高后果区识别准则。对于成品油管道而言，管道泄漏造成的重大事故后果体现在三个方面：一是造成的重大人员伤亡；二是造成的重大设施破坏；三是造成的重大环境污染。管道高后果区识别是完整性管理的重要环节，是开展风险评价工作的基础，为风险评价的管段划分提供依据。GB 32167—2015《油气输送管道完整性管理规范》将“高后果区”明确定义为“管道泄漏后可能对公众和环境造成较大不良影响的区域”，是指油气管道发生泄漏失效后，可能造成严重人员伤亡或者严重环境破坏的区域。

1.2　高后果区识别结果

根据 GB 32167—2015《油气输送管道完整性管理规范》和公司《成品油管道高后果区识别管理实施细则》要求，利用奥维地图、智能化管线系统定期开展高后果区识别，并及时更新高后果区信息，高后果区识别明确了等级与类型，突出了管道管理重点。对比公司 2018 年、2019 年和 2020 年 3 年的高后果区识别结果，其中 2019 年同比 2018 年：高后果区总数减少 187 处，其中Ⅲ级减少 30 处、Ⅱ级减少 213 处、Ⅰ级增加 56 处，主要原因是高后果区识别准则变化；2020

年同比 2019 年：高后果区总数增加 30 处，其中Ⅲ级增加 20 处、Ⅱ级增加 9 处、Ⅰ级增加 1 处，主要原因是对高后果区识别准则的进一步理解与实施。

2 成品油管道风险评价

2.1 风险评价定义

管道风险评价的定义为在辨识影响管道安全运行危害因素的基础上，综合考虑事故发生的可能性和事故后果的严重程度，判断管道风险的可接受度[6]。管道风险评价是完整性管理的核心部分，通过开展管道风险评价，管道管理者可全面且量化地认识管道的风险因素和其潜在的危害后果，为管道风险管控等工作提供依据与技术支持[7]。目前风险评价工作的开展主要包括针对全线的半定量风险评价以及针对人口密集型高后果区的定量风险评价。

针对全线的半定量风险评价以 KENT 评分法为基础，综合考虑成品油管道特性、成品油管道的失效分析结果和成品油管道运行管理等多种因素，建立了成品油管道的风险评价体系。其中管道的危害因素分为六类：挖掘破坏、腐蚀、设计与施工、运营与维护、自然及地质灾害和蓄意破坏，失效后果考虑产品危害、泄漏量、扩散和危害受体 4 个泄漏影响系数，通过乘积的形式得到后果的评判值。

针对人口密集型高后果区的定量风险评价采用概率风险评价法，即采用定量化的概率风险值如个人风险和社会风险对系统的危险性进行描述。个人风险指在评价区域的人员遭受特定危害而死亡的概率，以个人年度死亡率表示。特定位置个体受到管道事故影响的风险可根据管道失效概率、点燃概率和对应灾害情景造成人员死亡概率等因素计算。社会风险是指事故发生的可能性和灾害导致人员伤亡数量之间的关系，即导致 N 人及以上死亡事故的发生概率 F，以社会风险曲线（F-N 曲线）表示。特定管道隐患位置的社会风险受事故影响区域面积、事故影响区域中的人口分布及事故造成人员死亡概率等因素的影响。

2.2 风险评价结果

1）针对全线的半定量风险评价

按照公司《成品油管道风险评价管理规程》等技术标准要求，针对公司辖区成品油管道开展输油管道线路半定量风险评价，确定具体包括危害因素识别、管段划分、失效可能性分析、失效后果分析、风险等级判定等，确定成品油管道风险水平和风险等级排序，为成品油管道风险管控措施的制定提供依据与支持。运行管道应每年开展 1 次风险评价，管道高后果区更新后，或管道风险减缓措施实施后，或管道运行参数发生重大变化情况下，及时进行风险评价。对比公司 2018 年、2019 年和 2020 年 3 年的风险评价结果，其中 2019 年同比 2018 年：Ⅳ级减少 1 处、Ⅲ级减少 135 处、Ⅱ级减少 429 处、Ⅰ级增加 578 处，主要原因是根据管道实际情况优化了风险评价方法，完成多处管道本体缺陷点及地质灾害、阴极保护异常点整治；2020 年同比 2019 年：Ⅳ级减少 0 处、Ⅲ级减少 6 处、Ⅱ级增加 22 处、Ⅰ级增加 58 处，主要原因是高后果区重新识别以及采取有效风险管控措施将风险控制在可接受范围内。

公司根据高后果区识别与线路风险评价结果，确定了“两高”管段，在高后果区识别的基础上，进一步明确管控重点，优化资源配置。2018 年、2019 年和 2020 年的“两高”管段统计结果如图 1 所示，2019 年同比 2018 年“两高”管段数量增加主要因为“两高”概念由原来的“既是人口密集型高后果区又是较高以上风险管段”改为“人口密集型高后果区或较高以上风险管段”；2020 年同比 2019 年“两高”管段数量增加主要因为对人口密集型高后果区进行细化识别，导致其数量增加，由此可以看出人口密集型高后果区是管道管理中的重中之重。

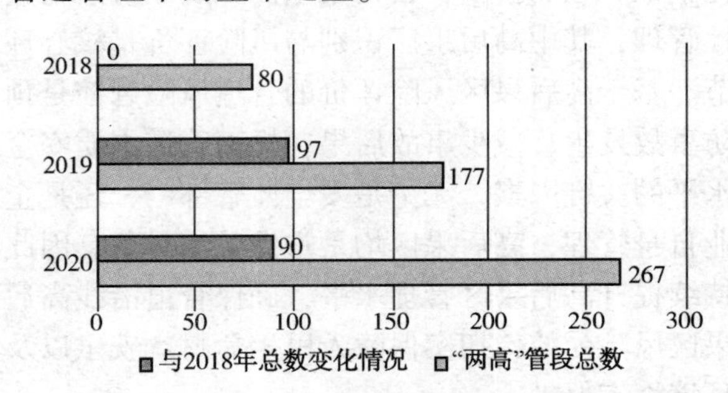

图 1 2018 年、2019 年和 2020 年“两高”管段

2）针对人口密集型高后果区的定量风险评价

人口密集型高后果区是管道管理的重点区域，一旦管道泄漏爆炸将产生较大伤亡，公司以如何控制人口密集型高后果区增量、管好存量的问题为导向，开展人口密集型高后果区的定量风

险评价，采用定量化的概率风险值(个人风险和社会风险)对系统的危险性进行描述，通过定量风险评价，可满足针对人口密集型高后果区精准化的风险管控工作。公司针对83处Ⅲ级人口密集型高后果区，开展定量风险评价工作，其中个人风险均为可接受风险，社会风险存在2处不可接受风险，原因均为管道周边人员密度大，且管道距人员密集场所近。

3　成品油管道风险分级管控机制

高后果区风险分级管控的基本原则是：风险越大，管控级别越高；上级负责管控的风险，下级必须负责管控，并逐级落实具体措施。高后果区风险等级综合考虑线路半定量风险评价和人口密集型高后果区定量风险评价的结果，其中线路半定量风险评价方法将风险分为Ⅳ级(高风险)、Ⅲ级(较高风险)、Ⅱ级(中等风险)和Ⅰ级(低风险)四级；人口密集型高后果区的定量风险评价方法将风险分为不可接受风险、有条件容忍风险、可接受风险。

为落实风险分级管控，将高后果区风险等级统筹划分为公司级风险、输油管理处级风险、输油站级风险(图2)。其中公司级风险包括半定量风险的高风险或较高风险以及定量风险的不可接受风险，此级风险需要立即采取措施降低风险，因此由公司领导亲自督导，管道管理处与下级单位共同制定、实施风险管控方案；输油管理处级风险包括半定量风险的中等风险和定量风险的有条件容忍风险，此级风险需结合技术条件与维护成本进行管控；输油站级风险包括半定量风险的低风险和定量风险的可接受风险，此级风险水平可忽略，维持现有管道管理内容，不要求进一步采取措施降低风险。

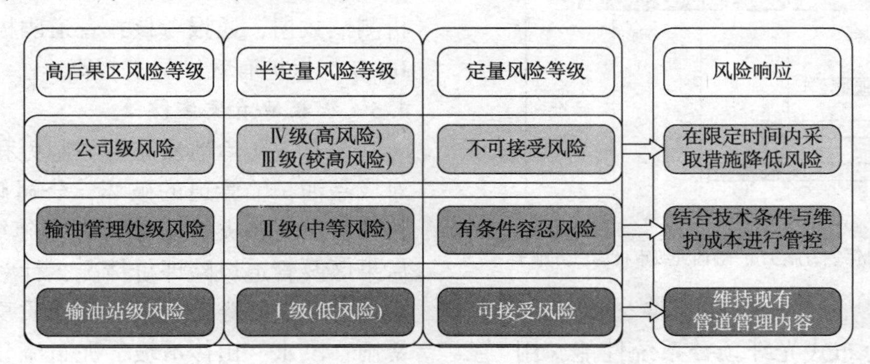

图2　高后果区风险分级管控

4　成品油管道风险管控措施

风险管控措施的有效执行是风险分级管控的落脚点，风险控制实行人防、物防、技防、信息防"四防"措施，在兼顾传统措施的基础上，大力融入新兴技术、智能装备。

4.1　提升巡检质量

公司将高后果区设为巡护、巡查的必经点，作为检查、督查的重点，一日两巡，输油站领导每月定期进行现场巡查，对发现的问题及时处理；将高后果区列入领导干部重点部位定点联系点，开展专人定点联系每季度不少于一次，并做好台账记录。为提升管道巡护水平，建立了《情景构建考核体系建设方案》，设置公司级情景构建考核点35处，发现率94%，各输油处情景构建考核点数量及发现率(图3)。公司坚持管道正上方徒步巡线管理，不定期抽查巡检路由及必经点设置情况，通报问题353项，全部督促整改。

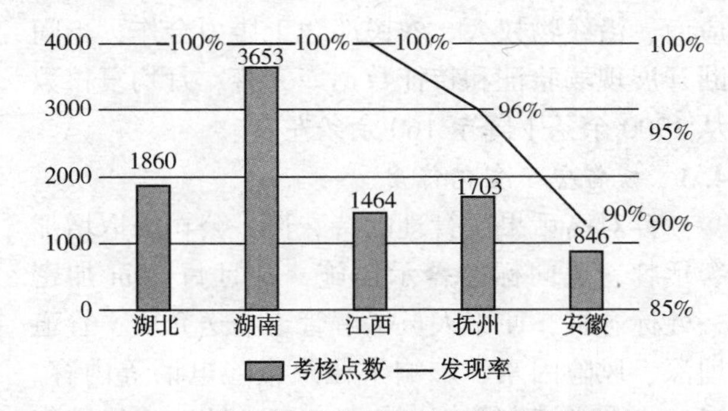

图3　输油处情景构建考核点数量及发现率

针对高后果区在线识别、人工无法巡线、提高巡线效率等难题，公司成立无人机应用课题攻关组，开展无人机巡检应用科研，制定了公司管道无人机巡检应用计划。通过主办"第三届中国油气田与管道无人机技术应用交流会"，深入了解国内无人机行业现状及系统内、外单位的无人机应用情况。总结吉安至赣州无人机巡检经验，签订了2020年衡阳—郴州、吉安—赣州共300km管道无人机巡检业务总包合同，实现管道的全年、全天候巡检。

4.2 严控第三方施工破坏

人口密集型高后果区是第三方施工破坏的高发区，公司为规范成品油管道及附属设施第三方施工风险管理，有效管控第三方施工给管道安全带来的风险及危害，修订了《第三方施工管理实施细则》，将第三方施工分为重点项目和一般项目，其中高后果区的第三方施工均为重点项目，其管理已经逐渐完善。公司全年共审批第三方施工项目121处(图4)，其中公司审批项目76项，占63%。在实施细则的要求下，探索建立了第三方施工专业监护队伍，实现从"看场管理"到"专业监护"的转变，通过严格逐级审批、专业监护，管道第三方施工总体受控。

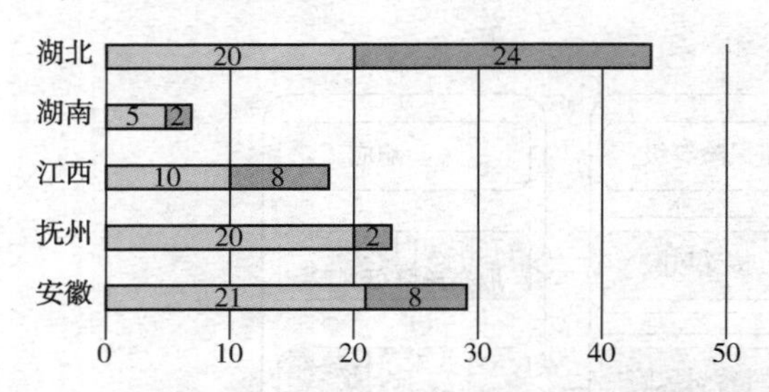

图4 第三方施工数量

不断完善分布式光纤预警系统性能，用"管理+技术"手段减少无效报警频次，研讨光纤预警系统成熟应用标准，组织成立工作专班，与供应商、沿线物权人、农民巡线工协力合作，不间断开展现场验证和特征数据库完善，月均复核数从1900余条下降至160余条左右。

4.3 发挥警示宣传作用

针对高后果区管理的特殊性，公司采取增加警示牌、风向标的警示措施，并且每20m加密一处标志桩，便于人员了解管道输送介质、管道埋深、风险因素、影响半径及报险电话等内容。2019年桩牌新增数为11758，其中针对人口密集型高后果区增设大型警示牌121个，桩牌密度达到了20个/km。

落实与高后果区管段周边公众、政府部门及相关企业的管道治安保卫联防工作，加强高后果区周边人员的安全教育，特别是Ⅲ级高后果区，加强周边物权人调查及精准宣传，至少每半年开展一对一方式的走访与宣传，普及管道泄漏危害、紧急疏散逃生及自求常识等，收集物权人信息23699条，较去年增幅345%，走访物权人2100余家，力促将物权人发展成为管道保护的又一道防线。

4.4 提高阴极保护水平

在高后果区加装排流设施、智能阴保桩和其它检测保护设备，实现特殊区段腐蚀状况的智能感知与诊断。公司开展杂散电流干扰、地铁与管道交叉并行专项排查，对确定的20处阴保异常管段采用立即整治、持续监测后优化方案整治、连续动态监测管控和加密日常检测等四种方式全部实施整改，安装了91根智能阴保桩和5个ER腐蚀探头在线监测保护参数；在公司布设了智能阴保管理系统，实现了恒电位仪数据、智能阴保桩数据的远程监视；持续加强阴极保护参数日常测量管理，外管道管理员测量阴保参数时有巡线轨迹、有现场照片，确保数据真实可靠，每月分析测试数据，通报考核；管道阴极保护率实现了100%，保护有效性显著提高。

4.5 加强地质灾害防治

为有效防治地质灾害，避免和减轻地质灾害对成品油长输管道的破坏，公司修订了《成品油长输管道地质灾害防治管理实施细则》，结合高后果区及管道风险评价情况，针对临江、临湖等靠近水域以及穿山、近山等地质复杂地区，关注暴雨、洪水、山体滑坡、泥石流和第三方施工等自然与人为地质灾害对管道的影响，每一处风险点落实"一点一案"，对地质灾害风险点进行薄膜覆盖等预防性措施。

与此同时，积极采用卫星遥感新技术监测地质灾害，评估地质灾害危险性，提前采取科学防治措施，保护地质环境，预防地质灾害，保障成品油管道运营过程中的安全。选择江西、抚州、湖南共计277km地质灾害易发区实施监测，实现了地灾预警手机app信息推送，目前共推送预警信息6597条。推进基于卫星遥感的地质灾害预警四级管理，将预警信息和现场情况进行比对，及时向服务商反馈，修正预警算法，提高预警准确性。

针对防洪防汛工作，公司印发《长输管道汛期保护工作方案》，从"加强风险管控和隐患排查治理""加强管道巡护和运行压力监控""强化值班值守和信息报送"、"加强应急储备和应急准备"四个方面细化部署；组织汛期专项检测6

次，确保层层推动，层层落实。

5 结论

成品油管道高后果区风险管控是成品油管道运行管理的核心环节，通过对成品油管道的高后果区进行识别、风险评价以及风险管控，得出以下结论：

（1）成品油管道的高后果区识别与风险评价两个环节密不可分，共同保障管道的安全运行，其中高后果区识别不仅可以识别高后果区的等级，还可以识别高后果区的类型，综合其等级与类型“对症下药”，明确管理重点；风险评价可以评判出风险不可接受的管段，针对具体管段，制定有针对性的风险管控措施，实现风险的分级管理。

（2）针对第三方破坏、腐蚀、自然地质灾害等敏感因素，采用基于人防、物防、技防、信息防“四防”的风险管控措施，减小了基层员工工作负担，员工积极性大幅提升，有序有效地促进高后果区管理工作的开展。

（3）通过落实主体责任、风险分级管理、科学精准施措，明确了管控重点，保证了管理质量，提高了管理效率，符合提质增效的总体要求。

参 考 文 献

[1] 观鹏程. 成品油管道安全保护责任告知管理机制的实践与启示[J]. 安全、健康和环境，2014，14(6)：52-54.

[2] 方卫林，杨萍，高良泽，等. 西部成品油管道被评价管段内腐蚀直接评估[J]. 油气储运，2018，37(5)：501-508.

[3] 王晓司，郭强. 成品油管道高后果区识别与管理实践[J]. 化工管理，2018(25)：121-122.

[4] 49 CFR PART 195，2001 Transportation of hazardous liquids by pipeline-Code of federal regulations[S].

[5] 王晓霖，帅健，宋红波，等. 输油管道高后果区识别与分级管理[J]. 中国安全科学学报，2015，25(6)：149-154.

[6] 帅健，单克. 基于失效数据的油气管道定量风险评价方法[J]. 天然气工业，2018，38(9)：129-138.

[7] 柴强飞，肖忠东，高竟喆，等. 基于尖锥网络分析法的管道风险评价研究[J]. 中国安全科学学报，2017，27(7)：88-93.

长输天然气管道内检测技术管理实践

霍晓彤　肖华平　雷宏峰　葛艾天　刘　权　叶　光

（中石油北京天然气管道有限公司）

摘　要　管道在役运行期间面临各类风险因素，常采用视频监控、光纤振动传感器、应力应变片等多种方法监测管道本体及周边环境，受限于安装运维成本，该类方法多以“监测点”形式沿管道分布，难以实现全线连续性监测。而管道内检测器运行于在役管道内部，能够形成“线性连续”的检测数据，因此对管道基础数据恢复与数字化建设具有得天独厚优势，同时也带来了对内检测系统可靠性与数据准确性的更高要求。本文总结了北京管道公司就内检测数据精度验证与结果评价相关实践，提出了以管道内检测数据为基础、构建包含管道本体与周边环境监测、检测的多数据维度平台提供决策支持的应用思路，为管道运营企业进行内检测数据质量提升与应用提供参考。

关键词　长输天然气管道，内检测，数据准确性，多维度数据平台，管道运营企业

近年来，我国天然气市场改革不断深化，管道作为中游基础设施将向第三方市场公平开放，形成“全国一张网”格局提升资源运输与配置效率。随着新建管道规模扩大、在役管道运行时间增长以及相关法律规范要求日趋严格，各管道运营企业纷纷以完整性管理为核心理念，建立了方法、标准、程序指导开展管道线路及站场全生命周期内各项工作。内检测是管道完整性评价主要技术，通过在役管道内部流体压差推动检测器运行从而识别管体缺陷、中心线位置及附属设施信息，具有检测连续、高效、经济等诸多优点，在减缓管道风险与维护管道安全方面发挥着不可或缺的作用。

管道在役运行期间面临来自腐蚀、地质灾害、第三方破坏、应力腐蚀开裂等风险因素，常采用视频监控、光纤振动传感器、应力应变片等多种方法监测管道本体及周边环境，受限于安装成本，该类方法多以“监测点”形式沿管道分布，难以实现全线连续性监测。而管道内检测器运行于在役管道内部，能够形成“线性连续”的检测数据，较为直观、客观地反映管道本体运行状况，涵盖信息量大，对维护决策的辅助作用明显。开展内检测对管道基础数据恢复与数字化建设具有得天独厚优势，同时也带来了对内检测系统可靠性与数据准确性的更高要求。在国家大力倡导发展大数据应用的环境下，将进一步探索以管道内检测数据为基础，构建包含管道本体与周边环境监测、检测的多数据维度平台，借助风险评价模型、应力应变分析评价准则以及失效数据库，为管道管理提供综合决策支持。

1　技术应用现状

长输天然气管道在制管、敷设、焊接及运行期间受各类危害因素导致管体出现金属损失、划伤、凹陷、椭圆化、褶皱、裂纹、错边等缺陷，针对不同缺陷类型，已发展形成了以几何变形、漏磁、超声波和惯性测绘为主的内检测技术。其中，几何变形检测器一般通过检测臂与管体壁面接触进行管径测量，能够识别管体凹陷、椭圆化、褶皱等变形，另有非接触式几何检测器使用涡流感应技术测量管道直径与焊缝错边，较接触式几何检测器精度高。漏磁检测器通过对管壁进行磁化使其达到饱和或近饱和状态，利用磁敏元件检测漏磁场变化识别管体金属损失的圆周位置、尺寸、深度等信息。惯性测绘单元（IMU）能够记录检测器行进位置和姿态，通过与地面标记盒通信得到中心线坐标，并根据测量的方位角、俯仰角变化以及检测器行进距离计算得到整条检测段管道的曲率及弯曲应变水平。超声波检测是以探头发射一定角度超声波在液体介质中传导遇裂纹返回为原理进行管体裂纹检测，而电磁超声检测技术则利用电磁感应直接在管体产生电磁超声波，无需介质耦合，因此更适用于天然气管道。此外，一项搭载于漏磁检测器的非接触式轴向应变检测器已在北美及我国管道应用，该项技术基于磁致伸缩效应，即铁磁材料的微观结构、

晶体方向与边界随应力/应变状态变化，因磁致伸缩效应进而改变材料的磁导率，由此识别沿线管道的轴向拉伸与压缩应变分布，为管道应力/应变检测提供了新策略。

北京天然气管道公司自2002年首次开展陕京管道内检测以来，密切关注管道缺陷及周边载荷对安全运行的影响，在制定企业标准与体系文件规范内检测工作实施的同时，通过引入新型技术、强化数据验证与成果应用提升内检测工作质量。2018年首次使用IMU检测技术结合地面测绘开展管道中心线及弯曲应变检测，截止目前累计完成了3345 km管道中心线检测，并据此进行管道中心线数据比对与弯曲应变评价；2020年采用第三方现场开挖方法，综合缺陷尺寸、深度、轴向位置、周向位置等参数，对内检测金属损失与变形检测准确性进行系统验证；同年应用IEC(Internal Eddy Current)高清涡流与超高清漏磁检测技术对179 km较高风险管段进行检测，整体提升该段管道制造缺陷、针孔、沟纹以及焊缝错边的检出率及管体金属损失、变形的检测精度。

2　数据验证方法

内检测数据包含两部分内容，即检测信号与报告数据，检测服务公司就检测信号数据采用自动分析技术与专业工程师分析相结合方式，形成包括管道里程、壁厚、附属设施、中心线坐标、环焊缝、热煨弯头、冷弯管、金属损失与增加、变形、环焊缝异常点以及其他管道异常信息的报告数据，除识别管道缺陷、提供维修决策依据和及时消减风险外，更能够直观反映管道结构位置与状态，为管道风险评价、应力分析、应急抢修以及构建数字化管道提供强大数据支撑。目前，通过多轮内检测数据对齐能够进一步校准里程、坐标，环焊缝及管道结构特征等信息，识别管道位置及缺陷状态变化。单次数据质量的控制与提升可采用第三方开挖验证测量、单点验证测量结果比较以及管道IMU检测数据与测绘数据比对而实现，通过对识别发现管道内检测数据结果与现场数据的差别、分析差别产生原因以及消除误差影响对明确检测准确度与保证检测质量有着重要意义。

2.1　管道中心线对比

管道位置参数对缺陷管理、应急抢修以及数字化构建具有重要意义。惯性测绘单元(IMU)搭载于几何或漏磁内检测器，随检测器行进记录其运行位置及姿态，途经埋设的地面标记盒并与其通信获得绝对坐标位置，以此为参考点将管道中心线相对坐标转化为绝对坐标，但由于漂移误差、短时稳定度及温漂误差等未能及时修正可能导致IMU检测的部分管段出现位置偏差。管道竣工测绘或外业测绘一般使用GNSS接收机，连接管道周边地区的CORS (Continuously Operating Reference Stations)基站，通过RTK (Real Time Kinematics)技术测量得到管道坐标位置。将IMU检测管道中心线位置与管道竣工或外业测绘数据通过地理信息软件展点对比(图1)，能够识别二者位置区别，进而使用探管仪及手持式GPS测量仪进行现场确认分析，及时发现IMU检测数据偏差并反馈至检测公司进行数据确认及修正，有效保证了IMU检测管道中心线的数据准确度，由此得到的管道中心线弥补了管道竣工测绘与外业测绘控制点间距离较远的问题。

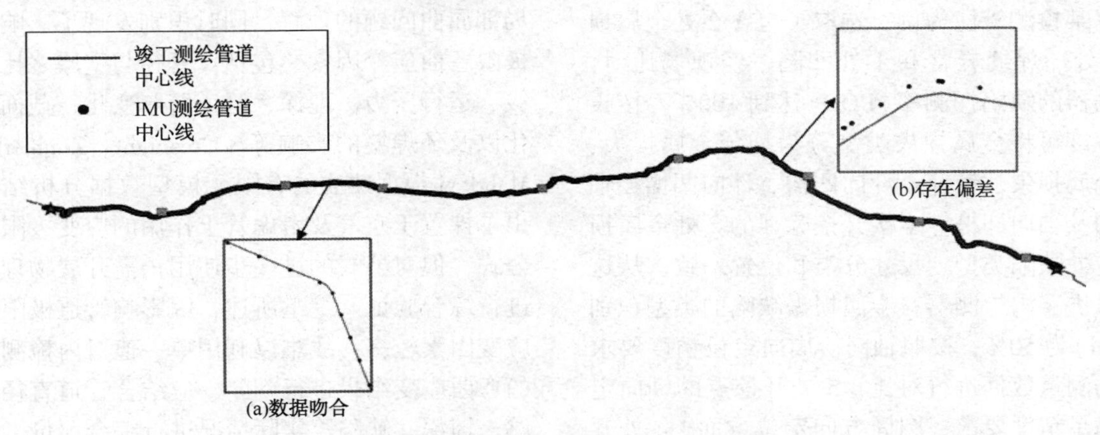

图1　某管道中心线IMU检测与竣工测绘数据对比

2.2　第三方开挖验证与精度评价

通过第三方机构对内检测缺陷数据进行单点开挖验证与检测精度评价并以此为基础积累开挖数据进行基于统计学性能规格验证与评价有助于内检测质量控制与提升。在现场实施过程中，首先对每检测段选取不少于5处异常开挖验证点，并对选定的开挖验证点进行现场检测（NDE），其中，焊缝缺陷检测采用磁粉、渗透、射线及超声四种方法以及相控阵辅助验证；外部金属损失及凹陷采用测深尺测量；内部金属损失及夹层缺陷采用超声波测厚、超声C扫描辅助，记录初始防腐层质量、缺陷尺寸及位置信息，包括长度、宽度、深度（或剩余壁厚）、环向位置、相对位置（相对最近参考点）、距参考环焊缝距离、所在管节壁厚、特征类型以及缺陷间是否存在相互作用。其次，对缺陷调查处进行修复，包括换管、本体补强以及防腐层修复。最后，针对单点测量结果验证检测概率（POD）、识别概率（POI）并针对缺陷定位及尺寸量化精度进行对比，以此为基础积累开挖数据从而进行基于统计学性能规格的验证（图2）。

图2　现场测量

以某检测管段为例，选取了包含2处金属损失、2处环焊缝异常和1处凹陷。经现场比对，内检测器的缺陷探测率（POD）达到100%。按长度和宽度可将金属损失类型分为均匀金属损失、坑状金属损失、针孔、环向凹沟、环向凹槽、轴向凹沟及轴向凹槽。本次开挖验证的2处金属损失有1处缺陷类型、尺寸分类和位置一致，从这一点来讲，内检测器对金属损失缺陷的类型识别率（POI）为50%。按照轴向、周向定位精度要求对现场测量数据进行对比，5处开挖点的轴向定位均满足精度要求；圆周方向定位方面，4处开挖点满足精度要求，有1处不满足精度要求，不过值得注意的是该处开挖点在所报圆周位置同时存在缺陷，但不是最严重缺陷位置（图2）。

阙永彬采用Agresti-Coull的方法计算基于置信区间结果的可靠性指标，得到了不可接受时的最大单点验证符合数量与指标可接受时的最小单点验证符合数量，其中指出采用Agresti-Coull方法计算一定置信度下可靠性指标时，若得到可接受结论，管道内检测单点验证符合数统计结果的样本应至少达到19个；当样本量少于19时，仅能对给定的可靠性指标不可接受进行判断。基于以上原因，需进一步积累样本量，使其达到针对同一缺陷类型的样本数量不少于19时进行基于统计学性能的规格验证。

3　弯曲应变评价

埋地敷设的天然气长输管道沿途经过各类地域环境，可能受到由地质灾害瞬时冲击或缓慢作用导致的弯曲载荷。弯曲载荷对管道安全运行的影响不容小觑，载荷过大时管道材料将发生屈服变形，从而致使局部屈曲或褶皱，当管道存在管体或环焊缝周向裂纹时，则可能引发断裂失效，对管道以及环境安全构成较大威胁。因此，管道定期通过IMU检测识别管道弯曲应变区域，能够为减缓管道风险提供重要依据，图3为2020年对某管道进行漏磁、几何变形以及IMU检测时识别一处弯曲应变超过0.5%的管段存在褶皱，并随即进行了换管修复。

目前，管道极限弯曲应变准则无行业统一设计标准，有关弯曲载荷对管道结构影响的研究以物理试验、数值模拟和分析计算为主，考虑场景包括裸置于空气中的管道和考虑管土接触作用的埋地管道。大量的物理试验和数值模拟提高了对局部屈曲问题的理解，同时识别发现了影响管道极限弯曲应变因素，包括：管径与壁厚之比、钢级、运行压力、埋深、管道壁厚变化、截面椭圆化以及环焊缝的影响等。Gresnight、Zimmerman、Mahdavi根据建立的有限元模型数据分析结果提出了裸置于空气及考虑管土作用的应变极限表达公式，但对公式的进一步使用仍需开展物理试验进行综合验证。综上所述，因影响管道极限弯曲应变因素较多，故难以利用单一值对内检测得到的弯曲应变结果进行判断，应结合管道直径、壁厚、埋深、缺陷等实际情况进行综合评价，如基于有限元分析方法的结构分析。

(a)现场开挖

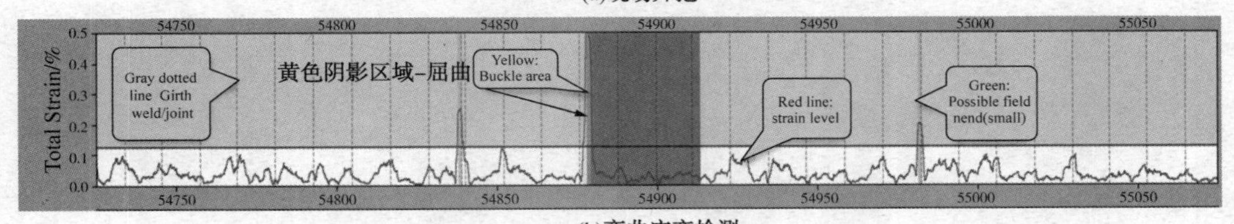

(b)弯曲应变检测

图3 管道局部屈曲

此外，对内检测弯曲应变结果所开展的检测精度开挖验证与基于有限元方法的管道结构分析由另一篇文章进行阐述。其中指出，基于有限元方法的结构评价包括土弹簧结构模型和三维连续性模型。土弹簧模型由于单元划分少、计算速度快，适用于长距离管道的应力应变状态分析，三维连续性模型可将土壤剪切引起的塑性膨胀、压实等作用考虑在内，计算精度高。在役运行期间的管道受力状态复杂，除外部弯曲载荷，同时受到由运行压力、温度以及周边公路铁路可能带来的疲劳载荷，应根据实际情况进行受力状态与建模类型的选择，计算管道在运行压力、温度以及弯曲应变水平下管道应力分布状态。

4 总结与建议

本文以内检测数据质量提升与应用角度出发，总结了内检测技术应用现状、内检测数据验证及弯曲应变评价方法，提出了以管道内检测数据为基础、构建包含管道本体与周边环境监测、检测的多数据维度平台提供决策支持的应用思路，总结与建议如下。

(1) 针对不同缺陷类型，内检测已发展形成了适用于长输天然气管道的几何变形、漏磁、涡流、电磁超声、惯性测绘以及轴向应变等检测技术。部分管道在役运行时间长，内检测时间跨度大，如陕京一线运行时间已超过20年，完成了3轮内检测，在此期间检测与信号识别技术已得到长足发展，管道运营企业可采用内检测数据对齐和信号数据再识别方法，通过未报告缺陷、缺陷变化的识别以及缺陷变化原因分析，进一步了解管道实际运行情况及沿线环境风险因素。

(2) 内检测数据除识别管道缺陷、提供维修决策依据和及时消减风险外，同时能够较为直观、客观、“连续线性”地反映管道结构位置与状态，为管道风险评价、应力分析、应急抢修以及构建数字化管道提供强大数据支撑，也为内检测系统可靠性与数据准确性带来了更高要求。单次数据质量的控制与提升可采用第三方开挖验证测量、单点测量结果的比较以及管道IMU检测数据与测绘数据比对而实现。下一步将探索以管道内检测数据为基础、构建包含管道本体与周边环境监测、检测的多数据维度平台提供综合决策支持的数据应用思路。

(3) 影响管道弯曲应变极限的因素较多，包括管径与壁厚之比(D/t)、钢级、屈服极限与抗拉强度极限之比、运行压力、埋深、管道壁厚变化、截面椭圆化以及环焊缝的影响等，难以利用单一值对内检测得到的弯曲应变结果进行判断，应结合管径、壁厚、埋深、缺陷等因素进行综合评价，并建议对弯曲应变较大管道的焊缝进行磁粉及射线检测，及时发现裂纹缺陷。

参 考 文 献

[1] 吴志平，玄文博，戴联双，等．管道内检测技术与

管理的发展现状及提升策略［J］. 油气储运，2020，39(11)：1220-1227.
［2］董绍华. 中国油气管道完整性管理20年回顾与发展建议［J］. 油气储运，2020，39(3)：241-261.
［3］Choquette J，Cornu S，ElSeify M，et al. Proceeding of the 12th International Pipeline Conference，2018［C］. Calgary：ASME，2018.
［4］王富祥，陈建，冯庆善，等. SY/T 6597—2018 油气管道内检测技术规范［S］. 北京：石油工业出版社，2019.
［5］阙永斌. 管道内检测缺陷尺寸量化精度的可靠性评价方法［J］. 油气储运，2020，39(5)：537-541.
［6］Gresnigt A M. Plastic Design of Buried Steel Pipelines in Settlement Areas［M］，Delft：Heron，1986：3-113.
［7］Zimmerman T J E，Stephens M J，DeGeer D D，et al. Proceedings of the 14th International Conference on Offshore Mechanics and Arctic Engineering，1995［C］. Copenhagen：ASME，1995.
［8］Mahdavi H，Kenny S，Phillips R，et al. Proceeding of the 7th International Pipeline Conference，2008［C］. Calgary：ASME，2008.

海洋非黏结型挠性管抗冲击性能仿真分析

梁　鹏[1]　庞洪林[1]　卢立讯[2]　高宏林[2]　李国宾[2]

[1. 中海石油(中国)有限公司天津分公司；2. 大连海事大学轮机工程学院]

摘　要　针对船舶抛锚导致海底管道损伤的问题，基于有限元原理，对海洋非黏结型挠性管的抗冲击性能进行分析。以某海底管道为研究对象，建立了海洋非黏结型挠性管与碳钢的有限元模型，分别对非黏结型挠性管与碳钢管进行仿真计算。结果表明：本文提出的有限元方法能够解决非黏结型挠性管的碰撞问题，数值仿真结果表明非黏结型挠性管的抗冲击性能弱于碳钢管，为海底管道完整性管理体系提供技术支撑。

关键词　船舶抛锚，非黏结型挠性管，抗冲击性能，海底管道

海洋非黏结型挠性管作为海底输油管道中的重要组成部分，是海洋油气资源开发过程中的主流运输设备，对发展海洋强国、深海资源开发有着重要的战略意义与工程应用价值。然而，海底输油管线受损事件却在逐年增加。一旦海底输油管线泄漏，对海洋环境的损害是不可逆的[2]。因此，海洋油气开发领域对海底管道的安全性分析需求变得十分迫切。

全球海底油气管道破裂事故部分是由第三方破坏导致的，而船舶起抛锚作业是第三方破坏的重要原因之一。锚对海底管道造成的刮碰和撞击，可能会导致管道的凹陷、刺穿和撕裂等。因此，针对海底管道的损伤研究越来越多的引起研究人员的重视。在海底管道碰撞损伤变形的数值模拟研究中，主要采用弹簧法和有限元法。汤明刚运用理论分析方法对非黏结型挠性管的抗压溃行为进行了深入研究。在计算管道凹陷时，DNV规范中尚未考虑锚与海底管道碰撞过程中各种非线性因素对于碰撞分析的影响，使得海底管道的碰撞分析结果不够准确。因此，亟需对海洋非黏结型挠性管的抗冲击性能进行分析。

本文采用有限元法，以船舶落锚即应急抛锚作业为前提，并考虑几何非线性与接触界面非线性等因素对海底管道损伤变形的影响，对比海洋非黏结型挠性管与碳钢管的抗冲击性能。

1　有限元求解方法

管道受到锚的冲击过程属于瞬态问题，宜采用显式的中心差分法进行求解，得到节点位移 u 后，根据几何方程及物理方程可解得每个单元的应力应变，计算过程分为三个步骤。

(1) 节点计算。

应用中心差分法对运动方程进行显式的时间积分。动力学平衡方程：

$$M\ddot{u} = P - I \tag{1}$$

式中，M 为质量矩阵；P 为所施加的外力；I 为单元内力；u 为节点位移。

在当前增量步开始时（t 时刻），计算加速度为：

$$\ddot{u} = (M)^{-1}(P_{(t)} - I_{(t)}) \tag{2}$$

用中心差分法进行时间显式积分：

$$\dot{u}_{(t+\frac{\Delta t}{2})} = \dot{u}_{(t-\frac{\Delta t}{2})} + \frac{(\Delta t_{(t+\Delta t)} + \Delta t_{(t)})}{2}\ddot{u} \tag{3}$$

$$u_{(t+\Delta t)} = u_{(t)} + \Delta t(t + \Delta t)\dot{u}_{(t+\frac{\Delta t}{2})} \tag{4}$$

得到了加速度，在时间上显式地前推速度和位移。

(2) 单元计算。

根据应变率 $\dot{\varepsilon}$，计算单元应变增量 $d\varepsilon$。根据本构关系计算应力 σ：

$$\sigma_{(t+\Delta t)} = f(\sigma_{(t)},\ d\varepsilon) \tag{5}$$

(3) 设置时间 t 为 $t + \Delta t$，返回步骤(1)。

2　有限元模型的建立

2.1　非黏结型挠性管

非黏结型挠性管主要有管体和接头两部分组成，管体从内至外主要包括骨架层、内压密封层、抗压铠装层、耐磨层、抗拉铠装层、中间层以及外包覆层，其整体结构见图1(a)。可以看出，骨架层为螺旋缠绕带的形式[图1(b)]，将

其设置为螺旋缠绕壳体模型。内压密封层与外包覆层均采用三维实体模型。图 1(c) 为抗压铠装层截面，其采用螺旋缠绕壳体模型。抗拉铠装层采用梁单元模型，其有限元模型是两个缠绕方向相对的模型。图 1(d) 为各层有限元模型装配后的整体有限元模型。海洋非黏结型挠性管参数见表 1。

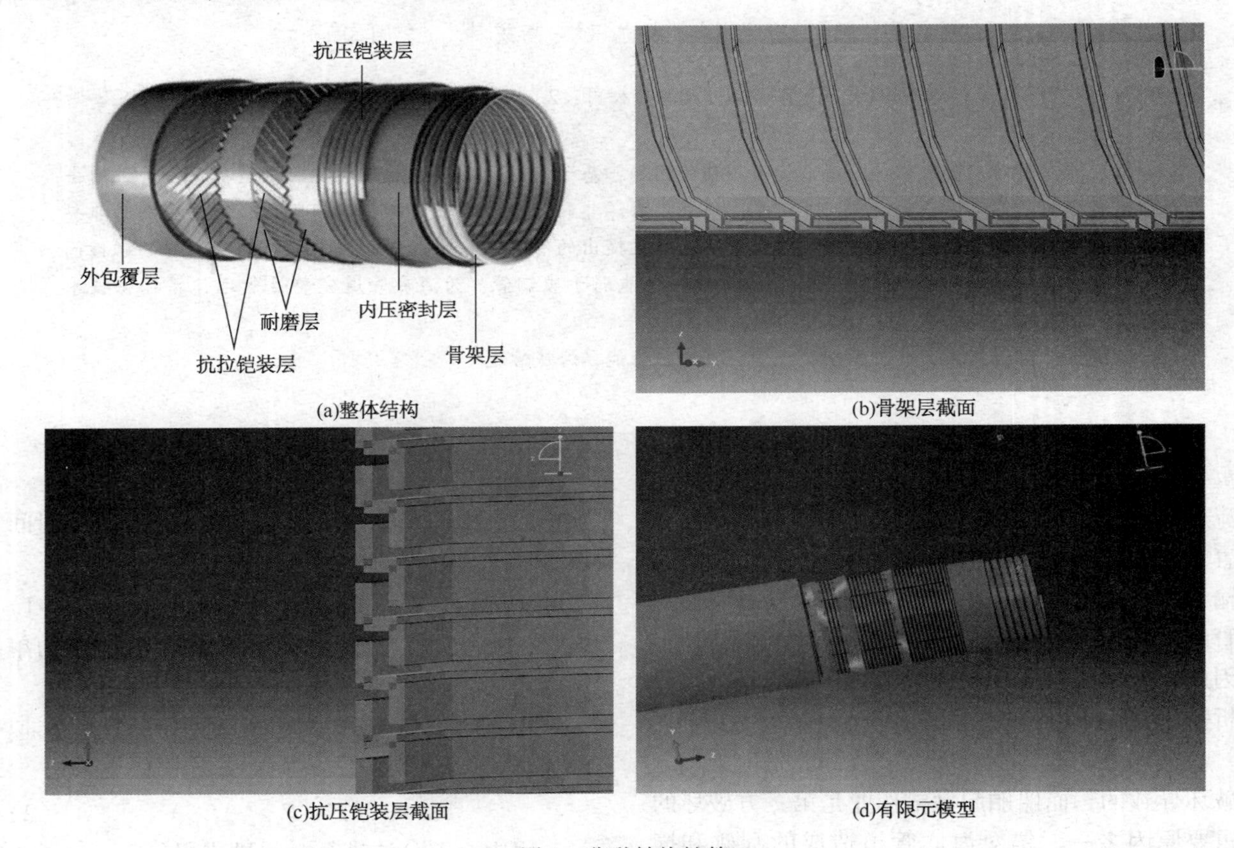

图 1　非黏结挠性管

表 1　非黏结型挠性管各具体参数

	直径/mm	壁厚/mm	长度/mm	弹性模量/GPa	屈服强度/MPa	泊松比	密度/(kg/m^3)	螺距
骨架层	212.2	4.5	5592	207	800	0.3	7850	0.01667
内压密封层	226.2	7	5592	0.6	20	0.3	950	
抗压铠装层	238.2	6	5592	207	800	0.3	7850	0.0086
抗拉铠装层	243.2	2	5592	207	800	0.3	7850	1.09
抗拉铠装层	250.4	2	5592	207	800	0.3	7850	1.09
外包覆层	274.6	10	5592	0.6	20	0.3	950	

2.2　碳钢管

为了对比分析，对碳钢管海底管道进行计算，表 2 为其主要参数，图 2 为碳钢管的有限元模型。

表 2　普通输油管的具体参数

直径/mm	壁厚/mm	长度/mm	弹性模量/GPa	屈服强度/MPa	泊松比	密度/(kg/m^3)
355.6	14.3	5592	207	448	0.3	7850

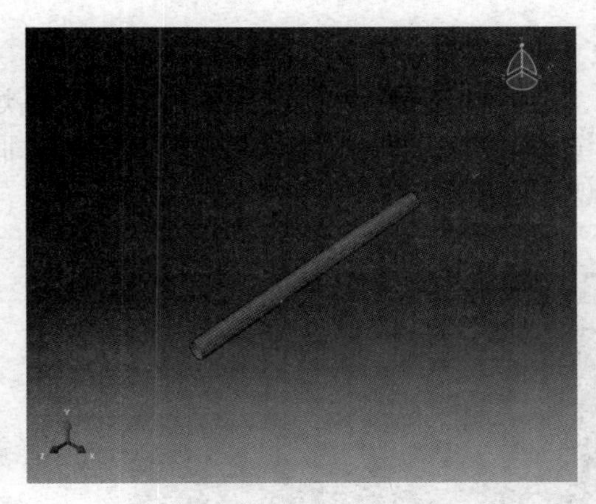

图 2　碳钢管管道的有限元模型

2.3　锚

海洋船舶的航行区域变化大，船舶用锚大多为霍尔锚，以便适应各种抛锚区域的海底土壤(如砂土和黏土等)特性。本文选用了 1.02t 的霍尔锚，表 3 为所选锚尺寸参数。图 3 为锚的有限元模型，单元类型为实体单元(表 3)。

表 3　霍尔锚尺寸参数

锚重/t	A 锚杆长度/mm	B 锚的宽度/mm	C 锚的厚度/mm	D 锚爪的长度/mm	E 锚爪间的距离/mm	连杆直径/mm
1.02	1545	1090	496	1005	800	55

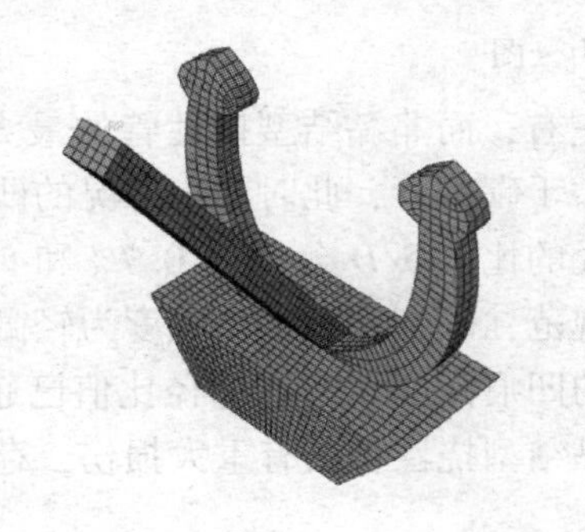

图 3　锚的有限元模型

3　仿真实验及结果分析

3.1　仿真实验设计

1）碰撞速度

锚撞击管道的速度与管道所受的冲击能量直接相关。因此，撞击速度是研究管道碰撞的重要因素。锚的速度和挡水面积有关，首先计算锚的挡水面积：

$$S = (D + C\sin 45°)B \tag{6}$$

式中，S 为锚的挡水面积；C 为锚的厚度；D 为锚爪的长度；B 为锚的宽度。

落锚时，锚达到极限下降速度后，锚的重力、排出水的体积和流动阻力达到平衡，因此可得到锚的受力平衡方程[13]

$$(m - V\rho_{water})g = \frac{1}{2}\rho_{water}C_d S {v_r}^2 \tag{7}$$

由于锚在海水中自由下落，因此，锚的极限速度可简化为

$$v_r = \left[\frac{2mg(1 - \rho_{water}/\rho_{anch})}{S\rho_{water}C_d}\right]^{\frac{1}{2}} \tag{8}$$

式中，m 为锚的质量；V 为锚的体积；ρ_{water} 为海水的密度 $1025kg/m^2$；ρ_{anch} 为锚的密度 $7850kg/m^2$；C_d 为拖曳阻力系数从表 4 中选取，取 0.8；S 为锚的挡水面积；g 为重力加速度取 $9.81m/s^2$。

表 4　不同形状物体的拖拽阻力系数

物体形状	拖曳阻力系数 C_d
扁平状、细长状	0.7~1.5
箱子状	1.2~1.3
复杂形状(球体或复杂体)	0.6~2.0

2）实验条件

为研究非黏结型挠性管与碳钢管在受到锚撞击后的变形情况，分别设计 2 组实验。采取锚冠与海底管线碰撞的方式撞击管道，速度选用 1020kg 霍尔锚的极限下降速度。利用式求得 1020kg 的锚碰撞时的速度为 3.79m/s，实验设计见表 5。

管道经锚撞击后，表面会产生凹陷。表 6 为 DNV-RP-F107 中关于管道损伤的分级标准，标准规定管道的凹痕深度与管道外径的比值 δ/D 超过 5%则有泄漏的危险。本文将该比值作为衡量管道损伤程度的指标。

表 5　实验设计

工况	管道类型	锚的冲击速度/(m/s)
1	非黏结型挠性管	3.79
2	钢管	3.79

表 6　管道撞击承载能力及损伤分级

凹痕深度/管道外径/%	损伤描述
<5	轻微损伤
5~10	重大损伤存在泄漏危险

续表

凹痕深度/管道外径/%	损伤描述
10~15	重大损伤存在泄漏及破裂危险
15~20	重大损伤存在泄漏及破裂危险
>20	破裂

3.2 结果与讨论

运用有限元法进行数值模拟，得到两种类型管道受船锚冲击产生的凹陷深度。碳钢管与非黏结型挠性管撞击过程的应力云图分别见图4。

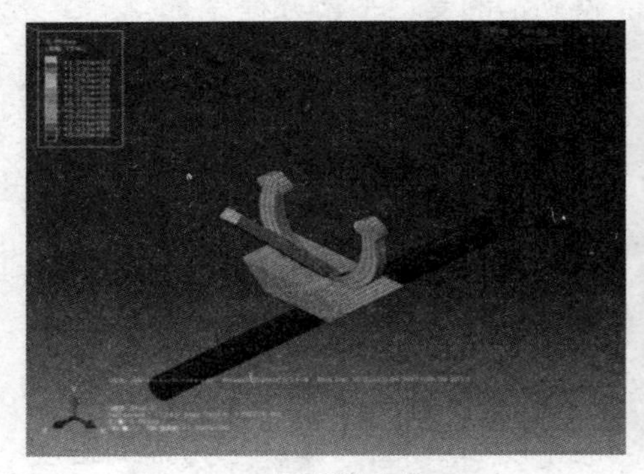

(a) 碳钢管撞击前

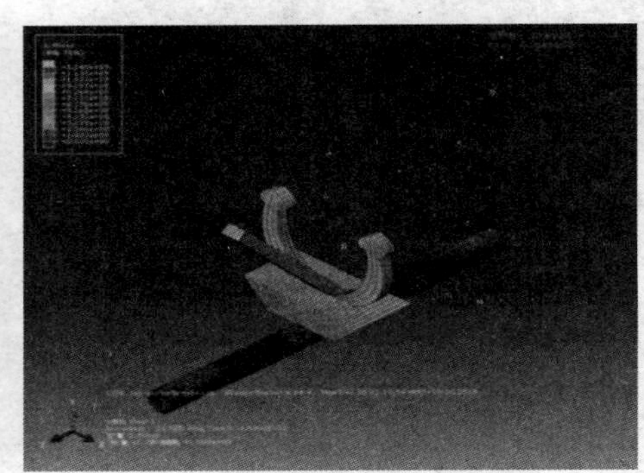

(b)碳钢管撞击后

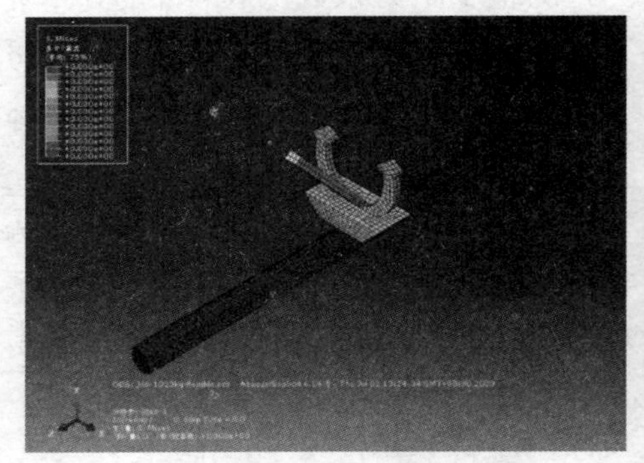

(c) 非黏结型挠性管撞击前

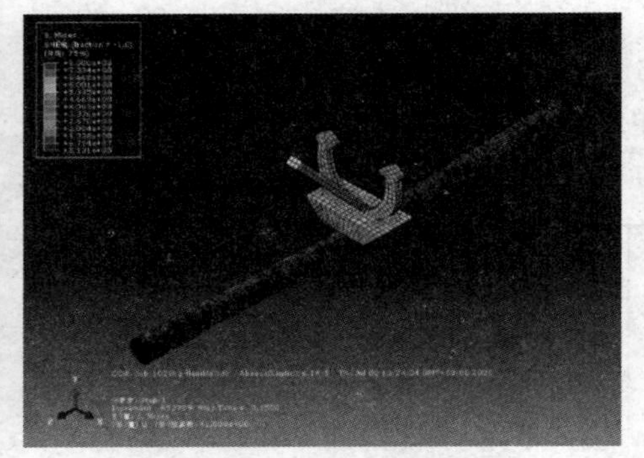

(d)非黏结型挠性管撞击后

图4　撞击应力云图

选取管道碰撞后的最大凹痕处，计算两个工况的最大凹痕截面位移时间历程曲线，图5(a)为碳钢管的位移时间历程曲线，图5(b)为非黏结型挠性管的位移时间历程曲线。

观察两个工况的最大凹痕截面位移时间历程曲线发现，碳钢管的最大凹痕 δ 稳定在2.6 mm左右，而非黏结型挠性管的最大凹痕 δ 为15mm大于碳钢管，此时两个工况的凹痕深度与管道外径的比值 δ/D 分别为0.7%和5.3%。根据DNV规范，碳钢管的损伤程度为轻微损伤，而挠性管的凹痕深度与管道外径比值已超过5%，证明非黏结型挠性管已有重大损伤，存在泄漏风险。

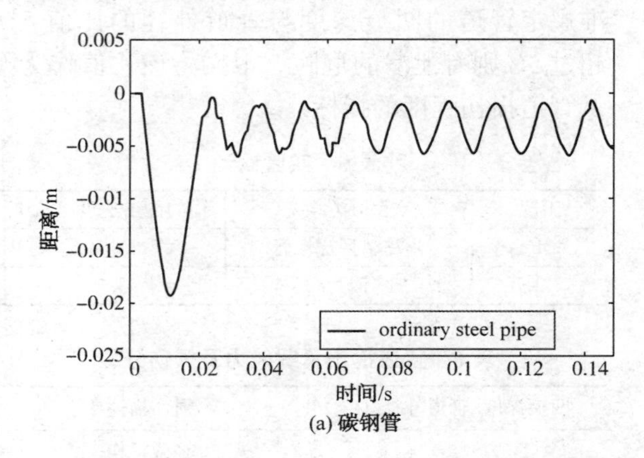

(a) 碳钢管

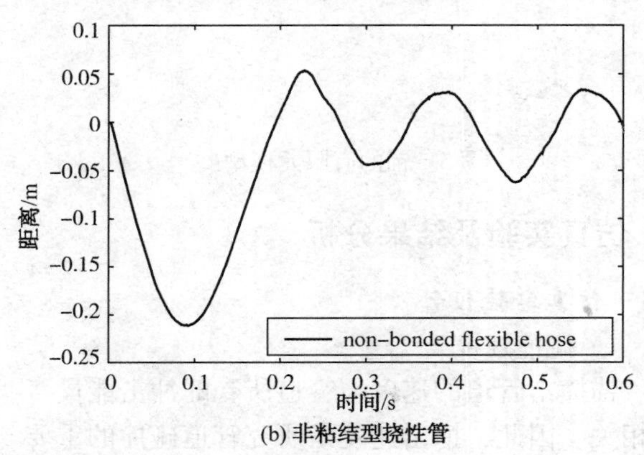

(b) 非粘结型挠性管

图5　最大凹痕截面位移时间历程曲线

4 结论

本文基于有限元法对船舶抛锚撞击海底管道的过程进行仿真，解决了非线性碰撞问题，分析了碳钢管与非黏结型挠性管在相同锚重下的抗冲击性能，用管道的凹痕深度与管道外径的比值与DNV规范进行对比，可知当抛锚撞击载荷保持不变时，非黏结型挠性管的管道损伤程度大于碳钢管，其抗冲击性能弱于碳钢管。数值仿真表明船舶落锚会对海底管道造成不可逆的损害，必须采取相关措施来防止管道受到损害。本文提出的有限元方法可较好解决海管与锚碰撞问题，对非黏结型挠性管的完整性管理具有一定的指导意义。

参考文献

[1] 余荣华，袁鹏斌，秦林肖．海洋非黏结型柔性软管制造装备现状分析[J]．机械设计与制造．2018(02)：97-99.

[2] 宣凯．抛锚作业对海底管线损害研究[D]．大连海事大学，2012.

[3] 方娜，陈国明，朱红卫，等．海底管道泄漏事故统计分析[J]．油气储运．2014，33(01)：99-103.

[4] 丁红岩，乐丛欢，张浦阳．落物撞击作用下海底管道风险评估[J]．海洋工程．2010，28(01)：25-30.

[5] Palmer A，Neilson A，Sivadasan S. Impact resistance of pipelines and the loss-of-containment limit state[J]. Journal of Pipeline Integrity. 2003.（2）：231-240.

[6] 谭箭，李恒志，田博．关于事故性抛锚对海底管线损害的探讨[J]．船海工程．2008(01)：142-144.

[7] 郭振邦，张群站，徐慧．海底管道关于锚泊作业的定量风险评估[J]．天津理工大学学报．2007(05)：85-88.

[8] 黄小光，孙峰．基于ANSYS/LS-DYNA的海底管道受抛锚撞击动力学仿真[J]．中国海洋平台．2012，27(05)：41-44.

[9] 汤明刚，王野，阎军，等．海洋柔性管道骨架层压溃的有限元分析[J]．哈尔滨工程大学学报．2013，34(09)：1135-1140.

[10] 白俊磊．海底管道坠物碰撞损伤数值模拟分析研究[D]．大连理工大学，2013.

[11] 叶邦全．海洋工程用锚类型及其发展综述[J]．船舶与海洋工程．2012(03)：1-7.

[12] GB/T 546-1997 霍尔锚[S]．北京：中国标准出版社出版，2012.

[13] Det Norske Veritas. Risk assement of pipeline protection：DNV-RP-F107[S]. 2010.

第三方破坏下海底管道埋深安全性分析

庞洪林　梁　鹏　吴景健　朱　睿　蒋　煊

[中海石油(中国)有限公司天津分公司]

摘　要　航运活动和渔业活动越来越频繁，船舶抛锚、走锚、拖网等第三方破坏对海底管道安全性的影响需引起足够重视。本文总结梳理了国外规范对海管埋深的规定和我国当前海管埋深的通常做法。以渤海某油田开发项目中的海管为例，在既定埋深下，分别进行了船舶抛锚、走锚、拖网下海底管道埋深安全性分析，并对海底管道埋深值的确定提出建议。

关键词　海底管道，第三方破坏，埋深，安全性

随着我国海洋石油勘探开发的深入，近年来越来越多的新油田投产，海底管道作为一种输送油气介质的工具，现已成为海上油气田开发生产系统的重要组成部分，管线运输是油气运输中最主要的也是最快捷、经济、可靠的方式。海底管道虽然有运输效率高、不易受环境条件影响、投产快、操作费用低等诸多优点，但其处于海底，所处的海洋环境非常复杂，运行风险很大。海底管道面临的众多风险中，其中一项重要风险就是易受渔业活动和航运活动中拖网、锚击等第三方破坏。海底管道多数埋设于海底泥面下一定深度，若遭受第三方破坏，检查和维修非常困难。若海底管道遭到破坏产生泄漏，将对人身安全、生态环境造成严重危害。

为减小第三方破坏的风险，通常采用深埋的方式来确保海底管道的安全性。若管道埋深太浅，在受到第三方破坏时无法提供足够的保护；若埋深太深，施工难度和工程成本将大幅增加，影响油田开发经济效益。因此，在海洋石油开发项目设计阶段，有必要对海底管道埋深的安全性做出评估。

1　海底管道第三方破坏因素

随着我国沿海港口数量和泊位日益增加，航运活动中船舶抛锚作业越来越频繁。渔业活动中，渔业养殖作业区域与海底管道的铺设区域产生交叠，并且渔业船舶作业随意性较强，因此，本文着重探讨航运活动和渔业活动中抛锚、走锚、拖网等第三方破坏对海底管道埋深安全性的影响(图 1)。

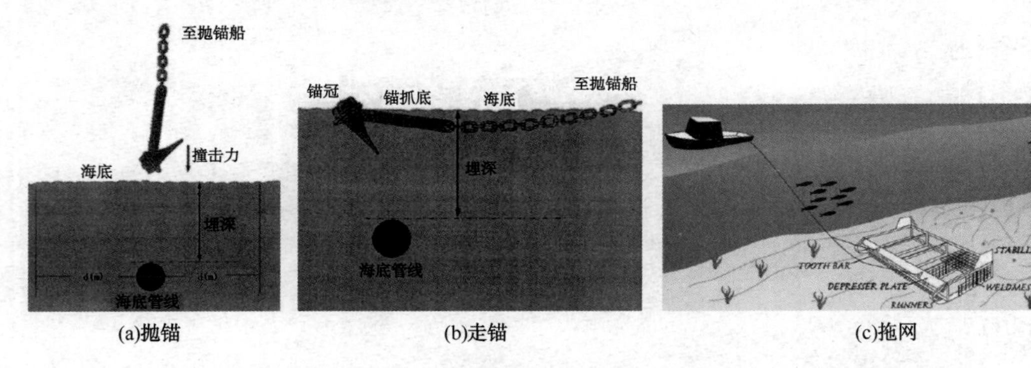

(a)抛锚　(b)走锚　(c)拖网

图 1　海底管道第三方破坏示意图

1.1　*渔业活动*

从渔业活动的捕捞作业方式(拖网、刺网、张网)来看，拖网作业与海底有接触，有可能对海底管道安全性产生影响。拖网作业时，网具在海底拖曳，底纲刮泥深度为 10～20cm，当在底质较软的海底或经拖网多次扫过的同一海底位置时，底纲刺入的深度将加深。拖网作业对海底结构物产生损坏主要有三种：撞击、拖扯和钩扯。

渔船抛锚也可能对海底管道安全性产生影响，锚贯入海底，若贯穿深度大于海管埋深，将

撞击海底管道，造成管道局部凹陷或涂层破坏[3]。

1.2　航运活动

航运活动对海底管道安全性的影响主要为船舶抛锚和走锚，航运活动中船舶吨级较大，对应锚重较大，锚的触底贯入深度较深，抛锚后锚的贯穿深度若大于海管埋深，会对海底管道产生撞击，造成管道损坏。航运船舶在海底管道所处海域内抛锚，由于风流等因素的影响，有可能发生走锚现象，若走锚拖底的贯穿深度大于海管埋深，将对海底管道产生拉拽，造成管道损坏。

2　海底管线埋深现状

2.1　国外相关法规、规范

20世纪七八十年代，国外就开展了海底管道埋深的研究，并写入各国法规和规范。

DNV 规范认为挖沟埋设的管线对于抵抗坠落物体的破坏有一定的积极意义，但如果不进行回填则抵抗破坏的效果有限。对于航道区域及平台附近的抛锚和坠落物等可能对管线造成的破坏，DNV 没有推荐具体的埋深，但是对于管线可以承受的撞击能量进行了计算说明。DNV 规范认为对于大直径的管线(大于 12~14in 的管线)可以通过保护层减小失效概率而不需要挖埋；小直径的管线应该采取挖沟埋设，但没有给出具体挖埋深度。海底管线受到拖网渔具或外来物冲击后管线可承受最大的变形深度为直径的5%。

ABS 规范认为管线挖沟的标准深度为从管线顶端到海底的距离至少是 3 英尺(0.9144m)。对受社会环境因素影响的海底管线的风险评价，应与管线深度及其它保护措施结合起来。此外，ABS 规范还要求管线挖埋后要及时进行后期调查，对于需要更多保护的管线可以采用倾倒砂石覆盖等方法。

美国联邦法规针对本国领土的海底管线挖埋深度做出了具体而详尽的规定，在所有挖埋深度方面的规范和法规中最具参考价值。美国联邦法规规定除了墨西哥湾海域小于 15 英尺水深的管线，所有 12~200ft(1ft=0.3048m)水深之间的海底管线都必须埋设到天然海底面以下。具体深度参照表1。

表1　不同区域管线覆盖层厚度

位置	覆盖深度/ft	
	正常埋设	碎石埋设
深水码头安全区域	48	24
小于 15ft 水深的墨西哥湾	36	18
其他小于 12ft 的海底区域	36	18
其他区域	30	18

日本运输省港湾技术研究所根据抛锚试验中锚的贯入量，给出不同船舶吨位下锚的贯入量和海底管道埋设深度估算值。

印尼管道规范规定如果海洋深度小于 13m，管道必须埋在海床下至少 2m，并配备压载系统，以防止管道移动。

2.2　我国海底管道埋深现状

我国对于海底管道埋深研究开展较晚，暂无相关法规、规范可依，海洋石油开发项目中，海管埋深缺乏完整论述。当前，我国海底管道埋深的通常做法如下。

(1) 航道、水道区域、疏浚区域或其他特定区域，需采用砾石回填，回填深度一般不小于 3m，具体实施情况，需通过通航论证及相关评估确定具体深度。

(2) 渤海浅水海域海底管道的设计埋深(从管道顶端至海底泥面)一般不低于 1.5m。

(3) 挠性管的埋深一般不低于 2m。

(4) 水深超过 150m 南海海域，海底管道可不要求挖沟埋设处理。

3　海底管线埋深安全性分析

以渤海某油田开发项目中海管为例，探究在既定埋深下，船舶抛锚、走锚、拖网对海底管道安全性的影响。该海底管道所处海域水深 16~18m，工程底质属于软泥，管线全程埋设，后挖沟，自然回填。该管道埋设深度分两种：黄骅港 3#锚地附近 AB 段埋深为 4m；其他位置埋深为 1.5m。

3.1　抛锚对海底管道的影响

锚落入海底产生的冲击力和贯入量主要取决于锚在水中下落的最终速度 v_c，该速度可由下式计算得出：

$$v_c = \sqrt{\left(1 - \frac{\rho_w}{\rho_s}\right)\frac{2mg}{C_D \rho_w A}} \tag{1}$$

式中，ρ_w 为海水密度，取 1025kg/m^3；ρ_s 为锚的

密度，取 7850kg/m³；m 为锚的质量；g 为重力加速度，取 9.81m/s²；A 为锚下落时的挡水面积；C_D 为拖曳力系数。

锚贯穿海底之后，此时不再考虑浮力对于锚的影响，只考虑重力以及海底底质对于锚的阻力，而不同的锚在不同底质受到的阻力不同，此处依据不同锚在不同海底底质下的抓力系数来计算锚的受力[7]。锚贯穿海底时存在一定角度，将竖直方向上的分力等同于锚抓力沿竖直方向上的分力，锚展角取 45°，则锚贯入海底时所受阻力可由下式计算得出：

$$F = F_H \cos\alpha \tag{2}$$

$$F_H = F_{H\alpha} + F_{HC} = (\lambda_\alpha m_\alpha + \lambda_c m_c l)g \tag{3}$$

式中，F 为锚贯穿海底后受到的阻力；F_H 为锚的总抓力；α 为锚展角；$F_{H\alpha}$ 为锚的抓力；F_{Hc} 为锚链的抓力；λ_α 为锚的抓力系数；λ_c 为锚链的抓力系数；m_α 为锚在空气中的质量；m_c 为每米锚链在空气中的质量；l 为平卧海底的链长；g 为重力加速度。

根据已算出锚贯穿海底时的阻力 F 及锚在水中下落的最终速度 v_c，利用能量守恒公式，最终求得锚的重心入海底泥面后的贯穿量 Δx：

$$\Delta x = \frac{m v_c^2}{2F} \tag{4}$$

对于同一艘船舶，在相同水深等自然条件下，采用相同的抛锚方式时，锚触底贯穿量随着底质的不同而不同，淤泥质海底贯穿量大，砂质海底贯穿量小。一般来说，大型锚具触底时，底质为砂砾可贯穿约 0.5~1.0m，底质为软泥可贯穿约 2m，淤泥质中的贯穿量更大。同一船只在同一底质的情况下，其贯穿量随着水深增加而增加。表 2 为国外投锚试验得出的结果。

表 2　抛锚时的触底贯穿量(无杆锚)

船型标号	锚重/t	水深/m	底质	触底贯穿量/m
1	2.0	18	淤泥、砂	1.5
2	2.5	12	软泥之下为硬泥	1.8
3	3.4	12	砂	0.3
4	6.0	16	淤泥	1.9
5	9.7	18	淤泥	3.5
6	18.0	离海底45m 抛锚	砂、淤泥	2.6

本项目中海底管道在黄骅港 3#锚地附近 AB 段埋深为 4m，根据实际情况，该段锚泊船多为小于 70000DWT 的散货船，锚重小于 9.7t，参照表 2 中船型标号 5，船舶正常抛锚贯穿量 3.5m，小于管线在该段的埋深 4m。本项目中海底管道在其他位置埋深均为 1.5m，需要注意的是部分小型渔船可能不遵守有关规定在海管所处海域抛锚作业。参照表 2 中船型标号 1，当锚重为 2 吨、水深为 18m 时，锚在淤泥里的触底贯穿量为 1.5m。小型渔船的锚重小于 1.5 吨，渔船抛锚的触底贯穿量小于 1.5m。因此，该海底管道埋深可有效防止船舶抛锚对海底管道的损坏。

3.2　走锚对海底管道的影响

根据航海经验及相关试验，船舶走锚拖底的贯穿深度约为抛锚贯入量的 60%。

在黄骅港 3#锚地附近 AB 段，考虑锚重为 9.7t 的情况，锚拖底贯穿深度约为 3.5m×60% = 2.1m，小于管线在该段的埋深 4m。在其他段，考虑锚重为 2.0t 的情况，锚拖底贯穿深度约为 1.5m×60% = 0.9m，小于管线在该段的埋深 1.5m。因此，该海底管道埋深可有效防止船舶走锚对海底管道的损坏。

3.3　拖网对海底管道的影响

根据 Allan PG 和 Comrie RJ 关于海底管缆保护评估和优化的相关研究可知，渔具的贯入深度不仅取决于渔具的尺寸和重量，还取决于海床底质。拖网板的贯入深度随着底质剪切强度的变化曲线见图 2。

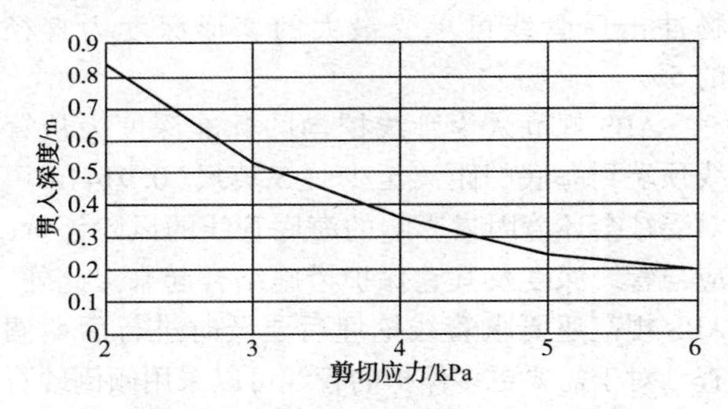

图 2　拖网的贯入深度曲线

本项目海管附近工程底质剪切强度在 5kPa 以上，因此根据上图可知：剪切强度在 5kPa 时拖网的贯入深度不足 0.3m，贯入深度随着剪切强度的增加而逐渐减小。因此，渔船的拖网作业不会对本项目的海底管道安全性产生影响。

综上所述，该项目中海底管道穿越航道区域回填深度为海床泥面至管顶 4m，其他区域埋深 1.5m 时，航运作业和渔业作业下的抛锚、走锚、拖网等第三方破坏不会对管道安全性产生影响。

4　结论与建议

4.1　结论

本文探讨了抛锚、走锚、拖网等第三方破坏对海底管道埋深安全性的影响，首先总结了国外规范对海管埋深的不同规定，并梳理了我国当前海管埋深的通常做法。以渤海某油田开发项目中的海管为例，在既定埋深下，分别进行了船舶抛锚、走锚、拖网下海底管道埋深安全性分析。通过分析可知，该项目中海底管道穿越航道区域回填深度为海床泥面至管顶 4m，其他区域埋深 1.5m 时，航运作业和渔业作业下的抛锚、走锚、拖网等第三方破坏不会对管道安全性产生影响。

4.2　建议

针对越来越频繁的航运活动和渔业活动，需重视抛锚、走锚、拖网等第三方破坏对海底管道安全性的影响。在海上油田开发项目中，需对拟建海底管道的埋深安全性做出论证，在确定海底管道埋深时提出以下建议。

（1）拟建海底管道埋深需能满足抵抗应急抛锚或误抛锚、走锚情况下单次损害的要求；

（2）拟建的海底管道埋深需能抵抗渔船作业时的渔具作用深度；

（3）对于穿越航路区、锚地区的海底管线，应适当加大埋深。

参　考　文　献

[1] 周延东，刘日柱．我国海底管道的发展状况与前景[J]．中国海上油气．工程，1998(04)：1-5+4.
[2]张磊．基于船舶应急抛锚的海底管道埋深及保护研究[D]．武汉理工大学，2013.
[3]赵冬岩，王琮，罗超，王凤云．社会环境因素对海底管道埋设深度的影响[J]．中国海上油气，2010，22(04)：275-278.
[4]DNVGL-RP-F107. Risk Assessment of Pipeline Protection [S]. 2010.
[5]ABS. guide for building and classing subsea pipeline systems [S]. 2006.
[6]粟京．DnV96 版《海底管道系统规范》对冲击防护的新规定[J]．石油工业技术监督，1999(02)：15-17.
[7]庄元，宋少桥．海底管线埋深问题研究[J]．大连海事大学学报，2013，39(01)：61-64.
[8]谭箭，李恒志，田博．关于事故性抛锚对海底管线损害的探讨[J]．船海工程，2008(01)：142-144.

油田海底管道完整性管理实践

朱梦影[1]　程　涛[2]　钱　欣[1]　唐宁依[1]　李少芳[1]

[1. 中海石油(中国)有限公司天津分公司渤海石油研究院;
2. 中海石油(中国)有限公司蓬勃作业公司]

摘　要　海底管道投资大、风险高，为保证运行的稳定性和可靠性，某油田建立了一套海底管道完整性管理体系。对在役管道进行风险评估、定级、排序，高风险管道重点防护，通过注入化学药剂和定期清管控制内部腐蚀，外套层防护控制外部腐蚀，采用基于雷达及船舶自动识别系统的通导预警系统。通过腐蚀探针、腐蚀挂片、超声波测厚、硫化氢和细菌定期检测等手段日常监测海管运行情况，定期进行管道内检测和外检测，根据海管泄漏类型采取不同应急维修策略。该油田海管实施完整性管理策略为后续海管完整性管理提供经验。

关键词　海底管道，完整性管理，风险评估，腐蚀控制，管道应急维修

海底管道是海上油田生产开发的重要组成部分，具有投资大，技术难度高，运行风险大等特点，与陆地管道相比，海底管道运行的自然环境更加恶劣，监测维护难度更大，一旦发生事故，其抢修难度也非常大，不仅造成巨大直接经济损失，还会对海洋环境造成污染[1]。完整性管理是一种以预防为主的管理模式，要求对管道面临的风险进行识别和评价，采取各项应对措施有效降低和规避管道安全风险，使管道风险在其全生命周期内处于可接受水平。

1　海底管道运行现状

渤海某油田由7个井口平台、一个立管公用平台和一条FPSO(浮式生产储油平台)组成，通过海底管道和复合电缆连接。油田平均水深28m，共运营18条海底管道，总长度约68km，包括油气混输管道、注水管道、天然气管道以及柴油管道四类，除柴油管道外，其余管道均采用单层保温配重夹克管。该油田海底管道在高含砂、含硫、含二氧化碳状况下平稳运行12年，管线状态保持良好。

2　管道完整性管理主要工作

完整性管理主要任务是识别在役期间的主要风险，对风险进行评估、定级、排序，确定风险降低的措施和控制手段，提出对管道运行进行监控的方式及检验的基本要求，制定海管应急维修预案等。

2.1　*海底管道风险评估*

2.1.1　海底管道的主要风险和影响

根据统计数据，油田海底管道的失效形式主要有腐蚀、第三方破坏、自然灾害、组织管理不善这四类。腐蚀根据腐蚀部位可以分为由内部介质、细菌因素、流体冲蚀以及管材抗腐蚀能力差等原因导致的内腐蚀和防腐层失效或脱落以及阴极保护系统失效等原因导致的外腐蚀；第三方破坏主要指由过往船只的抛锚、拖锚作业，作业船重物坠落等对海管造成冲击和损坏；自然灾害指由于强浪、泥沙回淤、急流和地震冲击等恶劣的自然环境因素造成的失效风险；管理组织不善主要由人为管理失误和员工技能水平等引起。四类风险可能产生的结果和后果见表1。

表1　油田海底管道主要风险、可能产生后果以及造成的后果

<table>
<tr><td>主要风险</td><td colspan="2">管道腐蚀、第三方破坏、自然环境、组织管理不善</td></tr>
<tr><td>可能产生的结果</td><td colspan="2">1. 锚挂在管道上；2. 无泄漏的管道屈曲；3. 轻微泄漏；4. 严重泄漏或全通径破裂；</td></tr>
<tr><td rowspan="2">造成后果</td><td>注水海管</td><td>1. 生产受到影响或中断；2. 失控造成环境的危害</td></tr>
<tr><td>油气管道</td><td>1. 生产受到影响或中断；2. 失控造成环境污染；3. 火灾危险</td></tr>
</table>

2.1.2　海底管道风险排序

该油田委托Scandpower风险管理公司对所属的18条海管进行风险分析，按风险严重程度对所属管道进行分类，在科学的指导下将较多精力集中于高风险管道，优先对高风险管道采取相应防护整改措施，防止事故发生，油田海底管道风险排序见表2。

表2　油田海底管道风险排序表

优先级	管道
1	混输海管主管道2条
2	混输海管支线管道6条
3	天然气管道2条、柴油管线1条、注水主管道1条
4	注水海管支线6条

为了降低应急配件库存率，需注意1级和2级管线相关应急维修配件。

2.2　管道风险控制

2.2.1　内部腐蚀与控制

内部腐蚀机理复杂，但是形式是水、氧、酸、硫或氯等引起的电化学反应、微生物（细菌）引起的腐蚀、侵蚀腐蚀、垢下腐蚀等，控制内部腐蚀最有效的方法的注入缓蚀剂和定期清管作业。

该油田为了找到合理高效的化学药剂来保护碳钢海底管道，进行了大量的缓蚀剂筛选研究，兼顾成本、有效性、加注便利性等因素，通过后续腐蚀监测验证，确保海管完整性的同时优化经营成本。根据管道腐蚀监测趋势，每年至少评估1次缓蚀剂的注入剂量和类型。药剂效果监测的重点是水处理中各项指标，主要控制水中含氧量以及细菌滋生对管道的腐蚀。

清管是保持管道清洁、防止管道内腐蚀的又一有效控制措施。该油田所有海底管道均具备清管能力，除智能清管检查外，大部分海底管道都定期进行清管作业。根据管道状态调整清管的频率和使用的清管器类型，如果清管作业期间收集的杂质数量和质量发生变化，则应进行相应调整。实践中，一旦为特定管道设置了清管频率清管器类型，该工作要求会作为预防性维修（Preventive Maintenance，PM）设置在油田企业资产管理系统中，以便现场按时执行该工作。管道维护性通球频次视实际情况调整，一般情况下混输管道每月1次，出砂量增多时增加频次；输气管道每年1次，有湿气或者水合物产生时增加频次；注水管线每季度1次。

2.2.2　外部腐蚀与控制

除柴油管道外，其余海底管道均采用外套层来防止金属与周围环境接触，外套层是控制外部腐蚀的主要屏障，其由内向外分别为熔结环氧层、聚氨酯泡沫保温层、高密度聚乙烯夹克层以及混凝土配重层[2]。所有海底管道均填埋在海床中，填埋深度为管道外径的35%，日常通过无人遥控潜水器（Remote operated Vehicles，ROV）等其他技术定期对管道状态进行勘测，确保外套层系统的完整性。

2.2.3　外部影响保护

控制管道周围船舶抛锚、打捞等活动也是确保海管免于受损的重要措施。该油田采用基于雷达及船舶自动识别系统（automatic identify system，AIS）的通导预警系统，实时监控海底管道周围海域的外来船舶航行情况，及时发现海底管道附近是否有船舶停留，避免因船舶抛锚或故意伤害海管而造成的海管失效事故的发生，起到了。除此之外，在该油田所有海底管道分布的区域内，留守船随时待命，可以起到警戒作用，保护管道不受其他活动的干扰。

2.2.4　管道操作运营

油田海底管道日常操作包括管道的启动、关闭和清管作业等，操作中按照设计规范操作海底管道，以避免超压、超温、超量等异常状况。操作人员按照操作程序和清管频次要求定期进行清管作业，确保缓蚀剂、杀菌剂、阻垢剂等药剂的正常注入，同时确保及时获取腐蚀监测信息或数据，及时送样分析。

2.3　管道状态检测和评价

海底管道状态检测是通过直接测量或间接测量推断的方式，定期监测和评估每条管道的当前状况，以便及时发现管道的各种变化情况，及时评估带来的影响，调整海管管理策略，保证海管失效风险在其全生命周期内处于在可接受水平。该油田海管状态检测和评价主要分为日常监测、管道内检测和管道外检测三方面。

2.3.1　日常监测

日常监测的目的是识别和跟踪海管腐蚀情况，为管道防腐调整提供信息数据支持，特别是对缓蚀剂优化方案提供反馈信息，该油田重点监测的信息和方式有以下几点。

腐蚀探针在线检测。通过安装在立管上、具有远程数据采集传输能力的腐蚀探针监测海管腐蚀状况，其监测的数据与海管管理系统中录入腐蚀挂片数据、超声波测厚数据以及管道运行参数、化学药剂注入情况等数据联合分析，确定腐蚀速率变化的原因，采取相应对策进行调整。腐蚀探针数据1个月收集并分析1次。

腐蚀挂片。在海底管道的两端安装碳钢腐蚀挂片，以模拟碳钢管道的腐蚀[8]。每季度更换一次试样，以收集管道腐蚀和侵蚀的信息，检测数据记录在海管管理系统中，并与之前的腐蚀进行比较，腐蚀速率和点蚀速率的变化应用于验证注入井口平台的缓蚀剂的有效性。腐蚀挂片每1季度做1次。

立管超声波测厚。应定期对所有海底管道立管进行超声波厚度测量，检测数据记录在海管管理系统中，用以进行跟踪和趋势分析。该检测项目一般与水下完整性检查同时进行，一般2年1次。

硫化氢监测。由于该油田产出物含硫化氢较多，通常每1季度对油井和生产系统进行一次硫化氢调查，以确定产出液的变化及时采取相应措施保护管道，取样点通常位于每口油井的油管上。

细菌检测检测。每次清管后，采用绝迹稀释来检测海底管道中的硫酸盐还原菌(SRB)、腐生菌(TGB)污染情况，根据可考虑每周进行杀菌剂批量处理，以控制细菌的生长。

海管运行状况监测。每日收集海管运行的压力、流量、温度、介质化验等情况，录入海管管理系统，用以辅助海管腐蚀分析。

2.3.2　管道内检测

海底管道内检测也称为为智能清管，主要目的是检测内部缺陷和外部缺陷，是在不影响海管正常运行的基础上，根据漏磁、超声波等原理对管道的几何变形、内外壁腐蚀、裂纹情况、壁厚变化、焊缝情况的实施在线检测[3]，内检测是唯一可以提供100%管道全周长数据的检测技术。智能清管一般需要使用以下清管球，泡沫球：测试海管通过性，防止卡球；机械测量球：粗略测量海管内径变化，防止损坏智能清管器；机械钢刷球：清理管道内壁附着物，如蜡、垢等；机械磁铁球：清理管道内铁屑等杂物；智能球：检测管道内外部缺陷。

该油田所有海管均具备清管能力，智能清管的频率根据管道的历史和运行现状的需要而定。每条海管投用之后2年内要进行智能清管检测，下一次智能清管的时间应根据现有相关信息进行评估，一般情况下智能清管间隔为4年。海管完整性管理部门一般需要提前1年决定是否进行智能清管作业，以确保有足够的时间来确定智能清管的工作范围、选择智能清管作业的供应商。每次智能清管作业后，海管完整性管理部门需要评估所采用的智能清管检测技术以及智能清管的频次，该评估工作一般基于智能检测结果、腐蚀监测情况、流体性质和流量变化、内检测技术的发展等。

2.3.3　管道外检测

该油田海管外检测分为立管及膨胀节的外部检查和直管段检查。

立管及膨胀节段易受风、浪、海流、机械冲击、腐蚀等因素的影响，是需要检查和维护的重要部件。立管及膨胀节的外部检查与平台水下结构检测同时进行，统一外委。其检查范围包括海管附属结构，如罩子、卡子等状态；管线膨胀后基础沉降位移情况；立管等完整性和功能性；飞溅区腐蚀或涂层退化情况；立管本身以及涂层和阳极的机械损伤情况；海生物生长情况；检查对照以前腐蚀损坏部位的变化情况；阳极电位测量；阳极块的尺寸及损耗测量等。立管及膨胀节的首次外部检查必须在海管投用后1年内进行，下一次检查时间应根据现场相关信息进行评估，一般情况下间隔时间为2年。

直管段主要检查冲刷、悬跨、位移测量等管道状态，主要技术手段包括声呐旁扫、浅层剖面扫描，无人遥控潜水器(Remote operated Vehicles，ROV)等。其检测内容包括埋深及管道暴露情况；检测海床冲刷对管道影响；管道及膨胀节膨胀量，识别海底管道是否拱起或者过度弯曲等；检测管道法兰等连接部件是否完好；检查并清理管道上或其附近潜在危险物体；检测管道压块、沙袋等保护物件是否完好。

2.4　管道应急维修

海底管道由于所处环境特殊，其维修具有难度大、周期长、费用高等特点[9]。该油田根据其作业特点，海底管道应急维修主要分为事故类型、泄漏点确认、应急维修、维修备件准备等步骤。

2.4.1　事故类型

根据海底管道系统的特点，结合施工船舶、潜水能力、施工设备、施工工艺等因素，可以将海底管道分为立管段和海底管道段。管道失效损坏的原因主要包括：内外腐蚀、冲刷失稳、机械力损伤、材料缺陷等。

2.4.2　泄漏点确认

一旦发生损坏或泄漏，第一要务是准确定位损坏点。发生泄漏后，首先用直升机或船舶对海底管线进行全线巡查，看是否有明显泄漏，然后通过声纳或潜水员确认泄漏点。如果有大的孔或裂缝，可以迅速确定泄漏位置，具体信息由潜水员调查，然后标记泄漏位置。如果整个巡检过程中肉眼无法发现泄漏位置，可采用以下方法测量泄漏位置：采用 ROV 或潜水员水下检查，使用染料法检查立管与海底管道连接处是否存在泄漏；先用海水冲洗管道，将管道内的油全部排出，然后用空气或气体吹扫，最后使用 ROV 或潜水员确认泄漏点；在管道中注入染料，使用直升机或船舶沿整个路线寻找可疑点；使用侧扫声纳和扫描剖面仪检查是否存在异常现象；使用智能清管器确认泄漏位置。

2.4.3　管道应急维修

根据不同泄漏类型采取相应维修预案，该油田主要维修预案见表 3。

表 3　不同泄漏类型对应的维修预案

泄漏类型	维修预案
管道失圆	在线带压开孔+机械连接器等更换
小孔泄漏	打卡
法兰泄漏	更换密封或更换法兰+机械连接器
管道裂纹泄漏	机械连接器
爆管	机械连接器

2.4.4　维修备件

维修备件包含替换管道、旁通管道、弯头、焊接套袖、焊接三通、旋转法兰、球形法兰、机械式封堵卡具、机械式三通、机械连接器等备件。为缩短管道故障后的响应和维修时间，需要确保管道紧急维修零件、维修承包商等资源的可用性，由于管径相同配件可以共享，该公司为优先为 1 级和 2 级管线准备了 16in、24in、30in 三种规格的应急维修配件。

3　结束语

（1）该油田海底管道实施完整性管理策略，为后续海底管道完整性管理提供具体的实践经验。

（2）海底管道完整性管理应该从制度上要求对海底管道及附属结构进行检验、监测、操作等，重点是执行，这样才能有效降低和规避管道安全风险，将其风险在其全生命周期内控制在可接受水平。

（3）海底管道完整性管理中要注意各种潜在变化，要及时跟踪、及时检测、及时评估变化带来的影响，相应调整策略。

（4）海底管道完整性管理收集数据量大，信息点多，该油田采用管管理系统，实现了数据的集中收集，统一分析。

参　考　文　献

[1] 程涛，朱梦影，李嘉，等. 海底管道完整性管理研究进展[J]. 当代化工，2015(11)：2680-2682.

[2] 成勇清，王国弘，韩宇. 单层保温管在蓬莱油田的应用[J]. 中国造船，2013，000(A01)：195-203.

[3] 张秀林，谢丽婉，陈国明. 海底管道完整性管理技术[J]. 石油矿场机械，2011，40(012)：10-15.

[4] Adam G. Effective subsea pipeline integrity management[J]. Petroleum Review，2016. 181-183.

[5] 杨娥. 海底管道风险评价研究[D]. 成都：西南石油大学，2012：1-76.

[6] 翟博文. 超高含 HS/CO 气田集输系统缓蚀剂的研制[D]. 武汉：华中科技大学，2009. 1-68.

[7] 佟国君. 浅谈油气管道的腐蚀及预测研究[J]. 化工管理，2016，000(003)：134-134.

[8] 常炜，闫化云，宁永庚，等. 渤海某油田海管旁路式腐蚀检测系统的应用[J]. 全面腐蚀控制，2009(10)：36-39.

[9] 成二辉，韩长安，梁光辉，等. 渤海海域海底管道应急抢修备件存储策略[J]. 化工装备技术，2015(03)：57-59.

管道地质灾害空地一体化监测与风险管控研究

赖少川

(国家石油天然气管网集团有限公司华南分公司)

摘　要　我国西南地区山高谷深、地形交错纵横、地质条件复杂，频发的地质灾害对该区域长输油气管道的安全运营造成严重威胁，亟需一种科学有效的监测与风险管控方法，提升油气管道抵抗地质灾害风险的能力。本研究利用无人机空中巡查、管道应变在线监测、地质灾害定点观测的空地一体化管控手段，形成无人机地表面异常巡查、管道应变在线地下受力探查、灾害点全方位实时监查的隐患问题查找、风险分析和预警处置体系，实现对管道地质灾害的实时监测以及风险的可防可控，保障了油气管道的安全平稳运行。

关键词　管道地质灾害，应力应变监测，空地一体化，长输油气管道

我国西南地区的输油气管道因受该区域山高谷深、地形交错纵横、地质条件复杂等因素的影响，管道本体遭受地质灾害侵害事件频发，风险管控难度大，一旦发生管道安全事故，极易造成重大人员伤亡、环境污染和破坏自然生态等诸多问题。管道企业通常采用人工沿管线徒步巡检方式，排查管道地质灾害风险，但人工巡检无法实现复杂特殊地形区域巡查全覆盖，难以及时发现、实时观测管道本体和周边异常变化，巡线质量难以把控，严重制约了管道管理和应急响应水平的提升，管道企业迫切需要建立一种科学合理监测与风险评价方法对管道地质灾害风险进行有效管控。

无人机、应变监测、实时监测技术的开展与应用，可以解决人工巡线的不足，优化地质灾害管理模式，提升管道管理智能检测和分析技术水平，实现管道管理的集成化创新。本研究开展无人机空中巡查、管道应变在线监测、地质灾害定点观测的空地一体化监测与风险管控研究，对进一步提升和保障油气长输管道安全平稳运行能力具有重要意义。

1　研究区域简介

本研究区域为桐梓县猫头山地区管道 ZY074+500 段斜坡。人工巡检发现，斜坡下部地面出现鼓胀、冒浑水等异常现象，该区域出现疑似滑坡迹象。斜坡平均坡度为 24°，四周相对较高，地貌上为浅型凹地，具有较好的汇水条件。斜坡处露出的地层为侏罗系，岩性为紫红色砂泥岩互层，坡体表面堆积层覆盖，结构松散，基岩结构面与斜坡坡面斜交。

为进一步调查管道周边环境，加强对滑坡体的监测与分析，本研究建立了基于无人机巡查和管道应变在线监测技术的管道地质灾害空地一体化监测与风险管控措施，保障管道本质安全。

2　管道地质灾害空地一体化监测与风险管控体系

2.1　无人机管道巡线

无人机管道巡线技术有两部分核心内容，即无人机巡查方法体系和无人机装备平台，详见图 1。

构建无人机巡查方法和应用的生态体系，需围绕企业对地灾隐患点的管理要求，重点关注专业队伍信息调研、巡检和飞行作业分析、飞行方案(包含装备和飞检作业)设计、智能分析决策四方面内容。为规范化管理无人机作业，可同步建立由无人机装备、巡检 Web 系统、服务器、定制定位设备、SIM 卡、数据库软件、通讯台服务、系统服务组成的无人机 GPS 巡检系统，确保管道日常巡视监测、高效、快速处置突发管道地质灾害事件。

由于本研究区域管道地灾点范围较小，构建无人机装备平台时，无人机选型应充分考虑起降条件要求低，能灵活起飞的要求，因此本研究选用更能匹配现场的环境需求的、机动灵活的电动多旋翼型无人机，其型号与性能见表 1 所示。电动多旋翼无人机基本配置包括飞行器、任务负载

和遥控器，配件包括专用运输箱、地面站、充电箱以及多种任务载荷。为满足 ZY074+500 段地质灾害点所处复杂山地区域和复杂天气条件下安全飞行要求，选用质量轻、结构强度高、操作简单、具备防风防水防冻功能、具有多重安全保护的飞行器，同时选用具有统一、丰富的通用型负载接口的飞行器，连接多类型挂载设备，一体化集成激光雷达、测绘相机与高精度惯导相机、两镜头倾斜摄影设备、五镜头倾斜摄影设备，获取更准确的地形数据，达到高效率、高精度、高时效的地质灾害调查、测绘等目的。

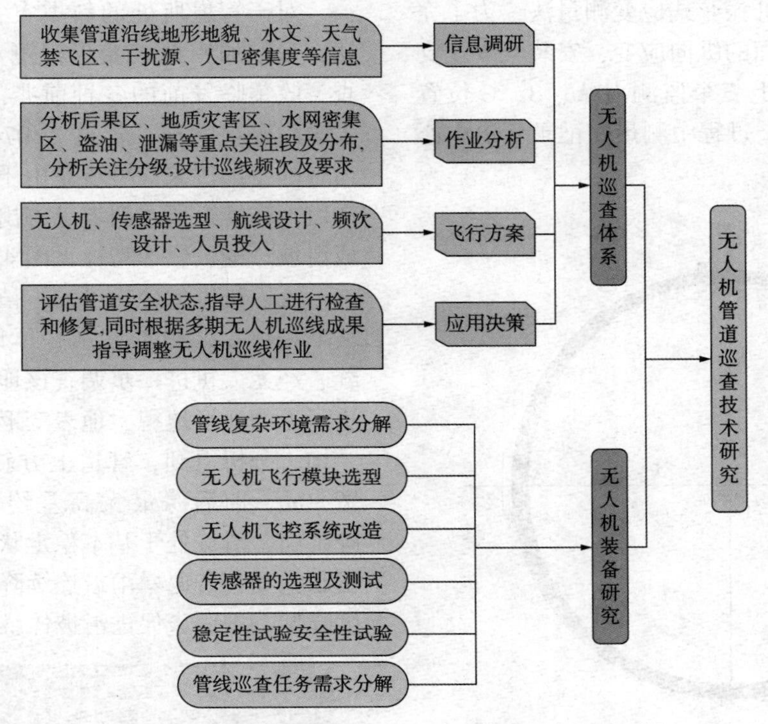

图 1　无人机管道巡查技术组成示意图

航线规划一般分两步：飞行前预规划和飞行中的再规划，具体流程见图 2。为充分利用无人机管道巡视监测快速排查地质灾害隐患，在巡视航路设计时，还应解决飞巡定位（远程目标点位精确）、定向（复杂管线走向循迹）、定高（适应复杂地形目标任务的安全作业高度）等飞控难题。本研究最终明确巡检要求为：①巡视航路：确定起点、拐点、终点，将巡视航路与管道 GPS 巡视线路、管道路由结合起来。将巡视航路固化，作为日常无人机巡视的基本线路。②航路分成若干段每段长度一般不超过 5km，③巡航相对高程一般控制在 150~400m，确保无人机搭载相机摄影时对植被的穿透能力及均匀的地面分辨率，每段巡航高程确定后，不轻易改动。

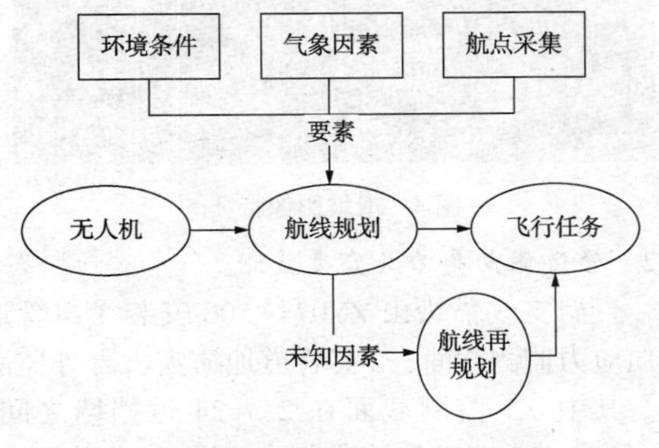

图 2　航线规划设计流程

根据不同的应用需求进行无人机和传感设备的选型搭配，执行飞行任务，获取成果集成进入无人机系统进行数据分析应用，最终构建集无人机多源数据采集、不同目标任务巡线方案、不同应用成果于一体的无人机模块化管线巡线系统。

管道周边发生地质灾害时，由应急小组携带无人机快速赶往现场，通过高清视频实时传输，第一时间将现场灾情画面传回指挥部，同时快速开展滑坡区域的正射影像图的制作，掌握第一手原始现场资料，并在不同时间段多次建立现场二三维影像。为指挥部救援、评估和灾害排查等工作提供技术支持，确保应急工作高效快速展开。

2.2 管道应变在线监测

测量应变通常在管道外表面安装传感器实现，目前的应变测量技术和方法主要有：直接测量法，电学测量法，光学测量法使用光学量代替电学量来实现应变检测，如：光弹性贴片法、光纤测量法、光纤光栅测量法和振弦式测量法。

本研究选择光纤振弦式应变测量法，为了完整说明沿管道横截面的纵向应变，安装至少3支应变计。管道外壁上三个监测点A、B、C位置(图3)。在整个滑坡过程中测量并记录管道中心线和应变的变化。

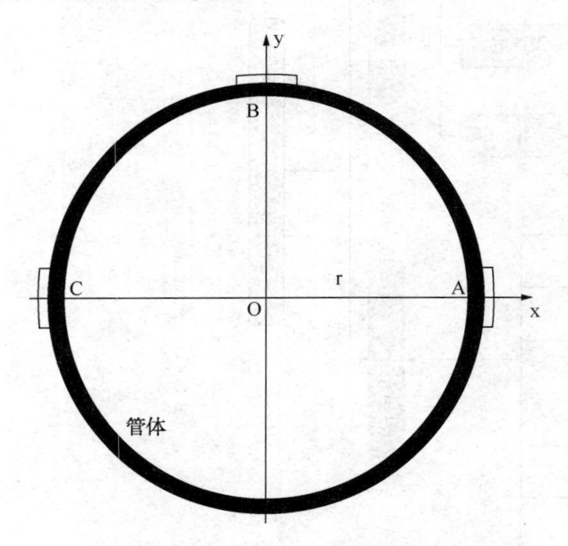

图3　管体应变计安装位置示意图

已知三点的应变值即可计算圆截面内任意点的应变值大小，根据胡克定律，可计算得到监测截面的最大应力值。监测得到管道附加应力值后，按照《QSY 1672—2014 管道滑坡灾害监测规范》，将管道地质灾害风险分为蓝色、黄色、红色三个预警等级。

蓝色预警：管道附加应力达到管道拉(压)应力允许值的30%。

黄色预警：管道附加应力达到管道拉(压)应力允许值的60%。

红色预警：管道附加应力达到管道拉(压)应力允许值的90%。

按照上述布置应变计方式可以测得管体上的实时应力大小，长期监测各截面上的应力变化趋势。为避免管道在滑坡、采空区、冻土等地质灾害地段发生应力集中，诱发安全事故，需在地质灾害高发地段开展管道应力监测。

3 案例应用

2017年8月6日，在桐梓县猫头山地区管道ZY074+500段斜坡变形开展管道地质灾害空地一体化监测与风险管控应用研究。

3.1 猫头山地区无人机日常巡视监测管控

对于管道所处的斜坡灾害的风险识别与确认，采取加密地表变形观测和地表变形巡视调查，收集临发前的各种前兆，2017年8月6日大雨后巡视发现，管道ZY074+500段上部斜坡出现的变形迹象，可能是由于降雨诱发而形成的滑坡。在管道所在斜坡上方出现多条裂缝，并形成滑坡。滑坡影像特征见图4。

无人机影像分析可知，植被覆盖下的一级滑坡堆积体，二级滑坡堆积体以及较大的山体裂缝。经无人机进一步调查该地质灾害风险区和管道附近的地形地貌、地表变形破坏迹象乃至岩体结构，分析得到，管道上方斜坡发育了长70m，宽80m，前后缘最大高差约25m浅表层滑坡。降雨前，滑坡处于基本稳定状态，由于斜坡土体富水饱和，若遇暴雨或连续降雨，滑动面可能强度降低，进一步促进滑坡体继续滑动损坏管道。

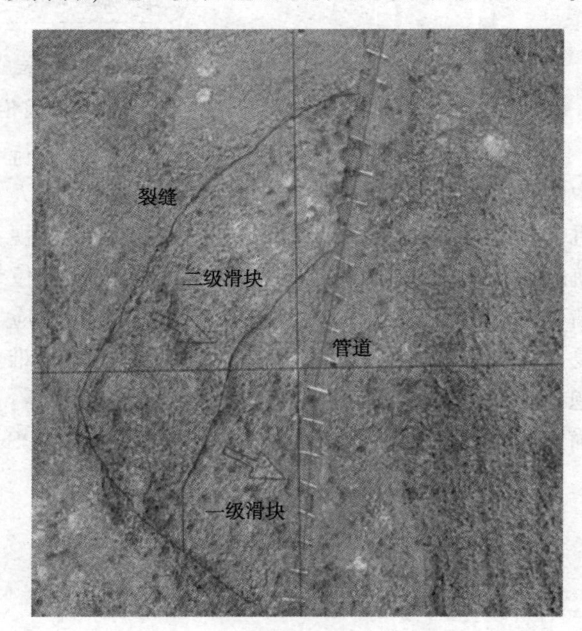

图4　滑坡影像特征

3.2 管道侧向受力与应变监测

贵渝支线猫头山ZY074+500安装3组管道轴向应力监测截面、2套管道地质灾害野外监测桩。其中X1监测截面在23~24道挡墙之间，X2在18和19道挡墙之间变形最为强烈位置，

X3 在 15 和 16 道挡墙之间。具体布局见图 5。

监测结果见表 1 和表 2(仅展示 1 期监测数据)。

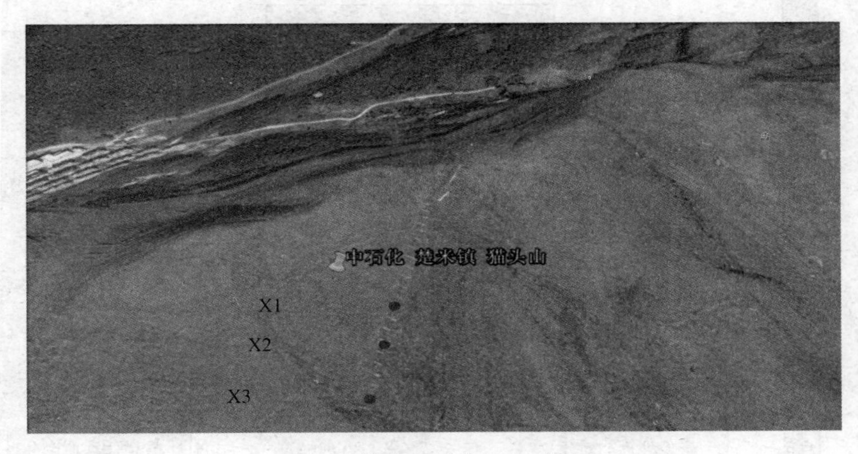

图 5 管道监测截面布局图

表 1 应力应变监测点数据分析

监测截面	容许应力/MPa		当前应力/MPa		占容许值比例/%		预警级别
	拉应力	压应力	最大拉应力	最大压应力	最大拉应力	最大压应力	
X1	382.275	-183.975	31.32	—	8.19	—	无
X2	382.275	-183.975	25.24	—	6.60	—	无
X3	382.275	-183.975	32.67	—	8.55	—	无

注："—"表示监测断面处于全截面受拉或受压应力状态。

表 2 各截面最大拉、压应力值及其对应角度

监测截面	最大拉应力/MPa	对应角度/(°)	弯曲应力/MPa
X1	31.32	209.74	13.17
X2	25.24	191.54	6.82
X3	32.67	179.38	13.13

综合已有监测数据得出如下结论。

(1) 综合地质环境、地层出露和地表裂缝情况判断：猫头山滑坡为牵引式浅层土质滑坡，剪出口位于管道上部。

(2) 滑坡已处于基本稳定状态，需要长期监测，遇暴雨或连续降雨，斜坡土体将富水饱和，仍然可能再次滑坡，需提前采取风险防控措施，制定应急预案。

3.3 基于空地一体化的管道地质灾害风险管控体系

利用无人机空中巡查、地质灾害定点观测、管道应变在线管控监测，形成无人机地表面异常巡查、管道应变在线地下受力探查、灾害点全方位实时监查的隐患问题查找、风险分析和预警处置体系，实现对管道地质灾害的实时监测以及风险的可防可控(图 6)。

在巡视监测的基础上，进行多时段无人机空中定点遥感监测，并对不同时段的遥感影像资料进行判释，此次无人机航拍区域主要为该处滑坡及其周边环境。无人机主航线条数 10 条，飞行高度约 150m，航线长度约 10km，飞行区域面积约 $20km^2$。获取地面分辨率为 0.05m 的影像约 1200 幅。覆盖该处地质灾害点。能够满足数据分析需要。

在无人机平台的基础上，基于 1200 张、航测像片航向重叠 80% 的无人机影像自动提取滑坡体表面纹理，查明隐患性质，从而避免大量的实地考察工作量，降低工作强度，提高作业效率。结合应力应变测量，分析地质灾害对管道本体的危害性，同时考虑排除人为扰动的范围和强度，更准确的判识地质灾害发生的可能性。在此基础上进行现场甄别查证，确定地质灾害对管道影响和危害，后期通过增设水工保护加强了对管道及周边区域的保护，同时安装有地灾预警设备，人工加密定期巡查，确保了管道安全。

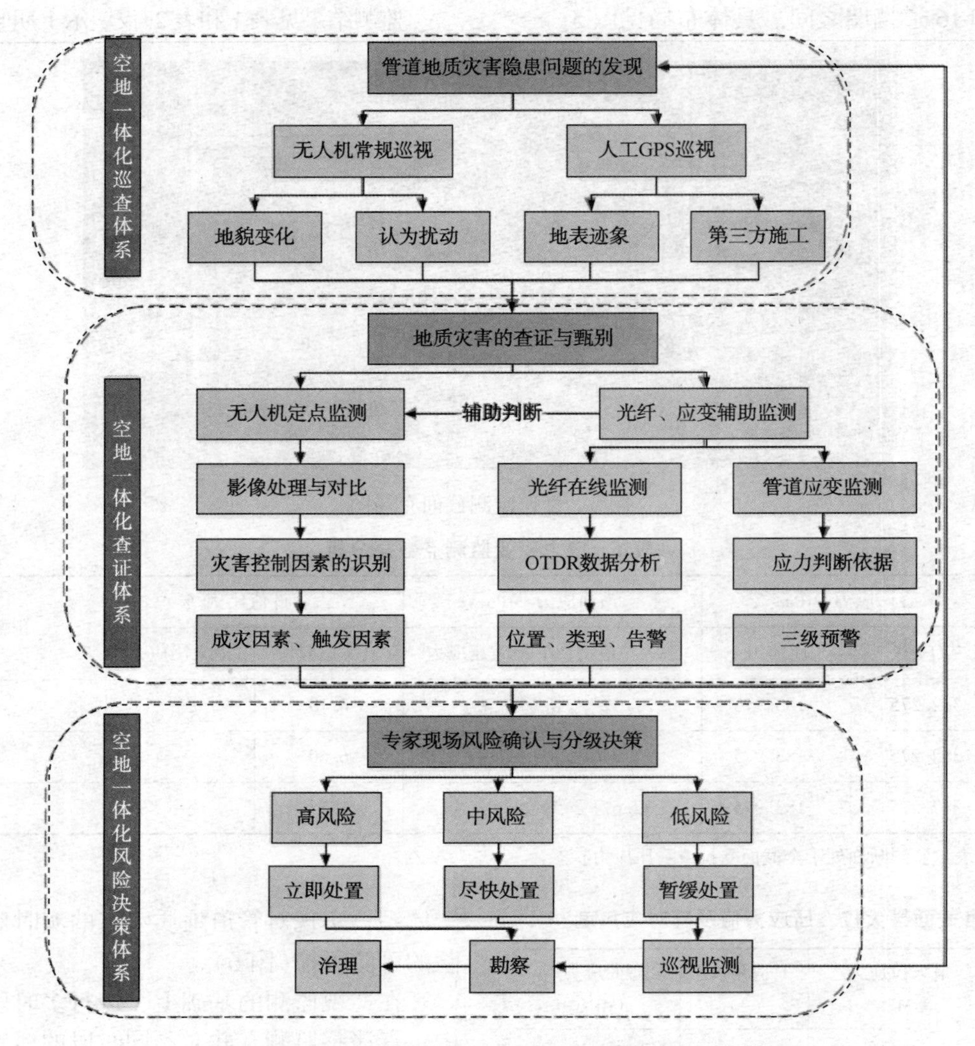

图6　基于空地一体化的管道地质灾害风险管控技术体系

4　结论

(1) 管道空中无人机监测技术，实现了无人机精准巡线，在管道正上方“定位、定向、定高、定速”巡线，使管道巡线变得清晰化、可视化，及时发现管道周边环境变化，便于发现问题，提高对外管道的监管水平。

(2) 构建长输油气管道地质灾害监测预警系统，现场地表设立管道地质灾害野外监测桩，并与信息平台实现无线通讯。结合管道应力、应变判据和管道设计规范要求，确定了基于管道应变监测的三级预警标准。

(3) 利用无人机空中巡查、管道应变在线监测、地质灾害定点观测的空地一体化管控手段，形成无人机地表面异常巡查、管道应变在线地下受力探查、灾害点全方位实时监查的隐患问题查找、风险分析和预警处置体系，实现对管道地质灾害的实时监测以及风险的可防可控。

参　考　文　献

[1] 李苏．油气管道监测技术发展现状[J]．油气储运，2014，33(02)：129-134.

[2] 席莎．滑坡区埋地管道变形破坏的临界判据与敏感区段研究[D]中国地质大学(武汉)．2018.

[3] 邹永胜，李双琴，高建章，等．天地联合的区域山地管道地质灾害监测预警体系研究[J]．中国管理信息化，2020(15)：192-196.

[4] 董绍华．中国油气管道完整性管理20年回顾与发展建议[J]．油气储运，2020，39(3)：241-261.

[5] 赵晓明，李睿，陈朋超，等．中俄东线天然气管道弯曲变形识别与评价[J]．油气储运，2020. 39(10)，2：763-768.

[6] 熊星富，李向阳，毛伟，等．无人机航空摄影测量在油气长输管道中的应用[J]．2020. 11：78-79.

[7] Seolin S, Gunhak L, Usama A, et al. Risk-based underground pipeline safety management considering corrosion effect. [J]. Journal of Hazardous Materials. 342 (2018): 279-289.

[8] 张银辉，帅健，张航，等. 1种基于云服务平台的滑坡管道状态远程实时监测系统[J]. 中国安全生产科学技术. 2020 (2): 124-129.

[9] 熊俊楠，曹依帆，孙铭，等. 基于GIS和熵权法的滑坡作用下的长输油气管道易损性评价[J]. 山地学报. 2020. 5: 717-725.

[10] 赵杰，江洪波，王桂萱. 基于环形光纤光栅应变传感器的管道泄漏监测研究[J]. 自然灾害学报. 2019 (01): 115-122.

山区成品油管道泄漏扩散分析

谢　成

（国家石油天然气管网集团有限公司华南分公司）

摘　要　目前大部分关于成品油管道泄漏扩散分析的研究成果仅适用于平地埋地管道，而针对山区复杂地理环境下成品油管道泄漏的研究极其缺乏，致使油气管道的泄漏事故处理方案不合理。本文选取某山区成品油管道的一处高后果区进行研究，通过提取管道所处实际山体的典型地形特征，建立了山体三维简化模型。采用VOF方法模拟了当埋地管道破裂时泄漏油污染物在山体表面的动态运移扩散过程，分析了泄漏速度、油品物性和地表情况对泄漏污染物扩散速率和扩散面积的影响规律。研究结果对指导复杂山区成品油管道发生严重泄漏事故后的救灾抢险工作将提供重要的理论支撑。

关键词　管道泄漏，山区埋地管道，数值模拟，应急抢险

山区油气管道途经区域地形条件复杂、地质灾害频发，给管道的安全运行保障带来了巨大的压力。为实现对成品油管道高后果区进行有效的风险防控，针对管道因地质灾害等极端情况下断裂导致的成品油泄漏扩散开展环境风险分析显得尤为重要。

目前，国内外学者针对平地埋地管道泄漏进行了大量的研究。在理论研究方面，众多学者通过建立泄漏油品地表扩散模型来描述油品的流动扩散情况，Kapias等结合能量守恒方程建立了液池模型，用以模拟泄漏液体的扩散行为并预测液池厚度。在此基础上，Cavanaugh等引入地表状态对液池扩散范围的影响，对液池模型进行了修正。Mclcod等对比分析了油品在平地和斜坡地带的扩散速率和扩散面积规律，讨论了重力在油品扩散过程中的影响。Adeyemi等[9]假定管道末端流速不变的情况下，研究了管道发生泄漏后关闭紧急截断阀的瞬间管内流体扩散的状态。此外，数值模拟方法在油品的泄漏扩散研究得到了广泛地采用。王新颖等应用量纲分析法对管道泄漏进行数值模拟，分析了泄漏孔径、管道运行压力、管内流体物性及泄漏速度等因素对泄漏量的影响规律。学者们通过建立埋地管道三维模型，模拟埋地管道发生泄漏后油品在土壤中的渗透扩散过程，研究了不同因素对油品泄漏扩散规律的影响，对指导泄漏管道的维修、评价地层伤害提供了有效的数据支持。然而，针对山区埋地管道因地质灾害破坏而出现破口时，泄漏污染物在山地表面的扩散规律研究缺乏深入的研究。

本文以某山区成品油管道高后果区为研究对象，建立了简化山体泄漏扩散三维模型，获得了不同品类的成品油在不同地表条件下沿山体表面的泄漏扩散速度和扩散面积规律。

1　数学模型及数值模拟方法

1.1　简化山体模型

通常山区埋地管道周围地形特征变化丰富，坡度常呈阶梯变化。为了数值模拟的顺利开展，将某高后果区实际山体的典型特征提取为陡坡、平坝和沟壑，并考虑了地势的变化，建立了如图1所示的三维简化模型。模型特征如下：山体总体高度为800 m，在距离山底500 m处有一个宽为20 m的平坝。平坝上方的山体坡度为25°，平坝下方的山体坡度为35°，且存在一条不规则的沟壑（长度为1520m，上、下宽分别为20m、100m，深5m）。埋地管道管径为406.4 mm，壁厚为8.7mm，运行压力为8MPa。当位于距离山坡顶部为67m处的该管道在滑坡作用下发生断裂并暴露在山体表面，且残余管道与斜坡表面平行，成品油在管内高压作用下从管道破口处喷射并沿山体表面快速流动。

1.2　计算域及其网格划分

以简化山体表面为基准，构建泄漏成品油泄漏扩散流体域模型。由于存在山腰平坝和沟壑等特殊的地形特征及残余管道的影响，采用非结构化网格对流域进行网格划分，并对泄漏口和沟壑处的网格进行了适当加密（图2）。通过网格无关性验证，最终计算网格数量为180万个。

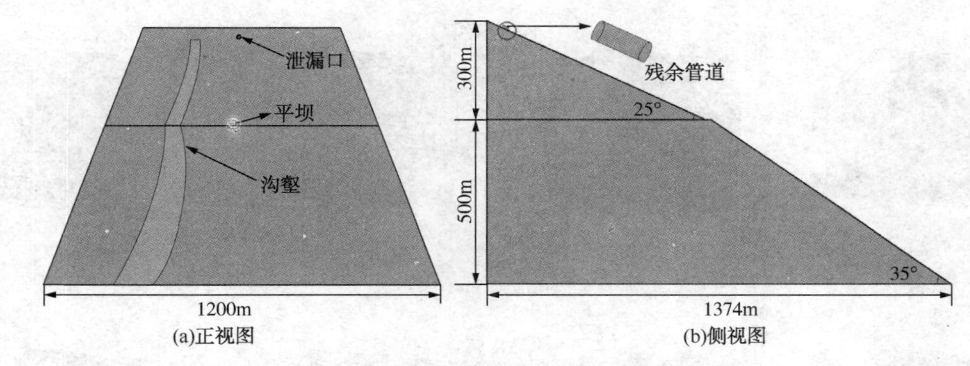

图 1　山体简化模型

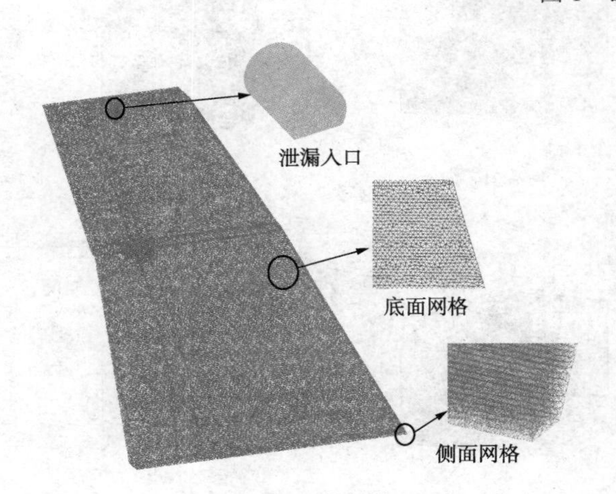

图 2　网格划分

1.3　流体物性及计算条件

为了研究管道内不同种类的成品油在发生泄漏时在山地表面的扩散情况，选取管道内输送的介质分别为93#汽油、煤油和0#柴油，其物性见表1。

表 1　成品油种类及其物性(20℃)

成品油种类	密度ρ/(kg/m^3)	动力黏度μ/(kg/m · s)
93#汽油	746	5. 6696e-4
0#柴油	850	3. 995e-3
煤油	800	2. 5e-3

当出现地质灾害导致的埋地管道破裂时，由于管道内运行压力较高，破口处泄漏成品油瞬时速度高达 150 m/s 左右。但由于山区地形起伏变化以及当出现破管事故后关断阀门等应急响应措施，管道破口处成品油泄漏速度波动并逐渐减小。由于目前缺乏针对管道突然失压时管内流体压力及泄漏速度非线性变化规律的研究，本文针对泄漏口处成品油初始瞬间喷射速度分别为 35 m/s、60 m/s 和 85 m/s 情况下泄漏污染物在山体表面的扩散规律进行研究。

山区成品油管线途经区域地表多覆盖短草或灌木。为了分析不同地表情况对成品油泄漏扩散规律的影响，将短草和灌木以地表粗糙度进行表征，并以理想光滑地表为参照(表 2)。

表 2　不同植被覆盖情况下的地表特征[19]

地表类型	粗糙度长度 Z_0/m	粗糙度高度 K_s/m
光滑	0	0
短草	0. 1	2
灌木	0. 2	4

1.4　数值方法及数据处理

本文采用 VOF 方法捕捉泄漏成品油在山体表面的动态扩散特征。边界条件为速度入口和压力出口。计算采用隐式、离散求解这一非稳态过程，选择 RNG k-ε 模型，并采用强化壁面处理法处理山体表面，对于气液相界面瞬态追踪选择 Geo-Reconstruct 精确捕捉相界面变化，时间步长设为 1×10^{-2}s。借助图像分析软件 Image-Pro Plus 对不同时刻泄漏的成品油在山体表面的扩散面积进行统计[20]。基于尺寸标定，通过建立图像像素间距与实际空间尺寸数据的对应关系计算出扩散面积随时间的变化规律。

2　结果与讨论

2.1　初始泄漏速度的影响

图 3 为成品油在泄漏口初始瞬间喷射流速 U_0分别为 35m/s、60m/s 和 85m/s 时 0#柴油在光滑山体表面的扩散规律随时间的变化特征。结果表面：泄漏口成品油的初始速度对油品在

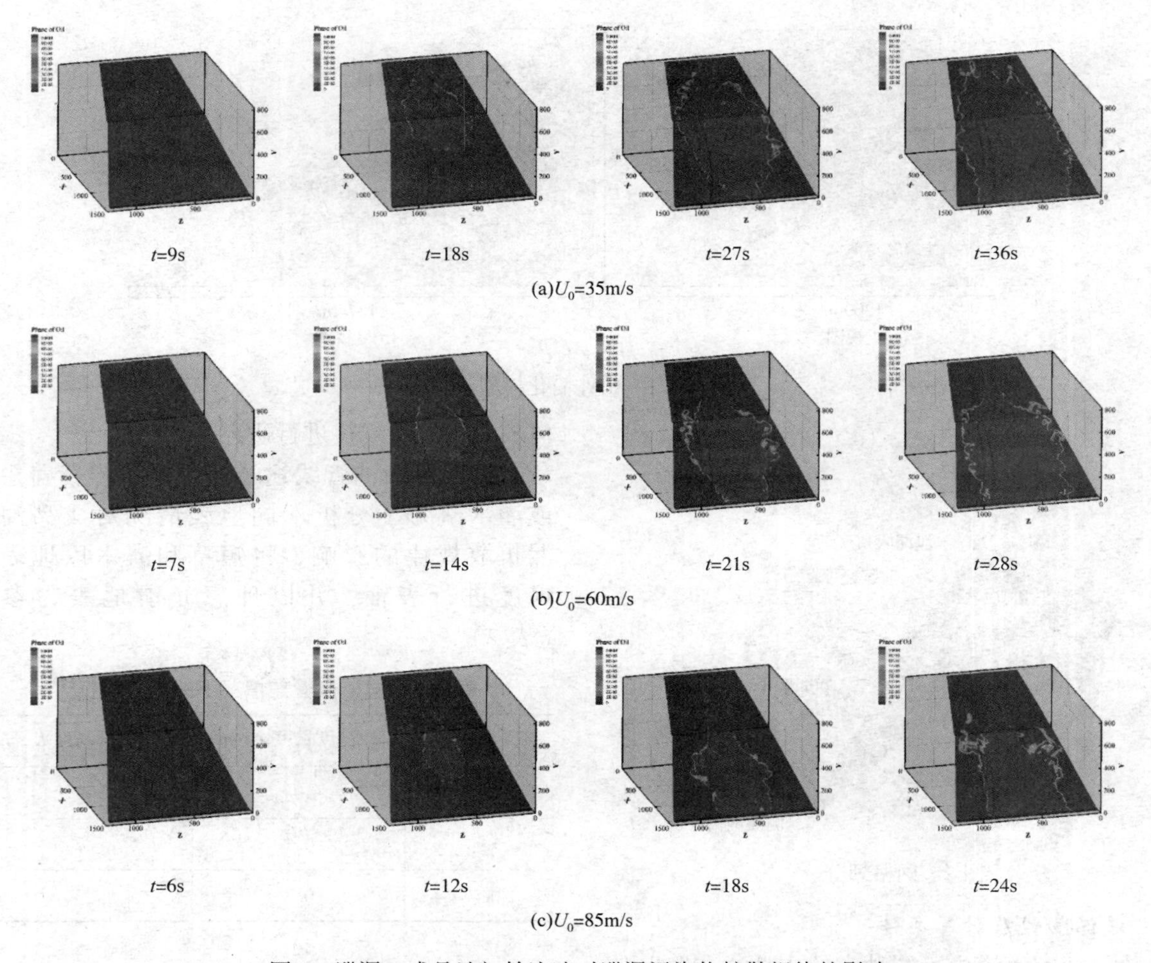

图 3　泄漏口成品油初始流速对泄漏污染物扩散规律的影响

山体表面的扩散形态有着显著的影响，扩散面积随着泄漏初始速度的增大而减小。当初始瞬间喷射速度较大时，油品在管内高压的作用下沿山体表面喷射，扩散范围在流至山腰平坝前呈现“液柱状”，同时沿横向缓慢扩散。由于平坝对泄漏成品油形成一定缓冲并改变其流动方向，油品流动速度减小并在平坝上铺展，随后沿山坡继续向下流动。值得注意的是，由于沟壑的存在，部分油品将沿着沟壑向下流动。当泄漏初始速度较小时，扩散范围在流至山腰平坝前呈现“泪滴状”。

由于油品惯性的减小导致其在山腰平坝的滞留时间增加，使得其在平坝上的扩散面积显著增大，最终导致泄漏的成品油在下山坡处的污染面积增大。图 4 定量描绘了不同初始泄漏速度条件下成品油在山体表面的扩散面积随时间的变化规律。

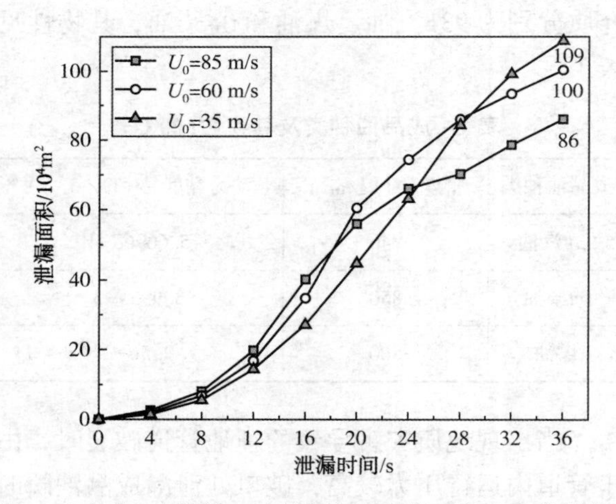

图 4　不同流速条件下油品泄漏面积随时间的变化趋势

2.2　油品物性的影响

图 5 分别给出了当泄漏口成品油初始瞬间喷射速度 U_0 为 60m/s 时 93#汽油、煤油和 0#柴油在光滑表面的动态扩散规律。虽然不同成品油的物性存在一定的差异，但是三者在山地表面的扩散规律几乎一致，定量统计泄漏的成品油在山地

表面的扩散面积随时间的变化也证明了这一点（图 6）。

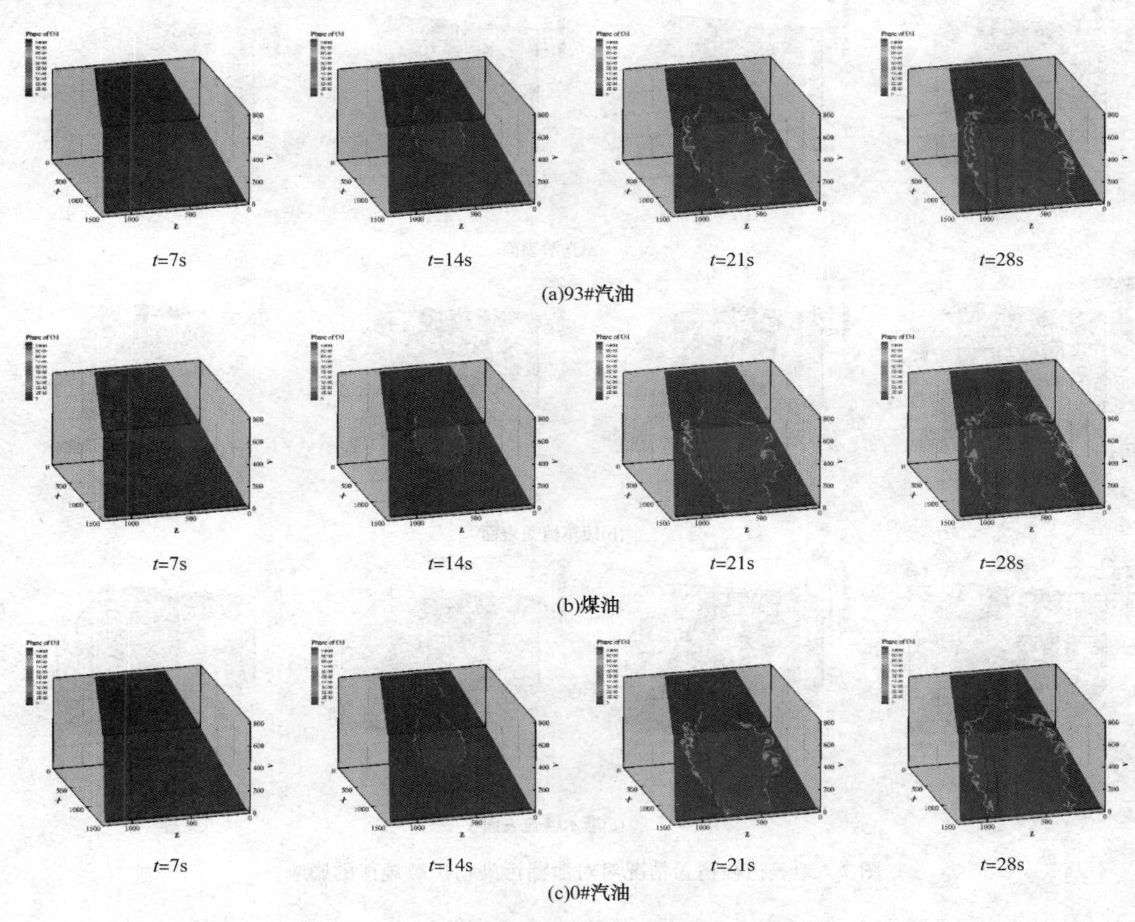

图 5　成品油种类对泄漏污染物扩散规律的影响

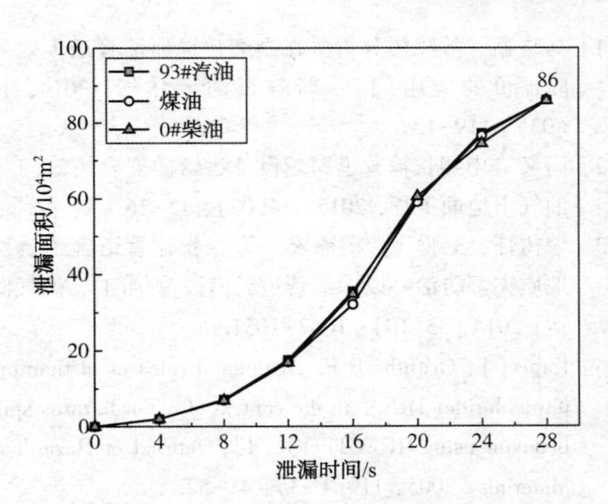

图 6　不同种类油品泄漏面积随时间的变化趋势

2.3　地表植被的影响

图 7 分别为泄漏口成品油初始速度 U_0 为 60m/s 时，泄漏成品油在光滑地表、短草和灌木覆盖三种地表情况下的动态扩散规律，图 8 为成品油在山地表面的扩散面积随时间的变化规律。结果表明：油品在光滑表面与有植被覆盖表面的扩散范围明显有较大的差异，这是由于短草和灌木的存在增加了泄漏污染物在山体表面扩散时的流动阻力，限制了其扩散面积的增长。值得注意的是，虽然短草和灌木覆盖表征出不同表面粗糙度，然而泄漏的成品油在这两种地表扩散的规律相似。分析可能原因是由于成品油在山坡上的流速较快，而模拟中假设短草和灌木在地表均匀覆盖且间距差异较小，成品油在流动过程中所受到流动阻力的影响差异较小。

3　结论

本文建立了实际山体三维简化模型，对不同泄漏口成品油初始瞬间喷射速度、成品油种类以及地表植被覆盖情况下的泄漏污染物在山地表面的扩散规律开展数值模拟研究，研究结果表明：泄漏口成品油的初始瞬间喷射速度对泄漏污染物在山体表面的扩散形态有着显著的影响，扩散面积随着成品油初始速度的减小而增大。同时，山体的特征如坡度和沟壑等对泄漏污染物的扩散面积有重要的影响，但是随着成品油初始速度的增

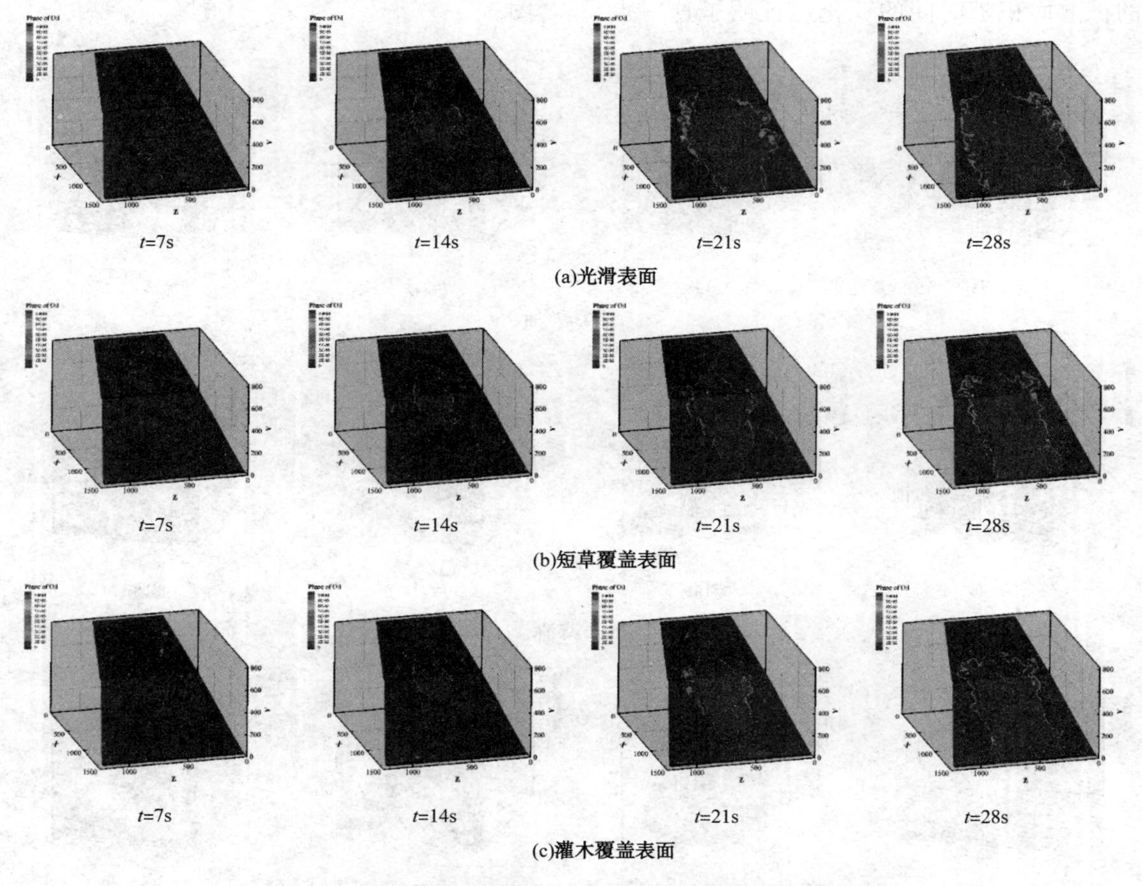

图 7　地表植被覆盖情况对对泄漏污染物扩散规律的影响

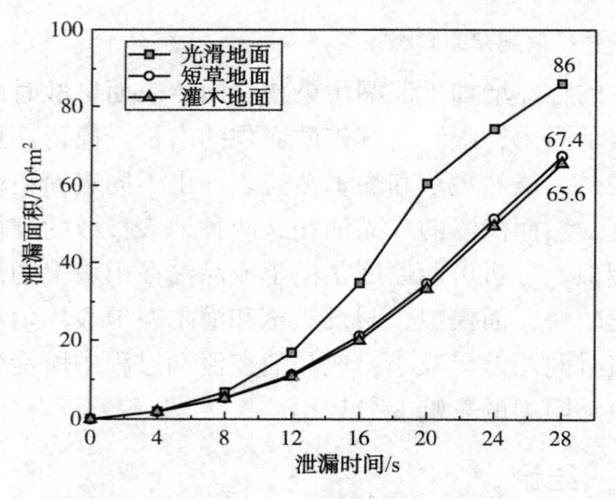

图 8　不同地表条件下油品泄漏面积随时间的变化趋势

大该影响的逐渐减小。此外，存在短草或灌木等植被覆盖的山地表面由于流动阻力的限制导致泄漏污染物扩散面积相较于光滑山地表面减小，但是对于均匀分布植被的地表而言，扩散面积对粗糙单元高度不敏感。从结果可以看出，山区成品油管道一旦发生破裂等严重泄漏事故，泄漏污染物将在短时间内在山地表面扩散较大的面积，很难在响应时间内采取行动。为了避免造成大范围环境污染，建议在山底布控围油栏。

参 考 文 献

[1] 马晓骊．故障树分析法在中缅长输原油管道失效风险评价的应用[J]．新疆石油天然气，2014，10(03)：119-124.

[2] 尚义．中缅长输管道跨越设计运营的安全措施[J]．油气田地面工程，2015，34(02)：15-16.

[3] 穆树怀，王腾飞，霍锦宏，等．长输管道施工诱发地质灾害防治—以中缅管道云南段为例[J]．油气储运，2014，33(10)：1047-1051.

[4] Kapisa T，Griffiths R F. Accidental releases of titanium tetrachloride($TiCl_3$) in the context of major hazards spill behavior using REACTPOOL[J]. Journal of Hazardous Materials，2005，119(1-3)：41-52.

[5] Kapisa T，Griffiths R F，Stefanidis C. Spill behavior using REACTPOOL：Part Ⅱ. Results for accidental releases of silicon tetrachloride($SiCl_4$)[J]. Journal of Hazardous Materials，2001，81(3)：209-222.

[6] Kapias T，Griffiths R F. Spill behaviour using REACTPOOL：Part Ⅲ. Results for accidental releases of phosphorus trichloride(PCl_3) and oxychloride($POCl_3$) and general discussion[J]. 2001，81(3)：223-249.

[7] Cavanaugh T A，Siegell J H，Steineerg K W.

Simulation of vapor emissions from liquid spills[J]. Journal of Hazardous Materials, 1994, 38(1): 41-63.

[8] Mcleod M, Bockheim J G, Balks M R. Glacial geomorphology, soil development and permafrost features in central - upper Wright Valley, Antarctica [J]. Geoderma, 2008, 144(1-2): 93-103.

[9] Adeyemi O, Mahgerefteh H, Economou I. Atransient outflow model for pipeline puncture[J]. Chemical Engineering Science (S0009 - 2509), 2003, 58(20): 4591-4604.

[10] 王新颖，邵辉，王宏鑫．基于量纲分析的输液管道泄漏量计算模型研究[J]．工业安全与环保，2010，36(04)：43-44.

[11] 李泽，马贵阳．埋地不同压力管道泄漏的数值模拟[J]．辽宁石油化工大学学报，2015，35(01)：24-28.

[12] 李大全，姚安林．成品油管道泄漏扩散规律分析[J]．油气输运，2006，25(8)：18-24.

[13] 赵煜，吕孝飞，郭文敏，等．埋地原油管道稳态泄漏数值模拟[J]．石油机械，2019，47(06)：114-120.

[14] 张纯静．埋地输油管道不同泄漏特征分析[J]．化学工业与工程技术，2020，041(001)：60-64.

[15] 何乐平，王泽帆，胡启军，等．埋地管沟内输油管道泄漏扩散规律研究[J]．安全与环境学报，2019，112(04)：129-136.

[16] 杜明俊，马贵阳，高雪莉，等．埋地输油管道泄漏影响区内大地温度场的数值模拟[J]．石油规划设计，2010，21(05)：24-26.

[17] 李林．西北地区埋地输油管道泄漏三维数值模拟研究[J]．油气田地面工程，2016，35(2)：28-30.

[18] 高雪利，马贵阳．埋地输油管道泄漏渗流数值模拟[J]．辽宁石油化工大学学报，2011，31(02)：20-23.

[19] 遆子龙，李永乐，廖海黎．地表粗糙度对山区峡谷地形桥址区风场影响研究[J]．工程力学，2017，34(6)：73-81.

[20] 史晓蒙．油库地面原油管道初始泄漏过程及油蒸气爆炸后果研究[D]．青岛：中国石油大学(华东)，2017.

长输油气管道抢修金口对接三维测绘及数控切管技术

李　军[1]　钱志凡[1]　杨　勇[2]

（1. 国家管网集团东部原油储运有限公司；2. 北京星瑞通航科技有限公司）

摘　要　长输油气管道因为长期运行腐蚀老化、施工质量或者第三方作业导致破坏，造成管道破损，导致油气运输的中断，对破坏的管道进行修复，换管作业是最常见的修复方式之一，介绍了长输油气管道抢修作业中，通过应用先进的三维激光扫描技术和数控切管技术，完美地解决了这一长期制约抢修管道金口组对面临的精准测绘、下料难题，大大地提高了抢修效率和焊接质量。

关键词　油气管道抢修技术及设备，金口对接技术，三维测绘，数控切管

长输油气管道的应急抢修关系中国能源运输的安全，管道因为长期运行腐蚀老化、施工质量或者第三方作业导致破坏，造成管道破损，导致油气运输的中断。管道抢修人员必须争分夺秒，对破坏的管道进行修复。换管作业是最常见的修复方式之一，这个工程中往往需要将破坏的管段切下来，然后再切割一段完好的管段，安装并焊接上去。管道线路焊接施工中，两个管段组对时，只能在二维平面进行调整，轴向位置不能调整，焊接后只能进行无损检测，不参加试压的焊口称之为“金口”。在役管道换管作业金口组对是长期制约抢修作业效率的重要难题之一。

由于气温及介质输送温度的影响，运行中的长输油气管道存在巨大的内应力，切除旧管段时内应力得到释放，使得管口两端会存在一定的错位和夹角。如此一来，按照切下来的管道尺寸进行加工的话，是不能满足规范组对间隙 1～2mm 要求，会导致无法进行焊接。同时，规范要求焊接后管段两端与管道形成的夹角在 3°以内，否则影响后续管道的清管及内检测。

传统的做法是管工依据经验进行测量放线，然后反复打磨以满足组对要求，由于效率低、精确度依赖于管工的经验，大口径管道金口组对有时连续作业几十小时都不能顺利完成。如何找到精准的检测方法和下料技术，一直是管道抢修需要解决的难题。

随着三维激光扫描技术和数控切管技术的出现，通过数据处理，我们将其成功地运用到了抢修金口组对作业中，经过试验、测试，完美的解决这一技术难题。

1　系统组成

长输油管道抢修金口对接技术包括三维测绘系统及数控切管系统两个部分。三维测绘系统包括三维激光扫描系统、管道定位辅助系统、三维数据分析和建模系统，具体如下。

1.1　三维激光扫描系统

三维激光扫描系统，是整个测绘系统的核心部分，主要包括三维激光扫描仪(图 1)、图形处理工作站和数据处理模块。

图 1　三维激光扫描仪

便携式三维激光扫描仪可以手持任意扫描，随身携带，只有 850g，无须固定支架或其他跟踪设备，即插即用，测量快速、使用方便。该设备具有高分辨率的 CCD 系统，2 个 CCD 及 2 个十字激光发射器和 1 个单线激光发射器，扫描清晰和精确，同时实现 7 束十字交叉激光束和 1 个

额外的一束激光的快速扫描，每秒实现48万次测量，精度高达0.03mm。

三维扫描仪采用自定位技术，通过识别被测物体上的三个以上的目标定位点，建立一个相对坐标系(图2)。当物体被定位之后，激光发射器会将激光线打在被测物体上，形成一个7对激光线组成的激光网。扫描仪的两个CCD相机，实时获取激光网上所有点的位置信息，并且根据激光在物体上的畸变，构造出物体的三维型面。并且自定位技术只需要保证被测物体上的目标点彼此之间的相对位置不变即可，现场的振动、被测物体的移动、扫描仪位置的变动都不会影响到测量精度，这就保证了在管道测量现场的复杂环境下，仍然可以快速和准确的完成测绘。

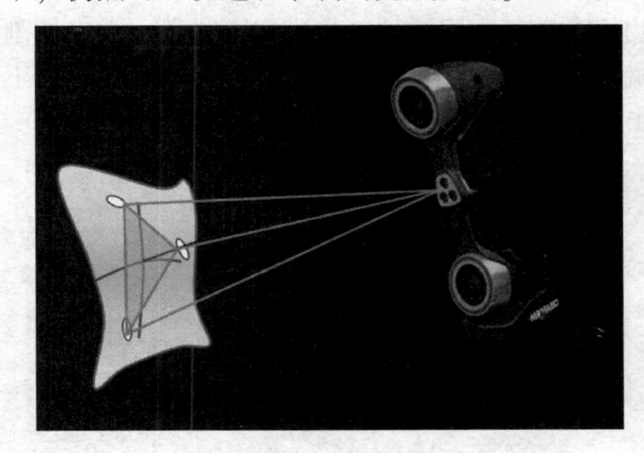

图2　自定位技术原理

因为扫描过程中，扫描仪采集速度达48万点/s，图形处理由高性能的图形处理工作站完成。三维扫描软件模块，会对扫描数据进行实时运算，生成三角网格模型，实时显示扫描的状态(图3)，扫描人员只需根据需要，将数据补充完整。而这个过程中重复扫描也只会补充缺失的数据，不会重复的采集。同时可以对三维模型和定位目标点进行删减，保留需要的数据即可。

图3　实时显示扫描状态

1.2　管道坐标系和定位辅助系统

因为管道是一个回转体，在扫描得到的相对坐标系模型中，很难根据现实世界中的上下左右去建立坐标系。因此需要在扫描之前扫描的管道上放置一个标记，用于辅助坐标系的建立，比如在管子12点的位置放置一个磁性球，这样就可以确定后期重建坐标系的时候，将Z轴朝向磁性球的方向即可。同时也能指导后续对加工好的管道安装，无需调整吊装位置，一次安装成功。

此外，建立适合用于管道现场扫描的定位辅助工装。因为三维扫描需要定位目标点进行坐标系的建立，而如果在现场进行贴点，需要耗费不少的时间，降低管道抢维修的效率。为此，我们预先设计了适合管道现场扫描的定位工装。定位辅助工装主要分为两种：一种是环状的，这个主要放置在管道端口附近；第二种是六边形柱状的，主要是架在两个管道之前，将两端的坐标系桥接起来。如此一来，就可以解决现场贴点的问题，只需要将定位工装摆放好即可扫描。

1.3　三维数据分析和建模系统

长输油管道抢修金口对接三维测绘系统的第三部分就是三维数据的分析和建模系统。这里我们要完成扫描数据的处理、坐标系的重建(图4)，端面圆的建立，中心连线的提取，尺寸和角度的测量。

图4　进行坐标系的重建

首先，要对管段组对后的两个夹角进行验证，当角度大于3°时，提示现场作业人员，需通过加大开挖管道长度等措施，进行角度微调。当角度满足要求时，进行正式三维测绘并进行数据处理。数据处理后形成标准的输出文件供数控切管机直接使用。也可以将处理好的扫描数据，以及各个点线面和实体元素导出到其他如CAD等工程软件中。对于现场不具备数控切管支持的情形，可以根据需要输出任意角度的人工放线数据，供手工切割使用。

2　工作流程

2.1　完成准备工作

(1) 环境准备：管道的坡口处已经切掉，保持稳定和刚性状态，同时有足够的扫描工作空间，具备220V的电源，同时避免阳光直射干扰后续的扫描。

(2) 工件准备：管道定位工装和坐标系标记布置好，有足够的定位点能在一个坐标系框架下完成对管道两个端口的扫描。

(3) 设备准备：连接好设备、电源和电脑，对设备进行精度校准，设置好扫描的分辨率、快门等参数，进入扫描准备状态。

2.2　三维扫描

(1) 采集定位目标点：用三维扫描仪的定位点扫描模式进行扫描(图5)，目的是建立整体坐标系框架，将两端的管道关联在一个坐标系下。

图5　扫描得到定位目标点

(2) 扫描管道三维数据：用三维扫描仪的表面扫描模式进行扫描，获取管道端口的数据(图6)，根据需要可以扫描管道内部和外部。

图6　扫描得到的管道表面数据

(3) 处理和保存数据：扫描完成，删除无用的数据，然后保存数据即可。

2.3　数据处理、分析、测量和导出

将扫描数据导入Vxmodel模块中，进行处理分析和测量。

(1) 数据处理。

得到现场管道的扫描数据之后，需要对数据进行处理，主要是坐标系的重建和端面圆、圆心连线和圆柱等实体要素的建立。

(2) 数据分析。

这里主要指的是分析管道两端和端面圆中心连线的角度，这个时候会出现两种情况：①如果角度大于3°，应该对管道端口进行调整，使得角度变小，再执行2.2的扫描操作；②如果角度小于3°，则可以进行后续的步骤。

(3) 测量和导出。

①如果用于数控切管机加工，需要导出两个端面圆的igs格式的数据给到逆向设计软件Design X进行逆向成型，模型的尺寸比例角度等物理参数基本跟被切割管道完全一致，数字切割机根据这个模型(图7中间部分)可准确的加工出中间需要安装的管段。

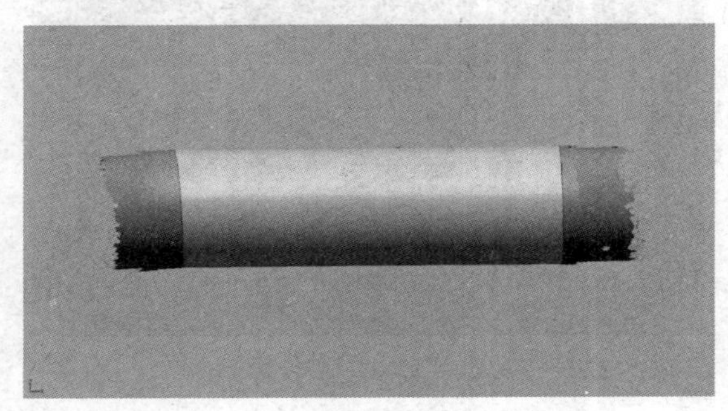

图7　数控切割机下料模型

②如果是要手动切割所需要的中间管段，需要提供在各个角度上的放线长度，图例为0°、90°、180°、270°位置的连线的长度，加工人员根据这组数据可以准确的手动放样(图8)。

图8　人工放线数据支持

3　切管机系统

数控切管机系统主要由数控系统、驱动系统、等离子火焰切割系统及底盘支架系统构成，

全套系统安装在平板车上，在作业现场随时测绘、随时完成切割作业。切管机在完成管段下料切割的同时可以同时完成坡口成型，坡口角度小于45°，坡口加工精度0.3°(图9)。

图9　数控切管机

3.1　该设备的工作流程

(1) 编程。可直接将三维测绘数据输入数控系统，也可以于机器上或离线编辑器编程。采用菜单式选择输入切割参数，如外径，壁厚，坡口角度，偏离，补偿数据等。同时可通过其他专业软件作无逢连接如TEKLA设计软件。

(2) 管子下料。操作员在机器上启动程序，管子用吊装工具放置在管座上。

(3) 测量水平。操作员根据管子外径偏差用管支撑托架调节水平。

(4) 管子锁定。用可调节之三爪自动定心夹头锁定管子外径。

(5) 开启切割。将切割头移动到管端进行切割，设备会自动按程序自动定位进行下一步切割，根据编程完成所有切割程序。

3.2　技术参数

数控切管机技术参数见表1。

表1　数控切管机技术参数

编号	项目	参数
1	切割管径	Φ400～Φ1000mm
2	切割方式	等离子
3	切割管壁厚度	垂直切割4～25mm，坡口切割4～25mm
4	有效切割工件长度	8000mm
5	要求工件椭圆度	≤1%
6	切割速度	10～2000mm/min
7	移动速度	10～6000mm/min
8	等离子坡口角度	等离子开口切割±55°

续表

编号	项目	参数
9	机器轴数及运行范围	X轴：割炬沿管件轴向水平移动轴，最大行程12000mm Y轴：管件旋转轴，360°自由回转 A轴：割炬沿管件径向平面摆动轴，±55° B轴：割炬沿管件轴向平面摆动轴，±60° Z轴：割炬上升下降轴，不参加联动，最大行程335mm
10	切割长度精度	±1.5mm
11	卡盘性质	手动3爪联动自定心
12	手动卡盘加紧装置	1套
13	托架数量	4套
14	待割管最大重量	5000kg

4　应用效果

我们对手工切割精度进行了现场验证，采用了Φ559mm×10mm管道，在试验平台上人为造成错位和夹角，经现场测绘、计算输出数据，全程约30min完成，现场的长度、管径、壁厚数据及角度数据都精确到小数点后3位。在断面的0°、90°、180°、270°四个位置提供四组放线数据，进行放线、切割、组对，实测间隙最大部位约2mm左右，完全满足焊接需要。由于人工切割存在不确定因素较多，推荐现场采用数控自动切割，无论是效率还是精度更能得到保障。

5　结语

综上所述，长输油管道抢修金口对接三维测绘系统，运用目前先进的三维数字化技术，可以快速地获取管道抢维修现场的管道的实际数据，并通过三维数据处理软件进行处理，迅速的建立所需要的测量元素，对管道安装状态进行分析，将安装角度控制在标准范围之内，并导出所需要的数字化加工数据或手工放样的数据，高效、高质完成管段的切割加工。大大缩短管道抢修所需要的作业时间，提高了金口组对质量。本系统还可广泛应用于长输油气管道工程施工对接下料以及化工厂、锅炉发电、城市供水等各个领域管道抢维修作业中。

管道地质灾害监测预警系统的研究与应用

淦　邦

（国家管网集团东部原油储运有限公司）

摘　要　通过管道弯曲试验，分析不同类型传感器在管道弯曲试验中性能差异，提出了不同工况下管道本体监测传感器的适用性方案。在沓册管道老塘山段进行了现场试验，成功预警台风“温比亚”造成的管沟塌陷，并监测到了管道压力异常，展示了较好的现场应用效果。

关键词　管道，地质灾害，监测，预警系统

截至2019年年底，油气管道运营里程已达到13.9×10^4km，管道运输具有安全、便利、经济等优势，但由于管道本身易受地质灾害影响，导致管道出现变形甚至泄漏，引发严重的安全事故。所造成的事故对社会和国家的影响往往比其他事故更大。因此，针对地质灾害对管道的影响及破坏规律，建立管道及沿线地质灾害监测预警系统，实现对管道本身及周围地质体的安全状况的监测预警，对保障管道安全运行具有重要意义。

1　地质灾害对管道危害

随着近年来经济发展，管道周边区域地质灾害呈现上升的态势，地质灾害导致管道事故频发，2015年深圳“12.20”渣土场滑坡造成西二线支线管道破裂，事故造成90人伤亡，其中73人死亡，另有4人下落不明，直接经济损失近9亿元。2018年中石油中缅天然气管道黔西南州晴隆县沙子镇段发生泄漏燃爆事故，事故共造成24人伤亡，直接经济损失近2000万元，因停输等各种损失近2亿元。2017年中石化管道储运公司仪长线大武支线，因管道附近堆土侧滑导致土体挤压管道断裂。

管道储运公司作为负责原油管道的运营管理和原油输送的主要单位，保证管道安全稳定运行是公司主要任务。但由于管道铺设区域广和里程长，管道本体容易受到外界环境的干扰，公司下属管理的沓册线、大武支线、仪金线、仪扬线，甬沪宁管道等管道均出现过因周边设施建设、堆土，或其他的原因造成管道变形，甚至失效的问题。分析管道可能存在的地质灾害风险，开展管道地质灾害监测预警技术研究，减少管道事故的安全风险，其意义重大。

2　管道地质灾害监测预警技术现状

管道地质灾害监测预警技术属于管道安全预警技术的范畴，利用多种监测技术，实现对管道本体和灾害体状态的监测，通过分析所采集的数据，判断管道和灾害体是否处在安全范围以内，进一步预测其未来的发展趋势，为管道运营部门和相关技术人员的决策制定提供大量的数据支撑，有效减少管道安全事故的发生。

美国西北管道公司的一条始建于1955年的输气管道需经过Douglas隘口地区，该地区在不同年代曾发生数十次滑坡，1980年管道拥有者决定组织研究各个滑坡的地质土层特征，并建立管道监测系统。

东京煤气公司于1996年建立煤气管网地震实时防灾系统SUPREME。该系统由两部分组成：感震自动隔断系统和管道地震警报系统。

冀宁管道工程是我国第一个将管道地震监测预警系统用于实践。冀宁管道工程全长910km，管道工程沿线地质环境复杂，存在多条断裂带，为监测管道实时状态，设计设置了地震监测报警系统，监测系统由GPS连续形变测量站、强震动预警台和断层附近管道应变监测系统组成。

忠武输气管道穿越渝东、鄂西山区，管道全长约409km，地质环境复杂，沿线有较为频繁的人类工程活动，此外，周边气候复杂，在实际监测过程中采用了GPS定位技术、裂缝监测技术。

兰成渝成品油输油管道设置了滑坡监测预警，监测系统主要包括滑坡深部变形监测、管体位移监测、滑坡变形监测、管体应变监测等，特

别是汶川地震期间，该监测站发挥了重大作用。

3　管道本体监测传感器测试试验

目前，国内管道地质灾害监测预警系统主要由管道本体监测和灾害体监测两部分构成，存在一种监测技术一个系统，多种检测技术不兼容的问题，其中灾害体监测技术有详细地质行业监测标准参照执行，但管道本体监测技术单一，尚无系统性研究，且仅能实现管道上某个点的监测，无法实现管道的大范围连续监测。本次开发的地质灾害监测预警系统可兼容多种类型监测技术，实现对管道及灾害体状态监测，为分析多种监测传感器在管道上使用效果，开展了管道弯曲试验。

3.1　试验条件

根据试验需求，在金桥中试基地建立用于管道弯曲试验的管道应力应变监测实验室，可模拟进行地质灾害作用下，全尺寸管道钢管弯曲变形与应力-应变试验，拥有三点和四点弯曲试验机，装置由基座、液压油顶和挠度测量仪等组成，试验装置见图1。选取常用的分布式同轴电缆、光纤光栅贴片应变片、振弦式应变计和电阻应变片等传感器，开展管道弯曲试验。试验钢管选择无防腐层钢管、厚度为1mm的环氧粉末防腐层管道钢管，管径为Φ273mm，厚度为4mm的3PE防腐层管道钢管，管径为Φ377mm。

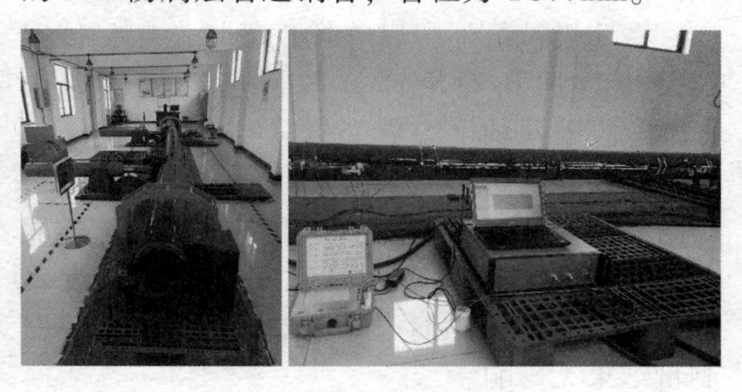

图1　试验装置

3.2　试验准备

试验开始前，将各监测传感器安装到管道表面，分布式同轴电缆、分布式光纤直接粘合在管道防腐层表面，振弦式应变计、电阻应变片等传感器分打磨掉防腐层区域和防腐层表面，分别点焊或黏贴在钢管表面，传感器布局见图2。传感器安装到管道的9点、12点和3点方向上，具体安装位置见图3。

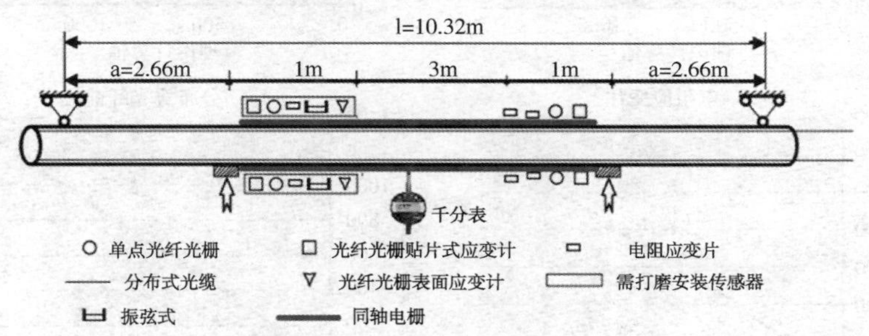

图2　传感器布局图

图3　传感器安装位置图

3.3　试验过程和数据分析

试验过程中，四点弯曲装置每次推动管道钢管致跨中挠度发生变化，记录跨中挠度变化值和各传感器测得的应变值，推动管道至临近弹性极限点时，启动试验装置“收缩”按钮，使管道钢管跨中挠度恢复，直至回复原位。根据公式(1)计算出管道应变的理论值，通过对比理论值和传感器实际测量值，分析得出各传感器之间的性能差异。

$$\varepsilon=\frac{12\omega}{3l^3-4a^2}D \tag{1}$$

式中，w为跨中挠度；l为管道试验长度；a为油缸位置。

在无外防腐层的管道弯曲试验中，将传感

器测量值和理论计算值进行线性拟合(图4)。发现多种传感器实际测试结果与理论值非常接近，且不同类型传感器所测试的结果没有明显差异。

在环氧粉末外防腐管道现场试验中，传感器采集数据和理论计算数据进行线性拟合(图5)。因同轴电缆应变传感器、分布式光纤传感器安装到防腐层表面，其他传感器需打磨掉防腐层安装到钢管之上，由同轴电缆传感器和分布式光纤传感器测试数据推断出厚度≤1mm的环氧粉末防腐层对同轴电缆应变传感器测量结果无影响。

从加强级3PE防腐层管道的试验结果分析可得：现场试验过程中，除同轴电缆传感器和分布式光纤传感器外，使用的多种传感器的实际测试结果与理论值非常接近，且不同类型传感器所测试的结果没有明显差异(图6)。同轴电缆应变传感器与打磨掉防腐层黏贴在管道钢管之上的电阻应变片相关性较高，但同轴电缆应变传感器与理论计算值的线性性较低，原因是：同轴电缆电栅传感器、分布式光纤传感器粘贴在管道防腐层之上，防腐层对测量结果有影响。为保证同轴电缆测试应变值的准确性，通过大量现场试验，计算修正系数为1.25，即加强级3PE防腐层厚度4mm。管道钢管真实应变值ε_0=防腐层外同轴电缆实测应变值ε_n×1.25。

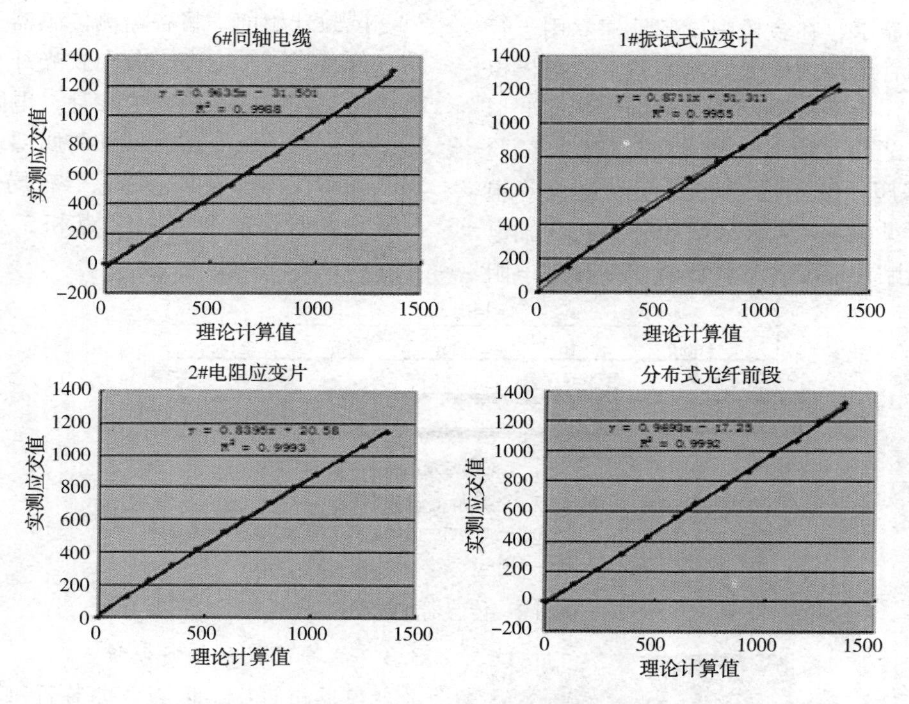

图4　无外防腐层理论值与传感器实测值对比图

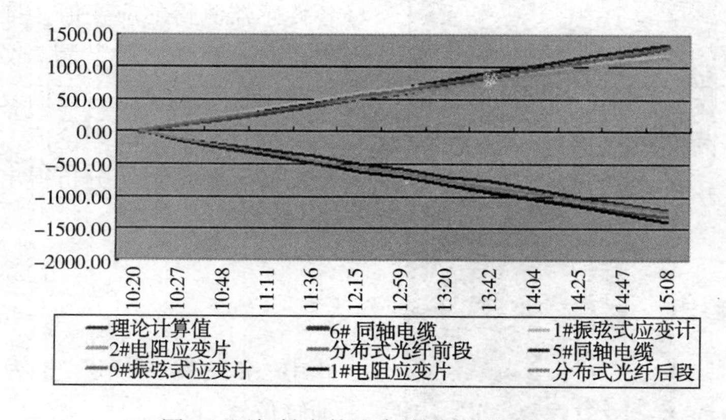

图5　环氧粉末外防腐管道数据对比图

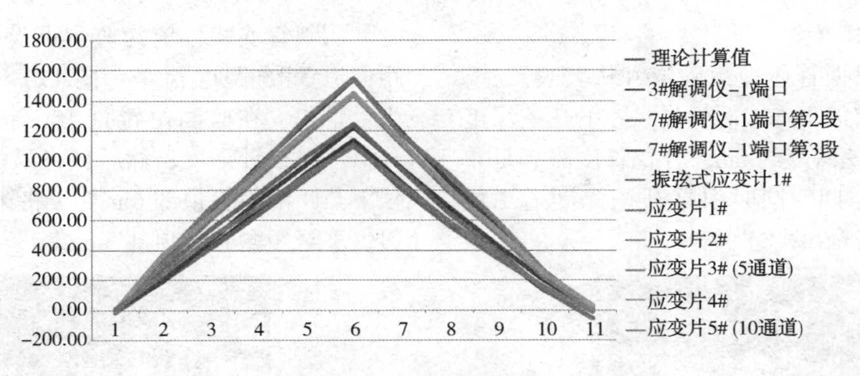

图 6　3PE 防腐层管道数据对比图

通过上述试验得到以下结论(表 1)。

表 1　各传感器在不同防腐层上的适用性

监测传感器	无防腐层	环氧粉末防腐层(1mm)	3PE 防腐层(4mm)
分布式同轴电缆电栅	可用	可用	可用(修正系数)
分布式光纤	可用	可用	可用(修正系数)
光纤光栅应变计	可用	不可用	不可用
振弦应变计	可用	不可用	不可用
电阻应变片	可用	不可用	不可用

(1) 分布同轴电缆和分布式光纤能实现管道的大范围连续监测，主要应用在新建管道、地质灾害威胁区域较大和管道开挖条件较好的区域。

(2) 光纤光栅应变和振弦应变计直接安装到管道表面，能够适应多种外防腐层，主要应用在无法大范围开挖的老旧管道，地质灾害影响范围有限，可实现管道的点监测。

(3) 电阻应变片可用于实验室弯曲试验，便于实现多种传感器的性能对比，工程应用性能差，不适用于实际工程。

4　现场测试试验

4.1　管道概况

宁波输油处岙册输油管道全长约 48.5km，其中穿山部分管道长约 12.72km，监测试验点位于舟山市定海区老塘山隧道西北侧出入口附近。根据地勘调查发现，该段管线途经的边坡第一级坡面存在多个直径 20%~60cm 不等的空洞，顶部一级边坡存在较多裂缝，存在塌滑隐患，对管道的安全运行存在很大威胁，需治理并采取有效手段对该段管线及边坡进行监测。

4.2　管道周边地质环境

管道周边地质环境主要为残坡积含沙砾粉质黏土或含黏性土粗砂，一般呈灰黄色~褐黄色。含砾砂粉质黏土为可塑，厚层状，含 20%~30% 左右角砾和中粗砂，一般粒径 2~5mm，棱角状。该区域地下水不发达，连通性较差，水量贫乏，孔隙潜水赋存于第四系残坡积层中，受大气降水影响大。

4.3　现场应用情况

根据现场情况结合管道埋深，选择 5 个关键点作为管道本体应力应变监测的重点，分别为 G1~G5，具体点位见图 7。

图 7　管道监测点设置

其中，G1-G2 段管线，由于此段坡度在 25°~35°左右，局部较陡，管道整体存在下滑失稳的可能性。其中 G1 点受较大拉伸应力，G2 点受较大压缩应力，故选择此两端作为管道本体应力监测点。

G3-G4 段管线以一定角度横穿滑体，土体失稳时管道本体受较大推力，故选择 G3、G4 段作为管道本体应力应变监测点。特别指出：据地勘资料，G4-G5 弯管以下至中间拐弯处管道埋深逐渐加深，有 4~8m，可能会使管道受到较大弯矩作用。对埋地较深的管道，无法进行人工开挖、暴露管道进行应变传感器安装，设立监测点 G5。

4.4　设备安装流程

开挖深度根据管体埋深确定，从坡表开挖，开挖至管道底部以下 20cm 左右，最小开挖深度约 2m，最大开挖深度约 6m。开挖长度需满足布设传感器所需空间，同时根据开挖深度适当放坡，确保施工安全(图 8)。

图 8　管沟开挖

管沟开挖、暴露管道后，选择管道适当截面位置，按顺时针方向 9 点、12 点、3 点打磨、去除防腐层，暴露管道本体钢管，进行当前管道应力检测(图 9)。

图 9　管道当前应力检测

根据现场监测需求，将不同种类传感器分别安装到管道外表面，安装位置为管道 9 点、12 点和 3 点，并用 L 型网孔镀锌角铁覆盖固定(图 10)。

图 10　传感器安装

测斜管安装位置为监测点设备电箱右上方，距便道 3m，距电箱 4m(图 11)。具体安装方式为：首先，在监测位置打 10m 钻孔，将测斜管分节下至设计深度；然后，将第一只固定式测斜仪下至距测斜管顶部 6m 处、将第二只固定式测斜仪下至距测斜管顶部 3m 处。

图 11　测斜仪安装

雨量计、系统分站、太阳能供电系统安装于监测点管沟旁，采用 4m 加厚热镀锌立杆设计，雨量计、系统分站、太阳能供电一体化装配于立杆之上。安装时，挖 1.0m×1.0m×1.5m 深基坑，放入地脚笼，水泥浇筑成立杆基础，待立杆水泥基础养护、完全固化后，安装立杆(图 12、图 13)。

图 12　太阳能搭建

图 13　施工完毕现场图

4.5 报警阈值设置

根据 SY/T 6828—2017《油气管道地质灾害风险管理技术规范》附录 D：管道在外部荷载作用下，不考虑管道本身缺陷等因素，管道的外部受力同时满足了(D.1)和(D.2)可认为是安全的。拉应力可选用(D.1)；压应力的判断标准可选用(D.2)。

$$\sigma_a \leqslant [\sigma_a] = 0.8\sigma_s \quad (D.1)$$

式中，σ_a为管道轴向应力，MPa，拉应力为正值，压应力为负值；$[\sigma_a]$为管道许用轴向应力，MPa；σ_s为管道材料最小屈服强度，MPa。

$$\sigma_e = \sigma_h - \sigma_a \leqslant 0.9\sigma_s \quad (D.2)$$

$$\sigma_h = pd/2\delta$$

式中，σ_e为当量应力，MPa；σ_h为由内压引起的管道环向应力，MPa；p为管道当前运行内压，MPa；d为管道的内直径，mm；δ为管道公称壁厚，mm。

1）管道容许拉应力计算

监测示范点管段管材规格：L415 直缝埋弧焊钢管，管径 610mm，壁厚 9.5mm，设计压力 4.2MPa。

计算得管道轴向容许拉应力：$\sigma_a \leqslant 332$MPa。

2）管道容许压应力计算

计算得管道轴向容许压应力：$-\sigma_a \leqslant 373.5$MPa。

3）阈值确定

监测点阈值见表 2。

表 2 监测点阈值

监测点	9 点处当前应力	容许附加应力		12 点处当前应力	容许附加应力		3 点处当前应力	容许附加应力	
		拉应力	压应力		拉应力	压应力		拉应力	压应力
G1	−132.84	332	−240	−176.61	332	−196	−44.44	332	−329
G2	193.75	138	−373	222.62	109	−373	188.25	143	−373
G3	254.34	78	−373	−168.00	332	−206	177.57	154	−373
G4	184.94	148	−373	−250.50	332	−123	−205.14	332	−168
G5	−213.03	332	−160	−147.42	332	−226	−231.34	332	−142

注：①单位：MPa；②三级门限、关注级：上表容许附加应力值×0.6 的安全系数；③二级门限、警示级：上表容许附加应力值×0.8 的安全系数；④一级门限、警报级：上表容许附加应力值×1.0 的安全系数。

5 管道地质灾害监测预警系统设计

管道地质灾害监测预警系统由采集层、传输层、系统层、应用层和显示层共五个部分组成。监测系统工作原理采用分散采集、集中处理、各地分发的方式，由各地的分站采集数据，发送至数据处理服务器，进行数据统计、存储。服务器根据用户的权限，将相关的监测信息发送至用户处，并且实时更新最新的数据，用户需要查看特定管线的数据时，服务器会发送相应的命令至分站、解调仪，更改相关设置，以获取用户最关心的数据(图 14)。

5.1 监测系统总体技术要求

(1) 监测类别：管道本体监测、灾害体监测、雨量监测等。

(2) 管道形变监测技术：管道形变监测可以进行分布式监测，可使用分布式同轴电缆传感器、分布式光纤传感器，监测范围覆盖穿越地质灾害区全部管段，也可以进行点式监测，可使用振弦传感器、光纤光栅传感器等。

(3) 系统功能：监测管道应变数据，传送至指定监测中心；当管道应变超过阈值时，应当报警并显示形变位置如：在管道的××米处。

(4) 通信方式：解调仪与监测分站采用 RS485 或 ZigBee 通信方式；监测分站经 GPRS 将数据信息传送至云端服务器，监测工作站通过 Internet 公网读取监测数据。

(5) 系统供电：野外监测采用太阳能供电方案。

5.2 监测系统软件功能

管道地质灾害监测系统平台软件可实时显示多种信息，包含管道周边地质灾害分类统计和管道异常报警信息(图 15)。地图模式下，三级预警信息不同色彩显示，直观明了，3 级蓝色警示-关注级，2 级黄色警示-警示级，1 级红色警报-警报级。

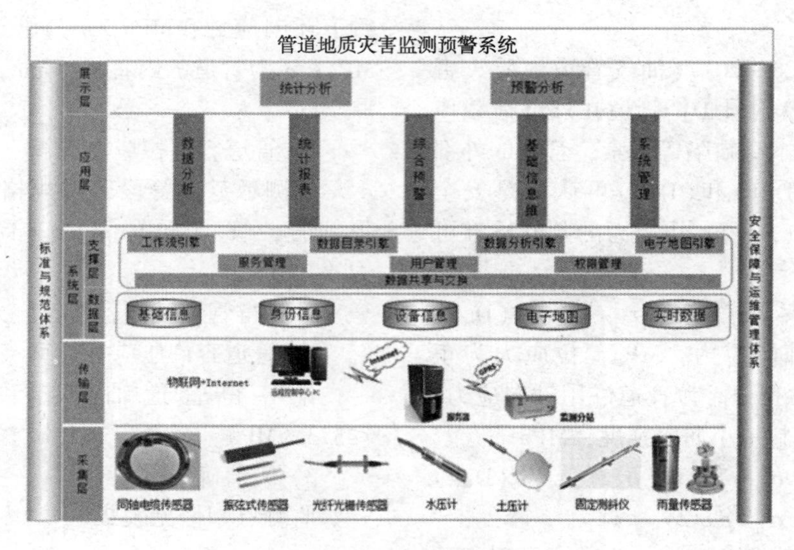

图 14　监测系统架构

图 15　地图模式

本系统可实现数据采集，数据远程传输，服务终端接受信号和信息存储显示等功能。根据客户需求，查询管道的实时应力状态，包括温度，降雨量，应力应变，土地位移，坡体斜率等数据，并可形成数据分析趋势图，能够更加清楚直观的反映管道状态的变化趋势。

为保障系统安全，已委托具有“国家安全等级保护测评机构”证书的单位进行了系统运行状态、脚本木马、跨站脚本攻击、SQL 注入攻击等多项指标安全隐患检测。出具了《管道地质灾害监测预警系统信息安全评估报告》，检测结果未发现高危、中危安全漏洞，安全情况评级良好。

6　应用效果展示

2018 年 8 月 16 日，台风“温比亚”登陆舟山，晚 22 时，发现监测系统监测数据异常跳变，管道工作人员赶往现场查看，现场发现 G4 监测点管沟发生塌陷，监测数据及监测点现场(图 16)。

图 16　监测点现场与监测数据

2018 年 11 月 17 日 20 点，管道在实际运行中憋压，监测系统记录了此次数据异常跳变（图 17）。

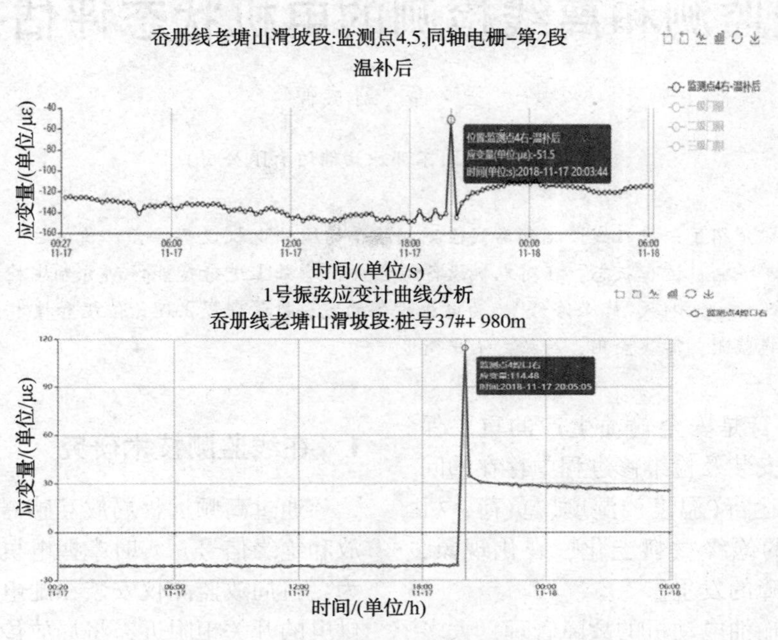

图 17　监测点监测数据

目前，管道地质灾害监测预警系统已投入商业化应用，自 2018 年 7 月以来，成功用于沓册管道 5 处边坡段、鲁豫管道 6 处穿越活动断裂带、董东管道 1 处穿越活动断裂带和 1 处穿越煤矿采空区等地质灾害风险段。成功预警了 2018 年 8 月 16 日台风“温比亚”造成的管沟塌陷等突发地质状况，并监测到了 2018 年 11 月 17 日管道压力异常。

7　结论

地质灾害管道完整性管理主要内容为明确地质灾害发生的机理，描述参数、主要影响因素，对管道危害性分析等，根据地质灾害的影响区域规律以及控制因素和主要影响因素，预测地质灾害影响空间范围，圈定地质灾害易发生区域，按照不同类型地质灾害的发生频率，规模，评价管道的完整性。

本研究涉及的研究内容贯穿于整个地质灾害管道完整性管理的全过程，凭借先进的技术手段保证完整性管理各个阶段工作的顺利实施，保障管道免受周边地质灾害的影响，维护管道安全平稳运行。其主要内容为：

（1）通过管道弯曲试验，分析不同类型传感器在管道弯曲试验中性能差异，提出了不同工况下监测传感器适用性方案。

（2）在沓册管道老塘山段进行了现场试验，成功预警台风“温比亚”造成的管沟塌陷，监测到了管道压力异常，展示了较好的现场应用效果。

（3）自 2018 年 7 月以来，该系统成功应用于沓册管道 5 处边坡段、鲁豫管道 6 处穿越活动断裂带、董东管道 1 处穿越活动断裂带和 1 处穿越煤矿采空区等地质灾害风险段。系统运行平稳，为管道的安全运行提供了保障。

参 考 文 献

[1] 高鹏，高振宇，刘广仁等 . 2019 中国油气管道建设新进展[J]. 国际石油经济，2020，28(3)：53–58.

[2] 国苏欣 . 浅谈油气管道经复杂山区地质灾害防治措施[J]. 中国石油和化工标准与质量，2014，34(12)：129.

[3] 郭存杰，陕京管道地质灾害危险性综合评估及监测预警方法研究[D]. 北京：中国石油大学(北京)，2016.

基于在线监测和离线检测的电机状态评估技术研究

王　晶　孙成德

（国家管网集团东部原油储运有限公司）

摘　要　本文介绍了一种在线监测和离线检测相结合的输油电机设备综合评价方法，通过2种方法的有效结合，实时掌握电机运行状态，在对电机设备综合评价基础上进行智能诊断并制定检修方案，做到电机设备“按需维修，应修才修，修必修好”，为电机设备的完整性管理提供理论依据和技术支撑。

关键词　在线监测，离线检测，局放，不平衡度

电机的可靠运行是安全输油生产的重要保障，电机在制造、安装及检维修过程中存在的问题，以及设备长期运行(温度、湿度、负荷，机械、电力)后出现的绝缘材料老化、裂化现象，均可能导致电机故障的发生。

目前，国内对输油电动机的故障管理，大多是在配电柜内采用的各种成熟的电动机继电保护措施。这些保护措施主要有过电压保护、过电流保护等。

虽然继电保护功能已经较完善，但是继电保护系统只在超过继电器动作门限值时才起作用，即当故障发生时才动作，经济损失或人身伤害已经发生，所以，仅仅依靠继电保护系统不能充分保证输油管道的安全和经济运行。

随着智能化和信息化技术的快速发展，电机故障预警和检修如继续采用传统模式，既浪费人力物力，又会给设备的可靠性和完整性管理增加不确定因素，因此，针对我公司输油生产的行业特点，制定了一种基于在线监测和离线检测相结合的综合状态评估法，在评价基础上制定预警和检修方案，做到电机设备“按需维修，应修才修，修必修好”。

该方法以在线监测为主，离线检测为辅，如果单独实施在线监测或离线检测，都不能很好的对电机进行状态综合评估，在线监测系统因为实时性，所测状态最为准确，运行应力存在，且有强大的去噪功能，但是不能判断故障部位和种类；离线检测受时间的限制，必须在停机检修时进行，通过检测结果结合大数据库进行综合判断，但是检测的项目较多，准确率比较高，可以很明确的判断故障部位和种类，有针对性的采取措施。

1　在线监测技术研究

通过高频远程局放互感器采集运行电机的局放和绝缘信号，实时掌握电机动状态。监测方法为：将局放监测仪安装在配电室内被监测电动机供电的开关柜附近，将局放传感器卡装在电机馈电电缆上，并通过标准同轴射频电缆(BNC电缆)和监测仪相连。具体见图1~图3。

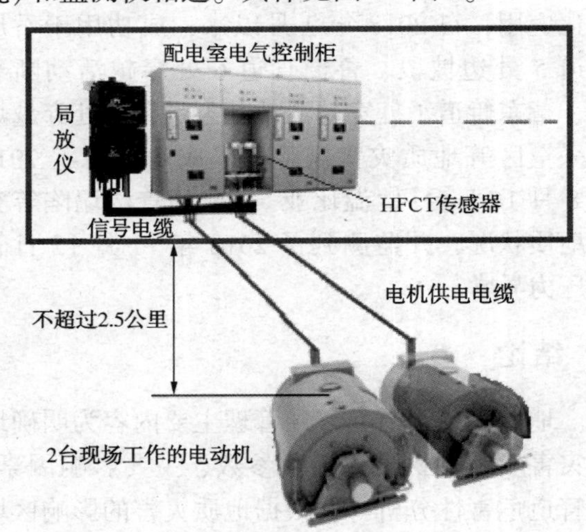

图1　局放在线监测原理图

图2　三相高频传感器安装图

图3 现场高频监测仪

在线监测实现的功能如下。

（1）通过同步数据采集获得局放信号，系统进行在线识别和噪声分离后，将处理后的数据用测量数据库进行标定和趋势判定，结合波形参数及形状，生成简单的以0～100%的形式表示的"局放危急程度"数值，给出故障预警，详见图4、图5。

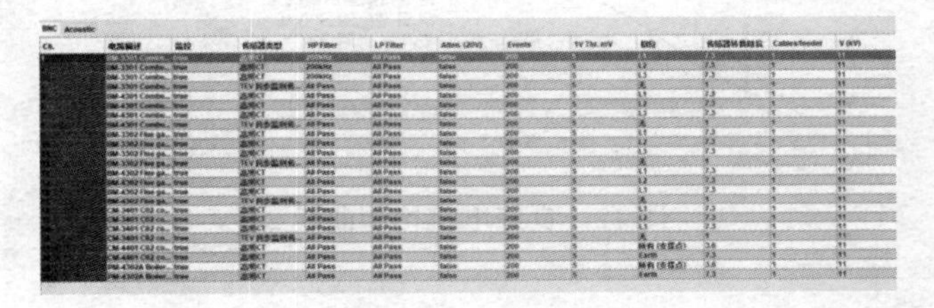

图4 后台数据通讯

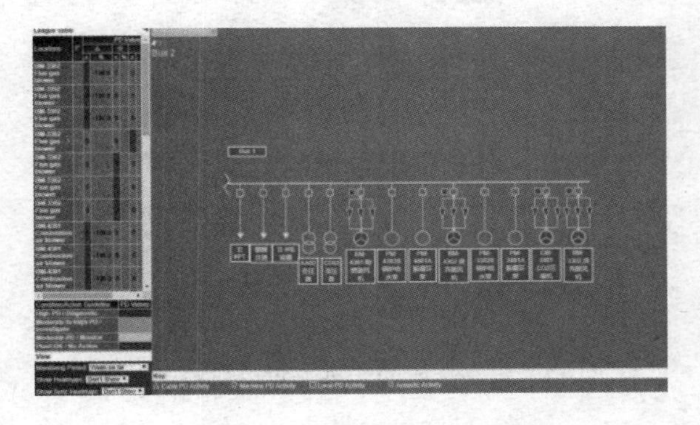

图5 趋势判定局放危急程度图

（2）对电机的其他参数进行采集建立实时数据库，工艺参数如振动、温度、压力、扬程等，电气参数如：电流、电压、频率进行实时采集，对数据进行分类和有效的存储，建立运行参数等时模型曲线，对数据进行实时对比和关联性分析研究，将各数据采用人机界面实现与用户的可视化，并显示各类曲线，进行设备趋势分析和智能诊断，状态评估是完整性管理的前提和基础。

鲁宁线泗洪站和荆门处洪湖站在线监测电机的系统结论见表1。

表1 2座输油站场电机在线监测结论

站场名称	在线监测电机编号	监控时长	存在问题	问题解决方案
泗洪站	7#、8#输油电机	3个月	7#电机局部放电红色区域	送厂家拆解与监测结果一致
洪湖站	2#、5#输油电机	3个月	5#电机电缆L3峰值超标	进一步进行离线检测

2019年3月，泗洪站7#电机在线监控后台发出红色示警，有严重局部放电现象发生，立刻联系设备管理人员，将该电机退出运行，返厂解列的结果与监测结果相一致，在电机槽处存在绝缘破损点，具体见图6、图7。这是一种不可逆的物理现象，一旦发生，如果不加干预，会发展成"全放电"，造成电力系统短路，运行设备突然停机，产生较大经济损失。

图6 电机返厂解列

图7 电机槽楔破损图

2 离线检测技术研究

在停运的电机上加载一个高频低压信号源，

对电机定子、转子、绝缘、气隙偏心、轴承、回路连线进行检测，生成极化曲线预判早期故障隐患，为管理提供科学依据。对上述电缆 L3 峰值超标的洪湖站 5#电机进行了离线检测，进一步对电机状态进行评估，以便采取最优处置方案，根据离线检测曲线及电感电抗不平衡度等综合原因预判，见图 8、图 9。5#电机是由于环境影响(潮湿、沁水等)原因造成的暂时绝缘下降，采取了停机烘干措施后重新检验，曲线及各项数据在正常范围内，投入后运行平稳(图 10)。

图 8　5#电机现场离线检测

图 9　5#电机离线检测页面

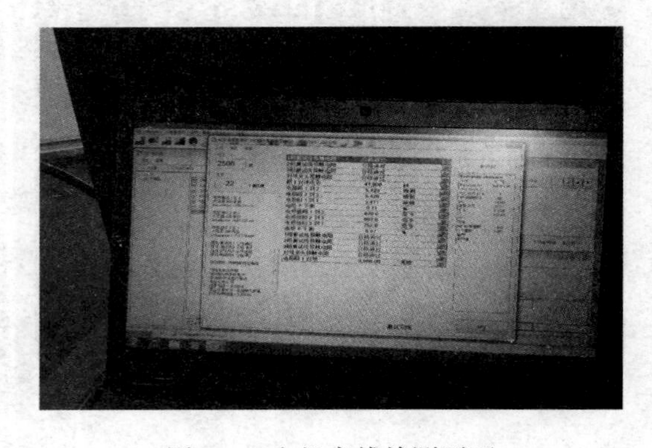

Create Date: 01-04-2019
Report Title:
Motor Name: 38

Motor Location: China\
Submitted By: Administrak

测试日期	2019/1/4	2019/1/4
测试时间	13:13:23	13:30:53
测试点	Not Assigned	Not Assigned
常规用户	Administrator	Administrator
Tester Serial	5478	5478
MTAP ID		
频率	1200	1200
充电时间	60	60
电压	500	2500
电机温度	10	10
测量的兆欧值	16384.74	16410.73
换算的兆欧值	2000.00	2100.00
pF 相 1对地	68500	68400
欧姆 相 1到 2	0.2089	0.2090
欧姆 相 2到 3	0.2098	0.2096
欧姆 相 3到 1	0.2090	0.2090
电感 mH 相 1到 2	[illegible]	[illegible]
电感 mH 相 2到 3	[illegible]	[illegible]
电感 mH 相 3到 1	[illegible]	[illegible]
平均电感	50.00	50.10
%电阻不平衡	0.27	0.19
%电感不平衡	15.35	15.32

图 10　5#电机离线检测结果

图 11 ~ 图 15 是几种有代表性的电机离线检测曲线图，表征着电机的几种不同状态。

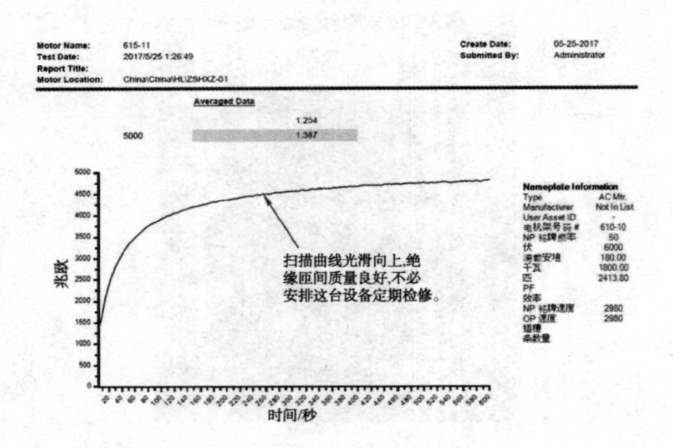

图 11　良好电机检测曲线 1

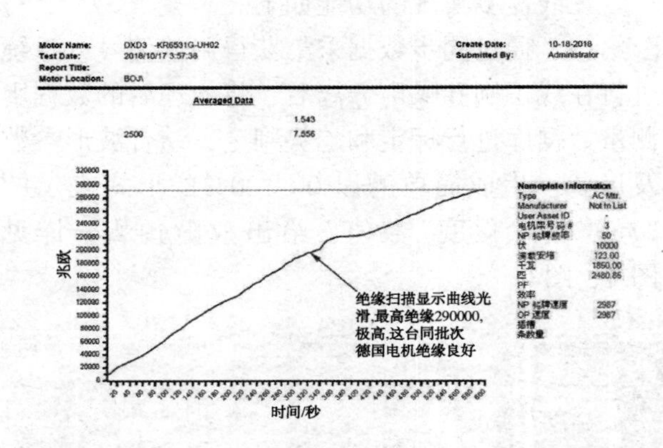

图 12　良好电机检测曲线 2

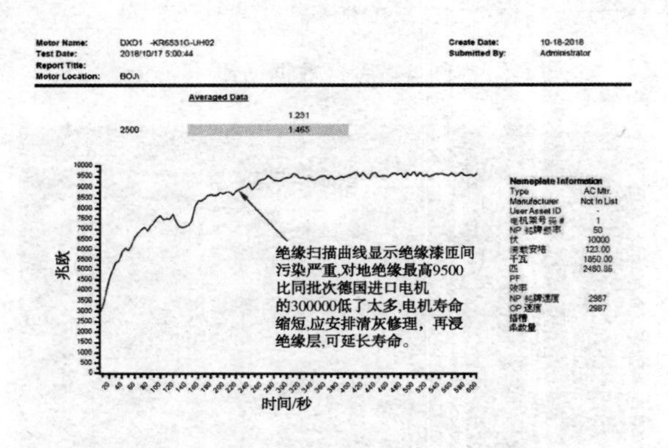

图 13　绝缘漆匝间污染严重电机检测曲线

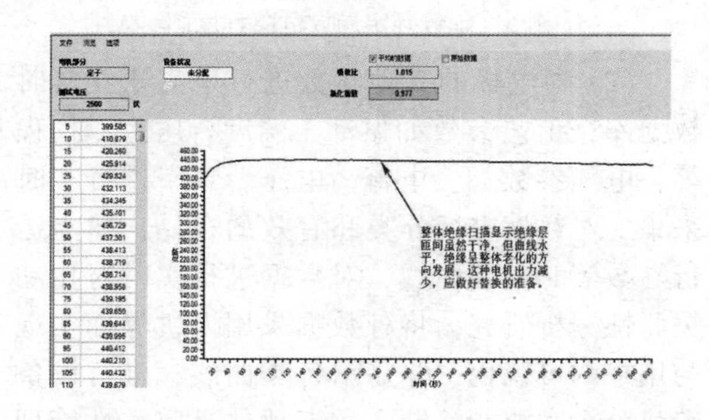

图 14　绝缘老化电机检测曲线

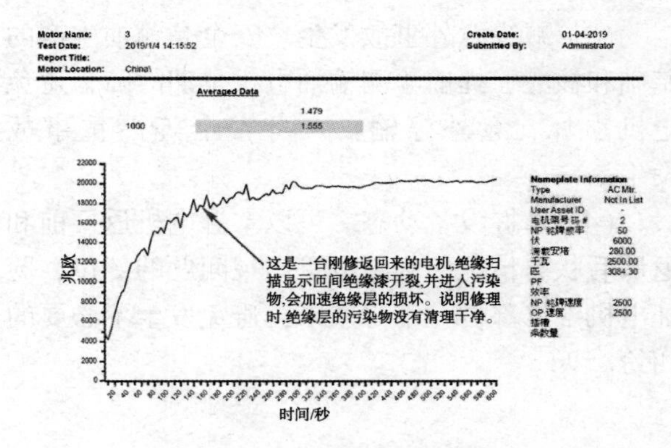

图 15　绝缘漆开裂电机检测曲线

离线检测的判断标准是：检测曲线加各项检测值，因为曲线分析需要比较专业的人员进行，并要与标准电机曲线对比分析，不同厂家的电机曲线也有所不同，难于掌握，因此，根据检测多台电机的大数据经验分析，对比检测曲线和检测值，给出了更为直观的电机电阻、电感、绝缘判断标准推荐值和应对方案(表 2)。

3　结论及建议

目前，对公司 3 座输油站场的电机采用了该方法进行状态监测与故障智能诊断，有效提升了输油站场电机设备的完整性、运行的可靠性、安全性与经济性，实现设备完整性管理效益的最大化，主要表现为：

表 2　输油电机状态评估判断标准

故障类型	判断标准	综合判断故障类型	直观标准
定子故障	定子良好的三相电阻不平衡度应小于1%。	定子良好的三相电阻不平衡度应小于 1%。 当三相电阻不平衡大于 1%，预示定子线圈可能出现隐患，此时配合三相电感不平衡的情况，进一步判断故障类型： 1. 匝间短路：如果三相电感不平衡同时也>1%，且三相电阻不平衡和三相电感不平衡都是 2 低 1 高，须立即停机检修。 2. 相间短路：如果三相电感不平衡同时也>1%，且三相电阻不平衡和三相电感不平衡都是 2 高 1 低，须立即停机检修。 3. 高阻连接：如果三相电感不平衡<0.5%，而三相电阻不平衡在 1~1.6%为高阻连接，早期故障，1.6%~2%为中期故障，2%及以上为严重故障	三相电阻不平衡<1%为良好正常电机； 1%<三相电阻不平衡<1.6%加强检测，跟踪使用； 三相电阻不平衡>1.6%检修处理
转子故障	转子良好的三相电感不平衡度应小于1%	1. 对电感平衡设计的电机： 良好转子的三相电感不平衡度应小于 1%。 当三相电阻不平衡<0.5%，而三相电感不平衡>1%，则预示可能存在转子断条；三相电感不平衡 1%~2%之间为转子断条早期故障，2%~3%之间为转子断条中期故障，3%及以上为转子断条严重故障。 2. 对电感非平衡设计的电机： 以三相电感不平衡度增加值为参考判断依据，增加值为 1%~2%以内为早期故障，增加值为 2%~3%以内为中期故障，增加值为 3%及更高为严重故障	三相电感不平衡<1%为良好正常电机； 3%>三相电感不平衡>1%的电机，加强检测，跟踪使用； 三相电感不平衡>3%的建议检修处理
绝缘故障	绝缘值(或换算到 40℃绝缘值)低于 10MΩ	或 1. PI<1.1 时； 2. 绕组对地电容值出现 50000uF 的增加时	对地绝缘>30 兆欧正常；对地绝缘<10 兆欧，考虑到天气原因，均应采用加强检测，跟踪使用处理； 对地绝缘<5 兆欧，应进行检修处理

（1）节省设备维修资金。电气设备维修包括缺陷检修和预防性维修，根据设备的状态评价结果，进行预防性维修，有助于避免过修或欠修，提高设备可靠性，合理延长设备的大修周期。

（2）延长设备寿命。将计划维修转变为状态检修，降低了无必要的大修次数，减少了维修过程中的损害因素，从而大幅度延长设备的预期使用寿命。

（3）减少意外事故发生。安全是输油生产的基础和核心，提前检测输油电机早期故障，避免电机损坏、意外停输、人身安全等严重事故发生。

（4）掌握设备动态。可以掌握电机返厂前和返厂后状态情况，判断电机出现问题的部位，验证电机维修部位、维修效果，避免发生不必要的纠纷。

新型负压波管道泄漏检测算法

陈昱含

（国家管网集团东部原油储运有限公司）

摘　要　输油管道泄漏检测与定位算法的研究以及监测系统在输油生产中有着重要的作用。本文介绍了一种新型负压波泄漏检测定位算法，采用动态阈值、动态压力补偿等技术，对传统的负压波泄漏检测算法进行了改进，并提出了多尺度相似度匹配的方法以提升负压波泄漏定位的精确度。该算法及系统在实际生产中进行了多次测试，实现了较高定位精度。

关键词　泄漏检测与定位，管道泄漏监测系统，负压波，次声波，算法

国内外对管道泄漏检测的研究已有几十年历史，早在上世纪行业内就提出了负压波检测法，该方法通过在管道两端安装压力传感器接收管道泄漏点产生并沿管道向上下游传播的负压波信号来实现管道泄漏的检测与定位。这种方法通常使用高斯分布来确定压力信号的报警阈值，导致了以下缺点：在不同压力幅值、噪声水平及噪声分布的工况下，管道输送系统内部的干扰并不一定是高斯干扰，由此得到的阈值会偏高或偏低，也就会导致漏报警与误报警等情形，同时使用该阈值获取信号点计算时间差也并不准确，定位误差较大，影响应用效果。

本文提出动态阈值技术解决了这一问题，泄漏检测阈值根据当前运行数据和历史运行数据动态调整，保证阈值尽量接近近期工况下的真实情况，尽可能减少误报与漏报。此外，还提出多尺度相似度分析的方法来确定上下游泄漏点，可以显著提升定位的精确度。

1　管道泄漏检测及定位的原理

在管道发生泄漏的瞬间，管道系统内部的压力平衡被破坏，导致系统内部流体弹性力量的释放，引起瞬时的声波与负压震荡。这个声波/负压的扩张以流体本身的声速从泄漏点向四面八方扩散。在管道中，声波/负压从破裂的泄漏点，透过流体导引，沿着管道向两侧扩张，声波变送器或压力变送器安装在管道的首末两端，对次声波/负压进行拾取。利用次声波/负压波到达首末端次声波变送器的时间差，可以计算出泄漏点的位置。每一个现场处理机（RTU）配合使用 GPS（全球卫星时间同步系统）的接收器。达成泄漏发现时间同步功能，因此管道泄漏检测系统在通讯中断或损坏状况下，也能持续探查泄漏。在通讯恢复后，再由中央处理器收集各现场处理机所探查到的泄漏事件及时间，以计算泄漏位置。具体原理见图 1。

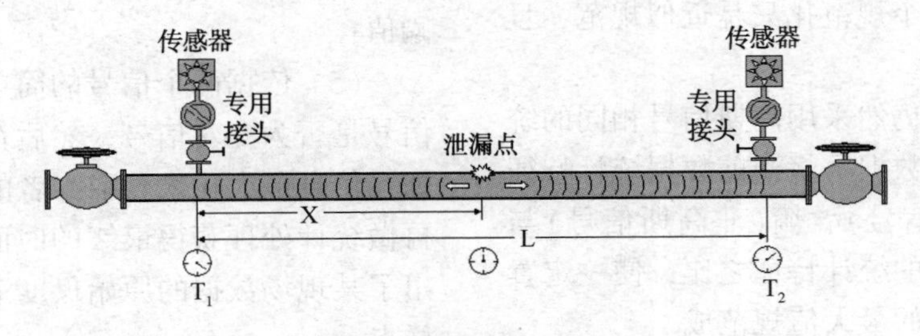

图 1　管道泄漏检测定位示意图

泄漏定位公式为：

$$X=\frac{L(c-a_1)-(c-a_1)(c+a_2)\Delta t}{2c-a_1+a_2} \tag{1}$$

式中，c 为信号波波速；L 为上下游传感器间的距离；a_1 为泄漏点与上游传感器之间管段内流体流速；a_2 为泄漏点与下游传感器之间管段内流体流速；$\Delta t=|T_2-T_1|$ 为同一泄漏波传播到首末站传感器的时间差值。通常由于 c 远大于 a_1 和

a_2，上式可简化为

$$X=\frac{L-c\Delta t}{2} \tag{2}$$

从式(2)中可以看出，泄漏位置确定的关键因素有两个：声波/负压波在管道介质中的传播速度和泄漏声波/负压波传播到首末端传感器的时间差值。

2　基于动态阈值技术的负压波管道泄漏检测算法

在管道发生泄漏的瞬间，泄漏点会出现瞬时压力下降，产生一个负压波。在管道中，负压波从破裂的泄漏点，透过流体导引，沿着管道向两侧扩张，压力传感器安装在管道的首末两端，把压力波信号转变为电信号。泄漏信号检测算法利用压力波电信号，实现泄漏信号快速检测。一方面由于不同的管道压力幅值差别较大，或同一条管道在不同的运行周期压力幅值也不尽相同；另一方面整个输送系统受到的干扰不一定是高斯干扰，传统的泄漏检测方法均采用高斯分布获得泄漏信号检测的阈值，这导致高的漏报率或误报率。本文采取的方法能解决多场合包括不同压力幅值、不同噪声水平和不同噪声分布的泄漏信号高精度检测。该项提升技术的主要功能：① 压力信号能依据历史运行数据动态近似地规范到[0，1]区间。② 泄漏检测阈值能依据历史运行数据和当前运行数据动态调整。

本算法使用上下游压力信号作为输入量。

本方法采用高斯信号的统计值来近似规范数据，即将要规范的数据除以信号的统计值组合。

数据/(统计值的组合)　　(3)

由于数据不一定是高斯的，也不一定都在统计值的组合以下，这个规范化只是近似规范，且是静态规范。

对于动态规范，仍然采用高斯信号相同的统计值组合来近似规范数据，将当前数据统计特征如均值、方差(高斯信号)、熵(非高斯信号)与临近的历史数据对应的统计特征之比，使一定置信水平内的正常信号的最大值规范成1。

当前数据/(历史数据的统计值组合)　(4)

为降低计算负荷，统计值采用递推的方式实现计算。经过该规范化，对于高斯分布的数据，规范数据将以99.75%的概率落在[0，1]区间内。

实际中数据不一定服从高斯分布，因此不能采用高斯分布仅仅计算均值和方差来确定泄漏检测阈值。对于非高斯分布，采用最近的历史分布数据的分布函数来实现泄漏阈值检测，依据置信水平来确定泄漏检测阈值。

泄漏检测阈值=最近的历史数据分布函数/置信水平　　(5)

具体实现步骤(图2)如下。

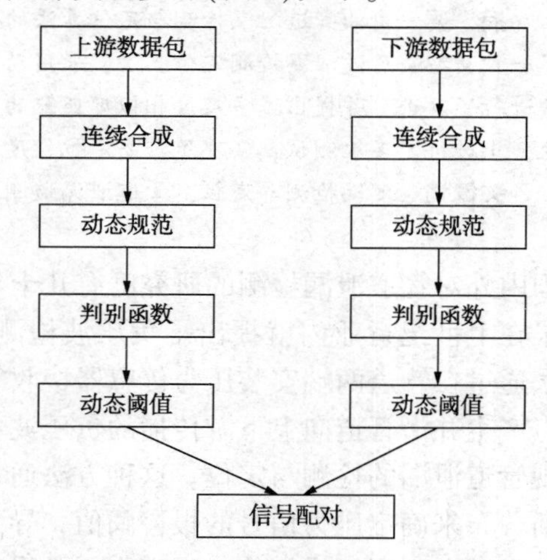

图2　提升的负压波技术工作流程

(1) RTU采用数据包的形式发送数据；

(2) 收集数据包后，系统首先在新到的数据包和历史数据包按时间顺序合成，形成一个连续数据包；

(3) 为降低计算负荷，采用递推的方式实现动态规范；

(4) 选择恰当的故障判别函数，算法内部提供平方函数和绝对值函数，默认为平方函数；然后选择合适的置信水平(算法默认为99.75%)，根据最近的正常数据估计控制限，然后依据临近的历史信号统计特征的变化率判断是否需要更新阈值；

(5) 依据两个信号的简单相关分析技术初判信号是否为配对信号，然后在多尺度的条件下依据互信息最大化来获取二者的多个时间差，之后再做统计处理获得最终的时间差见图3、图4给出了某现场数据的原始尺度下的时间差和泄漏采样点。

输油生产中因站内操作(启停泵、调阀调泵等)，会导致管道系统的动态调节，造成压力正常波动，但这种波动很多时候与泄漏引起的压力波动类似，很容易造成误报。为降低这类信号对监控信息的影响，本方法引入了压力动态补偿技术。该技术的原理是利用压力传播的时延性，主要采用动态调节阀的开度数据作为调节依据：即首先检测动态调节阀的动作，然后对各个监控站点实施压力补偿，使得补偿后的压力几乎不受动态调节阀的动作的影响。具体实现过程如下。

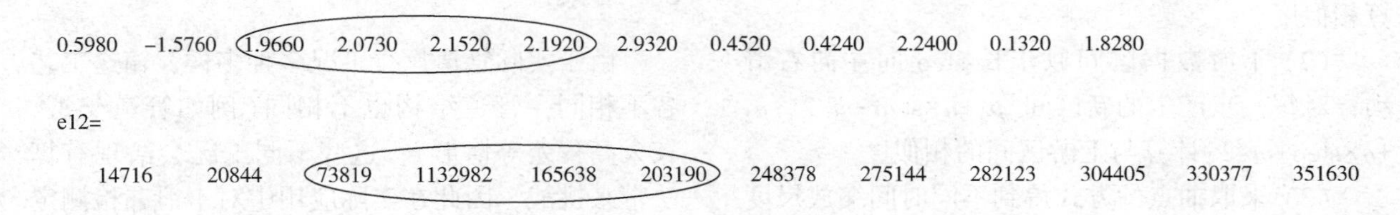

图3　现场测试信号在原始尺度下的时间差和诊断的泄漏开始的采样点

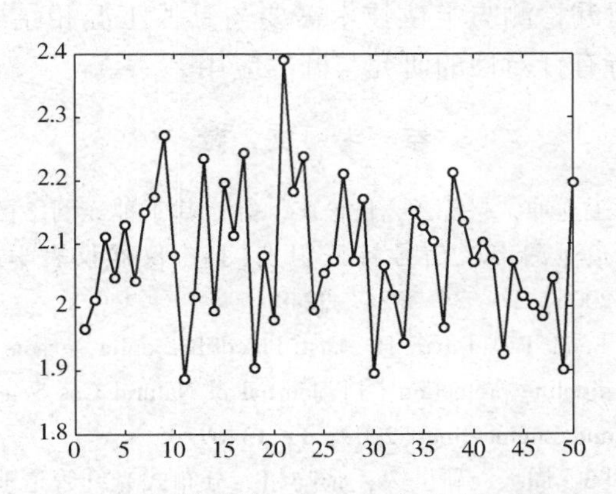

图4　现场测试信号在多个尺度下的时间差

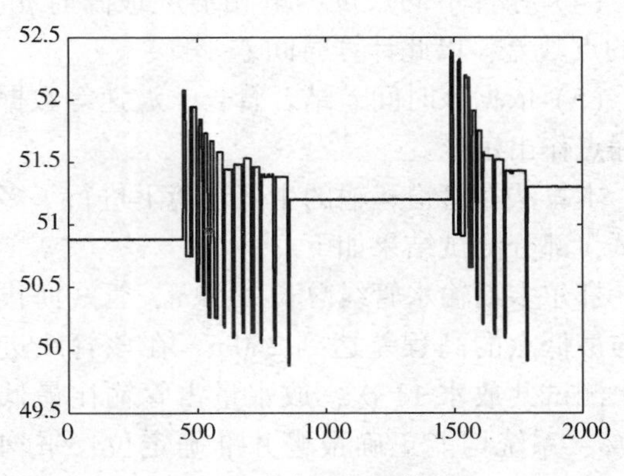

图5　动态调节阀信号

(1) 收集系统相关数据，如流量，温度，压力及动态调节阀开度等OPC数据，并对压力数据进行抽样，使得二者数据保持同样的采样频率。

(2) 通过相关分析建立动态调节阀开度和压力变化的相关性，得到调节阀到压力波动的时延大小。

(3) 利用数据降维技术和典型相关技术建立管道输出压力、流量等数据与(1)中收集的其他数据的模型。

(4) 利用(2)获得的模型预测管道的压力和/或流量值，将它们与实际值进行比对，获取预测误差。

(5) 用预测误差代替负压波方法中的负压波，再进行泄漏检测。

以下为压力信号经过建模算法处理后得出的最终的信号(图5~图7)。

在使用上述负压波检测方法之后，本方法需要对产生报警的上下游数据集进一步分析，确定报警点并作出精确定位。本方法使用基于多尺度相似度匹配的定位算法，可以提升定位的准确度，一定程度上改进传统负压波检测定位不够精确的缺陷，其具体实现步骤如下。

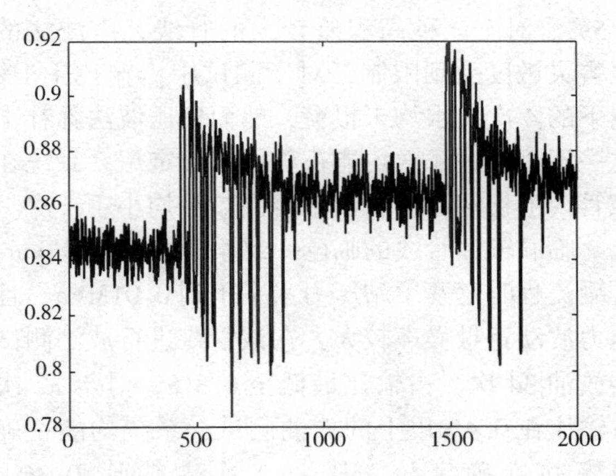

图6　瞬时压力信号

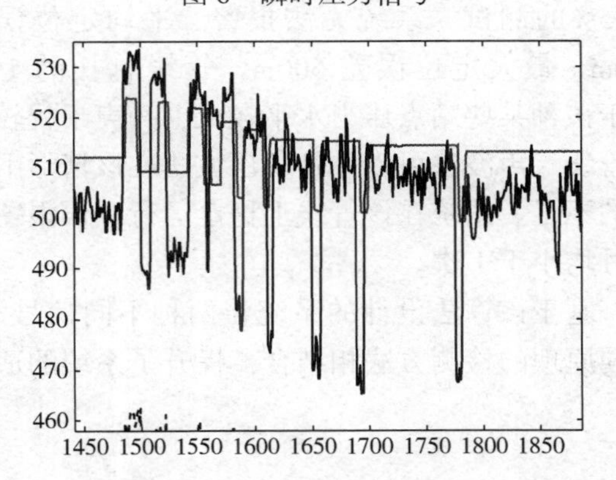

图7　瞬时压力与调节阀信号对应

(1) 对于检测到泄漏的上下游数据，泄漏点分别为p_1、p_2，取滑动窗长度m，步长step，构造上游数据区间$[p_1-m/2, p_1+m/2]$，构造下游数据区间$[p_2-m/2, p_2+m/2]$，两个区间数据计算相似度。

(2) 下游数据区间以步长step向左向右滑动，对每一步产生的新区间$[p_2+n\times step-m/2, p_2+n\times step+m/2]$计算与上游区间的相似度。

(3) 采取抽点的方式得到不同时间缩放尺度下的上下游数据，再重复(1)、(2)两步。

(4) 综合不同尺度，取相似度最高时p_1与p_2的点数差，以此计算时间差。

(5) 依据该时间差结合管长、波速等数据对泄漏点作出定位。

本算法在管道运输的生产环境下进行了多次测试，部分测试结果如下。

鄂尔多斯输水管线总长145km，管线海拔最高与最低点的高程差达到250m，在该管线进行放水测试共放水11次，放水量占管输比最低至0.6%，系统均能正确报警并准确定位，平均定位误差320m，最大700m，低于管线总长的0.5%。对于该种高程差较大的管线，声波法的报警灵敏度受到限制，对于测试中占输比1.1%以下的4次放水均未报警，然而负压波法弥补了这一不足，这4次均能正确报出并定位。系统在该管线上稳定运行，误报警次数月均小于1次。

临濮输油管线的临邑—赵寨子段总长93km，进罐流程时赵寨子站压力水平不到0.01MPa，且压力波动背景噪声较大，在该管线进行放油测试共放油34次，占输比最低至0.3%，对于32次占输比在0.4%以上的放油测试，系统均能正确报警并准确定位，其余2次占输比0.3%、0.35%的测试，系统无法报警。平均定位误差160m，最大定位误差500m，管线总长的1%。对于该种某些站点压力水平较低，噪声干扰较大的管线，声波法可以弥补负压波法在该情形下检测的不足。系统在该管线上稳定运行，误报警次数月均小于1次。

基于该算法设计的系统将两种不同信号源、不同原理的检测方法相结合，提升了系统的适应性与鲁棒性。在灵敏度、定位误差、误报警次数等方面均达到了较高的水平，整体结果令人满意。

3 结束语

由于实际管道运行工况多种多样，输送工艺各不相同，管道结构也不相同(例如管道交汇、较大高程差等情形)，这些不同工况会给现有算法带来挑战，因此在实际应用中对于泄漏检测定位算法仍然存在着适应性上的要求与挑战，对管道泄漏检测与定位技术需要与具体工况相结合，进行有针对性的研究与开发应用。

参考文献

[1] 王立坤，赵晋云，付松广，等．基于神经网络的管道泄漏声波信号特征识别[J]．仪器仪表学报，2006，27(S3)：2247-2249.

[2] Femi T.，David H.．Distributedfibre optic sensors for pipeline protection [J]. Journal of Natural Gas Science and Engineering，2009，1：13409.

[3] 周琰，靳世久，张昀超．分布式光纤管道泄漏检测和定位技术[J]．石油学报，2006，27(2)：121-124.

[4] Qu Zhigang，Feng Hao，Zeng Zhoumo. A SVM-based pipeline leakage detection and pre-warning system [J]. Measurement，2010，43(4)：513-519.

[5] SantosA.，YounisM.．A sensor network for non-intrusive and efficient leak detection in long pipelines [J]. IFIP Wireless Days，2011，1(1)：1-6.

[6] 赵洪华，艾长胜．管道传声特性及典型破坏声的识别[J]．中国石油大学学报(自然科学版)，2006，30(3)：101-105.

[7] Yang Jin，Wen Yumei，Li Ping. Approximate Entropy-based Leak Detection Using Artificial Neural Network in Water Distribution Pipelines [C]. 11th Int. Conf. Control，Automation，Robotics and Vision，Singapore，2010，1029-1034.

[8] 方瑞明．基于聚类支持向量机的气体泄漏检测[J]．仪器仪表学报，2007，28(11)，2028-2033.

[9] 林伟国，郑志受．基于动态压力信号的管道泄漏检测技术研究[J]．仪器仪表学报，2006，27(8)，907-910.

基于分布式光纤振动传感技术的管道精准防护

徐　杰[1]　李强林[2]

（1. 中石化石油工程地球物理有限公司；2. 山东省天然气管道有限责任公司）

摘　要　分布式光纤振动传感技术利用与管道同沟敷设的通信光缆作为振动传感器，对长输管道第三方破坏事件进行预警，实现管道精准防护。建立了多维度分析模型。模型建立方法如下：将一维时域信号分析与二维区域图像处理进行结合，先利用单个探测单元的信号进行模式提取，再结合数据在空间与时间上的分布进行区域的二次形态分析，对机械挖掘和人工挖掘信号进行准确判断和有效识别，抑制管道沿线多种干扰源引起的误报警。经过机器自学习和模式特征库的迭代调整，模式识别准确率大幅度提高。项目现场运行统计结果表明，该系统能够有效探测机械挖掘和人工挖掘事件，对挖掘破坏事件的识别准确率可达到90%以上，误报小于0.1次/d/30km。该系统的运行能够有效降低人力物力资源的耗费。

关键词　分布式光纤传感，长输管道，第三方破坏，模式识别，振动源定位

管道运输具有高效和经济的特点，油气管道已经成为石油、天然气最重要的运输工具。截至2018年年底，我国油气长输管道总里程累计达到13.6×10^{4}km，其中天然气管道约7.9×10^{4}km，原油管道约2.9×10^{4}km，成品油管道约2.8×10^{4}km，以低碳经济为视角，对提升我国天然气保供能力提出了更高要求，我国在推进油气长输管道工程建设的同时，重点发力于天然气管网互联互通工程建设。油气长输管道距离非常长，存在很多风险因素，很容易发生危险事故，因此在管道运营中，最为关键的问题之一就是油气管道的安全，管道在运行中若有损坏，不仅会造成火灾、爆炸等严重恶性事故，还将影响国家的能源供应。统计资料表明，第三方破坏是长输管道失效的主要因素之一，为保障长输管道的运行安全，需要对管道沿线的威胁事件进行及时预警。目前，常用的管道安全预警技术主要包括光纤传感和地震波检测，地震波检测技术维护成本较高，监测难度大，而光纤传感技术具有抗电磁干扰，现场无需供电，维护简单，灵敏度高等优点，因此，以管道同沟敷设光缆作为振动传感器的光纤传感类管道安全预警技术是目前的主要发展趋势。

基于相干瑞利散射的分布式光纤振动传感系统，使用与管道同沟敷设的1芯通信光缆作为振动传感器，受现场条件的制约少。报警系统利用分布式光纤传感技术连续实时测量的特点，结合图像处理算法，进行时间-空间维度上的分析，不仅可以有效识别人工挖掘和机械挖掘事件，同时能够有效滤除管道沿线的干扰振动信号影响，达到准确报警，误报率低的监测效果。

1　分布式光纤振动传感系统在长输管道的应用

分布式光纤振动传感系统原理见图1。探测光脉冲从光纤的一端注入传感光纤，由于所用的光源线宽很窄，注入光纤中的光是高度相干的，因此该传感系统的输出就是脉冲宽度区域内反射回来的瑞利散射光相干干涉的结果。系统通过测量注入脉冲时间与接收到信号之间的时间延迟来得到传感的位置信息。

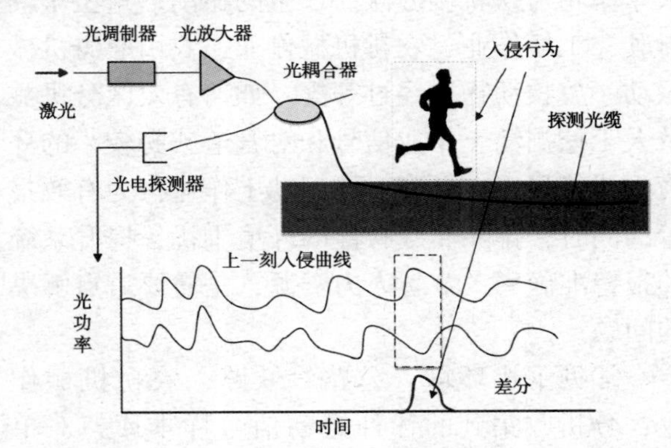

图1　分布式光纤振动传感系统

在长输管道中，分布式光纤振动传感系统利用同沟敷设光缆作为伴随传感介质，感知管道沿线的振动信息，通过机器学习，对管道沿线入侵事件进行智能识别，实现对管道的实时监测、定

位、预警和报警，报警信息可以联动第三方系统。

分布式光纤振动传感系统在长输管道的应用有四大关键技术：

关键技术一：超长工作距离，高灵敏度。管线监测区域距离长、范围广；在较长的测量距离下尽量真实的还原外界环境扰动信息；

关键技术二：模式识别报警准确率高，误报率低，自适应能力强。光纤铺设的环境复杂多样，在识别入侵或破坏行为的同时，减少或避免误报，同时要考虑模式识别的普适性；

关键技术三：完善安防体系。具备主动监测功能的分布式光纤入侵系统联合被动视频图像识别和无人机巡航等技术；

关键技术四：智能化安防集成管理平台。对管线多类监控系统进行集成，在智能管理平台实现集中管理。

本文重点介绍关键技术二，我们采用多维度分析数据来提高准确率，同时具有普适性。

2　多维度分析模型建立

2.1　干扰源模型

对长输管道的安全具有威胁性的行为，主要有第三方施工中的机械挖掘和人工挖掘等，预警系统针对此类行为产生的振动信号，进行识别和预警。而管道铺设途经的地理环境复杂多样，较为常见的地理环境有：公路、铁路、农田、沟渠、河流、山坡等等，而较为常见的干扰源有：火车车轮与铁轨接缝碰撞产生的振动、重型车辆行驶、工厂作业、农耕机械作业、农田灌溉机械振动、放牧动物群经过等等。如何有效区分机械及人工挖掘动土作业信号和对管道威胁较小的环境干扰信号，在保证对挖掘动土作业行为有效报警的同时，排除非威胁性的环境干扰，提升系统的报警准确率，节省人力资源，是需要重点解决的问题。

常见干扰环境：公路、铁路、农耕机械作业，分析收集到的各种振动信号样本库，对单个探测单元接收的一维信号进行时域和频域的分析比对，可以看出，对于光纤链路中的单个探测单元接收的一维信号，其主要可以包含的振动模式有“冲击”模式和“机械振动”模式，不同类别的振动信号，其模式构成可做如下概括（表1）。

表1　振动模式分析

振动信号种类	“冲击”模式	“机械振动”模式
机械挖掘	√	√
人工挖掘	√	
火车经过	√	√
重型车辆行驶		√
工厂作业	√	√
农耕机械作业	√	√
农田灌溉机械	√	√
放牧动物群经过	√	

通过对数据库的分析比对发现，机械挖掘与火车经过、工厂作业、农耕机械作业、农田灌溉机械等信号均包含“冲击”模式和“机械振动”模式，而人工挖掘与放牧动物群经过等信号均包含“冲击”模式，因此，如果仅依靠单个监测单元的信号，是很难对干扰振动进行有效区分的，并且会浪费大量的时间和空间上的有效信息，所以，需要利用时间和空间上的信号分布做出更为严密的模型进行分析判断。

2.2　信号分析模型

依据每个探测单元各自独立的一维信号分析，可以对挖掘信号有一个初步的判断，但是还没有利用分布式光纤传感技术连续实时测量振动的优势。需要进一步在时间空间维度上，结合图像处理算法，对挖掘信号进行分析和识别。

2.2.1　单点信号分析模块

单点信号分析的主要目的是判断和提取每个探测单元所接受的一维信号所包含的模式成分，即分析一维信号中是否存在“冲击”模式和“机械振动”模式。计算步骤如下。

（1）计算信号波动，计算方式：信号波动=信号最大值/信号最小值。

（2）计算频谱波动，计算方式：频谱波动=去除0点后的频谱最大值/频谱最小值。

（3）利用寻峰算法进行寻峰，统计峰的数量，再将各个峰根据时间间隔进行合并，合并后称为激励。

（4）计算此段信号的特征：激励数量、激励间隔时长、激励时间宽度。

（5）若此段信号中，“峰的数量”-“激励数量”≤阈值A1，且“激励间隔时长”≥阈值A2，且“激励时间宽度”≤阈值A3，则判断为“冲击”

模式；否则，若“信号波动”≥B1 且“频谱波动”≥B2，则判断为“机械振动”模式，若以上条件均不满足，判断为其他干扰。阈值 A1、A2、A3 和阈值 B1、B2 用于“冲击”模式和“机械振动”模式的判断。

如图 2 所示，为典型的人工挖掘信号样本和机械挖掘信号样本，输出的“冲击”模式和“机械振动”模式的判断结果，其中，白色小块表示识别模式为“冲击”，灰色小块表示识别模式为“机械振动”，可见，人工挖掘信号样本中只包含“冲击”模式，而机械挖掘信号样本中同时包含了“冲击”模式和“机械振动”模式，因为挖掘机在作业过程中，同时存在对土壤具有冲击性的挖掘作用力(“冲击”模式)和发动机的轰鸣(“机械振动”模式)：

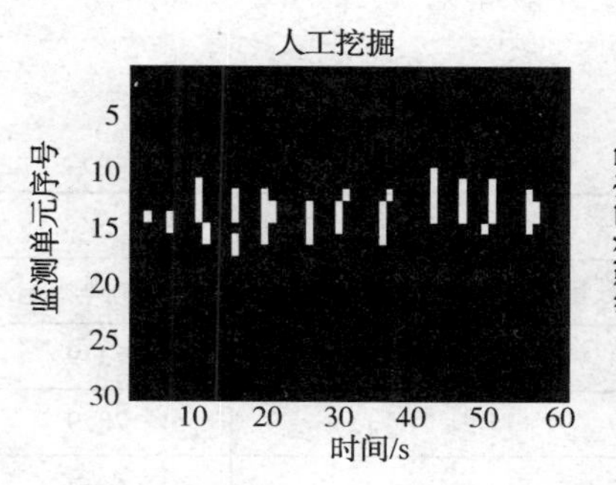

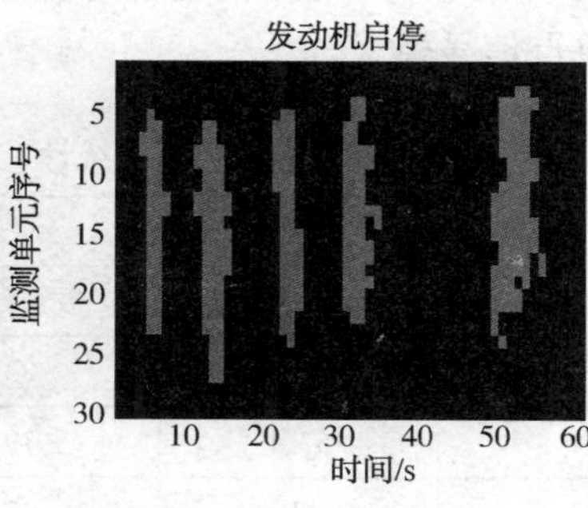

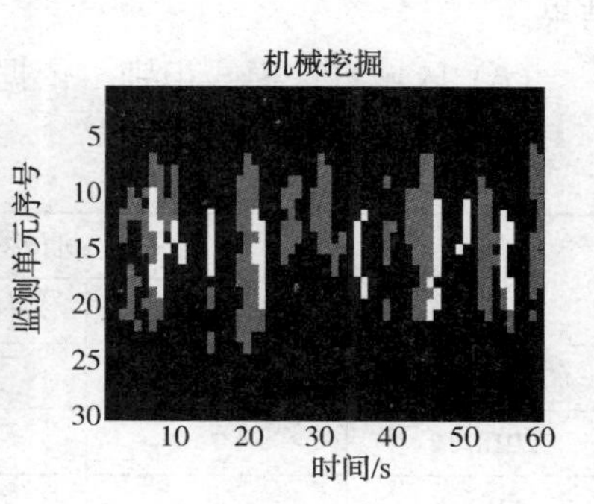

图 2　样本信号识别模式输出

2.2.2　区域事件识别模块

区域事件识别，是对区域内单点信号的识别结果在时间与空间上的分布进行分析判断，图 3 为各事件信号瀑布图，通过 HOG 特征提取，并建立 ECOC 分类器，获得各类行为在空间时间上的预测模型。计算步骤如下。

(1) 对实时数据进行预设特征的计算，并经过特征组合与阈值判定，得出单个探测单元某一时刻的行为判定结果，并存入区域事件分布情况矩阵 A 当中。

(2) 假设有 N 个探测单元，观测追踪 M 秒内的情况，则 A 应为 N×M 的矩阵，单点判别的行为判定结果中不同行为对应不同的数字编码(“机械振动”对应 1，“冲击”对应 2，“常态”对应 0)。

(3) 将单点判别的行为判定结果填入矩阵中对应的位置，形成单点分析的区域事件分布情况。

(4) 提取区域事件的 HOG 特征，根据数据样本对应的标签，建立 ECOC 分类器，即得到各类行为在空间时间上的预测模型。

(5) 对于实时信号，依据单点信号模式识别结果，与预先设置的预测模型进行比对，当满足相似度要求时，输出相应报警。

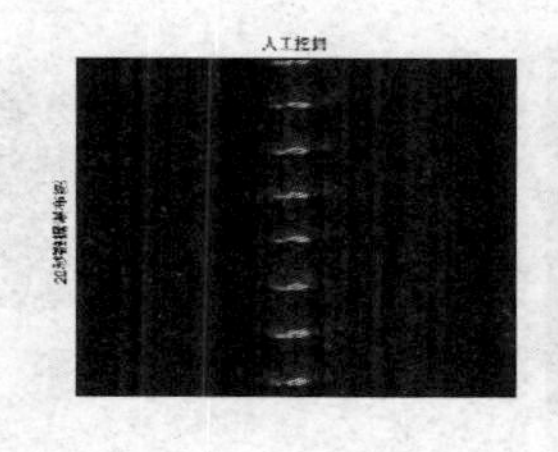
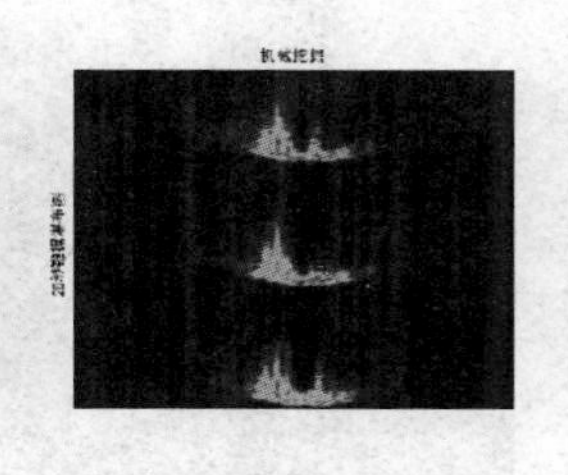
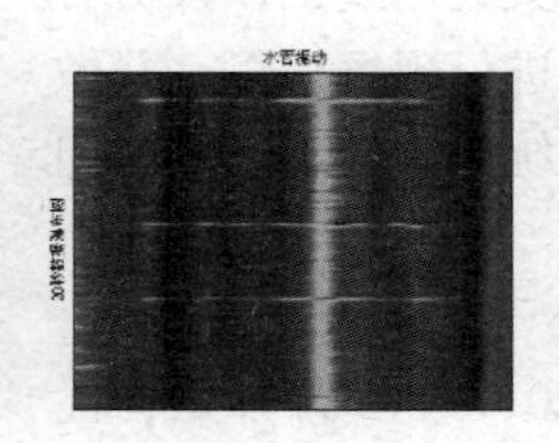
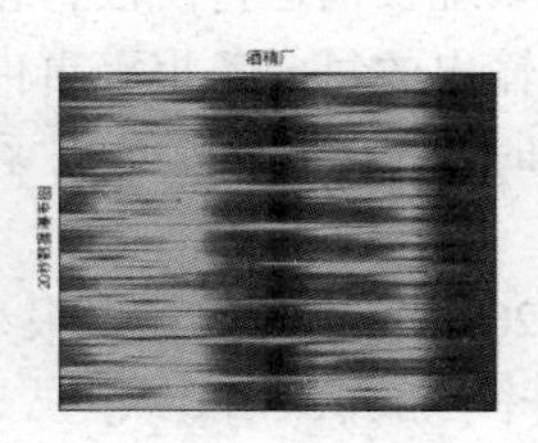

图 3　样本信号瀑布图

2.2.3　计算流程模块

(1) 样本采集，针对不同的地貌及环境，进行各类行为作业，并各自采集多组信号作为样本库。

(2) 单点信号策略参数计算，针对单点信号，进行预设特征值的计算，计算样本中单个探测单元的信号的预设特征值，利用线性分割计算，区分开各类行为的特征阈值，对离散高的样本进行剔除。

(3) 策略设置，针对不同的地貌及环境，观察对应环境下各类行为样本特征参数的差异，进行不同策略参数的配置。

（4）预测模型生成，针对一段时间内的区域信号，对区域内单点信号的识别结果在时间与空间上的分布的表现进行 HOG 特征提取，并建立 ECOC 分类器，即各类行为在空间时间上的预测模型。

（5）单点信号模式识别，依据不同的特征参数组合以及阈值设定，对单点信号进行作业行为的判别，并按照时间空间记录各点的行为判别结果。

（6）区域事件模式识别，依据单点信号模式识别结果，与预先设置的预测模型进行比对，当相似度计算数值超过所设定的阈值，输出对应的事件类别。

3 项目运行结果

某段天然气管线总长度约为 30km，途经火车道，工厂，农田，公路等多种环境，已经部署分布式光纤预警系统达 1 年，按月度对系统运行情况进行统计，整理见表 2。

表 2 某管线月度运行情况统计

月度	"机械挖掘"事件统计			"人工挖掘"事件统计		
	报警数量	核实数量	正确率/%	报警数量	核实数量	正确率/%
2018.11	10	6	60	23	17	73.9
2018.12	7	4	57.1	19	15	78.9
2019.1	5	3	60	3	2	66.7
2019.2	1	1	100	1	1	100
2019.3	4	3	75	11	9	81.8
2019.4	5	4	80	20	16	80
2019.5	13	11	84.6	14	11	78.5
2019.6	9	8	88.8	10	8	80
2019.7	7	7	100	2	2	100
2019.8	11	10	90.9	5	4	80
2019.9	4	4	100	9	8	88.8
2019.10	5	5	100	52	50	97.9
2019.11	5	5	95	52	50	95
2019.12	5	5	95	52	50	95

系统长期运行阶段，相关的巡线工作人员对系统输出的每一条报警事件进行现场核对，并做出及时反馈，从而促进系统的进一步调整和优化。

2019 年 6 月前，误报小于 0.3 条/天/30km，准确率一般低于 80%。从 2019 年 6 月开始，优化了多维度分析模型，经过机器自学习，模式特征库的迭代调整，进一步降低了对管道无威胁的振动事件的误报。从表 2 中可以得到误报小于 0.1 条/天/30km，准确率达到 90%。

从 2018 年 11 月运行至今，系统已准确报警第三方机械挖掘施工事件，图 4 所示为几起典型的第三方机械挖掘施工事件核实现场。

图 4 第三方机械挖掘施工现场

在 2019 年 10 月，系统输出 30 次"人工挖掘"事件，经过现场核实，为光缆隐患治理项目，沿线多处位置进行人工开挖动土，报警信息正确，图 5 为其中一处人工挖掘施工现场。

图5 人工挖掘施工现场

4 结论

分布式光纤振动传感系统利用与长输管道同沟铺设的通信光缆作为传感原件，光纤链路上的任一点都具有传感能力，能够实现数十至数百公里的管道全线的安全监测，开展基于分布式光纤传感技术的管道安全监测、威胁性事件识别和定位的研究具有巨大的社会和经济效益。分布式光纤管道安全预警系统在模式识别关键技术上建立了多维度分析模型，模型关键技术将一维时域信号分析与二维区域图像处理相结合，可以在抑制管道沿线多种干扰源引起的误报警的同时，对机械挖掘和人工挖掘信号进行准确判断和有效识别。进一步结合振动源定位模型，可以进一步降低无危胁事件的误报。经过模型的优化和机器自学习，系统达到了好的运行效果，系统的误报率低于0.1条/d/30km，对挖掘行为的识别准确率已经可以达到90%，有效降低人力物力资源的耗费，为长输管道的安全运营提供了可靠保障。

参考文献

[1] 高鹏，高振宇，王峰，et al. 2018年中国油气管道建设新进展[J]. 国际石油经济，2019，27(03)：62-67.

[2] 么惠全，冯伟. 西气东输管道第三方破坏风险与防控措施[J]. 油气储运，2010，29(5)：384-386.

[3] 王全国，贺帅斌，党文义. 油气管道安全预警技术性能评估研究[J]. 中国安全生产科学技术，2013，9(1)：98-102.

[4] 李苏. 油气管道监测技术发展现状[J]. 油气储运，2014，33(2)：129-134.

[5] 孙洁，李松，刘凯蕾，等. 油气管道安全预警技术现状[J]. 油气储运，2016，35(9)：1023-1026.

[6] 安阳，靳世久，冯欣，等. 基于相干瑞利散射的管道安全光纤预警系统[J]. 天津大学学报，2015(1).

[7] 宋永彬，黄俊锋. 分布式光纤传感技术在油气管道安全预警系统中的应用[J]. 中国科技成果，2016，17(10)：55-57.

[8] 郝尚青，刘建，崔振伟，等. 基于光纤传感与智能识别的管道安全预警技术[J]. 石油规划设计，2017(02)：42-46+57-58.

[9] 郑亚娟，王忠东，衣实贤，等. 基于OTDR技术的光纤式输油管道安全预警系统[J]. 化工自动化及仪表，2008，35(2)：45-49.

[10] 李健，赖平. 埋地管道典型异常事件信号特征提取方法研究[J]. 传感技术学报，2010，23(7)：968-972.

小口径管道内涂层全视频检测技术探索与应用

豆龙龙　李立标　贺炳成　韩彦忠　邓　康　黄纯金　郭　阳

（中国石油长庆油田分公司第十采油厂）

摘　要　近年来，集输管道内涂层直接评价技术在油田管道完整性管理领域得到广泛应用，成为评价管道在线挤涂施工质量完整性的有效方法。本文对华庆油田小口径集输管道由于输送介质中含有大量的腐蚀性物质，引起管道腐蚀速率加快，管道运行失效风险逐年升高。为此，在管道内壁采用在线挤涂内防腐工艺，提高管线防腐蚀能力。通过研究和现场应用管道全视频内窥检测技术，全面掌握内涂层施工效果，及时发现存在缺陷部位，为提高施工质量，评价内涂层效果并推广应用提出了建议。

关键词　内涂层，全视频，检测

1　管道内涂层外观质量评价

1.1　影响管道涂层质量的因素

1）管道内涂层粗糙度对管道质量的影响

内涂层对于管道的运行有着十分重要的作用，它能起到有效的防腐作用。防腐层的光滑程度能有效的减少物料的阻尼、增大物料输送量、降低动力消耗，降低管道的建设成本和运行维护费用。国外研究表明，减少管道投资费用有两个方面：确定最佳流量和减小流动摩擦阻力。众所周知，内涂层可以减小管道粗糙度。由于管道内涂层施工工艺过程监督不到位和工艺技术不够成熟，管壁清理不干净，涂料流动性差，防止不当等因素的影响，涂层生产过程中常出现凹坑、橘皮、结皮、流挂、流滴、流淌、螺旋线等等，直接影响管道涂层的粗糙度，如何有效的发现新建管道中的这些缺陷，并及时进行修复和整改，就成为了管道建设监管上的难题。

2）破损、厚度偏薄对管道质量的影响

内涂层中一旦出现未涂、破损、厚度偏薄时，直接使管道暴露在输送物料中，当涂层同物料中腐蚀介质接触后，腐蚀性介质中首先是水，然后是氧气和腐蚀性离子会通过涂层中的宏观缺陷和微观缺陷扩散到涂层/金属基体界面，形成非连续或连续的水相，水扩散的动力主要来自于浓度梯度、渗透压和温度梯度的作用。此后，由于在界面处水分子的介入，导致涂层湿附着力的持续降低，造成涂层防腐失效。涂层失效的发展模式主要是：涂层缺陷—环境介质渗入—附着力降低—鼓泡—防腐层破损—防腐层绝缘电阻降低—涂层失效。防腐失效在钢质长输管道中一旦发生，会使管道内壁质量受损、腐蚀加剧、管道破损泄漏，泄漏将对环境造成严重污染(图1)。

3）管道施工工艺对涂层质量的影响

目前小口径管道(DN80-DN1000)内涂层施工普遍选用风送内挤涂的方式进行施工，受黄土高原地形的限制，管路高程变化大，由于施工管段较长，涂敷器需多次翻越沟壑，上坡和下坡过程中，由于压缩空气无法适时调节控制涂敷器行进速度，涂敷器行进速度随地形不断变化，存在管段涂敷不均的风险；另外，涂敷结束后，常温固化时间为3~5天，固化过程中，受地形变化和重力影响，存在防腐涂料向管道底部和管段高程低点流动的问题，同样会导致涂层涂敷不均匀和淤积，使管道投运后物料输送受压过高，管道输送效率降低，成本增加(图2)。

1.2　管道外观评价技术

管道外观质量直接影响道管道物料输送的效率和寿命，因此有效的检测技术对管道外观的评估起到至关重要的作用。

1.2.1　现有的涂层外观评价技术

根据SYT 0457—2010标准5.2.2涂层外观检查中规定，应目测或用内窥镜逐根检查涂层外观质量，其表面应平整、光滑、无气泡、无划痕等外观缺陷。由于受到管道施工工艺的限制，目前小口径管道内涂层施工均采用风送内挤涂的施工工艺，管道一次内挤涂施工达2km以上，很难采用目测和内窥镜对管道的外观质量进行检查和评估。

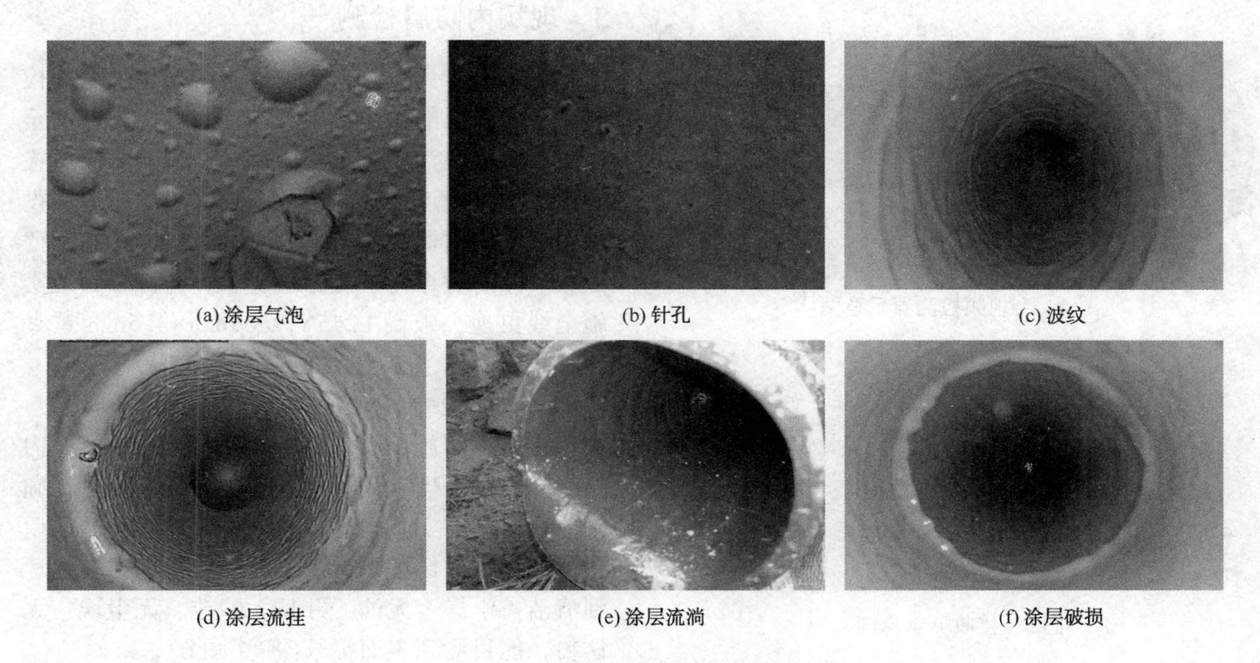

图 1　涂层质量

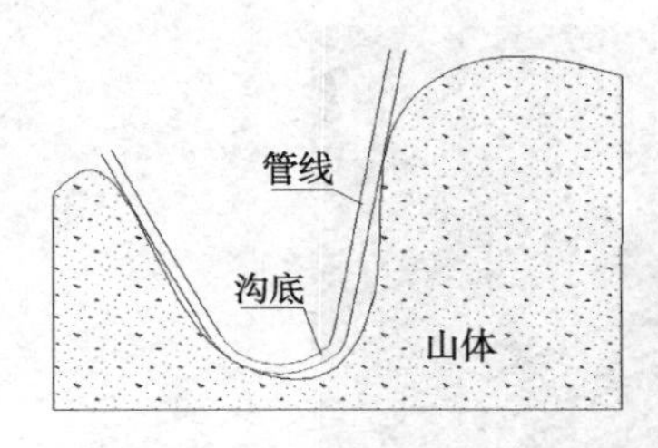

图 2　涂层可能淤积处

1.2.2　新涂层外观评价技术

为了达到 SY T0457—2010 涂层外观检查的标准，涂层外观检测器一次就能检测 3km 以上，检测器内装有高清高速摄像机，能完整的将管道中涂层凹坑、橘皮、结皮、流挂、流滴、流淌、螺旋线、未涂、破损等缺陷记录下来，通过对视频的浏览，能有效的对管道外观质量进行评价。

2　管道全视频检测技术

2.1　全视频内检测技术原理

将带外壳保护装置及通过性很强，并且带里程轮的高清高速摄像机放入发射器内，发射器与被检测管道连接，向发射器通入高压空气，使检测器以高压空气作为动力，调节发射器上的流量计，使检测器以一定速度在管道内前进。被检测管道末端装接收器，接收器上装节流阀，当检测器在管道内行进的过程中，将末端节流阀调节到合适位置，以增加检测器在行进过程中的阻尼，使检测器行走平稳，待检测器完毕后，将视频资料下载到 PC 机上，可通过视频软件查看管道内涂层质量情况。其检测原理图见图 3。

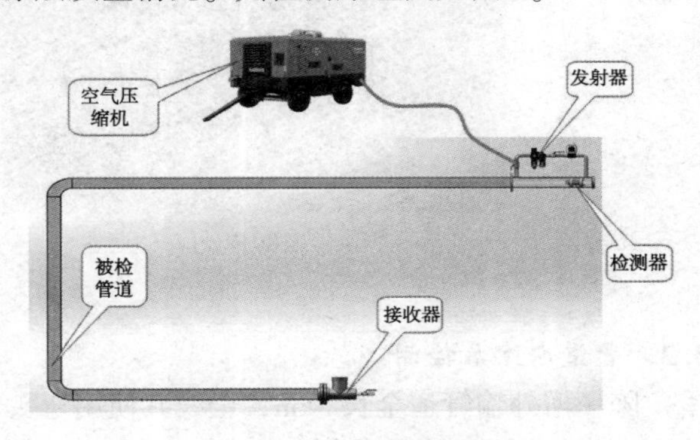

图 3　全视频检测原理

2.2　检测器结构

管道内涂层检测器是一种结构简单，适应性强，操作简单的装置，即使卡堵在管段内，也可以用压缩空气将其从被检测管道内反向推出，不损害管道原有结构和涂层质量。另外检测器还需配有里程轮，以便将管道内图像缺陷位置与里程对应起来，方便检测完毕后找到被检测管道缺陷的位置。最后还得选用高清高速的摄像机，以保证图像的质量。

2.3　接收器

接收器在内窥检测中能有效增加检测器的阻尼，使检测器在行进过程中更加平稳和匀速，其结构图见图 4、图 5 所示。

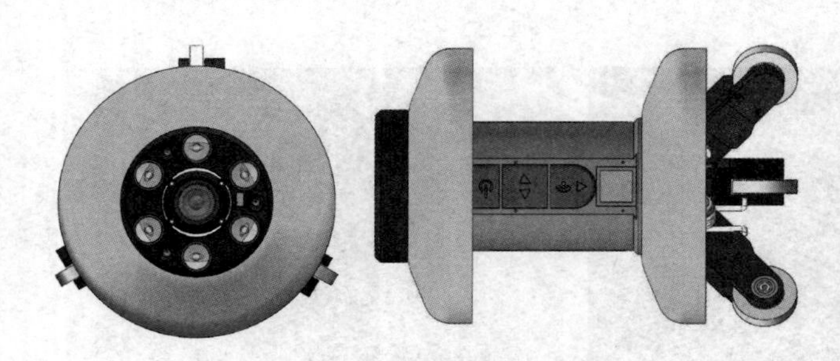

图4　全视频检测器示意图

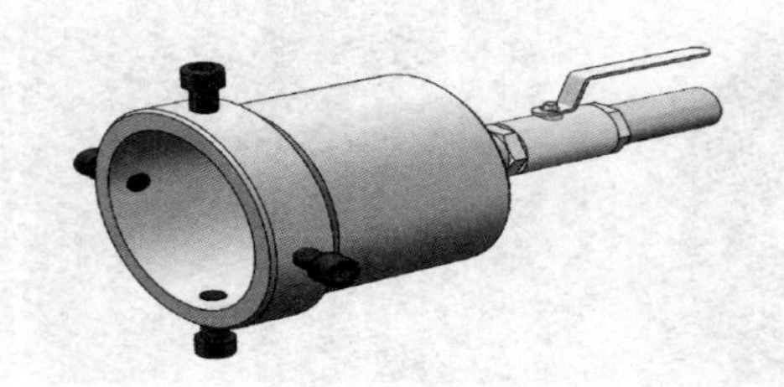

图5　接收器示意图

3　现场内防腐检测

为进一步评价管道内涂层施工质量，全面检测评价内涂层的涂敷效果，在华庆油田陈一增至庆三联外输集油管道全程应用了全视频内涂层检测技术。该管道为站间集油管道，由于管道服役年限较长，腐蚀破漏频繁，且管道处于“双高”区域。按照管道完整性管理要求，对该条管道实施全线更换，敷设 L245N-Φ89mm×4. 5mm 黄夹克管线 5. 0km，实施 HCC 内防腐处理。

3.1　管道喷砂除锈检测

在管线实施 HCC 在线挤涂之前，对管线内壁实施喷砂处理，为了检验喷砂除锈效果，在施工前后对管道实施全视频检测，通过对喷砂前后全视频图像对比可以看出，喷砂后管道内表面达到清洁、干燥、无油、并且无沙粒、无尘埃、无锈粉，能目测到表面锚纹深度(图6)。

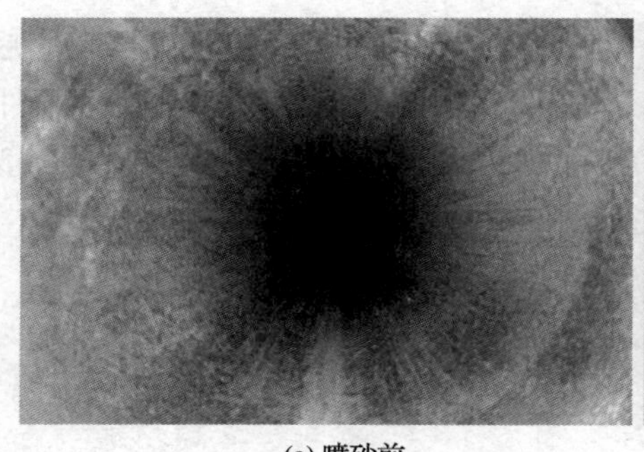

(a) 喷砂前

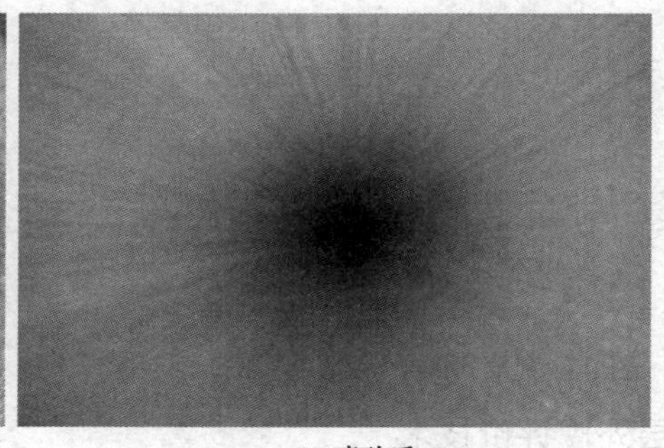

(b) 喷砂后

图6　喷砂处理

3.2　管道内涂层检测

陈一增外输管道全长 5km，全线共使用弯头 35 处，其中共 15 处平直段弯头，20 处爬坡，通过对弯头处挤涂效果来看，弯头处涂层均匀、连续、光滑，无漏涂。

直管处挤涂效果：通过视频截图看出，涂层连续、光滑、无气泡、无划痕。通过对各类焊缝 550 处视频截图看出，焊缝处涂膜无流挂、无剥落，效果良好(图7)。

(a) 直管段涂层效果

(b) 弯头处涂层效果

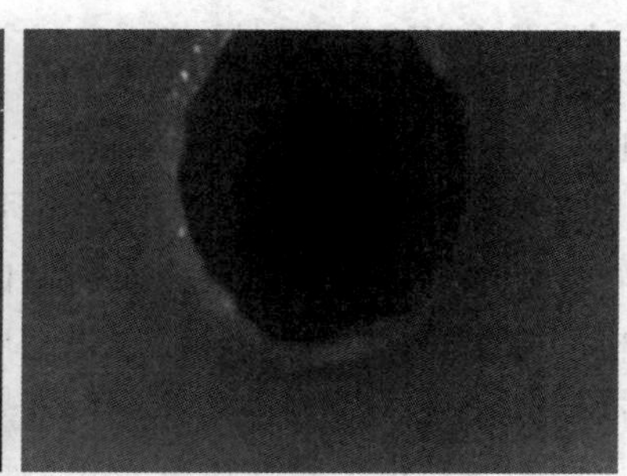

(c) 焊缝处涂层效果

图7　涂层效果

全管段涂层外观基本满足《钢质管道环氧玻璃纤维复合内衬(HCC)施工质量验收规范》的要求，内涂层外观光滑平整，颜色均匀一致，无气泡、流挂、脱皮及返锈、开裂、剥落等缺陷。

被测管道防腐涂层厚度满足HCC内衬普通级的标准；管道内共19处弯头，弯头涂层覆盖情况良好；管道内共550余处焊缝，涂膜情况基本良好。

4　结论及认识

通过对华庆油田小口径集输管道现场应用全视频检测技术，可以直观对管道在线挤涂效果进行分析评价，对施工质量的可靠性，完整性能够有效掌握，为小口径集输管道焊流控制提供了有效的监测手段，有效的解决了管道在喷砂除锈后因管壁清理不干净造成涂层脱落问题。同时，在不破坏原有涂层的情况下，有效的解决了小口径长输管线内窥查看的难题。为保障施工质量，提供了一种有效的检测手段，也为缺陷的定位与及时修复，提供了一种新的检测方法。

参 考 文 献

[1] 管线内腐蚀直接评价方法的现场应用[J]. 天然气与石油，2017(2)，100-104.

[2] 黄红兵，吕世生．油田腐蚀原因及腐蚀控制[J]. 国外油田工程，1995，1.

[3] 崔建军，关克明，等．长庆油田地面工艺系统防腐工艺技术研究与应用[J]. 石油化工应用，2013，32(2).

国内油气管道应急管理对策先进性探讨

郑成青　卿苏杭

（中国石油管道局工程有限公司西安西北石油管道有限公司）

摘　要　长输油气管道具有高压、易燃易爆等特点，当发生泄漏和火灾爆炸事故时，会严重威胁人民生命、财产安全，造成重大经济损失和社会影响。文章介绍了美国、加拿大在应急管理方面的先进做法，分析了我国在应急标准、风险评估、顶层设计等方面存在的不足，提出了新型“GPE”应急管理对策，探讨了“GPE”应急管理的优势，为我国不断提高应急管理水平奠定坚实基础。

关键词　油气管道，应急管理，“GPE”应急管理对策，平台

目前，全国长输油气管道建设总里程已接近 17×10^4km。随着我国经济高速发展，油气资源开发、输送量也随之不断攀升，预计到2025年，管网总里程将达到 24×10^4km。油气管道里程大幅增加，加之油气管道易燃易爆等特点，一旦发生泄漏及爆炸事故，将会严重威胁人民生命财产安全，造成重大社会影响。为快速、高效解决此类突发事件，国内外均已建立长输油气管道应急管理体系。本文在深入研究国外管道应急管理先进经验的基础上，对比分析国内管道应急管理特点，指出了国内在应急响应、处置标准、风险评估、管道沿线相关基础数据、整体应急体系顶层设计、横向机构应急衔接、最佳救援路线以及疏散路线等方面存在的不足，据此提出一种先进的管道应急救援对策，即“GPE”应急管理对策，通过详述其特点、职能分工、实施流程及注意要点，为我国不断提高应急管理水平奠定坚实基础。

1　美国、加拿大油气管道应急管理简介

1.1　美国油气管道应急简介

2015年12月，美国API以管输经营活动为基础，发布了针对管道运输行业的API RP 1174—2015《陆上危险液体管道应急准备与响应推荐做法》，旨在定义安全、及时、有效的管道应急响应管理要素。

美国油气管道事故和应急响应系统的运行特点主要体现在由联邦、州、地方政府机构、油气管道行业、公共安全以及其他组织机构间的协调运行管理。在应急管理工作中，API RP 1174—2015注重对企业内部与地方政府、与机构之间的应急角色和功能进行详细规划。纵向在管道运营商内部设置与目标相匹配的应急管理组织机构，明确应急角色和职责划分；横向加强了国家、州、地方性应急响应衔接以及不同救援机构之间的协调部署，建立了互助和区域内资源共享机制，保证各方信息的有效衔接，为具有不同事故原因、规模、地理位置或复杂性的事故提供了一套体系化的应急响应程序。并基于社区规模、地点或自愿组织机构等因素进行应急响应机构人员和设备的配置。

API RP 1174—2015推荐基于事故风险评估建立应急响应程序，为具有不同事故规模、原因、地理位置和复杂性的事故提供了体系化的处理方法。程序依托完整性风险模型，依据事故特点规划应急策略，基于风险公式计算量化风险等级，综合考虑突发事件的事故危害程度、发生概率、对环境的影响以及地区和公众敏感性等因素，严格制定不同区域的管道排放计划，并基于此进行资源配置，形成一整套针对不同事故特点的应急程序体系。

1.2　加拿大油气管道应急管理简介

在借鉴美国油气管道安全管理和管道应急响应成熟经验的基础上，加拿大结合本国实际情况，通过修订法律法规、发布规范和指南，建立起一套完善的管道安全管理体系。

国家能源委员会是加拿大油气管道行业主管部门，负责对省际和跨国油气管道进行监管。它的职责包括研究国家能源状况，提出有效利用能源的合理建议，审批油气管道设计、建设、运行、维护、废弃及事故调查等工作，规定管道企业必须达到其制定的安全运营目标，并定期提交

安全环保措施实施报告等。总之，国家层面和地方层面的智能部门，各司其职、分工明确，确保了管道安全及应急事故的有效处理。

加拿大将油气管道作为国家的“第五大”交通运输方式，并上升到国家经济和能源战略高度进行管理，形成了部门分工明确、权责明晰、政企公众沟通协调的管理体制和机制。在油气管道的“全生命周期”中，加拿大从油气管道的规划(设计)、公共听证、建设、运行、应急、事故调查、废弃等各方面，均有明确的部门负责，形成了全生命周期安全管理体系。国家能源委员会(NEB)和属地省级能源主管部门(如阿尔伯塔能源监管局)在管道规划设计阶段便介入应急管理，对企业应急预案进行审核，确保应急措施有效、可靠。油气管道发生事故后，属地省级能源主管部门(如阿尔伯塔能源监管局)派应急支持团队赴事故现场协助企业开展应急处置。此外，加拿大油气管道企业与上游生产和下游销售业务分离，独立运营。油气管道企业仅从事油气输送，不参与生产及销售，通过多年积累，形成了成熟的安全管理体系。

加拿大油气管道相关行业协会在油气管道安全管理方面也发挥了十分重要的作用，行业协会均是非政府机构，由相关企业组成，代表企业与相关监管机构交流沟通，并制定行业统一标准，规范管道应急和维抢修等有序进行。

2　国内油气管道事故应急管理存在的问题

我国管道企业已基本建立公司、分公司、站场三级应急管理预案，且为了应对管道事故建立起相应的应急救援体系，但应急救援工作相较于国外先进做法，存在以下六方面问题：

2.1　缺乏相应的标准作为理论指导

美国油气管网分布地域广，管道事故应急响应技术成熟，体系完备。API RP 1174—2015 整体框架设计逻辑清晰、职责明确、涉及的各项要素细致全面，有针对性地为管道运营商应急处理管道事故提供指导。

国内为了应对管道突发事故，各个管道运营企业均制订了《事故应急预案》和《事故应急抢修规程》等相关应急制度文件，明确规定了应对管道突发事故的应急程序和针对不同事故的抢修作业流程。但是，目前并没有专门针对危险液体管道运输业的应急准备与响应的标准可供借鉴参考。针对油气管道的事故应急，国内运营商通常按照 AQ/T 9002—2006《生产经营单位安全事故应急预案编制导则》编制应急预案，行业规范适用的范围较广，不具有针对性。

2.2　风险评估认识不足

API 标准重视风险评估对应急响应的指导价值，其基于风险评估结果考量不同事故原因、规模、地理位置或复杂性的事故，形成适应不同事故的一整套体系化的应急响应程序。

国内油气管道企业的应急预案大多是基于原则性指导文件。通过对特定类型突发事件的应对经验进行总结，得出的应急处置工作流程，其主要结构一般为：总则、分级标准、组织体制、管理流程、保障措施、附件等，并不能针对不同类型的事故风险响应。在企业应急预案和政府预案中都缺乏风险评估的内容，更缺乏漏油事故是否会产生不同次生衍生灾害的风险评估。

2.3　管道沿线相关基础数据不完善，查询不便捷，更新速度慢

API 标准推荐的应急管理内容中要求国家安全监管机构应掌握管道所在位置、详细的管道设施说明，包括管道主体、附件、其他相关系统及输送介质的信息及针对不同区域制定管道排放计划。

目前，国内传统管道建设在设计、规划、施工、管理上存在许多不足之处，已大大落后于时代的发展。在管道运营管理阶段表现为：施工过程变更多，竣工资料不够详尽；由于修改设计方案不彻底出现的多种版本，给日常管理带来很大困难；频繁设备的改造使图纸更新难度大，时效性差，情况紧急时难以及时提供详尽信息；频繁使用存放海量数据的纸质档案，易破损造成数据丢失；管道沿线人员、环境等相关信息不完备，更新不及时，不能有效、准确掌握事故发生区域的人员、设施等基本情况，将对确定何种具体、有效的应急响应措施产生很大影响。

2.4　整体应急体系缺乏顶层设计

API 标准要求管道运营商在顶层要为形成应急管理体系营造基础条件，包括公司政策支持、企业管理层的参与及资金和资源的合理配置，管理层的支持能够提高应急管理体系的认可度和有效性。应急管理系统的整体设计要求：明确政策目标、确保与国家及地方法律法规的一致性、明

确组织体系中的职责划分和沟通机制，实行严格的文档记录和变更管理制度。

国内油气管道事故应急本身存在一定的复杂性和专业性，发生事故的应急处置往往涉及不同领域的机构、组织、人力和资源的协调以及沟通机制和信息流转等。在整体应急处置体系中，不同应急机构的预案衔接、应急资源的配备是否到位、信息分享的技术手段是否成熟、流程设计是否合理等，是影响整体应急响应体系切实可行的重要因素。目前，国内油气管道的应急体系缺少这种基于全局考量的顶层设计，内在的逻辑性架构不够合理。

2.5　横向机构应急衔接不畅

在应急管理工作中，API RP 1174—2015 注重对企业内部与地方政府、与机构之间的应急角色和功能进行详细规划。纵向在管道运营商内部设置与目标相匹配的应急管理组织机构，明确应急角色和职责划分；横向加强了国家、州、地方性应急响应衔接以及不同救援机构之间的协调部署，建立了互助和区域内资源共享机制，保证各方信息的有效衔接，有利于在短时间内开展各方联动的全面应急工作。

我国管道企业的应急指挥系统多为自上而下的垂直式应急指挥体系，即集团公司到专业公司再到基层单位。应急体系在设计制定时缺乏与地方政府和横向机构应急指挥系统间的有机衔接。在事故发生时，政府、机构、企业习惯于根据自身的预案进行处置，不清楚其在整个事故处置中的角色和功能，并且衔接的缺失使应急过程中的信息共享不畅，影响应急响应的效率。

2.6　应急指挥系统协调、指挥不统一

加拿大 Enbridge 管道公司应急响应指导手册(简称 EN)在安全管理程序中建立事故指挥系统(incident command system，ICS)，负责发生重大事故时企业应急响应的人员组织、资源调配和现场处置。ICS 将企业重要人员、设备和资源信息通过系统整合形成若干模块，例如指挥模块、事故救援模块、物资配送模块、后勤保障模块和财务赔偿模块，ICS 按照具体任务或所在区域调用相应模块，ICS 通过模块化管理，实现企业处置重大事故的有序组织和高效工作，将事故的影响后果和损失降到最小。

我国管道企业事故应急一般按照生产业务部门建立组织架构，例如生产运行、维修抢险和安全消防等。涉及多个部门可能导致各自为政，没有完全建立协调、统一的指挥和工作机制，管道企业应急能力参差不齐。

3　管道“GPE”应急管理对策探讨

基于国内油气管道应急管理方面存在的诸多不足，现探讨一种新型的管道应急管理对策，即“GPE”应急管理，可解决目前国内应急管理中存在的各项问题。

3.1　“GPE”应急管理特点

“GPE”中“G”指政府(Government)、“P”指管道企业(Pipeline Company)、“E”指应急抢险队伍(Emergency Repair)，这种管理对策重在突破以往政府、油气管道及抢险队伍各自为战的局限性，将三者有机结合在一起，形成三位一体的稳定格局，最大程度发挥资源共享、优势互补的潜能，切实保障区域内管道安全平稳运行。

3.2　“GPE”应急管理职能分工

“GPE”应急管理对策中，三方各自的主要职能如下(表1)。

表1　“GPE”各方的主要职能

	主要职能	工作内容
政府(G)	建立完善政府应急体系	(1) 完善顶层设计、编制可操作性应急预案； (2) 明确 GPE 三方应急管理职责； (3) 完善应急响应程序； (4) 制定 GPE 模式实施细则和各项管理制度； (5) 建立油气管道应急管理平台
	建立应急体系，实现政企对接	保证油气企业应急体系和政府无缝对接，从而大大降低协调组织难度，有效提高事故处理效率

续表

	主要职能	工作内容
政府(G)	监督油气管道安全隐患定期检查和整改情况	(1) 对油气管道进行定期检查和排查; (2) 监督油气企业对存在隐患的整改
	协助管理第三方施工单位	帮助油气企业合法、有效的监管第三方施工单位
	协助企业宣传管道保护法	采用多种形式宣传管道保护法，如开展管道保护法进社区工作、发放管道保护法宣传书籍等
	组织相关部门开展管道应急演练	组织应急演练，加强应急组织机构协同配合能力和应急救援处置能力
	组织相关部门及企业开展应急培训	按照人员定位、人员实际水平、不同类型事故的应急抢险程序和实际地域环境分门别类进行培训
油气管道企业(P)	完善应急响应体系	(1) 完善顶层设计; (2) 明确 GPE 三方应急管理职责及管理流程; (3) 完善应急响应程序
	加强自检巡查制度	(1) 建立健全自检排查制度; (2) 开展日常自检巡查工作; (3) 发现安全隐患要及时整改
	建立健全管道预警系统	企业可根据自身特点借助管道内外检测技术的应用、管道光纤预警系统、管道地质灾害检测系统和管道泄漏监测系统等建立油气管道预警系统
	储备应急物资	储备应急物资，如警戒带、灭火器、消防车、专用堵漏卡具及各种施工机械等
应急抢险队伍(E)	GPE 模式顶层设计	明确 GPE 各方职责和工作流程
	培训工作	参与 GPE 培训工作，主要包括工作流程、应急处理程序、事故处置措施和事故排查方式方法等
	模式细则及管理制度	配合政府制定 GPE 模式实施细则和各项管理制度，主要包括：日常检查制度、应急演练制度和会议制度等
	协助作用	协助政府和企业完善自身的应急预案，使得三方配合更加默契
	指导作用	指导政府和企业进行应急物质储备、应急管理、隐患排查和整改工作
	制定应急抢险方案	按照方案完成事故抢修和恢复工作
	总结应急抢险经验	总结突发事件，不断完善“GPE”管理对策

3.3 “GPE”应急管理实施流程

GPE 应急管理工作流程(流程图见图 1)主要分为 4 个部分。

1) 前期准备工作

GPE 管理的顶层设计，征询意见，讨论制定出完善的制度和流程。

2) 应急管理阶段

编制 GPE 三方在内的三位一体应急预案，做好培训工作，定期开展隐患排查。

3) 应急处置阶段

按照应急预案中各自的职责分工进行应急演练及事故应急处置。

4) 持续改进阶段

分析 GPE 应急体系运行中存在的不足和问题，对其进行改进。

3.4 “GPE”应急管理注意要点

我国政府一般下设应急管理部门负责区域内的油气管道应急管理工作，对区域内各油气企业所属油气管道安全平稳运行具有监督及监管的职能，在发生管道应急抢修时，能有效调动社会各方面资源。“GPE”应急管理中重点是政府的主导作用，将“GPE”三方进行有机结合，形成稳定格局，确保区域内油气管道安全平稳运行。

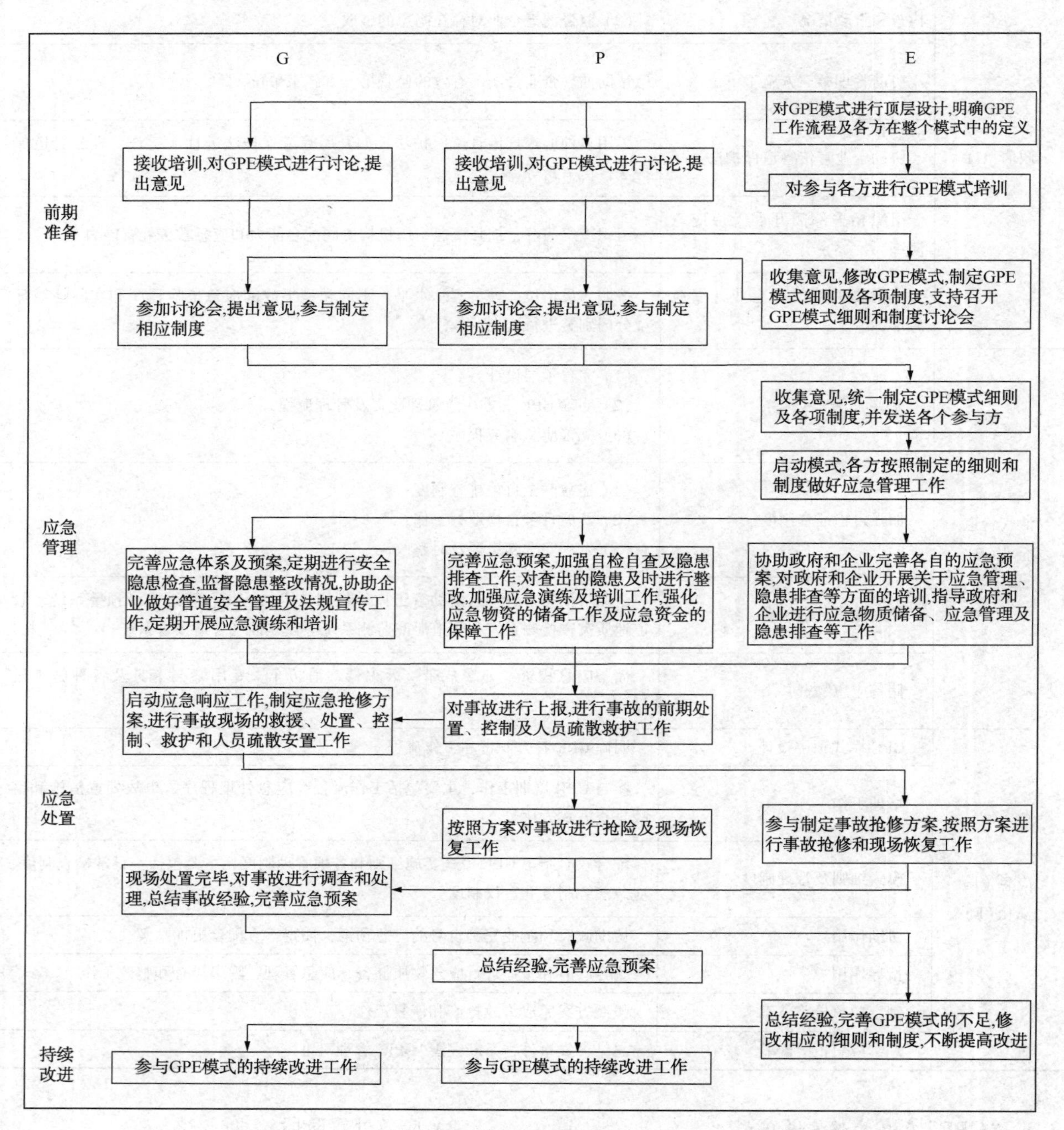

图1　GPE体系流程图

3.5　“GPE”应急管理优势

在实现“GPE”应急管理的基础上，可开发一套“GPE”应急管理平台，该平台可具备以下功能。

（1）搭建“GPE”油气管道应急管理模型及框架，明确“GPE”各方的职责、职能、实施流程及各项管理制度。

（2）实现一体化的“GPE”油气管道应急管理，将油气管道突发事件风险分析、应急管理培训以及事故事件的分析与识别、分级、报警、协同组织施救、总结评价、事后恢复、平时应急演练、应急预案管理、救援资源整合管理等各项业务功能集成为一体。

（3）编制完整、系统、规范化的应急预案，明确油气管道各类事故发生时，均有相应的可实施性强、科学合理的处置预案，使事故救援时有据可查、有章可依，预案执行主体包含“GPE”三方。

（4）明确“GPE”各方及个人的职责和任务，对各方及个人在应急管理和救援时，在应急管理方面的责任和任务给出明确的界定。

（5）实现“GPE”各方信息及资源共享，在应对突发事件时，能以最短时间运用最合理资源迅速、高效处置对应的突发事件。

（6）应用信息化手段实现“GPE”各方管道应急管理培训、设备设施应急管理、应急预案管理、应急救援演练、应急救援指挥、应急资源管理等网络化管理方式，使各方管理流程统一化、便捷化及规范化。

（7）实现油气管道应急联动时异地统一指挥、多方协同工作，保证应急救援工作的顺利、高效开展。

（8）为“GPE”提供油气管道应急管理培训，促进各方应急管理工作顺利进行。

借助“GPE”应急管理对策和平台可有效解决目前国内应急管理中存在的各项问题，具体如下。

（1）“GPE”管理中应急预案由 3 方共同编制，特别是其中“E”的加入，能有效解决目前国内油气管道“应急预案”的不针对性。

（2）“GPE”管理平台中包含全方面的风险分析板块，在开发时可邀请各方面专家完善区域内风险的分级及评估，并制定相应的应对措施。

（3）“GPE”管理中可实现信息的资源共享，并要求“P”方完善自身所属管道各项参数，并进行时时更新。

（4）“GPE”管理首先需对顶层进行设计，并详细制定了各项制度，在全局上对管道应急抢修进行了规划及设定，具有严谨的逻辑性及完善的组织架构。

（5）“GPE”管理有效的结合了“G”“P”“E”三方的优势，具有稳定的结构，在应急指挥中严格规定了处置程序及各方职责，保证了抢修时各方的有效衔接及信息共享。

（6）“GPE”管理中规定了应急指挥的统一性及多方工作的协同性，具有指挥唯一、指令唯一的特点，其余各家参与队伍严格按照指令、流程及职责有效开展应急抢修工作。

4　结束语

通过对美国、加拿大应急管理先进做法深入研究的基础上，本文提出新型“GPE”应急管理对策，可有效解决我国目前应急管理存在的缺乏标准、风险评估不足、管道沿线数据更新慢、缺乏顶层设计、横向机构应急衔接不畅、应急指挥系统指挥不统一等问题，为我国提高应急管理水平奠定坚实基础。

参 考 文 献

［1］姚森，史雄威，刘锋，等．国外长输管道应急管理体系先进性探讨．石油和化工设备．2019，22(08)，111-113.

［2］庄君，侯学瑞．美国石油学会陆上危险液体管道应急准备与响应标准的先进性研究．石油工业技术监督，2018，34(02)，25-28.

［3］吴轩，李竞，胡京民，等．油气管道重大突发事件应急响应对策．油气储运．2019，38(12)，1338-1343.

［4］朱本廷，吴明，陈军．油气输送管道事故应急响应现存问题及解决方案．石油工业计算机应用．2010，67(3)，28-31.

基于完整性管理的非洲某原油管道光纤预警系统光缆阻断故障分析及维抢修

陈泳何　王　军　姚子璇　王利明　张海峰　冯建录

（中国石油管道局工程有限公司管道投产运行分公司）

摘　要　管道完整性的管理及其技术在国外油气管道工业中发展迅速，中国的油气管道完整性伴随着计算机、信息、管理等学科的发展，近年来也在不断的发生着变化，光纤预警系统极大的推动了管道完整性管理技术的发展。因此，确保预警系统中光缆的平稳运行，并能在发生阻断事故后进行应急处置，及时恢复光缆预警系统，确保管道安全可控，也成为了管道安全运营的必要基础。

关键词　管道完整性，光缆阻断，光纤预警，应急维抢修

截至 2020 年底，中国油气管道规模将近 17×10^4km，长输油气管道总里程位居世界第三。油气管道在运营过程中，常会因管道老化腐蚀、打孔盗油、机械破坏或地质灾害等自然原因，造成管输介质泄漏，进而发生环境污染、着火爆炸甚至人员伤亡等安全事故。近年来，伴随着我国计算机、信息、管理等学科的发展，管道完整性管理技术已成为削减管道安全事故隐患的重要手段，而光纤预警系统在长输油气管道的投用，对维护管道沿线的环境安全产生了重大的意义，极大的推动了管道完整性管理技术的发展。

管道光纤预警系统相较于传统的负压波和声波泄漏技术，不受管输介质和管径的限制，可靠度大幅提升。与管道同沟敷设的光缆作为光纤预警系统的重要组成部分，其长期稳定运行，是保障生产数据稳定传输、实现预警监测功能必不可少的条件之一。因此，一旦管道在运营过程中出现光缆阻断，如何进行应急处置，及时恢复光缆预警系统，确保管道安全可控，也成为了管道安全运营的必要技术基础。

1　光纤预警系统原理

光纤管道安全预警系统是中国石油天然气管道局自主研发且拥有全部自主知识产权的原创性高科技产品。该系统既可对油气管道的外界破坏进行预警，也可用于军事基地、政府设施、机场、化工厂、核电站、水库等重要场所的边界报警。该产品的推广和应用推动了油气管道安全监测技术的进展，减少了各种潜在威胁给管道带来的危害，节省了保护管道安全运营上的投入，对维护管道沿线环境安全、国家能源运输安全和人民生命财产安全均有重要意义。

该系统将与油气管道同沟敷设的普通通信光缆中的光纤作为分布式传感器，长距离连续实时监测油气管道附近的土壤振动情况，对可能威胁油气管道安全的破坏事件进行分析和定位、确定事件性质并及时报警，以起到安全预警作用。

系统由近端适配器(LA)、远端适配器(RA)与其间的三根光纤共同组成，其中包括两根传感光纤，一根回传光纤，当光纤产生振动时，振动信号会通过正反两个方面传向预警单元，根据信号的时延差对振动位置信息进行定位(图 1、图 2)。

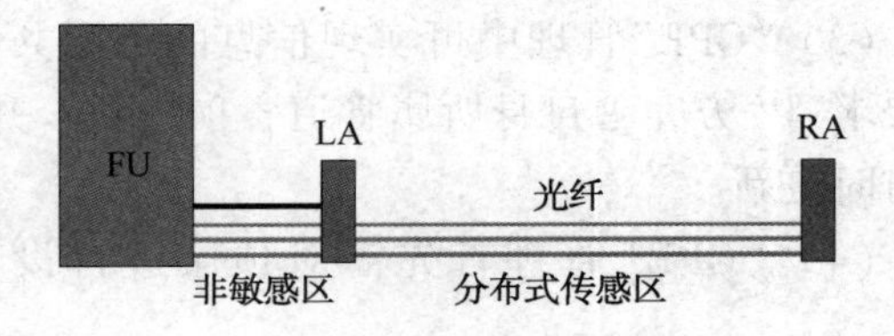

图 1　光纤预警系统传感原理

此外，该传感系统还可适用于任何结构的光缆及硅管内穿放的光缆，同样使用光缆中的三根光纤，以光缆作传感器，拾取信号，传输信号。光缆安装时，由传统的管道侧上方调整至管道正上方(图 3)。

2　原油管道光缆阻断案例分析

非洲某原油管道的光纤预警系统光缆与原油管道同沟敷设，采用 16 芯 G.652 直埋铠装光

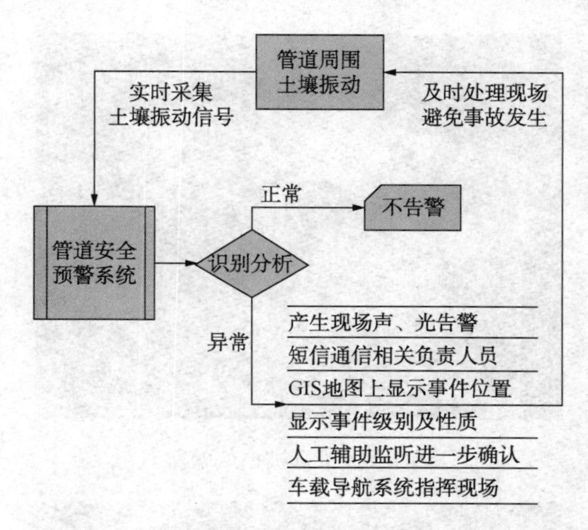

图2　告警逻辑图

缆，光传输通信系统自用6芯，光纤预警系统使用4芯，其余6芯留作备用。在一般地段，光缆敷设位置应位于管道正常输油方向的右侧。在石方地段，为保护光缆，采用在原土袋上、下方连续码放的方式进行敷设，光缆与输油管道底部平齐。

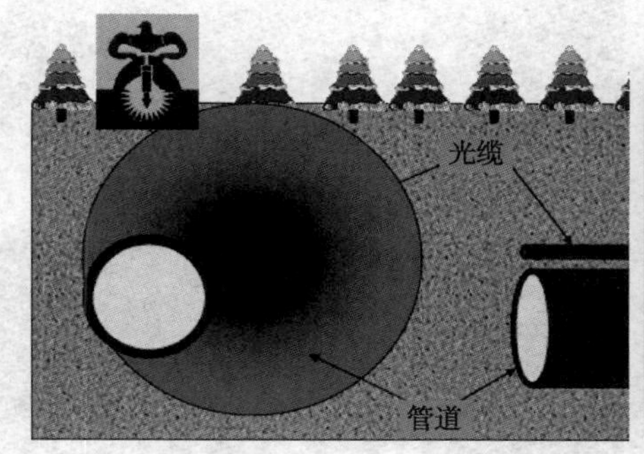

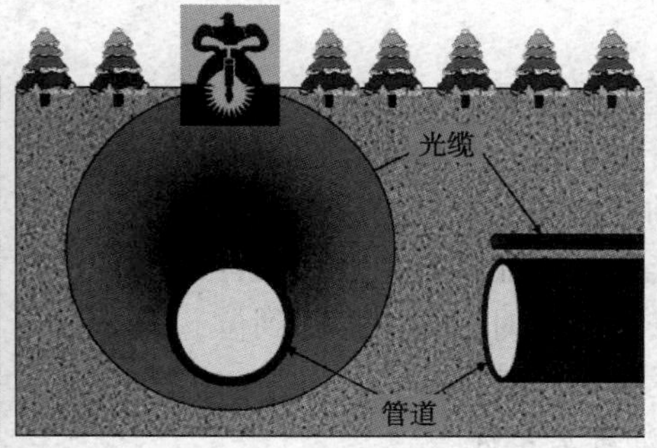

图3　光缆安装对比

在管道运行期间，先后检测到中间站场和上下游阀室之间的光缆发生阻断，具体阻断点的信息见表1。

光缆阻断点	光缆阻断位置	光缆阻断距离/km	阻断纤芯
第一点	下游阀室至中间站方向	6.9	第5、6芯
第二点	中间站至下游阀室方向	3.66	第2、10芯
第三点	中间站至上游阀室方向	13.22	第4芯

2.1　第一处阻断点分析

通过测试确定阻断点具体里程位置后，对现场进行开挖并寻找光缆阻断点，发现该处阻断点保护层产生了长度约3cm的破损，具体详见图4。

图4　光缆破损点

图5所示的16芯光缆内包含蓝、桔、绿、棕四个颜色的束管，每个管束内包含4芯光纤。行业标准中，光缆色谱排列顺序依次为蓝、桔、绿、棕、灰、白、红、黑、黄、紫、粉红、天蓝。按照上述色谱顺序，以开挖出的桔色束管为例，其内的蓝色光纤和桔色光纤即为第5、6芯(断裂的绿色光纤是在用酒精棉轻轻擦拭的时候断裂的)。此外，肉眼观察到棕色光纤烧伤处的涂覆层也有脱落痕迹。剖割检查故障点详见图6。

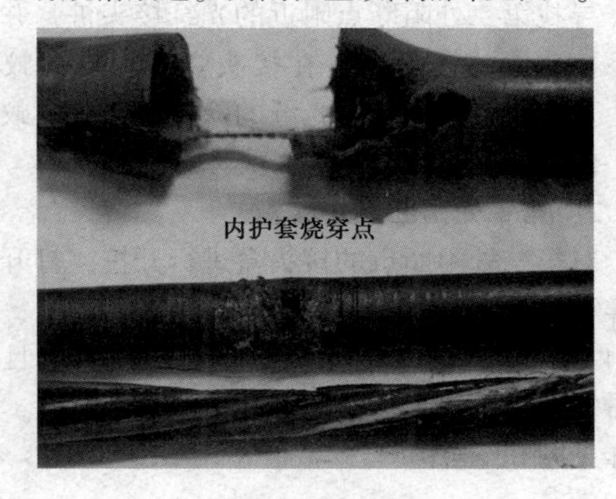

图5　内护套烧穿点发大图

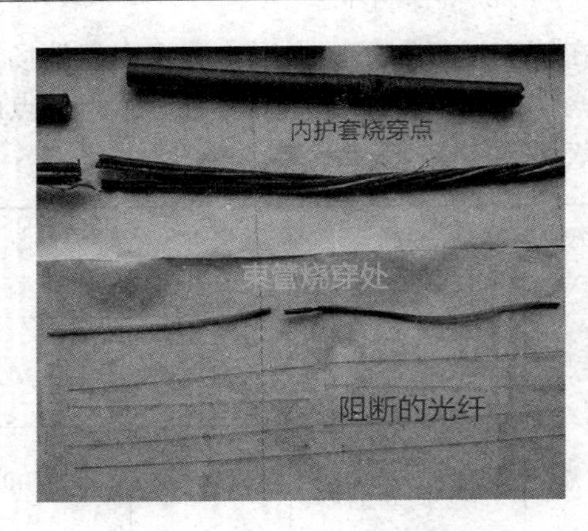

图 6　光纤受烧穿发生阻断

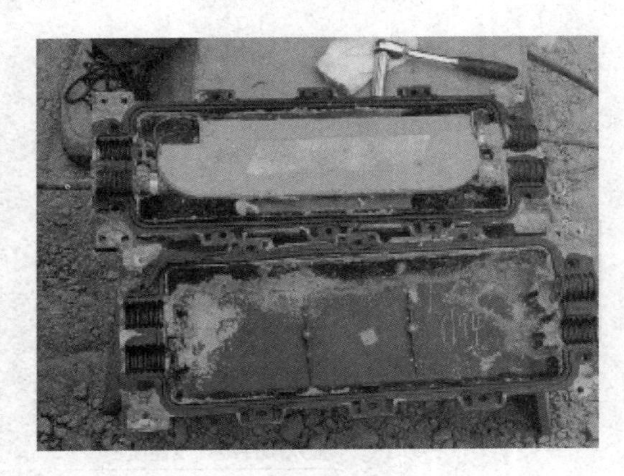

图 7　接头盒被白蚁筑巢

通过分析，第一处光缆发生阻断的原因如下。

（1）光缆外保护层烧伤，进而使内保护层受到损坏，导致桔色束管被高温烧伤，其裸纤外涂覆层在高温下烧焦失去裸纤应有的柔韧度。然而在破损发生的初期，裸纤并未完全阻断，仍可正常传输数据，随着破损时间的增长，结合非洲气候特点，判断为雨季进水和白蚁啃食等自然因素使其完全阻断。

（2）分析光缆烧伤原因有二。其一，大批次光缆在库房中保管时，由于库房和预制场的位置距离较近，光缆的存储易受预制场影响，从而导致破损；其二，光缆在作业现场敷设期间，在涉及与焊口返修的交叉作业时，如保护不到位，同样会导致受焊接返修烧伤破损。

2.2　第二、三处阻断点分析

在第二、三处阻断点开挖过程中，没有发现肉眼可见的阻断点破损，进而对故障点附近的接头盒进行开挖，检查其内光纤状态，发现两处接头盒内均有白蚁筑巢现象，且光纤涂覆层均被白蚁啃咬损坏。

2.2.1　第二处阻断点附近接头盒

寻找第二处阻断点附近的光纤接头桩，并对其下接头盒进行开挖。在接头盒内发现白蚁筑巢，且肉眼观察到多根光纤的涂覆层已被白蚁啃食，但没有发生光纤断裂，具体详见图 7。

2.2.2　第二处阻断点接头盒

对第二处阻断点的接头盒进行开挖，打开后同样存在白蚁筑巢现象，肉眼观察到第 1、2、3、4、7、8 芯光纤的涂覆层被白蚁啃食，且检查后发现第 4 芯光纤从盘线盒内的根部断裂，具体详见图 8、图 9。

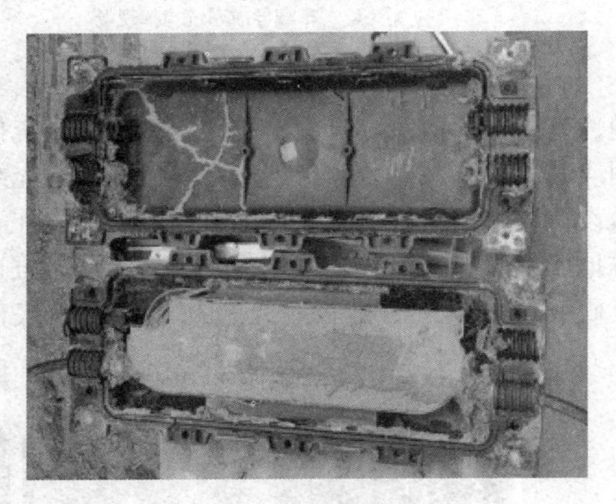

图 8　接头盒被白蚁筑巢

图 9　第 4 芯光纤从盘线盒内的根部断裂

2.2.3　第三处阻断点接头盒

对第三处阻断点的接头盒进行开挖，发现接头盒内不仅有白蚁用泥土筑路，并有大量泥土。仔细清理掉接头盒内泥土，肉眼观察到多芯光纤的涂覆层被白蚁啃食，通过在终端使用红光笔测量，肉眼观察到接头盒内第 2 芯光纤从盘线盒内根部断裂处射出红光，第 10 芯光纤从断裂处射出红光，即第 2 芯和第 10 芯均被白蚁啃咬断裂，具体详见图 10~图 12。

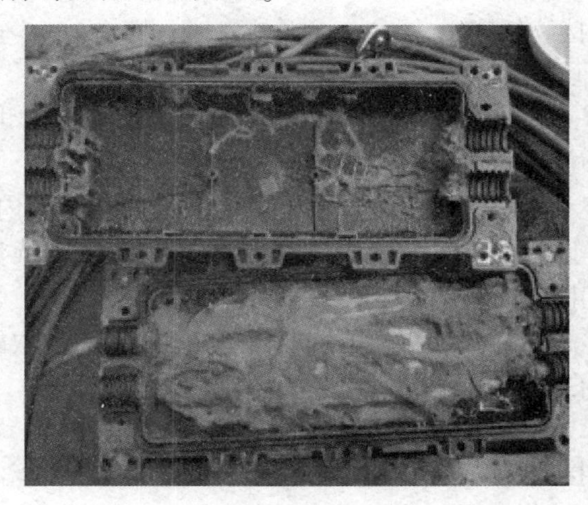

图 10　接头盒被白蚁严重筑巢

图 11　第 2 芯光纤断裂发出红光

图 12　第 10 芯光纤断裂发出红光

通过分析，第二及第三处光缆发生阻断原因如下。

(1) 白蚁在接头盒筑巢，啃食光缆接头盒的密封胶条，通过盘线盒的缝隙进入盘线盒内，啃食在盘线盒内的多根裸纤涂覆层，使光缆韧性发生变化导致光纤阻断(图 13)。

(2) 大量接头盒存在被白蚁筑巢啃咬的情况，一方面受非洲当地环境影响，另一方面，也是最主要的因素，即在库房储存期间及施工过程中，未能做好防白蚁处理。

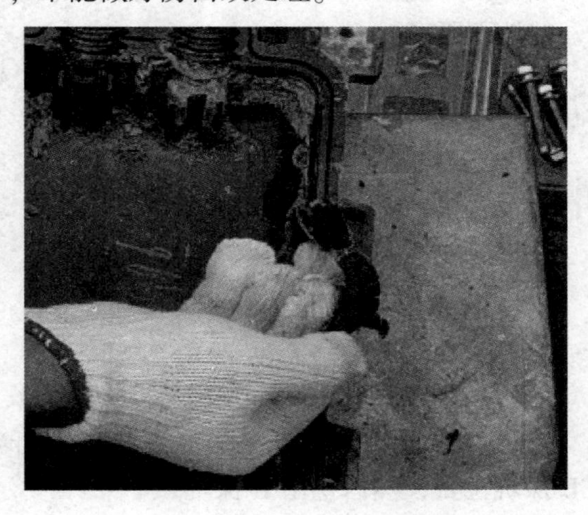

图 13　咬食掉的密封胶条

3　光缆阻断应急维抢修

在非洲地区开展项目，因面临社会依托差、物资采购周期长等问题，项目的设备配置条件受限，大多为低配，因此在非洲地区进行的光缆维抢修，大多偏向采用简易设备、简单方法处理，所需仪器具体如下。

(1) 光缆长度检测：光时域反射仪。

(2) 故障点检测：红光笔。

(3) 故障点修复：光纤熔接机。

3.1　光缆阻断后应急处置

管道同沟敷设光缆正常都会留有备用，当发现运行中光缆某芯发生阻断，导致生产数据无法监控、生产沟通协调受阻。此时应采用将阻断芯信号跳接至备用芯的应急处置方式，第一时间确保数据传输正常。

3.2　光缆阻断点确认

通过光时域反射仪(OTDR)[5]可以准确定位阻断点距离发射端的距离，但为了防止沉降等原因造成光缆拉断，光缆敷设过程中一般会留有余量，即通过光时域反射仪测试的距离并非地面距离，所以进行光缆阻断点确认需进行开挖验证，具体步骤如下。

(1) 根据 OTDR 检测结果，通过长输管线里程桩确定大致公里数，然后查找距公里数最近的光缆接头桩，进行开挖作业。

（2）挖出光缆接头盒，检查内部是否有断点。

（3）如果断点不在接头盒，确认阻断光纤后，在热缩管位置剪断，然后接续测试尾纤，判断断点在接头盒上游或是下游，并确认断点在接头盒的地面距离。

（4）根据新断点位置的上下游确定 A、B 点。

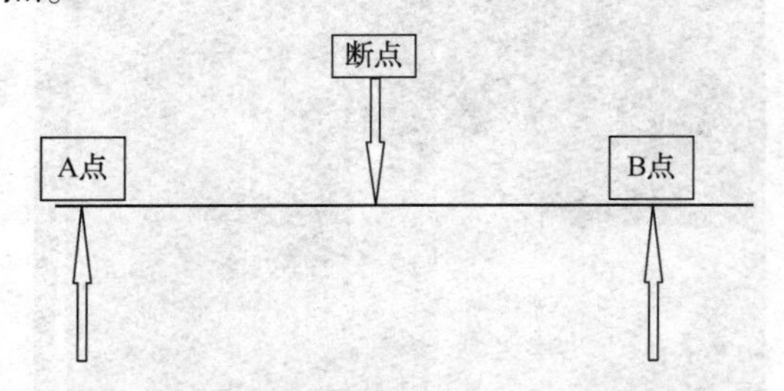

（5）挖出 A 探坑根据裸露光缆米标分析判断 B 探坑位置，然后挖出 B 探坑。

（6）将 A 点断开接续尾纤，用 OTDR 再次测试，确定断点在 B 方向。

（7）然后将 B 点断开接续尾纤，用 OTDR 测试，确定断点在 B、A 之间，开挖 A-B 段的光缆沟，在 A、B 两点新增光缆接头盒，按照光纤熔接操作规程步骤更换 A、B 段的光缆。

3.3 阻断点发生在接头盒的维抢修

如果阻断点发生在接头盒，将接头盒清理干净，虽然可以通过红光笔判断阻断光纤，但在维抢修接头盒时，采取整体光缆重新接续的方式，按以下程序进行维抢修。

（1）开剥光缆：将光缆固定到接续盒内，开剥光缆长度为 1.5m 左右。

（2）接续盒光缆固定：用砂纸打磨缠绕密封胶带的光缆位置，将密封胶带进行适量缠绕，然后在接续盒端部用欧型卡固定。

（3）光缆放入接续盒，将光缆加强芯固定在卡口加强芯螺杆上。

（4）固定加强芯时一定要压紧，不能有松动，否则有可能造成光缆打滚折断纤芯。

（5）制作光纤端面：在熔接前做好合格的端面，剥纤钳剥去涂覆层。

（6）用酒精清洁棉擦拭剥覆的光纤。

（7）用熔接机窗口屏幕观测放大光纤断面制作情况。

（8）光纤断面制作完成后盖上防风盖熔接。

（9）对接续部位补强。

（10）重复以上步骤，完成其余全部光缆光纤接续工作。

（11）光缆接头盒封装。

（12）接续好的光纤盘到光纤收容盘内，填写施工记录放在接头盒内。

（13）将密封胶条放置在接头盒密封凹槽内，盖上盒盖依次拧紧固定密封螺栓，光纤接续流结束。

（14）将封装好的接头和放入接头坑，做好防白蚁处理，并回填，立光缆桩，做好标记。

（15）整理回收物资、设备，清理现场、埋设接头标志桩、恢复地貌，对影响到当地环境污染的材料现场处理，现场不能处理的进行回收后二次处理。

3.4 阻断点发生在光缆的维抢修

如果阻断点发生在光缆上，确认光缆阻断故障点后，在光缆故障点位置布放测试正常的备用光缆，增加两个新的光缆接头盒，按照接头盒维抢修操作规程步骤割接故障段光缆。

光缆维抢修涉及两个接头盒作业，通信中断相对较长，作业前提前和站内沟通，告知割接时间节点，并互相评测对方服务器，割接时观察上位机数据变化。

割接完成后，站内使用光时域反射仪，检测光缆接续后长度。

测试结果正常后，密封光缆接头盒，同样做好防白蚁处理，回填开挖的光缆沟，先使用细土先将光缆浅埋 30cm，踩实后布放警示带，再回填原挖掘的土方，安装预制的光缆接头桩，最后恢复地貌。

4 总结及建议

作为管道完整性管理的重要措施之一，光纤预警系统可及时向站控室传达管道附近的异常信号，并辅助判断事故类型及严重程度，促进管道风险评价的智能化。通过对上文三处光缆故障点的修复施工进行分析、总结，并结合以往维修经验，提出以下建议。

（1）施工前做好充分调研，根据当地环境和气候选择合适的光缆接头盒，并做好密封。

（2）注意光缆的存放条件，避免高温接触。

（3）本文案例中使用的光缆盒，采用 3M 密封胶条，然而这种密封胶条易被白蚁啃食，致使卧式接头盒失去密封作用，因此建议在有白蚁的地区施工时选用“帽式热缩型光缆接头盒”。此类接头盒的进出光缆口采用热缩套管，能有效避免白蚁从光缆接头盒的进出口筑路。

（4）此外，还需购买驱蚁类药物，施工时喷洒在接头盒的表面和周围土壤上，以达到驱散白蚁、多层防护的目的。

参考文献

[1] 董绍华，杨祖佩．全球油气管道完整性技术与管理的最新进展——中国管道完整性管理的发展对策[J]．油气储运，2007，26(002)：1-17.

[2] 曲志刚，靳世久，周琰．油气管道安全分布式光纤预警系统研究[J]．压电与声光，2006，028(006)：640-642.

[3] 中国石油管道公司．油气管道安全预警与泄漏检测技术[M]．石油工业出版社，2010.

[4] 张金权，李香文，焦书浩，等．管道安全预警系统和方法[P]．北京：CN104456086A，2015-03-25.

[5] 程利军，王立军．基于光时域反射仪的光纤测试及分析[J]．河北电力技术，2008(01)：46-47.

[6] 徐庆．帽式热缩密封通用光缆接头盒密封结构[P]．浙江：CN203324545U，2013-12-04.

基于无人机平台的油气燃烧火情动态分析方法研究

温　凯[1*]　王　伟[1]　徐洪涛[2]　黄祥耀[2]

[1. 中国石油大学(北京)城市油气输配技术北京市重点实验室;
2. 国家管网集团(福建)应急维修有限责任公司]

摘　要　油气生产现场的安全是重中之重，一旦操作不当或者出现泄漏事故，很容易发生爆炸和火灾事故。油气火灾现场往往火势较大，人员无法靠近，难以近距离获取现场有效信息。而无人机飞行灵活、可搭载多种设备的特点，可以在事故现场发挥一定的作用。本论文结合无人机油气事故火灾中灵活机动的拍摄现场的照片，设计了一套搭载在无人机上火情识别分析算法，通过机载计算平台，对无人机拍摄的照片实时处理，计算得到火焰位置、火场面积以及火蔓延速度等关键数据，为油气火灾现场救援工作提供辅助信息。

关键词　无人机，火情分析算法，火灾救援

1　背景介绍

石油化工企业一般以石油、天然气和其他产品为原料，生产化学肥料、洗涤剂、橡胶等相关的石油化工产品，厂区配置一般包括石油炼化厂、石油化纤厂、乙烯厂、储罐和大量的用于输送石油天然气的管道。石油化工的生产过程十分复杂，包括一系列物理、化学变化，其工艺操作很多都在高温高压环境下进行，一旦发生安全事故就是大型爆炸、火灾，它的突出特点是破坏性大、爆炸与燃烧并存、易形成立体火灾、扑灭工作困难，危害人员的生命安全，给企业带来巨大损失。对于油气储备库等重点防火单位，储罐、管道的容量、压力设计参数越来越大，一旦发生事故，造成的危害将更加严重。由于该类火灾事故存在上述特点，我们考虑使用无人机参与火灾救援工作，并设计一种基于图像识别的火情分析算法，从高空航拍火场区域，对火灾的关键参数，如面积和蔓延速度进行具体数值分析，辅助消防工作的进行。

算法主要由火焰识别算法和火情分析算法组成，整体算法流程见图1。

2　火焰识别算法

火焰图像识别部分我们采用python语言，二值化分割算法，基本思想是利用火焰颜色与背景颜色相差较大的特点，将属于火焰的像素点提取出来。

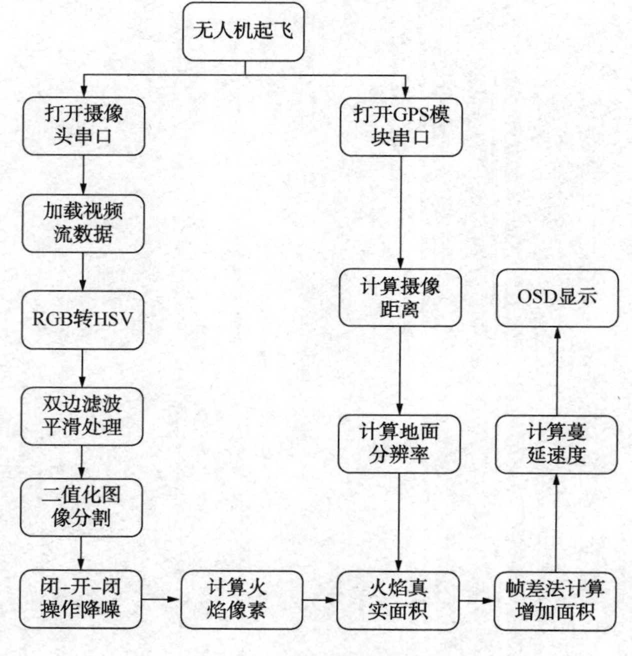

图1　火情分析流程图

程序的编写主要借助了OpenCV和NumPy两个开源库。OpenCV是一个轻量级的C++语言程序库，它包含了许多计算机视觉和图像处理的通用算法，并且提供了python的接口，由于它的底层由C代码组成，所以运算速度比一般的图像处理库更快。NumPy是Python语言的一个扩展程序库，主要用于大维度数组与矩阵的运

算，提供许多高级的数值编程工具，NumPy 还为大型矩阵提供了 GPU 的并行计算功能。

2.1 现场图像读取

无人机摄像头传回的图像一般是数字图像，即由模拟图像数字化所得的图像，它以像素为基本单位，而像素是模拟图像数字化过程中，对连续空间进行离散化处理得到的。在计算机中，图像文件存储的是每一个像素对应的颜色值，而颜色值又能由很多种色彩模式表示，这里我们主要采用 HSV 色彩模式处理画面信息。

HSV(Hue，Saturation，Value)色彩模型也称为六角锥体模型，是由 A. R. Smith 在 1978 年创造的一种颜色空间，与 RGB 相比 HSV 与人类的视觉感知较为接近，也能表示更多的色彩特征，每个像素的 HSV 值主要包括以下三个参数：色调 H，饱和度 S 和明度 V(图 2)。

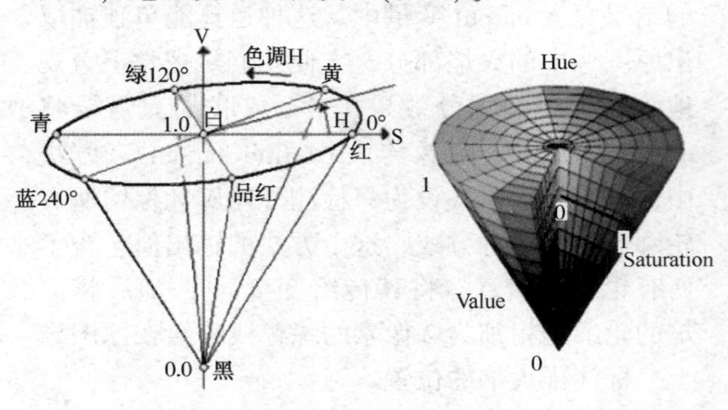

图 2　HSV 色谱图

现场图像的输入来源是无人机机载摄像头，通过串口与主控进行通信，所以我们需要使用 PySerial 这个 Python 库进行串口读写初始化。初始化串口的语句命令要包含端口的波特率(baudrate)、端口号(COMx)和打开命令。打开串口后，让 Opencv 开始接收摄像头中传来的视频流数据，使用 video 变量中的 . read( ) 方法，将读到的画面信息传入 frame 这个变量。当使用用 NumPy 查看它时，我们发现它是一个维度 640×356×3 的 ndarray 类型的数据，这表明摄像头的分辨率是 640×356，每个像素的色彩模式是三维 RGB，在计算机以矩阵的方式存储。这证明视频画面已经读入计算机。

2.2 图像预处理

由于我们要用的是 HSV 色彩模式的图像，所以我们需要用 hsv = cv. cvtColor (blur, cv. COLOR_ BGR

2HSV)这一语句将图像从 RGB 色彩空间转换为 HSV 色彩空间。接下来我们选用卷积核为 5 的双边滤波器对图像进行一次平滑处理：hsv = cv. bilateralFilter(hsv，5，150，150)。这种滤波器同时使用空间高斯权重和灰度值相似性高斯权重，能在平滑内部像素的同时最大程度地确保边界处不会被模糊掉，这样我们就能得到清晰的火焰边缘，有利于提高识别的精度(图 3)。

图 3　双边滤波效果

2.3 图像二值化分割

这一步是图片识别的关键步骤，在得到前面经过滤波的图像后，我们需要确认火焰在图片中的 hsv 值范围。为此我们写了一个 Python 函数，使用 OpenCV 的 . EVENT_ LBUTTONDOWN( ) 方法监控鼠标左键点击动作，并将在图片上点击的位置(x，y)作为转换后的 hsv 矩阵的查询位置，取出该点的 hsv 值，用 print (" HSV:"，hsv [y，x]) 语句打印在控制台。经过一系列的点击，我们确认了火焰区域的 hsv 值范围，下界为(10，0，238)，上界为(33，255，255)，这一区域大致包含了亮白色到亮橙色的 23 阶颜色，是一般火场中的火焰颜色。然后我们将 hsv 图片、上界数组、下界数组作为实参传入 OpenCV 的 inRange( ) 方法中，得到二值化分割后的 mask 图片(图 4)。

图 4　二值化分割效果

2.4　图像滤波降噪

不难看出二值化分割后的图片中仍有许多噪点，比如火焰中的黑色像素块、前景图像中的微小遮挡物、车辆上火焰反光，这些都会降低火焰识别的准确度，因此我们需要对图像进一步降噪处理。

对于这些附着于前景和背景中的细小噪声点，常用的处理方法是膨胀腐蚀处理。膨胀处理就是取卷积区域的局部最大值，让图片白色部分显得更饱满；而腐蚀操作与膨胀操作相反，取得是卷积区域的局部最小值，效果是让图片“变瘦”。

这两种操作的组合能有效对图像进行降噪。先膨胀后腐蚀的操作在图像形态学上一般称为开操作，它会使白色部分扩张，以至于“吞掉”其中的黑色像素块，但同时也会使白色边缘变得模糊；而先腐蚀后膨胀的操作一般称为闭操作，它能让背景“侵”区域，从而达到消除背景噪点、锐化前景边缘的效果。

通过观察上面的 mask 图我们不难发现，背景(黑色)中的噪点较小，而前景(白色)中的噪点较大。我们采用先用较小的 3×3 卷积核对图像进行闭操作，将背景中小像素点去掉，然后用较大的 8×8 卷积核对图像进行开操作，去除前景中较大的噪点，最后再使用较小的 3×3 卷积核闭操作，锐化前景边缘，让火焰的轮廓更清晰。

为完成降噪处理，我们需要调用 OpenCV 库中的 morphologyEx( ) 函数，这个函数专门用于对图像进行形态学变化。数学形态学可以理解成一种滤波行为，所以也可以称作形态学滤波，滤波中所用到的滤波器(kernel)被称为结构元素，它往往由特殊的形状构成，如圆形、矩形、线条、三角形等。morphologyEX( ) 函数的操作方法包括开操作、闭操作、顶帽、黑帽。所以我们要首先设置两个不同大小的滤波器 kernel_ 1 和 kernel _ 2，之后按闭-开-闭的顺序执行 OpenCV 库中 morphologyEx( ) 函数闭操作、开操作降噪必不可少的处理，执行完毕之后，我们可以设置两个相同的 8×8 滤波器，对原来的 mask 执行一次闭-开操作，作为我们设计的闭-开-闭操作的对照组。对照实验的结果表明，我们设计的滤波有更好的性能，所得到的火焰边缘更接近原图中的火焰边缘，并且火焰中的黑色噪声点更小，达到了我们设计的目的。

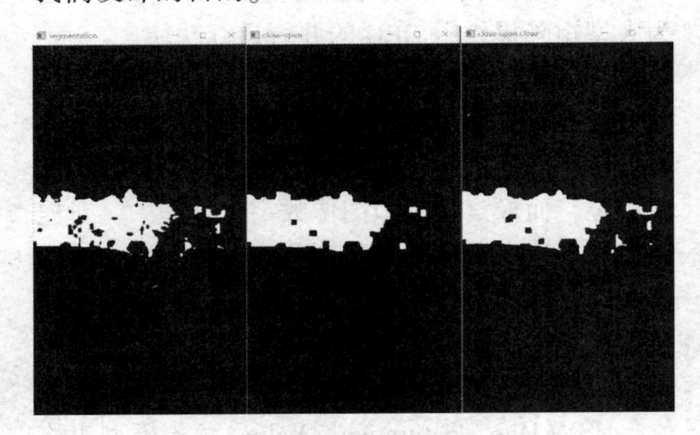

图 5　原图、闭开操作、闭开闭操作

2.5　火情图像分割

上述一系列操作完成后，我们可以调用 OpenCV 中的 bitwise_ and( ) 方法，以处理好的 mask1 图像作为掩膜，跟原图像作与运算，得到的结果存入 output 变量中。这种运算能单独抽取出原图像中的火焰部分，方便我们从视觉上直观地验证火焰的划分效果。最后，我们只需要将 mask1 作为输入图像传入 cv. findContour( ) 方法中，轮廓检索模式设为只检测外轮廓和保留所有轮廓点信息两种方式，这个方法的输出值包含了所有轮廓的信息，将其传给变量 cts，随后将火焰的轮廓用粗细为 2 像素的绿色线描绘在原图像上，标注出火焰的位置。

可以看出火 9 焰的边缘信息保存地较为完整，视觉上也较为自然，由于人、树、车等较大目标对火焰的遮而产生的轮廓也被很好地记录了下来，路上车辆对火焰的反光基本消除，火焰中的噪点也已经去除(图 6)。

图 6　火焰分割效果

3　火情分析

火情计算是火情分析的第二步，是在成功识别出画面中火焰的基础上，通过计算得到火焰的燃烧面积、蔓延速度。

3.1 计算火场面积

由于视频画面一般由无人机从高空航拍得到，视频中的物体的大小与实际的物体大小存在一定的比例关系，我们需要一系列数学计算依次得到火焰区域的像素面积、无人机与火焰区域的距离、视频的比例尺，最后估算出火焰的真实面积。

1）计算像素面积

OpenCV 中的 contourArea( ) 函数用于计算连通域轮廓线包含的面积。因为轮廓线其实由直线连接轮廓点而非像素点构成，这个轮廓点一般是一个像素的中点，因此计算时必然会产生小数（图 7）。

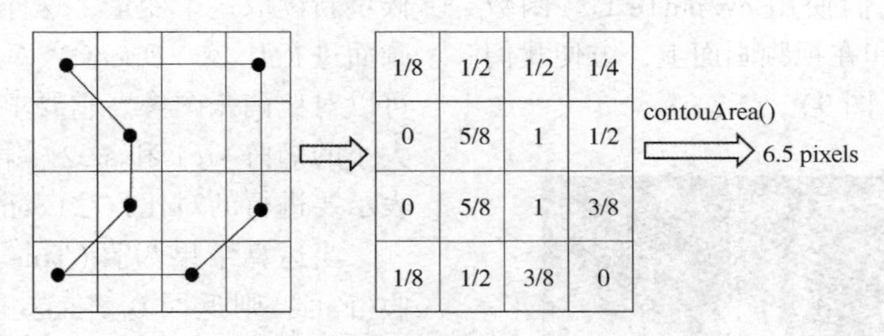

图 7 contourArea( ) 函数计算原理

我们将上一步中得到的单个轮廓数组 cts[i] 按顺序传入 contourArea( ) 函数中，将每次计算结果累加，最后得到像素面积值（单位：pix^2）并传给 pix_ area 变量。

2）计算摄像距离

我们使用单目测距法估算摄像头到火场的距离。初始状态下，摄像头的中轴线一般与地面水平，航拍火焰区域时，我们需要操控无人机将摄像头的中心点对准火焰区域，记录下此时摄像头的俯角 θ［单位：(°)］和 GPS 坐标中的高度 h（单位：m）。

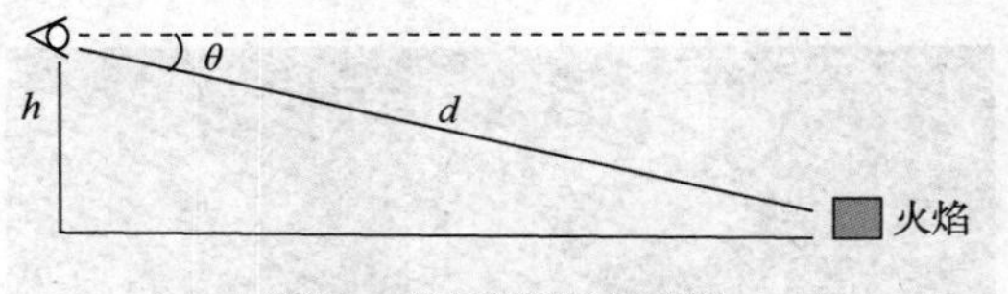

图 8 单目测距法原理

则这时候无人机与火焰的距离 d（单位：m）可以通过如下公式计算：

$$d=h\times\csc\theta \tag{1}$$

式中，d 为我们所要求的拍摄距离，m；h 表示摄像头到地面的距离，m，可用 GPS 坐标中的高度值来确定；θ 是无人机摄像头云台的拍摄俯角，(°)；当设定转动模式为角度控制模式时，可从飞控系统中直接读取俯角值。

3）计算地面分辨率

比例尺 R 指图像上的单位距离与所代表的地面实际距离之比，它可以根据以下公式计算：

$$R=f\ /\ d \tag{2}$$

式中，f 是相机焦距（单位：m），d 是镜头与被摄物体的距离（单位：m）。有了比例尺之后，再根据以下公式计算地面分辨率：

$$R=1:\left(Scale*\frac{PPI}{0.0254}\right) \tag{3}$$

$$PPI=\sqrt{P1^2+P2^2}/S \tag{4}$$

式中，$Scale$ 是地面分辨率（单位 m/pixel），PPI（Pixel Per Inch）指每英寸所拥有的像素数目（单位：pixel/inch），0.0254 是英寸和米的换算比例（单位：$m/inch$），$P1$、$P2$ 分别是摄像头横向和纵向上的像素数，S 是显示屏的尺寸（单位：inch）。

以大疆禅思 ZENMUSE X5 航拍摄像头为例，它的等效焦距为 30mm，最高分辨率为 4096×2160，即 $P_1=4096$，$P_2=2160$，假设使用一台小米 8 手机作为显示设备，其屏幕为 $S=6.21$inch，航拍时飞行高度为 $h=200$m，俯角 60°，则可以按照以下过程计算出地面分辨率：

$$d=200m\times\csc60°=231m \tag{5}$$

$$R=0.03m/231m=1:7700 \tag{6}$$

$$PPI=\sqrt{4096^2+2160^2}\,pixel/6.21inch=745.67pixel/inch \tag{7}$$

$$Scale=7700\times0.0254/745.67=0.26m/pixel \tag{8}$$

一般来说，航拍画面的地面分辨率一般取 0.1~0.5，影响分辨率参数的主要因素有摄像头的类型、无人机航高和俯角、显示器的尺寸，所以在计算时候需要根据实际应用情况对参数进行预调。并且为了保证参数的稳定性，在使用火情识别功能时无人机在 z 轴方向上不能作大幅度移动，俯角不能大幅度摆动，否则将会增加地面分辨率的误差，给下一步的计算带来不便。

4）显示火场面积

完成上述计算工作后，我们将分辨率的平方乘以火焰面积，即可估算出火焰的真实面积 *area*（单位：m^2）。最后我们使用 cv. putText( ) 函数将得到的计算结果打印在视频画面上，方便我们实时查看分析的结果(图 9)。

图 9　单目测距法原理

3.2　计算火焰蔓延速度

火焰的蔓延速度在视频中表现为火焰颜色在像素中的扩散速度，为此我们需要比较前后两帧画面，通过对它们的运算得到新增的火焰区域，并计算相应的增长速度(而非总面积的变化速度)。

我们在对每一帧画面进行处理时，都使用 pre_ frame 储存当前帧，并在处理下一帧画面时候重新读取这个变量，这样我们就能对前后两帧画面进行比较。OpenCV 库中的 compare( ) 函数可以对比两张图像。它要求输入两个同维度、同大小的矩阵 src1 和 src2。第三个参数 CMP_ OP 表示要进行的对比方法(compare_ operation)。

当运算结果为真(True)，则函数返回 255，假(False)则返回 0。在这里我们应该选择 CMP_ LT 的方法比较前后帧画面，因为在 OpenCV 白色用 255 表示，黑色用 0 表示，所以在 mask 图中，二值化的火焰区域为全 0，背景区域为全 255，使用 CMP_ LT 方法能让新增的白色区域保留白色，而减少的白色区域、原来的黑色区域变成黑色(图 10)。

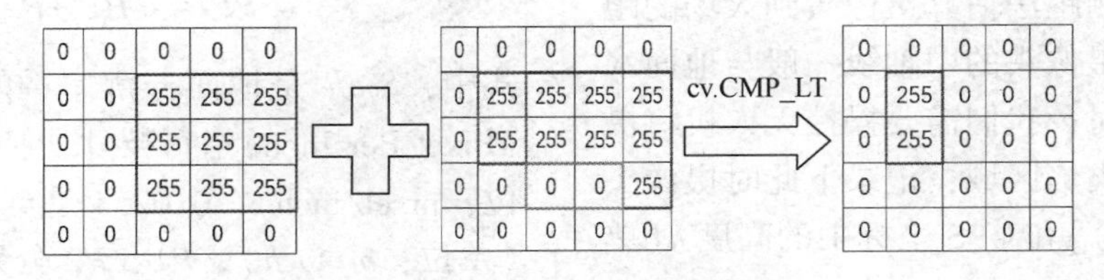

图 10　cv. CMP_ LT 原理图

这一步可以使用 cv. compare (pre_ frame, mask, cv. CMP_ LT) 语句，并将函数返回值传入 img_ delta 变量。此时 img_ delta 中保存了后一帧比前一帧新增的火焰区域，我们使用与 2. 1 中相同的方法在原图像上用蓝色线条画出这一区域的轮廓，并计算这一区域的面积值，将结果保存在变量 extend_ area 中。然后我们调用 fps = get (cv. CAP_ PROP_ FPS) 方法获得视频的帧数属性(单位：帧/秒)，将 extend_ area 与 fps 相乘，就得到了两帧之间火焰面积的扩散速度 extend_ speed(单位：m^2/s)，最后用 putText( ) 方法将其输出在图像合适位置(图 11)。

4　小结

石油化工行业中火灾爆炸事故往往伴随非常剧烈的持续燃烧过程。在事故发生后，明火的扑救过程是整个应急抢险的关键。但在实际的灭火

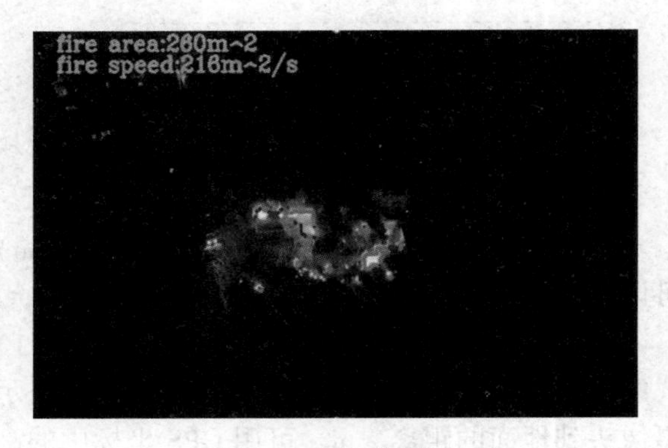

图 11　最终效果图

过程中，由于油气火灾温度非常高，消防人员难以近距离全面观测整个燃烧情况。因此，本文章在应急场景无人机系统中，增加了一种基于图像识别的火情分析系统。将无人机所搭载摄像头拍摄到的画面直接在机载计算机上处理，用于识别事故中的火焰位置、计算火场面积以及火灾的蔓延速度。这种实时处理的方法可以直接对疏散受

灾人员，辅助灭火工作进行有指导性意义。

参考文献

[1] 符艳军，孙开锋．基于自动阈值分割的管内火焰大小计算．自动化与仪器仪表，2019(04)：118-121.

[2] Wenxia Bao，Zhongzhi Zhong，Ming Zhu，Dong Liang. Image Flame Recognition Algorithm Based on M-DTCWT[J]. Journal of Physics：Conference Series，2019，1187(4).

[3] 刘芳．面向视频的火焰检测与跟踪算法研究．南昌航空大学，2018.

[4] Wenxia Bao，Zhongzhi Zhong，Ming Zhu，Dong Liang. Image Flame Recognition Algorithm Based on M-DTCWT[J]. Journal of Physics：Conference Series，2019，1187(4).

[5] 韩美林．基于数字图像的火焰识别算法研究与仿真．科技经济市场，2018(09)：11-12.

[6] 姚法彬．管道泄漏故障检测技术的发展现状及未来趋势．化工设计通讯，2019，45(04)：104+135.

[7] R. Briant，C. Seigneur，M. Gadrat，C. Bugajny. Evaluation of roadway Gaussian plume models with large-scale measurement campaigns. Geoscientific Model Development，2013，6(2).

超声C扫描检测技术在塔河油田管道检测中的应用与评价

张江江　袁金雷　高秋英　郭玉洁　李　芳　徐创伟

（中国石油化工股份有限公司西北油田分公司）

摘　要　塔河油田现场管道点腐蚀日益严峻形势，为了解决现场点腐蚀检测工作量不足，检测效率低及检测数据不能有效的反映管道内腐蚀状况等问题，提升管道检测在腐蚀程度及规律评价中的作用。在前期大量的现场腐蚀跟踪、腐蚀穿孔数据统计及点腐蚀腐蚀规律研究基础上，对腐蚀检测方法综合比选，引进新型腐蚀检测装置、建立检测系统操作及管理规程，通过预测油田油气集输、单井集输及站内系统管道腐蚀多发部位，编制现场点腐蚀检测方案，开展现场检测试验及管道寿命预测工作，揭示点腐蚀机理，管道腐蚀检测效率得到显著提升，同时为内涂层评价及腐蚀治理等防腐工艺提供技术支撑，有力支持塔河油田防腐工作开展。

关键词　腐蚀，超声C扫描，评价，寿命，检测

管道检测是重要的防腐工作内容之一，对于腐蚀状况、规律的把握及腐蚀预测的必要手段，是开展腐蚀治理工作的重要技术支撑。地面生产系统管道检测方式以外腐蚀检测及定点测厚为主，在联合站、计转站等站内管道等重点部位共建定点测厚点1120个。同时开展管道检测新技术应用，在2010—2011年在雅克拉气田集输管道、塔河采油一厂9-2站、kz1站集输管道开展低频导波、漏磁等检测技术应用试验。其中外腐蚀及定点测厚占90%，其他内腐蚀检测占10%。

目前塔河油田拥有各类管道，但管道检测工作却还未形成系统开展，主要进行定点测厚、外腐蚀检测及阴保测试工作，近年来主要是开展腐蚀检测的科研与新技术试验工作。随着油田新区块的投产、含水上升所导致的管道腐蚀日益严重形势，需要加大腐蚀检测的力度。

1　腐蚀检测现状

1.1　*腐蚀检测技术现状*

近年来塔河油田腐蚀突出问题以内部点蚀穿孔为主，定点测厚捕获管道点腐蚀能力差，数据不能全面反映管道腐蚀状况，而管道内腐蚀检测应用较少，处于起步阶段。对于管道腐蚀状况的掌握多通过腐蚀穿孔数量多少等定性的判断，检测数据缺乏系统的评价。因此腐蚀检测技术还需进一步优化和完善。

1.2　*腐蚀检测存在的问题*

1）腐蚀检测工作量

国家石油天然气管道安全法规定管道必须开展检测；中石化总部要求腐蚀治理管道必须开展腐蚀检测，近年来，管道内腐蚀穿孔问题逐步暴露，对于塔河油田地面埋地金属管道腐蚀隐患部位缺乏有效的检测手段，每年检测工作量不足100km，且主要以外腐蚀检测为主，因此亟待加强现场管道内点腐蚀检测工作。

2）腐蚀检测数据

现场检测数据主要为定点测厚及超声波测厚检测数据，一是，定点测厚针对性差，目前，已建立的定点测厚检测网络主要覆盖在站内系统管道，腐蚀较少，而现场腐蚀穿孔多集中在站外埋地低洼段、流态变化等管段，二是，定点测厚数据仅为站内重点部位的检测值，由于点腐蚀的不确定性，导致检测数据很难捕获到点腐蚀，三是定点测厚主要采用超声波测厚仪器进行单点测厚，在操作过程中容易受人为因素影响，如检测探头与管壁耦合、探头放置方式、探头接触管壁部位是否光滑等因素影响检测数据的准确性。

3）腐蚀检测评价方法

目前，现场腐蚀穿孔现状、腐蚀治理、缓蚀剂防护及室内腐蚀监测点腐蚀工作中的核心问题在于点腐蚀的研究及控制，但是现场主要采用超声波壁厚检测进行管道内腐蚀检测，只能单点进

行检测，每点次检测有效面积为 0.5cm^2，检测工作量大，且检测效率低。

管道运行状态下的缓蚀剂防护效果、内涂层应用状况等防腐工艺现场应用缺乏有效的评价手段，现场断管等方式工作量大，且影响油气正常生产运行，对于管道的整体腐蚀状况多采用管道穿孔数量等定性的判断，缺乏系统的定量检测评价。因此需要对腐蚀检测评价方法进行优化。

2　超声C扫描腐蚀检测技术应用

2.1　腐蚀检测技术优选

分公司现有检测以定点测厚为主，该技术特点为：检测过程简单；易于操作，检测仪器易于维护。超声C扫描系统由 Pocket-UT 主机、Mini-LSI 自动爬行扫查器、R-SCAN 手动扫查器组成。

相比于低频导波、相控阵等超声波检测，该技术具有不需对管壁涂层打磨、易操作(自动沿壁爬动)、性价比高特点，可以在管道外壁涂层不打磨的情况下实现管道内腐蚀成像，该技术可以弥补定点测厚及单点测厚检测数据准确性低及难捕获点腐蚀的不足，还可以在线灵活检测，达到多种检测手段组合相同的检测效果(表1)。目前在塔河油田7条管道开展监测应用，主要包括原油集输、单井集输、天然气外输及站内系统管道，通过检测现场检测数据精度高：自动设定爬行参数，30万数据/m 检测壁厚数据，检测点蚀能力大大提高。为管道的腐蚀状况、涂层评价及腐蚀治理提供依据。

表1　腐蚀检测技术对比

检测技术	优点	缺点
定点及单点测厚 PCM外腐蚀检测低频导波、漏磁等	便于携带 外腐蚀检测 精度高 检测距离远	不易捕获点蚀、误差大 不能确定内腐蚀 经济性、受打磨、 停输影响
超声C扫描腐蚀检(自动爬行扫查器、主机、水耦合系统)	携带方便 检测面大 数据量大准确	仪器精密 定期保养 操作复杂

2.2　管道内腐蚀成像

通过对塔河油田9-2站原油外输管道(距9-2站4.5km处)低洼段检测，分析检测部位的A扫描波形特征及C扫描平面特征[图1(a)(b)]。得出管道底部管道底部存在减薄及点蚀，进一步验证了管道低洼段为腐蚀易发生部位[图1(c)]，检测管道最大点腐蚀速率为 0.98mm/a，为极严重腐蚀，合理反映管道的腐蚀规律及与当前穿孔点集中分布在管道低洼段的规律一致，对于管道寿命预测能够提供更为准确的参数，进而为管道更换及维修提供技术支撑。

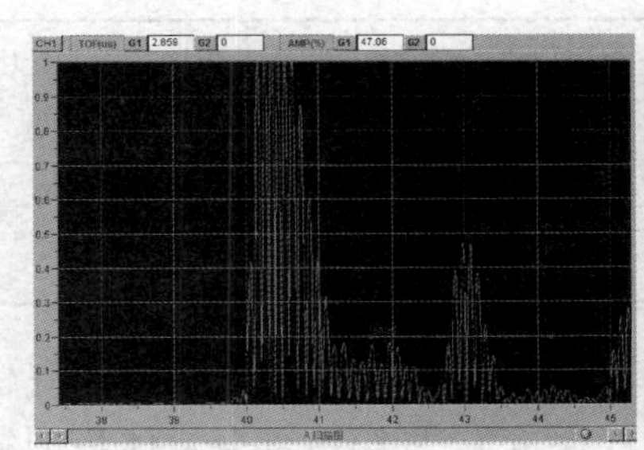
(a) 超声C扫描管道检测A波特征

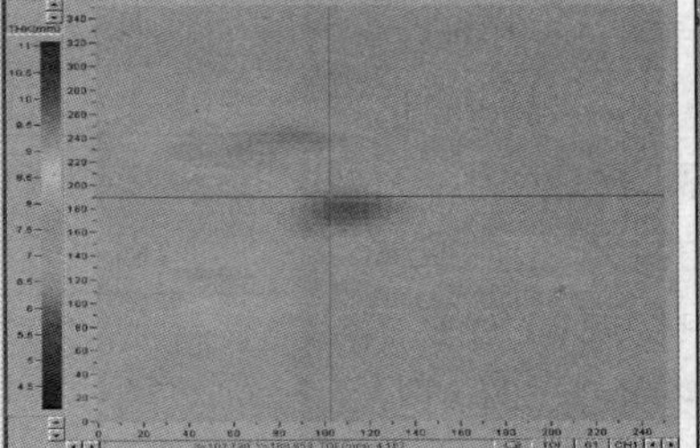
(b) 超声C扫描管道检测内腐蚀二维成像

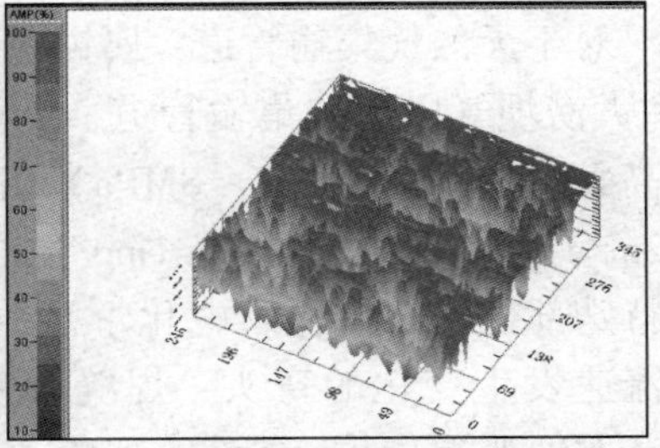
(c) 超声C扫描管道检测三维腐蚀成像

图1　超声C扫描管道检测及腐蚀成像

2.3　反映管道腐蚀机理

对西气东输管线外防腐层失效，沿管道外防腐层破裂处存在腐蚀产物，为了查明腐蚀原因及机理，应用超声C扫描腐蚀检测技术对管道进行检测，管道壁厚为均匀减薄，壁厚分布为 8.4~8.9mm，折算均匀腐蚀速率为 0.1mm/a，为中度腐蚀，此外，在管壁发现存在明显的外腐蚀坑点，最小壁厚 7.3mm，外壁折算点腐蚀速率为 0.33mm/a，为严重腐蚀。结合图1(c)分析塔河油田原油外输管道腐蚀机理为高含氯离子的盐水+二氧化碳造成底部不连续点腐蚀，通过对管道的外部腐蚀形貌观测，结合西气东输天然气管道腐蚀检测(图2)分析认为腐蚀机理为管道外防腐层聚乙烯材料失效形成裂缝造成管外壁于土壤接触发生腐蚀。两者腐蚀机理存在明显的差异。

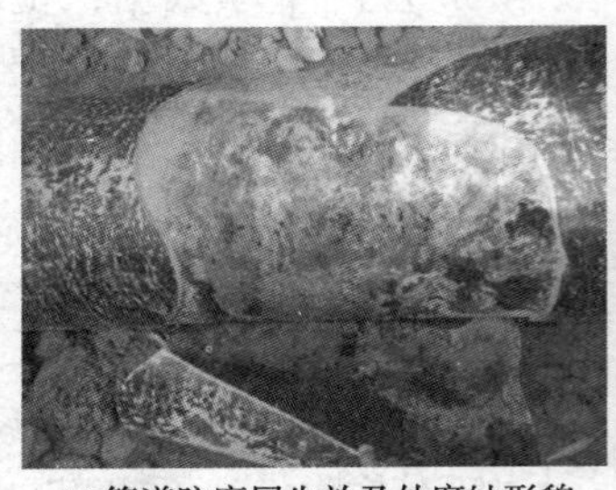

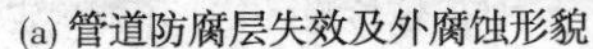

(a) 管道防腐层失效及外腐蚀形貌

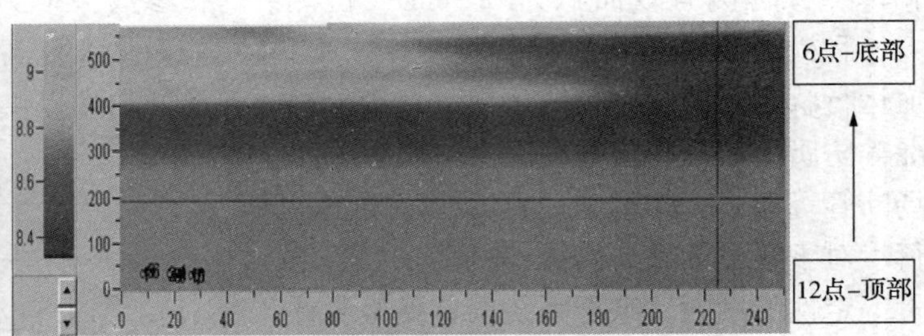

(b) 超声C扫描管道检测壁厚分布特征

图2　西气东输管道腐蚀形貌特征

3　管道剩余寿命评价

塔河油田的腐蚀以点蚀为主，针对前期腐蚀检测评价过程中存在腐蚀检测数据不能反映腐蚀严重管段状况等问题，首先从前期腐蚀现状、规律等深入分析入手，结合管道服役时间等腐蚀因素研究，将腐蚀隐患部位与检测部位的一致性提高，应用超声C扫描检测技术，开展检测及剩余强度及壁厚分析，进行剩余寿命预测，如雅克拉气田单井集输管道、9-2站原油外输管道检测分析评价中进行了应用，对管道进行分段腐蚀程度及剩余寿命预测的评价起到了积极作用。对腐蚀严重管段进行预警，为新工艺实验、缓蚀剂评价及腐蚀治理提供依据。

3.1　腐蚀易发生部位预测

根据管道类型差异、腐蚀规律不同及管道敷设高程变化，来宏观预测管道最易发生腐蚀的部位，进而指导详细检测部位的选择。

对于天然气集输管道，腐蚀主要集中在雅克拉-大涝坝气田单井集输管道，由于腐蚀环境具有高氯离子、高压(7～8MPa)、高流速(平均5.2m/s)、高二氧化碳(3.1mg/L)的特点，主要以特殊部位的二氧化碳电化学及冲刷腐蚀为主，在流速发生变化的弯头、焊缝及变径等部位管段，腐蚀严重，井口管线主要集中在各类变径部位，此外，在绝缘法兰附近腐蚀也较为突出。结合上述分析，应当考虑在管道流态发生变化的部位开展检测，易于发现腐蚀风险，较为合理。

对于油田油水混输集输干线，腐蚀多发于含水较高的原油外输管段，现场腐蚀穿孔规律表明，在管道下游低洼及高程变化较大管段腐蚀穿孔集中多发，如10-6站-8-3站、9-2站至9-1站原油外输管段局部高点及爬坡段(约30m，高程差近3m)，腐蚀穿孔约20～25次。因此，结合管道实际敷设高程变化编制管线高程图，定期对管线易发生腐蚀的低洼及爬坡段进行重点监测，利用内腐蚀直接评价技术可以对集输管线最容易造成腐蚀穿孔的部位进行预测，进而实现管道腐蚀穿孔分布图、敷设高程变化图及检测点分布三图合一，提前做出腐蚀控制对策，减少腐蚀带来的环境污染与经济损失。

对于油气水混输管道，主要为油田单井管线，检测部位选取除了考虑下游低洼及高程变化管段，还要对注水间开单井管道进行重点关注，该类管线存在盐水扫线、单井注水等作业过程中的暴氧腐蚀。

3.2　管道安全评价

根据管道检测数据，结合管道服役寿命、材质及设计参数，参考相关API及行业标准计算管道最小要求壁厚、管道腐蚀速率等参数，计算管道剩余强度，进行管道安全评价(表2)。

表2　管线安全评价参数选取

检测管线	管道规格/mm×mm	管材钢级	设计系数	焊缝系数	设计压力/MPa
9-2站原油外输	Φ273×6	20#	0.5	1	4.0
YK1	Φ114.3×8	16Mn	0.5	1	8.2

通过参考SY/T 6477—2000《含缺陷油气输送管道剩余强度评价方法 第一部分：体积型缺陷》确定管道最小要求壁厚 t_{min}：

$$t_{min}^{C}=\frac{pD_o}{2SE};\quad t_{min}^{L}=\frac{pD_o}{4SE}+t_{sl};\quad t_{min}=\max\left[t_{min}^{C},\ t_{min}^{L}\right] \tag{1}$$

式中，t_{min}为管道最小要求壁厚，mm；t_{min}^{C}为依环向力计算得到的最小要求壁厚，mm；t_{min}^{L}为依轴向力计算得到的最小要求壁厚，mm；p为管道设计压力，MPa；D_o为管道外径，mm；S为完整管道许用应力，$S=\sigma_y\times F$，σ_y为管材屈服强度，MPa；F为管道设计系数；E为焊缝系数；

t_{sl}为管道承受附加载荷附加的管子壁厚。

基于 s 和 L，评价均匀腐蚀缺陷的可接受性：①如果 $s<L$，则缺陷不影响管道安全运行；②如果 $s>L$，$t_{mm}-FCA\geqslant \max[0.5t_{\min}, 3]$ mm；则缺陷影响管道安全运行。

式中，t_{mm} 为最小测量壁厚，mm；s 为缺陷轴向长度，mm；D_i 为管道内径，mm；FCA 为未来腐蚀裕量，mm；L 为均厚长度。

通过对雅克拉气田 YK1 单井集输管道在设计压力下的局部腐蚀缺陷的临界极限缺陷尺寸计算，以缺陷长度和深度为坐标的评价点处于图中曲线的下方时，缺陷可以接受，否则不能接受。从评价结果可以看出，YK1 井所检测的腐蚀缺陷均位于图中“安全区”内，表明所检测的缺陷在设计压力下可以接受，不影响管道安全运行。

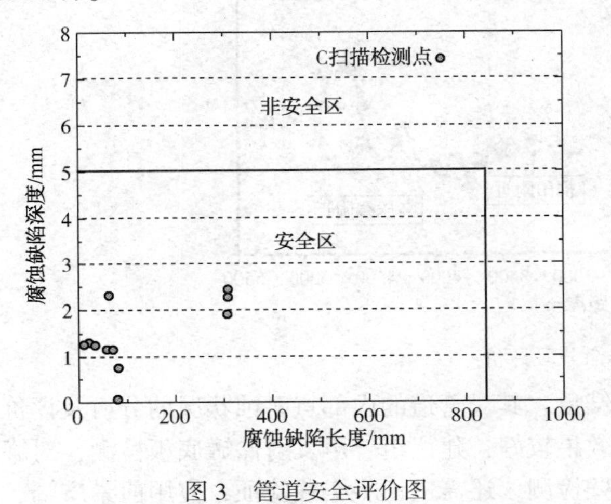

图 3　管道安全评价图

腐蚀隐患及腐蚀严重管道安全评估，对腐蚀状况有了系统的掌握，为防腐工艺评价及腐蚀治理提供了技术支撑。

3.3　管道剩余寿命分段评价

管道规格的选取依据 9-2 站原油外输埋地管线的设计施工资料，在所检测管线中，管线的材质 20#钢，屈服强度的选取分别依据 GB 9711.1《石油天然气工业　输送钢管交货技术条件　第 1 部分：A 级钢管》和 GB/T 8163—2008《输送流体用无缝钢管》。管材屈服强度取 245MPa，设计系数取值 0.5；焊缝系数的取值依据 SY/T 6477—2000《含缺陷油气输送管道剩余强度评价方法-第 1 部分：体积型缺陷》，远离焊缝的缺陷，焊缝系数 E 取 1.0。

API 579-1/ASME FFS-1—2007《适用性评价》标准中规定，含腐蚀缺陷管道剩余寿命可如下进行方法：结合管道剩余壁厚测量结果 t_{mm} 与管道运行年限 T，计算管道的腐蚀速率 C_{rate}（单位：mm/a）：

$$C_{rate}=\frac{t_{nom}-t_{mm}}{T} \tag{2}$$

式中，t_{nom} 管道设计壁厚，mm。

计算剩余寿命 R_{life}：

$$R_{life}=\frac{t_{mm}-t_{\min}}{C_{rate}} \tag{3}$$

通过选取管道相应的评价参数，在 9-2 站原油外输管段进行易腐蚀部位进行了管道剩余寿命分段预测（表 3）。

表 3　9-2 站至 9-1 站原油外输管线分段剩余寿命预测结果

距 9-1 站距离/km	最大缺陷深度/mm	腐蚀速率/(mm/a)	剩余寿命/年	腐蚀风险评级	措施建议
0.01	2.70	0.60	3	B	缓蚀剂优化加注
0.11	2.20	0.49	4.7	B	缓蚀剂优化加注
0.51	2.56	0.57	3.4	B	缓蚀剂优化加注
0.64	3.64	0.81	1.0	A	腐蚀治理或更换
0.77	5.46	1.21	0	A	腐蚀治理或更换
0.86	5.16	1.15	0	A	腐蚀治理或更换
0.93	5.51	1.22	0	A	腐蚀治理或更换
1.00	2.30	0.51	4.3	B	缓蚀剂优化加注
1.09	2.62	0.58	3.1	B	缓蚀剂优化加注
1.20	4.39	0.98	0	A	腐蚀治理或更换
2.30	4.12	0.92	0	A	腐蚀治理或更换

续表

距 9-1 站距离/km	最大缺陷深度/mm	腐蚀速率/(mm/a)	剩余寿命/年	腐蚀风险评级	措施建议
3.62	2.30	0.51	4.3	B	缓蚀剂优化加注
3.76	4.42	0.98	0	A	腐蚀治理或更换
5.26	2.25	0.50	4.5	B	缓蚀剂优化加注
5.462	4.34	0.96	0	A	腐蚀治理或更换

通过检测剩余壁厚，结合管道设计壁厚和运行年限，得出管道点腐蚀速率，计算剩余寿命，为腐蚀治理提供依据。从图 4 可以看出，对管道进行分段评价，不同管段剩余寿命为 A、B 两级，其中 A 级剩余寿命为 0~1 年，建议及时开展腐蚀治理或管道更换；对于腐蚀程度较弱的 B 级，剩余寿命为 3~5 年，可以采取缓蚀剂优化加注等工艺延缓腐蚀。

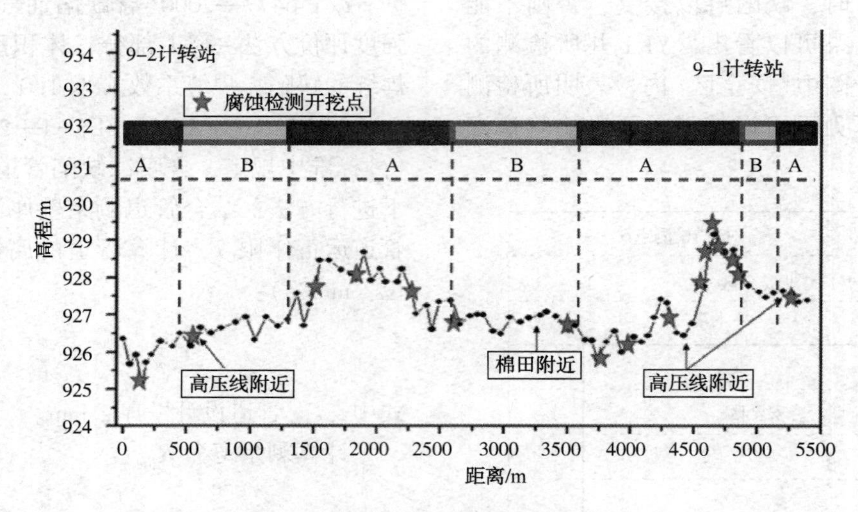

图 4　管道剩余寿命分段评价

4　结论与建议

(1) 超声 C 扫描检测数据能真实反映管道内腐蚀状况，结合管道服役时间及设计参数，形成了完整的管道检测腐蚀风险评价体系。

(2) 通过对比检测方法及装置，引进超声 C 扫描检测装置，提高了检测数据的准确性，降低了检测费用，检测效率大幅提升，对于腐蚀评价作用显著。

(3) 通过宏观腐蚀规律进行易发生腐蚀预测，应用超声 C 扫描进行检测，使得点腐蚀机理、规律研究及涂层评价等认识得到提升，为腐蚀治理提供依据。

(4) 根据目前超声 C 扫描管道检测的应用结果，其对管道的内部点腐蚀状况的分析及评价效果较好，建议组合声发射储罐底板检测，对罐壁检测，还需进一步实践验证，应用前景广阔。

参　考　文　献

[1] 张江江，张志宏，刘冀宁，等．油气田地面集输碳钢管线内腐蚀检测技术应用[J]．材料导报，2012 (25)：48-49.

[2] 宋生奎，宫敬，才建，等．油气管道内检测技术研究进展[J]．无损检测，2005，31(2)：10-13.

[3] 刘慧芳，张鹏，周俊杰，等．油气管道内腐蚀检测技术的现状与发展趋势[J]．管道技术与设备，2008 (5)：47-48.

[4] 潘家华．普及和发展我国管道内检测技术[J]．油气储运，1996，15(3)：1-2.

油气管道应急救援体系建设初探

刘素平　张金立

（锐驰高科股份有限公司）

摘　要　油气管道运输在我国运输方式中居第四位，但油气管道事故频发，时刻威胁着人民群众和社会的安全，油气管道应急救援工作显得愈发重要和急迫。因此，建立健全油气管道应急救援体系具有十分重要的现实意义。构建一个指挥统一、联动有序，反应迅速、处置科学的油气管道应急救援体系，应由组织体制、运作机制、法制基础和应急保障系统4部分构成。

关键词　油气管道，应急救援，体系

1　油气管道管理和运行现状

油气管道是油气资源的最佳输送方式，承担着我国70%的原油和99%的天然气运输任务。油气管道是国家重要能源命脉、重大基础设施，既是经济社会发展的“生命线”，也是各方高度关注的“安全线”。中国管道工业经过50余年的发展，已建成各类管道525×10^4km，其中长输油气管道已超过12×10^4km，油气田地下管网172×10^4km，城市地下管网约346.4×10^4km，形成了较大规模的油气水地下管网，且每年以近万公里的速度在发展。

管道运输已经成为公路、铁路、水路、管道、航空五大现代运输方式之一，位居第四位，未来管道运营里程将超过铁路运输。

1.1　油气管道安全运营现状

与发达国家相比，我国油气管道事故率是美国的6倍、欧洲的12倍，我国管道安全管理基础薄弱，事故率较高。近年来接连发生青岛“11.22”输油管道泄漏爆炸、大连“6.30”输油管道泄漏等重特大事故、贵州晴隆天然气爆炸，暴露出油气管道在监管体系、法规标准、安全保障、应急处置、隐患整治、安全文化等诸多方面存在着问题和不足。

1.2　油气应急救援方面的不足

（1）应急抢维修资源“各自为政”，重复建设，闲置严重。

中石油、中石化、中海油及地方政府分别投入大量的应急抢维修资源，但因信息不对称、资源不透明造成应急抢维修资源的闲置和大量的重复性投入，资源浪费严重。

（2）目前油气管道应急抢维修队伍，侧重于“管道本体”抢维修单一功能，缺乏“应急抢维修”的综合功能。

（3）支撑油气管道应急抢维修的体系（应急组织、应急技术、应急人才、应急装备）和调度响应机制不健全。现实中存在着诸多不统一：①带压封堵设备标准不统一；②管道配件标准不统一（美标T16.5—国标14.7）；③带压堵漏质量标准不统一；④施工的操作标准不统一。我国主要应急抢维修队伍主要由国家级油气管道应急抢维修基地、业主企业的油气管道抢维修队伍、油建公司、民营管道封堵（堵漏）公司、地方政府主导的危险化学品应急抢维修力量（公安、消防等等）、应急物资供应商等组成。这些队伍作为油气管道建设、运维、改造、抢维修、检测、评价任务的主要力量，为油气管道的安全运行提供了有力的保障。但是，由于孤岛效应，各自为政，不能科学高效地支撑国家应急抢维修体系运行。现有的油气管道应急抢维修力量，难以满足新形势、新标准下的应急抢维修管理及应急响应、应急处置的需求。

（4）社会应急抢维修力量对油气管道输送介质特性、危害识别、“两高”识别认识不足，缺乏管道特种作业和管道应急抢维修的安全基础。

（5）油气管道应急抢维修技术成果推广应用缓慢。

（6）油气管道事故率高，专业化应急抢维修队伍少。

我国油气管道事故率平均为3次/1000km/年，美国的0.5次/1000km/年，欧洲的0.25

次/1000km/年。在事故频发的情势下，专业化应急抢修队伍显得更加匮乏。

(7) 行政命令建立的一套应急抢维修体系并未全面覆盖。

对于管道突发事件的安全应急抢维修，虽然危害较大，但国家并没有形成自上而下完整的管理体系，现阶段主要是依靠管道业主、当地管道服务商维持。

(8) 应急抢维修配套法律法规不健全。

近几年随着管道运输的发展，长输管道、城镇管道、化工管道越来越多，受各种因素影响，事故率、爆炸、爆管现象越来越频繁，管道维修、抢修已形成一个庞大的服务市场和新兴业态，因此，管道安全法规越来越引起各方重视，亟待出台针对性、适应性强的法律法规。

由此可见，我国油气管道安全和应急救援管理的现状不容乐观。

2　建立健全油气管道应急救援体系的现实意义

2.1　全面建成小康社会，开启建设社会主义现代化国家新征程的需要

从现在到2021年，是全面建成小康社会决胜期，既要实现第一个百年奋斗目标，又要乘势而上开启全面建设社会主义现代化国家新征程，向第二个百年奋斗目标进军，统筹推进经济建设、政治建设、文化建设、社会建设、生态文明建设，在这样一个关键时期，迫切需要建立包括油气管道应急救援工作在内的公共安全体系。

2.2　油气管道应急救援事业发展的需要

我国油气管道应急产业存在体系不健全、集中度低、技术创新能力不足、产业标准和技术标准有待完善等众多问题。我国管道应急救援体系起步较晚，无论在事业规模上、人才积累上、技术系统建设上、实际运作体制上等各方面都有较大差距。

2.3　减少事故发生，降低事故灾害的需要

2010年7月16日，大连新港中石油一条输油管道起火爆炸，事故造成1人死亡，1人重伤，大连附近海域至少50km^{2}海面被原油污染；2013年11月22日，山东青岛发生输油管道泄漏爆炸事故，造成62人死亡，136人受伤，直接经济损失75172万元；2017年7月4日，松原宁江燃气管道发生泄漏爆炸，事故造成5人遇难，14人重伤，89人受伤。2019年5月29日，南昌方大发生煤气管道爆燃事故，造成1人死亡，9人受伤……近年来，类似这样的管道爆炸事故还有很多，减少管道安全事故，保障人民群众生命财产安全，亟待建立管道油气管道应急救援体系。

2.4　油气管道应急救援资源优化配置的需要

建立健全油气管道应急救援体系，有利于实现生产要素的最优配置和提高能源资源利用效率，有利于促进自主创新并形成区块链，进而形成产业生态闭环，有利于调动各方资源支持管道应急产业发展，也有利于形成国家处置突发事件的综合产业支撑。

3　建立油气管道应急救援体系原则和措施

油气管道应急救援体系建立应当坚持以十八大、十八届四中全会精神为指导，围绕“大应急”管理体系建设，牢固树立全民应急，依法应急的理念，健全完善应急预案体系，建立组织指挥、应急救援队伍建设管理、物资装备储备、信息共享与应急联动等长效工作机制，进一步强化责任、措施、政策“三落实”，不断提高应急救援工作技术、装备和管理水平，构建指挥统一、联动有序，反应迅速、处置科学的应急救援体系。

3.1　油气管道应急救援体系基本原则

(1) 以人为本，科学发展。深入实施科学发展战略，坚持以人为本，不以人的生命为发展代价，快速响应，科学救援，杜绝或减少突发事件。

(2) 依托现有，整合资源。摸清现有各种应急救援队伍、装备等资源情况，在盘活、整合现有资源的基础上进行补充和完善，构建长效机制，做到资源共享，避免资源浪费、重复建设。

(3) 功能实用，技术先进。以及时、快速、高效救援为出发点和落脚点，根据应急救援工作的现实和发展需要，设定应急救援信息网络系统功能，采用国内外成熟的先进技术和特种设备，保证应急救援体系的先进性和适用性。

(4) 信息共享，高效联动。畅通突发事件事

故信息上报渠道，建立信息共享机制，确保信息及时、准确上传下达；以信息共享为基础，加强应急救援联动机制建设，构建指挥统一、反应迅速、联动有序、处置高效的应急救援机制。

3.2 建设内容

一个完整的应急体系应由组织体制、运作机制、法制基础和应急保障系统4部分构成。其中应急救援系统的组织体制包括管理机构、功能部门、应急指挥、救援队伍四部分。应急救援体系组织体制建设中的管理机构是指维持应急日常管理的负责部门；功能部门包括与应急活动有关的各类组织机构，如消防、医疗等；应急指挥包括应急预案启动后，负责应急救援活动场外与场内指挥系统；而救援队伍则由专业和志愿人员组成。目前，应当下大气力构建反应灵敏、协调有序、运转高效的应急救援管理体系。

(1) 立足科学实用，建立互联互通的应急预案体系。

建立以全国油气管道突发事件总体应急预案为总揽，各专项应急预案为支撑，油气管理单位、运营企业、抢维修企业等基层应急预案为基础的应急预案体系，为应急救援工作提供有效法律、政策和技术支撑。各级各类应急预案编制修订过程中，要以风险评估和应急资源普查为基础，识别事件的危害因素，评估事件可能产生的后果和危害程度，提出控制风险、治理隐患等措施，评估风险防范与应对能力，确保应急预案更具针对性。要把提早防范和快速救援作为首要内容，科学制定组织指挥、协调联动、信息共享、预警预防、应急响应、善后处理、应急保障等措施，切实解决好“什么时候做、谁来做、做什么、怎么做、做到怎么样”等问题。要广泛征求应急预案所涉及的各方面意见建议，邀请本行业领域专家或社会机构进行评审，确保应急预案更具科学性。要配套编制包含适用范围、组织指挥体系框架图、应急处置流程图、指挥部成员详细信息及职责、预警预防与应急处置行动方案、专家队伍花名册、应急救援队员花名册、应急物资装备储备登记表和常用应急联系电话等内容的简明操作手册；对应急预案中有关内容，能够量化(如信息报告时限、队伍达到指定地点时限、队伍人数、物资装备的型号、数量等)要求的，要全部量化要求，不能量化要求的，要尽可能的定性要求；村居(社区)、学校、商场超市、企业等基层单位应急预案要把责任落实到岗到人，切实提高应急预案的可操作性。各级各类应急预案要按照行政管理权限，分别报本级政府和上级行业主管部门备案。

(2) 坚持条块结合，建立运转高效的组织指挥体系。

坚持条块结合的原则，建立以国务院突发事件应急管理委员会为统领，各省专项应急指挥部、各基层组织上下贯通的应急组织体系，突出抓好预防预警、应急处置、信息报告、善后处理等工作，实现提前预防减事故，快速救援降损失的目标。

(3) 坚持专兼结合，建立快速反应的应急救援队伍。

① 组建专家队伍，提升科学救援水平。

政府依托高校(科研机构)专家学者、党政机关及企业高级专业技术人才组建政府应急管理专家组，对突发事件进行分析研判，并提供技术咨询和处置建议。省级各专项应急指挥部依据行业特点组建本行业领域的专家咨询队伍，为应急救援工作提供技术支撑。各相关企业也要组建专家队伍，为突发事件应急救援提供技术咨询。

② 组建专业救援队伍，提升专业化处置水平。

按照专业救援的原则，要依托本行业具备一定专业技术、配备专业装备器材的专业人员或通过采取购买服务方式，组建专业应急救援队伍，负责各类突发事件专业化应急救援工作；各专项应急指挥部成员单位要根据责任分工，组建相应的应急救援队伍，并配备必要的应急物资与装备。

③ 加强应急救援队伍建设和管理工作，不断提升实战水平。

按照“谁组建、谁管理”的原则，组建单位负责建立应急救援队伍通讯录，明确姓名、职务或岗位、专业特长、联系方式等内容，加强应急救援队伍的应急知识、应急救援技能培训，并经常性开展应急演练，不断提高应急救援能力。要建立应急救援队伍培训考核制度，各组建单位要对应急救援队员培训演练、技术水平、实战能力、日常表现等内容进行跟踪考核，对不能满足应急救援工作需要的，要及时调整，确保应急救援队伍能够做到关键时刻“拉得出、冲得上、打得赢”。各方组建的应急救援队伍要向应急委办公室备案，各企业组建的应急救援队伍要向行业主管部门备案。

（4）坚持多形式结合，建立健全应急物资装备储备机制。

① 要按照“宁可备而不用，不可用而无备”原则，采取政府实物储备、商业储备（企业实物储备与生产能力储备）相结合的方式，足量储备本行业领域应急救援所需物资与装备。各专项应急指挥部成员单位要按照相关应急预案要求，配备相应的应急救援物资装备。

② 各级各部门、各单位要加强应急物资与装备管理，登记造册，健全完善定期轮转更新、动态管理、紧急调拨、征用补偿等制度，及时更新物资与装备储备地点、数量、规格型号、联系人等信息，确保关键时刻能够拉得出、用得上。对实行商业储备的物资与装备，除按市场价格支付费用为外，探索建立应急物资装备储备补偿制度。

③ 加大应急救援物资装备生产、经营、仓储物流、实训基地等项目招商引资和产业发展扶持力度，确保为应急物资装备储备工作提供充足资源。

（5）坚持信息共享，建立紧密配合的应急救援联动机制

① 建立信息共享长效机制，严守应急救援生命线。

突发事件信息报告是应急救援工作的生命线。各级各部门之间、专项应急指挥部各成员单位之间、企业与行业主管部门、企业与属地政府之间要建立突发事件信息共享机制，制定相应工作制度，编制应急联动通讯录，各行业主管部门、政府、各企业之间要互相掌握24h值班电话，确保信息畅通。要切实发挥突发事件信息报告员队伍作用，确保及时收集、准确上报突发事件信息。

② 建立资源共享长效机制，确保及时调拨应急资源开展应急救援工作。

各专项应急指挥部、政府、企业要建立应急资源共享机制，严格贯彻落实应急救援队伍、应急物资装备登记备案制度，各专项应急指挥部要准确掌握本行业领域应急资源分布情况，政府）要准确掌握本辖区各类应急资源分布情况，各企业要掌握本企业周边区域应急资源分布情况，确保快速调度或请求有关部门调度应急资源开展应急救援工作。

③ 建立政企联动长效机制，确保应急救援工作不脱节、不断档。

中央、省、市驻区企业要加强与行业主管部门、政府应急联动，突发事件发生后，在启动本单位相关应急预案应急响应同时，要立即向行业主管部门、政府准确、详细报告事件情况；行业主管部门、政府应急部门接到信息后，要立即调度应急资源赶赴现场协助开展应急救援工作。

（6）坚持奖惩并举，建立严格的应急救援责任追究机制。

严格执行相关法律法规要求，对在应急救援过程中发生的信息迟报、瞒报、谎报或先期处置不力、应急救援不及时等行为，根据事件造成的损失和影响，依法依规严肃处理。

（7）建立油气管道应急管理云平台，实现应急救援体系互联互通。

为了打破信息壁垒与边界，联结各种类型的信息平台与孤岛，建立统一的信息收集、运行与共享的平台，打通油气管道信息的纵向、横向内容，拓展平台的深度与广度，提升管道信息的维度，利用世界领先的云计算与大数据深度挖掘算法进行事故预判与资源调动，“居安而思危，未雨而筹谋”，打造“六位一体”的综合管控体系，对管道安全问题的防治化被动防御为主动进攻。真正做到“检测在现场，诊断在云端，专家在全球，服务在身边”，变被动管理为主动管理，做到“运筹帷幄之中，决胜千里之外”（图1）。

中共中央政治局于2020年11月29日就我国应急管理体系和能力建设进行第十九次集体学习，中共中央总书记习近平在主持学习时强调，应急管理是国家治理体系和治理能力的重要组成担防范化解重大安全风险、及时应对处置各类灾害事故的重要职责，担负保护人民群众安全和维护社会稳定的重要使命。要发挥我国应急管理体系的特色和优势，借鉴国外应益做法，积极推进我国应急管理体系和能力现代化。我们应当根据总书记的讲话精神，把油气管道应急救援体系建设好，维护管道安全，为国家能源安全、人民群众幸福保驾护航。

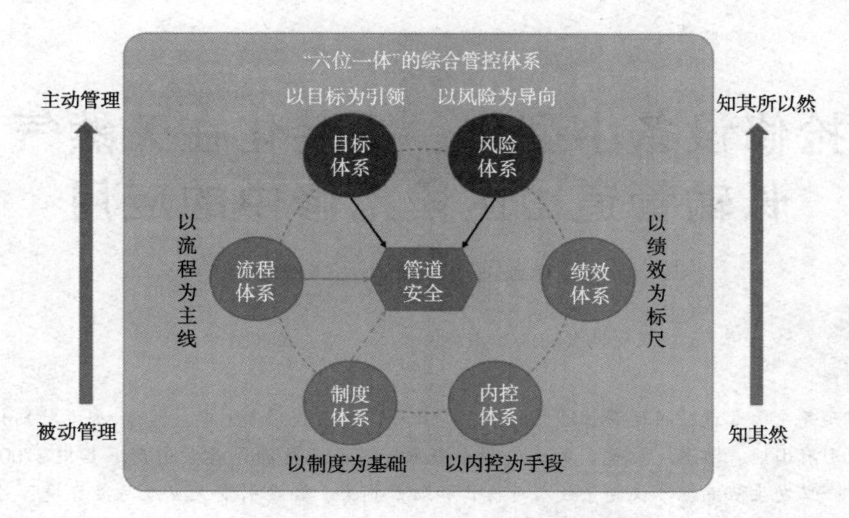

图 1　“六位一体”综合管理体系

抢修设备小型化、撬装化在天然气长输管道山区段抢修中的应用

姚佳林　孙宝龙　王志方　宋红兵

（国家管网集团西气东输分公司南京应急抢修中心）

摘　要　西气东输管道公司运营管道总长12367千米，途经16个省(市、区)和香港特别行政区，其中主要经过的地形有山地、沙漠、戈壁、黄土高原、平原、河道三角洲等各种地形。其中3700公里位于山区。山区管道一旦发生泄漏，不仅会导致人员伤亡和财产损失，还会引发火灾或污染环境，另因长时间供气中断而产生的经济损失也在所难免，但山区管道抢修存在机具物资进场困难，抢修时间过长等问题，因此，山区管道发生泄漏后如何能够快速抢修恢复供气，是亟待解决的问题。

关键词　天然气，管道抢修，山区，小型化，撬装化

1　管道抢修设备现状

目前常用的管道应急抢修方式有换管作业和B型套筒补强作业，所需的主要机具物资有：管道短节、B型套筒、中频加热器、切管机(冷切割机及火焰切割机)、消磁机、对口器、焊机、发电机等，具体见表1及图1~图8。

表1　设备汇总表

序号	设　备　名　称	厂家/规格	搬运质量/kg	外形尺寸/mm×mm×mm	搬运方式
1	发电机	P110E	1132	1980×890×1374	吊车吊装
2	焊　机	DC400	215	698×566×840	吊车吊装
3	冷切割设备	MDSF3648	主机：58.5	1400×90×740	吊车吊装
			动力站：91	1000×500×1020	吊车吊装
4	火焰切割机	CG2-11	23.5	540×220×180	单人搬运
5	消磁机	400A	40	620×300×530	单人搬运
6	笼式对口器	管径1219	136	1450×1450×300	吊车吊装
7	PE层剥离机/焊前预热机	管径1219	102	760×540×930	吊车吊装
8	B型套筒	管径1219	450	350×40	吊车吊装

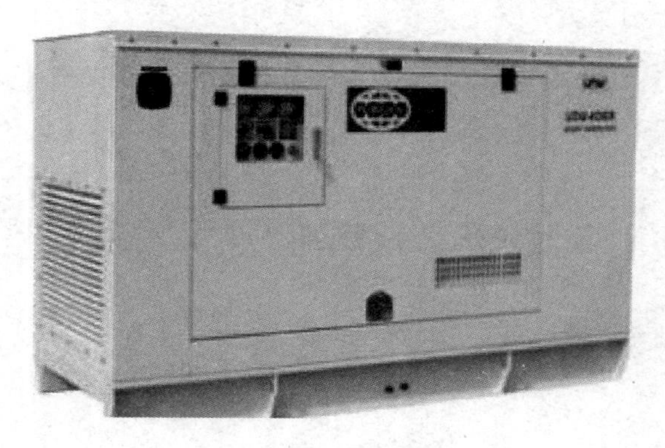

图1　发电机

图2　电焊机

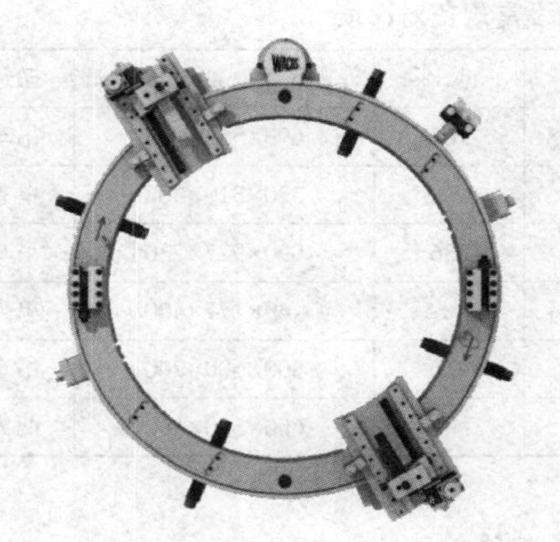

图 3　冷切割设备

图 4　火焰切割器

图 5　消磁机

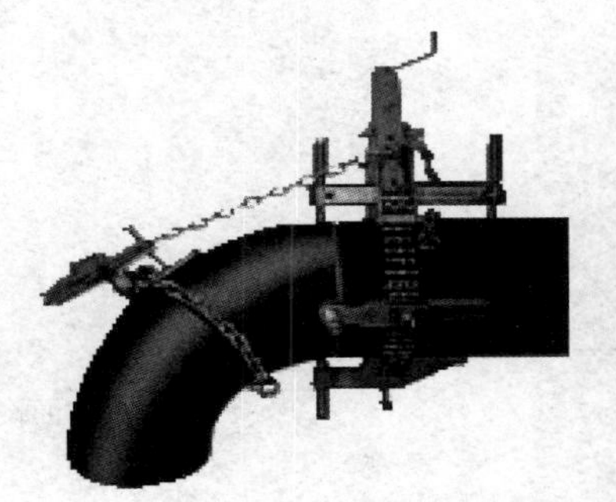

(a)链条式对口器

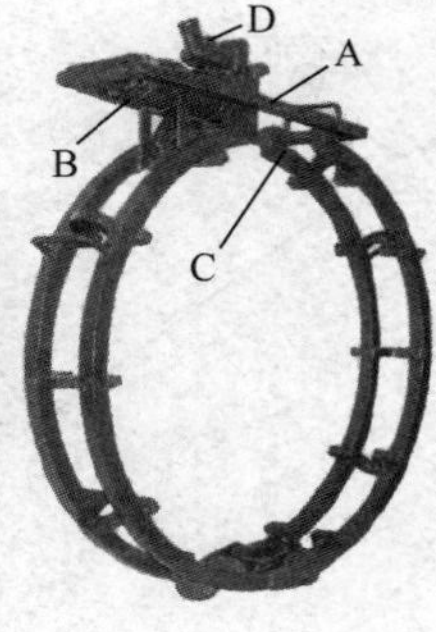

(b)笼式对口器

图 6　对口器

图 7　中频加热器

图 8　B 型套筒

2　抢修设备小型化、轻量化

如何保证在有限的时间内完成山区抢修机具装卸、进场等作业，对抢修作业是否能按时完成起着最为关键的作用。在保证抢修机具、设备功能正常的情况下，将其小型化、轻量化、撬装化、便捷化，能够彻底解决以上问题。

通过对中频加热器等设备进行调研，在满足作业要求的前提下，用小型化的设备替代原有设备，使其在装车、山区进场中高效快捷，确保了在规定时间内完成山区抢修作业(表 2)。

另外，其他部分机具在选型之初即已满足小型化进场要求，具体见表 3。

针对发电设备较大问题，可以将发电机放置在山底或山顶，通过电缆引至作业点的方式供电。至此换管及 B 型套筒作业所需全部设备已满足山区快速进场要求。

表 2　关键抢修机具小型化设备与以往设常规备对比表

设备名称		规格型号	质量/kg	外观尺寸/mm×mm×mm	搬运方式
中频加热器	常规设备	米勒-350	103	699×552×933	吊车吊装
	小型化设备	海工-HZZ40	15.8	520×310×408	单人搬运
切管机动力源	常规设备	WACHS(瓦奇)(HCM-3E3-50)	236	990×927×730	吊车吊装
	小型化设备	WACHS(瓦奇)EPD 纯电动动力站	16.5	469×177×400	单人搬运
焊机	常规设备	林肯 DC400	216	800×600×700	吊车吊装
	小型化设备	熊谷 MPS-500	49	600×350×460	两人搬运

表 3　小型化抢修设备表

序号	设备名称	质量/kg	外形尺寸/mm×mm×mm	转运方式
1	消磁机	25	600×205×415	均可采用人工搬运转运方式
2	火焰切管机	10	250×250×300	
3	链式对口器	40	1400×150	

3　管道短节的进场方式

抢修管材运达事故现场是抢修工作的关键。以 1219mm 管道为例，换管需要的 2m 长短节根据壁厚不同重量在 1～1.5t 之间，需要根据现场地形的实际情况确定管材运送至事故点的方案。

3.1　挖掘机运管

360 型挖掘机整机质量 36800kg，底盘总宽 3190mm，爬坡能力为≤35°，配合挖斗开挖可以到达 45°。因此，在不大于 35°坡体上可采用两根 2T 吊带对称锁管后挂钩，并利用挖斗背部光平表面对管材进行支撑吊管运管上山，注意挖斗及短节一定要在挖掘机的上坡方向(图 9)。另外，如果山体为较容易开挖的土质坡体，即使坡度超过 35°，也可通过挖掘机修筑之字路，将路面坡度将至 35° 以下，再采用以上方式运管进场。

图 9　挖掘机运管方案

3.2　爬犁运管

由于大于 35°的石质山坡挖掘机无法运管进场，高空索道虽能适应较大坡度，但需要预先安装地锚，并提前储备索道架设所需物资，且需要具备索道安装资质人员架设，应用条件受限。因此，在无预设地锚，无索道架设人员及物资的情况下，可采取架设爬犁运输系统的运管方案。

由于管道工程施工过程中一般是在山顶焊接管道，然后从坡顶依次沿坡放管，因此抢修时可从山后找到进场便道，只需简单修筑便可达到山顶。

3.2.1　爬犁运输系统架设

先行在山顶和山脚分别安装卷扬机(绞车)，并与地锚连接固定，然后将爬犁的两端分别与两台卷扬机连接。爬犁行走路径需选择尽量平整的坡面，但仍不可避免在横向上遇到大角度侧坡，为避免运送爬犁发生大位移的侧滑，需使用辅助导向索(图 10)；经试验，此系统能够成功运送直径 1219mm、长 2m 的管道短节至坡面作业点(图 11)。另外，抢修机具虽然已小型化，可以通过人工搬运，但山区道路坡度较大，为了确保安全，尽量采用此爬犁系统运送机具设备，确保安全。

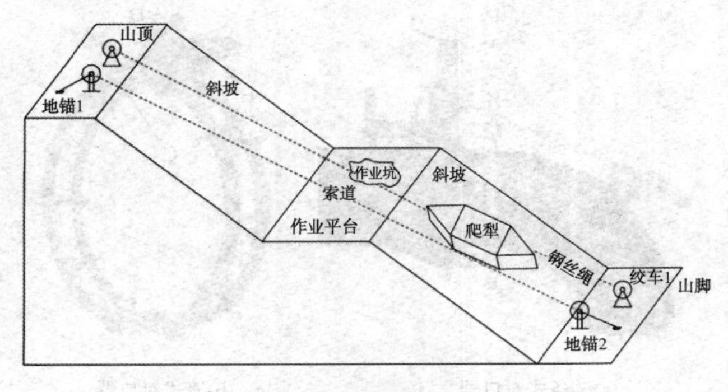

图 10　导向索防侧滑方案

图 11　爬犁运直管段

3.2.2　卷扬机的选取

电动卷扬机有慢速和快速之分。慢速卷扬机的钢丝绳牵引速度一般为 7～13m/min，牵引力为 3～6t；快速卷扬机的牵引速度一般为 30～130m/min，牵引力为 1～1.25 吨。考虑管段重量为 1～1.5t，为确保安全，需要选取慢速卷扬机。

3.2.3　地锚选取

地锚是固定卷扬机及滑轮的关键装置，根据地锚安装土质，可分为岩质地锚和土质地锚。岩石地锚铺设方式见图 12，土质地锚铺设方式见图 13。

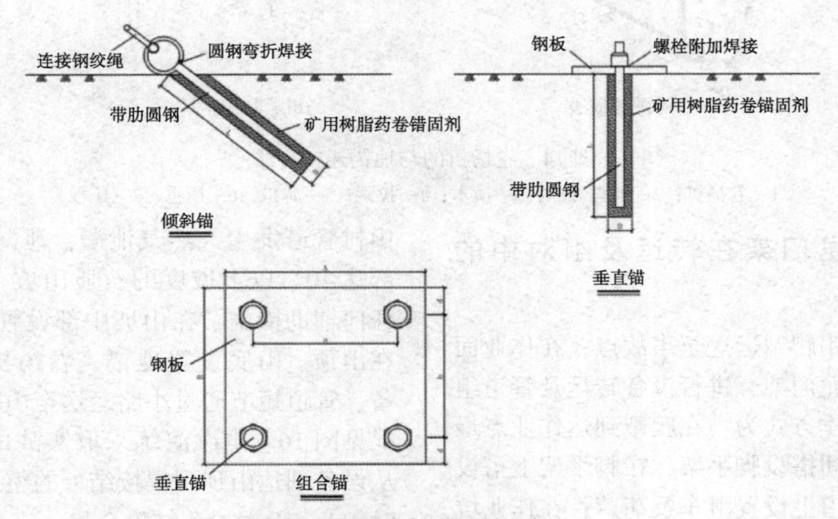

图 12　石质地锚

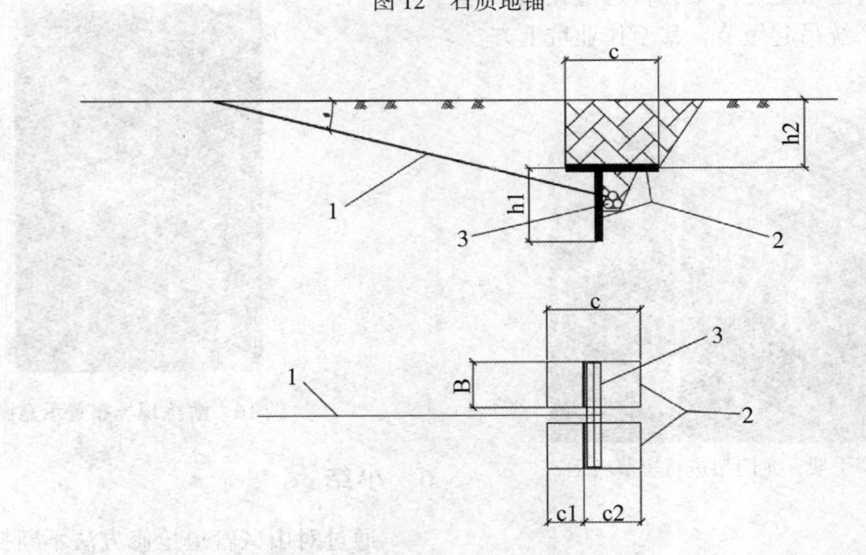

图 13　土质地锚

3.2.4　卷扬机与地锚的连接

卷扬机与地锚主要有4种连接方式(图14)。

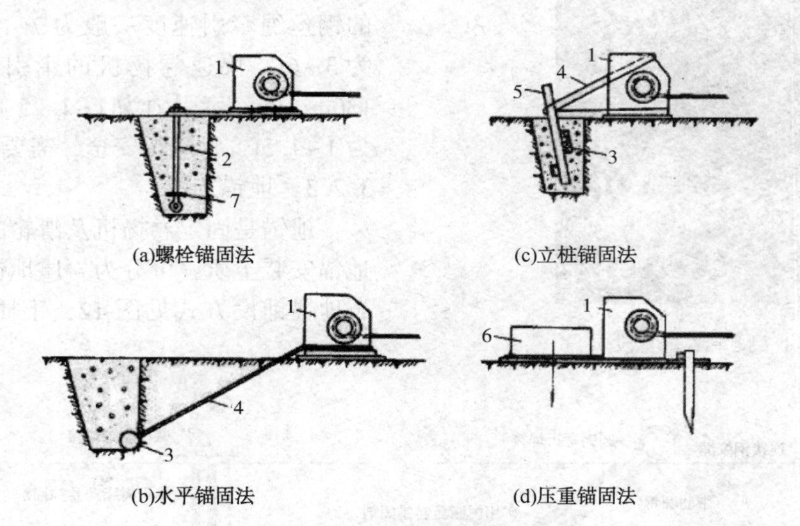

图14　卷扬机的与地锚连接方法

1—卷扬机；2—地脚螺栓；3—横木；4—拉索；5—木桩；6—压重；7—压板

4　脚手架、龙门架在转运及组对中的应用

管道短节利用爬犁运送至事故点，在作业面需搭设脚手架及龙门架，进行设备转运及管道组对工作。具体操作方式为：在爬犁到达作业点最近处到作业坑之间搭设脚手架，在脚手架上搭设两条滑道，在滑道上设置滑车及葫芦；在作业坑上方搭设龙门架。爬犁到达预定位置后，用葫芦吊起短节，通过滑道滑至龙门架，再通过龙门架上的滑车和葫芦系统吊起短节，移至作业坑上方进行组对(图15)。

图15　使用脚手架、龙门架进行短节转运

5　效果验证

为检验以上山区管道抢修进场方法的适用性，西气东输管道公司于2019年11月9日开展了山区管道泄漏突发事件实战演练。演练模拟西气东输三线干线福建段在泉州市洛江区虹山乡苏山村管道发生天然气泄漏，泄漏点位于35°(局部达40°)以上坡度的石质山坡，无预设地锚等任何辅助措施，在山坡中部设置了模拟作业坑，在山顶、山底设置地锚、卷扬机，所有抢修设备、管道短节通过小路运送至山顶，现场布置情况见图16。本次演练采取实战的方式，检验了从设备到达山顶到焊接结束的整个作业过程，用时45h，无损检测结果合格，充分验证了山区运输系统的适用性。

图16　演练现场布置示意图

6　小结

通过对山区管道抢修方法不断探索，已将关键抢修设备小型化，并通过挖掘机或爬犁运输系统成功将管道短节运送至作业点，经现场试验证明，此进场方式快捷有效，能够保证在72h内完成山区管道抢修作业。

基于卫星定位的管道河沟道水毁监测预警系统及应用

白路遥[1]　施　宁[1]　李亮亮[1]　张学锋[2]　隋　楠[2]　王　军[3]　于少鹏[4]

[1. 国家管网北方管道公司管道科技研究中心；2. 国家管网山东天然气管道有限公司；
3. 国家管网北方管道公司北京(呼和浩特)输油气分公司；4. 国家管网北方管道公司廊坊输油气分公司]

摘　要　河沟道水毁是威胁长输油气管道安全的主要风险源之一，实现管道与水毁点距离监测预警，对降低管道水毁灾害风险意义重大。因此，研制了一套基于卫星定位的河沟道水毁监测定位浮球和管道水毁预警系统，并在沧州至淄博天然气管道黄河穿越段进行了现场试验，结果表明：①管道水毁定位浮球的具有较好的漂浮姿态稳定性、防水性能和定位精度，可通过监测平台设置电子围栏对其位置变化进行报警，能够通过监测浮球的移动速度反映洪水流速，为管道水毁灾害的应急抢险提供水情信息。②该监测系统可无线安装，经济成本低、待机时间长，可广泛应用于地形复杂、洪水易发区的油气管道水毁灾害监测预警，能够在管道露管前实现水毁点与管道距离的准确监测，避免管道水毁灾害规模扩大。

关键词　河沟道水毁，管道，监测预警，定位浮球，卫星定位

水毁是威胁长输油气管道安全的主要地质灾害风险之一，与崩塌、滑坡、泥石流等管道地质灾害相比，水毁灾害数量最多，发育最广泛，尤其是穿越河沟道和沿河沟敷设的油气管道受到的洪水威胁最大。随着我国能源管道的快速发展，管道不可避免地穿越河沟道或沿河岸敷设，在河道演变和洪水冲刷的作用下，极易造成管道埋深不足、悬空甚至断裂，尤其是在一些地形复杂的季节性洪水频发地区管道受力状态及载荷分布更加复杂，受到的洪水威胁也更为严重。近年来，在全球气候变暖的背景下，极端洪水事件频发，造成的管道水毁事件呈现逐渐增多的趋势，管道面临的防洪形势极为严峻。因此，提高管道洪水灾害监测预警水平，对于管道的安全运营至关重要。

针对管道水毁灾害监测预警，各管道运营单位通常采用水文气象预警平台，对管道沿线的降雨量、河道的水位、流量等进行宏观监测预警，为区域化管道洪水灾害的早期预防提供了决策依据。但是，该方法无法对管道与河床或河岸的相对位置关系进行局部监测预警，难以发现潜在的水毁风险。针对穿河管道河床冲刷，通常采用基于电磁法的水下管道埋深检测技术。目前，该技术已在国内外得到广泛应用，形成了诸如 BPS 河流穿越管道探测系统、磁性多功能定位和跟踪系统、One-Pass 河流穿越管道检测系统、Field-Sens 管道遥测检测系统、GPS-RTK 水下管道检测系统等一系列专用的水下管道埋深检测系统，其检测精度可达厘米级，但是此类设备使用成本较高，一般每 3~5 年检测一次，无法对管道埋深进行实时监测预警。针对沿河管道河岸侵蚀，通常采用卫星遥感、无人机、远程视频监控等技术，虽然能够实现在无人值守状态下水毁灾害识别，但是在一些气候环境恶劣、地形地貌复杂地区，相关设备容易受到毁灭性破坏，难以实现持续监测。

针对上述问题，在总结管道水毁风险管理经验和相关成果的基础上，从管道水毁灾害的成灾规律和分布特征入手，结合卫星定位技术，研制了一套安装便捷、经济成本低、简便易行的穿河管道埋深与河岸侵蚀监测预警系统，为进一步提高管道水毁灾害风险管理水平提供技术手段。

1　系统组成与原理

基于卫星定位的河沟道水毁监测预警系统主要由卫星定位浮球、卫星定位系统、移动通信系统、服务器、固定客户端或手持客户端、定位器监测平台组成(图 1)。其中，定位浮球为该系统的核心组成部分，主要由定位器、防水外壳、电源等组成，为了保持定位浮球在水面漂浮姿态的

稳定性，在浮球底部进行了配重设计(图 2)。

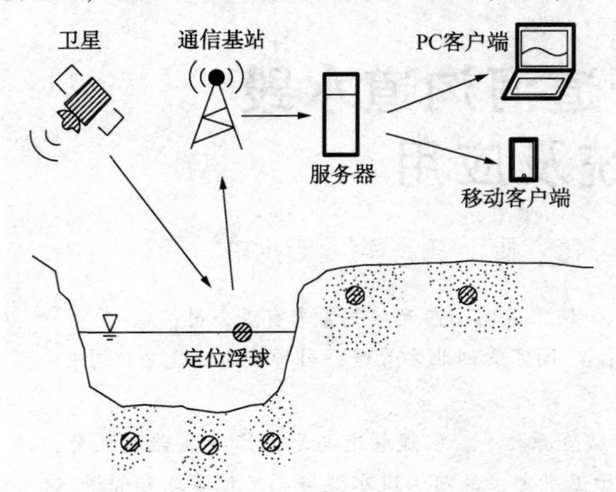

图 1　河沟道水毁监测预警系统示意图

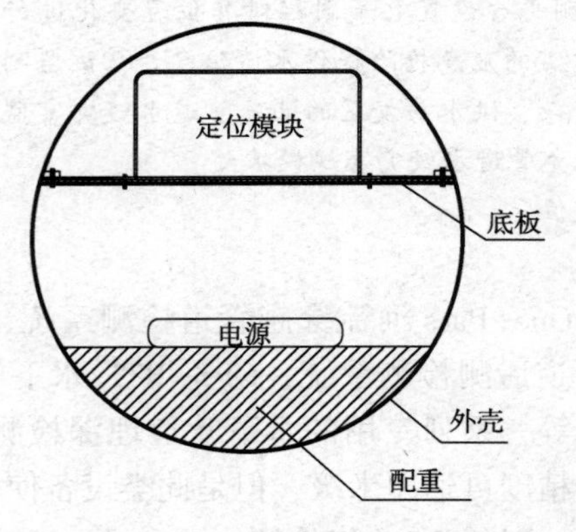

图 2　定位浮球结构示意图

对于穿河敷设的油气管道，可将定位浮球布设在河道穿越段上游河床和河道凹岸穿越一侧的岸坡[图 3(a)]；对于沿河敷设的油气管道，可将定位浮球布设在河道凹岸冲刷区[图 3(b)]。将多个定位浮球埋设于河床或河岸内，当河床或河岸受到洪水冲刷后，定位浮球将漂浮在水面上并随水流向下游移动，浮球内的卫星定位器将浮球的位置信息经通信基站远程传输至客户端，并通过监测平台设置的电子围栏实现定位浮球位置变化报警。用户可根据定位浮球的位置变化判断是否在定位浮球的埋设位置发生水毁和水毁点与管道的距离。此外，当定位浮球脱离初始位置后，可通过定位器监测平台监测浮球的移动速度，间接判断洪水的流速，为管道水毁灾害的应急抢险提供初始水情信息。

2　现场试验

为了测试定位浮球的工作性能，在现场实际应用前对定位浮球的漂浮姿态稳定性、防水性能、定位精度、电子围栏报警功能进行了逐一测试。定位器采用便携式卫星定位终端，可待机一年以上，支持北斗卫星定位系统，定位浮球外壳采用直径 15cm 的硬质泡沫。

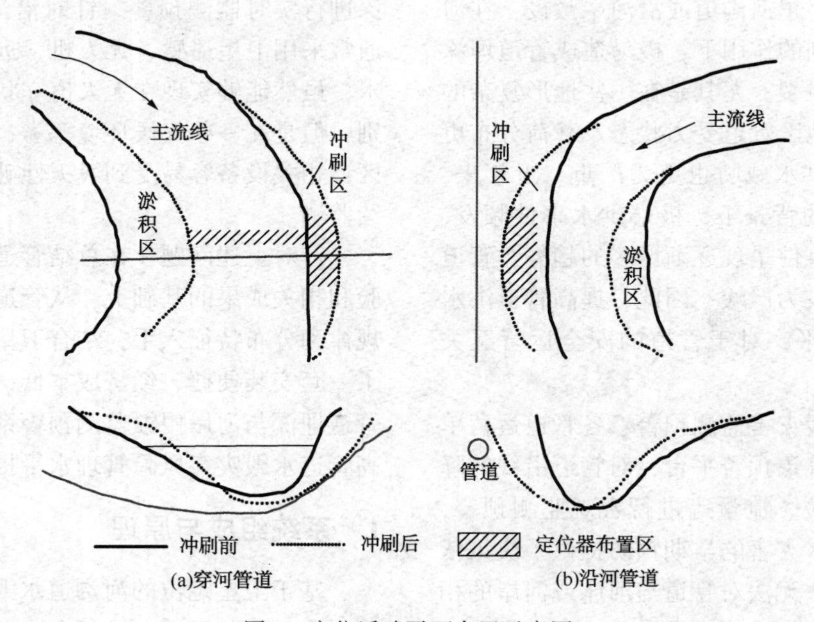

图 3　定位浮球平面布置示意图

(1) 漂浮姿态及防水性能测试。将定位浮球组装完毕后，分别以多种不同姿态落入水中，待装置稳定后检查其漂浮姿态是否一致，然后将定位浮球浸入水中，检查其防水性能。测试结果表明，该定位浮球能够稳定漂浮在水面上，水面以上体积达 2/3 以上(图 4)，对该装置进行转动及落水后，均能以同样姿态稳定在水面上。将该装置浸入水中后，未发现渗漏现象，密封性良好。

（2）电子围栏报警测试。在该装置静止状态下设置一矩形电子围栏（15m×10m），报警模式设置为“出围栏报警”模式，保存设置后将该定位装置移出围栏。测试结果表明，定位装置移出围栏后能够在5min内发出报警，符合现场应用需求（图5）。

图4　漂浮姿态及防水测试

图5　电子围栏报警测试

定位装置模拟测试后，选择了沧州至淄博天然气管道黄河穿越段进行了现场应用。由于受黄河上游小浪底水库泄洪影响，管道穿越段受冲刷影响严重，曾导致黄河北岸滩地段管道露管悬空，悬空最长达37.9m（图6）。因此，选择该水毁风险区进行现场监测试验意义重大。首先，将定位浮球组装完成后，埋入河漫滩穿越处管道正上方、以及管道两侧的冲刷影响范围内，每处监测点埋深1m（图7），各监测点之间间距约3m，各监测点布置（图8）。定位浮球布置完毕后，分别对各定位浮球的定位模式、电子围栏进行了设置，并在监测平台内对各定位浮球进行统一管理。自该监测装置安装并经历一个汛期后，系统运行良好，能够持续监测该管道黄河穿越段滩地水毁。

图6　沧淄线黄河穿越段水毁

图7　定位浮球布置现场

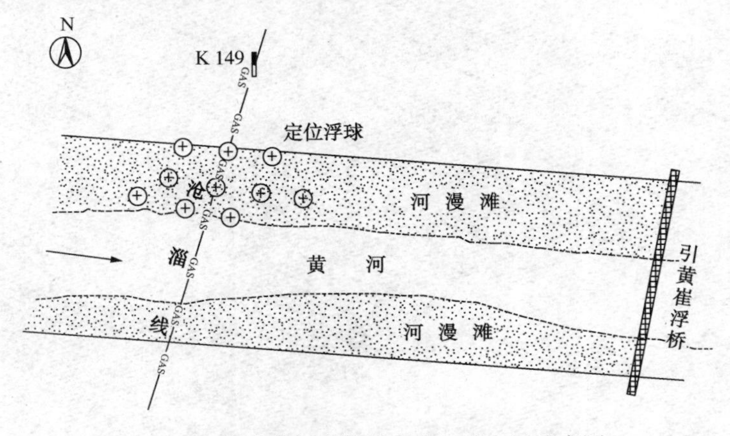

图8　沧淄线黄河穿越段定位浮球布置示意图

3 结论与建议

（1）针对河沟道水毁发生后，管道位置与水毁点相对位置难以实时监测预警的问题，研制了一套基于卫星定位的穿河管道埋深与河岸侵蚀监测预警系统，具有安装便捷、经济成本低、简便易行、定位精度高的特点，可广泛应用于地形复杂、洪水易发区的油气管道水毁灾害监测预警，能够在管道露管前判断水毁点与管道的相对位置关系，为管道防洪抢险提供早期预警信息。

（2）管道发生大规模冲刷造成管道悬空后，管道抢修极为困难，影响严重时往往需要耗巨资进行防护，应以预防措施为主，提前最好汛前风险排查，对高风险段建议采用管道水毁监测预警系统并加强水工保护，以便在管道与河岸距离不足时及时采取防护措施，避免管道水毁规模扩大。

参考文献

[1] 狄彦，帅健，王晓霖，等．油气管道事故原因分析及分类方法研究[J]．中国安全科学学报，2013，23(7)：109-115.

[2] 陈国辉，吴森，潘国耀．基于贡献率模型的管道河(沟)道水毁灾害危险性评价指标体系[J]．中国地质灾害与防治学报，2019，30(4)：123-128.

[3] 薛俊卓，詹辉，张国良，等．长输油气管道河沟段水毁灾害气象风险评价研究[J]．安全与环境工程，2020，27(2)：168-174.

[4] 王磊，赵志超，蔡强．洪水对穿河天然气管道载荷影响研究[J]．油气田地面工程，2020，39(05)：47-52.

[5] 袁巍华，吴玉国，王国付，等．水毁灾害中埋地管道稳定性研究[J]．中国安全生产科学技术，2017，13(9)：90-94.

[6] 李亮亮，邓清禄，余伟，等．长输油气管道河沟段水毁危害特征与防护结构[J]．油气储运，2012，31(12)：945-949.

[7] 袁泉，贾韶辉，刘建峰，等．企业级气象与地质灾害预警服务定制技术[J]．油气储运，2014，33(06)：588-592.

[8] 付立武，贾韶辉，郭磊．管道气象与地质灾害预警技术及其应用[J]．油气储运，2012，31(4)：307-313.

[9] 王维斌，罗旭，李琴，等．基于电磁法原理的水下管道检测技术[J]．油气储运，2014，33(11)：1193-1197.

[10] Jan J. Bracic，Craig Malcovish，Eugene Yaremko. Risk management for lateral channel movement at pipeline water crossings[C]. The 10th International Pipeline Conference，Calgary，2014.

穿越水域输油管道油品泄漏回收处置系统研究

王明波　朱建平　侯　浩

（国家管网集团西南管道公司）

摘　要　本文通过分析某公司所辖高后果区管道所面临的风险，针对风险提出了从水体流域基础信息调查、强化管道污染应急救援与防控措施、水系图数据库建设等三方面着手研究，强化穿越水域输油管道管理，确保管道本质安全。通过对水体流域调查研究，建立流域管道穿越信息数据库，合理设置了围油栏布置方案，根据水域情况就近存放围油栏等抢险物资。结合标准化建设提出并制定了相关措施，加强管道基础信息的管理，提升应急救援能力。为整合抢险资源、抢险力量，通过建立区域联防织就管道立体安全网，从各自为战达到区域联防，实现资源共享，巩固了抢险力量。设计并制作了一款手机软件，将管道相关信息集成到软件中，方便了员工日常对管道信息的了解，并且在管道发生泄漏等突发事件时，能通过软件指引很方便的应对突发事件，为处置高后果区水域管道突发事件综合判断、科学决策提供支持，提高了应急救援处置能力，从而保障管道安全。

关键词　流域调查，应急救援，区域联防，水系图，手机软件

某公司所辖管道分布在陕西、四川和重庆两省一市，这些区域多为丘陵、水系发达地区。所辖管道穿越河流较多，管道共穿越河流142处。其中大中型河流50处，小型河流92处，鱼塘19个，穿越水源敏感区10多处，交通不发达。新《环境保护法》的实施让企业安全环保压力陡增，特别是河流穿越处管道保护工作迎来巨大挑战。本文从水体流域基础信息调查研究、强化管道污染应急防控措施、水系图数据库建设等三方面着手，强化水域管道管理，确保管道安全。

1　水体流域调查研究

1.1　开展流域调查　建立基础信息库

流域是指由分水线所包围的河流集水区。本文主要建立了管道穿越处大中型河流流域信息库。这些位置为管道应急防控的重点区域。组织站场对所辖区域管道流域信息进行认真梳理，逐条穿越河流现场勘察研究，建立起了流域管道穿越信息数据库。数据库主要包括穿越地点、河流名称、穿越出河流宽度、河流走向、分时期的流速和水位等基本信息。并确定了每一处穿越点溢油回收位置，围油栏敷设点。根据河流流速和宽度，设计了2~3道围油栏布置方案。有的拦截方案是依托河流上水电站水坝设计，利用现有水坝设计在水坝处进行拦截回收溢油。根据确定好的围油栏布置位置，就近租住农舍存放围油栏、吸油毡等抢险物资。这样就节约了应急物资托运到现场的时间。大大的缩短了突发事件应急相应时间。并将拦截点、储放点位置信息等制成了图集（图1）。与地方水务部门加强信息沟通交流，及时了解管道沿线流域水位信息，根据流域信息做好相应应急准备工作。

图1　某河流跨越流域信息

1.2　建立泄漏模型　确定油品扩散时间

1）泄漏油品在土壤中的渗漏模型

成品油具有难溶于水的特性，属于轻非水相液体。如果埋地输油管道发生泄漏后，泄漏油品在管道的内部压力和自身重力作用下迅速的在地下土壤环境中渗入扩散运动，这种现象属于多孔介质包气带区内有源轻非水相液体的泄漏扩散过程，是一个复杂多孔介质中的多相流问题，包括固相（沙土）、水相、油相和气相。

该管道为高压密闭顺序输送方式，管道内油

品流动状态属于紊流状态。一旦埋地成品油管道发生泄漏，油品在管道内高压作用下，经泄漏孔以高压射流形式喷射进入地下土壤环境。为了便于求解埋地成品油管道泄漏量及泄漏强度问题，根据埋地成品油管道泄漏的实际情况，可将埋地成品油管道泄漏作为薄壁孔口出流问题处理，作如下设定：

（1）管道内油品为连续、不可压缩的定常流体。

（2）管道为光滑薄壁圆管，忽略管壁厚度对流动的影响。

（3）泄漏孔相对于整条管道而言为一小点，不考虑管道横断面不同位置对泄漏的影响。

（4）油品受管道内高压作用，经泄漏孔以高压射流形式喷射进入地下土壤环境，土壤被迅速侵蚀，形成小孔射流，视为自由出流状态。

（5）形成泄漏孔之后，在瞬时管道内油品的流动状态达到新的平衡，此时管道中油品处于新的稳定、连续流动状态，可将管道内油品流动作为恒定流动。

基于以上假定，进而建立油品泄漏量(Q)和泄漏强度(K_f)为公式：

$$Q=\frac{A^{\frac{2}{3}}}{\rho^{\frac{1}{3}}}\left[\sqrt[3]{-K+\sqrt{K^2+\frac{8A^2}{27\rho}(\Delta p+\rho gH)^3}}+\sqrt[3]{-K-\sqrt{K^2+\frac{8A^2}{27\rho}(\Delta p+\rho gH)^3}}\right] \tag{1}$$

$$\Delta p=p_2-p_1 \tag{2}$$

$$H=z_2-z_1 \tag{3}$$

$$A=K_a\cdot A_O=\frac{1}{4}\pi D^2K_a \tag{4}$$

式中，D 为管道直径(m)；K_a 为漏失面积比，用于表征管道破损的严重程度；A 为泄漏孔面积，m^2；A_o 为管道断面面积，m^2。

$$K_f=\frac{Q}{Q_o} \tag{5}$$

式中，K_f 为泄漏强度；Q_o 为管道输量，m^3/s。

油品在土壤中渗透模型的建立，可以计算出油品的泄漏强度，根据泄漏强度和流域水流速度可以确定各部门应对油品泄漏的应急响应和处置的时间，在该时间内制定相关应急处置措施，并调配相当人力和物力资源，以达到最快时间控制泄漏扩散。

2　强化管道污染应急救援措施

2.1　强化应急体系建设　提升应急救援处置能力

为保障管道安全，公司采取多种措施强化管道污染应急防控能力。根据各地流域现场情况组织各站有针对性的修改应急处置预案，将水体流域调查研究的结果写入一河一案、水系防控体系图中。站队通过定期组织应急演练，检验应急预案的实用性，并对演练中出现的问题提出整改措施，落实问题整改，对应急预案也进行相应修改。公司定期组织区域应急联合演练，磨合机制，进一步明确相关单位和人员的职责任务，理顺工作关系，完善应急机制。锻炼队伍，增强演练组织单位、参与单位和人员等对应急预案的熟悉程度，提高应急处置能力。检验预案，查找应急预案中存在的问题，进而完善应急预案，提高应急预案的实用性和可操作性。完善准备，检查应对突发事件所需应急队伍、物资、装备、技术等方面的准备情况，发现不足及时予以调整补充，做好应急准备工作(图2)。

图2　开展应急演练

2.2　利用技防手段加强管道沿线监管

采用多种形式加大巡护抽查力度，充分发挥GPS巡检系统的作用，加强巡护管控，提升对农民巡线工巡护质量。设专人负责对GPS巡护系统进行管理，利用GPS巡检系统对巡检人员进行实时监控、及时查看和处理巡检信息，定期通报巡检情况，对巡检人员进行严格考评，并与奖金挂钩，确保巡护到位。优化巡护频次，对人口密集的支线管道增加了巡护频次；修订了各级管理人员徒步巡线频次要求，对输油站站长、副站长明确了徒步巡线的频次要求。利用GPS巡线轨迹对巡线员进行抽查，对未巡护到位的及时进行提醒和通报，输油站管道人员会同巡线员及时查找原因并进行整改。积极探索无人机在管道巡护、防汛、抢险、巡护工作写实等方面的应用。

加强第三方施工监督管理，及时协调危及管道安全问题，及时发现和协调处置挖沙、爆破、建房、公路、铁路、水利、管道、电力、通信等第三方施工。

加强外部协调工作，密切企地、企警关系，主动向有关部门去人去函汇报协调管道保护事宜。联合公安等部门制止管道附近挖沙、取土等强制施工。

2.3　建立区域联防机制　织就管道立体安全网

现今管道运营企业所辖管道点多、线长、面广，一旦发生突发事件，如何迅速集结力量，抓住应急黄金时间开展抢险救援成为一项困扰大家的难题。该公司一项名为区域联防的管理新模式为这个老命题找到了新答案。

区域联防就是分区域划分联防站队，按站队储备相应的应急抢险设备、人员、物资等，一旦发生险情，相邻站队会同时启动联动抢险，相互支援，为抢险争取时间。

根据区域把所有站队划分为成都、广元、重庆3个片区。突发事件发生后，由分管道科通知各站队进入应急联动状态，根据各站所存物资、人员与事件发生的距离分配任务：存有围油栏、吸油毡、收油机的站队到达后，负责水域油品拦截与回收；存有照明灯具的站队到达后，负责现场照明；其他站队到达后，负责现场警戒、作业坑开挖、现场收油等工作。另外，公司经研究后在维抢修中心下辖广元和重庆两个维修班，实现了“三地”联保管道安全的重大改革目的。进而完善了公司区域联防“金三角”系统，使公司管道的抢险、维修作业具备更大的灵活性和机动性，使各项抢险、维修任务能够更加高效的顺利完成，最大限度的保障公司生产安全正常运行。

资源联动共享是区域联防的核心，主要包括人力资源和物资设备资源两个方面。人力资源方面，应逐步健全应急组织体系，逐步完善应急预案，加强区域性应急演练，针对区域特殊情况有针对性地开展应急培训；物资方面，要根据各站队特点和能力进行“差异性”储备，避免大而全，做到“不求所有，但求所用”。

3　水系应急防控软件　助推应急救援处置能力提升

区域联防织就了一道严密的防护网，但公司在应急响应和应对突发事件时的处置效率还有待提升。因此在总结分析后，发现由于公司点多线长，重要位置信息多而繁杂，不方便员工在对突发事件时实用。因此将这些管道重点信息进行集中梳理，特编制了一款方便快捷的软件。

该软件主要包括的信息为两阀室段的泄油量，下游拦截点的设置位置，物质、人员、机械的需求，通行道路情况，下游环境敏感区的位置距离，通过对20、50、100年一遇洪水流速进行计算，得出各个拦截点、敏感区、汇入口的流经时间，每个拦截点的拦油方案(图3)。

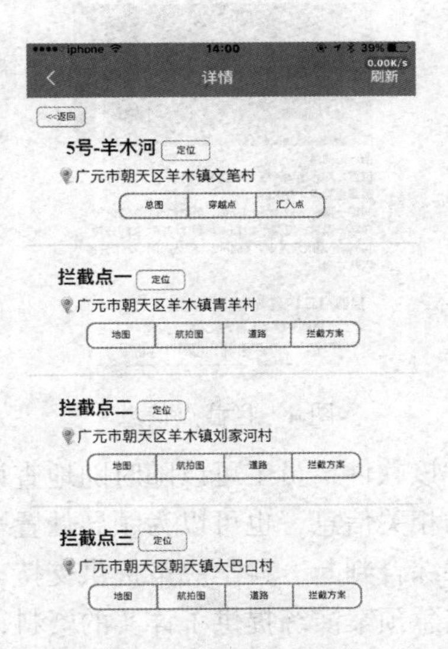

图3　单条河流管道穿越及拦截点总界面

所有管理人员和现场人员在授权后都可以下载这款APP，可以在手机、平板电脑等移动端使用。如发现泄漏问题出现时，管理人员通过APP可以知道泄漏河流的详细情况，包括：知道泄漏位置、知道什么时候油能到什么位置、知道预设拦点的个数和位置、知道穿越点和拦截点两岸的道路情况、知道下游的重点保护区域位置、知道下游汇入口位置、知道汇入什么河流、知道采取什么样的拦截方案、知道需要些什么物质、知道需要多少人员、知道关闭两岸阀室后的泄流量。并能在 APP 上通过定位导航到泄流点或者拦截点，方便管理人员和救援人员第一时间到达现场；资料的更新较为方便快捷。

打开 APP 首页，可以看到整个的穿越水系总图，总图中有每条河流的总体信息及环境敏感区位置，并且每个穿越点都有对应的编号，点击相应的编号，就可以显示这个穿越点对应的河流的具体信息，包括：穿越点位置、下游拦截点位置和拦截方案、下游汇入口位置、下游环境敏感区位置以及到达相应位置的时间。每个位置都有谷歌截图和现场航拍照片，并且在谷歌截图上能看到收油桶和物资堆放的位置，也能看到进场的公路(图 4)。点击对应的穿越点或者拦截点，可以跳转到手机自带的地图(百度地图、高德地图)上去，并通过导航到这个位置上。

图 4　拦截点信息

通过该软件，员工可以随时随地查询管道穿越河流的相关信息，也可以为领导处置水域管道突发事件综合判断、科学决策提供支持，为应急抢险及应急预案演练提供了详实的资料，加强了对高后果区穿越水域管道风险防控能力，提高了工作效率。

4　结论

本文通过现场勘察和认真分析得出以下结论：

(1) 对高后果区管道进行流域调查研究，建立起了高后果区流域管道穿越信息数据库，建立了油品泄漏模型，确定了油品泄漏强度模型，制定了围油栏布放方案、存放点设置、应急物资储备等措施，提升了应急处置能力。本文建立的高后果区管道穿越处流域信息库包含了管廊带主要大中型河流，管廊带所经流域最终都汇集到区域内大中型河流，所以本文建立的信息库同样适合管廊带所经流域。

(2) 通过加强 GPS 考核、加强第三方施工监督管理、落实与地方政府沟通交流等手段加强管道沿线安全。

(3) 根据点多面广的现状，研究制定出了一套区域联防机制，实现了人力资源和物资设备资源的共享。

(4) 编制了一款手机软件，通过该软件能实现随时随地查询高后果区管道穿越河流的相关信息，加强了对管道穿越河流处的风险防控能力，提高了工作效率。

参　考　文　献

[1] 张永龙．埋地成品油管道泄漏扩散规律研究[D]．北京：北京交通大学，2015.

[2] 李大全，姚安林．成品油管道泄漏扩散规律分析[J]．油气储运，2006，(08)：18-24+61+13-14.

[3] 许培林．澜沧江跨越天然气管道孔口向下泄漏扩散规律研究[D]．成都：西南石油大学，2015.

[4] 李大全．成品油管道泄漏扩散分析及危害后果评价[D]．成都：西南石油大学，2005.

[5] 潘涵．成品油管道遭遇泄漏的危害分析[J]．化工管理，2015，(14)：241.

[6] 李朝阳，马贵阳，刘亮．埋地输油管道泄漏油品扩散模拟[J]．油气储运，2011，30(9)：674.676.

[7] 杨筱蘅．油气管道安全工程[M]．北京：中国石化出版社，2010.

[8] 翁俊．风险评价技术在成品油管道站场工程中的应用[J]．石油化工安全环保技术，2012，28(6)：21-23.

浅析输气站场各类设备存在风险及实例与对策

刘宇婷　王垒超　刘雪光

（国家管网集团西南管道公司）

摘　要　天然气管道完整性管理是企业发展中至关重要的一个环节，随着天然气的需求量不断增加，保障天然气安全稳定输送成为天然气输送过程中的关键任务，通过管道完整性管理，可以提前发现管道潜在的危险因素，从而采取有效的措施降低危险事件的发生。输气站场是天然气管道输送系统中的一个重要组成部分，本文着重分析输气站场中各类设备存在的风险，并结合站场中实际发生的典型案例，从人、物、环、管四方面分析事件发生原因，并提出相应对策，降低站场可能出现的各种风险，总结了具有普适性的结论和建议。

关键词　输气站场，设备，风险，完整性，安全措施

随着我国大力推行清洁低碳发展战略，天然气等清洁能源需求持续加大。天然气的安全高效运输和使用，对缓解天然气供应紧张，优化能源结构意义重大。天然气运输可以分为管道运输和非管道运输，对管道运输而言，保证天然气长输管道及站场的安全显得尤为重要。本文首先介绍了输气站场完整性管理的涵义、站场主要设备以及可能出现的安全隐患。接着笔者对企业一些站场已经发生的事故实例进行了总结和分析，并采用专业有效的评价方法对站场风险进行评估，发现危险源及其造成危险的原因，从而指导开展相应的应急管理，降低风险，提高安全管理水平。最后，笔者就文中涉及的安全问题，结合生产实践经验，概括性地总结了结论及建议。

1　输气站场存在的风险

天然气输气站场完整性管理是指不断识别和评估天然气输气站场面临的各种风险因素，采取相应的措施削减风险。从一定意义上讲也就是站场存在或运行状态对人类自身生命、财产、环境可能造成的危害低于人类目前最大承受能力限度的一种动态过程，将站场风险水平控制在不发生导致死亡、伤害、职业病及财产损失、环境破坏的状态。输气站场的风险是客观存在的，但事故发生的概率可以通过采取相应的措施而大大降低。事故发生后，也可以通过第一时间采取有效的方法来降低损失程度。为了将风险限定在一定的水平，需要研究造成风险的各种因素，从而优化设计和操作，在降低安全风险的同时获得最大的收益。本文主要从输气站场各种设备的角度，介绍其工作过程中存在的安全隐患。输气站场的设备主要有各类阀门、压力容器、调压计量、生产辅助设备等。

1.1　各类阀门

输气站场最常见、应用最广泛的阀门有球阀、平板闸阀、节流截止阀、阀套式排污阀、安全阀等。文献调研和笔者现场工作经验表明，站场阀门的安全要素包括以下几个方面。

（1）阀门的承压能力、材质、腐蚀状况（包括大气条件、阀门油漆、输送介质）。

（2）阀门维护保养（包括连接法兰泄漏、阀门内漏、阀门外漏、开关灵活度、阀门锈蚀程度、阀门螺杆锈蚀程度、电动调节阀、操作记录、维护规程、维护方式）。

（3）使用年限等。

在生产过程中，阀门的危害因素主要有以下几个方面。

（1）操作人员对球阀开关情况判断错误，使输气通道阻断或异常开启，导致事故。

（2）当正常活动干线球阀时，未先开启旁通，导致输气通道受阻而引发事故。

（3）当球阀前后压力还未达到平衡时，强行对阀门进行操作，致使设备损坏而引发事故。

（4）气液联动执行机构在排放余气时遇明火发生燃烧爆炸。

（5）阀杆损坏或在操作过程中，阀杆飞出伤人。

（6）在阀门操作过程中，阀杆填料密封不

严，导致泄漏。

（7）连接盘螺栓松动导致阀门开关不到位。

（8）阀位指示与实际开关不一致导致站内流程与设定流程不符引发事故。

（9）安全阀内密封面受损引起气体泄漏。

（10）安全阀起跳压力设置不当导致安全阀误动作或不动作。

1.2　压力容器

站场中常用的压力容器包括分离器，汇管，收发球筒等。在这些压力容器中，收发球筒的操作尤为关键，在收发球过程中每一步都至关重要。

在生产过程中，压力容器的危害因素主要有以下几个方面。

（1）涉及分离器的流程倒换时，未对现有流程进行确认、流程倒换错误，或阀门开关顺序、操作方式不正确会影响输供气、损伤阀门，甚至造成事故。

（2）球筒长期带压，影响设备安全。

（3）球筒未放空为零，强行操作，开启盲板。

（4）开启盲板时，未进行湿式作业暴露于空气中可能出现自燃，或误操作阀门造成事故，或操作不当：如损坏密封件，导致不能正常开关盲板，或未彻底隔离上锁、未检测余压，导致气体泄漏发生燃烧爆炸。

（5）清管排污时污物量大，污物处置不当，污染环境。

（6）天然气在密闭空间达到爆炸极限。

1.3　调压计量设备

输气站场常用调压阀有 FISHER 调压阀、MOKVELD 调压阀、塔塔里尼调压阀等。自力式调节阀是直接利用所调节的介质的压能进行调节，目前被广泛使用。

输气站场常用的计量设备有高级孔板阀、智能流量计、超声波流量计等，其中高级孔板阀需要每周进行维护保养，使计量数据更为准确，较高的操作频率也使误操作的风险增大。

在生产过程中，调压计量设备的危害因素主要有以下几个方面。

（1）调压阀失效，导致下游压力过高或过低。

（2）操作不当，导致高级孔板阀的导板和孔板飞出伤人，或大量天然气泄漏。

（3）放反孔板、放入不合格孔板或未修改核对计量参数，孔板密封圈与导板未装配到位，密封圈损坏，造成计量纠纷或计量事故。

（4）提取和放入导板组件操作过猛，冲撞滑阀，损坏滑阀和转动轴齿轮。

（5）较大孔板掉落伤人，孔板损坏。

（6）阀腔排污时，易冲刷地面碎石。

1.4　其他辅助设备

输气站场其他辅助设备还有消防设备、自控电力设备等。消防设备在日常的生产活动中虽不是最常用的，但如若遇到火灾，消防设备却起到至关重要的作用，如果未对灭火器进行有效检查，存在压力不足或超过使用期限未及时更换，火灾时便不能有效扑灭；或灭火器使用或操作不当，造成初期火灾不能有效控制，引发次生灾害。这些也是在日常设备维护和安全培训中需要注意的。而自控电力设备则需要注意极端天气的影响，如夏天遇到雷击，可能出现站控系统信号异常导致阀门误动作等情况。

2　案例分析

为了控制输气站场各种设备存在的风险，维持输气站场平稳输供气的状态，防止安全事故的发生，可以从人、物、环、管四个方面分析原因，同样可以从这四个方面总结经验教训，进行风险控制。

（1）人员的不安全因素：操作不安全性（误操作、违章操作）、指挥不安全性（指挥失误、违章指挥）等。

（2）物的不安全因素：设备选型不符合要求、设备维护保养不到位、设备材质等有缺陷等。

（3）环境的不安全因素：不良或危险的自然地质条件、不良或危险的工作环境（极端天气、照明不足等）。

（4）管理的不安全因素：规章制度不全、不符合实际，作业规程、操作规程、安全技术措施的编制、审批、管理不符合规定，贯彻学习不到位等。

以某输气站球阀执行机构异常事件为例进行分析。

事件经过：某输气站在准备进行清管作业时，在采用电动方式开启球筒球阀过程中，阀门停止动作，于是操作人员通过手动加力将阀门全开。后操作人员再次测试球阀执行机构的电动开关功能，阀门在关闭过程中多次停止动作，重新开启又在开度为8%时，阀门停止动作。采用电动、手动反复开关，致使阀门卡死，无法动作(图1)。

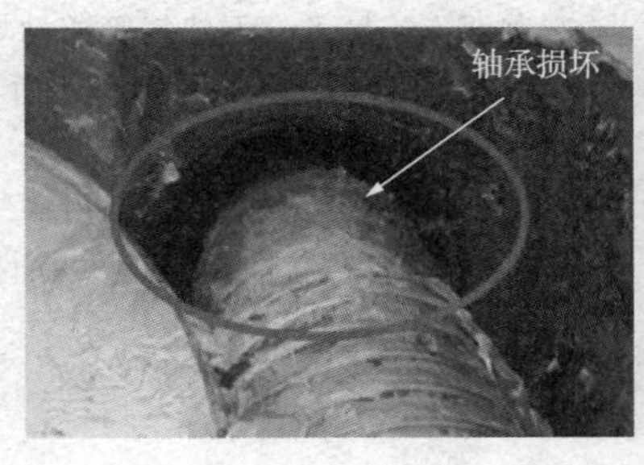

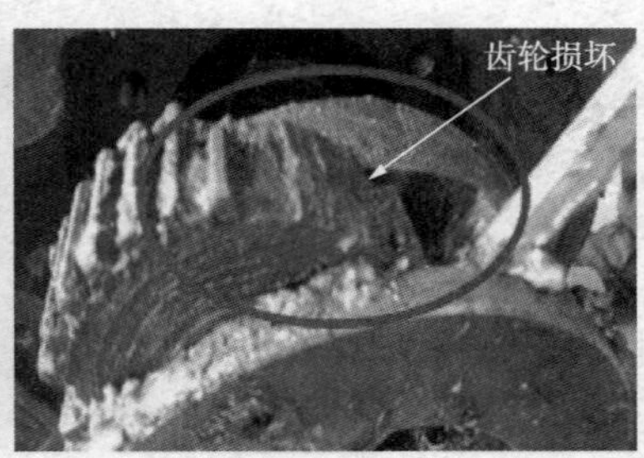

图1　阀门故障部位图片

现场维修人员打开齿轮箱盖板检查传动部件，发现蜗轮传动部分的轴承损坏，需要等待更换配件才能正常使用，清管作业无法继续。站场员工对驱动头进行断电处置，挂“待修”牌，并做好巡检监控。

后续维修人员更换轴承时，发现执行器传动星型齿轮也损坏了。在更换轴承、星型齿轮后，执行机构恢复正常开关功能，故障消除。

原因分析如下。

(1) 人员：现场操作人员遇故障时处置不当。当阀门开关困难时，强行进行开关操作，同时未对异常情况出现的原因作出正确的分析和判断，加力进行开关阀门加剧了星型齿轮的损坏。

(2) 设备：阀门轴承损坏，导致驱动机构动作困难。

(3) 环境：球阀传动机构的齿轮箱存在轻微进水，轴承长期处于潮湿的环境中，对其使用寿命产生了一定的影响。

(4) 管理：阀门维护保养制度不完善。缺少该类阀门相应的维护保养操作规程，致使轴承缺少润滑造成内部摩擦和损伤。

根据人、物、环、管四方面的原因分析，为避免此类事件发生，有以下几点建议。

(1) 人员：加强对员工进行设备结构和原理、维护保养、操作规程方面的培训，提升员工现场操作技能及遇到故障时的处置能力。同时，进行类似问题的安全经验分享，举一反三。

(2) 设备：加强设备的维护保养，定期检查密封圈，及时更换不合格的密封圈，做好箱盖与箱体结合部位的防水处理。

(3) 管理：补充完善设备维护保养、操作规程等相关制度，明确设备维护保养具体内容及要求。同时，在大型作业(如：清管作业)进行之前，应事先对关键阀门进行测试，遇到问题及时调整，不致在作业进行时出现问题被迫停止，增加人工成本。

3　结论

本文从输气站场主要设备出发，结合生产实例，从人、物、环、管四个方面，分析了天然气管道站场安全管理和生产中可能遇到的问题，给出了合理处置和解决这些问题的相应的对策，以预防为主，杜绝危险作业，最终达到事故为零的安全生产目标，保证安全平稳输供气。具体结论和建议可以概括为以下四点。

(1) 本文结合典型案例，归纳总结了发现和分析站场潜在安全问题的方法和处理措施，这些方法和措施具有普适性。

(2) 在“物”和“环”方面，应全面分析天然气管道站场安全管理可能存在问题，定期邀请专业人员检查和维护站场设备，结合实际情况制定合理防范措施和应急方案。

(3) 在“人”和“管”方面，应开展落实各级各类安全教育培训，提高站场人员安全意识，结合各个站场实际建立完备的 HSE 管理体系，提高安全管理水平，从而有效防止事故发生，在满足用户需求的同时，保证站场运行的健康、安全和环保。

(4) 同时，随着石油行业的自动化、智能化、无人化进程发展，在最危险的作业区域采用智能化电动设备，代替工作人员直接操作，通过电脑间接控制，获得比人为监测和操作更高的精度和可靠性。

参 考 文 献

[1] 李雪．浅谈天然气管道的完整性管理[J]．科学管理，2017(5)．

[2]周旭．石油天然气站场安全管理工作分析[J]．化工设计通讯，2017，43(1)：129-133.

[3]何伟宏，王秉华．浅谈石油天然气站场安全管理[J]．石化技术，2018(2)．

[4]刘扬，张艳，张丹．天然气输气站场的风险评价技术研究[J]．管道技术与设备，2007(03)．

[5]刘诗飞，詹予忠．重大危险源辨识及危害后果分析[M]．北京：化学工业出版社，2004.

[6]吴鸿．浅谈输配气站场的HSE精细化管理[J]．中国石油和化工标准与质量，2018(3)．

[7]曾亚飞，逯飞．天然气管道站场安全管理存在问题及对策分析[J]．化工设计通讯，2018(1)：168-168.

[8]施林圆，郑洁，李晶．四川输气站场风险评价研究[J]．天然气工业，2004，24(11)：135-138.

西南山区某管道凹陷服役适用性评价及修复实践

余东亮[1]　李开鸿[1]　杨锋平[2]　王垒超[1]　张　皓[2]

(1. 国家管网集团西南管道公司；2. 中国石油集团石油管工程技术研究院)

摘　要　山区管道凹陷极易产生，需要开展评价并制定合适的处置措施。通过分析标准规范，确定凹陷尺寸判定规则并梳理内检测、开挖及评价顺序。针对山区某管道内检测发现的 4 处深度超过 6%管径的凹陷，在开挖验证的基础上开展基于深度和基于应变的评价，并进行对比分析。结合国外管道凹陷处置典型案例、各相关标准中凹陷处置方法以及管道运行实际情况，合理制定修复方案，确保管道满足服役要求。

关键词　管道，凹陷，评价，修复，套筒

西南山区地质环境复杂，施工条件不佳，崩塌、水毁等地质灾害频发，管道在建设、运行过程中，极易产生管体凹陷。山区管道凹陷的成因主要有三种：一是建设期机械碰撞、管沟底部岩石或回填时存在石头挤压，二是河床冲刷(以水石流为代表)导致露管伴随危岩体崩塌砸伤或冲击，三是管道沉降伴随管底岩石挤压(尤其是液体管道运行初期，凹陷存在增长态势)。凹陷对管道主要带来三方面安全隐患：一是由凹陷导致的管道塑性变形超过极限而形成泄漏；二是凹陷导致管体应力集中，在管道内压波动情况下，导致疲劳寿命缩短，出现延后失效；三是凹陷导致管道内截面缩小，使管道清管器、测径装置、内检测装置无法顺利通行。当凹陷耦合划伤、裂纹(如挖掘机碰伤管体形成凹陷情况)，或凹陷与环焊缝相关时，凹陷处将极大降低管道承压能力，严重情况下将导致管体爆裂。

对检测出的凹陷进行评价和合理处置是管道完整性管理的重要环节。文献[1~3]对凹陷检测、评价研究现状进行了回顾和总结，同时提及了凹陷的修复手段。李庆云[4]基于 Oyane 韧性断裂准则，研究了凹陷的损伤程度，该工作有利于定量评估凹陷对承载能力的影响，从而对修复需要补偿的承载能力给出参考。李根[5]采用有限元方法，计算了不同理想尺寸凹陷的应力应变情况，以凹陷处应力是否达到管材屈服强度判定管道是否需要维修，进而可以推测维修需要补偿的承载能力。崔凯燕[6]、雷铮强[7]、王同德[8]等基于管道内检测或智能测径，研究了凹陷的检测方法、检测精度以及基于内检测的应变计算或维修决策，从而提高非开挖检测的凹陷完整性管理准确度。朱丽霞[9]通过有限元方法，详细研究了 X80 管材凹陷部位应力应变随凹陷深度的关系，指出凹陷中心和距离中心一定距离的边缘是凹陷的危险部位，这与实际凹陷失效现象吻合。上述研究对工程实际中的凹陷处理提供了良好建议。

西南某管道变形检测发现 4 处深度超过 6% D(D 为管道外径)的凹陷，其中 2 处与螺旋焊缝相关，2 处不相关。管道规格 Φ813mm×9.5mm，管材等级 X70，$MOP \leqslant 7.5$MPa。根据上述研究基础，结合国外凹陷失效及修复案例以及工程考虑因素，对凹陷进行合理评价和选择合适处置方法，确保管道运行安全，具有重要意义。

1　凹陷评价准则概述

1.1　凹陷定义及深度选择

凹陷的定义不同，导致凹陷深度的判定方法出现差异，从而直接影响测量的时机和对凹陷危害性的判定。SY/T 6996—2014《钢质油气管道凹陷评价方法》定义凹陷是因外力撞击或挤压造成管道表面曲率明显变化的局部弹塑性变形，即凹陷变形包含弹性和塑性两部分，因而可以用内检测报告给出的凹陷尺寸开展服役适用性评价。ASME B31.4—2019《Pipeline Transportation Systems for Liquids and Slurries》与 ASME B31.8—2018《Gas Transmission and Distribution Piping Systems》则定义凹陷为圆形截面的永久变形，即凹陷是塑性变形，并不包含弹性部分。

表 1 和图 1 分别是该管道 4 处凹陷回弹前后的深度数据对比和现场外观形貌。开挖结果显示，4 处凹陷均位于管道底部(4~8 点位置)，去

除石头前属于管底约束性凹陷，去除石头后属于管底非约束性凹陷。4处凹陷回弹后深度为报告深度的58.7%~76.3%，平均为69.1%，显示去除约束后均有较大幅度回弹。该数据与相关文献[1，10]所述70%吻合。

表1　凹陷深度检测数据

编号	与焊缝相关性	内检测报告深度/%D	回弹后深度/%D	回弹后深度/报告深度/%
1	与螺旋焊缝相关	8.93	6.81	76.3
2	不相关	8.60	5.83	67.8
3	不相关	6.90	4.05	58.7
4	与螺旋焊缝相关	8.05	5.92	73.5

损伤力学认为，弹性可逆且不会造成材料的损伤。在工程应用中，管道缺陷的处置方法的选择需要考虑多方因素，包括评价结果、投资概算、工况要求、高后果区分布情况、地质环境情况、施工条件及处置时间等，其核心是确保能恢复原始或达到给定的服役水平，确保管道运行安全。常规情况下，可以根据内检测数据作为初步筛选依据，对不符合标准要求的凹陷进行开挖验证，以回弹后的形状(即永久变形)尺寸进行安全评定。

1.2　凹陷性质区分

凹陷主要分为平滑凹陷与弯折凹陷。当凹陷处曲率小于5倍管道壁厚t时，属于弯折凹陷，弯折凹陷不论深度多少，均应维修。通过测量4处凹陷的三维尺寸，并计算其曲率半径R，由此判定凹陷是否属于弯折凹陷，计算结果见表2。结果表明，4处凹陷R/t均大于$5t$，为平滑凹陷，需要进一步评价后确定是否修复。

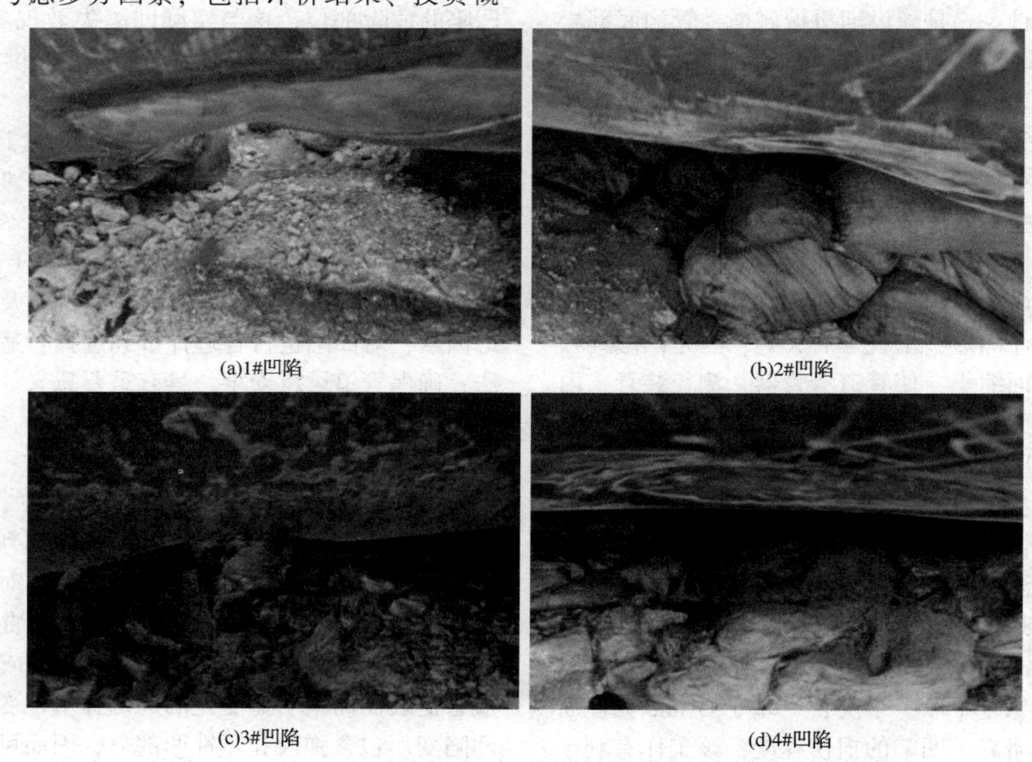

(a)1#凹陷　(b)2#凹陷　(c)3#凹陷　(d)4#凹陷

图1　凹陷开挖照片

表2　凹陷曲率半径计算结果

序号	深度/mm	轴向长度/mm	环向宽度/mm	曲率半径R	R/t
1	55.40	220	450	136.91	14.41
2	47.40	1150	550	821.43	86.47
3	32.96	950	600	1381.77	145.45
4	48.14	400	440	439.52	46.27

1.3　评价方法及结果

凹陷主要有两种评价方法，基于深度评价和基于应变评价。在基于深度评价方面，国内外主要法规和技术规范规定值见表3。由表3可知，油管道凹陷的允许量小于气管道，究其原因，主要是油管道压力波动频繁，疲劳问题更为突出，在相同服役周期内，凹陷更容易泄漏。管顶凹陷的允许量小于管底凹陷，一般情况，管顶凹陷由建设期机械碰撞造成，埋地后属于非约束性凹陷，内压波动情况下可以“呼吸”，从而疲劳寿命更短。对于普通平滑凹陷，多数标准将深度允许值定为6%*D*，与焊缝相关凹陷的深度允许值为2%*D*。

表3 相关标准对凹陷的深度规定表

序号	标准	普通凹陷	焊缝相关凹陷
1	SY/T 6996—2014	6%*D*以上修复	2%*D*以上修复
2	ASME B31.8—2018	6%*D*以上修复	2%*D*以上修复(焊缝韧性且无超标缺陷放宽至4%*D*)
3	ASME B31.4—2019	6%*D*以上修复	执行API 1160
4	API 579—2016	7%*D*以上修复	/
5	CSA Z662—2015	6%*D*以上修复	2%*D*以上修复
6	API 1160—2013	管顶大于6%*D*立即处理；管顶大于2%*D*或管底大于6%*D*或管底应力集中凹陷，1年内处理。	2%*D*以上1年内处理。
7	49 CFR part 192	管顶大于6%*D*凹陷1年内修复，大于6%*D*但应变允许情况下，监控使用； 管底大于6%*D*凹陷可监控使用。	2%*D*以上1年内修复；2%*D*以上，但应变允许情况下，监控使用；
8	49 CFR part 195	管顶大于6%*D*凹陷立即修复，大于3%*D*凹陷60天内修复，大于2%*D*凹陷180天内修复；管底大于6%D凹陷修复。	2%*D*以上凹陷180天内修复

基于应变评价方法，其实质是根据第二强度理论，金属材料的等效应变达到一定值就会发生破坏。对于管线钢材料，保守的临界拉伸失效应变为12%，考虑到要求长周期服役，相关标准取12%的一半6%作为凹陷应变评估的临界值，认为若凹陷处内外表面最大等效应变值不超过6%，则凹陷不会发生破坏，可以继续服役。对于含焊缝的凹陷，相关标准将临界应变值设为4%。一般而言，基于应变评价比基于深度评价宽松，这对于穿跨越等暂时无法维修、但深度值又超过标准规定值的凹陷的适用性评价特别有意义，一定程度上可以缓解管道运行单位对凹陷维修的紧迫性。随着持续的研究，基于应变的评价计算公式逐步得到完善，ASME B31.8在2018版本对应变评估的计算公式进行了修订。

为了综合对比，按照SY/T 6996—2014、ASME B31.8—2018两个标准分别对上述4处凹陷进行应变计算并与深度进行对比。结果(表4)显示，不论基于深度还是基于应变评价，1#凹陷均需要修复。2#、3#凹陷按回弹后深度评估及应变评估，均不需要修复，若按回弹前深度则需要修复。4#凹陷基于应变评价无需修复，基于深度评价需要修复。

表4 凹陷应变计算

序号	与焊缝相关性	深度/mm	深度比/%D		应变/%	
			回弹前	回弹后	SY/T 6996—2014	ASME B31.8—2018
1	相关	55.40	8.93	6.81	7.55	8.71
2	不相关	47.40	8.60	5.83	1.29	1.49
3	不相关	32.96	6.90	4.05	1.04	1.20
4	相关	48.14	8.05	5.92	2.85	3.30

1.4 凹陷修方法

GB 32167—2015、SY/T 6996—2014 以及 GB/T 36701—2018 等标准均给出了管道凹陷的常规修复方法。其中，复合材料和环氧套筒的修复原理主要是分担管道载荷，降低凹陷处的应力，从而避免凹陷发生泄漏。但是，应分担凹陷处多少载荷，从而使凹陷处的应力降低至临界低值，保证凹陷不泄漏，目前没有规定。该载荷值与凹陷深度、服役压力、凹陷曲率半径等参数密切相关，同时又影响复合材料修复层数厚度或环氧套筒的套筒厚度长度。因此在实操层面，复合材料和环氧套筒修复存在技术盲点，需要现场技术人员或补强服务商凭经验确定修复的关键参数。此外，现有研究对修复用环氧树脂的耐久性无明确定论，复合材料和环氧套筒修复的永久性不易保证，易受施工工艺、施工人员责任心、材料性能、环境等诸多因素影响。B 型套筒的修复原理为完全承担凹陷处管道载荷，考虑即使凹陷泄漏了，内部介质也不会泄漏至环境中去。因此该方法只要工艺执行到位，属于永久性修复。与复合材料、环氧套筒相比，B 型套筒的重要特点是需要与管体进行焊接，属于动火维修。

2 国外凹陷泄漏及修复案例

美国国家运输安全委员会发布事故简报[12]显示，Colonial 管道公司某成品油管道，规格为 Φ813mm×7.14mm，管材为 X52 钢级双面埋弧直缝焊管，运行压力为 4.53MPa 至 4.70MPa。管道于 1964 年投产，2015 年 9 月某 1.7%D 的普通凹陷发生泄漏，凹陷边缘由外向内形成穿透性裂纹(图 2)。记录显示，该凹陷 1994 年开挖时没发现裂纹，当时没做处理。Colonial 管道公司采用 B 型套筒应急抢修，后切割换管。

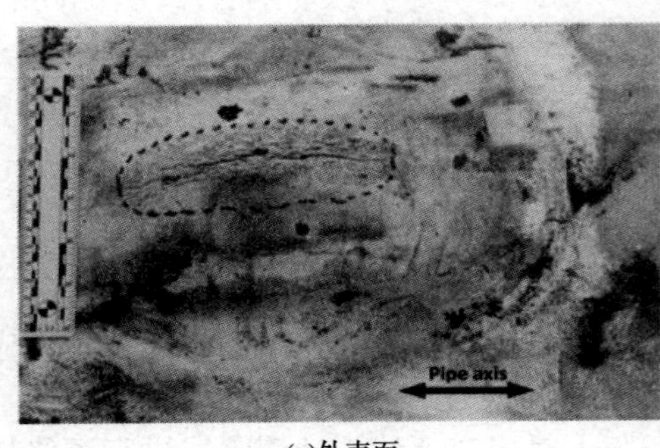

(a)外表面

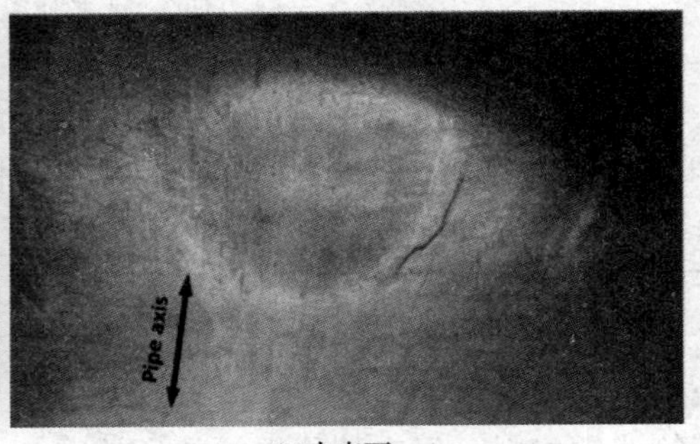

(b)内表面

图 2 Colonial 管道公司某成品油管道泄漏凹陷照片

失效分析发现，虽然凹陷深度小于 2%D，但由于形状特殊，凹陷局部尖锐导致局部应力集中，该应力集中处在内压循环波动载荷下，发生疲劳泄漏。由此可知，现有标准规定的凹陷安全深度并不是凹陷永久服役的充分条件，还应关注凹陷局部变形特征。该泄漏事件后，Colonial 管道公司又重新分析内检测数据，对形状可能造成较大应力集中的凹陷，分 2 批开挖了 39 处凹陷深度小于 2%D 的浅凹陷，其中第 1 批开挖 9 处，发现 3 处凹陷含有裂纹，除 1 处不具备换管条件外，其余 2 处采取换管修复，剩余开挖的 7 处均采用 B 型套筒修复。第 2 批开挖 30 处浅凹陷，均未发现裂纹，并对 29 处凹陷采取 B 型套筒加固，1 处由于开挖后未发现凹陷，未做修复。由此可以看出，Colonial 管道公司对于存疑凹陷，即使深度小于 2%D，一旦开挖，随即加装 B 型套筒，避免管道安全隐患继续留存。

3 凹陷修复措施

综合国内外凹陷评价修复技术标准及国外案例，考虑到 4 处凹陷外形测量仅采用了常规方法，未进行激光 3D 扫描，而且凹陷的曲率半径计算假设为整个凹陷上的均匀曲率变化，而实际可能存在凹陷某个局部曲率有剧烈变化，从而出现 Colonial 管道公司泄漏事故的可能性。结合周边高后果区分布情况、地质环境情况以及运行维护的相关要求，4 处凹陷中，1 处采用换管方式永久修复，3 处采用 B 型套筒修复。

4 结论

(1) 4 处凹陷回弹前后测量值显示，非约束凹陷与约束凹陷深度的比值平均为 69.1%。采用回弹后的深度值评定凹陷，1#凹陷需要修复；2#、3#凹陷不需要修复；4#凹陷基于深度评价需要修复，而基于应变评价无需修复。

（2）采用复合材料或环氧套筒修复凹陷时，现有标准未明确修复分担的载荷，从而无法根据该载荷值详细设计修复厚度、长度等参数。

（3）国外浅凹陷失效案例及修复方法显示：即使凹陷深度小于标准要求修复值，但由于凹陷可能因为存在局部尖锐而发生疲劳泄漏；含裂纹凹陷采用换管手段，普通凹陷采用 B 型套筒修复。

（4）参考多方因素，最终确定 1 处换管，3 处 B 型套筒修复。

参　考　文　献

[1] 杨琼，帅健，左尚志．管道凹陷研究现状[J]．油气储运，2009，28(6)：10-14.

[2] 李明菲，周利剑，任重，等．在役长输油气管道管体凹陷检测评价研究进展[A]，见：CIPC 2013 中国国际管道会议论文集[C]，廊坊，2013 年 9 月：194-200.

[3] 姜晓红，洪险峰，郑景娜，等．油气管道凹陷的评价与管理[J]．长江大学学报(自科版)，2014，11(14)：118-121.

[4] 李庆云，吴秀菊．基于 Oyane 韧性断裂准则的凹陷管道损伤程度研究[J]．机械强度，2018，40(5)：1243-1247.

[5] 李根，李相蓉．凹陷缺陷对输气管道强度的影响[J]．焊管，2015，38(10)：53-56.

[6] 崔凯燕，王晓霖，杨文，等．基于内检测评价的管道安全维修决策[J]．中国安全科学学报，2019，29(2)：172-177.

[7] 雷铮强，陈健，王富祥，等．基于内检测数据的管道凹陷应变计算[J]．油气储运，2016，35(12)：1275-1280.

[8] 王同德，王玉雷，洪险峰，等．智能测径技术的现场应用[J]. 2016，29(1)：80-82，85.

[9] 朱丽霞，武刚，李丽锋，等．X80 管线钢在管道凹陷状态下的应变演变特征[J]．天然气工业，2019，39(7)：113-119.

[10] 国家能源局．钢质油气管道凹陷评价方法：SY/T 6996—2014[S]．北京：石油工业出版社，2015. 3.

[11] ASME. Gas Transmission and Distribution Piping Systems：ASME B 31.8-2012[S]. New York：ASME publisher，2012.

[12] National Transportation Safety Board. Colonial Pipeline Company Petroleum Product Leak[R]. Centreville，Virginia，2015.

油气管道穿越河沟道段下切位移监测系统探索与实践

方迎潮　王彬彬　吴东容　刘雪光　王爱玲　轩　恒

（国家官网集团西南管道公司）

摘　要　油气管道穿越河沟道段下切数据获取困难，是管道监测预警工程中的短板。为有效管控河沟道穿越段风险，设计并开发了对应的监测装置及系统。整个监测系统由感知层、传输层和应用层组成，采用自主研发的感知层传感器采集河道下降数据；通过Lora和IoT组合的方式解决监测现场硬件设备之间、硬件与软件系统之间的通讯问题；监测数据经过平台服务器处理分析后，将预警信息通过Web端、移动端和短信等方式进行推送，便于管理人员及时发现管道穿越河沟道段的水毁风险。在管道监测预警工程中多个水毁监测点的应用结果表明，该系统具有较高的可靠性和实用性。

关键词　油气管道，河沟道下降，传感器单元，监测预警

山区管道受地形地貌等条件限制，往往要经过地质环境多变、气候复杂区，不可避免要遭受地质灾害的威胁。在各类地质灾害中，滑坡、崩塌等岩土类灾害对管道的威胁较大，但数量相对较少；而数量多，发育广泛的则是水毁灾害，尤其是河沟道水毁。受洪水冲刷或侵蚀影响，河床下切、堤岸破坏，导致管道露管、悬管、漂管事件发生，严重的甚至造成管道屈曲变形、断管等灾难性后果，给管道安全运营和周边人民生命财产安全带来了极大的威胁。

目前，水毁灾害的研究主要集中在危险性评价与水工防护措施方面。在水毁的危险性评价上，陈国辉等人[1]提出“基于贡献率模型的管道河(沟)道水毁灾害危险性评价指标体系”方法，通过灾害影响因素分析，初步确定评价指标体系备选指标因子，利用贡献率模型选出7种因子作为油气管道河(沟)道水毁灾害危险性评价指标。在水工防护措施上，李亮亮等人[2]提出河沟段管道水毁的工程防护结构可分为直接型和间接型两大类，各结构均有其不同的适用条件及防护目标，应根据水毁条件因地制宜，选取恰当的防护结构。袁巍华等人[3]则通过对水毁灾害中埋地管道稳定性研究得出，增大管道外径能够有效降低埋地管道在水毁灾害中的位移，并显著提高管道在水毁灾害中的抗屈曲能力。上述两个方向的研究有效的推动了水毁灾害防治工作的进展，但后者仍属于一种被动的防护，且往往需要较大的资金投入。

随着新技术、方法的不断涌现，地质灾害监测预警技术已经普遍应用到油气管道风险防控上面。通过监测诱发因素(雨量、流速等)、灾害体变化特征(位移、土压力、倾斜等)及管道本体形变(管道位移、管道应变等)来进行灾害预警，已成为主动应对灾害风险的重要手段。油气管道在穿越河沟道段存在管道本体形变监测设备难以安装，而河床下切可以作为判断管道是否受到威胁的重要因素。但目前国内尚无针对油气管道在穿越河沟道段针对河床下降的自动在线监测设备。本文基于油气管道穿越河道现场实际情况，综合实时数据的采集密度和时效要求，设计了管道穿越处河床下切监测设备，开发了平台系统，并给出了系统在现场的应用实例。

1　系统平台设计

系统包含硬件研发和软件两个部分，整体架构分为三层：感知层、传输层和应用层(图1)。感知层包含监测河道下降的硬件及其基础设施，传感器单元、信号接收单元、太阳能供电设备等；传输层解决硬件部分和软件部分的通信问题，分别通过Lora和IoT解决局域网(传感器单元和数据接收单元的通信)和广域网(信号接收单元到应用层主机的通信)的数据传输问题；应用层主要是现场监测情况及实时监测其数据的展

现，访问方式可通过 Web 端、移动端和预警短信实现。

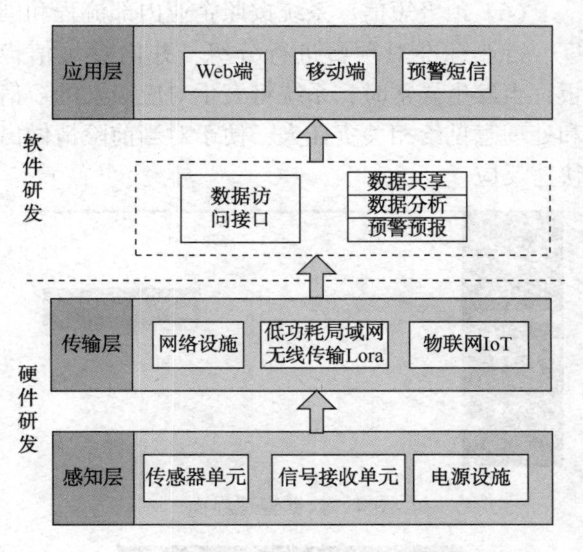

图 1　整体架构图

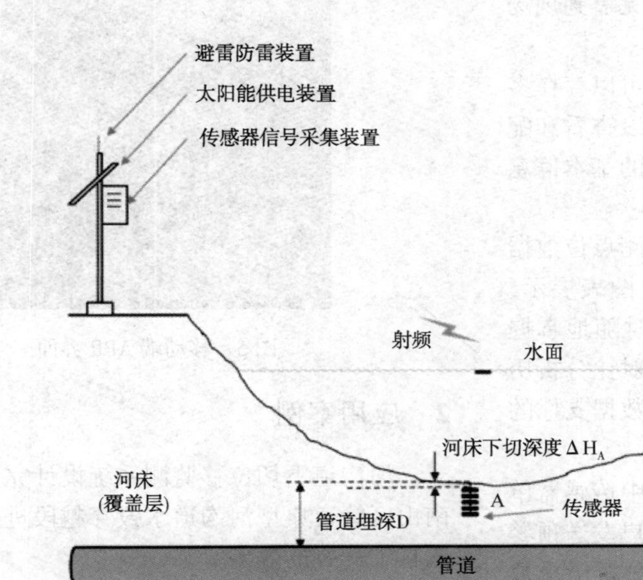

图 2　感知层整体情况

1.1　感知层

由于河道内水流、河沙等影响，常规的在线监测设备往往难以采集到河床是否下切、下切的深度等信息。结合油气管道穿越河沟道的实际场景，设计并研发了针对油气管道在面临水毁灾害时能够提供的有效支撑设备和系统。感知层包括传感器信号采集装置、传感器以及供电防雷等附属设备及辅材(图 2)。

感知层目的在于提供一种油气管道河道穿越段河床下降监测装置，克服目前无法对河床下降进行监测的缺陷。将自主研发的传感器埋设在管道附近的河床，当河床下降时，相应的传感器单元将被水流冲刷，脱离预埋的传感器装置，脱离的传感器单元将发送其 ID 号给信号采集装置并将信号进行记录。每个传感器单元高度为 10cm，系统收到一个 ID 号表明河床下切了 10cm，以此计算河床的累计下切高度。

1.2　传输层设计

信号传输分为两个部分：一是传感器到信号采集装置的信号传输，二是信号采集装置到系统平台数据库的信号传输(图 3)。

针对传感器到信号采集装置的信号传输，采用的是 Lora 无线传输的方式。在使用时，传感器埋设在河床下，当河床被河水冲刷而导致河床下降时，最上面的传感器单元首先露出河床，在河水的冲击下与下面的传感器单元分离，不再受到下面传感器单元内磁铁的吸力作用，即最上面的传感器单元的磁通量发生变化，内部的霍尔传感器感应到磁通量变化后，便将该传感器单元的唯一 ID 号采用 Lora 通信网络传输给传感器信号采集装置；装置内的无线传输设备为 RTU，它将传感器采集的数据通过无线网络(2G/3G/4G)的方式发送到机房服务器上，供系统平台调用。

1.3　应用层设计

面向用户的应用层设计，表现形式包括 Web 端系统、移动端 APP 以及预警短信，方便用户在不同场景下随时查看设备和监测点状态。应用层设计围绕及时响应、远程控制、自动预警等目标展开，主要实现了以下功能。

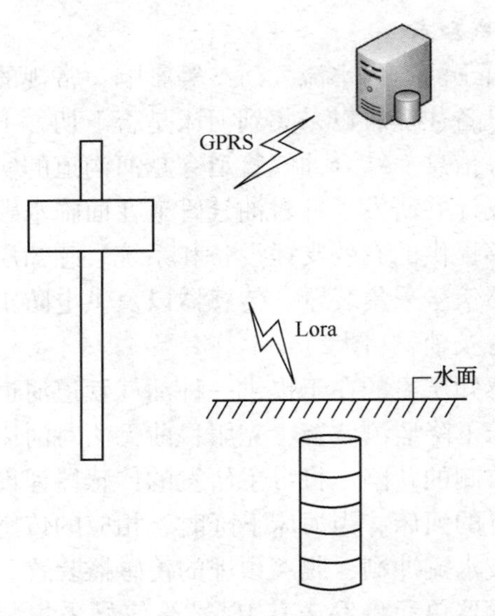

图3　传输层示意图

（1）远程控制：通过该功能可以查看设备的状态，配置点位上的设备参数，如IP地址、设备型号、设备监测频率等，管理人员无需到现场即可查看设备的状态。

（2）点位管理：一个监测点位上可以存在多个监测部位，管理人员通过该功能可以查看和配置该点位的设备布置情况、查看点位的基本信息(如行政位置、经纬度等)。

（3）数据管理：通过该功能对监测点位数据进行实时展示、历史数据查询浏览、图表展示、导入导出excel等操作，实现用户随时随地掌握监测点位当前状态的需求，以及通过对比分析历史数据为管道水毁灾害防治决策提供数据支撑的需求(图4)。

（4）预警预报：当监测到感知层中传感器单元的磁通量发生变化时，系统即向用户发送预警消息；另外，系统还内置LSTM算法分析历史数据，对未来一周内数据进行预测。

（5）移动端APP：移动端的主要目的是实现便捷查询和情况上报，方便用户在Web端使用不便的场景下使用，具备实时数据、历史数据、设备工况的查询浏览功能。其中情况上报功能是用于工作人员或巡线工到现场巡检时使用，可通过移动端上报异常情况，便于相关人员及时掌握监测点位当前状态(图5)。

（6）预警短信：系统按照企业内部流程和国家、行业标准对预警进行分级，并内置短信模板，当发生异常时，系统将发生对应级别的短信和处理意见给相关责任人，便于对当前险情做出快速反应。

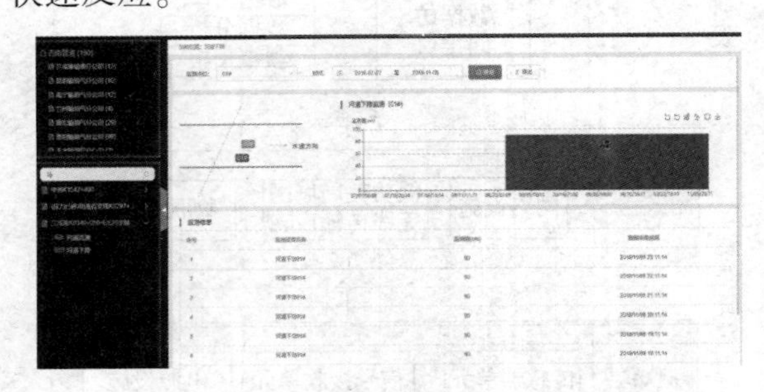

图4　数据管理界面

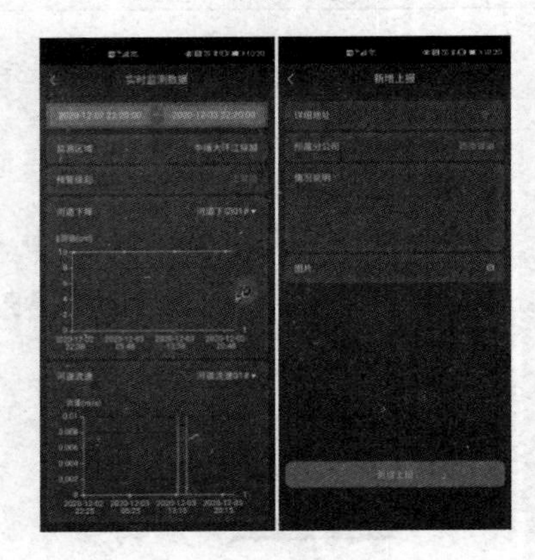

图5　移动端APP界面

2　应用案例

河沟道下切位移监测系统设计完成后，在西南山区管道典型河沟道水毁穿越段进行应用，并取得了良好的效果。

2.1　某管道东溪河(2#)穿越

7月，东溪河(2#)穿越监测点发送预警，2#监测点下切值达到30cm，1h后河道下切达到50cm，预警平台及时发出警示级预警。经过现场核查及时加固管道下游水工防护工程，避免了一次重大的泄漏事件(图6)。

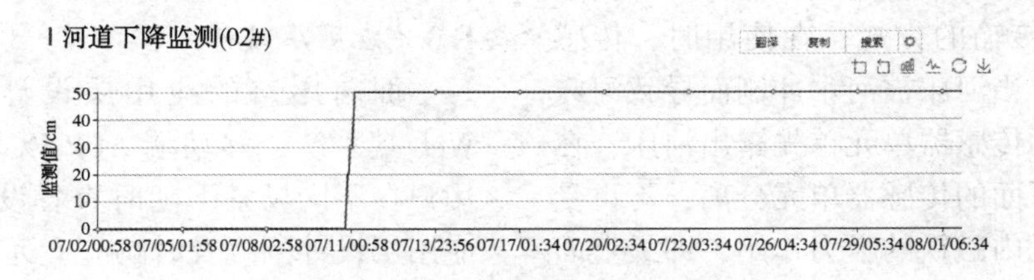

图6　东溪河(2#)穿越2#监测点数据曲线图

2.2　某管道莲峰河穿越

8月，莲峰河穿越监测点发生警示级预警，2#监测点下切值在短时间内达到190cm（该点位设备量程200cm），该点监测设备即将失效；1#监测点下切值达到了120cm，在短时间内下切了80cm。经复核确认现场确实有河床下切情况，但因管道下游修筑有淤土坝，本次的河床下切暂没有对管道造成较为明显的破坏（图7、图8）。

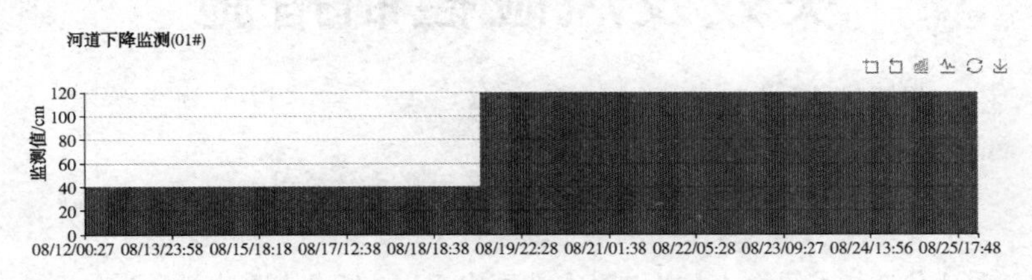

图7　莲峰河穿越1#监测点数据曲线图

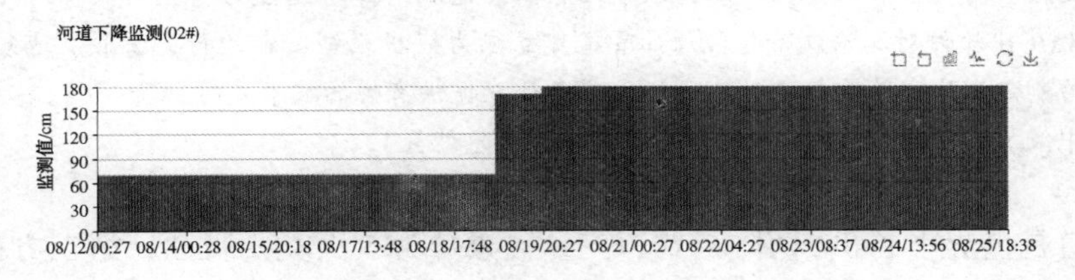

图8　莲峰河穿越2#监测点数据曲线图

河道下切监测系统自2018年投入使用至今，河沟道水毁灾害预警达到数十次。从数据分析可知，当监测数据发现异常时，系统自动计算下切值并进行相应级别预警发布，可为管道穿越河沟道的监测提供可靠信息。

3　结束语

针对管道穿越河沟道段水毁灾害，设计并研发了实时监测河道下切的硬件设备及软件平台，解决了目前油气管道监测工程中难以对河道下切进行实时监测的问题，丰富了管道监测预警工程中的监测类型。通过近三年的应用表明，管理人员可通过系统及时掌握河沟道下切状态，为管道应急抢险及防治提供数据支撑，具有良好的推广应用价值。

参考文献

[1] 陈国辉，吴森，潘国耀．基于贡献率模型的管道河（沟）道水毁灾害危险性评价指标体系[J]．中国地质灾害与防治学报，2019，30(04)：123-128.
[2] 李亮亮，邓清禄，余伟，等．长输油气管道河沟段水毁危害特征与防护结构[J]．油气储运，2012，31(12)：945-949+966.
[3] 袁巍华，吴玉国，王国付，等．水毁灾害中埋地管道稳定性研究[J]．中国安全生产科学技术，2017，13(09)：90-95.

中缅原油管道澜沧江跨越段应力失效及风险控制措施

刘雪光　李开鸿　蒋　毅　赵　荣　轩　恒　刘宇婷

（国家管网集团西南管道有限责任公司）

摘　要　中缅原油管道横贯澜沧江、怒江两条国际界河，一旦发生原油泄漏事故，极有可能造成国际性的影响，因此极具特殊性和敏感性。本文以中缅原油管道澜沧江跨越段为研究对象，对管道失效因素分析，采用 CAESAR II 软件对澜沧江跨越段原油管道建立应力分析模型，在运行、清管、地震工况下进行管道应力分析，为制定澜沧江跨越管道溢油事故的应急处置提供有力的技术支持。

关键词　中缅原油管道，CAESAR II，应力分析，应急处置

中缅原油管道是世界上首例“两隧一跨，三管同敷”的油气管道工程，而中缅原油管道澜沧江跨越段是整个中缅原油管道的“咽喉工程”，是我国继中亚油气管道、中俄原油管道和海上通道之后的第四大能源进口通道，进口来自沙特、科威特的原油，可以使原油运输不经过马六甲海峡，从西南地区运输到中国，该管道的建成有利于实现我国能源运输渠道多元化，保障我国的能源供应安全性，同时有效缓解石油运输压力并减少能源运输成本，其特殊性、重要性不言而喻。然而，任何工程设备在提供便利的同时都伴随着一定的风险，输运管道也不例外。如何结合陆上管道事故特点建立环境风险评价模型，评估管道事故所带来的环境风险，为制定及时合理的溢油应急处理方案提供辅助决策，已成为管道事故定量风险评价领域面临的主要课题也是管道事业进一步发展的难题所在。针对这一问题，本文在详细调研中缅山区原油管道途径区域山地、流域等属性基础上，分析管道失效因素，评判失效后对周边环境综合影响，采用 CAESAR II 对原油管道进行应力分析，确定管道应力较大位置，为管道运行环保风险管控提供技术支持。

1　山区原油管道失效因素分析

中缅油气管道沿线地质结构复杂，降雨较多，雨季时水量较大，在穿越河流地段、地灾易发区和隧道地段等的管道风险因素十分复杂，容易诱发管道腐蚀，甚至引起管道的变形、应力屈服甚至拉裂。结合部分人为因素，将管道失效因素分为 5 大类：腐蚀、第三方破坏、管材缺陷、人为误操作、自然地质灾害。

（1）腐蚀，中缅原油管道在敷设时存在两种情况，暴露在地表或者埋入地下。裸露在空气中的管道会受到大气腐蚀，影响到腐蚀结果的因素主要是当地的大气类型，除此之外，管道设施的质量、外包覆层的完好情况以及平日检测工作的力度，也是影响大气腐蚀结果的因素。埋入地下的金属管道受到土壤包裹，如穿越河流时，其腐蚀情况相应的与土壤酸碱度有关，与前者相似之处在于包覆层状况的好坏和日常腐蚀检测工作也是埋地管道外腐蚀的影响因素，其特殊性在于埋地管道需要进行阴极保护，主要为消杂散电流，避免干电池效应对管道的腐蚀。而在管道穿越隧道地段时，由于无法较好进行腐蚀检测，因此腐蚀也成为了不可忽视的问题。

（2）第三方破坏，第三方破坏主要是指管线沿途发生偷油盗油行为，给管道运输带来巨大损失。出现这样行为的原因在于，安全教育不足，法制宣传力度不够，人文素质水平偏低。巡线频率过低，会给不法分子带来可乘之机；另一方面，人类活动过于频繁也给管道带来风险因素，特别是农耕活动和交通运输活动等。

（3）管材缺陷，管材缺陷，即管道材料自身可能存在的不安全因素，这些因素可能来源于管道的生产过程，也有可能在机运或安装的途中逐渐形成，包括制造、运输、安装等过程产生的缺陷。

（4）人为误操作，在管道的设计、施工、运

行、维护阶段，误操作都有发生的可能性。

(5) 自然地质灾害，自然地质灾害，即山体滑坡、地震、泥石流等能够给管道系统带来灾难性破坏的自然现象。长输管道输送距离较长的特点决定了长输管道所经过的地质环境复杂多变，因此，所面临的自然灾害的威胁就更大。此类灾害一般会对管道造成大面积损伤，导致气体随着地质灾害而发生大面积扩散，造成严重污染，甚至引发火灾、中毒等事故。

综合比较现有国内外环境风险评价方法的基础上，在根据事故树法得出对管道安全影响最大的因素后，结合中缅原油管道实际情况，考虑中缅原油管道环境事故的特点以及评价方法的现场可操作性等因素，以肯特加强指数量化评价为基础，进行适当修改、添加、移植等，构建适合中缅原油管道的风险评价准则。

2 澜沧江跨越段原油管道应力分析

2.1 原油管道模型

使用 CAESAR II 软件对澜沧江段原油管道进行应力分析。包括岩鹰山隧道段、岩鹰山侧(南侧)高陡边坡段管道、跨越段管道、江顶寺侧(北侧)高陡边坡管道、江顶寺段。

总体管道模型长度约 3750m。其中：岩鹰山隧道段管道长 1800m，岩鹰山侧(南侧)高陡边坡段管道长约 180m，高陡边坡段最大倾斜角度为 60°35′，跨越段管道长约 280m，江顶寺侧(北侧)高陡边坡管道模型长度约 140m，高陡边坡段最大倾斜角度为 74°25′，江顶寺隧道段管道长 1350m。具体的管道模型见图 1。管道具体参数见表 1。

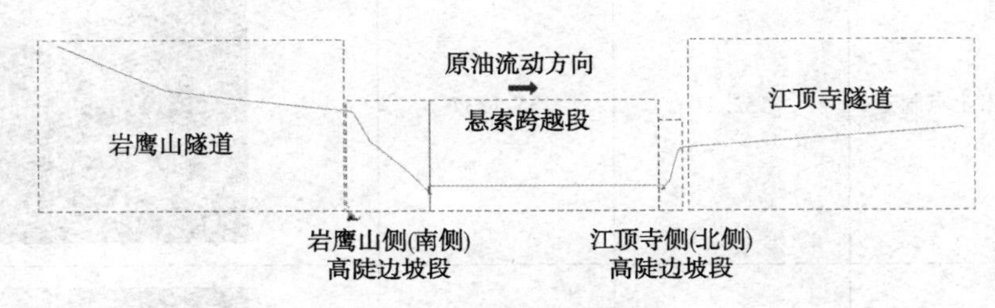

图 1　原油管道模型

表 1　澜沧江段原油管道参数

材料	管径/mm	直管壁厚/mm	弯管壁厚/mm	温度/℃	运行压力/MPa	原油密度/(kg/m^3)	最小屈服强度/MPa
X70	813	28.6	31.8	28	15	866.6	482

建立的原油管道模型见图 2。图示箭头指示处 A、D 为管道出土固定墩处，B、C 为跨越前弯管处，由于跨越两端为高陡边坡，两侧管道受流体的水力冲击影响较大，且有埋地和悬空管道，力学表现复杂，因此管道应力分析应将澜沧江跨越段视为整体进行建模分析。

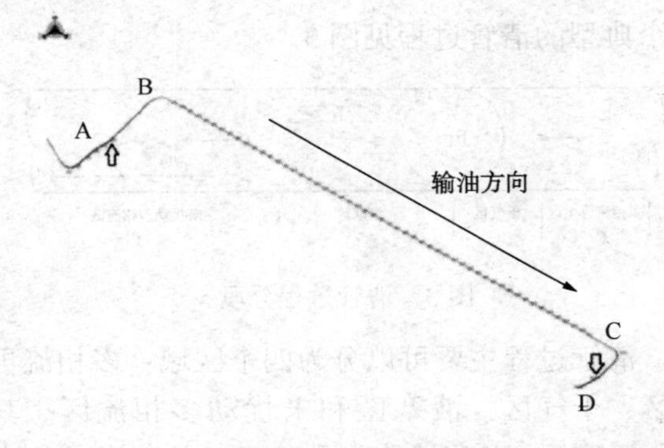

图 2　原油管道模型

在进行应力分析时，根据应力基本特征，将应力划分为一次应力、二次应力和操作应力。其中一次应力是由外载荷作用下在管道内部产生的正应力或剪应力，有无自限性的特点，造成塑性破坏。二次应力的由于管道变形受约束而产生的正应力或剪应力，具有自限性和局部性的特点，造成疲劳破坏。由于载荷、结构形状的局部突变引起的局部应力集中的最高应力值称为操作应力，其是导致脆性断裂和疲劳破坏的主要原因。在应力分析时需要根据工况情况加载不同类型的载荷，运行工况、管桥相互作用的应力分析需要加载一、二次应力；清管工况、地震工况需要加载一、二次应力和操作应力。

2.2 不同工况下的应力分析

管道在运行服役过程中，主要在正常输送情

况下运行，由于桥跨设计时已考虑风载影响，可能导致的主要异常情况归纳为清管工况和地震工况两种。需要对以上三种情况下管道应力情况进行校核。

2.2.1　运行工况

管道工作温度越高，所受温差轴向应力越大。管桥周围年平均温度为16℃，资料表明，原油管道输送温度为28℃。进行运行工况应力分析时，需要考虑包括管道自重W、内压P和温度T产生的应力。分析结果显示管道应力均满足规范要求，管道几处应力较大位置处的应力比率见表2。

表2　运行工况下原油管道较高应力点汇总表

序号	位置	应力值/MPa	应力比率/%	现场情况
1	左侧管道出土点附近	186.39	42.9668	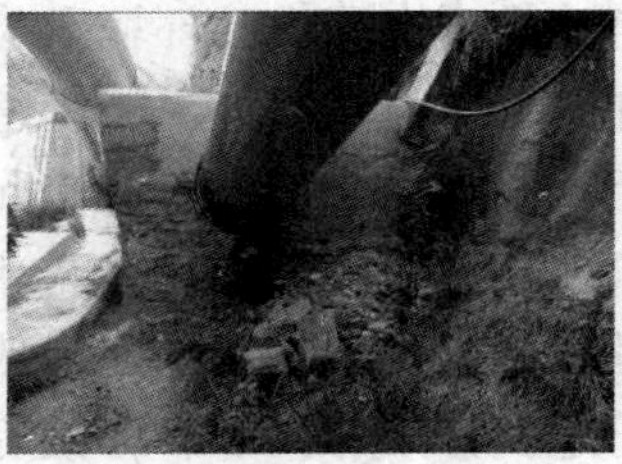
2	右侧管道出土点附近	152.41	35.1337	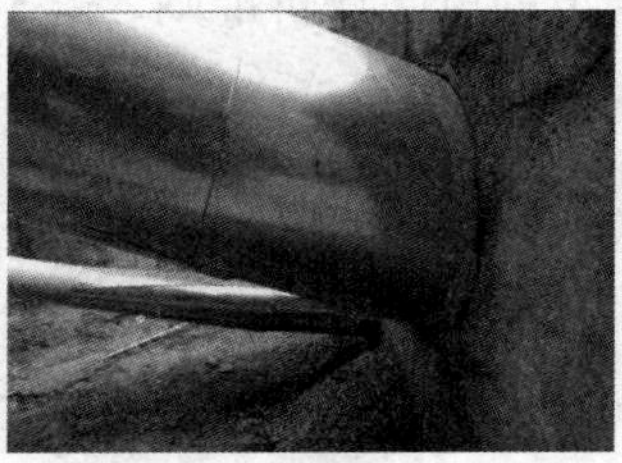
3	悬索跨越段起点附近	149.75	34.5205	
4	悬索跨越段终点附近	125.45	28.9118	

2.2.2　清管工况

1）基本理论

清管器在管道中运行，可以看作是一个活塞在管内受前后带压流体的压差作用而移动，即把管子看成汽缸，把具有一定硬度和弹性的清管器看成活塞。当清管器后的气体(或液体)压力大于其前的气体(或液体)压力时，活塞在压差的作用下克服其与管壁之间的摩擦阻力、管内污水阻力、自重及顶部污水的静压力才能向前运动。一个典型的清管过程见图3。

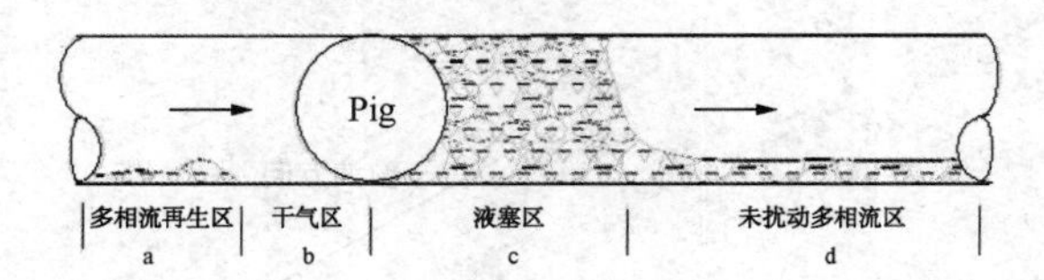

图3　清管过程分段

清管过程主要可以分为四个区域：多相流再生区、干气区、液塞区和未扰动多相流区。其中，液塞区(也常被称为段塞区)会对管道的弯头形成一个持续的推力。基于液体的动量方程，该推力可以表示为图 4 所示。

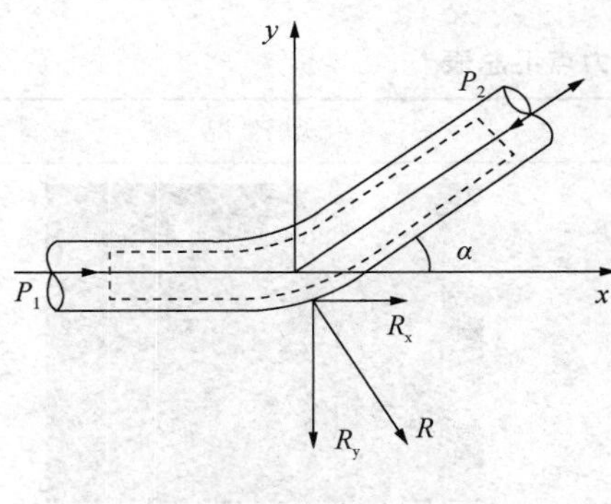

图 4　弯管

由于液体的密度远远大于气体，因此该推力种与密度相关的项对弯头的影响是不可忽略的（非密度项已经在管道的运行工况中得到平衡）。则实际作用于弯头的清管载荷可以表示为：

$$\begin{cases} R_x = pAv^2(1-\cos\alpha) \\ R_y = pAv^2\sin\alpha \end{cases} \quad (1)$$

式中，R_x，R_y为液柱对管道在轴向和纵向上的推力，N；v 为清管球速度，m/s；A 为管道的过流面积，m^2；α 为弯头与水平坐标轴之间的角度，(°)；ρ 为清管液柱的密度，kg/m^3；p_1为清管球后方压力，Pa；p_2为清管球前方压力，Pa。

高陡边坡管道在清管过程中还可能因为坡度较大，在段塞段出现不满流的情况见图 5。

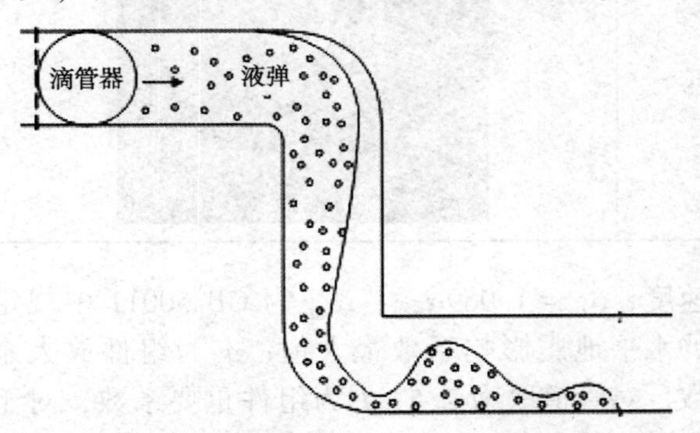

图 5　不满流动

由于清管球的前后压差一直保持相对稳定，不满流以更快的速度来平衡压力。因此坡底弯头将承受超过其它弯头数倍的推力。在已知管道坡底弯头处的持液率时，清管载荷可以表示为：

$$\begin{cases} R_x = pAv^2(1-\cos\alpha)/h_L \\ R_y = pAv^2\sin\alpha/h_L \end{cases} \quad (2)$$

式中，h_L为管道坡底弯头处的持液率。

对于一条确定的管道，可以通过 OLGA 等软件模拟得到上述公式中所需参数的值。但是如果想要快速模拟管道的清管过程而不想动用模拟软件的时候，可以根据 SY/T 6383—1999 的相关规定，取得相关参数的估计值见表 3。

表 3　清管操作参数

清管球速度/(m/s)	清管球后方压力	清管球前后压差/kPa
3.33~5	管道常规运行压力	400~700

对于大直径长距离管道而言，其清管球前端的液柱长度常常达到几 km，因此其载荷时间远大于动力突变时间，回归到动态分析时就可以表述为其动力载荷系数(Dynamic Load Factor，简称 DLF)在非常短的时间内就下降到无限接近于 1。由此可见，清管载荷应当作为静力加载，以外加力的形式作用在管道的弯头位置，但其工况类型应归为偶然载荷，即 OCC。其加载工况标签见表 4。

表 4　工况组合

	加载条件	应力类型	加载条件说明	工况类型
L1	W+T1+P1+F1	OPE	操作工况，F1 为清管力载荷	操作工况
L2	W+T1+P1	OPE	操作工况	操作工况
L3	W+P1	SUS	持续工况	一次应力
L4	L2-L3	EXP	膨胀工况	二次应力
L5	L1-L2	OCC	偶然载荷	

2）应力分析

清管球运行速度为 3.5m/s；液柱密度为 $1000kg/m^3$；清管球前后压差为 450kPa，在最陡峭坡道段出现不满流，其持液率为 0.8。

计算得出的清管对弯管的冲击力以 Force 的方式输入 CAESAR II 软件。

$$\begin{cases} R_x = \rho Av^2(1-\cos\alpha)/h_L \\ \quad = 1000\times A\times 3.5^2\times(1-\cos\alpha)/0.8 \\ \quad = 15312.5A(1-\cos\alpha) \\ R_y = \rho Av^2\sin\alpha/h_L \\ \quad = 1000\times A\times 3.5^2\sin\alpha/0.8 \\ \quad = 15312.5A\sin\alpha \end{cases} \quad (3)$$

对清管工况下的原油管道进行应力分析，分析结果表明应力均满足规范要求。除此之外，可以看出：岩鹰山侧管道出土点、江顶寺侧管道出土点、悬索跨越段起点、悬索跨越段终点处应力最大。清管球对弯管应力的增大作用不是很明显，仅有不到 2%的影响，且对以上三个位置的应力增大作用最明显。

对清管情况下的原油管道进行应力分析，分析结果表明应力均满足规范要求。几处应为较大的点见表5。

表5　清管工况下原油管道较高应力点汇总表

序号	位置	应力值/MPa	应力比率/%	现场情况
1	岩鹰山侧管道出土点	187.93	43.32181	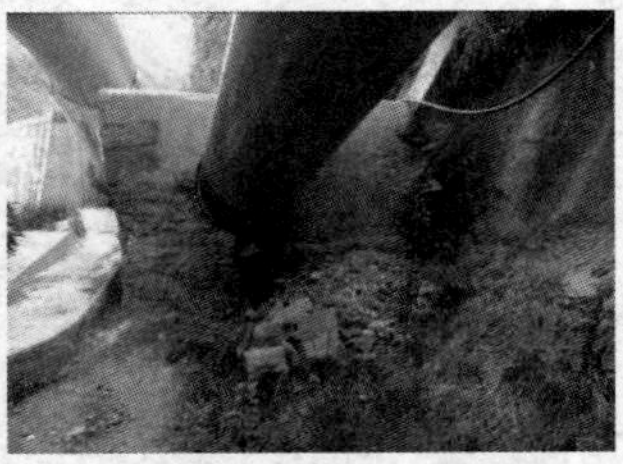
2	江顶寺侧管道出土点	150.72	34.74412	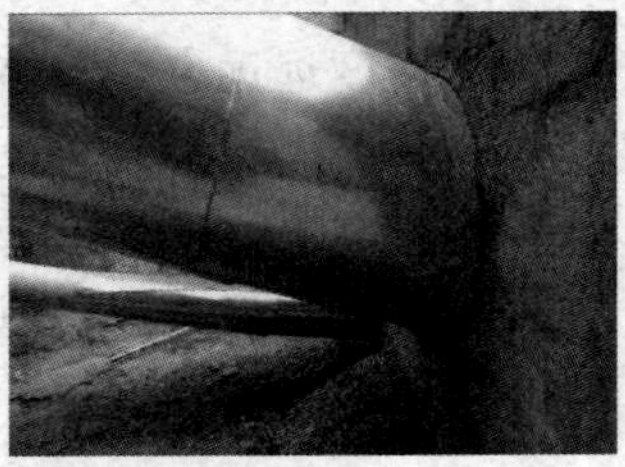
3	悬索跨越段起点	149.44	34.44905	
4	悬索跨越段终点	125.87	29.01568	

2.2.3　地震工况

1）地震作用计算公式

静态地震载荷的值需要通过计算获得。根据ASCE 7的规定，水平地震加速度：

$$a_{\mathrm{H}}=\frac{0.4a_{\mathrm{p}}S_{\mathrm{DS}}}{\left(\frac{R_{\mathrm{p}}}{I_{\mathrm{p}}}\right)}\left(1+2\frac{z}{h}\right) \tag{4}$$

且有：

$$\begin{cases}a_{\mathrm{H}}\leqslant 1.6S_{\mathrm{DS}}I_{\mathrm{p}}\\a_{\mathrm{H}}\geqslant 0.35S_{\mathrm{DS}}I_{\mathrm{p}}\end{cases} \tag{5}$$

纵向地震加速度：

$$a_v=0.2S_{\mathrm{DS}} \tag{6}$$

$$S_{\mathrm{DS}}=1.069\alpha_{\max} \tag{7}$$

式中，S_{DS}为5%阻尼系统的短周期设计谱反应加速度，$S_{DS}=1.069\alpha_{\max}$；$\alpha_{max}$为GB 50011中规定的水平地震影响系数最大值；a_p为组件放大系数，对管道取为2.5；I_p为组件重要系数，对于管道应该取为1.5；R_p为组件的响应修正系数，对管道取为12；z为节点距离结构基点的高度，对于低于基点的组件应取值为0；h为结构顶部距基底的平均高度。

并且根据规范要求，最终结果需要在上式基础上乘以0.67，因此有：

$$\begin{cases}a_{\mathrm{H1}}=0.67a_{\mathrm{H}}\\a_{\mathrm{v1}}=0.67a_{\mathrm{v}}\end{cases} \tag{8}$$

2）澜沧江段管道地震作用计算

本地区抗震设防烈度为8度，设计基本地震加速度值为0.20g，设计地震分组为第二组。

根据《油气输送管道线路工程抗震技术规范》(GB50470—2008)规定，大型跨越应按50年超越概率2%的地震动参数进行抗震设计。根据地震评价部门给出的地震动参数，澜沧江跨越位置超越概率50年2%地震峰值加速度为0.28g。

根据GB 50011中表5.1.4-1，查得保山的水平地震影响系数最大值α_{max}为0.90g，由公式(4)~(8)可以算出：$S_{DS}=0.9621g$，$a_H=0.12g$。

由于$0.3S_{DS}I_p=0.3\times0.9621g\times1.5=0.4329g>a_H$，所以$a_H$取值为0.4329g。

$$a_v=0.2S_{DS}=0.2\times0.9621g=0.19242g \quad (9)$$

根据规范要求，最终结果需要在上式基础上乘以0.67，因此有：

$$\begin{cases} a_{H1}=0.67a_H=0.67\times0.4329g=0.29g \\ a_{v1}=0.67a_v=0.1289g \end{cases} \quad (10)$$

则该段管道所受的地震作用见表6。

表6 管道所受的地震作用

X方向(g)	Y方向(g)	Z方向(g)
0.29	0.1289	0.29

3）应力分析

根据管道的工况，由于运行工况下的时间最长，所以地震作用下以运行工况作为分析对象，工况组合类型见表7。

表7 工况组合

	加载条件	应力类型	加载条件说明	工况类型
L1	W+T1+P1	OPE	操作工况	操作工况
L2	W+T1+P1+U1	OPE	加载横向地震载荷后的操作工况，U1=Xg	操作工况
L3	W+T1+P1+U2	OPE	加载纵向地震载荷后的操作工况，U2=Yg	操作工况
L4	W+T1+P1+U3	OPE	加载轴向地震载荷后的操作工况，U3=Zg	操作工况
L5	W+P1	SUS	持续工况，不含温度应力	一次应力
L6	L1-L5	EXP	膨胀工况	二次应力
L7	L2-L1	OCC	横向地震载荷作用	偶然应力
L8	L3-L1	OCC	纵向地震载荷作用	偶然应力
L9	L4-L1	OCC	轴向地震载荷作用	偶然应力
L10	L7+L8+L9	OCC	SRSS方法合成三个方向上的地震载荷作用	偶然应力
L11	L7+L5	OCC	横向地震偶然载荷作用	偶然应力
L12	L8+L5	OCC	纵向地震偶然载荷作用	偶然应力
L13	L9+L5	OCC	轴向地震偶然载荷作用	偶然应力
L14	L10+L5	OCC	三个方向的综合地震偶然载荷作用	偶然应力

对地震作用下的原油管道进行应力分析，分析结果表明应力均满足规范要求。除此之外，可以看出，应力较大的位置有：江顶寺侧管道出土点、岩鹰山侧管道出土点、悬索跨越段终点、悬索跨越段起点附近弯管。横向地震作用对管道应力的影响最大，且接近应力的校核值，需重点防范，应力较大位置处的应力比率见表8。

表8 地震工况下原油管道较高应力点汇总表

序号	位置	应力值/MPa	应力比率/%	现场情况
1	江顶寺侧管道出土点	354.29	73.50415	

续表

序号	位置	应力值/MPa	应力比率/%	现场情况
2	岩鹰山侧管道出土点	272.92	56.62241	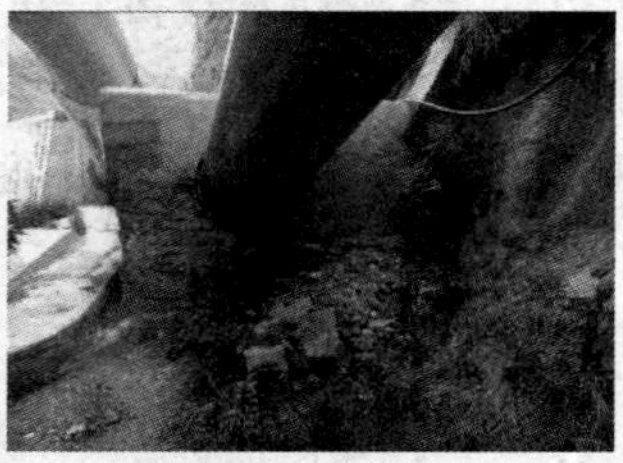
3	悬索跨越段终点	202.72	42.05809	
4	悬索跨越段起点附近弯管	152.23	31.58299	

3　失效概率计算分析

按照现行结构可靠性设计标准，结构可靠度是指结构或结构构件在规定的时间和条件下完成预定功能的概率，可靠度指标 β。当功能函数近似服从正态分布时，其结构失效概率为 $P_f=\Phi(-\beta)$。

工程中进行结构可靠度计算常用的方法有：一次二阶矩方法，包括了中也点法、验算点法(JC 法)和改进验算点法(改进 JC 法)；以及数值模拟方法，包括响应面法、随机有限元法和蒙特卡洛模巧法。这几种方法的比较见表 9。

表 9　可靠度计算方法比较

方法类型	方法名称	方法特点
一次二阶矩法	中心点法(应力强度干涉)	假定所有随机变量服从正态分布，进行可靠度计算
	验算点法(JC 法)	将非正态随机变量正态化，在验算点处(一般为均值处)展开结构功能函数
	改进验算点法(改进 JC 法)	对 JC 法计算不收敛的结构功能函数进行迭代函数修正，在线性极限状态方程下优于 JC 法
数值模拟	响应面法	拟合一个响应面用来代替结构功能函数极限状态曲面，通过计算这个拟合响应面函数的可靠度来模拟实际结构可靠度
	随机有限元法	概率论与有限元法结合用来模拟求解结构可靠度
	蒙特卡洛模巧法	数理统计原理为基础，利用计算机编程进行抽样，主要用于检验结构系统失效概率近似计算公式的精度

应为集中造成的管道强度失效是载荷与强度的相互作用的结果，因此在此处选用应力-强度分布干涉模型计算管道强度失效概率。应力-强度分布干涉模型通常用于机械设计中的可靠性设计，模型假设应力与强度都是呈分布状态的随机变量(图 5)。当强度的均值大于应力的均值时，图中阴影部分表示的应力和强度“干涉区”内就可能发生强度小于应为，即强度失效的情况。

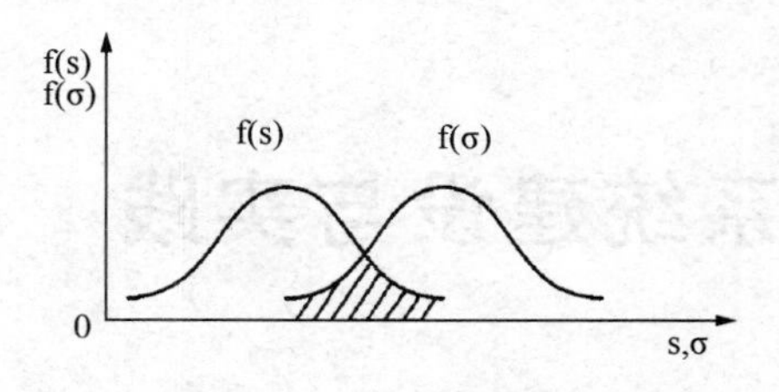

图 5　应力-强度干涉模型

根据可靠度定义，在应力-强度干涉模型理论中，强度大于应力的概率即可靠度可

表示为：

$$R(t) = P(\sigma - S > 0) = \Gamma(z) = \int_{S0}^{\infty} f(\sigma)\,\mathrm{d}\sigma \tag{11}$$

根据文献[8]中关于管道应力分布的研究，可以认为应为随机变量 S 与强度随机变量 Y 均服从正态分布，则失效概率的计算公式为：

$$P_f = 1 - \Phi\left(\frac{\mu_r - \mu_s}{\sqrt{\sigma_s^2 - \sigma_Y^2}}\right) \tag{12}$$

式中，$\Phi(\cdot)$为标准正态函数，其值可通过查询标准正态分布表得到。根据文献[9，10]中提供的钢材统计数据，管道所用钢材屈服强度的标准差和平均值见表 10，管道应力平均值即为管道应力值，管道应力标准差参考管道最小屈服应力标准差。

表 10　钢材统计平均值及标准差

钢材类型	平均值 μ/MPa	标准差 σ/MPa
X70(原油管道)	550	27

将参数代入计算得出原油在三种情况下的失效概率见表 11。

表 11　原油管道应力集中失效概率统计

工况类型	位置	应力值/MPa	许用强度应力/MPa	失效概率
运行工况	左侧管道出止点附近	186.39	436	$<10^{-7}$
清管工况	左侧管道出止点附近	187.93	436	$<10^{-7}$
地震	右侧管道出止点附近	354.29	485	$<10^{-7}$

即原油管道强度失效概率为 1×10^{-7}。

4　风险控制措施建议

根据对澜沧江跨越段风险因素及事件失效概率的分析，考虑已有的风险控制措施，再结合现场具体情况，对澜沧江跨越段的风险控制提出以下几点建议。

应力较大的位置主要有：① 江顶寺侧管道出土点；② 岩鹰山侧管道出土点；③ 悬索跨越段终点；④ 悬索跨越段起点。

应力最高处均集中于跨越起点处弯头，在地震工况下最高运到了 73%，因此，建议在管道弯头处采取应力降低措施，设立支墩或者柔性支撑保护管道。

另外，由于工程地处偏远，地势险峻，交通不发达，管道需要应急抢险时，应急抢险机具能否及时运送至事发地点对事故后果的扩散至关重要。因此，应当根据爛沧江跨越段具体情况制定详细的应急抢险方案，尽量控制事故影响的范围。

参 考 文 献

[1] 朱勇生. 中缅油气管道对我国能源安全的重要意义分析[J]. 中国管理信息化，2017，20(16)：115-116.
[2] 吕亦瑭. 中缅管线澜沧江跨越段风险分析与评价[D]. 西南石油大学，2016.
[3] 马晓骊. 故障树分析法在中缅长输原油管道失效风险评价的应用[J]. 新疆石油天然气，2014，10(03)：119-124.
[4] 唐永进. 压力管道应力分析(第一版)[M]. 北京：中国石化出版社.
[5] 刘杨. 油气管道事故的多米诺效应研究[M]. 哈尔滨：哈尔滨理工大学，2012.
[6] 陶凯尔. 跨断层埋地管道抗震可靠度分析[D]. 大庆：东北石油大学，2015.
[7] 任锋，曲华明. 结构可靠性分析中蒙特卡洛模拟的应用[J]. 济南大学学报：社会科学版，2000(2)：68-70.
[8] 南卓，谢禹钧，曾祥玉. 基于概率断裂力学的管道可靠性研究进展[J]. 管道技术与设备，2008，(1)：14-16.
[9] 杨锋平，宫淑毓，冯耀荣，等. 基于屈服强度的 X80 钢管 100%SMYS 试压的可行性[J]. 油气储运，2013，32(5)：558-561.
[10] 黄隆长，王美生. 钢材力学性能数据统计质量评估[J]. 理化检验：物理分册，1999，(6)：263-265.

成品油管网智能化管理系统建设与实践

田中山

（国家石油天然气管网集团有限公司华南分公司，国家管网集团广东省管网有限公司）

摘　要　油气管网智能化管理系统建设是提高管网运行效率和本质安全的重要举措。本文以华南成品油管网为研究对象，根据管网生产运行需要，结合智能化技术与管网深度融合难点，建成了一套适用于成品油管网的智能化管理系统，涵盖生产运行、监测预警、巡检巡护、应急响应等业务，实现了华南成品油管网的智能化运行，重大风险源的智能化监控，输油站场内、外的智能化巡护，以及智能化应急响应，为我国智慧管网建设提供了技术积累和管理经验。

关键词　成品油管网，智能化管理，智能监测诊断，智能巡护

1　系统建设背景

油气管网是一座没有围墙的工厂，具有点多、线长、面广的特点，管理难度大，安全风险大。管网工艺复杂、操作频繁、影响因素多，难以实现效益最大化生产运行；管道沿线地形地貌复杂，输油站场设备种类多、数量大，管网巡护与监控预警难度大；管网运行过程中，可能会发生火灾爆炸、油品泄漏、通讯中断、自然灾害、打孔盗油等突发事件，且不确定性强、后果严重，难以实现快速应急响应。

近年来，随着人工智能、物联网、大数据等新技术蓬勃发展，各类新技术也在逐步与管道行业相融合，企业的管理模式逐渐向智能化方向发展。相比于传统的管理模式，智能化管理变被动管理为主动预防、变人工协调为系统自动化、变独立模块分析为专家系统管理分析、变人工采集数据为传感器自动感知。成品油管网智能化管理系统的建设与应用，将解决管网管理上存在的诸多难点问题，实现管网相关数据的集中管控、信息的协同共享、运行方案的动态优化、能耗的综合管理、管网全面感知与自诊断、快速应急响应等，很大程度上提高成品油管道行业的管理效率。

2　系统建设思路与历程

2.1　建设思路

根据成品油管网生产运行需要，结合智能化技术与管网深度融合难点，从四个方面推进成品油管网智能化管理系统的建设与应用（图1）。

（1）管网运行优化，主要包括构建批次调度优化软件、用能管理系统。

（2）管网重大风险源智能监控，主要包括输油站场主输泵故障诊断、管网腐蚀智能诊断、地灾智能识别等。

（3）管网智能安全防控关键装备研发，主要包括智能巡检机器人和专用巡线无人机。

（4）应急响应模块开发，主要包括应急队伍、消防队伍、应急物资等应急资源集中管理模块，结合虚拟现实、3D驱动引擎、物理模拟、网络互动等技术的三维事故模拟推演模块。

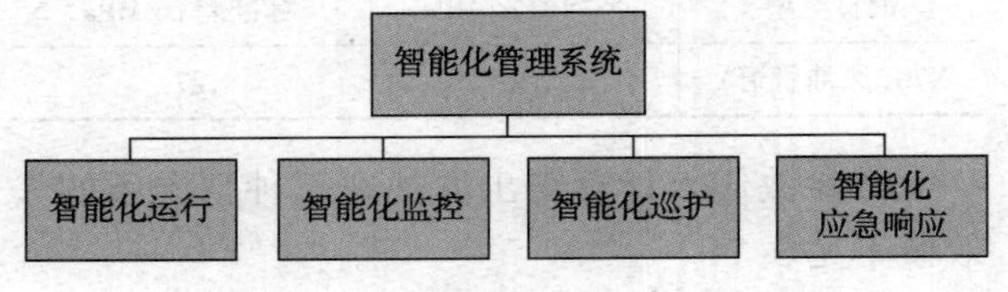

图1　智能化管理系统框架

2.2　建设历程

2.2.1　试点建设阶段（2014年5月~2015年3月）

2014年起，华南公司以西南管道都匀—贵阳段、柳州—黎塘段为试点，推进智能化管理系统建设与提升；2015年1月建成了包含数字化管理、管道运行、应急响应等6大功能的二三维一体化的智能化管理系统1.0版本，该版本全面涵盖了设计、建设、运营、维护等阶段的业务标准、技术标准和数据标准；2015年3月，中国石化正式将华南公司智能化管理系统1.0版本推广应用到系统内其他成品油管道企业。

2.2.2　全管网推广阶段(2015 年 4 月~2016 年 12 月)

2015 年起，华南公司全面梳理了管网运营相关事件管理、管道检测、维修维护、巡护管理等 4 大类 16 项业务活动，开发了相应的业务管理功能，建立起数据完整、真实可视、安全运行的智能化管理系统 2.0 版本，满足管网管理的应用需求，逐步实现运行管控、重点监控与巡护、应急指挥快速响应等功能，并在华南公司全管网推行；2016 年底，中国石化正式将华南公司智能化管理系统 2.0 版本推广至集团公司 58 家单位。

2.2.3　功能提升及全国成品油管道企业推广应用阶段(2017 年 1 月~2018 年 12 月)

2017 年起，华南公司结合成品油管网运行特点，开发了油品界面跟踪、输配送计划管理、泄漏监测报警、泄漏量测算、一体化巡护管理、故障智能诊断、一体化现代物流资源管理等专业管理系统，形成了智能化控制、一体化运营管理的智能化管理系统 3.0 版本并推广；相应成果被广东省评为智能制造试点示范，先后有 13 家行业内先进企业到公司交流学习相关经验和做法。

2.2.4　深化功能应用阶段(2019 年 1 月~2020 年 5 月)

2019 年起，在智能化管理系统 3.0 版本基础上，以绿色节能生产为目标，又创新开发了智慧用能决策系统，进一步完善智能化管理体系及相应功能模块，全面实现企业高效、绿色、智能化发展。

3　技术创新与实践

3.1　智能生产运行

3.1.1　生产调度运行优化

考虑站场操作约束和混油等约束，综合现场管网调度计划需求，对原来频繁、精细的输油计划进行调整，使模型紧密贴合生产工艺实际。精确构建数学模型，以油品注入、下载、批次过站、泵启停等关键操作的起止时间为时间窗，实现了大型多源多汇组态式管网结构下油品界面的精确跟踪，油品下载量偏差控制在±0.5%以内。同时，基于大数据思想引入自学习机制，提升强非线性多层级问题的求解速度，将原本数小时的求解时间缩短至数秒，求解效率提高 90%以上。在稳健高效求解算法的基础上，开发调度计划编制软件，并在软件中耦合调度计划快速编制技术，成功实现了调度计划编制程序化，将人工编制计划耗时 3 天缩短至 40 分钟以内，实现了调度运行计划对油品批次计划的快速响应，管网的输送效率提高 30%以上。

3.1.2　管网用能管理优化

从能源监控、能源优化、能源管理三个层面，全面建成成品油管网智慧用能决策系统(图 2)，从工程节能、管理节能、技术节能、降本节费四个方面着手，做到“横向到边，纵向到底、立体节能”。推动能源供给侧改革，建立多元供应体系，结合管网运行计划，利用储能、风力、余压透平和光伏等设备进行削峰填谷，平补峰谷电费差，降低用电成本。创新制定“源-网-荷-储”协调的输油节能方案，以储能装置为平台，提高光伏发电、风力发电的利用率，同时通过变频技术、磁控技术和动态无功补偿技术调节供电平衡，提升线路稳定性和功率因数，达到生产安全和单位能耗之间的最优平衡。最终实现管网用能智能优化及能源的统筹利用。

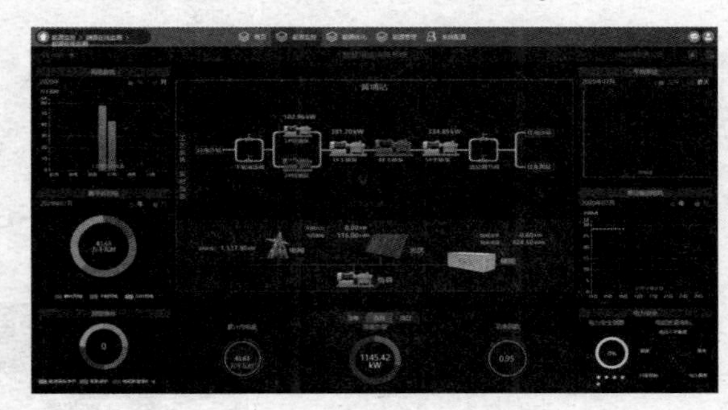

图 2　成品油管网智慧用能决策系统界面

3.2　智能化监控

3.2.1　站场主输泵状态监测与故障诊断

主输泵是成品油管网运行的核心设备，华南成品油管网全线共有主输泵机组 152 台套。华南公司通过总结分析主输泵机组出现的主要问题(振动高、转子部件磨损、运行温度高等)，结合 SCADA 历史数据采集主输泵机组发生故障所产生的海量数据和故障案例，建立运行状态数据库、失效数据库和故障案例库。在此基础上，开发了设备机理模型并充分应用工业大数据和自学习算法开展主输泵故障监测与诊断系统研发(图 3)，通过在泵和电机前后端轴承箱加装三轴式无线传感器，自动计算并输出 3 个方向振动加速度的高频值、低频值和速度以及温度等 10 个参数，实现了主输泵不同工况下报警阈值的智能计算与动态调整，将漏报率和误报率大幅降至3%和5%，实现主输泵运行数据的统一存储及调用。创新提出基于高斯模型的主输泵运行状态诊断方法，可在线监测主输泵实时和正常状态特征参数高斯模型间的偏离度，进而实现主输泵典型故障的智能诊断分析。

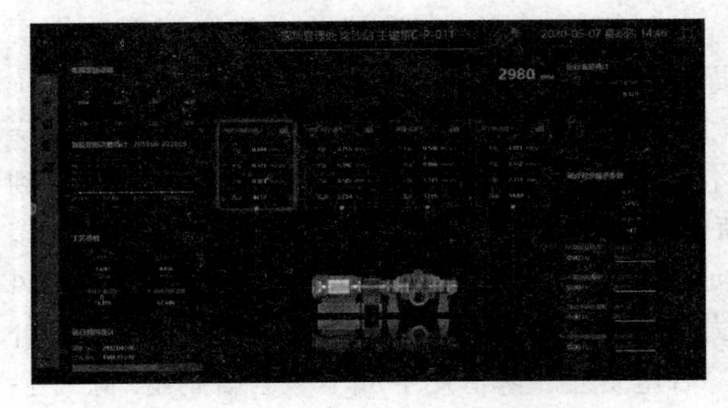

图3　站场主输泵状态监测与故障诊断系统

3.2.2　管道本体腐蚀状态智能诊断

为做好杂散电流的智能监测、诊断与控制，华南公司在高后果区、杂散电流腐蚀高风险点等重点部位安装了301根智能阴保桩，克服了人工检测数据类型少、实效性差、准确率低的弊端，实现了阴保数据的在线监测预警；同时对阴保桩性能进行提升，降低设备功耗近20%，现场稳定工作时间可提升1年以上。研发了智能排流装置，支持长时间、大电流、多频次排流，对低于+4V的正向干扰电压完全进行削峰，并成功抑制反向电流流入。

开发了集智能状态感知、智能数据分析、智能诊断评估、智能信息发布、智能运行控制、智能业务管理6项功能为一体的智能阴保系统，实现了管道阴极保护和设备运行情况的实时监测。管道本体腐蚀状态智能诊断实施路线见图4。

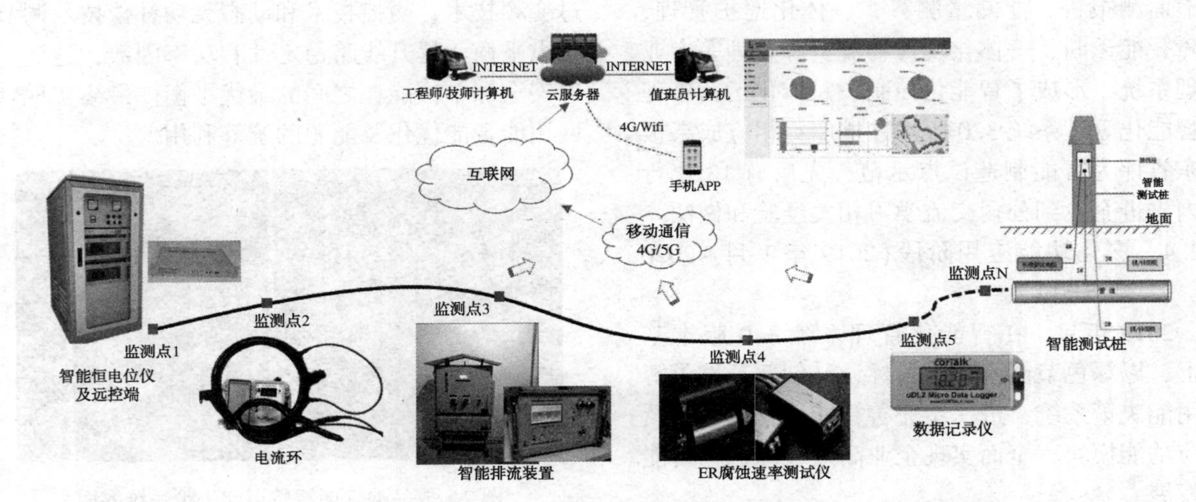

图4　管道本体腐蚀状态智能诊断实施路线

3.2.3　管网沿线地质灾害智能诊断

针对管道地质灾害隐蔽性强、危害巨大的问题，提出了不同滑坡类型作用下管道的力学分析模型研究的新思路，形成了适应华南管网西南山区管道不同敷设方式的滑坡防治模式，实现了辖区内95%以上管道滑坡的前期判识，定量分析出了相应的风险程度，为管道滑坡的判识及应急处置奠定了基础。

针对管道地质灾害监测难、预警不准确的问题，研制了“简单棒”管道地质灾害智能监测预警设备，并在西南山区地质灾害频发且对管道本体危害大的区域进行了整体布设，实现了高风险滑坡100%安全管控。滑坡灾害发生时，设备可提前15～30min发出灾害预警，报警准确率达95%以上，为应急处置争取了宝贵时间。

3.3　“机器人+无人机”一体化智能巡护

3.3.1　机器人巡检

2016年，联合研制的成品油管网首台防爆智能巡检机器人在华南公司斗门站投入应用，历经4年五代功能提升和改造(图5)，已开发出具有ExdIICT6、IP66防爆及防护标准的管道输油站多传感器融合的智能巡检机器人，具有自动充电、隔爆型行走、定位导航、成品油渗漏检测、设备音频采集、仪表数据及阀门状态的视频分析、无线通讯与平台交互、数据对接软件研发等功能，目前已在华南公司8个输油站投入使用。智能巡检机器人突破了传统人工巡检限制，可通过图像分析、视频处理、声音识别、红外热成像、可燃气体探测等手段，实现站内设备“望闻问切”的全方位智能诊断，可在恶劣环境下完成巡检内容，有效保证巡检质量。

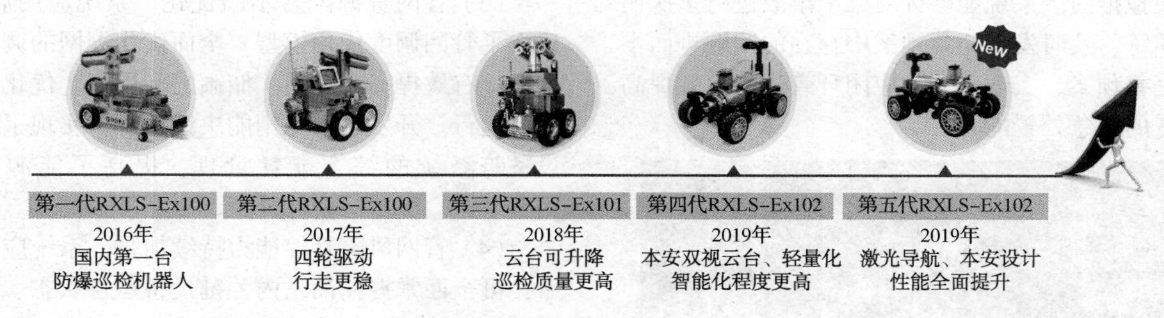

图5　智能巡检机器人研发历程

3.3.2　无人机巡线

2016年起，华南公司瞄准“无人机+行业应用”发展目标，联合研发管道巡线专用无人机，在研发过程中，针对管道巡检提出了沿管道自主航线飞行、异地起降、点位可控、抗风抗雨等多条技术指标，通过有针对性的优化飞控软件，改进无人机设备挂载及云台结构，调整飞行作业模式，攻克了航线规划、航线飞行、异地起降等诸多难题。构建了计算机视觉和图像处理技术为基础的外管道安防平台，利用大数据驱动具备预测能力的机器学习模型，对无人机飞行线路上的异常事件进行检测，实现巡护线海量数据、图像的存储和智能分析(图6)。为适应新型负载及提升内部空间，对整个飞机主板进行定制化设计，实现了自动化执行规定巡检任务和远程起降，并在2018年成功研发出一款适用于长输成品油管网的专用无人机。

图6　无人机线路巡检图像关键要素自动识别与抓取报警

通过在华南管网不同地形管段试验、提升、完善，目前已开发出第5代无人机。同时，发布无人机巡线管理办法和一系列标准化制度规程，创新提出了基于管道坐标的自动化巡检方法，形成了华南成品油管网无人机巡线作业模式，大幅提升了管网巡检效率和质量。

3.4　智能应急响应

3.4.1　应急资源智能化在线联动

为了提高应急响应效率，首先基于地理信息平台，以与事故地点的距离和关键信息等作为数据自动搜索的条件，将重要应急物资存放点信息、应急机构位置信息、重大危险源位置信息、社会救助力量信息等在地图上进行有条件的自动搜索并自动标注(图7)，为应急指挥及应急抢险提供快速的信息查询手段。其次，集成华南管网全线2500个应急队伍、2200个消防队伍、8600个应急物资和4.5万个应急预案，可联动抢修处置现场的在线监控和单兵视频，对事故点的管道本体及周边环境信息、完整性评估信息、应急处理流程信息进行自动关联(图7)，实现应急资源的统一指挥、协调、调度。另外，在紧急状态下，可一键在线实时掌握应急响应信息，实现应急全流程快速响应，并科学确定应急处置方案，提升应急抢险效率。

图7　应急资源自动搜索、标注和智能化在线联动

3.4.2　应急场景智能化模拟推演

基于VR技术开发了成品油管网交互式虚拟系统，对长输成品油管网常见的主输泵、阀门及执行器、余压发电装置等核心设备，智能机器人巡检、无人机巡线等巡护流程，以及常压蒸馏装

置工艺和应急处置流程等进行了三维虚拟仿真(图8)，并支持人机交互，可实现应急场景智能化模拟推演。系统能够针对某个事故进行多次循环演练，及时发现应急预案中存在的问题进而不断完善预案，实现应急响应闭环管理，有效提高员工的应急处置能力。

图8　常压蒸馏装置三维虚拟仿真

外管道应急场景模拟推演方面，可在三维场景中设置火灾和泄漏事故场景，按照预案设定的演练脚本，对事故的起因、发展及应急救援过程进行可视化展示，并根据物料特性、运行参数和气象数据等技术参数分析油品扩散影响范围、扩散趋势和热辐射范围，最终实现自动计算安全距离和爆炸极限半径功能，为应急救援人员的站位、应急疏散等提供支持。

蒸馏装置应急场景模拟推演方面，可模拟常压混油蒸馏装置可能发生的重大事故，识别事故的风险因素，并分析情景演化过程及事故后果，着重对蒸馏装置火灾及引发的爆炸过程进行分析，同时结合周边应急资源情况，综合评估事故应急处置能力，为现场应急指挥提供决策依据。

4　智能化管理成效与展望

智能化管理系统已在行业内58家企业推广应用，有力保证了管网沿线的安全，提升了成品油市场保供能力，同时促进了企业提质增效，创造了显著的经济和社会效益。

(1) 管网数字化水平全面提升。系统应用后，按照统一标准，对管道数据进行集中“采集、存储、管理、应用”，保证管道数据的一致性和唯一性；对纸质资料进行电子化，实现综合查询和对比分析，支撑管道完整性评估和应急决策，极大提高了企业各类数据资料的使用水平。

(2) 管网信息集成与共享程度显著增强。系统应用后，管网信息集中可视，数据完整，具备灵活的可组合性，在对数据进行关联分析后，可实现预测预警；同时实现了数据自动采集和实时传输，减轻了一线员工的劳动强度。

(3) 管网资源配置不断优化。系统应用后，建立了管网调度优化模型，全面优化管网的调度方案，有效提高了管道、储罐的利用率，优化了生产运行。开发了智慧用能决策系统，实现了跨设备跨系统的综合能耗管理，提高了能源利用率。

(4) 管网风险管控能力持续加强。系统应用后，可全面掌握输油站内关键设备运行状态、管道本体腐蚀情况及管道沿线周边环境信息，提前采取预防性维护和维修，节约维护成本，避免事故发生。

(5) 管网应急响应与联动效率大幅提高。系统应用后，可实现应急全流程快速响应。应急指挥中心可在线实时掌握应急响应信息，现场可借助移动终端设备与应急指挥中心实现互联互通，共享信息，并科学确定应急处置方案，提升应急抢险效率。

智能化已经成为未来管道行业发展的大趋势，是提高管道本质安全水平和运营效益的有效途径。但目前智能化相关技术载体尚未成熟，人工智能等新技术在成品油管道上应用的成功案例不多，可借鉴、可复制的智能化管理经验也很有限，还存在诸多需要研究、革新的技术。在未来的一段时期内，应该把握人工智能等新技术发展机遇，推进大数据挖掘、机器学习以及更大范围的通用人工智能新技术在成品油管道上的深度应用，这将对管道行业发展产生深刻影响。

参　考　文　献

[1] 李海润．智慧管道技术现状及发展趋势[J]．天然气与石油，2018，36(02)：135-138.

[2] 程万洲，王巨洪，王学力，等．我国智慧管道建设现状及关键技术探讨[J]．石油科技论坛，2018，037(003)：34-40.

[3] 董绍华，张河苇．基于大数据的全生命周期智能管网解决方案[J]．油气储运，2017，36(1)：28-36.

[4] 张浩然，梁永图，王宁，等．多源单汇多批次顺序输送管道调度优化[J]．石油学报，2015，36(009)：1148-1155.

[5] 刘静，郭强，姜夏雪，等．新运行模式下的大西南管道调度计划编制软件[J]．油气储运，2013，32(009)：986-989.

[6] 林武斌，李苗．基于数据分析的成品油管道运行能

耗优化及在线监测系统开发[J]. 节能，2020，039(004)：63-68.
[7] 江志农，张明，冯坤，等. 一种基于高斯模型的机械设备状态诊断方法[P]，2017.
[8] 严炎，赖少川，杨大慎，等. 管道滑坡智能监测桩组件，监测网系统，监测方法[P]，2020.
[9] 田中山，仪林，王现中，等. 轮式防爆型巡检机器人及轮式防爆型巡检机器人系统[P]，2019.
[10] 田中山，仪林，王现中，等. 巡检机器人充电对接装置[P]，2019.
[11] 张恩奋，何勇君，张玉乾，等. 一种车载便携可拆式管道专用无人机运输箱[P]，2019.
[12] 李小枝，杨大慎，张玉乾. 一种基于管道巡检无人机专用喊话器[P]，2019.
[13] 张恩奋，李伟，张玉乾，等. 一种管道巡检无人机专用快速充电箱[P]，2019.

管道完整性管理智能分析辅助决策发展方向

温　庆　占天慧　张大双

（中国石油西南油气田公司勘探开发研究院）

摘　要　管道完整性管理是保证管道安全运行、预防和控制管道事故发生的重要手段。西南油气田已经将数据管理、高后果区识别、风险评价等工作作为年度例行工作开展，在各项技术上已形成较为系统的理论和方法，但一些分析方法固定统一，造成工作重复性较大，各项数据的综合利用效率低。提出利用关联分析技术发掘各业务之间普遍关联的数据驱动方法，借助智能识别、自动统计分析等技术手段，构建智能工作流，指出了智能分析辅助决策发展方向。

关键词　管道完整性管理，数据管理，关联分析技术，辅助决策

管道完整性管理是对油气管道运行中面临的各种风险因素进行识别和评价，通过获取相关的管道完整性数据，开展检测、维修等工作，并制定相应的风险控制对策，不断改善不利的影响因素，从而将管道运行的风险水平控制在合理的、可接受的范围内，达到保证管道安全运行的目的。

自2014年以来，中国石油、中国石化、中海油、城市燃气部门、各级管网系统的多家单位致力于管道全生命周期数据库及管理系统的开发共同研发管道全生命周期智能管网系统，取得重要成果。

我国管道完整性管理的发展已经完成从基本数据的管理到预防型完整性管理的发展，目前正经历向预知型完整性发展的阶段。基于大数据可以开展管道管理系统智能辅助决策研究、生产数据二次组态分析、数据一体化分析、应急抢险智能决策研究、第三方破坏和地质灾害预警技术研究等。

1　西南油气田管道完整性管理现状

西南油气田公司从2007年开始，作为股份公司完整性管理试点单位，经过起步阶段先行先试，不断积累经验，2014—2017年期间全面推广完整性管理各项工作，始终位列中石油股份公司十六家油气田公司第一名，整体处于国内油气田领先水平。管道完整性管理工作流程包括数据采集、高后果区识别和风险评价、监测/检测评价、维修维护、效能评价五步循环，目前分公司在油气田管道完整性管理方面已形成了五大类技术(图1)。其中，完整性检测、评价、维修工作是由专业技术人员开展。数据管理、高后果区识别、风险评价、完整性管理方案编制、完整性管理审核等工作已经作为年度例行工作由分公司业务部门、技术支撑单位、二级单位等各级单位根据职责权限组织开展，完整性管理工作已经与日常生产管理深度融合。

目前单项技术已经比较成熟，但一些管道完整性管理工作分析方法固定统一，造成工作重复性较大，且各项数据的综合利用效率不高等问题。

1.1　高后果区识别工作量大且效率较低

高后果区识别工作是先预判，再进行人工现场踏勘核实。不仅需要巡管人员熟悉管道及周边情况，还需要技术人员把握标准，受识别条件和识别者技术水平影响，最终造成识别结果中过多主观因素造成的误差。并且此方法存在数据不能共享、记录重复繁多、出错率高、识别周期长等问题，一来增加技术人员工作量，工作效率不高，二来在如此繁复的记录过程中，无法确保数据的准确性，且发生错误时，较难追溯。

1.2　风险评价结果精确度低

风险评价工作是通过现场调查、收集核实资料，识别对管道安全运行有不利影响的风险因素，根据打分表人工评价失效发生的可能性和后果大小，最后根据计算结果编制风险评价报告；当管道运行状况、周边环境发生较大变化时，需要再次进行管道风险评价。一般每年更新一次，采用手动表格更新，工作效率低下，考虑成本原

因，管段分段只考虑高后果区和站场位置等管道的关键属性数据，造成风险评价结果精度不够高。

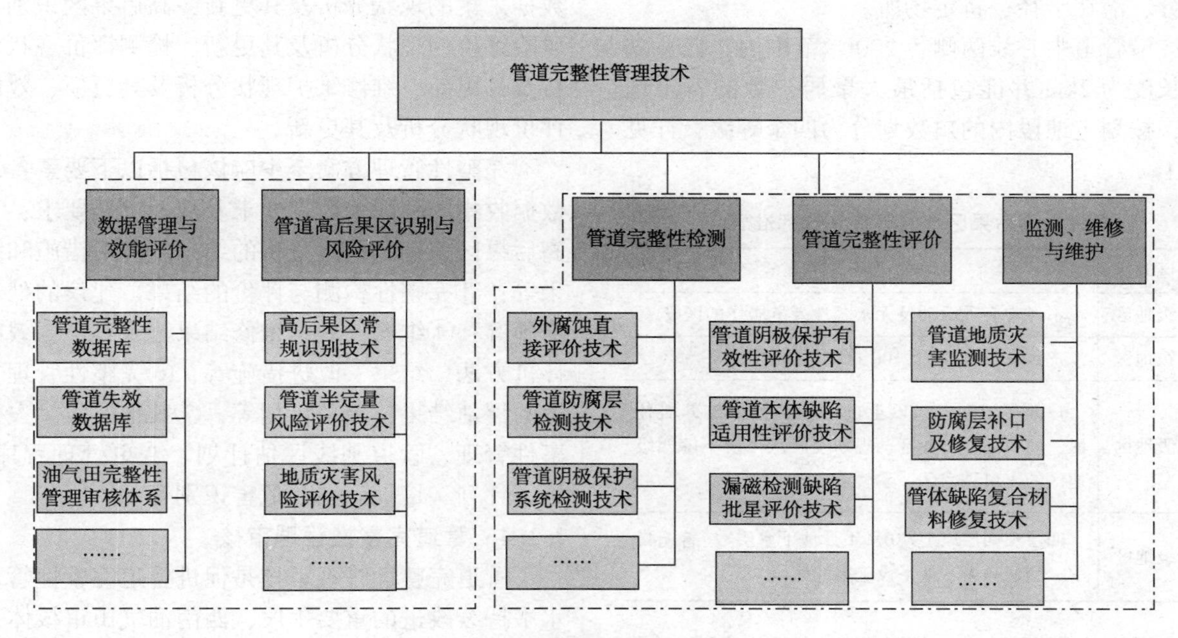

图 1　管道完整性管理技术体系图

1.3　完整性管理方案编制工作重复性高

根据股份公司油气田管道和场站完整性管理规定，厂(处)级对Ⅰ类管道编制“一线一案”；其他管道根据实际情况进行区块的划分，编制“一区一案”；完整性管理方案应每年更新一次；方案的编制内容包括数据采集、高后果区识别和风险评价、检测评价、维修维护、效能评价等情况的现状分析和更新。目前，分公司有集输管线超过 9000km，已形成 300 多个一线一案，60 多个一区一案，且一线一案和一区一案均有统一的模板，各厂(处)仍采取传统人工更新办法，造成工作强度和重复性较大，效率低下。

1.4　管道完整性管理审核工作难度大

管道完整性管理审核是分公司为加强地面集输系统完整性管理，保障气田的安全高效运行，对各二级单位进行的年度审核工作。由分公司牵头，几家研究院作为技术支撑单位，各二级单位相关人员进行交叉检查，由各审核小组到各二级单位进行审查、打分，并最终形成审核报告，总共历史 2 个月左右。目前，分公司管道审核指标体系共有 40 多项程序，100 余个审核要素，总分高达 3700 多分，除主观打分项以外，大部分客观打分项是在各二级单位采取抽查的形式进行电子资料审查，并且各审核小组在审阅现场资料时存在查看资料交叉的情况，目前这种传统人工逐项检查办法，造成审核效率不高。

2　智能分析辅助决策

管道完整性管理智能分析辅助决策就是利用大数据思想，用智能分析计算方法进行分析及处理，辅助决策模型是智能分析方法的载体，通过对智能分析辅助决策关键技术的研究，构建决策模型，实现自动分析，可针对各类管道提出完整性管理初步决策方案，从而降低工作强度，提高管道完整性管理工作的效率和管理水平。

在过往的数据分析中，着重于探索因果关系分析，传统的数据分析方法以及基于人工经验的决策已不能满足智能决策的需求，因此在面向大数据智能化分析的辅助决策应用中，我们将从因果关系分析向相关性分析转变，利用关联分析技术发掘各业务之间普遍关联的数据驱动方法，为智能辅助决策分析提供必要的判定与依据。

2.1　关键指标及计算方法

本文在目前管道完整性管理工作中，筛选出四项年度例行工作：高后果区识别、半定量风险评价、完整性管理方案编制、完整性管理审核，明确这四项工作中总共涉及的 31 类关键指标和 6 种基础计算方法。

2.1.1　高后果区识别

高后果区是指管道发生泄漏会危及公众安

全，对财产、环境造成较大破坏的区域。高后区识别工作涉及的关键指标包括：基础数据、区域划分、潜在半径、特定场所。

沿管道中心线两侧各200米范围内，任意划分长度为2km并能包括最大聚居户数的若干地段，按划定地段内的户数划分为四个等级，详见表1。

表1　高后果区地区等级划分标准表

地区等级	定义及描述
一级地区	不经常有人活动及无永久性人员居住的区段
二级地区	户数在15户以上100户以下的区段
三级地区	户数在100户或以上的区段，包括市郊居住区、商业区、工业区、规划发展区以及不够四级地区的人口稠密区
四级地区	四层及四层以上楼房(不计地下室层数)普遍集中、交通频繁、地下设施多的区段

潜在半径是天然气管道发生事故，可能对周边公众安全和造成威胁的最大半径。计算公式为：

$$R=0.099\sqrt{d^2\times P} \quad (1)$$

式中，R为潜在影响半径，m；d为管线外径，mm；P为最大允许操作压力，MPa。

2.1.2　风险评价

高风险段是指管道失效发生的可能性与失效后果的综合影响高，需要采取控制措施的管段。风险评价工作涉及的关键指标包括：基础数据、管道分段、风险因素识别、失效可能性、失效后果、风险值[7]。

管道分段是考虑高后果区、地区等级、地形地貌、管道敷设土壤性质、站场阀室位置等管道的关键属性数据，比较一致时划分为一个管段，在出现变化的地方插入分段点。

风险因素是第三方破坏、腐蚀、设计、误操作、地质灾害等可能造成管道失效的因素。

相对风险分值=指标总和÷失效后果　(2)

指标总和=(第三方破坏+腐蚀+设计+误操作+地质灾害)指标　(3)

介质危害性=介质危害+介质危害修正　(4)

影响对象=人口密度+其他影响　(5)

失效后果=介质危害性×影响对象　(6)

2.1.3　完整性管理方案编制

完整性管理方案编制涉及的关键指标包括：数据采集的现状分析及其更新、高后果区识别和风险评价的现状分析及其更新、检测评价现状分析及其更新、维修维护现状分析及其更新、效能评价现状分析及其更新。

完整性管理方案至少应该包括以下要素：①数据收集的范围、数据要求及数据更新要求；②高后果区识别、风险分析的结果，应对措施和结果等；③完整性检测与评价的结果、建议的处理措施等；④维修计划、维修结果记录等；⑤效能评价方法、结果、改进措施等；⑥完整性管理方案的评估结果，更新计划等；⑦其他要素：失效事件管理、管道基线评估计划、变更管理程序、沟通计划、培训计划、危害识别等。

2.1.4　管道完整性管理审核

管道完整性管理审核是促进管道完整性管理水平持续改进的重要手段，西南油气田审核体系涉及的关键指标包括：领导机构与职责、计划及资源的总要求、实施的总要求、变更管理、风险管理、信息记录和数据管理、培训和能力、承包商管理、事件调查和跟踪、站场完整性管理具体要求、管道完整性管理具体要求。

2.2　关联分析技术

关联分析是指通过对互为关联的指标进行逻辑关系分析和推理，将几种不同类型或不同系统的参数进行综合对照分析，通过关联分析技术寻找参数，从而降低工作复杂性[10]。以完整性管理方案编制为例，在其下面的10类关键指标中，又会产生风险评价和高后果区识别两类重复性的例行工作，且风险评价产生出的管道危害识别参数，也是完整性管理方案工作的另一项参数(图2)，证明每一项工作下的指标所产生的参数具有相互关联性。因此，亟需对管道完整性管理关键业务中存在的31类指标、200余项参数的数据流转和逻辑关系进行更深入的研究和分析。

2.3　辅助决策模型

以高后区识别、半定量风险评价、完整性管理方案编制、完整性管理审核4项完整性管理的工作流程为基础，初步构建出基于各项数据和关键指标计算方法的智能分析辅助决策模型(图3)。通过模型实现智能化分析辅助决策的目的。

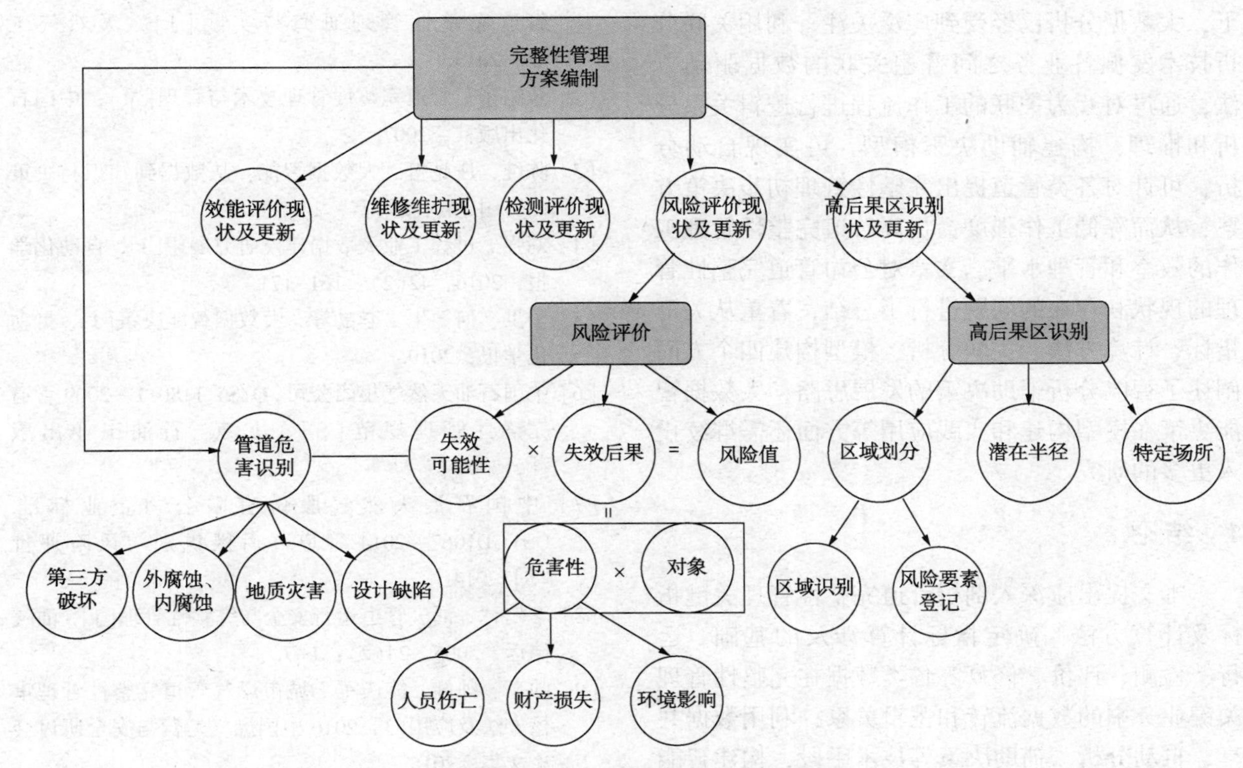

图 2　完整性管理方案编制工作结构图

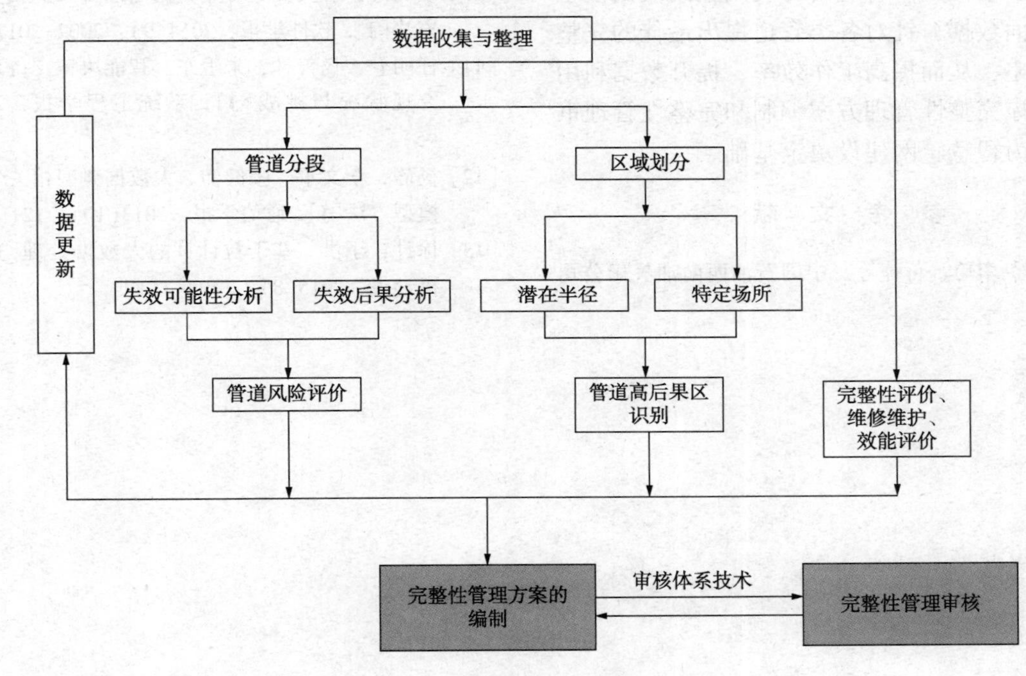

图 3　辅助决策模型图

3　挑战问题及发展方向

国内油气管道行业正经历由数字管道向智慧管道的发展阶段，智慧管道就是要实现“全数字化移交，全智能化运营，全生命周期管理，全业务覆盖”，要完成这五个方面的转变。

西南油气田管道完整性管理工作历经十余载，完整性管理发展是一个持续完善和不断提高的过程，目前，管道数据已由零散分布向统一共享转变、风险管控模式由被动向主动转变、运行管理由人为主导向智能辅助决策转变。

在管道完整性管理信息化快速发展的背景

下，大数据分析已经受到广泛关注。利用关联分析技术发掘各业务之间普遍关联的数据驱动方法，通过对互为关联的工作流程进行逻辑关系分析和推理，构建辅助决策模型，可实现自动分析，可针对各类管道提出完整性管理初步决策方案，从而降低工作强度，提高管道完整性管理工作的效率和管理水平。文章对公司管道完整性管理的现状和存在的问题进行了总结，着重从关键指标、计算方法、关联分析、模型构建四个方面阐述了智能分析辅助决策的发展思路，大数据智能决策在模型构建和实践应用等方面还需继续投入更多的研究。

4 结论

本文提出应深入剖析管道完整性管理关键指标及计算方法，确定指标计算涉及的基础、运行、检测、评价、修复等各类数据在完整性管理关键业务中的数据流转和逻辑关系，利用数据共享、自动分析、辅助决策等技术手段，构建智能分析辅助决策模型。管理者可利用辅助决策模型结合多方面数据，针对各类管道提出最佳的完整性管理策略，从而提高工作效率、提升数据利用效率，支撑完整性管理方案编制和完整性管理审核工作，为智慧管网建设奠定基础。

参考文献

[1] 王毅辉、李勇、蒋蓉等．中国石油西南油气田公司管道完整性管理研究与实践[J]．天然气工业，2013.

[2] 董绍华．管道完整性管理技术与管理[M]，中国石化出版社，2007.

[3] 陈纯，庄越挺．大数据智能：从数据到知识与决策[J]．中国科技财富，2017.8.

[4] 刘强．过程工业大数据建模研究展望[J]．自动化学报，2016，42(2)：161-171.

[5] 于洪、何德牛、李劼等．大数据智能决策[J]．自动化学报，2019.

[6] 中国石油天然气集团公司．Q/SY 1180.1—2009 管道完整性管理规范[S]．北京：石油工业出版社，2009.

[7] 中国石油天然气股份有限公司企业标准. QSYGD1067—2014 管道高后区识别与风险评价[S]. 2014.

[8] 李鹤林．油气管道运行安全与完整性管理[J]．油气储运，2005，24(2)：1-7.

[9] 帅义、帅健、鲍庆军．城市燃气管道完整性管理审核方法及应用[J]. 2016 中国燃气运营与安全研讨会论文集，2016.

[10] 姜高霞，王文剑．时序数据曲线排齐的相关性分析方法[J]．软件学报，2014(9)：2002-2017.

[11] 任明仑，杨善林，朱卫东．智能决策支持系统：研究现状与挑战[J]．系统工程学报，2002，17(5).

[12] 杨静，李文平、张健沛．大数据典型相关分析的云模型方法[J]．通信学报，2013(10)：121-134.

[13] 徐计，于洪．基于粒计算的大数据处理[J]．计算机学报，2015(8)：1497-1517.

基于 SVM 的输油泵故障智能诊断系统设计与应用

谢自力　葛　荡　李素杰

（国家管网集团东部原油储运有限公司）

摘　要　输油泵作为原油长输管道系统的主要生产设备，直接关系到管道日常生产调度能否正常进行。实时监测输油泵运行期间健康状态，及时智能化诊断其故障，对保障输油泵可靠运行，提高设备寿命和减少故障损失具有重要意义。介绍了基于 SVM 的输油泵故障智能诊断系统设计，该系统对于提高输油管线的生产效率、保障输油生产安全具有显著作用，可为相关设备预防性检维修工作提供技术参考。

关键词　输油泵，故障诊断，SVM

国家管网集团承担着国家油气干线管网等基础设施运营的重要责任，油气长输管道是国民经济运行的血脉，直接关系到国计民生。输油泵作为原油长输管道系统的主要生产设备，其安全性和可靠性尤为重要。对输油泵的实时状态监测和智能故障诊断是保障其安全运行的重要措施。2018 年以来，开展了输油泵故障智能诊断方法的研究与应用，利用传感器采集原始振动信号，依托大数据技术，对振动信号信息深入挖掘其潜在价值，提高表征精度，并运用机器学习方法完成故障诊断，实现了对输油泵故障的智能诊断。本方法在实际应用中取得了良好的应用效果，对提高输油机泵设备管理水平起到了重要作用。

1　输油泵运行状态监测

由于振动信号携带大量代表机械设备健康状况的信息，能反映出设备部件的运行状态。为了实时采集输油泵振动状态信息，在原输油泵上设计增加了输油泵振动监测系统。在输油泵状态监测系统设计方面，基于实际需求和施工难易程度，采用输油泵无线振动监测系统，在电机驱动端与非驱动端轴承座上各安装 1 个无线传感器，在泵的驱动端与非驱动轴承座上各安装 1 个无线传感器。无线振动传感器节点具有 X、Y、Z 三个方向的振动监测功能，能够对速度有效值、加速度有效值和加速度峰值进行监测，同时具备温度监测功能。在数据传输方面，利用无线 AP、天线面板等无线传输设备，接收振动监测数据并传输至数据服务器。机泵测点布置图见图 1。

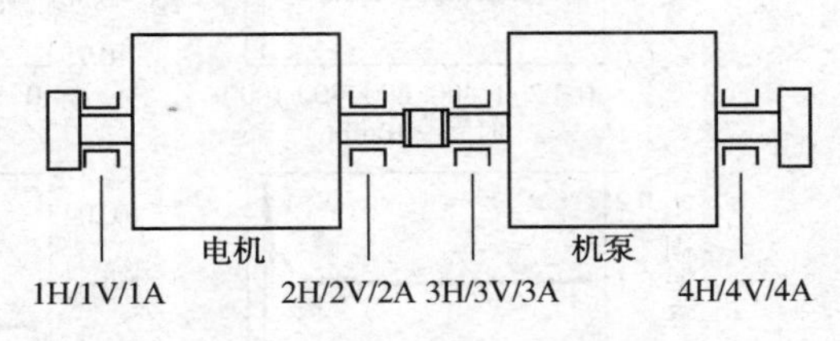

图 1　机泵振动监测测点布置示意图

2　输油泵故障智能诊断

在输油泵的运行过程中，传统的故障诊断通常是人们根据已有的知识和经验对要解决的问题进行推理和判断。而在机器学习中，计算机是通过已有的数据来训练模型，通过这样的训练来获得类似于人已有的经验和知识，从而对输油泵进行预测诊断。这里的训练可以理解为人学习知识的过程，这里的诊断可以认为是人根据已有知识进行推理和判断的过程。基本机器学习故障诊断框架见图 2，从中可看出特征的选取和学习模型的选择决定着故障诊断的速度和精度。

图 2　机器学习诊断框架

2.1　振动信号特征提取

振动信号携带大量表征机械设备健康状况的信息，振动信号的使用在输油泵的状态监测和故障诊断领域非常普遍，振动信号可以一定程度反映出设备部件的运行状态。振动信号虽然包含了有效的故障特征信息，但振动信号数据量大，智能诊断系统的性能在很大程度上取决于所提取故障特征中包含的信息量以及分类器正确区分故障的能力。

现有的输油泵滚动轴承振动信号特征提取方法总体上可以分为时域特征提取、频域特征提取、基于时频分析的能量特征提取等。如均值、方差、最大值、最小值等特征为时域特征；频谱分析、包络解调分析等为频域特征；经验模态分解等为时频域结合的特征提取方法。时域、频域主要表征振动信号的线性特征，无法体现振动信号非线性、非平稳的特点，而使用经验模态分解得到的固有模态函数（IMF）存在模态混合现象，失去了信号原有的物理意义。基于此，本次研究使用集合经验模态分解（EEMD）方法，该方法在经验模态分解的基础上做了改进，在被测信号中加入有限白噪声，可以自动消除经验模态分解的模式混合问题。经 EEMD 进行特征提取，滚动轴承时、频域特征信息见图 3。

图 4 为经过 EEMD 分解后得到的 IMF 分解向量，左侧为正常轴承，右侧为出现内圈故障的轴承，通过观察分析可看出两种不同状态下的轴承具有不同的特征。

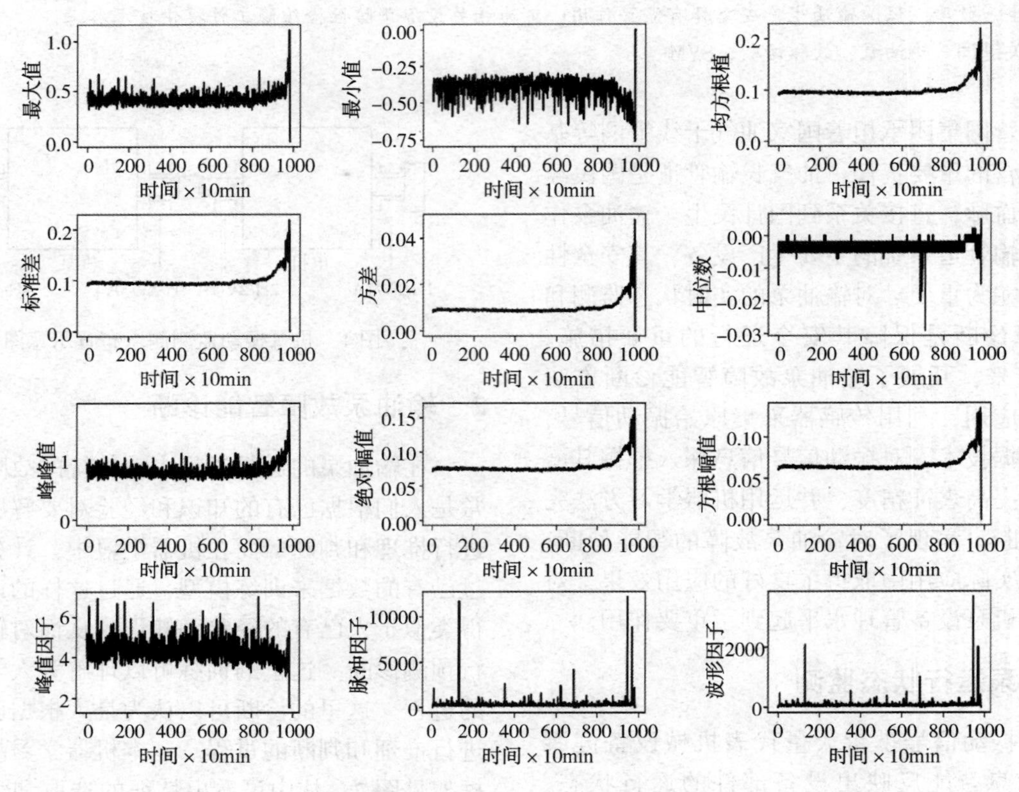

图 3　滚动轴承时域、频域特征图

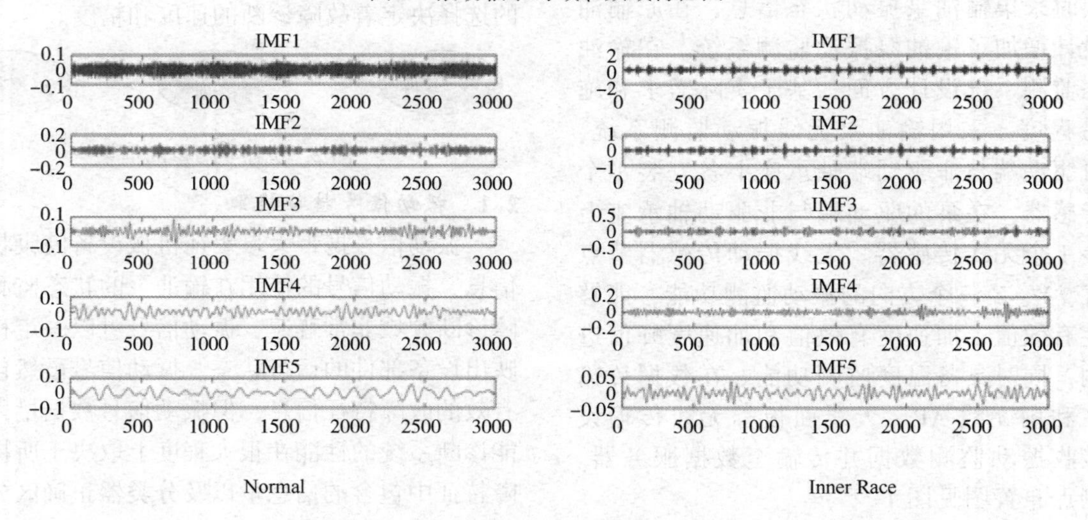

图 4　EEMD 分解后的 IMF 分解向量

2.2　量子遗传算法优化的支持向量机设计

支持向量机（SVM）是一种在分类问题中使用广泛的机器学习方法，在解决小样本、非线性和高维模式识别问题方面具有良好的性能。它较好地解决了过拟合和局部最优解问题。并且近年来，支持向量机在机器故障诊断得到了广泛的应用。

有向无环图支持向量机（DAGSVM），类似于“one vs one”算法，对于一个 $K(K>2)$ 分类问题，对数据中的任意两类样本都需要训练一个二分类支持向量机分类器，共需 $K(K-1)/2$ 个。在分类时，通过将子分类器进行决策排列，形成一个有根节点的二值有向无环图。该图共包含 $K(K-1)/2$ 个内部节点和 K 个叶节点，其中叶节点对应于类别标记，内部节点则对应各个子分类器。需要分类的样本从根节点子分类器输入，根据分类结果到达下一个子分类器，依次经过分类路径上的子分类器后最终到达子节点，当前样本所属的类别即是叶节点所对应的类别，其分类原理见图 5。上述过程只需要经过 $K-1$ 个二值子分类器就可以得出分类结果，所以 DAGSVM 的分类速度很快，并且不存在不可分和误分区域。

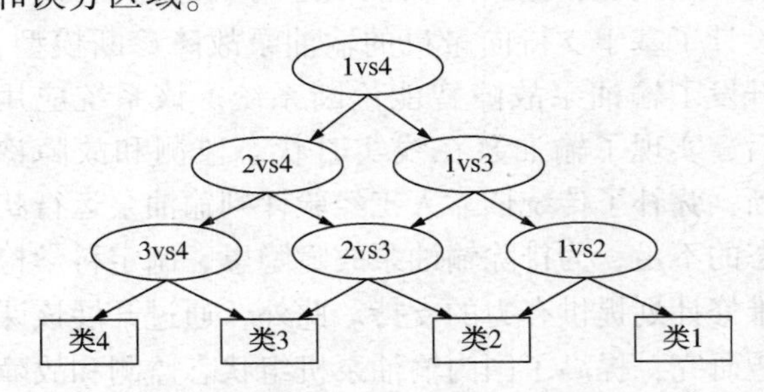

图 5　量子遗传算法的 DAGSVM 分类原理图

在本次输油泵故障智能诊断模型设计中，主要采用了量子遗传优化的 DAGSVM 模型。该模型主要包括两部分：量子遗传算法和支持向量机。其中，量子遗传算法主要用于参数寻优，而 SVM 部分首先训练多个常规二分类 SVM 模型，再将训练的二分类 SVM 模型构建成一个有向无环图，最后形成有向无环图支持向量机。

2.3　故障诊断模型实验测试

在完成模型设计后，为了评估模型的有效性，通过利用凯斯西储大学轴承实验数据集等数据，对模型进行了实验测试。进行模型的训练。实验结果见图 6，横坐标代表迭代次数，纵坐标代表测试准确度。优化的 SVM 在 EEMD 特征集上的平均准确度为 99.64%。在各特征集上的平均实验时间为 113.3S。可以看出基于集合经验模态分解方法提取的特征在量子遗传算法优化的 SVM 上表现的性能较好，准确率高达 99.64%，且时间开销较低。

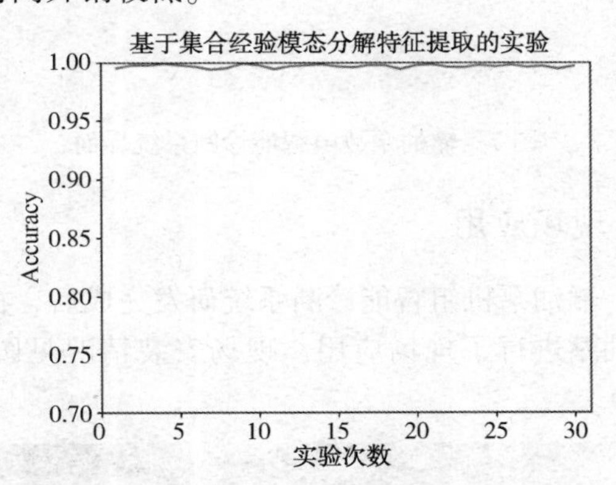

图 6　基于集合经验模态分解特征提取试验

2.4　噪声处理

对于现场获取到的输油泵振动数据，由于环境等因素，噪声的存在往往会掩盖信号本身所要表现的信息，所以在实际的信号处理中，常常需要对信号进行预处理，而预处理最主要的一个步骤就是降噪。我们预选了小波去噪、模极大值去噪、软阈值去噪、硬阈值去噪、多算法融合阈值共 5 种去噪方法进行去噪实验。通过对比 5 种去噪方法的诊断结果，确定通过小波去噪可以达到较好的诊断结果。小波去噪基本原理为将信号通过小波变换后，变换后噪声的小波系数要小于信号的小波系数，通过选取一个合适的阈值，大于阈值的小波系数被认为是有信号产生的，应予以保留，小于阈值的则认为是噪声产生的，置为零从而达到去噪的目的。

3　软件系统

在实现了故障诊断模型算法的基础上，设计开发了输油泵故障智能诊断系统。该系统采用前后端分离架构，基于 MVC 设计模式，结合 vue、springboot（java）、python 完成开发，并且设计了数据缓存服务、用户登录安全验证服务。主要功能包括故障诊断、历史数据查看、历史检维修数据管理、用户管理、输油泵信息管理、系统设置等功能，采用数据图、表格显示方式展示输油泵运行和故障情况。输油泵故障智能诊断系统界面见图 7。

图 7　输油泵故障智能诊断系统界面

4　现场应用

输油泵机组智能诊断系统研发完成后，在某输油站进行了现场应用，现场安装情况见图 8、图 9。

图 8　输油泵驱动端振动传感器

图 9　电机驱动端振动传感器

利用该系统对某输油站 10#输油泵的振动数据进行故障诊断，发现 2020 年 7 月 28 日、8 月 1 日出现抽空故障。在排除了滤网不畅等情况后，怀疑可能有异物进入。同年 9 月该机组大修开泵后，在泵腔发现一根钢筋，造成叶轮入口叶片损坏，现场检修结果与故障诊断结论基本相符。检修现场图见图 10。

图 10　某输油站 10#输油泵检修现场图

5　结论

通过对输油站库输油泵运行现状进行基础性调研，深入分析了目前输油站库输油泵运行管理现状及问题，提出了输油泵运行状态监测方案，设计了基于支持向量机的输油泵故障诊断模型，开发了输油泵故障智能诊断系统。该系统应用后，实现了输油泵在线实时状态监测和故障诊断，弥补了传统依靠人工经验评判输油泵运行状态的不足，为排除输油泵故障隐患、制定科学检维修计划提供有力的支持。此外，通过开展该课题研究，提高了国内输油泵机组状态监测和故障诊断系统的研发技术水平，对推动国内设备预防性检维修技术水平提高具有积极作用。

天然气管道高后果区标志桩智能化升级技术研究

刘志鹏　周　巍
（中海广东天然气有限责任公司）

摘　要　珠三角某天然气管网公司管道高后果区数量多且里程长，管道失效导致天然气泄漏引起火灾爆炸，将会引起重大公共安全事故。参照安监总管三〔2017〕138号文，要加密设置地面警示标示，及时阻止危及人员密集型高后果区管段安全的违法施工作业行为。本文结合管道高后果区加密设置的标志桩，研究建设管道标志桩二维码系统平台辅助管道高后果区管理的技术思路和方案，可用于高后果区管道管理工作，保障管道安全运行，具有借鉴意义。

关键词　天然气管道，高后果区，标志桩，智能化升级，技术研究

珠三角某天然气管网公司负责珠三角西岸351公里天然气管网运营管理。管网连接着LNG接收站和海气处理终端，向珠海、中山、广州、江门和澳门等地区的燃气电厂、工业用户、城市燃气公司等输送天然气。管道沿线经济发达，人口密集，管道沿线第三方施工活动频繁。管道失效导致天然气泄漏引起火灾爆炸，将会引起重大公共安全事故。

按照国家安全总局等八部委《关于加强油气输送管道途经人员密集场所高后果区安全管理工作的通知》(安监总管三〔2017〕138号)，要加密设置地面警示标示，及时阻止危及人员密集型高后果区管段安全的违法施工作业行为。文中结合管道高后果区加密设置的标志桩，开展标志桩二维码系统平台方案研究，分析系统建立意义和研究现状，研究系统技术方案，形成管道标志桩二维码系统平台辅助管道高后果区管理的技术思路和方案。

1　研究内容

(1) 通过标志桩二维码系统平台提供多一重巡线考勤辅助技术手段，保障巡线及时有效，防止出现漏巡管段；实现巡检智能化，巡检人员只需要用手机APP到现场并扫描标志桩上的二维码，即完成当前标志桩的巡检任务，解决巡检不到位的情况。

(2) 在第三方施工管理过程中，通过系统方便核查第三方施工单位在编制方案前是否开展现场勘查；管线情况信息及时查询，给第三方施工单位提供管线埋设情况、向其传递第三方施工活动管理流程及要求，降低事故发生概率；准确生成标准化作业指导书，可以有效指导第三方施工单位进行规范化施工。

(3) 通过平台获取、汇总、分析管道巡线、第三方施工活动等数据，挖掘数据价值，为分析管道沿线第三方施工发生趋势以便配置巡线资源提供数据支持；巡检人员的智能化管理，利用二维码技术对管道巡检人员信息与行为进行采集，实现对其进行有效管控，继而促进巡检人员的精细化管理。

2　系统建立的意义

2.1　加大管道保护宣传维度和深度

管道沿线设置的标志桩是最直观、有效的向人们传递管道保护信息的载体[1]。标志桩上加设二维码，将管道管径、材质、输送介质压力、输送速度等参数，管道埋深、走向，输送介质的危险性，管道失效的后果及影响等大量数据信息和图表均植入二维码，人们可以借助手机快速获取二维码中存储的信息，可随时随地下载图文、了解管道保护安全信息。

2.2　解决第三方施工痛点难点

当发生由第三方在管道沿线施工时，可以扫描标志桩上的二维码获取相关施工政策信息和管线信息，根据施工政策并按步骤进行填报内容和获取信息，便于第三方施工单位顺利施工和安全施工。

2.3　加强巡检有效性管控

巡线人员在对自己负责的管道沿线巡检时，要通过扫描标志桩上的二维码进行打卡记录，可

作为巡线人员的考勤记录，真实有效的对管道现场进行管理。

3 研究现状分析

3.1 管道管理现状

珠三角天然气管网管道管理呈现出以下四方面特点和难点。

（1）管道沿线高后果区数量多、里程长，共有45处高后果区，Ⅱ级及以上高后果区管道里程约240km，约占管道总里程数的68%。

（2）管道沿线第三方施工活动频繁，2019年累计发生516起管道两侧各五米范围内的第三方施工事件，相较于2018年452起同比增长14.2%，管道沿线第三方施工数量呈每年递增趋势。

（3）第三方施工单位与管道企业跨行业沟通存在痛点和难点。因第三方施工单位与管道企业属于不同行业，管道企业与第三方施工单位在日常对接过程中，因第三方施工单位对天然气管道保护法、第三方施工管理规定、资料报送流程不熟悉，导致第三方施工单位不能按流程、按时间节点、按模板要求报送资料。

（4）管道企业点多线长面广，长输管道是没有围墙的工厂。管道及附属设施大部分位于野外，管道沿线环境多样且复杂，对巡线有效性提出了更高要求。

3.2 标志桩智能化发展现状

虽然多年来管道安全标识尽管从材质、数量以及设置要求等方面有了很大提高，但是纵观油气管道安全标识的各种标准内容，对油气管道安全标识管控并没有实质性的创新，更多地是关注了设置方式、数量等。

4 技术方案研究

4.1 升级标志桩硬件

高后果区加密后的标志桩间距建议控制在25米至50米范围内，为达到美观、耐用、无需定期贴膜等目的，可采用玻璃钢材质方形标志桩代替原有水泥桩、PVC圆形桩，相关技术要求见表1。

表1 标志桩技术要求

序号	项目	技术要求
1	桩体材质	材质为玻璃短纤维+不饱和树脂等，采用高温压铸一次成型。玻璃纤维丝线密度（tex）4560-5040，含水率（%）：≦0.10，断裂强度（N/tex）≧0.35。
2	表面工艺	桩体经刮原子灰打磨平整，磨砂处理后，表面氟碳烤漆处理，采用抗老化、耐磨持久的特种氟碳漆喷涂，玻璃纤维表面被完全覆盖，使用年限要求在5年以上。
3	文字雕刻	采用雕刻机1.5mm深度雕刻后着色成型，标志桩整体色彩艳丽，文字立体清晰．管道标识字体油漆要求5年内不褪色。
4	规格尺寸	方形，字体凹形深刻1mm以上，桩体表面黄色耐候烤漆喷涂，结合埋设环境选用120mm＊120mm＊2200mm、120mm＊120mm＊1550mm、120mm＊120mm＊850mm三种不同规格，桩体整体黄色，正面有二维码安装凹槽，顶面有管道的方向标识，侧面有权属单位LOGO抢修电话、燃气管道、禁止开挖等字样。
5	性能要求	轴向拉伸强度（沿玻璃纤维方向）≥250MPa；轴向弯曲强度（沿玻璃纤维方向）≥300MPa；720小时表面抗老化试验后表面颜色饱和老化等级达到3-4级（1级为完全变色，5级为完全不变色）；阻燃氧指数≥28%。相关参数需经第三方权威机构检测证明。

4.2 设计二维码样式

（1）采用耐磨损的亚克力材质制作二维码，粘贴在标志桩正面凹槽处。

（2）二维码尺寸与标志桩尺寸配套，制作的两个二维码，分别标注这两个二维码的操作使用方名称。

（3）设计第一个码是关于登录企业下载的官方APP的二维码，使用者主要是第三方施工单位；第二个码是通过官方APP扫二维码完成巡检工作和考勤打卡以及第三方施工单位查询相关信息，使用者是巡检人员和第三方施工单位。

二维码信息统计见表2。

表2　二维码信息统计表

序号	二维码类型	二维码制作要求
1	二维码(绿色、用于记录位置信息)	二维码标签、二维码卡防护套壳(圆形)、粘胶
2	二维码(红色、用于下载 APP 安装文件)	二维码标签、二维码卡防护套壳(方形)、粘胶

4.3　制定业务流程

通过每个标志桩粘贴二维码的管理模式去解决第三施工的及时沟通与协调问题，人防工作时段中考勤管理、巡线频率、巡检及时性和有效性的问题。具体包括第三方施工业务流程图(图1)；管道管理人员业务流程图(图2)；管道巡线人员业务流程图(图3)。

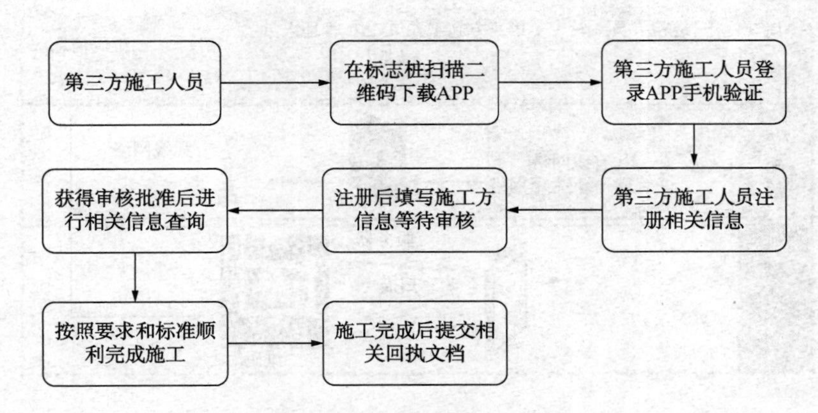

图1　第三方施工业务流程图

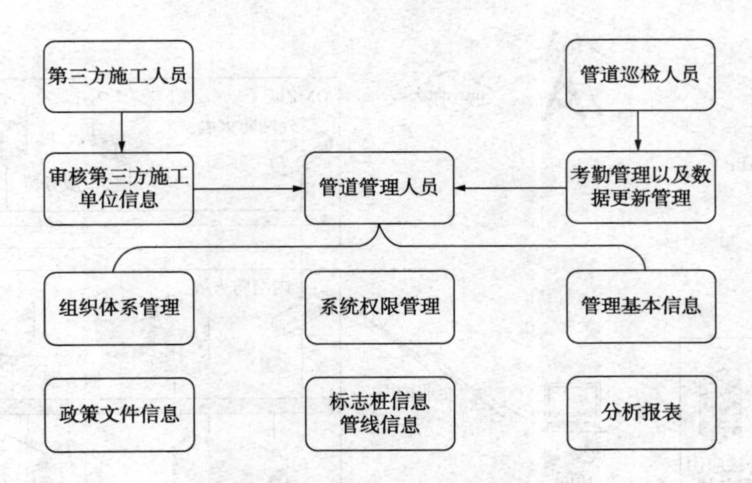

图2　管道管理人员业务流程图

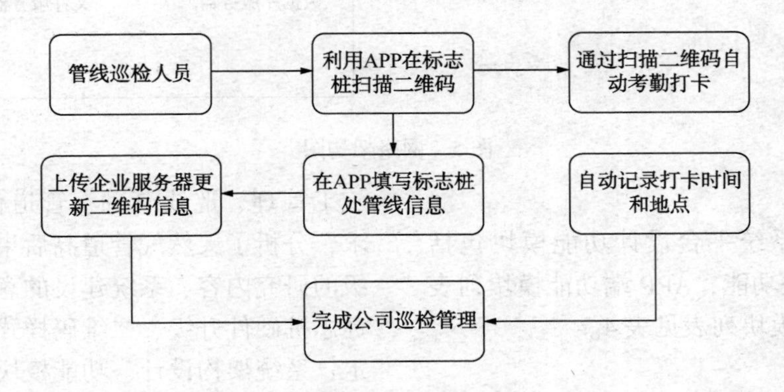

图3　管线巡检人员业务流程图

4.4 设计系统架构

设计标志桩二维码系统平台总体架构图和网络架构图，系统总体架构图见图4；网络架构图见图5。

标志桩二维码系统平台APP端有外部第三方施工单位进行使用，因此只能使用外网来进行数据访问，具体方式如下：①应用服务器需放置到DMZ区，进行与内网数据访问。②若无敏感保密数据或必须与内网进行交互的需求，可将应用服务器放置到外网中。

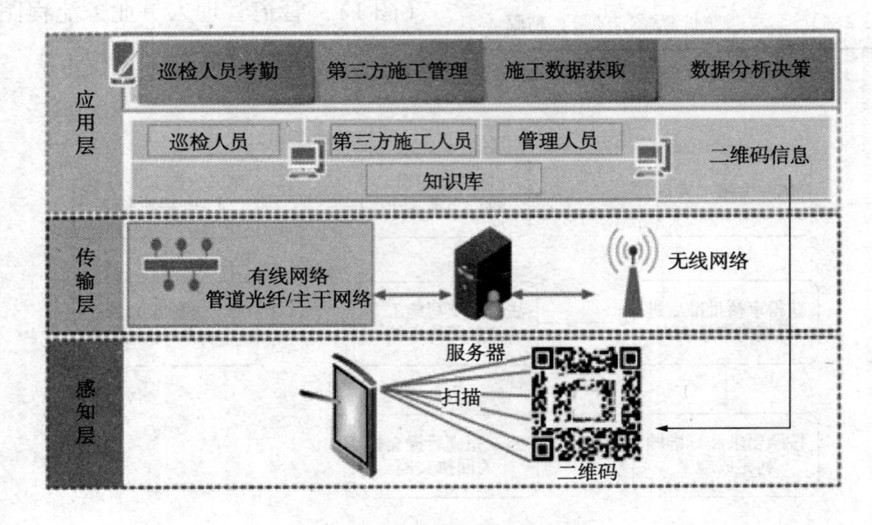

图4　总体架构图

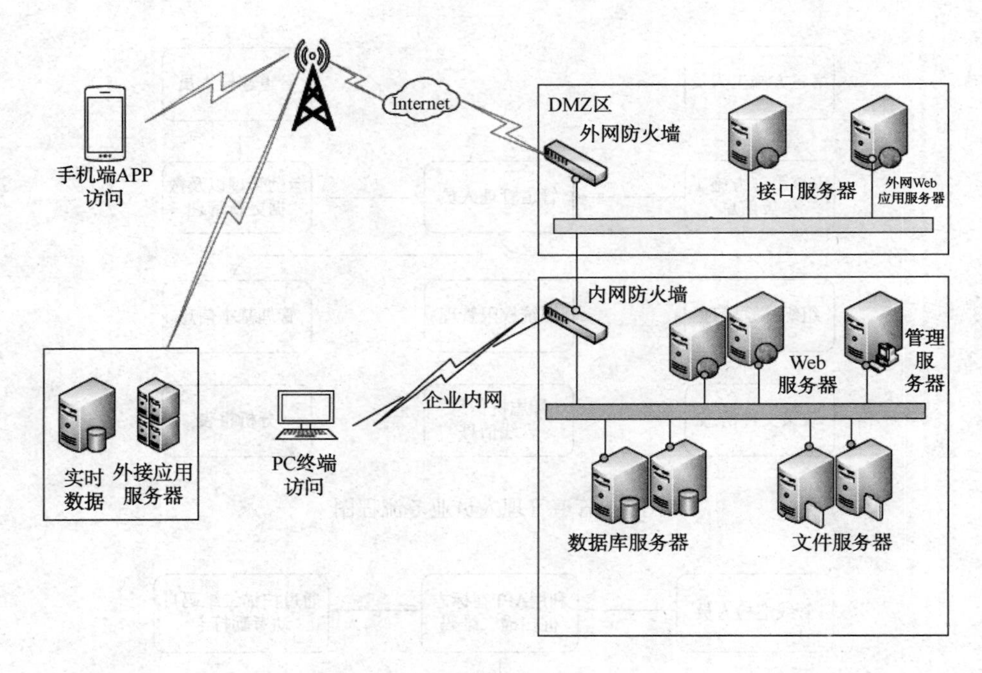

图5　网络架构图

4.5 设计功能模块

标志桩二维码系统平台设计功能模块包括APP端和PC端相关功能，APP端功能模块列表见表3，PC端功能模块列表见表4。

5 结语

基于珠三角天然气管网高后果区管道第三方施工管理、巡线管理、管道保护宣传等业务需求，分析了天然气管道高后果区标志桩智能化升级的研究内容、系统建设的意义和研究现状，从标志桩硬件升级、二维码样式设计、业务流程制定、系统架构设计、功能模块开发等多方面进行研究，整个过程充分考虑了闭环管理、高后果区管理等完整性管理理念，可推广应用于管道管理工作，保障管道安全运行。

表 3　APP 端功能模块列表

<table>
<tr><th rowspan="2">开发对象</th><th colspan="2">功能框架</th></tr>
<tr><th>使用对象</th><th>功能描述</th></tr>
<tr><td rowspan="6">APP 端</td><td>施工单位</td><td>APP 下载(施工单位通过手机扫描二维码方式)
用户登录(施工单位通过手机验证码方式)</td></tr>
<tr><td>施工单位
管道企业</td><td>用户注册(施工单位)
用户审核(管道企业)</td></tr>
<tr><td>施工单位
管道企业</td><td>施工基本信息(施工单位)：单位名称、项目名称、联系方式、施工类型、简要说明等
附件上传信息(施工单位)：施工函件、作业方案、作业许可、现场照片等(支持 PDF、WORD、EXCEL 格式，单个附件大小需在 20M 以下)</td></tr>
<tr><td>施工单位</td><td>管理信息查询(施工单位)：区域负责联系人及电话等
政策文件查询(施工单位)：第三方施工流程、管道保护法、安全保护协议等</td></tr>
<tr><td>施工单位</td><td>管线信息查询(施工单位)：埋深、管径、设计压力等</td></tr>
<tr><td>管道企业</td><td>巡线考勤打卡(管道企业)</td></tr>
</table>

表 4　PC 端功能模块列表

<table>
<tr><th rowspan="2">开发对象</th><th colspan="2">功能框架</th></tr>
<tr><th>使用对象</th><th>功能描述</th></tr>
<tr><td rowspan="5">PC 端</td><td rowspan="5">管道企业</td><td>组织体系管理(公司信息、部门信息、人员信息等)、系统权限管理(用户管理、角色管理、权限管理)、系统监控管理等</td></tr>
<tr><td>管理基本信息：区域负责联系人及电话等
政策文件信息：第三方施工流程、管道保护法、安全保护协议等</td></tr>
<tr><td>标志桩信息：标志桩编号、标志桩名称、标志桩描述等</td></tr>
<tr><td>管线信息：标志桩编号、埋深、管径、设计压力等</td></tr>
<tr><td>分析报表：报表设计、开发等</td></tr>
</table>

参　考　文　献

[1] 李铎，等．浅析石油天然气管道安全标识设置管理现状与改进[J]．石油化工安全环保技术，2015(1)：7-9.

[2] 赵小兵．石油天然气管道安全标识管控[J]．现代职业安全，2017(4)：29-31.

阴极保护测试桩的优化设计及智能化升级研究与应用

侯向峰　周　巍

（中海广东天然气有限责任公司）

摘　要　针对高温高湿环境中的传统钢质测试桩容易发生腐蚀、测试桩内操作空间受限、接线柱数量限制了测试桩功能的扩展等问题，优化设计了一款新型阴极保护测试桩。本文详细介绍了新型测试桩的设计思路、主要结构，同时考虑阴极保护系统的智能化升级是智慧管道建设的重要组成部分，介绍了基于新型测试桩的智能化升级方案及现场应用情况。

关键词　阴极保护，测试桩，智能化

阴极保护测试桩是油气管道阴极保护系统的重要组成部分，通过测试桩周期性的测试管道阴极保护参数，及时发现和消除管道腐蚀风险点，可以有效维护管道的安全运行。目前混凝土式测试桩已基本淘汰使用，油气管道阴极保护测试桩多采用钢质测试桩。我公司输气管道位于粤港澳大湾区，管道沿线处于高温、高湿的环境，钢质测试桩极易在出入地位置发生腐蚀断裂的问题。本研究工作主要以解决现场生产中遇到的实际问题为导向，以期通过对现有测试桩的结构进行优化设计提高测试桩的使用寿命，并兼顾现场的数据测试的便捷性及后续智能阴保系统建设的需求。

1　现状测试桩情况

目前油气管道行业主要采用的钢质测试桩为空心管状结构，管径约为10cm，厚度4mm，中部有小门，门内配有六个接线柱。阴极保护系统相关的测试线缆从测试桩底部穿入，在门内的接线柱上连接(图1)。

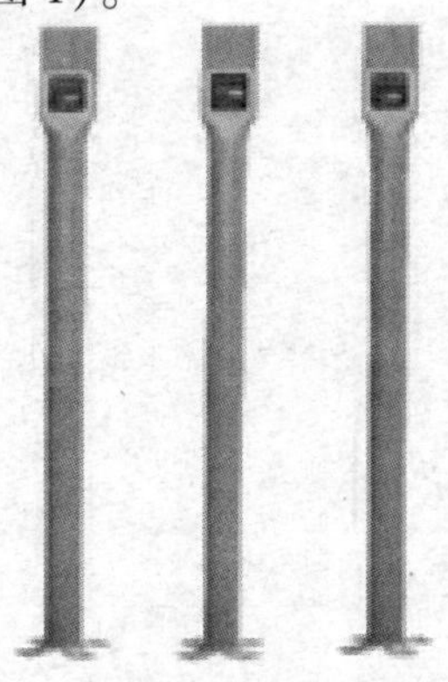

图1　钢质测试桩样式

1.1　容易腐蚀

传统钢质测试桩存在突出的腐蚀问题，表面漆料磕碰磨损，在干湿交替、氧气充足的自然环境中容易发生腐蚀，特别是在珠三角沿海地区，降水量充沛，海洋湿气环境极易在测试桩入土段发生腐蚀断裂。为延长测试桩使用年限，需要经常为测试桩涂覆防腐涂料或者更换新桩，维护成本较高。

1.2　操作不便

测试桩为空心管状结构，测试接线板一般位于中部，测试门内空间狭窄，操作不便，特别是测试断电电位时，需要断开极化试片线缆与管道测试线缆的连接，常常发生螺帽失手落到桩内的问题。

1.3　功能扩展受限

测试桩接线板上的接线柱一般为6个，目前随着测试桩测试功能的丰富，逐步增加了极化探头、极化试片、自腐蚀试片、受保护试片、参比电极、腐蚀探头等多种检测线缆，接线柱的数量已经趋于饱和，原有的接线柱数量已无法满足新增测试装置的线缆需求，急需要扩充接线柱数量，且目前线缆众多、无标识会导致测试时间延长甚至接线错误等问题。

1.4　测试效率低

日常测试工作内容主要为通电直流电位、交流电位、极化电位、自腐蚀电位等内容，传统钢质测试桩测试需要花费较多的测试时间。进行断电电位测量时，一般采用断开极化试片方法测量，测试时易出现螺母遗落、极化试片线缆接触

不良、误接等问题，测试时对测试人员的要求较高。根据现场测试经验，目前每个测试桩的数据测试需要花费约 15 分钟的测试时间——理清线缆花费 3 分钟，测试直流电位 3 分钟、交流电位 3 分钟，断开极化试片线缆进行极化电位测试 5 分钟，自腐蚀试片电位 1 分钟。一日按照 8 小时测试工作时间，其中一半为路程耗时，一半为实际测试时间，那么每个工日将只能测试 16 根测试桩，工作效率低。

2　新型测试桩的优化设计

为了解决上述现场遇到的问题，我们从测试桩材质、功能及结构方面对传统钢质测试桩进行了优化设计。

本项目的主要设计灵感来源于绅士“脱帽行礼”的动作，在测试桩的上部开口，给测试桩做一个“帽子”，“帽子”下的接线板立式放置，高于桩外沿，使得接线板全景式 360° 裸露，极大增加了操作空间。同时，采用揭帽设计可有效防止雨水进入测试桩，防止接线柱的腐蚀(图 2)。

图 2　优化后测试桩效果图及现场图

为了从根本上解决桩体腐蚀问题，经过对比筛选，新设计测试桩采用高分子聚合物环氧玻璃钢材质，测试桩结构使用揭帽型的防水设计，新桩桩体轻便、强度高、烤漆工艺保障颜色与字体长久鲜艳。

测试桩接线柱采用双头螺杆，采用双头螺杆作为接线柱，可双面接线，接线柱数量由 6 个扩充至 16 个，且预留远程阴保系统改造空间，可直接升级为智能测试桩。

在接线板上集成微型开关，用于通断极化试片，实现管道极化电位的半自动测试，在接线柱旁打上线缆标签，方便线缆分类识别。测试时无需拆卸线缆手动通断极化试片，解决了测试时反复拆卸线缆的问题，节省测试时间，每处测试桩测试时间可缩短至传统测试桩的 50%。

3　测试桩的结构

新型阴极保护测试桩，其特征在于，由以下四个部分组成：环氧玻璃钢制成的空心柱状主体，安装在主体一端用于固定的底座，安装在主体另一端用于封闭该端开口且可揭开的桩帽，和安装在所述主体靠近桩帽一端的立式接线板。所述桩帽为揭帽型设计，使用二层次挖空结构，为接线板提供了足够的空间；所述接线板为立式板状结构，其侧沿与预制在所述主体上的沟槽装配，接线板的两面都被暴露出来，拆卸维修方便且极大地增加了操作空间；接线板使用双头螺杆作为接线柱，实现两面接线，极大程度增加了接线柱的数量；预制微型常闭式开关，实现管道断电电位的半自动测试(图 3)。

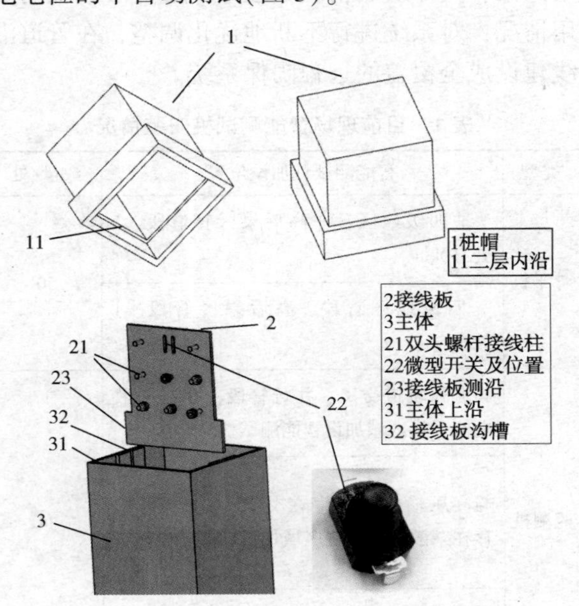

图 3　优化后测试桩内部结构图

4　测试桩智能化升级方案

目前阴极保护电位的获取大多数情况下仍然采用的是人工定期录取的方式，此种方式需要大量的人力物力，并在进一步增长，因而发展智能的网络化阴极保护监测系统成为了一种必然。随着中国油气管道建设步伐不断加快，基于互联网+，大数据，云计算等先进技术与油气管网创新融合的智慧管道建设，成为新形势下实现管道可视化，网络化，智能化管理的重要方法和途径。阴极保护系统的智能化升级是智慧管道建设的重要组成部分。我公司所管理的约 351km 管线沿线的测试桩需要每月人工采集测试桩数据进行分析，以确保阴保系统的正常运行。开展远程阴保系统建设，实现远程阴保数据远程传输、无人测试采集、数据智能分析，可以显著提高阴保数据测试效率、降低人工成本，做到对阴保系统的全面监测。

本次阴极保护测试桩的智能化升级总体思路为结合优化设计后测试桩的现场应用情况和目前公司数字化管道系统腐蚀控制模块开发进度对现场测试桩进行智能化升级。

首先先进行试验和探索阶段的远程阴保系统建设。根据公司管道沿线的土壤腐蚀环境状况、杂散电流干扰情况、地区等级、第三方施工频率、高后果区等情况，在重点区域先行进行测试桩的智能化升级，搭设公司远程阴保系统现场骨架网络，具体安装情况见表1。然后根据现场使用情况，对系统进行不断地优化调整，在管道沿线建设成全覆盖的远程阴保系统。

表1　目前现场智能测试桩安装情况

类型	智能测试桩加设位置	数量/处
骨干桩	非四级地区且非高后果区管道段，1处/10km	50
	四级地区管段、高后果区管段，1处/2km	
监测桩	与城际轨道交叉、并行管段，存在杂散电流干扰区域加设智能测试桩	34
	与高压输电线路存在交叉、并行管段，存在杂散电流干扰区域加设智能测试桩	
	高后果区域、第三方施工频繁区域管段加设智能测试桩	

由于网路系统安全的需要，企业内部网络与外部互联网网络的数据传输途径各个单位都加紧了限制和管控。该项目在实施时要提前做好智能测试桩数据上传至数据库后与公司生产系统之间数据调用和物理隔离的规划。

2020年9月对现场存在交流杂散电流干扰的管段采取了缓解措施，通过段管道内完成智能化升级的NS25测试桩，准确监测到采取排流措施前后管道交流电压的变化，及时掌握了现场交流干扰情况和排流措施的实施效果，详见图4。

5　总结

（1）本次阴极保护测试桩的优化设计是以解决现场碰到的实际问题为导向，对传统钢质测试桩进行了优化设计，提高了测试桩的使用寿命，方便了现场数据测试及后续智能化升级工作，可以在粤港澳大湾区、东南沿海等高温高湿环境地区的油气管道企业中推广使用。

（2）远程阴极保护系统建设时应与公司数字化管道系统、SCADA系统、生产网络等统筹考虑，做到多系统间的融合，为公司决策提供及时的数据支持。

（3）目前国内油气管道企业正在探索和推进“智慧管道”的建设工作。各油气管道企业智能阴极保护系统的建设大多处于实验和探索阶段，行业内尚未建立起完善的建设标准。我公司在完成远程阴极保护系统建设后，根据后续现场实际应用效果，希望可以为国内油气管道的相关应用提供借鉴经验。

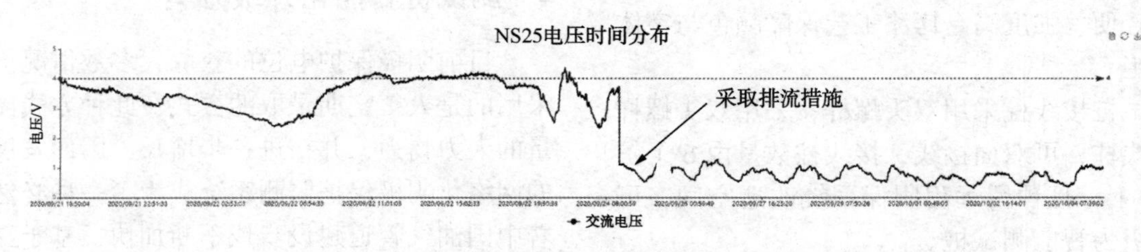

图4　NS25智能测试桩监测的交流干扰数据

参　考　文　献

[1] 易宜君．长输管线的远程阴极保护监测仪的研制[D]．武汉：华中科技大学，2009.

[2] 蔡永军，蒋红艳，王继方，王潇潇，李莉，陈国群，张海峰．智慧管道总体架构设计及关键技术[J]．油气储运，2019，38(2)：121-129.

[3] 郭秋鸿．管道阴极保护技术现状与展望[J]．化工管理，2014，000(014)：111-111.

基于三维扫描的油气管道缺陷智能评价系统开发与实现

刘婉莹　许好好　李　想　王西明　王　军

（浙江浙能技术研究院有限公司）

摘　要　为了解决埋地长输油气管道的传统缺陷评价方法存在人工测量缺陷误差较大、评价效率低等问题，本文研发出一套基于三维扫描的油气管道缺陷智能评价系统。利用三维激光扫描技术对油气管道外表面缺陷进行三维建模，开发缺陷自动识别功能，准确地获取缺陷特征参数。根据国内外油气管道缺陷评价标准，编写缺陷评价标准库，后台自动调用标准库，快速分析缺陷输出评价结果。通过缺陷历史数据比对，实现对管道缺陷的风险预测。

关键词　三维扫描，油气管道，缺陷，智能评价，缺陷比对，风险预测

安全是油气长输管道核心管控内容。我国已建成的油气长输管道总里程已超过了 13.9×10^4km。随着管道服役时间的增长，腐蚀和机械损伤等原因引起的缺陷也会不断加剧，严重时会造成穿孔泄漏，并可能引发火灾爆炸、人员伤亡等恶性事故。缺陷评价是管道完整性管理中的关键环节之一，对于埋地长输管道安全运行以及维修决策具有重要指导意义。

目前，传统的管道缺陷评价方法是对开挖后发现的缺陷点，采用常规尺量网格法测量缺陷几何尺寸，并依据有关规程交由专业评价人员进行定量计算和级别评定。但该评价方式主要存在以下问题，即缺陷测量误差较大、评价结果准确性难以保证、评价耗时长、缺陷数据管理落后。

基于上述问题，针对埋地长输油气管道外表面腐蚀缺陷、机械损伤、凹陷变形等体积型缺陷，研究团队设计开发一套“基于三维扫描的油气管道缺陷智能评价系统”，利用手持式激光扫描仪对缺陷进行扫描，并对点云数据进行处理[2]，能够自动而准确地获取到管道外壁缺陷特征参数；在系统界面中输入特征参数后，快速输出缺陷评价结果；通过开发缺陷库，将缺陷三维模型存储于历史模型库中，便于后续比对分析管道缺陷变化情况，预测缺陷的演变趋势，从而实现对管道缺陷进行风险评价以及剩余寿命评估。

1　三维扫描仪与缺陷智能评价系统有机结合

国内三维扫描设备厂家众多，但并未深入管道缺陷评价领域。而国内在管道缺陷评价方法研究方面，仅集中在科研院校，未与三维扫描设备进行融合。本研究将三维扫描仪与缺陷评价系统相结合，开发出“基于三维扫描的油气管道缺陷智能评价系统”，可实现缺陷自动识别及快速评价。

1）缺陷扫描模块

对于埋地长输油气管道缺陷，通过三维激光扫描技术记录被测管体表面的三维坐标信息，拾取点云数据，快速重构缺陷三维模型，从而快速获取目标表面的三维空间坐标数据、反射率以及纹理信息。具体操作方法：在管道表面无规则粘贴定位贴片。扫描仪启动后需进行校准并设置扫描参数，扫描过程中实时观察计算机成像效果以保证模型平滑完整。在计算机上输出缺陷三维模型后，保存于历史模型库中，便于调取和查看。

2）缺陷自动识别模块

构建缺陷三维模型得到缺陷的三维点云坐标数据，对坐标数据进行处理变换以及算法开发，实现对缺陷形貌进行自动识别，输出缺陷长、宽、深、面积、曲率半径等参数。针对传统人工画网格方式存在测量误差的问题，本系统能够对缺陷空间数据进行精确提取。

3）缺陷智能评价模块

在用户交互界面中，输入缺陷特征数据，调用评价标准库，输出管道缺陷风险评价结果，存储于指定路径。相比于传统评价方法存在耗时长的问题，本智能评价系统可实现对管道缺陷进行快速准确评价。

2　缺陷特征数据读取与自动识别算法

缺陷特征数据包括长、宽、深、曲率、面积、相邻缺陷间距等参数。其中，缺陷的长为轴向投影长度，缺陷的宽为缺陷展开图最大宽度，缺陷的深为最大深度，缺陷实际面积为轴向投影的面积积分。

2.1　识别条件

（1）自动判别并确定缺陷为单一缺陷或组合缺陷：

$$\begin{cases} Z>2\sqrt{Dt}，单一缺陷 \\ Z\leqslant 2\sqrt{Dt}，组合缺陷 \end{cases} \tag{1}$$

式中，D 为管道直径，mm；t 为管道剩余厚度，mm；Z 为相邻缺陷的间距，mm。

（2）确定变异系数 COV 值。测量缺陷处任意 15 个点的深度，计算出平均值以及标准差与平均值之比即 COV，COV 分为 10% 以内、10%～20%、20% 以上三档。若 COV 在 20% 以内，在缺陷范围内以最深点为中心，测量轴向平均剩余厚度与环向平均剩余厚度，轴向和环向分别测量至少 5 个点，测量间距为：

$$\min(0.36\sqrt{dt},\ 2t_0) \tag{2}$$

式中，d 为管道内径，mm；t 为最小剩余壁厚，mm；t_0为公称厚度，mm。

（3）确定凹陷曲率半径。管道横截面凹陷的曲率半径为 R_1，当方向相反时，R_1为负数，管道轴向凹陷的曲率半径 R_2，通常为负数。

2.2　基于点云数据的管道缺陷自动识别算法

在缺陷三维模型中，通过对三维点云数据进行分析处理，实现缺陷自动识别。图 1 中凹凸形状部分为待测缺陷，在缺陷处点至轴心的距离比正常圆周上的点至轴心的距离大时，为凸形缺陷；反之则为凹形缺陷。将横截面圆周上点到轴心的距离和所设定的半径上下极值进行比较，能判断出该点是否为缺陷点，并标识出每周的起始缺陷点和末端缺陷点，直至缺陷整体标识完毕。

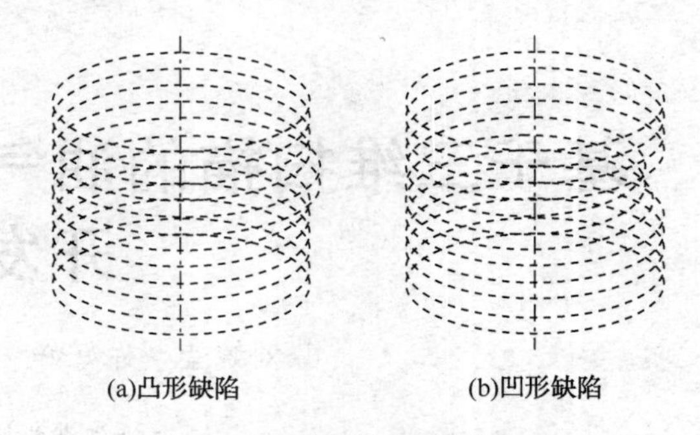

图 1　凹凸缺陷点云图

如图 2 所示，由于设定相邻点云间隔 d 相同，将同一圆周上起始缺陷点到末端缺陷点即 A、B、C、D、E 依次相连，对比每个圆周上缺陷弧度和长度，找到缺陷最大的弧度和长度，即缺陷展开面的最大长度和宽度，通过积分可以得到缺陷的实际面积。

缺陷面积 S 为：

$$S=S_{ABCDE}-(S_{OAE}-S_{\triangle OAE}) \tag{3}$$

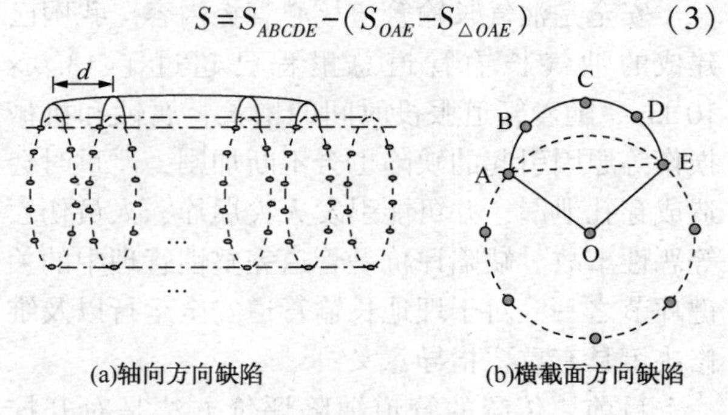

图 2　缺陷识别原理图

通过自动识别原理获取到缺陷特征数据，并自动转输于评价系统中，实现缺陷智能评价。

3　系统架构设计与实现

3.1　缺陷评价适用标准

目前，工程上有多种应用于油气管道缺陷评价的标准。适用于评价油气管道单个腐蚀、组合腐蚀及凹陷的国内外常用标准包括 ASME B31G、DNV RP－F101MOP、RSTRENG、PCORRC、API579 等。利用 C++语言对上述评价方法进行编程开发，作为评价标准库嵌入智能评价系统中应用。

管道缺陷的自动识别与智能评价方法流程见图 3，通过自动识别快速判断缺陷类别和输出缺陷特征参数。针对不同类型的缺陷，如凹陷和腐蚀缺陷，采取相应评价流程以及合适的评价标准进行快速准确评价。

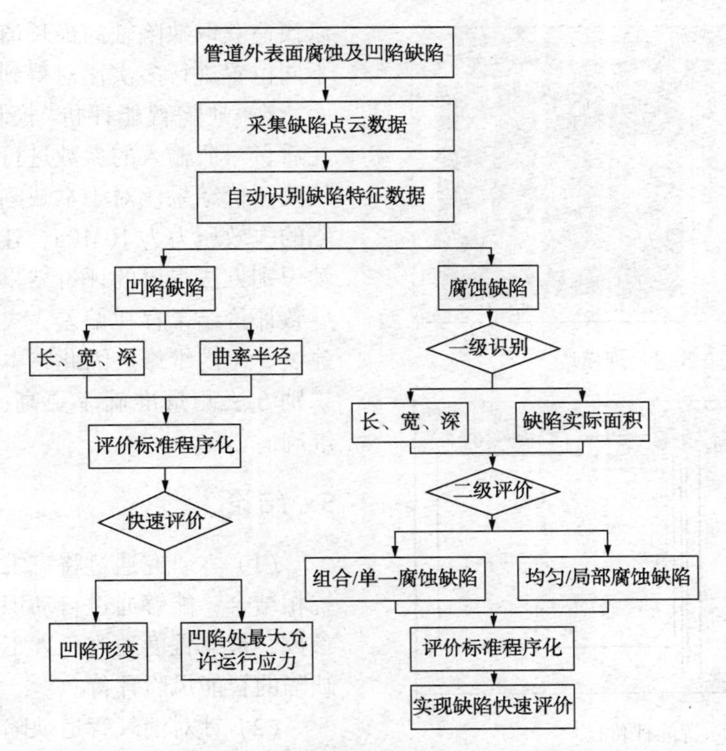

图3　缺陷自动识别与智能评价方法流程图

3.2　智能评价系统架构设计

本智能评价系统架构见图4，系统主要分为缺陷三维扫描、缺陷特征自动识别、缺陷智能评价三大模块。首先引入三维扫描仪对缺陷进行扫描，在计算机上输出缺陷三维模型；在缺陷三维模型的基础上，采用C++语言对智能评价模块以及自动识别模块进行算法开发；采用C#语言开发前端用户交互界面，根据输入参数快速输出评价结果。

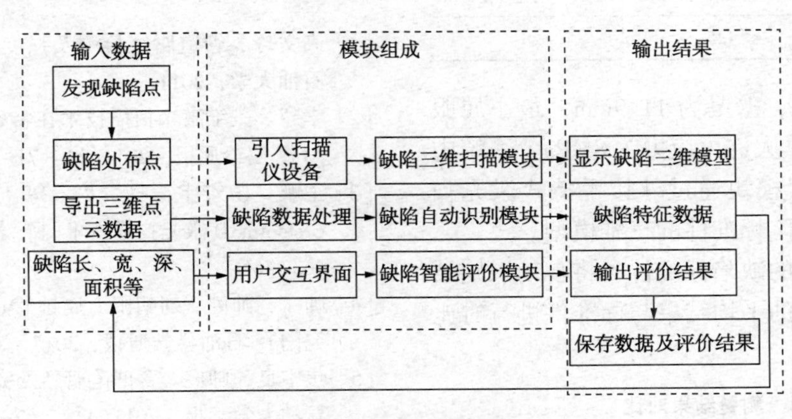

图4　智能评价系统架构

3.3　智能评价系统的实现

(1) 利用手持式激光扫描仪对将管道缺陷扫描后(图5)，通过自动识别技术，将缺陷形状轮廓及深度以色差图的形式展示，左侧自动录入获取到的缺陷特征参数。

(2) 在缺陷智能评价模块中(图6)，在标准库中选取适合的评价方法，在界面中输入缺陷特征参数，点击“确定”后输出缺陷评价结果以及维修建议。

(3) 系统数据库可根据不同数据类别，实现缺陷数据快速查询。通过比对同一缺陷的历史数据，对缺陷进行前景预测分析，防止管道穿孔泄漏等事故的发生。通过历史数据的统计分析，判断出缺陷易产生的类型、位置等，从而可重点采取防治措施。导入GIS系统，可在线实时更新查看管道上缺陷地理信息。

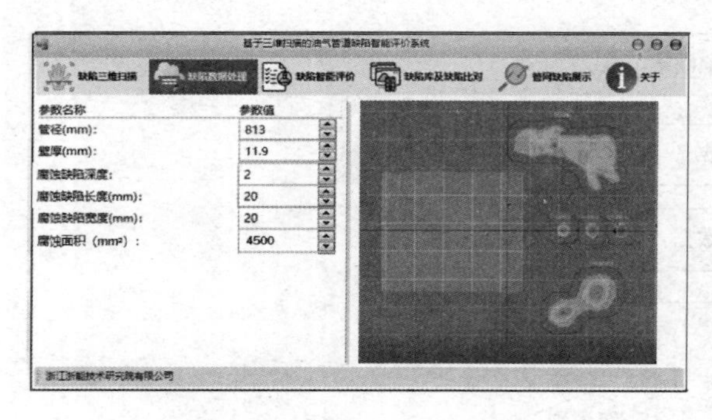

图5　缺陷数据处理模块

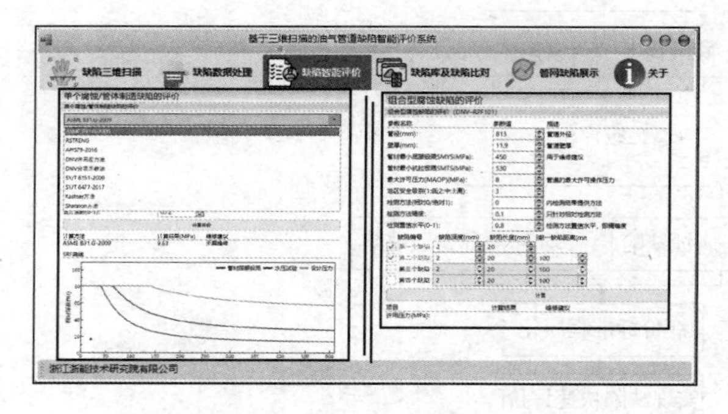

图6　缺陷智能评价模块

4　结果验证

以实验室中典型缺陷标准件为例进行验证，标准件参数见表1。

表1　标准件参数

管径/mm	壁厚/mm	最小屈服应力/MPa	最大许可应力/MPa
813	11.9	425	8

直径为813mm，壁厚为11.9mm，最小屈服应力为425MPa，最大许可应力为8MPa。系统中的“缺陷三维扫描”模块通过外接手持式激光扫描仪，生成典型缺陷标准件的三维模型。

对于本研究中的缺陷标准件，将自动识别结果、多次人工测量的平均结果与标准件进行对比(表2)。

表2　测量结果对比

测量方式	缺陷长度/mm	缺陷深度/mm	缺陷宽度/mm	准确率
缺陷标准件	55	5	8	—
自动识别	55.10	4.96	7.88	>98%
人工测量	53.2	4.2	9.0	>80%

通过上述对比结果发现，自动识别方法精度为0.02mm，准确率高达98%以上，而人工测量的准确率仅在80%以上，另外自动识别方法可以快速获取缺陷轴向最长值，而人工测量需测量不同位置进行多次比对得到缺陷最大长度。

在“缺陷智能评价”模块，利用评价算法库在后台对所输入的参数进行快速响应，迅速输出缺陷评价结果。对于本缺陷标准件，评价得到缺陷的失效压力为10MPa，建议4年内维修，与自动识别方法得出的评价结果一致，但人工测量会导致评价结果存在偏差，失效压力为10.17MPa，建议5年内维修。因此，本智能评价系统的自动识别方法测量准确率更高，缺陷评价结果更加准确。

5　结论

(1) 本研究通过将三维激光扫描仪与评价系统相结合，能够通过自动识别方法提取缺陷特征参数，最大程度地避免人工测量的误差，实现了缺陷的智能风险评价。

(2) 针对油气管道缺陷问题，相比于传统评价方法需耗时1~2个工作日，本智能系统可实现管道快速准确评价。

(3) 本智能系统能够实现管道缺陷快速准确评价，减少人力物力的投入，对油气行业的管道安全运行管理具有重要意义。

参　考　文　献

[1] 高文玲．管道腐蚀检测及强度评价研究[D]．西安石油大学，2011.

[2] 李超．三维激光扫描技术在特殊结构测量中的应用[J]．测绘通报，2014(1)：71-73.

[3] 王鹏，杨宏宇，赵贵彬，等．管道凹陷检测中的Creaform3D激光扫描技术[J]．油气储运，2019(4)：463-466.

[4] 帅义，帅健，刘朝阳．腐蚀管道可靠性评价方法研究[J]．石油科学通报，2017，2(02)：288-297..

[5] 焦中良，帅健．含凹陷管道的完整性评价[J]．西南石油大学学报，2011(4)：157-164.

[6] 付国平．基于三维点云数据的缺陷检测及重构实现[D]．北京化工大学，2013.

[7] 王勇，王柄强，唐超．基于移动三维激光扫描的地铁盾构环片提取与分析[J]．测绘通报，2020(09)：46-49+65.

[8] 王予东，肖志刚．在役含缺陷油气管道的安全评价准则[J]．油气储运，2013，032(006)：587-589.

[9] The American Society of Mechanical Engineers. ASME B31G：Manual for determining the remaining strength of corroded pipelines[S]. ASME B31G，2012：1-52.

[10] Recommended Practice DNV RP-F101. Corroded pipelines[S], DNV, 2004.

[11] KIEFNER J F, VIETH P H. A Modified criterion for evaluation the remaining strength of corroded pipe [C]. Final report on project PR3-805 to the Pipeline Research Committee of the American Gas Association, 1989.

[12] STEPHENS D R, LEIS B N. Development of an alternative criterion for residual strength of corrosion defects in moderate-to high-toughness pipe[C]//20003rd International Pipeline Conference. Alberta, Canada: IPC, 2000: IPC2000-192.

[13] American Petroleum Institute and American Society of Mechanical Engineers. API579 Recommended practice for fitness-for-service [S]. Washington, D. C.: API Publishing Services, 2007: 1-1128.

[14] 张足斌，张淑丽，潘俐敏，等．腐蚀缺陷管道剩余强度评价方法选择及应用[J]．油气储运，2020，39(04)：400-406.

[15] 张增昊．体积型缺陷管道评价方法对比分析[J]．管道技术与设备，2014(06)：53-55.

[16] 姚奇志，刘勇．三维扫描仪在产品设计中的运用[J]．中国科技信息，2010(14)：126-128.

管道建设期数字孪生体构建思考

尚　谨[1]　王　擎[2]　刘玉杰[2]

（1. 河南省天然气管网有限公司；2. 河南省发展燃气有限公司）

摘　要　管道建设数据是管道数字孪生的源头和根基，在管道建设期构建数字孪生体是良好实践。文章通过对管道数字孪生体的研究，形成管道建设期构建数字孪生体的总体方案和思路，总结了数字孪生建设数字化交付标准、构建流程及关键技术，为管道数字孪生体建设提供了方法理论，同时，也为“全数字化移交、全智能化运营、全生命周期管理”的智慧管道建设模式提供了良好实践。

关键词　数字孪生体，智慧管网，全生命周期，标准体系，全数字化移交，仿真建模

数字孪生是物理实体的数字化模型。2002年美国密歇根大学 Grieves 提出产品全生命周期管理概念模型，此模型包含组成数字孪生体的全部要素，即实体空间、虚拟空间、实体与虚拟空间之间的数据和信息连接，被认为是最早的数字孪生。2011 年，美国空军研究实验室最早提到了 digital twin 这个概念。北京航天大学教授陶飞教授基于 Grieves 的理论，进一步提出五维模型：模型、数据、连接、服务/功能、物理。2012年，NASA 正式提出数字孪生体是指充分利用物理模型、传感器、运行历史等数据，集成多学科、多物理量、多尺度、多概率的仿真过程，在虚拟信息空间中对物理实体进行镜像映射，反映物理实体行为、状态或活动的全生命周期过程。2015 年，Rios 提出通用产品数字孪生体定义，将其由复杂的飞行器领域向一般工业领域进行拓展应用及推广。

从管道的特征而言，管道数字孪生体是管道物理实体与数字模型通过信息交互更新，实现管道全生命周期数据统一管理，其关键要素为：实体、模型、数据、交互。管道孪生体有建设期同步构建和运营期逆向恢复两种构建方式。管道建设数据是管道数字孪生的源头和根基，因此，本文将对如何在管道建设期构建数字孪生体进行阐述。

1　管道孪生体构建

管道孪生体以管道数字模型为载体，通过建立标准规范，实现勘察数据、设计数据、采购数据、施工数据、竣工验收数据的关联与融合，将管道建设全生命周期所产生的结构化数据、半结构化数据、非结构化数据进行整合，最终形成与物理管道完全一致的数字模型，即管道孪生体。进而提升管道建设期数据采集与利用质量，降低或消除数据孤岛，实现“全数字化移交、全智能化运营、全生命周期管理”的智慧管道建设模式。

1.1　数据交付标准

通过数字化交付，将建设期管道孪生体移交到数据资产库，横向包括勘察、设计、采办、施工等数据，纵向包括数据采集、数据存储、数据应用、数据治理等。数字孪生体的核心价值在于为管道智能化运营、智慧管网建设提供数据基础，因此数据标准体系、数据范围、数据模型构建至关重要，它直接影响数据智能应用水平。

（1）标准体系：依据国家法律法规、行业标准规范、参考中石油、中石化、中海油及行业内大型省级天然气公司长输管道工程项目管理体系建设的相关要求，针对河南省天然气管网有限公司需求，建立一套完善的数据采集模板、数据移交规范及配套数据管理规定。主要包括设计成果交付标准、采办数据交付标准、施工数据交付标准、编码标准等。

（2）数据范围：数字孪生模型是数字信息的集成，主要是来自不同类型的数据的组合或联合，从数据类型方面看，包括结构化数据：管道基础数据、线路施工数据、穿跨越、工艺数据、通信数据、场站数据；半结构化数据：设计数据、接口规范、实景模型；非结构化数据：文档、图纸、规范、多媒体等数据；从业务范围方面看，包括勘察、设计、施工、采办、验收、运

维等数据。

（3）数据模型：天然气管道所涉及的数据量庞大、类型多样且关系复杂，因此，必须在实体层面、属性层面、编码取值层面具有一致性，否则根据该模型构造的数据质量必然低下，一方面基于该模型开发分析类应用需要进行大量的清洗转换，增大开发难度，数据挖掘、大数据分析等高级形式的应用会愈加困难，甚至于某些场景的应用成为不可能。另一方面无法指导制定数据共享的标准，数据交换停留在低效、复杂、割裂的数据交换层次，无法由数据交换提升为信息交换。

1.2 构建方法

管道孪生体构建包含管道线路和站场2大实体，构建流程主要包括数据采集、数据校验及关联、数据建模、数据移交4部分。数据成果存储到管道建设期智能化管理平台中，并对外提供标准服务接口，最终向公司企业级标准数仓进行正式移交(图1)。

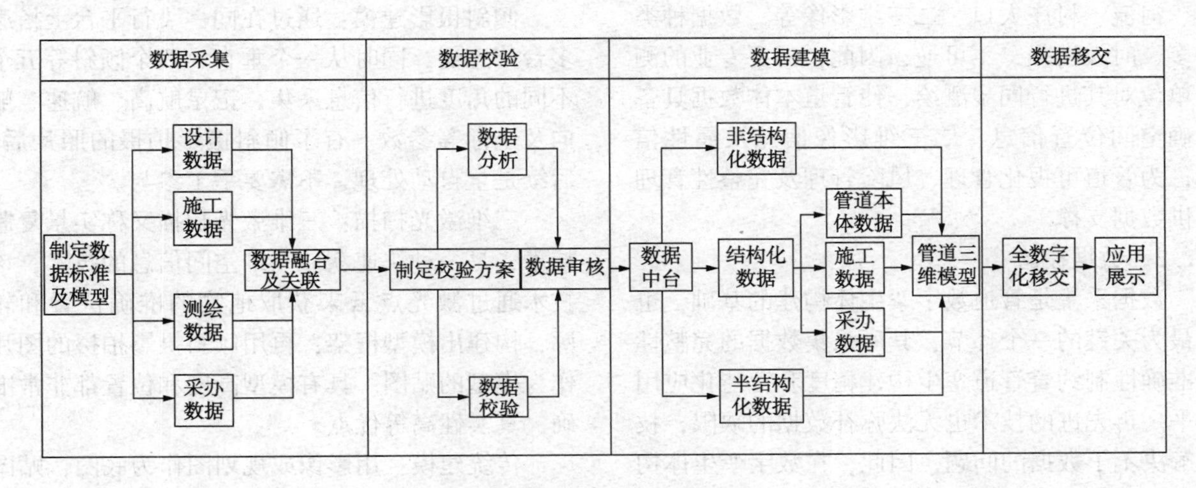

图1 管道数字孪生体构建流程

1.2.1 数据采集

目前，我国大多数油气管道公司在数据完整性、一致性、真实性方面普遍存在问题：竣工资料不完整、资料存档管理不规范等；多源数据不一致、各阶段数据不一致；施工数据记录真实性及竣工中线真实性等问题。基于上述问题，目前最好的方式就是从管道建设期开展数据采集，解决数据源头不统一、数据多版本问题，构建管道数字孪生体，为实现管网智能化运营奠定数据基础。

1）设计数据

通过搭建设计数字化交付平台，将可研、初设、施工等环节产生的结构化数据、非结构化文档、三维数字化模型等成果，通过结构化重整、格式转换、内容提取等过程，实现设计成果审查入库、设计变更与数据更新同步、施工数据回流校验。既指导了现场施工作业，又检验了施工成果，实现了工程建设与数字孪生同生共长。

2）施工数据

搭建施工数字化交付平台，依据标准体系，提供各类专业模板，通过各类移动智能终端，基于4G通信网络实现施工数据智能采集及远程数据传输。

制定《管道工程电子标签使用规范》，对施工物资、现场人员、机具进行电子化管理，通过物资二维码，实现了重要施工物资从出厂到安装的全生命周期管理；通过扫描焊口二维码，建立焊口编号、施工数据、检测数据的一致性关联；通过人员机具二维码实现对其出勤情况监控，有效保障施工进行和质量。制定《施工数据交付标准》，通过无线网络和移动终端实现各工序数据的同步采集和实时传输。研发全自动焊接无线传输终端，通过无线传输方式自动读取全自动焊机工况参数及中频加热数据自动采集，为焊口质量评定提供参考依据；并通过移动监控设备实现工控画面监控、抓拍等。实现焊口检测结果数字化存储，将检测报告、检测胶片等检测结果永久存储到平台中，便于历史追溯。

3）采办数据

将复杂的业务流程与信息化技术相结合，通过物资需求计划、采购合同、生产监造、物资验收、物资使用等模块，实现物资的统一管理。应用二维码及 RFID 标签，通过手持终端扫码自动获取物资数据，提升物资监造与物流跟踪能力，完善物资的生产、物流、验收及使用信息，实现物资数据的全面采集、实时传输、数字化移交。

4）地理信息数据

管道地理信息数据主要包含管道本体、周边环境两大部分。管道本体包括钢管（焊缝）、三通、弯头、阀门等数据；周边环境包括地灾、土壤、河流、村庄人口、二三维影像等。数据种类繁多、时效性强、不可逆，因此，需要专业的测绘单位对其进行同步测绘，使管道本体数据具备精确空间位置信息、二三维影像信息及属性信息，为管道可视化管理、风险管理及完整性管理提供数据支撑。

1.2.2　数据校验

数据采集是管道数字孪生体构建的基础，也是最为关键的一个环节，其所采集数据的完整性和准确性制约着管道孪生构建精度和智能化应用水平。再先进的技术也无法弥补数据的缺限，技术解决不了数据的问题，因此，在数字孪生体构建过程中需要重视数据质量，数据质量是数字孪生体构建成败的关键。数字质量主要体现在完整性、现势性、准确性三方面。

1）数据完整性

指物理数据在范围、内容及结构等方面满足所有要求的完整程度，包括数据范围、空间实体类型、空间关系分类、属性特征分类等方面。

2）数据现势性

指设计、施工等过程数据同步采集、实时移交，保证数据的现势性。

3）数据准确性

数据准确性，从数学精度、属性精度、逻辑精度三个维度进行衡量。

数学精度：指要素的坐标与实体真实位置的接近程度，常表现为空间三维坐标的精度。它包括平面精度、高程精度、接边精度、图像分辨率等。

属性精度：指要素的属性值与其真值相符的程度。通常取决于地理数据的类型，且常常与位置精度有关，包括要素分类与代码的正确性、要素属性值的准确性及其名称的正确性等。

逻辑精度：指数据关系上的可靠性，包括数据结构、数据内容以及拓扑性质上的内在一致性。

1.2.3　数据建模

以三维模型为基础，通过全数字化移交，将三维模型与施工过程产生结构化数据、半结构化数据、非结构化数据深度融合，并基于 GIS 等可视化技术进行直观展示，为天然气管道智能化运营、智慧化发展奠定数据基础。主要的三维建模方法有以下几种：

倾斜摄影建模：通过在同一飞行平台上搭载多台传感器，同时从一个垂直、四个倾斜等五个不同的角度进行信息采集，记录航高、航速、航向及坐标等参数。有了倾斜摄影拍摄的照片后，后续是全自动处理，不需要手工参与。

三维激光扫描：三维激光扫描又称实景复制技术，是一种快速获取三维空间信息的技术，该技术通过激光点云来获取地物的准确位置和轮廓，构建出模型框架；再用倾斜摄影拍摄的图片作为模型的贴图。具有模型高度和位置都非常准确，真实性高等优点。

传统建模：用影像或规划图作为底图，贴图采用现场拍照加工，建筑高度依赖已有数据或估算。优点是效果绚丽、色彩优美；模型是独立的单体，便于深度应用。

1.2.4　数据移交

管道建设全生命周期数据融合集成后，以数据标准为依据，通过全数字化移交平台形成管道资产库，为管道智能化运营提供数据支撑。同时，借助三维仿真技术，模拟管道运行、工艺、控制、环境影响等因素，对其进行虚拟验证，根据验证结果对管道数字孪生体进行更新和迭代优化（图 2）。

1.3　关键技术

物联网、云计算、人工智能等新型基础设施和创新技术的发展，为数字孪生的发展奠定了坚实的基础，支撑数字孪生生成并创造价值。依托一系列的技术底层设施，数字孪生的核心元素和关键特点才得以实现。

1）物联网技术

物联网是数字孪生和数据连接的基础，是数字孪生关键使能技术。基于物联网，能够帮助实现物理设备在线化，支持物理设备数据的实时采集和监控，以及支持虚拟世界对物理世界的闭环控制。

2）新型测绘技术

随着“实景三维”建设推进，倾斜摄影测量技术、三维激光扫描技术、实景三维重建技术、激光点云三维构建技术、多源数据融合技术、移动互联、动态众包数据更新等新型测绘技术的快速发展为线路数据快速采集提供了强力支撑。

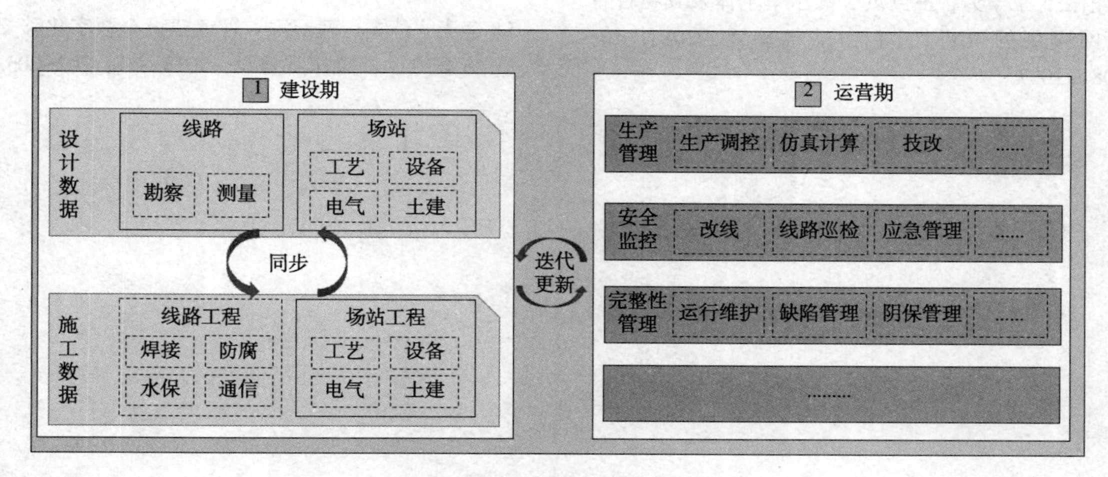

图2　管道数字孪生体

3）大数据处理技术

基于云计算的大数据处理技术是数字孪生的核心支撑技术。基于大数据处理、存储和分析技术，可以将现实生产中的业务数据进行采集、整理和分析处理，形成结构化的、可供数字孪生模型使用的数据资料；同时，大数据也可以支持数字孪生模型的智能化决策，发挥数字孪生的业务价值。

4）人工智能技术

基于人工智能可以对历史业务数据进行分析，得到一些不易通过直接采样获得的业务参数，帮助业务知识积累和决策控制优化，为业务运营创造价值。

5）地理信息(GIS)技术

地理信息技术是用于输入、存储、查询、分析和显示地理数据的系统和服务。它能够对空间信息进行分析和处理，并进行视觉显示。

6）模拟仿真

数字孪生基于仿真建模，协同模拟仿真技术，可进行生产运行、管道缺陷、自然灾害等方面的仿真，逐步优化管道运营，实现数字孪生与物理实体的迭代更新。

2　成果应用及展望

目前，我公司已实现多条管道的全数字化移交，通过数据标准化建模，形成面向设计、采办、施工、地理信息等不同主题域的标准数据仓库，为上层智能化应用及数据应用与管理提供数据服务支撑，并实现对业务操作结果信息的数据回流服务。初步形成了企业级数据资产库，为管道智能化运营、智慧化发展奠定数据基础，为真实管道与虚拟管道的信息交互融合提供了新的技术手段。

在管道运营期，将管道数字孪生体与智能仿真相融合，实现生产数据实时监控与预测，提高企业智能调度、科学决策水平；基于管道孪生体，借助智能诊断技术，实现场站设备故障和隐患的自动识别及智能监测；利用物联网与智能感知技术，与地灾监测、光纤预警、高后果区监控等业务相结合，实现监测数据的实时动态分析与预警，形成安全监控一体化应用，为灾害的风险预判、后期治理提供辅助决策。

3　结束语

建设期数字孪生体构建的核心就是通过仿真建模实现管道全建周期不同类型数据的融合，并基于建设期数字孪生体与运营期数据不断更新迭代，使之始终保持与物理输气管道实体及属性信息的高度一致。文章所论述的管道建设期孪生体构建方法为管道数字孪生体建设提供了方法依据和关键技术实践，助力“全数字化移交、全智能化运营、全生命周期管理”的智慧管道建设模式的实现。

参考文献

[1] MichaelGrieves. Origins of the digital twin concept[R/OL]. Florida Institute of Technology / NASA, 2016.

[2] 李柏松，王学力，王巨洪．数字孪生体及其在智慧管网应用的可行性[J]．油气储运，2018，10：1081-1087.

[3] 胡耀义．智能油气田数字孪生体建设关键技术研究[J]．工程技术研究，2020，4：3-4.

[4] 程万洲，王巨洪，王学力，等．我国智慧管道建设现状及关键技术探讨[J]．石油科技论坛，2018，3：34-40.

[5] 李庆，苏军，韩云涛．管道建设全数字化移交实施方案[J]．石油工程建设，2018，S1：202-205.

基于 FME 的数据清洗工具在数据采集中的应用及探讨

赵　洋　马金凤　叶　明　马惠祥　杨　懿　吴怡雯

（中国石油天然气管道工程有限公司）

摘　要　管道完整性管理的目的是保证管道在其全生命周期安全运行，数据采集作为管道完整性管理过程中最基础环节，与管道的设计、采办、施工、运营、检测、维护等过程紧密联系，贯穿着完整性管理工作的全过程；管道数据存在阶段多、信息量大、关联性弱等特点，随着“大数据”时代的到来，如何准确有效的进行数据采集，完善采集数据间的互通，保证数据的完整性和准确性意义重大；本文将利用 FME 数据转换工具，从管道施工建设期的施工回流数据的采集、分析、校验、整合的应用过程出发，探讨数据采集过程中存在的问题并提出合理化的建议。

关键词　完整性管理，数据采集，数据校验

管道完整性管理是对管道面临的风险因素不断进行识别和评价，持续消除识别到的不利影响因素，采取各种风险消减措施，将风险控制在合理、可接受的范围内，最终实现安全、可靠、经济地运行管道的目的。管道完整性管理过程中最基础的工作为数据采集，从高后果区识别与风险评价、完整性评价、维修与维护到效能评价，数据采集和整合工作从设计期开始，并在完整性管理全过程中持续进行，数据贯穿着完整性管理工作的始终。因此，数据的准确性、完整性、关联性、可利用性是后续能否有效开展各项评价工作，辅助完整性管理决策制定的关键因素（图 1）。

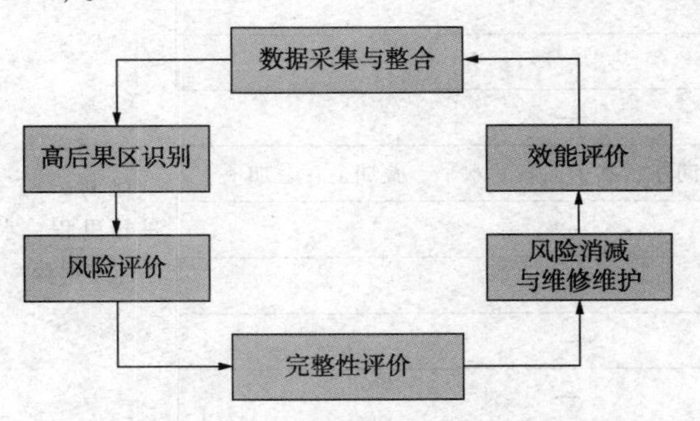

图 1　完整性管理工作流程

管道全生命周期需采集数据的种类和属性多，数据来源包括设计、采购、施工投产、运行、废弃等过程中产生的数据，还包括管道测绘记录、环境数据、社会资源数据、失效分析、应急预案等。根据阶段的不同可将数据采集类型分为：基础建设类、运行维护类、完整性评价类三大类数据。

施工回流数据属于基础建设类数据，是在完成竣工数据测量后真实反映建设工程项目施工结果的数据。完善建设期采集数据的校验机制，形成一套准确可靠的数据集，按照管道的起止顺序组织数据后向运营单位移交，在管道投入运行后可使相关施工信息有据可循，提高数据的完整性，为管道运行期提供技术支持（图 2）。

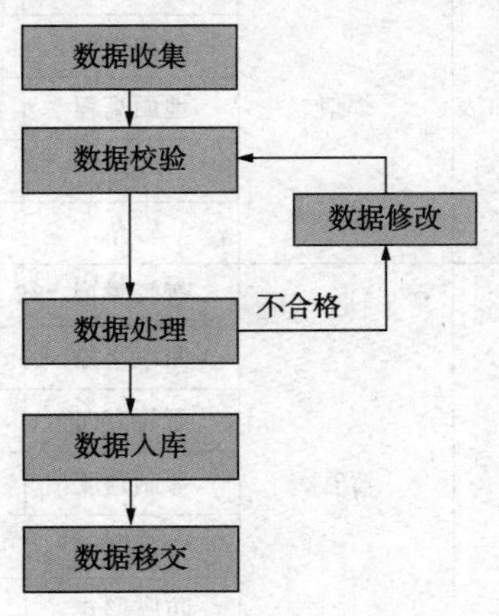

图 2　施工数据回流工作流程

1　施工回流数据的采集

管道全生命周期不同阶段均需明确采集数据的种类和属性，并从源头进行采集，且管道完整性管理数据应包括用于定位所有设备的全部必要数据，拥有唯一地理空间坐标的管道实体和管道

附属设施数据之间应有明确的对齐方式进行关联。因此，在进行施工数据回流前根据专业分类明确了线性工程的采集数据项及属性，并确定了数据定位的方式，以电子数据的形式进行数据采集。

1.1 制定数据采集清单

（1）根据实际施工回流需求进行数据类目梳理，工程施工阶段线路工程专业实体主要包括焊口、弯管、线路标识、穿跨越、稳管、套管、盖板、地下障碍物、水工保护、管材、阀室(点)、站场(点)等，与实体相关联的数据主要包括行政区划、地质报告、施工变更单。为了完成实体的定位，明确数据采集的定位方式及优先级依次为坐标、桩+桩号里程、水平连续里程，三者之间的转换关系见图3。

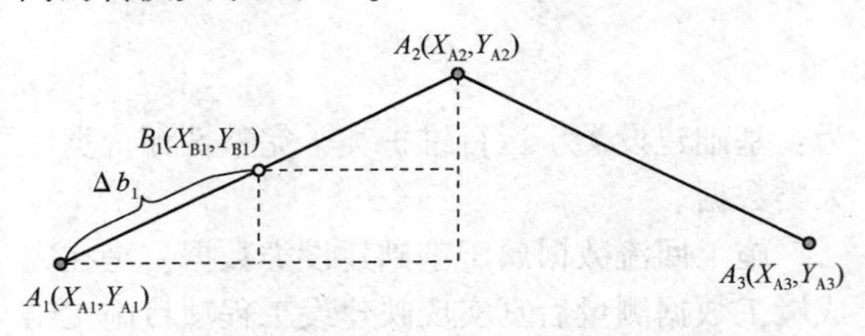

图3　三种定位方式转换关系

图3中，已知管道实体上的中线桩 A_1、B_1。

① A_1 的坐标为（X_{A1}，Y_{A1}）、B_1 的坐标为（X_{B1}，Y_{B1}），可以定位唯一地理空间位置。

② A_1 的水平连续里程为 LC_{A1}，B_1 的水平连续里程为 LC_{B1}。

③ 以 A_1 位置为参照，B_1 的桩+桩号里程位置为 $LC_{A1}+\Delta b_1$，其中 Δb_1 表示两个桩号间的相对里程距离。

（2）同时根据专业进行实体分类，明确实体关联属性，细分属性值域范围，标准化数据采集格式，作为电子数据存储转换的基础。采集数据中拥有唯一地理空间坐标的实体(如焊口)作为数据对齐的本体，其他实体按照采集返回数据的定位优先级进行整合对齐。按照上述原则明确数据采集的具体内容(表1)，以分项表单的形式进行施工回流数据的采集。

标准化数据采集格式以EXCEL电子表格的形式对实体分类项的定位信息及属性信息进行数据收集，通过属性信息的固定值域范围，保证施工回流数据的规范性，为后续的数据梳理与整合提供依据，形成一套标准施工回流数据采集表单，见图4。

表1　实体分类属性采集表

表单项	实体分类项	属性信息	属性值域	定位数据
中线桩与焊口表	焊口	管底高程	—	坐标、桩+桩号里程、水平连续里程
		管沟挖深	—	
		地面高程	—	
		中线桩	—	
		转角	—	
弯管表	弯管	弯管类型	热煨、冷弯	
		曲率半径	—	
		弯管方向	纵上、纵下、水平向左、水平向右、水平、叠加上、叠加下	
		弯制角度	—	
		弯管壁厚	—	
		防腐形式	—	
		管底高程	—	
三桩表	线路标识	桩名	加密桩、分界桩、标志桩、穿越桩、转角桩、里程桩、警示牌、电位测试桩、电流测试桩、智能电位测试桩、自动电位采集测试桩、管道交叉处测试桩、CTP测试桩、智能电位兼人工电流测试桩、其它测试桩、临时阴极保护点、牺牲阳极保护点、交流干扰排流点、强电冲击屏蔽点、直流干扰防护点、检查片、极化探头、电阻探针	

续表

表单项	实体分类项	属性信息	属性值域	定位数据
穿跨越与地下障碍物合并表	穿跨越	穿越长度	—	坐标、桩+桩号里程、水平连续里程
		穿越类型	地下管道、电缆、光缆、公路、沟渠、古长城、河流、山体、水塘、铁路	
		穿越方式	开挖、隧道、顶管、顶箱涵、定向钻、大中型开挖、跨越	
水工保护表	水工保护	保护方式	盖板、套管、箱涵、盖板涵、悬索	
		保护长度	—	
管材-防腐-地区等级表	管材	水工保护施工参数	根据各项目水工保护通用图参数进行规定	
		地区等级	—	
		设计系数	—	
		管径	—	
		压力	—	
		壁厚	—	
		钢级	—	
		制管形式	螺旋缝埋弧焊钢管、直缝埋弧焊钢管、高频电阻焊钢管、无缝钢管、其他	
		防腐类型	—	
		防腐等级	—	
		补口形式	—	
阀室表	阀室(点)	阀室名称	—	
		阀室类型	—	
站场表	站场(点)	站场名称	—	
		站场类型	—	
行政区划表	关联数据	位置信息	—	坐标、桩+桩号里程、水平连续里程
地质报告表	关联数据	地质描述	—	
施工变更单表	关联数据	变更单名称	—	
		变更单号	—	
		变更原因	—	
		变更内容	—	

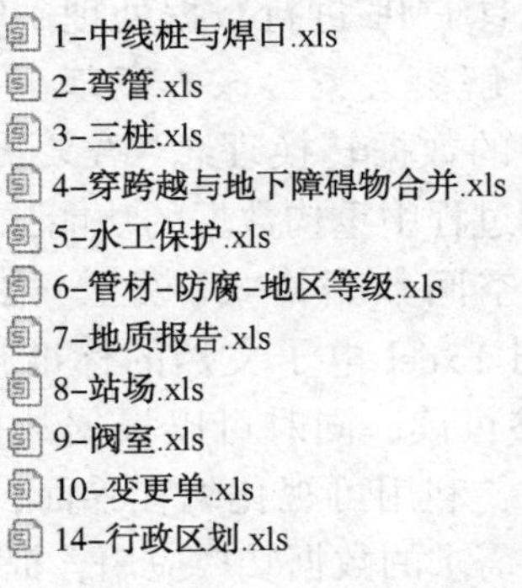

1-中线桩与焊口.xls
2-弯管.xls
3-三桩.xls
4-穿跨越与地下障碍物合并.xls
5-水工保护.xls
6-管材-防腐-地区等级.xls
7-地质报告.xls
8-站场.xls
9-阀室.xls
10-变更单.xls
14-行政区划.xls

图 4　施工回流数据表单

1.2　施工数据回流问题分析

为了进一步规范化施工数据回流的采集，制定了标准施工回流数据采集表单，通过对中俄东线天然气管道工程(黑河—长岭)、中缅数字化恢复项目的施工回流数据进行竣工出图验证发现，数据在定位方式、属性值域采集填报等方面存在明显错误，主要集中在中线桩与焊口表、弯管表、三桩表、穿跨越与地下障碍物合并表，根据数据验证结果，将问题进行的汇总分类(表 2~表 5)。

表2 “中线桩与焊口表”问题汇总

表单项	数据异常项	错误描述	备注(三合一图)
中线桩与焊口表	中线桩	坐标采集有误，中线桩空间错位，导致平面中线回折。	
	焊口	焊口坐标数据缺失，导致竣工三合一图纵断面不完整。	
	定位数据	北/东坐标颠倒、坐标位数错误导致平面中线错乱。	
	高程	地面高程、管底高程数据异常，导致竣工三合一图纵断面存在跳点。	

表3 “弯管表”问题汇总

表单项	数据异常项	错误描述	备注
弯管表	弯管类型	超出属性值域范围	-
	弯管方向	超出属性值域范围	-
	弯制角度	超出属性值域范围	-

表4 “三桩表”问题汇总

表单项	数据异常项	错误描述	备注
三桩表	桩名	超出属性值域范围	-

表5 “穿跨越与地下障碍物合并表”问题汇总

表单项	数据异常项	错误描述	备注
穿跨越与地下障碍物合并表	穿越类型	超出属性值域范围	-
	穿越方式	超出属性值域范围	-
	保护方式	超出属性值域范围	-

通过对回流数据问题进行梳理，发现数据错误主要集中在坐标、高程、属性值域三个方面。为了保证施工回流采集数据的可靠性，需要对数据存在的问题进行校验复核，传统的数据校验方法需要人工进行逐条数据检查，针对传统校验方法效率低且易出错的问题，急需寻找能够快速进行数据检查与处理的工具进行数据的校验。

2 方案设计及实施

2.1 方案设计

为了保证数据检查的效率同时兼顾属性信息的完整性，进行数据复核的前期准备，利用空间数据转换工具 FME 进行数据处理。FME 是完整的空间 ETL 解决方案，该方案基于 OpenGIS 组织提出的新的数据转换理念“语义转换”，通过提供在转换过程中重构数据的功能，实现了超过 250 种不同空间数据格式(模型)之间的转换。FME 软件对 Excel 电子文档的标准格式 *.xls，*.xlsx 完整可读，同时可以根据数据项重新设计链接思路，利用可视化编程界面，进行快速、高质量、多需求的数据转换应用，提供批量属性新增等功能，为数据校验复核提供高效、准确，可靠的手段。

本文主要针对施工回流数据表单常见的数据问题进行校验研究，因为 Excel 表单具有标准的数据格式和属性值域，可以直接根据数据异常分类列表提取连续数据，随后确定检查规则规则，在 FME 中利用内置转换器编写模板，逐类进行串行检查，最后输出成果。主要设计方案见图 5。

图 5　方案设计图

2.2　方案实施

2.2.1　“中线桩与焊口表”校验方案

针对中线桩、焊口、定位数据、高程等四个数据异常项编写中线桩与焊口表检查流程(图 6)。首先对数据表格按水平连续里程进行排序，判断相邻两点间管底高程是否超过理论值，新增管底高程检查字段，记录异常点(图 7)。第二步通过坐标位数判断，自动修正北东坐标颠倒的情况，同时针对坐标位数错误情况，新增坐标检查属性字段，记录坐标异常点，进行备注提示，完成坐标错误检查(图 8)。第三步从“中线桩与焊口表”中筛选出中线桩数据后，判断相邻焊口数据间距离是否超出管段理论值，新增属性字段记录错误位置及信息(图 9)。最后通过计算中线桩与其相邻两点之间的距离是否过长，导致平面中线出现弯折现象，从而核实中线桩位置的准确性进行定位备注(图 10)。根据工具运算结果，得出本次转换共遍历 6413 条数据，仅耗时 22.4s，比较于传统的人工校验方式单表≥5 分钟的状况，效率大幅度提高。

通过上述的 4 步检查流程，可以完成“中线桩与焊口合并”表的批量高效检查，同时自动生成检查备注(图 11)。

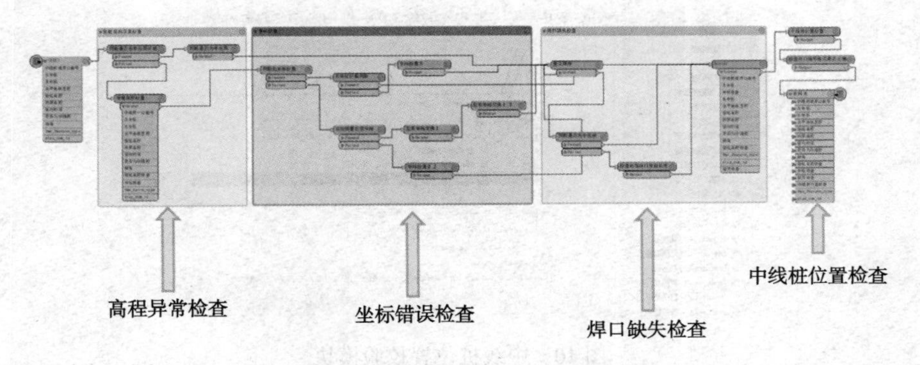

图 6　中线桩与焊口表检查流程

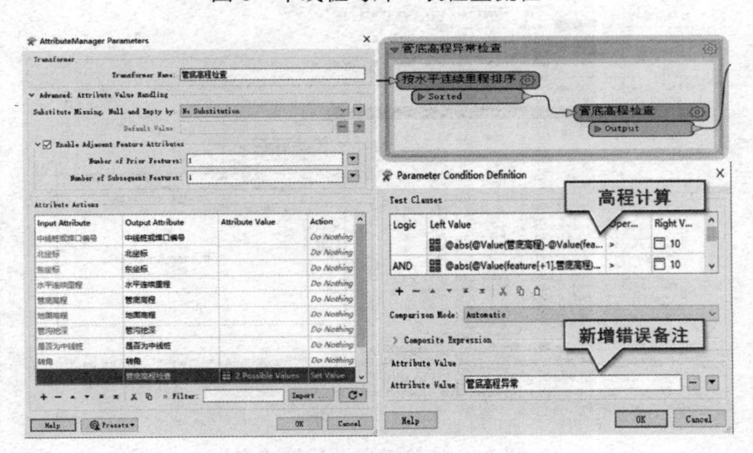

图 7　高程校验模块

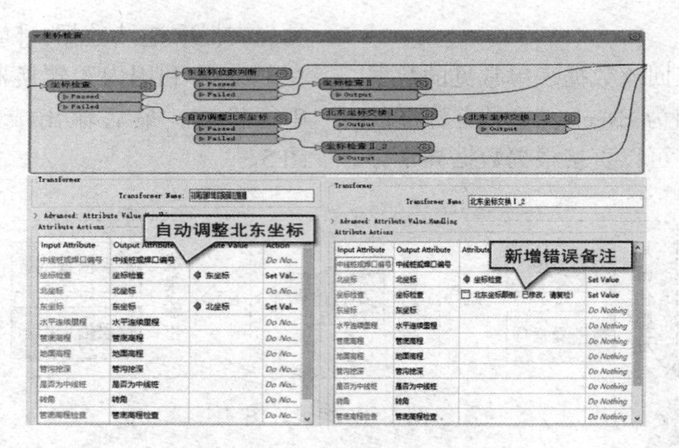

图 8　坐标校验模块

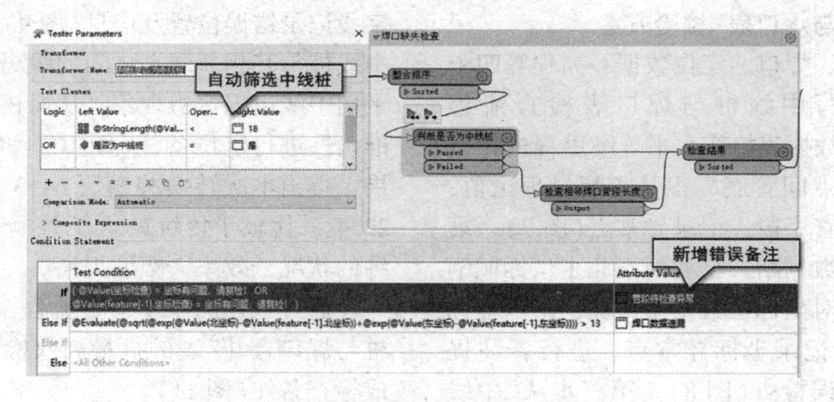

图 9　焊口校验模块

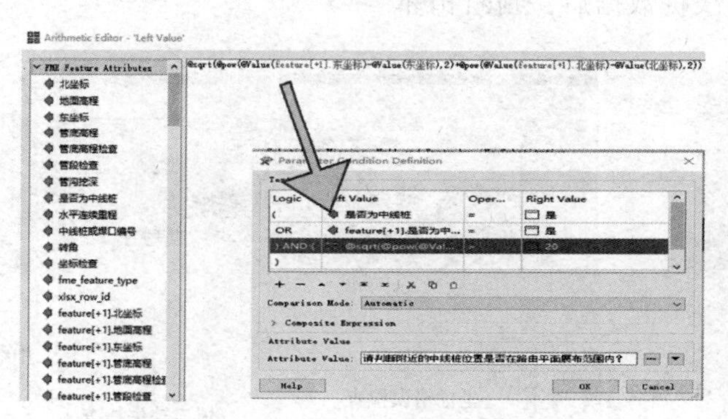

图 10　中线桩位置校验模块

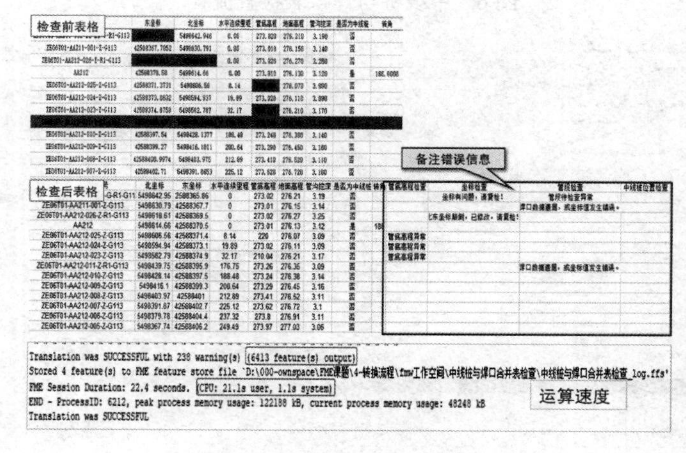

图 11　校验成果及运算速度

2.2.2 “弯管表”校验方案

“弯管表”的检查主要集中在属性值域范围的判断，通过 FME 只需添加一个属性管理器就可以新增检查字段，反馈错误信息（图 12）。通过属性管理器的 TESTER 判断语句模块进行弯管表属性字段的判断，与规定值域进行匹配，完成弯管数据填写的校验（图 13、图 14）。本次转换共遍历 472 条数据，仅耗时 1.6s，传统的人工校验表单进行标注耗时≥3min。

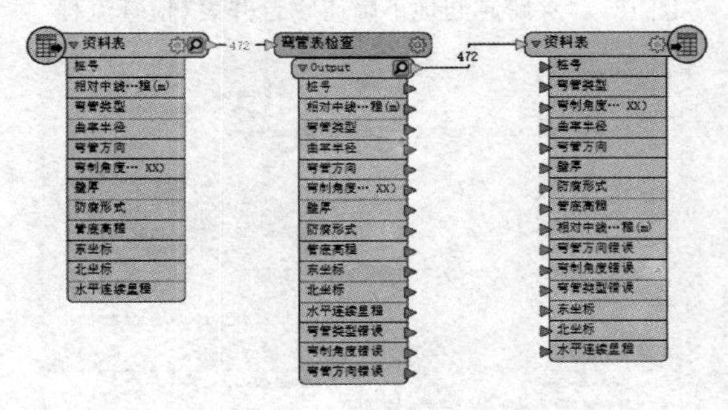

图 12　“弯管表”检查流程

图 13　弯管表”值域校验模块

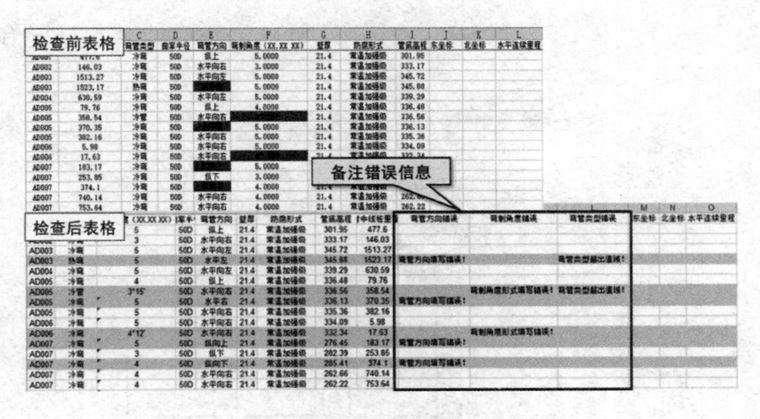

图 14　校验成果及运算速度

2.2.3 “三桩表”校验方案

“三桩表”的检查的第一步也是将桩名值域通过模块定义录入到流程判断条件中，作为判断的依据，通过属性管理器和 TESER 判断语句进行桩名值域的查找与判断，同时新增属性字段存储错误备注信息（图 15～图 17）。本次转换共遍历 652 条数据，仅耗时 1.6s，传统的人工校验表单进行标注耗时≥2min。

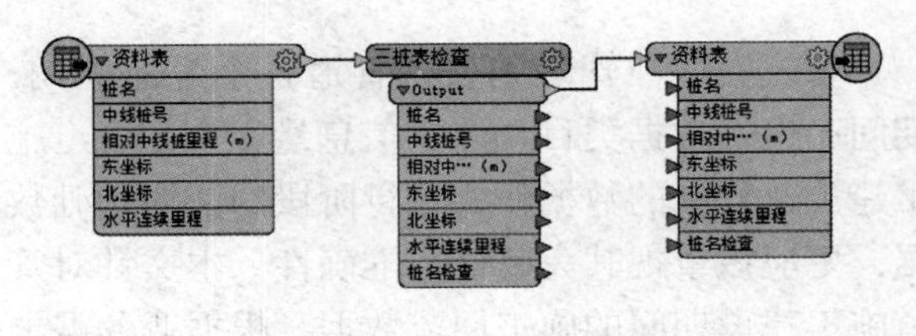

图 15　“三桩表”检查流程

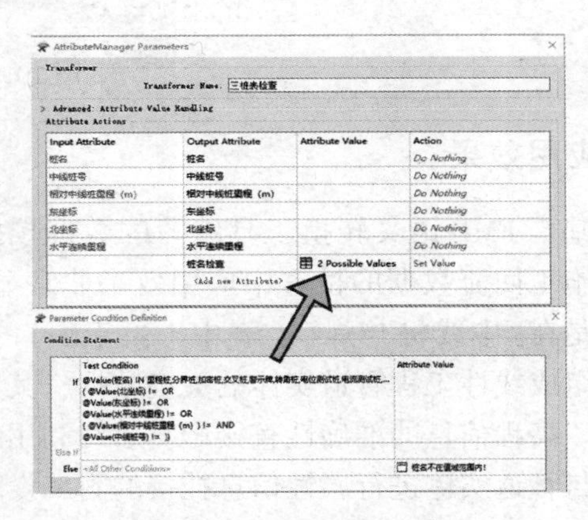

图 16　“三桩表”值域校验模块

2.2.4 “穿跨越与地下障碍物合并表”校验方案

“穿跨越与地下障碍物合并表”的检查流程主要根据施工回流数据返回后，录入设计数据库

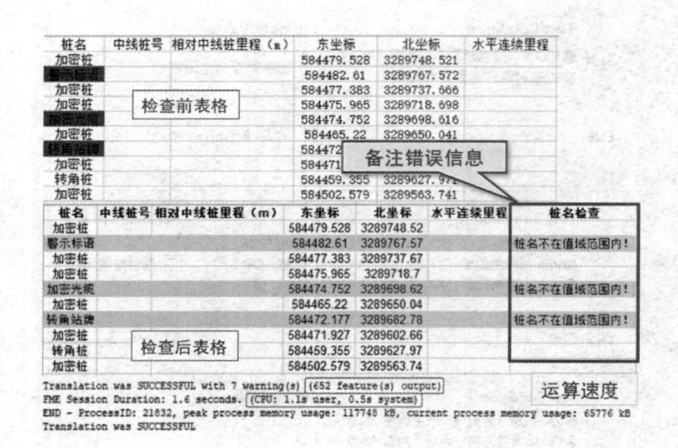

图 17　校验成果及运算速度

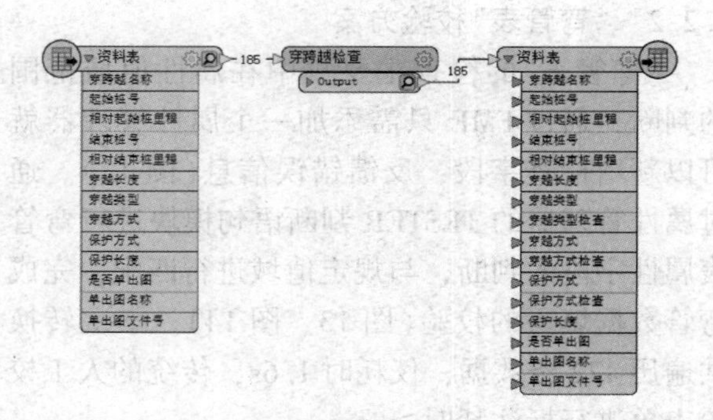

图 18　“穿跨越与地下障碍物合并表”检查流程

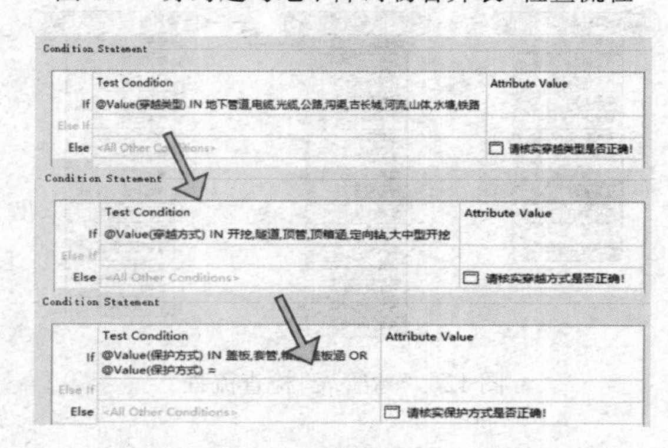

图 19　“穿跨越与地下障碍物合并表”值域校验模块

的判断顺序进行的编写，依次对“穿越类型”、“穿越方式”及“保护方式”的值域进行校验，保证穿跨越形式符合项目通用图设计规范，校验模块及校验成果见图 18～图 20，本次运算遍历了 185 条数据，用时 1.7s，相对于传统的人工校验表单进行标注（≥1min），数据检查效率得到大幅度的提升。

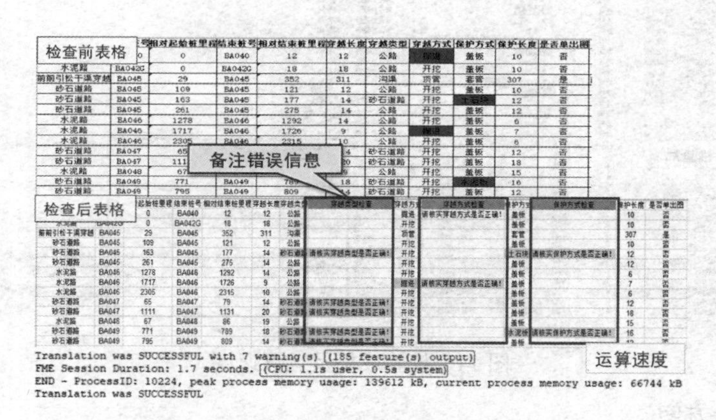

图 20　校验成果及运算速度

3　应用效果

基于 FME 语义转换工具编写的数据校验模块在施工回流数据的检查中应用效果非常显著，尤其是在“中线桩与焊口”表中，由于焊口数据做为组成线性工程管道实体的关键数据，其定位信息、高程信息的准确性直接影响后续利用线性参考与管道实体进行属性信息挂接的附属设施的准确性；同时中线桩连接的平面中线作为直观反应线路路由走向的参考，是合理开展后续数据检查的基础。通过属性信息的判断与纠错，可以将数据采集进一步标准化，为后续数据间字段关联的建立打下基础。通过 FME 的校验流程建立了数据反馈复核的过程，相比于传统的数据检查，效率极大提高，针对校验结果生成的错误信息备注，可以更直观的指导数据采集工作的开展与复核。

4　结语

管道完整性管理涵盖了管道整个生命周期，期间产生的数据类目众多、信息量庞大，管道施工建设过程中的数据作为运行阶段的前期基础数据，更应该重视其完整性与准确性。本文针对管道施工建设期间的施工回流数据，根据业务需求与专业分类，进行了标准采集数据项的梳理，并对标准数据项采集过程中存在的数据应用问题进行整理归类，利用 FME 的数据处理转换功能，快速的完成采集数据的批量自动化检查，解决了问题数据的定位，并利用生成的错误日志指导后续数据复核工作的开展，校验方法具有针对性、灵活性、可复用性。基于完整性管理对数据的准确性、完整性、关联性、可利用性的基本要求，建议可针对性的进行定制模板后的数据批量化处理，完成采集数据的清洗，辅助完成完整性数据库建立前期所需的数据整合工作。

参 考 文 献

[1] 全国石油天然气标准化技术委员会．油气输送管道完整性管理规范：GB 32167-2015[S]．北京：中国标准出版社，2015.

[2] 孟波，安超，鲜俊，等．输油气管道完整性管理数据采集研究[J]．全面腐蚀控，2019，33(10)：53-56.

[3] 袁泉．管道完整性数据管理的研究与设计[D]．陕西：西安科技大学，2010

[4] 唐建刚．建设期数字化管道竣工测量数据的采集[J]．油气储运，2013，32(2)：226-228.

[5] 邹威，李磊，龚其琛．一种基于 FME 的空间数据属性更新方法[J]．地理空间信息，2020，18(5)：99-101，114.

“智能技术”在建设期管道完整性管理中的应用与实践

于　涛　于智昊　肖梓垚

（中国石油管道局工程有限公司）

摘　要　文章对管道完整性管理的内容、核心目的进行说明；分析了完整性管理与本质安全、智能技术的内部联系；介绍目前“智能技术”在长输管道建设期应用的基本理论以及云设计平台、采办智能化、CPP900全自动系列施工装备、智能工地监控系统等“智能技术”在长输管道建设阶段的应用，阐述“智能技术”对于管道完整性管理，特别是建设期管道本质安全所发挥的重要作用。

关键词　智能管道，长输管道，建设期，完整性管理

油气管道随着运行时间的延续，材料腐蚀与疲劳、施工缺陷、自然灾害、第三方破坏等因素均可引发管道失效，管道的安全维护业务愈发繁重。2001年我国开始引进实施长输管道完整性管理，目前已建立起完善的管道安全评价与完整性管理体系，并取得了一系列的管理成果。

1　完整性管理、本质安全与智能技术的关系

管道完整性管理是企业面对不断变化的内、外部因素，对管道建设期及运行期面临的风险进行识别和评价，采用监测、检验等方式，获取专业的管道完整性信息，通过具体措施改善各类风险因素，将管道建设及运行风险控制在合理的可接受范围，达到持续改进、经济合理、保证管道安全平稳运行的目的。完整性管理涵盖设计、采购、施工、投产、运行、报废等环节，涉及范围广、专业多，是全生命周期的系统性安全管理理论。

管道本质安全即通过工程建设本身、运行组织和内控系统，及先进的智能技术来保证管道长效安全生产。具体表现为：①设计本质安全，即设计阶段采用卫星、遥感、航飞等测量技术、管道仿真模拟、应变设计、有限元分析、数字化三维设计、模型试制与模型试验、HAZOP及QRA风险分析等技术方法为工程设计的环境因素、选用材料与设备性能参数进行定义，对安装施工及运行操作等技术要求进行详细说明，提供设计产品数字移交服务，为工程本质安全提供基本技术保障；②设备、材料本质安全，即通过现代装备制造技术、数字加工成型技术，提高材料、设备制造加工精度，实现工厂化预制，模块化撬装集成，通过试验、实时数据采集分析验证等，保证所采购设备、材料的性能达到设计要求，实现数据追索跟踪，提高设备、材料的本质安全；③施工本质安全，即通过一系列自动化装备、智能化数据采集模块等，对施工过程本体质量与过程数据监测进行有效管控，保证施工质量达到相关标准，实现工程数字化移交，满足智能运行和智慧管理需求；④运行管理本质安全，即通过在线监测、人工智能、大数据分析等数字技术，实现管道系统实时监控、智能诊断、自动处置、智能优化运行等，为管道智慧化运营提供保障。

三者之间的关系为，“智能技术”是管道本质安全的基础，本质安全是管道完整性管理的前提，完整性管理是管道安全运行的重要保障。

作者服务的中国石油管道局工程有限公司做为国内管道工程建设的主力军，近几年来在所承担的长输管道EPC工程建设中，始终以数字化设计为源头，推进采办信息化与产业链的深度融合，科学有序的引进“智能技术”，推进建设过程自动化施工、精细化管控、数字化移交工作，通过智能管道、智慧管网建设，保证管道的本质安全，助力长输管道完整性管理工作。

2　建设期“智能技术”功能介绍及应用

经济全球化时代，以互联网、物联网、云计算、大数据、人工智能为代表的“智能技术”在工业领域特别是长输管道建设阶段的应用日趋成

熟。本文以管道局工程有限公司近年来所承建的国家重点工程建设为例，介绍管道建设期智能技术的模块功能及应用情况。

2.1 数字化设计云平台

（1）管道局设计院专业设计人员通过数字化设计云平台实现数字化设计，设计云平台不仅提供数字化设计硬件资源，且封装了设计流程、设计标准和数据标准；在遵循 CDP 标准时，将设计规范和法律、法规中关于设计准则、要求和思路等，提炼成计算机可识别的设计规则，对综合信息数据库的相关数据进行运算，可自动进行敏感区碰撞检查、阀室设计、工程量计算等项目设计工作(图 1)。

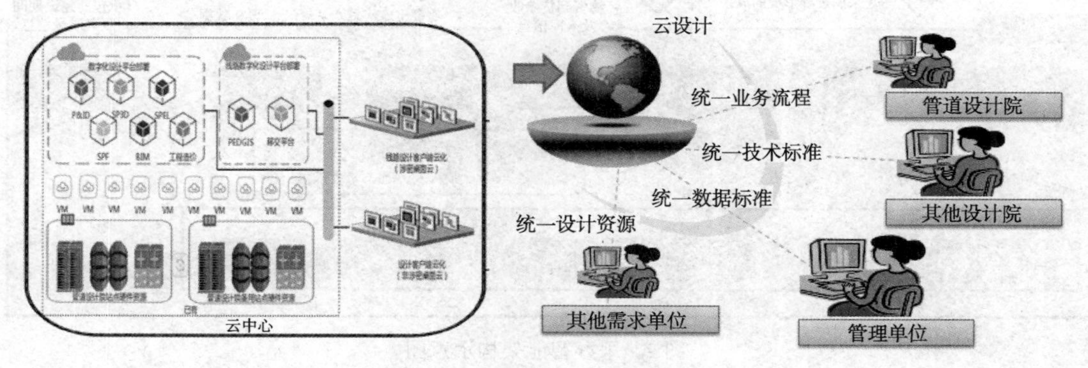

图 1　云平台架构示意图

（2）作为智能管道建设的支撑平台，设计云平台还可满足设计、业主(PMC)及相关方异地协同设计、审查及设计管理的需求，大幅提高设计质量及效率，同时完善数字化成果的管理和移交。

（3）数字化竣工图阶段，可将 PCM 系统返回的施工检测数据(中线桩及焊口、弯管、三桩、穿跨越、水工保护、管材防腐、地质资料、人手孔、光缆接头、通信标石)等数据导入系统，导入过程中系统对数据进行校验，通过可自动出版竣工图。工程完工后，竣工资料、标准结构化表格、竣工图成果同步生成、同步移交。

2.2 智能化采办管理

物资采办业务由集团物资采办系统、合同管理系统、ERP 系统、PCM 系统共同支撑。各方面数据由 ERP 统一集成，实现需求计划、采购执行、招评标报告、采购合同、结算单据自动入库，采购过程进展信息与采购过程形成的成果文件同期移交 PCM 系统。

（1）PCM 系统为油气管道工程建设项目管理系统，用户范围涵盖业主、供应商、中转站、施工承包商、监理、驻厂监造和试验检验单位等多个供应链成员单位，覆盖驻场监造、出厂发货、到货验收、物资入库、中转站调拨、现场安装等环节，实现对设备的全过程管控。从设备制造源头获知其基础数据，在运输过程及时获知在途数据与到货日期，设备进入中转站后，通过电子标签(RFID)完成入库、盘点、调拨、出库等环节，及时掌握长周期设备、关键设备和重要材料交付进度，确保工程施工进度。设备入场使用后获知其安装调试及运行维护数据，形成数据管理与实物管理的纵向闭环(图 2)。

（2）建立工程实体与 PCM 系统的衔接，通过唯一编码识别设备身份，关联设备 PCM 系统内基本数据与业务数据，便于后期追溯与统计分析等管理工作。RFID 技术将电子标签作为供应链管理过程中信息载体，以 RFID 读写器及手持设备作为信息采集设备，实现供应链管理过程中出厂、运输、入库、出库、盘点等关键作业环节中信息自动、有效、批量采集，提升物流与供应链管理水平和效率。二维码技术作为对电子标签的补充，可降低用户的使用门槛，避免在缺少手持读写器的情况下无法获取设备基础信息的情况，弥补电子标签的不足。

2.3 自动化施工装备与智能化提升

管道局工程有限公司在近年来承建的国家重点工程建设中积极推广自主研发的 CPP900 管道全自动施工装备，推动自动化装备的使用和智能程度的提升，对保障管道本质安全，管道全生命周期完整性管理起着至关重要的作用(表 1)。

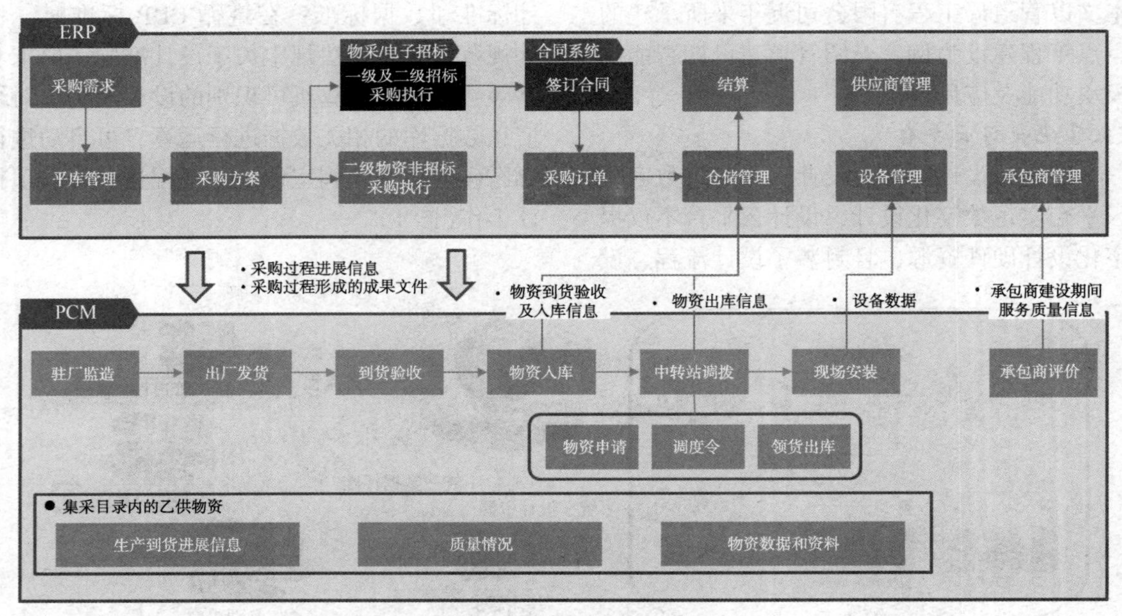

图2　采办智能架构示意图

表1　CPP900管道全自动系列装备介绍

装备名称	装备型号	装备特点
管端坡口整形机	CPP900-FM	特有的同步涨紧技术、刀座仿形技术、流量精密控制技术，可保证定位精准性、坡口加工一致性、坡口加工的快速性，可在2min内完成单边复合坡口加工，为管口组对质量、焊接质量提供强有力的保障
遥控气动内对口器	CPP900-PC	采用无线遥控技术可实现50m范围内远程控制；双侧四轮驱动技术可达到30°的爬坡能力；逆向连杆刹车系统在保证制动可靠、安全的前提下，可在1min内完成管口组对，同时实现20°坡度内的连续施工作业
管道内环缝自动焊机	CPP900-IW	特有的三点同步定位技术、同步涨紧技术、智能控制技术，可保证定位准确、组对一致、根焊过程稳定、搭接准确，整机可在2min内完成内焊缝高质量焊接
单焊炬自动焊机	CPP900-W1	特有的超短距离拉丝、智能控制技术、独有的G1焊缝自动跟踪技术，可保证送丝过程稳定、焊接过程可靠、焊枪高度一致
管道双焊炬自动焊机	CPP900-W2N	基于FPGA+DSP全数字化控制系统的高效自动焊设备，可视化智能控制系统与焊缝跟踪系统的深度融合，提高了系统焊接控制的准确性、稳定性和丰富性
机械化防腐补口装备	CPP900系列	由自动除锈设备、中频加热设备、底漆喷涂设备、红外加热设备组成。可满足管道工程-40~70℃温度范围内的现场管道环焊缝防腐补口作业

CPP900管道施工系列装备在管道局工程有限公司承建的漠大二线、中俄东线、天津南港、唐山LNG等工程建设项目中依靠自动化技术为焊接、检测、防腐补口三道工序提供保障，满足了项目质量稳定、安全可控、数据可追溯的现实需求，CPP900系列装备为管道建设期的完整性管理工作保驾护航。

2.4　智能化施工监控

智能化施工监控也是智能管道建设的重要环节，通过分线路与无线局域网，确保施工单元作业范围内wifi信号全覆盖，焊接、检测、防腐等机械化施工机具，施工管理助手，视频监控终端等设备可通过无线局域网接入前置服务器。结合二维码、电子标签、摄像头、手机等终端设备，实现对工程建设过程实时视频监视、感知和数据采集，真实准确反映现场作业过程，关键数据自动输出，确保真实、准确。

（1）现场视频监控系统，包括调控中心视频监控平台，作业面和焊接棚内视频监控两部分，现场配备 NVR、存储卡进行实时数据存储，布控球负责监控施工作业面，枪式摄像头负责对焊接棚内全自动焊接过程进行监控；隧道与穿跨越工程在现场搭建三脚架布控球。此外，对于重点区域实施进出场管理，即在站场、盾构、隧道等区域部署人员自动识别通道系统，配备人脸识别模块，用于自动识别进入控制区的人员身份，确保作业区安全。通过现场施工视频监控系统，保证全作业过程行为可查询、可追溯，提升整体管控水平。

(2) 现场数据采集系统，可实现管口基础信息、组对信息、焊接过程数据、无损检测数据的实时采集。现场全自动焊接设备增加电流传感器、电压传感器、A/D 模块、无线发射模块；中频加热设备加装红外温度传感器、A/D 模块、无线发射模块；上位机加装 ePipeView 软件等。无线传输模块 IP 设定、传输模块程序烧录、数据接收端 IP 设定、路由器 IP 及子网掩码等参数需在系统工作前完成(图 3)。

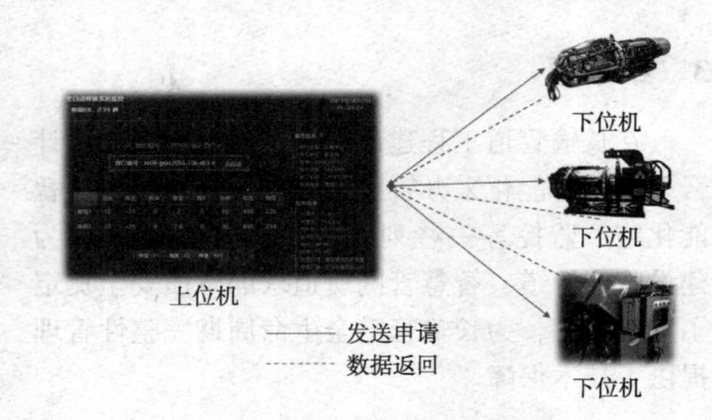

图 3　现场数据采集方案示意图

管道局工程有限公司在中俄东线现场焊接数据采集流程为：使用扫码枪或安卓手机中的工况监控助手扫描设备二维码、焊口二维码、人员二维码存储上传；采集坡口加工参数、管口组对参数、中频加热参数以及 CPP900 全自动焊机的电流、电压、干伸长度、送丝速度、焊接速度、焊接角度、保护气体流量等技术数据，采集数据实时上传数据平台；通过 EpipeView 的 HMI 人机界面，查询所有记录完毕的过程数据(图 4)。

EpipeView软件界面

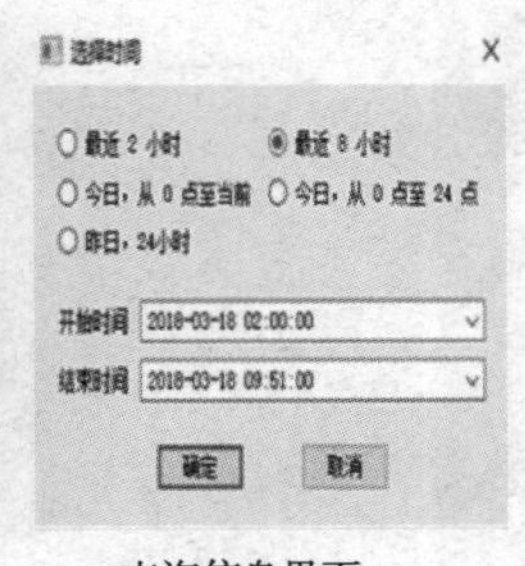

查询信息界面

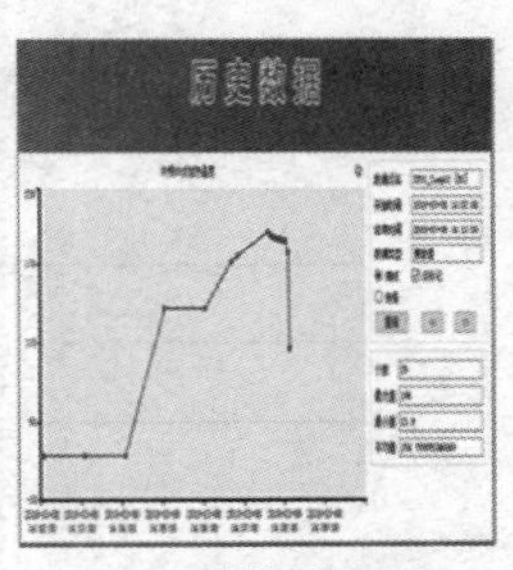

查询结果界面

图 4　数据查询界面

(3) 现场无线局域网络由安全网关、4G 路由器、UPS、交换机组成，使用 UPS 电源为 4G 路由器和无线 AP 供电。无线 AP 单侧有效范围 75m 左右，安装在板房两侧，实现 150m 范围内无线布控(图 5)。

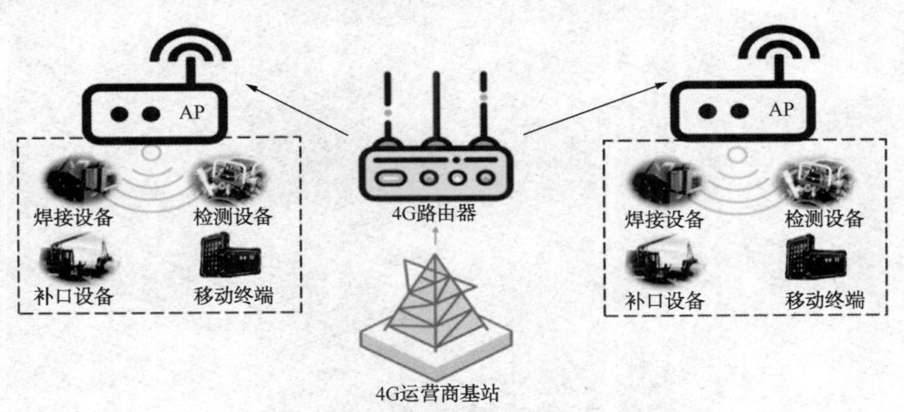

图 5　现场无线局域网络

3　结束语

在长输管道工程建设阶段，通过数字化设计云平台、智能化采办管理、自动化施工装备、智能化施工监控等一些列“智能技术”的应用，为建设智能管道、智慧管网所追求的本质安全奠定了坚实基础，为长输管道全生命周期完整性管理提供了技术保障。

参 考 文 献

[1] 彭朝洪，唐桥，邓晶．浅谈管道完整性管理与技术发展趋势[J].
[2] 李师瑶，侯磊，熊毅．油气管道本质安全影响因素分析及启示[J].
[3] 陈健峰，陈次昌，税碧垣．管道完整性管理技术集成与应用[J].
[4] 张福，刘敏，苗胜东管道全自动焊接技术及工艺研究[J].
[5] 郭磊，许芳霞，周利剑．管道完整性系统数据集成与应用[J].

联合站管网数字化监测技术在管道完整性管理中的应用

冯小刚　贾玉庭　宋多培　陈　磊

（新疆油田分公司吉庆油田作业区）

摘　要　新疆油田公司吉木萨尔联合站是一座集原油处理、污水处理、原油集输回掺、油田注水为一体的综合性站库。该站自2008年建成投产以来，部分管线及设备设施服役时间已近12年，并且受流体物性及地层环境等因素影响，管网腐蚀泄露情况时有发生。本文针对吉木萨尔联合站地面系统建设现状，通过建立完整性管理以及管网在线监测系统，首次将管网数字化监测技术在该站管线完整性管理、泄漏及时预警、运行状态实时监控、精确定位以及信息共享等方面进行了成功应用。不仅实现了管线数据三维可视化、管线信息全生命周期分析等综合管理技术，而且还充分提升了智能化巡检维护水平。

关键词　吉木萨尔联合站，完整性管理，泄漏及时预警，实时监控，管线精确定位，信息共享

近年来，油气集输管道的完整性管理和事故预警已成为油气田地面工程建设主要发展方向。新疆油田吉木萨尔联合站部分油、气、水管线在过往近12年的运行过程中，因受流体介质和地层环境等因素影响，导致流体泄漏情况时有发生。不仅给该站正常生产运行造成了安全隐患，而且还极大的增加了运行维护成本。此外，由于缺乏更高层次的数字智能化系统的建设，导致现场管理手段滞后且效果不佳。而近年来，随着管网数字化监测技术基于的大数据、物联网、云计算、三维GIS、移动通讯等先进技术的快速发展以及油气管道完整性管理工作的不断推进，新疆油田吉木萨尔联合站开展了完成性管理与管道在线监测技术的现场应用的工作，以求为今后站场安全生产运行提供全方位的智能化的技术支撑和经验。

1　工艺现状与存在问题

新疆油田吉木萨尔联合站始建于2012年，设计原油处理能力55×10^4 t/a，污水处理能力1800m^3/d，伴生气处理能力4.5×$10^4 m^3$/d，注水能力3600m^3/d。其具体工艺流程见图1。

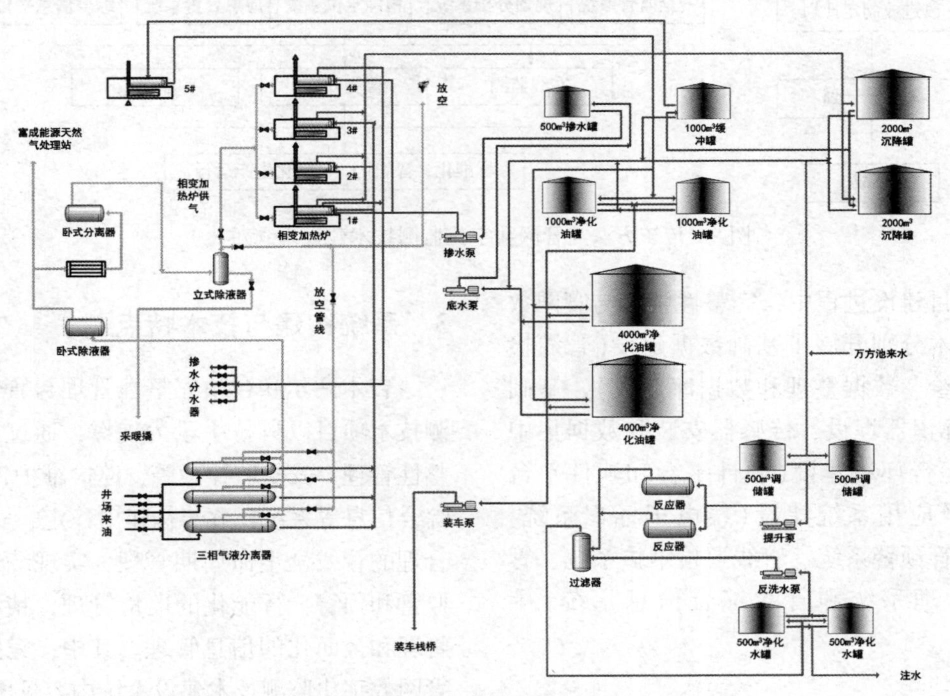

图1　吉木萨尔联合站地面系统工艺流程图

随着新疆油田吉木萨尔联合站地面系统近12年的不间断运行，现有管线的存在问题主要表现在以下几个方面。

1）管线破损情况时有发生

地下埋地管线及配套设备设施空间结构复杂(架空敷设、地面敷设、埋地敷设)。现场运行过程中，因受内外环境影响以及缺乏全生命周期的在线监测，导致频繁出现破损现象。维护过程中，不仅增加相应维护成本，而且还影响正常生产时率，造成了一定的经济损失。

2）事故预警功能薄弱

由于该站各类管网及设备信息统计主要面向单一应用，并且数据缺少相关统一的综合监测分析方法，无法实现提前预警。一旦发生突发事件，各级相关部门仅通过补救措施进行维护。

3）智能化巡检水平低

管理人员无法对管线及设备设施的运行状态进行全方位实时监测，巡检质量无法监督且效果难以保证。特别是对于高危管线的在线监测手段单一，更多的还是依靠人为巡检和事故暴露等被动形式，效率低下，对问题的发现滞后，响应速度慢。

4）基础数据缺失量多

随着现场技术及管理人员的不断更替，数据在移交过程中丢失严重。后期人员无法对前期设备设施的基础信息和运行情况进行准确获悉。此外，现场管线在开挖施工过程中，常因交叉数据缺失，导致出现附加安全作业风险。

5）数据共享程度不足

该站的前期数字化油田的建设成果仅集中在二维平面图以及部分生产运行数据的在线监控方面。对于应用于高级分析与决策的数据共享程度不足，造成无法实现管网深层次的集成应用、高级分析以及智能控制。

2　设计理念与建设内容

吉木萨尔联合站完整性管理与管网的在线监测技术是依据整体设计定位与发展规划需求，充分利用了现有资源，以实现标准化、智能化、科学化的生产管理运行。其中，传统建设理念与管网数字化监测技术建设理念对比见图2。

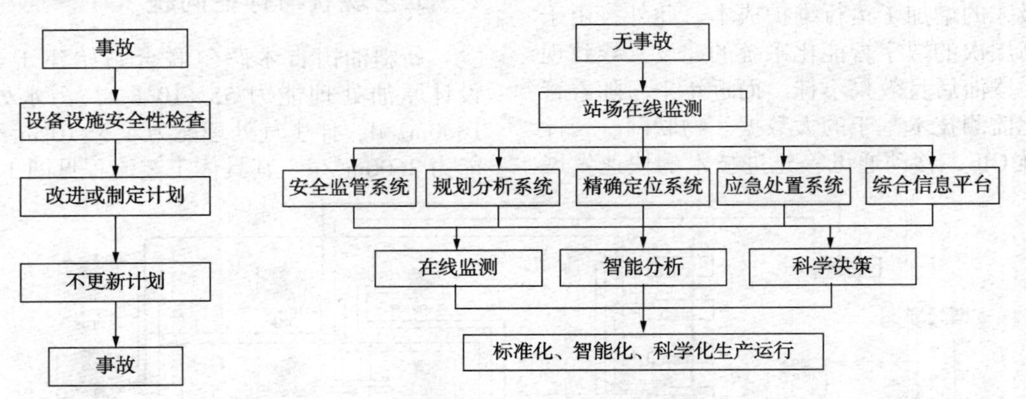

图2　传统方法与管网数字化监测技术建设理念对比

工程项目建设过程中，完整性管理与管网数字化监测技术分别开展了基础数据建设(管线检测、管线测绘、数据整理和数据库建设)，基础设施建设(标识器埋设、传感器安装和数据集中器安装)，运行环境建设(硬件平台和软件平台建设)，以及应用系统建设(线电子标识系统、管线安全监管预警系统、管线巡检维护系统、管线完整性管理系统和管线综合信息系统)等工作。

3　系统构建与技术特点

吉木萨尔联合站完整性管理与管网数字化监测技术项目以科技手段为支撑，通过建立管线完整性管理、安全监控预警、巡检维护、电子标识、综合信息等系统，逐步构建出稳定、安全、高效、合理的管线全生命周期管理，实现综合化的安全监管和预警、智能化的巡检管理，精细化的定位管理和全面化的信息管理。其中，完整性管理与管网数字化监测技术建设系统内容见图3。

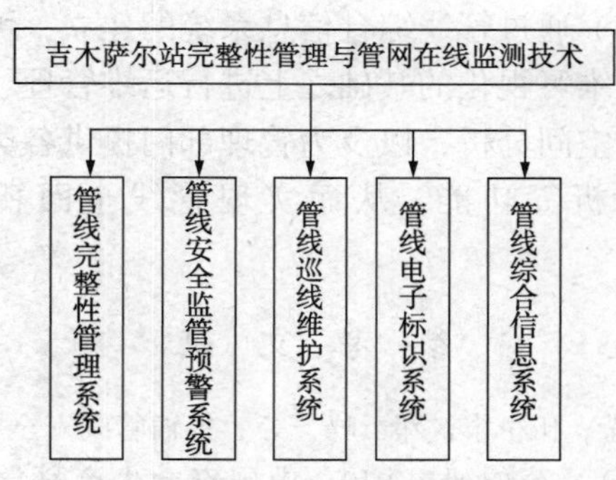

图3　完整性管理与管网数字化监测技术项目建设内容

3.1　管线完整性管理系统

所建立的管网完整性管理系统，在运行和检测中不断发现风险，规范管理手段。通过融合航天 PHM 分析模型[9]，综合利用管网状态数据、巡检数据、专项检测数据等，对管网的剩余寿命进行分析，保障管网安全健康运行，从而实现安全可控的管线全生命周期的管理(图4)。

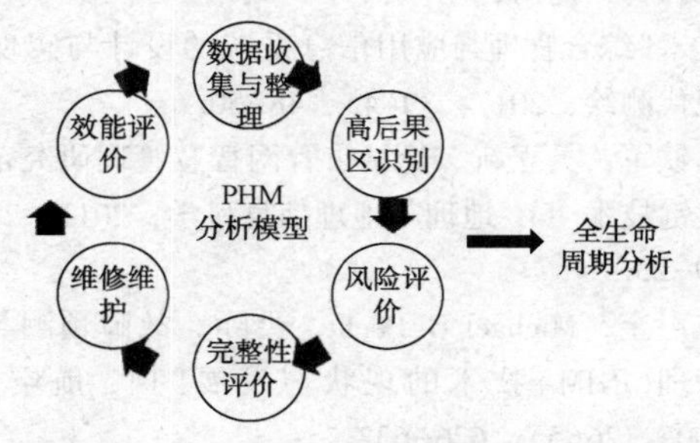

图4　基于 PHM 分析模型下管线完整性管理流程

3.2　管线安全监管预警系统

通过构建全方位的管网漏损模型和腐蚀评估模型，再结合所加装的噪声记录仪、腐蚀监测仪的信息进行核验并实时分析、比对、处理，能够使站内管理人员及时发现异常，制定修复方案，排除故障隐患，从而实现综合化的安全监管和预警。

其中，场站内噪声记录仪、腐蚀监测仪安装位置如下所示。

噪声记录仪共有 6 处：分布在油区来液管线、原油系统至污水系统输水管线、污水至注水罐输水管线、集气管线、回掺水管线、天然气火炬放空管线。

腐蚀监测仪共有 6 处：卸油罐进口、注水泵入口、原油处理系统至污水处理系统输水汇管、净化油汇管、油区来液汇管和集气汇管(表1)。

3.3　管线巡线维护系统

吉木萨尔联合站所建立管线巡线维护系统，通过为管线巡检人员配备手持智能终端(北斗定位导航技术和地理信息技术结合)，能够使巡检人员按任务计划到达现场进行巡检，及时发现问题并将信息及时上报，确保巡检计划得到切实执行，形成相应的统计数据，为人员考核、设施管理、计划安排和维修维护提供重要的数据支持，达到智能化巡检管理目标(图5)。

表1　吉木萨尔联合站腐蚀监测仪和噪声记录仪监测内容

功能		监测参数	安装设备	备注
管线状态监测	管线噪声监测	噪声	噪声记录仪	监测供水管线和输油管线
	管线腐蚀速率监测	介质电阻、极化电阻 开路电位、电流密度	腐蚀监测仪	监测供水管线和输油管线

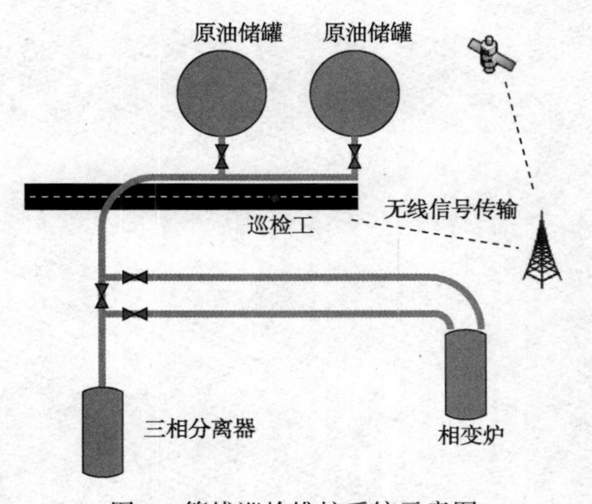

图5　管线巡检维护系统示意图

3.4　管线电子标识系统

通过埋设电子标识，录入并及时更新管线及相关配套设备设施的路由信息(走向、特殊点)和属性信息(管径、材质、年代、传输介质、维护记录)，使得站内管线的数据准确率达到 90% 以上，实现对地下管线信息精确化的定位管理。

其中，对站内已建埋地管线、电力电缆、信号电缆敷设电子标识器共计 300 个，采用打孔的方式进行布设。打孔埋设管线电子标识器时，选用 BIRMM-EM30 型管线电子标识器，钻孔深度为 55cm(图6)。

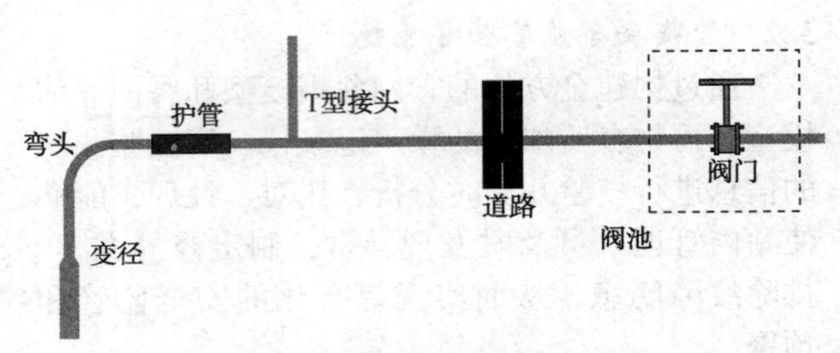

图6　电子标识器布设原则图

3.5　管线综合信息系统

通过建立管线三维综合管理系统，能够实现对管线高精度可视化的高效管理。此外，该系统通过汇总分析管线各类信息，实现对管线完整性管理系统的运维管理、管线数据管理、管线空间分析，以及为管理部门提供各类辅助决策分析等功能，从而达到全面信息化的管理目标(图7)。

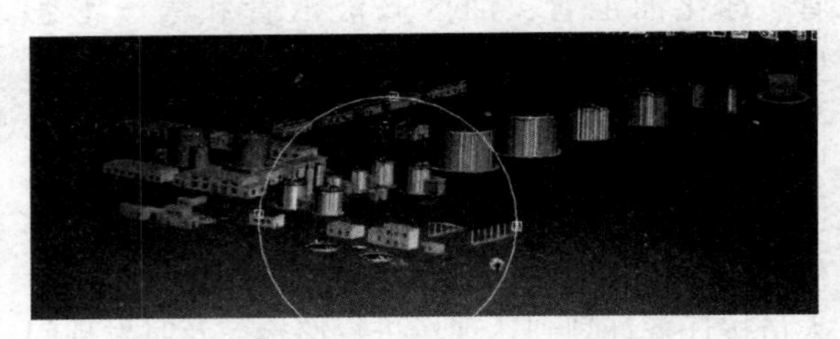

图7　吉木萨尔联合站三维可视化图

4　结论

(1) 通过管线完整性管理系统的建立，实现了安全、高效、合理的管线全生命周期管理；

(2) 通过管线安全监管预警系统的建立，在结合漏损分析模型和腐蚀评估模型的分析与处理基础之上，能够提前预警事故的发生，实现综合化的安全监管和预警。

(3)通过管线巡线维护系统的建立，在满足日常和综合巡检管理的需求前提下，降低风险成本，保证巡检效果，实现管线智能化巡检管理。

(4) 通过管线电子标识系统的建立，录取并及时更新站内管线路由信息(走向、特殊点)和属性信息，在使得管线的数据准确率能够达到90%基础之上，实现对地下管线信息精细化的定位管理。

(5) 通过管线综合信息系统的建立，可对管线在三维可视化的基础之上进行运维管理、数据管理、空间分析，以及为管理部门提供各类辅助决策分析等功能，从而实现管线全面智能化管理。

参 考 文 献

[1] 侯莹，伍彬彬，邓云峰，等．集输管线安全管理与应急系统的研究[J]．中国安全生产科学技术，2011，7(2)，98-103.

[2] 张光华，李群，邓云峰，等．长输油气管线安全生产事故监测预警平台设计与实现[J]．中国安全生产科学技术，2011，7(2)，55-59.

[3] 孙洁，李松，刘凯蕾，等．油气管道安全预警技术现状[J]．油气储运，2016，35(9)，1023-1026.

[4] 李明，董列武，马云修，等．新建油气管道安全监测预警技术及标准体系[J]．油气储运，2017，36(10)，1168-1172.

[5] 张凤梅，沈雨，周曦，等．城市"管网数字化监测技术"综合管理与应用信息系统的设计与实现[J]．现代测绘，2017，39(4)，48-50.

[6] 高铁军，吴立新．论城市管网智慧管理研究范畴与关键技术[J]．地理与地理信息科学，2011，27(4)，19-23.

[7] 曾声奎，Michael G. Pecht，吴际．故障预测与健康管理(PHM)技术的现状与发展[J]．航空学报，2005，26(5)，626-632.

[8] 董绍华，韩忠晨，费凡，等．输油气站场完整性管理与关键技术应用研究[J]．天然气工业，2013，33(12)，117-123.

[9] 蔡柏松，王健康．3D GIS 技术在管道完整性管理中的应用[J]．天然气工业，2013，33(12)，144-150.

[10] 董绍华，王联伟，费凡，等．油气管道完整性管理体系[J]．油气储运，2010，29(2)，641-647.

基于计算机视觉技术的中江气田天然气管线巡检应用研究

向　伟　龚云洋　陈学敏　任基文　吴世娟　朱　敏

（中国石化西南油气分公司采气三厂）

摘　要　中江气田地处中江山地、丘陵地区，受地理条件限制，中江气田天然气管线通常采用人工巡检方式进行巡护，但人工巡检存在安全性差、巡检效率低、问题发现不及时等问题，本文提出一种基于计算机视觉技术的无人机天然气管线巡检方法。首先，收集和制作标志桩倒塌、护坡损坏、管道暴露、管道表面破损等问题图像数据集；接着，选择能在无人机上进行实时检测的 Tiny-yolo v4 目标检测模型对管线图像数据集进行训练；最后，训练后的 Tiny-yolo v4 模型对管线问题图像检测精度均值达到 98.50%，模型大小仅为 22.7MB，实时检测速度为 52.4fps，结合无人机将对中江气田提供更好的管线巡检方法。

关键词　天然气管线，管线巡检，无人机，深度学习，目标检测

随着我国工业化进程加速，我国对能源的需求也越来越大，加速了石油工业、天然气工业发展。管道是石油和天然气运输领域的重要载体，目前天然气生产井站、集气站都依靠管道对天然气进行运输。中国石化西南油气分公司采气三厂位于四川中江，中江地形主要是山地和丘陵，中江气田部分天然气管线铺设在地形复杂的崎岖山地，管线会受到山地滑坡、泥石流、地震的威胁。目前中江地区的天然气管线巡检任务通常采用人工巡检的方式去完成，但复杂山地天然气管线人工巡检也存在以下问题：①人工巡检存在一定安全隐患，②人工巡检效率低下，③人工巡检问题管线发现不及时。所以，中江气田天然气管线巡检的安全性、高效性、及时性是一个迫切解决的问题。

在天然气生产井站、天然气集气站管道检测领域，常用超声波检测、涡流检测、负压力波检测、光纤传感检测等检测方法，但此类方法受到管道类型限制。近年来，Bin Liu 等通过弱磁法对油气管道损伤进行检测，Chen Wang 等通过 IA-SVM 模型对海底油气管道的腐蚀情况进行预测，孙宝财等运用改进的 GA-BP 算法对油气管道腐蚀剩余强度进行预测，黄玉龙运用基于边缘检测的数学形态学分割算法对石油管道缺陷进行检测，刘晓等采用扫描电镜-能谱（SEM-EDS）、X 射线衍射（XRD）和红外光谱（IR）等射线检测技术对油气田管道破损情况进行检测，何健安等利用 BP 神经网络和 SVM 分类器对集油气站管道泄漏区域进行检测，但机器学习和图像处理的管道缺陷检测方法，缺陷检测准确率不高，易受到现场复杂环境的影响，运用弱磁法仅对平行状态的管道有一定的检测效果，在现场实际环境下对管道进行检测不适用。随着深度学习的发展，深度卷积神经网络模型具有强大的特征提取能力，在物体缺陷检测上有较好的效果，王立中、蔡超鹏、汤踊等利用基于候选框的 Faster R-CNN 目标检测模型分别对带钢表面缺陷、金属轴表面缺陷、输电线路部件缺陷进行检测，毛欣翔等利用基于回归的 YOLO V3（You Only Look Once V3）目标检测模型对连铸板坯表面缺陷进行检测，Faster R-CNN 和 YOLO V3 目标检测模型有较高的检测准确率，但 Faster R-CNN 和 YOLO V3 目标检测模型模型体积较大，实时性检测所需硬件条件高，无法应用在无人机上进行实时检测。

针对以上问题，为加强中江气田天然气管线安全监管水平，降低人工巡检风险，提升人工巡检效率，提升问题管线发现及时性，本文选择模型体积小、检测速度快、能应用在无人机上实时检测的 Tiny-yolo v4 目标检测模型进行实验。首先，收集和制作中江气田天然气管线巡检常见的天然气管线暴露、暴露管线损坏、天然气管线标志桩倒塌损坏、管线护坡倒塌损坏等 4 类问题管线图像；接着，采用

Tiny-yolo v4 模型对 4 类巡检问题图像进行训练；最后，训练后的 Tiny-yolo v4 模型对管线问题图像检测精度均值达到 98.50%，Tiny-yolo v4 模型体积较小、检测速度较快，应用在无人机上将对中江气田天然气管道提供更安全、更高效、更及时的巡检。

1　Tiny-yolo v4 目标检测算法

YOLO V4(You Only Look Once)是 2020 年提出的一种基于回归的深度学习目标检测模型，Tiny-yolo v4 模型源于 YOLO V4，是 YOLO V4 的简化版本，Tiny-yolo v4 模型结构见图 1。

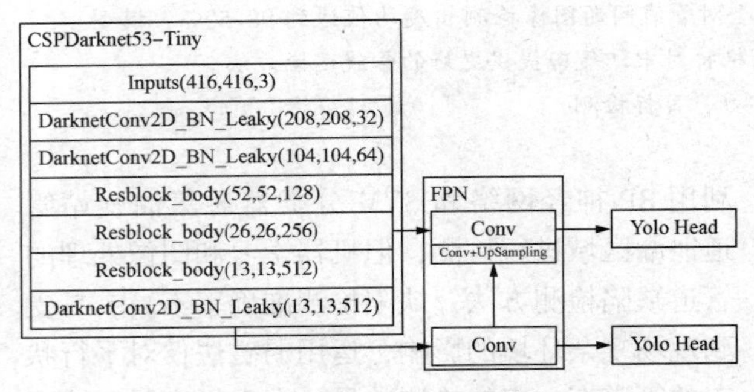

图 1　Tiny-yolo v4 网络结构

Tiny-yolo v4 目标检测模型主要有 2 部分创新点：

（1）Tiny-yolo v4 目标检测模型采用 CSP-Darknet53-Tiny 作为特征提取网络，（图 1），网络首先输入 416 * 416 大小图像特征，接着网络进行第一层卷积操作，然后进行 BN 批量归一化操作，为了加快模型检测速度，并没有采用 YOLO V4 所采用的 Mish 函数进行激活，而是采用 LeakyReLU 函数进行激活并输出，第二层卷积操作和第一层卷积操作相同。第三、四、五层网络均采用具有残差结构连接的 Resblock_ body 模块进行特征提取，第六层网络卷积操作同第一层相同。Tiny-yolo v4 网络结构仅有 600 万参数，比 YOLO V4 减少约 10 倍参数量，大幅降低 Tiny-yolo v4 模型大小，并且使 Tiny-yolo v4 模型的检测速度大幅提升。

（2）Tiny-yolo v4 模型在目标检测部分增加了 FPN 结构，将深层 13 * 13 大小特征通过上采样后向 26 * 26 大小特征传递，增加网络特征的多样性，提升网络目标检测效果。

2　实验过程和结果分析

2.1　管线巡检问题图像数据集的收集和制作

中江气田天然气管线的巡检任务主要是查看天然气管线是否暴露、暴露管线是否损坏、天然气管线标志桩是否倒塌损坏、管线护坡是否倒塌损坏、管线附近是否存在滑坡、管线是否被人为占压等问题，本文将天然气标志桩倒塌、护坡损坏、管道暴露、管道表面破损这 4 类巡检问题图像作为实验图像，现场拍摄的问题图像中的天然气标志桩倒塌、护坡损坏、管道暴露、管道表面损坏等问题图像数量分别为 564、417、132、169 张，（图 2）。

(a)天然气标志桩倒塌

(b)护坡损坏

(c)管线暴露

(d)管线表面损坏

图 2 巡检现场问题图像

从图 2 巡检人员拍摄的巡检现场问题图像可以知道，中江气田部分天然管线分布在环境复杂的山地、丘陵地区，人工巡检难度大、危险系数高。将收集到的 4 类问题图像数据集采用图像处理算法进行数据增强，将问题图像进行不同层度的亮度变化和 90°、180°、270°的旋转角度变化处理，将 1 张问题图像增强为 8 张亮度不同、旋转角度不同的问题图像，得到天然气标志桩倒塌、护坡损坏、管道暴露、管道表面损坏等问题图像数量分别为 4500 张、3300 张、1000 张、1300 张，共计 8100 张管线巡检问题图像。

为了配合无人机在天空进行管线巡检任务，需要将人工近距离拍摄的大目标图像增强为远距离拍摄的小目标图像；为了丰富暴露管道的背景，将暴露的管道图像缩小后放在不同背景图像里进行组合(图 3)。

将暴露管道图像缩小后放入护坡损坏图像里，得到背景更加丰富的暴露管道图像。将暴露管道图像组合在山地、田地等不同背景图像中，得到丰富背景暴露管道图像 500 张，得到天然气标志桩倒塌、护坡损坏、管道暴露、管道表面损坏等问题图像数量分别为 4500、3300、1700、1300 张，共计收集管线巡检问题图像 8600 张。

2.2 模型训练

Tiny-yolo v4 模型在显卡为 1660Ti 显卡笔记本上进行实验，采用 tensorflow 框架在 python3.7 环境下进行训练，随机选用 7800 张作为训练集，其余 800 张作为测试集，基础学习率 0.001，动量大小为 0.9，训练批次大小为 8，权重衰减系数为 0.0005，一共训练 40000 次得到权重文件。采用平均精度均值 mAP(mean Average Precision)和交并比 IOU(Intersection Over Union)作为评价准则，模型的 mAP 值越高，代表模型的检测效果越好。将 IOU 阈值设为 0.5，得到模型检测平均精度均值 mAP、模型大小、实时检测速度见表 1。

(a)管线暴露

(b)护坡损坏

(c)组合后的暴露管道图像

图 3 管道图像增强

表 1 Tiny-yolo v4 模型训练结果

模型	mAP/%	Mode_ size	检测速度/fps
Tiny-yolo v4	98.50	22.7MB	52.4

Tiny-yolo v4 模型对天然气标志桩倒塌、护坡损坏、管道暴露、管道表面损坏等问题图像检测的平均精度均值为 98.5%，模型仅为 22.7MB，实时检测速度为 52.4fps，具有较好的检测效果、较小的模型和较快的检测速度，对 4 类问题图像进行分别测试，得到 4 类图像的测试精度见图 4。

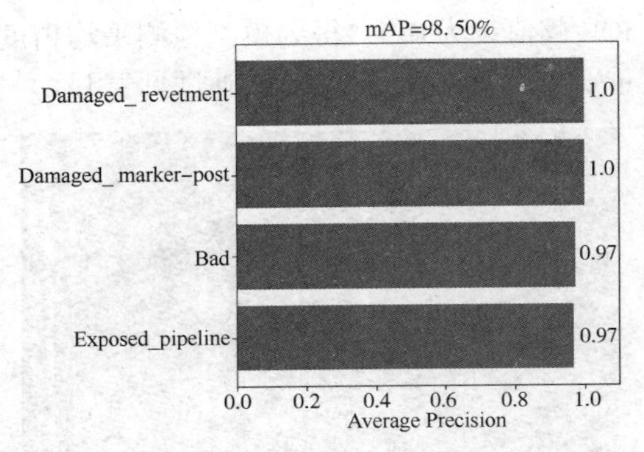

图 4　模型测试结果

Damaged_ revetment、Damaged_ marker-post、Bad、Exposed_ pipeline 分别代表护坡损坏、天然气标志桩倒塌、管道表面损坏、管道暴露图像，Tiny-yolo v4 模型对这 4 类问题图像的检测精度（AP）分别为 100%、100%、97%、97%，具有较好的检测效果，将 Tiny-yolo v4 模型对问题图像进行测试，测试结果见图 5。

(a)护坡损坏检测　　(c)管道表面损坏检测

(b)天然气标志桩倒塌检测　　(d)管道暴露检测

(e)组合后管道暴露图像检测

图 5　Tiny-yolo v4 图像测试

图 5(a)是护坡损坏测试图，Tiny-yolo v4 模型能准确检测出护坡损坏的位置，检测出的护坡损坏位置的得分值是 1.0，具有较好的护坡损坏位置检测效果。图 5(b)、图 5(c)、图 5(d)分别是天然气标志桩倒塌、管道表面损坏、管道暴露检测结果图，Tiny-yolo v4 模型均能准确检测出图中问题对应位置，其检测出的得分值均为 1.0，具有较好的检测效果。图 5(e)是组合后管道暴露图像的检测结果，Tiny-yolo v4 模型能检测出丰富背景图像中的暴露管线，对检测结果的得分值分别是 1.0、0.97、0.93，同样具有较好的检测效果。

3　结论

针对中江气田天然气管线分布在地形复杂的山地、丘陵地区，人工巡检难度大，同时人工巡检效率低、及时性差，同时存在一定安全隐患。文本采用 Tiny-yolo v4 模型对巡检问题图像进行检测，对 4 类巡检问题图像的检测精度均值达到 98.50%，模型大小仅为 22.7MB，模型检测速度为 52.4fps，应用在无人机上将提升中江气田天然气管线的巡检工作的效率和质量。

参　考　文　献

[1] 王璞，田富俊. 油气管道安全与环境风险监控预警法规研究[J]. 西南石油大学学报(社会科学版)，2018，20(01)：19-28.

[2] Bin Liu，Luyao He，Zeyu Ma，et al. Study on internal stress damage detection in long-distance oil and gas pipelines via weak magnetic method[J]. ISA Transactions，2019，89.

[3] Chen Wang，Gang Ma，Junfei Li，Zheng Dai，Jinyuan Liu. Prediction of Corrosion Rate of Submarine Oil and Gas Pipelines Based on IA-SVM Model[J]. IOP Conference Series：Earth and Environmental Science，2019，242(2).

[4] 孙宝财，武建文，李雷，等. 改进 GA-BP 算法的油气管道腐蚀剩余强度预测[J]. 西南石油大学学报(自然科学版)，2013，35(03)：160-167.

[5] 黄玉龙. 基于视频图像的管道裂纹缺陷检测方法研究[D]. 西安：西安理工大学，2018.

[6] 刘晓，陈艳华，钟卉元，等. 油田埋地碳钢管道外腐蚀行为研究[J]. 西南石油大学学报(自然科学版)，2018，40(04)：169-176.

[7] 何健安. 井场—集油气站管道泄漏检测方法研究[D]. 西安：西安石油大学，2019.

[8] 王立中. 基于深度学习的带钢表面缺陷检测[D]. 西安：西安工程大学，2018.

[9] 蔡超鹏. 基于深度学习的金属轴表面缺陷检测与分类研究[D]. 杭州：浙江工业大学，2019.

[10] 汤踊，韩军，魏文力，等. 深度学习在输电线路中部件识别与缺陷检测的研究[J]. 电子测量技术，2018，41(06)：60-65.

[11] Girshick R，Donahue J，Darrelland T，et al. Rich feature hierarchies for object detection and semantic segmentation[C]. 2014 IEEE Conference on Computer Vision and Pattern Recognition. IEEE，2014.

[12] Ren S，He K，Girshick R，et al. Faster R-CNN：Towards Real-Time Object Detection with Region Pro-

posal Networks [J]. IEEE Transactions on Pattern Analysis & Machine Intelligence, 2015, 39 (6): 1137-1149.

[13] Girshick R. Fast R-CNN [C]. Proc of IEEE International Conference on Computer Vision. 2015: 1440-1448.

[14] 毛欣翔，刘志，任静茹，等. 基于深度学习的连铸板坯表面缺陷检测系统[J]. 工业控制计算机, 2019, 32(03): 66-68.

[15] Redmon J, Farhadi A. YOLOv3: An Incremental Improvement [J]. arXiv preprint arXiv: 1804.02767, 2018.

[16] BOCHKOVSKIY A, WANG C Y, LIAO H Y. YOLOv4: Optimal Speed and Accuracy of Object Detection [J/OL]. arXiv: 2004.10934v1 [cs.CV]. (2020-04-23). https://arxiv.org/abs/2004.10934.

新一代光纤传感技术在管道完整性管理中的应用

董晓翡

（中阳桥科技有限公司）

摘　要　本文阐述了国内管道完整性管理所面临的挑战，梳理了国际油气管道行业针对管道泄漏检测提出的要求与建议。通过分析分布式光纤传感技术的发展历程，提出了利用HDS高保真动态传感系统进行预防性管道泄漏检测的方案。该系统采用新一代光纤传感技术，实时综合监测管线环境的声音、温度、应变/振动信息，利用高保真传感数据及人工智能技术，实现零误报监测泄漏、管道位移、入侵等事件，有利于进一步优化油气管道完整性管理。

关键词　管道完整性管理，管道泄漏监测，HDS高保真动态传感系统，光纤传感。

管道完整性管理的目的是识别并控制管道运行风险，防止管道失效并消除或减轻由此带来的不良后果，保证管道安全、高效、平稳运行。导致管道失效风险的主要原因包括第三方入侵、地质灾害、管线腐蚀、设备制造与安装缺陷、操作不当等方面。中国自2000年引入油气管道完整性管理，发展过程中对标美国API STD1160—2001及ASME B31.8S—2001标准，制定了相关行业规范。2015年我国正式发布了GB 32167—2015《油气输送管道完整性管理规范》，使国内形成了高后果区分级风险管理体系，管道失效率也逐年降低。

2020年11月，中国石油在完整性管理推进会上提出的油气管道和站场完整性管理战略规划中，明确了在“十四五”期间保证管道完整性管理在重点管段的全覆盖并大幅降低管道失效率，同时在2035年远景规划中实现管道管理全覆盖并要求“高后果和高风险”管理全面实现无泄漏的目标，不仅明确了目前管道完整性管理的核心地位，也为其完善与发展提出了更高要求。目前国内尚未形成针对泄漏监测程序的具体标准，管道泄漏检测及相关技术相对于满足零泄漏的目标要求存在明显不足。

因此，一种能够高效的监测管道泄漏，降低管道失效率的成熟技术方案亟待提出，为更好的解决该问题，本文将阐述国内管道完整性管理所面临的挑战，对标北美油气管道行业标准，分析国内在管道泄漏检测构建上存在的问题，并参考加拿大管道行业近年来在预防性管道泄漏检测技术上的发展，重点分析国内外分布式光纤传感技术（Distributed Optical Fiber Sensing，DOFS）的发展历程，提出基于新一代分布式光纤传感技术进行预防性管道泄漏检测的解决方案：HDS高保真动态传感系统（High Fidelity Dynamic Sensing，HDS），并分析其在管道完整性管理上的应用与展望。

1　管道完整性管理面临的挑战与对策

1.1　自然环境与城市化带来的挑战

管道完整性管理的本质是风险管理，而管道失效风险是管道本体与所处环境相互作用的结果。管道完整性管理能够有效的基于管道内检测技术构架的完整性评价体系，结合管道腐蚀评价与阴极保护技术等措施，减少管道本体腐蚀、裂纹及损伤等引发的失效问题；同时，基于高后果区分级风险管理体系，通过加强重点区域的管理，可降低第三方入侵导致管道事故的概率并降低其对社会造成的影响。然而，管道完整性管理仍然时刻面临着自然与社会环境发展变化所带来的严峻挑战。

自然环境方面，地质灾害导致管道泄漏的问题一直未得到妥善解决，而受全球气候变化影响，极端天气出现的频率上升导致灾害频发，全球环境灾害对管道系统的危害可能有进一步提高的风险。欧洲天然气管道事故数据组织EGIG（European Gas Pipeline Incident Data Group，EGIG）在2018年发布的针对1970—2016年天然气管道失效统计报告中，由于地面移动导致的管道失效频次和比例在近些年明显上升，并且报告着重调了由地面移动和外部入侵引起的管道失效所带来的后果日趋严重，油气管道泄漏对居民人身安全及周边环境影响的情况也受到国内外各界的关注，这意味着管道运营单位需要更加重视泄漏带来的负面问题。

人文环境方面，随着国内外社会环境的逐步发展，城市化建设的脚步仍在加速，我国城市化发展尤为迅速。一方面，国内城市扩建，土地搬迁以及公共交通建设等情况更加频繁，增加了系统的整体风险；另一方面，人工成本随着社会发展逐步提高，人工巡检等传统管道维护手段同样面临诸多挑战。2017 年 7 月，在中缅天然气管道贵州省黔西南州晴隆县沙子镇段管道发生断裂燃爆事故，根据国务院安委会办公室事故通告初步分析是当地持续降雨引发公路边坡下陷侧滑，导致天然气泄漏引发燃烧爆炸。在管线投运后，因公路建设在管线附近堆土继而引起滑坡导致事故，本质上与管道段风险评价以及高后果区再识别有很大关系。目前我国对高后果区识别主要依靠周期性的评估方式，实时评估存在技术上的困难。

综合来看，通过以周期性管道内检测为核心的管道完整性管理及该类技术的发展，无法有效解决由于外界环境变化引起的管道失效问题，尤其是泄漏监测相关的问题。国际上，包括美国 API 和加拿大 CSA 等国家管道组织，均在近些年来增加了对管道泄漏检测程序管理上的相关规定与建议，也推动了管道泄漏检测技术的发展。

1.2 国内外管道完整性管理框架对比

目前，国内 GB 32167 完整性管理体系主要包括数据采集整合，高后果区识别、风险评价、完整性评价、风险管理、效能评价六个模块，这六个模块环环相扣并形成闭环，高度整合了相关技术与人力资源，实现了管道风险分级管理。管道本体方面，通过管道内检测（In - line Inspection，ILI）完成管道金属损失、几何变形、裂纹等关乎管道失效情况的管道本体数据检测，周期性的对管道本体进行有效评估；基于管道腐蚀评价与阴极保护技术，缓解了由于腐蚀引起的泄漏问题。但是，目前国内并未制定管道泄漏检测方面的相关标准。

美国 API 1160-2001 标准同样采用以高后果区识别与管道内检测为核心的体系架构，但在该标准中，管道泄漏检测作为一项重要的风险预防与缓解措施，已纳入管理体系。在 2015 年发布了 API 1175《管道泄漏检测程序管理规范》，其进一步为管道运营商提供了管道泄漏检测程序（Pipeline Leak Detection Programs，LDP）的相关建议，并推荐了光纤传感技术作为泄漏检测技术。其目的在于提高泄漏检测精度并减少泄漏时间，降低泄漏对人、环境和财产的影响，推动油气行业实现零泄漏的目标。

加拿大在近些年经历过多次严重的石油泄漏事件，包括 2015 年尼克森石油公司 500 万升油砂泄漏事件、2016 年 Husky 公司 22.5×10^4L 的原油泄漏事件等，目前新建管道都必须采用高标准的泄漏检测技术。2016 年，加拿大国家能源委员会（National Energy Board，NEB）在其发布的《联邦政府控制下的管道最佳可用技术》中确认了光纤传感技术可用于定位管道泄漏的确切来源。2018 年，加拿大石油协会发布的 CAPP 2018-0020《管道泄漏检测程序最佳实践》中指出能够通过光纤传感系统，采集管线温度和声学信号进行泄漏监测。2020 年，在加拿大最新发布的 CSA Z662-19（2019）《加拿大油气管道标准》中已经建立完善的 LDP 流程，并要求加拿大管道公司油气管线必须采用基于 CAPP 2018-0020 中有效的泄漏检测技术。

由于加拿大人口稠密的东南部地区多以低山丘陵为主，油气管道建设经常需要穿越山区等高风险/高后果区域，其国内对管道泄漏风险非常重视，并在泄漏检测标准管理上更加规范，也推动了加拿大泄漏检测技术的发展。我国管网建设情况与之类似，2017 年，国家发展改革委员会及国家能源局在《中长期油气管网规划》中提出构建“衔接上下游、沟通东西部、贯通南北方”的油气管网体系，“十四五”规划中管网公司预计新建管道 2.5×10^4km，而我国地势自西向东呈阶梯状分布，东部地区自北向南部多丘陵且人口稠密、发展较快，管道沿线必然路由高风险、高后果区域，为实现未来“零泄漏”的目标，建立 LDP 管理机制并引入先进的泄漏监测技术十分重要。

综上所述，LDP 是国际上为实现油气管道行业零泄漏所采用的核心架构之一，通过光纤传感技术进行泄漏监测是 LDP 中至关重要的技术手段。而基于我国油气行业未来发展趋势，LDP 也将成为管道完整性管理中亟待完善的一环。此外，光纤传感技术已在国内管道第三方入侵检测中广泛应用，我国在2011年发布的SY/T 682《油气管道安全预警系统技术规范》提出对高后果区密集管道段，需采用光纤预警技术进行入侵检测，该技术也是分布式光纤传感技术DFOS中的一种，光纤泄漏检测技术目前已成为国内外泄漏检测技术研究和发展的核心。

2　应用于长输管线光纤泄漏检测技术

国内外光纤预警以及泄漏检测系统的技术演进首先是构建于以瑞利散射为基础的光时域反射计OTDR(Optical Time Domain Reflectometer)之上，1976年，由Barnoski等人提出该技术并发明了OTDR，目前OTDR技术已广泛应用于光纤断点检测以及光纤损耗测量方面，但由于背向散射的光功率极其微弱，导致其本身信噪比极低，难以进行传感检测。在OTDR技术基础上，H. F. Taylor等在1993年提出了ϕ-OTDR相位敏感光时域反射技术(Phase Sensitive Optical Time Domain Reflectometer)；2005年，J. C. Juarez等采用超窄线宽低频移激光器作为传感光源，利用ϕ-OTDR成功检测振动事件，其工作机理主要是利用光源相干性提升系统的信噪比，检测外界扰动信号引起光纤散射信号的相位和光强变化。目前光纤预警系统多采用此类技术，国外也有将该技术扩展并应用于管线泄漏监测当中。

另一种基于相干光检测技术检测瑞利散射的方法是C-OTDR(Correlation Optical Time Domain Reflectometer)，该方法可以进一步提高ϕ-OTDR系统的信噪比。Kurashima等在1997年提出了基于相干技术探测微弱散射信号的方法，而在2009年，Y. Koyamada等将该技术成功应用于温度/应变分布的测量。该技术进一步发展演进，开发出了DAS分布式声音/振动传感技术(Distributed Acoustic Sensing)作为监测泄漏的方法。基于C-OTDR监测管道泄漏目前也是国外很多泄漏监测公司采用的方式，一方面DAS本身能够监测第三方入侵，而基于新的解调技术，使其也可以应用在管线泄漏检测中，扩展了可用性。但该技术同样存在误报率高，检测精度低的问题。

同样广泛应用于管道泄漏监测的分布式光纤传感系统还有基于拉曼散射的R-OTDR (Raman Optical Time Domain Reflectometer)以及基于布里渊散射的B-OTDR(Brillouin Optical Time Domain Reflectometer)和B-OTDA(Brillouin Optical Time Domain Analysis)。R-OTDR主要利用拉曼散射中产生的斯托克斯光和反斯托克斯光对温度的敏感性，监测温度变化进而监测泄漏，该技术在1983年由Hartog等提出并实现了对温度的测量，基于该技术开发出了分布式温度传感系统DTS (Distributed Temperature Sensing, DTS)。B-OTDR主要是采用低功率光源，利用自发布里渊散射对温度及应变的敏感性进行泄漏检测，Kurashima等在1993年就利用相干检测技术实现了B-OTDR对温度进行检测。B-OTDA则是采用高功率光源，利用受激布里渊散射以及布里渊受激放大作用，对应变和温度进行监测，基于此技术开发出了应用于管道泄漏检测的分布式应变传感系统DSS，(Distributed Strain Sensing, DSS)，也有公司称之为DITEST(Distributed Temperature and Strain Sensing)，即分布式温度及应变传感系统。

在管道检测领域，目前利用B-OTDA测温进行泄漏检测的方案相对较多，这是由于油气管道泄漏通常会引起周围温度的变化，进而可以采用同沟敷设的通信光纤监测这种温度变化并判断泄漏点的位置。但是该类检测系统与基于C-OTDR的DAS系统类似，对高能事件，如高压气体泄漏较敏感，但对于低能事件，如由于腐蚀导致的输油管道微小泄漏难以检测。

总体来看，传统DFOS技术主要是利用光纤散射原理，通过相干检测等技术，采集对环境参数敏感的散射信号，解调并分析入侵、泄漏等事件。但散射信号本身很微弱是导致该类技术传感数据保真度低、分辨率差的根本原因，应用在泄漏检测精度要求较高的领域存在明显不足。2015年前后，加拿大陆续发生数起严重的输油管道泄漏事件，这类传统的泄漏检测技术都未能及时检测到泄漏，这也引起了加拿大对泄漏事件的特别关注。2017年，加拿大Hifi Engineering公司基于新一代光纤光栅传感技术开发了HDS高保真动态传感系统，并在近3年的时间内，通过了北美多个大型油气管道公司的泄漏试验，并广泛运用于北美很多新建管道项目中。因此，在国际环境劣，技术竞争日益激烈的现阶段，进一步了解并尽快引入该技术，对我国管道行业的发展将起到极大的促进作用。

3　HDS 高保真动态传感系统简介

3.1　HDS 系统简介

HDS 高保真动态传感系统采用新一代光纤传感技术，核心目标是为管道用户提供实时高品质的管道外部监测数据，应用场景主要以长输管道泄漏监测及预防性泄漏监测为主。系统通过专用在线分布光栅传感光纤，采集管道及其周围环境的全部声音、温度、应变/振动信号，通过基于人工智能的先进算法分析，能够监测针孔级的管道泄漏事件；同时，通过分析管道周围如第三方入侵、土体移动、地质灾害等高保真感应数据，预防管道泄漏的发生。

高保真感应数据是确保传感系统具有高灵敏度的基础，HDS 系统可分辨 1 微米的应变，温度分辨率 0.001℃，并能够检测频率范围从亚赫兹到超声波的振动或声学信号。如图 1 所示，HDS 系统可以清晰分辨家用轿车，重型货车空载和满载时产生的不同应变。高保真感应数据是建立数据库并利用大数据与机器学习算法提高系统检测能力的必要条件，同时也是 HDS 系统识别异常信号，并将其从环境噪音中加以区分的关键因素。如图 2 所示，HDS 系统在校准阶段，可以记录管道附近火车经过时产生的波形（粉色区域），保存到数据库可作为系统的参考设置；系统投用后，同类事件发生时，即可调用历史数据库，排除火车经过的干扰，达到零误报的目的。

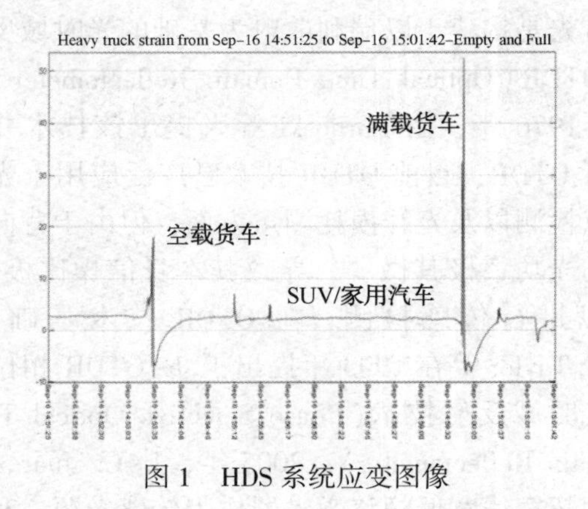

图 1　HDS 系统应变图像

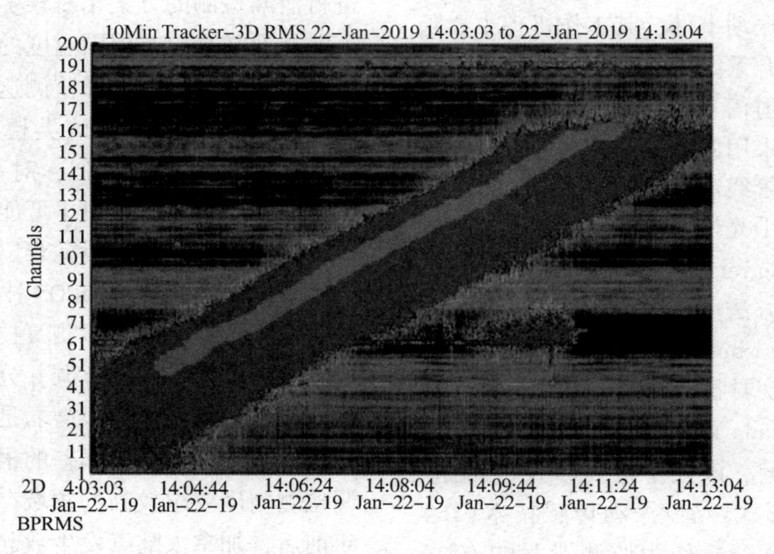

图 2　HDS 系统 3D-RMS 图像

HDS 系统作为新一代 DFOS 技术，与传统技术有本质上的区别。传统 DFOS 技术是利用通信光纤的散射信号针对高能事件进行监测，感应信号检测单一，数据保真度低，灵敏度差、误报率高，检测置信概率低，相比于负压波等传统泄漏检测技术优势较小。而新一代 DFOS 技术则是基于新型传感光纤专门针对流体管道场景开发，能够检测微小泄漏事件，检测参量同时包含声音、温度、应变/振动信号，数据保真度高并采用人工智能算法分析，兼顾高灵敏度与零误报率，泄漏检测置信概率大幅度提高，相比于传统泄漏检测技术有明显优势。

目前，HDS 系统已经布置在北美数千公里管道段上，并获得包括赫斯基能源，横加管道，埃克森美孚等公司的信任。此外，基于在线光纤光栅相位干涉传感技术的高保真特性，该技术也可应用于油气开采领域，包括陆上及海底油气井测井方向以及永久性井下监测方向，Hifi Engineering 公司与斯伦贝谢公司已就该技术达成长期合作，并将其应用在1000多口油井检测中。

3.2　HDS 系统技术原理

HDS 系统是采用了 Hifi Engineering 公司的专利技术——新一代光纤光栅阵列传感技术。利用光纤布拉格光栅(Fiber Bragg gating，FBG)作为反射镜，将反射光作为传感信号代替传统 DFOS 技术中的散射信号，这将很大幅度提高感应数据保真度，这也是光纤光栅传感系统的显著优势。典型应用是利用 FBG 反射特定波长的光信号，该信号在光栅受到应力时中心波长会产生漂移，检测该波长漂移能够实现应变热点的监测。在管道设施中，利用 FBG 作为点式传感器的高分辨率与高灵敏度特性，对管道焊缝等应变热点进行监测，能够改善传统应变计检测精度低和易受干扰的问题，而国内管道系统也有利用光纤光栅代替应变片进行应变热点监测的应用，并逐渐发展出利用 FBG 组成传感网络的技术。

传统的光纤光栅阵列传感技术是将一组 FBG 通过并联或串联的方式，长距离布置和测量各个离散点的应变/温度或振动信号。早在1996年就有通过波长复用技术结合波长扫描仪，采用 FBG 布放进行长距离静态应变检测的研究，近些年，国内已成功利用弱光纤光栅技术检测振动信号，并证明该技术比标准地震检波器拥有更高的灵敏度，能够进行滑坡等地质灾害的预防。通过 FBG 组成光纤传感网络主要有三种复用技术，即空分复用技术(Space Division Multiplexing，SDM)，波分复用技术(Wave Division Multiplexing，WDM)和时分复用技术(Time Division Multiplexing，TDM)。其中，SDM 是最为简单的组网技术，主要通过光开关为每个 FBG 单元分配单独通道，形成并行的拓扑结构，能够有效避免传感信号之间的干扰并提高信噪比，但通常测点数量较少，效率较低。采用 WDM 光纤光栅阵列的传感系统则是最为常见的组网技术，主要由 FBG 串联组成，每个 FBG 对应一个中心波长光信号，把宽带光源划分给不同位置的 FBG，实现对管线特定位置的应变参数测量。系统结构简单，精度高且能够避免互相干扰，但却受制于光源带宽以及系统动态范围，无法形成没有位置盲区的大规模复用。通过 TDM 将 FBG 串联也是一种可靠的组网方式，系统中所有 FBG 对应相同的中心反射波长，但每个 FBG 有固定位置间隔，保证反射的光谱信号在时域是分开的，从而解决了 WDM 中光源带宽限制的问题，但存在光脉冲多次反射产生衰减，网络末端 FBG 信号相对较弱，同时也存在传感位置不能连续覆盖的缺陷。然而，应用复用技术主要是对 FBG 阵列网络进行扩容，并未从实质上改变光纤光栅作为点式传感器的特点，因此其在空间上不连续、存在传感盲区，并不适用于管道行业泄漏监测。

HDS 系统专门为油气管道泄漏监测设计，是基于分布式光纤光栅阵列的创新发展，既不同于传统 DFOS 技术依赖散射信号，也不同于传统光纤光栅只是离散点式传感，HDS 是采用在线光纤光栅阵列相位干涉解调技术，并综合利用三种复用技术，实现了超长距离传感光纤网络的感应点无盲区连续覆盖及实时采集感应数据的高保真特性。

HDS 系统采用相位相干电吸收调制激光光源(EML)，通过振幅调制的方式产生高频光脉冲信号，并经铌酸锂相位调制器将感应光脉冲与参考光脉冲进行相移控制，相移幅度是基于相邻光纤光栅组的间隔距离。经过相移调制的感应光脉冲与参考光脉冲经掺铒光纤放大器(EDFA)放大，经光环行器并通过光开关控制进入指定的传感光纤。特制的传感单模光纤具有按指定间隔在线刻写的 FBG，FBG 之间形成谐振腔，并以 FBG 组成光栅阵列，同组 FBG 谱型相同，反射相同中心波长的光信号。系统通过 TDM 技术，使得相移控制后的参考光脉冲与感应光脉冲按指定 FBG 组形成相位干涉。其次，系统通过 WDM 利用不同中心波长的光脉冲，问询不同波长组的 FBG，以克服长距离情况下光信号多次反射的衰减问题。最终通过光开关控制的并联 SDM 技术，将不同通道的传感光纤接入相应的解调系统，实现对多路传感光纤进行解调。一套 HDS 解调系统可采集 50km 长输管线感应信号，利用相干检测技术，可以采集到高保真的感应信号，通过高性能计算机及算法进行实时数据处理与分析。

整体而言，HDS 高保真系统是通过新一代在线刻写分布式光纤光栅阵列及相位干涉传感技术，将光纤传感网络划分为连续的多个传感区间，不存在传感盲区，任何由于环境变化/第三方入侵或管道泄漏引起的温度，应力，声学或振动事件都会导致传感区间干涉信号发生相应的变化，干涉测量具有显著提升检测精度的特点，而且系统是通过光栅的反射脉冲采集感应信息，这就既实现了高保真度，又保证监测覆盖上的连续性与精准性。表1为HDS系统的核心性能指标。

表1　高保真动态监测系统技术规格

高保真动态监测系统技术规格	
测量参量	声音、应变/振动、温度
测量距离	50km(更长距离待定)
空间定位分辨率	+/-12.5m
网络带宽	Ethernet 最小 500KB/s 上行带宽或 3G 无线带宽
频率范围	亚赫兹应变、振动、声波、超声波
温度分辨率	0.001℃变化量
信噪比	1000，400Hz5 周期正弦波并行控制试验
应变分辨率	1μm 变化量
电源要求	交流 120V，HDS 系统需要 UPS
温度等级	200℃适用于管道和电缆

3.3　HDS系统的优越性

目前国内主要采用信号处理法采集泄漏引起的流量/压力等工艺信号、负压波或音波信号进行泄漏判断。该类方法需在管道本体安装压力或流量传感器，或者在管道上下游采集声波信号的变送器，通过判断相应信号的变化来监测管线泄漏。该类方法相对简单灵活，在管线上安装的设备较少，尤其适用于在役管道大流量突发泄漏事故的检测，而为了提高检测精度，则需要结合多类相关信号，采集大量数据进入管道站场SCADA控制系统，通过建立综合数据模型进行检测，这种基于模型的方法则相对复杂，且需要专业人员进行监督。

以负压波泄漏检测系统为例，通常在管道发生泄漏时，该区域流体密度变小会产生瞬时压降，该压降信号以声速向泄漏点上下游传播，被称为负压波，通过在管线上下游安装变送器采集该信号，能有效检测突发性的管道泄漏事件。但以负压波为代表的信号分析技术存在很多泄漏误区：一方面该类方法不能检测相对微小缓慢的泄漏，泄漏检测的灵敏度除管道本体参数外，也取决于泄漏发生的位置与运行工况等，有较大不确定性，误报率高，主要用于检测高能事件；而采用建立综合数据模型的检测手段，则需要结合每条管道的运营环境，基于不同管线材质等工艺参数，通过长期的系统建模以及专业人员的分析，方能提高泄漏检测精度，周期长、费用高，对操作人员依赖性强。另一方面，基于信号处理等方式检测泄漏是一种事后的泄漏监测手段，无法起到事前预防泄漏的作用，其本质是高效利用管线运营及本体数据，却无法监测环境因素对管线的影响。因此，利用DFOS技术检测管道泄漏直接引起的温度、应变/振动以及声学信号变化成为目前国内外研究的重点，其中HDS系统在检测针孔式泄漏事件以及预防性泄漏检测技术方面都有卓越表现。

在本文第2部分已经介绍了传统DFOS技术的发展路径以及相关技术，能应用于管道泄漏检测技术的主要有基于COTDR为基础的分布式声音传感系统(Distributed Acoustic Sensing，DAS)，DAS技术目前主要应用在光纤预警系统中，通过相干光检测技术也可应用于温度或应变监测，尤其是可以通过采集温度信号实现管道泄漏监测；另外则是基于布里渊散射和拉曼散射为基础的分布式温度/应变传感技术DTS/DSS(Distributed Temperature/Strain Sensing，DAS)，但通过此类技术进行管道泄漏监测具有不可避免的局限性。

首先，该类技术所依靠的各类散射光在测试光信号中的占比极其微弱(10^{-4}~10^{-6})，而HDS系统是检测光纤光栅的反射光，其在测试光信号中占比可以达到3%~5%，甚至更高。换言之，传统分布式传感技术信噪比很低，虽然可以通过相干检测等方式提高信噪比，但基于通信光纤散射信号的原理存在理论极限及不可克服的缺陷。图3、图4展示了目前应用中DTS系统测温与HDS系统测温方面的差距，其中图3是在常温环境下的两个系统检测环境温度的曲线，而图4则是分别向传感光纤滴两滴冷水和两滴热水后，系统检测参数的变化。可以看出，HDS传感数据保真度基本是DTS系统的1000倍以上。其次，任意一种单参量检测技术只能针对某一参量进行评估，而其它感应变量则成为干扰信号，比如针对应变检测的DSS技术，通常需要屏蔽温度的影响，而管道系统监测事件通常是多参量的，比如管道泄漏通常伴随着温度，应变甚至振动等多参量的变化。

目前传统DFOS厂家通常采用多套系统组合的方式提高系统检测多种信号的能力，并采用特制传感光纤严格贴近管线布置等方式提高信号检

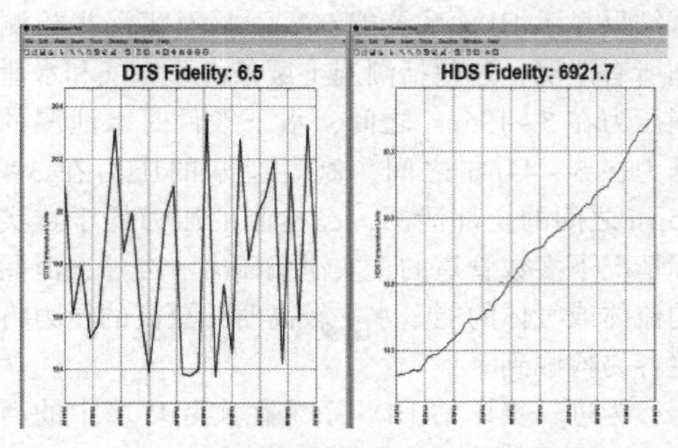

图3　DTS vs HDS 系统环境温度保真度

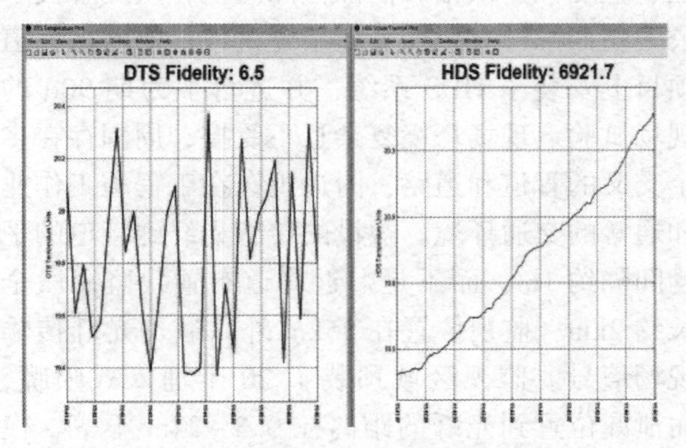

图4　DTS vs HDS 系统环境温度保真度-两滴冷水+两滴热水

测精度，虽然该类技术在国内管道行业应用还十分有限，但在其它行业以及国外泄漏检测的应用实践相对较多，如前文提及的加拿大尼克森公司管线破裂事件正是采用基于 B-OTDA 的 DITEST 系统，该管线主要输送油砂乳液，于 2015 年 6 月中旬发生泄漏直至 7 月中旬才被居民发现并举报，其所采用的高精度泄漏监测系统在管道泄漏的 1 个月中始终未检测到泄漏信号，导致该公司重大经济损失。这一定程度曝露出了传统 DOFS 系统在检测输油管道泄漏事件上的不足。

此外，目前传统的泄漏监测系统常采用调整系统阈值的方式调整误报，这是以降低可靠性为代价，并导致用户误认为改进灵敏度与降低误报率是相互矛盾的。而 HDS 系统通过实时采集多维度的高保真数据及先进算法，能够同时保证系统高灵敏度与可靠性，在强噪音下能够分辨异常事件，有效减少因误报或漏报导致的人工成本增加以及系统风险。

综上所述，HDS 系统是基于新一代光纤光栅传感技术，相比其它基于负压波等信号处理技术的泄漏检测技术以及传统 DFOS 泄漏技术有着以下明显优势。

（1）HDS 系统数据保真度比传统系统有千倍以上的优势，高保真数据能够显著提高系统可靠性与精确度，结合人工智能/机器学习能够进一步提高系统针对异常事件的分辨力，能够检测到针孔式泄漏事件；而传统泄漏检测系统以及传统 DFOS 技术均无法检测微小泄漏。

（2）HDS 系统通过特制传感光纤可以同时采集声音、应变/振动、温度信息，并基于多变量分析算法，能够有效区分环境干扰与异常信号，达到零误报目标；而传统系统仅能采集单维度信号，且易受环境干扰影响。

（3）HDS 系统能够兼顾高灵敏度与零误报率，系统检测置信概率极高。而传统泄漏检测系统通过改变检测阈值的方式来降低误报率，系统检测置信概率低，既增加了运营人员维护成本，又提高了系统风险。尤其是高后果区通常伴随着大量环境噪音的情况下，传统检测系统无法起到有效的预警作用。

（4）HDS 系统可以进行预防性泄漏检测，即可以采集识别管道环境中第三方入侵，管道位移，地震波等信号，提前对可能存在的泄漏进行预警。

（5）HDS 系统采用混合复用技术，能够将系统的监测区间覆盖到长输管道每一点，是真正的全分布式 FBG 检测技术；而传统的分布式光纤光栅技术无法实现检测的连续性，仅能进行长距离“离散点”式监测，明显存在漏报警的可能性。

3.4　HDS 系统架构与部署方式

HDS 系统也是一个专用的数据解调和分析平台，该平台用于增强和支持传感光纤的各种分布式应用。强大的通道容量和新型的机器学习能力，能够支持 HDS 系统作为工业标准应用于管道应力及预防性泄漏检测。其通用型系统架构如图 5 所示。主要包括传感光纤、特制 HDPE 硅芯管、手孔箱以及 HDS 系统机柜四部分。

图5　HDS 系统配置

HDS系统部署方式类似于光纤预警系统，需先沿管道部署硅芯管后吹入光纤。但是，为采集高保真多参量数据，HDS系统专门针对传感光纤特性，采用特制HDPE硅芯管以进一步提高准确度，部署方式包括贴近管道部署、管道附近部署以及管道内部署三种方式。其中贴近管道与管道附近部署常用于新建管道，即将传感光纤通过特制硅芯管，贴近管道上方或下方布置，或布放在管道附近1m范围内(该范围内不会影响系统的泄漏检测能力)，以便有效检测管道入侵信号并防止光纤导管在施工及管线运行过程中受损；而管道内部署则应用于无法在管道外部敷设微导管的极端情况。此外，传感光纤及同路敷设用于传递系统采集数据的通信光纤沿线每隔2km布置手孔箱以实施光纤熔接和维检修工作，系统也可安装验证系统，以进行初期的试验工作。为经济性考虑，建议管道运营单位在项目建设阶段提前敷设硅芯管以方便后续系统的部署。

HDS系统的解调设备与高性能计算机一起布置在HDS机柜中，HDS系统内部运算量和数据传输量较大，如150km监测系统每天可以产生6Tb传感数据，要求工作环境应尽量保持在20~25℃，同时系统检测到异常事件通过Web服务或网络接口传输到控制室，并可以通过短信邮件等方式向操作人员发送报警信号，因此，HDS系统机柜需要部署在管线附近具有UPS稳定电力供应并具有联网条件的站场内。

3.5　HDS系统测试报告

2016年11月HDS系统通过了加拿大研究与发展(R&D)公司C-CORE管道泄漏测试测试项目，该项目由C-CORE主办的LOOKNorth卓越商业化和研究国家中心资助，C-CORE是一家ISO 9001认证的加拿大研究机构，其基于环境安全方面的测试报告在北美商用技术领域具有权威性。测试是在湿沙测试床上，分别使用水和氮气在不同压力和持续时间下进行泄漏的盲测；并用一个装满水的测试箱模拟了水涝条件下的测试。当C-CORE的工作人员在实验室生成泄漏时，HDS系统工程师在远程监测泄漏情况。

C-CORE测试共计86个测试点，所有测试点均采用测试管道中的3.2mm(1/8in)喷孔。喷孔下游的压力传感器的压力范围为5~210psi，每次泄漏时间保持在30到60秒，并避免了泄漏过程中压力峰值的产生，保持恒定的泄漏率。测试结果显示HDS系统能够零误报及零漏报检测到所有泄漏，这包括潮湿土壤条件下氮气和水泄漏压力在5~195psi之间，水下条件时水泄漏的压力在5~44psi之间，氮气泄漏的压力在3~65psi之间的全部泄漏，已检测的压力低于在实际情况下多数管道的真实泄漏压力。当然，泄漏的流体或气体的能量水平较高时，更高的压力将更容易检测到。

为进一步评估HDS系统在实际环境中的商用情况，尤其是评估该技术在实际环境中的准确性、重复性、误报和泄漏检测阈值，埃克森美孚公司在西部德克萨斯管道新建的6in采出水管道项目上安装了HDS系统，并进行了为期90d的现场试验。现场环境复杂且不受控，周围存在多个交叉的管道和道路，附近也存在工程施工作业和通常的交通环境。敷设的传感光纤到管道的平均间隔约1m，而不是贴近管道布置，监视段全长约2km，监视位置在25km外并通过光纤传输现场信号。监视区域预装了20个埋入式喷嘴，而泄漏位置到光纤的距离在0.3~24m不等，模拟泄漏持续时间为1min，并在30d测试周期内选取了8天进行了134次模拟泄漏盲测。

测试结果显示，当水或氮气泄漏压力在200psi以上时，系统可以100%检测并发出报警信号。HDS系统通常情况下为紧贴管线部署，基于多参量高保真的检测特性，当系统经过使用完成阶段性机器学习过程后，能够进一步降低检测门槛。值得注意的是，整个检测过程中，HDS系统未发出过任何误报，实际上，在迄今为止部署HDS系统的管道上，均未发生误报情况。

3.6　HDS系统应用案例

目前HDS已经在北美有广泛应用，用户包括赫斯基能源公司(Husky)、安桥天然气公司(Enbridge)、泛加拿大公司(TransCanada)、跨山输油管道公司(TransMountain)以及埃克森美孚石油公司等。以Husky为例，由于在2015年前后经历过多次较为严重的泄漏事件，Husky是早期应用HDS系统的公司之一，HDS系统已经通过Husky公司认证，成为其新建大口径管道的标准化要求，如在Husky LLB Pipeline项目中，HDS系统安装部署于全线管道150km上，主要用于预防性泄漏监测、内检测器跟踪、异常应变和安全入侵监测。而在加拿大横加能源公司TC energy的Keystone管线中，HDS系统也部署于美国得克萨斯州休斯顿地区高后果区域的管道段上，用于检测管道事故和风险定位。

在横贯加拿大全境的跨山管道扩建 TransMountain Expansion 项目中，HDS 系统已在试验段完成多次盲测模拟泄漏试验，目前正在进行全线 1100Km 的部署工作，主要应用是针对泄漏检测、第三方入侵和异常应变。该扩建项目能够通过加拿大相关部门审核也受益于 HDS 系统的部署。此项目曾因存在泄漏风险而被中止，在 2019 年 6 月 18 日，加拿大国家能源局向 TransMountain 发布修订令并批准项目继续进行，文书要求 TransMountain 必须向 NEB 提交包含 SCADA 和泄漏检测系统最终设计的报告。该项目之所以对泄漏检测要求严格，除加拿大国内法规外，也由于该管线途径大量丘陵、湿地、山脉等地形复杂区域，管道泄漏风险较大，这也为我国现阶段管道建设提供了一个良好的示例。

此外，HDS 相关技术在油井地下检测中也广泛应用，这也侧面证明了该系统的高保真性与普适性。尤其是基于目前国内外对管道数据完整性的进一步重视，以及管道公司建立完善的智能数据网络的发展需求，HDS 系统可以很大程度上填补实时管道环境数据采集方面的空白，其在我国管道系统完整性管理中一定可以扮演重要角色。

3.7 HDS 系统在我国管道完整性管理中的应用

3.7.1 预防性管道泄漏检测

HDS 系统的核心应用是预防性油气管道泄漏检测，包括动态监测管道微小泄漏事件以及针对第三方入侵、管道位移等多类异常事件进行全覆盖式的预防性监测。目前来看，国内基于负压波等信号分析技术的发展存在瓶颈，无法达到 100%的泄漏监测，同时无法有效预防泄漏。而多数基于 DFOS 传统系统监测油气泄漏的方法由于存在误报、漏报率高的问题，在国内尚未规模化应用；2019 年，中国石油管道公司将基于 B-OTDA 的 DITEST 系统试验性的应用在中俄管道部分管道段，表明国内管道运营单位一直积极探索将 DFOS 技术应用在管道泄漏监测上的可能性。而 HDS 技术基于其高保真的实时传感数据，能够在以下多个方面进行管道泄漏监测与预防性泄漏检测。

（1）HDS 系统能够实时监测针孔级的管道泄漏导致的环境声音、温度、应变/振动变化，即使在嘈杂的环境中，也能通过多参数集成化的检测，对泄漏事件零误报/漏报，并定位报警；

（2）HDS 系统通过合理部署，可针对应变热点及其周围区域重点监测，并且支持采集累计应变数据，有效预防应变热点区域土体移动等引起的管道失效；

（3）HDS 系统通过采集管线周边声音及振动信号，以及管道周边设备/人类工作而引起的应变背景信号，基于大数据算法排除环境噪音干扰，能够高效的监控第三方入侵事件；

（4）HDS 系统能够预防和分析由于土体移动引起的管道失效事件，可以监测土壤侵蚀或压实引起的管道位移，采集地震波信号，分析地震强度并评估其对管线的影响。

这类事件在目前管道系统完整性管理中，是分别利用负压波等管道本体泄漏检测技术，基于针对应变热点的应变监测以及土体移动在线监测系统，以及各类安全系统共同协作实现。现阶段引入 HDS 系统，既能够逐步取代部分功能单一的检测系统，避免用户进行反复投资，同时又能够与阴极保护以及管道内检测技术、人工巡检等周期性检测技术相互配合，进一步完善管道完整性体系，提升管理人员的决策水平，助推管道系统实现“零泄漏”的目标。

3.7.2 管道检测方面的应用与展望

HDS 高保真动态监测系统不仅可以监测管道周围环境的变化情况，也可以利用其采集高保真声学及应变信号的强大能力，监测管道本体运营或清管器工作数据，基于此类数据，可以进行以下分析。

（1）HDS 系统添加清管器远程监测模块，能够检测清管器通过管道焊缝时产生的振动信号，进而监测跟踪清管器运行。

（2）HDS 系统能够监测管道内液体流动产生的声学信号，目前可以检测蜡状物导致的流量受限情况并定位；该系统未来也能够基于管道液体流动引起声学与管壁应变信号，构筑能量传递算法评估管道流量。

（3）HDS 系统能够采集输油/气泵运行和操作阀门产生的声音信号、以及撞击管道产生的异常声音信号，从而进行相关监测工作。

（4）HDS 系统监测的管线及环境数据，可以协助操作人员进行管道相关机械分析等工作。

此外，HDS 系统具有很强的扩展性，一方面高保真监测数据可以支持 HDS 系统进一步开发相关应用，比如累计应变、清管器跟踪等功能都是 Hifi Engineering 公司基于高保真应变及声学信号的功能开发而来，另一方面，该技术也逐步扩展应用到油气井井下监测、近海管道监测等多个方面，预计未来也可以应用到智慧城市建设、深海管道监测中。

我国在制定管道系统完整性管理标准及实践的过程中，一方面积极保持与国外标准对标，引入新技术，同时也在加强完整性管理数据库建设的研究，并持续发展并丰富管道数据库体系，而数据库是管道系统完整性管理实施的重要基础，其完整性也决定了风险评价与风险管理的质量。因此，利用 HDS 系统采集高保真数据的强大能力，不仅能够直接用于监测泄漏和构建基于机器学习提升系统监测灵敏度与可靠性，也能够为我国管道体系引入多维度管道运营环境数据，丰富系统化的管道环境监测数据库以及各类入侵、泄漏等异常事件的样本库，推进我国智慧管网建设进程，辅助操作及管理人员进行更为有效的决策，降低整体系统的风险。

4　结论与建议

HDS 系统利用新一代光纤光栅传感技术，能够实时动态获取高保真传感数据，提供准确的管线及其环境数据信息，完善管道安全与完整性管理，HDS 系统可以帮助能源管道用户提供以下服务或带来以下优势：

（1）HDS 系统为能源长输管道提供针孔式泄漏监测以及预防性泄漏检测能力，能够快速识别由于管道腐蚀、变形等引起的微小泄漏，减少或避免其带来的经济损失与事故风险。

（2）HDS 系统作为一种高精度、全时间、全空间覆盖的预防性管道泄漏检测手段，与周期性管道内检测、人工/无人机等巡检技术以及阴极保护等配合能够实现对管道泄漏事件的全方位检测与防护，推动管网系统真正实现“零泄漏”的目标。

（3）针对穿越山区地带和人口稠密区域等高风险及高后果区域的管道段，利用 HDS 系统兼顾灵敏度与零误报率的优势，能够在精简系统与人员配置的基础上，提高系统整体的泄漏检测精度，降低由于漏报、误报、错报引起的事故风险及人工成本。

（4）提供覆盖管道全线的环境监测网络，包括应变监测、温度监测、声音/振动监测，进而可以有效监测第三方入侵、地震波以及管道位移等异常事件，能够逐渐取代或部分取代现有的单一功能的管道外部检测技术，为用户节约经济与系统运营成本。

（5）HDS 系统采集的管道异常事件数据，不仅能够协助管理人员进行泄漏事件的预判，同时可以协助地质灾害专家评估土体移动及地震波引起的管线风险，协助巡检人员进行更有效地第三方入侵管理，帮助运营单位更准确地评估区域风险等级，进行高后果区域风险再评价，提高运营单位风险管理水平与工作效率。

（6）HDS 系统可以辅助进行清管器跟踪与流量异常事件监测，同时其数据可通过网络接口接入用户数据库；将管道工况数据，管道本体检测数据及管线环境数据统一管理，有助于运营单位构筑智慧管网及大数据系统，并更加全面的进行管道异常事件分析。

为确保管网系统 2035 年实现管道全线“零泄漏”的远期目标，我们建议尽快建立管道泄漏管理标准程序，相关能源管道企业在管道新建阶段，包括途径高风险或高后果区的管道段，即开始规划部署管道泄漏检测系统。HDS 系统作为已通过权威第三方机构试验及北美油气公司运营验证的新一代泄漏检测系统，有助于我国管道完整性管理的实施和发展。在新建管道建设阶段，沿管线预先敷设特制硅芯管，并在特定站场为系统机柜预留空间与网络、电源接口，相对于管道回填或投入运行后部署系统具有显著的经济性，能够大幅度节约系统部署费用并缩短部署周期，有利于提高管道失效防治综合效益，也能够促进我国建立完善的 LDP 标准。

总体来看，采用 HDS 预防性泄漏检测系统并建立完善的 LDP 标准，对我国管道完整性管理的发展及管理体系的完善意义重大，希望能够通过各能源管道单位与相关企业、科研机构的共同努力，逐步建立一个适应国内环境的 LDP 标准体系，逐步引入并部署 HDS 高保真动态传感系统，推进智慧管网建设，最终实现我国管道系统完整性管理“零泄漏”的目标。

参考文献

[1] 王婷，王新，李在蓉，等．国内外长输油气管道失

效对比[J]. 油气储运, 2017, 36(011): 1258-1264.

[2] European Gas Pipeline Incident Data Group (EGIG). In 10th Reports of the European Gas Pipeline Incident Data Group (Period 1970 - 2016); Doc. No EGIG 17. R. 0395. 2018.

[3] 国务院安委会办公室. 国务院安委会办公室关于贵州省黔西南州晴隆县"7·2"中石油输气管道燃烧爆炸事故的通报[J]. 国家安全生产监督管理总局国家煤矿安全监察局公告, 2017, 000(008): P. 3-4.

[4] 杨静, 王勇, 谢成, 等.《油气输送管道完整性管理规范》解读与分析[J]. 安全, 健康和环境, 2016 (16): 57.

[5] American Petroleum Institute. Managing System Integrity for Hazards Liquid Pipeline. API 1161[S]. 2001.

[6] American Petroleum Institute. Pipeline Leak Detection Program Management. API 1175[RP]. 2015.

[7] National Energy Board. Best Available Technologies in Federally Regulated Pipelines. Report to the Minister of Natural Resources. 2016.

[8] Canada's Oil & Natural Gas Producers (CAPP). Best Management Practice Pipeline leak Detection Programs. CAPP 2018-0020.

[9] National Standard of Canada. Oil and gas pipeline systems. CSA Z662-19. 2019.

[10] 国家能源局. 油气管道安全预警系统技术规范. SY/T 682. 2011.

[11] Barnoski M K, Jensen S M. Fiber Waveguides: A Novel Technique for Investigating Attenuation Characteristics [J]. Applied Optics, 1976, 15(9): 2112-2115.

[12] H. F. Taylor and C. E. Lee. Apparatus and method for fiber optic intrusion sensing. U. S., 1993.

[13] J. C. Juarez, E. W. Maier, K. N. Choi, and H. F. Taylor. Distributed fiber optic intrusion sensor system. Journal of Lightwave Technology 2005, 23(6): 2081-2087.

[14] T. Kurashima, M. Tateda, T. Horiguchi, et al. Performance improvement of a combined OTDR for distributed strain and loss measurement by randomizing the reference light polarization state[J]. IEEE Photonics Technol. Lett., 1997, 9(3): 360-362.

[15] Y. Koyamada, K. Kubota, K. Hogari. Fiber-optic distributed strain and temperature sensing with very high measured resolution over long range using coherent OTDR [J]. J. Lightwave Technol., 2009, 27(9): 1142-1146.

[16] Hartog, A. A distributed temperature sensor based on liquid-core optical fibers [J]. Lightwave Technology, Journal of, 1983, 1(3): 498-509.

[17] T. Kurashima, T. Horiguchi, H. Lzumita. Brillouin optical fiber time domain reflectometry [J]. IEICE Trans Common, 1993, 6(4): 382-389.

[18] 冷建成, 刘扬, 周国强, 等. 基于光纤光栅传感的管道应力监测方法研究[J]. 压力容器, 2013, 30 (001): 70-74.

[19] Rao Y J, Ribeiro A B L, Jackson D A, et al. Simultaneous spatial, time and wavelength division multiplexed in-fiber grating sensing network [J]. Optics Communications, 1996, 125(1-3): 53-58.

[20] 张满亮. 基于弱反射光纤光栅的准分布式传感研究及应用[D]. 华中科技大学. 2011, 1.

[21] Lloyd G D, Everall L A, Sugden K, et al. Resonant cavity time-division-multiplexed fiber Bragg grating sensor interrogator [J]. IEEE Photonics Technology Letters, 2004, 16(10): 2323-2325.

[22] G. P. Agrawal, S. Radic. Phase-shifted fiber Bragg gratings and their applications for wavelength demultiplexing[J]. IEEE Photonics Technology Letters. 1994, 6(8): 995-997.

[23] 胡宸源. 大容量光纤光栅传感网络高速解调方法及关键技术研究[D]. 2015.

[24] 赵竹, 董红军, 吴琼, 等. 泄漏监测系统应用中的认识误区[J]. 油气储运, 2019, 38(01): 87-92.

[25] 孙良, 王建林, 赵利强. 负压波法在液体管道上的可检测泄漏率分析[J]. 石油学报, 2010: 138-142.

[26] Borda C, DuToit D, Duncan H, et al. External Pipeline Leak Detection Based on Fiber Optic Sensing for the Kinosis 12″-16″and 16″-20″Pipe-in-Pipe System[C]//International Pipeline Conference. American Society of Mechanical Engineers, 2014, 46100: V001T09A016.

[27] 赵竹, 董红军, 吴琼, 等. 泄漏监测系统应用中的认识误区[J]. 油气储运, 2019, 38(001): 87-92.

[28] C-CORE, Pipeline Leak Detection Testing using hifi Engineering Fiber Optics. C-CORE Report Number R-16-067-1331. 2016.

[29] 王新, 王巨洪, 王中华, 等. 分布式光纤测温技术在中俄管道东线天然气管道的可行性[J]. 油气储运, 2020, 39(06): 1-5.

[30] 董绍华, 谭春波, 周永涛, 等. 管道完整性管理标准体系建设与研究[C]// 第十二届石油工业标准化学术论坛. 2009.

城市天然气高压管道完整性信息系统存在的问题与对策研究

王　巍　王　健　沈北宁　胡继来

（武汉城市天然气高压管网有限公司）

摘　要　本文主要阐述了城市天然气高压管网管道完整性存在的问题与对策研究，其中包括标准体系、构架、改进与优化等内容。中国长输油气管网规模庞大，已经形成覆盖全国、联通海外的能源输送网络。据2017年统计结果可知，中国长输油气管道总长度仅次于油气能源大国美国和俄罗斯，位居世界第三。鉴于国内油气管道网络具有点多、线长、面广的特点，沿线途经众多人口密集区、自然保护区、水源地等高后果区，第三方破坏、泥石流、滑坡等各类不确定性风险难以管控，致使管道安全成为困扰管道企业的巨大难题。在20世纪70年代，美、欧发达国家二战后兴建的大量管线服役已经超过20年，开始步入老龄期，管道风险事故时有发生，对管道周围环境和人员生命及财产造成巨大威胁，迫切需要有效的管道风险防控手段。因此，管道完整性管理作为一种主动预防性风险管理模式应时而生，为管道风险事故防控提供了有效手段，管道风险事故得到显著下降。在工程实践中，监控与数据采集系统的引入有助于解决燃气管网的运营和调度问题，从而保证燃气管网的高效生产与运行安全。

关键词　监控与数据采集系统（SCADA），地理信息系统（GIS）高压燃气管网，数据采集与应用，管道完整性管理

伴随着中国城市化进程的发展，城市燃气的民用、工业用气量需求不断增加，城市各级天然气管网规模不断扩大，尤其是燃气长输、高压管线，作为城市的生命线，与当地经济的发展和居民生活息息相关。在对城市内部燃气高压管网的治理过程中，对燃气管道本质安全、完整性系统监控与管理是首当其冲的关键环节。

管道完整性管理（PIM），是对所有影响管道完整性的因素进行综合的、一体化的管理，主要包括：拟定工作计划、风险分析和安全评价、管道完整性检测与评价、信息系统监控、管道修复、专业人员培训等环节。考虑到燃气管网常年运行可能造成管道腐蚀、老化、疲劳、自然灾害、机械损伤等能够引起管道失效的多种因素，初期燃气管道设计、建设及运行阶段应建立管道完整性管理机构、制度、操作规程及动态的管道完整性管理理念。为了灵活高效地监控燃气管网运行状态，需要引入具有操作性和科学性的自动化系统。

武汉城市天然气高压管网管道完整性管理系统自建成以来，给公司的指挥、调度、生产、运营等工作带来了很大的便利，同时也出现了新的问题。一方面，场站工作人员对自控系统的熟悉、了解程度不高，对新系统有抵触感。另一方面，GIS、SCADA、智能阴保、巡检等系统未进行有效整合，设备存在磨合期，稳定性不强，维护工作量大，如工艺仪器仪表等自控设备的通讯、数据传输、程序更新、编程等大量工作。这就需要公司对自控系统的各个环节进行分析、研究及优化处理，从根本解决系统结构上、技术上、操作上的各类问题。

1　天然气管道完整性发展现状

上个世纪末九十年代兴起的信息化建设狂潮，极大地促进了人类社会科学技术的发展与飞跃。特别是能源技术的创新，加之信息管理系统的演化与发展，燃气工业也正在向信息化方向发展。有学者指出，信息化技术的背景加快了外部环境的变化，其变化日益显现出动态性、复杂性与不确定性等特质。随着外部环境的日益复杂化，燃气工业技术的演化进程就越趋复杂多变，最终对能源信息管理系统的要求也会呈现复杂多样性的特点。因此，传统的管理方法已无法适应当今信息化技术发展的需求，信息化的时代背景与日益迫切的燃气行业改革促进了管道完整性系统技术的产生。

中国长输油气管网规模庞大，已经形成覆盖全国、联通海外的能源输送网络。据2017年统计结果可知，中国长输油气管道总长度仅次于油气能源大国美国和俄罗斯，位居世界第三，预计2025年管道长度将达到2.4×10^5km。国内从21世纪初期开始系统地探索管道完整性管理技术，随着技术不断发展成熟，逐渐被众多管道运营商所认可，借助信息化手段，与企业风险管控各项业务融合，搭建管道完整性管理平台，为企业安全管理、降本增效提供支持。近些年来，随着科技的进步和计算机通讯技术、数据集成领域的飞速发展，国内一些较发达地区对城市高压管网燃气输配的设计、实施、质量、生产运营与调控过程提出了非常高的要求。但是，目前国内城市高压管网燃气输配系统标准呈现出一刀切、简易化、兼容性差，以及没有统一行业规范等问题，往往出现每个城市采用的燃气管网输配系统各不相同，对于错综复杂的外部环境缺乏相应的适应体制与机能，不同程度的阻碍了我国燃气管道完整性系统的发展。因此，在对国外管道完整性系统相关标准进行分析归纳的基础上，针对我国管道运输的实际特点，探讨构建我国管道完整性系统标准体系，推动我国管道完整性系统大范围的运用与普及，保障管道安全平稳运行。

武汉城市高压管网有限公司负责承建的武汉市外环线高压管网输配送系统工程，燃气管网总长度约为320多公里。项目建成后辐射武汉周边城市，为武汉市天然气有限公司、华润公司等大型企业提供天然气输配送及调峰作用。无论从输气还是储气能力上，都对武汉城市圈预留了一定的供气能力。然而，在实际应用中发现了燃气管道完整性系统存在一些问题。本课题从客观实际出发，认清国内管道完整性系统与国外发达国家存在的差距，武汉城市天然气高压管网管道完整性系统自身存在的不足，不论是从理论上、实际结合上、技术创新上、工程质量上等多方面进行研究，理清思路，并拿出切实有效的对策。

1.1 管道完整性管理体系现状

燃气管道完整性管理标准体系不是一种单一、具体的技术指标标准，而是在此基础之上的一种综合规范体系。在整个标准体系中，最核心的是标准体系文件，涵盖完整性管理导则、管理标准体系文件、技术标准体系文件，三者共同组成了燃气管道完整性管理的标准体系文件。

ASME B31.8S《输气管道系统完整性管理》先后于2001、2004、2010、2012、2014和2016年进行了修订，目前最新版本是ASME B31.8S—2016。2016版集中反映了近二十年美国输气管道完整性管理的技术进展，在管道完整性管理程序和流程、事故影响区域、风险评价方法、完整性评价方法、完整性评价的响应、效能测试方案以及变更管理方案等方面进行了修订。

我国基本上已掌握油气管道完整性管理的关键技术。与油气管道相比，城镇燃气管道具有自身特性，如压力级别多、呈网状分布、随城市建设逐步敷设、管材与规格多样、周边环境复杂、人口密度高、受杂散电流干扰及第三方破坏较频繁、受内压和车辆载荷联合作用等。这些特性决定了城镇燃气管道的完整性管理体系不能完全照搬油气管道的完整性管理体系。

1.2 国内外高压燃气管道系统建设现状

美国是世界上最早建立管道的国家，其最初的管道建设用于石油运输。从1865年至今，美国大力加强管道建设，拓展管道长度，取得了显著的成果。主要表现在：一是使美国国内的各类管道总长度位居世界第一，二是促进美国管道技术的突飞猛进，并成为全球管道技术的领跑者。二战后，美国不断加快其工业发展，成为全球最大的石油消费国之一。据相关部门统计，2003年，美国原油进口占世界总进口量的26.8%。不仅如此，美国也是全球天然气的主要进口国。为了方便油气运输，美国开始不断加强其油气管道的建设，目前已经建设了集陆上、近海为一体的燃气运输管道。

与美国天然气管道建设比较，1959年我国的管道逐步开始建设，新疆克拉玛依至独山子输油管道建设至今，我国继续在中西部大力开发油气管道建设，代表性的油气管道建设如大庆、四川、华北、青海、塔里木等油气田建设。随着油气管道的应用普及，我国逐渐形成了以西油东进、西气东输、海气登陆为一体的油气输送格局，以此形成了由北到南、自西向东的油气输送体系。例如哈中原油管道工程。一期工程为阿塔苏—阿拉山口段，全长962km，已于2006年5月实现全线通油，截至2007年11月底累计输油618×10^4t。巨大的能源支持将为我国现代化工业建设、全面建设小康社会提供相应支持与保障。当前对油气管道的建设已经列入国家工程建设的重点项目工程，今后在中国油气工业领域，国家将持续研发试验、应用推广43项相关油气技术，这些技术中既有仍在研发攻关中的技术。

对国内外油气管道建设经验进行分析，不难发现当前全球油气管道技术总体发展趋势是管道网络化、自动化与智能化，这要求建成一系列跨地区的油气输送管道，以形成将气源、储气库和用户联接起来的覆盖全国范围的油气输送网络。大范围的油气输送网络的建立也在一定程度上对管道管理提出了更高层次的要求。为此，在相关工程实践中引入管道完整性管理技术，针对城市内部天然气高压燃气管，构建一个以网络监控、调度运行为主要功能的信息化处理系统，并以此为基础，建立燃气管道实时监测与调控机制、逐步建立燃气管道管理工作的评价体系，以此满足当前对管道管理提出的新要求，有助于解决燃气管网的安全生产和调度问题，从而保证燃气管网高效运营。

2　城市天然气高压管道完整性系统调研

2.1　分析调研

通过对武汉城市天然气高压管网有限公司管道完整性、生产/调度、工艺数据监控系统的实际调研，目的在于从侧面了解武汉城市天然气高压管网信息系统组成，网络拓扑结构，上位机和下位机分布与部署，监控软件显示界面等情况，从而分析武汉城市天然气高压管网系统中存在的问题。针对调研中比较突出的问题进行分析与研究，提出相关对策。

2.2　调研设计

经前期初步了解，武汉城市高压管网有限公司负责承建的武汉市外环线高压管网输配送系统工程，燃气管网总长度约为320多公里。项目建成后辐射武汉周边城市，为武汉市天然气有限公司、华润公司等大型企业提供天然气输配送及调峰作用。无论从输气还是储气能力上，都对武汉城市圈预留了一定的供气能力。高压管网沿线分布很多的门站、高高压调压站、阀室，其中部分站点安装了电动阀门。这些电动阀门可以从调度中心或本地站控中心遥控其开关状态和阀位。这些遥控指令将依照不同的情况操纵电动阀门用以隔离管网。

武汉城市天然气高压管网系统的运行和管理建立以主控中心为核心的远程监控系统。主控中心位于武汉城市中心，用于遥测、遥控、遥调、遥讯天然气高压管网和各远程站点的运行。同时，有规划设计建立以灾难备用为目的的紧急控制中心。

场站分为有人值守场站和无人值守场站/阀室。有人值守场站：包括门站(2座)、高高压调压站(10座)、计量站(2座)，均安装本地控制和显示计算机设备，可通过权限切换等授权机制实现在中心进行远程监视和控制。无人值守场站：阀室(19座)。应安装轻触屏式现场控制终端，可通过权限切换等授权机制实现在中心进行远程监视和控制。LNG储存基地：1座，现场DCS和ESD系统能够对全部工艺设备进行监视控制和紧急停车，可通过权限切换等授权机制对主要数据实现在中心进行远程监视和控制。一般的高压燃气企业通常的做法是，通过城市门站调流、调压，每个一段距离建设一个阀室，启到紧急关断或放散。

根据前期对武汉城市天然气高压管网有限公司的初步调研信息，拟定制作一份调研表。按照系统使用及管理人员和技术及系统维护人员进行系统存在的问题进行调研，调研内容分为被调研人姓名、年龄、工作岗位、工作年限、工作地点、工作职责及SCADA系统运行过正中存在的问题等，调研表见表1。

表1　武汉城市天然气高压管网系统调研表

姓名		年龄	
工作岗位		工作年限	
系统名称		系统定位	
系统主要功能		系统涵盖内容	
系统组成		系统构架	
主要硬件设备		主要软件名称	
通讯协议		通讯方式	
网络供应商		硬件故障频率	
软件故障频率		通讯中断频率	
系统瘫痪次数		报警频率	
数据备份方式		数据备份频率	
有无分控中心		有无灾备中心	
工作地点		工作职责	
交班情况		工作记录是否完成	
常见故障			
发生的重大问题			

2.3　调研过程

通过对武汉城市天然气高压管网有限公司系统使用及管理人员的调研，了解到公司管道完整性相关信息系统的通讯方式、系统架构、组态软件使用、界面显示等情况。

主控中心与各场站的网络通讯方式为：单个站点与主控中心租用了一条电信 SDH 专用数据光纤，供 SCADA 系统通讯传输。各远程站点利用 RTU/PLC 采集各类不同的工艺数据，经过分析、处理，通过专线网络传至主控中心，以此保证天然气管道安全、稳定、连续的输送。SCADA 系统主要由四部分组成，实现武汉城市高压管网的实时监控和管理操作的功能：第一个部分是传感器和变送器，负责提供天然气高压外环线管网现场站点的各种实时运行参数。该装置还包括一些执行结构，允许操作人员遥控、遥调、修改工作流程条件或工艺参数。第二个部分是 SCADA 系统，SCADA 系统设计目的是通过主控中心/紧急控制中心实时监控武汉市天然气高压外环线输配管网的所有远程设备。主控中心或紧急控制中心经 RTU/PLC 接受从各个远程站点传来的数据。RTU/PLC 与现场的传感器、变送器、智能仪表和执行器相连，检测、测量现场站点的运行参数并控制现场设备。高压主干网的每一个分支和场站、阀室的运行情况，都必须被监测，而且数据要实时、准确的传输到主控中心和紧急控制中心。然后由在主控中心或紧急控制中心监测管网运行的操作人员发布指令到远程站点，控制设备，并使其运行工作状况与当前运行条件相适应。在高压外环线输配管网的门站、高高压调压站、计量站中，必须提供现场显示和设备本地和远程控制功能，使本地操作人员可以与主控中心或紧急控制中心同时接受该本地站中 RTU/PLC 的现场数据监测和设备控制，并对主控中心或紧急控制中心中的操作员提供辅助。阀室安装远程终端装置，用于现场显示和控制，同时 RTU/PLC 通过通讯系统向主控中心和紧急控制中心传输数据，并接受主控中心或紧急控制中心的操作指令。第三部分是通信系统，这个系统由两个子系统组成，一个是有线通信系统(如：电信 SDH 专线)作为主系统；另一个是无线通信系统(如：移动 4G 无线网)作为有线通信系统的备份系统。主备通信系统间能够根据网络情况实现无缝自动切换，如：主通信系统出现故障时系统能自动切换到备用通信系统，主通信系统恢复时系统能自动从备用通信系统切换回主通信系统。

2.4　调研结果

通过对武汉城市天然气高压管网有限公司系统使用及管理人员进行现场调研，分析系统使用及管理人员在系统运行过程中出现或发现的各类问题。武汉城市天然气高压管网系统使用及管理主要人员为：中心调度室工作人员、各场站值班人员、公司及场站管理人员。武汉城市天然气高压管网系统使用及管理人员主要职责：应急指挥、系统状态监控、生产数据收集/汇报、生产调度、气量交接等。经过对武汉城市天然气高压管网系统使用和管理人员，即中心调度室工作人员、各场站值班人员、公司及场站管理人员的多次沟通与了解，得到的反馈为：武汉城市天然气高压管网系统使用过程中存在的主要问题大体分为两部分。第一部分为各场站工作人员反馈的问题：现场流量、温度、压力等仪表设备故障；场站机房 RTU、流量、加臭等设备故障；设备接口故障；通讯线缆老化故障等。第二部分为中心调度室工作人员反馈的问题：数据卡死、数据刷新缓慢、通讯中断、硬件故障等。

通过对武汉城市天然气高压管网有限公司系统技术及维护人员进行现场调研，分析系统技术及维护人员在系统建设、运行过程中发现或出现的各类问题。武汉城市天然气高压管网系统技术及维护主要人员为：企业技术部门、管网运行管理部工作人员和相关分管领导。武汉城市天然气高压管网系统技术及维护人员主要职责：系统故障处理、系统升级、扩建、配置优化、中心及场站系统巡检、系统硬件设备效验、维护保养、维护维修等。通过对武汉城市天然气高压管网系统技术及维护人员，即企业技术部门、管网运行管理部工作人员的多次沟通与了解，得到的反馈为：武汉城市天然气高压管网系统使用过程中更新、维护主要分为两大块。第一块为各场站存在的问题：如现场流量、温度、压力等数值不准确；场站机房 RTU、流量、加臭等设备故障；设备接口接触故障；通讯线缆老化故障等。第二块分为中心机房存在的问题：如应用服务器宕机、数据不刷新、租用专线中断、界面优化、配置优化、硬件故障等。

3　城市天然气高压管道完整性系统存在的问题

为了满足当前国内各大城市快速发展的需要，国内多个城市，尤其是沿海城市的燃气行业不断采用新的标准、技术与工艺，通过技术革新，整合或建设新项目，以达到增强城市的供气能力、调配能力和提高服务质量。大多数国有企业已经采用SCADA系统对重要关键环节的燃气管段进行管理和监控，并正在逐步采用GIS系统来管理供气管道运行的数据信息，在此基础上运用计算机、软件系统功能实现预算控制的电算化管理。可以看到，上述这些先进的信息技术与管理手段的应用，有助于实现燃气行业运营与管理的信息化、电子化，解决其在生产运营中的诸多问题。但是，我们也应该看到还有很多的不足，主要问题涉及到两大方面内容：

一方面，供气企业的运营流程包括从生产、输送、管理与收费多个环节，而运营流程的各个环节是密切联系的，因而仅在某一环节采用新技术并不能解决整体流程方面的问题。

另一方面，作为支持整体系统运营的很多因素之间具有相关性，彼此之间的交互作用影响整体系统流程的运营，从当前形式来看，SCADA系统运行情况较好，能够基本监控各场站、阀室、管线的运行情况。但是，企业信息化规划中缺少GIS系统、阴极保护系统、管道内检测等数据融合，存在信息孤岛现象。

因此，要使城市燃气供气企业达到最高校的运营，就需要借助管理系统分析企业的运营模型，找到各个环节的相关性，获取各方面的有效信息，结合历史信息，优化企业的运营，为管理者的相关决策提供帮助。从生产到供给的整个业务流程为主线，以现代化、电子化管理为辅线，普及电子信息技术在企业内业务部门的应用，使整个系统运营获得最大效益。

4　城市天然气高压管道完整性系统相关对策

4.1　城市天然气高压管网系统中数据采集管理对策

通过相关电子设备可以收集到的数据信息主要分为动态信息与稳态信息。前者主要是安全仪表、配电设备等装置的实时运行状态信息，比如阀门的开度或状态、设备的功耗等。此类信息通过外部传感器收集，并传输到信息处理部门，对信息数据进行初步评估、筛选、处理以及存储工作。稳态信息主要针对某一时间段内相关系统设备的累计运行数据，也包括相关设备的维护检修信息等，此类信息为输配管网的平稳运行、故障排除、查漏维护提供决策支持信息。基础数据的采集与管理流程，见图1。

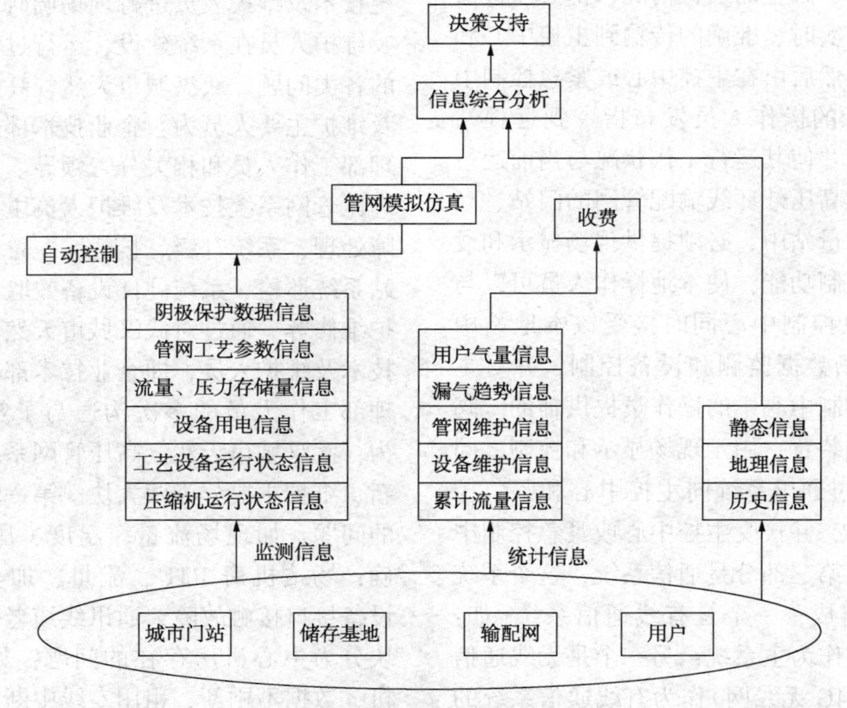

图1　基础数据的采集与管理流程

燃气输配系统操作控制目标可以是单一的，也可以是多个的，对于整个供气系统，控制目标是满足服务供应及系统约束前提条件下，总费用最小，安全性最高；城市燃气供气系统操作控制是一个多目标复杂约束条件下的混合离散型动态规划问题。

4.1.1　管网系统数据的采集管理

通过基础数据反馈至控制中心，由集中控制平台来收集基础数据，通过对历史数据的分析，具体流程是将收集得到的外部环境变量作为评估实体，历史决策行为数据作为被评估实体。在控制燃气运输过程中产生的不确定因素的前提下，当评估实体以被评估实体为对象进行信任评估时，可以通过与该实体的历史交互信息计算出下一次该实体采取某种行为的概率，这个概率值表现外部环境变量与历史决策行为数据的匹配结果，为分析具体事件中某一具体环境变化对系统决策结果的影响提供了相关参考。

基本控制方式：常用的控制方法包括规则控制与反复控制这两大类。规则控制方式属于典型的经验控制决策模型，主要是以外部约束条件与历史决策数据为主要依据，以此推算两者之间交互成功的概率。然后，基于推算得到的先验概率结果，根据当前外部约束条件的后验条件，确定相应的决策行为。反复控制机理是基于外部约束条件由控制算法产生控制函数，本文中用 U 来表示。上述的外部约束条件包含两大部分，一是系统外部运行环境状态，用 X 来表示；二是相关环境干扰因素，包括不可控制变量，用 Z 来表示为控制函数。具体流程见图 2。

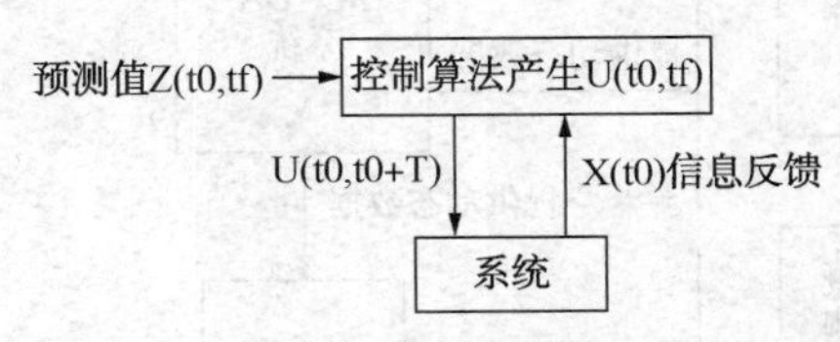

图 2　系统数据原理图

4.1.2　管网数据的分解管理

构建大规模大范围的城市高压燃气输配送管理系统是一项复杂性的系统工程，耗时周期长、涉及方面多，其操作控制问题也呈现多样化、复杂性的特点。由于涉及到较多的不可控因素，因而控制目标函数实际上是一个含有多目标的离散型非线性函数，用传统的数学方法计算很复杂，且数据过于庞杂，耗费大量的计算时间，因而无法满足具体工程实践上的实时与快速的要求。由此产生了分解与协调的计算方法，其能够有效的求解大规模计算问题，因而在燃气数据管理领域得以充分运用。分解与协调的计算方法的具体操作过程分为两大方面，一是从时间轴上分解数据运算，以满足燃气管理实时监控的要求；二是从空间轴上分解数据运算，减少外部约束条件的个数，从而减少目标决策行为函数的维度。通过以上两方面分解，将复杂的数据运算问题大幅度的简化。其次，由于控制目标函数含有多个目标，不同的目标则对应于不同的子变量，而系统内部的子变量往往存在一定程度上的相关性，为避免多重共线性等问题的产生，可以用协调变量对上述自变量给予调节，减少不同子变量之间的冲突，从而降低大规模大范围的燃气输送系统的数据运算的复杂性问题。分解与协调计算方法的具体操作流程见图 3。

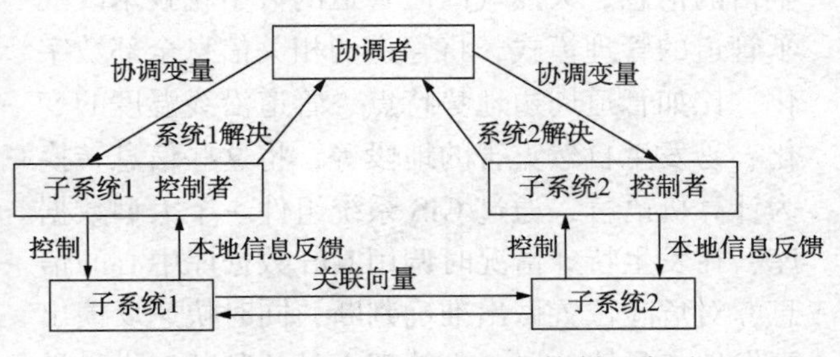

图 3　燃气输送系统的分解与控制示意图

4.1.3　管网数据的分级控制管理

在城市供气系统中另一大管理模块是分级控制与优化调度。分级控制与优化调度主要包含三层结构：第一层是对外感知层，作为系统内部与外部环境的传输接口，传感器不仅能感知系统外部环境的变化，而且可以识别系统内部随即产生的自身状态变化。获取感知信息后，传感器会对上述两部分信息进行一定的处理加工，并传输到下一层，以实现模型的反应性和自治性。第二层是控制推理层，其职能包括两大方面，一是信息预处理职能，主要负责对感知器内部挖掘和外部收集得到的信息数据进行初步评估、筛选、处理以及存储工作；二是信息推理职能，由数据分析部门与其相关的工作部门及其计算机网络设备组成。由于传感器和信息预处理层处理得到的信息属于慎思型事件，有必要根据历史决策数据库，对其进行一定的推理工作，为决策控制行为的最终形成打下基础。第三层是系统反应层，主要作用是将决策控制行为作用于外界环境。其中，本地控制室的信息数据传输是通过局域网来实现，主控中心与本地控制室之间的传输可以通过专网或广域网实现(图4)。

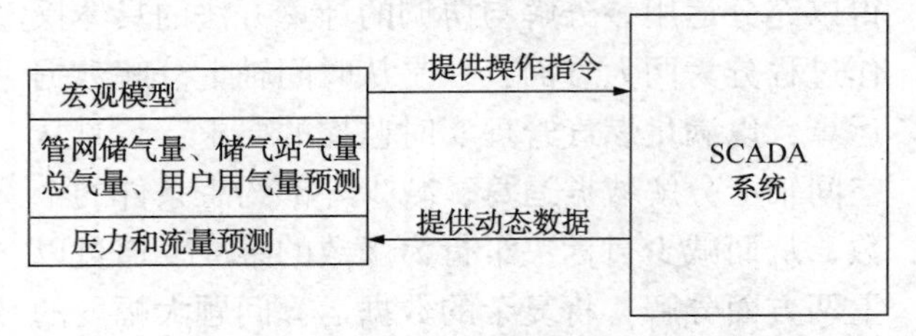

图4　宏观数据采集模型

4.1.4　GIS系统在管道完整性中的应用

管道完整性管理与GIS系统有着紧密联系，尤其是在安全管理中起到关键作用，并应用于管道设备管理、风险分析、应急处置、生产调度和模拟仿真等领域。GIS系统在尤其管道输送中的应用，为管道的管理提供了便捷、科学、可靠、丰富的信息。天然气高压管道的数字化技术改变了管道的管理模式，将管道的相关信息全部数字化，比如管道周边地势特点、管道沿线温度的变化、易发生自然灾害的地段等，将这些信息转换为计算机语言，通过GIS系统组件一个大型数据库，在发生特殊情况时调用GIS数据库中心的信息，对危险位置做出准确判断，同时快速反馈出事发地点具体位置，为管理人员的判断提供科学可靠的依据，显著降低了管道的风险，提高了管道运营的效益，使管道安全得到有效提升。

城市燃气管网控制系统的分级控制和优化调度软件模块分为：整体计划、规划和资源配置软件、信息感知与通讯软件、动态模拟仿真软件以及目标决策行为软件。

总体规划和资源配置软件主要职能是辅助燃气管道网络的前期设计与后期维护，其中具有代表性的软件有GIS系统，区别与同类型的其它软件，GIS系统最主要的特点能够实时准确监测燃气系统内部的设备运行，并将其运行信息基于及时记录与存储，从而为目标决策行为系统提供相应的信息支持。

信息感知与通讯软件一方面将系统内部设备的运行信息态转换为可以辨析的数据，实现系统内部各部门的信息共享；另一方面主控制中心的决策控制指令传达到各分支站点。在工程实现上，为了确保设备运行数据在主控制中心与各分支站点之间准确的传递，并实现两者之间的指令传达，必须建立结构化的信息数据量化规范。SCADA系统是该类软件的典型代表。

动态模拟仿真负责运用实时监测获得的信息数据来模拟燃气管道运输的日常运行，对决策管理而言，确定目标行为的价值往往更大。在制定决策行动方案时，目标决策行为系统通常肩负应对突发危机事件的职责，其考虑的外部约束条件也呈现具体性、复杂性以及动态性等特点，因而多采用经验分析法予以大胆预测和事先规划，以此形成目标决策行为。具体流程见图5。

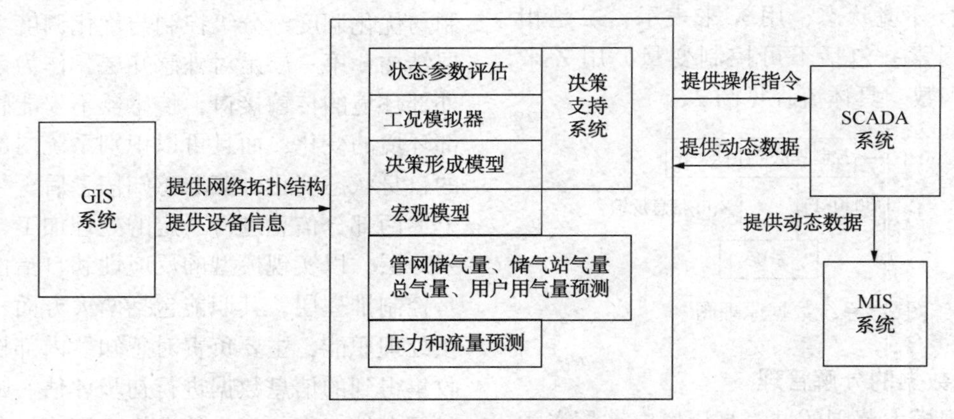

图5　微观数据采集模型

4.1.5　优化体系结构

信息平台的数据输入与转换模块的具体工作流程包括三大方面：一是通过各类监测设备接收作业环境刺激，收集外部环境信息，形成数据集Ⅰ；二是通过对历史数据库的信息挖掘工作，筛选出对当前目标事件有参考借鉴意义的数据信息，以此构成数据集Ⅱ；三是将数据集Ⅰ与数据集Ⅱ合并为新的信息数据库，一起提交给信息处理部门的相关专业人员进行评估与筛选。信息处理器对信息数据库的信息资料进行评估、筛选、处理以及存储工作，形成当前目标事件决策数据库(图6)。

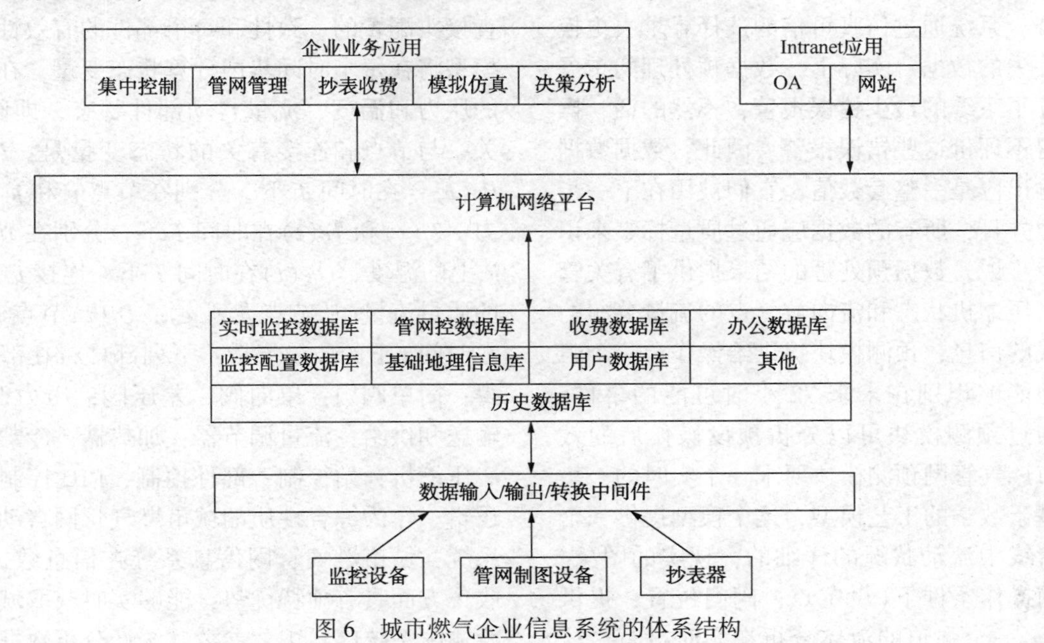

图6 城市燃气企业信息系统的体系结构

4.2 城市天然气高压管道完整性系统中配置管理对策

为了进一步了解燃气管网运行性能，预测未来供需情况和天然气输送管网的泄漏情况，将来可能会建立一个模拟/仿真系统。

在线实时瞬态模拟软件，用于模拟和操作控制高压输送管网。该软件与 GIS、SCADA 数据库实时连接，能够发现高压输送管网上的泄漏情况和显示压力分布趋势。同时还将被用于在主控中心中培训其他操作人员。在线稳态仿真软件，用于仿真和管理中、低压输配管网的运行，此程序与实时数据库连接。同时也同样被用于在主控中心中培训其他操作人员。在线模拟仿真软件使操作人员具有跟踪、预测、处理天然气在高压管网中的某些敏感区域输送发生变化的能力，系统集成时为模拟/仿真系统设计预留接口。

4.2.1 城市天然气高压管道完整性系统模拟测试

由于城市燃气输配管网系统建设是一个复杂工程，耗时周期长，涉及方面多。对于城市燃气输配管网在建设实施、调试运行等不同阶段进行分析与研究，从而找到最为合理的解决方案。在模拟城市燃气输配管网的建设实施、调试运行过程中，城市燃气管网模型软件也可根据燃气输配管网的实际情况进行相应的时间预算与成本预算，以此为基础，分析评价管网规划设计的运行规律及合理程度，实现设计、建设和运行管理的科学化、电子化。调度人员的应急预案、模拟仿真培训；城市燃气管网运行状态、经济效益的实时分析。

一个城市燃气管线模拟软件将作为过程自动化系统的一部分，被集成到客户/服务器应用中。将对有完整质量，动力和能量平衡的多组份气体提供实时，瞬间分析。城市燃气管线系统的模型是真正的动态仿真模型，利用 SCADA 系统的实时数据或历史数据来模拟城市燃气管线实际的运行状态和故障分析。这个系统模型被建立在一个数学模型上，数学模型将建立：质量守恒；动力守恒；能量方程；状态方程。通过特征模式解决主导差分方程。模型软件是完全动态的考虑动态和瞬态的管线行为。模型引擎应以高速度(对一个整个远期预测或近期(24h)预测模拟的时间应小于 3min)操作。在整个管线系统中，模拟速度应是独立于数字和特征或瞬态。

实时应用软件的提供基于一套现有的基本标准模块，这个标准模块能被配置成适合特殊的应用。这个方法保证与软件开发有关的项目被保持在最小并且下一步在管线系统中或者在操作模式方面的未来的变化能被考虑，无须重写软件。气体分配网络软件系统定时接受来自 SCADA 系统的实时过程数据，系统在不同的测量数据上用时间标签，以便在一个公共的时间框架内安排不同的数据。系统配备预处理和仿真软件。目的是通过为实时管线模型而特殊设计的一系列有效性检查来评价收到数据的可信性。如果数据不能通过这些检查，系统通过仿真可信的选择寻求去更换错误或丢失的数据。实际上，数据预处理的扩展应用保证了系统的最少错误报警，不然的话，操作员不得不评价这些错误报警。因此，数据数据预处理输出应是一整套数值，它们被用在下一步的处理中并且，所有的数据应通过质量标签来识别。进一步说，数据预处理的结果提供了有关管线配置，压缩机状态和流向放气点的流量分布的操作模式的信息，预测模块提供给操作员一个工具，使他能够识别在未来 72 小时可能的事件。操作员通过预测模块可以分析预设操作后的效果。城市燃气管网预测模块要求一个实时的，集成的，基于数学的工艺模型，这个模型提供一个当前在管线中流动状况的详细的，现实的图象。基于当前操作条件下(设定点，阀门位置，提供和排放)，一个强迫的流体分析在实时进行。这个流体分析能以比实时更快的模式运行。预测模块自动地或应操作员的要求被调用，它支持正常警报和报告功能，因此提供一个实际过程的未来反映的实际的印象。预测模块的结果是服从标准的报警工具。

预言性模块是一个集成的，实时的，基于数学的工艺模型，这个模型提供一个当前在管线中流动状况的详细的，现实的图象。在以下方面提供操作员分析的能力：在实际执行前，操作的战略；在严重问题发生前可能的预防行动；灾难的后果，在要求和供给上的变化和一个输送/分布系统的很多与设计，操作和维护有关的其他问题，这个预言性模块接受基于实际数据和人工数据的处始化值，即：一个在线工艺状态(流体条件和操作)；一个缺省工艺状态(来自典型的和实际情况的目录中)；基于这个状态和在一定其间运行的要求，它能及时计算流量，压力，密度，温度和自动控制等方面的发展变化。操作员可以通过以下方面交互式地控制执行。改变设定点，供给，排放和/或设备状态报告，在下一步分析或停止分析。

模型软件能建立实时模型．复杂的子网络的普通接头由大量的与连接压缩机，阀门，调节器，加热器，冷却器，像其他在管线中接头一样输送的节点组成，软件能描述连接来自标准的和/或系统特殊的部件库任何部件进入由部件和节点组成的网络的复杂接头几何特性。

模型将作为安装工艺的一部分，自动运行检查接头配置的一致性和每个部件的有效性。接头模型将在每个时间步内计算状态变量，在节点上的压力和温度、流量自动部件状态，即阀门开/关。与节点和连接有关的状态变量是：$Pj(t)$ 和 $Pe(t)$：在时间 T 下，分别在节点 jj 和 je 上的压力；$Tj(t)$ 和 $Te(t)$ 在时间 T 下，分别在节点 jj 和 je 上的温度；$Qje(t)$ 在时间 T 下，连接 jj-jo 节点的质量流量(从节点 jj 到 je)；$Qj(t)$ 节点 jj 出来，在时间 t 下的质量流量；下列部件将在部件库获得：简单阀门；单向阀；差压阀；压力调节器；输送和供给；流量调节器；加热器；冷却器；离心压缩机；站控制；部件控制；PID 控制；安全逻辑。作为综合性质的城市燃气管网自动化管理系统，城市燃气管网信息系统在信息数据采集、收集方面具有独特优势，能够实时获取城市燃气管输配系统内各工艺参数、统计分析数据的最新资料，如供管网管理、规划设计、运行调度、决策使用等方面。

4.2.2　城市天然气高压管道完整性系统的培训

培训模拟器是基于预言性工艺模块的离线配置，交互式工作。它包括：管线和设备模型；教师接口；学生接口；系统的核心是模型。与 PPM 一样，即它包括一套完整的管线，设备，本地控制功能，流体，清洁球等的数学描述。它是实际的模型的操作代表，当它运行比实时系统快就会被暂时停止。教师接口允许培训教师设置和操作通过定义在管线中流入物，气体组份和设备操作(压缩机，阀门等)而模拟真实世界情景。进一步讲，它能设定一些混乱的条件，这些条件在真实世界里可能发生，如压缩机跳闸，阀门操纵等。

4.2.3　城市天然气高压管道完整性系统的负载均衡

负载预测器与预测模块和预言模块结合在一起，以便能使操作员考虑季节变化。负载预测器的目的如下：为获得界定和影响在不同排送点气体消耗的被测量的数据和手工输入数据；预测不同排送点的在 8~24h 内的气体消耗；气体消耗，Q，在单元内被测量的气体流量，在排送点的体积流量被考虑有以下一个功能：在地区内的气象条件[大气温度(Ta)，湿度(Ha)，风速(W)和云层(C)；消费者目录包括工业、城市、发电厂、地区配送公司、地下储存设备；每天时间，天种类(平日，周六，周日/假日)，一年时间；不规律事件，如学校假日或停止/开始供给消费者。

近期预测模块每30min被自动激发一次，无须用户干预，可以应用在激发其间获得的预测输入和结果。预测期间是24h。长期预测模块是对在激发其间所有的预测数据采取快速记录方式，但是，也允许用户修改未来的气象数据和例外。预测模块可以预测到激发时间前3d，因此比短期预测要求更长的气象和例外预测。负荷预测的结果是：对过去24h，每个不同消费者和总量，记录系列预测和测量到的消耗；对今后24h，每个不同消费者和总量，记录系列预测和测量到的消耗；记录无法接受或异常事件；在实际消耗量和负荷功能估计的消耗量之间的重大差距，主要由于不精确的例外输入。对于负荷功能更新的不充分的数据，系统要求手工输入。

4.2.4 城市天然气高压管道完整性系统泄漏检测

为及时发现燃气管道发生意外泄漏或者认为损坏导致的泄漏，到大气中去和由于泄漏可能导致可能的事故，管线模型软件配备了一个模块能够：检测泄漏；泄漏点定位；泄漏检测将能区分由于管线上设备操作引起的事件(如压缩机操作的变化)或线路值的意外定量和管线泄漏。

4.2.5 城市天然气高压管道完整性系统数据存储及恢复

当SCADA系统信息出现中断时，如何进行相关历史数据的存储、备份以及事后的数据恢复是SCADA系统建设、调试过程中必须注重的环节，它不仅关系到整个系统的数据完整性，而且还关系到系统模拟和决策分析。

数据的存储和恢复有较高的硬件要求，并且占用非常多的资源。一般硬件配置为：2台应用服务器，1台历史数据服务器。2台应用服务器互为冗余，1台历史服务器用于数据存储，如果是重要数据，可采用2台历史服务器，互为冗余。如果有更高的要求，可以采用灾备存储方式。在城市燃气行业中，GIS和SCADA系统中的数据并不是所有都需要保存，需要保存的是整个管网内的流量，温度，进出口压力、管网压力、报警等重要数据。仪器、仪表等工艺设备的数据的采集，是由RTU来实现的，当SCADA系统遭遇突发性的信息通讯中断时，这些重要数据可临时保存在本地工作站内。通常而言，重要的数据属性有：数据名称，收集时间，数值，地址，协议等。数据恢复，可以使用USER PORT，通过MODBUS协议，经过第三方协议，将需要的历史数据写成系统要求的正文格式文件，然后回传至控制中心，讲需要的重要数据恢复到SCADA历史库中。

4.2.6 城市天然气高压管道完整性系统数网络通讯

网络通讯为GIS和SCADA系统提供技术支撑。各站点所有的工艺参数全部汇聚到本地RTU，统一经过专线网络传到控制中心。但随着增值业务范围的扩大和国家宽带数据网的建设，利用适合企业本身的专线业务来实现系统的通讯。以往电信管理局提供的DDN专线和基于DDN组交换协议的通讯链路已经陈旧，最新的SDH专线业务在全国各地应用广泛。

RTU MOSCAD产品与可通过第三方MODBUS或通过MOSCAD RTU的USER PORT和PLC的接口。与智能设备接口通过USER PORT，采用RS232/RS485与之接口。MDLC协议的基本结构是开放系统互联(OSI)七层模型，可支持SCADA系统协议。系统软件接收RTU发来的数据信息，通过协议转换，将数据存储在本地RTU的RAM中，等信道空闲时向其它RTU或控制中心转发出去，转发路径由系统程序设定。4G无线通讯、5G无线通讯、微波和扩频通讯、卫星通讯均可以作为SCADA系统的通讯链路，但卫星通讯的成本太高，一般不会采用。目前，各地燃气管网SCADA系统比较常用的是4G无线通讯方式，业务选择也比较多，可以包年、包月、包时长等方式。各地燃气管网SCADA系统均采取了有线通讯与无线通讯相结合的方式。有线通讯方式以光纤通信方式为主，它具有稳定性高、安全、可靠等优点。在城市燃气管网SCADA系统运行过程与设计中，通讯技术的选择丰富多样，一般选择一用一备的通讯方式。随着国际上通信技术的飞速发展，高科技通讯技术的层出不穷，也为GIS和SCADA系统提供了更为有利的信息化、智能化支持。

5 结束语

伴随着当代信息技术的飞速发展，以及面向对象技术、Internet技术以及JAVA技术的广泛应用，管道完整性系统也在汲取先进的信息技术，不断进行完善与发展，使之系统功能逐渐得到优化与升级，同时其应用范围也日益得到相应扩展。近年来，随着系统管理理论的发展，加之现场管理环境的日益复杂，在原有系统的基础上，设计者不断引入新方法与新功能使管道完整性系统真正成为一门有效的实用工具，并逐渐在数据采集与监控方面发挥重要作用。

通过对城市天然气高压管网系统的研究、调研、分析、实践及总结，分数据采集与配置管理两方面列举问题，提出相关对策。信息化高速发展的今天，针对现实中不断涌现出来新的技术问题、管理问题，燃气人只有不断学习、不断实践、不断创新才能跟上时代的步伐，只有掌握了新的技术才能行之有效的分析、解决信息化系统中的各种疑难杂症，才能不断优化、升级燃气管网系统，使之更加安全、可靠。该系统便于进行管网调度数据分析和调度优化，合理配置相关人员与设备，在最优化的前提下既降低成本费用，节约能源，又充分保证天气然供给的安全与高效。

参 考 文 献

[1] 李秋扬，赵明华，任学军．中国油气管道建设现状及发展趋势[J]．油气田地面工程，2019(38)．

[2] 黄维和．管道完整性管理在中国应用 10 年回顾与展望[J]．天然气工业，2013，33(12)1-5．

[3] 蔡锋，张岑，李代甜．SCADA 系统在石油管线中的应用[J]．石油化工自动化．2007．

[4] SPANGLERMG. Pipeline crossings under railroads and highways [J]. American Water Works Association，1964，56(8)．

[5] 冯庆善．基于大数据条件下的管道风险评估方法思考[J]．油气储运，2014，33(5)．

[6] 宋玉春．世界石油天然气管道建设再掀高潮．中国石油化工．2005．

[7] 武汉城市天然气高压管网有限公司设计资料．2012．

[8] 齐磊．基于 Web 模式的电铁 SCADA 系统被控端研究与设计[D]．[硕士学位论文]．西南交通大学．2006．

[9] 金德鑫，王晶．油气田及管道自动化．石油规划设计．1999．

[10] 任戈峰．基于 GPRS 的燃气管网远程监控系统阴．自动化技术与应用．2007．

[11] 周启文．基于跨平台的电力监控组态软件的研究[D]．[硕士学位论文]．华中科技大学．2006．

[12] 苏维成，王士锋等．SCADA 系统在大连煤气公司的应用[J]．燃料与化工．2007．

[13] 王喜斌，韦雪洁等．SCADA 系统在石油储运中的应用[J]．北华航天工业学院学报．2008．

[14] 杨祖平，耿光楠．Wonderware SCADA 解决方案在天津市自来水公司调度系统的应用．电气时代．2007．

[15] 孟昭晋．iFIX 在化工生产监控系统中的应用[J]．工业控制计算机．2006．

[16] 张贺．吉林省电子政务发展趋势及策略研究．《吉林大学硕士论文》．2006．

[17] 宋子健．基于 GPRS 网络的供水管网 SCADA 系统的研究[D]．[硕士学位论文]．北京化工大学．2006．

[18] 张晋斌．基于 GPRS 网络的无线监控与数据采集系统技术的研究[D]．[硕士学位论文]．太原理工大学．2006．

LNG 接收站卸料臂旋转接头密封圈在限制条件下的快速更换技术研究及运用

钟　海　曾高贵　邝广洪　曾兵峰　杨　锴

（广东珠海金湾液化天然气有限公司）

摘　要　LNG 接收站码头卸料臂在接卸一定船舶数量后，旋转接头密封圈等出现磨损、老化，导致卸料臂使用期间 LNG 渗漏等危险情况。码头区域的维修作业受限于 LNG 船期、临水、高空、难以使用大型施工机具、危险性大等限制条件；在不利工况下研究出了一套科学、安全、高效的维修作业解决方案，创新工装工法、科学严谨运用，总结形成具有特色创新的卸料臂旋转接头密封圈快速更换工装工法成果。

关键词　卸料臂旋转接头快速维修研究及应用，限制条件，密封圈，检修导杆，快速更换工装工法

1　LNG 接收站卸料臂、旋转接头及密封圈介绍

1.1　LNG 接收站卸料臂

LNG 接收站码头卸料臂是一种装卸设备，当 LNG 运输船舶抵达 LNG 接收站码头后，通过液相卸料臂及卸料管线，借助船上卸料泵将 LNG 输送至接收站 LNG 储罐内，或通过接收站 LNG 储罐内低压泵将 LNG 装载至 LNG 运输船内。广东某 LNG 接收站有 4 台卸料臂，其中 3 台液相臂，1 台气相臂，均为进口设备，单台高 30.078m、重 54.6t。卸料臂主要包括卸料臂结构、平衡配重系统、紧急脱离装置(ERC)、快速连接/脱开装置(QCDC)、液压和仪控系统。旋转接头及密封圈是卸料臂结构重要组成部分，用于卸料臂立柱管线、内臂管线、外臂管线旋转连接(包括 B、C、D、E、F、G 共 6 个接头，见下图)及密封作用(图 1、图 2)。

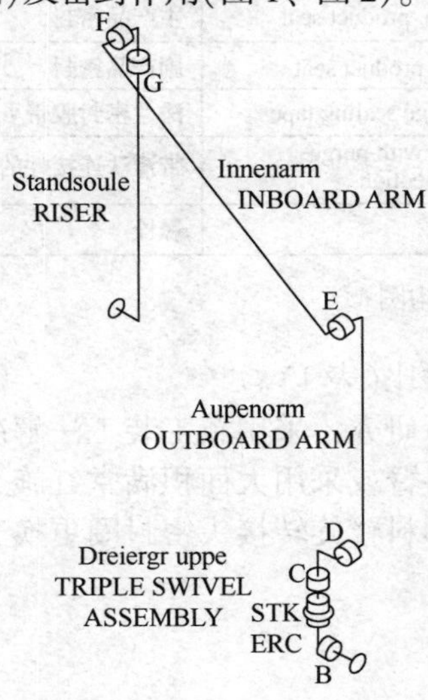

图 1　卸料臂旋转接头示意图

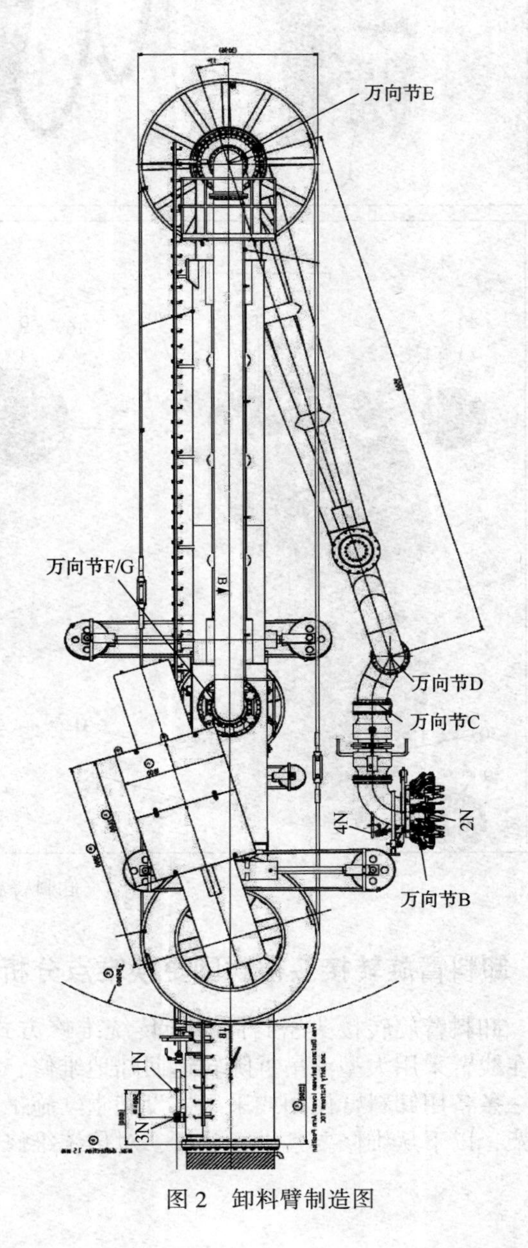

图 2　卸料臂制造图

1.2　旋转接头及密封圈

卸料臂旋转接头是卸料臂结构上连接两段管线的一个动态密封旋转结构，通过主密封、副密封及流经密封腔的氮气起到整体密封作用，防止管线、旋转接头内流通的 LNG 外漏（见下图）。在冷热应力、结构磨损、老化、风荷载、外界环境侵蚀等因素作用下，密封件性能下降逐渐失效，导致密封处出现 LNG 泄漏，此时必须要进行旋转接头密封圈更换工作（图 3）。

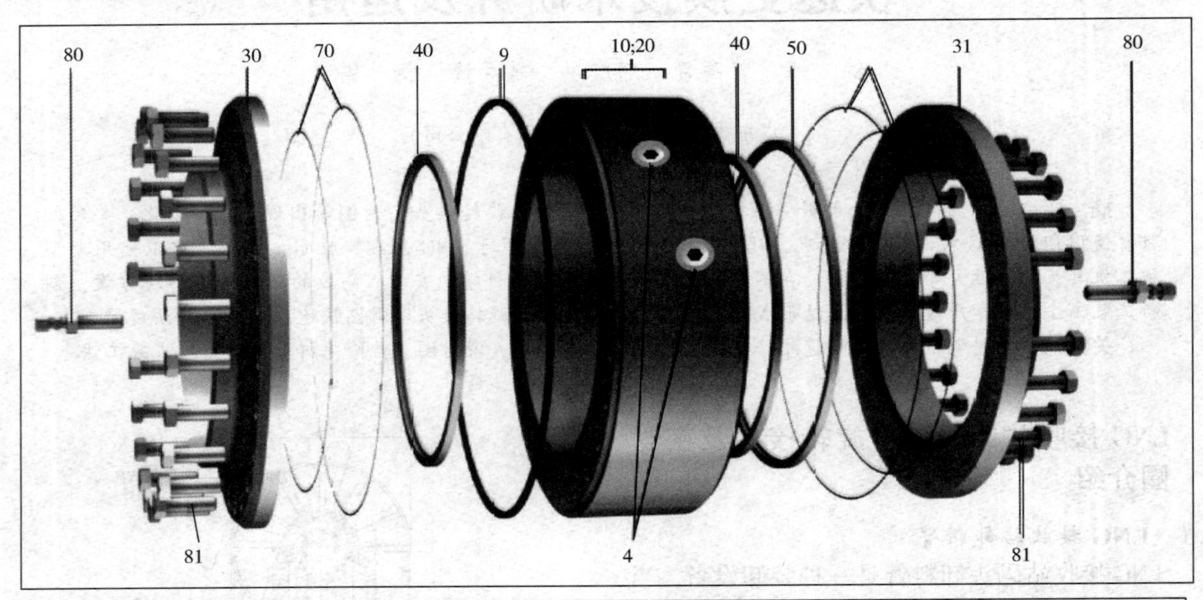

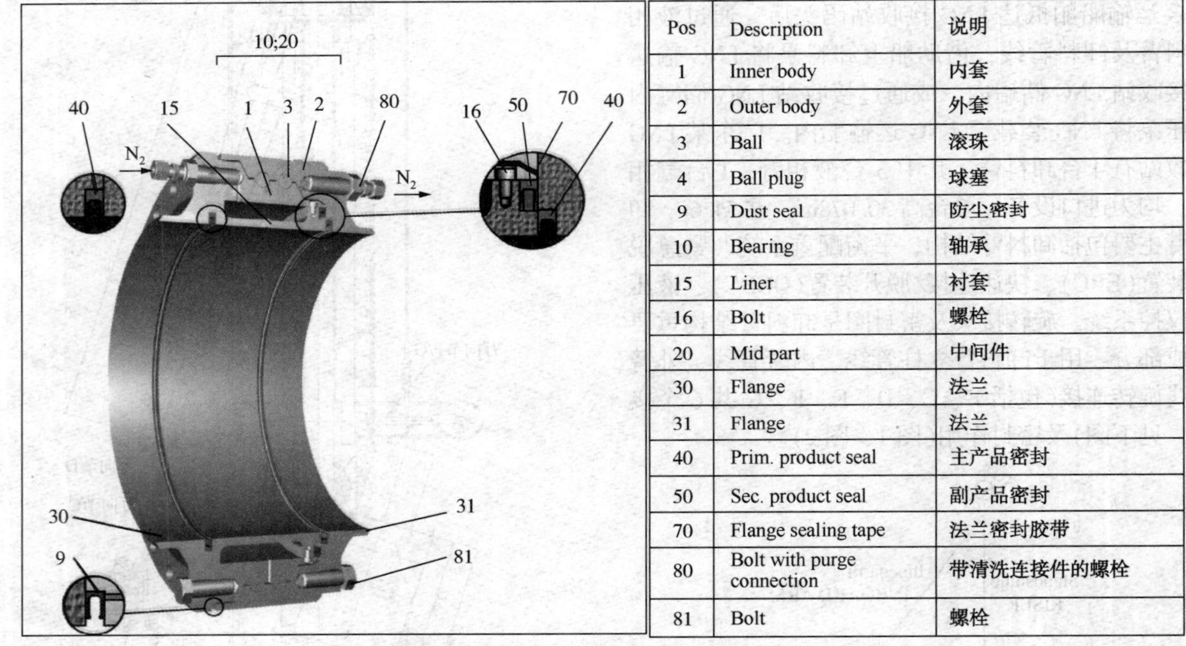

Pos	Description	说明
1	Inner body	内套
2	Outer body	外套
3	Ball	滚珠
4	Ball plug	球塞
9	Dust seal	防尘密封
10	Bearing	轴承
15	Liner	衬套
16	Bolt	螺栓
20	Mid part	中间件
30	Flange	法兰
31	Flange	法兰
40	Prim. product seal	主产品密封
50	Sec. product seal	副产品密封
70	Flange sealing tape	法兰密封胶带
80	Bolt with purge connection	带清洗连接件的螺栓
81	Bolt	螺栓

图 3　卸料臂旋转接头及密封圈结构图

2　卸料臂旋转接头密封圈更换难点分析

卸料臂旋转接头密封圈更换传统维修方式，将在线臂采用大型浮吊拆除转运回陆地维修，安装一条备用卸料臂使用或采用搭设满堂红施工脚手架，以下从维修要素进行分析，对传统维修方式优缺点对比（表 1）。

经分析研究，采用新工装工法解决浮吊、安装备用卸料臂或采用大面积满堂红施工脚手架搭拆是完成卸料臂旋转接头密封圈更换工作的重要突破口。

表1　卸料臂旋转接头密封圈传统更换方式优缺点对比表

序号	维修要素	优势	缺点	备注
1	人	1、可集中各专业人员在室内进行维修，人员效能较高 2、可在满堂红脚手架上作业，人工效能较高	1、浮吊拆装耗费大量各专业人员投入； 2、对吊装人员技能要求极高； 3、室内维修过程人力耗费量大； 4、满堂红施工脚手架搭设工作量大、危险性高、耗时长、影响接船	
2	机	1、室内维修可利用车间已有吊车等工器具组织开展	1、需要使用大型浮吊、陆地吊车、拖车运输等大型机具； 2、海上吊装所需工器具多，吊装工装多； 3、转运脚手架管件需要动用吊车机具	
3	料	/	1、需要备一条完整的原厂卸料臂； 2、需要准备大量脚手架材料	
4	法	1、室内维修更便于质量控制 2、室内维修可采用方式多	1、技术方案、JHA 等文件繁琐； 2、吊装准备工作量巨大； 3、协调工作量大，制约因素多； 4、专项脚手架作业工作量大，程序繁琐	
5	环	1、卸料臂运输至室内维修，受外界环境影响小	1、受接船期时间窗口影响大； 2、受海况环境影响大； 3、受港口使用环境影响大； 4、维修周期长，不可控因素多	

3　卸料臂旋转接头密封圈快速更换技术研究及运用

在充分研究了解卸料臂旋转接头构造、密封圈更换流程的基础上，结合该项工作重要突破口，需要克服密封圈更换面临的临水、高空、时间及空间受限、危险性大等限制条件因素，开展研究需要解决如下：①检修工装结构简易，便以拆装以节省工期，避免影响接船；②检修工装能给予设备检修期间足够的稳定性支持；③作业人员足够的安全保护；④检修工作能够在有限的空间内为提供作业平台。成功进行了 LNG 接收站卸料臂旋转接头密封圈在限制条件下的快速更换工装工法研究及运用。

3.1　卸料臂旋转接头密封圈快速更换拆装工装–检修导杆

研究发现在卸料臂旋转接头法兰面螺栓拆装时，接头法兰拆除后卸料臂结构受力变化导致卸料臂旋转接头法兰面位移，原紧固螺栓受位移变化容易卡死，难以对正拆除及回装，极易导致螺栓、法兰面破坏甚至损毁，对维修进度和质量造成巨大影响。

对此设计了检修导杆用于拆装法兰面，两边法兰面按导杆规定的移动方向进行分离或者贴合，配合旋转接头三个方向的手拉倒链葫芦，缓慢操作进行，精度可人为进行精调，保障法兰面密封性、更换的密封件完好。导杆材质与旋转接头法兰材质相同(316L)，一端为 M20 的外螺纹(选型受力计算见下)，用于固定安装在带内螺纹的旋转接头法兰端面上，另一端为直接逐渐减小的圆锥形，用于引导旋转接头另外一端法兰面的拆卸与回装。每次拆装旋转接头时，同时使用 3 根或以上的导杆(视拆卸时结构内力大小而定)，以确保卸料臂旋转接头两端法兰面完全对齐(图 4、图 5)。

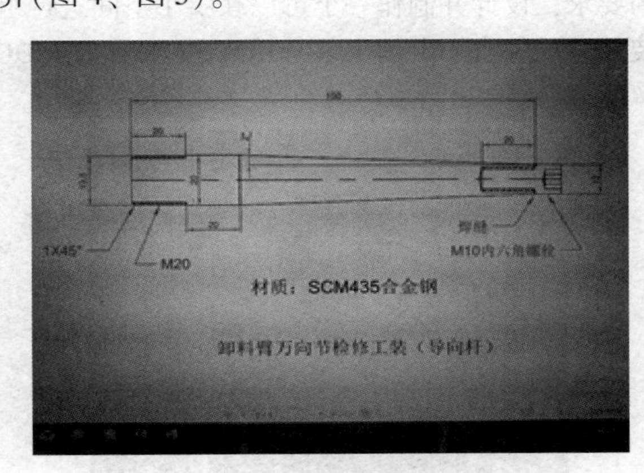

图 4　检修导杆设计图

图5　检修导杆实物图

选型受力计算过程如下。

检修导杆受最大力为整个 QCDC 重量作用的剪切力：

Fmax 剪 = GQCDCc = 36Kn

316L 材质 M20 检修导杆(6.8 级)抗剪力：

F 杆剪 = 3×S 应力截面积 * f 剪切力 = 3×245×5200 = 382.2Kn

F 杆剪>Fmax 剪

综上，同时使用 3 根导杆可满足整个 QCDC 最大重力作用时剪切力的安全性。

3.2　旋转接头 B 密封圈更换

旋转接头和 QCDC 安装在卸料臂的最末端，是和 LNG 船连接的第一个旋转接头。旋转接头 B 密封圈更换面临难处包括①卸料臂无法处于平衡矗立状态；②卸料臂末端无法固定在检修盲板上；③需要拆除重约 1 吨的 QCDC 并移走；④位置高空临海，检修空间局限；⑤旋转接头回装时需要高精度的定位。

对此研究并采用以下技术及工装解决难处，操作卸料臂放至到码头一层平台，QCDC 尽量靠岸边侧，再利用葫芦对卸料臂的上下、左右、前后方向进行固定；再根据空间狭小并要起重移动的要求，设计并制作一个可以在狭小空间进行组装并移动的小车专用工装，用来吊运拆装 QCDC 解决问题(图 6、图 7)。

图6　QCDC 吊运拆装专用小车工装

图7　专用工装实际使用效果图

3.3　旋转接头 C/D 密封圈更换

旋转接头 C、D 安装在 QCDC 的上方，和旋转接头 B 的组合称为三维旋转模块。旋转接头 C、D 密封圈更换面临的困难：①位置高空临海，检修空间局限；②旋转接头螺栓被拆除后，卸料臂的两端都会失去固定支撑力；③旋转接头回装时需要高精度的定位，以满足螺栓能够顺利安装。

对此研究并采用三维吊带空间固定法解决难处，将卸料臂 QCDC 前端爪头抓紧固定在码头一层平台的检修固定点上，从二层平台结构上生根，用 10t 吊带将万向节 D 管道结构进行固定，防止 QCDC 失稳倒塌造成事故。为防止拆装过程中 QCDC 失稳，用卸料臂的手动顶升系统支撑到混凝土码头平台面上，锁紧柱夹手柄。为防止拆除 QCDC 的重量后，卸料臂在配重块作用下向上侧移动，用三根各 10t 吊带将其固定，在码头一层平台适当位置安装两个固定生根锚固点，以上吊带设计均经过严格受力计算分析，满足受力安全要求(图 8、图 9)。

3.4　旋转接头 E 密封圈更换

旋转接头 E 位于卸料臂的最顶端，是外臂进行前后移动的关节。旋转接头 E 密封圈更换面临的困难：①作业位置为卸料臂的最高点，离地约 20m；②需要同时对内臂和外臂进行固定，传统的搭设脚手架安装内、外臂固定板检修方法作业周期长、影响接船；③内、外臂的固定板螺栓孔严重错位，调整螺栓孔作业风险大，且采用螺栓固定后旋转接头法兰失去位置调节性；④需要一个牢固可靠的吊点把旋转接头 E 和弯头吊住。

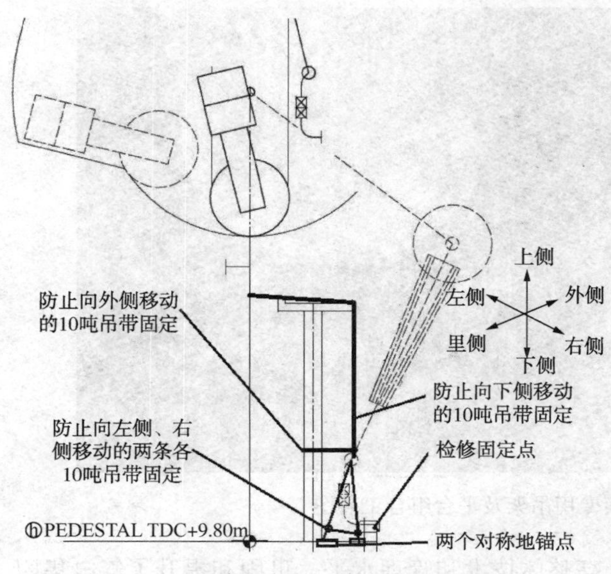

图 8　C/D 接头密封圈快速更换吊装图

图 9　C/D 接头密封圈快速更换吊装实物图

对此研究并设计、制造专用工装，内臂固定吊钩、外臂固定吊架、旋转接头 E 吊架三个组件，采用组合方式用以固定旋转接头 E 拆除后卸料臂内臂、外臂拆除后的结构临时固定和拆装过程中两个法兰面的精确对接(图 10)。

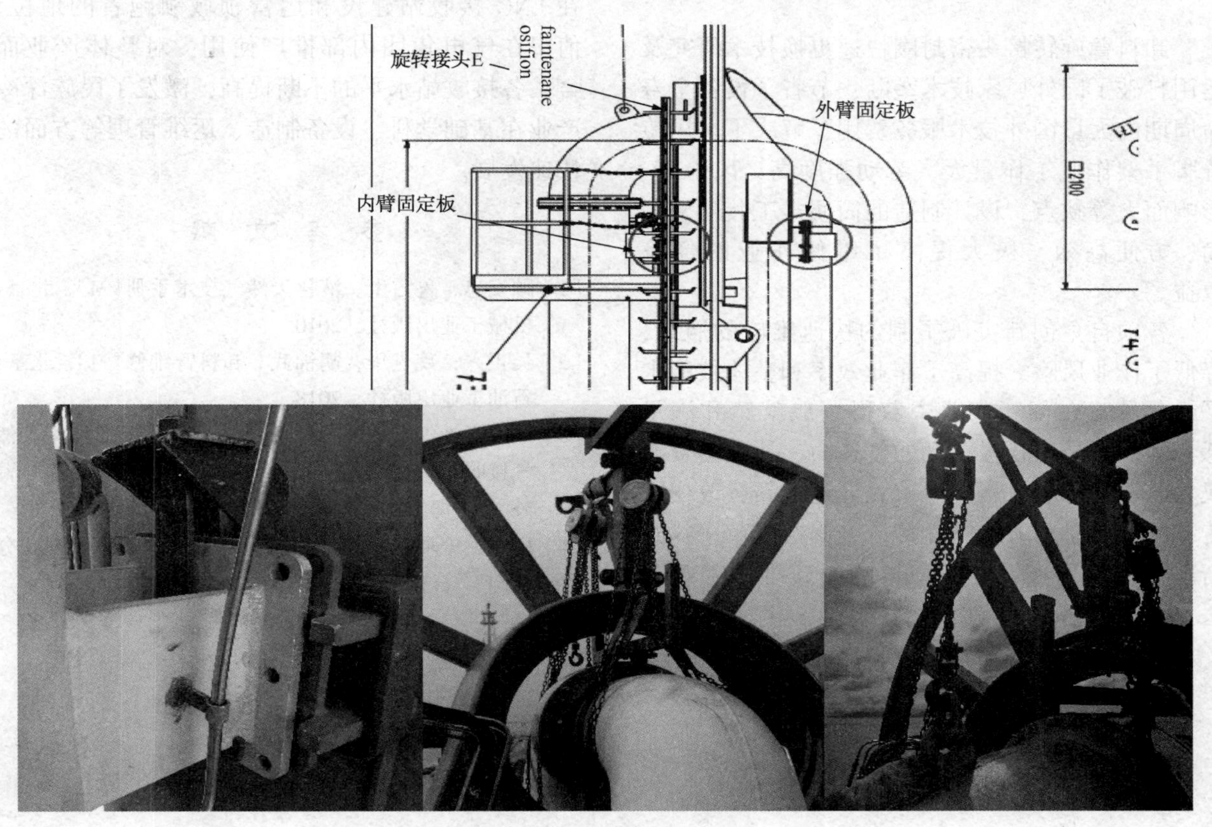

图 10　旋转接头 E 密封圈更换专用固定组合工装图

3.5　旋转接头 F/G 密封圈更换

旋转接头 F、G 位于卸料臂中间平台处，是卸料臂进行升降和左右移到的关节，是六个接头中相对容易更换的接头。旋转接头 F/G 密封圈更换面临的困难①缺乏牢固可靠的吊点，用于吊装旋转接头 F、G 及弯管；②检修平台面积小，且无法正常站立需要采取卧姿等方式作业。

对此研究并设计、制造专用工装，用于弯管及接头的吊装支架；制作检修平台踏板，以方便人员站立作业，提高作业效率及安全性(图 11)。

图 11　旋转接头 F/G 密封圈更换专用吊架及平台组合工装图

4　结语

卸料臂旋转接头密封圈快速更换技术研究及运用打破了国外厂家技术垄断，节省了设备全寿命周期内大量国外技术服务费用，解决了采用传统脚手架作业工作量大、劳动强度高、风险高、影响面大等缺点，设计制造的简便式工装化繁为简，方便高效，极大提高了维修作业的经济效益。

各项自主创新突破了制约快速维修的瓶颈，降低了作业风险、提高了作业效率和整体技能水平，让员工在创新实践中获得了成就感和满足感，激发了员工积极主动的创造力，让人力资源成为公司高质量发展的根本；通过创新，改变了传统的维修思路方法，让传统维修在变革中找到新出路和发展点；不断积累的创新维修工装工法，丰富了公司和气电集团的组织过程资产，拔高整体技术和管理水平，巩固和提升了气电集团在 LNG 接收站建设和运营领域领跑者的地位，值得在气电集团内部推广使用；对整体产业而言，各接收站水平的不断提高，激发了民族深冷产业在基础学科、设备制造、运维管理等方面的快速发展。

参　考　文　献

[1] 顾安忠，鲁雪生．液化天然气技术手册[M]．北京：机械工业出版社，2010.

[2] 吴正兴，魏光华，胡锦武．卸料臂维修[M]．北京：石油工业出版社，2018.

[3] 中海石油气电集团有限责任公司企业标准液化天然气接收站关键设备检修规程第 1 部分：码头卸料臂[S]．中海石油气电集团．2019. Q/HS QD 0009. 1.

[4] 杨亮，宋坤．LNG 卸料臂国内设计制造水平现状分析[J]．石化技术，2018：(025)007.

利用 LNG 冷能作为 LNG 接收站恒温恒湿空调的研究及思考

曾高贵　曾兵峰　钟　海

（广东珠海金湾液化天然气有限公司）

摘　要　本文介绍了 LNG 接收站冷能利用的现状，对接收站现有空调系统制冷量、耗电量进行了统计分析，对利用 LNG 冷能作为接收站恒温恒湿空调的可行性进行了研究并提出了相关改造方案，对改造后系统的运行方式进行了分析说明，可作为 LNG 接收站空调系统设计的参考，对降低 LNG 接收站运行成本，提高经济效益具有实际意义。

关键词　LNG 接收站，冷能利用，空调制冷

1　LNG 接收站冷能利用概述

LNG 是液化天然气（liquefied natural gas）的缩写，其主要成分为甲烷，常压下以低温液态形式存在的天然气，温度约为-162℃，通常 LNG 需要气化成气态后供日常使用。LNG 接收站是接收、储存液化天然气，然后经液态槽车装运或气化外输天然气的综合性场站。

LNG 气化时释放的冷能大约为 490～510kJ/kg，大型接收站存储的 LNG 量巨大，我国现有十余个大型 LNG 接收站场，接收站的设计年气化外输量达到（200～600）$\times 10^4$t，其中冷能资源蕴含量较为丰富。因此国家发改委在 2005 年就提出要研究 LNG 接收站冷能综合利用事宜，习近平总书记在党的十九大报告中提出要“坚持节约资源和保护环境的基本国策”“全面节约资源，有效推进能源资源消耗强度大幅下降”，为 LNG 接收站的能源综合利用指明了方向。

近年来，依托大型 LNG 接收站兴建了一批冷能综合利用项目，如冷能空分项目、橡胶低温脆化粉碎项目、冷库项目等，使 LNG 接收站的能源综合利用率得到很大提高，但是这些项目还存在规模小、冷能利用负荷调节能力较差的问题，冷能利用还有很大空间。

2　接收站现有空调系统及 LNG 气化系统介绍

2.1　接收站现有空调系统

某接收站位于广东地区，气温高、空气湿度大，每年有 70% 的时间需要生活制冷，接收站工艺区涉及的电气设备建构筑物，一方面设备本运行时发热，另一方面这些设备又需要恒温恒湿环境运行需要全年空调制冷恒湿。站内现有 11 栋空调制冷建构筑物，制冷方式均为电制冷，经测算年制冷电费约需 275 万元（表 1）。

表 1　某接收站现有空调负荷统计表

序号	建筑名称	建筑面积/m^2	总制冷量/kw	总制冷电功率/kw	工作制度	年有效制冷小时/h	年耗电量/kW·h	综合电价/（kW·h/元）	年电费/万元
1	行政楼	5210	810	250.92	生活制冷	1278	320676	0.65	208439
2	值班楼	3714	345	150.00	生活制冷	3066	459900	0.65	298935
3	食堂	1409	260	77.40	生活制冷	2920	226008	0.65	146905
4	工程楼	1220	113.6	34.56	生活制冷	1150	39744	0.65	25834
5	消防楼	1790	88.75	27.00	生活制冷	1150	31050	0.65	20183
6	维修车间	2012	170.39	59.69	内部恒温恒湿仓库全年制冷，其余生活制冷	1553	92702	0.65	60256

续表

序号	建筑名称	建筑面积/m²	总制冷量/kw	总制冷电功率/kw	工作制度	年有效制冷小时/h	年耗电量/kW·h	综合电价/(kW·h/元)	年电费/万元
7	主控楼	2037	866.6	400.45	全年制冷	4380	1753971	0.65	1140081
8	配电楼	810	347.3	142.28	全年制冷	4380	623186	0.65	405071
9	主变控制室	110	21.6	6.96	全年制冷	4380	30485	0.65	19815
10	现场机柜间	320	220	106.00	全年制冷	4380	464280	0.65	301782
11	码头控制室	180	98.5	43.00	全年制冷	4380	188340	0.65	122421
总计			3341.74	1298.26			4230342		2749722

由此可见，LNG 接收站自身恒温恒湿空调对于冷能的需求量较大，利用好这部分冷能对于降低接收站空调能耗，提高经济效益意义较大。

2.2　现有 LNG 气化系统介绍

外运到达 LNG 接收站码头的 LNG 船舶经卸料臂接卸，进入 LNG 储罐储存，储罐内的 LNG 经低压泵加压送至低压 LNG 母管(1.2MPa，-155℃)，经高压泵再次加压后进入高压 LNG 母管(10MPa，-145℃)，经高压母管汇集、分配后，一部分外送冷能空分用户，经冷能利用后再送回接收站汇入高压天然气母管。另一部分进入 ORV(开架式气化器)，在 ORV 内与海水进行热交换，被加热至室温后进入高压外输母管(10MPa，≥-10℃)送出接收站。

ORV(open rack vaporizer)是开架式气化器的缩写，是 LNG 接收站的关键设备之一，它以海水作为热源，气化器的基本单元是换热管，由若干肋片式换热管焊接组成膜式换热管板，两端与集气管或集液管焊接组成一片管板，再由若干个管板组成气化器。气化器顶部有海水溢流装置，海水消除冲击扰动后进入溢流槽，溢流槽中的海水均匀溢流到管板外表面形成完整的水膜，依靠重力的作用向下流动，液化天然气管在管内从下向上流动，与管外的海水进行热交换，LNG 被加热气化，气化后的高压天然气经管道外输。经换热降温的海水排放回到海中。在 ORV 中，LNG 的冷能转化为低品位的海水温降，不能得到综合利用(图 1)。

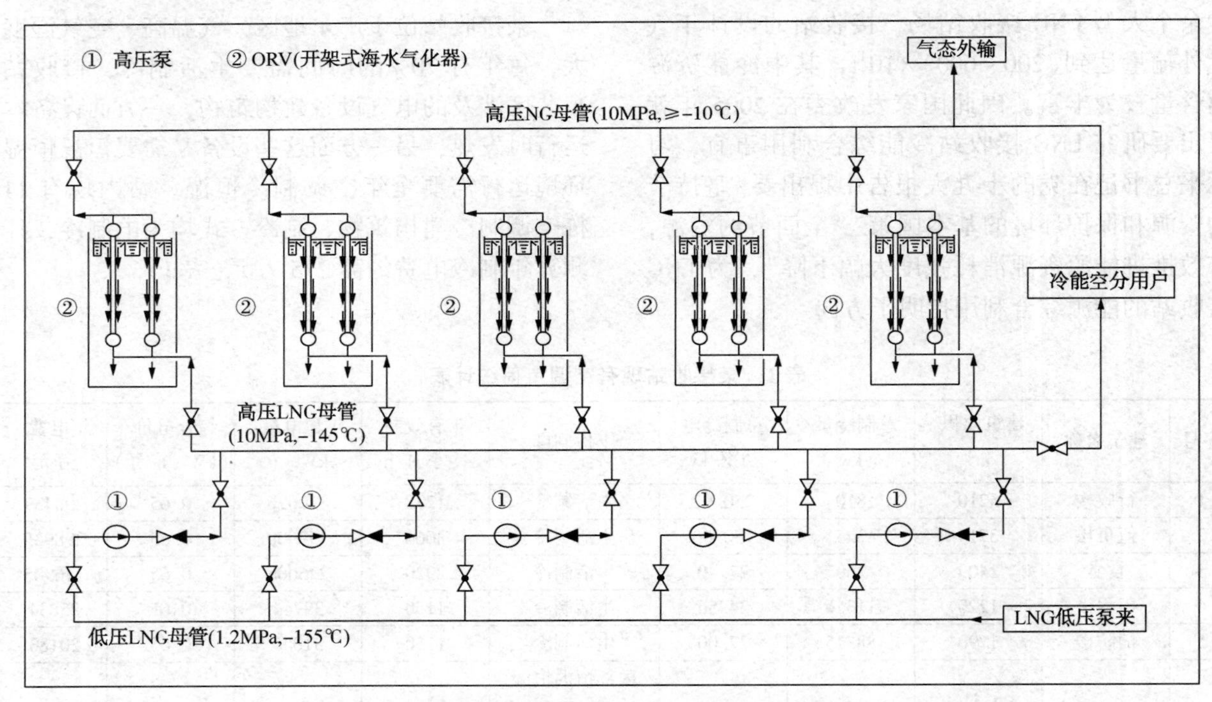

图 1　某接收站现有 LNG 气化原则性工艺系统图

3　系统改造的可行性及改造方案

3.1　系统改造的可行性

某接收站现有5台高压泵，配套5台ORV，高压泵设计流量为189t(LNG)/h，设计压力为11MPa，目前需要保证冷能空分用户稳定连续生产的LNG量为85t(LNG)/h，在供气低谷月份(4~9月)每天1台高压泵运行时间为8~18h，这时冷能空分厂无法正常生产，所有LNG经ORV气化后外输至天然气管网。供气高峰月份(9、10、11、12、1、2、3月)，每天1~2台高压泵运行时间为24h，此时在保证冷能空分项目用冷的同时，尚有大部分LNG经ORV气化后外输至天然气管网。不同工况下，同时保证冷能空分稳定运行和接收站所有建筑物制冷需求的LNG需求量计算见表2。

表2　不同工况下LNG需要量计算表

序号	计算项目	计算依据	单位	计算结果
1	现有空调制冷量	统计	kw	3367.5
2	LNG气化热	工业气体手册	kJ/kg	500.0
3	满足现有制冷量需要的LNG量	计算	t/h	30.3
4	单台高压泵额定流量	给定	t/h	189.0
5	保证冷能空分稳定运行的LNG最小流量	计算	t/h	85.0
6	保证冷能空分稳定运行和接收站空调需要LNG最小流量	计算	t/h	115.3

在同时保证冷能空分稳定运行和接收站所有建筑物制冷需求的LNG最小需求量为115.3t，仅占到一台高压泵额定流量的61%左右，一台高压泵运行时完全可以满足同时保证冷能空分稳定运行和接收站空调的需要。

3.2　系统改造方案

在ORV入口增设一条入口LNG母管，在高压泵出口LNG母管与ORV入口母管之间增加2台空调水换热器，2台换热器互为备用，1台换热器故障时切换另一台运行，同时为保证系统的可靠性，在高压泵出口LNG母管与ORV入口母管之间设置联络阀，当2台换热器同时故障时，开启联络阀，LNG直接进入ORV气化外输。在换热器内LNG吸收空调水的热量升温后再经ORV二次换热，达到-10℃以上后，进入天然气管网外送。换热器内空调载冷水温度降低，通过空调水泵增压进入空调载冷水供水母管向各建筑风冷空调散热器供低温载冷水，各建筑室内温度通过温控阀调节，经过换热后的载冷水回水回到空调换热器，进入新的循环。新的空调系统与原来的电冷空调系统互相独立，互为备用，在负荷低谷月份，LNG高压泵不能全天运行时，通过分别设定两个系统的室内温度，可以实现两个系统的自动切换(图2)。

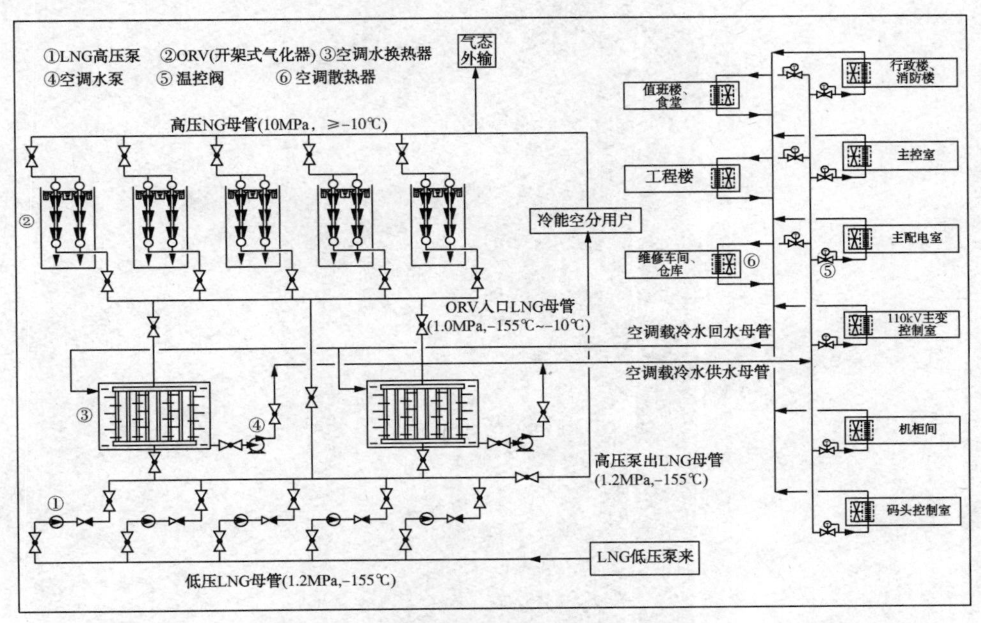

图2　经改造加入制冷空调水换热器的LNG气化原则性工艺系统图

3.3 改造后的系统运行方式

在目前管网负荷状态下的运行方式：供气低谷月份 LNG 高压泵不能全天运行时，在高压泵运行的时段，投入空调冷水换热器，利用 LNG 冷能向建筑物供冷，在高压泵不运行的时段采用原来的电空调供冷。一旦天然气管网负荷达到 1 台高压泵 24h 运行时，通过高压泵出口 LNG 母管的分配，一部分 LNG 优先输送到冷能空分厂保证其生产使用，剩余部分的 LNG 经空调水换热器进行初次换热后再经 ORV 二次换热，通过天然气管网外送。空调水换热器中的载冷水降温后，由空调水泵加压经载冷水母管输送到接收站各建筑进行冷气空调。随着经济发展，天然气需求量增加，LNG 冷量富余后，可以依托空调水换热器，将空调冷水商品化外送到周边企业，用于周边企业的生产和生活空调。

4 结论

本方案充分利用 LNG 接收站现有气化流程，技术上可行，充分考虑到在 LNG 接收站建站初期天然气管网负荷尚不饱满的实际情况和今后的发展，投资小、施工周期短，值得在已建成投产的 LNG 接收站特别是制冷空调运行时间长的地区推广，也可作为未投产的 LNG 接收站空调系统的设计参考，对于降低 LNG 接收站运行成本，提高经济效益具有实际意义。

参 考 文 献

[1] 顾安忠，鲁雪生．液化天然气技术手册[M]．北京：机械工业出版社，2010.

[2] 黄建斌．工业气体手册[M]．北京：化学工业出版社，2003.

[3] 刘名瑞，陈天佐．LNG 接收站及其工艺发展现状[J]．当代化工，2014：43-6.

[4] 傅皓，刘利，李赛．LNG 接收站冷能供应方案研究及思考[J]．化工涉及，2011：21(3).

[5] 贾士栋．LNG 接收站冷能利用方案[J]．宁波工程学院学报，2013：25-2.

LNG 接收站设备备件安全库存管理研究

黄沧沧 赵红强 王 强

(中海浙江宁波液化天然气有限公司)

摘 要 针对现阶段 LNG 接收站设备备件储备缺少科学依据、库存结构不合理等现状，进一步开展设备备件安全库存管理研究。基于大量的设备检维修工作数据统计以及适用的经验方法，通过备件物资分类梳理、设备检维修大数据统计、制定设备备件安全库存、设备备件安全库存管理应用等四个方面逐步展开，为下一步的备件安全储备及采购管理提供科学的指导依据，优化备件库存结构，保障安全生产，实现降本增效管理。

关键词 设备备件，物资分类，检维修大数据，安全库存

LNG 接收站是储存 LNG 并往外输送天然气的场所，通过 LNG 槽车输送至用户实现 LNG 液态外输，通过升温升压后进入天然气管网送至用户实现 LNG 气态外输。2017—2019 年，集团公司、气电集团对公司库存总额要求越来越严格，随着生产任务的日趋增长，设备检维修工作量和计划外采办数量逐年增多，不合理库存结构带来的生产风险在逐步上升，特别是主要生产设备的备件短缺，会造成设备检修等备件，设备不能及时恢复，严重影响接收站安全生产。

浙江 LNG 自 2012 年投产至今已累计运行 8 年时间，低压泵、卸料臂等主要设备的检维修工作均已得到了广泛开展，收集并积累了大量的检维修记录和经验，为设备备件安全库存管理研究工作提供了数据基础。同时，公司积极响应集团公司及气电集团“库存优化专项提升”、“联储共备”等专项工作的号召及部署，深入开展“质量效益年”活动，结合现阶段备件储备缺少科学依据、库存结构不合理等现状，进一步开展设备备件安全库存管理研究，将设备检修与物资管理工作进行有效结合，保障设备检维修需要的同时，实现“减存量、控增量、优化库存结构”的目标，建立生产运营、库存管理和降本增效的长效机制。

1 主要研究内容

LNG 接收站投用后需连续不间断运转，关键设备通过设置备用机组保障安全生产。其主工艺流程上的低温设备较多，主要包括卸料臂、高压泵、低压泵、海水泵、BOG 压缩机、IFV 汽化器、低温阀门等，且多为进口设备，备件均依赖进口，采购周期长，备件金额大，考虑设备计划检修和应急检修的必要性，必须保证合理的备件储备量。针对现阶段备件储备缺少科学依据、库存结构不合理等现状，主要通过备件物资分类梳理、设备检维修大数据统计、制定设备备件安全库存、设备备件安全库存管理应用等四个方面开展设备备件安全库存管理研究工作。

通过对备件物资实行分类管理，备件与所属设备进行识别对应，将工程期两年备件盘活利用，便于检维修人员有针对性的查询使用；通过对设备备件信息和近三年设备检维修记录的收集整理，进行设备检维修大数据的统计分析；总结并确定适用的备件安全库存设定原则，综合考虑备件采购周期、备件通用性，编制完成设备备件“安全库存清单”；物资管理模块通过备件安全库存的管理应用，指导下一步的备件采购及储备工作，优化库存结构，同时对备件“安全库存清单”提出改进建议。设备备件安全库存管理工作实现 PDCA 循环，持续改进，落到实处(图 1)。

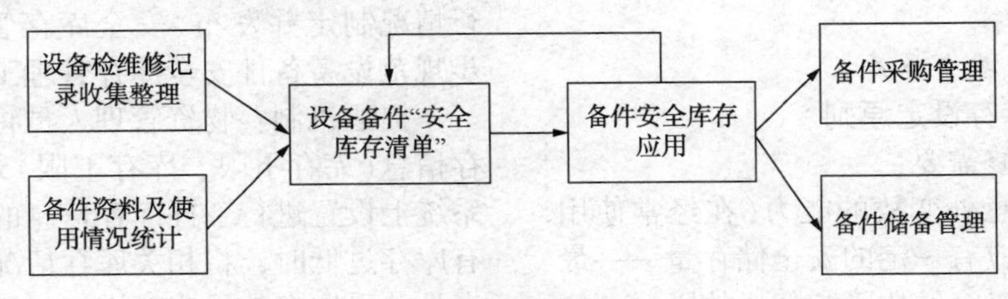

图 1 技术路线图

2　开展实施情况

2.1　备件物资分类梳理

（1）对所有物资按照设备备件、通用物资、特种物资、工器具及耗材4大类进行区分并分类管理，设备备件按照所属设备分开库存，均配有明确标识，根据标识内容可在仓库管理系统中查到合同号、到货时间、库存数量等信息。部分重要设备的密封件、仪表类物资存放在恒温恒湿间。

（2）针对部分工程期两年备件物资存在技术规格描述不明确的情况，通过规范物料主数据对其进行重新识别，明确其技术规格并归入所属设备包，从而将该部分物资盘活利用。在生产物资月度报表基础上，累计已完成工程期两年备件物资识别1139项。

（3）为更好地掌握设备备件库存信息，将设备备件进行划分并归属到对应设备包（如卸料臂、BOG压缩机等），从而可快速筛选出选定设备下的备件库存信息，便于检维修人员有针对性的查询使用，实时掌握设备备件库存情况。通过物料主数据对备件物资进行所属设备包的划分，累计已完成4733项，后续到货物资持续进行分类更新，为下一步的设备备件安全库存管理提供基础信息。

2.2　设备检维修大数据统计

（1）综合考虑LNG接收站设备运行检修情况以及当前的设备备件库存情况，选取了机电仪专业28类设备作为此次备件安全库存管理研究的对象。设备类型选取主要侧重于备件金额较大、检修频率较高或对接收站安全生产有一定影响的设备。

（2）通过收集、查阅设备技术资料及相关的备件采购合同，整理并完成设备备件清单，清单内容包括备件名称、物料编码、规格型号/部件编号、备件在装量K、设备台/套数A、供货周期T等信息。

（3）梳理近三年设备检维修记录（故障检修记录、维护保养记录和备件更换记录），通过收集大量的实际检维修工作数据，对设备检维修过程中的备件更换情况进行统计，总结设备备件的更换周期及更换频率。

2.3　制定设备备件安全库存

2.3.1　备件安全库存设定原则

（1）满足检维修需要；

（2）具有应付意外变故的能力（在经常使用的储存量之外，还应有一定的安全储存量——最低安全库存，以应对突发故障和随机故障）；

（3）不超量储备（最高安全库存），以免积压资金。

2.3.2　备件安全库存设定方法

（1）针对以预防性拆解大修为主的设备（高压泵、低压泵、海水泵、BOG压缩机等），备件安全库存按照设备台套备件数量进行设置，最低、最高安全库存结合历年设备检修次数进行设定。易损件数量综合考虑历年检修更换数量进行相应增加。

（2）针对以故障检修为主，不需要进行预防性拆解大修的设备（槽车装车橇、卸料臂、空压机等），可利用经验公式，根据历年的检修情况、备件更换记录计算出备件平均寿命P，综合考虑供货周期T及备件通用系数a，计算出备件年消耗定额量n_2和备件订货量n_3，从而得出最低、最高安全库存量，并结合历年检修更换情况进行调整。

备件最低储备量n_1，即最低安全库存量，主要是为了补偿发生不可预计的情况。备件不能按预订的周期到货时，则n_1是不可缺少的缓冲量，是备件库存信息的警告量，也叫保险储备量。最低储备量的大小相当于备件年消耗量的1/4。备件最高储备量n_4，即最高安全库存量，是备件库存极限值。最高储备量由最低储备量超过n_4出现超储，占用过多的流动资金，是不合理的。

（3）针对设备数量较多，故障频率较高，备件通用性较强的设备（散装仪表、照明设备、火气系统等），结合历年的备件消耗数量，安全库存按照设备备件在装量的百分比进行设置。

2.3.3　编制“设备备件安全库存清单”

根据设备备件安全库存设定原则和设定方法，编制完成28类主要设备的“设备备件安全库存清单”，主要包括备件名称、物料编码、技术规格、最低安全库存、最高安全库存等参数。

2.4　设备备件安全库存管理应用

根据“设备备件安全库存清单”开展备件安全库存试行工作，对安全库存目录内的内容进行生产论证，建立提醒机制、采购机制、修订机制，根据设备检维修工作的开展进行备件安全库存的修订更新。待生产论证完成后，根据工作试行情况制定并发布“安全库存管理细则”，进一步规范设备备件安全库存管理工作。

提醒机制：物资管理人员将设备备件安全库存信息（库存下限、库存上限）录入条形码系统，系统上设置进行备件库存信息的实时监控。当现有库存过低时，将相关库存情况告知相关部门及人员并采取有效的应对措施，避免长期低库存带来的安全生产风险。

采购机制：需求部门在进行物资采购立项时，采购需求表提交物资管理人员审核，物资管理人员对计划采购备件进行库存数量查询并提出采购数量建议，以安全库存量控制采办量，减少非必要物资的采购，在满足生产要求的前提下减少冗余采办，同时降低库存，防止库存物资积压。

修订机制：公司各业务部门根据设备检维修工作开展及备件安全库存管理需求，持续对安全库存内容进行修订更新(包括新增、修改和删除)，获批后由物资管理人员导入条形码系统完成修订更新。

通过备件安全库存工作的试行开展，对照备件安全库存定额进行源头控制，将备件安全库存定额与当前库存数量进行比对，消耗超储备件，补充低储备件，实现“减存量、控增量、优化库存结构”的目标，提高设备维修的及时性，保障安全生产，实现降本增效管理。根据近一年的备件采购数据统计，通过备件安全库存控制备件冗余采购，已节约生产成本近 100 万元。

3　结论和展望

设备备件安全库存管理工作以现场设备设施完整性管理为根本出发点和落脚点，基于大量的设备检维修工作数据统计以及适用的经验方法，通过备件物资分类梳理、设备备件安全库存制定及管理应用等方面深入开展备件优化管理研究，为设备备件安全储备及采购管理提供科学的指导依据，优化备件库存结构，保障接收站安全生产，同时实现企业降本增效管理。设备备件安全库存管理工作作为设备设施完整性管理提升的一种手段，也是企业降本增效管理的一条有效途径，需根据设备管理的实际情况进行持续更新，将设备检修与物资管理工作有效结合，建立生产运营、库存管理和降本增效的长效机制，不断优化改进，实现全生命周期的设备设施完整性管理。

参　考　文　献

[1] 顾安忠. 液化天然气技术[M]. 北京：机械工业出版社，2010：284-345.

[2] 中国石油辽阳机电仪研修中心. 炼化企业设备管理人员岗位知识读本[M]. 北京：石油工业出版社，2013：45-60.

城市燃气高后果区分级参数讨论

卢新鹏　苏日提　刘　欣

（港华燃气投资有限公司）

摘　要　城市燃气埋地管道作为油气管道中最接近终端用户的部分，近年来关于其完整性管理的讨论越来越受到关注。以北京燃气、深圳燃气为首的国内部分城市燃气企业和集团也对城市燃气完整性管理的实施进行了积极的探索。城市燃气管道自身的特点和其与长输油气管道之间的差异性决定了在完整性管理实施的过程中无法完全照搬长输油气管道的经验和参数。高后果区识别作为完整性管理的独立第二个步骤，其结果对实施管道实施分级管理具有决定性作用。本文对城市燃气管道地区等级划分和高后果区识别参数进行了分析和讨论，并对是否需要根据中国城市发展特点制定城市燃气专有的完整性管理参数进行了展望。

关键词　城市燃气，高后果区，分级

自管道完整性管理被提出以来，管道运营企业的管理模式发生了重要的变化。由事故发生的事后管理到事故发生前的质量控制再到预防性维护与控制，能够持续改进的完整性管理循环成为了推动企业管理模式进步的动力源。近年检测设备和评估方法等各项技术的进步推动着长输油气管道的完整性管理日趋完善。随着中国城市建设发展进程的加速和法律法规的逐步健全，城市燃气管道成为油气管道家庭中重要的一员。作为油气管道中最接近终端用户的部分，近年来关于其完整性管理的讨论越来越受到关注。

2019 年中国城市燃气管道总长度达到 78.33×10^4km，城市燃气用气人口 6 亿人，总消费量 1227×10^8m^3，对比 1990 年数据，分别为 2×10^4km、5000 万人、60×10^8m^3。城市燃气行业快速发展的同时，也向运商提出了更高的安全要求。在过去 10 年，以北京燃气、深圳燃气为代表的国内部分城市燃气集团和企业对城市燃气完整性管理的实施进行了积极的探索。

城市燃气输配管道与长输管道相比，具有管网布局和结构复杂、支线和变径较多、钢管与 PE 管交替使用、风险源类型差别较大、城市特有的沉降与杂散电流环境等不可忽视的差异性。这些差异性的存在决定了在城市燃气完整性管理项目的实施过程中无法完全照搬长输油气管道的经验和参数。以高后果区识别为例，HCAs 识别作为完整性管理的独立第二个步骤，其结果对实施管道实施分级管理具有决定性作用。但在城市燃气管道 HCAs 分级和识别时，由于人口集中和建筑密集的特点，部分城市的所有埋地管道评估结果均为高后果区管道，无法实现分级管理的目的。2009 年美国颁布了针对城镇燃气管道完整性管理（DIMP）的联邦法规《49CFR Part 192 Subpart P》。在附录《G-192-8 城镇燃气管道系统完整性管理》中，划分了 7 个主要步骤，并未包含 HCAs 分级和识别[8]。因此，有必要对长输油气管道高后果区分级和识别参数应用于城市燃气领域时进行分析和探讨。

1　管道地区等级

GB/T 34275—2017《压力管道规范长输管道》将天然气管道分为 5 个级别（表 1）。

表 1　长输天然气管道级别的划分

设计压力/MPa	管径/mm		
	<508	508～914	914～1422
<6.3	1	2	3
6.3～8	2	3	4
>8	3	4	5

在 GB 50028—2006《城镇燃气设计规范（2020 年版）》中对城镇燃气管道压力分为 7 个级别（表 2）。

表 2　城镇燃气管道压力分级

名称	设计压力/MPa	
高压燃气管道	A	$2.5<P\leq4.0$
	B	$1.6<P\leq2.5$
次高压燃气管道	A	$0.8<P\leq1.6$
	B	$0.4<P\leq0.8$

续表

名称	设计压力/MPa	
中压燃气管道	A	$0.2<P\leq 0.4$
	B	$0.01<P\leq 0.2$
低压燃气管道		$P<0.01$

尽管城市燃气在管道压力和级别上的划分与长输天然气管道不同，但两者在地区等级的划分上，却未能够体现出足够的差异性。

1.1 GB 50251/GB50028 对比

作为长输天然气管道设计依据的 GB 50251-2015《输气管道工程设计规范》参考了 ASME B31.8 和 CSA Z662 将一级地区细分为一级一类和一级二类。作为城市燃气管道设计依据的 GB 50028—2006《城镇燃气设计规范(2020 年版)》中关于地区等级的划分对比见表 3。

表 3 地区等级划分对比

	GB50251	ASME B31.8	CSA Z662	CFR192	GB50028
一级一类	0 户	≤10 户	0 户	≤10 户	≤12 户
一级二类	≤15 户	≤10 户	≤10 户		
二级地区	15~100 户	10-45 户	10-45 户	10-45 户	10-80 户
三级地区	≥100 户	≥46 户	≥46 户	≥46 户	≥80 户
四级地区	≥4 层楼房	≥4 层楼房	≥4 层楼房	≥4 层楼房	≥4 层楼房

通过对比可以观察到，虽然 GB 50028 对地区分级做了一定程度的调整，但其具体参数并未有效适应中国城市自身的特点和发展的趋势。

1.2 中国城市人口和建筑分布特征

以北京市为例，使用街道尺度的第六次人口普查数据，图 1 表现了北京市域街道层面的人口总量和人口密度分布(高度和颜色分别表示人口的数量和密度)。2019 年北京市常住人口 2153.6 万人，土地面积 16411km^2，平均人口密度 1312 人/km^2。但人口总数和人口密度均向中心城区高度集中使其各区域燃气泄漏产生的后果差异性显著。

由于中国基础设施建设的特点，建筑分布情况与人口分布又呈现不同的特点。在 ArcGIS 中使用第一次回波激光雷达获得建筑物轮廓线的屋顶高程值和建筑物高度，并由 MEAN 统计方法将给出建筑物的平均屋顶高度并提供最佳的可视化结果(图 1)。图 2 表现了北京、上海、天津建筑高度空间分布。除北京中央旧城区因 45m 限高政策颜色略深外，其他各城市的区域建筑高度空间分布相对较为均匀。在国内主要城市中，除市郊别墅区和无建筑区外，4 层或以下楼房的建筑很少。

图 1 北京市域街道层面的人口总量和人口密度分布

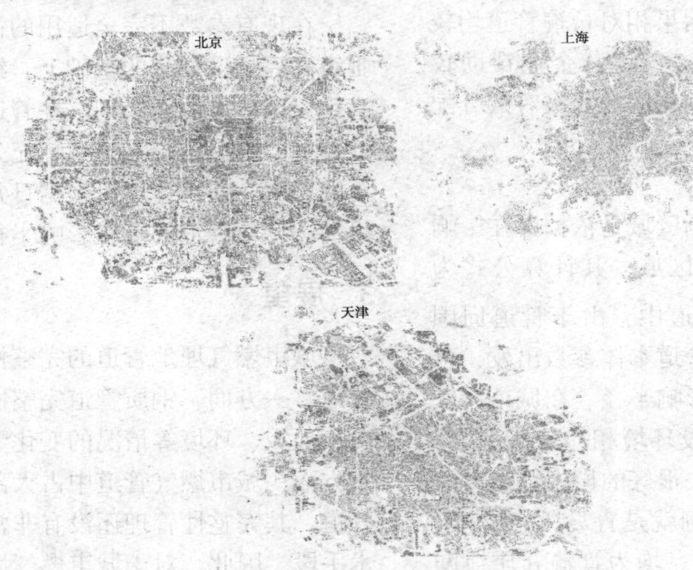

图 2 北京、上海、天津建筑高度空间分布

1.3 地区等级划分参数分析

现有国际、国内标准体系中，地区等级的划分主要以居住户数和楼层数(特指4层)作为依据。根据目前的分区规定，沿管道中心线两侧各200m范围内，无论用GB 50251的2km为单位还是用GB 50028的1.6km为单位，均无法有效对管道地区等级进行有效分级。其主要原因，在于GB 50028在制定管道地区分级时，未考虑对城市内部管道地区进行进一步细分。从而造成了城市内部管道绝大部分地区等级均为4级的评估结果。

在使用现有参数无法有效区分地区等级的情况下，可以考虑使用人口密度参数来对管道所处区域进行分级。使用该参数时，应兼顾考虑工作时间和非工作时间人口密度分布随空间的变化情况。也可考虑使用更细化的建筑层数差异来体现地区等级差异。或则通过增加更高级别的地区等级形式来提升差异度。

2 高后果区识别分级

2.1 高后果区识别

对于高后果区的识别，国内主要依据GB 32167—2015《油气输送管道完整性管理规范》的相关规定执行(表4)。

表4　输气管道高后果区管段识别分级

分级	识别项
Ⅲ级	管道经过四级地区
Ⅱ级	管道经过三级地区
	如果管径>762mm，并且最大允许操作压力>6.9MPa，则潜在影响区域内有特定场所的区域
	除三、四级地区外，管道两侧各200m内有加油站、油库等易燃易爆场所
Ⅰ级	如果管径<273mm，并且最大允许操作压力<1.6MPa，则潜在影响区域内有特定场所的区域
	其他管道两侧各200m内有特定场所的区域
特定场所	医院、学校、托儿所、幼儿园、养老院、监狱、商场等人群疏散困难的区域。 一年之内至少有50天聚集30人或更多人的区域。如集贸市场、寺庙、运动场、广场、娱乐休闲地、剧院、露营地等。

虽然城市燃气以管道潜在影响半径计算得出的区域单项识别可能被划分为Ⅰ级或Ⅱ级高后果区，但由于地区等级划分中4层楼房高度即定为四级地区，在实际操作中，通常城市燃气管道的结果均为Ⅲ级高后果区。这个结果一方面表明了城市燃气管道的泄漏爆炸后果相对长输管道均较高，另一方面，对于城市燃气运营企业帮助较小。企业无法根据几乎完全相同的分级有效分配资金和后续检测。

2.2 潜在影响半径

目前输气管道潜在影响区域是依据潜在影响半径计算的两侧可能影响区域。其计算公式为$r=0.099\sqrt{d^2p}$。在长输管道中，由于管道周围敷设环境简单，该公式从管道本体参数出发，可较好的模拟管道爆炸后的影响半径。在城市燃气管道中，由于管道周围敷设环境相对较为复杂，只考虑管道本体情况，无法很好的模拟管道爆炸后的影响范围。典型的案例就是青岛11·22事故和高雄8·1事故，其特点均为管输介质泄漏后扩散至地下其他密闭空间内造成的爆炸影响区域扩大。这两个案例表明，管道外界环境条件的改变可有效影响其潜在影响半径。这种影响，并不都是增强的。在城市中，由于建筑物的遮挡作用，又可能造成潜在影响半径的减小。

2.3 高后果区识别参数讨论

在现有参数不完全适用的情况下，可考虑在Ⅲ级高后果区划分的基础上，继续划分城市燃气高后果区对应的新级别。在管道潜在影响半径的计算上，也应结合GIS系统充分考虑管道周边环境的影响，使用计算机根据日常的巡查和检测结果动态评估管道的潜在影响半径。

3 展望

城市燃气埋地管道的完整性管理不同于长输管道。一方面，钢质管道完整性管理的一些参数由于地域、环境等情况的变化无法直接应用。另一方面，城市燃气管道中占大部分长度的聚乙烯管道，其完整性管理还没有非常成熟的模式和技术手段。因此，对于城市燃气埋地管道实施完整性管理还有非常多的细节需要进一步的研究和确定。相配套的法律、法规、标准和规范体系也需要进一步的建设和完善。城市燃气企业可先由完整性管理6个主要步骤中相对较成熟的完整性评价步骤作为突破点搜集数据。借助智慧燃气发展带动的技术进步，逐步实现城市燃气完整性管理的完整循环。

参 考 文 献

[1] 董绍华．中国油气管道完整性管理20年回顾与发展建议[J]．油气储运，2020，39(03)：241-261.

[2] 包筱炜，蔡文佳，张林，等．城市燃气建设期管道完整性管理的实践[J]．煤气与热力，2017，37(10)：34-39.

[3] 巩忠领，刘传庆．城市燃气管道完整性管理建设与展望[J]．城市燃气，2020(06)：27-30.

[4] 焦建瑛，江枫，王嵩梅，等．燃气管道完整性管理的数据标准化建设[J]．煤气与热力，2019，39(11)：37-38+46.

[5] 江枫，刘慧，马旭卿，等．燃气管网完整性管理与长输管道的主要差异[J]．城市燃气，2019(12)：8-12.

[6] 王晓霖，帅健，宋红波，等．输油管道高后果区识别与分级管理[J]．中国安全科学学报，2015，25(06)：149-154.

[7] 王晨．城镇燃气管道高后果区管控困境及对策[J]．煤气与热力，2020，40(04)：34-36+46.

[8] 佘思维，王毅辉，陈晶，等．美国城镇燃气管道完整性管理基本架构研究[J]．石油与天然气化工，2016，45(02)：103-108.

[9] GB/T 34275—2017，压力管道规范　长输管道[S].

[10] GB 50028—2006，城镇燃气设计规范(2020版)[S].

[11] GB 50251—2015，输气管道工程设计规范[S].

[12] GB 32167—2015，油气输送管道完整性管理规范[S].

城镇燃气聚乙烯管道风险评价方法研究

王　珂[1]　马卫锋[1]　张晓明[2]　王　瑜[2]　党　伟[1]

（1. 石油管材及装备材料服役行为与结构安全国家重点实验室，中国石油集团石油管工程技术研究院，；
2. 陕西省特种设备检测检验研究院）

摘　要　风险评价是城镇燃气聚乙烯管道控制事故发生的最有效方法。本文统计分析了陕西地区城镇燃气聚乙烯管道失效案例，建立了城镇燃气聚乙烯管道风险评价指标体系，增加了特殊情况处理和安全管理系数，完善风险评价方法，形成了风险减缓措施体系。结合定期检验工作，进行了方法的推广应用。

关键词　城镇燃气，聚乙烯管道，风险评价，指标体系

城市燃气管网被誉为城市的生命线，它在维系城市功能中有着至关重要的作用。近年来，由于聚乙烯（Polyethylene，以下简称 PE）管的柔韧性、耐腐蚀性、可熔接性等特点，已逐渐代替钢管、铸铁管被广泛应用于燃气管道工程中，“以塑代钢”已经成为城市燃气管网领域的主流。与钢管、铸铁管相比，PE 管的接口稳定可靠、使用寿命长、维修方便、经济性优越，目前，在新建、改建和扩建的燃气管道工程中，所用管材70%以上为 PE 管，未来，在燃气管网建设中，PE 管道占的比重会更大。然而相比钢制管道，PE 管道强度低，抗冲击能力差，检测、监测难度大，且燃气管网敷设的地段大多人口较为集中、道路网密布、商场企业及各种建筑密集，一旦发生事故，将直接影响当地人民的生命和财产安全，造成巨大的经济损失和环境污染。因此对燃气管道进行风险评价，及时采取降低风险的措施，成为控制事故发生的最有效方法。本文针对陕西地区城镇燃气 PE 管道，调研失效案例并识别了失效风险因素，建立了风险评价指标体系和风险评价技术规范，结合定期检验工作，开展了大量管线的推广应用。

1　失效案例调研和失效风险因素识别

1.1　失效案例统计分析

由于城镇燃气 PE 管道不同于与钢制管道，腐蚀不在是管道的重要风险因素，而大多数重大事故是由第三方破坏造成的。为了有效识别陕西地区城镇燃气 PE 管道的失效风险因素，设计了案例调查表，组织调查了陕西省部分燃气公司，共收集 163 起 PE 管道失效案例，并进行了统计分析（图 1）。由图 1 可知，第三方破坏 96 起、焊接质量（电熔套、热熔焊缝）45 起、管材质量（沙眼、管帽）11 起、钢塑转换 6 起、地质灾害 2 起、受力老化 2 起、根系破坏 1 起。可见城镇燃气 PE 管道主要失效原因为第三方破坏和焊接质量，对应比例分别为 59%和 27%。

1.2　失效风险因素识别

国际管道研究委员会（PRCI）对欧美国家输气管道事故数据统计分析的基础上，将影响钢制管道安全的风险因素划分成 3 大类型。依据城镇燃气 PE 管道失效案例统计分析结果和 PRCI 确定的钢制管道风险因素，分析城镇燃气 PE 管道失效风险因素（表 1）。城镇燃气 PE 管道失效风险因素识别为风险评价指标体系建立提供基础。

PE管道事故统计

图 1　陕西省内部分燃气公司 PE 管道失效案例统计分析

表 1　钢制管道和 PE 管道失效风险因素对比

分类	风险因素	
	钢制管道	PE 管道
与时间有关的因素	外腐蚀 内腐蚀/磨蚀 应力腐蚀开裂/氢致损伤	钢塑转换接头腐蚀 老化

续表

<table>
<tr><th rowspan="2">分类</th><th colspan="2">风险因素</th></tr>
<tr><th>钢制管道</th><th>PE 管道</th></tr>
<tr><td>固有因素</td><td>与制管有关的缺陷
与焊接/施工有关的因素
设备因素</td><td>与制管有关的缺陷
与焊接/施工有关的因素</td></tr>
<tr><td>与时间无关的因素</td><td>第三方/机械损坏
误操作
自然灾害和外力</td><td>第三方破坏
误操作
服役环境</td></tr>
</table>

2 风险评价指标体系建立和风险评价过程

2.1 风险评价指标体系

在前期事故案例调研的基础上，我们采用事故树分析、专家经验法和失效案例统计分析方法，建立了城镇燃气 PE 管道失效可能性和失效后果评价指标，并通过组织专家咨询、讨论，完善了指标体系和权重的合理分配，详见表 2。其中失效可能性一级指标为 5 个，分别为第三方破坏(250 分)、管道本体固有危害(150 分)、与时间有关的危害(50 分)、误操作(25 分)和服役环境(25 分)，共包含 26 个二级指标；失效后果共包括泄漏量(10 分)、人口密度(10 分)和扩散系数(无量纲，0.8~1)三个指标。

2.2 风险评价过程

城镇燃气 PE 管道风险评价流程见图 2。风险评估作为定期检验的一部分，在实际试评价过程中发现，采用打分法的评估结果，会极大的弱化一些不合规、高风险的要素，比如管道本身未进行安装监督检验、逾期未进行全面检验等不符合特种设备法规要求的情况，还有管道存在材质不明、沿途有建(构)筑物占压的情况，对于此类事件，评估过程中增加了特殊情况处理，处理如下四种情况。

表 2 城镇燃气 PE 管道风险评价指标体系

顶事件	一级事件	二级事件	分值
PE 管道失效可能性(500 分)	第三方破坏(250 分)	埋深	10
		回填质量	10
		管道标识	30
		管道定位	50
		应急预案及演练	20
		管道上方活动水平	50
		巡线	50
		公众教育	10
		政府态度	20
	管道本体固有危害(150 分)	管材质量	30
		焊接质量	90
		净距情况	10
		运行安全裕度	10
		设计系数	10
	与时间有关的危害(50 分)	钢塑转换接头腐蚀	30
		老化	20
	误操作(25 分)	达到 MAOP 的可能	5
		安全连锁保护装置评价	5
		规程与作业文件	5
		员工培训	5
		健康检查	5
	服役环境(25 分)	地形地貌	7
		管道敷设方式	6
		灾害风险识别及灾害预案情况	6
		深根植物分布	3
		生物侵蚀	3

续表

顶事件	一级事件	二级事件	分值
PE 管道失效后果（20 分）		泄漏量	10
		人口密度	10
		扩散系数	0.8~1

（1）如发现管道存在未进行安装监督检验、逾期未进行全面检验等不符合特种设备相关法规政策要求的情况时，使用单位应与管道所属地特种设备安全监察部门联系处理。

（2）如发现管道存在未进行年度检查、使用单位作业人员未持证等不符合特种设备相关管理规定的情况时，由使用单位制定有效、可行的整改措施，方可进入风险评价流程。

（3）如发现管道存在材质不明、占压等重大安全隐患时，应先采取相应缓减措施，方可进入风险评价流程。

（4）如发现管道存在老化、局部变形、焊接方法选用错误、材料存放时间超期等安全隐患时，应进行合于使用评价(必要时制定修理改造计划)，方可进入风险评价流程。

根据前期案例收集分析发现，城镇聚乙烯燃气管道的损伤模式，第三方破坏虽仍是主要损伤原因，但其总体占比逐年下降，通过分析发现，第三方破坏损伤下降的原因主要是因为近些年各个天然气公司管理水平不断提升。如调查中的商洛市天然气公司等几家巡线频次较高、日常管理要求比较严格的单位，其第三方破坏已经不是其主要损伤模式。因此，在风险评估过程中，考虑到使用单位安全管理制度的完备及实施情况对管道风险的重要影响，引入了安全管理系数的概念，计算方法如公式 1：

$$安全管理系数(S)=评审后的数据(X)/100 \quad (1)$$

评审后的数据(X)为依据 T/CGAS002《城镇燃气经营企业安全生产标准化规范》，由使用单位进行自评或第三方单位进行评审后的最新数据；若未进行评审，安全管理系数取 0.7(图 2)。

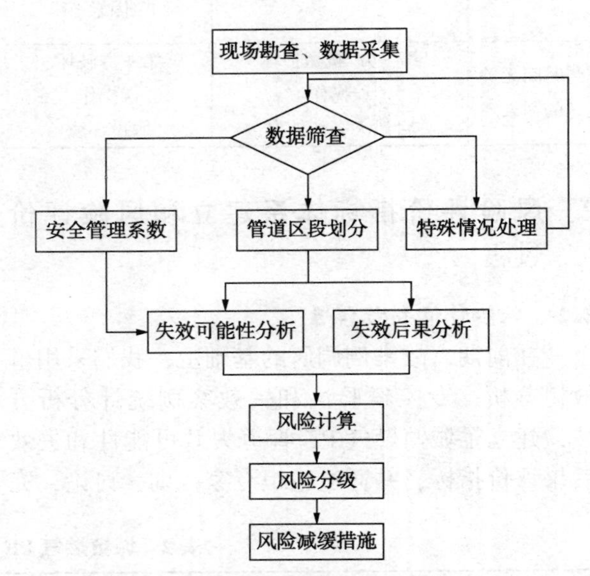

图 2　城镇燃气 PE 管道风险评价流程

3　风险减缓措施

考虑到陕西省内部分燃气公司规模较小，管理水平有限。为了进一步落实使用单位主体责任，切实起到减缓管道风险的作用，我们邀请了省内部分燃气企业的专家，通过反复讨论，总结了燃气行业内一些行之有效的风险减缓措施。在此基础上，针对管道各类风险源的评估结果，结合管道风险等级，分别给出风险减缓措施建议，建立了一套风险减缓措施体系。例如针对聚乙烯管道焊接质量，首先通过竣工资料审查得到一个对管道焊接质量的初步评估结果，再通过开挖验证结果和历史泄漏情况的修正，得到对管道焊接质量的最终评估结果；在此基础上，结合管道所属区段的风险等级，可分别给出不同的巡线频次、泄漏检查频次或设置泄漏检查孔等不同的风险减缓措施建议。

4　结论

本方法在陕西省聚乙烯管道失效案例的分析现状调研基础上，建立了一套适应陕西省实际情况的聚乙烯管道风险评价体系。在该体系中，针对打分法可能会弱化一些高风险要素的情况，我们在风险评价流程中增加了特殊情况处理；依据对不同燃气企业失效案例的分析结果，强化了安全管理水平在风险评价中的权重；针对中小燃气公司管理水平有限的实际情况，给出了一套风险减缓措施体系。

该方法在陕西省内 30 多条城镇燃气聚乙烯

公用管道的定期检验过程中进行了试应用，应用过程中回归风险分级准则，将风险划分为低、中低、中、中高和高5个风险等级，并依据不同风险等级，针对每条管道的潜在风险源，有针对性的采取相应的减缓措施，取得良好的实际应用效果。

参考文献

[1] 夏珺芳，唐萍，蔡刚毅，等．聚乙烯燃气管道风险评价系统的研究与应用[J]．化工设备与管道，2018，55(4)：72-76.

[2] 孟晓丽，王德国，郭岩宝，等．基于模糊 Petri 网的燃气 PE 管道风险评价[J]．安全与环境工程，2016，23(4)：126-131.

[3] 李明镐，种玉宝．燃气用埋地 PE 管道的风险评估[J]．石油和化工设，2017，20(3)：69-73.

[4] 靳书斌，侯磊，杨玉锋，等．基于 Kent 法的 PE 燃气管道风险评价指标体系[J]．煤气与热力，2014，34(3)：34-37.

[5] SY/T 6621 -2016. 输气管道系统完整性管理规范[S]．国家能源局，2016.

城市燃气高压管道巡检系统建设与实践

韦永金[1]　吴文林[1]　秦　硕[1]　刘伟才[1]　杨国强[2]　年省力[3]

(1. 贵州燃气集团股份有限公司；2. 深圳市赛易特信息技术有限公司；
3. 北京中盈安信技术服务股份有限公司)

摘　要　阐述了管道巡检必经点和事件的概念、区别、分类，结合规范、地方政府和公司管理规定梳理了必经点标准化巡检内容；按照管道完整性管理业务管理理念，通过应用实践，建立了城市燃气高压管道巡检系统，打通了巡检系统和管道完整性管理系统之间相关数据传送，介绍巡检系统主要业务功能模块，分析巡检系统技术实现，使巡检管理趋向规范化，保障管道安全运行。

关键词　管道巡检系统，必经点，事件，标准化巡检

管道巡检作为管道运行管理单位的一项基本、重要工作，巡检方式上从传统的巡检模式发展到基于信息纽技术、FRID 技术、GIS 技术的电子巡检系统，随着信息技术发展、移动应用的普及，近几年结合管道完整性管理理念、要求而建设的智能化管道巡检系统已成为趋势。为满足贵州燃气集团股份有限公司(以下简称公司)开展管道完整性管理各项业务要求，公司结合下属成员业务单位巡检模式，建立了高压燃气管道巡检系统，本文对巡检必经点、事件、巡检内容标准化、系统业务功能等进行阐述、介绍。

1　巡检对象分类

将巡检过程记录体现在相应的系统平台上，变传统的纸质巡检记录为信息化的系统数据共享，在巡检系统建设可研阶段，需要明确巡检人员在管道巡检过程中经过具有代表性的点，以点代面开展管道沿线的巡检任务，例如巡检人员经过某点，即表示对改点代表的某段管道进行了相应的巡检。将巡检对象分为必经点、事件。

1.1　必经点

巡检人员不仅要对管道上方情况进行检查，还要对沿线环境、地质灾害区域、第三方施工区域等现象进行相应检查；由于贵州省内地质多为山区，植被繁殖较快，尤其是植物林密的山域，管道运行多年，有的管道上方巡检人员无法达到，只能到达管道附近；但作为巡检日常工作，对管道开展基本的日常巡检任务，应是对一些基本要经过的点进行巡检。必经点是巡检人员在自己所属的巡检区段内必须要经过的点，持巡检APP 移动端设备到必经点的一定缓冲范围内(可自行设置)驻留一定的时间(如 30s)，系统则认为打点成功。一旦确定了某处为必经点，从管理方面制定对必经点的管理规定。有的文献[2]中叫巡检关键点，其为现场管道巡检工作提供了重要的位置依据，可以提高现场管道巡检闭环管理定位工作的效率。

对必经点设置必要的巡检要求，在必经点驻留时需要录入该必经点的巡检记录(离开该必经点的范围则不允许录入)，巡检记录存在“否”的情况，则该必经点在后续巡检的过程中用高亮的颜色显示，直至从“否”变成“是”。(通过同步最近一次必经点的检查记录来进行提醒，若最近一次巡检记录有颜色，则本次就有颜色，若上次没有颜色则本次也没有颜色。)在录入巡检记录的时候，可以上传该必经点周边环境的照片，既能明确人到了必经点也可以通过巡检记记录数据查询照片识别周边环境是否有异常情况。若某个必经点内的填报巡检内容记录存在“否”的情况，则用高亮颜色提醒，在今后的巡检过程中均用高亮的颜色提醒，直至该必经点的巡检记录全部为“是”即表示该异常现象闭环，高亮颜色显示消失。

必经点是相对比较固定的点，对实际的巡检现状开展调研后，为减少系统建成投入使用后不必要的系统核心模块改动，确定必经点类型为穿跨越点、高后果区、阀室、地质灾害区。

1.2　事件

在管道沿线巡检过程中，将管道附近的第三方施工、活动时间较长的人类活动等定义为事

件，例如对于第三方施工的管理，在施工前、施工中、施工结束等过程开展施工安全协议、管道保护相关法律内容告知等；建设的巡检 APP 移动端，应能对事件进行动态跟踪，将跟踪信息分为跟踪中、未跟踪、跟踪结束，巡检人员到达了某一事件所在区域后，将事件信息以图片、视频等方式上传到巡检系统。

事件的存在周期短，对其管理方式是跟踪事件动态信息，将跟踪信息录入、上传系统，实现事件状态的闭环管理，一旦该事件结束，不再纳入巡检对象内；必经点相对存在周期长，伴随管道全生命周期。在进行系统架构和功能模块设计时，应分别管理。

2　必经点巡检内容标准化

经对集团公司所属已经推广实施管道完整性的业务单位调研发现，在外聘巡检人员管理方式、内部人员巡检模式等方面存在差异，考虑系统建成后期将向其他子公司进行推广，需将存在差异的内容进行统一，避免个性化的定制巡检内容。根据国家 GB/T 35068—2018《油气管道运行规范》以及地方政府对高后果区、管道巡护管理要求，并结合公司管道完整性管理第三级体系文件《高压燃气管道及设施巡查管理规程》，确定巡检内容。检查内容设置为字句判断式，提供“是”“否”选项，选是为存在异常，选否为无异常。

2.1　公司内部巡线人员巡检内容

2.1.1　高后果区

（1）水工工程、阴极保护设施、管线穿越点排气管、管涵、三桩、警示牌等管道附属设施是否完好。

（2）检查在管线中心线两侧各 5m 范围内是否存在取土、挖塘、修渠、修建养殖水场。

（3）检查在管线中心线两侧各 5m 范围内是否存在堆放大宗物资，采石、盖房、建温室、垒家畜棚圈、修筑其他建筑物、构筑物或者种植深根植物等问题。

（4）对穿越河流的管道，在上下游 100m 内是否有掏沙、挖泥、筑坝、炸鱼、水下爆破等危及管道安全的水下作业。

（5）观察管道两侧 200m 范围内是否有特定场所和居民户数增加。

2.1.2　地质灾害区

（1）管道所经区域内地形、地貌是否有明显变化。

（2）水工保护设施是否有塌陷、损毁、松动或人为破坏等现象，雨后是否有水毁发生。

（3）管道安全控制范围内是否有滑坡、地面沉降或塌陷、水土流失、地裂缝、水淹、边坡变化、崩塌（崩落、垮塌或塌方）、泥石流和河床冲刷等异常现象。

2.1.3　穿跨越点

（1）管道周边有无水下作业，河道疏浚作业，如穿越河流的管道，在管道中心线两侧上下游 500m 范围内是否有掏沙、挖泥、筑坝、炸鱼、河道疏浚作业、水下爆破等危及管道安全的水下作业。

（2）管道穿越公路、铁路、河流渠道等交叉部位的安全保护措施是否有缺陷。

（3）管道周边是否有燃气或加臭剂异味、水面冒泡、植物枯萎等异常现象或检测到燃气泄漏。

2.1.4　阀室

（1）阀室土建、安防、供电、工艺、自控、泄漏报警器等是否有异常现象；

（2）主阀、放散阀开关状态是否不合规，开关状态牌是否存在缺陷。

（3）阀室内外露的所有连接、密封部位是否有泄漏现象，设施和配件的防腐层是否有缺陷，是否有腐蚀、脱落现象。

（4）阀室周围是否有堆放杂物，是否有危及（或可能危及）设施安全的建（构）筑物。

（5）阀室外墙是否有缺损、阀室地基是否有下陷等情况。

（6）阀室是否卫生差，是否有积（污）水。

（7）阀室控制室内设施（仪表、供电设施、照明、UPS、RTU、消防器材等）外观是否有异常，控制室紧急开关是否有缺陷。

（8）阀门启闭操作是否有异常。

2.2　外聘属地巡线人员巡检内容

由于外聘巡线人员多为管道经过沿线村庄的村民，受知识水平限制，在使用智能手机方面存在困难，对于管道业主单位而言，其在管道巡检工作中起到“第三只眼睛”和协调当地相关管道保护事宜的作用，巡检内容主要包括周边环境、第三方活动、管道及附件。

（1）周边环境。管道安全控制范围内是否有滑坡、地面沉降或塌陷、水土流失、地裂缝、水淹、边坡变化、崩塌、泥石流和河床冲刷等异常现象。

（2）第三方活动。

① 管道两侧 50m 范围内，是否有影响管道安全的行为，是否存在开山和修建大型工程的情况，在管道附属设施周边五百米地域范围内有无爆破情况。

② 管线中心线两侧各 5m 范围内是否存在取土、挖塘、修渠、修建养殖水场，是否有排放腐蚀性物质，是否堆放大宗物资，采石、盖房、建温室、垒家畜棚圈、修筑其他建筑物、构筑物或者种植深根植物等的情况。

③ 管道是否有圈闭、包封。

④ 管道上方是否有重型车辆碾压。

⑤ 管道穿越河流两侧上下游 500m 范围内是否有掏沙、挖泥、筑坝、炸鱼、河道疏浚作业、水下爆破等危及管道安全的水下作业。

⑥ 管道穿越公路、铁路、电力线、通信线、河流渠道等交叉部位的安全保护措施是否有缺陷。

（3）管道及附件。管道周边是否有燃气或加臭剂异味、水面冒泡、植物枯萎等异常现象或检测到燃气泄漏。

3　主要业务功能及角色设置

3.1　主要业务功能

在充分调研业务单位对巡检管理过程中存在的痛点、难点，为实现巡检管理规范化，与已建成的管道完整性系统实现数据互联互通，满足基本巡检工作，主要业务功能如下。

（1）巡检基础数据。主要包含管线和桩管理，从 GIS 系统/管道完整性系统内，将管线、桩数据取过来，为划分巡检范围、巡检分段、必经点配置提供基础数据。

（2）巡检范围管理。巡检范围作为巡检第一层次层即最顶层数据，创建巡检区段时，需选择属于某个巡检范围。只有创建了巡检范围，才能划分巡检区段。巡检范围由管线起止桩号划分，一般指整条管线，或者某个部门管线的某段管线，可实现对巡线班组、外聘巡线工的巡检区段划分和对巡线班组的排班管理（指定一段时间，指定巡检班组按照某种频率巡检某几个巡检班所属区段）。

（3）必经点管理。实现管线必经点类型、必经点名称、必经点巡检内容的管理，其中必经点类型和巡检内容由公司管道完整性管理部门负责制定统一标准对数据维护管理，业务单位根据管道实际巡检情况可增删修改必经点名称。

（4）巡检计划管理。业务单位管理人员制定了巡检区段配置了必经点后，为巡检人员创建巡检计划，系统按照制定的巡检计划自动下发巡检任务至巡检 APP，巡检人员在巡检任务规定的起始时间内完成巡检区段内的所有巡检。根据对业务单位巡检管理调研，巡检计划的制定体现灵活性，支持 1 天 1 巡、1 天多巡、1 周 1 巡、1 周多巡、多天 1 巡、特殊时间段增加巡检频率（例如节假日、汛期巡检），支持步巡、车巡，不支持多天多巡，如有必要可将多天多巡灵活变动为多天 1 巡实现。

（5）巡检任务管理。业务单位的站（班组）长、线路工段长为巡线班组、外聘巡线工制定巡检任务计划，系统依据制定的巡检计划生成次日（或下一次）的巡检任务并下发，巡检人员登录巡检 APP 后，即可获得巡检任务，开展巡检工作，业务单位管理人员可根据上传的数据查看巡检工作是否符合管理要求。

对于业务单位实际存在的月巡即每个月开展一次的月巡工作（由管理人员、巡线人员共同参与），由于该类型的巡检人员不定、巡检时间不具有计划性，在完成月巡工作后，系统实现巡检结果进行记录并形成月巡任务记录以供查阅。

（6）事件管理。对第三方活动、自然环境变化、管线及设施的进行跟踪功能，录入跟踪信息，将事件巡检跟踪过程中的图片上传。该模块与管道完整性管理系统中的管道保护打通数据互联互通，使管道完整性管理系统中管道保护模块达到动态管理目的，同时对于某个事件，系统中记录该事项从开始到结束过程中产生的资料，实现事件的信息档案管理。

（7）与管道完整性系统对接。为了实现管道完整性管理业务的数据管理，达到整合管道完整性其他业务，形成业务关联链，利用建设巡检系统契机，对已经运行的管道完整性管理系统功能进行优化，主要体现在事件管理、日常数据采集方面。

对管道完整性系统运行中发现管道日常管理

基础数据收集、录入效率不高、数据质量较差，有的业务单位一线巡线人员在开展巡线任务时，不仅仅是单纯巡线工作，还承担其他数据测试、收集任务；有的业务单位巡线与管道数据采集不是同一拨人，考虑系统建成后期的推广需要，将管道完整性系统中的阴极保护检测结果数据、恒电位仪日常运行数据、绝缘装置检测数据、阀室静密封点检测数据在巡检 APP 中实现现场采集，实现数据录入方式多样化(图 1)。

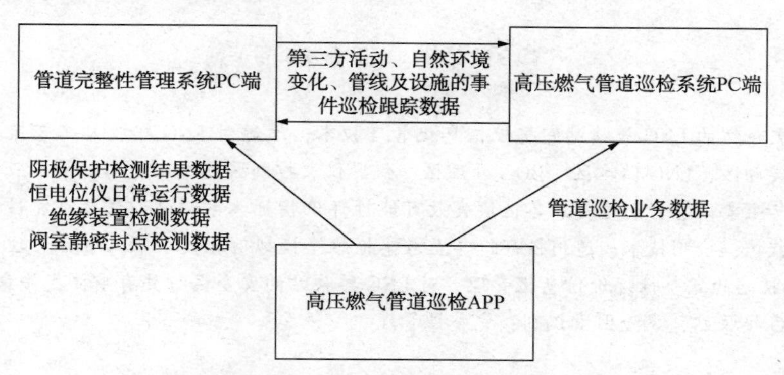

图 1　管道完整性管理各系统间业务数据信息共享简图

（8）统计分析。结合业务单位及地方政府对管道高后果区巡查检查要求，“管道企业每天至少开展 1 次全覆盖巡查检查；重要节假日、重大活动期间及其他特殊敏感时段对Ⅲ级高后果区的全覆盖巡查检查每天不少于 2 次”，系统实现每日/周/月工作统计、必经点达到次数统计、人员巡检完成率统计，并生成统计报表(表、柱状图或者饼状图结合)结合的方式，查看方面、显示直观，便于业务单位管理人员开展高后果区、地质灾害区等必经点巡检数据统计查询、巡检考核等工作。

3.2　角色配置

巡检系统角色分为集团公司层、业务单位、业务单位管理部门、站或工段、巡线班组、外聘巡线员。按照业务单位内部巡检情况，巡检过程以班组为单位开展，人数至少 2 人或 2 人以上，不允许存在 1 人巡检方式，针对一线人员角色配置到班组，为每个巡检班组配备至少一台专用巡检 APP 终端设备；按照外聘巡检人员管理情况，由于其巡检范围相对固定，在划分片区内巡检工作基本为 1 人，系统角色配置到具体的个人，将配备的巡检 APP 终端操作设置为简洁操作模式以便于开展巡检工作。

4　结语

通过建立高压管道巡检系统，将巡检系统从单纯的工作模式提升为打通管道完整性管理业务中相关信息数据链的重要手段，与管道完整性管理系统相关模块信息建立了紧密的联系，实现了利用标准化、信息化、智能化手段有效保证管道安全运行的新技术应用要求；目前该系统在公司高压管道上进行应用，系统运行状况良好，满足巡检日常管理工作需求，后续将研究向次高压管道巡检工作开展推广应用。

参　考　文　献

[1] 薛旭艳，张鹏，等．基于 3S 技术的管道巡检系统[J]．管道技术与设备，2009(01)：25-28.

[2] 刘亮，高海康，等．基于完整性管理的管道巡检闭环平台的设计[J]．油气储运，2016，35(09)：924-927.

[3] 贵州省能源局．《关于切实加强油气长输管道巡护管理工作的通知》[EB/OL] http://nyj.guizhou.gov.cn/zwgk/xxgkml/zcwj_2/jnwj/ptwj_2/201906/t20190619_28811113.html

[4] 贵州省能源局．《省能源局关于印发 2019 年油气输送管道安全保护重点工作的通知》(黔能源监管〔2019〕32 号).

LNG 接收站完整性信息化管理技术研究

李成志　刘丽君　谭东杰　石　磊　杜　选　刘晓宁

（昆仑数智科技有限责任公司）

摘　要　本文介绍的 LNG 接收站完整性信息化管理技术，通过对 LNG 接收站工艺流程的分析，按功能将其分为码头接卸区、LNG 储罐区、BOG 处理区、仪器仪表控制区、气化外输计量区五大区块，根据各区块特点并分析其主要设备，通过建立各区块失效可能性评价指标体系，得到失效可能性等级并分析其发展趋势。将智能监控、检测技术、适用性评价甚至应急抢维修模拟仿真技术融入日常管理和定期评价过程中，实现 LNG 接收站的完整性评价信息化管理，对 LNG 接收站的安全运行具有重要指导意义。

关键词　LNG 接收站，风险因素识别，完整性管理

1　引言

液化天然气（LNG）作为一种易燃易爆品，具有低温、易挥发等特性，一旦泄漏会迅速蒸发吸热，使设备过冷而脆性断裂，与人接触后会引起严重的低温灼伤和组织破坏，泄漏的蒸气云遇到明火还将引发火灾甚至爆炸。LNG 接收站作为液化天然气接卸、储存与气化的场站，其设备相对集中，且有着区别于其它站场的工艺体系和关键设备。因此 LNG 接收站的完整性管理应以科学的闭合循环管理理念，优化设备信息化管理手段，实现对设备风险的有效控制。

目前对 LNG 接收站完整性管理的研究重点多放在区块局部风险评价和蒸气云扩散或爆炸等，对接收站风险评价等研究存在片面、不完全性，忽略了日常运行中从接收码头到气化外输过程整体的风险评价方法研究，特别是接收站综合评价指标体系的建立、风险因素的识别、风险等级的量化等理论问题的研究还有待完善。昆仑数智科技有限责任公司在 LNG 站场完整性体系建设方面已经做了相关的研究工作，为 LNG 接收站完整性信息化管理体系的构建和完善做了大量的工作。

2　LNG 接收站风险因素识别

LNG 接收站又称 LNG 接收终端，是 LNG 产业链中重要组成部分，它具有接收、储存和调峰等功能，为区域管网用户稳定供气，失效形式多表现在设备、装置、仪表等。目前我国建设的接收站规模大小不一、用户不同，但工艺流程都大同小异，其工艺流程见图 1。

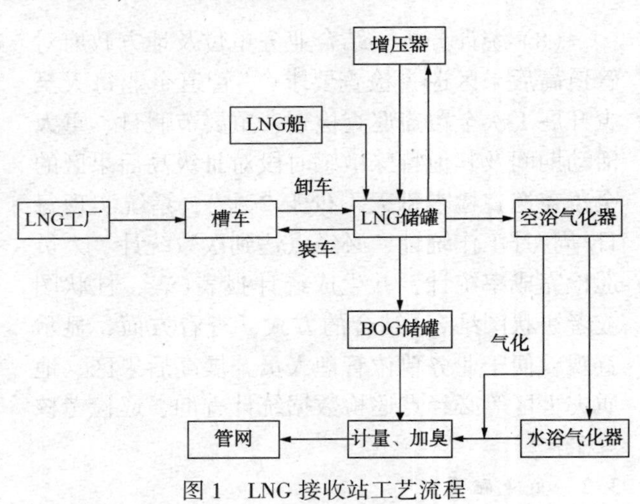

图 1　LNG 接收站工艺流程

2.1　风险因素辨识方法

风险因素辨识是 LNG 接收站风险评价中较为重要的一部分，不同的风险因素辨识方法有着各自的适用范围和局限性。目前，较为规范的风险因素辨识方法有安全检查表、事件树分析、故障树分析、预先危险性分析和危险性与可操作性研究等。

2.2　主要危害因素分析

LNG 接收站具有储存和外输两大主要功能，兼具调峰功能。站场主要设备为接卸臂、储罐、管道、泵、压缩机和气化器，根据接收站工艺流程按照功能划分，将 LNG 接收站分为五大区块：码头接卸区、储罐区、处理区、仪器仪表控制区和气化外输计量区。运用故障树对五个区块进行分析并计算出影响因素的结构重要度系数，可辨识出各个区块主要设备或装置的风险因素之间逻

辑层次关系。

通过分析各区块主体设备失效风险因素，进行故障树分析并建立各区块故障树，构建出各因素之间的层次逻辑关系，为指标体系的建立打下基础。

（1）码头接卸区：接卸码头是 LNG 船专用码头，码头主要设备包括泵、接卸臂、压力管道和阀门通过对该区块内主要设备失效模式进行分析。

（2）LNG 储罐区：LNG 接收站中 LNG 储罐内罐材料为钢，外罐为钢筋混凝土绕筑，中间填有保温层。基础采用架空式建造，不设置加热系统，避免了由于温差而产生的应力。每个储罐中并联安装离心泵，低压泵从储罐底部吸入，输出进入高压泵，再到气化器气化外输。该区块主要设备包括低温储罐、罐底潜液泵、阀门和压力管道，通过对该区块内主要设备失效模式进行分析。

（3）BOG 处理区：储罐中储存的 LNG 由于自然蒸发，在储罐上层会形成以 NG 为主的蒸发气(BOG)。通过压缩机来控制储罐压力，保持储罐正常的工作压力而不致真空或超压。回流鼓风机仅在卸船时使用，用于维持船舱压力。该区块主要设备为压缩机、压力管道和阀门，通过对该区块内主要设备失效模式进行分析。

（4）仪器仪表控制区：仪器仪表失效形式主要是仪器漏气影响真空度、转动部件失灵、误操作、人为因素损坏和工作条件不达标等。仪器仪表、阀门是控制区的主要设备。

（5）气化外输计量区：LNG 增压外输系统主要作用是将低压输出管内的 LNG 经高压泵增压后至气化器气化，达到外输要求后输送至干线。该区块主要设备为泵、气化器、压力管道、阀门和计量装置构成。

通过对接收站各区块主体设备、工艺流程图、设备平面布置图分析，按功能将其分为五大区块，并通过构建各区块故障树辨识主要风险因素，将故障树得出的主要风险因素进行适当的筛选，建立出一套适用于接收站风险评价体系，把握科学性、全面性、系统性和相对独立性等指标体系建立原则，建立适应性较强的接收站各区块失效可能性评价指标体系。

3 LNG 接收站失效可能性评价分析

物元可拓模型适合于大规模、多因素、多指标的复杂系统评价，但传统的物元可拓模型是对评价对象单层次多特征系统的描述，而 LNG 接收站作为一个复杂系统，其评价指标体系也是一个具有多层次复合结构、子结构又包括多个子系统的复杂系统，因此需要将多级物元可拓方法应用于 LNG 接收站评价中，确定以最大综合关联度来评价失效可能性等级[9]。

采用多层次复合物元可拓方法分析场站各区块失效可能性，考虑到评价指标存在一定的内部依存关系，采用层次分析法对指标赋权，并将基于集对分析的同异反五元联系数评价模型运用于 LNG 接收站失效可能性评价中，对失效可能性发展趋势进行分析，做到失效可能性评价过程中静态与动态的结合。

3.1 物元可拓模型建立

复杂问题在处理过程中往往需要通过层次分解来简化，在多级物元可拓模型层次结构构建过程中，顶层称之为目标层，中间层称为指标类层，再往下是指标层。同一层次的问题作为准则，既受到上层要素的支配，同时也对下一层次要素起支配作用，最终目标层、指标类层、指标层构成一种树状的层次结构模型。

关联函数可以把描述事物量化，表示物元的量值取值为实轴上一点时，物元符合要求的范围程度，同时反映事物量变和质变的可变性过程。关联函数取值范围是整个实数轴，用关联度刻画事物各指标关于各等级的归属程度。

3.2 失效可能性发展趋势分析

在应用物元可拓方法对评价过程中发现，传统方法在进行失效可能性分析时不能将系统的确定与不确定性同时进行考虑。具体应用中，主要是在某种规则或方案下，通过建立待评对象与理想方案之间的联系数，对所研究的系统进行评价，这样可使研究结果更符合实际情况。针对上述情况，将基于集对分析的同异反五元联系数评价模型运用于 LNG 接收站失效可能性评价中[10][11]，该模型拓展了对失效可能性评价的数学表达方式，可以对失效可能性发展趋势进行分析，再结合物元可拓方法，可以做到评价过程中静态与动态的结合。

4 LNG 接收站完整性管理

LNG 接收站完整性管理作为确保场站安全性的通用管理模式，通过对所有影响场站完整性的因素实施动态、全过程、一体化的管理，以确保接收站始终处于安全可靠的服役状态。LNG接收站完整性管理主要包括可靠性分析、风险评价、风险控制及完整性维修等，完整性管理计划是一个开放的技术管理体系，不存在“最优”或“唯一”的答案，需要结合实际不断完善[12][13]。

4.1 LNG接收站站场完整性管理对象

LNG接收站有着区别于其他油气输送站场的特有的设备设施和使用环境。LNG站场的设备设施种类繁多，主要有低温工艺动设备、低温工艺静设备、码头设备设施和站场建筑物。站场完整性管理体系的建立要克服评价对象的多样性、评价指标的差异化、扩散系数的趋同化等困难，最终形成与站场工艺特点、设备特质和环境特点相适应的一套系统系管理体系。为最终建立起该完整性管理体系，应分清主次，逐步建立。工艺设备是接收站最主要的设备，也是站场完整性管理的核心管理对象，先对这部分设备进行接收站完整性管理体系的建立，其次是重要设施，最后覆盖全部设备设施，如此才能顺利的构建出一套完整的LNG接收站站场完整性管理体系。

鱼刺图法又可称为因果图分析法，具有简洁实用、深入直观的特点，能够将复杂的系统层层简化，得到所需要的主控因素。考虑到LNG接收站完整性管理中的投入与控制指标，即数据采集与管理、风险评价、完整性评价及设备维修与维护等内容。将“LNG接收站完整性管理质量缺陷”作为“鱼头”，绘制相应的鱼刺图，其结构见图2。

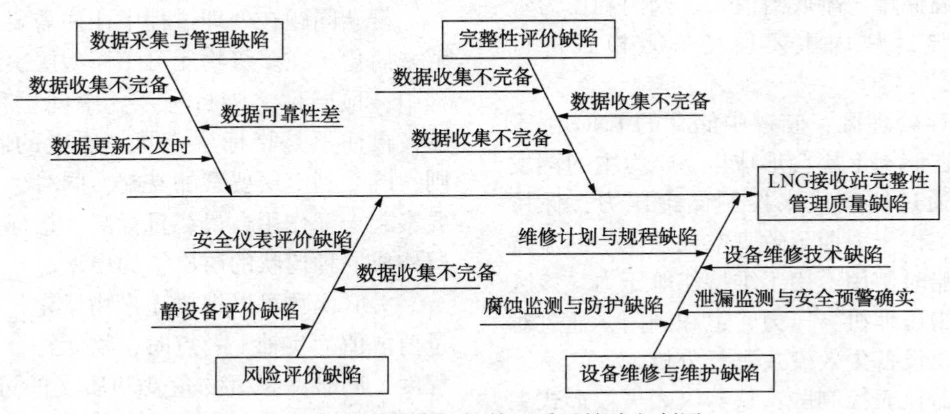

图2　LNG站场完整性管理质量缺陷鱼刺图

4.2 设备完整性管理理论

4.2.1 设备完整性的概念

设备完整性是指设备的机能状态，即设备在首次安装起至使用寿命终止时间内，满足正常运行情况下应有的状态。设备完整性的认识误区不能将设备实物的完好与否、设备辅件的齐全与否与完整性混为一谈，或更进一步地将设备完整性理解成设备在安装时的合理性、完全性，或设备在使用过程中的维护可靠性等。

4.2.2 设备完整性管理体系的建立

设备完整性管理体系要随企业生产经营管理策略的调整而进行调整，以不断适应企业发展对设备管理的要求。但在企业某个发展阶段内，设备完整性管理体系应保持相对固定，以保证政策、制度的稳定，从而确保设备完整性管理体系的可执行性与执行力。设备完整性管理策略：维护保养程序所有设备的维护保养要求及润滑油管理制度就形成维护保养程序；关键设备持续性、可靠性分析方法运用ABC分类法对设备进行分类，运用质量保证七大分析法对设备故障根本原因、发生频率、故障分布、趋势等因素进行分析；预防性维护计划或管理对所有设备制定预防性保养或维修计划，可以根据设备重要性或设备类型对预防性维护计划进行分类管理；分析设备故障原因，采取防范措施。

4.3 LNG接收站完整性评价方法

LNG接收站的运行特点决定了其不适于完全采用预防性的周期性检修模式。站场完整性评价方法是以风险管理为核心的模式，其完整性评价技术是以站场设备、设施的风险评估为核心[15][16]，LNG接收站的核心管理对象：BOG压缩机、高压输出泵、低压输出泵、海水泵；储罐、静设备及管线：卸料臂、SCV(浸没燃烧式气化器)、ORV(开架式气化器)、LNG储罐和各式低温储罐、低温管线阀门等。LNG 接收站的完整性评价应结合配套专业(如机械、仪控、电、消防等)提出的评价方法综合评定站场的完整性状态，按失效可能性选择检测方法和运营策略，按风险大小确定日常维护、监测的重点，实现站场安全可靠地长周期运行。其完整性评价需要一整套技术标准和基础数据库的支持，可以设计将监控、检测技术、适用性评价甚至应急抢维修模拟仿真技术融入日常管理和定期评价过程中，实现这一过程的手段是适用的监测和检测评价技术，核心是风险评估和适用性评价。

4.3.1　站场设备设施数据信息库

站场数据信息库主要汇集能反映设备设施的状况和风险源的必要数据和信息.

(1) 与设计、制造、操作、维护、监测、运行异常等相关的信息以及具体特有的故障和问题等相关信息。

(2) 腐蚀、侵蚀、蠕变、疲劳、机械损伤和脆性断裂等设备设施功能退化、失效机理、诱发因素及其后果。

(3) 致使缺陷扩展、降低设备设施性能或可能造成新缺陷的情况信息。

(4) 对于人员、环境和操作产生危害影响的信息。

数据信息库的具体来源包括设备和附件的设计图纸、施工记录、材料合格证明、制造设备的技术数据、验收报告、设备运行和管理计划、应急处理计划、事故报告、技术评价报告、操作规范和相应的标准等，还包括专家经验信息。

为便于实施，应建立可动态更新的完整性评价技术清单模版，包括具体指标的历史数据和趋势。该数据信息库应覆盖实施设备设施完整性管理和决策所需的全部信息，是实施完整性评价的核心支持平台。由于信息数据总体庞杂，必要的分类、层次结构、搜索方法在数据信息库的设计中非常重要。

4.3.2　完整性评价技术

根据识别出的危险因素，选择合适的完整性评价技术及其组合，针对站场设备设施的具体部位、整体系统进行风险评价、动态监测分析及直接检测验证。该过程可借助于专业软件。对于具体危险因素的评价应与其他信息进行关联和综合评估。对于高概率的具体缺陷应设法采用检测工具核实，进而采取维护策略；如果无法直接检测，应制订风险减缓计划和实际的监控手段，最终形成有决策参考价值的完整性评价报告，并在反馈后更新周期维护策略，形成基于评价结果的维修策略。其具体实施可以通过应用软件在可视化三维界面上来进行评估、决策与维抢修，实现完整性管理的可视化、智能化及数据共享。完整性评价的硬件依托包括现场测量设备和监测设备。

4.3.3　完整性评价结果响应与措施

完整性评价结果响应与措施就是将完整性评价报告转化为决策和管理行为，包括制订并实施降险措施、检修策略，更新完整性管理程序、数据信息、应急抢维修与事故应急保障计划等。

4.3.4　软件技术研究

(1) 门户(portal)技术。

采用先进门户技术实现对设备设施完整性管理各个子系统的整合、单点登录、信息搜索查询、文件发布管控、统计分析、沟通协作、知识共享和个性化工作平台。通过门户技术将实现：统一内部设备设施完整性相关数据/信息的产生、存储、处理、交换和使用各环节；建立相关岗位与完整性业务应用系统之间的联系；为设备设施完整性相关的各类信息共享提供方便易用的手段和工具；整合完整性相关各类信息系统，推进完整性业务信息化进程；统一用户管理，确保数据安全性；实现统一的、高质量的用户呈现形式，总体风格符合企业文化；为员工提供一个可以个性化设置的完整性工作平台。

(2) 基于完整性评估结论的预防维护技术。

设备设施完整性专项中包括很多完整性专业评估方法，在完整性管理平台设计开发课题中，将针对各类维修策略进行抽象化建模，形成如下维修策略模型：在完整性业务流程子系统中，支持此维修策略模型，能够将完整性评估所得的全部结论存储于维修策略库中。同时在完整性业务流程子系统中设计开发维修策略执行功能模块，能够对具体设备的维修策略实例化，形成预防性维修计划，实现维修计划周期性自动执行，以此实现完整性专业评估结论的落地执行。

(3) 基于状态监测的预测维护技术。

在完整性管理平台设计开发中，将充分利用完整性检验和监测数据。具体应用如下：利用关键设备开停机信号，实现设备关键运行指标的计算以及剩余寿命报警，形成设备预防维护清单；

利用对设备状态的监测，自动生成设备运转台账，标识设备运行状态。

5 LNG 接收站完整性管理信息化发展方向

LNG 接收站完整性管理信息化技术研究是一个年轻且富有前景的研究领域，目前取得了一定的研究成果并开展了应用，但仍有相关技术需要进一步研究及工业化应用。

5.1 大数据下的关联分析技术

随着“知识爆炸”和信息量呈指数级增长，进入了“大数据时代”，带来了一种新型的能力，大数据时代带来了思维上的变革不再热衷于寻找因果关系，建立在相关关系分析法基础上的预测是大数据的核心。在油气行业，随着系列信息系统的上线运行，所存储的数据种类、数据量呈指数级的增长，如何在大数据中获取有用的知识并为生产决策服务，成为未来信息化技术的重要发展方向。

5.2 物联网技术

基于物联网技术的 LNG 接收站完整性管理，在现场数据采集、远程监测、物资管理等领域显示出非常广阔的应用前景，不仅可以实现跨地域协同工作，紧密连接站场管理的各个环节，优化 LNG 接收站运行的安全管理。物联网的最终应用目标是将感应器嵌入到站场和设备设施中，然后将站场与现有的互联网整合起来，实现站场与人员两个系统的整合。同时利用能力强大的中心计算机群，对整合网络内的人员、设备设施实施实时的管理和控制。在此基础上，管理人员可以更加精细和动态地优化站场完整性管理的各个环节，达到“智慧”状态，提高资源利用率和管理水平，确保 LNG 接收站安全运行。

5.3 移动智能终端的应用

基于移动智能终端的安全管理，在 LNG 接收站现场具有广阔的应用前景，包括现场协调、智能巡检、缺陷维修、应急指挥、风险评价调查等。通过移动智能终端，可以使各级管理人员不受时间、空间的限制，及时获取站场设备资料和上报信息，大大提高了快速反应能力，减轻了人员后期的数据整理工作量。移动智能终端的最终应用目标是充分利用智能终端的操作系统、传感器的特性，结合现场管理的实际情况，将现有的各类系统移植和扩展到智能终端上。除了能提供现场数据采集、流程审批、事件上报、信息查询等常规工具外，移动智能终端还可以结合云计算、物联网为传统业务管理带来新的技术变革，从而为各级管理人员创建随时随地办公的便利条件。

6 结论

LNG 接收站由于储存介质的特殊性，加上低温储罐大型化发展趋势，一旦发生事故，会造成人员伤亡、财产损失和环境污染。因此，对 LNG 接收站进行风险评价意义重大。本文对对风险等级的量化和风险发展趋势的预测，将智能监控、检测技术、适用性评价甚至应急抢维修模拟仿真技术融入日常管理和定期评价过程中，实现 LNG 接收站的完整性评价信息化管理，对 LNG 接收站的安全运行具有重要指导意义。随着 LNG 站场完整性管理信息化技术在数据支持、风险管理、决策支持等诸多方向上取得了丰富的研究及应用成果，在未来，LNG 站场完整性管理信息化技术领域需要进一步提升数据应用水平，发挥数据整体价值，加强新技术在行业内的研究与应用，改变传统的生产方式，优化工作流程，使管理更智能。

参 考 文 献

[1] 郭海涛．LNG 接收站站场完整性体系构建要点[J]．设备管理与维修，2017，(2)：25-27.

[2] 付子航，单彤文．大型 LNG 储罐完整性管理初探[J]．天然气工业，2012，32(3)：86-93.

[3] 柴田．大鹏湾液化天然气码头风险评价的研究[D]．大连海事大学，2006.

[4] 周利剑，贾韶辉．管道完整性管理信息化研究进展与发展方向[J]．油气储运，2014，33(6)：571-576.

[5] 郭丽杰．基于风险的石化动设备智能维修决策研究[D]．北京化工大学，2009.

[6] 贺焕婷，黄坤，许强，等．基于可拓理论的 LNG 液化厂安全综合评价[J]．油气储运，2013，32(5)：480-484.

[7] 祁云清，姚安林，朱元杰等．基于可拓理论的油气站场完整性管理质量评价方法研究[J]．中国安全生产科学技术 2014，10(10)：185-190.

[8] 王庆锋．基于风险和状态的智能维修决策优化系统及应用研究[D]．北京化工大学，2011.

[9] 张爱国．设备运行阶段风险管理研究[D]．天津大学，2006.

[10] 周兴慧，张吉军．基于五元联系数的风险综合评价方法及其应用[J]．系统工程理论与实践，2013，33(8)：267-274.
[11] 牟善军．建立设备完整性管理体系的必要性[J]．中国石化，2006(7)：30-32.
[12] 刘淑芬，房兢，邹家民．炼油化工行业设备完整性管理信息化系统研究[J]．中国石油和化工标准与质量，2020，(7)：73-74.
[13] 孙建宇．输气管道完整性管理简介[J]．石油库与加油站，2009，18(3)：14-17.
[14] 祁云清，姚安林，黄亮亮等．五元联系数在LNG接收站失效可能性评价中的应用[J]．中国安全科学学报，2014，24(12)：130-136.
[15] 张鹏，姜云，段永红等．新建油气管道完整性管理系统模型设计与开发[J]．天然气勘探与开发，2010，33(4)：77-82.
[16] 张华，马晓斌，吕黎军等．沿海LNG接收站场储运设施检验策略初探[J]．中国特种设备安全，2016，32(9)：29-32.
[17] 王凤琴．LNG接收站安全评价软件的开发[D]．西南石油大学，2015.
[18] 董绍华，王联伟，费凡，等．油气管道完整性管理体系[J]．油气储运，2010，29(9)：641-647.
[19] 郭磊，周利剑，白楠等．长输油气管道完整性管理信息化实践[J]．油气储运，2010，33(2)：144-147.

NY 气田集气场站区域性阴极保护技术改造措施

张　健[1]　鲍明昱[1]　张　力[1]　苏尚田[2]　姜　军[2]

(1. 中国石油西南油气田；2. 重庆气矿)

摘　要　介绍了集场气站实施阴极保护的技术特点、区域性阴极保护设计以及测试结果。结合区域性阴极保护技术在NY气田集气场站中的应用产生干扰和屏蔽问题进行了分析，并针对不同场站出现的问题采取相应的技术改造措施，排除了集气干线管道出现的干扰、屏蔽等，实现了区域性阴极保护在该集气场站的应用。

关键词　区域性阴极保护，集气场站，干扰，屏蔽，应用

阴极保护系统作为一种对埋地金属构筑物实施主动防护的技术，已在管道领域内获得了广泛的应用[1-2]。区域性阴极保护技术是阴极保护技术的一种应用特例，主要是对集中在某一区域内的多个埋地金属结构以及主要集中在埋地管网较为密集的区域，如集气站、压气站、城市地下管网等应用场所进行统一电化学保护。与保护对象单一的阴极保护系统相比，区域性阴极保护技术难点在于如何依据保护区域的实际情况，采用合理的设计、施工技术，获得保护电流的均匀分布，同时避免或限制其干扰和屏蔽的影响。

1　集气场站区域阴极保护技术特点

集气场站区域阴极保护对象主要为站内埋地管网，与输油站区域阴极保护相比，两者的金属设施均集中在相对较小的区域内，大量避雷防静电接地设施导致电流消耗巨大，且均为易燃易爆场所，属一级防火区域安全要求高。集气场站与输油场站区域阴极保护特点对比见表1。

表1　集气场站与输油场站区域阴极保护特点对比

场站类型	敷设方式	保护对象	保护对象分布	接地系统	场区空间	危险源
集气场站	站内管网多为直埋敷设	管网	相对密集	设备及仪表接地成网状	相对较小	天然气泄漏、火花
输油场站	大多数管道架空或管沟敷设	储油罐底板及少量埋地管网	松散	储罐及设备接地，多为单独接地	相对较大	油品泄漏、火花

相对于输油场站的区域阴极保护，集气场站区域阴极保护干扰和屏蔽问题更为突出，安全要求更高，对区域阴极保护的设计、施工和调试的要求也更为苛刻，成功实施区域阴极保护达到设计效果难度较大。

2　NY 气田集气站区域阴极保护设计

NY 气田地理位置位于中亚地区，属于典型的大陆性沙漠气候，土壤腐蚀性调查评价为中-强腐蚀性，而该气田属于高含硫、高温气田，输送流体腐蚀性强，为实施气田输气管道防腐的完整性，该气田输气干线及集气站埋地管道及配套设施采用外防腐层与阴极保护联合方案，即集气站内埋地管道及设施采用区域性阴极保护系统进行保护。

2.1　设计原则

通过多组阳极布置，合理分配保护电流，实现均匀分布；远阳极提供主要保护，近阳极对屏蔽区提供附加保护；采用相应保护措施，避免对站外干线造成干扰。

2.2　设计方案

集气站采用外加电流阴极保护，阳极地床采用深井阳极和浅埋阳极相结合分散布置的方式，并以深井阳极为主，浅埋阳极为辅；深井阳极地床均安装于站外，浅埋阳极地床靠近被保护结构安装，以降低屏蔽和干扰。

2.3 保护对象

主要对集气站内所有埋地设施进行保护，包括工艺管网、防雷防静电接地网、生活及消防系统、排污系统以及放空系统等。

3 试运存在的问题及技术改造措施

3.1 集输管道干扰分析及改造技术措施

区域性阴极保护是将整个区域内的所有地下金属结构全部纳入保护系统，一般不会产生内部干扰，其外部干扰主要表现为对金属结构或保护系统的影响。对于集气管道、长输管道，管道干线通常使用绝缘装置将场站内设备进行绝缘隔离，管道干线单独实施阴极保护。由于干线管道绝缘防腐涂层质量良好，保护系统输出电流通常较小，输出稳定，通常不会对站内埋地管道金属结构造成明显干扰。但由于站内接地设施较多，保护电流通常大于干线保护电流，因此对场站实施区域阴极保护时，容易对站外保护系统造成干扰。

1#集气站区域阴极保护投运后，干线系统输出降低，管道有效保护距离缩短；2#集气站区域阴极保护投运后，干线系统输出增加，近端出现过保护。从表 2、表 3 相关数据可以看出，两个集输站区域阴极保护系统均对站外干线保护系统产生干扰。

表 2 1#站内区域阴极保护投运前后的管道保护系统参数对比数据

给定电位/(-V)		输出电压/V		输出电流/A		干线保护电位/(-V)			
						站外近端		站外 5km	
投运前	投运后	投运前	投运后	投运前	投运后	投运前	投运后	投运前	投运后
1.213	1.213	3.2	2.7	2.3	1.1	1.288	1.225	1.177	1.187

表 3 2#站内区域阴极保护投运前后的管道保护系统参数对比数据

给定电位/(-V)		输出电压/V		输出电流/A		干线保护电位/(-V)			
						站外近端		站外 5km	
投运前	投运后	投运前	投运后	投运前	投运后	投运前	投运后	投运前	投运后
1.219	1.219	2.8	4.6	3.1	5.1	1.291	1.374	1.191	1.321

注： 给定电位相对于 $Cu/CuSO_4$。

由于集气干线阴极保护系统均采用恒电位控制方式，通过控制埋地长效参比电极附近管道(通电点)的极化电位作为反馈信#进行恒电位调节，所以控制点的极化电位变化直接影响到系统的输出。当来自站内保护系统的干扰电流导致控制点阴极极化增加时，为维持设定的控制电位，干线阴极保护系统输出将自动下降，这种情况下控制点是干扰电流的流入点(阴极)，由于绝缘法兰的电隔离作用，进入管道的这部分干扰电流将从另一点(阳极)回流至站内保护系统，而不会对整个干线管道全面阴极极化，由于系统输出下降，所以远端管道阴极极化必然降低，1#集气站区域阴极保护投运后对站外保护系统的干扰即属此类。

与此相反，当来自站内保护系统的干扰电流导致控制点阴极极化减小时，为维持设定的控制电位，干线阴极保护系统输出将自动提高，这种情况下控制点是干扰电流的流出点(阳极)，管道上另有干扰电流流入点(阴极)，干扰电流的流入/流出也出现在管道局部。由于系统输出增加，所以整个管道阴极极化加大，近端易产生过保护，2#集气站区域阴极保护对站外干线的保护系统的干扰属于此类。

技术改造措施：①根据站内阴极保护系统调试情况，对部分阳极进行限流；②对站外干线近端进行密间隔电位测试，将站外阴极保护系统的控制点转移至不受干扰区域；③对控制点安装排流电极，以降低或消除干扰电流引起的附加极化或去极化；④站外管道保护系统采用恒电流控制方式。针对 1#集气站和 2#集气站阴极保护情况，对集气站采取站内阳极线加限流电阻限流、对干线阴保系统采取多路合用，将参比电极移至不受干扰的位置。1#集气站和 2#集气站干扰解决措施及测试结果见表 4。

表4　站内区域阴极保护投运前后干线保护系统参数对比结果

场站名称	解决措施	给定电位/(-V)		输出电压/V		输出电流/A		干线保护电位/(-V)				干扰排除结果
								站外近端		站外5km		
		投运前	投运后	投运前	投运后	投运前	投运后	投运前	投运后	投运前	投运后	
1#集气站	增设限流电阻限流	1.213	1.213	3.2	2.9	2.3	1.7	1.288	1.265	1.177	1.187	系统输出稍有增加，干扰基本排除
2#集气站	参比移至未干扰区	1.219	1.219	2.8	2.3	3.1	5.1	1.291	1.275	1.191	1.178	系统输出稍有降低，干扰基本排除

3.2　集气站产生屏蔽及改造技术措施

在集气站等结构密集区的管道可能会与接地系统、钢筋混凝土基础、电力系统及水管等接触，流向该区域的总电流足以在土壤中产生电位梯度，导致屏蔽效应。当出现密集区屏蔽时，仅依靠深阳极阴极保护系统是不够的，还需通过近阳极获得阴极保护。近阳极(牺牲阳极或强制电流阳极)必须在整个密集区布置，使阳极周围影响区相互充分叠加，改善整个连接结构保护电位。采用牺牲阳极作为接地系统有助于减轻密集区的屏蔽效应。

针对集气站站内接地极较多，采取预包装加铬高硅铸铁阳极体后，站内区域阴极保护系统输出显著降低，立管区域也得到了有效保护。

4　集气站区域阴极保护技术改造效果

两个集气站阴极保护系统输出见表5，阴极保护系统投运前各站自然电位在-0.64～-0.54V区间，阴极保护系统投运后各站测量值见表6～表8，测试电位均相对于$Cu/CuSO_4$。

表5　集气站阴极保护系统输出值

场站名称	整流器回路		输出电压/V	输出电流/A	给定电位/(-V)	保护对象	备注
1#集气站	1#整流器	1路	0	0	-1.286	消防生活合用水罐	合用
		2路	1.2	0.4	-1.29	消防水管道	
		3路	6.9	3.1	-1.296	生活用水管道	—
	2#整流器	4路	22	25.9	-0.942	放空管道	—
		5路	13.3	4.8	-0.920	站内埋地管道	—
		6路	0	0	-1.195	站内埋地管道	合用
		7路	11.3	11.2	-1.011	去蒸发池污水管道	
2#集气站	1#整流器	1路	25.6	14.9	-1.038	消防生活合用水罐	合用
		2路	0	0	-0.976	消防水管道	
		3路	9.7	3.4	-1.11	生活用水管道	—
	2#整流器	4路	7.3	8	-0.986	放空管道	—
		5路	5.8	2.5	-0.966	站内埋地管道	—
		6路	0	0	-0.948	站内埋地管道	合用
		7路	4.4	2.3	-1.209	去蒸发池污水管道	

表6　集气站阳极接地电阻

场站名称	不同类型阳极的接地电阻/Ω						
	1#	2#	1#	2#	3#	4#	5#
1#集气站	0.942	0.929	0.72	0.862	0.821	1.189	0.886
2#集气站	0.592	0.592	1.268	1.079	1.557	1.384	1.125

表 7　1#集气站区域保护测试结果

桩#	安装位置	保护电位/(-V)					
		1#接线柱	2#接线柱	3#接线柱	4#接线柱	5#接线柱	6#接线柱
TS01-02	消防水罐处(2m)	-0.908					
TS02-01	放空分夜罐(3m)	-0.98	-0.981	-0.955	-0.995		
TS02-05	二次分离器右侧(2m)	-1.119			-1.13	-1.13	
TS02-06	空冷器右侧(2m)	-1.191	-1.137		-1.198		
TS02-07	污水池处理泵(8m)	-1.174				-1.14	

表 8　2#集气站区域保护测试结果

桩#	安装位置	保护电位/(-V)					
		1#接线柱	2#接线柱	3#接线柱	4#接线柱	5#接线柱	6#接线柱
TS01-01	消防水罐处(1m)	-1.335					
TS02-01	放空分夜罐(3m)	-1.125	-1.04	-1.036	-1.103		
TS02-05	二次分离器右侧(2m)	-0.976			-1.297	-1.077	
TS02-06	空冷器右侧(2m)	-1.084	-1.153		-1.142		
TS02-07	污水池处理泵(8m)	-1.086				-1.314	

测试结果表明各检测点电位均达到保护要求，保护电位介于-1.335～-0.908V 之间，参考值为-1.5～-0.85V；各阳极接地电阻在 0.592～1.557Ω 之间，回路电阻在 1～3Ω 之间，参考值为小于 4Ω；两座集气站测试电位和电阻值在范围内，达到了区域阴极保护设计要求。

5　结论

(1) 针对 NY 气田土壤腐蚀调查评价其腐蚀为中-强性，在该气田集气站实施区域性阴极保护是有必要的。

(2) 区域性阴极保护在 NY 气田集气站应用出现了对站外集气管道阴保系统产生干扰、站内出现屏蔽等问题，通过试运和技术排查、制定技术整改措施，消除了对站外管道干扰和站内屏蔽。

(3) 通过对 NY 气田集气站区域性阴极保护关键参数检测，数据表明该气田集气场站阴极保护效果较好，达到集气站区域性阴极保护设计效果。

(4) 集气场站区域性阴极保护可在很大程度上减缓场站内埋地金属管道的腐蚀，延长埋地管道使用寿命。

参 考 文 献

[1] 张世斌．区域性防腐探讨[J]．天然气与石油，1997，15(1)：27-31.

[2] 郭生华，郭超，秦丰高．压气站区域阴极保护技术[J]．油气储运，2015，34(9)：973-977.

[3] 阎庆玲，陈洪源，赵君．油气场站埋地管道腐蚀控制技术[J]．石油化工腐蚀与防护，2009，26(2)：16-18.

[4] 党学博，李怀印，等．中亚天然气管道发展现状与特点分析[J]．油气储运，2013，32(7)：692-697.

[5] 张健，刘畅，黎洪珍，等．S-Y 气田集输工艺装置腐蚀与位移控制措施[J]．天然气勘探与开发，2016，33(2)：78-81.

[6] 陈敬民．土库曼斯坦南约洛坦气田 $100\times10^8m^3/a$ 商品气产能建设工程(地面工程部分)内部集输及配套工程内部集输工程(SYBD-2/1-13GT-GS-01)[R]．成都：中国石油集团工程设计有限责任公司西南分公司，2011.

钢制油气集输管道修复技术

王　琦　聂　嵩　殷志强　裴　红

（森诺科技有限公司）

摘　要　油气集输管道主要输送油气田中未经处理的原油及湿天然气，由于集输管道输送介质中往往含有地层水、CO_2、H_2S等腐蚀性介质，很容易对钢制管道造成内腐蚀，另外集输管道防腐层本身及施工质量问题造成管道的外腐蚀以及管道遭到第三方破坏等情况造成管道腐蚀、穿孔现象频发，本文介绍了钢制油气集输管道局部及全线修复的新技术思路，希望对促进油气集输管道的完整性管理发展做出积极贡献。

关键词　油气集输管道，修复技术，套筒，柔性管内衬，非开挖

油气管道系统作为国家油气资源输送的主要方式之一，其稳定运行具有十分重要的意义。在实际生产运行中，用于油气集输的钢制管道因内外腐蚀及第三方破坏等因素造成管道腐蚀、穿孔破坏现象，对此需要根据管线运行情况、破损程度等进行必要的内外检测以确定最佳的修复方案。目前国内外常用管道的修复技术主要包括：

（1）局部更换管道法：某燃气公司燃气管道运行中由于燃气气质差、腐蚀介质超标等造成燃气管网损害严重，管道出现腐蚀穿孔现象。对管线进行抢维修时，对于管道腐蚀严重、管壁较薄、不易焊补处进行管道更换。

（2）焊接补强法：通过在腐蚀管道上焊补强金属使其恢复管道服役强度，焊接补强法主要包括：堆焊、焊接管道加强板、在线套筒修复等。

（3）复合材料修复补强法：利用极高抗压强度的填料把压力部分传递到复合修复层，修复层材料为复合环氧树脂。

（4）非开挖管道修复法：该方法是针对管道由于部分腐蚀造成的管道整体失效而产生的。其包括：内衬法、喷涂法、局部修复法、化学注浆法和原位固化法（CIPP）。其中内衬法多用于城镇燃气管道、排水管道。

本文重点介绍两种在线套筒修复技术和一种新型的非开挖柔性内衬修复技术。

1　在线套筒修复技术

目前针对非泄漏状态下缺陷管道管体修复的套筒修复技术包括：A型套筒修复、B型套筒修复、环氧钢套筒修复等。

1.1　A型套筒修复

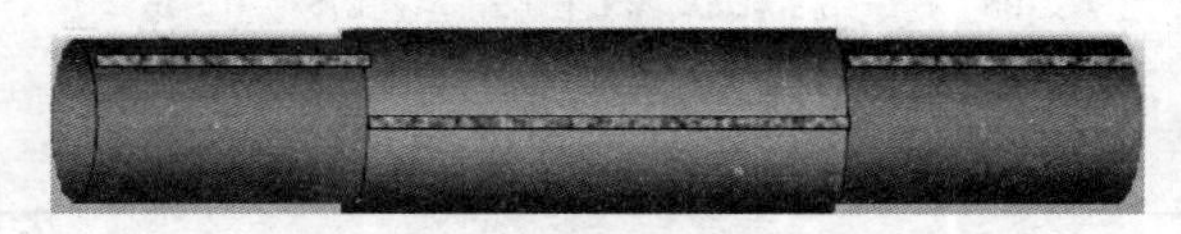

图1　A型套筒修复结构图

A型套筒是由放置在管道损伤部位的两个半圆的柱状管或两片适当弯曲的钢板，经侧缝焊接组合而成的（图1）。套筒侧缝的焊接可采用单一V型对接焊接，也可采用搭接填角焊接。A型套筒主要用于管道无泄漏损伤的修复，用作管道损伤部位的加强件。其特点是：①A型套筒安装简单，不需要进行严格的无损检测；②不能用于修复环向缺陷和泄漏，并且由于套筒与管体间形成的环形区域难于进行阴极保护，可能会产生潜在的腐蚀问题；③当管道最小剩余壁厚小于实际壁厚的20%时，不能使用A型套筒进行缺陷的修复。

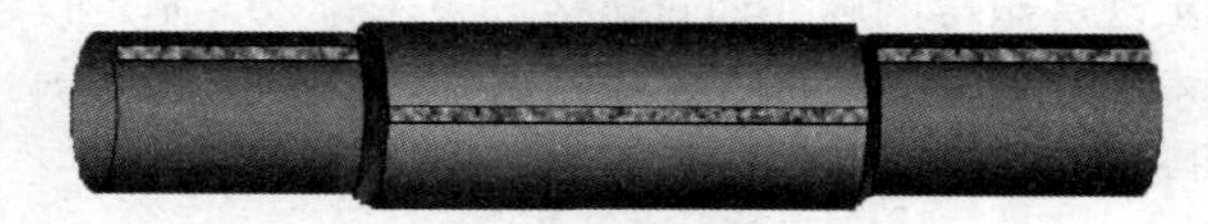

图2　B型套筒修复结构图

1.2　B型套筒修复

B型套筒修复技术是根据管体缺陷处在内压作用下的应力增大，利用全封闭钢质套筒恢复管壁缺陷处的承压强度，使其不会因达到变形极限而失效（图2）。该技术可用于腐蚀、裂纹、机械损伤、焊缝缺陷、管体凿槽、金属缺失、碳弧烧伤、夹渣或分层、凹坑等多种缺陷类型的修复，管道泄漏同样可以采用该技术修复。

B 型套筒修复技术效果较好，且套筒可承受管道内压，也能承受侧向载荷产生的轴向应力，靠性高，属永久性修复。缺陷修复时，应将管道降压到修复工艺所要求的压力评估计算值，且不得超过 0.8 倍运行压力；套筒材质应与待修复管道相同，套筒壁厚需大于或等于待修复管道壁厚，填充材料的抗压强度应>80MPa；修复过程中管道压力需降至<0.8 倍运行压力，影响管道正常输送，套筒焊接应满足焊接规范且无缺陷。

B 型套筒与 A 型套筒的主要区别在于 B 型套筒末端用角焊方式固定在油气输送管道上，可用于修复泄漏缺陷，补强内腐蚀缺陷，更多地用于较大面积的腐蚀区域。

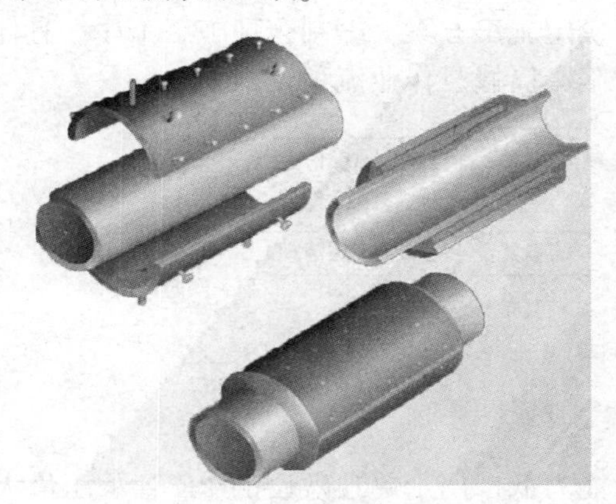

图 3 环氧钢套筒修复结构图

1.3 环氧钢套筒修复

环氧套筒修复技术是利用两个半圆柱壳覆盖在管体缺陷处，并与管道保持一定的环向缝隙，缝隙两端用胶密封，再次封闭空间内灌注环氧树脂，构成复合套管，利用环氧树脂把缺陷部位的载荷或应力转移到钢制套筒上，从而实现对管道缺陷的补强修复(图 3)。环氧套筒修复技术最大承压能达到 10MPa，作业简便、无需焊接，对管道正常运行基本没有影响。对于较长的缺陷，环氧套筒是一种有效的修复选择。但环氧套筒修复技术对环氧树脂性能和灌注质量要求较高，灌注不严将影响补强效果，等待固化的时间较长。环氧套管的修复技术已在中石油北京天然气管道有限公司、中石油管道有限责任公司等得到广泛应用。

应用实例：某公司管线于 2009 年投产，2018 年对全线进行清管及内检测，发现胶日线天然气管道全线多处出现缺陷点。根据管线检测及评价结果，对于部分超标的焊缝缺陷，推荐采取环氧钢套筒修复。

制定的管线修复方案如下。

补强用环氧钢套筒采用 L415 钢板制作，规格 ϕ556mm×12mm，形状为圆形套筒。

(1) 旧防腐层清除及基材表面处理。

将补强处的钢管表面处理区域划分，采用机械或电加热的方法除去 PE 层和胶粘剂层，预留防腐补口宽度为 50mm，然后用钢丝轮打磨掉附着在钢管表面的环氧粉末，除锈等级至少应达到 St3.0 级。应特别注意缺陷部位的表面处理；将管线防腐层端口修出坡口，环向打磨平整；用调配好的缺陷修补填平胶将外腐蚀点抹平。

(2) 环氧钢套筒安装。

缺陷修补填平胶达到表干状态时，将环氧套筒套在钢管外，连接法兰螺栓；用调整螺栓调整套筒环型缝隙，用千分尺检查，误差不大于 3.0mm；用压缩空气或电吹风机将套筒环型缝隙内的杂物吹扫干净。

(3) 开泵注入。

连接套筒注入和高压胶管，打开注入阀门；将环氧树脂和固化剂混合搅拌，混合比例按环氧树脂生产厂家使用要求严格配比；环氧树脂和固化剂混合均匀后，将吸料口胶管插入混料桶内，启动泵电机，将环氧树脂注入到套筒缝隙内；根据环氧树脂注入速度，计时准备下一桶环氧树脂，保证注入的连续性；观察排气口，当排气口全部都有环氧树脂流出时，立即停泵，待环氧树脂利用自身重力排空并填充缝隙，3min 后启动电机，要保证排空口有一定的流出量，停止泵电机，关闭注入阀门，注入完毕。

(4) 管沟回填。

防腐层质量检测合格后进行管道回填，回填执行《油气长输管道工程施工及验收规范》(GB 50369—2014)的相关规定；管体周围回填采用细土填实，细土颗粒不大于 10mm，细土回填至管顶上方 300mm，然后用原土填实，土壤密实度要求在 0.97 以上；管沟回填土应高出地面 0.3~0.5m，其宽度为管沟上开口宽度，并应做成有规则外形。

1.4 管体缺陷套筒修复技术对比

管体缺陷套筒修复技术各具有其特色，各具优缺点(表 1)。

表1　管体缺陷套筒修复技术比较

项目	技术特点	使用年限	修复效果	修复工艺	费用	适用范围
A型套筒	降压修复、安装简单	取决于防腐效果	适用于相对短的缺陷修复	焊接材料、工艺按照要求严格	较低	腐蚀深度<0.8t、内部缺陷或管体凿槽、电弧烧伤的金属损失；凹坑深度<6%6D、伴有金属损失的凹坑变形；裂纹深度<0.4t的裂纹
B型套筒	降压修复、适用范围广	取决于防腐效果	修复效果好，可靠性高	安装难度大，需启用大型配套设备	较高	金属损失、凹坑变形、裂纹
环氧钢套筒	无需降压修复、无需焊接、适用范围较广	取决于防腐及施工技术	修复效果好，可靠性高	安装难度极大	高	除腐蚀深度≥0.8t以外的其他金属损失；除凹坑深度≥6%6D、褶皱、弯曲外的其他凹坑变形；裂纹深度<0.4t的裂纹

1.5　管体缺陷套筒修复作业流程

根据实际现场情况对管体缺陷进行完整性评价，确定施工方案，编制合理施工工序。具体管体缺陷套筒修复作业流程见图4。

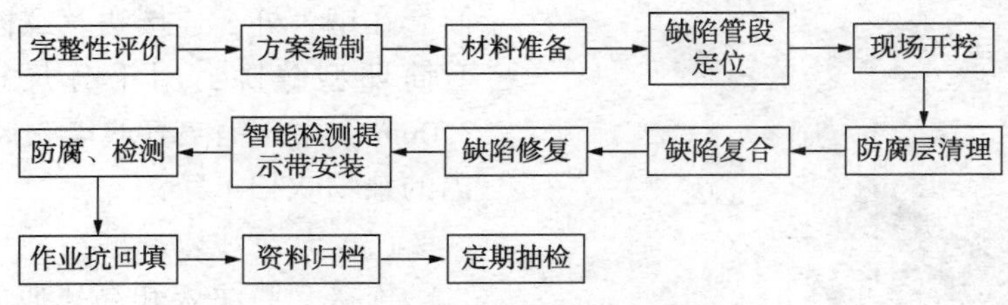

图4　具体管体缺陷套筒修复作业流程图

1.6　管体缺陷套筒修复技术应用预期效果

科学的选择管线不停输套筒修复工艺，在不停产的情况下，恢复并提高管道缺陷部位的强度，以适应输送管道越来越严峻的腐蚀环境，在石油化工生产领域及易燃易爆环境下极为重要，是避免管道维护中的安全风险，提高管线使用寿命，避免管道因内腐蚀导致的穿孔泄露，降低维护成本等行之有效的方法。

但是套筒修复施工工艺要求比较严格，施工技术也决定了补强的效果好坏。管道与补强钢材间的传力均匀和性能匹配问题，也对套筒修复技术的效果产生一定影响。

2　非开挖柔性内衬修复技术

当管道腐蚀点较多，且全线腐蚀情况较为均匀，采用局部修复方法成本较高，就需要根据经济性比较进行全线修复或更换。

非开挖内衬修复方法充分利用原有管线的路径，不需要大面积沟槽开挖的对破损管线进行修复工艺。原主要应用于城市管网（燃气管网、给排水管网、化工管网、热力管网等）的改造。

在城镇燃气、原油管道内衬修复较为成熟的有聚乙烯PE管内衬修复方法。但聚乙烯PE管承压能力低，用于单独敷设的PE管承压最大为0.8MPa，用于内衬的PE管单独承压最大为0.4MPa。目前应用于燃气管道修复的技术和施工规范中推荐的内衬修复后的运行压力不大于PE管承受压里。应用于原油管道主要是管道发生内腐蚀的情况，考虑到PE管承压情况，较少用于管道发生外腐蚀的情况。

近两年兴起一种应用于高压燃气管道的内衬修复技术–新型柔性管内衬修复技术。该技术中柔性管，耐磨性好，耐压力（本身最大耐压4MPa）、内衬管无内压状况下可以保持圆形，需要有原钢质管道作为通道支撑外部载荷。

2.1　柔性内衬材料–纤维增强塑料软管

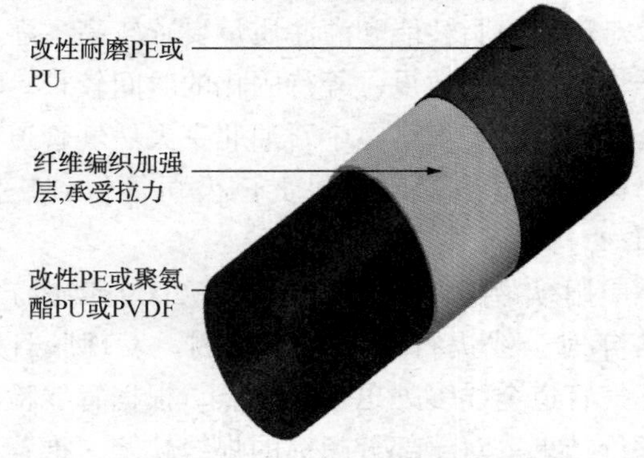

图5　纤维增强塑料软管结构图

如图5所示，该种材料采用三层结构，中间层为纤维增强层，对于供水管道的修复，内外层为PE，对于天然气、原油管道修复外层为PE，内层为PU。

内外层和中间加强层之间没有使用胶黏剂，内外层橡塑材料通过中间纤维加强层咬合在一起，延伸率较低，外层无任何气孔，中间纤维层不接触空气，水分或流体介质，纤维层密封保护在橡塑材料里，该结构保证了内衬管超长的使用寿命内衬管在无内压状况下可以保持圆形。主要特性如下：管径范围：*DN*100~*DN*700；较高的工作压力——最大工作压力4MPa；最大爆破压力12MPa；在管道内撑圆后依靠自身结构保持环形；插入最大弯折角45°；最高长期工作温度为70℃；不含任何化学粘合脂，无气味污染；单根最长可达数千米，适合压力管道的连续、快速内衬施工；延长管道寿命25年以上。

2.2 施工工艺

根据实际管线路由，管道弯头、三通及周边环境情况，制定施工方案，选择穿插施工作业点。具体内衬柔性管施工工序见图6。

图6 内衬柔性管施工工序图

2.3 优劣势及应用情况

该种修复方式优势是施工简单，施工周期短，相对于更新管道大大减少了对生产运行的影响；对于路由选择困难的地段，内衬修复方式利用原有路径进行修复，不需要重新选择路由；工程造价低，相对于更新管道，可减少1/3的工程投资。

但该种修复方式主要应用的点腐蚀的情况，对于较大面积的面腐蚀，需要进行局部的修复后进行整体内衬修复，对于穿越道路处，需要增加套管等保护措施。

目前该种修复方式主要应用于燃气管道和原油管道。在燃气管道应用实例有：2017年8月，四川绵阳一条规格为*DN*200，设计压力为2.0MPa的燃气管道，其中300m内外腐蚀严重，采用新型柔性管内衬进行修复，修复至今运行情况良好；2017年11月，辽宁抚顺一条规格为*DN*400，设计压力为2.5MPa的燃气管道，其中180m存在内外腐蚀情况，采用新型柔性管内衬进行修复，修复至今运行情况良好；2019年05月，天津一条规格为*DN*400，设计压力为2.0MPa的燃气管道388m管道采用新型柔性管内衬进行修复，修复至今运行情况良好等等。另外在新疆、大庆油田原油也有原油管道采用新型柔性管内衬进行修复，效果良好。中联煤层气有限公司拟应用于煤层气集输管道上，该条集输管道规格为*DN*250，设计压力为2.0MPa，长度为6.7km，全线均匀存在外点腐蚀穿孔现象。

3 建议

（1）在管道修复中，无论采用哪种修复技术，都需要对管道的基础信息资料（规格、长度、压力、温度、内外防腐情况）、管道沿线路由情况、输送介质信息、运行及维修记录等资料进行收集，并对修复方案进行可行性评估，以确保集输管道长期安全、稳定运行。

（2）在线套筒修复技术可在不停产情况下对缺陷管线进行修复，但其施工工艺要求比较严格，施工技术决定了管线补强的效果。管道与补强钢材间的传力均匀和匹配性问题值得研究。

（3）非柔性内衬修复技术具有施工周期短、投资少特点，主要应用于城镇燃气管道，其在长输管线上的应用研究意义重大。

参 考 文 献

[1] 魏国海，陈立刚．燃气管道泄漏的抢修[J]．煤气与热力，2005(07)：65-67.

[2] 胡桢睿．浅析天然气管道缺陷修复技术[J]．内蒙古石油化工，2019，045(006)：95-97.

[3] 李作春．碳纤维补强技术在油田金属管道中的应用[J]．管道技术与设备，2014(4)：27-28.

[4] 唐晓渭．碳纤维复合材料在长输原油管道维修补强中的应用[D]．西安石油大学，2014.

[5] 俞群援．燃气管道非开挖更新改造技术的应用研究[J]．煤气与热力，2016，036(002)：17-21.

[6] 舒彪，马保松，陈宁宁．CIPP 管道修复工程质量控制[C]// 2010 非开挖技术会议暨第十四届中国国际非开挖技术研讨会．VIP，2010：98-101.

[7] 王欢，王瑞，张淑洁．非开挖管道修复技术及相关建议[J]．油气储运，2008，27(001)：43-46.

[8] 油气管道管体修复技术规范，Q/SY 05592-2019.

[9] 城镇燃气管道非开挖修复更新工程技术规程，CJJ/T147-2010.

[10] 王朝建．内衬非开挖管道修复技术及其应用分析[J]．探矿工程-岩土钻掘工程，2008，35(3)：54-56.

三管同沟敷设施工工艺在日京、岚莒输油管道项目中的应用

张彦博

（中石化胜利油建工程有限公司）

摘　要　日照港-京博、岚山-莒县输油管道工程是由日照港集团及多家石油炼化企业联合建设、纵跨山东中部的原油及成品油运输管线工程，项目建成后将为山东省中部地区的原油及成品油供应提供充足的保障，减少石油化工企业运输成本，从根本上降低运输过程安全风险。由中石化胜利油建工程有限公司中标施工的日照港-京博、岚山-莒县输油管道工程1标段采用三管并行同沟敷设，既减少了土地占用，减轻对当地生态环境的破坏，又便于今后管道的运行维护管理。三管同沟敷设在我公司的长输管道施工中亦为首次，本文通过工程中对各种地段三管同沟敷设施工工艺的总结归纳，旨在熟练掌握施工方法，为以后的管道同沟敷设施工做好充分的技术储备。

关键词　日京，岚莒输油管道，三管同沟敷设，施工工艺，注意的问题

近几十年来，随着中国城镇化的不断发展建设和国内油气长输管道建设的逐步推进，长输管道网络日趋繁杂密集，随之而来的管道路由资源也随之紧缺。本文通过日京、岚莒线1标段输油管道工程项目，介绍了三管同沟敷设在一般地段、陡坡段等不同地段的施工敷设方法，为今后的多管同沟敷设积累经验。

1　工程建设概况

日照港-京博输油管道工程是山东省“十三五”规划重点建设项目，列入《国家中长期油气管网规划》，该工程起点为日照港首站，沿线经过日照、临沂、潍坊、淄博、滨州5个地级市，终点为滨州市博兴县京博输油站，线路全长约400km。包括原油 *DN*700 及成品油 *DN*400 管道各1条，两条管道同沟敷设，原油管道管径 Φ711mm，设计压力10MPa，管线材质为L450M；成品油管道管径 Φ406.4mm，设计压力10MPa，管线材质为L360M。

岚山-莒县输油管道工程起自日照港岚山港区的瀚坤输油站，全线均在日照市境内敷设，途径岚山区、东港区、莒县3个县区，终点为日照市莒县海右石化的海右输油站，管道全长约80km，全线与日照港-京博输油管道工程采用三管同沟敷设。原油管道管径 Φ711mm，设计压力10.0MPa，管线材质为L450M。

我公司承建的日京、岚莒输油管道工程1标段线路全长约37.5km，管道沿线地势起伏较大，大部分为丘陵地段（约25km），部分平原段（约12.5km）在低山和丘陵间分布，地表表层约400mm为粉质粘土，下部为强~中等风化花岗岩，局部为花岗岩石。线路全线采用半自动焊工艺，三管同沟敷设，一般地段作业带宽度32米，管道间净间距为1.0m，管顶覆土厚度不小于1.0m，日京、岚莒输油管道各同沟敷设一条光缆。

2　一般地段施工工艺

对三管同沟敷设线路一般地段，通常采用沟上焊及沟下焊两种工艺，两种工艺各有侧重面，又可交叉使用。

2.1　沟上焊工艺

本工艺为先布管焊接，再管沟开挖，最后整体吊装下沟的施工方法，主要适用于平原及较平缓的丘陵土方段，对于石方段，则需视管沟下部的岩石风化状态，如为机械可挖掘动的强风化岩，也可采用此种工艺。此工艺优点为作业带内设备布局灵活，前期流水化焊接作业速度快，可三管同时向前推进，适于整装机组大面积集中焊接作业；缺点为后期下沟需使用吊装设备较多，存在一定安全隐患，管道就位间距不易控制，且此工艺如遇到弯头、弯管不到位的情况，将严重

影响后期的下沟及连头进度，进而影响整体进度。沟上焊工艺作业带布置见图1。

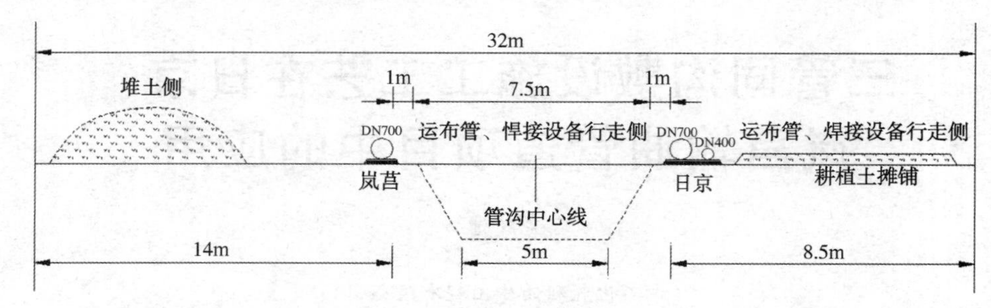

图1　沟上焊工艺布置图

2.1.1　布管组焊

布管前，根据管沟中心线测量出管沟边线并撒白灰，岚莒、日京线管道分别布管于距离管沟边线1m处的管墩上，因日京线*DN*700管道质量较大(单根管重2.8t)，且本工程采用挖掘机吊装下沟，因此将日京线*DN*700原油管道布管于靠近管沟一侧，*DN*400成品油管道置于外侧。焊接时，吊装、焊接设备可灵活布置于三管两侧的作业带或三管之间的管沟开挖区域，因*DN*400管道焊接用时较少，焊接时优先进行*DN*700管道组焊，*DN*400管道为辅，三条管道同时向前推进(图2)。

图2　管道分布

2.1.2　吊装下沟

根据GB/T 13331—2014《土方机械液压挖掘机起重量》标准规范，挖掘机可作为吊装设备进行使用，因本工程地势起伏对吊管机使用局限性较大，因此管道下沟均采用挖掘机进行吊装。由于预制段管道下沟时为部分管段吊起，待一侧管端放入管沟后，设备依次向后移动继续吊装剩余的管段，因此现场实际吊装下沟时始终悬空管段长度仅约70m，吊装总重约为16t。吊装须采用的日立、三一等挖掘机自重约30t，单机起吊半径为9m时吊重4.5~5.3t，挖掘机底盘履带的朝向垂直管道走向，即采用正前方吊装方式，采用4台挖掘机即可满足*DN*700管道吊装需要。为保证安全，吊装下沟时，先将日京线*DN*700防腐管吊装下沟至*DN*400管道管位，然后将沟上*DN*400管段调管吊装至原*DN*700沟上管位，再将沟下*DN*700管道由*DN*400管道管位调管至最终管位，最后将*DN*400管段吊装下沟至正常管位。岚莒线管道待日京线管道全部下沟就位后再进行吊装下沟。吊装程序示意图见图3、图4。

2.2　沟下焊工艺

本工艺为先开挖管沟，再布管焊接的施工方法，主要适用于起伏较大的丘陵段及需采用爆破开挖的硬质岩石地段，土方段应尽量少采用此种工艺。此工艺优点为管道布管吊装一次到位，减少管道吊装频繁调管等安全隐患，缺点为设备布局及三管同时沟下焊接作业空间较小，施工效率显著降低，雨季施工需特别注意管沟排水及低点压管，防止淤泥堆积及漂管后清淤困难造成管道埋深不足。沟下焊工艺作业带布置见图5。

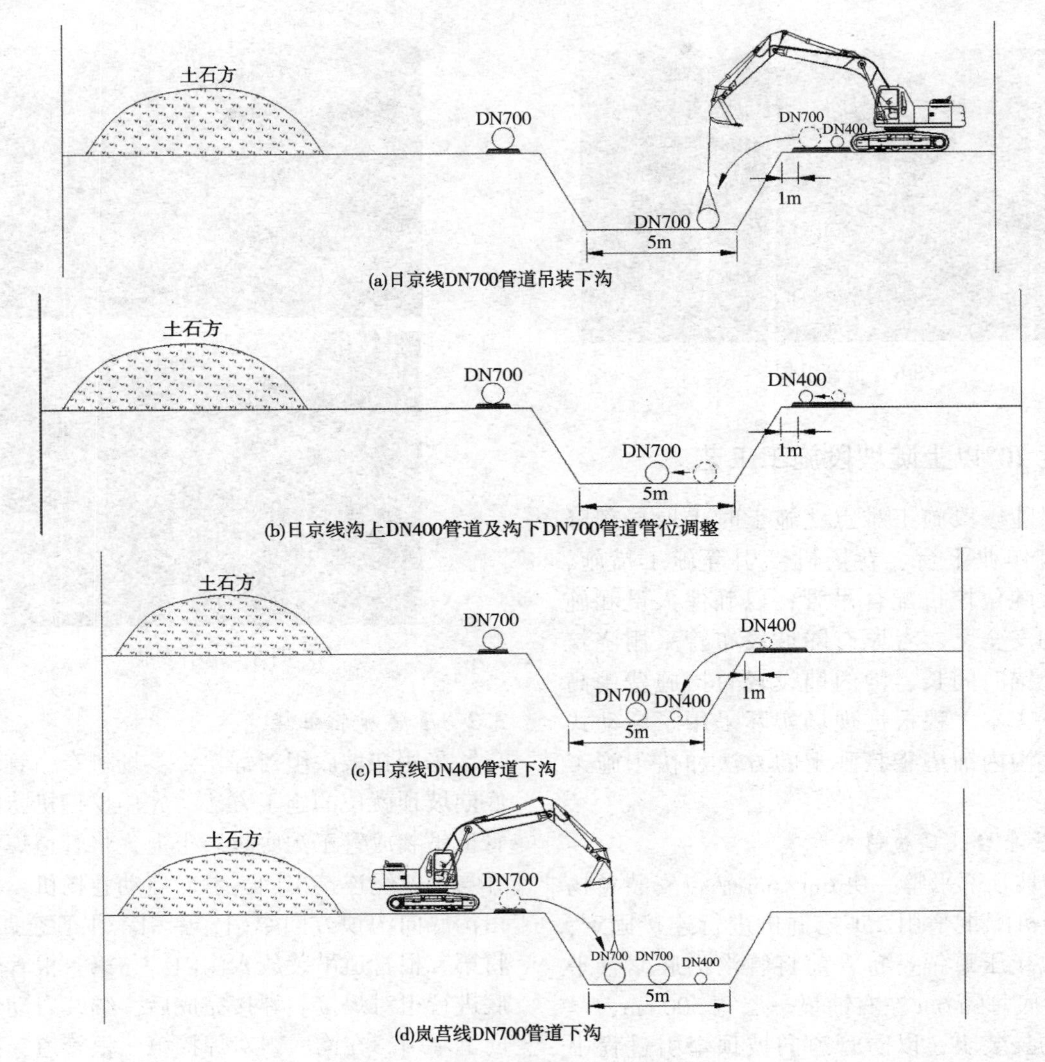

图3 吊装程序示意图

图4 72m预制管段进行下沟吊装试验

2.2.1 布管组焊

管沟开挖完成验沟后，自各道路旁堆管场采用挖掘机向作业带内运管，对运管距离较长的，可采用运管炮车加快运管速度。卸管后，由挖掘机单根吊装防腐管至管沟内，布管方向由里向外，三管布管完成100m后，焊接机组开始焊接。对作业面较长的施工区段，将设备及人员分为两组，第一组在前进行岚莒*DN*700管道焊接，第二组在后进行日京*DN*700和*DN*400管道焊接，第一组完成岚莒管道焊接后，可反向进行日京管道焊接，直至与第二组完成对接。对作业面零散较短的施工区段，将原有焊接大机组拆分为小机组，每处安排一个小组进行三管的同时焊接(图6)。

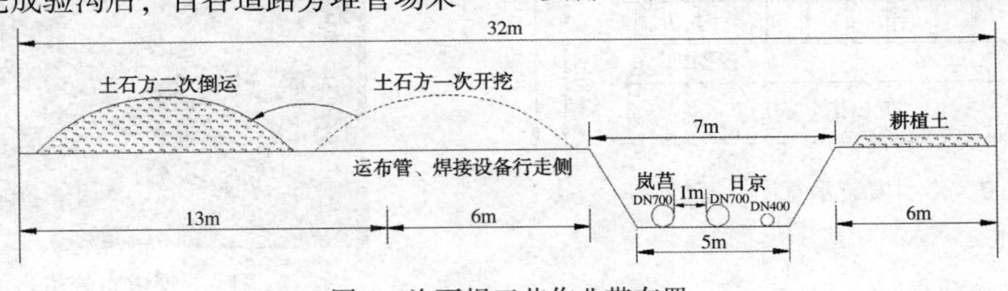

图5 沟下焊工艺作业带布置

图6　布管组焊

3　坡度20°以上陡坡段施工工艺

针对陡坡段施工难点，施工时采取局部降坡、修筑作业平台、卷扬机牵引等施工措施，并采取大吨位挖机配合吊管，以确保人员和施工过程的安全。参考原有陡坡段布管采用浇筑混凝土地锚时间长，沟内铺设轻轨措施费用高的的缺点，本工程根据现场实际采用了活动式压重锚、沟内铺垫袋装砂土的方法加快了施工进度。

3.1　布管平台、通道修筑

在陡坡顶部平整一块6m×6m平台安装卷扬机，卷扬机配重采用25t挖掘机进行连接固定，作为活动式压重锚。布管前将管沟沟底修整平滑，沿沟底每隔6m左右铺垫一层宽500mm、厚300mm的袋装土，以防管道向坡顶牵引过程中由于管沟坡面高低不平，造成防腐层与沟内石块摩擦损伤防腐层。挖机提前在坡底焊口位置修建停靠平台及焊接平台，待管材下放到位后，采用挖机进行吊装、配合组对。牵引安装示意图见图7、图8。

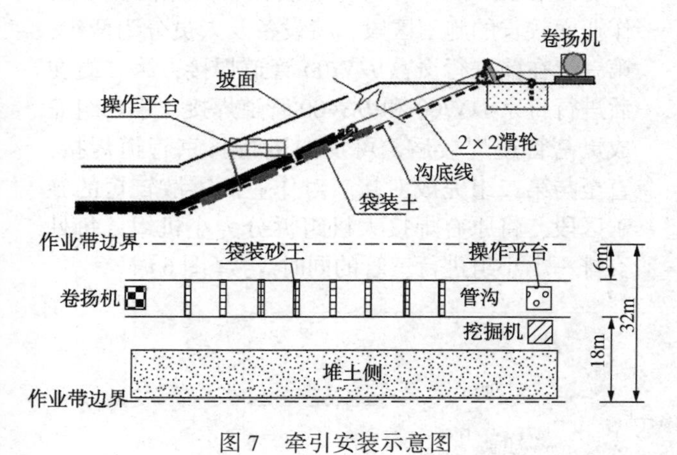

图7　牵引安装示意图

图8　牵引安装

3.2　管道布管组焊

采用在坡底组对焊接、卷扬机牵引管段从坡底向坡顶就位的施工方法。先用挖掘机将第一根管道吊装放置于沟底袋装土上，将管道焊接拖头并与钢丝绳连接牢固，然后启动卷扬机，将管道由沟底向沟顶方向牵引，牵引一根管道距离后，将第二根管道吊装放入沟内，与第一根管道在沟底进行组对焊接。焊接完成后，继续启动卷扬机向上牵引，在沟底组对焊接第三根管道，按上述组焊方法直至将管道牵引至坡顶处。牵引中如遇因沟底坡度不顺直导致拖头下坠情况，采用10t千斤顶进行顶升纠偏，确保拖管顺利(图9)。

图9　管道布管组焊

4 混凝土套管穿越段施工工艺

本工程管道过路穿越混凝土套管处，设计为三条管道共用一条套管通道，套管内径 2.6m，管道穿越后在套管内间距仅为 15cm，穿越易造成防腐层损伤，施工难度大。穿越施工中，主要采用自制滑车辅助穿越及漂管穿越两种方法。

4.1 自制滑车辅助穿越法

本方法主要用于套管长度在 30m 以下的穿越施工，此长度的确定主要整体考虑了单条穿越管段预制后的总重及管道的弹性弯曲变形等因素。施工方法为管道穿越前完成穿越管段的预制、无损检测、焊口防腐补口及绝缘支架安装，将预制管段逐根吊装至套管前，并把自制滑车托架固定在距管端 1m 处，采用吊装设备分别对三条管道同时吊装送管，直至自制滑车通过套管至另一端，完成三管穿越(图 10)。

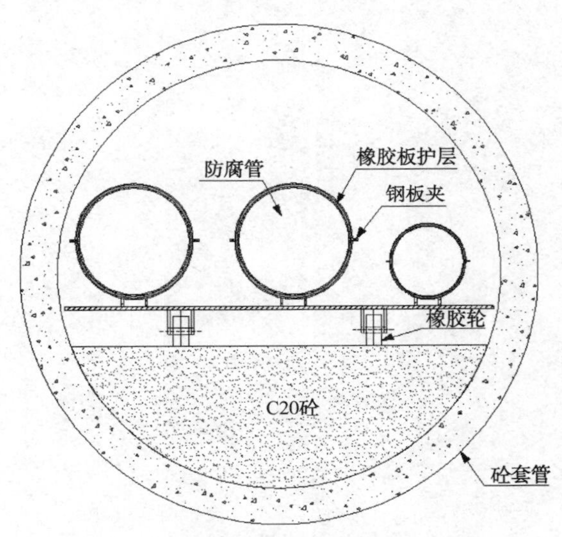

图 10　自制滑车辅助穿越法

4.2 漂管穿越法

本方法主要用于套管长度在 30m 以上的穿越施工，此方法对长距离穿越管道防腐层保护效果好，使用设备较少，可大大加快穿越速度。施工方法为管道穿越前先完成穿越管段的预制、无损检测、焊口防腐补口及绝缘支架安装，在管段两端焊接正式盲板。然后进行穿越管段发送引沟的开挖，并充水至套管混凝土平台上部 0.5m 处，土方段引沟应在沟内及沟壁两侧铺设 PE 塑料布，防止管沟塌方。最后将预制管段逐根吊装至开挖的引沟中，采用挖掘机从后向前缓缓推送，使穿越管段漂管至套管另一端(图 11)。

图 11　漂管穿越法

5 三管同沟敷设工艺应用注意的问题

5.1 沟上焊下沟吊装设备的选用

根据标准规范，挖掘机可作为起重设备进行使用，但其相对于专业的吊管机、吊车等设备来说起重量偏小，通过现场试验，仅可用于 DN800 以下的长输管道连续下沟，且使用前须对不同型号挖掘机的最大起重量进行试验核算，满足管道吊装总重，以保证施工安全。

5.2 土石方段管沟开挖

对于土方含量较多的地段来说，管沟开挖后土石方逐渐成松散状态，尤其遇到地下水位较高或雨季时，由于管沟较宽，管沟受水浸泡或冲刷后极易塌方，尤其是因管材管件供应问题，造成其中一条管道迟迟无法完成，管沟长时间不能回填，最终导致管沟积水及塌方后给沟底清淤带来极大困难。因此土方段管沟开挖须综合考虑管材管件供应、焊接防腐进度等因素，且尽量避开雨季，切忌盲目赶进度而出现进度更慢的情况。

5.3 陡坡段卷扬机拖管

施工前应对管道总重及产生的滑动摩擦力、卷扬机牵引拉力、钢丝绳破断拉力等所需管道牵引的各项数据进行详细核算，留有安全系数，确保拖管安全。管沟内铺垫的袋装沙土必须牢靠稳固，首条管道回拖时速度应缓慢，仔细观察并确认回拖状态，及时解决和总结过程中新发现的技术问题，确保后续管道顺利回拖。

6　结束语

随着长输油气管道输送工艺技术及施工技术水平的不断发展，管道建设越来越密集，相应带来的管道路由资源问题也越来越突出。国家管道公司成立后也将会更加重视今后管道建设的集约性，从而导致今后同沟敷设的管道越建越多，做为施工单位，做好同沟敷设管道施工技术的研究和应用必能带来更好的经济效益。

相国寺储气库“地质体、井筒、地面”三位一体完整性管理探析与实践

蒋华全　李力民　杨　颖　蒋春健

（中国石油西南油气田分公司）

摘　要　地下储气库生产运行不同于气田开发，具有周期往复注采特性，注采运行风险远高于气田开发。因此，储气库完整性管理是保障储气库安全运行的关键，储气库完整性管理对象为地质体、注采井井筒、地面注采设施，本文首先提出储气库完整性管理的概念和技术内涵，重点结合相国寺储气库实际，总结完整性管理典型做法：①地质体完整性，通过部署圈闭密封性监测系统、注采能力分析、气藏数值模拟分析、库容分析，形成“动态监测+动态分析”圈闭密封性综合评价，实现了地质体完整性；②注采井井筒完整性，开展井口装置腐蚀检测、油套管柱完整性监测、环空压力诊断测试及分析等，综合评价分析井筒完整性。③地面工程完整性，遵循中石油完整性管理体系文件进行全生命周期风险管控，实现管道完整性及站场完整性。最后，针对“地质体-井筒-地面”三维一体完整性管理，从完善储气库完整性监测体系，推动智能化储气库建设，制定储气库完整性管理技术标准及规范等方面，提出了下步完整性管理工作建议。

关键词　相国寺储气库，三位一体，完整性管理

储气库是天然气“产-供-储-销”产业链中的重要组成部分，地下储气库具有储气量大、调峰能力强、应急供气稳定等特点，已成为平衡季节用气峰谷差，应对长输管道突发事件的有效手段和国家能源安全的战略性基础设施。储气库生产运行不同于气田开发，日注采气量是开发生产井日采气量的8~10倍，压力波动在一个注采周期内可以达到10~20MPa，具有周期往复注采特性。随储气库多周期生产运行，生产运行风险呈螺旋上升趋势，可能受到地质灾害、地层应力、盖层或封闭断层失效、井筒管柱密封失效、环空水泥环产生微裂隙、地面设施遭受破坏等因素影响，极易引发火灾和爆炸，并可能造成灾难性后果，造成巨大的经济损失。因此，储气库需建立“地质体、井筒、地面”三位一体完整性管理管控模式，并践行全生命周期完整性管理理念，保障储气库的生产运行始终处于安全可靠状态。

相国寺储气库是西南地区首座地下储气库，由原相国寺气田石炭系气藏改建而成，为典型的碳酸盐岩枯竭气藏型储气库。相国寺储气库2013年6月投产，建成13口注采井。为了进一步发挥调峰保供能力，2018年开始实施扩容达产工程建设，新增注采井8口。截至2020年12月20日，历经“八注七采”，实际运行中最大日注气量 $1435\times10^4m^3$，最大日采气量 $2510\times10^4m^3$；历年累计注气 $107\times10^8m^3$，累计采气 $75\times10^8m^3$。相国寺储气库运行成效显著，得益于始终树立并践行“地质体、井筒、地面”三位一体完整性管理理念。本文以相国寺储气库为实例，重点总结从地质气藏、井工程、地面工程完整性管理的典型经验与做法，并以智能化储气库建设为契机，探索建立气藏、井筒、地面数值模拟模型并进行模型一体化耦合，形成的可为其它同类型储气库的运行和管理提供借鉴。

1　储气库完整性管理概念和技术内涵

罗金恒等于2019年将储气库完整性概念定义如下（图1）。

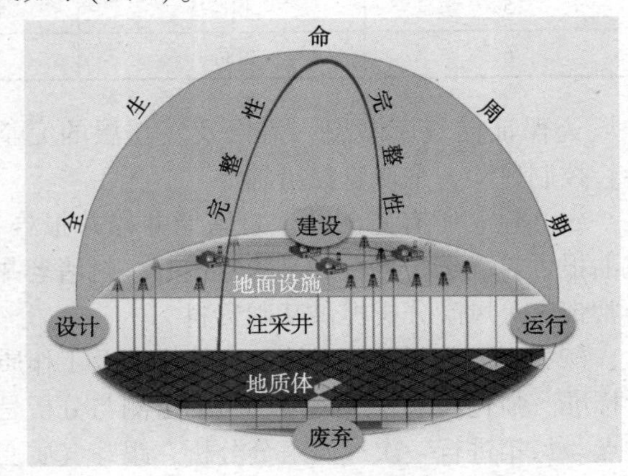

图1　储气库全生命周期示意图

（1）地质体、注采井、地面工程设施各单元在物理上和功能上是完整的。

（2）在设计、建设、注采运行和废弃等全生命周期内始终处于受控状态。

（3）运营商已经并仍将不断采取技术、操作和组织管理措施防止天然气泄漏事故或在设计寿命期内全库报废发生。

郑雅丽等于2020年将油气藏储气库地质体完整性的内涵定义为在储气库全生命周期内，地质体的储层以及盖层、断层和圈闭可以为用户持续稳定提供气量，并保证储气库安全运行，并提出地质体完整性评价技术体系由圈闭有效性、盖层完整性、断层稳定性、储层稳定性4项评价技术构成。

魏东吼等2015年提出井的完整性应涉及设计、建设与运行管理的全过程，设计阶段充分考虑注采交变工况的管柱结构、密封和腐蚀等，建设阶段考虑高质量固井、长效性环空保护液、管柱丝扣密封性检测等，运行阶段以井的风险识别，完整性监测、检测与评估为重点。

针对地面设施，中石油组织制定了管道与站场完整性管理规定，形成了指导各油气田开展地面设施完整性管理的体系文件，储气库站场及管道完整性管理可遵照执行，同时国内学者也开展了针对储气库地面设施的诸多研究。

2　储气库地质体完整性管理

通过对相国寺石炭系气藏静、动态资料分析，认为储气库受到强注强采、交变载荷影响，存在储层出砂、断层漏失、盖层及底托层漏失、气库超压运行、水体入侵等风险，影响储气库安全运行。为确保储气库地质安全及高效运行，需要合理部署监测系统，并做好储气库动态监测、动态分析、注采运行过程中地质安全预警等管理工作，实时评估风险，制定防控措施。

2.1　圈闭密封性监测系统

结合相国寺构造地质特点和风险分析结果，部署相国寺储气库监测体系。目的是监控相国寺储气库圈闭密封性。

盖层监测系统，监测直接盖层梁山组泥页岩的密封情况。断层监测系统，重点监测④号断层垂向和侧向密封情况。上覆浅层监测系统，监测上覆煤层及膏岩上方渗透层的含气性，并将浅层含水层作为最后一道安全防线。气水界面监测系统，监测储气库注采运行过程中北端边水运移情况。气库内部温度压力监测系统，监测储气库运行过程中狭长构造长轴方向的压力和温度场分布。通过已部署的6口监测井(表1)，基本满足盖层、水体、断层和气库储层等圈闭密封性监测功能。

表1　相国寺储气库监测井部署情况统计表

序号	井号	监测目的	备注
1	相监1	气库内部压力、温度，北部水体	新井(光纤监测)
2	相监2	浅层(嘉五段)	老井修复
3	相监3	④号断层	老井修复
4	相监4	盖层(栖霞组：第一渗透层)	新井
5	相监5	盖层(茅口组：第二渗透层)	老井修复
6	相储10	气库内部压力、温度	新井(光纤监测)

为保证储气库断层、盖层及底托层的完整性，控制风险，采取管控措施如下。

（1）建立所有监测井、封堵老井修井报告、试油报告等静态资料台账，为监测井、封堵老井异常带压等风险分析提供基础资料。

（2）制定监测井、封堵井巡检周期及工作质量标准。强化监测，压力与气质的监测与分析是重点。每年进行一次气质组分分析，跟踪气质变化情况。形成压力、气质分析数据库。

（3）对比分析油压、各环空压力、气质组分变化情况，当监测井发现压力、温度值异常时，加密巡检周期，需及时分析异常原因，落实风险控制措施。

2.2　注采能力分析评价

开展注采井注采能力测试及评价，应用连续油管动态监测工艺(图2)，开展了8口井11井次的注采能力测试，形成连续油管注采能力测试技术。通过对注采井进行非等温、非对称注采能力定量评价，形成不同注采阶段和地层压力下的注采能力图版(图3)。考虑油管冲蚀，形成各注采井不同地层压力对应的最大合理注采气量，指导储气库科学配注配采。

图2 连续油管注采能力测试作业现场

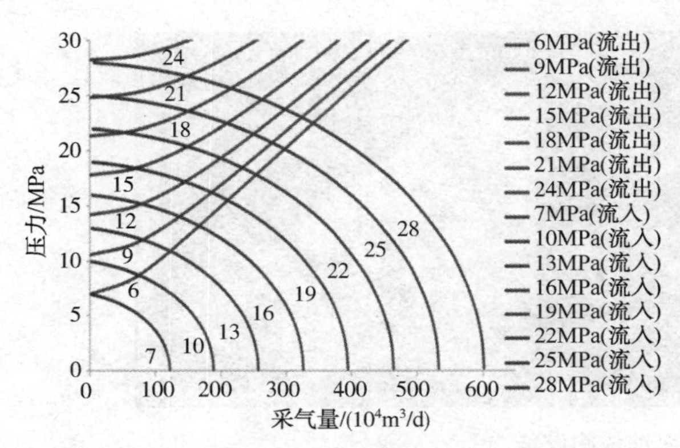

图3 注采气能力量化分析图版

2.3 气藏数值模拟分析

以相国寺储气库实际地质构造特征为构造背景，以气藏储层物性参数作为模型的物性参数，以地质建模成果为基础，结合注采动态数据，建立及不断完善相国寺储气库三维气藏数值模拟模型，利用气藏数值模拟分析技术，形成了一套快速有效的注采方案预测方法，利用该方法制定相国寺储气库最佳注采气方案。注气期通过设置各注采井井底注气压力上限预警红线，根据注采井压力及时调整各井注气量，确保不超压注气(图4、图5)。采气期，精准预测气库最大调峰能力及不同产量的稳产期限，为生产运行、调峰保供提供科学决策。

2.4 储气库库容分析

储气库注采转换平衡期末，开展注采井及储层监测井动态监测，录取平衡期末各井井底压力、温度值。根据实测地层压力和注采量，形成达容过程中拟压力~库存量关系(图6)，并复核库容，评价气库密闭性及地质完整性。通过多周期压力~库存量拟合，在地层压力28MPa下对应的可动库容量为42.3×10^8m^3。库容未发生明显变化，进一步证明储气库地质完整性好。计算并统计地面损耗气量和地质损耗气量，分析储气库总的损耗气量，验证储气库地质体完整性。

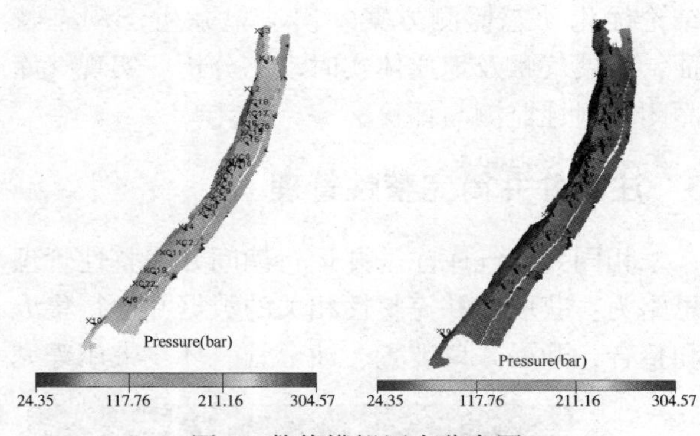

图4 数值模拟压力分布图

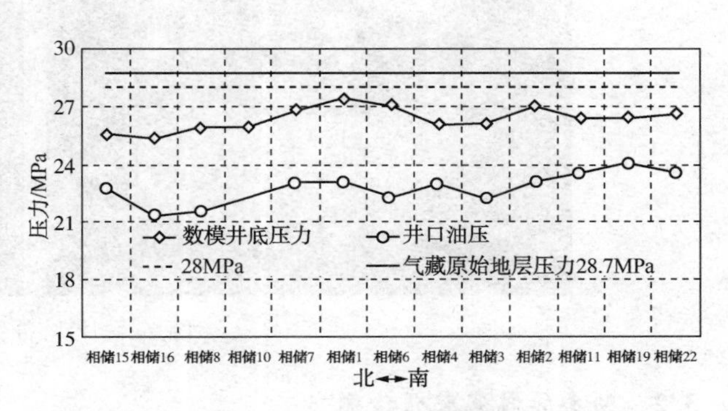

图5 注气期压力跟踪预警图

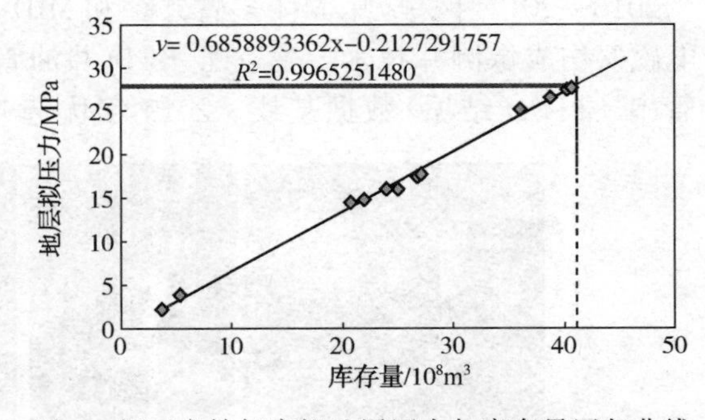

图6 相国寺储气库拟地层压力与库存量回归曲线

2.5 “动态监测+动态分析”闭环密封性评价

以日常监测为依托，以常规动态监测为基础，以专项动态监测为支撑，录取各类动态数据。通过动态监测成果分析注采井渗流特征变化，优化储气库注采运行。监测不同生产阶段注采井井底压力、温度，监测井、封堵井、带压环空压力及流体性质变化情况，确保储气库的密闭性，地质及井筒的完整性。以气藏特征分析、注采能力分析、库容动用特征分析、地质体动态密封性分析为主要内容，形成“日分析+周分析+月分析+注采周期专项分析+年分析+专题动态分析”制度。

建立“动态分析+动态监测”圈闭密封性评价体系。用动态监测结果指导动态分析，动态分析结论优化动态监测方案。摸清单井生产动态特征，开展气藏及地质体实时动态分析，实现气库圈闭密封性监测与评价。

3　注采井井筒完整性管理

相国寺储气库注采井运行期间井完整性管理思路为：获取与井完整性相关的数据并进行集成和整合，开展井口装置、油套管、环空带压等完整性诊断与检测，综合开展井的完整性评价，对可能导致井失效的危害因素进行风险评估，有针对性地制定合理的管理制度与防治技术措施，形成监测及评价技术，保障注采井安全运行。

3.1　井口装置腐蚀检测

针对注采井“强注强采”特点，利用超声波相控阵成像扫描技术(图7)，重点检测流向改变、过流面积变化，易导致采气树的腐蚀和加速壁厚减薄速率的点。2016—2017年，完成所有13口生产井井口壁厚值检测，2018—2020年，优选6口井连续3年跟踪检测评价，13口井累计共检测了128个部位，存在一定轻微腐蚀情况的部位占比13%，总体状况良好。2018年对整个注采运行期对井口装置抬升进行监测，未发现井口抬升现象。

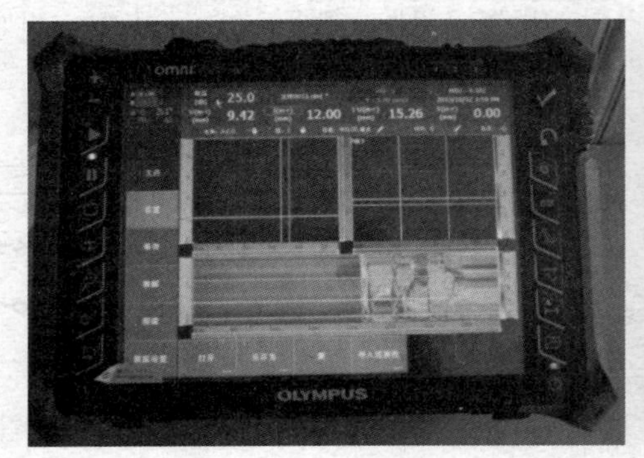

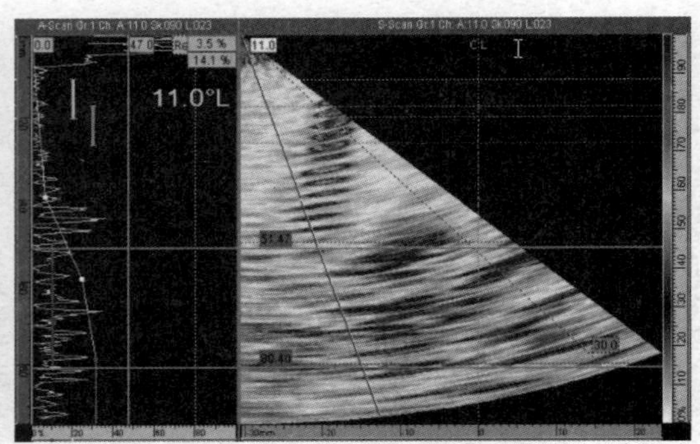

图7　相控阵冲蚀/腐蚀检测设备

3.2　油套管柱完整性检测

3.2.1　腐蚀冲蚀检测

2016—2017年，应用MIT多臂井径和MID-K电磁探伤成像测井技术，建立了13口井油管柱管串、损伤(结垢)数据基线。2019年优选4口井，采用相同工艺开展跟踪测试，重复测试结果对比表明，最大损伤均低于可靠的测量精度(1.0mm)，属于轻微或损伤不明显，管柱受腐蚀、冲蚀影响小(图8)。

图8　井筒管柱冲蚀/腐蚀检测工器具

3.2.2　套管间气液检测

2019年3月，进行14口井环空保护液液面监测及补充作业，摸清各井经过3~5年注采运行，环空保护液漏失情况。达到保护套管腐蚀，削减振动效应对管柱的影响。对于A环空未带压或正常带压井，完井环空保护液基本无漏失，对A环空异常带压井，保护液有一定漏失，并进行补充加注(图9)。

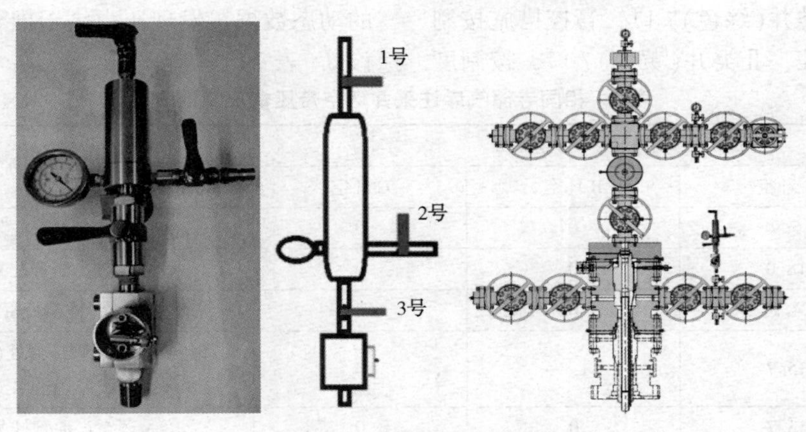

图9　井筒管柱冲蚀/腐蚀检测工器具

3.2.3　井筒漏点检测

应用高精度温度测井和噪声测井相结合的井筒漏点检测技术，开展相储6、7井漏点检测施工。其中，相储7井噪声接收频率最大点681.4~683.5m，温度曲线有降低的变化，综合判断漏点为管接箍处。相储6井温度检测在1345~1360m发现0.2℃的温度突变，判断漏点为1352.504m的接箍位置处(图10)。

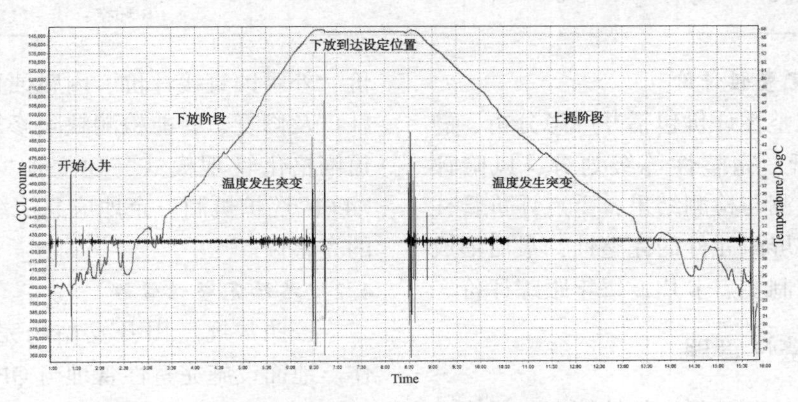

图10　相储6井漏点检测点示意图

3.2.4　井下安全阀测试

形成井下安全阀功能测试制度。每年2次注采转换期，对井下安全阀做一次开关功能试验。测试时一般操作井下安全阀地面控制系统进行功能测试。各测试一次井下安全阀打开操作，关闭操作，以判断井下安全阀开关性能，同时形成测试结果记录。回声仪测试井下安全阀关闭状态，以相储4井为例，测试结果显示安全阀处于完全关闭状态(图11)。对井下安全阀异常打开井，开展井下电视测井，直观查看井下安全阀开关状态。

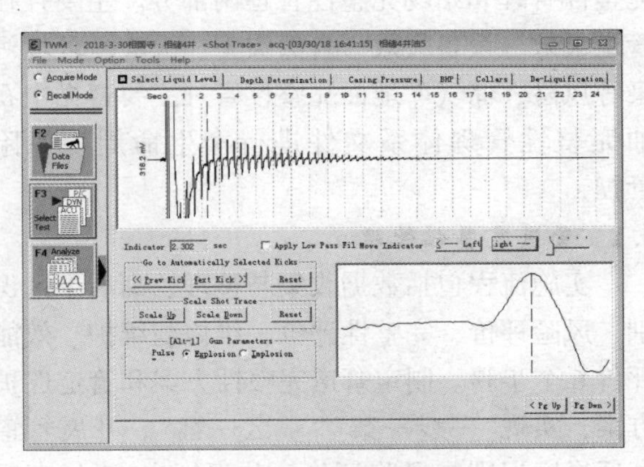

图11　温度突变处局部放大
(左为下测过程、右为上测过程)

3.3　环空压力测试诊断及分析

相国寺储气库目前投产生产井14口，其中环空带压井9口，其中A环空带压井7口，B环空带压井5口。通过气质分析诊断、压力诊断测试、生产过程诊断、井筒检测诊断等判断环空带压原因。通过计算各井环空最大允许压力值，目前环空带压井均为达到最大推荐环空允许压力，总体风险可控。对环空带压井开展风险评价，制定井筒完整性管理卡片，实现环空带压井风险分级管理。其中Ⅰ类井(绿色)7口，管控措施按制度维护和生产监控；Ⅱ类井(黄色)7口，按制度维护，增加监控频率、注意记录、分析生产期间的动态数据。发现压力高于推荐压力，开展泄压诊断(表2)。

表2　相国寺储气库注采井环空带压情况统计表

井号	各环空压力/MPa			环空带压原因分析
	A环空	B环空	C环空	
相储16	5.9	0	0	A环空：油管柱某处密封失效
相储8	18.0	0	0	A环空：油管柱某处密封失效
相储10	4.1	0	0	A环空：油管柱某处密封失效(光纤监测)
相储7	15.7	1.8	0	A环空：疑似油管接箍处(681.4~683.5m)微漏 B环空：浅层气沿水泥环窜入井口起压
相储1	13.7	0	0	A环空：油管柱某处密封失效
相储6	22.9	2.8	0	A环空：油管接箍处(1352.504m)微漏 B环空：浅层气沿水泥环窜入井口起压
相储2	0.8	15.9	0	B环空：浅层气窜入井口起压
相储19	0	9.5	0	B环空：浅层气窜入环空起压
相储22	3.0	8.6	0	A环空：环空流体受温度变化影响 B环空：浅层气窜入环空起压

3.4　注采井井筒完整性评价

注采井井筒完整性评价包括井屏障分析、静态分析、动态分析、完整性等级划分、风险评估，结合完整性监测与检测结果，重点评价管柱第一级、第二级井屏障元件的完整性，最后形成注采井井完整性控制要点卡片，每年跟踪评价。

4　地面工程完整性管理

相国寺储气库地面工程完整性管理包括管道完整性管理和站场完整性管理两部分。主要存在管道失效、设备失效、自然灾害、火灾、环境污染等风险，储气库地面完整性管理主要遵循中石油完整性管理体系文件进行全生命周期风险管控，

4.1　管道完整性管理

实施流程包括数据收集与整理、高后果区识别、风险评价、完整性评价、维修与维护、效能评价6个步骤。制定管道完整性方案和管道巡护方案，实现"一线一案""一区一案"。开展管道高后果区识别与风险评价，共识别出10处高后果区管段，总长7.145km，占管道全长的4.67%。采用kent法对铜相线、相旱线、注采干线进行风险识别，均为中等风险，管道高后果区及重点施工点推行"三色"预警管理，远程视频监控全覆盖。定期开展地质灾害敏感及风险评价、外腐蚀直接评价、内腐蚀直接评价、防腐层补口及修复、智能检测缺陷修复等工作。构建管道网格化管理模式，建立地"三级"协防体系、"4+1"巡护机制、企地应急演练机制，保障管道的完整性。

4.2　站场完整性管理

按照常规气田开发站场完整性管理开展工作。地面设施完整性管理与QHSE体系审核深度融合，将完整性管理要求与QHSE体系的"人、管、物、环"四个方面相结合，充分融入日常生产管理，站场完整性管理审核涵盖7个主程序20个子程序。

开展重点设备强注强采适应性分析与技术改造。2016—2017年开展站场设备基线检测与评价，主要包括应力检测、压缩机组状态监测、RBI评价、RCM评价等，并按照检测周期持续跟踪测试及评价；制定3年(2020—2022年)滚动定点测厚，监测弯头、三通等腐蚀冲蚀情况。通过技术攻关，开展井口高压流量计适应性改造，成功试验并优选注采井单井计量设备；开展压缩机、除油器等备品备件国产化研发，改进设备性能，保障储气库核心设备本质安全。

5　三位一体完整性管理工作展望

随着国家能源改革的推进，天然气在国家能

源结构中占比进一步提升，中国将进一步加快天然气产运储销体系建设，储气库将迎来建设发展的黄金机遇期，大批储气库将投入规划建设与运行，储气库安全管理面临新的挑战和要求，储气库完整性管理是保障储气库本质安全及平稳运行的关键。通过对相国寺储气库地质体、注采井井筒、地面工程三方面阐述的完整性管理经验做法，有效的保障了储气库的安全运行。通过对现有完整性管理技术分析，针对储气库“地质体、井筒、地面”三位一体完整性管理，给出以下工作建议。

（1）引进新技术，完善储气库完整性监测体系。通过借鉴国外储气库提压运行经验，储气库提高运行上限压力，是增加工作气量，提升调峰能力的有效手段。但目前储气库普遍缺乏可以实时监测圈闭密封性和流体运移的最直接监测手段，建议储气库应开展四维地质力学建模研究及部署微地震监测系统，完善储气库完整性监测体系。

（2）推动智能化储气库建设。以创新驱动为引领，探索前沿技术应用，以趋势预测为参考

前移风险管理关口，以数模技术为手段，提供优化决策支撑。建立地质-井筒-地面一体化数值模拟耦合模型，实现生产各环节自动监控，自动优化调节生产运行制度，实现储气库“地质-井筒-地面”完整性实时分析评价，实现动态风险预警的智能化管理。

（3）制定储气库完整性管理的技术标准和相关规范，使得储气库完整性管理工作有章可循。储气库业务与气田开发差异较大，需建立独特的储气库标准体系，如储气库完整性设计、完整性管理规范、储气库风险评估、监测体系与方法、检测评价等。

参 考 文 献

[1] 马新华，丁国生．中国天然气地下储气库[M]．北京：石油工业出版社，2018.

[2] 董绍华，张行．石油及天然气储备库安全保障技术现状及展望[J]．油气储运，2018，37(3)：241-247.

[3] 谢丽华，张宏，李鹤林．枯竭油气藏型地下储气库事故分析及风险识别[J]．天然气工业，2009，29(11)：116-119.

[4] 罗金恒，李丽锋，王建军，等．气藏型储气库完整性技术研究进展[J]．石油管材与仪器，2019，5(2)：1-7.

[5] 郑雅丽，孙军昌，邱小松，等．油气藏型储气库地质体完整性内涵与评价技术[J]．天然气工业，2020，40(5)：94-103.

[6] 魏东吼，董绍华，梁伟．地下储气库完整性管理体系及相关技术应用研究[J]．油气储运，2015，34(2)：115-121.

[7] 蔡克，罗金恒，赵新伟，等．风险评分法在储气库集输管道上的应用[J]．焊管，2011，34(4)：53-57.

[8] 董绍华，韩忠晨，费凡，等．输油气站场完整性管理与关键技术应用研究[J]．天然气工业，2013，33(12)：117-123.

[9] 熊建嘉，文明，毛川勤，等．相国寺储气库建设与运行管理实践[M]．北京：石油工业出版社，2020.

[10] 李力民，姚泳汐，蒋华全，等．浅析相国寺储气库地质风险及管控措施[J]．石油管材与仪器，2019，5(02)：54-58.

[11] 谭羽非．天然气地下储气库技术及数值模拟[M]．北京：中国石油工业出版社，2007：129-137.

[12] 陈晓源．谭羽非．地下储气库天然气泄漏损耗与动态监测判定[J]．油气储运，2011，30(7)：513-516.

基于误差分析理论的缺陷腐蚀增长速率估计与应用

刘俊甫　杜慧丽

（国家管网集团东部原油储运有限公司）

摘　要　分析多轮内检测数据，设定阈值将检测出的缺陷分为活性、非活性、新增和其他类型缺陷，利用基于牵拉试验的检测器性能规范验证得出检测误差的分布，运用误差分析理论得出置信度在90%情况下的缺陷腐蚀增长速率估计。本文将缺陷腐蚀速率分为最大腐蚀增长速率估计和平均腐蚀增长速率估计，为缺陷失效预测和剩余寿命预测提供依据。

关键词　内检测数据，腐蚀增长速率，误差分析

长输管道在运行一段时间后由于阴极保护失效、防腐层破损、杂散电流或其他因素导致管道出现腐蚀现象，此时管体出现腐蚀缺陷。腐蚀增长速率是衡量管道腐蚀缺陷一个重要的特征参数，它是管体缺陷失效预测、修复计划制定和管道剩余寿命预测的关键参数。由于管道保护环境的变化，腐蚀增长率是一个随时间变化而变化的值。

1　腐蚀增长速率

1.1　*腐蚀增长速率估计方法*

腐蚀增长速率是指在一定增长周期内缺陷增长发展的速率。一般分为挂片法、模型预测法和直接检测法。

挂片法是采用金属试片埋设于土壤中，在一定时期内挂片表面腐蚀产物膜形貌、挂片基体腐蚀形貌及挂片截面形貌，拟合时间-腐蚀增长速率曲线图的方法。主要用于管道外部腐蚀增长速率估计。

模型预测法是以管道所受腐蚀因素为参数，采用数据模型来预测管道腐蚀增长速率的方法。例如基于神经网络和支持向量机智能算法的腐蚀增长速率估计等。

直接检测法是采用无损检测手段，定期检测管道剩余壁厚从而计算腐蚀增长速率的方法。直接检测法可采用在管道上预留便于检测的固定区间，一定检测周期内利用测深尺、超声波测厚仪等直接检测缺陷腐蚀深度或剩余壁厚，从而计算出缺陷腐蚀增长速率。但这种方法只能计算固定区间内的观察点的腐蚀情况而不能获得管道整体的腐蚀数据。

随着检测技术的不断发展，管道内检测技术已普遍运用于管道腐蚀检测中。可以利用多次腐蚀检测数据来估计管道腐蚀缺陷的发展状态，给出腐蚀增长速率。本文主要采用这种方法开展基于两轮内检测数据对齐分析的腐蚀增长速率的估计。

1.2　*基于内检测数据的腐蚀增长速率的计算方法*

腐蚀增长速率可用于缺陷失效预测从而安排缺陷的计划维修，还可根据最大腐蚀速率进行剩余寿命预测从而合理制定检测周期。直接检测的腐蚀增长速率计算方法分为全寿命周期法和半寿命周期法。

1.2.1　全寿命周期腐蚀速率计算

管道自运行起有效降低管道腐蚀速率的防护措施开展较为完善的可采用全寿命周期腐蚀速率按公式(1)计算：

$$C=\frac{d_2-d_1}{T_2-T_1} \tag{1}$$

式中：C 为腐蚀速率；d_2为最近一次检测的缺陷腐蚀深度,%tr；d_1为上一次检测的缺陷腐蚀深度,%tr；T_2为最近一次检测年份；T_1为上一次检测年份；tr 为管道壁厚,%tr 即管道壁厚的百分比，以该值来形容缺陷腐蚀深度。

1.2.2　半寿命周期腐蚀速率计算

当管道运行年限较长，管道腐蚀情况严重的可采用半寿命周期腐蚀速率按公式(2)计算：

$$C=\frac{2(d_2-d_1)}{T_2-T_1} \tag{2}$$

1.2.3　缺陷腐蚀增长选择

显然，公式(1)、公式(2)计算的关键参数

是(d_2-d_1)，令 $d=(d_2-d_1)$，定义 d 为缺陷腐蚀增长。缺陷腐蚀增长速率估计实际上就是缺陷腐蚀增长估计。因此后续主要进行 d 的估计。对于周期内开展内检测的管道可采用全寿命周期计算腐蚀增长速率。

2 内检测数据对齐

要开展基于两轮内检测数据的腐蚀速率计算首先需要对内检测数据对齐。内检测数据对齐方法大多利用内检测数据中的易于识别且固定不变的关键点作为数据对齐的关键因素，再根据缺陷与关键点的距离、钟点位置等特征信息来实现数据对齐。

所谓的关键点是管道上的阀门、三通、弯头、支墩、焊缝等易于识别且其位置固定不变的管道特征物。由于前后两次检测往往使用不同承包商或不同精度的内检测器，因此容易造成关键点的两次检测数据里程相差较大；即使是同一承包商的检测数据，也会出现关键点数量和里程的差异。因此，进行关键点对齐时，必须保证数据对齐的有效性，找出检测过程中的漏检和误检问题，以便下一步进行缺陷匹配。

当实现了关键点匹配后，虽然内检测报告了管节长度和缺陷与上、下游环焊缝的距离，但在多轮数据中存在着一定的差异，在开挖验证过程中也经常因这一差异导致开挖位置偏离缺陷位置。在给定的误差阈值范围内根据缺陷点与关键点(一般选取焊缝参数)的距离特征、钟点位置等信息进行皮尔逊系数关联，从而实现缺陷匹配。

数据对齐后进行数据对比可发现四种情况。(表1)。我们将在后续活性判定中详细分析表1中的情况。

表1 两次检测数据对比分类列表

序号	两次检测数据对比
1	第二次检测出缺陷，第一次未检测出缺陷
2	第二次检测数据不小于第一次检测数据
3	第二次检测数据小于第一次检测数据
4	第二次未检测出缺陷点，第一次检测出缺陷

3 缺陷活性定量判断

3.1 误差分析

3.1.1 误差分类

误差是测量值与被测量值的真值之差。按照误差特点与性质可分为随机误差、系统误差和粗大误差。

随机误差是没有确定规律，无法由已出现的误差来预测下一个误差大小和方向的一种误差。对于总体样本而言具有统计规律，一般性的，随机误差服从正态分布。

系统误差是由固定不变的或按照确定规律变化的因素所造成的误差，该误差因素是可掌握的。一般分为固定误差、线性误差、周期性误差和复杂规律性误差。

粗大误差是由人员主观失误或外界条件客观失稳造成的数值明细歪曲的误差。粗大误差往往数值较大易于辨别。

3.1.2 误差分布

根据误差的性质，粗大误差是可以被阻止的，系统误差是可以根据相应的数学方法消除或减少的。对于漏磁检测技术而言，采取相应的措施使得检测数据的误差只存在固定系统误差和随机误差且服从正态分布。

因此，基于漏磁检测数据的缺陷腐蚀增长速率估计就是对缺陷深度误差的估计。深度误差可采用公式(3)表示：

$$\delta=t-t_0 \tag{3}$$

式中：δ 表示缺陷深度误差；t 表示缺陷深度检测值；t_0 表示缺陷深度真实值。其中 δ 服从 $f(\mu,\sigma^2)$ 的正态分布。对于同一台检测器，同一次检测而言，检测出的缺陷深度误差 δ_i($i=1,2,\cdots,n$)服从同一个正态分布。其分布密度 $f(\delta)$ 和分布函数 $F(\delta)$ 为公式(4)(5)。

$$f(\delta)=\frac{1}{\sigma\sqrt{2\pi}}\mathrm{e}^{-(\delta-\mu)^2/(2\sigma^2)} \tag{4}$$

$$F(\delta)=\frac{1}{\sigma\sqrt{2\pi}}\int_{-\infty}^{\infty}e^{-(\delta-\mu)^2/(2\sigma)^2}\mathrm{d}\delta \tag{5}$$

式中：μ 为该正态分布的期望；σ^2 为该正态分布的方差，σ 为标准差。

公式(4)(5)表示，误差是关于期望为 μ、方差为 σ^2 的正态分布函数。

该分布可从基于牵拉试验的性能规范验证中获得。牵拉试验是在样管上人工加工不同的缺陷来进行检测器的性能规范验证。对于同一个检测器检测出的缺陷数据而言，我们认为这些缺陷的检测数据误差是等方差且相互独立的。那么对于得到的数据误差集合$\{\delta_i\}$符合$\mu=\sum_{i=1}^{n}\delta_i/n$，方差为$\sigma^2$的正态分布。

工程应用时，应使检测工况尽量与牵拉试验工况一致。因此应在管道前清除管道杂质，保持速度稳定等，这样使实际工况下的误差分布等同于牵拉试验工况下的误差分布。当实际工况发生变化时，可采用缺陷开挖验证数据来修正误差分布。

3.1.3　极限误差

极限误差是指在可接受的一定概率下的误差范围。当单次测量误差服从正态分布时，根据概率论知识，正态分布曲线下的全部面积相当于全部误差出现的概率，即 P=1。而误差在$\mu-\delta\sim\mu+\delta$范围内的概率为：

$$P(\mu\pm\delta)=\frac{1}{\sigma\sqrt{2\pi}}\int_{-\delta}^{\delta}e^{-\delta^2/2\sigma^2}d\delta \quad (6)$$

这里引入置信系数t，令：

$$\delta=t\sigma \quad (7)$$

将公式(7)代入公式(6)经变换可得：

$$P(\mu\pm\delta)=\frac{2}{\sqrt{2\pi}}\int_{0}^{t}e^{-t^2/2}dt=2\Phi(t) \quad (8)$$

公式(6)～(8)实际上是将该积分函数标准化，上式的含义是：误差在$\mu\pm t\delta$范围内出现的置信概率是$2\Phi(t)$。对于不同的t值可由标准状态的正态函数$f(0,1)$积分表查得。

对于漏磁检测数据而言，其定义的置信度为90%，即$2\Phi(t)=0.9$。查表可得$t=1.65$。这表明，在置信度为90%的情况下，误差范围应为$[\mu-1.65\sigma,\mu+1.65\sigma]$

3.2　缺陷活性分类

当两次内检测数据对齐后，由于第一次和第二次检测数据是存在误差的，那么缺陷深度真实值和检测值及误差之间存在以下运算关系：

$$d=d_2-d_1 \quad (9)$$

$$\hat{d}=\hat{d}_2-\hat{d}_1 \quad (10)$$

$$\delta_2=\hat{d}_2-d_2 \quad (11)$$

$$\delta_1=\hat{d}_1-d_1 \quad (12)$$

式中：d为两次检测的缺陷增长的真实值；d_2为第二次检测时缺陷深度的真实值；d_1为第一次检测时缺陷深度的真实值；$\hat{d}$是两次检测的缺陷深度数据的差值，$\hat{d}_2$是第二次检测时缺陷深度的检测值；$\hat{d}_1$是第一次检测时缺陷深度的检测值；δ_2是第二次检测时缺陷深度误差；δ_1是第一次检测时缺陷深度误差。

将公式(9)～(12)整理变换后得到公式(13)：

$$d=(\hat{d}_2-\hat{d}_1)-(\delta_2-\delta_1)=\hat{d}-(\delta_2-\delta_1) \quad (13)$$

根据$\hat{d}$的不同结果可分为活性缺陷、非活性缺陷、新增缺陷和其他类型缺陷。(表2)。

表2　缺陷活性分类列表

缺陷分类	定义
活性缺陷	两次检测数据差值大于设定最大阈值
非活性缺陷	两次检测数据差值在设定阈值范围内
新增缺陷	第一次检测未发现缺陷点，第二次检测出缺陷点，且两次检测数据差值大于设定阈值
其他类型缺陷（分为两类）	①第一次检测出缺陷，第二次未检测出缺陷； ②两次检测数据差值小于极限最小阈值

3.3　活性判断

根据3.1误差分布，δ_1和δ_2分别是服从$f(\mu_1,\sigma_1{}^2)$和$f(\mu_2,\sigma_2{}^2)$的正态分布。

这里分三种情况分析。

(1)当$\hat{d}_2=0$，$\hat{d}_1\neq0$时，即表1中第四种情况。

统计缺陷数据量n_4为第二次未检测出的缺陷，m为第二次检测缺陷数据量，则第二次检测数据的检出率POD为：

$$POD=\frac{m}{m+n_4}\times100\% \quad (14)$$

工程上认为当次检测数据的POD应满足：POD≥90%。当满足该要求时则认为数据可用；当不满足时则认为检测数据失真，应重新检测。因此将该类缺陷归为表2中的第四类其他类型缺陷的第一种情况。

(2)当$\hat{d}_2\neq0$，$\hat{d}_1=0$时，即表1中第一种情况。

此时，公式(13)可表示为：

$$d=\hat{d}_2-\delta_2 \quad (15)$$

由于δ_2服从$f(\mu_2,\sigma_2{}^2)$的正态分布。则δ_2

的极限误差为：$[\mu_2-t\sigma_2,\ \mu_2+t\sigma_2]$，其中 t 是置信度为90%时的置信系数。因此 d 的极限范围为：$[\hat{d}_2-(\mu+t\sigma),\ \hat{d}_2-(\mu_2-t\sigma_2)]$，对于缺陷增长必有 d>0 恒成立，则$\hat{d}_2-(\mu_2+t\sigma_2)>0$，求得：

$$\hat{d}_2>(\mu_2+t\sigma_2) \tag{16}$$

满足公式(16)认为是新增缺陷，即 $\mu_2+t\sigma_2$ 为新增缺陷的临界阈值。不满足式(16)的缺陷认为是非活性缺陷。

(3) 当$\hat{d}_2\neq0$，$\hat{d}_1\neq0$ 时，即表1中第二、三种情况。

根据正态分布性质，$(\delta_2-\delta_1)$ 是服从 $f(\mu_2-\mu_1,\ \sigma_2^2+\sigma_1^2)$ 的正态分布。根据极限误差可求得 d 的取值范围为$[\hat{d}-(\mu_2-\mu_1)-t\sqrt{\sigma_2^2+\sigma_1^2},\ \hat{d}-(\mu_2-\mu_1)+t\sqrt{\sigma_2^2+\sigma_1^2}]$，对于缺陷增长必有 $d>0$ 恒成立，则满足：

$$\hat{d}>(\mu_2-\mu_1)+t\sqrt{\sigma_2^2+\sigma_1^2} \tag{17}$$

满足式(17)认为是活性缺陷，即$(\mu_2-\mu_1)+t\sqrt{\sigma_2^2+\sigma_1^2}$为活性缺陷的临界阈值。显然当 d<0 恒成立时，是与实际情况不符的，即：

$$\hat{d}<(\mu_2-\mu_1)-t\sqrt{\sigma_2^2+\sigma_1^2} \tag{18}$$

满足式(18)认为是其他缺陷，即$(\mu_2-\mu_1)-t\sqrt{\sigma_2^2+\sigma_1^2}$为表2缺陷分类中第四类其他缺陷类型中第二种情况的临界阈值。对于不满足公式(17)(18)的缺陷则判定为非活性缺陷。

4 腐蚀增长速率

4.1 最大腐蚀增长速率

对于剩余寿命预测和再检周期制定，往往采用最大腐蚀增长速率；最大腐蚀速率可采用单点缺陷的最大腐蚀速率估计也可采用缺陷总体中的最大腐蚀速率估计。

当两次数据对齐后，活性缺陷与新增缺陷的计数分别为 n_1 和 n_3，对于 (n_1+n_3) 个缺陷数据有：

$$d_i=(\hat{d}_{2i}-\hat{d}_{1i})-(\delta_{2i}-\delta_{1i})=\hat{d}_i-(\delta_{2i}-\delta_{1i}),\quad i=1,\ 2,\ \cdots,\ n_1+n_3 \tag{19}$$

显然 δ_{2i} 和 δ_{1i} 分别是服从 $f(\mu_1,\ {\sigma_1}^2)$ 和 $f(\mu_2,\ {\sigma_2}^2)$的正态分布，则 $\delta_{2i}-\delta_{1i}$是服从 $f(\mu_2-\mu_1,\ \sigma_2^2+\sigma_1^2)$ 的正态分布。

那么对于每个单点缺陷 $i=1,\ 2,\ \cdots,\ n_1+n_3$，其腐蚀增长 d_i 取值范围为：$[\hat{d}_i-(\mu_2-\mu_1)-t\sqrt{\sigma_2^2+\sigma_1^2},\ \hat{d}_i-(\mu_2-\mu_1)+t\sqrt{\sigma_2^2+\sigma_1^2}]$，则：

$$d_{i\max}=\hat{d}_i-(\mu_2-\mu_1)+t\sqrt{\sigma_2^2+\sigma_1^2} \tag{20}$$

对于 $d_{i\max}$，$i=1,\ 2,\ \cdots,\ n_1+n_3$，存在 $j\in1,\ 2\cdots,\ n_1+n_3$，使 $d_{j\max}>d_{i\max}$，$i=1,\ 2,\ \cdots,\ n_1+n_3$，$i\neq j$，则 $d_{j\max}$，$j\in1,\ 2\cdots,\ n_1+n_3$ 是缺陷总体中最大缺陷腐蚀增长。

分别将式(20)和 $d_{j\max}$ 代入公式(1)(2)可求得单点缺陷的最大腐蚀增长速率和缺陷总体中的最大腐蚀增长速率。

4.2 平均腐蚀增长速率

对于缺陷失效预测往往采用平均腐蚀增长速率。这里选取活性缺陷(计数为 n_1)、新增缺陷(计数为 n_2)和非活性缺陷(计数为 n_3)作为基础数据进行计算。

令 $p=n_1+n_2+n_3$，有：

$$\bar{d}=\frac{\sum_{i=1}^{p}d_i}{p}=[\sum_{i=1}^{p}\hat{d}_i-(\sum_{i=1}^{p}\delta_{2i}-\sum_{i=1}^{p}\delta_{1i})]/p \tag{21}$$

当 p 较大时，有：

$$\sum_{i=1}^{p}\delta_{2i}=\mu_2;\quad \sum_{i=1}^{p}\delta_{1i}=\mu_1 \tag{22}$$

代入式(21)则：

$$\bar{d}=\bar{\hat{d}}-(\mu_2-\mu_1)/p \qquad 式(23)$$

将公式(23)代入公式(1)(2)即可求得平均腐蚀增长速率。

5 应用

5.1 缺陷活性定量判断

某华东原油管道分别于2017年和2020年开展了内检测和基于牵拉试验的性能规范验证。检测误差分别服从$f(-0.08,\ 5.18^2)$和$f(-1.59,\ 4.12^2)$的正态分布，选取90%置信度下，t 取值1.65。将上述数据代入3.3得出表3活性分类列表。

表3　缺陷活性定量分类列表

序号	类型分类	定义
1	活性缺陷	$\hat{d}_2\neq0$，$\hat{d}_1\neq0$，且$\hat{d}$>9.14%tr
2	非活性缺陷	①$\hat{d}_2\neq0$，$\hat{d}_1=0$，且$\hat{d}_2\leq$5.2%tr； ②$\hat{d}_2\neq0$，$\hat{d}_1\neq0$，且−12.43% tr $\leq\hat{d}\leq$ 9.14%tr
序号	类型分类	定义

续表

3	新增缺陷	$\hat{d}_2 \neq 0$，$\hat{d}_1 = 0$，且$\hat{d}_2 > 5.2\%tr$
4	其他缺陷	①$\hat{d}_2 = 0$，$\hat{d}_1 \neq 0$②$\hat{d}_2 \neq 0$，$\hat{d}_1 \neq 0$，且$\hat{d} \leq -12.43\%tr$

5.2　缺陷活性分类统计

2017年检测出3307处腐蚀缺陷，2020年检测出9116处腐蚀缺陷。将两次检测数据对齐后根据表3进行统计形成表4内检测数据分类列表。

表4　内检测数据分类列表

序号	类型分类	数量
1	活性缺陷	530
2	非活性缺陷	①758②2497
3	新增缺陷	5237
4	其他缺陷	①186②94

基于表5中统计未检测的186处，计算得：$POD=98\%$，满足工程要求。

5.3　缺陷腐蚀增长速率估计

5.3.1　最大腐蚀增长速率

选取活性缺陷和新增缺陷按式(20)计算单点腐蚀缺陷的最大腐蚀增长速率，在新增缺陷总体中，$d_{q1\max}=30.2\%tr(tr=8\text{mm})$；在活性缺陷总体中，$d_{q2\max}=30.59\%tr(tr=8\text{mm})$。

该管道腐蚀环境较好，采用全生命周期计算公式，腐蚀年份为3年，分别代入式(1)计算并选取最大值 $\text{MAX}\left\{\frac{d_{q1\max}}{3}, \frac{d_{q2\max}}{3}\right\}$：$C_{\text{MAX}}=0.81\text{mm/a}$。

上述两个缺陷的详细信息见表5。

表5　缺陷详细列表

序号	类型	里程/m	定位点	方位	距离/m	长度/mm	宽度/mm	深度/%	上次检测深度/%
1	新增	5026.6	4#桩上游30.0m	下游	1070.482	10	43	25	0
2	活性	1780.8	2#桩上游400.0m	下游	31.623	86	817	50	32

显然，对于表5中的1号缺陷点的腐蚀增长速率估计较大，经评价该点不需要修复，但应重点巡护。根据该点参数采用GB/T 30582—2014《基于风险的埋地钢质管道外损伤检验与评价》中壁厚法进行腐蚀剩余寿命预测为4.48年；按照TSG D7003—2010《压力管道定期检验规则长输(油气)管道》和GB 32167—2015《油气输送管道完整性管理规范》及其他相关标准的要求，再检周期为2.24年。

5.3.2　平均腐蚀增长速率

选取活性缺陷、非活性缺陷、新增缺陷参数代入公式(23)得：$\bar{d}=13.2\%tr(tr=8\text{mm})$，将计算得出的$\bar{d}$代入公式(1)得：$C_{\text{agv}}=0.352\text{mm/a}$。根据该腐蚀增长速率开展缺陷失效预测并计划在再检周期2.24年内修复缺陷22处。

6　结论

(1) 最大缺陷腐蚀增长速率很好的满足了管道剩余寿命预测和再检周期制定的要求，而平均腐蚀增长速率则满足腐蚀缺陷失效预测和计划维修制定的需求；

(2) 基于牵拉试验数据得出的误差分布并不能完全代替实际检测数据的误差分布，可通过开挖数据验证和修正分布函数；

(3) 本文中给出的误差分布是服从正态分布，往往实际工程中误差分布还会服从χ^2分布、t分布等。当数据样本足够大时，这些分布可近似等同于正态分布，当数据样本较小时可采用置信度在90%时的χ^2分布系数或t分布系数进行误差估计。

(4) 本文并未给出不同管道壁厚的误差分布，实际工程应用中应考虑不同管道壁厚的误差分布，并按照实际管道壁厚进行详细的缺陷活性分类和腐蚀增长速率估计，最终确定剩余寿命预测、再检周期制定、缺陷失效预测和缺陷修复计划。

参　考　文　献

[1] 刘其鑫．延长气田X65湿气管道顶部腐蚀行为[J]．油气储运，2020.

[2] 骆正山．基于KPCA_ BAS_ GRNN的埋地管道外腐蚀速率预测[J]．表面技术，2018，47(11)：173-180.

[3] 马钢．基于PSO_ SVM模型的油气管道内腐蚀速率预测[J]．表面技术，2019，48(5)：43-48.

[4] 孙浩．长输管道内检测数据比对方法[J]．油气储运，2017，36(7)：775-780.
[5] 杨贺．油气管道多轮内检测数据对齐算法研究及应用[D]．大东：东北石油大学，2017.
[6] 王波．管道内检测数据与施工资料对齐及应用[J]．综合技术，2018，37(12)：87-90.
[7] 孙伟栋．油气管道内检测数据深度分析[J]．腐蚀与防护，2020，41(6)：57-61.

无人机摄影测量技术在长输管道建设期的应用研究

朱　振　张　骞　林其明　肖江鸿

（国家管网集团广东省管网有限公司）

摘　要　随着我国科技水平的不断提高，无人机摄影测量技术得到了飞速的发展和广泛的应用。本文通过无人机摄影测量技术在粤东天然气主干管网海丰-惠来支联络线项目中的应用进行总结分析，探讨无人机摄影测量技术在管道工程中辅以管道数据校准及数据完善、构建高精度的管线路由三维模型、辅助工程量确认和结算以及应急决策等方面的效用，总结无人机摄影测量技术在长输管道建设期项目中的应用和价值。

关键词　无人机，摄影测量，长输管道，建设期

随着我国科技水平的不断提高，无人机摄影测量技术得到了飞速的发展和广泛的应用。无人机摄影测量具有机动灵活、快速高效、精细准确的优点，并且相比传统的航空摄影测量具有作业成本低、适用范围广的优势。本文以粤东天然气主干管网海丰-惠来联络线项目为例，利用无人机摄影测量技术生成管线周边三维模型，结合GIS技术，制作高精度的管线路由三维模型，为管线制作“数字孪生体”提供技术储备和支持。利用无人机实际采集的摄影数据同管线实际路由的相对关系以及坐标对比精度，探讨无人机摄影数据在一定程度上可以代替人工测量；探索应用无人机摄影测量技术，对指定区域进行施工前后的测量并生产高精度三维模型，利用其辅助工程量确认以及结算等。

1　项目概况

粤东天然气主干管网海丰-惠来支联络线项目起于海丰分输站，止于惠来首站，管线总长162km，设计压力9.2MPa，管径D914mm，设计输量157.4×108m3/a共设置1座站场（新建惠来首站），6座RTU阀室（平东阀室、大安阀室、河东阀室、内湖阀室、鳌江阀室、隆江阀室）。线路涉及大型河流穿越7处，高速公路穿越4次，国省道穿越7次，铁路穿越1次。

项目工期紧、任务重，同时管道沿线地形复杂，地貌单元主要以山地、水网地段为主，落差起伏较大，地表植被覆盖茂密，雨季、台风季总体较长，地表水塘等水体密度较大。地质构造复杂，土层与岩层交错，易造成滑坡。野外数据采集作业不易，不良地质作用偶发。

2　无人机摄影测量数据获取及价值

本项目利用无人机摄影测量技术获取了包括粤东天然气主干管网海丰-惠来联络线项目线路及附属工程162公里施工回填前（含19处共计70km高后果区段、1座站场、6座阀室）的航测数据。其中包括线路工程部分的正射影像和场站阀室及高后果区周期性实时三维影像。

2.1　管道施工过程正射影像数据实时采集

管道线路工程部分正射影像的获取，采用的是大疆精灵4RTK。大疆精灵4RTK是一款小型多旋翼高精度航测无人机，面向低空摄影测量应用，具备厘米级导航定位系统和高性能成像系统，便携易用，能够全面提升航测效率。

管道施工过程中正射影像的采集工作与工程施工进度保持一致，在管沟开挖前、管道下沟回填前和管道施工完成地貌恢复后分三次获取不同施工阶段的影像数据，然后经过空中三角测量等一系列内业处理后生成三组不低于0.1m分辨率的正射影像数据。图1为桩号为SWLF009-SWLF010桩之间的管沟开挖前和管道下沟回填前的正射影像数对比图：

2.2　场站阀室及高后果区周期性实时三维实景建模

场站阀室及高后果区实景三维模型数据获取主要采用大疆M600PRO多旋翼无人机，搭载Riy-S2五镜头倾斜摄影相机，通过无人机数字航空摄影获取测区的高分辨率倾斜摄影数据，野外实测一定数量的地面控制点进行空中三角测量

获取航空影像精确外方位元素，建立立体模型，利用影像匹配技术生成数字表面模型，对航空影像进行微分纠正和映射纹理，生成真三维模型。图 2 为某场站的三维模型成果。

图 1　管沟开挖前和管道下沟回填前对比影像

图 2　场站三维模型

(4) 将开挖后回填前的影像数据叠加管道本体以及附属设施的测量数据生成完整清晰的管道线路图，能够清晰的反映管道的焊口、配重块、平衡压带、弯管、三通等的分布情况，同时场站阀室、三桩、穿跨越的相对位置信息也能够清晰明了的展示，为后续管道运行期的管理和维护提供数据支撑。

2.3　在管道完整性中的重要价值

(1) 数据完整性是管道完整性的基础，数据的内容和准确性直接制约着完整性后续流程的分析与评价结果。常规管道完整性数据库的影像数据通常是指某个时期管道两侧一定范围内的影像资料。本项目首次同步获取管道工程建设期前、中、后三个时段的影像资料，这就为一系列工作的开展提供了最全面的资料；

(2) 全方位的掌握管道建设期的工程进展情况。通过高清管道工程段影像的判读和对比分析可以全面掌握工程进展情况，能够及时调整人力和物资资源的部署，节约成本、提高效率。

(3) 开展工程施工对生态环境的影像情况以及环境修复的时间评估。对管沟开挖前的影像和地貌恢复后的影像进行解译分析和指标采集能够分析评价整个管道施工过程对周围环境质量的影响情况，为后续类似项目的开展提供案例依据。同时也可以采用生态学的方法估算消除整个工程施工对当地环境影响需要的时间，为生态环境恢复和保护提供支持。

3　无人机摄影测量技术在长输管道建设期的应用

3.1　矢量与影像数据的相互校准

根据航空影像提取关键点坐标数据，辅助 RTK 管道信息坐标采集。本次以粤东项目为例验证航空影像提取关键点坐标对比 RTK 现场采集数据精度。图 3 为管道本体和附属设施数据叠加管道下沟回填前影像数据后的成果。

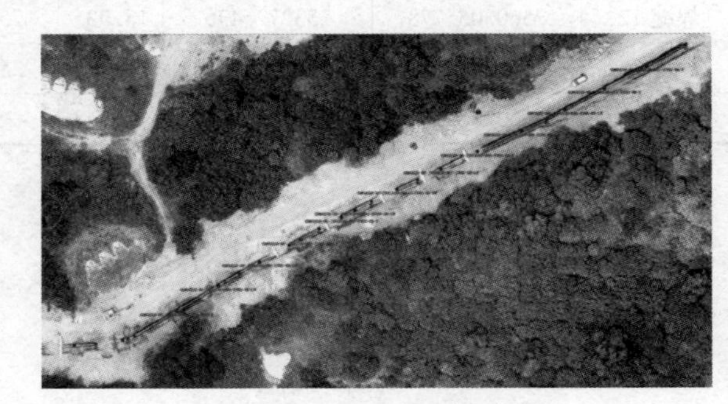

图 3　管道本体和附属设施数据叠加管道下沟回填前影像成果

本次对比实验数据来源，通过影像随机拾取 10 处配重块坐标，及 14 处焊缝点坐标，与 RTK 实测坐标对比结果见表 1。

表 1　配重块数据对比表

焊口编号	外业检测坐标			倾斜三维成果坐标			坐标较差	
	X	Y	Z	X	Y	Z	Δ平面	Δ高程
配重块 1	2560473.414	353145.539	19.522	2560473.49	353145.402	19.612	0.157	−0.09
配重块 2	2560482.001	353125.491	19.537	2560482.107	353125.401	19.446	0.139	0.091
配重块 3	2560487.165	353112.754	19.516	2560487.052	353112.937	19.629	0.215	−0.113
配重块 4	2560491.122	353102.672	19.465	2560491.218	353102.852	19.544	0.204	−0.079
配重块 5	2560497.517	353085.745	19.392	2560497.6	353085.9	19.513	0.176	−0.121
配重块 6	2560503.522	353070.148	19.441	2560503.612	353070.294	19.285	0.172	0.156
配重块 7	2560507.666	353058.504	19.486	2560507.719	353058.423	19.696	0.097	−0.21
配重块 8	2560513.916	353041.631	19.487	2560513.784	353041.731	19.633	0.166	−0.146
配重块 9	2560518.245	353029.621	19.437	2560518.154	353029.844	19.294	0.241	0.143
配重块 10	2560523.904	353014.153	19.361	2560524.017	353014.01	19.553	0.182	−0.192

表 2　焊缝数据对比表

焊口编号	外业检测坐标			倾斜三维成果坐标			坐标较差	
	X	Y	Z	X	Y	Z	Δ平面	Δ高程
焊缝 1	2560412.325	353194.477	19.084	2560412.45	353194.322	19.264	0.199	0.18
焊缝 2	2560402.66	353201.557	19.035	2560402.765	353201.717	19.188	0.191	0.153
焊缝 3	2560393.089	353208.616	19.009	2560392.979	353208.491	19.131	0.167	0.122
焊缝 4	2560383.412	353215.73	18.985	2560383.584	353215.596	19.147	0.218	0.162
焊缝 5	2560373.775	353222.861	19.007	2560373.908	353223.014	19.152	0.203	0.145
焊缝 6	2560364.1	353229.983	19	2560363.95	353230.155	19.16	0.228	0.16
焊缝 7	2560354.449	353237.058	18.971	2560354.345	353236.895	19.113	0.193	0.142
焊缝 8	2560344.797	353244.152	18.964	2560344.919	353244.03	19.114	0.173	0.15
焊缝 9	2560335.147	353251.316	18.967	2560335.26	353251.456	19.103	0.18	0.136
焊缝 10	2560325.433	353258.318	19.015	2560325.276	353258.213	19.155	0.189	0.14
焊缝 11	2560315.583	353265.502	19.016	2560315.723	353265.644	19.193	0.199	0.177
焊缝 12	2560305.778	353272.436	18.935	2560305.895	353272.328	19.056	0.159	0.121
焊缝 13	2560295.923	353279.282	18.734	2560296.059	353279.442	18.9	0.21	0.166
焊缝 14	2560286.142	353286.183	18.545	2560285.99	353286.07	18.682	0.189	0.137

经计算中误差如下。

计算方式：

$$m_{cs} = \pm\sqrt{\frac{\sum \Delta s_{ci}^2}{2n_c}} \tag{1}$$

$$m_{ch} = \pm\sqrt{\frac{\sum \Delta h_{ci}^2}{2n_c}} \tag{2}$$

式中：Δs_{ci}、Δh_{ci} 为分别为重复测量的点位平面位置较差和高程较差；n_c 为重复测量的点数。

经计算：配重块平面中误差 $m_{cs}=\pm0.127$m，高程中误差 $m_{ch}=\pm0.099$m；焊缝平面中误差 $m_{cs}=\pm0.137$m，高程中误差 $m_{ch}=\pm0.106$m。

通过上述倾斜三维成果提取坐标对比 RTK 实测数据的对比结果可以得出：经过无人机倾斜摄影测量和空中三角测量和内业加密处理后的倾斜三维影像成果的精度已经非常高，能够满足管道同步测绘的坐标采集精度要求，可以辅助我们获取管道本体及附属设施的三维坐标数据。这在一些地质、地形条件复杂的区域以及人力无法到达区域，无人机航飞替代人工数据采集成为可能，并且可以提高工作效率，节约成本。

3.2　辅助土方量计算

土方量的计算方法和计算精度直接影响工程进度和工程费用。传统土方量的计算一般是靠施工单位上报，监理及业主单位计量人员现场核查后，依据现场测量断面标高情况，对照图纸确定完成比例或现场预估确定完成比例。这样的计算方法繁琐、费时费力，如果一个步骤存在问题则需要反复的核实重算，严重制约工程进度。

通过采用无人机倾斜摄影测量技术和高效的数据采集设备和专业数据处理流程生成的三维模型数据能够清晰的反映地物的外观、位置和高度等属性信息。利用三维模型并结合专业软件可以准确进行土方量的计算工作。特别是对于一些地形地质条件复杂地区能够大大的减少外业工作量，提高计算精度和效率。无人机倾斜摄影测量土方量计算流程图4。

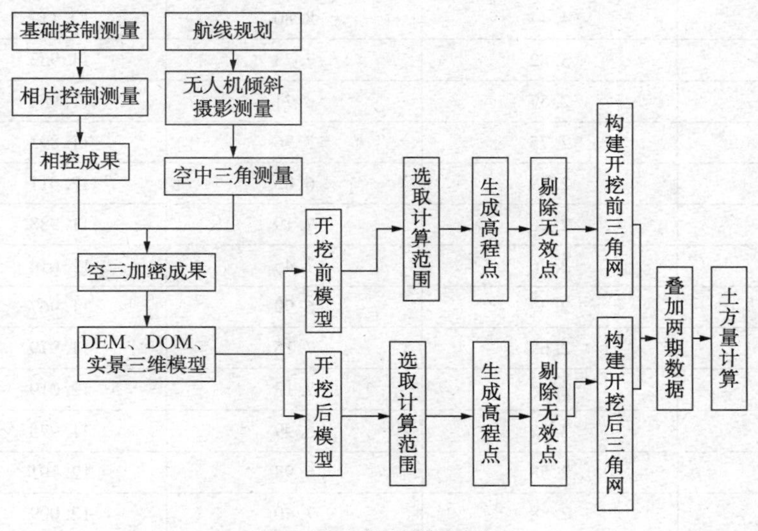

图4　土方量计算流程图

本文选取SWLF009号桩至WLF010号桩区域，分别采用无人机倾斜摄影管沟开挖前和管道下沟回填前的两期数据进行土方量计算，然后采用RTK实地测量的方式获取数据验证土方量计算的精度。

(1) 方法一：无人机倾斜摄影土方量计算(图5、图6)。

图5　选取位置示意图

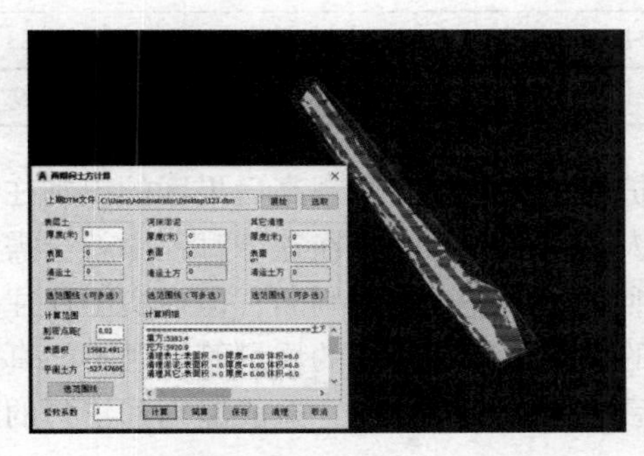

图6　倾斜摄影测量数据土方量计算结果

经计算：此区段的挖方量：5920.9m^3，因桩号区间管沟内有391m、914mm管径的管道，经核减后此段最终开挖量为：6177.44m^3

(2) 方法二：RTK实地测量土方量计算。

采用RTK测量方法平均10m左右测量一组点位，测量管沟地面宽度，沟底宽度，管够深度，计算区间段长度，统计见表3。

计算方式：

$$V=(S_1+S_2)\times H/2\times L \tag{3}$$

经计算：此区段的挖方量为6049.719m^3。

通过两期开挖量对比，应用无人机倾斜摄影测量技术选取50cm间距高程点叠加两期数据计算开挖方量为6177.44m^3，通过RTK实测10m间距地形数据，计算开挖放量为6049.719m^3。通过对RTK实测数据计算结果和无人机倾斜测量计算结果的对比，挖方量结果差值比为0.02。无人机倾斜摄影测量技术和专业处理软件，获取点位更为密集，计算量更为精确。

表3　土方量开挖统计表

点位	沟深 H/m	管沟底部宽度 S_1/m	管沟顶部宽度 S_2/m	管段长度 L/m	区段挖方量/m^3
1	2.72	2.55	8.60	0	0
2	2.98	2.64	8.99	3.921	63.702
3	3.04	3.14	7.70	24.053	406.562
4	2.84	3.35	8.44	11.997	199.262
5	2.93	4.16	8.73	12.185	217.049
6	2.72	4.44	8.80	12.112	223.407
7	2.63	3.82	7.73	11.953	198.388
8	2.56	2.57	6.71	11.981	162.143
9	2.58	2.75	7.36	11.893	148.189
10	2.88	2.19	6.83	12.011	156.327
11	2.73	2.26	7.19	11.988	155.173
12	2.69	2.36	7.45	12.014	156.745
13	2.66	2.37	6.99	11.967	153.436
14	2.9	2.65	7.15	11.979	159.673
15	2.63	2.68	7.13	12.019	162.918
16	2.79	2.72	6.99	11.975	158.343
17	2.96	2.58	6.98	12.191	168.81
18	2.79	2.88	7.40	12.009	171.065
19	2.64	2.61	7.57	12.012	166.836
20	2.58	2.81	7.80	11.97	162.34
21	2.62	3.37	8.47	11.504	167.943
22	2.91	3.72	8.96	11.982	203.453
23	2.87	3.77	9.07	11.944	220.216
24	2.23	3.82	11.34	11.634	205.508
25	2.31	3.96	16.91	11.997	245.988
26	2.29	3.91	14.55	12.038	272.309
27	2.47	4.07	13.90	11.901	257.833
28	2.17	4.32	9.73	11.987	224.38
29	2.26	3.53	9.03	12.006	176.711
30	2.51	3.30	8.65	12.03	175.578
31	2.23	3.67	9.21	11.756	172.569
32	2.39	3.38	7.51	4.499	61.58
33	2.34	3.03	5.67	7.543	87.471
34	2.32	3.75	7.57	11.959	139.383
35	2.27	4.13	6.21	3.895	48.429

3.3　高后果区的识别

高后果(HCA)区是指管道发生泄漏后会对公众、社会、环境造成较大不良影响的区域，强调管道泄漏后的危害后果，是管道隐患治理和安全防护的重点区段。常规高后果区的识别往往是依靠人力识别和判断，在这个过程中就会需要大量的照片材料进行辅助判断，但现实中往往因为素材的拍摄角度和相片的质量等问题不能真实反映高后果区的真实情况，造成漏判和错判的情况时有发生。借助管道工程的正射影像数据和三维全景影像数据可以清晰的观测到管道周围的地质、地貌、建筑物、道路、河流等基础地理数据，再结合经济地理和人文气象等统计数据可以准确的对高后果区进行甄别筛选，提高高后果区识别的准确性和效率，同时大大节约人力成本，提高工作效率。

3.4 应急决策数据支撑

长输管道往往距离长、跨度大，过程中可能途经高山、河流、公路、桥梁等各种地貌地物，在暴雨等极端天气的影响下容易受到滑坡、泥石流的危害而发生沉降、变形、泄露等危险情况。由于管道中的存储介质天然气、石油等是易燃易爆腐蚀性物质，极易引发火灾和爆炸，造成重大的人员伤亡和经济损失，并且给环境安全造成重大的影响。

传统的应急决策方案已经远远不能满足如今的需要，现在融合 3S 技术、云计算、人工智能等新型技术力量的应急决策系统已经成为趋势。基于无人机的摄影测量技术不仅可以在应急决策系统建设期作为基础数据获取的重要手段，同时在事故处理中可以借助期高效灵活的优势，深入第一现场特别是地形条件复杂容易发生二次危害的第一现场拍摄一手实时数据资料，便于分析事故影响范围和潜在的危险因素，为应急救援提供数据支撑。

4 结束语

本文将无人机摄影测量技术在粤东天然气主干管网海丰-惠来联络线项目中数据获取方式进行介绍，以该项目为例总结了无人机摄影测量技术在长输管道建设期管道完整性数据获取、矢量与影像数据的相互校准、辅助土方量计算、辅助高后果区识别、应急决策方面的应用加以概括总结，以实际项目案例充分说明了无人机摄影测量技术在长输管道建设期应用的重大意义，为类似项目的开展提供样例和支撑。

参 考 文 献

[1] 邹娟茹，孙兴华．基于无人机倾斜摄影测量技术的三维校园建模[J]. 科技与创新，2020，20：61.
[2] 秦晨西，高晴晴，纪晓阳．无人机航空摄影测量技术在采煤塌陷治理测绘中的应用[J]. 科技视界. 2020，31：101-102.
[3] 熊星富，李向阳，毛伟等．无人机航空摄影测量在油气长输管道中的应用[J]. 2020，11：78-79.
[4] 李玮．无人机航空摄影测量在油气管道工程中的应用[J]. 2018，5：106-110.
[5] 薛立勇．关于旋翼无人机倾斜摄影测量在管道测绘中的运用分析[J]. 中国战略新兴产业. 2017，12：44+46.
[6] 乔元立．浅谈在役管道完整性管理[J]. 科学管理，2019，1：168-170.
[7] 贺来过．倾斜摄影技术在土方量计算中的应用研究．[A]. 第六届全国 BIM 学术会议论文集，太原. 2020.
[8] 张德庆 吴超 王彦青等．西气东输浙江管理处管道高后果区识别与应用[J]. 上海煤气，2020，2：19.

输油管道轻型囊式快速封堵技术研究

王金涛　汤元歌

（国家管网集团东部原油储运有限公司）

摘　要　输油管道因腐蚀、自然灾害等原因造成的管道断裂或破裂，可能造成着火爆炸和重大环境污染事故，甚至会带来恶劣的社会及环境影响。通过轻型囊式快速封堵技术的研究和应用，大大提高了管道快速封堵堵漏的能力，能够短时间内解除险情并且防止造成大规模环境污染或引起更大事故，为后续开展的盘式封堵等大规模封堵抢修作业创造条件和赢得宝贵的时间。

关键词　管道，泄漏，囊式，快速封堵，临时封堵

东部原油储运有限公司正在服役的原油管道分布地域很广，沿线地形非常复杂，部分管道穿越山岭、公路、河流、水网、沼泽、人口密集区等复杂区域，且部分管道已经进入老龄化阶段，因腐蚀、第三方破坏、自然灾害、施工缺陷及操作失误等造成的管道泄漏事故时有发生。2016年下半年，长江中下游汛情严峻，仪长原油管线穿跨越河流地段发生严重洪涝，险遭溃坝塌方、洪水冲击，形成了可能会断裂跑油的重大安全隐患，7月份，安庆市桐城金神镇杨公村挂车河北岸发生决堤、荆门市沙洋县沈集镇刘集村王田河管线遭遇洪水冲击。一旦管道发生泄漏险情，采用常规的封堵装备进行抢修极其艰难甚至无法完成，由于装备重量过大，无法进入抢修现场，修筑进出场道路特别困难，严重影响抢修速度和效率。一旦应急处置不及时，管道保护不力，极易发生管道原油泄漏，可能造成着火爆炸和重大环境污染事故，甚至会带来恶劣的社会及政治影响。为了降低风险，防止造成不良影响，亟需寻求更灵活、高效的封堵方法，提高管道快速封堵堵漏的能力，及时解除险情。

1　国内外管道封堵抢修技术现状

管道带压封堵(换管)技术是可用于油气管道工艺改造和管道抢修的有效技术方法，主要有高压盘式封堵、筒式封堵和低压囊式封堵。高压盘式封堵和筒式封堵可以实现管道不停输条件下的封堵作业，主要作业环节包括：安装封堵三通(或四通)管件、带压开孔、旁通管道安装、封堵、抽油割管、动火连头、解除封堵等；程序复杂，作业时间长，一般需3~5d，如果旁通管道预制较多，工期可能更长，所以，高压盘式和筒式封堵只能用于计划性正常维修，不适用于快速抢修；挡板-囊式封堵通常应用于管道停输封堵，是上面三种封堵技术中开孔尺寸最小的，开孔时间最短，可以实现快速封堵；但是缺点是开孔尺寸依然较大，需要采用电动开孔机或者液压开孔机进行开孔，设备较重，需要大型运载工具和吊装设备，当管道发生泄漏事故时，无法及时进行管道封堵抢修。

2　轻型囊式快速封堵技术研究

2.1　轻型囊式快速封堵技术主要设备构成

囊式快速封堵技术涉及的主要设备有：焊接法兰短接、夹板阀、充气封堵囊、封堵缸、送、取囊充气杆、充气杆快接接头、充气杆端部接头、封堵缸法兰盖、支撑筒(创新点)、进给链条及棘轮扳手等。

2.1.1　充气封堵囊

充气封堵囊为关键设备，采用国外原装进口，材料为工业弹道尼龙布和丁腈橡胶；主要有两个系列：128系列和129系列(图1~图4)。

（1）128系列：762管径，开孔直径Φ200mm；封堵囊长度2540mm，充气压力0.2MPa。

（2）129系列：711管径，开孔直径Φ298mm；封堵囊长度1066mm，充气压力0.69MPa。

图1　128系列封堵囊

图 2　129 系列封堵囊

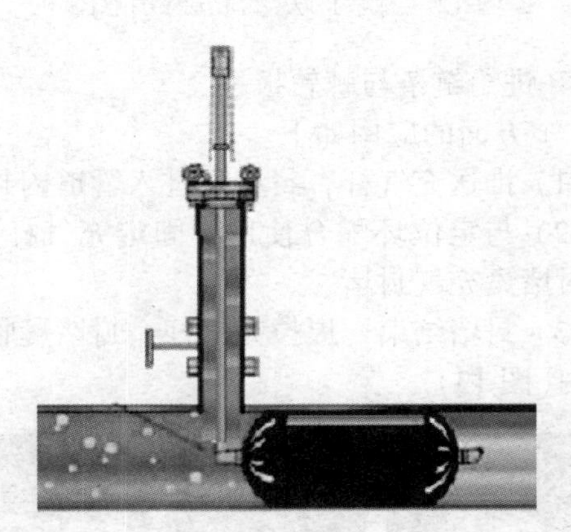

图 3　128 系列封堵示意图

图 4　129 系列封堵示意图

首先选取了 128 系列封堵囊进行研究试验。

2.1.2　封堵缸

封堵缸通过法兰安装在夹板阀上，相当于封堵联箱。因为充气封堵囊要求开孔直径是 Φ200mm，所以开孔筒刀和夹板阀取 Φ203mm 尺寸。则封堵缸内径取 Φ205mm。根据无缝钢管国家标准（GB/T8163—2008），钢管外径有 180，194，203，219，245，273 等系列。取 Φ219mm，壁厚 7mm，内径 Φ205mm，每米质量 36.6kg。

为了减轻封堵缸质量，便于搬运和徒手安装，封堵缸分 2 节或者 3 节，用法兰连接。

为进一步减轻质量，可内径不变，适当车外圆，减小壁厚。（若压力为 1MPa，壁厚要求为 4mm）

连接采用突面带颈平焊法兰 *DN*200（图 5）。

图 5　封堵缸

2.1.3　充气杆及接头

充气杆有 2 个作用：一是与封堵囊机械连接，推送封堵囊到管道封堵位置，封堵结束以后再提取出封堵囊；二是充气杆作为气体的导路给封堵囊充气和放气。

送取囊充气杆的顶端有快接接头，可与气源快速连接，给封堵囊充气。

充气杆是中空的铝合金管，材料采用高强度航空铝合金 7075。

充气杆分段，现场一段一段快速组装连接而成。各段充气杆通过接头连接。

2 道 O 形圈密封。4 个紧定螺钉拧入沉头孔（图 6~图 8）。

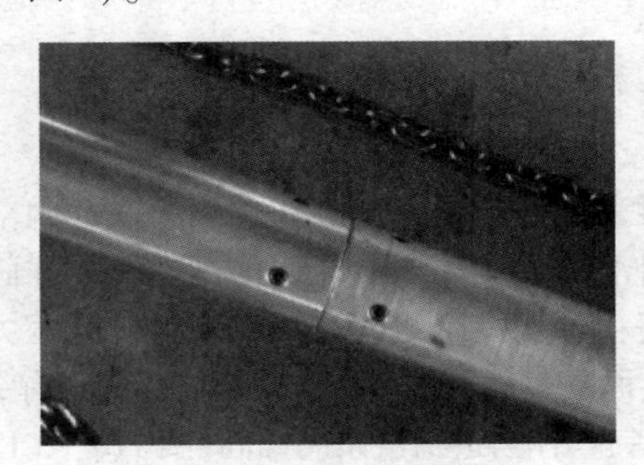

图 6　充气杆实物图

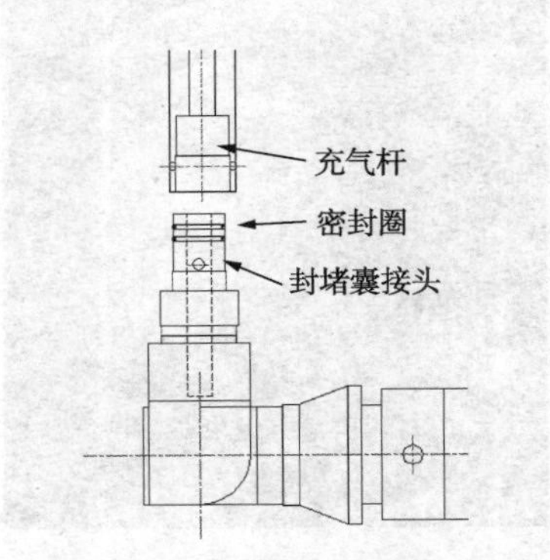

图 7　充气杆端部连接示意图

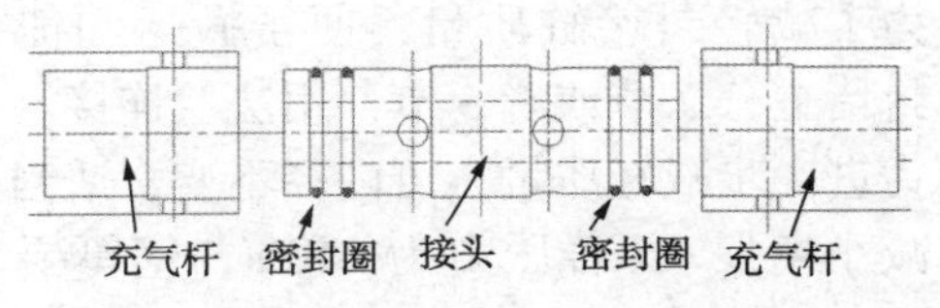

图 8　各段充气杆通过接头连接示意图

2.1.4　充气杆端部接头

布置在充气杆末端，有 2 道 O 形圈密封，布置 2 个螺纹孔，可安装快接单向气阀与气源连接；可安装压力表，显示封堵囊充气压力。滚轮处安装进给链条，推送或者提拉充气杆(图 9、图 10)。

图 9　充气杆端部接头

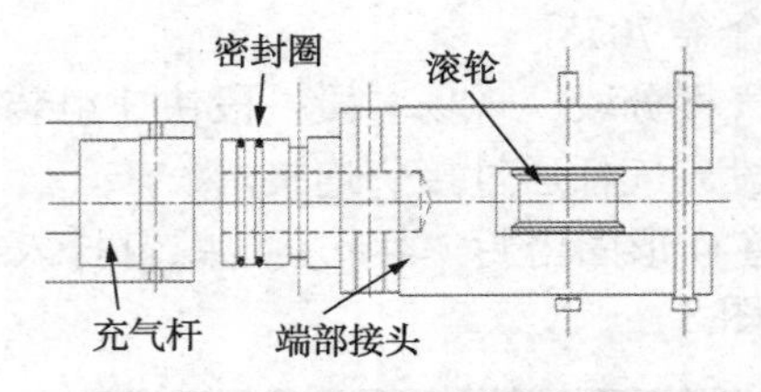

图 10　充气杆端部接头示意图

2.1.5　封堵缸法兰盖

对充气杆起导向定心作用。导向孔内部 2 道 O 形圈密封。布置 2 个螺纹孔：可安装球阀，压力平衡；可安装压力表，显示管道内的压力。

突面法兰盖。法兰的连接螺栓，其中有 2 个是起吊螺钉，作为进给链条的锚固(图 11、图 12)。

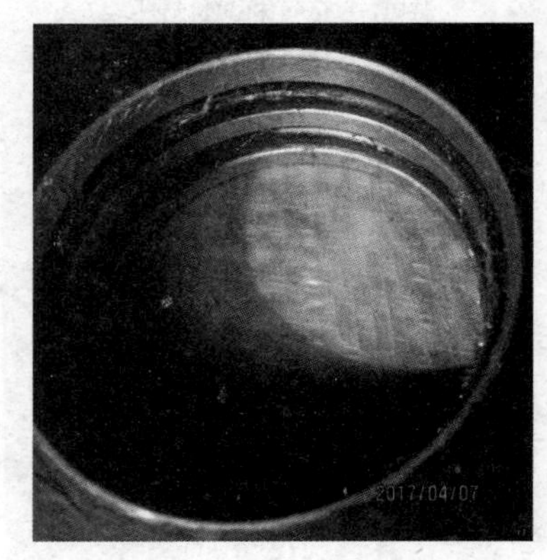

图 11　封堵缸法兰盖

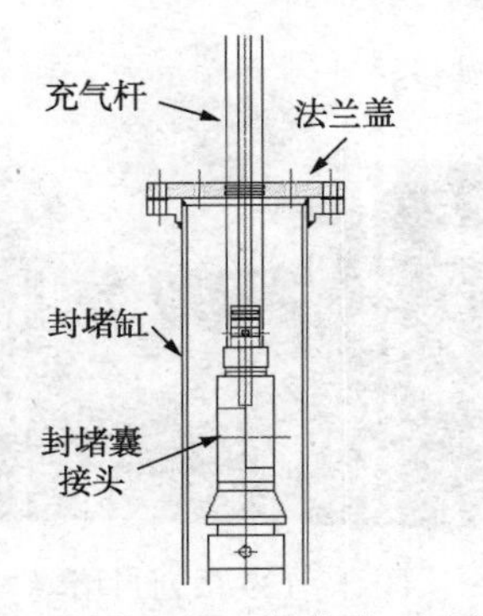

图 12　封堵缸法兰盖安装示意图

2.1.6　进给链条与棘轮扳手

3 个方面的应用如下。

(1) 推送充气杆，封堵囊进入管道内封堵。

(2) 与定位环配合使用，固定充气杆位置，此时封堵囊充气封堵。

(3) 封堵结束，提拉充气杆，封堵囊收回封堵缸内(图 13)。

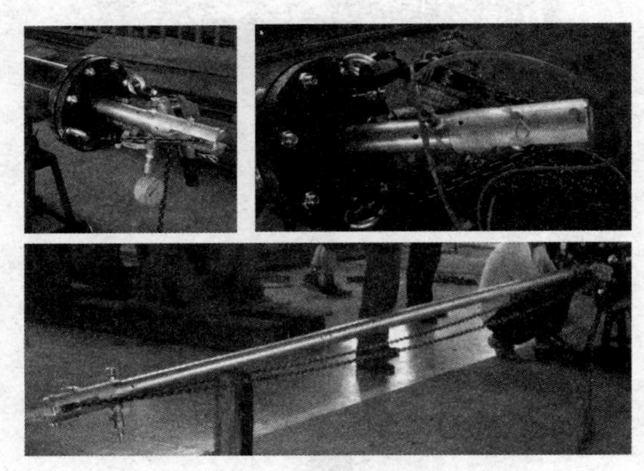

图 13　为进给链条与棘轮扳手

2.1.7　支撑筒

支撑筒是一个创新点。流体对封堵囊的轴向推力，由支撑筒负载，充气杆不承受弯矩。

封堵缸内径 Φ205mm，开孔筒刀、夹板阀直径 Φ 203mm。所以，根据无缝钢管标准，支撑筒外径取 Φ 194mm，壁厚 12mm，内径 Φ170mm(图 14)。

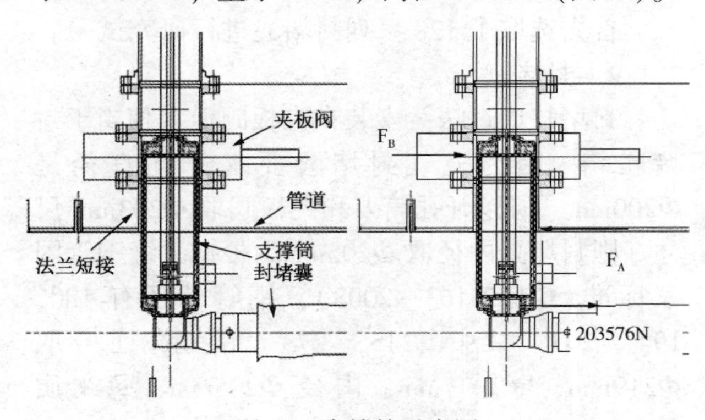

图 14　支撑筒示意图

管道内轴向推力 203576N，$F_A=508940$N，$F_B=305364$N，A 点弯矩 73288N·m

支撑筒抗弯截面系数：

$$W=0.0928\frac{D^4-d^4}{D}=0.0982$$

$$\frac{0.194^4-0.170^4}{0.194}=2.94\times10^{-4}(\mathrm{m}^3) \quad (1)$$

$$\sigma=\frac{M}{W}=\frac{73288}{2.94\times10^{-4}}=250\times10^6(\mathrm{Pa})=$$

$$250(\mathrm{MPa})<284(\mathrm{MPa}) \quad (2)$$

支撑筒抗弯强度足够。

2.2 轻型囊式快速封堵的基本过程

（1）首先在管道上开孔，焊接法兰短接，安装夹板阀，封堵缸等组装好的封堵装备。

（2）将封堵囊捆扎紧后通过接头安装在充气杆上，再送入封堵缸内，装上突面法兰盖、进给链条等（图 15）。

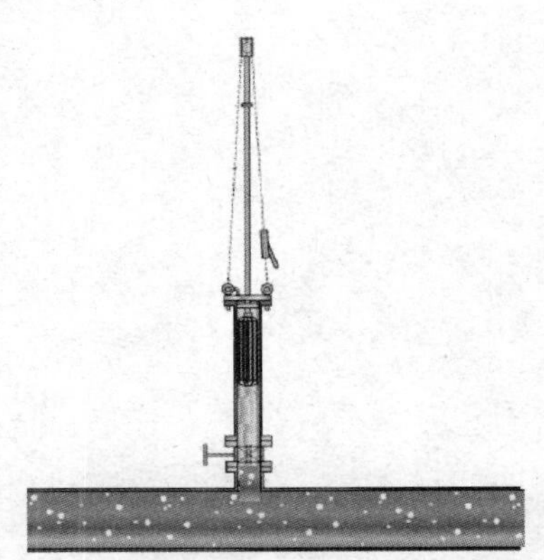

图 1 5 充气封堵囊捆扎紧安装在送取囊缸中

（3）通过进给链条和棘轮扳手推送充气杆，将封堵囊送入管道内；封堵囊下端有大、小滑轮，触碰管道内壁后将滚向要封堵的一端。

（4）封堵囊送入封堵管道后，通过充气杆向封堵囊充气，使封堵囊充盈实现管道截断封堵（图 16）。

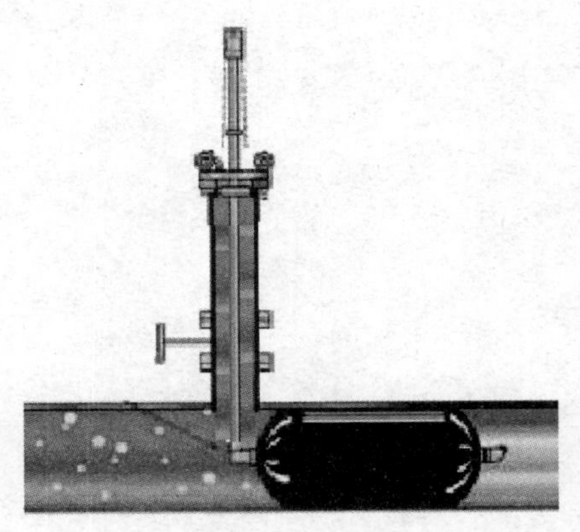

图 16 充气封堵囊在管道内封堵

充气封堵囊的封堵效果见图 17。

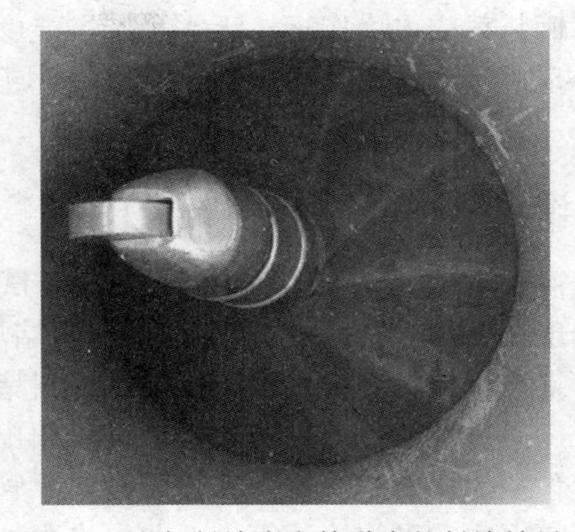

图 17 充气封堵囊在管道内的封堵效果

3 试验验证

2017 年 7 月，在样机整装完成后进行了首次快速封堵试验，选择 Φ720mm 管道，开孔直径为 DN200，模拟原油泄漏状态，当管道压力小于 0.3MPa 时，开孔时间 0.5h，开孔的同时组装封堵缸；开孔后安装夹板阀、送取囊缸并进行封堵作业，这些环节可以在 0.5h 内完成，整体截断堵漏时间在 1h 内，基本达到了轻型囊式快速封堵技术研究的预期目标，为实际投入应用完成了技术准备。

4 技术效果评价

输油管道轻型囊式快速封堵技术创新点如下：

（1）满足管道泄漏快速封堵抢修作业功能定位需要，实现在 1.0h 内完成管道泄压快速封堵堵漏。

（2）开孔小，开孔尺寸在管径的 15%~30% 左右。

（3）运行平衡可靠，安全性能优良。

（4）材料单体体积小、重量轻、灵活机动、便于车辆装载或人力搬运，无需吊装、能够徒手安装，现场作业面积小，适应特殊地域抢修作业。

5 结论

输油管道轻型囊式快速封堵技术经试验验证，实现在1.0h内完成管道泄压快速封堵堵漏，解决了复杂区域常规抢修设备难以进场封堵的技术难点。通过对该技术进一步延伸，研制出适合各种类管径的快速封堵设备，投入到实际管道泄漏抢险应用中，可为输油管道企业提供更加有效的技术支撑和抢修保障。

参 考 文 献

[1] 鲁广志．长输管道渗漏阀池堵漏技术[C]. 2012年9月建筑科技与管理学术交流会论文集，2012年．
[2] 肖子超．灌浆堵漏新技术介绍[J]．中国建筑防水，2001(1)：28-28.
[3] 梁政，兰洪强等．大管径天然气管道预装冻芯局部冷冻封堵[J]．油气储运，2011，30(10)：778-780.
[4] 梁政，兰洪强等．小管径天然气管道局部冷冻封堵技术[J]. 天然气工业，2010，30(9)：69-71.
[5] 张儒杰，蓝景和．管道冷冻封堵在输油管道中的应用[J]．深冷技术，1987，122(4)：41-43.
[6] 王喜娟，韩东兴，陈军斌等．管道冷冻封堵在输油管道中的应用[J]．深冷技术，2012，31(3)：47-52.

移动视频监控在油气管道承包商施工作业管理中的应用

韩朋科

（国家管网集团西部管道有限责任公司）

摘　要　随着移动网络技术不断发展以及5G时代的到来，移动视频监控在各行各业中的应用规模越来越大，但在输油气管道施工作业上还没有得到有效应用。通过对移动视频监控系统在油气管道承包商施工作业中的应用效果进行分析，发现移动视频监控系统由于其可视化、实时监控、录像数据存储、远程通话等特点，在油气管道承包商施工作业的安全管理、事故预防、应急处置决策、事故调查等方面具有很大的发展优势，对于提升油气管道承包商施工作业的安全生产管理具有十分重要的意义。

关键词　移动视频监控，油气管道，施工作业管理

随着网络信息技术不断发展，视频监控技术在网络中的应用规模越来越大，视频监控技术不仅覆盖各地区的千家万户，更多的应用是在行业之中。相对于传统的视频监控，移动视频监控发展空间更大。随着移动网络技术的发展以及5G时代的到来，不需布线、无线传输的特点使得移动视频监控不再受地理环境的限制，而且其建设周期短、移动方便、灵活性性高，是未来监控发展的重要方向之一。

视频监控已普遍应用于各行各业，视频监控用于石化行业可对起重机械、受限空间、高处作业等特种作业、日常运行、巡检管理、停产检修等过程实行全程视频监控；视频监控还可用于交通、环境监察、公安移动执法记录，方便采集证据，另外记录的违法、违章视频还可用于事故事件教育；视频监控用于建筑工地有利于智慧城市和平安城市建设，通过视频监控可对施工现场的安全生产、文明施工、消防保卫等情况进行有效监控；移动视频监控通过移动网络可以连接到手机、平板电脑上，便于随时查看监督。

虽然目前移动视频监控已应用于各种行业，但在输油气管道施工作业上还没有得到有效应用，本文旨在通过对移动视频监控系统在西部管道乌鲁木齐输油气分公司承包商施工作业中的应用效果进行分析讨论，为下一步油气管道行业应用移动视频监控提供参考和建议。

1　移动视频监控在某分公司承包商施工作业管理中的应用情况

乌鲁木齐输油气分公司，隶属于中石油管道有限责任公司西部分公司，主要管理油气长输管道和站场，2019年乌鲁木齐输油气分公司分别在乐土驿东湾村、王家沟油库、中渠二队16#阀池处、莫索湾玛河、军户农场三连麦地、心连心企业左边一公里处、中渠三队五工台林场、玛纳斯压气站、三道河子柳华山、320W达坂城后沟西三线、昌吉三工镇农田、五江工业园后两公里处、乐土驿镇南铁路南3公里处、昌吉计量站三工镇、玛纳斯作业区成品油8#阀池、米东乌石化东侧、甘河子林场1队大丰镇、三坪铁路线、昌吉市二六工镇西二线国道处等作业点使用了移动视频监控系统对承包商施工作业进行管理，共计148个施工作业项目，共计有15台视频监控前后分别应用于各施工作业点。

如图1所示，移动视频监控系统包括中控系统平台、前端移动视频终端以及网络传输系统。在施工或生产现场重点监控部位设置视频监控，摄像头采集的信号通过视频服务器连接到无线路由器上，通过监控中心键盘、鼠标操作，可实现云台的上下、左右，镜头的远近、自动长短焦，光图大小操作，实现对施工现场及人员的全方位监视需要，监控中心可实现对画面的任意切换、定时切换、顺序切换及对前端设备的控制。通过移动式视频监控系统进行日常巡回检查来代替人

工巡检和看护，达到智能化巡检。

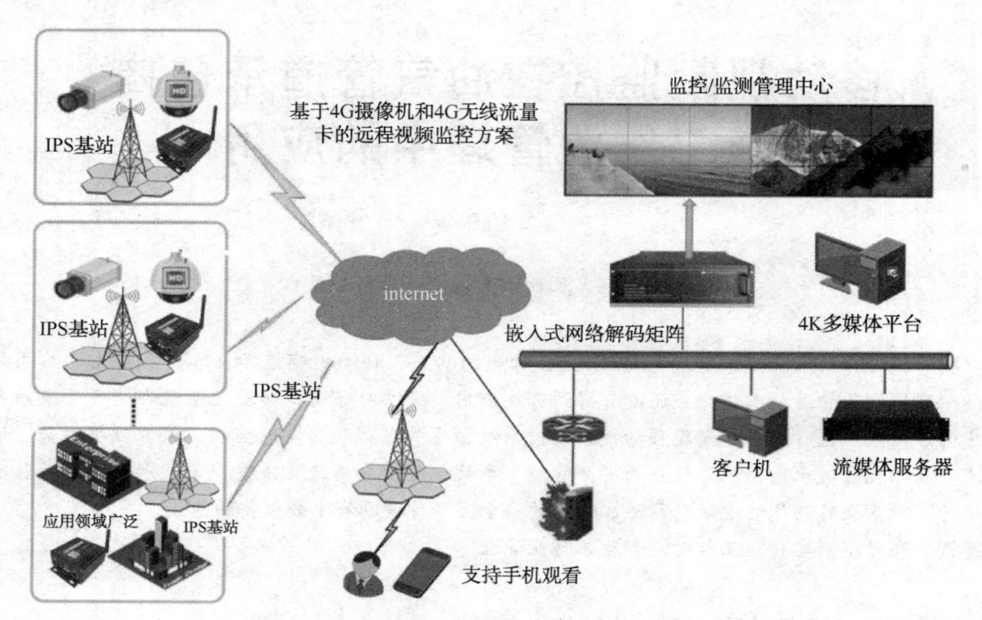

图 1　移动视频监控系统组成示意图

1.1　移动视频监控应用前、后承包商管理问题统计

乌鲁木齐输油气分公司 2018 年共计实施 23 个承包商施工作业项目，2018 年承包商安全管理过程中共发现 79 项问题，其中有 43 项为站场、油库、阀室类，占比 54.43%；有 36 项长输管道施工类，占比 45.56%。

2019 年乌鲁木齐输油气分公司应用了移动视频监控系统后，共计实施 148 个个承包商施工作业项目，2019 年承包商安全管理过程中共发现 283 项问题，其中有 86 项问题是通过视频监控发现的，占 283 项总数的 30.38%。283 项现场问题中有 103 项站场、油库、阀室类，占比 36.39%；有 180 项长输管道施工类，占比 63.60%(表 1)。

表 1　移动视频监控应用前、后承包商管理问题统计

视频监控应用情况	施工项目总数	问题项	平均每个项目存在的问题数
应用前(2018 年)	23	79	3.34
应用后(2019 年)	148	283	1.91

通过表 1 可知：2018 年的承包商施工项目总数为 23 个，23 个项目中存在的问题项为 79 个，平均每个项目存 3.34 个问题；2019 年的承包商施工项目总数为 148 个，148 个项目中存在的问题项为 283 个，平均每个项目存在 1.91 个问题。

通过以上数据的分析可知：2019 年的施工项目数量是 2018 年的 6.43 倍，项目数量同比增长 84.45%；2019 年承包商存在的问题项是 2018 年的 3.58 倍，同比增长 72.08%，2019 年与 2018 年相比平均每个项目承包商存在的问题下降率为 42.81%。即 2019 年与 2018 年相比全年承包商的施工项目同比增加 84.45%的同时承包商存在的问题下降率为 42.81%(图 2)。

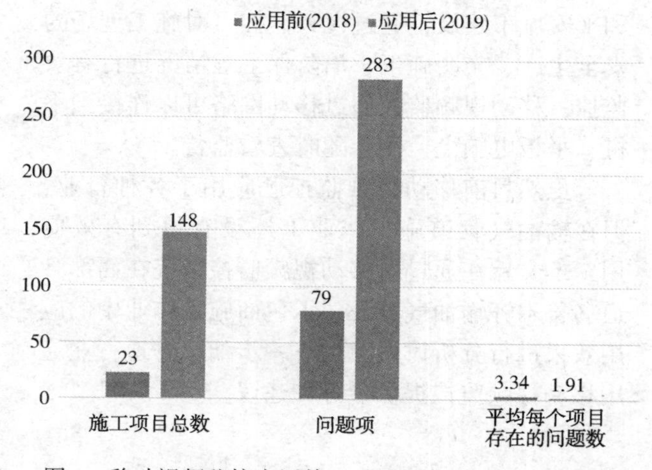

图 2　移动视频监控应用前、后承包商管理问题对比图

1.2　移动视频监控应用后发现问题分析

2019年乌输公司通过应用视频监控，对承包商施工作业过程中的人的不安全行为、物的不安全状态通过视频监控进行了有效的监控。其中在283项问题清单中有86项问题是通过视频监控发现的，86项问题的问题类别见表2。

表2　移动视频监控应用后发现问题类别统计

序号	问题一级分类	问题二级分类	问题数量	小计
1	站场、油库、阀室	安全防护	1	39
2		标志标识	4	
3		非关键设备设施缺陷	1	
4		关键设备设施失效	1	
5		缺少安全防护措施	25	
6		文件标准执行不到位	2	
7		一般隐患未及时消除	5	
8	长输管道施工	标志标识问题	10	47
9		非关键设备设施缺陷	3	
10		缺少安全防护措施	27	
11		设备设施	1	
12		文件标准执行不到位	5	
13		一般隐患未及时消除	1	
14	合计			86

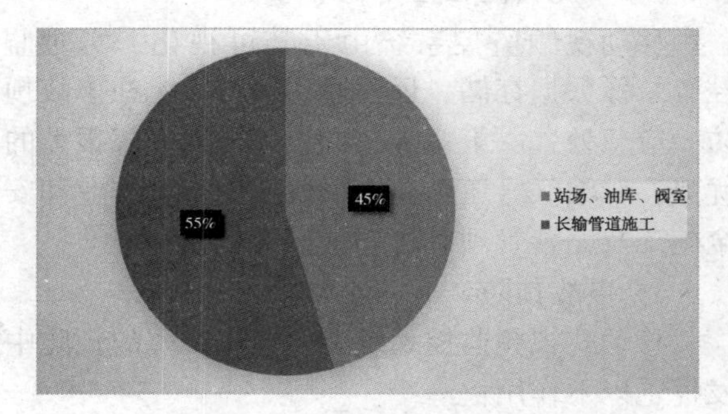

图3　移动视频监控应用后发现问题一级分类情况

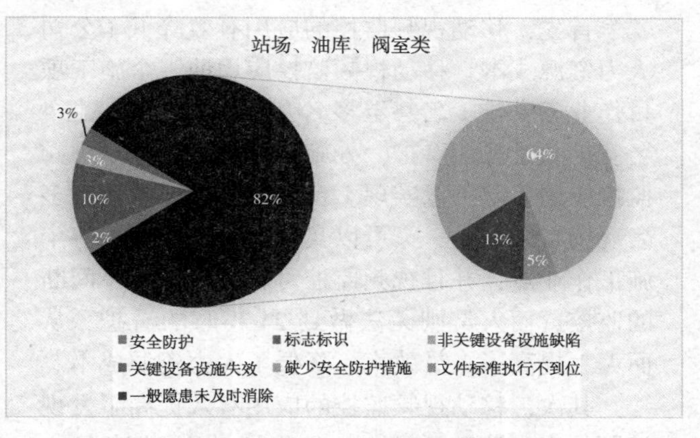

图4　站场、油库、阀室类问题分布情况

86项问题可分为2大类，即长输管道施工47项、占比54.65%，站场、油库、阀室类39项、占比45.34%(图3)。

站场、油库、阀室类问题39项，包括安全防护、标志标识、非关键设备设施缺陷、关键设备设施失效、缺少安全防护设施、文件标准执行不到位、一般隐患为及时消除等7类问题，其中安全防护类占比2.56%、标志标识类占比10.25%、非关键设备设施缺陷类占比2.56%、关键设备设施失效类占比2.56%、缺少安全防护措施类占比64.1%、文件标准执行不到位类占比5.12%、一般隐患为及时消除类占比12.82%(图4)。

长输管道施工问题47项，包括标志标识、非关键设备设施缺陷、缺少安全防护措施、设备设施、文件标准执行不到位、一般隐患未及时消除类等6类问题，其中标志标识类占比21.27%、非关键设备设施缺陷类占比6.38%、缺少安全防护措施类占比57.44%、设备设施类占比2.12%、文件标准执行不到位类占比10.63%、一般隐患未及时消除类占比2.12%(图5)。

通过视频监控发现了很多日常不能发现的问题，其中从表2可以看出，视频监控发现的站场和长输管道施工2大类问题项中，缺少安全防护措施类均占比为最高，在39项站场、油库、阀室类中有25项、占比64.1%，在47项长输管道施工中有27项、占比57.44%，共计占86项总数的60.46%。

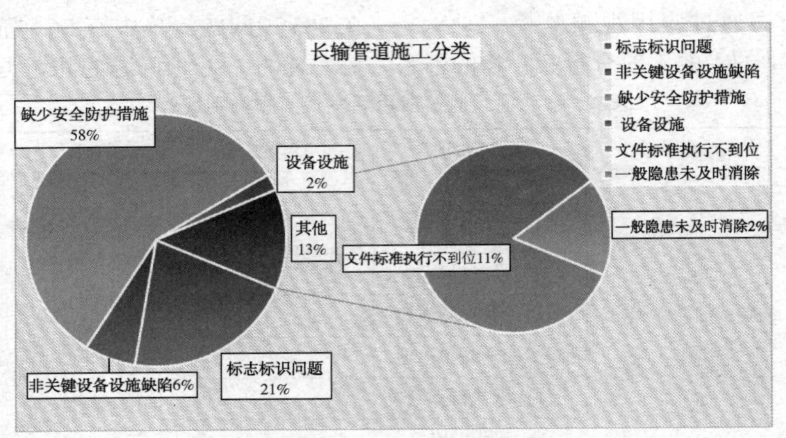

图5　长输管道施工类问题分布情况

1.3　移动视频监控应用效果分析

通过对乌鲁木齐输油气分公司移动视频监控应用前、后承包商管理问题统计分析，移动视频监控应用后平均单个项目承包商存在的问题数量明显下降。视频监控的安装使各承包商自身的安全管理均有了很大的提升，主要体现在如下3个方面。

首先，移动视频监控的应用有效降低了公司人力资源成本。移动视频监控应用前1个施工项目作业点安排1名甚至多名专职看护人员，且1名看护人员只能看护一处施工作业点；移动视频监控应用后既可以实现1台视频监控设备代替多名现场看护人员，又可以实现1人远程监控多个施工作业点，并且视频监控可以实现24h不间断的监控，而人员则无法做到24小时的看护，从而大大提高了人员效率，降低了人力资源成本。

其次，移动视频监控的应用有效提高了发现问题的实时性和及时性。在没有应用视频监控之前每个施工作业点都是通过以往的人盯人来进行安全管控，现场监管人员一旦不在现场或暂时离开，都会发生承包商人员的思想松懈、安全措施和个人安全劳保佩戴不到位的现象，但是通过应用了视频监控，不管现场监管看人员在不在现场都可以通过视频监控来实时监管施工人员，而且移动视频监控可通过手机随时监控，通过信号传输还可以实现多级监控，增加了发现问题的可能性。移动视频监控系统可及时的发现承包商施工过程中人的不安全行为和物的不安全状态，及时发现问题后通过视频监控的对讲系统来有效的解决或者避免发生以上人的不安全行为和物的不安全状态，确保安全受控。

最后，移动视频监控的应用还有利于承包商自身安全管理水平的提升。通过应用视频监控系统，达到对承包商施工作业的实时监控管理，这使承包商的各级人员均不敢懈怠其现场的自身管理情况，促使承包商本身自主提升本身安全管理水平。

1.4　移动视频监控应用优势分析

移动视频监控系统由于其可视化、实时监控、录像数据存储、远程通话等特点，在事故预防、应急处置决策、事故调查等方面发挥很大的优势，对油气管道企业施工现场的安全作业和安全施工及完善管理有着非常重要的作用。

1）事故预防

移动式视频监控系统在安全生产事故预防中发挥了以下作用：

通过监控室的视频图像和手机APP终端使各级管理者能够实时了解承包商施工人员在一线的工作情况，发现问题及时提醒纠正，从而督促整改。

通过视频监控功能，安全生产管理人员根据生产环境现场具体情况，设定安全警戒区域，通过视频行为分析判别存在的安全风险，能够在无人干预的情况下实现对多种违犯安全规则的行为进行管控。

系统通过视屏监控传输功能，实时采集各类环境、人员等的变化和移动情况，使管理者能够及时掌握生产环境和人员的实际情况变化，还能够根据现场需要，通过终端操作可调节现场视频监控系统的监控视角来达到无死角、全覆盖的监控，视频图像远传至调度中心值班人员，使异常情况得到及时发现和处理。

2）应急处置决策

石油天然气输送管道安全事故的发生具有突发性，事件发生后的最初几分钟，往往是最为关键的时刻。其间能否采取迅速而有效的应变行动，将决定整个状况能否被控制，损失和伤害是否减轻。因此应急处置决策就是在最短时间内处理大量与事故相关的信息，合理调配各种资源，组织应急抢险，以减少事故造成的损失和伤害。

正确进行应急处置决策的前提包括：完善的应急响应预案、充分有效的协调组织、充分准确的信息。当前应急处置决策面临的主要问题是对事故现场的情况缺乏客观及时了解，相关部门分布在各处无法进行直接有效的协调组织。

视频监控系统的应用，一方面通过视频图像能够提供丰富、形象、直观的现场信息，特别是视频监控系统可以及时地部署到事故发生现场，了解监控前端控盲区发生的情况；另一方面处于不同地理位置的有关人员通过该视频监控系统，共享实时的监控图像，相互面对面地讨论分析形势，汇总各方面专家的意见，协调组织各种力量，做出正确的判断和决策。

3）事故调查

事故调查是安全生产管理的重要环节，通过调查分析事故原因，开展事故损失评估与索赔，总结经验教训，对存在的问题及时地、科学地提出相应的预防方案和整改措施。企业可以选择任意多路现场的画面手动录像、也可根据要求设定定时录像和设定联动报警触发录像。用户经授权可根据终端名称、录像时间、录像地点、录像事件特征，随时查询检索视频文件，远程播放所需视频图像。系统记录的视频图像和环境监测数据就是用于调查分析事故原因最重要的原始材料。

2 结论

视频监控系统的应用使乌鲁木齐输油气分公司承包商施工作业项目的单个项目问题率有效下降，同时有助于发现人员监护时容易错过的安全防护措施类问题，使乌鲁木齐输油气分公司的安全管理在原有的基础上又向前迈进了坚实的一大步。

移动视频监控系统可以通过计算机、手机实时监管多个施工现场的作业安全，同时优化了机构和人员的调整、减轻了现场安全管理人员的工作强度、又加强了公司内部安全管理机构和安全管理人员对现场承包商施工作业的监管力度，大大地提高了安全管理的工作效率。另外移动视频监控系统由于其可视化、实时监控、录像数据存储、远程通话等特点，在事故预防、应急处置决策、事故调查等方面发挥很大的优势。

视频监控系统的应用使乌鲁木齐输油气分公司的安全管理在原有的基础上又向前迈进了坚实的一大步，传统的依靠安全管理人员来监督现场施工作业管理的方法已经不能适应和满足近年来乌鲁木齐输油气分公司的发展形势。因此，加强施工现场的安全监管手段，提高安全生产监管水平，成为乌鲁木齐输油气分公司所面对的现实，乌鲁木齐输油气分公司积极采用移动式视频远程监控，通过计算机屏幕实时监管多个施工现场的作业安全，同时优化了机构和人员的调整、减轻了现场安全管理人员的工作强度、又加强了公司内部安全管理机构和安全管理人员对现场承包商施工作业的监管力度，大大地提高了安全管理的工作效率。

移动式视频监控系统的远程安全监控能够帮助运行单位、监理单位和施工单位及时掌握安全管理、文明施工，对违章作业人员予以震慑作用，有效促进生产、施工现场提高安全文明作业水平，从而极大的提高施工作业工程的安全管理水平和工作效率。加强移动式视频远程监控系统的建设和管理，对于提升油气管道承包商施工作业的安全生产管理具有十分重要的意义。

参考文献

[1] 王若涵．网络视频监控系统现状与发展趋势研究［J］. 科技与创新，2018(1)：79-80.

[2] 刘荣艳，陆旭．中韩石化特种作业视频监控保安全［EB/OL］. http：//www. sinopecnews. com. cn，2019-2-21.

输气站场工艺管道常见问题与管理对策

谭春波　方俭杰

（国家管网集团广东省管网有限公司）

摘　要　输气站场是长输管道的核心组成单元，站场工艺管道将站场设备连接成一个整体，一旦工艺管道的薄弱环节发生泄漏，将导致整个输气站场停输，严重影响居民和工商业用户用气，严重时还会造成火灾爆炸等恶性安全事故。站场完整性管理一直处于探索阶段，且多偏重于站场设备管理，站场工艺管道易成为站场管理的薄弱环节。本文从输气站场管理实践发现的问题出发，提出输气站场工艺管道管理过程中常见的问题的管理对策，为管道运营管理企业提供参考。

关键词　天然气，完整性，输气站，工艺管道

近年来，国内天然气管道行业快速发展，各管道管理企业大力推进管道及设备设施完整性管理，管道完整性管理已形成国家规范，但站场完整性管理仍处于探索阶段，且主要探索站场设备的完整性管理，站场工艺管道的安全管理常成为易忽视的环节。本文从输气站场管理实践发现的问题出发，提出输气站场工艺管道管理过程中常见的几类问题的管理对策，为管道运营管理企业提供参考。

1　输气站场工艺管道常见的问题

1.1　工艺管道壁厚不足问题

工艺管道壁厚不足问题造成的直接后果是威胁管输企业的设备本质安全，另一方面，在处理该类问题时往往伴随停输停产，造成极大经济损失。

国内某输气站场在定期检验过程中发现 8 处壁厚存在异常的管段，管线规格均为 *DN*250、材质为无缝钢管 L360，设计壁厚为 8.8mm，均为甲供材料。实际检测 8 处管段壁厚，厚度约为 6.8~7.58mm，与设计壁厚 8.8mm，相差 1.22~2mm。另一座站场在定期检验过程中发现一个弯头壁厚严重不足，测厚为 7.0~7.8mm，出厂资料显示壁厚 18~20mm，且疑似存在偏析、夹杂、异常粗大组织等缺陷，该弯头为甲供材料。

以上管道及管件壁厚不足问题均经过停气更换管道进行处理，施工过程涉及停气停产、施工安装、材料购置、管道置换费用约 100 万元。处理过程中相关管理人员及施工人员均面临极大风险。经核查，上述壁厚不足管道的相关领料，使用阶段无相关记录，无法追溯甲供管材、管件的安装位置。

1.2　工艺管道低点排水口问题

低点排水口为输气站场管道水压试验结束后，在排放管道低点积水过程中，在管道低点开孔排水后留下的焊接接头（图 1~图 3）。

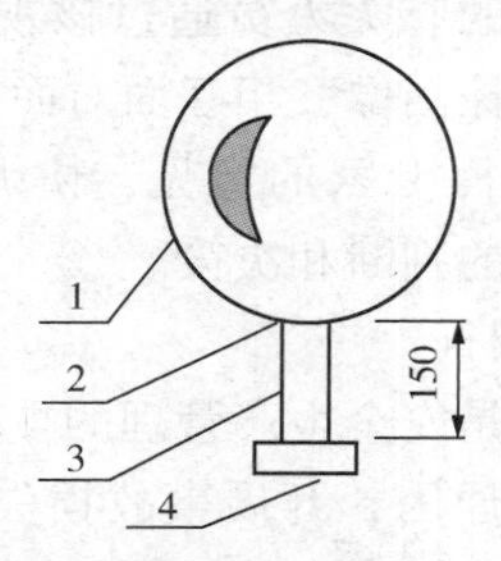

图 1　排水口安装示意图（排水前）
1—站内埋地天然气管道；2—管道低点；3—C1 单头短接；4—丝堵；5—管封头

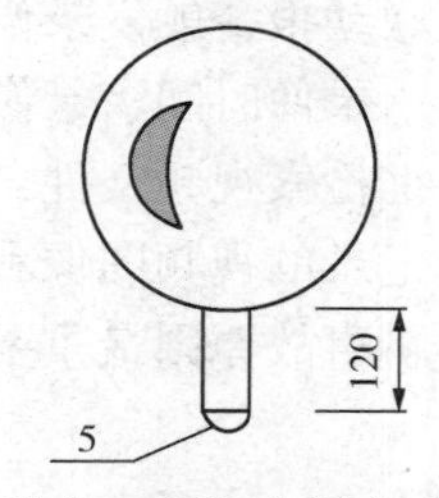

图 2　排水口安装示意图（排水后）

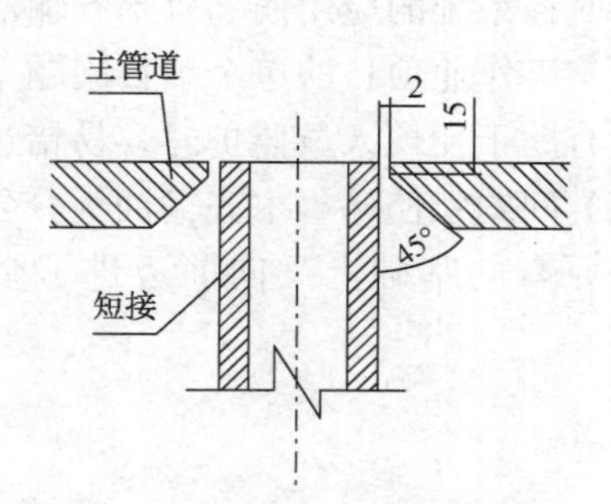

图 3　开口直接焊接短接型式图

在后期管理过程中发现焊接接头存在以下四类问题。

（1）位置不明确，在工艺安装图中未明确标识低点排水口位置。

（2）安装不规范，低点排水口安装过程中未按设计图纸进行安装，如承插焊角焊缝未开坡口，角焊缝未焊透；丝堵未切除直接点焊；未加管封头，直接堆焊封口等问题(图 4~图 7)。

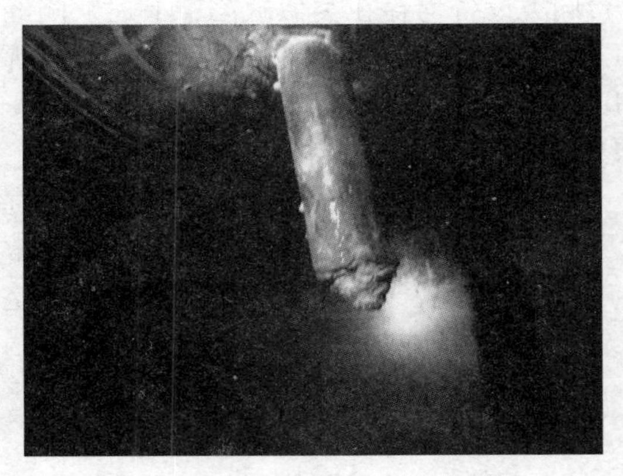

图 4　未采用管封头，用焊条堆焊

图 5　防腐失效、腐蚀严重

图 6　未采用管封头，用钢板封堵

图 7　承插焊未开坡口，未焊透

（3）无损检测记录缺失，在运行管理过程中未发现无损检测记录。

（4）形状不规则，防腐难度高，易受腐蚀。

以上四类问题直接后果是管道焊接接头降低，导致输气管道泄漏风险加大。其次，相关问题整改过程中涉及土方开挖、管道停输、天然气放空、管道氮气置换等，其中各个环节产生的经济成本及安全风险都极大，严重影响企业安全运行。

某管输企业对全部站场低点排水口进行开挖排查时，由于安装图纸中未明确标识低点排水口位置，只能采取对埋地管道逐条开挖的方式排查，期间累计开挖 103 处探坑，共排查出低点排水口 69 个。排查完成后，采取更换管段方式治理低点排水口问题，经历 10 余次停气动火检修，前后耗时 3 年，耗费资金约 1500 万元。排查治理过程中所涉及土方开挖、深基坑、天然气管道停输、管道置换、动火作业、吊装作业均为高风险作业，对企业、管理人员及施工人员都带来极大风险。

1.3　工艺管道高点排气口问题

高点排气口与低点排水口类似，一般设置在站内管道最高点，用于水压试验过程中排出管道内的空气，其相对于低点排水口问题较少，主要为无损检测记录缺失及安装不规范。

1.4　平衡管焊缝问题

某管输企业对平衡管焊缝进行全面检测，共检测了 1913 道 *DN*25 管道焊缝，其中 297 道焊缝存在超标缺陷，缺陷率高达 15.5%。上述焊缝问题最终经停产动火返修处理完成，仅施工费用约 70 万元，处理过程中企业及参与人员也承受了极大风险。

1.5 带袖管阀门焊缝问题

某管输企业开展带袖管阀门焊缝专项排查时，对在用157台带袖管的球阀进行射线检测，发现105台在用阀门袖管存在缺陷，缺陷比例高达67%。经核查发现，该类阀门在工厂制造阶段未对袖管焊缝进行射线检测，相关缺陷属于制造缺陷，为设备质量问题。

1.6 排污和放空管道焊缝问题

站场全面检验过程中，放空管线及排污管线焊缝射线检测不合格率明显高于日常承压管线，经核查站场施工技术要求发现："放空管线采用100%超声探伤Ⅰ级和10%射线复验Ⅲ级合格"，以及"排污、放空管小于 *DN*50 或壁厚小于 5mm 的管道不能超声检测，应进行≥20%射线检测，射线检测Ⅲ级为合格"，放空和排污管线的射线检测比例过小导致部分缺陷未能及时发现。

1.7 沉降导致管道拉升问题

站场建设选址过程中，囿于各方面原因，所选位置难以避免存在填方、淤泥地质等情况，输气站选址在上述区域时，输气设备设施后期运行过程中一般都会出现不同层度的沉降问题，若不及时处理，极易造成管道或设备局部应力集中，引发焊缝开裂失效事故。尤其处于填海区域的站场，如建设地基处理不恰当，运行期沉降问题几乎难以得到有效整治。

1.8 埋地管道腐蚀问题

埋地管道腐蚀是一个常见问题，目前，大部分天然气输气站设计及建设阶段，为确保地面可通过性，选择尽可能将管道埋于地下，管道埋设于地下时，在地下水比较丰富区域，管道长期受地下腐蚀环境腐蚀，一旦管道防腐层出现破损或者施工质量不佳导致防腐层失效，管道便快速腐蚀，同时埋地管道相对于地上管道无法经过常规巡查发现腐蚀问题，通常都是腐蚀产生严重壁厚减薄或者腐蚀穿孔后才被发现，往往造成严重后果或事故隐患。

1.9 撬装管道焊缝缺陷问题

天然气输气站内，计量设备及调压设备通常采用撬装设备，国内某企业在进行某座站场定期检验时，发现计量撬装设备 6in 三通管件存在严重缺陷，经核查管件缺陷实为长度 10cm 的 6in 管道短接与三通对焊形成的焊缝，且焊缝严重未焊透，此后，该公司立即组织排查发现同品牌撬装设备，发现同类缺陷撬装设备 13 台，并对相应三通及管段进行换管处理，此类缺陷如果不及时消除，随时都有可能导致管道失效，后果不堪设想。

1.10 过滤分离器及收发球筒法兰根部焊缝缺陷问题

某管输企业在定期检验过程中，发现 2 台过滤器仪表接口法兰、放空管接口法兰根部焊缝存在密集气孔缺陷，后经排查，该品牌厂家供货的 61 台同类设备均存在类似缺陷，上述缺陷经告知厂家后，由厂家负责完成治理并承担所有费用。

1.11 干线旁通管采用法兰连接问题

国内较多管输企业均发现干线旁通管道存在法兰连接的问题，一旦法兰出现泄漏等异常情况，抢修成本高；开展隐患整治时，需要放空干线天然气，整治成本极高。

2 管理对策

结合上述 10 类问题的处理过程及输气站场工艺管道的安全管理需求，从设计、施工、运行角度提出以下对策建议，供输气站场工艺管道管理者参考。

2.1 从设计源头抓工艺管道设计

1）减少埋地管道

鉴于输气站内埋地管道在后期运行过程中，腐蚀情况及焊缝检测难度极大，应考虑在设计阶段尽可能减少管道埋地。

2）尽可能统一壁厚

同一公称直径的管道如果壁厚不统一，在管道焊接过程中需适时调整焊接工艺，但施工过程中这种调节实施及监管难度大，极易造成焊接工艺应用不当，从而造成焊缝缺陷率上升问题。故，在天然气站内管道焊接过程中，尽可能统一壁厚，降低施工及施工监管难度，可有效提高焊接质量。

3）消除低点排水口

低点排水口埋藏于地下，且形状特殊，防腐难度大，容易受腐蚀，后续检查不便且存在腐蚀穿孔隐患，故考虑在完成水试压后将低点排水口所在管段进行更换，对更换后形成的两道环焊缝采取 100%超声波检测、100%射线检测及 100%磁粉检测，确保焊缝质量。

4）高点排气口封堵

高点排气口与低点排水口结构类似，区别在

于安装位置处于地上，易于检测及腐蚀防护，故考虑在完成管道水试压后对高点排气口采取焊接封头封堵，避免留活接头。

2.2 施工过程管控工艺管道焊接质量

1）工艺管道焊缝检测全覆盖

区别与以往对输气站内放空、排污管道采取抽检的方式，工艺管道 *DN*50 及以上焊缝采用100%射线、100%超声检测；*DN*50（不含 *DN*50）以下焊缝采用100%射线、100%渗透检测。

2）橇装管道及带袖管阀门进场二次检测

针对调压撬、计量撬、过滤器、收发球筒、阀门袖管等设备出厂自带焊缝，有驻厂监造的到货进场前射线抽检；没有驻厂监造的100%射线检测。避免在工厂制造阶段造成的超标缺陷带入运营阶段。

3）管道壁厚检测

针对建设阶段管材管理，在管道材料进场时对全部管材壁厚、管径、批号进行检测确认并记录。记录可追溯不同批次管材安装位置。

4）地基处理

针对管道沉降问题，从设计选址开始，尽量避免选址在填方区域或淤泥地质，如果囿于各种原因最终稿选址在填方区或者淤泥地质区域，则要严格制定换填、打桩等防沉降措施。

2.3 运营期工艺管道管理对策

1）定期检测

定期检验通常为法定检验，每次采取抽检10%~15%的焊缝进行无损检测，在运行过程中可以利用定期检验的契机，通过几次定期检验，逐步覆盖管道关键焊缝无损检测。

2）沉降监测

在所有站场、阀室设置沉降基准点，定期检测设备设施支墩位置沉降情况，针对沉降严重的设备及时采取治理措施。

3）腐蚀防护

针对站场埋地管道的腐蚀防护，一是采取站内阴保；二是从设计阶段入手，尽量减少管道埋地；三是采用超声导波或者开挖检查的方式定期检查管道腐蚀情况。

4）HAZOP 及可靠性分析

开展 HAZOP 分析，杜绝出现干线旁通法兰连接情况及其它工艺安全风险；针对设备可以采取可靠性分析的方法来发现设备风险隐患，再根据分析结果及时采取相应处理措施。

3 结论

（1）输气站场设计、制造、施工安装阶段的问题一旦进入运营阶段，治理难度及经济成本极高，且企业承受极大管理风险。

（2）输气站场常见问题可以归结为设计问题、制造问题及安装问题，近20年来国内天然气长输管道建设运营相关问题已经基本充分暴露，结合已暴露出来的问题，后续经过在设计、制造、施工安装过程各个环节中严格把控，基本可以消除上述常见问题，确保输气站场工艺管道及设备本质安全。

预包装高硅铸铁阳极注水降阻技术应用研究

荀卫民

（国家管网西部管道乌鲁木齐输油气分公司）

摘　要　高硅铸铁阳极是长输管道及站场内埋地管道强制电流法阴极保护系统中的重要装置，其阳极地床的接地电阻大小对阴极保护系统的设计和运行有重大的影响，阳极接地电阻的合理选择与控制，是设计和运行管理的重要内容之一。本文就根据王家沟阴保接地电阻持续升高的现象，同时结合恒电位仪回路电阻大幅度升高超额定电压运行的实际情况开展注水降阻实验，分析预包装高硅铸铁阳极在阴极保护系统中应用中接地电阻升高的原因及降阻方法。

关键词　阳极，接地电阻，阴极保护，注水

王家沟库区地处乌鲁木齐市头屯河区，基本海拔750m，占地面积约24×10⁴m²，王家沟油库阴极保护系统完善工程共新增安装阴极保护系统35套，浅埋阳极地床1642个，智能型测试桩131套，整个库区的阴极保护系统自2015年12月开机调试，在稳定运行了大半年之后，自2016年7月始，四个库区的区域阴极保护系统输出电压先后发生了大幅度升高。同时恒定位仪输出电压出现了过载现象，影响了阴极保护系统的调试和保护结构的阴极保护有效性状态。根据现场试验分析阴极保护系统回路电阻升高原因在于库区深层土壤较为干燥，且土壤电阻率随土壤深度的增加而增加，在干燥土壤环境下，阳极套管周围的铁锈层和碎石环境加大了阳极与土壤接触的空隙，减小了阳极与土壤的接触面积，导致阳极与土壤介质接触电阻升高。

为了解决在王家沟油库阴极保护完善工程中阳极接地电阻持续升高，通过开展开注水降阻试验，对比不同的注水方法，确定王家沟油库阳极地床经济有效的注水降阻方式，并指导以后王家沟区域阴极系统的日常维护工作。

1　高硅铸铁阳极性能及安装

王家沟油库阳极采用预包装式高硅铸铁阳极，阳极规格为Φ159mm×2000mm。预包装高硅铸铁阳极体主要由阳极、焦炭填料、导气管和钢套管等组成，阳极采用高硅铸铁阳极，阳极上装有导气管在其四周填充焦炭填料。高硅铸铁阳极的消耗率应小于0.5kg/(A·a)，化学成分见表1，预包装阳极填料为石油焦炭，焦炭分布均匀，厚度≥100mm，焦炭指标应符合表2要求。

表1　高硅铸铁阳极化学成分

类型	主要化学成分/%					杂质含量/%	
	Si	Mn	C	Cr	Fe	P	S
普通	14.25~15.25	0.5~1.5	0.80~1.05	–	余量	≤0.25	≤0.1

表2　焦炭填料性能指标

类型	碳含量/%	粒径/mm	含水量/%	电阻率/(Ω·m)
石油焦炭	≥98	20目筛下粉≥98%，100目筛上粉≥80%	≤1	≤0.5

王家沟油库共安装1577支高硅铸铁阳极，一台恒电位仪接4至5个接线箱，一个接线箱串接4路高硅铸铁阳极，一路高硅铸铁阳极含3~4个高硅铸铁阳极。高硅铸铁阳极沿管道或储罐边缘进行布置，间距在2.5~60m不等，距离管道相对位置大于等于1m，阳极的安装采用浅埋分布式阳极，埋深1.8m。

2　阳极接地电阻升高原因：

2.1　土壤电阻率影响

根据《埋地钢质管道阴极保护参数测量方法》(GB/T 21246—2007)土壤电阻率测试方法采用标准等距四极法，在地表、地表1m下和1.5m下测试的土壤电阻率见表3，在地表测试

的2m深度土壤电阻率在150Ω·m左右，不同方向的土壤电阻率差异较小；地表下1m，电极间距1m测试的2m深电阻率增加到207~244Ω·m左右；地表下1.5m，电极间距0.5m测试的2m深度土壤电阻率>279Ω·m，有的地方还超出了测试量程。随着土壤深度的增加，土壤电阻率也随之增加，库区内深层土壤含水量少，较为干燥，地表测试的土壤电阻率为地表所测深度范围内的平均值，实际上在2m深土壤电阻率的实际值是大于地表值的初设当中没有考虑到土壤电阻率的不均匀性，尤其是深层土壤电阻率较大的情况，对阳极接地电阻没有考虑降阻措施，导致了系统回路电阻的升高见表3。

表3　土壤电阻率测试表

测试位置	测试方法	测试值R	土壤电阻率/Ω·m
G210#东侧	地表标准四级法南北向，间距2m	13	163
	地表标准四级法东西向，间距2m	11.5	144
	标准四级法地表1m下，间距1m	39	244
	标准四级法地表1m下，间距1m	33	207
	标准四级法地表1.5m下，间距0.5m	89	279
	标准四级法地表1.5m下，间距0.5m	>100	>314
	标准四级法地表1.5m下，间距0.5m	93	292
	标准四级法地表1.5m下，间距0.5m	86	270

2.2　阳极所处土壤环境影响

阳极采用预包装式高硅铸铁阳极，阳极规格为Φ159mm×2000mm。高硅铸铁阳极沿管道或储罐边缘进行布置，间距在2.5~60m不等，距离管道相对位置大于等于1m，阳极的安装采用浅埋分布式阳极，埋深1.8m。根据现场开挖后发现阳极地表的湿土层平均约为60cm，阳极上方120cm为干燥土壤。阳极周围的土壤大多为1~5cm的碎石，有的石块甚至超过20cm，碎石增大了阳极与土壤之间产生的空隙，缩小了阳极与土壤之间的接触面积，是造成接地电阻增加的原因之一。

2.3　阳极表面腐蚀产物形貌影响

本次设计安装采用Φ159mm的预包装的高硅铸铁阳极。开挖出的钢套管表面已经发生腐蚀，在表层产生了铁锈，铁锈层在1~2mm左右，一般情况下，阳极的氧化反应首先发生在钢套管处，即钢套管首先腐蚀消耗，所以在钢套管处出现了铁锈层，在偏碱性土壤环境下阳极钢套管处发生反应可表示为：

$$2Fe+O_2+2H_2O=2Fe(OH)_2$$

$2Fe(OH)_2$继续氧化转变为$Fe(OH)_3$，最终脱水转变成铁锈$Fe_2O_3 \cdot XH_2O$。钢套管上的最终产物$Fe_2O_3 \cdot XH_2O$是一种疏松多孔的物质，干燥的情况下铁锈物质增加了钢套管与土壤介质的接触间隙，导致阳极与土壤介质的过渡电阻增加，导致阳极电流输出能力急剧下降。

3　注水降阻试验方法与分析

本次注水试验点选取王家沟油库原油库区J7-44-2单回路阳极注清水降阻、雅安库区J4-8-3注盐水降阻和乌首站J5-5-2阳极套管钻孔降阻三种方法。注水试验后，对恒电位仪的输出电压、阳极的输出电压、阳极输出电流进行动态监测。

3.1　原油库区J7-44-2单回路阳极注清水降阻

清水降阻试验结果表明：从图1、图2中可以看出对原油库区J7-44-2单回路阳极注清水后，在恒电位仪电流输出不变的情况下，恒电位仪的输出电压从70V左右降低到了42V左右，降幅达28V，如果对整个系统的48支阳极进行浇水处理的话，效果将会更好。由于土壤水分流较快，阳极接地电阻随着时间的延续有过快增长的趋势。

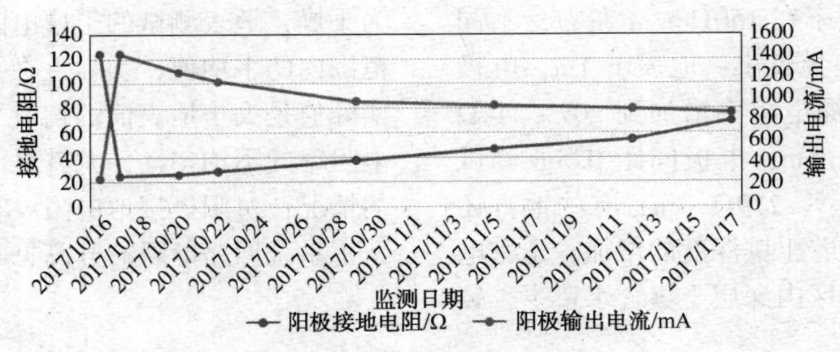

图 1　注水前后阳极运行工况

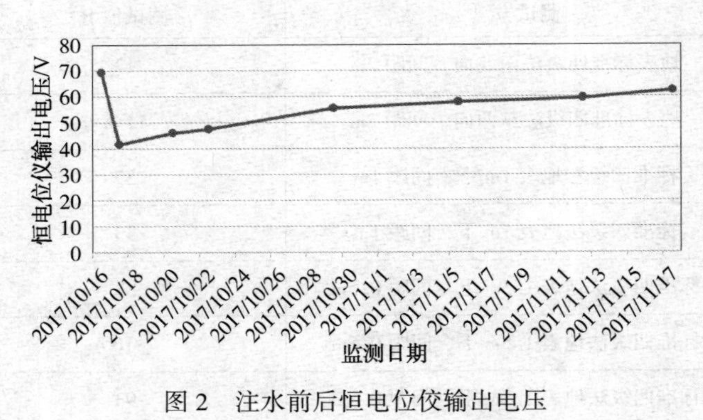

图 2　注水前后恒电位仪输出电压

3.2　雅安库区 J4-8-3 单回路阳极注盐水降阻

盐水降阻试验结果表明：从图 3、图 4 中可以看出仅对雅安库区 J4-8-3 单回路阳极注盐水后，在恒电位仪电流输出不变的情况下，恒电位仪的输出电压从 62V 左右降低到了 20V 左右，降幅达 42V，阳极输出电流由 59mA 增大至 530mA，阳极接地电阻由 380Ω 减小至 28Ω，盐水降阻效果非常显著，并且阳极接地电阻保持较稳定的状态运行。

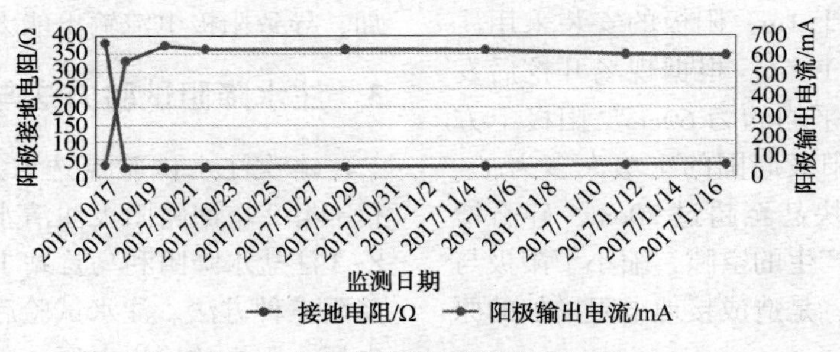

图 3　盐水降阻前后阳极运行工况

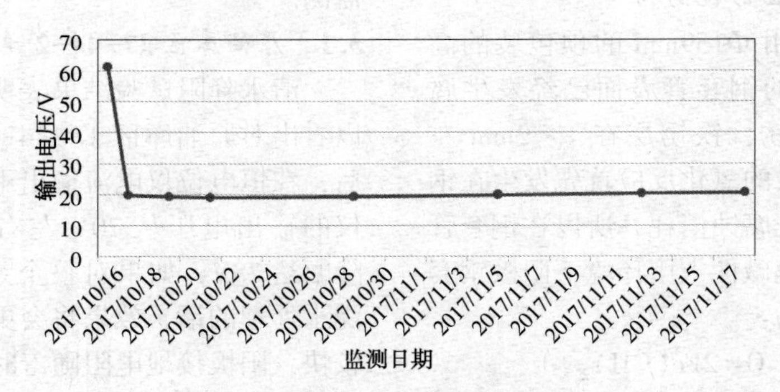

图 4　盐水降阻前后恒电位仪输出电压

3.3 乌首站 J5-5-2 阳极套管钻孔降阻

阳极套管钻孔降阻试验结果表明：对乌首站J5-5-2 阳极套管钻孔，每支阳极打孔数量 6 个，钻孔尺寸 Φ20mm，如表 7-10 监测结果所示，打孔阳极与未打孔阳极接地电阻 30d 内增长情况基本一致，即仅对阳极套管打孔对阳极接地电阻变化的影响不大(图 5)。

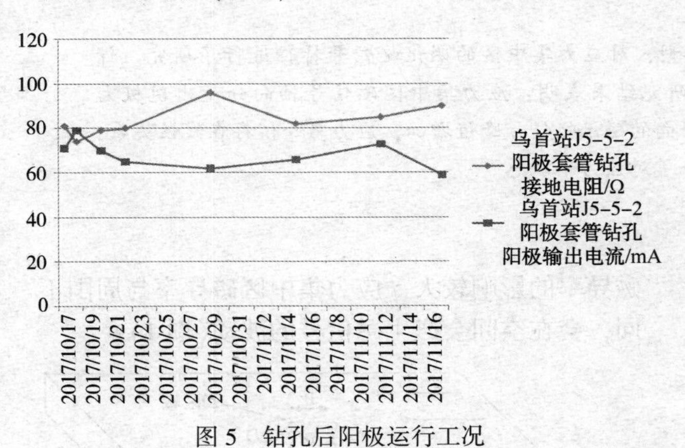

图 5 钻孔后阳极运行工况

4 结论

通过上述的实验及分析可以得出。

(1) 阳极套管表面钻孔对阳极接地电阻影响不大，说明了阳极接地电阻与阳极孔洞的多少无关，主要是土壤水分的影响

(2) 库区深层土壤较为干燥，土壤电阻率随土壤深度的增加而增加，在干燥土壤环境下，阳极套管周围的铁锈层和碎石环境加大了阳极与土壤接触的空隙，减小了阳极与土壤的接触面积，导致阳极与土壤介质接触电阻升高。

(3) 采用直接对阳极进行浇水可以达到降低接地电阻的目的，运行工况均得到改善，普通清水降阻效果较差，维持时间较短。但盐水降阻效果显著，阳极地床接地电阻持续的时间更长。盐水浓度 17g/L，注水量 45L。

(4) 王家沟油库年降雨量低，日照时间长，蒸发量大，水分非常容易流失，用常规的降阻剂或普通注水管等方法难以长期稳定的解决深层土壤电阻率导致接地电阻过大的问题。建议带有储水功能的注水管作为阳极地床降阻措施。

参 考 文 献

[1] 闫久红．浅埋高硅铸铁阳极地床降阻技术在库鄯输油管线阴极保护工程中的应用[J]．中国腐蚀与防护学报，1998. 11.

[2] 胡士信主编．阴极保护工程手册[M]．北京．滑雪工业出版社，1999.

[3]《强制电流阳极地床技术规范》SY/T 0096—2013.

基于 JA 理论磁记忆信号特征分析

田　野　陈海艳　李　坤　朱永斌

（国家管网集团西部管道有限责任公司）

摘　要　本文基于JA理论建立了磁力学数学模型，对应力集中区的磁记忆信号特征进行了研究。计算分析了应力集中区三维磁记忆信号的变化特征。研究结果表明：应力集中区磁信号轴向分量出现极大值、径向分量过零点，并且随着应力增加，轴向和径向的磁记忆信号峰值增加，应力与峰值存在线性关系；环向分量波动较小，并且没有明显规律，表明环向分量对应力不敏感。

关键词　JA 理论，磁记忆，检测信号，应力

磁记忆检测技术的原理是在地磁场环境下，铁磁性金属构件的应力集中区会产生微弱磁信号，通过对这种天然磁化信息的测量来判断应力集中区域和应力集中程度。由于该项技术支持非接触、动态在线检测，在石油、铁路、航空领域具有很大的应用潜力。但是，磁记忆信号微弱，很容易受到干扰，给应力集中信号判读带来很大困难。因此，明确外界磁场对磁记忆信号的影响规律，对磁记忆检测技术的科学应用具有重要意义。

本文建立了磁记忆应力检测数学模型，系统研究了不同外界磁场强度下，应力集中区域的磁力学特性；明确了外界磁场对三维磁记忆检测信号的影响规律，为磁记忆检测信号判读和识别提供科学依据。

1　磁力学模型

根据 JA 理论，当外加磁场较弱时，应力对磁导率的影响较大，应力集中区磁导率与周围不同，会在空间会产生磁信号的波动(图 1)。

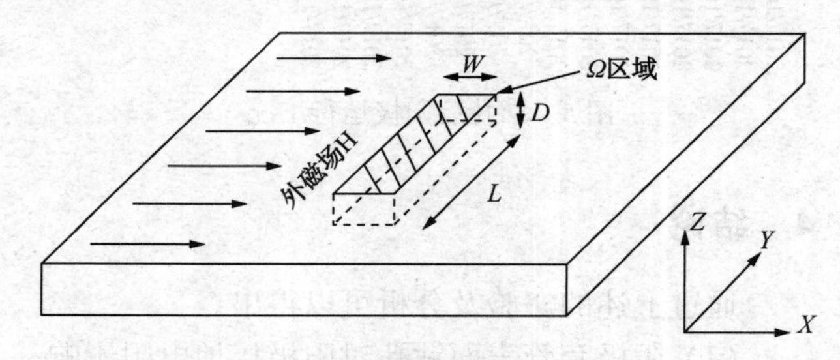

图 1　铁磁性材料应力集中区

设外加磁场 H 平行于 X 轴方向，应力损伤区 Ω 域内的长、宽、深分别为 L、W 和 D，则所有不可克服钉扎点分布在 Ω 区域内磁化强度为 μ_σ，区域外磁化强度为 μ，则空间任意一点 P 处产生的三维磁信号可以表示为：

$$H_x=\frac{H}{4\pi}\left[\left(\frac{1}{2\pi}\right)\frac{\left(\frac{2D}{W}+1\right)}{\left(\frac{2D\mu_0}{(W\mu_\sigma+\mu_0)}\right)}\right]\left[\tan-1\frac{(z+D)\left(y+\frac{L}{2}\right)}{x\left(x^2+(z+D)^2+\left(y+\frac{L}{2}\right)^2\right)^{\frac{1}{2}}}-\tan-1\frac{z\left(y+\frac{L}{2}\right)}{x\left(x^2+z^2+\left(y+\frac{L}{2}\right)^2\right)^{\frac{1}{2}}}\right]$$

$$-\frac{H}{4\pi}\left[\left(\frac{1}{2\pi}\right)\frac{\left(\frac{2D}{W}+1\right)}{\left(\frac{2D\mu_0}{(W\mu_\sigma+\mu_0)}\right)}\right]\left[\tan-1\frac{(z+D)\left(y-\frac{L}{2}\right)}{x\left(x^2+(z+D)^2+\left(y-\frac{L}{2}\right)^2\right)^{\frac{1}{2}}}-\tan-1\frac{z\left(y-\frac{L}{2}\right)}{x\left(x^2+z^2+\left(y-\frac{L}{2}\right)^2\right)^{\frac{1}{2}}}\right]$$

$$H_y=\frac{H}{4\pi}\left[\left(\frac{1}{2\pi}\right)\frac{\left(\frac{2D}{W}+1\right)}{\left(\frac{2D\mu_0}{(W\mu_\sigma+\mu_0)}\right)}\right]\log\left[\frac{\left\{z+D+\left(x^2+(z+D)^2+\left(y-\frac{L}{2}\right)^2\right)^{\frac{1}{2}}\right\}\left\{z+\left(x^2+z^2+\left(y+\frac{L}{2}\right)^2\right)^{\frac{1}{2}}\right\}}{\left\{z+\left(x^2+z^2+\left(y-\frac{L}{2}\right)^2\right)^{\frac{1}{2}}\right\}\left\{z+D+\left(x^2+(z+D)^2+\left(y+\frac{L}{2}\right)^2\right)^{\frac{1}{2}}\right\}}\right]$$

$$H_z=\frac{H}{4\pi}\left[\left(\frac{1}{2\pi}\right)\frac{\left(\frac{2D}{W}+1\right)}{\left(\frac{2D\mu_0}{(W\mu_\sigma+\mu_0)}\right)}\right]\log\left[\frac{\left\{y+\frac{L}{2}+\left(x^2+z^2+\left(y+\frac{L}{2}\right)^2\right)^{\frac{1}{2}}\right\}\left\{y-\frac{L}{2}+\left(x^2+(z+D)^2+\left(y-\frac{L}{2}\right)^2\right)^{\frac{1}{2}}\right\}}{\left\{y-\frac{L}{2}+\left(x^2+z^2+\left(y-\frac{L}{2}\right)^2\right)^{\frac{1}{2}}\right\}\left\{y+\frac{L}{2}+\left(x^2+(z+D)^2+\left(y+\frac{L}{2}\right)^2\right)^{\frac{1}{2}}\right\}}\right] \tag{1}$$

由公式(1)可以研究在外界磁场作用下，应力集中区磁信号的波动情况。

2 磁力学仿真计算

2.1 模型建立

以钢管为例，本文建立磁力学仿真模型(图2)。钢管半径600mm，钢管壁厚20mm，管道长1000mm；由于钢管是轴对称结构，取-45°~45°的1/4管道弧度，设置材料属性泊松比为0.28，弹性模量为2.06×10^5MPa；为了获得明显的应力集中区，在钢管中部设置30mm×3mm×1mm大小的裂纹缺陷，当钢管受内部载荷作用时，在线弹性范围内求解，裂纹尖端具有明显的应力分布。

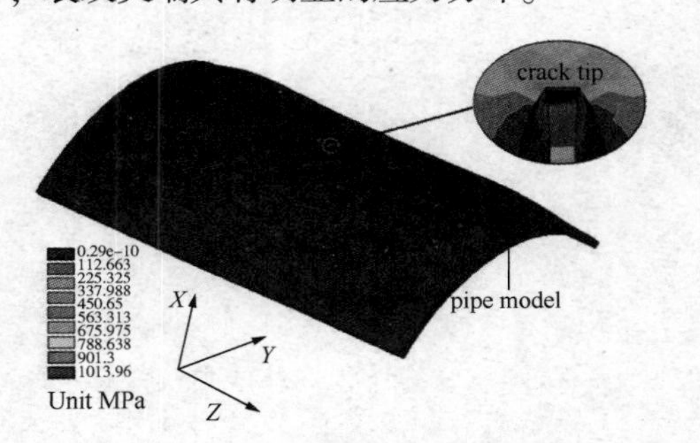

图2 应力分布云图

从图2试件应力分布云图中可以看出，裂纹尖端处应力值最大；这是由于钢管在受到内部载荷作用时，发生弹性形变，裂纹尖端承受应力最大。在图2模型中，设X方向为径向，Y方向为环向，Z方向为轴向。

2.2 仿真结果分析

设定磁平衡空间为地磁场环境，在图2所示应力集中上方1mm处设置扫描路径，应力集中区检测到的此信号分布见图3。

从图3中可以看出，应力集中区磁信号轴向分量出现极大值，径向分量过零点，即出现波峰波谷；环向分量波动较小并且没有明显规律，表明环向分量对应力不敏感。

为研究应力对磁记忆信号特征的影响，在图2所示的真模型中施加张应力，则轴向与径向微磁信号峰值随应力变化见图4。

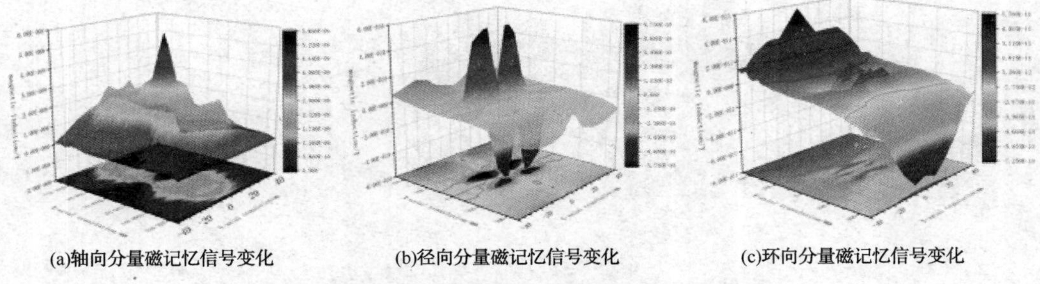

图3 地磁场环境下应力集中区磁记忆信号变化

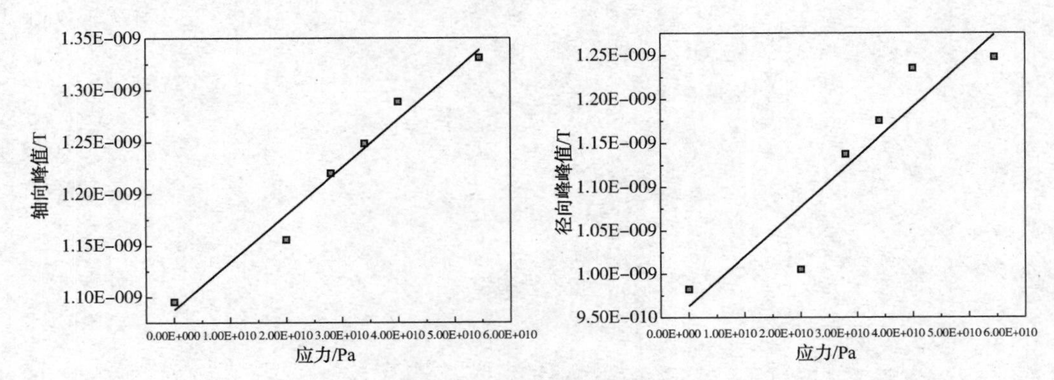

图4 力与磁信号峰值关系

3 结论

磁记忆检测技术对应力集中区具有较好的检测效果，但是由于检测机理复杂，应力集中区域与磁记忆信号的对应关系始终是磁记忆检测技术的研究热点。本文基于 JA 理论，建立了三维磁记忆检测数学模型，研究结果表明应力集中区磁信号轴向分量出现极大值，径向分量过零点，且随应力增加，信号峰值存在线性关系；环向分量波动较小，并且没有明显规律，表明环向分量对应力不敏感。

参 考 文 献

[1] 田野．金属磁记忆信号屈服点特征[J]．无损检测，2019，41(02)：16-20.

[2] 田野．磁记忆法定量化检测技术研究[J]．无损探伤，2017，41(04)：11-13.

[3] 刘斌，王缔，马泽宇，等．长输油气管道微磁应力内检测技术[J]．无损探伤，2019，43(03)：46-48.

[4] 闵希华，杨理践，王国庆，等．长输油气管道弱磁应力内检测技术[J]．机械工程学报，2017，53(12)：19-27.

熔结环氧粉末内防腐层现场检测指标优选

赵庆来

（大庆油田有限责任公司）

摘　要　油田注聚(水)管道目前普遍采用熔结环氧粉末内防腐层和PE外防腐层结构。2019年注聚管道内腐蚀穿孔已占管道总穿孔的68%，经现场截取腐蚀管道发现，熔结环氧粉末内防腐质量不达标，是管道内腐蚀主要原因。依据SY/T 0442-2010《钢质管道熔结环氧粉末内防腐层技术标准》，现场优选出5项快速检测指标，外观、厚度、漏点、附着力、抗(8J)冲击。形成一套简单、高效、实用的熔结环氧粉末内防腐层质量现场检测方法。提高了注聚(水)管道检测效率。

关键词　环氧粉末，防腐层，指标，检测

注聚(水)管道防腐层普遍采用熔结环氧粉末内防腐和PE外防腐结构。2019年在2-A、4-B、5-C注入站收集的单井注入管道，经过切铣后观察发现，注聚管道存在内防腐层脱落、厚度不足等质量缺陷，导致介质中细菌侵入管体内部造成内腐蚀。SY/T 0442—2010《钢制管道熔结环氧粉末内防腐层技术标准》熔结环氧粉末涂料性能8项指标，实验室涂覆环氧粉末性能指标14项检测，工艺评定7项检测，质量检测5项指标。共计3个环节检测，现场操作时很难把控，通过研究分析优选出外观、厚度、漏点、附着力、抗(8J)冲击性能指标，进行快速检测管道涂层质量，有效提高了注聚(水)管道检测效率。

1　SY/T 0442—2010《标准》分析

1.1　材料检测

表1、表2为SY/T 0442《标准》规定环氧粉末涂料性能8项和实验室防腐层性能检验14项指标。规定对每一牌(型)号的环氧粉末涂料，环氧粉末生产厂应向涂敷厂提供质保规定时间内合格材料，并出具有检验资质的第三方检验报告。同时要求环氧粉末生产厂、配方和生产地点三项之一或多项发生变化时，应对涂料和涂层质量重新进行全面检验。

表1　环氧粉末涂料性能

序号	试验项目	质量指标	试验方法
1	外观	色泽均匀，无结块	目测
2	固化时间/min	符合粉末厂家标准±20%	附录A
3	胶化时间/s	符合粉末厂家标准±20%	GB/T16995
4	热特性	ΔH(J/g)≥45 Tg2(℃)≥95	附录B
5	不挥发物含量/%	≥99.4	GB/T 6554
6	粒度分布/%	150μm筛上粉末≤3.0 200μm筛上粉末≤0.2	GB/T 6554
7	密度/(g/cm^3)	1.3~1.5	GB/T 4472
8	磁性物含量/%	≤0.003	JB/T 6570

1.2　工艺评定检测

涂层原材料和实验室环氧粉末内涂层性能指标合格后，SY/T 0442—2010《标准》规定，环氧粉末厂商提供的涂覆参数并按拟定的生产工艺喷涂，管道内涂层喷涂完成后，截取管道试件，按表3性能指标进行工艺评定检验。

表 2　实验室涂覆的环氧粉末防腐层性能

序号	试验项目	质量指标	试验方法
1	外观	平整色泽均匀无气泡无开裂缩孔	目测
2	热特性：$\|\Delta Tg\|$/℃	≤5	附录 B
3	耐盐雾(1000h)	防腐层无变化	GB/T 1771
4	耐化学腐蚀	合格	GB/T 9274
5	耐磨性	≤20	GB/T 1768
6	耐高温高压试验（80℃，14MPa，16h）	无起泡	附录 H
7	24h 耐阴极剥离/mm	≤6.5	附录 C
8	抗 3°弯曲	无裂纹	附录 E
9	抗(8J)冲击	无针孔	附录 F
10	附着力	1~2	附录 G
11	粘结面孔隙率/级	1~4	附录 D
12	断面孔隙率/级	1~3	附录 D
13	电气强度/(MV/m)	≥30	GB/T 1408.1
14	体积电阻率/Ω·m	≥1×1013	GB/T 1410

表 3　钢管内防腐层性能

序号	试验项目	质量指标	试验方法
1	热特性：$\|\Delta Tg\|$/℃	≤5	附录 B
2	24h 或 48h 耐阴极剥离(mm)	≤6.5	附录 C
3	抗 3°弯曲	无裂纹	附录 E
4	抗(8J)冲击	无针孔	附录 F
5	附着力	1~2	附录 G
6	粘结面孔隙率/级	1~4	附录 D
7	断面孔隙率/级	1~3	附录 D

1.3　*质量检验*

1.3.1　钢管表面预处理质量检验

必须符合 GB8923《涂装前钢材表面锈蚀等级和除锈等级》中 Sa2.5 级；钢管表面灰尘度必须符合 GB/T 18570.3 中灰尘等级不低于 2 级。

1.3.2　涂敷温度检验

涂敷前钢管表面的加热温度应用合适的仪器逐根检测，并记录。

1.3.3　防腐层外观检验

应在光线充足的条件下，逐根进行目测检查，外观要求平整、色泽均匀，无气泡、无开裂及缩孔等缺陷。

1.3.4　厚度检验

应采用涂层测厚仪，逐根测量沿管长方向任意分布的至少 10 个点的防腐层厚度，测量点至少包括距管端 1m 以上位置的 4 个点。

1.3.5　漏点检验

应按 SY/T 0063《管道防腐层检漏试验方法》的规定进行防腐层检漏。检漏仪应至少每班校准一次。防腐层平均每平方米漏点数量不超过 1 个。

SY/T 0442—2010《标准》，分为厂商喷涂前原材料检测 8 项指标、实验室涂覆环氧粉末防腐层性能 14 项指标、工艺评定检测 7 项指标，共计 3 个环节，27 项检测，现场检测手段环境很难掌控，从行业检测标准中优选现场快速检测指标，以便施工现场快速质量控制，缩短检测周期。

2　环氧粉末内防腐层检测指标分析

通过分析 SY/T 0442—2010《标准》中检测指标，结合喇嘛甸油田注聚管道菌群腐蚀机理现状，将管道内防腐层耐菌群腐蚀有关指标，作为熔结环氧粉末内防腐层现场衡量指标。注聚管道在原材料、管材喷涂生产工艺环境、管道冷却出厂、运输吊装、管道填埋、生产运行，详细分析涂层缺陷，对管道涂层质量检测指标的影响。忽略对喇嘛甸油田注聚管道生产条件影响不大指标，只对影响内防腐层质量的性能指标进行分析研究。

2.1　检测指标生产阶段分析

2.1.1　原材料预喷涂阶段指标

环氧粉末原材料组分中不挥发物、磁性物含量组份，粒度分布、固化、胶化时间、热特性、密度指标必须符合标准要求，是管道生产厂商遵照标准检测项目。而且由于粉末原材料中含有活性环氧物，保存不当会发生轻微化学反应，必须按厂商给定的技术条件运输储存。

2.1.2　生产工艺阶段指标

在管道喷涂过程中将管体预热到 230℃ 左右，粉末均匀喷出后接触高温管体后熔化涂覆在管体上，余热使涂层流平，与管体紧密结合，才能生产出涂层质量合格的管道。钢管喷砂除锈吹扫预处理环节必须严格按标准操作，同时喷涂生产工艺技术必须标准规范，否则易造成涂层不均匀、漏涂、防腐层附着力不足而脱落。因此严格规范钢管预处理质量和生产喷涂工艺技术，使管道防腐层外观平整无缩孔、厚度均匀无漏点漏涂、与管体附着紧密达到附着力指标要求。

2.1.3　不适合注聚(水)介质运行指标分析

耐盐雾、耐化学腐蚀、耐高温高压试验(80℃、14MPa)、耐阴极剥离。根据喇嘛甸油田注聚管道实际运行情况，根据 2018 年收集整理的 22 口腐蚀管道资料统计分析，注入介质矿化度在 400~600mg/L，化学腐蚀性很小。平均注聚压力 11.37 MPa，只有 1 口井注聚压力 13.3MPa，平均注入温度 46℃，且注入介质无腐蚀性。耐阴极剥离，环氧粉末内防腐层由于阴极反应与金属表面失去附着力，当涂层附着力不达标时，就会产生内防腐层与钢管剥离。应重点检测防腐层的附着力。因此以上 4 项指标可不做检测。

通过上述初步分析，影响我厂熔结环氧粉末内防腐层质量的技术指标共有 11 项：外观、厚度、漏点、附着力、孔隙率(断面孔隙率、粘接面孔隙率)、电绝缘性能(体积电阻率、电气强度)、机械性能(抗 3°弯曲、抗 8J 冲击、耐磨性能)。

2.2　检测指标优化分析

2.2.1　孔隙率检测

断面孔隙率和粘接面孔隙率不达标，会造成熔结环氧粉末防腐层出现微孔、麻点、裂纹等现象。粘接面孔隙率，是将涂层从钢管上剥离后，接触面不连续部分占涂层总面积的多少。断面孔隙率，是将涂层切开后不连续部分占涂层总面积的多少。造成空隙的原因，一是受环氧粉末所用材料和固化过程影响；二是环氧粉末涂层中挥发组分和含水以及夹带空气分子有关；三是钢管内表面清洁度和锚纹深度影响，在涂覆过程中残存空气。环氧粉末在熔化前是一个个粒子，喷涂于预热的钢管内表面熔化、流平、固化过程中彼此间必然存在空气，由于粉末涂层最小厚度要求 300μm，厚度远远大于粉末粒子。因此涂层固化时许多空气粒子来不及释放出来，从而形成了涂层中的孔隙，控制固化时间和喷涂空气中水分，提高防腐层断面孔隙率和粘接面孔隙率，必须合理控制固化、胶化时间。因此粉末原材料及涂覆过程影响孔隙率。

从 2019 年 6 月起，严格监督管道生产厂商生产工艺参数，防腐层质量有了很大提高。同年在 28 个批次的其它各项指标合格管道中，随机抽取 8 个批次管样。送大庆油田设计院土防室检测。检测结果显示符合标准要求，详见表 4。

表 4　2019 年孔隙率分析检测结果表

序号	编号	粘接面孔隙率(1~4 级)	断面孔隙率(1~3 级)	备注
1	3-25	2 级	2 级	
2	4-23	4 级	2 级	
3	5-26	3 级	3 级	
4	6-6	3 级	2 级	
5	6-18	1 级	1 级	
6	7-1	4 级	2 级	
7	7-14	3 级	1 级	
8	7-19	4 级	2 级	

环氧粉末原材料质量和喷涂生产工艺参数决定断面孔隙率、粘接面孔隙率，按标准控制原材料质量和喷涂生产工艺，可不做断面孔隙率、粘接面孔隙率检测。

2.2.2　机械性能检测检测指标

体积电阻率是衡量防腐层导电性能指标，与环氧粉末原材料组分中电解质、磁性物含量有关。电气强度是防腐层耐压强度，防腐层与钢管或防腐层与大地间在电压作用下，防腐层在被管道中起到阻止腐蚀电流的作用。SY/T 0442—2010《标准》中只规定了环氧粉末内防腐层标准要求，应结合外防腐层电绝缘性标准，SY/T0413《埋地钢制管道聚乙烯防腐层技术标准》来确定。现场应用的熔结环氧粉末管道采用2PE外防腐层，底层为胶粘剂AD，外层为聚乙烯PE挤涂工艺，二层材料融为一体，具有较好的电绝缘性，被称为“屏蔽型”防腐层。而且现场位于远离轨道交通等杂散电流区域，埋地管道的腐蚀受电绝缘性能指标影响很小。可不作内防腐层检测电绝缘性检测。

2.2.3　管道防腐层机械性能检测

防腐层机械性能是衡量防腐层表面抵抗机械损伤的能力，据统计资料显示在管道泄露穿孔影响因素中，腐蚀占第一位，金属管道机械损伤占第二位。注聚管道在运输填埋敷土过程中，如果超过一定质量土块急速落下沟底管道上，即使管道外防腐层起到缓冲作用，也不可能避免使内防腐层产生裂痕。抗8J冲击，是管道现场需要检测的指标。抗3°弯曲，是管道在外力作用下，与原管道纵向呈现3°角后涂层表面发生断裂开裂的缺陷。经过多次施工现场跟踪发现，管道施工时弯曲主要发生在吊装和管道随管沟敷设时的自然弯曲，而非外力作用下的弯曲。壁厚5mm钢制管道重力作用下弯曲角度不足1.5°，因此可以不考虑管道抗3°弯曲的影响。

管道涂层耐磨性，一是与涂层原材料、厚度、生产工艺有关；二是与介质流速、固体颗粒含量浓度有关。注聚管道介质流速小，一般为0.4~1.4m^3/h，而且聚合物介质颗粒浓度很小不足1%。三是管道内防腐层的光滑度有关。因此粉末涂层耐磨性重点在于厚度和外观光滑度，标准厚度涂层具有一定耐磨性能，能降低透水、透氧、透钙镁离子性能。

2.3　确定熔结环氧粉末内防腐层检测

根据上述分析，确定熔结环氧粉末内防腐层检测指标为外观、厚度、漏点、附着力、抗(8J)冲击5项，详见表5。

表5　成品管材内涂层质量检测指标

序号	试验项目	质量指标	试验方法
1	外观	平整、色泽均匀、无气泡、无开裂及缩孔	目测
2	厚度	≥300μm	
3	漏点	无漏点	
4	附着力	1~2	附录G
5	抗(8J)冲击	无针孔	附录F

3　结论与认识

(1) 质量管理部门监督检查，严格检查粉末环氧厂名、厂址、批号、储存温度、生产日期、产品有效期。要求厂家将每批次环氧粉末原材料送检第三方质检机构检验报告和实验室防腐层性能检测报告。

(2) 现场内防腐层检测，随机对进入施工现场成品管材进行抽样，然后刨铣，依据SY/T 0442—2010《标准》要求，进行外观、厚度、漏点、附着力、抗(8J)冲击快速检测，并出具检测结果，送至厂内相关部门审阅。

(3) 附着力检测时，应将管样在75℃热水中浸泡48h。抗(8J)冲击指标检测，应采用湿海绵漏点检测仪，检测电压(67.5±4.5)V。

参考文献

[1] SY/T 0442—2010 钢制管道熔结环氧粉末内防腐层技术标准[S]. 北京：石油工业出版社，2010.
[2] GB 8923 涂装前钢材表面锈蚀等级和除锈等级[S]. 国家技术监督局，2006.
[3] GB/T 18570.3 涂涂覆涂料钢材表面处理清洁度的评定试验[S]. 国家技术监督局，2006.
[4] SY/T 0063 管道防腐层检漏试验方法[J]. 北京：石油工业出版社，1999.
[5] 李桂芝，苏丽珍，等. 三层PE防腐层长期防腐效果的影响因素分析[J]. 油气管道安全，2014，10.
[6] SY/T 0413 埋地钢制管道聚乙烯防腐层技术标准[S]. 北京：石油工业出版社，2002.

临濮线原油管道(聊城-莘县)首次清管探索与实践

尹逊金　孟祥磊　薛　鹏

(国家管网集团东部原油储运有限公司)

摘　要　清管作业是保障长输油气管道安全平稳运行的一项重要工作，不仅可以提高管输效率，也是开展内检测前的必要环节。由于临濮线原油管道运行时间较长，内部状况复杂，对其开展首次清管实践技术难度大、安全风险较高。本文分别从结蜡当量计算、清管作业方案、清管作业实践、清管效果分析等方面进行了总结，详细介绍了临濮线聊城至莘县段原油管道首次清管实践过程并提出相关建议，为老旧原油管道首次清管积累了宝贵的经验。

关键词　原油管道，首次清管，临濮线

随着我国经济和工业的不断发展，对石油、天然气等能源的需求也日益提高。管道运输作为原油输送最主要的方式，在国家能源运输中起着十分重要的作用。我国大部分原油管道由于运行时间较长，管道内油泥、积蜡等杂质较多，严重威胁了管道的安全平稳运行。利用管输流体推动活塞状物体清洁管道内壁，称为“清管”。原油管道清管是保证管道安全运行、提高输送效率的有效手段。此外，清管作业也是油气管道内检测前的重要环节，在对油气管道进行内检测前也需要进行清管作业，以满足管道内检测条件的要求。

临濮线原油管道1979年投产，全长251.59km，其中聊城至莘县段61.86km，管径为Φ377mm×7 mm，目前最高运行压力为3.8MPa。该管道自投产以来先后经过输油、停输、输气、输油等过程，管输条件及其复杂，对其开展首次清管作业技术难度大、安全风险较高。2019年8月，临濮线聊城至莘县段顺利完成了首次清管作业。文中对临濮线聊城至莘县段首次清管情况进行总结，可以为老旧原油管道首次清管作业积累宝贵经验。

1　当量结蜡厚度计算

开展清管作业前必须对管道内部结蜡情况进行必要的分析，可以为清管器的选型和投放提供理论依据。工程上常利用列宾宗公式计算某段管路的沿程摩阻损失：

$$h=\beta\frac{Q^{2-m}v^{m}}{d^{5-m}}L \tag{1}$$

各站间由沿程摩阻造成的压降为：

$$\Delta P=\beta\frac{Q^{2-m}v^{m}}{d^{5-m}}L\rho g \tag{2}$$

管道平均流通内径可表示为：

$$d=\left[\beta\frac{Q^{2-m}v^{m}}{\Delta P}L\rho g\right]^{\frac{1}{5-m}} \tag{3}$$

式中：h为沿程摩阻损失，m；Q为体积流量，m^3/s；v为运动黏度，m^2/s；d为油品流动内径，m；L为里程，m；ΔP为沿程摩阻造成的压降，MPa；ρ为油品密度，kg/m^3；β、m为与流态有关的系数，对于紊流水力光滑区，$\beta=0.0246$，$m=0.25$。

将临濮线聊城至莘县段的实际运行参数带入上述公式，即可计算该管道的平均流通内径，进而反算出管道的当量结蜡厚度。表1为临濮线聊城至莘县段的平均流通内径及当量结蜡厚度计算表。

表1　临濮线聊城至莘县段结蜡厚度计算表

管段名称	站间距/km	当量结蜡厚度/mm	平均流通内径/mm	结蜡量/m^3
聊城-侯营	27.98	35.5	292	1022
侯营-莘县	33.88	28.4	306	1011

2　清管作业方案

2.1　清管分段安排

临濮线聊城至莘县段共设有聊城站、侯营站、莘县站三座输油站，其中聊城站和莘县站设有收发球筒，满足收发球条件，中间站侯营站为全越站。根据测算，聊城至莘县段管道具有结蜡量多、管线距离长的特点。为防止清管过程中积

蜡过多造成蜡堵，宜采取分段清管的方式开展清管作业。为此，侯营站增设临时发球筒，先进行侯营至莘县段清管，再进行聊城至莘县段清管，以降低管壁积蜡过多造成的蜡堵风险。

2.2　清管器选型

根据结蜡当量计算，临濮线聊城至侯营、侯营至莘县段最大结蜡厚度分别为 35.5mm 和 28.4mm，当量内径比分别为 80.4%和 84.3%。清管器选型应遵循清管效果由弱到强、通过能力由强到弱的原则，先发送通过能力最强的泡沫清管器，确定管道畅通后再依次投放通过能力较弱的机械清管器，循序渐进地清除管壁结蜡。根据以上分析，侯营至莘县段选取的第一个清管器为 85%内径无涂层泡沫清管器，聊城至莘县段选取的第一个清管器为 82.5%内径无涂层泡沫清管器，接下来依次投放不同规格的无涂层泡沫清管器、全涂层泡沫清管器、四伞机械清管器、四皮碗碟型清管器。清管器类型见表 2。

表 2　清管器类型

清管器类型	清管器尺寸	
	侯营-莘县	聊城-莘县
无涂层泡沫清管器		82.5%
	85%	85%
	87.5%	87.5%
	90%	90%
	92.5%	92.5%
	95%	95%
	97.5%	97.5%
	100%	100%
	102.5%	102.5%
	105%	105%
全涂层泡沫清管器	95%	95%
	97.5%	97.5%
	100%	100%
	103%	103%
四伞机械清管器	100%(90%导向板)	100%(90%导向板)
	100%(95%导向板)	100%(95%导向板)
四皮碗碟型清管器	100%(90%导向板)	100%(90%导向板)
	103%(90%导向板)	103%(90%导向板)
	103%(95%导向板)	103%(95%导向板)

2.3　通球评估标准

为保证作业安全及清管效果，必须制定通球评估标准作为是否执行下一步通球计划的依据。根据临濮线管道实际情况，当管道同时具备以下三个条件时可以执行下一步通球计划。第一，通球期间清管器运行正常且工艺无变化的情况下连续半小时内管线压力波动小于 0.3MPa；第二，收球筒内杂质少于 0.2m³；第三，清管器外形无严重破损。若清管器取出后不能满足上述评估标准，则继续投放该型号清管器直至满足标准后再进行下一步清管计划。

3　清管作业实践

3.1　通球周期

临濮线聊城至莘县段间距为 61.46km，其中侯营至莘县段间距为 33.88km，若按常规输量 370m³/h 计算，清管器在侯营至莘县段运行时间在 8h 左右，聊城至莘县段运行时间在 16h 左右。考虑到每次清管后含蜡及杂质油头运行时间须超过一倍管容，以不至于产生蜡及杂质堆积现象，安排侯营至莘县段清管器投放周期为 16 小时，聊城至莘县段清管器投放周期为 32 小时。综合考虑现场情况及作业效率，安排侯营至莘县段每天投放一台清管器，聊城至莘县段每三天投放两台清管器。

3.2　跟球方案

清管期间根据管道输量推算清管器运行速度，采用跟球指示仪确认清管器运行位置。清管器运行平均速度计算公式如下：

$$v=\frac{4Q}{\pi D^2} \tag{4}$$

式中：v 为清管器运行速度，m/h；Q 为管道输量，m³/h；D 为管道的当量内径，m。

根据上式推算出清管器运行位置及预计通过时间，每 2km 安排一组跟球人员，确认清管器顺利通过后及时记录并汇报通过时间，直至清管器顺利进站。

3.3　清管器投放

实际清管过程中，依据清管方案及现场清蜡情况，不满足通球评估标准时将增加该类型清管器的投放次数。最终侯营至莘县段共投放清管器 24 台次，在原方案基础上增加了 85%、95%和 97.5%无涂层泡沫清管器各 1 次，100%无涂层泡沫清管器 2 次，103%四皮碗碟型清管器(90%导向板)1 次；聊城至莘县段共投放清管器 21 台次，在原方案基础上分别增加了 100%无涂层泡沫清管器和 95%全涂层泡沫清管器各 1 次。图 1

为聊城至莘县段投放95%全涂层泡沫清管器和103%四皮碗碟型清管器(95%导向板)后的清蜡及清管器表面情况。

图1　清蜡及清管器表面情况

4　清管效果分析

本次清管实践总体进展顺利，清管期间各站输油泵运转正常，压力稳定在正常范围之内，通球过程中未出现清管器卡堵或内滞停球事故，但通球期间出现泡沫清管器表面划伤较为严重的现象，以及出现数次清出油泥蜡块堵塞收球筒排污管线造成排污困难的情况。本次清管临濮线聊城至莘县段共累计清出油泥、蜡等杂质约1824 kg。清管完成后，聊城至莘县段管道的管输效率有了明显的提高。图2统计出了聊城至莘县段清管期间聊城站与莘县站之间的压差及输量变化情况。从两站前后压差及输量可以看出，清管完成后聊城站与莘县站之间前后压差明显降低，输量显著提高。从变化趋势来看，同等泵速下，聊城站与莘县站前后压差由清管前的2.60MPa下降至1.62MPa，压差降低了约37%；输送能力由清管前的350m^3/h提高至最高400m^3/h，输量提高了约14%。

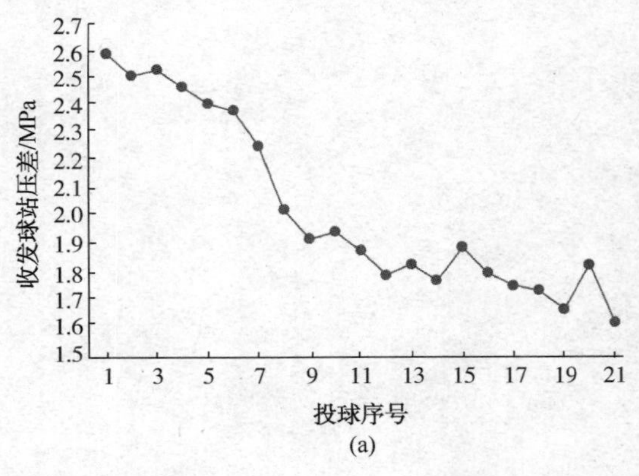

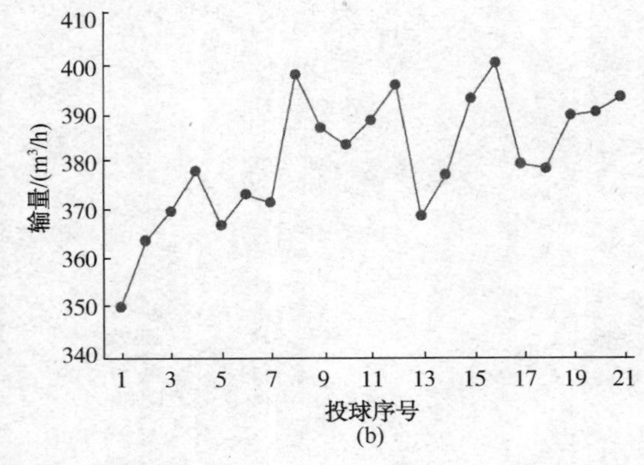

图2　压差及输量变化情况

5　结论及建议

为保障临濮线聊城至莘县段首次清管实践的顺利进行，根据管道的运行状况及结蜡情况制定了详细的清管实施方案，对清管分段安排、清管器选型及通球评估标准进行了细致地规划，最终顺利完成了首次清管作业实践。目前，国内仍然有大量老旧原油管道未开展过清管工作，临濮线聊城至莘县段首次清管的成功实践，可为老旧管道首次清管提供理论及实践经验。通过本次清管实践，得到以下结论及建议。

(1) 具备分段通球条件的管道尽量采取分段通球的形式，先进行下游段通球，确保下游段通球顺畅后再进行上游段通球。

(2) 为了降低清管蜡堵风险，清管器投放应遵循清管效果由弱到强、通过能力由强到弱的原则，循序渐进地清除管壁结蜡。

(3) 收球筒回油三通必须加装足够强度的档条，泡沫清管器投放过程中须放置收球笼，防止由于前后压差过大使清管器进入收球筒过滤器夹层或计量设备。

（4）清管器进站前应密切关注收球站压力变化，若收球筒过滤器前后压差异常过大，则有可能是油泥蜡块等杂质过多导致，必要时及时导通正输流程，避免憋压事故的发生。

（5）首次清管完成后需对该段管道按期开展定期清管。

参 考 文 献

[1] 刘刚，陈雷，张国忠，高国平，等．管道清管器技术发展现状[J]．油气储运，2011，30(09)：646-653+633.

[2] 杨理践，耿浩，高松巍．长输油气管道漏磁内检测技术[J]．仪器仪表学报，2016，37(08)：1736-1746.

中俄原油管道输送油温改变对沿线冻土影响的探析

王　洋[1]　单文静[2]

［1. 大庆(加格达奇)输油气分公司；2. 大庆油田设计院有限公司］

摘　要　中俄原油管道是我国四大能源战略通道之一，对打造“四个管道”发展战略，保障国家能源安全具有重要意义。中俄原油管道穿越大兴安岭多年冻土区域，2011年投产至今，俄油温度不断升高，预计2027年接近30℃。随着管道输送油温升高，土体温度场随季节改变规律将会受到影响，进而影响管道应力和位移变化规律，管道变形向不利方向发展，使管道安全运行风险加大。本文介绍了漠大线投产以来进出站油温变化情况、冻土区分布与温度场监测设置，通过对近年来管道管周温度场监测数据进行归纳、总结与量化分析，探讨了输送油温升高对沿程土体温度场的影响；同时结合对保温层段、安装热棒段温度场监测数据分析，探讨了冻害防治措施的有效性。

关键词　管道，油温，冻土，融沉

中俄原油管道起始于黑龙江省漠河市漠河输油站，止于黑龙江省大庆市林源输油站，管道全长934km，其中漠河至加格达奇段共440km穿越大兴安岭多年冻土区，其间穿插沼泽、洼地等地貌。冻土对温度变化非常敏感，冻土区管道油温升高会使周边土体发生融沉变形，随之产生作用在管道上的应力应变会对管道产生破坏作用。

从漠河输油站2011年1月至2019年6月俄油进、出站温度(图1)可以看出，每年第三季度的来油温度全年最高，2011—2017年来油温度变化不大，2018-2019年来油温度显著升高，随着中俄原油管道二线投产，东西伯利亚输油管道输量增加，俄油来油温度将逐年升高，2027年夏季油温将达到29.5℃，对管道的安全运行产生严重威胁。因此，通过对冻土区管道周围土体温度场监测数据变化规律进行分析，判断采取冻害防治措施的有效性是非常有必要的。

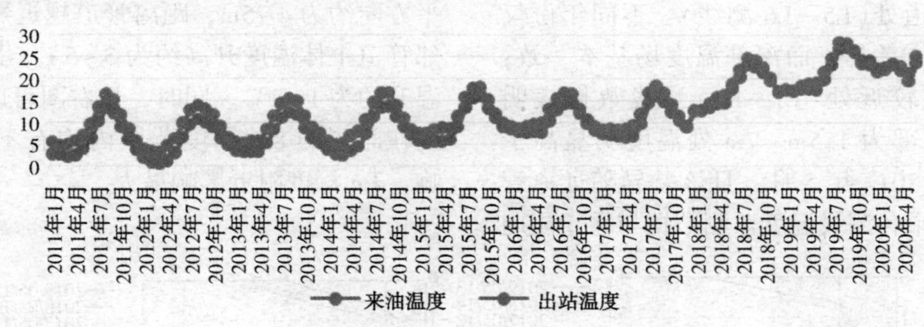

图1　漠河输油站进、出站油温统计(2011年1月~2020年6月)

1　多年冻土区分布及温度场监测设置

1.1　多年冻土区分布

中俄原油管道多年冻土主要分布在漠河至加格达奇段，具体情况见表1。受气候变暖影响，近年来大兴安岭地区冻土退化明显，冻土上限增大，冻土厚度减薄，融区扩大，多年冻土南界北移。同时，由于管道北段冻土总含冰量较高(60%~90%)，因此在冻土区松散沉积物和基岩风化带内可见纯冰层，山间沟谷、沼泽湿地、阶地漫滩地下冰最易发育。低山丘陵、山脊阳坡不利于地下冰发育，开始出现融区。

1.2　温度场监测系统

中俄原油管道漠河段共有3套温度场监测单元，具体位置、冻土特征、传感器分布以及融沉防治措施见表2。

表 1　漠大线管道沿线多年冻土分布概况

冻土类型	冻土分布特征	连续系数/%	管线各段大致所处位置
岛状融区多年冻土带	片状连续	50~65	AA 段、AB 段(漠河县、塔河县，164.09km)、AC 段(新林区 134.58km)
	局部连续	40~50	
岛状多年冻土带	岛状	20~40	AD 段(松岭区 89.57km)
	稀疏岛状	5~20	AE 段(加格达奇区 70.3km)
	零星岛状	<5	

表 2　各监测点基本情况

监测单元位置	冻土特征	传感器分布	融沉防治措施
AA007-200	额木尔河右岸阶地与山前缓坡过渡地带。阶地一带饱冰冻土发育，山前缓坡地带冻土相对不发育，存在差异性冻胀。	每个温度监测单元共 6 条测线，均位于管道一侧。 L1 位于管道正上方共 11 支传感器。 L2 距离管道 0.5m 共 31 支传感器。 L3 距离管道 1.5m 共 29 支传感器。 L4 距离管道 3.5m 共 29 支传感器。 L5 距离管道 5.5m 共 29 支传感器。 L6 距离管道 20.5m 共 39 支传感器。 L2-L5 线长 8m，L6 线长 15m	换填
AB018+500	盘古河左岸河漫滩上，表层分布薄层腐殖土，下部为卵砾石，冬季易出现冰幔，夏季盘古河水量增大会被河水淹没。		热棒、换填
AB023+200	低山缓坡地带与山间河谷过渡带，属于多年冻土发育区，多年冻土上限 0.7m。山间沟谷，洼地漫流，富冰多冰冻土。		保温、换填

2　融沉防治措施有效性分析

如图 2 所示，右图为 AA007-200 单元 L1—L4 测试线 2019 年 5 月监测数据变化趋势与往年同期对比，左图为 L5—L6 测试线 2019 年 5 月监测数据变化趋势与往年同期对比。从图可以发现，在远离管道处(L5—L6 测线)，不同年份仅地表温度场小有差异，而深部温度场基本一致；但在距离管道较近处(L1—L4)测线数据表明 2019 年 5 月深部为 1.5m~7m 处温度明显高于 2018 年 5 月与 2017 年 5 月，且该差异随远离管道而减小。如果各测线温度监测数据与往年同期的差异是由不同年份的气候差异引起，则不仅在管道附近温度将有差异，在远离管道的 L5、L6 测线也将观察到差异。但在远离管道处深部温度一致表明气候并未引起深部温度的显著变化，因此 L1、L2、L3 测线中深部温度升高是由 2018 年夏季以来输送油温升高引起的。且影响范围水平方向约为 4~5m，距离管道越近影响越大，紧邻管道土体温度升高约为 3~5℃，距管道 4m 处温升约为 1~2℃。同时，从右图可以发现竖直方向在监测的 8m 深度范围内均有不同程度的影响，3m 深度附近影响最大。

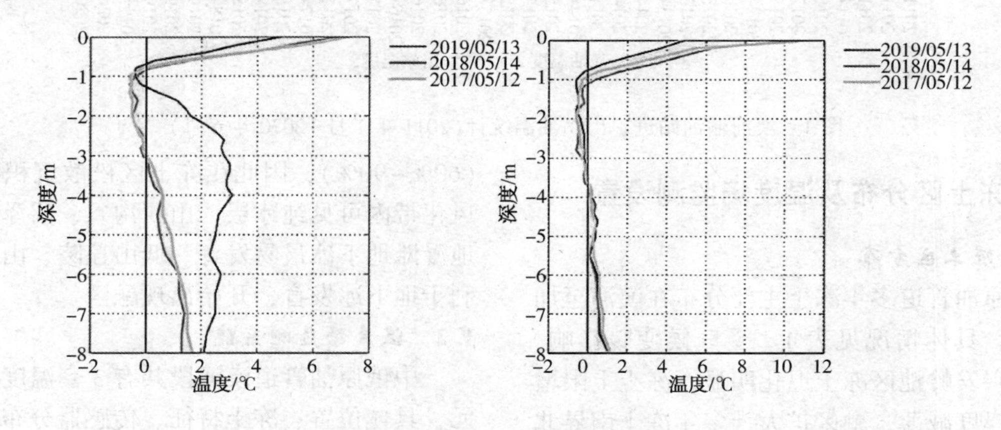

图 2　AA007-200 单元 2019 年 5 月监测数据与往年同期对比

3.1 保温层效果分析

以AB023+200单元为例，该段保温层采用硬质聚氨酯泡沫塑料，厚度80mm。通过监测数据发现(图3)，2018年以来输送油温升高对保温管周围温度场的影响较小，暂未观测到升温对保温管周围温度场的影响。由于保温管良好的隔热效果，保温管对土体温度的影响极为有限，仅限于管道周围约1m范围内，土体温升介于0~3℃。

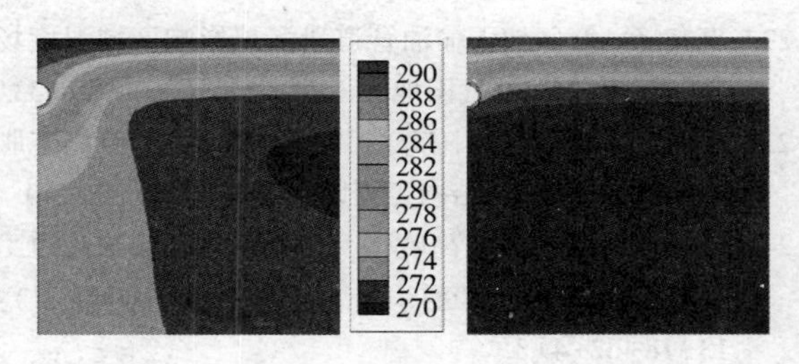

图3　漠大线有无保温层管体周围土体温度场云图
(左图无保温层，右图有保温层)

3.2 热棒效果分析

以AB018+500单元为例，该段热棒30组，每组间距20m，距离管道中心线1.7m，冷凝段长度2.5m，蒸发段长度4.5m，绝热段长1.5m。通过监测数据发现(图4)，安装热棒明显减弱了输送油温升高对管周冻土区温度场影响，仅限于管道周围约1.5m范围内，土体温升介于0~5℃。由于热棒良好的导热功能，散发输油管道热量，减弱管周冻土退化融化，提高了冻土地基热稳定性。

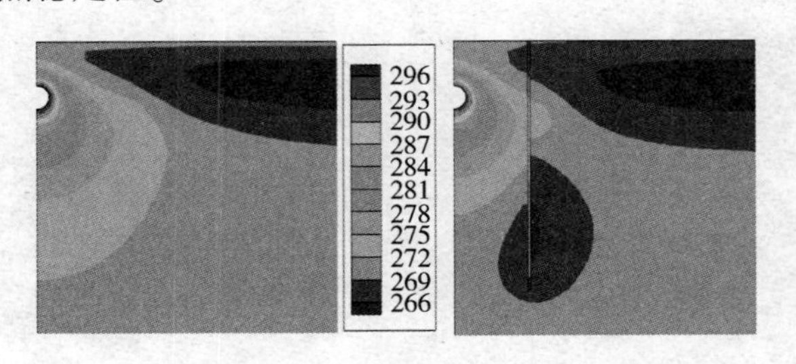

图4　漠大线有无热棒周围土体温度场云图
(左图无热棒，右图有热棒)

4　结论与建议

本文以中俄原油管道漠河段为背景，通过典型冻土单元温度场数据，分析验证输送油温升高对冻土影响以及保温层、安装热棒的有效性。主要结论及建议如下。

(1) 中俄原油管道输送油温升高对周围冻土存在明显影响，保温层和热棒措施都有效降低了土壤温度，控制融区扩展，保证了管道安全运行。

(2) 漠大线环焊缝开挖验证拆除保护层时发现部分管段保温层进水，周围冻土特性发生改变，建议使用热收缩带代替冷缠胶带，并在强融沉区开展保温层开挖验证及修复。

(3) 从漠大一二线已经安装热棒的现场情况来看，存在设计安装热棒管道周边非冻土、热棒安装后影响管道维修抢修作等问题，建议优化热棒安装方案。

(4) 2018年漠大二线已投产，与漠大一线形成叠加热场，建议增加投运漠大二线管道周围温度场及应力应变监测系统，更新漠大一线监测系统，建立信息采集、传输、管理、分析、预报预警、发布一体化的高寒冻土灾害监测预警信息系统。

参考文献

[1] 冯少广，张鑫，马涛，等．漠大线多年冻土沼泽区管道融沉防治及温度监测[J]．油气储运．2014(05).

[2] 徐婷，田怀谷，陈鹏．寒区埋地管道与冻土相互作用研究综述[J]．科学技术创新，2020(17)：123-124.

[3] 王韬．季节性冻土地区预防冻胀融沉路基结构优化设计分析[J]．西部交通科技，2020(02)：92-94.

[4] 徐文彪．多年冻土区埋地输油管道应力分析[J]．油气田地面工程，2019，38(11)：66-70.

[5] 王伟，张喜发，杨风学，等．中俄原油管道沿线冻害分布特征研究[J]．油气田地面工程，2019，38(09)：52-58.

[6] 陈克政．东北冻土温度场变化规律与融沉特性研究[D]．黑龙江大学，2019.

[7] 车富强，周刚义，山军鹏，等．埋地保温管道下多年冻土热状态数值研究[J]．黑龙江大学工程学报，2019，10(01)：20-27.

[8] 周亚龙，郭春香，王旭，等．基于热棒功率变化下多年冻土区输电塔热棒桩基的长期降温效果预测[J]．岩石力学与工程学报，2019，38(07)：1461-1469.

[9] 刘子浩，刘婕，张磊，等．国外高寒冻土区管道运行管理技术简析[J]．油气田地面工程，2017，36(10)：77-80.

[10] 范善智，李国玉，穆彦虎，等．中俄原油管道漠河至大庆线典型区域热融灾害评价研究[J]．防灾减灾工程学报，2017，37(03)：456-461+486.

[11] 杨扬．中俄原油管道及伴行道路对大兴安岭多年冻土热干扰研究[D]．东北林业大学，2017.
[12] 方丽超．采用热棒技术的漠大线冻土区管道周围土壤水热力三场耦合数值模拟研究[D]．中国石油大学(北京)，2017.
[13] 李奋，刘锟，蔡汉成，等．高原多年冻土区隧道浅埋段热棒群防护工程效果评价[J]．岩石力学与工程学报，2017，36(S1)：3416-3422.
[14] 徐峰，李强，李尚泽，等．冻土区输油管道大地温度场研究[J]．化学工程与装备，2015(03)：111-112.
[15] 郝加前，何瑞霞．中俄原油管道沿线多年冻土环境及管道施工技术探讨[J]．冰川冻土，2013，35(05)：1224-1231.
[16] 何瑞霞，金会军，郝加前，等．中俄输油管道(漠河—乌尔其段)沿线冻土环境影响评价[J]．土木建筑与环境工程，2011，33(S2)：128-134.
[17] 黄达．多年冻土区输油管道稳定性评价方法研究[D]．北京交通大学，2011.
[18] 吴彦东．寒区埋地热油管道周围土壤冻胀融沉数值分析[J]．当代化工，2011，40(02)：157-160.
[19] 付在国，宇波．冻土区输油管道周围土壤的水热力三场研究[J]．油气储运，2010，29(08)：565-570+553.
[20] 杨涛，马贵阳，胡延成．冻胀融沉对冻土区输油管道建设影响的研究[J]．管道技术与设备，2009(04)：40-43.
[21] 郝加前，高东方．多年冻土区长输管道工程冻害防治技术[J]．国外油田工程，2008，24(12)：40-42.
[22] 庞鑫峰．寒区地下输油管道泄漏热影响区域温度场数值模拟[J]．油气田地面工程，2008(06)：31+33.
[23] 李南生，谢利辉，陈薛浩．寒区浅埋输油管线冻胀安全性分析[J]．结构工程师，2008(01)：35-40.
[24] 金会军，喻文兵，高晓飞，等．冻土区输油管道工程基础稳定性研究[J]．油气储运，2006(02)：13-18+62+4+3.
[25] 金会军，喻文兵，陈友昌，等．多年冻土区输油管道工程中的(差异性)融沉和冻胀问题[J]．冰川冻土，2005(03)：454-464.

水平定向钻穿越管道防腐层质量电流—电位评价方法及应用

窦宏强　熊　健　冯　骋　李　寄　蒋庆梅　高显泽

（中国石油天然气管道工程有限公司）

摘　要　介绍了水平定向钻穿越管道防腐层质量评价的电流-电位法的测试步骤和计算公式。根据测试方法对3条不同工况下的定向钻穿越管道进行了防腐层电阻率的测试，计算得到了不同阴极极化电流下的标称防腐层电阻率，并根据防腐层质量评价准则给出了防腐层的评价等级。简要分析了环氧玻璃钢外护层，土壤电阻率的取值，阴极极化电流和极化电位的大小对水平定向钻穿越管道防腐层质量评价结果的影响作用。

关键词　水平定向钻，穿越，管道，防腐层，环氧玻璃钢外护层，评价

水平定向钻穿越法已成功应用于很多油气长输管道的河流、滩涂、鱼塘、高速公路、山体、冲沟、海管登陆等特殊地段的穿越。这种非开挖的穿越方式极大的降低了管道在这些地段的施工难度，提高了管道成功通过的可能性。但同时，这种通过方式，也给后续这些管段的管理和运维留下了检测难、监护难的问题。

随着油气长输管道全生命周期完整性管理要求的提升，这些采用水平定向钻穿越的管段成为了整条管道完整性管理的关键点。如何使水平定向钻穿越管道满足全生命周期完整性管理的需求，成为了油气长输管道建设单位、设计单位和施工单位需要共同面对的问题。根据完整性评价的要求，油气长输管道完整性评价有且仅有管道内检测法、试压法和外检测直接评价法。对于一些无法实施内检测的定向钻穿越管段，外检测直接评价法就成为了唯一可用的完整性管理手段。

水平定向钻穿越管道防腐层质量的直接检测和评价技术首当其冲，受到了各国油气管道行业越来越多的重视。国内对于水平定向钻穿越管道外防腐层质量的直接检测和评价主要遵循 GB 50424—2015《油气输送管道穿越工程施工规范》和 SY/T 7368—2017《穿越管道防腐层技术规范》。其测试和评价的基础原理为电流-电位理论，即通过向被测试段管道施加一定大小的阴极极化电流，根据管道两端管地电位的变化量来定量的评价管道防腐层的质量等级。

1　测试方法简介

（1）电流-电位测试法的测试接线见图 1。

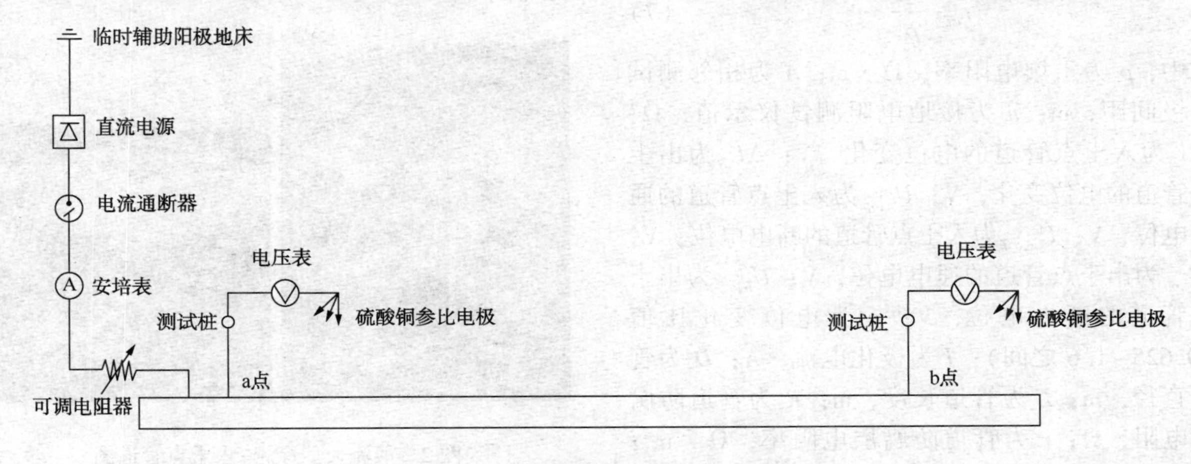

图 1　电流-电位测试法的测试接线示意图

（2）电流-电位测试法的测试步骤如下。

① 记录穿越管道的长度、埋深、壁厚、外径、防腐层类型、防腐层厚度和防护层结构。

② 测试穿越管道两端的土壤电阻率。

③ 按图 1 所示，连接测试仪器、仪表，确保临时辅助阳极地床与管道的间距≥100m。

④ 开启直流电源，调节可调电阻的阻值，使管/地极化电位位于-1050～-850mV_{CSE}之间。

⑤ 测量管道两端 a 点和 b 点位置的管/地通电（ON）电位和断电（OFF）电位。记录对应的极化测试电流值。

⑥ 计算 a 点和 b 点位置的管/地电位变化比值，使电位变化比值位于 0.625～1.6 之间。

⑦ 记录测量数据，计算并填写管道防腐层状况报告。

（3）计算公式如下。

① 计算土壤电阻率：

$$\rho = 2\pi \cdot A \cdot n \tag{1}$$

② 计算出土点和入土点的管/地电位变化：

$$\Delta U_a = U_{a,\ on} - U_{a,\ off} \tag{2}$$

$$\Delta U_b = U_{b,\ on} - U_{b,\ off} \tag{3}$$

③ 计算电位变化比：

$$\alpha \frac{\Delta U_a}{\Delta U_b} \tag{4}$$

④ 计算管道的防腐层电阻：

$$R \frac{\Delta U_a + \Delta U_b}{2I} \tag{5}$$

⑤ 计算管道外防腐层电阻率：

$$r = \pi \cdot D \cdot L \cdot R \tag{6}$$

⑥ 计算标称管道外防腐层电阻率：

$$r_n \frac{r \cdot 10}{\rho} \tag{7}$$

式中，ρ 为土壤电阻率，Ω·m；A 为相邻测试电极间距，m；n 为接地电阻测试仪示值，Ω；ΔU_a为入土点管道的电位变化，V；ΔU_b为出土点管道的电位变化，V；$U_{a,on}$为入土点管道的通电电位，V；$U_{a,off}$为入土点管道的断电电位，V；$U_{b,on}$为出土点管道的通电电位，V；$U_{b,off}$为出土点管道的断电电位，V；α 为电位变化比值（0.625～1.6 之间）；I 为极化电流，A；D 为管道直径，m；L 为管道长度，m；R 为管道防腐层电阻，Ω；r 为管道防腐层电阻率，Ω·m^2；r_n为标称管道防腐层电阻率，Ω·m^2。

2 现场测试案例

2.1 案例一

某天然气管道河流大型穿越，管道与河流交叉角度约为 84°，管道回拖完成后的第 3 天进行了防腐层电阻率测试。测试当日，天气晴朗，室外温度约 30℃。管道的设计压力为 7MPa，管径 D610mm，壁厚 10.0mm，材质为 L450M，管道穿越实长 685m，管道最深处埋深约 29m。管道外防腐层为 3LPE 加强级，补口采用无溶剂环氧底漆+热熔胶型聚乙烯热缩带。在现场电火花外检防腐层合格后，穿越管道外表面整体包覆光固化玻璃钢外护层，防护层厚度约 2.2mm。

入土端管道穿越卵石层时施加了长约 60m 的钢套管，钢套管直径为 D1016mm，钢套管外端口已基本露出地面，入土点的管道外端已完全高出地面。入土点周围仍然存在大量的穿越用泥浆。入土点位置周边的植被丰富，地表生长有大量的草丛和树木，未见地下水，土壤较湿润。管顶 1'点钟方向有轴向贯穿型划伤一处，长度约 1m，划伤位置已明显露出底层的熔结环氧防腐层；另在管顶 11 点钟～13 点钟的范围内存在有多处未贯穿型划伤，未露出底层的熔结环氧防腐层。入土端管道未见玻璃钢外护层，详见图 2。出土点管道埋深约 1m，表层至管底均为黏土和砂土，土壤湿度较大，出土点周围分布大面积的穿越用泥浆；管口采用原封堵帽封堵；出土点位置周边的植被丰富，生长有大量草坪和树木，未见地下水，土壤含水丰富。管端防腐层完整，未见可见的防腐层划伤，未见环氧玻璃钢外护层，详见图 3。

图 2　河流大型穿越-入土点管道图

根据第 1.2 节的测试步骤，进行管道防腐层

图 3　河流大型穿越-出土点管道图

电阻率的测试，管道阴极极化用电流分别设置为 4.1mA 和 6.1mA，测试数据见表 1。

表 1　管道极化测试数据表

时间	极化电流/mA	入土点通电电位/V	入土点断电电位/V	出土点通电电位/V	出土点断电电位/V
11：00	4.171	−0.896	−0.867	−0.914	−0.870
11：06	4.168	−0.900	−0.870	−0.912	−0.850
11：11	4.171	−0.896	−0.867	−0.917	−0.885
11：18	6.107	−0.952	−0.906	−0.970	−0.900
11：22	6.106	−0.954	−0.905	−0.976	−0.900
11：28	6.107	−0.956	−0.903	−0.972	−0.902

根据第 1.3 节的计算公式，计算得到穿越段两端的平均土壤电阻率为 27.6Ωm。当极化电流为 4.1mA 时，防腐层电阻率(r)为 11847.8Ω · m^2，标称管道防腐层电阻率(r_n)为 4292.7Ω · m^2；当极化电流为 6.1mA 时，防腐层电阻率(r)为 12515.1Ω · m^2，标称管道防腐层电阻率(r_n)为 4534.5Ω · m^2。

根据 GB 50424—2015《油气输送管道穿越工程施工规范》中表 6.3.6 的规定，本河流大型穿越管道的外防腐层质量属于“一般”级，不满足第 6.3.6 条：新建穿越段管道的标称防腐层绝缘电阻应≥5000Ω · m^{2}的要求。

2.2　案例二

某进村道路小型穿越，管道与道路垂直交叉，管道回拖完成后的第 15 天进行了防腐层电阻率测试。测试当日，天气晴朗，室外温度约 39℃。穿越管道的设计压力为 7MPa，管径 D610mm，壁厚 10.0mm，材质为 L450M，穿越实际长度为 122.18m，管道最深处埋深约 11m。管道外防腐层为 3LPE 加强级，补口采用无溶剂环氧底漆+热熔胶型聚乙烯热缩带。管道现场外表面整体包覆光固化玻璃钢外护层，防护层厚度约 2.2mm。

入土点管道埋深约 1m，管沟的表层至管底均为黏土，地下水丰富，管沟底部有明显的积水存在，但地下水水位低于管口的裸露金属，入土点管道的管口采用盲板封堵；管道露出部位的管体上包裹了一层淤泥，仅部分位置可见 3LPE 防腐层，未见玻璃钢外防护层，详见图 4。出土点管道埋深约 1m，管沟表层至管底均为黏土和砂土，地下水异常丰富，出土点周围分布大面积的泥浆；管口采用出厂原封堵帽封堵；测试前将地下水抽至管口下约 1m 的位置，测试期间地下水一直缓慢上涨，但至测试结束，地下水水位均未超过管道留头位置的裸露金属高度；管道露出部位可见长约 4m 的环氧玻璃钢外护层，其 4 点钟位置有可见的纵向划痕，详见图 5。

图 4　进村道路小型穿越-入土点管道图

图 5　进村道路小型穿越-出土点管道图

根据第 1.2 节的测试步骤，进行管道防腐层电阻率的测试，管道阴极极化用电流分别设置为 0.235mA 和 0.305mA，测试数据见表 2。

表 2　管道极化测试数据表

时间	极化电流/mA	入土点通电电位/V	入土点断电电位/V	出土点通电电位/V	出土点断电电位/V
15：00	0.235	−0.899	−0.852	−0.918	−0.867
15：06	0.235	−0.904	−0.854	−0.924	−0.874
15：11	0.234	−0.905	−0.857	−0.926	−0.874

续表

时间	极化电流/mA	入土点通电电位/V	入土点断电电位/V	出土点通电电位/V	出土点断电电位/V
15：18	0.305	−0.937	−0.900	−0.959	−0.892
15：22	0.305	−0.944	−0.885	−0.971	−0.897
15：28	0.305	−0.948	−0.885	−0.968	−0.893

根据第1.3节的计算公式，计算得到穿越段两端的平均土壤电阻率为95.8Ω·m。当极化电流为0.235mA时，管道的防腐层电阻率(r)为49449.2Ω·m^2，标称管道防腐层电阻率(r_n)为5161.7Ω·m^2；当极化电流为0.305mA时，管道的防腐层电阻率(r)为47951.4Ω·m^2，标称管道防腐层电阻率(r_n)为5005.4Ω·m^2。

根据GB 50424—2015《油气输送管道穿越工程施工规范》中表6.3.6的规定，本进村道路穿越管道的外防腐层质量属于“良”级，满足第6.3.6条：新建穿越段管道的标称防腐层绝缘电阻应≥5000Ω·m^{2}的要求。

2.3 案例三

某输气管道河流中型穿越，管道与河流交叉角度约为77°，管道回拖完成后3个月进行了防腐层电阻率测试。测试日凌晨有小雨，早上约6：00左右雨停，地面潮湿，室外温度约30℃。穿越管道设计压力为7MPa，管径D610mm，壁厚为12.5mm，材质L450M，穿越段管道实长410m，管道最深处埋深约22m。管道外防腐层为3LPE加强级，补口采用无溶剂环氧底漆+热熔胶型聚乙烯热缩带。管道现场外表面整体包覆光固化玻璃钢外护层，防护层厚度约2.2mm。

管道穿越场区两侧地貌单元属于丘陵地貌，穿越处主河道较窄，水流较缓，河漫滩较窄，地形起伏较大，河道两侧主要为耕地及人工种植果树。地下水埋深3.00~3.80m。入土点管道埋深约3.5m，表层至管底土壤都为砂土，可见地下水，入土端管道焊接有水压试验的管节，管内试压水已排干，试压管节的金属裸露部分已架空，末端法兰盘金属裸露部分已开挖悬空，管沟底残存小块地下水(图6)。出土点管道高出地面，管端金属裸露部分不与土壤接触，出土点的表层至地下1.5m位置为砂土，地下1.5m至管底为岩石层，可见明显地下水(图7)。

图6　河流中型穿越-入土点管道图

图7　河流中型穿越-出土点管道图

根据第1.2节的测试步骤，进行管道防腐层电阻率的测试，管道阴极极化用电流分别设置为0.304mA和0.4mA，测试数据见表3。

表3　管道极化测试数据表

时间	极化电流/mA	入土点通电电位/V	入土点断电电位/V	出土点通电电位/V	出土点断电电位/V
17：15	0.304	−1.195	−1.073	−1.155	−1.034
17：18	0.301	−1.210	−1.105	−1.167	−1.054
17：22	0.304	−1.209	−1.167	−1.171	−1.060
17：33	0.399	−1.307	−1.174	−1.278	−1.133
17：36	0.400	−1.312	−1.165	−1.278	−1.102
17：42	0.400	−1.313	−1.177	−1.283	−1.147

根据第1.3节的计算公式，计算得到穿越段两端的平均土壤电阻率为140Ω·m。当极化电流为0.304mA时，管道的防腐层电阻率(r)为265279.1Ω·m^2，标称管道防腐层电阻率(r_n)为18948.5Ω·m^2。当极化电流为0.4mA时，管道的防腐层电阻率(r)为285658Ω·m^2，标称管道防腐层电阻率(r_n)为20404.1Ω·m^2。

根据GB 50424—2015《油气输送管道穿越工程施工规范》中表6.3.6的规定，本河流中型穿越段管道的外防腐层质量属于“优”级，满足第

6.3.6条：新建穿越段管道的标称防腐层绝缘电阻应≥5000Ω·m²的要求。

3 数据分析

3.1 环氧玻璃钢外护层的作用

目前在水平定向钻穿越施工中，不论是工程的业主单位、设计单位或是施工承包商，为了保证水平定向钻穿越管道在回拖完成后的标称防腐层电阻率测试中满足≥5000Ω·m²的要求，符合验收条件，大多数都选择对穿越段管道整体或部分包覆玻璃钢外护层，企图以减少管道回拖过程中钻孔内壁对防腐层的划伤或磨损，包覆玻璃钢外护层已经成为了定向钻穿越管道的基本要求和常规做法，这种事先预估的做法确实在一定程度上减少了管道防腐层的划伤和磨损，提高了管道防腐层的绝缘电阻率数值，但另一方面则受“唯玻璃钢外护层防护理论”的影响，片面的认为，只要在水平定向钻穿越管道外包覆了玻璃钢外护层，那么对于任何穿越，无论前期的钻孔流程控制怎样、回拖怎样，回拖后的管道防腐层电阻率数值一定可以满足≥5000Ω·m²要求，完全忽视了水平定向钻穿越施工整个过程中的钻孔、扩孔、洗孔、泥浆配比、配重、回拖等各个环节对回拖质量的影响。从本文上述的3个案例中可以明显看出，在相同管径、相同材质、相同壁厚的情况下，不同长度的穿越管道都整体包覆了相同厚度的玻璃钢外护层后，最终的防腐层电阻率差别极大。河流大型穿越的管道穿越长度最长，但穿越后防腐层的绝缘电阻率数值最大，几乎可以判定为“极优”等级；而进村道路小型穿越的管道穿越长度最短，其穿越后管道的防腐层电阻率数值刚刚超过5000Ω·m²，勉强达到“良”等级；反倒是穿越长度位于中间的河流中型穿越，其穿越后的防腐层电阻率数值最小，防腐层质量评级为“一般”，且不满足标准的要求。由此可以看出，水平定向钻穿越管道外包覆玻璃钢外护层，并不能完全解决穿越管道回拖过程中的划伤问题，即环氧玻璃钢外护层并不能完全保证穿越管道的防腐层质量就一定能满足验收的要求。要使穿越管道的外防腐层质量满足验收要求，除考虑穿越管道外包覆玻璃钢外护层之外，更应该重视水平定向钻穿越施工中的各个环节，只有所有的施工环节达到要求后，最终才能得到满意的穿越结果。

3.2 土壤电阻率对评价的影响作用

土壤电阻率既是一个预判土壤结构的参数，也是标称防腐层电阻率评价的重要影响因素。上述案例一和案例二中，虽然初始的防腐层电阻率满足≥5000Ω·m²的要求，但在考虑土壤电阻率，将其转换为标称防腐层电阻率后，则立刻不满足≥5000Ω·m²的要求，导致穿越管道防腐层质量验收不合格，同一管道由于土壤电阻率的影响，而使得管道防腐层质量的评价结果发生了不小的变化。文献[4]也报道了咸水海滩水平定向钻穿越管道外防腐层测试中土壤电阻率对测试结果的影响，此穿越管段初始的防腐层电阻率计算结果仅为81Ω·m²，根据评价准则，防腐层的质量仅能划分为“差”等级，但在考虑海水的电阻率0.1Ω·m后，根据计算公式换算为标称防腐层电阻率后，结果变为了8100Ω·m²，则根据评级准则，防腐层的质量反倒划分为了“良”级。由此可明显的看出，由于土壤电阻率的原因，同一管道其防腐层质量的评价等级结果发生了质的变化，“土壤电阻率”这一原本非主要的影响因子一下子变成了具有决定性影响能力的影响因子。而对于定向钻穿越这种会在极短距离内跨越一个或数个不同介质电阻率地层的特殊行为，如何准确、恰当的确定标称防腐层电阻率转化用的土壤电阻率数值，使电阻率对防腐层质量评价的影响回归到一个恰当的位置，既不能忽略土壤电阻率是防腐层质量评价的影响因子，但也不应过度夸大为具有决定性影响能力的影响因子。

3.3 阴极保护极化电位和极化电流的大小

防腐层电阻率评价中，能直接测试的数据仅为管地极化电位和阴极极化电流，因此管地极化电位和极化电流的大小对评价结果具有决定性的影响，但在标准SY/T 7368—2017《穿越管道防腐层技术规范》中，仅对管地极化电位给出了一个非常宽泛的范围区间−0.85～−1.05V[2]，但对于最佳的阴极极化电流和最佳的管地极化电位数值并未规定，这就导致不同的测试人员在进行同一水平定向钻穿越管道的防腐层电阻率时，由于测试所施加的阴极极化电流不同，所获得的极化电位不同而得出不同的结果。

上述的3个案例中，每条水平定向钻穿越管道都由采用由大到小变化的2种大小的阴极极化电流对所测试管道进行阴极极化，并确保穿越管道两端的管地阴极极化电位值位于标准 SY/T 7368—2017 所规定的-0.85~-1.05V 范围之内。不出意外，测试得到的标称防腐层电阻率都发生了变化，其中案例一在阴极极化电流由 4.1mA 增大到 6.1mA 时(增加了约 48.8%)，其标称防腐层电阻率随之增大，由 4292.7Ω·m² 增加到了 4534.5Ω·m²，增加了约 5%；案例二在阴极极化电流由 0.235mA 增大到 0.305 时(增加了约 29.8%)，标称防腐层电阻率反而减小，由 5161.7Ω·m²减小到了 5005.4Ω·m²，减小了约 3%；案例三与方案一类似，在阴极极化电流由 0.304mA 增大到 0.4mA 时(增加了约 31.6%)，标称防腐层电阻率也随之增加，由 18948.5Ω·m² 增加到了 20404.1Ω·m²，增加了约 7.7%。

由此可见，虽然阴极极化电流和阴极极化电位之间仍然维持其非线性的正比关系，但阴极极化电流的增加并不一定会导致防腐层电阻率数值的下降，极化电流和防腐层电阻率之间应该有一个最佳的配比，只有找到这个最佳的配比，在防腐层电阻率测试中，才能使最终的防腐层电阻率数值达到最佳。同样，对于评价性的测试，如何通过施加合理的阴极极化电流，确定最适宜的管地极化电位，使所得到的标称防腐层电阻率能真实反映防腐层的实际质量状况，也应是关注的核心。

4 结束语

(1) 水平定向钻穿越管道防腐层完整性的防护是钻孔、扩孔、洗孔、回拖、配重、泥浆配比等各个环节共同作用的结果，单独的玻璃钢外护层对管道回拖过程中防腐层的划伤、磨损仅具备有限的防护能力。

(2) 为使防腐层电阻率数值能真实的反映回拖后管道防腐层的实际质量情况，现行的评价方法还需要做进一步的研究和细化，明确土壤电阻率如何取值，如何确定最恰当的极化电流和极化电位，消除不同取值对测试结果的主观影响。

参 考 文 献

[1] SY/T 6621—2016. 输气管道系统完整性管理规范[S].
[2] SY/T 7368—2017. 穿越管道防腐层技术规范[S].
[3] GB 50424—2015. 油气输送管道穿越工程施工规范[S].
[4] 窦宏强，马晓成，郭娟丽，等. 水平定向钻穿越管道防腐蚀层质量评价方法的研究现状[J]，腐蚀与防护，2020，41，(8)：56-60.

不同形状特征的锚固墩受力分析

韩桂武 刘恒林 崔少东

（中国石油天然气管道工程有限公司）

摘 要 为了防止因管道热膨胀挤推设备、阀门、弯头等造成构件的破坏或过量变形，在地下管道出土进入阀室或地下管道弯头两侧，常需设置锚固墩来加以保护。管线锚固墩的不同形状的锚固墩对于施工及混凝土消耗量具有很大的影响，且不同形状的锚固墩具有不同的受力特点，很大程度影响固定墩的可靠性与经济性。本文通过采用数值计算方法，研究不同形状特征的锚固墩受力分析，参照工程选取常用形状，方体锚固墩、梯形体锚固墩和派形体锚固墩体，通过有限元计算从位移值和受力值两方面给出最佳锚固墩形状的推荐。

关键词 锚固墩，受力分析，数值模拟，优化设计

为了防止因管道热膨胀挤推设备、阀门、弯头等造成构件的破坏或过量变形，在地下管道出土进入阀室或地下管道弯头两侧，常需设置固定墩来加以保护。长输管道在重要线路段(例如隧道出入洞口段、河流跨越连接段、进出入站场段)为保证管件安全并起到隔离控制段与一般线路段的相互作用，设置固定墩作为常规的设计方案。

工程上经常采用潘家华推荐的固定墩推力计算公式：$F=A_m(E\alpha\Delta T-\mu\sigma_c+0.5\sigma_c)$，工程上根据经验取值1/3~1/2的经验系数，但此值选择偏保守，根据现场经验通常表现为材料浪费，管线固定墩的推力动辄几十吨，如此巨大的固定墩消耗了相当多的混凝土，并且增加了相当大的施工难度。

有限元分析利用数学近似的方法对真实物理系统(几何和载荷工况)进行模拟。还利用简单而又相互作用的元素，即单元，就可以用有限数量的未知量去逼近无限未知量的真实系统。用较简单的问题代替复杂问题后再求解。它将求解域看成是由许多称为有限元的小的互连子域组成，对每一单元假定一个合适的(较简单的)近似解，然后推导求解这个域总的满足条件(如结构的平衡条件)，从而得到问题的解。这个解不是准确解，而是近似解，因为实际问题被较简单的问题所代替。由于大多数实际问题难以得到准确解，而有限元不仅计算精度高，而且能适应各种复杂形状，因而成为行之有效的工程分析手段。

1 锚固墩推力

锚固墩的受力分析可通过计算进行确定，对于一个直管段而言，管道作用在支墩上的推力 P 靠土体及支墩间的摩擦力和土体对支墩的抗力 T 来平衡。当锚固墩一侧的管道可视为嵌固，另一侧可以伸缩时，管道作用在支墩上的推力推导过程见图1。

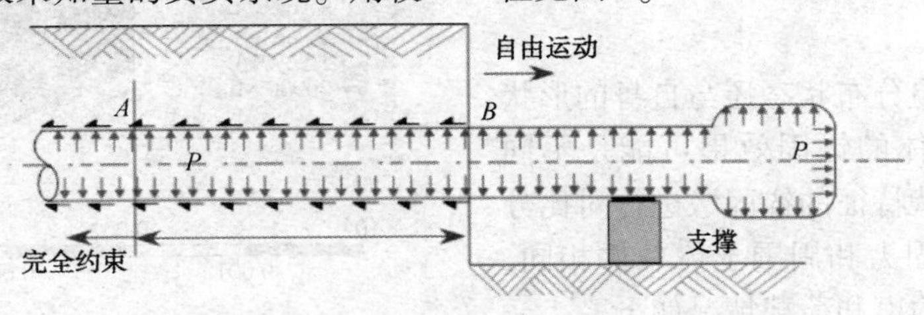

图1 直管段从土体敷设至自由端示意图

管道处于完全约束端的管道轴向应力值由内压和温度引起的管道轴向应力应按照下式计算：

$$\sigma_{LA}=\mu\sigma_h+E\alpha(t_1-t_2) \quad (1)$$

其中：
$$\sigma_h=\frac{Pd}{2\delta_n}$$

式中，σ_{LA} 为管道的轴向应力，拉应力为正，MPa；σ_h 为管道的环向应力，MPa；μ 为泊松比，取值0.3；E 为钢材的弹性模量，MPa；α 为钢材的线膨胀系数，℃$^{-1}$；t_1 为管道下沟回填时的温度，℃；t_2 为管道的工作温度，℃；P 为管道设计

内压力，MPa；d 为管子内径，mm；δ_n 为管子公称壁厚，mm。

管道处于轴向变形不受约束时，管道轴向应力按如下公式计算：

$$\sigma_{LB} = \frac{Pd}{4\delta_n} = 0.5\sigma_h \tag{2}$$

管道作用在支墩上的推力为：

$$\begin{aligned} P &= A(\sigma_{LB} - \sigma_{LA}) \\ &= A[0.5\sigma_h - 0.3\sigma_h + E\alpha(t_2 - t_1)] \\ &= A[0.2\sigma_h + E\alpha(t_2 - t_1)] \end{aligned} \tag{3}$$

式中，A 为管道的截面积，m^2。

按照该公式所得的推力是很大的，并解释说在实际情况下埋地弯头或者管道出土段的弯头都有土体反力 T 的作用，它与推力 P 方向相反，因此可以使得推力减小。但由于土体性质和夯实程度差异大，难以精确估计(图 2)。

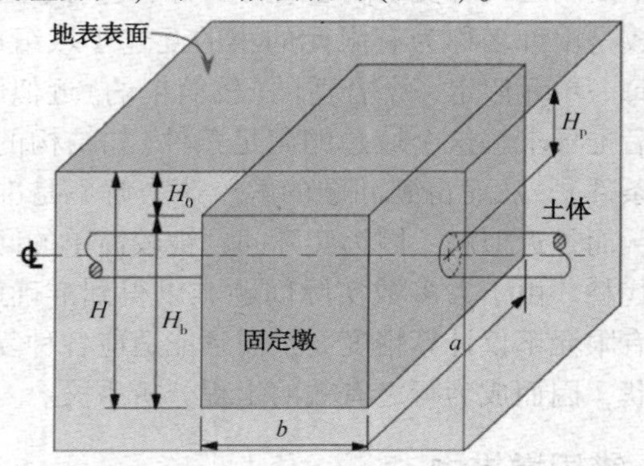

图 2　锚固墩嵌固土体示意图

将管道作用于支墩上的力 P 乘以一个折减系数来决定，折减系数取值 1/3～1/2。根据经验，对于重要出土处取值 1/3～1/2，跨越或架空管出土处取值 1/2，水下穿越两端的弯头处取值 1/3，地下埋土弯头(拐角>15°)取值 1/3～1/2。

2　数值模拟计算

锚固墩位移和应力分布状态还与自身的形状有关，不同形状的墩体的锚固效果可能是不同的，有必要对不同形状特征的锚固墩进行对比分析研究。其中设定锚固力和周围土体条件相同，确定管道运营参数和约束和荷载情况如下。

(1) 轴向外部荷载：100t。

(2) 混凝土弹性模量 E：3×10^{10}Pa。

(3) 混凝土泊松比：0.2。

(4) 混凝土重度：2300kg/m³；土体重度：1800kg/m³。

(5) 土体压缩模量：13MPa；变形模量 20MPa。

(6) 土体泊松比：0.2。

(7) 土体剪切参数：粘聚力 15kPa，内摩擦角 15°。

建立锚固墩和周围土体三维实体模型，三种锚固墩模型尺寸详见表 1。

表 1　三种锚固墩模型尺寸表

序号	名称	长度/m	宽度/m	高度/m	体积/m³	备注
1	长方体锚固墩	4.0	2.0	2.0	16.0	
2	梯形体锚固墩	短边 3.0 长边 5.0	2.0	2.0	16.0	前后接触面不一致
3	派形体锚固墩	4.0	2.4	2.0	16.0	下部中空

2.1　长方体锚固墩

建立模型：其中，锚固墩尺寸为高 2m×宽 2m×长 4m 的长方体，总体积 16m³；覆土厚度 2.0m，周围为土层，模型总尺寸 10m×10m×10m (图 3～图 5)。

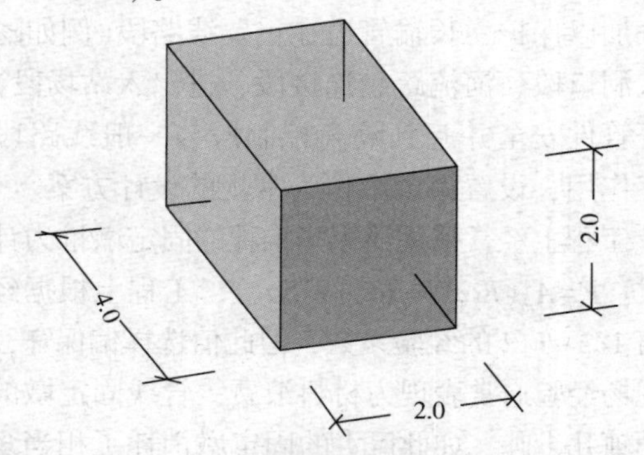

图 3　长方体锚固墩模型(单位：m)

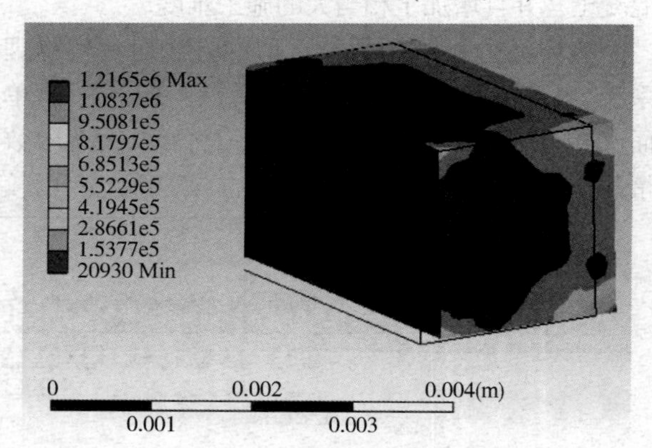

图 4　锚固墩应力分布图(最大值 1.08MPa)

2.2　梯形体锚固墩

建立模型：其中，其中锚固墩尺寸为高2m×宽 2m×顶长 3.0m+底长 5.0m 的梯形体，总体积 16m³；墩埋深 2.0m，周围为岩土层，模型总尺寸 10m×10m×10m(图 6～图 8)。

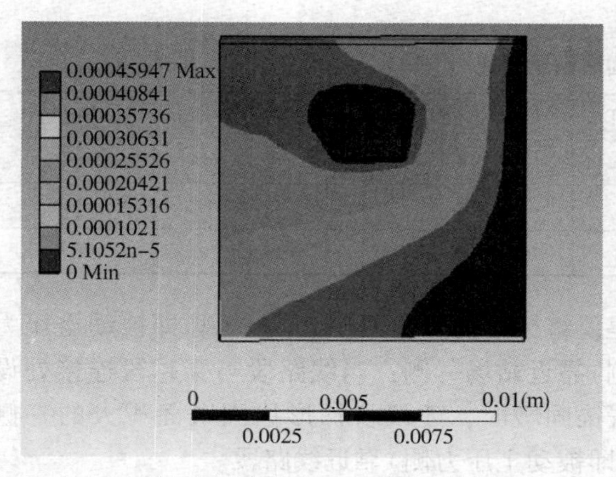

图 5　岩土体的内部位移场分布(单位：m)

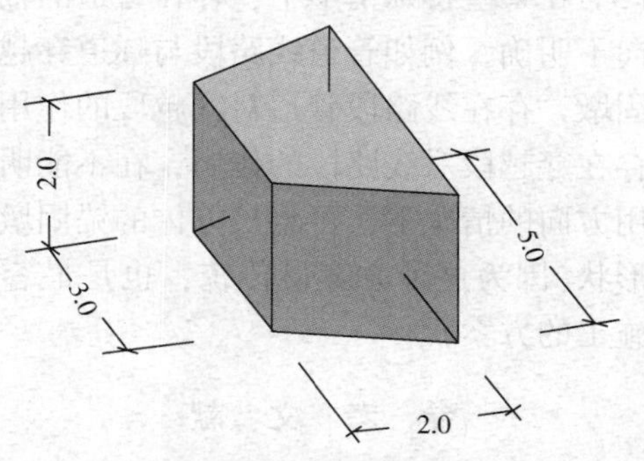

图 6　梯形体锚固墩模型(单位：m)

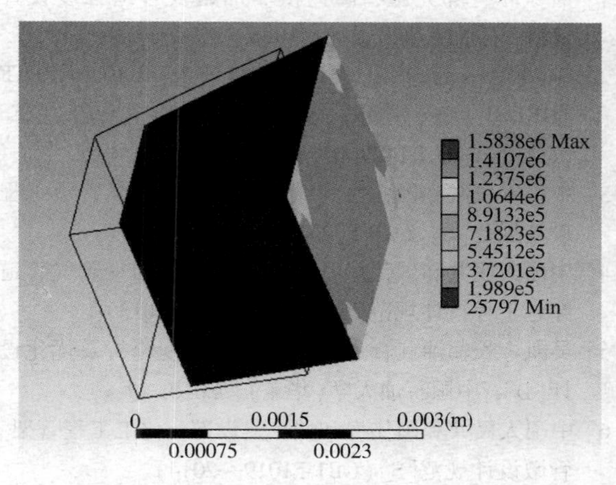

图 7　锚固墩应力分布图(最大值 1.41MPa)

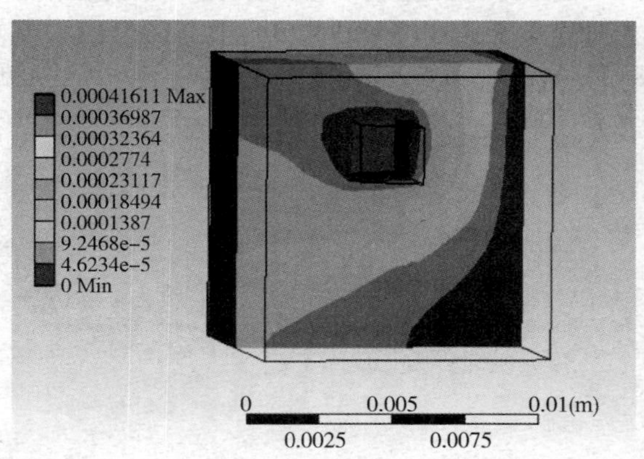

图 8　岩土体的内部应力场分布(单位：m)

2.3 派形体锚固墩

建立模型：其中，其中锚固墩尺寸为高2m×宽 2.4m×长 4m 的派型体，其中派形体底部尺寸为高 1m×宽 0.8m×长 4m，总体积 16m³；覆土厚度 2.0m，周围为土层，模型总尺寸 10m×10m×10m(图 9~图 11)。

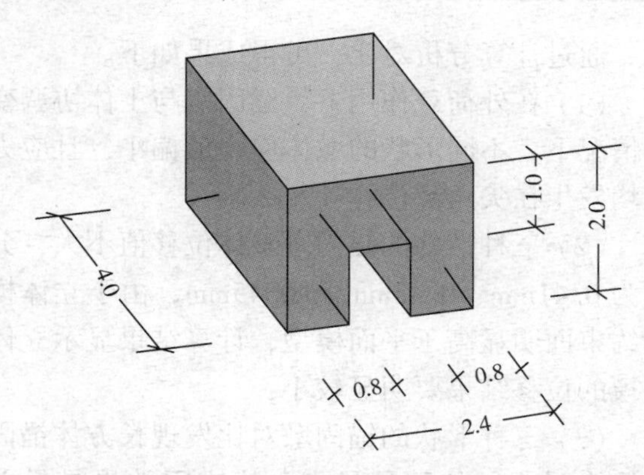

图 9　派形体锚固墩模型(单位：m)

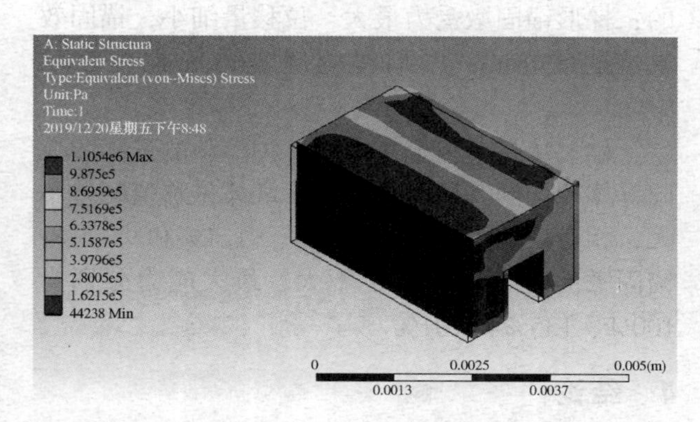

图 10　锚固墩应力分布图(最大值 1.10MPa)

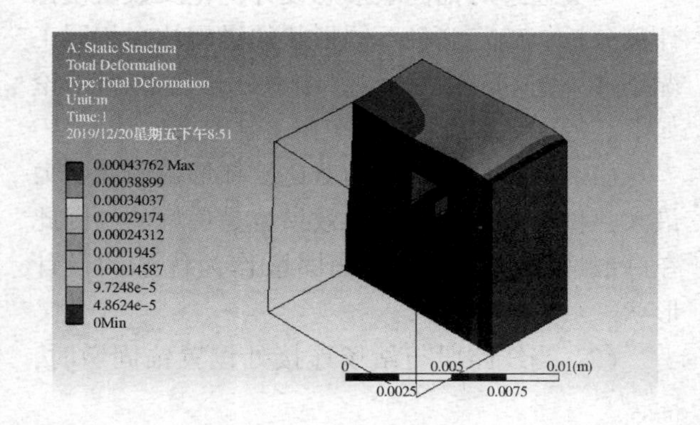

图 11　岩土体的内部位移场分布(单位：m)

3　计算结果的比对及形状推荐

根据以上的计算结果，将以上三种不同形状的锚固墩进行位移和受力对比，结果见表 2。

表 2　不同形状的锚固墩结果对比

序号	名称	外荷载/t	最大应力值/MPa	最大应力值/%	最大位移值/mm	位移量/%
1	长方体锚固墩	100	1.08	100	0.45	100
2	梯形锚固墩	100	1.41	135	0.41	91.1
3	派形锚固墩	100	1.10	101	0.43	95.5

通过计算分析对比，可得成果如下。

(1) 在外荷载作用下，锚固墩与土体协调变形情况下，不同形状的墩体应力值偏小，且应力值均发生在尖角部位；

(2) 三种形状的锚固墩整体位移值不大，分别为 0.41mm、0.43mm 和 0.45mm，由于立体模型约束面明显高于平面模型，计算结果显示立体建模的位移结果要明显较小；

(3) 三种形状的锚固墩对比发现长方体锚固墩受力最小，位移量最大，从锚固效果是最差的；梯形锚固墩受力最大，位移量细小，锚固效果也是最好的；派形锚固墩受力和位移介于中间；

(4) 从相对量上来看，三种形状的锚固墩在同等体积和同等荷载条件下，墩体位移值相差不大，相对位移量分别为 100%、91.1%和 95.5%；锚固墩的应力值相差也不大，最大应力分别为 100%、135%和 101%。

4　结论

本文通过对锚固墩形态设计优化及数值模拟计算分析，确定三种不同形状的锚固体在相同工况条件下进行应力及位移结果，最终得到结论如下。

(1) 根据计算结果的对比，梯形锚固墩受力最大，位移量最小，锚固效果也是最好的，因此在一般情况下推荐梯形锚固墩作为优选的设计形状。

(2) 当线路段与站场连接处设置锚固墩时，建议将梯形锚固墩面积大的一侧(即被动土压力侧)靠近站场一侧；当线路段与穿越段连接处设置锚固墩时，建议将梯形锚固墩面积大的一侧(即被动土压力侧)靠近线路段。

(3) 在某些特殊情形下，存在管道的轴向力的方向不明确，例如管道线路段与隧道穿越段设置锚固墩，存在线路段管道对穿越段的作用，也可能存在穿越段对线路段的作用，在不能明确判定作用方向的情况下，可将长方体的锚固墩作为设计形状(因为这种方案最传统，也是最容易设计和施工的方案)。

参　考　文　献

[1] 潘家华，郭光臣，高锡祺．油罐及管道强度设计[M]．石油工业出版社，1986.

[2] Saudi Armco. SIZE OPTIMIZATION FOR CONCRETE THRUST ANCHOR BLOCKS FOR PIPELINES [M]. Jumada I 1429 H. 2008，05.

[3] 中国人民共和国住房和城乡建设部．输气管道工程设计规范[S]．(GB 50251—2015).

[4] 中国人民共和国住房和城乡建设部．油气输气管道穿越工程设计规范[S]．(GB 50423—2013).

[5] 吴凯．长输油气管道大型锚固墩强度分析及优化设计[D]．中国石油大学(华东)，2010.

[6] 中国人民共和国住房和城乡建设部．化工工程管架、管墩设计规范[S](GBT 51019—2014).

[7] 中国人民共和国住房和城乡建设部．混凝土结构设计规范[S]．(GB 50010—2010).

[8] 陈希哲．土力学及基础[M]．北京：清华大学出版社，2004.

天然气管道地区等级升级管段的评价方法研究及应用

周亚薇[1]　赵　岩[2]　余志峰[1]　李　苗[1]

（1. 中国石油天然气管道工程有限公司；2. 中国石油天然气管道通信电力工程有限公司）

摘　要　随着我国社会、经济高速发展，许多天然气管道与建设初期相比均发生了不同程度的地区等级升级现象，导致管道的失效风险显著提升。因此，有必要建立一套科学合理的方法，在评估与衡量管道的继续服役能力的前提下，为地区等级升级管段的处理提供决策依据。本文在对比国内外规范、法规及相关研究的基础上，建立了地区等级升级管段的三级评价流程，分别从设计符合性、压力适用性和风险可接受性三个层次对升级管段开展逐级评价。该方法立足合规性，以风险为导向，对地区等级升级的天然气管道的安全状况开展了全面评估，是管道安全提升阶段的重要标志成果之一，形成的典型做法能够为今后类似项目提供宝贵的经验。

关键词　天然气管道，地区等级升级，最大允许操作压力，风险评价，完整性评价

随着我国社会、经济高速发展，许多天然气管道沿线的建筑物和人口密度与建设初期相比均发生了不同程度的变化。一些在役天然气管道途经的地区逐渐由人口稀少的一级/二级较低等级的地区发展成为人员密集的三级/四级较高等级的地区。同时，由于地区等级升级而导致的天然气管道高后果区形成的案例屡见不鲜。根据2019年开展的国内天然气管道排查结果，国内天然气管道地区等级升级现象比较普遍，参与排查的西部管道公司490km管道、西南管道公司197km管道和北京管道公司160km管道中，分别识别确认了地区等级升级管段116km、43.4km和11.6km，升级段长度分别占排查管道总长的23.7%、22.0%和7.3%，我国西部和西南地区管道的地区等级升级现象更加显著。

一旦出现地区等级升级，将使得原始的管道设计方案不能满足现状地区等级的要求。此外，由于管道周边人口的增加，管道的失效后果将更加严重，遭受第三方破坏的失效概率也将随之增长，从而导致管道的失效风险大幅提升。针对这种现状，国内尚未出台相关的处理标准或法律法规，且暂时没有成熟的做法和工程经验提供借鉴。但是，天然气管道地区等级升级已经成为了国内外天然气管道运营管理过程中的突出问题。因此，本文在国内外对标的基础上，结合我国天然气管道的特点，立足合规性，以风险为导向，构建了一套天然气管道地区等级升级管段的三级评价流程，在评估与衡量管道的继续服役能力的前提下，为地区等级升级管段的处理提供决策依据。

1　国内外管道地区等级升级的管理要求

目前，加拿大标准CSA Z662、美国标准ASME B31.8和美国联邦法规CFR 192对于地区等级升级管段的管理有明确规定和要求。

1.1　加拿大CSA Z662的规定

加拿大CSA Z662规定，由于人口密度增加而导致管道地区等级升级时，这些地区的管道应该满足更高等级要求或通过工程评价确定能否继续服役，包括：①工程的设计、建设和试压合规性的检查；②管道完整性状况的核查；③管道地区等级变化的类型，重点考虑学校、医院等特定场所及人口聚集场所。

根据工程评价结果，对于满足地区等级变化要求的管道，可不做调整继续服役；对于不满足地区等级变化要求的管道，应该尽快换管，或根据最大运行压力对地区等级变化的要求计算修正操作压力。

1.2　美国标准及法规的要求

美国标准ASME B31.8与美国联邦法规CFR 191的要求基本一致，对于经核实确定的地区等级升级的管段，应立即对泄漏监测和巡护方式采

取调整措施；在合规试压的前提下，主要通过核实管道的 MAOP 是否满足要求来确定管道是否可以继续服役。从表 1 中可以看出，在试压合格的前提下，北美地区总体上可以允许一定户数范围内管道提升一个地区等级，而无需采取措施。

表 1　ASME B31.8 关于地区等级升级管段的最大允许操作压力(MAOP)要求

设计地区等级		现状地区等级		最大允许运行压力(MAOP)
地区等级	建筑物数量	地区等级	建筑物数量	
1(1类)	0~10	1	11~25	以前的 MAOP 但不大于 80%SYMS
1(2类)	0~10	1	11~25	以前的 MAOP 但不大于 72%SYMS
1	0~10	2	26~45	0.800 测试压力但不大于 72%SYMS
1	0~10	2	46~65	0.667 测试压力但不大于 60%SYMS
1	0~10	3	66+	0.667 测试压力但不大于 60%SYMS
1	0~10	4	多层建筑	0.555 测试压力但不大于 50%SYMS
2	11~45	2	46~65	以前的 MAOP 但不大于 60%SYMS
2	11~45	3	66+	0.667 测试压力但不大于 60%SYMS
2	11~45	4	多层建筑	0.555 测试压力但不大于 50%SYMS
3	46+	4	多层建筑	0.555 测试压力但不大于 50%SYMS

1.3　研究机构提出的“特殊许可”

近年来，美国 PHMSA、INGAA、AGA 等研究组织开展了一定的研究，对于地区等级升级管段提出了一些较为宽松的管理办法，对一些地区等级升级管段给予“特殊许可”，其主要依据为管道完整性管理的理念和做法。通过对地区等级升级管道开展管道完整性管理，通过风险评价确定管道现状条件下的服役性能，通过完整性评价对管道环焊缝缺陷制定维修措施等，从而降低管道的失效可能性，从而保证升级管段的风险可控。

1.4　我国的管理要求

我国国家标准 GB 32167《油气输送管道完整性管理规范》对于地区等级升级的要求如下：“对处于因人口密度增加或地区发展导致地区等级变化的输气管段，应评价该管段并采取相应措施，满足变化后的更高等级区域管理要求。当评价表明该变化区域内的管道能够满足地区等级的变化时，应立即换管或调整该管段最大操作压力”。推荐采取开展评价的方法来制定相应措施，但未明确相关的流程及准则[8]。

通过梳理上述国内外标准、法规及相关研究可见，不同国家对地区等级升级管段的管理要求不尽相同。其中，北美地区规定在满足条件的情况下，允许管道在一定户数范围内提升一个地区等级，而无需采取措施；相关的研究机构也提出了参考完整性评价和风险评价结果的更加宽松的管理建议；我国也在标准中提出了通过对地区等级升级管段开展评价的方法确定其能否继续服役的规定。由此可见，对于地区等级升级管段的管理，并没有一致的强制性要求，而是在确保管道安全的基础上，针对不同需求选用特定的评价或管理方法。

2　地区等级升级管段的三级评价流程

结合目前国内外标准的规定及研究成果，以合规性作为基本出发点，参考业内的新思路，制定了地区等级升级管道三级评价流程，分别从设计符合性、压力适用性、风险可接受性等三个层次开展逐级评价。

第一级——设计符合性评价：以国标 GB 50251《输气管道工程设计规范》为标准核实地区等级升级管道的设计参数是否满足现行设计规范要求。如符合，可继续正常运行；如不符合，进行第二级评价。

第二级——压力适用性评价：以地区等级升级管段的最大允许操作压力(MAOP)要求为基础，由于国内标准中对于地区等级划分时的户数要求及划分准则与美标不同，鉴于地区等级不做提升处理的户数难以界定，因此，对于地区等级升级管段的判定根据 GB 50251 的规定开展，从保守角度考虑，制定了基于 B31.8 的 MAOP 改进准则(表2)，并以此作为国内地区等级升级管段压力适用性的评价准则检查运行压力是否符合要求。如符合，可正常运行；如不符合，开展第三级评价。

表2　关于地区等级升级管段的最大允许操作压力(MAOP)的改进准则

设计		当前		最大允许运行压力(MAOP)
地区等级	建筑物数量	地区等级	建筑物数量	
一级	≤15户	二级	16~100户	0.800测试压力但不大于72%SYMS
一级	≤15户	三级	>100户	0.667测试压力但不大于60%SYMS
一级	≤15户	四级	四层及以上普遍	0.555测试压力但不大于50%SYMS
二级	16~100户	三级	>100户	0.667测试压力但不大于60%SYMS
二级	16~100户	四级	四层及以上普遍	0.555测试压力但不大于50%SYMS
三级	>100户	四级	四层及以上普遍	0.555测试压力但不大于50%SYMS

第三级——风险可接受性评价：以天然气管道风险评价为基础，同时结合风险评价过程中难以量化的地质灾害识别结果、完整性评价结果等进行综合风险可接受性的评价。如果综合风险评价结果可接受，则管段继续运行；如不可接受，则制定相应措施。

图1　地区等级升级管段的三级评价流程

管道的风险评价采用能够对管道风险进行精确描述的基于可靠性的定量风险评价方法，该方法实质是采用基于可靠性的极限状态方法，针对天然气管道评价管段，通过分析管道沿线环境和荷载状况，确定可能导致管道失效的主要极限状态和状态方程，采用应力-强度分布干涉理论计算管段失效概率；失效后果模型考虑在一定的泄漏频率、泄漏量、立即点燃情景下，热辐射引起管道周围人员伤亡的程度，从而定量计算管道风险。风险评价的可接受准则按照国家安全生产监督管理总局2014年第13号公告《危险化学品生产、储存装置个人可接受风险标准和社会可接受风险标准》执行。

此外，还应针对全线进行地质灾害的识别和风险等级的确定，结合制定的地灾治理措施明确地灾风险隐患管段；对于数据齐全的地区等级升级管段，应开展管道的完整性评价，结合管道环焊缝的实际缺陷/缺欠尺寸、应力/应变水平等，判别管道的隐患焊口；综合分析地区等级升级管段的风险水平、地灾隐患情况、完整性评价结果等，确定未能通过第三级评价的管段，并有针对性的定制改造或管理措施。

地区等级升级管段的三级评价流程是一个分层次的、由保守到全面的评价过程。评价流程整体以标准规范为依据，三个等级的评价统筹考虑了管道的设计、施工和运行等多方因素。

3　三级评价流程在地区等级升级管段的应用

某天然气管道沿线地理、人文、地质条件复杂，山间盆地、湖泊众多，地灾屡见，地震频繁，平坦的地带大多被城镇、村庄占据；高速公路、铁路等线形工程与管道频繁交叉；山区有利地形有限，自然及社会因素大大地制约了管道路由。管道投产以来，随着社会经济的快速发展，村镇城市化的速度非常迅速，管道沿线部分地区等级发生较大改变。通过内业识别+现场核实确认等系列工作，该天然气管道全线共识别确认了地区等级升级管段163段(图2)，总长491.08km，形成高后果区共计111处。

结合本文建立的地区等级升级管道的三级评价流程，对该天然气管道识别确认的163段地区等级升级段进行分级评价。

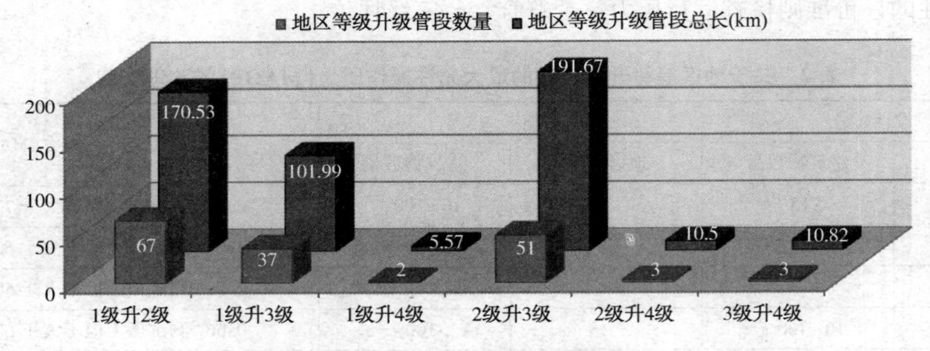

图 2　某天然气管道地区等级升级情况

3.1　第一级评价——设计符合性评价

根据 GB 50251—2015《输气管道工程设计规范》的壁厚-压力计算公式进行设计符合性检查，在由一级地区提升为二级地区的 67 个管段中，有 3 个管段的竣工壁厚选用了更高地区等级的设计系数，能够满足现状地区等级的要求。因此，这 3 个管段通过第一级评价，其余的 160 个管段需要开展第二级评价。

表 3　通过一级评价的管段概况

管段编号	设计地区等级	现状地区等级	竣工壁厚/mm	需要壁厚/mm	是否满足设计符合性
42	一级地区	二级地区	15.3(X80)	15.3	满足
60	一级地区	二级地区	17.5(X70)	17.5	满足
155	一级地区	二级地区	17.5(X70)	17.5	满足

3.2　第二级评价——压力适用性评价

根据某天然气管道的设计文件及现场实际施工情况，本工程管道的强度试验采用水介质，由于设计和施工时间较早，该天然气管道的设计和建设遵循的标准分别为 GB 50251—2003《输气管道工程设计规范》和 GB 50369—2006《油气长输管道工程施工及验收规范》，上述版本标准中对于管道的强度试验压力的规定如下：一级地区内的管段不应小于设计压力的 1.1 倍；二级地区内的管段不应小于设计压力的 1.25 倍；三级地区内的管段不应小于设计压力的 1.4 倍；四级地区内的管段不应小于设计压力的 1.5 倍。

根据本工程的实际强度试验压力，对照表 2 关于地区等级升级管段的最大允许操作压力(MAOP)的改进准则的要求，在该天然气管道设计和施工条件下，地区等级升级管段的最大允许操作压力均超出了改进的 MAOP 准则的要求。因此，160 个地区等级升级管段均不能通过第二级评价，需开展第三级的综合风险评价。

3.3　第三级评价——风险可接受性评价

3.3.1　定量风险评价概述

定量风险评价(Quantitative Risk Assessment，简称 QRA)方法是管道风险评价的高级阶段，它将管道的失效概率和事故后果进行定量计算，实现了对管道风险的精确描述。为了使参与风险模拟的失效概率更加贴近实际，且更具有针对性，本工程定量风险评价采用基于可靠性的定量风险评价技术(图 3)。

基于可靠性的定量风险评价方法工作流程见图 3，主要包括风险因素识别、失效概率计算、失效后果计算、风险计算、风险评价和风险决策等。

3.3.2　失效概率计算

根据国内管道的失效统计数据(图 4)，结合该天然气管道沿线的自然地理特征，认为本工程管道失效的主要原因包括第三方破坏、外部腐蚀、环焊缝失效；根据管道所受载荷分析，该天然气管道的主要载荷作用包括内压载荷、焊接残余应力、第三方外力、地质灾害作用力；管道的主要危害因素涵盖了固有因素(管道环焊缝缺陷)、与时间相关的外部腐蚀、与时间无关的内压破裂及第三方损坏。基于上述分析，确定了参与失效概率计算的极限状态方程主要包括外腐蚀泄漏与破裂、第三方机械破坏泄漏与破裂、无缺陷破裂和环焊缝破裂，由于目前仍难以量化地灾的失效概率，地灾的风险分析将单独开展(图 4)。

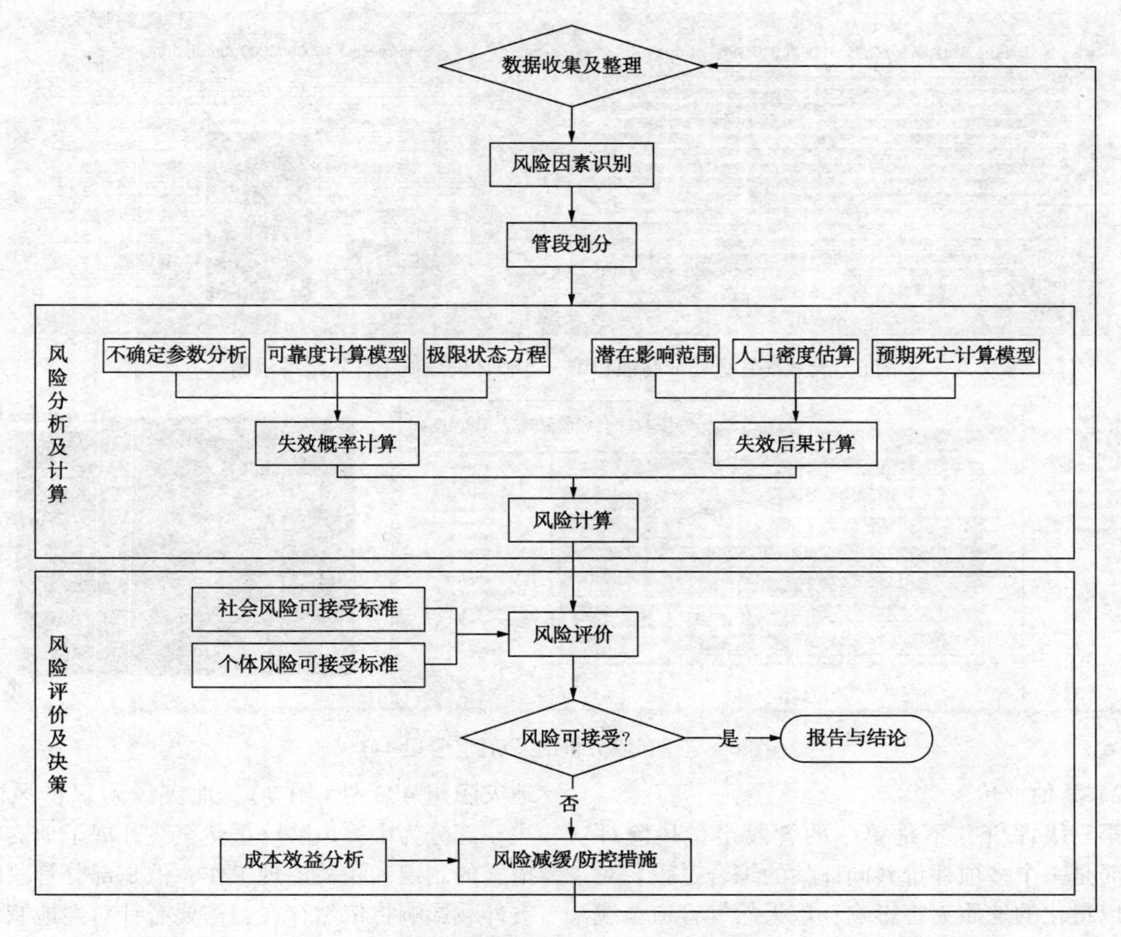

图3 基于可靠性的定量风险评价流程图

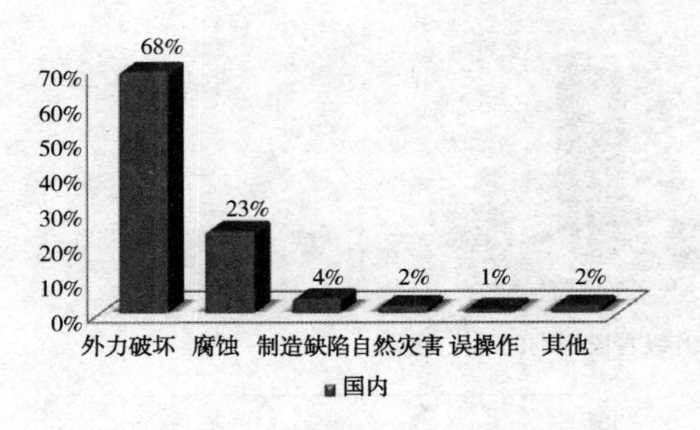

图4 国内管道失效原因

表4 某天然气管道所受载荷分析

类别	载荷名称	本工程是否存在
永久载荷	管道内压	存在
	钢管及其附件、防腐层等的自重	存在
	水浮力	存在
	温度作用载荷	存在
	连接构件相对位移而产生的作用力	不存在
可变载荷	焊接残余应力	存在

续表

类别	载荷名称	本工程是否存在
偶然载荷	第三方机械外力	存在
	地质灾害对管道的作用力	可能存在
	地震引起的断层位移、沙土液化等施加在管道上的作用力	不存在

失效概率计算均针对国内管道材料、施工和运行实际水平开展，采用国内外成熟的可靠性计算软件。环焊缝失效概率的计算应用了全线焊口的应力分析结果、内检测和无损检测的缺陷尺寸数据(图5)。

3.3.3 综合风险评价

1) 定量风险评价结果

结合实际计算确定的天然气管道失效概率，采用DNV GL开发的Phast软件进行定量风险的模拟(包括个人风险和社会风险两部分)，结果显示共有20个管段的风险水平不可接受，需要采取相应措施(图6)。

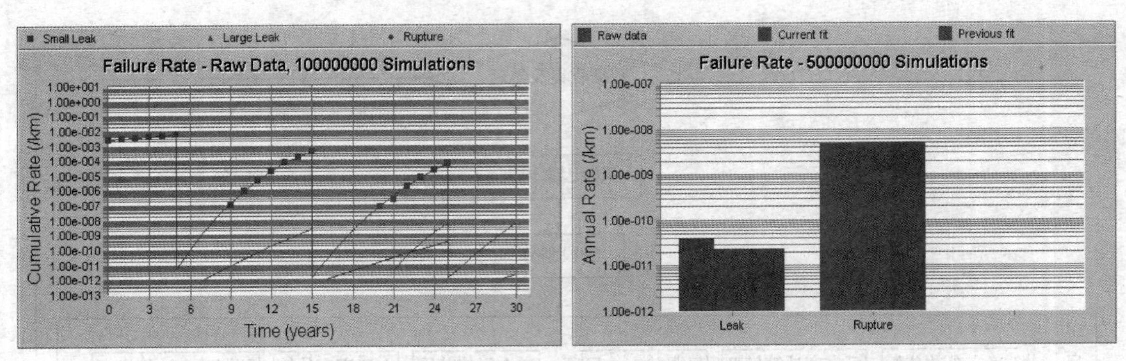

图 5　天然气管道外部腐蚀和第三方破坏失效概率计算结果示例

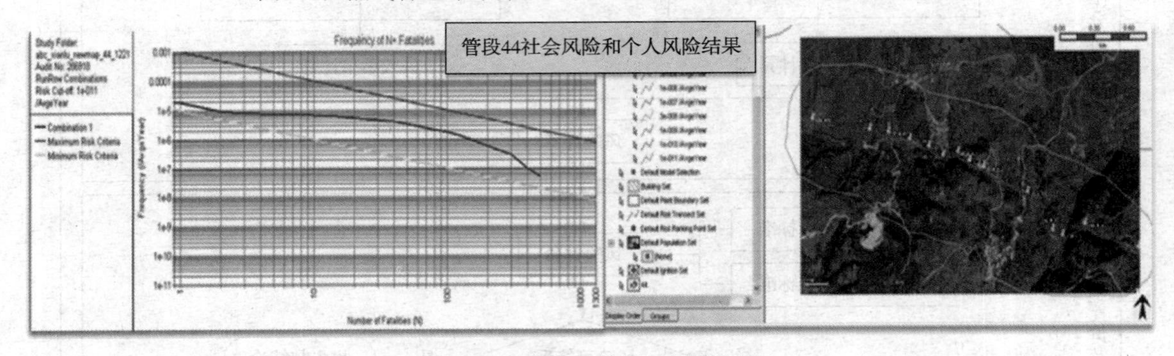

图 6　定量风险分析结果示例(管段 44)

2) 其他评价

第三级评价并不是单一的管段定量风险评价，而是一个多项评价共同评估的综合过程。对于难以量化的地质灾害影响，该天然气管道全线开展了地质灾害识别，160 个升级段中共确认了地灾隐患 403 处(图 7)，地灾风险以低风险为主，部分为中等风险。虽然全线开展了地灾整治措施的制定和相关治理工作，但是部分管段的地灾外载影响将依然存在，需要有针对性地制定管段的改造或管理措施。

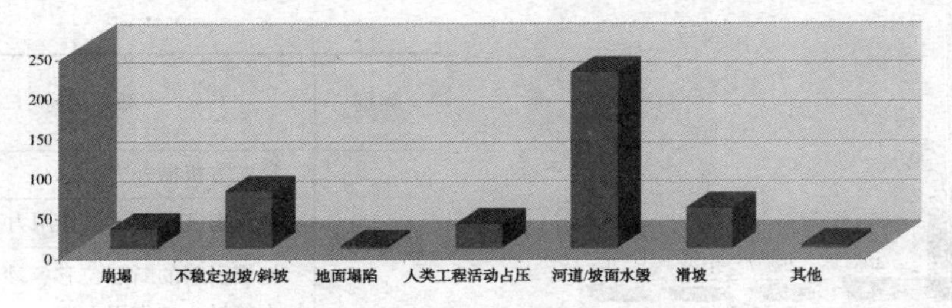

图 7　某天然气管道地区等级升级管段识别的地灾类型

此外，针对该管道全线环焊缝开展了焊口风险评价和完整性评价。焊口风险评价结果显示风险高和较高的焊口合计约 6500 道；共有 688 道焊口完整性评价不合格(图 8)。对于包含完整性评价不合格焊口的管段，应采取相应的管道改造或管理措施。

3.4　评价结果及改造措施

通过地区等级升级管段定量风险评价、地质灾害隐患风险评估、焊口隐患评价结果与 160 个地区等级升级管段进行数据对齐，结合三级评价结果和现场踏勘调研成果，最终确定了本工程地区等级升级管段的改造方案：改线 29 段，换管 67 段，焊口开挖验证并制定应急预案的管段 64 段(表 5)。

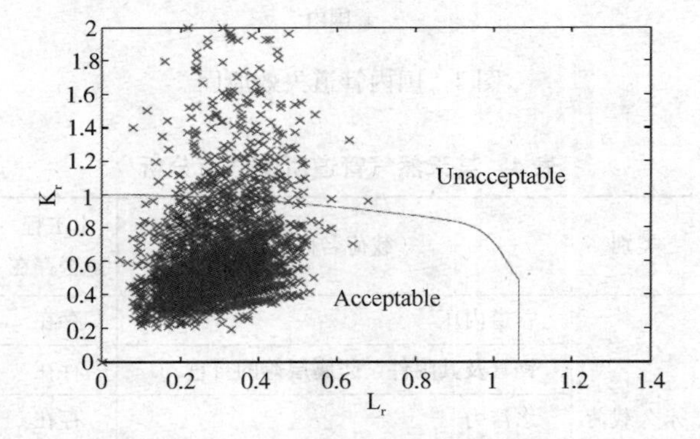

图 8　某天然气管道完整性评价结果

表5 地区等级升级管段制定措施

措施	改线	换管	焊口开挖验证并制定应急预案	总计
合计	29	67	64	160

4 结论及建议

在对比国内外标准规范的基础上，立足合规性，以风险为导向，构建了天然气管道地区等级升级管段的三级评价流程，并以国内某天然气管道为例，对地区等级升级的天然气管道的安全状况进行全面评估，填补了国内技术空白，是管道安全提升阶段的重要标志成果之一，形成的典型做法为今后类似项目积累了宝贵经验。

建议管道在投产运行后，建立合理可行的管道沿线土地管理措施，尽量减少或杜绝地区等级升级和高后果区的形成，保障管道的安全运行和风险可控。

参考文献

[1] 董绍华，王东营，费凡，等. 管道地区等级升级与公共安全风险管控[J]. 油气储运，2014，33(11)：1164-1170.

[2] 姚安林，周立国，汪龙，等. 天然气长输管道地区等级升级管理与风险评价[J]. 天然气工业，2017，37(1)：124-130.

[3] 周亚薇，张振永，田姗姗. 地区等级升级后的天然气管道定量风险评价技术[J]. 天然气工业，2018，38(2)：112-118.

[4] 中国石油集团工程设计有限责任公司西南分公司. 输气管道工程设计规范：GB 50251—2015[S]. 北京：中国计划出版社，2015.

[5] 单克，帅健. 地区等级升级的天然气管道风险管理研究[J]. 中国安全科学学报，2016，26(11)：145-150.

[6] Canadian Standards Association. CSA Z662-2016, Oil and gas pipeline system[S]. Toronto: CSA, 2016.

[7] The American Society of Mechanical Engineers. ASME B31.8-2018 (Revision of ASME B31.8-2016). Gas Transmission and Distribution Piping Systems[S]. New York: ASME, 2018.

[8] 中国石油天然气股份有限公司管道分公司. 油气输送管道完整性管理规范：GB 32167—2015[S]. 北京：中国标准出版社，2015.

[9] Zhang Wenwei, Zhang Zhengyong, Zhang Jinyuan, et al. Research on reliability-based design technique of China domestic onshore gas pipeline[C]. Proceedings of the 10th International Conference on Reliability, Maintain ability and Safety. Guangzhou: IEEE, 2014.

[10] Zhang Jinyuag, Zhang Zhenyong, Yu Zhifeng, et al. Building a target reliability adaptive to China onshore natural gas pipeline[C]. Proceedings of the 10th International Pipeline Conference. Alberta: ASME, 2014.

[11] 温凯，张文伟，宫敬，等. 天然气管道可靠性的计算方法[J]. 油气储运，2014，33(7)：729-733.

[12] Nessim M, Zimmerman T, Glover A, et al. Reliability-based limit states design for onshore pipelines[C]. Proceedings of the 4th International Pipeline Conference. Calgary: ASME, 2002.

[13] 苗金明. 管道风险评价技术概述[M]. 北京：机械工业出版社，2013.

[14] 董绍华. 管道完整性技术与管理[M]. 北京：中国石化出版社，2007.

[15] 张圣柱，吴宗之. 油气管道风险评价与安全管理[M]. 北京：化学工业出版社，2016.

[16] 王其磊，程五一，张丽丽，等. 管道量化风险评价技术与应用实例[J]. 油气储运，2011，30(7)：494-496.

[17] 马志祥. 油气长输管道的风险管理[J]. 油气储运，2005，24(2)：1-7.

[18] 张振永，周亚薇，张金源. 采用失效评估图确定新建油气管道环焊缝断裂韧性的方法[J]. 焊接技术，2016，46(7)：72-76.

[19] Pisarski H. Assessment of flaws in pipeline girth welds-a critical review[J]. Welding in the World Le Soudage Dans Le Monde, 2013, 57(6): 933-945.

[20] Robert M A, Rudi M D, Gerhard K. Denys R, Andrews R B, Zarea M, et al. EPRG Tier 2 Guidelines for the Assessment of Defects in Transmission Pipeline Girth Welds[C]. Proceedings of the 8th International Pipeline Conference, Calgary: ASME, 2010.

[21] Rudi D, Robert A, Mures Z, et al. EPRG Tier 2 Guidelines for the Assessment of Defects in Transmission Pipeline Girth Welds[C]. Proceedings of the 8th International Pipeline Conference, Calgary: ASME, 2010.

[22] 沙胜义，付春艳，燕冰川，等. 基于无损检测的输油管道环焊缝缺陷安全评估[J]. 管道技术与设备，2017，01(01)：26-29.

[23] 张圣柱，Y. Frank Cheng，王如君，等. 油气管道周边区域划分与距离设定研究[J]. 中国安全生产科学技术，2019，15(01)：5-11.

[24] 冯庆善. 关于北美管道周边土地利用相关法规标准的调查及建议[J]. 管道保护，2018，01(6)：12-15.

LOPA 在压气站出站温度超高风险评估中的应用

冯　骋　于永志　聂中文　单　超　王永吉　黄　晶

（中国石油天然气管道工程有限公司）

摘　要　保护层分析（LOPA）是过程工业用于风险分析和安全评价的常用方法。近些年，国内油气管道行业也逐渐采用 LOPA 的方法进行功能安全评估和 SIL 定级等工作。本文用 LOPA 方法对长输管道天然气压气站出站温度超高引起的风险进行评估，根据分析结果确定其风险是否满足业主对风险容忍的要求，并给出满足风险容忍要求的建议措施。

关键词　风险分析，安全评价，保护层分析，风险容忍

压气站是天然气长输管道工程中典型的工艺站场，通常每隔 100～200km 设有一个由一台或者多台压缩机组构成的压气站。其如同“心脏”，通过不断加压，保证天然气长距离输送。天然气被加压后会导致温度升高，影响输气量。温度超高时还会破坏管道的防腐层，导致管道热应力，造成管线破裂，带来一定的经济损失甚至人员伤亡。本文将使用保护层分析（LOPA）的方法，对出站天然气温度超高的风险进行评估，给出合理的保护建议，从而避免欠保护和过保护的问题发生。

1　LOPA 方法

1.1　LOPA 方法简介

经验表明，作为一种半定量分析方法，LOPA 可以发现那些已进行过多次危害分析的成熟工艺中存在的未被发现的安全问题。此外，其客观的风险标准可有效地解决工艺危害分析因主观因素影响导致的结果分歧。同时相对于定量分析更省时省力。对于较为复杂的事故场景可清晰识别条件修正与使能事件，提高分析准确性。

LOPA 通常使用初始事件频率、后果严重程度和独立保护层（IPLs）失效频率的数量级大小来近似表征场景的风险。其目的是在定性危险分析的基础上，进一步对具体的风险进行相对量化（准确到数量级）的研究，包括对场景的准确表述及识别已有的独立保护层，从而判定该场景发生时系统所处的风险水平是否达到可容忍风险标准的要求，并根据需要增加适当的保护层，以将风险降低至可容忍风险标准所要求的水平。

LOPA 基础为保护层分布图，因形似洋葱又称“洋葱图”，每层保护层相当于一层洋葱皮对内核起到独立的保护作用，从而降低洋葱内核破坏的风险。图 1 即为过程工业领域典型的“洋葱图”。LOPA 在对事故场景进行分析时，需确定各保护层内容及降险能力。

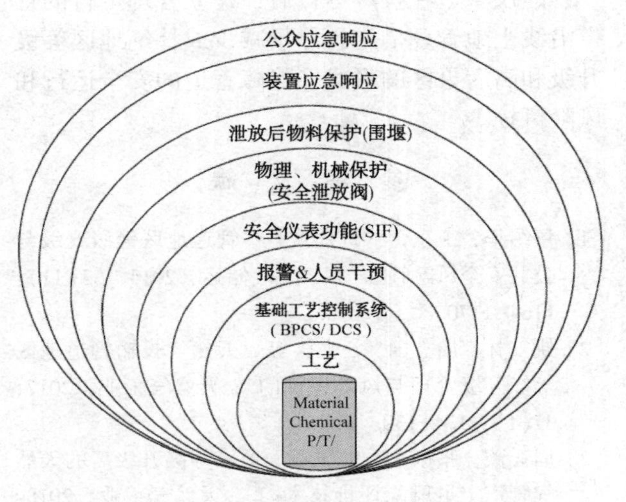

图 1　过程工业领域典型的保护层

1.2　LOPA 方法的应用时机和流程

LOPA 分析的应用一般是在定性危害评估之后，如 HAZOP 分析。当定性评估的结果明确要求需施加降险措施，而又遇到了如下问题时，就可以采用 LOPA 方法进行评估分析。

（1）引起后果的事故场景过于复杂，定性方法不能完全描述清楚；

（2）后果严重性等级高，无法确定事故后果发生的频率；

（3）无法判断现有的防护措施是否为独立保护层；

（4）需要确定风险等级和保护层降低风险的

水平。

LOPA 分析的具体工作程序包括风险可容忍标准确定，风险点及重要控制点识别、场景识别与筛选、后果及严重性评估、初始事件确认、保护层与独立保护层评估、场景频率计算、风险评估和风险决策共 9 部分。在风险可容忍标准确定后，便进入 LOPA 分析主体流程。LOPA 方法进行功能安全分析的流程见图 2。

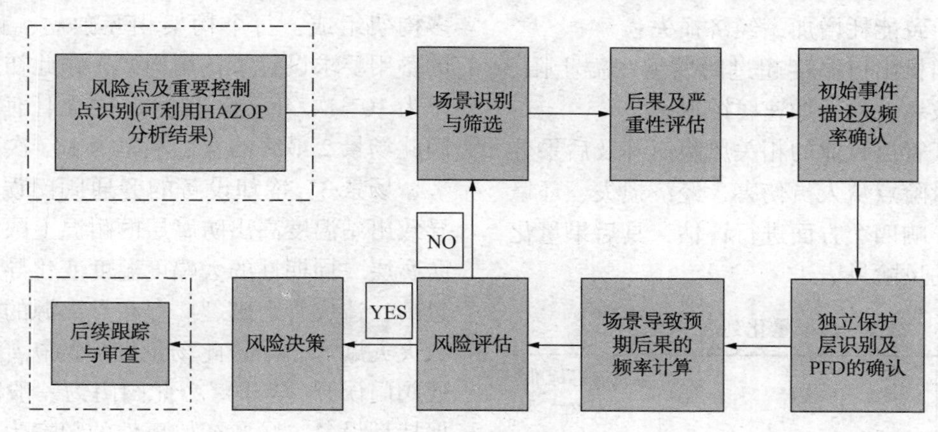

图 2　保护层分析流程图

2　工艺流程和功能描述

压气站工艺流程见图 3。压气站一般由过滤、增压、冷却等三部分组成，部分压气站还带有计量功能。上游天然气经过长距离输送到压气站后压力降低，经过压气站后压力提高，继续输送到下一个压气站或者分输站。

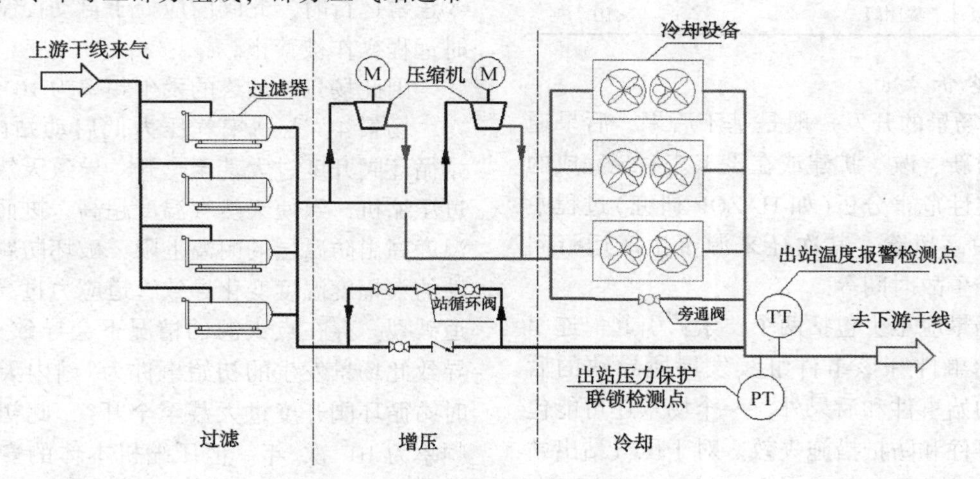

图 3　压气站工艺流程图

天然气进入压气站后先进行过滤，再进入压缩机进行加压，由于压力升高后会导致温度升高，一般压缩机出口温度能达到 50~70℃。管道干线输送天然气的温度一般控制在 45~50℃之间，并且相对低的温度也会获得比较高的输气效率。因此，在出站前还设置冷却设备对天然气进行降温，在进入下游干线管道。

由于高温会对站内管道和干线管道的防腐层造成破坏，周期性的高温事件，还会导致管道热应力从而引起管线破裂，造成经济损失甚至人员伤亡。因此，在压缩机出口和出站位置都设置了温度检测仪表，实时监视天然气的温度，并设置了相关的温度控制方案和超温保护功能，以保证输气工艺平稳、正常、安全地进行。

3　LOPA 方法在出站超温风险评估中的应用

3.1　风险点的位置及后果等级

对于出站超温带来的风险，其影响的部分为压缩机出口至下游干线管道，见图 3 中红色部分。超高导致的后果为如下。

（1）周期性超温事件引起管道热应力，应力过高可能对管道造成损伤，导致泄漏，存在点火源的情况下导致火灾爆炸；

(2) 周期性超温事件引起管道热应力，应力过高可能对管道造成损伤，导致泄漏，压缩机出口无法达到设定压力值，致使压缩机的转速持续升高，从而导致能耗增加，经济损失；

(3) 压缩机出口温度超过防腐层耐温上限，导致防腐层破坏，从而加速腐蚀速率。

根据油气管道行业的相关风险矩阵及后果分级准则，此风险点从人员伤害、经济损失、环境污染和声誉影响四个方面进行评估，具后果量化指标和容忍的风险见表1。

表1　后果量化列表

指标	等级	注释	风险容忍标准/(次/年)
人员伤害	3级	死亡1~2人，只考虑巡检人员的伤害	$<10^{-4}$
经济损失	5级	设备、管道腐蚀损坏，压缩机能耗增加	$<10^{-6}$
环境污染	2级	站内污染	$<10^{-3}$
声誉影响	3级	集团级	$<10^{-4}$

3.2　场景分析

LOPA场景的开发一般是基于后果，后果通常来源于对新、改、扩建或在役工艺系统完成的危害评估定性危害分析(如HAZOP研究)过程中所识别的中高风险。其次还来源于生产运行问题，变更，事故时间等。

每个场景应至少包括两个要素：引起一连串事件的初始事件和该事件继续发展所导致的后果。除了初始事件和后果外，一个场景还可能包括：使能事件和防护措施失效。对于压气站出站温度超高导致的后果而言，存在如下5个场景。

场景1：压缩机负荷分配控制系统失效，导致出站温度高出防腐层的耐温上限，进而破坏防腐层。周期性的大幅度温度变化导致管道应力过高，造成管道破裂。存在点火源的情况下会导致火灾爆炸。导致此场景发生的初始事件为“压缩机负荷分配控制系统失效”，根据分析，负荷分配系统属于一般的过程控制系统，其失效发生的频率为10^{-1}次/年。但压缩机本体的安全保护系统可作为防护措施，并实现100倍的降险能力。因此场景1最终的发生频率为10^{-3}次/年。

场景2：部分或整体冷却设备失效，导致出站温度高出防腐层的耐温上限，进而破坏防腐层。周期性的大幅度温度变化导致管道应力过高，造成管道破裂。存在点火源的情况下会导致火灾爆炸。导致此场景发生的初始事件为“部分或整体冷却设备失效”，由于冷却设备一般由众多构架组成，每个构架相互独立，且按照15%的备用要求设置了备用构架，顾此初始事件的频率为10^{-5}次/年。此初始事件无任何防护措施。因此场景2最终的发生频率为10^{-5}次/年。

场景3：冷却设备的旁通阀门误开(全开)，导致出站温度高出防腐层的耐温上限，进而破坏防腐层。周期性的大幅度温度变化导致管道应力过高，造成管道破裂。存在点火源的情况下会导致火灾爆炸。导致此场景发生的初始事件为“旁通阀门误开(全开)”，此阀门为一般阀门，故障保持型设备，顾此初始事件的频率为10^{-1}次/年。但为了降低此阀门被误关的概率，在控制系统中作了如下设置：①控制系统发出开关命令都需经过二次确认；②控制系统实时监控此阀门的阀位信息，离开全关位置时在HMI上给出报警；③正常运行时，此阀门应处于自动控制状态，此时远程操作被禁止。

因此场景3最终的发生频率为10^{-2}次/年。

场景4：上站来气压力低启动站内循环时，站循环阀开度过大甚至全开，导致天然气循环通过压缩机，致使天然气温度超高，进而导致出站温度高出防腐层的耐温上限，破坏防腐层。周期性的大幅度温度变化导致管道应力过高，造成管道破裂。存在点火源的情况下会导致火灾爆炸。导致此场景发生的初始事件为“站内天然气循环时站循环阀开度过大甚至全开”，此初始事件的频率为10^{-2}次/年。但压缩机本体的安全保护系统可作为防护措施，并实现100倍的降险能力。因此场景4最终的发生频率为10^{-4}次/年。

场景5：压缩机组自身异常，导致出站温度高出防腐层的耐温上限，破坏防腐层。周期性的大幅度温度变化导致管道应力过高，造成管道破裂。存在点火源的情况下会导致火灾爆炸。导致此场景发生的初始事件为“压缩机组自身异常，如超速运行”，此初始事件的频率为10^{-1}次/年。但对于此场景有如下两个防护措施：①压缩机本体的安全保护系统可作为防护措施，并实现100倍的降险能力；②出站压力高保护，并实现10倍的降险能力。

因此场景5最终的发生频率为10^{-4}次/年。

3.3 条件修正

由于场景中出现了人员死亡、商业和环境，则需考虑下列部分或全部因素或条件修正因子，主要从以下几方面进行考虑。

(1) 可燃物质被引燃的可能性。

(2) 人员出现在事件影响区域的概率。

(3) 火灾、爆炸或有毒物质释放的暴露致死率(在场人员逃离的可能性)。

(4) 其他可能的修正因子。

对于本风险点中的场景的发生频率，可以按表2所示的方案进行修正。

表2 场景发生频率的条件修正及其取值

修正项	修正因子	注释
点火概率	N/A	点火与否对后果严重性等级确定无影响
人在影响区内的概率	0.25	按照每2h2个人在影响区停留15min计算
致死概率	1	压力过高导致爆管
其他	N/A	无

根据表2中提供的相关修正项，只有人员损伤需要考虑修正，人员损伤发生的概率需进行0.25倍系数的修正。

3.4 独立保护层的识别

根据流程图中的配置及独立保护层的基本概念，此风险点存在如下2个独立保护层：①压缩机本体的安全保护系统可作为防护措施，并实现100倍的降险能力；②出站温度高报警可作为独立保护层，并实现10倍的降险能力。

结合4.2和4.3节中的分析结果，最终后果发生的频率如下：①人员伤害为：2.69×10^{-6}次/年；②经济损失、环境污染和声誉影响均为：3.36×10^{-5}次/年。

3.5 风险容忍分析和建议

通过3.4节最终后果发生频率与表1中列出的风险容忍标准进行对比可知(表3)，只有经济不满足风险容忍标准。

表3 后果发生频率与风险容忍标准核查表

最终后果发生频率	风险容忍标准(频率)	是否满足风险容忍
2.69×10^{-6}	人员伤害：$<10^{-4}$	是
3.36×10^{-5}	经济损失：$<10^{-6}$	否
	环境污染：$<10^{-3}$	是
	声誉影响：$<10^{-4}$	是

为满足风险容忍标准达到功能安全完整性，必须额外增加一层保护。目前风险主要受限于冷却设备旁通阀的误开的场景，可以在目前的基础上，对旁通阀施加逻辑锁关的设置，并增加出站温度超高保护功能，且至少应实现SIL1的能力即能满足风险容忍的要求。此外，还可以直接增加出站温度超高保护功能，且至少应实现SIL2的能力。

4 结论

本文通过运用LOPA方法对天然气压气出站温度超高的风险进行的评估，并给出了满足风险标准的建议，可以有效的将出站温度超高带来的风险降低到容忍线以下。通过分析过程可知，半定量的LOPA方法对于评估过程危险场景的风险给出了量化数据，避免了定性类方法的主观臆断带来的误差。在LOPA执行过程中，关键步骤是独立保护层的识别，在多场景和复杂场景的分析中，需要发挥评估小组所有成员的智慧，仔细甄别，细致分析，才能做好LOPA的分析工作。

参 考 文 献

[1] ZHOU Rongyi, LI Shilin, LIU Qinghe. Study on Application of LOPA in HAZOP [J]. China Safety Science Journal, 2010.

[2] XU Zhirui, SUN Wenyong , ZHAO Dongfeng. Integrative Research on Two Safety Evaluation Methods of HAZOP and LOPA [J]. Safety and Environmental Engineering, 2007.

[3] JIN Jianghong. Assessment Method for Failure of a Safety Function for Safety Instrumented System [D]. China University of Mining and Technology, 2010.

[4] YANG Shasha, AN Yao, SUN Xiao, ZHANG Si-yang. Current Status of Functional Safety Assessment of Pipeline Safety Instrumented System [J], Control and Instruments in Chemical Industry, 2017.

[5] Summers A E. Techniques for Assigning a Target Safety Integrity Level [J]. ISA Transactions, 1998, 37(2): 95-104.

[6] Center for Chemical Process Safety (CCPS), Layer of protection analysis: simplified process risk assessment. New York, 2001.

[7] Guo H T, Yang X H. A Simple Reliability Block Diagram Method for Safety Integrity Verification [J]. Reliability Engineering and System Safety, 2007.

[8] Eizenberg S, Shacham M, Brauner N. Combining HAZOP with Dynamic Simulation-applications for Safety

Education [J]. Journal of Loss Prevention in the Process Industries, 2006, 19(6): 754-761.

[9] BAI Yongzhong, WAN Gujun, ZHANG Guangwen. Study on Identification of Independent Protection Layers in Layer of Protection Analysis [J]. China Safety Science Journal, 2011.

[10] ZHOU Rongyi, LIU Heqing. On how to integrate the two analysis methods: LOPA and "What - if" [J]. Journal of Safety and Environment, 2011.

[11] ZHANG Heng. Research and application of functional safety assessment for chemical plant safety instrumented system [D]. East China University of Science and Technology, 2010.

[12] WU Chenggang. Research and Application of Safety Evaluation System of Safety Instrument System in Chemical Plant [J]. Chemical Engineering Design Communications, 2017.

[13] ZOU Jie. Coal Water Slurry Gasification Process Risk Analysis Based on HAZOP evaluation method [D]. East China University of Science and Technology, 2014.

[14] CUI Ying, YANG Jianfeng, LIU Wenbin. Study and Application of the Semi-quantitative Risk Assessment Method Based on HAZOP and LOPA [J]. Safety and Environmental Engineering, 2014.

[15] WEN Hua, NIU Yingjian. Research on the application of functional safety assessment to safety evaluation [J]. Journal of Safety Science and Technology, 2011.

[16] LI Jiajia. Functional Safety Penetrating Whole Safety Lifecycle [J]. Process Automation Instrumentation, 2006.

[17] TAO Chen. The Technique of Instrumental Products Test to Assess Safety and Functions Analysis [J]. Telecom Power Technology, 2014.

[18] Bingham, K., G. P. Integrating. HAZOP and SIL/LOPA Analysis: Best practice recommendations [J]. The Instrumentation, Systems an d Automation Society, 2004, 10(2): 56-66.

[19] GUAN Jie, LIAO Haiyan. Application of layer of protection analysis in the refinery production [J]. Safety Health &Environment, 2010, 10(1): 36-38.

[20] WEI Hua. The application practice of LOPA in the 600kt/a methanol project [J]. Automation in Petrochemical Industry, 2008, (6): 24-27.

[21] CCPS. Guidelines for Pressure Relief and Effluent Handling Systems [M]. New York: Wiley, 1998.

中俄东线长江盾构穿越工程设计完整性管理的实践与思考

王　丽　詹胜文　李　涛

（中国石油天然气管道工程有限公司）

摘　要　为了给管道安全运营提供良好的基础，管道完整性管理应在设计前期就开展，才能更有效的提高管道的本质安全。本文对中俄东线控制性工程长江盾构穿越在设计阶段开展管道完整性管理的实践，通过对设计、施工和运营阶段的风险识别，共识别可能发生的63个风险，有效提高了管道本质安全。重点介绍了长江盾构穿越工程设计中对穿越长江锚地、航道、码头带来的高风险和超长距离隧道内管道安装风险的识别和风险控制，为今后设计阶段完整性管理工作提供借鉴。

关键词　超长距离，风险识别，风险控制，完整性管理

近年来，我国管道建设高速发展，管道行业已经成为国民经济和社会稳定的重要影响因素。管道安全平稳运行不仅关系到管道运营企业的正常生产，而且关系到国家经济发展和社会稳定。

随着中俄东线、西三线、川气出川等长距离、高压力管道项目的建设，管道项目建设多次穿越长江、黄河等大江大河。河流大型穿越段管道将面临河道演变、航道疏浚、船只抛锚、河道水工建设、非法采砂等多种高风险的影响，并且穿越段管道的维抢修难度都非常大、抢修周期长，一旦出现事故管道恢复困难，将严重影响运营安全、造成较大的社会影响，对于输油管道还将造成严重的环境影响。因此保证河流大型穿越管道的运营安全是运营企业、当地政府、水利主管部门的重点关注问题，也是管道系统完整性管理的重要环节。

在设计阶段如何为河流大型穿越管道今后的安全运营提供良好的管道安全物理基础和先进的运营管理技术，保证管道的本质安全，是对目前穿跨越设计新的要求，也为控制性河流大型穿越管道完整性管理的起点和基础。

中俄东线控制性工程长江盾构穿越工程在设计阶段开展以实现管道本质安全为目的的管道完整性管理，通过对设计、施工和运营期各阶段开展风险识别和评估等技术手段，识别出管道在各阶段可能发生的风险，并采取对应的风险控制措施，将风险控制在可控范围，保证管道在施工期、运营期的安全可控，实现管道本质安全，为今后管道安全运营和管道完整性管理提供良好的基础。

1　工程特点

中俄东线（永清—上海）长江盾构穿越是中俄东线的控制性工程，是连通长江南、北两岸的重要通道，对中俄东线的建设和管网互联互通具有重要意义。

由于长江中下游地区经济发达，过江通道及其稀缺，为了与当地规划协调发展，中俄东线长江盾构穿越位置避让了苏通三通道规划穿江位置、南通市深港码头规划、经开区企业规划，并尽量减小了对两岸经济技术开发区的影响，实现了管道建设与当地发展的协调。但也因此管道穿越长江处长江主河道水面宽约7600m，长江主堤之间距离约9300m，长江盾构穿越水平长度达10.226km，成为目前国内外一次掘进距离最长的盾构隧道，并且隧道承受的最大水压达0.73MPa，还需穿越长江大堤、常熟海轮锚地、长江主航道、长江刀鲚水产种质资源保护区核心区等重要区域，同时也是首条采用隧道内全自动焊方式敷设3根D1422mm管道的工程。

对长江盾构穿越工程的特点进行总结，就是“重、长、高、险、难”。

重——长江盾构穿越是中俄东线永清-上海段的控制性工程，是中俄东线的咽喉工程，隧道内布置3根D1422mm管道，是重要的能源通道，其重要性极高。

长——软土地层单向掘进 10.226km 的盾构隧道，为国内外首例工程。

高——长江水深大、冲刷深度大，盾构隧道穿越承受 0.73MPa 高水压。

险——长江穿越面临高水压换刀、长距离掘进、深大竖井降水、长距离穿越沼气地层、环境敏感区等诸多风险。

难——穿越新江海河港池、常熟港海轮锚地、长江主航道、常熟港专用航道、长江刀鲚水产种质资源保护区核心区、白茆塘航道等诸多重要区域，设计、施工难度大。

设计阶段充分认识到长江盾构穿越“重、长、高、险、难”的特点，因此在可研、初设和施工图设计阶段都开展了风险识别和评价等技术手段，提高各阶段的管道本质安全，进行了设计阶段管道完整性管理的探索和实践。

2 设计阶段管道完整性管理的实践

2.1 工程概况

长江盾构穿越工程穿越段管道水平长度为 10324m，盾构隧道穿越水平长度为 10226m（北岸竖井中心-南岸竖井中心）。盾构隧道隧道内径 6.8m，北岸工作井为始发竖井，内衬净尺寸为 26m×14m 方形井，竖井开挖深度 28.2m，南岸工作井为接收竖井，内衬内径 16m 圆形井，竖井开挖深度 29.6m，两岸竖井均采用地下连续墙+环梁内衬的叠合结构。

盾构隧道内敷设 3 根输气管道，3 根管道均采用 D1422mm×32.1mm×80m 直缝埋弧焊钢管，管道焊接均采用自动焊工艺。3 根管道设计压力均为 10MPa，地区等级为三级，穿越段管道防腐采用常温型加强级 3LPE 外防腐层，补口采用粘弹体+压敏胶型热收缩带。

2.2 充分识别设计、施工、运营各阶段的风险，采取风险控制措施

在管道设计阶段充分识别风险、开展相关的评价，从设计上采取风险应对措施，才能从本质上保证管道安全，为管道的安全运行奠定基础，为管道完整性管理提供一个良好的基础。

设计阶段针对中俄东线（永清—上海）长江盾构穿越的特点，对设计、施工、运营阶段的风险进行了充分识别，风险识别工作从可行性研究阶段开始，一直延续至施工图设计，随着设计阶段的变化，风险识别的内容也是不同的。设计阶段对长江盾构穿越工程的设计、施工、运营阶段共识别出 63 项风险，并采取了应对措施，对长江盾构穿越管道的本质安全有有效的提升。

下面对本工程几个主要风险分析和采取风险控制措施的情况进行介绍，本工程设计阶段完整性管理实践有效的保证了穿越管道的本质安全。

1）盾构隧道穿越港池、锚地、航道、徐六泾深槽，其对盾构隧道和管道的安全影响

本工程穿越新江海河港池、常熟港海轮锚地、长江主航道、常熟港专用航道、白茆塘航道区域，盾构隧道和穿越管道可能受到沿岸码头施工、船只抛锚、河道疏浚的安全影响，码头施工可能造成对盾构隧道管片的损伤，船只抛锚可能造成对盾构隧道的震动伤害，河道疏浚可能造成隧道埋深不足的风险。

本工程穿越轴线位于徐六泾节点河段，该河段河床面以淤泥质土和粉土为主，抗冲性能较差，受上游来沙减小、上下游涉水工程建设的影响，工程河段总体呈冲刷的趋势，并以冲槽为主，且工程所在徐六泾节点河段深槽存在进一步刷深和下移的趋势，存在徐六泾深槽发展可能会影响盾构隧道安全的风险。

风险控制措施如下。

（1）盾构隧道穿越港池、锚地、航道的安全。

针对穿越新江海河港池、常熟港海轮锚地和航道，需采取措施避免抛锚、疏浚对隧道的影响。具体措施如下。

① 在可行性研究阶段与港池管理部门、锚地、航道管理部门进行结合，明确港池、锚地、航道的级别和范围，并开展抛锚影响评价、航道条件影响论证、通航安全影响评价工作。

② 在初步设计阶段与专项评价进行结合，首先从穿越深度上保证盾构隧道不受船只抛锚和河道疏浚的影响。锚地影响评价的要求“隧道穿越锚地部分埋深不小于泥面以下 21.91m”，实际锚地区域隧道最小覆土厚度为 35m，远大于 21.91m 的要求。在航道区域，隧道顶面高程均低于规划航道底标高再加富裕深度 4m 的要求。

③ 在初步设计阶段开展穿越安全防护设计，从多角度分析长江盾构穿越与港口、码头、航道、锚地相互的影响，针对不同影响采取对应措施，保证管道盾构穿越的本质安全。

长江盾构穿越与港口、码头的影响分析包

括：长江盾构隧道与码头的间距的合规性分析；邻近规划码头建设对长江盾构的影响；港池内疏浚作业对长江盾构的影响；港池内抛锚作业对长江盾构隧道的影响；长江盾构穿越施工对临近码头的影响。

长江盾构穿越与航道、锚地的影响分析包括：长江盾构穿越对锚地的影响；船只抛锚对长江盾构隧道的影响；长江盾构穿越对航道水流条件、河床演变、船舶航路设置、航标配布的影响；长江盾构穿越对航道整治的影响；长江盾构穿越对航道通过能力的影响；长江盾构穿越对船舶交通流组织及通航秩序的影响。

④ 施工图设计中对施工阶段和运营阶段提出监测要求，加强对穿越隧道附近水域水下地形的监测，确保隧道埋深不小于设计深度，从施工阶段开始每年进行 2 次水下地形监测，密切观察隧道处覆土厚度变化，保证建设期隧道穿越的安全。

⑤ 施工图设计中提出隧道建成后、投产之前，要对实际埋深进行全线实测。目的是为今后运营企业管道完整性管理提供基础数据。

⑥ 施工图设计中对施工单位和运营单位提出建议，与工程所在地应急、水利、环保、海事、港口、航道、消防等部门建立正常联系，及时通报隧道建设、运行和保护情况，提请协调和帮助解决事关隧道安全的事宜，并支持配合有关部门履行职责，开展工作。

（2）徐六泾深槽对盾构穿越的影响。

① 发现徐六泾深槽影响后，立即开展深槽影响分析工作。

② 初步设计阶段，结合深槽影响分析报告的成果调整隧道穿越轴线，保证隧道埋深在预测深槽冲刷线下隧道埋深于 1.5 倍隧道外径。

③ 初步设计和施工图设计中提出对施工期和运营期的监测要求。要求每年进行 2 次水下地形监测，并提前制定应急预案，如发现工程隧顶埋深小于 1.5 隧道外径，立即启动应急预案，采取工程措施。另外考虑到工程局部河段人类活动较为频繁，工程建设单位应密切关注人类活动实施情况，遇大型整治工程实施或其他大型人类活动，应增加水下地形监测频次，必要时进行专题研究分析。

通过对盾构隧道穿越港池、锚地、航道、徐六泾深槽的风险分析，采取对应风险消减措施，并在建设期进行原始数据的监测和定期的监测，多方面保证本工程管道盾构隧道的安全，同时本工程从设计初期就开展了管道完整性管理，有效的提高了管道运营的安全，为今后运营管理打下了良好的基础。

2）隧道内超长距离管道安装的安全和质量风险、运营管理风险

长江盾构隧道内敷设 3 根 D1422mm 管道，穿越段管道水平长度达 10.324km。超长距离管道穿越，管道应力和变形都与以往工程不同，首先要准确开展应力分析，避免 3 根管道应力、应变超过限值、互相影响，确保管道运营安全。

在内径仅 6.8m 的隧道受限空间内安装 3 根 D1422mm 管道，需实现管道运输、就位、自动焊接、补口、检测、返修等施工作业，如何保证施工安全和焊口质量，避免狭窄空间内管道安装质量降低的风险。

对长达 10.324km 的 3 根 D1422mm 的高压天然气管道运营管理，存在超长隧道内巡检的安全风险，管道发生泄漏或沼气积聚没有及时检测，对管道运行产生的高风险。

以上风险都是影响管道本体安全的重要风险因素，设计阶段识别以上风险后，通过技术论证、方案对比采取了以下对应措施。

（1）采用多种方法对长距离管道进行应力分析，保证不同工况下管道应力、应变均在安全阈值内。首先采用 CAESAR II 进行管道整体应力分析，再采用有限元软件对运营期的管道、泡沫混凝土、盾构管片的应力应变进行分析，确保管道安装的安全。

采用 CAESAR II 进行管道整体应力分析，分别分析试压工况、运营工况、地震工况，采用泡沫混凝土覆盖后，管道应力和变形均满足要求。

采用有限元软件分析运营期间的管道和泡沫混凝土的应力应变。通过建立三维模型进行有限元数值分析，在长江盾构隧道运营工况下，盾构隧道、管道和泡沫混凝土的相互作用及影响，分析管道因温差和内压产生变形和应力对泡沫混凝土、隧道管片的作用，确保运营阶段管道、隧道、泡沫混凝土的变形和应力在安全范围内。

（2）隧道内采用 18m 加长钢管，减少 1/3 焊口数量，降低管道环焊缝失效风险。

管道的本质安全主要涉及钢管本体和环焊

缝，而环焊缝是整个管道系统最为薄弱的环节。根据中石油统计，2010—2017 年间天然气管道发生泄漏 42 起，其中失效的首位因素为环焊缝破裂，共计 19 起，占管道失效的 45%。因此，管道环焊缝的质量直接与管道系统的本质安全相关。由于隧道内焊接施工的环境狭窄，管道环焊缝的焊接质量控制存在一定的难度，特别是本工程的钢管直径大、壁厚大、钢级高，该问题尤为明显。降低管道环焊缝失效概率最简单有效的办法就是降低环焊缝数量。

本工程穿越设计范围内线路水平长度为 10324m，隧道内 3 根 *D*1422mm 管道，总长度为 30678m。采用 12m 管长，隧道内焊口数量为 2739 道，采用 18m 管长，则隧道内焊口数量为 1753 道，隧道内整体焊口数量减少了 1/3，即由于环焊缝引起的管道失效风险概率降低了 33.3%，提升了管道的本质安全。

(3) 隧道内管道安装采用全自动焊接、一次运输就位、焊接安装，避免管道吊装移位带来的风险。

为避免管道吊装、移位带来的安全风险，本工程管道安装没有按隧道内管道常规安装方案——采用半自动焊接，先将管道组装焊接后，再进行吊装就位的方式。为了保证管道本质安全，采取了以下措施：

采用全自动焊安装 3 根 *D*1422mm 管道，保证焊口质量。本工程为国内首个在盾构隧道狭小空间内采用管道自动焊接的工程。

3 根 *D*1422mm 管道都采用一次运输就位、就位后就进行焊接安装，管道不吊装移位，避免了管道焊口的二次受力。

采取更严格的焊缝质量要求。当焊口出现弧坑裂纹以外的裂纹缺陷时，该焊口应该从管线上切除，重新焊接。出现其它焊接缺陷时应予以返修。每处返修长度应大于 100mm，相邻两处返修的距离小于 100mm 时按照一处缺陷进行返修，累计返修长度不应超过管周长的 1/3。同一位置焊缝返修次数不超过 1 次，根部焊缝缺陷不允许返修，应采用割口处理，固定口连头的裂纹缺陷不应进行返修，应采用割口处理，其它缺陷只应返修 1 次。

加强管道无损检测。对所有环焊缝进行 100%的全自动超声波检验（AUT）+100%的射线检验，即双百检测。对于返修焊缝，进行 100%的射线+100%（PAUT+TOFD）+100%的手工超声检测，即三百检测。

3 根管道安装完成后，同时进行管道强度试压和严密性试压，确保管道安全可靠。

(4) 运用 BIM 技术，将盾构隧道与管道安装设计及施工相结合，避免管道安装施工空间不足、装置碰撞的风险。

运用 BIM 数字化三维设计技术，将隧道结构与隧道内部结构及管道安装结构统一起来，做成一个统一的数字化模型。在数字化模型中，可以准确把握隧道与管道安装及隧道内部结构相互关系、尺寸、碰撞情况，并通过数字化，准确提取相关参数和数据及工程量，保证隧道设计与管道安装设计的准确性。

(5) 应用泡沫混凝土覆盖管道，降低隧道内超长距离管道日常维护、外力破坏、变形相互影响的风险。

本工程采用泡沫混凝土覆盖管道，能够有效的钢制管道受外力破坏、约束管道变形，避免 3 根管道的相互影响、不用日常巡检和维护，同时提高抗震性能。既提高管道运行安全性，管道运营管理也更为方便。

(6) 运用隧道与管道智能监测技术，实现智能化运营管理，避免人员巡检的风险。

考虑本工程穿越距离超长，按照"免维护、可抢修"的运营方式，采取了运营期隧道与管道的安全状态监测，以保障运营期管道安全运行。

智能巡检机器人定期巡检，防爆型轨道巡检机器人搭载高清相机、红外热成像仪、可燃气体气体检测装置等设备进行巡检数据的采集，对巡检点进行定位，能够实现对隧道的全覆盖巡检。运维人员能够通过控制机器人进行巡检、查看机器人采集的信息，掌控隧道内的状态。

设置分布式光纤泄漏监测系统，通过对沿光纤温度场进行分析可以确定发生泄漏的部位，实现对管道泄漏事件做出检测和定位，避免造成管道运行重大安全事故。

定期实施管道内检测，及时掌握管道缺陷。考虑到在进行内检测时，隧道内部通风、人员进出等问题，采用磁力盒进行标识内检测参考点。

通过以上风险控制措施，有效的降低了管道安装设计、施工、运营阶段风险，提高了管道本质安全，为今后管道运营提高良好的基础条件，同时也为运营阶段的管道完整性管理打好坚实的基础。

3 总结和思考

管道的本质安全是保证管道运行安全，只有从设计、施工、运营各阶段均开展完整性管理，有效进行风险控制，才能真正做到本质安全。在管道建设期的设计阶段就应该开展完整性管理，通过风险评价、设计风险减缓等完整性管理措施降低管道风险因素，为管道的安全运行和完整性管理奠定基础。

长江盾构穿越工程为中俄东线的控制性工程，其工程重要性高、技术难度大，面临多项高风险因素，为了保证设计、施工、运营阶段的安全，管道完整性管理工作贯穿了可研设计，初步设计、施工图设计，通过深入分析工程特点，充分识别风险、开展技术评估等手段，识别出管道在各阶段可能发生的风险，采取了有效的风险控制措施，提高了管道的本质安全。本工程设计阶段管道完整性管理的实践，有效提高了本工程管道建设期、运营期的本质安全，对今后管道河流大型穿越设计阶段的管道完整性管理应用具有指导意义。

参考文献

[1] 冯庆善．管道完整性管理实践与思考[J]．油气储运，2014.

[2] 崔涛，冯庆善，等．新建管道完整性管理理念探索．油气储运，2014，27(10)4-8.

马来西亚储罐水压试验标准与国标差异性分析

马　根　陈化昀

(中国石油管道局工程有限公司第三工程分公司)

摘　要　国内常压储罐水压试验通常遵循 GB 50128 的相关规定执行。在马来西亚施工过程中，业主要求遵守马石油的水压试验标准。本文主要介绍了马石油地上垂直储罐技术标准 PTS 34. 51. 01. 33 中相关的水压试验标准规范，分析了马石油标准和 GB 50128 中关于水压试验相关规定的差异，通过分析明确了标准差异所造成的影响。推论出采用马石油标准进行水压试验时将会造成工期的延长和费用的增加。对于国内施工单位第一次进入马来西亚进行储罐施工时，在投标阶段的决策和施工阶段的施工组织都具有借鉴意义。

关键词　储罐，水压试验，GB 50128，马来西亚，PTS 标准

1　引言

1.1　工程概况

马石油 RAPID 项目位于马来西亚柔佛州哥打丁宜区边佳兰镇，距离柔佛州首府新山市约 100 公里，所在地属于柔佛港区，距离新加坡国境线 7 公里。Petronas 计划将 RAPID 建立成世界一流的炼化一体化石化总厂，包括一个日产 300000 桶油的炼油厂、一个年产 128×10^4t 乙烯的石脑油蒸汽裂解装置、石化装置、公用设施和基础设施。项目业主马来西亚国家石油公司(Petronas)，EPCM 承包商为 OUI JV，管道局东南亚项目经理部马来西亚分公司为 EPCC 承建单位。

1.2　研究意义

水压试验不仅是储罐主体机械竣工的重要里程碑事件，也是检验储罐强度和严密性的关键技术措施。马石油 RAPID 项目 P14 包是管道局在马来西亚首个项目。施工过程中，业主要求遵守马石油的水压试验标准。因此研究马石油标准中关于水压试验的差异，对于即将实施的项目意义重大。

2　相关水压试验标准

2.1　国标

关于储罐的国家标准主要包括 GB 150、GB 50341 和 GB 50128。其中 GB150 主要是用于储罐的制造，GB 50341 主要用于立式圆筒形钢制焊接油罐的设计，而储罐现场施工验收主要依据 GB 50128。本文站在 EPC 承包商的角度上，主要分析用于施工验收的 GB 50128 与马石油标准的差别。

2.2　马石油标准 PTS

PETRONAS(马石油)地上垂直储罐技术标准编号 PTS 34. 51. 01. 33，是马石油 2012 年 1 月发布的技术标准，包含了马石油相关施工经验教训，最佳实践和马来西亚相关行业规范和标准发布的新信息。

在 PTS 34. 51. 01. 33 中，该标准将水压试验明确地分为四个阶段，每一阶段根据不同地质，规定了不同的充水速率和监控时间(表 1)。

表 1　PTS 水压试验填充率和监测期

储罐垫层下面的底土条件	最大填充率/(m/d)				监测阶段/h		
	第 1 阶段(a)	第 2 阶段(b)	第 3 阶段(c)	第 4 阶段(d)	X	Y	Z
软黏土或淤泥	2	1	0. 75	0. 5	48	48	48
硬黏土	2	1. 25	0. 75	0. 5	36	36	48
粘质，粉质砂	2. 5	1. 25	0. 75	0. 5	24	36	48
砂	2. 5	1. 5	1	0. 75	12	12	24
风化岩石，水泥土	—	—	—	—	—	12	48
硬岩石或混凝土板	—	—	—	—	—	—	24

注：“H”是最终的填充高度。第 1 阶段：0~0. 5H；第 2 阶段：0. 5~0. 67H；第 3 阶段：0. 67~0. 83H；第 4 阶段：0. 83~1. 00H。X：第 1 阶段与第 2 阶段之间的监测时间；Y：第 2 阶段与第 3 阶段之间的监测时间；Z：第 3 阶段与第 4 阶段之间的监测时间。

表1总结了各阶段之间所需的最大填充率和监测周期。每个阶段详细描述如下。

1）第1阶段

罐的填充量应为0.5*H*，最大填充率为每天"*a*"m。任何一天的填充时间不得少于3h，且不得超过18h。在每个填充期结束时，对于当天24h剩余的时间，应用于罐基础平衡，稳固和沉降监控。在第1阶段结束后，至少进行"*X*"h的进一步稳压和监测，才能开始第2阶段的充水试验。

2）第2阶段

罐的填充量应为0.5*H*至0.67*H*，最大填充率为每天"*b*"m。任何一天的填充时间不得少于3h，且不得超过16h。在每个填充期结束时，对于当天24h剩余的时间，应用于罐基础平衡，稳固和沉降监控。在第2阶段结束后，至少进行"*Y*"h的进一步稳压和监测，才能开始第3阶段的充水试验。

3）第3阶段

罐的填充量应为0.67*H*至0.83*H*，最大填充率为"*c*" m/d。任何一天的填充时间不得少于3h，且不得超过16h。在每个填充期结束时，对于当天24h剩余的时间，应用于罐基础平衡，稳固和沉降监控。在第3阶段结束后，至少进行"*Z*"h的进一步稳压和监测，才能开始第4阶段的充水试验。

4）第4阶段

罐的填充量应为0.83*H*至1.00*H*，最大填充率为"*d*" m/d。任何一天的填充时间不得少于3h，且不得超过14h。在每个填充期结束时，对于当天24h剩余的时间，应用于罐基础平衡，稳固和沉降监控。在第4阶段结束后，储罐应保持满载，并应至少再监测4d。

3 标准差异分析

3.1 充水高度

3.1.1 国标充水高度规定

GB 50128没有明确的充水高度的划分。只是在附录B储罐基础沉降观测方法中有如下规定。

（1）坚实地基基础，第一台罐可快速充水到1/2罐高，不均匀沉降量不大于5mm/d时，可继续充水到3/4罐高进行观测。当不均匀沉降量仍不大于5mm/d时，可继续充水到最高操作液位，保持48h后沉降量无明显变化，即可放水；当沉降量有明显变化，则应保持最高操作液位，进行每天的定期观测，直至沉降稳定为止。

（2）当第一台罐基础沉降量符合要求，且其他储罐基础构造和施工方法和第一台罐完全相同，对其他储罐的充水试验，可取消充水到罐高的1/2和3/4时的两次观测。

3.1.2 马石油标准充水高度规定

PTS 34.51.01.33有明确的充水高度的划分，依次为0.5H，0.67H，0.83H，1.00H。充水到这4个高度时，必须进行监控(表2)。

表2 充水高度差异列表

充水高度	GB 50128	PTS 34.51.01.33
0.5*H*	沉降观测，不均匀沉降量≤5mm/d	沉降观测
0.67*H*	无	沉降观测
0.75*H*	沉降观测，不均匀沉降量≤5mm/d	无
0.83*H*	无	沉降观测
1.00*H*	沉降观测	沉降观测

3.2 充水速率

3.2.1 国标充水速率规定

GB 50128在正文所有通用条例中对于充水速率没有明确的要求。只在附录B储罐基础沉降观测方法中有如下规定：软地基基础，预计沉降量超过300mm或可能发生滑移失效时，应以0.6m/d的速度向罐内充水。

3.2.2 马石油标准充水速率规定

PTS 34.51.01.33有明确的充水速率的要求。充水速率取决于储罐垫层下面的底土条件，按照6种不同的地质条件，限定了每个阶段的最大填充率。

表3 软地基充水速率差异列表

GB 50128软地基基础最大填充率/(m/d)	PTS 34.51.01.33软黏土或淤泥最大填充率/(m/d)	充水高度
0.6	2	0.5*H*
	1	0.67*H*
	0.75	0.83*H*
	0.5	1.00*H*

3.3 放水速度

3.3.1 国标放水速度规定

GB 50128规定充水试验后的放水速度应符合设计要求，当设计无要求时，放水速度不宜大于3m/d。

3.3.2　马石油放水速度规定

PTS 34.51.01.33 没有明确的充水速率的要求，只是规定在测试水从储罐中抽出或排出之前，应采取适当的措施以避免储罐内的真空状态。对于固定罐顶储罐，所有罐顶通风口和检修孔均应打开。对于浮顶油罐，检查浮顶的罐顶排气孔。如果测试水在重力作用下自然排水，应特别小心。

3.4　监测时间

3.4.1　国标监测时间规定

GB 50128 在不均匀沉降量不大于 5mm/d 时，不需用监测时间，可以直接继续充水。充水到设计最高液位后保持至少 48h。

3.4.2　马石油监测时间规定

PTS 34.51.01.33 有明确的监控时间要求。监控时间的长短按照 6 种不同的地质条件，限定了每个阶段之后需要监测的时间(表 4)。

表 4　监测时间差异列表

储罐垫层下面的底土条件	PTS 34.51.01.33 监测阶段/h				GB 50128 监测阶段/h			
	X	*Y*	*Z*	*F*	*X*	*Y*	*Z*	*F*
软黏土或淤泥	48	48	48	96	—	—	—	48
硬黏土	36	36	48	96	—	—	—	48
粘质，粉质砂	24	36	48	96	—	—	—	48
砂	12	12	24	96	—	—	—	48
风化岩石，水泥土	—	12	48	96	—	—	—	48
硬岩石或混凝土板	—	—	24	96	—	—	—	48

注：*X*：第 1 阶段与第 2 阶段之间的监测时间；*Y*：第 2 阶段与第 3 阶段之间的监测时间；*Z*：第 3 阶段与第 4 阶段之间的监测时间；*F*：第 4 阶段之后的监测时间。

3.5　沉降观测次数

3.5.1　国标沉降观测次数规定

GB 50128 规定新建罐区的每台罐充水前，均应进行一次观测并做好原始数据记录。储罐基础沉降应安排专人定期观测，自充水开始后每天测量不应少于 1 次，并应做好记录。沉降观测应包括充水前、充水过程中、充满水后、放水后的全过程。

3.5.2　马石油沉降观测次数规定

PTS 34.51.01.33 规定必须每天进行沉降测量，并且包括在充水之前，充水之后，充水期后 2h(可选，取决于观测结果)，充水期后 5h。

此外，在各阶段之间的每个监测阶段，以及在完成阶段 4 之后罐满水期间以及在罐排水期间，应每天进行三次测量。

对于硬岩石，风化岩石和水泥土，测量可仅限于：①在水压试验之前；②阶段 3 和 4 之间的监测期 *Z*；③第 4 阶段结束。

3.6　沉降观测偏差

3.6.1　国标沉降观测偏差规定

GB 50128 规定在充水试验中，当沉降观测值在圆周任何 10m 范围内不均匀沉降超过 13mm 或整体均匀沉降超过 50mm 时，应立即停止充水进行评估，在采取有效处理措施后方可继续进行试验。

储罐的不均匀沉降值不应超过设计文件的要求。当设计文件无要求时，储罐基础直径方向的沉降差不得超过表 5 的规定，支撑罐壁的基础部分不应发生沉降突变；沿罐壁圆周方向任意 10m 弧长内的沉降差不应大于 25mm(表 5)。

表 5　储罐基础径向沉降差允许值

外浮顶罐与内浮顶罐		固定顶罐	
罐内径 *D*/m	任意直径方向最终沉降差允许值/m	罐内径 *D*/m	任意直径方向最终沉降差允许值/m
≤22	0.007*D*	≤22	0.015*D*
22<*D*≤30	0.006*D*	22<*D*≤30	0.010*D*
30<*D*≤40	0.005*D*	30<*D*≤40	0.009*D*
40<*D*≤60	0.004*D*	40<*D*≤60	0.008*D*
60<*D*≤80	0.003*D*	60<*D*≤80	0.007*D*
>80	<0.0025*D*	>80	<0.007*D*

3.6.2　马石油沉降观测偏差规定

马石油沉降观测偏差规定在充水试验中，在圆周任何 10m 范围内沉降观测值不均匀沉降不超过 13mm 或整体均匀沉降不超过 50mm，与 API650 中的要求一致。

在稳压和监测 *X*，*Y* 和 *Z* 期间以及在储罐满载期间(即在第 4 阶段完成之后)测量的每日沉降率将随时间减小(即第二阶段之后的沉降率应小于第一阶段后的沉降率)。

如果沉降率没有降低，则应清空储罐直至沉降停止，并咨询岩土工程师。

3.7　最后留下约 25cm 的水进行观测

3.7.1　国标的规定

GB 50128 没有相关规定，排水时无需留下最后约 25cm 的水进行观测。

3.7.2　马石油规定

试验后，应在储罐内留下约 25cm 的水，以确保储罐底部与其基础剖面接触。然后测量罐底轮廓。测量值应根据沉降预测进行验证，并记录在储罐维护文件中。

4　马石油标准差异的影响

4.1　正向影响

通过对比可以看出马石油储罐水压试验标准有值得借鉴的地方，其正面影响主要包括以下几点。

(1) 可操作性强。马石油水压试验的相关规定和实际施工流程契合度非常高，几乎可以直接拿来做施工方案，便于施工方参考。

(2) 考虑了罐基础地质结构不同对水压试验的影响，通过调整充水速率和稳压时间，保障罐水压试验期间的稳定性。

(3) 水压试验分阶段进行，充水高度有明确的要求。

(4) 充水速率分阶段递减，避免充水速率过快造成储罐变形的风险。

(5) 增加稳压阶段，增加储罐水压试验期间的沉降观测次数。

4.2　负向影响

水压试验采用用马石油标准时，主要会造成工期的延长。因为充水试验明确地分为四个阶段，并且监测时间固定，不允许继续充水。如果储罐垫层下面的底土不是硬岩石或混凝土板，平均每台罐将比国内水压试验多 7 天左右。同时该规定对充水速率也有严格的要求，并且沉降观测的次数也明显多于国标，因此根据实际现场测算，每台罐平均周期比国内水压试验至少多 10d。

如果在投标报价阶段，没有考虑到这每台罐 10d 左右的工期，将会对承包商带来不小的工期压力和成本损失。

5　结论

综上所述，尽管马石油地上垂直储罐技术标准 PTS 34.51.01.33 和国标 GB 50128 都源自 API650，在通用条款的规定中大同小异。但在各自标准中都根据本国国情和以往施工经验进行了创新。本文总结了 PTS 34.51.01.33 和国标 GB 50128 在水压试验标准中主要的 8 个不同点，这些不同点对承包商的施工工期，成本预算，方案实施等都会产生直接影响。中国企业首次进入马来西亚时，应当了解并遵守业主方标准的差异，投标阶段充分考虑工期的延长，实施阶段合理安排上水时间和监控时间，在满足合同要求标准的前提下，高效完成水压试验工作。

参考文献

[1] 傅伟庆，张文伟，孙正国，等．GB 50341-2014 立式圆筒形钢制焊接油罐设计规范[S]．北京：中国计划出版社．2014.

[2] M Fadhly A Ghani，Hasni B Haron，MK Shrivastava etc. PTS 34.51.01.33 aboveground vertical storage tanks (amendments/supplements to api standard 650) [S]. Petroliam Nasional Berhad (PETRONAS)，2012.

[3] 潘乐民，杨亚星，薛金保等．GB 50128-2014 立式圆筒形钢制焊接储罐施工及验收规范[S]．北京：中国计划出版社．2014.

[4] American petroleum institute. API 650 - 2012 welded steel tanks for oil storage [S]. Washington D C: API，2012.

立管在位状态下立管卡子创新设计

何　星　于银海

（海洋石油工程股份有限公司）

摘　要　结合渤海某油田海底管道新铺工程立管和立管卡子海上安装为例，针对立管卡子布置后轴心方向投影开口不足，如按照常规卡子设计无法进行立管安装的问题，创新设计了分体式立管卡子方案，该方案突破了常规立管卡子设计的限制，可实现立管侧卡子任意方向旋转，以及垂直立管方向伸缩，并能在立管在位状态下进行卡子的分块安装。在最终的实践中验证了该种设计方案水下安装的便捷性，可为以后类似工程提供参考。

关键词　立管卡子，分体式，分块安装

海底管道是海上油气田开采的油气等介质输送的重要途经，立管在海底管道输送系统中起着承上启下的作用，立管的下部连接水平管道，上部与开采生产或处理设施连接，对于位于导管架平台上的立管通常是通过立管卡子[1-4]与导管架结构固定在一起，在保持立管在位状和介质输送态下的稳定性起着至关重要的作用。目前立管卡子已有较为成熟的结构形式，通常情况下根据立管规格对卡子尺寸进行调整即满足设计使用需求。随着油田生产年限的不断增加，很多管道已经达到运营期限，或者在运营期间因腐蚀和其他原因需要更换，以及为保障油田产量需要在运营平台新铺海底管道，因此后安装立管和立管卡子海上安装逐渐增多，根据平台结构形式的不同和确保立管在导管架上合理布置，可能会导致通常的立管卡子设计形式无法满足海上立管和卡子正常安装需要。本文以渤海某油田海底管道更换项目为例，介绍了一种新型的立管卡子设计结构，使立管安装后再进行部分立管卡子的安装成为了可能。

1　概述

渤海某油田拟在两个在役平台之间新铺设一条混输海底管道，并在两侧平台导管架外侧新增加立管及立管卡子，其中新铺设海底管道一段的平台周边海床地形较为复杂，且该平台导管架部分主结构上存在长度较长的贯穿性裂纹，导致该平台侧新增加立管需要设计在导管架横拉筋外侧，由于油田所在水深接近30m，新增立管需要通过4个卡子固定，结合导管架结构形式以及立管在运行状态下的稳定性要求，其中中间2个平台侧卡子需要固定在导管架斜拉筋上，另外两个固定在导管架主桩腿结构上。立管及立管卡子布置见图1。

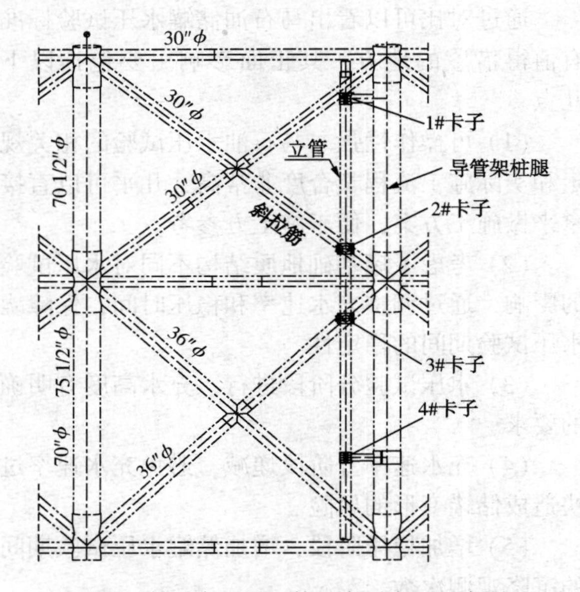

图1　某平台新增立管及卡子布置示意图

该项目新铺设海管为双层保温管，立管主要参数见表1。

表1　立管基本属性

	属性	参数
内管	外径/mm	609.6
	壁厚/mm	20.6
	材料等级	API 5L PSL2 X65 (SAWL)
	保温层厚度/mm	25
	保温层密度/(kg/m³)	50

续表

	属性	参数
外管	外径/mm	711.2
	壁厚/mm	20.6
	材料等级	API 5L PSL2 X65 (SAWL)
	飞溅区氯丁橡胶防腐层厚度/mm	13
	其他区域防腐层厚度/mm	4.2

由于平台侧立管卡子位于导管架不同的结构上，导致环抱立管的卡子在环向成61°夹角(图2)，即中间的2#、3#卡子与水上1#卡子和最下方4#卡子的在同轴心方向投影的开口朝向成61°夹角，从而导致了开口宽度仅643mm，而考虑立管防腐层后的立管最小外径为719.6mm，无法按照通常先完成全部立管卡子安装后再安装立管的方法，进行立管安装，因此拟对2#、3#立管卡子连接形式进行创新设计，确保在先安装1#和4#立管卡子，然后立管安装后，再安装2#和3#立管卡子具备较好的可操作性。

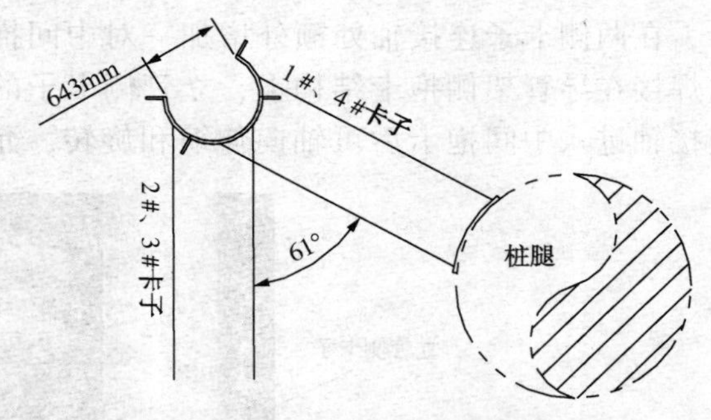

图2　立管卡子轴向投影示意图

2　立管卡子创新设计方案

2.1　立管卡子结构类型研究

立管卡子通常有陆地预安装、预留对接法兰和海上安装几种形式(图3)。陆地预安装即立管卡子在导管架建造阶段焊接在导管结构上，随着导管架一同完成海上安装。预留对接法兰的立管卡子，即将一片法兰和连接轴在导管架建造阶段焊接在导管架上，等后续海上立管安装前，将立管侧卡子与预留法兰对接完成立管卡子安装。海上后安装即立管卡子整体结构进行海上后安装，将卡子的一侧抱卡环抱固定在导管架相应结构上。

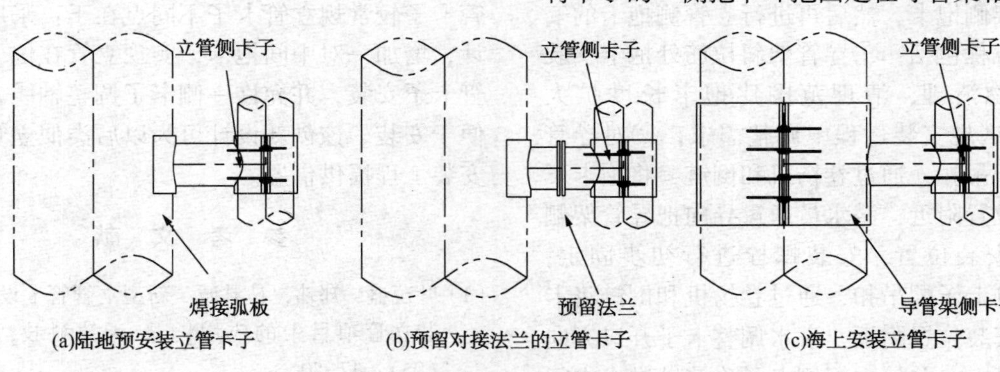

图3　立管卡子常见结构形式

2.2　立管卡子结构创新设计

本项目施工涉及导管架上未预留立管卡子安装法兰，因1#和4#卡子在立管安装前进行安装，因此水上1#立管卡子采用直接焊接在导管架桩腿上，4#立管卡子采用常规海上安装形式。位于水下的2#、3#卡子如也采用与4#同类型的立管卡子，在立管已经安装的情况下，无法进行安装，因此只能设计成分体结构形式。

设计方案一：采用与常规海上安装立管卡子类似结构，在两侧卡子之间的连接轴处增加法兰(图4)。立管侧卡子和导管架侧卡子可以分开安装，然后在在中间处进行法兰连接。该种设计方案对卡子的制作精度要求较高，容易造成中间对接法兰螺孔错位，或者法兰间隙较大，影响安装效率和效果。

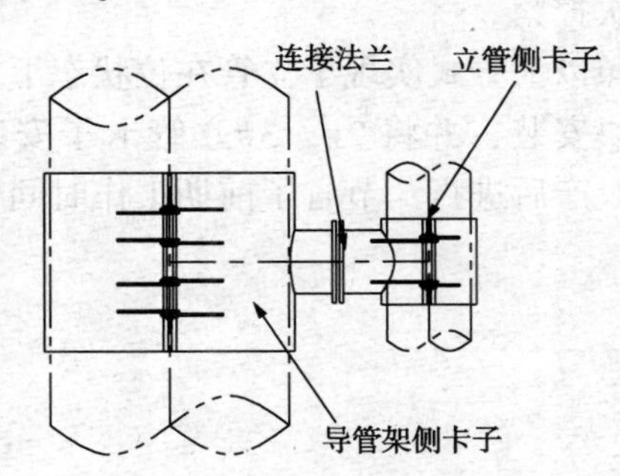

图4　常规卡子增加连接法兰设计方案

设计方案二：为了便于水下安装，降低水下安装难度和工作量，卡子结构采用分体设计，在两侧卡子连接轴处额外增加一对中间抱卡焊接在导管架侧抱卡结构上，立管侧卡子的连接轴进入中间抱卡后可轴向伸缩和旋转，允许加工制作上有一定的误差，能大大降低水下作业难度（图5）。

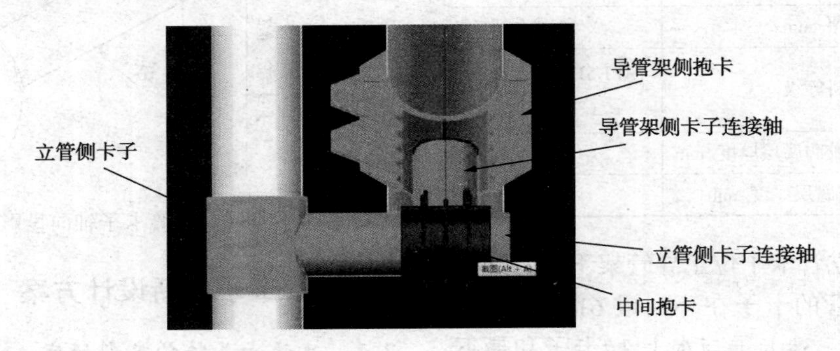

图5　分体结构卡子设计方案

根据以上两种设计方案特点，为了减少水下作业难度，降低施工工期和成本，2#、3#卡子选用了设计方案二的形式。

3　海上安装

按照设计方案二完成立管卡子制作后，进行海上安装。为确保立管侧卡子一次安装到位，避免来回调整导致立管表面防腐涂层受损，采取先安装导管架侧抱卡，然后再进行立管侧抱卡的安装。具体流程包括：①导管架斜拉筋处抱卡安装位置海生物清理，清理范围比抱卡长度扩大0.5~1m，满足安装过程中调整需求；②对导管架侧抱卡配吊扣，通过卷扬机和倒链，将抱卡下放至安装位置附近，潜水员通过导向把导管架侧抱卡扣在安装位置，安装螺栓进行初步固定；③对立管侧卡子配吊扣，通过卷扬机和倒链将卡子下放至安装位置附近，潜水调整卡子开口方向环抱在立管上，并使立管侧卡子连接轴进入中间抱卡，作业过程中可对导管架侧抱卡进行适当调整；④导管架侧抱卡、中间抱卡和立管侧卡子的螺栓依次拧紧。

按照以上方式实现了立管在位状态下立管卡子的分块安装，并将2#、3#立管卡子安装推迟到管道投产后进行，节省了前期工作时间，保证管道的提前投产。

4　结束语

立管卡子作为海上油气田海底管道系统立管固定的普通结构形式，已具有较为成熟的设计形式，但海上油田开发建设过程中根据导管架结构形式和立管布置以及海上安装的需要，也可能需要进行结构形式的优化设计，本文创新设计的立管卡子较常规立管卡子不同点在于：采用分体设计，增加一对中间抱卡，实现立管在位下进行立管卡子安装，并允许一侧卡子调整轴线方向从而便于安装。该创新设计可为以后类似立管及卡子安装工程提供借鉴。

参　考　文　献

[1] 叶茂盛，郑玮，马君诚．新型立管管卡设计在后安装立管项目中的应用[J]．天津科技，2019，46(05)：47-50.

[2] 赵佳宁．立管卡子的设计和安装探讨[J]．天津科技，2018，45(06)：58-62.

[3] 费愚，李晓睿，陈立国，等．立管卡子"后安装"方法应用介绍[J]．城市建筑，2014(02)：309.

[4] 张孝卫，刘玉玺，侯涛，等．固定式海洋平台中立管卡子的设计方法探讨[A]．第十六届中国海洋(岸)工程学术讨论会论文集(上册)[C]．2013.

DP 模式下潜水区海底管道膨胀弯安装施工工艺

韩 旭 刘 丰 王 玮 王 鑫

（海洋石油工程股份有限公司）

摘 要 膨胀弯安装施工技术，国内已经非常成熟，但大部分施工中对标准规范执行不彻底，从而导致施工质量不合格，存在大量不确定的隐患。本文根据沙特阿美项目施工标准规范，详细介绍了膨胀弯安装的典型特点和施工工艺流程，包括施工前分析计算、浅水 DP 船推进器对潜水作业脐带缆绞缠的风险分析、切割弯头调整膨胀弯角度、膨胀弯管内填充化学药剂棒、水下膨胀弯法兰对接不允许使用吊机解决方法等，施工难度可见一斑。通过对沙特阿美项目中膨胀弯安装施工的经验总结，形成一套完整的标准化施工工艺，为今后膨胀弯安装项目提供有益的借鉴意义，进一步提升膨胀弯安装施工的国际化整体水平。

关键词 浅水 DP 模式，膨胀弯安装，化学药剂棒，法兰组对

随着国际化道路的推进，海外项目越来越多，对膨胀弯施工的标准规范要求越来越严格。虽然国内膨胀弯安装施工技术已经非常成熟，但根据以往项目经验，大部分施工中标准规范执行不彻底，从而导致施工质量不合格，存在大量不确定的隐患。本文根据沙特阿美项目施工标准规范，详细介绍了膨胀弯安装施工工艺流程。

1 工程概述

该项目位于阿拉伯海，沙特阿美公司的油田区，根据业主要求，需要新建 5 条海底管道，包括一条登陆管线，管道尺寸包括 10in、16in、24in 和 36in，膨胀弯安装工作量多达 35 节，膨胀弯管道上带有外防腐水泥涂层，膨胀弯单节最长长度达 62m，膨胀弯需要水下注入处理的海水后安装，膨胀弯水下不允许使用吊机对接法兰等，施工难度可见一斑。表 1 为膨胀弯管道基本参数。

表 1 膨胀弯管道参数

管道属性	单位	参数
外径	mm	406.4
壁厚	mm	14.3
管道外防腐	APCS-104B	
管道外部焊口防腐	APCS-104B	
管道内防腐	APCS-102B	
管道内部焊口防腐	APCS-120	
材料等级(API 5L)	SMLS	X-60
钢管密度	$kg \cdot m^{-3}$	7849
水泥涂层密度	$kg \cdot m^{-3}$	3，044
水泥涂层厚度	mm	76.2
空管重量(空气中)	$kg \cdot m^{-1}$	493
空管重量(海水中)	$kg \cdot m^{-1}$	238

2 施工分析

2.1 驳船装船稳性计算

为减少海上膨胀弯焊接工作，非最后一节膨胀弯的预制工作都集中在陆地码头预制，然后通过驳船运输到现场。与普通整管的海上运输不同，由于陆地预制的膨胀弯的尺寸和形状不规则，使得驳船装船固定及甲板布置需要根据驳船尺寸设计布置图并进行稳性计算，才能保证驳船的安全运输(图 1)。

采用 MOSES 软件对单体驳船和驳船装载结构物建模，进行驳船稳定性分析，很好解决以上问题，稳定性分析的关键结果及完整稳定性曲线见表 2：

2.2 浅水 DP 模式下潜水作业分析

动力定位船进行潜水作业时，为防止脐带缆被推进器绞缠，需要满足脐带缆最小安全长度，安全距离主要受潜水作业水深和潜水吊笼入水点至推进器距离的影响，尤其浅水区域。假定潜水员脐带缆最小安全距离为 S_{MIN}，作业水深为 H，潜水吊笼入水点至推进器距离 L，推进器影响范围为 R(图 3)。计算公式如下：

$$S_{MIN} = \sqrt{H^2 + L^2} - R \quad (1)$$

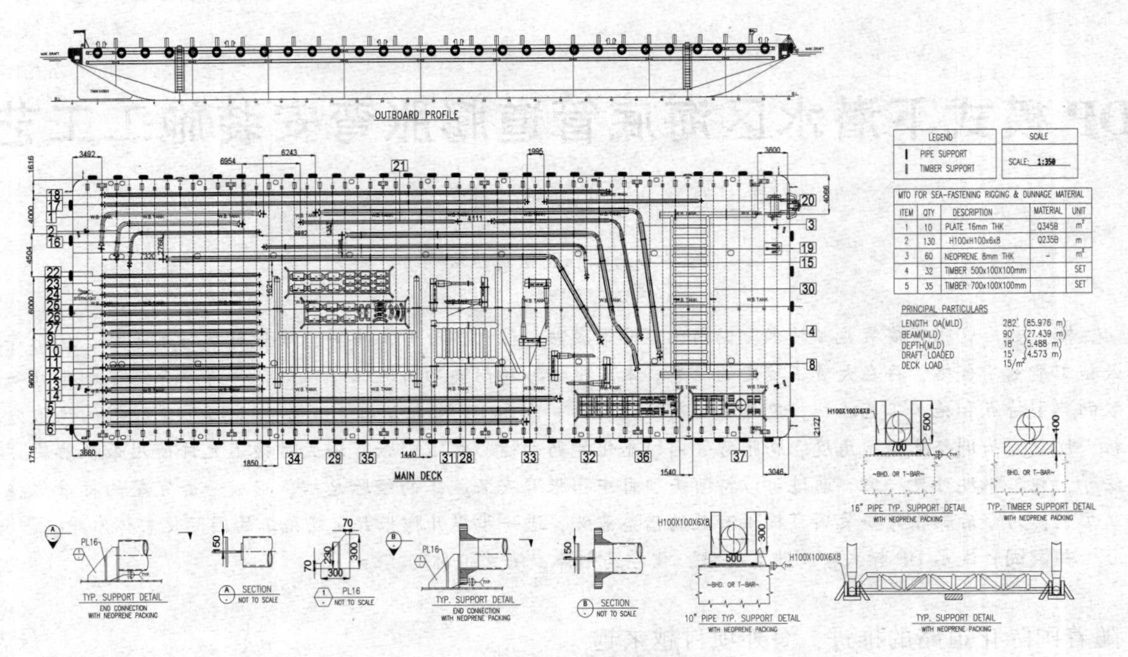

图 1　典型膨胀弯甲板布置图

表 2　驳船关键参数

驳船参数	参考值	驳船参数	参考值
驳船吃水/m	2.0	GMT	25.35
驳船平均吃水/m	2.2	完整稳定范围/(°)	90.19(>40.00)
侧倾/(°)	0.0	向下淹没角度/(°)	13.28
修正/(°)	0.3	完整面积比	53.47(>1.40)
排水量/t	4.31736		

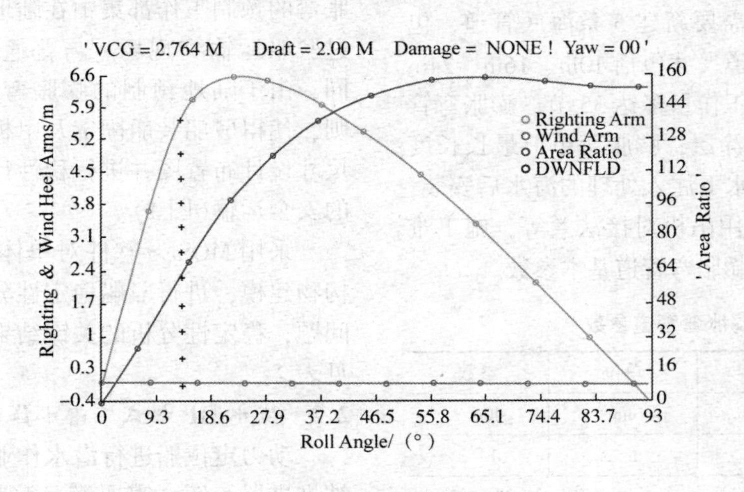

图 2　完整稳定曲线

2.3　膨胀弯吊装分析

使用 SACS 软件进行膨胀弯吊装分析，交互检查执行 DNV-OS-F101 规范[2]。规则将负载划分为：功能、环境、构造和意外。管道系统的每个部分都是为最不利的负载组合而设计的，首先利用图 4 所示的软件建立模型。

计算分析得出膨胀弯吊装配扣结果见图 5。

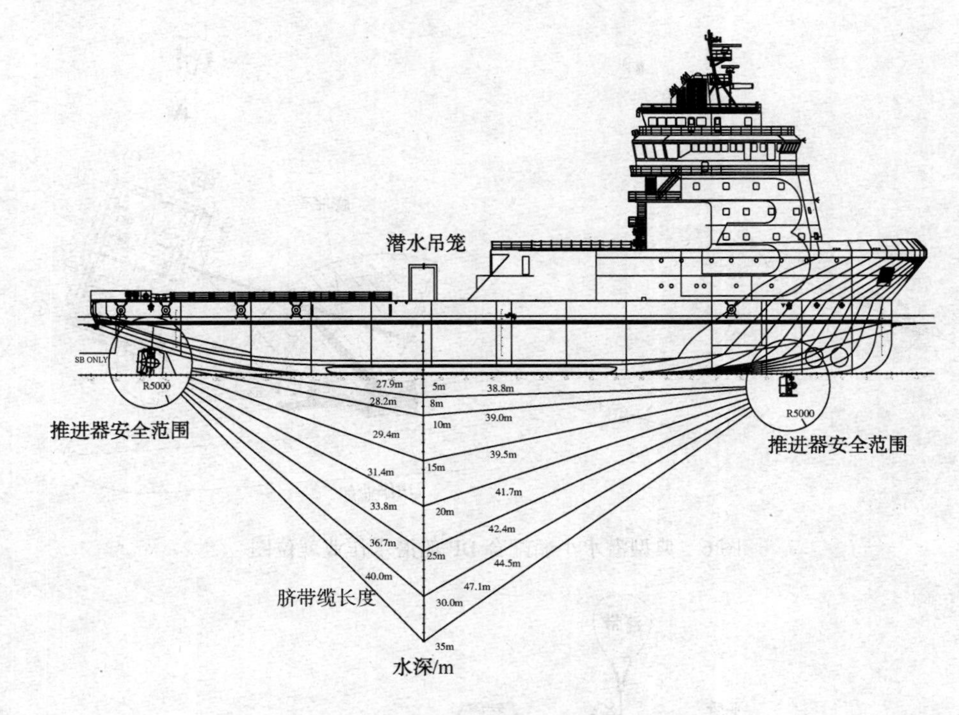

潜水吊笼
SB ONLY
R5000
R5000
推进器安全范围
推进器安全范围
27.9m
5m
38.8m
28.2m
8m
10m
39.0m
29.4m
39.5m
31.4m
15m
41.7m
33.8m
20m
42.4m
36.7m
25m
44.5m
40.0m
47.1m
30.0m
35m
脐带缆长度
水深/m

图 3　潜水员脐带缆最小长度模型图

9999

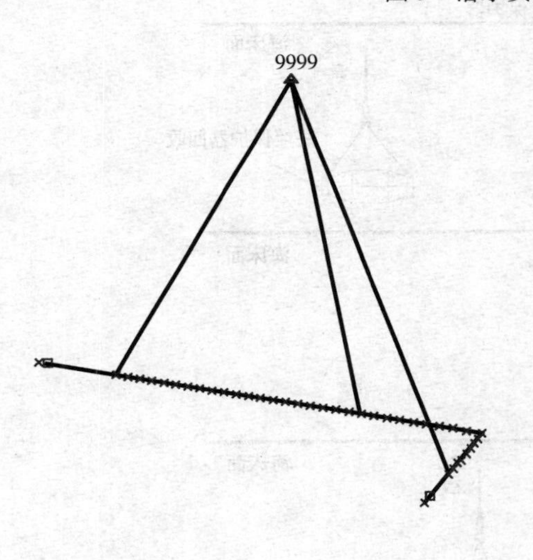

图 4　建立管道模型

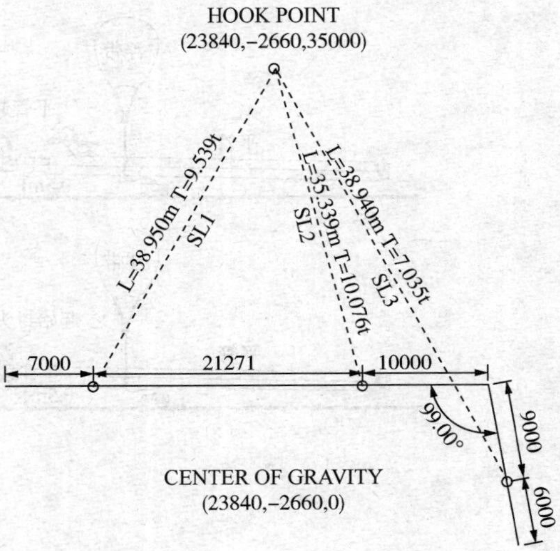

HOOK POINT
(23840,-2660,35000)
L=38.950m T=9.539t
SL1
L=35.339m T=10.076t
SL2
L=38.940m T=7.035t
SL3
7000
21271
10000
90.00°
9000
6000
CENTER OF GRAVITY
(23840,-2660,0)

图 5　典型膨胀弯吊装配扣图

3　膨胀弯安装施工工艺

3.1　船舶就位

在完成所有准备工作后，船舶应在平台外500m(安全区域)进行，并通知相关的平台并得到允许后，按照批准的就位图进行就位。就位前潜水监督需要考虑现场的天气及水文条件，船长需要考虑距离平台安全距离及风速、流向等因素。

船舶就位需要根据潜水员脐带缆最小安全距离进行就位，如果无法满足最小安全距离，可以利用备用潜水支持小船进行潜水作业，潜水支持小船只能作为备用，适合 15m 以浅，并且工作时间不超过 5h(图 6)。

3.2　平管起始封头拆除

在断开起始/终止头之前，潜水员应检查管道是否有吸力。在确认没有吸力的情况下，在平管段安装浮带和配重块，对浮带充气将平管提升距离海床面约 0.5m，拆除封头上的法兰保护器并回收。潜水员分别拆除封头 6 点周围下半部分螺栓，将平管下沉至海床面，再拆除上半部分螺栓，最后连接吊索具至作业船吊机，将起始封头回收至甲板(图 7)。

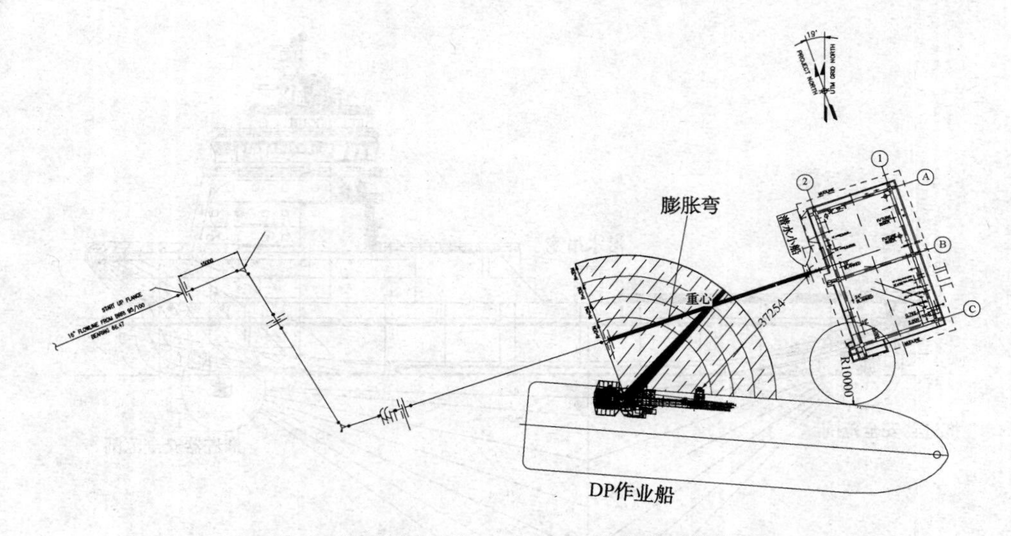

图6　典型潜水小船配合 DP 船潜水作业就位图

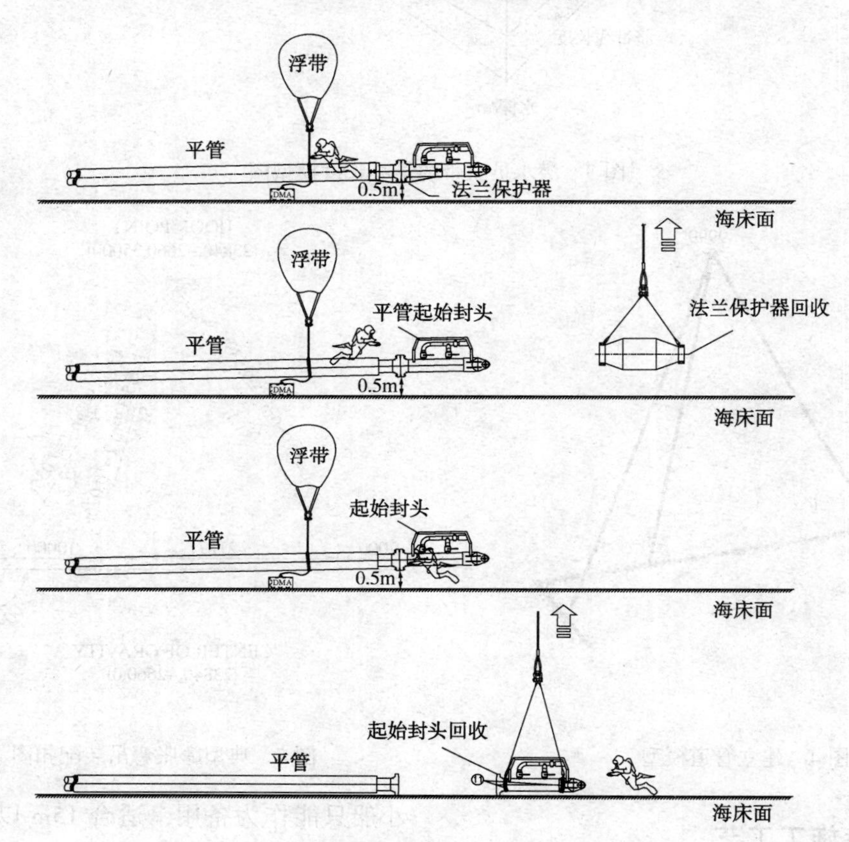

图7　起始封头回收

3.3　最后一节膨胀弯测量

在平管法兰一端安装法兰测量仪，在对接法兰上安装另外一个测量仪器，收紧法兰测量仪钢丝，确保钢丝绷紧无松弛。记录钢丝的长度，水平角度，垂直角度及任何偏移量。工程师根据水下测量结果，对最后一节膨胀弯实际长度。数据定义如下：测量钢丝收到甲板后进行测量 L_0；L_1、L_2 分别为立管和平管侧法兰测量仪摇杆的长度；α、β 分别为立管和平管法兰的水平角度；D_1、D_2 立管和平管法兰面的厚度；A 为测量仪底座挡板到拉杆立柱中心的距离；

$$L = L_0 + L_1 + L_2 - (D_1 - A)\cos\alpha - (D_1 - A)\cos\beta \quad (2)$$

式中，L 为膨胀弯两法兰间的直线长度。根据经验，根据膨胀弯的长短，L_0 可以相应的缩短 10~20cm，因此：$L_{FINAL} = L-(10\sim20)$cm。

3.4　最后一节膨胀弯预制

根据计算结果，绘制预制图纸，并根据预制图纸精确预制。按照标准规范对最后一节焊口进行焊接、检验、内外防腐、甲板试压等工序。如果最后一节膨胀弯设计角度与实际角度偏差过大，就需要对弯头进行切割，调整角度，操作步骤见图 8。

3.5　膨胀弯安装工艺

3.5.1　吊装配扣

需要的潜水工具、浮带、螺栓、荧光棒、小型信标、牵引绳等辅助工机具附带到膨胀弯一起吊装下水，将化学药剂棒塞入膨胀弯内，使用木法兰封堵两端。按照吊装计算对膨胀弯进行锁具配扣，在甲板上进行试验性起吊，调整倒链长度，直至调平。吊装膨胀入水，打开膨胀弯两侧的木法兰，灌入海水，让化学药剂棒完全溶解，在对接过程中使膨胀弯管内充满化学药剂处理的海水。

3.5.2　法兰对接

潜水员指挥吊机，并且使用牵引缆绳调整膨胀弯水下位置，直到两个对接法兰平行且非常接近，断开吊机与吊装锁具，布置 A 字架、浮带、倒链等工具，穿螺栓，放垫圈组对法兰。使用游标卡尺检查最终法兰间隙，确保法兰间隙均匀（图 9）。

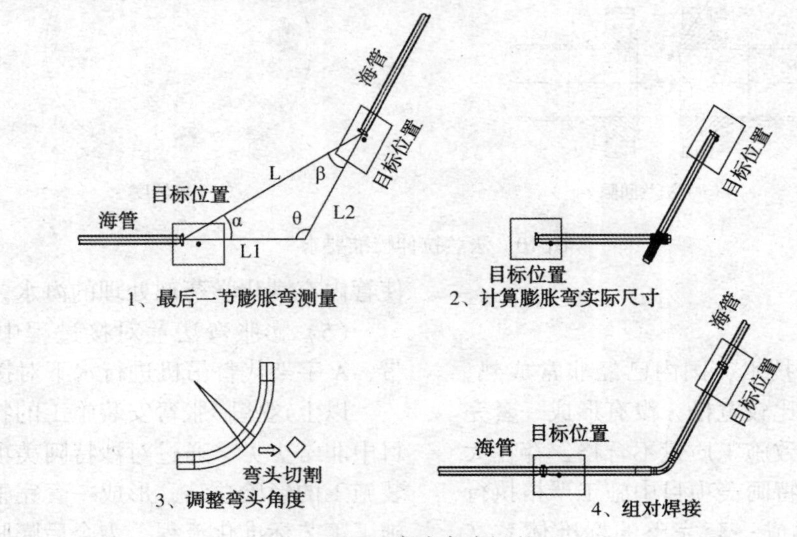

图 8　弯头角度调整

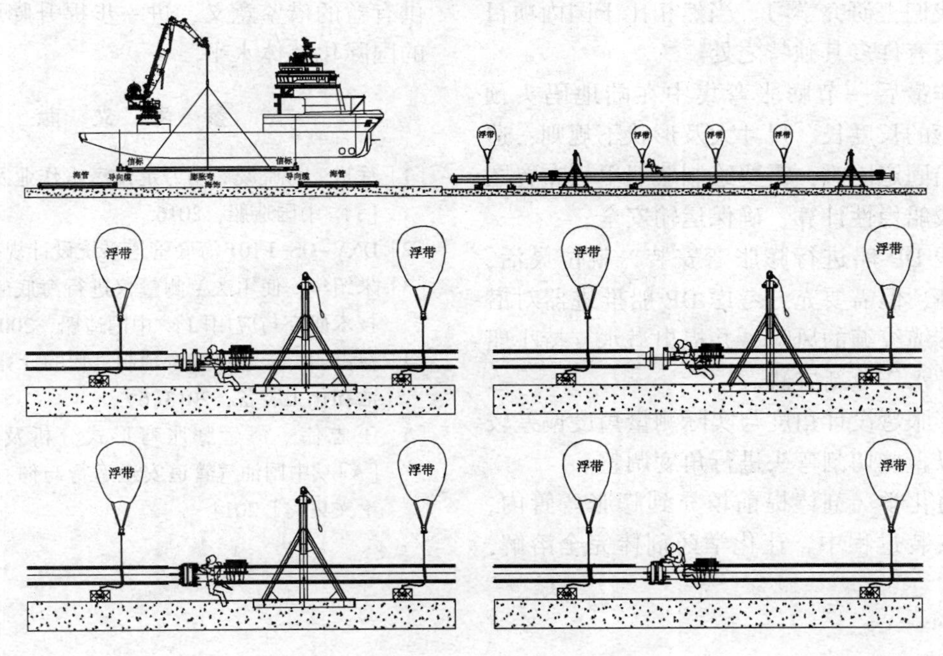

图 9　膨胀弯法兰组对

3.5.3　螺栓液压拉伸

确保法兰完全配合，螺栓和螺母拧紧。用扳手调整法兰的间距，直到两个法兰之间的空间满足了校准要求。按照50%或者100%螺栓拉伸程序执行，逐渐加力到拉伸值得30%，75%，100%完成螺栓液压拉伸。

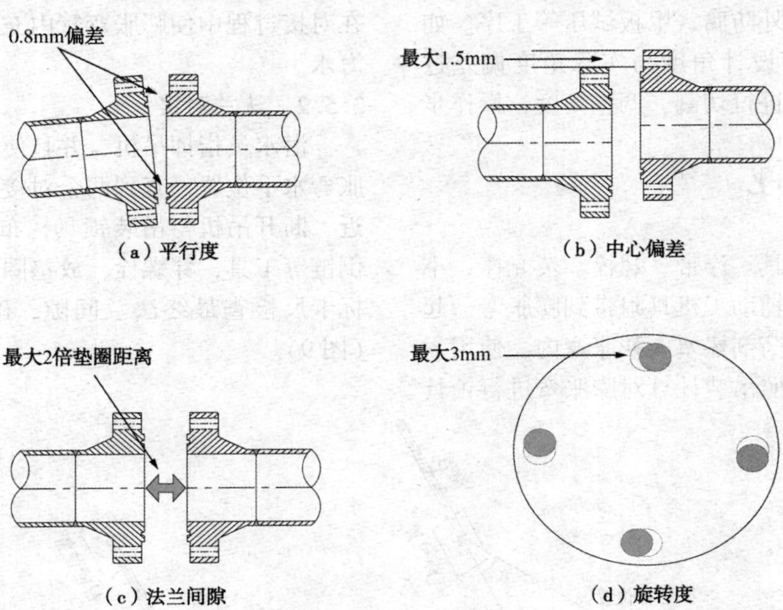

图10　法兰拉伸校准要求

4　结束语

膨胀弯安装施工技术，国内已经非常成熟，但在标准规范执行上比较宽松，没有形成一套完整标准体系，经常导致施工质量不合格，存在大量不确定的隐患。沙特阿美项目中施工严格执行阿美标准规范，并形成一套完整的标准体系文件，值得我们去研究学习。当然相比于国内项目膨胀弯安装有许多其独特之处。

（1）非最后一节膨胀弯集中在陆地码头预制，膨胀弯的长度长、尺寸大及形状不规则，造成驳船装船固定困难，需要绘制驳船甲板布置图及必要的驳船稳性计算，确保运输安全。

（2）浅DP船进行膨胀弯安装，就位灵活，施工效率高，但需要充分考虑DP船推进器对潜水作业脐带缆绞缠的风险，并提出潜水支持小船配合配合潜水作业新方法。

（3）膨胀弯设计角度与实际测量角度偏差较大时，可以直接切割弯头进行角度调整。

（4）将化学药剂棒提前填充到膨胀弯管内，在膨胀弯安装过程中，让化学药剂棒完全溶解，使管内充满化学药剂处理的海水。

（5）膨胀弯法兰对接过程中，需要使用浮带、A字架代替吊机进行水下对接调整。

以上这些膨胀弯安装施工的特点，在国内项目中非常少见。通过对沙特阿美项目中膨胀弯安装施工的经验总结，形成一套完整的膨胀弯安装施工工艺标准化流程，为今后膨胀弯安装项目提供有益的借鉴意义，进一步提升膨胀弯安装施工的国际化整体水平。

参　考　文　献

[1] 徐进，肖晓凌．动力定位潜水作业及安全管理实践[J]．中国造船，2016.
[2] DNV-OS-F101海底管道系统设计规范[2000].
[3] 朱绍华．使用法兰测量仪进行海底管线膨胀弯测量技术研究与应用[J]．中国造船，2008.
[4] 崔占明．末节膨胀弯预制过程的计算与分析[J]．石油和化工装备，2013(6).
[5] 王志伟．海管膨胀弯形式分析及安装技术研究[A]//中国油气管道安全运行与储存创新技术论坛论文集[J].2014.

隧道全断面帷幕注浆工艺—管道完整性管理激流中的灯塔

赵 亮

（中国石油管道局工程有限公司油气储库分公司）

摘 要 本文解释了管道完整性管理的定义，分析出管道泄漏原因；提出在管道设计阶段，推广采用钻爆隧道法管道铺设方案；分析出隧道安全事故的主因；指明了在富水软弱围岩段，全断面帷幕注浆工艺的施工质量是确保油气管道隧道施工和管道运营安全的关键；从工艺流程、方案设计、质量控制点、保障措施、攻克难点五个方面阐述提高施工质量的经验；论证了本工艺在河流穿越工程的应用；展望了本工艺和管道完整性管理的发展趋势。

关键词 管道完整性管理，油气管道隧道，帷幕注浆

1 管道完整性管理

1.1 定义

管道公司面对不断变化的因素，对油气管道运行中面临的风险因素进行识别和评价，通过监测、检测、检验等各种方式，获取与专业管理相结合的管道完整性的信息，制定相应的风险控制对策，不断改善识别到的不利影响因素，从而将管道运行的风险水平控制在合理的、可接受的范围内，最终达到持续改进、减少和预防管道事故发生、经济合理地保证管道安全运行的目的。

1.2 管道泄漏原因

1.2.1 原因分类

目前世界范围内管道运营中的安全事故主要由于油气泄漏引发的，产生泄漏的原因是多方面的，主要可分为三大类：腐蚀穿孔、疲劳破裂和外力破坏。

1.2.2 事故因素

目前三类原因主要由不可抗因素造成的。主要包括：①检测技术不完善。例如：管道防腐层破损检测目前普遍采用雷迪管线探测仪，因为操作者经验和设备精度不足、外界干扰信号和伴行管线的影响等，不能确保无漏点。②环境影响。例如，当管道穿越河流、沼泽等，检测人员无法进入的检测区；因发生滑坡、地震、洪水等自然灾害而损伤管道；管道基底土内的水分的冻胀影响。③设备局限。例如，雷迪检测必须在管线回填后才能检测；超声波导检测一次性检测最长距离是200m，管道环状截面上的金属缺损面积达到总面积的3%才能检测出；电火花检漏仪不易检测管底与管堆的接触面；阴极保护的阳极区如突发断电，会导致电阻持续变大，恒电位仪输出电流、电压波动幅度变大，使阴极保护度降低，甚至失效。④材料质量。例如，油气管道长期在高压条件下运行，管道金属的机械性能逐渐衰变；管道防腐层逐渐老化失效。⑤施工质量。例如，管道焊缝本身存在的微小裂纹在运营中扩展，裂纹发展到一定程度，则酿成突发性的管道破裂事故，导致泄漏；在地势起伏的石方段，管道在运输、铺设、回填中防腐层破损。⑥超压。例如，由于下游站的误操作造成的管内压力超过设计允许压力；SCADA 系统计算管存中，气体组分的数据不能实时采集，因监控失误而导致超压等。⑦内外腐蚀。主要由管道腐蚀穿孔和应力腐蚀开裂造成。例如，天然气中含有H_2S、CO_2、水等成分，在特定的地层条件下形成腐蚀介质，破坏油管的金属结构。⑧人为破坏。包括各类建设项目的施工如筑路等所造成的无意破坏及打孔盗油气等违法行为造成的蓄意破坏。

1.2.3 因素分析

以上因素中，除了第⑥、⑦、⑧项是变化发展的，其他的因素在管道建成后就存在且变化不大，可称为不变因素，易诱发初期的事故，可变因素则主要在管道运营的中、后期诱

发事故。

1.2.4　确定主因

据统计我国管道泄漏的主因是内外腐蚀和人为破坏，占事故总数的80%，石油石化行业每年管道泄漏造成的损失约占国民生产总值的6%。中国石油工业所耗费的石油管材每年价值100亿元左右，其中大部分是因为腐蚀而报废。

1.3　对策

1.3.1　浴盆曲线

管道风险不是一成不变的，通常是随时间的推移而改变，其规律满足图1所示的浴盆曲线，可将不同管龄的管道划分为三个时期。

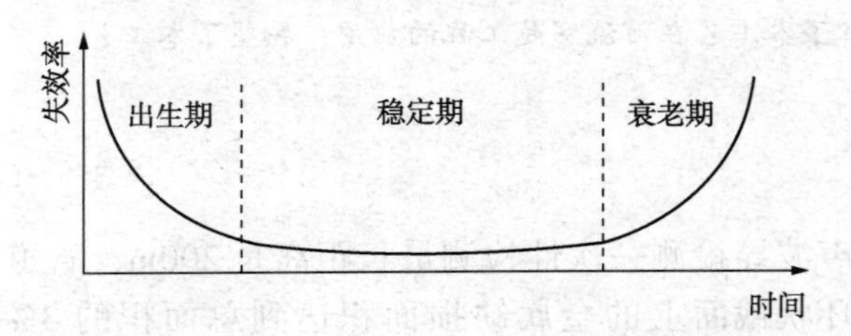

图1　管道失效曲线图

据统计管道因腐蚀而导致泄漏主要集中在磨损阶段(衰老期)，投产试运行15年或20年以后发生，因内外腐蚀、人为破坏等原因造成管道失效报废率迅速上升，这一阶段管道存在高失效可能性。

1.3.2　管道现状

目前我国现役油气长输管道80%以上超过设计寿命。

1.3.3　管道分布

我国地势西高东低，各类地形的面积百分比是：山地约33%，高原约26%，盆地约19%，平原约12%，丘陵约10%。通常所说的山区，包括山地、丘陵和比较崎岖的高原，约占全国面积的三分之二。山地城镇约占全国城镇总数的一半。山地居住的人口也占全国人口的一半。

油气管道多分布于人少的山地，回避滑坡、地震、洪水等灾害高发地。

1.3.4　铺设方式

目前90%以上的管道直接覆土掩埋，潜在风险很大。一旦是发生泄漏可能引发爆炸、中毒等重大事故，使人民的生命和财产蒙受重大损失。

1.3.5　指导方针

贯彻落实管道完整性管理理念。

提高管道完整性，即：提高管道承受荷载和保持安全运行的能力。

首先要注重事前控制，设计宗旨要以提高施工、运行、监控、维修、更换、质量控制和通信系统等全过程的安全性为目标，以管道总成本费用(根据墨菲定律，风险的降低总是要以成本的增加为代价，即管道总成本费用=安全维护费用+事故损失费用)为成本考核依据。设计阶段是提高管道完整性的关键阶段。

因管道泄漏的诱因多属于不变因素，不可消除，不可避免，结合管道现状，以提高超期管道的监控、维修、更新效率为设计目标已迫在眉睫。

1.3.6　对策目标

对策达到以下目标：

(1) 降低事故发生频率(如不可避免的话)。

(2) 减少事故造成的后果(根据水桶理论考虑最坏的情况)。

(3) 管道总成本费用最低(根据墨菲定律测算)。

1.3.7　对策制定

(1) 针对主因制定对策。我国管道泄漏的主因是内外腐蚀和人为破坏，人为破坏可通过加强法治惩戒和普法教育来实现，发生率已逐年下降，内外腐蚀可通过在施工中避免防腐层损坏，及时修复破损点；研发防腐性能更强的防腐层、钢材；油气中加注适量的缓蚀剂等对策。

主因属于可变因素，在管道设计、施工、运营阶段，可通过持续改进对策来提高完整性管理绩效，但对于不变因素，在施工和运营期，危害因素通常无法克服。

(2) 对策分析。

对策：在管道设计阶段，推广采用钻爆隧道法管道铺设方案。

优点：目前管道隧道通常在山地布设，截面净空宽度、高度通常3~4m，钢管可车载运输就位，地面和支座平整，不用覆盖土石，最大程度地减少了防腐层损伤，提高了管道的安装就位和焊接效率；避免了覆盖土石对管道的冻胀破坏；隧道内管线采用直线代替延地表的曲线，缩短长度，节支增效显著；隧道围岩和钢混二衬结构能极大降低爆炸事故损失和人为破坏；空间充足，方便安装和更新抽水、照明、监测、报警、消防等设施，可及时发现并修复渗漏点；衰老期可提前平行铺设另一条管道，节省管道用地，提高超期管道的更换效率，降低管道运营停滞损失，提高管材回收利用率；可铺设通讯光缆等其他管线，提高经济性和信息反馈效率；我国隧道的设计和施工技术世界领先。目前采用有限元数值方法对隧道进行结构模拟计算能较真实地反映隧道结构的内力和变形情况，为隧道的结构设计提供科学依据。顶部拱形结构形式受力合理。遵循新奥法的钻爆法是当今最先进的施工工法，能充分利用围岩的自稳能力。中石油设计和施工单位已经积累了丰富的经验，技术力量雄厚。

从施工质量、进度、成本、安全、环保等方面考虑，在山地和河流的管道穿越工程中钻爆隧道法是公认的最佳方案。

在坡度较小的丘陵，如需要建设水保工程并定期维护的，钻爆隧道法除了具备上述优点，还可避免植被破坏和水土流失。

钻爆隧道法和其他管道铺设方案相比，特别是在城镇区，如果采取适当提高隧道二衬强度等级和增加埋深等措施，可将油气泄漏爆炸和人为破坏的损失降到最低；可减少施工垃圾和噪声污染及对地面交通的影响；隧道内可选用多种先进的油气泄漏监测设施，相互验证，提高效率。例如：分布式温度感测（DTS）、分布式声感测（DAS）、分布式振动感测（DVS）等技术可进行泄漏检测、流量保证、第三方干扰（TPI）的监测；燃气管道可采用气相色谱仪 PGC 进行泄漏气体种类鉴别与分析。隧道内设置摄像头和闭路电视，定期更新先进的智能管道油气泄漏监测系统（包括检测、定位、警报、消防等），在监测室进行实时跟踪监测。

缺点：钻爆隧道法比直接覆土掩埋，建造成本略高；在富水软弱围岩段，隧道施工安全事故发生率较高。

管道完整性管理是一个与时俱进的连续过程。能够引起管道失效的因素，随着岁月的流逝在不断地侵害着管道。因此必须持续不断地对管道进行风险分析、检测、完整性评价、维修、人员培训等完整性管理工作。

隧道内的管道在运营期内监测和修复泄漏点、更换超期管线和更新监测设备的效率在各类管道铺设方案中最高，总成本费用最低。

结论：在管道设计阶段，推广采用钻爆隧道法铺设方案，在保证施工安全的前提下，可最大程度地满足管道完整性管理的要求。

2 山地隧道全断面帷幕注浆工艺

2.1 隧道安全事故的主因

根据 2003 年中石油完成的黄河隧道到 2012 年在西二线东段湘赣粤桂四省完成的 45 条隧道的施工统计资料，利用排列图分析：隧道的爆破掘进、初支、二衬、拆模及其他施工过程中，爆破掘进中的安全问题最多，占 75%，经分析围岩坍塌是爆破掘进中危害程度最大且发生频次较多的。利用鱼刺图分析：富水软弱围岩段因止水措施不力，发生涌水和突泥，是导致坍塌事故的主因。

2.2 治水理念

如果“以排为主”，容易造成：①隧道富水软弱段频发涌水、突泥，严重影响施工质量、安全、进度。②涌水中的碳酸根离子等含量增高，和金属阳离子反应，腐蚀隧道围岩，严重影响使用年限。③水土流失使围岩应力状态不断变化，导致隧道失稳。④水土流失使地表水源逐渐枯竭，隧道顶部地面塌陷等。如果仅“以堵为主”，加剧了水体向注浆薄弱处渗透，导致局部突发涌水。所以正确的治水理念是“以堵为主，限量排放，排堵结合，综合治理”。

2.3 止水对策

实践证明：帷幕注浆止水工艺的施工质量是确保隧道施工和管道运营安全的关键。

下文从工艺流程、方案设计、质量控制点、保障措施、攻克难点五方面阐述提高施工质量的经验。

2.4 工艺流程

2.4.1 流程图及说明

参考勘察地质水文资料和超前地质预报的结果，结合施工中的现场观测，进行全断面帷幕注浆工艺设计，其工艺流程见图 2。

（1）施工前准备。

①施工现场和操作平台准备完毕。②因掌子面冒浆是富水破碎段常见突发事故，所以提前施作止浆墙，施作范围是工作面和前方一定体积范围的岩层，通常利用较好围岩作止浆岩盘，视破碎程度浇筑混凝土墙、钢筋及注浆管和型钢骨架混凝土墙。止浆岩厚度 25～30cm，采用喷射混凝土封闭。③准备施工材料，包括水玻璃、添加剂等材料运至上现场库存和掌子面附近，注浆中能保证连续供应。

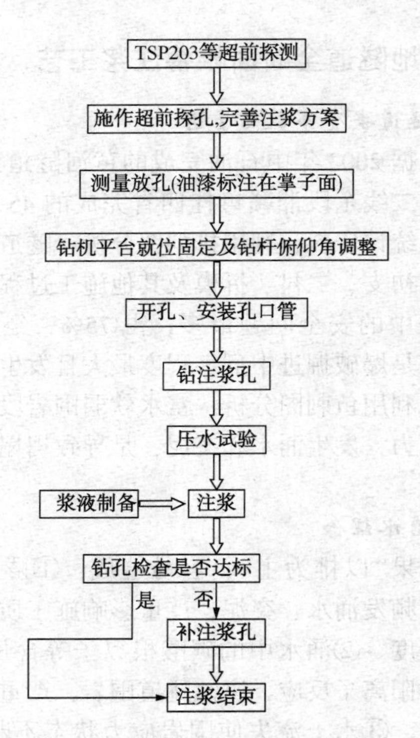

图2　帷幕注浆工艺流程图

（2）选择、配置注浆浆液。

帷幕注浆施工常用的浆材种类如下。

① 单液水泥浆液：价格低、抗渗性好、操作简便。可注性差，难以注入细小的裂隙岩层，凝固时间长，易流失、结石率低。

② 水泥-水玻璃浆液：现场测绘水玻璃含量与凝结时间关系图，体积比实验证明：当水玻璃：水泥浆=0.3~1时，降低水玻璃用量，凝胶时间可缩短到几十秒，因现场二者体积比值通常大于0.25且水玻璃使结石率显著提高，故双液浆止水法广泛应用于饱和黄土和破碎涌水段围岩。

③ 改性超细水泥浆液：改善浆体的流动性，凝固中有微膨胀，增强耐久性，价格较高。

根据涌水量选择浆材：当钻孔涌水小于$1m^3/h$时，选用水泥单液浆；当涌水大于$1m^3/h$且小于$3m^3/h$时，选用水泥-水玻璃双液浆；当涌水大于$3m^3/h$时，选用水泥-GT双液浆；当遇到粉细砂、小裂隙岩层时，则选用改性超细水泥浆液，如：HSC、MC、TGRM浆液。

（3）钻孔和注浆作业。

经现场调研，本隧道破碎渗水段选用注浆工艺中分段前进式。首先要标注钻孔点位，用色漆在止浆墙上标注孔位。

其次，设置钻机，位置要求准确，钻机中垂线通过隧道中线，用水平尺调平。然后伸出钻杆钻孔，钻杆的钻点、角度、进尺长度符合要求。当贯穿止浆墙后应立即停止钻进，退出钻头，待套管和一次性钻头更换完毕后，再钻至设计要求的深度。

（4）注浆结束标准。

结束条件是单孔注浆压力达到设计终压后，再注浆超过10min。

帷幕注浆效果评定通常采用：①钻孔内的出水量不大于0.2L/min。②压水试验：在水压为1.0MPa时，进水量小于2L/min。③钻孔取芯法：由检查孔采取岩芯，查验注浆凝固体的密实度。

2.5　鲤鱼地隧道全断面帷幕注浆方案

2.5.1　工程概况及设计参数

西气东输二线的鲤鱼地山地隧道位于广东省樟木头镇，隧址区主要有黏土质砾石和全风化岩体等。

平巷段断层带的宽度近30m，地面有官仓河流经，施工中很可能发生涌水、突泥，隧道设计净宽3.8m、净高3.3m，隧道断面采用直墙圆拱型，开挖宽度4.5m、高度4.26m。油气管道隧道特点是断面较小，不适用凿岩台车等大型设备。

据规范，在断层破碎带等富水段，优先采用帷幕注浆止水工艺。现场检测开挖范围的围岩水压：当水压值处在1.0MPa和2.0MPa之间时，隧道横截面开挖轮廓线外放3m范围内施作加固带；当水压值处在2.0MPa和3.0MPa之间时，横截面开挖轮廓线外放5m范围内施作加固带；当水压值大于3.0MPa时，横截面开挖轮廓线外放8m范围内施作加固带。

注浆前设置止浆岩盘。止浆盘岩厚度：结构完整性好的Ⅲ级围岩预留3m；Ⅳ级围岩预留4m；Ⅴ级围岩预留5m。平巷段的断层带局部Ⅴ级，大部分是Ⅳ级，所以止浆岩盘厚度取5m。

根据经验公式：$L=(3\sim5)D$，式中：L为注浆段长度；D为开挖轮廓线外注浆厚度。经取芯验证：当$L=25m$时，后部注浆效果较差；当$L=15m$时，进度较慢。所以$L=20m$(图3~图5)。

（1）每循环注浆长度20m，第一环设计长度取14m，第二环取20m，因止浆岩盘厚度取5m，故仅开挖15m。

（2）开孔直径为$\Phi115mm$，孔口管直径为$\Phi108mm$，终孔直径为$\Phi75mm$。

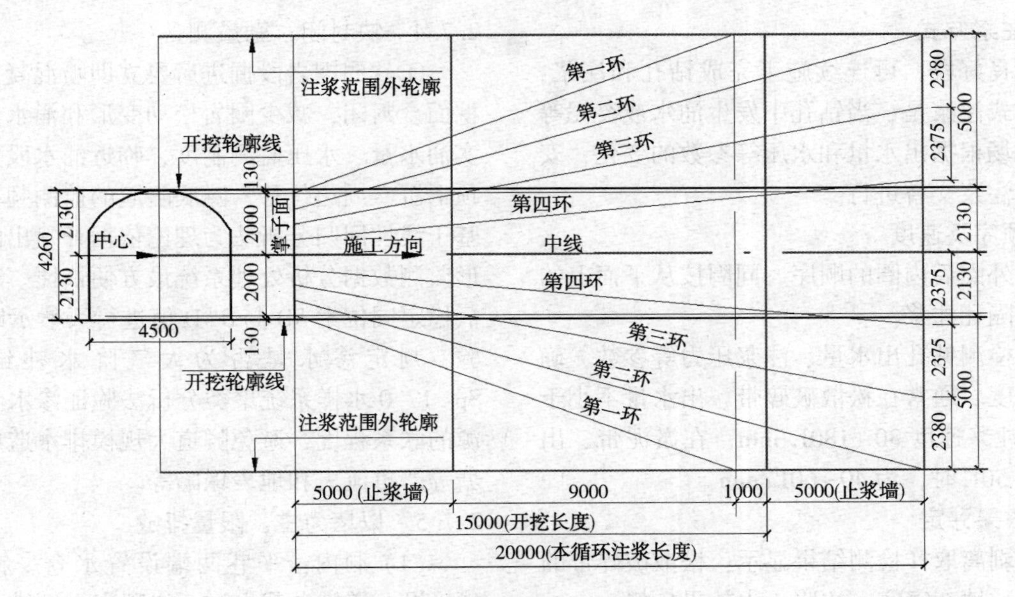

图 3　全断面帷幕注浆纵断面图

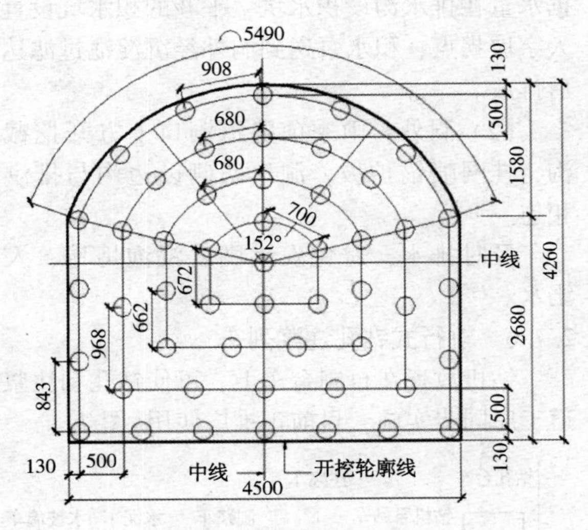

图 4　注浆孔位布置图

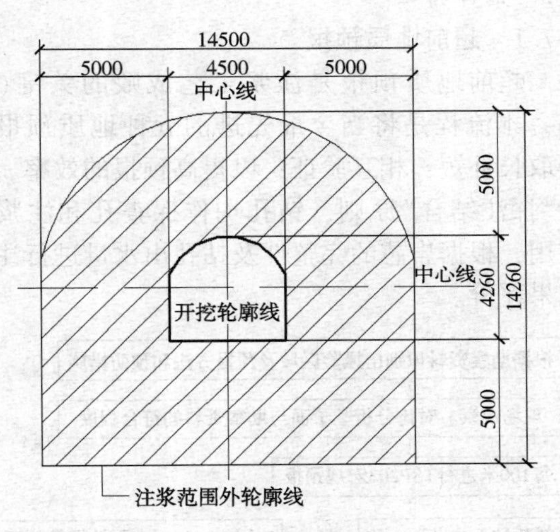

图 5　全断面帷幕注浆范围

(3) 30 米长的断层带，预注浆起始面超前 10m，以保证止浆岩盘的厚度，其终点应超过 10m，注浆段总长 50m，共三个循环。

2.5.2　注浆设备

钻机应能水平钻孔 40m 以上，且成孔快；注浆机应能满足 7MPa 以上注浆压力。主要注浆设备：ZYG-150 型液压钻机、YQ-100 型冲击钻、ZYSY90/125 型双液注浆机型等。

2.6　*质量控制点*

2.6.1　孔口管布设

按设计要求布设，根据现场情况进行调整，保证裂隙被浆液尽量填实。布设方法：用 MGJ-50 型钻机钻 3.2m 深，再插入长 3m、直径 Φ108mm 的孔口管，外露 20~30cm，管与孔间的空隙用锚固剂填实。

2.6.2　钻孔

钻孔直径是 Φ110mm，以“一孔多用”为目的：①检测钻孔出水量、水压、岩芯状态，判定前方围岩的岩性，及时调整注浆参数。②用测斜仪测孔向偏差，要及时校正超标偏差。

允许偏差值：孔口距是 ±30mm，方向角是 1°。

2.6.3　注浆材料及注浆参数

平巷断层带采用单液注浆结合双液注浆。通常单液注浆完毕后，封孔时才用双液注浆。根据现场条件和注浆效果随时取样送检，根据实验结果及时调整注浆参数，确保注浆效果。

2.6.4　注浆方式

岩性良好段，可连续施工完成钻孔和注浆；分段前进式注浆是，当钻孔中发生涌水或突泥等情况，现场根据出水量和水压等参数的变化，安排钻孔和注浆交替进行。

2.6.5　顺序及速度

按先外圈后内圈的顺序。同圈按从下而上的顺序，间隔孔注浆。

现场检测钻孔出水量、注浆压力等参数，确定注浆速度。通常在松散破碎带、出水量不小于50L时，注浆速度80~180L/min；在淤泥带、出水量小于50L时，为40~60L/min。

2.6.6　效果评定

局部剥离取样检测结果显示：松散破碎带的裂缝和孔隙填充密实，注浆止水效果良好。

2.7　保障措施

2.7.1　超前地质预报

超前地质预报是注浆工艺成败的关键(图6)。本流程是将当今最先进的五种地质预报方法取长补短，相互验证，以提高预报的效率。坚持"探注结合"原则，钻孔均作探查孔和注浆孔使用，根据岩芯的完整性及钻孔出水量进行注浆效果评价。

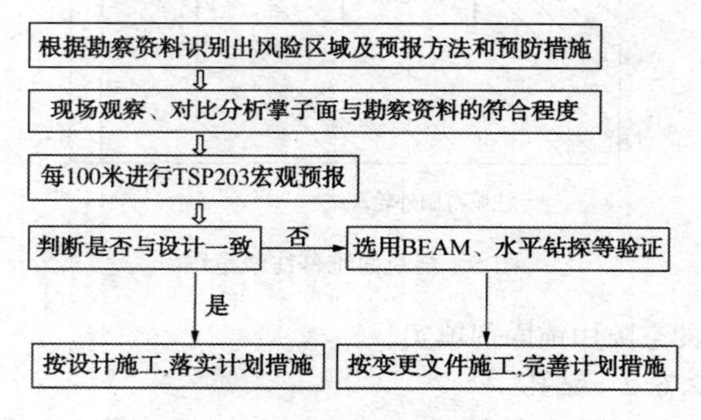

图6　超前地质预报流程

2.7.2　管超前、强支护

帷幕注浆的施工目的是保障顺利掘进，虽止水效果显著，但还不能有效地固结围岩预防塌方。在开挖前，首先进行超前支护，在洞口设置管棚，在洞内设置6m注浆小导管。初支、二衬的施工要紧跟掘进工序并及时提高强度等级。

2.7.3　短进尺、弱爆破

断层段的钻爆设计要适当缩短进尺长度，增加周边眼的数量，减少装药量，采用毫秒微差爆破以减震。

2.7.4　快封闭、勤量测

①软弱围岩段掘进后要立即喷混凝土进行开挖面全封闭，减少围岩松动变形和涌水量。②落实涌水量、水压监测制度，临近涌水段要加大拱顶下沉、周边位移、隧底隆起的监测频率。目前基于线性回归分析法为理论依据开发出的隧道变形监测数据分析处理系统最方便快捷。③通过氢氧稳定同位素δD与δ^{18}D值进行天然示踪连通试验，判定渗水是否为大气降水补给；基于Spss17.0水样系统聚类分析法验证渗水与周边水源的联系程度，避免隧道大规模排水造成周边鱼塘等严重流失和地表塌陷等。

2.7.5　以堵为主，限量排放

(1) 洞内：平巷两端设置水仓。斜巷每隔10m设一道横向截水沟，将积水引至排水沟，根据水量在排水沟设积水坑，平巷的积水坑设置在人字坡拐点，积水泵送到洞外经沉淀池过滤达标后排放。

(2) 洞外：雨季前隧道洞口上方开挖截水沟，挂网喷锚护坡，洞口两侧设边沟与排洪沟相连。

及时排水，避免发生围岩浸泡坍塌、人员溺水。

2.7.6　轨行式钻孔注浆列车

钻机放置在自制台车上，可使钻孔和注浆两道工序同步实施，目前正推广使用(图7)。

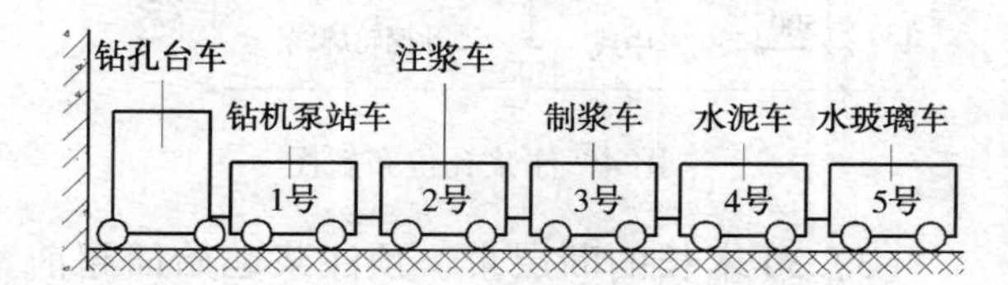

图7　注浆列车示意图

(1) 钻孔台车：支架由20b工字钢焊接，中部设置钻机平台，水平度由千斤顶延导轨粗调，由水准管、微调螺栓微整。顶部安装手动葫芦调整钻机上下，用锁定液压缸将钻机固定在台车上。

(2) 压力表：设置在注浆机和孔口管路上，抗震型。耐压强度大于10MPa。

2.8　攻克难点

2.8.1　单孔注浆量的参数确定

$$Q = \pi R^2 hn\alpha(1+\beta) \quad (1)$$

式中，要根据施工规范和现场条件确定参数，鲤鱼地隧道单孔注浆量计算参数见表1。

表1 单孔注浆量计算参数

围岩等级	节理特征	地质特征	孔隙率/%	浆液填充率α/%	浆液损失率β/%
Ⅱ	裂隙稍发育	少量裂隙	2~5	72	9
Ⅲ	有裂隙发育	局部裂隙	6~15	75	14
Ⅳ	裂隙较发育	断层破碎带	10~20	77	17
Ⅴ	裂隙极发育	断层中间段	30~40	80	23

2.8.2 浆液配比参数的确定

由实验室确定浆液配比参数，以工程地质资料、设计要求、施工材料等作为测定根据，监理现场查验注浆效果，判定是否进行调整。

根据实验结论：①适当降低水灰比，比值越高注浆试块强度下降越大。②掺外加剂的注浆试块强度有所下降。③水泥标号不宜低于425#。

所以，实验条件：温度25~31℃；相对湿度35%~40%。实验材料：水泥标号为425#；水灰比为1：1。部分实验数据见表2。

表2 双液浆初、终凝时间统计表

序号	水玻璃浓度/Be′	水泥浆：水玻璃(体积比)							
		1：0.3		1：0.5		1：0.7		1：1	
		初凝/s	终凝/s	初凝/s	终凝/s	初凝/s	终凝/s	初凝/s	终凝/s
1	35.0	15	37	20	35	25	63	39	80
2	31.5	9	33	13	34	22	50	37	70
3	27.4	7	41	12	28	24	62	36	94
4	25.0	7	91	15	41	24	63	36	105
5	23.3	9	27	12	34	19	56	39	76
6	21.7	7	392	11	34	20	49	36	74
7	20.8	8	1714	9	92	20	45	35	68
8	18.2	10	1626	15	85	23	61	58	142
9	17.5	9	1962	16	283	16	57	36	146
10	16.2	16	2358	16	934	27	151	37	102
11	14.9	16	1835	27	1183	39	207	42	105
12	13.3	21	3163	14	1697	23	1009	33	181
13	12.1	18	4908	14	2358	31	1648	33	261
14	10.0	115	18897	27	2507	32	1917	43	1078

实验数据证明：四种配比浆液的初凝时间(7~115s)对施工的影响可不予考虑。如果终凝结时间太长，则易导致严重漏浆、扩散半径过大，延长进度且增加成本，降低效益。终凝时间太短则不利于现场施工。所以，控制好初、终凝时间差是提高注浆效益的关键。

以终凝时间(s)、水玻璃浓度(Be′)为纵、横轴作曲线图(图8)。

四种配比浆液的曲线拐点分别是：12.1Be′、14.9Be′、17.5Be′、21.7Be′。

根据实验结论：注浆试块的水玻璃含量越高，强度下降越明显。注浆液的水玻璃含量过低可使终凝时间超长，速凝效果不明显。

实践证明：注浆范围易发生涌水而稀释注浆液，使其水灰比增大而降低凝固体的强度。

所以，注浆液的初凝时间宜短，水玻璃含量宜中偏低。

图8中，超过各曲线的拐点，继续降低水玻璃浓度，终凝时间徒增，使初、终凝时间差过大，降低效益。所以，拐点的水玻璃浓度值最佳。

当水泥浆：水玻璃=1：0.3，水玻璃的浓度值为21.7Be′，初凝时间较短，初、终凝时间差=392−7=385(s)，设备操作及维修时间充足且凝固体中水玻璃含量较低，现场验证效果良好。

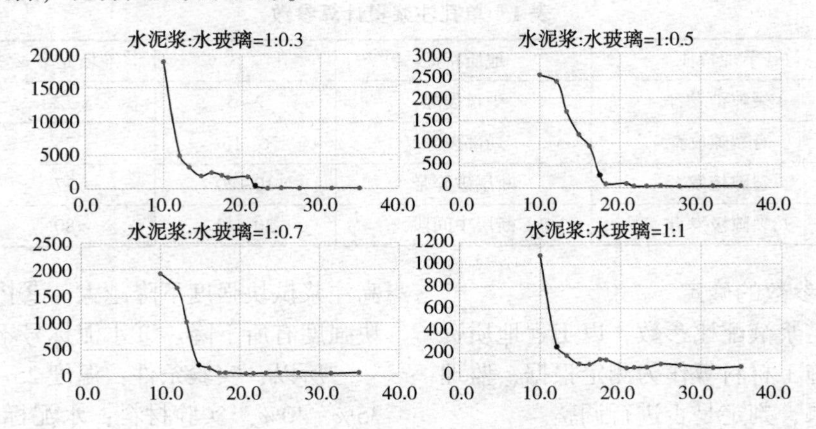

图8　双液浆终凝时间曲线图

2.8.3　注浆孔的定位

隧道门洞附近可用 GPS 定位，洞内因信号变弱无法使用。如果传感器精度较高，惯性导航可借助定位器中的 GPS 模块，相对位移可通过速度位移公式计算。随着北斗导航结合 5G 通讯技术的成熟，此项技术有望突破。

目前最佳方法是编程计算器(卡西欧 fx-5800P)与全站仪(具备免棱镜测距和激光指示功能)相互配合现场标注孔位。首先用 cad 绘制隧道横截面图，用 cad 插件统计出轮廓线上控制点相对于中心点的距离等，放样时先标中心点，再标控制点并连成轮廓线。其次，设置引桩时可调用计算器的内置和自定义公式，常用的是已知控制点方位角及距离求测点坐标的 CoordCalc 公式和已知控制点坐标求测点方位角及距离的 Dist&dirceAn 公式。最后，通过引桩标出中心点。

孤线隧道，用计算器编程计算放样参数。此法也可检测超欠挖值。

3　本工艺在河流穿越工程的应用

2012 年中石油完成了西气东输二线东江隧道，见图 9、图 10。

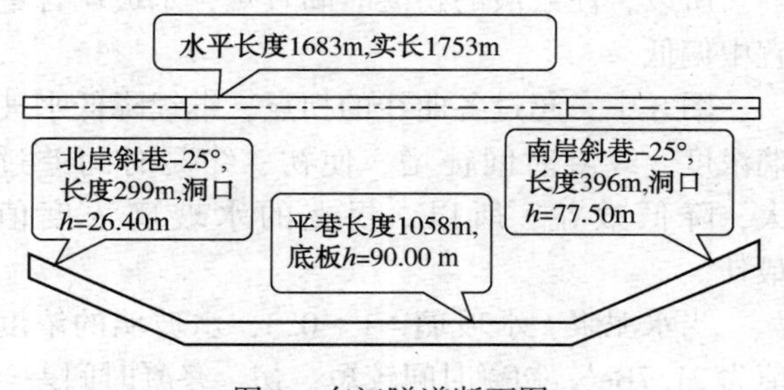

图9　东江隧道断面图

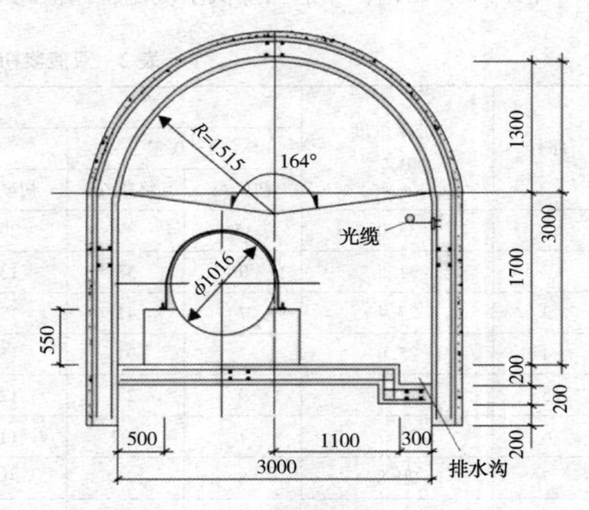

图10　东江隧道横截面图(单位：mm)

东江工程横穿主航道，施工前由专家组对四种可行的河流穿越方案进行比选：盾构、顶管、钻爆隧道、定向钻。

参照项目：2003 年中石油完成的三项河流穿越工程：1992m 的长江盾构、7645m 的黄河顶管、518m 的黄河隧道。其中黄河隧道施工中发生了 4 次特大涌水，启用了帷幕注浆止水应急预案，化险为夷，胜利贯通。

首先分析论证盾构、顶管两种方案。

(1) 盾构：优点是中石油技术强，设备多，经验丰富。缺点是施工段有花岗岩等坚硬围岩。优选国产土压平衡模式微型盾构机，设备折旧高达 0.68 万元/延米。制造、运输、安装周期长等。

(2) 顶管：优点是技术强，低风险。缺点是管线长，Φ1016mm 油管的口径较大，管线呈“U”形折线，顶管难度高等。

所以专家组决定不采用以上两种方案。

专家组重点比选钻爆隧道和定向钻两种方案。

（1）钻爆隧道：1753m。优点是技术成熟，成本最低，可同步敷设光缆。缺点是掘进中涌水量最高达 19000m^3/d，止水难度较高。

（2）定向钻：1831m。优点是技术强，设备多，工期短，风险低。缺点是光缆定向钻要单立项，不经济。有坚硬围岩，难度大等。

从施工的安全、质量、进度、成本、环保等方面考核，专家组决定采用钻爆隧道方案。东江隧道借鉴鲤鱼地隧道全断面帷幕注浆工艺，未发生涌水和突泥而顺利贯通。根据管道完整性管理理念进行全过程综合评估，因其余方案在运营期难以进行管道的监测、维修、更新，故钻爆隧道法在管道河流穿越中的优势更加显著。

4 结语

4.1 经验总结

在设计规划阶段，山地、河流、城镇等地域推广钻爆隧道法管道铺设方案。全断面帷幕注浆工艺是最佳止水工艺，可保证隧道在 I ~ V 级围岩的任何地域通行。

管道将普遍进入衰老期，泄漏事故频发，难以监测、维修、更新。如临激流险滩，隧道法如同乘风破浪的航船，注浆工艺如同灯塔，引领航船驶向胜利的彼岸。

本工艺的施工质量是确保隧道施工和管道运营安全的关键。为确保“灯塔不灭”：本工艺要贯彻“以堵为主，限量排放，排堵结合，综合治理”的治水理念；要遵循新奥法原则，落实“早预报、管超前、预注浆、短进尺、弱爆破、强支护、快封闭、勤量测”等技术保障措施；不断攻坚克难，使施工质量精益求精，为隧道施工和管道运营的安全保驾护航。

4.2 发展趋势

我国北斗导航结合 5G 通讯技术已领先世界，应用到管道泄漏点的监测定位、信息反馈等领域，管道完整性管理将更上一层楼。

全帷幕注浆列车等设备安装信号接收器和智能动力装置，可实现洞外控制，洞内机械精准作业，管道隧道的施工将进入航母时代。

参 考 文 献

[1] 王兰花．油气长输管道泄漏原因分析[J]．中国石油和化工标准与质量，2014，(10)：231-232.

[2] 路民旭，白真权，赵新伟．油气采集储运中的腐蚀现状及典型案例[J]．腐蚀与防护，2002，23(3)：105-113.

[3] Mark G，Stewart，RobertE，et al. Probabilistic risk assessment of engineering system[M]. London：Kluwer Academic Kap，1997：113.

[4] 黄志潜．管道完整性及其管理[J]．焊接，2004，27(3)：1-8.

[5] 周文．全断面帷幕注浆技术在均昌隧道突水突泥灾害治理中的应用[J]．公路交通科技(应用技术版)，2017，(5)：227-229.

[6] 陈智强．厦门文兴隧道近接东山水库段地下水连通试验研究[J]．城市道桥与防洪，2013，(3)：197-201.

酸气集输管道清管+缓蚀剂防腐技术研究与应用

高秋英[1,2]　孙海礁[1,2]　刘　强[1,2]　张　浩[1,2]　马　骏[1,2]　陈　苗[1,2]

（1. 中国石油化工股份有限公司西北油田分公司；
2. 中国石油化工集团公司碳酸盐岩缝洞型油藏提高采收率重点实验室）

摘　要　利用自制模拟装置模拟现场清管工艺，通过腐蚀模拟和腐蚀电化学方法分析了清管及缓蚀剂加注对20#钢在管线积液模拟液中腐蚀的影响。实验结果表明：利用过盈量3%皮碗清管器清管后，20#钢试样表面的积液和固体沉积物量均减少，腐蚀速率明显降低。当往模拟液中加注缓蚀剂或者对试样进行缓蚀剂预膜后，缓蚀剂分子会在碳钢表面作用形成一层缓蚀膜，有效阻碍了试样与腐蚀介质的直接接触。清管配合缓蚀剂预膜使用后，此时腐蚀速率降低为0.029mm/a，对碳钢的保护效果较好。

关键词　20#钢，皮碗清管球，缓蚀剂，预膜，腐蚀速率

石油和天然气行业中，约20%的腐蚀问题可能归因于有固相颗粒沉积而引发的垢下腐蚀。通过各种化学和物理方法减轻管道的内腐蚀。缓蚀剂等化学品通常连续注入管道，以保护金属基础设施免受酸性气体腐蚀（即CO_2和H_2S引起的腐蚀）。缓蚀剂化学成分变化很大，可能通过中和电解质溶液或在金属上形成保护膜发挥作用。成膜缓蚀剂是一种具有极性头部基团和疏水性尾部的表面活性化合物。减缓腐蚀的一种常见物理方法是定期清洗管道，即清管。清管可清除管道中的积水、水垢和其他固体物质。由于清管是对管道内部表面进行机械清洁，因此，清管对清除管道壁上的生物膜也非常有效，尤其是在使用配有钢刷的清管器时。

积液和沉积物普遍存在于管道内部，这些管道通常同时受到连续缓蚀剂注入和定期清管的影响。虽然已经有一些研究探讨了缓蚀剂对垢下腐蚀的潜在影响，但还没有研究缓蚀剂和清管配合使用对碳钢腐蚀的影响。本文在实验室条件下研究了固相颗粒沉积工况下缓蚀剂注入和模拟清管对碳钢腐蚀行为的影响。

1　实验材料及方法

1.1　实验材料

实验材料选用现场20#管线钢。实验溶液采用气田管线积液模拟溶液，其成分见表1。腐蚀模拟实验试样为弧形试样，尺寸见图1，其中电化学试样背面用铜导线焊接。用水磨砂纸将试样测试表面逐级打磨至800#，然后用去离子水冲洗，酒精脱水，冷风吹干后放入干燥器中备用。实验采购市面上与现场收集到的管道匹配的皮碗清管器，进行模拟清管作业，实验装置图见图1。固相沉积物为碳酸钙盐垢。缓蚀剂为现场气田使用得缓蚀剂，加注浓度为100mg/L。

表1　油田采出水溶液成分表

溶液组分	Cl^-	Na^+	Mg^{2+}	Ca^{2+}	HCO^{3-}	SO^{42-}
质量浓度/(mg/L)	128993.69	68921.55	651.85	11934.12	125.79	300

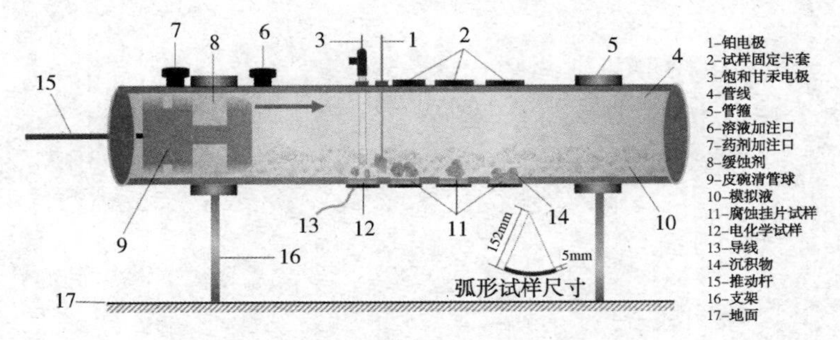

图1　实验装置示意图

1.2 实验方法

腐蚀模拟实验，试样均在采出水模拟液中浸泡 72h。对于清管工况，使用清管球刮擦一次；对于 100mg/L 缓蚀剂-清管工况，首先在采出水模拟液中加注 100mg/L 现场缓蚀剂，浸泡 72h 后进行清管工艺；对于清管-缓蚀剂预膜实验，首先从药剂加注口加注缓蚀剂溶液；待缓蚀剂加满后，推拉清管球进行清管+预膜工艺。每组放置三个平行试样。实验之前先往溶液中通入纯 CO_2 气体约 2h，使溶液达到饱和 CO_2 的状态，并保持 CO_2 的通入状态直至实验结束。实验温度 (30±1)℃。

电化学测试采用 Gamry Interface 600 电化学测试系统，采用三电极体系，工作电极为 20# 钢，辅助电极为铂电极，参比电极为饱和甘汞电极。实验前试样表面用水磨砂纸逐级打磨至 800#，然后去离子水冲洗，丙酮除油，酒精脱水，冷风吹干后放入干燥器中备用。测试时先测试 30min 开路电位，待开路电位稳定后再进行电化学阻抗谱和线性极化电阻测试。电化学阻抗谱 (EIS) 测试频率范围为 0.01～100kHz，激励信号为 10mV。线性极化电阻测试电位范围：±10mV (相对开路电位)，扫描速度 0.125mV/s。为了保证实验结果准确行，每组实验重复测试三次。

实验结束后取出试样，利用扫描电子显微镜 (SEM，S4800，日本) 观察了试样表面形貌。

2 结果与讨论

2.1 腐蚀失重结果

20#钢浸泡在管线积液模拟液中的腐蚀形貌及腐蚀速率结果见图 2。

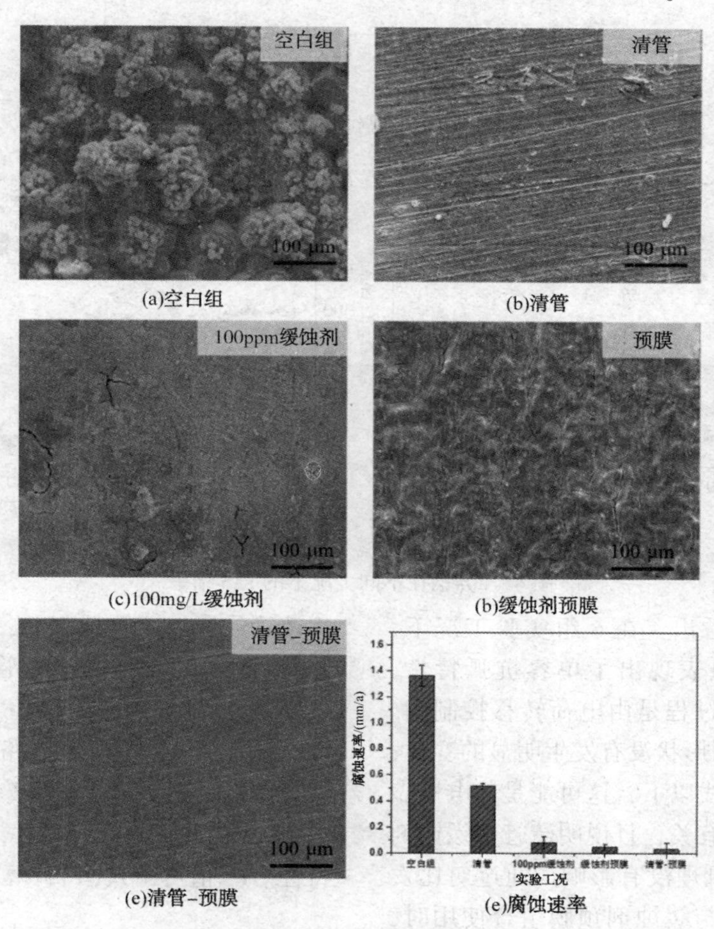

(a)空白组　(b)清管　(c)100mg/L缓蚀剂　(b)缓蚀剂预膜　(e)清管-预膜　(e)腐蚀速率

图 2　20#钢在管线积液模拟液中浸泡 72h 后的腐蚀形貌及腐蚀速率

图 2(a) 为 20#钢浸泡在管线积液模拟液中未清管的腐蚀形貌，从图中可以看出，20#钢表面附着大量的颗粒状固体，该工况下腐蚀速率为 1.362mm/a[图 2(f)]。采用 3%皮碗清管球清管后，样品表面较为平整、划痕清晰可见，腐蚀速率为 0.515mm/a，较空白组降低了 62.19%。在加入缓蚀剂后，试样表面沉积物减少，可观察到表面覆盖了一层膜，这说明缓蚀剂分子在金属表

面吸附；而清管和预膜配合使用，试样表面较清管后的更加平整，划痕清晰可见，腐蚀速率降低为0.029mm/a。

2.2 开路电位

图3所示为30℃时，20#钢在积液模拟液中的开路电位(OCP)曲线，从图3可以看出，浸泡1800s后，OCP浮动范围均在10mV以内，说明系统达到稳定状态。另外，清管或者加注缓蚀剂工况下的OCP初始值始终高于空白组，这可能由于使用皮碗清管球清管后，试样表面积液量减少，腐蚀风险降低；而缓蚀剂存在时，缓蚀剂分子会在碳钢试样表面吸附。

2.3 电化学阻抗谱

20#管线钢在不同工况下的EIS测试结果见图4。

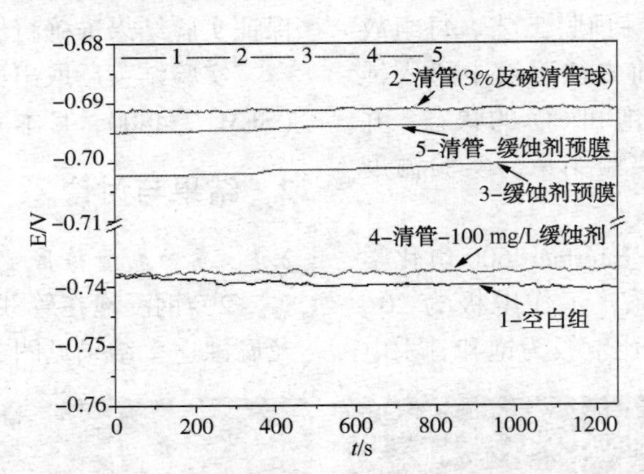

图3　20#钢在不同腐蚀环境下的OCP曲线

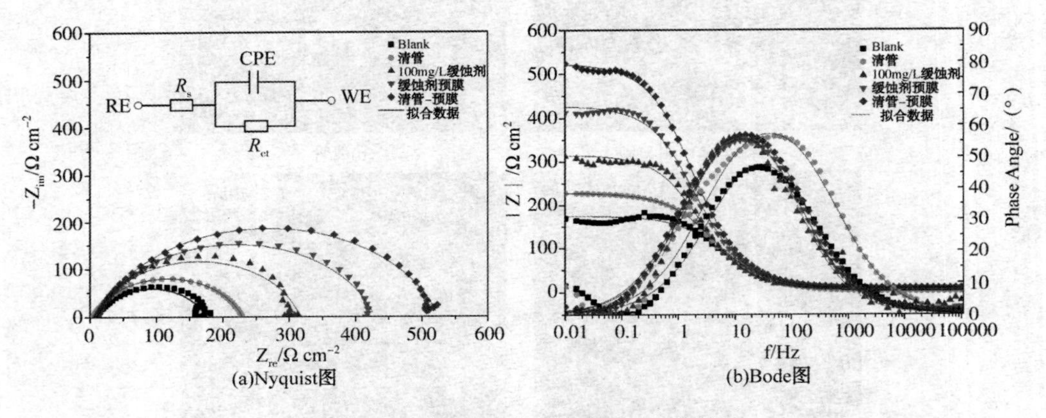

图4　20#钢在不同工况下的EIS结果

从图4(a)可以看出，在6组实验工况下，Nyquist图中曲线均只表现出了单容抗弧特性，表明该体系的动力学过程是由电荷转移控制的。在Nyquist图中容抗弧形状没有发生明显的变化，其弧圆心位于实际轴线以下，这可能是与电极表面的粗糙和不均匀性有关，且说明清管和缓蚀剂加入对20#钢的腐蚀机理没有影响。通过对比发现，皮碗清管球清管与缓蚀剂预膜组合使用时，容抗弧半径相对较大，这表明清管配合缓蚀剂的防腐效果优于单独清管、缓蚀剂连续加注及缓蚀剂预膜。

根据图4(b)可以看出，20#钢在未清管工况下的$|Z|_{0.01Hz}$约为169Ω·cm^{-2}，对试样表面模拟清管或者加注缓蚀剂后，$|Z|_{0.01Hz}$呈上升的趋势。采用3%皮碗清管球清管-预膜时，$|Z|_{0.01Hz}$增加到523.5Ω·cm^{-2}。

采用图4(a)等效电路模型拟合EIS数据，拟合参数见表2。R_s为溶液电阻，R_{ct}为电荷转移电阻，CPE为恒相角元件，代表双电层的电容特性。C_{dl}值可由式(1)计算得到：

$$C_{dl} = (Y_0 R_{ct}^{1-n}) \frac{1}{n} \tag{1}$$

式中，Y_0为等效相位角元件参数，$S^n\Omega^{-1}cm$；n为弥散因子，$0<n<1$。

如表2所示，在6种不同实验工况下，溶液电阻的R_s值变化不大。清管后R_{ct}增大的趋势，而C_{dl}的变化趋势与R_{ct}值的变化趋势相反。当分别加入100mg/L缓蚀剂和缓蚀剂预膜后，R_{ct}分别为307.1Ω·cm^{-2}和418Ω·cm^{-2}，且预膜的高于连续加注工况，这可能是与缓蚀剂分子在试样表面吸附有关，形成了一层吸附膜。当对试样表面进行清管后预膜处理，此时的容抗弧半径最大，R_{ct}为514.8Ω·cm^{-2}，这说明清管与缓蚀剂配合使用，不仅减少了试样表面的沉积物和积液，同时缓蚀剂分子作用在表面会形成一层吸附膜，阻碍了试样与腐蚀介质的直接接触，进一步降低了碳钢的腐蚀。

表2 三种不同工况EIS拟合参数

工况	R_s/ Ω·cm^2	Y_0/ $S^n Ω^{-1} cm^{-2}$	n	R_{ct}/ Ω·cm^2	C_{dl}/ F·cm^{-2}
空白组	8.747	0.000774	0.774	166.3	0.000425
清管球	9.54	0.000474	0.7785	226.3	0.000251
100ppm缓蚀剂	9.148	0.000323	0.8222	307.1	0.000196
缓蚀剂预膜	10.61	0.000231	0.798	418.4	0.000128
清管-预膜	10.33	0.000182	0.7952	514.8	9.86E-05

2.4 线性极化电阻

图5为20#钢在不同工况下的线性极化电阻结果。

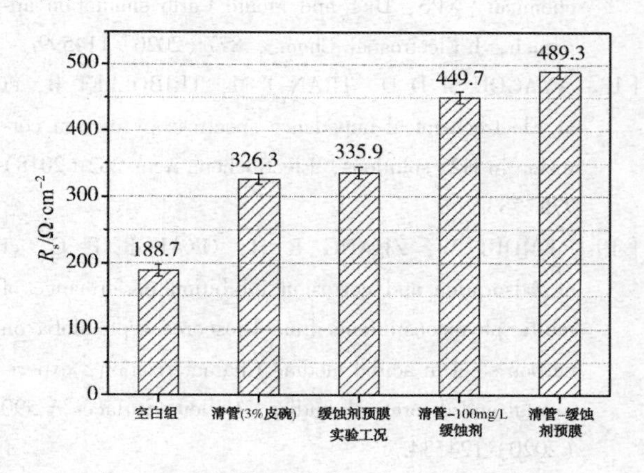

图5 20#钢在不同实验工况下的R_p值

从图5可以看出，当试样表面附着沉积物未进行清管时，线性极化电阻R_p的值为188.7Ω·cm^{-2}，说明腐蚀反应发生的阻力较小，试样表面被固体沉积物覆盖会存在垢下腐蚀风险。采用过盈量3%的皮碗清管器模拟清管后，R_p的值较空白组增大，这可能与清管导致管线内部积液和沉积物减少有关，在一定程度上阻碍了界面处电荷的转移，阴、阳极腐蚀反应速率降低。在模拟液中加注100mg/L缓蚀剂后，此时R_p的值增大为335.9Ω·cm^{-2}，与清管后的R_p值基本接近。对试样表面进行预膜后，R_p值高于缓蚀剂连续加注工况，增加到449.7Ω·cm^{-2}，增加幅度约为25.31%。而利用清管球对试样先模拟清管后预膜处理后，此时R_p值增加到了489.3Ω·cm^{-2}，说明清管配合缓蚀剂预膜使用时的防腐能力要优于单一清管或者预膜。

3 现场应用

2020年3月在西北油田某高含H_2S伴生气主管线现场试验应用该项清管技术，该管道规格为Φ273mm×7.1mm，全长23.91km，材质为L245NS抗硫材质无缝钢管，管道设计压力1.6MPa，实际运行压力0.35MPa，设计运行温度≤80℃，实际运行温度45~55℃，输送伴生气内含H_2S为38257mg/m^3，CO_2含量7.2%。

该管道清管作业的组合先用过盈量3%的泡沫清管器清管一次，，再用过盈量3%的皮碗清管器清管一次，积液小于25kg后，采用缓蚀剂储存仓60m满仓法装入管道内所需缓蚀剂，在伴生气作为推动动力源，清管器预涂膜运行速度为2~3m/s，满足《天然气管道运行规范（SY/T 5922—2003）》要求清管器运行速度一般宜控制在3.5~5.0m/s，完成管道清管+预膜作业。管道连续运行180内，对管道内腐蚀清理进行监测，结果表明：清管+连续加注缓蚀剂能有效控制该伴生气主干线腐蚀速率，腐蚀速率由不清管时的1.268mm/a下降至0.152mm/a，下降幅度达到88.36%，能够有效控制该管道点腐蚀速率。

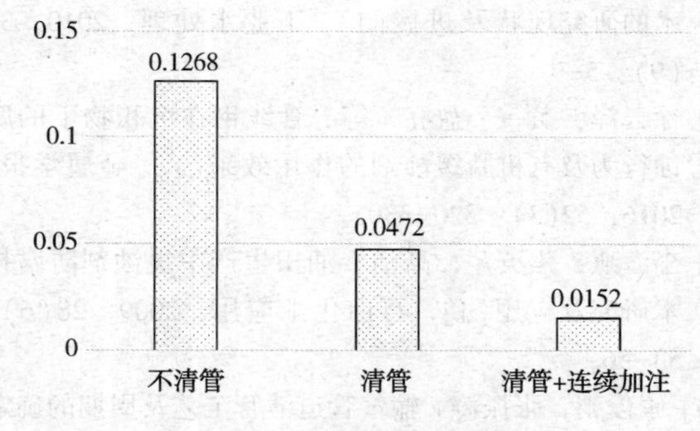

图6 现场管道内腐蚀监测数据

4 结论

（1）利用自制实验装置模拟清管作业，与空白组进行对比，当使用过盈量为3%的皮碗清管球清管后，20#钢试样表面的积液和固体沉积物量均减少，腐蚀速率明显降低。

（2）缓蚀剂加入腐蚀介质后，缓蚀剂分子作用于碳钢表面，形成一层保护膜，阻碍了20#管线钢与腐蚀介质的接触。同时缓蚀膜的形成使得金属/溶液界面处的电荷转移电阻增加，腐蚀反应的发生需要克服较大的阻力，进而抑制了阴阳极腐蚀反应的进行。通过对比，清管配合缓蚀剂预膜使用后，此时腐蚀速率降低为0.029mm/a，对碳钢的保护效果较好。

（3）现场应用该技术后，管道点腐蚀速率下降88%幅度，说明该技术能够有效控制西北油田高含 H_2S 环境伴生气管道腐蚀。

参 考 文 献

[1] 顾锡奎，何鹏，陈思锭．高含硫长距离集输管道腐蚀监测技术研究[J]．石油与天然气，2019，48(1)：68-73.

[2] 马能平．影响石油长输管道二氧化碳腐蚀的因素分析与控制措施[J]．化学工程与装备．2010(02)

[3] 李彪．二氧化碳对油气田设备的腐蚀与防护研究[J]．科技经济导刊，2017(27)：113.

[4] 张学元，邸超，陈卓元，LN209井油管沉积物下方腐蚀行为[J]．腐蚀科学与防护术，1999，11(5)：280-283.

[5] 王颖，黄启玉，邓心茹，等．阿尔油田集输系统结垢机理与防治措施研究[J]．石油天然气工业，2017，2：54-59.

[6] 顾锡奎，杨辉，张楠革．川中含硫区块回注井油套管腐蚀及缓蚀剂防护[J]，石油与天然气化工，2020，49(4)：69-72.

[7] 何俊，赵宗泽，李跃华，等．物理方法除垢阻垢技术的研究现状及进展[J]．工业水处理，2010，30(9)：5-9.

[8] 徐云泽，黄一，盈亮，等．管线钢在沉积物下的腐蚀行为及有机膦缓蚀剂的作用效果[J]．金属学报，2016，52(3)：320-330.

[9] 李海燕，焦英芹，高洁．油田生产中缓蚀剂防腐技术研究及应用[J]．石油化工应用，2009，28(6)：53-56.

[10] 康俊鹏，张振涛．输气管道清管工艺及周期的确定[J]．工业加热，2020，49(06)：41-43.

[11] YILMAZ N，FITOZ A，ERGUN Ü，et al. A combined electrochemical and theoretical study into the effect of 2-((thiazole-2-ylimino)methyl)phenol as a corrosion inhibitor for mild steel in a highly acidic environment [J]，Corrosion Science，2016，111：110-120.

[12] WANG Y，HU J，ZHANG L，et al. Electrochemical and thermodynamic properties of 1-phenyl-3-(phenylamino)propan-1-one with Na_2WO_4 on N80 Steel，Royal Society Open Science，2020，7：191692.

[13] ZHANG C，ASL V Z，LU Y，et al. Investigation of the corrosion inhibition performances of various inhibitors for carbon steel in CO_2 and CO_2/H_2S environments. 2020，55(7)：531-538.

[14] ZHU J Y，XU L N，LU M X. Electrochemical impedance spectroscopy study of the corrosion of 3Cr pipeline steel in simulated CO_2 saturated oilfield formation waters[J]. Corrosion，2015，71(7)：854-864.

[15] 吕艳丽，王艳秋，周丽，等，邻菲罗啉及其衍生物在1mol/L盐酸中的缓蚀性能研究[J]，表面技术，2018，47(10)：51-58.

[16] SIHAM E A，KARROUCHI K，BERISHA A，et al. New pyrazole derivatives as effective corrosion inhibitors on steel-electrolyte interface in 1 M HCl：Electrochemical，surface morphological (SEM) and computational analysis. 2020，604.

[17] PAULP K，YADAV M，Investigation on corrosion inhibition and adsorption mechanism of triazine-thiourea derivatives at mild steel/HCl solution interface：Electrochemical，XPS，DFT and Monte Carlo simulation approach，J. Electroanal. Chem.，877 (2020) 114599.

[18] AYAGOU M D D，TRAN T M，TRIBOLLET B，et al. Electrochemical impedance spectroscopy of iron corrosion in H2S solutions，Electrochem. Acta. 282 (2018) 775-783.

[19] EMORI W，ZHANG R H，OKAFOR P C，et al. Adsorption and corrosion inhibition performance of multi-phytoconstituents from Dioscorea septemloba on carbon steel in acidic media：Characterization，experimental and theoretical studies，Colloid. Surfaces A 590 (2020) 124534.

[20] MUSA A Y，KADHUM A A H，MOHAMAD A B，et al. Adsorption isotherm mechanism of amino organic compounds as mild steel corrosion inhibitors by electrochemical measurement method，J. Cent. South Univ. Technol. 17 (2010) 34-39.

[21] YE Y，ZHANG D，LI J，et al. One-step synthesis of superhydrophobic polyhedral oligomeric silsesquioxane-graphene oxide and its application in anti-corrosion and anti-wear fields，Corros. Sci. 147 (2019) 9-21.

埋地管道非开挖修复技术在油田建设中的应用

盛 楠 于 越 杨 婧 焦 凯 张凤英 赵 甜

(中国石油天然气股份有限公司华北油田分公司)

摘 要 文章介绍了油田建设中埋地管道非开挖修复的三种技术，并对其技术原理、特点进行分析和对比，优选了 HCC 纤维增强复合防腐内衬技术。经过现场实践表明，该技术延长了管道使用寿命，有效解决了其腐蚀穿孔的问题，从根本上降低了管道的失效率，减轻了员工的劳动强度，减少了因管道失效所造成的环境污染，在油田地面管道的修复建设中具有一定的推广意义。

关键词 非开挖，内衬，修复，管道，防腐

目前，我国输油管道多数采用钢质材料，随着油田开发进入中后期，管道使用年限超过十年的约占一半以上，由于部分区域的产出液具有腐蚀性或高温性，造成了管网老化、腐蚀甚至穿孔泄漏，不仅严重影响油田安全生产，而且造成了环境污染，安全环保风险凸显。

针对此情况，一般性做法是开挖，铺设新管替换废旧管道，但由于开挖施工周期较长、投资较高，且部分特殊地区无开挖条件。美国运输部(DOT)专门在其安全条例中明确规定，当管道运行压力超过制定最小屈服强度(SYMS)的 40% 时，必须对管道缺陷及各类损伤部位采用合适的方法进行修复。因此，在管道未达到废弃标准且开挖更换成本较高的情况下，可采用非开挖修复技术。

1 技术原理

管道非开挖修复的方法有三种：插入套管法、内涂层法、内衬法。根据油田实际需要，选择了三种技术进行比较：PCE 复合衬里防腐修复技术、HCC 纤维增强复合防腐内衬技术和柔性复合内衬管技术。

1.1 PCE 复合衬里防腐修复技术

该技术是在管道内部形成一个由聚合物砂浆—胶泥—鳞片组成的复合衬里，构成钢管—衬里复合管，能够大幅度提高管道的承压能力和耐腐蚀性能，延长管道的使用寿命。其结构见图 1。

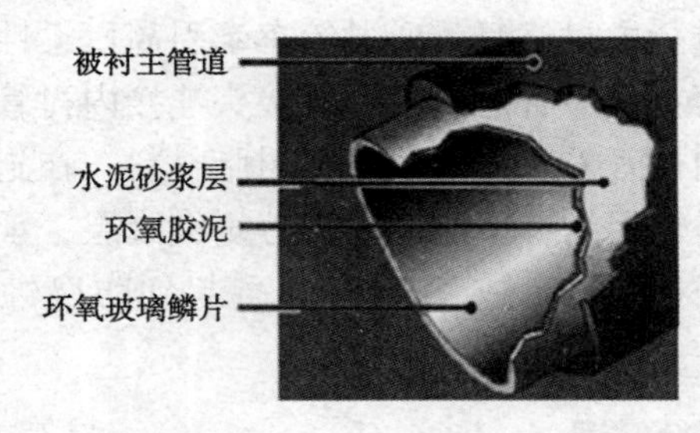

图 1 PCE 复合衬里防腐修复技术示意图

其主要包括加固层、过渡层和主防腐层。加固层厚度根据不同管径而定，采用聚合物水泥砂浆材料，聚合物对水泥砂浆有明显的缓和作用，加长了一次涂敷管段的长度。过渡层厚度根据不同管径而定，为环氧树脂胶泥涂层。过渡层主要起承上启下的作用，保证主防腐层与加固层有良好的黏结，并有防腐功能。主防腐层厚度根据不同管径而定，采用环氧树脂玻璃鳞片涂料，玻璃鳞片涂料具有更好的抗渗性。

主要施工工序为：全线试压→管道补漏→挖操作坑→管道清洗→涂加固层→涂过渡层→涂主防腐层→连管封口。

1.2 HCC 纤维增强复合防腐内衬技术

该技术是采用内涂方式在管道内部形成一层防腐内衬，HCC 纤维增强复合防腐内衬材料具有更优于普通涂料的防腐性能及机械性能。以高性能的防腐树脂作为基体，具有良好的防腐性能和粘接性能。引入高性能纤维弥补了传统防腐体系力学性能差的缺陷，保证固化后防腐层有足够的力学强度。采用结晶树脂作为改性助剂，保证粘接表面在常温条件下自然流平，且达到良好的固化效果。对于腐蚀后强度降低的旧管道进行强度补充，使旧管道继续使用，降低更换频率，节约人力、物力资源(图 2)。

主要施工工序为：热洗→物理机械除垢→吹扫干燥→喷砂除锈→内衬层涂敷→固化检测→补口。

图 2　HCC 纤维增强复合防腐内衬材料

1.3　柔性复合内衬管技术

该技术在管道内壁内衬非金属复合管对损坏管线进行内衬修复，通过绞车牵引高压柔性复合内衬管穿过原管道，并安装接头连接内衬管和主管。内衬管外层采用耐摩擦树脂材料，在施工过程中提供保护；中间层采用芳纶编制层，承担拉力；内层为 PE 或 TPU 材料，起到防腐蚀效果(图 3)。

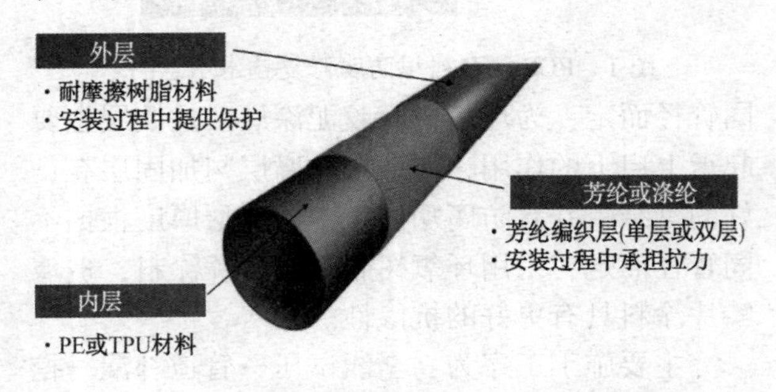

图 3　柔性复合内衬管结构示意图

主要施工工序为：挖工作坑，截掉一段主管道→CCTV 检测并分析→遥控小车牵引辅助钢丝至另一端→管道内部清洁→绞车牵拉内衬管放入主管道→安装接头连接内衬管和主管→打压测试。

2　技术特点

通过对三种管道非开挖修复技术的使用情况对比分析，总结其技术特点如下。

(1) PCE 复合衬里防腐修复技术修复后可提高管道承压能力，延长管线使用寿命 10~15 年；修复后管道输送介质温度可达 100℃，耐腐蚀性强，可输送腐蚀性液体和气体；内衬结构完整，平均厚度达到 4mm；管线内衬后，不会影响流量和输送压力，并可减少结垢。

(2) HCC 纤维增强复合防腐内衬技术采用高性能、无溶剂防腐涂料，不易产生针孔缺陷，耐温性良好；连头补口技术能够保证涂层完整、连续；涂层材料具有一定的力学强度，对已发生腐蚀的管线具有补强作用；厚涂性能好，单次涂敷厚度可达 300~350μm；施工周期短，一次性可进行 3~5km 作业，对投运影响小。

(3) 柔性复合内衬管技术单次最长安装距离可达 2500m，无需粘合剂的固化环节，因此安装速度快，可达每小时 400m；可通过 90 度的弯头，并可连续通过多个弯头；松衬情况下可承受最高 7.6MPa；适用公称直径从 *DN*150 到 *DN*500；内衬管无腐蚀风险，修复完成后可对主管延寿 30 年(表 1)。

表 1　三种技术特点对比表

技术特点	PCE 复合衬里	HCC 纤维增强复合防腐内衬	柔性复合内衬管
材料	各层材质不同，固化不好会脱落	底漆、面漆与固化剂现场配比，同种材质涂层之间不会分层脱落	柔性高压复合一体性内衬管
涂层厚度	平均 4mm，对于小管径管道会缩径，降低输送能力	1000μm	—
涂层均匀度	由于重力导致上薄下厚，表面不够光滑	能均匀涂覆，表面光滑	—
施工距离	一次施工 300~800m	一次可施工 3~5km	一次可施工 2.5km
施工周期	修复旧管道需 50d	修复旧管道需 20d	穿管 300~400m/h
耐温	100℃	150℃	95℃
管道有效寿命	10~15 年	10~15 年	30 年

3　应用效果

通过对比，综合考虑内衬性能、施工工艺难易程度、修复管径范围大小以及建设成本，优选 HCC 纤维增强复合防腐内衬技术应用于某站集油管道，规格为 *D*114mm×(4~9.6)km，内涂前后运行压力明显下降，说明内涂层光滑，降低摩阻效果明显(表2)。

表2　某站集油管道运行记录

日期	输量/(m^3/月)	起点压力/MPa	起点温度/℃	外输泵耗电量/kW·h	备注
3月	7131	0.75	55	5180	
4月	6689	0.58	60	5242.2	
5月	6954	0.63	55	5034.6	
6月	7433	0.76	61	3796.2	
7月	5467	0.46	60	3840.6	
8月	6012	0.54	59	4001	
9月	2341	0.56	60	2506.8	内涂层施工20d
平均		0.61			
10月	6231	0.39	60	3149	
11月	6768	0.48	58	4402.8	
平均		0.44			

采用该技术后，相较于全线更换节省建设费用540万元，年减少失效次数80次，可节省补漏费用440万元，减少原油损失1600t，预计可延长管道使用寿命10年，10年可节约电费109.5万元，总经济效益1386.9万元，平均年经济效益138.6万元。

4　结论与建议

通过对HCC纤维增强复合防腐内衬技术在集输管道修复中的应用表明，该技术有效地阻垢缓垢，降低运行压力，具有一定的节电效果，可用于旧管道修复、新管道防护、地热管道、站内管道，从根本上降低了管道的失效率，减轻了员工的劳动强度，减少了因管道失效所造成的环境污染。

HCC纤维增强复合防腐内衬材料本身具有一定的补强能力，但钢管必须有一定的壁厚作为支撑，不适用于钢管局部减薄过多的管道。因此，应针对管道实际情况及需求灵活选择修复方式。

参 考 文 献

[1] WARREN R TRUE. Composite wrap approved for U. S. gas-pipelinerepairs [J]. Oil&GasJournal, 1995 (2): 54-55.
[2] 宋生奎，石永春，朱坤峰，等．输油管道修复业现状及其发展趋势[J]．石油工程建设，2006，32 (3)：7-11.
[3] 佟勇．埋地管道修复的技术探讨[J]．青海师范大学学报，2007，2：30-33.

某原油管道压力逆转现象试验研究

张　皓[1]　崔　翔[2]　杨锋平[1]

(1. 中国石油集团石油管工程技术研究院；2. 中国石油管道公司西部分公司)

摘　要　随着油气管道完整性管理的日益精细化，环焊缝的疲劳承载能力越来越受到各个油田公司的重视。相较于输气管线，输油管线因其介质的不可压缩性，压力波动明显偏大。含缺陷原油管道环焊缝是否会在疲劳载荷作用下性能发生劣化，从而在相较其静强度更低的压力下泄漏失效，成为管道运行方关心的主要问题。基于某原油管道材质和运行参数，还原在役管道环焊缝并预制典型缺陷，利用对比试验比较实物疲劳试验前后含缺陷环焊缝的承载能力，得出当前运行状态下的原油管道压力逆转敏感性强弱及管道的疲劳寿命，为管道运营方的管理提供参考。

关键词　原油管道，压力逆转，疲劳试验，水压爆破

某原油输送管道位于我国西部边境。管道全长 246km，管径 Φ813mm，壁厚分为 8.7mm、10.3mm 和 11.9mm 三个规格，材质为 X60 螺旋焊管，设计压力 6.3MPa。

2014 年该原油管线壁厚为 8.7mm 的管段某环焊缝发生泄漏，经失效分析判定该焊缝存在内表面长 90mm，外表面长 52mm 的穿透型裂纹，其起裂源为焊缝内表面在焊接时形成的焊接热裂纹。资料调研表明，裂纹在服役过程中发生扩展的一个主要原因是管道内压变化而导致的循环载荷。为研究该管线环焊缝存在非穿透性原始缺陷时疲劳载荷对其承压能力的影响(即压力逆转现象)，本研究模拟现场最严苛的疲劳工况，通过环焊缝裂纹小试样疲劳试验和实物水压爆破对比试验判断存在原始缺陷的环焊缝对疲劳载荷的敏感性，为管道服役管理提供参考。

1　试验准备

1.1　试验用钢管

因该原油管道建成服役时间较长，库内现存管道较少等原因，未能获取与在役管道同一批次的钢管。为满足实验要求，采购了宝世顺钢管厂生产的 Φ813mm×8.8mm 的 X60 PSL2 螺旋埋弧焊管，与该原油线在役管道参数基本一致。并通过理化性能检测对比确认其性能与在役管道的差别。采购的钢管有两根，分别为 100252 号和 103167 号。

对两根备选试验用钢管进行了壁厚检测和理化性能检测，检测结果表明两根钢管的壁厚、化学成分、金相、硬度及夏比冲击功等指标均满足相关标准要求，与本研究相关性最大的屈服及抗拉强度检测结果与 2014 年泄漏环焊缝相邻管段的对比见表 1，通过对比发现，100252#管与该管线在役管道的性能最为接近，因此选取 100252#管为本研究的试验用管。

表 1　采购钢管与在役钢管性能对比

钢管	100252#		103167#		2014 年泄漏管段
	参数	较在役管道	参数	较在役管道	参数
管体屈服强度/MPa	473	3.05%	447	−2.61%	459
管体抗拉强度/MPa	559	1.27%	543	−1.63%	552
螺旋焊缝抗拉强度/MPa	586	−4.72%	572	−6.99%	615

1.2　试验用环焊缝

为保证试验用环焊缝焊接质量与在役管道的一致性，本试验严格以该管线线建设时期的焊接工艺为指导，进行焊材购买、管段切割、开坡口、管道组对及环焊缝焊接。为保证压力逆转实验中疲劳前后的管段承压能力对比具有可比性，从同一根管道(100252#)上截取两段同样长度的管段。这两截管段分别沿轴向从中线截断，并按照给定的环焊缝焊接工艺进行焊接。焊接完成的两节管段分别标记为 1#、2#。此外，还焊接一段环焊缝用于环焊缝疲劳小试样试验。焊接完成

后的环焊缝经磁粉、超声和射线检测，未发现超标缺陷。

1.3 缺陷制作

根据2014年该原油管线失效钢管案例中环焊缝缺陷参数，为模拟现场环焊缝最易开裂的部位，在环焊缝与母材熔合线处制作一环向长度90mm，轴向宽度2mm，深度为环焊缝厚度50%t即5.5mm的预制缺陷，制作缺陷时保证1#、2#管段的缺陷位置及尺寸一致。

缺陷制作是采用预制的模具加工环焊缝内表面裂纹缺陷。预制的模具为下窄上宽的“刀刃”状，最宽处2mm，根部最窄处0.8mm(图1)。

将1#、2#管环焊缝(避开与螺旋焊缝的丁字口)内表面打磨至要求的平整度，用电火花切割法在焊缝与母材的熔合线上加工缺陷。缺陷加工过程及结果见图2。缺陷制作完成后，在1#、2#管段两端焊上封头，以备下一步疲劳试验和水压爆破。

图1 加工缺陷用模具尺寸

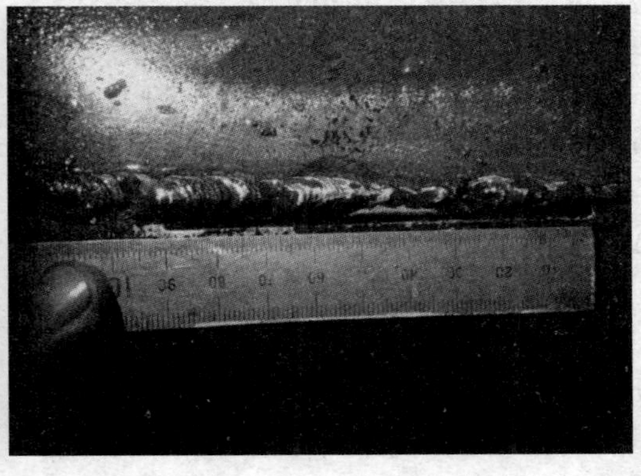

图2 缺陷制作

2 环焊缝开裂试验研究

2.1 裂纹扩展判据

该原油管线设计压力为6.3MPa，提压后最高压力可达到6.74MPa；可查询到的最小运行压力为0.82MPa。为模拟最严苛的运行工况，本试验将疲劳压力最大值定为6.74MPa，最小值定为0.82MPa。现计算此疲劳工况下官道上的原始裂纹缺陷是否会发生扩展。

该原油管线失效环焊缝及本次试验加工的环焊缝缺陷均为环向裂纹，因此在进行疲劳裂纹扩展计算时采用SY/T 6477—2014《含缺陷油气输送管道剩余强度评价方法》中环向半椭圆形表面裂纹，在内压和轴向力作用下的应力强度因子见公式(1)：

$$K_I = G_0\left[\frac{pR^2}{R_0^2 - R_i^2} + \frac{F}{\pi(R_0^2 - R_i^2)}\right]\sqrt{\frac{\pi a}{1000Q}} \tag{1}$$

式中，R_0为钢管外半径；R_i为钢管内半径；p为钢管承受的内压；a为裂纹深度；$2c$为裂纹环向长度；Q为鼓胀系数。

$$G_0 = A_{0,0} + A_{1,0}\beta + A_{2,0}\beta^2 + A_{3,0}\beta^3 + A_{4,0}\beta^4 + A_{5,0}\beta^5 + A_{6,0}\beta^6 \tag{2}$$

式中，$A_{i,0}$在SY/T 6477中查表可得；$\beta = \frac{2\varphi}{\pi}$。

$$\begin{cases} Q = 1.0 + 1.464\left(\dfrac{a}{c}\right)^{1.65} & (\text{当 } a/c \leqslant 1.0 \text{ 时}) \\ Q = 1.0 + 1.464\left(\dfrac{c}{a}\right)^{1.65} & (\text{当 } a/c \geqslant 1.0 \text{ 时}) \end{cases} \tag{3}$$

将相关参数代入公式(2)、(3)可得，$G_0=1.51$，$Q=1.0456$。

在公式(4)中，轴向力的变化主要由内压变化而产生，内压作用下轴向力的计算公式为：

$$\sigma_t = \frac{pD}{4t} \tag{4}$$

式中，p 为钢管内压；D 为钢管外径；t 为钢管壁厚。

将相关参数代入公式(4)中，计算可得：当 $p=6.74\text{MPa}$ 时，$\sigma_{\text{tmax}}=155.67\text{MPa}$；当 $p=0.82\text{MPa}$ 时，$\sigma_{\text{tmin}}=18.94\text{MPa}$。

计算结果代入公式(1)中，可得：$K_{\max}=32.55\text{MPa}\cdot\text{m}^{1/2}$，$K_{\min}=14.89\text{MPa}\cdot\text{m}^{1/2}$；则 $\Delta K=K_{\max}-K_{\min}=17.66\text{MPa}\cdot\text{m}^{1/2}$（$\Delta K_{\text{th}}=9.97\text{MPa}\cdot\text{m}^{1/2}$）。

可知 $\Delta K>\Delta K_{\text{th}}$，因此当疲劳最大内压为6.74MPa、最小内压为0.82MPa时，疲劳裂纹会发生扩展。

进一步计算可知，当管道最大内压为6.74MPa时，若最小内压小于3.55MPa，则 $\Delta K>\Delta K_{\text{th}}$，裂纹会扩展；若最小内压大于3.55MPa，则 $\Delta K<\Delta K_{\text{th}}$，裂纹不会发生扩展。

2.2 疲劳周次计算

2.2.1 运行压力调研

调研获取了该管线首发站历史4个月的出站压力，结合高程、里程与水力摩阻计算可得该管线0~3#阀室的管线运行压力。由管线内压变化统计可知，该管线出站压力基本分布在3.5~5.5MPa范围内，最低压力为0.82MPa。由上一章节应力强度因子及 ΔK 的计算可知，小应力幅的疲劳载荷对疲劳裂纹的扩展无作用。为了研究该管线提压后管线对疲劳载荷的敏感性，以及保证实验的可行性，需将不规则的管线压力变化通过一定的方法转化为规则的疲劳载荷，其中规则的疲劳载荷应力幅定为 $p_{\max}=6.74\text{MPa}$，$p_{\min}=0.82\text{MPa}$。下面介绍疲劳载荷周次计算常用的雨流计数法。

雨流计数法又可称为“塔顶法”，是由英国的Matsuiski和Endo两位工程师提出的，距今已有50多年。雨流计数法主要用于工程界，特别在疲劳寿命计算中运用非常广泛。把应变-时间历程数据记录转过90°，时间坐标轴竖直向下，数据记录犹如一系列屋面，雨水顺着屋面往下流，故称为雨流计数法。雨流计数法对载荷的时间历程进行计数的过程反映了材料的记忆特性，具有明确的力学概念，因此该方法得到了普遍的认可。

计数规则如下：①雨流依次从载荷时间历程的峰值位置的内侧沿着斜坡往下流；②雨流从某一个峰值点开始流动，当遇到比其起始峰值更大的峰值时要停止流动；③雨流遇到上面流下的雨流时，必须停止流动；④取出所有的全循环，记下每个循环的幅度；⑤将第一阶段计数后剩下的发散收敛载荷时间历程等效为一个收敛发散型的载荷时间历程，进行第二阶段的雨流计数。计数循环的总数等于两个计数阶段的计数循环之和。

由于统计到的出站压力及计算得到的管线压力没有0.82~6.74MPa的全循环，因此需人工设定一个[0.82，6.74]的全循环，并将统计到的出站压力数据按照图3所示流程进行计算。

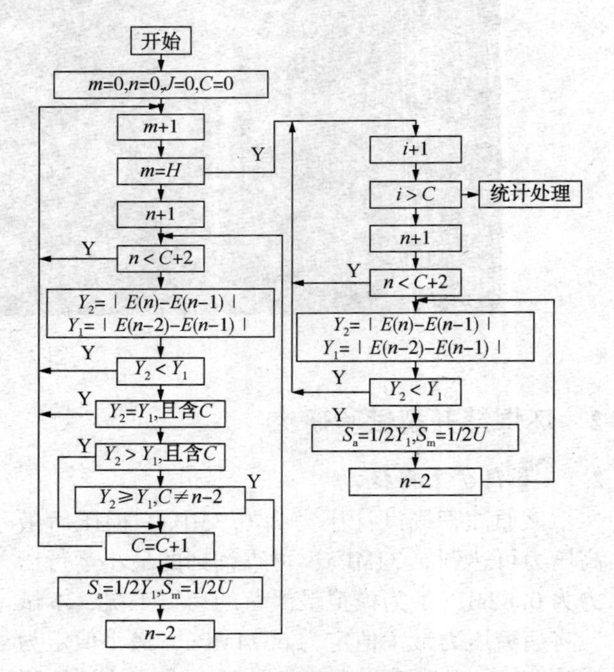

图3　雨流法实时计数模型程序设计逻辑流程图

将数据代入matlab程序计算可得：统计得到的该管线管线压力波动换算到[0.82，6.74]应力幅下单月最大的疲劳周次 $N_{\max}=2$，即单月的0.82~6.74MPa应力幅有2次(图4)。

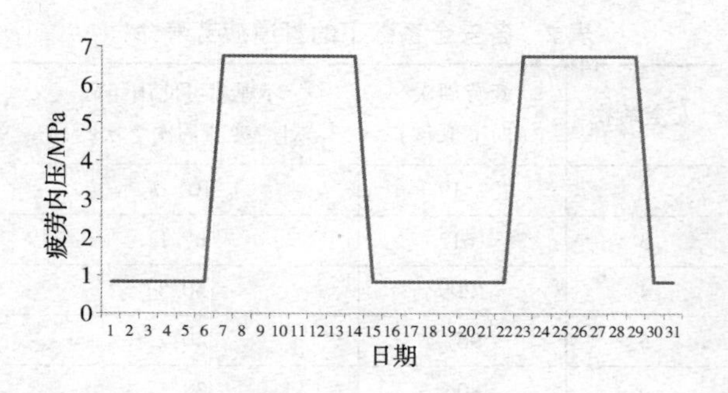

图4　雨流计数法转换后的管道疲劳内压

2.2.2　实物试验疲劳压力周次

考虑到该管线完整性管理中规定的8年/次内检测年限，在一个内检测周次内，管道疲劳周次为192次。本次预制的疲劳裂纹初始深度为5.5mm，环向长度为90mm，参照内检测器灵敏度手册应为可检出缺陷，故将疲劳周次定为192次。另考虑内检测及日常管理中的部分不可控因素，为保险起见，乘以2倍的安全系数，最终将实验疲劳周次定为384次。

3　实物疲劳及水爆试验

本次疲劳试验为对比型实验，即先将1#管按照程序进行爆破，测定其爆破压力。再将2#管按照疲劳程序进行384周次的内压疲劳，实验过程中随时观察其有无发生疲劳性穿透裂纹，若疲劳周次完成后环焊缝仍未泄漏，则将2#管道内压降为0MPa后按照1#管的程序进行爆破，测定其爆破压力，并记录相关数据。

为保证环焊缝的焊接质量满足实验要求，实验开始前分别对1#、2#管进行了超声、射线和磁粉无损检测，检测合格后在进行试验。此外，对疲劳试验后的2#管进行超声及射线检测，在2#管爆破前先判断原始缺陷处疲劳裂纹是否发生扩展。

3.1　1#管水压爆破

经无损检测，1#管环焊缝焊接质量良好，无超标缺陷。

依据SY/T 5992-2012《输送钢管静水压爆破试验方法》，利用水压爆破试验系统，对1#管段进行水压爆破。水压爆破的步骤如下：①缓慢升压至2.02MPa(30%提压后管线最高压力)，保压15min；②缓慢升压至4.04MPa(60%提压后管线最高压力)，保压15min；③缓慢升压至6.74MPa(100%提压后管线最高压力)，保压30min；④缓慢升压至8.43MPa(125%提压后管线最高压力)，保压30min；⑤缓慢升压至爆破，记录爆破压力。

实验获得的压力—时间曲线见图5。

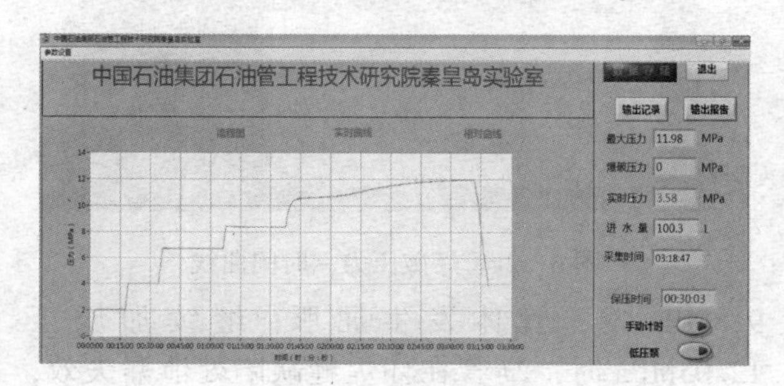

图5　1#管水压爆破压力—时间曲线

可以看出，1#管在2.02MPa和4.04MPa标准静水压试验压力条件下分别保压15min，在6.74MPa和8.43MPa标准静水压试验压力条件下分别保压30min，均未发生泄漏；加压至9.8MPa时，管体发生屈服；继续加压至11.98MPa时，1#管在环焊缝缺陷处泄漏失效。根据钢管的抗拉强度和壁厚，计算可得爆破压力预计为11.7MPa，1#管实际爆破压力较理论计算值高2.4%。

3.2　2#管疲劳试验

在实验前，对2#管环焊缝进行无损检测，检测结果表明2#管环焊缝质量良好，无超标缺陷。

疲劳试验程序如下：①将试验管灌满水并加压至2MPa，观察有无泄漏现象；②泄压至0.82MPa，准备开始疲劳试验；③将管道内压加载至6.74MPa，保压2min，观察有无泄漏状况；④将管道内压泄压至0.82MPa，保压30s，重新开始升压；⑤重复③~④过程，直至达到384周次。

在升压及6.74MPa保压时，应时刻注意关注压力曲线，观察环焊缝有无因疲劳裂纹而发生的泄漏现象。

疲劳试验完成后，对2#管道进行了第二次超声及射线检测。检测结果表明，2#管缺陷在宏观尺度上未发生明显变化，需打爆后再对疲劳裂纹进行进一步的观察分析。

将2#管按照1#管水压爆破程序进行爆破，得到的压力—时间曲线见图6。

可以看出，2#管在2.02MPa和4.04MPa标准静水压试验压力条件下分别保压15min，在6.74MPa和8.43MPa标准静水压试验压力条件下分别保压30min，均未发生泄漏；加压至

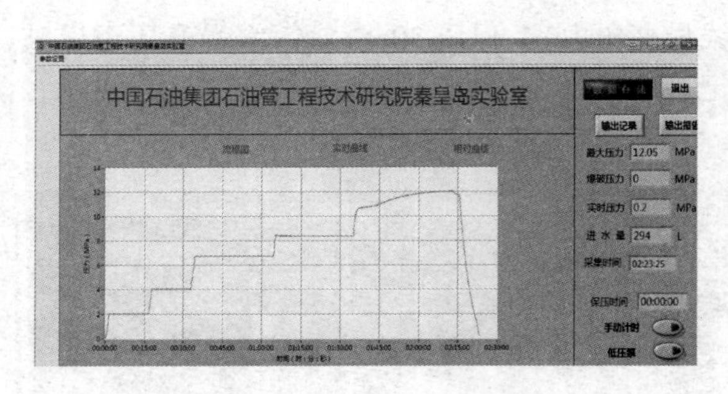

图 6　2#管爆破压力—时间曲线

9.8MPa 时，管体发生屈服；继续加压至 12.05MPa 时，2#管在环焊缝缺陷处泄漏失效，爆破共历时 2h13min。2#管实际爆破压力较理论计算值高 2.9%。

3.3　环焊缝疲劳寿命分析

现计算当前疲劳载荷幅下该管线环焊缝的疲劳寿命。由公式(6)可得：

$$\Delta K = K_{\max} - K_{\min} = G_0\ (\pi/1000Q)^{1/2} \Delta\sigma a^{1/2} \tag{5}$$

为简化计算过程，令 $\Phi = G_0\ (\pi/1000Q)^{1/2}\Delta\sigma$，则 $\Delta K = \Phi a^{1/2}$，结合 Paris 公式，有：

$$\mathrm{d}a/\mathrm{d}N = C\ (\Phi a^{1/2})^m \tag{6}$$

对式(11)两边积分可得：

$$N = \frac{2}{(2-m)C\Phi^m}\int_{a_0}^{a_c} \frac{\mathrm{d}a}{a^{m/2}} \tag{7}$$

即：

$$N = \frac{2}{(2-m)C\Phi^m}\left[a_c^{(2-m)/2} - a_0^{(2-m)/2}\right] \quad (m \neq 2) \tag{8}$$

由管材适用性评价可知，$a_c = 7.3\text{mm}$（管道公称壁厚按该管线 8.7mm 计算）。对于该管线环焊缝 $C = 1.96\times10^{-15}$，$m = 8.03$，代入公式(8)中可得：

$N = 4837$ 周次

需要说明的是，此处计算所得的周次 N 仅考虑了环焊缝预制缺陷在内压疲劳载荷下的疲劳寿命，管线在实际运行中的腐蚀、地层移动、过载、地形起伏附加的弯矩及焊缝的残余应力等对环焊缝的疲劳扩展都有一定的促进作用，因此有必要考虑一定的安全系数。现分别取安全系数为 2~7，相应的管道疲劳寿命见表 2。

表 2　各安全系数下的管道疲劳寿命

安全系数	疲劳周次（向下取整）	环焊缝可使用年限（对应疲劳周次 2 次/月）
2	2419	101.7
3	1612	67.1
4	1209	50.3
5	967	40.2
6	806	33.5
7	691	28.7

4　结论

（1）无损检测结果表明，1#、2#管环焊缝焊接均无超标缺陷，可以正常试验。2#管在疲劳试验完成后缺陷尺寸未发现可通过无损检测探测到的改变；

（2）在 384 个周次的疲劳试验过程中，2#管未发生泄漏；

（3）未进行疲劳试验的 1#管爆破压力为 11.98MPa，进行了 384 周次疲劳的 2#管爆破压力为 12.05MPa，两根管的爆破压力基本一致，差别仅 0.5%。说明在当前疲劳周次下该管线管道环焊缝的承压能力无明显变化，亦即该原油管道环焊缝压力逆转现象不明显。

（4）仅考虑管道内压疲劳载荷的情况下，该管线含预制缺陷的环焊缝的疲劳寿命为 4837 周次，在安全系数取 7 时可运行约 28.7 年。

参考文献

[1] 弹塑性断裂力学工程应用指南．陕西省，西北工业大学，2001-01-01.
[2] 赵新伟，罗金恒，路民旭，等．管线钢断裂和疲劳裂纹扩展特性研究[J]．石油学报，2003(05)：108-112.
[3] 钟勇，肖福仁，单以银，等．管线钢疲劳裂纹扩展速率与疲劳寿命关系的研究[J]．金属学报，2005(05)：523-528.
[4] 周恩蓬，林孝彩．基于雨流计数法的锚泊线与海床接触疲劳分析[J]．天津航海，2020(03)：10-12.
[5] 钟勇，单以银，霍春勇，等．管线钢疲劳特性研究进展[J]．材料导报，2003(08)：11-15.

油气管道输送系统国际标准化现状研究

徐 婷 秦长毅 张 华 吕 华 李为卫 许晓锋

（中国石油集团石油管工程技术研究院）

摘 要 管道输送系统标准在石油天然气工业中占据着非常重要的地位。本文介绍了ISO国际管道输送系统组织机构和各组织机构所归口的国际先进标准。对正在制修订的国际标准项目内容和进展进行了详细的介绍，使科技人员更好地参与管道输送系统的国际标准化活动，为提高我国管道建设的标准技术水平以及未来几年的管道输送系统标准的发展提供了参考。

关键词 油气管道，输送系统，国际标准化，研究

在石油工业领域，ISO和API两大组织一直把持着标准制定的话语权，世界上主要发达国家都十分重视各自在国际标准化组织中的地位和作用，一般通过积极承担秘书处和主席，参与国际标准化组织，来扩大和提高影响力。像ISO/TC67的分委员会就分别由荷兰、美国、英国、法国、日本、挪威、意大利等国控制。美国国家标准化协会（ANSI）专门成立了以美国石油学会（API）标委会专家组成的对口技术咨询工作组，依靠API标委会的专家，协调组织对口ISO/TC67开展标准化工作，已将大量API标准转换制定成ISO标准，目前还承担着SC4分委员会的秘书处。

中国石油参加国际标准化工作已有二十余年的历史，取得了ISO和API等标准化组织的投票成员资格，对一些核心标准信息进行了跟踪，极大地促进了我们的采标工作。但是在2010年之前，中国石油还从未承担石油天然气工业领域的国际标准化组织秘书处。

ISO/TC67/SC2是国际标准化组织（ISO）第67技术委员会（TC67）第2分技术委员会，简称SC2，名称为：管道输送系统分技术委员会（Subcommittee of Pipeline transportation systems）。为促进我国的国际标准化活动，提高油气管道建设标准技术水平，2008年，石油管工程技术研究院代表中国石油在ISO/TC67第28届年会上提出承担输送管分委会秘书处的申请，2010年2月，ISO/TC67管理委员会在布鲁塞尔召开会议，研究提出SC2分委会可由多国承担秘书处的建议，4月SC2在荷兰召开年会，特别工作小组又进行了密集沟通，形成一致意见：SC2由中国、意大利和俄罗斯三国共同承担。2010年10月，ISO/TC67年会正式通过委员会表决，SC2秘书处由意大利和中国并行承担秘书处，俄罗斯出任主席，中国和意大利出任副主席。这是中国石油首次在ISO/TC67领域承担国际标准化组织机构。从此，迈开了以管材为核心的管道输送系统国际标准化建设的第一步，具有里程碑式的重要意义。

为了使广大科技人员更好的参与油气输送管道领域的国际标准化活动，跟踪和参与管道输送系统国际标准的制修订过程，提高我国油气管道建设的标准技术水平，本文对SC2国际标准体系及其标准作了介绍。

1 ISO及TC67

ISO是世界上最大的国际标准化机构，其宗旨是在全世界促进标准化及有关活动的发展，以便于国际物资交流和服务，并扩大知识、科学、技术和经济领域中的合作。每个国家只有一个机构代表国家参加ISO活动，负责管理国内各部门、各地区参与国际或区域性标准化组织活动的工作。ISO包括：正式成员（Member bodies），通讯成员（Correspondent members）和注册成员（Subscriber members）。国家标准化管理委员会（SAC）代表中国参与ISO活动。

ISO发布的标准及其他可供使用文件类型包括：国际标准（International standard）（IS）、技术规范（Technical Specification）（TS）、技术报告（Technical Report）（TR）、指南（Guide）、可公开提供的规范（Publicly Available Specification）（PAS）。

技术委员会(Technical Committee，简称 TC)及其下属的分技术委员会(Subcommittee，简称 SC)是 ISO 的基本技术单位，负责制定其范围内的 ISO 国际标准。与石油天然气工业相关的技术委员会为 ISO/TC 67，名称为：石油、石化和天然气工业用材料、设备和海上结构技术委员会。

TC67 成立于 1947 年，4~5 年后工作暂停，1989 年恢复工作，秘书处 20 多年一直在美国，2009 年 10 月转交给荷兰。TC67 下设 1 个管理与执行委员会、8 个分技术委员会和 8 个工作组，迄今已出版标准 170 项，全球有 1500 多位专家参与其工作。TC67 的 8 个分技术委员会为：SC 2-管道输送系统(Pipeline transportation systems)、SC 3-钻井和完井液及井用水泥(Drilling and completion fluids，and well cements)、SC 4-钻井及生产设备(Drilling and production equipment)、SC 5-套管、油管和钻杆(Casing，tubing and drill pipe)、SC 6-加工设备和系统(Processing equipment and systems)、SC 7-海上结构(Offshore structures)、SC 8-Arctic operation(北极运营)和 SC 9-Liquefied natural gas installations and equipment(液化天然气装置于设备)。

2 SC2

SC2 是 TC67 的 8 个分技术委员会之一，名称为：石油天然气工业管道输送系统分技术委员会，负责陆上及海上石油天然气工业中流体输送的标准化，由管道输送系统的标准组成，集中在材料和部件。

SC2 的国内对口单位设在中石油管研院，代表中国行使权力和义务。SC2 设 1 个编辑委员会、13 个工作组和 1 个联合工作组，目前已经发布技术标准 23 项(包括修订)，正在预研或制修订的标准 23 项。SC2 制修订的标准、工作组、与国内标委会对应关系见表 1、表 2。从表 1、表 2 可以看出，SC2 的工作范围是整个油气管道输送系统，标准涉及专业多(包括：通用基础、管材、阀门、设计、施工、防腐、运行维护等)，与我国多个标委会/专标委的工作范围相关，与国内多家单位的业务相关。

表 1　ISO/TC67/SC2 制修订的标准

分类	标准编号	标准名称	所属组织机构
基础	ISO PWI 5872	管道输送系统术语和定义	ISO/TC 67/SC2/WG26
管材	ISO 15590-1：2018	石油天然气工业　管道输送系统用感应弯管、管件和法兰　第 1 部分：感应弯管	ISO/TC 67/SC2/WG10
	ISO 15590-2：2003	石油天然气工业　管道输送系统用感应弯管、管件和法兰　第 2 部分：管件	
	ISO 15590-3：2004	石油天然气工业　管道输送系统用感应弯管、管件和法兰　第 3 部分：法兰	
	ISO 15590-4：2004	石油天然气工业　管道输送系统用感应弯管、管件和法兰　第 4 部分：冷弯管	
	ISO 21329：2004	石油天然气工业　管道输送系统　机械连接器试验程序	ISO/TC 67/SC2/WG 15
	ISO 3183：2019/API Spec 5L：2018	石油天然气工业　管道输送系统用钢管	ISO/TC 67/SC2/WG 16 API/CSOEM/SC5
	ISO/AWI 24177	管道输送系统钢管、弯管和管件腐蚀防护用内涂层	ISO/TC 67/SC2/WG25
	新项目提案	管道输送系统钢管、弯管和管件现场接头腐蚀防护用内涂层	
设计施工运行	ISO 16440：2016	石油天然气工业　管道输送系统　钢质套管的设计、建造和维护	ISO/TC 67/SC2/WG 20
	ISO 13847：2013	石油天然气工业　管道输送系统　管道焊接	ISO/TC 67/SC2/WG 8
	ISO 15589-1：2015	石油天然气工业　管道输送系统阴极保护　第 1 部分：陆地管道	ISO/TC 67/SC2/WG 11

续表

分类	标准编号	标准名称	所属组织机构
设计施工运行	ISO 15589-2：2012	石油天然气工业　管道输送系统阴极保护　第 2 部分：海底管道	ISO/TC 67/SC2/WG 11
	ISO 16708：2006	石油天然气工业　管道输送系统　基于可靠性极限状态设计方法	ISO/TC 67/SC2/WG 12
	ISO 13623：2017	石油天然气工业　管道输送系统	ISO/TC 67/SC2/WG 13
	ISO/TS 12747：2011	石油天然气工业　管道输送系统　延长管道寿命推荐作法	ISO/TC 67/SC2/WG 17
	ISO 19345-1：2019	管道完整性管理规范　第 1 部分：陆上管道全寿命周期管理	ISO/TC 67/SC2/WG21
	ISO 19345-2：2019	管道完整性管理规范　第 2 部分：海上管道全寿命周期管理	
	NWIP 22974	石油天然气工业　管道完整性评价规范	
	ISO 20074：2019	石油天然气工业陆上管道地质灾害风险管理	ISO/TC 67/SC2/WG23
阀门	ISO 14313：2007	石油天然气工业　管道输送系统　管道阀门	ISO/TC 67/SC2/WG2
	ISO 14723：2009	石油天然气工业　管道输送系统　海底管道阀门	ISO/TC 67/SC2/WG 9
	ISO 12490：2011	石油天然气工业　管道阀门制动器和安装工具的机械完整性和尺寸定径	ISO/TC 67/SC2/WG 18
腐蚀与防护	ISO 21809-1：2018	石油天然气工业　管道输送系统用埋地或海底管线外涂层　第 1 部分：聚烯烃涂层(3 层 pe 和 3 层 pp)	ISO/TC 67/SC2/WG 14
	ISO 21809-2：2014	石油天然气工业　埋地和海底管道输送系统外涂层　第 2 部分：熔结环氧涂层	
	ISO 21809-3：2016	石油天然气工业　埋地和海底管道输送系统外涂层　第 3 部分：现场接头涂层	ISO/TC 67/SC2/WG 14
	ISO 21809-4：2009	石油天然气工业　埋地和海底管道输送系统外涂层　第 4 部分：聚乙烯涂层(2 层 pe)	
	ISO 21809-5：2017	石油天然气工业　埋地和海底管道输送系统外涂层　第 5 部分：外部混凝土涂层	
	ISO 12736：2014	石油天然气工业　管道、出油管、装备和海底结构湿热绝缘涂层	ISO/TC 67/SC2/WG 1
	ISO/FDIS 21857	管道输送系统受杂散电流影响的腐蚀防护	ISO/TC 67/SC2/WG 24

表 2　SC2 涉及的国内标准化机构及单位

序号	SC2			全国油气标委会/油标委
	分类	工作组	标准	
1	基础	WG-26	术语	石油管材 油气储运 工程建设
2	管材	WG-16 WG-10	管线管 管道管件、法兰、弯管	石油管材 工程建设
3	阀门	WG-2 WG-9 WG-18	管道阀门 海底管道阀门 管道阀门调节器选用	钻采设备和工具 油气储运 海洋石油工程

续表

序号	SC2			全国油气标委会/油标委
	分类	工作组	标准	
4	设计	WG-12 WG-13	基于可靠性设计方法 管道输送系统	油气储运 石油管材
5	施工	WG-8 WG-11	现场焊接 管道阴极防护	工程建设 油气储运
6	防腐	WG-14 WG24	管道外防护涂层	工程建设 石油管材
7	运维	WG-17 WG21 WG23	管线延寿 完整性管理	油气储运 石油管材
8	其它	WG-15 WG-19 WG-20	机械连接件试验程序 湿热绝缘涂层 钢质套管管道	石油管材 工程建设 油气储运

国际标准制修订由技术或分技术委员会下设的工作组(WG)完成，要实质性参与国际标准的制修订过程，跟踪掌握标准动态，必须参与工作组工作，每个工作组有一名召集人。各国参加SC2工作组的专家超过250名。主要工业发达国家都派出多名专家参加了工作组。由于ISO对工作组是不限定成员国参加人数的，所以每个工作组参加的各国专家人数不等，SC2最多的在1个组里就有10名专家来自同一的国家(WG19绝缘涂层，挪威)。大的石油公司参加工作组的人数分别是：SHELL17人，EXXONMOBIL4人，BP5人、TOTAL6人，PETROBRAS12人，ENI11人、STATOIL8人。我国目前已有3名专家担任工作组召集人，15名专家注册为ISO专家，在国际标准化舞台上发挥作用。

3　SC2在研项目

3.1　WG10弯管、管件和法兰工作组

WG10工作组正在开展的项目有以下4项。

(1) ISO/DIS 15590-2《石油天然气工业　管道输送系统用感应加热弯管、管件和法兰　第2部分：管件》，计划2021年发布。

(2) ISO/DIS 15590-3《石油天然气工业　管道输送系统用感应加热弯管、管件和法兰　第3部分：法兰》，计划2021年发布。

(3) ISO/WI 24139-1《石油天然气工业　管道输送系统用耐蚀合金复合管件和管件　第1部分：复合弯管》，计划2023年发布。

(4) ISO/WI 24139-2《石油天然气工业　管道输送系统用耐蚀合金复合管件和管件　第2部分：复合管件》，计划2023年发布。

3.2　WG11管道阴极保护工作组

WG11工作组正在开展ISO/WD 15589-2《管道输送系统阴极保护　第2部分：海底管道》，计划2022年发布。

3.3　WG13国际标准ISO 13623维护工作组

WG13工作组新列入一项预工作组项目PWI 22504《管道输送系统陆上和海上管道　清管器设计要求》。

3.4　WG14管道外防腐涂层工作组

WG14工作组正在开展的项目有以下5项。

(1) ISO/DIS 21809-2《埋地和海底管道输送系统外涂层　第2部分：熔结环氧涂层》，计划2021年发布。

(2) AWI 21809-3《埋地和海底管道输送系统外涂层　第3部分：现场接头涂层》，计划2022年发布。

(3) ISO 21809-3：2016/Amd 1：2020《埋地和海底管道输送系统外涂层　第3部分：现场接头涂层，补充件1：网状涂层系统》。

(4) AWI 21809-5《埋地和海底管道输送系统外涂层　第5部分：外部混凝土涂层》，计划2022年发布。(5) PWI 21809-6《管道输送系统用埋地或海底管线外涂层　第6部分：多层熔结环氧涂层》。

3.5 WG15 机械连接件试验程序工作组

WG15 工作组正在开展 ISO/AWI 21329《管道输送系统 机械连接器试验程序》，计划 2022 年发布。

3.6 WG16 管线管工作组

WG16 工作组制定发布的 ISO 3183：2019《管道输送系统用钢管》是 API Spec 5L：2018 的补充，主要新增了一个“欧洲陆上天然气管线用 PSL2 级钢管”的附录。因此，工作组后续主要工作是负责跟踪 API 5L 标准的修订进展，使 ISO 3183 协调一致。

3.7 WG17 管道延寿工作组

WG17 工作组正在开展 ISO/AWI TS 12747《管道输送系统 延长管道寿命推荐作法》，计划 2022 年发布。

3.8 WG19 湿热涂层工作组

WG19 工作组有一项预工作项目 PWI 12736《管道输送系统湿热绝缘涂层》，分为 3 个部分。

（1）第 1 部分：材料和绝缘系统验证。

（2）第 2 部分：生产和应用程序的鉴定过程。

（3）第 3 部分：系统之间的接口、现场补口涂层和现场维修。

3.9 WG21 管道完整性管理工作组

WG21 工作组正在开展 NWIP 22974《石油天然气工业 管道完整性评价规范》，该项目由于之前项目超期，重新开始工作。

3.10 WG23 管道地质灾害工作组

WG23 工作组考虑新提一项新工作项目提案“管道地质灾害监测系统、技术和程序”。

3.11 WG24 杂散电流工作组

WG24 工作组正在开展 ISO/FDIS 21857《管道输送系统受杂散电流影响的腐蚀防护》，计划 2021 年发布。

3.12 WG25 管道内涂层工作组

WG25 工作组正在开展 2 个项目。

（1）ISO/AWI 24177《管道输送系统钢管、弯管和管件腐蚀防护用内涂层》，计划 2023 年发布；

（2）新项目提案《管道输送系统钢管、弯管和管件现场接头腐蚀防护用内涂层》。

3.13 WG26 管道术语和定义工作组

WG26 工作组为新成立工作组，有一项预工作项目 PWI 5872《管道输送系统术语和定义》。

4 结语

SC2 国际标准化工作是一个系统工程，标准涉及的范围广，专业领域多，业务相关必须多方参与。从国家的整体规划来看，我国的管道业发展很快，未来多年处于发展高峰时期，管道的发展，对国际标准有强烈的需求。另一方面，国家管网具有管道规划和运营管理等“一条龙”综合优势，在管道输送系统国际标准化方面应有大的作为。为充分发挥 SC2 对国内管道企业的示范引领作用，广大科技人员应积极并实质性参与 SC2 国际标准化工作，将 SC2 国际标准化参与程度提高到世界先进水平，使国内企业在管道输送系统技术和标准化方面真正成为世界的引领者。

参 考 文 献

[1] Giuliano Corbella, ISO/TC 67/SC 2 published standards[R], ISO/TC 67/SC 2 doc. N 714, UNSIDER(Italy), 2011.

[2] Giuliano Corbella, 2011 Secretariat's report ISO/TC 67/SC 2[R], ISO/TC 67/SC 2 doc. N 716, UNSIDER(Italy), 2011.

[3] Neil Reeve, Harold Pauwels, ISO Technical Committee 67[R], ISO/TC 67/SC 2 doc. N 745, UNSIDER (Italy), 2011.

H储气库集输管线防腐策略分析

林　敏

（中国石油新疆油田公司）

摘　要　H储气库集输管线为采取埋地方式，输送介质以甲烷为主，其中CO_2占1.89%，采气工况下伴有凝析油和地层水产出，埋地管道易受腐蚀影响。为掌握其腐蚀状况以采取合理防腐措施，通过对腐蚀环境分析研究，确定其腐蚀影响因素以游离水、CO_2分压为主，还包括土壤环境、温度、氯离子浓度和流速等。对此，储气库采取“不锈钢双金属复合管+3PE防腐层+强制电流”的防腐措施，每年检修期间对埋地金属管线进行检测，对个别破损点及时修复维护，保证气库安全平稳运行。

关键词　集输管线，埋地，游离水，CO_2分压，内防腐，外防腐，阴极保护

在天然气的开发生产中，地下储气库发挥着季节调峰，应急储备的功能。H储气库为带边底水的贫凝析气藏，工作气量$45.1\times10^8m^3$，运行压力为18~34MPa。气库的工作方式为夏注冬采，气源为西气东输二线来气。由于西二线来气中二氧化碳含量1.89%，采气期生产中伴随有凝析油和地层水，且注采气井位于林地、耕地中，所以较高的运行温度、压力，CO_2，产出水中的Cl^-，土壤中的盐、氧、酸、湿度，都会造成埋地金属管线的腐蚀。

金属腐蚀造成集输管线爆破，天然气处理装置失效，加剧设备结构损坏等，破坏气库平稳供气，影响下游用户的生产和生活。腐蚀不仅给国家和企业造成巨大的直接、间接经济损失，对周边地区造成环境污染，形成资源浪费，严重时也威胁着气库员工的人生安全。所以开展储气库注采气管线腐蚀防范研究具有重要意义。

基于储气库实际运行工况，通过对腐蚀机理的研究，对气库工作环境进行腐蚀因素评价、分析工况条件下埋地金属管线腐蚀的影响程度，制定相对应的防腐措施和技术手段，并定期对埋地管线进行检测，及时修复破损点，保障气库安全平稳运行。

1　腐蚀因素分析

H储气库地面为农田、耕地，夏季气温在15~38℃之间，年均降水量200mm。西二线来气气质组分甲烷含量92.55%，CO_2含量1.89%，H_2S含量为零，相对密度0.6070。以储气库第四采气周期产出水取样分析，游离水中含有不同浓度的HCO^{3-}、Cl^-、Ca^{2+}、Mg^{2+}、SO^{42-}，pH值为6.14，其中Cl^-离子含量为1579mg/L。采气阶段，产出水为酸性环境，矿化度为2974.34mg/L，集输管线内存在游离水，易发生电化学腐蚀；注气阶段，虽然西二线来气为干气，且不含H_2S，不存在H_2S腐蚀，但注气压力高使CO_2分压增大，加剧腐蚀。在天然气集输系统中腐蚀介质包含了二氧化碳、盐、地层水、矿物质以及埋于地下的管线还受着大气、土壤的腐蚀，故H储气库腐蚀因素包括游离水，CO_2分压，Cl^-离子含量，土壤腐蚀，温度、压力、流速等。

1.1　*游离水影响*

对储气库第四采气周期产出水进行水质分析，属$CaCl_2$水型，化验结果见表1。

表1　水组分分析结果

检测项目	pH值	HCO^{3-}/(mg/L)	Cl^-/(mg/L)	Ca^{2+}/(mg/L)	Mg^{2+}/(mg/L)	SO^{42-}/(mg/L)	K^+Na^+/(mg/L)	矿化度/(mg/L)	水型
结果	6.14	227.58	1579.3	156.53	23.59	145.66	955.47	2974.34	$CaCl_2$

油气田生产中遇到的腐蚀问题绝大多数都是电化学腐蚀。当金属与电解质溶液接触时，由于

金属表面的不均匀性如金属种类、组织、结晶方向、内应力、表面光洁度等的差别，或者由于与金属表面不同部位接触的电解液种类、浓度、温度、流速等的差别，从而在金属表面出现阳极区和阴极区。金属电化学腐蚀就是通过阳极和阴极反应过程而进行的。

1）阳极反应过程

阳极表面的金属正离子，在水分子的极性作用下进入水溶液，形成水化物，反应公式如下：

$$M + mH_2O \longrightarrow M^{n+} \cdot mH_2O + ne \quad (1)$$

式中，M 为金属；e 为电子；n 为金属化合价；m 为水化物配位数。

2）电子转移过程

电子从金属的阳极区转移到金属的阴极区，同时电解液中的阳离子和阴离子分别向阴极和阳极相应转移。

3）阴极反应过程

从阳极流来的电子在溶液中被能吸收电子的离子或分子所接受，其反应如下：

$$D + ne \longrightarrow D \cdot ne \quad (2)$$

式中，D 为能接受电子的离子或分子；n 为电子的数目。

大多数情况下，溶液中的 H^+ 离子与电子结合生成 H_2 气，O_2 与电子结合生成 OH^- 离子。反应过程如下：

$$2H^+ + 2e \longrightarrow H_2\uparrow \quad (3)$$

$$O_2 + 2H_2O + 4e \longrightarrow 4OH^- \quad (4)$$

1.2 CO_2 分压影响

CO_2 是非含硫气田主要的腐蚀介质。一般来说，干燥的 CO_2 对管材是不发生腐蚀的，当有游离水环境存在时，CO_2 溶于水产生酸性环境，高的运行压力会增加 CO_2 分压，高的运行温度及其他其他矿物质离子会加剧管材的腐蚀。影响 CO_2 腐蚀管线的因子包括：CO_2 分压、温度、流速、水组分。当游离水出现，CO_2 溶于水生成碳酸：

$$CO_2 + H_2O \longrightarrow H_2CO_3 \quad (5)$$

碳酸使水的 pH 值下降，对钢材发生氢去极化腐蚀：

$$Fe + H_2CO_3 \longrightarrow FeCO_3 + H_2\uparrow \text{（腐蚀产物）} \quad (6)$$

在一定温度下，随着 CO_2 分压增加，溶液 PH 值下降。随着 CO_2 分压的增加，腐蚀加剧。

二氧化碳分压计算公式：

$$P_{CO_2} = P_{总} \times CO_2\% \quad (7)$$

式中，P_{CO_2} 为二氧化碳分压，MPa；$P_{总}$ 为气体总压(井底压力)，MPa；$CO_2\%$ 为气体中 CO_2 的百分含量(体积分数)。

根据 CO_2 分压大小判断集输管线是否产生腐蚀(表2)。

表2 CO_2 分压腐蚀等级表

CO2 分压/MPa	腐蚀等级	腐蚀速率范围/(mm/a)
<0.021	轻微腐蚀	<0.025
0.21~0.021	中等腐蚀	0.025~0.12
>0.21	严重腐蚀	>0.13

由储气库设计报告可知，H 气田紫泥泉子组 6 口井(表3)的天然气常规分析资料，天然气具有二低一高和不含硫的特点。天然气相对密度较低，为 0.5921~0.6076，平均 0.5999；非烃含量较低，二氧化碳含量为 0.398%~0.728%，平均 0.482%；甲烷含量高，为 90.09%~93.24%，平均 92.14%。西二线来气气质组分甲烷含量 92.55%，相对密度 0.6070，二氧化碳含量 1.89%(表4)。故在注采气阶段 CO_2 含量范围在 0.482%~1.89%。

表3 原 H 气田天然气分析数据

井号	井段/m	相对密度	烃组分/%							二氧化碳/%	氮气/%
			甲烷	乙烷	丙烷	异丁烷	正丁烷	异戊烷	正戊烷		
呼 2	3561~3575	0.6055	91.670	5.027	0.617	0.161	0.164	0.114	0.088	0.427	1.732
呼 001	3550~3564	0.6105	90.087	4.122	0.644	0.171	0.185			0.728	4.063
HU2002	3536~3572	0.5921	93.242	3.850	0.462	0.080	0.070			0.417	1.879
HU2003	3546~3571	0.5967	92.652	4.004	0.564	0.152	0.142			0.398	2.088
HU2004	3550~3580	0.5953	92.864	3.856	0.538	0.120	0.116			0.449	2.059
HU2006	3575~3582	0.5990	92.335	4.315	0.585	0.150	0.157			0.471	1.984
全区平均		0.5999	92.142	4.196	0.568	0.139	0.139	0.114	0.088	0.482	2.301

表4　西二线来气天然气分析数据

气源类别	相对密度	烃组分/%							二氧化碳/%	氮气/%
		甲烷	乙烷	丙烷	异丁烷	正丁烷	异戊烷	正戊烷		
西气东输二线	0.6070	92.55	3.96	0.33	0.11	0.09	0.22	0	1.89	0.85

根据二氧化碳含量百分比，计算CO_2分压结果见表5。

表5　CO_2分压实际计算结果

管线类型	设计压力等级/MPa	实际运行范围/MPa	CO_2分压/MPa
单井管线	32	18~28	0.0868~0.529
注气干线	32	20~30	0.0964~0.567
采气干线	12	8.0~11.0	0.0386~0.208

由表5可知，单井管线在注采气期CO_2分压范围为0.0868~0.529MPa，产生腐蚀为中等或严重腐蚀；注气干线压力等级高，CO_2分压范围为0.0964~0.567MPa，同样也产生中等至严重腐蚀；采气干线CO_2分压范围为0.0386~0.208，压力等级较低产生腐蚀为中等腐蚀。综合来看，储气库埋地金属管线受CO_2分压影响产生腐蚀等级至少为中等腐蚀。

1.3　其他因素

1）土壤腐蚀

土壤腐蚀一般针对管道外层进行，由于土壤中存在着复杂而又不均匀的腐蚀介质，金属管道在土壤中腐蚀主要为自然腐蚀和电腐蚀。影响土壤腐蚀因素包括：含水量、电阻率、pH值、含盐量、硫化物、透气性、有机质等。

2）温度影响

温度对管材腐蚀影响主要包括：

（1）影响产生酸性环境的物质（CO_2）在集输管线中的溶解度。通过对比不同温度区域即低温区（<60℃）、中温区（<110℃）、高温区（<150℃）下CO2对碳钢的腐蚀程度可以发现，当温度为107℃时，二氧化碳腐蚀速率最大，腐蚀速率随温度的升高献增加后减小。

（2）温度的升高会加快分子运动，加剧其他化学反应速度，加速腐蚀进度。

（3）温度越高，对管道内防腐材料要求越高。一般来说常规缓蚀剂、内涂层、内衬的适用温度在80℃左右。

（4）温度不同，腐蚀产物的成膜机制不同。比如在低温区易发生均匀腐蚀，而到了高温区，局部腐蚀严重。

2　防腐措施

2.1　内防腐措施

目前，国内外油气集输管道内防腐措施主要包括：添加缓蚀剂、涂料、电镀、复合管防腐等。下面对比四中内防腐技术（表6）。

表6　内防腐技术对比

内防腐技术	防腐机理	优点	要求（缺点）
缓蚀剂防腐	将缓蚀剂加入到腐蚀介质中，以抑制金属或合金的腐蚀破坏过程和其机械性能改变过程	用量少、不改变环境；不增加设备投资、操作简便、见效快、同一配方适用不同环境，应用广泛	与地层水和油有良好的相容性，并与水合物抑制剂有良好的配伍性
电镀防腐	阴极性镀层（钢铁表面镀锡）；阳极性镀层（铁上镀锌）	镀层可以隔离腐蚀介质与金属基体	价格高、工艺复杂、难推广
复合管防腐	双金属复合管、玻璃钢内衬复合管、陶瓷内衬符合管	基管高强度和内衬管高耐蚀性	价格昂贵
涂料防腐	在管道内壁和腐蚀介质之间提供一个隔离层，减缓腐蚀	节约大量管材和维修费用，减少清管次数	存在针孔，流体及固体杂质的冲刷易造成损伤

H储气库单井注采管道为基管L415QB无缝钢管+内衬管316L不锈钢管，采气干线同样是L415QB+316L，注气干线为L415QB无缝钢管（表7）。

表7　埋地管道材质规格表

管道类别	管道材质	管道规格	管道长度/m	管材耗量/t
注采管道	L415QB+316L	D114.3×10+2	10679.77	322.36
		D168.3×14.2+2	16407.45	997.93

续表

管道类别	管道材质	管道规格	管道长度/m	管材耗量/t
注气干线	L415QB+316L	D273×22.2	4502.98	618.56
		D323.9×25	1651.38	303.39
采气干线	L415QB	D355.6×11+2	4502.98	494.80
		D508×16+2	1651.38	359.18

由第 1 章可知，在注、采气过程中管道内含有一定量的游离水，同时较高的注、采气压力使得管线内的 CO_2 分压较高。易造成管线内腐蚀。相比于其他三种内防腐措施，采用双金属复合管具有一次投入，减少操作；避免缓蚀剂、涂料与地层油气水不配伍；使用寿命长、耐高强度腐蚀等特性。不锈钢具有较高的耐蚀能力，特别是对硫酸、硝酸和有机酸的耐蚀性。同时不锈钢中含有的 Mo 能减少氯化物的坑蚀。所以储气库选用双金属复合管作为管线内防腐措施。

2.2 外防腐措施

储气库埋地管线外防腐层结构为 3PE 防腐层，底层为环氧粉末涂层，中间层为胶粘剂层，外层为抗压聚乙烯层。其防腐层等级、结构及厚度见表 8。

表 8 防腐层等级、结构及厚度

钢管公称直径 DN/mm	环氧涂层/μm	胶黏剂层/μm	防腐层最小厚度/mm 普通级(G)	加强级(S)
$DN \leqslant 100$	≥120	≥170	1.8	2.5
$100 < DN \leqslant 250$			2.0	2.5
$250 < DN < 500$			2.2	2.9
$500 \leqslant DN < 800$			2.5	3.2
$DN \geqslant 800$			3.0	3.7

H 储气库埋地管线外防腐层厚度约为 3mm，每年检修都会对埋地管线进行检测，目的是发现管道外防腐层出现破损能及时进行修复。主要检测内容见表 9。

表 9 压力管道检测内容

主要工作内容	注采单井	1#集配站注采干线	2、3#集配站注采干线
单井管线踏勘及定位	30 口	2 条	2 条
单井管线 PCM 检测及数据采集			
单井管线 JL-2 漏电点检测			
单井管线土壤电阻率测试，土壤电阻测试			
单井管线壁厚测试			

通过对管线检测，发现 HUK7 井管线、HUK2 井管线、1#集配站进、出集注站管线有不同程度破损，现场发现后及时进行了管线修复(图 1)。

图 1 管线外防腐层修复前后对比

2.3 阴极保护

阴极保护主要方式包括牺牲阳极和强制性外加电流。由地理位置，埋地管线长等因素决定 H 储气库采用强制电流的阴极保护方式(表 10)。

表 10 阴极保护方式对比

阴极保护方式	原理	优点	缺点
牺牲阳极	将电位为负的金属与被保护金属连接，并处于同一电解质中，使该金属上的电子转移到被保护金属上去，使整个被保护金属处于一个较负的相同的电位下	不需要外部电源，对邻近构筑物干扰小；投产调试后可不需要管理，工程越小越经济	高电阻率环境下不宜使用；保护电流几乎不可调；覆盖层质量必须好；消耗有色金属，寿命短

续表

阴极保护方式	原理	优点	缺点
强制电流	利用外加电流，使被保护的金属结构的整个表面变为阴极	输出电流连续可调，保护范围大；不受环境电阻率限制；工程越大越经济，保护装置寿命长	需要外部电源，对邻近金属构筑物有干扰；需要定期维护管理

强制电流阴极保护的安装主要包括阳极地床的安装、参比电极、电缆敷设和恒电位仪的安装调试。H储气库分别在1#、2#、3#集配站阴极保护间各配有两台恒电位仪（一用一备），集注站4台。频率为50~60Hz，输出电压40V，输出电流20A（图2）。

通过各集配站恒电位仪，调节输出电流为3A，对每个集配站的单井管线和注采干线施加强制电流，以保护管线。其工作原理见图3。

图2　恒电位仪

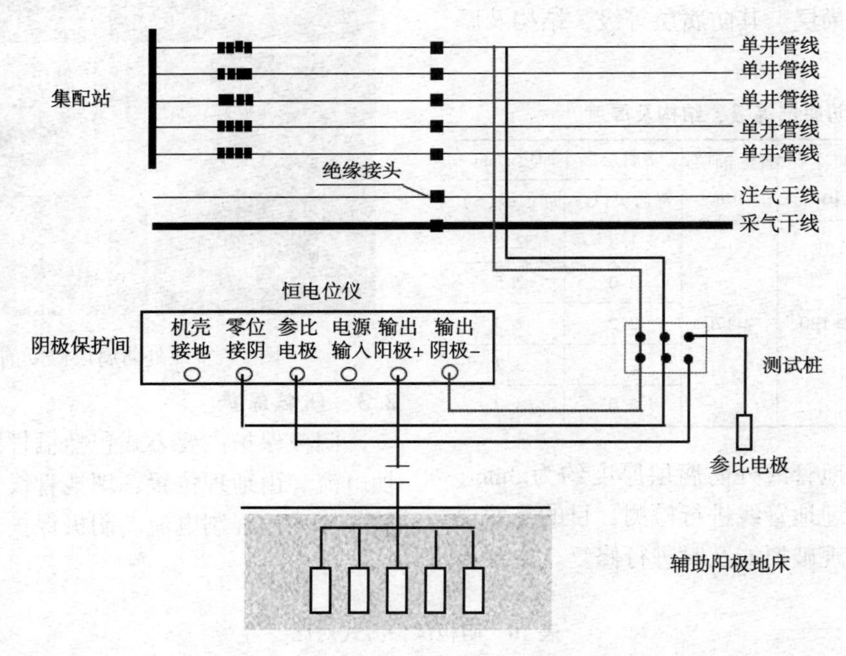

图3　恒电位仪工作示意图

通过辅助阳极把保护电流送入土壤，经土壤流入被保护的管道，使管道表面进行阴极极化（防止电化学腐蚀），电流再油管道流入电源负极形成一个回路，这个回路形成了一个电解池，管道为负极处于还原环境中，防止腐蚀。

3　结论

（1）通过对储气库埋地管线输送介质及环境因素分析，腐蚀因素以游离水和CO_2分压为主。对产出水样分析化验，注、采管道CO_2分压计算，判断管道内会产生中等以上腐蚀。

（2）由于管道内存在游离水和会产生中等腐蚀以上的CO_2分压，防腐措施以内防腐为主。对比其余内防腐措施，双金属复合管具有高强度、高耐蚀性，后期操作维护少，使用寿命长的优点，故储气库采用L415QB+316L的不锈钢复合管作为内防腐对策。外防腐措施为在管道外表层包裹3PE防腐层，同时增加阴极保护装置对埋地管道输出外加电流。

（3）每年检修期间通过对压力管道检测，对埋地管线防腐层发生问题的点进行修复维护作业。目前发现问题均为外防腐层轻微破损，现场及时修复，效果良好。

参 考 文 献

[1] 丁国生，等．中国地下储气库现状及技术发展方向[J]．天然气工业，2015，35(11)：107-112.

[2] 杨琴，等．枯竭气藏型地下储气库工程安全风险与预防控制措施探讨[J]．石油与天然气化工，2011，40(4)：410-412.

[3] 冯鹏，等．储气库用注采管汇腐蚀因素分析[J]．腐蚀研究，2013，27(4)：47-50.

[4] 林存瑛．天然气矿场集输[M]．北京：石油工业出版社，1997.

[5] 卜明哲，等．高含CO_2储气库集输管道腐蚀防护研究[J]．当代化工，2014，43(2)：230-231.

[6] 高文玲．管道腐蚀检测及强度评价研究[D]．西安：西安石油大学，2011.

[7] 张卫兵，等．苏桥储气库群高压、高温介质管道腐蚀控制措施[J]．科技资讯，2012，(2)：120-122.

[8] 李林辉，等．油气集输管线内防腐技术[J]．上海涂料，2011，49(5)：31-33.

[9] 薛致远，等．油气管道阴极保护技术现状与展望[J]．油气储运，2014，33(9)：938-944.

[10] 刘志军，等．埋地保温管道阴极保护有效性影响因素及技术现状[J]．油气储运，2015，34(6)：576-579.

站场建设期完整性管理探索与实践

饶彬源

（中国石油新疆油田公司采气一厂）

摘　要　站场建设阶段，装置布局、工艺设计、设备选型的优化空间大，通过开展站场建设期完整性管理，分析各系统可能发生的事故及存在的缺陷，并针对性的采取相应控制措施，对提升站场本质安全水平具有重要意义。本文通过介绍站场建设阶段的自控系统 SIL 评价、静设备 RBI 评价和动设备 RCM 评价技术的应用情况，为站场建设期完整性管理工作的开展提供借鉴。

关键词　站场建设期，完整性，SIL，RBI，RCM

站场完整性管理是基于资产和工艺的完整性管理，是站场从规划可研、设计、施工、运营到停役的全生命周期管理。由于油气站场本身存在设计漏洞，随时间延长，设备老化，故障率上升，金属发生腐蚀，同时受各种人为因素影响，导致事故事件频繁发生，严重影响了处理装置的正常运行，安全可靠性问题日益突出，现阶段完整性管理多集中于运行期，存在工艺改造困难、费用高的问题，因此，在站场建设期做好基础资料采集，对各个系统进行完整性评价，确定风险分布和风险等级，找到设计施工缺陷，并提出改进措施和维护建议具有重要意义。本文借助新疆油田公司某气田站场增压及深冷提效工程项目，探讨和总结站场建设期完整性管理的方法和实践经验，供油气生产环节完整性管理人员参考。

1　自控系统安全完整性等级评价 SIL

1.1　SIL 评价方法介绍

SIL 是一种安全等级的划分，是基于 IEC 61508（GB/T 20438），IEC 61511（GB/T 21109）等标准，对仪表的安全完整性等级（SIL）或者性能等级进行评估和确认的一种第三方评估、验证和认证，主要有修正图表分析法和 LOPA 分析法两种，本文主要介绍 LOPA 分析法。

LOPA 是一种用于评估保护层在降低危险事件发生频率和减轻后果严重程度有效性的风险评估方法。LOPA 为独立保护层（IPL）的评估提供了具体标准

和限制，从而可以减少定性分析方法的主观性。主要分析步骤及流程见图 1。

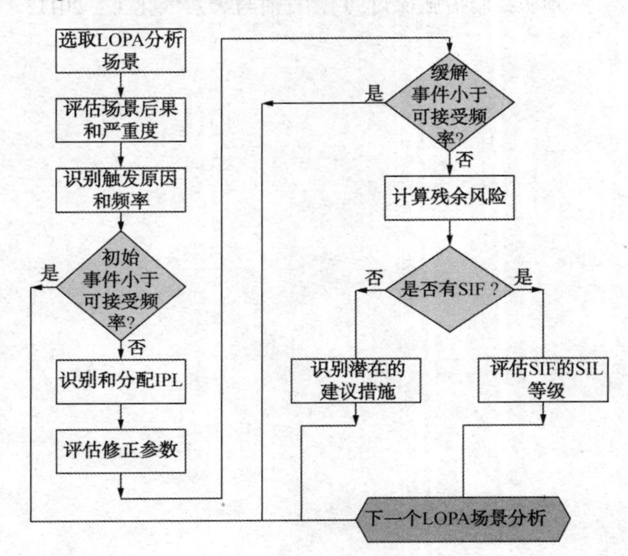

图 1　LOPA 分析流程

1.2　自控系统 SIL 评价的应用

2018 年起新疆油田公司策划实施了某气田增压及深冷提效工程，为确保工程重大危害场景无遗漏，确保 HAZOP 识别出的严重后果场景的风险可控，优化初步设计，给安全仪表功能 SIF 分配合理的安全等级，组织实施了 SIL 评价。参考的标准见表 1。

表 1　LOPA 分析参考标准

序号	标准编号	标准名称
1	IEC 61508	International Electrical Commission-Function Safety of Electrical/Electronic/Programmable Electronic Safety-Related Systems，Parts 1-7. 2010

续表

序号	标准编号	标准名称
2	IEC 61511	International Electrical Commission-Functional Safety-Safety instrumented systems for the process industry sector, Parts 1-3, 2016
3	GB/T 20438	电气/电子/可编程电子安全相关系统的功能安全 第1~7部分 2017
4	GB/T 21109	过程工业领域安全仪表系统的功能安全 第1~3部分，2007
5	GB/T 32857	保护层分析(LOPA)应用指南，2016

1）风险矩阵和可接受原则制定

风险矩阵和可接受原则的制定是SIL评价的基础，直接影响联锁回路SIL等级的制定。充分结合企业对员工伤害、财产损失和环境损失的要求，制定风险后果评估矩阵，结合企业自身情况和行业事故案例，制定风险可能性评估矩阵，最终形成对应的风险评估矩阵(图2)。

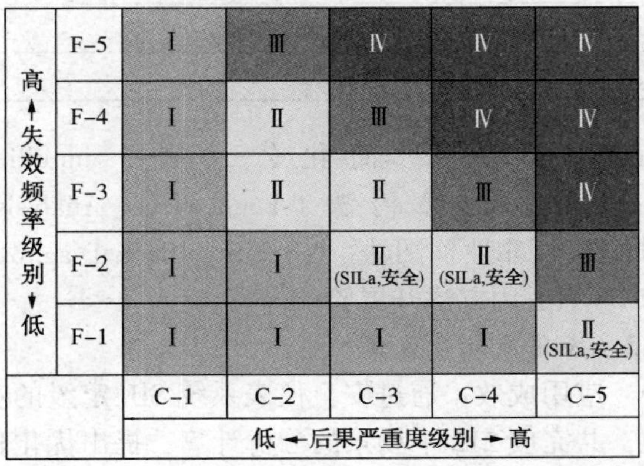

高←失效频率级别→低					
F-5	Ⅰ	Ⅲ	Ⅳ	Ⅳ	Ⅳ
F-4	Ⅰ	Ⅱ	Ⅲ	Ⅳ	Ⅳ
F-3	Ⅰ	Ⅱ	Ⅱ	Ⅲ	Ⅳ
F-2	Ⅰ	Ⅰ	Ⅱ (SILa,安全)	Ⅱ (SILa,安全)	Ⅲ
F-1	Ⅰ	Ⅰ	Ⅰ	Ⅰ	Ⅱ (SILa,安全)
	C-1	C-2	C-3	C-4	C-5
	低←后果严重度级别→高				

图2 风险评估矩阵

安全完整性等级(SIL)是安全仪表功能可靠性的一种表征，它是以IEC 61508及IEC 61511中所涉及的需求失效概率(PFD)为基准的。IEC标准中将需求失效概率划分为四个范围，并对应相应的SIL等级(表2)。

表2 安全完整性等级描述

SIL	描述	SIL	描述
4	SIL4	1	SIL1
3	SIL3	a	没有SIL等级要求
2	SIL2	—	安全仪表功能不需要

2）LOPA分析

以HAZOP分析结果为基础，筛选所有后果等级为3级及以上场景，开展审核，确保HAZOP分析无重大危害遗漏，并选择合适的场景作为LOPA分析场景。LOPA分析主要过程采用集中会议的方式开展，分析专家主持会议，建设单位相关专家、技术干部、EPC项目部、设计方、设备制造商等共同参与，确保无场景遗漏和计算失误。采用LOPA法进行SIL定级过程见表3。

表3 SIL定级场景示例

<table>
<tr><td>场景号</td><td colspan="2">场景名称</td><td colspan="3">HAZOP参考</td></tr>
<tr><td>S16</td><td colspan="2">中压集气干线超压</td><td colspan="3">节点8，偏差1/2</td></tr>
<tr><td colspan="6">后果和目标频率</td></tr>
<tr><td>后果描述</td><td colspan="5">站内中压集气系统(设计压力3.8MPa)压力快速上升至中压井关井压力(10MPa)，可能导致设备或管线发生大泄漏或破裂</td></tr>
<tr><td>后果等级</td><td>严重度</td><td colspan="4">目标频率(/yr)</td></tr>
<tr><td>安全</td><td>C-3</td><td colspan="4">9.9E-06</td></tr>
<tr><td>环境</td><td>C-1</td><td colspan="4">9.9E-01</td></tr>
<tr><td>经济</td><td>C-3</td><td colspan="4">9.9E-05</td></tr>
<tr><td colspan="6">修正参数</td></tr>
<tr><td>参数</td><td colspan="2">描述</td><td>安全</td><td>环境</td><td>经济</td></tr>
<tr><td>点火概率</td><td colspan="2">装置区天然气泄漏，点火概率0.5</td><td>0.5</td><td>1</td><td>1</td></tr>
<tr><td>人员暴露概率</td><td colspan="2">扩散影响半径20米，人员暴露概率0.4</td><td>0.4</td><td>1</td><td>1</td></tr>
<tr><td>其他</td><td colspan="2">N/A</td><td>1</td><td>1</td><td>1</td></tr>
</table>

续表

<table>
<tr><td>场景号</td><td colspan="4">场景名称</td><td colspan="2">HAZOP 参考</td></tr>
<tr><td colspan="7">初始原因</td></tr>
<tr><td>初始原因描述</td><td colspan="3">中压集气管线下游阀门误关闭</td><td colspan="2">初始原因频率</td><td>0.1</td></tr>
<tr><td>使能条件描述</td><td colspan="3">N/A</td><td colspan="2">使能条件概率</td><td>1</td></tr>
<tr><td colspan="7">独立保护层(IPL)</td></tr>
<tr><td>IPL 类型</td><td colspan="5">IPL 描述</td><td>PFD</td></tr>
<tr><td>自力阀</td><td colspan="5">8 口井 PCV 关闭(无效措施)</td><td>1</td></tr>
<tr><td>安全阀/爆破片</td><td colspan="5">8 口井 PSV(由于各井之间没有单向阀，6-7 个 PSV 打开即可起到泄压作用)</td><td>0.01</td></tr>
<tr><td colspan="7">残余风险和 SIL 等级</td></tr>
<tr><td>现有 SIF</td><td>PSHH-3501</td><td>SIF 描述</td><td colspan="4">集气站中压出站压力高高</td></tr>
<tr><td>风险</td><td>PFD</td><td colspan="3">SIL 等级</td><td colspan="2">最终的 SIL</td></tr>
<tr><td>安全</td><td>5.0E-02</td><td colspan="3">SIL 1</td><td colspan="2" rowspan="3">SIL 1</td></tr>
<tr><td>环境</td><td>1.0E+00</td><td colspan="3">SIL-</td></tr>
<tr><td>经济</td><td>9.9E-02</td><td colspan="3">SIL 1</td></tr>
<tr><td colspan="7">建议和备注</td></tr>
<tr><td colspan="7">虽然中压集气站计量分离器上有安全阀 PSV(为单井全量)，建议在中压集气站集气干线上增设全量放空的 PSV</td></tr>
</table>

3）验证计算

在确定了 SIF 所需 SIL 等级后，对 SIF 的现有配置进行校核，以验证其现有配置是否能达到所需 SIL 等级的要求。而一个 SIF 所能达到的最高 SIL 等级受限于硬件的安全完整性，根据标准 IEC 61508 和 IEC 61511 要求，评估硬件安全完整性主要考虑两个方面：硬件的结构约束和随机失效概率。其中，安全仪表系统硬件的结构约束受到硬件故障裕度(HFT)和安全失效分数(SFF)的制约，安全仪表系统的硬件随机失效概率用安全功能在需求时失效概率(PFD)来衡量。选择 Markov 模型法、简化公式法(Simplified Equation)、故障树法(Fault Tree Analysis, FTA)、可靠性框图法(Reliability Block Diagram, RBD)等适用方法开展验证计算。

1.3 应用成效及建议

应用成效：通过安全仪表系统 SIL 定级的实施，共完成 212 个场景的分析计算，提出优化建议 115 条，采纳并实施 104 条，提高了站场自动控制水平、危险预警和辅助决策能力，为站场安全运行提供了有力保障。

表 4 SIL 评价应用成效

项目	建议数/采纳数	成效	项目	建议数/采纳数	成效
气田增压及深冷提效工程项目一	66/60	1. 新增安全仪表回路 6 个、新增设备 6 台； 2. 新增报警 11 个、取消报警 1 个； 3. 12 个设备可靠性提高至 SIL2 级； 4. 完善操作 5 处，仪表设备位置优化 2 处	气田增压及深冷提效工程项目二	49/44	1. 新增安全仪表回路 10 个、新增仪表设备等 21 台； 2. 新增报警 21 个； 3. 10 个回路可靠性提高至 SIL2 级； 4. 工艺优化 7 处，仪表设备位置优化 3 处；

应用建议：自控系统的 SIL 评价技术逐个对高危场景开展分析，能有效判断出现有控制措施能否处置故障工况，并提出合理化建议，有效完善自动控制回路，提高系统稳定性和应急水平。实施 SIL 分析需要以 HAZOP 分析为基础，并筛选其中适合开展 SIL 分析的场景，同时需要站场中有自动控制系统、自动仪表、联锁回路等。在满足 SIL 开展条件后，建议在具有自动控制系统的油气田 I 类、II 类站场(完整性等级划分)中实施应用，在初步设计阶段进行首次分析，在施工

图阶段补充分析和验证，避免场景遗漏和设计变更，完成分析后，做好建议反馈与落实，确保风险受控。站场运行阶段也可开展，但工艺改造、施工等内容可能较为困难。

2 静设备基于风险的检验技术 RBI

2.1 RBI 方法介绍

RBI 评价技术是是基于风险的检验（Risk-Based Inspection，简称“RBI”），即以设备破坏而导致的介质泄漏为分析对象，以设备检验为主要手段的风险评估和管理过程，是一项将风险分析和机械完整性两个学科组合在一起的复合技术。相比于传统检验，RBI 技术全面考虑了评价对象的经济性、安全性以及潜在的失效风险，根据不同设备的失效机理确定相应的检验计划。适用于压力容器与工艺管道在运行期的风险评价、定级，主要采用定量 RBI 评价技术。

RBI 分析工作主要包括筛选分析及详细评估两个过程。

1）筛选分析

筛选分析定性地确定一个系统是应该进行详细评估还是确定维护和检查导则。将高风险系统从低风险系统中分离出来，对高风险的系统要进行详细的评估，具体确定设备和管线的检验计划；而对低风险系统进行检验并没有太多价值，只需确定维护和检查导则。通过筛选减少了详细分析系统的数量，可以将数据收集、分析和检验的资源更集中于对整个装置的风险管理会产生重要影响的系统。

2）详细评估

根据筛选分析结果，对所有高风险系统所含的设备项进行详细评估，据各设备项的腐蚀介质成分、设备材料、操作参数等来确定损伤机理，并对每种损伤机理定量计算其失效概率。利用 Synergi RBI Onshore 软件中简化的量化风险评估模块计算失效后果，且对每种损伤机理计算其安全和经济后果。

对于每个设备项，在进行失效风险计算的基础上确定出检验的时间，该检验时间是风险超过确定的可接受极限的时间的函数。并针对每种损伤机理，确定相应的检验方法，用最低的检验成本来获得风险最大程度地降低。

对具有不可接受的高风险的部件或预期在短时间内会转变为不可接受的高风险的部件，需要立即采取措施：如更换、返修或降级使用。对其他较低风险的部件确定检验计划。

实施 RBI 详细评估的一般过程见图 3。

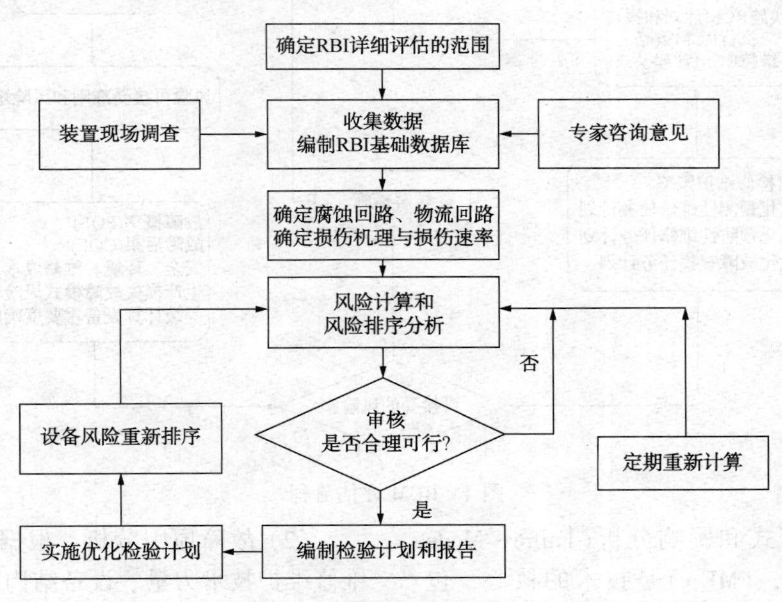

图 3 RBI 详细评估流程

2.2 应用成效与建议

通过对站场压力容器、管道开展 RBI 评价，共识别出失效机理 5 项、关键设备 1204 项，提出优化建议 16 条，建立了 RBI 数据库，形成了静设备维护管理策略和检测计划，周期平均延长 2～3 年，费用降低 30%～50%，为静设备低风险、低成本运维奠定了基础。

应用建议：相比于传统检验，RBI 技术全面考虑了评价对象的经济性、安全性以及潜在的失效风险，根据不同设备的失效机理确定相应的检验计划。但 RBI 评价更多的针对设备腐蚀所带来的风险，若原料介质中不含腐蚀性介质，评价结果的中、低风险居多，需要设备的检测数据、运行数据、事故事件情况等资料，若在站场建设阶段开展，分析默认设备完好、无缺陷，可能与实际存在不符，同时因压力容器、已注册压力管道、储罐等特种设备的定期检测归属地方锅检所管理，在此前提条件下，建议静设备 RBI 评估技术在站场运行阶段针对未注册压力管道全过程开展。

3　动设备以可靠性为中心的维修技术 RCM

3.1　RCM 方法介绍

RCM 评价技术是以可靠性为中心的维修(Reliability Centered Maintenance，RCM)，是以确定设备预防性维修需求的一种系统工程方法。RCM 对系统进行功能与故障分析，明确系统内各故障的后果，用规范化的逻辑决断方法，确定出各故障后果的预防性对策，通过现场故障数据统计、专家评估、定量化建模等手段在保证安全性和完好性的前提下，以维修停机损失最小为目标优化系统的维修策略。

RCM 评价主要包括基础数据收集分析、设备和系统技术层次划分、失效模式影响分析、风险可接受准则的确定、FMEA 风险分析、制定维修策略等六个步骤，技术路线见图 4。

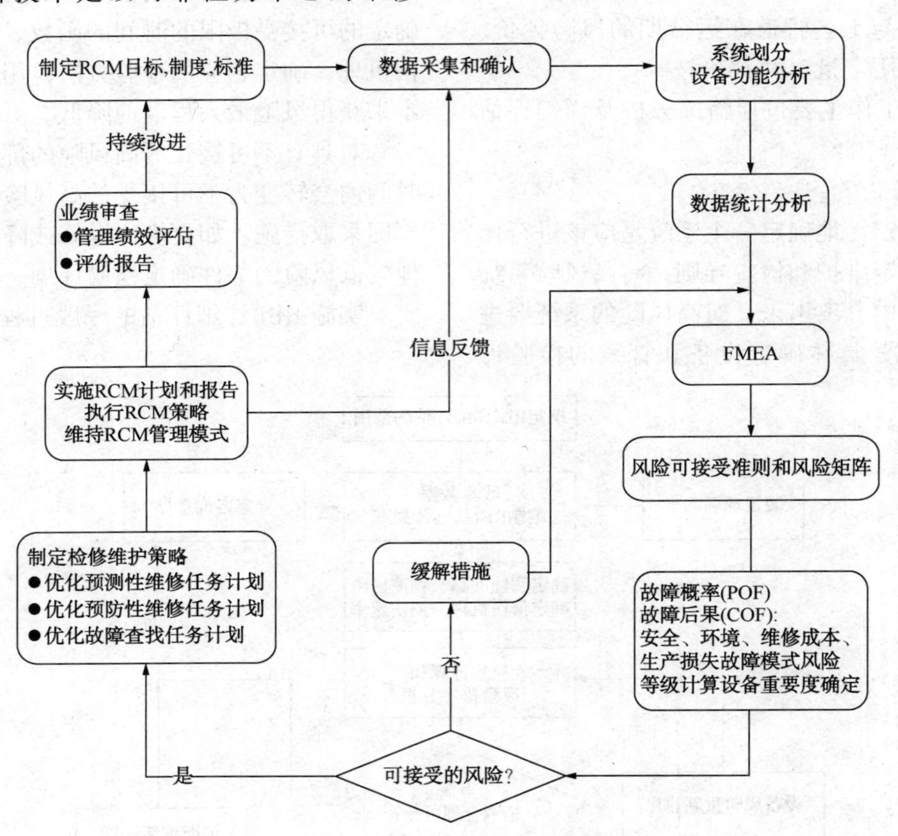

图 4　RCM 评估流程

其中，故障模式和影响分析(Failure Mode and Effects Analysis，FMEA)是技术的核心，包括如下工作。

(1) 故障模式分析：从故障的不同表现形态来描述故障，是故障现象的一种表征。以设备故障库为基础，结合现场中设备的具体情况，制定出了每台设备的故障模式。

(2) 故障原因分析：根据设备的工作环境、维修维护技术力量、设备结构特点和历史维修维护记录来确定设备故障模式产生的原因；

(3) 故障影响分析：根据故障模式产生的原因，从安全、环境、生产损失和维修成本四个方面分析了故障造成的影响，每一种后果均采用量化的方式来表示。

3.2 应用成效与建议

通过动设备 RCM 评价，识别出高风险设备 39 台，梳理总结出 533 个故障模式，形成了设备预防性维修手册和备品备件购置储存优化策略，减少“过剩维修”和停机损失，为设备稳定运行、延长使用寿命提供保障。

应用建议：动设备 RCM 评价从故障概率、安全后果、环境后果、生产损失和维修成本 5 个方面进行风险评价，划分设备重要度，使管理重点更加明确，开展预防性维修而不是“事后维修”，优化设备保养周期，减少非计划停机时间，通过制定检维修大纲，可解决“维修过剩”或者“维修不足”的问题，但部分小型设备，如离心泵、隔膜泵等，因故障模式少，在线监测困难，开展 RCM 分析收益较小。若在站场建设阶段开展，故障模式、概率由行业故障数据库(如 OREDA 等)选取，可能与现场情况不符，因此建议在站场运行阶段，对大型、关键设备如注气压缩机、透平膨胀压缩机、外输气压缩机等开展，同时严格要求 RCM 评价中的 FMEA 分析，将检维修大纲转化为现场故障维修手册。

4 结语

实现油气田企业提质、降本、增效是完整性管理的目标。相比于传统站场运行管理模式，站场完整性管理全面考虑管理对象的经济性、安全性以及潜在的失效风险，采用各类先进的分析技术，科学评价出各个系统中的中高和高风险设备，并分配更多的管理资源，实现风险消减和运行成本的控制。但作为一种新的工作思路，站场完整性管理各项技术的适用阶段和适用性还有待深入研究，本文借助气田增压及深冷提效工程建设项目，将适用于油气田站场的自控系统 SIL 评价、静设备 RBI 评价和动设备 RCM 评价技术进行了介绍、总结和建议，实际生产中，灵活应用各项分析技术，与现有运行管理措施深度融合，全员参与，才能实现站场管理水平的提升。

参 考 文 献

[1] 陶富云. 基于 LOPA 方法的腐蚀风险评估[A]//第五届中国石油石化腐蚀与防护技术交流大会论文集.

[2] 元达惠，孙杰. 基于风险的检验技术在空气分离装置容器和管道上的应用[J]. 石油化工腐蚀防护，2020(10).

[3] 叶剑，轩军厂，杨建坤. 基于 RCM 的 FPSO 动设备完整性管理实践[J]. 新技术新工艺，2018(6).

含砂流体对 X65 钢管冲蚀影响试验模拟

梁　强[1]　李　强[1]　刘新凌[1]　周启超[1]　薛俊鹏[2]

[1. 广东大鹏液化天然气有限公司；2. 安工腐蚀检测实验室科技(无锡)有限公司]

摘　要　受路由限制，油气管道与输水管道常常并行或交叉埋地敷设。当油气管道附近的带压输水管道发生泄漏时，泄漏出的流体将与土壤形成含砂流体，并不断冲蚀油气管道，给附近油气管道的安全运行造成严重影响。为研究这种含砂流体对油气管道的冲蚀影响，本文设计并制造了一套冲蚀模拟试验设备，研究了输水管道泄漏孔直径、输水管压力、泄漏点与油气管道之间的冲蚀角度、泄漏点与油气管道之间的冲蚀距离及结合现场工况人工配制的不同含砂量等参数对 X65 钢质管道冲蚀速率的影响程度及规律。结果表明：当出口压力为 0.4MPa、冲蚀角度为 75°、冲蚀距离为 200mm、含砂率为质量分数 30% 的冲蚀模拟试验中，在 6mm 漏点直径条件下用时 10h 将 X65 钢质管道 3PE 防腐层贯穿、用时 64h 将 X65 钢管基体贯穿。具体规律如下：3PE 防腐层的冲蚀速率大于 X65 钢基体；当其他参数一致时，漏点直径增大，试样的冲蚀速率减小，管壁冲蚀贯穿时间增大；随冲蚀角度由 30° 增大至 90°，试样冲蚀速率均呈现出先增大后减小的趋势，相应的冲蚀贯穿时间也表现为先减小后增大的趋势；随冲蚀距离增加，冲蚀速率显著降低；随冲蚀压力的降低，冲蚀速率显著降低；随含砂率的降低，冲蚀速率显著降低。本文多参数冲蚀模拟试验研究结果为油气管道面临并行或交叉埋地敷设输水管线泄漏引发的冲蚀风险提供了详实的冲蚀数据，为优化削减冲蚀风险措施提供重要参考。

关键词　含砂流体，X65 钢管，冲刷，试验模拟

受敷设路由限制，油气管道与输水管道常常并行或交叉埋地敷设。当油气管道附近的带压输水管道发生泄漏时，泄漏出的流体将与土壤形成含砂流体，并不断冲刷油气管道，会对附近油气管道的安全运行造成严重影响。2010 年 9 月美国 Enbridge Energy 公司管径 34 寸、壁厚为 7.1mm 的原油管道因受到来自与原油管道交叉敷设的 6 寸自来水管道腐蚀穿孔后形成的含砂流体的冲刷而泄漏，造成 27 万加仑原油泄漏，并产生 4660 万美元经济损失。2009 年马来西亚天然气公司 Gas Malaysia Bhd(GMB)8 寸的钢质天然气管道和 5 寸的 PE 管道受并行敷设的 6 寸自来水管道泄漏后不断冲刷而相继泄漏而中断对下游的供气。另外一起马来西亚 8 寸无缝钢质天然气管道也因受交叉敷设的 18 寸 ERW 自来水钢质管道环焊缝泄漏冲刷而失效。珠三角地区某 2 条天然气管道分别于 2012 年 7 月和 2018 年 9 月也因受到并行 PE 自来水管道泄漏冲刷而失效。

为研究这种自来水管道泄漏后形成的含砂流体对油气管道的冲蚀影响，本文设计并制造了一套冲蚀模拟试验设备，通过试验研究了输水管道泄漏孔直径、输水管压力、泄漏点与油气管道之间的冲蚀角度、泄漏点与油气管道之间的冲蚀距离及结合现场工况人工配制的不同含砂量等参数对 X65 钢质管道冲蚀速率的影响程度及规律。

1　冲蚀模拟试验设计

实验室冲蚀模拟试验所用设备原理见图 1，实物图见图 2，所用喷头直径分别为 6mm、10mm 和 15mm(图 3)，试验中所用样管 3PE 防腐层厚度 5.1mm，管体壁厚 20.2mm。

2　冲蚀试验结果

2.1　漏点直径对冲蚀速率的影响

根据对现场工况的调研，设定基准实验参数为出口压力为 0.4MPa，冲蚀角度为 75°，冲蚀距离为 200mm，含砂率为质量分数 30%，漏点直径分别为 6mm，10mm 和 15mm。冲蚀实验示意图见图 4。

将不同漏点直径条件下的冲蚀速率数据及曲线进行比较(表 1、图 5、图 6)。

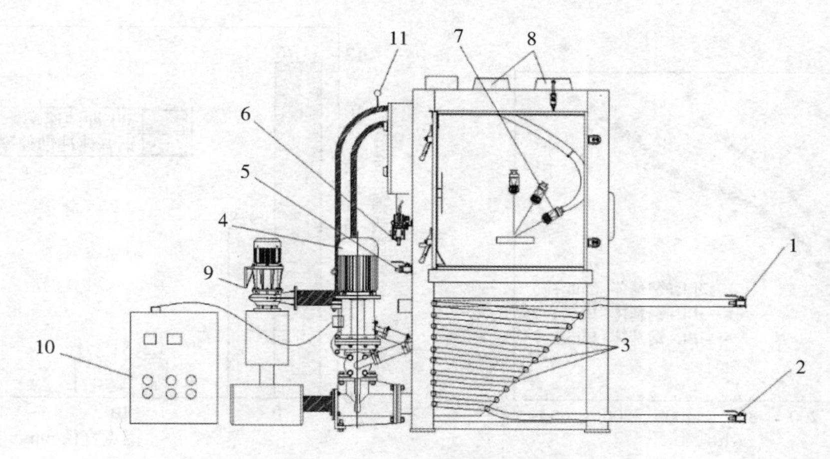

图1　冲蚀模拟试验所用设备原理图

图1中：1为冷却水进水口；2为冷却水出水口，冷却水持续通过可以保证水箱水温控制在40℃以下；3为系统水箱外部缠绕的冷却水管；4为砂浆泵；5为补水口；6为预留口；7为实验喷头；8为通风口；9为砂浆泵冷却水泵；10为变频控制器，可以调节砂浆泵工作频率；11为压力表，对系统内的压力进行监测，保证工作压力在设定值。

图2　冲蚀模拟设备实物图

图3　不同规格的喷头

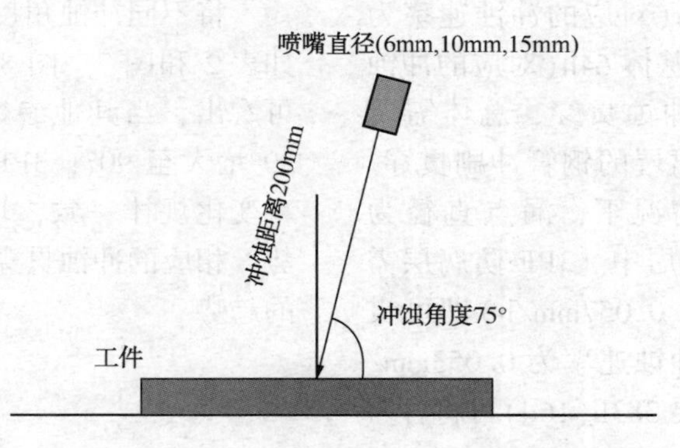

图4　不同漏点直径冲蚀实验示意图

表1　管道切片试样在不同漏点直径下的冲蚀速率

漏点直径	3PE 冲蚀时间/h	钢基体 冲蚀时间/h	冲蚀贯穿 时间/h(d)	3PE 冲蚀速率		钢基体冲蚀速率	
				mm/h	mm/d	mm/h	mm/d
6mm	10(0.4d)	64(2.7d)	74(3.1)	0.490	11.760	0.247	5.928
10mm	90(3.8d)	293(12.2d)	383(16)	0.057	1.368	0.053	1.272
15mm	108(4.5d)	454(18.9d)	562(23.4)	0.044	1.056	0.035	0.84

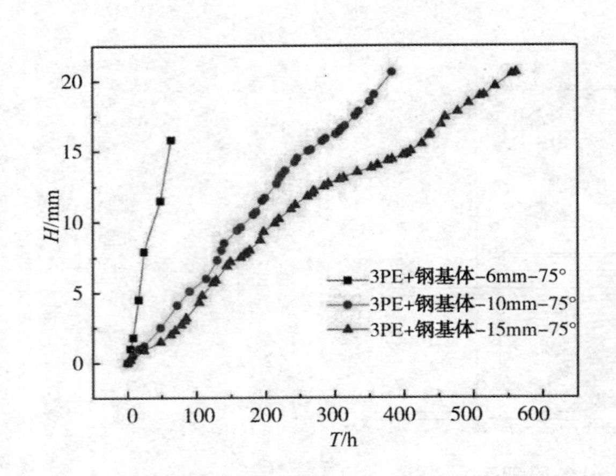

图5　不同漏点直径下冲蚀试样深度与时间关系

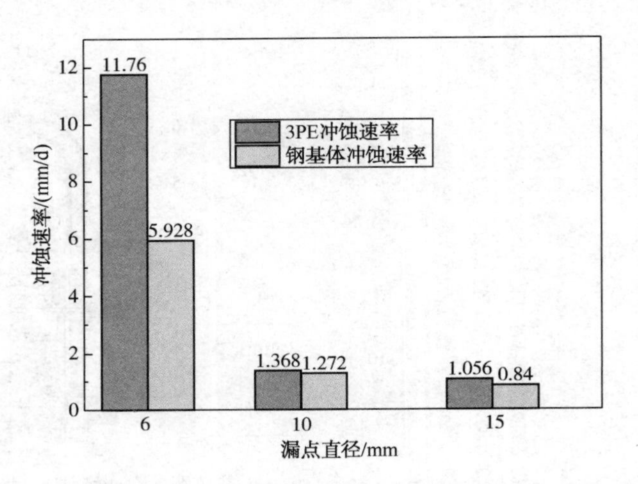

图6　不同漏点直径下的冲蚀模拟试验速率柱状图

从表1及图5、图6可看出，当其他参数一致时，随漏点直径增大，试样冲蚀速率减小，贯穿时间增大。且漏点出口直径越小，管道冲蚀速率曲线斜率越高，冲蚀速率越大，对管道冲蚀破坏能力越强；当漏点直径进一步增大后，冲蚀速率低且冲蚀速率变化幅度明显降低，对管道冲蚀破坏能力越弱。同时发现，不同漏点直径下，3PE防腐层的冲蚀速率均大于钢基体。具体冲蚀规律如下：

漏点出口压力为0.4MPa，冲蚀角度为75°，冲蚀距离为200mm，含砂率为质量分数30%，漏点直径为6mm的工况下，冲蚀速率最大。其中，3PE防腐层只需要10h(对应的冲蚀速率为0.490mm/h)即可贯穿、钢基体64h(对应的冲蚀速率为0.247mm/h)即可冲蚀贯穿、总体需要74h(3.1d)可将含3PE防腐层的钢管冲刷贯穿。当其他参数保持不变的情况下，漏点直径为10mm的工况下，冲蚀速率居中。3PE防腐层需要90h(对应的冲蚀速率为0.057mm/h)即可贯穿、钢基体293h(对应的冲蚀速率为0.053mm/h)即可冲刷贯穿、总体需要383h(16d)可将含3PE防腐层的钢管冲蚀贯穿。当漏点直径为15mm的工况下，冲蚀速率最小。其中，3PE防腐层需要108h(对应的冲蚀速率为0.044mm/h)即可贯穿、钢基体454h(对应的冲蚀速率为0.035mm/h)即可冲蚀贯穿、总体需要562h(23.4d)可将含3PE防腐层的钢管冲蚀贯穿。

2.2　冲蚀角度对冲蚀速率的影响

为研究不同冲蚀角度对管道耐冲蚀能力的影响，在基准实验参数(出口压力0.4MPa，含砂量30%，冲蚀距离200mm)的基础上，分别进行了漏点直径15mm和10mm条件下不同冲蚀角度(30°、45°、60°、75°及90°)冲蚀模拟实验。

将不同冲蚀角度的冲蚀速率曲线进行比较，如表2和图7、图8所示。从表2及图7、图8可看出，当其他参数一致时，随着冲蚀角度由30°增大至90°，3PE防腐层和钢基体的冲蚀速率变化规律一致，均呈现出先增大后减小的趋势，相应的冲蚀贯穿时间也表现为先减小后增大的趋势。

表2　漏点直径15mm，管道在不同冲蚀角度下的冲蚀速率及冲蚀形貌
(出口压力0.4MPa，含砂量30%，冲蚀距离200mm)

漏点直径/(°)	3PE冲蚀时间/h	钢基体冲蚀贯穿时间/h	总冲蚀时间/h	3PE冲蚀速率		钢基体冲蚀速率	
				mm/h	mm/d	mm/h	mm/d
30	118(4.9d)	392(16.3d)	510(21.1d)	0.044	1.06	0.039	0.94
45	50(2.1d)	334(13.9d)	384(16.0d)	0.093	2.23	0.049	1.18
60	90(3.8d)	386(16.1d)	476(19.9d)	0.051	1.22	0.041	0.98
75	108(4.5d)	454(18.9d)	562(23.4d)	0.044	1.06	0.035	0.84
90	159(6.6d)	490(20.4d)	649(27.0d)	0.033	0.79	0.032	0.77

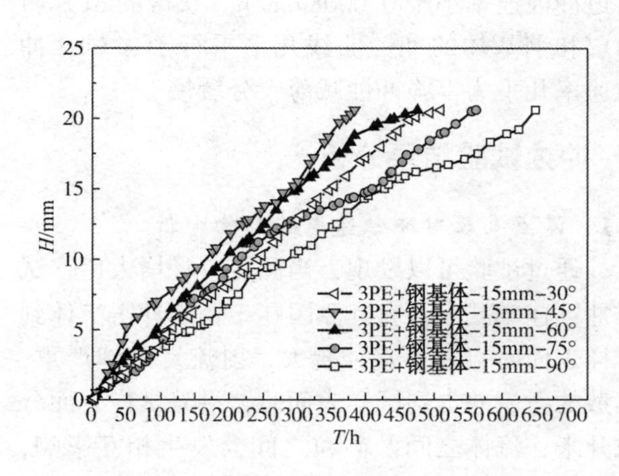

图 7　不同冲蚀角度下的冲蚀速率

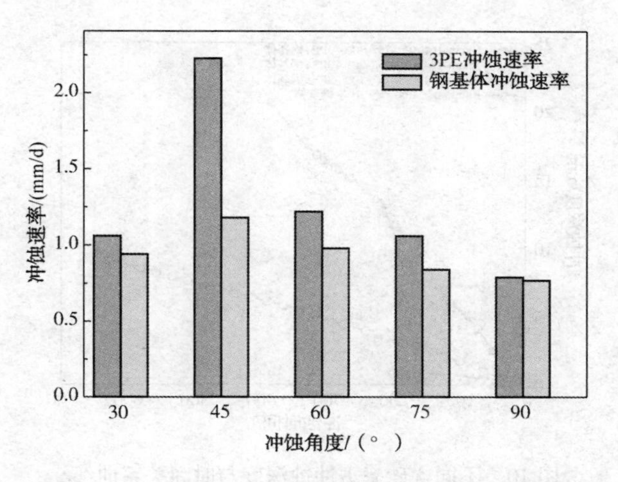

图 8　不同冲蚀角度下冲蚀深度与时间的关系曲线

其中，当冲蚀角度为 45°时，3PE 防腐层和钢基体的冲蚀速率都达到最大值，以冲蚀深度表征的冲蚀速率，3PE 防腐层的冲蚀速率为 0.093mm/h，钢基体的冲蚀速率为 0.049mm/h，通过单位转换，将冲蚀速率单位由 mm/h 转换为 mm/d，冲蚀角度为 45°时，3PE 防腐层的冲蚀速率为 2.23mm/d，钢基体的冲蚀速率为 1.18mm/d，进而转换为管道冲蚀贯穿总时间为 16d。

其中，当冲蚀角度为 90°时，3PE 防腐层和钢基体的冲蚀速率都达到最小值，以冲蚀深度表征的冲蚀速率，3PE 防腐层的冲蚀速率为 0.033mm/h，钢基体的冲蚀速率为 0.032mm/h。通过单位转换，将冲蚀速率单位由 mm/h 转换为 mm/d，冲蚀角度为 90°时，3PE 防腐层的冲蚀速率为 0.79mm/d，钢基体的冲蚀速率为 0.77mm/d，进而转换为管道冲蚀贯穿总时间为 27d。另外，不同冲蚀角度下，3PE 防腐层的冲蚀速率均大于钢基体。

2.3　冲蚀距离对冲蚀速率的影响

为研究冲蚀距离对冲蚀速率影响，在基准参数(出口压力 0.4MPa 漏点直径 10mm，含砂量 30%，冲蚀角度 75°)条件下，通过改变冲蚀距离开展冲蚀实验，并将不同冲蚀距离所得的冲蚀深度与冲蚀时间关系曲线相比较(图 9)。

从图 9 中可以看出，冲蚀距离为 200mm 时，曲线斜率大，所得 3PE 防腐层的冲蚀速率为 0.057mm/h，钢基体的冲蚀速率为 0.053mm/h；3PE 防腐层需要 90h(对应的冲蚀速率为 0.057mm/h)即可贯穿、钢基体 293h(对应的冲蚀速率为 0.053mm/h)即可冲刷贯穿、总体需要

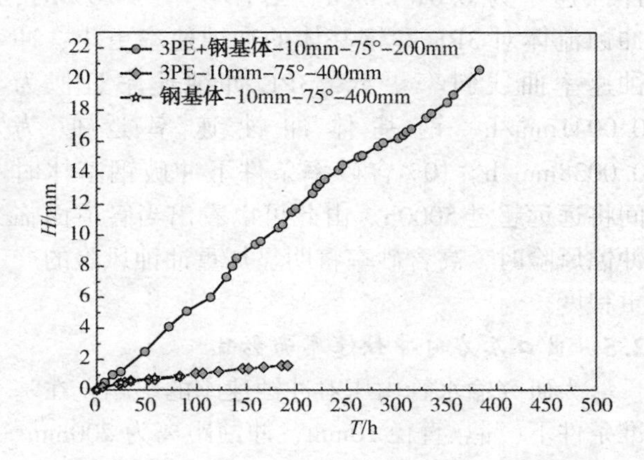

图 9　不同冲蚀距离，冲蚀深度与时间的关系曲线

383h(16d)可将含 3PE 防腐层的钢管冲刷贯穿。冲蚀距离为 400mm 时，3PE 防腐层和钢基体的曲线斜率明显减小，所得冲蚀速率明显减小，3PE 防腐层的冲蚀速率为 0.011mm/h，钢基体的冲蚀速率为 0.010mm/h，冲蚀速率减小为原来的五分之一左右，预计需要 500h(21d)可将含 3PE 防腐层的钢管冲蚀贯穿。

2.4　含砂率对冲蚀速率的影响

为研究不同含砂率对冲蚀速率的影响，在基准参数(0.4MPa，漏点直径 10mm，冲蚀距离为 200mm，冲蚀角度为 75°)条件下，通过改变含砂率开展冲蚀实验。将不同含砂率所得的冲蚀深度与冲蚀时间关系曲线相比较(图 10)。

从图 10 中可看出，当含砂率为 30%时，冲蚀深度与时间关系曲线斜率大，3PE 防腐层的冲蚀速率为 0.057mm/h，钢基体的冲蚀速率为 0.053mm/h；含砂率为 20%时，3PE 防腐层和钢基体的曲线斜率明显减小，所得冲蚀速率明显减小，3PE 的冲蚀速率为 0.016mm/h，钢基体的

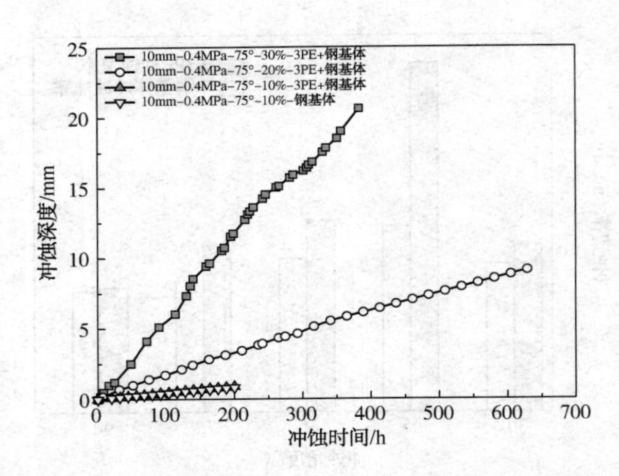

图 10　不同含砂率下冲蚀深度与时间关系曲线

冲蚀速率为 0.015mm/h。当含砂率为 10%时，冲蚀流体对 3PE 和钢基体的冲蚀速率更小，冲蚀速率曲线斜率更低，3PE 冲蚀速率近似为 0.0041mm/h、钢基体冲蚀速率近似为 0.0038mm/h。10%含砂率条件下冲破钢基体时间将远远超过 5000h。由此可以看出当管道面临冲蚀风险时，高含砂率将明显加重冲蚀风险的严重程度。

2.5　出口压力对冲蚀速率的影响

为研究输水管内压对冲蚀速率的影响，在基准条件下(漏点直径 10mm、冲蚀距离为 200mm、冲蚀角度为 75°、含砂量 30%)上，改变出口压力开展冲蚀试验研究。不同出口压力下的冲蚀深度与时间的关系曲线见图 11。

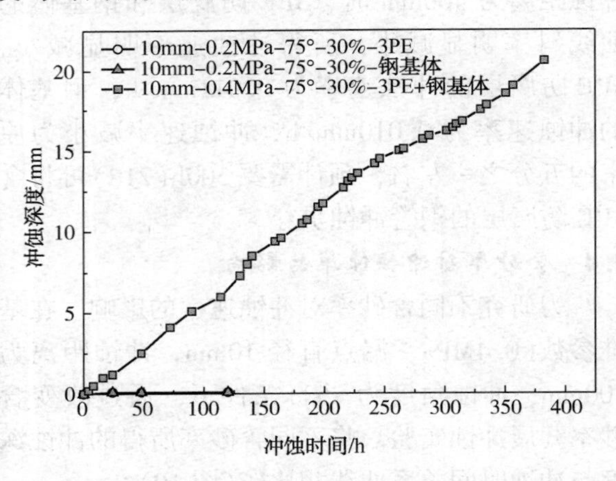

图 11　不同出口压力下的冲蚀深度与时间的关系曲线

出口压力为 0.4MPa 时，曲线斜率大，所得 3PE 防腐层的冲蚀速率 0.057mm/h，钢基体的冲蚀速率为 0.053mm/h。然而，出口压力为 0.2MPa 时，120h 累计冲蚀深度约为 0.1mm。以 120h 时 3PE 和钢基体所测冲蚀深度 0.1mm 计算，0.2MPa 条件、含砂率为 30%的射流流体对管道冲蚀速率小于 0.0008mm/h。获得的 3PE 防腐层和钢基体的冲蚀曲线几乎平行于 X 轴，冲蚀速率几乎为零，冲蚀减薄十分缓慢。

3　冲蚀试验结果分析

3.1　漏点直径对冲蚀速率的影响分析

通过试验可以发现，当漏点直径增大后，试样冲蚀速率减小。究其原因在于：当冲击流体到试样表面时，漏点直径越大，射流发散越严重，发散的射流冲击到试样表面时，沿着试样表面分散开来，流体之间及砂粒之间会发生相互影响，从而减弱了单股射流对试样的冲击作用，导致整体的冲蚀速率降低。同时，冲蚀速率与被冲蚀材料的硬度也有关系，3PE 比钢基体硬度低，砂粒冲击 3PE 时切削作用更强，3PE 的冲蚀速率略大于钢基体。

3.2　冲蚀角度对冲蚀速率的影响

通过试验结果发现，在 30°~90°的冲蚀角度下，随着冲蚀角度的增加，3PE 防腐层和钢基体的冲蚀速率呈现出先增大后减小的趋势。当冲蚀角度为 45°时，3PE 防腐层和钢基体的冲蚀速率都达到最大值。其主要原因是：含砂流体对试样的作用力可以分为切向力和法向力两个方面。其中切向力对试样的表面产生切削作用，而法向力对试样的表面产生撞击作用。随着冲蚀角度的变化，两种力的交互作用导致试样表面材料的流失。当冲蚀角度小于 45°时，切向分力作用较强，主要是切削作用导致冲蚀速率的增加。当冲蚀角度大于 45°时，法向分力作用较强，含砂流体撞击材料表面，对表面产生较大的挤压作用，产生冲蚀坑以及挤压唇，之后在持续含砂流体的冲击下，挤压唇会逐渐脱落。当冲蚀角度为 45°时，切向力和法向力的综合作用效果达到最大，导致该角度下的冲蚀速率最高。

3.3　冲蚀距离对冲蚀速率的影响

随着冲蚀距离增大，冲蚀速率降低的主要原因为：一方面，当冲蚀距离增大后，由于空气阻力的作用，射流到达试样表面时的速度降低，因此对试样的冲击减弱，导致冲蚀速率降低；另一方面，随着冲蚀距离增大，射流的发散程度增加，到达试样表面时，射流发散严重，内部相互作用导致射流对试样的冲击减弱，从而导致冲蚀速率降低。

3.4 含砂率对冲蚀速率的影响

根据试验数据发现，在10%～30%的含砂率情况下，随着含砂率的增大，冲蚀速率逐渐增大。其主要原因是随着含砂率的增大，含砂水流与试样之间的碰撞的几率增大，一是导致冲蚀面积增大，二是导致冲蚀深度增加，进而使冲蚀破坏更为明显。

3.5 出口压力对冲蚀速率的影响

从试验数据可以看出，出口压力为0.4MPa时，曲线斜率大，所得3PE防腐层的冲蚀速率0.057mm/h，钢基体的冲蚀速率为0.053mm/h。然而，出口压力为0.2MPa时，3PE防腐层和钢基体的冲蚀曲线几乎平行于X轴，冲蚀速率几乎为零，冲蚀减薄十分缓慢。因此，在识别第三方破坏时，应重点关注输送压力在0.2MPa高压输水管线的潜在影响风险。

4 结论及建议

本项目结合现场实际工况条件，设计并制造冲蚀模拟试验设备，通过实验室冲蚀模拟试验研究了漏点直径、含砂量、冲蚀角度、冲蚀距离、出口压力这几个参数对管道冲蚀速率的影响规律，为优化削减冲蚀风险措施提供重要参考。

4.1 主要结论

（1）当其他参数一致时，漏点直径增大，试样的冲蚀速率减小，管壁冲蚀贯穿时间增大。

（2）当其他参数一致时，随冲蚀角度由30°增大至90°，试样冲蚀速率均呈现出先增大后减小的趋势，相应的冲蚀贯穿时间也表现为先减小后增大的趋势。

（3）当其他参数一致时，随冲蚀距离增加，冲蚀速率显著降低。

（4）当其他参数一致时，随冲蚀压力的降低，冲蚀速率显著降低。

（5）当其他参数一致时，随含砂率的降低，冲蚀速率显著降低。

（6）含砂流体对3PE防腐层的冲蚀速率大于含砂流体对X65钢基体的冲蚀速率。

4.2 建议

（1）由于含砂流体会给附近油气管道的安全运行造成严重影响，建议尽可能地识别出油气管道周边5m内的并行或交叉管线，尤其是输送压力0.2MPa之上的高压输水管线，并对输水管道与天然气管道并行或交叉的位置采用耐冲蚀材料进行阻隔，实施有效防护。

（2）建议加强对管道冲蚀风险监控的新技术、新手段等的调研和关注，并及时进行应用。

参 考 文 献

[1] National Transportation Safety Board. Pipeline Accident Brief 20594, September 30, 2013.

[2] Z. A. Majid, R. Mohsin, et al. Failure analysis of natural gas pipes[J]. Engineering Failure Analysis, 17 (2010): 818-837.

[3] R. Mohsin, Z. A. Majid, et al. Multiple failures of API 5L X42 natural gas pipe: Experimental and computational analysis. [J] Engineering Failure Analysis, 2015, 34: 10-23.

天然气组合式滤芯多重聚结分离技术研究与应用

高仕玉　贾彦杰　周代军　舒浩纹　温　皓　陈洪兵

（国家管网集团西南管道公司）

摘　要　针对天然气长输管道站场高效组合式过滤器进口滤芯使用单一材料，在脱液排液、初始阻力、过滤精度等方面性能不足等问题通过优选过滤材料，优化材料组合方法，研制了一种可多次进行聚结分离脱液的具有孔径梯度结构和功能复合结构的高效天然气滤材组合。该滤材能够依次拦截天然气流体中不同粒径的固体杂质，并可借助其多次聚结分离沉降技术提高天然气流体中液体杂质的去除率，改善其气液分离性能，延长使用寿命。

关键词　过滤器，滤材，聚结分离，功能复合，结构复合，二次挟带

天然气是国家能源发展重要战略资源，预计2020年天然气消费量约$3200\times10^8m^3$，在一次能源消费中的比重高达10%，且费量年均增长15%。天然气净化是影响我国天然气输配安全的关键，天然气过滤设备是天然气输配和气质保障的关键设备。天然气过滤分离设备通过拦截、惯性撞击、扩散拦截等原理，对气体中的固态颗粒物，雾状凝析油等进行过滤、聚结、分离排液等过程，最大限度地改善天然气的气质，其核心滤材过滤性能直接影响天然气的输配安全。

1　国内外技术现状

过滤分离器和聚结过滤器的核心元件为其中的滤芯，滤芯采用的滤材的精度决定了过滤器的精度、阻力、脱液能力等关键性能参数。国内管道行业最早使用的是过滤精度为1μm的进口滤芯，随着管道燃气轮机和压缩机对气质要求的提高，滤芯精度要求达到0.3μm。传统滤芯的材料包括玻璃纤维、聚酯纤维和聚丙烯纤维等多种类型。

聚结分离技术具有良好的气液分离性能，是目前国内外采用的主流天然气过滤技术，主要用于长输天然气管道过滤器，过滤分离器，聚结分离器等设备中，同时在化工、电力、环保等行业也有较多应用。在实际应用中影响聚结分离性能的因素很多，在目前的研究中多以提高脱液能力为研究方向，设计不同的聚结分离方案，着重气液过滤性能的测定与某单一因素对过滤效果的影响，综合性研究较少。在国外因其发展应用该技术较早，已有较多相关研究成果和应用，目前国内市场应用的产品也多为进口产品。但通过实际应用发现，该技术还有较大提高与转化空间。进口产品多使用单一过滤材料，功能单一、单价昂贵、供货周期长，在脱液排液能力、初始阻力、0.3μm以下颗粒的过滤精度等方面存在较大不足，在实际生产使用过程中还发生了进口滤芯压瘪，滤材破损等情况。为了提高安全生产效率、节约采购资金、缩短供货周期，有必要进行核心滤材国产化研制与替代。

面对国内管道气源多，固体粉尘杂质、腐蚀性气体、液体析出物各不相同的复杂气质工况，传统滤材应对多源气质过滤性能稳定性差。滤芯的脱液能力由过滤材料组合方案与性质决定，直接决定其功能有效性和完整性，如何选材并设计组合结构是核心技术难题。液滴在滤芯表面纤维之间形成液桥，液滴留在滤材内部无法及时排出，液膜破裂后二次夹带现象发生，严重影响滤芯过滤效率。传统滤芯为了提高过滤精度使用单一高精度滤材，滤材的流通量相应减小，滤材易堵塞(图1)。

2　多重聚结分离结构设计

天然气中通常含有凝析水和凝析油，单一材质的植物纤维滤材吸湿性能较差，脱液性能较低；单一材质玻璃纤维滤材过滤精度低，不符合环保发展要求；常规复合型滤材脱液性能一般在下游易形成液滴的二次挟带。为进一步提高天然气滤材的脱液能力有必要研究和设计滤材核心滤材组成结构。

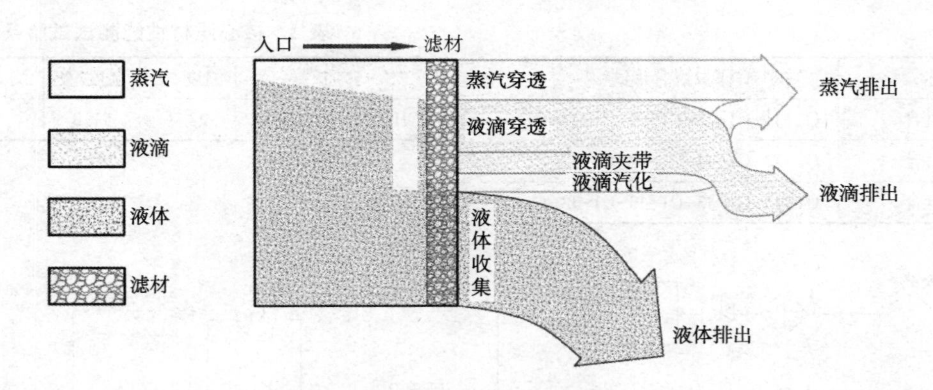

图1　传统单一滤材过滤原理示意图

其中滤材可以由多层不同规格和不同材料的过滤材料组成，包括支撑层、表面覆膜层、深度过滤层等。选择脱脂棉、聚酯无纺布、聚酯滤膜、特种聚酯作为滤材，且聚酯无纺布滤材、聚酯滤膜滤材、特种聚酯滤材组合为一个滤材组，其中聚酯无纺布滤材为预过滤层，聚酯滤膜滤材为聚结层，特种聚酯滤材滤为沉降层。通过将预过滤层、聚结层、沉降层以一定次序组合缠绕，可以形成多梯度过滤精度结构层，含杂质气流每通过一次滤材组，就经过一次完整的从低精度到高精度的聚结分离过程，从而实现多次的聚结分离，提高滤芯整体脱尘、脱液效率，同时避免出现液滴的二次挟带现象。选定滤材排布如下。

（1）脱脂棉：提供预过滤及对内部滤材保护功能。

（2）支撑层：支撑聚结层材料无形变。

（3）聚结层：起主要聚结分离功能作用。

（4）沉降层：为聚结后液滴提供排除通道及空间(图2)。

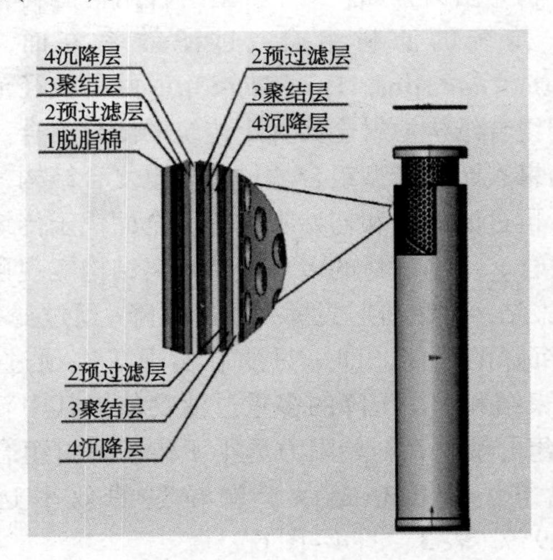

图2　多重聚结分离滤材结构

3　核心滤材选型与组合

3.1　核心滤材选型

通过过滤材料选型实验分析对比，综合考虑天然气场站过滤工况，主要杂质成分和粒径，选定以下5种规格滤材作为组合式滤芯的备选滤材。

预过滤滤材Q1(聚酯纤维材质)：绝对精度10μm，纤维直径：15μm，单层厚度：0.16mm。

聚结滤材J1/J2/J3(纳米纤维滤材)：绝对精度10μm、5μm、3μm，纤维直径：5~10μm，单层厚度：0.8~1mm。

沉降层滤材C1(疏油疏水材料)：绝对精度45μm，纤维直径25μm，单层厚度2mm，滤材总厚度15mm。

3.2　滤材组合与性能对比试验

为了达到最佳过滤效果，本研究采用孔径梯度结构复合与功能复合的综合技术手段，以试验测定为工具确定基础滤材的最优组合，备选的滤材如何见表1。孔径梯度结构复合，由不同纤维直径和材料的多层组成的孔径梯度结构，每一层具有不同的孔隙率和过滤效率；功能特性复合，不同过滤技术组合成为一个完整的过滤结构。例如，分离大直径颗粒和液滴的预过滤和去除小液滴的聚结过滤形成一个整体过滤元件等。依据SY/T 7034—2016所规定的试验条件(表2)和试验流程(图3)对6种组合型滤材进行过滤性能测试试验。

表1　核心滤材备选组合

组合名称	滤材组合形式
传统滤材组合形式1	Q1-10XJ1-C1
传统滤材组合形式2	Q1-10XJ2-C1
传统滤材组合形式2	Q1-10XJ3-C1

续表

组合名称	滤材组合形式
新型 1 号组合	Q1-J1-C1-J1-C1-J1-C1-J1-C1
新型 2 号组合	Q1-J2-C1-J2-C1-J2-C1-J2-C1
新型 3 号组合	Q1-J3-C1-J3-C1-J3-C1-J3-C1

表 2　核心滤材性能测试试验条件

介质	温度/℃	湿度/%	测试风量/(m/s)
DEHS 多分散气溶胶	23.7	51.3	0.1

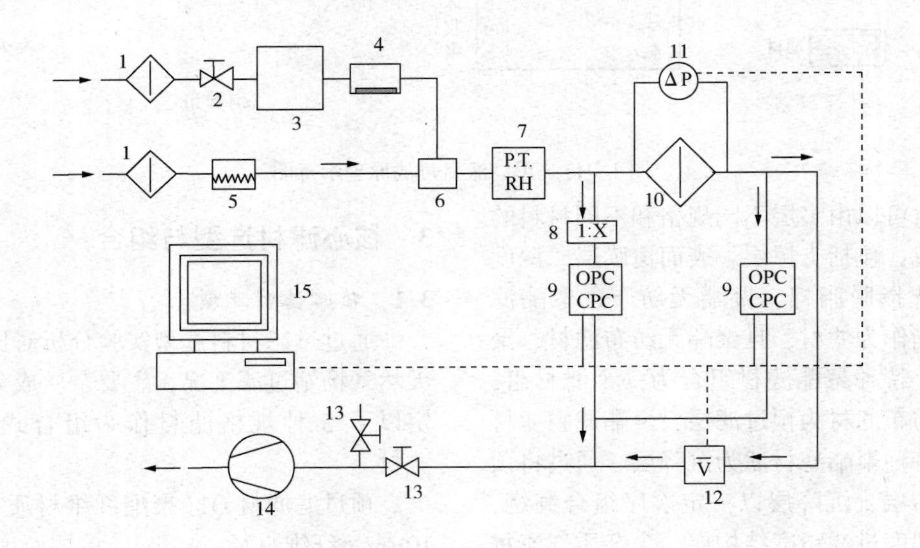

图 3　核心滤材性能试验流程图

1—高效空气过滤器；2—调压阀；3—气溶胶发生装置；4—中和器；5—加热器；6—混合室；7—测量绝对压力、温度和相对湿度的仪器；8—稀释系统；9—粒子计数器；10—被测滤材；11—差压表；12—体积流量计；13—调节阀；14—真空泵；15—用于控制和储存数据的计算机

3.3　试验过程

（1）将被测滤材按其使用方向安装到试验台上，安装时应防止滤材受损，保证端部密封可靠。

（2）被测滤材安装后，关闭气溶胶发生装置。通过测量下游的粒子计数浓度检查背景计数率。

（3）记录环境温度、大气压力和相对湿度。

（4）启动真空泵，逐渐开启控制阀门增大气体流量，同时记录各对应气量下滤材的阻力值，当阻力达到滤材规定的最大允许阻力值后，逐渐关闭调节阀门减小气体流量，同时记录各对应气量下滤材的阻力值。重复上述步骤，直到各次测量数值稳定为止。

（5）启动气溶胶发生装置，调节气溶胶发生装置的各项参数，使其满足实验要求并保持稳定。

（6）进行效率实验时，采用两台光学粒子计数器同时测量。

（7）每次测试应包含 2 种粒径范围：0.3μm ≤dp<1μm，1μm≤dp<3μm 对每种粒径范围应进行至少三次实验，并选择其最低值作为被测滤材的试验效率。

3.4　试验结果分析

初始阻力方面，3 种新型组合结构滤材全面优于传统的滤材组合；过滤效率方面，在 0.3μm≤dp<1μm，1μm≤dp<3μm 两种粒径范围新型组合结构滤材全面优于传统的滤材组合。试验结果表明，新型组合滤材的多重复合结构，保证了再过滤效率和初始阻力方面全面优于传统滤材组合。新型滤材的多重聚结分离结构实现预过滤-聚结-沉降-预过滤-聚结-沉降-预过滤-聚结-沉降的功能，即一只滤芯实现 3 次预过滤、3 次聚结和 3 次沉降的多重过滤功能。其中新型 3 号组合滤材在初始阻力远小于传统滤材组合的情况下，对 0.3μm 以上颗粒过滤效率达到 99.995%(表 3、图 4~图 6)。

表 3 核心滤材组合测试结果

滤材组合形式	过滤效率 0.3μm/%	过滤效率 1μm/%	初始阻力/Pa	测试风量/(m/s)	备注
Q1-10XJ1-C1	99	99.5	925	0.1	传统滤材组合形式 1
Q1-10XJ2-C1	99.2	99.95	1042	0.1	传统滤材组合形式 2
Q1-10XJ3-C1	99.5	99.95	1065	0.1	传统滤材组合形式 2
Q1-J1-C1-J1-C1-J1-C1-J1-C1	99.52	99.95	462	0.1	新型 1 号组合
Q1-J2-C1-J2-C1-J2-C1-J2-C1	99.75	99.992	540	0.1	新型 2 号组合
Q1-J3-C1-J3-C1-J3-C1-J3-C1	99.995	99.995	569	0.1	新型 3 号组合

图 4 预过滤滤材 Q1

图 5 聚结滤材 J3

图 6 沉降层滤材 C1

4 结论

通过优选滤材、设计滤材组合并叠加使用的方法，设计出一种多重聚结分离滤材结构，并优选出一种天然气核心滤材组合，依据有关标准与传统核心滤材进行过滤性能的对比测试，结果表明：核心滤材的多种材料复合循环往复及多重聚结分离结构，实现预过滤-聚结-排液-预过滤-聚结-排液-预过滤-聚结-排液的功能，彻底杜绝传统滤芯预过滤-聚结-排液结构带来的二次挟带问题，显著提高天然气净化效果，为天然气组合式滤芯国产化研发奠定了材料基础。

参 考 文 献

[1] 谈文虎，杨飞，朱世豪. 天然气过滤分离用新型复合滤芯结构及滤材选择[J]. 化工装备技术，2018，39(3)：48-51.

[2] 郝翊彤，姬忠礼，刘震，刘宇峰. 天然气滤芯三相过滤过程的压降特性[J]. 过程工程学报，2017，17(6)：1140-1147.

[3] 常程，姬忠，黄金斌，等. 气液过滤过程中液滴二次夹带现象分析[J]. 化工学报，2015，66(4)：1344-1352.

[4] 张昱威，李方俊. 天然气聚结滤芯气液分离性能研究[J]. 当代化工，2015，44(8)：1948-1951.

[5] LIU Z, JI Z, SHANG J, CHEN H, LIU Y, WANG R. Improved design of two-stage filter cartridges for high sulfur natural gas purification[J]. Separation and Purification Technology, 2018, 198: 155-162.

[6] MEAD-HUNTER R, KING A, MULLINS B. Aerosol-mist coalescing filters - a review[J]. Separation and Purification Technology, 2014, 133: 484-506.

[7] 刘震，姬忠礼，吴小林，赵峰霆．高含硫天然气过滤单元性能优化[J]．天然气工业，2016，36(3)：87-92.

[8] MEAD-HUNTER R, BRADDOCK R, KAMPA D, et al. The relationship between pressure drop and liquid saturation in oil-mist filters-predicting filter saturation using a capillary based model[J]. Separation and Purification Technology, 2013, 104: 121-129.

[9] MULLINS B, MEAD-HUNTER R, PITTA R N, et al. Comparative performance of philic and phobic oil-mist filters [J]. AIChE Journal, 2014, 60(8): 2976-2984.

[10] KAMPA D, WURSTER S, MEYER J, et al. Validation of a new phenomenological "jump-and-channel" model for the wet pressure drop of oil mist filters[J]. Chemical Engineering Science, 2015, 122: 150-160.

X 高含硫储气库注采井完整性管理实践

王　健[1]　阳小平[2]　陈永理[2]　胡远飞[2]

（1. 中国石油大港油田分公司井下作业公司；2. 中石油北京天然气管道有限公司）

摘　要　储气库注采井与普通采油井不同，井筒管柱和固井水泥石长期承受注采交变应力影响，随着注采周期的延长，注采井套管外气窜和环空带压问题凸显，生产安全风险较大。为此，针对 X 储气库储层高含硫化氢、技术套管穿盖层及井筒应力交替变换等特点及目前存在技术套管带压问题，从注采井套管环空带压原因分析、井筒技术检测评估、安全评价年限及套压管理等几方面开展了技术研究与应用。制订了套压渗漏分析标准曲线、井筒技术检测评估方案及套压管理标准，形成的研究成果及配套技术满足了储气库安全生产需求，其完整性管理管理经验，对于国内储气库管理具有较强的指导意义。

关键词　交变应力，渗漏分析标准曲线，井筒技术检测，套压管理标准，完整性管理

X 高含硫储气库气藏为一带油环、底水、含硫化氢的凝析气藏，是我国第一座由高含硫气藏改建而成的储气库，硫化氢含量 570～1300mg/m^3，碳酸盐岩储层，储集空间构造缝发育。2010 年建成投产，布置 5 口注采井，井身结构为四开水平井，采用“直-增-稳-增-调整-稳”剖面，水平段约 350m。具有原始储层高含硫化氢、技术套管穿盖层、井筒应力交替变换及套管环空带压等特点。为确保储气库井处于安全的生产状态，针对 X 储气库特点及生产实际要求，开展了注采井完整性管理及配套技术研究，形成的研究成果满足了安全生产需求，有效的提高了此类井的完整性管理水平。

1　高含硫储气库完整性管理体系建设

一般完整性管理要素包括：数据信息收集、分析、评价、检测等要素(图 1)，通过完整性的闭环管理，可有效实现发现隐患、治理隐患及消除隐患，使生产设施处于一个安全可控状态。为此，结合完整性的闭环管理方法，针对高含硫储气库建立了包括：套管环空带压原因分析、井筒技术检测、安全评价年限、套压管理及套压治理等五方面的高含硫储气库完整性管理体系。

1.1　套管环空带压原因分析

X 储气库采用永久式封隔器配套安全阀等工具完井，2010 年投产后 5 口注采井均出现了不同程度套管带压现象，存在井控安全风险。为

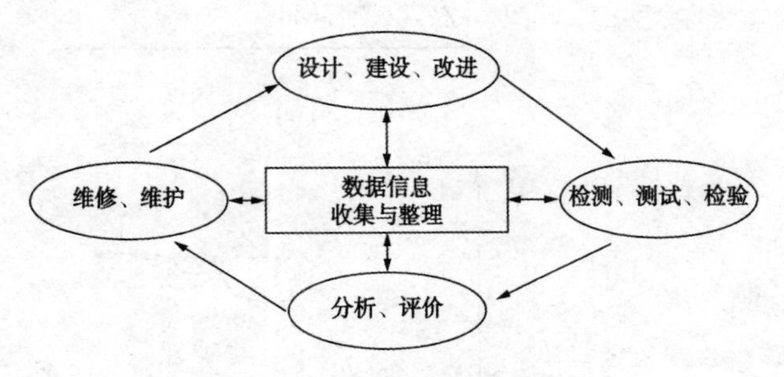

图 1　完整性管理要素

此，开展了套管环空带压因素分析，并形成了套管带压漏失点分析比照标准曲线，可准确判断套管带压原因。

1.1.1　套管环空带压主要影响因素分析

X 储气库均为四开井，套管环空主要包括：注采管柱-油层套管环空(A 环空)、油层套管-技术套管环空(B 环空)及技术套-表层套管环空(C 环空)，结合井筒结构及历年修井作业情况，综合分析认为造成环空带压的主要因素如下，详见表 1。

表 1　环空带压主要因素

序号	环空带压主要影响因素		备注
	A 环空	B、C 环空	
1	井下工具（如封隔器胶皮）密封失效	生产套管/技术套管丝扣渗漏	
2	油管丝扣渗漏	套管头密封失效	
3	油管本体腐蚀穿孔	水泥环与套管胶结差，存在裂缝	
4	油管挂密封失效		

1.1.2　套压渗漏分析标准曲线建立

通过对X储气库套管带压原因分析及现场验证，形成了套管带压渗漏分析标准曲线，可判断套管环空带压原因及漏点位置。

(1) 套管头不密封：相邻的套管间环空和油套环空的压力值相近，在压力恢复时间 T_r（约几个小时）内 p_{icc} 急剧增大至初始压力 p_{icco}［图2(a)］。

(2) 生产套管螺纹连接处不密封：当气体沿着螺纹连接处–水泥石和套管柱之间的环形空间–没有被水泥固井的套管间环空运移，压力恢复曲线的形状与第一种情况下的曲线类似［图2(a)］。不过，压力恢复更加平稳且压力恢复时间 T_r 较长，约为几天［图2(b)］。

(3) 水泥石的致密性受损：来自地层内沿水泥环缝隙流动的气体可能会携带液体，从而加剧了通道的非均质性，并破坏其通过能力。最终，压力恢复曲线以随时间任意变化的规律来增长［图2(c)］。

(4) 中间管柱不密封，压力恢复曲线的特点是套管间压力在 p_{icco} 基准上产生无规则波动，直到气体开始排放为止［图2(d)］。

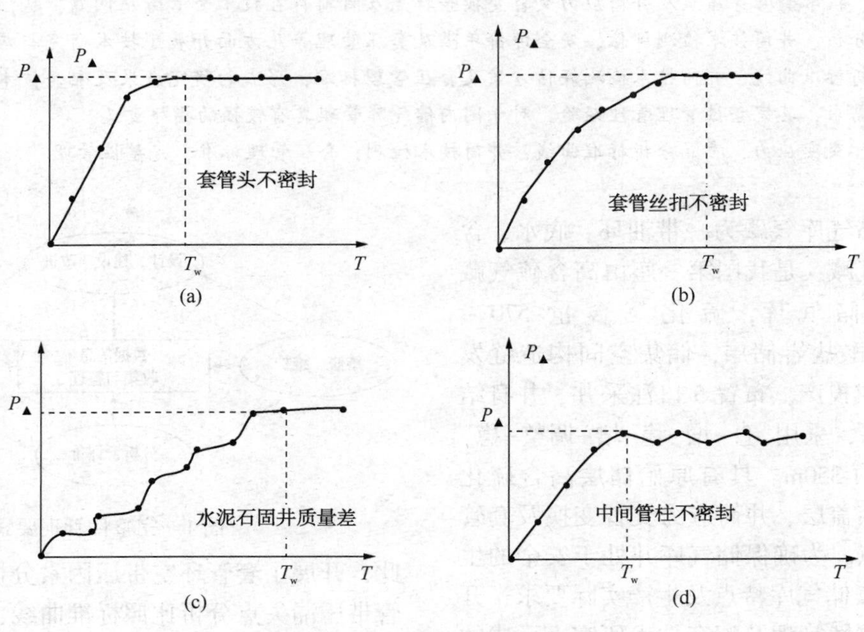

图2　套压渗漏分析标准曲线

综合分析认为X高含硫储气库环空带压主要原因分为三类：①生产管柱丝扣渗漏导致A环空带压，气体通过近井段套管渗漏点窜至井口；②井下工具(封隔器等)失效导致环空保护液漏失A环空带压，气体通过近井段套管渗漏点窜至井口；③受技术套管穿盖层完井影响，油层套管固井水泥介于双层套管之间，水泥胶结质量差，且不能与盖层形成较好的封闭段，导致气体沿着固井水泥间隙窜至井口。

1.2　井筒技术检测评估

通过对储气库注采井进行井筒技术检测评估，可落实注采井的现状及井筒关键薄弱点，所取得的评价数据为储气库井的完整性管理提供了坚实的数据基础。

1.2.1　井筒技术检测检测方案制定：

根据影响井筒完整性的关键要点，确定了检测对象、检测要素及检测方法，形成了井筒技术检测检测方案，主要包括：检测对象、检测要素及测井方法，详见表2。

1.2.2　技术检测评价年限要求：

根据储层产物中腐蚀性组分及储层稳定情况，将储气库分为两类：第1类——不含腐蚀活性组分的已枯竭气田、凝析气田和油田、含水层里建设的地下储气库；第2类——含有腐蚀活性组分的已枯竭气田、凝析气田和油田、含水层里建设的地下储气库。针对上述两类储气库注采井，对井的安全生产期进行了确定。

(1) 储气库设计时未确定安全生产期限的新投产储气库井，安全生产期限不得超过表3规定，且不应改变生产条件和工艺制度。

表 2 注采井技术检测对象、要素及方法

<table>
<tr><th colspan="2" rowspan="2">检测对象</th><th rowspan="2">检测要素</th><th colspan="2">地球物理测井方法</th></tr>
<tr><th>宜</th><th>可</th></tr>
<tr><td rowspan="2">套管柱</td><td>过油管</td><td>确定套管柱各部件(套管鞋、封隔器、筛管等)的位置；
测量并监控在管柱剖面上管柱内径的变化；
检查管壁缺陷，评价磨损程度；
确定变形位置(不密封性)</td><td>磁脉冲探伤法；
磁性定位法；
高灵敏度测温法；
放射性测量法(固定式伽马测井+中子伽马测井)</td><td>气压测定法</td></tr>
<tr><td>提升油管</td><td>确定井身结构部件(套管鞋、封隔器、起动接头等)的位置；
测量并监控在管柱剖面上管柱内径的变化；
检查局部缺陷和管壁厚度变化</td><td>井径测量法；
电磁探伤法；
磁性定位法；
伽马厚度测量法-探伤法</td><td>声波探伤法
声波电视</td></tr>
<tr><td colspan="2" rowspan="2">套管外空间</td><td>检查水泥环胶结质量</td><td>声波水泥测井法</td><td>宽频声波测井</td></tr>
<tr><td>检查套管外气体聚集的层段、地层间窜流情况</td><td>高灵敏度测温法；
噪声测量法；
放射性测量法(伽马测井+中子伽马测井；感应测井；固定式伽马测井)</td><td>中子脉冲测井；
伽马光谱测定法；
噪声测量-光谱测定法；
放射性同位素检查；
水流动定位。</td></tr>
<tr><td colspan="2">管柱密封性</td><td>检查管接头密封性受损情况</td><td>测温法+气压测定法+伽马测井</td><td>放射性同位素检查；
电阻测量法(注入示踪物质)；
测温法(注入温度对比液体)</td></tr>
</table>

表 3 新投入储气库井安全生产期限

地下储气库类别	井的类型	地下储气库类别	井的类型
	注采井		注采井
1	≤20 年	2	≤10 年

(2) 地下储气库井安全生产期限达到表 3 规定生产期限，或出现异常，或生产不能满足生产条件和工艺制度时，应进行安全生产评价，根据评价结果确定是否继续运行。

(3) 经安全生产评价确定可延长安全生产期限的井，其延长安全生产期限应根据储气库井的技术检测、剩余寿命评估及整体评价结果确定，且第一个延长安全生产期限不应超过表 4 规定，第二个延长安全生产期限不应超过第一个延长安全生产期限，依此类推。技术检测评价应在安全生产期限或延长安全生产期限到期前 3 个月内进行。

表 4 储气库井的第一个延长安全生产期限

地下储气库类别	井的类型	地下储气库类别	井的类型
	注采井		注采井
1	≤12 年	2	≤5 年

(4) 对泄漏量在 $100m^3/d$ 以上的井，应停止生产，进行安全生产评价。

(5) 实际延长安全生产期限应根据每个具体井的技术检测结果和剩余使用寿命计算来确定。该期限不得超过表 3 和表 4 中规定的期限。

1.2.3 X 储气库检测结果

采用上述检测及评价方法，通过对 X 高含硫储气库进行了检测评价，该储气库所有注采井的可延长安全生产期限均达到同类的最大延长年限，整体状况良好(表 5)。

表 5 检测年限要求

地下储气库类别	可延长使用年限	新建井首次检测
2	≤5 年	≤7 年

1.3 套压管理方案制定

制定了套压管理标准(表 6)及环空带压判定与处理流程(图 3)，在现场实际生产中取得了较好的管理效果，是储气库井筒完整性管理的重要组成部分。

表6　套压管理标准

序号	带压状态	压力(MPa)	处置措施	泄放标准及要求
1	A 环空	>17	进行泄放至 0MPa	进行控制泄放，若 A 环空压力不能卸放至 10Ma 以下，需进行风险分析，并研究下步管理及处理措施。
2	B 环空	>1.4	加密巡检	每天 2 次记录压力变化情况，有上升趋势加密观察。
3	B 环空	>10	进行泄放至 0MPa	若压力卸放至 0 后能在 24 内升至原值，则需监测泄漏量，进行风验分析，并研究下步管理及处理措施

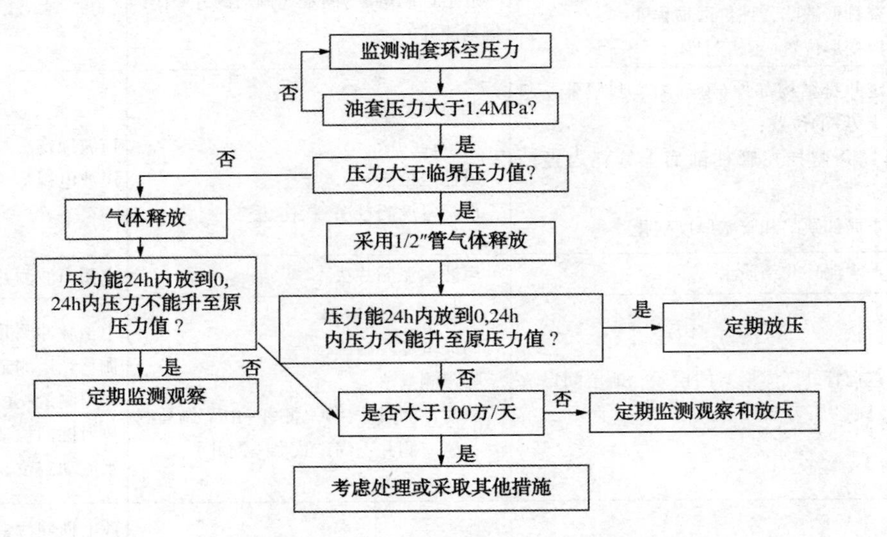

图3　环空带压的判定与处理流程

1.4　套压治理方案制定

1.4.1　减缓 A 环空带压措施

在完井作业时，对 A 环空注入一定量的氮气柱，可有消除解生产管柱在受注、采压力及温度变化影响造成的伸缩及膨胀效应，缓解 A 环空带压问题。当氮气柱长度超过 100m 时，套压随压力、温度变化趋势明显减弱。考虑井下安全阀(80～100m)防腐因素，将环空氮气柱长度范围选取在 100～200m 间，A 环空预留氮气压力 2MPa，可有效延长生产管柱及配套工具的密封寿命，从而减缓 A 环空带压现象。

1.4.2　B 环空套压治理方案

针对对 X 储气库 B 环空带压问题，从渗漏点分析、堵剂优选及现场实施方案等方面进行了细致研究，形成的整治方案如下。

(1) 渗漏点分析。

采用超声波天然气计量测取对 B 环空压力恢复曲线，与图 2 中套压渗漏分析标准曲线对比，并结合中子伽马测井检测结果，可确定套管渗漏原因及渗漏点(图 4、图 5)。

(2) 堵漏体系优选。

调研优选形成了一种适用于封堵金属及水泥

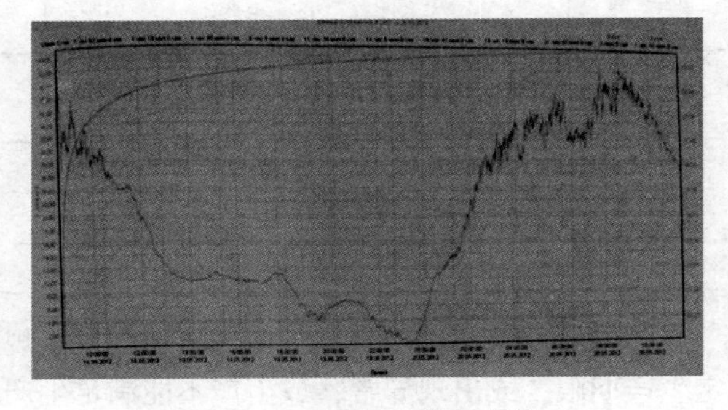

图4　B 环空压力恢复曲线

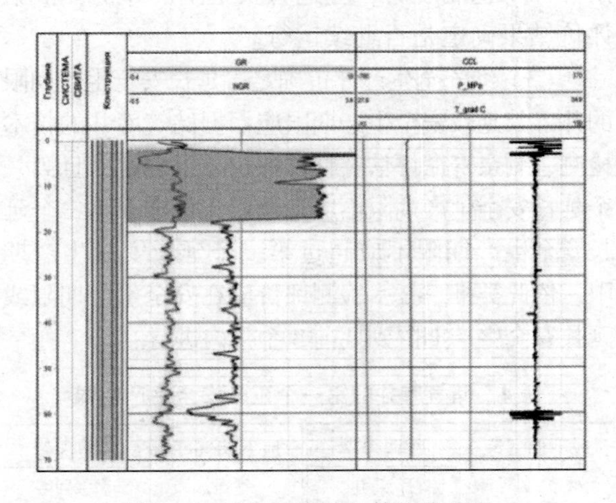

图5　中子伽马测井气体聚集显示

石孔隙空间的液体堵漏剂，具有穿透性强、耐高压、封闭效果好等特点(图 6)。

图 6 堵漏剂试验图片

(3) 堵漏施工方法。

对于具备封堵条件的套管环空带压井，通过技术套管阀门向套管内注入堵漏剂，堵漏剂覆盖渗漏点后，采用氮气加压，侯凝。通过堵剂的堵漏作用，可有效解决技套环空带压问题(图 7)。

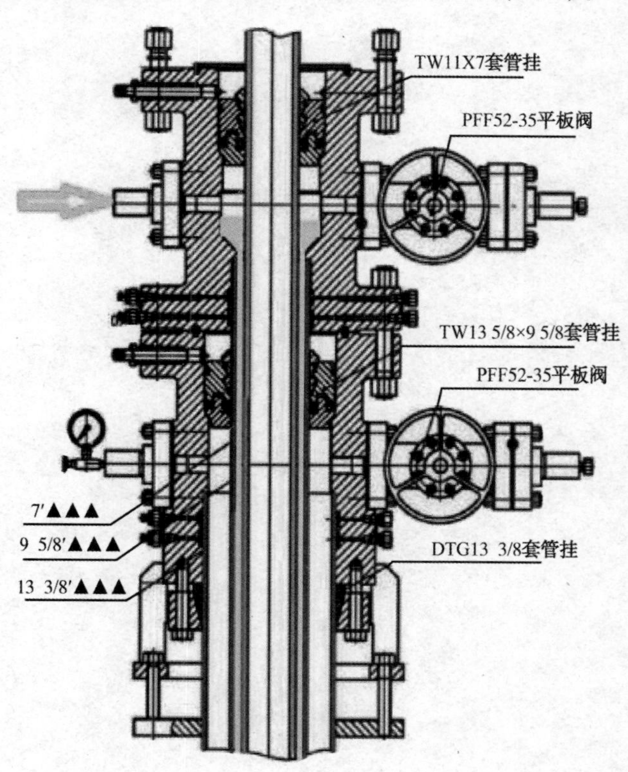

图 7 套管头结构图

2 现场应用及效果

X 高含硫储气库自 2010 年投产后注采井即出现套管环空带压问题，同时该储气库处于人口密集区，周边环境敏感，安全生产风险较大。根据建立的高含硫储气库完整性管理体系要求开展了套管环空带压原因分析、井筒技术检测及套压管理泄放等工作，确保了该储气库处于稳定的安全生产状态。截至 2016 年 7 月，该储气库已经累计生产天然气 $6.22\times10^8 m^3$，累计采气 $5.82\times10^8 m^3$，5 口高含硫注采井套管环空带压问题得到了有效控制，均处于安全受控状态。

3 结论

(1) 随着储气库注采周期的延长，注采井套管外气窜和环空带压问题会越发凸显，将对高含硫储气库井筒完整性管理提出更高要求；

(2) 通过应用实践表明，针对高含硫储气库建立的完整性管理体系及配套技术能够满足 X 高含硫储气库安全生产要求，对类似高含硫储气库具有推广意义；

(3) 针对存在的套管带压问题，对具备封堵条件的套管环空带压井，提出了采用堵漏剂封堵的解决方案，并通过实验验证优选了堵漏剂体系，对类似情况套管带压井治理具有指导意义。

参 考 文 献

[1] 郑有成，张果，等．油气井完整性与完整性管理[J]．钻采工艺，2008(9)．

[2] 黎丽丽，彭建云，等．高压气井环空压力许可值确定方法及其应用[J]．钻井工程，33(1)．

[3] 马发明，朝毅，郭建华．四川盆地高含硫气井完整性管理技术与应用[J]．天然气工业，2003(1)．

[4] 孙莉，樊建春，等．气井完整性概念初探及评价指标研究[J]．中国安全生产科学技术，2015(10)．

[5] 李勇，王兆会，等．储气库井油套环空合理氮气柱长度[J]．油气储运，2011，30(12)．

[6] 范伟华，冯彬，等．相国寺储气库固井井筒密封完整性技术[J]．断块油气田，2014，21(1)．

[7] 刘洋，严海兵，等．井内压力变化对水泥环密封完整性的影响及对策[J]．天然气工业，2014，34(4)．

[8] 李国涛，张强，朱广海．永 22 含硫气藏改建地下储气库钻采工艺技术[J]．天然气技术与经济，2011，5(5)．

[9] 杨再葆，王建国，等．京 58 地下储气库群签上型地下储气库完井工艺技术[J]．油气井测试，2011，20(2)．

[10] 孙鹏．现代测井技术在油田勘探开发中的应用[J]．化工管理，2015(15)．

[11] 李国韬，张强，朱广海，等．X. X 含硫气藏改建地下储气库钻注采工艺技术[J]．天然气技术与经济，2011，5(5)：53-54．

[12] 杨琴，余清秀，银小兵，等．枯竭气藏型地下储气库工程安全风险与预防控制措施探讨．石油与天然气化工，2011，40(4)．

[13] SY/T 6806-2010. 盐穴地下储气库安全技术规程[S]．国家能源局，2011-01-09．

[14] SY/T 6805-2010. 油气藏型地下储气库安全技术规程[S]．国家能源局，2011-01-09．

[15] SY/T 6645-2006. 枯竭砂岩油气藏地下储气库注采井射孔完井工程设计编写规范[S]．国家发展和改革委员会，2006-07-10．

[16] SY/T 6756-2009. 油气藏改建地下储气库注采井修井作业规范[S]．国家能源局，2009-12-01．

边水断层储气库气水运移影响因素研究

范 晶[1] 阳小平[2] 胡远飞[2] 江任开[1]

[1. 中国石油大学(北京); 2. 中石油北京天然气管道有限公司]

摘 要 掌握储气库气水运移规律可以合理制定储气库运行制度，提高储气库运行效率。本文以板中北气库为基础，建立了凝析气藏开发及储气库理论模型。通过数值模拟的方法分别研究了水体能量、地层平面非均质性、条带非均质性和纵向非均质性对气库运行气液运移的影响。研究结果表明：水体能量是影响储气库运行效率和气液运移的主要因素，各因素对对气库运行影响大小排序分别为：水体能量>平面非均质性>纵向非均质性>条带非均质性。

关键词 边水，储气库，气水运移，影响因素，水体能量，非均质性

气藏型储气库是经济有效的储气调峰设施，在保证天然气安全平稳供应中发挥了不可替代的作用，中国储气库发展和完善将会给中国能源地下储存带来革命性的变化。但是目前我国储气库总体扩容达产速度慢，运行效率低。了解储气库气水运移规律，可以合理制定储气库运行制度，提高储气库运行效率。

影响气库气液运移的影响因素很多，如水体能量、地层非均质性、气库注入与采出速度、注入与采出气体组分和气藏开发时的注入水等。赵明千(2015)通过数值模拟方法，研究了 M 气藏储气库边水运动规律，同时评价了储气库注采能力。汤勇(2020)等结合室内 PVT 实验、物质平衡方程和 PVT 计算，考虑了凝析气藏储气库中注入气与采出气组分变化对储气库运行的影响。但是已有的研究中对于油层边底水能量和地层非均质性对储气库开发的影响研究较少，本论文主要研究气库水体能量和地层非均质性对气库气液运移的影响。

在气库建立前气藏开发过程中，上述影响因素对气藏开发时水体的侵入特征和水侵入量的不一致性。而在气藏开发枯竭后，储气库气水多周期运移过程中，气驱水和水驱气过程的差异性和驱替效率的差别，导致气库建立时容易造成气体的“指进”和水的“突进”。因此选取了气库建立时气藏开发时侵入水被气驱的残余水量、气库库容量和气体的突进量的变化来考察上述影响因素的气库建立及运行的影响。

1 模型建立及参数选取

以板中北气库储层参数及流体性质为基础，建立板中北凝析气藏开发及储气库理论模型。板中北气库处在断层西侧，背斜构造，顶深 2600.5m，底深 2971.1m，地质模型见图 1。理论模型网格尺寸：70×35×20，纵向上分 4 层，总厚度为 4.31m，平均渗透率为 240.63mD，平均孔隙度 23.4%。气藏为凝析气藏，原始地层压力高于临界压力，而地层温度介于临界温度与临界凝析温度之间，处在等温反凝析区的上方，模型参考点深度 2729.93m，参考压力 30.3MPa，底层温度 102℃。理论模型气藏，开采时间为 5 年，自 2000 年初开采至 2006 年初，平均日采气速度为 $5\times10^4 m^3/d$。2006 年初开始注气，注气时间为 8 个月，单井平均注入速度为 $40\times10^4 m^3/d$。理论模型的俯视图见图 2，图中蓝色区域为模型水区，红色区域为油环，其中油水界面深度 -2762.1m，最上面的绿色区域为气藏顶部气区。

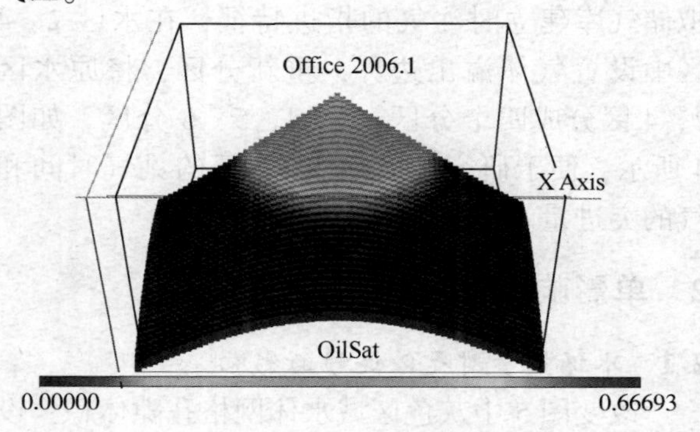

图 1 板中北区块理论模型含油饱和度分布图

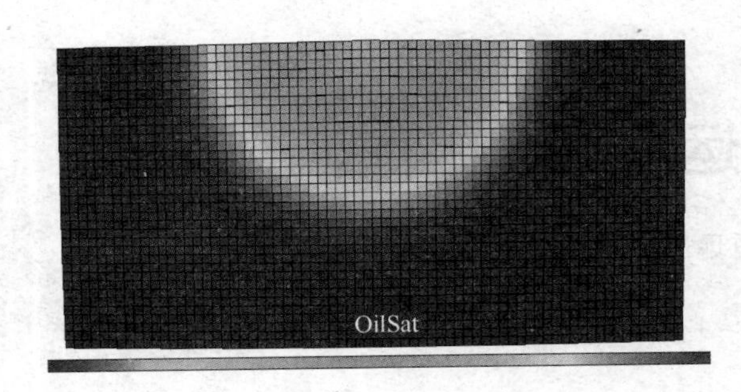

图 2　模型含油饱和度平面分布图

为研究需要，将理论模型分成左右两个半区，左区为储层物性变化区域，右区为储层参数不改变区域。改变左区储层物性，观察侵入水被气驱的残余水量、气库库容量和气体的突进量在各区的变化，进行敏感性分析。为研究水侵入特征，将左右半区进一步分为含烃区和水区（图 3、图 4）。

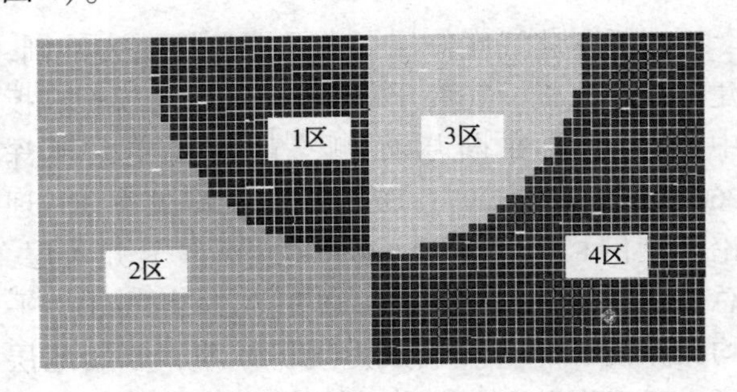

图 3　模型平面分区图

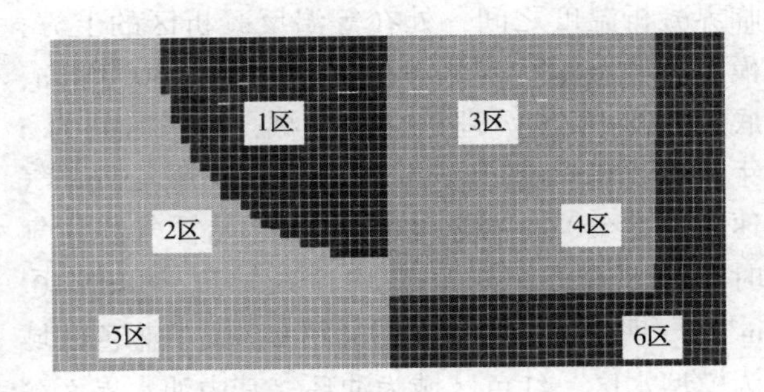

图 4　模型平面分区图

1、3 区为含烃区，而 2、4 区为水区，为模拟储气库建立时注气的指进特征，在水区 2、4 区中设置气体溢出边界，重新分区，将原水区 2、4 区分成四个分区：2、4、5、6 分区，如图 4 所示，便于研究注气后 5、6 区的见气时间和气的突进量。

2　单影响因素分析

2.1　水体能量对气液运移的影响

改变图 5 中灰色区域水体网格孔隙体积，设置水体孔隙体积与烃类孔隙体积的比值分别为 5、10、50、100 和 500，分析水体能量对气藏开发和气库注气过程中气水运移的影响。

随着水体能量的增加，气藏开采过程中的侵入水量占原气藏含烃体积百分比亦逐渐增加（图 5），由 5 倍水体能量时的 8%左右上升至 500 倍水体能量的 40%左右。建库后注入气末侵入水有部分被气体驱出，但仍存在不少残余水在气库原含烃区，水体能量越强残余水量亦越大，但是在气藏水体能量为含烃体积的 50 倍水体能量后变化已很小，稳定在 20%左右。

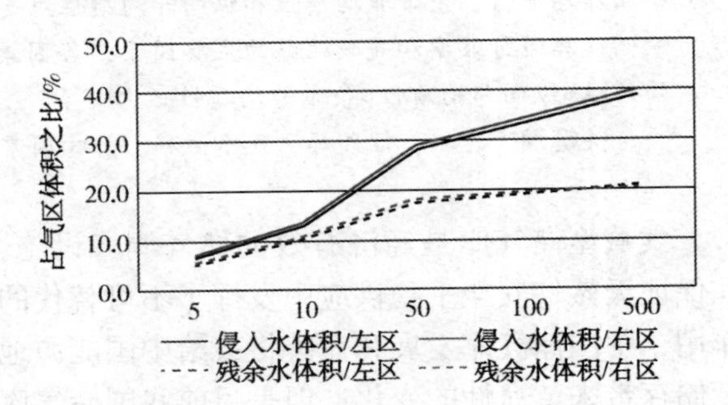

图 5　建库后影响库容的侵入和残余水的体积变化

建库后气库储气量使用气藏含烃区及构造圈闭内水区的气储量增加值与原气藏储量的百分比表示。从图 6 可以看出，气库在水体能量较小（小于 50 倍水体能量）时，气突进至水区但未突破至构造泄漏点。但是当水体能量大于 50 倍含烃体积时，随水体能量增加气库储气量反而在减小，说明气库在一定程度上发生了泄漏。这是因为，水体能量越强易造成气体沿顶面突进现象，水体能量太强造成气体突进严重，注入气突破至构造泄漏点而发生气体泄漏情况（图 7）。

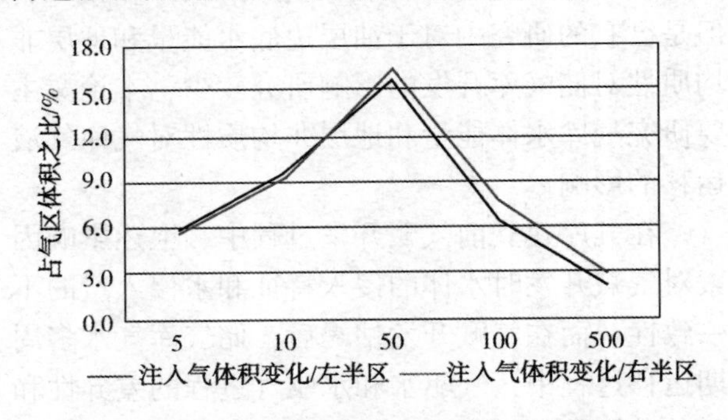

图 6　建库后原气藏含烃区储气量变化图

建库后，水体能量越强气体越容易窜至边水。从图 8 可以看出，水体能量越强气体突进至边水越严重。但是当水体能量大于 50 倍含烃体积时，突进至边水的含气储量增量减小。从图 9 可以看出，注入期末原气藏含烃体积气储量与原气藏气储量之差的变化，在水体能量较弱时气储量有所增加，但由于水体能量增加，气体突进严重，含气储量较原气藏气储量呈现负增长，随着气体能量增加，气体从顶部突进严重，原气藏含烃气体气储量在大于10倍水体能量时，呈现负增长，突进严重。

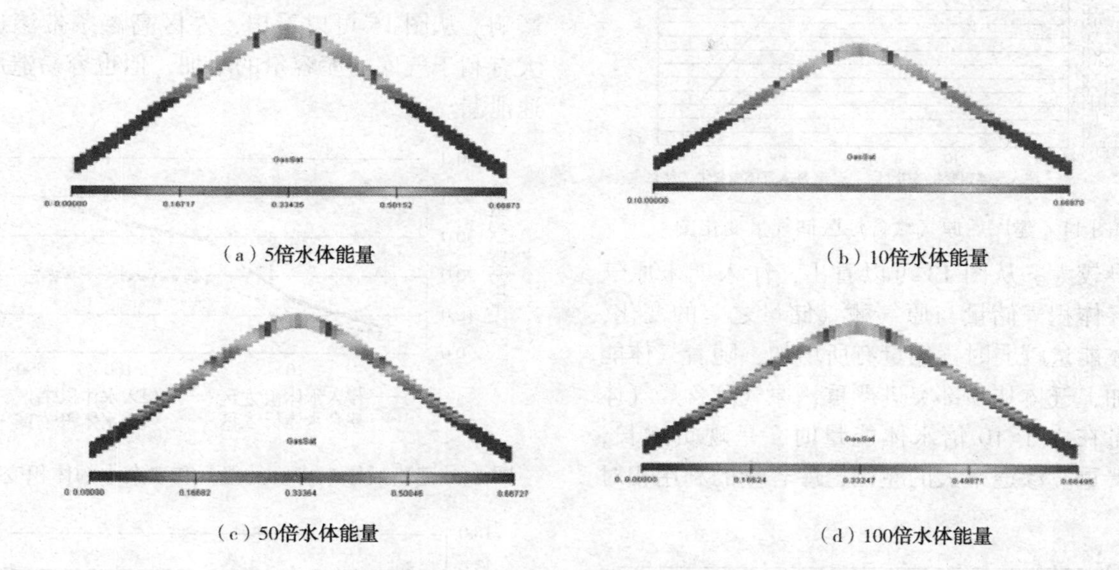

图7 建库后注气时气体从构造顶部突进图

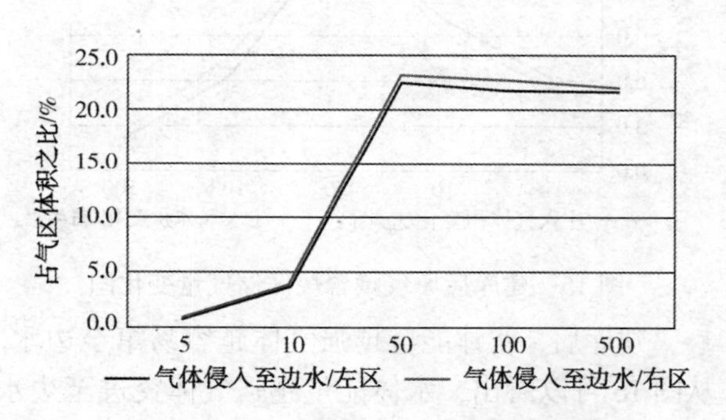

图8 气窜至边水的储量随水体能量的变化

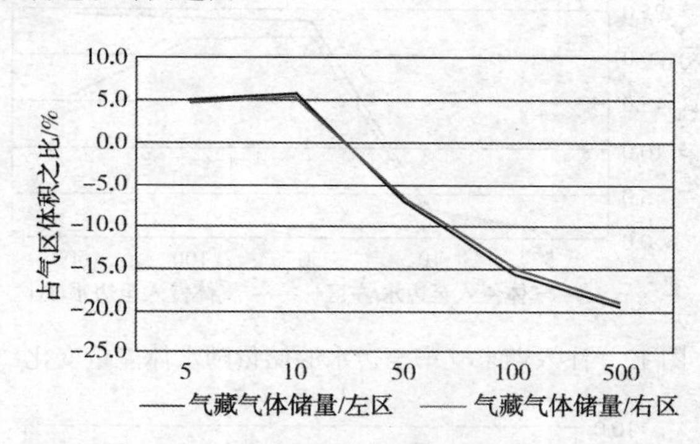

图9 原气藏含烃体积气储量与原气藏气储量之差的变化曲线

2.2 平面非均质性对气液运移的影响

将模型左区渗透率增大至原来的2倍即$481.26\times10^{-3}\ \mu m^2$，观察水体能量改变和平面非均质性对气库气液运移的影响。

如图10所示，随着水体能量的增加，气藏开采过程中的侵入水量占原气藏含烃体积百分比亦逐渐增加，由5倍水体能量8%左右上升至500倍水体能量的40%左右，且渗透率越高水体侵入量差异较小。建库后注入期末水体能量越强残余水量越大，在气藏水体能量为含烃体积的50倍水体能量后变化已很小，但由于左区渗透率大区域残余水量亦较大，因此可以看出渗透率率越高气体突进越严重。

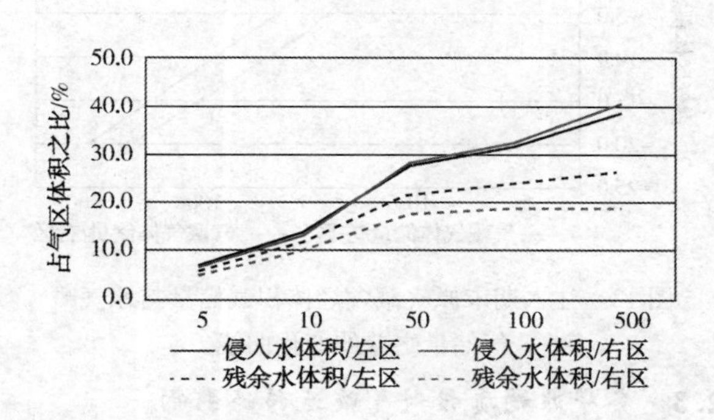

图10 建库后影响库容的侵入和残余水的体积变化

从图11可以看出，气库在水体能量较小（小于50倍水体能量）时，气突进至水区但未突破至构造泄漏点。左区渗透率大有利于气库的库容量的增加。

建库后，水体能量越强气体越容易窜至边水。从图12可以看出，水体能量越强气体突进至边水越严重。当水体能量大于50倍含烃体积时，突进至边水的含气储量增量很小，左右两区

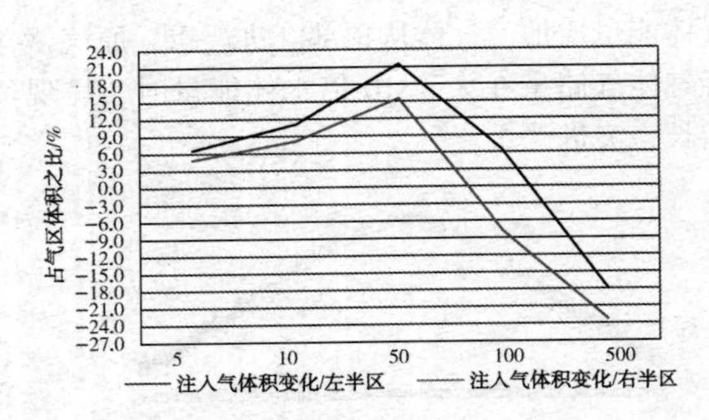

图 11　建库后原气藏含烃区储气量变化图

的差异较大。从图 13 可以看出，注入期末原气藏含烃体积气储量与原气藏气储量之差的变化，在水体能量较弱时气储量有所增加，随着气体能量增加，气体从顶部突进严重，原气藏含烃气体气储量在大于 10 倍水体能量时，呈现负增长，突进严重。渗透率大的左区，库容量的利用相对较好。

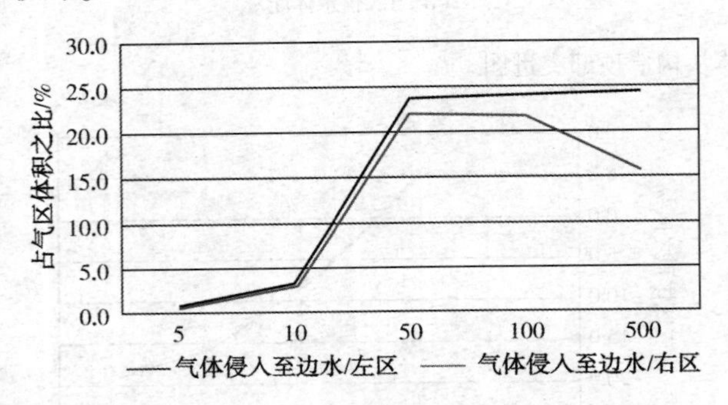

图 12　注入期末气窜至边水的储量随水体能量变化

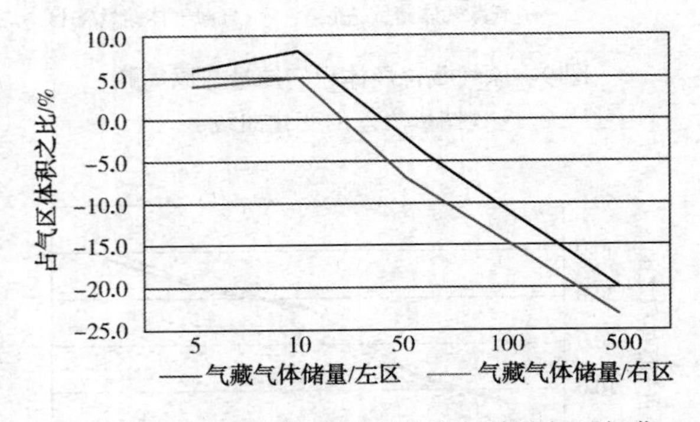

图 13　注入期末原气藏含烃体积气储量与原气藏气储量之差的变化曲线

2.3　条带非均质性对气液运移的影响

增大 $X=30$ 的条带将渗透率增大至原来的 5 倍(即 $1203.15\times10^{-3}\mu m^2$)，观察条带非均质性和水体能量的改变对储气库运行气液运移变化规律的影响。

如图 14 所示，随着水体能量的增加，气藏开采过程中的侵入水量占原气藏含烃体积百分比亦逐渐增加，但是条带高渗透率对水体侵入量差异较小。建库后注入期末水体能量越强残余水量越大，左区条带高渗透率大，区域残余水量亦较大，因此可以看出条带渗透率率气体突进有一定影响。从图 15 可以看出，左区高渗条带渗透率大有利于气库的库容量的增加，但也容易造成快速泄漏。

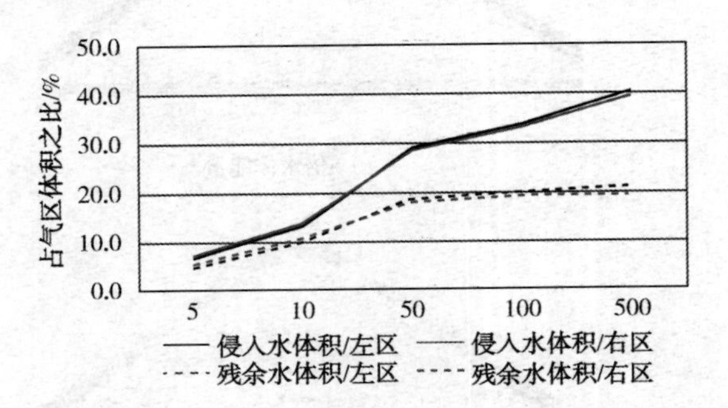

图 14　建库后影响库容的侵入和残余水的体积变化

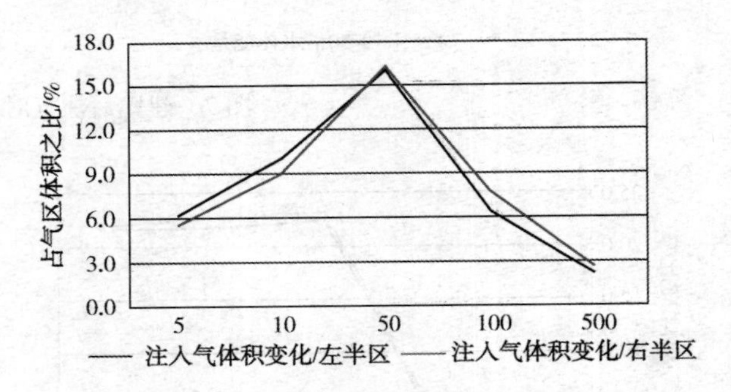

图 15　建库后原气藏含烃区储气量变化图

建库后，水体能量越强气体越容易窜至边水。从图 16 可以看出，水体能量越强气体突进至边水越严重。当水体能量大于 50 倍含烃体积时，突进至边水的含气储量增量很小，左右两区的差异不大。从图 17，可以看出，注入期末原气藏含烃体积气储量与原气藏气储量之差的变化，在水体能量较弱时气储量有所增加，随着气体能量增加，气体从顶部突进严重，原气藏含烃气体气储量在大于 10 倍水体能量时，呈现负增长，突进严重。条带渗透率高的左区和右区差别较小，因此条带高渗对气库的运行气液运移影响较小。

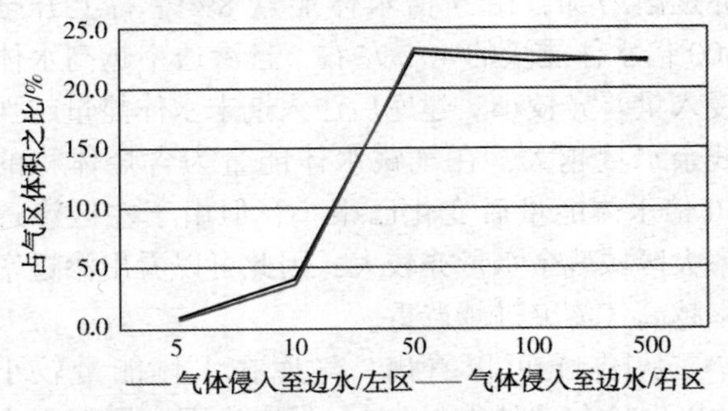

图 16　注入期末气窜至边水的储量随水体能量变化

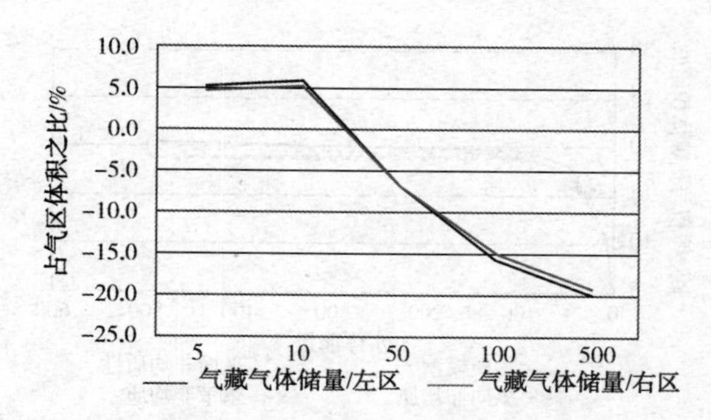

图 17　注入期末原气藏含烃体积气储量与原气藏气储量之差的变化曲线

2.4 纵向非均质性对气液运移的影响

增大模型中某层段渗透率形成高渗层，将模型中 6～10 层的渗透率至增大原来的 5 倍（即 $1203.15\times10^{-3}\mu m^2$），分析纵向非均质性和水体能量改变对气库运行气液运移规律的影响。

如图 18 所示，随着水体能量的增加，气藏开采过程中的侵入水量占原气藏含烃体积百分比亦逐渐增加，且纵向非均质对水体侵入量影响相对较小。建库后注入期末，由于纵向非均质的存在使左区域残余水量亦较大，纵向非均质性气体突进影响较大。

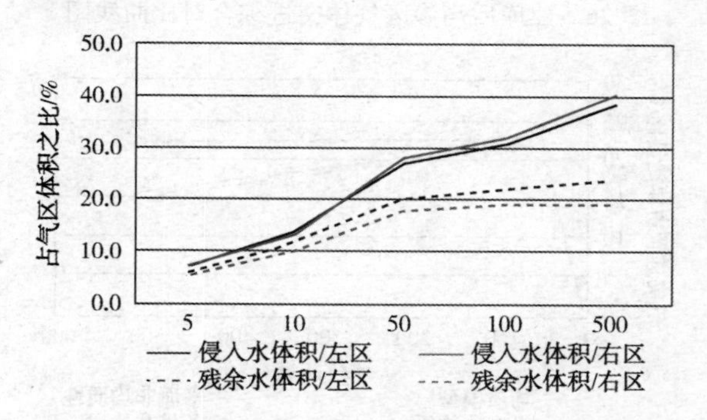

图 18　建库后影响库容的侵入和残余水的体积变化

从图 19 可以看出，纵向非均质性有利于气库的库容量在水区的增加。从图 20 可以看出，水体能量越强气体突进至边水越严重。当水体能量大于 50 倍含烃体积时，突进至边水的含气储量增量很小，存在纵向非均质性的左区，窜至边水气体较多，有利于库容的增加。从图 21，可以看出，注入期末原气藏含烃体积气储量与原气藏气储量之差的变化，在水体能量较弱时气储量有所增加，随着气体能量增加，气体从顶部突进严重，原气藏含烃气体气储量在大于 10 倍水体能量时，呈现负增长，突进严重。存在纵向非均质的左区气库库容变化量比和右区差别大，因此纵向非均质对气库的运行气液运移影响较大。

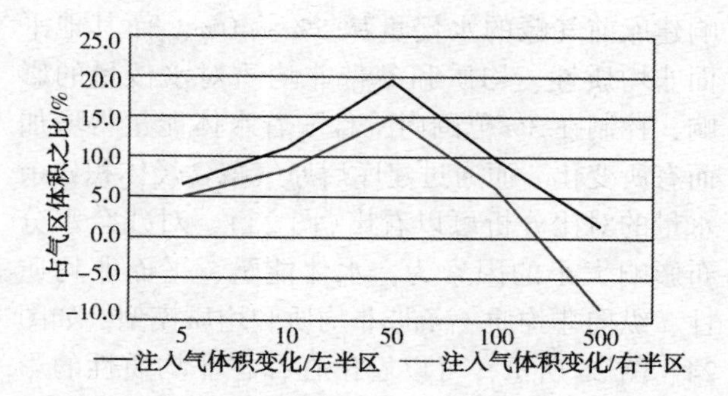

图 19　建库后原气藏含烃区储气量变化图

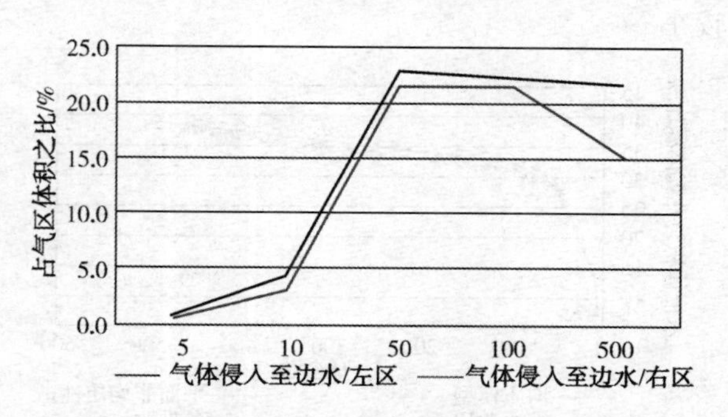

图 20　注入期末气窜至边水的储量随水体能量变化

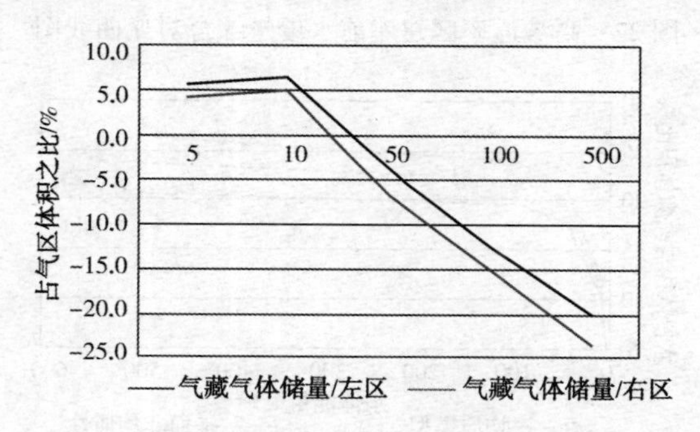

图 21　注入期末原气藏含烃体积气储量与原气藏气储量之差的变化曲线

3　气库气液运移多影响因素综合对比分析

将上述的结果进行综合对比分析，通过对平面非均质、条带非均质、纵向非均质及水体能量的改变对气库水侵入气藏的体积、气体突进至水区的体积、注入期末原气藏含烃体积气库容量与原气藏气储量之差的变化等指标进行综合分析，得出气库运行气液运移的影响因素大小，从而为板中北储气库的运行控制水进及扩容提供依据。

3.1 建库前水侵量和气驱后残余水量对比分析

在气库建库前气库水侵量对比见图 22，可以看出非均质变化区域影响气藏建库水侵量大小的因素分别为：水体能量、条带非均质性、均质、平面非均质性和纵向非均质性。水体能量影响建库前气藏的水侵量从5%～40%。而其他平面非均质性、均质和条带非均质对水侵量的影响，控制在3%范围内，且随着水体能量得增加而有所变化。而通过建库后原气藏含烃体积残余水量的对比分析可以看出(图23)，对残余水分布影响大小的因素为：水体能量、平面非均质性、纵向非均质、条带非均质和均质模型。如图24、图25所示，可以看出在存在非均质性的影响时，低渗透区域的受高渗区域的影响，但影响较小。

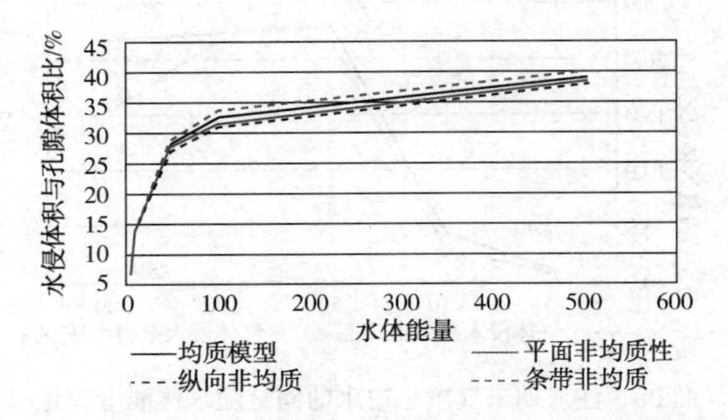

图22　高渗透率区建库前水侵量综合对比曲线图

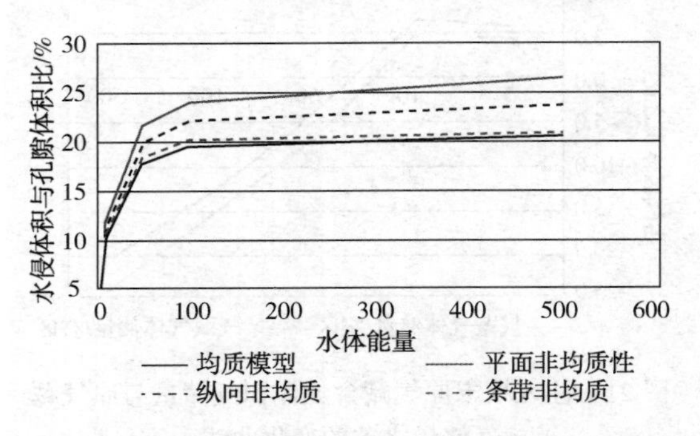

图23　高渗透率区建库后残余水综合对比曲线图

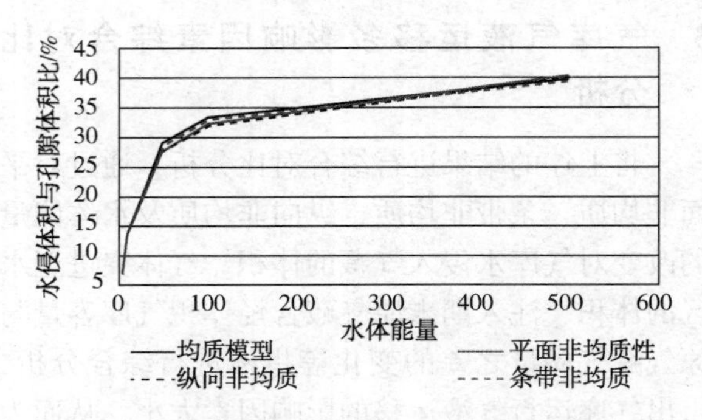

图24　低渗透率区建库前水侵量综合对比曲线图

3.2　建库后气窜至边水储量对比分析

建库后由于注入速度与气藏开采速度的不一致，建库后注入速度快导致注入气窜至原水区域。从图26、图27可以看出，非均质的存在影响着气库注气的气窜程度和气窜速度。地层非均

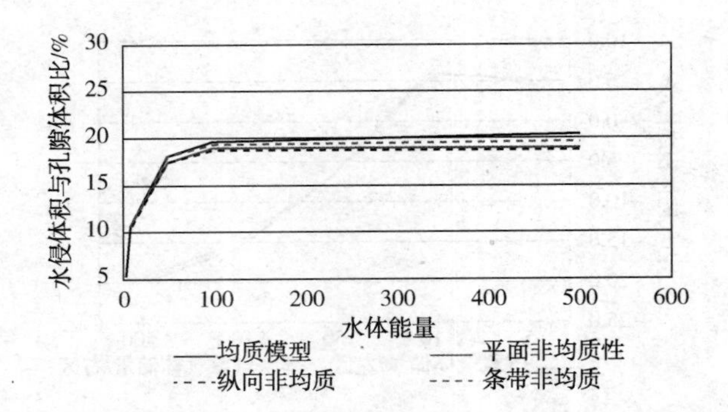

图25　低渗透率区建库后残余水综合对比曲线图

质性中高渗区更容易造成气体窜进。综合分析得影响气库气窜主要因素为：纵向非均质、平面非均质、条带非均质和均质。

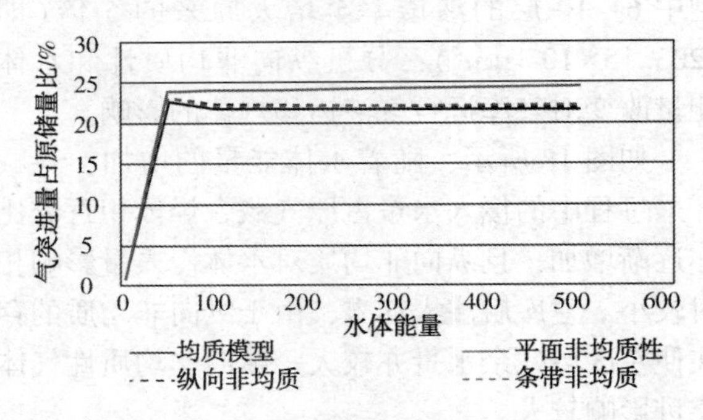

图26　建库后高渗区气体突进综合对比曲线图

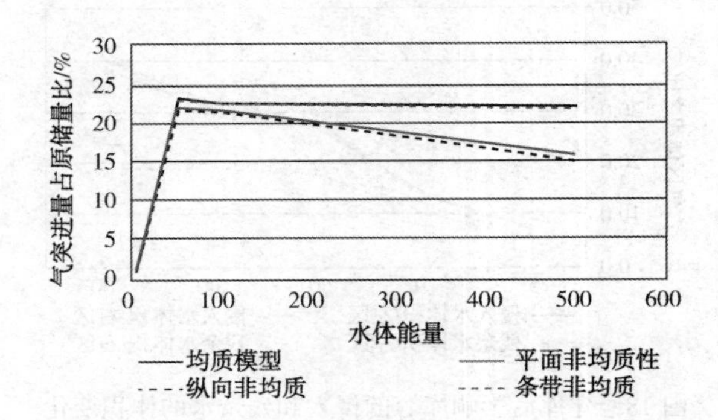

图27　建库后低渗区气体突进综合对比曲线图

3.3　建库后原含烃体积和构造圈闭内水区库容对比分析

构造圈闭内和原气藏含烃体积中，建库后库容与原气藏气储量之间的关系。从图28～图31可以看出，在非均质模型的高渗区，构造圈闭内的库容与原气藏的气储量相比，可以得出在水体能量较弱时，气库容量有所增加，随着水体能量较强时，气库库容量快速较小。特别当平面非均质性存在时，下降速度更加快。而从原气藏含烃体积的库容与气藏含烃体积气储量相对比可以看出，在水体能量弱时气库库容量有一点的提高，而随着水体能量的增加，库容快速下降，到大于

10倍含烃体积水体能量后呈现负增长。综合上述可以得出，对气库运行库容的影响因素按照影响大小排序为：水体能量、平面非均质性、条带非均质、均质模型和纵向非均质性。

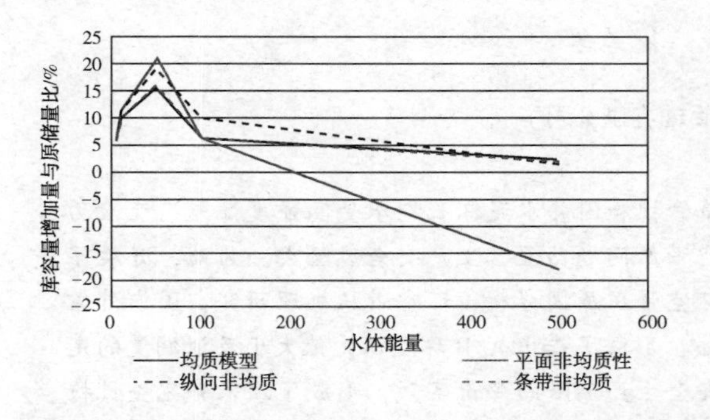

图28　高渗区构造圈闭内库容与原气藏储量之比图

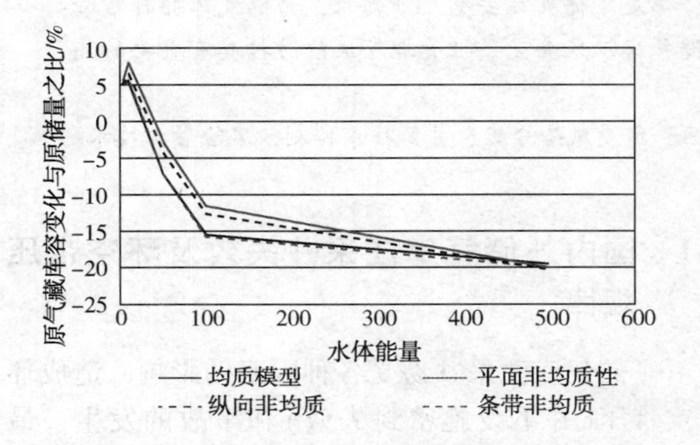

图29　高渗区库容与原气藏储量对比曲线

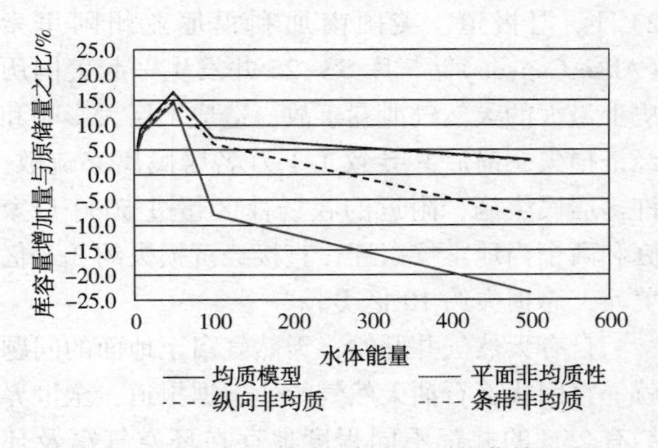

图30　低渗区构造圈闭内库容与原气藏储量之比

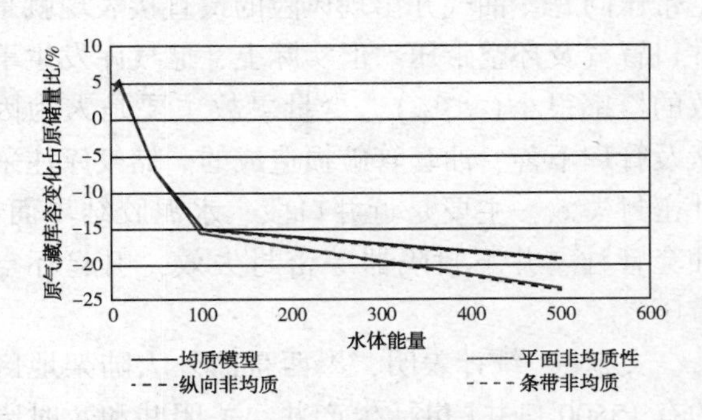

图31　低渗区库容与原气藏储量对比曲线

综上所述，水体能量是影响气藏开发效果和储气库运行效率的主要因素。建库前，影响气藏水侵量的主控因素为水体能量，随着水体能量的增加水侵入气藏区的量急剧增加。平面非均质性对气库运行影响很大，因此在气库的注采过程中需要调整高渗和低渗区的注采强度。对气库运行影响大小排序分别为：水体能量>平面非均质性>纵向非均质性>条带非均质性>均质模型。

4　结论

（1）水体能量是影响储气库运行效率和气液运移的主要因素。而平面非均质性对气库运行影响较大，在气库的注采过程中需要调整高渗、低渗区的注采速度。

（2）对气库运行影响大小排序分别为：水体能量>平面非均质性>纵向非均质性>条带非均质性>均质模型。

参考文献

[1] 郑得文，胥洪成，王皆明，等．气藏型储气库关键技术[J]．石油勘探与开发，2017，44(05)：794-801.

[2] 丁国生，谢萍．中国地下储气库现状与发展展望[J]．天然气工业，2006，26(006)：111-113.

[3] 马新华，郑得文，申瑞臣，等．中国复杂地质条件气藏型储气库建库关键技术与实践[J]．石油勘探与开发，2018，45(05)：489-499.

[4] 马小明，余贝贝，成亚斌，等．水淹衰竭型地下储气库的达容规律及影响因素[J]．天然气工业，2012，32(2)：86-90.

[5] TOOSEH Esmaeel Kazemi，JAFARI Arezou，TEYMOURI Ali．低渗透含水层储气库储气过程中气-水-岩相互作用及储气量影响因素[J]．石油勘探与开发，2018，45(06)：1053-1058.

[6] 腰世哲．文96地下储气库边水运移规律[J]．天然气技术与经济，2019，13(06)：56-61.

[7] 孙岩，朱维耀，刘思良，等．边水凝析气藏型储气库多周期注采水侵量计算模型[J]．中国石油大学学报(自然科学版)，2017，41(06)：160-165.

[8] 邬法勇．Z-W23地下储气库设计与注采能力分析[D]．青岛：中国石油大学(华东)，2014.

地下储气库注采井完整性研究及实践

阳小平　胡远飞　陈永理

（中石油北京天然气管道有限公司）

摘　要　地下储气库注采井与普通采油井不同，井筒管柱和固井水泥环长期承受高强度注采交变应力的影响，随着注采周期的延长，注采井套管外气窜和环空带压问题凸显，生产安全风险大。为此，开展了地下储气库注采井完整性研究及实践工作。通过注采井环空带压原因分析、环空带压机理研究，国内外首次提出并实施了A环空预置氮气减缓环空带压的技术方法，形成了基于A/B环空压力值大小及泄漏量的定量风险分级管理控制程序；通过地下储气库注采井延长安全生产期限的评价实践，形成了注采井完整性检测及评估方法，并制订了标准Q/SY 1486—2012地下储气库套管柱安全评价方法。研究成果及配套技术、标准，形成了储气库注采井完整性评价及风险管控技术，满足了储气库安全生产需求，为储气库井日常管理、风险防控提供了科学依据和实践经验，对国内地下储气库注采井完整性管理及风险防控具有重要的指导意义。

关键词　注采井，完整性管理，交变应力，环空带压，定量风险分级，井筒技术检测，风险管控技术

随着地下储气库运行时间的延长，注采井环空带压井逐步增多，问题越来越突出。国内最早建成的某储气库70口注采井环空压力监测发现，70口注采井A环空均带压，注气末期A环空压力有2口井超过20MPa（KU3井26.5MPa、KU5-7井24.8MPa）、有2口井在15~20MPa之间；采气中期A环空压力有1口井超过20MPa（KU5-7井）、9口井在15~20MPa之间。严重的是，不管是在注气阶段还是在采气阶段，相当一部分（9口）注采井B环空带压，KU 2-4井B环空最大压力注气阶段为14.8MPa、采气阶段为15.1MPa。这对储气库安全运行和环境保护造成了隐患。为消除隐患，每年有8口左右的注采井要进行更换生产管柱等费用高昂的大修作业。

国内储气库越来越多，但在储气库注采井的监测管理、完整性技术检测、风险评估及应急处理等方面研究较少，没有形成成熟的监测、检测、评估及应急等体系。为此，先后开展了多个有关地下储气库注采井完整性管理研究方面的科研攻关，并分五批次进行了地下储气库注采井延长安全生产期限的评价实践工作，基本形成了地下储气库注采井完整性评价及风险管理控制技术，实现了风险管控与维修相结合，在投入维修最少的情况下，保障地下储气库注采井的安全平稳运行，有效提高了储气库注采井完整性管理水平。

1　国内外储气库注采井失效及环空带压规律

储气库注采井易受各种因素的影响，造成环空带压（井下设施密封失效）和事故的发生。最近的一次储气库注采井事故发生在2015年10月23日。据报道，美国南加利福尼亚州阿里索（Aliso Canyon）储气库SS-25井发生一起美国历史上最大的天然气泄漏事故，造成了巨大影响和经济损失，前后共导致1.1万名居民离家疏散，许多居民生病，附近的牧场社区超过5000户家庭和两个当地学校搬迁，直接经济损失约3.3亿美元，总损失约10亿美元。

自有天然气井开始，天然气窜至地面的问题就一直困扰着石油天然气行业。据报道，全世界约有25%的井都不同程度地存在环空气窜及环空带压问题。油气井出现风险的最直接表现就是井口冒气及环空带压。但实际上，储气库发生事故的概率很小（<3%），少量事故主要是人为因素及管理不善、油套管破损造成的。储气库注采井密封失效，主要是近井口段、水泥胶结界面、油套管柱、井下封隔器等密封失效，引起环空带压。

文献[6]统计表明，墨西哥湾外大陆架地区约有15500口井（包括生产井、关闭井和暂时废弃井），其中6692口井（约为总井数的43%），

至少有一层套管环空带压。在这些井的10153个环空中，47.1%在生产套管内、16.3%在技术套管内、26.2%在表层套管内、10.4%在导管内带压。

对于储气库注采井，在罗马尼亚Totea油田OMV Petrom公司有6个储气库，固井15年后的Ticleni、Mamu－Otesti和Bradesti储气库，49口井检测到有0.3~5.0MPa的套管间压力。挪威大陆架7个公司的406口注采井，18%的井存在完整性问题，7%的井由此而关闭；另外8个油田的207口井，20%~30%的井至少存在一处泄漏，出现泄漏的平均寿命为4~11年，其失效主要形式是井口泄漏（32%）、油管泄漏（30%）、井下安全阀泄漏（28%）。

国内最早建成的某储气库注采井环空压力，A环空带压分布见图1，B环空带压分布见图2。

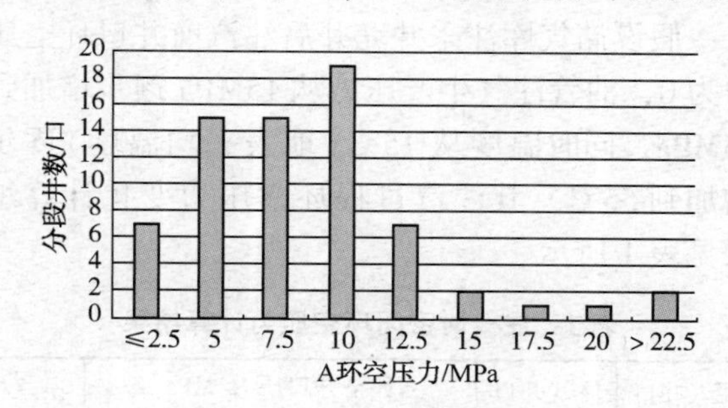

图1　某储气库注采井A环空带压分布

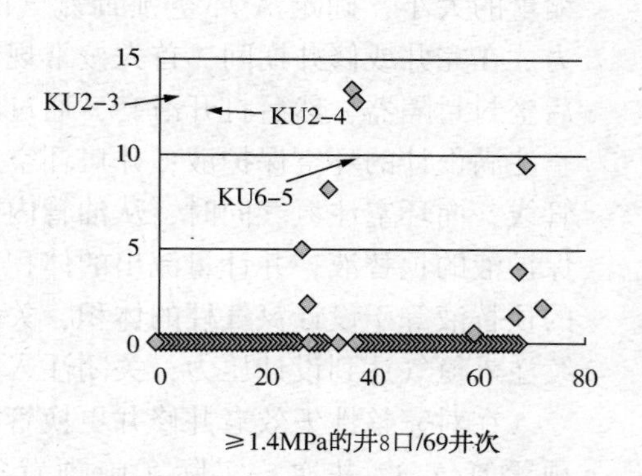

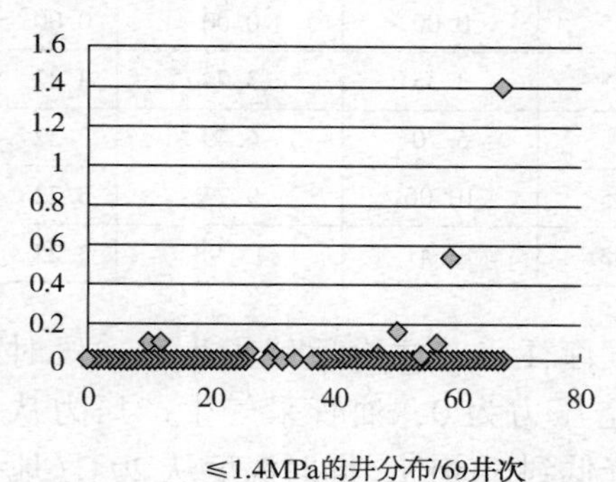

图2　某储气库注采井B环空带压分布

由上述国内外资料可以看出，虽然储气库注采井环空带压很普遍，但大多数压力较低，不一定出现了井筒完整性问题，不会出现严重性的风险。如图1和图2所示，某储气库注采井约54%井次（37口井）环空带压<7.5MPa；约81%井次（56口井）环空带压<10MPa；环空带压7.5~10MPa之间的井次最多为34口，约占28%。B环空大多数井带压（约88%）较小在1.40MPa以下或没有压力，有8口井在1.40MPa以上，有2口井接近14MPa。

由此可以确定，储气库注采井环空带压，应该分正常带压和异常（水泥环、管柱、工具等完整性失效）带压两类。

2　储气库注采井普遍环空带压机理及措施

2.1　密闭环空带压机理

地下储气库注采井在完井时，通常是在井的生产套管内下入油管，通过油管进行注气和采气作业。为了防止油管和套管腐蚀，平衡封隔器上下及油管内压力，通常会在油管/套管环空（A环空）中注满保护液。在天然气的注采过程中，油管内的流体温度/压力不断变化，引起油管膨胀及密闭环空中保护液体积变化，在环空充满或基本充满保护液的情况下，将导致油管/套管环空压力急剧变化[9,10]。

研究表明，油管/套管环空的压力主要由环空流体平均温度、环空体积和环空流体质量三者共同确定。具体而言，环空带压现象主要有以下三种效应产生：①流体热膨胀效应。流体的热膨胀会导致流体体积变大，在密闭环空中体积受约束的条件下，引起环空压力增加。②环空体积变化效应。油管内温度、压力的变化，均会导致油管体积的变化，进而导致油套环空流体体积的变化，和环空压力的变化。③流体流入/流出效应。环空流体泄漏到储层或储层流体泄漏到环空，导致环空中流体质量变化。

针对储气库注采井A环空普遍带压问题，李勇、王兆会等根据某储气库现场实际，建立了密闭环空压力/温度/体积耦合力学模型；采用管柱弹性力学平面应变理论、物质的热胀冷缩性质及流体PVT状态方程，建立了数理解析模型。

由于当时条件限制，参考文献[12]计算结果不准确(应该把井口温度变化，换算成环空内的平均温度变化)，利用相同的井筒参数，进一步结合现场实际进行了分析计算。

假设储气库注采井完井后注汽前井口环空压力为0，油管注气生产压力从15MPa逐步增加到35MPa，同时温度从15℃(地表平均温度)逐步增加到55℃。其注汽过程环空压力变化计算结果见表1所示。

表1　注气时密闭环空压力计算结果

注气井口压力/MPa	注气井口温度/℃	环空井口压力/MPa		误差/%
		考虑管柱变形	不考虑管柱变形	
15	15	0.00	0.00	0.00
20	25	3.35	3.24	3.22
25	35	6.70	6.49	3.22
30	45	10.06	9.73	3.22
35	55	13.41	12.98	3.22

假设储气库注采井注汽后停止生产一段时间，井口环空压力为0，油管采气生产压力从35MPa逐步降低到30MPa，同时温度从20℃(地表平均温度)很快增加到60℃。其采气过程环空压力变化计算结果见表2所示。

表2　采气时密闭环空压力计算结果

注气井口压力/MPa	注气井口温度/℃	环空井口压力/MPa		误差/%
		考虑管柱变形	不考虑管柱变形	
35	20	0	0	0.00
30	45	7.62	8.11	-6.40
30	50	9.19	9.73	-5.89
30	55	10.76	11.35	-5.54
30	60	12.33	12.98	-5.27

实例计算表明，充满环空保护液密闭A环空压力受温度影响>90%；正常生产环空压力升高<15MPa，否则为非正常环空带压。

2.2　减缓密闭环空带压措施及效果

在以上机理研究基础上，国内外首次提出密闭A环空预置一定压力氮气来减缓热致环空压力的方法。其原理为，在生产套管与生产管柱间环空预置一定长度/压力的氮气替换原环空保护液(水+防腐剂等)，当在注采过程管天然气发生温度/压力变化时，生产管柱膨胀或收缩，同时会引起环空保护液的膨胀或收缩，这变化引起氮气压缩或膨胀，但环空压力不会明显变化，从而保护井口设施、生产管柱、滑套、封隔器，也减小环空带压风险。

为此，建立了密闭A环空预置一定压力氮气不同工况热致环空压力计算模型。进一步结合现场实际分析计算结果表明：预置氮气A环空压力受温度/压力影响很小，预置150m/5MPa氮气后环空压力升高<2.0MPa。

A环空预置一定压力氮气具体方法是：根据实际环空间隙的大小、井深、地层压力与预测生产期间天然气温度、压力的大小，计算温度/压力效应引起生产套管、保护液、油管等膨胀或收缩量的大小，确定A环空预置氮气的长度和压力。在完井或修井期间，首先按常规作业下油管后坐封封隔器，然后打开滑套，通过油管内向环空注满设计的环空保护液；井口环空连接注氮气管线，向环空注氮气同时，从油管内向外排环空保护液的顶替液，并计量流出的体积，直到排出的顶替液等于设计氮气柱的体积，关闭滑套；继续注入氮气达到设计压力，关闭注入阀门。

在对完整性失效老井修井更换管柱时，实施预置氮气32井次，实际实施预置氮气150m/5MPa。与没有实施井相比，环空压力降低60%以上，保证了注采井完整性，降低了环空带压风险。同时也为国内外储气库井、天然气井减缓环空带压提供了示范。

KU4-5井2011年3月前出现了较严重的环空带压现象，最高压力达到17.5MPa，2012年7月底至8月初进行了修井作业，修井更换管柱后环空预置150m/5MPa氮气，后压力保持在5MPa左右(图3)。

2.3　定量风险分级管理控制程序

由上研究可以看出，储气库注采井普遍存在环空压力，而多大是可以接受的、可以控制的，出现环空带压现象谁来处理和如何处理，一直无具体规定标准。只有API RP 90给出了环空最大许可压力(Maximum Allowable Wellhead Operating Pressure，MAWOP)的概念和要求，黎丽丽据API RP 90进行了研究。即环空最大许可压力，是针对某一特定环空的最大允许工作压力值，反映特定环空在长期安全生产的条件下所能够承受的压力量级。其确定原则是：各环空最大许可压力，在取值时应取该层环空中最薄弱段的套管或油管强度值。如果环空之间有由于设施泄漏引起的相互窜通情况，应把窜通的环空视为同一环空，或逐层单独进行分析。

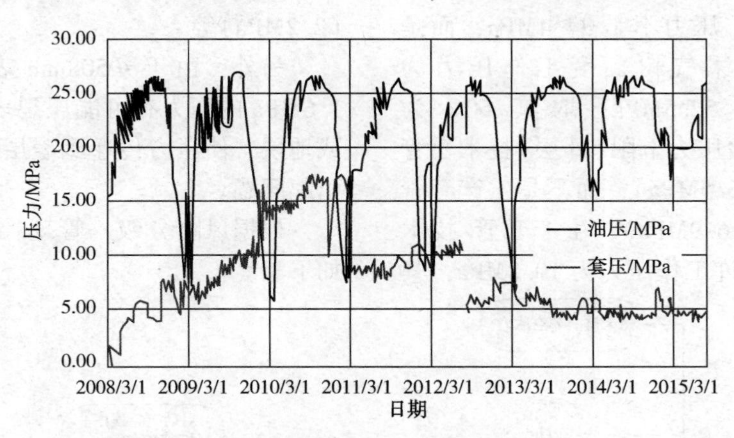

图3　KU4-5井修井充氮气前后各压力值

环空最大许可压力值的确定，是取以下各项中的最小者：①外层套管抗内压强度的50%；②内层套管（油管）本体抗挤强度的75%；③套管头及采气树强度的60%。即：

$$MAWOP=\min\{0.5P_{bcur},\ 0.75P_{cin},\ 0.6P_{acur}\} \tag{1}$$

式中，$MAWOP$为井口允许最大工作压力，MPa；P_{bcur}为环空外层套管考虑腐蚀、磨损后的抗内压强度，MPa；P_{cin}为环空内层套管（油管）考虑腐蚀、磨损后的抗挤强度，MPa；P_{acur}为套管头、采气树考虑腐蚀、磨损后的抗内压强度，MPa。

若环空外层为表层套管，环空最大允许压力，为以下各项中的最小者：①外层套管抗内压强度的30%；②内层管柱抗挤强度的75%。

如果套管承受过较长时间的钻井作业磨损，或存在可疑或已知的冲蚀、腐蚀，工程师在计算抗内压强度（MIYP）时，应当考虑减小系数。

通过研究，结合现场实际认为，大多数环空压力是可以接受的，是低风险或中风险的。为此，国内外首次提出了基于注采井环空压力的定量风险分级及管理控制程序。即根据环空压力P，把注采井分为低风险（$P<LROP$，Low Risk Operating Pressure），中风险（$LROP\leqslant P<MROP$，Middle Risk Operating Pressure），高风险（$MROP\leqslant P<MAWOP$，High Risk Operating Pressure）和超高风险（$P\geqslant MAWOP$）4个等级。具体压力值为：①低于套管抗内压强度本层的10%或外层的30%为低风险LROP；②低于套管抗内压强度本层的20%或外层60%为中风险MROP；③介于MROP上限与MAWOP间为高风险；④高于最大井口允许压力（MAWOP）为超高风险。

表3所示为某储气库注采井井身结构及各层套管井口允许最大工作压力及低风险压力值上限。

表3　某储气库注采井各层套管井口允许最大压力及低风险压力值上限

序号	管柱名称	管柱规格外径/mm，壁厚/mm	管柱抗内压强度/MPa				管柱抗外挤强度/MPa		低风险压力上限/MPa	最大允许压力/MPa
			100%	10%	30%	50%	100%	75%		
1	油管	114.3，6.88	58.1				51.7	38.8	6.5	31.5
2	生产套管	177.8，9.19	68.7	6.9		34.4	43.0	32.3	2.2	10.8
3	技术套管	273.1，8.89	21.6	2.2	6.5	10.8	10.9	8.2	1.6	
4	表层套管	508.0，12.7	16.0	1.6	4.8		5.3			

由表4可以看出，该储气库注采井油管/套管环空最大允许工作压力不是34.4MPa，而是31.5MPa（套管头、采气树额度工作压力为35MPa，其强度为52.5MPa，取其60%为31.5MPa），其低风险压力上限（外层）技术套管抗内压强度的30%（6.5MPa），而不是生产套管抗内压强度的10%（6.9MPa）；生产套管/技术套管（B）环空最大允许工作压力为10.8MPa，其低风险压力上限为技术套管抗内压强度的10%（2.2MPa）等。

另外，由于Φ508mm表层套管下深较浅，1.6MPa的压力有可能压裂表层套管外的水泥环或地层，使压力传递到表层套管外的浅部地层，引起问题。

根据风险分级，管理控制基本原则（图4）如下。

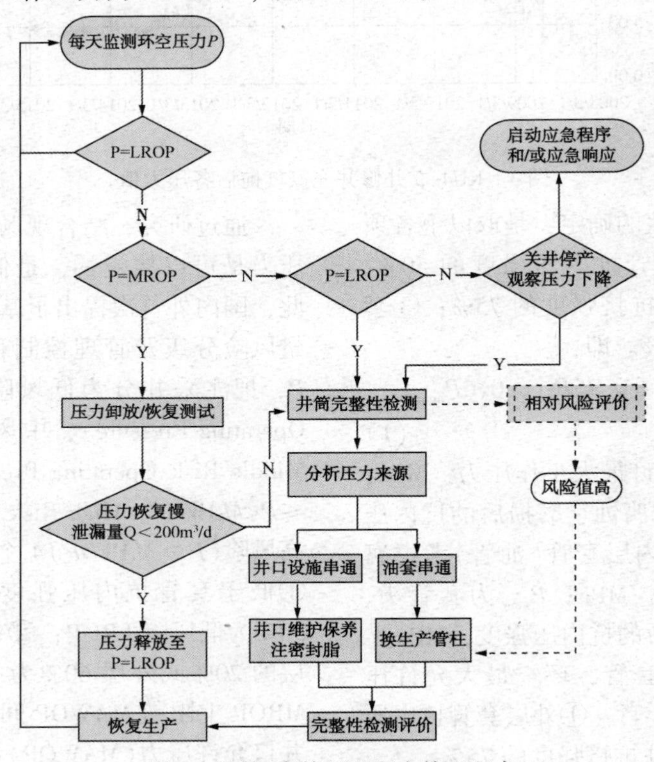

图4　油管/套管环空压力管理程序

（1）当A/B环空压力$P<LROP$时风险较小，由分公司负责监测、维护。

（2）当A/B环空压力$LROP \leqslant P<MROP$时风险可控，由分公司或指定机构进行压力卸放/恢复测试、分析压力来源。

（3）当A/B环空压力$MROP \leqslant P<MAWOP$时，包括$LROP \leqslant P<MROP$压力卸放/恢复测试泄漏量$Q \geqslant 200m^3/d$，要由公司组织完整性检测、评估、分析及维护处理。

（4）当A/B环空压力$P \geqslant MAWOP$，要停产观察。有效，要进行完整性检测、评估、分析压力来源，并进行修井处理；无效，要启动预警程序，甚至预警响应（图4）。研究制定的环空压力控制程序，应用于地下储气库注采井的日常管理。应用后发现约80%的注采井为可接受的低、中风险，约19%的井为高风险，每年只有1～2口井需要重点管理或尽快处理。从而减少了重点管理井数量，提高了应急处置效率，节约了应急及物资储备。

3　储气库注采井完整性技术检测与安全评价

储气库注采井环空压力监测发现超过规定值（套管抗内压强度的20%），或压力卸放/恢复测试24hrs诊断发现气体卸放量超过200m³/d，或者储气库注采井服役超过一定年限，需要对储气库注采井进行完整性技术检测与安全评价。

注采井完整性技术检测与安全评价内容目的为：①检测生产套管壁缺陷（腐蚀和磨损），确定套管柱剩余强度及寿命；②检测水泥环第一、二界面胶结质量及水泥环完整性，评价固井质量；③确定套管外流体窜流的方向和区段，评估其风险性；④检测近井口段套管及井口装置的技术状态，评价其完整性。

3.1　技术检测方法及设备

井筒完整性技术检测，主要是指使用测井仪器进行的技术检测(地球物理测井)，来分析油管柱、套管柱结构完整性和水泥环密封完整性，并据此进行综合分析和评价，分析与判断管柱损伤情况及环空流体积聚情况。

储气库注采井技术检测方法如下。

(1) 地球物理检测，使用高灵敏度温度、压力、噪声测井、持水率、管接头定位和伽马测井、磁脉冲探伤测井等，主要是确定井身结构，揭示油套管壁缺陷、腐蚀磨损程度、套管间和套管外的串流，发现上覆地层中由技术原因导致的天然气聚集等。

(2) 套管间环空气体动力学测试，使用远程压力传感器或标准压力表，实时记录环空泄放压力值及压力恢复值，主要是评价套管间环空的密封性等。

(3) 采油树阀门和套管头技术检测，检测方法较简单，主要是发现裂缝、腐蚀痕迹、缺陷、器件完好性等。

对生产套管柱的技术检测，通过地球物理测井进行。①过油管检测发现套管柱缺陷、结构不密封、测井资料解释结果不统一等现象时，或进行大修时，应在提升油管柱后进行进一步的地球物理测井。②检测结果中应包括：套管内径、管壁厚度及横截面的变形；套管损伤，即腐蚀损伤和机械损伤(磨损、裂缝、断裂、切口等)；射孔层段和筛管(必要时)位置；套管接头连接程度；不密封区域等。

对套管外空间的技术检测，通过地球物理测井和气体动力学检测进行。①当存在套管间窜流、套管外空间流体流动迹象和二次气体聚集区域时，还应包括气探测方法检测。②检测结果应包括：套管外窜流、气体聚集；水泥环第一、二界面胶结质量；套管间压力及其可能来源、套管外空间流体量、密封性等。

对套管柱和套管外空间的技术检测，其地球物理测井设备主要有但不限于：磁脉冲探伤仪、高灵敏度测温仪、放射性测量仪、井径测量仪、电磁探伤仪、超声测井仪、伽马密度测井仪、声波水泥胶结测井仪、噪声测量仪等。见表4。

表4　地下储气库井地球物理测井方法

检测对象		检测要素	地球物理测井方法	
			宜	可
生产套管柱	过油管	确定套管柱各部件(套管鞋、封隔器、筛管等)的位置； 测量并监控在管柱剖面上管柱内径的变化； 检查管壁缺陷，评价磨损程度； 确定变形位置(不密封性)	磁脉冲探伤法； 磁性定位法； 高灵敏度测温法； 放射性测量法(固定式伽马测井+中子伽马测井)	气压测定法
	提油管	确定管柱部件(套管鞋、封隔器、起动接头等)的位置； 测量管柱内径的变化； 检查局部缺陷和管壁厚度变化	井径测量法； 电磁探伤法； 磁性定位法； 伽马厚度测量法-探伤法	声波探伤法 声波电视
套管外空间		检查水泥环胶结质量	声波水泥测井法	宽频声波测井
		检查套管外气体聚集的层段、地层间窜流情况	高灵敏度测温法； 噪声测量法； 放射性测量法(伽马测井+中子伽马测井、感应测井、固定式伽马测井)	中子脉冲测井； 伽马光谱测定法； 噪声测量法-光谱测定法； 放射性同位素检查； 水流动定位
管柱密封性		检查管接头密封性受损情况。	测温法+气压测定法+伽马测井	放射性同位素检查； 电阻测量法(注入示踪物质)； 测温法(注入温度对比液体)

根据检测机构的实际情况，可使用表3以外的测井仪器。主要有以下几种。

（1）氧激活测井（Oxygen Activation log），借助于在水中查找氧，可以用来查明水流通道。

（2）水泥评价测井工具（Cement Evaluation Tool，CET），是一种非常好的、高垂直分辨率的、八方向检测水泥胶结质量的，水泥胶结评价系统。CET也可以用来描绘气窜通道的存在，特别是套管外的螺旋通道。

（3）热衰变（Thermal Decay Time，TDT）测井，也可以看到套管外套管天然气的积聚，特别是天然气聚集在水泥环顶部套管。

（4）壁厚测井，可检测油管、套管的壁厚变化情况，进一步的了解其腐蚀速度。

3.2　技术检测与安全评价期限

随着储气库注采井服役时间的增加，井筒各部件均会因为腐蚀、注采交变压力的作业而损坏、老化、质量降低等。生产阶段作业强度过大（超过设计值），将对生产管柱、套管及水泥环的造成伤害，破坏井筒完整性。因此，应制定严格的生产计划、环空压力监测程序（泄漏监测管理制度）、注采井完整性技术检测评价计划，根据监测、评价采取相应措施。

对于地下储气库注采井完整性检测，查阅资料只有美国宾夕法尼亚州油气井管理局规定规定，至少每5年进行一次完整性检测，检测内容包括：地球物理测井、耐压试验，或其他批准的程序。检测结果应能反映井的完整性，看是否气体泄漏量超过142m³/d。

为此，结合现场实际制定了技术检测与安全评价期限标准。即根据储层产物中是否含腐蚀性组分及储层稳定情况，将储气库分为两类：第1类——不含腐蚀活性组分；第2类——含有腐蚀活性组分。其安全生产期限，即需要技术检测与安全评价期限见表5。

表5　储气库注采井安全生产期限

地下储气库类型	新投入生产井	经安全评价井可延长期限
1	≤20年	≤12年
2	≤10年	≤5年

另外，地下储气库注采井出现异常，或生产不能满足生产条件和工艺制度时，应进行完整性技术检测与评价，根据评价结果确定是否继续运行。对泄漏量在200m³/d以上的井，应停止生产，进行完整性技术检测与评价。

3.3　技术检测实践与安全评价方法

通过研究，主导制定了集团公司企业标准《Q/SY 1486—2012 地下储气库套管柱安全评价方法》，这是目前国内唯一的储气库注采井检测与安全评价方面的技术标准或规范，为国内储气库注采井完整性技术检测与安全评价提供了依据。

利用上述办法和设备，共进行了五批次84口井（井次）的《地下储气库注采井延长安全生产期限的评价》，通过对储气库注采井完整性技术检测及安全评估，落实了注采井的状况及薄弱点，所取得的评价数据为储气库注采井的完整性管理提供坚实的数据基础。

1）环空压力恢复曲线发现问题

如图5所示分别为KU2-3井、KU2-4井环空压力恢复曲线。

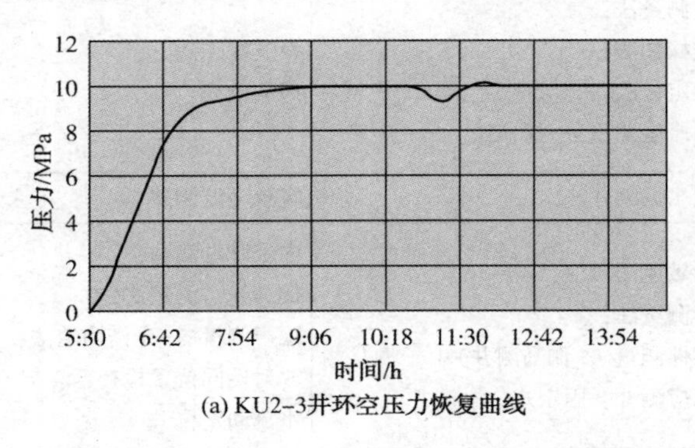

(a) KU2-3井环空压力恢复曲线

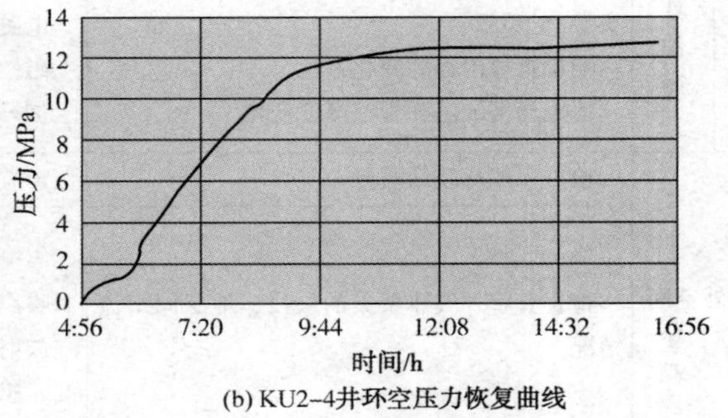

(b) KU2-4井环空压力恢复曲线

图5　KU2-3井、KU2-4井压力恢复曲线

由图5可以看出，KU2-3井、KU2-4井压力恢复曲线所反映的问题是不一样的。KU2-3环空压力相对较低，但它在2h左右就恢复到恒定压力，说明泄漏速度快但管内外平衡压力低；

KU2-4 环空压力相对较高，但它在近 5h 左右才恢复到相对恒定压力，且一直在逐渐上升，说明泄漏速度慢但管内外平衡压力高。

2）扫描式磁脉冲测厚探伤及温度测井曲线发现问题

如图 6 所示分别为 KU3 井、KU6 井扫描式磁脉冲测厚探伤及井筒温度测井曲线。

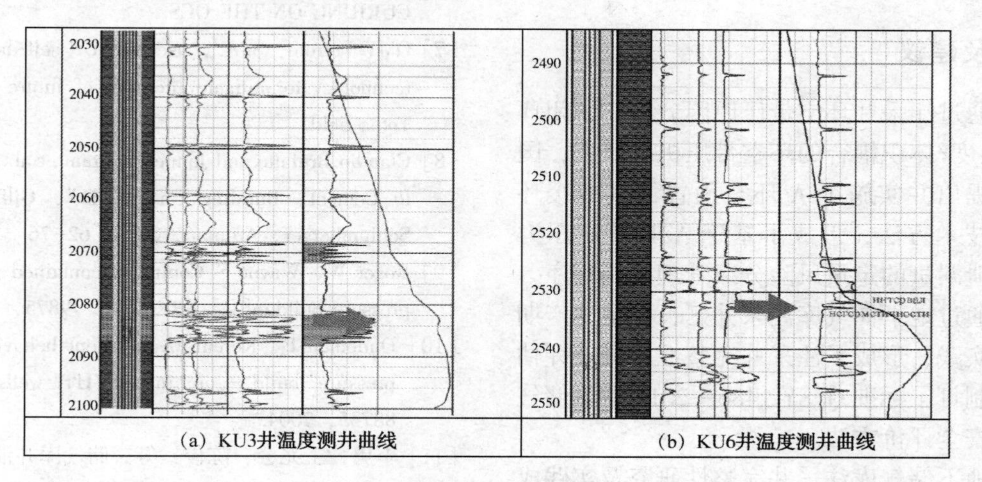

（a）KU3井温度测井曲线　（b）KU6井温度测井曲线

图 6　KU3 井、KU6 井温度测井曲线

由图 6 可以看出，KU3 井扫描式磁脉冲测厚探伤确定 2068.3～2071.9m 位置为短节+滑套+短节组合、2081.7～2087.1m 为短节+安全接头+油管+封隔器+短节组合；KU6 井扫描式磁脉冲测厚探伤确定 2511.0～2514.5m 位置为短节+循环滑套+短节组合、2524.1～2532.8m 为短节+伸缩接头+短节组合、2542.4～2547.2m 为短节+锚定密封总成+封隔器+延伸短节+短节组合。

从 KU3 井温度测井曲线发现在封隔器上方的 2081～2082m 的安全接头（也可能是油管短节）不密封，有保护液通过该处流向井底。

从 KU6 井温度测井发现在封隔器上方的 2532m 伸缩接头（也可能是油管短节）不密封，有保护液通过该处流的流动。另外，扫描式磁脉冲测厚探伤测井，主要是可以确定油管的壁厚及腐蚀情况。

3）放射性中子伽马测井曲线发现问题

如图 7 所示分别为 KU11 井、BAN53 井井筒放射性中子伽马测井曲线。

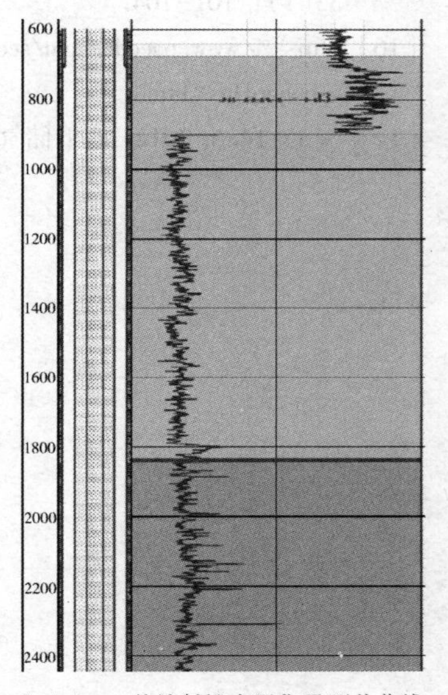

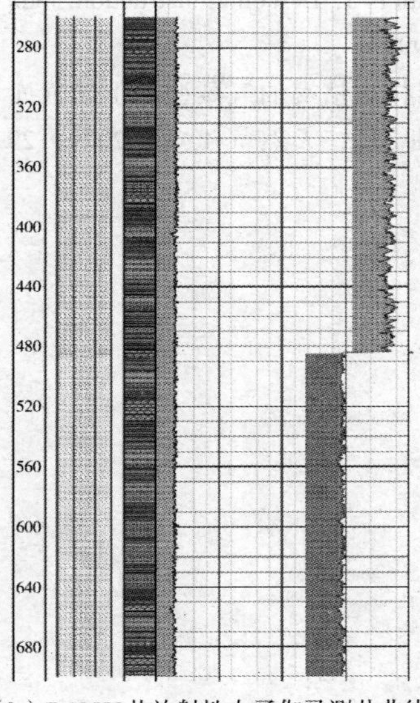

（a）KU11井放射性中子伽马测井曲线　（b）BAN53井放射性中子伽马测井曲线

图 7　KU11 井、BAN53 井放射性中子伽马测井曲线

由图 7 可以看出，KU11 井环空保护液液面深度 900m，900～1840m 环空保护液内含少量天

然气；BAN53 井环空保护液液面深度为 484m。即中子伽马测井曲线可以发现天然气在近井口段聚集。另外，根据中子伽马测井曲线和井温曲线确定储层。

4 结论及建议

（1）通过注采井环空带压原因分析、密闭环空压力/温度/体积耦合的环空带压机理研究，国内外首次提出并实施了 A 环空预置氮气减缓环空带压的技术方法，形成了基于 A/B 环空压力值大小及泄漏量的定量风险分级管理控制程序。

（2）通过地下储气库注采井延长安全生产期限的评价实践，形成了注采井完整性检测及评估方法，并制订了标准 Q/SY 1486—2012 地下储气库套管柱安全评价方法。

（3）地下储气库注采井完整性研究及实践成果及配套技术、标准，形成了储气库注采井完整性评价及风险管控技术，满足储气库安全生产需求，为储气库井日常管理、风险防控提供了科学依据和实践经验，对国内地下储气库注采井完整性管理及风险防控具有重要的指导意义。

参考文献

[1] http：//mt. sohu. com/20160219/n437913749. shtml.

[2] 唐晨飞，张广文，王延平，等．美国 Aliso Canyon 地下储气库泄漏事故概况及反思，《安全、健康和环境》，2016，16(7)：5-8.

[3] Economides M J，Watters L T. Well Construction. John Wiley & Sons Ltd，1999.

[4] 谢丽华，张宏，李鹤林．枯竭油气藏型地下储气库事故分析及风险识别[J]．天然气工业，2009；29(11)：116-119.

[5] 井文君，杨春和，陈锋．基于事故统计分析的盐岩地下油/气储库风险评价[J]．岩土力学，2011；32(6)：1787-1793.

[6] A REVIEW OF SUSTAINED CASING PRESSURE OCCURRING ON THE OCS.

[7] OMV Petrom，S. A.，uses FUTUR self-healing cement technology to mitigate the risk of future gas leaks in Totea field.

[8] Claudio Brufatto and Jamie Cochram et al.："From Mud to Cement - Building Gas Wells"，Oilfield Review，Schlumberger，Autumn，2003，62-76.

[9] Roger W，Wayne S. Control of contained-annulus fluid pressure buildup[C]. SPE/IADC 79875，2003.

[10] Oudeman P，Kerem M. Transient behavior of annular pressure build - up in HP/HT wells [C]. SPE 88735，2004.

[11] 李勇，王兆会，陈俊，等．储气库井油套环空的合理氮气柱长度[J]．油气储运，2011，30(12)：923-926.

[12] 王兆会，陈俊，何学良，等．储气库井油套环空压力影响因素分析[J]．西南石油大学学报(自然科学版)，2017，39(4)：145-151.

[13] 减缓油气井环空带压的装置[P]．中国．实用新型专利．ZL 2015 2 0876513. 9. 2016 年 4 月 6 日．

[14] ARI RP90 Management of sustained casing pressure on offshore wells[S]//Washington：American Petroleum Institute，2006.

[15] 黎丽丽，彭建云，张宝，等．高压气井环空压力许可值确定方法及其应用[J]．天然气工业，2013；33(1)：101-104.

[16] http：//www. pacode. com/secure/data/025/chapter 78/subchapHtoc. html.

[17] Q/SY 1486-2012. 地下储气库套管柱安全评价方法[S].

LNG 上装式可在线维修超低温蝶阀的设计

叶盛来　侯晋峰　肖若榛　邱少官

（天工阀门集团有限公司）

摘　要　本文介绍了液化天然气(LNG)接收站使用的一种新型上装式可在线维修超低温蝶阀的结构特点，并与常规的侧装式超低温蝶阀进行了对比，对其在在线维护维修的可靠性优势做了说明。本文也在超低温蝶阀的加长阀盖、滴水盘、填料等阀门结构作了设计方面说明。

关键词　LNG，超低温蝶阀，上装式，加长阀盖，滴水盘，可靠性

随着 LNG 液化天然气储运装备国产化的展开，以及沿海各省正在大力开展 LNG 液化天然气接收站的建设，作为 LNG 液化天然气接收站上的低温蝶阀需求也越来越大。LNG 液化天然气的低温蝶阀，为了避开传统法兰连接低温蝶阀存在的泄漏点，一般采用焊接连接方式，考虑到现场维护、检修的方便，要求低温蝶阀可在线维修。

目前国内外的 LNG 低温蝶阀基本上采用侧装式阀盖结构，只要打开阀盖，就可在线检修蝶阀密封副或更换阀座、密封圈等。但这种在线可维修低温蝶阀，特别是 *DN*500 以下中小口径的低温蝶阀，由于维修操作空间的不足及阀内腔结构的限制，维修人员在现场的维护、检修工作并不容易展开。检修侧装式低温蝶阀或更换其备品备件，需要大量的时间和精力，导致系统停车时间久，最终造成巨大成本浪费。笔者针对这种限制和不足，提出一种新的上装式可在线维修超低温蝶阀的设计。

1　结构技术特点

LNG 上装式可在线维修超低温蝶阀(图 1)，延续了侧装式低温蝶阀(图 2)的优点，与管道采用焊接连接，消除了法兰螺栓连接存在漏点的可能。主要是在阀体结构上由打开侧装阀盖维修，改为直接打开阀体中腔的低温加长阀盖维修，这样就简化了阀门内部的密封结构设计。以下针对 LNG 上装式可在线维修超低温蝶阀的主要结构特点作出说明。

1.1　检修结构

由于侧装式低温蝶阀打开阀盖在线检修，主要是检修蝶阀的密封副——即更换蝶阀的阀座或

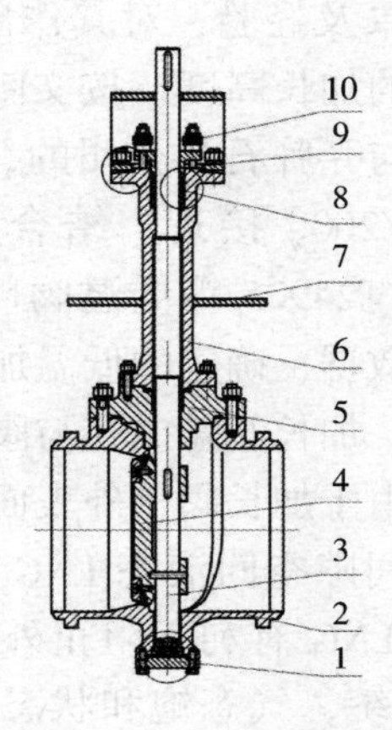

图 1　LNG 上装式可在线维修超低温蝶阀

1—尾盖；2—上装式阀体；3—阀杆；4—蝶板组件；5—上装阀盖；6—加长阀盖；7—滴水盘；8—填料；9—填料压盖；10—蝶形弹簧

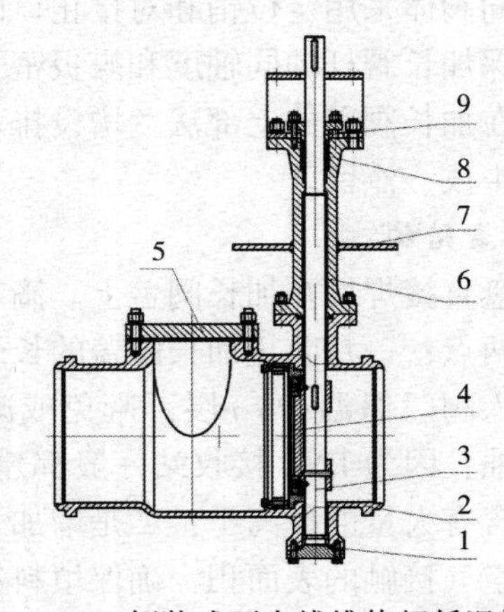

图 2　LNG 侧装式可在线维修超低温蝶阀

1—尾盖；2—侧装式阀体；3—阀杆；4—蝶板组件；5—侧装阀盖；6—加长阀盖；7—滴水盘；8—填料；9—填料压盖

密封圈。上装式低温蝶阀结构将侧装式低温蝶阀可拆卸阀座改为成整体式阀座，直接在阀座密封面上堆焊硬质合金后加工，消除了可拆卸阀座可能存在内漏的缺点。将上装中法兰通道变为维修

通道，阀座为堆焊硬质合金材料不易损坏，只需更换密封圈即可，简化阀体密封结构，更换维修更加简便。

1.2 上装式低温加长阀盖

低温加长阀盖的设计主要有三个作用：一是防止填料箱部分的温度极度降低，导致填料箱上部和阀杆部分霜和冰的形成；二是确保阀杆与填料密封处不结冰，防止阀杆抱死或划伤；三是尽量减少周围空气热量流入 LNG 低温系统，导致系统冷能的损失。

针对这三点要求，设计上装式低温加长阀盖时，结合国内、国际标准与规范以及国内外专家学者的研究成果及经验，对其作出了优化设计。对于加长阀盖的加长高度，按文献[3]计算得出的数据，基本与壳牌石油公司的《低温阀门规范 MESC SPE 77/200》接近。结合 BS6364、MSS SP-134 和 GB/T24925 等低温阀门标准的规定，以及低温试验数据，确定的低温加长阀盖高度能满足以上要求。加长阀盖内孔与阀杆之间形成一个间隙空间，由于加长阀盖外表面热传导和自由对流等原因，间隙空间液态 LNG 会呈气态饱和状态，而气态 LNG 有利于阻止外界环境热量流入 LNG 低温系统，气态饱和状态程度与这个间隙有密切关系。对于加长阀盖内孔与阀杆之间形成的最小间隙空间确定，通过二相流的模态分析可确定合理数值。

阀盖同阀体采用定位销和对接止口的定位安装，以确保加长阀杆的同轴度和蝶板密封圈的位置精度。在加长阀盖的上部法兰增设排水，以防止凝露水生成、淹留。

1.3 滴水盘结构

滴水盘直接焊接在加长阀盖上。滴水盘的作用主要有两点；一是防止加长阀盖的长颈表面凝露水，进入阀门保温(冷)层，避免或减少对保温层的腐蚀，因为 LNG 接收站一般都建在海边，凝露水里含有大量的氯离子；二是增加了加长阀盖上部与空气接触的表面积，确保填料箱处的温度高于零度，使填料和阀杆结合处不至于发生结冰，抱死。目前，滴水盘的设计位置主要有两种，一是在加长阀盖上部高位，二是在加长阀盖下部低位。滴水盘在加长阀盖上部高位的，保温层直接贴着滴水盘下面，外界环境热量只能通过加长阀盖轴向热传导，LNG 低温系统的冷能损失小，为了保证填料处温度高于零度加长阀盖长度也要长一些。滴水盘在加长阀盖下部低位的，滴水盘上方的管壁大面积与自由流动空气接触，吸收环境的热量，更能保证填料的温度高于零度。从低温蝶阀操作的可靠性来说，滴水盘应设置在加长阀盖下部低位，与加长阀盖焊接连接。

1.4 阀杆结构

由于奥氏体不锈钢在低温下有更好的机械性能，阀杆贯穿加长阀盖的部分加大了阀杆直径，以增加阀杆抗扭转应力的能力(图 3)。填料箱底部设计轴承，确保阀杆上下保持同轴。同时满足 API609 防飞出结构设计，阀杆的底部设置了可调节装置(图 4)，更利于蝶板密封圈拆卸、维修。

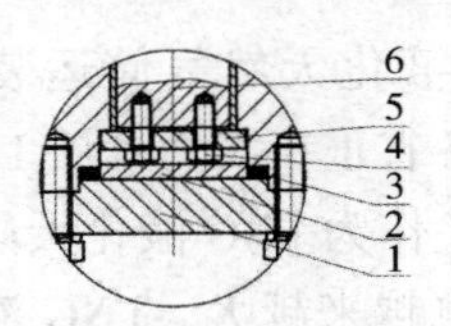

图 3　阀杆调节装置

1—尾盖；2—防松座；3—金属缠绕垫；4—调节螺栓；5—固定座；6—阀杆

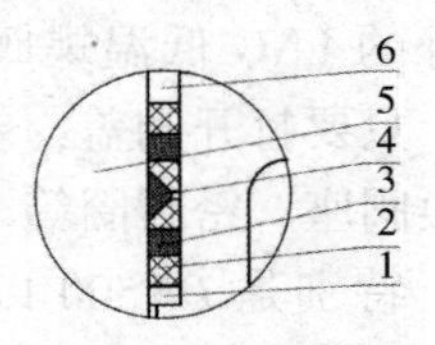

图 4　965/HT 低逸散组合式阀杆填料结构

1—填料垫片；2—碳纤维编织盘根；3—高纯度石墨环；4—组合杯锥状高纯度石墨；5—阀杆；6—填料压盖

1.5 填料结构

德国 Eagle Burgmann 公司生产的 9650/HT 低逸散组合式阀杆填料(图 5)，其端环采用碳纤维编织盘根，中部密封环采用高纯度石墨带模压成型，通过杯锥状结构和径向扩张特性，使其密封性能大大提高，满足 TA-Luft 标准。

图 5　LNG 上装式可在线维修超低温蝶阀-实物图

同时为了防止填料在低温作用下弹性的消失，致使介质泄漏造成填料与阀杆处结冰。在填料压盖上设置了动载负荷结构，即在填料压紧螺栓上增加碟型弹簧结构(图 1)，以保证填料始终保持稳定的压缩力，使阀杆在转动过程中，始终保持可靠的密封。

2　在线维修的可靠性对比

侧装式在线可维修超低温蝶阀，在 LNG 储运接收站管道运用广泛，特别是大口径，维护和检修都很方便。如 *DN*800 以上的蝶阀，在保证安全的情况下，维修人员可以打开侧装阀盖，直接进入管道内维修更换阀座。但对于中小口径的蝶阀来说，却是一个缺点。由于维修操作空间的不足及结构的限制，一是阀座、密封圈拆卸困难，二是更换的新阀座、密封圈不能够一步到位，一次性成功，往往需重复几次才能成功。如 *DN*200 的小口径的低温蝶阀，维修人员连手都不能直接屈伸进阀腔操作，更何况精准定位更换阀座密封，可见现场维护维修工作的困难。而上装式可在线维修超低温蝶阀则针对这一现状，提供一种更合理的结构设计。

3　结语

LNG 液化天然气接收站正如火如荼地在沿海各省展开建设，作为接收站重要设备之一的超低温蝶阀，全部采用侧装式低温蝶阀结构，结构单一，且长期为欧美的厂商所垄断。我们通过不断的实践总结，针对侧装式低温蝶阀可能存在的不足，提出合理的结构设计，希望能为 LNG 国产化装备作有益的补充。

参　考　文　献

[1] 顾安忠．液化天然气手册[M]．北京：机械工业出版社，2010.

[2] 侯晋峰，叶盛来．LNG 超低温蝶阀的研制[J]．通用机械 2011.(5)53-55.

[3] 俞树荣，金维增，张希恒，等．低温阀门阀盖颈部温度场分析[J]．兰州理工大学学报 2012.38(5)：58-61.

[4] 张希恒，王晓涛，林晓华，等．装有滴水盘的超低温阀门阀盖结构优化分析[J]．兰州理工大学学报 2017.43(5)：40-45.

储气库地质体完整性微地震监测研究

魏路路　徐　刚　王　飞　刘　博　韦正达

（中国石油集团东方地球物理勘探有限责任公司）

摘　要　储气库因其储气规模大、占地少、安全性高、不污染环境等特点，成为保障天然气平稳供给最经济最有效的手段。与欧美国家相比，我国储气库具有构造破碎、断层多发、储层非均质性强、埋藏深等复杂地质条件，地下风险点多面广，一旦泄漏可能导致储气库报废并威胁公共安全，储气库地质体完整性问题成为制约储气库安全运行的关键因素。目前国内储气库完整性监测方式单一、监测体系不完备，一般利用温度、压力、流体组分等常规监测手段，缺乏对储气库地层活动最直接最有效的监测手段。为加强储气库完整性研究，本文引入微地震监测技术作为常规监测手段的有效补充，实现储气库断层、盖层、溢出点等完整性薄弱区域岩石破裂活动实时监测，以微地震事件定位结果为核心，结合工程施工参数、地震地质等资料进行综合分析，总结储气库地层破裂活动产生原因、规律及其对储气库完整性的危害，保障储气库安全运行。

关键词　地下储气库，微地震监测，地质体完整性，实时监测，综合分析

地下储气库在调峰和保障供气安全方面具有不可替代的作用和明显优势，因此越来越受重视。国外储气库发展较早，自1915年加拿大首次在安大略省Welland气田试验储气至今，储气库发展建设已有百年历史。截至目前据不完全统计，全球已建成七百多个地下储气库，其中66%的地下储气库工作气量分布在北美、欧盟等地区的发达国家。国内储气库建设较晚，2001年首次在大港油田利用枯竭凝析气藏建成了大张坨地下储气库，至今国内已建成地下储气库25座，2017年底国内天然气大范围短缺更是将储气库需求推向了新高度，国内储气库迎来新机遇。

储气库地质体完整性是制约储气库安全运行的关键因素，储气库一旦泄漏不仅导致储气库报废和天然气损失，而且气库内的天然气可能窜至地面而导致火灾、爆炸，造成环境污染、人员伤亡和经济损失，影响下游用户用气和社会稳定。2020年郑雅丽等对油气藏型储气库地质体完整性内涵及评价技术进行研究，认为储气库地质完整性研究对象是储气地质体的储层、断层、盖层、圈闭等，并根据对地质体完整性评价技术从理论上优化储气库各项参数。目前，国内外具有多种盖层、断层、溢出点等地质体密封性研究方法，虽然对储气库建设运行具有重要指导作用，但均是基于理论研究。储气库运行前期均会进行周密的地质密封完整性评价，注采运行过程中采用的参数也相对保守，但随着储气库多轮注采运行或偶遇突发的不可抗力因素（如地震），气库构造及完整性可能受到影响，而其产生的安全事故也大都是灾难性的。以美国2015年发生在南加州Aliso Canyon天然气地下储气库泄漏事故为例，该事故造成了巨大影响和经济损失，前后共导致1.1万名附近居民离家疏散，许多居民生病，附近的牧场社区有超过5000户家庭和两个当地学校搬迁，直接经济损失约3.3亿美元，总损失约10亿美元。因此，对储气库的安全运行进行实时监测十分必要。

国内储气库微地震监测相关研究与应用较少，但是在国外，学者对储气库微地震监测技术已进行大量理论研究和实际应用。法国马诺斯克盐穴储气库自1992年建库之初就已建立微地震安全监测系统，监测过程中成功监测到底辟构造附近与岩体动力现象有关的地下活动（震级最高达3.5级）。2010年荷兰Bergermeer储气库利用微地震监测技术对储气库内部断层密封性进行监测，共监测到220个微地震事件，根绝微地震事件几何形态和扩展规律发现与内部断层走向近似垂直的小断层，并证实小断层不仅不会破坏内部断层密封性而且对其具有一定的稳定效应。

我国地下储气库地质条件复杂断层发育普遍较多，直接导致我国储气库建设和运行过程中储

库完整性失效风险相比国外更大。因此，在加快储气库建设力度的同时，还应不断完善储气库监测体系，保障储气库安全建设运行。目前，国内主要采用温度、压力、流体组分等常规监测手段对断层密封性进行安全监测，常规监测方式覆盖范围较小，时效性较差，当这些监控参数发生明显变化时，其所反应的问题可能已经达到一定严重程度。微地震监测技术具有覆盖范围大、测量速度快、噪声过滤能力强、定位准确、现场应用方便等特点，可作为常规监测手段的有效补充，实现对储库密封完整性实时监测，为储气库安全预警和优化运行提供科学依据。

1 技术原理

1.1 微地震事件定位算法

微地震反演定位方法是微地震监测技术的核心问题。在众多的定位方法中，基于走时的同型波或纵横波时差定位算法是微地震反演中经典的算法。当微地震记录信噪比较高，同时存在足够纵横波信号时，可采用纵横波时差定位算法对微地震事件进行反演定位。

设第 k 个事件震源位置坐标为 $Q_k(x_{qk},\ y_{qk},\ z_{qk})$，第 i 个检波器坐标为 $P_i(x_{pi},\ y_{pi},\ z_{pi})$，则震源与观测点之间的距离为：

$$d_{ki} = [(x_{pi} - x_{qk})^2 + (y_{pi} - y_{qk})^2 + (z_{pi} - z_{qk})^2]^{\frac{1}{2}} \tag{1}$$

式中，d_{ki}表示震源与第 i 个检波器之间的距离，单位 m；x_{qk}，y_{qk}，z_{qk}分别表示震源位置在三维空间 X，Y，Z 轴上的坐标，单位 m；x_{pi}，y_{pi}，z_{pi}分别表示第 i 个检波器在三维空间 X，Y，Z 轴上的坐标，单位 m。

已知纵横波传播速度 v_p和 v_s，则 P_i点的记录到微地震信号纵横波走时时差 ΔT_{ki}可用公式(2)表示，即：

$$\Delta T_{ki} = \frac{d_{ki}}{v_s} - \frac{d_{ki}}{v_p} \tag{2}$$

则：

$$[(x_{pi} - x_{qk})^2 + (y_{pi} - y_{qk})^2 + (z_{pi} - z_{qk})^2]^{\frac{1}{2}} = \frac{\Delta T_{ki} v_s v_p}{v_p - v_s} \tag{3}$$

式中，ΔT_{ki} 表示 P_i 点记录到的震源坐标为 $Q_k(x_{qk},\ y_{qk},\ z_{qk})$微地震信号纵横波走时差，单位 s；$v_p$、$v_s$分别表示纵、横波速度，单位 m/s。

当接收信号的检波器个数大于 3 个，则可通过求解上式，得到微地震震源坐标。

1.2 基于微地震监测的储气库地质体完整性评价

微地震监测具有实时性特点，可实现储气库运行过程中断层、盖层、溢出点、储层区域等岩石破裂活动实时监测。基于微地震定位结果，结合工程施工参数、地震、地质、井口压裂等资料进行多数据融合分析，将微地震事件与地质体完整性潜在失效区域(如：断层、盖层、溢出点等)相互位置关系进行精细描述，总结储气库地层破裂活动产生原因、规律，优化施工运行参数，保障储气库安全运行。其主要步骤如下。

(1) 微地震事件与储气库完整性潜在失效点位置分析。根据微地震事件位置与储气库断层、盖层、溢出点等区域相互位置关系，对微地震事件进行分类划分，并精细描述微地震事件与储气库断层、盖层、溢出点等关键点空间位置关系，判断地层活动是否对储气库完整性造成影响。

(2) 微地震监测结果与周围井压力结合分析，辅助评价储气库完整性。在断层、盖层等微地震事件活动区域结合周围井压力、温度等常规监测手段结合分析，观察在产生微地震事件的同时，压力、温度是否发生明显变化，辅助完成储气库完整性评价。

(3) 优化运行参数，避免危害性微地震事件产生。分析储气库运行过程中注气、采气参数及压力变化与微地震事件产生规律关系，在某些关键位置若产生的微地震事件已经或有可能对储气库完整性造成危害，可根据微地震事件与施工参数关系，调整施工过程，避免危害性微地震事件产生。

2 应用实例

本文以盐穴储气库为例，利用微地震监测技术实时监测初期注采运行过程中地层活动情况，并结合多数据综合分析，对储气库完整性进行评价分析。

2.1 微地震监测概况

储气库目的层为盐岩层，埋深 800～1200m 之间，厚度 67.85～232.29m，分布平缓，上覆盖层为岩性纯、厚度大的泥岩(图 1)，且在深度 500m 左右盐岩层上部存在较厚的玄武岩。研究区域内除了三条大断层外(图 1)，小裂缝和小断层发育较多。玄武岩对微地震信号具有很强的屏蔽作用，因此本次采用井中微地震监测方式(图2)，监测井为直井，检波器个数12个，下方深度870~980m，级间距10m。

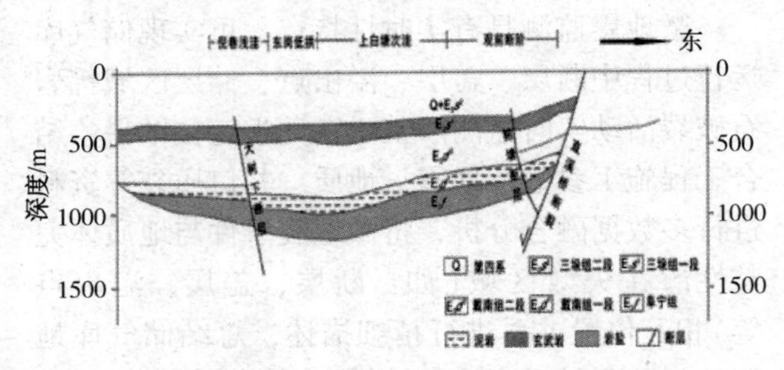

图1　XXXX地质剖面图

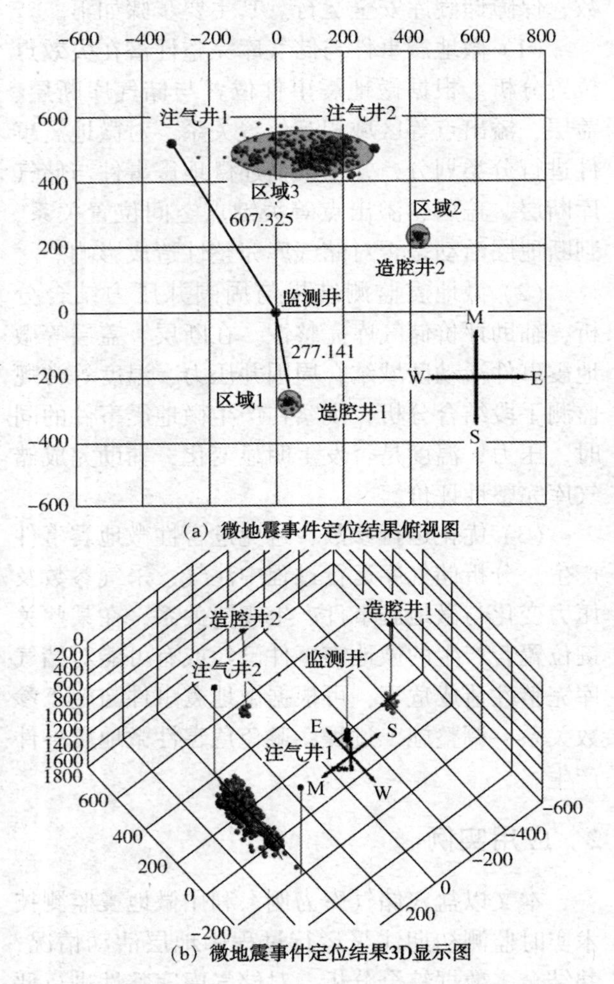

(a) 微地震事件定位结果俯视图

(b) 微地震事件定位结果3D显示图

图2　微地震事件定位结果俯视图

注：颜色代表微地震事件发生先后顺序，绿色先发生红色后发生，球的大小代表微地震事件震级大小。

2.2　微地震监测结果

图3为微地震事件监测结果，从图中可以看出微地震事件主要集中在三个区域即：①注气井1、2之间；②造腔井1附近；③造腔井2附近。其中造腔井1、2附近微地震事件主要集中在井筒附近40m范围内，结合施工情况判断为造腔过程产生的地层活动；注气井周围产生的微地震事件数量多、震级大、集中度高且成面状分布，初步认为断层或裂缝活动。

2.3　地质体完整性评价

2.3.1　微地震事件位置分析

本次研究的盐穴储气库采用单井-单腔建库方式，腔体形状为不规则圆柱体，半径大约为40m左右。根据微地震事件位置分布，将微地震定位结果分为三个区域(图2)，其中区域1、2处微地震事件距离造腔井较近，且离井筒最远距离不超过40m，基于盐穴储气库单井单腔建库方式，基本认为该处微地震事件为造腔施工产生且不会对储气库完整性造成危害。

区域3处微地震事件主要集中在注气井1、2之间，距离注气井2距离较近，最小距离为76m。从微地震事件位置上来看并未对注气井2的腔体造成影响。区域3处微地震事件成面状分布特征明显，初步判定为断层或裂缝活动。

2.3.2　微地震、地震地质结合分析

储气库建设运行前期，做过大量精细的3D地震勘探及地质解释工作，从现有成果中我们发现该区域小断层发育较多。将微地震事件与储层深度断层解释进行结合分析，发现微地震事件位置与前期断层描述位置吻合，确定区域3处微地震事件为断层活动产生。基于此我们应对该区域微地震事件进行重点观测，并结合常规监测井资料辅助验证注气井2的腔体完整性(图3)。

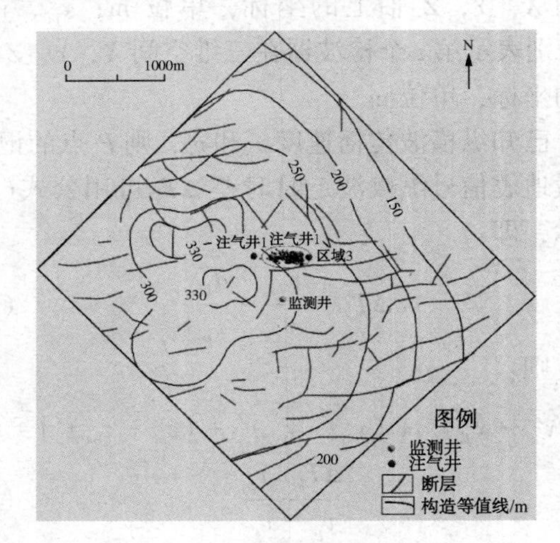

图3　断层解释与微地震结合分析图

2.3.3　微地震与注气参数结合分析

根据微地震事件分布特征及与地震地质资料

结合分析后，基本确定区域3处微地震事件为多层或裂缝活动，虽然目前从位置上并未对储气库完整性造成影响，但仍因引起足够重视。因此我们应对断层活动规律进行分析，避免后期对储气库造成危害。将区域3处微地震事件产出规律与注采参数进行对比分析，我们发现微地震事件的产生频率、时间分布与注采施工参数具有很强的相关性。在注气初期，并未监测到微地震事件，随着注气井压力上升，当井口压力达到一定值时开始并大量出现微地震信号，初步认为断层活动由注气施工诱发。因此，在今后的注采气过程中，应对该区域进行重点监测和研究，在进一步实验分析取得有效结论前，为了保证储气库安全运行，建议施工过程中将注采井1、2井口压力保持在15.8MPa以下(图4)。

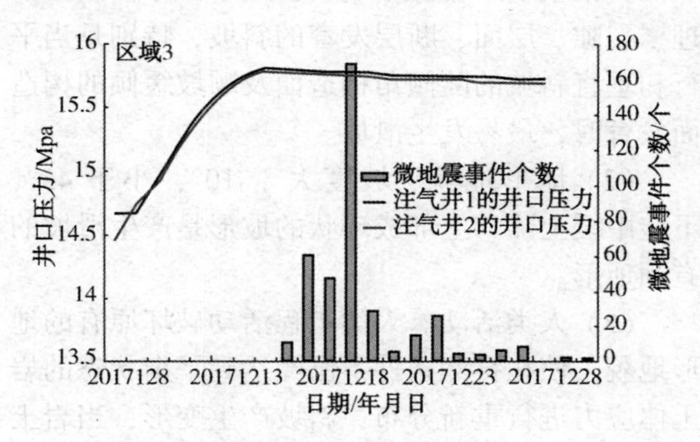

图4 微地震事件与注气井井口压力关系图

3 结论

微地震监测技术在储气库安全运行中意义重大，可以在储气库建设和运行过程中实时监测地下活动，根据微地震事件位置信息可直观判断地层活动对储气库完整性的影响，结合施工参数与微地震产生规律，还可优化运行施工参数。在储气库整个运行周期中都应进行微地震监测工作，保障储气库平稳安全运行。

参考文献

[1] 阳小平，程林松，何学良，等. 地下储气库断层的完整性评价[J]. 油气储运，2013，32(6)：578-582.

[2] 郑雅丽，孙军昌，邱小松，等. 油气藏型储气库地质体完整性内涵与评价技术[J]. 天然气工业，2020，v.40；No.319(05)：100-109.

[3] 唐晨飞，张广文，王延平，et al. 美国 Aliso Canyon 地下储气库泄漏事故概况及反思[J]. 安全、健康和环境，2016，16(7)：5-8.

[4] Patrick Renoux，Géostock，Rueil-Malmaison，Eric Fortier，Magnitude，Sainte - Tulle，et al. Microseismicity induced within Hydrocarbon Storage in Salt Caverns，Manosque，France [C]// Solution Mining Research Institute Fall 2013 Technical Conference. Avignon，France，30 September-1 October 2013.

[5] Kraaijpoel D A，Nieuwland D A & Dost B. Microseismic Monitoring and Subseismic Fault Detection in an Underground Gas Storage[C]// Eage Passive Seismic Workshop. 2013.

[6] 魏路路，姚宴波，韦正达，等. 微地震监测技术在气田水回注中的应用[J]. 石油地球物理勘探，2018，53(S2)：14+188-193.

[7] Wen Zhou，Liang shu Wang，Lu ping Guan，Quanshi Guo，Shuguo Cui，Bo Yu. Microseismic event location using an inverse method of joint p-s phase arrival difference and p-wave arrival difference in a borehole system [J]. Journal of Geophysics & Engineering，2015，12 (2)，14733-14739.

[8] Castellanos F & Van der Baan M. Microseismic event locations using the double-difference algorithm[J]. CSEG Recorder，2013，38(3)，pp：26-37.

[9] Bancroft J C，Wong J & Han L. Sensitivity of locating a microseismic event when using analytic solutions and the first arrival times [C]// SEG Technical Program Expanded Abstracts，2010，vol 29，pp：2191 - 2195.

[10] Geiger L. Probability method for the determination of earthquake epicenters from the arrival time only. Bull. St. Louis Univ. 1912，8，56-71.

天然气长输管道滑坡监测技术应用研究

邹得风

（中国石化西南油气分公司油气销售中心）

摘　要　滑坡是常见的管道地质灾害之一，其对长输管道的安全运行造成极大影响，故实施滑坡监测对于保障管道安全具有重要意义。通过分析管道滑坡灾害的影响因素及危害，根据滑坡主要影响因素开展天然气长输管道滑坡监测技术应用研究，建立典型的地灾监测预警系统结构。以L输气管道杨帆村滑坡灾害作为实例，根据获取的监测数据对滑坡治理前后滑坡体的变化情况进行分析，对滑坡治理效果进行评估，为解决滑坡地质灾害提供技术支持，为管道安全运行提供重要保障。

关键词　长输管道，地质灾害，监测技术

中国石化西南油气分公司在川东北地区共有长输管道约450km，其中穿越低山、丘陵地貌的管道长度占比超过98%，不利的地貌特征及天然气长输管道周边日趋增加的人类活动，导致管道受地质灾害影响越来越大，据统计，2015年至今，因地质灾害造成的应急处置事件已占全部应急事件的64%，各类型地质灾害中又以滑坡灾害造成的影响最大、次数最多。西南油气分公司在多处管道地质滑坡隐患点建立了地灾监测预警系统，实现现场数据采集、数据分析及记录、自动预警等功能，在有效掌握管道周边地质滑坡发展趋势、滑坡体实时监测预警、为工程治理方案及治理效果提供现场数据依据等方面发挥重要作用。

1　管道滑坡地质灾害

1.1　滑坡稳定性影响因素

滑坡是在一定的内因、外因条件和其它因素综合作用下产生的，内部影响因素包括：地质条件、地形地貌等，外部影响因素包括：人类活动、气候因素等，内部因素决定了滑坡体变形和破坏的规模与形式，外部因素通过对内部因素的作用、影响、改变，促使滑坡变形的发生与发展。管道滑坡地质灾害是指输油气管道在运行过程中受到周边滑坡体影响，从而对管道安全运行产生威胁的地质滑坡问题，其在本质上就是地质意义上的滑坡灾害，只是受灾主体成为了输油气管道。

（1）地质条件。从斜坡的物质组成来看，具有松散土层、碎石土、风化壳和半成岩土层的斜坡抗剪强度低，容易产生变形面下滑；各种节理、裂隙、层面、断层发育的斜坡，特别是当平行和垂直斜坡的陡倾角构造面及顺坡缓倾的构造面发育时，最易发生滑坡。

（2）地形地貌。坡度大于10°，小于45°，下陡中缓上陡、上部成环状的坡形是产生滑坡的有利地形。

（3）人类活动。人类工程活动破坏原有的地形地貌，使在自然条件下已经达到平衡状态的岩土体应力进行重新分布，斜坡产生变形，当岩土体中应力无法平衡时，边坡将发生失稳破坏。

（4）气候因素。雨期长、水量大，雨季时大量雨水冲刷坡面并顺土体沿裂隙下渗，使土体及岩体中结构面的抗剪强度降低、抗滑力减小，而岩土体的重度增加、下滑力增大。对斜坡的稳定性产生不利影响，其中降雨对岩土体的浸润作用使其抗剪强度降低是导致崩滑的主要诱发因素。

1.2　滑坡对管道的危害

滑坡对管道的危害程度同滑坡体滑移方向与管道的相对位置有关。当管道垂直于滑移方向埋设时，管道受到平行管道径向的滑坡推力作用，滑坡体对管道产生剪切作用，且作用的范围与管道在滑坡体内埋设的长度有关；当管道平行于滑移方向埋设时，管道受到平行管道轴向的滑坡摩擦拉力作用，滑坡体对管道产生上部拉伸、下部挤压作用。由于管道在安装过程中不可能做到完全平直，故在实际的滑坡当中，管道受到上述两个方向作用力的合力影响，两种力的比例与管道轴线和滑移方向的夹角有关。

滑坡对管道的危害程度及后果与以下因素

有关。

(1) 滑坡体状态。滑坡规模大小(滑坡长度、厚度)、滑坡土体性质、滑坡变形速度等。

(2) 管道本体状态。管道直径、材质、壁厚、压力、焊口质量等。

(3) 滑坡体与管道相对位置关系。管道埋深、在滑坡体内长度、管道轴线和滑移方向的夹角等。

2 管道滑坡监测技术

管道滑坡监测技术主要是通过仪器设备测量管道、滑坡体以及各种关键诱因参数动态变化情况，综合分析滑坡体发展情况以及其作用于管道上的力及位移对管道本体的安全风险大小，其主要监测对象包括表面位移监测、深部位移监测，水文气象监测以及管道本体监测。

2.1 表面位移监测

表面位移监测是指对滑坡体表面固定点的位移变化情况进行采集并分析，包括相对位移和绝对位移两种监测方式。相对位移监测是测量滑坡体重点变形部位的点与点之间相对位移变化的常用方法，主要包括直接测量(钢卷尺直接测量)、拉线式裂缝监测等；绝对位移监测是测量监测点相对固定基准点的三维坐标，从而计算出监测点的三维位移量等，主要包括卫星定位监测(北斗、GPS)等。

(1) 直接测量。操作简单，工具简易，但存在误差较大的问题，适用于各类型有人巡护环境。在测量体两侧设置固定监测点，通过钢卷尺、皮尺等测量仪器直接测量固定监测点间的位移变化，从而判断被测量体的位移变化情况。

(2) 拉线式裂缝监测。测量精度高、距离长，安装及结构简单。当被测物体产生滑移时，与其相连接的钢绳会伸长或缩短，钢绳带动传感器传动机构和传感元件同步转动，将机械位移量转换成线性比例的电信号，从而输出一个与绳索移动量成正比例的信号。

(3) 卫星定位监测。定位精度高，不受环境因素影响，可实现连续自动化监测。利用北斗卫星测量基准站和监测站(1个或多个)之间的相对定位，通过相对定位得到各监测站不同时期的位置信息，与首期结果进行对比得到各监测站在不同时期的位移信息，然后采用数据软件(核心算法)对位移信息进行解算，剔除各种环境影响误差因子，得到精确度达到毫米级的位移信息。

2.2 深部位移监测

深部位移监测是指对滑坡体内部的相对或绝对位移进行监测。主要是通过钻孔在滑坡体内部安装固定测斜仪(结构及原理见图1)，对滑坡体内部的不同深度的水平位移和垂直位移进行测量。

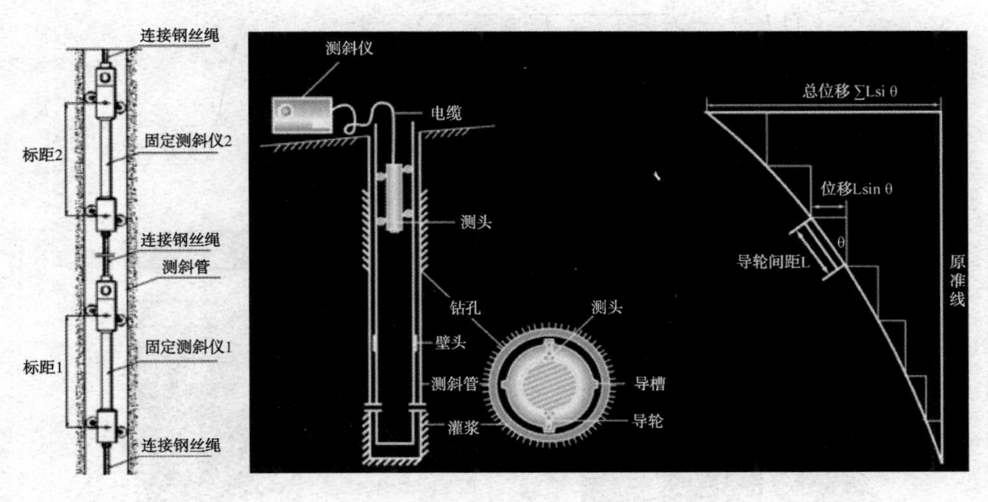

图1　测斜仪工作原理示意图

固定式测斜仪在安装前需在滑坡体内钻孔，将1支(固定深度)或多支(不同深度测量)固定式测斜仪串联装在测斜管内，滑坡体内部发生变形时通过装在不同高程上的倾斜传感器同步感受其变形，测量出滑坡体内部的倾斜角度，以此将滑坡体内部位移量 S_i 计算出来。

计算公式如下：

$$S_i = L_i \times \sin(a + b \times F_i + c \times F_i^2 + d \times F_i^3)$$

式中，S_i 为被测物在第 i 点与铅垂线(水平线)的倾斜变形量，mm；L_i为第 i 支固定测斜仪两轮距间的标距，mm；F_i为第 i 支固定测斜仪的实时测量值，F；a、b、c、d 为第 i 支测斜仪的标定系数。

2.3 管道本体监测

管道本体监测是指通过技术手段直接对管道本体受到的土体压力、应力应变等进行测量，直接分析管道本体的受力情况，并根据管道自身材质特性，确定是否达到管道破坏的临界点，主要包括土压力监测、管道应力应变监测等。

(1) 振弦式表面应变监测。检测器主要由夹弦器、钢弦、线圈以及安装头组成(图 2)，其中钢弦通过夹弦器与两端支座相连，钢弦上被预加一定张力固定于传感器内。根据弦长一定时，钢弦固有频率的平方同弦的张力成正比关系，当被测管道由于外力作用产生形变，并通过应力计两端安装头传递至钢弦使其应力量发生变化，将导致钢弦固有频率亦随之改变。通过测量钢弦频率的变化，即可得知被测管道的应力变化量。

(2) 土体压力监测。基本原理与表面应变监测一致，检测器主要由承压膜、夹弦器、钢弦计线圈组成(图 3)。其中钢弦被预加一定张力通过夹弦器固定于承压膜上。根据弦长一定时，钢弦固有频率的平方同弦的张力成正比关系。通过承压膜发生微小变形，改变固定于承压膜上的钢弦张力，从而改变钢弦固有频率，进而得到被测土体压力。

2.4 滑坡监测系统

以上述安装于现场的监测设备为基础，采集现场监测数据，通过无线传输方式将数据传输至服务器上的采集、解算软件，经过数据采集和处理后，将结果传输至数据库，并向管理员、操作员进行数据共享、预警等。该系统集合了监测终端(PC 采集端)、WEB 网页端，其构架见图 4。

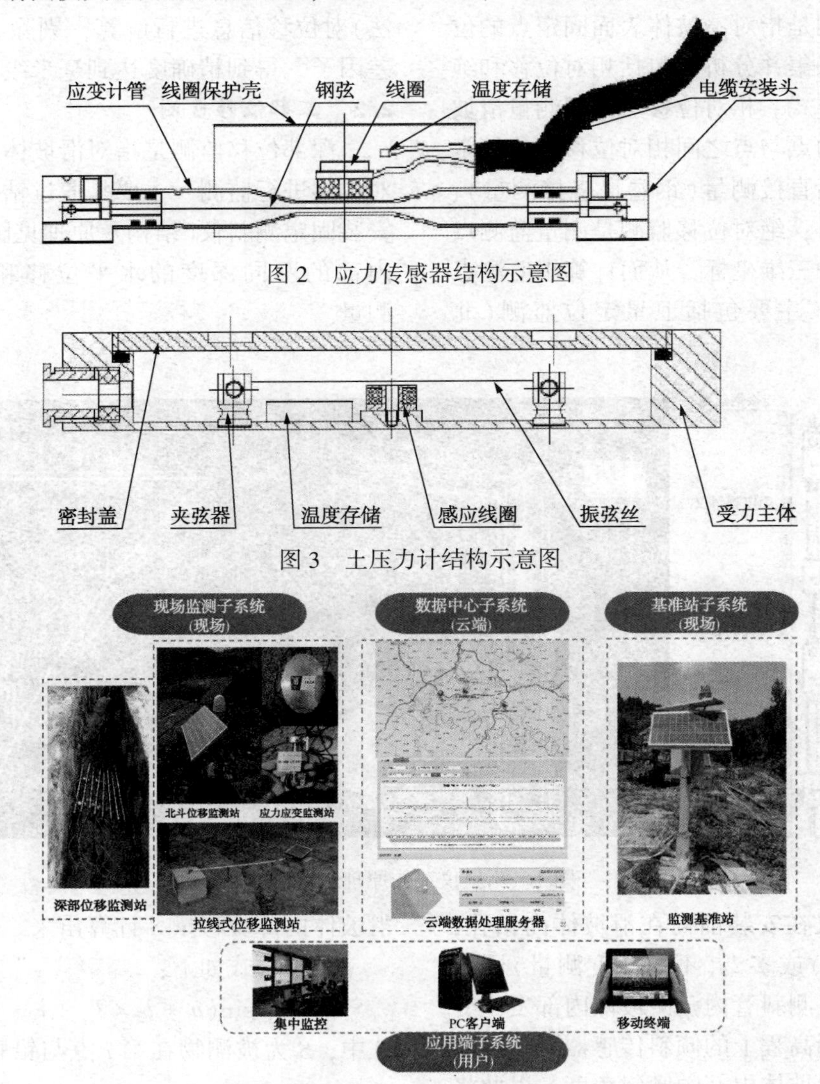

图 2　应力传感器结构示意图

图 3　土压力计结构示意图

图 4　西南油气分公司滑坡监测系统构架

3 实例应用与分析

通过滑坡检测系统采集的数据，对滑坡治理前后滑坡体的实际情况分析，总结滑坡治理完成前关键监测点数据变化规律，评价滑坡治理完成后治理措施的效果情况。以西南油气分公司L管道杨帆村滑坡为例，2019年5月初发现滑坡隐患，同步完成表面位移监测设备安装，5月14日开始工程治理，6月18日完成现场抗滑桩施工，抗滑桩长度约180m，位于管道与坡脚之间，距离管道约5m，9月完成深部位移、管道应力、土压力监测设备安装，用于治理效果评估。

3.1 表面位移监测数据

按月将数据进行统计汇总，以空间上三轴位移量绘制各表面位移监测点数据图，并结合现场实际情况对数据进行分析。

由图5~图7可知，在2019年6月完成滑坡治理工作后，滑坡体表面位移得到了有效控制，滑坡后缘处于治理措施保护范围内，各轴位移变化逐渐降低至10mm，已处于设备正常精度范围内，而滑坡前缘、滑坡东部未在保护范围内，位移量继续呈现上升趋势，尤其是滑坡前缘区域，继续受到抗滑桩及下方平台之间残坡积体的挤压，垂直及高度变化量极大，水平方向变化量较小，说明监测仪位于滑坡体滑移方向的中心，与前期设备布置位置相符。

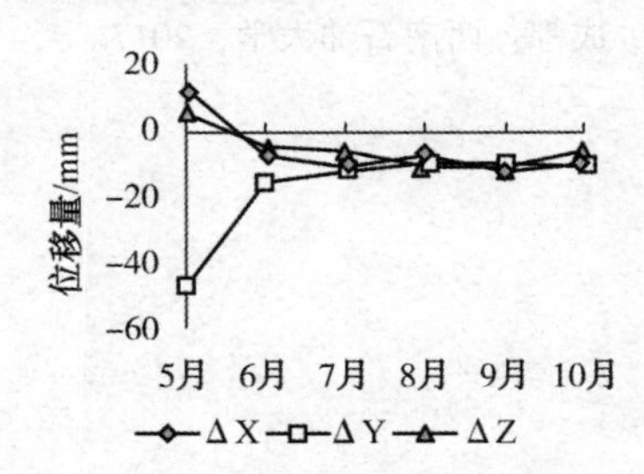

图5　滑坡后缘位移变化曲线

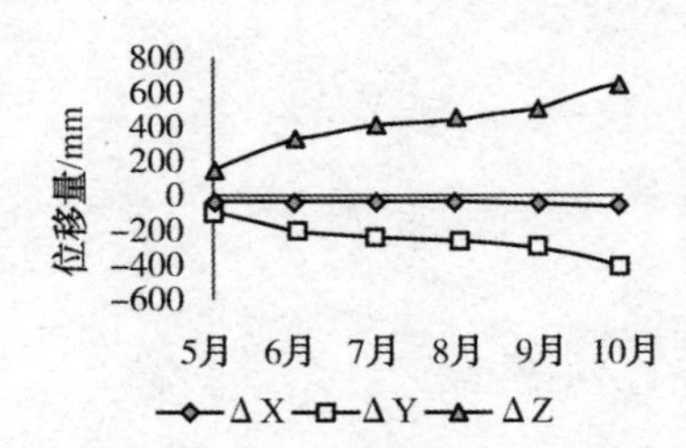

图6　滑坡前缘位移变化曲线

3.2 深部位移监测数据

按月将数据进行统计汇总，以位移量绘制各

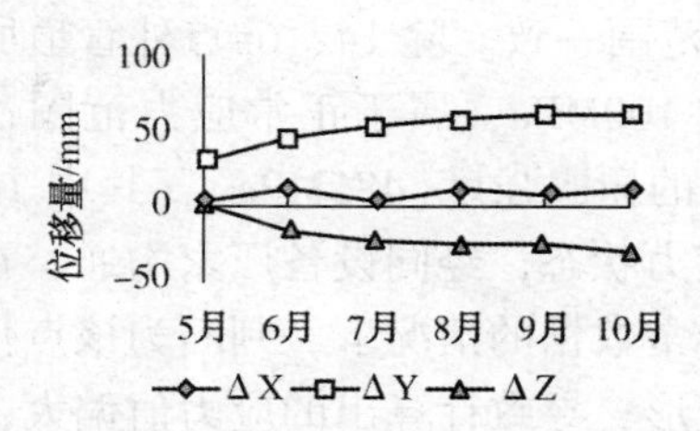

图7　滑坡东部位移变化曲线

表面位移监测点数据图，并结合现场实际情况对数据进行分析。

由图8~图10可知，在6m深度位置，存在较大的位移波动，但随着时间的增加逐渐恢复正常，位移量不超过10mm，属于正常测量范围，表明在治理完成后，滑坡体内部相对较为稳定，主要滑移集中于表面。

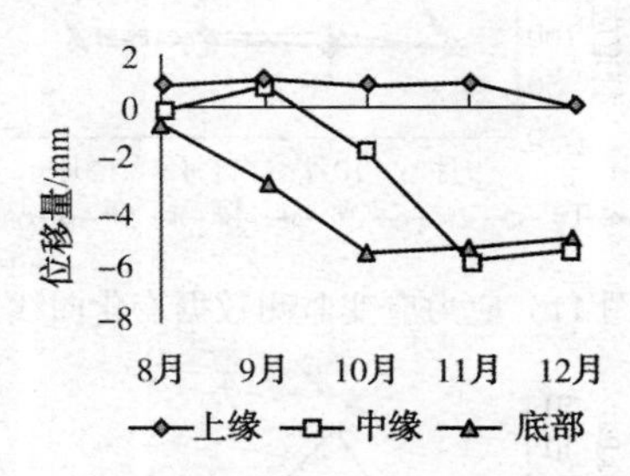

图8　深部位移检测(深度4m)位移变化曲线

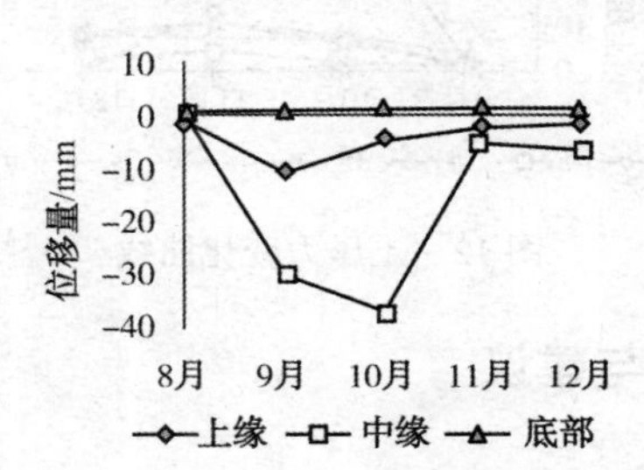

图9　深部位移检测(深度6m)位移变化曲线

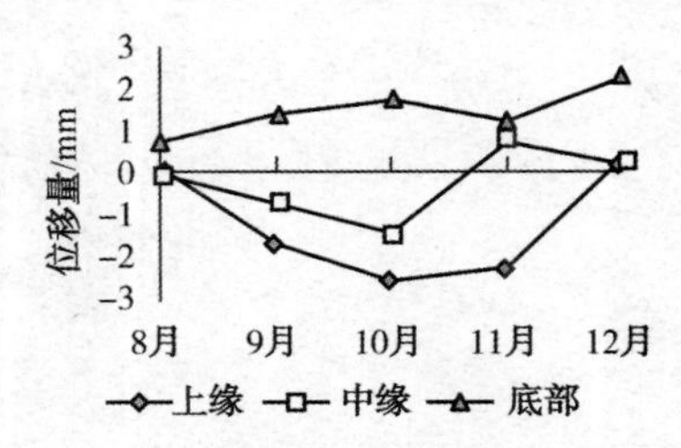

图10　深部位移检测(深度8m)位移变化曲线

3.3 土压力及应力监测数据

按月将数据进行统计汇总，以压力值绘制各表面位移监测点数据图，并结合现场实际情况对数据进行分析。

由图11、图12可知，管道所受土压力基本在0~16kPa左右，与文献研究的正常土压力

(30kPa)范围一致。除 1#、6#点外管道所受应力均未超过 100MPa，属于正常应力范围，远小于 X70 钢材的屈服强度(485MPa)，其中 1#点持续处于高应力状态，经同设备厂家沟通，在该点土压力无异常数据的情况下，判断为该点传感器出现翘曲变形，导致计算出的应力值偏大，且经过调试后仍持续处于较高应力；6#点在短时间应力升高后又回落至 150MPa 左右，分析为受当地降雨影响，地下水位升高，岩土层出现水饱和现象，滑坡体向管道方向滑移，造成土压力升高、管道应力升高。

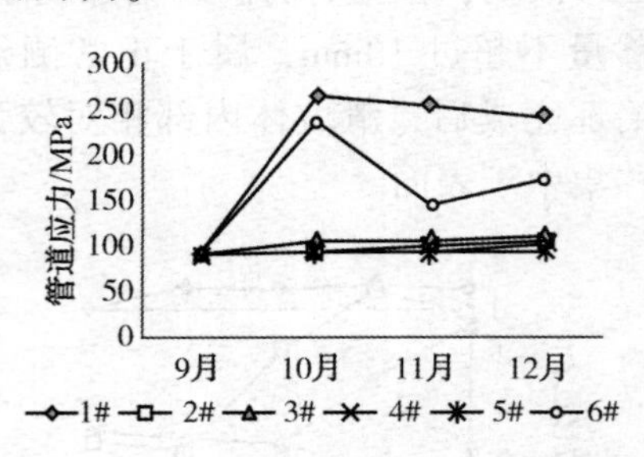

图 11　应力应变监测数据变化曲线

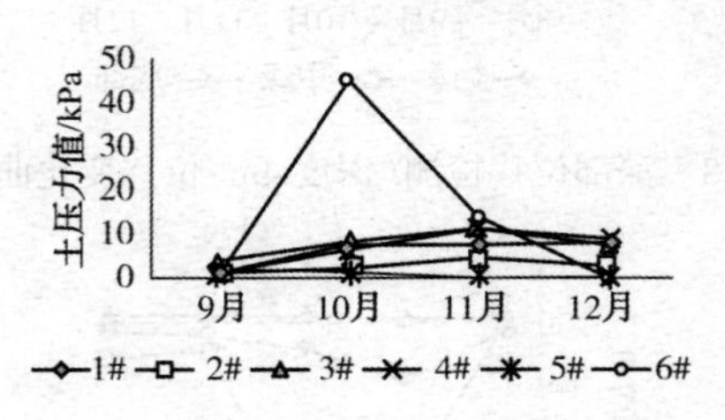

图 12　土压力变化曲线

4　结论与建议

4.1　结论

(1) 滑坡地质灾害是常见的管道地质灾害之一，由于滑坡体的特性造成其影响的管段较长，造成的破坏力较大，对管道安全运行具有较大威胁。

(2) 在管道滑坡监测系统建设过程中，应充分分析滑坡发育的诱因，针对各影响因素设置合理的监测措施，及时开展分析研究，获取滑坡体的变形情况，针对异常情况第一时间采取工程防治措施。

(3) 管道滑坡监测系统除对滑坡体的发展情况进行实时监测外，还可用于工程治理措施的效果评价，具有较高的应用价值。

4.2　建议

(1) 管道一旦投运后，面临重要的生产任务，无法轻易停输进行地质灾害治理工作，建议在管道建设前即充分开展管道地质灾害风险识别，尤其需考虑管道建设过程对原地质条件的扰动，减少运行过程治理地质灾害的困难。

(2) 目前管道地质灾害预警等级尚无明确的规范依据，主要是通过模拟计算，对比管道管材屈服强度等设定阈值，但在考虑过程中考虑的参数较为单一，且未考虑在应力监测设备安装前管道已存在的应力值，建议加强管道预警等级研究工作。

参考文献

[1] 李岩岩．天然气管道滑坡地质灾害监测预警技术研究[D]．成都：西南石油大学，2017.